德国国家图书馆列入《德国国家图书目录》图书
中国航空工业集团有限公司《科技图书基金》
资助图书

控制技术手册

——含 MATLAB 和 Simulink

(第 8 增补版)

Taschenbuch der Regelungstechnik
mit MATLAB und Simulink

[德] Holger Lutz　Wolfgang Wendt　著
邓建华　主译
田　丰　邓　宇　邓小航　翻译
张骏星　审校

国防工业出版社
·北京·

内 容 简 介

由德国著名学者，工学博士卢茨(Holger Lutz)教授和工学博士温特(Wolfgang Wendt)教授著的《控制技术手册——含 MATLAB 和 Simulink (*Taschenbuch der Regelungstechnik mit MATLAB und Simulink*)》(第 8 增补版)是德国哈里德意志科学出版社(Wissenschaftlicher Verlag Harri Deutsch)为大学生、学术界和广大工程技术人员出版的一部控制技术工具书. 本书被德国国家图书馆列入德国国家图书目录，并被审定为高等学校控制技术课程的辅助教材.

本书内容丰富、翔实，涉及控制理论与控制技术各个领域，从控制基础理论到工程应用，从经典控制理论到现代控制理论，从频域控制到时域控制，从模拟控制到数字控制，从线性控制理论到非线性控制理论，从连续控制系统到离散控制系统，从传统控制理论到智能控制理论，从控制技术理论方法到控制程序系统 MATLAB 和 Simulink. 全面反映了当前控制理论与控制技术最新研究成果和工程实用方法.

本书将复杂深奥的控制理论整理归纳成控制技术所必需的大量的简洁、清晰的公式、图形和表格. 全书图文并茂，深入浅出，清晰直观，便于学习和工程查阅的工具书. 这在世界同类书籍中实属罕见!

全书专业涉及面广，通用性强. 全书涵盖了控制理论与技术各个学科，其应用非常广泛，涉及国民经济各个技术领域，如机械、电子、计算机、智能控制、航空航天、交通运输、民用电器、通用工程等. 因此，本书可供国民经济各个技术领域的自动控制科学工作者、广大的工程技术人员和高等学校师生们学习和工程查阅之用，是一部实用的基础工具书，也可作为高等学校控制技术课程的辅助教材.

著作权合同登记　图字：军-2011-109 号

图书在版编目(CIP)数据

控制技术手册: 含 MATLAB 和 Simulink / (德) 霍尔格·卢茨 (Holger Lutz) , (德) 沃尔夫冈 · 温特 (Wolfgang Wendt) 著；邓建华等译. —北京: 国防工业出版社, 2021.4

书名原文: Taschenbuch der Regelungstechnik：mit MATLAB und Simulink

ISBN 978-7-118-11644-1

Ⅰ.①控⋯　Ⅱ.①霍⋯ ②沃⋯ ③邓⋯　Ⅲ.①自动控制系统-系统仿真-Matlab 软件-技术手册　Ⅳ.①TP273-39

中国版本图书馆 CIP 数据核字 (2019) 第 053695 号

Taschenbuch der Regelungstechnik mit MATLAB und Simulink, 8., ergänzte Auflage
Translation from the German language edition:
Taschenbuch der Regelungstechnik mit MATLAB und Simulink, 8., ergänzte Auflage

国防工业出版社 出版发行
(北京市海淀区紫竹院南路 23 号　邮政编码：100044)
三河市腾飞印务有限公司印刷
新华书店经售
*
开本 710×1000　1/16　印张 99 3/4　字数 1911 千字
2021 年 4 月第 1 版第 1 次印刷　印数 1-2000 册　定价 780.00 元

(本书如有印装错误，我社负责调换)

国防书店：(010)88540777　　发行邮购：(010)88540776
发行传真：(010)88540755　　发行业务：(010)88540717

中 文 版 序

邓建华, 毕业于哈尔滨军事工程学院空军工程系, 是西北工业大学航空学院教授、博士生导师, 长期从事航空航天领域的教育、科学和工程技术的研究和实践. 他是改革开放后首批公派赴德留学的学者, 后并多次受邀与德国多所大学、研究院开展飞行控制、飞行管理、飞行仿真与飞行试验等方面合作研究、讲学和学术交流活动, 在飞机参数辨识技术、主动控制技术、飞行管理技术、飞行控制系统故障检测与诊断技术等领域有较高造诣. 在国内, 邓教授参与航空领域诸多重大项目的预先研究, 还兼任了几家飞机设计研究所和飞机公司的技术顾问, 因而为航空控制工程专业的同行们所熟知.

2003 年, 邓教授访德期间, 在书店看到了一本《控制技术手册 —— 含 MATLAB 和 Simulink》, 觉得内容丰富, 对工程又很实用, 遂萌生了将此书引入国内并翻译出版的想法. 能有这样一本综合性强、实用又通用的工具书, 航空控制工程领域的同行们当然是十分赞赏和热心支持的.

控制理论和技术还在蓬勃深入发展, 正像 1948 年出版的维纳的名著《控制论 —— 关于在动物和机器中控制和通信的科学》所表达的, 控制工程面向的对象可以说包罗万象. 要编一本《控制技术手册 —— 含 MATLAB 和 Simulink》, 如何入手, 架构如何, 都是很费心思的. 作者选择的路径是, 既充分考虑多样性, 又专注于最基本、最根本的类别和方法, 并精心归纳和编制各类公式和图表, 同时, 提供强有力的仿真工具, 有了这些, 面对工程上的复杂系统, 控制工程师就能上手开展研究了, 而新的理论和技术的出现, 则可以适时地加以补充, 从而使这本书能"长盛不衰"地不断再版.

正如"译者的话"中所述, 邓教授 2003 年在德国慕尼黑看到的是该书的第 5 版, 着手翻译时得到的是第 6 版, 而现在完成和出版的, 却是翻译原书的第 8 增补版了. 历时 10 年, 算得上是"十年磨一剑". 无论译者、编辑、出版社、资助机关和机构, 可以说大家都为此书的出版尽了心尽了力.

在这本工具书出版之际, 衷心希望从事控制技术与工程研究和学习的师生、工程技术人员都能青睐这本《控制技术手册 —— 含 MATLAB 和 Simulink》.

中国工程院院士

2019.4.28

主 译 的 话

由德国著名学者工学博士卢茨 (Holger Lutz) 教授和工学博士温特 (Wolfgang Wendt) 教授著的《控制技术手册——含 MATLAB 和 Simulink (Taschenbuch der Regelungstechnik mit MATLAB und Simulink)》是哈里德意志科学出版社 (Wissenschaftlicher Verlag Harri Deutsch) 出版, 为大学生、研究学者与工程技术人员提供的一本控制技术的工具书. 该书颇受广大读者的欢迎, 自 1995 年第 1 版以来已出版了 8 版. 内容不断更新和增补, 页面也不断扩充, 由最初的 665 页至本版已有 1400 余页. 该书德文版已被德国国家图书馆列入**德国国家图书目录**, 并被审定为高等学校控制技术课程的辅助教材.

2003 年赴德访问时, 我在慕尼黑一家书店发现本书, 遂爱不释手. 本人从事控制技术教育与研究几十年, 知道国内从事控制技术领域学习的大学生与研究生、研究学者和广大工程技术人员迫切需要这样的一部工具书, 而国内尚无类似的书籍, 应尽快组织翻译出版. 这些想法获得我的朋友中航工业沈阳飞机设计研究所原总设计师李明工程院士和中航工业西安飞行自动控制研究所原总工程师张汝麟研究员等的积极响应和大力支持. 他们认为本书 "内容丰富、翔实, 比较全面地反映了当前控制技术最新成果和工程适用的方法, 将复杂深奥的理论整理成便于学习和工程应用的公式和图表, 体现了很强的综合性, 又特别实用和通用. " 本书 "适用于国防工业及国民经济各技术领域与自动控制有关的科学工作者、工程技术人员和高等学校师生作为常备的工具书", "目前国内尚未见到雷同的书籍和手册的出版物, 本书在国内翻译出版将填补这一专业领域的空白".

本书是一部学术水平高, 内容丰富、翔实、实用, 通用性强的专业工具书. 全书涵盖了控制技术各个学科, 应用广泛, 涉及国民经济各个技术领域, 如机械、电子、计算机、航空航天、交通运输、民用电器等. 因此, 翻译这样一部大部头书籍, 要求其翻译人员不仅要有很好的汉语与德语基础, 更要具有很高的专业素质. 为此, 我在国内外选择志同道合的合作伙伴, 除了本人承担主要翻译和校对工作外, 还请旅德学者田丰工学博士、邓宇工学硕士和邓小航工学学士等参与翻译, 并请电子技术和计算机专家张骏星教授负责全书的审校.

我们翻译团队陆续开始翻译, 在翻译的过程中我们深深感到, 原书内容丰富、风格独特、质量高超, 并汇集大量公式、图、表和源程序, 为保障原书风格和出版质量, 我们向原出版社提出引进原书电子版. 在中国航空工业集团有限公司资助下, 于 2010 年下半年获得德国出版社寄来的最新的 2010 年出版的第 8 增补版《控制技术手册——含 MATLAB 和 Simulink》(Taschenbuch der Regelungstechnik mit MATLAB und Simulink (8., ergänzte Auflage), Frankfurt am Main, Harri Deutsch Verlag, 2010. ISBN 978-3-8171-1859-5, 1409 Seiten.) 的电子版及样书, 其内容和篇幅有不少增补, 为此, 我们按新版翻译.

十年磨一剑, 本书终于与读者见面了. 首先, 我要感谢李明院士和张汝麟研究员的支持和鼓励. 此外, 还要感谢国防工业出版社刘华总编辑和张冬晔编辑、崔云编辑、辛再甫编辑、王九贤编辑, 排版胡梅玲女士等. 他们多年坚持, 工作兢兢业业、认真负责. 本书得以高质量出版, 他们功不可没. 我更要感谢我的翻译团队的辛勤劳动和付出的心血, 将他们丰富的专业知识和熟练的德语技能贡献给本书. 最后, 我还要感谢我的家人, 没有他们的支持, 我们不可能坚持完成本书的翻译.

本书的引进、翻译和出版发行获得了装备科技译著出版基金和中国航空工业集团公司 "科技图书基金" 资助. 在此, 我们表示衷心感谢.

邓建华

2019 年国庆于北京

译 者 简 介

邓建华, 1936 年 3 月生, 辽宁海域人, 1961 年毕业于中国人民解放军军事工程学院空军工程系. 现为西北工业大学航空学院教授、博士生导师, 享受 (终身) 国务院政府特殊津贴.

兼任中航工业成都飞机设计研究所和中航工业成都飞机工业公司等多家飞机设计研究所和飞机工业公司的技术顾问, "歼十" 飞机总设计师飞行控制技术顾问, 中国航空学会飞行器控制与操纵专业委员和德国航空航天学会正会员等. 还被聘为国家科技发展战略专家、空军装备专家、军品配备咨询专家等.

长期从事航空航天领域的教学、科学研究与工程实践活动.

改革开放后首批公派赴德留学生, 与德国著名飞行控制专家工学博士鲁道夫 · 布罗克豪斯 (Dr. Ing. Prof. Rudolf Brockhaus) 教授 (其专著《飞行控制》, 1999 年由国防工业出版社翻译出版) 合作从事飞行控制研究. 多次应邀与德国多所大学 (如柏林工业大学 (TU Berlin)、不伦瑞克工业大学 (TU Braunschweig) 等)、工业公司 (如国际著名豪诺维尔控制系统公司 (Honeywell Regelsysteme GmbH)) 和研究院所 (如德国航空航天研究院 (DLR)) 从事飞行控制、飞行管理、飞行仿真与飞行试验等方面合作研究、讲学和学术交流活动. 曾主持飞机总体设计、飞机主动控制/综合控制/飞行管理技术和飞行试验技术等领域的国防重大专项、航空重点攻关项目、国家自然科学基金及航空基金项目等 30 余项研究, 在学术上和技术上有较大的突破. 在系统优化理论与技术、飞机参数辨识理论与技术、主动控制技术、飞行管理技术、自修复飞行控制技术、综合控制技术及故障检测与诊断技术、推力矢量技术、无人驾驶技术、智能控制技术等领域有很高造诣. 参与过多种飞机型号 (如 "歼十" 飞机、"歼八" 主动控制技术 (ACT) 验证飞机) 的研制. 获国家和部级多项科技进步奖. 在国内外学术刊物及会议发表学术论文 120 余篇, 出版译著《静态和动态系统的计算机辅助优化法》. 培养硕士、博士及博士后等研究生 50 余名, 他们现在活跃在科技、教育、工程及党政军各个战线上.

原 版 序

《控制技术手册 —— 含 MATLAB 和 Simulink》主要为高等专科学校、高等工业学校和综合工业大学的电工、机械制造与通用工程专业的大学生和研究生们而撰写. 内容详实而又精炼, 因此指定为控制技术课程的辅助教材.

本书涵盖了具有比例环节的简单调节回路、时域和频域调节回路计算, 数字调节、状态空间调节、非线性调节和模糊调节, 以及状态空间调节法应用于驱动技术等内容.

在很多实际应用中, MATLAB 作为工程计算语言已扩展到工程与经济领域计算、可视化计算和程序设计的广泛层面上. 如果通过 Simulink 程序包增补 MATLAB, 就可以模拟、仿真和动态化系统分析. 为此, 在书中用两章介绍 MATLAB 和 Simulink 程序系统及应用到调节技术中的一些问题①, 并通过典型例子来补充阐述控制技术理论和方法. 还用当前最新软件版本编写很多算例来叙述 MATLAB 和 Simulink 程序系统的 m 文件和 Simlink 模型②.

书中含有大量控制技术所必需的图表. 用户使用拉普拉斯变换表和 z 变换表是很简便的, 因为变换对中除了采用通用的数学符号外还应用控制技术中规范的特征量, 如时间常数和角频率等.

《控制技术手册 —— 含 MATLAB 和 Simulink》新版显著地扩大了拉普拉斯变换表和 z 变换表. 高阶被调节对象变换对也被吸收到具有保持器的 z 变换表中. MATLAB 和 Simulink 应用的章节选配了最新版本的程序包, 插入了新的 Simulink 模块, 并用实例说明其功能原理.

我们恳请您作为本书的用户向作者和出版社提出增补建议.

作者和哈里德意志 (科学) 出版社 (Verlag Harri Deutsch)
Gräfstraße 47
D-60486 Frankfurt am Main
E-Mail: verlag@harri-deutsch.de
http://www.harri-deutsch.de
E-Mail: holger.lutz@iem.fh-friedberg.de
http://www.fh-friedberg.de/fachbereiche/iem/cae-labor/lutz/home.htm
E-Mail: wolfgang.wendt@hs-esslingen.de
http://www2.hs.esslingen.de/fachbereiche/mb/MBHome/Professoren/Wendt.htm

---

① MATLAB 和 Simulink 程序系统, 由 The Math Works GmbH, D-52064 Aachen 销售.

② m 文件和 mdl 文件, 可从下面 Holger Lutz 主页下载: http://www.fh-friedberg.de/fachbereiche/iem/cae-labor/lutz/home.htm.

目　　录

第 1 章　调节技术导论

1.1　控制与调节

通常要求工程系统使用确定性时变系统变量实现**预先设定的特性** (**vorgeschriebenes Verhalten**), 例如, 系统尽管受到**扰动**(**Störungen**) 其工程变量仍应保持常值, 这些任务一般是由**调节** (**Regelun-gen**) 或**控制** (**Steuerungen**) 来完成的, 下面将对这两种方法做进一步解释和比较.

> 在**调节**情况下人们可以将其理解为这样一个过程, 在这个过程中一个量 (**被调节量**(**Regelgröße**)) 连续地被测量并且与另一个量 (**参据量** (**Führungsgröße**)) 进行比较, 根据比较结果, 被调节量将受到这样的作用, 即使其与参据量匹配, 这个作用过程发生在一个闭环回路 (**调节回路** (**Regelkreis**)) 中.

这个定义中重要的是, 在调节中被调节量连续地被测量并进行比较, 根据比较, 被调节量将受到作用, 通常, 一个变量的预先设定特性也可借助其他变量来调整, 并将这样的调整称为**控制**.

例 1.1-1　依据外部温度 T_a **控制**(**Steuerung**) 加热室内部温度 T_i, 控制元件应能依据外部温度 T_a 控制加热室能量的供应. 温度控制示意图如图 1.1-1 所示.

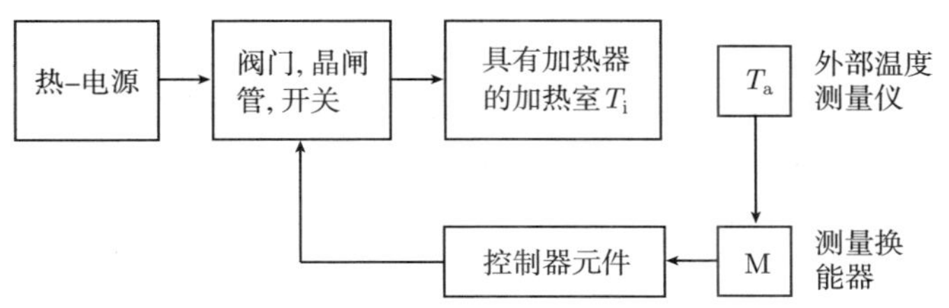

图 1.1-1　温度控制示意图

当不测量被调整的量 (内部温度 T_i) 时, 则工程系统为控制, 依据外部温度 T_a 控制室温 T_i, 而外部温度 T_a 为加热系统中最重要的影响量或扰动量, 控制的特征是**开环作用方式**(**offene Wirkungsweg**), 并且内部温度对外部温度由此对能量供应调整不产生影响, 这种开环作用方式也称为**开环控制链**(**offene Steuerkette**).

例 1.1-2　**调节** (**Regelung**) 具有预先给定希望温度的内部温度, 如果调整能量供应取决于希望温度 T_s 与内部温度 T_i 之差, 那么就得到调节结果, 在调节情况下作用方式是闭环的, 那么这种装置称为**闭环调节回路(geschlossener Regelkreis)**. 温度调节示意图如图 1.1-2 所示.

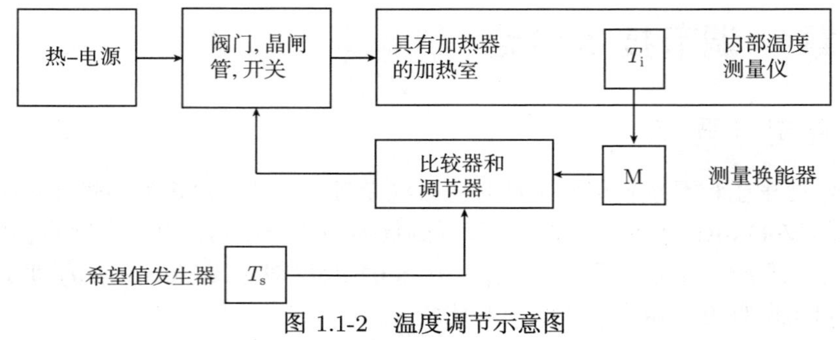

图 1.1-2 温度调节示意图

调节和控制的特征归纳在表 1.1-1 中.

表 1.1-1 调节和控制特征

特征	调节	控制
作用方式	闭环 (调节回路)	开环 (控制链)
调整量的测量与比较	被调节量的测量和比较	被控制量的不测量和比较
扰动反应 (一般)	对所有作用于被调节系统上的扰动具有阻滞作用	仅仅对测量的并且在控制中处理过的扰动起作用
扰动反应 (短时间)	当希望值与实际值的差变化时就起反应	当扰动被直接测量时, 很快起反应
工程耗费	较低的耗费: 被调节量的测量, 希望值与实际值的比较, 功率放大	较高的耗费, 当必须考虑许多扰动时; 较低的耗费, 当未出现扰动时
在不稳定系统情况下的特性	在不稳定系统情况下必须引入调节	在不稳定系统情况下控制是不可用的

控制不考虑全部扰动 (扰动量) 影响, 所举的例子仅考虑外部温度的变化, 而未考虑能量供应的扰动. 控制大多很快会对扰动起反应, 如果外部温度下降, 控制在扰动使内部温度减小之前就已经起作用.

1.2 调节技术概念

工程调节的目的是改善物理量, 如电压、功率、转数、压力、温度等的时间特性.

被调节对象 (Regelstrecke) 是受到作用的工程系统部分, 在 1.1 节例子中被调节对象是由加热器和加热室组成, 被调节对象的输入量为**调整量(Stellgröße)**y(供给热功率), 被调节的量称为**被调节量 (Regelgröße)**x, 这里对应的是温度. 图 1.2-1 所示为具有输入量和输出量的被调节对象.

被调节量 x(实际值) 是在**测量点 (Meßort)** 获得的, 并且通过求差来与**参据**

量 (Führungsgröße)w(希望值) 进行比较, 参据量由外部预先加给调节的, 而被调节量则应跟随预先给出的参据量变化. 差值称为**调节误差(Regeldifferenz)**, 用 z 表示**扰动 (Störungen)**, 它作用于**扰动点 (Störorten)** 并且影响被调节量 x. 调节的一个重要任务就是, 抑制扰动量对被调节量的影响, 如果由于扰动引起被调节量 x 减小, 那么在方程 $x_{\mathrm{d}} = w - x$ 中被调节量 x 的 (正负) 符号变号会导致调节误差 x_{d} 的增大, 调节误差增大, 由于功率提高会产生抑制扰动的**反作用(Gegenwirkung)**(负反馈 (Gegenkopplung)).

$$\boxed{x_{\mathrm{d}} = w - x}$$

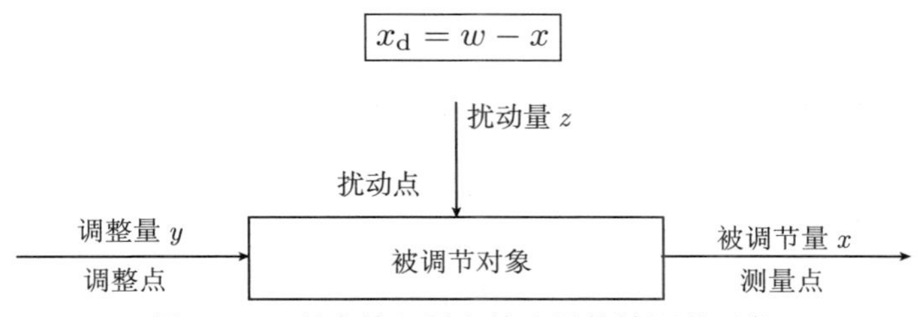

图 1.2-1 具有输入量和输出量的被调节对象

调节误差(Regeldifferenz)x_{d} 是**调节器 (Regelers)** 的输入量. 调节器会放大调节误差, 它的输出量用**调节器输出量 (Reglerausgangsgröße)**y_{R} 表示, 一般情况调节器输出量 y_{R} 输入到功率放大器, 即**调整装置 (Stelleinrichtung)**, 调整装置的输出量, 即**调整量 (Stellgröße)**y 在**调整点 (Stellort)** 作用到被调节对象上. **被调节对象 (Regelstrecke)** 位于调整点和测量点之间.

在测量点和调整点之间的为**调节装置 (Regeleinrichtung)**, 调节装置由测量装置、比较器、调节器 (调节放大器) 和调整装置组成, 全部设备 (除被调节对象以外) 构成调节装置.

通过设定调整点和测量点来限定被调节对象. 为了研究调节技术特性推荐如下约定.

> 全部通过预先给出结构和设备方案的调节技术系统的不可改变部分, 都应计入被调节对象, 而调节技术研究仅涉及到调节器特性, 这些特性是可选择的或可调整的 (结构和参数) 并且在调节器综合时必须是可确定的.

调节技术元件和概念如图 1.2-2 所示.

在所引入实例中, 被调节对象由加热器和加热室构成, 被调节量是内部温度, 调节器的输出量作用在调整装置上, 这就是通常的功率放大器: 晶闸管控制的**功率调整器 (Leistungssteller)**, 影响电功率的开关, 或调整热流量的阀门.

测量装置, 例如温度测量电桥, 用于测量被调节量并提供给比较器, 可用分压器调整参据量 (希望温度).

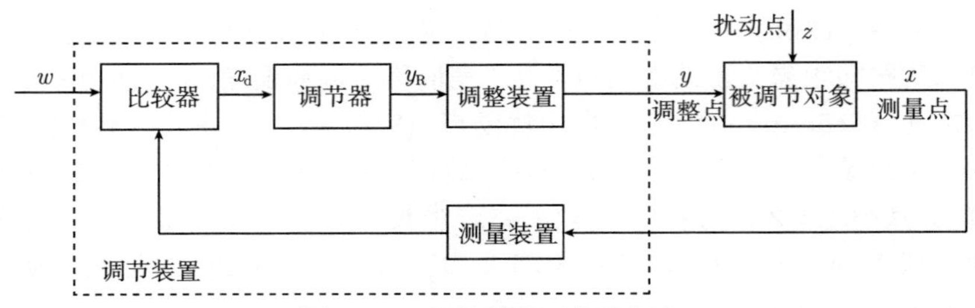

图 1.2-2　调节技术元件和概念

例 1.2-1　转数调节原理

对于直流电动机的转数调节，如图 1.2-3 所示，图中含有控制或调节的最主要技术设备元件，并概述其工作原理.

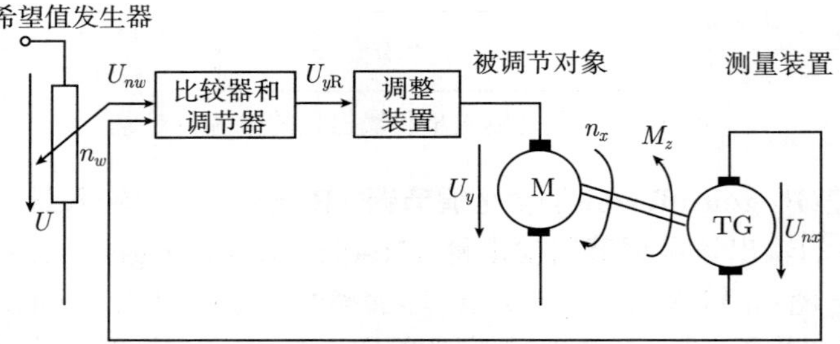

图 1.2-3　直流电动机转数调节的示意图

研究具有负载扰动 M_z 的转数调节工作原理，被调节量电动机 M 的转数 n_x 应当保持常值，转数是用测速发电机 TG 测量的，它将生成与转数成比例的电压 U_{nx}:

$$U_{nx} = K_{\mathrm{T}} \cdot n_x$$

K_{T} 为具有量纲 $\mathrm{mV/min^{-1}}$ 的测速发电机常数. 用希望值发生器的分压器来调整参据量 U_{nw}，在此，参据量 (希望转数)n_w 的确定值与分压器转角相对应，调节器生成一个电压差，由此将产生一个与调节误差成比例的电压：

$$U_{x\mathrm{d}} = U_{nw} - U_{nx}$$

并由调节器增益 K_{R} 来放大：

$$U_{y\mathrm{R}} = K_{\mathrm{R}} \cdot U_{x\mathrm{d}} = K_{\mathrm{R}} \cdot (U_{nw} - U_{nx})$$

调节器输出量 $U_{y\mathrm{R}}$ 一般不能提供驱动电动机所需要的功率，调整装置可放大功率，这里电压增益系数应为 1：

$$U_y = U_{y\mathrm{R}}$$

调整量 U_y 是电动机的电枢电压, 并产生驱动力矩 M_{A} 的电枢电流 I_{A}, 转数取决于电枢电压 U_y 和负载力矩 M_z:

$$n_x = f(U_y,\, M_z)$$

主要扰动量这里为负载力矩 M_z, 它增大会使转数 n_x 减小, 下面给出对于负载扰动 M_z 的调节原理, 其中一个量的增加通过符号"+"表示, 而减少用符号"−"表示.

扰动量 $M_z \to +$, 被调节量 $n_x = f(U_y, M_z) \to -$;

反馈量 $U_{nx} = K_{\mathrm{T}} \cdot n_x \to -$, 参据量 $U_{nw} \to$ 常量;

与调节误差成比例的量 $U_{x\mathrm{d}} = U_{nw} - U_{nx} \to +$;

调节器输出量 $U_{y\mathrm{R}} = K_{\mathrm{R}} \cdot U_{x\mathrm{d}} \to +$, 调整量 $U_y = U_{y\mathrm{R}} \to +$;

电枢电流 $I_{\mathrm{A}} = f(U_y) \to +$, 电枢力矩 $M_{\mathrm{A}} = f(I_{\mathrm{A}}) \to +$;

被调节量 $n_x = f(U_y, M_z) \to +$.

通常在转数调节时引入这种调节结构, 它是很多驱动问题实现的基础: 传送装置的驱动、数控机床的主要驱动以及工业机器人的轴驱动等.

第 2 章　表示调节技术结构的辅助工具

2.1　结构图或信号流图

在开发调节和控制系统时, 首先应用**工程系统图**(**Technologieschema**) 来描述, 工程系统图仅仅表示系统的**基本工作原理**(**prinzipielle Wirkungsweise**), 为了便于计算, 有必要用数学公式描述调节技术仪器和设备的物理过程, 并构建**数学模型** (**mathematisches Modell**).

用于表示的辅助工具是**结构图**或**信号流图**(**Wirkungs- oder Signalflusspläne**), 对此, 从用图形表示传递块的传递系统开始讲起.

图 2.1-1 中, $x_{ei}\,(i=1,2,\cdots,m)$ 为输入量, 而 $x_{aj}\,(j=1,2,\cdots,n)$ 为输出量, 输入量和输出量可以是:

- 时间函数 $x_e\,(t)$ 和 $x_a\,(t)$;
- 谐波函数 (频率特性函数)$x_e\,(j\omega)$ 和 $x_a\,(j\omega)$;
- 拉普拉斯变换的时间函数 $x_e\,(s)$ 和 $x_a\,(s)$;
- z 变换的时间函数 $x_e\,(z)$ 和 $x_a\,(z)$.

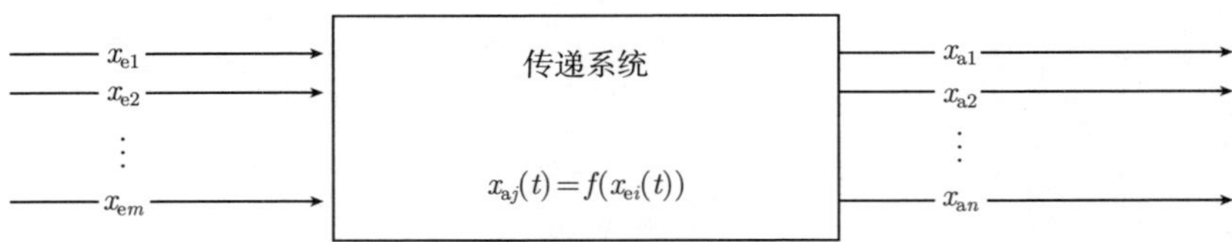

图 2.1-1　传递系统

具有多输入和多输出信号系统称为**多系统**(**Mehrfachsysteme**), 为分析和计算将多系统分解为:

- **单系统 (Einfachsyseme)** 或**传递框 (Übertragungsblöcke)**(具有一个输入和输出量的系统);
- 把多个量 (信号) 组合在一起的**逻辑连接元件 (Verknüpfungselemente)**.

用传递框 (调节回路元件有传递符号) 表示连接输入和输出量的**因果关系 (Kausalzusammenhänge)**, 由此所形成的图形称为**结构图**或**信号流图**(**Wirkungs- oder Signalflussplan**).

2.2 结构图或信号流图元件

2.2.1 传递框和信号线

从输入量到输出量作用 (因果) 的依赖关系可通过一个**传递框(Übertragungsblöck)**(矩形) 来表示 (图 2.2-1), 对于每个信号在传递框上都用一条信号线表示, 其中箭头给出作用方向:

- 进入的箭头: 输入量;
- 离去的箭头: 输出量.

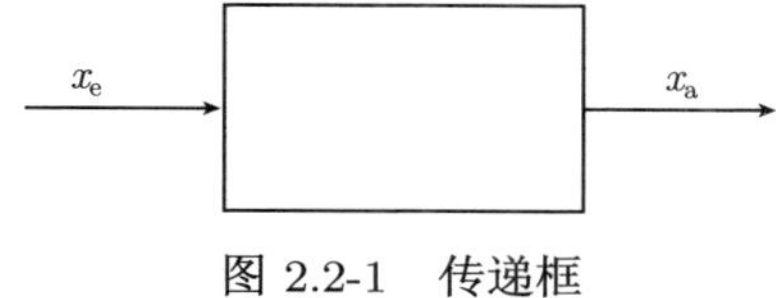

图 2.2-1 传递框

下面给出传递框特性:

- 传递系统一般时间特性的微分方程;
- 阶跃响应, 在输入量突然变化时的系统反应;
- 频率特性函数, 在谐波输入函数时系统的传递函数;
- 拉普拉斯变换输入量的传递函数;
- z 变换输入量的传递函数.

例 2.2-1 电气的和机诫的滞后元件

电阻电容电路 (RC 元件)

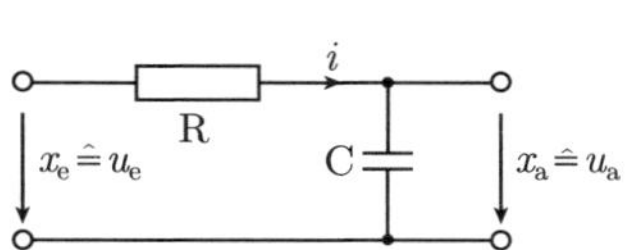

电压由 $u_e = 0$ 增加到 u_{e0}:

$$u_e(t) = R \cdot i(t) + u_a(t)$$

$$i(t) = C \cdot \frac{du_a(t)}{dt}$$

弹簧阻尼元件

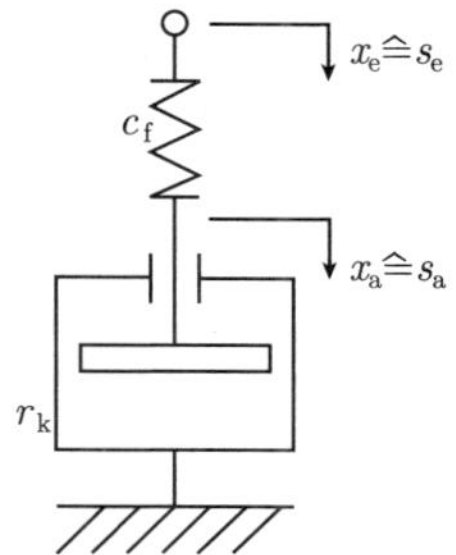

位置由 $s_e = 0$ 改变到 s_{e0}:

$$r_k \cdot \frac{ds_a(t)}{dt} = c_f \cdot (s_e(t) - s_a(t))$$

$$r_k \cdot \frac{ds_a(t)}{dt} + c_f \cdot s_a(t) = c_f \cdot s_e(t)$$

$$T_1 = R \cdot C \qquad\qquad T_1 = r_\mathrm{k}/c_\mathrm{f}$$

$$T_1 \cdot \frac{\mathrm{d}u_\mathrm{a}(t)}{\mathrm{d}t} + u_\mathrm{a}(t) = u_\mathrm{e}(t) \qquad\qquad T_1 \cdot \frac{\mathrm{d}s_\mathrm{a}(t)}{\mathrm{d}t} + s_\mathrm{a}(t) = s_\mathrm{e}(t)$$

元件的微分方程、阶跃响应函数、频率特性函数和传递函数都有相同结构 (见第 3 章).

微分方程:

$x_\mathrm{e}(t)$ → $T_1 \cdot \frac{\mathrm{d}x_\mathrm{a}}{\mathrm{d}t} + x_\mathrm{a} = x_\mathrm{e}$ → $x_\mathrm{a}(t)$

阶跃响应函数:

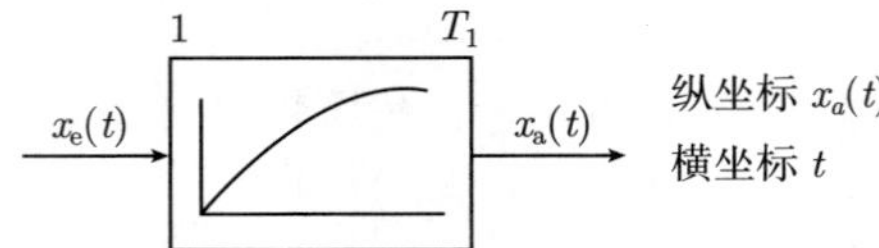

频率特性函数:

$x_\mathrm{e}(\mathrm{j}w)$ → $\frac{1}{1+\mathrm{j}w \cdot T_1}$ → $x_\mathrm{a}(\mathrm{j}w)$

拉普拉斯传递函数:

$x_\mathrm{e}(s)$ → $\frac{1}{1+T_1 \cdot s}$ → $x_\mathrm{a}(s)$

阶跃响应函数将给出在输入量 $x_\mathrm{e}(t)$ 阶跃变化时输出量 $x_\mathrm{a}(t)$ 曲线, 这里用 I 阶微分方程给出的元件, 其阶跃响应函数为

$$\boxed{x_\mathrm{a}(t) = x_{\mathrm{e}0} \cdot (1 - \mathrm{e}^{-t/T_1}), \quad x_\mathrm{e}(t) = x_{\mathrm{e}0} \quad \text{对于} \quad t > 0}$$

非线性系统同样地也可用信号流图表示.

控制方程:

U → $I = k \cdot U^2$ → I

稳态特性曲线:

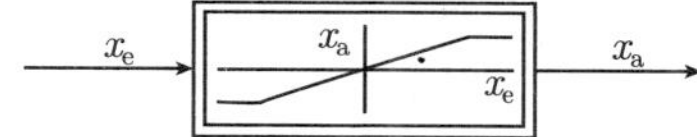

用上述的特性曲线描述具有限制的放大器稳态特性.

2.2.2 逻辑连接元件

用逻辑连接元件连接传递框. 常用下面的逻辑连接:

- 分支.
- 相加, 反相.
- 相乘.
- 相除.
- **分支元件(Verzweigungselement)**: 信号分支, 每支输出量都与输入量相等.

$x_e(t)$ $x_a(t)$ $x_a(t)$

$$x_a(t) = x_e(t)$$

- **相加元件(Summationselement)**: 在所考虑符号下将输入量合并成一个引出量, 加号可略去, 而减号应给出.

$x_{e1}(t)$ $x_{e2}(t)$ $x_{e3}(t)$ − + +

$$x_a(t) = -x_{e1}(t) + x_{e2}(t) + x_{e3}(t)$$

- **反相点(Inversionsstelle)**:

$x_e(t)$ −

$$x_a(t) = -x_e(t)$$

- **相乘点(Multiplikationsstelle)**:

$x_{e1}(t)$ $x_{e2}(t)$

$$x_a(t) = x_{e1}(t) \cdot x_{e2}(t)$$

- **相除点(Divesionsstelle)**:

$x_{e1}(t)$ $x_{e2}(t)$

$$x_a(t) = x_{e1}(t) \,/\, x_{e2}(t)$$

信号线始终保持原方向, 信号线无反向作用, 同样地假定传递框也是单方向作用的, 反馈必须通过信号线来表示.

例 2.2-2　通过信号流图表示下面方程.

(1) 具有两个扰动量 z_1 和 z_2 的被调节对象方程, 供电扰动量 z_1 减小被调节对象输入功率, 而作为负载扰动量的 z_2 直接减小被调节量 x.

$$x = 5 \cdot (y - z_1) - 3 \cdot z_2$$

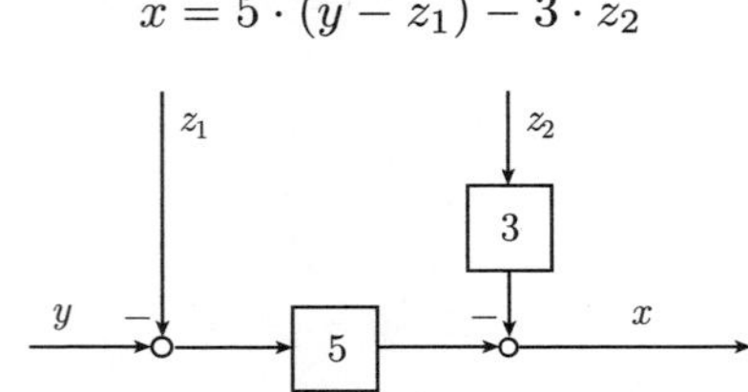

(2) 积分和微分元件:

$$x_{\mathrm{a}}(t) = \frac{1}{T_{\mathrm{I}}} \cdot \int x_{\mathrm{e}}(t)\ \mathrm{d}t$$

$$x_{\mathrm{a}}(t) = T_{\mathrm{D}} \cdot \frac{\mathrm{d}x_{\mathrm{e}}(t)}{\mathrm{d}t}$$

含有积分或微分的方程一般通过阶跃响应 (频率特性函数和传递函数) 来表示 (见第 3 章).

(3) 电功率 P 方程:

$$P = U \cdot I$$

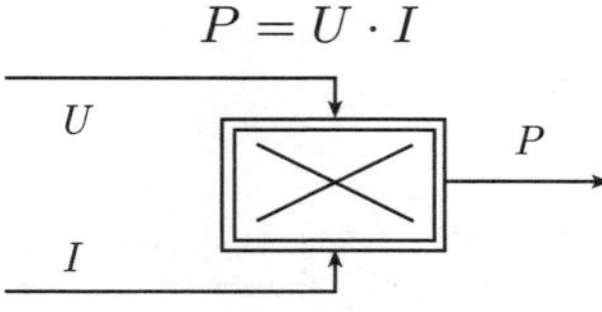

(4) 在质量为 m 情况下, 力 F、加速度 a 和位移 s 之间的关系:

$$a(t) = \frac{F(t)}{m}, \quad v(t) = \int a(t)\ \mathrm{d}t, \quad s(t) = \int v(t)\ \mathrm{d}t$$

(5) 具有比例环节的调节回路方程:

$$x_{\rm d} = w - x, \quad y = K_{\rm R} \cdot x_{\rm d}, \quad x = K_{\rm S} \cdot y$$

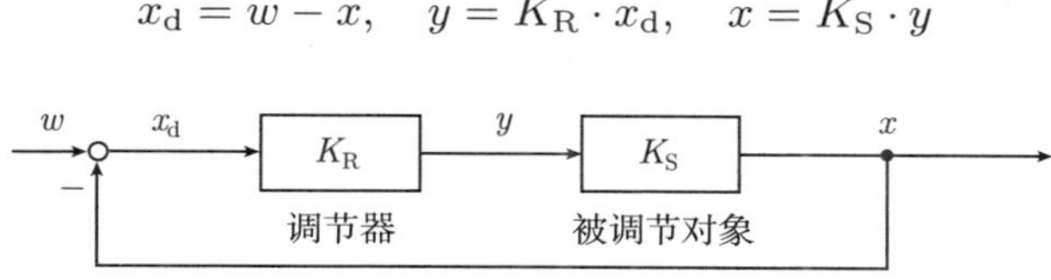

在调节技术传递元件方程中, 下面的约定是有效的: 位于左边为元件的输出量, 而右边为输入量.

2.3 基本的信号流结构和简化规则

2.3.1 结构图或信号流图的应用

下面给出调节回路信号流结构的简化和变换规则是有效的, 即该回路可由比例环节、频率特性函数、拉普拉斯传递函数和 z 传递函数来表示. 其主要优点在于, 输出量是通过与输入量**相乘(Multiplikation)** 得到的简化和变换规则应用到下例无滞后比例元件上.

2.3.2 链式结构

多个传递框串联可用一个传递框表示:

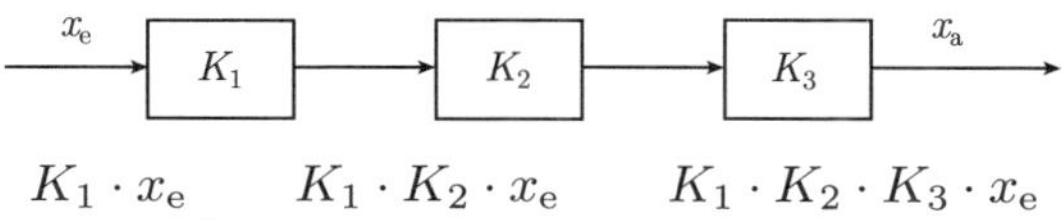

$K_1 \cdot x_{\rm e} \qquad K_1 \cdot K_2 \cdot x_{\rm e} \qquad K_1 \cdot K_2 \cdot K_3 \cdot x_{\rm e}$

链式结构(Kettenstruktur) 合成的传递系数通过各个传递系数相乘给出:

$$x_{\rm a} = K_1 \cdot K_2 \cdot K_3 \cdot x_{\rm e} = K \cdot x_{\rm e}, \quad K = K_1 \cdot K_2 \cdot K_3$$

2.3.3 并联结构

多个传递框并联可用一个传递框代替.

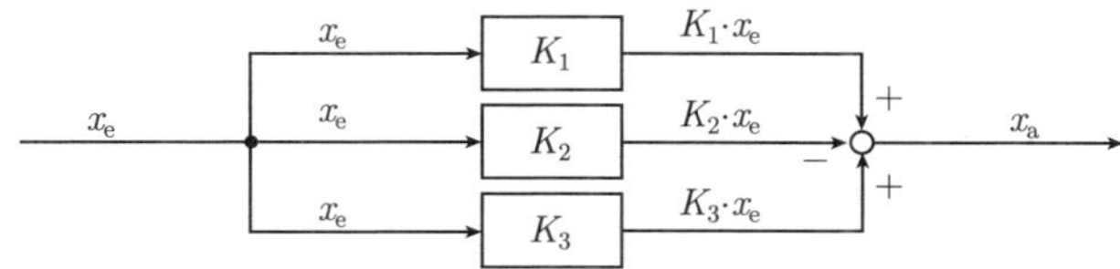

并联结构(Parallelstruktur) 合成的传递系数通过各个传递系数相加给出, 其中必须考虑在相加点各个输入量的符号:

$$x_{\mathrm{a}}=(K_1-K_2+K_3)\cdot x_{\mathrm{e}},\quad x_{\mathrm{a}}=K\cdot x_{\mathrm{e}},\quad K=K_1-K_2+K_3$$

例 2.3-1　电子技术中的例子

计算具有两个串联的单方向 (解耦) 滞后元件的频率特性. 单方向是指, 输出负载变化对前面的传递元件无作用, 在本例中负载的变化 (如输出电压 u_{a} 的短路) 不会改变电压 u_{a1}.

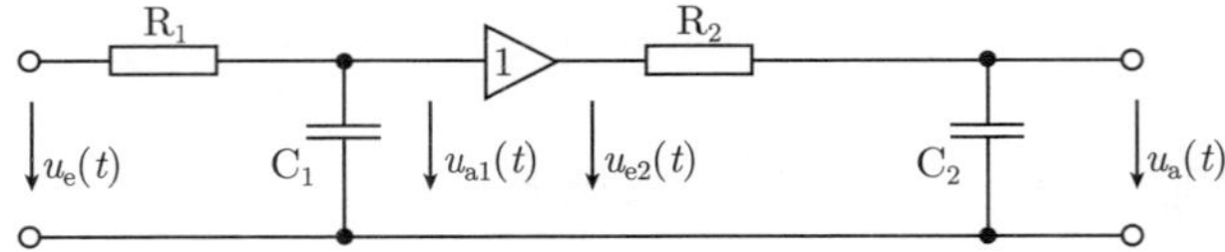

这样的放大器应是近似理想的, 即输入电阻 $R_{\mathrm{i}}\to\infty$, 输出电阻 $R_{\mathrm{a}}\to 0$, 增益 $K=1$, 系统的输出量可通过解微分方程或通过变换输入量与频率特性函数或拉普拉斯传递函数**相乘(Multiplikation)** 得到, 这里各个传递框在信号流图中用频率特性函数表示.

$u_{\mathrm{a}}(\mathrm{j}w)$ → $F_1(\mathrm{j}w)$ → $u_{\mathrm{a1}}(\mathrm{j}w)$ → $F_{\mathrm{K}}(\mathrm{j}w)$ → $u_{\mathrm{e2}}(\mathrm{j}w)$ → $F_2(\mathrm{j}w)$ → $u_{\mathrm{a}}(\mathrm{j}w)$

频率特性函数为在谐波输入量情况下输出量被输入量除得到的商, 用分压器调节可得到:

$$F_1(\mathrm{j}\omega)=\frac{u_{\mathrm{a1}}(\mathrm{j}\omega)}{u_{\mathrm{e}}(\mathrm{j}\omega)}=\frac{1/(\mathrm{j}\omega C_1)}{R_1+1/(\mathrm{j}\omega C_1)}=\frac{1}{1+\mathrm{j}\omega R_1\cdot C_1}=\frac{1}{1+\mathrm{j}\omega T_1}$$

$$F_2(\mathrm{j}\omega)=\frac{u_{\mathrm{a}}(\mathrm{j}\omega)}{u_{\mathrm{e2}}(\mathrm{j}\omega)}=\frac{1/(\mathrm{j}\omega C_2)}{R_2+1/(\mathrm{j}\omega C_2)}=\frac{1}{1+\mathrm{j}\omega R_2\cdot C_2}=\frac{1}{1+\mathrm{j}\omega T_2}$$

其中, 时间常数 $T_1=R_1\cdot C_1$, $T_2=R_2\cdot C_2$.

对于放大器为

$$F_{\mathrm{K}}(\mathrm{j}\omega)=\frac{u_{\mathrm{e2}}(\mathrm{j}\omega)}{u_{\mathrm{a1}}(\mathrm{j}\omega)}=1$$

多个传递框串联, 可用一个传递框代替:

$$\begin{aligned}F(\mathrm{j}\omega)&=\frac{u_{\mathrm{a}}(\mathrm{j}\omega)}{u_{\mathrm{e}}(\mathrm{j}\omega)}=F_1(\mathrm{j}\omega)\cdot F_{\mathrm{K}}(\mathrm{j}\omega)\cdot F_2(\mathrm{j}\omega)\\&=\frac{1}{(1+\mathrm{j}\omega T_1)\cdot(1+\mathrm{j}\omega T_2)}=\frac{1}{1+\mathrm{j}\omega\cdot(T_1+T_2)+(\mathrm{j}\omega)^2\cdot T_1\cdot T_2}\end{aligned}$$

下面结构图是与三个元件串联等效的:

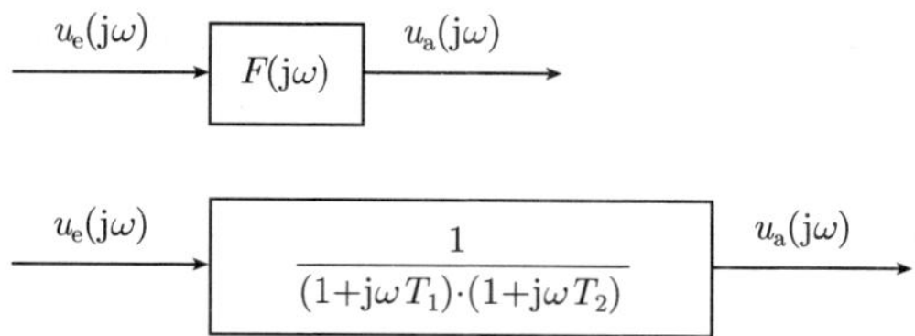

在下面例子中未给出单方向性、负载变化, 由于 u_a 会反作用到 u_{a1} 上, 因此, 系统的频率特性不是由两个单个频率特性合成的.

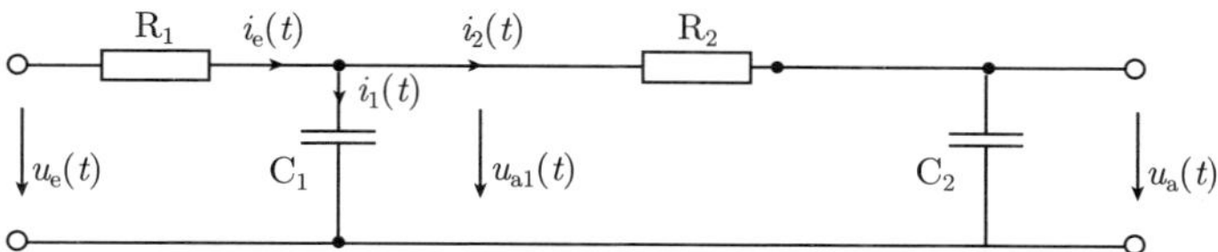

由克希荷夫 (Kirchhoffschen) 定律可得出下面的信号流图.

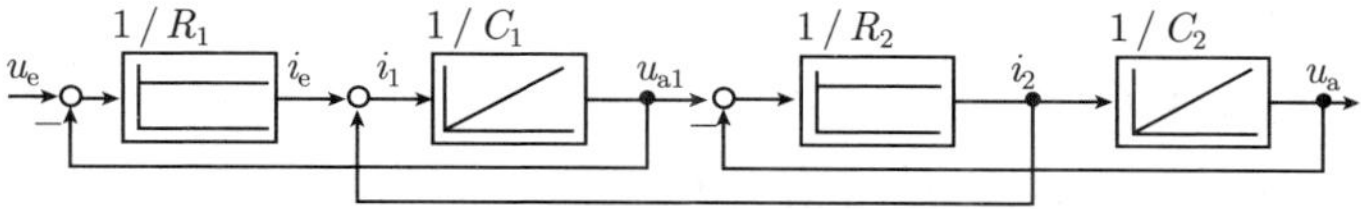

下面给出频率特性函数的计算式:

$$F(j\omega)=\frac{u_a(j\omega)}{u_e(j\omega)}=\frac{1}{1+j\omega\cdot(T_1+T_2+T_{12})+(j\omega)^2\cdot T_1\cdot T_2}$$

其中, 时间常数 $T_1=R_1\cdot C_1$, $T_2=R_2\cdot C_2$, 耦合时间常数 $T_{12}=R_1\cdot C_2$.

下面结构图是等效的.

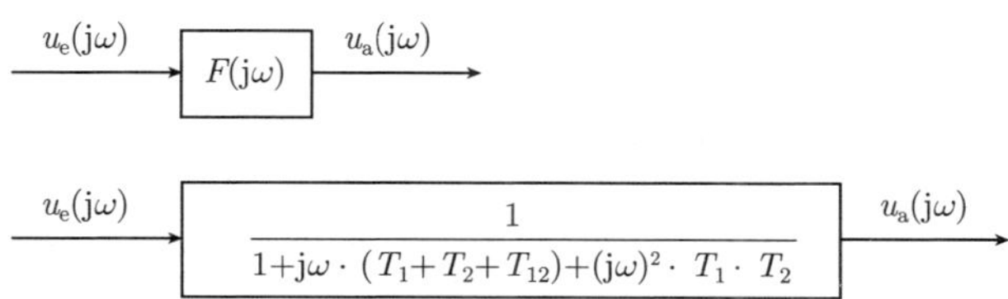

例 2.3-2 生产工艺技术例子

两个储气罐压力系统具有与前面表述的两个 RC 元件串联相同的特性 (图 2.3-1).

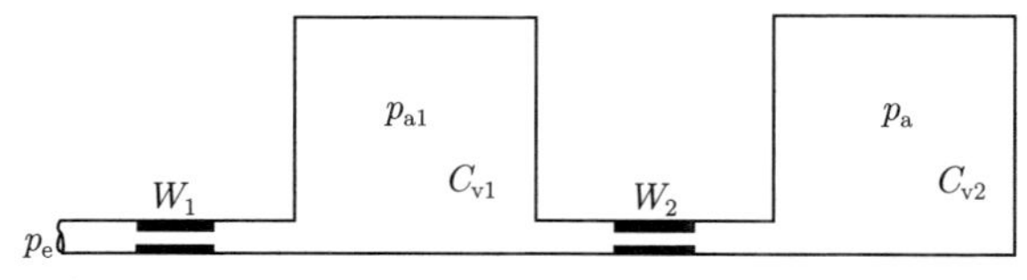

图 2.3-1 两个储气压力系统

管道会产生与管道尺寸相关的流动**阻力**(Strömungs**widerstände**)W_1 和 W_2.

储气罐**容量**(Speicher**kapazitäten**)C_{v1} 和 C_{v2} 主要是通过压力容器的容积来确定的, 在两个特征参量中补充引入气体固有特性, 计算会得出类似的频率特性函数:

$$F(\mathrm{j}\omega)=\frac{p_{\mathrm{a}}(\mathrm{j}\omega)}{p_{\mathrm{e}}(\mathrm{j}\omega)}=\frac{1}{1+\mathrm{j}\omega\cdot(T_1+T_2+T_{12})+(\mathrm{j}\omega)^2\cdot T_1\cdot T_2}$$

其中, 时间常数 $T_1=W_1\cdot C_{\mathrm{v1}}, T_2=W_2\cdot C_{\mathrm{v2}}$, 而耦合时间常数 $T_{12}=R_1\cdot C_2$. 相应的结构图如下:

$p_{\mathrm{e}}(\mathrm{j}\omega)$ → $F(\mathrm{j}\omega)$ → $p_{\mathrm{a}}(\mathrm{j}\omega)$

$p_{\mathrm{e}}(\mathrm{j}\omega)$ → $\dfrac{1}{1+\mathrm{j}\omega\cdot(T_1+T_2+T_{12})+(\mathrm{j}\omega)^2\cdot T_1\cdot T_2}$ → $p_{\mathrm{a}}(\mathrm{j}\omega)$

2.3.4　回路结构

2.3.4.1　间接负反馈结构

在信号流图反馈支路中存在一个具有系数 K_{M} 的传递框, 并且参据量 w 直接与信号 $x\cdot K_{\mathrm{M}}$ 比较, 例如, 这样结构出现在记录电压曲线的 X–Y 记录仪上, 参据量 w(电压) 和被调节量 x(记录笔位置) 不具有同一量纲, 如图 2.3-2 所示.

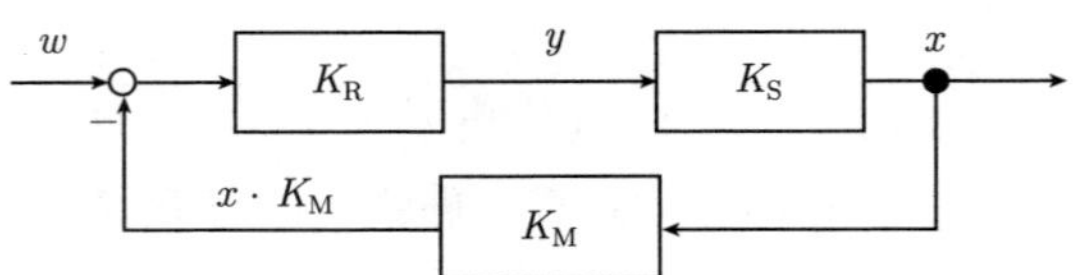

图 2.3-2　调节回路结构 (间接负反馈)

$K_{\mathrm{R}}, K_{\mathrm{S}}, K_{\mathrm{M}}$ 分别为调节器、被调节对象和测量装置的传递系数, 传递特性计算可分解成如下步骤进行: 建立**调节回路方程 (Regelkreisgleichung)**, 同时表示调节回路运行方向. 对此, 产生其变量被分离的调节回路方程, 然后再建立传递函数或频率特性函数.

$$x=K_{\mathrm{R}}\cdot K_{\mathrm{S}}\cdot(w-x\cdot K_{\mathrm{M}}),\qquad x\cdot(1+K_{\mathrm{M}}\cdot K_{\mathrm{R}}\cdot K_{\mathrm{S}})=w\cdot K_{\mathrm{R}}\cdot K_{\mathrm{S}}$$

$$\boxed{x=\frac{K_{\mathrm{R}}\cdot K_{\mathrm{S}}}{1+K_{\mathrm{M}}\cdot K_{\mathrm{R}}\cdot K_{\mathrm{S}}}\cdot w=K\cdot w,\qquad K=\frac{x}{w}=\frac{K_{\mathrm{R}}\cdot K_{\mathrm{S}}}{1+K_{\mathrm{M}}\cdot K_{\mathrm{R}}\cdot K_{\mathrm{S}}}}$$

w → $\dfrac{K_{\mathrm{R}}\cdot K_{\mathrm{S}}}{1+K_{\mathrm{M}}\cdot K_{\mathrm{R}}\cdot K_{\mathrm{S}}}$ → x

2.3.4.2 直接负反馈结构

大多数单闭合的调节回路都可以用具有直接负反馈的调节回路结构表示, 如图 2.3-3 所示.

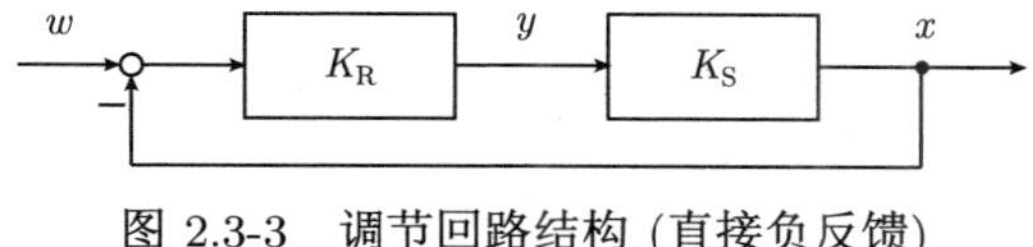

图 2.3-3 调节回路结构 (直接负反馈)

K_{R} 和 K_{S} 分别为调节器和被调节对象的传递系数, 调节回路特性由调节回路方程确定.

$$(w-x)\cdot K_{\mathrm{R}}\cdot K_{\mathrm{S}}=x,\qquad x\cdot(1+K_{\mathrm{R}}\cdot K_{\mathrm{S}})=w\cdot K_{\mathrm{R}}\cdot K_{\mathrm{S}}$$

$$\boxed{x=\frac{K_{\mathrm{R}}\cdot K_{\mathrm{S}}}{1+K_{\mathrm{R}}\cdot K_{\mathrm{S}}}\cdot w=K\cdot w,\qquad K=\frac{x}{w}=\frac{K_{\mathrm{R}}\cdot K_{\mathrm{S}}}{1+K_{\mathrm{R}}\cdot K_{\mathrm{S}}}}$$

例 2.3-3 具有中间变量反馈的调节回路传递特性, 如果传递框的传递特性是通过比例传递系数、频率特性函数或传递函数给出, 那么可以采用如下计算过程:

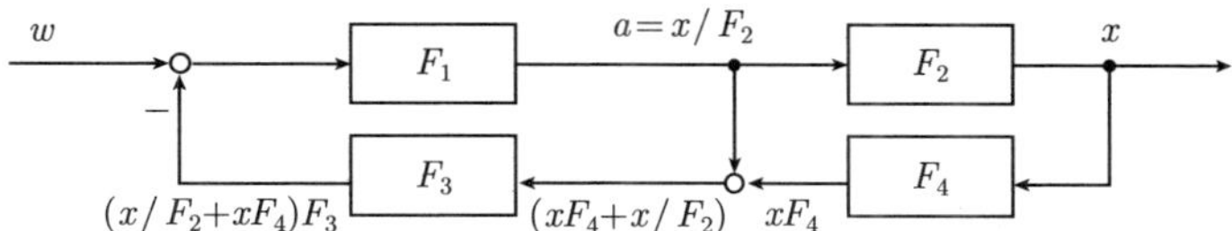

如果引入辅助量 a, 可简化建立回路方程, 辅助量可由方程 $a\cdot F_2=x$ 求得 $a=x/F_2$.

由此成为

$$\left[w-\left(x\cdot F_4+\frac{x}{F_2}\right)\cdot F_3\right]\cdot F_1\cdot F_2=x$$

$$(1+F_1\cdot F_3+F_1\cdot F_2\cdot F_3\cdot F_4)\cdot x=F_1\cdot F_2\cdot w$$

$$F=\frac{x}{w}=\frac{F_1\cdot F_2}{1+F_1\cdot F_3+F_1\cdot F_2\cdot F_3\cdot F_4}$$

参据频率特性函数 F 给出参据量 w 对被调节量 x 的作用.

2.4 具有比例环节的调节回路计算

研究一个无滞后的调节回路, 调节器和被调节对象都是比例传递元件, 标志调节作用的**调节系数(Regelfaktor)** 应借助传递特性确定, 对于无滞后调节回路传递特性就是时域的输出量与输入量比值.

如图 2.4-1 所示, K_R 和 K_S 分别为调节器 (调节器增益) 和被调节对象 (被调节对象增益) 的传递系数, 两个扰动量在原理上是不同的: z_1 作用在被调节对象的输入端 (称供能扰动量), 而 z_2 作用在被调节对象的输出端 (称负载扰动量).

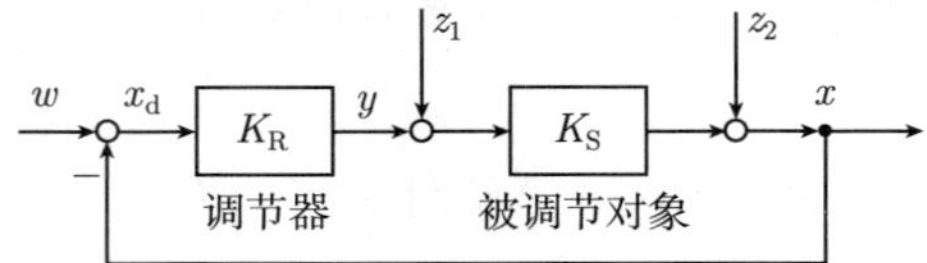

图 2.4-1 具有理想调节回路环节的调节回路

在工程的调节回路中, 调整量 y 通常与被调节对象的供给功率相对应. 如果**供能扰动量(Versorgungsstörgröße)** 为负作用, 那么它将减小供给功率, **负载扰动量(Laststörgröße)** 直接影响被调节量, 如果扰动作用到被调节对象内部, 那么可用 2.5 节的变换规则将其换算到被调节对象的输入端或输出端, 通常将扰动和参据量对被调节量的作用分开来研究.

扰动传递特性 (Störübertragungsverhalten):

$$K_{\mathrm{z}1} = \frac{x}{z_1}, \quad z_1 \neq 0, \quad z_2 = 0, \quad w = 0$$

$$(-x \cdot K_\mathrm{R} + z_1) \cdot K_\mathrm{S} = x, \quad x \cdot (1 + K_\mathrm{R} \cdot K_\mathrm{S}) = K_\mathrm{S} \cdot z_1$$

$$\boxed{K_{z1} = \frac{x}{z_1} = \frac{K_\mathrm{S}}{1 + K_\mathrm{R} \cdot K_\mathrm{S}}} \quad \text{(供能扰动量扰动传递函数)}$$

无调节时 $K_\mathrm{R} = 0$, 得到 $K_{z1} = K_\mathrm{S}$.

扰动传递特性 (Störübertragungsverhalten):

$$K_{z_2} = \frac{x}{z_2}, \quad z_2 \neq 0, \quad z_1 = 0, \quad w = 0$$

$$-x \cdot K_\mathrm{R} \cdot K_\mathrm{S} + z_2 = x, \quad x \cdot (1 + K_\mathrm{R} \cdot K_\mathrm{S}) = z_2$$

$$\boxed{K_{z2} = \frac{x}{z_2} = \frac{1}{1 + K_\mathrm{R} \cdot K_\mathrm{S}}} \quad \text{(负载扰动量传递函数)}$$

无调节时 $K_\mathrm{R} = 0$, 那么得到 $K_{z2} = 1$.

参据传递特性 (Führungsübertragungsverhalten):

$$K=\frac{x}{w},\quad w\neq 0,\quad z_1=0,\quad z_2=0$$

$$(w-x)\cdot K_{\mathrm{R}}\cdot K_{\mathrm{S}}=x,\quad x\cdot(1+K_{\mathrm{R}}\cdot K_{\mathrm{S}})=K_{\mathrm{R}}\cdot K_{\mathrm{S}}\cdot w$$

$$\boxed{K=\frac{x}{w}=\frac{K_{\mathrm{R}}\cdot K_{\mathrm{S}}}{1+K_{\mathrm{R}}\cdot K_{\mathrm{S}}}}\quad \text{(参据传递函数)}$$

通过调节降低扰动对被调节量的作用, 调节因子 r 为扰动抑制的量度. 具有调节的扰动传递函数与无调节的扰动传递函数的比值得到调节因子.

$$\boxed{r=\frac{1}{1+K_{\mathrm{R}}\cdot K_{\mathrm{S}}}=\frac{K_z\,(\text{具有调节})}{K_z\,(\text{无调节})}}$$

由调节因子可计算无滞后调节回路特性, 在其他调节时, 它仅对稳态特性有效, 调节因子越小, 调节越好.

例 2.4-1 求具有比例–环节调节回路的调节因子, 调节器和被调节对象分别为具有 $K_{\mathrm{R}}=12$ 和 $K_{\mathrm{S}}=2$ 的比例–环节. 参据量 w 和供电扰动量 z 总是由 0 变到 1, 计算对被调节量 x 的作用.

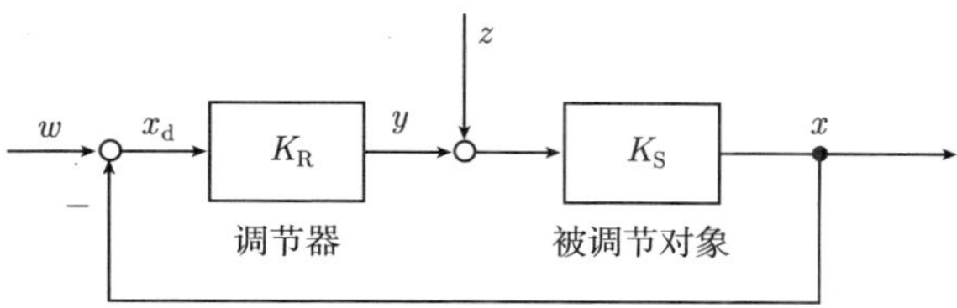

计算参据量特性:

$$w(t\leqslant 0)=0,\quad w(t>0)=1,\quad z(t)=0$$

$$x=\frac{K_{\mathrm{R}}\cdot K_{\mathrm{S}}}{1+K_{\mathrm{R}}\cdot K_{\mathrm{S}}}\cdot w=0.96<w$$

计算扰动特性:

$$z(t\leqslant 0)=0,\quad z(t>0)=1,\quad w(t)=0$$

$$x_z=\frac{K_{\mathrm{S}}}{1+K_{\mathrm{R}}\cdot K_{\mathrm{S}}}\cdot z=0.08>0\,,\qquad r=\frac{1}{1+K_{\mathrm{R}}\cdot K_{\mathrm{S}}}=0.04$$

无调节时 ($K_R = 0$), $x_z = K_S \cdot z = 2.0$; 具有调节时, $x_z = 0.08$, 由于调节因子 $r = 0.04$, 调节会降低扰动量 z 对被调节量的作用.

2.5 结构图和信号流图变换

2.5.1 变换规则

为能进一步进行调节技术研究, 在复杂的信号流图中仅基本变换规则是不够的, 特别是当信号流图各个环路是互相重叠时, 这种情况称为交互连接 (Vermaschung).

为了处理这类调节技术结构, 需要下面的运算:

- 串联或并联连接传递框的合并;
- 反馈结构的简化;
- 传递框与相加点或分支点的移动;
- 相加点的移动与合并;
- 相加点与分支点的移动.

规则总结如下: 用该规则将交互连接的信号流图做如下变换, 即求合成的频率特性函数或传递函数, 变换前后结构的传递特性是等效的.

变换前后结构对于输入输出特性是等效的, 也就是对于输出与输入量之间的关系式是恒等的.

对于频率特性函数 $F(\mathrm{j}\omega)$、谐波函数 $x_e(\mathrm{j}\omega)$ 和 $x_a(\mathrm{j}\omega)$(它们分别缩写为 $F, x_\mathrm{e}, x_\mathrm{a}$) 给出了**变换规则(Umformungsregeln)**, 规则对于传递函数 $G(s), x_\mathrm{e}(s), x_\mathrm{a}(s)$, 或者当元件传递系数为常量时的 $K, x_\mathrm{e}(t), x_\mathrm{a}(t)$ 也都是有效的.

2.5.2 结构图变换规则表

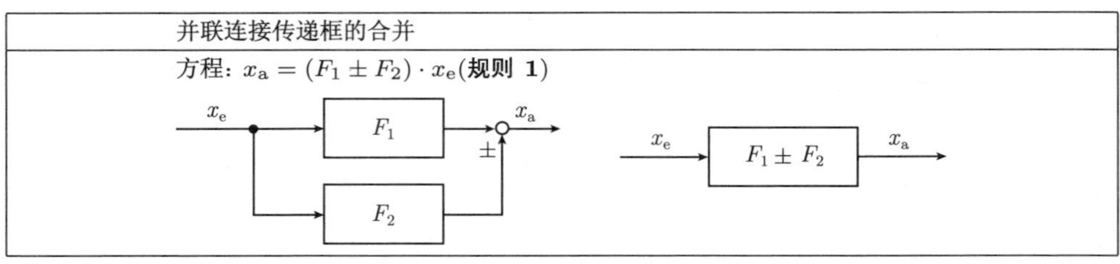

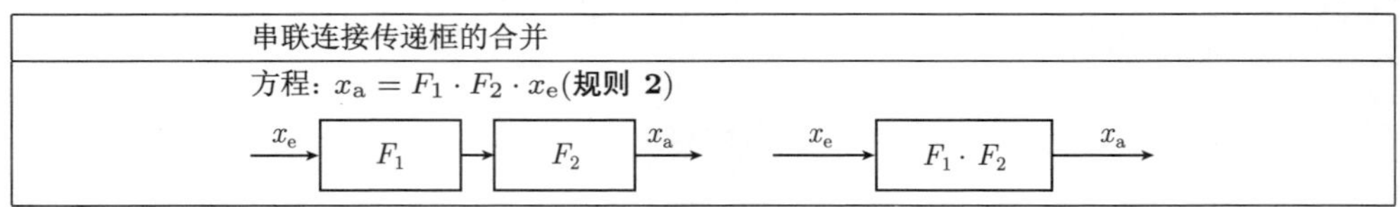

具有间接反馈回路结构

方程：$(x_e \mp F_2 \cdot x_a) \cdot F_1 = x_a$(**规则 3**)

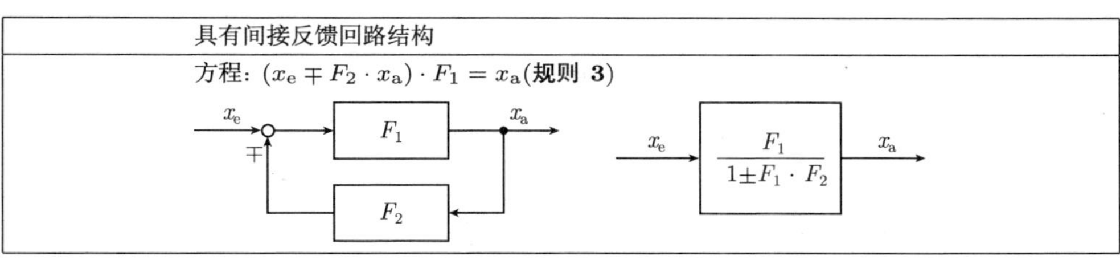

具有直接反馈回路结构

方程：$(x_e \mp x_a) \cdot F_1 = x_a$(**规则 4**)

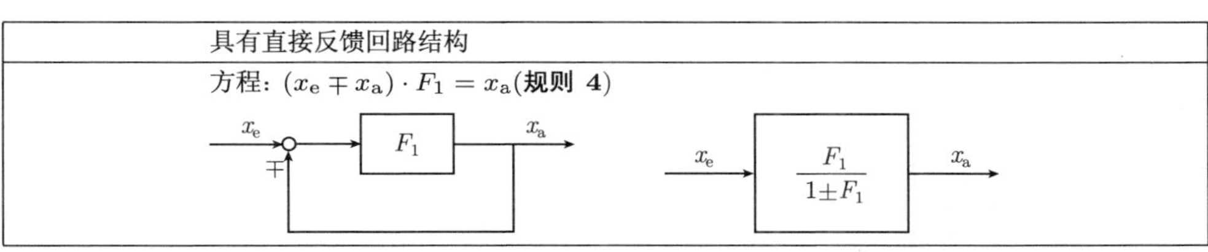

相加点与传递框的移动

方程：$x_a = (x_{e1} \pm x_{e2}) \cdot F$(**规则 5**)

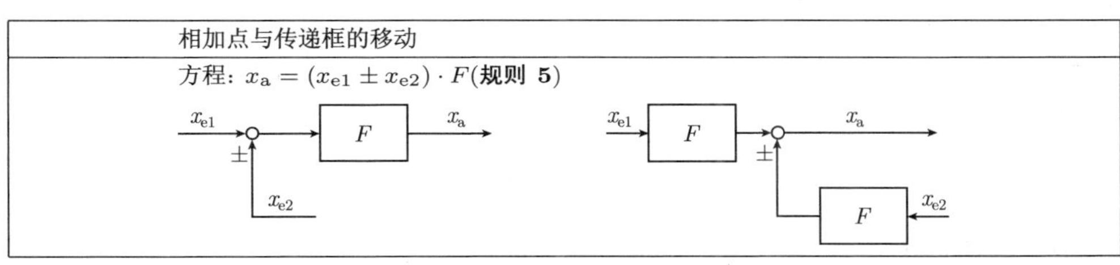

相加点与传递框的移动

方程：$x_a = x_{e1} \pm x_{e2} \cdot F$(**规则 6**)

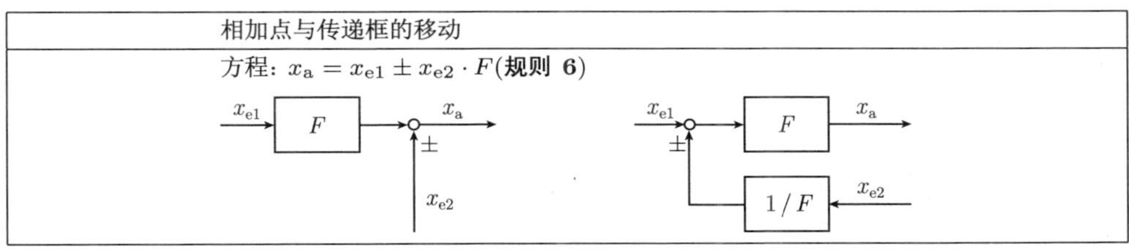

分支点与传递框的移动

方程：$x_a = F \cdot x_e$(**规则 7**)

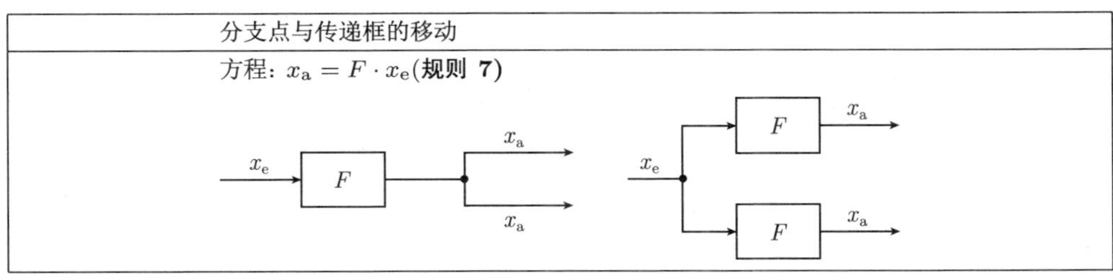

分支点与传递框的移动

方程：$x_{a1} = F \cdot x_e$，$x_{a2} = x_e$(**规则 8**)

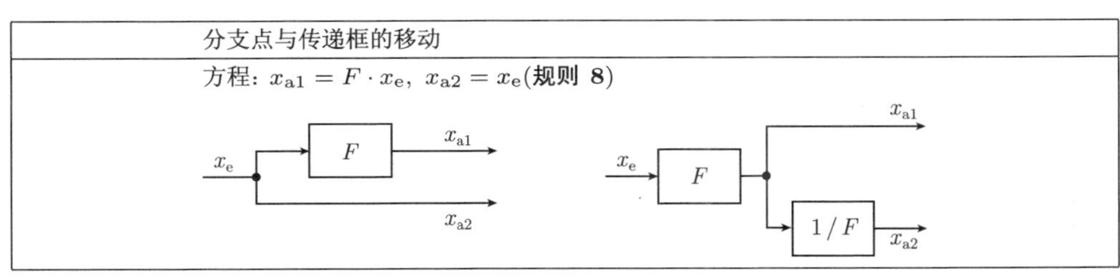

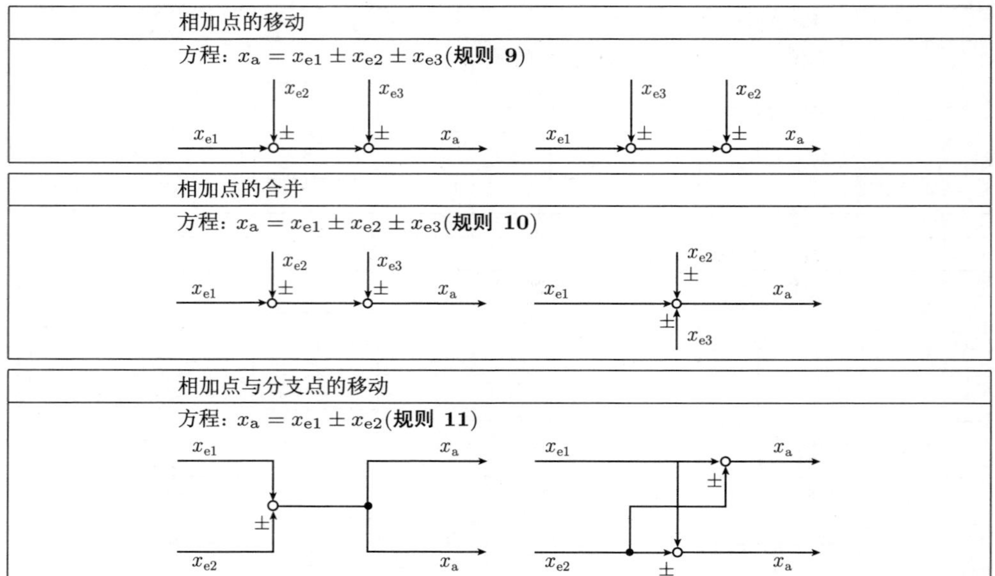

2.5.3　应用例子

例 2.5-1　在调节技术中经常需要变换规则 5, 在假设被调节对象、调节器和测量装置具有无滞后或非线性特性曲线下, 绘制例 1.2-1 中转数调节回路.

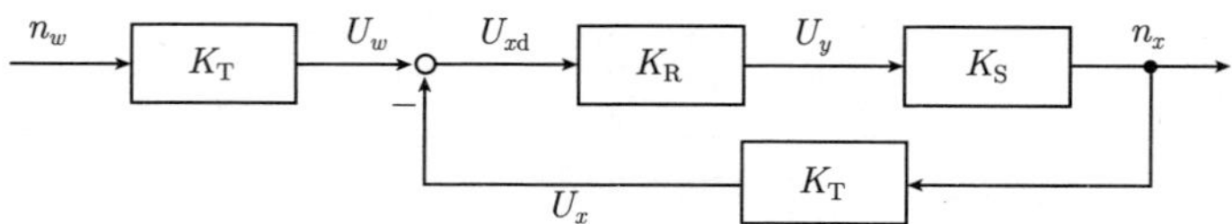

其中: n_w 为参据量 (转数); n_x 为被调节量 (转数); U_y 为调整量 (电枢电压); K_R 和 K_S 分别为调节器、被调节对象的增益系数; K_T 为测速发电机常数.

在参据量预先给定情况下必须用传递元件 K_T 将转数 n_w 转换为电压 U_w, 在该点其他因数将导致有误差的调节差, 对于希望值 $n_w = 2000\,\text{min}^{-1}$ 试计算被调节量 n_x, 由 $K_R = 20, K_S = 500\,\text{min}^{-1}/\text{V}$, $K_T = 1\,\text{mV}/\text{min}^{-1}$, 可得到

$$U_w = K_T \cdot n_w, \quad U_x = K_T \cdot n_x$$

$$U_{xd} = U_w - U_x = K_T \cdot (n_w - n_x)$$

$$U_y = K_R \cdot (U_w - U_x) = K_R \cdot K_T \cdot (n_w - n_x), \quad n_x = K_S \cdot U_y$$

根据 2.5.2 节的变换规则 5 可得移动传递框 K_T.

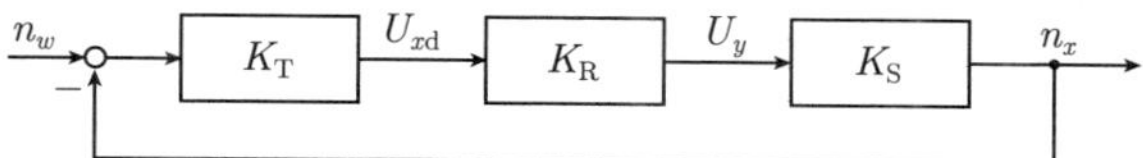

方框 K_T 和 K_R 合并:

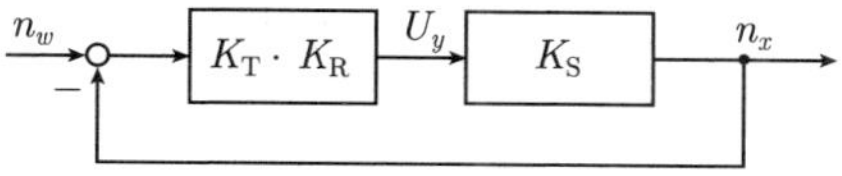

被调节量 n_x 通过调节回路方程变换可得如下结果:

$$(n_w - n_x) \cdot K_T \cdot K_R \cdot K_S = n_x$$

$$n_x \cdot (1 + K_T \cdot K_R \cdot K_S) = K_T \cdot K_R \cdot K_S \cdot n_w$$

$$n_x = \frac{K_T \cdot K_R \cdot K_S}{1 + K_T \cdot K_R \cdot K_S} \cdot n_w = 1818.2 \text{ min}^{-1}$$

调节回路具有稳态调节误差:

$$n_{xd} = n_w - n_x = 181.8 \text{ min}^{-1}$$

为此它仅达到预先给定希望值约 91%, 其精度通过增大调节器增益 K_R 可得到改善, 然而当在调节回路中存在滞后元件时将导致调节回路的不稳定性.

例 2.5-2 试简化结构图, 并求 x_a 与 x_e 关系的传递特性.

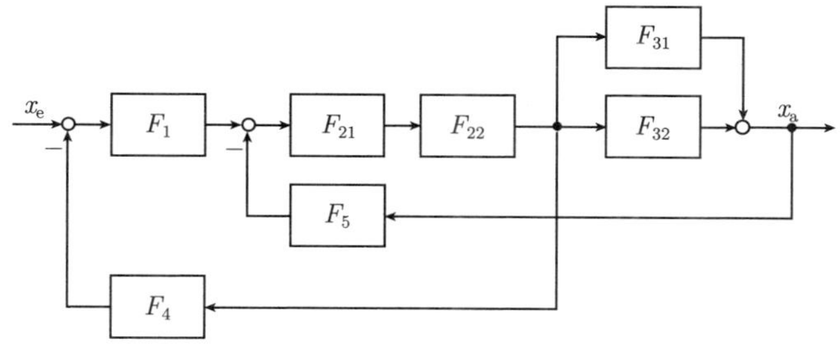

首先将 F_{21}, F_{22} 和 F_{31}, F_{32} 合并:

$$F_2 = F_{21} \cdot F_{22}, \quad F_3 = F_{31} + F_{32}$$

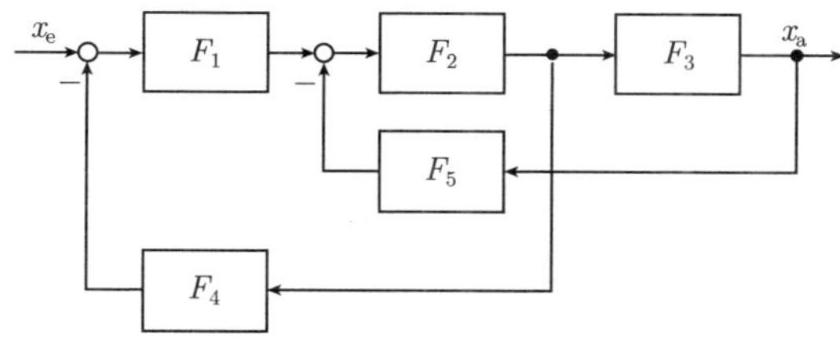

第二步移动 F_5:

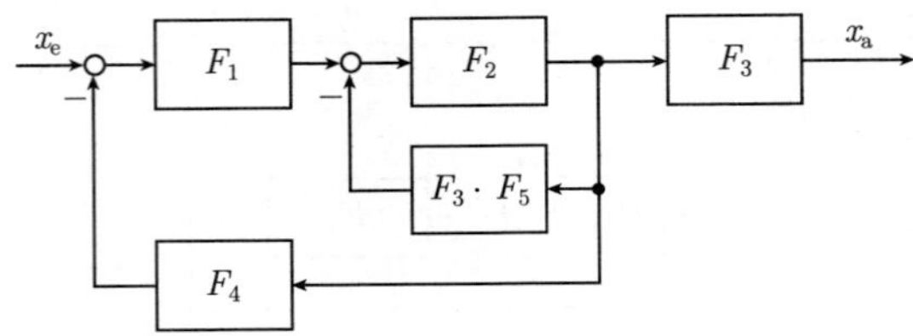

F_2 和 $F_3 \cdot F_5$ 构成一个回路结构.

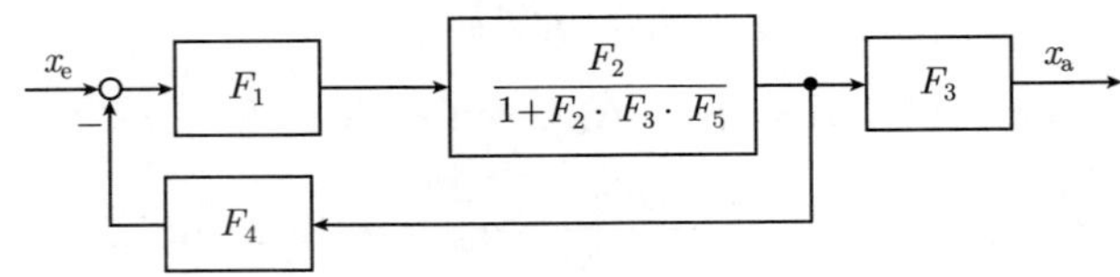

F_1 和 $\dfrac{F_2}{1+F_2 \cdot F_3 \cdot F_5}$ 合并:

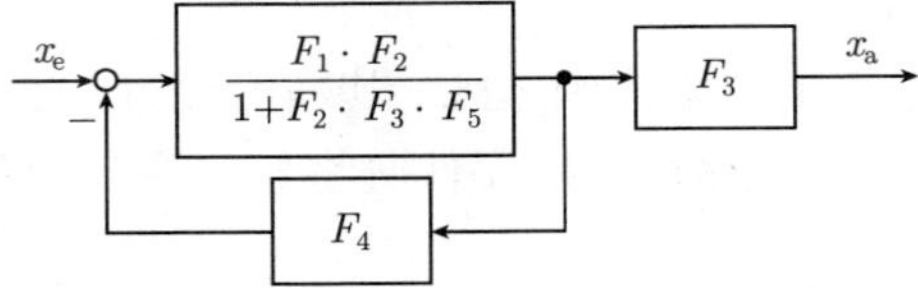

取代回路结构为

$$x_e \rightarrow \boxed{\dfrac{\dfrac{F_1 \cdot F_2}{1+F_2 \cdot F_3 \cdot F_5}}{1+\dfrac{F_1 \cdot F_2 \cdot F_4}{1+F_2 \cdot F_3 \cdot F_5}}} \rightarrow \boxed{F_3} \rightarrow x_a$$

并简化为

$$x_e \rightarrow \boxed{\dfrac{F_1 \cdot F_2 \cdot F_3}{1+F_1 \cdot F_2 \cdot F_4 \cdot F_2 \cdot F_3 \cdot F_5}} \rightarrow x_a$$

由 F_2 和 F_3 值可得到下面结果:

$$x_e \rightarrow \boxed{\dfrac{F_1 \cdot F_{21} \cdot F_{22}(F_{31}+F_{32})}{1+F_1 \cdot F_{21} \cdot F_{22} \cdot F_4 \cdot F_{21} \cdot F_{22}(F_{31}+F_{32}) \cdot F_5}} \rightarrow x_a$$

$$x_a = \frac{F_1 \cdot F_{21} \cdot F_{22} \cdot (F_{31} + F_{32})}{1 + F_1 \cdot F_{21} \cdot F_{22} \cdot F_4 + F_{21} \cdot F_{22} \cdot (F_{31} + F_{32}) \cdot F_5} \cdot x_e$$

第 3 章　计算调节回路数学方法

3.1　方程式归一化

通过引入归一的无量纲量可简化调节技术方法应用, 在**归一化 (Normieren)** 情况下调节系统参量与特征值有关, 这些量用特征值除便可无量纲化, 一般应用工作参数, 即所谓标称量或工作点参量作为特征量.

对于被调节对象, 下面线性方程是有效的:

$$x = K_{\mathrm{S}} \cdot f(y)$$

如果被调节量 x 和调整量 y 具有不同的量纲, 那么系数 K_{S} 量纲不等于 1, 用下标 N 表示被调节对象的标称值, 而用 x', y', K_{S}' 表示归一化参量, 可得

$$\boxed{\frac{x}{x_{\mathrm{N}}} = K_{\mathrm{S}} \cdot \frac{1}{x_{\mathrm{N}}} \cdot f\left[y_{\mathrm{N}} \cdot \frac{y}{y_{\mathrm{N}}}\right] = x' = K_{\mathrm{S}} \cdot \frac{y_{\mathrm{N}}}{x_{\mathrm{N}}} \cdot f(y') = K_{\mathrm{S}}' \cdot f(y')}$$

为此参量 x', y', K_{S}' 为无量纲的, **归一化表达式(normierten Darstellung)** 的优点有:

- 提供简化的无量纲方程;
- 使结构图 (信号流图) 简化, 层次分明;
- 归一化系统更便于比较.

例 3.1-1　运输车辆照明发电机电压 U_x 取决于转速 n_y, 系数 K_{S} 与发电机或励磁器常量对应, 它由发电机的输出来确定.

$$U_x = K_{\mathrm{S}} \cdot n_y$$

由归一化量标称转速 $n_{y_{\mathrm{N}}}$ 得到标称电压:

$$U_{x_{\mathrm{N}}} = K_{\mathrm{S}} \cdot n_{y_{\mathrm{N}}}$$

由此可得归一化方程和量纲方程:

$$\frac{U_x}{U_{x_{\mathrm{N}}}} = \frac{K_{\mathrm{S}} \cdot n_y}{K_{\mathrm{S}} \cdot n_{y_{\mathrm{N}}}} = U_x' = n_y', \quad [1] = [1]$$

例 3.1-2 距离方程

$$x(t)=\int v(t)\mathrm{d}t$$

用数据 $x_{\mathrm{N}}=1m, v_{\mathrm{N}}=0.2\mathrm{m}\cdot\mathrm{s}^{-1}$ 来归一化:

$$\frac{x(t)}{x_{\mathrm{N}}}=\frac{v_{\mathrm{N}}}{x_{\mathrm{N}}}\int\frac{v(t)}{v_{\mathrm{N}}}\mathrm{d}t$$

由时间常数

$$T_{\mathrm{I}}=\frac{x_{\mathrm{N}}}{v_{\mathrm{N}}}=5\mathrm{s}$$

和归一化量 $x'(t), v'(t)$ 得到归一化方程和量纲方程:

$$x'(t)=\frac{1}{T_{\mathrm{I}}}\int v'(t)\,\mathrm{d}t,\quad [1]=\left[\frac{1}{\mathrm{s}}\right]\cdot[1]\cdot[\mathrm{s}]$$

式中: T_{I} 称为**积分时间常数 (Integrierzeitkonstante)**, 表示当物体以速度 v_N 运动时达到位移 x_N 所经历的时间.

例 3.1-3 速度方程

$$v(t)=\frac{\mathrm{d}x(t)}{\mathrm{d}t}$$

用数据 $v_{\mathrm{N}}=2\mathrm{m}\cdot\mathrm{s}^{-1}, x_{\mathrm{N}}=0.5\mathrm{m}$ 来归一化:

$$\frac{v(t)}{v_{\mathrm{N}}}=\frac{x_{\mathrm{N}}}{v_{\mathrm{N}}}\cdot\frac{\mathrm{d}\left(\dfrac{x(t)}{x_{\mathrm{N}}}\right)}{\mathrm{d}t}$$

由时间常数

$$T_{\mathrm{D}}=\frac{x_{\mathrm{N}}}{v_{\mathrm{N}}}=0.25\ \mathrm{s}$$

和归一化量 $v'(t), x'(t)$ 得到归一化方程和量纲方程:

$$v'(t)=T_{\mathrm{D}}\cdot\frac{\mathrm{d}x'(t)}{\mathrm{d}t},\quad [1]=[\mathrm{s}]\cdot\left[\frac{1}{\mathrm{s}}\right]$$

T_{D} 称为**微分时间常数 (Differenzierzeitkonstante)**.

3.2 调节回路环节线性化

3.2.1 线性定义

传递环节为线性的, 仅当其满足**放大原理(Verstärkungsprinzip)** 和**叠加或重叠原理(Überlagerungs-oder Superpositionsprinzip)** 时, 由输入量 x_{e} 和输出量

$$x_{\mathrm{a}}=f(x_{\mathrm{e}})$$

构成的传递环节满足放大原理, 仅当输入量 $k \cdot x_\mathrm{e}$, 如图 3.2-1 所示, 能转移到输出量 $k \cdot x_\mathrm{a}$ 时:

$$\boxed{k \cdot x_\mathrm{a} = f(k \cdot x_\mathrm{e}) = k \cdot f(x_\mathrm{e})}$$

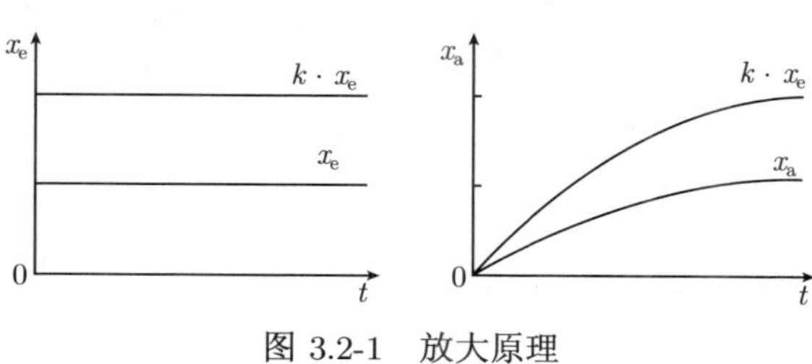

图 3.2-1　放大原理

由输入量 x_e1 生成的输出量

$$x_\mathrm{a1} = f(x_\mathrm{e1})$$

与由输入量 x_e2 生成的输出量

$$x_\mathrm{a2} = f(x_\mathrm{e2})$$

的传递环节满足叠加原理, 仅当输入量之和 (对应于图 3.2-2 所示) 可转移到输出量之和时:

$$\boxed{x_\mathrm{a1} \pm x_\mathrm{a2} = f(x_\mathrm{e1} \pm x_\mathrm{e2}) = f(x_\mathrm{e1}) \pm f(x_\mathrm{e2})}$$

这两个原理对输入量 x_e 和常量 k 的任意值都是有效的.

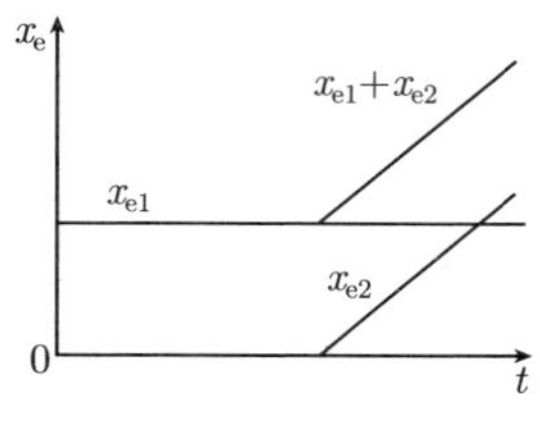

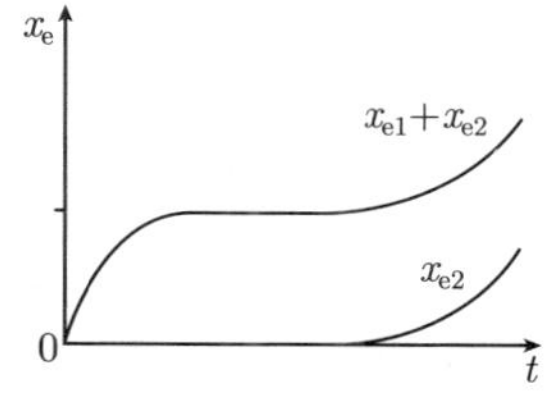

图 3.2-2　叠加原理

例 3.2-1　对于比例环节

$$x_\mathrm{a} = K_\mathrm{P} \cdot x_\mathrm{e}$$

放大原理

$$k \cdot x_\mathrm{a} = k \cdot K_\mathrm{P} \cdot x_\mathrm{e} = K_\mathrm{P} \cdot k \cdot x_\mathrm{e}$$

和叠加原理

$$x_\mathrm{a1} = K_\mathrm{P} \cdot x_\mathrm{e1},\ x_\mathrm{a2} = K_\mathrm{P} \cdot x_\mathrm{e2}$$

$$x_\mathrm{a1} \pm x_\mathrm{a2} = K_\mathrm{P} \cdot x_\mathrm{e1} \pm K_\mathrm{P} \cdot x_\mathrm{e2} = K_\mathrm{P} \cdot (x_\mathrm{e1} \pm x_\mathrm{e2})$$

是成立的.

许多调节技术的高效研究方法仅适用于线性调节回路环节, 非线性环节必须线性化, 以便能引入这些方法.

在定值调节情况下, 扰动仅引起相对调整工作点微小的偏差. 因此非线性特性曲线在工作点线性化具有很高的精度, 对此, 将不考虑工作点的调整 (调节系统启动).

3.2.2　图解法线性化

通过测量求得的非线性特性曲线可线性化, 同时通过绘制其上的切线可求得在工作点 A 的特性曲线斜率, 如图 3.2-3 所示.

比例系数 K_P 为对于输入量很小变化时调节回路环节在工作点的静态增益, K_P 的量纲为输入量量纲除以输出量量纲:

$$\boxed{\dim[K_\mathrm{P}] = \frac{\dim[x_\mathrm{a}]}{\dim[x_\mathrm{e}]}}$$

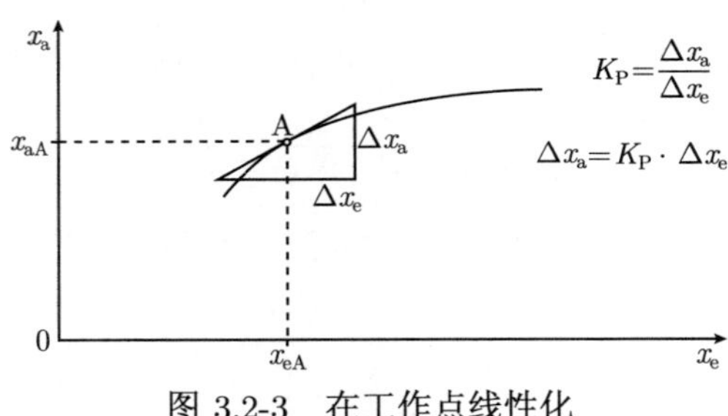

图 3.2-3　在工作点线性化

例 3.2-2　直流电动机输入量为以 [V] 为单位的电枢电压 U_A, 而输出量为以每秒转数 $[\mathrm{min}^{-1}]$ 为单位的转速 n. K_P 量纲为

$$\dim[K_\mathrm{P}] = \frac{\dim[n]}{\dim[U_\mathrm{A}]} = \frac{\mathrm{min}^{-1}}{\mathrm{V}} = (\mathrm{V}\cdot\mathrm{min})^{-1}$$

3.2.3　解析法线性化

假若特性曲线是能解析 (通过方程) 表示的, 那么比例系数 K_P 可由非线性方程的微商求得, $x_\mathrm{e}(t)$ 和 $x_\mathrm{a}(t)$ 为传递环节 (被调节对象) 的两个时间变量, 而 x_eA 和 x_aA 为工作点值, $\Delta x_\mathrm{e}(t)$ 和 $\Delta x_\mathrm{a}(t)$ 为与工作点值小的偏差, 通过线性化可求得工作点的比例系数 K_P, 该值使小的偏差 $\Delta x_\mathrm{e}(t)$ 放大到输出 $\Delta x_\mathrm{a}(t)$.

非线性传递环节

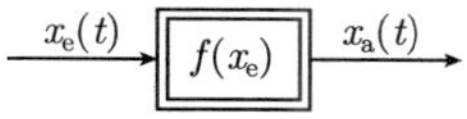

$x_e(t)$ → $f(x_e)$ → $x_a(t)$

$$x_a = f(x_e), \quad x_{aA} = f(x_{eA})$$
$$x_a(t) = x_{aA} + \Delta x_a(t) = f(x_{eA} + \Delta x_e(t))$$

如果将方程右面按泰勒定理展开并且舍去第一项以后各项, 那么可得直线方程

$$\boxed{x_a(t) = x_{aA} + \Delta x_a(t) \approx f(x_{eA}) + \left.\frac{\mathrm{d}f(x_e)}{\mathrm{d}x_e}\right|_A \cdot \Delta x_e(t)}$$

如果减去常数项 $x_{aA} = f(x_{eA})$, 那么可得

$$\boxed{\Delta x_a(t) \approx \left.\frac{\mathrm{d}f(x_e)}{\mathrm{d}x_e}\right|_A \cdot \Delta x_e(t) = K_P \cdot \Delta x_e(t)}$$

线性化可导出一个比例环节, 该比例系数与所选择的工作点有关.

$x_e(t)$ → $f(x_e)$ → $x_a(t)$　　　$\Delta x_e(t)$ → K_P → $\Delta x_a(t)$

非线性环节　　　线性化环节

例 3.2-3 具有非线性传递特性的被调节对象

$$x(t) = 2 \cdot y^2(t)$$

试在工作点 $y_A = 5$ 和 $x_A = 2 \cdot y_A^2 = 50$ 线性化, 按泰勒级数展开得

$$x(t) = x_A + \Delta x(t) \approx f(y_A) + \left.\frac{\mathrm{d}f(y)}{\mathrm{d}y}\right|_A \cdot \Delta y(t)$$

其中减去

$$x_A = f(y_A) = 2 \cdot y_A^2$$

可生成线性化形式

$$\Delta x(t) \approx \left.\frac{\mathrm{d}f(y)}{\mathrm{d}y}\right|_A \cdot \Delta y(t) = K_S \cdot \Delta y(t) = 2 \cdot 2 \cdot y\Big|_{y_A=5} \cdot \Delta y(t) = 20 \cdot \Delta y(t)$$

在工作点 $y_A = 5$ 调整量变化 Δy 被放大 $K_S = 20$ 倍, 在调整量变化 $\Delta y = 0.1$ 时, 工作点 $y_A = 5$ 处线性化的被调节对象提供被调节量为

$$x = x_A + \Delta x \approx f(y_A) + K_S \cdot \Delta y = 2 \cdot y_A^2 + K_S \cdot \Delta y = 50 + 20 \cdot 0.1 = 52$$

未线性化给出被调节量为

$$x = 2 \cdot (y_{\mathrm{A}} + \Delta y)^2 = 2 \cdot (5 + 0.1)^2 = 52.02$$

这里给出不同的被调节量值, 是因为非线性传递特性在工作点是用直线来近似的, 为此, 线性化仅仅对于在工作点附近输入信号变化很小情况才是有效的, 如图 3.2-4 所示.

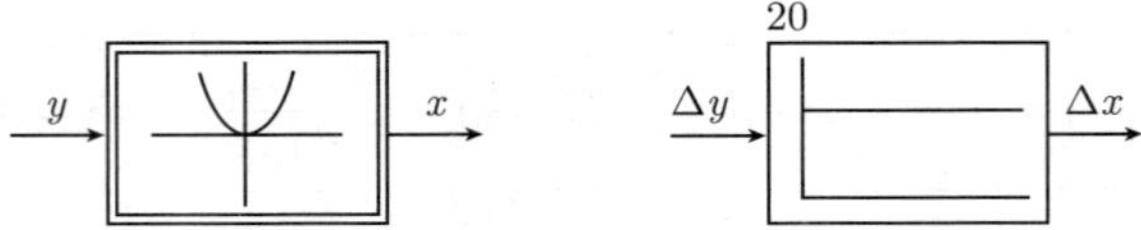

图 3.2-4　非线性的和线性化的被调节对象的信号流图符号

例 3.2-4　图 3.2-5 表示一个具有直流发电机的非线性电压被调节对象, 它的静态特性曲线是由实验求得的, 被调节量为发电机电压 U_x, 调整量为激励电压 U_y, 发电机在工作点 $U_{x\mathrm{A}} = 150\mathrm{V}, U_{y\mathrm{A}} = 20\mathrm{V}$ 以恒转数 n 运行. 在负载变化时将影响被调节量 U_x, 通过激励电压 U_y 可以补偿这些扰动.

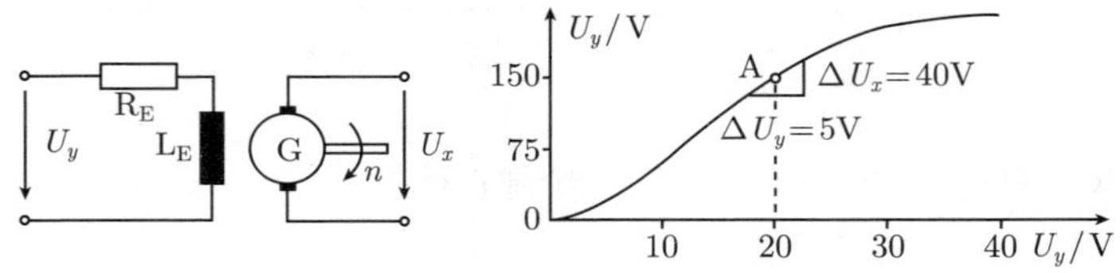

图 3.2-5　具有静态特性的电压被调节对象

在工作点线性化可得到对象增益:

$$K_{\mathrm{S}} = \frac{\Delta U_x}{\Delta U_y} = 8.0$$

被调节对象具有饱和特性, 输出量增长不与输入量成比例, 这样特性在工作点范围内可通过根函数近似:

$$U_x = \sqrt{(U_y + K_1) \cdot K_2} = \sqrt{(U_y - 10.625\ \mathrm{V}) \cdot 2400\ \mathrm{V}}$$

那么被调节对象增益系数为

$$K_{\mathrm{S}} = \left.\frac{\mathrm{d}U_x}{\mathrm{d}U_y}\right|_{\mathrm{A}} = \left.\frac{\sqrt{K_2}}{2 \cdot \sqrt{U_y + K_1}}\right|_{U_{y\mathrm{A}}=20\ \mathrm{V}} = 8.0$$

图 3.2-6 包含具有非线性和线性化被调节对象的调节回路信号流图, U_{S} 为电压调节的希望值.

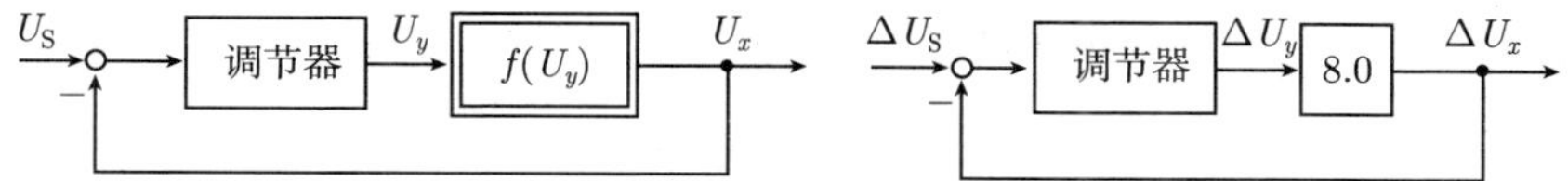

图 3.2-6 具有非线性和线性化被调节对象的调节回路信号流图

3.2.4 多变量线性化

具有多输入变量的传递系统

$$x_{\mathrm{a}}(t)=f(x_{\mathrm{e}1}(t),\ x_{\mathrm{e}2}(t),\ \cdots,\ x_{\mathrm{e}m}(t))$$

会呈现关于各个输入信号的非线性传递特性.

$x_{\mathrm{e}1}(t)$
$x_{\mathrm{e}2}(t)$
$\vdots$
$x_{\mathrm{e}m}(t)$
$f(x_{\mathrm{e}1},x_{\mathrm{e}2},\cdots,x_{\mathrm{e}m})$
$x_{\mathrm{a}}(t)$

这里应用泰勒定理展开级数时必须相对于方程每一个输入变量, 用累加表示法可得:

$$\boxed{x_{\mathrm{a}}(t)=x_{\mathrm{aA}}+\Delta x_{\mathrm{a}}(t)\approx f(x_{\mathrm{e1A}},\ x_{\mathrm{e2A}},\ \cdots,\ x_{\mathrm{e}m\mathrm{A}})+\sum_{i=1}^{m}\left.\frac{\partial f}{\partial x_{\mathrm{e}i}}\right|_{\mathrm{A}}\cdot\Delta x_{\mathrm{e}i}(t)}$$

而减去工作点函数值可给出:

$$\boxed{\Delta x_{\mathrm{a}}(t)\approx\left.\frac{\partial f}{\partial x_{\mathrm{e}1}}\right|_{\mathrm{A}}\cdot\Delta x_{\mathrm{e}1}(t)+\left.\frac{\partial f}{\partial x_{\mathrm{e}2}}\right|_{\mathrm{A}}\cdot\Delta x_{\mathrm{e}2}(t)+\cdots+\left.\frac{\partial f}{\partial x_{\mathrm{e}m}}\right|_{\mathrm{A}}\cdot\Delta x_{\mathrm{e}m}(t)}$$

对于线性化传递环节, 下面关系式

$$\boxed{\Delta x_{\mathrm{a}}(t)=K_{\mathrm{P}1}\cdot\Delta x_{\mathrm{e}1}(t)+K_{\mathrm{P}2}\cdot\Delta x_{\mathrm{e}2}(t)+\cdots+K_{\mathrm{P}m}\cdot\Delta x_{\mathrm{e}m}(t)}$$

和信号流图

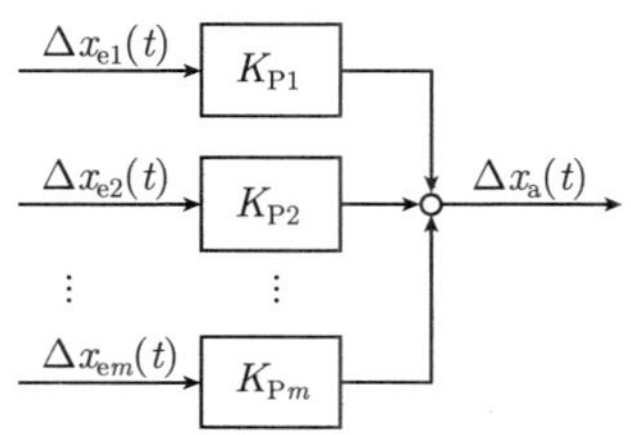

是有效的, 其中每个输入变量都配有比例系数.

例 3.2-5 如图 3.2-7 所示非线性传递环节

$$x_{\mathrm{a}}(t)=f(x_{\mathrm{e1}}(t),\ x_{\mathrm{e2}}(t))=\frac{x_{\mathrm{e1}}^{2}(t)}{x_{\mathrm{e2}}(t)}$$

试在工作点 $x_{\mathrm{e1A}}=1$、$x_{\mathrm{e2A}}=2$和$x_{\mathrm{aA}}=0.5$ 线性化, 泰勒级数展开提供两个分别与两个输入变量有关的项:

$$\Delta x_{\mathrm{a}}(t)=\frac{2\cdot x_{\mathrm{e1A}}}{x_{\mathrm{e2A}}}\cdot\Delta x_{\mathrm{e1}}(t)-\left[\frac{x_{\mathrm{e1A}}}{x_{\mathrm{e2A}}}\right]^{2}\cdot\Delta x_{\mathrm{e2}}(t)$$

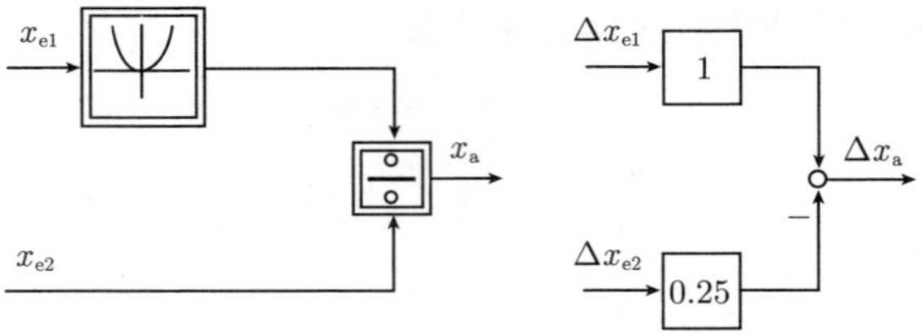

图 3.2-7 非线性和线性化被调节对象的信号流图符号

在工作点给出比例系数:

$$\Delta x_{\mathrm{a}}(t)=K_{\mathrm{P1}}\cdot\Delta x_{\mathrm{e1}}(t)+K_{\mathrm{P2}}\cdot\Delta x_{\mathrm{e2}}(t)=\Delta x_{\mathrm{e1}}(t)-0.25\cdot\Delta x_{\mathrm{e2}}(t)$$

用几何方法来研究, 方程可用工作点切面来描述.

例 3.2-6 线性化具有力矩方程

$$M_{\mathrm{M}}(t)=K_{\mathrm{M}}\cdot I_{\mathrm{A}}(t)\cdot\phi(t)=M_{\mathrm{L}}(t)+J\cdot\frac{\mathrm{d}n(t)}{\mathrm{d}t}$$

的直流并激电动机, 式中: $M_{\mathrm{M}}(t)$ 为电动机力矩; K_{M} 为力矩常数; $I_{\mathrm{A}}(t)$ 为电枢电流; $\phi(t)$ 为激励器通量; $M_{\mathrm{L}}(t)$ 为载荷力矩; J 为惯性矩; $n(t)$ 为电动机轴转速.

在力矩方程中电枢电流和激励器通量是相乘的. 方程在工作点 $M_{\mathrm{M0}}, M_{\mathrm{L0}}, I_{\mathrm{A0}}$ (下标 0 为标准值), ϕ_0 和 n_0 线性化:

$$\begin{aligned}\Delta M_{\mathrm{M}}(t)&\approx\left.\frac{\partial f[I_{\mathrm{A}}(t),\phi(t)]}{\partial I_{\mathrm{A}}(t)}\right|_{\mathrm{A}=\phi_0}\cdot\Delta I_{\mathrm{A}}(t)+\left.\frac{\partial f[I_{\mathrm{A}}(t),\phi(t)]}{\partial\phi(t)}\right|_{\mathrm{A}=I_{\mathrm{A0}}}\cdot\Delta\phi(t)\\&=\Delta M_{\mathrm{L}}(t)+J\cdot\frac{\mathrm{d}\Delta n(t)}{\mathrm{d}t}\end{aligned}$$

$$\Delta M_{\mathrm{M}}(t)\approx K_{\mathrm{M}}\cdot\phi_0\cdot\Delta I_{\mathrm{A}}(t)+K_{\mathrm{M}}\cdot I_{\mathrm{A0}}\cdot\Delta\phi(t)=\Delta M_{\mathrm{L}}(t)+J\cdot\frac{\mathrm{d}\Delta n(t)}{\mathrm{d}t}$$

其中, 比例系数 $K_{\mathrm{P1}}=K_{\mathrm{M}}\cdot\phi_0$, $K_{\mathrm{P2}}=K_{\mathrm{M}}\cdot I_{\mathrm{A0}}$, 信号流图如图 3.2-8 所示.

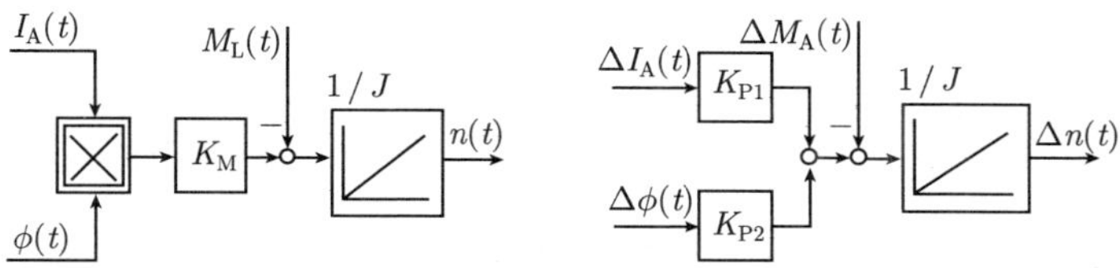

图 3.2-8 非线性和线性化力矩方程的信号流图

3.3 调节回路微分方程计算

3.3.1 物理系统的微分方程

调节系统的输入量和输出量之间的关系一般由**非线性微分方程(nichtlineare Differentialgleichung)** 给出, 求解大多耗费巨大.

为此, 将系统限制在工作点来研究, 这样可将微分方程线性化. 其结果将是具有常实系数的**线性微分方程(lineare Differentialgleichung)**.

$$a_n \cdot \frac{\mathrm{d}^n x_\mathrm{a}}{\mathrm{d}t^n} + a_{n-1} \cdot \frac{\mathrm{d}^{n-1} x_\mathrm{a}}{\mathrm{d}t^{n-1}} + \cdots + a_1 \cdot \frac{\mathrm{d}x_\mathrm{a}}{\mathrm{d}t} + a_0 \cdot x_\mathrm{a} = b_m \cdot \frac{\mathrm{d}^m x_\mathrm{e}}{\mathrm{d}t^m} + \cdots + b_1 \cdot \frac{\mathrm{d}x_\mathrm{e}}{\mathrm{d}t} + b_0 \cdot x_\mathrm{e}, \quad n \geqslant m$$

其中, n 称为微分方程或系统的阶数, 在许多物理系统中, 其阶数取决于系统储能器的数量.

3.3.2 线性微分方程解

3.3.2.1 部分解叠加

如果已知输入量 $x_\mathrm{e}(t)$ 和初始条件

$$x_\mathrm{a}(0),\ \frac{\mathrm{d}x_\mathrm{a}(0)}{\mathrm{d}t},\ \frac{\mathrm{d}^2 x_\mathrm{a}(0)}{\mathrm{d}t^2},\ \cdots,\ \frac{\mathrm{d}^{n-1} x_\mathrm{a}(0)}{\mathrm{d}t^{n-1}}$$

那么可解微分方程, 因为微分方程是线性的, 所以总的解 $x_\mathrm{a}(t)$ 可通过部分解叠加来求得.

3.3.2.2 齐次微分方程解

在此, 首先进行对齐次微分方程

$$a_n \cdot \frac{\mathrm{d}^n x_\mathrm{a}}{\mathrm{d}t^n} + a_{n-1} \cdot \frac{\mathrm{d}^{n-1} x_\mathrm{a}}{\mathrm{d}t^{n-1}} + \cdots + a_1 \cdot \frac{\mathrm{d}x_\mathrm{a}}{\mathrm{d}t} + a_0 \cdot x_\mathrm{a} = 0$$

通过算式

$$x_\mathrm{ah}(t) = C \cdot \mathrm{e}^{\alpha t}$$

求解. 将 $x_{\mathrm{ah}}(t)$ 代入微分方程可得

$$\boxed{a_n \cdot \alpha^n + a_{n-1} \cdot \alpha^{n-1} + \cdots + a_1 \cdot \alpha + a_0 = 0}$$

该方程称为微分方程或系统的**特征方程(charakterische Gleichung)**. 根据代数学基本定理 n 阶多项式方程有 n 个零点 (根), 即

$$\alpha_1, \alpha_2, \cdots, \alpha_n$$

特征方程可被分解成线性系数:

$$\begin{aligned}&a_n \cdot \alpha^n + a_{n-1} \cdot \alpha^{n-1} + \cdots + a_1 \cdot \alpha + a_0 = \\ &\quad a_n \cdot (\alpha - \alpha_1) \cdot (\alpha - \alpha_2) \cdot \cdots \cdot (\alpha - \alpha_n) = 0\end{aligned}$$

如果特征方程的 n 个零点 $\alpha_1, \alpha_2, \cdots, \alpha_n$ 为**实数, 且互不相同(reell und voneinander vershieden)**, 那么会得到齐次微分方程解:

$$\boxed{x_{\mathrm{ah}}(t) = C_1 \cdot \mathrm{e}^{\alpha_1 t} + C_2 \cdot \mathrm{e}^{\alpha_2 t} + \cdots + C_n \cdot \mathrm{e}^{\alpha_n t} = \sum_{i=1}^{n} C_i \cdot \mathrm{e}^{\alpha_i t}}$$

如果特征方程有 n 个**相同的实零点(gleiche reelle Nullstellen)**α_i, 那么可得到齐次微分方程的解:

$$x_{\mathrm{ah}}(t) = \mathrm{e}^{\alpha_1 t} \cdot (C_1 + C_2 \cdot t + \cdots + C_n \cdot t^{n-1}) = \mathrm{e}^{\alpha_1 t} \cdot \sum_{i=1}^{n} C_i \cdot t^{i-1}$$

特征方程系数 a_i 在物理系统中为实数, 如果特征方程出现复数零点, 那么零点 a_i 必须是成对的共轭复数:

$$a_n \cdot \alpha^n + a_{n-1} \cdot \alpha^{n-1} + \cdots + a_1 \cdot \alpha + a_0 = a_n \cdot (\alpha - \alpha_1) \cdot (\alpha - \alpha_2) \cdot \cdots \cdot (\alpha - \alpha_n)$$

仅当零点具有这种特性, 那么在线性项相乘的情况下才能消除虚数部分.

在具有 n 个**不同的复数零点(verschiedenen komplexen Nullstellen)** (它们构成 $mn/2$ 个共轭复数零点对 $\alpha_{1,2} = \delta_1 \pm \mathrm{j}\omega_1, \cdots, \alpha_{n-1,n} = \delta_m \pm \mathrm{j}\omega_m$) 的特征方程中, 可得到齐次微分方程的解:

$$\begin{aligned}x_{\mathrm{ah}}(t) &= \mathrm{e}^{\delta_1 t} \cdot [C_{11} \cdot \mathrm{e}^{\mathrm{j}\omega_1 t} + C_{12} \cdot \mathrm{e}^{-\mathrm{j}\omega_1 t}] + \mathrm{e}^{\delta_2 t} \cdot [C_{21} \cdot \mathrm{e}^{\mathrm{j}\omega_2 t} + C_{22} \cdot \mathrm{e}^{-\mathrm{j}\omega_2 t}] \\ &\quad + \cdots + \mathrm{e}^{\delta_m t} \cdot [C_{m1} \cdot \mathrm{e}^{\mathrm{j}\omega_m t} + C_{m2} \cdot \mathrm{e}^{-\mathrm{j}\omega_m t}] \\ &= \sum_{i=1}^{m} \mathrm{e}^{\delta_i t} \cdot [C_{i1} \cdot \mathrm{e}^{\mathrm{j}\omega_i t} + C_{i2} \cdot \mathrm{e}^{-\mathrm{j}\omega_i t}]\end{aligned}$$

对于**共轭复数零点(konjugiert komplexe Nullstellen)** 和 $n = 2$, 下式是有效的:

$$x_{\mathrm{ah}}(t) = \mathrm{e}^{\delta_1 t} \cdot [C_{11} \cdot \mathrm{e}^{\mathrm{j}\omega_1 t} + C_{12} \cdot \mathrm{e}^{-\mathrm{j}\omega_1 t}]$$

由欧拉定律

$$\mathrm{e}^{\pm \mathrm{j}\omega t} = \cos(\omega t) \pm \mathrm{j} \cdot \sin(\omega t)$$

$x_{ah}(t)$ 可转换为

$$x_{\mathrm{ah}}(t) = \mathrm{e}^{\delta_1 t} \cdot [(\mathrm{j}C_{11} - \mathrm{j}C_{12}) \cdot \sin(\omega_1 t) + (C_{11} + C_{12}) \cdot \cos(\omega_1 t)]$$

其中, $x_a(t)$ 与一个物理量相对应, 由此 $x_{\mathrm{ah}}(t)$ 为实函数, 因此正弦和余弦的系数同样地也必须是实数.

这种情况仅当 C_{11} 和 C_{12} 为共轭复数时出现:

$$C_{11} = a + \mathrm{j}b, \quad C_{12} = a - \mathrm{j}b$$

此外, 常数 B_1, B_2 为实数:

$$B_1 = \mathrm{j}(C_{11} - C_{12}) = -2 \cdot b, \quad B_2 = C_{11} + C_{12} = 2 \cdot a$$

为此可得齐次微分方程解的三角函数形式:

$$x_{\mathrm{ah}}(t) = \mathrm{e}^{\delta_1 t} \cdot [B_1 \cdot \sin(\omega_1 t) + B_2 \cdot \cos(\omega_1 t)]$$

该方程也可转换为正弦形式

$$\boxed{x_{\mathrm{ah}}(t) = A \cdot \mathrm{e}^{\delta_1 t} \cdot \sin(\omega_1 t + \phi)}$$

并具有常数

$$A = \sqrt{B_1^2 + B_2^2}, \quad \tan\phi = \frac{B_2}{B_1}$$

式中: A 为幅值; ϕ 为零相位角或相位移.

3.3.2.3 微分方程特解

总的解由齐次微分方程解和所谓**特解(partikulären Lösung)**$x_{\mathrm{ap}}(t)$ 叠加得到:

$$\boxed{x_{\mathrm{a}}(t) = x_{\mathrm{ah}}(t) + x_{\mathrm{ap}}(t)}$$

$x_{\mathrm{ap}}(t)$ 考虑了在计算齐次微分方程解 $x_{\mathrm{ah}}(t)$ 时未用到的输入量 $x_{\mathrm{e}}(t)$, 积分常数 C_{i} 由初始条件确定.

求特解有各种方法，在很多情况下特解可通过具有**待定系数(unbestimmten Koeffizienten)** 的算式来求，因为特解类型通常与输入量函数类型一致. 例如，如果 $x_{\mathrm{e}}(t)$ 为阶跃函数，那么可规定 $x_{\mathrm{ap}}(t)$ 为具有待定阶跃高度的阶跃函数，如果 $x_{\mathrm{e}}(t)$ 为谐波函数，那么 $x_{\mathrm{ap}}(t)$ 预先给定为具有待定幅值和相位移的谐波函数，其系数可通过代入微分方程来确定.

小结：调节技术传递环节的输入量和输出量关系可通过微分方程给出，其解可通过部分解 $x_{\mathrm{ah}}(t)$ 和 $x_{\mathrm{ap}}(t)$ 叠加来求.

例 3.3-1　电的和机械的滞后环节.

电阻–电容器–电路

(RC 环节)$T_1 = R \cdot C$

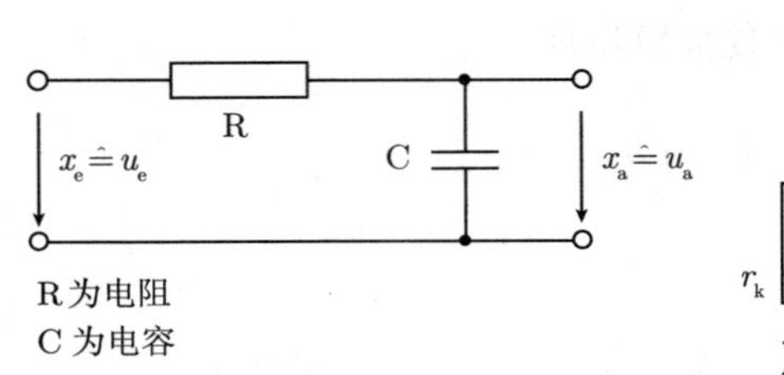

弹簧–阻尼–环节

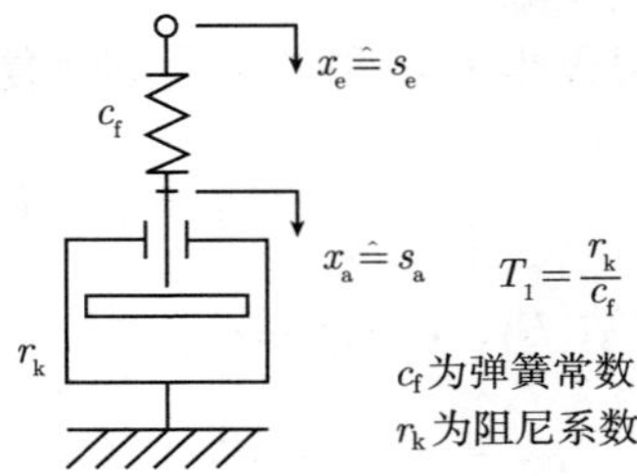

微分方程

$$T_1 \cdot \frac{\mathrm{d}x_{\mathrm{a}}(t)}{\mathrm{d}t} + x_{\mathrm{a}}(t) = x_{\mathrm{e}}(t)$$

对于两个系统都是有效的，并且已在例 2.2-1 中推导过，预先给定斜坡函数为

$$x_{\mathrm{e}}(t) = x_{\mathrm{e0}} \cdot \frac{t}{T}\text{①}$$

作为输入量，分两步计算输出量 $x_{\mathrm{a}}(t)$ 的时间历程.

1. 齐次微分方程解

在求齐次微分方程解时建立不考虑输入量的算式

$$x_{\mathrm{ah}}(t) = C_1 \cdot \mathrm{e}^{\alpha t}$$

其导数为

$$\frac{\mathrm{d}x_{\mathrm{ah}}(t)}{\mathrm{d}t} = \alpha \cdot C_1 \cdot \mathrm{e}^{\alpha t}$$

如果将该解算式代入微分方程

$$T_1 \cdot \frac{\mathrm{d}x_{\mathrm{ah}}(t)}{\mathrm{d}t} + x_{\mathrm{ah}}(t) = 0$$

① [译者注]原文 $x_{\mathrm{e}}(t) = x_{\mathrm{e0}} \cdot \frac{T}{t}$ 有误，已修正.

那么得到

$$T_1 \cdot \alpha \cdot C_1 \cdot \mathrm{e}^{\alpha t} + C_1 \cdot \mathrm{e}^{\alpha t} = 0$$

将 $C_1 \cdot \mathrm{e}^{\alpha t}$ 移到括号外可得特征方程

$$C_1 \cdot \mathrm{e}^{\alpha t} \cdot (T_1 \cdot \alpha + 1) = 0, \quad T_1 \cdot \alpha + 1 = 0$$

其零点为

$$\alpha_1 = -\frac{1}{T_1}$$

为此, 可得齐次微分方程解

$$x_{\mathrm{ah}}(t) = C_1 \cdot \mathrm{e}^{\alpha_1 t} = C_1 \cdot \mathrm{e}^{-\frac{t}{T_1}}$$

2. 微分方程特解

按照预先给定输入量

$$x_{\mathrm{e}}(t) = x_{\mathrm{e0}} \cdot \frac{t}{T}$$

对于特解算式选择斜坡函数 (3.4.4 节):

$$x_{\mathrm{ap}}(t) = x_{\mathrm{e0}} \cdot \frac{t}{T} + k$$

其导数为

$$\frac{\mathrm{d}x_{\mathrm{ap}}(t)}{\mathrm{d}t} = \frac{x_{\mathrm{e0}}}{T}$$

如果将特解算式 $x_{\mathrm{ap}}(t)$ 和输入量 $x_{\mathrm{e}}(t)$ 代入微分方程

$$T_1 \cdot \frac{\mathrm{d}x_{\mathrm{ap}}(t)}{\mathrm{d}t} + x_{\mathrm{ap}}(t) = x_{\mathrm{e}}(t)$$

那么可得

$$x_{\mathrm{e0}} \cdot \frac{T_1}{T} + x_{\mathrm{e0}} \cdot \frac{t}{T} + k = x_{\mathrm{e0}} \cdot \frac{t}{T}$$

其中

$$k = -\frac{T_1}{T} \cdot x_{\mathrm{e0}}$$

为此, 可得特解

$$x_{\mathrm{ap}}(t) = x_{\mathrm{e0}} \cdot \frac{t}{T} - x_{\mathrm{e0}} \cdot \frac{T_1}{T} = x_{\mathrm{e0}} \cdot \frac{t - T_1}{T}$$

$x_{\mathrm{a}}(t)$ 由齐次微分方程解和特解组成:

$$x_{\mathrm{a}}(t) = x_{\mathrm{ah}}(t) + x_{\mathrm{ap}}(t) = C_1 \cdot \mathrm{e}^{-\frac{t}{T_1}} + x_{\mathrm{e0}} \cdot \frac{t - T_1}{T}$$

常数 C_1 由 $x_{\mathrm{a}}(t)$ 的初值确定:

$$x_{\mathrm{a}}(t=0)=x_{\mathrm{a0}}=C_1-x_{\mathrm{e0}}\cdot\frac{T_1}{T}$$

由

$$C_1=x_{\mathrm{a0}}+x_{\mathrm{e0}}\cdot\frac{T_1}{T}$$

得到总的解

$$x_{\mathrm{a}}(t)=x_{\mathrm{ah}}(t)+x_{\mathrm{ap}}(t)=\left(x_{\mathrm{a0}}+x_{\mathrm{e0}}\cdot\frac{T_1}{T}\right)\cdot\mathrm{e}^{-\frac{t}{T_1}}+x_{\mathrm{e0}}\cdot\frac{t-T_1}{T}$$

$x_{\mathrm{a}}(t)$ 解的各个部分绘制在图 3.3-1 中.

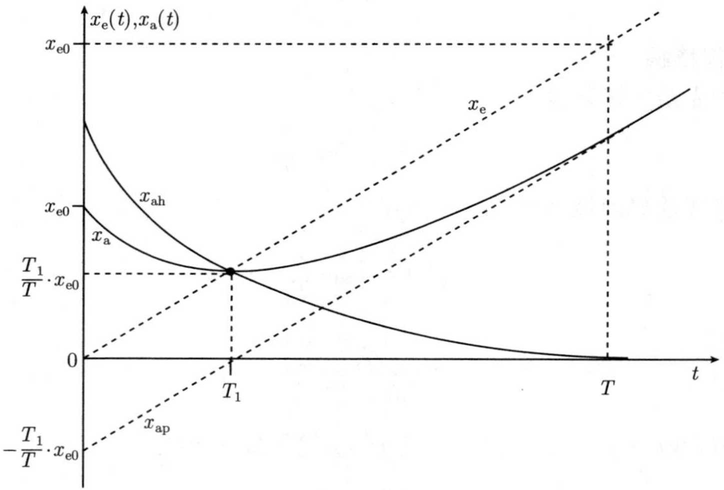

图 3.3-1　输入量和输出量的时间曲线

例 3.3-2　振荡的电路和机械系统

电路振荡回路

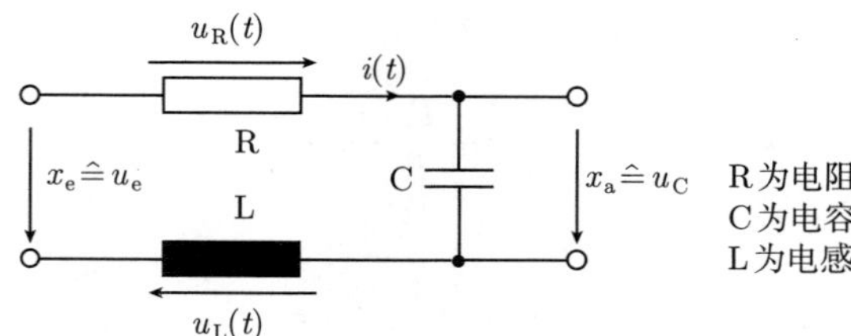

首先应用基尔霍夫方程的网络定律推导出 I 阶微分方程:

$$R\cdot i(t)+L\cdot\frac{\mathrm{d}i(t)}{\mathrm{d}t}+u_{\mathrm{C}}(t)=u_{\mathrm{e}}(t)$$

如果将

$$i(t)=C\cdot\frac{\mathrm{d}u_{\mathrm{C}}(t)}{\mathrm{d}t}$$

代入微分方程, 那么可得振荡微分方程

$$\boxed{L\cdot C\cdot\frac{\mathrm{d}^2u_{\mathrm{C}}(t)}{\mathrm{d}t^2}+R\cdot C\cdot\frac{\mathrm{d}u_{\mathrm{C}}(t)}{\mathrm{d}t}+u_{\mathrm{C}}(t)=u_{\mathrm{e}}(t)}$$

弹簧–质量–阻尼系统

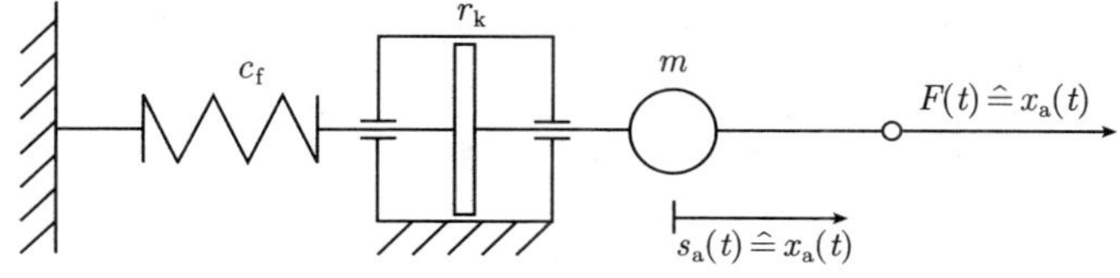

在质点 m 上作用力总和等于零:

$$\boxed{m\cdot\frac{\mathrm{d}^2s_{\mathrm{a}}(t)}{\mathrm{d}t^2}+r_{\mathrm{k}}\cdot\frac{\mathrm{d}s_{\mathrm{a}}(t)}{\mathrm{d}t}+c_{\mathrm{f}}\cdot s_{\mathrm{a}}(t)=F(t)}$$

如果引入调节技术关系式, 那么可将微分方程转为一般形式:

$$a_2\cdot\frac{\mathrm{d}^2x_{\mathrm{a}}(t)}{\mathrm{d}t^2}+a_1\cdot\frac{\mathrm{d}x_{\mathrm{a}}(t)}{\mathrm{d}t}+a_0\cdot x_{\mathrm{a}}(t)=b_0\cdot x_{\mathrm{e}}(t)$$

如果方程除以 a_0, 那么可形成在调节技术中应用的规范表达式

$$\boxed{\frac{1}{\omega_0^2}\cdot\frac{\mathrm{d}^2x_{\mathrm{a}}(t)}{\mathrm{d}t^2}+\frac{2\cdot D}{\omega_0}\cdot\frac{\mathrm{d}x_{\mathrm{a}}(t)}{\mathrm{d}t}+x_{\mathrm{a}}(t)=K_{\mathrm{P}}\cdot x_{\mathrm{e}}(t)}$$

其中系数为

$$\frac{1}{\omega_0^2}=\frac{a_2}{a_0},\quad \frac{2\cdot D}{\omega_0}=\frac{a_1}{a_0},\quad K_{\mathrm{P}}=\frac{b_0}{a_0}$$

这里 ω_0 为**特征角频率(Kennkreisfrequenz)**(无阻尼系统固有角频率), D 为**阻尼(Dämpfung)** 而 K_{P} 为 II 阶系统**比例系数(Proportionalbeiwert)**.

1. 齐次微分方程解

对于齐次微分方程解可应用式

$$x_{\mathrm{ah}}(t)=C_1\cdot\mathrm{e}^{\alpha t},\quad C_1\ \text{为常数}$$

其导数为

$$\frac{\mathrm{d}x_{\mathrm{ah}}(t)}{\mathrm{d}t} = \alpha \cdot C_1 \cdot \mathrm{e}^{\alpha t} \text{ 和 } \frac{\mathrm{d}^2 x_{\mathrm{ah}}(t)}{\mathrm{d}t^2} = \alpha^2 \cdot C_1 \cdot \mathrm{e}^{\alpha t}$$

将其代入齐次微分方程

$$\frac{1}{\omega_0^2} \cdot \frac{\mathrm{d}^2 x_{\mathrm{ah}}(t)}{\mathrm{d}t^2} + \frac{2 \cdot D}{\omega_0} \cdot \frac{\mathrm{d}x_{\mathrm{ah}}(t)}{\mathrm{d}t} + x_{\mathrm{ah}}(t) = 0$$

可得

$$\frac{1}{\omega_0^2} \cdot \alpha^2 \cdot C_1 \cdot \mathrm{e}^{\alpha t} + \frac{2 \cdot D}{\omega_0} \cdot \alpha \cdot C_1 \cdot \mathrm{e}^{\alpha t} + C_1 \cdot \mathrm{e}^{\alpha t} = 0$$

将 $C_1 \cdot \mathrm{e}^{\alpha t}$ 移到括号外, 可推导出特征方程

$$\frac{1}{\omega_0^2} \cdot \alpha^2 + \frac{2 \cdot D}{\omega_0} \cdot \alpha + 1 = 0$$

并具有零点

$$\boxed{\alpha_{1,2} = -\omega_0 \cdot D \pm \omega_0 \cdot \sqrt{D^2 - 1}}$$

与阻尼 D 关系有三种不同情况.

(1) 对于 $D > 1$, 形成**蠕变情况 (Kriechfall)**:

$$\alpha_{1,2} = -\omega_0 \cdot D \pm \omega_0 \cdot \sqrt{D^2 - 1}$$

两个不同实零点 (Zwei verschiedene reelle Nullstellen) 表示解函数是个慢 (蠕变) 过程.

(2) 对于 $D = 1$, 可得**非周期极限情况 (aperiodischen Grenzfall)**:

$$\alpha_{1,2} = -\omega_0$$

在非周期极限情况下特征方程具有**两个相同实零点 (zwei gleiche reelle Nullstellen)**.

(3) 对于 $0 < D < 1$, 产生**振荡情况 (Schwingfall)**:

$$\alpha_{1,2} = -\omega_0 \cdot D \pm \mathrm{j}\omega_0 \cdot \sqrt{1 - D^2} = \delta \pm \mathrm{j}\omega_{\mathrm{e}}$$

共轭复零点 (konjugiert komplexen Nullstellen) 特征为解函数振荡过程, ω_e 为阻尼系统固有角频率, δ 为衰减常数, 在蠕变情况和非周期极限情况 (情况 1, 2), 传递系统不具有振荡能力.

在本例中仅研究振荡情况 $(0 < D < 1)$, 对于所属的共轭复零点

$$\alpha_{1,2} = \delta \pm \mathrm{j}\omega_\mathrm{e}$$

式中: $\delta = -\omega_0 \cdot D$; $\omega_\mathrm{e} = \omega_0 \cdot \sqrt{1-D^2}$.

可得齐次微分方程解

$$x_\mathrm{ah}(t) = C_1 \cdot \mathrm{e}^{\alpha_1 t} + C_2 \cdot \mathrm{e}^{\alpha_2 t} = \mathrm{e}^{\delta t} \cdot [C_1 \cdot \mathrm{e}^{\mathrm{j}\omega_\mathrm{e} t} + C_2 \cdot \mathrm{e}^{-\mathrm{j}\omega_\mathrm{e} t}]$$

它也可给出三角函数形式

$$x_\mathrm{ah}(t) = \mathrm{e}^{\delta t} \cdot [B_1 \cdot \sin(\omega_\mathrm{e} t) + B_2 \cdot \cos(\omega_\mathrm{e} t)]$$

或正弦形式 (3.3.2.2 节)

$$x_\mathrm{ah}(t) = A \cdot \mathrm{e}^{\delta t} \cdot \sin(\omega_\mathrm{e} t + \phi)$$

2. 微分方程特解

在接入具有阶跃高度 x_e0 的阶跃函数情况下, 可选特解算式

$$x_\mathrm{ap}(t) = x_\mathrm{e}(t) = x_\mathrm{e0}, \quad t > 0$$

总的解由齐次微分方程解和特解组成:

$$x_\mathrm{a}(t) = x_\mathrm{ah}(t) + x_\mathrm{ap}(t) = \mathrm{e}^{\delta t} \cdot [B_1 \cdot \sin(\omega_\mathrm{e} t) + B_2 \cdot \cos(\omega_\mathrm{e} t)] + x_\mathrm{e0}$$

常数 B_1, B_2 由初值

$$x_\mathrm{a}(t), \quad \frac{\mathrm{d}x_\mathrm{a}(t)}{\mathrm{d}t}$$

确定.

在此假设: 在 $t = 0$ 时输入量及其导数应等于 0, 该种情况对于调节技术是重要的, 因为所给出的计算解特性如同传递环节或调节系统处于稳定工作状态, 即

$$x_\mathrm{a} = \mathrm{konst.} \text{ 或 } x_\mathrm{a} = 0, \ \frac{\mathrm{d}x_\mathrm{a}}{\mathrm{d}t} = 0$$

和外部激励 x_e0 作用时一样:

$$\begin{aligned}
x_\mathrm{a}(t=0) &= \mathrm{e}^{\delta t} \cdot [B_1 \cdot \sin(\omega_\mathrm{e} t) + B_2 \cdot \cos(\omega_\mathrm{e} t)] + x_\mathrm{e0} = B_2 + x_\mathrm{e0} = 0 \\
\frac{\mathrm{d}x_\mathrm{a}(t=0)}{\mathrm{d}t} &= \delta \cdot \mathrm{e}^{\delta t} \cdot [B_1 \cdot \sin(\omega_\mathrm{e} t) + B_2 \cdot \cos(\omega_\mathrm{e} t)] \\
&\quad + \mathrm{e}^{\delta t} \cdot [B_1 \cdot \omega_\mathrm{e} \cdot \cos(\omega_\mathrm{e} t) - B_2 \cdot \omega_\mathrm{e} \cdot \sin(\omega_\mathrm{e} t)] \\
&= \delta \cdot B_2 + \omega_\mathrm{e} \cdot B_1 = 0
\end{aligned}$$

为此, 常数为

$$B_1=\frac{\delta\cdot x_{e0}}{\omega_e}=\frac{-D\cdot x_{e0}}{\sqrt{1-D^2}},\quad B_2=-x_{e0}$$

通常, 总的解以正弦形式

$$x_a(t)=A\cdot e^{\delta t}\cdot\sin(\omega_e t+\phi)$$

给出, 其中常数必须换算为

$$A=\sqrt{B_1^2+B_2^2}=\frac{x_{e0}}{\sqrt{1-D^2}}\ (\text{幅值})$$

$$\phi=\arctan\frac{B_2}{B_1}=\arctan\frac{-x_{e0}\cdot\sqrt{1-D^2}}{-x_{e0}\cdot D}=\pi+\arctan\frac{\sqrt{1-D^2}}{D}$$

$$=\pi+\arccos D\ (\textbf{零相角},\ \text{相位移})$$

为此, 总的解为

$$x_a(t)=x_{e0}+\frac{x_{e0}}{\sqrt{1-D^2}}\cdot e^{\delta t}\cdot\sin(\omega_e t+\pi+\arccos D)$$

如果用输入量的阶跃高度 x_{e0} 除上式两边, 并且置换掉 δ 和 ω_e, 那么可得总的解

$$\boxed{\frac{x_a(t)}{x_{e0}}=1-\frac{e^{-D\omega_0 t}}{\sqrt{1-D^2}}\cdot\sin\left(\omega_0\cdot\sqrt{1-D^2}\cdot t+\arccos D\right)}$$

在图 3.3-2(a) 为 $D=0.5$ 的阶跃响应的各个项, 而图 3.3-2(b) 为得到总的曲线. 还附加给出 $D=1$(非周期极限情况) 和 $D=2$(蠕变情况) 的阶跃响应函数, 在 4.3.3 节中将在时域和频域描述 II 阶传递环节.

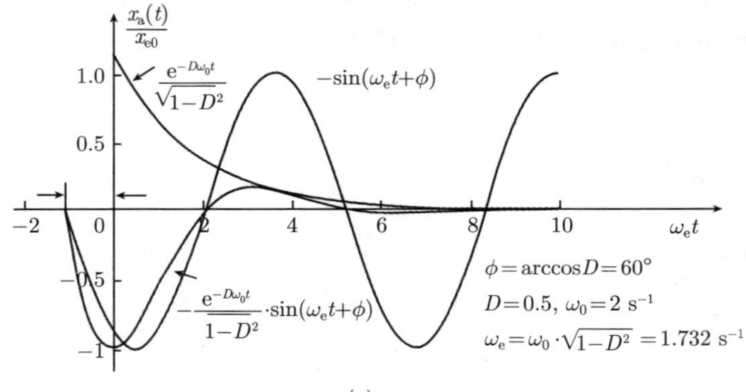

(a)

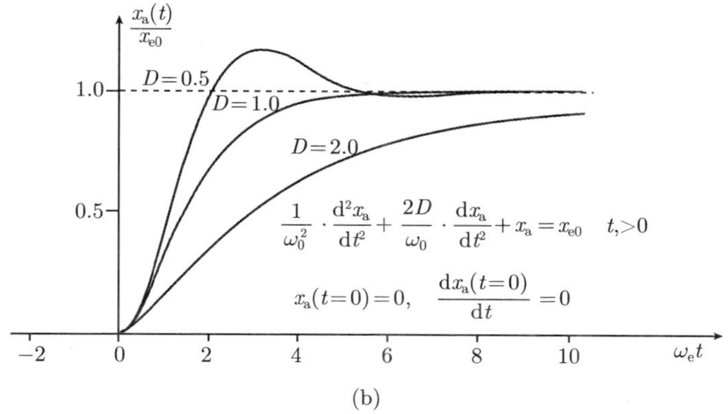

(b)

图 3.3-2 II 阶传递环节阶跃响应函数

3.4 测 试 函 数

3.4.1 测试函数比较

当传递环节的参数已知时, 那么在预先给出输入量时间曲线情况下可计算输出量 $x_a(t)$, 为了得到不同调节系统间或在系统参数变化时**比较可能性(Vergleichsmöglichkeit)**, 求解对于确定的输入函数, 即所谓**测试函数(Testfunktionen)** 微分方程的解是合适的, 这样可得到便于比较的归一化的输出函数.

按照已给方法计算解. 实际研究推荐, 测试函数作为输入量在时间点 $t=0$ 接入并记录其输出量, 在稳定系统情况下输出量由一个稳定状态过渡到由特解给出的新的稳定状态, 动态特性是通过这个过渡特性来确定.

3.4.2 冲激函数

单位冲激函数(Einheitsimpulsfunktion) 由一个具有单位面积的迪拉克冲激 $\delta(t)$ 构成. 迪拉克冲激定义如下:

$$\boxed{\delta(t)=\begin{cases}0, & t<0 \quad \text{和} \quad t>0\\ \infty, & t=0\end{cases}, \qquad \int\delta(t)\mathrm{d}t=1}$$

输出量用**冲激响应 (Impulsantwort)** 或**权函数 (Gewichtsfunktion)**$g(t)$ 表示, 形成具有面积 $x_{e0}T$ 的冲激函数为

$$\boxed{x_e(t)=x_{e0}\cdot T\cdot\delta(t)}$$

可解释如下:

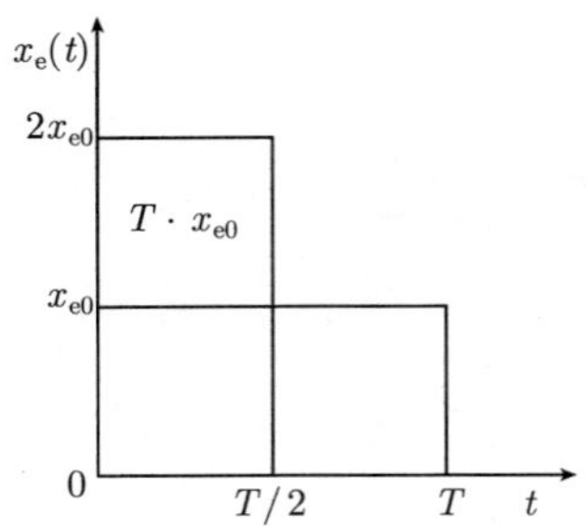

$x_e(t)$ 至时间点 $t=0$ 得到值 x_{e0}, 而至时间 $t \geqslant T$ 得到零值. 当冲激持续时间缩短至 $T/2$, 则幅值高度增大到 $2x_{eo}$, 在此其冲激面积 Tx_{e0} 是无变化的, 对于 $T \to 0$,则 $x_e \to \infty$.

在图 3.4-1 中绘制了冲激函数 $\delta(t)$ 以及被称为权函数 $g(t)$ 的冲激响应. 作为输入量的冲激函数物理上相应于接入一个具有面积 $x_{e0} \cdot T$ 的能量冲激, 而 x_{e0} 具有功率的量纲, 冲激函数物理上不能精确实现, 由具有较高幅值短冲激激励的响应特性, 总是可给出如像具有固有频率和阻尼的动态特性.

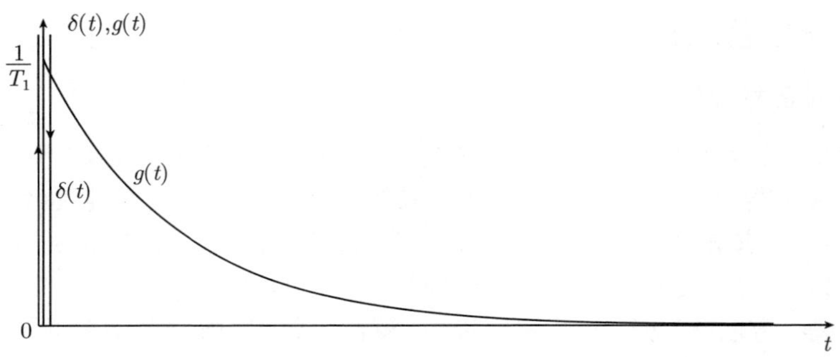

图 3.4-1 例 3.3-1 传递环节的冲激函数 $\delta(t)$和权函数$g(t)$

3.4.3 阶跃函数

阶跃函数(Sprungfunktion) 是调节技术的**最重要的测试函数(wichtigste Testfunktion)**. 输入函数 $x_e(t)$ 至时间点 $t=0$ 以阶跃形式由零改变到值 x_{e0}.

$$x_e(t) = x_{e0} \cdot E(t)$$

$$E(t) = \begin{cases} 0, & t \leqslant 0 \\ 1, & t > 0 \end{cases}$$

$E(t)$ 称为开关函数或**单位阶跃函数 (Einheitssprungfunktion)**. 作为激励函数结果的时间曲线 $x_a(t)$ 为**阶跃响应 (Sprungantwort)**. 图 3.4-2 中给出被调节对象的阶跃函数和阶跃响应 ($x_e = y$(调整量), $x_a = x$(被调节量)).

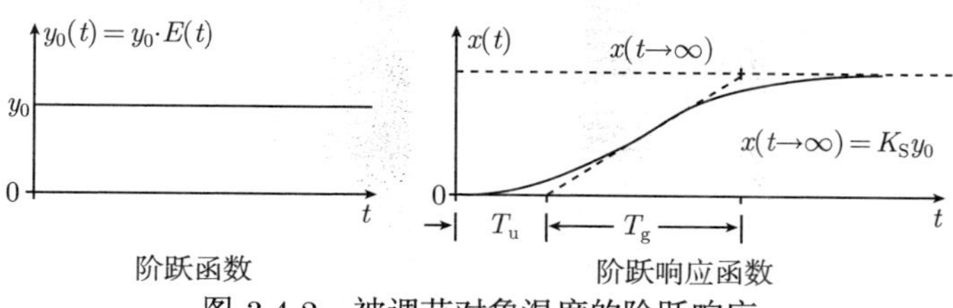

图 3.4-2 被调节对象温度的阶跃响应

T_u-延迟时间; T_g-平衡时间; K_s-被调节对象增益

如果输出量 $x(t)$ 与输入量 $y(t)$ 相关, 那么将产生**归一化的阶跃响应(normierte Sprungantwort)**$h(t)$, 称为被调节对象**过渡函数(Übergangsfunktion)**.

$$h(t) = \frac{x(t)}{y_0}, K_S = \frac{x(t-\infty)}{y_0}$$

被调节对象传递系数 (增益) 为 K_s.

3.4.4 斜坡函数

在斜坡函数时, 输入信号以常值速度增大, 即

$$x_e(t) = x_{e0} \cdot \frac{t}{T}$$

对于 $x_{e0}/T = 1$ 可得到**单位斜坡函数(Einheitanstiegsfunktion)**, 其中未考虑参量量纲, 在接入斜坡函数时产生的输出量称为斜坡响应, 在图 3.4-3 中绘制斜坡函数和相应的斜坡响应.

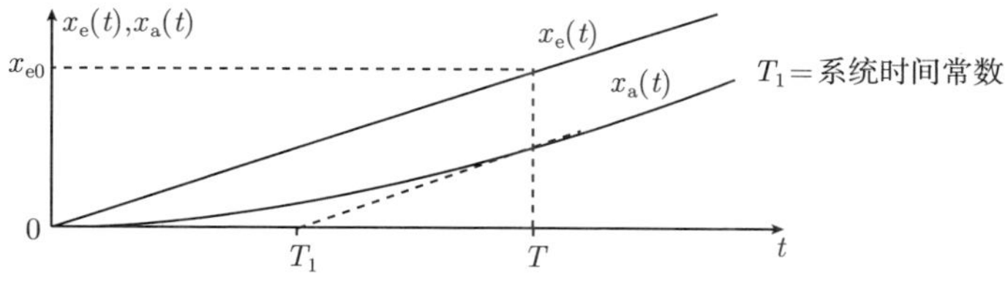

图 3.4-3 斜坡函数 $x_e(t)$ 和斜坡响应 $x_a(t)$

3.4.5 谐波函数

至今所给的函数都是不连续曲线, 如果应用正弦函数作为输入量 (图 3.4-4), 即

$$x_e(t) = \hat{x}_e \cdot \sin(\omega t)$$

那么称其响应函数为正弦响应. 输出量 $x_a(\mathrm{j}\omega)$ 与输入量 $x_e(\mathrm{j}\omega)$ 的比值为频率特性 (见 3.6 节), 频率特性表征调节回路环节在频域的特性.

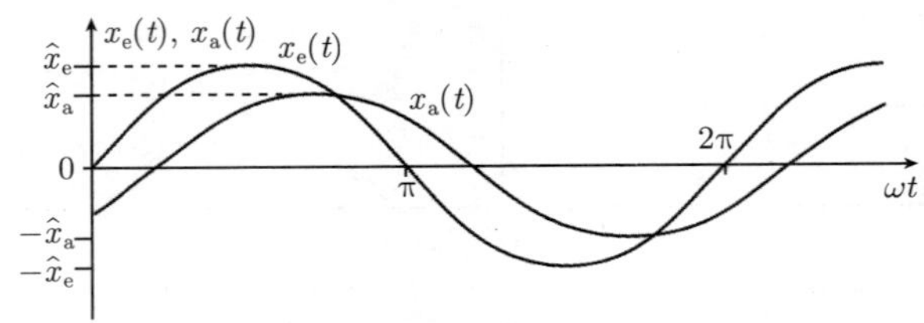

图 3.4-4　正弦函数 $x_e(t)$ 和正弦响应 $x_a(t)$

3.5 拉普拉斯变换

3.5.1 导言

借助**拉普拉斯变换(LAPLACE-Transformation)** 将微分和积分表达式转换为代数表达式. 其优越性为求解代数方程以取代解微分方程, 在拉普拉斯变换时考虑了初始条件, 这样求解微分方程可一步完成.

3.5.2 数学变换

3.5.2.1 通过变换简化计算

为简化计算, 在数学中进行变换, 如图 3.5-1 所示.

在变换中通过低阶运算代替高阶运算, 从而使计算简化.

常用的**变换(Transformation)** 为对数运算, 例如, 通过变换参量的加法取代乘法.

通过拉普拉斯变换将微分转换为乘法, 积分转换为除法, 也就是转换为代数运算.

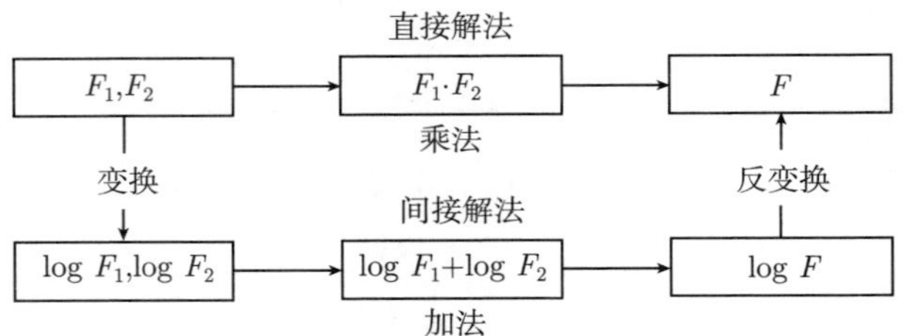

图 3.5-1　通过变换的间接解法 (例)

3.5.2.2 拉普拉斯变换的原域和像域

将应进行运算的区域称为**原域(Originalbereich)**, 运算将该区域转换到**像域(Bildbereich)**, 在像域进行相应的**较低阶的运算 (rechenoperation niederer Ordnung)**, 随后再将中间结果反转换为原域的最终结果.

拉普拉斯变换的原域为**时域(Zeitbereich)**, 并应求时间函数, 而像域称为**频域(Frequenzbereich)**, **拉普拉斯变量(LAPLACE-Variable)**

$$\boxed{s := \sigma + \mathrm{j}\omega}$$

也称为复像变量或复角频率. 这里, 以在图 3.5-2 和图 3.5-3 中的函数

$$\frac{\mathrm{d}}{\mathrm{d}t}(t \cdot \mathrm{e}^{at}), \quad \int t\,\mathrm{d}t$$

为算例来表示拉普拉斯变换.

微分(Differention) 相应于频域的具有复像变量 s 的**乘法(Multiplikation)**. 而时域的**积分(Integration)** 相应于频域的具有像变量 s 的**除法(Division)**.

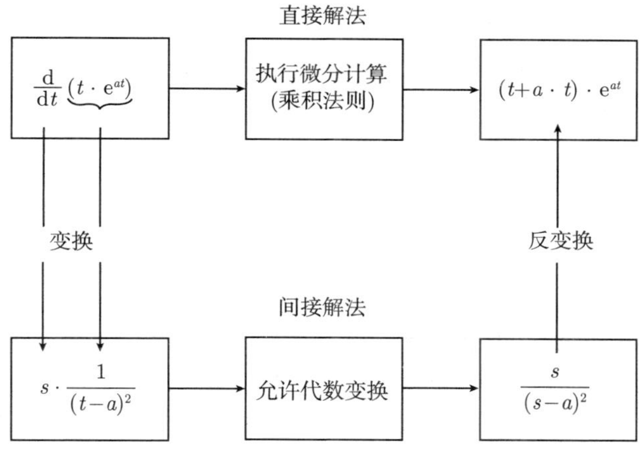

图 3.5-2 微分变换示意图 (例)

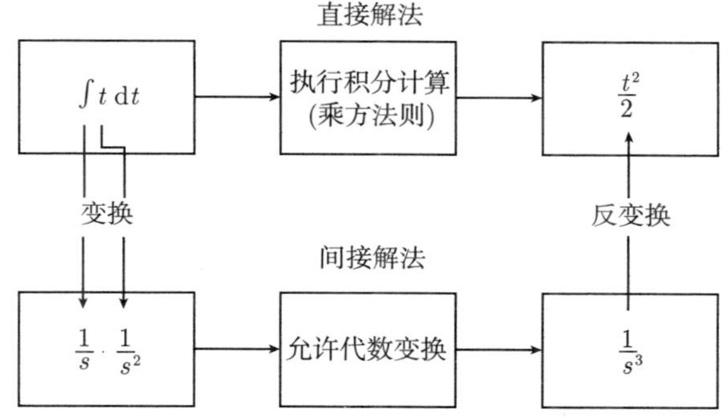

图 3.5-3 积分变换示意图 (例)

3.5.3 拉普拉斯变换和拉普拉斯积分

在拉普拉斯变换中应用复像变量

$$s := \sigma + \mathrm{j}\omega$$

为此应保证, 下面所给的积分都是收敛的, 也就是它对于在调节技术中所有的重要函数都是可计算的, 由于同样收敛原因, 变换仅存在于 $t > 0$, 通过下面积分:

$$\boxed{f(s) = \int_0^\infty f(t)\cdot \mathrm{e}^{-st}\mathrm{d}t = \int_0^\infty f(t)\cdot \mathrm{e}^{-\sigma t}\cdot \mathrm{e}^{-\mathrm{j}\omega t}\mathrm{d}t = L\{f(t)\}}$$

定义拉普拉斯变换. $f(s)$ 为函数 $f(t)$ 的拉普拉斯变换式, 由原域过渡到像域是通过符号 L 表示的, 而通过 L^{-1} 表示反变换.

拉普拉斯变换示例 (Beispiele zur (LAPLACE-Transformation)

例 3.5-1　阶跃函数变换

$$f(t) = E(t),\quad E(t) = \begin{cases} 0, & t \leqslant 0 \\ 1, & t > 0 \end{cases}$$

$$f(s) = \int_0^\infty f(t)\cdot \mathrm{e}^{-st}\mathrm{d}t = \int_0^\infty 1\cdot \mathrm{e}^{-st}\mathrm{d}t = -\frac{1}{s}\cdot \mathrm{e}^{-st}\Big|_0^\infty = \frac{1}{s}$$

例 3.5-2　斜坡函数 $f(t) = t$ 变换

积分可通过乘积积分来解:

$$f(s) = \int_0^\infty f(t)\cdot \mathrm{e}^{-st}\mathrm{d}t = \int_0^\infty t\cdot \mathrm{e}^{-st}\mathrm{d}t$$

$$= -t\cdot\frac{1}{s}\cdot \mathrm{e}^{-st}\Big|_0^\infty + \int_0^\infty \frac{1}{s}\cdot \mathrm{e}^{-st}\mathrm{d}t = \left[-t\cdot\frac{1}{s}\cdot \mathrm{e}^{-st} - \frac{1}{s^2}\cdot \mathrm{e}^{-st}\right]\Big|_0^\infty = \frac{1}{s^2}$$

由拉普拉斯变换 $f(s)$ 应用复数反演 (变换) 公式, 即**拉普拉斯积分(LAPLACE-Integral)**:

$$\boxed{f(t) = \frac{1}{2\pi\mathrm{j}}\oint f(s)\cdot \mathrm{e}^{st}\mathrm{d}s = L^{-1}\{f(s)\}}$$

可求得时间函数. 对此, 在复数平面的闭环积分路径是围绕 $f(s)$ 全部极点进行, $f(s)$ 极点为使 $f(s)$ 分母等于零的 s 值, 从像域过渡到原域通过 L^{-1} 给出. 拉普拉斯积分用**留数定理(Residuensatz)** 计算, 即

$$\boxed{f(t) = \frac{1}{2\pi\mathrm{j}}\oint f(s)\cdot \mathrm{e}^{st}\mathrm{d}s = \sum_{i=1}^{n}\mathrm{Res}[f(s)\cdot \mathrm{e}^{st}]}$$

其中, 时间函数 $f(t)$ 等于 $f(s)\cdot \mathrm{e}^{st}$ 全部极点的留数之和. $\boldsymbol{k}$ **重极点(*k*-fachen Polstelle)**$s=s_{p1}$ 的**留数(Residuum)** 一般为

$$\boxed{\operatorname{Res}\Big|_{s=s_{\mathrm{p}1}}=\frac{1}{(k-1)!}\cdot\frac{\mathrm{d}^{k-1}}{\mathrm{d}s^{k-1}}\left[f(s)\cdot\mathrm{e}^{st}\cdot(s-s_{\mathrm{p}1})^{k}\right]\Big|_{s=s_{\mathrm{p}1}}}$$

拉普拉斯反变换示例 (Beispiele zur (Laplace-Rücktransformation)

例 3.5-3 单极点

$$f(s)=\frac{1}{s+a},\quad k=1,\quad s_{\mathrm{p}1}=-a$$

$$f(t)=\operatorname{Res}\Big|_{s=-a}=\frac{1}{(1-1)!}\cdot\frac{\mathrm{d}^0}{\mathrm{d}s^0}\left[\frac{1}{s+a}\cdot\mathrm{e}^{st}\cdot(s+a)\right]\Big|_{s=-a}=\mathrm{e}^{-at}$$

例 3.5-4 k 重极点

$$f(s)=\frac{1}{(s+a)^k},\quad k>1,\quad s_{\mathrm{p}1}=-a$$

$$f(t)=\operatorname{Res}\Big|_{s=-a}=\frac{1}{(k-1)!}\cdot\frac{\mathrm{d}^{k-1}}{\mathrm{d}s^{k-1}}\left[\frac{1}{(s+a)^k}\cdot\mathrm{e}^{st}\cdot(s+a)^k\right]\Big|_{s=-a}$$

$$=\frac{1}{(k-1)!}\cdot t^{k-1}\cdot\mathrm{e}^{-at}$$

例 3.5-5 在 $s_1=0$ 处有 3 重极点

$$f(s)=\frac{1}{s^3},\ k=3,\ s_1=0$$

$$f(t)=\operatorname{Res}\Big|_{s=0}=\frac{1}{(3-1)!}\cdot t^{3-1}\cdot\mathrm{e}^{0\cdot t}=\frac{1}{2}\cdot t^2$$

3.5.4 拉普拉斯变换应用

3.5.4.1 概述

变换和反变换都可借助**表(Tabellen)** 进行, 由下面计算规则可求未被列入表的转换对.

3.5.4.2 线性

拉普拉斯变换是线性的, 所以放大原理和叠加原理才是有效的, 这可导出下面计算规则:

$$L\{k \cdot f(t)\} = k \cdot L\{f(t)\} = k \cdot f(s)$$
$$L\{f_1(t) \pm f_2(t)\} = L\{f_1(t)\} \pm L\{f_2(t)\} = f_1(s) \pm f_2(s)$$

例 3.5-6　放大原理

$$x_{e1}(t) = \sin(\omega t)$$
$$x_{e1}(s) = L\{\sin(\omega t)\} = \frac{\omega}{s^2 + \omega^2}$$

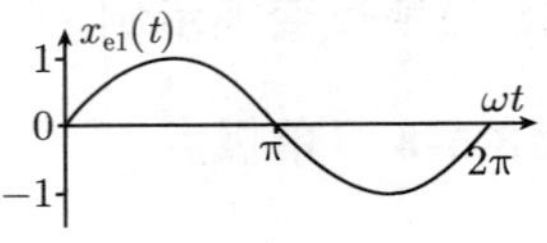

$$x_{e2}(t) = 5 \cdot \sin(\omega t)$$
$$x_{e2}(s) = L\{5 \cdot \sin(\omega t)\} = 5 \cdot L\{\sin(\omega t)\} = \frac{5 \cdot \omega}{s^2 + \omega^2}$$

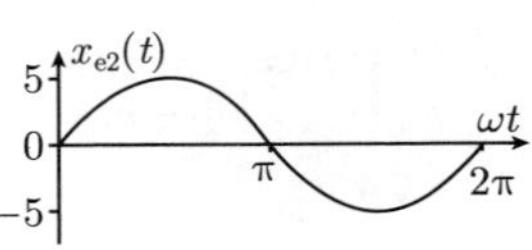

例 3.5-7　叠加原理

$$x_{e1}(t) = \cos(\omega t)$$
$$x_{e1}(s) = L\{\cos(\omega t)\} = \frac{s}{s^2 + \omega^2}$$

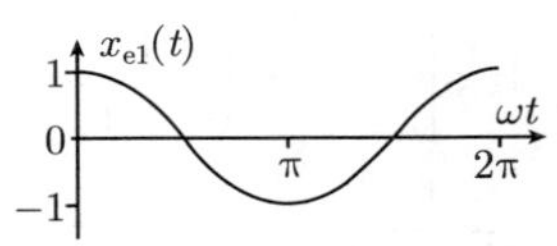

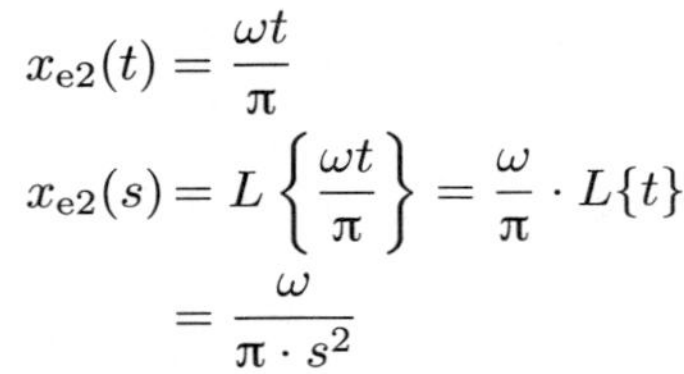

$$x_{e2}(t) = \frac{\omega t}{\pi}$$
$$x_{e2}(s) = L\left\{\frac{\omega t}{\pi}\right\} = \frac{\omega}{\pi} \cdot L\{t\} = \frac{\omega}{\pi \cdot s^2}$$

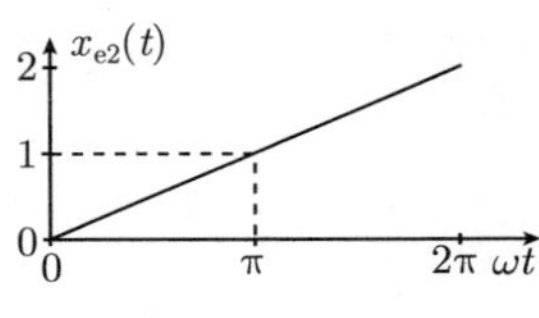

$$x_e(t) = x_{e1}(t) + x_{e2}(t) = \cos(\omega t) + \frac{\omega t}{\pi}$$
$$x_e(s) = L\{x_{e1}(t)\} + L\{x_{e2}(t)\} = \frac{s}{s^2 + \omega^2} + \frac{\omega}{\pi \cdot s^2}$$

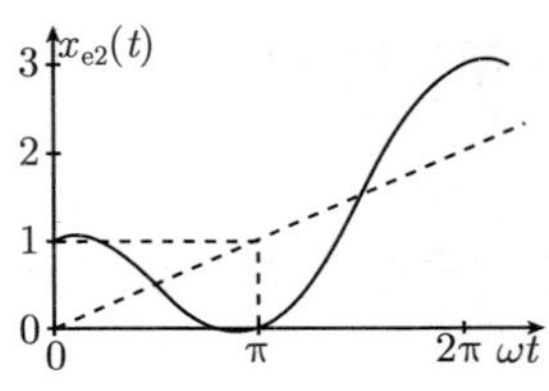

3.5.4.3　平移定理

在调节技术中, **延迟时间环节 (Totzeitelementen)** 会使激励函数在输出端被有效地推迟一延迟时间 T_t, 特殊激励函数可被表示为随后引入的规范函数之和, 借助平移定理可在频域表示这些函数.

平移定理(Verschiebungssatz): 时间平移函数 $f(t-T)$ 可在频域通过未平移变换的时间函数 $f(s)$ 与平移算符 e^{-Ts} 相乘来求得.

$$\boxed{L\{f(t-T)\}=\mathrm{e}^{-Ts}\cdot L\{f(t)\}=\mathrm{e}^{-Ts}\cdot f(s)\,,\quad T>0}$$

例 3.5-8 平移单位阶跃函数

$$x_{\mathrm{e}}(t)=E(t-T)=\begin{cases}0, & t\leqslant T\\ 1, & t>T\end{cases}$$

$$x_{\mathrm{e}}(t)=f(t-T)\,,\quad f(t)=E(t)$$

$$\begin{aligned}x_{\mathrm{e}}(s)&=L\{f(t-T)\}\\&=\mathrm{e}^{-Ts}\cdot L\{f(t)\}\\&=\mathrm{e}^{-Ts}\cdot f(s)=\mathrm{e}^{-Ts}\cdot\frac{1}{s}\end{aligned}$$

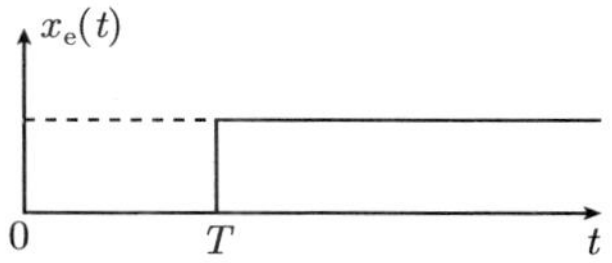

例 3.5-9 矩形冲激

矩形冲激 $x_{\mathrm{e}}(t)$ 是通过两个阶跃函数 $x_{\mathrm{e1}}(t)$ 和 $x_{\mathrm{e2}}(t)$ 叠加形成的.

$$x_{\mathrm{e1}}(t)=E(t)$$

$$\begin{aligned}x_{\mathrm{e1}}(s)&=L\{E(t)\}\\&=\frac{1}{s}\end{aligned}$$

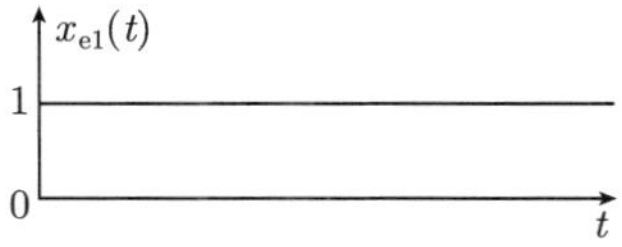

$$x_{\mathrm{e2}}(t)=-E(t-T)$$

$$\begin{aligned}x_{\mathrm{e2}}(s)&=-L\{E(t-T)\}\\&=\frac{-\mathrm{e}^{-Ts}}{s}\end{aligned}$$

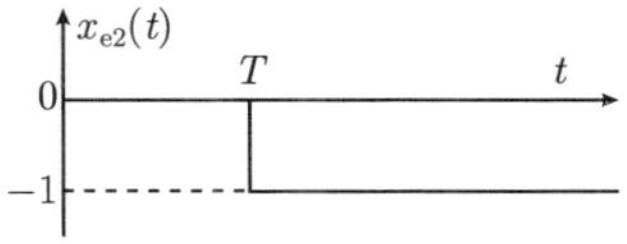

$$x_{\mathrm{e}}(t)=x_{\mathrm{e1}}(t)+x_{\mathrm{e2}}(t)$$

$$\begin{aligned}x_{\mathrm{e}}(s)&=x_{\mathrm{e1}}(s)+x_{\mathrm{e2}}(s)\\&=\frac{1}{s}\cdot[1-\mathrm{e}^{-Ts}]\end{aligned}$$

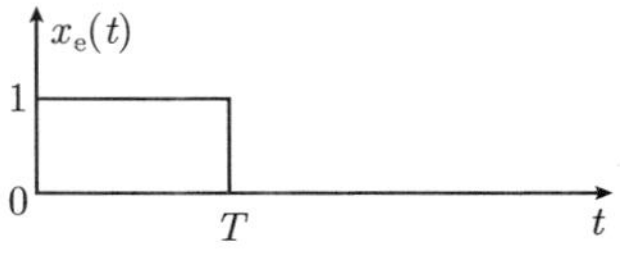

3.5.4.4 相似定理

如果变量 t 与一常数 ($a > 0$ 和实数) 相乘, 那么用**相似定理(Ähnlichkeitssatz)** 会产生像变量计算结果:

$$\boxed{L\{f(a\cdot t)\} = \frac{1}{a}\cdot f\left(\frac{s}{a}\right), \quad L\left\{f\left(\frac{t}{a}\right)\right\} = a\cdot f(a\cdot s)}$$

例 3.5-10 由正弦函数

$$x_{\mathrm{e1}}(t) = \sin(\omega_1 t)$$

和其所属的变换对

$$x_{\mathrm{e1}}(s) = L\{\sin(\omega_1 t)\} = \frac{\omega_1}{s^2+\omega_1^2}$$

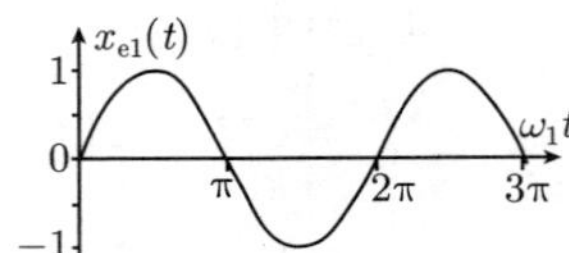

应用相似定理计算时间函数

$$x_{\mathrm{e2}}(t) = \sin(\omega_2 t), \quad \omega_2 = 0.5\cdot\omega_1$$

的拉普拉斯变换:

$$\begin{aligned} x_{\mathrm{e2}}(s) &= L\{\sin(\omega_2 t)\} = L\{\sin(0.5\cdot\omega_1 t)\} \\ &= \frac{1}{0.5}\cdot\frac{\omega_1}{\left(\frac{s}{0.5}\right)^2+\omega_1^2} \\ &= \frac{0.5\cdot\omega_1}{s^2+(0.5\cdot\omega_1)^2} \end{aligned}$$

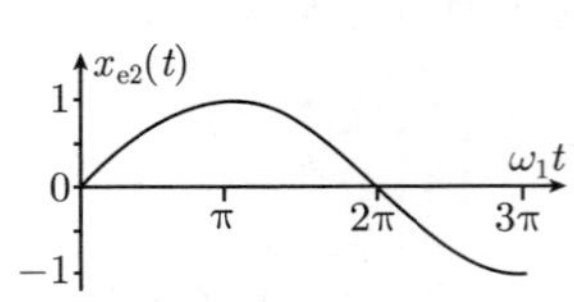

3.5.4.5 微分定理和积分定理

微分定理(Differentiationssatz): 如果在**时域(Zeitbereich)** 对一函数进行微分, 那么在频域可得到如下的关系式:

$$L\left\{\frac{\mathrm{d}^n f(t)}{\mathrm{d}t^n}\right\} = s^n f(s) - \left[s^{n-1} f(t=0) + s^{n-2}\left.\frac{\mathrm{d}f(t)}{\mathrm{d}t}\right|_{t=0} + \cdots \right.$$

$$\left. + s\left.\frac{\mathrm{d}^{(n-2)} f(t)}{\mathrm{d}t^{(n-2)}}\right|_{t=0} + \left.\frac{\mathrm{d}^{(n-1)} f(t)}{\mathrm{d}t^{(n-1)}}\right|_{t=0}\right]$$

或一般式:

$$L\left\{\frac{\mathrm{d}^n f(t)}{\mathrm{d}t^n}\right\}=s^n\cdot f(s)-\sum_{i=1}^{n}s^{n-i}\cdot\left.\frac{\mathrm{d}^{(i-1)}f(t)}{\mathrm{d}t^{(i-1)}}\right|_{t=0}$$

1 阶导数$(n=1)$**微分定理(Differentiationssatz für die erste Ableitung)** 为

$$L\left\{\frac{\mathrm{d}f(t)}{\mathrm{d}t}\right\}=s\cdot f(s)-f(t=0)$$

2 阶导数$(n=2)$**微分定理(Differentiationssatz für die zweite Ableitung)** 为

$$L\left\{\frac{\mathrm{d}^2 f(t)}{\mathrm{d}t^2}\right\}=s^2\cdot f(s)-\left[s\cdot f(t=0)+\left.\frac{\mathrm{d}f(t)}{\mathrm{d}t}\right|_{t=0}\right]$$

如果初值为零, 那么微分定理可简化为

$$L\left\{\frac{\mathrm{d}^n f(t)}{\mathrm{d}t^n}\right\}=s^n\cdot f(s)$$

积分定理(Integrationssatz): 如果在**时域(Zeitbereich)** 对一函数积分, 那么在频域得到如下的关系式:

$$L\left\{\int_0^t f(\tau)\mathrm{d}\tau\right\}=\frac{1}{s}\cdot L\{f(t)\}=\frac{1}{s}\cdot f(s)$$

应用拉普拉斯变换, 微分和积分可转化为代数表达式.

例 3.5-11 时间函数

$$x_{\mathrm{e}}(t)=\cos(\omega t)$$

具有拉普拉斯变换

$$x_{\mathrm{e}}(s)=\frac{s}{s^2+\omega^2}$$

和初始值 $x_{\mathrm{e}}(t=0)=\cos 0=1$, $x_{\mathrm{e}}(t)$ 的导数为

$$\frac{\mathrm{d}x_{\mathrm{e}}(t)}{\mathrm{d}t}=-\omega\cdot\sin(\omega t)$$

用微分定理可由余弦函数拉普拉斯变换确定正弦函数变换:

$$\begin{aligned}L\left\{\frac{\mathrm{d}x_{\mathrm{e}}(t)}{\mathrm{d}t}\right\}&=s\cdot x_{\mathrm{e}}(s)-x_{\mathrm{e}}(t=0)=\frac{s^2}{s^2+\omega^2}-1\\&=\frac{-\omega^2}{s^2+\omega^2}=L\{-\omega\cdot\sin(\omega t)\}\end{aligned}$$

为此正弦函数拉普拉斯变换为

$$L\{\sin(\omega t)\} = \frac{\omega}{s^2+\omega^2}$$

例 3.5-12　属于单位阶跃函数

$x_{\mathrm{e}}(t) = E(t)$

的拉普拉斯变换为

$$x_{\mathrm{e}}(s) = \frac{1}{s}$$

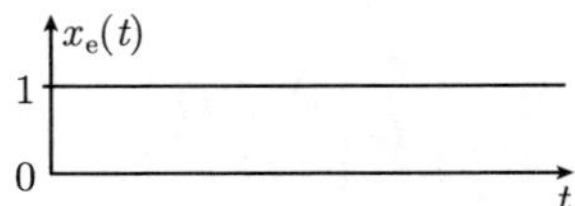

在像域给出单位阶跃函数的积分

$$L\left\{\int_0^t x_{\mathrm{e}}(\tau)\mathrm{d}\tau\right\} = \frac{1}{s}\cdot x_{\mathrm{e}}(s) = \frac{1}{s^2}$$

按照反变换可得到在时域的斜坡函数

$$\int_0^t x_{\mathrm{e}}(\tau)\mathrm{d}\tau = L^{-1}\left\{\frac{1}{s^2}\right\} = t$$

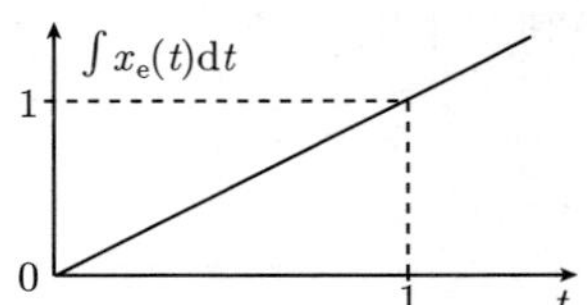

3.5.4.6　卷积定理

拉普拉斯变换的乘积在时域可用**卷积积分(Faltungsintegral)**

$$\boxed{L\{f_1(t)*f_2(t)\} = L\left\{\int_0^t f_1(t-\tau)\cdot f_2(\tau)\mathrm{d}\tau\right\} = f_1(s)\cdot f_2(s)}$$

来计算.

例 3.5-13　拉普拉斯变换 $f(s)$ 由下式组成:

$$f(s) = f_1(s)\cdot\quad f_2(s) = \frac{1}{s+a}\cdot\frac{1}{s+b}$$

其所属的原函数为

$$f_1(t) = L^{-1}\left\{\frac{1}{s+a}\right\} = \mathrm{e}^{-at}\quad 和\quad f_2(t) = L^{-1}\left\{\frac{1}{s+b}\right\} = \mathrm{e}^{-bt}$$

用**卷积定理(Faltungssatz)** 可计算出 $f(s)$ 的原函数 $f(t)$ (图 3.5-4) 为

$$
\begin{aligned}
f(t) = f_1(t) * f_2(t) &= \int_0^t \mathrm{e}^{-a(t-\tau)} \cdot \mathrm{e}^{-b\tau} \mathrm{d}\tau \\
&= \mathrm{e}^{-at} \int_0^t \mathrm{e}^{(a-b)\tau} \mathrm{d}\tau = \frac{\mathrm{e}^{-at}}{a-b} \cdot \mathrm{e}^{(a-b)\tau} \Big|_0^t \\
&= \frac{\mathrm{e}^{-at}}{a-b} \cdot \left(\mathrm{e}^{(a-b)t} - 1\right) = \frac{1}{a-b} \cdot \left(\mathrm{e}^{-bt} - \mathrm{e}^{-at}\right)
\end{aligned}
$$

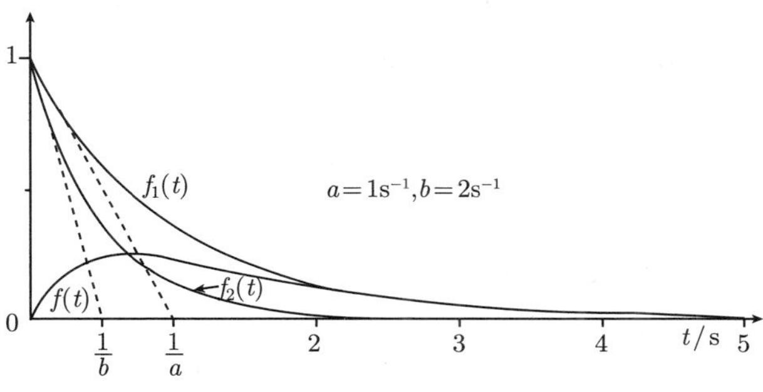

图 3.5-4 函数卷积

3.5.4.7 边界值定理

应用边界值定理并借助于频域的像函数可进行时域的边界值计算.

初值定理(Anfangswertsatz)(计算时间函数的初值). 时间函数 $f(t)$ 在 $t = 0$ 时的值可由对应的像函数求得:

$$
\boxed{f(t=0) = \lim_{s\to\infty} s \cdot f(s)}
$$

终值定理(Endwertsatz)(计算时间函数的终值). 时间函数 $f(t)$ 在 $t \to \infty$ 时的值可由对应的像函数求得:

$$
\boxed{f(t\to\infty) = \lim_{s\to 0} s \cdot f(s)}
$$

边界值定理 (Grenzwertsätze) 对于计算调节回路的稳态参量是必需的, 终值定理对于计算**稳态调节误差 (bleibenden Regeldifferenz)**$x_\mathrm{d}(t \to \infty)$ 是重要的. 然而仅当所对应时间函数的终值存在时, 才能应用终值定理.

例 3.5-14 从例 3.3-1 中具有初值 $u_\mathrm{a}(t = 0) = U_{\mathrm{a}0}$ 的电阻–电容器–电路的微分方程

$$
T_1 \cdot \frac{\mathrm{d}u_\mathrm{a}(t)}{\mathrm{d}t} + u_\mathrm{a}(t) = u_\mathrm{e}(t)
$$

$$
T_1 = R \cdot C
$$

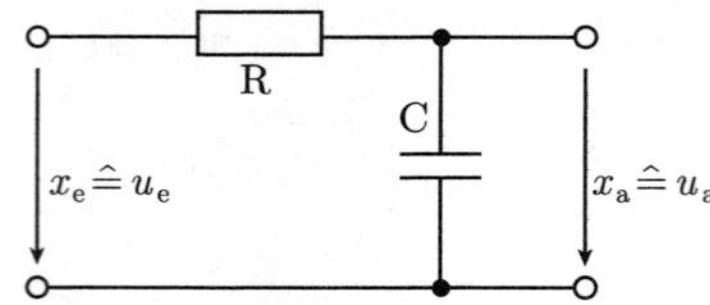

出发, 在像域应用微分定理可得

$$T_1 \cdot [s \cdot u_a(s) - u_a(t=0)] + u_a(s) = u_e(s)$$

其中输出电压的拉普拉斯变换为

$$u_a(s) = \frac{T_1}{1 + T_1 \cdot s} \cdot U_{a0} + \frac{1}{1 + T_1 \cdot s} \cdot u_e(s)$$

若在时间点 $t = 0$ 接入阶跃形式的输入量

$$u_e(t) = U_{e0} \cdot E(t)$$

其拉普拉斯变换为

$$u_e(s) = U_{e0} \cdot \frac{1}{s}$$

可得

$$u_a(s) = \frac{T_1}{1 + T_1 \cdot s} \cdot U_{a0} + \frac{1}{1 + T_1 \cdot s} \cdot \frac{U_{e0}}{s}$$

如果其所对应拉普拉斯变换已知, 则可用边界值定理确定时间函数的初值和终值.

用初值定理可给出 $u_a(t)$ 的初值 (图 3.5-5) 为

$$u_a(t=0) = \lim_{s \to \infty} s \cdot u_a(s) = \lim_{s \to \infty} s \cdot \frac{T_1}{1 + T_1 \cdot s} \cdot U_{a0} = U_{a0}$$

用终值定理可得终值为

$$u_a(t \to \infty) = \lim_{s \to 0} s \cdot u_a(s) = \lim_{s \to 0} s \cdot \frac{1}{1 + T_1 \cdot s} \cdot \frac{U_{e0}}{s} = U_{e0}$$

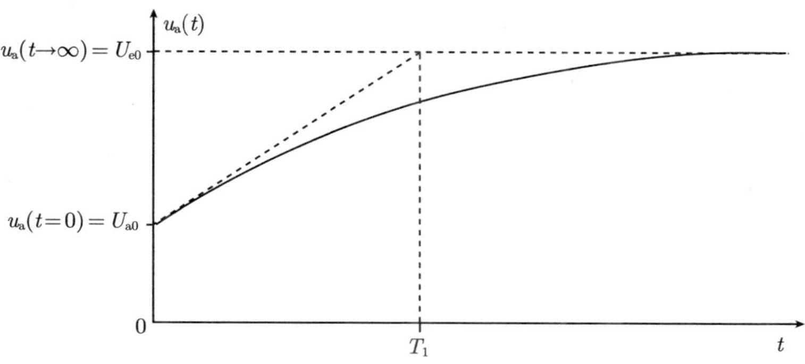

图 3.5-5 输出量的电压曲线 $u_a(t)$

例 3.5-15 传递系统

$$x_a(s)=\frac{1}{s-1}\cdot x_e(s)$$

其输入量为 $x_e(s)=\dfrac{1}{s}$, 在像域具有拉普拉斯变换

$$x_a(s)=\frac{1}{(s-1)\cdot s}$$

其所对应的时间函数为

$$x_a(t)=-(1-e^t)$$

具有终值 $\lim\limits_{t\to\infty}x_a(t)=\infty$.

这里终值定理会提供一个错误结果:

$$x_a(t\to\infty)=\lim_{s\to 0}s\cdot x_a(s)=\lim_{s\to 0}\frac{1}{s-1}=-1$$

因为传递系统是不稳定的 (图 3.5-6), 因而不存在终值.

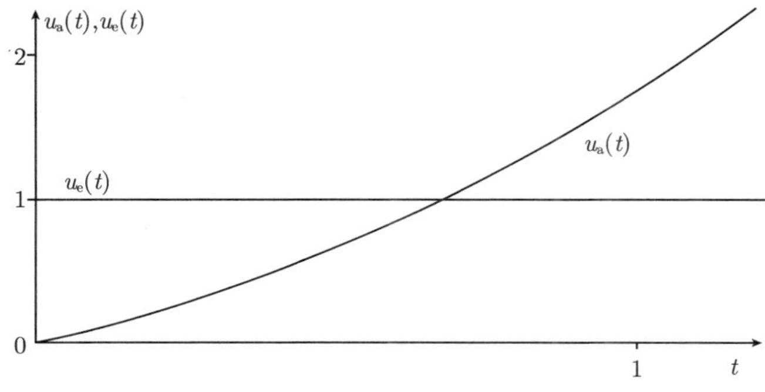

图 3.5-6 一个不稳定系统的输出量 $u_a(t)$

3.5.4.8　借助拉普拉斯变换解常系数线性微分方程

具有初值为零的线性微分方程借助拉普拉斯变换求解如下.

已知微分方程的**拉普拉斯变换(LAPLACE-Trangsformation)**, 作为结果人们可得到线性代数方程, 它包含待求的拉普拉斯变换 $x_{\mathrm{a}}(s)$ 和已给的拉普拉斯变换 $x_{\mathrm{e}}(s)$.

由代数方程**解出** $x_{\mathrm{a}}(s)$:

$$\boxed{x_{\mathrm{a}}(s)=G(s)\cdot x_{\mathrm{e}}(s)}$$

借助拉普拉斯变换表求**反变换(Rücktransformation)**, 为此可给出待求的函数 $x_a(t)$. 在这种情况下必须进行部分分式展开.

上述求解具有初值为零的微分方程的方法, 可用图 3.5-7 的流程框图给出.

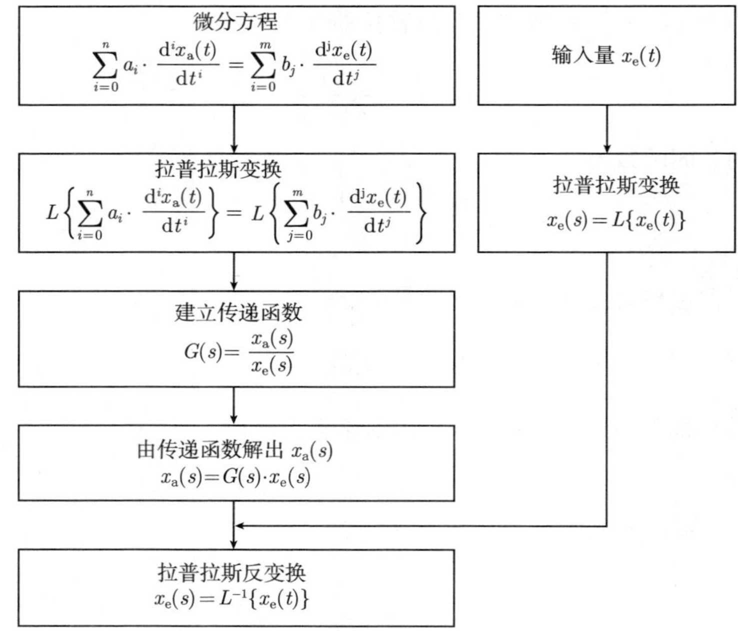

图 3.5-7　在像域求解微分方程流程框图

例 3.5-16　电和机械滞后环节

电阻–电容器–电路 (RC 环节), $T_1=R\cdot C$

弹簧–阻尼器–环节 $T_1=\frac{r_{\mathrm{k}}}{c_{\mathrm{f}}}$

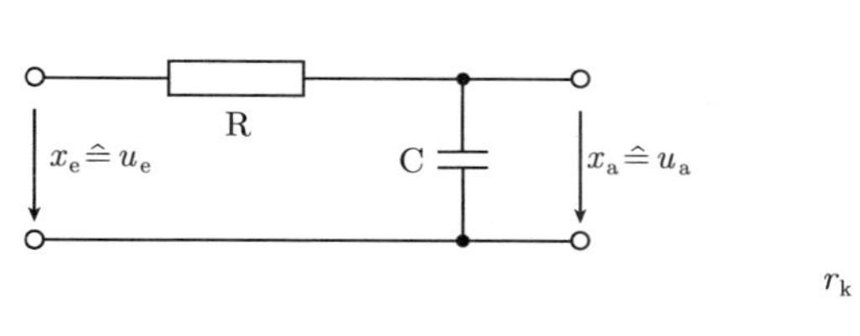

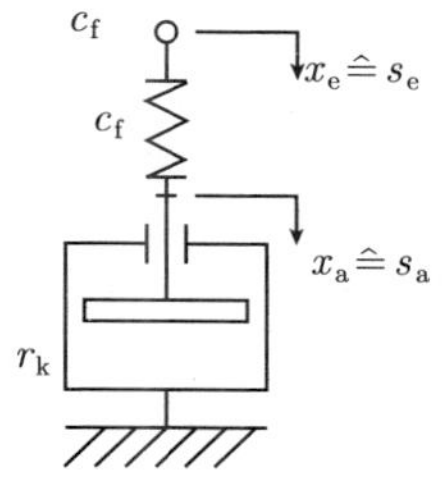

对两个系统有效微分方程

$$T_1 \cdot \frac{\mathrm{d}x_a(t)}{\mathrm{d}t} + x_a(t) = x_e(t)$$

的推导已在例 2.2-1 中给出, 初值为 $x_a(t=0) = x_{e0}$, 首先将微分方程变换到像域

$$L\{x_e(t)\} = T_1 \cdot [s \cdot L\{x_a(t)\} - x_a(t=0)] + L\{x_a(t)\}$$

$$x_e(s) = T_1 \cdot s \cdot x_a(s) - T_1 \cdot x_a(t=0) + x_a(s)$$

并构建传递函数 $G(s)$:

$$\begin{aligned} x_a(s) &= \frac{1}{1+T_1 \cdot s} \cdot x_e(s) + \frac{T_1}{1+T_1 \cdot s} \cdot x_a(t=0) \\ &= G(s) \cdot x_e(s) + T_1 \cdot G(s) \cdot x_a(t=0) \end{aligned}$$

在时间点 $t=0$ 接入阶跃形式输入量

$$x_e(t) = x_{e0} \cdot E(t)$$

其拉普拉斯变换为

$$L\{x_e(t)\} = x_e(s) = \frac{x_{e0}}{s}$$

代入输入量和初值后可得输出量的拉普拉斯变换为

$$x_a(s) = \frac{x_{e0}}{T_1} \cdot \frac{1}{\left(s + \dfrac{1}{T_1}\right) \cdot s} + x_{a0} \cdot \frac{1}{\left(s + \dfrac{1}{T_1}\right)}$$

将其逐项反变换至原域, 即

$$x_a(t) = \frac{x_{e0}}{T_1} \cdot L^{-1}\left\{\frac{1}{\left(s + \dfrac{1}{T_1}\right) \cdot s}\right\} + x_{a0} \cdot L^{-1}\left\{\frac{1}{\left(s + \dfrac{1}{T_1}\right)}\right\}$$

$$x_a(t) = x_{e0} \cdot \left(1 - \mathrm{e}^{-\frac{t}{T_1}}\right) + x_{a0} \cdot \mathrm{e}^{-\frac{t}{T_1}} = x_{a1}(t) + x_{a2}(t)$$

在图 3.5-8 中表示解的各个部分.

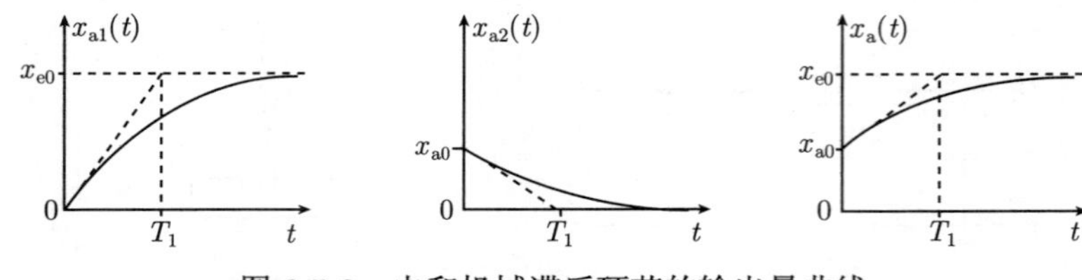

图 3.5-8 电和机械滞后环节的输出量曲线

3.5.5 传递环节的传递函数

除了时延环节外的线性传递环节**动态特性** (**dynamische Verhalten**) 都可用微分方程来描述, 以应用**拉普拉斯变换**解微分方程 (**Laplace-Transformation**). 为出发点, 解下面形式的线性微分方程:

$$a_n\frac{\mathrm{d}^n x_\mathrm{a}}{\mathrm{d}t^n}+a_{n-1}\frac{\mathrm{d}^{n-1} x_\mathrm{a}}{\mathrm{d}t^{n-1}}+\cdots+a_1\frac{\mathrm{d}x_\mathrm{a}}{\mathrm{d}t}+a_0\cdot x_\mathrm{a}$$
$$=b_m\frac{\mathrm{d}^m x_\mathrm{e}}{\mathrm{d}t^m}+\cdots+b_1\frac{\mathrm{d}x_\mathrm{e}}{\mathrm{d}t}+b_0\cdot x_\mathrm{e},\quad n\geqslant m$$

在物理系统中, 一般规定 n 为系统**储能器数目** (**Anzahl der Energiespeicher**), 为了能完全地计算动态特性, 还必须给出 n 个**初始条件** (**Anfangsbedingungen**).

初始条件表示 n 个传递环节储能器处于什么样的**能量状态** (**Energiezustand**), 在线性**调节技术** (**Regelungstechnik**) 中, 调节系统或传递环节在**初始状态** (**至时间**$t=0$) **被看作无能量** (**Anfangszustand(zur Zeit** $t=0$)**als energiefrei**), 这对于大多数应用情况是足够的, 因此初值设为零.

如果在这些前提条件下对微分方程应用拉普拉斯变换, 那么对于无能量初始状态可得

$$x_\mathrm{a}(s)=L\{x_\mathrm{a}(t)\},\ x_\mathrm{e}(s)=L\{x_\mathrm{e}(t)\}$$

$$a_n\cdot s^n\cdot x_\mathrm{a}(s)+a_{n-1}\cdot s^{n-1}\cdot x_\mathrm{a}(s)+\cdots+a_1\cdot s\cdot x_\mathrm{a}(s)+a_0\cdot x_\mathrm{a}(s)=$$
$$b_m\cdot s^m\cdot x_\mathrm{e}(s)+b_{m-1}\cdot s^{m-1}\cdot x_\mathrm{e}(s)+\cdots+b_1\cdot s\cdot x_\mathrm{e}(s)+b_0\cdot x_\mathrm{e}(s)$$

在方程中将 $x_a(s)$ 和 $x_e(s)$ 移到括号外. 如果构建分式 $\dfrac{x_a(s)}{x_e(s)}$, 那么可得到传递函数 $G(s)$ 为

$$G(s)=\frac{x_\mathrm{a}(s)}{x_\mathrm{e}(s)}=\frac{b_m\cdot s^m+b_{m-1}\cdot s^{m-1}+\cdots+b_1\cdot s+b_0}{a_n\cdot s^n+a_{n-1}\cdot s^{n-1}+\cdots+a_1\cdot s+a_0}=\frac{Z(s)}{N(s)}$$

截断有理函数 $G(s)$ 不再与函数或信号 x_{e}、x_{a} 有关, $G(s)$ 称为**传递环节的复数传递函数(komplexe Übertragungsfunktion des Übertragungselements)**或拉普拉斯传递函数.

3.5.6 部分分式展开法

3.5.6.1 概述

通过拉普拉斯积分可定义在时域的反变换, 这种积分仅在极少数的情况下才必须显式地计算, 因为常出现的基本函数在变换表中都存在.

所出现的未制成表的截断有理函数, 可应用部分分式展开将其分解成基本函数, 一般, 拉普拉斯变换的极点必须是已知的, 在部分分式展开时所应用的解式与这些极点类型有关, 应区分下列情况:

- 单重实数极点;
- 多重实数极点;
- 单重复数极点;
- 多重复数极点.

前述方法在反变换中表述如下.

3.5.6.2 单重实数极点

拉普拉斯变换

$$f(s)=\frac{b_m\cdot s^m+\cdots+b_0}{a_n\cdot s^n+\cdots+a_0}=\frac{b_m\cdot s^m+\cdots+b_0}{(s-s_1)\cdot(s-s_2)\cdot\cdots\cdot(s-s_n)}$$

其中, $a_n=1$, 并具有互不相同的实数极点.

如果 $a_n\neq 1$, 那么必须用 a_n 除以 $f(s)$ 每个系数.

解式(Lösungsansatz):

$$\begin{aligned}f(t)=L^{-1}\{f(s)\}&=L^{-1}\left\{\frac{b_m\cdot s^m+\cdots+b_0}{(s-s_1)\cdot(s-s_2)\cdot\cdots\cdot(s-s_n)}\right\}\\&=L^{-1}\left\{\frac{A_1}{s-s_1}\right\}+L^{-1}\left\{\frac{A_2}{s-s_2}\right\}+\cdots+L^{-1}\left\{\frac{A_n}{s-s_n}\right\}\end{aligned}$$

系数 A_i 可通过系数比较来求得.

例 3.5-17

$$f(s)=\frac{s+3}{s^2+3s+2}=\frac{s+3}{(s+1)\cdot(s+2)}$$

解式:

$$f(s)=\frac{s+3}{(s+1)\cdot(s+2)}=\frac{A_1}{s+1}+\frac{A_2}{s+2}=\frac{A_1\cdot(s+2)+A_2\cdot(s+1)}{(s+1)\cdot(s+2)}$$

系数 A_1 和 A_2 通过分子多项式系数比较来确定, 可得方程组

$$\begin{cases} A_1+A_2=1 \\ 2\cdot A_1+A_2=3 \end{cases}$$

具有解 $A_1=2$ 和 $A_2=-1$. 为此时间函数表示为

$$f(t)=L^{-1}\left\{\frac{2}{s+1}\right\}+L^{-1}\left\{\frac{-1}{s+2}\right\}=2\cdot \mathrm{e}^{-t}-\mathrm{e}^{-2t}$$

3.5.6.3　多重实数极点

拉普拉斯变换

$$f(s)=\frac{b_m\cdot s^m+\cdots+b_0}{(s-s_1)^{\alpha_1}\cdot(s-s_2)^{\alpha_2}\cdot\cdots\cdot(s-s_n)^{\alpha_n}}$$

也具有重复度 $\alpha_1,\alpha_2,\cdots,\alpha_n$ 的实数极点.

解式:

$$\begin{aligned} f(t)=L^{-1}\{f(s)\}=L^{-1}\left\{\frac{A_1}{s-s_1}+\frac{A_2}{(s-s_1)^2}+\cdots+\frac{A_{\alpha 1}}{(s-s_1)^{\alpha 1}}\right.\\ +\frac{B_1}{s-s_2}+\frac{B_2}{(s-s_2)^2}+\cdots+\frac{B_{\alpha 2}}{(s-s_2)^{\alpha 2}}+\cdots\\ \left.+\frac{K_1}{s-s_n}+\cdots\right\} \end{aligned}$$

未知系数 $A_i,B_i,\cdots,K_i$ 可通过系数比较来求.

例 3.5-18

$$f(s)=\frac{s+2}{s^2\cdot(s+3)}$$

解式:

$$\begin{aligned} f(s)&=\frac{s+2}{s^2\cdot(s+3)}=\frac{A_1}{s}+\frac{A_2}{s^2}+\frac{B_1}{s+3}=\frac{A_1\cdot s\cdot(s+3)+A_2\cdot(s+3)+B_1\cdot s^2}{s^2\cdot(s+3)}\\ &=\frac{(A_1+B_1)\cdot s^2+(3\cdot A_1+A_2)\cdot s+3\cdot A_2}{s^2\cdot(s+3)} \end{aligned}$$

通过分子多项式系数比较可得方程组

$$\begin{cases} A_1 + B_1 = 0 \\ 3 \cdot A_1 + A_2 = 1 \\ 3 \cdot A_2 = 2 \end{cases}$$

具有解 $A_1 = \dfrac{1}{9}$、$A_2 = \dfrac{2}{3}$ 和 $B_1 = -\dfrac{1}{9}$.

为此可计算所属时间函数

$$f(t) = \frac{1}{9} + \frac{2}{3} \cdot t - \frac{1}{9} \cdot \mathrm{e}^{-3t} = \frac{2}{3} \cdot t + \frac{1}{9} \cdot (1 - \mathrm{e}^{-3t})$$

3.5.6.4 单重复数极点

拉普拉斯变换

$$f(s) = \frac{b_m \cdot s^m + \cdots + b_0}{(s - s_1)^{\alpha_1} \cdot \cdots \cdot (s - [\sigma_1 - \mathrm{j}\omega_1]) \cdot (s - [\sigma_1 + \mathrm{j}\omega_1])}$$

也具有单重复数极点.

解式:

$$f(t) = L^{-1}\left\{ \frac{A_1}{s - s_1} + \frac{A_2}{(s - s_1)^2} + \cdots + \frac{A_{\alpha_1}}{(s - s_1)^{\alpha_1}} + \cdots \right.$$
$$\left. + \frac{B + C \cdot s}{(s - [\sigma_1 - \mathrm{j}\omega_1]) \cdot (s - [\sigma_1 + \mathrm{j}\omega_1])} \right\}$$

这里的系数 A_i、B 和 C 也是通过系数比较来求得.

例 3.5-19

$$f(s) = \frac{s + 4}{s \cdot (s^2 + 4s + 8)} = \frac{s + 4}{s \cdot (s - [-2 - \mathrm{j}2]) \cdot (s - [-2 + \mathrm{j}2])}$$

解式:

$$\begin{aligned} f(s) &= \frac{A_1}{s} + \frac{B + C \cdot s}{s^2 + 4s + 8} \\ &= \frac{A_1 \cdot (s^2 + 4 \cdot s + 8) + B \cdot s + C \cdot s^2}{s \cdot (s^2 + 4 \cdot s + 8)} \\ &= \frac{(A_1 + C) \cdot s^2 + (4 \cdot A_1 + B) \cdot s + 8 \cdot A_1}{s \cdot (s^2 + 4 \cdot s + 8)} \end{aligned}$$

通过分子多项式系数比较可得方程组

$$\begin{cases} A_1 + C = 0 \\ 4 \cdot A_1 + B = 1 \\ 8 \cdot A_1 = 4 \end{cases}$$

具有解 $A_1 = \frac{1}{2}, B = -1$ 和 $C = -\frac{1}{2}$.

其时间函数为

$$f(t) = \frac{1}{2} \cdot L^{-1}\left\{\frac{1}{s}\right\} - \frac{1}{2} \cdot L^{-1}\left\{\frac{2+s}{(s+2)^2+4}\right\} = \frac{1}{2} \cdot [1 - \mathrm{e}^{-2t} \cdot \cos(2t)]$$

3.5.7 特征方程和极–零点平面图

无时延线性调节环节的微分方程具有如下形式:

$$\boxed{\begin{aligned} & a_n \frac{\mathrm{d}^n x_\mathrm{a}}{\mathrm{d}t^n} + a_{n-1} \frac{\mathrm{d}^{n-1} x_\mathrm{a}}{\mathrm{d}t^{n-1}} + \cdots + a_1 \frac{\mathrm{d}x_\mathrm{a}}{\mathrm{d}t} + a_0 \cdot x_\mathrm{a} \\ & = b_m \frac{\mathrm{d}^m x_\mathrm{e}}{\mathrm{d}t^m} + \cdots + b_1 \frac{\mathrm{d}x_\mathrm{e}}{\mathrm{d}t} + b_0 \cdot x_\mathrm{e}, \quad n \geqslant m \end{aligned}}$$

研究具有初值为零的无能量释放状态, 根据变换规则, 微分可通过具有 s 或 p 变换函数的乘法来代替, 为此得到**传递函数 (Übertragungsfunktion)**

$$\boxed{G(s) = \frac{x_\mathrm{a}(s)}{x_\mathrm{e}(s)} = \frac{b_m \cdot s^m + b_{m-1} \cdot s^{m-1} + \cdots + b_1 \cdot s + b_0}{a_n \cdot s^n + a_{n-1} \cdot s^{n-1} + \cdots + a_1 \cdot s + a_0} = \frac{Z(s)}{N(s)}}$$

和具有缩写 $p := \mathrm{j}\omega$ 的频率特性函数

$$\boxed{F(p) = \frac{x_\mathrm{a}(p)}{x_\mathrm{e}(p)} = \frac{b_m \cdot p^m + b_{m-1} \cdot p^{m-1} + \cdots + b_1 \cdot p + b_0}{a_n \cdot p^n + a_{n-1} \cdot p^{n-1} + \cdots + a_1 \cdot p + a_0} = \frac{Z(p)}{N(p)}}$$

微分方程、传递函数和频率特性函数的系数都是相同的.

当令微分方程右边为零时, 可给出微分方程的特征方程, 并有下式

$$x_\mathrm{ah}(t) = C \cdot \mathrm{e}^{\alpha t}$$

$$a_n \cdot \alpha^n + a_{n-1} \cdot \alpha^{n-1} + \cdots + a_1 \cdot \alpha + a_0 = 0$$

特征方程(charakterische Gleichung) 由微分方程左边的系数构成, 或当令传递函数 $G(s)$ 的分母多项式为零时, 这些方程具有相同的结构.

> 微分方程和传递函数都含有特征方程:
>
> $$a_n \cdot \alpha^n + a_{n-1} \cdot \alpha^{n-1} + \cdots + a_1 \cdot \alpha + \alpha_0 = 0$$
>
> $$a_n \cdot s^n + a_{n-1} \cdot s^{n-1} + \cdots + a_1 \cdot s + a_0 = 0$$

特征方程零点(Die Nullstellen der charakterischen Gleichung) 是传递环节**惯性** **(Trägheit)** 的标志, 因为分母零点会使 $G(s)$ 值变为无穷大, 所以它们称为**传递函数极点(Polstellen der Übertragungsfunktion)**, 假若令分子多项式趋于零, 那么传递函数 $G(s)$ 会得到零值, 故此分子多项式的零点称为**传递函数零点(Nullstellen der Übertragungsfunktion)**, 零点可由方程

$$\boxed{b_m \cdot s^m + b_{m-1} \cdot s^{m-1} + \cdots + b_1 \cdot s + b_0 = 0}$$

给出. 而传递环节或调节系统的零点和极点位置是**时间特性** **(Zeitverhalten)** 的标志. 将零点和极点位置绘在**极–零点平面图** **(Pol-Nullstellenplan)** 上, 其中极点 s_{pj} 用叉 "×" 表示, 而零点 s_{nj} 用圆圈 "○" 表示, 列出实部和虚部, 在图 3.5-9 上给出传递函数

$$G(s) = \frac{x_\mathrm{a}(s)}{x_\mathrm{e}(s)} = \frac{(s - s_\mathrm{n1}) \cdot (s - s_\mathrm{n2})}{(s - s_\mathrm{p1}) \cdot (s - s_\mathrm{p2}) \cdot (s - s_\mathrm{p3})} = \frac{s^2 + 3 \cdot s - 4}{s^3 + 4 \cdot s^2 + 6 \cdot s + 4}$$

极–零点平面图:

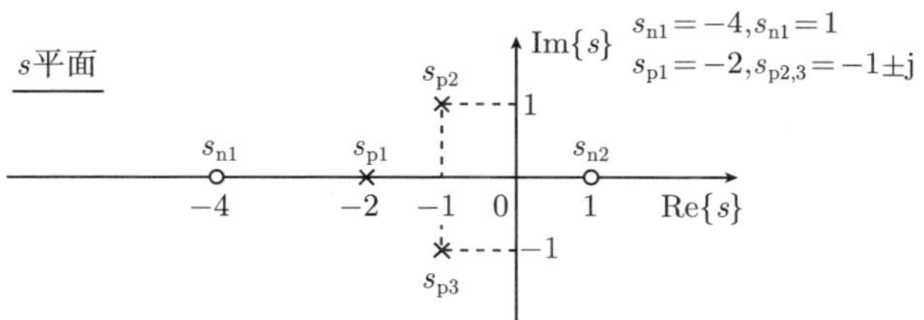

图 3.5-9　传递函数极–零点平面图

例 3.5-20　对于传递函数

(1) 被调节对象传递函数

$$G_\mathrm{S}(s) = \frac{x(s)}{y(s)} = \frac{K_\mathrm{S}}{1 + T_\mathrm{S} \cdot s}, \quad s_\mathrm{p1} = -\frac{1}{T_\mathrm{S}}$$

$$y(t) = E(t)$$

(2) 调节器传递函数

$$G_R(s) = \frac{y(s)}{x_d(s)} = K_R \cdot \frac{1+T_V \cdot s}{1+T_1 \cdot s}, \quad s_{n1} = -\frac{1}{T_V}, \quad s_{p1} = -\frac{1}{T_1}$$

$$x_d(t) = E(t)$$

试表示极–零点平面图和阶跃响应如图 3.5-10、图 3.5-11 所示.

(1)

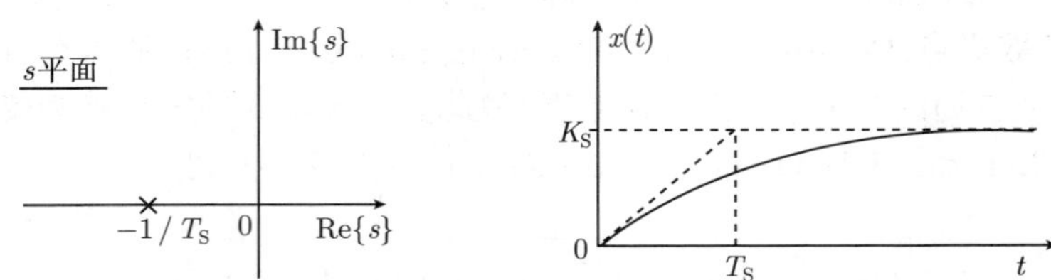

图 3.5-10　被调节对象传递函数极–零点平面图和阶跃响应

极点为 $s_{p1} = -\frac{1}{T_S}$, T_S 越小, 阶跃响应越快达到终值, 在极–零点平面图上确定惯性的极点 $s_{p1} = -\frac{1}{T_S}$ 向左移越远.

极点越向虚轴靠近, 环节惯性越大.

如果使极点位于坐标原点或右半平面, 那么环节是不稳定的.

(2)

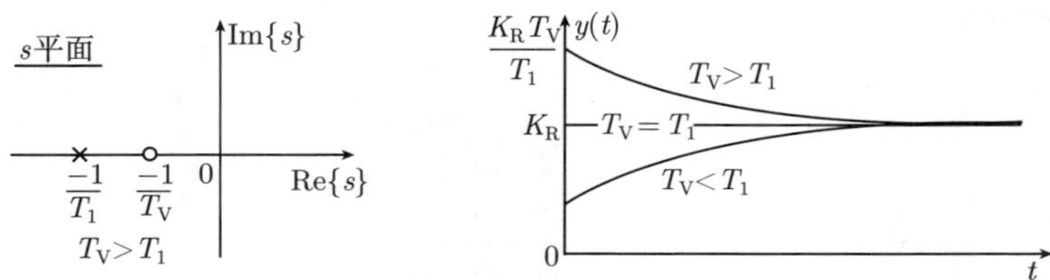

图 3.5-11　调节器传递函数极–零点平面图和阶跃响应

对于 $T_V > T_1$, 可得到**超高 (Überhöhung)** 的阶跃响应 (PDT$_1$ 特性), 随着零点 $s_{n1} = -\frac{1}{T_V}$ 越向虚轴靠近, 超高越大, 极点 $s_{p1} = -\frac{1}{T_1}$ 仍标志惯性. 在阶跃响应图中还表示了 $T_V = T_1$ 情况 (P 特性) 和 $T_V < T_1$ 情况 (PPT$_1$ 特性) (第 4 章). 左半平面的极点对时间特性具有如下的作用:

实数极点给出惯性, 它为齐次微分方程解 $Ce^{s_{p1}t}$ 的自变量, 在共轭复数极点情况下其解

$$C_1 \cdot e^{s_{p1}t} + C_2 \cdot e^{s_{p2}t}, \quad s_{p1,2} = -D \cdot \omega_0 \pm j \cdot \sqrt{1-D^2} \cdot \omega_0$$

的实部可确定阻尼, 而虚部可确定振荡部分的角频率, 极点可确定调节回路惯性或滞后, 它可在调节回路中通过具有等值的零点来补偿.

3.5.8 拉普拉斯变换表

在表 3.5-1 中汇集了拉普拉斯变换运算法则, 在表 3.5-2～表 3.5-6 给出了在调节技术中很有意义的拉普拉斯变换和其所对应的时间函数.

变换对是依据以下分组整理而得出的:

- 初等函数和归一化的单位函数, 它们作为输入信号是具有优势的. 这些函数也可出现在作为简化传递环节的输出信号.
- 传递环节的输出函数, 它们的传递函数是以具有时间常数的规范形式或具有零点的规范形式给出, 或包含拉普拉斯变量 s 的多项式, 输入信号是归一化的单位函数.

没有包括在表中的变换对, 可查有关拉普拉斯变换文献中的表格.

所有时间函数 $f(t)$ 都仅对于时间 $t>0$ 有效, 而对于 $t \leqslant 0$ 为 $f(t)=0$. 通常通过记号

$$f(t), t>0 \quad 或 \quad f(t)\cdot E(t)$$

给出, $E(t)$ 为单位阶跃, 对于 $t>0$ 时, 其值为 1, 而对于 $t \leqslant 0$ 时, 其值为 0.

在调节技术中由于实际原因函数按着它的自变量表示才是有意义的和惯用的. 它们表示的意义如下:

$f(t), x(t)$——连续时间函数;

$f(kT), x(kT)$——离散时间函数;

$f(\mathrm{j}\omega), x(\mathrm{j}\omega)$——谐波函数;

$f(s), x(s)$——拉普拉斯变换函数;

$f(z), x(z)$——z 变换时间函数;

$F(\mathrm{j}\omega), F_{\mathrm{s}}(\mathrm{j}\omega)$——频率特性传递函数;

$G(s), G_{\mathrm{s}}(s)$——拉普拉斯传递函数;

$G(z), G_{\mathrm{s}}(z)$——z 传递函数.

表 3.5-1 拉普拉斯变换运算法则

拉普拉斯变换	
变换	$f(s)=\int_0^{\infty} f(t)\cdot \mathrm{e}^{-st}\mathrm{d}t = L\{f(t)\}$
反变换	$f(t)=\dfrac{1}{2\pi\mathrm{j}}\oint f(s)\cdot \mathrm{e}^{st}\mathrm{d}s = L^{-1}\{f(s)\}$

(续)

拉普拉斯变换	
线性定理	
放大原理 叠加原理	$L\{k\cdot f(t)\}=k\cdot L\{f(t)\}=k\cdot f(s)$ $L\{f_1(t)\pm f_2(t)\}=L\{f_1(t)\}\pm L\{f_2(t)\}=f_1(s)\pm f_2(s)$
平移定理	
时域: 向左移 向右移 频域: (衰减定理)	$L\{f(t-T)\}=\mathrm{e}^{-Ts}\cdot L\{f(t)\}=\mathrm{e}^{-Ts}\cdot f(s),\ T\geqslant 0$ $L\{f(t+T)\}=\mathrm{e}^{+Ts}\cdot\left[f(s)-\int_0^T f(t)\cdot\mathrm{e}^{-st}\mathrm{d}t\right],\ T\geqslant 0$ $L\{\mathrm{e}^{-at}\cdot f(t)\}=f(s+a)$
相似定理	
	$L\{f(a\cdot t)\}=\frac{1}{a}\cdot f\left(\frac{s}{a}\right),\ a>0$ $L\left\{f\left(\frac{t}{a}\right)\right\}=a\cdot f(a\cdot s),\ a>0$
卷积定理	
时域: 频域:	$L\{f_1(t)*f_2(t)\}=L\left\{\int_0^t f_1(t-\tau)\cdot f_2(\tau)\mathrm{d}\tau\right\}=f_1(s)\cdot f_2(s)$ $L\{f_1(t)\cdot f_2(t)\}=\frac{1}{2\pi\mathrm{j}}\int_{c-\mathrm{j}\infty}^{c+\mathrm{j}\infty} f_1(s-\sigma)\cdot f_2(\sigma)\mathrm{d}\sigma$
边界值定理	
初值定理 终值定理	$f(t=0)=\lim\limits_{s\to\infty} s\cdot f(s)$　当边界值 $f(t\to\infty)=\lim\limits_{s\to 0} s\cdot f(s)$　存在时
微分定理	
时域: 频域:	$L\left\{\frac{\mathrm{d}f(t)}{\mathrm{d}t}\right\}=s\cdot f(s)-f(t)\Big\vert_{t=0}$ $L\left\{\frac{\mathrm{d}^n f(t)}{\mathrm{d}t^n}\right\}=s^n\cdot f(s)-\sum_{i=1}^{n} s^{n-i}\cdot\frac{\mathrm{d}^{i-1}f(t)}{\mathrm{d}t^{i-1}}\Big\vert_{t=0}$ $L\{-t\cdot f(t)\}=\frac{\mathrm{d}f(s)}{\mathrm{d}s},\quad L\{(-1)^n\cdot t^n\cdot f(t)\}=\frac{\mathrm{d}^n f(s)}{\mathrm{d}s^n},\quad n=1,2,3,\cdots$
积分定理	
时域: 频域:	$L\left\{\int_0^t f(\tau)\mathrm{d}\tau\right\}=\frac{1}{s}\cdot L\{f(t)\}=\frac{1}{s}\cdot f(s)$ $L\left\{\int^{(n)} f(\tau)\mathrm{d}\tau^{(n)}\right\}=\frac{1}{s^n}\cdot L\{f(t)\}=\frac{1}{s^n}\cdot f(s)$ $L\left\{\frac{f(t)}{t}\right\}=\int_s^{\infty} f(\sigma)\mathrm{d}\sigma$

表 3.5-2 初等函数和单位函数拉普拉斯变换

序号	$f(s)$	$f(t),\quad t>0$	
1	1	$\delta(t)$	单位冲激
2	e^{-Ts}	$\delta(t-T)$	平移单位冲激
3	$\frac{1}{s}$	$E(t)$	单位–阶跃函数
4	$\frac{1}{s}\cdot\mathrm{e}^{-Ts}$	$E(t-T)$	平移单位–阶跃函数
5	$\frac{1-\mathrm{e}^{-Ts}}{s}$	$E(t)-E(t-T)$	单位–矩形冲激
6	$\frac{1}{s^2}$	t	单位–斜坡函数
7	$\frac{1}{s^2}\cdot\mathrm{e}^{-Ts}$	$(t-T)\cdot E(t-T)$	平移单位–斜坡函数
8	$\frac{1}{s^3}$	$\frac{t^2}{2}$	单位–抛物线函数
9	$\frac{1}{s^n}$, $\frac{n!}{s^{n+1}}$	$\frac{t^{n-1}}{(n-1)!}$, $t^n,\quad n=1,2,3,\cdots,0!=1$	
10	$\frac{1}{\sqrt{s}}$	$\frac{1}{\sqrt{\pi t}}$	
11	$\frac{1}{s\sqrt{s}}$	$2\cdot\sqrt{\frac{t}{\pi}}$	
12	$\frac{1}{s^n\sqrt{s}}$	$\frac{4^n\cdot n!\cdot t^{n-\frac{1}{2}}}{(2n)!\cdot\sqrt{\pi}}=\frac{2^n\cdot t^{n-\frac{1}{2}}}{1\cdot 3\cdot 5\cdots(2n-1)\cdot\sqrt{\pi}},\quad n=1,2,3,\cdots$	
13	$\frac{1}{1+T_1\cdot s}$	$\frac{1}{T_1}\cdot\mathrm{e}^{-\frac{t}{T_1}}$	

表 3.5-3 具有时间常数的拉普拉斯变换

序号	$f(s)$	$f(t),\quad t>0$
14	$\frac{s}{1+T_1 s}=\frac{1}{T_1}-\frac{1}{T_1(1+T_1 s)}$	$\frac{1}{T_1}\cdot\delta(t)-\frac{1}{T_1^2}\cdot\mathrm{e}^{-\frac{t}{T_1}}$
15	$\frac{1+T_{\mathrm{V}}s}{1+T_1 s}=\frac{T_{\mathrm{V}}}{T_1}-\frac{T_{\mathrm{V}}-T_1}{T_1(1+T_1 s)}$	$\frac{T_{\mathrm{V}}}{T_1}\cdot\delta(t)-\frac{T_{\mathrm{V}}-T_1}{T_1^2}\cdot\mathrm{e}^{-\frac{t}{T_1}}$
16	$\frac{1+T_{\mathrm{V}}\cdot s}{(1+T_1\cdot s)\cdot s}$	$1+\frac{T_{\mathrm{V}}-T_1}{T_1}\cdot\mathrm{e}^{-\frac{t}{T_1}}$
17	$\frac{1}{(1+T_1\cdot s)\cdot s}$	$1-\mathrm{e}^{-\frac{t}{T_1}}$
18	$\frac{1}{(1+T_1\cdot s)\cdot s^2}$	$-T_1+t+T_1\cdot\mathrm{e}^{-\frac{t}{T_1}}$
19	$\frac{1}{(1+T_1\cdot s)\cdot s^3}$	$T_1^2-T_1\cdot t+\frac{t^2}{2}-T_1^2\cdot\mathrm{e}^{-\frac{t}{T_1}}$
20	$\frac{1}{(1+T_1\cdot s)^2}$	$\frac{t}{T_1^2}\cdot\mathrm{e}^{-\frac{t}{T_1}}$

(续)

序号	$f(s)$	$f(t),\quad t>0$
21	$\dfrac{s}{(1+T_1\cdot s)^2}$	$\left(\dfrac{1}{T_1^2}-\dfrac{t}{T_1^3}\right)\cdot \mathrm{e}^{-\frac{t}{T_1}}$
22	$\dfrac{1+T_\mathrm{V}\cdot s}{(1+T_1\cdot s)^2}$	$\left(\dfrac{T_\mathrm{V}}{T_1^2}-\dfrac{T_\mathrm{V}-T_1}{T_1^3}\cdot t\right)\cdot \mathrm{e}^{-\frac{t}{T_1}}$
23	$\dfrac{1+T_\mathrm{V}\cdot s}{(1+T_1\cdot s)^2\cdot s}$	$1-\left(1-\dfrac{T_\mathrm{V}-T_1}{T_1^2}\cdot t\right)\cdot \mathrm{e}^{-\frac{t}{T_1}}$
24	$\dfrac{1}{(1+T_1\cdot s)^2\cdot s}$	$1-\left(1+\dfrac{t}{T_1}\right)\cdot \mathrm{e}^{-\frac{t}{T_1}}$
25	$\dfrac{1}{(1+T_1\cdot s)^2\cdot s^2}$	$-2\cdot T_1+t+(2\cdot T_1+t)\cdot \mathrm{e}^{-\frac{t}{T_1}}$
26	$\dfrac{1}{(1+T_1 s)\cdot(1+T_2 s)}, T_1\neq T_2$	$\dfrac{1}{T_1-T_2}\cdot\left(\mathrm{e}^{-\frac{t}{T_1}}-\mathrm{e}^{-\frac{t}{T_2}}\right)$
27	$\dfrac{s}{(1+T_1 s)\cdot(1+T_2 s)}, T_1\neq T_2$	$\dfrac{1}{T_2-T_1}\cdot\left(\dfrac{1}{T_1}\cdot\mathrm{e}^{-\frac{t}{T_1}}-\dfrac{1}{T_2}\cdot\mathrm{e}^{-\frac{t}{T_2}}\right)$
28	$\dfrac{1+T_\mathrm{V} s}{(1+T_1 s)\cdot(1+T_2 s)}, T_1\neq T_2$	$\dfrac{1}{T_1-T_2}\cdot\left(\dfrac{T_1-T_\mathrm{V}}{T_1}\cdot\mathrm{e}^{-\frac{t}{T_1}}-\dfrac{T_2-T_\mathrm{V}}{T_2}\cdot\mathrm{e}^{-\frac{t}{T_2}}\right)$
29	$\dfrac{1+T_\mathrm{V} s}{(1+T_1 s)\cdot(1+T_2 s)\cdot s}, T_1\neq T_2$	$1-\dfrac{T_1-T_\mathrm{V}}{T_1-T_2}\cdot\mathrm{e}^{-\frac{t}{T_1}}+\dfrac{T_2-T_\mathrm{V}}{T_1-T_2}\cdot\mathrm{e}^{-\frac{t}{T_2}}$
30	$\dfrac{1}{(1+T_1 s)\cdot(1+T_2 s)\cdot s}$, $T_1\neq T_2$	$1-\dfrac{1}{T_1-T_2}\cdot\left(T_1\cdot\mathrm{e}^{-\frac{t}{T_1}}-T_2\cdot\mathrm{e}^{-\frac{t}{T_2}}\right)$
31	$\dfrac{1}{(1+T_1 s)\cdot(1+T_2 s)\cdot s^2}$, $T_1\neq T_2$	$-T_1-T_2+t+\dfrac{1}{T_1-T_2}\cdot$ $\left(T_1^2\cdot\mathrm{e}^{-\frac{t}{T_1}}-T_2^2\cdot\mathrm{e}^{-\frac{t}{T_2}}\right)$
32	$\dfrac{1}{(1+T_1\cdot s)^3}$	$\dfrac{t^2}{2\cdot T_1^3}\cdot\mathrm{e}^{-\frac{t}{T_1}}$
33	$\dfrac{s}{(1+T_1\cdot s)^3}$	$\left(\dfrac{t}{T_1^3}-\dfrac{t^2}{2\cdot T_1^4}\right)\cdot\mathrm{e}^{-\frac{t}{T_1}}$
34	$\dfrac{1+T_\mathrm{V}\cdot s}{(1+T_1\cdot s)^3}$	$\left(\dfrac{T_\mathrm{V}}{T_1^3}\cdot t-\dfrac{T_\mathrm{V}-T_1}{2\cdot T_1^4}\cdot t^2\right)\cdot\mathrm{e}^{-\frac{t}{T_1}}$
35	$\dfrac{1+T_\mathrm{V}\cdot s}{(1+T_1\cdot s)^3\cdot s}$	$1-\left(1+\dfrac{t}{T_1}+\dfrac{(T_1-T_\mathrm{V})\cdot t^2}{2\cdot T_1^3}\right)\cdot\mathrm{e}^{-\frac{t}{T_1}}$
36	$\dfrac{1}{(1+T_1\cdot s)^3\cdot s}$	$1-\left(1+\dfrac{t}{T_1}+\dfrac{t^2}{2\cdot T_1^2}\right)\cdot\mathrm{e}^{-\frac{t}{T_1}}$
37	$\dfrac{1}{(1+T_1\cdot s)^3\cdot s^2}$	$-3\cdot T_1+t+\left(3\cdot T_1+2\cdot t+\dfrac{t^2}{2\cdot T_1}\right)\cdot\mathrm{e}^{-\frac{t}{T_1}}$
38	$\dfrac{1}{(1+T_1\cdot s)^2\cdot(1+T_2\cdot s)}$, $T_1\neq T_2$	$\left(-\dfrac{T_2}{(T_1-T_2)^2}+\dfrac{t}{T_1\cdot(T_1-T_2)}\right)\cdot$ $\mathrm{e}^{-\frac{t}{T_1}}+\dfrac{T_2}{(T_1-T_2)^2}\cdot\mathrm{e}^{-\frac{t}{T_2}}$

(续)

序号	$f(s)$	$f(t),\quad t>0$
39	$\dfrac{s}{(1+T_1\cdot s)^2\cdot(1+T_2\cdot s)}$, $T_1\neq T_2$	$\left(\dfrac{1}{(T_1-T_2)^2}-\dfrac{t}{T_1^2\cdot(T_1-T_2)}\right)\cdot e^{-\frac{t}{T_1}}-\dfrac{1}{(T_1-T_2)^2}\cdot e^{-\frac{t}{T_2}}$
40	$\dfrac{1+T_V\cdot s}{(1+T_1\cdot s)^2\cdot(1+T_2\cdot s)}$, $T_1\neq T_2$	$\left(\dfrac{T_V-T_2}{(T_1-T_2)^2}+\dfrac{T_1-T_V}{T_1^2\cdot(T_1-T_2)}\cdot t\right)\cdot e^{-\frac{t}{T_1}}+\dfrac{T_2-T_V}{(T_1-T_2)^2}\cdot e^{-\frac{t}{T_2}}$
41	$\dfrac{1+T_V\cdot s}{(1+T_1\cdot s)^2\cdot(1+T_2\cdot s)\cdot s}$, $T_1\neq T_2$	$1-\left(\dfrac{T_1^2-2T_1T_2+T_2T_V}{(T_1-T_2)^2}-\dfrac{(T_V-T_1)\cdot t}{T_1(T_1-T_2)}\right)\cdot e^{-\frac{t}{T_1}}+\dfrac{T_2(T_V-T_2)}{(T_1-T_2)^2}\cdot e^{-\frac{t}{T_2}}$
42	$\dfrac{1}{(1+T_1\cdot s)^2\cdot(1+T_2\cdot s)\cdot s}$, $T_1\neq T_2$	$1-\left(\dfrac{T_1\cdot(T_1-2\cdot T_2)}{(T_1-T_2)^2}+\dfrac{t}{T_1-T_2}\right)\cdot e^{-\frac{t}{T_1}}-\dfrac{T_2^2}{(T_1-T_2)^2}\cdot e^{-\frac{t}{T_2}}$
43	$\dfrac{1}{(1+T_1\cdot s)^2\cdot(1+T_2\cdot s)\cdot s^2}$, $T_1\neq T_2$	$-2\cdot T_1-T_2+t+\left(\dfrac{T_1^2\cdot(2\cdot T_1-3\cdot T_2)}{(T_1-T_2)^2}+\dfrac{T_1\cdot t}{T_1-T_2}\right)\cdot e^{-\frac{t}{T_1}}+\dfrac{T_2^3}{(T_1-T_2)^2}\cdot e^{-\frac{t}{T_2}}$
44	$\dfrac{1}{(1+T_1s)\cdot(1+T_2s)\cdot(1+T_3s)}$, $T_1,T_2,T_3\neq$	$\dfrac{T_1\cdot e^{-\frac{t}{T_1}}}{(T_1-T_2)\cdot(T_1-T_3)}+\dfrac{T_2\cdot e^{-\frac{t}{T_2}}}{(T_2-T_1)\cdot(T_2-T_3)}+\dfrac{T_3\cdot e^{-\frac{t}{T_3}}}{(T_3-T_1)\cdot(T_3-T_2)}$
45	$\dfrac{s}{(1+T_1s)\cdot(1+T_2s)\cdot(1+T_3s)}$, $T_1,T_2,T_3\neq$	$-\dfrac{e^{-\frac{t}{T_1}}}{(T_1-T_2)\cdot(T_1-T_3)}-\dfrac{e^{-\frac{t}{T_2}}}{(T_2-T_1)\cdot(T_2-T_3)}-\dfrac{e^{-\frac{t}{T_3}}}{(T_3-T_1)\cdot(T_3-T_2)}$
46	$\dfrac{1+T_Vs}{(1+T_1s)\cdot(1+T_2s)\cdot(1+T_3s)}$, $T_1,T_2,T_3\neq$	$\dfrac{(T_1-T_V)\cdot e^{-\frac{t}{T_1}}}{(T_1-T_2)\cdot(T_1-T_3)}+\dfrac{(T_2-T_V)\cdot e^{-\frac{t}{T_2}}}{(T_2-T_1)\cdot(T_2-T_3)}+\dfrac{(T_3-T_V)\cdot e^{-\frac{t}{T_3}}}{(T_3-T_1)\cdot(T_3-T_2)}$

(续)

序号	$f(s)$	$f(t),\quad t>0$
47	$\dfrac{1+T_V s}{(1+T_1 s)\cdot(1+T_2 s)\cdot(1+T_3 s)\cdot s}$, $T_1,\ T_2,\ T_3 \neq$	$1-\dfrac{T_1(T_1-T_V)\cdot e^{-\frac{t}{T_1}}}{(T_1-T_2)\cdot(T_1-T_3)}$ $-\dfrac{T_2(T_2-T_V)\cdot e^{-\frac{t}{T_2}}}{(T_2-T_1)\cdot(T_2-T_3)}$ $-\dfrac{T_3(T_3-T_V)\cdot e^{-\frac{t}{T_3}}}{(T_3-T_1)\cdot(T_3-T_2)}$
48	$\dfrac{1}{(1+T_1 s)\cdot(1+T_2 s)\cdot(1+T_3 s)\cdot s}$, $T_1,\ T_2,\ T_3 \neq$	$1-\dfrac{T_1^2\cdot e^{-\frac{t}{T_1}}}{(T_1-T_2)\cdot(T_1-T_3)}$ $-\dfrac{T_2^2\cdot e^{-\frac{t}{T_2}}}{(T_2-T_1)\cdot(T_2-T_3)}$ $-\dfrac{T_3^2\cdot e^{-\frac{t}{T_3}}}{(T_3-T_1)\cdot(T_3-T_2)}$
49	$\dfrac{1}{(1+T_1 s)\cdot(1+T_2 s)\cdot(1+T_3 s)\cdot s^2}$, $T_1,\ T_2,\ T_3 \neq$	$-T_1-T_2-T_3+t$ $+\dfrac{T_1^3\cdot e^{-\frac{t}{T_1}}}{(T_1-T_2)\cdot(T_1-T_3)}$ $+\dfrac{T_2^3\cdot e^{-\frac{t}{T_2}}}{(T_2-T_1)\cdot(T_2-T_3)}$ $+\dfrac{T_3^3\cdot e^{-\frac{t}{T_3}}}{(T_3-T_1)\cdot(T_3-T_2)}$
50	$\dfrac{1}{(1+T_1\cdot s)^n}$	$\dfrac{t^{n-1}}{T_1^n\cdot(n-1)!}\cdot e^{-\frac{t}{T_1}},\ n=1,\ 2,\ 3,\ \cdots,\ 0!=1$
51	$\dfrac{s}{(1+T_1\cdot s)^n}$	$\left(\dfrac{1}{T_1^2\cdot(n-2)!}\cdot\left(\dfrac{t}{T_1}\right)^{n-2}\right.$ $\left.-\dfrac{1}{T_1^2\cdot(n-1)!}\cdot\left(\dfrac{t}{T_1}\right)^{n-1}\right)\cdot e^{-\frac{t}{T_1}}$, $n=2,\ 3,\ 4,$
52	$\dfrac{1+T_V\cdot s}{(1+T_1\cdot s)^n}$	$\left(\dfrac{1}{(n-2)!}\cdot\dfrac{T_V}{T_1^2}\cdot\left(\dfrac{t}{T_1}\right)^{n-2}\right.$ $\left.-\dfrac{1}{(n-1)!}\cdot\dfrac{T_V-T_1}{T_1^2}\cdot\left(\dfrac{t}{T_1}\right)^{n-1}\right)\cdot e^{-\frac{t}{T_1}}$, $n=2,\ 3,\ 4,$
53	$\dfrac{1+T_V\cdot s}{(1+T_1\cdot s)^n\cdot s}$	$1-\left(\sum\limits_{i=0}^{n-1}\dfrac{1}{i!}\cdot\left(\dfrac{t}{T_1}\right)^i-\dfrac{1}{(n-1)!}\cdot\dfrac{T_V}{T_1}\cdot\right.$ $\left.\left(\dfrac{t}{T_1}\right)^{n-1}\right)\cdot e^{-\frac{t}{T_1}}$, $n=1,\ 2,\ 3,\cdots$

(续)

序号	$f(s)$	$f(t),\quad t>0$
54	$\dfrac{1}{(1+T_1\cdot s)^n\cdot s}$	$1-\mathrm{e}^{-\frac{t}{T_1}}\cdot\sum\limits_{i=0}^{n-1}\dfrac{1}{i!}\cdot\left(\dfrac{t}{T_1}\right)^i$ $=1-\left(1+\dfrac{t}{T_1}+\dfrac{t^2}{2\cdot T_1^2}+\dfrac{t^3}{6\cdot T_1^3}+\cdot\right)\cdot\mathrm{e}^{-\frac{t}{T_1}}$, $n=1,2,3,\cdots$
55	$\dfrac{1}{(1+T_1\cdot s)^n\cdot s^2}$	$-n\cdot T_1+t+\mathrm{e}^{-\frac{t}{T_1}}\cdot\sum\limits_{i=1}^{n}\dfrac{n-(i-1)}{(i-1)!}\cdot T_1\cdot\left(\dfrac{t}{T_1}\right)^{i-1}$, $n=1,2,3,\cdots$

表 3.5-4 极–零点形式的拉普拉斯变换

序号	$f(s)$	$f(t),\quad t>0$
56	$\dfrac{1}{s+a}$	e^{-at}
57	$\dfrac{s}{s+a}=1-\dfrac{a}{s+a}$	$\delta(t)-a\cdot\mathrm{e}^{-at}$
58	$\dfrac{s+z}{s+a}=1-\dfrac{a-z}{s+a}$	$\delta(t)-(a-z)\cdot\mathrm{e}^{-at}$
59	$\dfrac{s+z}{(s+a)\cdot s}$	$\dfrac{z}{a}\cdot(1-\mathrm{e}^{-at})+\mathrm{e}^{-at}$
60	$\dfrac{1}{(s+a)\cdot s}$	$\dfrac{1}{a}\cdot(1-\mathrm{e}^{-at})$
61	$\dfrac{1}{(s+a)\cdot s^2}$	$\dfrac{1}{a^2}\cdot(-1+a\cdot t+\mathrm{e}^{-at})$
62	$\dfrac{1}{(s+a)\cdot s^3}$	$\dfrac{1}{a^3}\cdot\left(1-a\cdot t+\dfrac{a^2\cdot t^2}{2}-\mathrm{e}^{-at}\right)$
63	$\dfrac{1}{(s+a)^2}$	$t\cdot\mathrm{e}^{-at}$
64	$\dfrac{s}{(s+a)^2}$	$(1-a\cdot t)\cdot\mathrm{e}^{-at}$
65	$\dfrac{s+z}{(s+a)^2}$	$(1+(z-a)\cdot t)\cdot\mathrm{e}^{-at}$
66	$\dfrac{s+z}{(s+a)^2\cdot s}$	$\dfrac{z}{a^2}\cdot\left(1-\mathrm{e}^{-at}+\dfrac{a^2-a\cdot z}{z}\cdot t\cdot\mathrm{e}^{-at}\right)$
67	$\dfrac{1}{(s+a)^2\cdot s}$	$\dfrac{1}{a^2}\cdot(1-\mathrm{e}^{-at}-a\cdot t\cdot\mathrm{e}^{-at})$
68	$\dfrac{1}{(s+a)^2\cdot s^2}$	$\dfrac{1}{a^3}\cdot(-2+a\cdot t+(2+a\cdot t)\cdot\mathrm{e}^{-at})$
69	$\dfrac{1}{(s+a)\cdot(s+b)},\ a\neq b$	$\dfrac{1}{b-a}\cdot(\mathrm{e}^{-at}-\mathrm{e}^{-bt})$
70	$\dfrac{s}{(s+a)\cdot(s+b)},\ a\neq b$	$\dfrac{1}{a-b}\cdot(a\cdot\mathrm{e}^{-at}-b\cdot\mathrm{e}^{-bt})$

(续)

序号	$f(s)$	$f(t),\quad t>0$
71	$\frac{s+z}{(s+a)\cdot(s+b)},\ a\neq b$	$\frac{1}{b-a}\cdot((z-a)\cdot e^{-at}-(z-b)\cdot e^{-bt})$
72	$\frac{s+z}{(s+a)\cdot(s+b)\cdot s},\ a\neq b$	$\frac{1}{a\cdot b}\cdot\left(z-\frac{b\cdot(z-a)}{b-a}\cdot e^{-at}+\frac{a\cdot(z-b)}{b-a}\cdot e^{-bt}\right)$
73	$\frac{1}{(s+a)\cdot(s+b)\cdot s},\ a\neq b$	$\frac{1}{a\cdot b}\cdot\left(1-\frac{b}{b-a}\cdot e^{-at}+\frac{a}{b-a}\cdot e^{-bt}\right)$
74	$\frac{1}{(s+a)\cdot(s+b)\cdot s^2},\ a\neq b$	$\frac{1}{a^2\cdot b^2}\cdot\left(-a-b+a\cdot b\cdot t-\frac{b^2}{a-b}\cdot e^{-at}+\frac{a^2}{a-b}\cdot e^{-bt}\right)$
75	$\frac{1}{(s+a)^3}$	$\frac{t^2}{2}\cdot e^{-at}$
76	$\frac{s}{(s+a)^3}$	$\left(t-\frac{a\cdot t^2}{2}\right)\cdot e^{-at}$
77	$\frac{s+z}{(s+a)^3}$	$t\cdot e^{-at}+\frac{(z-a)\cdot t^2}{2}\cdot e^{-at}$
78	$\frac{s+z}{(s+a)^3\cdot s}$	$\frac{z}{a^3}\cdot\left(1-\left(1+a\cdot t+\frac{(z-a)\cdot a^2\cdot t^2}{2\cdot z}\right)\cdot e^{-at}\right)$
79	$\frac{1}{(s+a)^3\cdot s}$	$\frac{1}{a^3}\cdot\left(1-\left(1+a\cdot t+\frac{a^2\cdot t^2}{2}\right)\cdot e^{-at}\right)$
80	$\frac{1}{(s+a)^3\cdot s^2}$	$\frac{1}{a^4}\cdot\left(-3+a\cdot t+\left(3+2\cdot a\cdot t+\frac{a^2\cdot t^2}{2}\right)\cdot e^{-at}\right)$
81	$\frac{1}{(s+a)^2\cdot(s+b)},\ a\neq b$	$\frac{-1+(b-a)\cdot t}{(a-b)^2}\cdot e^{-at}+\frac{1}{(a-b)^2}\cdot e^{-bt}$
82	$\frac{s}{(s+a)^2\cdot(s+b)},\ a\neq b$	$\frac{b+(a^2-a\cdot b)\cdot t}{(a-b)^2}\cdot e^{-at}-\frac{b}{(a-b)^2}\cdot e^{-bt}$
83	$\frac{s+z}{(s+a)^2\cdot(s+b)},\ a\neq b$	$\frac{-(z-b)+(b-a)\cdot(z-a)\cdot t}{(a-b)^2}\cdot e^{-at}+\frac{z-b}{(a-b)^2}\cdot e^{-bt}$
84	$\frac{s+z}{(s+a)^2\cdot(s+b)\cdot s},\ a\neq b$	$\frac{z}{a^2\cdot b}\cdot\left(1-\frac{a^2-2\cdot a\cdot z+b\cdot z-a\cdot(a-b)\cdot(z-a)\cdot t}{z\cdot(a-b)^2}\cdot b\cdot e^{-at}-\frac{a^2\cdot(z-b)}{z\cdot(a-b)^2}\cdot e^{-bt}\right)$
85	$\frac{1}{(s+a)^2\cdot(s+b)\cdot s},a\neq b$	$\frac{1}{a^2\cdot b}+\frac{2\cdot a-b+(a^2-a\cdot b)\cdot t}{a^2\cdot(a-b)^2}\cdot e^{-at}-\frac{1}{b\cdot(a-b)^2}\cdot e^{-bt}$
86	$\frac{1}{(s+a)^2\cdot(s+b)\cdot s^2},\ a\neq b$	$\frac{1}{a^2\cdot b}\cdot\left(-\frac{a+2\cdot b}{a\cdot b}+t-\frac{3\cdot a-2\cdot b+a\cdot(a-b)\cdot t}{a\cdot(a-b)^2}\cdot b\cdot e^{-at}+\frac{a^2}{b\cdot(a-b)^2}\cdot e^{-bt}\right)$
87	$\frac{1}{(s+a)(s+b)(s+c)},\ a,\ b,\ c\neq$	$\frac{e^{-at}}{(b-a)\cdot(c-a)}+\frac{e^{-bt}}{(c-b)\cdot(a-b)}+\frac{e^{-ct}}{(a-c)\cdot(b-c)}$
88	$\frac{s}{(s+a)(s+b)(s+c)},\ a,\ b,\ c\neq$	$\frac{-a\cdot e^{-at}}{(b-a)\cdot(c-a)}+\frac{-b\cdot e^{-bt}}{(c-b)\cdot(a-b)}+\frac{-c\cdot e^{-ct}}{(a-c)\cdot(b-c)}$

(续)

序号	$f(s)$	$f(t),\quad t>0$
89	$\dfrac{s+z}{(s+a)(s+b)(s+c)}$, $a,\ b,\ c\neq$	$\dfrac{(z-a)\cdot \mathrm{e}^{-at}}{(b-a)\cdot(c-a)}+\dfrac{(z-b)\cdot \mathrm{e}^{-bt}}{(c-b)\cdot(a-b)}+\dfrac{(z-c)\cdot \mathrm{e}^{-ct}}{(a-c)\cdot(b-c)}$
90	$\dfrac{s+z}{(s+a)(s+b)(s+c)s}$, $a,\ b,\ c\neq$	$\dfrac{z}{a\cdot b\cdot c}-\dfrac{(z-a)\cdot \mathrm{e}^{-at}}{a(b-a)(c-a)}-\dfrac{(z-b)\cdot \mathrm{e}^{-bt}}{b(c-b)(a-b)}-\dfrac{(z-c)\cdot \mathrm{e}^{-ct}}{c(a-c)(b-c)}$
91	$\dfrac{1}{(s+a)(s+b)(s+c)s}$, $a,\ b,\ c\neq$	$\dfrac{1}{a\cdot b\cdot c}-\dfrac{\mathrm{e}^{-at}}{a(b-a)(c-a)}-\dfrac{\mathrm{e}^{-bt}}{b(c-b)(a-b)}-\dfrac{\mathrm{e}^{-ct}}{c(a-c)(b-c)}$
92	$\dfrac{1}{(s+a)(s+b)(s+c)\cdot s^2}$, $a,\ b,\ c\neq$	$-\dfrac{a\cdot b+a\cdot c+b\cdot c}{a^2\cdot b^2\cdot c^2}+\dfrac{t}{a\cdot b\cdot c}+\dfrac{\mathrm{e}^{-at}}{a^2\cdot(b-a)\cdot(c-a)}$ $+\dfrac{\mathrm{e}^{-bt}}{b^2\cdot(c-b)\cdot(a-b)}+\dfrac{\mathrm{e}^{-ct}}{c^2\cdot(a-c)\cdot(b-c)}$
93	$\dfrac{1}{(s+a)^n}$	$\dfrac{t^{n-1}}{(n-1)!}\cdot \mathrm{e}^{-at}$, $n=1,\ 2,\ 3,\ \cdots$
94	$\dfrac{s}{(s+a)^n}$	$\left(\dfrac{t^{n-2}}{(n-2)!}-\dfrac{a\cdot t^{n-1}}{(n-1)!}\right)\cdot \mathrm{e}^{-at}$, $n=2,\ 3,\ 4,\ \cdots$
95	$\dfrac{s+z}{(s+a)^n}$	$\left(\dfrac{t^{n-2}}{(n-2)!}+\dfrac{(z-a)\cdot t^{n-1}}{(n-1)!}\right)\cdot \mathrm{e}^{-at}$, $n=2,\ 3,\ 4,\ \cdots$
96	$\dfrac{s+z}{(s+a)^n\cdot s}$	$\dfrac{z}{a^n}\cdot\left(1-\mathrm{e}^{-at}\cdot\sum\limits_{i=0}^{n-1}\dfrac{(a\cdot t)^i}{i!}+\dfrac{a\cdot(a\cdot t)^{n-1}}{z\cdot(n-1)!}\cdot \mathrm{e}^{-at}\right)$, $n=1,\ 2,\ 3,\ \cdots$
97	$\dfrac{1}{(s+a)^n\cdot s}$	$\dfrac{1}{a^n}\cdot\left(1-\mathrm{e}^{-at}\cdot\sum\limits_{i=0}^{n-1}\dfrac{(a\cdot t)^i}{i!}\right)$, $n=1,\ 2,\ 3,\ \cdots$
98	$\dfrac{1}{(s+a)^n\cdot s^2}$	$\dfrac{1}{a^n}\cdot\left(-\dfrac{n}{a}+t+\mathrm{e}^{-at}\cdot\sum\limits_{i=1}^{n}\dfrac{n-(i-1)}{a}\cdot\dfrac{(a\cdot t)^{i-1}}{(i-1)!}\right)$, $n=1,\ 2,\ 3,\ \cdots$

表 3.5-5　多项式形式的拉普拉斯变换

序号	$f(s)$	$f(t),\quad t>0$
99	$\dfrac{\omega_0^2}{s^2+2D\omega_0 s+\omega_0^2}$	$\dfrac{\omega_0}{\sqrt{1-D^2}}\cdot \mathrm{e}^{-D\omega_0 t}\cdot\sin(\omega_{\mathrm{e}}t)=\dfrac{\omega_0^2}{\omega_{\mathrm{e}}}\cdot \mathrm{e}^{-D\omega_0 t}\cdot\sin(\omega_{\mathrm{e}}t)$, $-1<D<1,\ \omega_{\mathrm{e}}=\omega_0\cdot\sqrt{1-D^2}$
100	$\dfrac{s}{s^2+2D\omega_0 s+\omega_0^2}$	$\mathrm{e}^{-D\omega_0 t}\cdot\left(\cos(\omega_{\mathrm{e}}t)-\dfrac{D}{\sqrt{1-D^2}}\cdot\sin(\omega_{\mathrm{e}}t)\right)$ $=\dfrac{\mathrm{e}^{-D\omega_0 t}}{\sqrt{1-D^2}}\cdot\cos(\omega_{\mathrm{e}}t+\phi)$, $-1<D<1, \omega_{\mathrm{e}}=\omega_0\cdot\sqrt{1-D^2},\ \phi=\arcsin(D)$
101	$\dfrac{s+D\omega_0}{s^2+2D\omega_0 s+\omega_0^2}$	$\mathrm{e}^{-D\omega_0 t}\cdot\cos(\omega_{\mathrm{e}}t)$, $-1<D<1, \omega_{\mathrm{e}}=\omega_0\cdot\sqrt{1-D^2}$

(续)

序号	$f(s)$	$f(t),\quad t>0$
102	$\dfrac{\omega_0^2\cdot(1+T_{\mathrm{V}}s)}{s^2+2D\omega_0 s+\omega_0^2}$	$\omega_0^2\cdot \mathrm{e}^{-D\omega_0 t}\cdot\left(T_{\mathrm{V}}\cdot\cos(\omega_{\mathrm{e}}t)+\dfrac{1-DT_{\mathrm{V}}\omega_0}{\omega_{\mathrm{e}}}\cdot\sin(\omega_{\mathrm{e}}t)\right)$, $-1<D<1,\ \omega_{\mathrm{e}}=\omega_0\cdot\sqrt{1-D^2}$
103	$\dfrac{\omega_0^2}{(s^2+2D\omega_0 s+\omega_0^2)\cdot(1+T_1 s)}$	$\dfrac{T_1\omega_0^2}{1-2DT_1\omega_0+T_1^2\omega_0^2}\cdot\left(\mathrm{e}^{-\frac{t}{T_1}}-\mathrm{e}^{-D\omega_0 t}\cdot\left(\cos(\omega_{\mathrm{e}}t)+\dfrac{DT_1\omega_0-1}{T_1\omega_{\mathrm{e}}}\cdot\sin(\omega_{\mathrm{e}}t)\right)\right)$, $-1<D<1,\ \omega_{\mathrm{e}}=\omega_0\cdot\sqrt{1-D^2}$
104	$\dfrac{\omega_0^2\cdot(1+T_{\mathrm{V}}s)}{(s^2+2D\omega_0 s+\omega_0^2)\cdot(1+T_1 s)}$	$\dfrac{\omega_0^2}{1-2DT_1\omega_0+T_1^2\omega_0^2}\cdot\left((T_1-T_{\mathrm{V}})\cdot\mathrm{e}^{-\frac{t}{T_1}}+(T_{\mathrm{V}}-T_1)\cdot\mathrm{e}^{-D\omega_0 t}\cdot\cos(\omega_{\mathrm{e}}t)+\dfrac{1-D\omega_0\cdot(T_1+T_{\mathrm{V}})+T_1T_{\mathrm{V}}\omega_0^2}{\omega_{\mathrm{e}}}\cdot\mathrm{e}^{-D\omega_0 t}\cdot\sin(\omega_{\mathrm{e}}t)\right)$, $-1<D<1,\ \omega_{\mathrm{e}}=\omega_0\cdot\sqrt{1-D^2}$
105	$\dfrac{\omega_0^2}{(s^2+2D\omega_0 s+\omega_0^2)\cdot s}$	$1-\dfrac{1}{\sqrt{1-D^2}}\cdot\mathrm{e}^{-D\omega_0 t}\cdot\sin(\omega_{\mathrm{e}}t+\phi)$, $-1<D<1,\omega_{\mathrm{e}}=\omega_0\cdot\sqrt{1-D^2},\phi=\arccos(D)$
106	$\dfrac{\omega_0^2\cdot(1+T_{\mathrm{V}}s)}{(s^2+2D\omega_0 s+\omega_0^2)\cdot s}$	$1-\mathrm{e}^{-D\omega_0 t}\cdot\left(\cos(\omega_{\mathrm{e}}t)+\dfrac{D-T_{\mathrm{V}}\cdot\omega_0}{\sqrt{1-D^2}}\cdot\sin(\omega_{\mathrm{e}}t)\right)$, $-1<D<1,\ \omega_{\mathrm{e}}=\omega_0\cdot\sqrt{1-D^2}$
107	$\dfrac{\omega_0^2}{(s^2+2D\omega_0 s+\omega_0^2)\cdot(1+T_1 s)\cdot s}$	$1-\dfrac{1}{1-2DT_1\omega_0+T_1^2\omega_0^2}\cdot\left(T_1^2\omega_0^2\cdot\mathrm{e}^{-\frac{t}{T_1}}+(1-2DT_1\omega_0)\cdot\mathrm{e}^{-D\omega_0 t}\cdot\cos(\omega_{\mathrm{e}}t)+\dfrac{T_1\omega_0+D-2D^2T_1\omega_0}{\sqrt{1-D^2}}\cdot\mathrm{e}^{-D\omega_0 t}\cdot\sin(\omega_{\mathrm{e}}t)\right)$, $-1<D<1,\ \omega_{\mathrm{e}}=\omega_0\cdot\sqrt{1-D^2}$
108	$\dfrac{\omega_0^2\cdot(1+T_{\mathrm{V}}s)}{(s^2+2D\omega_0 s+\omega_0^2)\cdot(1+T_1 s)\cdot s}$	$1-\dfrac{1}{1-2DT_1\omega_0+T_1^2\omega_0^2}\cdot\left(T_1\omega_0^2\cdot(T_1-T_{\mathrm{V}})\cdot\mathrm{e}^{-\frac{t}{T_1}}+\left(1-2DT_1\omega_0+T_1T_{\mathrm{V}}\omega_0^2\right)\cdot\mathrm{e}^{-D\omega_0 t}\cdot\cos(\omega_{\mathrm{e}}t)-\dfrac{2D^2T_1\omega_0-D(T_1T_{\mathrm{V}}\omega_0^2+1)-\omega_0(T_1-T_{\mathrm{V}})}{\sqrt{1-D^2}}\cdot\mathrm{e}^{-D\omega_0 t}\cdot\sin(\omega_{\mathrm{e}}t)\right)$, $-1<D<1,\ \omega_{\mathrm{e}}=\omega_0\cdot\sqrt{1-D^2}$

(续)

序号	$f(s)$	$f(t),\quad t>0$
109	$\dfrac{\omega_0^2}{(s^2+2D\omega_0 s+\omega_0^2)\cdot s^2}$	$-\dfrac{2D}{\omega_0}+t+\dfrac{1}{\omega_e}\cdot e^{-D\omega_0 t}\cdot\sin(\omega_e t+2\phi)$, $-1<D<1,\ \omega_e=\omega_0\cdot\sqrt{1-D^2},\ \phi=\arccos(D)$
110	$\dfrac{\omega_0^2\cdot(1+T_V s)}{(s^2+2D\omega_0 s+\omega_0^2)\cdot s^2}$	$-\dfrac{2D-T_V\omega_0}{\omega_0}+t-e^{-D\omega_0 t}\cdot\left(\dfrac{T_V\omega_0-2D}{\omega_0}\cdot\cos(\omega_e t)+\dfrac{1+DT_V\omega_0-2D^2}{\omega_e}\cdot\sin(\omega_e t)\right)$, $-1<D<1,\ \omega_e=\omega_0\cdot\sqrt{1-D^2}$
111	$\dfrac{1}{(1+T_1 s)^2+T_1^2\omega^2}$	$\dfrac{1}{T_1^2\cdot\omega}\cdot e^{-\frac{t}{T_1}}\cdot\sin(\omega t)$
112	$\dfrac{1+T_1\cdot s}{(1+T_1 s)^2+T_1^2\omega^2}$	$\dfrac{1}{T_1}\cdot e^{-\frac{t}{T_1}}\cdot\cos(\omega t)$
113	$\dfrac{1+T_V\cdot s}{(1+T_1 s)^2+T_1^2\omega^2}$	$\dfrac{\sqrt{\left(1-\dfrac{T_V}{T_1}\right)^2+T_V^2\omega^2}}{T_1^2\omega}\cdot e^{-\frac{t}{T_1}}\cdot\sin(\omega t+\phi)$, $\tan\phi=\dfrac{\omega T_V}{1-\dfrac{T_V}{T_1}}$
114	$\dfrac{a}{s^2-a^2}$	$\sinh(at)$
115	$\dfrac{s}{s^2-a^2}$	$\cosh(at)$
116	$\dfrac{s+z}{s^2-a^2}$	$\dfrac{z}{a}\cdot\sinh(a\cdot t)+\cosh(a\cdot t)$
117	$\dfrac{s+z}{(s^2-a^2)\cdot s}$	$\dfrac{z}{a^2}\cdot\left(-1+\dfrac{a}{z}\cdot\sinh(a\cdot t)+\cosh(a\cdot t)\right)$
118	$\dfrac{1}{(s^2-a^2)\cdot s}$	$\dfrac{1}{a^2}\cdot(-1+\cosh(a\cdot t))$
119	$\dfrac{\omega}{s^2+\omega^2}$	$\sin(\omega t)$
120	$\dfrac{s}{s^2+\omega^2}$	$\cos(\omega t)$
121	$\dfrac{s+z}{s^2+\omega^2}$	$\sqrt{1+\dfrac{z^2}{\omega^2}}\cdot\sin(\omega t+\phi),\tan\phi=\dfrac{\omega}{z}$
122	$\dfrac{s+z}{(s^2+\omega^2)\cdot s}$	$\dfrac{z}{\omega^2}-\dfrac{\sqrt{1+\dfrac{z^2}{\omega^2}}}{\omega}\cdot\cos(\omega t+\phi),\tan\phi=\dfrac{\omega}{z}$
123	$\dfrac{1}{(s^2+\omega^2)\cdot s}$	$\dfrac{1}{\omega^2}\cdot(1-\cos(\omega t))$
124	$\dfrac{s\cdot\sin\phi+\omega\cdot\cos\phi}{s^2+\omega^2}$	$\sin(\omega t+\phi)$
125	$\dfrac{s\cdot\cos\phi-\omega\cdot\sin\phi}{s^2+\omega^2}$	$\cos(\omega t+\phi)$

(续)

序号	$f(s)$	$f(t),\quad t>0$
126	$\dfrac{1}{(s+a)^2+\omega^2}$	$\dfrac{1}{\omega}\cdot\mathrm{e}^{-at}\sin(\omega t)$
127	$\dfrac{s}{(s+a)^2+\omega^2}$	$-\sqrt{1+\dfrac{a^2}{\omega^2}}\cdot\sin(\omega t-\phi)\cdot\mathrm{e}^{-at},\ \tan\phi=\dfrac{\omega}{a}$
128	$\dfrac{s+a}{(s+a)^2+\omega^2}$	$\mathrm{e}^{-at}\cdot\cos(\omega t)$
129	$\dfrac{s+a}{\left((s+a)^2+\omega^2\right)\cdot s}$	$\dfrac{a}{a^2+\omega^2}+\dfrac{1}{\sqrt{a^2+\omega^2}}\cdot\sin(\omega t-\phi)\cdot\mathrm{e}^{-at},\ \tan\phi=\dfrac{a}{\omega}$
130	$\dfrac{s+z}{(s+a)^2+\omega^2}$	$\sqrt{1+\left(\dfrac{z-a}{\omega}\right)^2}\cdot\mathrm{e}^{-at}\cdot\sin(\omega t+\phi),\ \tan\phi=\dfrac{\omega}{z-a}$
131	$\dfrac{s+z}{\left((s+a)^2+\omega^2\right)\cdot s}$	$\dfrac{z}{a^2+\omega^2}-\sqrt{\dfrac{(a-z)^2+\omega^2}{(a^2+\omega^2)\cdot\omega^2}}\cdot\cos(\omega t+\phi_1+\phi_2)\cdot\mathrm{e}^{-at}$, $\tan\phi_1=\dfrac{\omega}{a},\ \tan\phi_2=\dfrac{a-z}{\omega}$
132	$\dfrac{1}{\left((s+a)^2+\omega^2\right)\cdot s}$	$\dfrac{1}{a^2+\omega^2}-\dfrac{1}{\sqrt{(a^2+\omega^2)\cdot\omega^2}}\cdot\sin(\omega t+\phi)\cdot\mathrm{e}^{-at},\ \tan\phi=\dfrac{\omega}{a}$
133	$\dfrac{1}{s^2+a\cdot s+b},\ \dfrac{a^2}{4}-b<0$	$\dfrac{\mathrm{e}^{-\frac{a}{2}t}}{\omega_\mathrm{e}}\cdot\sin(\omega_\mathrm{e}t),\ \omega_\mathrm{e}=\sqrt{b-\frac{a^2}{4}}$
134	$\dfrac{1}{s^2+a\cdot s+b},\ \dfrac{a^2}{4}-b=0$	$t\cdot\mathrm{e}^{-\frac{a}{2}t}$
135	$\dfrac{1}{s^2+a\cdot s+b},\ \dfrac{a^2}{4}-b>0$	$\dfrac{\mathrm{e}^{-\frac{a}{2}t}}{\alpha}\cdot\sinh(\alpha t),\ \alpha=\sqrt{\dfrac{a^2}{4}-b}$
136	$\dfrac{s}{s^2+a\cdot s+b},\ \dfrac{a^2}{4}-b<0$	$\dfrac{\mathrm{e}^{-\frac{a}{2}t}}{\omega_\mathrm{e}}\cdot\left(-\dfrac{a}{2}\cdot\sin(\omega_\mathrm{e}t)+\omega_\mathrm{e}\cdot\cos(\omega_\mathrm{e}t)\right),\ \omega_\mathrm{e}=\sqrt{b-\dfrac{a^2}{4}}$
137	$\dfrac{s}{s^2+a\cdot s+b},\ \dfrac{a^2}{4}-b=0$	$\left(1-\dfrac{a}{2}\cdot t\right)\cdot\mathrm{e}^{-\frac{a}{2}t}$
138	$\dfrac{s}{s^2+a\cdot s+b},\ \dfrac{a^2}{4}-b>0$	$\dfrac{\mathrm{e}^{-\frac{a}{2}t}}{\alpha}\cdot\left(-\dfrac{a}{2}\cdot\sinh(\alpha t)+\alpha\cdot\cosh(\alpha t)\right),\ \alpha=\sqrt{\dfrac{a^2}{4}-b}$
139	$\dfrac{s+z}{s^2+a\cdot s+b},\ \dfrac{a^2}{4}-b<0$	$\dfrac{\mathrm{e}^{-\frac{a}{2}t}}{\omega_\mathrm{e}}\cdot\left(\left(z-\dfrac{a}{2}\right)\cdot\sin(\omega_\mathrm{e}t)+\omega_\mathrm{e}\cdot\cos(\omega_\mathrm{e}t)\right)$, $\omega_\mathrm{e}=\sqrt{b-\dfrac{a^2}{4}}$
140	$\dfrac{s+z}{s^2+a\cdot s+b},\ \dfrac{a^2}{4}-b=0$	$\left(1+\left(z-\dfrac{a}{2}\right)\cdot t\right)\cdot\mathrm{e}^{-\frac{a}{2}t}$
141	$\dfrac{s+z}{s^2+a\cdot s+b},\ \dfrac{a^2}{4}-b>0$	$\dfrac{\mathrm{e}^{-\frac{a}{2}t}}{\alpha}\cdot\left(\left(z-\dfrac{a}{2}\right)\cdot\sinh(\alpha t)+\alpha\cdot\cosh(\alpha t)\right)$, $\alpha=\sqrt{\dfrac{a^2}{4}-b}$

(续)

序号	$f(s)$	$f(t),\quad t>0$
142	$\dfrac{s+z}{(s^2+a\cdot s+b)s},\ \dfrac{a^2}{4}-b<0$	$\dfrac{z}{b}\left(1-\dfrac{\mathrm{e}^{-\frac{a}{2}t}}{\omega_\mathrm{e}}\left(\left(\dfrac{a}{2}-\dfrac{b}{z}\right)\sin(\omega_\mathrm{e}t)+\omega_\mathrm{e}\cos(\omega_\mathrm{e}t)\right)\right),$ $\omega_\mathrm{e}=\sqrt{b-\dfrac{a^2}{4}}$
143	$\dfrac{s+z}{(s^2+a\cdot s+b)s},\ \dfrac{a^2}{4}-b=0$	$\dfrac{4\cdot z}{a^2}\cdot\left(1-\left(1+\dfrac{a}{2}\cdot t-\dfrac{a^2}{4\cdot z}\cdot t\right)\cdot\mathrm{e}^{-\frac{a}{2}t}\right)$
144	$\dfrac{s+z}{(s^2+a\cdot s+b)s},\ \dfrac{a^2}{4}-b>0$	$\dfrac{z}{b}\left(1-\dfrac{\mathrm{e}^{-\frac{a}{2}t}}{\alpha}\left(\left(\dfrac{a}{2}-\dfrac{b}{z}\right)\sinh(\alpha t)+\alpha\cosh(\alpha t)\right)\right),$ $\alpha=\sqrt{\dfrac{a^2}{4}-b}$
145	$\dfrac{1}{(s^2+a\cdot s+b)\cdot s},\ \dfrac{a^2}{4}-b<0$	$\dfrac{1}{b}\cdot\left(1-\dfrac{\mathrm{e}^{-\frac{a}{2}t}}{\omega_\mathrm{e}}\cdot\left(\dfrac{a}{2}\cdot\sin(\omega_\mathrm{e}t)+\omega_\mathrm{e}\cdot\cos(\omega_\mathrm{e}t)\right)\right),$ $\omega_\mathrm{e}=\sqrt{b-d\dfrac{a^2}{4}}$
146	$\dfrac{1}{(s^2+a\cdot s+b)s},\ \dfrac{a^2}{4}-b=0$	$\dfrac{4}{a^2}\cdot\left(1-\left(1+\dfrac{a}{2}\cdot t\right)\cdot\mathrm{e}^{-\frac{a}{2}t}\right)$
147	$\dfrac{1}{(s^2+a\cdot s+b)s},\ \dfrac{a^2}{4}-b>0$	$\dfrac{1}{b}\cdot\left(1-\dfrac{\mathrm{e}^{-\frac{a}{2}t}}{\alpha}\cdot\left(\dfrac{a}{2}\cdot\sinh(\alpha t)+\alpha\cdot\cosh(\alpha t)\right)\right),$ $\alpha=\sqrt{\dfrac{a^2}{4}-b}$
148	$\dfrac{3\cdot\omega^2}{s^3+\omega^3}$	$\mathrm{e}^{-\omega t}-\mathrm{e}^{\frac{\omega t}{2}}\cdot\left(\cos\left(\dfrac{\sqrt{3}\cdot\omega t}{2}\right)-\sqrt{3}\cdot\sin\left(\dfrac{\sqrt{3}\cdot\omega t}{2}\right)\right)$
149	$\dfrac{3\cdot\omega\cdot s}{s^3+\omega^3}$	$\mathrm{e}^{\frac{\omega t}{2}}\cdot\left(\cos\left(\dfrac{\sqrt{3}\cdot\omega t}{2}\right)+\sqrt{3}\cdot\sin\left(\dfrac{\sqrt{3}\cdot\omega t}{2}\right)\right)-\mathrm{e}^{-\omega t}$
150	$\dfrac{3\cdot s^2}{s^3+\omega^3}$	$\mathrm{e}^{-\omega t}+2\cdot\mathrm{e}^{\frac{\omega t}{2}}\cdot\cos\left(\dfrac{\sqrt{3}\cdot\omega t}{2}\right)$
151	$\dfrac{3\cdot\omega^2}{s^3-\omega^3}$	$\mathrm{e}^{\omega t}-\mathrm{e}^{-\frac{\omega t}{2}}\cdot\left(\cos\left(\dfrac{\sqrt{3}\cdot\omega t}{2}\right)+\sqrt{3}\cdot\sin\left(\dfrac{\sqrt{3}\cdot\omega t}{2}\right)\right)$
152	$\dfrac{3\cdot\omega\cdot s}{s^3-\omega^3}$	$\mathrm{e}^{\omega t}+\mathrm{e}^{-\frac{\omega t}{2}}\cdot\left(\sqrt{3}\cdot\sin\left(\dfrac{\sqrt{3}\cdot\omega t}{2}\right)-\cos\left(\dfrac{\sqrt{3}\cdot\omega t}{2}\right)\right)$
153	$\dfrac{3\cdot s^2}{s^3-\omega^3}$	$\mathrm{e}^{\omega t}+2\cdot\mathrm{e}^{-\frac{\omega t}{2}}\cdot\cos\left(\dfrac{\sqrt{3}\cdot\omega t}{2}\right)$
154	$\dfrac{2\cdot\omega^2}{(s^2+4\cdot\omega^2)\cdot s}$	$\sin^2(\omega t)$
155	$\dfrac{s^2+2\cdot\omega^2}{(s^2+4\cdot\omega^2)\cdot s}$	$\cos^2(\omega t)$
156	$\dfrac{\omega^3}{(s^2+\omega^2)\cdot s^2}$	$\omega t-\sin(\omega t)$

(续)

序号	$f(s)$	$f(t), \quad t>0$
157	$\frac{2\cdot a^2}{(s^2-4\cdot a^2)\cdot s}$	$\sinh^2(at)$
158	$\frac{s^2-2\cdot a^2}{(s^2-4\cdot a^2)\cdot s}$	$\cosh^2(at)$
159	$\frac{a^3}{(s^2-a^2)\cdot s^2}$	$\sinh(at)-at$
160	$\frac{\omega^3}{s^4+\omega^4}$	$\frac{1}{\sqrt{2}}\cdot\left(\cosh\left(\frac{\omega t}{\sqrt{2}}\right)\cdot\sin\left(\frac{\omega t}{\sqrt{2}}\right)-\cos\left(\frac{\omega t}{\sqrt{2}}\right)\cdot\sinh\left(\frac{\omega t}{\sqrt{2}}\right)\right)$
161	$\frac{4\cdot\omega^3}{s^4+4\cdot\omega^4}$	$\cosh(\omega t)\cdot\sin(\omega t)-\cos(\omega t)\cdot\sinh(\omega t)$
162	$\frac{\omega^2\cdot s}{s^4+\omega^4}$	$\sin\left(\frac{\omega t}{\sqrt{2}}\right)\cdot\sinh\left(\frac{\omega t}{\sqrt{2}}\right)$
163	$\frac{2\cdot\omega^2\cdot s}{s^4+4\cdot\omega^4}$	$\sin(\omega t)\cdot\sinh(\omega t)$
164	$\frac{\omega\cdot s^2}{s^4+\omega^4}$	$\frac{1}{\sqrt{2}}\cdot\left(\cos\left(\frac{\omega t}{\sqrt{2}}\right)\cdot\sinh\left(\frac{\omega t}{\sqrt{2}}\right)+\cosh\left(\frac{\omega t}{\sqrt{2}}\right)\cdot\sin\left(\frac{\omega t}{\sqrt{2}}\right)\right)$
165	$\frac{2\cdot\omega\cdot s^2}{s^4+4\cdot\omega^4}$	$\cos(\omega t)\cdot\sinh(\omega t)+\cosh(\omega t)\cdot\sin(\omega t)$
166	$\frac{s^3}{s^4+\omega^4}$	$\cos\left(\frac{\omega t}{\sqrt{2}}\right)\cdot\cosh\left(\frac{\omega t}{\sqrt{2}}\right)$
167	$\frac{s^3}{s^4+4\cdot\omega^4}$	$\cos(\omega t)\cdot\cosh(\omega t)$
168	$\frac{\omega\cdot(s^2-\omega^2)}{s^4+\omega^4}$	$\sqrt{2}\cdot\cos\left(\frac{\omega t}{\sqrt{2}}\right)\cdot\sinh\left(\frac{\omega t}{\sqrt{2}}\right)$
169	$\frac{\omega\cdot(s^2-2\cdot\omega^2)}{s^4+4\cdot\omega^4}$	$\cos(\omega t)\cdot\sinh(\omega t)$
170	$\frac{\omega\cdot(s^2+\omega^2)}{s^4+\omega^4}$	$\sqrt{2}\cdot\sin\left(\frac{\omega t}{\sqrt{2}}\right)\cdot\cosh\left(\frac{\omega t}{\sqrt{2}}\right)$
171	$\frac{\omega\cdot(s^2+2\cdot\omega^2)}{s^4+4\cdot\omega^4}$	$\sin(\omega t)\cdot\cosh(\omega t)$
172	$\frac{\omega^3}{s^4-\omega^4}$	$\frac{1}{2}\cdot(\sinh(\omega t)-\sin(\omega t))$
173	$\frac{\omega^2\cdot s}{s^4-\omega^4}$	$\frac{1}{2}\cdot(\cosh(\omega t)-\cos(\omega t))$
174	$\frac{\omega\cdot s^2}{s^4-\omega^4}$	$\frac{1}{2}\cdot(\sinh(\omega t)+\sin(\omega t))$
175	$\frac{s^3}{s^4-\omega^4}$	$\frac{1}{2}\cdot(\cosh(\omega t)+\cos(\omega t))$
176	$\frac{\omega^3}{(s^2+\omega^2)^2}$	$\frac{1}{2}\cdot(\sin(\omega t)-\omega t\cdot\cos(\omega t))$

(续)

序号	$f(s)$	$f(t),\quad t>0$
177	$\dfrac{\omega^2\cdot s}{(s^2+\omega^2)^2}$	$\dfrac{\omega t}{2}\cdot\sin(\omega t)$
178	$\dfrac{\omega\cdot s^2}{(s^2+\omega^2)^2}$	$\dfrac{1}{2}\cdot(\sin(\omega t)+\omega t\cdot\cos(\omega t))$
179	$\dfrac{s^3}{(s^2+\omega^2)^2}$	$\cos(\omega t)-\dfrac{\omega t}{2}\cdot\sin(\omega t)$
180	$\dfrac{2\omega\cdot\cos(\phi)\cdot s+(s^2-\omega^2)\cdot\sin(\phi)}{(s^2+\omega^2)^2}$	$t\cdot\sin(\omega t+\phi)$
181	$\dfrac{s^2-\omega^2}{(s^2+\omega^2)^2}$	$t\cdot\cos(\omega t)$
182	$\dfrac{(s^2-\omega^2)\cdot\cos(\phi)-2\omega\cdot\sin(\phi)\cdot s}{(s^2+\omega^2)^2}$	$t\cdot\cos(\omega t+\phi)$
183	$\dfrac{a^3}{(s^2-a^2)^2}$	$\dfrac{1}{2}\cdot(at\cdot\cosh(at)-\sinh(at))$
184	$\dfrac{a^2\cdot s}{(s^2-a^2)^2}$	$\dfrac{at}{2}\cdot\sinh(at)$
185	$\dfrac{a\cdot s^2}{(s^2-a^2)^2}$	$\dfrac{1}{2}\cdot(at\cdot\cosh(at)+\sinh(at))$
186	$\dfrac{s^3}{(s^2-a^2)^2}$	$\dfrac{at}{2}\cdot\sinh(at)+\cosh(at)$
187	$\dfrac{s^2+a^2}{(s^2-a^2)^2}$	$t\cdot\cosh(at)$
188	$\dfrac{s\cdot(s^2+a^2)}{(s^2-a^2)^2}$	$at\cdot\sinh(at)+\cosh(at)$
189	$\dfrac{\omega_1\cdot\omega_2}{(s^2+\omega_1^2)\cdot(s^2+\omega_2^2)},\ \omega_1\neq\omega_2$	$\dfrac{\omega_1\cdot\sin(\omega_2 t)-\omega_2\cdot\sin(\omega_1 t)}{\omega_1^2-\omega_2^2}$
190	$\dfrac{s}{(s^2+\omega_1^2)\cdot(s^2+\omega_2^2)},\ \omega_1\neq\omega_2$	$\dfrac{\cos(\omega_2 t)-\cos(\omega_1 t)}{\omega_1^2-\omega_2^2}$
191	$\dfrac{a\cdot b}{(s^2-a^2)\cdot(s^2-b^2)},\ a\neq b$	$\dfrac{b\cdot\sinh(at)-a\cdot\sinh(bt)}{a^2-b^2}$
192	$\dfrac{s}{(s^2-a^2)\cdot(s^2-b^2)},\ a\neq b$	$\dfrac{\cosh(at)-\cosh(bt)}{a^2-b^2}$

表 3.5-6 输入信号拉普拉斯变换

序号	$f(s)$	$f(t),\quad t>0$
193	$f_0\cdot\dfrac{1}{s}$	

(续)

序号	$f(s)$	$f(t),\quad t>0$
194	$f_0\cdot\dfrac{1-\mathrm{e}^{-T_1s}}{s}$	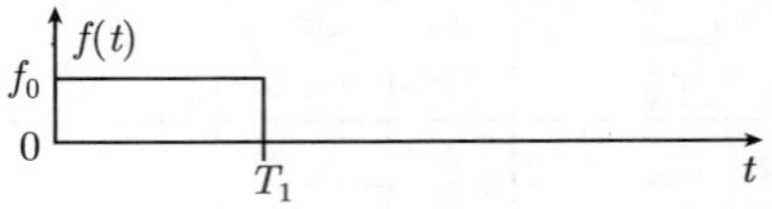
195	$f_0\cdot\dfrac{\mathrm{e}^{-T_1s}-\mathrm{e}^{-T_2s}}{s}$	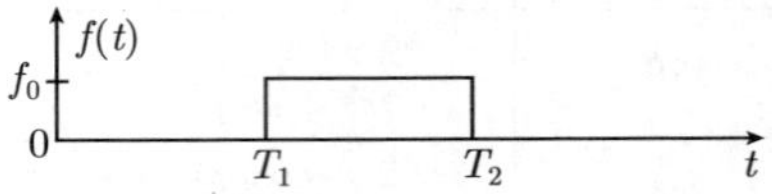
196	$f_0\cdot\dfrac{(1-\mathrm{e}^{-Ts})^2}{s}$	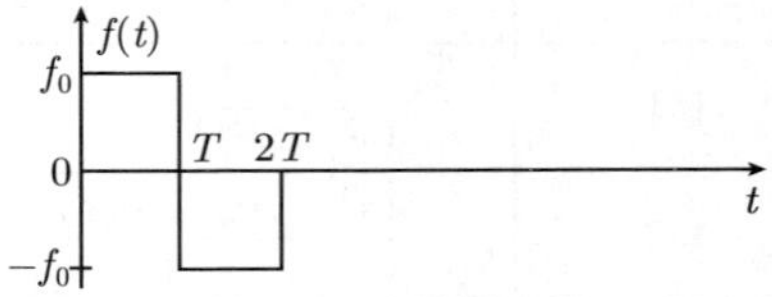
197	$f_0\cdot\dfrac{\mathrm{e}^{-Ts}-2\cdot\mathrm{e}^{-2Ts}+\mathrm{e}^{-3Ts}}{s}$	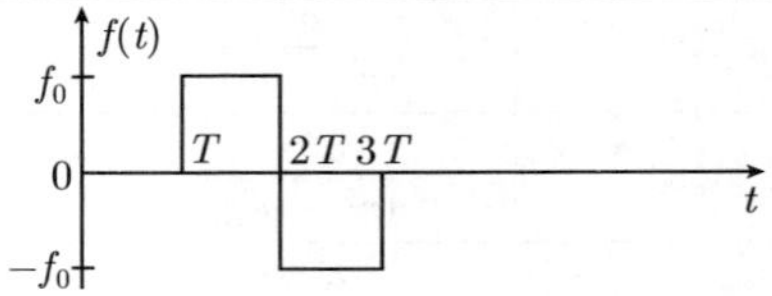
198	$f_0\cdot\dfrac{1-\mathrm{e}^{-Ts}}{(1+\mathrm{e}^{-Ts})\cdot s}=f_0\cdot\dfrac{\tanh\left(\dfrac{Ts}{2}\right)}{s}$	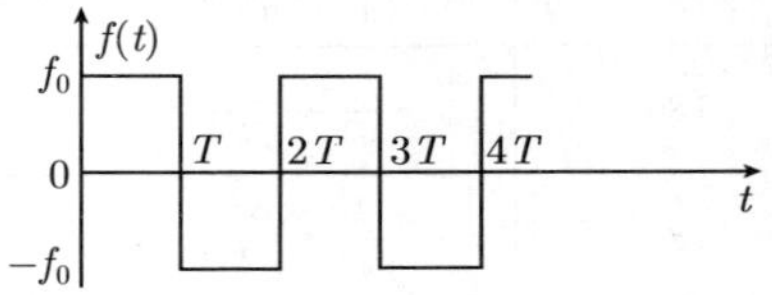
199	$f_0\cdot\dfrac{1}{(1+\mathrm{e}^{-Ts})\cdot s}$	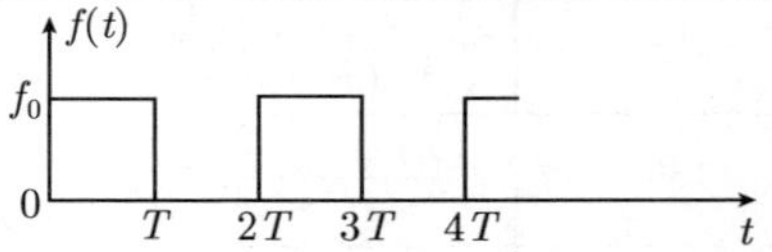
200	$\dfrac{f_0}{T}\cdot\dfrac{1-(1+s)\cdot\mathrm{e}^{-Ts}}{s^2}$	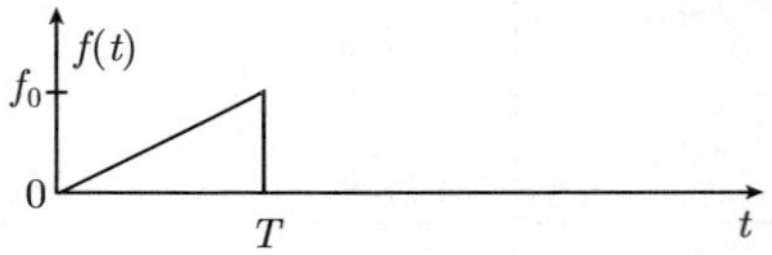
201	$\dfrac{f_0}{T}\cdot\dfrac{1-\mathrm{e}^{-Ts}}{s^2}$	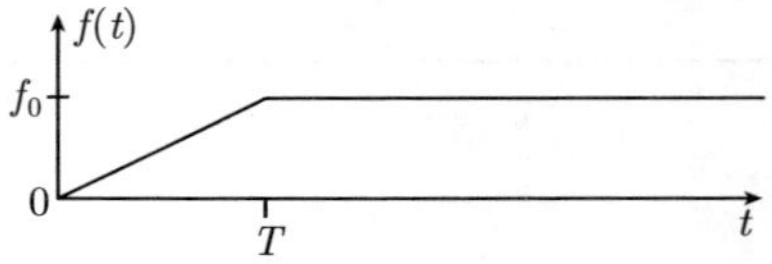
202	$\dfrac{f_0}{T}\cdot\dfrac{(1-\mathrm{e}^{-Ts})^2}{s^2}$	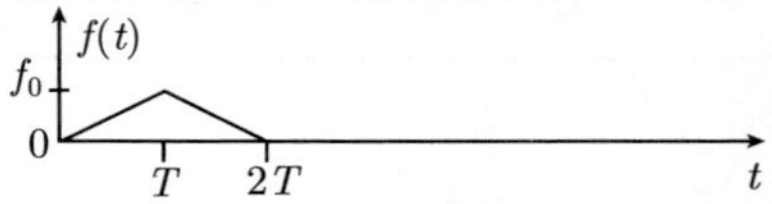

(续)

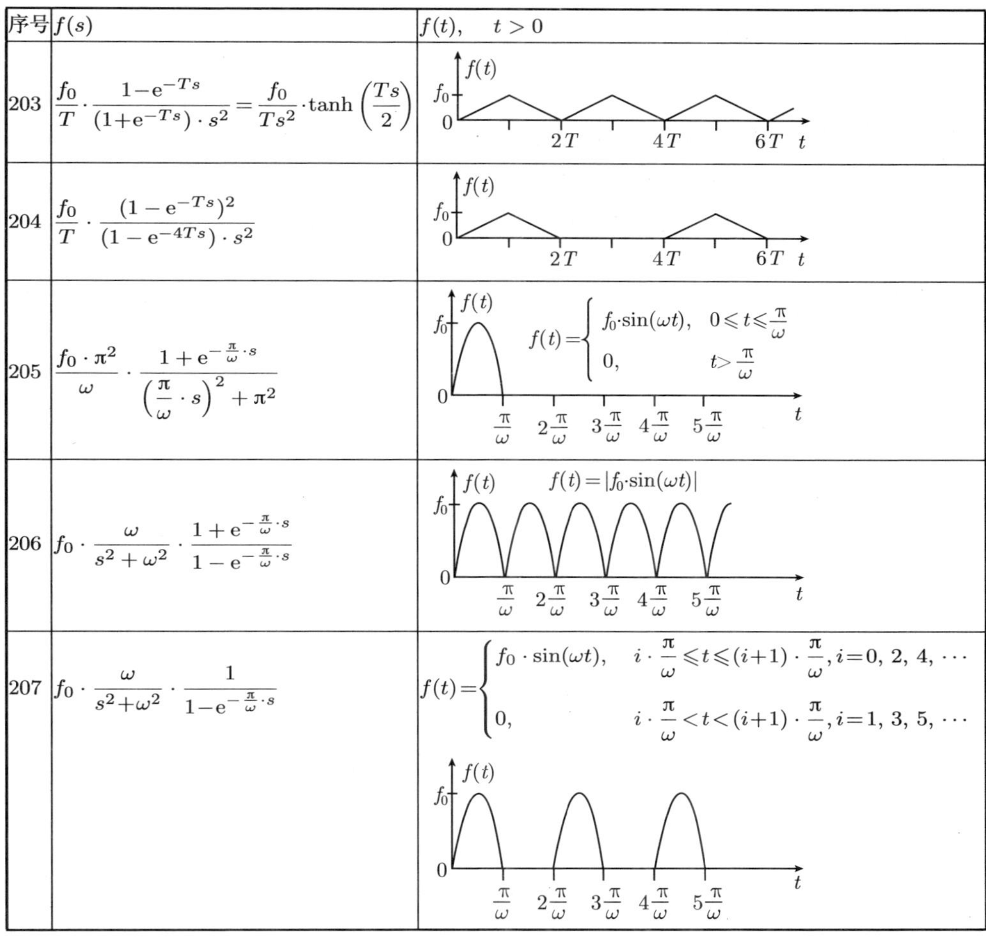

序号	$f(s)$	$f(t),\quad t>0$
203	$\dfrac{f_0}{T}\cdot\dfrac{1-\mathrm{e}^{-Ts}}{(1+\mathrm{e}^{-Ts})\cdot s^2}=\dfrac{f_0}{Ts^2}\cdot\tanh\left(\dfrac{Ts}{2}\right)$	$f(t)$; f_0; 0; $2T$; $4T$; $6T$; t
204	$\dfrac{f_0}{T}\cdot\dfrac{(1-\mathrm{e}^{-Ts})^2}{(1-\mathrm{e}^{-4Ts})\cdot s^2}$	$f(t)$; f_0; 0; $2T$; $4T$; $6T$; t
205	$\dfrac{f_0\cdot\pi^2}{\omega}\cdot\dfrac{1+\mathrm{e}^{-\frac{\pi}{\omega}\cdot s}}{\left(\dfrac{\pi}{\omega}\cdot s\right)^2+\pi^2}$	$f(t)=\begin{cases}f_0\cdot\sin(\omega t), & 0\leqslant t\leqslant\dfrac{\pi}{\omega}\\ 0, & t>\dfrac{\pi}{\omega}\end{cases}$; $f(t)$; f_0; 0; $\frac{\pi}{\omega}$; $2\frac{\pi}{\omega}$; $3\frac{\pi}{\omega}$; $4\frac{\pi}{\omega}$; $5\frac{\pi}{\omega}$; t
206	$f_0\cdot\dfrac{\omega}{s^2+\omega^2}\cdot\dfrac{1+\mathrm{e}^{-\frac{\pi}{\omega}\cdot s}}{1-\mathrm{e}^{-\frac{\pi}{\omega}\cdot s}}$	$f(t)=\lvert f_0\cdot\sin(\omega t)\rvert$; $f(t)$; f_0; 0; $\frac{\pi}{\omega}$; $2\frac{\pi}{\omega}$; $3\frac{\pi}{\omega}$; $4\frac{\pi}{\omega}$; $5\frac{\pi}{\omega}$; t
207	$f_0\cdot\dfrac{\omega}{s^2+\omega^2}\cdot\dfrac{1}{1-\mathrm{e}^{-\frac{\pi}{\omega}\cdot s}}$	$f(t)=\begin{cases}f_0\cdot\sin(\omega t), & i\cdot\dfrac{\pi}{\omega}\leqslant t\leqslant(i+1)\cdot\dfrac{\pi}{\omega},\ i=0,\ 2,\ 4,\ \cdots\\ 0, & i\cdot\dfrac{\pi}{\omega}<t<(i+1)\cdot\dfrac{\pi}{\omega},\ i=1,\ 3,\ 5,\ \cdots\end{cases}$; $f(t)$; f_0; 0; $\frac{\pi}{\omega}$; $2\frac{\pi}{\omega}$; $3\frac{\pi}{\omega}$; $4\frac{\pi}{\omega}$; $5\frac{\pi}{\omega}$; t

3.6 传递环节频率特性

3.6.1 频域动态特性

调节回路环节的传递特性在时域中是用测试函数微分方程来计算的. 除了**非周期测试函数(aperiodischen Testfunktion)** 如冲激函数、阶跃函数或斜坡函数外, 人们还使用周期函数, 例如正弦形式信号

$$\boxed{x_\mathrm{e}(t)=\hat{x}_\mathrm{e}\cdot\sin(\omega t)}$$

用这些信号分析来描述在频域的动态特性.

3.6.2　频率特性

如果在线性传递环节上给一个正弦形式的输入信号

$$x_{\mathrm{e}}(t)=\hat{x}_{\mathrm{e}}\cdot\sin(\omega t)$$

并且一直持续到瞬变过程衰减, 那么输出量同样按着谐波函数变化, 它与输入量具有相同频率, 但有着不同的幅值和相位:

$$\boxed{x_{\mathrm{a}}(t)=\hat{x}_{\mathrm{a}}(\omega)\cdot\sin(\omega t+\varphi(\omega))}$$

幅值比值 $\hat{x}_{\mathrm{a}}/\hat{x}_{\mathrm{e}}$ 和相位移 φ 一般取决于输入量的角频率 ω. 正弦函数和正弦响应如图 3.6-1 所示.

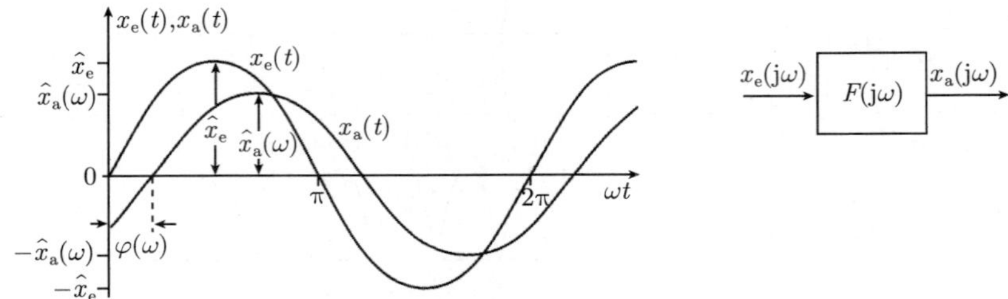

图 3.6-1　正弦函数和正弦响应

为了简化计算, 继续应用正弦形式信号的复数表达式, 输入信号

$$x_{\mathrm{e}}(t)=\hat{x}_{\mathrm{e}}\cdot\sin(\omega t)$$

作为复数函数

$$x_{\mathrm{e}}(\mathrm{j}\omega)=\hat{x}_{\mathrm{e}}\cdot(\cos(\omega t)+\mathrm{j}\sin(\omega t)),$$

的特殊情况, 就是作为虚部来研究. 借助欧拉方程得到输入信号

$$x_{\mathrm{e}}(\mathrm{j}\omega)=\hat{x}_{\mathrm{e}}\cdot\mathrm{e}^{\mathrm{j}\omega t}$$

和输出信号

$$x_{\mathrm{a}}(\mathrm{j}\omega)=\hat{x}_{\mathrm{a}}(\omega)\cdot\mathrm{e}^{\mathrm{j}(\omega t+\varphi(\omega))}=\hat{x}_{\mathrm{a}}(\omega)\cdot\mathrm{e}^{\mathrm{j}\omega t}\cdot\mathrm{e}^{\mathrm{j}\varphi(\omega)}$$

对于输出信号与输入信号之商 (频率特性 $F(\mathrm{j}\omega)$), 可由下式给出

$$\boxed{F(\mathrm{j}\omega)=\frac{x_{\mathrm{a}}(\mathrm{j}\omega)}{x_{\mathrm{e}}(\mathrm{j}\omega)}=\frac{\hat{x}_{\mathrm{a}}(\omega)\cdot\mathrm{e}^{\mathrm{j}\omega t}\cdot\mathrm{e}^{\mathrm{j}\varphi(\omega)}}{\hat{x}_{\mathrm{e}}\cdot\mathrm{e}^{\mathrm{j}\omega t}}=\frac{\hat{x}_{\mathrm{a}}(\omega)}{\hat{x}_{\mathrm{e}}}\cdot\mathrm{e}^{\mathrm{j}\varphi(\omega)}}$$

传递系统**频率特性(Frequenzgang)**$F(\mathrm{j}\omega)$ 是用全部角频率复数形式给出正弦形式输出振荡与正弦形式输入振荡之比值, 频率特性一般是一个复数量, 它可通过实部和虚部

$$\boxed{F(\mathrm{j}\omega)=\mathrm{Re}\{F(\mathrm{j}\omega)\}+\mathrm{j}\cdot\mathrm{Im}\{F(\mathrm{j}\omega)\}}$$

或通过幅值和相位

$$\boxed{F(\mathrm{j}\omega) = |F(\mathrm{j}\omega)| \cdot \mathrm{e}^{\mathrm{j}\varphi(\omega)}}$$

表示. 那么, 频率特性**幅值(Betrag)** 为

$$\boxed{|F(\mathrm{j}\omega)| = \sqrt{\mathrm{Re}^2\{F(\mathrm{j}\omega)\} + \mathrm{Im}^2\{F(\mathrm{j}\omega)\}}}$$

而**相位 (Phase)** 为

$$\boxed{\varphi(\omega) = \varphi\{F(\mathrm{j}\omega)\} = \arctan\frac{\mathrm{Im}\{F(\mathrm{j}\omega)\}}{\mathrm{Re}\{F(\mathrm{j}\omega)\}}}$$

例 3.6-1 在图 3.6-2 中表示一个用于测量具有振荡能力机械传递环节频率特性的装置, 曲柄轮产生一个正弦形式的行程

$$x_{\mathrm{e}}(t) = \hat{x}_{\mathrm{e}} \cdot \sin(\omega t)$$

式中: $\hat{x}_{\mathrm{e}} = r; \omega = 2\pi \cdot n$.

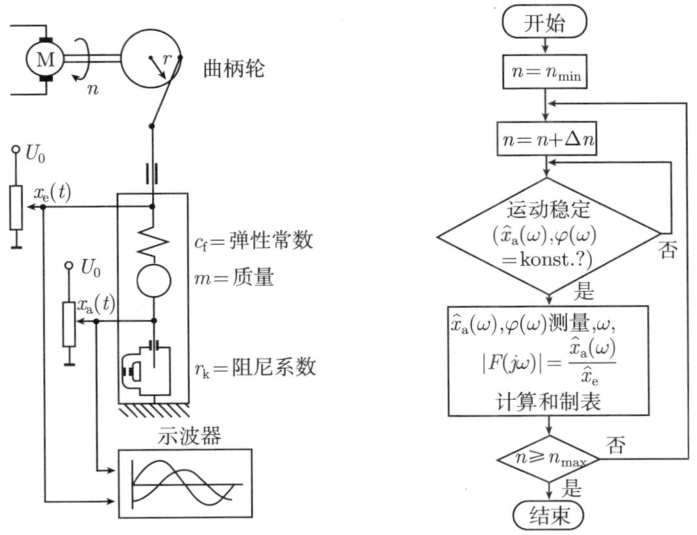

图 3.6-2 测量频率特性的测量装置和流程图

转数是可调整的, 输出量为质量位移

$$x_{\mathrm{a}}(t) = \hat{x}_{\mathrm{a}}(\omega) \cdot \sin(\omega t + \varphi(\omega))$$

式中: $\hat{x}_{\mathrm{a}}$ 和 φ 与角频率有关, 而 $x_{\mathrm{e}}(t)$ 和 $x_{\mathrm{a}}(t)$ 是可测量的并可记录的.

将电动机转数调整范围离散化, 测试序列从最低转数 $n_{\min}+\Delta n$ 开始, 在每次测量时必须等到参量 $\hat{x}_a$ 和 φ 已经达到常值稳态值.

例 3.6-2　由图 3.6-3 的测量装置可求开环调节回路频率特性 $F_{RS}(j\omega)$. 频率发生器产生输入量

$$x_e(t)=\hat{x}_e\cdot\sin(\omega t)$$

它具有固定可调整的最大值 $\hat{x}_e$. $x_e(t)$ 和 $x_a(t)$ 在 $0<\omega<\omega_{\max}$ 变化是可测量的, 并且可用示波器显示.

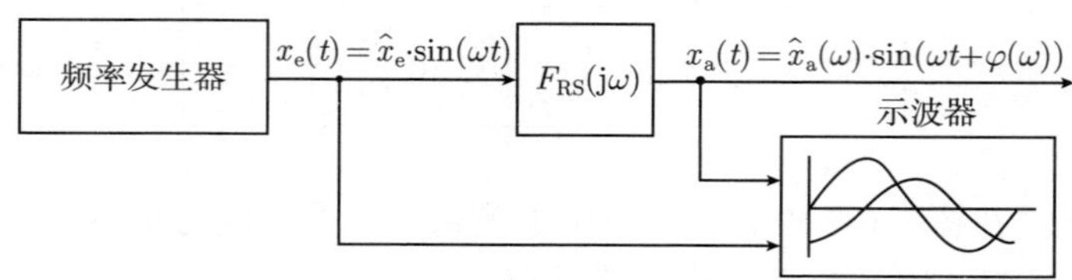

图 3.6-3　测量开环调节回路频率特性的装置

在图 3.6-4 所示为在直流电压 $\omega=0$ 和三种角频率 $\omega_1,\omega_2,\omega_3(\omega_1<\omega_2<\omega_3)$ 时的输入量和输出量时间曲线.

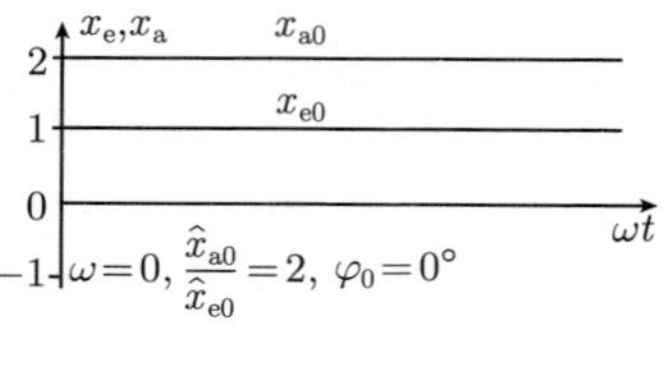

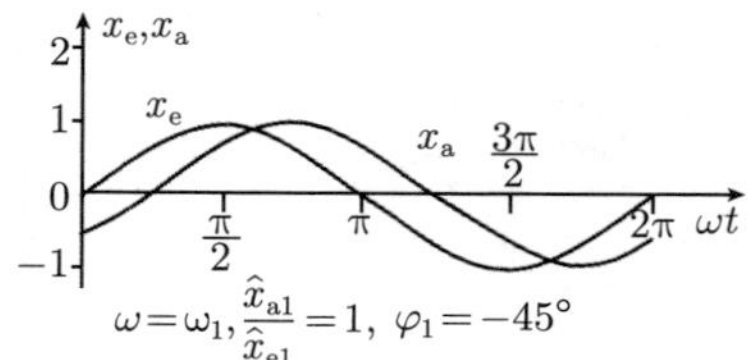

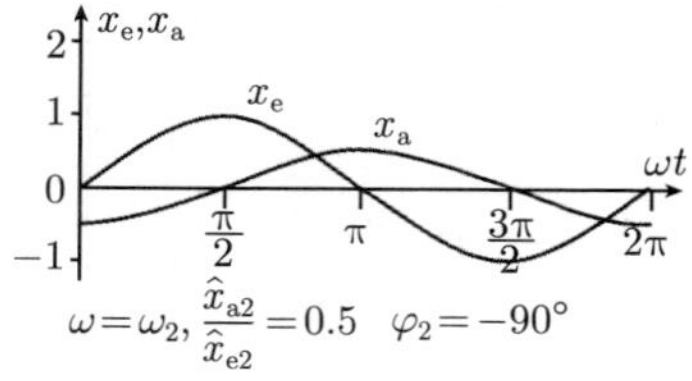

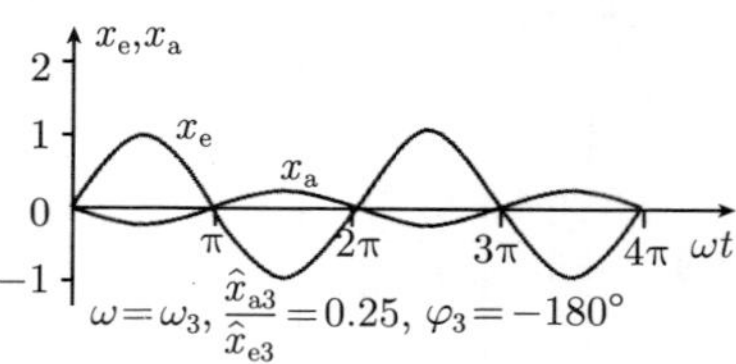

图 3.6-4　在不同角频率的正弦函数和正弦响应

3.6.3　由传递环节微分方程计算频率特性

线性调节回路环节可用一阶微分方程

$$\boxed{T_1\cdot\frac{dx_a}{dt}+x_a=x_e}$$

表示, 如果将输入量和输出量

$$x_e(j\omega)=\hat{x}_e\cdot e^{j\omega t},\quad x_a(j\omega)=\hat{x}_a(\omega)\cdot e^{j(\omega t+\varphi(\omega))}$$

及导数

$$\frac{\mathrm{d}}{\mathrm{d}t}(x_\mathrm{a}(\mathrm{j}\omega)) = \mathrm{j}\omega \cdot \hat{x}_\mathrm{a}(\omega) \cdot \mathrm{e}^{\mathrm{j}(\omega t+\varphi(\omega))}$$

代入微分方程, 那么可得

$$T_1 \cdot \mathrm{j}\omega \cdot \hat{x}_\mathrm{a}(\omega) \cdot \mathrm{e}^{\mathrm{j}(\omega t+\varphi(\omega))} + \hat{x}_\mathrm{a}(\omega) \cdot \mathrm{e}^{\mathrm{j}(\omega t+\varphi(\omega))} = \hat{x}_\mathrm{e} \cdot \mathrm{e}^{\mathrm{j}\omega t}$$

并由 $x_a(\mathrm{j}\omega) = \hat{x}_a \cdot e^{\mathrm{j}(\omega t+\varphi)}$ 可得

$$x_\mathrm{a}(\mathrm{j}\omega) \cdot (\mathrm{j}\omega \cdot T_1 + 1) = x_\mathrm{e}(\mathrm{j}\omega), \quad x_\mathrm{a}(\mathrm{j}\omega) = \frac{1}{1+\mathrm{j}\omega \cdot T_1} \cdot x_\mathrm{e}(\mathrm{j}\omega)$$

由此, 可得频率特性如下:

$$\boxed{F(\mathrm{j}\omega) = \frac{x_\mathrm{a}(\mathrm{j}\omega)}{x_\mathrm{e}(\mathrm{j}\omega)} = \frac{1}{1+\mathrm{j}\omega \cdot T_1}}$$

其频率特性的幅值和相位为

$$|F(\mathrm{j}\omega)| = \frac{1}{\sqrt{1+\omega^2 \cdot T_1^2}}, \quad \tan\varphi(\omega) = \frac{\mathrm{Im}\{F(\mathrm{j}\omega)\}}{\mathrm{Re}\{F(\mathrm{j}\omega)\}} = -\omega \cdot T_1$$

如果使求频率特性方法一般化, 那么可给出能激励频率特性的谐波振荡方法. 在微分方程中用 $\mathrm{j}\omega$ 置换微分算子, 并用 $1/\mathrm{j}\omega$ 替换积分算子:

$$\boxed{\frac{\mathrm{d}}{\mathrm{d}t}x(t) \longrightarrow \mathrm{j}\omega \cdot x(\mathrm{j}\omega), \quad \int x(t)\mathrm{d}t \longrightarrow \frac{1}{\mathrm{j}\omega} \cdot x(\mathrm{j}\omega)}$$

可用算子 $p := \mathrm{j}\omega$ 置换**虚角频率 (Die imaginäre Kreisfreguenz)**$\mathrm{j}\omega$, 这样频率特性函数也可用

$$\boxed{F(p) := F(\mathrm{j}\omega)}$$

来描述, 图 3.6-5 表示计算频率特性函数方法, 如果从线性微分方程出发, 那么由谐波函数 $x_\mathrm{e}(t)$ 来激励它.

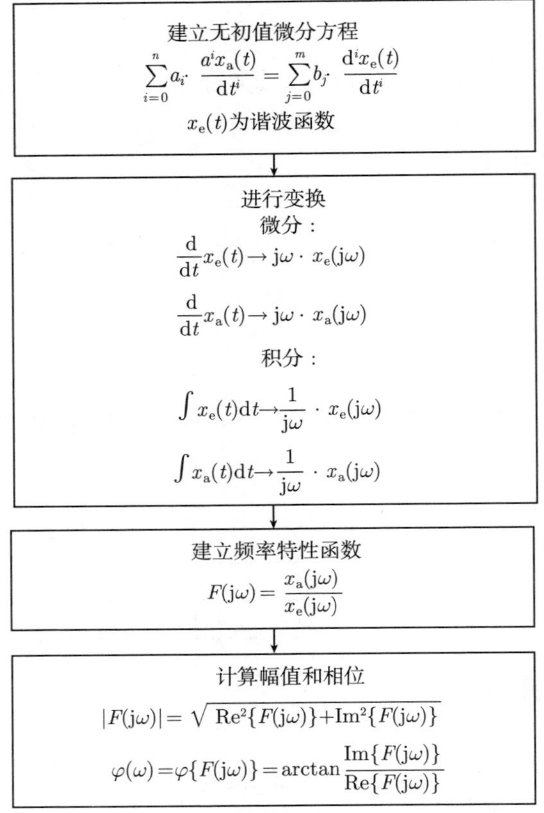

图 3.6-5 计算频率特性函数示意图

例 3.6-3 给出一个被调节对象的微分方程:

$$\xrightarrow{y(t)} \boxed{T_1 \cdot T_2 \cdot \frac{\mathrm{d}^2 x(t)}{\mathrm{d}t^2} + (T_1 + T_2) \cdot \frac{\mathrm{d}x(t)}{\mathrm{d}t} + x(t) = K_{\mathrm{S}} \int y(t)\mathrm{d}t} \xrightarrow{(x(t))}$$

首先通过在像域的变量和算子替换在时域相应的微分方程变量和算子

$$x(t) \to x(\mathrm{j}\omega), \quad y(t) \to y(\mathrm{j}\omega), \quad \frac{\mathrm{d}}{\mathrm{d}t} \to \mathrm{j}\omega, \quad \int \mathrm{d}t \to \frac{1}{\mathrm{j}\omega}$$

其中, 也可应用频率特性函数算子的缩写 $p := \mathrm{j}\omega$.

由此, 可得到代数方程

$$T_1 \cdot T_2 \cdot p^2 \cdot x(p) + (T_1 + T_2) \cdot p \cdot x(p) + x(p) = K_{\mathrm{S}} \cdot \frac{1}{p} \cdot y(p)$$

并且按照输入量 $y(p)$ 对输出量 $x(p)$ 的除法可得被调节对象的频率特性函数:

$$F_{\mathrm{S}}(p) = \frac{x(p)}{y(p)} = \frac{K_{\mathrm{S}}}{p \cdot [T_1 \cdot T_2 \cdot p^2 + (T_1 + T_2) \cdot p + 1]}$$

$$\xrightarrow{y(p)} \boxed{\dfrac{K_{\mathrm{S}}}{p \cdot [T_1 \cdot T_2 \cdot p^2 + (T_1 + T_2) \cdot p + 1]}} \xrightarrow{x(p)}$$

3.6.4 频率特性与传递函数

频率特性函数可由传递函数来求得. 频率特性为传递函数在虚轴上的值:

$$F(\mathrm{j}\omega) = G(s)|_{s=\mathrm{j}\omega}$$

相应地用实数值 σ 来增补频率特性 $F(\mathrm{j}\omega)$ 的虚数自变量. 为此可得到复数自变量

$$s := \sigma + \mathrm{j}\omega$$

然后频率特性再转到传递函数

$$G(s) = F(\sigma + \mathrm{j}\omega)$$

用这个关系式可由频率特性求出传递函数, 传递环节的频率特性和传递函数具有**相同结构(gleiche Struktur)**.

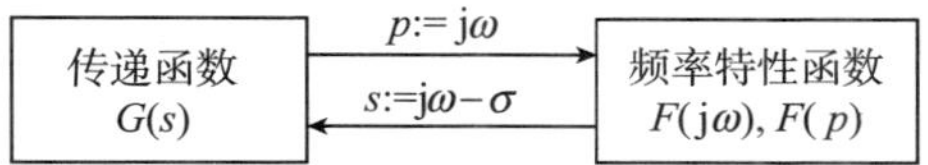

例 3.6-4 频率特性函数

$$F_{\mathrm{S}}(p) = \frac{K_{\mathrm{S}}}{p \cdot [T_1 \cdot T_2 \cdot p^2 + (T_1 + T_2) \cdot p + 1]}$$

可转化为传递函数

$$G_{\mathrm{S}}(s) = \frac{K_{\mathrm{S}}}{s \cdot [T_1 \cdot T_2 \cdot s^2 + (T_1 + T_2) \cdot s + 1]}$$

仅限于通过复数拉普拉斯算子 $s := \sigma + \mathrm{j}\omega$ 来替换频率特性函数虚数算子 $p := \mathrm{j}\omega$ 的情况下.

3.6.5 频率特性与幅相频率特性曲线

用实验求调节技术频率特性也是很有意义的, 在接入正弦形信号

$$x_{\mathrm{e}}(t) = \hat{x}_{\mathrm{e}} \cdot \sin(\omega t)$$

后, 研究传递环节或调节系统响应, 在瞬变过程衰减后输出量也同样按谐波函数变化, 然而它具有相对输入量的另一幅值和相位:

$$x_{\mathrm{a}}(t) = \hat{x}_{\mathrm{a}}(\omega) \cdot \sin(\omega t + \varphi(\omega))$$

输入量和输出量幅值比 $\hat{x}_\mathrm{a}(\omega)/\hat{x}_\mathrm{e}$ 和相位一般取决于输入信号角频率 ω:

$$F(\mathrm{j}\omega)=\frac{x_\mathrm{a}(\mathrm{j}\omega)}{x_\mathrm{e}(\mathrm{j}\omega)}=\frac{\hat{x}_\mathrm{a}(\omega)}{\hat{x}_\mathrm{e}}\cdot\mathrm{e}^{\mathrm{j}\varphi(\omega)}$$

如果将不同角频率的 $F(\mathrm{j}\omega)$ 记录到复数坐标平面上, 那么会得到不同的矢量, 如果将这些矢量顶点相互连接起来, 那么会形成一个系统幅相频率特性曲线. 由调节系统幅相频率特性曲线可根据**奈奎斯特判据 (Nyquist-Kriterium)** 判别系统稳定性.

例 3.6-5　如果频率特性函数

$$F(\mathrm{j}\omega)=\frac{K_\mathrm{P}}{1+\mathrm{j}\omega\cdot T_1}$$

用其分母的共轭复数值来扩展

$$F(\mathrm{j}\omega)=\frac{K_\mathrm{P}}{1+\mathrm{j}\omega\cdot T_1}\cdot\frac{1-\mathrm{j}\omega\cdot T_1}{1-\mathrm{j}\omega\cdot T_1}=\frac{K_\mathrm{P}-\mathrm{j}\omega\cdot T_1\cdot K_\mathrm{P}}{1+\omega^2\cdot T_1^2}$$

那么可得到其实部和虚部为

$$\mathrm{Re}\{F(\mathrm{j}\omega)\}=\frac{K_\mathrm{P}}{1+\omega^2\cdot T_1^2},\quad \mathrm{Im}\{F(\mathrm{j}\omega)\}=\frac{-\omega\cdot T_1\cdot K_\mathrm{P}}{1+\omega^2\cdot T_1^2}$$

由此可得到其幅值和相位

$$|F(\mathrm{j}\omega)|=\frac{K_\mathrm{P}}{\sqrt{1+\omega^2\cdot T_1^2}}$$

$$\varphi(\omega)=\varphi\{F(\mathrm{j}\omega)\}=\arctan(-\omega\cdot T_1)=-\arctan(\omega\cdot T_1)$$

对于角频率极值可给出如下特殊值:

$$\mathrm{Re}\{F(\mathrm{j}\omega\to 0)\}=K_\mathrm{P},\quad \mathrm{Im}\{F(\mathrm{j}\omega\to 0)\}=0$$

$$\mathrm{Re}\{F(\mathrm{j}\omega\to\infty)\}=0,\quad \mathrm{Im}\{F(\mathrm{j}\omega\to\infty)\}=0$$

$$|F(\mathrm{j}\omega\to 0)|=K_\mathrm{P},\quad \varphi(\omega\to 0)=0^\circ$$

$$|F(\mathrm{j}\omega\to\infty)|=0,\quad \varphi(\omega\to\infty)=-90^\circ$$

在图 3.6-6 中给出了幅相频率特性曲线.

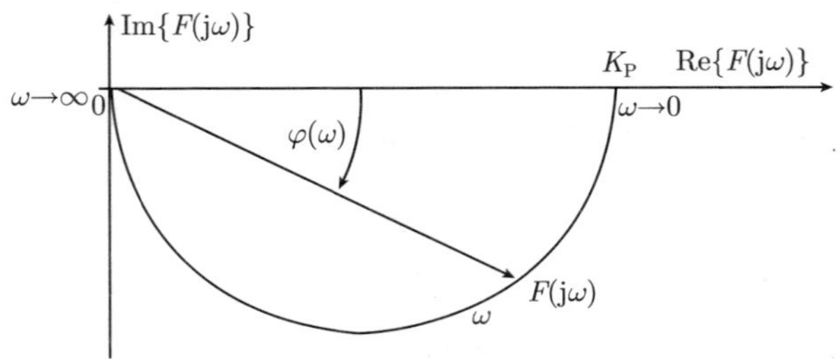

图 3.6-6　I 阶滞后环节幅相频率特性曲线

3.6.6 频率特性与伯德 (Bode) 图

在**伯德图 (Bode Diagram)** 或**频率特性曲线图(Bode- oder Frequenzkenntlinien-Diagram)** 中研究取代幅相频率特性曲线的对数图示法 (即伯德图). 在**伯德图(Bode-Diagram)** 中

$$\boxed{\text{幅值 } |F(\mathrm{j}\omega)| \text{ 和相位 } \varphi(\omega)=\varphi\{F(\mathrm{j}\omega)\}}$$

描绘关于角频率的频率特性

$$F(\mathrm{j}\omega)=|F(\mathrm{j}\omega)|\cdot \mathrm{e}^{\mathrm{j}\varphi(\omega)}$$

的曲线, 在此应用对数坐标刻度, 相应的图也被称为频率特性图, 这种表示法的优点如下.

通过对数表示可以覆盖**大的幅值和频率范围(großer Amplituden- und Frequenzbereich)**, 该曲线在全部范围具有恒定的**相对精度 (relative Genauigkeit)**.

在多个传递环节串联时其频率特性相乘, 在伯德图中由于用对数表示, 因此, 各个伯德图可进行**图形相加 (graphisch addiert)**.

下面进行以 10 为底的对数 (lg) 计算. 如果观察一个开环调节回路频率特性函数 $F_{\mathrm{RS}}(\mathrm{j}\omega)$, 那么通过频率特性对数计算可得

$$\begin{aligned}\lg F_{\mathrm{RS}}(\mathrm{j}\omega)&=\lg[|F_{\mathrm{R}}(\mathrm{j}\omega)|\cdot \mathrm{e}^{\mathrm{j}\varphi_{\mathrm{R}}(\omega)}\cdot|F_{\mathrm{S}}(\mathrm{j}\omega)|\cdot \mathrm{e}^{\mathrm{j}\varphi_{\mathrm{S}}(\omega)}]\\&=\lg|F_{\mathrm{R}}(\mathrm{j}\omega)|+\lg|F_{\mathrm{S}}(\mathrm{j}\omega)|+\mathrm{j}[\varphi_{\mathrm{R}}(\omega)+\varphi_{\mathrm{S}}(\omega)]\cdot\lg(\mathrm{e})\end{aligned}$$

在伯德图上分别绘制频率特性的幅值和相位曲线:

$$\lg|F_{\mathrm{RS}}(\mathrm{j}\omega)|=\lg|F_{\mathrm{R}}(\mathrm{j}\omega)|+\lg|F_{\mathrm{S}}(\mathrm{j}\omega)|$$

$$\varphi_{\mathrm{RS}}(\omega)=\varphi_{\mathrm{R}}(\omega)+\varphi_{\mathrm{S}}(\omega)$$

开环调节回路频率特性的幅值和相位可用

幅值特性	$\lg|F_{\mathrm{RS}}(\mathrm{j}\omega)|$,
相位特性	$\varphi_{\mathrm{RS}}(\omega)=\varphi\{F_{\mathrm{RS}}(\mathrm{j}\omega)\}$

表示. 这两条曲线绘制在与角频率相关的对数横坐标刻度上, 对数频率特性的幅值 (幅值特性) 是用一个线性纵坐标刻度表示, 为此, 幅值特性和相位特性表示在同一图上是可能的, 可以给出以 dB(分贝) 为单位的幅值特性值

$$|F(\mathrm{j}\omega)|_{\mathrm{dB}}=20\cdot\lg|F(\mathrm{j}\omega)|$$

对于 $|F(\mathrm{j}\omega)|=0.1, 1.0, 10.0$, 可得 $|F(\mathrm{j}\omega)|_{\mathrm{dB}}=-20\mathrm{dB}, 0\mathrm{dB}, 20\mathrm{dB}$.

例 3.6-6 对于图 3.6-7 中的调节回路, 调节器和被调节对象的频率特性函数表示为

$$F_{\mathrm{R}}(\mathrm{j}\omega)=K_{\mathrm{R}}\,,\quad F_{\mathrm{S}}(\mathrm{j}\omega)=\frac{K_{\mathrm{S}}}{1+\mathrm{j}\omega\cdot T_1}$$

式中: $K_{\mathrm{S}}=10; T_1=1\mathrm{s}; K_{\mathrm{R}}=100.$

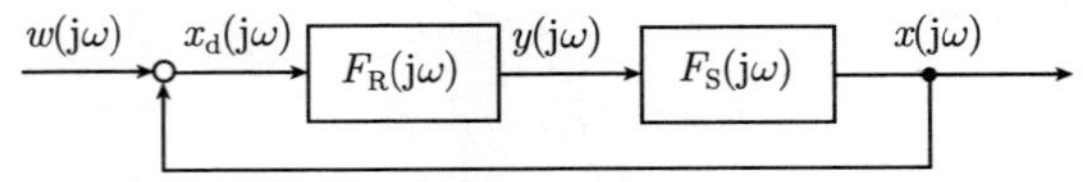

图 3.6-7 具有频率特性函数的调节回路

在图 3.6-8 的伯德图中表示了被调节对象、调节器和开环调节回路的幅值特性和相位特性, 对于幅值特性和相位特性给出下面公式和特殊值:

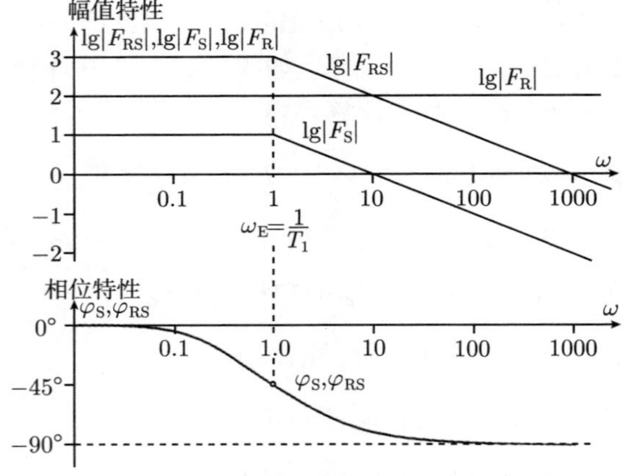

图 3.6-8 开环调节回路伯德图

调节器:

$$\lg|F_{\mathrm{R}}(\mathrm{j}\omega)|=\lg K_{\mathrm{R}}=2\,,\ \varphi_{\mathrm{R}}(\omega)=0^{\circ}$$

被调节对象:

$$\lg|F_{\mathrm{S}}(\mathrm{j}\omega)|=\lg K_{\mathrm{S}}-\frac{1}{2}\lg(1+\omega^2T_1^2)$$

$$\lg|F_{\mathrm{S}}(\mathrm{j}\omega\to 0)|=\lg K_{\mathrm{S}}=1,\ \lg|F_{\mathrm{S}}(\mathrm{j}\omega\to\infty)|\to-\infty$$

$$\varphi_{\mathrm{S}}(\omega)=-\arctan(\omega T_1),\ \varphi_{\mathrm{S}}(\omega\to 0)=0^{\circ},\ \varphi_{\mathrm{S}}(\omega\to\infty)=-90^{\circ}$$

开环调节回路 $F_{\mathrm{RS}}(\mathrm{j}\omega) = F_{\mathrm{R}}(\mathrm{j}\omega) \cdot F_{\mathrm{S}}(\mathrm{j}\omega)$:

$$\lg|F_{\mathrm{RS}}(\mathrm{j}\omega)| = \lg K_{\mathrm{R}} + \lg K_{\mathrm{S}} - \frac{1}{2}\lg(1+\omega^2 \cdot T_1^2)$$

$$\lg|F_{\mathrm{RS}}(\mathrm{j}\omega \to 0)| = \lg|F_{\mathrm{R}}(\mathrm{j}\omega \to 0)| + \lg|F_{\mathrm{S}}(\mathrm{j}\omega \to 0)| = \lg K_{\mathrm{R}} + \lg K_{\mathrm{S}} = 3$$

$$\lg|F_{\mathrm{RS}}(\mathrm{j}\omega \to \infty)| = \lg|F_{\mathrm{R}}(\mathrm{j}\omega \to \infty)| + \lg|F_{\mathrm{S}}(\mathrm{j}\omega \to \infty)| \to -\infty$$

$$\varphi_{\mathrm{RS}}(\omega) = 0^\circ - \arctan(\omega \cdot T_1),\ \varphi_{\mathrm{RS}}(\omega \to 0) = 0^\circ,\ \varphi_{\mathrm{RS}}(\omega \to \infty) = -90^\circ$$

3.6.7 频率特性与阶跃响应特性

在频域和时域之间可建立一个像在拉普拉斯变换那种关于边界值定理的关系式. 由频率特性函数 $\omega \to \infty$ 的边界值可得到阶跃响应函数的初值. 在阶跃接入时阶跃响应的初值为

$$\boxed{x_{\mathrm{a}}(t=0) = \lim_{\omega \to \infty} F(\mathrm{j}\omega) \cdot x_{\mathrm{e}0}}$$

在其他种情况下为计算调节回路稳态调节误差 $x_{\mathrm{d}}(t \to \infty)$ 需要阶跃响应终值, 阶跃响应终值为

$$\boxed{x_{\mathrm{a}}(t \to \infty) = \lim_{\omega \to 0} F(\mathrm{j}\omega) \cdot x_{\mathrm{e}0}}$$

其中, 参量 $x_{\mathrm{e}0}$ 为接入阶跃函数 $x_{\mathrm{e}}(t) = x_{\mathrm{e}0} \cdot E(t)$ 的阶跃高度.

例 3.6-7 已知频率特性函数

$$F(\mathrm{j}\omega) = \frac{K_{\mathrm{P}}}{T_1 \cdot T_2 \cdot (\mathrm{j}\omega)^2 + (T_1+T_2) \cdot \mathrm{j}\omega + 1} = \frac{x_{\mathrm{a}}(\mathrm{j}\omega)}{x_{\mathrm{e}}(\mathrm{j}\omega)}$$

在传递系统上接入一个单位阶跃函数 $x_e(t) = x_{e0} \cdot E(t)$, 应用边界值定理可计算阶跃响应的初值和终值.

阶跃响应初值(Anfangswert der Sprunganwort):

$$\begin{aligned} x_{\mathrm{a}}(t=0) &= \lim_{\omega \to \infty} F(\mathrm{j}\omega) \cdot x_{\mathrm{e}0} \\ &= \lim_{\omega \to \infty} \frac{K_{\mathrm{P}} \cdot x_{\mathrm{e}0}}{T_1 \cdot T_2 \cdot (\mathrm{j}\omega)^2 + (T_1+T_2) \cdot \mathrm{j}\omega + 1} = 0 \end{aligned}$$

阶跃响应终值(Endwert der Sprunganwort):

$$\begin{aligned} x_{\mathrm{a}}(t \to \infty) &= \lim_{\omega \to 0} F(\mathrm{j}\omega) \cdot x_{\mathrm{e}0} \\ &= \lim_{\omega \to 0} \frac{K_{\mathrm{P}} \cdot x_{\mathrm{e}0}}{T_1 \cdot T_2 \cdot (\mathrm{j}\omega)^2 + (T_1+T_2) \cdot \mathrm{j}\omega + 1} = K_{\mathrm{P}} \cdot x_{\mathrm{e}0} \end{aligned}$$

图 3.6-9 为绘制的时间函数 $x_{\mathrm{e}}(t)$ 和 $x_{\mathrm{a}}(t)$ 曲线.

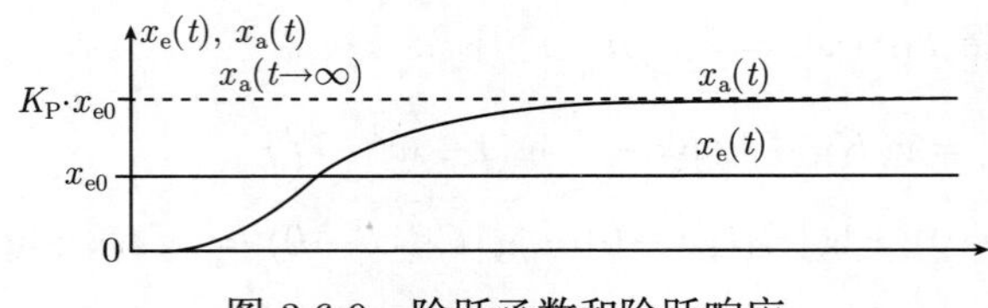

图 3.6-9　阶跃函数和阶跃响应

第 4 章　调节装置和被调节对象环节

4.1　调节回路环节的分类与表示

在控制技术中根据传递特性来划分不同的传递系统, 工程的被调节对象占主导地是非线性系统, 但是其中通常可通过线性化将其转化成线性等效系统, 线性系统满足放大原理和叠加原理.

一般用线性微分方程

$$\boxed{\begin{aligned}a_n \cdot \frac{\mathrm{d}^n x_{\mathrm{a}}(t)}{\mathrm{d}t^n} + a_{n-1} \cdot \frac{\mathrm{d}^{n-1} x_{\mathrm{a}}(t)}{\mathrm{d}t^{n-1}} + \cdots + a_1 \cdot \frac{\mathrm{d}x_{\mathrm{a}}(t)}{\mathrm{d}t} + a_0 \cdot x_{\mathrm{a}}(t) = \\ b_{\mathrm{m}} \cdot \frac{\mathrm{d}^m x_{\mathrm{e}}(t)}{\mathrm{d}t^m} + \cdots + b_1 \cdot \frac{\mathrm{d}x_{\mathrm{e}}(t)}{\mathrm{d}t} + b_0 \cdot x_{\mathrm{e}}(t), \quad n \geqslant m\end{aligned}}$$

描述线性传递系统, 它又可分为时变系统和定常系统. 在定常系统情况下微分方程的系数为常量. 这里平移原理是有效的, 这说明, 若使传递系统 $x_{\mathrm{a}} = f(x_{\mathrm{e}})$ 的输入量推迟 t_0, 那么其输出量也推迟 t_0

$$x_{\mathrm{a}}(t - t_0) = f[x_{\mathrm{e}}(t - t_0)]$$

如果微分方程的系数取决于时间, 那么该系统是时变的：平移原理是无效的. 这里传递系统输出量曲线还要附加由所研究时间点来确定.

对于线性定常传递系统, 频域的调节技术研究方法是可行的, 其可构建传递函数和频率特性函数, 例外的是, 还能构建无理的时延环节, 而它是不能由这个微分方程推导出的.

实际所出现的调节回路环节都可表示成标准环节的组合, 下面描述标准环节和它们的显现形式, 在时域总是可给出微分方程和阶跃响应, 而频域的描述形式为传递函数和由极–零点图、矢量轨迹图与伯德图等图形表示的频率特性. 图 4.1-1 含有传递环节各个组成部分.

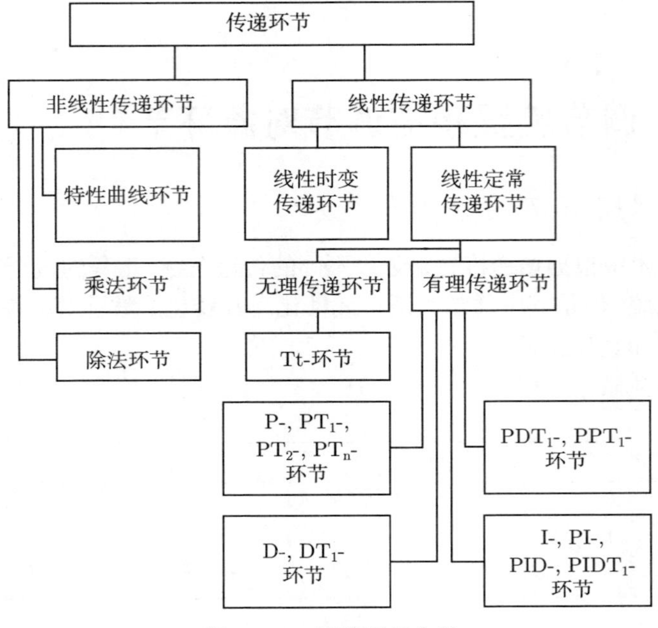

图 4.1-1　传递环节分类

4.2　无滞后比例–环节

4.2.1　时域描述

对于比例–环节, 由一般微分方程可得到关系式

$$a_0 \cdot x_a(t) = b_0 \cdot x_e(t)$$

由 $K_P = \dfrac{b_0}{a_0}$, 可使输出量 $x_a(t)$ 变为

$$\boxed{x_a(t) = K_P \cdot x_e(t)}$$

K_P 为传递环节比例系数, 并且相当于信号增益

$$\boxed{K_P = \lim_{\omega \to 0} F(j\omega)}$$

归一化的阶跃响应

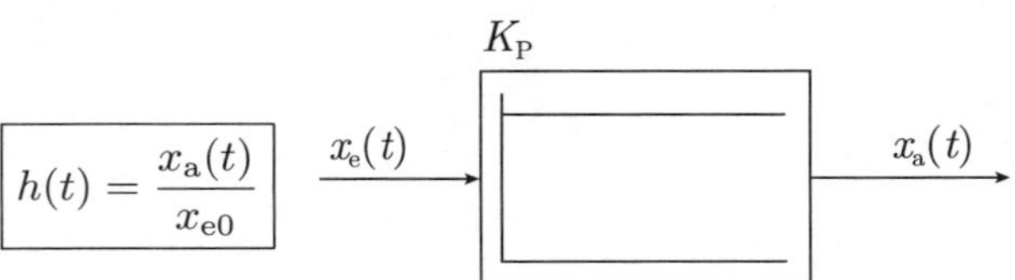

称为**过渡函数 (Übergangsfunktion)**, 在信号流图中可应用所给符号, 输入信号无滞后地传递到输出端. 在所有工程系统中这些情况都是**近似的 (eine Näherung)**, 因为**滞后总是存在的** (immer Verzögerungen vorhanden sind), 仅当它很小时才被忽略, 如果提到 P-调节器或 P-被调节对象, 这个滞后是被忽略的.

比例环节例子 (Beispiele für Proportiaonal-Elemente)

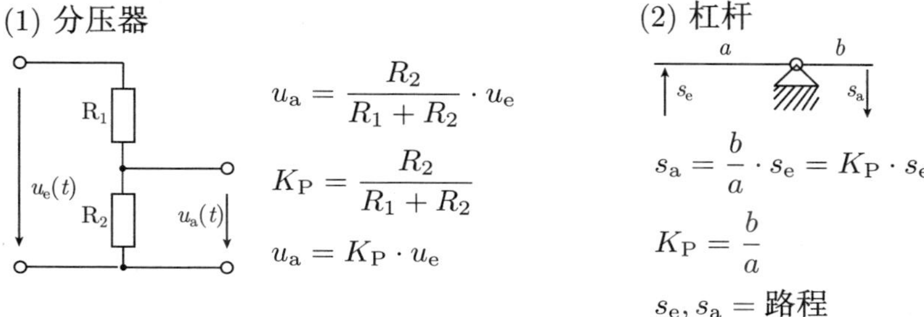

在分压器情况下略去导线电感和并联电容, 而在杠杆系统中忽略杠杆质量和弹性. 此外, 路程方程仅在小的路程成立.

4.2.2 频域描述

无滞后 P 环节的传递函数

无滞后比例环节的传递函数具有常实数值

$$G(s) = \frac{x_a(s)}{x_e(s)} = K_P$$

无滞后 P 环节的频率特性函数和幅相频率特性曲线

如果通过虚数算子 $p := \mathrm{j}\omega$ 代替传递函数中的复数拉普拉斯算子, 那么可得到频率特性函数

$$F(\mathrm{j}\omega) = G(s)\Big|_{s=\mathrm{j}\omega} = \frac{x_a(\mathrm{j}\omega)}{x_e(\mathrm{j}\omega)} = K_P$$

在图 4.2-1 中无滞后比例–环节的幅相频率特性曲线给出了在正实轴的点.

Im$\{F(\mathrm{j}\omega)\}$

K_P

0 $F(\mathrm{j}\omega)$ $\omega \to 0$ $\omega \to \infty$ Re$\{F(\mathrm{j}\omega)\}$

特殊值:

$\lim\limits_{\omega \to 0} \mathrm{Re}\{F(\mathrm{j}\omega)\} = K_P$,

$\lim\limits_{\omega \to \infty} \mathrm{Re}\{F(\mathrm{j}\omega)\} = K_P$.

图 4.2-1 无滞后比例环节的幅相频率特性曲线

无滞后 P 环节伯德图

在图 4.2-2 伯德图中的**幅频特性 (Amplitudengang)** 为频率特性的幅值

$$|F(\mathrm{j}\omega)| = \sqrt{\mathrm{Re}^2\{F(\mathrm{j}\omega)\} + \mathrm{Im}^2\{F(\mathrm{j}\omega)\}} = K_P$$

并用对数来绘制

$$\lg |F(\mathrm{j}\omega)| = \lg K_\mathrm{P}$$

而频率特性的相位

$$\varphi(\omega) = \varphi\{F(\mathrm{j}\omega)\} = \arctan \frac{\mathrm{Im}\{F(\mathrm{j}\omega)\}}{\mathrm{Re}\{F(\mathrm{j}\omega)\}} = 0^\circ$$

表示在**相频特性 (Phasengang)** 中, 幅频特性是一条与零–线相距 $\lg K_\mathrm{P}$ 的平行线.

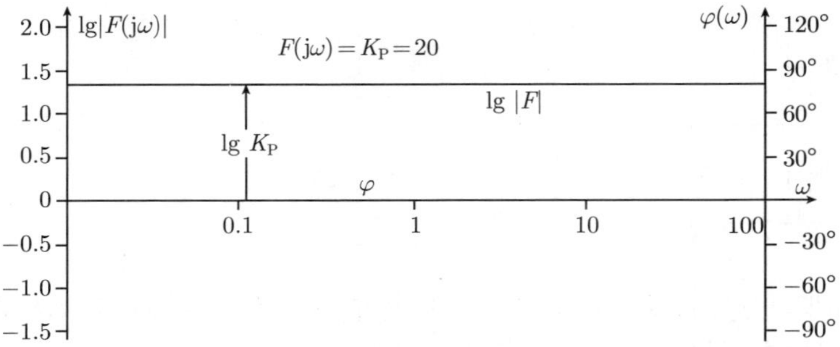

图 4.2-2 无滞后比例环节伯德图

4.2.3 比例调节器 (P 调节器)

比例环节常常在调节回路中作为调节器被引用, 在比例调节器情况下**调节误差 (Regeldifferenz)** x_d 被成**比例地 (proportional)** 放大, K_R 为调节器增益, 由方程可确定在时域和频域的输出量:

$$\boxed{\begin{aligned} y(t) &= K_\mathrm{R} \cdot x_\mathrm{d}(t) \\ y(s) &= K_\mathrm{R} \cdot (w(s) - x(s)) = K_\mathrm{R} \cdot x_\mathrm{d}(s) = G_\mathrm{R}(s) \cdot x_\mathrm{d}(s) \\ y(\mathrm{j}\omega) &= K_\mathrm{R} \cdot (w(\mathrm{j}\omega) - x(\mathrm{j}\omega)) = K_\mathrm{R} \cdot x_\mathrm{d}(\mathrm{j}\omega) = F_\mathrm{R}(\mathrm{j}\omega) \cdot x_\mathrm{d}(\mathrm{j}\omega) \\ G_\mathrm{R}(s) &= K_\mathrm{R}, \quad F_\mathrm{R}(\mathrm{j}\omega) = K_\mathrm{R} \end{aligned}}$$

下图给出 P 调节器在信号流图中的传递符号.

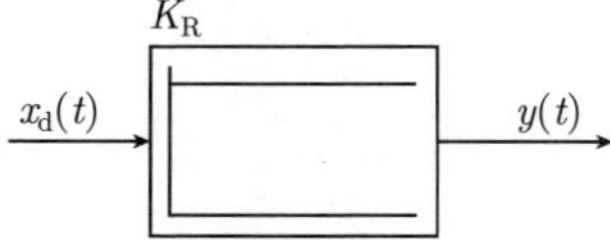

比例调节器的**优点 (Vorteile)** 在于它的快速性和简单的结构, 其**缺点 (Nachteilig)** 为, 具有比例调节器的调节回路会出现**稳态调节误差 (bleibende Regeldifferenz)**, **被调节量不能达到希望值 (Die Regelgröße erreicht nicht den Sollwert)**.

例 4.2.1 具有 P 调节器的液位调节.

在图 4.2-3 为液位调节的工艺示意图, 它在生产工艺技术中经常被引用, 在机械可实现的 P-调节器中应用杠杆原理.

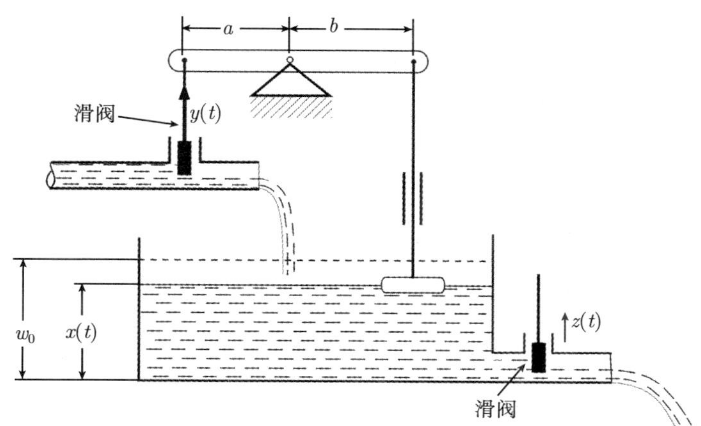

图 4.2-3 具有 P 调节器的液位调节的工艺示意图

调节回路的特征量对应如下的物理量.

- 被调节量 (Regelgröße) x: 液位高度, 实际值;
- 参据量 (Führungsgröße) w_0: 液位高度, 希望值;
- 扰动量 (Störgröße) z: 流出量;
- 调整量 (Stellgröße) y: 流入量.

浮标用作测量被调节量. 调节器生成调整量

$$y(t) = K_{\mathrm{R}} \cdot [w_0 - x(t)]$$

具有调节器增益

$$K_{\mathrm{R}} \sim \frac{a}{b}$$

打开滑阀会使液体流出 (扰动量 z), 流出量通过流入量再来补偿. 为此, 流入滑阀必须开着, 这样就会产生液位高度的残差, $x_{\mathrm{d}}\,(t \to \infty) = w_0 - x = \mathrm{const}$ (常数) 为稳态调节误差.

4.2.4 比例被调节对象

4.2.4.1 概述

被调节对象根据它在平衡状态的特性可分为比例被调节对象和积分被调节对象.

当无调节作用时, **积分对象 (I 对象) (integralen Strecken (I-Strecken))** 的被调节量就朝着无穷大方向增长, 为此必须一直调节积分对象, 它是不稳定的.

比例被调节对象 (P 被调节对象) (proportionalen Regelstrecken(P-Strecken)) 的输出量在输入量变化并且无调节还会达到一个新的稳定状态 (平衡状态), 在瞬变过程后, 调整量变化也会使被调节量产生成**比例地 (proportionale)** 变化.

4.2.4.2 比例被调节对象 (P 被调节对象)

在工程应用中理想的比例被调节对象是不存在的, 因为能量或材料 (Energie oder Materie) 传递不能任意快, 比例被调节对象是通过对象函数的简化得到的, 比例被调节对象不含储能器.

对于比例被调节对象, 下面方程在时域和频域都是有效的, 而 K_{S} 为对象增益:

$$\boxed{\begin{aligned} &x(t) = K_{\mathrm{S}} \cdot y(t) \\ &x(s) = K_{\mathrm{S}} \cdot y(s) = G_{\mathrm{S}}(s) \cdot y(s) \\ &x(\mathrm{j}\omega) = K_{\mathrm{S}} \cdot y(\mathrm{j}\omega) = F_{\mathrm{S}}(\mathrm{j}\omega) \cdot y(\mathrm{j}\omega) \\ &G_{\mathrm{S}}(s) = K_{\mathrm{S}},\ F_{\mathrm{S}}(\mathrm{j}\omega) = K_{\mathrm{S}} \end{aligned}}$$

在信号流图中无滞后比例被调节对象用下面符号表示.

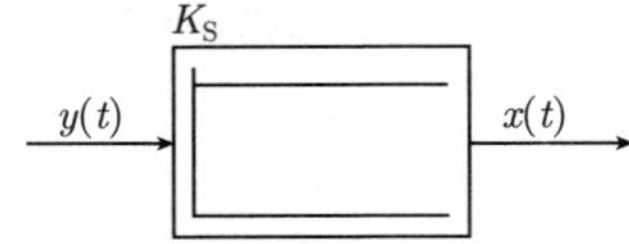

4.3 具有滞后比例环节

4.3.1 概述

在被调节对象中经常出现具有滞后比例环节, 比例被调节对象在工程应用中总是具有滞后特性, 调节器增益的滞后相对被调节对象一般是微小的, 为此可忽略, 调节回路总是具有滞后特性.

4.3.2 PT_1 环节, 具有 I 阶滞后比例环节

4.3.2.1 时域描述

由一般微分方程得到对于 $n = 1, m = 0$ 的 I 阶微分方程, 并具有 $a_1/a_0 = T_1, b_0/a_0 = K_P$ 的 I 阶滞后环节专用方程

$$\boxed{T_1 \cdot \frac{\mathrm{d}x_{\mathrm{a}}(t)}{\mathrm{d}t} + x_{\mathrm{a}}(t) = K_{\mathrm{P}} \cdot x_{\mathrm{e}}(t)}$$

根据所描述解的方法可给出阶跃响应

$$x_{\mathrm{a}}(t)=C_1\cdot \mathrm{e}^{-\frac{t}{T_1}}+K_{\mathrm{P}}\cdot x_{\mathrm{e0}}$$

由初始条件 $x_{\mathrm{a}}(t=0)=0$, 可得到对于 $x_{\mathrm{e}}(t)=x_{\mathrm{e0}}\cdot E(t)$ 的阶跃响应

$$\boxed{x_{\mathrm{a}}(t)=K_{\mathrm{P}}\cdot x_{\mathrm{e0}}\cdot\left(1-\mathrm{e}^{-\frac{t}{T_1}}\right)}$$

而其归一化阶跃响应和信号流图符号形式如图 4.3-1 所示.

$$\boxed{h(t)=\frac{x_{\mathrm{a}}(t)}{x_{\mathrm{e0}}}=K_{\mathrm{P}}\cdot\left(1-\mathrm{e}^{-\frac{t}{T_1}}\right)}.$$

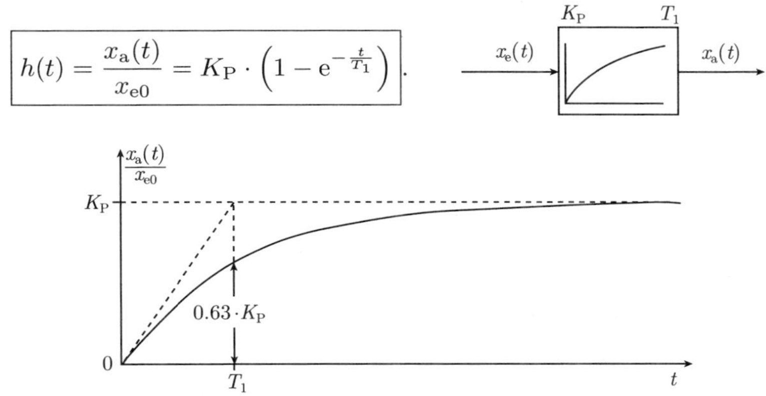

图 4.3-1 PT_1 环节的归一化阶跃响应

接入阶跃信号会带来输出**滞后 (verzögert)**, 而且时间常数 T_1 越大输出越慢, K_{P} 为传递系数 (比例–增益), 而 T_1 为传递环节的滞后时间常数.

例 4.3-1 压力罐

$p_{\mathrm{e}}(t)$ W $T_1\sim W\cdot V$ V $p_{\mathrm{a}}(t)$

W 为管道阻力
V 为压力罐容积

流动阻力 W 是和管道长度与直径的比值成比例, 而压力罐容量取决于容积, 阶跃响应为

$$\boxed{p_{\mathrm{a}}(t)=p_{\mathrm{e0}}\cdot\left(1-\mathrm{e}^{-\frac{t}{T_1}}\right)}$$

4.3.2.2 频域描述

PT_1 环节的传递函数和极–零点图

应用拉普拉斯变换微分定理推导出传递函数

$$G(s)=\frac{x_{\mathrm{a}}(s)}{x_{\mathrm{e}}(s)}=\frac{K_{\mathrm{P}}}{1+T_1\cdot s}\cdot$$

s 平面 $\mathrm{Im}\{s\}$ $-\frac{1}{T_1}$ $\mathrm{Re}\{s\}$

在极–零点图中绘出传递函数极点 $s_{\mathrm{p1}} = -\dfrac{1}{T_1}$.

$\mathbf{PT_1}$ 环节的频率特性函数和幅相频率特性曲线

$\mathrm{PT_1}$ 环节的频率特性函数

$$F(\mathrm{j}\omega) = G(s)\Big|_{s=\mathrm{j}\omega} = \frac{x_{\mathrm{a}}(\mathrm{j}\omega)}{x_{\mathrm{e}}(\mathrm{j}\omega)} = \frac{K_{\mathrm{P}}}{1+\mathrm{j}\omega T_1}$$

如果将其分母扩展为共轭复数, 它可分解为实部和虚部

$$\mathrm{Re}\{F(\mathrm{j}\omega)\} = \frac{K_{\mathrm{P}}}{1+\omega^2T_1^2},\quad \mathrm{Im}\{F(\mathrm{j}\omega)\} = \frac{-\omega T_1\cdot K_{\mathrm{P}}}{1+\omega^2T_1^2}$$

在复幅相频率特性曲线平面图 (图 4.3-2) 中, $\mathrm{PT_1}$ 环节的幅相频率特性曲线可用在第 IV 象限的一个半圆来描述.

在转折角频率 ω_{E} 处频率特性函数的实部和虚部数值相等.

$\mathbf{PT_1}$ 环节伯德图

对于具有 I 阶滞后比例环节可得到频率特性函数的幅值

$$\begin{aligned}|F(\mathrm{j}\omega)| &= \sqrt{\mathrm{Re}^2\{F(\mathrm{j}\omega)\}+\mathrm{Im}^2\{F(\mathrm{j}\omega)\}}\\ &= \frac{K_{\mathrm{P}}}{\sqrt{1+\omega^2T_1^2}}\end{aligned}$$

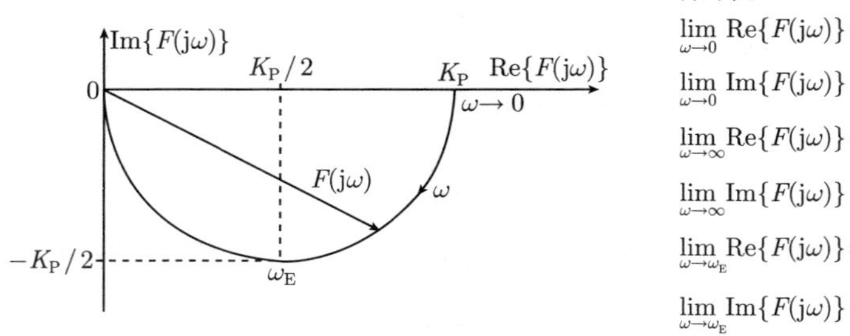

特殊值:

$\lim\limits_{\omega\to0}\mathrm{Re}\{F(\mathrm{j}\omega)\}=K_{\mathrm{P}}$;

$\lim\limits_{\omega\to0}\mathrm{Im}\{F(\mathrm{j}\omega)\}=0$;

$\lim\limits_{\omega\to\infty}\mathrm{Re}\{F(\mathrm{j}\omega)\}=0$;

$\lim\limits_{\omega\to\infty}\mathrm{Im}\{F(\mathrm{j}\omega)\}=0$;

$\lim\limits_{\omega\to\omega_{\mathrm{E}}}\mathrm{Re}\{F(\mathrm{j}\omega)\}=\dfrac{K_{\mathrm{P}}}{2}$;

$\lim\limits_{\omega\to\omega_{\mathrm{E}}}\mathrm{Im}\{F(\mathrm{j}\omega)\}=\dfrac{-K_{\mathrm{P}}}{2}$.

图 4.3-2　$\mathrm{PT_1}$ 环节的幅相频率特性曲线

和对数幅值

$$\lg|F(\mathrm{j}\omega)| = \lg K_{\mathrm{P}} - \lg\sqrt{1+\omega^2T_1^2}$$

相位计算为

$$\varphi(\omega) = \varphi\{F(\mathrm{j}\omega)\} = \arctan\frac{\mathrm{Im}\{F(\mathrm{j}\omega)\}}{\mathrm{Re}\{F(\mathrm{j}\omega)\}} = -\arctan(\omega T_1)$$

对于角频率 $\omega T_1 \ll 1$ 的频率特性曲线的特性:

$$\boxed{|F(\mathrm{j}\omega)| = K_\mathrm{P}, \quad \lg|F(\mathrm{j}\omega)| = \lg K_\mathrm{P}, \quad \varphi = 0^\circ}$$

在这个区间幅频特性是一条平行于零线的直线.

对于角频率 $\omega T_1 \gg 1$ 的频率特性曲线的特性:

$$\boxed{|F(\mathrm{j}\omega)| = \frac{K_\mathrm{P}}{\omega T_1}, \quad \lg|F(\mathrm{j}\omega)| = \lg K_\mathrm{P} - \lg(\omega T_1), \quad \varphi = -90^\circ}$$

在这个区间幅频特性是一条具有如下斜率的直线.

$$\boxed{m = -1/\mathrm{Dekade}, \quad m_\mathrm{dB} = -20\,\mathrm{dB/Dekade}}$$

在此, Dekande(decade(dec), 十倍频程) 为角频率频程 (Kreisfrequenzintervall), 该频程两端边界值频率相差十倍 (例如: $10\mathrm{s}^{-1}\cdots 100\mathrm{s}^{-1}, 0.2\mathrm{s}^{-1}\cdots 2\mathrm{s}^{-1}$), 对于区间 $\omega T_1 \ll 1$ 和 $\omega T_1 \gg 1$ 的直线构成幅频特性曲线的渐进线, 它们相交于转折角频率 $\omega_\mathrm{E} = 1/T_1$, 幅频特性在该点具有值

$$|F(\mathrm{j}\omega_\mathrm{E})| = \frac{K_\mathrm{P}}{\sqrt{2}}, \quad \lg|F(\mathrm{j}\omega_\mathrm{E})| = \lg K_\mathrm{P} - 0.15$$

并且位于比低频时低 0.15(3 dB). 在转折角频率 ω_E 处, 精确幅频特性偏离渐进线 0.15(3 dB), 在 $\omega = 0.5\omega_\mathrm{E}$ 和 $\omega = 2\omega_\mathrm{E}$ 总计偏差约 0.05(1 dB).

相频特性在区间 $0.1\omega_\mathrm{E}$ 到 $10\omega_\mathrm{E}$ 落在从 $-5.71^\circ \sim -84.29^\circ$, 相频特性在此区间可用一条具有斜率

$$\boxed{n = -45^\circ/\mathrm{Dekade}}$$

的直线来近似, 在此其误差小于 5.72°. 伯德图如图 4.3-3 所示.

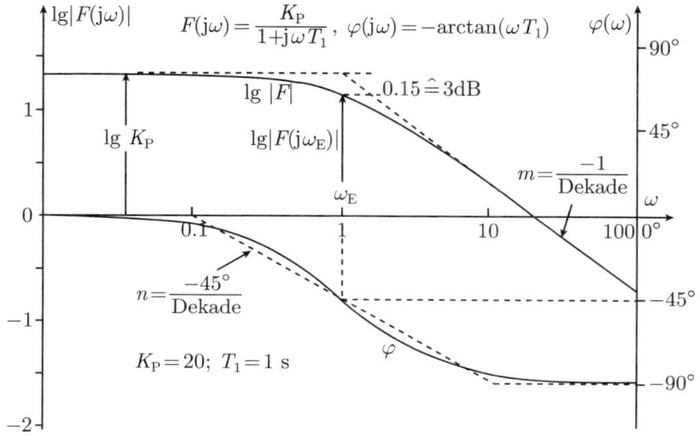

图 4.3-3 $\mathrm{PT_1}$-环节的伯德图

具有 I 阶滞后比例–环节的例子

例 4.3-2 电路系统

具有电阻 R 和电容器 (电容 C) 的电路

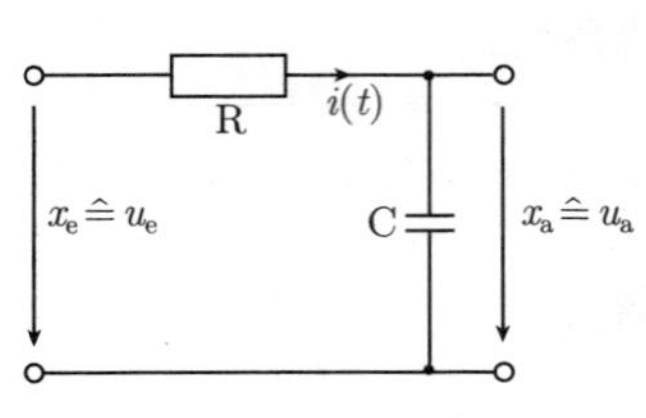

$$u_e(t) = i(t) \cdot R + u_a(t)$$

$$i(t) = C \cdot \frac{du_a(t)}{dt}, \quad T_1 = R \cdot C$$

$$T_1 \cdot \frac{du_a(t)}{dt} + u_a(t) = u_e(t)$$

$$T_1 \cdot \frac{dx_a(t)}{dt} + x_a(t) = x_e(t)$$

具有电阻 R 和电感 L 的电路

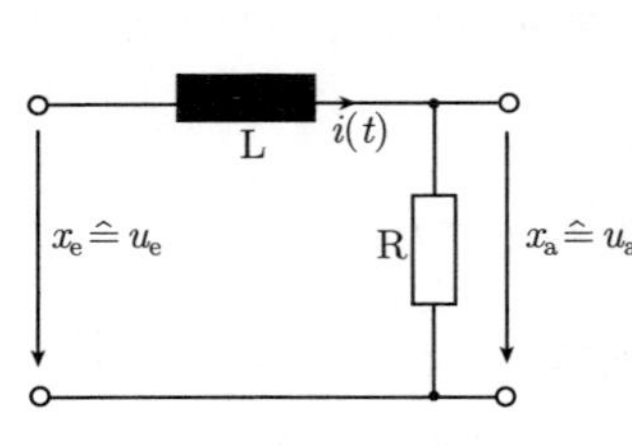

$$u_e(t) = L \cdot \frac{di(t)}{dt} + u_a(t)$$

$$u_a(t) = R \cdot i(t), \quad T_1 = L/R$$

$$T_1 \cdot \frac{du_a(t)}{dt} + u_a(t) = u_e(t)$$

$$T_1 \cdot \frac{dx_a(t)}{dt} + x_a(t) = x_e(t)$$

例 4.3-3 机械系统 (弹簧–阻尼–环节)

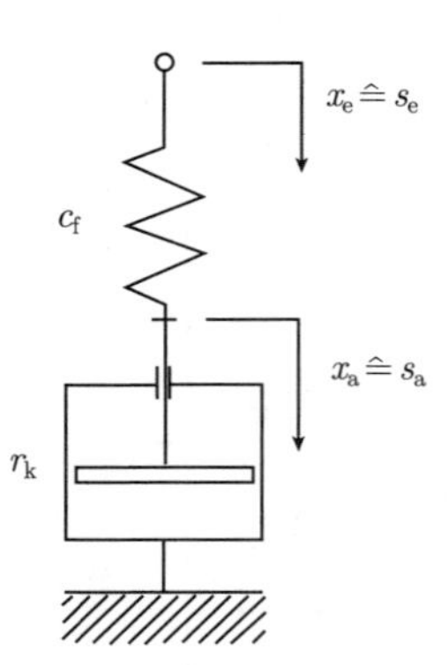

c_f为弹性常数 (Federkonstande)

r_k为阻尼系数 (Dämpfungdkoeffizient)

$$r_k \cdot \frac{ds_a(t)}{dt} = c_f \cdot [s_e(t) - s_a(t)]$$

$$r_k \cdot \frac{ds_a(t)}{dt} + c_f \cdot s_a(t) = c_f \cdot s_e(t)$$

$$T_1 = \frac{r_k}{c_f}$$

$$T_1 \cdot \frac{dx_a(t)}{dt} + x_a(t) = x_e(t)$$

例 4.3-4 热系统

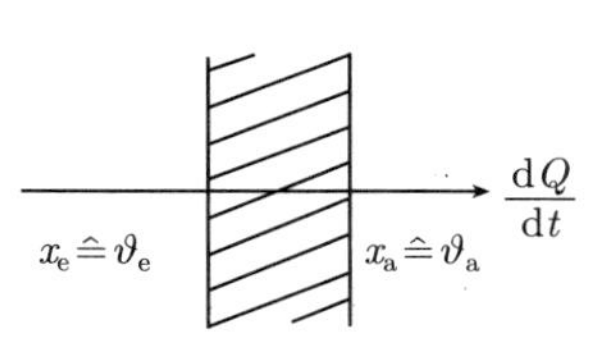

W 为热阻 (Wärmewiderstand)

Q 为热量 (Wärmemenge)

$\frac{\mathrm{d}Q}{\mathrm{d}t}$ 为热流 (Wärmestrom)

ϑ 为温度 (Temperatur)

c 为比热 (spezifische Wärmkapazitaet)

m 为质量 (Masse)

$$\frac{\mathrm{d}Q}{\mathrm{d}t} = \frac{\vartheta_\mathrm{e} - \vartheta_\mathrm{a}}{W}, \quad Q = c \cdot m \cdot \vartheta_\mathrm{a}, \quad c \cdot m \cdot W \cdot \frac{\mathrm{d}\vartheta_\mathrm{a}(t)}{\mathrm{d}t} + \vartheta_\mathrm{a}(t) = \vartheta_\mathrm{e}(t)$$

$$T_1 \cdot \frac{\mathrm{d}x_\mathrm{a}(t)}{\mathrm{d}t} + x_\mathrm{a}(t) = x_\mathrm{e}(t), \quad T_1 = c \cdot m \cdot W$$

例 4.3-5 气动系统

W V p_e $x_\mathrm{e} \mathrel{\widehat{=}} p_\mathrm{e}$ $x_\mathrm{a} \mathrel{\widehat{=}} p_\mathrm{a}$

$$\frac{\mathrm{d}m(t)}{\mathrm{d}t} = \frac{p_\mathrm{e}(t) - p_\mathrm{a}(t)}{W}$$

$p_\mathrm{a} \cdot V = m \cdot R \cdot \vartheta$ (气体定律)

$$m(t) = \frac{V}{R \cdot \vartheta} \cdot p_\mathrm{a}(t)$$

V 为容器的容积

W 为流体阻力

p 为压力

ϑ 为温度

R为气体常数

$\frac{\mathrm{d}m(t)}{\mathrm{d}t}$ 为质量流量

$$\frac{\mathrm{d}m(t)}{\mathrm{d}t} = \frac{V}{R \cdot \vartheta} \cdot \frac{\mathrm{d}p_\mathrm{a}(t)}{\mathrm{d}t} = \frac{p_\mathrm{e}(t) - p_\mathrm{a}(t)}{W}$$

$$\frac{V \cdot W}{R \cdot \vartheta} \cdot \frac{\mathrm{d}p_\mathrm{a}(t)}{\mathrm{d}t} + p_\mathrm{a}(t) = p_\mathrm{e}(t)$$

$$T_1 = \frac{V \cdot W}{R \cdot \vartheta} \text{ (装置时间常数)}$$

$$T_1 \cdot \frac{\mathrm{d}x_\mathrm{a}(t)}{\mathrm{d}t} + x_\mathrm{a}(t) = x_\mathrm{e}(t)$$

例 4.5-6 直流电动机

在直流电动机中测量阶跃响应, 用电动机电压 $u_\mathrm{A}(t)$ 作为输入量, 用转数 $n(t)$ 作为输出量.

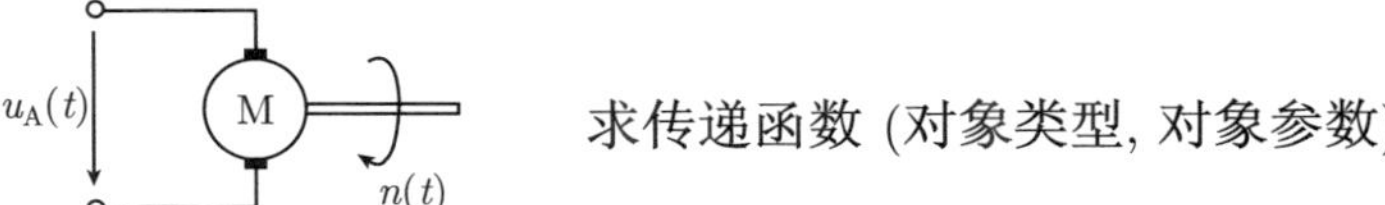

求传递函数 (对象类型, 对象参数)

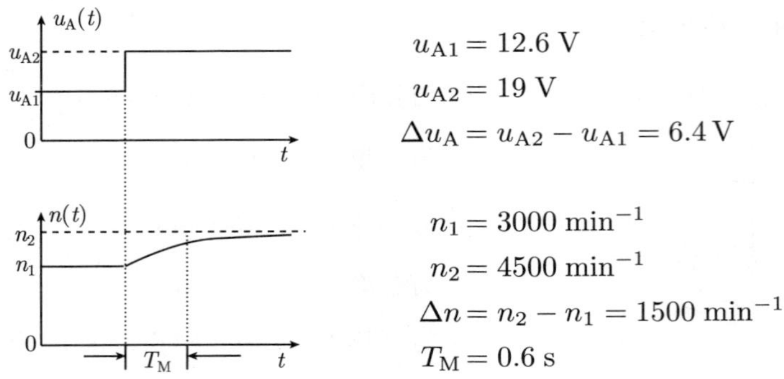

对于稳定状态下式有效：

$$K_S = \frac{\Delta n}{\Delta u_A} = \frac{1500}{6.4}\ \mathrm{V}^{-1}\cdot\mathrm{min}^{-1} = 234.4\ \mathrm{V}^{-1}\cdot\mathrm{min}^{-1} = 3.9\ \mathrm{V}^{-1}\cdot\mathrm{s}^{-1}$$

由阶跃响应可得到对象类型：I 阶滞后环节 (PT_1 被调节对象).

$$G_S(s) = \frac{n(s)}{u_A(s)} = \frac{K_S}{1 + T_M \cdot s} = \frac{3.9}{1 + 0.6\,\mathrm{s}\cdot s}\cdot\frac{1}{\mathrm{V}\cdot\mathrm{s}}$$

$u_A(s)$ $y(s)$ → $\frac{K_S}{1+T_M \cdot s}$ → $n(s)$ $x(s)$　　$u_A(t)$ $y(t)$ → K_S T_M → $n(t)$ $x(t)$

4.3.3　PT_2 环节, 具有 II 阶滞后比例–环节

4.3.3.1　时域描述

传递环节通过微分方程

$$\boxed{a_2 \cdot \frac{\mathrm{d}^2 x_a(t)}{\mathrm{d}t^2} + a_1 \cdot \frac{\mathrm{d}x_a(t)}{\mathrm{d}t} + a_0 \cdot x_a(t) = b_0 \cdot x_e(t)}$$

来描述. 方程也可用下面形式给出, 用缩写

$$\frac{a_2}{a_0} = \frac{1}{\omega_0^2},\qquad \omega_0 = \text{特征角频率 (无阻尼系统固有角频率)}$$

$$\frac{a_1}{a_0} = \frac{2 \cdot D}{\omega_0},\qquad D = \text{系统阻尼比}$$

$$\frac{b_0}{a_0} = K_P,\qquad K_P = \text{传递环节的比例系数}$$

可得到

$$\boxed{\frac{1}{\omega_0^2} \cdot \frac{\mathrm{d}^2 x_a(t)}{\mathrm{d}t^2} + \frac{2 \cdot D}{\omega_0} \cdot \frac{\mathrm{d}x_a(t)}{\mathrm{d}t} + x_a(t) = K_P \cdot x_e(t)}$$

用已给的方法可进行求解微分方程 (齐次微分方程解, 特解), 对于阶跃形式的输入量 $x_\mathrm{e}(t) = x_{\mathrm{e}0} \cdot E(t)$ 可得到特解

$$\boxed{x_{\mathrm{ap}}(t) = K_\mathrm{P} \cdot x_{\mathrm{e}0}}$$

特征方程提供齐次微分方程解

$$\boxed{\frac{\alpha^2}{\omega_0^2} + 2 \cdot D \cdot \frac{\alpha}{\omega_0} + 1 = 0, \quad 其中\ \alpha_{1,2} = -\omega_0 \cdot D \pm \omega_0 \cdot \sqrt{D^2 - 1}}$$

有三种不同的与阻尼比 D 有关的解.

对于 $D > 1$, 给出特征方程实数零点. 用缩写 $a_1 = -\dfrac{1}{T_1}, a_2 = -\dfrac{1}{T_2}$ 可得到归一化的阶跃响应

$$\boxed{\frac{x_\mathrm{a}(t)}{x_{\mathrm{e}0}} = K_\mathrm{P} \cdot \left[1 - \frac{T_1}{T_1 - T_2} \cdot \mathrm{e}^{-\frac{t}{T_1}} + \frac{T_2}{T_1 - T_2} \cdot \mathrm{e}^{-\frac{t}{T_2}}\right]}$$

对于 $D = 1$, 特征方程零点 $a_1 = a_2 = -\dfrac{1}{T_1}$ 是相同的, 其归一化阶跃响应为

$$\boxed{\frac{x_\mathrm{a}(t)}{x_{\mathrm{e}0}} = K_\mathrm{P} \cdot \left[1 - \mathrm{e}^{-\frac{t}{T_1}} - \frac{t}{T_1} \cdot \mathrm{e}^{-\frac{t}{T_1}}\right]}$$

对于 $0 < D < 1$ 特征方程零点 $a_{1,2} = -D\omega_0 \pm \mathrm{j}\omega_0 \cdot \sqrt{1 - D^2}$ 为共轭复数. 归一化阶跃响应为

$$\boxed{\frac{x_\mathrm{a}(t)}{x_{\mathrm{e}0}} = K_\mathrm{P} \cdot \left[1 - \frac{\mathrm{e}^{-D\omega_0 t}}{\sqrt{1 - D^2}} \cdot \sin[\omega_0 \cdot \sqrt{1 - D^2} \cdot t + \arccos D]\right]}$$

对于该种情况由阶跃响应可给出特征量:

$$超调量 \quad \ddot{u} = \mathrm{e}^{-\frac{D\pi}{\sqrt{1 - D^2}}}$$

$$固有角频率 \quad \omega_\mathrm{e} = \omega_0 \cdot \sqrt{1 - D^2}$$

对于阻尼比 $D \leqslant 0$ 传递环节为不稳定的, 其特征方程的零点具有正实部, 对于 $-1 < D < 0$ 给出发散振荡 (aufklingende Schwingungen), 而对于 $D \leqslant -1$, 则会使输出函数单调地上升.

在许多调节任务情况下可以调整**阶跃响应特性 (Sprungantwortverhalten)** 如像 II 阶系统那样具有**轻微的振荡 (leichtem Überschwingen)**. 调节系统是**快速的 (schnell)**, 在很多应用情况可接受微小的振荡.

对于系统阻尼比 $-1 < D < 1$, PT_2 环节是有振荡能力的, 在 $0 < D < 1$ 范围内可给出过渡函数相对终值的超调量 $\ddot{u}(\%)$, 图 4.3-4 所示为超调量与阻尼比的关系.

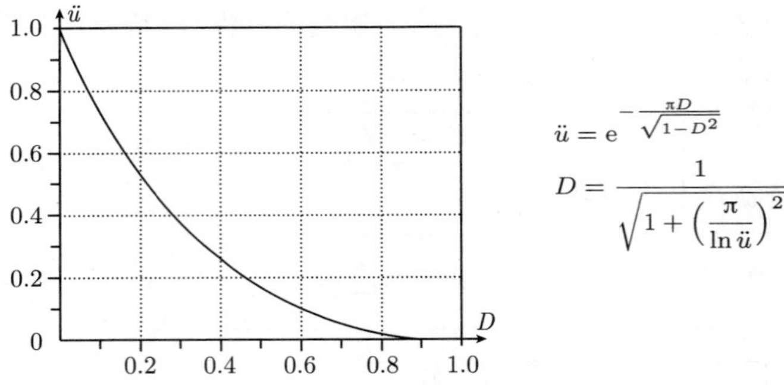

图 4.3-4　PT_2 环节阶跃响应函数的归一化超调量

在表 4.3-1 中给出 PT_2 环节的归一化阶跃响应函数与阻尼比的关系, 在信号流图中应用下面符号.

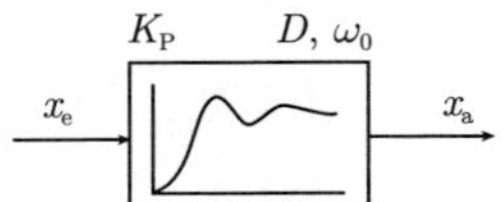

表 4.3-1　PT_2 环节的归一化阶跃响应函数

阻尼比	归一化阶跃响应函数 $h(t) = x_a(t)/x_{e0}$	
$D > 1$ 蠕变情况	$h(t)$, K_P, 0, t	$h(t)=K_P\cdot\left[1-\dfrac{T_1}{T_1-T_2}\cdot \mathrm{e}^{-\frac{t}{T_1}}+\dfrac{T_2}{T_1-T_2}\cdot \mathrm{e}^{-\frac{t}{T_2}}\right]$
$D = 1$ 非周期极限情况	$h(t)$, K_P, 0, t	$h(t) = K_P\cdot\left[1-\mathrm{e}^{-\frac{t}{T_1}}-\dfrac{t}{T_1}\cdot \mathrm{e}^{-\frac{t}{T_1}}\right]$
$0 < D < 1$ 稳定振荡情况	$h(t)$, $2K_P$, K_P, T_P, 0, t	$h(t) = K_P\cdot\left[1-\dfrac{\mathrm{e}^{-D\omega_0 t}}{\sqrt{1-D^2}}\right.$ $\left.\cdot\sin(\omega_0\cdot\sqrt{1-D^2}\cdot t+\arccos D)\right]$
$D = 0$ 临界稳定振荡情况	$h(t)$, T_P, $2K_P$, K_P, 0, t	$\omega_e = \omega_0\cdot\sqrt{1-D^2}$(固有角频率) $T_P = \dfrac{2\pi}{\omega_e}$(周期)
$-1 < D < 0$ 不稳定振荡情况	$h(t)$, T_P, $2K_P$, K_P, 0, t	$\ddot{u} = \mathrm{e}^{-\frac{\pi D}{\sqrt{1-D^2}}}$ (超调量) $T_A = \dfrac{1}{D\cdot\omega_0}$(衰减时间常数),　$0 < D < 1$

(续)

$D \leqslant -1$ 不稳定蠕变情况	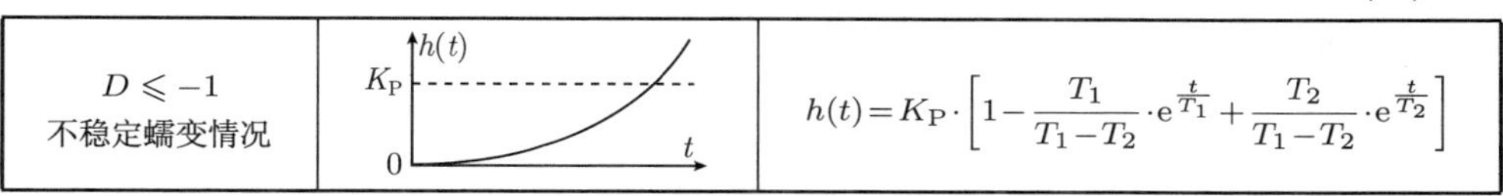	$h(t)=K_{\mathrm{P}}\cdot\left[1-\dfrac{T_1}{T_1-T_2}\cdot\mathrm{e}^{\frac{t}{T_1}}+\dfrac{T_2}{T_1-T_2}\cdot\mathrm{e}^{\frac{t}{T_2}}\right]$

4.3.3.2 频域描述

PT$_2$ 环节传递函数和极–零点图

应用拉普拉斯变换的微分定理可由微分方程建立 PT$_2$ 环节标准传递函数:

$$G(s)=\frac{x_{\mathrm{a}}(s)}{x_{\mathrm{e}}(s)}=\frac{K_{\mathrm{P}}}{1+2\cdot D\cdot\dfrac{s}{\omega_0}+\dfrac{s^2}{\omega_0^2}}$$

分母多项式的零点就是传递函数的极点. 在极–零点图上的极点位置与阻尼比有关, 在表 4.3-2 中给出极–零点图. 对于阻尼比在 $-1<D<1$ 范围内传递函数的极点位于半径为 ω_0 的圆上.

PT$_2$ 环节的频率特性函数和幅相频率特性曲线

PT$_2$ 环节的标准频率特性函数

$$F(\mathrm{j}\omega)=G(s)\Big|_{s=\mathrm{j}\omega}=\frac{x_{\mathrm{a}}(\mathrm{j}\omega)}{x_{\mathrm{e}}(\mathrm{j}\omega)}=\frac{K_{\mathrm{P}}}{1+2\cdot D\cdot\dfrac{\mathrm{j}\omega}{\omega_0}+\left(\dfrac{\mathrm{j}\omega}{\omega_0}\right)^2}$$

如果将分母扩展为共轭复数, 它可分解为实部和虚部

$$\mathrm{Re}\{F(\mathrm{j}\omega)\}=\frac{K_{\mathrm{P}}\cdot\left[1-\left(\dfrac{\omega}{\omega_0}\right)^2\right]}{\left[1-\left(\dfrac{\omega}{\omega_0}\right)^2\right]^2+\left[2\cdot D\cdot\dfrac{\omega}{\omega_0}\right]^2}$$

$$\mathrm{Im}\{F(\mathrm{j}\omega)\}=\frac{-K_{\mathrm{P}}\cdot 2\cdot D\cdot\dfrac{\omega}{\omega_0}}{\left[1-\left(\dfrac{\omega}{\omega_0}\right)^2\right]^2+\left[2\cdot D\cdot\dfrac{\omega}{\omega_0}\right]^2}$$

PT$_2$ 环节的矢量轨迹位于复幅相频率特性曲线平面图的第 III 和 IV 象限.

PT$_2$ 环节的伯德图

对于具有 II 阶滞后比例环节可得到频率特性函数的幅值

$$|F(\mathrm{j}\omega)|=\sqrt{\mathrm{Re}^2\{F(\mathrm{j}\omega)\}+\mathrm{Im}^2\{F(\mathrm{j}\omega)\}}=\frac{K_{\mathrm{P}}}{\sqrt{\left[1-\left(\dfrac{\omega}{\omega_0}\right)^2\right]^2+\left[2\cdot D\cdot\dfrac{\omega}{\omega_0}\right]^2}}$$

表 4.3-2　在不同阻尼比下 PT_2 环节的极–零点图

阻尼比	传递函数极点	极–零点图
$D>1$	$s_{p1}=-\dfrac{1}{T_1}$ $s_{p2}=-\dfrac{1}{T_2}$，$T_2>T_1$	Im{s}, Re{s}, s_{p1}, s_{p2}, $-1/T_1$, $-1/T_2$, 0
$D=1$	$s_{p1}=-\dfrac{1}{T_1}$ $s_{p2}=-\dfrac{1}{T_1}$	Im{s}, Re{s}, $s_{p1,2}$, $-1/T_1$, 0
$0<D<1$	$s_{p1}=\omega_0\cdot(-D+\mathrm{j}\sqrt{1-D^2})$ $s_{p2}=\omega_0\cdot(-D-\mathrm{j}\sqrt{1-D^2})$	ω_0, Im{s}, $\cos\alpha=D$, s_{p1}, $\omega_0\sqrt{1-D^2}$, $-\omega_0$, α, Re{s}, $-\omega_0 D$, 0, ω_0, $-\omega_0\sqrt{1-D^2}$, s_{p2}, $-\omega_0$
$D=0$	$s_{p1}=\mathrm{j}\omega_0$ $s_{p2}=-\mathrm{j}\omega_0$	s_{p1}, Im{s}, ω_0, $-\omega_0$, Re{s}, 0, ω_0, $-\omega_0$, s_{p2}
$-1<D<0$	$s_{p1}=\omega_0\cdot(-D+\mathrm{j}\sqrt{1-D^2})$ $s_{p2}=\omega_0\cdot(-D-\mathrm{j}\sqrt{1-D^2})$	ω_0, Im{s}, $\cos\alpha=D$, s_{p1}, $\omega_0\sqrt{1-D^2}$, $-\omega_0$, α, Re{s}, 0, $-\omega_0 D$, ω_0, $-\omega_0\sqrt{1-D^2}$, s_{p2}, $-\omega_0$
$D\leqslant -1$	$s_{p1}=\dfrac{1}{T_1}$ $s_{p2}=\dfrac{1}{T_2}$，$T_1>T_2$	Im{s}, s_{p1}, s_{p2}, Re{s}, 0, $1/T_1$, $1/T_2$

和对数幅值

$$\lg|F(\mathrm{j}\omega)|=\lg K_{\mathrm{P}}-\lg\sqrt{\left[1-\left(\frac{\omega}{\omega_0}\right)^2\right]^2+\left[2\cdot D\cdot\frac{\omega}{\omega_0}\right]^2}$$

相位计算为

$$\varphi(\omega)=\varphi\{F(\mathrm{j}\omega)\}=\arctan\frac{\mathrm{Im}\{F(\mathrm{j}\omega)\}}{\mathrm{Re}\{F(\mathrm{j}\omega)\}}=-\arctan\frac{2\cdot D\cdot\dfrac{\omega}{\omega_0}}{1-\left(\dfrac{\omega}{\omega_0}\right)^2}$$

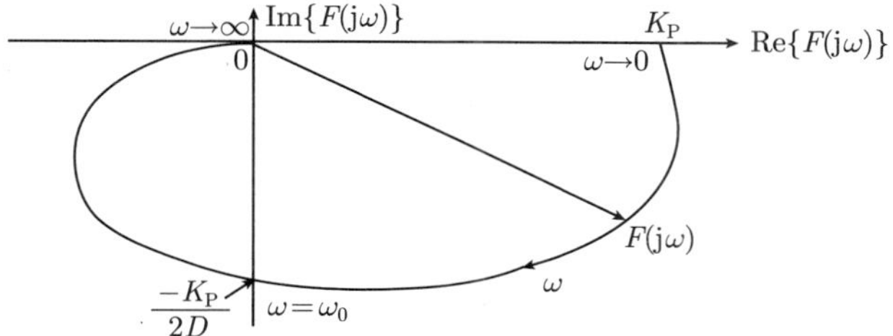

特殊值:

$$\lim_{\omega\to 0}\mathrm{Re}\{F(\mathrm{j}\omega)\}=K_\mathrm{P},\qquad \lim_{\omega\to 0}\mathrm{Im}\{F(\mathrm{j}\omega)\}=0$$

$$\lim_{\omega\to \infty}\mathrm{Re}\{F(\mathrm{j}\omega)\}=0,\qquad \lim_{\omega\to \infty}\mathrm{Im}\{F(\mathrm{j}\omega)\}=0$$

$$\lim_{\omega\to \omega_0}\mathrm{Re}\{F(\mathrm{j}\omega)\}=0,\qquad \lim_{\omega\to \omega_0}\mathrm{Im}\{F(\mathrm{j}\omega)\}=\frac{-K_\mathrm{P}}{2\cdot D}$$

图 4.3-5 PT_2 环节幅相频率特性曲线

对于角频率 $\dfrac{\omega}{\omega_0}\ll 1$ 的频率特性曲线特性:

$$|F(\mathrm{j}\omega)|=K_\mathrm{P},\quad \lg|F(\mathrm{j}\omega)|=\lg K_\mathrm{P},\quad \varphi=0^\circ$$

在这个频率区间幅频特性是一条平行于零–线的直线.

对于角频率 $\dfrac{\omega}{\omega_0}\gg 1$ 的频率特性曲线特性:

$$|F(\mathrm{j}\omega)|=\frac{K_\mathrm{P}}{\left(\dfrac{\omega}{\omega_0}\right)^2},\quad \lg|F(\mathrm{j}\omega)|=\lg K_\mathrm{P}-2\cdot\lg\left(\frac{\omega}{\omega_0}\right),\quad \varphi=-180^\circ$$

在这个频率区间幅频特性是一条具有如下斜率的直线.

$$\boxed{m=-2/\mathrm{Dekade},\quad m_\mathrm{dB}=-40\,\mathrm{dB/Dekade}}$$

在区间 $\dfrac{\omega}{\omega_0}\ll 1$ 和 $\dfrac{\omega}{\omega_0}\gg 1$ 幅频特性曲线的渐进线可通过两条直线来描述, 这两条直线的交点位于 $\dfrac{\omega}{\omega_0}=1$, 在特征角频率 ω_0 区间内幅频特性和相频特性曲线强烈地与阻尼比相关, 对于 II 阶传递环节在图 4.3-6 中给出归一化的伯德图与阻尼比的关系.

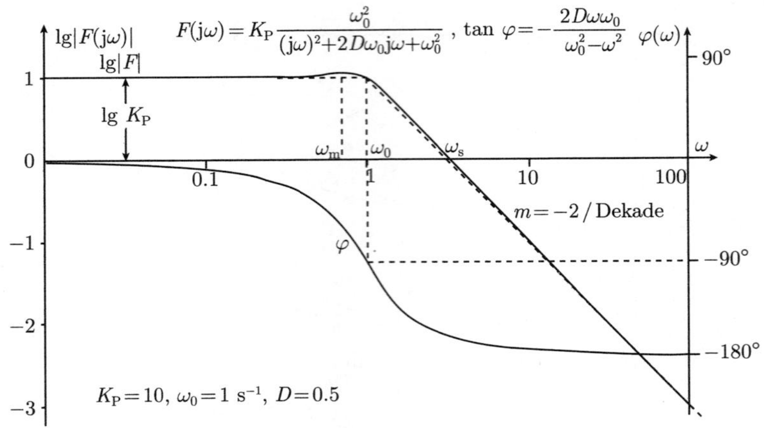

图 4.3-6　PT_2 环节伯德图

在图 4.3-7 中绘制了对于区间分别为 $D<\frac{1}{\sqrt{2}}$ 和 $D>\frac{1}{\sqrt{2}}$ 的两条特征幅频特性. 在那里还给出了其他特征量.

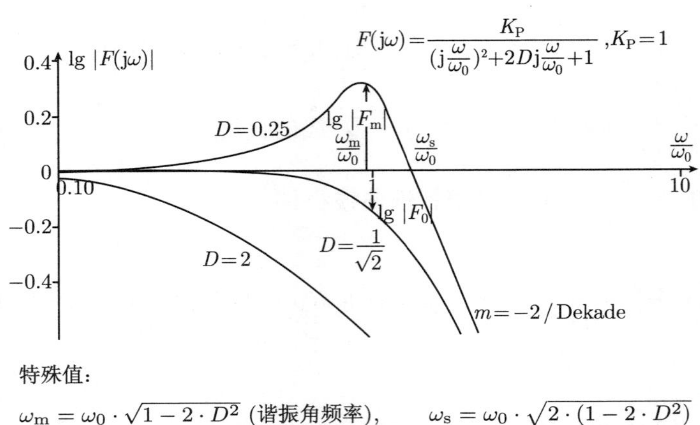

图 4.3-7　PT_2 环节的特征量

对于系统阻尼比 $D<\frac{1}{\sqrt{2}}$ 在谐振角频率 ω_m 产生一个谐振值 F_m, 随着阻尼比增大这两个值都变小, 在 ω_s 幅频特性曲线与横坐标相交, 在特征角频率 ω_0 时它具有值 F_0.

PT_2 环节的例子

PT_2 被调节对象包含两个储能器, 按着储能器类型区分为无振荡能力的和有振荡能力的被调节对象, 如图 4.3-8 所示.

例 4.3-7 无振荡能力的被调节对象：如果储能器物理上具有相同特性, 那么被调节对象是无振荡能力的, 这通常是出现在两个储热器、电容器、电感器、蓄压器、质量等情况.

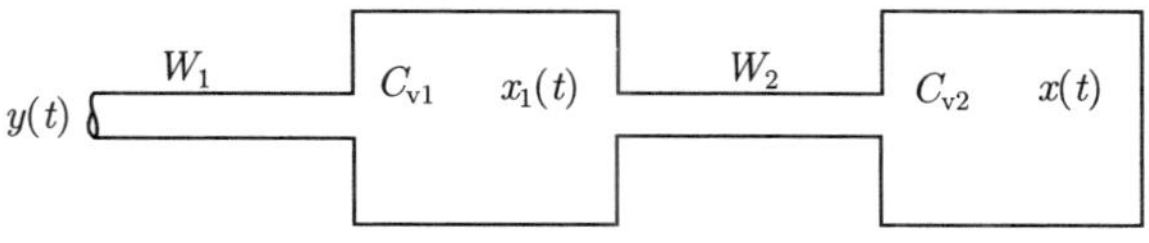

W_1, W_2为流体阻力, C_{v1}, C_{v2}为储能器容量

图 4.3-8 压力被调节对象 (无振荡能力)

对于压力被调节对象可得到微分方程

$$\boxed{\begin{aligned}&T_1 \cdot T_2 \cdot \frac{\mathrm{d}^2 x(t)}{\mathrm{d}t^2} + (T_1 + T_{12} + T_2) \cdot \frac{\mathrm{d}x(t)}{\mathrm{d}t} + x(t) = y(t)\\&T_1 = W_1 \cdot C_{v1}, \quad T_{12} = W_1 \cdot C_{v2}, \quad T_2 = W_2 \cdot C_{v2}\end{aligned}}$$

如果两个不同作用的储能器连接在一起, 例如电感器和电容器或弹簧和质量等 (如图 4.3-9), 那么就会出现**有振荡能力的被调节对象 (Schwingungsfähige Regelstrecken)**. 这个系统仅能进行有阻尼振荡, 因为能量交换环节 (电阻、机械阻尼) 总是存在的. 在大的阻尼比 ($D \geqslant 1$) 情况下两个储能器系统也不能出现振荡.

在质点 m 上作用力之和等于零：

$$\boxed{m \cdot \frac{\mathrm{d}^2 x_\mathrm{a}(t)}{\mathrm{d}t^2} + r_\mathrm{k} \cdot \frac{\mathrm{d}x_\mathrm{a}(t)}{\mathrm{d}t} + c_\mathrm{f} \cdot x_\mathrm{a}(t) = x_\mathrm{e}(t)}$$

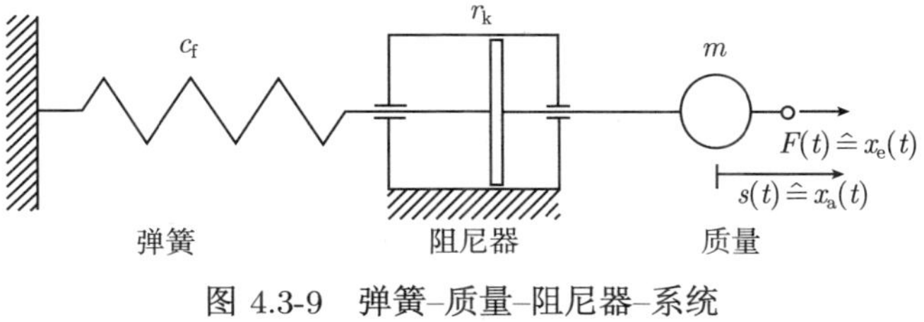

图 4.3-9 弹簧–质量–阻尼器–系统

用弹性常数除后

$$\frac{m}{c_\mathrm{f}} \cdot \frac{\mathrm{d}^2 x_\mathrm{a}(t)}{\mathrm{d}t^2} + \frac{r_\mathrm{k}}{c_\mathrm{f}} \cdot \frac{\mathrm{d}x_\mathrm{a}(t)}{\mathrm{d}t} + x_\mathrm{a}(t) = \frac{1}{c_\mathrm{f}} \cdot x_\mathrm{e}(t)$$

可与 II 阶滞后比例环节微分方程的标准形式进行系数比较：

$$\frac{1}{\omega_0^2} \cdot \frac{\mathrm{d}^2 x_\mathrm{a}(t)}{\mathrm{d}t^2} + \frac{2 \cdot D}{\omega_0} \cdot \frac{\mathrm{d}x_\mathrm{a}(t)}{\mathrm{d}t} + x_\mathrm{a}(t) = K_\mathrm{P} \cdot x_\mathrm{e}(t)$$

对于标准值可得以下关系：

- 特征角频率 $\omega_0 = \sqrt{\frac{c_f}{m}}$;
- 系统阻尼比 $D = \frac{r_k}{2c_f}\omega_0 = \frac{r_k}{2 \cdot \sqrt{c_f \cdot m}}$;
- 比例系数 $K_P = \frac{1}{c_f}$.

对于 $0 < D < 1$ 存在固有角频率：

$$\omega_e = \omega_0 \cdot \sqrt{1 - D^2} = \sqrt{\frac{c_f}{m} - \frac{r_k^2}{4 \cdot m^2}}$$

在图 4.3-10 中给出 $x_e(t) = x_{e0} \cdot E(t)$ 的阶跃响应.

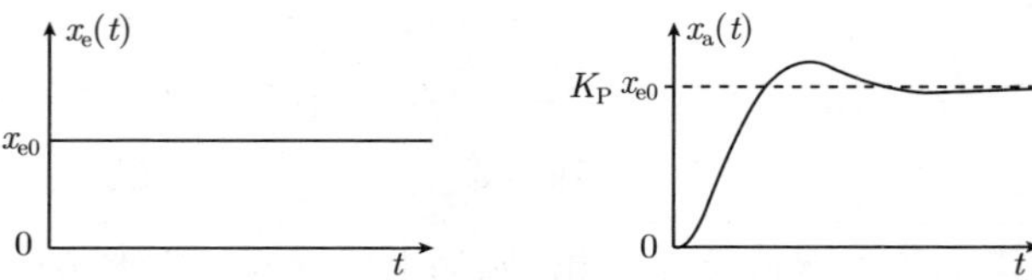

图 4.3-10　机械振荡系统阶跃响应

例 4.3-8　图 4.3-11 所示的电振荡

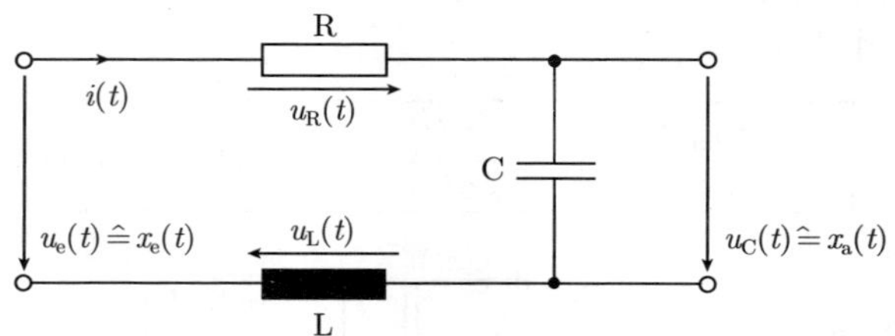

图 4.3-11　电振荡

通过应用基尔霍夫方程的网络定理得到 I 阶微分方程

$$R \cdot i(t) + L \cdot \frac{\mathrm{d}i(t)}{\mathrm{d}t} + u_C(t) = u_e(t)$$

如果将

$$i(t) = C \cdot \frac{\mathrm{d}u_C(t)}{\mathrm{d}t}$$

代入微分方程, 那么得到振荡微分方程

$$L \cdot C \cdot \frac{\mathrm{d}^2 u_C(t)}{\mathrm{d}t^2} + R \cdot C \cdot \frac{\mathrm{d}u_C(t)}{\mathrm{d}t} + u_C(t) = u_e(t)$$

通过与 II 阶滞后比例环节微分方程的标准形式进行系数比较

$$\frac{1}{\omega_0^2}\cdot\frac{\mathrm{d}^2x_\mathrm{a}(t)}{\mathrm{d}t^2}+\frac{2\cdot D}{\omega_0}\cdot\frac{\mathrm{d}x_\mathrm{a}(t)}{\mathrm{d}t}+x_\mathrm{a}(t)=K_\mathrm{P}\cdot x_\mathrm{e}(t)$$

可得到以下特征量:

- 特征角频率 $\omega_0=\dfrac{1}{\sqrt{LC}}$;
- 系统阻尼比 $D=\dfrac{RC}{2}\cdot\omega_0=\dfrac{R}{2}\cdot\sqrt{\dfrac{C}{L}}$;
- 比例系数 $K_\mathrm{P}=1$.

对于 $0<D<1$ 存在

- 固有角频率 $\omega_\mathrm{e}=\omega_0\sqrt{1-D^2}=\sqrt{\dfrac{1}{L\cdot C}-\dfrac{R^2}{4\cdot L^2}}$

例 4.3-9 两个 PT_1 环节串联电路

两个具有不同时间常数的 PT_1 环节

属于信号流图

$x_\mathrm{e}(s)$ → $\dfrac{K_\mathrm{P}}{1+T_1\cdot s}$ → $\dfrac{1}{1+T_2\cdot s}$ → $x_\mathrm{a}(s)$

的传递函数为

$$G(s)=\frac{x_\mathrm{a}(s)}{x_\mathrm{e}(s)}=\frac{K_\mathrm{P}}{(1+T_1\cdot s)\cdot(1+T_2\cdot s)}$$

特征方程具有两个不同实零点

$$s_1=-\frac{1}{T_1},\quad s_2=-\frac{1}{T_2}$$

与标准传递函数进行系数比较

$$G(s)=\frac{K_\mathrm{P}}{1+(T_1+T_2)\cdot s+T_1\cdot T_2\cdot s^2}\overset{!}{=}\frac{K_\mathrm{P}}{1+2\cdot D\cdot\dfrac{s}{\omega_0}+\left(\dfrac{s}{\omega_0}\right)^2}$$

获得特征量

$$\omega_0=\frac{1}{\sqrt{T_1\cdot T_2}}\quad 和\quad D=\frac{T_1+T_2}{2\cdot\sqrt{T_1\cdot T_2}}>1$$

两个具有不同时间常数的 PT_1 环节串联电路可推导出一个具有慢传递特性 (蠕变情况) 的 PT_2 环节.

两个具有相同时间常数的 PT_1 环节

与信号流图

相应的传递函数为

$$G(s)=\frac{x_{\mathrm{a}}(s)}{x_{\mathrm{e}}(s)}=\frac{K_{\mathrm{P}}}{(1+T_1\cdot s)^2}$$

特征方程具有两个相同的实零点

$$s_{1,2}=-\frac{1}{T_1}$$

通过与标准传递函数进行系数比较

$$G(s)=\frac{K_{\mathrm{P}}}{1+2\cdot T_1\cdot s+T_1^2\cdot s^2}\stackrel{!}{=}\frac{K_{\mathrm{P}}}{1+2\cdot D\cdot\dfrac{s}{\omega_0}+\left(\dfrac{s}{\omega_0}\right)^2}$$

可得到特征量

$$\omega_0=\frac{1}{T_1}\quad 和\quad D=1$$

两个具有相同时间常数的 PT_1 环节串联电路可导出一个具有非周期振荡传递特性 (非周期极限情况) 的 PT_2 环节.

两个具有相同时间常数的 PT_1 环节与负反馈

信号流图

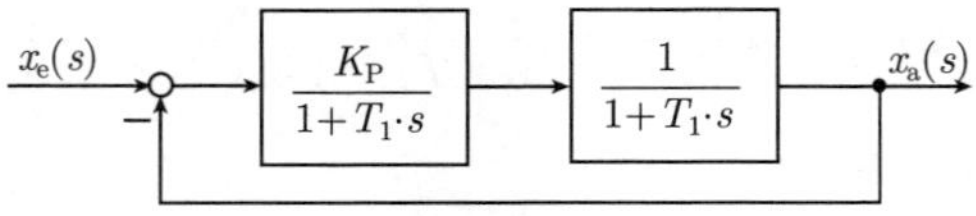

导出传递函数

$$G(s)=\frac{K_{\mathrm{P}}}{K_{\mathrm{P}}+(1+T_1\cdot s)^2}$$

这里特征方程具有两个共轭复数零点

$$s_{1,2}=-\frac{1}{T_1}\pm\mathrm{j}\frac{\sqrt{K_{\mathrm{P}}}}{T_1}$$

与标准传递函数进行系数比较

$$G(s)=\frac{\dfrac{K_{\mathrm{P}}}{1+K_{\mathrm{P}}}}{1+\dfrac{2\cdot T_1}{1+K_{\mathrm{P}}}\cdot s+\dfrac{T_1^2}{1+K_{\mathrm{P}}}\cdot s^2}\stackrel{!}{=}\frac{K_{\mathrm{P}}^*}{1+2\cdot D\cdot\dfrac{s}{\omega_0}+\left(\dfrac{s}{\omega_0}\right)^2}$$

可得到特征量

$$K_{\mathrm{P}}^{*}=\frac{K_{\mathrm{P}}}{1+K_{\mathrm{P}}},\quad \omega_{0}=\frac{\sqrt{1+K_{\mathrm{P}}}}{T_{1}}\quad \text{和}\quad D=\frac{1}{\sqrt{1+K_{\mathrm{P}}}}<1,\quad K_{\mathrm{P}}>0$$

两个具有相同时间常数的 PT_1 环节串联电路并进行负反馈可导出一个具有振荡传递特性 (稳定振荡情况) 的 PT_2 环节, 阶跃响应函数以固有角频率振荡:

$$\omega_{\mathrm{e}}=\frac{\sqrt{K_{\mathrm{P}}}}{T_{1}}$$

4.3.4 时延–环节 ($\mathrm{PT_t}$ 环节)

4.3.4.1 时域描述

在调节技术问题中经常出现所谓时延–环节, 时延–环节的标志性特性在于输入量变化后输出量在延迟时间或空载时间 T_{t} 期间首先保持它的原值.

在图 4.3-12 中给出一个具有速度 v 和输送距离 l 的传送带, $x_{\mathrm{e}}(t)$ 为输入材料量, 至时间点 t 的输出材料量 $x_{\mathrm{a}}(t)$ 需要在传送带运行时间 $T_{\mathrm{t}}=\dfrac{l}{v}$, 为此, 输出材料量等于输入材料量在时间点 $t-T_{\mathrm{t}}$ 供给的值:

$$\boxed{x_{\mathrm{a}}(t)=K_{\mathrm{P}}\cdot x_{\mathrm{e}}(t-T_{\mathrm{t}})}$$

时间过去 T_{t}, 输入量的变化才能在输出量显现出来. 因此, 把 T_{t} 表示为**延迟时间 (Totzeit)**, 对于阶跃响应得到

$$\boxed{x_{\mathrm{a}}(t)=K_{\mathrm{P}}\cdot x_{\mathrm{e0}}\cdot E(t-T_{\mathrm{t}})}$$

时延–环节的归一化阶跃响应为

$$\frac{x_{\mathrm{a}}(t)}{x_{\mathrm{e0}}}=K_{\mathrm{P}}\cdot E(t-T_{\mathrm{t}})$$

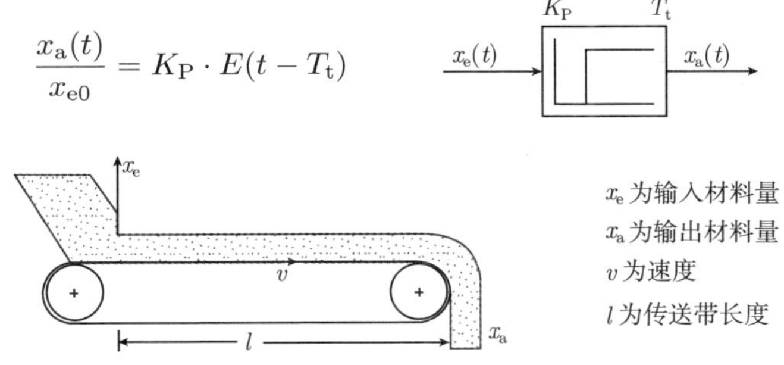

图 4.3-12 作为时延–环节例子的传送带

热传导过程可近似地通过时延–环节和 I 阶滞后环节来模拟, 时延特性也出现在可控硅控制变流器, 在已触发的可控硅情况下触发角的变化仅在下一个半波上起作用.

4.3.4.2　频域描述

时延–环节的传递函数

应用拉普拉斯变换平移定理可得到时延–环节的传递函数

$$G(s)=\frac{x_{\mathrm{a}}(s)}{x_{\mathrm{e}}(s)}=K_{\mathrm{P}}\cdot\mathrm{e}^{-sT_{\mathrm{t}}}$$

时延–环节的频率特性函数和幅相频率特性曲线

频率特性函数

$$F(\mathrm{j}\omega)=G(s)\bigg|_{s=\mathrm{j}\omega}=\frac{x_{\mathrm{a}}(\mathrm{j}\omega)}{x_{\mathrm{e}}(\mathrm{j}\omega)}=K_{\mathrm{P}}\cdot\mathrm{e}^{-\mathrm{j}\omega T_{\mathrm{t}}}$$

借助于欧拉定理可分解为实部和虚部

$$\begin{aligned}\mathrm{Re}\{F(\mathrm{j}\omega)\}&=K_{\mathrm{P}}\cdot\cos(\omega T_{\mathrm{t}}),\\ \mathrm{Im}\{F(\mathrm{j}\omega)\}&=-K_{\mathrm{P}}\cdot\sin(\omega T_{\mathrm{t}})\end{aligned}$$

在图 4.3-13 中的幅相频率特性曲线描述一个具有半径为 K_{P} 的圆.

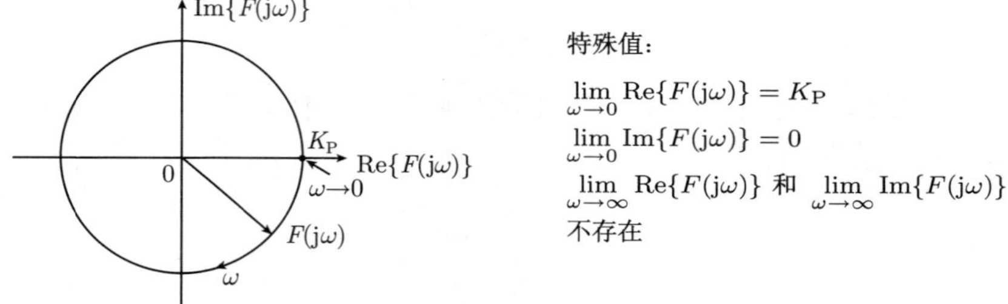

图 4.3-13　时延–环节的幅相频率特性曲线

时延–环节伯德图

时延–环节幅值为

$$\begin{aligned}|F(\mathrm{j}\omega)|&=\sqrt{\mathrm{Re}^2\{F(\mathrm{j}\omega)\}+\mathrm{Im}^2\{F(\mathrm{j}\omega)\}}=|K_{\mathrm{P}}\cdot\mathrm{e}^{-\mathrm{j}\omega T_{\mathrm{t}}}|\\&=K_{\mathrm{P}}\sqrt{\cos^2(\omega T_{\mathrm{t}})+\sin^2(\omega T_{\mathrm{t}})}=K_{\mathrm{P}}\end{aligned}$$

而对数幅值为

$$\lg|F(\mathrm{j}\omega)|=\lg K_{\mathrm{P}}$$

相位为

$$\varphi(\omega)=\varphi\{F(\mathrm{j}\omega)\}=\arctan\frac{\mathrm{Im}\{F(\mathrm{j}\omega)\}}{\mathrm{Re}\{F(\mathrm{j}\omega)\}}=-\omega T_{\mathrm{t}}$$

在图 4.3-14 中表示时延环节的伯德图, 其幅频特性为常数, 而相频特性随角频率增大而下降. 在 $\omega = \dfrac{1}{T_t}$ 时 $\varphi = -57.3°$.

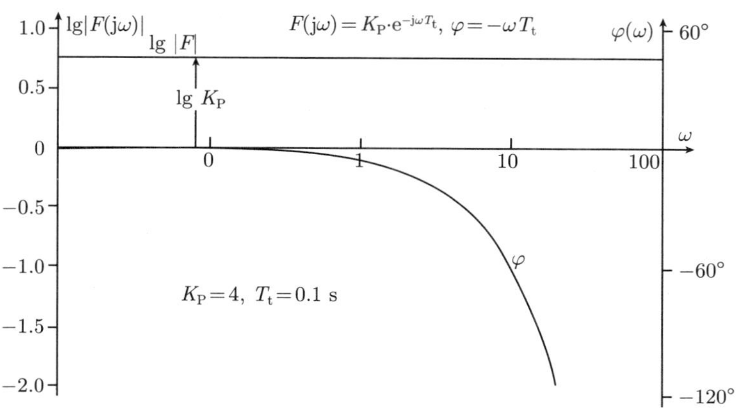

图 4.3-14 时延–环节的伯德图

4.4 微分传递环节

4.4.1 无滞后微分–环节 (D 环节)

4.4.1.1 时域描述

将微分–环节引入调节器. 微分–环节具有微分方程:

$$\boxed{x_a(t) = K_D \cdot \frac{dx_e(t)}{dt}}$$

输出量 $x_a(t)$ 与输入量 $x_e(t)$ 的时间变化率成比例. K_D 为微分系数. 微分–环节阶跃响应为笛拉克 (DIRAC)–冲激 $\delta(t)$, 归一化阶跃响应为

$$\boxed{\frac{x_a(t)}{x_{e0}} = K_D \cdot \delta(t)}$$

在信号流图中应用已给的符号.

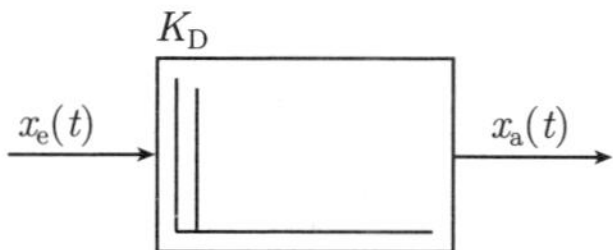

微分系统只能是近似可实现的, 上面所给的微分方程仅对有限频率区间是有效.

4.4.1.2 频域描述

D 环节的传递函数和极–零点图

由拉普拉斯变换微分定理可得到无滞后微分–环节传递函数

$$G(s) = \frac{x_a(s)}{x_e(s)} = K_D \cdot s$$

传递函数在 $s_{n1} = 0$ 有一个零点, 它在极–零点图中通过一个小圆表示.

D 环节的频率特性函数和幅相频率特性曲线

频率特性函数

$$F(j\omega) = G(s)\Big|_{s=j\omega} = \frac{x_a(j\omega)}{x_e(j\omega)} = K_D \cdot j\omega$$

具有虚部

$$\mathrm{Im}\{F(j\omega)\} = K_D \cdot \omega$$

在无滞后 D 环节时其实部为

$$\mathrm{Re}\{F(j\omega)\} = 0$$

幅相频率特性曲线运行于正的虚轴上, 如图 4.4-1 所示.

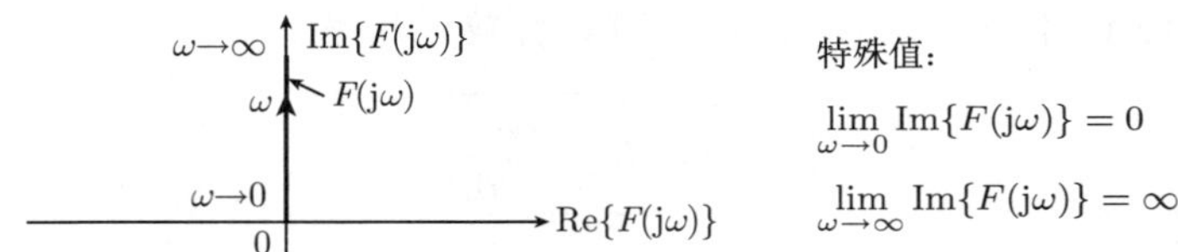

图 4.4-1 无滞后 D 环节的幅相频率特性曲线

D 环节伯德图

无滞后 D 环节频率特性函幅值为

$$|F(j\omega)| = \sqrt{\mathrm{Re}^2\{F(j\omega)\} + \mathrm{Im}^2\{F(j\omega)\}} = K_D \cdot \omega$$

和对数幅值

$$\lg|F(j\omega)| = \lg K_D + \lg \omega$$

幅频特性为一条具有斜率

$$\boxed{m = \frac{1}{\mathrm{Dekade}}, \quad m_{dB} = \frac{20\,\mathrm{dB}}{\mathrm{Dekade}}}$$

的直线, 幅频特性与角频率轴 (零–线) 相交于截止角频率

$$\omega_{\mathrm{DD}}=\frac{1}{K_{\mathrm{D}}}$$

相位为

$$\varphi(\omega)=\varphi\{F(\mathrm{j}\omega)\}=\arctan\frac{\mathrm{Im}\{F(\mathrm{j}\omega)\}}{\mathrm{Re}\{F(\mathrm{j}\omega)\}}=90^{\circ}$$

幅频特性和相频特性如图 4.4-2 所示.

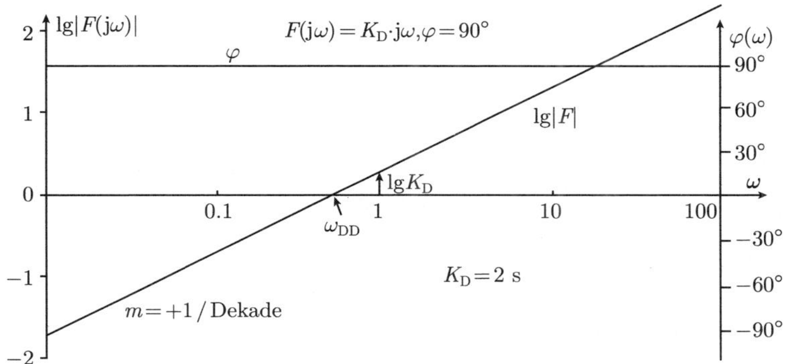

图 4.4-2 无滞后微分–环节伯德图

例 4.4-1 由路程时间变化 $\dfrac{\mathrm{d}s(t)}{\mathrm{d}t}$ 减震器产生力 $F(t)$, 则下式

$$F(t)=r_{\mathrm{k}}\cdot\frac{\mathrm{d}s(t)}{\mathrm{d}t}$$

有效, 其中, r_{k} 作为阻尼系数. 用调节技术符号可得

$$x_{\mathrm{a}}(t)=K_{\mathrm{D}}\cdot\frac{\mathrm{d}x_{\mathrm{e}}(t)}{\mathrm{d}t}$$

其中, K_{D} 为微分系数.

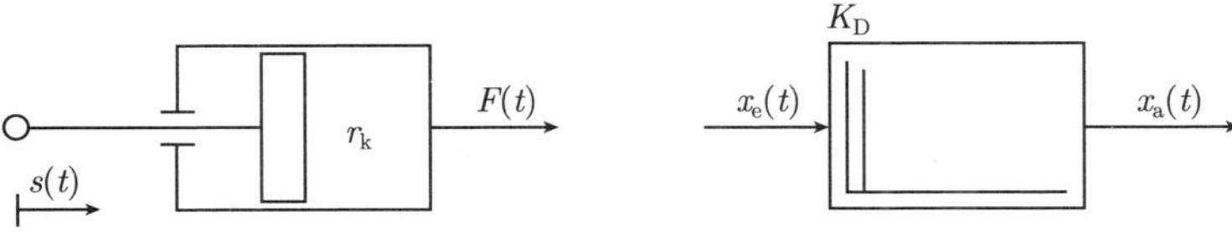

在阶跃形式的路程变化 x_{e0} 时, 无滞后 D 环节会产生一个无穷大的力冲激.

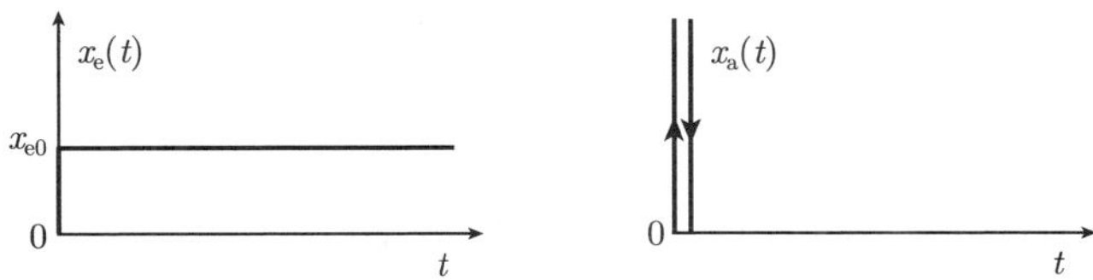

快速的路程变化 (无穷大的速度) 在工程上是不可实现的.

例 4.4-2　在电容器情况下输入量 $u_e(t)$ 和输出量 $i_a(t)$ 之间存在关系式

$$i_a(t) = C \cdot \frac{du_e(t)}{dt}$$

用调节技术符号可得

$$x_a(t) = K_D \cdot \frac{dx_e(t)}{dt}$$

输入电压 $u_e(t)$ 阶跃形式变化会产生一个无穷大的电流冲激 $i_a(t)$, 当电容器被看作无损耗时, 这些无滞后 D 环节是存在的, 然而工程上可实现的电容器总是有欧姆损耗, 此外在附图中还未考虑导线电阻和电压源的内电阻.

无滞后 D 环节的缺点有: 输出信号 $i_a(t)$ 是不能输出耦和的, 也就是说, 这个信号在工程上是不能应用的.

4.4.2　具有 I 阶滞后微分–环节 (DT_1 环节)

4.4.2.1　时域描述

传递环节的微分方程表示为

$$\boxed{T_1 \cdot \frac{dx_a(t)}{dt} + x_a(t) = K_D \cdot \frac{dx_e(t)}{dt}}$$

对于 $x_e(t) = x_{e0} \cdot E(t)$ 的归一化阶跃响应为

$$\boxed{\frac{x_a(t)}{x_{e0}} = \frac{K_D}{T_1} \cdot e^{-\frac{t}{T_1}}}$$

在图 4.4-3 上绘制 DT_1 环节归一化阶跃响应函数 $h(t) = \dfrac{x_a(t)}{x_{e0}}$ 和信号流图符号.

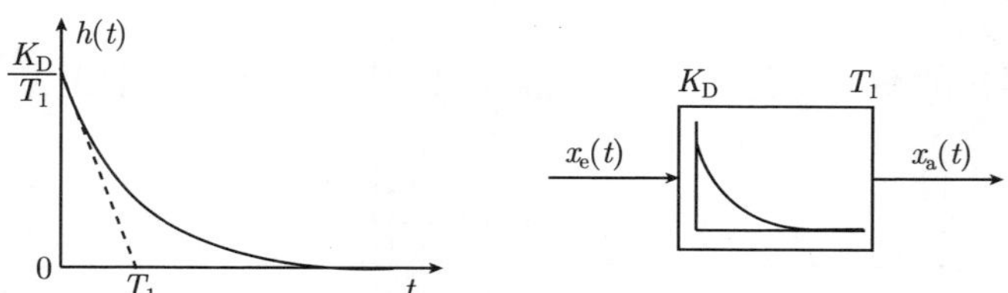

图 4.4-3　DT_1 环节归一化阶跃响应函数和信号流图符号

DT_1 环节由于它的微分作用不能传递等信号, 为此, 在调节技术中 DT_1 环节仅应用于与**比例环节连接 (Verbindung mit Proportional-Elementen)**, 它被引用到改善稳定性上.

4.4.2.2 频域描述

DT_1 环节的传递函数和极–零点图

将拉普拉斯变换微分定理应用于微分方程, 可得到传递函数:

$$G(s) = \frac{x_a(s)}{x_e(s)} = \frac{K_D \cdot s}{1 + T_1 \cdot s}$$

与无滞后 D 环节比较, DT_1 环节传递函数具有

- 零点 $s_{n1} = 0$
- 极点 $s_{p1} = -\dfrac{1}{T_1}$

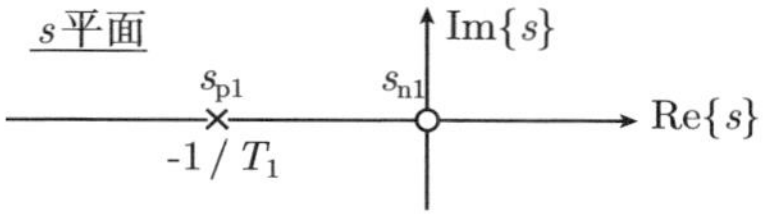

s平面
Im{s}
s_{p1}
s_{n1}
Re{s}
-1 / T_1

DT_1 环节的频率特性函数和幅相频率特性曲线

频率特性函数

$$F(j\omega) = G(s)\Big|_{s=j\omega} = \frac{x_a(j\omega)}{x_e(j\omega)} = \frac{K_D \cdot j\omega}{1 + j\omega T_1}$$

可分解为虚部和实部

$$\mathrm{Im}\{F(j\omega)\} = \frac{K_D \cdot \omega}{1 + \omega^2 T_1^2},$$

$$\mathrm{Re}\{F(j\omega)\} = \frac{K_D \cdot T_1 \cdot \omega^2}{1 + \omega^2 T_1^2}$$

在图 4.4-4 中幅相频率特性曲线可用在复矢量轨迹平面图第 I 象限中一个半圆来描述.

DT_1 环节伯德图

具有 I 阶滞后 D 环节有幅值

$$|F(j\omega)| = \sqrt{\mathrm{Re}^2\{F(j\omega)\} + \mathrm{Im}^2\{F(j\omega)\}} = \frac{K_D \cdot \omega}{\sqrt{1 + \omega^2 T_1^2}}$$

和对数幅值

$$\lg|F(j\omega)| = \lg K_D + \lg\omega - \lg\sqrt{1 + \omega^2 T_1^2}$$

对于相位可得

$$\varphi(\omega)=\varphi\{F(\mathrm{j}\omega)\}=\arctan\frac{\mathrm{Im}\{F(\mathrm{j}\omega)\}}{\mathrm{Re}\{F(\mathrm{j}\omega)\}}=\arctan\frac{1}{\omega T_1}$$

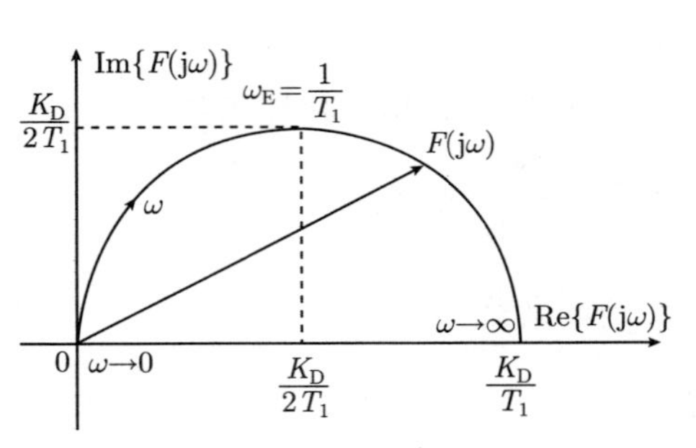

特殊值:

$$\lim_{\omega\to 0}\mathrm{Re}\{F(\mathrm{j}\omega)\}=0$$

$$\lim_{\omega\to 0}\mathrm{Im}\{F(\mathrm{j}\omega)\}=0$$

$$\lim_{\omega\to \infty}\mathrm{Re}\{F(\mathrm{j}\omega)\}=\frac{K_\mathrm{D}}{T_1}$$

$$\lim_{\omega\to \infty}\mathrm{Im}\{F(\mathrm{j}\omega)\}=0$$

$$\lim_{\omega\to \omega_\mathrm{E}}\mathrm{Re}\{F(\mathrm{j}\omega)\}=\frac{K_\mathrm{D}}{2\cdot T_1}$$

$$\lim_{\omega\to \omega_\mathrm{E}}\mathrm{Im}\{F(\mathrm{j}\omega)\}=\frac{K_\mathrm{D}}{2\cdot T_1}$$

图 4.4-4　DT_1 环节的幅相频率特性曲线

对于角频率 $\omega T_1 \ll 1$ 的频率特性曲线特性:

$$|F(\mathrm{j}\omega)|=\omega\cdot K_\mathrm{D},\quad \lg|F(\mathrm{j}\omega)|=\lg\omega+\lg K_\mathrm{D},\quad \varphi=90^\circ$$

在这个区间幅频特性曲线是一条具有斜率

$$\boxed{m=\frac{1}{\mathrm{Dekade}},\quad m_\mathrm{dB}=\frac{20\,\mathrm{dB}}{\mathrm{Dekade}}}$$

的直线, 幅频特性曲线与角频率轴 (零–线) 相交于截止角频率

$$\omega_\mathrm{DD}=\frac{1}{K_\mathrm{D}}$$

对于角频率 $\omega T_1 \gg 1$ 的频率特性曲线特性:

$$|F(\mathrm{j}\omega)|=\frac{K_\mathrm{D}}{T_1},\quad \lg|F(\mathrm{j}\omega)|=\lg K_\mathrm{D}-\lg T_1,\quad \varphi=0^\circ$$

在这个频率区间幅频特性是一条平行于零–线的直线.

对于 $\omega=\omega_\mathrm{E}=\dfrac{1}{T_1}$ 的频率特性曲线特性:

在区间 $\omega T_1 \ll 1$ 和 $\omega T_1 \gg 1$ 的直线构成幅频特性曲线的渐进线, 它们相交于转折角频率 $\omega_\mathrm{E}=\dfrac{1}{T_1}$, 幅频特性曲线在该处具有值

$$|F(\mathrm{j}\omega_\mathrm{E})|=\frac{\omega_\mathrm{E}\cdot K_\mathrm{D}}{\sqrt{2}},\quad \lg|F(\mathrm{j}\omega_\mathrm{E})|=\lg\omega_\mathrm{E}+\lg K_\mathrm{D}-0.15$$

并且位于比高角频率时低 0.15(3dB), 在转折角频率 ω_{E} 处, 精确的幅频特性曲线与渐进线偏差为 0.15(3dB), 在 $\omega=0.5\omega_{\mathrm{E}}$ 和 $\omega=2\omega_{\mathrm{E}}$ 处的偏差大约 0.05(1dB), 相频特性在区间 $0.1\omega_{\mathrm{E}}\sim10\omega_{\mathrm{E}}$ 则从 84.29° 降到 5.71°, 在这个区间相频特性可通过一条具有斜率

$$\boxed{n=\frac{-45^\circ}{\text{Dekade}}}$$

的直线来近似, 在此区间其误差小于 5.72°, 在图 4.4-5 中给出伯德图.

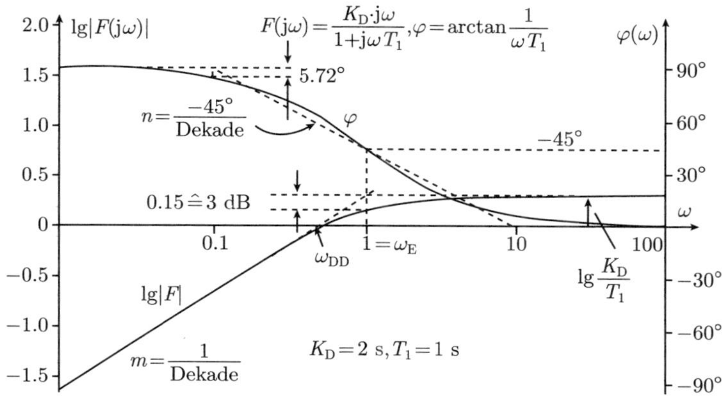

图 4.4-5 具有 I 阶滞后 D 环节 ($\mathrm{DT_1}$ 环节) 伯德图

$\mathrm{DT_1}$ 环节可提高调节回路的快速性和稳定性, 应用它必须永远与一个 P-环节相连接, 因为否则被调节量不能被调整到稳定值.

例 4.4-3 电容–电阻–环节

从例 4.4-2 的无滞后 D 环节出发, 增补个具有欧姆电阻的电容使其成为 $\mathrm{DT_1}$-环节, 其中 $u_{\mathrm{a}}(t)$ 为输出量.

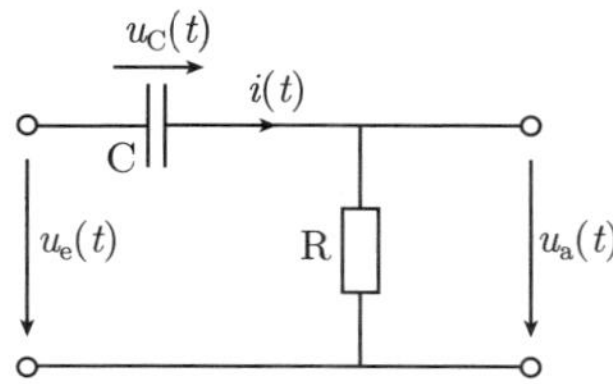

输入量和输出量 $i_{\mathrm{a}}(t)$ 之间关系式可通过

$$u_{\mathrm{e}}(t)=u_{\mathrm{C}}(t)+u_{\mathrm{a}}(t)=\frac{1}{C}\int i(t)\mathrm{d}t+u_{\mathrm{a}}(t)$$

来描述, 由 $i(t)=\dfrac{u_{\mathrm{a}}(t)}{R}$ 得到

$$u_e(t) = \frac{1}{R \cdot C} \int u_a(t) \mathrm{d}t + u_a(t)$$

微分后可得到具有时间常数 $T_1 = R \cdot C$ 和 $K_D = T_1$ 的 DT_1 环节微分方程

$$T_1 \cdot \frac{\mathrm{d}u_a(t)}{\mathrm{d}t} + u_a(t) = T_1 \cdot \frac{\mathrm{d}u_e(t)}{\mathrm{d}t}$$

频率特性函数表示为

$$F(\mathrm{j}\omega) = \frac{\mathrm{j}\omega K_D}{1 + \mathrm{j}\omega T_1}$$

由于

$$F(\mathrm{j}\omega \to 0) = 0$$

传递环节不能传递等信号.

例 4.4-4　减震器–弹簧环节

在例 4.4-1 中所研究 D 环节上增补一个弹簧, 在图中的减震器–弹簧环节存在力的平衡

$$F_r(t) = F_c(t)$$

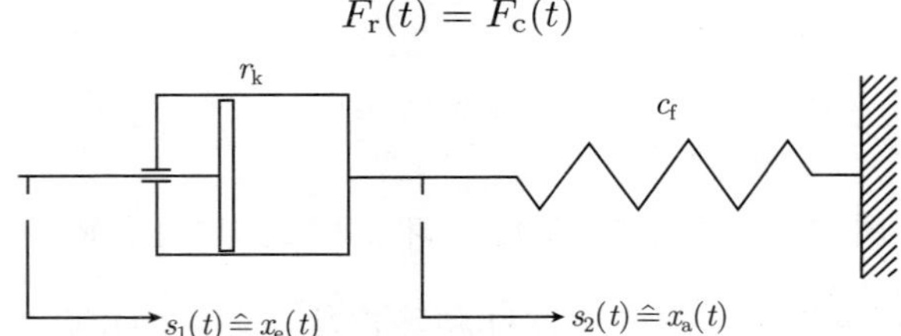

作用在减震器上的力 F_r 与速度差成比例:

$$F_r(t) = r_k \cdot \frac{\mathrm{d}}{\mathrm{d}t}[s_1(t) - s_2(t)]$$

它相当于在弹簧上的与路程成比例的力

$$F_c(t) = c_f \cdot s_2(t)$$

这样得微分方程

$$c_f \cdot s_2(t) = r_k \cdot \frac{\mathrm{d}s_1(t)}{\mathrm{d}t} - r_k \cdot \frac{\mathrm{d}s_2(t)}{\mathrm{d}t}$$

用调节技术的量和缩写

$$\frac{r_k}{c_f} = K_D = T_1$$

可得 DT_1 环节的微分方程

$$T_1 \cdot \frac{\mathrm{d}x_a(t)}{\mathrm{d}t} + x_a(t) = K_D \cdot \frac{\mathrm{d}x_e(t)}{\mathrm{d}t}$$

如果已知阶跃形式的路程变化 $x_e(t) = x_{e0} \cdot E(t)$, 那么可得解

$$\frac{x_a(t)}{x_{e0}} = \frac{K_D}{T_1} \cdot e^{-\frac{t}{T_1}} = e^{-\frac{t}{T_1}}$$

在下图给出阶跃响应.

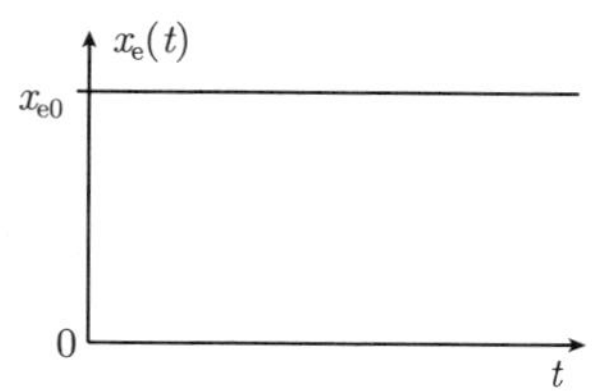

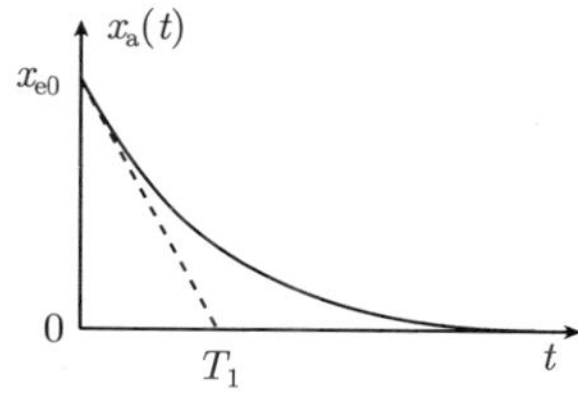

4.4.3 具有 I 阶滞后比例–微分环节的乘法形式 ($\mathrm{PDT_1}$ 环节和 $\mathrm{PPT_1}$ 环节)

4.4.3.1 时域描述

该环节的微分方程为

$$\boxed{T_1 \cdot \frac{\mathrm{d}x_a(t)}{\mathrm{d}t} + x_a(t) = K_D \cdot \frac{\mathrm{d}x_e(t)}{\mathrm{d}t} + K_P \cdot x_e(t)}$$

K_P 为传递环节的比例系数, K_D 为传递环节的微分系数, 用 $K_D = K_P \cdot T_V$ 将上式变形, 可得

$$\boxed{T_1 \cdot \frac{\mathrm{d}x_a(t)}{\mathrm{d}t} + x_a(t) = K_P \cdot \left[T_V \cdot \frac{\mathrm{d}x_e(t)}{\mathrm{d}t} + x_e(t)\right]}$$

T_V 称为**超前时间常数 (Vorhaltzeitkonstante)**, 阶跃响应与比值 T_V/T_1 有关.

由 $x_e(t) = x_{e0} \cdot E(t)$ 可得归一化阶跃响应

$$\boxed{\frac{x_a(t)}{x_{e0}} = K_P \cdot \left[1 - \left(1 - \frac{T_V}{T_1}\right) \cdot e^{-\frac{t}{T_1}}\right]}$$

对于 $T_V = 0$ 可得 $\mathrm{PT_1}$ 环节, 而对于 $T_V = T_1$ 可得比例环节, 在图 4.4-7 上表示不同 T_V/T_1 值的归一化阶跃响应函数和信号流图符号, 传递环节传递函数的乘法形式 ($\mathrm{PDT_1}$, $\mathrm{PPT_1}$), 形式上可看作一个无滞后 PD 环节和一个 $\mathrm{PT_1}$ 环节传递函数**相乘 (Multiplikation)** 的结果 (见节 4.4.3.2).

$$G(s) = \frac{x_a(s)}{x_e(s)} = G_1(s) \cdot G_2(s) = K_P \cdot (1 + T_V \cdot s) \cdot \frac{1}{1 + T_1 \cdot s}$$

其中

$$G_1(s) = K_P \cdot (1 + T_V \cdot s),\ \text{PD 环节}$$
$$G_2(s) = \frac{1}{1 + T_1 \cdot s},\ \mathrm{PT_1}\ \text{环节}$$

在图 4.4-6 上给出具有相乘分量的信号流图.

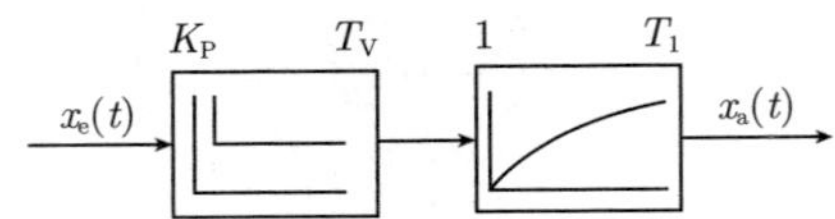

图 4.4-6 具有传递环节相乘分量的信号流图

在调节技术中环节使用范围取决于是否 $T_V > T_1$: 是为 (PDT_1), 否为 (PPT_1), PDT_1 环节可作为调节器应用, 而两个环节在应用伯德方法时都可被引入.

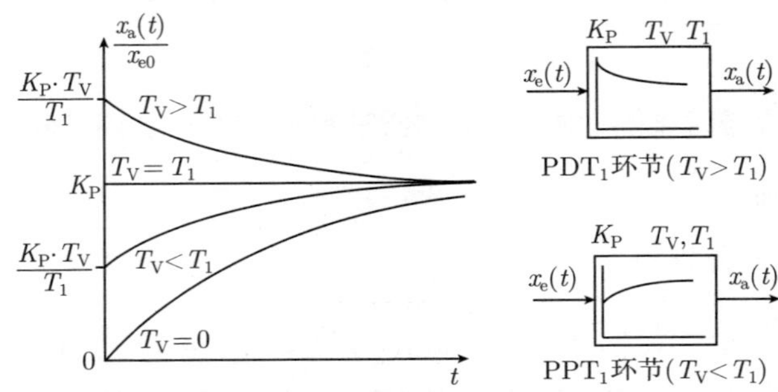

图 4.4-7 具有 I 阶滞后 PD 环节归一化阶跃响应函数和信号流图符号

4.4.3.2 频域描述

具有 I 阶滞后 PD 环节的传递函数和极–零点图

由微分方程出发借助微分定理可求得传递函数

$$G(s) = \frac{x_a(s)}{x_e(s)} = \frac{K_P \cdot (1 + T_V \cdot s)}{1 + T_1 \cdot s}$$

传递函数具有极点

$$s_{p1} = -\frac{1}{T_1}$$

和零点

$$s_{n1} = -\frac{1}{T_V}$$

对于具有 I 阶滞后 PD 环节的两种变体, 它们都可绘在极–零点平面图上

s 平面　s_{p1}　s_{n1}　Im{s}　Re{s}　$\frac{-1}{T_1}$　$\frac{-1}{T_V}$

PDT_1 环节($T_V > T_1$)

s 平面　s_{n1}　s_{p1}　Im{s}　Re{s}　$\frac{-1}{T_V}$　$\frac{-1}{T_1}$

PPT_1 环节($T_V < T_1$)

具有 I 阶滞后 PD 环节的频率特性函数和幅相频率特性曲线

频率特性函数

$$F(\mathrm{j}\omega)=G(s)\Big|_{s=\mathrm{j}\omega}=\frac{x_{\mathrm{a}}(\mathrm{j}\omega)}{x_{\mathrm{e}}(\mathrm{j}\omega)}=\frac{K_{\mathrm{P}}\cdot(1+\mathrm{j}\omega T_{\mathrm{V}})}{1+\mathrm{j}\omega T_1}$$

具有虚部和实部

$$\mathrm{Re}\{F(\mathrm{j}\omega)\}=\frac{K_{\mathrm{P}}\cdot(1+\omega^2T_1T_{\mathrm{V}})}{1+\omega^2T_1^2},$$

$$\mathrm{Im}\{F(\mathrm{j}\omega)\}=\frac{K_{\mathrm{P}}\cdot\omega\cdot(T_{\mathrm{V}}-T_1)}{1+\omega^2T_1^2}$$

幅相频率特性曲线为一个半圆形, 在 $\mathrm{PDT_1}$ 环节时幅相频率特性曲线运行于复幅相频率特性曲线平面第 I 象限, 如图 4.4-8、图 4.4-9 所示.

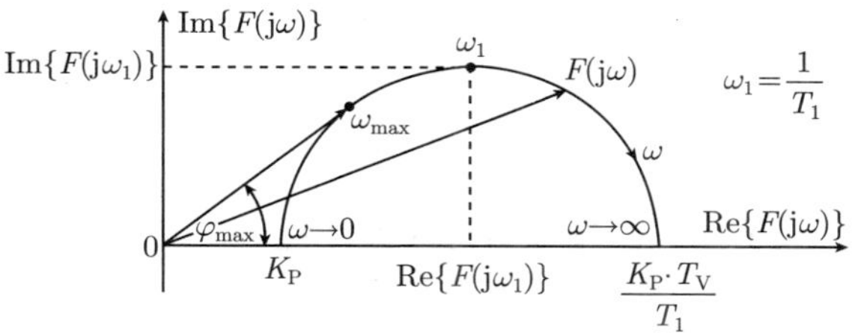

图 4.4-8 $\mathrm{PDT_1}$ 环节 $(T_{\mathrm{V}}>T_1)$ 的幅相频率特性曲线

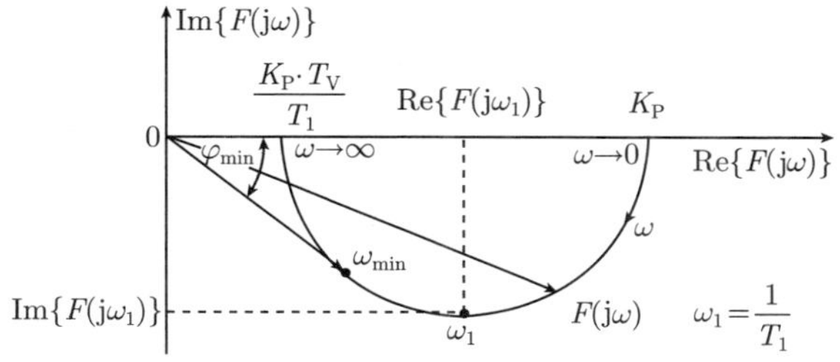

图 4.4-9 $\mathrm{PPT_1}$ 环节 $(T_{\mathrm{V}}<T_1)$ 的幅相频率特性曲线

特殊值:

$$\lim_{\omega\to0}\mathrm{Re}\{F(\mathrm{j}\omega)\}=K_{\mathrm{P}},\quad \lim_{\omega\to0}\mathrm{Im}\{F(\mathrm{j}\omega)\}=0$$

$$\lim_{\omega\to\infty}\mathrm{Re}\{F(\mathrm{j}\omega)\}=\frac{K_{\mathrm{P}}\cdot T_{\mathrm{V}}}{T_1},\quad \lim_{\omega\to\infty}\mathrm{Im}\{F(\mathrm{j}\omega)\}=0$$

具有 I 阶滞后 PD 环节的伯德图

频率特性函数具有幅值

$$|F(\mathrm{j}\omega)|=\sqrt{\mathrm{Re}^2\{F(\mathrm{j}\omega)\}+\mathrm{Im}^2\{F(\mathrm{j}\omega)\}}=K_\mathrm{P}\cdot\frac{\sqrt{1+\omega^2T_\mathrm{V}^2}}{\sqrt{1+\omega^2T_1^2}}$$

和对数幅值

$$\lg|F(\mathrm{j}\omega)|=\lg K_\mathrm{P}+\lg\sqrt{1+\omega^2T_\mathrm{V}^2}-\lg\sqrt{1+\omega^2T_1^2}$$

相位可得

$$\begin{aligned}\varphi(\omega)=\varphi\{F(\mathrm{j}\omega)\}&=\arctan\frac{\mathrm{Im}\{F(\mathrm{j}\omega)\}}{\mathrm{Re}\{F(\mathrm{j}\omega)\}}=\arctan\left[\frac{\omega\cdot(T_\mathrm{V}-T_1)}{1+\omega^2T_1T_\mathrm{V}}\right]\\&=\arctan(\omega T_\mathrm{V})-\arctan(\omega T_1)\end{aligned}$$

对于 $\omega\ll 1/T_1, 1/T_\mathrm{V}$ 的频率特性曲线特性:

$$|F(\mathrm{j}\omega)|=K_\mathrm{P},\quad \lg|F(\mathrm{j}\omega)|=\lg K_\mathrm{P},\quad \varphi=0^\circ$$

对于 $\omega\gg 1/T_1, 1/T_\mathrm{V}$ 的频率特性曲线特性:

$$|F(\mathrm{j}\omega)|=\frac{K_\mathrm{P}T_\mathrm{V}}{T_1},\quad \lg|F(\mathrm{j}\omega)|=\lg K_\mathrm{P}+\lg T_\mathrm{V}-\lg T_1,\quad \varphi=0^\circ$$

$\mathrm{PDT_1}$ 环节: 对于 $1/T_\mathrm{V}<\omega<1/T_1$ 的频率特性曲线特性 (图 4.4-10)

在这区间幅频特性曲线的渐进线为一条直线, 其斜率为

$$\boxed{m=\frac{1}{\mathrm{Dekade}},\quad m_\mathrm{dB}=\frac{20\,\mathrm{dB}}{\mathrm{Dekade}}}$$

相位在 $\omega_\mathrm{max}=\dfrac{1}{\sqrt{T_\mathrm{V}\cdot T_1}}$ 处具有一个最大值 $0^\circ<\phi_\mathrm{max}<90^\circ$.

$\mathrm{PPT_1}$ 环节: 对于 $1/T_1<\omega<1/T_\mathrm{V}$ 的频率特性曲线特性 (图 4.4-11)

在这区间幅频特性曲线的渐进线为一条直线, 其斜率为

$$\boxed{m=\frac{-1}{\mathrm{Dekade}},\quad m_\mathrm{dB}=\frac{-20\,\mathrm{dB}}{\mathrm{Dekade}}}$$

相位在 $\omega_\mathrm{min}=\dfrac{1}{\sqrt{T_\mathrm{V}\cdot T_1}}$ 处具有一个最小值 $-90^\circ<\phi_\mathrm{min}<0^\circ$.

在图 4.4-10($\mathrm{PDT_1}$ 环节) 和图 4.4-11($\mathrm{PPT_1}$ 环节) 中绘制频率特性曲线.

例 4.4-5　电的 $\mathrm{PDT_1}$ 环节 ($T_\mathrm{V}>T_1$)

对于图中所给出电路网络

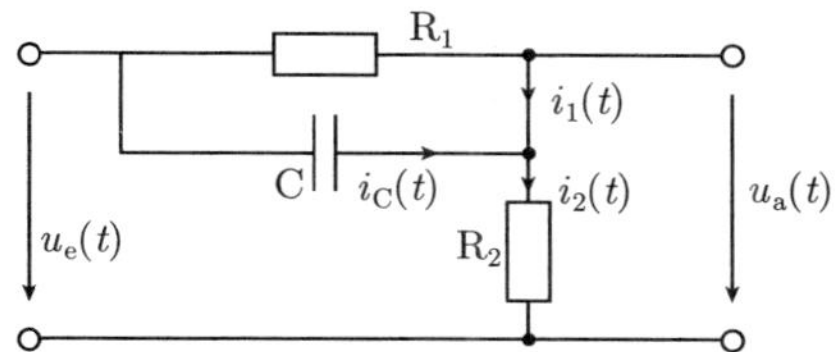

在节点电流之和为

$$i_C(t) + i_1(t) - i_2(t) = 0$$

或通过电压表示：

$$C \cdot \frac{\mathrm{d}[u_e(t) - u_a(t)]}{\mathrm{d}t} + \frac{u_e(t) - u_a(t)}{R_1} = \frac{u_a(t)}{R_2}$$

$$C \cdot \frac{R_1 \cdot R_2}{R_1 + R_2} \frac{\mathrm{d}u_a(t)}{\mathrm{d}t} + u_a(t) = \frac{R_2}{R_1 + R_2} \cdot \left[C \cdot R_1 \frac{\mathrm{d}u_e(t)}{\mathrm{d}t} + u_e(t) \right]$$

如果代入缩写

$$T_1 = \frac{R_1 \cdot R_2}{R_1 + R_2} \cdot C, \quad T_V = R_1 \cdot C, \quad K_P = \frac{R_2}{R_1 + R_2}$$

那么可得 PDT_1 环节的微分方程：

$$\boxed{T_1 \cdot \frac{\mathrm{d}u_a(t)}{\mathrm{d}t} + u_a(t) = K_P \cdot \left[T_V \cdot \frac{\mathrm{d}u_e(t)}{\mathrm{d}t} + u_e(t) \right]}$$

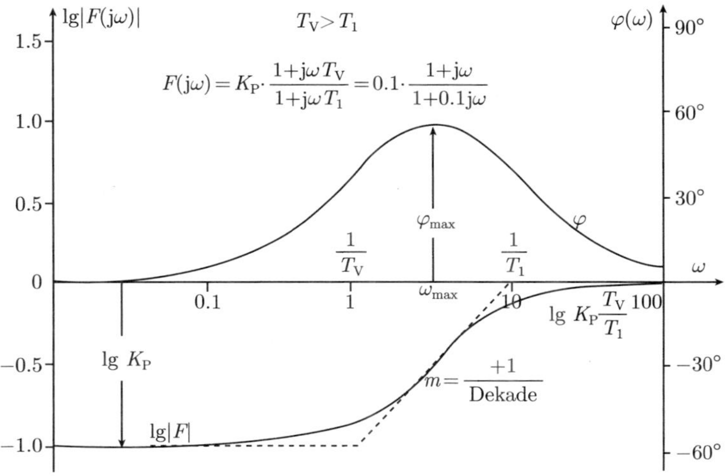

图 4.4-10 PDT_1 环节伯德图

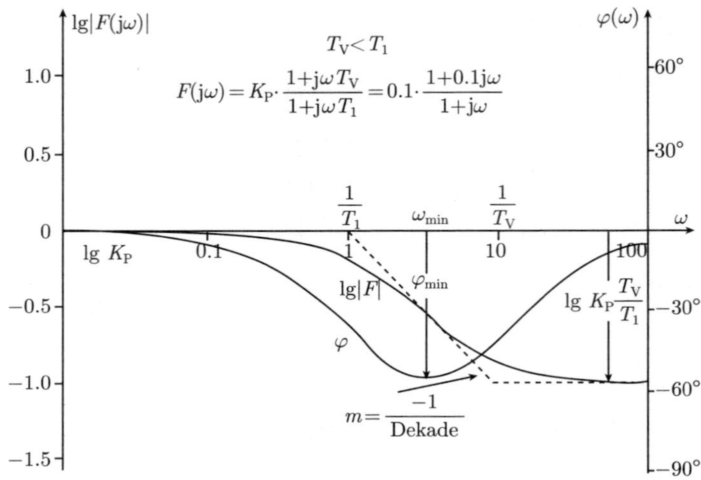

图 4.4-11 PPT$_1$ 环节伯德图

4.4.4 具有 I 阶滞后比例–微分–环节的加法形式 (PDT$_1$ 环节)

PDT$_1$ 环节的函传递数加法形式, 形式上可看作 DT$_1$ 环节和 P 环节传递函数**相加 (Addition)** 的结果:

$$G(s) = \frac{x_a(s)}{x_e(s)} = K_P + \frac{K_D \cdot s}{1 + T_1 \cdot s} = K_P + K_P \cdot \frac{T_{Va} \cdot s}{1 + T_1 \cdot s}, \quad K_D = K_P \cdot T_{Va}$$

在构建具有运算放大器的调节器时, 可将 DT$_1$ 部分和 P 部分构成并联, 并且它们通过加法电路相加, 具有相加分量的信号流图表示图 4.4-12 中.

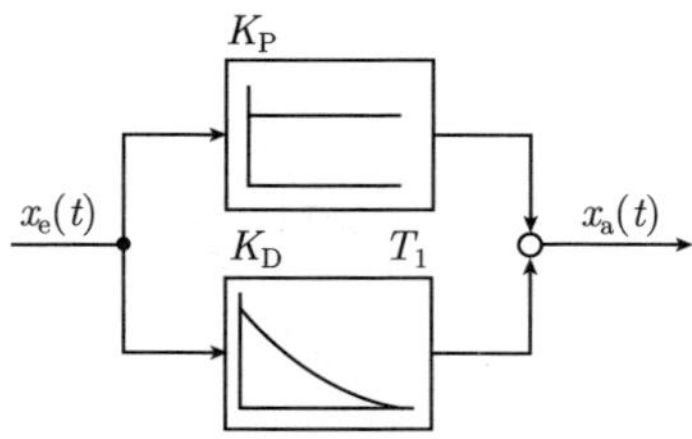

图 4.4-12 具有 I 阶滞后 PD 环节的相加分量的信号流图

使传递函数变形, 并且由

$$T_V = T_1 + T_{Va}$$

给出 PDT$_1$ 环节的方程结构:

$$\begin{aligned} G(s) &= K_P + K_P \cdot \frac{T_{Va} \cdot s}{1 + T_1 \cdot s} = K_P \cdot \frac{1 + (T_1 + T_{Va}) \cdot s}{1 + T_1 \cdot s} \\ &= K_P \cdot \frac{1 + T_V \cdot s}{1 + T_1 \cdot s} \end{aligned}$$

通过反变换可得到 $\mathrm{PDT_1}$ 环节微分方程:

$$\boxed{T_1\cdot\frac{\mathrm{d}x_\mathrm{a}(t)}{\mathrm{d}t}+x_\mathrm{a}(t)=K_\mathrm{P}\cdot\left[T_\mathrm{V}\cdot\frac{\mathrm{d}x_\mathrm{e}(t)}{\mathrm{d}t}+x_\mathrm{e}(t)\right],\quad T_\mathrm{V}=T_1+T_\mathrm{Va}}$$

其时域和频域特性, 与 4.4.3 节中 $\mathrm{PDT_1}$ 环节乘法形式作的说明相同, 环节 ($T_\mathrm{V}<T_1$) 的加法形式是不存在的, 因为

$$T_\mathrm{V}=T_1+T_\mathrm{Va}>T_1$$

总是有效的. 对于 $T_\mathrm{Va}=0$ 得到 P 环节.

4.4.5 比例–微分–调节器 (PD 调节器, $\mathrm{PDT_1}$ 调节器)

在比例–微分–调节器情况下应用调节误差 x_d 和它的导数来构成调整量, 在时域可得到微分方程:

$$\boxed{T_1\cdot\frac{\mathrm{d}y(t)}{\mathrm{d}t}+y(t)=K_\mathrm{R}\cdot\left[T_\mathrm{V}\cdot\frac{\mathrm{d}x_\mathrm{d}(t)}{\mathrm{d}t}+x_\mathrm{d}(t)\right]}$$

对于无滞后 PD 调节器为 $T_1=0$, 理想微分传递特性**在工程上是不可实现的 (tichnisch nicht realisierbar)**, 在实际中也不倾向用它, 因为否则调节器在高频扰动 (噪声) 下 (它将叠加在被调节量或参据量上, 并从而叠加在调节误差上) 会被过激控制, K_R 为调节器增益, T_V 为超前时间常数, 当 T_V 相对 T_1 为大时, 可以略去 T_1. 这样可用无滞后 PD 特性来计算, 对于 PD 调节器和 $\mathrm{PDT_1}$ 调节器的传递函数和频率特性函数可表示为

$$\boxed{\begin{aligned}&G_\mathrm{R}(s)=K_\mathrm{R}\cdot(1+T_\mathrm{V}\cdot s),&&G_\mathrm{R}(s)=K_\mathrm{R}\cdot\frac{1+T_\mathrm{V}\cdot s}{1+T_1\cdot s}\\&F_\mathrm{R}(\mathrm{j}\omega)=K_\mathrm{R}\cdot(1+\mathrm{j}\omega\cdot T_\mathrm{V}),&&F_\mathrm{R}(\mathrm{j}\omega)=K_\mathrm{R}\cdot\frac{1+\mathrm{j}\omega\cdot T_\mathrm{V}}{1+\mathrm{j}\omega\cdot T_1}\end{aligned}}$$

在图 4.4-13 中给出 PD 调节器和 $\mathrm{PDT_1}$ 调节器的信号流图符号.

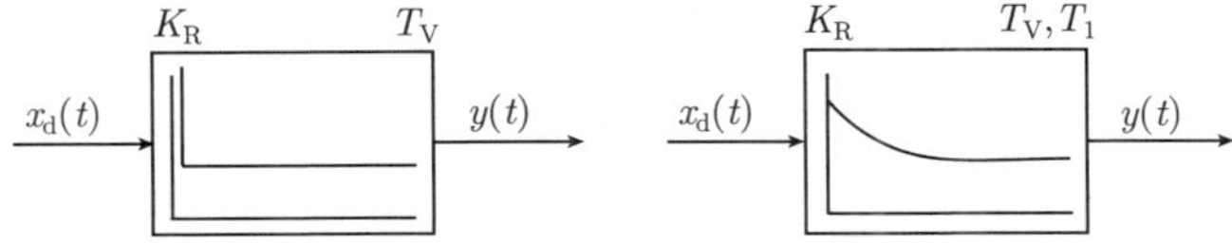

图 4.4-13 PD 调节器和 $\mathrm{PDT_1}$ 调节器的阶跃响应符号

> 用时间常数 T_V 可补偿被调节对象的时间常数, 这将会改善调节回路的快速性和稳定性.

例 4.4-6 具有 $\mathrm{PDT_1}$ 调节器的液位调节 ($T_\mathrm{V} > T_1$)

在例 4.2-1 中描述了具有 P-调节器的液位调节. 可通过 $\mathrm{PDT_1}$ 调节器来代替在前例中的 P 调节器 (图 4.4-14).

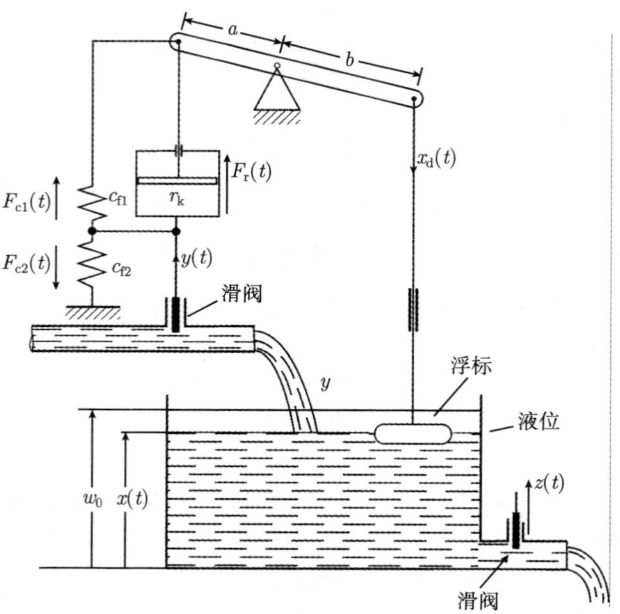

图 4.4-14 具有 $\mathrm{PDT_1}$ 调节器的液位调节工艺示意图

从工艺示意图可看出作用于滑阀上力的总和:

$$F_\mathrm{r}(t) + F_\mathrm{c1}(t) - F_\mathrm{c2}(t) = 0$$

对于三个力的关系式:

$$F_\mathrm{r}(t) = r_\mathrm{k} \cdot \frac{\mathrm{d}}{\mathrm{d}t}\left[y(t) - \frac{a}{b} \cdot x_\mathrm{d}(t)\right]$$

$$F_\mathrm{c1}(t) = c_\mathrm{f1} \cdot \left[y(t) - \frac{a}{b} \cdot x_\mathrm{d}(t)\right]$$

$$F_\mathrm{c2}(t) = -c_\mathrm{f2} \cdot y(t)$$

是成立的, 将这些代入力平衡方程:

$$r_\mathrm{k} \cdot \frac{\mathrm{d}y(t)}{\mathrm{d}t} - r_\mathrm{k} \cdot \frac{a}{b} \cdot \frac{\mathrm{d}x_\mathrm{d}(t)}{\mathrm{d}t} + c_\mathrm{f1} \cdot y(t) - c_\mathrm{f1} \cdot \frac{a}{b} \cdot x_\mathrm{d}(t) = -c_\mathrm{f2} \cdot y(t)$$

$$r_\mathrm{k} \cdot \frac{\mathrm{d}y(t)}{\mathrm{d}t} + (c_\mathrm{f1} + c_\mathrm{f2}) \cdot y(t) = r_\mathrm{k} \cdot \frac{a}{b} \cdot \frac{\mathrm{d}x_\mathrm{d}(t)}{\mathrm{d}t} + c_\mathrm{f1} \cdot \frac{a}{b} \cdot x_\mathrm{d}(t)$$

$$\frac{r_\mathrm{k}}{c_\mathrm{f1} + c_\mathrm{f2}} \cdot \frac{\mathrm{d}y(t)}{\mathrm{d}t} + y(t) = \frac{r_\mathrm{k}}{c_\mathrm{f1} + c_\mathrm{f2}} \cdot \frac{a}{b} \cdot \frac{\mathrm{d}x_\mathrm{d}(t)}{\mathrm{d}t} + \frac{c_\mathrm{f1}}{c_\mathrm{f1} + c_\mathrm{f2}} \cdot \frac{a}{b} \cdot x_\mathrm{d}(t)$$

可给出调节器参数

$$T_1=\frac{r_{\mathrm{k}}}{c_{\mathrm{f1}}+c_{\mathrm{f2}}},\quad T_{\mathrm{V}}=\frac{r_{\mathrm{k}}}{c_{\mathrm{f1}}},\quad K_{\mathrm{R}}=\frac{c_{\mathrm{f1}}}{c_{\mathrm{f1}}+c_{\mathrm{f2}}}\cdot\frac{a}{b}$$

这样可得 PDT_1 调节器的标准形式:

$$\boxed{T_1\cdot\frac{\mathrm{d}y(t)}{\mathrm{d}t}+y(t)=K_{\mathrm{R}}\cdot\left[T_{\mathrm{V}}\cdot\frac{\mathrm{d}x_{\mathrm{d}}(t)}{\mathrm{d}t}+x_{\mathrm{d}}(t)\right]}$$

阶跃形式调节误差 $x_{\mathrm{d}}(t)=x_{\mathrm{e0}}\cdot E(t)$ 提供调整量

$$\frac{y(t)}{x_{\mathrm{d0}}}=K_{\mathrm{R}}\cdot\left[1-\left(1-\frac{T_{\mathrm{V}}}{T_1}\right)\cdot\mathrm{e}^{-\frac{t}{T_1}}\right]$$

它用图 4.4-15 来表示.

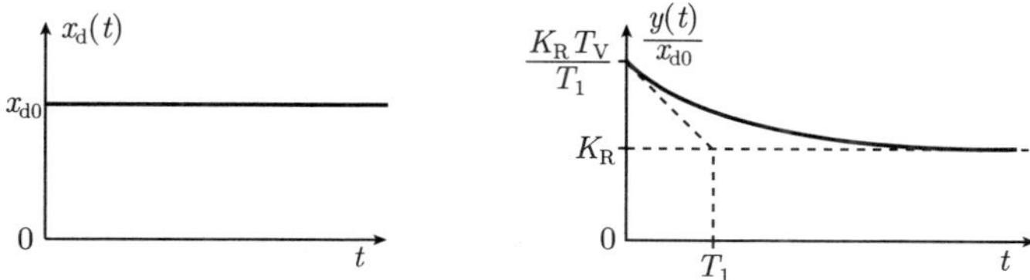

图 4.4-15 具有 PDT_1 调节器的归一化阶跃响应

也称为超前–环节 (Lead-Elemente) 的 PDT_1 环节, 在应用伯德法时引入用于提升相频特性 (7.4.3 节, 7.4.4 节). PPT_1 环节 (滞后–环节 (Lag-Elemente)) 也可用于降低幅频特性 (7.4.5 节, 7.4.6 节).

4.5 积分环节

4.5.1 积分–环节 (I 环节)

4.5.1.1 时域描述

环节具有如下的时域方程:

$$\boxed{\frac{\mathrm{d}x_{\mathrm{a}}(t)}{\mathrm{d}t}=K_{\mathrm{I}}\cdot x_{\mathrm{e}}(t),\quad x_{\mathrm{a}}(t)=K_{\mathrm{I}}\int x_{\mathrm{e}}(t)\mathrm{d}t+C_1}$$

输出量 $x_{\mathrm{a}}(t)$ 等于输入量 $x_{\mathrm{e}}(t)$ 的积分, 积分常数 C_{I} 取决于初始条件. 由 $x_{\mathrm{a}}(t=0)$ 得出 $C_{\mathrm{I}}=0$. K_{I} 称为积分系数: 积分环节的阶跃响应是随时间呈线性增长的函数 (斜坡函数):

$$\boxed{x_{\mathrm{a}}(t)=x_{\mathrm{e0}}\cdot K_{\mathrm{I}}\cdot t,\quad x_{\mathrm{e}}(t)=x_{\mathrm{e0}}\cdot E(t)}$$

归一化: 如果 $x_a(t)$ 和 $x_e(t)$ 与最大值或标称值 x_{an} 和 x_{en} 有关, 这样可得

$$\boxed{\frac{x_a(t)}{x_{an}} = \frac{K_I \cdot x_{en}}{x_{an}} \int \frac{x_e(t)}{x_{en}} dt = \frac{1}{T_I} \int \frac{x_e(t)}{x_{en}} dt}$$

T_I 称为积分时间或积分时间常数:

$$\boxed{T_I = \frac{x_{an}}{x_{en} \cdot K_I}}$$

为此, 传递环节方程为无量纲, 在传递符号中可给出 T_I 或 K_I.

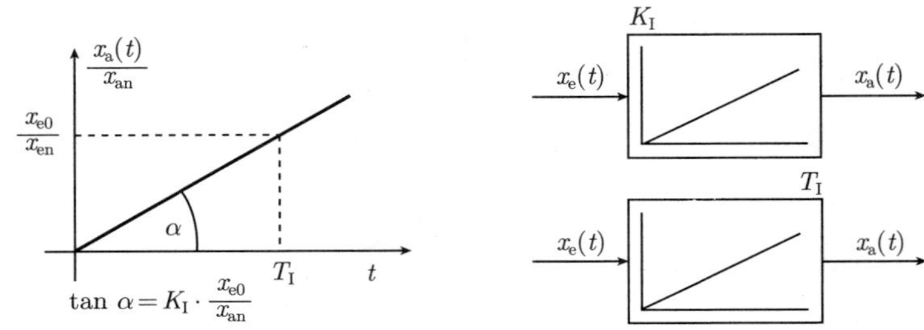

图 4.5-1　I-环节的阶跃响应函数和信号流图符号

当输入量不等于零时, 积分环节的输出量一直在变化, 对于 $x_e(t) = 0$, 输出量为常数, 在调节回路中应用 I 环节作为调节器, 以便使**稳态的调节误差** $x_d(t \to \infty)$ **趋于零 (bleibende Regeldifferenz** $x_d(t \to \infty)$ **zu Null)**.

4.5.1.2　频域描述

I 环节的传递函数和极–零点图

应用拉普拉斯变换的积分定理, 可将 I 环节的时间方程转化为传递函数:

$$G(s) = \frac{x_a(s)}{x_e(s)} = \frac{K_I}{s}$$

传递函数具有一个极点 $s_{p1} = 0$.

s 平面

Im{s}

s_{p1}

Re{s}

I 环节的频率特性函数和幅相频率特性曲线

频率特性函数

$$F(\mathrm{j}\omega) = G(s)\Big|_{s=\mathrm{j}\omega} = \frac{x_{\mathrm{a}}(\mathrm{j}\omega)}{x_{\mathrm{e}}(\mathrm{j}\omega)} = \frac{K_{\mathrm{I}}}{\mathrm{j}\omega}$$

具有实部和虚部

$$\mathrm{Re}\{F(\mathrm{j}\omega)\} = 0,\ \mathrm{Im}\{F(\mathrm{j}\omega)\} = -\frac{K_{\mathrm{I}}}{\omega}$$

幅相频率特性曲线运行在负虚轴上.

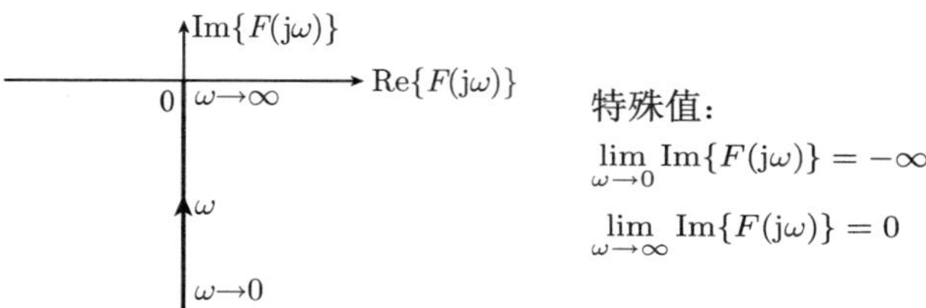

图 4.5-2 I 环节幅相频率特性曲线

频率特性函数的积分系数定义如下.

$$\boxed{K_{\mathrm{I}} = \lim_{\omega\to 0} F(\mathrm{j}\omega)\cdot \mathrm{j}\omega}$$

I 环节的伯德图

I 环节频率特性函数具有幅值

$$|F(\mathrm{j}\omega)| = \sqrt{\mathrm{Re}^2\{F(\mathrm{j}\omega)\} + \mathrm{Im}^2\{F(\mathrm{j}\omega)\}} = \frac{K_{\mathrm{I}}}{\omega}$$

和对数幅值

$$\lg|F(\mathrm{j}\omega)| = \lg K_{\mathrm{I}} - \lg\omega$$

幅频特性是一条具有斜率

$$\boxed{m = \frac{-1}{\mathrm{Dekade}},\quad m_{\mathrm{dB}} = \frac{-20\,\mathrm{dB}}{\mathrm{Dekade}}}$$

的直线, 在截止角频率 $\omega_{\mathrm{DI}} = K_{\mathrm{I}}$ 时幅频特性与角频率轴 (零–线) 相交, 通过斜率和截止角频率可确定幅频特性, 相位为常数, 其值为

$$\varphi(\omega) = \varphi\{F(\mathrm{j}\omega)\} = \arctan\frac{\mathrm{Im}\{F(\mathrm{j}\omega)\}}{\mathrm{Re}\{F(\mathrm{j}\omega)\}} = -90^\circ$$

在图 4.5-3 上绘制了伯德图.

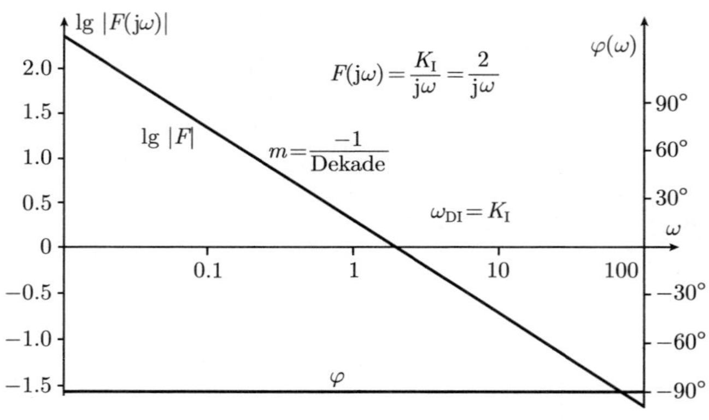

图 4.5-3 积分–环节伯德图

4.5.2 积分被调节对象

4.5.2.1 一般特性

积分被调节对象的被调节量, 在接入阶跃形式的调整量时不能达到稳态值 (平衡状态), 而是线性地继续增长, 被调节量的变化速度是常数 (斜坡函数), 这样的对象也称作无平衡的被调节对象.

4.5.2.2 积分被调节对象 (I 被调节对象)

对于积分被调节对象给出方程:

$$x(t) = K_{\mathrm{IS}} \int y(t)\mathrm{d}t, \qquad x(t) = \frac{1}{T_{\mathrm{IS}}} \int y(t)\mathrm{d}t$$

$$x(s) = G_{\mathrm{S}}(s) \cdot y(s), \qquad x(\mathrm{j}\omega) = F_{\mathrm{S}}(\mathrm{j}\omega) \cdot y(\mathrm{j}\omega)$$

$$G_{\mathrm{S}}(s) = \frac{K_{\mathrm{IS}}}{s}, \qquad G_{\mathrm{S}}(s) = \frac{1}{T_{\mathrm{IS}} \cdot s}$$

$$F_{\mathrm{S}}(\mathrm{j}\omega) = \frac{K_{\mathrm{IS}}}{\mathrm{j}\omega}, \qquad F_{\mathrm{S}}(\mathrm{j}\omega) = \frac{1}{\mathrm{j}\omega \cdot T_{\mathrm{IS}}}$$

对于积分被调节对象, 在信号流图中应用下面符号.

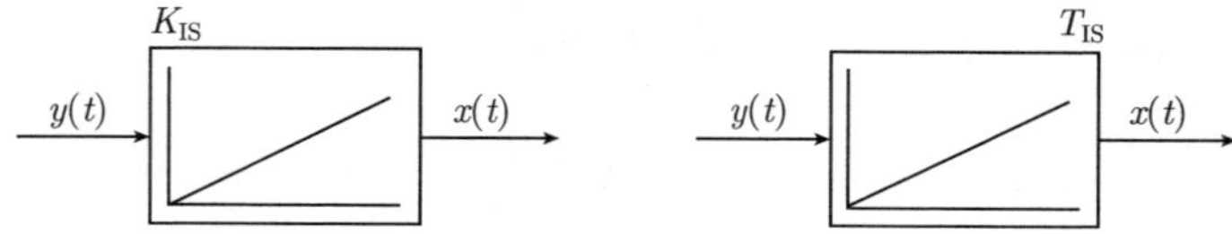

例 4.5-1 水平面被调节对象

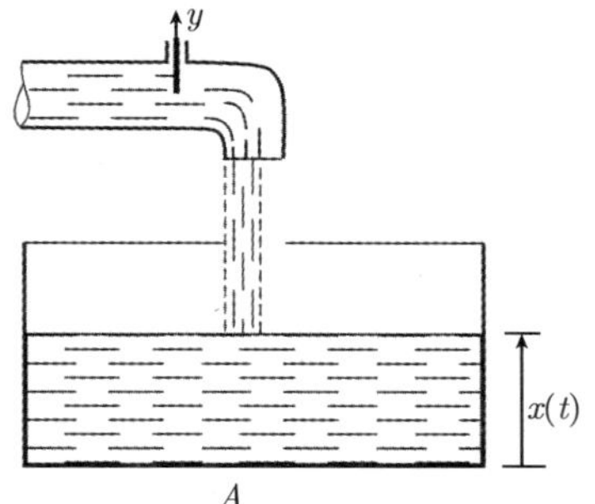

y为调整量(每时间单位流出量)
x为被调节量(液位高度)
A为容器底面积

对于被调节对象下面方程成立:

$$x(t) = \frac{1}{A}\int y(t)\mathrm{d}t = K_{\mathrm{IS}}\int y(t)\mathrm{d}t$$

$$x(s) = \frac{K_{\mathrm{IS}}}{s}\cdot y(s) = G_{\mathrm{S}}(s)\cdot y(s), \quad K_{\mathrm{IS}} = \frac{1}{A}$$

$$x(\mathrm{j}\omega) = \frac{K_{\mathrm{IS}}}{\mathrm{j}\omega}\cdot y(\mathrm{j}\omega) = F_{\mathrm{S}}(\mathrm{j}\omega)\cdot y(\mathrm{j}\omega)$$

例 4.5-2 被调节对象是质量为 m 并由推力使其加速的物体. 如果给出:

- 最大推力 $F_{\max} = 2000\mathrm{N}$;
- 速度标称值 $v_{\mathrm{n}} = 100\mathrm{km/h}$;
- 质量 $m = 1000\mathrm{kg}$.

归纳整理, 牛顿方程

$$F(t) = m\cdot a(t)$$

和积分关系式

$$v(t) = \int a(t)\mathrm{d}t = \frac{1}{m}\int F(t)\mathrm{d}t$$

成立. 如果引入调节技术参量

$$y(t) \mathrel{\hat{=}} F(t) \quad 和 \quad x(t) \mathrel{\hat{=}} v(t)$$

并且具有积分系数

$$K_{\mathrm{IS}} = \frac{1}{m} = 10^{-3}\,\mathrm{kg}^{-1}$$

那么得到被调节对象的时间方程

$$x(t) = K_{\mathrm{IS}}\int y(t)\mathrm{d}t$$

和所属的信号流图

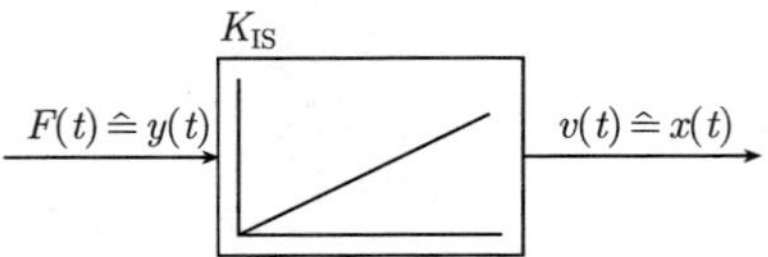

用归一化量

$$\frac{v(t)}{v_n} = \frac{1}{m} \cdot \frac{F_{max}}{v_n} \int \frac{F(t)}{F_{max}} dt$$

可得到

$$x(t) = \frac{1}{T_{IS}} \int y(t) dt$$

其中积分时间

$$T_{IS} = \frac{m \cdot v_n}{F_{max}} = 13.89\,\mathrm{s}$$

和信号流图

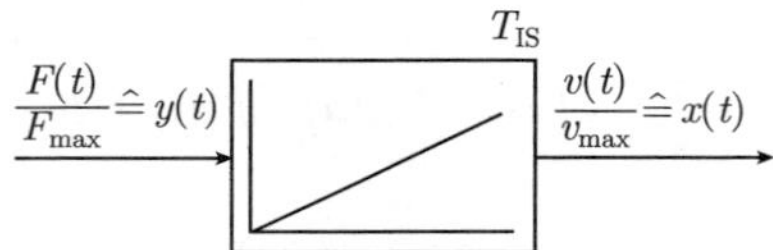

在积分时间 T_{IS} 过后, 由力 F_{max} 加速的物体将达到速度的标称值 v_n.

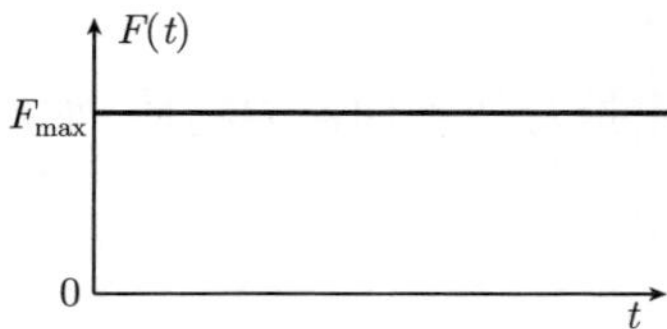

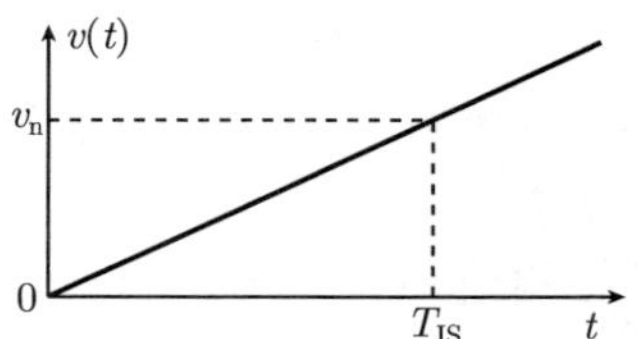

4.5.2.3　具有滞后积分被调节对象 (IT_1 被调节对象)

IT_1 被调节对象含有 I 阶滞后环节, 当多个滞后环节与一个积分传递环节串联时, 将出现高阶积分被调节对象.

例 4.5-3　将一个输入量为电枢电压 u_A 和输出量为旋转角 x 的直流电动机作为 IT_1-被调节对象, 若略去电枢电感的影响, 可得微分方程:

$$\boxed{T_M \cdot \frac{dn(t)}{dt} + n(t) = K_{PS} \cdot u_A(t)}$$

其中, $n(t)$ 为转数, $u_A(t)$ 为调整量 (电枢电压), $\varphi(t)$ 为被调节量 (旋转角), T_M 为机械时间常数. 转数和旋转角 (被调节量) 之间存在关系式:

$$\frac{d\varphi(t)}{dt} = 2\pi \cdot n(t), \quad \varphi(t) = 2\pi \int n(t) dt$$

如果引入调节技术标记 $x(t) \widehat{=} \varphi(t)$ 和 $y(t) \widehat{=} u_{\mathrm{A}}(t)$, 并在微分方程中用旋转角取代转数, 可得到

$$T_{\mathrm{M}} \cdot \frac{\mathrm{d}^2 x(t)}{\mathrm{d}t^2} + \frac{\mathrm{d}x(t)}{\mathrm{d}t} = 2\pi \cdot K_{\mathrm{PS}} \cdot y(t) = K_{\mathrm{IS}} \cdot y(t)$$

并根据积分:

$$T_{\mathrm{M}} \cdot \frac{\mathrm{d}x(t)}{\mathrm{d}t} + x(t) = K_{\mathrm{IS}} \int y(t)\mathrm{d}t$$

在频域具有对象时间常数 $T_{\mathrm{s}} = T_{\mathrm{M}}$ 的一般方程为

$$\boxed{x(s) = \frac{K_{\mathrm{IS}}}{(1 + T_{\mathrm{S}} \cdot s) \cdot s} \cdot y(s), \quad x(\mathrm{j}\omega) = \frac{K_{\mathrm{IS}}}{\mathrm{j}\omega \cdot (1 + \mathrm{j}\omega \cdot T_{\mathrm{S}})} \cdot y(\mathrm{j}\omega)}$$

例 4.5-4 位置调节的被调节对象

为使工作母机产生进刀运动, 通常引入一个与球形旋转螺杆相联的电动机 (图 4.5-4), 其中螺杆–螺母–组合将电动机的旋转运动转为直线运动.

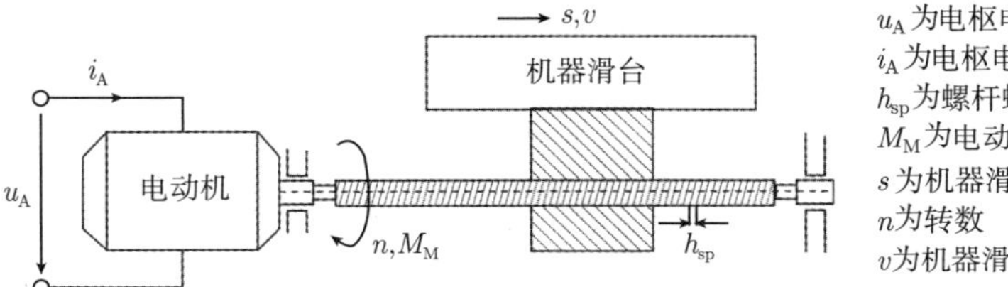

图 4.5-4 具有球形旋转螺杆的进刀驱动装置

如果忽略电枢电感的影响, 那么微分方程

$$u_{\mathrm{A}}(t) \rightarrow \boxed{T_{\mathrm{M}} \cdot \frac{\mathrm{d}s(t)}{\mathrm{d}t} + n(t) = K_{\mathrm{PS}} \cdot u_{\mathrm{A}}(t)} \rightarrow n(t)$$

T_{M} 为机械时间常数

有效. 机器滑台速度通过螺杆螺距与电动机转数联结在一起:

$$v(t) = h_{\mathrm{sp}} \cdot n(t)$$

机器滑台速度与位置之间构成积分关系

$$s(t) = \int v(t)\mathrm{d}t$$

由此, 对于被调节对象的机械传递环节可给出方程

$$s(t) = h_{\mathrm{sp}} \int n(t)\mathrm{d}t, \quad K_{\mathrm{IS}} = h_{\mathrm{sp}}$$

它也可转化成微分方程

$n(t)$ → $\dfrac{\mathrm{d}s(t)}{\mathrm{d}t} = h_{\mathrm{sp}} \cdot n(t)$ → $s(t)$

如果将两个传递环节组合在一起, 那么就可构成一个 IT_1 被调节对象, 它包含 PT_1 环节和积分环节:

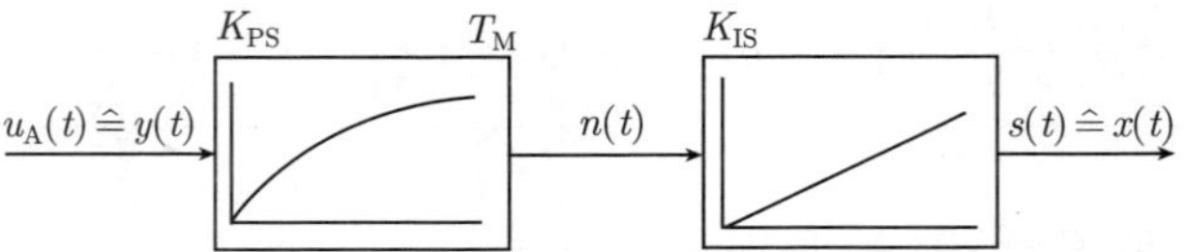

例 4.5-5　活套调节 (图 4.5-5)

为了调节弹性材料带的垂度, 将把活套调节引入到纺织工业中, 材料带的垂度与速度差的积分成比例:

$$s(t) = \frac{1}{2} \int [v_2(t) - v_1(t)]\mathrm{d}t = \frac{1}{2} \cdot 2\pi \cdot r \int [n_2(t) - n_1(t)]\mathrm{d}t$$

被调节对象的输入量和输出量配置如下:

- 调整量 $y(t) \hat{=} n_2(t)$;
- 被被调节量 $x(t) \hat{=} s(t)$;

作用在对象输入端有:

- 扰动量 $z(t) \hat{=} n_1(t)$.

为此可得到被调节对象的时间方程

$$x(t) = \pi \cdot r \int [y(t) - z(t)]\mathrm{d}t = K_{\mathrm{IS}} \int [y(t) - z(t)]\mathrm{d}t$$

和信号流图:

$n_1(t) \hat{=} z(t)$
$n_2(t) \hat{=} y(t)$
$-$
K_{IS}
$s(t) \hat{=} x(t)$

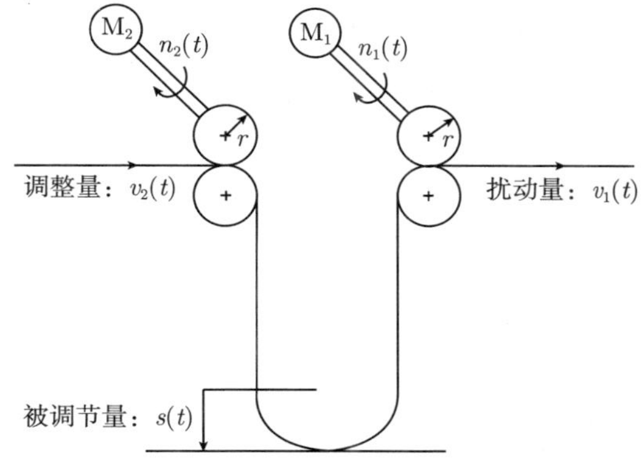

图 4.5-5 活套调节工艺示意图

如果将驱动电动机 M_2 计入被调节对象. 那么可生成一个 IT_1 被调节对象. 对此, 如像例 4.5-3 和例 4.5-4 中那样电动机表示为 IT_1 环节. 在图 4.5-6 中给出具有 P 调节器的活套调节的闭环调节回路, 调整量为电动机电枢电压 u_{A}.

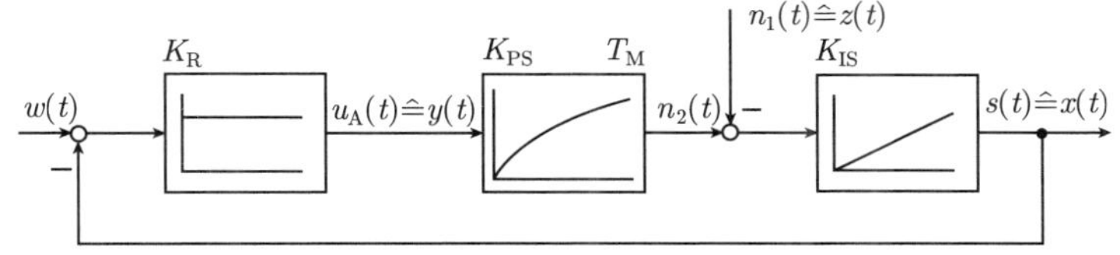

图 4.5-6 活套调节的信号流图

4.5.2.4 具有时延积分被调节对象 (IT_t 被调节对象)

在积分被调节对象情况会出现时延, 例如当通过传送系统将料箱装满时, 就是这种情况.

例 4.5-6 具有时延的料面高度被调节对象

在图中描述具有时延的料面高度被调节对象的情况, 单位时间材料供给量构成调整量, 被调节量为料面高度.

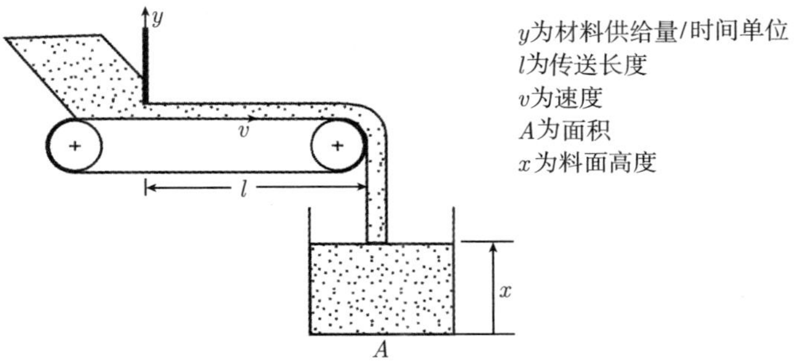

对于被调节对象在时域下面关系式成立

$$x(t)=\frac{1}{A}\int y\cdot\left(t-\frac{l}{v}\right)\mathrm{d}t=K_{\mathrm{I}}\int y\cdot(t-T_{\mathrm{t}})\mathrm{d}t$$

延迟时间相应于传送时间

$$T_{\mathrm{t}}=\frac{l}{v}$$

积分系数为

$$K_{\mathrm{I}}=\frac{1}{A}$$

由此得到下面信号流图:

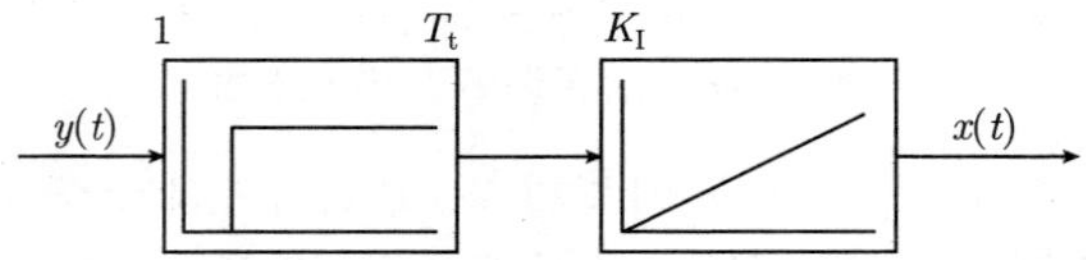

阶跃形式的调整量提供一个移位斜坡函数作为被调节量.

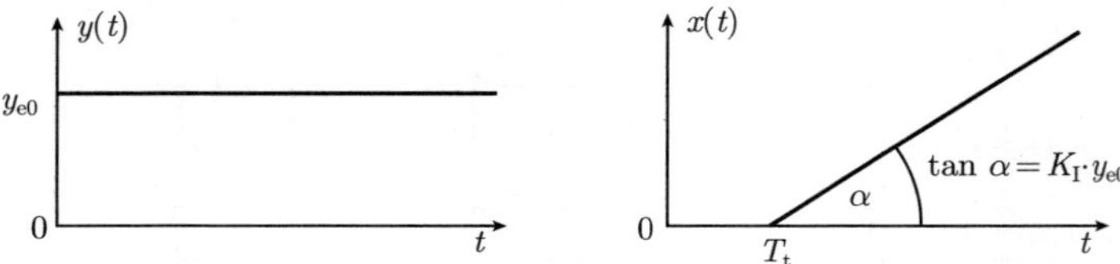

4.5.3　具有积分特性调节器

4.5.3.1　积分–调节器 (I 调节器)

积分–调节器由调节误差 x_{d} 构建调整量 y. 在时域下, 以下方程成立:

$$\boxed{\frac{\mathrm{d}y(t)}{\mathrm{d}t}=K_{\mathrm{IR}}\cdot x_{\mathrm{d}}(t),\quad y(t)=K_{\mathrm{IR}}\int x_{\mathrm{d}}(t)\mathrm{d}t}$$

在频域得到:

$$\boxed{\begin{aligned}&y(s)=G_{\mathrm{R}}(s)\cdot x_{\mathrm{d}}(s),\\&y(\mathrm{j}\omega)=F_{\mathrm{R}}(\mathrm{j}\omega)\cdot x_{\mathrm{d}}(\mathrm{j}\omega),\\&G_{\mathrm{R}}(s)=\frac{1}{T_{\mathrm{IR}}\cdot s},\quad G_{\mathrm{R}}(s)=\frac{K_{\mathrm{IR}}}{s},\\&F_{\mathrm{R}}(\mathrm{j}\omega)=\frac{1}{\mathrm{j}\omega\cdot T_{\mathrm{IR}}},\quad F_{\mathrm{R}}(\mathrm{j}\omega)=\frac{K_{\mathrm{IR}}}{\mathrm{j}\omega}\end{aligned}}$$

对于 I 调节器可应用如图 4.5-7 所示的信号流图符号.

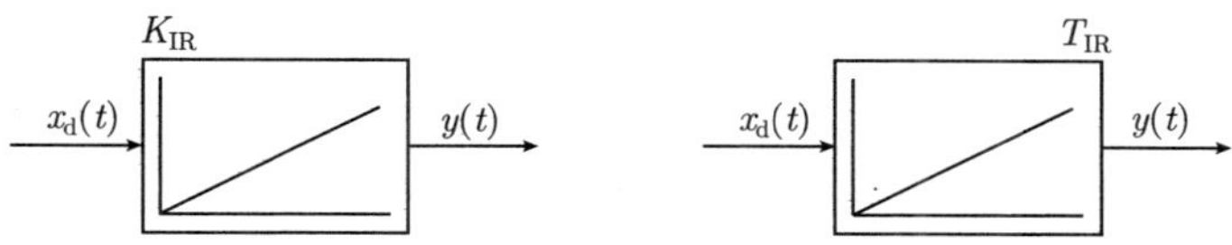

图 4.5-7 I-调节器信号流图符号

K_{IR} 为积分系数, T_{IR} 为调节器积分时间常数.

> 积分调节器主要**优点**为, **稳态调节误差** $x_d(t\to\infty)$ **趋于零**, 在阶跃输入时会精确达到被调节量的希望值.

其**缺点**为积分调节器会导致相对**慢的调节回路**, 因为调整量首先是通过调节误差的积分得到的.

例 4.5-7 具有 I 调节器的 PT_1 被调节对象, 研究在信号流图中表示的调节系统的稳态调节特性.

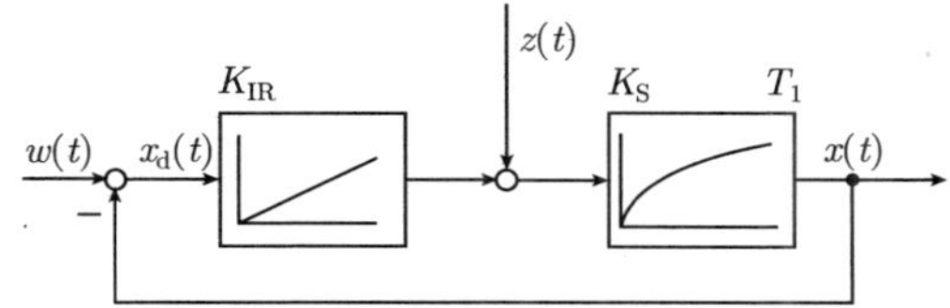

由信号流图可推导出开环调节回路传递函数

$$G_{RS}(s)=\frac{x(s)}{x_d(s)}=G_R(s)\cdot G_S(s)=\frac{K_{IR}}{s}\cdot\frac{K_S}{1+T_1\cdot s}=\frac{K_{IR}\cdot K_S}{(1+T_1\cdot s)\cdot s}$$

参据传递函数

$$G(s)=\frac{x(s)}{w(s)}=\frac{G_{RS}(s)}{1+G_{RS}(s)}=\frac{K_{IR}\cdot K_S}{K_{IR}\cdot K_S+(1+T_1\cdot s)\cdot s}$$

和扰动传递函数

$$G_z(s)=\frac{x(s)}{z(s)}=\frac{G_S(s)}{1+G_R(s)\cdot G_S(s)}=\frac{K_S\cdot s}{K_{IR}\cdot K_S+(1+T_1\cdot s)\cdot s}$$

计算在阶跃接入 $\boldsymbol{w(t)=E(t)}$ 而扰动量 $\boldsymbol{z(t)=0}$ 时的调节误差:

在阶跃形式的参据量时, 有

$$w(s)=\frac{1}{s}$$

调节误差的拉普拉斯变换具有形式

$$x_{\mathrm{d}}(s)=w(s)-x(s)=w(s)\cdot[1-G(s)]=\frac{1-G(s)}{s}$$

应用拉普拉斯变换终值定理可得到调节误差的终值

$$\lim_{\mathrm{t}\to\infty}x_{\mathrm{d}}(t)=\lim_{s\to0}s\cdot x_{\mathrm{d}}(s)=\lim_{s\to0}s\cdot\frac{1}{s}\cdot[1-G(s)]=1-\frac{K_{\mathrm{IR}}\cdot K_{\mathrm{S}}}{K_{\mathrm{IR}}\cdot K_{\mathrm{S}}}=0$$

和被调节量的终值

$$\lim_{\mathrm{t}\to\infty}x(t)=\lim_{s\to0}s\cdot G(s)\cdot w(s)=\lim_{s\to0}s\cdot\frac{1}{s}\cdot G(s)=\frac{K_{\mathrm{IR}}\cdot K_{\mathrm{S}}}{K_{\mathrm{IR}}\cdot K_{\mathrm{S}}}=1$$

计算在阶跃输入 $z(t)=E(t)$ 而参据量 $w(t)=0$ 时的调节误差:

在扰动量阶跃形式的预先给定值时, 有

$$z(s)=\frac{1}{s}$$

调节误差可采用形式

$$x_{\mathrm{d}}(s)=-x(s)=-G_z(s)\cdot z(s)=\frac{-G_{\mathrm{S}}(s)}{1+G_{\mathrm{R}}(s)\cdot G_{\mathrm{S}}(s)}\cdot\frac{1}{s}$$

由终值定理可得到调节误差的终值

$$\begin{aligned}\lim_{\mathrm{t}\to\infty}x_{\mathrm{d}}(t)&=\lim_{s\to0}s\cdot x_{\mathrm{d}}(s)\\&=\lim_{s\to0}s\cdot\frac{-G_{\mathrm{S}}(s)}{1+G_{\mathrm{R}}(s)\cdot G_{\mathrm{S}}(s)}\cdot\frac{1}{s}\\&=\lim_{s\to0}s\cdot\frac{-K_{\mathrm{S}}\cdot s}{K_{\mathrm{IR}}\cdot K_{\mathrm{S}}+(1+T_1\cdot s)\cdot s}\cdot\frac{1}{s}=0\end{aligned}$$

如果调节回路含有一个积分–环节, 那么在阶跃输入时稳态调节误差趋于零 $x_{\mathrm{d}}(t\to\infty)=0$, 而被调节量达到希望值 $x(t\to\infty)=w_0$.

4.5.3.2 比例–积分–调节器 (PI 调节器)

4.5.3.2.1 时域描述

PI 调节装置可消除慢的调节特性 (I 调节器的缺点), 将积分部分附加到调整量比例部分上, 为此可提高调节器的反应快速性, 在时域的方程为

$$y(t)=K_{\mathrm{R}}\cdot\left[x_{\mathrm{d}}(t)+\frac{1}{T_{\mathrm{N}}}\int x_{\mathrm{d}}(t)\mathrm{d}t\right]$$

在接入阶跃函数

$$x_{\mathrm{d}}(t) = x_{\mathrm{d0}} \cdot E(t)$$

时 PI-调节器提供阶跃响应

$$y(t) = K_{\mathrm{R}} \cdot \left(1 + \frac{t}{T_{\mathrm{N}}}\right) \cdot x_{\mathrm{d0}} \cdot E(t)$$

在图 4.5-8 中表示归一化阶跃响应和信号流图符号.

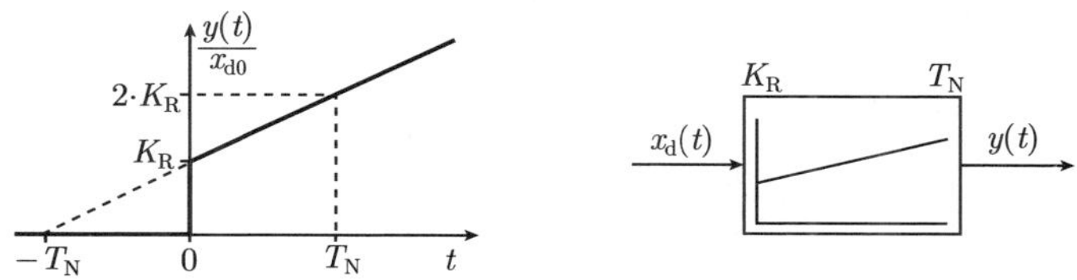

图 4.5-8 PI-调节器归一化阶跃响应和信号流图符号

K_{R} 为调节器增益 (比例系数), T_{N} 称为调后时间, 调后时间 T_{N} 为这样的时间, 即无 P 部分的 I 调节器, 当其输入阶跃函数时生成与 PI 调节器至时间点 $t = 0$ 相同调整量所需用的时间.

PI 调节器结合了 P 调节器和 I 调节器的**优点**:
P 部分: 在出现调节误差时, 基于 P 部分马上产生会一个修正的调整量.
I 部分: I 部分作用是, 使调节误差 x_{d} 在 $t \to \infty$ 时趋于零.

4.5.3.2.2 频域描述

PI 调节器的传递函数和极-零点图

在频域可得传递函数:

$$G_{\mathrm{R}}(s) = \frac{y(s)}{x_{\mathrm{d}}(s)} = K_{\mathrm{R}} \cdot \frac{1 + T_{\mathrm{N}} \cdot s}{T_{\mathrm{N}} \cdot s} = K_{\mathrm{R}} \cdot \left(1 + \frac{1}{T_{\mathrm{N}} \cdot s}\right)$$

s 平面 Im$\{s\}$ Re$\{s\}$ s_{n1} s_{p1} $-\frac{1}{T_{\mathrm{N}}}$

传递函数在具有:

- 一个零点 $s_{\mathrm{n1}} = -\dfrac{1}{T_{\mathrm{N}}}$;
- 一个极点 $s_{\mathrm{p1}} = 0$.

PI 调节器的频率特性函数和幅相频率特性曲线

频率特性函数

$$F_{\mathrm{R}}(\mathrm{j}\omega) = G_{\mathrm{R}}(s)\bigg|_{s=\mathrm{j}\omega} = \frac{y(\mathrm{j}\omega)}{x_{\mathrm{d}}(\mathrm{j}\omega)} = K_{\mathrm{R}}\frac{1+\mathrm{j}\omega T_{\mathrm{N}}}{\mathrm{j}\omega T_{\mathrm{N}}}$$

具有实部和虚部

$$\mathrm{Re}\{F_{\mathrm{R}}(\mathrm{j}\omega)\} = K_{\mathrm{R}},$$
$$\mathrm{Im}\{F_{\mathrm{R}}(\mathrm{j}\omega)\} = -\frac{K_{\mathrm{R}}}{\omega T_{\mathrm{N}}}$$

在图 4.5-9 中, 幅相频率特性曲线为一条平行于虚轴的直线.

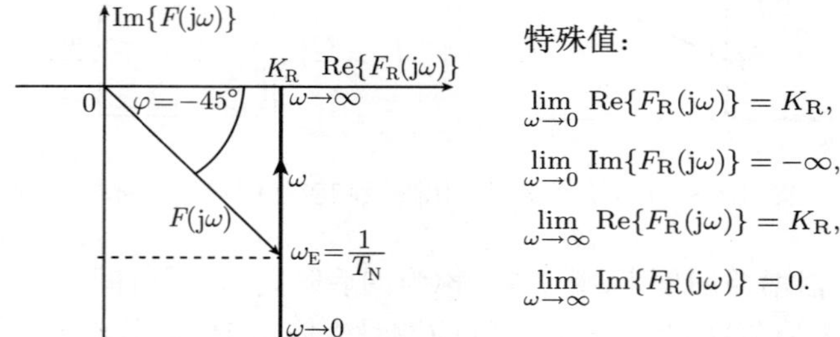

图 4.5-9 PI 调节器幅相频率特性曲线

PI 调节器的伯德图

PI 调节器频率特性函数具有幅值

$$|F_{\mathrm{R}}(\mathrm{j}\omega)| = \sqrt{\mathrm{Re}^2\{F_{\mathrm{R}}(\mathrm{j}\omega)\} + \mathrm{Im}^2\{F_{\mathrm{R}}(\mathrm{j}\omega)\}} = \frac{K_{\mathrm{R}}}{\omega T_{\mathrm{N}}}\sqrt{1+(\omega T_{\mathrm{N}})^2}$$

和对数幅值

$$\begin{aligned}\lg|F_{\mathrm{R}}(\mathrm{j}\omega)| &= \lg\left(\frac{K_{\mathrm{R}}}{\omega T_{\mathrm{N}}}\right) + \lg\sqrt{1+(\omega T_{\mathrm{N}})^2}\\ &= \lg K_{\mathrm{R}} - \lg(\omega T_{\mathrm{N}}) + \lg\sqrt{1+(\omega T_{\mathrm{N}})^2}\end{aligned}$$

相位为

$$\begin{aligned}\varphi_{\mathrm{R}}(\omega) = \varphi_{\mathrm{R}}\{F_{\mathrm{R}}(\mathrm{j}\omega)\} &= \arctan\frac{\mathrm{Im}\{F_{\mathrm{R}}(\mathrm{j}\omega)\}}{\mathrm{Re}\{F_{\mathrm{R}}(\mathrm{j}\omega)\}}\\ &= \arctan\frac{-1}{\omega T_{\mathrm{N}}} = -\arctan\frac{1}{\omega T_{\mathrm{N}}}\end{aligned}$$

对于 $\omega T_{\mathrm{N}} \ll 1$ 的频率特性曲线特性

$$|F_{\mathrm{R}}(\mathrm{j}\omega)| = \frac{K_{\mathrm{R}}}{\omega T_{\mathrm{N}}},\quad \lg|F_{\mathrm{R}}(\mathrm{j}\omega)| = \lg K_{\mathrm{R}} - \lg(\omega T_{\mathrm{N}}),\quad \varphi_{\mathrm{R}} = -90^\circ$$

幅频特性的渐进线为一条直线, 其斜率

$$\boxed{m = -1/\mathrm{Dekade},\quad m_{\mathrm{dB}} = -20\,\mathrm{dB/Dekade}}$$

对于 $\omega T_N \gg 1$ 的频率特性曲线特性

$$|F_R(j\omega)| = K_R, \quad \lg|F_R(j\omega)| = \lg K_R, \quad \varphi_R = 0°$$

在这个区间幅频特性为距离实轴 $\lg K_R$ 的一条平行于零–线的直线.

对于 $\omega_E = \dfrac{1}{T_N}$ 的频率特性曲线的特性

幅频特性曲线的渐进线相交于转折角频率 $\omega_E = \dfrac{1}{T_N}$, 幅频特性在该处具有值

$$|F_R(j\omega_E)| = K_R\sqrt{2}, \quad \lg|F_R(j\omega_E)| = \lg K_R + 0.15$$

并且位于比在高频率时高 0.15(3dB), 在这个区间相频特性可通过一条具有斜率为

$$\boxed{n = 45°/\text{Dekade}}$$

的直线近似, 其伯德图绘制在图 4.5-10 中.

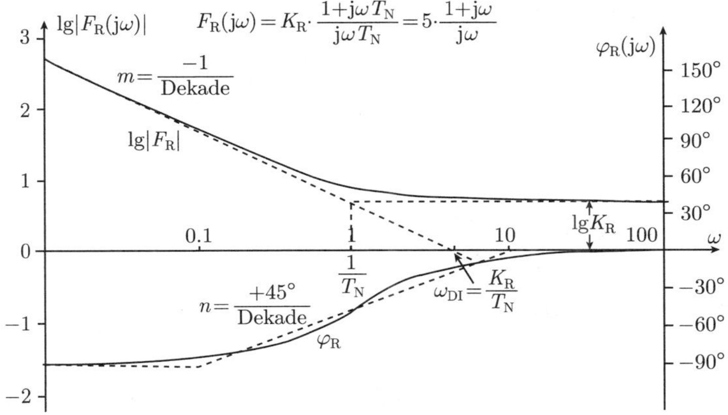

图 4.5-10 PI 调节器伯德图

例 4.5-8 进刀驱动装置的速度调节

图 4.5-11 中给出的具有两个 PT_1 环节的驱动被调节对象, 其中机械传递环节例 4.5-4 中已有描述.

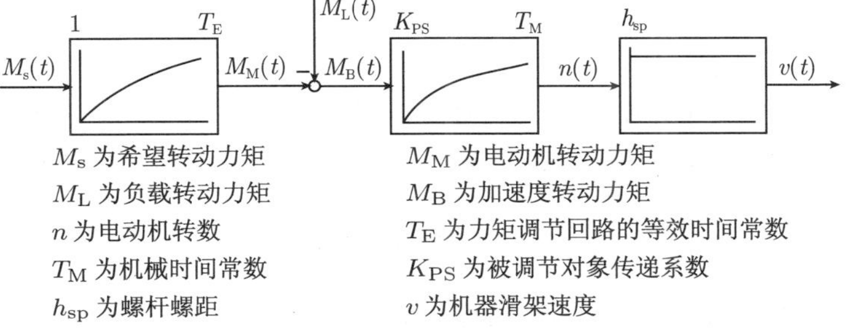

图 4.5-11 进刀驱动装置的驱动被调节对象

在被调节对象的信号流图中有附加的产生电动机转动力矩的驱动电动机, 工作母机进刀驱动装置也可调节电动机力矩. 力矩调节回路含有具有等效时间常数 T_E 的 PT_1 特性, 一般 $T_M \gg T_E$ 有效. 为了调节进刀速度引入 PI 调节器 (图 4.5-12).

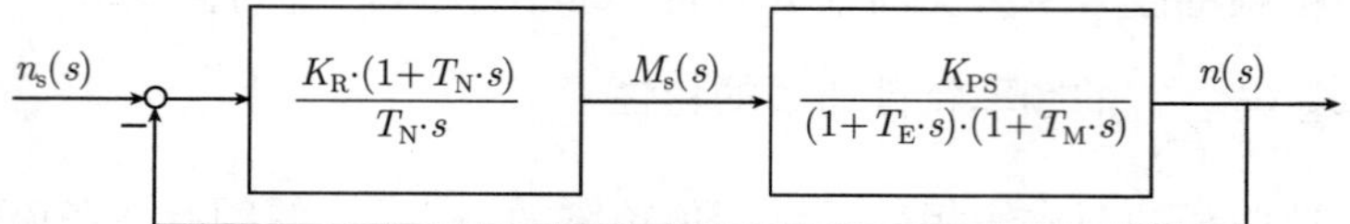

图 4.5-12　速度调节回路的信号流图

在此, 选择调后时间等于机械时间常数 $T_N = T_M$ 和调节器增益

$$K_R = \frac{T_M}{2 \cdot K_{PS} \cdot T_E}$$

这样可得开环调节回路的传递函数

$$G_{RS}(s) = \frac{1}{2 \cdot T_E \cdot s \cdot (1 + T_E \cdot s)}$$

和闭环调节回路传递函数形式:

$$G(s) = \frac{G_{RS}(s)}{1 + G_{RS}(s)} = \frac{1}{1 + 2 \cdot T_E \cdot s + 2 \cdot T_E^2 \cdot s^2}$$

与 PT_2-环节的标准传递函数系数比较

$$G(s) = \frac{1}{1 + 2 \cdot T_E \cdot s + 2 \cdot T_E^2 \cdot s^2} \overset{!}{=} \frac{1}{1 + 2 \cdot D \cdot \dfrac{s}{\omega_0} + \dfrac{s^2}{\omega_0^2}}$$

提供方程及其解

$$2 \cdot T_E^2 = \frac{1}{\omega_0^2} \quad \rightarrow \quad \omega_0 = \frac{1}{\sqrt{2} \cdot T_E},$$
$$2 \cdot T_E = 2 \cdot \frac{D}{\omega_0} \quad \rightarrow \quad D = \frac{1}{\sqrt{2}}$$

通过调后时间 T_N 来缩小大的对象时间常数 T_M, 速度调节回路的传递特性仅取决于小的等效时间常数 T_E. 由此调节是快速的, 在驱动调节回路中 $D = 1/\sqrt{2}$ 时微小超调

$$\ddot{u} = \mathrm{e}^{-\frac{\pi D}{\sqrt{1-D^2}}} = 0.043$$

是可接受的. 图 4.5-13 表示归一化的阶跃响应.

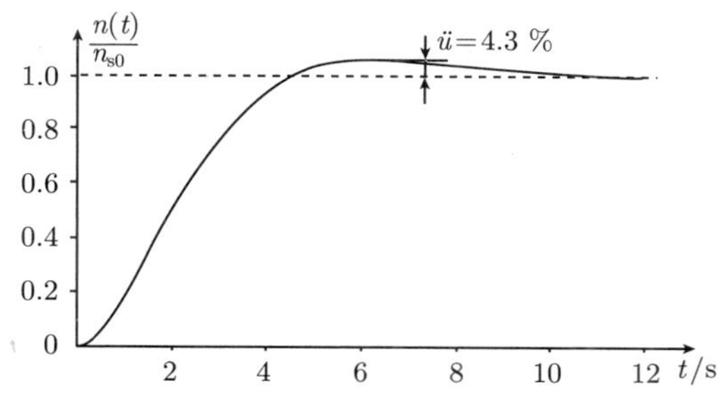

图 4.5-13 速度调节回路的归一化的阶跃响应

4.5.3.3 无滞后比例–积分–微分–调节器的加法 (并联) 形式

4.5.3.3.1 时域描述

调整量由比例–积分–微分–部分构成. 对于无滞后 PID 调节器在时域的方程为

$$y(t) = K_{\mathrm{R}} \cdot \left[\underset{\text{P 部分}}{x_{\mathrm{d}}(t)} + \underset{\text{I 部分}}{\frac{1}{T_{\mathrm{N}}} \int x_{\mathrm{d}}(t)\mathrm{d}t} + \underset{\text{D 部分}}{T_{\mathrm{V}} \cdot \frac{\mathrm{d}x_{\mathrm{d}}(t)}{\mathrm{d}t}} \right]$$

调节器的这种形式称为 PID 调节器的加法 (并联) 形式或和的形式, K_{R} 为比例增益, T_{N} 为调后时间, T_{V} 为超前时间. 由 $x_{\mathrm{d}}(t) = x_{\mathrm{e0}} \cdot E(t)$ 可得到归一化的阶跃响应

$$h(t) = \frac{y(t)}{x_{\mathrm{d0}}} = K_{\mathrm{R}} \cdot \left[1 + \frac{t}{T_{\mathrm{N}}} + T_{\mathrm{V}} \cdot \delta(t) \right]$$

如图 4.5-14 和图 4.5-15 所示, PID 调节器通过微分–部分具有比 PI 调节器更高的快速性, 借助 D-部分可以补偿被调节对象的时间常数.

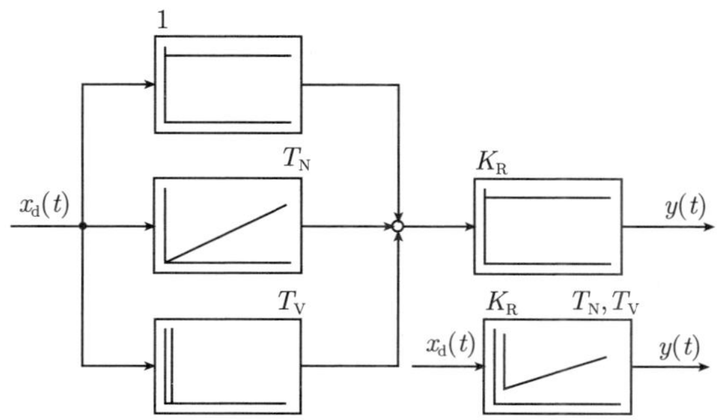

图 4.5-14 无滞后 PID 调节器加法形式的信号流图和信号流图符号

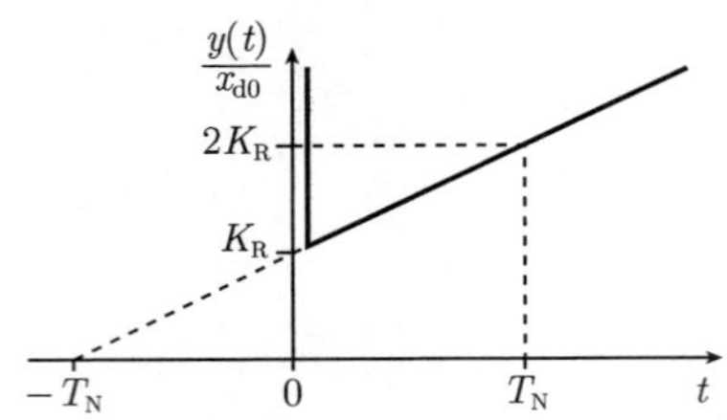

图 4.5-15　无滞后 PID 调节器加法形式的归一化阶跃响应

4.5.3.3.2　频域描述

无滞后 PID 调节器加法形式的传递函数和极–零点图

应用微分–和积分定理由时域方程可构建传递函数：

$$\boxed{\begin{aligned} G_R(s) &= \frac{y(s)}{x_d(s)} = K_R \cdot \left[1 + \frac{1}{T_N \cdot s} + T_V \cdot s\right] \\ &= K_R \cdot \frac{1 + T_N \cdot s + T_N \cdot T_V \cdot s^2}{T_N \cdot s} \end{aligned}}$$

传递函数具有两个零点

$$s_{n1} = -\frac{1}{2 \cdot T_V} \cdot \left[1 - \sqrt{1 - 4 \cdot \frac{T_V}{T_N}}\right],$$

$$s_{n2} = -\frac{1}{2 \cdot T_V} \cdot \left[1 + \sqrt{1 - 4 \cdot \frac{T_V}{T_N}}\right]$$

和一个极点 $s_{p1} = 0$, 对于情况 $4T_V < T_N$ 它们绘制在极–零点图上.

s 平面　$\mathrm{Im}\{s\}$　$\mathrm{Re}\{s\}$　s_{n2}　s_{n1}　s_{p1}

无滞后 PID 调节器加法形式的频率特性函数和幅相频率特性曲线

频率特性函数

$$F_R(j\omega) = G_R(s)\Big|_{s=j\omega} = \frac{y(j\omega)}{x_d(j\omega)} = K_R \cdot \left[1 + \frac{1}{j\omega T_N} + j\omega T_V\right]$$

$$\boxed{F_R(j\omega) = K_R \cdot \frac{1 + j\omega T_N + (j\omega)^2 T_N T_V}{j\omega T_N}}$$

具有实部和虚部

$$\mathrm{Re}\{F_R(j\omega)\} = K_R$$

$$\mathrm{Im}\{F_R(j\omega)\} = -\frac{K_R \cdot (1 - \omega^2 T_N T_V)}{\omega T_N}$$

在图 4.5-16 上幅相频率特性曲线为一条平行于虚轴的直线.

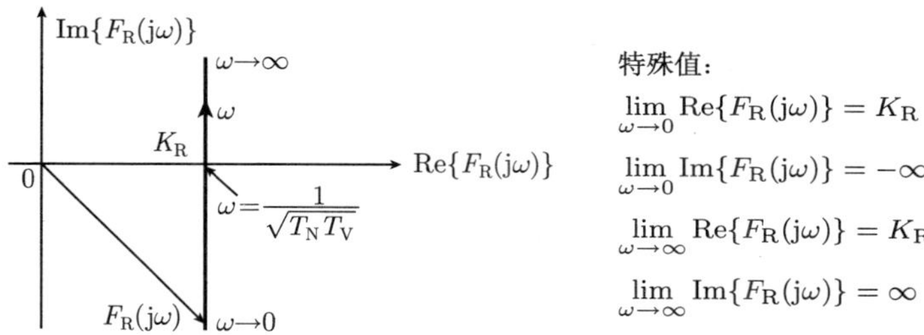

图 4.5-16 无滞后 PID 调节器加法形式的幅相频率特性曲线

无滞后 PID 调节器加法形式的伯德图

无滞后 PID 调节器频率特性函数具有幅值

$$|F_R(j\omega)|=\sqrt{\mathrm{Re}^2\{F_R(j\omega)\}+\mathrm{Im}^2\{F_R(j\omega)\}}=K_R\cdot\sqrt{1+\left[\omega T_V-\frac{1}{\omega T_N}\right]^2}$$
$$=\frac{K_R}{\omega T_N}\cdot\sqrt{1+\omega^2[T_N(T_N-2T_V+\omega^2 T_N T_V^2)]}$$

和对数幅值

$$\lg|F_R(j\omega)|=\lg K_R-\lg(\omega T_N)+\lg\sqrt{1+\omega^2[T_N(T_N-2T_V+\omega^2 T_N T_V^2)]}$$

相位为

$$\varphi_R(\omega)=\varphi_R\{F_R(j\omega)\}=\arctan\frac{\mathrm{Im}\{F_R(j\omega)\}}{\mathrm{Re}\{F_R(j\omega)\}}=-\arctan\frac{1-\omega^2 T_N T_V}{\omega T_N}$$

为了构造频率特性线的渐进线需要下面角频率:

- 积分–部分截止角频率: $\omega_{DI}=\dfrac{K_R}{T_N}$;
- 转折角频率:

$$\omega_{E2}=\frac{1}{T_2}=\frac{1}{2\cdot T_V}-\sqrt{\frac{1}{4\cdot T_V^2}-\frac{1}{T_N\cdot T_V}},$$

$$\omega_{E3}=\frac{1}{T_3}=\frac{1}{2\cdot T_V}+\sqrt{\frac{1}{4\cdot T_V^2}-\frac{1}{T_N\cdot T_V}}$$

对于转折角频率方程, 必须满足于 $4T_V<T_N$. 无滞后 PID 调节器加法形式的伯德图表示在图 4.5-17 中.

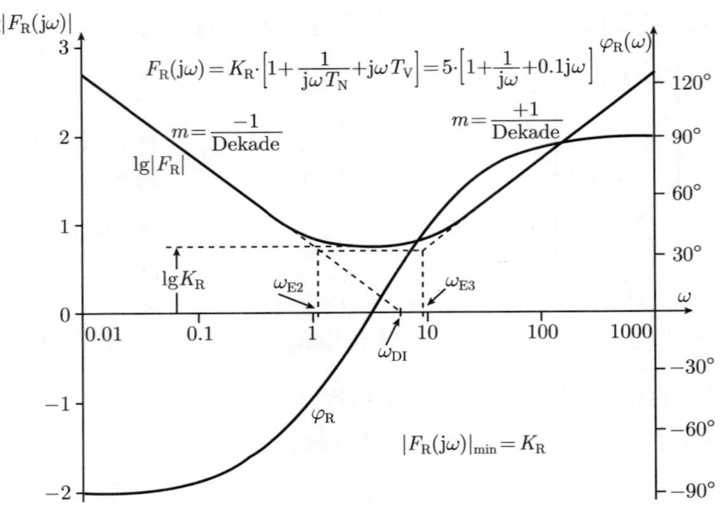

图 4.5-17 无滞后 PID 调节器加法形式的伯德图

4.5.3.4 无滞后比例–积分–微分–调节器乘法 (串联) 形式

4.5.3.4.1 时域描述

在时域对于**乘法的无滞后 PID 调节器**方程具有形式:

$$y(t) = K_R \cdot \left[\frac{T_N + T_V}{T_N} \cdot x_d(t) + \frac{1}{T_N}\int x_d(t)\mathrm{d}t + T_V \cdot \frac{\mathrm{d}x_d(t)}{\mathrm{d}t}\right]$$

这个调节器形式可称为 PID 调节器的乘法 (串联) 形式或积的形式, K_R 为比例增益, T_N 为调后时间, T_V 为超前时间, 由 $x_d(t) = x_{e0} \cdot E(t)$ 可得到归一化的阶跃响应

$$h(t) = \frac{y(t)}{x_{d0}} = K_R \cdot \left[\frac{T_N + T_V}{T_N} + \frac{t}{T_N} + T_V \cdot \delta(t)\right]$$

如图 4.5-18 所示.

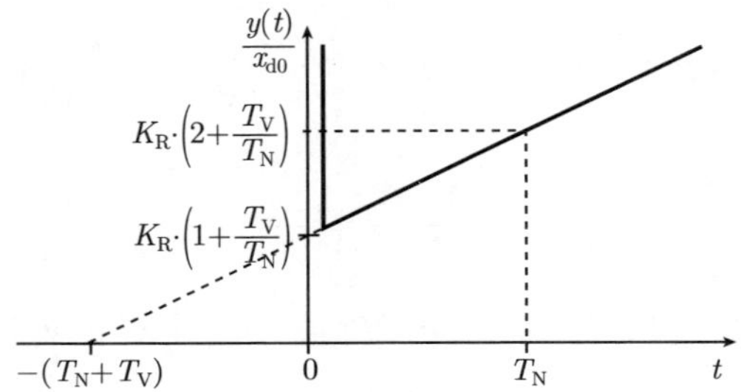

图 4.5-18 无滞后 PID 调节器乘法形式的归一化阶跃响应

4.5.3.4.2 频域描述

无滞后 PID 调节器乘法形式的传递函数和极–零点图

在频域调节技术方法中应用 PID 调节器乘法形式是有利的, 伯德法的基础是频率特性的对数, 而在 PID 调节器加法形式时其对数会导出非显式表达式 (图 4.5-19).

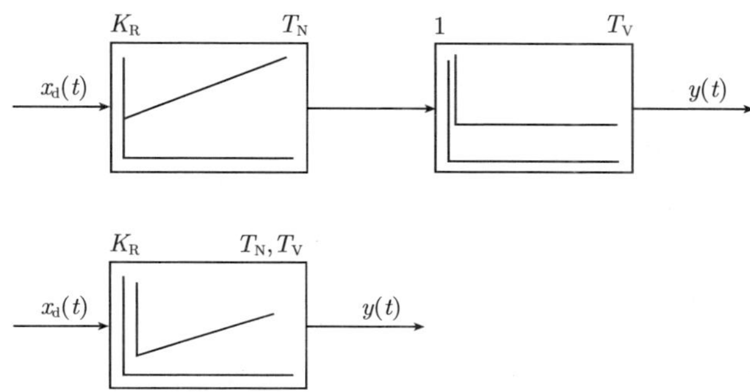

图 4.5-19 无滞后 PID 调节器乘法形式的信号流图和信号流图符号

在 PID 调节器乘法形式时传递函数表示为

$$G_R(s)=\frac{y(s)}{x_d(s)}=\frac{K_R\cdot(1+T_N\cdot s)\cdot(1+T_V\cdot s)}{T_N\cdot s}$$

传递函数的两个零点为

$$s_{n1}=-\frac{1}{T_N},\quad s_{n2}=-\frac{1}{T_V}$$

一个极点位于 $s_{p1}=0$.

它们被绘制在极–零点图上.

s 平面

$\mathrm{Im}\{s\}$

$\mathrm{Re}\{s\}$

s_{n2} s_{n1} s_{p1}

无滞后 PID 调节器乘法形式的频率特性函数和幅相频率特性曲线

频率特性函数

$$F_R(\mathrm{j}\omega)=G_R(s)\Big|_{s=\mathrm{j}\omega}=\frac{y(\mathrm{j}\omega)}{x_d(\mathrm{j}\omega)}=\frac{K_R\cdot(1+\mathrm{j}\omega T_N)\cdot(1+\mathrm{j}\omega T_V)}{\mathrm{j}\omega T_N}$$

具有实部和虚部

$$\mathrm{Re}\{F_\mathrm{R}(\mathrm{j}\omega)\} = K_\mathrm{R} \cdot \left(1 + \frac{T_\mathrm{V}}{T_\mathrm{N}}\right)$$

$$\mathrm{Im}\{F_\mathrm{R}(\mathrm{j}\omega)\} = -\frac{K_\mathrm{R} \cdot (1 - \omega^2 T_\mathrm{N} T_\mathrm{V})}{\omega T_\mathrm{N}}$$

矢量轨迹图如像在加法形式时一样为一条平行于虚轴的直线, 如图 4.5-20 所示.

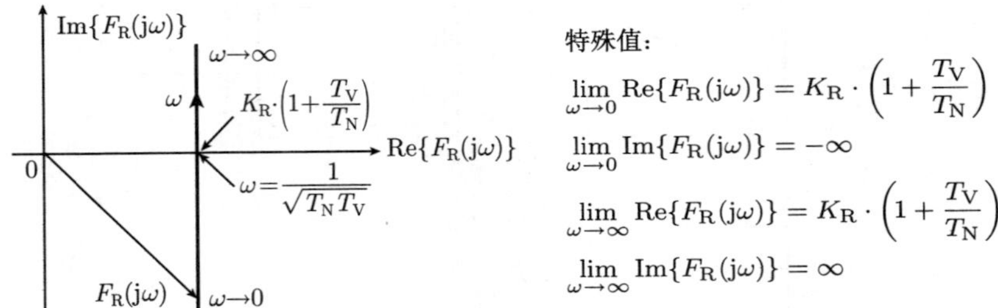

图 4.5-20　无滞后 PID 调节器乘法形式的幅相频率特性曲线

无滞后 PID 调节器乘法形式的伯德图

频率特性函数具有幅值

$$|F_\mathrm{R}(\mathrm{j}\omega)| = \sqrt{\mathrm{Re}^2\{F_\mathrm{R}(\mathrm{j}\omega)\} + \mathrm{Im}^2\{F_\mathrm{R}(\mathrm{j}\omega)\}}$$
$$= \frac{K_\mathrm{R}}{\omega T_\mathrm{N}} \cdot \sqrt{[1 + (\omega T_\mathrm{N})^2] \cdot [1 + (\omega T_\mathrm{V})^2]}$$

和对数幅值

$$\lg|F_\mathrm{R}(\mathrm{j}\omega)| = \lg K_\mathrm{R} - \lg(\omega T_\mathrm{N}) + \lg\sqrt{[1 + (\omega T_\mathrm{N})^2] \cdot [1 + (\omega T_\mathrm{V})^2]}$$

对于相位可得到表达式

$$\varphi_\mathrm{R}(\omega) = \varphi_\mathrm{R}\{F_\mathrm{R}(\mathrm{j}\omega)\} = \arctan\frac{\mathrm{Im}\{F_\mathrm{R}(\mathrm{j}\omega)\}}{\mathrm{Re}\{F_\mathrm{R}(\mathrm{j}\omega)\}} = -\arctan\frac{1 - \omega^2 T_\mathrm{N} T_\mathrm{V}}{\omega(T_\mathrm{N} + T_\mathrm{V})}$$

用所给角频率可构建伯德图:

- 积分–部分截止角频率: $\omega_\mathrm{DI} = \dfrac{K_\mathrm{R}}{T_\mathrm{N}}$;
- 转折角频率 $\omega_\mathrm{E1} = \dfrac{1}{T_\mathrm{N}}, \omega_\mathrm{E2} = \dfrac{1}{T_\mathrm{V}}$.

在伯德图中幅频特性和相频特性表示在图 4.5-21 上.

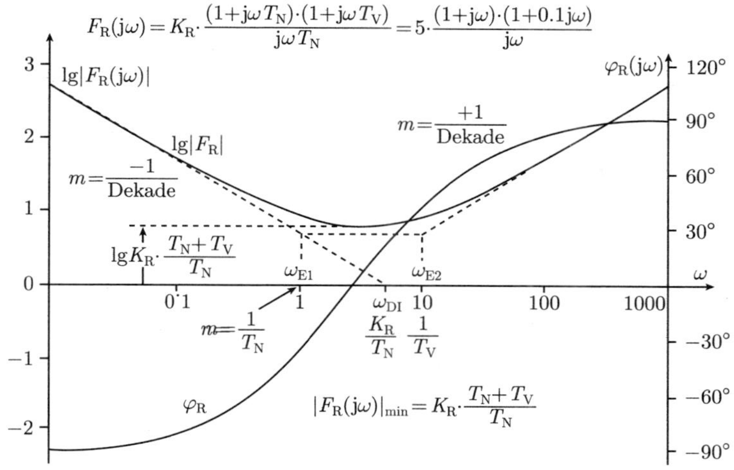

图 4.5-21 无滞后 PID 调节器乘法形式的伯德图

4.5.3.5 具有滞后比例–积分–微分–调节器的加法 (并联) 形式

4.5.3.5.1 时域描述

在 PID 调节器情况下理想的微分传递特性技术上也是不能实现的. 为此, 如像在 PDT_1 调节器情况一样, 在实践中通过具有小时间常数 T_1 的 PT_1 环节来增补无滞后 PID 调节器. 对于 $PIDT_1$ 调节器时域方程表示为

$$\boxed{\begin{aligned}T_1\cdot\frac{dy(t)}{dt}+y(t)=K_R\cdot\Bigg[&\frac{T_1+T_N}{T_N}\cdot x_d(t)+\frac{1}{T_N}\int x_d(t)\,dt\\&+(T_1+T_V)\cdot\frac{dx_d(t)}{dt}\Bigg]\end{aligned}}.$$

由 $x_d(t)=x_{e0}\cdot E(t)$ 可得到归一化的阶跃响应

$$h(t)=\frac{y(t)}{x_{d0}}=K_R\cdot\left[1+\frac{t}{T_N}+\frac{T_V}{T_1}\cdot e^{-\frac{t}{T_1}}\right]$$

在图 4.5-22 中给出它与无滞后 PID 调节器阶跃响应的对照. 调节器传递函数为

$$G_R(s)=K_R\cdot\left[1+\frac{1}{T_N\cdot s}+\frac{T_V\cdot s}{1+T_1\cdot s}\right]=2\cdot\left[1+\frac{1}{s}+\frac{0.75\cdot s}{1+0.25\cdot s}\right]$$

与无滞后 PID 调节器比较 (图 4.5-23), 具有滞后 PID 调节器阶跃响应的最大值是通过

$$y_{max}=K_R\cdot\frac{T_1+T_V}{T_1}$$

来限制, 阶跃响应的微分部分滞后时间 T_1.

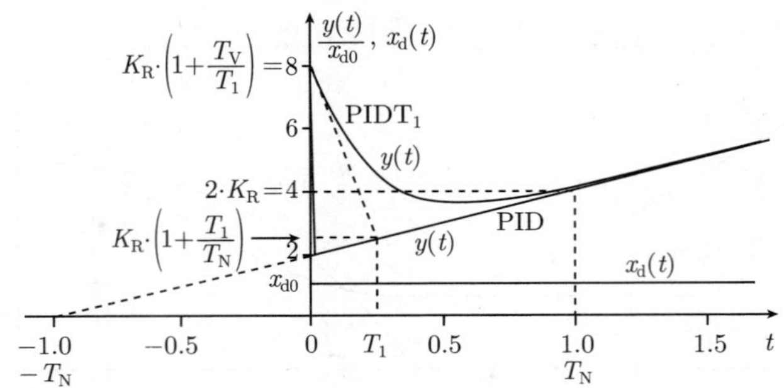

图 4.5-22 有滞后和无滞后 PID 调节器的归一化阶跃响应

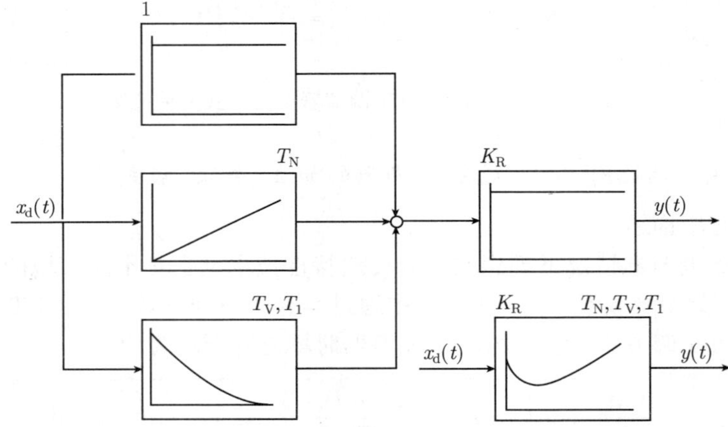

图 4.5-23 具有滞后 PID 调节器加法形式的信号流图和信号流图符号

4.5.3.5.2 频域描述

具有滞后 PID 调节器加法形式的传递函数和极–零点图

在频域可给出传递函数

$$G_R(s)=\frac{y(s)}{x_d(s)}=K_R\cdot\left[1+\frac{1}{T_N\cdot s}+\frac{T_V\cdot s}{1+T_1\cdot s}\right]$$
$$=\frac{K_R\cdot[1+(T_1+T_N)\cdot s+T_N\cdot(T_1+T_V)\cdot s^2]}{T_N\cdot s\cdot(1+T_1\cdot s)}$$

它具有零点

$$s_{n1}=-\frac{T_1+T_N-\sqrt{T_1^2-2T_1T_N+T_N^2-4T_NT_V}}{2T_N\cdot(T_1+T_V)}$$

$$s_{n2}=-\frac{T_1+T_N+\sqrt{T_1^2-2T_1T_N+T_N^2-4T_NT_V}}{2T_N\cdot(T_1+T_V)}$$

和极点 $s_{p1}=0, s_{p2}=-1/T_1$, 在极–零点图中给出的是对于情况 $(T_N-T_1)^2 > 4T_NT_V$ 的极–零点.

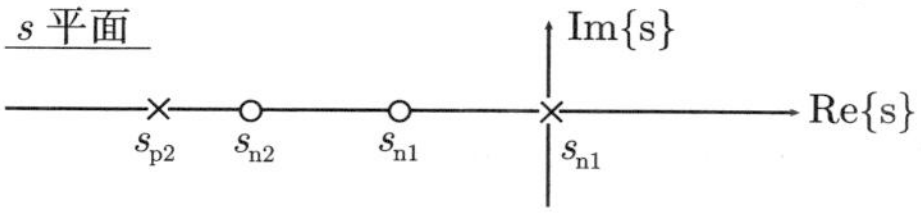

具有滞后 PID 调节器加法形式的频率特性函数和幅相频率特性曲线

频率特性函数

$$F_R(j\omega)=G_R(s)\Big|_{s=j\omega}=K_R\cdot\left[1+\frac{1}{j\omega T_N}+\frac{j\omega T_V}{1+j\omega T_1}\right]$$
$$=\frac{K_R\cdot[1+j\omega(T_1+T_N)+(j\omega)^2T_N(T_1+T_V)]}{j\omega T_N\cdot(1+j\omega T_1)}$$

具有实部

$$\mathrm{Re}\{F_R(j\omega)\}=\frac{K_R\cdot[\omega^2T_1(T_1+T_V)+1]}{1+(\omega T_1)^2}$$

和虚部

$$\mathrm{Im}\{F_R(j\omega)\}=\frac{-K_R\cdot[\omega^2(T_1^2-T_NT_V)+1]}{\omega T_N\cdot[1+(\omega T_1)^2]}$$

幅相频率特性曲线表示在图 4.5-24 上.

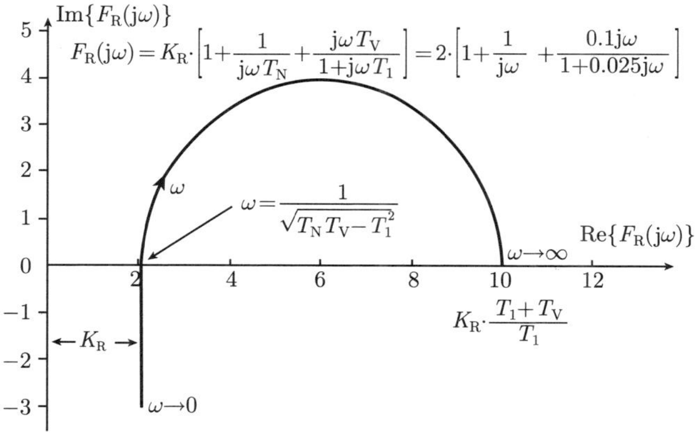

图 4.5-24 具有滞后 PID 调节器 ($\mathrm{PIDT_1}$) 加法形式的幅相频率特性曲线

具有滞后 PID 调节器加法形式的伯德图

频率特性函数具有幅值

$$
\begin{aligned}
|F_{\mathrm{R}}(\mathrm{j}\omega)| &= \sqrt{\mathrm{Re}^2\{F_{\mathrm{R}}(\mathrm{j}\omega)\} + \mathrm{Im}^2\{F_{\mathrm{R}}(\mathrm{j}\omega)\}} \\
&= K_{\mathrm{R}}\sqrt{\frac{\omega^4 T_{\mathrm{N}}^2 \cdot (T_1^2 + 2T_1T_{\mathrm{V}} + T_{\mathrm{V}}^2) + \omega^2(T_1^2 + T_{\mathrm{N}}^2 - 2T_{\mathrm{N}}T_{\mathrm{V}}) + 1}{\omega^2 T_{\mathrm{N}}^2 \cdot (\omega^2 T_1^2 + 1)}}
\end{aligned}
$$

和对数幅值

$$
\begin{aligned}
&\lg|F_{\mathrm{R}}(\mathrm{j}\omega)| \\
&= \lg K_{\mathrm{R}} + \lg\sqrt{\omega^4 T_{\mathrm{N}}^2 \cdot (T_1^2 + 2T_1T_{\mathrm{V}} + T_{\mathrm{V}}^2) + \omega^2(T_1^2 + T_{\mathrm{N}}^2 - 2T_{\mathrm{N}}T_{\mathrm{V}}) + 1} + \\
&\quad - \lg(\omega T_{\mathrm{N}}) - \lg\sqrt{\omega^2 T_1^2 + 1}
\end{aligned}
$$

相位可得

$$
\begin{aligned}
\varphi_{\mathrm{R}}(\omega) = \varphi_{\mathrm{R}}\{F_{\mathrm{R}}(\mathrm{j}\omega)\} &= \arctan\frac{\mathrm{Im}\{F_{\mathrm{R}}(\mathrm{j}\omega)\}}{\mathrm{Re}\{F_{\mathrm{R}}(\mathrm{j}\omega)|} \\
&= -\arctan\frac{\omega^2(T_1^2 - T_{\mathrm{N}} \cdot T_{\mathrm{V}}) + 1}{\omega T_{\mathrm{N}} \cdot [\omega^2(T_1^2 + T_1 \cdot T_{\mathrm{V}}) + 1]}
\end{aligned}
$$

为了构造频率特性线求下面角频率:

- 积分–部分截止角频率：$\omega_{\mathrm{DI}} = \dfrac{K_{\mathrm{R}}}{T_{\mathrm{N}}}$;
- 转折角频率：

$$
\begin{aligned}
\omega_{\mathrm{E1}} &= \frac{1}{T_1} \\
\omega_{\mathrm{E2}} &= \frac{1}{T_2} = \frac{T_1 + T_{\mathrm{N}} - \sqrt{T_1^2 - 2T_1T_{\mathrm{N}} + T_{\mathrm{N}}^2 - 4T_{\mathrm{N}}T_{\mathrm{V}}}}{2T_{\mathrm{N}} \cdot (T_1 + T_{\mathrm{V}})} \\
\omega_{\mathrm{E3}} &= \frac{1}{T_3} = \frac{T_1 + T_{\mathrm{N}} + \sqrt{T_1^2 - 2T_1T_{\mathrm{N}} + T_{\mathrm{N}}^2 - 4T_{\mathrm{N}}T_{\mathrm{V}}}}{2T_{\mathrm{N}} \cdot (T_1 + T_{\mathrm{V}})}
\end{aligned}
$$

在图 4.5-25 上绘制伯德图.

$$F_R(j\omega)=K_R\cdot\frac{(j\omega)^2T_N(T_1+T_V)+j\omega(T_N+T_1)+1}{j\omega T_N(1+j\omega T_1)}=2\cdot\frac{0.125(j\omega)^2+1.025j\omega+1}{j\omega(1+0.025j\omega)}$$

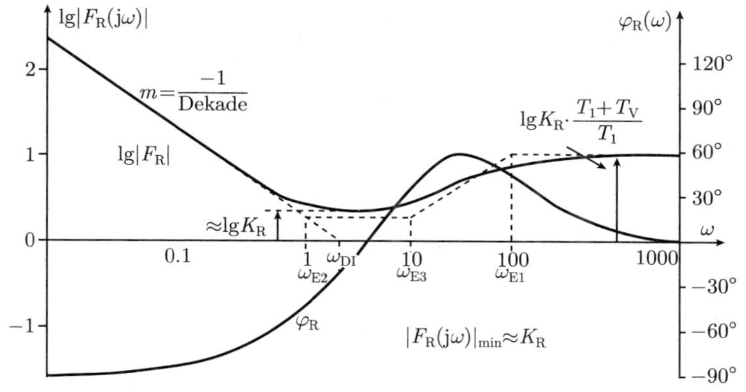

图 4.5-25 PIDT$_1$ 调节器加法形式的伯德图

4.5.3.6 具有滞后比例–积分–微分–调节器的乘法 (串联) 形式

4.5.3.6.1 时域描述

具有滞后 PID 调节器乘法形式在时域用下面方程描述:

$$\boxed{T_1\cdot\frac{\mathrm{d}y(t)}{\mathrm{d}t}+y(t)=K_R\cdot\left[\frac{T_N+T_V}{T_N}\cdot x_d(t)+\frac{1}{T_N}\int x_d(t)\mathrm{d}t+T_V\cdot\frac{\mathrm{d}x_d(t)}{\mathrm{d}t}\right]}$$

在接入阶跃函数 $x_d(t)=x_{e0}\cdot E(t)$ 可得归一化的阶跃响应:

$$\boxed{h(t)=\frac{y(t)}{x_{d0}}=K_R\cdot\left[1+\frac{t+T_V-T_1}{T_N}-\left[1+\frac{T_V-T_1}{T_N}-\frac{T_V}{T_1}\right]\cdot \mathrm{e}^{-\frac{t}{T_1}}\right]}$$

在图 4.5-26 中表示有和无滞后 PID 调节器归一化的阶跃响应, 图 4.5-27 为其信号流图.

4.5.3.6.2 频域描述

具有滞后 PID 调节器乘法形式的传递函数和极–零点图

PIDT$_1$ 调节器的乘法形式特别适合于在频域应用调节技术方法, 对于具有滞后 PID 调节器这种形式传递函数表示为

$$\boxed{G_R(s)=\frac{y(s)}{x_d(s)}=\frac{K_R\cdot(1+T_N\cdot s)\cdot(1+T_V\cdot s)}{T_N\cdot s\cdot(1+T_1\cdot s)}}$$

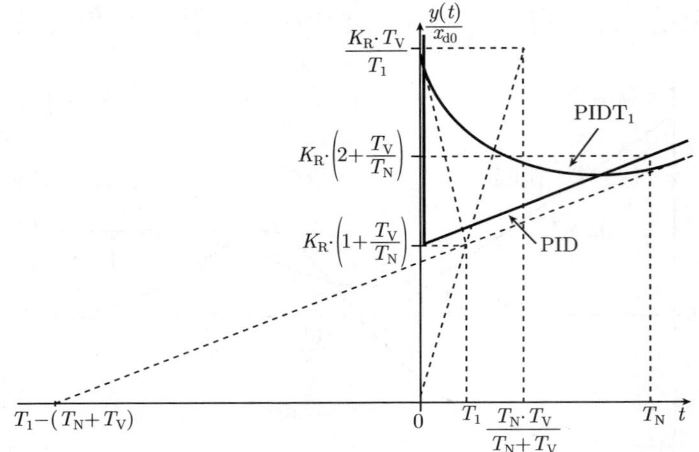

图 4.5-26　有和无滞后 PID 调节器乘法形式的归一化阶跃响应

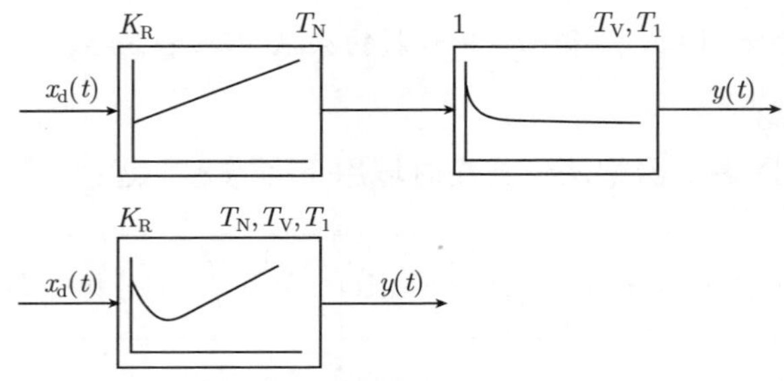

图 4.5-27　具有滞后 PID 调节器乘法形式的信号流图和信号流图符号

它具有零点

$$s_{n1} = -\frac{1}{T_N}, \quad s_{n2} = -\frac{1}{T_V}$$

极点为

$$s_{p1} = 0, \quad s_{p2} = -\frac{1}{T_1}$$

为此有下面极–零点图：

s 平面　Im$\{s\}$　Re$\{s\}$　s_{p2}　s_{n2}　s_{n1}　s_{p1}

具有滞后 PID 调节器乘法形式的频率特性函数和幅相频率特性曲线

频率特性函数

$$\boxed{F_{\mathrm{R}}(\mathrm{j}\omega)=G_{\mathrm{R}}(s)\Big|_{s=\mathrm{j}\omega}=\frac{y(\mathrm{j}\omega)}{x_{\mathrm{d}}(\mathrm{j}\omega)}=\frac{K_{\mathrm{R}}\cdot(1+\mathrm{j}\omega T_{\mathrm{N}})\cdot(1+\mathrm{j}\omega T_{\mathrm{V}})}{\mathrm{j}\omega T_{\mathrm{N}}\cdot(1+\mathrm{j}\omega T_1)}}$$

具有实部

$$\mathrm{Re}\{F_{\mathrm{R}}(\mathrm{j}\omega)\}=\frac{K_{\mathrm{R}}\cdot(T_{\mathrm{N}}+T_{\mathrm{V}}-T_1+\omega^2T_1T_{\mathrm{V}}T_{\mathrm{N}})}{T_{\mathrm{N}}\cdot[1+(\omega T_1)^2]}$$

和虚部

$$\mathrm{Im}\{F_{\mathrm{R}}(\mathrm{j}\omega)\}=\frac{-K_{\mathrm{R}}\cdot(1-\omega^2[T_{\mathrm{N}}\cdot(T_{\mathrm{V}}-T_1)-T_1T_{\mathrm{V}}])}{\omega T_{\mathrm{N}}\cdot[1+(\omega T_1)^2]}$$

在图 4.5-28 上给出幅相频率特性曲线.

特殊值:

$$\lim_{\omega\to 0}\mathrm{Re}\{F_{\mathrm{R}}(\mathrm{j}\omega)\}=K_{\mathrm{R}}\cdot\left(1+\frac{T_{\mathrm{V}}-T_1}{T_{\mathrm{N}}}\right),\quad \lim_{\omega\to 0}\mathrm{Im}\{F_{\mathrm{R}}(\mathrm{j}\omega)\}=-\infty$$

$$\lim_{\omega\to\infty}\mathrm{Re}\{F_{\mathrm{R}}(\mathrm{j}\omega)\}=K_{\mathrm{R}}\cdot\frac{T_{\mathrm{V}}}{T_1},\quad \lim_{\omega\to\infty}\mathrm{Im}\{F_{\mathrm{R}}(\mathrm{j}\omega)\}=0$$

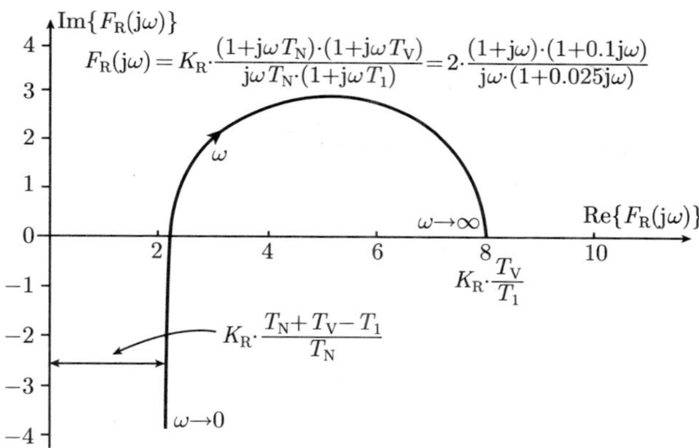

图 4.5-28 PIDT$_1$ 调节器乘法形式的幅相频率特性曲线

具有滞后 PID 调节器乘法形式的的伯德图

PIDT$_1$ 调节器的频率特性函数具有幅值

$$|F_{\mathrm{R}}(\mathrm{j}\omega)|=\sqrt{\mathrm{Re}^2\{F_{\mathrm{R}}(\mathrm{j}\omega)\}+\mathrm{Im}^2\{F_{\mathrm{R}}(\mathrm{j}\omega)\}}$$

$$=\frac{K_{\mathrm{R}}}{\omega T_{\mathrm{N}}}\cdot\sqrt{\frac{[1+(\omega T_{\mathrm{N}})^2]\cdot[1+(\omega T_{\mathrm{V}})^2]}{1+(\omega T_1)^2}}$$

和对数幅值

$$\lg|F_{\mathrm{R}}(\mathrm{j}\omega)|=\lg K_{\mathrm{R}}-\lg(\omega T_{\mathrm{N}})+\lg\sqrt{1+(\omega T_{\mathrm{N}})^2}$$

$$+\lg\sqrt{1+(\omega T_{\mathrm{V}})^2}-\lg\sqrt{1+(\omega T_1)^2}$$

相位表示为

$$\varphi_{\mathrm{R}}(\omega)=\varphi_{\mathrm{R}}\{F_{\mathrm{R}}(\mathrm{j}\omega)\}=\arctan\frac{\mathrm{Im}\{F_{\mathrm{R}}(\mathrm{j}\omega)\}}{\mathrm{Re}\{F_{\mathrm{R}}(\mathrm{j}\omega)\}}$$

$$=-\arctan\frac{1-\omega^2[T_{\mathrm{N}}(T_{\mathrm{V}}-T_1)-T_1T_{\mathrm{V}}]}{\omega[T_{\mathrm{N}}+T_{\mathrm{V}}-T_1+\omega^2T_1T_{\mathrm{V}}T_{\mathrm{N}}]}$$

可用角频率构建频率特性线：

- 积分–部分截止角频率：$\omega_{\mathrm{DI}}=\dfrac{K_{\mathrm{R}}}{T_{\mathrm{N}}}$;
- 转折角频率：$\omega_{\mathrm{E1}}=\dfrac{1}{T_{\mathrm{N}}},\omega_{\mathrm{E2}}=\dfrac{1}{T_{\mathrm{V}}},\omega_{\mathrm{E3}}=\dfrac{1}{T_1}$.

伯德图的幅频特性和相频特性绘制在图 4.5-29 上.

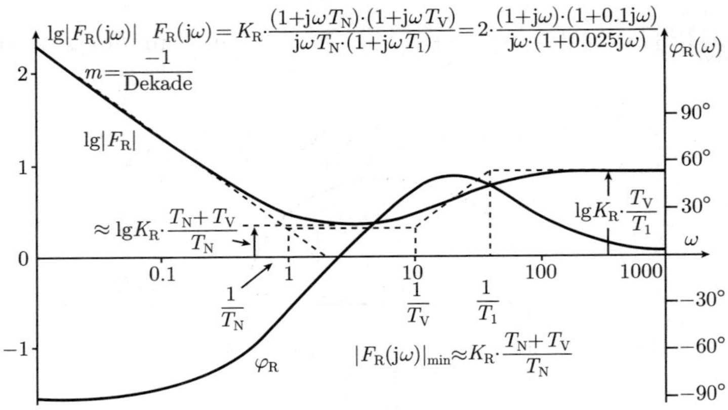

图 4.5-29 PIDT$_1$-调节器乘法形式的伯德图

4.5.3.7 加法与乘法形式之间换算

在按照积分准则进行优化时 (10.2 节, 10.3 节) 可得到 PID 调节器的加法 (并联) 形式, 它们通常也可在数字调节中实现, 对此, 通过调节算法可模拟调节误差 x_{d} 的积分和微分.

在应用伯德法时需要 PID 调节器的乘法 (串联) 形式, 伯德法的基础是频率特性的对数, 能有效应用仅适于乘法形式. 在频域以补偿 (缩小) 大时间常数为基础的优化方法中也引入乘法形式 (10.4 节).

例如当应用补偿大时间常数的方法去计算乘法的 PID 调节器特征值时, 需应用换算公式, 为调整数字 PID 调节器加法形式, 必须将乘法的 PID 特征值换算为加法形式.

PID 调节器的加法形式应当具有与乘法的 PID 调节器同样的作用, 为此它们调节器的传递函数必须相同，并以此条件来计算换算公式，后面推导中用下标 a 表示 PID 调节器的加法形式，而下标 m 表示乘法形式.

$PIDT_1$ 调节器加法形式

$$G_R(s)=\frac{y(s)}{x_d(s)}=K_{Ra}\cdot\left[1+\frac{1}{T_{Na}\cdot s}+\frac{T_{Va}\cdot s}{1+T_{1a}\cdot s}\right]$$
$$=\frac{K_{Ra}\cdot\left[1+(T_{Na}+T_{1a})\cdot s+T_{Na}\cdot(T_{Va}+T_{1a})\cdot s^2\right]}{T_{Na}\cdot s\cdot(1+T_{1a}\cdot s)}$$

$PIDT_1$ 调节器乘法形式

$$G_R(s)=\frac{y(s)}{x_d(s)}=\frac{K_{Rm}\cdot(1+T_{Nm}\cdot s)\cdot(1+T_{Vm}\cdot s)}{T_{Nm}\cdot s\cdot(1+T_{1m}\cdot s)}$$
$$=\frac{K_{Rm}\cdot\left(1+(T_{Nm}+T_{Vm})\cdot s+T_{Nm}\cdot T_{Vm}\cdot s^2\right)}{T_{Nm}\cdot s\cdot(1+T_{1m}\cdot s)}$$

当其极点、零点和常值系数相一致时，传递函数才相同：

$$G_R(s)=\frac{K_{Ra}}{T_{Na}}\cdot\frac{1+(T_{Na}+T_{1a})\cdot s+T_{Na}\cdot(T_{Va}+T_{1a})\cdot s^2}{s\cdot(1+T_{1a}\cdot s)}$$
$$=\frac{K_{Rm}}{T_{Nm}}\cdot\frac{1+(T_{Nm}+T_{Vm})\cdot s+T_{Nm}\cdot T_{Vm}\cdot s^2}{s\cdot(1+T_{1m}\cdot s)}$$

极点，分母多项式：

$$s\cdot(1+T_{1a}\cdot s)=s\cdot(1+T_{1m}\cdot s)$$

由此，调节器的滞后时间常数 T_{1a},T_{1m} 必须相同：

$$T_1=T_{1a}=T_{1m}$$

零点，分子多项式：

$$1+(T_{Na}+T_1)\cdot s+T_{Na}\cdot(T_{Va}+T_1)\cdot s^2$$
$$=1+(T_{Nm}+T_{Vm})\cdot s+T_{Nm}\cdot T_{Vm}\cdot s^2$$

由此，多项式的系数必须相同：

$$T_{Na}+T_1=T_{Nm}+T_{Vm},\qquad T_{Na}\cdot(T_{Va}+T_1)=T_{Nm}\cdot T_{Vm}$$

常值系数：

$$\frac{K_{Ra}}{T_{Na}}=\frac{K_{Rm}}{T_{Nm}}$$

变换最后三个方程, 并可提供加法形式 (下标 a) 和乘法形式 (下标 m) 调节器特征值之间的关系:

$$
\begin{aligned}
&T_{\mathrm{Na}} > T_{\mathrm{Va}} > T_1\\
&K_{\mathrm{Rm}} = \frac{K_{\mathrm{Ra}}}{2}\cdot\left[1+\frac{T_1}{T_{\mathrm{Na}}}+\sqrt{\left(1-\frac{T_1}{T_{\mathrm{Na}}}\right)^2-4\cdot\frac{T_{\mathrm{Va}}}{T_{\mathrm{Na}}}}\right]\\
&K_{\mathrm{Ra}} = K_{\mathrm{Rm}}\cdot\frac{T_{\mathrm{Nm}}+T_{\mathrm{Vm}}-T_1}{T_{\mathrm{Nm}}}\\
&T_{\mathrm{Nm}} = \frac{T_{\mathrm{Na}}}{2}\cdot\left[1+\frac{T_1}{T_{\mathrm{Na}}}+\sqrt{\left(1-\frac{T_1}{T_{\mathrm{Na}}}\right)^2-4\cdot\frac{T_{\mathrm{Va}}}{T_{\mathrm{Na}}}}\right]\\
&T_{\mathrm{Na}} = T_{\mathrm{Nm}}+T_{\mathrm{Vm}}-T_1\\
&T_{\mathrm{Vm}} = \frac{T_{\mathrm{Na}}}{2}\cdot\left[1+\frac{T_1}{T_{\mathrm{Na}}}-\sqrt{\left(1-\frac{T_1}{T_{\mathrm{Na}}}\right)^2-4\cdot\frac{T_{\mathrm{Va}}}{T_{\mathrm{Na}}}}\right]\\
&T_{\mathrm{Va}} = \frac{T_{\mathrm{Nm}}\cdot T_{\mathrm{Vm}}}{T_{\mathrm{Nm}}+T_{\mathrm{Vm}}-T_1}-T_1
\end{aligned}
$$

仅对于

$$T_{\mathrm{Na}} \geqslant 2\cdot T_{\mathrm{Va}}+T_1+2\cdot\sqrt{T_{\mathrm{Va}}^2+T_{\mathrm{Va}}\cdot T_1}$$

情况, 加法的 PIDT_1 调节器才有可能由一个调节器乘法形式实现, 因为其他情况不能给出 $K_{\mathrm{Rm}}, T_{\mathrm{Nm}}, T_{\mathrm{Vm}}$ 实数值. 对于具有 $T_1 = 0$ 的无滞后 PID 调节器可得到:

$$
\begin{aligned}
&T_{\mathrm{Na}} > T_{\mathrm{Va}}\\
&K_{\mathrm{Rm}} = \frac{K_{\mathrm{Ra}}}{2}\cdot\left[1+\sqrt{1-4\cdot\frac{T_{\mathrm{Va}}}{T_{\mathrm{Na}}}}\right], \quad K_{\mathrm{Ra}} = K_{\mathrm{Rm}}\cdot\frac{T_{\mathrm{Nm}}+T_{\mathrm{Vm}}}{T_{\mathrm{Nm}}}\\
&T_{\mathrm{Nm}} = \frac{T_{\mathrm{Na}}}{2}\cdot\left[1+\sqrt{1-4\cdot\frac{T_{\mathrm{Va}}}{T_{\mathrm{Na}}}}\right], \quad T_{\mathrm{Na}} = T_{\mathrm{Nm}}+T_{\mathrm{Vm}}\\
&T_{\mathrm{Vm}} = \frac{T_{\mathrm{Na}}}{2}\cdot\left[1-\sqrt{1-4\cdot\frac{T_{\mathrm{Va}}}{T_{\mathrm{Na}}}}\right], \quad T_{\mathrm{Va}} = \frac{T_{\mathrm{Nm}}\cdot T_{\mathrm{Vm}}}{T_{\mathrm{Nm}}+T_{\mathrm{Vm}}}
\end{aligned}
$$

仅对于 $T_{\mathrm{Na}} \geqslant 4\cdot T_{\mathrm{Va}}$ 情况, 加法的 PID 调节器才有可能由一个调节器乘法形式来实现, 因为否则 $K_{\mathrm{Rm}}, T_{\mathrm{Nm}}, T_{\mathrm{Vm}}$ 不是实数.

例 4.5-9 一个具有特征参数 $K_{\mathrm{Ra}} = 2, T_{\mathrm{Na}} = 10\mathrm{s}, T_{\mathrm{Va}} = 1\mathrm{s}, T_1 = 0.25\mathrm{s}$ 的 PIDT_1 调节器的加法形式

$$\begin{aligned} G_{\mathrm{R}}(s) &= K_{\mathrm{Ra}} \cdot \left[1 + \frac{1}{T_{\mathrm{Na}} \cdot s} + \frac{T_{\mathrm{Va}} \cdot s}{1 + T_1 \cdot s}\right] \\ &= \frac{K_{\mathrm{Ra}} \cdot \left[1 + (T_{\mathrm{Na}} + T_1) \cdot s + T_{\mathrm{Na}} \cdot (T_{\mathrm{Va}} + T_1) \cdot s^2\right]}{T_{\mathrm{Na}} \cdot s \cdot (1 + T_1 \cdot s)} \\ &= \frac{10 \cdot s^2 + 8.2 \cdot s + 0.8}{s^2 + 4 \cdot s} \end{aligned}$$

试换算到乘法形式, PIDT_1 调节器乘法形式的特征参数为

$$K_{\mathrm{Rm}} = \frac{K_{\mathrm{Ra}}}{2} \cdot \left[1 + \frac{T_1}{T_{\mathrm{Na}}} + \sqrt{\left(1 - \frac{T_1}{T_{\mathrm{Na}}}\right)^2 - 4 \cdot \frac{T_{\mathrm{Va}}}{T_{\mathrm{Na}}}}\right] = 1.767$$

$$T_{\mathrm{Nm}} = \frac{T_{\mathrm{Na}}}{2} \cdot \left[1 + \frac{T_1}{T_{\mathrm{Na}}} + \sqrt{\left(1 - \frac{T_1}{T_{\mathrm{Na}}}\right)^2 - 4 \cdot \frac{T_{\mathrm{Va}}}{T_{\mathrm{Na}}}}\right] = 8.835\ \mathrm{s}$$

$$T_{\mathrm{Vm}} = \frac{T_{\mathrm{Na}}}{2} \cdot \left[1 + \frac{T_1}{T_{\mathrm{Na}}} - \sqrt{\left(1 - \frac{T_1}{T_{\mathrm{Na}}}\right)^2 - 4 \cdot \frac{T_{\mathrm{Va}}}{T_{\mathrm{Na}}}}\right] = 1.415\ \mathrm{s}$$

将这些值代入 PIDT_1 调节器的乘法形式, 可得到相同的传递函数:

$$G_{\mathrm{R}}(s) = \frac{K_{\mathrm{Rm}} \cdot (1 + T_{\mathrm{Nm}} \cdot s) \cdot (1 + T_{\mathrm{Vm}} \cdot s)}{T_{\mathrm{Nm}} \cdot s \cdot (1 + T_1 \cdot s)} = \frac{10 \cdot s^2 + 8.2 \cdot s + 0.8}{s^2 + 4 \cdot s}$$

例 4.5-10 实数极点的补偿

在下图中表示的被调节对象具有三个 PT_1 环节的调节回路.

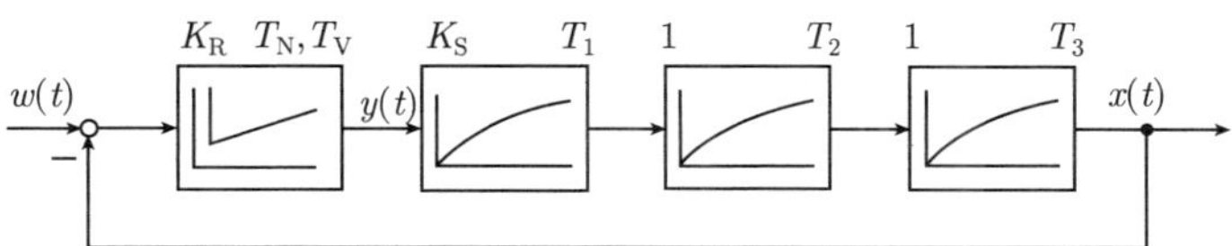

时间常数 $T_1 > T_2 > T_3$ 成立. 被调节对象可得传递函数和极–零点图:

$$G_{\mathrm{R}}(s) = \frac{K_{\mathrm{R}} \cdot (1 + T_{\mathrm{N}} \cdot s) \cdot (1 + T_{\mathrm{V}} \cdot s)}{T_{\mathrm{N}} \cdot s}$$

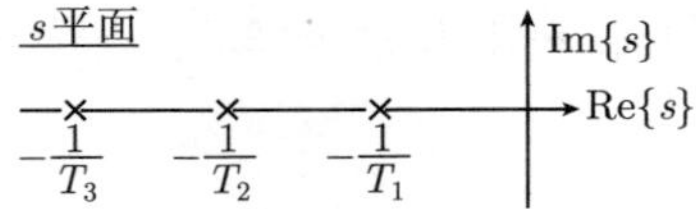

如果能补偿对象两个大的时间常数 T_1 和 T_2 的话, 调节过程将加快. 由 PID 调节器的乘法形式和所属的极–零点图

$$G_{\mathrm{R}}(s)=\frac{K_{\mathrm{R}}\cdot(1+T_{\mathrm{N}}\cdot s)\cdot(1+T_{\mathrm{V}}\cdot s)}{T_{\mathrm{N}}\cdot s}$$

s平面　$-\frac{1}{T_2}$　$-\frac{1}{T_1}$　Im{s}　Re{s}　$-\frac{1}{T_{\mathrm{V}}}$　$-\frac{1}{T_{\mathrm{N}}}$

并由 $T_{\mathrm{N}}=T_1, T_{\mathrm{V}}=T_2$, 可得到由两个实数对象极点简化的开环调节回路传递函数:

$$G_{\mathrm{RS}}(s)=G_{\mathrm{R}}(s)\cdot G_{\mathrm{S}}(s)=\frac{K_{\mathrm{R}}\cdot K_{\mathrm{S}}}{T_1\cdot s\cdot(1+T_3\cdot s)}$$

闭环调节回路具有 PT_2 环节特性

$$G(s)=\frac{\dfrac{K_{\mathrm{R}}\cdot K_{\mathrm{S}}}{T_1\cdot T_3}}{s^2+\dfrac{1}{T_3}\cdot s+\dfrac{K_{\mathrm{R}}\cdot K_{\mathrm{S}}}{T_1\cdot T_3}}\overset{!}{=}\frac{K_{\mathrm{P}}\cdot\omega_0^2}{s^2+2\cdot D\cdot\omega_0\cdot s+\omega_0^2}$$

其中系数比较可提供方程:

$$2\cdot D\cdot\omega_0=\frac{1}{T_3},\qquad {\omega_0}^2=\frac{K_{\mathrm{R}}\cdot K_{\mathrm{S}}}{T_1\cdot T_3}$$

如果阻尼比 D 预先给出, 可得调节器增益

$$K_{\mathrm{R}}=\frac{1}{4\cdot D^2\cdot K_{\mathrm{S}}}\cdot\frac{T_1}{T_3}$$

闭环调节回路的极点

$$s_{1,2}=\omega_0\cdot(-D\pm\sqrt{D^2-1})$$

则取决于预先给出的阻尼比, 并可生成不同的传递特性:

$D>1$: 蠕变情况;

$D=1$: 非周期极限情况;

$0<D<1$: 振荡情况.

在下面极–零点图中给出了与阻尼比相关的闭环调节回路极点的几何位置.

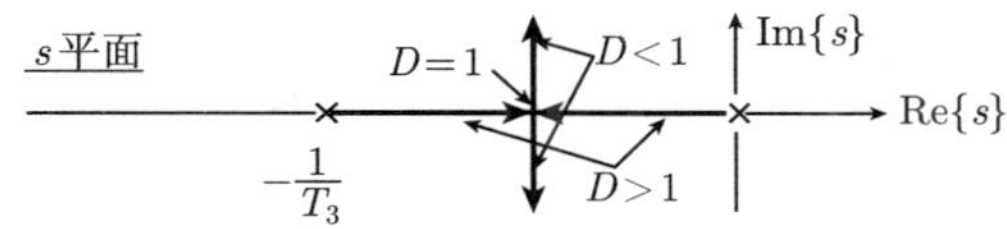

例 4.5-11 复数极点的补偿

在图中所表示的调节回路

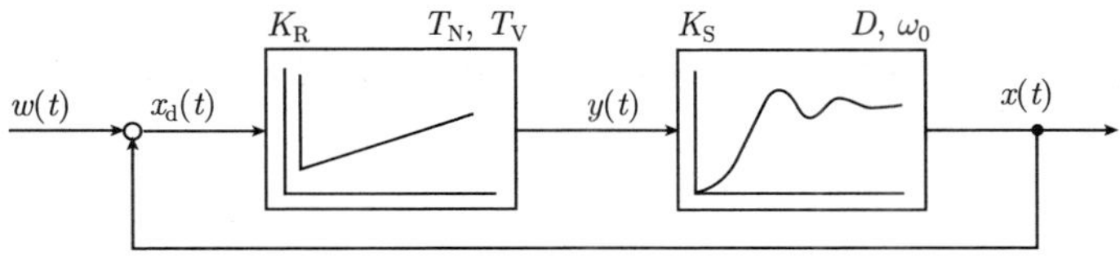

含有一个传递函数为

$$G_S(s) = \frac{K_S}{1 + 2 \cdot D \cdot \frac{s}{\omega_0} + \frac{s^2}{\omega_0^2}}$$

的 PT_2 对象, 其中参数 $K_S = 2, \omega_0 = 1s^{-1}$ 和 $D = 0.4$. 在预先给定阻尼比时, 分母多项式的零点为共轭复数:

$$\begin{aligned} G_S(s) &= \frac{K_S \cdot \omega_0^2}{(s + D \cdot \omega_0 - \omega_0 \cdot \sqrt{D^2 - 1}) \cdot (s + D \cdot \omega_0 + \omega_0 \cdot \sqrt{D^2 - 1})} \\ &= \frac{2}{[1 + (0.4 - j0.9165) \cdot s] \cdot [1 + (0.4 + j0.9165) \cdot s]} \end{aligned}$$

调节回路应满足下列要求: 没有稳态调节误差 $\lim\limits_{x \to \infty} x_d(t) = 0$ 和具有 $T_1 = 0.1$ 的 PT_1 特性, 一个以加法形式实现的 PID 调节器

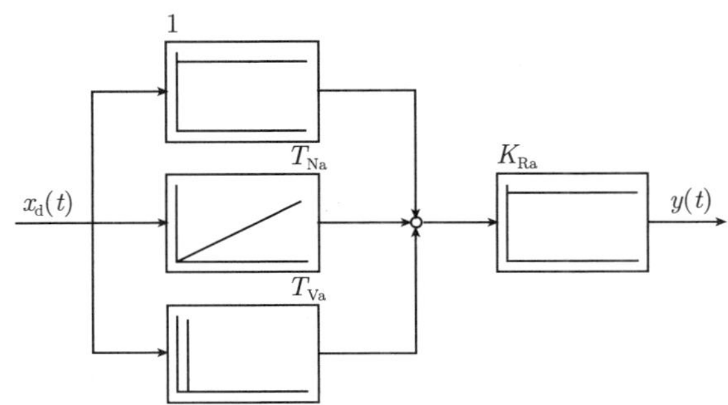

可由方程

$$K_{\mathrm{Rm}} = \frac{K_{\mathrm{Ra}}}{2} \cdot \left[1 + \mathrm{j}\sqrt{\frac{4 \cdot T_{\mathrm{Va}}}{T_{\mathrm{Na}}} - 1}\right]$$

$$T_{\mathrm{Nm}} = \frac{T_{\mathrm{Na}}}{2} \cdot \left[1 + \mathrm{j}\sqrt{\frac{4 \cdot T_{\mathrm{Va}}}{T_{\mathrm{Na}}} - 1}\right]$$

$$T_{\mathrm{Vm}} = \frac{T_{\mathrm{Na}}}{2} \cdot \left[1 - \mathrm{j}\sqrt{\frac{4 \cdot T_{\mathrm{Va}}}{T_{\mathrm{Na}}} - 1}\right]$$

换算成乘法形式, 调节器参数 T_{Nm} 和 T_{Vm} 在现有的被调节对象时必须是共轭复数, 也就是

$$\frac{4 \cdot T_{\mathrm{Va}}}{T_{\mathrm{Na}}} > 1$$

为此得到调节器传递函数

$$G_{\mathrm{R}}(s) = \frac{K_{\mathrm{Ra}} \cdot \left[1 + \frac{T_{\mathrm{Na}}}{2} \cdot \left[1 + \mathrm{j}\sqrt{\frac{4 \cdot T_{\mathrm{Va}}}{T_{\mathrm{Na}}} - 1}\right] \cdot s\right] \cdot \left[1 + \frac{T_{\mathrm{Na}}}{2} \cdot \left[1 - \mathrm{j}\sqrt{\frac{4 \cdot T_{\mathrm{Va}}}{T_{\mathrm{Na}}} - 1}\right] \cdot s\right]}{T_{\mathrm{Na}} \cdot s}$$

简化的开环调节回路传递函数

$$G_{\mathrm{RS}}(s) = G_{\mathrm{R}}(s) \cdot G_{\mathrm{S}}(s) = \frac{K_{\mathrm{Ra}} \cdot K_{\mathrm{S}}}{T_{\mathrm{Na}} \cdot s}$$

可提供 PID 调节器加法形式两个时间常数的数值

$$T_{\mathrm{Na}} = 0.8\,\mathrm{s} \quad \text{和} \quad T_{\mathrm{Va}} = 1.25\,\mathrm{s}$$

PID 调节器积分部分的作用是使稳态调节误差趋近于零, 具有传递函数

$$G(s) = \frac{1}{1 + T_1 \cdot s}, \qquad T_1 = \frac{T_{\mathrm{Na}}}{K_{\mathrm{Ra}} \cdot K_{\mathrm{S}}}$$

的闭环调节回路具有 PT_1 特性, 其中由预先给定的时间常数值 $T_1 = 0.1\mathrm{s}$ 可确定调节器增益

$$K_{\mathrm{Ra}} = \frac{T_{\mathrm{Na}}}{K_{\mathrm{S}} \cdot T_1} = 4$$

在图 4.5-30 中表示闭环调节回路归一化的阶跃响应和极–零点图.

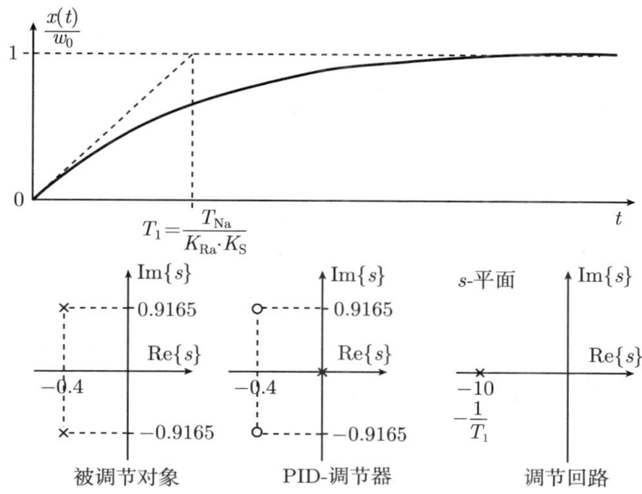

图 4.5-30 闭环调节回路归一化的阶跃响应以及被调节对象、PID 调节器和闭环调节回路的极–零点图

4.5.3.8 具有二自由度的 PID 调节器

至今具有传递函数 $G_R(s)$ 的一自由度结构调节器 (图 4.5-31, 第一个调节回路) 是可实现的, 由具有一自由度的 PID 调节器一般不能同时满足在参据特性和扰动特性方面的要求, 因为参据传递函数和扰动传递函数都取决于同样的调节器参数.

由具有多自由度的调节器结构可实现相互独立的传递函数 (具有多自由度调节).

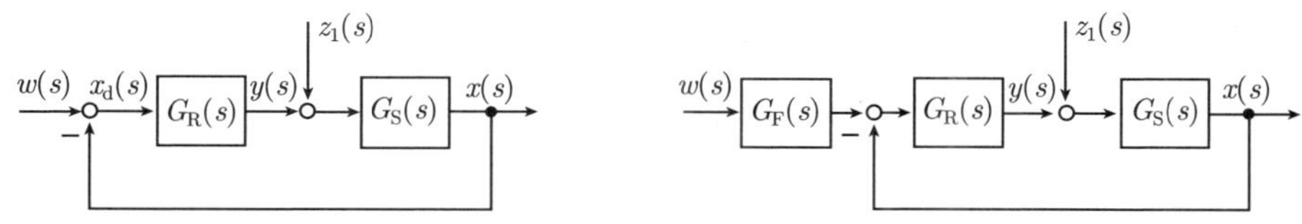

图 4.5-31 具有一自由度 $G_R(s)$ 调节器结构和具有二自由度 $G_F(s), G_R(s)$ 调节器结构的调节回路

为了同时取得好的参据特性和扰动特性, 用参据量前置滤波器 $G_F(s)$(Vorsteuerung(预先控制), feedforward control (前馈控制)) 将一自由度的调节器结构扩展至二自由度 (图 4.5-31, 第二个调节回路), 用调节器传递函数 $G_R(s)$ 来调整扰动传递函数 $G_{z1}(s)$, 它们是与 $G_F(s)$ 不相关的. 由 $G_R(s)$ 首先确定的参据传递函数 $G(s)$, 可用一个适当的 $G_F(s)$ 来实现其期望的特性. 因为 $G_R(s)$ 零点 ($Z_R(s)$ 零点) 会引起高的参据响应超调, 因此, 它们用 $G_F(s)$ 极点 ($N_F(s)$ 零点) 来补偿

(化简):

$$G_{\mathrm{F}}(s)=\frac{Z_{\mathrm{F}}(s)}{N_{\mathrm{F}}(s)},\qquad G_{\mathrm{R}}(s)=\frac{Z_{\mathrm{R}}(s)}{N_{\mathrm{R}}(s)},\qquad G_{\mathrm{S}}(s)=\frac{Z_{\mathrm{S}}(s)}{N_{\mathrm{S}}(s)}$$

$$G_{z1}(s)=\frac{G_{\mathrm{S}}(s)}{1+G_{\mathrm{R}}(s)\cdot G_{\mathrm{S}}(s)}=\frac{N_{\mathrm{R}}(s)\cdot Z_{\mathrm{S}}(s)}{N_{\mathrm{R}}(s)\cdot N_{\mathrm{S}}(s)+Z_{\mathrm{R}}(s)\cdot Z_{\mathrm{S}}(s)}\neq f\left(G_{\mathrm{F}}(s)\right)$$

$$G(s)=\frac{G_{\mathrm{R}}(s)\cdot G_{\mathrm{S}}(s)}{1+G_{\mathrm{R}}(s)\cdot G_{\mathrm{S}}(s)}\cdot G_{\mathrm{F}}(s)=\frac{Z_{\mathrm{R}}(s)\cdot Z_{\mathrm{S}}(s)}{N_{\mathrm{R}}(s)\cdot N_{\mathrm{S}}(s)+Z_{\mathrm{R}}(s)\cdot Z_{\mathrm{S}}(s)}\cdot\frac{Z_{\mathrm{F}}(s)}{N_{\mathrm{F}}(s)}$$

前置滤波器 $G_{\mathrm{F}}(s)$ 和调节器 $G_{\mathrm{R}}(s)$ 不是分开, 就是通过具有二自由度的 PID 调节器–模块来实现. 相加的具有二自由度的 PID 调节器–模块将在 17.7.3 节 (PID controller 2DOF (二自由度 PID 调节器)) 和 17.7.5 节 (Discrete PID controller 2DOF (离散二自由度 PID 调节器)) 中用 MATLAB 和 Simulink 来描述其应用.

具有二自由度 PID 调节器 (PID Controller 2DOF (二自由度 PID 调节器), Two-degree of freedom (二自由度)) 的基础是在 ISA-标准形式 (ISA, Instrument Society of Amerieca (美国仪表学会)) 中表示的调节器方程.

调节器方程的 ISA-标准形式:

$$\begin{aligned}y(s)&=K_{\mathrm{Ra}}\cdot\left((b\cdot w(s)-x(s))+\frac{1}{T_{\mathrm{Na}}\cdot s}\cdot(w(s)-x(s))\right.\\&\quad\left.+\frac{T_{\mathrm{Va}}\cdot s}{T_1\cdot s+1}\cdot(c\cdot w(s)-x(s))\right)\\&=\underbrace{K_{\mathrm{Ra}}\cdot\left(b+\frac{1}{T_{\mathrm{Na}}\cdot s}+\frac{c\cdot T_{\mathrm{Va}}\cdot s}{T_1\cdot s+1}\right)}_{G_{\mathrm{F}}(s)\cdot G_{\mathrm{R}}(s)}\cdot w(s)\\&\quad\underbrace{-K_{\mathrm{Ra}}\cdot\left(1+\frac{1}{T_{\mathrm{Na}}\cdot s}+\frac{T_{\mathrm{Va}}\cdot s}{T_1\cdot s+1}\right)}_{G_{\mathrm{R}}(s)}\cdot x(s)\\&=G_{\mathrm{F}}(s)\cdot G_{\mathrm{R}}(s)\cdot w(s)-G_{\mathrm{R}}(s)\cdot x(s)\end{aligned}$$

式中: $K_{\mathrm{Ra}}, T_{\mathrm{Na}}, T_{\mathrm{Va}}, T_1=T_{\mathrm{Va}}/n$ 为 PID 调节器加法形式的参数; T_1 为微分–部分的滞后时间常数.

在用 MATLAB 和 Simulink 实现时, 具有二自由度的 PID 调节器–模块结构表示在图 4.5-32 中.

参据量 $w(s)$ 可用比例–部分的系数 b 和微分–部分的系数 c 来加权.

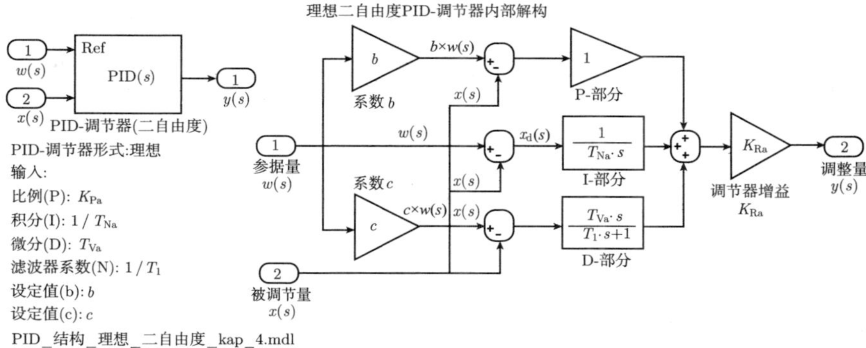

图 4.5-32 具有二自由度 PID 调节器结构的 ISA 标准形式 (17.7.3 节)

对于具有二自由度 PID 调节器传递函数 $G_R(s)$ 和前置滤波器传递函数 $G_F(s)$ 的 ISA-标准形式:

$$G_F(s) = \frac{G_F(s)\cdot G_R(s)}{G_R(s)} = \frac{K_{Ra}\cdot\left(b+\dfrac{1}{T_{Na}\cdot s}+\dfrac{c\cdot T_{Va}\cdot s}{T_1\cdot s+1}\right)}{K_{Ra}\cdot\left(1+\dfrac{1}{T_{Na}\cdot s}+\dfrac{T_{Va}\cdot s}{T_1\cdot s+1}\right)}$$

$$= \frac{T_{Na}\cdot(b\cdot T_1+c\cdot T_{Va})\cdot s^2+(b\cdot T_{Na}+T_1)\cdot s+1}{T_{Na}\cdot(T_1+T_{Va})\cdot s^2+(T_{Na}+T_1)\cdot s+1} = \frac{Z_F(s)}{N_F(s)},$$

$$N_F(s) = \frac{Z_R(s)}{K_{Ra}},$$

$$G_R(s) = K_{Ra}\cdot\left(1+\frac{1}{T_{Na}\cdot s}+\frac{T_{Va}\cdot s}{T_1\cdot s+1}\right)$$

$$= \frac{K_{Ra}\cdot\left(T_{Na}\cdot(T_1+T_{Va})\cdot s^2+(T_{Na}+T_1)\cdot s+1\right)}{T_{Na}\cdot T_1\cdot s^2+T_{Na}\cdot s} = \frac{Z_R(s)}{N_R(s)}$$

$$G_{z1}(s) = \frac{G_S(s)}{1+G_R(s)\cdot G_S(s)}$$

$$= \frac{N_R(s)\cdot Z_S(s)}{N_R(s)\cdot N_S(s)+Z_R(s)\cdot Z_S(s)} \neq f\left(G_F(s)\right)$$

$$G(s) = \frac{G_R(s)\cdot G_S(s)}{1+G_R(s)\cdot G_S(s)}\cdot G_F(s)$$

$$= \frac{Z_R(s)\cdot Z_S(s)}{N_R(s)\cdot N_S(s)+Z_R(s)\cdot Z_S(s)}\cdot\frac{Z_F(s)}{N_F(s)}$$

$$= \frac{K_{Ra}\cdot Z_F(s)\cdot Z_S(s)}{N_R(s)\cdot N_S(s)+Z_R(s)\cdot Z_S(s)}$$

b 和 c 值可在范围 $0 \leqslant b \leqslant 1, 0 \leqslant c \leqslant 1$ 内选择, 而对于 $b=c=1$ 则 $G_{\mathrm{F}}(s)=1$, 由此 PID 调节器仅具有一个自由度. 具有二自由度 PID 调节器 ISA 标准形式, 等效于在图 4.5-33 中的调节回路结构.

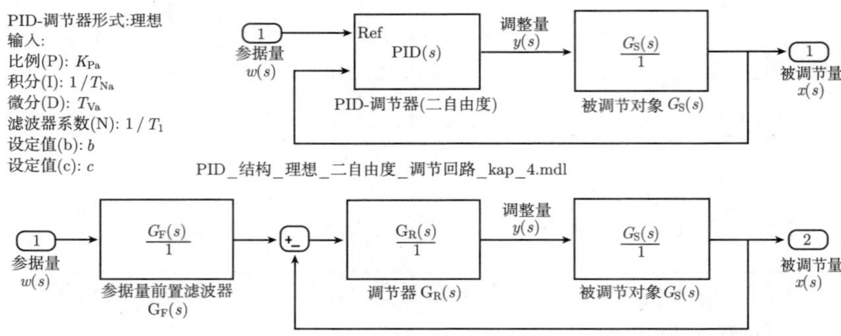

图 4.5-33 在 Simulink 中具有二自由度的等效调节回路结构

例 4.5-12 具有二自由度 PID 调节器的调节回路应满足下列要求: 在阶跃扰动 $z_1(t)=E(t)$ 时扰动阶跃响应 $x(t)<0.1$, 而在阶跃参据量 $w(t)=E(t)$ 时参据阶跃响应的超调量 $\ddot{u}<0.1=10\%$ $(x(t)<1.1)$, 被调节对象含有三个滞后环节:

$$G_{\mathrm{S}}(s)=\frac{K_{\mathrm{S}}}{(1+T_{\mathrm{S1}}\cdot s)\cdot(1+T_{\mathrm{S2}}\cdot s)\cdot(1+T_{\mathrm{S3}}\cdot s)}$$

$$K_{\mathrm{S}}=2,\quad T_{\mathrm{S1}}=8\,\mathrm{s},\quad T_{\mathrm{S2}}=2\,\mathrm{s},\quad T_{\mathrm{S3}}=1\,\mathrm{s}.$$

调节器传递函数 $G_{\mathrm{R}}(s)$ 应这样确定, 即调整所要求的扰动特性, 用 PID 调节器乘法形式可以补偿被调节对象的滞后时间常数.

$$K_{\mathrm{Rm}}=8,\quad T_{\mathrm{Nm}}=T_{\mathrm{S1}}=8\,\mathrm{s},\quad T_{\mathrm{Vm}}=T_{\mathrm{S2}}=2\,\mathrm{s},\quad T_1=\frac{T_{\mathrm{Vm}}}{10}=0.2\,\mathrm{s}$$

$$G_{\mathrm{R}}(s)=\frac{K_{\mathrm{Rm}}\cdot(1+T_{\mathrm{Nm}}\cdot s)\cdot(1+T_{\mathrm{Vm}}\cdot s)}{T_{\mathrm{Nm}}\cdot s\cdot(1+T_1\cdot s)}=\frac{128\cdot s^2+80\cdot s+8}{1.6\cdot s^2+8\cdot s}$$

对于扰动特性, 可用第一个自由度 $G_{\mathrm{R}}(s)$ 和预先给定的调节器增益值 $K_{\mathrm{Rm}}=8$ 来满足扰动量要求 $x(t)<0.1$ (图 4.5-34), 参据特性显示阶跃响应最大值 $x(t_{\max})=1.485$, 超调量为 $\ddot{u}=0.485=48.5\%$. 用第二个自由度 $G_{\mathrm{F}}(s)$ 调整所要求的参据特性, 为了计算前置滤波器, 必须将相乘的 PID 调节器传递函数换算成加法形式, 由 4.5.3.7 节的换算公式给出加法形式的调节器参数:

$$K_{\mathrm{Ra}} = \frac{K_{\mathrm{Rm}} \cdot (T_{\mathrm{Nm}} + T_{\mathrm{Vm}} - T_1)}{T_{\mathrm{Nm}}} = 9.8, \quad T_1 = 0.2\,\mathrm{s}$$

$$T_{\mathrm{Na}} = T_{\mathrm{Nm}} + T_{\mathrm{Vm}} - T_1 = 9.8\,\mathrm{s}$$

$$T_{\mathrm{Va}} = \frac{T_{\mathrm{Nm}} \cdot T_{\mathrm{Vm}}}{T_{\mathrm{Nm}} + T_{\mathrm{Vm}} - T_1} - T_1 = 1.4327\,\mathrm{s}$$

$$\begin{aligned} G_{\mathrm{R}}(s) &= K_{\mathrm{Ra}} \cdot \left(1 + \frac{1}{T_{\mathrm{Na}} \cdot s} + \frac{T_{\mathrm{Va}} \cdot s}{T_1 \cdot s + 1}\right) \\ &= \frac{K_{\mathrm{Ra}} \cdot \left(T_{\mathrm{Na}} \cdot (T_1 + T_{\mathrm{Va}}) \cdot s^2 + (T_{\mathrm{Na}} + T_1) \cdot s + 1\right)}{T_{\mathrm{Na}} \cdot T_1 \cdot s^2 + T_{\mathrm{Na}} \cdot s} \\ &= \frac{156.8 \cdot s^2 + 98 \cdot s + 9.8}{1.96 \cdot s^2 + 9.8 \cdot s} = \frac{128 \cdot s^2 + 80 \cdot s + 8}{1.6 \cdot s^2 + 8 \cdot s} \end{aligned}$$

调整 $b = 0.95$, $c = 0.16$ 可将参据阶跃响应的超调量限制到 $\ddot{u} < 10\%$, 由此, 前置滤波器为

$$\begin{aligned} G_{\mathrm{F}}(s) &= \frac{T_{\mathrm{Na}} \cdot (b \cdot T_1 + c \cdot T_{\mathrm{Va}}) \cdot s^2 + (b \cdot T_{\mathrm{Na}} + T_1) \cdot s + 1}{T_{\mathrm{Na}} \cdot (T_1 + T_{\mathrm{Va}}) \cdot s^2 + (T_{\mathrm{Na}} + T_1) \cdot s + 1} \\ &= \frac{4.1084 \cdot s^2 + 9.51 \cdot s + 1}{16 \cdot s^2 + 10 \cdot s + 1} \end{aligned}$$

通过前置滤波器不能改变扰动阶跃响应, 前置滤波器用分母 $N_{\mathrm{F}}(s)$ 补偿两个零点

$$T_{\mathrm{Na}} \cdot (T_1 + T_{\mathrm{Va}}) \cdot s^2 + (T_{\mathrm{Na}} + T_1) \cdot s + 1 = 0, \quad s_1 = -0.125, \quad s_2 = -0.5$$

它们是通过在参据传递函数分子中的调节器传递函数 $G_{\mathrm{R}}(s)$ 得到的, 并且通过 $Z_{\mathrm{F}}(s)$ 的零点来取代它们

$$T_{\mathrm{Na}} \cdot (b \cdot T_1 + c \cdot T_{\mathrm{Va}}) \cdot s^2 + (b \cdot T_{\mathrm{Na}} + T_1) \cdot s + 1 = 0$$

$$s_1 = -0.11042, \quad s_2 = -2.2043$$

其中, 用 b 和 c 可调整参据阶跃响应的超调量和上升时间. 调整 $b = 1, c = 1$, 前置滤波器为 $G_{\mathrm{F}}(s) = 1$, 调节回路仅有一个自由度; 用 $b = 0, c = 0$, 参据量的变化仅由积分部分来考虑, 这将导致一个慢的参据特性; 用 $b = 0.95, c = 0.16$ 可调整到所要求的特性 (图 4.5-34).

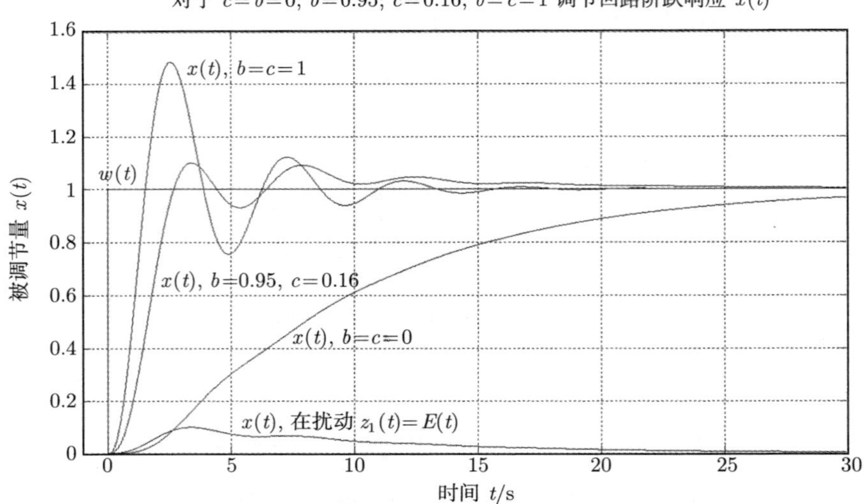

图 4.5-34　在不同的前置滤波器调整情况下被调节量的时间历程

为计算具有二自由度调节的参据特性, 在图 4.5-35 中给出等效的 Simulink 模型.

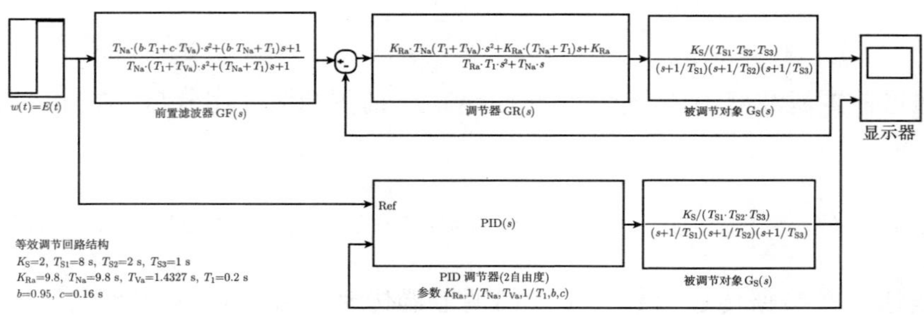

图 4.5-35　具有二自由度的等效调节回路结构, Simulink 模型

4.6　传递函数的标准化参数

4.6.1　系数与标准化参数

在计算调节器、被调节对象和调节回路的动态特性时须求解微分方程、传递函数和频率特性. 这些数学表达式具有系数, 这些系数数值可赋值给下列调节技术的**标准化参数 (standardisierten Parametern)**:

- 比例增益 K_P (调节器: K_R, 对象: K_S);
- 积分增益 K_I (调节器: K_{IR}, 对象: K_{IS});

- 积分时间常数 T_{I}(调节器：T_{IR}, 对象：T_{IS});
- 调后时间 T_{N};
- 微分增益 K_{D};
- 微分时间常数 T_{D};
- 超前时间常数 T_{V};
- 滞后时间常数 $T_1, T_2, \cdots$;
- 延迟时间 T_{t};
- 阻尼比 D, 特征角频率 ω_0.

增益系数 $K_{\mathrm{I}}, K_{\mathrm{P}}, K_{\mathrm{D}}$ 表示传递环节对下列附有量纲的单位函数的响应：

- 单位冲激函数 $\delta(t)$;
- 单位阶跃函数 $E(t)$;
- 单位斜坡函数 $t \cdot E(t)$.

调后时间常数和超前时间常数由积分–和微分时间常数组成的调节器增益来确定, 阻尼比和特征角频率通过与归一化的传递函数或频率特性函数比较来确定.

积分、比例和微分增益系数确定如下.

4.6.2 求稳态增益系数

4.6.2.1 积分增益 K_{I}

积分增益 K_{I} 表示, 当**单位冲激函数 (Einheitsimpulsfunktion)**

$$x_{\mathrm{e}}(t) = \delta(t) \cdot \dim\{x_{\mathrm{e}} \cdot \mathrm{s}\}$$

接入积分–环节时其输出量 $x_{\mathrm{a}}(t \to \infty)$ 所达到的稳态值, 由

$$x_{\mathrm{e}}(s) = L\{x_{\mathrm{e}}(t)\} = L\{\delta(t) \cdot \dim\{x_{\mathrm{e}} \cdot \mathrm{s}\}\} = 1 \cdot \dim\{x_{\mathrm{e}} \cdot \mathrm{s}\}$$

可得到

$$x_{\mathrm{a}}(s) = G(s) \cdot x_{\mathrm{e}}(s) = G(s) \cdot 1 \cdot \dim\{x_{\mathrm{e}} \cdot \mathrm{s}\} = G(s) \cdot \dim\{x_{\mathrm{e}} \cdot \mathrm{s}\}$$

$$x_{\mathrm{a}}(t \to \infty) = \lim_{s \to 0} s \cdot G(s) \cdot x_{\mathrm{e}}(s) = \lim_{s \to 0} s \cdot G(s) \cdot \dim\{x_{\mathrm{e}} \cdot \mathrm{s}\} = K_{\mathrm{I}} \cdot \dim\{x_{\mathrm{e}} \cdot \mathrm{s}\}$$

$$\boxed{K_{\mathrm{I}} = \lim_{s \to 0} s \cdot G(s), \quad K_{\mathrm{I}} = \lim_{p \to 0} p \cdot F(p)}$$

因为传递函数和频率特性函数结构相同, 故也可由 $p \to \infty$ 或 $\mathrm{j}\omega \to \infty$ 求极限值.

如果 $K_{\mathrm{I}} = 0$, 那么就不存在积分–环节, 该环节具有比例–或微分–特性 $K_{\mathrm{I}} \to \infty$ 产生于具有二阶或更高阶的积分–环节, 例如当两个积分–环节串联连接时.

例 4.6-1 旋转角 α 和转数 n 之间存在关系

$$\alpha(t) = 2\pi \cdot \mathrm{rad} \int n(t)\mathrm{d}t, \quad \dim\{\alpha\} = \mathrm{rad}, \quad \dim\{n\} = \frac{1}{\mathrm{s}}$$

$$G(s) = \frac{\alpha(s)}{n(s)} = \frac{2\pi \cdot \mathrm{rad}}{s}$$

$$K_\mathrm{I} = \lim_{s\to 0} s \cdot G(s) = \lim_{s\to 0} s \cdot \frac{2\pi \cdot \mathrm{rad}}{s} = 2\pi \cdot \mathrm{rad}$$

4.6.2.2 比例增益 K_P

当**单位阶跃函数 (Einheitssprungfunktion)** $x_\mathrm{e}(t) = E(t) \cdot \dim\{x_\mathrm{e}\}$ 接入比例–环节时, 比例增益 K_P 为输出量 $x_\mathrm{a}(t \to \infty)$ 的稳态值, 由

$$x_\mathrm{e}(s) = L\{x_\mathrm{e}(t)\} = L\{E(t) \cdot \dim\{x_\mathrm{e}\}\} = \frac{1}{s} \cdot \dim\{x_\mathrm{e}\}$$

可得到

$$x_\mathrm{a}(s) = G(s) \cdot x_\mathrm{e}(s) = G(s) \cdot \frac{1}{s} \cdot \dim\{x_\mathrm{e}\}$$

$$x_\mathrm{a}(t \to \infty) = \lim_{s\to 0} s \cdot G(s) \cdot x_\mathrm{e}(s) = \lim_{s\to 0} s \cdot G(s) \cdot \frac{\dim\{x_\mathrm{e}\}}{s} = K_\mathrm{P} \cdot \dim\{x_\mathrm{e}\}$$

$$\boxed{K_\mathrm{P} = \lim_{s\to 0} G(s), \quad K_\mathrm{P} = \lim_{p\to 0} F(p)}$$

如果 K_P 值等于零, 那么将存在一个微分–环节, $K_\mathrm{P} \to \infty$ 具有一个积分–环节或比例–积分环节, 为了计算 K_P 值必须使 PI 环节的传递函数因数化 (faktorisiert)(见 4.6.2.4 节).

例 4.6-2 直流电动机的动态特性通过下面微分方程近似地描述:

$$T_\mathrm{M} \cdot \frac{\mathrm{d}n(t)}{\mathrm{d}t} + n(t) = K_\mathrm{S} \cdot u_\mathrm{A}(t)$$

$$\dim\{n\} = \mathrm{s}^{-1}, \quad \dim\{K_\mathrm{S}\} = \mathrm{V}^{-1}\mathrm{s}^{-1}, \quad \dim\{u_\mathrm{A}\} = \mathrm{V}$$

$$G(s) = \frac{n(s)}{u_\mathrm{A}(s)} = \frac{K_\mathrm{S}}{1 + T_\mathrm{M} \cdot s}, \quad K_\mathrm{P} = \lim_{s\to 0} G(s) = \lim_{s\to 0} \frac{K_\mathrm{S}}{1 + T_\mathrm{M} \cdot s} = K_\mathrm{S}$$

比例系数 K_P 对应于被调节对象增益 K_S.

4.6.2.3 微分增益 K_D

微分增益 K_D 表示, 当**单位斜坡函数 (Einheitsanstiegsfunktion)** $x_\mathrm{e}(t) = t \cdot \dim\{x_\mathrm{e}/s\}$ 接入到微分–环节时其输出量 $x_\mathrm{a}(t \to \infty)$ 达到的稳态值, 由

$$x_\mathrm{e}(s) = L\{x_\mathrm{e}(t)\} = L\{t \cdot \dim\{x_\mathrm{e}/\mathrm{s}\}\} = \frac{1}{s^2} \cdot \dim\{x_\mathrm{e}/\mathrm{s}\}$$

可得到

$$x_a(s) = G(s) \cdot x_e(s) = G(s) \cdot \frac{1}{s^2} \cdot \dim\{x_e/\mathrm{s}\}$$

$$x_a(t \to \infty) = \lim_{s\to 0} s \cdot G(s) \cdot x_e(s) = \lim_{s\to 0} s \cdot G(s) \cdot \frac{1}{s^2} \cdot \dim\{x_e/\mathrm{s}\}$$

$$= \lim_{s\to 0} G(s) \cdot \frac{1}{s} \cdot \dim\{x_e/\mathrm{s}\} = K_D \cdot \dim\{x_e/\mathrm{s}\}$$

$$\boxed{K_D = \lim_{s\to 0} G(s) \cdot \frac{1}{s}, \quad K_D = \lim_{p\to 0} F(p) \cdot \frac{1}{p}}$$

如果 $K_D = 0$, 那么就存在一个具有二阶或更高阶的微分–环节, $K_D \to \infty$ 则具有一个积分–环节、一个比例–积分–环节和一个 PID 环节, 为了计算 K_D 值必须使 PID 环节的传递函数因数化 (见 4.6.2.4 节, 例 4.6-4).

例 4.6-3 速度 v 和路程 x 之间存在关系

$$v(t) = \frac{\mathrm{d}x(t)}{\mathrm{d}t}, \quad \dim\{v\} = \mathrm{m} \cdot \mathrm{s}^{-1}, \quad \dim\{x\} = \mathrm{m}$$

$$G(s) = \frac{v(s)}{x(s)} = s, \quad K_D = \lim_{s\to 0} G(s) \cdot \frac{1}{s} = \frac{s}{s} = 1$$

$$K_D = 1.$$

4.6.2.4 求在具有多个传递分量传递函数时的增益系数

通过归一化可产生无量纲方程, 在这种情况或当输出量和输入量的量纲相同时, 那么可通过积分时间常数 T_I 和微分时间常数 T_D 来取代积分增益 K_I 和微分增益 K_D, 见表 4.6-1 和表 4.6-2 所列.

表 4.6-1 在归一化或量纲相同参量情况增益系数和时间常数

	环节	环节	环节
具有 K 传递环节方程	$x_a = K_I \int x_e \mathrm{d}t$	$x_a = K_P \cdot x_e$	$x_a = K_D \cdot \frac{\mathrm{d}x_e}{\mathrm{d}t}$
量纲	$\dim\{K_I\} = \mathrm{s}^{-1}$	$\dim\{K_P\} = 1$	$\dim\{K_D\} = \mathrm{s}$
时间常数	$T_I = \frac{1}{K_I}$	—	$T_D = K_D$
传递环节方程	$x_a = \frac{1}{T_I} \int x_e \mathrm{d}t$	$x_a = K_P \cdot x_e$	$x_a = T_D \cdot \frac{\mathrm{d}x_e}{\mathrm{d}t}$

如果研究已给标准环节的稳态增益系数 K_I, K_P 和 K_D, 那么总是仅有一个系数终值不等于零.

表 4.6-2 标准环节的增益系数

稳态增益系数 K	$K_{\text{I}} = \lim\limits_{s\to 0} s \cdot G(s)$	$K_{\text{P}} = \lim\limits_{s\to 0} G(s)$	$K_{\text{D}} = \lim\limits_{s\to 0} \dfrac{G(s)}{s}$
I 环节 K 值	$K_{\text{I}} \neq 0$	$K_{\text{P}} \to \infty$	$K_{\text{D}} \to \infty$
P 环节 K 值	$K_{\text{I}} = 0$	$K_{\text{P}} \neq 0$	$K_{\text{D}} \to \infty$
D 环节 K 值	$K_{\text{I}} = 0$	$K_{\text{P}} = 0$	$K_{\text{D}} \neq 0$

在 PID 调节器时可得增益系数 $K_{\text{I}}, K_{\text{P}}$ 和 K_{D} 的终值, 为此, 确定增益系数必须以多步来进行:

> 如果传递函数分子多项式由多个分量组成, 那么必须分别由各个分量求出有效增益系数.

例 4.6-4 对于 PID 调节器乘法形式试求稳态增益系数.

$$G_{\text{R}}(s) = K_{\text{Rm}} \cdot \frac{(1 + T_{\text{Nm}} \cdot s) \cdot (1 + T_{\text{Vm}} \cdot s)}{T_{\text{Nm}} \cdot s}$$

按着已推导的公式计算可得:

$$K_{\text{I}} = \lim_{s\to 0} s \cdot G(s) = \frac{K_{\text{Rm}}}{T_{\text{Nm}}}, \quad K_{\text{P}} = \lim_{s\to 0} G(s) \to \infty$$

$$K_{\text{D}} = \lim_{s\to 0} G(s) \cdot \frac{1}{s} \to \infty$$

将这些结果应用于调节技术是错误的. 因为通过分解成分量可得到:

$$\begin{aligned} G_{\text{R}}(s) &= K_{\text{Rm}} \cdot \frac{(1 + T_{\text{Nm}} \cdot s) \cdot (1 + T_{\text{Vm}} \cdot s)}{T_{\text{Nm}} \cdot s} \\ &= \frac{K_{\text{Rm}}}{T_{\text{Nm}} \cdot s} + K_{\text{Rm}} \cdot \frac{T_{\text{Nm}} + T_{\text{Vm}}}{T_{\text{Nm}}} + K_{\text{Rm}} \cdot T_{\text{Vm}} \cdot s \end{aligned}$$

现在给出由各个分量计算的稳态增益:

$$\boxed{K_{\text{I}} = \frac{K_{\text{Rm}}}{T_{\text{Nm}}}, \quad K_{\text{P}} = K_{\text{Rm}} \cdot \frac{T_{\text{Nm}} + T_{\text{Vm}}}{T_{\text{Nm}}}, \quad K_{\text{D}} = K_{\text{Rm}} \cdot T_{\text{Vm}}}$$

$$\begin{aligned} G_{\text{R}}(s) &= K_{\text{Rm}} \cdot \frac{T_{\text{Nm}} + T_{\text{Vm}}}{T_{\text{Nm}}} + \frac{K_{\text{Rm}}}{T_{\text{Nm}} \cdot s} + K_{\text{Rm}} \cdot T_{\text{Vm}} \cdot s \\ &= K_{\text{P}} + \frac{K_{\text{I}}}{s} + K_{\text{D}} \cdot s \end{aligned}$$

通过变形和系数比较可得到 PID 调节器加法形式的标准形式和稳态增益的关系式:

$$G_{\text{R}}(s) = K_{\text{Ra}} \cdot \left[1 + \frac{1}{T_{\text{Na}} \cdot s} + T_{\text{Va}} \cdot s\right] = K_{\text{P}} + \frac{K_{\text{I}}}{s} + K_{\text{D}} \cdot s$$

由 $K_{\mathrm{Ra}}=K_{\mathrm{P}}$ 进一步得到:

$$G_{\mathrm{R}}(s)=K_{\mathrm{Ra}}\cdot\left[1+\frac{1}{T_{\mathrm{Na}}\cdot s}+T_{\mathrm{Va}}\cdot s\right]=K_{\mathrm{Ra}}\cdot\left[1+\frac{K_{\mathrm{I}}}{K_{\mathrm{Ra}}\cdot s}+\frac{K_{\mathrm{D}}}{K_{\mathrm{Ra}}}\cdot s\right]$$

$$\boxed{T_{\mathrm{Na}}=\frac{K_{\mathrm{Ra}}}{K_{\mathrm{I}}},\quad K_{\mathrm{Ra}}=K_{\mathrm{P}},\quad T_{\mathrm{Va}}=\frac{K_{\mathrm{D}}}{K_{\mathrm{Ra}}}}$$

用调节器增益 K_{R} 可由积分增益 K_{I} 和微分增益 K_{D} 求得调后时间常数 T_{N} 和超前时间常数 T_{V}.

4.6.3 求时间常数、阻尼比和特征角频率

4.6.3.1 求时间常数

在建立调节器和被调节对象的微分方程和传递函数时通常会得到一些系数, 并且必须由这些系数确定传递环节时间常数.

研究基础是被调节对象的微分方程, 它是根据输出量和输入量间的物理关系求得

$$a\cdot\frac{\mathrm{d}^2x(t)}{\mathrm{d}t^2}+b\cdot\frac{\mathrm{d}x(t)}{\mathrm{d}t}+c\cdot x(t)=e\cdot\frac{\mathrm{d}y(t)}{\mathrm{d}t}+f\cdot y(t)$$

转换到频域可给出:

$$a\cdot s^2\cdot x(s)+b\cdot s\cdot x(s)+c\cdot x(s)=e\cdot s\cdot y(s)+f\cdot y(s)$$

用 c 来除变成

$$\frac{a}{c}\cdot\frac{\mathrm{d}^2x(t)}{\mathrm{d}t^2}+\frac{b}{c}\cdot\frac{\mathrm{d}x(t)}{\mathrm{d}t}+x(t)=\frac{e}{c}\cdot\frac{\mathrm{d}y(t)}{\mathrm{d}t}+\frac{f}{c}\cdot y(t)$$

$$\frac{a}{c}\cdot s^2\cdot x(s)+\frac{b}{c}\cdot s\cdot x(s)+x(s)=\frac{e}{c}\cdot s\cdot y(s)+\frac{f}{c}\cdot y(s)$$

并继续变形

$$\frac{a}{c}\cdot\frac{\mathrm{d}^2x(t)}{\mathrm{d}t^2}+\frac{b}{c}\cdot\frac{\mathrm{d}x(t)}{\mathrm{d}t}+x(t)=\frac{f}{c}\cdot\left[\frac{e}{f}\cdot\frac{\mathrm{d}y(t)}{\mathrm{d}t}+y(t)\right]$$

$$\frac{a}{c}\cdot s^2\cdot x(s)+\frac{b}{c}\cdot s\cdot x(s)+x(s)=\frac{f}{c}\cdot\left[\frac{e}{f}\cdot s\cdot y(s)+y(s)\right]$$

系数 $\dfrac{f}{c}$ 相应于比例增益 K_{S} 或一般的 K_{P}, 该结果可通过应用终值定理得到, 对于在频域 $s\to 0$ 可得到在时域的 $t\to\infty$ 函数值:

$$c\cdot x(t\to\infty)=f\cdot y(t\to\infty)$$

$$x(t\to\infty)=\frac{f}{c}\cdot y(t\to\infty)=K_{\mathrm{S}}\cdot y(t\to\infty)$$

时间微分 $\frac{\mathrm{d}^2}{\mathrm{d}t^2},\frac{\mathrm{d}}{\mathrm{d}t}$ 具有与它的阶数相应的量纲 s^{-2},s^{-1}, 系数的量纲如下：

$$\dim\left\{\frac{a}{c}\right\}=\mathrm{s}^2,\quad \dim\left\{\frac{b}{c}\right\}=\mathrm{s},\quad \dim\left\{\frac{e}{f}\right\}=\mathrm{s}$$

$$\dim\{K_{\mathrm{S}}\}=\dim\left\{\frac{f}{c}\right\}=\frac{\dim\{x\}}{\dim\{y\}}$$

应用缩写

$$T_\alpha\cdot T_\beta=\frac{a}{c},\quad T_\alpha=\frac{b}{c},\quad T_3=\frac{e}{f}$$

可变为

$$T_\alpha\cdot T_\beta\cdot\frac{\mathrm{d}^2x(t)}{\mathrm{d}t^2}+T_\alpha\cdot\frac{\mathrm{d}x(t)}{\mathrm{d}t}+x(t)=K_{\mathrm{S}}\cdot\left[T_3\cdot\frac{\mathrm{d}y(t)}{\mathrm{d}t}+y(t)\right]$$

$$T_\alpha\cdot T_\beta\cdot s^2\cdot x(s)+T_\alpha\cdot s\cdot x(s)+x(s)=K_{\mathrm{S}}\cdot[T_3\cdot s\cdot y(s)+y(s)]$$

$$G_{\mathrm{S}}(s)=K_{\mathrm{S}}\cdot\frac{1+T_3\cdot s}{1+T_\alpha\cdot s+T_\alpha\cdot T_\beta\cdot s^2}$$

4.6.3.2　求标准化的时间常数

在一些调节技术方法中, 用调节器传递函数分子的超前时间常数来补偿被调节对象传递函数分母的大的滞后时间常数, 为达到此目的, 必须求被调节对象传递函数特征方程的零点 (传递函数极点).

在求解特征方程时需处理两种不同情况：出现两个实数零点和两个共轭复数零点 (4.6.3.3 节).

对于第一种情况特征方程的零点为

$$T_\alpha\cdot T_\beta\cdot s^2+T_\alpha\cdot s+1=0,$$

$$s_{1,2}=-\frac{1}{2\cdot T_\beta}\pm\sqrt{\frac{1}{(2\cdot T_\beta)^2}-\frac{1}{T_\alpha\cdot T_\beta}}=\frac{-1}{T_{1,2}}$$

为此, 特征方程为

$$\begin{aligned}T_\alpha\cdot T_\beta\cdot s^2+T_\alpha\cdot s+1&=T_1\cdot T_2\cdot s^2+(T_1+T_2)\cdot s+1\\&=(1+T_1\cdot s)\cdot(1+T_2\cdot s)=0\end{aligned}$$

而传递函数为

$$G_{\mathrm{S}}(s)=K_{\mathrm{S}}\cdot\frac{1+T_3\cdot s}{(1+T_1\cdot s)\cdot(1+T_2\cdot s)}$$

具有零点 $s_{\mathrm{n}3}=-\frac{1}{T_3}$

具有极点 $s_{\mathrm{p}1,2}=-\frac{1}{T_{1,2}}$

传递环节标准化时间常数可由传递函数的零点 (分子多项式) 和极点 (分母多项式) 来求得.

4.6.3.3 求具有复数零点的 II 阶系统标准化系数

如果特征方程的解为共轭复数, 那么可求 PT_2-环节的标准化参数阻尼比 D 和特征角频率 ω_0:

$$T_\alpha \cdot T_\beta \cdot s^2 + T_\alpha \cdot s + 1 = \frac{s^2}{\omega_0^2} + 2 \cdot D \cdot \frac{s}{\omega_0} + 1 = 0$$

由

$$\omega_0^2 = \frac{1}{T_\alpha \cdot T_\beta}, \quad \omega_0 = \frac{1}{\sqrt{T_\alpha \cdot T_\beta}}, \quad \frac{2 \cdot D}{\omega_0} = T_\alpha, \quad D = \frac{1}{2} \cdot \sqrt{\frac{T_\alpha}{T_\beta}}$$

可得传递函数

$$G_S(s) = K_S \cdot \frac{1 + T_3 \cdot s}{1 + 2 \cdot D \cdot \frac{s}{\omega_0} + \frac{s^2}{\omega_0^2}}$$

零点为

$$s_{n3} = -\frac{1}{T_3}$$

极点为

$$s_{p1,2} = -\omega_0 \cdot D \pm j\omega_0 \cdot \sqrt{1 - D^2}, \quad 0 < D < 1$$

为了确定 PT_2 环节在时域和频域的特性, 需要标准化参数阻尼比 D 和特征角频率 ω_0.

4.7 调节回路环节方程和符号

4.7.1 调节回路环节微分方程

环节	时域方程	传递符号
P	$x_a = K_P \cdot x_e$	K_P; x_e → □ → x_a
PT_1	$T_1 \cdot \frac{dx_a}{dt} + x_a = K_P \cdot x_e$	K_P, T_1; x_e → □ → x_a

(续)

环节	时域方程	传递符号
PT_2	$\frac{1}{\omega_0^2}\cdot\frac{d^2x_a}{dt^2}+\frac{2\cdot D}{\omega_0}\cdot\frac{dx_a}{dt}+x_a=K_P\cdot x_e$	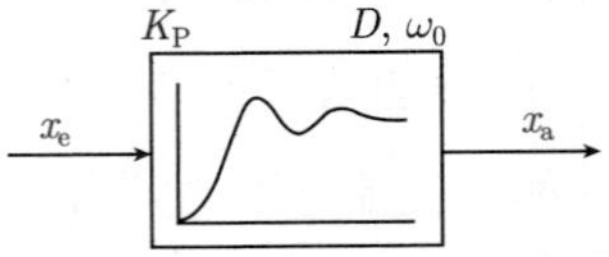 K_P　D,ω_0　x_e　x_a
PT_t	$x_a=K_P\cdot x_e(t-T_t)$	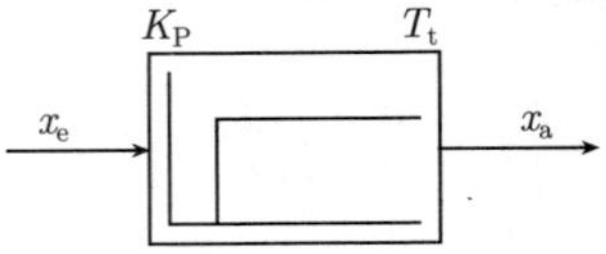 K_P　T_t　x_e　x_a
D	$x_a=K_D\cdot\frac{dx_e}{dt},\left[x_a=T_D\cdot\frac{dx_e}{dt}\right]$	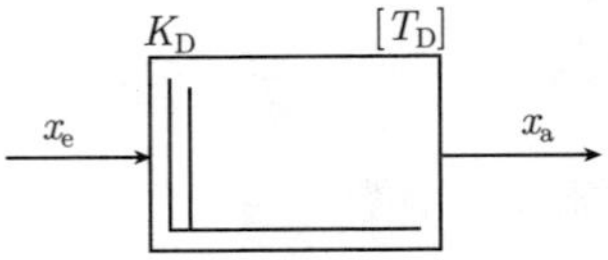 K_D　$[T_D]$　x_e　x_a
DT_1	$T_1\cdot\frac{dx_a}{dt}+x_a=K_D\cdot\frac{dx_e}{dt}$	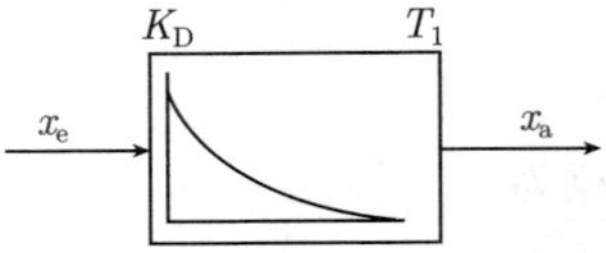 K_D　T_1　x_e　x_a
PD	$x_a=K_P\cdot\left[T_V\cdot\frac{dx_e}{dt}+x_e\right]$	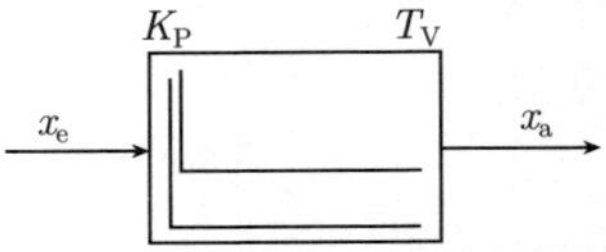 K_P　T_V　x_e　x_a
PDT_1	$T_1\cdot\frac{dx_a}{dt}+x_a=K_P\cdot\left[T_V\cdot\frac{dx_e}{dt}+x_e\right]$, $T_V>T_1$	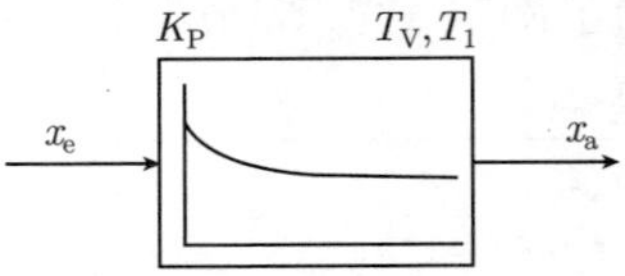 K_P　T_V,T_1　x_e　x_a
PPT_1	$T_1\cdot\frac{dx_a}{dt}+x_a=K_P\cdot\left[T_V\cdot\frac{dx_e}{dt}+x_e\right]$, $T_V<T_1$	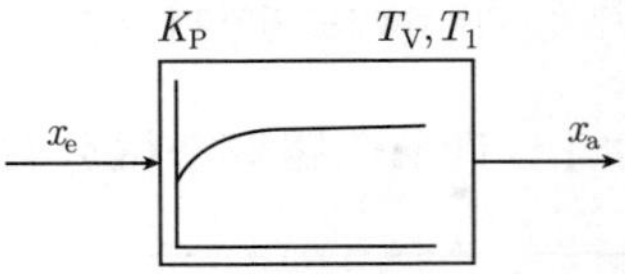 K_P　T_V,T_1　x_e　x_a
I	$x_a=K_I\int x_e dt$, $\left[x_a=\frac{1}{T_I}\int x_e dt\right]$	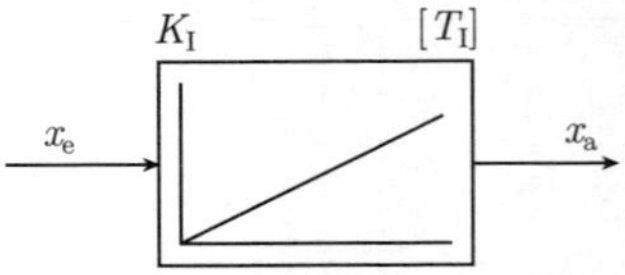 K_I　$[T_I]$　x_e　x_a
PI	$x_a=K_P\cdot\left[x_e+\frac{1}{T_N}\int x_e dt\right]$	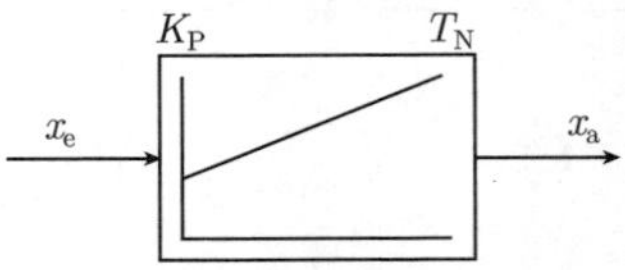 K_P　T_N　x_e　x_a

(续)

环节	时域方程	传递符号
PID*) 加法形式	$x_a = K_P \cdot \left[x_e + \frac{1}{T_N}\int x_e \mathrm{d}t + T_V \cdot \frac{\mathrm{d}x_e}{\mathrm{d}t}\right]$	K_P T_N, T_V; x_e → x_a
PID*) 乘法形式	$x_a = K_P \cdot \left[\frac{T_N + T_V}{T_N} \cdot x_e + \frac{1}{T_N}\int x_e \mathrm{d}t + T_V \cdot \frac{\mathrm{d}x_e}{\mathrm{d}t}\right]$	K_P T_N, T_V; x_e → x_a
$\mathrm{PIDT}_1^{*)}$ 加法形式	$T_1 \cdot \frac{\mathrm{d}x_a}{\mathrm{d}t} + x_a = K_P \cdot \left[\frac{T_1 + T_N}{T_N} \cdot x_e + \frac{1}{T_N}\int x_e \mathrm{d}t + (T_1 + T_V) \cdot \frac{\mathrm{d}x_e}{\mathrm{d}t}\right]$	K_P T_N, T_V, T_1; x_e → x_a
$\mathrm{PIDT}_1^{*)}$ 乘法形式	$T_1 \cdot \frac{\mathrm{d}x_a}{\mathrm{d}t} + x_a = K_P \cdot \left[\frac{T_V + T_N}{T_N} \cdot x_e + \frac{1}{T_N}\int x_e \mathrm{d}t + T_V \cdot \frac{\mathrm{d}x_e}{\mathrm{d}t}\right]$	K_P T_N, T_V, T_1; x_e → x_a

*) 见 4.5.3.7 节.

4.7.2 调节回路环节频率特性函数

环节	频率特性函数	传递符号
P	$F(p) = \frac{x_a(p)}{x_e(p)} = K_P$	K_P; x_e → x_a
PT_1	$F(p) = \frac{K_P}{1 + T_1 \cdot p}$	K_P T_I; x_e → x_a
PT_2	$F(p) = \frac{K_P}{1 + \frac{2 \cdot D}{\omega_0} \cdot p + \frac{1}{\omega_0^2} \cdot p^2}$	K_P D, ω_0; x_e → x_a
PT_t	$F(p) = K_P \cdot \mathrm{e}^{-pT_t}$	K_P T_t; x_e → x_a

(续)

环节	频率特性函数	传递符号
D	$F(p)=K_D\cdot p,\quad [F(p)=T_D\cdot p]$	K_D $[T_D]$ x_e x_a
DT_1	$F(p)=\dfrac{K_D\cdot p}{1+T_1\cdot p}$	K_D T_1 x_e x_a
PD	$F(p)=K_P\cdot(1+T_V\cdot p)$	K_P T_V x_e x_a
PDT_1	$F(p)=K_P\cdot\dfrac{1+T_V\cdot p}{1+T_1\cdot p},\quad T_V>T_1$	K_P T_V,T_1 x_e x_a
PPT_1	$F(p)=K_P\cdot\dfrac{1+T_V\cdot p}{1+T_1\cdot p},\quad T_V<T_1$	K_P T_V,T_1 x_e x_a
I	$F(p)=K_I\cdot\dfrac{1}{p},\quad \left[F(p)=\dfrac{1}{T_I\cdot p}\right]$	K_I $[T_I]$ x_e x_a
PI	$F(p)=K_P\cdot\left[1+\dfrac{1}{T_N\cdot p}\right]=K_P\cdot\dfrac{1+T_N\cdot p}{T_N\cdot p}$	K_P T_N x_e x_a
PID*) 加法形式	$F_a(p)=K_P\cdot\left[1+\dfrac{1}{T_N\cdot p}+T_V\cdot p\right]$	K_P T_N,T_V x_e x_a
PID*) 乘法形式	$F_m(p)=K_P\cdot\dfrac{(1+T_N\cdot p)\cdot(1+T_V\cdot p)}{T_N\cdot p}$	K_P T_N,T_V x_e x_a

(续)

环节	频率特性函数	传递符号
$PIDT_1^{*)}$ 加法形式	$F_a(p) = K_P \cdot \left[1 + \frac{1}{T_N \cdot p} + \frac{T_V \cdot p}{1 + T_1 \cdot p}\right]$	K_P T_N, T_V, T_1 x_e x_a
$PIDT_1^{*)}$ 乘法形式	$F_m(p) = K_P \cdot \frac{(1 + T_N \cdot p) \cdot (1 + T_V \cdot p)}{T_N \cdot p \cdot (1 + T_1 \cdot p)}$	K_P T_N, T_V, T_1 x_e x_a
*) 见 4.5.3.7 节.		

4.7.3 调节回路环节传递函数

环节	传递函数	传递符号
P	$G(s) = \frac{x_a(s)}{x_e(s)} = K_P$	K_P x_e x_a
PT_1	$G(s) = \frac{K_P}{1 + T_1 \cdot s}$	K_P T_1 x_e x_a
PT_2	$G(s) = \frac{K_P}{1 + 2 \cdot D \cdot \frac{s}{\omega_0} + \frac{s^2}{\omega_0^2}}$	K_P D, ω_0 x_e x_a
PT_t	$G(s) = K_P \cdot e^{-sT_t}$	K_P T_t x_e x_a
D	$G(s) = K_D \cdot s, \quad [G(s) = T_D \cdot s]$	K_D $[T_D]$ x_e x_a
DT_1	$G(s) = \frac{K_D \cdot s}{1 + T_1 \cdot s}$	K_D T_1 x_e x_a

(续)

环节	传递函数	传递符号
PD	$G(s)=K_{\mathrm{P}}\cdot(1+T_{\mathrm{V}}\cdot s)$	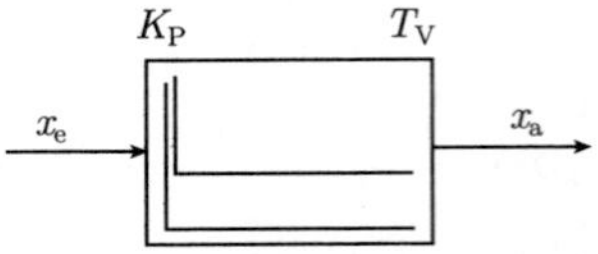 K_{P} T_{V}
PDT_1	$G(s)=K_{\mathrm{P}}\cdot\dfrac{1+T_{\mathrm{V}}\cdot s}{1+T_1\cdot s},\quad T_{\mathrm{V}}>T_1$	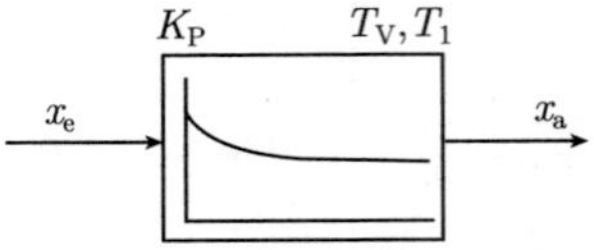 K_{P} T_{V},T_1
PPT_1	$G(s)=K_{\mathrm{P}}\cdot\dfrac{1+T_{\mathrm{V}}\cdot s}{1+T_1\cdot s},\quad T_{\mathrm{V}}<T_1$	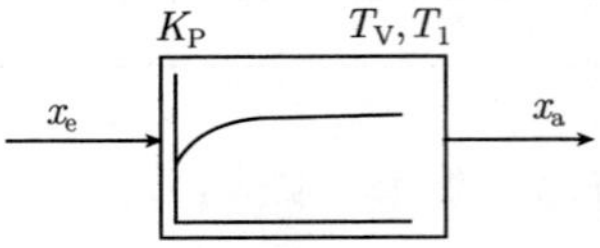 K_{P} T_{V},T_1
I	$G(s)=K_{\mathrm{I}}\cdot\dfrac{1}{s},\quad \left[G(s)=\dfrac{1}{T_{\mathrm{I}}\cdot s}\right]$	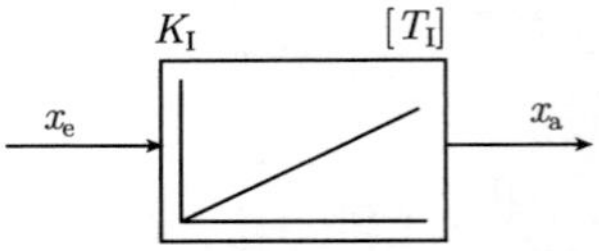 K_{I} $[T_{\mathrm{I}}]$
PI	$G(s)=K_{\mathrm{P}}\cdot\left[1+\dfrac{1}{T_{\mathrm{N}}\cdot s}\right]=K_{\mathrm{P}}\cdot\dfrac{1+T_{\mathrm{N}}\cdot s}{T_{\mathrm{N}}\cdot s}$	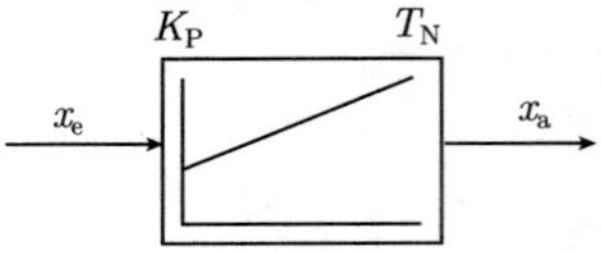 K_{P} T_{N}
PID*) 加法形式	$G_{\mathrm{a}}(s)=K_{\mathrm{P}}\cdot\left[1+\dfrac{1}{T_{\mathrm{N}}\cdot s}+T_{\mathrm{V}}\cdot s\right]$	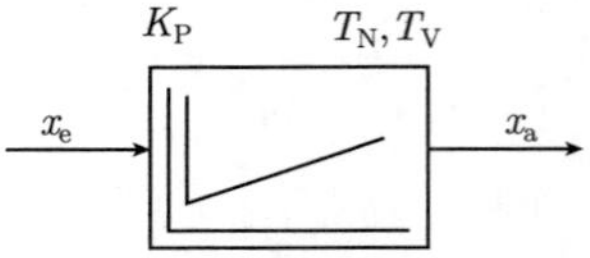 K_{P} $T_{\mathrm{N}},T_{\mathrm{V}}$
PID*) 乘法形式	$G_{\mathrm{m}}(s)=K_{\mathrm{P}}\cdot\dfrac{(1+T_{\mathrm{N}}\cdot s)\cdot(1+T_{\mathrm{V}}\cdot s)}{T_{\mathrm{N}}\cdot s}$	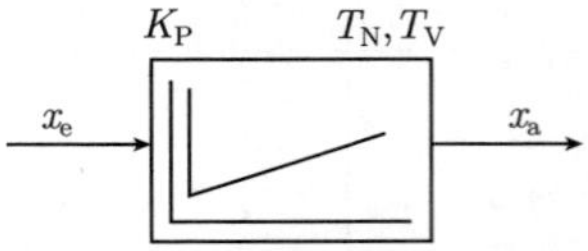 K_{P} $T_{\mathrm{N}},T_{\mathrm{V}}$
$\mathrm{PIDT}_1^{*)}$ 加法形式	$G_{\mathrm{a}}(s)=K_{\mathrm{P}}\cdot\left[1+\dfrac{1}{T_{\mathrm{N}}\cdot s}+\dfrac{T_{\mathrm{V}}\cdot s}{1+T_1\cdot s}\right]$	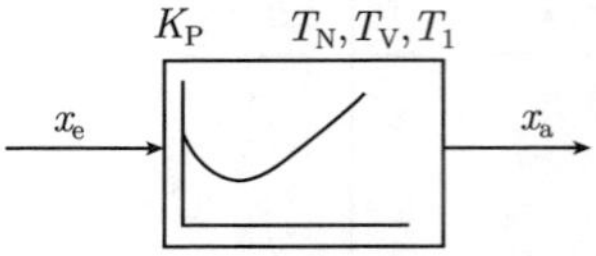 K_{P} $T_{\mathrm{N}},T_{\mathrm{V}},T_1$
$\mathrm{PIDT}_1^{*)}$ 乘法形式	$G_{\mathrm{m}}(s)=K_{\mathrm{P}}\cdot\dfrac{(1+T_{\mathrm{N}}\cdot s)\cdot(1+T_{\mathrm{V}}\cdot s)}{T_{\mathrm{N}}\cdot s\cdot(1+T_1\cdot s)}$	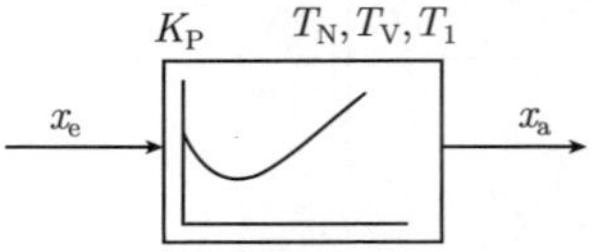 K_{P} $T_{\mathrm{N}},T_{\mathrm{V}},T_1$

*) 见 4.5.3.7 节.

第 5 章　参据特性和扰动特性的频率特性函数与传递函数

5.1　具有直接负反馈的调节回路方程

5.1.1　结构图与缩语

应用第 2 章的变换规则和移动规则可将具有反馈的调节回路 (所谓的闭环调节回路) 反馈到两个不同的结构上：

- 具有直接负反馈的调节回路结构;
- 具有间接负反馈的调节回路结构.

对于具有直接负反馈的情况给出具有如下的参量和符号的信号流图 (图 5.1-1)：

- 参据量 w;
- 调节误差 x_{d};
- 调整量 y;
- 供能扰动量 z_1;
- 负载扰动量 z_2;
- 被调节量 x;
- 调节器频率特性函数 $F_{\mathrm{R}}(\mathrm{j}\omega)$;
- 调节器传递函数 $G_{\mathrm{R}}(s)$;
- 对象频率特性函数 $F_{\mathrm{S}}(\mathrm{j}\omega)$;
- 对象传递函数 $G_{\mathrm{S}}(s)$.

调节器和被调节对象串接称为开环或切开的调节回路：

- 开环调节回路频率特性函数 $F_{\mathrm{RS}}(\mathrm{j}\omega) = F_{\mathrm{R}}(\mathrm{j}\omega) \cdot F_{\mathrm{S}}(\mathrm{j}\omega)$;
- 开环调节回路传递函数 $G_{\mathrm{RS}}(s) = G_{\mathrm{R}}(s) \cdot G_{\mathrm{S}}(s)$.

调节技术研究一般与输入量变化特性有关：

- **参据特性 (Führungsverhalten)**：参据量变化对被调节量的影响;
- **扰动特性 (Störungsverhalten)**：供能扰动量或负载扰动量变化对被调节量的影响 (扰动可作用到被调节对象的任意位置, 通常可换算到图 5.1-1 所示的结构上).

- **调整量特性 (Stellgrößennverhalten)**：参据量和扰动量变化对调整量的影响.

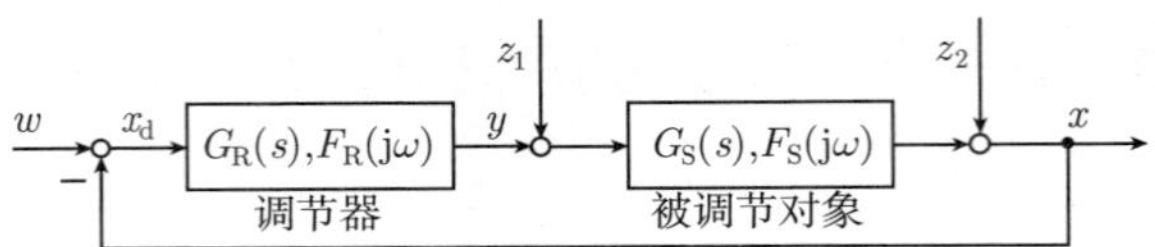

图 5.1-1　具有直接负反馈的调节回路

为了表述参据特性或扰动特性, 计算出在频域相应的频率特性函数或传递函数. 借助边界值定理可求得对于 $t=0$ 和 $t\to\infty$ 在时域的特性, 通过反变换到时域, 可得到在输入量变化时被调节量完整的时间曲线.

用下列缩语来简化计算:

$$
\begin{aligned}
&p := \mathrm{j}\omega \\
&F_\mathrm{R}(p) = \frac{Z_\mathrm{R}(p)}{N_\mathrm{R}(p)}, \qquad F_\mathrm{S}(p) = \frac{Z_\mathrm{S}(p)}{N_\mathrm{S}(p)} \\
&G_\mathrm{R}(s) = \frac{Z_\mathrm{R}(s)}{N_\mathrm{R}(s)}, \qquad G_\mathrm{S}(s) = \frac{Z_\mathrm{S}(s)}{N_\mathrm{S}(s)}
\end{aligned}
$$

频率特性函数和传递函数一般为 p 或 s 的截断有理函数, 把截断有理函数分解为分子和分母多项式, 可方便变形和计算, 前述原理方法归结如下.

建立调节回路方程, 同时在信号流方向上形成一个调节回路循环, 将所建立的调节回路方程变形, 这样可解出参据–和扰动频率特性函数或传递函数.

对于图 5.1-1 调节回路可得到

$$[[w(s)-x(s)]\cdot G_\mathrm{R}(s)+z_1(s)]\cdot G_\mathrm{S}(s)+z_2(s)=x(s)$$

$$x(s)\cdot[1+G_\mathrm{R}(s)\cdot G_\mathrm{S}(s)]=w(s)\cdot G_\mathrm{R}(s)\cdot G_\mathrm{S}(s)+z_1(s)\cdot G_\mathrm{S}(s)+z_2(s)$$

$$
\begin{aligned}
x(s) &= \frac{G_\mathrm{R}(s)\cdot G_\mathrm{S}(s)}{1+G_\mathrm{R}(s)\cdot G_\mathrm{S}(s)}\cdot w(s)+\frac{G_\mathrm{S}(s)}{1+G_\mathrm{R}(s)\cdot G_\mathrm{S}(s)}\cdot z_1(s) \\
&\quad +\frac{1}{1+G_\mathrm{R}(s)\cdot G_\mathrm{S}(s)}\cdot z_2(s) \\
&= G(s)\cdot w(s)+G_{z1}(s)\cdot z_1(s)+G_{z2}(s)\cdot z_2(s)
\end{aligned}
$$

其中含有下列符号:

- 参据传递函数 $G(s)$;
- 供能扰动传递函数 $G_{z1}(s)$;
- 负载扰动传递函数 $G_{z2}(s)$.

为了获得调节误差 $x_{\mathrm{d}} = w - x$, 由方程

$$x(s) = G(s)\cdot w(s) + G_{z1}(s)\cdot z_1(s) + G_{z2}(s)\cdot z_2(s)$$

$$\begin{aligned} x_{\mathrm{d}}(s) &= w(s) - x(s) \\ &= w(s) - G(s)\cdot w(s) - G_{z1}(s)\cdot z_1(s) - G_{z2}(s)\cdot z_2(s) \end{aligned}$$

构建, 变形后得到

$$\boxed{x_{\mathrm{d}}(s) = [1 - G(s)]\cdot w(s) - G_{z1}(s)\cdot z_1(s) - G_{z2}(s)\cdot z_2(s)}$$

相应地得到频率特性函数:

$$\boxed{\begin{aligned} x(\mathrm{j}\omega) &= \frac{F_{\mathrm{R}}(\mathrm{j}\omega)\cdot F_{\mathrm{S}}(\mathrm{j}\omega)}{1 + F_{\mathrm{R}}(\mathrm{j}\omega)\cdot F_{\mathrm{S}}(\mathrm{j}\omega)}\cdot w(\mathrm{j}\omega) \\ &\quad + \frac{F_{\mathrm{S}}(\mathrm{j}\omega)}{1 + F_{\mathrm{R}}(\mathrm{j}\omega)F_{\mathrm{S}}(\mathrm{j}\omega)}\cdot z_1(\mathrm{j}\omega) + \frac{1}{1 + F_{\mathrm{R}}(\mathrm{j}\omega)F_{\mathrm{S}}(\mathrm{j}\omega)}\cdot z_2(\mathrm{j}\omega) \\ &= F(\mathrm{j}\omega)\cdot w(\mathrm{j}\omega) + F_{z1}(\mathrm{j}\omega)\cdot z_1(\mathrm{j}\omega) + F_{z2}(\mathrm{j}\omega)\cdot z_2(\mathrm{j}\omega) \end{aligned}}$$

$$\boxed{x_{\mathrm{d}}(\mathrm{j}\omega) = [1 - F(\mathrm{j}\omega)]\cdot w(\mathrm{j}\omega) - F_{z1}(\mathrm{j}\omega)\cdot z_1(\mathrm{j}\omega) - F_{z2}(\mathrm{j}\omega)\cdot z_2(\mathrm{j}\omega)}$$

其中含有下列符号:

- 参据频率特性函数 $F(\mathrm{j}\omega)$;
- 供能扰动频率特性函数 $F_{z1}(\mathrm{j}\omega)$;
- 负载扰动频率特性函数 $F_{z2}(\mathrm{j}\omega)$.

如果将调节器和被调节对象的分子和分母多项式代入方程, 那么在下节将给出简化方程.

5.1.2 参据传递特性方程

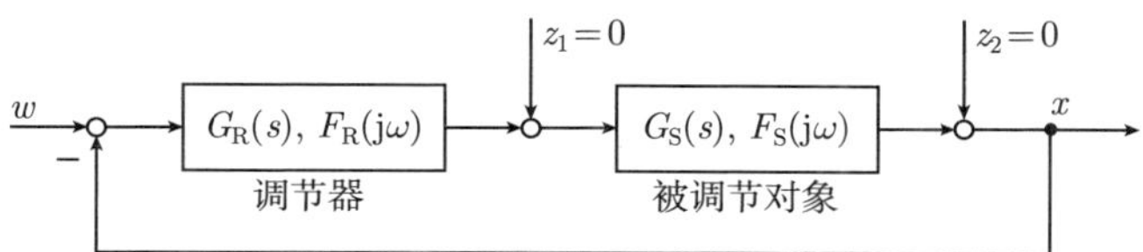

由传递函数计算的方程:

$$x(s) = G(s) \cdot w(s)$$

$$G(s) = \frac{x(s)}{w(s)} = \frac{G_{\mathrm{R}}(s) \cdot G_{\mathrm{S}}(s)}{1 + G_{\mathrm{R}}(s) \cdot G_{\mathrm{S}}(s)} = \frac{Z_{\mathrm{R}}(s) \cdot Z_{\mathrm{S}}(s)}{N_{\mathrm{R}}(s) \cdot N_{\mathrm{S}}(s) + Z_{\mathrm{R}}(s) \cdot Z_{\mathrm{S}}(s)}$$

$$x_{\mathrm{d}}(s) = w(s) - x(s) = [1 - G(s)] \cdot w(s)$$

$$= \frac{1}{1 + G_{\mathrm{R}}(s) \cdot G_{\mathrm{S}}(s)} \cdot w(s) = \frac{N_{\mathrm{R}}(s) \cdot N_{\mathrm{S}}(s)}{N_{\mathrm{R}}(s) \cdot N_{\mathrm{S}}(s) + Z_{\mathrm{R}}(s) \cdot Z_{\mathrm{S}}(s)} \cdot w(s)$$

$$x_{\mathrm{d}}(t \to \infty) = \lim_{s \to 0} s \cdot x_{\mathrm{d}}(s) = \lim_{s \to 0} \frac{s \cdot N_{\mathrm{R}}(s) \cdot N_{\mathrm{S}}(s)}{N_{\mathrm{R}}(s) \cdot N_{\mathrm{S}}(s) + Z_{\mathrm{R}}(s) \cdot Z_{\mathrm{S}}(s)} \cdot w(s)$$

由频率特性函数计算的方程:

$$x(p) = F(p) \cdot w(p), \quad p := \mathrm{j}\omega$$

$$F(p) = \frac{x(p)}{w(p)} = \frac{F_{\mathrm{R}}(p) \cdot F_{\mathrm{S}}(p)}{1 + F_{\mathrm{R}}(p) \cdot F_{\mathrm{S}}(p)} = \frac{Z_{\mathrm{R}}(p) \cdot Z_{\mathrm{S}}(p)}{N_{\mathrm{R}}(p) \cdot N_{\mathrm{S}}(p) + Z_{\mathrm{R}}(p) \cdot Z_{\mathrm{S}}(p)}$$

$$x_{\mathrm{d}}(p) = w(p) - x(p) = [1 - F(p)] \cdot w(p)$$

$$= \frac{1}{1 + F_{\mathrm{R}}(p) \cdot F_{\mathrm{S}}(p)} \cdot w(p) = \frac{N_{\mathrm{R}}(p) \cdot N_{\mathrm{S}}(p)}{N_{\mathrm{R}}(p) \cdot N_{\mathrm{S}}(p) + Z_{\mathrm{R}}(p) \cdot Z_{\mathrm{S}}(p)} \cdot w(p)$$

在阶跃接入 $w(t) = w_0 \cdot E(t)$ 时成立,

$$x_{\mathrm{d}}(t \to \infty) = \lim_{p \to 0} [1 - F(p)] \cdot w_0 = \lim_{p \to 0} \frac{N_{\mathrm{R}}(p) \cdot N_{\mathrm{S}}(p)}{N_{\mathrm{R}}(p) \cdot N_{\mathrm{S}}(p) + Z_{\mathrm{R}}(p) \cdot Z_{\mathrm{S}}(p)} \cdot w_0$$

5.1.3　供能扰动量的扰动传递特性方程

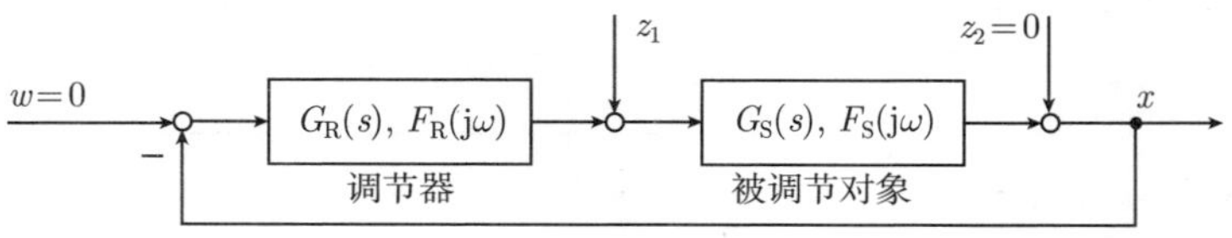

由传递函数计算的方程：

$$x(s) = G_{z1}(s) \cdot z_1(s)$$

$$G_{z1}(s) = \frac{x(s)}{z_1(s)} = \frac{G_S(s)}{1 + G_R(s) \cdot G_S(s)} = \frac{Z_S(s) \cdot N_R(s)}{N_R(s) \cdot N_S(s) + Z_R(s) \cdot Z_S(s)}$$

$$x_d(s) = w(s) - x(s) = -G_{z1}(s) \cdot z_1(s)$$

$$= \frac{-G_S(s)}{1 + G_R(s) \cdot G_S(s)} \cdot z_1(s) = \frac{-Z_S(s) \cdot N_R(s)}{N_R(s) \cdot N_S(s) + Z_R(s) \cdot Z_S(s)} \cdot z_1(s)$$

$$x_d(t \to \infty) = \lim_{s \to 0} s \cdot x_d(s) = \lim_{s \to 0} \frac{-s \cdot Z_S(s) \cdot N_R(s)}{N_R(s) \cdot N_S(s) + Z_R(s) \cdot Z_S(s)} \cdot z_1(s)$$

由频率特性函数计算的方程：

$$x(p) = F_{z1}(p) \cdot z_1(p), \quad p := \mathrm{j}\omega$$

$$F_{z1}(p) = \frac{x(p)}{z_1(p)} = \frac{F_S(p)}{1 + F_R(p) \cdot F_S(p)} = \frac{Z_S(p) \cdot N_R(p)}{N_R(p) \cdot N_S(p) + Z_R(p) \cdot Z_S(p)}$$

$$x_d(p) = w(p) - x(p) = -F_{z1}(p) \cdot z_1(p)$$

$$= \frac{-F_S(p)}{1 + F_R(p) \cdot F_S(p)} \cdot z_1(p) = \frac{-Z_S(p) \cdot N_R(p)}{N_R(p) \cdot N_S(p) + Z_R(p) \cdot Z_S(p)} \cdot z_1(p)$$

在阶跃接入 $z_1(t) = z_{10} \cdot E(t)$ 时成立，

$$x_d(t \to \infty) = \lim_{p \to 0} -F_{z1}(p) \cdot z_{10} = \lim_{p \to 0} \frac{-Z_S(p) \cdot N_R(p)}{N_R(p) \cdot N_S(p) + Z_R(p) \cdot Z_S(p)} \cdot z_{10}$$

5.1.4 负载扰动量的扰动传递特性方程

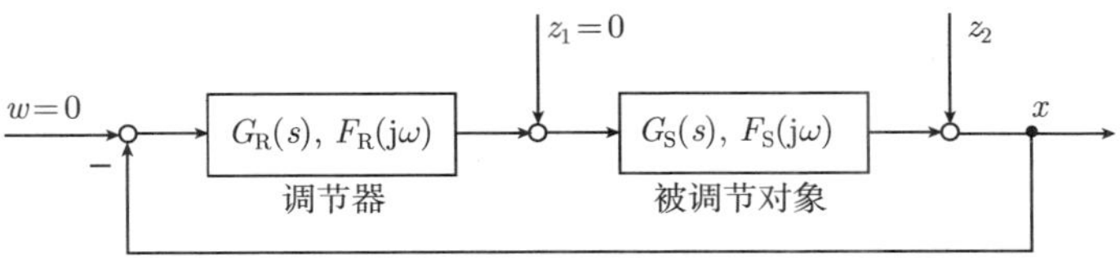

由传递函数计算的方程:

$$x(s)=G_{z2}(s)\cdot z_2(s)$$

$$G_{z2}(s)=\frac{x(s)}{z_2(s)}=\frac{1}{1+G_{\mathrm{R}}(s)\cdot G_{\mathrm{S}}(s)}=\frac{N_{\mathrm{R}}(s)\cdot N_{\mathrm{S}}(s)}{N_{\mathrm{R}}(s)\cdot N_{\mathrm{S}}(s)+Z_{\mathrm{R}}(s)\cdot Z_{\mathrm{S}}(s)}$$

$$x_{\mathrm{d}}(s)=w(s)-x(s)=-G_{z2}(s)\cdot z_2(s)$$

$$=\frac{-1}{1+G_{\mathrm{R}}(s)\cdot G_{\mathrm{S}}(s)}\cdot z_2(s)=\frac{-N_{\mathrm{R}}(s)\cdot N_{\mathrm{S}}(s)}{N_{\mathrm{R}}(s)\cdot N_{\mathrm{S}}(s)+Z_{\mathrm{R}}(s)\cdot Z_{\mathrm{S}}(s)}\cdot z_2(s)$$

$$x_{\mathrm{d}}(t\to\infty)=\lim_{s\to 0}s\cdot x_{\mathrm{d}}(s)=\lim_{s\to 0}\frac{-s\cdot N_{\mathrm{R}}(s)\cdot N_{\mathrm{S}}(s)}{N_{\mathrm{R}}(s)\cdot N_{\mathrm{S}}(s)+Z_{\mathrm{R}}(s)\cdot Z_{\mathrm{S}}(s)}\cdot z_2(s)$$

由频率特性函数计算的方程:

$$x(p)=F_{z2}(p)\cdot z_2(p),\quad p:=\mathrm{j}\omega$$

$$F_{z2}(p)=\frac{x(p)}{z_2(p)}=\frac{1}{1+F_{\mathrm{R}}(p)\cdot F_{\mathrm{S}}(p)}=\frac{N_{\mathrm{R}}(p)\cdot N_{\mathrm{S}}(p)}{N_{\mathrm{R}}(p)\cdot N_{\mathrm{S}}(p)+Z_{\mathrm{R}}(p)\cdot Z_{\mathrm{S}}(p)}$$

$$x_{\mathrm{d}}(p)=w(p)-x(p)=-F_{z2}(p)\cdot z_2(p)$$

$$=\frac{-1}{1+F_{\mathrm{R}}(p)\cdot F_{\mathrm{S}}(p)}\cdot z_2(p)=\frac{-N_{\mathrm{R}}(p)\cdot N_{\mathrm{S}}(p)}{N_{\mathrm{R}}(p)\cdot N_{\mathrm{S}}(p)+Z_{\mathrm{R}}(p)\cdot Z_{\mathrm{S}}(p)}\cdot z_2(p)$$

在阶跃接入 $z_2(t)=z_{20}\cdot E(t)$ 时成立,

$$x_{\mathrm{d}}(t\to\infty)=\lim_{p\to 0}-F_{z2}(p)\cdot z_{20}=\lim_{p\to 0}\frac{-N_{\mathrm{R}}(p)\cdot N_{\mathrm{S}}(p)}{N_{\mathrm{R}}(p)\cdot N_{\mathrm{S}}(p)+Z_{\mathrm{R}}(p)\cdot Z_{\mathrm{S}}(p)}\cdot z_{20}$$

5.1.5　算例

例 5.1-1　对下图所表示的调节系统试确定其参据频率特性和扰动频率特性, 在阶跃接入时被调节量的初值和终值有多大? 在阶跃形式的参据接入和扰动接入时, 稳态调节误差 $x_{\mathrm{d}}(t\to\infty)$ 值 (终值) 有多大?

- 参据量变化: $w=w_0\cdot E(t)=2\cdot E(t)$;
- 供能扰动量变化: $z_1(t)=z_{10}\cdot E(t)=1\cdot E(t)$;
- 负载扰动量变化: $z_2(t)=z_{20}\cdot E(t)=0.5\cdot E(t)$;

- $K_R = 4, K_P = 2, K_I = s^{-1}, T_S = 5s$.

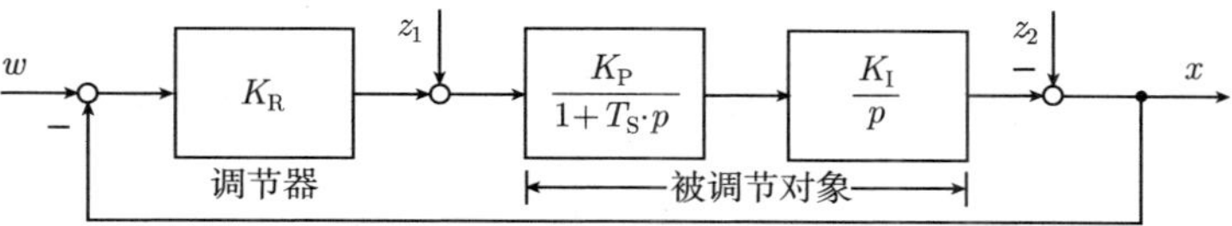

通常总是仅研究输入量变化的作用, 进行频率特性函数计算, 暂不考虑其量纲.

$$F_R(p) = \frac{Z_R(p)}{N_R(p)} = K_R = 4, \quad Z_R(p) = K_R = 4, \quad N_R(p) = 1;$$

$$F_S(p) = \frac{Z_S(p)}{N_S(p)} = \frac{K_P}{(1 + T_S \cdot p)} \cdot \frac{K_I}{p} = \frac{2}{5 \cdot p^2 + p};$$

$$Z_S(p) = 2, \quad N_S(p) = 5 \cdot p^2 + p.$$

$w = 2 \cdot E(t)$ 的参据特性:

$$F(p) = \frac{x(p)}{w(p)} = \frac{Z_R(p) \cdot Z_S(p)}{N_R(p) \cdot N_S(p) + Z_R(p) \cdot Z_S(p)} = \frac{8}{5 \cdot p^2 + p + 8}$$

$$x(p) = \frac{Z_R(p) \cdot Z_S(p)}{N_R(p) \cdot N_S(p) + Z_R(p) \cdot Z_S(p)} \cdot w(p) = \frac{8}{5 \cdot p^2 + p + 8} \cdot w(p)$$

$$x(t \to 0) = \lim_{p \to \infty} F(p) \cdot w_0 = \lim_{p \to \infty} \frac{8}{5 \cdot p^2 + p + 8} \cdot 2 = 0$$

$$x(t \to \infty) = \lim_{p \to 0} F(p) \cdot w_0 = \lim_{p \to 0} \frac{8}{5 \cdot p^2 + p + 8} \cdot 2 = 2$$

$$x_d(p) = \frac{N_R(p) \cdot N_S(p)}{N_R(p) \cdot N_S(p) + Z_R(p) \cdot Z_S(p)} \cdot w(p)$$

$$x_d(t \to \infty) = \lim_{p \to 0} \frac{N_R(p) \cdot N_S(p)}{N_R(p) \cdot N_S(p) + Z_R(p) \cdot Z_S(p)} \cdot w_0$$

$$= \lim_{p \to 0} \frac{5 \cdot p^2 + p}{5 \cdot p^2 + p + 8} \cdot w_0 = 0$$

$z_1(t) = 1 \cdot E(t)$ 的扰动特性:

$$F_{z1}(p)=\frac{x(p)}{z_1(p)}=\frac{Z_{\mathrm{S}}(p)\cdot N_{\mathrm{R}}(p)}{N_{\mathrm{R}}(p)\cdot N_{\mathrm{S}}(p)+Z_{\mathrm{R}}(p)\cdot Z_{\mathrm{S}}(p)}=\frac{2}{5\cdot p^2+p+8}$$

$$x(p)=\frac{Z_{\mathrm{S}}(p)\cdot N_{\mathrm{R}}(p)}{N_{\mathrm{R}}(p)\cdot N_{\mathrm{S}}(p)+Z_{\mathrm{R}}(p)\cdot Z_{\mathrm{S}}(p)}\cdot z_1(p)=\frac{2}{5\cdot p^2+p+8}\cdot z_1(p)$$

$$x(t\to 0)=\lim_{p\to\infty}F_{z1}(p)\cdot z_{10}=\lim_{p\to\infty}\frac{2}{5\cdot p^2+p+8}\cdot 1=0$$

$$x(t\to\infty)=\lim_{p\to 0}F_{z1}(p)\cdot z_{10}=\lim_{p\to 0}\frac{2}{5\cdot p^2+p+8}\cdot 1=0.25$$

$$x_{\mathrm{d}}(p)=w(p)-x(p)=0-x(p)=-x(p)=-F_{z1}(p)\cdot z_1(p)$$

$$x_{\mathrm{d}}(t\to\infty)=-x(t\to\infty)=-0.25$$

$z_2(t)=0.5\cdot E(t)$ 的扰动特性:

$$F_{z2}(p)=\frac{x(p)}{z_2(p)}=\frac{-N_{\mathrm{R}}(p)\cdot N_{\mathrm{S}}(p)}{N_{\mathrm{R}}(p)\cdot N_{\mathrm{S}}(p)+Z_{\mathrm{R}}(p)\cdot Z_{\mathrm{S}}(p)}=\frac{-(5\cdot p^2+p)}{5\cdot p^2+p+8}$$

$$x(p)=\frac{-N_{\mathrm{R}}(p)\cdot N_{\mathrm{S}}(p)}{N_{\mathrm{R}}(p)\cdot N_{\mathrm{S}}(p)+Z_{\mathrm{R}}(p)\cdot Z_{\mathrm{S}}(p)}\cdot z_2(p)=\frac{-(5\cdot p^2+p)}{5\cdot p^2+p+8}\cdot z_2(p)$$

$$x(t\to 0)=\lim_{p\to\infty}F_{z2}(p)\cdot z_{20}=\lim_{p\to\infty}\frac{-(5\cdot p^2+p)}{5\cdot p^2+p+8}\cdot 0.5=-0.5$$

$$x(t\to\infty)=\lim_{p\to 0}F_{z2}(p)\cdot z_{20}=\lim_{p\to 0}\frac{-(5\cdot p^2+p)}{5\cdot p^2+p+8}\cdot 0.5=0$$

$$x_{\mathrm{d}}(p)=w(p)-x(p)=0-x(p)=-x(p)=-F_{z2}(p)\cdot z_2(p)$$

$$x_{\mathrm{d}}(t\to\infty)=-x(t\to\infty)=0$$

5.1.6　调整量特性方程

参据量或扰动量的变化将影响调整量曲线, 调整量提供执行调节过程的功率和能量, 如果由调节器和调整组件组成的调整装置不能提供调节过程所需要的功率, 那么调节就不能满足调整的要求.

为了确定调整装置技术设计预先给定的调整值, 必须对此开发计算方程, 出发点是如图 5.1-2 所示的具有直接负反馈的调节回路.

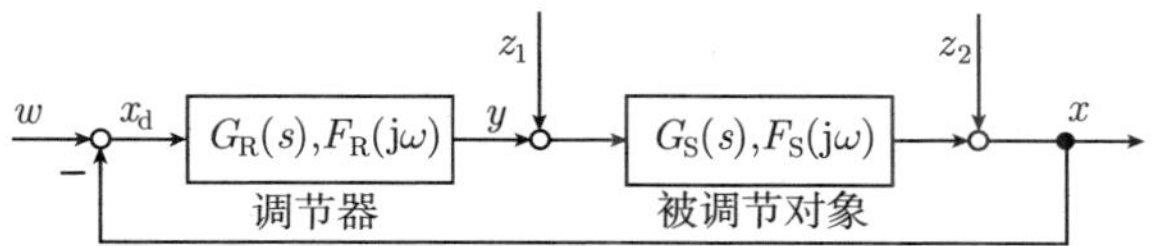

图 5.1-2 具有直接负反馈的调节回路

计算调整量, 同时信号流方向是从调整量 $y(s)$ 出发, 在调节回路中形成循环, 由方程推导出调整量的传递函数, 对于图 5.1-2 的调节回路, 可得

$$\left[-\left[[y(s)+z_1(s)]\cdot G_{\mathrm{S}}(s)+z_2(s)\right]+w(s)\right]\cdot G_{\mathrm{R}}(s)=y(s)$$

$$y(s)\cdot[1+G_{\mathrm{R}}(s)\cdot G_{\mathrm{S}}(s)]=w(s)\cdot G_{\mathrm{R}}(s)-z_1(s)\cdot G_{\mathrm{R}}(s)\cdot G_{\mathrm{S}}(s)-z_2(s)\cdot G_{\mathrm{R}}(s)$$

$$\boxed{\begin{aligned} y(s)=&\frac{G_{\mathrm{R}}(s)}{1+G_{\mathrm{R}}(s)\cdot G_{\mathrm{S}}(s)}\cdot w(s)\\ &-\frac{G_{\mathrm{R}}(s)\cdot G_{\mathrm{S}}(s)}{1+G_{\mathrm{R}}(s)\cdot G_{\mathrm{S}}(s)}\cdot z_1(s)-\frac{G_{\mathrm{R}}(s)}{1+G_{\mathrm{R}}(s)\cdot G_{\mathrm{S}}(s)}\cdot z_2(s)\\ =&G_{yw}(s)\cdot w(s)+G_{yz1}(s)\cdot z_1(s)+G_{yz2}(s)\cdot z_2(s)\end{aligned}}$$

其中具有下列符号:

- 参据量的调整量传递函数 $G_{yw}(s)$;
- 供能扰动量的调整量传递函数 $G_{yz1}(s)$;
- 负载扰动量的调整量传递函数 $G_{yz2}(s)$.

相应给出频率特性函数:

$$\boxed{\begin{aligned} y(\mathrm{j}\omega)=&\frac{F_{\mathrm{R}}(\mathrm{j}\omega)}{1+F_{\mathrm{R}}(\mathrm{j}\omega)\cdot F_{\mathrm{S}}(\mathrm{j}\omega)}\cdot w(\mathrm{j}\omega)\\ &-\frac{F_{\mathrm{R}}(\mathrm{j}\omega)\cdot F_{\mathrm{S}}(\mathrm{j}\omega)}{1+F_{\mathrm{R}}(\mathrm{j}\omega)\cdot F_{\mathrm{S}}(\mathrm{j}\omega)}\cdot z_1(\mathrm{j}\omega)-\frac{F_{\mathrm{R}}(\mathrm{j}\omega)}{1+F_{\mathrm{R}}(\mathrm{j}\omega)\cdot F_{\mathrm{S}}(\mathrm{j}\omega)}\cdot z_2(\mathrm{j}\omega)\\ =&F_{yw}(\mathrm{j}\omega)\cdot w(\mathrm{j}\omega)+F_{yz1}(\mathrm{j}\omega)\cdot z_1(\mathrm{j}\omega)+F_{yz2}(\mathrm{j}\omega)\cdot z_2(\mathrm{j}\omega)\end{aligned}}$$

其中具有下列符号:

- 参据量的调整量频率特性函数 $F_{yw}(\mathrm{j}\omega)$;
- 供能扰动量的调整量频率特性函数 $F_{yz1}(\mathrm{j}\omega)$;
- 负载扰动量的调整量频率特性函数 $F_{yz2}(\mathrm{j}\omega)$.

将调节器和被调节对象传递函数的分子和分母多项式代入传递函数方程, 可给出简化方程:

参据量的调整量传递函数 $G_{yw}(s)$:

$$y(s) = G_{yw}(s) \cdot w(s)$$

$$G_{yw}(s) = \frac{y(s)}{w(s)} = \frac{G_{\mathrm{R}}(s)}{1 + G_{\mathrm{R}}(s) \cdot G_{\mathrm{S}}(s)} = \frac{Z_{\mathrm{R}}(s) \cdot N_{\mathrm{S}}(s)}{N_{\mathrm{R}}(s) \cdot N_{\mathrm{S}}(s) + Z_{\mathrm{R}}(s) \cdot Z_{\mathrm{S}}(s)}$$

调整量初值:

$$y(t=0) = \lim_{s \to \infty} s \cdot y(s) = \lim_{s \to \infty} s \cdot \frac{Z_{\mathrm{R}}(s) \cdot N_{\mathrm{S}}(s)}{N_{\mathrm{R}}(s) \cdot N_{\mathrm{S}}(s) + Z_{\mathrm{R}}(s) \cdot Z_{\mathrm{S}}(s)} \cdot w(s)$$

调整量终值:

$$y(t \to \infty) = \lim_{s \to 0} s \cdot y(s) = \lim_{s \to 0} s \cdot \frac{Z_{\mathrm{R}}(s) \cdot N_{\mathrm{S}}(s)}{N_{\mathrm{R}}(s) \cdot N_{\mathrm{S}}(s) + Z_{\mathrm{R}}(s) \cdot Z_{\mathrm{S}}(s)} \cdot w(s)$$

供能扰动量的调整量传递函数 $G_{yz1}(s)$:

$$y(s) = G_{yz1}(s) \cdot z_1(s)$$

$$G_{yz1}(s) = \frac{y(s)}{z_1(s)} = \frac{-G_{\mathrm{R}}(s) \cdot G_{\mathrm{S}}(s)}{1 + G_{\mathrm{R}}(s) \cdot G_{\mathrm{S}}(s)} = \frac{-Z_{\mathrm{R}}(s) \cdot Z_{\mathrm{S}}(s)}{N_{\mathrm{R}}(s) \cdot N_{\mathrm{S}}(s) + Z_{\mathrm{R}}(s) \cdot Z_{\mathrm{S}}(s)}$$

调整量初值:

$$y(t=0) = \lim_{s \to \infty} s \cdot y(s) = \lim_{s \to \infty} s \cdot \frac{-Z_{\mathrm{R}}(s) \cdot Z_{\mathrm{S}}(s)}{N_{\mathrm{R}}(s) \cdot N_{\mathrm{S}}(s) + Z_{\mathrm{R}}(s) \cdot Z_{\mathrm{S}}(s)} \cdot z_1(s)$$

调整量终值:

$$y(t \to \infty) = \lim_{s \to 0} s \cdot y(s) = \lim_{s \to 0} s \cdot \frac{-Z_{\mathrm{R}}(s) \cdot Z_{\mathrm{S}}(s)}{N_{\mathrm{R}}(s) \cdot N_{\mathrm{S}}(s) + Z_{\mathrm{R}}(s) \cdot Z_{\mathrm{S}}(s)} \cdot z_1(s)$$

负载扰动量的调整量传递函数 $G_{yz2}(s)$:

$$y(s) = G_{yz2}(s) \cdot z_2(s)$$

$$G_{yz2}(s) = \frac{y(s)}{z_2(s)} = \frac{-G_{\mathrm{R}}(s)}{1 + G_{\mathrm{R}}(s) \cdot G_{\mathrm{S}}(s)} = \frac{-Z_{\mathrm{R}}(s) \cdot N_{\mathrm{S}}(s)}{N_{\mathrm{R}}(s) \cdot N_{\mathrm{S}}(s) + Z_{\mathrm{R}}(s) \cdot Z_{\mathrm{S}}(s)}$$

调整量初值:

$$y(t=0)=\lim_{s\to\infty} s\cdot y(s)=\lim_{s\to\infty} s\cdot\frac{-Z_{\mathrm{R}}(s)\cdot N_{\mathrm{S}}(s)}{N_{\mathrm{R}}(s)\cdot N_{\mathrm{S}}(s)+Z_{\mathrm{R}}(s)\cdot Z_{\mathrm{S}}(s)}\cdot z_2(s)$$

调整量终值:

$$y(t\to\infty)=\lim_{s\to 0} s\cdot y(s)=\lim_{s\to 0} s\cdot\frac{-Z_{\mathrm{R}}(s)\cdot N_{\mathrm{S}}(s)}{N_{\mathrm{R}}(s)\cdot N_{\mathrm{S}}(s)+Z_{\mathrm{R}}(s)\cdot Z_{\mathrm{S}}(s)}\cdot z_2(s)$$

例 5.1-2 对于调节系统试确定参据量和扰动量的调整量传递函数, 求在阶跃接入时的调整量的初值和终值.

- 参据量: $w=w_0\cdot E(t)=1\cdot E(t)$;
- 供能扰动量: $z_1(t)=z_{10}\cdot E(t)=-2\cdot E(t)$;
- $K_{\mathrm{R}}=5, K_{\mathrm{P}}=1.8, T_1=T_2=1\mathrm{s}$.

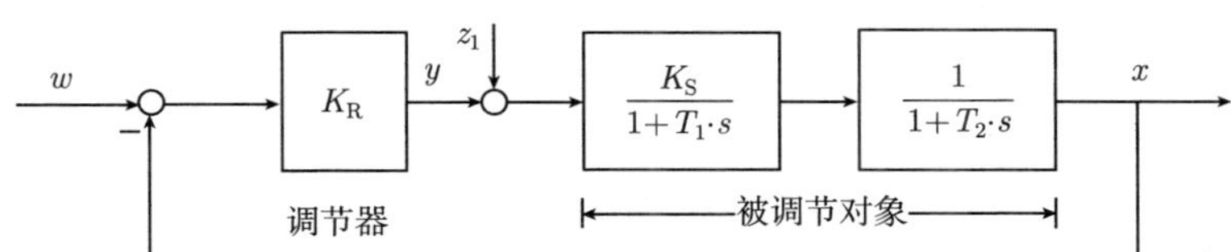

$$G_{\mathrm{R}}(s)=\frac{Z_{\mathrm{R}}(s)}{N_{\mathrm{R}}(s)}=K_{\mathrm{R}}=5$$

$$Z_{\mathrm{R}}(s)=K_{\mathrm{R}}=5,\quad N_{\mathrm{R}}(s)=1$$

$$G_{\mathrm{S}}(s)=\frac{Z_{\mathrm{S}}(s)}{N_{\mathrm{S}}(s)}=\frac{K_{\mathrm{S}}}{(1+T_1\cdot s)\cdot(1+T_2\cdot s)}$$

$$Z_{\mathrm{S}}(s)=K_{\mathrm{S}}=1.8,\quad N_{\mathrm{S}}(s)=(1+T_1\cdot s)\cdot(1+T_2\cdot s)$$

计算传递函数和相应的边界值.

参据量的调整量传递函数 $G_{yw}(s)$:

$$G_{yw}(s)=\frac{y(s)}{w(s)}=\frac{G_{\mathrm{R}}(s)}{1+G_{\mathrm{R}}(s)\cdot G_{\mathrm{S}}(s)}=\frac{Z_{\mathrm{R}}(s)\cdot N_{\mathrm{S}}(s)}{N_{\mathrm{R}}(s)\cdot N_{\mathrm{S}}(s)+Z_{\mathrm{R}}(s)\cdot Z_{\mathrm{S}}(s)}$$

$$=\frac{K_{\mathrm{R}}\cdot(1+T_1\cdot s)\cdot(1+T_2\cdot s)}{(1+T_1\cdot s)\cdot(1+T_2\cdot s)+K_{\mathrm{R}}\cdot K_{\mathrm{S}}}$$

对于 $w = w_0 \cdot E(t) = E(t)$ 调整量的初值：

$$\begin{aligned}
y(t=0) &= \lim_{s\to\infty} s\cdot y(s) = \lim_{s\to\infty} s\cdot \frac{Z_{\mathrm{R}}(s)\cdot N_{\mathrm{S}}(s)}{N_{\mathrm{R}}(s)\cdot N_{\mathrm{S}}(s)+Z_{\mathrm{R}}(s)\cdot Z_{\mathrm{S}}(s)}\cdot w(s)\\
&= \lim_{s\to\infty} s\cdot \frac{K_{\mathrm{R}}\cdot(1+T_1\cdot s)\cdot(1+T_2\cdot s)}{(1+T_1\cdot s)\cdot(1+T_2\cdot s)+K_{\mathrm{R}}\cdot K_{\mathrm{S}}}\cdot\frac{w_0}{s}\\
&= K_{\mathrm{R}}\cdot w_0 = 5
\end{aligned}$$

对于 $w = w_0 \cdot E(t) = E(t)$ 调整量的终值：

$$\begin{aligned}
y(t\to\infty) &= \lim_{s\to 0} s\cdot y(s) = \lim_{s\to 0} s\cdot \frac{Z_{\mathrm{R}}(s)\cdot N_{\mathrm{S}}(s)}{N_{\mathrm{R}}(s)\cdot N_{\mathrm{S}}(s)+Z_{\mathrm{R}}(s)\cdot Z_{\mathrm{S}}(s)}\cdot w(s)\\
&= \lim_{s\to 0} s\cdot \frac{K_{\mathrm{R}}\cdot(1+T_1\cdot s)\cdot(1+T_2\cdot s)}{(1+T_1\cdot s)\cdot(1+T_2\cdot s)+K_{\mathrm{R}}\cdot K_{\mathrm{S}}}\cdot\frac{w_0}{s}\\
&= \frac{K_{\mathrm{R}}\cdot w_0}{1+K_{\mathrm{R}}\cdot K_{\mathrm{S}}} = 0.5
\end{aligned}$$

供能扰动量的调整量传递函数 $G_{yz1}(s)$：

$$\begin{aligned}
G_{yz1}(s) &= \frac{y(s)}{z_1(s)} = \frac{-G_{\mathrm{R}}(s)\cdot G_{\mathrm{S}}(s)}{1+G_{\mathrm{R}}(s)\cdot G_{\mathrm{S}}(s)} = \frac{-Z_{\mathrm{R}}(s)\cdot Z_{\mathrm{S}}(s)}{N_{\mathrm{R}}(s)\cdot N_{\mathrm{S}}(s)+Z_{\mathrm{R}}(s)\cdot Z_{\mathrm{S}}(s)}\\
&= \frac{-K_{\mathrm{R}}\cdot K_{\mathrm{S}}}{(1+T_1\cdot s)\cdot(1+T_2\cdot s)+K_{\mathrm{R}}\cdot K_{\mathrm{S}}}
\end{aligned}$$

对于 $z_1(t) = z_{10}\cdot E(t) = -2\cdot E(t)$ 调整量的初值：

$$\begin{aligned}
y(t=0) &= \lim_{s\to\infty} s\cdot y(s) = \lim_{s\to\infty} s\cdot \frac{-Z_{\mathrm{R}}(s)\cdot Z_{\mathrm{S}}(s)}{N_{\mathrm{R}}(s)\cdot N_{\mathrm{S}}(s)+Z_{\mathrm{R}}(s)\cdot Z_{\mathrm{S}}(s)}\cdot z_1(s)\\
&= \lim_{s\to\infty} s\cdot \frac{-K_{\mathrm{R}}\cdot K_{\mathrm{S}}}{(1+T_1\cdot s)\cdot(1+T_2\cdot s)+K_{\mathrm{R}}\cdot K_{\mathrm{S}}}\cdot\frac{z_{10}}{s} = 0
\end{aligned}$$

对于 $z_1(t) = z_{10}\cdot E(t) = -2\cdot E(t)$ 调整量的终值：

$$\begin{aligned}
y(t\to\infty) &= \lim_{s\to 0} s\cdot y(s) = \lim_{s\to 0} s\cdot \frac{-Z_{\mathrm{R}}(s)\cdot Z_{\mathrm{S}}(s)}{N_{\mathrm{R}}(s)\cdot N_{\mathrm{S}}(s)+Z_{\mathrm{R}}(s)\cdot Z_{\mathrm{S}}(s)}\cdot z_1(s)\\
&= \lim_{s\to 0} s\cdot \frac{-K_{\mathrm{R}}\cdot K_{\mathrm{S}}}{(1+T_1\cdot s)\cdot(1+T_2\cdot s)+K_{\mathrm{R}}\cdot K_{\mathrm{S}}}\cdot\frac{z_{10}}{s}\\
&= \frac{-K_{\mathrm{R}}\cdot K_{\mathrm{S}}\cdot z_{10}}{1+K_{\mathrm{R}}\cdot K_{\mathrm{S}}} = 1.8
\end{aligned}$$

在参据量阶跃接入时，调整量至时间 $t=0$ 时具有其最大值，调整装置必能提供值 $y_{\max} = y(t=0) = 5$.

5.2 扰动可调节性

至今只研究了作用在被调节对象的输入端或输出端的扰动作用, 下面研究显示, 能抑制对调节回路作用的扰动只是个别的, 如图 5.2-1 所示.

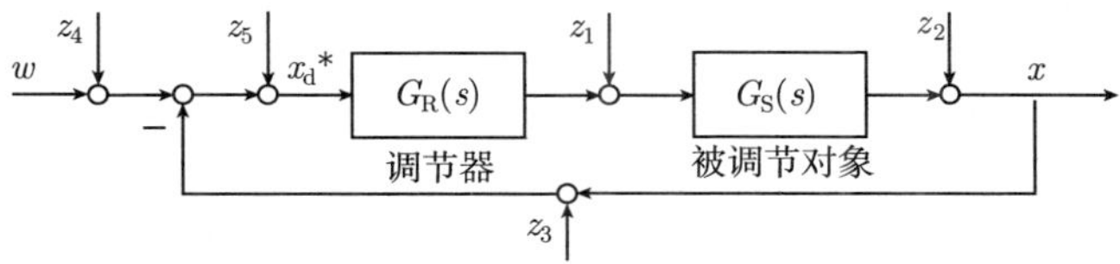

图 5.2-1 具有扰动量的调节回路

对于调节回路求调节回路方程, 出于清晰原因首先略去拉普拉斯算子 s:

$$[[w + z_4 - (x + z_3) + z_5] \cdot G_{\mathrm{R}} + z_1] \cdot G_{\mathrm{S}} + z_2 = x$$

变形后得

$$x \cdot (1 + G_{\mathrm{R}} \cdot G_{\mathrm{S}}) = (w - z_3 + z_4 + z_5) \cdot G_{\mathrm{R}} \cdot G_{\mathrm{S}} + z_1 \cdot G_{\mathrm{S}} + z_2$$

$$x = \frac{G_{\mathrm{R}} \cdot G_{\mathrm{S}}}{1 + G_{\mathrm{R}} \cdot G_{\mathrm{S}}} \cdot w + \frac{G_{\mathrm{R}} \cdot G_{\mathrm{S}}}{1 + G_{\mathrm{R}} \cdot G_{\mathrm{S}}} \cdot [-z_3 + z_4 + z_5] +$$

$$+ \frac{G_{\mathrm{S}}}{1 + G_{\mathrm{R}} \cdot G_{\mathrm{S}}} \cdot z_1 + \frac{1}{1 + G_{\mathrm{R}} \cdot G_{\mathrm{S}}} \cdot z_2$$

$$x(s) = G(s) \cdot w(s) + G(s) \cdot [-z_3(s) + z_4(s) + z_5(s)] +$$

$$+ G_{z1}(s) \cdot z_1(s) + G_{z2}(s) \cdot z_2(s)$$

由最后的方程可得出如下结论: 扰动 z_3, z_4, z_5 像参据量 w, 也像希望值那样进行传递, 只有扰动 z_1 和 z_2 才能用扰动传递函数 G_{z1} 和 G_{z2} 来抑制, 由此可给出一个等效结构图, 如图 5.2-2 所示.

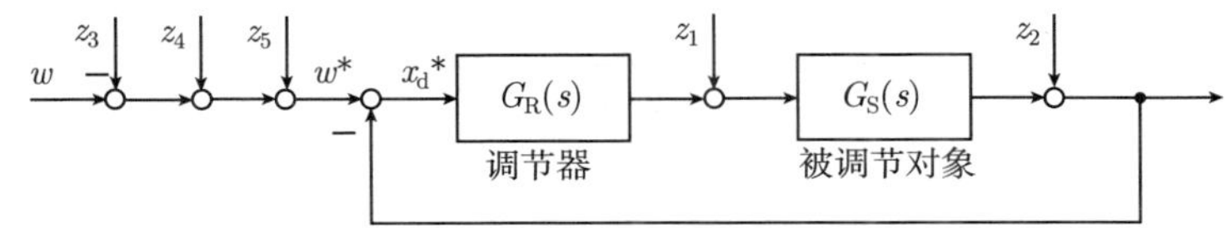

图 5.2-2 等效调节回路信号流图

由扰动构成的伪参据量 w^* 为

$$w^*(s) = w(s) - z_3(s) + z_4(s) + z_5(s)$$

由推导的结果得出下述结论:

调节仅能抑制作用在被调节对象输入端和输出端之间的扰动 (z_1, z_2), 调节回路必须这样构建, 即不出现不可调节的扰动, 如 z_3, z_4, z_5.

不可调节的扰动是由下述原因引起的:

- z_3: 测量装置;
- z_4: 希望值预先给定;
- z_5: 调节器.

当调节回路具有足够屏蔽、无扰动的能量供应和无偏移放大器时, 则不出现上述扰动.

5.3 具有间接负反馈的调节回路方程

按照 5.1.1 节前述方法建立调节回路方程, 同时在信号流方向上形成在调节回路内的循环, 对此所产生的调节回路方程仅通过分量 $G_{\mathrm{M}}(s), F_{\mathrm{M}}(\mathrm{j}\omega)$ 以示区别, 它们由在 5.1.1 节推导的方程来描述测量装置的传递特性.

对于如图 5.3-1 调节回路得到

$$[[w(s)-x(s)\cdot G_{\mathrm{M}}(s)]\cdot G_{\mathrm{R}}(s)+z_1(s)]\cdot G_{\mathrm{S}}(s)+z_2(s)=x(s)$$

$$x(s)\cdot[1+G_{\mathrm{M}}(s)\cdot G_{\mathrm{R}}(s)\cdot G_{\mathrm{S}}(s)]=w(s)\cdot G_{\mathrm{R}}(s)\cdot G_{\mathrm{S}}(s)+z_1\cdot G_{\mathrm{S}}(s)+z_2(s)$$

$$\begin{aligned} x(s)=&\frac{G_{\mathrm{R}}(s)\cdot G_{\mathrm{S}}(s)}{1+G_{\mathrm{M}}(s)\cdot G_{\mathrm{R}}(s)\cdot G_{\mathrm{S}}(s)}\cdot w(s)\\ &+\frac{G_{\mathrm{S}}(s)}{1+G_{\mathrm{M}}(s)\cdot G_{\mathrm{R}}(s)\cdot G_{\mathrm{S}}(s)}\cdot z_1(s)\\ &+\frac{1}{1+G_{\mathrm{M}}(s)\cdot G_{\mathrm{R}}(s)\cdot G_{\mathrm{S}}(s)}\cdot z_2(s)\\ =&\,G(s)\cdot w(s)+G_{z1}(s)\cdot z_1(s)+G_{z2}(s)\cdot z_2(s)\end{aligned}$$

其中已引入符号:

- 参据传递函数 $G(s)$;
- 供能扰动传递函数 $G_{z1}(s)$;
- 负载扰动传递函数 $G_{z2}(s)$.

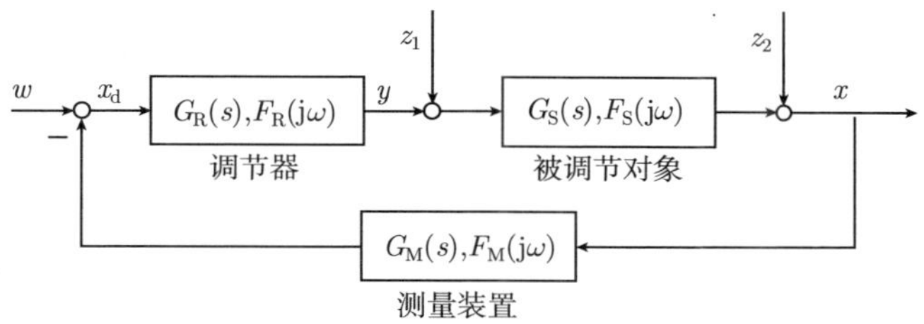

图 5.3-1 具有间接负反馈的调节回路

为获得调节误差 $x_d = w - x$, 构建方程

$$x(s) = G(s)\cdot w(s) + G_{z1}(s)\cdot z_1(s) + G_{z2}(s)\cdot z_2(s)$$

$$x_d(s) = w(s) - x(s) = w(s) - G(s)\cdot w(s) - G_{z1}(s)\cdot z_1(s) - G_{z2}(s)\cdot z_2(s)$$

并且变形后得到

$$\boxed{x_d(s) = [1 - G(s)]\cdot w(s) - G_{z1}(s)\cdot z_1(s) - G_{z2}(s)\cdot z_2(s)}$$

对于频率特性函数相应给出:

$$\boxed{\begin{aligned} x(j\omega) = &\frac{F_R(j\omega)\cdot F_S(j\omega)}{1 + F_M(j\omega)\cdot F_R(j\omega)\cdot F_S(j\omega)}\cdot w(j\omega) \\ &+ \frac{F_S(j\omega)}{1 + F_M(j\omega)\cdot F_R(j\omega)\cdot F_S(j\omega)}\cdot z_1(j\omega) \\ &+ \frac{1}{1 + F_M(j\omega)\cdot F_R(j\omega)\cdot F_S(j\omega)}\cdot z_2(j\omega) \\ &= F(j\omega)\cdot w(j\omega) + F_{z1}(j\omega)\cdot z_1(j\omega) + F_{z2}(j\omega)\cdot z_2(j\omega) \end{aligned}}$$

$$\boxed{x_d(j\omega) = [1 - F(j\omega)]\cdot w(j\omega) - F_{z1}(j\omega)\cdot z_1(j\omega) - F_{z2}(j\omega)\cdot z_2(j\omega)}$$

其中具有符号:

- 参据频率特性函数 $F(j\omega)$;
- 供能扰动频率特性函数 $F_{z1}(j\omega)$;
- 负载扰动频率特性函数 $F_{z2}(j\omega)$.

例 5.3-1 试研究补偿记录仪的调节特性, 应记录接入电压 $w(t)$, $x(t)$ 为记录针的位置, 被调节量 $x(t)$ 用电位器来测量, 并与 $w(t)$ 比较. 调整量 $y(t)$ 对应电动机电压, 并用其定位记录针.

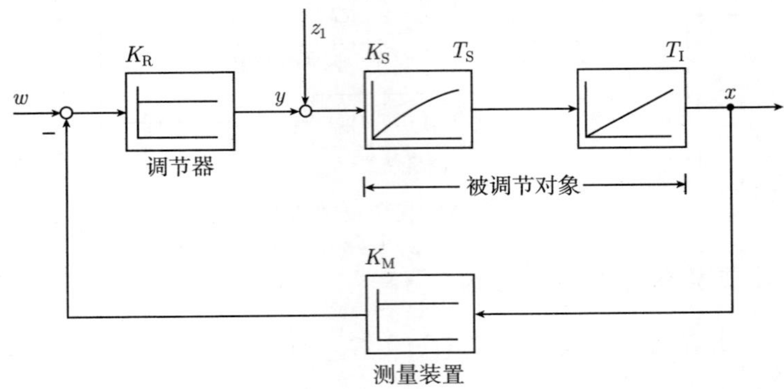

求调节系统参据传递函数和扰动传递函数, 在阶跃形式的参据接入和扰动接入时被调节量的初值和终值以及稳态调节误差 (终值) 有多大?

$$w = w_0 \cdot E(t), \quad z_1(t) = z_{10} \cdot E(t)$$

$$K_R = 5, \quad K_S = 10\,\frac{\text{mm}}{\text{V}}, \quad T_S = 0.1\,\text{s}, \quad T_I = 1\,\text{s}$$

$$K_M = 0.05\,\frac{\text{V}}{\text{mm}}, \quad w_0 = 2\,\text{V}, \quad z_{10} = -0.2\,\text{V}$$

计算传递函数:

$$G_R(s) = K_R, \quad G_S(s) = \frac{K_S}{T_I \cdot s \cdot (1 + T_S \cdot s)}, \quad G_M(s) = K_M$$

对于 $w(s), z_1(s) = 0$ 参据传递函数:

$$G(s) = \frac{G_R(s) \cdot G_S(s)}{1 + G_M(s) \cdot G_R(s) \cdot G_S(s)} = \frac{K_R \cdot K_S}{T_I \cdot s \cdot (1 + T_S \cdot s) + K_M \cdot K_R \cdot K_S}$$

$$= \frac{50}{0.1 \cdot s^2 + s + 2.5}\,\frac{\text{mm}}{\text{V}}$$

对于 $z_1(s), w(s) = 0$ 扰动传递函数:

$$G_{z1}(s) = \frac{G_S(s)}{1 + G_M(s) \cdot G_R(s) \cdot G_S(s)} = \frac{K_S}{T_I \cdot s \cdot (1 + T_S \cdot s) + K_M \cdot K_R \cdot K_S}$$

$$= \frac{10}{0.1 \cdot s^2 + s + 2.5}\,\frac{\text{mm}}{\text{V}}$$

在 $w(t)=w_0\cdot E(t)$ 时位置 x 的初值和终值:

$$\begin{aligned}x(t=0)&=\lim_{s\to\infty}s\cdot G(s)\cdot w(s)\\&=\lim_{s\to\infty}s\cdot\frac{K_\mathrm{R}\cdot K_\mathrm{S}}{T_\mathrm{I}\cdot s\cdot(1+T_\mathrm{S}\cdot s)+K_\mathrm{M}\cdot K_\mathrm{R}\cdot K_\mathrm{S}}\cdot\frac{w_0}{s}=0\\x(t\to\infty)&=\lim_{s\to 0}s\cdot G(s)\cdot w(s)\\&=\lim_{s\to 0}s\cdot\frac{K_\mathrm{R}\cdot K_\mathrm{S}}{T_\mathrm{I}\cdot s\cdot(1+T_\mathrm{S}\cdot s)+K_\mathrm{M}\cdot K_\mathrm{R}\cdot K_\mathrm{S}}\cdot\frac{w_0}{s}\\&=\frac{w_0}{K_\mathrm{M}}=40\,\mathrm{mm}\end{aligned}$$

为计算稳态调节误差, 应由所要求的希望值 (参据量)

$$x_\mathrm{soll}=\frac{w_0}{K_\mathrm{M}}=\frac{2\ \mathrm{V}}{0.05\ \dfrac{\mathrm{V}}{\mathrm{mm}}}=40\ \mathrm{mm}$$

减去被调节量 $x(t\to\infty)$, 在 $w(t)=w_0\cdot E(t)$, $z_1=0$ 时稳态调节误差为:

$$\begin{aligned}x_\mathrm{d}(t\to\infty)&=\frac{w_0}{K_\mathrm{M}}-x(t\to\infty)=\frac{w_0}{K_\mathrm{M}}-\lim_{s\to 0}s\cdot G(s)\cdot w(s)\\&=\frac{w_0}{K_\mathrm{M}}-\lim_{s\to 0}s\cdot\frac{G_\mathrm{R}(s)\cdot G_\mathrm{S}(s)}{1+G_\mathrm{M}(s)\cdot G_\mathrm{R}(s)\cdot G_\mathrm{S}(s)}\cdot w(s)\\&=\frac{w_0}{K_\mathrm{M}}-\lim_{s\to 0}s\cdot\frac{K_\mathrm{R}\cdot K_\mathrm{S}}{T_\mathrm{I}\cdot s\cdot(1+T_\mathrm{S}\cdot s)+K_\mathrm{M}\cdot K_\mathrm{R}\cdot K_\mathrm{S}}\cdot\frac{w_0}{s}\\&=\frac{w_0}{K_\mathrm{M}}-\frac{K_\mathrm{R}\cdot K_\mathrm{S}}{K_\mathrm{M}\cdot K_\mathrm{R}\cdot K_\mathrm{S}}\cdot w_0=0\end{aligned}$$

在 $z_1=z_{10}\cdot E(t)$, $w(t)=0$ 时稳态调节误差为:

$$\begin{aligned}x_\mathrm{d}(t\to\infty)&=-x(t\to\infty)=-\lim_{s\to 0}s\cdot x(s)=-\lim_{s\to 0}s\cdot G_{z1}(s)\cdot z_1(s)\\&=-\lim_{s\to 0}\frac{s\cdot G_\mathrm{S}(s)}{1+G_\mathrm{M}(s)\cdot G_\mathrm{R}(s)\cdot G_\mathrm{S}(s)}\cdot\frac{z_{10}}{s}\\&=-\lim_{s\to 0}\frac{K_\mathrm{S}\cdot z_{10}}{T_\mathrm{I}\cdot s\cdot(1+T_\mathrm{S}\cdot s)+K_\mathrm{M}\cdot K_\mathrm{R}\cdot K_\mathrm{S}}\\&=-\frac{z_{10}}{K_\mathrm{M}\cdot K_\mathrm{R}}=0.8\ \mathrm{mm}\end{aligned}$$

5.4 高阶稳态调节误差

已在 5.1.2 节推导出在参据量接入 $w(s)$ 时的残余 (稳态) 调节误差 $x_{\mathrm{d}}(t \to \infty)$.

$$x_{\mathrm{d}}(t \to \infty) = \lim_{s \to 0} s \cdot x_{\mathrm{d}}(s) = \lim_{s \to 0} s \cdot \frac{1}{1 + G_{\mathrm{R}}(s) \cdot G_{\mathrm{S}}(s)} \cdot w(s)$$

一般对于阶跃函数

$$w(t) = w_0 \cdot E(t), \quad w(s) = \frac{w_0}{s}$$

确定调节误差:

$$x_{\mathrm{d}}(t \to \infty) = \lim_{s \to 0} s \cdot x_{\mathrm{d}}(s) = \lim_{s \to 0} \frac{1}{1 + G_{\mathrm{R}}(s) \cdot G_{\mathrm{S}}(s)} \cdot w_0$$

I 阶调节误差 (Regelfehrer I.Ordnung) 表示在驱动调节 (Servo-Systemen, 伺服系统) 时具有位置或定位误差 (Positionsfehler). 位置误差将给出与已给常值希望定位的偏差有多大. 当希望定位以常值速度或加速度增大时, 高阶误差才有意义.

II 和 III 阶调节误差 (Regelfehrer II. und III.Ordnung) 表示具有速度误差和加速度误差. 当希望值以常值速度或加速度变化时, 此情况下可理解为希望值与实际值之间存在误差或偏差, 在驱动系统有位置或定位误差时, 速度或加速度误差为被调节量的永久误差, 稳态调节误差如图 5.4-1 所示.

表 5.4-1 稳态调节误差

调节误差	I 阶	II 阶	III 阶
在伺服系统表示	位置误差	速度误差	加速度误差
时域参据量 $w(t)$	$w_0 \cdot E(t)$ 阶跃函数	$w_0 \cdot \frac{t}{T} \cdot E(t)$ 斜坡函数	$w_0 \cdot \frac{t^2}{2 \cdot T^2} \cdot E(t)$ 抛物线函数
频域参据量 $w(s)$	$\frac{w_0}{s}$	$\frac{w_0}{T} \cdot \frac{1}{s^2}$	$\frac{w_0}{T^2} \cdot \frac{1}{s^3}$
调节误差	$x_{\mathrm{d}1}(t \to \infty) =$ $\lim_{s \to 0} x_{\mathrm{d}}(s) \cdot w_0$	$x_{\mathrm{d}2}(t \to \infty) =$ $\lim_{s \to 0} x_{\mathrm{d}}(s) \cdot \frac{w_0}{T \cdot s}$	$x_{\mathrm{d}3}(t \to \infty) =$ $\lim_{s \to 0} x_{\mathrm{d}}(s) \cdot \frac{w_0}{T^2 \cdot s^2}$

稳态误差与调节回路积分–环节个数有关, 为了计算将开环调节回路传递函数 $G_{\mathrm{R}}(s) \cdot G_{\mathrm{S}}(s)$ 写成如下形式:

$$G_{\mathrm{R}}(s) \cdot G_{\mathrm{S}}(s) = \frac{Z_{\mathrm{R}}(s) \cdot Z_{\mathrm{S}}(s)}{N_{\mathrm{R}}(s) \cdot N_{\mathrm{S}}(s)} = \frac{K_{\mathrm{R}} \cdot K_{\mathrm{S}}}{s^k} \cdot \frac{Z(s)}{N(s)}$$

其中, k 为调节器和被调节对象的积分环节个数 ①. 截断有理函数 $\frac{Z(s)}{N(s)}$ 含有归一

① [译者注] k 常被定义为系统类型, 如 $k = 1$ 为 I 型系统, $k = 2$ 为 II 型系统等.

化形式的超前和滞后环节, 且 $\lim\limits_{s\to0}\dfrac{Z(s)}{N(s)}=1$ 成立. 例如将传递函数

$$G_{\mathrm{R}}(s)\cdot G_{\mathrm{S}}(s)=\frac{8\cdot s+4}{0.01\cdot s^5+0.12\cdot s^4+1.2\cdot s^3+2\cdot s^2}$$

归一化为

$$\begin{aligned}G_{\mathrm{R}}(s)\cdot G_{\mathrm{S}}(s)&=\frac{K_{\mathrm{R}}\cdot K_{\mathrm{S}}}{s^k}\cdot\frac{Z(s)}{N(s)}\\&=\frac{2}{s^2}\cdot\frac{1+2\cdot s}{(1+0.5\cdot s)\cdot(1+0.1\cdot s+0.01\cdot s^2)}\end{aligned}$$

其中, $k=2$, $K_{\mathrm{R}}\cdot K_S=2$, $\dfrac{Z(s=0)}{N(s=0)}=1$.

在应用边界值定理时假设调节系统是稳定的, 那么调节误差取决于在调节回路中的积分–环节个数 (表 5.4-2).

表 5.4-2 与在调节回路中积分–环节个数有关的稳态调节误差

时域参据量 $w(t)$	$w_0\cdot E(t)$	$w_0\cdot\dfrac{t}{T}\cdot E(t)$	$w_0\cdot\dfrac{t^2}{2\cdot T^2}\cdot E(t)$
误差类型	位置误差 $x_{\mathrm{d1}}(t\to\infty)$	速度误差 $x_{\mathrm{d2}}(t\to\infty)$	加速度误差 $x_{\mathrm{d3}}(t\to\infty)$
积分–环节个数			
$k=0$	$\dfrac{1}{1+K_{\mathrm{R}}\cdot K_{\mathrm{S}}}\cdot w_0$	∞	∞
$k=1$	0	$\dfrac{1}{K_{\mathrm{R}}\cdot K_{\mathrm{S}}}\cdot\dfrac{w_0}{T}$	∞
$k=2$	0	0	$\dfrac{1}{K_{\mathrm{R}}\cdot K_{\mathrm{S}}}\cdot\dfrac{w_0}{T^2}$

例 5.4-1 速度误差为驱动系统参据特性的一个品质指标, 具有开环调节回路传递函数

$$G_{\mathrm{R}}(s)\cdot G_{\mathrm{S}}(s)=\frac{K_{\mathrm{R}}\cdot K_{\mathrm{S}}}{s\cdot(1+T_{\mathrm{M}}\cdot s)}=\frac{K_{\mathrm{R}}\cdot K_{\mathrm{S}}}{s}\cdot\frac{Z(s)}{N(s)}$$

的伺服驱动, 其中回路增益 $K_{\mathrm{R}}\cdot K_{\mathrm{S}}=10\,\mathrm{s}^{-1}$ 和机械时间常数 $T_{\mathrm{M}}=100\,\mathrm{ms}$, 应处理成常值速度 $\dfrac{w_0}{T}=10\,\mathrm{mm}\cdot s^{-1}$. 计算调节系统的速度误差为

$$x_{\mathrm{d2}}(t\to\infty)=\frac{1}{K_{\mathrm{R}}\cdot K_{\mathrm{S}}}\cdot\frac{w_0}{T}=1.0\,\mathrm{mm}$$

在瞬态过渡过程衰减后, 参据量 $w(t)$ 的位置 $x(t)$ 具有一个速度误差, 它也称为具有 1mm 的后拖量 (图 5.4-1).

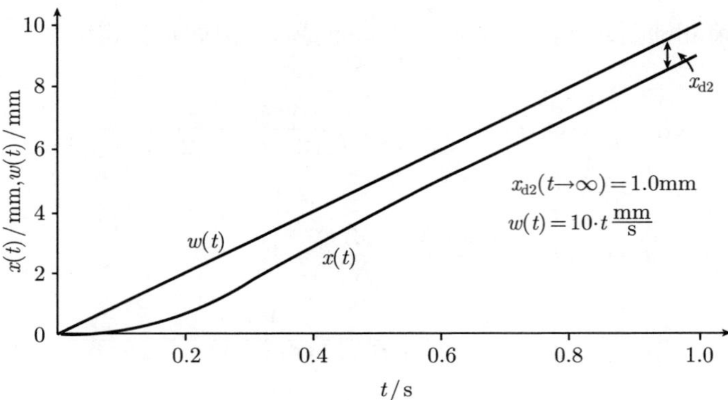

图 5.4-1　驱动系统的速度误差

第 6 章　调节回路稳定性

6.1　调节回路中的稳定性问题

调节器的调整量作用到被调节量一般会产生**滞后 (Verzögerung)**, 其原因在于被调节对象的物理特性.

当储能器能量变化时, 总会产生滞后. 这个变化不能在无限短的时间内完成, 因为这个过程需要无限大的功率 P. 就像物体的动能 E_{kin} 不能在无限短的时间内改变, 也就是说, 不能在无限短的时间内使物体达到给定的速度 v:

$$\boxed{E_{\mathrm{kin}} = \frac{m \cdot v^2}{2} = P \cdot \Delta t, \quad \Delta t \to 0, \quad P \to \infty}$$

机械被调节对象出现滞后是缘于它为势能储能器、动能储能器和摩擦元件: 机械元件通常被表示为弹簧–阻尼器–质量–元件, 电系统出现滞后是由于充电过程和建立能量场, 电系统包括静电储能器 (电容器)、电磁储能器 (电感器) 和电阻器.

被调节对象具有滞后, 也就是说, 调节**需要时间 (braucht Zeit)**, 以便调掉扰动量或将被调节量调整到参据量, 如果调节工作太慢, 调节是无效的. 对此调节器应这样调整, 即在出现调节误差时它会以足够强地进行作用. 由于扰动而降低的被调节量 x 会很快达到希望值 w_0, 但是它会超越该值. 调节器又会反方向作用, 其后果是使被调节量低于希望值 w_0: 这将出现围绕希望值 w_0 的振荡, 调节是不稳定的 (图 6.1-1), 为此它是无作用能力的.

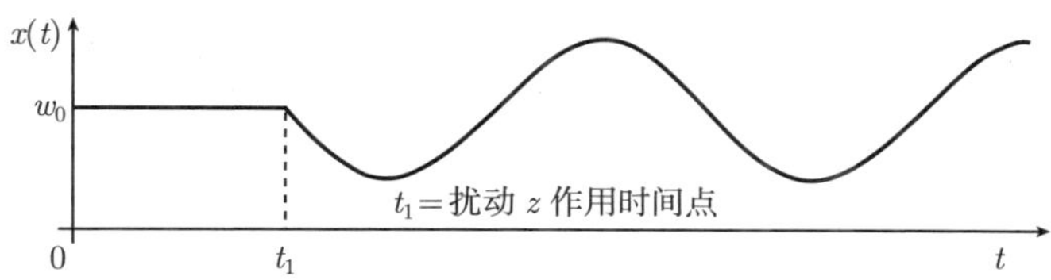

图 6.1-1　调节回路不稳定特性

> 总结: **稳定性问题 (Stabilitätsproblem)** 是与构建**作用回路 (Wirkungskreis)** 的调节结合在一起的. 而在表示作用链的控制 (Steuerung) 情况时, 则不存在稳定性问题. 调节 (Regelung) 必须是**稳定的 (stabil)**, 否则它是无作用能力的.

能使调节稳定, 同时调节器调整又慢慢地起作用, 这是不能满足设计要求的, 在设计调节时的重要任务就在于, 很容易达到**稳定性 (Stabilität)** 和**快速性 (Schnelligkeit)** 这两个相反要求的**折中 (Kompromiss)**.

6.2　稳定性的定义

> 调节在工程上可应用性的先决条件就是调节回路的稳定性.

定义: 由动态系统 (调节系统) 出发, 并处于一个**稳定工作的状态 (stationären Betriebzustand)**(静态位置), 至时间点 $t=0$ 由于扰动它从工作状态偏离, 如果调节系统是实际可用的话, 那么它必须自身能返回到稳定工作状态.

如果在图 6.2-1 所表示的系统中球由静态位置偏离, 那么仅在第一情况球会返回静态位置.

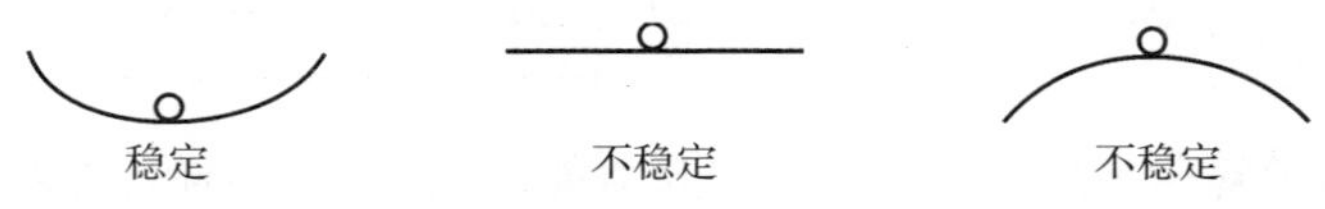

图 6.2-1　机械系统各种静态位置

> 作如下定义: 系统为稳定, 仅当它只要没有受到外部激励时就一直保持在它的静态位置, 并且当去掉全部外部激励时它又恢复到它的静态位置.

这个定义由微分方程理论也可得出, 系统稳定性是通过相对初始偏离特性来定义的 (数学上研究齐次微分方程解与初始条件的关系).

例 6.2-1　具有初始值 (偏离)U_{ao} 的 RC 环节, 研究其稳定性.

$t=0$　R　C　$i(t)$　$u_{\mathrm{e}}=0$　$u_{\mathrm{a}}(t)$

$$u_{\mathrm{e}}=0$$
$$u_{\mathrm{a}}(t=0)=U_{\mathrm{a0}}$$
$$T_1=R\cdot C$$

至时间 $t=0$ 闭合开关, 对于 $t>0$ 有:

$$-R\cdot i(t)+u_{\mathrm{a}}(t)=R\cdot C\cdot\frac{\mathrm{d}u_{\mathrm{a}}(t)}{\mathrm{d}t}+u_{\mathrm{a}}(t)=0$$

$T_1\cdot\dfrac{\mathrm{d}u_\mathrm{a}(t)}{\mathrm{d}t}+u_\mathrm{a}(t)=0$ $u_\mathrm{a}(t)=C_1\cdot\mathrm{e}^{\alpha\cdot t}$ $T_1\cdot\alpha\cdot C_1\cdot\mathrm{e}^{\alpha\cdot t}+C_1\cdot\mathrm{e}^{\alpha\cdot t}=0$	$T_1\cdot(s\cdot u_\mathrm{a}(s)-U_{\mathrm{a}0})+u_\mathrm{a}(s)=0$ $u_\mathrm{a}(s)\cdot(T_1\cdot s+1)=T_1\cdot U_{\mathrm{a}0}$ $u_\mathrm{a}(s)=T_1\cdot U_{\mathrm{a}0}\cdot\dfrac{1}{T_1\cdot s+1}=T_1\cdot U_{\mathrm{a}0}\cdot G(s)$
系统特征方程	
$T_1\cdot\alpha+1=0$	$T_1\cdot s+1=0$
特征方程零点 (根)	
$\alpha_1=-\dfrac{1}{T_1}$	$s_1=-\dfrac{1}{T_1}$
$u_\mathrm{a}(t)=C_1\cdot\mathrm{e}^{\alpha_1 t}$ $u_\mathrm{a}(t)=C_1\cdot\mathrm{e}^{-t/T_1}$ $u_\mathrm{a}(t=0)=U_{\mathrm{a}0}=C_1$ $u_\mathrm{a}(t)=U_{\mathrm{a}0}\cdot\mathrm{e}^{-t/T_1}$	$u_\mathrm{a}(t)=L^{-1}\{u_\mathrm{a}(s)\}$ $u_\mathrm{a}(t)=T_1\cdot U_{\mathrm{a}0}\cdot(-s_1\cdot\mathrm{e}^{s_1 t})$ $u_\mathrm{a}(t)=T_1\cdot U_{\mathrm{a}0}\cdot\dfrac{\mathrm{e}^{-t/T_1}}{T_1}$ $u_\mathrm{a}(t)=U_{\mathrm{a}0}\cdot\mathrm{e}^{-t/T_1}$

系统在偏离 $U_{\mathrm{a}0}$ 后, 恢复到它的静态位置 $u_\mathrm{a}(t\to\infty)=0$, 则它是稳定的. 这个例子表明: 该系统稳定, 是因为 α_1,s_1 为负, 为此当 $t\to\infty$ 时, 函数分量 $\mathrm{e}^{-t/T}$ 趋于零, 由这些研究可导出下面稳定性定义.

> 动态系统 (调节系统) 是稳定的, 仅当所属的**特征方程(charakteristischen Gleichung)** 的**全部零点 (alle Nullstellen)** 具有负实部:
>
> $\mathrm{Re}\{\alpha_i\}<0$, 对于所有 $\alpha_i(i=1,2,\cdots,n)$; (微分方程),
>
> $\mathrm{Re}\{s_i\}<0$, 对于所有 $s_i(i=1,2,\cdots,n)$; (传递函数).

或换成另一种说法, 仅当其传递函数的全部极点位于 s 左半平面. 为此必须保证, 没有具有正实部的 $G(s)$ 极点被相应的零点约去, 如下例情况:

$$G(s)=\frac{s-3}{s^3-s^2-5\cdot s-3}=\frac{s-3}{(s-3)\cdot(s+1)^2}=\frac{1}{(s+1)^2}$$

如果满足这些前提条件, 那么系统在偏离后, 当 $t\to\infty$ 时全部部分解会衰减到零. 也就是说:

> 系统是稳定的, 仅当权函数 (冲激响应函数) 在 $t\to\infty$ 趋于零时成为: $g(t\to\infty)\to0$.

特征方程可由动态系统 (调节系统) 齐次微分方程或传递函数分母多项式给出.

线性调节系统的稳定性取决于它的结构及参数值, 与输入函数类型及特征量无关.

在表 6.2-1 中汇总传递环节稳定性的结论, 图 6.2-2 含有这些环节特征方程的零点位置.

特征方程零点位置提供调节系统动态品质的结论, 也就是提供稳定性结论.

调节系统在工程上是可用的, 其特征方程的零点应位于距离稳定性边界左边足够远处.

表 6.2-1 调节回路环节稳定性

I 阶和 II 阶线性系统的微分方程、传递函数、特征方程及其零点、解的类型和稳定性	
1	$\dfrac{\mathrm{d}x_\mathrm{a}}{\mathrm{d}t}+5\cdot x_\mathrm{a}=x_\mathrm{e},\ G(s)=\dfrac{1}{s+5},\ s+5=0,\ s_1=-5,$ $x_\mathrm{a}(t)=C_1\cdot\mathrm{e}^{-5t},\ x_\mathrm{a}(t\to\infty)\to 0,$ 稳定
2	$\dfrac{\mathrm{d}x_\mathrm{a}}{\mathrm{d}t}=x_\mathrm{e},\ G(s)=\dfrac{1}{s},\ s=0,\ s_1=0,$ $x_\mathrm{a}(t)=C_1\cdot\mathrm{e}^{0t}=C_1,\ x_\mathrm{a}(t\to\infty)\neq 0,$ 不稳定
3	$\dfrac{\mathrm{d}x_\mathrm{a}}{\mathrm{d}t}-4\cdot x_\mathrm{a}=x_\mathrm{e},\ G(s)=\dfrac{1}{s-4},\ s-4=0,\ s_1=4,$ $x_\mathrm{a}(t)=C_1\cdot\mathrm{e}^{4t},\ x_\mathrm{a}(t\to\infty)\neq 0,$ 不稳定
4	$\dfrac{\mathrm{d}^2x_\mathrm{a}}{\mathrm{d}t^2}+6\cdot\dfrac{\mathrm{d}x_\mathrm{a}}{\mathrm{d}t}+18\cdot x_\mathrm{a}=x_\mathrm{e},\ G(s)=\dfrac{1}{s^2+6\cdot s+18},$ $s^2+6\cdot s+18=0,\ s_{1,2}=-3\pm\mathrm{j}3,$ $x_\mathrm{a}(t)=A\cdot\mathrm{e}^{-3t}\cdot\sin(3t+\phi),\ x_\mathrm{a}(t\to\infty)=0,$ 稳定
5	$\dfrac{\mathrm{d}^2x_\mathrm{a}}{\mathrm{d}t^2}+4\cdot x_\mathrm{a}=x_\mathrm{e},\ G(s)=\dfrac{1}{s^2+4},\ s^2+4=0,$ $s_{1,2}=\pm\mathrm{j}2,$ $x_\mathrm{a}(t)=A\cdot\sin(2t+\phi),\ x_\mathrm{a}(t\to\infty)\neq 0,$ 不稳定
6	$\dfrac{\mathrm{d}^2x_\mathrm{a}}{\mathrm{d}t^2}-6\cdot\dfrac{\mathrm{d}x_\mathrm{a}}{\mathrm{d}t}+18\cdot x_\mathrm{a}=x_\mathrm{e},\ G(s)=\dfrac{1}{s^2-6\cdot s+18},$ $s^2-6\cdot s+18=0,\ s_{1,2}=3\pm\mathrm{j}3,$ $x_\mathrm{a}(t)=A\cdot\mathrm{e}^{3t}\cdot\sin(3t+\phi),\ x_\mathrm{a}(t\to\infty)\neq 0,$ 不稳定

例 6.2-2 对于传递函数, 试求其特征方程的零点、冲激响应函数 $g(t)$ 和稳定性:

$$(1)\ G(s)=\frac{1}{0.5\cdot s+1},\qquad (2)\ G(s)=\frac{1}{s^2+2\cdot s+17},$$

(3) $G(s)=\dfrac{\omega}{s^2+\omega^2}$, (4) $G(s)=\dfrac{1}{(s+1)^2}$

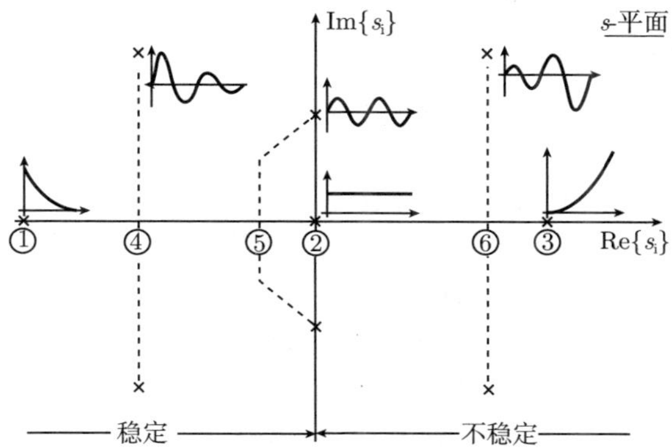

图 6.2-2 具有所属解函数传递环节的特征方程零点位置

通过传递函数 $G(s)$ 反变换可得到冲激响应函数：

$x_e(s)$ → $G(s)$ → $x_a(s)$

$$x_e(t)=\delta(t),\quad x_e(s)=1$$
$$x_a(s)=G(s)\cdot x_e(s)=G(s)\cdot 1$$
$$x_a(t)=g(t)=L^{-1}\{G(s)\}$$

(1) $0.5\cdot s+1=0$, $s_1=-2$, 稳定,

$$x_a(t)=L^{-1}\{G(s)\}=L^{-1}\left\{\frac{1}{0.5\cdot s+1}\right\}=2\cdot \mathrm{e}^{-2t},$$

$x_a(t\to\infty)\to 0$, 稳定.

(2) $s^2+2\cdot s+17=0$, $s_{1,2}=-1\pm \mathrm{j}4$, 稳定,

$$x_a(t)=L^{-1}\{G(s)\}=L^{-1}\left\{\frac{1}{s^2+2\cdot s+17}\right\}=0.25\cdot \mathrm{e}^{-t}\cdot\sin(4\cdot t),$$

$x_a(t\to\infty)\to 0$, 稳定.

(3) $s^2+\omega^2=0$, $s_{1,2}=\pm \mathrm{j}\omega$, 不稳定,

$$x_a(t)=L^{-1}\{G(s)\}=L^{-1}\left\{\frac{\omega}{s^2+\omega^2}\right\}=\sin(\omega t),$$

$x_a(t\to\infty)\neq 0$, 不稳定.

(4) $(s+1)^2=0$, $s_{1,2}=-1$, 稳定,

$$x_a(t)=L^{-1}\{G(s)\}=L^{-1}\left\{\frac{1}{(s+1)^2}\right\}=t\cdot \mathrm{e}^{-t},$$

$x_a(t\to\infty)=0$, 稳定.

6.3 稳定性判定方法

6.3.1 代数和几何稳定性判据

根据特征方程的零点可判断调节系统稳定性, 然而在高阶方程时计算零点值是耗费巨大的, 稳定性研究感兴趣仅仅是特征方程全部零点是否有负的实部, 这个结论可推导出稳定性判据, 它可归结为关于方程零点 (根) 位置的定理, 对此它不能确定零点的精确值, 可将其分为代数的和几何的稳定性判据.

代数判据 (algebraischen Kriterien) 是借助特征方程系数判定稳定性: 劳斯 (Routh) 判据和胡尔维茨 (Nurwitz) 判据.

几何判据 (geometrischen Kriterien) 是将特征方程表示为矢量轨迹曲线, 并在该曲线上判定稳定性: 奈奎斯特 (Nyquist) 准则.

特征方程**数字解 (numerische Lösung)** 将在 14.2 节描述, 将给出按照 Bairstow 法求解的 C-程序.

6.3.2 劳思判据

6.3.2.1 劳思法特性

当微分方程系统阶数 $n > 2$ 时, 求特征方程的零点是耗费巨大的, 而按劳思 (Routh) 稳定性判据判断**稳定性 (die Stabilität)**, 却**不必求出精确的零点值 (ohne den genauen Wert der Nullstellen zu ermitteln)**, 该方法可判断调节系统或传递环节 (调节器, 被调节对象) 的稳定性, 但以下**前提条件 (Voraussetzungen)** 必须有效: 所研究系统是线性的, 并且**不允许含有时延环节 (keine Totzeitelement)**.

6.3.2.2 劳思稳定性判据

当 n 阶特征方程具有下列形式:

$$\boxed{a_n \cdot s^n + a_{n-1} \cdot s^{n-1} + \cdots + a_1 \cdot s + a_0 = 0}$$

可应用劳思稳定性判据判断稳定性, 应用判据需借助劳思表 (表 6.3-1) 来进行, 该表的构建方法如下.

表 6.3-1 劳思表

a_n	a_{n-2}	a_{n-4}	$\cdots$	特征方程系数
a_{n-1}	a_{n-3}	a_{n-5}	$\cdots$	
c_1	c_3	c_5	$\cdots$	计算的系数
d_1	d_3	d_5	$\cdots$	
e_1	e_3	e_5	$\cdots$	
$\vdots$	$\vdots$	$\vdots$	$\vdots$	

第 3 行及其以下各行的系数是由其前 2 行的系数计算的 (表 6.3-2).

表 6.3-2 劳思法计算表

$c_1 = \mathrm{sgn}(a_{n-1}) \cdot [a_{n-1} \cdot a_{n-2} - a_n \cdot a_{n-3}]$
$c_3 = \mathrm{sgn}(a_{n-1}) \cdot [a_{n-1} \cdot a_{n-4} - a_n \cdot a_{n-5}] \cdots$
$c_i = \mathrm{sgn}(a_{n-1}) \cdot [a_{n-1} \cdot a_{n-i-1} - a_n \cdot a_{n-i-2}]$
$d_1 = \mathrm{sgn}(c_1) \cdot [c_1 \cdot a_{n-3} - a_{n-1} \cdot c_3]$
$d_3 = \mathrm{sgn}(c_1) \cdot [c_1 \cdot a_{n-5} - a_{n-1} \cdot c_5] \cdots$
$d_i = \mathrm{sgn}(c_1) \cdot [c_1 \cdot a_{n-i-2} - a_{n-1} \cdot c_{n-i-2}]$
$e_1 = \mathrm{sgn}(d_1) \cdot [d_1 \cdot c_3 - c_1 \cdot d_3] \cdots$

$\mathrm{sgn}(x) = \dfrac{x}{|x|}$ 为 x 的符号. 劳思表应按照先水平再垂直的顺序计算, 它将形成 $(n+1)$ 行和 $(n/2+1)$ 列, 全部其余位置都填零, 再由劳思表的值来判定稳定性.

劳思判据: 特征方程全部零点具有负实部, 仅当劳思表第 1 列的全部系数具有相同符号, 并且没有零.

符号变换的次数等于具有正实部零点的个数, 具有零值的系数对应于具有实部等于零的零点.

图 6.3-1 流程框图为稳定性检验的结构. 当特征方程缺少一项或更多项系数, 或系数有不同符号时, 那么系统是不稳定的. 劳思法在这些情况绝对不能应用, 但是会提供同样结论.

例 6.3-1 应用劳思法研究特征方程 $s^3 + 6 \cdot s^2 + 12 \cdot s + 8 = 0$ 的稳定性.

$1(a_3)$	$12(a_1)$	0	$\cdots$	0
$6(a_2)$	$8(a_0)$	0	$\cdots$	0
$64(c_1)$	$0(c_3)$	0	$\cdots$	0
$512(d_1)$	$0(d_3)$	0	$\cdots$	0

$$c_1 = 1 \cdot (6 \cdot 12 - 1 \cdot 8) = 64$$
$$c_3 = 1 \cdot (6 \cdot 0 - 1 \cdot 0) = 0$$
$$d_1 = 1 \cdot (64 \cdot 8 - 6 \cdot 0) = 512$$
$$d_3 = 1 \cdot (64 \cdot 0 - 6 \cdot 0) = 0$$

因为表的第 1 列未出现符号变换并且没有系数为零, 所以特征方程的全部零点为负实部: 该系统为稳定的. 特征方程零点数值计算得到三个相同的具有负实部的零点:

$$s_1 = s_2 = s_3 = -2$$

具有该特征方程的系统是稳定的.

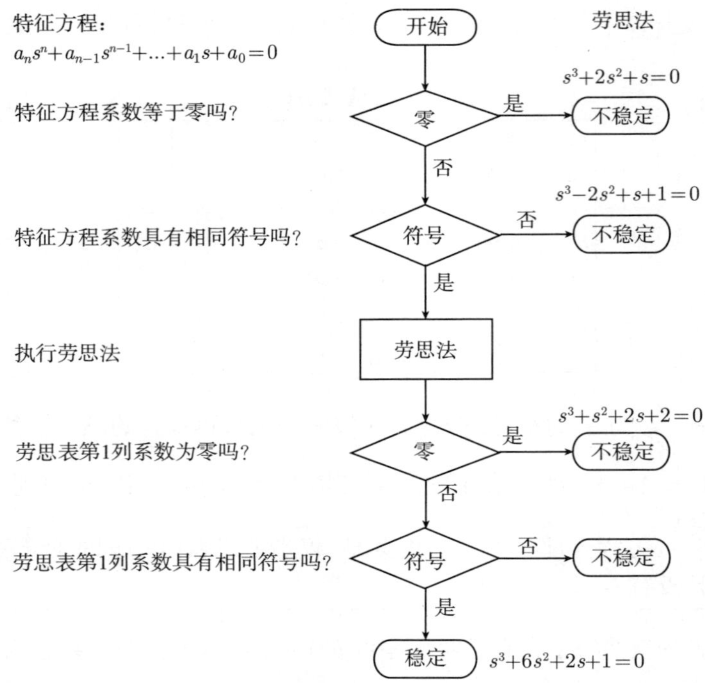

图 6.3-1　按照劳思法稳定性检验流程框图

6.3.2.3　稳定性与参数关系

在选择调节回路参数时，求稳定边界 (临界范围) 是很重要的. 调整调节回路参数应这样进行，即不能 (**nicht**) 使它靠近临界值. 临界值可由劳思判据确定，由劳思表第 1 列可求调节回路参数的临界值，在下面例子中优先来描述.

例 6.3-2　对于调节系统试求调节器增益 K_R 的稳定范围.

w —(−)→ $G_R(s)$ (调节器) → $G_S(s)$ (对象) → x

$$G_S(s)=\frac{1}{s^4+6\cdot s^3+13\cdot s^2+14\cdot s+1},$$

$$G_R(s)=K_R$$

$$G(s)=\frac{Z_R(s)\cdot Z_S(s)}{N_R(s)\cdot N_S(s)+Z_R(s)\cdot Z_S(s)}=\frac{K_R}{s^4+6\cdot s^3+13\cdot s^2+14\cdot s+1+K_R}$$

特征方程：

$$s^4+6\cdot s^3+13\cdot s^2+14\cdot s+K_R=0$$

$1\ (a_4)$	$13\ (a_2)$	$1+K_{\mathrm{R}}\ (a_0)$
$6\ (a_3)$	$14\ (a_1)$	0
$64\ (c_1)$	$6+6K_{\mathrm{R}}\ (c_3)$	0
$860-36K_{\mathrm{R}}\ (d_1)$	$0\ (d_3)$	0
$\mathrm{sgn}(d_1)\cdot d_1\cdot c_3\ (e_1)$	$0\ (e_3)$	0

$$c_1 = 1\cdot(6\cdot 13 - 1\cdot 14) = 64$$
$$c_3 = 1\cdot[6\cdot(1+K_{\mathrm{R}}) - 1\cdot 0] = 6 + 6K_{\mathrm{R}}$$
$$d_1 = 1\cdot[64\cdot 14 - 6\cdot(6+6K_{\mathrm{R}})] = 860 - 36\cdot K_{\mathrm{R}}$$
$$e_1 = \mathrm{sgn}(d_1)\cdot d_1\cdot(6+6K_{\mathrm{R}})$$

在临界增益 K_{Rmax} 和 K_{Rmin} 时系统变为不稳定. 计算劳思表第 1 列值可得:

$$d_1 = 0 = 860 - 36\cdot K_{\mathrm{Rmax}} \rightarrow K_{\mathrm{Rmax}} = 23.89$$
$$e_1 = 0 = 6 + 6\cdot K_{\mathrm{Rmin}} \rightarrow K_{\mathrm{Rmin}} = -1$$

根据劳思判据, K_{R} 增益范围为

$$K_{\mathrm{Rmin}} = -1 < K_{\mathrm{R}} < K_{\mathrm{Rmax}} = 23.89$$

可确保稳定性. 对于 K_{R} 的负值虽然获得稳定性, 然而获得的却不是所要求的调节系统, 如果将 $K_{\mathrm{R}} = -0.5$ 代入例子中, 其传递函数为

$$G(s) = \frac{K_{\mathrm{R}}}{s^4 + 6\cdot s^3 + 13\cdot s^2 + 14\cdot s + 1 + K_{\mathrm{R}}} = \frac{-0.5}{s^4 + 6\cdot s^3 + 13\cdot s^2 + 14\cdot s + 0.5}$$

在参据阶跃 $w(t) = w_0\cdot E(t) = 1\cdot E(t)$ 时, 被调节量达到的终值 $x(t\rightarrow\infty) = -1$:

$$x(t\rightarrow\infty) = \lim_{s\rightarrow 0} s\cdot G(s)\cdot w(s) = \lim_{s\rightarrow 0} s\cdot\frac{-0.5}{s^4 + 6\cdot s^3 + 13\cdot s^2 + 14\cdot s + 0.5}\cdot\frac{1}{s} = -1$$

系统反演到希望值, 被调节量却达不到希望值, 在调节定义的意义上, 这里**没有把被调节量补偿达到参据量 (keine Angleichung der Regelgröße an die Führungsgröße erreicht)**. 为此, 调节系统的 K_{R} 只能允许调整到位于下式之间:

$$\boxed{0 < K_{\mathrm{R}} < K_{\mathrm{Rkrit}} = K_{\mathrm{Rmax}} = 23.89}$$

上边界值 $K_{R\,\mathrm{max}}$ 也称为临界增益 K_{Rkrit}.

6.3.3 赫尔维茨判据

6.3.3.1 概述

与劳思判据一样, 可应用赫尔维茨 (HURWITZ) 稳定性判据. 同样它能判别**稳定性 (die Stabilität)**, **而不必求出精确的零点值 (ohne den genauen Wert der**

Nullstellen zu ermitteln), 该方法能判别调节系统或传递环节 (调节器, 被调节对象) 的稳定性, 与劳思判据相同的是下面的前提条件 (**Voraussetzungen**) 也必须成立: 所研究系统是线性的, 并且**不允许含有时延环节** (**keine Totzeitelement**).

6.3.3.2 赫尔维茨稳定性判据

赫尔维茨判据用于判定稳定性, 仅当 n 阶特征方程具有下面形式时

$$\boxed{a_n \cdot s^n + a_{n-1} \cdot s^{n-1} + \cdots + a_1 \cdot s + a_0 = 0}$$

> 赫尔维茨判据: n 阶线性系统是稳定的, 仅当特征方程全部系数和下面 n 个行列式值都大于零.

$$a_i > 0, \quad i = 0, \cdots, n,$$

$$\boldsymbol{D}_1 = a_1 > 0\ , \quad \boldsymbol{D}_2 = \begin{vmatrix} a_1 & a_3 \\ a_0 & a_2 \end{vmatrix} > 0, \quad \boldsymbol{D}_3 = \begin{vmatrix} a_1 & a_3 & a_5 \\ a_0 & a_2 & a_4 \\ 0 & a_1 & a_3 \end{vmatrix} > 0,$$

$$\boldsymbol{D}_4 = \begin{vmatrix} a_1 & a_3 & a_5 & a_7 \\ a_0 & a_2 & a_4 & a_6 \\ 0 & a_1 & a_3 & a_5 \\ 0 & a_0 & a_2 & a_4 \end{vmatrix} > 0, \cdots, \quad \boldsymbol{D}_n = \begin{vmatrix} a_1 & a_3 & a_5 & \cdots & 0 \\ a_0 & a_2 & a_4 & \cdots & 0 \\ 0 & a_1 & a_3 & \cdots & 0 \\ 0 & \vdots & \vdots & \ddots & 0 \\ 0 & 0 & \cdots & \cdots & a_n \end{vmatrix} > 0\ .$$

在表 6.3-3 中给出直至 4 阶调节系统的稳定条件. 由于赫尔维茨判据的冗余, 仅利用偶数行列式 $(D_2, D_4, \cdots)$ 或奇数行列式 $(D_1, D_3, \cdots)$ 评估是足够的.

表 6.3-3 赫尔维茨判据稳定条件

II 阶调节系统:
$a_i > 0,\ i = 0, \cdots, n = 2$
III 阶调节系统:
$a_i > 0,\ i = 0, \cdots, n = 3$
$a_1 \cdot a_2 - a_0 \cdot a_3 > 0.$
IV 阶调节系统:
$a_i > 0,\ i = 0, \cdots, n = 4$
$a_1 \cdot a_2 - a_0 \cdot a_3 > 0$
$a_1 \cdot a_2 \cdot a_3 - a_0 \cdot {a_3}^2 - {a_1}^2 \cdot a_4 > 0$

赫尔维茨判据适用于低阶调节系统, 而在较高阶调节系统时应用则耗费巨大.

例 6.3-3 试求调节系统 K_R 的稳定边界.

w, x, $G_R(s)$ 调节器, $G_S(s)$ 对象, −

$$G_S(s) = \frac{1}{s^3 + 8\cdot s^2 + 3\cdot s + 1}$$

$$G_R(s) = K_R$$

$$G(s) = \frac{K_R}{s^3 + 8\cdot s^2 + 3\cdot s + 1 + K_R}$$

特征方程为 3 阶:

$$s^3 + 8\cdot s^2 + 3\cdot s + 1 + K_R = a_3\cdot s^3 + a_2\cdot s^2 + a_1\cdot s + a_0 = 0$$

稳定性前提条件要求: 特征方程全部系数必须大于零, 即

$$a_0 = 1 + K_R > 0 \to K_{\text{Rmin}} = -1$$

并进一步

$$a_1\cdot a_2 - a_0\cdot a_3 > 0 \to 3\cdot 8 - (1 + K_R)\cdot 1 > 0$$

由最后方程得到上稳定边界 $K_{\text{Rmax}} = 23$, 对于

$$K_{\text{Rmin}} = -1 < K_R < K_{\text{Rmax}} = 23$$

系统是稳定的. 与所研究的例 6.3-2 相应, 得到调节系统稳定范围:

$$0 < K_R < K_{\text{Rkrit}} = K_{\text{Rmax}} = 23$$

6.3.4 奈奎斯特判据

6.3.4.1 奈奎斯特判据特性

奈奎斯特稳定判据由**开环调节回路频率特性曲线 (Frequenzgangs des offenen Regelkreises)** 判断调节回路稳定性. **这个方法的优点 (Vorteil des Verfahrens)** 在于它也可应用于由实验求得的频率特性曲线, 与代数判据不同, 所研究的调节回路允许含有时延环节.

6.3.4.2 简化奈奎斯特稳定判据

用奈奎斯特判据研究开环调节回路, 由开环调节回路频率特性矢量轨迹曲线求闭环调节回路的稳定性.

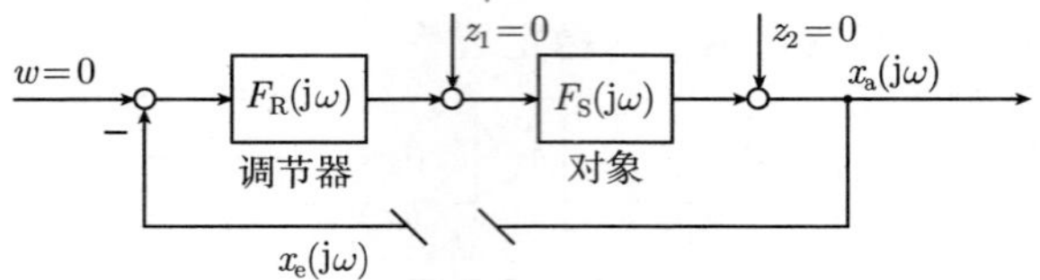

图 6.3-2　具有断开反馈的调节回路

稳定性是调节系统的固有特性, 与输入量无关, 为此, 在下面稳定性研究中不考虑参据量和扰动量 $(w=0, z_1=0, z_2=0)$.

在谐波输入信号 $x_e(j\omega)$ 和输出信号 $x_a(j\omega)$ 之间得到下面关系式:

$$-x_e(j\omega)\cdot F_R(j\omega)\cdot F_S(j\omega)=x_a(j\omega)$$

那么开环调节回路频率特性 $F_{RS}(j\omega)$ 为

$$F_{RS}(j\omega)=F_R(j\omega)\cdot F_S(j\omega)=-\frac{x_a(j\omega)}{x_e(j\omega)}$$

闭环调节回路具有角频率 ω_{krit} 时出现无阻尼振荡, 仅当满足下面条件时:

$$\boxed{F_{RS}(j\omega)=F_{RS}(j\omega_{krit})=-1=-\frac{x_a(j\omega)}{x_e(j\omega)}}$$

在这种情况得到

$$\boxed{x_a(j\omega)=x_e(j\omega)}$$

也就是说, 正弦形式信号 $x_e(j\omega)$ 会引起同样的正弦形式信号 $x_a(j\omega)$ 的结果, 并且它具有与 $x_e(j\omega)$ 相同的幅值和相位. 如果调节回路闭合, 那么会调整到持续振荡, 这个自激, 例如是通过耦合的信号激励的.

把期望的, 用于抑制扰动所需要的调节回路**负反馈 (Gegenkopplung)** 变成不期望的正反馈, 则调节回路振荡, 而不稳定.

如果将 $F_{RS}(j\omega_{krit})=-1$ 代入闭环调节回路的频率特性函数

$$F(j\omega)=\frac{F_{RS}(j\omega)}{1+F_{RS}(j\omega)},\quad F_{z1}(j\omega)=\frac{F_S(j\omega)}{1+F_{RS}(j\omega)}$$

$$F_{z2}(j\omega)=\frac{1}{1+F_{RS}(j\omega)}$$

那么分母总是会变为零, 频率特性函数会给出无穷大的值, 在此情况下闭环调节回路的参据频率特性成为

$$|F(j\omega)|_{\omega\to\omega_{krit}}=\left|\frac{F_{RS}(j\omega)}{1+F_{RS}(j\omega)}\right|_{F_{RS}(j\omega)\to -1}\to\infty$$

在开环调节回路频率特性的**幅相频率特性曲线图 (Ortskurvendarstellung)** 中可给出稳定性边界, 如果频率特性 $F_{\mathrm{RS}}(\mathrm{j}\omega)$ 被视为幅相频率特性曲线, 那么达到稳定性边界 (临界点), 仅当

$$\boxed{\begin{aligned}\mathrm{Re}\{F_{\mathrm{RS}}(\mathrm{j}\omega_{\mathrm{krit}})\} &= -1\\ \mathrm{Im}\{F_{\mathrm{RS}}(\mathrm{j}\omega_{\mathrm{krit}})\} &= 0\end{aligned}}$$

简化奈奎斯特判据 (vereinfache NYQUIST-Kriterium) 成立, 即仅当**开环调节回路 (offenen Regelkreises)**$G_{\mathrm{RS}}(s)$ 特征方程具有负实部零点, 并最多有两个零值的零点时成立, 也就是说, 开环调节回路只允许含有稳定环节, 且最多有两个积分环节, 在幅相频率特性曲线图上应用, 并表示**简化奈奎斯特稳定判据 (vereinfachte Stabilitätskriterium nach NYQUIST)**:

> 调节回路是稳定的, 仅限于当随着 ω 的增长幅相频率特性曲线运行过程临界点 $(-1, \mathrm{j}0)$ 始终位于该幅相频率特性曲线左边的区域 (左手定则) 的情况.

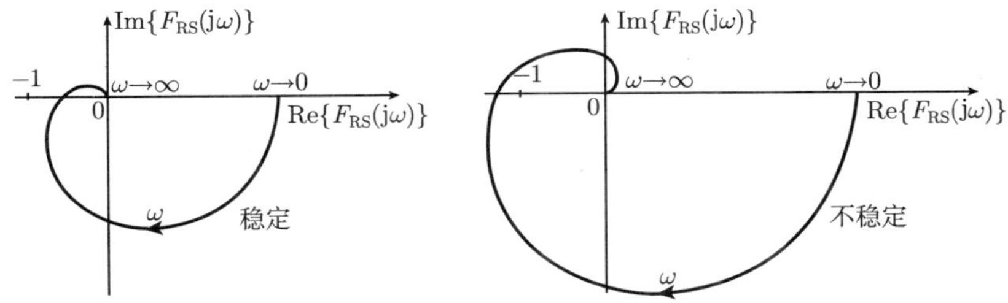

图 6.3-3 开环调节回路频率特性的幅相频率特性曲线图

> **奈奎斯特判据的优点 (Vorteile des NYQUIST-Kriteriums)**: 当开环调节回路的传递函数是未知的, 并且仅能**测量 (gemessen)** 频率特性时, 奈奎斯特判据也可以应用, 奈奎斯特判据对于具有**时延 (Totzeit)** 的系统也是有效的.

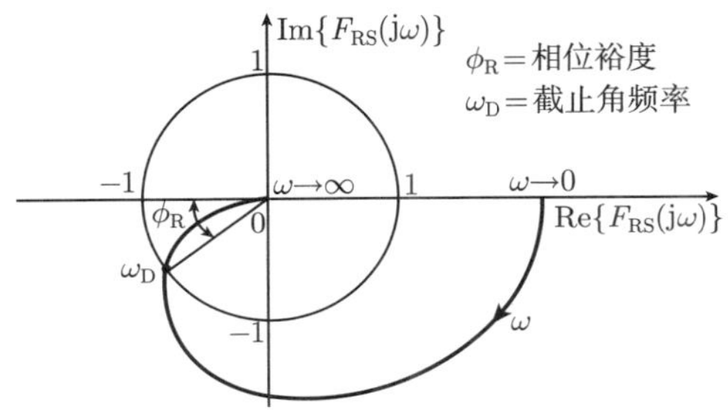

图 6.3-4 具有相位裕度 ϕ_{R} 和截止角频率 ω_{D} 的幅相频率特性曲线图

由幅相频率特性曲线可判定稳定性, 并且由此求出调节回路的阻尼比值: 幅相频率特性曲线离临界点 $(-1, \mathrm{j}0)$ 越远, 阻尼比越大. 距离的量度为相位裕度 ϕ_{R}. 在这个角度时幅相频率特性曲线截止单位圆 $|F_{\mathrm{RS}}(\mathrm{j}\omega)| = 1$.

奈奎斯特判据在高阶系统时是难处理的, 特别是当变化调节回路参数时, 随后将引入在奈奎斯特判据基础上建造的伯德 (Bode)-判据.

6.3.4.3 简化奈奎斯特判据应用举例

例 6.3-4 研究具有积分调节器和积分对象的调节回路的稳定性.

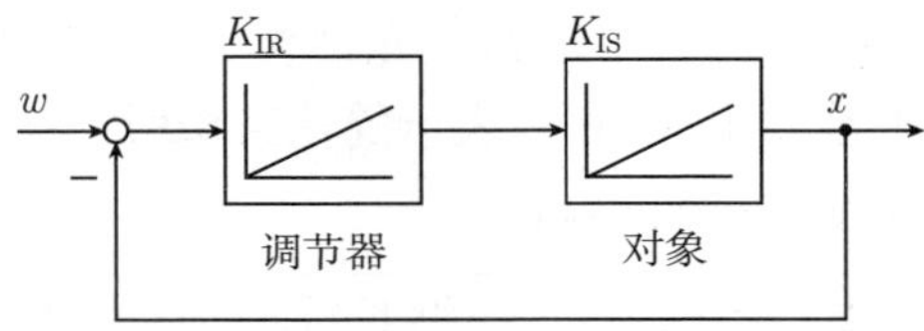

首先检验简化奈奎斯特判据是否是可应用的: 开环调节回路传递函数的特征方程

$$G_{\mathrm{RS}}(s) = G_{\mathrm{R}}(s) \cdot G_{\mathrm{S}}(s) = \frac{K_{\mathrm{IR}}}{s} \cdot \frac{K_{\mathrm{IS}}}{s}, \quad s^2 = 0, \quad s_1 = 0, \quad s_2 = 0$$

具有两个实部为零的零点, 简化判据是可应用的.

$$F_{\mathrm{RS}}(\mathrm{j}\omega) = F_{\mathrm{R}}(\mathrm{j}\omega) \cdot F_{\mathrm{S}}(\mathrm{j}\omega) = \frac{K_{\mathrm{IR}}}{\mathrm{j}\omega} \cdot \frac{K_{\mathrm{IS}}}{\mathrm{j}\omega} = -\frac{K_{\mathrm{IR}} \cdot K_{\mathrm{IS}}}{\omega^2}$$

矢量轨迹曲线通过临界点 $(-1, \mathrm{j}0)$, 是与调整积分增益 K_{IR} 无关, 闭环调节回路是不稳定的, 并以角频率 ω_{krit} 振荡

$$F_{\mathrm{RS}}(\mathrm{j}\omega_{\mathrm{krit}}) = -1 = -\frac{K_{\mathrm{IR}} \cdot K_{\mathrm{IS}}}{\omega_{\mathrm{krit}}^2} \rightarrow \omega_{\mathrm{krit}} = \sqrt{K_{\mathrm{IR}} \cdot K_{\mathrm{IS}}}$$

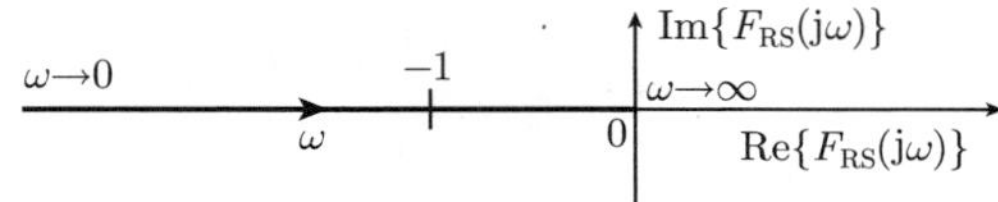

图 6.3-5 频率特性函数 $F_{\mathrm{RS}}(\mathrm{j}\omega)$ 的幅相频率特性曲线

则调节回路是**结构不稳定的 (srukturinstabil)**, 因而一个积分被调节对象不允许应用一个积分调节器.

例 6.3-5 具有 3 个滞后环节作为被调节对象的调节回路, 试应用一个比例

调节器, 确定调节器增益 K_R 的稳定性范围.

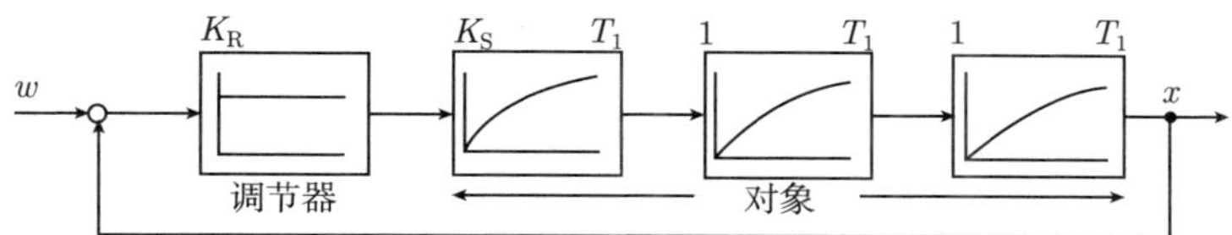

开环调节回路传递函数的特征方程

$$G_{RS}(s) = G_R(s) \cdot G_S(s) = \frac{K_R \cdot K_S}{(1+T_1 \cdot s) \cdot (1+T_1 \cdot s) \cdot (1+T_1 \cdot s)}$$

$$(1+T_1 \cdot s) \cdot (1+T_1 \cdot s) \cdot (1+T_1 \cdot s) = 0 \quad s_1 = s_2 = s_3 = -\frac{1}{T_1}$$

仅有负实部的零点, 简化奈奎斯特判据是可应用的, 当 $F_{RS}(\mathrm{j}\omega_{\mathrm{krit}}) = -1$ 时, 达到稳定性边界, 由这个条件推导出两个方程:

$$F_{RS}(\mathrm{j}\omega) = F_R(\mathrm{j}\omega) \cdot F_S(\mathrm{j}\omega) = \mathrm{Re}\{F_{RS}(\mathrm{j}\omega)\} + \mathrm{jIm}\{F_{RS}(\mathrm{j}\omega)\}$$

$$= \frac{K_R \cdot K_S}{(1+\mathrm{j}\omega \cdot T_1) \cdot (1+\mathrm{j}\omega \cdot T_1) \cdot (1+\mathrm{j}\omega \cdot T_1)} = -1,$$

$$\mathrm{Re}\{F_{RS}(\mathrm{j}\omega_{\mathrm{krit}})\} = -1, \quad \mathrm{Im}\{F_{RS}(\mathrm{j}\omega_{\mathrm{krit}})\} = 0,$$

$$F_{RS}(\mathrm{j}\omega) = \frac{K_R \cdot K_S}{(1+\mathrm{j}\omega \cdot T_1) \cdot (1+\mathrm{j}\omega \cdot T_1) \cdot (1+\mathrm{j}\omega \cdot T_1)}$$

$$= \frac{K_R \cdot K_S}{1 - 3 \cdot T_1^2 \cdot \omega^2 + \mathrm{j}\omega \cdot (3 \cdot T_1 - \omega^2 \cdot T_1^3)}$$

由 $\mathrm{Im}\{F_{RS}(\mathrm{j}\omega_{\mathrm{krit}})\} = 0$ 得:

$$\mathrm{j}\omega \cdot (3 \cdot T_1 - \omega^2 \cdot T_1^3) = 0, \quad \omega_{\mathrm{krit}} = \frac{\sqrt{3}}{T_1}$$

代入 $\mathrm{Re}\{F_{RS}(\mathrm{j}\omega_{\mathrm{krit}})\} = -1$, 得

$$\frac{K_R \cdot K_S}{1 - 3 \cdot T_1^2 \cdot \omega_{\mathrm{krit}}^2} = \frac{K_R \cdot K_S}{1-9} = -1, \quad K_R \cdot K_S = 8, \quad K_{\mathrm{Rkrit}} = \frac{8}{K_S}$$

对于调整调节器增益 $0 < K_R < K_{\mathrm{Rkrit}} = \dfrac{8}{K_S}$, 调节回路是稳定的, 图 6.3-6 表示稳定的幅相频率特性曲线和对于 $T_1 = 1\mathrm{s}$ 的极限稳定调节回路.

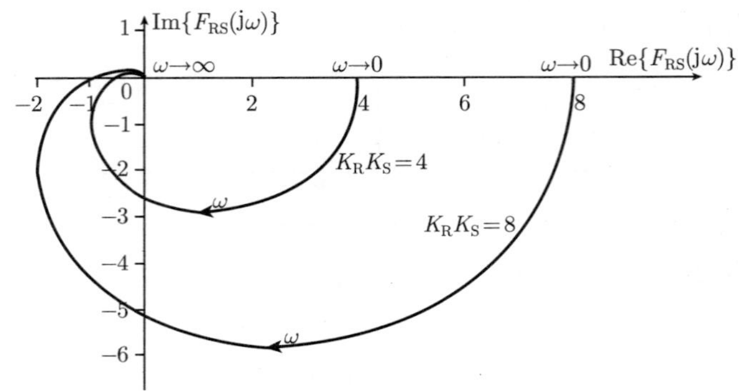

图 6.3-6　对于 $K_\mathrm{R} = K_\mathrm{Rkrit}$ 和 $K_\mathrm{R} < K_\mathrm{Rkrit}$ 的幅相频率特性曲线

6.3.4.4　完全奈奎斯特判据

简化判据是有效的, 仅当开环调节回路传递函数 $G_\mathrm{RS}(s)$ 特征方程具有负实部零点和最多两个零实部的零点时, 如果这些前提条件不满足, 那么只能应用完全奈奎斯特判据来求稳定性, 这个判据需要具有正实部的零点数 n_p 和具有零实部的零点数 n_0.

完全奈奎斯特判据要求出角度变化值 $\Delta\phi$, 它为在角频率变化 $0 \leqslant \omega < \infty$ 时从临界点 $(-1, \mathrm{j}0)$ 到幅相频率特性曲线点 $F_\mathrm{RS}(\mathrm{j}\omega)$ 的矢量 (Zeiger) 所扫过的角度 (图 6.3-7), 完全奈奎斯特判据的含义.

> 调节回路是稳定的, 仅当在角频率 $0 \leqslant \omega < \infty$ 变化过程中从临界点 $(-1, \mathrm{j}0)$ 到幅相频率特性曲线点 $F_\mathrm{RS}(\mathrm{j}\omega)$ 的矢量具有连续角度变化
>
> $$\Delta\phi = \phi\{1 + F_\mathrm{RS}(\mathrm{j}\omega)\}\Big|_0^\infty = \phi\Big|_0^\infty = \phi_\infty - \phi_0 = \left(n_p + \frac{n_0}{2}\right) \cdot \pi$$
>
> 时.

如果调节回路具有零实部的零点, 那么在幅相频率特性曲线上会出现跃变. 在求**连续角度变化**时是不允许考虑跃变角度变化的 (图 6.3-7).

例 6.3-6　对于具有比例调节器和不稳定被调节对象的调节回路 (图 6.3-8), 试求调节器调整 K_R 的稳定性范围.

$$G_\mathrm{RS}(s) = G_\mathrm{R}(s) \cdot G_\mathrm{S}(s) = K_\mathrm{R} \cdot \frac{1}{T_1 \cdot s - 1}$$

$$F_\mathrm{RS}(\mathrm{j}\omega) = F_\mathrm{R}(\mathrm{j}\omega) \cdot F_\mathrm{S}(\mathrm{j}\omega) = \frac{K_\mathrm{R}}{\mathrm{j}\omega \cdot T_1 - 1} = \frac{K_\mathrm{R}}{\omega^2 \cdot T_1^2 + 1} \cdot (-1 - \mathrm{j}\omega \cdot T_1)$$

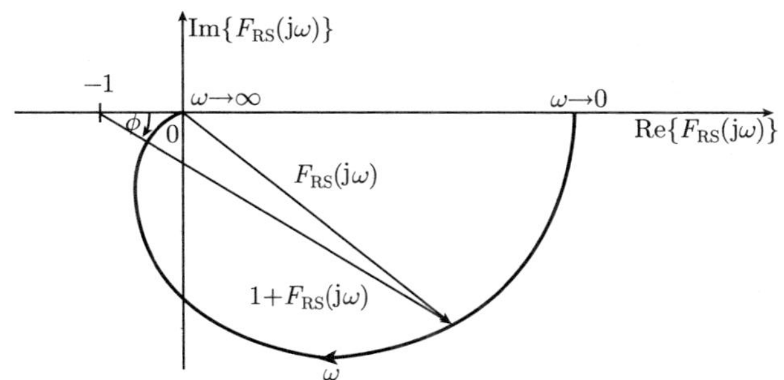

图 6.3-7 具有角度变化 $\Delta\phi = 0$ 的幅相频率特性曲线

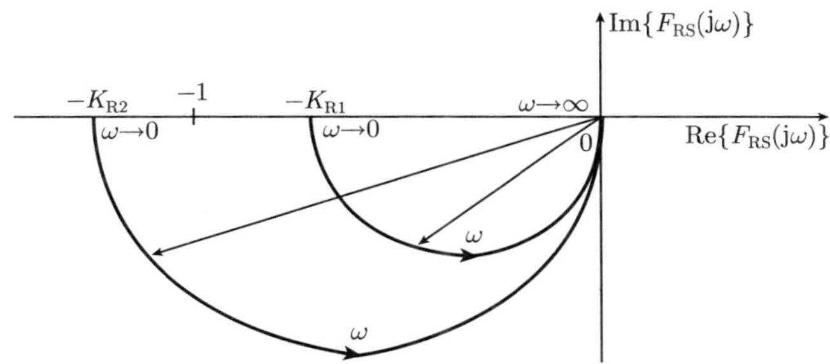

图 6.3-8 对于 $K_{R1} < 1$ 和 $K_{R2} > 1$ 的幅相频率特性曲线

具有正实部零点的数为 $n_p = 1$, 具有零实部的零点是不存在的, 即 $n_0 = 0$. 闭环调节回路是稳定的, 仅当

$$\Delta\phi = \left(n_p + \frac{n_0}{2}\right) \cdot \pi = \pi$$

调节器增益 $K_R = K_{R1} < 1$:

$$\Delta\phi = \phi\{1 + F_{RS}(j\omega)\}\Big|_0^\infty = \phi\Big|_0^\infty = \phi_\infty - \phi_0 = 0 - 0 = 0, \quad \text{不稳定}$$

调节器增益 $K_R = K_{R2} > 1$:

$$\Delta\phi = \phi\{1 + F_{RS}(j\omega)\}\Big|_0^\infty = \phi\Big|_0^\infty = \phi_\infty - \phi_0 = 0 - (-\pi) = \pi, \quad \text{稳定}$$

对于 $K_R > 1$, 闭环调节回路是稳定的, 计算闭环调节回路特征方程零点可证实下面结果:

$$G(s) = \frac{G_R(s) \cdot G_S(s)}{1 + G_R(s) \cdot G_S(s)} = \frac{K_R}{T_1 \cdot s - 1 + K_R}$$

$$T_1 \cdot s - 1 + K_R = 0, \rightarrow s_1 = \frac{1 - K_R}{T_1}$$

对于 $K_R > 1$, 零点 s_1 具有负实部, 那么调节系统是稳定的.

6.3.4.5 完全奈奎斯特判据举例

例 6.3-7 对于下面传递函数, 试确定闭环调节回路的稳定性 (图 6.3-9).

(1) $G_{\mathrm{RS}}(s)=\dfrac{s+1}{s^2+1},\quad F_{\mathrm{RS}}(\mathrm{j}\omega)=\dfrac{\mathrm{j}\omega+1}{(\mathrm{j}\omega)^2+1}$

$s^2+1=0,\quad s_{1,2}=\pm\mathrm{j},\quad n_0=2,\quad n_p=0$

(2) $G_{\mathrm{RS}}(s)=\dfrac{s+1}{s^2-0.1\cdot s+1},\quad F_{\mathrm{RS}}(\mathrm{j}\omega)=\dfrac{\mathrm{j}\omega+1}{(\mathrm{j}\omega)^2-0.1\cdot \mathrm{j}\omega+1}$

$s^2-0.1\cdot s+1=0,\quad s_{1,2}=0.05\pm 0.998\mathrm{j},\quad n_0=0, n_p=2$

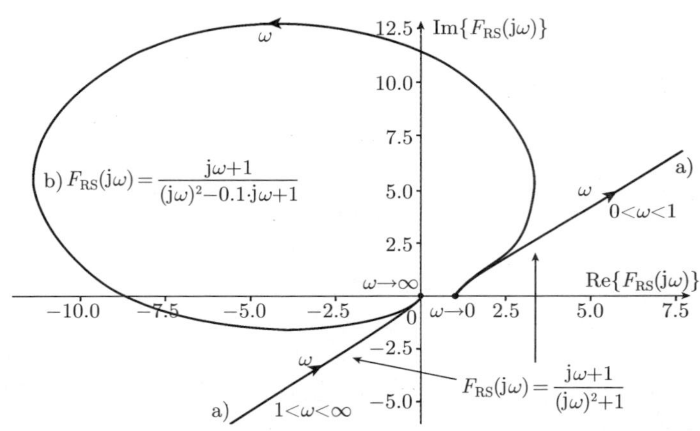

图 6.3-9 频率特性函数的幅相频率特性曲线

系统 a) 幅相频率特性曲线对于 $\omega=1$ 具有值无穷大, 并由两个分支组成, 具有零实部的零点数为 $n_0=2$, 在稳定时必须为 $\Delta\phi=\pi$. 对于分支 $0\leqslant\omega<1$, 连续角度变化为 $+\pi/4$, 而对于 $1<\omega<\infty$, 它为 $+3\pi/4$. 总的 $\Delta\phi$ 为 π, 系统 a) 是稳定的, 系统 b) 幅相频率特性曲线是闭合的, 具有正实部零点数为 $n_p=2$, 在稳定时必须 $\Delta\phi=2\pi$, 从点 $(-1,\mathrm{j}0)$ 到幅相频率特性曲线的矢量管 $\omega\to 0$ 直到 $\omega\to\infty$ 做数学正的方向旋转, 连续角度变化为 $+2\pi$, 系统 b) 是稳定的.

6.3.4.6 具有时延调节系统的稳定性

奈奎斯特法的主要优点是, 它能应用于具有时延的调节回路.

> 用奈奎斯特法可判定具有时延调节回路的稳定性.

当能量、物资或信息传输时, 会出现时延, 时延特性出现在如下情况:

- 在流体管道网中的能量传输,
- 在传送装置中的物资传输,

• 具有回波特性 (回波测距器, 雷达) 的距离测量.

时延调节环节的特征标志为输出信号相对输入信号的时间位移 T_t.

$$x(t)=K_S\cdot y(t-T_t),$$
$$x(j\omega)=K_S\cdot e^{-j\omega T_t}\cdot y(j\omega),\quad x(s)=K_S\cdot e^{-sT_t}\cdot y(s)$$

输入量的变化在时延 T_t 之后才明显地呈现在输出端, 在例 6.3-8 中应用简化奈奎斯特判据研究具有时延调节环节的稳定性.

例 6.3-8 在具有增益 $K_S=1$ 和 $T_t=1s$ 的传输被调节对象情况下, 试研究比例调节器和积分调节器的稳定性.

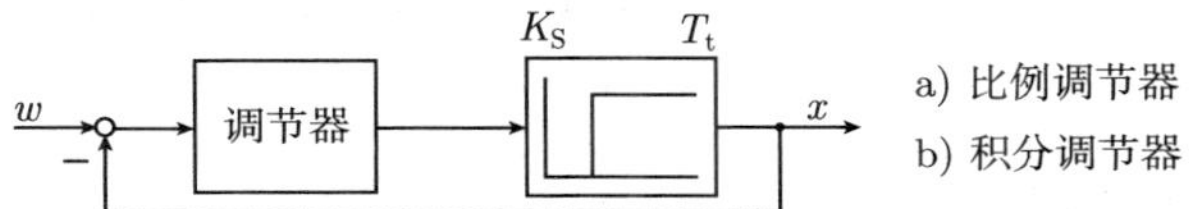

简化奈奎斯特判据是有效的, 因为开环调节回路传递函数 $G_{RS}(s)$ 特征方程没有具有正实部的零点.

(1) 具有比例调节器的调节回路:

$$G_{RS}(s)=G_R(s)\cdot G_S(s)=K_R\cdot K_S\cdot e^{-sT_t}$$

$$F_{RS}(j\omega)=F_R(j\omega)\cdot F_S(j\omega)=K_R\cdot K_S\cdot e^{-j\omega T_t}$$

则开环调节回路传递函数的特征方程和零点为

$$e^{sT_t}=0,\quad s_1\to-\infty.$$

(2) 具有积分调节器的调节回路:

$$G_{RS}(s)=G_R(s)\cdot G_S(s)=\frac{K_I}{s}\cdot K_S\cdot e^{-sT_t}$$

$$F_{RS}(j\omega)=F_R(j\omega)\cdot F_S(j\omega)=\frac{K_I}{j\omega}\cdot K_S\cdot e^{-j\omega T_t}=\frac{K_I\cdot K_S}{\omega}\cdot e^{-j(\omega T_t+\pi/2)}$$

则开环调节回路传递函数的特征方程和零点为

$$s\cdot e^{sT_t}=0,\quad s_1=0,\quad s_2\to-\infty$$

为研究稳定性需求幅相频率特性曲线, 调节回路的幅相频率特性曲线, 对于具有比例调节器是一个具有半径为 $K_{RS}=K_R\cdot K_S$ 的圆, 而对于积分调节器随着 $\omega\to\infty$ 可得到一个绕坐标原点运行的螺旋线, 在图 6.3-10 上绘制了调整稳定性边界的幅相频率特性曲线.

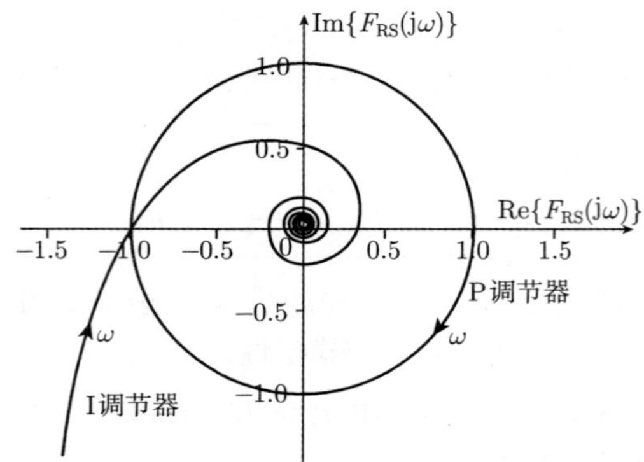

图 6.3-10　比例调节器和积分调节器不稳定调整的开环调节回路频率特性函数幅相频率特性曲线

(1) 具有比例调节器的调节回路:

对于

$$K_{\mathrm{RSkrit}} = 1, \quad K_{\mathrm{Rkrit}} = \frac{1}{K_{\mathrm{S}}} = 1$$

可达到具有比例调节器的稳定性边界, 其幅相频率特性曲线通过临界点, 如果选择调节器增益值为 $K_{\mathrm{R}} = 0.5$, 那么虽然得到一个稳定的调节回路, 可是在阶跃接入时, 其稳态调节误差大火超过允许值:

$$w(t) = w_0 \cdot E(t), \quad w(s) = \frac{w_0}{s}$$

$$x_{\mathrm{d}}(t \to \infty) = \lim_{s \to 0} s \cdot \frac{1}{1 + G_{\mathrm{R}}(s) \cdot G_{\mathrm{S}}(s)} \cdot \frac{w_0}{s}$$

$$= \lim_{s \to 0} \frac{w_0}{1 + K_{\mathrm{R}} \cdot K_{\mathrm{S}} \cdot \mathrm{e}^{-T_{\mathrm{t}} s}} = \frac{w_0}{1.5} = 0.667 \cdot w_0$$

被调节量只达到希望值 w_0 的 33%(图 6.3-11).

(2) 具有积分调节器的调节回路:

对于具有积分调节器的调节回路的稳定性边界, 可由奈奎斯特判据的条件计算:

$$F_{\mathrm{RS}}(\mathrm{j}\omega_{\mathrm{krit}}) = \frac{K_{\mathrm{I}} \cdot K_{\mathrm{S}}}{\omega_{\mathrm{krit}}} \cdot \mathrm{e}^{-\mathrm{j}(\omega_{\mathrm{krit}} T_{\mathrm{t}} + \pi/2)} = -1$$

$$\frac{K_{\mathrm{I}} \cdot K_{\mathrm{S}}}{\omega_{\mathrm{krit}}} = 1, \quad \mathrm{e}^{-\mathrm{j}(\omega_{\mathrm{krit}} T_{\mathrm{t}} + \pi/2)} = -1 \quad \to \omega_{\mathrm{krit}} \cdot T_{\mathrm{t}} + \frac{\pi}{2} = \pi$$

$$\omega_{\mathrm{krit}} = \frac{\pi}{2 \cdot T_{\mathrm{t}}} = 1.571\,\mathrm{s}^{-1}, \quad K_{\mathrm{Ikrit}} = \frac{\omega_{\mathrm{krit}}}{K_{\mathrm{S}}} = 1.571\,\mathrm{s}^{-1}$$

对于具有积分调节器的调节回路选择 $K_{\mathrm{I}} = 0.5s^{-1}$, 其稳态调节误差为零:

$$x_{\mathrm{d}}(t \to \infty) = \lim_{s \to 0} s \cdot \frac{1}{1 + G_{\mathrm{R}}(s) \cdot G_{\mathrm{S}}(s)} \cdot \frac{w_0}{s}$$

$$= \lim_{s\to 0} \frac{w_0}{1 + \dfrac{K_{\rm I} \cdot K_{\rm S}}{s} \cdot {\rm e}^{-sT_{\rm t}}} = 0$$

对于具有时延环节调节回路的阶跃响应表示在图 6.3-11 上, 具有积分调节器的调节回路表示有好的参据特性, 而比例调节器不适用于具有时延的被调节对象.

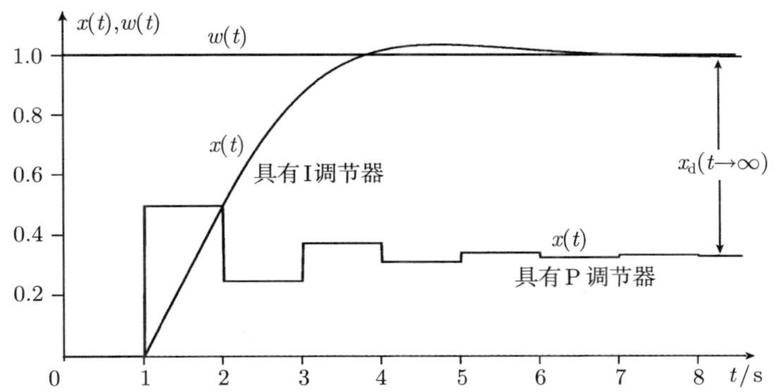

图 6.3-11 具有时延调节回路的比例调节器和积分调节器的阶跃响应特性

6.4 根轨迹曲线

6.4.1 导言

稳定性是调节系统的重要要求, 用于稳定性研究的劳思和赫尔维茨代数判据只能提供稳定/不稳定的结论, 或计算稳定调节参数的数值范围.

如果已知调节系统传递函数的极点和零点, 那么也可判定其动态特性, 为了图形表示需用 s 平面的极零点图, 极点同时为传递函数分母多项式的零点 (根)(特征方程的零点), 如果调节回路参数 (例如调节器的增益) 发生变化, 那么闭环调节回路的极点将改变它的位置, 极点 (特征方程的根) 运动在 s 平面的被称为根轨迹曲线 (root-locus plot) 的轨迹上.

根轨迹曲线 (WOK)(Wurzelortskurve(WOK)) 表示闭环调节回路传递函数极点的几何位置与调节回路参数的关系.

根轨迹曲线大多数表示与调节器增益的关系, 并且尽可能评价调节品质.

例 6.4-1 对于具有两个作为被调节对象的 $\mathrm{PT_1}$ 环节和一个比例调节器的调节系统 (图 6.4-1), 试求 WOK.

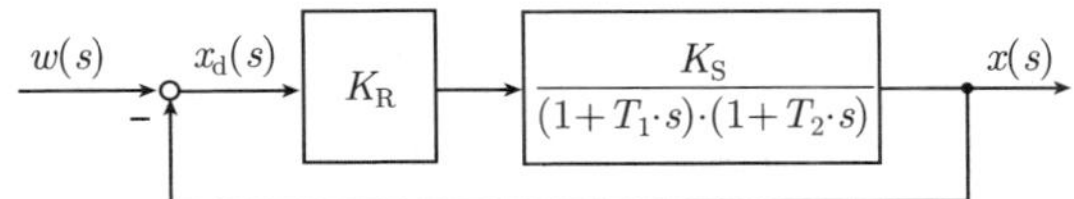

给出传递函数和特征方程零点:

$$G_{\mathrm{RS}}(s)=\frac{K_{\mathrm{R}}\cdot K_{\mathrm{S}}}{(1+T_1\cdot s)\cdot(1+T_2\cdot s)}$$

$$G(s)=\frac{K_{\mathrm{R}}\cdot K_{\mathrm{S}}}{T_1\cdot T_2\cdot s^2+(T_1+T_2)\cdot s+1+K_{\mathrm{R}}\cdot K_{\mathrm{S}}}$$

$$s^2+\frac{T_1+T_2}{T_1\cdot T_2}\cdot s+\frac{1+K_{\mathrm{R}}\cdot K_{\mathrm{S}}}{T_1\cdot T_2}=0$$

其中 $T_1=T_2=1\ \mathrm{s},\ K_{\mathrm{S}}=2\quad s_{1,2}=-1\pm \mathrm{j}\sqrt{2\cdot K_{\mathrm{R}}}$

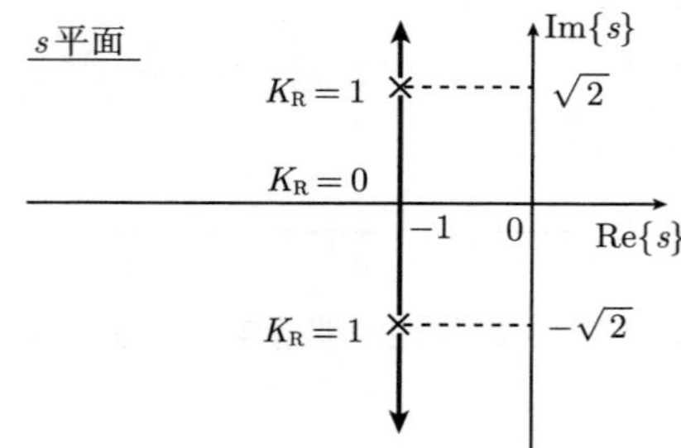

图 6.4-1 具有 PT_2 被调节对象和 P 调节器调节的 WOK

对于 $K_{\mathrm{R}}>0$ 特征方程的根为共轭复数, 在阶跃接入时被调节量总是振荡的.

借助伊万斯 (Evans) (美国) 开发的 **WOK 法 (根轨迹曲线法)**运用其**结构法则**可求在 s 平面的 WOK, 对此可在 s 平面上标绘开环调节回路的极点和零点, 随后为了确定参数运用结构法则求出闭环调节回路传递函数极点曲线, 借助图形可定性地求出调节特性, 如果调节品质不被满足, 那么用一个变化了的调节器结构重新应用该法. 为了定性求 WOK 应引入计算机程序.

下节将描述该方法的基础, 随后用例子来运用该结构法则.

为了评定调节回路的灵敏度, 通常应研究被调节对象参数变化对闭环调节回路极点的影响, 为此, 闭环调节回路的特征方程大多应这样变形, 即能应用该法则的变形. 取决于多曲线参数的 WOK, 称为 WOK 曲线族, WOK 法仅适用于截断有理传递函数. 以指数函数引入到传递函数的时延环节, 必须通过级数展开来近似 (帕德–近似).

6.4.2 根轨迹曲线法 (WOK 法) 判据

WOK 法是可应用的, 仅当闭环调节回路传递函数的极点和零点满足幅值和相位条件时, 推导出具有间接反馈标准调节回路的判据.

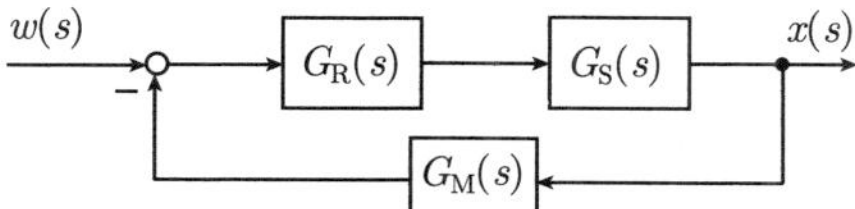

$G_{\mathrm{M}}(s)$ 为测量装置的传递函数, 对于信号流图可得到开环调节回路传递函数

$$G_{\mathrm{RSM}}(s) = G_{\mathrm{R}}(s) \cdot G_{\mathrm{S}}(s) \cdot G_{\mathrm{M}}(s)$$

和闭环调节回路传递函数

$$G(s) = \frac{x(s)}{w(s)} = \frac{G_{\mathrm{R}}(s) \cdot G_{\mathrm{S}}(s)}{1 + G_{\mathrm{R}}(s) \cdot G_{\mathrm{S}}(s) \cdot G_{\mathrm{M}}(s)}$$

其中, 特征方程为

$$1 + G_{\mathrm{R}}(s) \cdot G_{\mathrm{S}}(s) \cdot G_{\mathrm{M}}(s) = 1 + G_{\mathrm{RSM}}(s) = 0$$

为应用 WOK 法可给出零极点形式的传递函数 $G_{\mathrm{RSM}}(s)$:

$$\begin{aligned} G_{\mathrm{RSM}}(s) &= K_0 \cdot \frac{(s - s_{\mathrm{n}1}) \cdot (s - s_{\mathrm{n}2}) \cdot \cdots \cdot (s - s_{\mathrm{n}m})}{(s - s_{\mathrm{p}1}) \cdot (s - s_{\mathrm{p}2}) \cdot \cdots \cdot (s - s_{\mathrm{p}n})} \\ &= K_0 \cdot \frac{\prod\limits_{k=1}^{m} (s - s_{\mathrm{n}k})}{\prod\limits_{i=1}^{n} (s - s_{\mathrm{p}i})} \\ &= K_0 \cdot \frac{b_0 + b_1 \cdot s + b_2 \cdot s^2 + \cdots + b_{m-1} \cdot s^{m-1} + s^m}{a_0 + a_1 \cdot s + a_2 \cdot s^2 + \cdots + a_{n-1} \cdot s^{n-1} + s^n} \\ &= K_0 \cdot \frac{Z_0(s)}{N_0(s)} = K_0 \cdot G_0(s), \ n \geqslant m \end{aligned}$$

如果在分子多项式中不存在零点 $(m = 0)$, 那么 $Z_0(s) = 1$, 因为

$$\prod_{k=1}^{0} = 1$$

例 6.4-2 对于具有两个作为被调节对象的 PT_1 环节和一个 PDT_1 调节器的调节系统, 试确定开环调节回路传递函数的极点和零点形式.

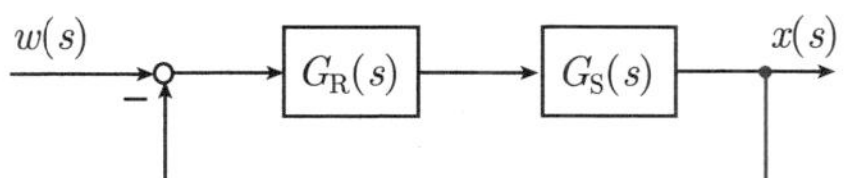

计算开环调节回路传递函数, 并变形:

$$G_{\mathrm{R}}(s)=K_{\mathrm{R}}\cdot\frac{1+T_{\mathrm{V}}\cdot s}{1+T_{1}\cdot s},\quad G_{\mathrm{S}}(s)=\frac{K_{\mathrm{S}}}{(1+T_{\mathrm{S1}}\cdot s)\cdot(1+T_{\mathrm{S2}}\cdot s)}$$

$$G_{\mathrm{RS}}(s)=\frac{Z_{\mathrm{RS}}(s)}{N_{\mathrm{RS}}(s)}=K_{\mathrm{R}}\cdot K_{\mathrm{S}}\cdot\frac{1+T_{\mathrm{V}}\cdot s}{(1+T_{1}\cdot s)\cdot(1+T_{\mathrm{S1}}\cdot s)\cdot(1+T_{\mathrm{S2}}\cdot s)}$$

$$=K_{\mathrm{R}}\cdot K_{\mathrm{S}}\cdot\frac{T_{\mathrm{V}}}{T_{1}\cdot T_{\mathrm{S1}}\cdot T_{\mathrm{S2}}}\cdot\frac{s+\dfrac{1}{T_{\mathrm{V}}}}{\left(s+\dfrac{1}{T_{1}}\right)\cdot\left(s+\dfrac{1}{T_{\mathrm{S1}}}\right)\cdot\left(s+\dfrac{1}{T_{\mathrm{S2}}}\right)}$$

$$=K_{0}\cdot\frac{s-s_{\mathrm{n1}}}{(s-s_{\mathrm{p1}})\cdot(s-s_{\mathrm{p2}})\cdot(s-s_{\mathrm{p3}})}=K_{0}\cdot\frac{Z_{0}(s)}{N_{0}(s)}$$

由 $T_{\mathrm{V}}=5\mathrm{s}$, $T_{1}=0.5\mathrm{s}$, $T_{\mathrm{s1}}=2\mathrm{s}$, $T_{\mathrm{s2}}=4\mathrm{s}$, $K_{\mathrm{S}}=4$, 得

$$s_{\mathrm{n1}}=-\frac{1}{T_{\mathrm{V}}}=-0.2\ \mathrm{s}^{-1}$$

$$s_{\mathrm{p1}}=-\frac{1}{T_{1}}=-2\ \mathrm{s}^{-1}$$

$$s_{\mathrm{p2}}=\frac{-1}{T_{\mathrm{S1}}}=-0.5\ \mathrm{s}^{-1}$$

$$s_{\mathrm{p3}}=\frac{-1}{T_{\mathrm{S2}}}=-0.25\ \mathrm{s}^{-1}$$

$$K_{0}=K_{\mathrm{R}}\cdot K_{\mathrm{S}}\cdot\frac{T_{\mathrm{V}}}{T_{1}\cdot T_{\mathrm{S1}}\cdot T_{\mathrm{S2}}}=5\cdot K_{\mathrm{R}}$$

$$G_{\mathrm{RS}}(s)=K_{0}\cdot\frac{Z_{0}(s)}{N_{0}(s)}=5\cdot K_{\mathrm{R}}\cdot\frac{s+0.2}{(s+2)\cdot(s+0.5)\cdot(s+0.25)}$$

WOK 法由闭环调节回路特征方程

$$1+G_{\mathrm{RSM}}(s)=1+K_{0}\cdot G_{0}(s)=0$$

出发, 曲线参数就是极–零点形式传递函数的参数, 在 6.4.2 节和 6.4.3 节中将描述对于曲线参数 K_0 的方法.

复数传递函数 $G_{\mathrm{RSM}}(s)$ 可表示成指数形式的幅值和相位, 为此, 特征方程变形

$$G_{\mathrm{RSM}}(s)=-1$$

并以指数形式

$$|G_{\mathrm{RSM}}(s)|\cdot\mathrm{e}^{\mathrm{j}\cdot\varphi_{\mathrm{RSM}}}=1\cdot\mathrm{e}^{\mathrm{j}(1+2r)\pi},\quad r=0,\pm1,\pm2,\cdots$$

来描述, 比较幅值和相位, 使幅值相等可得**幅值条件**

$$|G_{\mathrm{RSM}}(s)| = K_0 \cdot \frac{|s-s_{\mathrm{n}1}|\cdots|s-s_{\mathrm{n}m}|}{|s-s_{\mathrm{p}1}|\cdots|s-s_{\mathrm{p}n}|} = \boxed{K_0 \cdot \frac{\prod\limits_{k=1}^{m}|s-s_{\mathrm{n}k}|}{\prod\limits_{i=1}^{n}|s-s_{\mathrm{p}i}|} = 1}$$

如果不存在零点 ($m=0$), 那么幅值条件可简化为

$$K_0 = \prod_{i=1}^{n}|s-s_{\mathrm{p}i}|$$

相位条件为

$$\varphi_{\mathrm{RSM}} = \varphi\{G_{\mathrm{RSM}}(s)\} = \varphi = \arctan\frac{\mathrm{Im}\{G_{\mathrm{RSM}}(s)\}}{\mathrm{Re}\{G_{\mathrm{RSM}}(s)\}} = (1+2\cdot r)\cdot\pi$$

$$= \arg\{s-s_{\mathrm{n}1}\} + \cdots + \arg\{s-s_{\mathrm{n}m}\} - \arg\{s-s_{\mathrm{p}1}\} - \cdots - \arg\{s-s_{\mathrm{p}n}\}$$

$$\boxed{\begin{aligned}\varphi &= \sum_{k=1}^{m}\arg\{s-s_{\mathrm{n}k}\} - \sum_{i=1}^{n}\arg\{s-s_{\mathrm{p}i}\}\\ &= (1+2\cdot r)\cdot\pi, \quad r = 0, \pm1, \pm2, \cdots\end{aligned}}$$

满足相位条件的 s 平面点属于 WOK, 由幅值条件可求所属曲线参数值.

闭环调节回路传递函数特征方程, 也可用如下具有曲线参数 K_0 的形式

$$1 + G_{\mathrm{RSM}}(s) = 1 + K_0 \cdot \frac{Z_0(s)}{N_0(s)} = 0$$

$$N_0(s) + K_0 \cdot Z_0(s) = 0$$

来描述. 对于 K_0 的极值, 方程具有下面的解, 对于 $K_0 = 0$, WOK 起始于开环调节回路的极点 ($N_0(s)$ 的零点, 其个数为 n):

$$\boxed{N_0(s) = 0 \rightarrow s_{\mathrm{p}1}, s_{\mathrm{p}2}, \cdots, s_{\mathrm{p}n}}$$

对于 $K_0 \rightarrow \infty$, 它终止于开环调节回路的零点 ($Z_0(s)$ 的零点, 其个数为 m):

$$\boxed{\begin{aligned}\lim_{K_0\to\infty}[N_0(s) + K_0\cdot Z_0(s)] &= \lim\nolimits_{K_0\to\infty}\left[\frac{N_0(s)}{K_0} + Z_0(s)\right]\\ &= 0 \rightarrow s_{\mathrm{n}1}, s_{\mathrm{n}2}, \cdots, s_{\mathrm{n}m}\end{aligned}}$$

对于 $m \leqslant n$ 调节, 技术上是可实现的, 其中 WOK 的 $n-m$ 个分支终止于无穷远处 (s 平面的边缘).

例 6.4-3　试求对于具有 PT_1 被调节对象和 P 调节器调节的 WOK(图 6.4-2).

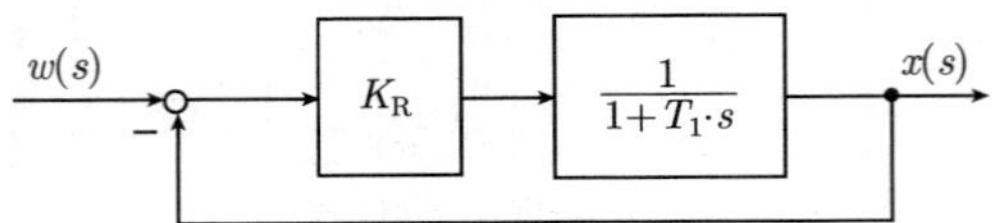

给出如下的传递函数

$$G_{\mathrm{RS}}(s)=\frac{K_{\mathrm{R}}}{1+T_1\cdot s}=\frac{K_{\mathrm{R}}}{T_1}\cdot\frac{1}{s+\dfrac{1}{T_1}}=K_0\cdot\frac{1}{s-s_{\mathrm{p}1}}$$

具有极点

$$s_{\mathrm{p}1}=\frac{-1}{T_1},\ n=1,\ m=0$$

$$G(s)=\frac{K_{\mathrm{R}}}{1+K_{\mathrm{R}}+T_1\cdot s}$$

$G(s)$ 的特征方程

$$1+K_{\mathrm{R}}+T_1\cdot s=0$$

具有零点

$$s_1=-\frac{1+K_{\mathrm{R}}}{T_1}$$

对于 $0<K_{\mathrm{R}}<\infty$, 调节是稳定的.

由极点 $s_{\mathrm{p}1}$ 给出相位条件

$$\varphi=-\arg\{s-s_{\mathrm{p}1}\}=-\arg\{s+1/T_1\}=(1+2\cdot r)\cdot\pi=\pm\pi$$

代入拉普拉斯算子 $s:=\sigma+\mathrm{j}\omega$:

$$\varphi=-\arctan\frac{\operatorname{Im}\{s+1/T_1\}}{\operatorname{Re}\{s+1/T_1\}}=-\arctan\frac{\operatorname{Im}\{(\sigma+\mathrm{j}\omega)+1/T_1\}}{\operatorname{Re}\{(\sigma+\mathrm{j}\omega)+1/T_1\}}$$

$$=-\arctan\frac{\omega T_1}{1+T_1\sigma}=-\pi$$

其中, 对于 $\omega T_1=0$ 满足相位条件:

$$\frac{\omega T_1}{1+T_1\sigma}=\tan(\pi)=0$$

WOK 运行在 s 平面的负实轴上, 对于闭环调节回路极点的确定值, 由幅值条件

$$K_0 \cdot \frac{1}{|s-s_{\mathrm{p1}}|} = \frac{K_{\mathrm{R}}}{T_1} \cdot \frac{1}{\left|s+\dfrac{1}{T_1}\right|} = 1, \qquad K_{\mathrm{R}} = |1+T_1 s|$$

可确定所属的 K_{R} 值, 代入 $s := \sigma + \mathrm{j}\omega$, 得

$$K_{\mathrm{R}} = |1+T_1 \cdot s| = |1+T_1 \cdot (\sigma+\mathrm{j}\omega)| = |1+\sigma T_1 + \mathrm{j}\omega \cdot T_1|$$

其中, 由于相位条件, 令虚数部分

$$\omega T_1 = 0$$

幅值函数

$$K_{\mathrm{R}}\Big|_{\omega=0} = |1+\sigma \cdot T_1|$$

对于所选出的 K_{R} 值, 提供闭环调节回路极点下面的实数部分 σ:

$$K_{\mathrm{R}} = 0 \rightarrow \sigma = -\frac{1}{T_1}, \qquad \text{(开环调节回路极点)}$$

$$K_{\mathrm{R}} = 1 \rightarrow \sigma = -\frac{2}{T_1},$$

$$K_{\mathrm{R}} = 2 \rightarrow \sigma = -\frac{3}{T_1},$$

$$K_{\mathrm{R}} = 10 \rightarrow \sigma = -\frac{11}{T_1},$$

$$K_{\mathrm{R}} \rightarrow \infty \rightarrow \sigma \rightarrow -\infty$$

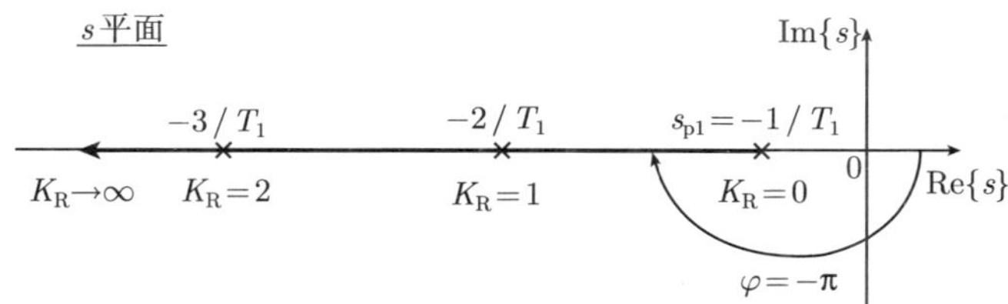

图 6.4-2 具有 PT_1 被调节对象和 P 调节器调节的 WOK

对于 $\sigma < 0$(稳定性), 得

$$\sigma = -\frac{1+K_{\mathrm{R}}}{T_1}$$

例 6.4-4 试求对于具有 PT_2 被调节对象和 P 调节器调节的 WOK(图 6.4-3).

$w(s)$ — K_{R} — $\dfrac{K_{\mathrm{S}} \cdot \omega_{0\mathrm{S}}^2}{s^2+2 \cdot D_{\mathrm{S}} \cdot \omega_{0\mathrm{S}} \cdot s+\omega_{0\mathrm{S}}^2}$ — $x(s)$

$K_{\mathrm{S}}=1, \omega_{0\mathrm{S}}=\sqrt{3}\ s^{-1}, D_{\mathrm{S}}=2/\sqrt{3}$

可给出如下传递函数:

$$G_{\mathrm{RS}}(s)=\frac{K_{\mathrm{R}}\cdot K_{\mathrm{S}}\cdot\omega_{0\mathrm{S}}^2}{s^2+2\cdot D_{\mathrm{S}}\cdot\omega_{0\mathrm{S}}\cdot s+\omega_{0\mathrm{S}}^2}$$
$$=\frac{K_{\mathrm{R}}\cdot K_{\mathrm{S}}\cdot\omega_{0\mathrm{S}}^2\cdot Z_0(s)}{N_0(s)},\qquad n=2,\ m=0$$

$$G(s)=\frac{K_{\mathrm{R}}\cdot K_{\mathrm{S}}\cdot\omega_{0\mathrm{S}}^2\cdot Z_0(s)}{N_0(s)+K_{\mathrm{R}}\cdot K_{\mathrm{S}}\cdot\omega_{0\mathrm{S}}^2\cdot Z_0(s)}$$
$$=\frac{K_{\mathrm{R}}\cdot K_{\mathrm{S}}\cdot\omega_{0\mathrm{S}}^2}{s^2+2\cdot D_{\mathrm{S}}\cdot\omega_{0\mathrm{S}}\cdot s+(1+K_{\mathrm{R}}\cdot K_{\mathrm{S}})\cdot\omega_{0\mathrm{S}}^2}$$

特征方程

$$N_0(s)+K_{\mathrm{R}}\cdot K_{\mathrm{S}}\cdot\omega_{0\mathrm{S}}^2\cdot Z_0(s)=0$$

具有零点

$$s_{1,2}=\omega_{0\mathrm{S}}\cdot\left[-D_{\mathrm{S}}\pm\sqrt{D_{\mathrm{S}}^2-(1+K_{\mathrm{R}}\cdot K_{\mathrm{S}})}\right]$$

对此, 对于 $K_{\mathrm{R}}=0$ WOK 起始于开环调节回路极点

$$s_{\mathrm{p}1}=-1,\qquad s_{\mathrm{p}2}=-3,\ (\text{蠕变情况})$$

由于 $n=2$ 给出两个分支, 它们在 s 平面实轴上的分离点相遇, 令被开方数为零

$$D_{\mathrm{S}}^2-(1+K_{\mathrm{R}}\cdot K_{\mathrm{S}})=0$$

对于 $K_{\mathrm{R}}=1/3$ 可给出所属的**分会点**(breakaway point)

$$s_{\mathrm{p}1,2}\Big|_{K_{\mathrm{R}}=1/3}=\sigma_{\mathrm{V}}=-2,\ (\text{非周期极限情况})$$

对于 $K_{\mathrm{R}}>1/3$(振荡情况) 运行在平行于虚轴的两个分支上, 并且由于 $n-m=2$ 终止于 s 平面的上和下边缘.

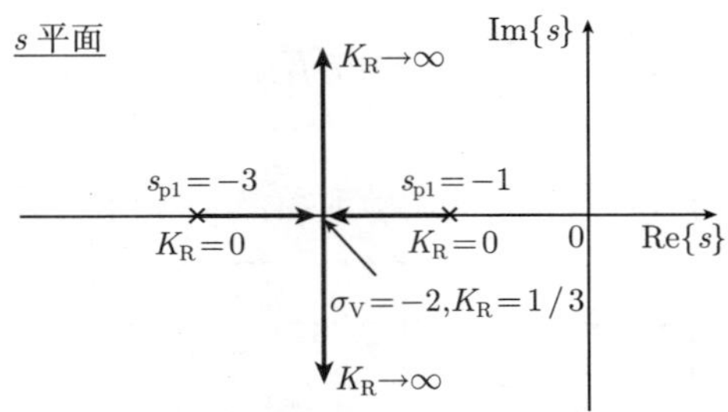

图 6.4-3　具有 PT_2 被调节对象和 P 调节器调节的 WOK

对于 $0 < K_{\mathrm{R}} < \infty$, 调节是稳定的. 通过计算相位条件和幅值条件可逐点地检验 WOK 曲线. 通过特征方程表示相位条件

$$\varphi = -\sum_{i=1}^{n} \arg\{s - s_{\mathrm{p}i}\} = (1 + 2 \cdot r) \cdot \pi = \pm\pi$$

$$= -\arg\{s - s_{\mathrm{p1}}\} - \arg\{s - s_{\mathrm{p2}}\} = \pi$$

和幅值条件

$$K_{\mathrm{R}} \cdot K_{\mathrm{S}} \cdot \omega_{0\mathrm{S}}^2 = \prod_{i=1}^{n} |s - s_{\mathrm{p}i}| = |s - s_{\mathrm{p1}}| \cdot |s - s_{\mathrm{p2}}|$$

对于 $s = \sigma_{\mathrm{V}} = -2$(分会点) 的相位和幅值条件

$$\begin{aligned}
\varphi &= -\arg\{s - s_{\mathrm{p1}}\} - \arg\{s - s_{\mathrm{p2}}\} \\
&\quad - \arctan\frac{\mathrm{Im}\{s - s_{\mathrm{p1}}\}}{\mathrm{Re}\{s - s_{\mathrm{p1}}\}} - \arctan\frac{\mathrm{Im}\{s - s_{\mathrm{p2}}\}}{\mathrm{Re}\{s - s_{\mathrm{p2}}\}} \\
&= -\arctan\frac{\mathrm{Im}\{-2+1\}}{\mathrm{Re}\{-2+1\}} - \arctan\frac{\mathrm{Im}\{-2+3\}}{\mathrm{Re}\{-2+3\}} \\
&= -\arctan\left\{\frac{0}{-1}\right\} - \arctan\left\{\frac{0}{1}\right\} \\
&= \pi - 0 = \pi \mathrel{\widehat{=}} 180^\circ
\end{aligned}$$

相位条件是满足的, 点 $\sigma_{\mathrm{V}} = -2$ 位于 WOK 上, 幅值条件

$$|s - s_{\mathrm{p1}}| \cdot |s - s_{\mathrm{p2}}| = |-2+1| \cdot |-2+3| = 1 = K_{\mathrm{R}} \cdot K_{\mathrm{S}} \cdot \omega_{0\mathrm{S}}^2 = 3 \cdot K_{\mathrm{R}}$$

得到以前的计算值 $K_{\mathrm{R}} = 1/3$.

对于 $s = -2+\mathrm{j}$ 的相位和幅值条件

$$\begin{aligned}
\varphi &= -\arctan\frac{\mathrm{Im}\{s - s_{\mathrm{p1}}\}}{\mathrm{Re}\{s - s_{\mathrm{p1}}\}} - \arctan\frac{\mathrm{Im}\{s - s_{\mathrm{p2}}\}}{\mathrm{Re}\{s - s_{\mathrm{p2}}\}} \\
&= -\arctan\frac{\mathrm{Im}\{-2+\mathrm{j}+1\}}{\mathrm{Re}\{-2+\mathrm{j}+1\}} - \arctan\frac{\mathrm{Im}\{-2+\mathrm{j}+3\}}{\mathrm{Re}\{-2+\mathrm{j}+3\}} \\
&= -\arctan\left\{\frac{1}{-1}\right\} - \arctan\left\{\frac{1}{1}\right\} \\
&= -\varphi_1 - \varphi_2 = -\frac{3\pi}{4} - \frac{\pi}{4} = -\pi \mathrel{\widehat{=}} -135^\circ - 45^\circ = -180^\circ
\end{aligned}$$

对于点 $s = -2 + \mathrm{j}$, 相位条件同样是满足的, 该点位于 WOK 上, 幅值条件

$$|s - s_{\mathrm{p1}}| \cdot |s - s_{\mathrm{p2}}| = |-2+\mathrm{j}+1| \cdot |-2+\mathrm{j}+3| = |\mathrm{j}-1| \cdot |\mathrm{j}+1|$$

$$= \sqrt{2}\cdot\sqrt{2} = K_{\mathrm{R}}\cdot K_{\mathrm{S}}\cdot\omega_{0\mathrm{S}}^2 = 3\cdot K_{\mathrm{R}}$$

提供 $K_{\mathrm{R}} = 2/3$.

复数 $s - s_{\mathrm{p1}}, s - s_{\mathrm{p2}}$ 的矢量表示在图 6.4-4 上, 由相位条件求角 φ_1 和 φ_2.

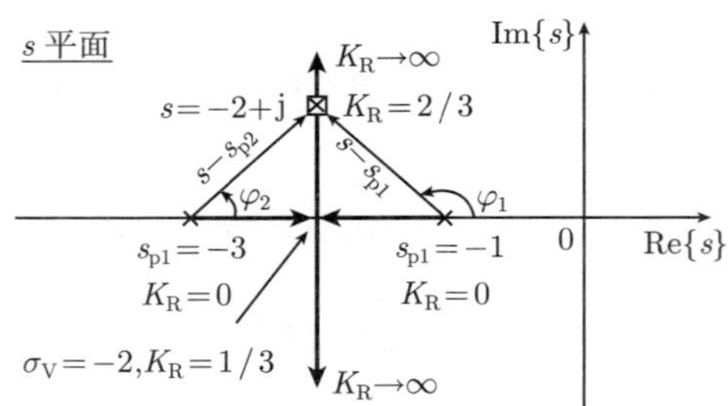

图 6.4-4　具有 PT_2 被调节对象和 P 调节器调节的 WOK

(对于 $s = -2 + \mathrm{j}$ 的相位条件)

对于 $s = -1-\mathrm{j}$ 的相位和幅值条件

$$\varphi = -\arctan\frac{\mathrm{Im}\{-1-j+1\}}{\mathrm{Re}\{-1-j+1\}} - \arctan\frac{\mathrm{Im}\{-1-j+3\}}{\mathrm{Re}\{-1-j+3\}} = \frac{\pi}{2} + 0.464$$

$$\widehat{=} 90^\circ + 26.57^\circ = 116.57^\circ \neq \pm 180^\circ$$

不满足相位条件, 点 $\sigma_{\mathrm{V}} = -1 - \mathrm{j}$ 不位于 WOK 上.

对于至多 II 阶调节系统可手工计算传递函数极点, 并可逐点绘制 WOK, 在例中应用相位条件检验 s 平面个别点的 WOK 属性, 用幅值条件将曲线参数值赋给这些点.

6.4.3　根轨迹曲线结构法则

6.4.3.1　概述

对于高阶调节系统, 只能通过计算机辅助求闭环调节回路传递函数极点或确定曲线参数的 WOK, 寻找一种方法, 该方法以可允许的计数费用并非显式计数极点而求出 WOK 结构成为可能. 根轨迹曲线方法的结构法则是以幅值条件和相位条件为出发点, 对此, 用简单公式求结构的特殊点、角度和渐近线, 通常首先感兴趣的是 WOK 曲线, 该曲线用结构法则前部分以很少的费用快速地绘出草图, 随后借助后面法则绘出较精确的曲线, 下节所描述的 WOK 法的法则, 仅对具有负反馈 (nagative Rückeführung) 的标准调节回路和正的曲线参数值有效.

为应用 WOK 法, 构建开环调节回路传递函数

$$G_{\mathrm{RS}}(s) = G_{\mathrm{R}}(s)\cdot G_{\mathrm{S}}(s) = \frac{K_0\cdot Z_0(s)}{N_0(s)}$$

$Z_0(s)$ 和 $N_0(s)$ 的零点必须是已知的, 这样才能给出传递函数极–零点形式:

$$G_{\rm RS}(s) = \frac{K_0 \cdot \prod_{k=1}^{m}(s - s_{{\rm n}k})}{\prod_{i=1}^{n}(s - s_{{\rm p}i})}$$

对于闭环调节回路, 表示传递函数

$$G(s) = \frac{G_{\rm RS}(s)}{1 + G_{\rm RS}(s)}$$

和特征方程:

$$1 + G_{\rm RS}(s) = N_0(s) + K_0 \cdot Z_0(s) = 0$$

在 s 平面用小的叉 ($\times$) 标记 $G_{\rm RS}(s)$ 的极点 ($N_0(s)$ 的零点)(个数 n), 而用小的圆 ($\circ$) 标记 $G_{\rm RS}(s)$ 的零点 ($Z_0(s)$ 的零点)(个数 m), 对于 s 平面的横坐标和纵坐标应选择相同的刻度因子.

6.4.3.2 WOK 基本曲线 (法则 1)

WOK 有 n 个分支, 对于 $K_0 = 0$ 分支起始于 $G_{\rm RS}(s)$ 的极点, 而对于 $K_0 \to \infty$ 分支终止于 $G_{\rm RS}(s)$ 的零点, $n - m$ 个分支终止于无穷远处 (s 平面边缘). 因为共轭复数极点和零点是对称于实轴的, 所以 WOK 也对称于实轴.

6.4.3.3 在实轴上的 WOK(法则 2)

属于 WOK 实轴上的点可由在实轴上的极点和零点来确定, 当实轴上点右边的极点和零点数总和为奇数时, 该点属于 WOK, 共轭复数极点和零点对于在实轴上的 WOK 没有影响表 6.4-1.

例 6.4-5 对于具有传递函数

$$G_{\rm RS}(s) = \frac{K_0 \cdot (s + c)^2 \cdot (s + z)}{s^2 \cdot (s + a) \cdot (s + b)}$$

的调节系统, 试求其在 s 平面实轴上的 WOK 曲线.

6.4.3.4 渐近线的交点 (法则 3)

调节系统 (图 6.4-5) 大多具有滞后特性, 其中 $G_{\rm RS}(s)$ 的极点数 n 大于零点数 m. $n - m$ 个分支 (branches) 终止于无穷远处, 这 $n - m$ 个分支的渐近线相交于实轴上的**根重心 (Wurzelschwerpunkt)**(intersection-abscissa of asymptotes), 渐近线与横轴的交点)(表 6-4-2).

表 6.4-1 用法则 2 确定在实轴上的 WOK

实轴的区间	s 右边的极–零点, 极–零点总和 $=n+m$		属于 WOK 的实轴区间
$0<s<\infty$	无极–零点	$n+m=0$	否
$\lvert z\rvert<s<0$	2 个极点 $s_{\text{p}1,2}=0$	$n+m=2$	否
$\lvert c\rvert<s<\lvert z\rvert$	2 个极点 $s_{\text{p}1,2}=0$, 1 个零点 $s_{\text{n}1}=-z$	$n+m=3$	是
$\lvert a\rvert<s<\lvert c\rvert$	2 个极点 $s_{\text{p}1,2}=0$, 1 个零点 $s_{\text{n}1}=-z$ 2 个零点 $s_{\text{n}2,3}=-c$	$n+m=5$	是
$\lvert b\rvert<s<\lvert a\rvert$	2 个极点 $s_{\text{p}1,2}=0$, 1 个零点 $s_{\text{n}1}=-z$ 2 个零点 $s_{\text{n}2,3}=-c$, 1 个极点 $s_{\text{p}3}=-a$	$n+m=6$	否
$-\infty<s<\lvert b\rvert$	2 个极点 $s_{\text{p}1,2}=0$, 1 个零点 $s_{\text{n}1}=-z$ 2 个零点 $s_{\text{n}2,3}=-c$, 1 个极点 $s_{\text{p}3}=-a$ 1 个极点 $s_{\text{p}3}=-b$	$n+m=7$	是

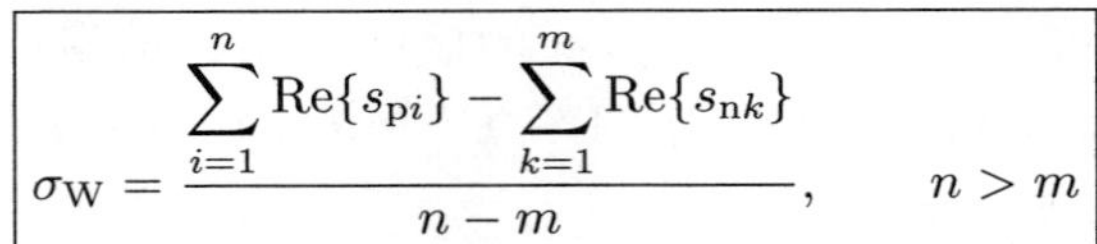

$$\sigma_{\text{W}}=\frac{\sum_{i=1}^{n}\text{Re}\{s_{\text{p}i}\}-\sum_{k=1}^{m}\text{Re}\{s_{\text{n}k}\}}{n-m},\qquad n>m$$

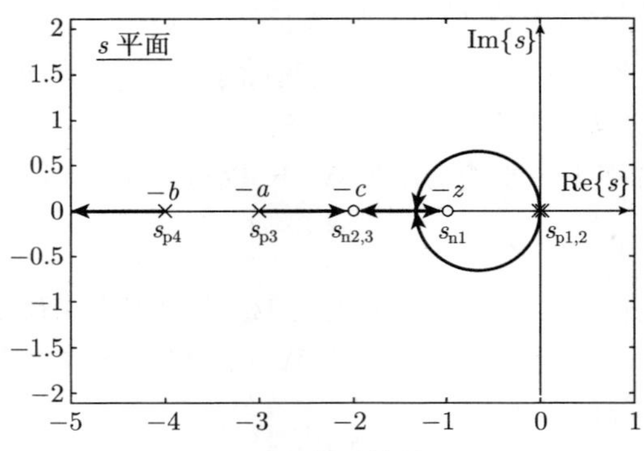

图 6.4-5 调节系统的 WOK

6.4.3.5 渐近线倾斜角 (法则 4)

渐近线倾斜角 (Anstiegswinkel der Asymptoten) (angles of asumptotes) 由

$$\varphi_{\text{A}i}=\frac{\pi}{n-m}\cdot(2\cdot i+1),\qquad i=0,\,1,\,\cdots,\,n-m-1$$

计算, $n-m$ 为渐近线个数 (表 6.4-2).

6.4.3.6 分支分会点 (法则 5)

分会点 (Verzweigungspunkt)(breakaway point(分离点), break-in point(会合点)) 大多位于实轴上, 或由于 WOK 对称于实轴它们会以成对的共轭复数出现于复平面上. 如果在实轴上两个临近的开环调节回路极点之间存在一个 WOK 分支, 那么在那里至少存在一个分会点, 在实轴上两个临近的开环调节回路零点之间或一个实数零点和 $\mathrm{Re}(s)\to\infty$ 之间至少存在一个分会点.

表 6.4-2 例 6.4-6, 7, 8: 渐近线的根重心和倾斜角

	开环调节回路传递函数 $G_{\mathrm{RS}}(s)$	根重心 $\sigma_{\mathrm{W}}=\dfrac{\sum\limits_{i=1}^{n}\mathrm{Re}\{s_{\mathrm{p}i}\}-\sum\limits_{k=1}^{m}\mathrm{Re}\{s_{\mathrm{n}k}\}}{n-m}$	渐近线倾斜角 $\varphi_{\mathrm{A}i}=\dfrac{\pi}{n-m}\cdot(2\cdot i+1)$, $i=0,1,\cdots,n-m-1$	幅相频率特性曲线
例 6.4-6	$G_{\mathrm{RS}}(s)=\dfrac{K_0}{s+a}$ $n=1,\ m=0$	$\sigma_{\mathrm{W}}=\dfrac{-a-0}{1-0}=-a$	$\varphi_{\mathrm{A0}}=\dfrac{\pi}{1-0}\cdot(2\cdot0+1)=\pi$	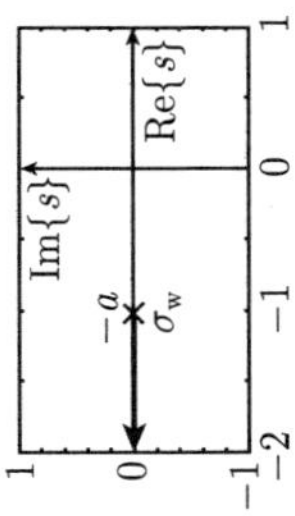 rlocus(1,[1 1]), $a=1$
例 6.4-7	$G_{\mathrm{RS}}(s)=\dfrac{K_0}{(s+a)^2}$ $n=2,\ m=0$	$\sigma_{\mathrm{W}}=\dfrac{-2\cdot a-0}{2-0}=-a$	$\varphi_{\mathrm{A0}}=\dfrac{\pi}{2-0}\cdot(2\cdot0+1)=\dfrac{\pi}{2}$ $\varphi_{\mathrm{A1}}=\dfrac{\pi}{2-0}\cdot(2\cdot1+1)=\dfrac{3\pi}{2}$	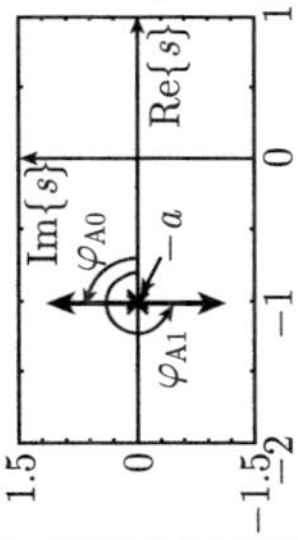 rlocus(1,[1 2 1]), $a=1$
例 6.4-8	$G_{\mathrm{RS}}(s)=\dfrac{K_0}{(s+a)^2\cdot(s+b)}$ $n=3,\ m=0$	$\sigma_{\mathrm{W}}=\dfrac{-2\cdot a-b}{3-0}=\dfrac{-2\cdot a-b}{3}$	$\varphi_{\mathrm{A0}}=\dfrac{\pi}{3-0}\cdot(2\cdot0+1)=\dfrac{\pi}{3}$ $\varphi_{\mathrm{A1}}=\dfrac{\pi}{3-0}\cdot(2\cdot1+1)=\pi$ $\varphi_{\mathrm{A2}}=\dfrac{\pi}{3-0}\cdot(2\cdot2+1)=\dfrac{5\cdot\pi}{3}$	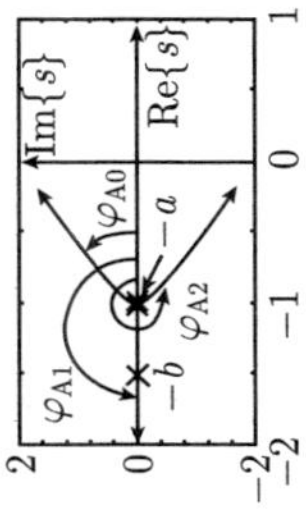 rlocus(1,[1 3.5 4 1.5]), $a=1,b=1.5$

在计算分会点时, 可由闭环调节回路特征方程

$$N_0(s)+K_0\cdot Z_0(s)=0$$

出发, 可解出曲线参数 K_0:

$$K_0(s)=\frac{-N_0(s)}{Z_0(s)}$$

在分会点曲线参数 K_0 达到相对最大值, 该函数对拉普拉斯算子 s 求导, 函数的零点

$$\boxed{\frac{\mathrm{d}K_0(s)}{\mathrm{d}s}=\frac{-Z_0(s)\cdot\dfrac{\mathrm{d}N_0(s)}{\mathrm{d}s}+N_0(s)\cdot\dfrac{\mathrm{d}Z_0(s)}{\mathrm{d}s}}{Z_0^2(s)}=0}$$

为分会点 $s_{\mathrm{V}}=\sigma_{\mathrm{V}}$, 由

$$Z_0(s)\cdot\frac{\mathrm{d}N_0(s)}{\mathrm{d}s}=N_0(s)\cdot\frac{\mathrm{d}Z_0(s)}{\mathrm{d}s}$$

计算分会点.

例 6.4-9　对于具有

$$G_{\mathrm{RS}}(s)=\frac{K_0\cdot(s+z)}{s\cdot(s+a)}=\frac{K_0\cdot Z_0(s)}{N_0(s)}$$

的开环调节回路, 试计算 WOK 分离点, 其中 $s_{\mathrm{p}1}=0, s_{\mathrm{p}2}=-a, s_{\mathrm{n}1}=-z$. 由闭环调节回路特征方程

$$s^2+(K_0+a)\cdot s+K_0\cdot z=0$$

可解出 K_0, 即

$$K_0(s)=\frac{-(s+a)\cdot s}{s+z}$$

并求导:

$$\frac{\mathrm{d}K_0(s)}{\mathrm{d}s}=\frac{-(2\cdot s+a)\cdot(s+z)+(s+a)\cdot s}{(s+z)^2}=\frac{s^2+2\cdot z\cdot s+a\cdot z}{(s+z)^2}$$

为了计算分会点, 令导数的分子多项式等于零

$$s^2+2\cdot z\cdot s+a\cdot z=0$$

并应用值 $a=1, z=10$. 多项式的零点

$$s_{\mathrm{V}1}=\sigma_{\mathrm{V}1}=z\cdot\left(-1+\sqrt{1-\frac{a}{z}}\right)=-0.51$$

$$s_{\mathrm{V}2}=\sigma_{\mathrm{V}2}=z\cdot\left(-1-\sqrt{1-\frac{a}{z}}\right)=-19.49$$

为在图 6.4-6 中给出的 WOK 分会点. 对于 $K_0 > 0$ 极点 s_{p1}, s_{p2} 趋向分会点 (breakaway point, 分离点)σ_{V1}, 并成共轭复数. 当 K_0 继续增大时, 在分会点 (break-in point, 会合点)σ_{V2} 处极点又成为实数值. 当 $K_0 \to \infty$ 时, 一个分支趋向零点 s_{n1}, 而另一分支趋向 s 平面左边缘.

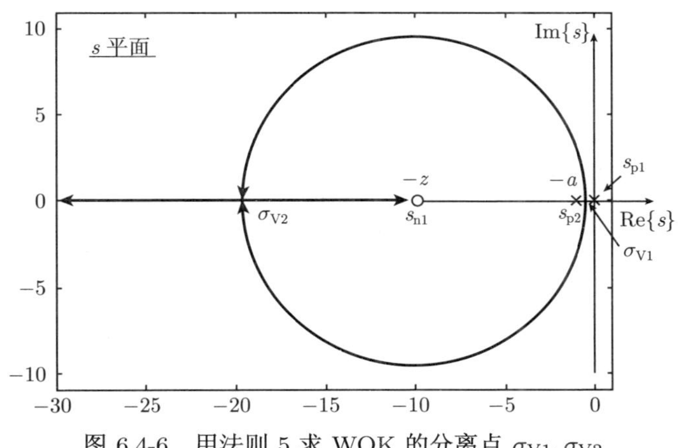

图 6.4-6 用法则 5 求 WOK 的分离点 σ_{V1}, σ_{V2}

在下图 6.4-7 中表示 K_0 在区间 $s_{p2} < s < s_{p1}$ 的数值曲线. 对于 $\sigma_{V1} = 0.51$ 得到最大值 $K_{0\,\max} = 0.026$.

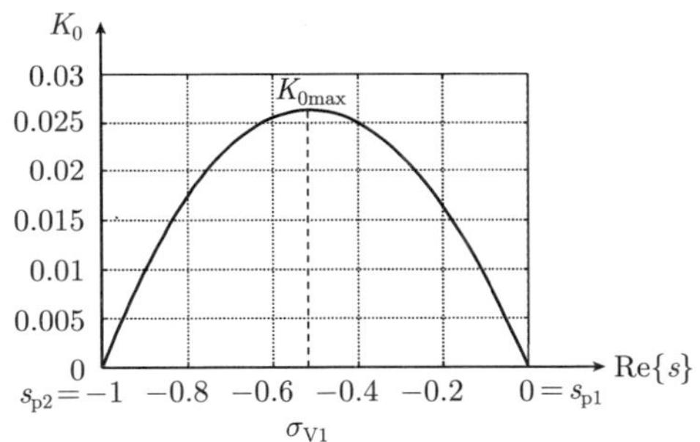

图 6.4-7 在区间 $s_{p2} < s < s_{p1}$ 曲线参数 $K_0(s)$ 曲线

对于高阶调节系统分会点计算也是耗费巨大的. 当不考虑遥远的极点或零点时, 计算可简化. 对于分会点可得个近似值. 在例中应计算 σ_{V1} 的近似值, 其中不考虑零点 $s_{n1} = -z \to -\infty$. 二次方程变形

$$s^2 + 2 \cdot z \cdot s + a \cdot z = \frac{s^2}{z} + 2 \cdot s + a = 0$$

对于 $z \to \infty$ 可得到在图上两个极点的分会点的近似值

$$\sigma_{V1} = -\frac{a}{2} = -0.5$$

6.4.3.7　在分会点处 WOK 分支交角 (法则 6)

在实轴上 WOK 分支在角 $\varphi_{\mathrm{V}}=\pi/2$ 分开, 如果有 q 个分支进入分会点, 那么就有 $2q$ 条曲线由那里出来. 它们总是包围一个角度

$$\boxed{\varphi_{\mathrm{V}}=\frac{\pi}{q}}$$

例 6.4-10　对于具有

$$G_{\mathrm{RS}}(s)=\frac{K_0}{s\cdot\left(s+1-\dfrac{\mathrm{j}}{\sqrt{3}}\right)\cdot\left(s+1+\dfrac{\mathrm{j}}{\sqrt{3}}\right)}=\frac{K_0\cdot Z_0(s)}{N_0(s)}$$

调节回路, 试求 WOK. 寻找: 在实轴上的 WOK 曲线、根重心、渐近线的倾斜角、分会点和在分会点处 WOK 分支交角.

WOK 有 $n-m=3-0=3$ 个分支终止于无穷远 (法则 1). 全部负实轴都属于 WOK(法则 2). 用法则 3 计算在根重心处渐近线的交点. 极点为

$$s_{\mathrm{p1,\,2}}=-1\pm\frac{\mathrm{j}}{\sqrt{3}},\qquad s_{\mathrm{p3}}=0$$

零点不存在:

$$\sigma_{\mathrm{W}}=\frac{\sum\limits_{i=1}^{n}\mathrm{Re}\{s_{\mathrm{p}i}\}-\sum\limits_{k=1}^{m}\mathrm{Re}\{s_{\mathrm{n}k}\}}{n-m}=\frac{-1-1+0}{3-0}=-\frac{2}{3}$$

渐近线的倾斜角 (法则 4) 可给出

$$\varphi_{\mathrm{A}i}=\frac{\pi}{n-m}\cdot(2\cdot i+1),\qquad i=0,\,1,\,2,\,\cdots,\,n-m-1$$

$$\varphi_{\mathrm{A0}}=\frac{\pi}{3-0}\cdot(2\cdot 0+1)=\frac{\pi}{3}$$

$$\varphi_{\mathrm{A1}}=\frac{\pi}{3-0}\cdot(2\cdot 1+1)=\pi$$

$$\varphi_{\mathrm{A2}}=\frac{\pi}{3-0}\cdot(2\cdot 2+1)=\frac{5\cdot\pi}{3}$$

对于三个分支在实轴上的分会点 (法则 5), 下式成立

$$Z_0(s)\cdot\frac{\mathrm{d}N_0(s)}{\mathrm{d}s}=N_0(s)\cdot\frac{\mathrm{d}Z_0(s)}{\mathrm{d}s}$$

对 $G_{\mathrm{RS}}(s)$ 的分子–分母多项式

$$Z_0(s)=1,\qquad N_0(s)=s^3+2\cdot s^2+\frac{4}{3}\cdot s$$

微分, 并得到

$$Z_0(s)\cdot\frac{\mathrm{d}N_0(s)}{\mathrm{d}s}=3\cdot s^2+4\cdot s+\frac{4}{3}=0$$

二次方程的解提供分会点

$$s_{\mathrm{V}}=\sigma_{\mathrm{V}}=-\frac{2}{3}$$

在分会点有 $q=3$ 个分支进入. 从 σ_{V} 出来 $2q=6$ 条曲线, 它们总是包围一个角度 (法则 6, 图 6.4-8):

$$\varphi_{\mathrm{V}}=\frac{\pi}{q}=\frac{\pi}{3}$$

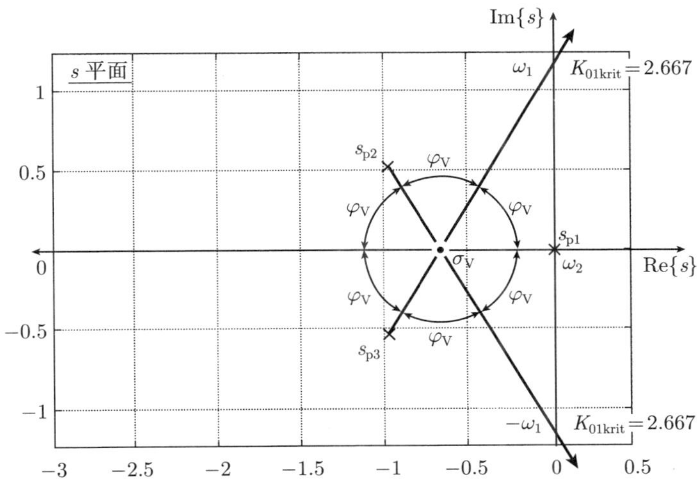

图 6.4-8 用法则 6 求在分会点 σ_{V} 的 WOK 分支的交角 φ_{V}

6.4.3.8 WOK 与虚轴的交点 (法则 7)

WOK 与虚轴的交点 (rootlocus intersection with the imaginary axis) 标志稳定性边界. 曲线参数 K_0 的临界值可用闭环调节回路特征方程

$$N_0(s)+K_0\cdot Z_0(s)=0$$

来求, 其中拉普拉斯算子 s 可用虚数算子 $\mathrm{j}\omega$ 来代换:

$$\boxed{N_0(\mathrm{j}\omega)+K_0\cdot Z_0(\mathrm{j}\omega)=0}$$

方程对 K_0 临界值的解 ω 就是与虚轴的交点.

K_0 的临界值也可由劳思或赫尔维茨判据来计算.

例 6.4-11 对于例 6.4-10 的调节回路, 试确定与虚轴的交点和曲线参数 K_0 的临界增益, 在闭环调节回路特征方程

$$N_0(s) + K_0 \cdot Z_0(s) = s^3 + 2 \cdot s^2 + \frac{4}{3} \cdot s + K_0 = 0$$

中拉普拉斯算子 s 用虚数算子 $\mathrm{j}\omega$ 来代换

$$(\mathrm{j}\omega)^3 + 2 \cdot (\mathrm{j}\omega)^2 + \frac{4}{3} \cdot \mathrm{j}\omega + K_0 = 0$$

并将方程变形为实部与虚部的形式

$$K_0 - 2 \cdot \omega^2 + j \left[\omega \cdot \left(\frac{4}{3} - \omega^2\right)\right] = 0$$

其解就是 WOK 与虚轴的交点 ω_i

$$\omega_i = \frac{2}{\sqrt{3}} = 1.155$$

和临界值

$$K_{01\,\mathrm{krit}} = 2.667.$$

此外, 对于 $\omega_2 = 0$, 可得到 $K_{02\mathrm{krit}} = 0$.

临界值也可由劳思判据来求. 对此, 特征方程

$$s^3 + 2 \cdot s^2 + \frac{4}{3} \cdot s + K_0 = 0$$

的系数来构建劳思表前二列:

$1\ (a_3)$	$4/3\ (a_1)$
$2\ (a_2)$	$K_0\ (a_0)$
$8/3 - K_0\ (c_1)$	0
$K_0 \cdot (8/3 - K_0)\ (d_1)$	0

$c_1 = 8/3 - K_0$

$d_1 = (8/3 - K_0) \cdot K_0$

求出劳思表第一列值:

$$c_1 = 0 = 8/3 - K_{0\,\max} \to K_{0\,\max} = K_{01\,\mathrm{krit}} = 2.667$$

$$d_1 = 0 = (8/3 - K_{0\,\min}) \cdot K_{0\,\min} \to K_{0\,\min} = 0$$

则对于下列数值范围

$$K_{0\,\min} = 0 < K_0 < K_{0\,\max} = 2.667$$

调节系统为稳定的.

6.4.3.9 由极点引出的 WOK 起始角和进入零点的终止角 (法则 8)

由极点引出的 WOK 分支**起始角 (Austrittswinkel)**(angle of departure) 和进入零点的分支**终止角 (Eintrittswinkel)**(angle of arrival) 满足相位条件. 一个单一极点 $s_{\mathrm{p}\alpha}$ 的起始角可由方程

$$\begin{aligned}\varphi_{\mathrm{p}\alpha,\,\mathrm{aus}} = \arg\{s - s_{\mathrm{p}\alpha}\} &= \sum_{k=1}^{m} \arg\{s - s_{\mathrm{n}k}\}\Big|_{s=s_{\mathrm{p}\alpha}} \\ &\quad - \sum_{\substack{i=1\\ i\neq\alpha}}^{n} \arg\{s - s_{\mathrm{p}i}\}\Big|_{s=s_{\mathrm{p}\alpha}} + (1 + 2\cdot r)\cdot\pi, \\ r = 0,\ \pm1,\ \pm2,\ \cdots&\end{aligned}$$

计算, 计算一个单一零点 $s_{\mathrm{n}\alpha}$ 的终止角, 方程

$$\begin{aligned}\varphi_{\mathrm{n}\alpha,\,\mathrm{ein}} = \arg\{s - s_{\mathrm{n}\alpha}\} &= \sum_{i=1}^{n} \arg\{s - s_{\mathrm{p}i}\}\Big|_{s=s_{\mathrm{n}\alpha}} \\ &\quad - \sum_{\substack{k=1\\ k\neq\alpha}}^{m} \arg\{s - s_{\mathrm{n}k}\}\Big|_{s=s_{\mathrm{n}\alpha}} + (1 + 2\cdot r)\cdot\pi, \\ r = 0,\ \pm1,\ \pm2,\ \cdots&\end{aligned}$$

有效.

例 6.4-12 对于具有

$$G_{\mathrm{RS}}(s) = \frac{K_0\cdot(s+0.5)}{s^2+2\cdot s+2}, \quad s_{\mathrm{n}1} = -0.5, \quad s_{\mathrm{p}1,\,2} = -1\pm\mathrm{j}$$

调节的 WOK, 试计算由共轭复数极点引出的 WOK 分支起始角和进入零点的分支终止角.

1) 由极点 $s_{\mathrm{p}1}$ 引出的起始角

$$\begin{aligned}\varphi_{\mathrm{p1,aus}} = \arg\{s - s_{\mathrm{p}1}\} &= \arg\{s - s_{\mathrm{n}1}\}\Big|_{s=s_{\mathrm{p}1}} - \arg\{s - s_{\mathrm{p}2}\}\Big|_{s=s_{\mathrm{p}1}} + \pi \\ &= \arctan\frac{\mathrm{Im}\{s_{\mathrm{p}1} - s_{\mathrm{n}1}\}}{\mathrm{Re}\{s_{\mathrm{p}1} - s_{\mathrm{n}1}\}} - \arctan\frac{\mathrm{Im}\{s_{\mathrm{p}1} - s_{\mathrm{p}2}\}}{\mathrm{Re}\{s_{\mathrm{p}1} - s_{\mathrm{p}2}\}} + \pi \\ &= \arctan\frac{\mathrm{Im}\{-1+\mathrm{j}+0.5\}}{\mathrm{Re}\{-1+\mathrm{j}+0.5\}} - \arctan\frac{\mathrm{Im}\{-1+\mathrm{j}+1+\mathrm{j}\}}{\mathrm{Re}\{-1+\mathrm{j}+1+\mathrm{j}\}} + \pi \\ &= 2.034 - \frac{\pi}{2} + \pi \mathrel{\widehat{=}} 117^\circ - 90^\circ + 180^\circ = 207^\circ\end{aligned}$$

如图 6.4-9 所示.

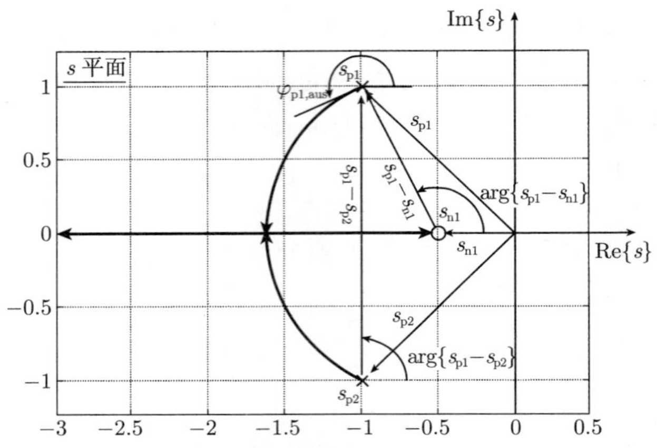

图 6.4-9　由相位条件确定起始角 $\varphi_{p1,aus}$

2) 由极点 s_{p2} 引出的起始角

$$\begin{aligned}
\varphi_{p2,aus} &= \arg\{s-s_{p2}\} = \arg\{s-s_{n1}\}\Big|_{s=s_{p2}} - \arg\{s-s_{p1}\}\Big|_{s=s_{p2}} + \pi \\
&= \arctan\frac{\mathrm{Im}\{s_{p2}-s_{n1}\}}{\mathrm{Re}\{s_{p2}-s_{n1}\}} - \arctan\frac{\mathrm{Im}\{s_{p2}-s_{p1}\}}{\mathrm{Re}\{s_{p2}-s_{p1}\}} + \pi \\
&= \arctan\frac{\mathrm{Im}\{-1-\mathrm{j}+0.5\}}{\mathrm{Re}\{-1-\mathrm{j}+0.5\}} - \arctan\frac{\mathrm{Im}\{-1-\mathrm{j}+1-\mathrm{j}\}}{\mathrm{Re}\{-1-\mathrm{j}+1-\mathrm{j}\}} + \pi \\
&= 4.249 + \frac{\pi}{2} + \pi \mathrel{\widehat{=}} 243^\circ + 90^\circ + 180^\circ = 153^\circ = -207^\circ
\end{aligned}$$

共轭复数零点或极点的终止角和起始角是相互对称的, 由此得

$$\varphi_{p2,\,aus} = -\varphi_{p1,\,aus}$$

如图 6.4-10 所示.

3) 进入零点 s_{n1} 的终止角

$$\begin{aligned}
\varphi_{n1,\,ein} &= \arg\{s-s_{n1}\} = \arg\{s-s_{p1}\}\Big|_{s=s_{n1}} + \arg\{s-s_{p2}\}\Big|_{s=s_{n1}} + \pi \\
&= \arctan\frac{\mathrm{Im}\{s_{n1}-s_{p1}\}}{\mathrm{Re}\{s_{n1}-s_{p1}\}} + \arctan\frac{\mathrm{Im}\{s_{n1}-s_{p2}\}}{\mathrm{Re}\{s_{n1}-s_{p2}\}} + \pi \\
&= \arctan\frac{\mathrm{Im}\{-0.5+1-\mathrm{j}\}}{\mathrm{Re}\{-0.5+1-\mathrm{j}\}} + \arctan\frac{\mathrm{Im}\{-0.5+1+\mathrm{j}\}}{\mathrm{Re}\{-0.5+1+\mathrm{j}\}} + \pi \\
&= \arctan\left\{\frac{-1}{0.5}\right\} + \arctan\left\{\frac{1}{0.5}\right\} + \pi
\end{aligned}$$

$$= 5.184 + 1.1 + \pi \mathrel{\hat{=}} 297^\circ + 63^\circ + 180^\circ = 180^\circ$$

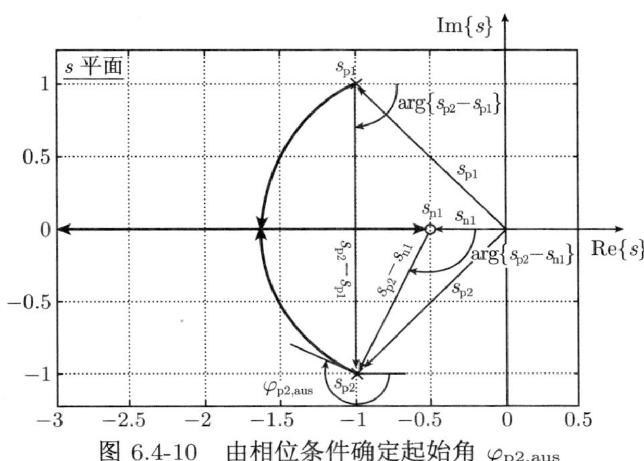

图 6.4-10　由相位条件确定起始角 $\varphi_{p2,aus}$

如图 6.4-11 所示.

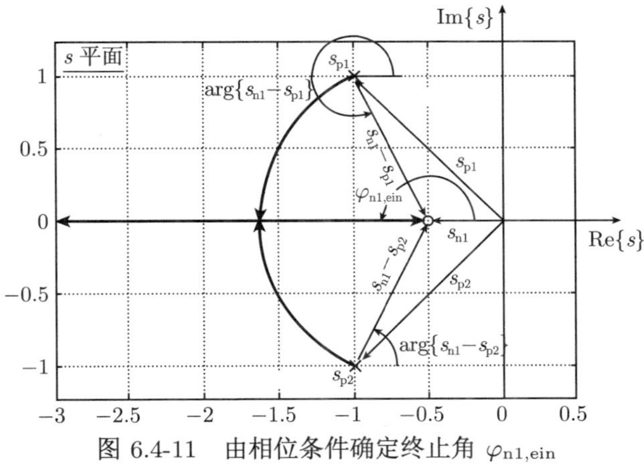

图 6.4-11　由相位条件确定终止角 $\varphi_{n1,ein}$

6.4.3.10　用曲线参数标注 WOK 刻度 (法则 9)

所有 WOK 点都必须满足幅值条件, 对此, 如果要对确定的 WOK 点求曲线参数 K_0 值, 可应用幅值条件:

$$K_0 = \frac{\prod_{i=1}^{n} |s - s_{pi}|}{\prod_{k=1}^{m} |s - s_{nk}|}, \quad \text{以及} \quad K_0 = \prod_{i=1}^{n} |s - s_{pi}|, \quad \text{仅当} m = 0 \text{ 时}$$

通过测量所选 WOK 的点至开环调节回路的极点和零点的距离, 作图求 K_0.

例 6.4-13 对于具有

$$G_{\mathrm{RS}}(s)=\frac{K_0\cdot(s+2)}{s^2},\quad s_{\mathrm{n1}}=-2,\quad s_{\mathrm{p1,\,2}}=0$$

的调节, 试绘制曲线参数 K_0 的 WOK(图 6.4-12). K_0 应这样调整, 即对于闭环调节回路应给出如下极点:

$$s_{\mathrm{p1,\,2g}}=-2\pm \mathrm{j}2$$

对于极点 $s_{\mathrm{p1g}}=-2+\mathrm{j}2$ 求出幅值条件值, 并计算所属的曲线参数 K_0 值:

$$K_0\Big|_{s=s_{\mathrm{p1g}}}=\frac{|s-s_{\mathrm{p1}}|\cdot|s-s_{\mathrm{p2}}|}{|s-s_{\mathrm{n1}}|}\Big|_{s=s_{\mathrm{p1g}}}=\frac{|-2+\mathrm{j}2-0|\cdot|-2+\mathrm{j}2-0|}{|-2+\mathrm{j}2+2|}$$

$$=\frac{\sqrt{2^2+2^2}\cdot\sqrt{2^2+2^2}}{2}=4$$

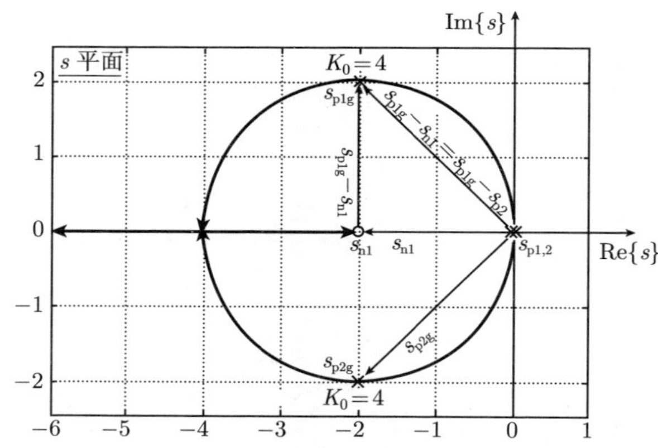

图 6.4-12 由幅值条件确定极点 s_{p1g} 的 K_0

6.4.3.11 WOK 法步骤表 (表 6.4-3)

6.4.3.12 WOK 法的应用

在下面两个例子中应用 WOK 法的 12 步骤.

例 6.4-14 具有 PT_2 被调节对象和 PI 调节器调节的 WOK.

步骤 1, 2: 开环调节回路的传递函数存在零极点形式:

表 6.4-3 WOK 法步骤

步骤	WOK 法步骤	方程或调节
1	确定开环调节回路的传递函数	$G_{\mathrm{RS}}(s)=G_{\mathrm{R}}(s)\cdot G_{\mathrm{S}}(s)=K_0\cdot\dfrac{Z_0(s)}{N_0(s)}$
2	以极–零点形式表示 $G_{\mathrm{RS}}(s)$	$G_{\mathrm{RS}}(s)=\dfrac{K_0\cdot\prod\limits_{k=1}^{m}(s-s_{\mathrm{n}k})}{\prod\limits_{i=1}^{n}(s-s_{\mathrm{p}i})}$
3	计算闭环调节回路的传递函数和特征方程	$G(s)=\dfrac{G_{\mathrm{RS}}(s)}{1+G_{\mathrm{RS}}(s)}$, $1+G_{\mathrm{RS}}(s)=N_0(s)+K_0\cdot Z_0(s)=0$
4	在 s 平面标绘开环调节回路极点 (×) 和零点 (○)**(法则 1)**	WOK 对于 $K_0=0$ 起始于 $G_{\mathrm{RS}}(s)$ 极点, 而对于 $K_0\to\infty$ 终止于 $G_{\mathrm{RS}}(s)$ 的零点或无穷远
5	确定在实轴上 WOK 分支 **(法则 2)**	右侧① 极点和零点个数之和为奇数的区域属于 WOK
6	计算根重心 σ_{w}**(法则 3)** (WOK 分支渐近线交点)	$\sigma_{\mathrm{W}}=\dfrac{\sum\limits_{i=1}^{n}\mathrm{Re}\{s_{\mathrm{p}i}\}-\sum\limits_{k=1}^{m}\mathrm{Re}\{s_{\mathrm{n}k}\}}{n-m}$
7	计算渐近线的倾斜角 $\varphi_{\mathrm{A}i}$**(法则 4)**	$\varphi_{\mathrm{A}i}=\dfrac{\pi}{n-m}\cdot(2\cdot i+1)$, $i=0,1,\cdots,n-m-1$
8	计算 WOK 的分会点 σ_{V}**(法则 5)**	$\dfrac{\mathrm{d}K_0(s)}{\mathrm{d}s}=0$ 的零点为分会点 σ_{V}
9	计算在分会点 σ_{V} 的 q 个 WOK 分支的交角 φ_{V}**(法则 6)**	$\varphi_{\mathrm{V}}=\dfrac{\pi}{q}$
10	确定 WOK 与虚轴的交点和所属 K_0 值 **(法则 7)**	对于 $s=\mathrm{j}\omega$ 的特征方程: $N_0(\mathrm{j}\omega)+K_0\cdot Z_0(\mathrm{j}\omega)=0$ 解出 ω 和 K_0, 或应用劳思, 赫尔维茨判据
11	确定由极点引出的 WOK 起始角 $\varphi_{\mathrm{pa,aus}}$ 和进入零点的 WOK 终止角 $\varphi_{\mathrm{na,ein}}$**(法则 8)**	$\varphi_{\mathrm{n}\alpha,\,\mathrm{ein}}=\sum\limits_{i=1}^{n}\varphi_{\mathrm{p}i}-\sum\limits_{\substack{k=1\\k\neq\alpha}}^{m}\varphi_{\mathrm{n}k}+(1+2\cdot r)\cdot\pi$ $\varphi_{\mathrm{n}\alpha,\,\mathrm{ein}}=\sum\limits_{i=1}^{n}\varphi_{\mathrm{p}i}-\sum\limits_{\substack{k=1\\k\neq\alpha}}^{m}\varphi_{\mathrm{n}k}+(1+2\cdot r)\cdot\pi$
12	WOK 用曲线参数 K_0 标注刻度 **(法则 9)**	$K_0=\dfrac{\prod\limits_{i=1}^{n}\lvert s-s_{\mathrm{p}i}\rvert}{\prod\limits_{k=1}^{m}\lvert s-s_{\mathrm{n}k}\rvert}$

① [译者注]原文为左侧.

$$G_{\mathrm{RS}}(s)=\frac{K_0\cdot(s+2)}{s}\cdot\frac{1}{(s+1)\cdot(s+10)}$$

$$=\frac{K_0\cdot Z_0(s)}{N_0(s)},\qquad n=3,\ m=1$$

步骤 3：求闭环调节回路的传递函数和特征方程：

$$G(s)=\frac{G_{\mathrm{RS}}(s)}{1+G_{\mathrm{RS}}(s)}=\frac{K_0\cdot(s+2)}{K_0\cdot(s+2)+s\cdot(s+1)\cdot(s+10)}$$

$$=\frac{K_0\cdot Z_0(s)}{K_0\cdot Z_0(s)+N_0(s)}$$

$$K_0\cdot Z_0(s)+N_0(s)=K_0\cdot(s+2)+s\cdot(s+1)\cdot(s+10)=0$$

步骤 4：在图 6.4-13s 平面上标绘开环调节回路极点 (×)$s_{\mathrm{p1}}=0, s_{\mathrm{p2}}=-1$, $s_{\mathrm{p3}}=-10$ 和零点 (○) $s_{\mathrm{n1}}=-2$(法则 1)

步骤 5：在实轴上的 WOK 曲线 (法则 2, 表 6.4-4)

步骤 6：WOK 分支渐近线相交在根重心处 (法则 3)：

$$\sigma_{\mathrm{W}}=\frac{\sum_{i=1}^{n}\mathrm{Re}\{s_{\mathrm{p}i}\}-\sum_{k=1}^{m}\mathrm{Re}\{s_{\mathrm{n}k}\}}{n-m}$$

$$=\frac{\mathrm{Re}\{s_{\mathrm{p1}}\}+\mathrm{Re}\{s_{\mathrm{p2}}\}+\mathrm{Re}\{s_{\mathrm{p3}}\}-\mathrm{Re}\{s_{\mathrm{n1}}\}}{n-m}$$

$$=\frac{0-1-10-(-2)}{3-1}=-4.5$$

表 6.4-4　用法则 2 确定在实轴上的 WOK

实轴的区间	s 右边的极–零点, 极–零点总数 $=n+m$		属于 WOK 的实轴区间
$-1<s<0$	1 个极点 $s_{\mathrm{p1}}=0$	$n+m=1$	是
$-2<s<-1$	2 个极点 $s_{\mathrm{p1}}=0, s_{\mathrm{p2}}=-1$,	$n+m=2$	否
$-10<s<-2$	2 个极点 $s_{\mathrm{p1}}=0, s_{\mathrm{p2}}=-1$, 1 个零点 $s_{\mathrm{n1}}=-2$	$n+m=3$	是
$-\infty<s<-10$	3 个极点 $s_{\mathrm{p1}}=0, s_{\mathrm{p2}}=-1, s_{\mathrm{p3}}=-10$, 1 个零点 $s_{\mathrm{n1}}=-2$	$n+m=4$	否

步骤 7：渐近线具有如下倾斜角 (法则 4)：

$$\varphi_{\mathrm{A}i}=\frac{\pi}{n-m}\cdot(2\cdot i+1),\qquad i=0,1,\cdots,n-m-1$$

$$\varphi_{\mathrm{A0}}=\frac{\pi}{2},\qquad \varphi_{\mathrm{A1}}=\frac{3\cdot\pi}{2}$$

步骤 8：用法则 5 计算极点 $s_{\mathrm{p1}},s_{\mathrm{p2}}$ 间分会点，由特征方程解出曲线参数 K_0

$$K_0(s)=\frac{-N_0(s)}{Z_0(s)}=\frac{-s\cdot(s+1)\cdot(s+10)}{s+2}=\frac{-(s^3+11\cdot s^2+10\cdot s)}{s+2}$$

并令其导数等于零

$$\frac{\mathrm{d}K_0(s)}{\mathrm{d}s}=-\frac{2\cdot s^3+17\cdot s^2+44\cdot s+20}{s^2+4\cdot s+4}=0$$

对于分子多项式

$$s^3+8.5\cdot s^2+22\cdot s+10=0$$

得到下面的零点：

$$s_1=\sigma_{\mathrm{V}}=-0.5727\ (\text{分会点}),\quad s_{2,3}=-3.9636\pm\mathrm{j}1.3226$$

零点 $s_{2,3}$ 不在 WOK 上，因此没有分会点.

步骤 9：在分会点 σ_{V} 进入 $q=2$ 个 WOK 分支，由分会点出去的 $2q=4$ 个分支分割成角度 $\varphi_{\mathrm{V}}=\frac{\pi}{q}=\frac{\pi}{2}$(法则 6).

步骤 10：WOK 与虚轴没有交点，对于 $K_0>0$ 调解系统是稳定的 (法则 7).

步骤 11：因为都位于实轴上，所以由图 6.4-13 给出由极点引出的 WOK 分支的起始角和进入零点的终止角：

$$\varphi_{\mathrm{p1,aus}}=\pi,\quad \varphi_{\mathrm{p2,aus}}=0,\quad \varphi_{\mathrm{p3,aus}}=0,\quad \varphi_{n1}=\pi\ (\text{法则 8})$$

步骤 12：共轭复数极点对得到阻尼比 $D=0.707$，对于极点对 $s_{\mathrm{p1,2g}}=-1.55\pm\mathrm{j}1.55$，作图确定所属的曲线参数 K_0 值 (法则 9). 为此可在图 6.4-13 求出极点和零点至 s_{p1g} 的距离：

$$\begin{aligned}K_0&=\frac{\prod\limits_{i=1}^{n}|s-s_{\mathrm{p}i}|}{\prod\limits_{k=1}^{m}|s-s_{\mathrm{n}k}|}\\&=\left.\frac{|s-s_{\mathrm{p1}}|\cdot|s-s_{\mathrm{p2}}|\cdot|s-s_{\mathrm{p3}}|}{|s-s_{\mathrm{n1}}|}\right|_{s=s_{\mathrm{p1g}}}\\&=\frac{|s_{\mathrm{p1g}}-s_{\mathrm{p1}}|\cdot|s_{\mathrm{p1g}}-s_{\mathrm{p2}}|\cdot|s_{\mathrm{p1g}}-s_{\mathrm{p3}}|}{|s_{\mathrm{p1g}}-s_{\mathrm{n1}}|}\end{aligned}$$

$$= \frac{2.192 \cdot 1.645 \cdot 8.591}{1.614} = 19.1897$$

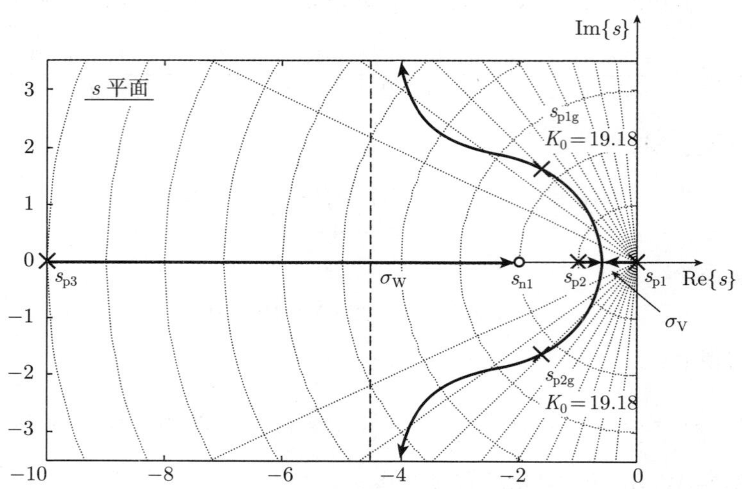

图 6.4-13　具有 PT_2 被调节对象和 PI 调节器调节的 WOK

求相同阻尼比 $D = 0.707$ 的其他两个共轭复数极点对的 K_0 值, 并将相应的阶跃响应绘制在图 6.4-14 上.

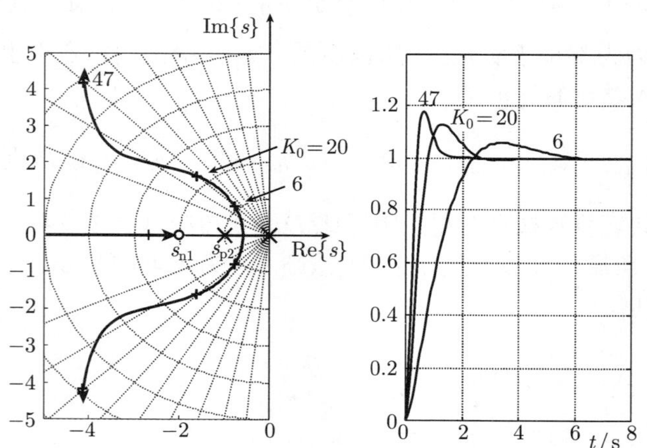

图 6.4-14　不同曲线参数 K_0 值的具有 PT_2 被调节对象和 PI 调节器调节的 WOK 和阶跃响应

随着曲线参数 K_0 值的增大, 极点对在分会点 σ_V 处变成为共轭复数并且趋向 s 平面左边, 其中特征角频率快速地增加而阻尼比起初变化很小, 调节变得快速. 对于大的 K_0 值, 极点对越靠近渐近线 (根重心 σ_w). 特征角频率继续增加, 而阻尼比变得比较小.

例 6.4-15 具有不稳定的 PT_3 被调节对象和 PI 调节器调节的 WOK.

步骤 1, 2: 给出开环调节回路传递函数的极–零点形式:

$$\begin{aligned}G_{\mathrm{RS}}(s) &= \frac{K_0\cdot(s+0.1)}{s}\cdot\frac{1}{(s-0.6)\cdot(s+2+2\mathrm{j})\cdot(s+2-2\mathrm{j})}\\ &= \frac{K_0\cdot Z_0(s)}{N_0(s)},\qquad n=4,\ m=1\end{aligned}$$

步骤 3: 求闭环调节回路的传递函数和特征方程:

$$\begin{aligned}G(s) &= \frac{G_{\mathrm{RS}}(s)}{1+G_{\mathrm{RS}}(s)}\\ &= \frac{K_0\cdot(s+0.1)}{K_0\cdot(s+0.1)+s\cdot(s-0.6)\cdot(s+2+2\mathrm{j})\cdot(s+2-2\mathrm{j})}\\ &= \frac{K_0\cdot Z_0(s)}{K_0\cdot Z_0(s)+N_0(s)}\end{aligned}$$

$$\begin{aligned}K_0\cdot Z_0(s)+N_0(s) &= K_0\cdot(s+0.1)+s\cdot(s-0.6)\\ &\quad\cdot(s+2+2\mathrm{j})\cdot(s+2-2\mathrm{j})=0\end{aligned}$$

步骤 4: 在图 6.4-15 所示的 s 平面标绘开环调节回路极点 $(\times)s_{\mathrm{p1}}=0.6, s_{\mathrm{p2}}=0, s_{\mathrm{p3}}=-2+2\mathrm{j}, s_{\mathrm{p4}}=-2-2\mathrm{j}$ 和零点 $(\circ)s_{n1}=-0.1$ (法则 1)

步骤 5: 在实轴上的 WOK 曲线 (法则 2, 表 6.4-5).

表 6.4-5 用法则 2 确定在实轴上的 WOK

实轴的区间	s 右边的极点和零点, 极点和零点总数 $=n+m$		属于 WOK 的实轴区间
$0.6<s<\infty$	无极–零点	$n+m=0$	否
$0<s<0.6$	1 个极点 $s_{\mathrm{p1}}=0.6$,	$n+m=1$	是
$-0.1<s<0$	2 个极点 $s_{\mathrm{p1}}=0.6, s_{\mathrm{p2}}=0$,	$n+m=2$	否
$-\infty<s<-0.1$	2 个极点 $s_{\mathrm{p1}}=0.6, s_{\mathrm{p2}}=0$, 1 个零点 $s_{\mathrm{n1}}=-0.1$,	$n+m=3$	是

步骤 6: 在根重心处 WOK 分支渐近线相交点 (法则 3):

$$\sigma_{\mathrm{W}}=\frac{\sum\limits_{i=1}^{n}\mathrm{Re}\{s_{\mathrm{p}i}\}-\sum\limits_{k=1}^{m}\mathrm{Re}\{s_{\mathrm{n}k}\}}{n-m}$$

$$= \frac{\mathrm{Re}\{s_{\mathrm{p1}}\} + \mathrm{Re}\{s_{\mathrm{p2}}\} + \mathrm{Re}\{s_{\mathrm{p3}}\} + \mathrm{Re}\{s_{\mathrm{p4}}\} - \mathrm{Re}\{s_{\mathrm{n1}}\}}{n-m}$$

$$= \frac{0.6 + 0 - 2 - 2 - (-0.1)}{4-1} = -1.1$$

步骤 7: 三条渐近线具有倾斜角 (法则 4).

$$\varphi_{\mathrm{A}i} = \frac{\pi}{n-m} \cdot (2 \cdot i + 1), \qquad i = 0, 1, \cdots, n-m-1$$

$$\varphi_{\mathrm{A0}} = \frac{\pi}{3}, \qquad \varphi_{\mathrm{A1}} = \pi, \qquad \varphi_{\mathrm{A2}} = 5\frac{\pi}{3}$$

步骤 8: 用法则 5 计算在实轴上分会点, 构建对于曲线参数 K_0 的方程

$$K_0(s) = \frac{-N_0(s)}{Z_0(s)} = \frac{-s \cdot (s^3 + 3.4 \cdot s^2 + 5.6 \cdot s - 4.8)}{s + 0.1}$$

并令其导数等于零

$$\frac{\mathrm{d}K_0(s)}{\mathrm{d}s} = \frac{-3 \cdot s^4 - 7.2 \cdot s^3 - 6.62 \cdot s^2 - 1.12 \cdot s + 0.48}{(s+0.1)^2} = 0$$

分子多项式

$$-3 \cdot s^4 - 7.2 \cdot s^3 - 6.62 \cdot s^2 - 1.12 \cdot s + 0.48 = 0$$

具有零点:

$$s_1 = \sigma_{\mathrm{V1}} = 0.1843$$

$$s_2 = \sigma_{\mathrm{V2}} = -0.5603$$

$$s_{3,4} = -1.0120 \pm \mathrm{j}0.7244$$

零点 s_1, s_2 为在实轴上分会点; 零点 $s_{3,4}$ 没有分会点, 因为它们不在 WOK 上.

步骤 9: 在两个分会点 $\sigma_{\mathrm{V1}}, \sigma_{\mathrm{V2}}$ 各有 $q_1 = q_2 = 2$ 个 WOK 分支进入, 由分会点出去有 4 个分支, 它们分割成角度 (法则 6)

$$\varphi_{\mathrm{V}} = \frac{\pi}{q}, \qquad \varphi_{\mathrm{V1}} = \frac{\pi}{q_1} = \frac{\pi}{2}, \qquad \varphi_{\mathrm{V2}} = \frac{\pi}{q_2} = \frac{\pi}{2}$$

步骤 10: WOK 与虚轴交点和所属的 K_0 值可由 $s = \mathrm{j}\omega$ 的特征方程计算 (法则 7):

$$N_0(\mathrm{j}\omega) + K_0 \cdot Z_0(\mathrm{j}\omega) = 0$$

$$(\mathrm{j}\omega)^4 + 3.4 \cdot (\mathrm{j}\omega)^3 + 5.6 \cdot (\mathrm{j}\omega)^2 - 4.8 \cdot \mathrm{j}\omega + K_0 \cdot (\mathrm{j}\omega + 0.1) = 0$$

$$\omega^4+5.6\cdot\omega^2+0.1\cdot K_0+\mathrm{j}\cdot[\omega\cdot(K_0-4.8-3.4\cdot\omega^2)]=0$$

令其实部和虚部分别等于零

$$\omega^4+5.6\cdot\omega^2+0.1\cdot K_0=0,\qquad \omega\cdot(K_0-4.8-3.4\cdot\omega^2)=0$$

其中, 每个都产生一个对于 ω 和 K_0 二阶方程. 方程的解就是 WOK 分支与虚轴交点 ω 和 K_0 的临界值.

$$\omega_1=\pm0.305,\quad K_{01\,\mathrm{krit}}=5.116$$

$$\omega_2=\pm2.27,\quad K_{02\,\mathrm{krit}}=22.37$$

此外, 由 $\omega_3=0$ 可得 $K_{03\mathrm{krit}}=0$.

步骤 11：由法则 8 求得由极点 $s_{\mathrm{p}3}$ 引出的 WOK 起始角：

$$\varphi_{\mathrm{p}\alpha,\,\mathrm{aus}}=\sum_{k=1}^{m}\varphi_{\mathrm{n}k}-\sum_{\substack{i=1\\ i\neq\alpha}}^{n}\varphi_{\mathrm{p}i}+(1+2\cdot r)\cdot\pi$$

$$\begin{aligned}
\varphi_{\mathrm{p3},\,\mathrm{aus}}=&\arg\{s_{\mathrm{p3}}-s_{\mathrm{n1}}\}-[\arg\{s_{\mathrm{p3}}-s_{\mathrm{p1}}\}+\arg\{s_{\mathrm{p3}}-s_{\mathrm{p2}}\}\\
&+\arg\{s_{\mathrm{p3}}-s_{\mathrm{p4}}\}]+(1+2\cdot r)\cdot\pi\\
=&\arctan\frac{\mathrm{Im}\{-2+2\mathrm{j}+0.1\}}{\mathrm{Re}\{-2+2\mathrm{j}+0.1\}}-\arctan\frac{\mathrm{Im}\{-2+2j-0.6\}}{\mathrm{Re}\{-2+2j-0.6\}}\\
&-\arctan\frac{\mathrm{Im}\{-2+2\mathrm{j}-0\}}{\mathrm{Re}\{-2+2\mathrm{j}-0\}}-\arctan\frac{\mathrm{Im}\{-2+2j+2+2\mathrm{j}\}}{\mathrm{Re}\{-2+2\mathrm{j}+2+2\mathrm{j}\}}\\
&+(1+2\cdot r)\cdot\pi\\
=&\arctan\left(\frac{2}{-1.9}\right)-\arctan\left(\frac{2}{-2.6}\right)\\
&-\arctan\left(\frac{2}{-2}\right)-\frac{\pi}{2}+(1+2\cdot r)\cdot\pi\\
=&2.33-2.485-2.356-\frac{\pi}{2}+(1+2\cdot r)\cdot\pi\\
\widehat{=}&133.5^\circ-142.4^\circ-135^\circ-90^\circ+180^\circ\\
=&-53.9^\circ
\end{aligned}$$

由于 WOK 的对称性, 可给出由极点 $s_{\mathrm{p}4}$ 引出的 WOK 起始角

$$\varphi_{\mathrm{p4},\,\mathrm{aus}}=-\varphi_{\mathrm{p3},\,\mathrm{aus}}=53.9^\circ$$

步骤 12：对于 $K_0>0$ 主导极点 s_{p1}, s_{p2} 在分会点 σ_{V1} 分离成共轭复数，并在一个圆形轨道上运行，两个共轭复数极点对 s_{p3}, s_{p4} 向右 s 半平面引出渐近线，主导共轭复数极点对 $s_{p1,2g}$ 应得到阻尼比 $D=0.707$，对于极点对 $s_{p1,2g}=-0.37\pm j0.37$，作图确定所属的曲线参数 K_0 值 (法则 9)，为此可在图 6.4-15 求出极–零点至 s_{p1g} 的距离：

$$K_0=\frac{\prod\limits_{i=1}^{n}|s-s_{pi}|}{\prod\limits_{k=1}^{m}|s-s_{nk}|}$$

$$\begin{aligned}K_0&=\left.\frac{|s-s_{p1}|\cdot|s-s_{p2}|\cdot|s-s_{p3}|\cdot|s-s_{p4}|}{|s-s_{n1}|}\right|_{s=s_{p1g}}\\&=\frac{|s_{p1g}-s_{p1}|\cdot|s_{p1g}-s_{p2}|\cdot|s_{p1g}-s_{p3}|\cdot|s_{p1g}-s_{p4}|}{|s_{p1g}-s_{n1}|}\\&=\frac{1.038\cdot0.523\cdot2.305\cdot2.876}{0.4580}=7.864.\end{aligned}$$

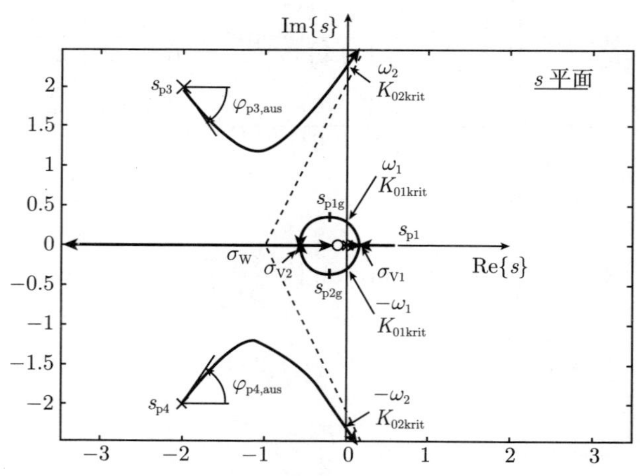

图 6.4-15　不稳定 PT_3 被调节对象和 PI 调节器调节的 WOK

6.4.3.13　最高至Ⅳ阶调节系统 WOK 表

最高至Ⅳ阶调节系统的 WOK 见表 6.4-6 所列.

表 6.4-6 最高至Ⅳ阶调节系统的 WOK

序号	$G_{RS}(s)$	对于 $K_0>0$ 根轨迹曲线
1	$\dfrac{K_0}{s}$	rlocus(1,[1 0])
2	$\dfrac{K_0}{s+a}$	rlocus(1,[1 1]), $a=1$
3	$\dfrac{K_0\cdot(s+z)}{s+a}$, $\|a\|>\|z\|$	rlocus([1 1],[1 2]), $z=1,a=2$
4	$\dfrac{K_0\cdot(s+z)}{s+a}$, $\|a\|<\|z\|$	rlocus([1 2],[1 1]), $a=1, z=2$
5	$\dfrac{K_0}{s^2}$	rlocus(1,[1 0 0])
6	$\dfrac{K_0\cdot(s+z)}{s^2}$	rlocus([1 1],[1 0 0]), $z=1$
7	$\dfrac{K_0}{s\cdot(s+a)}$	rlocus(1,[1 1 0]), $a=1$

(续)

序号	$G_{RS}(s)$	对于 $K_0>0$ 根轨迹曲线
8	$\dfrac{K_0\cdot(s+z)}{s\cdot(s+a)},\quad \|a\|>\|z\|$	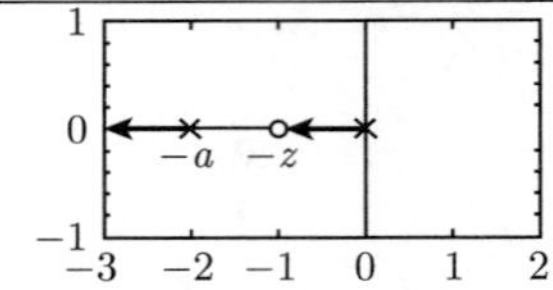 rlocus([1 1],[1 2 0]), $z=1,a=2$
9	$\dfrac{K_0\cdot(s+z)}{s\cdot(s+a)},\quad \|a\|<\|z\|$	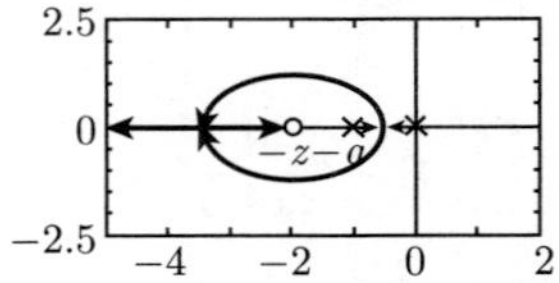 rlocus([1 2],[1 1 0]), $a=1,z=2$
10	$\dfrac{K_0}{s^2+\omega^2}$	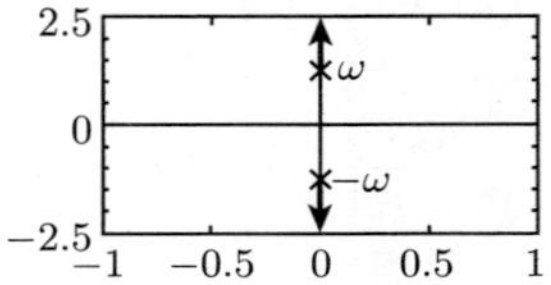 rlocus(1,[1 0 1]), $\omega=1$
11	$\dfrac{K_0}{(s+a)^2+\omega^2}$	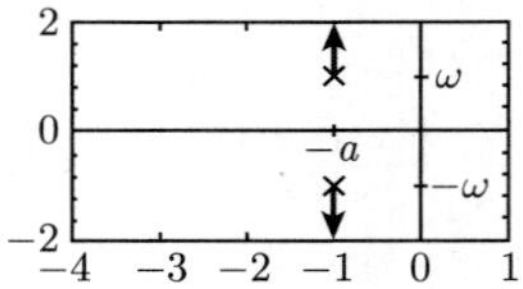 rlocus(1,[1 2 2]), $\omega=1,a=1$
12	$\dfrac{K_0}{s^3}$	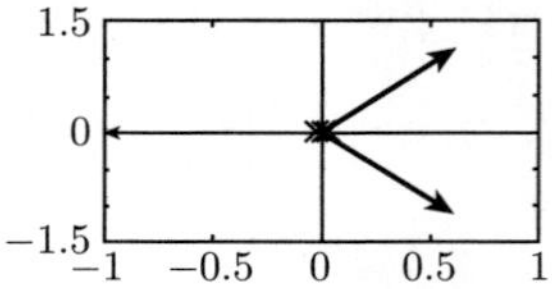 rlocus(1,[1 0 0 0])
13	$\dfrac{K_0\cdot(s+z)\cdot(s+c)}{s^3}$	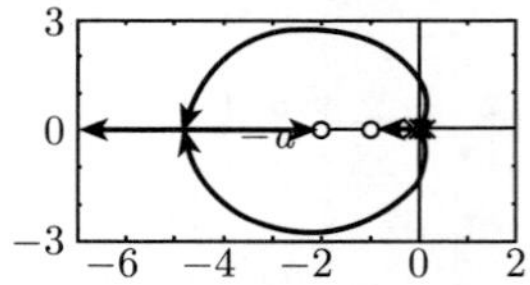 rlocus([1 3 2],[1 0 0 0]), $c=1,z=2$
14	$\dfrac{K_0}{s^2\cdot(s+a)}$	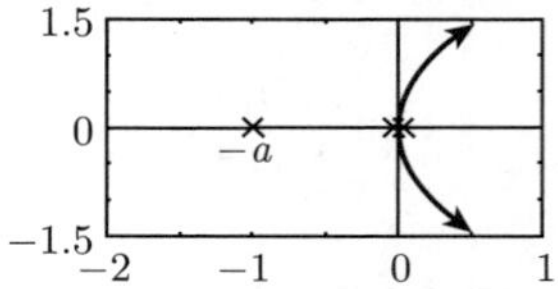 rlocus(1,[1 1 0]), $a=1$

(续)

序号	$G_{RS}(s)$	对于 $K_0>0$ 根轨迹曲线
15	$\dfrac{K_0\cdot(s+z)}{s^2\cdot(s+a)}$, $\lvert a\rvert>\lvert z\rvert$	rlocus([1 1],[1 2 0 0]), $z=1,a=2$
16	$\dfrac{K_0}{s\cdot(s+a)\cdot(s+b)}$	rlocus(1,[1 3 2 0]), $a=1,b=2$
17	$\dfrac{K_0\cdot(s+z)}{s\cdot(s+a)\cdot(s+b)}$, $\lvert a\rvert<\lvert z\rvert<\lvert b\rvert$	rlocus([1 2],[1 4 3 0]), $a=1,z=2,b=3$
18	$\dfrac{K_0}{s^2\cdot(s+a)\cdot(s+b)}$	rlocus(1,[1 3 2 0 0]), $a=1,b=2$
19	$\dfrac{K_0\cdot(s+z)}{s^2\cdot(s+a)\cdot(s+b)}$	rlocus([1 0.5],[1 5 6 0 0]), $z=0.5,a=2,b=3$
20	$\dfrac{K_0\cdot(s+z)\cdot(s+c)}{s^2\cdot(s+a)\cdot(s+b)}$	rlocus([1 1.5 0.5],[1 5 6 0 0]), $z=0.5,c=1,a=2,b=3$

6.4.4 WOK 法应用推广

6.4.4.1 其他调节回路参数的 WOK 法

至此所描述的 WOK 法都是应用曲线参数 K_0, 而调节器增益 K_R 以相乘形式包含其中, 在计算调节时通常必须研究其他调节回路参数对调节特性的影响, 对此评估调节质量, 例如对被调节对象参数随时间变化的敏感性, 如果闭环调节回路的特征方程, 在满足相位和幅值条件下进行变形, 那么可应用 WOK 法研究敏感性.

对于调节系统

$$G_{\mathrm{RS}}(s)=\frac{K_0\cdot Z_0(s)}{N_0(s)},\qquad G(s)=\frac{K_0\cdot Z_0(s)}{N_0(s)+K_0\cdot Z_0(s)}$$

得到特征方程

$$N_0(s)+K_0\cdot Z_0(s)=s^n+a_{n-1}\cdot s^{n-1}+\cdots+a_1\cdot s+a_0+K_0\cdot Z_0(s)=0$$

在多项式中含有 $N_0(s)$, 为了构建例如关于曲线参数 a_1 的 WOK, 特征方程变形为

$$1+\frac{a_1\cdot s}{s^n+a_{n-1}\cdot s^{n-1}+\cdots+a_0+K_0\cdot Z_0(s)}=0$$

其中, 系数 a_1 作为动参数 (Vorfaktor).

对于具有多项式形式的传递函数 $G_{\mathrm{RS}}(s)$ 的调节系统, 特征方程可这样变形, 即多项式系数作为动参数 (曲线参数) 出现, 在这种情况可应用 WOK 法.

例 6.4-16 在调节系统

$$G_{\mathrm{RS}}(s)=\frac{b_1\cdot s+b_0}{a_3\cdot s^3+a_2\cdot s^2+a_1\cdot s+a_0}$$

$$G(s)=\frac{b_1\cdot s+b_0}{a_3\cdot s^3+a_2\cdot s^2+(a_1+b_1)\cdot s+a_0+b_0}$$

特征方程:

$$a_3\cdot s^3+a_2\cdot s^2+(a_1+b_1)\cdot s+a_0+b_0=0$$

中传递函数 $G_{\mathrm{RS}}(s)$ 是以多项式形式给出, 将特征方程变形, 这样全部调节回路参数将依此作为动参数 (曲线参数) 出现:

曲线参数 $\boldsymbol{a_3}$: $1+\dfrac{\boldsymbol{a_3}\cdot s^3}{a_2\cdot s^2+(a_1+b_1)\cdot s+a_0+b_0}=0$

曲线参数 $\boldsymbol{a_2}$: $1+\dfrac{\boldsymbol{a_2}\cdot s^2}{a_3\cdot s^3+(a_1+b_1)\cdot s+a_0+b_0}=0$

曲线参数 $\boldsymbol{a_1}$: $1+\dfrac{\boldsymbol{a_1}\cdot s}{a_3\cdot s^3+a_2\cdot s^2+b_1\cdot s+a_0+b_0}=0$

曲线参数 $\boldsymbol{a_0}$: $1+\dfrac{\boldsymbol{a_0}}{a_3\cdot s^3+a_2\cdot s^2+(a_1+b_1)\cdot s+b_0}=0$

曲线参数 $\boldsymbol{b_1}$: $1+\dfrac{\boldsymbol{b_1}\cdot s}{a_3\cdot s^3+a_2\cdot s^2+a_1\cdot s+a_0+b_0}=0$

曲线参数 b_0: $1+\dfrac{\boldsymbol{b_0}}{a_3\cdot s^3+a_2\cdot s^2+(a_1+b_1)\cdot s+a_0}=0$

调节系统传递函数的极–零点形式或时间常数形式, 并不是对于所有的调节回路参数都适合应用 WOK 法.

在调节系统

$$G_{\mathrm{RS}}(s)=\frac{K_{\mathrm{R}}\cdot K_{\mathrm{S}}\cdot(1+T_{\mathrm{V}}\cdot s)}{(1+T_1\cdot s)\cdot(1+T_2\cdot s)}$$

$$G(s)=\frac{K_{\mathrm{R}}\cdot K_{\mathrm{S}}\cdot(1+T_{\mathrm{V}}\cdot s)}{T_1\cdot T_2\cdot s^2+(T_1+T_2+T_{\mathrm{V}}\cdot K_{\mathrm{R}}\cdot K_{\mathrm{S}})\cdot s+K_{\mathrm{R}}\cdot K_{\mathrm{S}}+1}$$

中, 具有特征方程

$$T_1\cdot T_2\cdot s^2+(T_1+T_2+T_{\mathrm{V}}\cdot K_{\mathrm{R}}\cdot K_{\mathrm{S}})\cdot s+K_{\mathrm{R}}\cdot K_{\mathrm{S}}+1=0$$

对曲线参数 $K_{\mathrm{R}}, K_{\mathrm{S}}$ 和 T_{V} 能应用 WOK 法. 而对于时间常数 T_1, T_2 作为曲线参数则不能应用 WOK 法.

例 6.4-17 对于具有 PT_2 被调节对象和 P 调节器的调节, 试求对于调节回路参数 $K_{\mathrm{R}}, D_{\mathrm{S}}, \omega_{0\mathrm{S}}$ 的 WOK.

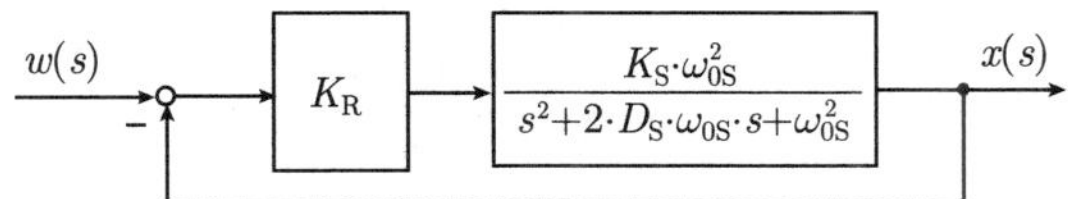

$$G_{\mathrm{RS}}(s)=\frac{K_{\mathrm{R}}\cdot K_{\mathrm{S}}\cdot\omega_{0\mathrm{S}}^2}{s^2+2\cdot D_{\mathrm{S}}\cdot\omega_{0\mathrm{S}}\cdot s+\omega_{0\mathrm{S}}^2}$$

$$G(s)=\frac{K_{\mathrm{R}}\cdot K_{\mathrm{S}}\cdot\omega_{0\mathrm{S}}^2}{s^2+2\cdot D_{\mathrm{S}}\cdot\omega_{0\mathrm{S}}\cdot s+(1+K_{\mathrm{R}}\cdot K_{\mathrm{S}})\cdot\omega_{0\mathrm{S}}^2}$$

特征方程:

$$s^2+2\cdot D_{\mathrm{S}}\cdot\omega_{0\mathrm{S}}\cdot s+(1+K_{\mathrm{R}}\cdot K_{\mathrm{S}})\cdot\omega_{0\mathrm{S}}^2=0$$

1) 曲线参数 K_{R} 的 WOK

具有动参数 K_{R} 的特征方程:

$$1+\frac{\boldsymbol{K_R}\cdot K_{\mathrm{S}}\cdot\omega_{0\mathrm{S}}^2}{s^2+2\cdot D_{\mathrm{S}}\cdot\omega_{0\mathrm{S}}\cdot s+\omega_{0\mathrm{S}}^2}=0$$

由特征方程

$$s^2+2\cdot D_{\mathrm{S}}\cdot\omega_{0\mathrm{S}}\cdot s+(1+K_{\mathrm{R}}\cdot K_{\mathrm{S}})\cdot\omega_{0\mathrm{S}}^2=0$$

计算 WOK 的起始点和终止点. 对于 $K_{\mathrm{R}}=0, D_{\mathrm{S}}>1$, WOK 始于实数极点

$$s_{\mathrm{p}1,2}=\omega_{0\mathrm{S}}\cdot\left(-D_{\mathrm{S}}\pm\sqrt{D_{\mathrm{S}}^{2}-1}\right)$$

随着 K_{R} 增大两个分支变成共轭复数, 并且对于 $K_{\mathrm{R}}\to\infty$ 终止于无穷远.

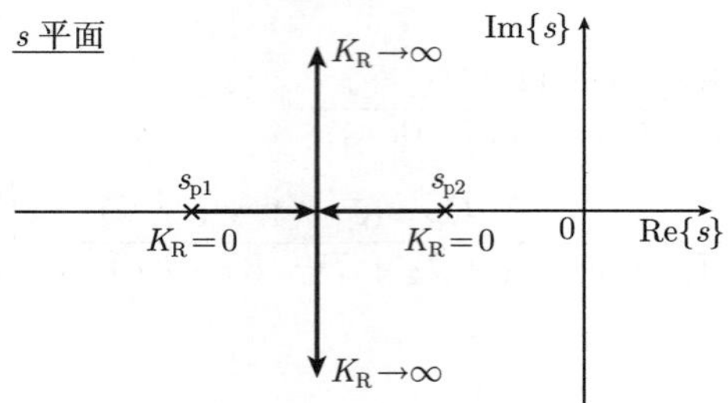

2) 曲线参数 D_{S} 的 WOK

具有动参数 D_{S} 的特征方程:

$$1+\frac{2\cdot\boldsymbol{D}_{\mathbf{S}}\cdot\omega_{0\mathrm{S}}\cdot s}{s^{2}+\omega_{0\mathrm{S}}^{2}\cdot(1+K_{\mathrm{R}}\cdot K_{\mathrm{S}})}=0$$

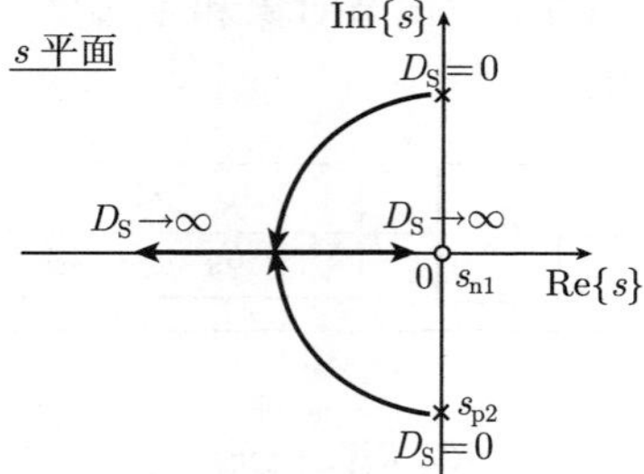

对于 $D_{\mathrm{S}}=0$, WOK 起始于共轭复数极点:

$$s^{2}+(1+K_{\mathrm{R}}\cdot K_{\mathrm{S}})\cdot\omega_{0\mathrm{S}}^{2}=0\to s_{\mathrm{p}1,2}=\pm\mathrm{j}\omega_{0\mathrm{S}}\cdot\sqrt{1+K_{\mathrm{R}}\cdot K_{\mathrm{S}}}$$

对于 $D_{\mathrm{S}}\to\infty$, 一个分支终止于零点

$$2\cdot\omega_{0\mathrm{S}}\cdot s=0\to s_{\mathrm{n}1}=0$$

而另一分支朝着 $-\infty$ 运行.

3) 曲线参数 $\omega_{0\mathrm{S}}$ 的 WOK

特征方程:

$$1+\frac{\omega_{0\mathrm{S}}\cdot[2\cdot D_{\mathrm{S}}\cdot s+\omega_{0\mathrm{S}}\cdot(1+K_{\mathrm{R}}\cdot K_{\mathrm{S}})]}{s^{2}}=0$$

对于曲线参数 $\omega_{0\mathrm{S}}$, 特征方程不具备应用 WOK 法的必要形式, 相位条件与 $\omega_{0\mathrm{S}}$ 无关.

6.4.4.2 多曲线参数的 WOK(WOK 等值曲线族)

在 6.4.4.1 节中除了调节器增益 K_R 外, 其他调节回路参数也可应用 WOK 法. 为了研究调节的敏感性, 通常将与两个或更多曲线参数有关的 WOK 绘制在一个图上是有优越性的. 这将产生一组 **WOK 等值曲线族**.

例 6.4-18 位置调节时不同曲线参数的 WOK.

在例 4.5-4 中 IT_1 位置被调节对象, 可通过具有速度增益 K_V 的 P 位置调节器将其增补成一个闭合的位置调节, 具有参数 r_k 的切削过程产生一个与速度成比例的切削力, 它作为扰动量反作用到被调节对象的输入端, 在 13.2.1 节中详尽地描述了位置调节的模型建立, 在本例中求对于曲线参数 K_V 的 WOK, 附带求关于机械时间常数 T_M 和切削参数 r_k 的 WOK.

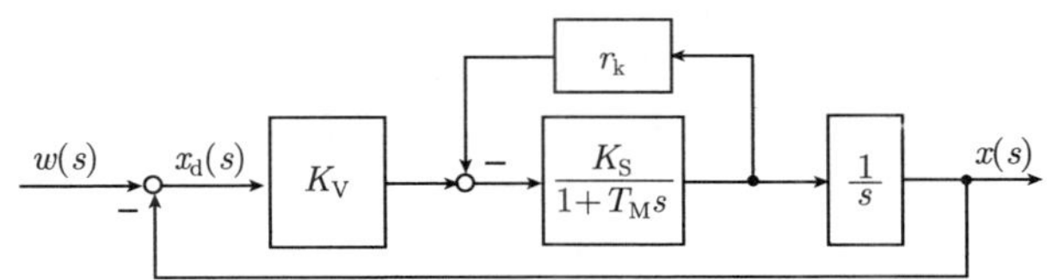

$$G_{RS}(s)=\frac{K_V\cdot K_S}{(T_M\cdot s+1+r_k\cdot K_S)\cdot s}$$

$$G(s)=\frac{K_V\cdot K_S}{(T_M\cdot s+1+r_k\cdot K_S)\cdot s+K_V\cdot K_S}$$

特征方程:

$$T_M\cdot s^2+(1+r_k\cdot K_S)\cdot s+K_V\cdot K_S=0$$

1) 曲线参数 K_V (速度增益) 的 WOK

具有动参数 K_V 的特征方程:

$$1+\frac{\boldsymbol{K_V}\cdot K_S}{T_M\cdot s^2+(1+r_k\cdot K_S)\cdot s}=0$$

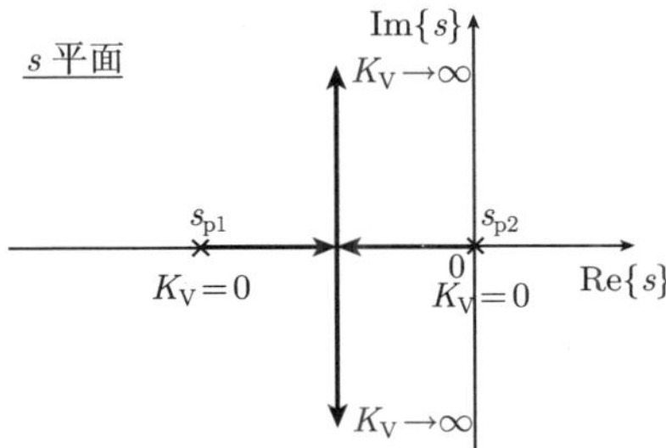

对于 $K_V = 0$, 特征方程提供如下的 WOK 起始点:

$$T_M \cdot s^2 + (1 + r_k \cdot K_S) \cdot s = 0 \to s_{p1} = -\frac{1 + r_k \cdot K_S}{T_M}, \qquad s_{p2} = 0$$

而对于 $K_V \to \infty$ 终止于无穷远.

2) 曲线参数 $\boldsymbol{T_M}$ (机械时间常数) 的 WOK

特征方程中动参数为机械时间常数的倒数:

$$1 + \frac{\frac{1}{\boldsymbol{T_M}} \cdot [(1 + r_k \cdot K_S) \cdot s + K_V \cdot K_S]}{s^2} = 0$$

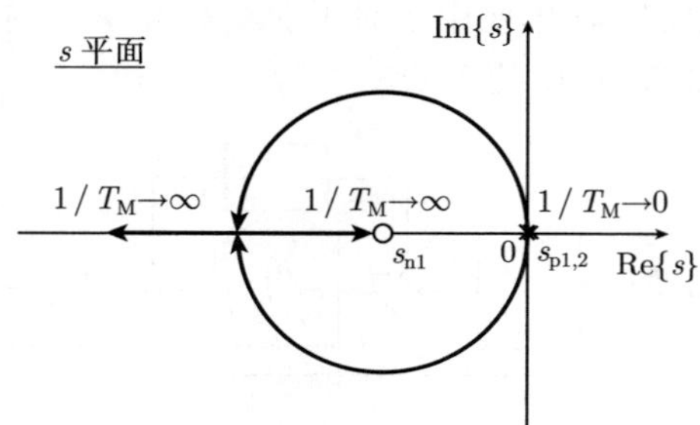

对于 $1/T_M \to 0\,(T_M \to \infty)$, 特征方程提供如下的 WOK 起始点 (极点):

$$s^2 = 0 \to s_{p1,2} = 0$$

对于 $1/T_M \to \infty\,(T_M \to 0)$, 一个 WOK 分支终止于零点

$$(1 + r_k \cdot K_S) \cdot s + K_V \cdot K_S = 0 \to s_{n1} = -\frac{K_V \cdot K_S}{1 + r_k \cdot K_S}$$

而第二个分支终止于无穷远.

3) 曲线参数 $\boldsymbol{r_k}$ (切削参数) 的 WOK

具有动参数 r_k 的特征方程:

$$1 + \frac{\boldsymbol{r_k} \cdot K_S \cdot s}{T_M \cdot s^2 + s + K_V \cdot K_S} = 0$$

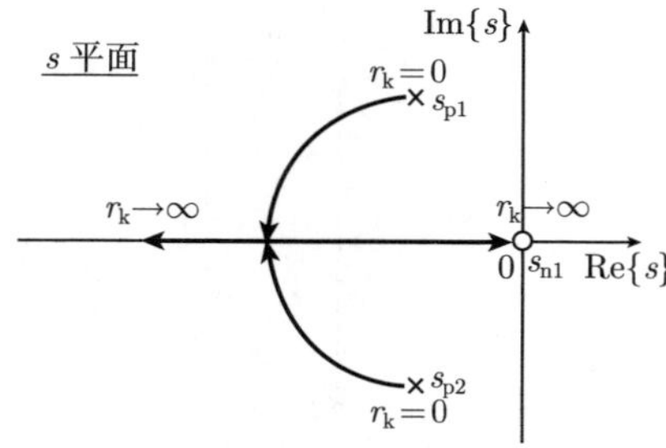

对于 $r_\mathrm{k}=0$, 特征方程提供 WOK 起始点位于极点:

$$T_\mathrm{M}\cdot s^2+s+K_\mathrm{V}\cdot K_\mathrm{S}=0\rightarrow s_{\mathrm{p}1,2}=-\frac{1}{2\cdot T_\mathrm{M}}\cdot\left(1\pm\sqrt{1-4\cdot T_\mathrm{M}\cdot K_\mathrm{V}\cdot K_\mathrm{S}}\right)$$

对于 $r_k\rightarrow\infty$, 它终止于零点

$K_\mathrm{S}\cdot s=0\rightarrow s_{\mathrm{n}1}=0$, 而第二个分支终止于无穷远.

例 6.4-19 位置调节的 WOK 等值曲线族.

在例 6.4-18 中求出对于每一个曲线参数如速度增益 K_V, 机械时间常数 T_M 和切削参数 r_k 的闭合位置调节的 WOK, 在本例中的 WOK 等值曲线族则是对于下面调节回路参数标称值:

$K_\mathrm{S}=1, r_\mathrm{k}=1, T_\mathrm{M}=0.05\mathrm{s}, K_\mathrm{V}=20\mathrm{s}^{-1}$

有效.

1) 曲线参数 K_V (速度增益) 和 T_M (机械时间常数) 的 WOK 等值曲线族

绘制与例 6.4-18, 2). 对应的对于 3 个离散值 K_V 的 WOK 等值曲线族, 其中机械时间常数的倒数总是在区间 $0\leqslant 1/T_\mathrm{M}<\infty$ 变化, 在图 6.4-16 上产生具有 3 条曲线的曲线族. 对于 $T_\mathrm{M}\rightarrow\infty$, WOK 起始于极点

$$s_{\mathrm{p}1,2}=0$$

而一个 WOK 分支终止于零点

$$s_{\mathrm{n}1}=-\frac{K_\mathrm{V}\cdot K_\mathrm{S}}{1+r_\mathrm{k}\cdot K_\mathrm{S}}$$

$$s_{\mathrm{n}1,20}=-10,\ (K_\mathrm{V}=20)$$

$$s_{\mathrm{n}1,40}=-20,\ (K_\mathrm{V}=40)$$

$$s_{\mathrm{n}1,60}=-30,\ (K_\mathrm{V}=60)$$

用 WOK 法的法则 5 计算在 s 平面实轴上的分会点, 从具有动参数 $1/T_\mathrm{M}$ 的特征方程

$$s^2+\frac{1}{T_\mathrm{M}}\cdot[(1+r_\mathrm{k}\cdot K_\mathrm{S})\cdot s+K_\mathrm{V}\cdot K_\mathrm{S}]=0$$

出发, 则方程变形为

$$\frac{1}{T_\mathrm{M}(s)}=\frac{-s^2}{(1+r_\mathrm{k}\cdot K_\mathrm{S})\cdot s+K_\mathrm{V}\cdot K_\mathrm{S}}$$

并且计算导数, 得

$$\frac{\mathrm{d}\dfrac{1}{T_\mathrm{M}(s)}}{\mathrm{d}s}=\frac{-(1+r_\mathrm{k}\cdot K_\mathrm{S})\cdot s^2-2\cdot K_\mathrm{V}\cdot K_\mathrm{S}\cdot s}{[(1+r_\mathrm{k}\cdot K_\mathrm{S})\cdot s+K_\mathrm{V}\cdot K_\mathrm{S}]^2}$$

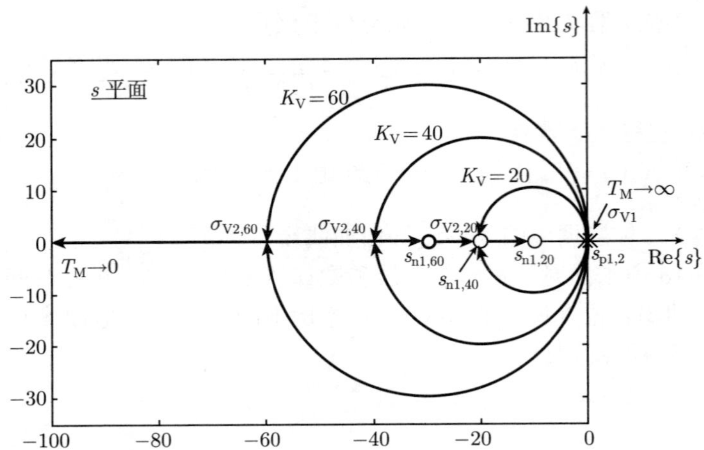

图 6.4-16　对于 3 个离散值 K_V 和机械时间常数倒数在区间 $0 \leqslant 1/T_M < \infty, K_S = 1, r_k = 1$ 位置调节的 WOK 等值曲线族

导数的零点

$$-(1 + r_k \cdot K_S) \cdot s^2 - 2 \cdot K_V \cdot K_S \cdot s \stackrel{!}{=} 0$$

为对于所有 K_V 值的分会点 $\sigma_{V1} = 0$, 并且

$$\sigma_{V2} = \frac{-2 \cdot K_V \cdot K_S}{1 + r_k \cdot K_S}$$

$$\sigma_{V2,20} = -20,\ K_V = 20$$

$$\sigma_{V2,40} = -40,\ K_V = 40$$

$$\sigma_{V2,60} = -60,\ K_V = 60$$

2) 曲线参数 K_V (速度增益) 和 r_k (切削参数) 的 WOK 等值曲线族

求与例 6.4-18, 3) 对应的离散值 K_V 的 WOK 等值曲线族, 其中切削参数 r_k 总是在区间 $0 \leqslant r_k < \infty$ 变化, 在图 6.4-17 上给出具有 3 条曲线的曲线族. 对于 $r_k = 0$, WOK 起始于极点:

$$T_M \cdot s^2 + s + K_V \cdot K_S = 0 \to s_{p1,2} = -\frac{1}{2 \cdot T_M} \cdot \left(1 \pm \sqrt{1 - 4 \cdot T_M \cdot K_V \cdot K_S}\right)$$

$$s_{p1,2,20} = -10 \pm \mathrm{j}17.32,\ K_V = 20$$

$$s_{p1,2,40} = -10 \pm \mathrm{j}26.46,\ K_V = 40$$

$$s_{p1,2,60} = -10 \pm \mathrm{j}33.17,\ K_V = 60$$

一个 WOK 分支总是终止于零点

$$K_S \cdot s = 0 \to s_{n1} = 0$$

用 WOK 法的法则 5 计算在 s 平面实轴上的分会点. 对此由特征方程

$$T_M \cdot s^2 + (1 + r_k \cdot K_S) \cdot s + K_V \cdot K_S = 0$$

求解出曲线参数 r_k

$$r_k(s) = \frac{-[T_M \cdot s^2 + s + K_V \cdot K_S]}{K_S \cdot s}$$

并计算导数得

$$\frac{\mathrm{d}\boldsymbol{r_k}(s)}{\mathrm{d}\boldsymbol{s}} = \frac{-T_M \cdot s^2 + K_V \cdot K_S}{K_S \cdot s^2}$$

$$-T_M \cdot s^2 + K_V \cdot K_S \overset{!}{=} 0$$

提供两个与 K_V 有关的零点, 对于分会点, 平方根的负号有效

$$\sigma_V = -\sqrt{\frac{K_V \cdot K_S}{T_M}}$$

$$\sigma_{V,20} = -20,\ (K_V = 20)$$

$$\sigma_{V,40} = -28.28,\ (K_V = 40)$$

$$\sigma_{V,60} = -34.64,\ (K_V = 60)$$

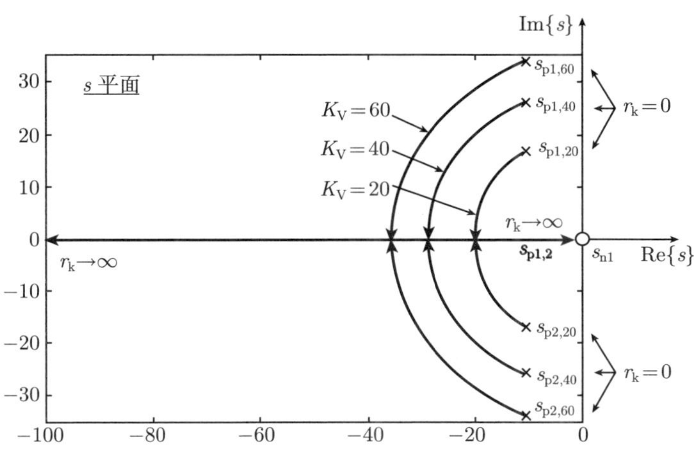

图 6.4-17 对于 3 个离散值 K_V 和切削参数在区间 $0 \leqslant r_k < \infty, K_S = 1, T_M = 0.05\text{s}$ 位置调节的 WOK 等值曲线族

6.4.5 小结

根轨迹曲线 (WOK) 可在 s 平面上图示调节系统的极–零点与曲线参数的关系，感兴趣的曲线参数大多为调节器增益 K_{R}，并且借助 WOK 可快速判断调节系统的稳定性和品质.

WOK 法是以结构法则为基础的，其中 WOK 是用简单公式构建的，为研究参数的敏感性，通常也将本法应用于其他调节回路参数，WOK 法不适用包含时延环节的调节系统，本方法适用于具有不稳定被调节对象调节的研究.

第 7 章 用于调整调节回路的伯德法

7.1 导言

伯德法或频率特性曲线法将应用开环调节回路频率特性去调整调节器参数，研究对数绘制的所谓伯德图以取代幅相频率特性曲线图.

伯德法的基础是奈奎斯特判据.

7.2 伯德图

7.2.1 开环调节回路伯德图

由开环频率特性 $F_{\mathrm{RS}}(\mathrm{j}\omega)$ 的幅相频率特性曲线只能读出闭环调节回路频率特性的**基本特性(Grundsätzliche Eigenshaften)**，由幅相频率特性曲线可求得调节系统稳定性和阻尼比，其缺点是耗费巨大的计算才能得到幅相频率特性曲线，调节系统的幅相频率特性曲线与参数之间的关系是不能以简单方法表示的.

如果调节器和对象的增益系数和时间常数是已知的，或首先给定作为调整调节回路计算基础的调节器参数，那么应用伯德图是有益的.

应用伯德图**实际求**调节器参数.

在伯德图中绘出关于角频率 ω 的

$$\boxed{\text{幅值 } |F_{\mathrm{RS}}(\mathrm{j}\omega)| \text{ 和相位 } \varphi_{\mathrm{RS}}(\omega) = \varphi_{\mathrm{RS}}\{F_{\mathrm{RS}}(\mathrm{j}\omega)\}}$$

其开环调节回路的频率特性为

$$\boxed{F_{\mathrm{RS}}(\mathrm{j}\omega) = |F_{\mathrm{RS}}(\mathrm{j}\omega)| \cdot \mathrm{e}^{\mathrm{j}\varphi_{\mathrm{RS}}(\omega)}}$$

在此采用**对数坐标刻度(logarithmischer Maßstab)**，所绘制的图称为**频率特性线图(Frequenzkennlinien-Diagramme)**.

这种表示的优越性如下.

- 通过对数表示可覆盖一个**大的幅值和频率范围(großer Amplituden- und Frequenzbereich)**.
- 曲线变化过程在整个频率范围内具有恒定的**相对精度(relative Genauigkeit)**.

- 在多个传递环节串联时频率特性相乘, 在伯德图中相位角和对数幅值**图形相加(grafisch addiert)** 取代耗费巨大的复数频率特性乘法.
- 图形加法是可简单地实现, 因为调节技术的基本环节的频率特性曲线图一般可用**直线(Geraden)** 近似.

通过对频率特性取对数可生成

$$\begin{aligned}\lg F_{\mathrm{RS}}(\mathrm{j}\omega) &= \lg[|F_{\mathrm{R}}(\mathrm{j}\omega)| \cdot \mathrm{e}^{\mathrm{j}\varphi_{\mathrm{R}}(\omega)} \cdot |F_{\mathrm{S}}(\mathrm{j}\omega)| \cdot \mathrm{e}^{\mathrm{j}\varphi_{\mathrm{S}}(\omega)}] \\ &= \lg|F_{\mathrm{R}}(\mathrm{j}\omega)| + \lg|F_{\mathrm{S}}(\mathrm{j}\omega)| + \mathrm{j}\cdot\lg(\mathrm{e})\cdot[\varphi_{\mathrm{R}}(\omega)+\varphi_{\mathrm{S}}(\omega)] \\ &= \lg|F_{\mathrm{RS}}(\mathrm{j}\omega)| + \mathrm{j}\cdot\lg(\mathrm{e})\cdot\varphi_{\mathrm{RS}}(\omega)\end{aligned}$$

在伯德图中分别绘出频率特性幅值和相位:

$$\begin{aligned}\lg|F_{\mathrm{RS}}(\mathrm{j}\omega)| &= \lg|F_{\mathrm{R}}(\mathrm{j}\omega)| + \lg|F_{\mathrm{S}}(\mathrm{j}\omega)| \\ \varphi_{\mathrm{RS}}(\omega) &= \varphi_{\mathrm{R}}(\omega) + \varphi_{\mathrm{S}}(\omega)\end{aligned}$$

开环调节回路频率特性的幅值用

幅频特性　$\lg|F_{\mathrm{RS}}(\mathrm{j}\omega)|$

表示, 而相位用

相频特性　$\varphi_{\mathrm{RS}}(\omega) = \varphi_{\mathrm{RS}}\{F_{\mathrm{RS}}(\mathrm{j}\omega)\}$

表示, 这两条曲线都绘制成与对数角频率的关系. 幅频特性的值通常以对数增益量度 dB(分贝) 给出, 为便于换算, 下面公式有效:

$$\begin{aligned}|F_{\mathrm{RS}}(\mathrm{j}\omega)|_{\mathrm{dB}} &= 20\cdot\lg|F_{\mathrm{RS}}(\mathrm{j}\omega)|\ [\mathrm{dB}] \\ |F_{\mathrm{RS}}(\mathrm{j}\omega)| &= 10^{\left[\frac{|F_{\mathrm{RS}}(\mathrm{j}\omega)|_{\mathrm{dB}}}{20}\right]}\end{aligned}$$

幅频特性和相频特性在伯德图中都是以线性纵坐标刻度给出.

7.2.2　重要传递环节伯德图

7.2.2.1　导言

在第 4 章曾对于各种调节回路环节用频率特性函数推导和绘制了伯德图, 对于基本环节的伯德图列举如下.

7.2.2.2　比例环节 (P 环节)

频率特性: $F(\mathrm{j}\omega) = K_{\mathrm{P}}$;

幅值: $|F(\mathrm{j}\omega)| = K_{\mathrm{P}}$,　$\lg|F(\mathrm{j}\omega)| = \lg K_{\mathrm{P}}$,　$|F(\mathrm{j}\omega)|_{\mathrm{dB}} = 20\cdot\lg K_{\mathrm{P}}$;

相位: $\varphi(\omega) = 0°$.

幅频特性是一条距离零线为 $\lg K_{\mathrm{P}}\,(20 \cdot \lg K_{\mathrm{P}})$ 的平行线, 而相频特性为 $\varphi = 0°$ 的常值, 如图 7.2-1 所示.

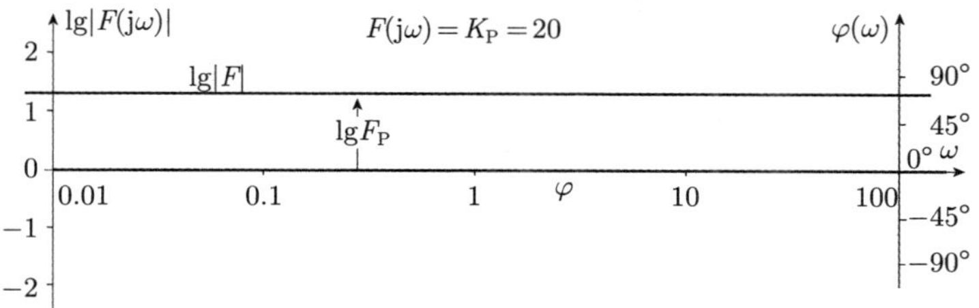

图 7.2-1 比例环节伯德图

7.2.2.3 积分环节 (I 环节)

频率特性：$F(\mathrm{j}\omega) = \dfrac{K_{\mathrm{I}}}{\mathrm{j}\omega}$;

幅值：$|F(\mathrm{j}\omega)| = \dfrac{K_{\mathrm{I}}}{\omega}$,

$$\lg|F(\mathrm{j}\omega)| = \lg K_{\mathrm{I}} - \lg\omega, \quad |F(\mathrm{j}\omega)|_{\mathrm{dB}} = 20 \cdot \lg K_{\mathrm{I}} - 20 \cdot \lg\omega;$$

相位：$\varphi(\omega) = -90°$.

幅频特性是一条斜率为 $-1/\mathrm{Dekade}$[①] $(-20\ \mathrm{dB/Dekade})$ 的直线, 幅频特性在截止角频率 $\omega_{\mathrm{DI}} = K_{\mathrm{I}}$ 与角频率轴相交, 而相频特性为 $\varphi = -90°$ 的常值如图 7.2-2 所示.

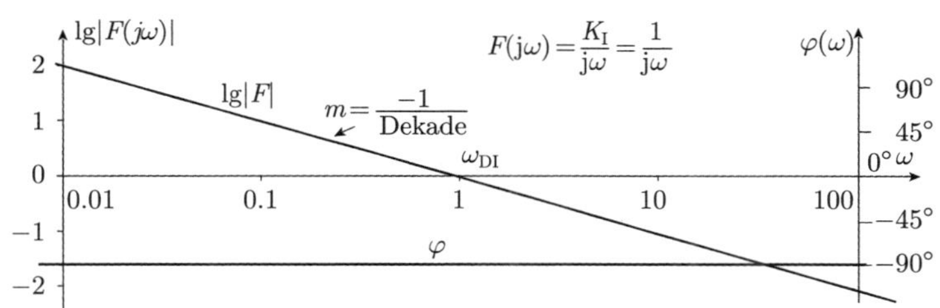

图 7.2-2 积分环节伯德图

7.2.2.4 微分环节 (D 环节)

频率特性：$F(\mathrm{j}\omega) = K_{\mathrm{D}} \cdot \mathrm{j}\omega$;

幅值：$|F(\mathrm{j}\omega)| = K_{\mathrm{D}} \cdot \omega$,

$$\lg|F(\mathrm{j}\omega)| = \lg K_{\mathrm{D}} + \lg\omega, \quad |F(\mathrm{j}\omega)|_{\mathrm{dB}} = 20 \cdot \lg K_{\mathrm{D}} + 20 \cdot \lg\omega$$

① [译者注] Dekade 为对数分度十倍频程, 英文缩码为 dec.

相位：$\varphi(\omega) = 90°$.

幅频特性是一条斜率为 1/Dekade (20 dB/Dekade) 的直线, 幅频特性在截止角频率 $\omega_{\mathrm{DD}} = 1/K_{\mathrm{D}}$ 与角频率轴相交, 而相频特性为 $\varphi = 90°$ 的常值, 如图 7.2-3 所示.

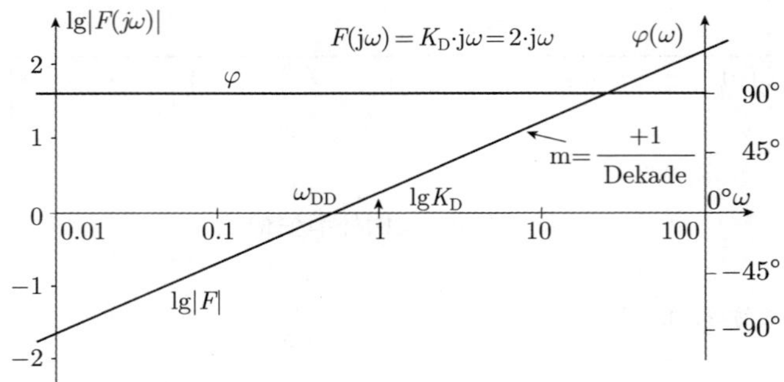

图 7.2-3　微分环节伯德图

7.2.2.5　具有 I 阶滞后比例环节 (PT_1 环节)

频率特性：$F(\mathrm{j}\omega) = \dfrac{K_{\mathrm{P}}}{1+\mathrm{j}\omega\cdot T_1}$;

幅值：$|F(\mathrm{j}\omega)| = \dfrac{K_{\mathrm{P}}}{\sqrt{1+\omega^2 T_1^2}}$,　$\lg|F(\mathrm{j}\omega)| = \lg K_{\mathrm{P}} - \lg\sqrt{1+\omega^2T_1^2}$,

$$|F(\mathrm{j}\omega)|_{\mathrm{dB}} = 20\cdot\lg K_{\mathrm{P}} - 20\cdot\lg\sqrt{1+\omega^2T_1^2};$$

相位：$\varphi(\omega) = -\arctan(\omega T_1)$.

幅频特性, 对于 $\omega\cdot T_1 \ll 1$ 是一条平行于零线的**直线(Gerade)**, 而对于 $\omega\cdot T_1 \gg 1$ 是一条斜率为 −1/Dekade (−20 dB/Dekade) 的直线, 这两条直线在**转折角频率(Eckkreisfrequenz)**$\omega_{\mathrm{E}} = 1/T_1$ 相交, 幅频特性在该处具有值为 $\lg K_{\mathrm{P}} - 0.15\,(20\cdot\lg K_{\mathrm{P}} - 3\,\mathrm{dB})$, 如图 7.2-4 所示.

相频特性在区间 $0.1\cdot\omega_{\mathrm{E}} \leqslant \omega \leqslant 10\cdot\omega_{\mathrm{E}}$ 可用一条具有斜率为 −45°/Dekade 的直线来近似, 其绝对误差小于 5.72°, 对于 $\omega\cdot T_1 \ll 1$ 相位 $\varphi \approx 0°$, 而对于 $\omega\cdot T_1 \gg 1$ 为 $\varphi \approx -90°$.

例 7.2-1　对于 I 阶滞后比例环节 (PT_1 环节) 伯德图特性参数, 在表 7.2-1 中归纳了图 7.2-4 中 PT_1 环节伯德图特性参数.

$$F(\mathrm{j}\omega) = \frac{K_{\mathrm{P}}}{1+\mathrm{j}\omega\cdot T_1} = \frac{20}{1+\mathrm{j}\omega\cdot 1\,\mathrm{s}},\quad K_{\mathrm{P}} = 20,\quad T_1 = 1\,\mathrm{s}$$

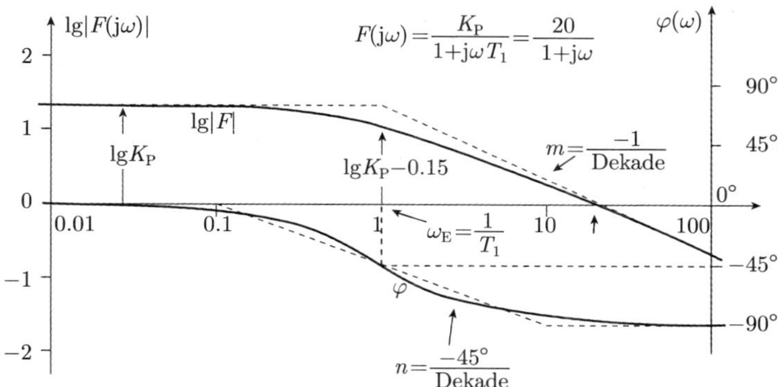

图 7.2-4 具有 I 阶滞后比例环节伯德图

表 7.2-1 PT$_1$ 环节伯德图特性参数

	$\omega\cdot T_1 \ll 1$	$\omega\cdot T_1 = 1$	$\omega\cdot T_1 \gg 1$
$\lvert F(\mathrm{j}\omega)\rvert = \dfrac{K_\mathrm{P}}{\sqrt{1+(\omega\cdot T_1)^2}}$	$\dfrac{K_\mathrm{P}}{1}=20$	$\dfrac{K_\mathrm{P}}{\sqrt{2}}=14.1$	$\dfrac{K_\mathrm{P}}{\omega\cdot T_1}=\dfrac{20}{\omega}$
$\lg\lvert F(\mathrm{j}\omega)\rvert = \lg K_\mathrm{P}$ $-\lg\sqrt{1+(\omega\cdot T_1)^2}$	$\lg K_\mathrm{P}$ $=1.3$ $\omega\cdot T_1 \ll 1$	$\lg K_\mathrm{P}-0.15$ $=1.15$ $\omega\cdot T_1 = 1$	$\lg K_\mathrm{P}-\lg(\omega\cdot T_1)$ $=1.3-\lg\omega$ $\omega\cdot T_1 \gg 1$
$\lvert F(\mathrm{j}\omega)\rvert_\mathrm{dB} = 20\lg K_\mathrm{P}$ $-20\lg\sqrt{1+(\omega\cdot T_1)^2}$	$20\lg K_\mathrm{P}$ $=26\,\mathrm{dB}$	$20\lg K_\mathrm{P}-3\,\mathrm{dB}$ $=23\,\mathrm{dB}$	$20\lg K_\mathrm{P}-20\lg(\omega\cdot T_1)$ $=26\,\mathrm{dB}-20\lg\omega$
$\lg\lvert F(\mathrm{j}\omega)\rvert$ 斜率	0/Dekade 0 dB/Dekade		−1/Dekade −20 dB/Dekade
$\varphi(\omega)=-\arctan(\omega\cdot T_1)$	$\approx 0°$	$-45°$	$\approx -90°$
$\varphi(\omega)=-\arctan(\omega\cdot T_1)$ 斜率	$\omega<0.1\omega_\mathrm{E}$ $\approx 0°$/Dekade	$0.1\omega_\mathrm{E}<\omega<10\,\omega_\mathrm{E}$ $-45°$/Dekade	$\omega>10\,\omega_\mathrm{E}$ $\approx 0°$/Dekade

在转折角频率 ω_E 处频率特性的实部与虚部相等：$\omega_\mathrm{E}=1/T_1=\mathrm{s}^{-1}$，而截止角频率 (在 $\lg|F(\mathrm{j}\omega)|=0$ 处) 由 $\omega_\mathrm{D}\approx K_\mathrm{P}/T_1$ 计算出 $\omega_\mathrm{D}=20\,\mathrm{s}^{-1}$.

7.2.2.6 比例微分环节 (PD 环节)

频率特性：$F(\mathrm{j}\omega)=K_\mathrm{P}\cdot(1+\mathrm{j}\omega T_\mathrm{V})$；
幅值：$|F(\mathrm{j}\omega)|=K_\mathrm{P}\cdot\sqrt{1+\omega^2T_\mathrm{V}^2}$,

$$\lg|F(\mathrm{j}\omega)|=\lg K_\mathrm{P}+\lg\sqrt{1+\omega^2T_\mathrm{V}^2},$$

$$|F(\mathrm{j}\omega)|_\mathrm{dB}=20\cdot\lg K_\mathrm{P}+20\cdot\lg\sqrt{1+\omega^2T_\mathrm{V}^2};$$

相位：$\varphi(\omega)=\arctan(\omega T_\mathrm{V})$.

幅频特性，对于 $\omega\cdot T_\mathrm{V}\ll 1$ 是一条平行于零线的**直线(Gerade)**，而对于 $\omega\cdot$

$T_V \gg 1$ 是一条斜率为 1/Dekade (20 dB/Dekade) 的直线, 这两条直线在**转折角频率(Eckkreisfrequenz)** $\omega_E = 1/T_V$ 相交. 幅频特性在该处具有值为 $\lg K_P + 0.15$ $(20 \cdot \lg K_P + 3\,\text{dB})$ 如图 7.2-5 所示.

相频特性在区间 $0.1 \cdot \omega_E \leqslant \omega \leqslant 10 \cdot \omega_E$ 可用一条具有斜率为 +45°/Dekade 的直线来近似, 其绝对误差小于 5.72°, 对于 $\omega \cdot T_V \ll 1$ 相位为 $\varphi \approx 0°$, 而对于 $\omega \cdot T_V \gg 1$ 为 $\varphi \approx 90°$.

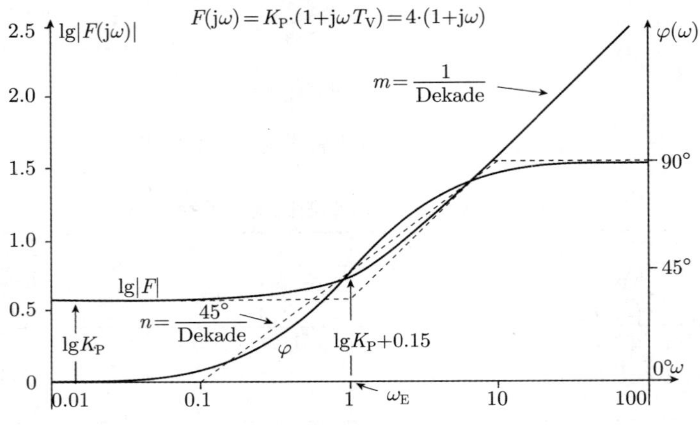

图 7.2-5　比例微分环节伯德图

7.2.2.7　时延环节 (PT_t 环节)

频率特性: $F(j\omega) = K_P \cdot e^{-j\omega T_t}$;
幅值: $|F(j\omega)| = K_P$,　$\lg|F(j\omega)| = \lg K_P$,　$|F(j\omega)|_{dB} = 20 \cdot \lg K_P$;
相位: $\varphi(\omega) = -\omega \cdot T_t$.

幅频特性为常值, 而相位与角频率成比例, 如图 7.2-6 所示.

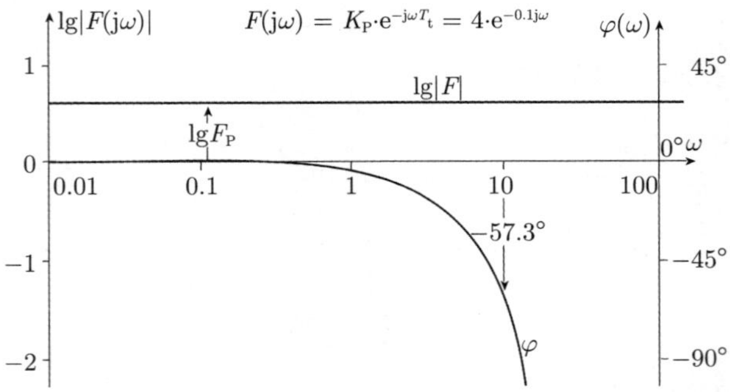

图 7.2-6　时延环节伯德图

7.2.2.8 具有 II 阶滞后比例环节 (PT_2 环节)

频率特性:

$$F(\mathrm{j}\omega) = \frac{K_\mathrm{P}}{1 + 2 \cdot D \cdot \mathrm{j}\dfrac{\omega}{\omega_0} + \left(\mathrm{j}\dfrac{\omega}{\omega_0}\right)^2};$$

幅值: $|F(\mathrm{j}\omega)| = \dfrac{K_\mathrm{P}}{\sqrt{\left[1 - \left(\dfrac{\omega}{\omega_0}\right)^2\right]^2 + \left[2 \cdot D \cdot \dfrac{\omega}{\omega_0}\right]^2}},$

$$\lg|F(\mathrm{j}\omega)| = \lg K_\mathrm{P} - \lg\sqrt{\left[1 - \left(\frac{\omega}{\omega_0}\right)^2\right]^2 + \left[2 \cdot D \cdot \frac{\omega}{\omega_0}\right]^2},$$

$$|F(\mathrm{j}\omega)|_\mathrm{dB} = 20\lg K_\mathrm{P} - 20 \cdot \lg\sqrt{\left[1 - \left(\frac{\omega}{\omega_0}\right)^2\right]^2 + \left[2 \cdot D \cdot \frac{\omega}{\omega_0}\right]^2};$$

相位: $\varphi(\omega) = \arctan\dfrac{-2 \cdot D \cdot \dfrac{\omega}{\omega_0}}{1 - \left(\dfrac{\omega}{\omega_0}\right)^2}.$

幅频特性, 对于 $\dfrac{\omega}{\omega_0} \ll 1$ 是一条平行于零线的**直线(Gerade)**, 而对于 $\dfrac{\omega}{\omega_0} \gg 1$ 是一条斜率为 -2/Dekade (-40 dB/Dekade) 的直线, 这两条直线在**特征角频率(Kennkreisfrequenz)**ω_0 相交如图 7.2-7 所示.

对于 $\dfrac{\omega}{\omega_0} \ll 1$ 相位为 $\varphi \approx 0°$, 而对于 $\dfrac{\omega}{\omega_0} \gg 1$ 为 $\varphi \approx -180°$, 在特征角频率 ω_0 附近的幅频特性和相频特性与阻尼比有关.

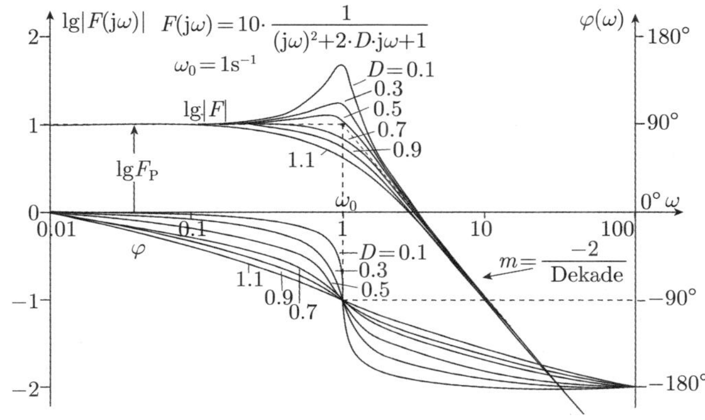

图 7.2-7 具有 II 阶滞后比例环节伯德图

例 7.2-2　求由三个传递环节串联的伯德图, 在串联传递环节时, 频率特性函数相乘, 在伯德图中, 相位角和对数幅值图形加法可取代耗费巨大的复数频率特性的乘法, 图形加法是可简化的, 因为调节技术的基本环节的频率特性曲线大多可用直线近似.

对于两个 PT_1 环节和一个 P 环节串联, 确定其伯德图, 其中 $K_P = 20$, $T_1 = 1.0\,s$, $T_2 = 0.1\,s$.

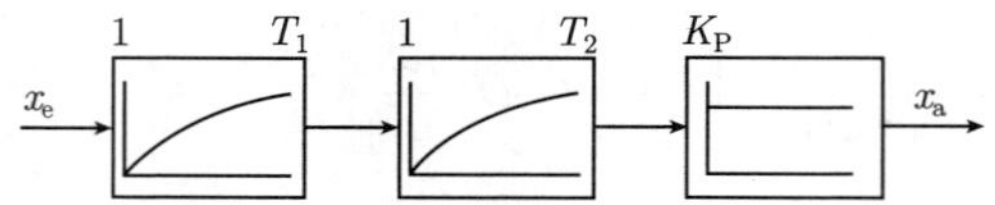

由信号流图得频率特性函数:

$$F(j\omega) = F_1(j\omega) \cdot F_2(j\omega) \cdot F_3(j\omega) = \frac{1}{1 + j\omega T_1} \cdot \frac{1}{1 + j\omega T_2} \cdot K_P$$

$$= \frac{K_P}{(1 + j\omega T_1) \cdot (1 + j\omega T_2)}$$

伯德图由三部分频率特性构建.

(1) $F_1(j\omega)$ 的**伯德图**:

转折角频率　$\omega_{E1} = \frac{1}{T_1} = 1\,s^{-1}$

$\lg|F_1(j\omega)| = 0, \omega \ll \omega_{E1}$

$\lg|F_1(j\omega)| = -\lg \omega T_1, \omega \gg \omega_{E1}$ (斜率 -1/Dekade)

$\varphi_1 = 0°, \omega < 0.1\omega_{E1}$

$\varphi_1(\omega) = -\arctan(\omega T_1)$, 斜率 $-45°$/Dekade, $0.1\omega_{E1} \leqslant \omega \leqslant 10\,\omega_{E1}$

$\varphi_1 = -90°, \omega > 10\,\omega_{E1}$

$F_2(j\omega)$ 的**伯德图**:

(2) 转折角频率 $\omega_{E2} = \frac{1}{T_2} = 10\,s^{-1}$

$\lg|F_2(j\omega)| = 0, \omega \ll \omega_{E2}$

$\lg|F_2(j\omega)| = -\lg \omega T_2, \omega \gg \omega_{E2}$ (斜率 -1/Dekade)

$\varphi_2 = 0°, \omega < 0.1\omega_{E2}$

$\varphi_2(\omega) = -\arctan(\omega T_2)$, 斜率 $-45°$/Dekade, $0.1\omega_{E2} \leqslant \omega \leqslant 10\,\omega_{E2}$

$\varphi_2 = -90°, \omega > 10\,\omega_{E2}$

(3) $F_3(j\omega)$ 的**伯德图**:

$\lg|F_3(j\omega)| = \lg K_P = 1.3, \quad \varphi_3 = 0°$

图 7.2-8 得到各单个环节和总的频率特性线, 其中幅频特性和相频特性既可通过直线近似又可精确地计算.

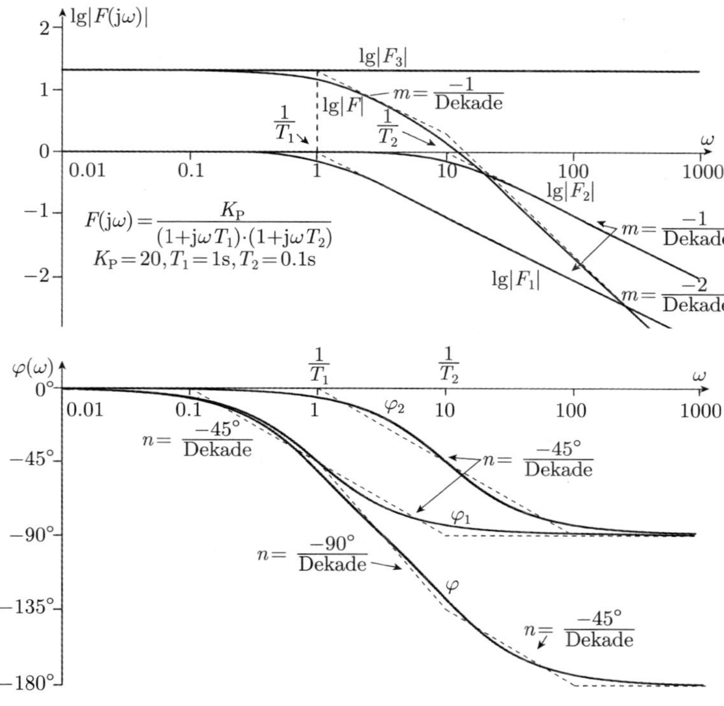

图 7.2-8 两个 PT_1 环节和一个 P 环节串联的伯德图

7.3 伯德图稳定性边界

7.3.1 与幅相频率特性曲线图比较

在应用简化奈奎斯特法时频率特性 $F_{RS}(j\omega)$ 的稳定性边界 (**幅相频率特性曲线(Ortskurve)** 的临界点) 通过下面数据来标记.

$$F_{RS}(j\omega_{krit}) = -1 + j0 = -1,$$

$$\mathrm{Re}\{F_{RS}(j\omega_{krit})\} = -1, \quad \mathrm{Im}\{F_{RS}(j\omega_{krit})\} = 0$$

相应地可得到在对数伯德图中的稳定性边界, 如图 7.3-1 所示.

$F_{RS}(j\omega_{krit})$ 幅值: $\lg|F_{RS}(j\omega_{krit})| = 0, \quad 20 \cdot \lg|F_{RS}(j\omega_{krit})| = 0\,\mathrm{dB}$

$F_{RS}(j\omega_{krit})$ 相位: $\varphi_{RS}(\omega_{krit}) = -180^\circ$

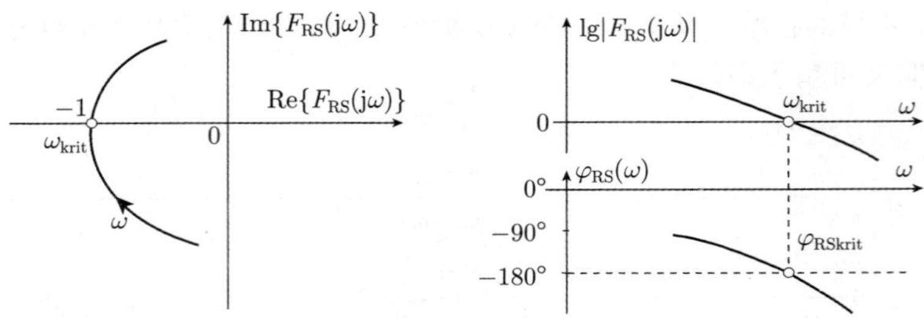

图 7.3-1　在幅相频率特性曲线图和伯德图中表示的稳定性边界 $F_{RS}(j\omega_{krit})$

在图 7.3-2 和图 7.3-3 表示一个稳定的和一个不稳定调节回路的幅相频率特性曲线图和伯德图.

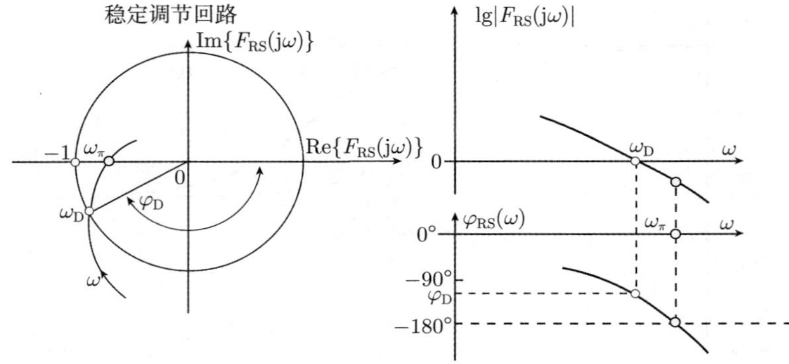

图 7.3-2　稳定调节回路的幅相频率特性曲线图与伯德图对比

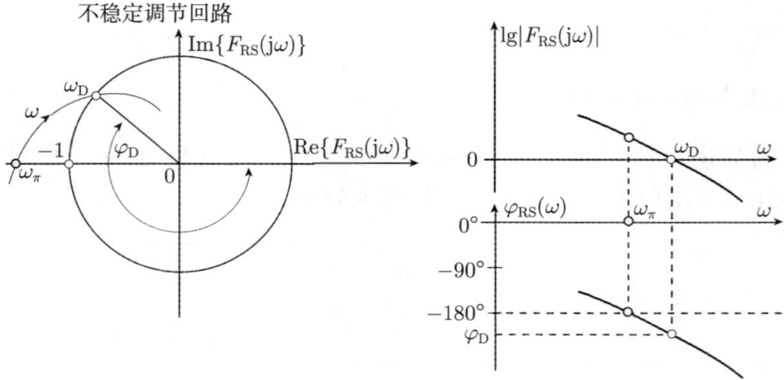

图 7.3-3　不稳定调节回路的幅相频率特性曲线图与伯德图对比

用**截止角频率(Durchtrittskreisfrequenz)** ω_D 和**截止相位角(Durchtritts-phasenwinkel)** φ_D 可表述**伯德图的稳定性判据(Stabilitätskrieterium für das**

Bode-Diagramm):

> 闭环调节回路是稳定的, 仅当在截止角频率 ω_{D} 处开环调节回路的相频特性运行在 $-180°$ 上方, 截止相位 φ_{D} 大于 $-180°$.

幅相频率特性曲线图的单位圆对应于伯德图的零线 (零分贝线). 在截止角频率 ω_{D} 时开环调节回路的对数幅频特性通过零线, 在**穿越角频率 (Phasenschnittkreisfrequenz)** ω_{π} 时相频特性值为 $-180°$.

7.3.2 幅值裕度和相位裕度

调整调节回路不能达到稳定性边界这是必要的, 即相对稳定性边界保持一个**安全裕度 (Reserve)**, 该裕度应在被调节对象参数变化时不出现不稳定, 该裕度也称为**稳定性品质(Stabilitätsgüte)**, 它可借助**幅值裕度(Amplitudenreserve(Amplitudenrand))** 和**相位裕度(Phasenreserve(Phasenrand))** 给出 (图 7.3-4), 用幅值裕度 A_{R} 标记频率特性的幅值.

$$
\boxed{\begin{aligned}
A_{\mathrm{R}} &= 1/|F_{\mathrm{RS}}(\mathrm{j}\omega)| \\
\lg A_{\mathrm{R}} &= \lg(1/|F_{\mathrm{RS}}(\mathrm{j}\omega)|) \\
A_{\mathrm{RdB}} &= 20\cdot\lg(1/|F_{\mathrm{RS}}(\mathrm{j}\omega)|), \quad \varphi_{\mathrm{RS}}(\omega) = -180°
\end{aligned}}
$$

相位裕度(Phasenreserve) $\varPhi_{\mathrm{R}}$ 为在幅频曲线穿过零线时相位至 $-180°$ 角的相位距离.

$$
\boxed{\varPhi_{\mathrm{R}} = 180° + \varphi_{\mathrm{RS}}(\omega), \quad \text{当} \quad \lg|F_{\mathrm{RS}}(\mathrm{j}\omega)| = 0 \text{ 时}}
$$

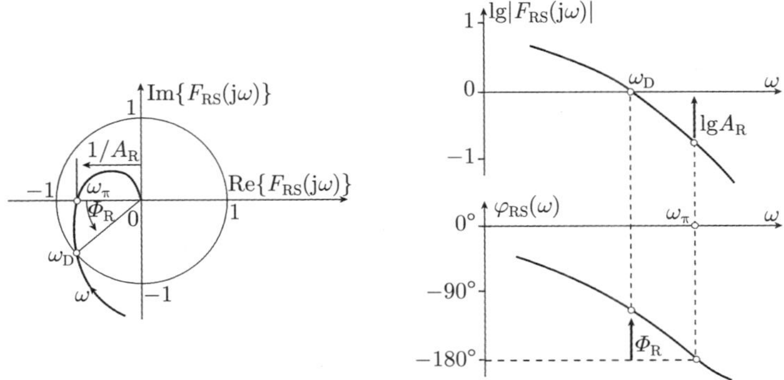

图 7.3-4 在幅相频率特性曲线图和伯德图中幅值裕度和相位裕度

例 7.3-1 试求调节回路的相位裕度和幅值裕度.

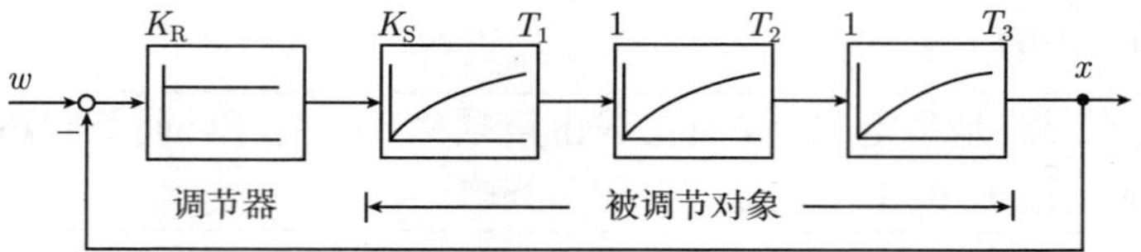

开环调节回路传递函数为

$$G_{RS}(s) = G_R(s) \cdot G_S(s) = K_R \cdot \frac{K_S}{(1+T_1 \cdot s) \cdot (1+T_2 \cdot s) \cdot (1+T_3 \cdot s)}$$

其中, $K_R = 5,\ K_S = 2,\ T_1 = 1\,\mathrm{s},\ T_2 = T_3 = 0.1\,\mathrm{s}$.

开环调节回路的频率特性由 3 个 PT_1 环节组成, 并具有增益系数 $K_R \cdot K_S$:

$$F_{RS}(j\omega) = F_R(j\omega) \cdot F_S(j\omega) = \frac{K_R \cdot K_S}{(1+j\omega T_1) \cdot (1+j\omega T_2) \cdot (1+j\omega T_3)}$$

$$= K_R \cdot K_S \cdot A_1 \cdot e^{j\varphi_1} \cdot A_2 \cdot e^{j\varphi_2} \cdot A_3 \cdot e^{j\varphi_3},$$

其中, $A_i = \left|\frac{1}{1+j\omega T_i}\right|,\quad \varphi_i = -\arctan(\omega T_i),\quad i = 1,\ 2,\ 3.$

转折角频率为 $\omega_i = \frac{1}{T_i}$,

$$\omega_1 = 1.0\,\mathrm{s}^{-1},\quad \omega_2 = \omega_3 = 10.0\,\mathrm{s}^{-1},$$

对数增益系数 $\lg(K_R K_S) = 1.0$. 将各个相位曲线和幅值曲线图形分别相加, 在截止角频率 $\omega_D = 6.778\,\mathrm{s}^{-1}$ 时相位裕度为 $\Phi_R = 30.2°$, 而在 $\omega_\pi = 10.96\,\mathrm{s}^{-1}$ 时幅值裕度为 $A_R = 2.421$ ($\lg A_R = 0.384\,(7.68\,\mathrm{dB})$). 调节回路是稳定的如图 7.3-5 所示.

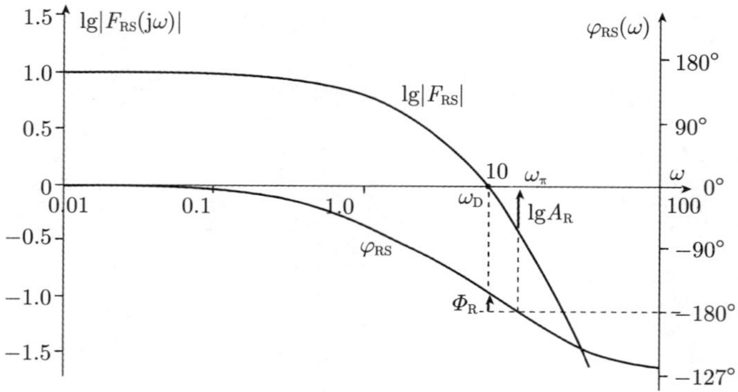

图 7.3-5　在伯德图中幅值裕度和相位裕度

7.4 伯德法的应用

7.4.1 调整稳定性品质

应用伯德法调整预先给定相位裕度 $\varPhi_{\mathrm{R}}$ 或幅值裕度 A_{R} 的稳定性品质, 调节回路其他品质指标为在阶跃接入时稳态调节误差 $x_{\mathrm{d}}(t\to\infty)$ 和开环调节回路传递函数的截止角频率 ω_{D}.

在时域这些参数具有下列意义. 截止角频率能影响调节回路的快速性, 大的截止角频率 ω_{D} 带来闭环调节回路大的带宽 ω_{b} 和小的调节回路阶跃响应上升时间 t_{r}, 稳态调节误差 $x_{\mathrm{d}}(t\to\infty)$ 是调节系统精度的指标, 增大相位裕度 $\varPhi_{\mathrm{R}}$ 将减少阶跃响应的超调量 $\ddot{u}$.

回路增益 $K_{\mathrm{R}}\cdot K_{\mathrm{S}}$ 影响稳态调节误差和截止角频率, 而相位裕度或幅值裕度规定稳定性品质, 影响调节回路有以下几种可能方式.

- 调整增益系数;
- 升高相频特性;
- 降低幅频特性.

7.4.2 调整增益系数

在一些应用中借助调节器增益 K_{R} 调整到预先给定的特征值是可能的, 对此, 相频特性是不会改变的, 因为 K_{R} 不具有虚数部分, 如果仅给出相位裕度 $\varPhi_{\mathrm{R}}$, 幅值裕度 A_{R}, 截止角频率 ω_{D} 或稳态调节误差 $x_{\mathrm{d}}(t\to\infty)$ 等参数之一, 那么用 K_{R} 能调整到预先给定值, 其中在调整 ω_{D} 或 $x_{\mathrm{d}}(t\to\infty)$ 时则必须检验其稳定性.

与 K_{R} 增大或减小相对应, 幅值曲线会向上或向下移动, 在 K_{R} 变化时重新给出幅值曲线的对数刻度也是可能的. 如果例如 K_{R} 加倍, 那么必须移动刻度约 0.3(6dB).

例 7.4-1 调节器积分增益 K_{IR} 应这样调整, 即使调节回路保持相位裕度为 $\varPhi_{\mathrm{R}}=50°$.

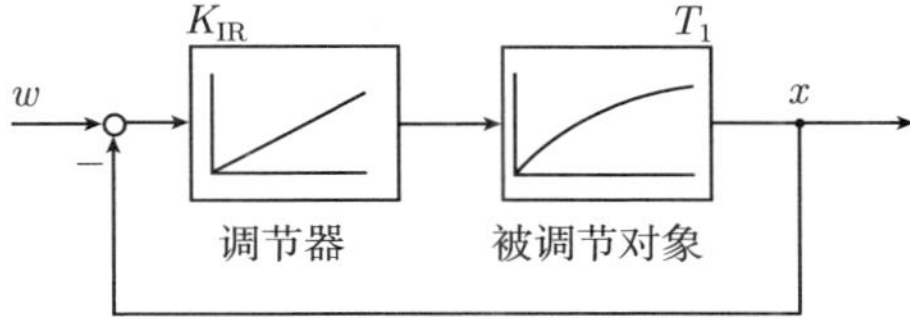

开环调节回路频率特性函数为

$$F_{\mathrm{RS}}(\mathrm{j}\omega)=F_{\mathrm{R}}(\mathrm{j}\omega)\cdot F_{\mathrm{S}}(\mathrm{j}\omega)=\frac{K_{\mathrm{IR}}}{\mathrm{j}\omega}\cdot\frac{K_{\mathrm{S}}}{1+\mathrm{j}\omega T_1}$$

式中: $K_{\mathrm{S}}=2$; $T_1=0.2$ s.

绘制任意值 K_{IR} 的伯德图 (在图 7.4-1 上的曲线①), 对于 $K_{\mathrm{IR1}}=1.0\,\mathrm{s}^{-1}$, 由转折角频率 $\omega_{\mathrm{E1}}=5.0\,\mathrm{s}^{-1}$ 求在 $\omega_{\mathrm{D1}}=1.9\,\mathrm{s}^{-1}$ 处具有 $\varPhi_{\mathrm{R1}}=69.5°$ 的伯德图.

向上移动幅值曲线 (对数系数加法) 减小相位裕度 (在图 7.4-1 上的曲线②), 在移动对数系数约 0.44 (8.8 dB) 时, 调整到所要求的值 $\varPhi_{\mathrm{R}}=50°$ 这相应于 K_{IR1} 与系数 2.74 的乘法.

对于 $K_{\mathrm{IR}}=K_{\mathrm{IR2}}=2.74\,\mathrm{s}^{-1}$, 在 $\omega_{\mathrm{D2}}=4.20\,\mathrm{s}^{-1}$ 处的相位裕度已被调整到 $\varPhi_{\mathrm{R}}=\varPhi_{\mathrm{R2}}=50°$.

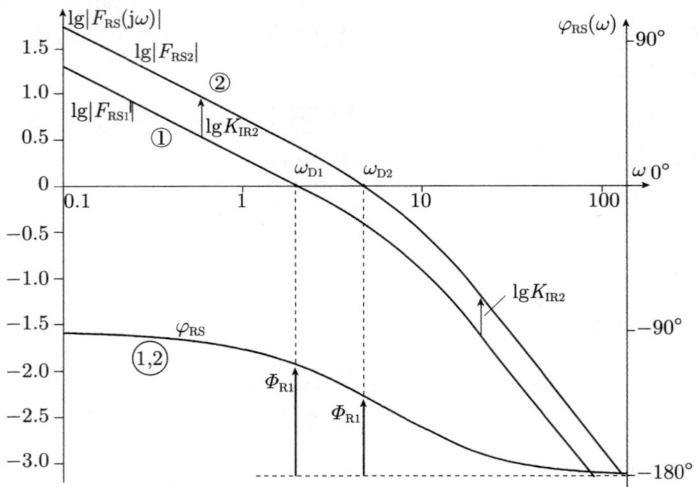

图 7.4-1 在伯德图中调整相位裕度

7.4.3 升高相频特性

在开环调节回路频率特性截止角频率处相位升高会**改善稳定性(verbessert die Stabilität)**, 并在阶跃接入时减少调节回路的超调量. 在电子调节器情况可由 RC 网络实现相位升高, 如图 7.4-2 所示.

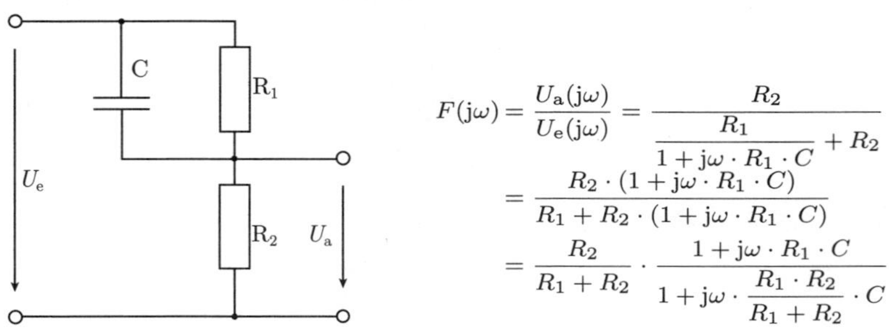

$$F(\mathrm{j}\omega)=\frac{U_{\mathrm{a}}(\mathrm{j}\omega)}{U_{\mathrm{e}}(\mathrm{j}\omega)}=\frac{R_2}{\dfrac{R_1}{1+\mathrm{j}\omega\cdot R_1\cdot C}+R_2}=\frac{R_2\cdot(1+\mathrm{j}\omega\cdot R_1\cdot C)}{R_1+R_2\cdot(1+\mathrm{j}\omega\cdot R_1\cdot C)}=\frac{R_2}{R_1+R_2}\cdot\frac{1+\mathrm{j}\omega\cdot R_1\cdot C}{1+\mathrm{j}\omega\cdot\dfrac{R_1\cdot R_2}{R_1+R_2}\cdot C}$$

图 7.4-2 用于相位升高的 RC 网络

相位升高网络也称为 PDT_1 环节或超前环节 (Lead-Elemente), 将标准调节技术参数代入频率特性函数, 由

$$T_1 = \frac{1}{\omega_{E1}} = R_1 \cdot C, \quad T_2 = \frac{1}{\omega_{E2}} = \frac{R_1 \cdot R_2}{R_1 + R_2} \cdot C, \quad K_P = \frac{R_2}{R_1 + R_2}$$

$$m_{anh} = \frac{1}{K_P} = \frac{\omega_{E2}}{\omega_{E1}} = \frac{T_1}{T_2} = \frac{R_1 + R_2}{R_2} > 1$$

得到相位升高网络的频率特性函数:

$$\boxed{F_{anh}(j\omega) = \frac{1}{m_{anh}} \cdot \frac{1 + j\omega T_1}{1 + j\omega T_2} = \frac{1}{m_{anh}} \cdot \frac{1 + \dfrac{j\omega}{\omega_{E1}}}{1 + \dfrac{j\omega}{\omega_{E2}}} = \frac{1}{m_{anh}} \cdot \frac{1 + \dfrac{j\omega}{\omega_{E1}}}{1 + \dfrac{j\omega}{m_{anh} \cdot \omega_{E1}}}}$$

m_{anh} 为升高因子, ω_{E1}, ω_{E2} 为频率特性函数转折角频率, 网络会减小调节回路的回路增益 K_{RS}, 并因此增大调节误差, 故而必须补偿增益的降低, 相位升高的最大值取决于 RC 环节的转折角频率比值 m_{anh}, 最大相位升高出现在两个转折角频率的几何平均值处. 升高网络的相位由

$$\Phi(\omega) = \arctan(\omega \cdot T_1) - \arctan(\omega \cdot T_2)$$

确定.

$$\frac{d\Phi}{d\omega} = \frac{T_1}{1 + (\omega \cdot T_1)^2} - \frac{T_2}{1 + (\omega \cdot T_2)^2} \stackrel{!}{=} 0$$

由导数得到角频率

$$\omega_{max} = \frac{1}{\sqrt{T_1 \cdot T_2}} = \sqrt{\omega_{E1} \cdot \omega_{E2}}$$

在此频率相位具有最大值 Φ_{max}.

将角频率 ω_{max} 代入相位方程, 由此可得

$$\begin{aligned}\Phi_{max} &= \arctan(\omega_{max} \cdot T_1) - \arctan(\omega_{max} \cdot T_2) \\ &= \arctan\left(\sqrt{T_1/T_2}\right) - \arctan\left(\sqrt{T_2/T_1}\right)\end{aligned}$$

并在此后继续变形为

$$\boxed{\begin{aligned}\Phi_{max} &= \frac{\pi}{2} - 2 \cdot \arctan\frac{1}{\sqrt{m_{anh}}}, \quad |F(j\omega_{max})| = \frac{1}{\sqrt{m_{anh}}}, \\ \omega_{max} &= \sqrt{\omega_{E1} \cdot \omega_{E2}} = \omega_{E1} \cdot \sqrt{m_{anh}}\end{aligned}}$$

下图 7.4-3 含有 RC 环节的相频特性和最大相位升高与转折角频率比值 m_{anh} 的关系 (图 7.4-4).

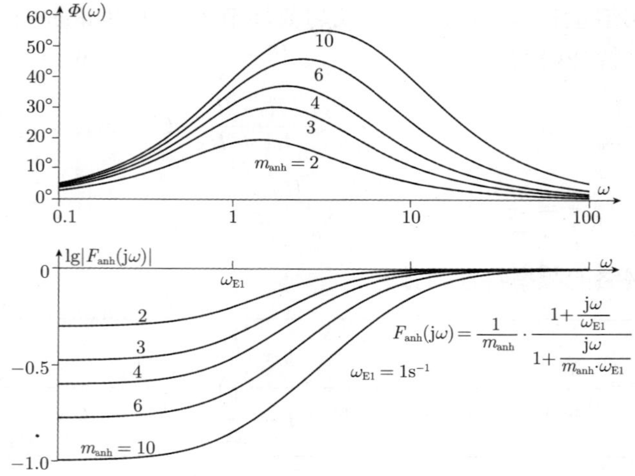

图 7.4-3　相位升高环节的伯德图

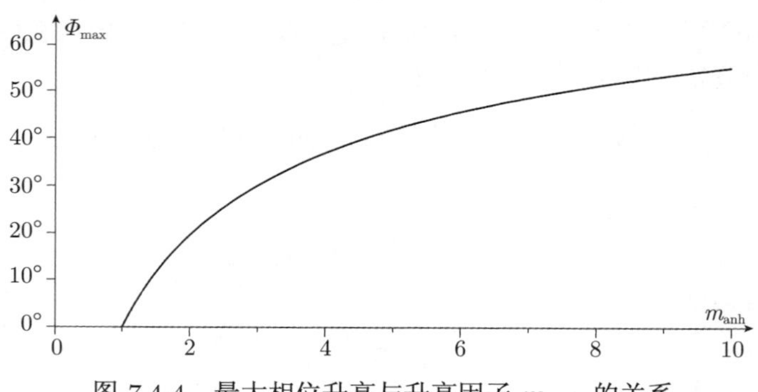

图 7.4-4　最大相位升高与升高因子 m_{anh} 的关系

7.4.4　相位特性升高网络的应用

如果调节回路预先给出两个特征量, 例如相位裕度 Φ_R(稳定性) 和截止角频率 ω_D(快速性), 那么一般必须进行与相位升高相关的增益调整.

出发点为开环调节回路频率特性 $F_R(j\omega)\cdot F_S(j\omega)$, 对于 $F_R(j\omega)=1$ 伯德图对应于被调节对象频率特性 $F_S(j\omega)$, 试调整截止角频率 ω_{Dsoll} 和相位裕度 Φ_{Rsoll}.

一般被调节对象 (实际) 截止角频率 ω_{Dist} 是很小的, 为此可增大调节器增益 K_R, 这样可调整 (希望)ω_{Dsoll}, (实际) 相位裕度 Φ_{Rist} 大多比已给 (希望) 值 Φ_{Rsoll} 小 (图 7.4-5).

应确定相位升高网络的升高因子 m_{anh} 和转折角频率 ω_{E1}, ω_{E2}, 需要相位升高为

$$\boxed{\Phi_{max}=\Phi_{Rsoll}-\Phi_{Rist}}$$

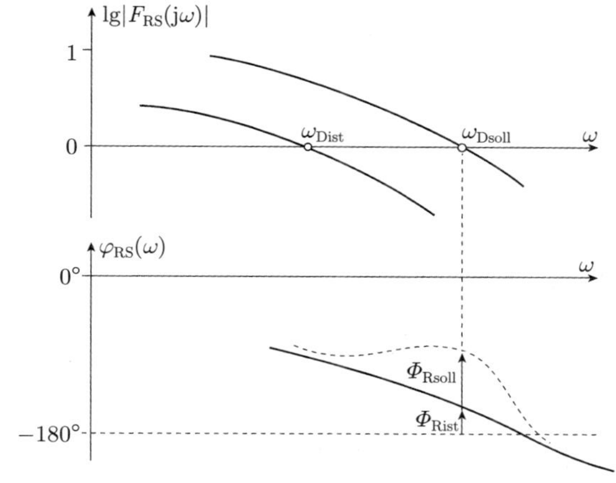

图 7.4-5 增益调整和相位升高

升高因子可由图 7.4-4 提取, 或通过变换 $\Phi_{\max}$ 方程由

$$\boxed{m_{\mathrm{anh}}=\frac{1+\sin\Phi_{\max}}{1-\sin\Phi_{\max}}}$$

确定. 因为最大相位升高 $\Phi_{\max}$ 应在 (希望) 截止角频率 ω_{Dsoll} 时才是有效的, 所以令 $\omega_{\max}=\omega_{\mathrm{Dsoll}}$. 网络的转折角频率和时间常数值由

$$\omega_{\mathrm{D}}=\omega_{\max}=\sqrt{\omega_{\mathrm{E1}}\cdot\omega_{\mathrm{E2}}}=\sqrt{\omega_{\mathrm{E1}}\cdot m_{\mathrm{anh}}\cdot\omega_{\mathrm{E1}}}=\omega_{\mathrm{E1}}\cdot\sqrt{m_{\mathrm{anh}}}$$

并按下面公式计算:

$$\boxed{\omega_{\mathrm{E1}}=\frac{\omega_{\mathrm{D}}}{\sqrt{m_{\mathrm{anh}}}},\quad \omega_{\mathrm{E2}}=m_{\mathrm{anh}}\cdot\omega_{\mathrm{E1}},\quad T_1=\frac{1}{\omega_{\mathrm{E1}}},\quad T_2=\frac{1}{\omega_{\mathrm{E2}}}}$$

在区间 $\omega<\omega_{\mathrm{E2}}$ 网络减小开环调节回路增益:

$$|F_{\mathrm{anh}}(\mathrm{j}\omega)|=\left|\frac{1}{m_{\mathrm{anh}}}\cdot\frac{1+\mathrm{j}\omega T_1}{1+\mathrm{j}\omega T_2}\right|=\frac{1}{m_{\mathrm{anh}}}\cdot\sqrt{\frac{1+\omega^2T_1^2}{1+\omega^2T_2^2}}$$

$$|F_{\mathrm{anh}}(\mathrm{j}\omega=0)|=\frac{1}{m_{\mathrm{anh}}},\quad |F_{\mathrm{anh}}(\mathrm{j}\omega=\mathrm{j}\omega_{\mathrm{Dsoll}})|=\frac{1}{\sqrt{m_{\mathrm{anh}}}}$$

为使截止角频率 $\omega_{\mathrm{D}}<\omega_{\mathrm{Dsoll}}$, 增益降低会减小幅频特性, 这些可通过因子 $\sqrt{m_{\mathrm{anh}}}$ 提高增益 K_{R} 来补偿.

例 7.4-2 对于调节回路试调整在截止角频率 $\omega_{\mathrm{D}}=10\mathrm{s}^{-1}$处的相位裕度 $\Phi_{\mathrm{R}}=60°$.

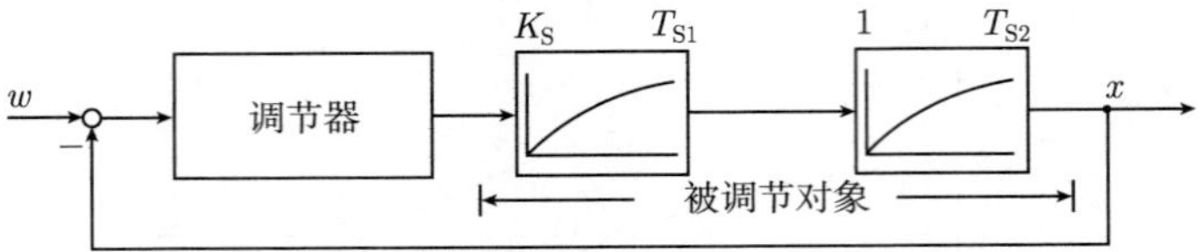

$K_S = 5,\ T_{S1} = 1\ \mathrm{s},\ T_{S2} = 0.25\ \mathrm{s}.$

被调节对象具有频率特性函数

$$F_S(j\omega) = \frac{K_S}{(1 + j\omega T_{S1}) \cdot (1 + j\omega T_{S2})} = \frac{5}{(1 + j\omega \cdot 1\,\mathrm{s}) \cdot (1 + j\omega \cdot 0.25\,\mathrm{s})}$$

其中, 转折角频率 $\omega_{ES1} = 1\,\mathrm{s}^{-1}$, $\omega_{ES2} = 4\,\mathrm{s}^{-1}$.

由 $F_R(j\omega) = 1$ 达到 (实际) 截止角频率 $\omega_{Dist} = 3.59\,\mathrm{s}^{-1}$(图 7.4-6, 曲线①), 调节器增益提高到 $F_R(j\omega) = K_R = 5.412$, 由此调整到所要求的 (希望) 截止角频率 $\omega_{Dsoll} = 10\ \mathrm{s}^{-1}$(图 7.4-6, 曲线②).

(实际) 相位裕度 $\varPhi_{Rist} = 27.5°$ 小于所要求的 (希望) 值 $\varPhi_{Rsoll} = 60°$. 相位升高网络需升高相位约 $\varPhi_{max} = \varPhi_{Rsoll} - \varPhi_{Rist} = 32.5°$, 网络特征值为

$$m_{anh} = \frac{1 + \sin \varPhi_{max}}{1 - \sin \varPhi_{max}} = 3.32$$

和

$$\omega_{E1} = \frac{\omega_{Dsoll}}{\sqrt{m_{anh}}} = 5.488\,\mathrm{s}^{-1}, \quad T_{1p} = 0.1822\,\mathrm{s}$$

$$\omega_{E2} = \omega_{E1} \cdot m_{anh} = 18.22\,\mathrm{s}^{-1}, \quad T_{2p} = 0.05488\,\mathrm{s}$$

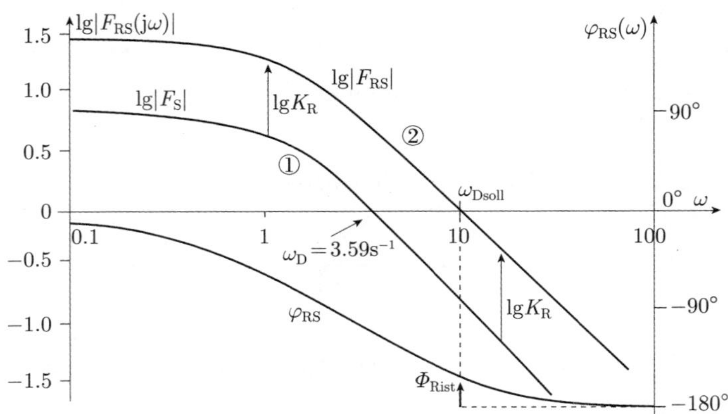

图 7.4-6　调整截止角频率

由相位升高网络 (T_{1p}, T_{2p}) 将在 ω_{Dsoll} 处的相位调整到所要求的值 $\varPhi_{Rsoll} = 60°$, 而通过 F_{anh} 使增益降低总会使截止角频率减小 (图 7.4-7, 曲线②), 通过因子

$\sqrt{m_{\mathrm{anh}}}$ 补偿增益, 使其调整到预先给定值 $\omega_{\mathrm{Dsoll}} = 10\,\mathrm{s}^{-1}$, $\Phi_{\mathrm{Rsoll}} = 60°$(图 7.4-8, 曲线②).

为此调节器具有频率特性函数:

$$\boxed{F_{\mathrm{R}}(\mathrm{j}\omega) = K_{\mathrm{R}} \cdot \frac{(1+\mathrm{j}\omega T_{1\mathrm{p}})}{(1+\mathrm{j}\omega T_{2\mathrm{p}})} = 2.97 \cdot \frac{(1+\mathrm{j}\omega \cdot 0.1822\,\mathrm{s})}{(1+\mathrm{j}\omega \cdot 0.05488\,\mathrm{s})}}$$

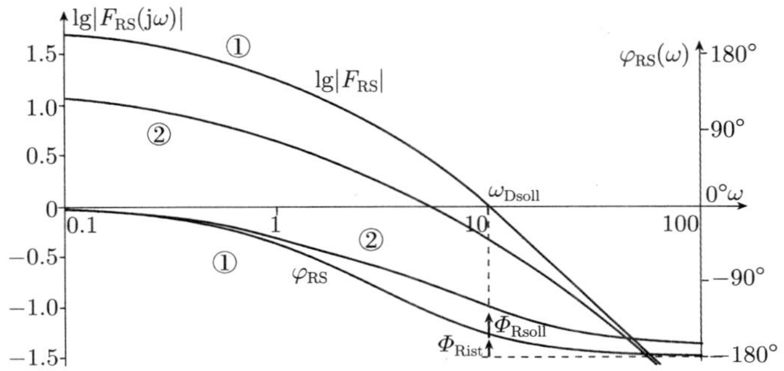

图 7.4-7 调整相位裕度

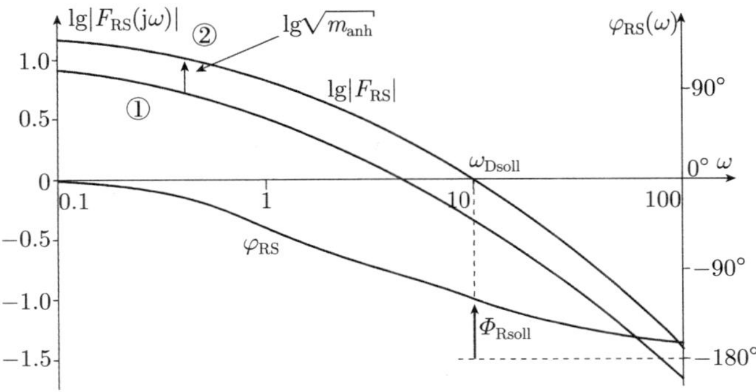

图 7.4-8 补偿增益

7.4.5 降低幅频特性

RC 网络来降低与频率相关的幅频特性 (reduziert frequenzabhängig den Amplitudengang), 它具有负的相位移动, 并因此使其进入低的角频率范围 (**距离截止角频率远(in großem Abstand vom Durchtrittskreisfrequenz)**), 以便使稳定特性不变坏, 如图 7.4-9 所示.

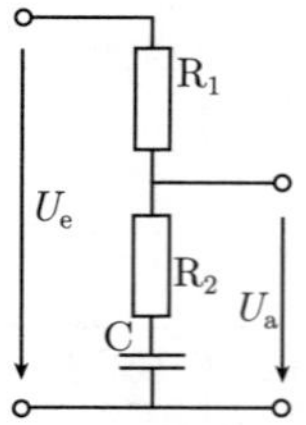

$$F_{\mathrm{abs}}(\mathrm{j}\omega)=\frac{U_{\mathrm{a}}(\mathrm{j}\omega)}{U_{\mathrm{e}}(\mathrm{j}\omega)}=\frac{R_2+\dfrac{1}{\mathrm{j}\omega\cdot C}}{R_1+R_2+\dfrac{1}{\mathrm{j}\omega\cdot C}}=\frac{1+\mathrm{j}\omega\cdot R_2\cdot C}{1+\mathrm{j}\omega\cdot(R_1+R_2)\cdot C}$$

图 7.4-9　用于幅值降低的 RC 网络

幅值降低网络也称为 PPT_1 环节或滞后环节 (Lag-Elemente), 将标准调节技术参数代入频率特性函数, 由

$$T_1=\frac{1}{\omega_{\mathrm{E1}}}=R_2\cdot C,\quad T_2=\frac{1}{\omega_{\mathrm{E2}}}=(R_1+R_2)\cdot C,\quad K_{\mathrm{P}}=1$$

$$m_{\mathrm{abs}}=\frac{\omega_{\mathrm{E1}}}{\omega_{\mathrm{E2}}}=\frac{T_2}{T_1}=\frac{R_1+R_2}{R_2}>1$$

得到幅值降低网络频率特性函数:

$$\boxed{F_{\mathrm{abs}}(\mathrm{j}\omega)=\frac{1+\mathrm{j}\omega T_1}{1+\mathrm{j}\omega T_2}=\frac{1+\dfrac{\mathrm{j}\omega}{\omega_{\mathrm{E1}}}}{1+\dfrac{\mathrm{j}\omega}{\omega_{\mathrm{E2}}}}=\frac{1+\dfrac{\mathrm{j}\omega}{m_{\mathrm{abs}}\cdot\omega_{\mathrm{E2}}}}{1+\dfrac{\mathrm{j}\omega}{\omega_{\mathrm{E2}}}}}$$

m_{abs} 为降低因子, $\omega_{\mathrm{E1}},\omega_{\mathrm{E2}}$ 为频率特性函数的转折角频率, 为调整截止角频率必须减小幅频特性, 又不影响调节系统稳态增益 (精度) 时, 才引入幅值降低网络, 应用幅值降低网络不改变调节系统稳态调节误差, 如图 7.4-10 所示.

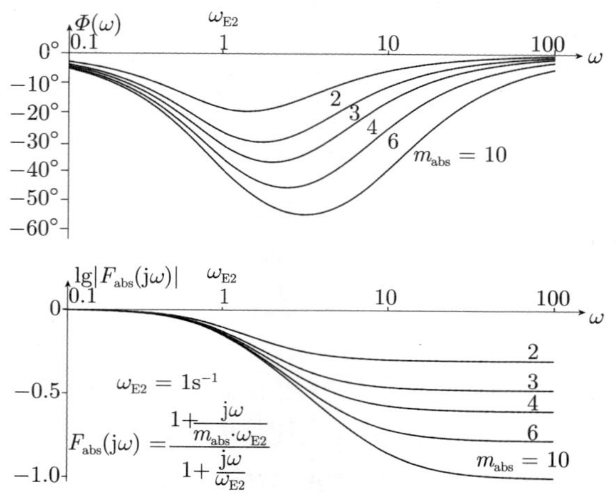

图 7.4-10　幅值降低网络的伯德图

7.4.6 幅值特性降低网络的应用

如果调节回路先给出三个特征量, 相位裕度 Φ_{R}(稳定性)、截止角频率 ω_{D}(快速性) 和稳态调节误差 $x_{\mathrm{d}}(t\to\infty)$(精度), 那么首先按 7.4.4 节调整增益和相位.

如果调整相位裕度 Φ_{Rsoll} 和截止角频率 ω_{Dsoll} 的话, 就要补偿增益降低 $1/\sqrt{m_{\mathrm{anh}}}$, 在比例调节回路阶跃接入时稳态调节误差 $x_{\mathrm{d}}(t\to\infty)$ 为

$$x_{\mathrm{d}}(t\to\infty)=\frac{1}{1+K_{\mathrm{R}}\cdot K_{\mathrm{S}}}=\frac{1}{1+K_{\mathrm{RS}}}$$

对于具有积分环节的调节回路在接入斜坡函数时为

$$x_{\mathrm{d}}(t\to\infty)=\frac{1}{K_{\mathrm{R}}\cdot K_{\mathrm{S}}}=\frac{1}{K_{\mathrm{RS}}}$$

如果已给出稳态调节误差 $x_{\mathrm{d}}(t\to\infty)$, 那么为此就要规定 (希望) 稳态增益或回路增益 K_{RSsoll}, 对于所要求的 (希望) 值 K_{RSsoll} 大于按 7.4.4 节调整的 (实际) 值 K_{RSist} 的情况, 就必须将增益提高到 (希望值)K_{RSsoll}, 以便保持已给调节误差的精度要求.

增益升高会增大 ω_{D} 和降低相位裕度, 为了调整稳态误差和同时不使稳定特性 (相位裕度) 变坏, 必须降低**与频率相关的(frequenzabhängig)** 幅频特性.

因为幅值降低会引起负的相位移动, 所以必须在远离截止角频率的**非临界区域 (unkritischen Bereich)** 进行降低 (图 7.4-11).

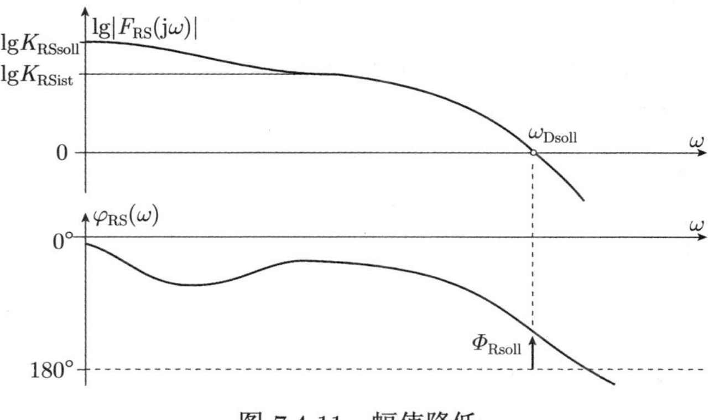

图 7.4-11 幅值降低

应确定幅值降低网络的降低因子 m_{abs} 和转折角频率 $\omega_{\mathrm{E1}},\omega_{\mathrm{E2}}$, 需要幅值降低为

$$\boxed{m_{\mathrm{abs}}=\frac{K_{\mathrm{RSsoll}}}{K_{\mathrm{RSist}}}=\frac{\omega_{\mathrm{E1}}}{\omega_{\mathrm{E2}}}}$$

因为网络负的相位移动会影响稳定特性, 应当选择转折角频率远离 ω_{Dsoll}.

$$\omega_{\mathrm{E1}},\ \omega_{\mathrm{E2}} \ll \omega_{\mathrm{Dsoll}}$$

例 7.4-3　对于例 7.4-2 的调节回路在参据量 $w(t) = w_0 \cdot E(t)$ 阶跃接入时预先给出稳态调节误差 $x_{\mathrm{d}}(t \to \infty) = 0.04 \cdot w_0$.

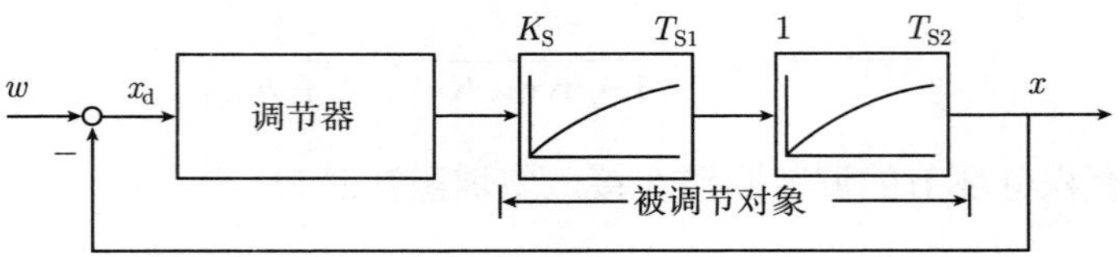

$K_{\mathrm{S}} = 5,\ T_{\mathrm{S1}} = 1\ \mathrm{s},\ T_{\mathrm{S2}} = 0.25\ \mathrm{s}$

被调节对象具有频率特性函数

$$F_{\mathrm{S}}(\mathrm{j}\omega) = \frac{K_{\mathrm{S}}}{(1+\mathrm{j}\omega T_{\mathrm{S1}})\cdot(1+\mathrm{j}\omega T_{\mathrm{S2}})} = \frac{5}{(1+\mathrm{j}\omega\cdot 1\,\mathrm{s})\cdot(1+\mathrm{j}\omega\cdot 0.25\,\mathrm{s})}.$$

对于调节器按例 7.4-2 求得如下频率特性函数:

$$F_{\mathrm{R}}(\mathrm{j}\omega) = K_{\mathrm{R}}\cdot\frac{1+\mathrm{j}\omega T_{1\mathrm{p}}}{1+\mathrm{j}\omega T_{2\mathrm{p}}} = 2.97\cdot\frac{1+\mathrm{j}\omega\cdot 0.1822\,\mathrm{s}}{1+\mathrm{j}\omega\cdot 0.05488\,\mathrm{s}}$$

那么开环调节回路频率特性函数为

$$F_{\mathrm{RS}}(\mathrm{j}\omega) = K_{\mathrm{RSist}}\cdot\frac{1+\mathrm{j}\omega T_{1\mathrm{p}}}{(1+\mathrm{j}\omega T_{2\mathrm{p}})\cdot(1+\mathrm{j}\omega T_{\mathrm{S1}})\cdot(1+\mathrm{j}\omega T_{\mathrm{S2}})}$$

其中, $K_{\mathrm{RSist}} = K_{\mathrm{R}}\cdot K_{\mathrm{S}} = 14.85$(图 7.4-12, 曲线①).

该增益的稳态调节误差为

$$x_{\mathrm{d}}(t\to\infty)_{\mathrm{ist}} = \lim_{\omega\to 0}\frac{1}{1+F_{\mathrm{RSist}}(\mathrm{j}\omega)}\cdot w_0 = \frac{1}{1+K_{\mathrm{RSist}}}\cdot w_0 = 0.0631\cdot w_0.$$

对于预先给出的精度 $x_{\mathrm{d}}(t\to\infty)$, 由

$$x_{\mathrm{d}}(t\to\infty)_{\mathrm{soll}} = \lim_{\omega\to 0}\frac{1}{1+F_{\mathrm{RSsoll}}(\mathrm{j}\omega)}\cdot w_0 = \frac{1}{1+K_{\mathrm{RSsoll}}}\cdot w_0 = 0.04\cdot w_0$$

求得所希望的增益 K_{RSsoll}:

$$K_{\mathrm{RSsoll}} = \frac{1}{x_{\mathrm{d}}(t\to\infty)_{\mathrm{soll}}} - 1 = 24$$

由 K_{RSsoll} 进行调整, 伯德图提供值 $\varPhi_{\mathrm{R}} = 50.7^\circ$, $\omega_{\mathrm{D}} = 14.2\,\mathrm{s}^{-1}$(图 7.4-12, 曲线②).

为了调整到值 $\varPhi_{\mathrm{R}} = 60^\circ$, $\omega_{\mathrm{D}} = 10\,\mathrm{s}^{-1}$, 计算幅值降低网络, 降低因子为

$$m_{\text{abs}} = \frac{K_{\text{RSsoll}}}{K_{\text{RSist}}} = \frac{\omega_{\text{E1}}}{\omega_{\text{E2}}} = 1.62$$

转折角频率 ω_{E1} 应这样选择, 即在截止频率处负的相位移动影响是可忽略的:

$$\omega_{\text{E1}} \ll \omega_{\text{D}} = 10\,\text{s}^{-1}, \quad \omega_{\text{E1}} = 0.2\,\text{s}^{-1}, \quad T_{1\text{a}} = \frac{1}{\omega_{\text{E1}}} = 5\,\text{s}$$

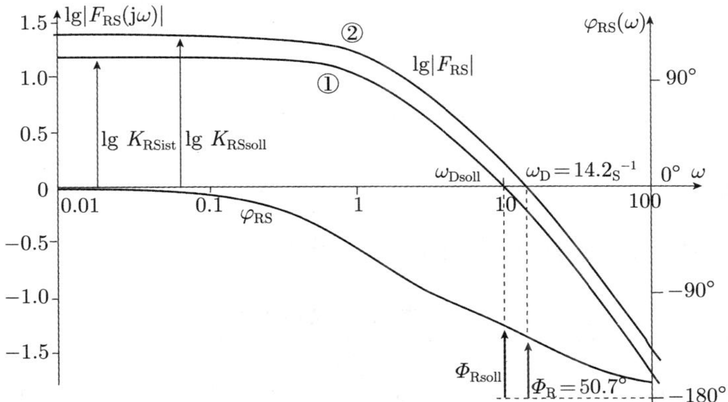

图 7.4-12 增益升高到 K_{RSsoll}

那么转折角频率 ω_{E2} 为

$$\omega_{\text{E2}} = \frac{\omega_{\text{E1}}}{m_{\text{abs}}} = 0.1235\,\text{s}^{-1}, \quad T_{2\text{a}} = \frac{1}{\omega_{\text{E2}}} = 8.097\,\text{s}$$

为此, 幅值降低网络 ($T_{1\text{a}}$, $T_{2\text{a}}$) 具有频率特性函数:

$$\boxed{F_{\text{abs}}(\text{j}\omega) = \frac{1 + \text{j}\omega T_{1\text{a}}}{1 + \text{j}\omega T_{2\text{a}}} = \frac{1 + \text{j}\omega \cdot 5\,\text{s}}{1 + \text{j}\omega \cdot 8.097\,\text{s}}}$$

对于开环调节回路频率特性可得到:

$$F_{\text{RS}} \cdot (\text{j}\omega) = \frac{K_{\text{RS}} \cdot (1 + \text{j}\omega T_{1\text{p}}) \cdot (1 + \text{j}\omega T_{1\text{a}})}{(1 + \text{j}\omega T_{2\text{p}}) \cdot (1 + \text{j}\omega T_{2\text{a}}) \cdot (1 + \text{j}\omega T_{\text{S1}}) \cdot (1 + \text{j}\omega T_{\text{S2}})}$$

图 7.4-13 的伯德图含有无幅值降低的曲线①, 和有幅值降低的曲线②. 最终调整到所要求的 Φ_{R}, ω_{D} 和 $x_{\text{d}}(t \to \infty)$ 值.

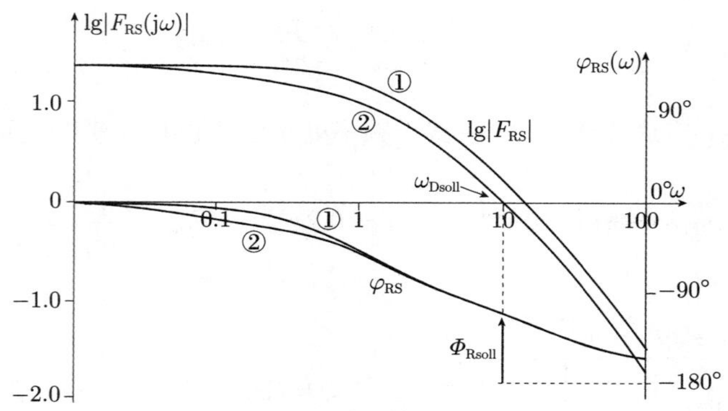

图 7.4-13　幅值降低

7.4.7　小结

表 7.4-1 给出了伯德法中用到的方法一览表.

表 7.4-1　在伯德–法中所用方法

已给值	所用方法
一个特征量: Φ_R, A_R, ω_D 或 $K_{RS}=f(x_d(t\to\infty))$	7.4.2 节: 升高调节器增益 K_R, 一直调整到已给值, 在已给 ω_D 或 K_{RS} 时必须检验稳定性
两个特征量: ω_D 和 Φ_R	7.4.4 节: 升高调节器增益 K_R, 一直调整到 ω_D, 计算升高因子 m_{anh} 和由相位升高网络升高相位到 Φ_R, 通过因子 $\sqrt{m_{anh}}$ 补偿调整增益
三个特征量: ω_D, Φ_R 和 $K_{RS}=f(x_d(t\to\infty))$	7.4.4 节: 调整如已给的特征量 ω_D 和 Φ_R. 7.4.6 节: 由 $x_d(t\to\infty)$ 求出并调整增益的希望值, 由网络计算降低因子 m_{abs} 和幅值降低

7.5　时域和频域特征量之间的关系

7.5.1　调节系统时间特性要求

在用伯德法求调节器特征值时是从频域的特征量出发:

- 截止角频率 ω_D;
- 相位裕度 Φ_R(幅值裕度 A_R);
- 稳态增益 K_{RS}.

应用调节系统的用户一般不了解这些量的意义, 但熟悉时域的量, 则比如阶跃响应的特征量:

- 上升时间 t_r;
- 归一化的超调量 $\ddot{u}$;

• 稳态调节误差 $x_{\mathrm{d}}(t\to\infty)$.

因而必须将时域特征量转换到频域的量 (伯德法输入数据), 对于此任务必须建立时域和频域 (伯德图) 特征量关系的数学表达式.

7.5.2 II 阶传递环节关系

7.5.2.1 II 阶传递环节特征量

精确的时域和频域特征量之间关系可借助拉普拉斯变换来求. 但在高阶调节系统时, 将会导致大量地计算.

在设计调节回路时现今都是调整阶跃响应特性, 在此情况**通过微小超调可缩短上升时间(Anstiegzeit durch ein geringes Überschwingen verkürzt)**, 这种特性可显示一个具有共轭复数极点的 II 阶标准调节回路 (阻尼比范围 $0<D<1$), 为此在后面的公式中给出时域和频域特征量之间关系.

II 阶闭环调节回路的频域特征量 (如图 7.5-1 所示):

传递函数:

$$G(s)=\frac{K_{\mathrm{P}}\cdot\omega_0^2}{s^2+2\cdot D\cdot\omega_0\cdot s+\omega_0^2}$$

频率特性函数:

$$F(\mathrm{j}\omega)=\frac{K_{\mathrm{P}}\cdot\omega_0^2}{(\mathrm{j}\omega)^2+2\cdot D\cdot\omega_0\cdot\mathrm{j}\omega+\omega_0^2}$$

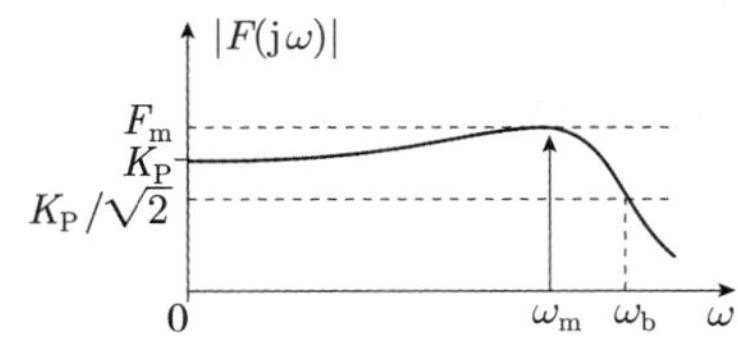

F_{m} 为在谐振点的频率特性幅值
ω_{m} 为谐振角频率
ω_{b} 为带宽
ω_0 为特征角频率
K_{P} 为比例增益
D 为阻尼比

图 7.5-1 具有特征量的幅频特性

闭环调节回路的时域特征量 ($w(t)=w_0\cdot E(t)$ **的阶跃响应, 如图 7.5-2 所示):**

$$x(t)=K_{\mathrm{P}}\cdot\left[1-\frac{1}{\sqrt{1-D^2}}\cdot\mathrm{e}^{-D\omega_0 t}\cdot\sin(\omega_0\cdot\sqrt{1-D^2}\cdot t+\arccos D)\right]\cdot w_0$$

t_{r} 为**上升时间 (Anstiegzeit)**t_{r} 通过拐点切线在时间轴上的投影来求;

$t_{\max}$ 为在 $t_{\max}$**(峰值) 时间** ($t_{\max}$-Zeit) 时阶跃响应达到最大值 $x_{max}=(1+\ddot{u})\cdot k_p\cdot w_o$;

t_{anr} 为在**初调时间**(Anregelzeit) t_{anr} 后阶跃响应第一次达到终值 $x(t\to\infty)=K_p\cdot w_0$;

t_{ausr} 为**在过渡过程时间**(Ausregelzeit) t_{ausr} 后为 $\mathrm{e}^{-D\omega_0\cdot t}/\sqrt{1-D^2}\leqslant\varepsilon$, 其中偏差 ε 值通常为 2%, 5%;

t_{W} 为在**拐点时间 (Wendezeit)** t_{W} 时阶跃响应的导数为最大值;

$\ddot{u}$ 为阶跃响应**归一化超调量 (normierte Überschwingweite)**

$$\ddot{u}=\frac{x_{\max}-x(t\to\infty)}{x(t\to\infty)}=\mathrm{e}^{\frac{-\pi D}{\sqrt{1-D^2}}};$$

$x_{\max}$ 为阶跃响应**最大值 (Maximum)** $x_{\max}$ 由下式计算:

$$x_{\max}=(1+\ddot{u})\cdot K_{\text{P}}\cdot w_0=(1+\ddot{u})\cdot x(t\to\infty).$$

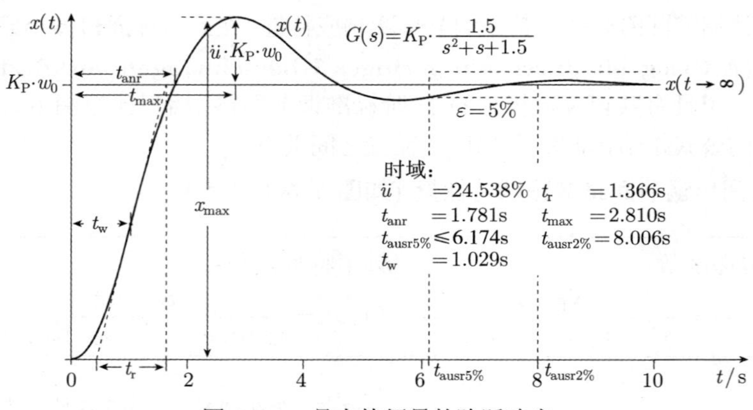

图 7.5-2 具有特征量的阶跃响应

II 阶开环调节回路的频域特征量 (伯德图, 如图 7.5-3 所示):

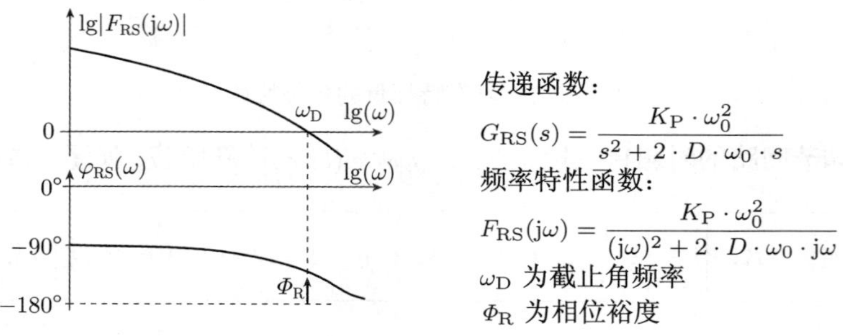

图 7.5-3 具有特征量的伯德图

7.5.2.2 计算公式

对于时域和频域特征量之间关系, 表 7.5-1 所示表达式有效.

表 7.5-1 II 阶调节系统时域和频域特征量的关系

$$F_{\mathrm{m}} = \frac{K_{\mathrm{P}}}{2 \cdot D \cdot \sqrt{1-D^2}},\ D < \frac{1}{\sqrt{2}}$$

$$F_{\mathrm{m}} = K_{\mathrm{P}},\ D \geqslant \frac{1}{\sqrt{2}}$$

$$\omega_{\mathrm{m}} = \omega_0 \cdot \sqrt{1 - 2 \cdot D^2},\ D \leqslant \frac{1}{\sqrt{2}}$$

$$\omega_{\mathrm{b}} = \omega_0 \cdot \sqrt{1 - 2 \cdot D^2 + \sqrt{4 \cdot D^4 - 4 \cdot D^2 + 2}}$$

$$\ddot{u} = \frac{x_{\max} - x(t \to \infty)}{x(t \to \infty)}, \quad \ddot{u} = \mathrm{e}^{-\pi D/\sqrt{1-D^2}}, \quad D = \frac{1}{\sqrt{1 + \left(\frac{\pi}{\ln \ddot{u}}\right)^2}}$$

$$t_{\mathrm{r}} = \frac{1}{\omega_0} \cdot \mathrm{e}^{\frac{D}{\sqrt{1-D^2}} \cdot \arccos D}$$

$$t_{\max} = \frac{\pi}{\omega_0 \cdot \sqrt{1-D^2}}$$

$$t_{\mathrm{anr}} = \frac{\pi - \arccos D}{\omega_0 \cdot \sqrt{1-D^2}}$$

$$t_{\mathrm{ausr}} \leqslant \frac{|\ln(\varepsilon \cdot \sqrt{1-D^2})|}{D \cdot \omega_0}, \quad \varepsilon = 0.02 \text{ 或 } 0.05$$

$$\omega_{\mathrm{D}} = \omega_0 \cdot \sqrt{-2 \cdot D^2 + \sqrt{4 \cdot D^4 + 1}}$$

$$\varPhi_{\mathrm{R}} = \arctan \frac{2 \cdot D}{\sqrt{-2 \cdot D^2 + \sqrt{4 \cdot D^4 + 1}}} = \arctan \frac{2 \cdot D \cdot \omega_0}{\omega_{\mathrm{D}}}$$

对于平均阻尼比范围 $0.4 < D < 0.7$ 近似公式:

$\omega_{\mathrm{b}} \cdot t_{\mathrm{r}} \approx 2.3$, $\omega_{\mathrm{b}} \approx 1.6 \cdot \omega_{\mathrm{D}}$, $\varPhi_{\mathrm{R}} \cdot F_{\mathrm{m}} \approx 60^\circ$

例 7.5-1 求与阻尼比 D 有关的超调量 $\ddot{u}$. 在接入单位阶跃函数

$$w(t) = w_0 \cdot E(t) = E(t), \quad w(s) = \frac{1}{s}$$

时 II 阶调节回路具有阶跃响应

$$x(s) = G(s) \cdot w(s) = \frac{\omega_0^2}{s^2 + 2 \cdot D \cdot \omega_0 \cdot s + \omega_0^2} \cdot \frac{1}{s}$$

$$x(t) = 1 - \frac{1}{\sqrt{1-D^2}} \cdot \mathrm{e}^{-D\omega_0 t} \cdot \sin(\omega_0 \cdot \sqrt{1-D^2} \cdot t + \arccos D)$$

由阶跃响应最大值 $x_{\max}$ 确定归一化超调量 $\ddot{u}$. 为了确定最大值, 对 $x(t)$ 微分并令其为零, 在频域微分比较简单:

$$\frac{\mathrm{d}x(t)}{\mathrm{d}t} = L^{-1}\{s \cdot x(s)\} = L^{-1}\left\{\frac{\omega_0^2}{s^2 + 2 \cdot D \cdot \omega_0 \cdot s + \omega_0^2}\right\}$$

$$= \frac{\omega_0}{\sqrt{1-D^2}} \cdot \mathrm{e}^{-D\omega_0 t} \cdot \sin(\omega_0 \cdot \sqrt{1-D^2} \cdot t) \overset{!}{=} 0$$

对于 $t=0$ 存在一个 $x(t)$ 最小值, 而最大值位于

$$t=t_{\max}=\frac{\pi}{\omega_0\cdot\sqrt{1-D^2}}$$

归一化超调量 $\ddot{u}$ 为

$$\ddot{u}=x_{\max}-1=x(t_{\max})-1=1-\frac{1}{\sqrt{1-D^2}}\cdot \mathrm{e}^{-D\omega_0 t_{\max}}\cdot\sin(\pi+\arccos D)-1$$

$$=\frac{-\mathrm{e}^{-\frac{D\pi}{\sqrt{1-D^2}}}}{\sqrt{1-D^2}}\cdot(-\sqrt{1-D^2})=\mathrm{e}^{-\frac{D\pi}{\sqrt{1-D^2}}}$$

通过变形可得到阻尼比:

$$D=\frac{1}{\sqrt{1+\left(\frac{\pi}{\ln\ddot{u}}\right)^2}}$$

例 7.5-2　由频域特征量求初调时间 t_{anr}, 在接入单位阶跃函数

$$w(t)=w_0\cdot E(t)=E(t)$$

时, 阶跃响应在初调时间 t_{anr} 后第一次达到希望值 $w_0=1$(图 7.5-2):

$$x(t_{\mathrm{anr}})=1-\frac{1}{\sqrt{1-D^2}}\cdot\mathrm{e}^{-D\omega_0 t_{\mathrm{anr}}}\cdot\sin(\omega_0\cdot\sqrt{1-D^2}\cdot t_{\mathrm{anr}}+\arccos D)=1$$

对方程求值:

$$\frac{-1}{\sqrt{1-D^2}}\cdot\mathrm{e}^{-D\omega_0 t_{\mathrm{anr}}}\cdot\sin(\omega_0\cdot\sqrt{1-D^2}\cdot t_{\mathrm{anr}}+\arccos D)=0$$

$$\sin(\omega_0\cdot\sqrt{1-D^2}\cdot t_{\mathrm{anr}}+\arccos D)=0$$

$$\omega_0\cdot\sqrt{1-D^2}\cdot t_{\mathrm{anr}}+\arccos D=\pi,\ (2\pi,\ 3\pi,\ \cdots)$$

为此初调时间 t_{anr} 为

$$t_{\mathrm{anr}}=\frac{\pi-\arccos D}{\omega_0\cdot\sqrt{1-D^2}}$$

例 7.5-3　由闭环调节回路频率特性求时域和频域的特征量 (图 7.5-4). 通过测量幅频特性可确定以下特征量:

$$F_{\mathrm{m}}=1.41,\quad \omega_{\mathrm{b}}=10.0\,\mathrm{s}^{-1}$$

为计算**频率特性函数**应用谐振值 F_{m}:

$$F_{\mathrm{m}}=\frac{1}{2\cdot D\cdot\sqrt{1-D^2}}=1.41$$

对于 $0 < D < \dfrac{1}{\sqrt{2}}$, 方程成立, 通过变形可得:

$$8 \cdot D^4 - 8 \cdot D^2 + 1 = 0, \text{具有零点 } D = 0.383$$

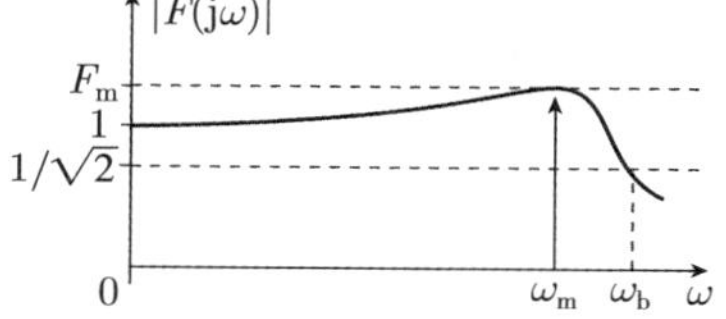

F_m 为在谐振点的频率特性幅值
ω_m 为谐振角频率
ω_b 为带宽

图 7.5-4 闭环调节回路的幅频特性

由阻尼比 D 和特征角频率 ω_0

$$\omega_0 = \frac{\omega_b}{\sqrt{1 - 2 \cdot D^2 + \sqrt{4 \cdot D^4 - 4 \cdot D^2 + 2}}} = 7.196\,\mathrm{s}^{-1}$$

计算闭环调节回路频率特性函数:

$$F(j\omega) = \frac{\omega_0^2}{(j\omega)^2 + 2 \cdot D \cdot \omega_0 \cdot j\omega + \omega_0^2} = \frac{51.78\,\mathrm{s}^{-2}}{(j\omega)^2 + j\omega \cdot 5.51\,\mathrm{s}^{-1} + 51.78\,\mathrm{s}^{-2}}$$

伯德图特征量, 截止角频率 ω_D 和相位裕度 Φ_R 为

$$\omega_D = \omega_0 \cdot \sqrt{-2 \cdot D^2 + \sqrt{4 \cdot D^4 + 1}} = 6.227\,\mathrm{s}^{-1}$$

$$\Phi_R = \arctan \frac{2 \cdot D}{\sqrt{-2 \cdot D^2 + \sqrt{4 \cdot D^4 + 1}}} = \arctan \frac{2 \cdot D \cdot \omega_0}{\omega_D} = 41.52^\circ$$

对于时域特征值 (阶跃响应函数), 求值如下:

$$\begin{aligned}
\ddot{u} &= \mathrm{e}^{\frac{-\pi D}{\sqrt{1-D^2}}} = 27.2\,\% \\
t_r &= \frac{1}{\omega_0} \cdot \mathrm{e}^{\frac{D}{\sqrt{1-D^2}} \cdot \arccos D} = 0.226\,\mathrm{s} \\
t_{anr} &= \frac{\pi - \arccos D}{\omega_0 \cdot \sqrt{1 - D^2}} = 0.295\,\mathrm{s} \\
t_{ausr} &= \frac{|\ln(\varepsilon \cdot \sqrt{1 - D^2})|}{D\omega_0} \\
t_{ausr5\%} &= 1.116\,\mathrm{s} \quad t_{ausr2\%} = 1.448\,\mathrm{s}
\end{aligned}$$

7.5.2.3 应用推广

当存在一个所谓**主导极点对**时, 时域和频域之间关系方程对于多个高阶调节系统也是有效的, 具有共轭复数值的主导极点对会产生阶跃响应的超调, 由此可确定调节回路的动态特性.

如果在调节回路中存在一个主导极点对, 那么仅对 II 阶系统精确有效的计算公式也可应用到高阶调节系统, 但是其精度有所降低.

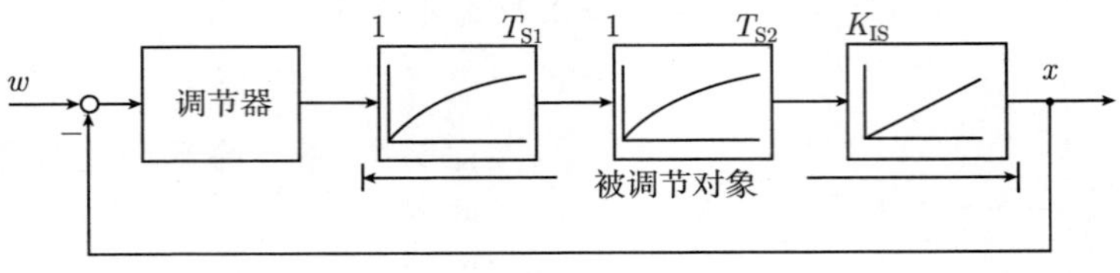

$K_{IS}=1s^{-1}$, $T_{S1}=0.1s$, $T_{S2}=1.0s$

例 7.5-4 按照时域要求进行调节器调整. 对于三阶调节回路预先给出时域阶跃响应特征量: 超调量 $\ddot{u}=20\,\%$, 上升时间 $t_r=1.0$ s.

$$K_{IS}=1\,s^{-1},\quad T_{S1}=0.1\,s,\quad T_{S2}=1.0\,s$$

被调节对象具有频率特性函数

$$F_S(j\omega)=\frac{K_{IS}}{j\omega\cdot(1+j\omega\cdot T_{S1})\cdot(1+j\omega\cdot T_{S2})}=\frac{1}{j\omega\cdot(1+j\omega\cdot 0.1)\cdot(1+j\omega)}$$

其中, 转折角频率 $\omega_{ES1}=10.0\,s^{-1}$, $\omega_{ES2}=1.0\,s^{-1}$.

由阻尼比 D 和特征角频率 ω_0 计算**伯德法**的输入数据, 截止频率 ω_D 和相位裕度 $\varPhi_R$:

$$D\ =\frac{1}{\sqrt{1+\left(\frac{\pi}{\ln\ddot{u}}\right)^2}}=0.456$$

$$\omega_0\ =\frac{1}{t_r}\cdot e^{\frac{D}{\sqrt{1-D^2}}\cdot\arccos D}=1.754\,s^{-1}$$

$$\omega_{Dsoll}=\omega_0\cdot\sqrt{-2\cdot D^2+\sqrt{4\cdot D^4+1}}=1.433\,s^{-1}$$

$$\varPhi_{Rsoll}=\arctan\frac{2\cdot D\cdot\omega_0}{\omega_D}=48.15^\circ$$

由 $F_R(j\omega)=1$ 可得到截止角频率 $\omega_D=0.786\,s^{-1}$, 调节器增益提高到 $F_R(j\omega)=K_R=2.525$, 为此调整所要求的 (希望) 截止角频率 $\omega_{Dsoll}=1.433\,s^{-1}$. 相位裕度 $\varPhi_R=26.79^\circ$ 小于计算 (希望) 的 $\varPhi_{Rsoll}=48.15^\circ$, 相位升高网络提升相位

$$\varPhi_{max}=\varPhi_{Rsoll}-\varPhi_{Rist}=21.36^\circ$$

网络特征值为

$$m_{anh}=\frac{1+\sin\varPhi_{max}}{1-\sin\varPhi_{max}}=2.146,$$

$$\omega_{E1}\ =\frac{\omega_{Dsoll}}{\sqrt{m_{anh}}}=0.9783\,s^{-1},\qquad T_{1p}=1.0222\,s$$

$$\omega_{E2}\ =\omega_{E1}\cdot m_{anh}=2.0993\,s^{-1},\quad T_{2p}=0.476\,s$$

通过相位升高网络 (T_{1p}, T_{2p}) 将相位调整到所要求值 $\varPhi_R = 48.15°$, 并用因子 $\sqrt{m_{anh}} = 1.465$ 校正增益来补偿增益降低, 为此调节器具有频率特性函数:

$$\boxed{F_R(j\omega) = K_R \cdot \frac{1 + j\omega \cdot T_{1p}}{1 + j\omega \cdot T_{2p}} = 1.724 \cdot \frac{1 + j\omega \cdot 1.0222\,s}{1 + j\omega \cdot 0.476\,s}}$$

数值计算调节回路阶跃响应得超调量 $\ddot{u} = 19.78\ \%$ 和上升时间 $t_r \approx 1.02$ s. 由图 7.5-5 得到以下调节回路阶跃响应函数:

- $F_R(j\omega) = 1$, 曲线①;
- $F_R(j\omega) = 2.525$, 曲线②;
- $F_R(j\omega) = 1.724 \cdot \dfrac{1 + j\omega \cdot 1.022\,s}{1 + j\omega \cdot 0.476\,s}$. 曲线③.

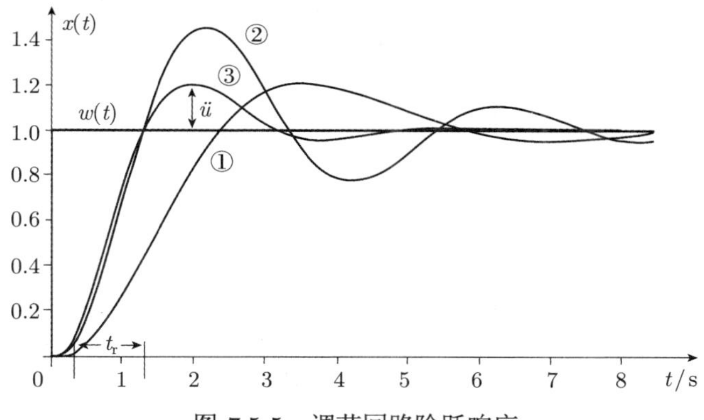

图 7.5-5 调节回路阶跃响应

第 8 章　具有运算放大器的调节装置

8.1　原理结构

8.1.1　调节装置的任务

调节装置具有下列任务.

- 参据量 w 与被调节量 x 的比较, 并构成调节误差 x_d;
- 将调节误差放大至与调节器传递函数对应的调整量 y.

这些任务由负反馈放大器来完成, 调节器的动态特性和静态特性通过调节放大器的**布线(Beschaltung)** 来调整. 引入集成直流电压放大器, 即所谓**运算放大器(Operationsverstärker)** 作为调节放大器.

8.1.2　运算放大器的特征量

8.1.2.1　稳态特征量

运算放大器为具有两个信号输入和一个信号输出的**差频 (信号) 放大器(Differenzverstärker)**. 在**反相和非反相(invertierenden und nichtinvertierenden)** 输入端的输入信号则以不同符号传输到输出端. 标志性特征为, 将输入电压差 u_d 以很大的**差频增益 (Differenzverstärkungen)** V_0 放大, 并把直流输入电压以很小的**同相增益 (Gleichtaktverstärkungen)** V_g 放大. 差频增益在等信号 (Gleichsignalen) 时具有大的值, 并且随着频率的增大而减小. 运算放大器具有**很大的输入电阻(Große Eingangswiderstaende)**r_e, 并且因此具有**很小的输入电流(kleine Eingangsströme)**i_e, 输出电阻 r_a 是很小的.

如果输入电压为零, 那么输出也具有零电位, 通过特别的补偿输入端可补偿作用在信号输入端的**偏移电压(Offsetspannungen)** U_{off}, **偏移电压漂移(Offsetspannungsdrift)**

$$\Delta U_{off}(\vartheta, U_B, t) = \frac{\partial U_{off}}{\partial \vartheta} \cdot \Delta\vartheta + \frac{\partial U_{off}}{\partial U_B} \cdot \Delta U_B + \frac{\partial U_{off}}{\partial t} \cdot \Delta t$$

取决于下列参量的变化:

- 温度 ϑ;
- 供电电压 U_B;
- 时间 t.

运算放大器仅有微小偏移电压漂移, 因为它仅仅放大偏移电压的**漂移误差(Driftdifferenz)**.

在图 8.1-1 和图 8.1-2 中给出运算放大器的简化等效电路、电路符号和调节技术的信号流图. 电压 u_d 为用 + (非反相输入端) 和 − (反相输入端) 表示的输入端相对于零的电压差.

在微小负载和小的输出电阻 r_a 时为

$$u_\mathrm{a} = u_0 = -V_0 \cdot u_\mathrm{d} = -V_0 \cdot (u_\mathrm{e2} - u_\mathrm{e1}) = V_0 \cdot (u_\mathrm{e1} - u_\mathrm{e2})$$

其中, u_e1 为以同相符号 (非反相) 被放大, 而 u_e2 为以反相符号被放大.

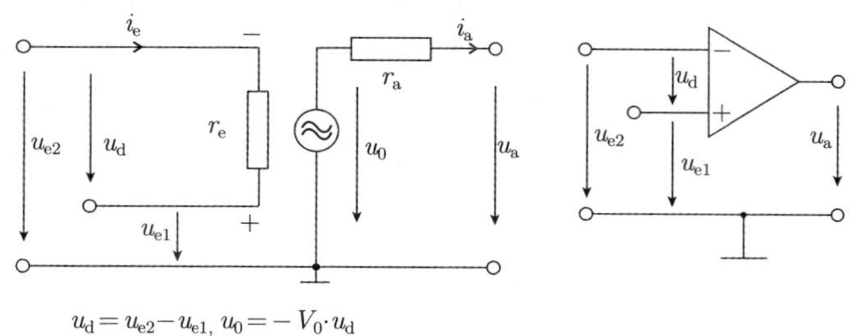

图 8.1-1 稳态特性的等效电路图、运算放大器的电路符号

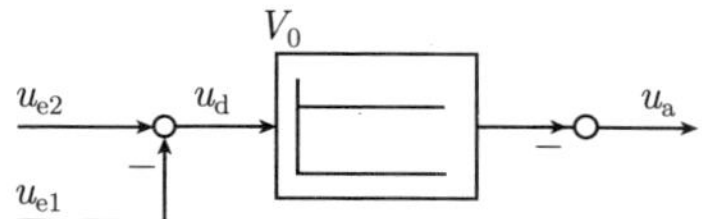

图 8.1-2 略去输出电阻的运算放大器的信号流图

无负载放大器的稳态增益为

$$\boxed{V_0 = \frac{-u_\mathrm{a}}{u_\mathrm{d}}}$$

负号表示差频输入电压 u_d 和输出电压 u_a 之间反相 (-180° 相位移). 在具有理想固有特性

$$\boxed{V_0 \to \infty, \quad r_\mathrm{e} \to \infty, \quad r_\mathrm{a} \to 0}$$

的运算放大器时, 认为输入端无电流, 差频输入电压 $u_\mathrm{d} = 0$, **输入端具有相同电位 (Eingänge haben gleiches Potential)**. 在此假设下进行后面的具有运算放大器的调节器电路频率特性函数和传递函数的计算.

8.1.2.2 动态特征量

各种调节器频率特性函数是通过电网络的外部布线来实现. 对于实际可引入的电路, 待实现传递函数的稳定性不允许与运算放大器特性相关. 当运算放大器差

频增益的频率特性函数

$$F_{\mathrm{d}}(\mathrm{j}\omega)=\frac{V_0}{1+\dfrac{\mathrm{j}\omega}{\omega_{\mathrm{E0}}}}=\frac{V_0}{1+\mathrm{j}\omega T_{\mathrm{E0}}}$$

$$\omega_{\mathrm{E0}}=2\pi\cdot f_{\mathrm{E0}}=\frac{1}{T_{\mathrm{E0}}},\quad u_{\mathrm{a}}(\mathrm{j}\omega)=-F_{\mathrm{d}}(\mathrm{j}\omega)\cdot u_{\mathrm{d}}(\mathrm{j}\omega)$$

具有小转折角频率 ω_{E0} 的 PT_1 特性时, 可满足这些要求. 这样频率特性函数才具有**相位裕度为(Phasenreserve)** $\Phi_{\mathrm{R}}=90°$.

可引入通用的运算放大器都含有**内部频率特性校正环节(intene Frequenzgang-Korreturelemente)**, 它给予未布线的运算放大器一个 PT_1 环节特性. 在图 8.1-3 上表示 $F_{\mathrm{d}}(\mathrm{j}\omega)$ 的伯德图, 其中反相 (相位移 $-180°$) 按惯常不予考虑.

下面研究显示, 通过外部布线可近似地确定在调节技术上感兴趣的频域内传递特性.

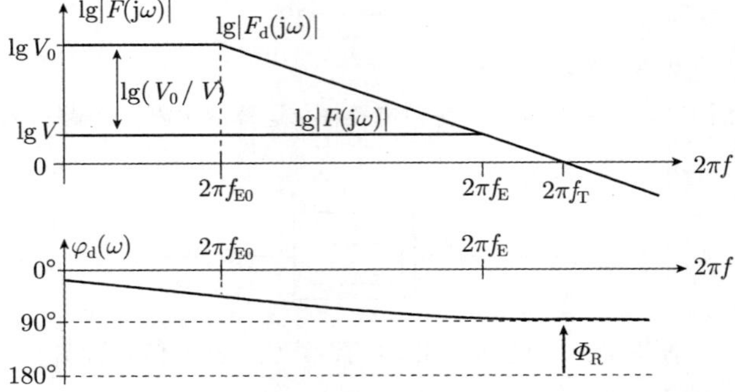

图 8.1-3　具有 $(F(\mathrm{j}\omega))$ 和无外部布线 $(F_{\mathrm{d}}(\mathrm{j}\omega))$ 运算放大器伯德图

在图 8.1-3 中所应用的缩语具有如下意义.

$\lg|F_{\mathrm{d}}(\mathrm{j}\omega)|$ 为未布线放大器的幅频特性;

$\varphi_{\mathrm{d}}(\omega)$ 为未布线放大器的相频特性;

$2\pi f_{\mathrm{E0}}$ 为未布线放大器的转折角频率;

$\lg|F(\mathrm{j}\omega)|$ 为布线放大器的幅频特性;

$2\pi f_{\mathrm{E}}$ 为布线放大器的转折角频率;

$2\pi f_{\mathrm{T}}$ 为截止角频率.

如图 8.1-4 所示具有欧姆电阻的布线, 可导出如图 8.1-5 所示的调节技术信号流图.

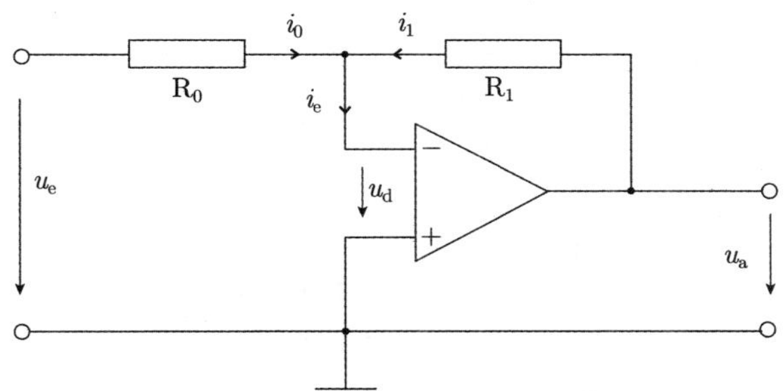

图 8.1-4 具有欧姆电阻的布线

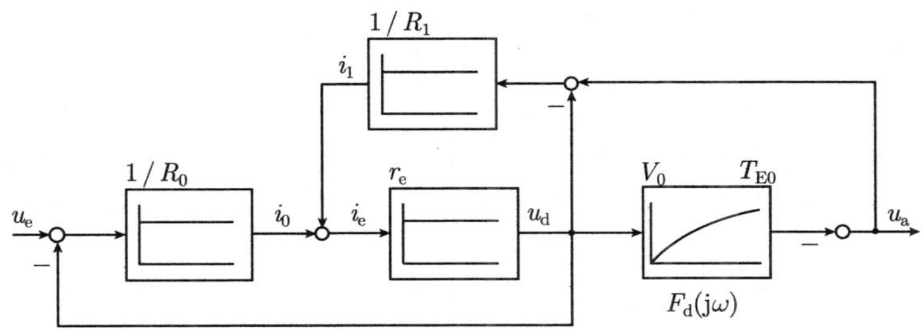

图 8.1-5 反相电路信号流图

将放大器电路方程

$$-F_d(j\omega)=\frac{u_a(j\omega)}{u_d(j\omega)}=\frac{-V_0}{1+j\omega T_{E0}}$$

$$i_0(j\omega)=\frac{u_e(j\omega)-u_d(j\omega)}{R_0},\quad i_1(j\omega)=\frac{u_a(j\omega)-u_d(j\omega)}{R_1}$$

$$i_e(j\omega)=i_0(j\omega)+i_1(j\omega),\qquad r_e\cdot i_e(j\omega)=u_d(j\omega)=\frac{u_a(j\omega)}{-F_d(j\omega)}$$

表示成信号流图.

由电流方程出发, 计算频率特性函数:

$$i_e(j\omega)=\frac{-u_a(j\omega)}{r_e\cdot F_d(j\omega)}=i_0(j\omega)+i_1(j\omega)$$

$$=\frac{u_e(j\omega)+\dfrac{u_a(j\omega)}{F_d(j\omega)}}{R_0}+\frac{u_a(j\omega)+\dfrac{u_a(j\omega)}{F_d(j\omega)}}{R_1}$$

变换并求解方程给出布线放大器的频率特性函数:

$$F(j\omega)=\frac{u_a(j\omega)}{u_e(j\omega)}=\frac{-K_P}{1+j\omega\cdot T_E}$$

$$K_{\mathrm{P}}=\frac{1}{\dfrac{R_1}{R_0\cdot V_0}+\dfrac{R_1}{r_{\mathrm{e}}\cdot V_0}+\dfrac{1}{V_0}+1}\cdot\frac{R_1}{R_0}$$

$$T_{\mathrm{E}}=T_{\mathrm{E0}}\cdot\frac{R_0\cdot(R_1+r_{\mathrm{e}})+R_1\cdot r_{\mathrm{e}}}{R_0\cdot[R_1+r_{\mathrm{e}}\cdot(V_0+1)]+R_1\cdot r_{\mathrm{e}}}$$

由于 $r_{\mathrm{e}}\gg R_1$, $V_0\gg 1$, 特征量 K_{P} 和 T_{E} 可被简化为

$$\boxed{K_{\mathrm{P}}=V=\frac{1}{\dfrac{R_1}{R_0\cdot V_0}+1}\cdot\frac{R_1}{R_0}\approx\frac{R_1}{R_0}}$$

$$\boxed{T_{\mathrm{E}}=\frac{T_{\mathrm{E0}}}{V_0}\cdot\left[1+\frac{R_1}{R_0}\right]=T_{\mathrm{E0}}\cdot\frac{1+V}{V_0}}$$

布线运算放大器的比例增益 V 或 K_{P} 仅与外部布线有关. 在图 8.1-3 上给出了幅频特性, 对于**带宽 (Bandbreite)** 可由转折角频率 $\omega_{\mathrm{E}}=1/T_{\mathrm{E}}$ 得到

$$f_{\mathrm{E}}=\frac{\omega_{\mathrm{E}}}{2\pi}=\frac{1}{2\pi\cdot T_{\mathrm{E}}}=\frac{V_0}{2\pi\cdot T_{\mathrm{E0}}\cdot\left(1+\dfrac{R_1}{R_0}\right)}=\frac{V_0}{1+V}\cdot f_{\mathrm{E0}}$$

如果 $V\gg 1$, 那么

$$\frac{V_0}{V}=\frac{f_{\mathrm{E}}}{f_{\mathrm{E0}}},\quad \lg\left(\frac{V_0}{V}\right)=\lg\left(\frac{f_{\mathrm{E}}}{f_{\mathrm{E0}}}\right)$$

乘积

$$V_0\cdot f_{\mathrm{E0}}=V\cdot f_{\mathrm{E}}=1\cdot f_{\mathrm{T}}$$

称为**增益带宽积 (Verstärkungs-Bandbreite-Prodakt)**, f_{T} 为**截止频率 (Transitfrequenz)**, 在该频率处对数幅值特性线穿过零值 (0dB), 增益 $V=1$.

> 对于调节技术的应用, 可引入运算放大器为与频率无关的传递环节, 其固有特性仅与外部布线有关.

8.1.2.3　小结

对于在电子调节装置的应用, 运算放大器必须具有下列特性.

- 高的差频增益;
- 大的差频输入电阻;
- 小的输出电阻;
- 微小误差 (偏移电压, 偏移电压漂移);
- 在调节技术应用的范围内常值的频率特性.

运算放大器由**双极晶体管技术或场效[应]晶体管技术 (FET) (Bipolar- oder Feldeffekttransistortechnik(FET))** 来实现. 在表 8.1-1 中给出了运算放大器的主要特征量的理想值和典型值. 这些值对于没有外部布线的运算放大器有效.

表 8.1-1 没有外部布线的运算放大器特征量和典型值

特征量		运算放大器		
		理想	实际	
			FET	双极晶体管
差频增益	V_0	∞	10^6	10^5
同相增益	V_g	0	10^{-4}	$10^{-4}\cdots10^{-5}$
差频输入电阻	r_e	∞	$10^{12}\Omega$	$10^6\Omega$
输入电流	i_e	0	10^{-12} A	10^{-7} A
输出电阻	r_a	0	$10^2\ \Omega$	$10^2\ \Omega$
输出电流	i_a	∞	$\pm10^{-2}$ A	$\pm10^{-2}$ A
偏移电压	U_{off}	0	10^{-3} V	10^{-3} V
偏移电压漂移	ΔU_{off}	0	10^{-6} V/K	
			10^{-7} V/Monat①	
			10^{-5} V/V	
增益带宽积	f_T	∞	10^5 Hz	10^6 Hz

由于高的空载增益必使运算放大器构成负反馈. 而负反馈运算放大器特性仅与所布线的外部输入网络和负反馈网络有关.

8.2 运算放大器基本电路

8.2.1 概述

在以下各节将研发调节装置的电路, 其中优先考虑实现调节器传递函数. 由此将不考虑必要的电路技术细节, 譬如.

- 偏移电压补偿;
- 偏移电压漂移补偿;
- 用于减小经过供电电压反馈的措施;
- 输入电压和输出电压的限制.

8.2.2 运算放大器的通用电路图

在 8.1.2 节中对于理想运算放大器进行了假设, 即 $r_e \to \infty$ ($i_e = 0$), $V_0 \to \infty(u_d = 0)$, 并且这些特性与频率无关, 以此来求运算放大器电路的传递函数.

① [译者注] 文中单位 (德文)Monat 为月.

在计算时由图 8.2-1 所示的通用电路出发. 为此计算, 需要电流 i_0, i_1 和在非反相输入端的电压 u_e. 当在输入支路或反馈支路存在一个电路元件接地时, 按照图 8.2-2 变换电路. 并联电阻仅加载于输入电压或相应的输出电压, 并且在计算传递函数时不需要考虑 (8.5 节). 用这些变换可简化电路图 (图 8.2-3).

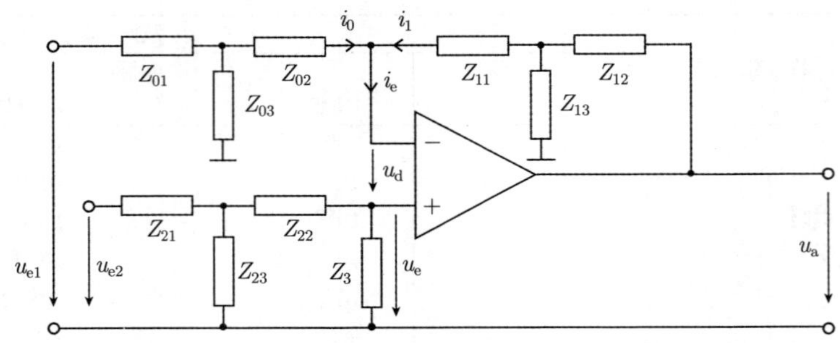

图 8.2-1 差频放大器基本电路

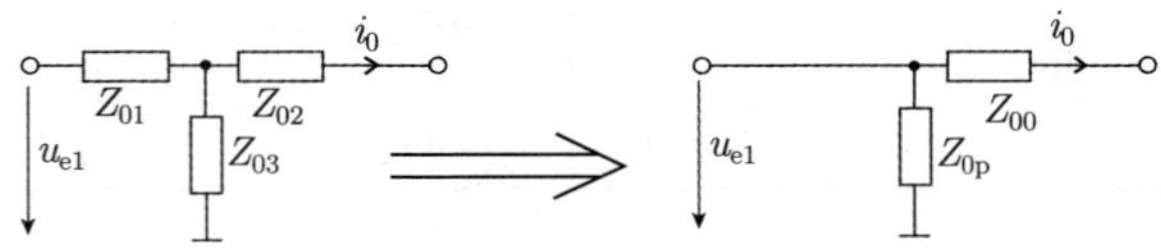

图 8.2-2 布线的变换

在计算时可由图 8.2-3 的差频放大器电路出发.

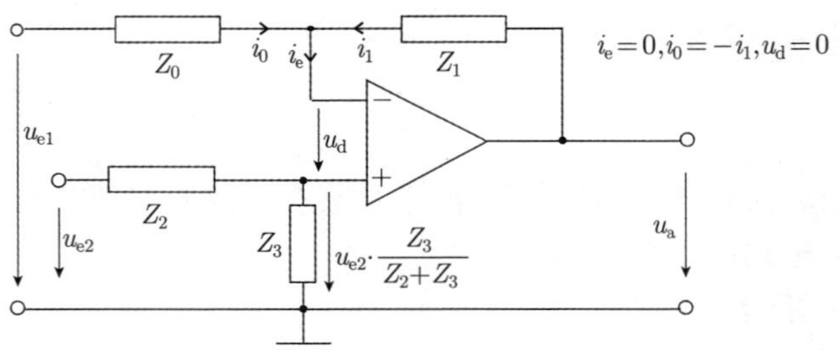

图 8.2-3 差频放大器简化基本电路

对于简化基本电路可得到下面方程:

$$k=\frac{Z_3}{Z_2+Z_3},\quad i_0=\frac{u_{e1}-k\cdot u_{e2}}{Z_0},\quad i_1=\frac{u_a-k\cdot u_{e2}}{Z_1}$$

$$\frac{u_{e1}-k\cdot u_{e2}}{Z_0}=-\frac{u_a-k\cdot u_{e2}}{Z_1},\quad u_{e1}-k\cdot u_{e2}\cdot\left[1+\frac{Z_0}{Z_1}\right]=-u_a\cdot\frac{Z_0}{Z_1}$$

基本电路通用传递函数为

$$\frac{u_a(s)}{u_{e1}(s)-k(s)\cdot u_{e2}(s)\cdot\left[1+\dfrac{Z_0(s)}{Z_1(s)}\right]}=-\frac{Z_1(s)}{Z_0(s)}$$

由这些方程可推导出下列基本电路：

- **反相电路 (invertierende Shaltung)**：$u_{e2}=0$(8.2.3 节)；
- **非反相电路 (nichtinvertierende Shaltung)**：$u_{e1}=0, k(s)=1$(8.2.4 节)；
- **比较电路 (Vergleichsschaltung)**：$Z_0=Z_1=Z_2=Z_3=R,\ k(s)=0.5$ (8.3.1 节).

8.2.3 反相电路

在反相电路情况下, 非反相输入端位于零电位, 由在电路求和点的电流方程可得

$$i_0(\mathrm{j}\omega)=\frac{u_e(\mathrm{j}\omega)}{Z_0(\mathrm{j}\omega)}=-i_1(\mathrm{j}\omega)=-\frac{u_a(\mathrm{j}\omega)}{Z_1(\mathrm{j}\omega)}$$

其频率特性函数和传递函数为

$$F(\mathrm{j}\omega)=\frac{u_a(\mathrm{j}\omega)}{u_e(\mathrm{j}\omega)}=-\frac{Z_1(\mathrm{j}\omega)}{Z_0(\mathrm{j}\omega)},\quad G(s)=\frac{u_a(s)}{u_e(s)}=-\frac{Z_1(s)}{Z_0(s)}$$

反相基本电路如图 8.2-4 所示.

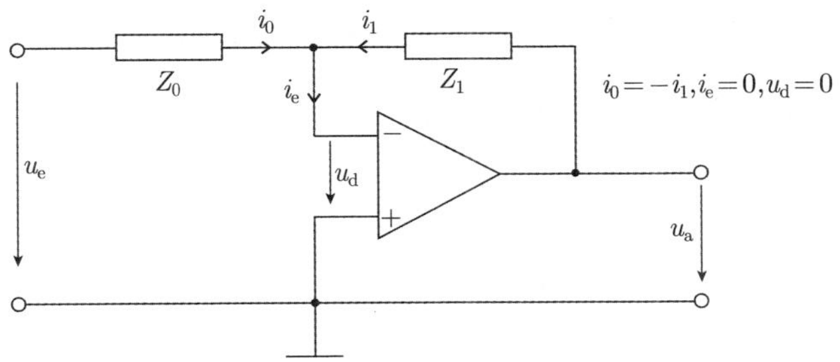

图 8.2-4 反相基本电路

8.2.4 非反相电路

在非反相电路情况下, 反相输入端经过电阻而位于零电位.

频率特性函数和传递函数为

$$F(\mathrm{j}\omega)=\frac{u_a(\mathrm{j}\omega)}{u_e(\mathrm{j}\omega)}=\frac{Z_0(\mathrm{j}\omega)+Z_1(\mathrm{j}\omega)}{Z_0(\mathrm{j}\omega)}=1+\frac{Z_1(\mathrm{j}\omega)}{Z_0(\mathrm{j}\omega)},$$

$$G(s)=\frac{u_a(s)}{u_e(s)}=\frac{Z_0(s)+Z_1(s)}{Z_0(s)}=1+\frac{Z_1(s)}{Z_0(s)}$$

非反相基本电路如图 8.2-5 所示.

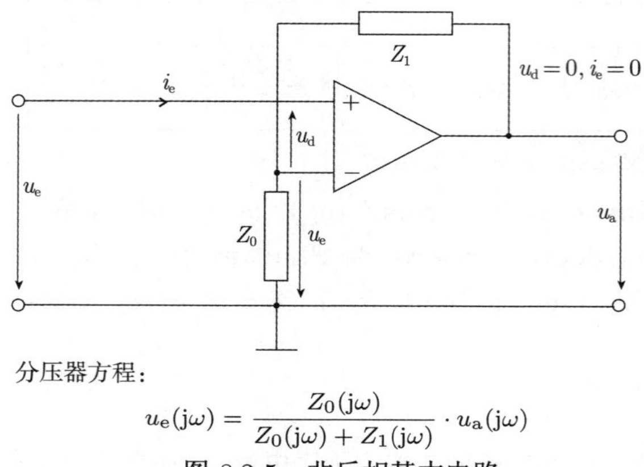

图 8.2-5　非反相基本电路

如果输出端直接与反相输入端相连 (特别情况 $Z_1(j\omega)=0$), 那么可得到具有

$$F(j\omega)=\frac{u_a(j\omega)}{u_e(j\omega)}=1,\quad G(s)=\frac{u_a(s)}{u_e(s)}=1$$

电压跟踪器如图 8.2-6 所示.

为了调整在调节器中的 P、I 和 D 特性, 引入电阻电容网络. 通过如图 8.2-6 所示的电压跟踪器网络解耦, 可实现对调节器参数分开地调整 (例 8.4-1). 电压跟踪器具有高的输入电阻, 它被引入作为阻抗匹配变压器 (隔离放大器).

非反相电路增益值小于 1 是不可调整的.

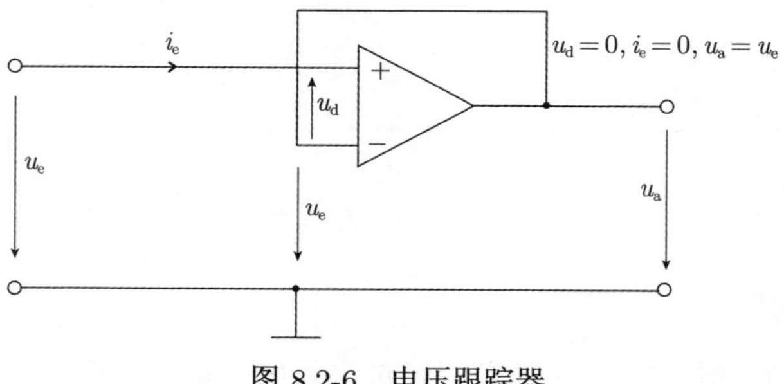

图 8.2-6　电压跟踪器

8.3　构建调节误差的电路

8.3.1　具有电压比较点的电路

具有比例增益电压比较点的电路 (图 8.3-1):

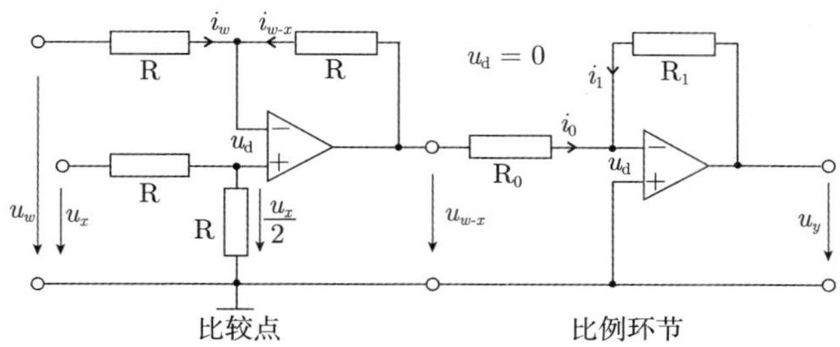

图 8.3-1 具有电压比较点的比例调节器

对于电路的电压比较点下列方程有效：

$$u_w = R \cdot i_w + \frac{u_x}{2}, \quad u_{w-x} = R \cdot i_{w-x} + \frac{u_x}{2}, \quad i_w = -i_{w-x}$$

$$R \cdot i_w = u_w - \frac{u_x}{2} = -\left(u_{w-x} - \frac{u_x}{2}\right), \quad u_{w-x} = -(u_w - u_x) = -u_{x\mathrm{d}}$$

电压比较点的频率特性函数和传递函数为

$$F_1(\mathrm{j}\omega) = \frac{u_{w-x}(\mathrm{j}\omega)}{u_w(\mathrm{j}\omega) - u_x(\mathrm{j}\omega)} = \frac{u_{w-x}(\mathrm{j}\omega)}{u_{x\mathrm{d}}(\mathrm{j}\omega)} = -1$$

$$G_1(s) = \frac{u_{w-x}(s)}{u_w(s) - u_x(s)} = \frac{u_{w-x}(s)}{u_{x\mathrm{d}}(s)} = -1$$

比例环节的频率特性函数和传递函数为

$$F_2(\mathrm{j}\omega) = \frac{u_y(\mathrm{j}\omega)}{u_{w-x}(\mathrm{j}\omega)} = -\frac{R_1}{R_0},$$

$$G_2(s) = \frac{u_y(s)}{u_{w-x}(s)} = -\frac{R_1}{R_0}$$

总的频率特性函数和传递函数为

$$F_{\mathrm{R}}(\mathrm{j}\omega) = F_1(\mathrm{j}\omega) \cdot F_2(\mathrm{j}\omega) = \frac{u_y(\mathrm{j}\omega)}{u_w(\mathrm{j}\omega) - u_x(\mathrm{j}\omega)} = \frac{u_y(\mathrm{j}\omega)}{u_{x\mathrm{d}}(\mathrm{j}\omega)} = K_{\mathrm{R}} = \frac{R_1}{R_0},$$

$$G_{\mathrm{R}}(s) = G_1(s) \cdot G_2(s) = \frac{u_y(s)}{u_w(s) - u_x(s)} = \frac{u_y(s)}{u_{x\mathrm{d}}(s)} = K_{\mathrm{R}} = \frac{R_1}{R_0}$$

调节器参数：

- 比例增益 $K_{\mathrm{R}} = \dfrac{R_1}{R_0}$.

8.3.2　具有电流比较点的电路

对于图 8.3-2 电路, 假设被调节量 x 作为电压 u_x 加在反相端上.

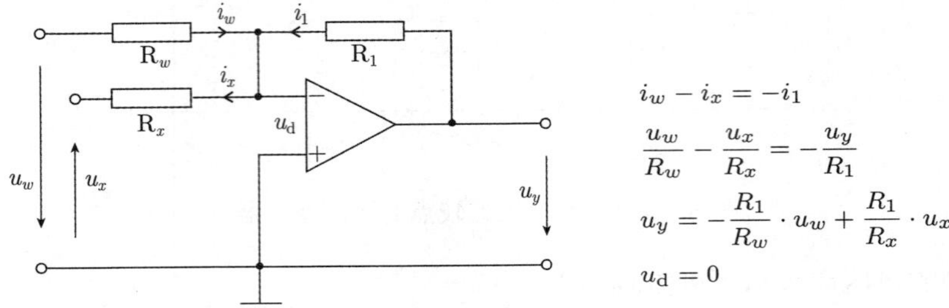

图 8.3-2　具有电流比较点的比例调节器

对于 $R_w = R_x = R_0$, 成为

$$u_y = -K_R \cdot (u_w - u_x) = -K_R \cdot u_{xd}, \quad K_R = \frac{R_1}{R_0}$$

其频率特性函数和传递函数为

$$F_R(j\omega) = \frac{u_y(j\omega)}{u_w(j\omega) - u_x(j\omega)} = \frac{u_y(j\omega)}{u_{xd}(j\omega)} = -\frac{R_1}{R_0} = -K_R,$$

$$G_R(s) = \frac{u_y(s)}{u_w(s) - u_x(s)} = \frac{u_y(s)}{u_{xd}(s)} = -\frac{R_1}{R_0} = -K_R$$

负号必须通过一个反相器或通过直接使电压 u_w 或 u_x 反相来补偿.

8.4　构建调整量的电路

8.4.1　概述

对于在第 4 章描述的调节器结构 P、PD、PDT$_1$、I、PI、PID 和 PIDT$_1$ 以及对于调节回路信号的平滑装置 (Glättungseinrichtungen), 开发具有运算放大器的电路. 如果这样电路存在, 总是考虑反相和非反相电路.

PD、PDT$_1$、PI、PID 和 PIDT$_1$ 调节器具有多参数. 如果这些调节器都由单个运算放大器实现, 那么参数一般不是相互独立地可调整的. 当计算调节器参数并且不再改变时, 可应用这些简单电路.

每个基本功能 (Elementarfunktion) 都配置一个固有运算放大器的电路, 它适合于应由实验来调整其参数的调节. 对于具有独立地可调整调节器参数的调节器, 同样也应给出电路.

8.4.2 比例调节器 (P 调节器)

8.4.2.1 反相比例调节器

构建调节误差的电路可按 8.3 节构建为实现比例增益可应用反相和非反相电路.

电路 (图 8.4-1):

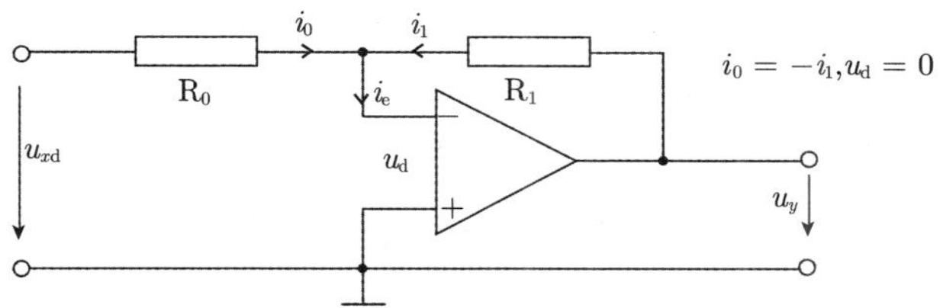

图 8.4-1 反相比例调节器

其频率特性函数和传递函数为

$$F_R(j\omega)=\frac{u_y(j\omega)}{u_{xd}(j\omega)}=-\frac{R_1}{R_0}=-K_R,$$

$$G_R(s)=\frac{u_y(s)}{u_{xd}(s)}=-K_R$$

调节器参数:

- 比例增益 $K_R=\dfrac{R_1}{R_0}$.

8.4.2.2 非反相比例调节器

电路 (图 8.4-2):

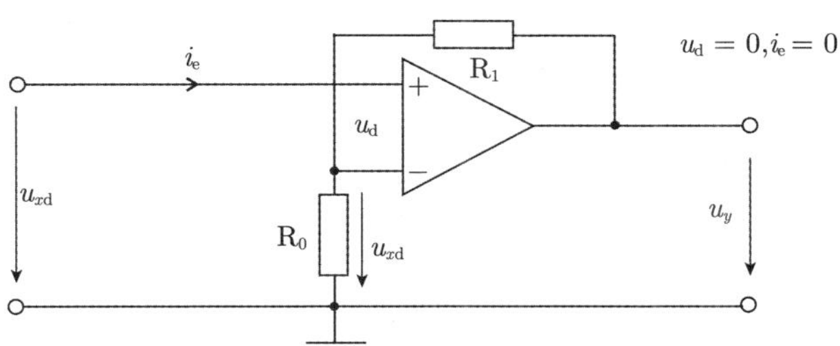

图 8.4-2 非反相比例调节器

其频率特性函数和传递函数为

$$F_{\mathrm{R}}(\mathrm{j}\omega)=\frac{u_y(\mathrm{j}\omega)}{u_{xd}(\mathrm{j}\omega)}=\frac{R_0+R_1}{R_0}=1+\frac{R_1}{R_0}=K_{\mathrm{R}},$$

$$G_{\mathrm{R}}(s)=\frac{u_y(s)}{u_{xd}(s)}=K_{\mathrm{R}},\ K_{\mathrm{R}}\geqslant 1$$

调节器参数：

- 比例增益 $K_{\mathrm{R}}=1+\dfrac{R_1}{R_0}$.

8.4.3 比例微分调节器 (PD 调节器)，具有 I 阶滞后比例微分调节器 ($\mathrm{PDT_1}$ 调节器)

8.4.3.1 反相 PD/$\mathrm{PDT_1}$ 调节器

电流和方程：

$$i_0(\mathrm{j}\omega)=\frac{\dfrac{u_{xd}(\mathrm{j}\omega)}{R_0}}{1+\mathrm{j}\omega\cdot R_0\cdot C_0}=-i_1(\mathrm{j}\omega)=-\frac{\dfrac{u_y(\mathrm{j}\omega)}{R_1}}{1+\mathrm{j}\omega\cdot R_1\cdot C_1}$$

电路 (图 8.4-3)：

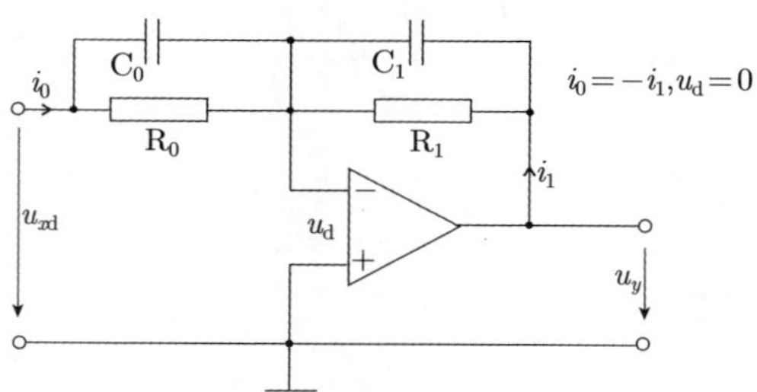

图 8.4-3 反相 PD/$\mathrm{PDT_1}$ 调节器

其频率特性函数和传递函数为

$$F_{\mathrm{R}}(\mathrm{j}\omega)=\frac{u_y(\mathrm{j}\omega)}{u_{xd}(\mathrm{j}\omega)}=-\frac{R_1}{R_0}\cdot\frac{1+\mathrm{j}\omega\cdot R_0\cdot C_0}{1+\mathrm{j}\omega\cdot R_1\cdot C_1}=-K_{\mathrm{R}}\cdot\frac{1+\mathrm{j}\omega\cdot T_{\mathrm{V}}}{1+\mathrm{j}\omega\cdot T_1}$$

$$G_{\mathrm{R}}(s)=\frac{u_y(s)}{u_{xd}(s)}=-K_{\mathrm{R}}\cdot\frac{1+T_{\mathrm{V}}\cdot s}{1+T_1\cdot s}$$

调节器参数：

- 比例增益 $K_{\mathrm{R}}=\dfrac{R_1}{R_0}$;

- 超前时间常数 $T_V = R_0 \cdot C_0$;
- 滞后时间常数 $T_1 = R_1 \cdot C_1$.

基于稳定性原因无滞后的 PD 调节器是不能实现的. 用 RC 元件 R_1C_1 抑制自激振荡, 这样就形成一个 PDT_1 调节器 (具有 I 阶滞后的 PD 调节器).

比例增益 K_R 取决于时间常数 T_V 和 T_1 的调整. 可相互独立地调整 T_V 和 T_1, 由这个电路也可构建 PPT_1 环节.

8.4.3.2 非反相 PD/PDT$_1$ 调节器

分压器方程:

$$\frac{u_{xd}(j\omega)}{R_0+\dfrac{1}{j\omega\cdot C_0}}=\frac{u_y(j\omega)}{R_0+R_1+\dfrac{1}{j\omega\cdot C_0}}$$

其频率特性函数和传递函数为

$$F_R(j\omega)=\frac{u_y(j\omega)}{u_{xd}(j\omega)}=\frac{1+j\omega\cdot(R_0+R_1)\cdot C_0}{1+j\omega\cdot R_0\cdot C_0}=K_R\cdot\frac{1+j\omega\cdot T_V}{1+j\omega\cdot T_1}$$

$$G_R(s)=\frac{u_y(s)}{u_{xd}(s)}=K_R\cdot\frac{1+T_V\cdot s}{1+T_1\cdot s}$$

电路 (图 8.4-4):

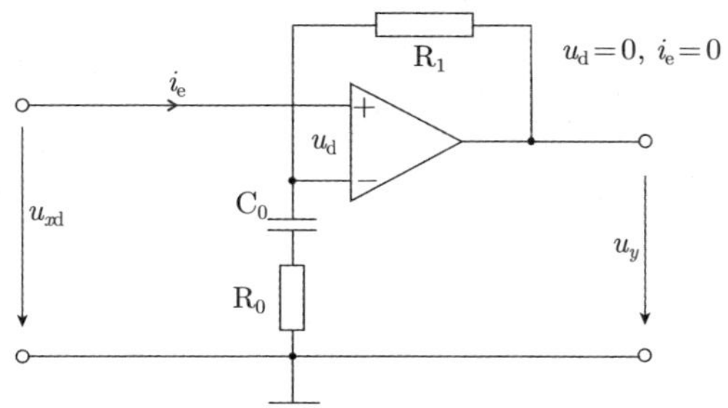

图 8.4-4 非反相 PD/PDT$_1$ 调节器

调节器参数:

- 比例增益 $K_R = 1$;
- 超前时间常数 $T_V = (R_0 + R_1) \cdot C_0$;
- 滞后时间常数 $T_1 = R_0 \cdot C_0$.

由于稳定性原因对于 $R_0 = 0$ 的电路 (无滞后的 PD 调节器) 是不能实现的. 由 $R_0 > 0$ 会产生一个 PT_1 环节 (PDT_1 调节器). 如果在构建调节误差的电路中能调整增益 (8.3.2 节), 那么比例增益 $K_R < 1$ 和 $K_R > 1$ 是可以实现的.

8.4.3.3　可分开调整参数的 PD/PDT$_1$ 调节器

电路 (图 8.4-5):

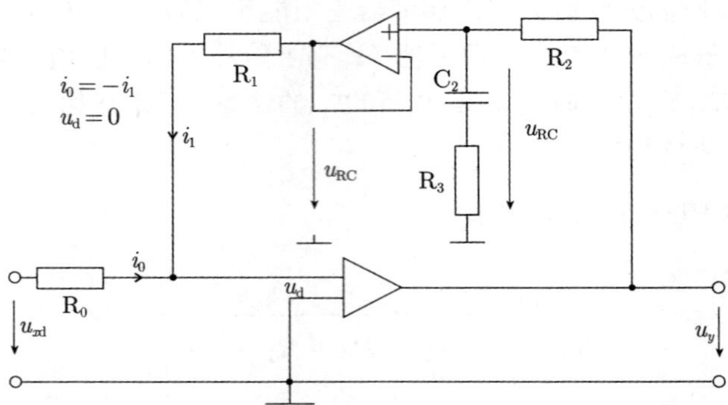

图 8.4-5　可独立调整参数的反相 PD/PDT$_1$ 调节器

接通具有反馈支路的隔离放大器作为具有增益 $V = 1$ 的非反相电压跟踪器, 它从 R_2, C_2 和 R_3 解耦出 R_1.

电流和方程与分压器方程:

$$\frac{u_{xd}(\mathrm{j}\omega)}{R_0} = -\frac{u_{RC}(\mathrm{j}\omega)}{R_1}$$

$$\frac{u_{RC}(\mathrm{j}\omega)}{u_y(\mathrm{j}\omega)} = \frac{R_3 + \dfrac{1}{\mathrm{j}\omega \cdot C_2}}{R_2 + R_3 + \dfrac{1}{\mathrm{j}\omega \cdot C_2}} = \frac{1 + \mathrm{j}\omega \cdot R_3 \cdot C_2}{1 + \mathrm{j}\omega \cdot (R_2 + R_3) \cdot C_2}$$

其频率特性函数和传递函数为

$$F_R(\mathrm{j}\omega) = \frac{u_y(\mathrm{j}\omega)}{u_{xd}(\mathrm{j}\omega)} = -\frac{R_1}{R_0} \cdot \frac{1 + \mathrm{j}\omega \cdot (R_2 + R_3) \cdot C_2}{1 + \mathrm{j}\omega \cdot R_3 \cdot C_2} = -K_R \cdot \frac{1 + \mathrm{j}\omega \cdot T_V}{1 + \mathrm{j}\omega \cdot T_1}$$

$$G_R(s) = \frac{u_y(s)}{u_{xd}(s)} = -K_R \cdot \frac{1 + T_V \cdot s}{1 + T_1 \cdot s}$$

调节器参数:

- 比例增益 $K_R = \dfrac{R_1}{R_0}$;
- 超前时间常数 $T_V = (R_2 + R_3) \cdot C_2$;
- 滞后时间常数 $T_1 = R_3 \cdot C_2$.

由 $R_3 = 0$ 得到不可实现的无滞后的 PD 调节器. 对于 $R_3 > 0$ 可给出一个具有稳定传递特性的 PDT$_1$ 调节器. 具有两个运算放大器的电路优点为, 比例增益 K_R 与 T_V 和 T_1 无关, 可独立地调整. 而 T_V 的调整则与 T_1 有关.

例 8.4-1 实现 PDT_1 调节器.

在图中给出了具有传递函数

$$G_{\mathrm{R}}(s)=\frac{u_y(s)}{u_{x\mathrm{d}}(s)}=-\frac{R_1}{R_0}\cdot\frac{1+(R_2+R_3)\cdot C_2\cdot s}{1+R_3\cdot C_2\cdot s}=-K_{\mathrm{R}}\cdot\frac{1+T_{\mathrm{V}}\cdot s}{1+T_1\cdot s}$$

的 PDT_1 调节器电路.

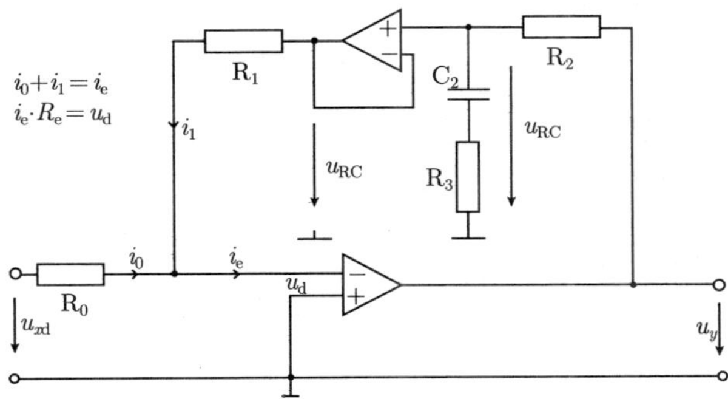

调节器可被分解为多环节传递函数, 正向支路含有比例环节

$$G_1(s)=\frac{i_0(s)}{u_{x\mathrm{d}}(s)}=\frac{1}{R_0}=K_1$$

$$-G_2(s)=\frac{u_y(s)}{i_{\mathrm{e}}(s)}=-K_2,\quad (K_2=R_{\mathrm{e}}\cdot V_0,\ V_0\to\infty)$$

在反馈支路存在逆向的 PDT_1 环节

$$G_3(s)=\frac{u_{\mathrm{RC}}(s)}{u_y(s)}=\frac{1+R_3\cdot C_2\cdot s}{1+(R_2+R_3)\cdot C_2\cdot s}=\frac{1+T_1\cdot s}{1+T_{\mathrm{V}}\cdot s}$$

和一个比例环节

$$G_4(s)=\frac{i_1(s)}{u_{\mathrm{RC}}(s)}=\frac{1}{R_1}=K_4$$

对于该电路, 下面信号流图有效:

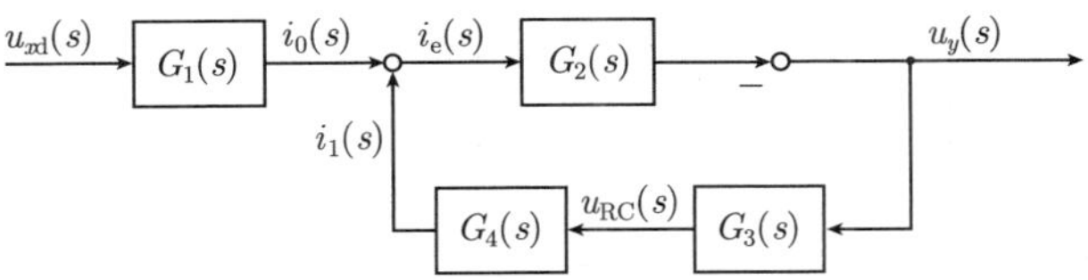

由信号流图可推导出传递函数:

$$[u_{x\mathrm{d}}(s)\cdot G_1(s)+u_y(s)\cdot G_3(s)\cdot G_4(s)]\cdot G_2(s)=-u_y(s)$$

$$G_R(s)=\frac{u_y(s)}{u_{xd}(s)}=-\frac{G_1(s)\cdot G_2(s)}{1+G_2(s)\cdot G_3(s)\cdot G_4(s)}=-\frac{G_1(s)}{\dfrac{1}{G_2(s)}+G_3(s)\cdot G_4(s)}$$

由极限值

$$\lim_{K_2\to\infty} G_R(s)=-\frac{G_1(s)}{G_3(s)\cdot G_4(s)}=-\frac{R_1}{R_0}\cdot\frac{1+T_V\cdot s}{1+T_1\cdot s}$$

得到 PDT_1 调节器传递函数.

如果正向支路增益很大 ($K_2\to\infty$), 那么调节器的传递函数与负的逆向反馈传递函数相同, 在输入支路的传递函数相乘.

在应用提升相频特性的伯德法时 (7.4.3 节, 7.4.4 节), 引入 PDT_1 环节 (也称为超前环节 (Lead-Elemente)). 用于降低幅频特性则应用 PPT_1 环节 (滞后环节 (Lag-Elemente))(7.4.5 节, 7.4.6 节).

8.4.4　积分调节器 (I 调节器)

8.4.4.1　反相积分调节器

电流和方程:

$$\frac{u_{xd}(j\omega)}{R_0}=-\frac{u_y(j\omega)}{\dfrac{1}{j\omega\cdot C_1}}$$

电路 (图 8.4-6):

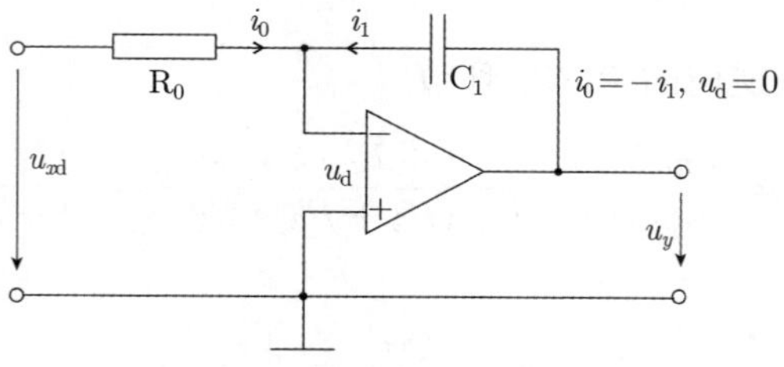

图 8.4-6　反相 I 调节器

其频率特性函数和传递函数为

$$F_R(j\omega)=\frac{u_y(j\omega)}{u_{xd}(j\omega)}=-\frac{1}{j\omega\cdot R_0\cdot C_1}=-\frac{1}{j\omega\cdot T_I}$$

$$G_R(s)=\frac{u_y(s)}{u_{xd}(s)}=-\frac{1}{T_I\cdot s}$$

调节器参数:

- 积分时间常数 $T_I=R_0\cdot C_1$.

8.4.4.2 非反相积分调节器

电路 (图 8.4-7):

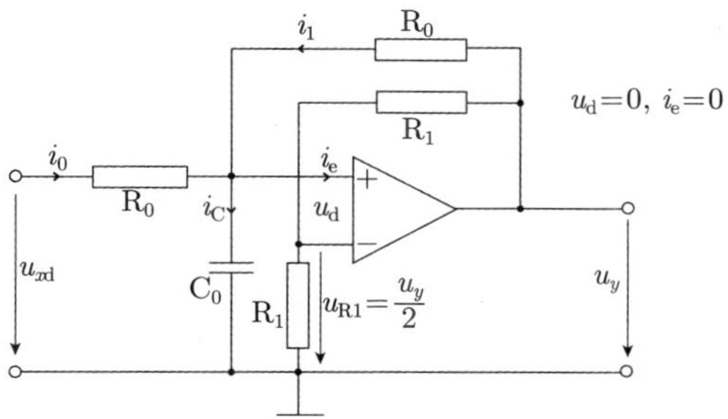

图 8.4-7 非反相 I 调节器

分压器方程与电流和方程:

$$u_{R1}(t)=\frac{R_1}{R_1+R_1}\cdot u_y(t)=\frac{u_y(t)}{2}$$

$$i_0(t)+i_1(t)=i_C(t)=\frac{u_{xd}(t)-\dfrac{u_y(t)}{2}}{R_0}+\frac{u_y(t)-\dfrac{u_y(t)}{2}}{R_0}=C_0\cdot\frac{\mathrm{d}\dfrac{u_y(t)}{2}}{\mathrm{d}t}$$

$$u_{xd}(t)=\frac{R_0\cdot C_0}{2}\cdot\frac{\mathrm{d}u_y(t)}{\mathrm{d}t},\quad u_y(t)=\frac{2}{R_0\cdot C_0}\int u_{xd}(t)\mathrm{d}t$$

其频率特性函数和传递函数为

$$F_R(\mathrm{j}\omega)=\frac{u_y(\mathrm{j}\omega)}{u_{xd}(\mathrm{j}\omega)}=\frac{2}{\mathrm{j}\omega\cdot R_0\cdot C_0}=\frac{1}{\mathrm{j}\omega\cdot T_I}$$

$$G_R(s)=\frac{u_y(s)}{u_{xd}(s)}=\frac{1}{T_I\cdot s}$$

调节器参数:

- 积分时间常数 $T_I=R_0\cdot\dfrac{C_0}{2}$.

8.4.5 比例积分调节器 (PI 调节器)

8.4.5.1 反相 PI 调节器

电路 (图 8.4-8):

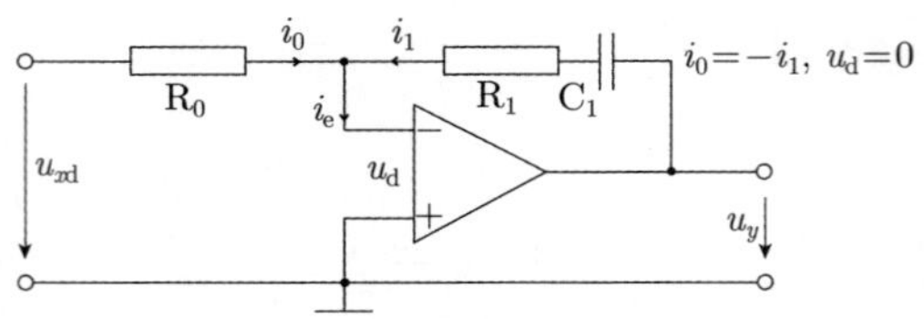

图 8.4-8　反相 PI 调节器

电流和方程:

$$\frac{u_{xd}(j\omega)}{R_0} = -\frac{u_y(j\omega)}{R_1 + \dfrac{1}{j\omega \cdot C_1}}$$

其频率特性函数和传递函数:

$$F_R(j\omega) = \frac{u_y(j\omega)}{u_{xd}(j\omega)} = -\frac{R_1}{R_0} \cdot \frac{1 + j\omega \cdot R_1 \cdot C_1}{j\omega \cdot R_1 \cdot C_1} = -K_R \cdot \frac{1 + j\omega \cdot T_N}{j\omega \cdot T_N}$$

$$G_R(s) = \frac{u_y(s)}{u_{xd}(s)} = -K_R \cdot \frac{1 + T_N \cdot s}{T_N \cdot s}$$

调节器参数:

- 比例增益 $K_R = \dfrac{R_1}{R_0}$;
- 调后时间 $T_N = R_1 \cdot C_1$.

比例增益 K_R 调整是与 T_N 有关的.

8.4.5.2　非反相 PI 调节器

分压器方程:

$$\frac{u_{xd}(j\omega)}{R_0} = \frac{u_y(j\omega)}{R_0 + R_1 + \dfrac{1}{j\omega \cdot C_1}} = \frac{u_y(j\omega)}{(R_0 + R_1) \cdot \left(1 + \dfrac{1}{j\omega \cdot (R_0 + R_1) \cdot C_1}\right)}$$

其频率特性函数和传递函数为

$$F_R(j\omega) = \frac{u_y(j\omega)}{u_{xd}(j\omega)} = \frac{R_0 + R_1}{R_0} \cdot \frac{1 + j\omega \cdot (R_0 + R_1) \cdot C_1}{j\omega \cdot (R_0 + R_1) \cdot C_1} = K_R \cdot \frac{1 + j\omega \cdot T_N}{j\omega \cdot T_N}$$

$$G_R(s) = \frac{u_y(s)}{u_{xd}(s)} = K_R \cdot \frac{1 + T_N \cdot s}{T_N \cdot s}$$

电路 (图 8.4-9):

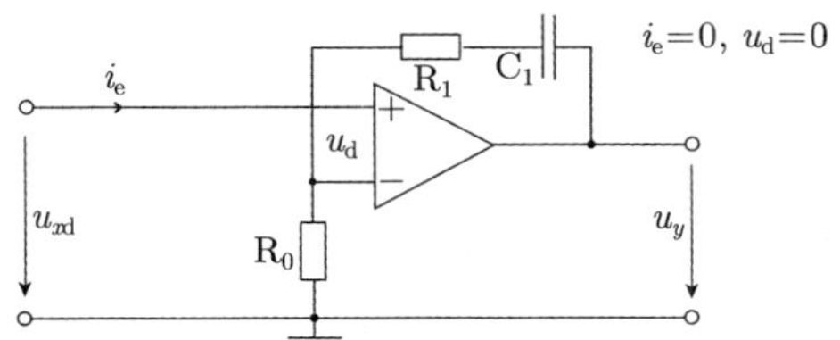

图 8.4-9 非反相 PI 调节器

调节器参数:

- 比例增益 $K_R = \dfrac{R_0 + R_1}{R_0} = 1 + \dfrac{R_1}{R_0}$;
- 调后时间 $T_N = (R_0 + R_1) \cdot C_1$.

调节器参数 K_R, T_N 不是相互独立可调整的, 对于 $R_1 = 0$ 时, 比例增益 $K_R = 1$.

8.4.5.3 具有独立可调整参数的 PI 调节器

电路 (图 8.4-10):

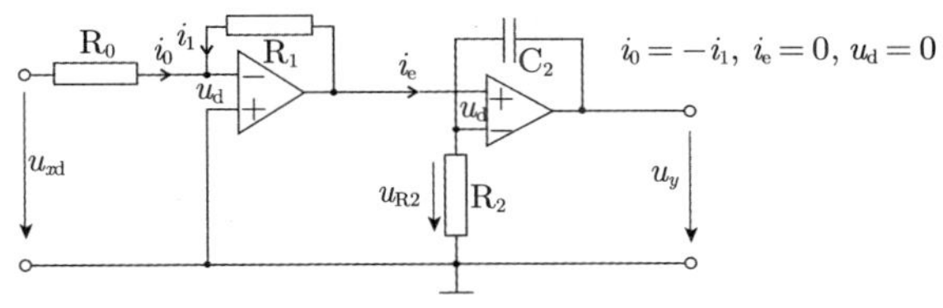

图 8.4-10 反相 PI 调节器

电路图 8.4-10 为图 8.4-1 的反相比例调节器和图 8.4-9 所示的非反相的 PI 调节器的链式结构.

分压器方程与电流和方程:

$$\frac{u_{xd}(j\omega)}{R_0} = -\frac{u_{R2}(j\omega)}{R_1}, \quad \frac{u_{R2}(j\omega)}{R_2} = \frac{u_y(j\omega)}{R_2 + \dfrac{1}{j\omega \cdot C_2}}$$

其频率特性函数和传递函数为

$$F_R(j\omega) = \frac{u_y(j\omega)}{u_{xd}(j\omega)} = -\frac{R_1}{R_0} \cdot \frac{1 + j\omega \cdot R_2 \cdot C_2}{j\omega \cdot R_2 \cdot C_2} = -K_R \cdot \frac{1 + j\omega \cdot T_N}{j\omega \cdot T_N}$$

$$G_R(s) = \frac{u_y(s)}{u_{xd}(s)} = -K_R \cdot \frac{1 + T_N \cdot s}{T_N \cdot s}$$

调节器参数:

- 比例增益 $K_\mathrm{R} = \dfrac{R_1}{R_0}$;
- 调后时间 $T_\mathrm{N} = R_2 \cdot C_2$.

调节器参数 K_R 可独立于 T_N 进行调整.

8.4.6 比例积分微分调节器 (PID 调节器), 具有 I 阶滞后的比例积分微分调节器 ($\mathrm{PIDT_1}$ 调节器)

8.4.6.1 具有相互独立可调整参数的 $\mathrm{PID/PIDT_1}$ 调节器加法 (并行) 形式

按照 PID 调节器的加法形式, 在实现时平行地连接三个运算放大器 (图 8.4-11). 比例调节器 (8.4.2 节), 积分调节器 (8.4.4 节) 和 $\mathrm{DT_1}$ 环节 (8.4.6.1 节) 的电路在上述各节都予以描述. 用加法电路把它们的输出量综合在一起.

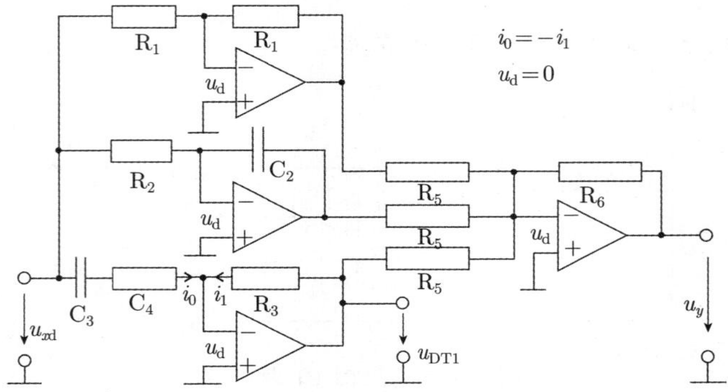

图 8.4-11　非反相 $\mathrm{PID/PIDT_1}$ 调节器加法形式

对于 $\mathrm{DT_1}$ 环节电路的电流和方程 $i_0 = -i_1$:

$$\frac{u_{x\mathrm{d}}(\mathrm{j}\omega)}{R_4 + \dfrac{1}{\mathrm{j}\omega \cdot C_3}} = -\frac{u_\mathrm{DT1}(\mathrm{j}\omega)}{R_3}$$

变形可得到:

$$\frac{u_\mathrm{DT1}(\mathrm{j}\omega)}{u_{x\mathrm{d}}(\mathrm{j}\omega)} = -\frac{\mathrm{j}\omega \cdot R_3 \cdot C_3}{1 + \mathrm{j}\omega \cdot R_4 \cdot C_3}$$

其频率特性函数和传递函数为

$$\begin{aligned} F_\mathrm{R}(\mathrm{j}\omega) = \frac{u_y(\mathrm{j}\omega)}{u_{x\mathrm{d}}(\mathrm{j}\omega)} &= \frac{R_6}{R_5} \cdot \left[1 + \frac{1}{\mathrm{j}\omega \cdot R_2 \cdot C_2} + \frac{\mathrm{j}\omega \cdot R_3 \cdot C_3}{1 + \mathrm{j}\omega \cdot R_4 \cdot C_3}\right] \\ &= K_\mathrm{R} \cdot \left[1 + \frac{1}{\mathrm{j}\omega \cdot T_\mathrm{N}} + \frac{\mathrm{j}\omega \cdot T_\mathrm{V}}{1 + \mathrm{j}\omega \cdot T_1}\right] \\ G_\mathrm{R}(s) = \frac{u_y(s)}{u_{x\mathrm{d}}(s)} &= K_\mathrm{R} \cdot \left[1 + \frac{1}{T_\mathrm{N} \cdot s} + \frac{T_\mathrm{V} \cdot s}{1 + T_1 \cdot s}\right] \end{aligned}$$

调节器参数:

- 比例增益 $K_{\mathrm{R}}=\dfrac{R_6}{R_5}$;
- 调后时间 $T_{\mathrm{N}}=R_2\cdot C_2$;
- 超前时间常数 $T_{\mathrm{V}}=R_3\cdot C_3$;
- 滞后时间常数 $T_1=R_4\cdot C_3$.

无滞后 PID 调节器由于稳定性原因是不能实现的. 在实际的 $\mathrm{PIDT_1}$ 调节器情况是通过具有时间常数 T_1 的 $\mathrm{PT_1}$ 环节来补充 D 部分. 除了与 T_1 有关的超前时间常数 T_{V} 以外, 调节器的参数都能相互独立地调整. 当调节回路能由实验调整时, 可引入该电路.

8.4.6.2 具有一个放大器的反相 PID/$\mathrm{PIDT_1}$ 调节器乘法 (串行) 形式

电路 (图 8.4.12):

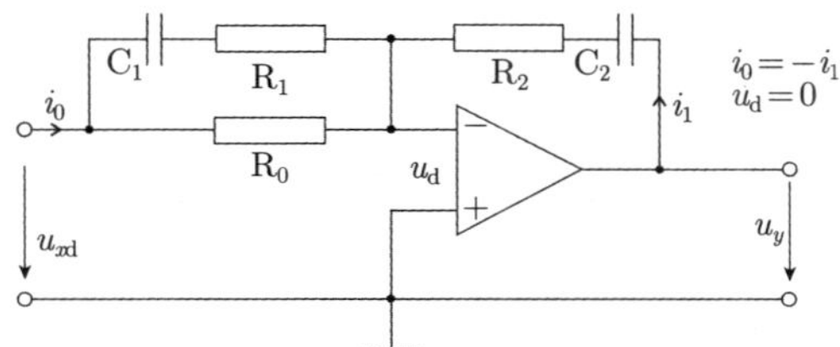

图 8.4-12 反相 PID/$\mathrm{PIDT_1}$ 调节器乘法形式

电流和方程:

$$\frac{u_{x\mathrm{d}}(\mathrm{j}\omega)}{\dfrac{R_0\cdot\left(R_1+\dfrac{1}{\mathrm{j}\omega\cdot C_1}\right)}{R_0+R_1+\dfrac{1}{\mathrm{j}\omega\cdot C_1}}}=-\frac{u_y(\mathrm{j}\omega)}{R_2+\dfrac{1}{\mathrm{j}\omega\cdot C_2}}$$

其频率特性函数和传递函数为

$$\begin{aligned}F_{\mathrm{R}}(\mathrm{j}\omega)&=\frac{u_y(\mathrm{j}\omega)}{u_{x\mathrm{d}}(\mathrm{j}\omega)}=-\frac{R_2}{R_0}\cdot\frac{(1+\mathrm{j}\omega\cdot R_2\cdot C_2)\cdot(1+\mathrm{j}\omega\cdot[R_0+R_1]\cdot C_1)}{\mathrm{j}\omega\cdot R_2\cdot C_2\cdot(1+\mathrm{j}\omega\cdot R_1\cdot C_1)}\\&=-K_{\mathrm{R}}\cdot\frac{(1+\mathrm{j}\omega\cdot T_{\mathrm{N}})\cdot(1+\mathrm{j}\omega\cdot T_{\mathrm{V}})}{\mathrm{j}\omega\cdot T_{\mathrm{N}}\cdot(1+\mathrm{j}\omega\cdot T_1)}\\G_{\mathrm{R}}(s)&=\frac{u_y(s)}{u_{x\mathrm{d}}(s)}=-K_{\mathrm{R}}\cdot\frac{(1+T_{\mathrm{N}}\cdot s)\cdot(1+T_{\mathrm{V}}\cdot s)}{T_{\mathrm{N}}\cdot s\cdot(1+T_1\cdot s)}\end{aligned}$$

调节器参数:

- 比例增益 $K_{\mathrm{R}}=\dfrac{R_2}{R_0}$;

- 调后时间 $T_{\mathrm{N}} = R_2 \cdot C_2$;
- 超前时间常数 $T_{\mathrm{V}} = (R_0 + R_1) \cdot C_1$;
- 滞后时间常数 $T_1 = R_1 \cdot C_1$.

由 $R_1 = 0$ 得到无滞后 PID 调节器. 对于 $R_1 > 0$ 调节器 (PIDT$_1$ 调节器) 是技术上可实现的. 超前时间常数 T_{V} 的调整是与 T_1 有关的, 而时间常数 T_{N}、T_{V} 和 T_1 的选择会影响调节器增益 K_{R}. 其优越性是很少的电路技术费用. 该电路适合于其参数必须是可计算的并且不再改变的调节器.

8.4.6.3　具有两个放大器的反相 PID/PIDT$_1$ 调节器乘法 (串行) 形式

图 8.4-13 电路的部分频率特性函数如下.

- 反相 PI 调节器 (8.4.5.1 节):

$$F_{\mathrm{R,PI}}(\mathrm{j}\omega) = -\frac{R_1}{R_0} \cdot \frac{1 + \mathrm{j}\omega \cdot R_1 \cdot C_1}{\mathrm{j}\omega \cdot R_1 \cdot C_1}$$

- 非反相 PDT$_1$ 调节器 (8.4.3.2 节):

$$F_{\mathrm{R,PDT_1}}(\mathrm{j}\omega) = \frac{1 + \mathrm{j}\omega \cdot (R_2 + R_3) \cdot C_2}{1 + \mathrm{j}\omega \cdot R_3 \cdot C_2}$$

其频率特性函数和传递函数为

$$\boxed{\begin{aligned} F_{\mathrm{R}}(\mathrm{j}\omega) = \frac{u_y(\mathrm{j}\omega)}{u_{x\mathrm{d}}(\mathrm{j}\omega)} &= -\frac{R_1}{R_0} \cdot \frac{(1+\mathrm{j}\omega \cdot R_1 \cdot C_1) \cdot (1+\mathrm{j}\omega \cdot [R_2 + R_3] \cdot C_2)}{\mathrm{j}\omega \cdot R_1 \cdot C_1 \cdot (1+\mathrm{j}\omega \cdot R_3 \cdot C_2)} \\ &= -K_{\mathrm{R}} \cdot \frac{(1 + \mathrm{j}\omega \cdot T_{\mathrm{N}}) \cdot (1 + \mathrm{j}\omega \cdot T_{\mathrm{V}})}{\mathrm{j}\omega \cdot T_{\mathrm{N}} \cdot (1 + \mathrm{j}\omega \cdot T_1)} \\ G_{\mathrm{R}}(s) = \frac{u_y(s)}{u_{x\mathrm{d}}(s)} &= -K_{\mathrm{R}} \cdot \frac{(1 + T_{\mathrm{N}} \cdot s) \cdot (1 + T_{\mathrm{V}} \cdot s)}{T_{\mathrm{N}} \cdot s \cdot (1 + T_1 \cdot s)} \end{aligned}}$$

电路 (图 8.4-13):

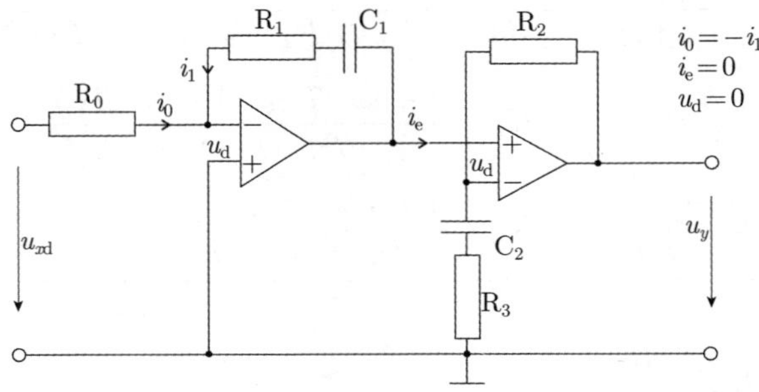

图 8.4-13　反相 PID/PIDT$_1$ 调节器乘法形式

调节器参数：

- 比例增益 $K_{\mathrm{R}}=\dfrac{R_1}{R_0}$;
- 调后时间 $T_{\mathrm{N}}=R_1\cdot C_1$;
- 超前时间常数 $T_V=(R_2+R_3)\cdot C_2$;
- 滞后时间常数 $T_1=R_3\cdot C_2$.

具有电阻 R_3 的 PT_1 环节能保证稳定性, 并由此保证调节器的可实现性. 由于两个运算放大器而增加电路技术费用得到的优点是, 调节器增益 K_{R} 仅与 T_{N} 有关. 超前时间常数 T_{V} 不能独立于 T_1 地调整.

8.4.6.4 具有解耦的反相 PID/PIDT$_1$ 调节器乘法 (串行) 形式

图 8.4-14 电路的部分频率特性函数如下.

- 非反相 PI 调节器 (8.4.5.2 节)：

$$F_{\mathrm{R,PI}}(\mathrm{j}\omega)=\frac{1+\mathrm{j}\omega\cdot R_0\cdot C_0}{\mathrm{j}\omega\cdot R_0\cdot C_0},\quad K_{\mathrm{R,PI}}=1$$

- 反相 PDI 调节器 (8.4.3.3 节)：

$$F_{\mathrm{R,PDT_1}}(\mathrm{j}\omega)=-\frac{R_2}{R_1}\cdot\frac{(1+\mathrm{j}\omega\cdot[R_3+R_4]\cdot C_1)}{(1+\mathrm{j}\omega\cdot R_4\cdot C_1)}$$

其频率特性函数和传递函数为

$$\begin{aligned}F_{\mathrm{R}}(\mathrm{j}\omega)&=\frac{u_y(\mathrm{j}\omega)}{u_{x\mathrm{d}}(\mathrm{j}\omega)}=-\frac{R_2}{R_1}\cdot\frac{(1+\mathrm{j}\omega\cdot R_0\cdot C_0)\cdot(1+\mathrm{j}\omega\cdot[R_3+R_4]\cdot C_1)}{\mathrm{j}\omega\cdot R_0\cdot C_0\cdot(1+\mathrm{j}\omega\cdot R_4\cdot C_1)}\\&=-K_{\mathrm{R}}\cdot\frac{(1+\mathrm{j}\omega\cdot T_{\mathrm{N}})\cdot(1+\mathrm{j}\omega\cdot T_{\mathrm{V}})}{\mathrm{j}\omega\cdot T_{\mathrm{N}}\cdot(1+\mathrm{j}\omega\cdot T_1)}\\G_{\mathrm{R}}(s)&=\frac{u_y(s)}{u_{x\mathrm{d}}(s)}=-K_{\mathrm{R}}\cdot\frac{(1+T_{\mathrm{N}}\cdot s)\cdot(1+T_{\mathrm{V}}\cdot s)}{T_{\mathrm{N}}\cdot s\cdot(1+T_1\cdot s)}\end{aligned}$$

电路 (图 8.4-14)：

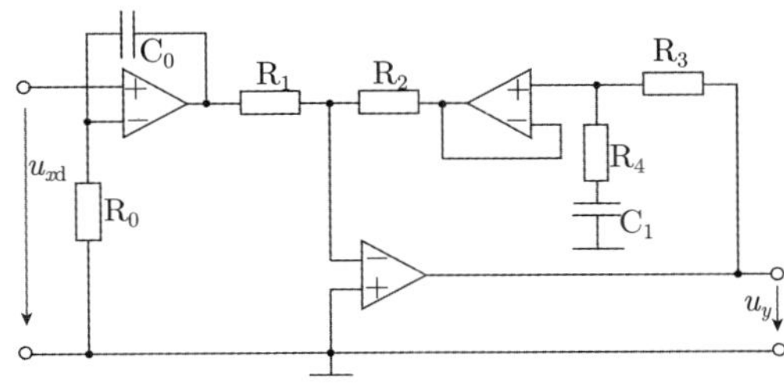

图 8.4-14 反相 PID/PIDT$_1$ 调节器乘法形式

调节器参数：

- 比例增益 $K_{\mathrm{R}}=\dfrac{R_2}{R_1}$;
- 调后时间 $T_{\mathrm{N}}=R_0\cdot C_0$;
- 超前时间常数 $T_{\mathrm{V}}=(R_3+R_4)\cdot C_1$;
- 滞后时间常数 $T_1=R_4\cdot C_1$.

通过电阻 R_4 产生一个稳定的可实现的 PIDT$_1$ 调节器. 对于 $R_4=0$ 得到一个无滞后 PID 调节器. 在具有三个运算放大器的电路中, 若仅存在超前时间常数 T_{V} 与滞后时间常数 T_1 相关, 则该电路适合于参数由实验调整的调节器.

8.4.6.5　非反相 PID/PIDT$_1$ 调节器的乘法 (串行) 形式

图 8.4-15 电路的部分频率特性函数如下.

- 非反相 PI 调节器 (8.4.5.2 节)：

$$F_{\mathrm{R,PI}}(\mathrm{j}\omega)=\frac{R_0+R_1}{R_0}\cdot\frac{1+\mathrm{j}\omega\cdot(R_0+R_1)\cdot C_1}{\mathrm{j}\omega\cdot(R_0+R_1)\cdot C_1}$$

- 非反相 PDT$_1$ 调节器 (8.4.3.2 节)：

$$F_{\mathrm{R,PDT_1}}(\mathrm{j}\omega)=\frac{1+\mathrm{j}\omega\cdot(R_2+R_3)\cdot C_2}{1+\mathrm{j}\omega\cdot R_3\cdot C_2}$$

其频率特性函数和传递函数为

$$\boxed{\begin{aligned}F_{\mathrm{R}}(\mathrm{j}\omega)=\frac{u_y(\mathrm{j}\omega)}{u_{x\mathrm{d}}(\mathrm{j}\omega)}&=\frac{R_0+R_1}{R_0}\cdot\frac{1+\mathrm{j}\omega\cdot[R_0+R_1]\cdot C_1}{\mathrm{j}\omega\cdot(R_0+R_1)\cdot C_1}\cdot\frac{1+\mathrm{j}\omega\cdot[R_2+R_3]\cdot C_2}{1+\mathrm{j}\omega\cdot R_3\cdot C_2}\\&=K_{\mathrm{R}}\cdot\frac{(1+\mathrm{j}\omega\cdot T_{\mathrm{N}})\cdot(1+\mathrm{j}\omega\cdot T_{\mathrm{V}})}{\mathrm{j}\omega\cdot T_{\mathrm{N}}\cdot(1+\mathrm{j}\omega\cdot T_1)},\\G_{\mathrm{R}}(s)=\frac{u_y(s)}{u_{x\mathrm{d}}(s)}&=K_{\mathrm{R}}\cdot\frac{(1+T_{\mathrm{N}}\cdot s)\cdot(1+T_{\mathrm{V}}\cdot s)}{T_{\mathrm{N}}\cdot s\cdot(1+T_1\cdot s)}\end{aligned}}$$

调节器参数：

- 比例增益 $K_{\mathrm{R}}=\dfrac{R_0+R_1}{R_0}=1+\dfrac{R_1}{R_0}$;
- 调后时间 $T_{\mathrm{N}}=(R_0+R_1)\cdot C_1$;
- 超前时间常数 $T_{\mathrm{V}}=(R_2+R_3)\cdot C_2$;
- 滞后时间常数 $T_1=R_3\cdot C_2$.

电路 (图 8.4-15)：

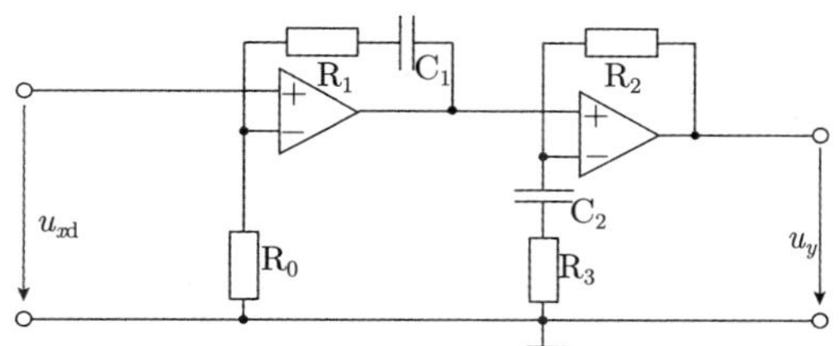

图 8.4-15 非反相 PID/PIDT$_1$ 调节器乘法形式

通过电阻 R_3 保证稳定性并由此保证可实现性, 而电阻 R_3 和电容器 C_2 构成滞后时间常数 T_1. T_1 会影响超前时间常数 T_V 的调整. 当调整用于构建调节误差电路的增益时 (8.3 节), 比例增益 $0 < K_R < 1$ 是可实现的.

8.5 连续调整调节器参数

在调节器电路中用于连续调整调节器参数一般引入电位器. 如图 8.5-1 所示电路的比例增益 K_R 在 $1 \leqslant K_R \leqslant 10$ 范围是连续可调整的.

电流和方程:

$$\frac{u_{xd}(j\omega)}{R_0} = -\frac{u_y(j\omega)}{R_0 + \alpha \cdot 9 \cdot R_0}$$

电路 (图 8.5-1):

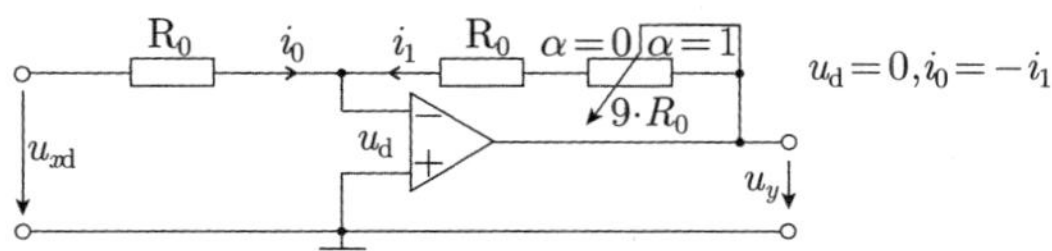

图 8.5-1 连续可调整增益的比例–调节器

其频率特性函数和传递函数为

$$F_R(j\omega) = \frac{u_y(j\omega)}{u_{xd}(j\omega)} = -K_R(\alpha) = -(1 + \alpha \cdot 9), \quad 0 \leqslant \alpha \leqslant 1$$

$$G_R(s) = \frac{u_y(s)}{u_{xd}(s)} = -K_R(\alpha) = -(1 + \alpha \cdot 9)$$

调节器参数:

- 比例增益 $K_R(\alpha) = 1 + \alpha \cdot 9, \quad 0 \leqslant \alpha \leqslant 1$.

为了抑制扰动输入耦合, 通常引入这样的电路. 在该电路进行调整, 不是反馈支路或输入支路而是运算放大器输出端的低欧姆分压器.

电路 (图 8.5-2):

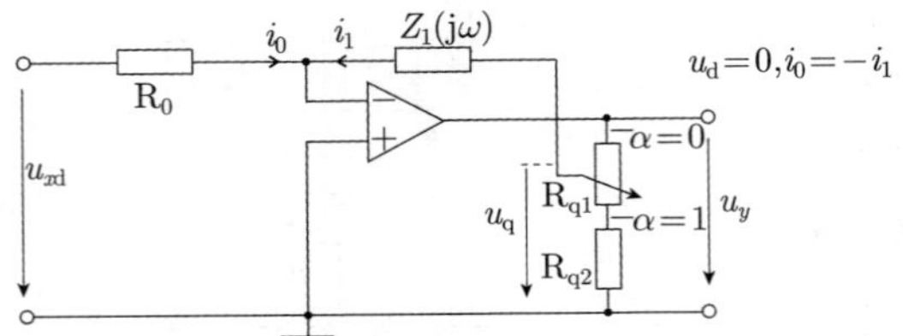

图 8.5-2　在输出端具有分压器的调节器

为了计算电流和方程首先必须确定分压器电压 u_q.

分压器方程:

$$u_q(\mathrm{j}\omega)=\frac{[(1-\alpha)\cdot R_{q1}+R_{q2}]\cdot Z_1(\mathrm{j}\omega)}{(1-\alpha)\cdot R_{q1}+R_{q2}+Z_1(\mathrm{j}\omega)}\cdot\frac{u_y(\mathrm{j}\omega)}{\alpha\cdot R_{q1}+\dfrac{[(1-\alpha)\cdot R_{q1}+R_{q2}]\cdot Z_1(\mathrm{j}\omega)}{(1-\alpha)\cdot R_{q1}+R_{q2}+Z_1(\mathrm{j}\omega)}}$$

电流和方程:

$$\frac{u_{xd}(\mathrm{j}\omega)}{R_0}=-\frac{u_q(\mathrm{j}\omega)}{Z_1(\mathrm{j}\omega)}$$

其频率特性函数和传递函数为

$$\boxed{\begin{aligned} F_R(\mathrm{j}\omega)&=\frac{u_y(\mathrm{j}\omega)}{u_{xd}(\mathrm{j}\omega)}=-\alpha\cdot\frac{R_{q1}}{R_0}-\frac{R_{q1}+R_{q2}}{(1-\alpha)\cdot R_{q1}+R_{q2}}\cdot\frac{Z_1(\mathrm{j}\omega)}{R_0}\\ G_R(s)&=\frac{u_y(s)}{u_{xd}(s)}=-\alpha\cdot\frac{R_{q1}}{R_0}-\frac{R_{q1}+R_{q2}}{(1-\alpha)\cdot R_{q1}+R_{q2}}\cdot\frac{Z_1(s)}{R_0},\quad 0\leqslant\alpha\leqslant 1\end{aligned}}$$

如果分压器相对于 $|Z_1(\mathrm{j}\omega)|$ 是低欧姆, 那么可简化函数:

$$\boxed{\begin{aligned} F_R(\mathrm{j}\omega)&=\frac{u_y(\mathrm{j}\omega)}{u_{xd}(\mathrm{j}\omega)}=-\frac{R_{q1}+R_{q2}}{(1-\alpha)\cdot R_{q1}+R_{q2}}\cdot\frac{Z_1(\mathrm{j}\omega)}{R_0}\\ G_R(s)&=\frac{u_y(s)}{u_{xd}(s)}=-\frac{R_{q1}+R_{q2}}{(1-\alpha)\cdot R_{q1}+R_{q2}}\cdot\frac{Z_1(s)}{R_0}\\ &R_{q1}, R_{q2}\ll|Z_1(\mathrm{j}\omega)|,\quad 0\leqslant\alpha\leqslant 1\end{aligned}}$$

例 8.5-1　具有连续调整参数的调节器电路中, $R_{q1}=9\cdot R_{q2}$, $R_0=100\,\mathrm{k\Omega}$.

比例调节器的调整范围: 如果将电阻 $R_1=100\,\mathrm{k\Omega}$ 引入到如图 8.5-2 所示的电路中 $Z_1(\mathrm{j}\omega)$, 那么比例调节器的比例增益 K_R 的调整范围为

$$F_R(\mathrm{j}\omega)=\frac{u_y(\mathrm{j}\omega)}{u_{xd}(\mathrm{j}\omega)}=-\frac{R_{q1}+R_{q2}}{(1-\alpha)\cdot R_{q1}+R_{q2}}\cdot\frac{R_1}{R_0}=-K_R(\alpha)$$

$$K_{\text{Rmin}} = K_{\text{R}}(\alpha = 0) = 1, \quad K_{\text{Rmax}} = K_{\text{R}}(\alpha = 1) = 10$$

积分调节器的调整范围：将电容 $C = 10\,\mu\text{F}$ 引入到如图 8.5-2 所示的电路中 $Z_1(\text{j}\omega)$. 积分调节器的积分增益 K_{I} 的调整范围为

$$F_{\text{R}}(\text{j}\omega) = \frac{u_y(\text{j}\omega)}{u_{x\text{d}}(\text{j}\omega)} = -\frac{R_{\text{q1}} + R_{\text{q2}}}{(1-\alpha) \cdot R_{\text{q1}} + R_{\text{q2}}} \cdot \frac{1}{\text{j}\omega \cdot R_0 \cdot C} = -\frac{K_{\text{I}}(\alpha)}{\text{j}\omega}$$

$$K_{\text{Imin}} = K_{\text{I}}(\alpha = 0) = 1\,\text{s}^{-1}, \quad K_{\text{Imax}} = K_{\text{I}}(\alpha = 1) = 10\,\text{s}^{-1}$$

8.6 调节回路信号平滑电路

8.6.1 具有反相隔离放大器的 PT_1 环节

当参据量或被调节量同扰动信号叠加时, 在调节回路应用平滑环节. 当在一个频率范围内出现扰动比网络信号还大时, 那么只能抑制扰动. PT_1 环节适用于调节回路信号的平滑.

图 8.6-1 电路由一个 PT_1 环节和一个在 8.2.3 节描述的反相隔离放大器组成.

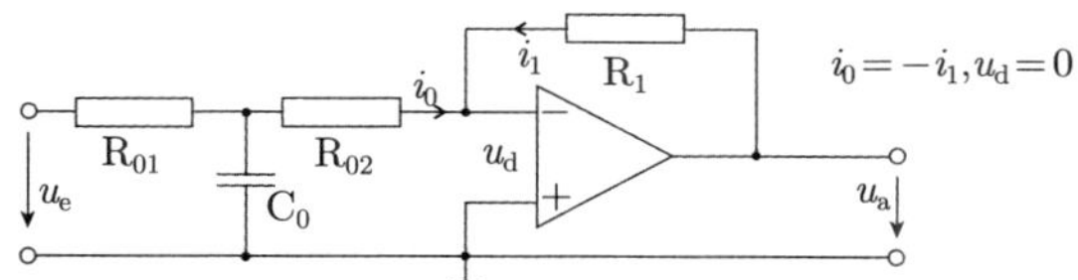

图 8.6-1 具有反相隔离放大器的 PT_1 环节

电路方程:

$$i_1(\text{j}\omega) = \frac{u_{\text{a}}(\text{j}\omega)}{R_1}$$

$$i_0(\text{j}\omega) = \frac{1}{\dfrac{1}{R_{02}} + \text{j}\omega \cdot C_0} \cdot \frac{1}{R_{01} + \dfrac{1}{\dfrac{1}{R_{02}} + \text{j}\omega \cdot C_0}} \cdot \frac{u_{\text{e}}(\text{j}\omega)}{R_{02}}$$

$$= \frac{u_{\text{e}}(\text{j}\omega)}{R_{02}} \cdot \frac{1}{R_{01} \cdot \left[\dfrac{1}{R_{02}} + \text{j}\omega \cdot C_0\right] + 1}$$

$$i_0(\text{j}\omega) = \frac{u_{\text{e}}(\text{j}\omega)}{R_{01} + R_{02}} \cdot \frac{1}{1 + \text{j}\omega \cdot \dfrac{R_{01} \cdot R_{02}}{R_{01} + R_{02}} \cdot C_0} = \frac{u_{\text{e}}(\text{j}\omega)}{Z_0(\text{j}\omega)}$$

$$Z_0(\text{j}\omega) = (R_{01} + R_{02}) \cdot \left[1 + \text{j}\omega \cdot \frac{R_{01} \cdot R_{02}}{R_{01} + R_{02}} C_0\right]$$

等效电路可由 $Z_1(\mathrm{j}\omega)=R_1$ 表示在图 8.6-2 中：

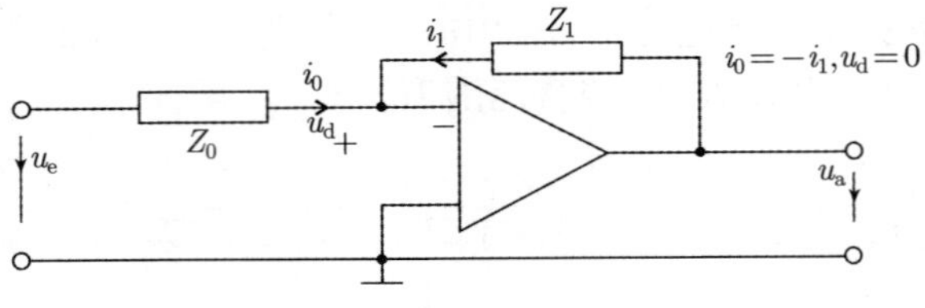

图 8.6-2　等效电路图

其频率特性函数和传递函数为

$$F(\mathrm{j}\omega)=\frac{u_a(\mathrm{j}\omega)}{u_e(\mathrm{j}\omega)}=-\frac{Z_1(\mathrm{j}\omega)}{Z_0(\mathrm{j}\omega)}=-\frac{R_1}{R_{01}+R_{02}}\cdot\frac{1}{1+\mathrm{j}\omega\cdot\dfrac{R_{01}\cdot R_{02}}{R_{01}+R_{02}}\cdot C_0}$$
$$=-K_P\cdot\frac{1}{1+\mathrm{j}\omega\cdot T_{Gl}}$$
$$G(s)=\frac{u_a(s)}{u_e(s)}=-K_P\cdot\frac{1}{1+T_{Gl}\cdot s}$$

参数：

- 比例增益 $K_P=\dfrac{R_1}{R_{01}+R_{02}}$；
- 平滑时间常数 $T_{Gl}=\dfrac{R_{01}\cdot R_{02}}{R_{01}+R_{02}}\cdot C_0$.

平滑时间常数 T_{Gl} 是由并联电路的电阻 R_{01}、R_{02} 和电容 C_0 构成.

例 8.6-1　无源平滑环节

调节回路的被调节量叠加上具有频率 $f_s=50\ \mathrm{H_z}$ 的扰动信号 $u_s(t)=\hat{u}_s\cdot\sin(2\pi\cdot f_s\cdot t)$. 试用反相平滑环节将扰动信号幅值降低到 5%.

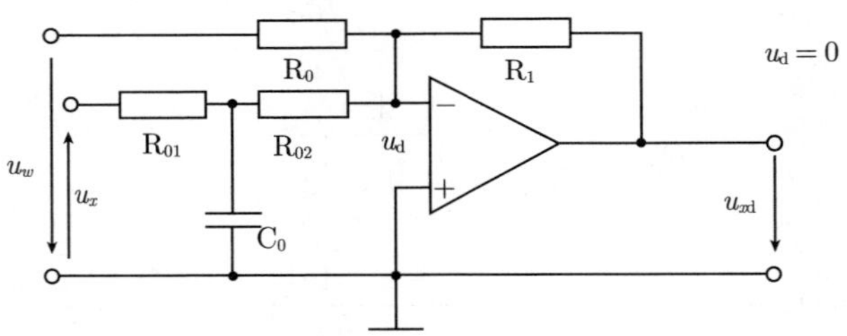

电路构建调节误差并平滑被调节量信号 u_x.

频率特性函数：

$$F_x(\mathrm{j}\omega)=\frac{u_{x\mathrm{d}}(\mathrm{j}\omega)}{u_x(\mathrm{j}\omega)}=K_\mathrm{P}\cdot\frac{1}{1+\mathrm{j}\omega\cdot T_\mathrm{Gl}}=\frac{R_1}{R_{01}+R_{02}}\cdot\frac{1}{1+\mathrm{j}\omega\cdot\dfrac{R_{01}\cdot R_{02}}{R_{01}+R_{02}}\cdot C_0}$$

具有幅值

$$|F_x(\mathrm{j}\omega)|=\frac{K_\mathrm{P}}{\sqrt{1+\omega^2\cdot T_\mathrm{Gl}^2}}$$

其中, 比例增益应为 $K_\mathrm{P}=1$.
如果使平滑环节的输出量最大值与输入量相关, 那么可得到

$$\frac{\hat{u}_\mathrm{sGl}}{\hat{u}_\mathrm{s}}=0.05=|F_x(\mathrm{j}\omega_\mathrm{s})|=\frac{1}{\sqrt{1+\omega_\mathrm{s}^2\cdot T_\mathrm{Gl}^2}}$$

由此得出平滑时间常数

$$T_\mathrm{Gl}=\frac{1}{2\pi\cdot f_\mathrm{s}}\cdot\sqrt{\left(\frac{\hat{u}_\mathrm{s}}{\hat{u}_\mathrm{sGl}}\right)^2-1}=\frac{R_{01}\cdot R_{02}}{R_{01}+R_{02}}\cdot C_0=0.0636\ \mathrm{s}$$

对于 $K_\mathrm{P}=1$ 选择 $R_0=R_1$ 和 $R_0=R_{01}+R_{02}$. 由附加条件 $R_{01}=R_{02}$ 可计算出电容器的电容

$$C_0=\frac{T_\mathrm{Gl}\cdot(R_{01}+R_{02})}{R_{01}\cdot R_{02}}=\frac{4\cdot T_\mathrm{Gl}}{R_0}$$

8.6.2 具有非反相隔离放大器的 PT$_1$ 环节

通过 PT$_1$ 环节把图 8.6-3 所示电路与 8.2.4 节描述的非反相隔离放大器建立联系.

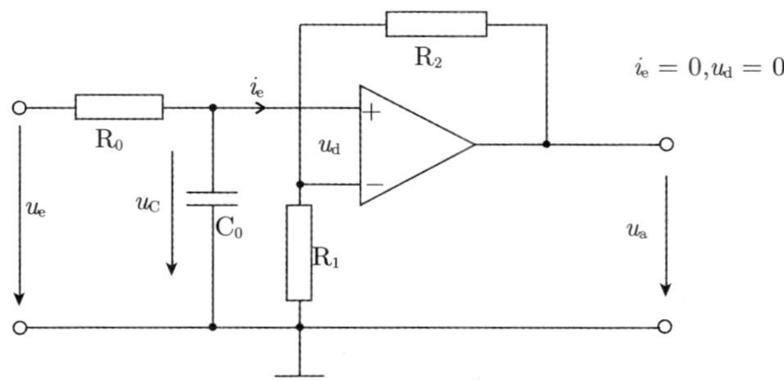

图 8.6-3 具有非反相隔离放大器的 PT$_1$ 环节

分压器方程:

$$\frac{u_\mathrm{e}(\mathrm{j}\omega)}{R_0+\dfrac{1}{\mathrm{j}\omega\cdot C_0}}=\frac{u_\mathrm{C}(\mathrm{j}\omega)}{\dfrac{1}{\mathrm{j}\omega\cdot C_0}}$$

$$\frac{u_\mathrm{a}(\mathrm{j}\omega)}{R_1+R_2}=\frac{u_\mathrm{C}(\mathrm{j}\omega)}{R_1}$$

PT_1 环节的频率特性函数和传递函数为

$$F(\mathrm{j}\omega)=\frac{u_{\mathrm{a}}(\mathrm{j}\omega)}{u_{\mathrm{e}}(\mathrm{j}\omega)}=\left[1+\frac{R_2}{R_1}\right]\cdot\frac{1}{1+\mathrm{j}\omega\cdot R_0\cdot C_0}=K_{\mathrm{P}}\cdot\frac{1}{1+\mathrm{j}\omega\cdot T_{\mathrm{Gl}}}$$
$$G(s)=\frac{u_{\mathrm{a}}(s)}{u_{\mathrm{e}}(s)}=K_{\mathrm{P}}\cdot\frac{1}{1+T_{\mathrm{Gl}}\cdot s}$$

参数:
- 比例增益 $K_{\mathrm{P}}=1+\dfrac{R_2}{R_1}$;
- 平滑时间常数 $T_{\mathrm{Gl}}=R_0\cdot C_0$.

8.7　小结

具有运算放大器的调节装置电路归纳如表 8.7-1.

表 8.7-1　具有运算放大器的调节装置电路

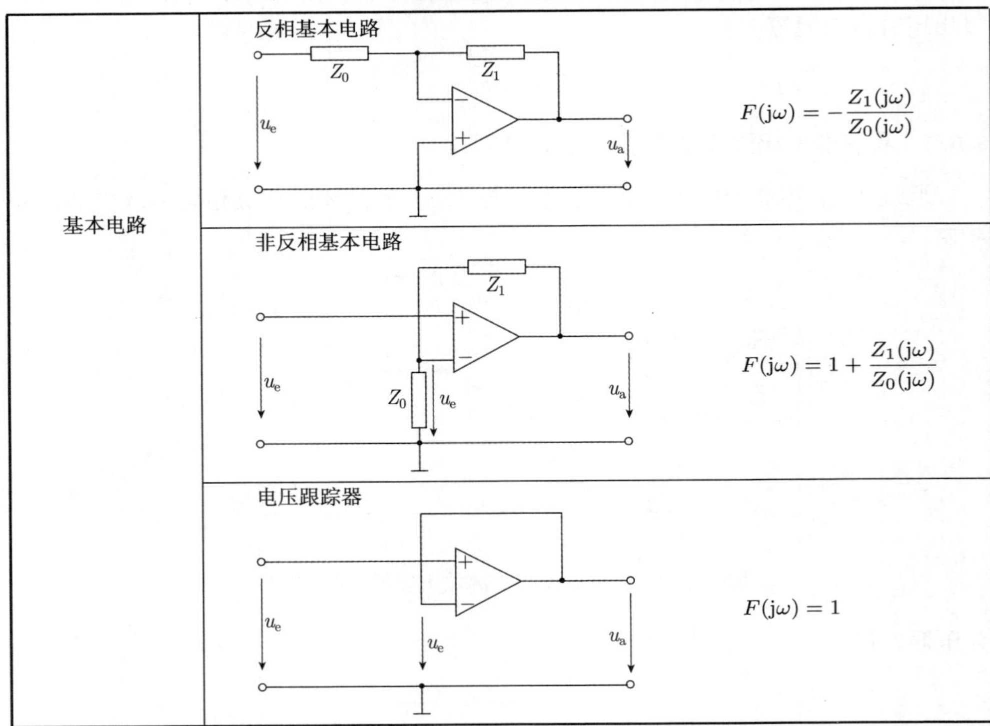

基本电路	电路	频率特性函数
基本电路	反相基本电路	$F(\mathrm{j}\omega)=-\dfrac{Z_1(\mathrm{j}\omega)}{Z_0(\mathrm{j}\omega)}$
	非反相基本电路	$F(\mathrm{j}\omega)=1+\dfrac{Z_1(\mathrm{j}\omega)}{Z_0(\mathrm{j}\omega)}$
	电压跟踪器	$F(\mathrm{j}\omega)=1$

(续)

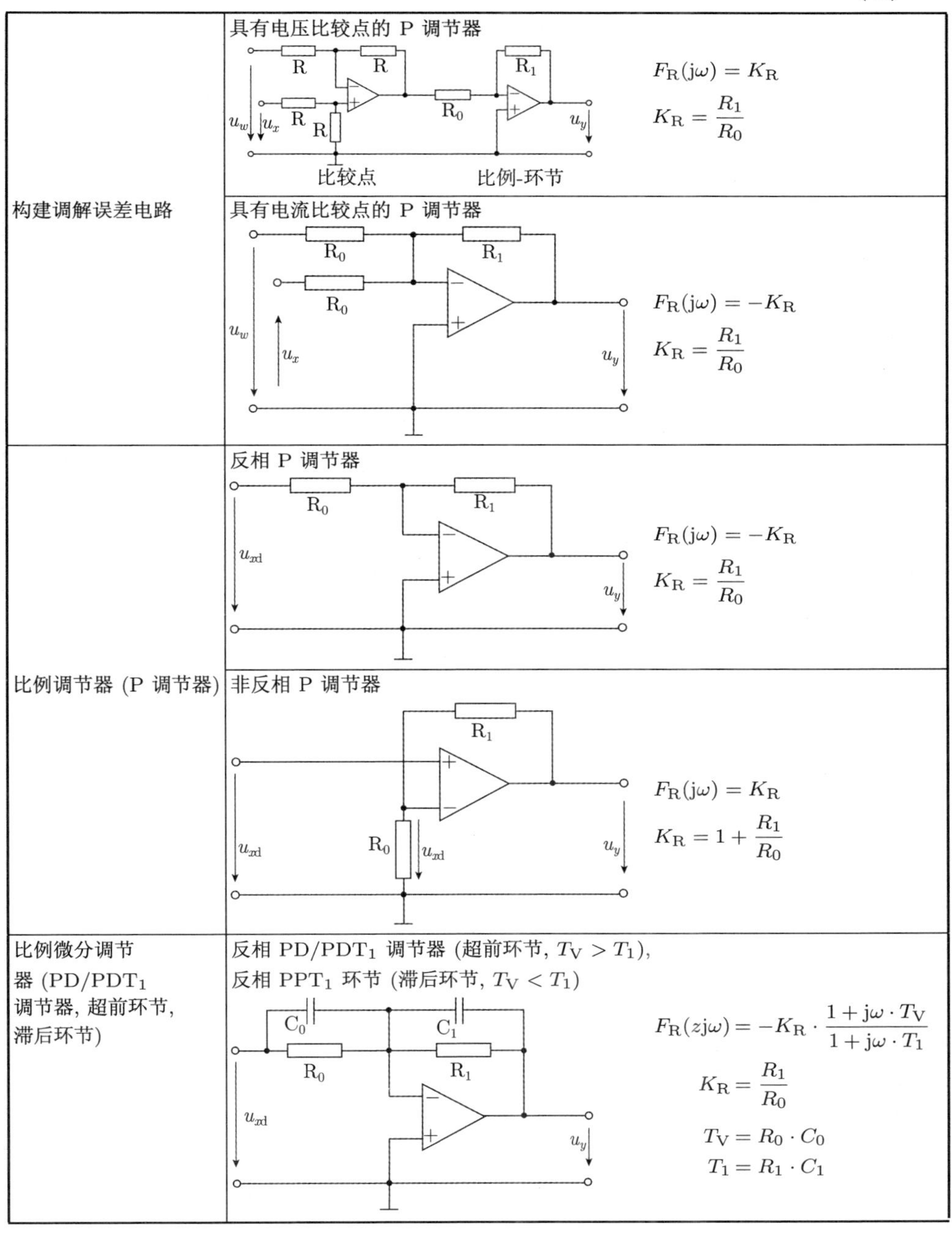

构建调解误差电路	具有电压比较点的 P 调节器 比较点　比例-环节	$F_R(\mathrm{j}\omega) = K_R$ $K_R = \dfrac{R_1}{R_0}$
	具有电流比较点的 P 调节器	$F_R(\mathrm{j}\omega) = -K_R$ $K_R = \dfrac{R_1}{R_0}$
比例调节器 (P 调节器)	反相 P 调节器	$F_R(\mathrm{j}\omega) = -K_R$ $K_R = \dfrac{R_1}{R_0}$
	非反相 P 调节器	$F_R(\mathrm{j}\omega) = K_R$ $K_R = 1 + \dfrac{R_1}{R_0}$
比例微分调节器 (PD/PDT$_1$ 调节器, 超前环节, 滞后环节)	反相 PD/PDT$_1$ 调节器 (超前环节, $T_V > T_1$), 反相 PPT$_1$ 环节 (滞后环节, $T_V < T_1$)	$F_R(z\mathrm{j}\omega) = -K_R \cdot \dfrac{1 + \mathrm{j}\omega \cdot T_V}{1 + \mathrm{j}\omega \cdot T_1}$ $K_R = \dfrac{R_1}{R_0}$ $T_V = R_0 \cdot C_0$ $T_1 = R_1 \cdot C_1$

(续)

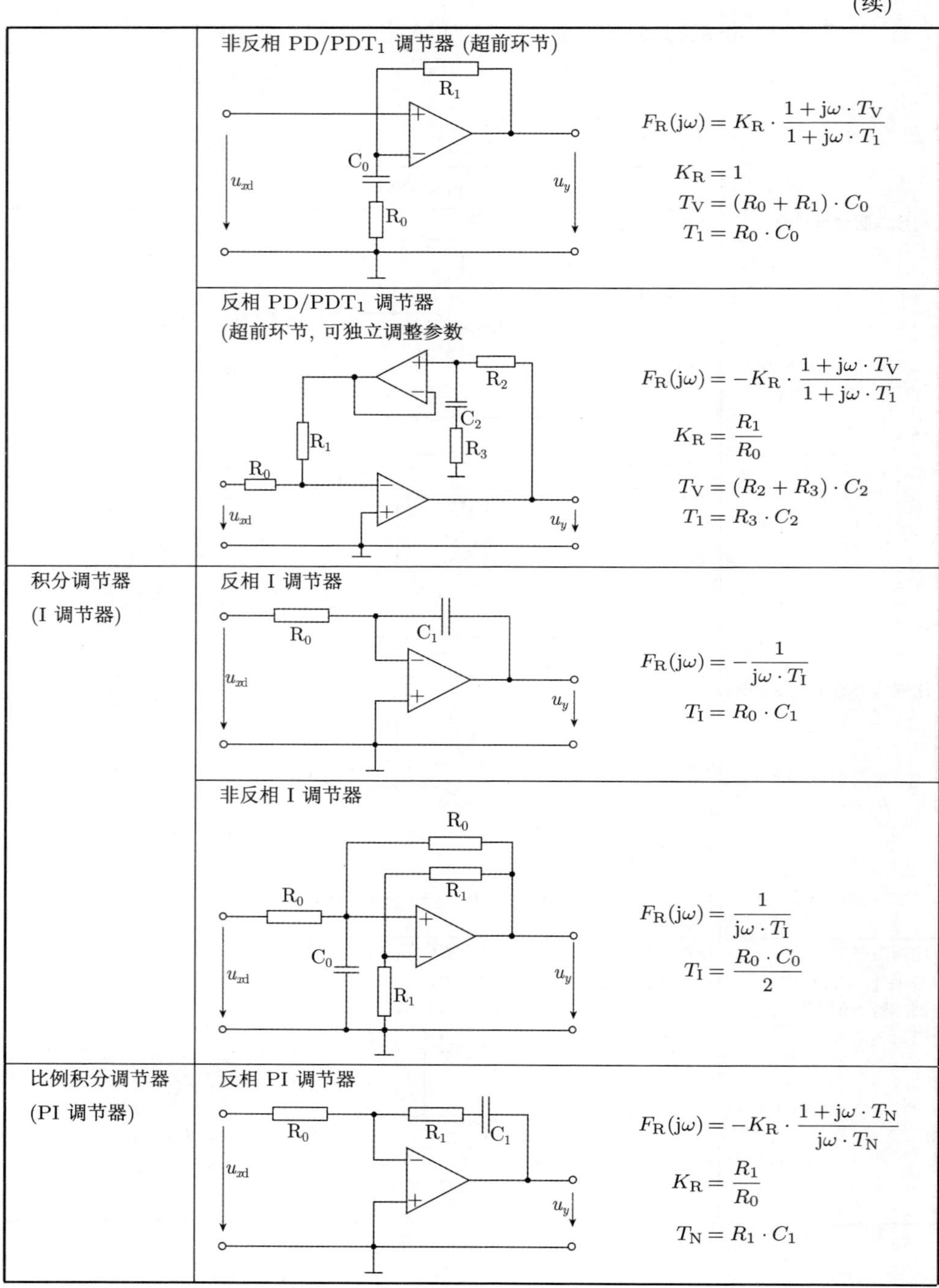

	电路	传递函数
	非反相 PD/PDT$_1$ 调节器 (超前环节)	$F_R(j\omega) = K_R \cdot \frac{1 + j\omega \cdot T_V}{1 + j\omega \cdot T_1}$ $K_R = 1$ $T_V = (R_0 + R_1) \cdot C_0$ $T_1 = R_0 \cdot C_0$
	反相 PD/PDT$_1$ 调节器 (超前环节, 可独立调整参数	$F_R(j\omega) = -K_R \cdot \frac{1 + j\omega \cdot T_V}{1 + j\omega \cdot T_1}$ $K_R = \frac{R_1}{R_0}$ $T_V = (R_2 + R_3) \cdot C_2$ $T_1 = R_3 \cdot C_2$
积分调节器 (I 调节器)	反相 I 调节器	$F_R(j\omega) = -\frac{1}{j\omega \cdot T_I}$ $T_I = R_0 \cdot C_1$
	非反相 I 调节器	$F_R(j\omega) = \frac{1}{j\omega \cdot T_I}$ $T_I = \frac{R_0 \cdot C_0}{2}$
比例积分调节器 (PI 调节器)	反相 PI 调节器	$F_R(j\omega) = -K_R \cdot \frac{1 + j\omega \cdot T_N}{j\omega \cdot T_N}$ $K_R = \frac{R_1}{R_0}$ $T_N = R_1 \cdot C_1$

(续)

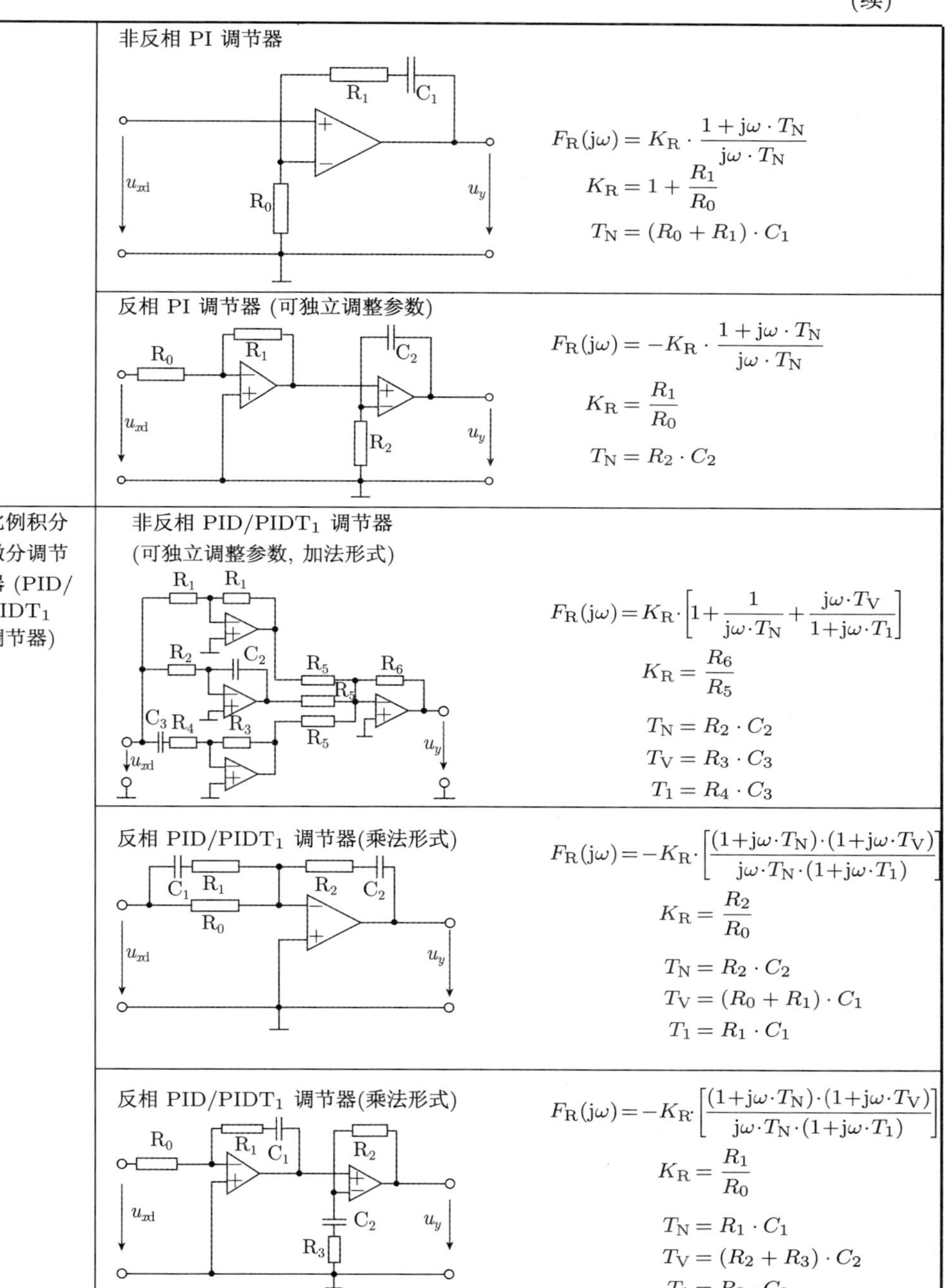

	非反相 PI 调节器	$F_{\mathrm{R}}(\mathrm{j}\omega)=K_{\mathrm{R}}\cdot\dfrac{1+\mathrm{j}\omega\cdot T_{\mathrm{N}}}{\mathrm{j}\omega\cdot T_{\mathrm{N}}}$ $K_{\mathrm{R}}=1+\dfrac{R_1}{R_0}$ $T_{\mathrm{N}}=(R_0+R_1)\cdot C_1$
	反相 PI 调节器 (可独立调整参数)	$F_{\mathrm{R}}(\mathrm{j}\omega)=-K_{\mathrm{R}}\cdot\dfrac{1+\mathrm{j}\omega\cdot T_{\mathrm{N}}}{\mathrm{j}\omega\cdot T_{\mathrm{N}}}$ $K_{\mathrm{R}}=\dfrac{R_1}{R_0}$ $T_{\mathrm{N}}=R_2\cdot C_2$
比例积分微分调节器 (PID/PIDT$_1$ 调节器)	非反相 PID/PIDT$_1$ 调节器 (可独立调整参数, 加法形式)	$F_{\mathrm{R}}(\mathrm{j}\omega)=K_{\mathrm{R}}\cdot\left[1+\dfrac{1}{\mathrm{j}\omega\cdot T_{\mathrm{N}}}+\dfrac{\mathrm{j}\omega\cdot T_{\mathrm{V}}}{1+\mathrm{j}\omega\cdot T_1}\right]$ $K_{\mathrm{R}}=\dfrac{R_6}{R_5}$ $T_{\mathrm{N}}=R_2\cdot C_2$ $T_{\mathrm{V}}=R_3\cdot C_3$ $T_1=R_4\cdot C_3$
	反相 PID/PIDT$_1$ 调节器(乘法形式)	$F_{\mathrm{R}}(\mathrm{j}\omega)=-K_{\mathrm{R}}\cdot\left[\dfrac{(1+\mathrm{j}\omega\cdot T_{\mathrm{N}})\cdot(1+\mathrm{j}\omega\cdot T_{\mathrm{V}})}{\mathrm{j}\omega\cdot T_{\mathrm{N}}\cdot(1+\mathrm{j}\omega\cdot T_1)}\right]$ $K_{\mathrm{R}}=\dfrac{R_2}{R_0}$ $T_{\mathrm{N}}=R_2\cdot C_2$ $T_{\mathrm{V}}=(R_0+R_1)\cdot C_1$ $T_1=R_1\cdot C_1$
	反相 PID/PIDT$_1$ 调节器(乘法形式)	$F_{\mathrm{R}}(\mathrm{j}\omega)=-K_{\mathrm{R}}\cdot\left[\dfrac{(1+\mathrm{j}\omega\cdot T_{\mathrm{N}})\cdot(1+\mathrm{j}\omega\cdot T_{\mathrm{V}})}{\mathrm{j}\omega\cdot T_{\mathrm{N}}\cdot(1+\mathrm{j}\omega\cdot T_1)}\right]$ $K_{\mathrm{R}}=\dfrac{R_1}{R_0}$ $T_{\mathrm{N}}=R_1\cdot C_1$ $T_{\mathrm{V}}=(R_2+R_3)\cdot C_2$ $T_1=R_3\cdot C_2$

(续)

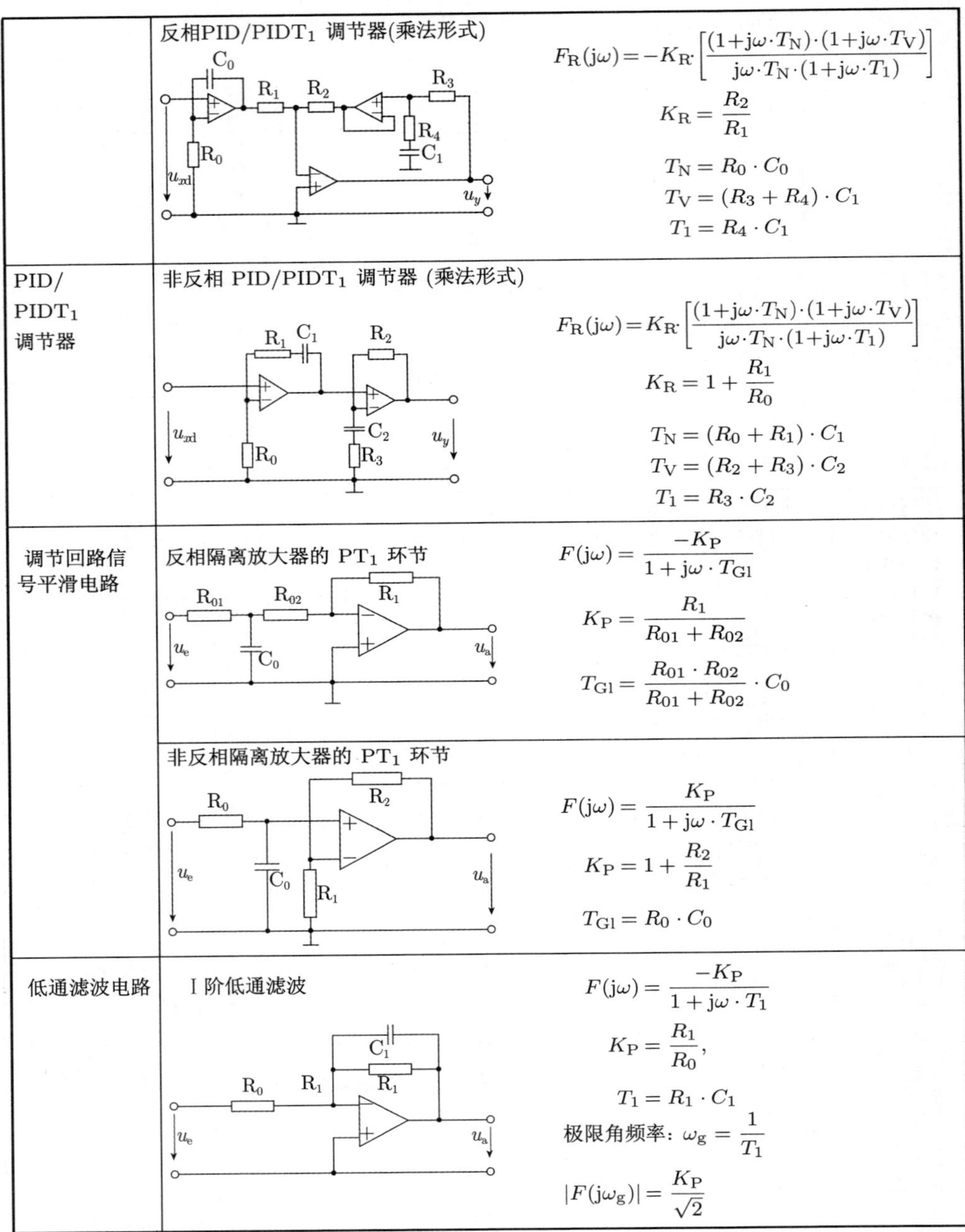

	反相PID/PIDT$_1$ 调节器(乘法形式)	$F_R(j\omega)=-K_R\cdot\left[\frac{(1+j\omega\cdot T_N)\cdot(1+j\omega\cdot T_V)}{j\omega\cdot T_N\cdot(1+j\omega\cdot T_1)}\right]$ $K_R=\frac{R_2}{R_1}$ $T_N=R_0\cdot C_0$ $T_V=(R_3+R_4)\cdot C_1$ $T_1=R_4\cdot C_1$
PID/ PIDT$_1$ 调节器	非反相 PID/PIDT$_1$ 调节器 (乘法形式)	$F_R(j\omega)=K_R\cdot\left[\frac{(1+j\omega\cdot T_N)\cdot(1+j\omega\cdot T_V)}{j\omega\cdot T_N\cdot(1+j\omega\cdot T_1)}\right]$ $K_R=1+\frac{R_1}{R_0}$ $T_N=(R_0+R_1)\cdot C_1$ $T_V=(R_2+R_3)\cdot C_2$ $T_1=R_3\cdot C_2$
调节回路信号平滑电路	反相隔离放大器的 PT$_1$ 环节	$F(j\omega)=\frac{-K_P}{1+j\omega\cdot T_{Gl}}$ $K_P=\frac{R_1}{R_{01}+R_{02}}$ $T_{Gl}=\frac{R_{01}\cdot R_{02}}{R_{01}+R_{02}}\cdot C_0$
	非反相隔离放大器的 PT$_1$ 环节	$F(j\omega)=\frac{K_P}{1+j\omega\cdot T_{Gl}}$ $K_P=1+\frac{R_2}{R_1}$ $T_{Gl}=R_0\cdot C_0$
低通滤波电路	Ⅰ阶低通滤波	$F(j\omega)=\frac{-K_P}{1+j\omega\cdot T_1}$ $K_P=\frac{R_1}{R_0}$, $T_1=R_1\cdot C_1$ 极限角频率：$\omega_g=\frac{1}{T_1}$ $\lvert F(j\omega_g)\rvert=\frac{K_P}{\sqrt{2}}$

(续)

	II阶低通滤波 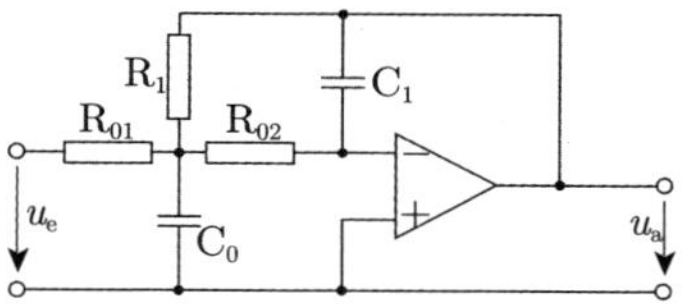 $F(\mathrm{j}\omega)=\dfrac{-K_{\mathrm{P}}}{\left(\dfrac{j\omega}{\omega_0}\right)^2+2\cdot D\cdot\dfrac{j\omega}{\omega_0}+1}$ $K_{\mathrm{P}}=\dfrac{R_1}{R_{01}}$, $D=\dfrac{R_1+R_{02}+R_1\cdot R_{02}/R_{01}}{2\cdot\sqrt{R_1\cdot R_{02}\cdot C_0/C_1}}$ 极限角频率：$\omega_0=\dfrac{1}{\sqrt{R_1\cdot R_{02}\cdot C_0/C_1}}$ $\lvert F(\mathrm{j}\omega_0)\rvert=\dfrac{K_{\mathrm{P}}}{2\cdot D}$
高通滤波电路	I阶高通滤波 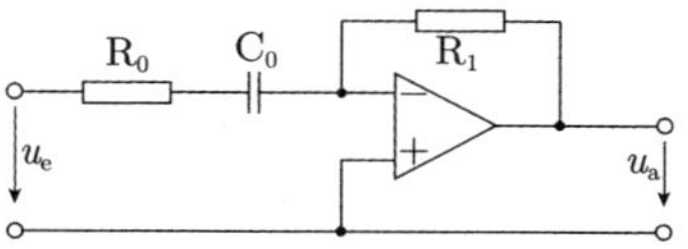 $F(\mathrm{j}\omega)=\dfrac{-K\cdot\mathrm{j}\omega\cdot T_1}{1+\mathrm{j}\omega\cdot T_1}$ $K=\dfrac{R_1}{R_0},\quad T_1=R_0\cdot C_0$ 极限角频率：$\omega_{\mathrm{g}}=\dfrac{1}{T_1}$ $\lvert F(\mathrm{j}\omega_{\mathrm{g}})\rvert=\dfrac{K}{\sqrt{2}}$
	II阶高通滤波 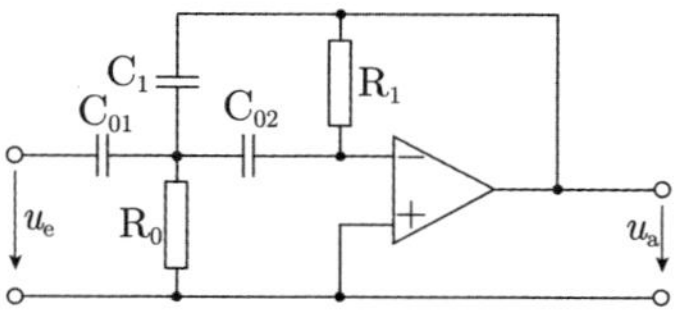 $F(\mathrm{j}\omega)=\dfrac{-K\left(\dfrac{\mathrm{j}\omega}{\omega_0}\right)^2}{\left(\dfrac{\mathrm{j}\omega}{\omega_0}\right)^2+2\cdot D\cdot\dfrac{\mathrm{j}\omega}{\omega_0}+1}$ $K=\dfrac{C_{01}}{C_1}$ 特征角频率：$\omega_0=\dfrac{1}{\sqrt{R_0\cdot R_1\cdot C_{02}\cdot C_1}}$ $D=\dfrac{C_{01}+C_{02}+C_1}{2\cdot\sqrt{C_{02}\cdot C_1\cdot R_1/R_0}}$ $\lvert F(j\omega_0)\rvert=\dfrac{K}{2\cdot D}$
全通滤波电路	I阶全通滤波 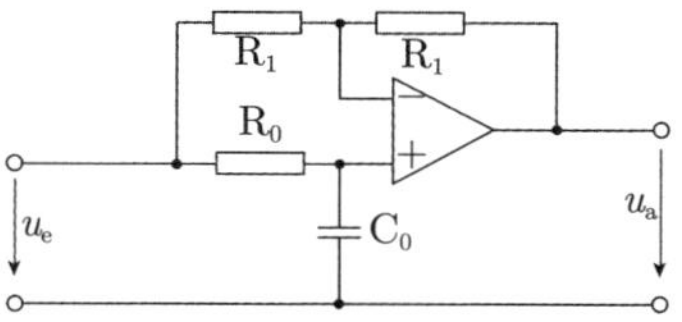 $F(\mathrm{j}\omega)=\dfrac{1-\mathrm{j}\omega\cdot T_1}{1+j\omega\cdot T_1}$ $T_1=R_0\cdot C_0$ $\lvert F(\mathrm{j}\omega)\rvert=1$

(续)

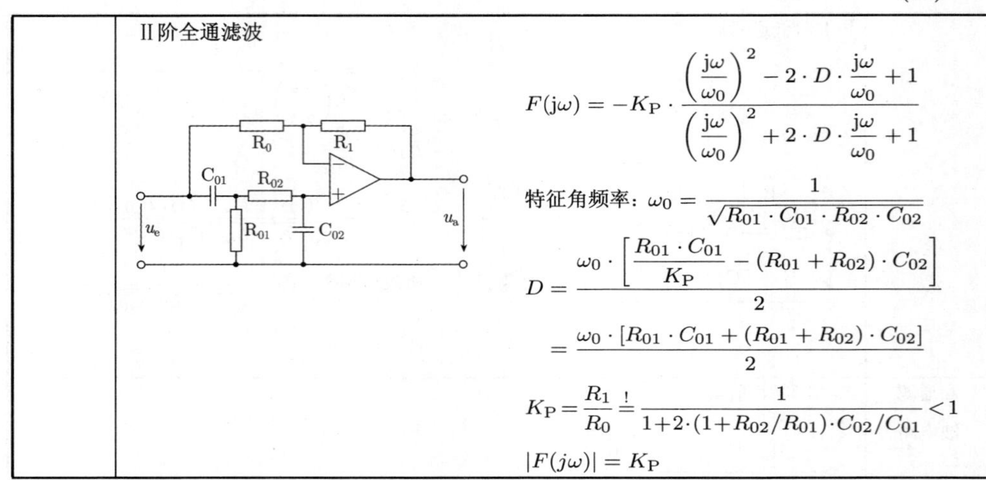

Ⅱ阶全通滤波

$$F(\mathrm{j}\omega)=-K_\mathrm{P}\cdot\frac{\left(\dfrac{\mathrm{j}\omega}{\omega_0}\right)^2-2\cdot D\cdot\dfrac{\mathrm{j}\omega}{\omega_0}+1}{\left(\dfrac{\mathrm{j}\omega}{\omega_0}\right)^2+2\cdot D\cdot\dfrac{\mathrm{j}\omega}{\omega_0}+1}$$

特征角频率：$\omega_0=\dfrac{1}{\sqrt{R_{01}\cdot C_{01}\cdot R_{02}\cdot C_{02}}}$

$$D=\frac{\omega_0\cdot\left[\dfrac{R_{01}\cdot C_{01}}{K_\mathrm{P}}-(R_{01}+R_{02})\cdot C_{02}\right]}{2}$$

$$=\frac{\omega_0\cdot[R_{01}\cdot C_{01}+(R_{01}+R_{02})\cdot C_{02}]}{2}$$

$$K_\mathrm{P}=\frac{R_1}{R_0}\stackrel{!}{=}\frac{1}{1+2\cdot(1+R_{02}/R_{01})\cdot C_{02}/C_{01}}<1$$

$$|F(j\omega)|=K_\mathrm{P}$$

第 9 章　建立调节技术传递环节的数学模型 (辨识)

9.1　数学模型分类

真实系统的结构和参数用数学模型来描述, 是调节技术的重要辅助工具. 许多调节技术方法是建立在对象模型和过程模型基础上的, 表 9.1-1 为数学模型分类.

表 9.1-1　数学模型分类

分类标志	标志特性	
模型获得	分析	实验
模型表示	参数	非参数
模型方程结构	线性	非线性
参数表示类型	集中	分布
参数时间相关性	时不变	时变
模型特性描述形式	连续	离散
	动态	静态
模型变量间关系	确定	随机
模型阶	精确	简约
模型变量表示	完全	简化

根据模型获得的方法把数学模型再细分为理论或解析模型以及经验或实验模型. 解析模型是由物理定律推导的, 而实验获得的模型是由在过程中测量而求得的. 参数模型是以微分方程组或差分方程组的形式、或作为传递函数来表示的, 而非参数模型可由曲线、数据表或响应函数, 例如阶跃响应函数或频率响应的幅相频率特性曲线来构建的.

根据表示过程状态的类型区分离散模型和连续模型, 动态模型描述过程变量的时间特性, 而在静态模型中不出现时间相关性. 当变量间的关系用随机定律表示时, 可引入随机模型.

如果考虑过程全部状态变量, 那么可以说是模型变量完全表示. 在简化表示时就不是全部状态变量可达的, 这里输入输出模型 (Input-Output-Modell) 具有特别意义, 在此可视输出量特性取决于输入量, 用这种模型表示时总系统功能特性 (funktionale Verhalten) 处于重要地位.

9.2 建模在调节技术中的应用

9.2.1 理论和实验分析

数学模型应用在下面调节技术任务中.

- 被调节对象结构的信息获得,
- 被调节对象特性分析;
- 调节系统综合;
- 调节系统优化.

为了获得被调节对象结构信息, 提供两种方法: **理论分析(theoritische Analyse)** 是从物理基本方程出发. 基本上就是质量、能量和动量守恒定理, 以及关于力和力矩动态平衡定理. 其参数取决于被调节对象的物理技术数据.

前提条件就是定性提供所观察被调节对象 (过程) 的物理过程. 根据过程知识应用守恒定理和平衡条件来描述物理过程. 由此建立定性的模型. 由过程知识建立模型方程公式, 并规定模型参数, 而由此得到的定量模型通常可被简化, 大多数都可减小模型的阶数 (也就是描述系统所必需的微分方程数目).

实验分析(experimentelle Analyse) 就是由测量输入和输出量求过程模型. 由附加信息规定一个合适的模型结构. 由模型结构和输入信号和输出信号可辨识参数. 一般必须检验模型, 并与结构匹配. 在表 9.2-1 中描述建模过程.

表 9.2-1　建模过程

建模阶段	理论分析	实验分析	结果
求结构	描述物理过程, 规定模型结构	系统激励, 模型结构选择	定性模型
求参数	模型方程公式化, 确定模型参数	参数辨识, 结构匹配	定量模型

例 9.2-1　机械系统 (车辆, 机床滑架), 其输入量为力 F_y(调整量), 输出量为机械系统在力作用下移动的路程 x(被调节量). 试确定其数学模型.

理论分析

求结构: 驱动力 F_y 和与系统加速度成比例的惯性力 F_{m} 及与速度成比例的摩擦力 F_{r} 处于平衡. 不考虑系统的弹性. 求参数: 力的和为零, 速度为路程对时间的导数. 由此, 列出模型方程公式和规定参数:

$$F_{\mathrm{m}}(t)+F_{\mathrm{r}}(t)-F_y(t)=0,\quad F_{\mathrm{m}}(t)=m\cdot\frac{\mathrm{d}v(t)}{\mathrm{d}t},\quad F_{\mathrm{r}}(t)=r_{\mathrm{k}}\cdot v(t),$$

$$m\cdot a(t)+r_{\mathrm{k}}\cdot v(t)=F_y(t),\quad a(t)=\frac{\mathrm{d}^2x(t)}{\mathrm{d}t^2},\quad v(t)=\frac{\mathrm{d}x(t)}{\mathrm{d}t},$$

$$m\cdot\frac{\mathrm{d}^2x(t)}{\mathrm{d}t^2}+r_{\mathrm{k}}\cdot\frac{\mathrm{d}x(t)}{\mathrm{d}t}=F_y(t)$$

x为路程, y为驱动力, a 为加速度,

v为速度, m 为质量, r_k为阻尼系数.

参数 m 和 r_k 是可测量或可计算的.

为了继续计算, 预先给出参数

$$m = 0.5\,\frac{\mathrm{kN\cdot s^2}}{\mathrm{m}},\quad r_\mathrm{k} = 0.5\,\frac{\mathrm{kN\cdot s}}{\mathrm{m}}$$

微分方程用 $\dfrac{1}{r_\mathrm{k}}$ 归一化并拉普拉斯变换, 提供被调节对象传递函数:

$$x(s)\cdot\left[\frac{m}{r_\mathrm{k}}\cdot s^2 + s\right] = \frac{1}{r_\mathrm{k}}\cdot F_y(s),$$

$$K_\mathrm{S} = \frac{1}{r_\mathrm{k}} = 2\frac{\mathrm{m}}{\mathrm{kN\cdot s}},\quad T_\mathrm{S} = \frac{m}{r_\mathrm{k}} = 1\,\mathrm{s},$$

$$G_\mathrm{S}(s) = \frac{x(s)}{F_y(s)} = \frac{\dfrac{1}{r_\mathrm{k}}}{s + \dfrac{m}{r_\mathrm{k}}\cdot s^2} = \frac{K_\mathrm{S}}{s + T_\mathrm{S}\cdot s^2} = \frac{K_\mathrm{S}}{s\cdot(1 + T_\mathrm{S}\cdot s)}$$

$$= \frac{2}{s\cdot(1 + 1\mathrm{s}\cdot s)}\cdot\frac{\mathrm{m}}{\mathrm{kN\cdot s}}$$

在信号流图 9.2-1 中被调节对象数学模型由一个滞后环节 ($\mathrm{PT_1}$ 环节) 和一个积分环节 (I 环节) 的信号技术串联电路组成. 被调节对象数学模型通过一个 $\mathrm{IT_1}$ 环节构建, 其中通过模型方程规定 $\mathrm{PT_1}$ 环节和 I 环节的顺序.

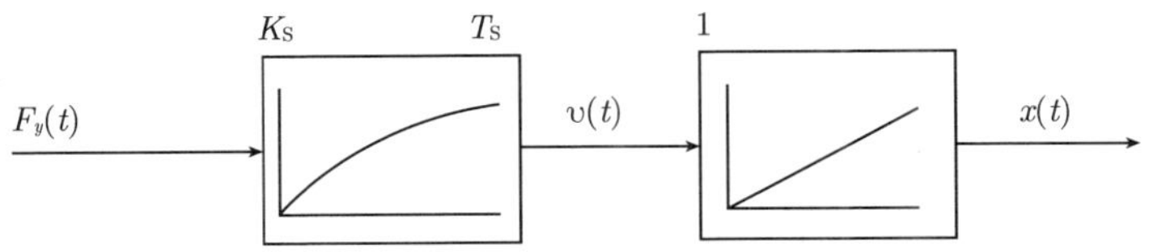

图 9.2-1 机械系统信号流图

实验分析

求结构: 机械系统处于静止状态, 速度和加速度为零, 至时间点 $t=0$, 力 F_y 由零提高到 F_{y0}, 这相应于阶跃函数接入

$$F_y(t) = F_{y0}\cdot E(t),\quad F_y(s) = F_{y0}\cdot\frac{1}{s}$$

测量输出量曲线, 阶跃响应绘制在图 9.2-2 中.

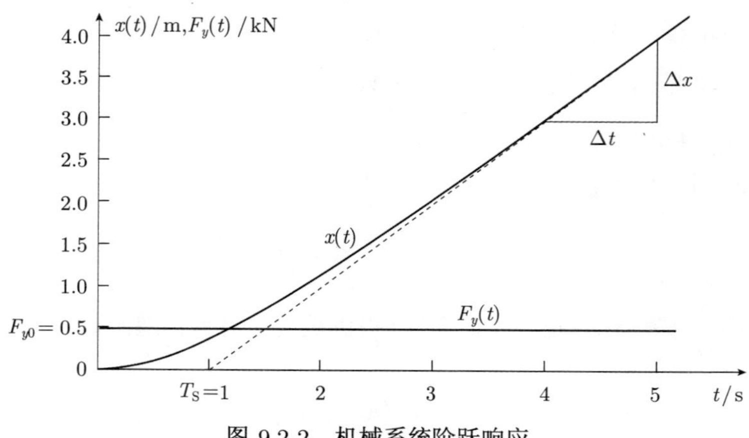

图 9.2-2 机械系统阶跃响应

通过与已知传递环节的阶跃响应比较, 确定待辨识传递环节的结构. 阶跃响应 $x(t)$ 在滞后以后呈线性上升：传递环节由一个积分环节和一个 I 阶滞后环节组成 (IT_1 环节). IT_1 环节传递函数为

$$G_S(s) = \frac{x(s)}{F_y(s)} = \frac{K_S}{s \cdot (1 + T_S \cdot s)}$$

IT_1 环节阶跃响应为

$$x(s) = G_S(s) \cdot F_y(s) = \frac{K_S}{s \cdot (1 + T_S \cdot s)} \cdot \frac{F_{y0}}{s}$$

$$x(t) = K_S \cdot F_{y0} \cdot \left(t - T_S + T_S \cdot \mathrm{e}^{-\frac{t}{T_S}}\right)$$

对于 $t \gg T_S$, 函数部分 $T_S \cdot \mathrm{e}^{-\frac{t}{T_S}}$ 可被略去. 那么, IT_1 环节特性结果为直线方程

$$x(t) = K_S \cdot F_{y0} \cdot (t - T_S)$$

由图 9.2-2 直线与时间轴交点读出时间常数 $T_S = 1$, 由 $x(t)$ 导数 (斜率) 和阶跃高度 $F_{y0} = 0.5$ kN 确定增益 K_S:

$$\frac{\mathrm{d}x(t)}{\mathrm{d}t} = K_S \cdot F_{y0} \approx \frac{\Delta x}{\Delta t} = \frac{1\mathrm{m}}{1\mathrm{s}}, \quad K_S = \frac{1\mathrm{m}}{F_{y0} \cdot 1\mathrm{s}} = 2 \cdot \frac{\mathrm{m}}{\mathrm{kN} \cdot \mathrm{s}}$$

由实验分析得到 IT_1 环节作为被调节对象的数学模型:

$$G_S(s) = \frac{x(s)}{F_y(s)} = \frac{K_S}{1 + T_S \cdot s} \cdot \frac{1}{s} = \frac{2}{s \cdot (1 + 1\mathrm{s} \cdot s)} \cdot \frac{\mathrm{m}}{\mathrm{kN} \cdot \mathrm{s}}$$

积分和滞后环节的信号技术顺序是不能由具有输入和输出函数的实验分析来确定的.

9.2.2 小结

被调节对象的**理论分析**(theoretishe Analyse) 是从物理基本方程和测量或计算的物理技术特征量出发的.

该种方法的优点如下:

- 理论分析业已在规划阶段和开发阶段应用, 它不要求被调节对象现实存在的.
- 理论分析提供关于被调节对象内部结构的认识, 可理解为实际物理状态变量和状态方程.

该方法的缺点如下:

- 特征量和影响量通常不能被精确地或完全不被理解, 因此, 数学模型是不可靠的.
- 数学模型变得复杂而规模庞大. 模型在开发阶段大多是不能被简化的.

实验分析(experimentelle Analyse) 是由测量的输入量和输出量求被调节对象模型.

该法的优点如下:

- 无须掌握被调节对象的物理技术工作原理的知识,
- 所求的数学模型是简化的, 微分方程和传递函数一般是较低阶的.

该法的缺点如下:

- 被调节对象技术上必须是可实现的,
- 该法仅提供所谓输入输出模型, 并且不能传授关于被调节对象内部结构知识, 不能建立具有实际物理量的状态方程.

建模理论分析和实验分析应当互为补充. 后面将进入具有时变线性系统的实验分析, 其中引入周期的或非周期的信号. 系统假设为稳定的或临界稳定的, 积分环节也是允许的.

调节技术方法通常是建立在传递函数基础上的, 后面描述过程的目标是求参数模型, 该模型是可通过微分方程、传递函数和频率特性函数表示的.

9.3 线性传递环节的实验分析

9.3.1 实验分析过程

当调节回路环节的函数方程已知时, 那么通常只能计算调节回路. 为了计算和实现调节装置, 需要被调节对象结构和参数知识, 在实验分析时, 由数学描述输入量和输出量之间的关系来计算被调节对象模型, 输入量为参据量或扰动量.

由**在接入测试函数时的响应函数(Antwortfunktion bei Aufschaltung von Testfunktion)** 求调节回路环节特征值, 其中函数作为技术信号是存在的. 辨识过程步骤如下 (图 9.3-1 和表 9.3-1):

- 接入测试函数;
- 测量响应函数;
- 处理测试函数和响应函数;
- 求调节回路环节非参数模型 (阶跃响应, 幅相频率特性曲线);
- 求非参数模型的特征值;
- 将特征值换算成参数模型系数.

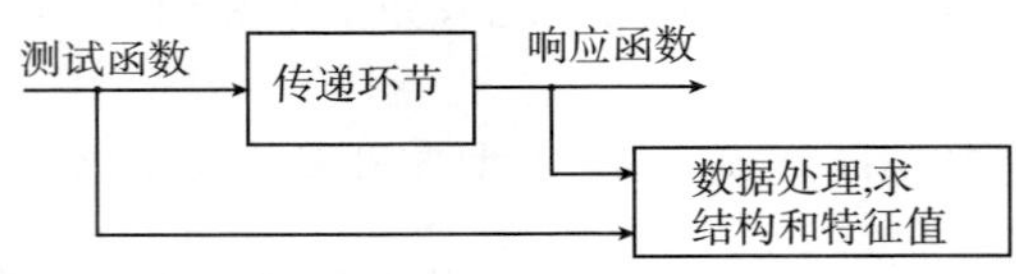

图 9.3-1　实验分析 (辨识) 原理

表 9.3-1　建模过程

接入测试函数		
测试函数	非周期信号: 冲激, 阶跃, 斜坡, 方波函数	周期信号: 谐波函数(正弦函数), 周期的非谐波函数
测量响应函数		
测试和响应函数的数据处理		
求模型结构		
模型结构	非参数模型: 冲激, 阶跃, 斜坡响应函数, 频率特性函数的幅相频率特性曲线	参数模型: 差分方程, 微分方程, 传递函数, 频率特性函数
求非参数模型的特征值, 计算参数模型系数		
参数, 特征值	非参数模型: 冲激、阶跃、斜坡响应函数的 特征值, 频率特性函数的幅相频率特性 曲线,响应函数的初值、终值、拐点最大值, 频率特性幅相频率特性曲线的特殊值	参数模型: 差分、微分方程系数, 传递函数、 频率特性函数系数, 增益系数, 时间常数, 特征角频率, 阻尼比

9.3.2　阶跃函数的实验分析

9.3.2.1　由阶跃响应终值确定基本传递特性

借助拉普拉斯变换边界值定理, 由阶跃响应函数作出关于传递环节的类型和传递函数的结论. 研究出发点是具有 $m \leqslant n$ 的传递函数, 其中 m 为分子多项式的阶

数而 n 为分母多项式的阶数:

$$G(s)=\frac{x_{\mathrm{a}}(s)}{x_{\mathrm{e}}(s)}=\frac{b_m\cdot s^m+b_{m-1}\cdot s^{m-1}+\cdots+b_1\cdot s+b_0}{a_n\cdot s^n+a_{n-1}\cdot s^{n-1}+\cdots+a_1\cdot s+a_0}$$

单位阶跃函数 $x_{\mathrm{e}}(t)$ 的阶跃响应为

$$x_{\mathrm{e}}(s)=\frac{1}{s},\quad x_{\mathrm{e}}(t)=E(t),$$

$$x_{\mathrm{a}}(s)=G(s)\cdot x_{\mathrm{e}}(s)=\frac{b_m\cdot s^m+b_{m-1}\cdot s^{m-1}+\cdots+b_1\cdot s+b_0}{a_n\cdot s^n+a_{n-1}\cdot s^{n-1}+\cdots+a_1\cdot s+a_0}\cdot\frac{1}{s}$$

其中, 初值为

$$x_{\mathrm{a}}(t=0)=\lim_{s\to\infty}s\cdot G(s)\cdot x_{\mathrm{e}}(s)=\lim_{s\to\infty}G(s)$$

终值为

$$x_{\mathrm{a}}(t\to\infty)=\lim_{s\to 0}s\cdot G(s)\cdot x_{\mathrm{e}}(s)=\lim_{s\to 0}G(s)$$

根据长时间的阶跃响应曲线或阶跃响应的终值 $x_{\mathrm{a}}(t\to\infty)$ 可将传递函数基本特性作如下分类:

- **积分特性, 积分环节**: 如果阶跃响应信号持续增长, 那么存在积分特性. **积分环节**也可称为无平衡的传递环节, 终值为 $x_{\mathrm{a}}(t\to\infty)\to\infty$.
- **比例特性, 比例环节**: 如果阶跃响应过渡到新的稳定值 (平衡状态), 那么该环节表现为比例情况. 比例环节也称具有平衡的传递环节, 终值为 $x_{\mathrm{a}}(t\to\infty)\neq 0,\neq\infty$.
- **微分特性, 微分环节**: 如果长时间的阶跃响应趋于零, 那么传递环节是微分的. 微分环节不能传递等值信号例如阶跃函数, 为此, $x_{\mathrm{a}}(t)$ 终值为 $x_{\mathrm{a}}(t\to\infty)=0$, 纯 D 特性在被调节对象中是不存在的.

由阶跃函数的终值 $x_{\mathrm{a}}(t\to\infty)$ 可读取传递环节基本特性 (4.6.2 节).

积分环节存在, 仅当

$$x_{\mathrm{a}}(t\to\infty)=\lim_{s\to 0}G(s)\to\infty$$

成立时, 在传递函数中必须是 $a_0=0$:

$$\frac{b_m\cdot s^m+b_{m-1}\cdot s^{m-1}+\cdots+b_1\cdot s+b_0}{a_n\cdot s^n+a_{n-1}\cdot s^{n-1}+\cdots+a_1\cdot s}$$

$$=\frac{b_m\cdot s^m+b_{m-1}\cdot s^{m-1}+\cdots+b_1\cdot s+b_0}{(a_n\cdot s^{n-1}+a_{n-1}\cdot s^{n-2}+\cdots+a_1)\cdot s}$$

所有具有 I 部分的环节: I, I_2, $\cdots$, IT_1, IT_2, $\cdots$, IT_t, PI, PID, PIDT_1, PIDT_2, $\cdots$ 都属于具有积分特性的环节.

环节具有比例特性, 仅当是

$$x_\mathrm{a}(t \to \infty) = \lim_{s \to 0} G(s) = \frac{b_0}{a_0} = K_\mathrm{P} \neq 0$$

时, 在传递函数中必须是 a_0 和 b_0 不等于零, 所有具有 P 部分和无 I 部分的环节: P, $\mathrm{PT_1}$, $\mathrm{PT_2}$, $\cdots$, PT_t, PD, $\mathrm{PDT_1}$, $\mathrm{PDT_2}$, $\cdots$, $\mathrm{PPT_1}$, $\mathrm{PPT_2}$, $\cdots$ 都属于具有比例特性的环节.

微分特性出现, 仅当

$$x_\mathrm{a}(t \to \infty) = \lim_{s \to 0} G(s) = 0$$

时, 即在传递函数中 b_0 等于零:

$$\begin{aligned} G(s) &= \frac{b_m \cdot s^m + b_{m-1} \cdot s^{m-1} + \cdots + b_1 \cdot s}{a_n \cdot s^n + a_{n-1} \cdot s^{n-1} + \cdots + a_1 \cdot s + a_0} \\ &= \frac{s \cdot (b_m \cdot s^{m-1} + b_{m-1} \cdot s^{m-2} + \cdots + b_1)}{a_n \cdot s^n + a_{n-1} \cdot s^{n-1} + \cdots + a_1 \cdot s + a_0} \end{aligned}$$

所有具有 D 部分, 而没有 P 部分和 I 部分的环节: D, $\mathrm{DT_1}$, $\mathrm{DT_2}$, $\cdots$ 都属于具有微分特性的环节族.

在图 9.3-2 中为求环节的基本传递特性的过程和逻辑判断流程.

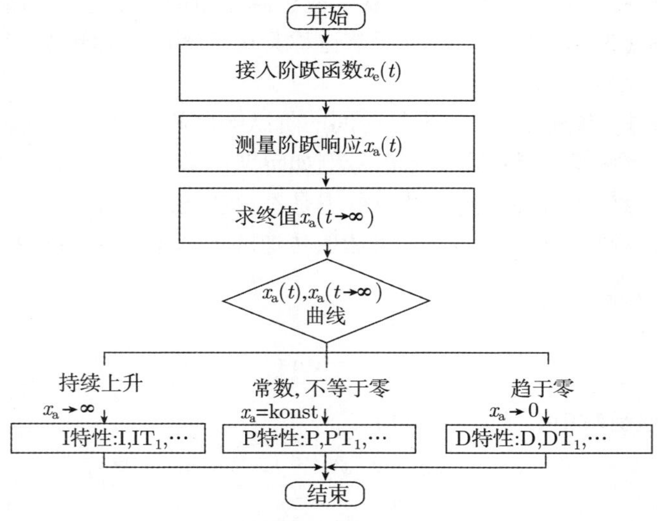

图 9.3-2　由阶跃函数的终值确定基本传递特性

例 9.3-1　对于图 9.3-3 所示的阶跃响应, 试按着图 9.3-2 确定传递特性.

对于传递环节得到如下结论:

- $x_\mathrm{a1}(t)$: 具有积分特性环节;
- $x_\mathrm{a2}(t)$: 具有比例特性环节;

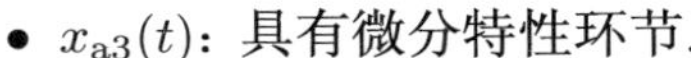

- $x_{a3}(t)$：具有微分特性环节.

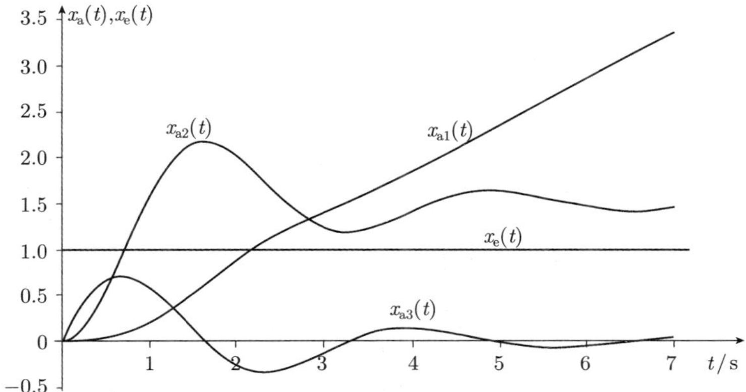

图 9.3-3 传递环节阶跃响应

绘制如下传递环节

$$G_1(s) = \frac{2}{s^3 + s^2 + 4 \cdot s}, \quad G_2(s) = \frac{6}{s^2 + s + 4}, \quad G_3(s) = \frac{2 \cdot s}{s^2 + s + 4}$$

的阶跃响应.

9.3.2.2 由阶跃响应初值和初始斜率确定环节类型

如果阶跃响应函数初值 $x_a(t=0)$ 不等于零, 那么传递函数的分子阶数 m 必须是与分母阶数 n 相等, 传递环节是阶跃的:

$$x_a(t=0) = \lim_{s \to \infty} G(s) = \frac{b_m}{a_n} \neq 0$$

对此, 例子有 P 环节 ($m = n = 0$), $\mathrm{PDT_1}$ 环节和 $\mathrm{PPT_1}$ 环节 ($m = n = 1$), $\mathrm{PIDT_1}$ 环节 ($n = m = 2$):

$$G(s) = \frac{b_0}{a_0} = K_P, \quad G(s) = K_P \cdot \frac{1 + T_V \cdot s}{1 + T_1 \cdot s} = \frac{b_1 \cdot s + b_0}{a_1 \cdot s + a_0},$$

$$G(s) = K_P \cdot \frac{(1 + T_N \cdot s) \cdot (1 + T_V \cdot s)}{T_N \cdot s \cdot (1 + T_1 \cdot s)} = \frac{b_2 \cdot s^2 + b_1 \cdot s + b_0}{a_2 \cdot s^2 + a_1 \cdot s}$$

阶跃响应对时间一阶导数在频域可通过 s 乘法来实现:

$$L\left\{\frac{\mathrm{d}x_a(t)}{\mathrm{d}t}\right\} = s \cdot x_a(s) = s \cdot G(s) \cdot x_e(s)$$

$$= s \cdot \frac{b_m \cdot s^m + b_{m-1} \cdot s^{m-1} + \cdots + b_1 \cdot s + b_0}{a_n \cdot s^n + a_{n-1} \cdot s^{n-1} + \cdots + a_1 \cdot s + a_0} \cdot \frac{1}{s}$$

$x_a(t)$ 导数的初值为

$$\left.\frac{\mathrm{d}x_a(t)}{\mathrm{d}t}\right|_{t=0} = \lim_{s\to\infty} s\cdot s\cdot G(s)\cdot x_e(s) = \lim_{s\to\infty} s\cdot G(s)$$

$$= \lim_{s\to\infty} s\cdot\frac{b_m\cdot s^m + b_{m-1}\cdot s^{m-1} + \cdots + b_1\cdot s + b_0}{a_n\cdot s^n + a_{n-1}\cdot s^{n-1} + \cdots + a_1\cdot s + a_0}$$

$$= \lim_{s\to\infty} \frac{b_m\cdot s^{m+1} + b_{m-1}\cdot s^m + \cdots + b_1\cdot s^2 + b_0\cdot s}{a_n\cdot s^n + a_{n-1}\cdot s^{n-1} + \cdots + a_1\cdot s + a_0}.$$

如果 $m+1<n$, 那么导数的初值为零. 对于 $m+1=n$, 导数的初值不等于零:

$$\dot{x}_a(t=0) = \left.\frac{\mathrm{d}x_a(t)}{\mathrm{d}t}\right|_{t\to 0} = \lim_{s\to\infty} s\cdot G(s) = \frac{b_m}{a_n} \neq 0$$

如果阶跃响应斜率至时间 $t=0$ 时不等于零, 那么传递函数分子阶数 m 必须比分母阶数 n 小于 1. 由该阶跃响应特性例如可辨识 PT_1 环节, 在图 9.3-4 中所示例子中: 具有 $m+1=n=1$ 的 I 环节和 PT_1 环节, 具有 $m+1=n=2$ 的 PDT_2 环节:

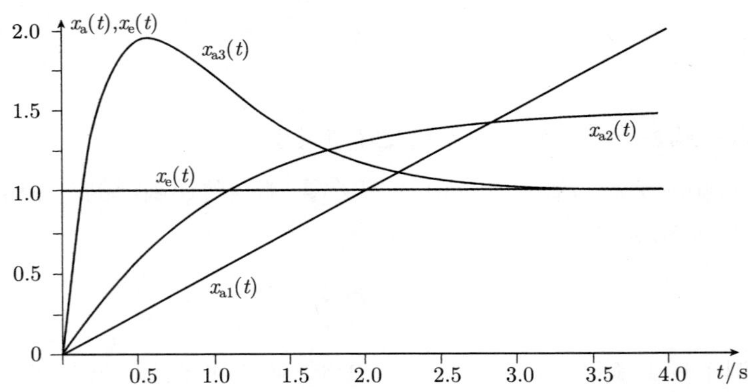

图 9.3-4　极–零点差数为 $n-m=1$ 传递函数的阶跃响应

$$G_1(s) = \frac{K_{IS}}{s} = \frac{b_0}{a_1\cdot s} = \frac{1}{2\cdot s},\quad m=0,\ n=1$$

$$G_2(s) = K_P\cdot\frac{1}{1+T_S\cdot s} = \frac{b_0}{a_1\cdot s + a_0} = \frac{1.5}{1+s},\quad m=0,\ n=1$$

$$G_3(s) = \frac{K_P\cdot(1+T_V\cdot s)}{(1+T_1\cdot s)\cdot(1+T_2\cdot s)} = \frac{b_1\cdot s + b_0}{a_2\cdot s^2 + a_1\cdot s + a_0}$$

$$= \frac{1+2\cdot s}{0.2\cdot s^2 + 0.9\cdot s + 1}$$

$$m = 1,\ n = 2$$

如果阶跃响应初值 $x_a(t=0)$ 和斜率 $\dot{x}_a(t=0)$ 均为零, 那么为 $n \geqslant m+2$. 被调节对象模型例如可假定为 IT_1 环节, PT_2 环节 $(n = m+2 = 2)$, 或具有高阶滞后环节 $(n \geqslant m+2)$.

将这种辨识特征推广到阶跃响应的高阶导数是毫无实际意义的, 因为在起动阶段 (也就是对于很短时间内) 测量被调节对象阶跃响应会呈现很大的相对误差. 因此, 高次微分是毫无结果的.

在图 9.3-5 中规定了基于阶跃响应的初值和初始斜率的判断策略.

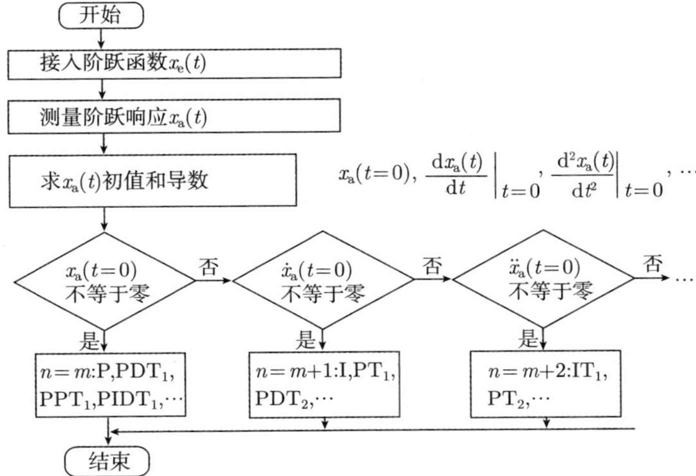

图 9.3-5 检验阶跃响应初值和初始斜率

例 9.3-2 在图 9.3-6 中绘制阶跃响应 $x_a(t)$ 和一、二阶导数.

由图 9.3-6 所示的阶跃响应和导数, 并用图 9.3-5 判断结构可对传递环节作出如下结论.

- 阶跃响应初值 $x_a(t=0) = 0 : m \neq n$;
- 一阶导数初值 $\dot{x}_a(t=0) = 0 : m+1 \neq n$;
- 二阶导数初值 $\ddot{x}_a(t=0) \neq 0 : m+2 = n$.

绘制具有 $m=0,\ n=2$ 的 PT_2 传递环节

$$G(s) = \frac{\omega_0^2}{s^2 + 2\cdot D\cdot\omega_0\cdot s + \omega_0^2} = \frac{b_0}{a_2\cdot s^2 + a_1\cdot s + a_0} = \frac{2}{s^2+s+2}$$

的阶跃响应和导数.

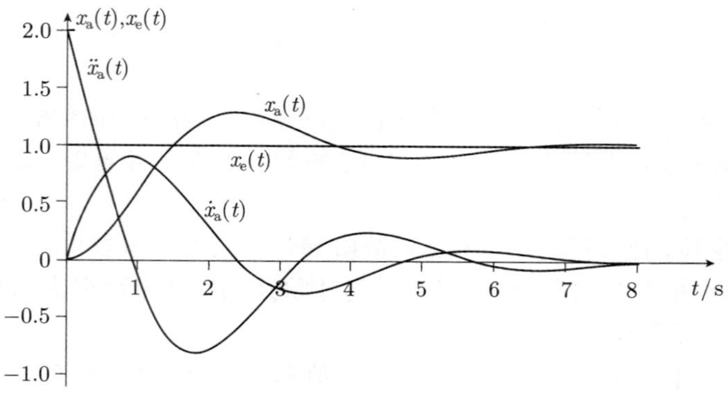

图 9.3-6　具有导数的阶跃响应

9.3.2.3　由阶跃响应特性推导辨识特征

由阶跃响应初值和终值可推导出传递环节的基本特性. 处理阶跃响应曲线数据应提供广泛的传递环节知识. 进一步研究比例环节, 其研究方法原则上也可扩展到积分环节. 由阶跃响应曲线可推导出如下辨识特征.

无周期振荡的阶跃响应曲线:

- 阶跃响应无超调振荡进入到终值, 阶跃响应无极大值或极小值 (9.3.2.4 节);
- 阶跃响应振荡越过终值, 并且未下冲过终值, 阶跃响应具有一个极大值. 在多个超调和下冲 (Über- und Unterschwingungen) 振荡情况下, 阶跃响应具有多个极大值和极小值 (9.3.2.5 节).

具有周期振荡的阶跃响应曲线:

- 阶跃响应曲线具有振荡特性, 其中阶跃响应的极大值与极小值的间隔为常值, 阶跃响应理论上有无限多极大值和极小值 (9.3.2.6 节).

具有时延的的阶跃响应曲线:

- 由于时延, 传递环节在阶跃接入和输出量反应之间出现一个常值时间位移 (9.3.2.7 节).

9.3.2.4　无超调和无周期振荡的阶跃响应曲线

这种阶跃响应曲线出现, 仅当待辨识环节的传递函数

$$G(s) = \frac{x_\mathrm{a}(s)}{x_\mathrm{e}(s)} = \frac{b_m \cdot s^m + b_{m-1} \cdot s^{m-1} + \cdots + b_1 \cdot s + b_0}{a_n \cdot s^n + a_{n-1} \cdot s^{n-1} + \cdots + a_1 \cdot s + a_0}$$

存在实数极点 $s_{\mathrm{p}j}$ 和零点 $s_{\mathrm{n}i}$ 时, 其中每个零点必须小于所属的极点, 传递函数的

实数时间常数可由零极点推导出：

$$G(s)=\frac{x_\mathrm{a}(s)}{x_\mathrm{e}(s)}=\frac{b_m\cdot s^m+b_{m-1}\cdot s^{m-1}+\cdots+b_1\cdot s+b_0}{a_n\cdot s^n+a_{n-1}\cdot s^{n-1}+\cdots+a_1\cdot s+a_0}$$

$$=\frac{b_m}{a_n}\cdot\frac{(s-s_\mathrm{n1})\cdot(s-s_\mathrm{n2})\cdot\cdots\cdot(s-s_\mathrm{nm})}{(s-s_\mathrm{p1})\cdot(s-s_\mathrm{p2})\cdot\cdots\cdot(s-s_\mathrm{pn})}$$

$$=\frac{b'_m}{a'_n}\cdot\frac{(1+T_\mathrm{V1}\cdot s)\cdot(1+T_\mathrm{V2}\cdot s)\cdot\cdots\cdot(1+T_{\mathrm{V}m}\cdot s)}{(1+T_1\cdot s)\cdot(1+T_2\cdot s)\cdot\cdots\cdot(1+T_\mathrm{n}\cdot s)},\quad m\leqslant n$$

$$s_{\mathrm{n}i}=-\frac{1}{T_{\mathrm{V}i}},\quad s_{\mathrm{p}j}=-\frac{1}{T_j}$$

为了进一步研究, 假设：超前和滞后时间常数按照大小排列：

$$T_\mathrm{V1}\geqslant T_\mathrm{V2}\geqslant\cdots\geqslant T_{\mathrm{V}i}\geqslant\cdots\geqslant T_{\mathrm{V}m},\quad i=1,2,\cdots,m$$

$$T_1\geqslant T_2\geqslant\cdots\geqslant T_j\geqslant\cdots\geqslant T_n,\quad j=1,2,\cdots,n,\quad m\leqslant n$$

当满足下列条件时, 无超调和无振荡特性的阶跃响应曲线出现：

> 传递函数含有正的实数时间常数, 其中每个超前时间常数 $T_{\mathrm{V}i}$ 必须小于所属的滞后时间常数 T_i.

例 9.3-3 对于传递函数

$$G_1(s)=\frac{1}{1+T_1\cdot s}=\frac{1}{1+s},\quad T_\mathrm{V1}=0\,\mathrm{s}<T_1=1\,\mathrm{s}$$

$$G_2(s)=\frac{1+T_\mathrm{V1}\cdot s}{1+T_1\cdot s}=\frac{1+0.75\cdot s}{1+1\cdot s},\quad T_\mathrm{V1}=0.75\,\mathrm{s}<T_1=1\,\mathrm{s}$$

$$G_3(s)=\frac{(1+T_\mathrm{V1}\cdot s)\cdot(1+T_\mathrm{V2}\cdot s)}{(1+T_1\cdot s)\cdot(1+T_2\cdot s)}=\frac{(1+0.5\cdot s)\cdot(1+0.5\cdot s)}{(1+1\cdot s)\cdot(1+0.8\cdot s)}$$

$$T_\mathrm{V1}=0.5\,\mathrm{s}<T_1=1\,\mathrm{s},\quad T_\mathrm{V2}=0.5\,\mathrm{s}<T_2=0.8\,\mathrm{s}$$

$$G_4(s)=\frac{(1+T_\mathrm{V1}\cdot s)\cdot(1+T_\mathrm{V2}\cdot s)}{(1+T_1\cdot s)\cdot(1+T_2\cdot s)\cdot(1+T_3\cdot s)}$$

$$T_\mathrm{V1}=0.5\,\mathrm{s}<T_1=1\,\mathrm{s},$$

$$T_\mathrm{V2}=0.5\,\mathrm{s}<T_2=1\,\mathrm{s},\quad T_3=0.8\,\mathrm{s}$$

满足条件 $T_{\mathrm{V}i}<T_i$, 对于 $i=1,2,\cdots,m$. 图 9.3-7 含有阶跃响应曲线, 具有 $G_2(s)$ 和 $G_3(s)$ 传递环节的阶跃响应具有不等于零的初值：环节是阶跃型的, 其分子多项

式与分母多项式的阶数相等, $m=n$, 对于 $G_1(s)$ 和 $G_4(s)$ 是 $m+1=n$, 至时间零其阶跃响应的一阶导数不等于零.

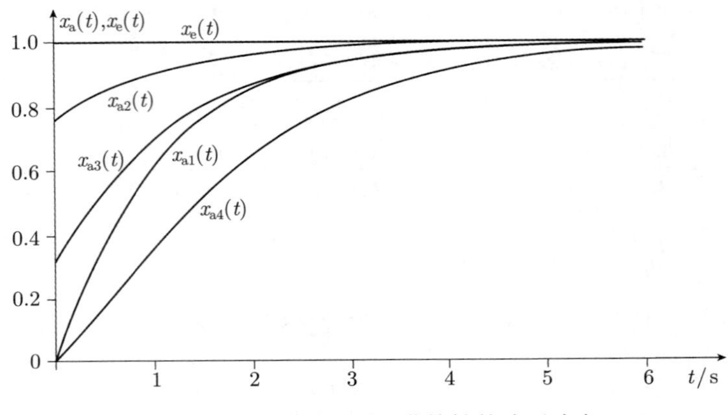

图 9.3-7　无超调和无振荡特性的阶跃响应

9.3.2.5　具有超调和下冲的无周期振荡的阶跃响应曲线

首先研究阶跃响应具有一次超调的环节, 它出现一个极大值, 其阶跃响应向上超越终值, 并且未下冲过终值. 该阶跃响应曲线出现, 仅当待辨识环节的传递函数

$$G(s)=\frac{x_a(s)}{x_e(s)}=\frac{b_m\cdot s^m+b_{m-1}\cdot s^{m-1}+\cdots+b_1\cdot s+b_0}{a_n\cdot s^n+a_{n-1}\cdot s^{n-1}+\cdots+a_1\cdot s+a_0}$$

$$=\frac{b'_m}{a'_n}\cdot\frac{(1+T_{V1}\cdot s)\cdot(1+T_{V2}\cdot s)\cdot\cdots\cdot(1+T_{Vm}\cdot s)}{(1+T_1\cdot s)\cdot(1+T_2\cdot s)\cdot\cdots\cdot(1+T_n\cdot s)},\quad m\leqslant n$$

存在一个超前时间常数 T_{Vi} 大于最大的滞后时间常数时:

$$T_{Vi}>\mathrm{Max}\,(T_j),\quad j=1,2,\cdots,n,\ m\leqslant n$$

当满足下面条件时, 具有一个极大值的阶跃响应曲线出现:

> 传递函数含有正的实数时间常数, 其中一个超前时间常数必须大于最大的滞后时间常数.

例 9.3-4　对于传递函数

$$G_1(s)=\frac{(1+T_{V1})\cdot(1+T_{V2}\cdot s)}{(1+T_1\cdot s)\cdot(1+T_2\cdot s)},\quad T_{V2}>T_2$$

$$T_{V1}=0.5\,\mathrm{s},\quad T_{V2}=1.8\,\mathrm{s},\quad T_1=0.75\,\mathrm{s},\quad T_2=1.5\,\mathrm{s}$$

$$G_2(s)=\frac{(1+T_{\mathrm{V}1}\cdot s)\cdot(1+T_{\mathrm{V}2}\cdot s)\cdot(1+T_{\mathrm{V}3}\cdot s)}{(1+T_1\cdot s)\cdot(1+T_2\cdot s)\cdot(1+T_3\cdot s)\cdot(1+T_4\cdot s)},\quad T_{\mathrm{V}3}>T_3$$

$$T_{\mathrm{V}1}=1\,\mathrm{s},\quad T_{\mathrm{V}2}=2\,\mathrm{s},\quad T_{\mathrm{V}3}=3\,\mathrm{s},$$

$$T_1=0.5\,\mathrm{s},\quad T_2=1.2\,\mathrm{s},\quad T_3=T_4=2.2\,\mathrm{s}$$

满足上述条件. 图 9.3-8 含有阶跃响应曲线, 传递环节 $G_1(s)$ 阶跃响应具有一个不等于零的初值, 对于 $G_2(s)$ 为 $m+1=n$, 至时间零阶跃响应斜率不等于零.

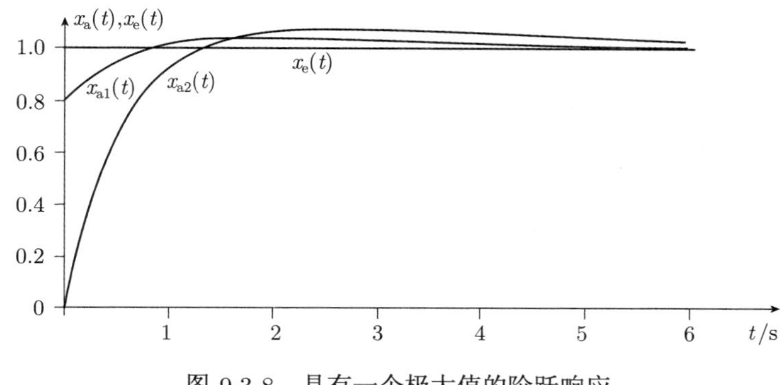

图 9.3-8 具有一个极大值的阶跃响应

如果在阶跃响应曲线上出现多个极大值和极小值, 那么待辨识环节的传递函数

$$\begin{aligned}G(s)&=\frac{x_\mathrm{a}(s)}{x_\mathrm{e}(s)}=\frac{b_m\cdot s^m+b_{m-1}\cdot s^{m-1}+\cdots+b_1\cdot s+b_0}{a_n\cdot s^n+a_{n-1}\cdot s^{n-1}+\cdots+a_1\cdot s+a_0}\\&=\frac{b'_m}{a'_n}\cdot\frac{(1+T_{\mathrm{V}1}\cdot s)\cdot(1+T_{\mathrm{V}2}\cdot s)\cdot\cdots\cdot(1+T_{\mathrm{V}m}\cdot s)}{(1+T_1\cdot s)\cdot(1+T_2\cdot s)\cdot\cdots\cdot(1+T_\mathrm{n}\cdot s)},\quad m\leqslant n\end{aligned}$$

具有多个超前时间常数大于最大的滞后时间常数. 当满足下面条件时, 出现具有 k 个极值的阶跃响应曲线.

传递函数含有正的实数时间常数, 其中 k 个超前时间常数必须大于最大的滞后时间常数.

例 9.3-5 对于传递函数

$$G(s)=\frac{(1+T_\mathrm{V}\cdot s)^3}{(1+T_1\cdot s)^4}=\frac{(1+2\cdot s)^3}{(1+1\cdot s)^4},\quad T_\mathrm{V}=2\,\mathrm{s}>T_1=1\,\mathrm{s}$$

有三个超前时间常数大于最大的滞后时间常数, 阶跃响应曲线具有三个极值：两个

极大值, 一个极小值, 由拉普拉斯反变换计算阶跃响应:

$$x_{\mathrm{e}}(t)=E(t), \quad x_{\mathrm{e}}(s)=\frac{1}{s}$$

$$x_{\mathrm{a}}(t)=L^{-1}\{G(s)\cdot x_{\mathrm{e}}(s)\}=L^{-1}\left\{\frac{(1+T_{\mathrm{V}}\cdot s)^3}{(1+T_1\cdot s)^4\cdot s}\right\}=L^{-1}\left\{\frac{(1+2\cdot s)^3}{(1+1\cdot s)^4\cdot s}\right\}$$

$$=1-\frac{-t^3+15\cdot t^2-42\cdot t+6}{6}\cdot \mathrm{e}^{-t}$$

对阶跃响应函数求导, 并令其为零:

$$\frac{\mathrm{d}x_{\mathrm{a}}(t)}{\mathrm{d}t}=-\frac{t^3-18\cdot t^2+72\cdot t-48}{6}\cdot \mathrm{e}^{-t}\overset{!}{=}0$$

$$t^3-18\cdot t^2+72\cdot t-48=0$$

极值位于:

$$t_1=0.832\,\mathrm{s}, \quad t_2=4.589\,\mathrm{s}, \quad t_3=12.580\,\mathrm{s}$$

极大值: $x_{\mathrm{a}}(t_1)=2.388,\ x_{\mathrm{a}}(t_3)=1.0001$

极小值: $x_2(t_2)=0.945$

由阶跃响应曲线仅第一个极大值和极小值是可辨认的, 第二个极大值只能通过数值来计算, 在图 9.3-9 可读出第一个两极值.

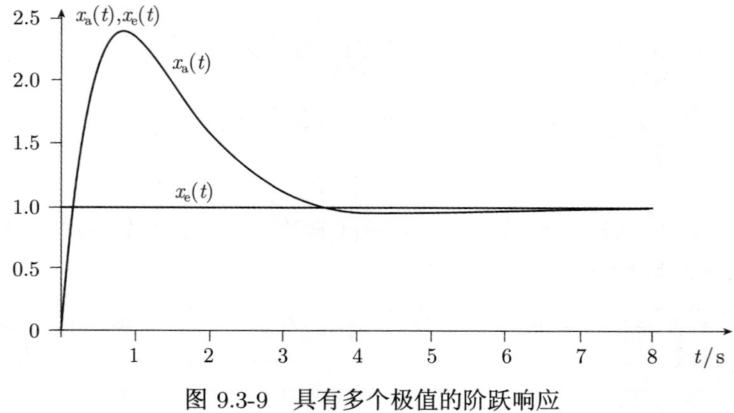

图 9.3-9 具有多个极值的阶跃响应

9.3.2.6 具有周期振荡的阶跃响应曲线

1. $\mathbf{PT_2}$ 环节辨识特征

首先研究特征方程具有共轭复数零点的无滞后时间常数或超前时间常数传递

环节的辨识特征. 这个环节称为 PT_2 环节, 特征方程具有共轭复数零点的传递环节阶跃响应具有以下特性:

- 阶跃响应具有振荡特性, 其中阶跃响应振荡极大值和极小值之间间隔为常值;
- 在阶跃响应函数中含有一个正弦函数, 该函数理论上具有无限多的极大值和极小值;
- 相邻振荡的幅值之比具有常值, 该值仅取决于阻尼比;
- 达到阶跃响应终值 100%的初调时间 t_{anr} 与 50%的时间 t_{50} 之比值仅取决于阻尼比.

具有共轭复数零点的 PT_2**环节具有传递函数**

$$G(s)=\frac{x_{\mathrm{a}}(s)}{x_{\mathrm{e}}(s)}=K_{\mathrm{P}}\cdot\frac{\omega_0^2}{s^2+2\cdot D\cdot\omega_0\cdot s+\omega_0^2}=K_{\mathrm{P}}\cdot\frac{\omega_0^2}{(s-s_1)\cdot(s-s_2)}$$

$$=K_{\mathrm{P}}\cdot\frac{\omega_0^2}{\left(s+D\cdot\omega_0-\mathrm{j}\omega_0\cdot\sqrt{1-D^2}\right)\cdot\left(s+D\cdot\omega_0+\mathrm{j}\omega_0\cdot\sqrt{1-D^2}\right)}$$

$$s_{1,2}=-D\cdot\omega_0\pm\mathrm{j}\omega_0\cdot\sqrt{1-D^2},\quad 0<D<1$$

和对于输入阶跃的阶跃响应函数

$$x_{\mathrm{e}}(t)=x_{\mathrm{e0}}\cdot E(t)$$

$$x_{\mathrm{a}}(t)=K_{\mathrm{P}}\cdot x_{\mathrm{e0}}\cdot\left[1-\frac{\mathrm{e}^{-D\omega_0 t}}{\sqrt{1-D^2}}\cdot\sin\left(\omega_0\cdot\sqrt{1-D^2}\cdot t+\arccos(D)\right)\right]$$

$$=K_{\mathrm{P}}\cdot x_{\mathrm{e0}}\cdot\left[1-\frac{\mathrm{e}^{-D\omega_0 t}}{\sqrt{1-D^2}}\cdot\sin(\omega_{\mathrm{e}}\cdot t+\arccos(D))\right]$$

$$\omega_{\mathrm{e}}=\omega_0\cdot\sqrt{1-D^2}=\text{固有角频率}$$

由 PT_2 环节阶跃响应函数推导出辨识特征. PT_2 环节特征是: 阶跃响应 $x_{\mathrm{a}}(t)$ 相邻极值之间的时间间隔为常值, 两个相邻振荡幅值之比值为常值, t_{anr} 和 t_{50} 之比值提供关于阻尼比的结论. 为了计算阶跃响应函数

$$x_{\mathrm{a}}(t)=K_{\mathrm{P}}\cdot x_{\mathrm{e0}}\cdot\left[1-\frac{\mathrm{e}^{-D\omega_0 t}}{\sqrt{1-D^2}}\cdot\sin\left(\omega_0\cdot\sqrt{1-D^2}\cdot t+\arccos(D)\right)\right]$$

的极值, 令 $x_{\mathrm{a}}(t)$ 导数为零:

$$\frac{\mathrm{d}x_{\mathrm{a}}(t)}{\mathrm{d}t}=K_{\mathrm{P}}\cdot x_{\mathrm{e0}}\cdot \mathrm{e}^{-D\omega_0 t}\cdot\left[\omega_0\cdot\sqrt{1-D^2}+\frac{D^2\cdot\omega_0}{\sqrt{1-D^2}}\right]\cdot\sin\left(\omega_0\cdot\sqrt{1-D^2}\cdot t\right)$$

$$=K_{\mathrm{P}}\cdot\frac{x_{\mathrm{e0}}\cdot\omega_0\cdot\mathrm{e}^{-D\omega_0 t}}{\sqrt{1-D^2}}\cdot\sin\left(\omega_0\cdot\sqrt{1-D^2}\cdot t\right)\overset{!}{=}0$$

对时间值 t_k, 正弦函数应为零:

$$t_k=\frac{k\cdot\pi}{\omega_0\cdot\sqrt{1-D^2}}=\frac{k\cdot\pi}{\omega_{\mathrm{e}}},\quad k=0,\ 1,\ 2,\ \cdots$$

阶跃响应二极值之间的时间间隔为

$$\boxed{\Delta t=t_{k+1}-t_k=\frac{\pi}{\omega_0\cdot\sqrt{1-D^2}}=\frac{\pi}{\omega_{\mathrm{e}}}}$$

阶跃响应两个极大值或极小值之间时间间隔是与具有角频率 ω_{e} 的固有振荡周期时间 T_{P} 相等:

$$\boxed{T_{\mathrm{P}}=t_{k+2}-t_k=\frac{2\cdot\pi}{\omega_0\cdot\sqrt{1-D^2}}=\frac{2\cdot\pi}{\omega_{\mathrm{e}}}}$$

将时间值 t_k 代入阶跃响应 $x_{\mathrm{a}}(t)$, 为此, 得到阶跃响应极值 $x_{\mathrm{a}}(t_k)$:

$$x_{\mathrm{a}}(t_k)=K_{\mathrm{P}}\cdot x_{\mathrm{e0}}\cdot\left[1-\frac{\mathrm{e}^{-D\omega_0 t_k}}{\sqrt{1-D^2}}\cdot\sin\left(\omega_0\cdot\sqrt{1-D^2}\cdot t_k+\arccos(D)\right)\right]$$

$$=K_{\mathrm{P}}\cdot x_{\mathrm{e0}}-K_{\mathrm{P}}\cdot x_{\mathrm{e0}}\cdot\frac{\mathrm{e}^{-\frac{k\pi D}{\sqrt{1-D^2}}}}{\sqrt{1-D^2}}\cdot\sin(k\cdot\pi+\arccos(D))$$

$$=K_{\mathrm{P}}\cdot x_{\mathrm{e0}}-K_{\mathrm{P}}\cdot x_{\mathrm{e0}}\cdot\mathrm{e}^{\frac{-k\pi D}{\sqrt{1-D^2}}}\cdot(-1)^k$$

其中, 用

$$\frac{\sin(k\cdot\pi+\arccos(D))}{\sqrt{1-D^2}}=(-1)^k,\quad k=0,\ 1,\ 2,\ \cdots$$

简化, 阶跃响应函数的极值为

$$\boxed{x_{\mathrm{a}}(t_k)=K_{\mathrm{P}}\cdot x_{\mathrm{e0}}\cdot\left(1-(-1)^k\cdot\mathrm{e}^{\frac{-k\pi D}{\sqrt{1-D^2}}}\right)=K_{\mathrm{P}}\cdot x_{\mathrm{e0}}\cdot(1-(-1)^k\cdot\ddot{u}^k)}$$

由 $\ddot{u}=\mathrm{e}^{\frac{-\pi D}{\sqrt{1-D^2}}}$ 可得极值:

$$x_a(t_0)=0$$

$$x_a(t_1)=K_P\cdot x_{e0}\cdot\left(1+e^{\frac{-\pi D}{\sqrt{1-D^2}}}\right)=K_P\cdot x_{e0}\cdot(1+\ddot{u})$$

$$x_a(t_2)=K_P\cdot x_{e0}\cdot\left(1-e^{\frac{-2\pi D}{\sqrt{1-D^2}}}\right)=K_P\cdot x_{e0}\cdot(1-\ddot{u}^2)$$

$$x_a(t_3)=K_P\cdot x_{e0}\cdot\left(1+e^{\frac{-3\pi D}{\sqrt{1-D^2}}}\right)=K_P\cdot x_{e0}\cdot(1+\ddot{u}^3),\cdots$$

在阶跃响应中振荡部分的幅值 A_k 与值 $K_P\cdot x_{e0}$ 相关:

$$\begin{aligned}A_k&=x_a(t_k)-K_P\cdot x_{e0}=-K_P\cdot x_{e0}\cdot(-1)^k\cdot e^{-\frac{k\pi D}{\sqrt{1-D^2}}}\\&=-K_P\cdot x_{e0}\cdot(-1)^k\cdot\ddot{u}^k\end{aligned}$$

其幅值为

$$A_0=-K_P\cdot x_{e0},\quad A_1=K_P\cdot x_{e0}\cdot\ddot{u},\quad A_2=-K_P\cdot x_{e0}\cdot\ddot{u}^2,\quad A_3=K_P\cdot x_{e0}\cdot\ddot{u}^3,\cdots$$

两个相邻幅值之比值可得百分比超调量 ü:

$$\left|\frac{A_{k+1}}{A_k}\right|=\left|\frac{-(-1)^{k+1}\cdot K_P\cdot x_{e0}\cdot e^{-\frac{(k+1)\pi D}{\sqrt{1-D^2}}}}{-(-1)^k\cdot K_P\cdot x_{e0}\cdot e^{-\frac{k\pi D}{\sqrt{1-D^2}}}}\right|=e^{-\frac{\pi D}{\sqrt{1-D^2}}}=\ddot{u}$$

对数衰减量就是对数幅值比. 对于辨识该方程是重要的, 因为阻尼比 D 可直接由幅值比确定. 方程的对数给出对数衰减量, 并且转换为阻尼比 D:

$$\left|\frac{A_{k+1}}{A_k}\right|=e^{-\frac{\pi D}{\sqrt{1-D^2}}}=\ddot{u},\quad \ln\left|\frac{A_{k+1}}{A_k}\right|=\frac{-\pi\cdot D}{\sqrt{1-D^2}}=\ln\ddot{u}$$

$$D=\frac{1}{\sqrt{1+\left[\dfrac{\pi}{\ln\left|\dfrac{A_{k+1}}{A_k}\right|}\right]^2}}=\frac{1}{\sqrt{1+\left[\dfrac{\pi}{\ln(\ddot{u})}\right]^2}}$$

在时间值 t_i 时阶跃响应达到终值 $K_P\cdot x_{e0}$:

$$\begin{aligned}x_a(t)&=K_P\cdot x_{e0}\cdot\left[1-\frac{e^{-D\omega_0 t}}{\sqrt{1-D^2}}\cdot\sin\left(\omega_0\cdot\sqrt{1-D^2}\cdot t+\arccos(D)\right)\right]\\&=K_P\cdot x_{e0}\end{aligned}$$

该时间值 t_i 可由

$$- K_\mathrm{P} \cdot x_{\mathrm{e}0} \cdot \frac{\mathrm{e}^{-D\omega_0 t_i}}{\sqrt{1-D^2}} \cdot \sin\left(\omega_0 \cdot \sqrt{1-D^2} \cdot t_i + \arccos(D)\right) = 0$$

$$\sin\left(\omega_0 \cdot \sqrt{1-D^2} \cdot t_i + \arccos(D)\right) = 0$$

$$\omega_0 \cdot \sqrt{1-D^2} \cdot t_i + \arccos(D) = i \cdot \pi$$

$$t_i = \frac{i \cdot \pi - \arccos(D)}{\omega_0 \cdot \sqrt{1-D^2}}, \quad i = 1, 2, 3, \cdots$$

给出. 阶跃响应第一次达到终值 $K_\mathrm{P} \cdot x_{\mathrm{e}0}$ 的时间就是初调时间 t_anr, 继续穿越终值的点具有间隔 Δt.

$$t_i = \frac{i \cdot \pi - \arccos(D)}{\omega_0 \cdot \sqrt{1-D^2}}, \quad t_\mathrm{anr} = t_1 = \frac{\pi - \arccos(D)}{\omega_0 \cdot \sqrt{1-D^2}}$$
$$\Delta t = t_{i+1} - t_i = \frac{\pi}{\omega_0 \cdot \sqrt{1-D^2}} = \frac{\pi}{\omega_\mathrm{e}} = \frac{T_\mathrm{P}}{2}$$

例 9.3-6　对于 PT_2 传递环节

$$G(s) = \frac{x_\mathrm{a}(s)}{x_\mathrm{e}(s)} = \frac{1}{s^2 + 0.4 \cdot s + 1} = \frac{K_\mathrm{P} \cdot \omega_0^2}{s^2 + 2 \cdot D \cdot \omega_0 \cdot s + \omega_0^2}$$

$$K_\mathrm{P} = 1, \quad \omega_0 = 1\,\mathrm{s}^{-1}, \quad D = 0.2, \quad s_{1,2} = -0.2 \pm 0.98 \cdot \mathrm{j}$$

试计算辨识特征, 阶跃函数具有高度

$$x_{\mathrm{e}0} = 2$$

对于阶跃响应极值的时间值 t_k:

$$t_k = \frac{k \cdot \pi}{\omega_0 \cdot \sqrt{1-D^2}} = k \cdot 3.2064\,\mathrm{s}$$

$$t_0 = 0\,\mathrm{s}, \quad t_1 = 3.2064\,\mathrm{s}, \quad t_2 = 6.4128\,\mathrm{s}, \quad \cdots$$

在阶跃响应两个极值之间的时间间隔:

$$\Delta t = t_{k+1} - t_k = \frac{\pi}{\omega_0 \cdot \sqrt{1-D^2}} = 3.2064\,\mathrm{s}$$

阶跃响应两个极大值或两个极小值之间的时间间隔, 即固有振荡周期时间 T_P:

$$T_\mathrm{P} = 2 \cdot \Delta t = t_{k+2} - t_k = \frac{2 \cdot \pi}{\omega_0 \cdot \sqrt{1-D^2}} = 6.4128\,\mathrm{s}$$

阶跃响应函数极值:

$$x_a(t_k) = K_P \cdot x_{e0} \cdot \left(1 - (-1)^k \cdot e^{-\frac{k\pi D}{\sqrt{1-D^2}}}\right)$$

$$x_a(t_0) = 0, \quad x_a(t_1) = K_P \cdot x_{e0} \cdot \left(1 + e^{-\frac{\pi D}{\sqrt{1-D^2}}}\right) = 3.0532$$

$$x_a(t_2) = K_P \cdot x_{e0} \cdot \left(1 - e^{-\frac{2\pi D}{\sqrt{1-D^2}}}\right) = 1.4453, \cdots$$

振荡部分幅值 A_k:

$$A_k = -K_P \cdot x_{e0} \cdot (-1)^k \cdot e^{-\frac{k\pi D}{\sqrt{1-D^2}}}$$

$$A_0 = -2, \quad A_1 = 1.0532, \quad A_2 = -0.5547, \quad \cdots$$

百分比超调量 $\ddot{u}$:

$$\ddot{u} = e^{-\frac{\pi D}{\sqrt{1-D^2}}} = 0.5266$$

达到终值 $K_P \cdot x_{e0}$ 的时间值 t_i

$$t_i = \frac{i \cdot \pi - \arccos(D)}{\omega_0 \cdot \sqrt{1 - D^2}}$$

$$t_{anr} = t_1 = \frac{\pi - \arccos(D)}{\omega_0 \cdot \sqrt{1 - D^2}} = 1.8087\,\mathrm{s}$$

$$t_2 = 5.0151\,\mathrm{s}, \quad t_3 = 8.2214\,\mathrm{s}$$

固有振荡的周期时间 T_P:

$$T_P = 2 \cdot \Delta t = t_{i+2} - t_i = \frac{2 \cdot \pi}{\omega_0 \cdot \sqrt{1 - D^2}} = 6.4128\,\mathrm{s}$$

在初调时间 t_{anr} 处阶跃响应第一次达到终值, 该时间也被称为 t_{100}, 因为在该时达到了终值的 100%. 达到终值 50%时的时间 t_{50} 可由数值计算. 由阶跃响应 (图 9.3-10)

$$x_a(t_{50}) = K_P \cdot x_{e0} \cdot \left[1 - \frac{e^{-D\omega_0 t_{50}}}{\sqrt{1 - D^2}} \cdot \sin\left(\omega_0 \cdot \sqrt{1 - D^2} \cdot t_{50} + \arccos(D)\right)\right]$$
$$= 0.5 \cdot K_P \cdot x_{e0}$$

通过变换得到

$$e^{D\omega_0 t_{50}} \cdot \sqrt{1 - D^2} = 2 \cdot \sin\left(\sqrt{1 - D^2} \cdot \omega_0 \cdot t_{50} + \arccos(D)\right)$$

对于

$$\omega_0 \cdot t_{50} = f(D)$$

数值解方程, 在图 9.3-11 中表示 $\omega_0 \cdot t_{50} = f(D)$. 可直接数值计算乘积 $\omega_0 \cdot t_{\mathrm{anr}} = f(D)$:

$$\omega_0 \cdot t_{\mathrm{anr}} = \omega_0 \cdot t_{100} = \frac{\pi - \arccos(D)}{\sqrt{1-D^2}}$$

求比值 $\dfrac{\omega_0 \cdot t_{\mathrm{anr}}}{\omega_0 \cdot t_{50}}$. 由此 $\dfrac{t_{\mathrm{anr}}}{t_{50}}$ 仅取决于阻尼比 D(图 9.3-11):

$$\frac{\omega_0 \cdot t_{\mathrm{anr}}}{\omega_0 \cdot t_{50}} = \frac{t_{\mathrm{anr}}}{t_{50}} = f(D).$$

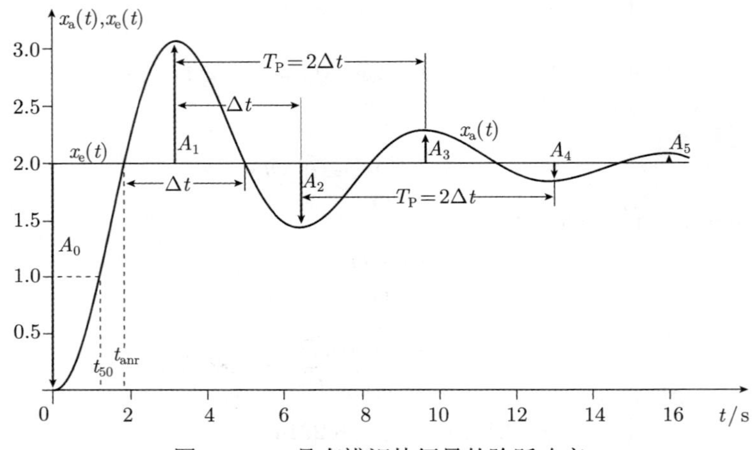

图 9.3-10　具有辨识特征量的阶跃响应

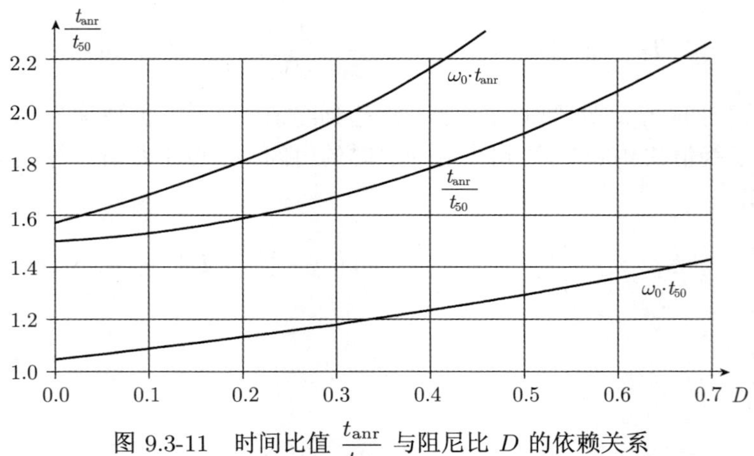

图 9.3-11　时间比值 $\dfrac{t_{\mathrm{anr}}}{t_{50}}$ 与阻尼比 D 的依赖关系

阻尼比 D 可由超调量 $\ddot{u}$ 和由 t_{anr}/t_{50} 计算. 在纯 PT_2 环节情况按照不同方法求的值必须是相同的. 如果不是这种情况, 那么应附加现有的超前–和滞后环节

(9.3.2.6.2 节).

对于阻尼比 $0 < D < 0.707$, 超调量位于在范围 $100\,\% < \ddot{u} < 4.3\,\%$ 内. 对于该范围可用近似公式来简化由时间比值 t_{anr}/t_{50} 计算阻尼比 D.

$$\boxed{\begin{aligned}\frac{t_{\mathrm{anr}}}{t_{50}} &= 1.3 \cdot D^2 + 0.18 \cdot D + 1.5, \quad 0 < D < 0.707 \\ D &= \sqrt{\left[0.769 \cdot \frac{t_{\mathrm{anr}}}{t_{50}} - 1.149\right]} - 0.0692\end{aligned}}$$

例 9.3-7: 对于例 9.3-6 的 PT_2 传递环节, 由超调量 $\ddot{u}$ 计算的阻尼比, 它可用时间比值 $\dfrac{t_{\mathrm{anr}}}{t_{50}}$ 计算来校验:

$$G(s) = \frac{x_{\mathrm{a}}(s)}{x_{\mathrm{e}}(s)} = \frac{1}{s^2 + 0.4 \cdot s + 1} = \frac{K_{\mathrm{P}} \cdot \omega_0^2}{s^2 + 2 \cdot D \cdot \omega_0 \cdot s + \omega_0^2}$$

$$K_{\mathrm{P}} = 1, \quad \omega_0 = 1\,\mathrm{s}^{-1}, \quad D = 0.2$$

超调量和时间量可由图 9.3-10 读出:

$$\ddot{u} = 53\,\%, \qquad \frac{t_{\mathrm{anr}}}{t_{50}} = \frac{1.81\,\mathrm{s}}{1.12\,\mathrm{s}} = 1.616$$

提供不同方法计算阻尼比:

$$D = \sqrt{\left[0.769 \cdot \frac{t_{\mathrm{anr}}}{t_{50}} - 1.149\right]} - 0.0692 = 0.237$$

$$D = \frac{1}{\sqrt{1 + \left(\dfrac{\pi}{\ln(\ddot{u})}\right)^2}} = 0.198,$$

由图 9.3-11 可得 $D = f\left(\dfrac{t_{\mathrm{anr}}}{t_{50}}\right) = 0.23$

具有共轭复数极点的 PT_2 环节的阶跃响应有下面辨识特征:

> 阶跃响应具有振荡特性, 阶跃响应的振荡极大值和极小值的间隔是常值, 相邻振荡的幅值之比为常数, 由超调量 $\ddot{u}$ 和时间比值 $\dfrac{t_{\mathrm{anr}}}{t_{50}}$ 总是可计算阻尼比.

2. 具有超前环节或滞后环节的 $\mathbf{PT}_2$ 环节

当按照不同方法计算阻尼比值 $D_1 = f(\ddot{u})$, $D_2 = f\left(\dfrac{t_{\mathrm{anr}}}{t_{50}}\right)$ 不同时, 那么还要在待辨识环节中附加超前环节或滞后环节, 为了求这种关系, 总是系列地研究具有超前和和滞后环节的 PT_2 环节.

对于传递函数

$$G(s)=\frac{x_{\mathrm{a}}(s)}{x_{\mathrm{e}}(s)}=\frac{1+T_{\mathrm{V}}\cdot s}{s^2+0.4\cdot s+1}=\frac{K_{\mathrm{P}}\cdot\omega_0^2\cdot(1+T_{\mathrm{V}}\cdot s)}{s^2+2\cdot D\cdot\omega_0\cdot s+\omega_0^2}$$

$$K_{\mathrm{P}}=1,\quad \omega_0=1\,\mathrm{s}^{-1},\quad D=0.2,\quad T_{\mathrm{V}}=0,0.25,\cdots,1.25\,\mathrm{s}$$

绘制阶跃响应 (图 9.3-12). 由于超前环节的微分作用使得超调量 $\ddot{u}$ 变大, 从而使

$$D_1=f(\ddot{u})<D=0.2$$

而比值 $\dfrac{t_{\mathrm{anr}}}{t_{50}}$ 变大, 可使 $D_2=f\left(\dfrac{t_{\mathrm{anr}}}{t_{50}}\right)>D=0.2$(图 9.3-13).

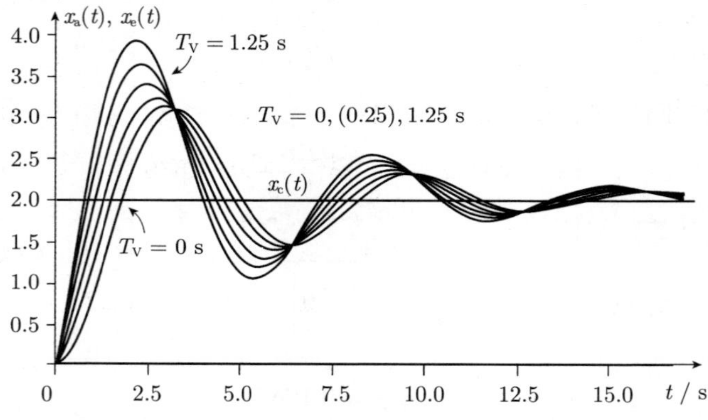

图 9.3-12　具有超前环节的 PT_2 环节的阶跃响应

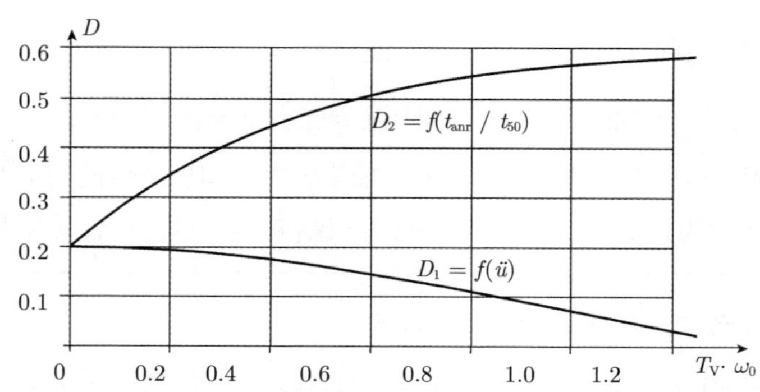

图 9.3-13　具有超前环节的 PT_2 环节的阻尼比

附加滞后环节对阶跃响应的作用可由传递函数

$$G(s) = \frac{x_a(s)}{x_e(s)} = \frac{1}{(s^2 + 0.4 \cdot s + 1) \cdot (1 + T_1 \cdot s)}$$

$$= \frac{K_P \cdot \omega_0^2}{(s^2 + 2 \cdot D \cdot \omega_0 \cdot s + \omega_0^2) \cdot (1 + T_1 \cdot s)}$$

$$K_P = 1, \quad \omega_0 = 1\,\mathrm{s}^{-1}, \quad D = 0.2, \quad T_1 = 0, 0.5, \cdots, 2\,\mathrm{s}$$

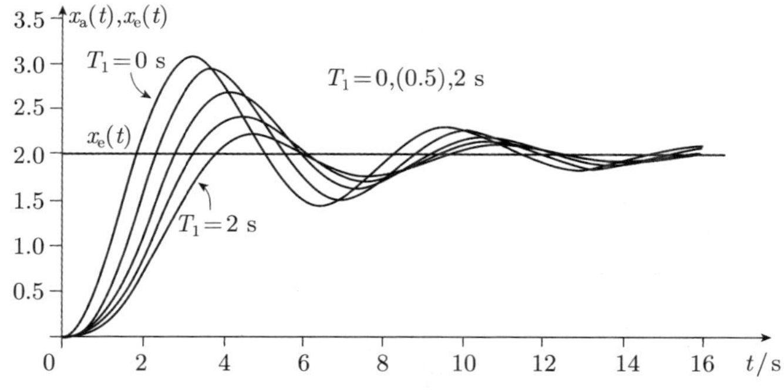

图 9.3-14 具有滞后环节的 PT_2 环节的阶跃响应

来计算 (图 9.3-14). 由于滞后超调量 $\ddot{u}$ 变小而使得 $D_1 = f(\ddot{u}) > D = 0.2$, 而比值 $\frac{t_{anr}}{t_{50}}$ 首先变小使得 $D_2 = f\left(\frac{t_{anr}}{t_{50}}\right) < D = 0.2$ (图 9.3-15).

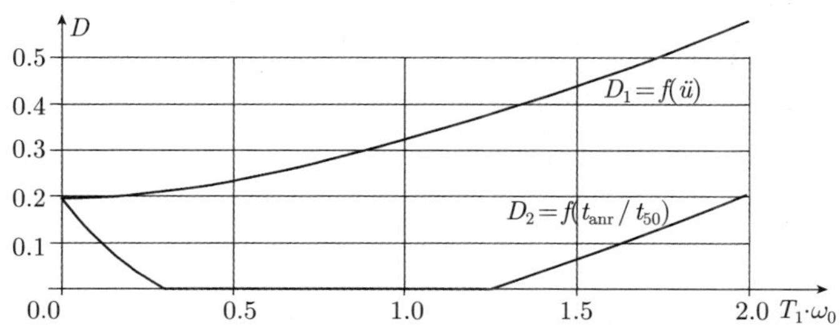

图 9.3-15 具有滞后环节的 PT_2 环节的阻尼比

根据研究可推导出下面辨识特征:

$$D_1 = f(\ddot{u}) < D_2 = f\left(\frac{t_{anr}}{t_{50}}\right): \text{具有超前环节的 } PT_2 \text{ 环节}$$

$$D_1 = f(\ddot{u}) > D_2 = f\left(\frac{t_{anr}}{t_{50}}\right): \text{具有滞后环节的 } PT_2 \text{ 环节}$$

图 9.3-16 所示为 PT_2 环节的逻辑判断过程.

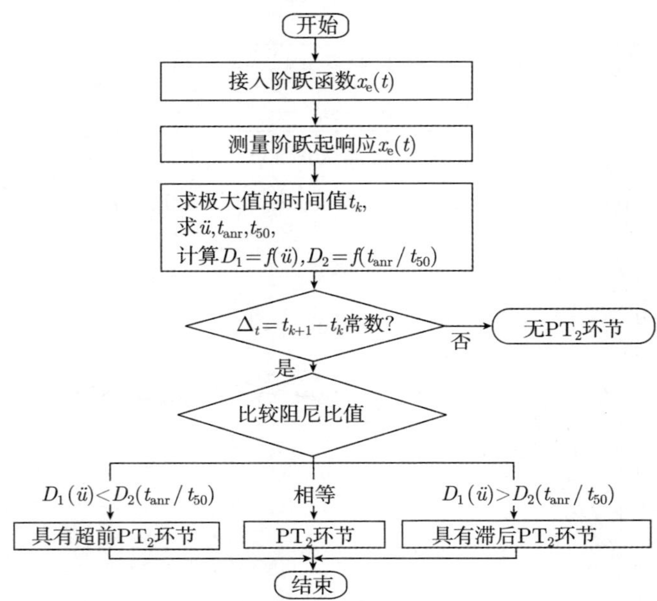

图 9.3-16　确定具有阶跃响应超调的传递环节

9.3.2.7　具有时延环节的阶跃响应曲线

从阶跃响应曲线可提取或计算各种数值特征量 (初值、初始斜率、终值、超调量) 和时间特征量 (达到 50%终值的时间 t_{50}, 初调时间 t_{anr}, 周期时间 T_{P}, 9.3.3 节的延迟时间 (Verzugszeit)T_{u} 和平衡时间 (Ausgleichszeit)T_{g}, 用这些量可确定传递环节类型和参数.

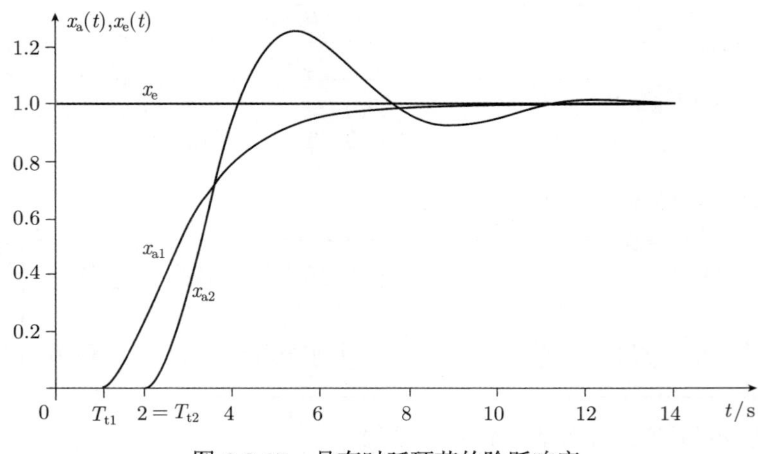

图 9.3-17　具有时延环节的阶跃响应

如果在传递环节中不存在时延部分, 那么由时间相关值构建的方法才能提供有效的结果. 具有时延 (Totzeit) 的传递环节在阶跃接入和输出量反应之间存在一个常值的时间位移, 这个时延 (Totzeit) 或空载时间 (Laufzeit) T_{t} 在确定时间特征量时必须予以考虑.

在求时间特征量 t_{50}、t_{anr}、T_{u}、T_{g} 时必须减去时延, 而时延不能改变振荡周期时间 T_{P}, 从阶跃响应分离时延, 其中将阶跃响应为 $x_{\mathrm{a}}(t=T_{\mathrm{t}})=0.002\cdot x_{\mathrm{a}}(t\to\infty)$ 时的时间用作辨识特征.

例 9.3-8 由阶跃响应求传递环节时延.

$$x_{\mathrm{e}}(t)=E(t),\quad x_{\mathrm{e}}(s)=\frac{1}{s}$$

$$G_1(s)=\frac{x_{\mathrm{a1}}(s)}{x_{\mathrm{e}}(s)}=\frac{\mathrm{e}^{-s}}{(1+s)^2}=\frac{1}{(1+T_1\cdot s)^2}\cdot\mathrm{e}^{-T_{\mathrm{t1}}s}$$

$$T_1=1.0\,\mathrm{s},\quad T_{\mathrm{t1}}=1.0\,\mathrm{s}$$

$$G_2(s)=\frac{x_{\mathrm{a2}}(s)}{x_{\mathrm{e}}(s)}=\frac{\mathrm{e}^{-2s}}{s^2+0.8\cdot s+1}=\frac{\omega_0^2}{s^2+2\cdot D\cdot\omega_0\cdot s+\omega_0^2}\cdot\mathrm{e}^{-T_{\mathrm{t2}}s}$$

$$\omega_0=1\,\mathrm{s}^{-1},\quad D=0.4,\quad T_{\mathrm{t2}}=2.0\,\mathrm{s}$$

为校验辨识特征, 数值计算阶跃响应值:

$$x_{\mathrm{a1}}(t_1)=0.002,\quad t_1=T'_{\mathrm{t1}}=1.065\,\mathrm{s}>T_{\mathrm{t1}}$$
$$x_{\mathrm{a2}}(t_2)=0.002,\quad t_2=T'_{\mathrm{t2}}=2.064\,\mathrm{s}>T_{\mathrm{t2}}$$

数值计算的时延大于已知的. 缩小设定界限会带来较好的结果, 但是要以不伪造测量信号为前提条件.

9.3.3 具有拐点无超调的阶跃响应曲线

9.3.3.1 拐点切线法原理

在无超调曲线情况, 阶跃响应函数的拐点出现在由多个滞后环节组成的被调节对象上. 阶跃响应函数的斜率 (导数) 在拐点处具有最大值. 由多个滞后环节组成的被调节对象的重要辨识特征是在阶跃响应函数上存在一个拐点.

如果通过拐点 W 做一切线, 那么切线穿越时间轴的点为**延迟时间 (Verzugszeit)**T_{u}, 它也称为**等效时延 (Ersatztotzeit)**. 如果将切线与阶跃响应函数稳态值 $x_{\mathrm{a}}(t\to\infty)$ 的交点投影到时间轴上, 那么作为时间间隔构成**平衡时间(Ausgleichszeit)**T_{g}.

例 9.3-9　对于具有两个 PT_1 环节的传递环节, 试确定阶跃响应函数, 对时间一阶导数和拐点时间点.

$$G(s)=\frac{x_a(s)}{x_e(s)}=\frac{K_P}{(1+T_1\cdot s)\cdot(1+T_2\cdot s)}=\frac{10}{(1+s)\cdot(1+5\cdot s)}$$

$$x_e(t)=E(t),\quad x_e(s)=\frac{1}{s},\quad K_P=10,\quad T_1=1\,\text{s},\quad T_2=5\,\text{s}$$

阶跃响应函数:

$$x_a(t)=L^{-1}\{G(s)\cdot x_e(s)\}=K_P\cdot\left[1-\frac{T_1\cdot e^{-\frac{t}{T_1}}-T_2\cdot e^{-\frac{t}{T_2}}}{T_1-T_2}\right]$$

$$=10\cdot\left(1+0.25\cdot e^{-t}-1.25\cdot e^{-0.2t}\right),\quad x_a(t\to\infty)=10$$

阶跃响应函数一阶导数:

$$\frac{dx_a(t)}{dt}=K_P\cdot\left[\frac{e^{-\frac{t}{T_1}}-e^{-\frac{t}{T_2}}}{T_1-T_2}\right]=10\cdot\left(0.25\cdot e^{-0.2t}-0.25\cdot e^{-t}\right)$$

阶跃响应函数二阶导数:

$$\frac{d^2x_a(t)}{dt^2}=K_P\cdot\left[\frac{e^{-\frac{t}{T_1}}}{T_1\cdot(T_2-T_1)}+\frac{e^{-\frac{t}{T_2}}}{T_2\cdot(T_1-T_2)}\right]\overset{!}{=}0$$

由该方程计算拐点时间点:

$$t=t_W=\frac{T_1\cdot T_2\cdot\ln\dfrac{T_1}{T_2}}{T_1-T_2}=2.012\,\text{s}$$

由拐点切线作图确定延迟时间 T_u 和平衡时间 T_g(图 9.3-18).

> 拐点切线法目标在于: 由实验求**阶跃响应的时间特征值 (Zeitkennwerten der Sprungantwort)** T_u 和 T_g, 计算被调节对象的**阶跃响应函数的时间常数(Zeitkonstanten der Übertrangungsfunktion)**. 比例增益由阶跃响应的稳态值 $x_a(t\to\infty)$ 和输入量阶跃高度 x_{e0} 来确定.

在具有两个不同的、多个相同的或两个相同的和一个第三时间常数的被调节对象情况下, 本方法是可应用的. 在阶跃响应时本法的基本推导如图 9.3-19 所示, 在下面各节将给出拐点法的计算公式、表格和图形.

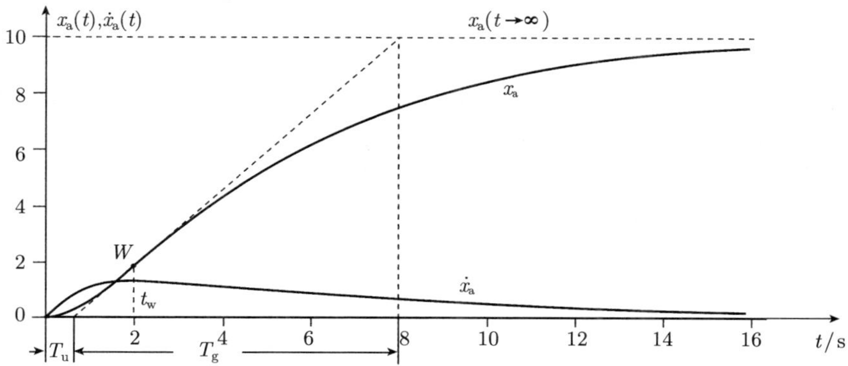

图 9.3-18 具有导数和拐点的阶跃响应函数

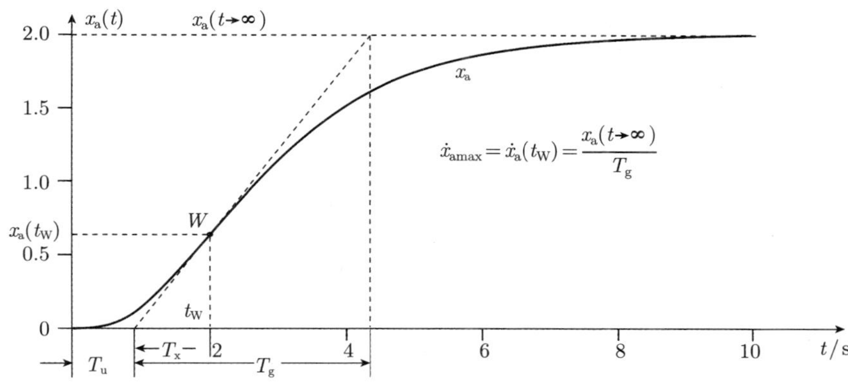

图 9.3-19 拐点切线法的阶跃响应特征量

由图 9.3-19 的特征量推导拐点切线法. 由阶跃响应 $x_a(t)$ 求出终值 $x_a(t\to\infty) = K_P \cdot x_{e0}$ 和导数 $\dot{x}_a(t)$. 当令二阶导数 $\ddot{x}_a(t) = 0$ 时, 计算导数极大值 $\dot{x}_{amax}$. 由这些方程求拐点时间 t_W. 导数最大值

$$\dot{x}_a(t_W) = \dot{x}_{amax} = \frac{x_a(t\to\infty)}{T_g} = K_P \cdot \frac{x_{e0}}{T_g}$$

得到包含在 $\dot{x}_a(t_W)$ 中的时间特征量阶跃响应平衡时间 T_g 和传递系统时间常数之间的关系.

延迟时间 T_u 可通过 $T_u = t_W - T_x$ 表示, 由关系式

$$\frac{x_a(t\to\infty)}{T_g} = K_P \cdot \frac{x_{e0}}{T_g} = \frac{x_a(t_W)}{T_x}$$

求出 T_x 并代入前式:

$$T_u = t_W - T_g \cdot \frac{x_a(t_W)}{x_a(t\to\infty)}$$

由阶跃响应可读出三个特征量 $x_a(t\to\infty) = K_P \cdot x_{e0}$, T_u 和 T_g. 因此, 用本法仅能计算被调节对象的两个时间常数 (9.3.3.2 节), 或当存在相同时间常数时计算相同时间常数的个数和数值 (9.3.3.3 节). 传递环节的比例增益由阶跃响应的终值 $x_a(t\to\infty)$ 和接入的阶跃高度 x_{e0} 确定:

$$K_P = \frac{x_a(t\to\infty)}{x_{e0}}$$

9.3.3.2　具有两个不同时间常数传递环节的拐点切线法

出发点是具有两个 PT_1 环节的传递函数 $G(s)$:

$$G(s) = \frac{x_a(s)}{x_e(s)} = \frac{K_P}{(1+T_1\cdot s)\cdot(1+T_2\cdot s)}, \quad T_1 \neq T_2$$

阶跃响应函数:

$$x_e(t) = x_{e0}\cdot E(t), \quad x_e(s) = \frac{x_{e0}}{s}$$

$$x_a(t) = L^{-1}\{G(s)\cdot x_e(s)\} = K_P\cdot x_{e0}\cdot\left[1 - \frac{T_1\cdot \mathrm{e}^{-\frac{t}{T_1}} - T_2\cdot \mathrm{e}^{-\frac{t}{T_2}}}{T_1 - T_2}\right]$$

$$x_a(t\to\infty) = K_P\cdot x_{e0}$$

阶跃响应函数一阶导数:

$$\dot{x}_a(t) = \frac{\mathrm{d}x_a(t)}{\mathrm{d}t} = K_P\cdot x_{e0}\cdot\left[\frac{\mathrm{e}^{-\frac{t}{T_1}} - \mathrm{e}^{-\frac{t}{T_2}}}{T_1 - T_2}\right]$$

将阶跃响应函数二阶导数置零:

$$\ddot{x}_a(t) = \frac{\mathrm{d}^2x_a(t)}{\mathrm{d}t} = K_P\cdot x_{e0}\cdot\left[\frac{\mathrm{e}^{-\frac{t}{T_1}}}{T_1\cdot(T_2-T_1)} + \frac{\mathrm{e}^{-\frac{t}{T_2}}}{T_2\cdot(T_1-T_2)}\right] \overset{!}{=} 0$$

计算拐点时间:

$$t = t_W = \frac{T_1\cdot T_2}{T_1 - T_2}\cdot\ln\left[\frac{T_1}{T_2}\right]$$

代入 $\dot{x}_a(t)$ 得到最大值 $\dot{x}_{amax}$:

$$\dot{x}_{amax} = \dot{x}_a(t_W) = \frac{K_P\cdot x_{e0}}{T_1}\cdot\left[\frac{T_2}{T_1}\right]^{\frac{T_2}{T_1-T_2}}$$

计算平衡时间 T_{g}:

$$T_{\mathrm{g}}=\frac{x_{\mathrm{a}}(t\rightarrow\infty)}{\dot{x}_{\mathrm{amax}}}=T_1\cdot\left[\frac{T_2}{T_1}\right]^{\frac{T_2}{T_2-T_1}}=T_1\cdot\alpha^{\frac{\alpha}{\alpha-1}},\quad \alpha=\frac{T_2}{T_1},\quad \frac{T_{\mathrm{g}}}{T_1}=\alpha^{\frac{\alpha}{\alpha-1}}$$

计算延迟时间 T_{u}:

$$\begin{aligned}T_{\mathrm{u}}&=t_{\mathrm{W}}-T_{\mathrm{g}}\cdot\frac{x_{\mathrm{a}}(t_{\mathrm{W}})}{K_{\mathrm{P}}\cdot x_{\mathrm{e0}}}\\&=\frac{T_1\cdot T_2}{T_2-T_1}\cdot\ln\left[\frac{T_2}{T_1}\right]+T_1+T_2-T_{\mathrm{g}}=\frac{T_1\cdot\alpha\cdot\ln(\alpha)}{\alpha-1}+T_1\cdot(1+\alpha)-T_{\mathrm{g}}\end{aligned}$$

计算 $\dfrac{T_{\mathrm{u}}}{T_{\mathrm{g}}}$:

$$\frac{T_{\mathrm{u}}}{T_{\mathrm{g}}}=\frac{\alpha^{\frac{\alpha}{1-\alpha}}\cdot(\alpha\cdot\ln(\alpha)+\alpha^2-1)}{\alpha-1}-1,\qquad \alpha=\frac{T_2}{T_1}$$

当延迟时间与平衡时间的比值 $\dfrac{T_{\mathrm{u}}}{T_{\mathrm{g}}}<0.10364$ 时 计算公式有效. 如果不是这种情况, 那么就不存在具有两个时间常数的传递环节. 在 9.3.3.3 节试探, 计算假定存在多个相同时间常数的传递环节.

辨识具有两个不同时间常数传递环节的拐点切线法:

$$\frac{T_{\mathrm{u}}}{T_{\mathrm{g}}}=\frac{\alpha^{\frac{\alpha}{1-\alpha}}\cdot(\alpha\cdot\ln(\alpha)+\alpha^2-1)}{\alpha-1}-1$$

$$\frac{T_{\mathrm{g}}}{T_1}=\alpha^{\frac{\alpha}{\alpha-1}},\quad \alpha=\frac{T_2}{T_1},\quad T_1\neq T_2$$

$$K_{\mathrm{P}}=\frac{x_{\mathrm{a}}(t\rightarrow\infty)}{x_{\mathrm{e0}}}$$

由阶跃响应读出 T_{u}、T_{g}. 对于比值 $\dfrac{T_{\mathrm{u}}}{T_{\mathrm{g}}}<0.10364$ 和 $\dfrac{T_{\mathrm{g}}}{T_{\mathrm{u}}}>9.6491$, 由图 9.3-20、图 9.3-21 确定 $\alpha=f\left(\dfrac{T_{\mathrm{u}}}{T_{\mathrm{g}}}\right)$, 由图 9.3-22、图 9.3-23 确定 $\dfrac{T_{\mathrm{g}}}{T_1}=f(\alpha)$.

$$T_1=\frac{T_{\mathrm{g}}}{f(\alpha)},\quad T_2=\alpha\cdot T_1$$

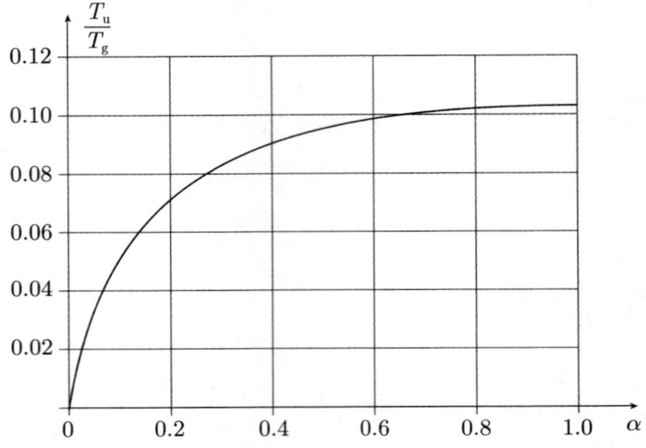

图 9.3-20　$\frac{T_u}{T_g}$ 与时间常数比值 $\alpha=\frac{T_2}{T_1}$ 的关系曲线

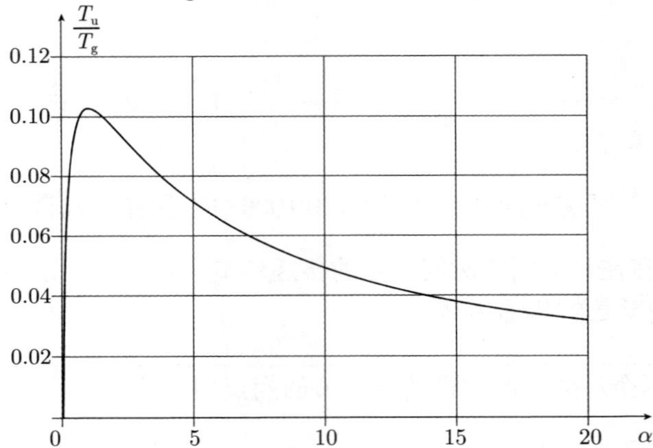

图 9.3-21　$\frac{T_u}{T_g}$ 与时间常数比值 $\alpha=\frac{T_2}{T_1}$ 的关系曲线

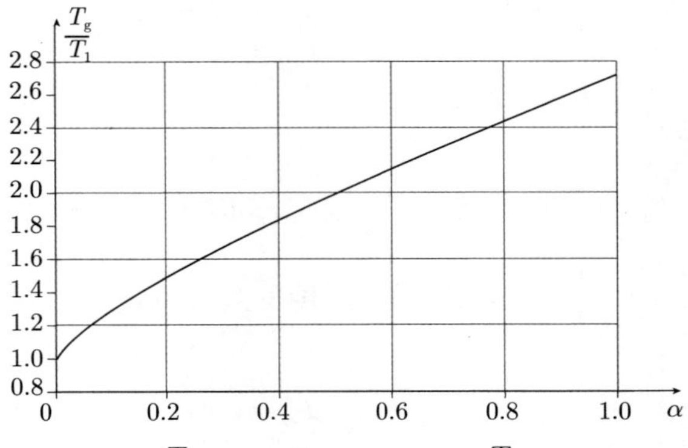

图 9.3-22　$\frac{T_g}{T_1}$ 与时间常数比值 $\alpha=\frac{T_2}{T_1}$ 的关系曲线

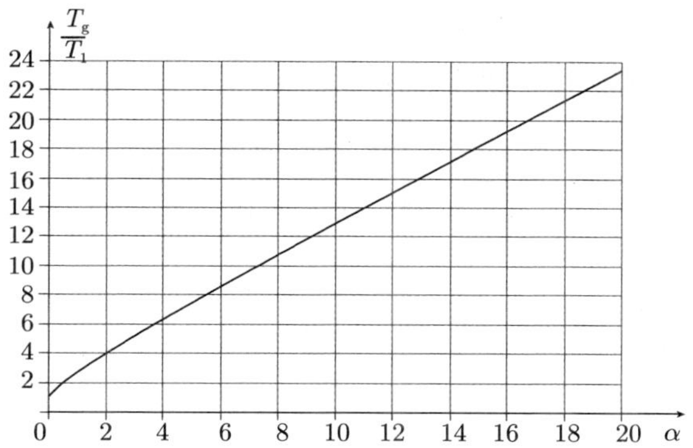

图 9.3-23 $\frac{T_g}{T_1}$ 与时间常数比值 $\alpha = \frac{T_2}{T_1}$ 的关系曲线

例 9.3-10 由阶跃响应函数求出下列特征量.

阶跃接入:

$$x_e(t) = x_{e0} \cdot E(t)$$

阶跃高度:

$$x_{e0} = 0.5$$

阶跃响应函数:

终值 $x_a(t \to \infty) = 7.5$, 延迟时间 $T_u = 2.5\,\mathrm{s}$, 平衡时间 $T_g = 30\,\mathrm{s}$

比例增益 K_P 为

$$K_P = x_a(t \to \infty)/x_{e0} = 15$$

阶跃响应时间特征量比值为 $\frac{T_u}{T_g} = 0.08333$, 由图 9.3-20 读出 $\alpha = 0.3$, 由图 9.3-22 对于 $\alpha = 0.3$ 得比值 $\frac{T_g}{T_1} = 1.66$. 由此, 计算时间常数:

$$T_1 = \frac{T_g}{1.66} = 18.07\,\mathrm{s}, \quad T_2 = \alpha \cdot T_1 = 5.42\,\mathrm{s}$$

由此, 环节传递函数和信号流图为

$$G(s) = \frac{x_a(s)}{x_e(s)} = \frac{K_P}{(1 + T_1 \cdot s) \cdot (1 + T_2 \cdot s)} = \frac{15}{(1 + 18.07 \cdot s) \cdot (1 + 5.42 \cdot s)}$$

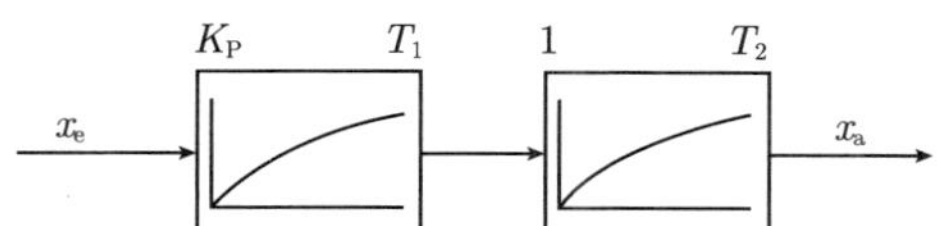

环节的配置和信号流图参数一般不与实际物理技术结构对应. 信号流图和传递函数作为输入输出模型被引入调节技术研究中

9.3.3.3　具有相同时间常数传递环节的拐点切线法

与 9.3.3.2 节相应, 计算具有相同时间常数传递环节的拐点切线法. 具有 n 个相同时间常数 T_1 的传递环节, 由传递函数

$$G(s)=\frac{x_{\mathrm{a}}(s)}{x_{\mathrm{e}}(s)}=\frac{K_{\mathrm{P}}}{(1+T_1\cdot s)^n},\quad n>1$$

求阶跃响应函数:

$$x_{\mathrm{e}}(t)=x_{\mathrm{e0}}\cdot E(t),\quad x_{\mathrm{e}}(s)=\frac{x_{\mathrm{e0}}}{s}$$

$$x_{\mathrm{a}}(t)=L^{-1}\{G(s)\cdot x_{\mathrm{e}}(s)\}=K_{\mathrm{P}}\cdot x_{\mathrm{e0}}\cdot\left[1-\mathrm{e}^{-\frac{t}{T_1}}\sum_{i=0}^{n-1}\frac{\left(\frac{t}{T_1}\right)^i}{i!}\right]$$

$$x_{\mathrm{a}}(t\to\infty)=K_{\mathrm{P}}\cdot x_{\mathrm{e0}}$$

阶跃响应函数一阶导数:

$$\dot{x}_{\mathrm{a}}(t)=\frac{\mathrm{d}x_{\mathrm{a}}(t)}{\mathrm{d}t}=K_{\mathrm{P}}\cdot x_{\mathrm{e0}}\cdot\frac{\mathrm{e}^{-\frac{t}{T_1}}}{t\cdot T_1}\cdot\left[t\cdot\sum_{i=0}^{n-1}\frac{\left(\frac{t}{T_1}\right)^i}{i!}-T_1\cdot\sum_{i=0}^{n-1}\frac{\left(\frac{t}{T_1}\right)^i}{(i-1)!}\right]$$

令阶跃响应函数二阶导数为零.

$$\begin{aligned}\ddot{x}_{\mathrm{a}}(t)&=\frac{\mathrm{d}^2x_{\mathrm{a}}(t)}{\mathrm{d}t^2}\\&=K_{\mathrm{P}}\cdot x_{\mathrm{e0}}\cdot\frac{\mathrm{e}^{-\frac{t}{T_1}}}{t^2\cdot T_1^2}\\&\quad\cdot\left[T_1\cdot(T_1+2\cdot t)\cdot\sum_{i=0}^{n-1}\frac{\left(\frac{t}{T_1}\right)^i}{(i-1)!}-T_1^2\cdot\sum_{i=0}^{n-1}\frac{i\left(\frac{t}{T_1}\right)^i}{(i-1)!}-t^2\cdot\sum_{i=0}^{n-1}\frac{\left(\frac{t}{T_1}\right)^i}{i!}\right]\stackrel{!}{=}0\end{aligned}$$

计算拐点时间:

$$t=t_{\mathrm{W}}=(n-1)\cdot T_1$$

代入 $\dot{x}_{\mathrm{a}}(t)$ 得到最大值 $\dot{x}_{\mathrm{amax}}$：

$$\dot{x}_{\mathrm{amax}}=\dot{x}_{\mathrm{a}}(t_{\mathrm{W}})=K_{\mathrm{P}}\cdot x_{\mathrm{e0}}\cdot\frac{\mathrm{e}^{-(n-1)}\cdot(n-1)^{n-2}}{T_1\cdot(n-2)!}$$

计算平衡时间 T_{g}：

$$T_{\mathrm{g}}=\frac{x_{\mathrm{a}}(t\to\infty)}{\dot{x}_{\mathrm{amax}}}=\frac{(n-2)!}{(n-1)^{n-2}}\cdot\mathrm{e}^{n-1}\cdot T_1,\quad \frac{T_{\mathrm{g}}}{T_1}=\frac{(n-2)!}{(n-1)^{n-2}}\cdot\mathrm{e}^{n-1}$$

计算延迟时间 T_{u}：

$$T_{\mathrm{u}}=t_{\mathrm{W}}-T_{\mathrm{g}}\cdot\frac{x_{\mathrm{a}}(t_{\mathrm{W}})}{K_{\mathrm{P}}\cdot x_{\mathrm{e0}}}=(n-1)\cdot T_1-\frac{(n-2)!\cdot T_1}{(n-1)^{n-2}}\cdot\left[\mathrm{e}^{n-1}-\sum_{i=0}^{n-1}\frac{(n-1)^i}{i!}\right]$$

$$\frac{T_{\mathrm{u}}}{T_1}=(n-1)-\frac{(n-2)!}{(n-1)^{n-2}}\cdot\left[\mathrm{e}^{n-1}-\sum_{i=0}^{n-1}\frac{(n-1)^i}{i!}\right]$$

计算 $T_{\mathrm{u}}/T_{\mathrm{g}}$：

$$\frac{T_{\mathrm{u}}}{T_{\mathrm{g}}}=\mathrm{e}^{1-n}\cdot\left[\frac{(n-1)^n}{(n-1)!}+\sum_{i=0}^{n-1}\frac{(n-1)^i}{i!}\right]-1$$

在表 9.3-2 中给出对于 $n=2,\cdots,8$ 的 $\frac{T_{\mathrm{u}}}{T_{\mathrm{g}}}$、$\frac{T_{\mathrm{g}}}{T_{\mathrm{u}}}$、$\frac{T_{\mathrm{g}}}{T_1}$、$\frac{T_{\mathrm{u}}}{T_1}$ 值.

表 9.3-2 具有相同时间常数的拐点切线法的时间比值

n	2	3	4	5	6	7	8
$\frac{T_{\mathrm{u}}}{T_{\mathrm{g}}}$	0.1036	0.2180	0.3194	0.4103	0.4933	0.5700	0.6417
$\frac{T_{\mathrm{g}}}{T_{\mathrm{u}}}$	9.6489	4.5868	3.1313	2.4372	2.0272	1.7543	1.5583
$\frac{T_{\mathrm{g}}}{T_1}$	2.7183	3.6945	4.4635	5.1186	5.6991	6.2258	6.7113
$\frac{T_{\mathrm{u}}}{T_1}$	0.2817	0.8055	1.4254	2.1002	2.8113	3.5489	4.3069

如果比值 $\frac{T_{\mathrm{u}}}{T_{\mathrm{g}}}$ 位于所制表中某个值附近, 那么可由表 9.3-2 查出个数 n. 如果不是这种情况, 那么就不存在具有相同时间常数的传递环节.

辨识具有相同时间常数传递环节的拐点切线法:

$$\frac{T_\mathrm{u}}{T_\mathrm{g}} = \mathrm{e}^{1-n} \cdot \left[\frac{(n-1)^n}{(n-1)!} + \sum_{i=0}^{n-1} \frac{(n-1)^i}{i!}\right] - 1, \quad n = 2, 3, \cdots$$

$$\frac{T_\mathrm{g}}{T_1} = \frac{(n-2)!}{(n-1)^{n-2}} \cdot \mathrm{e}^{n-1}, \quad t_\mathrm{W} = (n-1) \cdot T_1, \quad K_\mathrm{P} = \frac{x_\mathrm{a}(t \to \infty)}{x_\mathrm{e0}}$$

由阶跃响应读出 T_u、T_g 和拐点时间 t_W. 由比值 $\frac{T_\mathrm{u}}{T_\mathrm{g}}$ 从表 9.3-2 查出相同时间常数的个数 n 和所属的值 $\frac{T_\mathrm{g}}{T_1} = f_1(n)$, $\frac{T_\mathrm{u}}{T_1} = f_2(n)$. 由公式计算时间常数 T_1:

$$T_1 = \frac{T_\mathrm{g}}{f_1(n)}, \quad T_1 = \frac{T_\mathrm{u}}{f_2(n)}, \quad T_1 = \frac{t_\mathrm{W}}{(n-1)}$$

在图 9.3-24、图 9.3-25 中表示时间比值与个数 n 的关系.

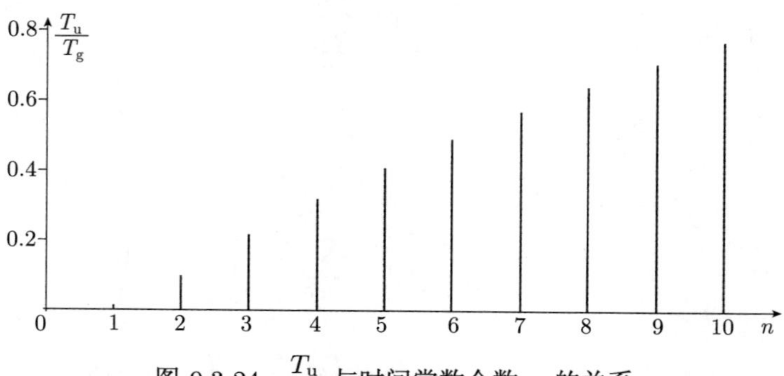

图 9.3-24　$\frac{T_\mathrm{u}}{T_\mathrm{g}}$ 与时间常数个数 n 的关系

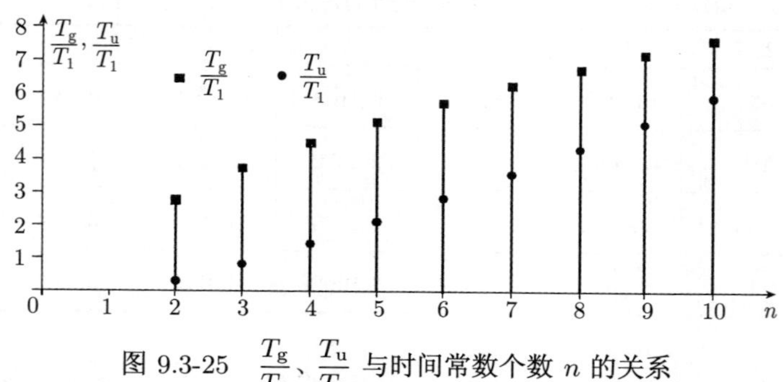

图 9.3-25　$\frac{T_\mathrm{g}}{T_1}$、$\frac{T_\mathrm{u}}{T_1}$ 与时间常数个数 n 的关系

例 9.3-11 由如图 9.3-19 的阶跃响应函数求出下列特征量.

在阶跃接入 $x_{\mathrm{a}}(t \to \infty) = 2$ 时终值 $x_{\mathrm{e0}} = 1$, 拐点时间点 $t_{\mathrm{W}} = 2\mathrm{s}$

延迟时间 $T_{\mathrm{u}} = 0.8\mathrm{s}$, 平衡时间 $T_{\mathrm{g}} = 3.7\mathrm{s}$

比例增益 K_{P} 为

$$K_{\mathrm{P}} = \frac{x_{\mathrm{a}}(t \to \infty)}{x_{\mathrm{e0}}} = 2$$

阶跃响应时间特征量比值为 $\dfrac{T_{\mathrm{u}}}{T_{\mathrm{g}}} = 0.216$, 在表 9.3-2 中具有 $n = 3$ 的值 0.218 距其最近. 对于 $n = 3$ 由表得

$$\frac{T_{\mathrm{g}}}{T_1} = 3.6945,\ \frac{T_{\mathrm{u}}}{T_1} = 0.8055,\ T_1 = \frac{t_{\mathrm{W}}}{2}.$$

为此可计算时间常数 T_1.

$$T_1 = \frac{T_{\mathrm{g}}}{3.6945} = 1.001\,\mathrm{s},\quad T_1 = \frac{T_{\mathrm{u}}}{0.8055} = 0.993\,\mathrm{s},\quad T_1 = \frac{t_{\mathrm{W}}}{2} = 1.0\,\mathrm{s}$$

为此, 环节传递函数和信号流图为

$$G(s) = \frac{x_{\mathrm{a}}(s)}{x_{\mathrm{e}}(s)} = \frac{K_{\mathrm{P}}}{(1 + T_1 \cdot s)^n} = \frac{2}{(1 + s)^3}$$

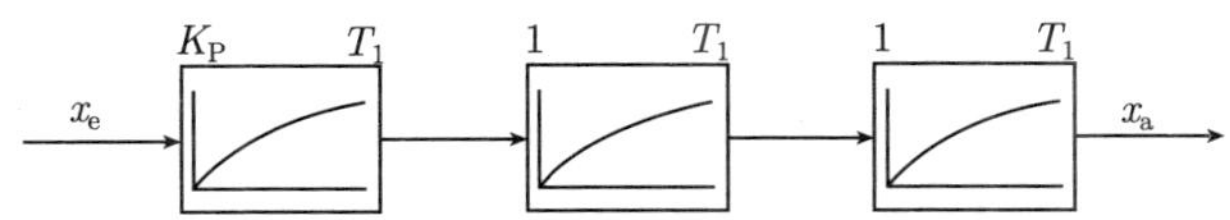

9.3.3.4 具有多个时间常数传递环节的拐点切线法

在具有多滞后环节的被调节对象情况时, 单值的辨识仅在特殊情况是可行的. 对于相同时间常数的特定情况, 按照 9.3.3.3 节方法可得到时间常数值 T_1 和相同时间常数的个数 n. 如果比值 $\dfrac{T_{\mathrm{g}}}{T_{\mathrm{u}}}$ 按照表 9.3-2 不能提供近似整数值 n, 那么传递环节含有互不相同的时间常数. 这样的传递环节在数学上一般不是唯一可辨识的.

对于阶跃响应时间比值 $\dfrac{T_{\mathrm{g}}}{T_{\mathrm{u}}} > 4.5868$ 情况, 可近似具有三个滞后环节时间常数 T_1、T_2、T_3 的被调节对象的传递函数. 为此, 必须满足下列前提条件: 两个时间常数必须相同 $T_2 = T_3$, 并且必须已知 T_1 是否大于或小于 T_2、T_3.

对于具有三个时间常数 T_1、T_2、T_3(其中两个时间常数相同 $T_2 = T_3$) 的传递环节, 由具有 $\beta \cdot T_1 = T_2 = T_3$ 的传递函数:

$$G(s) = \frac{x_{\mathrm{a}}(s)}{x_{\mathrm{e}}(s)} = \frac{K_{\mathrm{P}}}{(1 + T_1 \cdot s) \cdot (1 + T_2 \cdot s) \cdot (1 + T_3 \cdot s)}$$

求归一化的传递函数:

$$G(s)=\frac{x_{\mathrm{a}}(s)}{x_{\mathrm{e}}(s)}=\frac{K_{\mathrm{P}}}{(1+T_1\cdot s)\cdot(1+\beta\cdot T_1\cdot s)^2}$$

并由此得阶跃响应函数:

$$x_{\mathrm{e}}(t)=x_{\mathrm{e0}}\cdot E(t),\quad x_{\mathrm{e}}(s)=\frac{x_{\mathrm{e0}}}{s}$$

$$x_{\mathrm{a}}(t)=L^{-1}\{G(s)\cdot x_{\mathrm{e}}(s)\}$$

$$=K_{\mathrm{P}}\cdot x_{\mathrm{e0}}\cdot\left[1-\frac{\mathrm{e}^{-\frac{t}{T_1}}}{(\beta-1)^2}-\frac{\beta^2-2\cdot\beta+(\beta-1)\cdot\dfrac{t}{T_1}}{(\beta-1)^2}\cdot\mathrm{e}^{-\frac{t}{\beta T_1}}\right]$$

为了计算图 9.3-26, 图 9.3-27 的曲线, 使具有 T_1 的阶跃响应 $x_{\mathrm{a}}(t)$ 归一化成 $x_{\mathrm{a}}\left(\dfrac{t}{T_1}\right)$, 此后进行如 9.3.3.1 节的计算: 由阶跃响应二阶导数 $\ddot{x}_{\mathrm{a}}\left(\dfrac{t}{T_1}\right)$ 极大值计算拐点时间 $\dfrac{t_{\mathrm{W}}}{T_1}$ 和导数最大值:

$$\dot{x}_{\mathrm{a}}\left(\frac{t_{\mathrm{W}}}{T_1}\right)=\dot{x}_{\mathrm{amax}}=\frac{x_{\mathrm{a}}\left(\dfrac{t}{T_1}\to\infty\right)}{\dfrac{T_{\mathrm{g}}}{T_1}}=K_{\mathrm{P}}\cdot\frac{x_{\mathrm{e0}}}{\dfrac{T_{\mathrm{g}}}{T_1}}$$

由最大值得到归一化时间比值 $\dfrac{T_{\mathrm{g}}}{T_1}$, 延迟时间为

$$\frac{T_{\mathrm{u}}}{T_1}=\frac{t_{\mathrm{W}}}{T_1}-\frac{T_{\mathrm{g}}}{T_1}\cdot\frac{x_{\mathrm{a}}\left(\dfrac{t_{\mathrm{W}}}{T_1}\right)}{x_{\mathrm{a}}\left(\dfrac{t}{T_1}\to\infty\right)}$$

通过时间比值相除 $\dfrac{T_{\mathrm{g}}}{T_1}/\dfrac{T_{\mathrm{u}}}{T_1}$ 给出与 T_1 无关的时间比值 $\dfrac{T_{\mathrm{g}}}{T_{\mathrm{u}}}=f(\beta)$, 在图 9.3-26、图 9.3-27 中绘制时间比值 $\dfrac{T_{\mathrm{g}}}{T_{\mathrm{u}}}$ 和 $\dfrac{T_{\mathrm{g}}}{T_1}$ 与因子 β 的关系曲线, 在应用这些图时应考虑, 对于由阶跃响应所求的一个时间比值 $\dfrac{T_{\mathrm{g}}}{T_{\mathrm{u}}}$ 可求出两个不同的 β 值, 对于 $\dfrac{T_{\mathrm{g}}}{T_{\mathrm{u}}}=6$ 由图 9.3-26 得到两个 β 值, 由图 9.3-26 为 $\beta_1=4.8\,(T_1<T_2,\ T_3)$, 同样在那里也可读出第二个值, 由图 9.3-27 精确确定为: $\beta_2=0.25\ (T_1>T_2,\ T_3)$. 为了计算传递环节时间常数需要估算是否 $T_1<T_2,\ T_3$. 该法要求了解传递环节时间常数的数量级一般知识.

辨识具有三个时间常数 (其中两个具有相同值) 传递环节的拐点切线法:

$$\boxed{T_1 < T_2,\ T_3, \quad \beta \cdot T_1 = T_2 = T_3, \quad \beta > 1}$$

$\beta = f\left(\dfrac{T_g}{T_u}\right)$, 对于 $\beta > 1$ 由图 9.3-26 可读出

$$\frac{T_g}{T_1} = f(\beta), \quad T_1 = \frac{T_g}{f(\beta)}, \quad T_2 = T_3 = \beta \cdot T_1$$

$$\boxed{T_1 > T_2,\ T_3, \quad \beta \cdot T_1 = T_2 = T_3, \quad \beta < 1}$$

$\beta = f\left(\dfrac{T_g}{T_u}\right)$, 对于 $\beta < 1$ 由图 9.3-27 可读出

$$\frac{T_g}{T_1} = f(\beta), \quad T_1 = \frac{T_g}{f(\beta)}, \quad T_2 = T_3 = \beta \cdot T_1.$$

由阶跃响应读出 T_u, T_g. 由时间比值 $\dfrac{T_g}{T_u}$ 从图 9.3-26、图 9.3-27 查出因子 β 和由 $\dfrac{T_g}{T_1} = f(\beta)$ 求时间常数 T_1. 因为 $\dfrac{T_g}{T_1} = f(\beta)$ 几乎是线性曲线, 所以为计算 T_1 可应用下面方程:

$$T_1 = \frac{T_g}{1 + 2.6 \cdot \beta}$$

对于辨识具有三个时间常数被调节对象的前提条件是: 两个时间常数相同, 并且继续估算相同时间常数是否小于或大于第三个时间常数. 在图 9.3-26、图 9.3-27 中绘制时间比值 $\dfrac{T_g}{T_u}$, $\dfrac{T_g}{T_1}$ 与因子 β 的关系曲线.

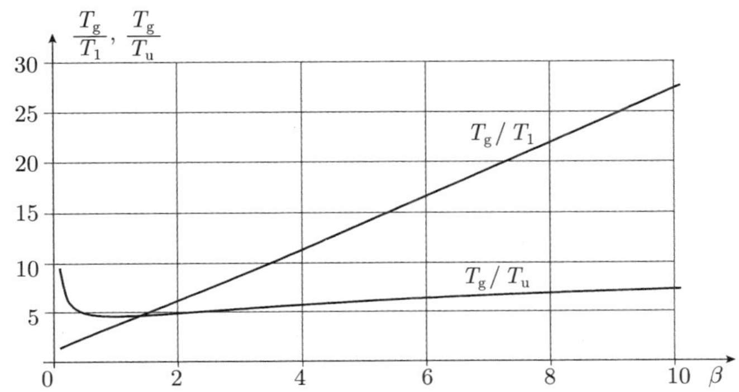

图 9.3-26 对于 $T_2 = T_3 = \beta \cdot T_1$ 的 $\dfrac{T_g}{T_u}$、$\dfrac{T_g}{T_1}$ 曲线, 可应用于 $T_1 < T_2, T_3$ $(\beta > 1)$

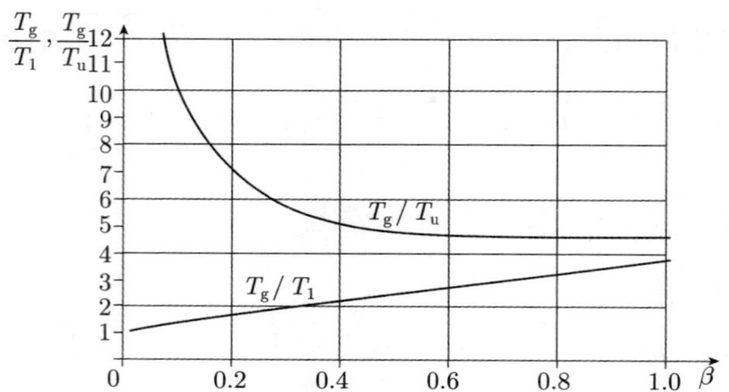

图 9.3-27　对于 $T_2 = T_3 = \beta \cdot T_1$ 的 $\dfrac{T_g}{T_u}$、$\dfrac{T_g}{T_1}$ 曲线, 可应用于 $T_1 > T_2, T_3$ $(\beta < 1)$

例 9.3-12　三个压力罐通过具有相同流体阻力 W 的导管相互连通. 两个罐具有相同容积 $V_2 = V_3$, 而第三个罐具有较小的容积 V_1. 压力系统的时间常数与流体阻力 W 和压力罐容积 V 成比例.

被调节对象输入量 (调整量) 为管道压力 x_e, 输出量为罐压力 x_a, 通过三个无反馈作用的滞后环节近似地模拟压力被调节对象:

$$T_1 = k \cdot W \cdot V_1, \quad T_2 = k \cdot W \cdot V_2 = T_3 = k \cdot W \cdot V_3$$

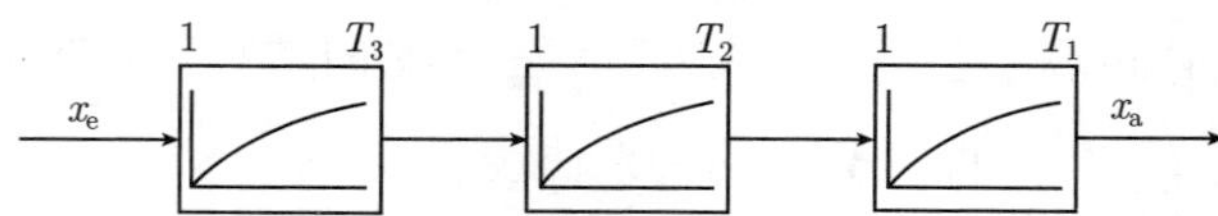

被调节对象时间常数 $T_1 < T_2, T_3$, 是因为容积 $V_1 < V_2, V_3$. 而时间常数 T_2 和 T_3 相等, 则是因为 $V_2 = V_3$. 对 $\beta > 1$, 可求图 9.3-26 中曲线值. 阶跃地提高输入压力 $\chi_e(t)$:

阶跃地提高输入压力 $x_e(t)$:

$$x_e(t) = x_{e0} \cdot E(t), \quad x_e(s) = \frac{x_{e0}}{s}$$

由阶跃响应读出延迟时间 $T_u = 4s$ 和平衡时间 $T_g = 24s$, 而 $x_a(t)$ 的终值为 $x_a(t \to \infty) = x_{e0}$, 是因为通过压力平衡达到输入压力高度 x_{e0}. 从 $\beta > 1$ 的图 9.3-26, 由 $\dfrac{T_g}{T_u} = 6$ 得到值 $\beta = 4.8$. 由 $\beta = 4.8$ 得 $\dfrac{T_g}{T_1} = f(\beta) = 13.4$, $T_1 = \dfrac{T_g}{f(\beta)} = 1.79\text{s}$. 为

此可得时间常数为 $T_2 = T_3 = T_1 \cdot \beta = 8.59\text{s}$. 从而被调节对象传递函数结果为

$$G(s) = \frac{x_{a1}(s)}{x_e(s)} = \frac{1}{(1+T_1 \cdot s)\cdot(1+\beta \cdot T_1 \cdot s)^2}$$
$$= \frac{1}{(1+1.79\cdot s)\cdot(1+8.59\cdot s)^2} = \frac{1}{131.1 \cdot s^3 + 104.5 \cdot s^2 + 18.97 \cdot s + 1}$$

如果没有关于被调节对象时间常数的基础知识而由 $\beta < 1$ 的图 9.3-27 求阶跃响应值, 那么对于 $\frac{T_g}{T_u} = 6$, 从 $\beta < 1$ 的图 9.3-27 可得到值 $\beta = 0.25$.

由 $\beta = 0.25$ 和 $\frac{T_g}{T_1} = f(\beta) = 1.8$, $T_1 = \frac{T_g}{f(\beta)} = 13.33\text{s}$ 可得. 时间常数为 $T_2 = T_3 = T_1 \cdot \beta = 3.33\text{s}$. 对于被调节对象传递函数可得到:

$$G(s) = \frac{x_{a2}(s)}{x_e(s)} = \frac{1}{(1+T_1 \cdot s)\cdot(1+\beta \cdot T_1 \cdot s)^2}$$
$$= \frac{1}{(1+13.33 \cdot s)\cdot(1+3.33\cdot s)^2} = \frac{1}{147.82 \cdot s^3 + 99.87 \cdot s^2 + 20 \cdot s + 1}$$

在图 9.3-28 中绘制传递函数的阶跃响应. 平衡时间 T_g, 延迟时间 T_u 和拐点时间 t_W 是一致的. 只是在较长时间后, 时间曲线相互才有些偏差.

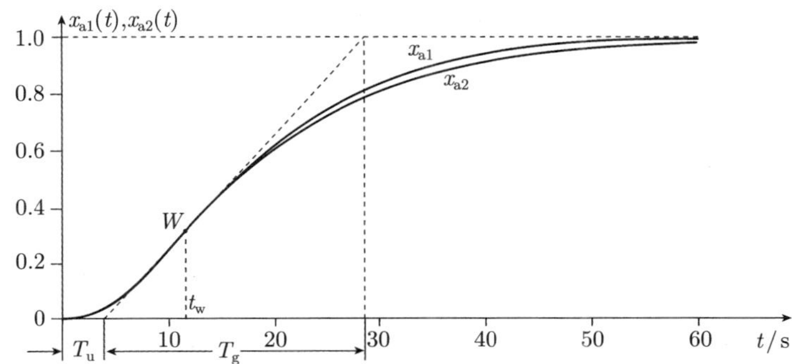

图 9.3-28 对于 $T_1 < T_2, T_3(\beta > 1)$ 和 $T_1 > T_2, T_3(\beta < 1)$ 计算时间比值 $\frac{T_g}{T_u} = 6$ 的阶跃响应

9.3.3.5 拐点切线法小结

用拐点切线法从实验求得无振荡阶跃响应的时间特征值平衡时间 T_g 和延迟时间 T_u 可确定被调节对象的参数. 用阶跃输入量辨识的优点可看作是实现阶跃接入简单. 而其缺点为误差的灵敏度. 其结果主要取决于作图求拐点和拐点切线斜率的精度.

在图 9.3-29 中表示拐点切线法辨识的运行过程和逻辑判断过程.

具有三个时间常数的传递环节可通过两个相同时间常数与另一时间常数来近似. 如果比值 $\dfrac{T_{\mathrm{g}}}{T_{\mathrm{u}}} < 4.587$, 那么作为最好的近似是应用 n 个相同时间常数的假设, 其中 n 为表 9.3-2 中最接近 $\dfrac{T_{\mathrm{g}}}{T_{\mathrm{u}}}$ 的整数值.

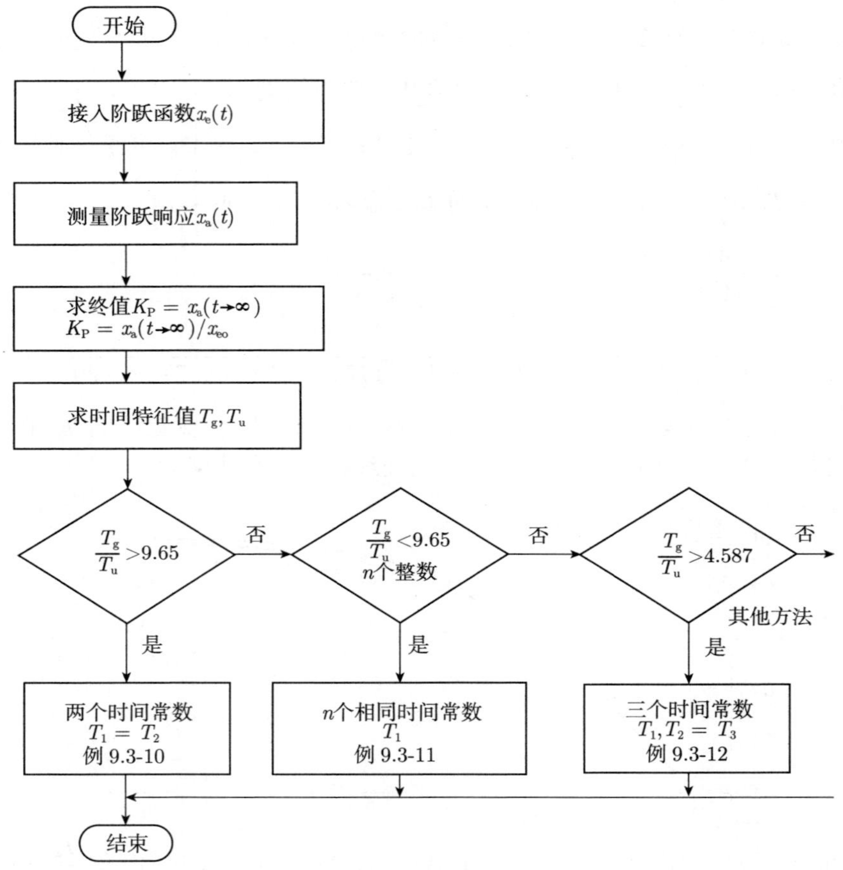

图 9.3-29　拐点切线法的运行过程和逻辑判断过程

9.3.3.6　时间百分比特征值法

拐点切线法的缺点在于, 在求拐点切线时会出现很大的误差. 拐点切线结构特别是在实验求阶跃响应曲线时, 由于测量误差和不精确性条件的限制导致不能提供唯一的与时间轴 (时间特征值) 的交点. 施瓦茨 (SCHWARZE) 时间百分比特征值法会避免这些缺点, 这是由于所谓时间百分比值是从测量曲线求得的, 在此读数是不产生附加误差的.

用时间百分比特征值法可通过具有 n 个相同时间常数的传递函数

$$G(s)=\frac{x_{\mathrm{a}}(s)}{x_{\mathrm{e}}(s)}=\frac{K_{\mathrm{P}}}{(1+T_1\cdot s)^n}$$

来近似高阶的其阶跃响应曲线不出现超调的传递环节. 对于具有 n 个相同时间常数的模型传递函数, 所谓时间百分比特征值与阶 n 的关系在表 9.3-3 中给出.

在应用时间百分比特征值法时按下面过程进行：在待辨识传递环节上接入具有 $x_{\mathrm{e}}(t)$ 的阶跃函数 $x_{\mathrm{e}}(t)=x_{\mathrm{e0}}\cdot E(t)$, 测量阶跃响应的终值 $x_{\mathrm{a}}(t\to\infty)$, 并用阶跃高度 x_{e0} 规一化, 那么与此相应为所寻求的比例系数

$$K_{\mathrm{P}}=\frac{x_{\mathrm{a}}(t\to\infty)}{x_{\mathrm{e0}}}$$

为了确定阶 n 和时间常数 T_1, 施瓦茨法从**时间百分比值(Zeitprozentwerten)** $t_m, m=10,50,90$ 出发, 在这些点待辨识环节的阶跃响应分别达到终值的 10%、50% 和 90%(图 9.3-30). 由这些时间百分比值计算比值 $\mu=t_{10}/t_{90}$. 该比值与传递函数

$$G(s)=\frac{x_{\mathrm{a}}(s)}{x_{\mathrm{e}}(s)}=\frac{K_{\mathrm{P}}}{(1+T_1\cdot s)^n}$$

给出的值 μ_n 比较, 对于最小差 $|\mu_n-\mu|$ 可得到阶 n, 而时间常数 T_1 则由测量的阶跃响应的时间百分比特征值 t_{10}、t_{50}、t_{90} 和由阶 n 制成的模型阶跃响应函数的**时间百分比特征值(Zeitprozentkennwerten)**τ_{10}、τ_{50}、τ_{90} 按方程

$$T_1=\frac{1}{3}\cdot\left[\frac{t_{10}}{\tau_{10}}+\frac{t_{50}}{\tau_{50}}+\frac{t_{90}}{\tau_{90}}\right]$$

来求.

例 9.3-13 对于测量如图 9.3-30 的阶跃响应, 试按照时间百分比特征值法近似地确定传递函数.

接入一个具有 $x_{\mathrm{e}}(t)=x_{\mathrm{e0}}\cdot E(t)$, $x_{\mathrm{e0}}=1$ 的阶跃函数 $x_{\mathrm{e}}(t)$, 测量的阶跃响应终值为 $x_{\mathrm{a}}(t\to\infty)=2$. 比例系数为

$$K_{\mathrm{P}}=\frac{x_{\mathrm{a}}(t\to\infty)}{x_{\mathrm{e0}}}=2$$

读出时间百分比值 $t_{10}=1.7\,\mathrm{s}$, $t_{50}=3.7\,\mathrm{s}$, $t_{90}=6.7\,\mathrm{s}$, 对于比值

$$\mu=\frac{t_{10}}{t_{90}}=0.2537$$

在表 9.3-3 的近似值为 $\mu_n=\mu_4=0.26116$, 近似求传递函数的阶数为 $n=4$, 由表 9.3-3 查出 $n=4$ 的时间百分比特征值 $\tau_{10}=1.744770$, $\tau_{50}=3.672061$, $\tau_{90}=6.680783$ 的时间百分比特征值

$$T_1=\frac{1}{3}\cdot\left[\frac{t_{10}}{\tau_{10}}+\frac{t_{50}}{\tau_{50}}+\frac{t_{90}}{\tau_{90}}\right]=0.9949\,\mathrm{s}\approx 1\,\mathrm{s}$$

为此得到传递函数:

$$G(s)=\frac{x_{\mathrm{a}}(s)}{x_{\mathrm{e}}(s)}=\frac{K_{\mathrm{P}}}{(1+T_1\cdot s)^n}=\frac{2}{(1+s)^4}=\frac{2}{s^4+4\cdot s^3+6\cdot s^2+4\cdot s+1}$$

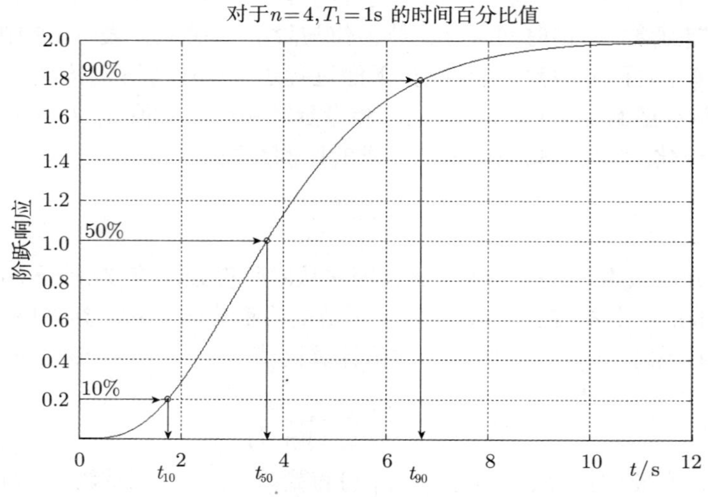

图 9.3-30　具有时间百分比值的阶跃响应曲线

为了求表 9.3-3 可按施瓦茨法如下进行. 用时间百分比特征值法通过具有 n 个相同时间常数的传递函数:

$$G(s)=\frac{x_{\mathrm{a}}(s)}{x_{\mathrm{e}}(s)}=\frac{K_{\mathrm{P}}}{(1+T_1\cdot s)^n}$$

可近似其阶跃响应曲线不出现超调的高阶传递环节. 为计算阶数 n 和时间常数 T_1, 阶跃响应函数将取代该模型传递函数 $G(s)$, 对于输入量

$$x_{\mathrm{e}}(t)=x_{\mathrm{e0}}\cdot E(t),\qquad x_{\mathrm{e}}(s)=\frac{x_{\mathrm{e0}}}{s}$$

按表 3.5-3 序号 54 阶跃响应函数为

$$x_{\mathrm{a}}(t)=L^{-1}\left\{G(s)\cdot x_{\mathrm{e}}(s)\right\}=L^{-1}\left\{\frac{K_{\mathrm{P}}}{(1+T_1\cdot s)^n}\cdot\frac{x_{\mathrm{e0}}}{s}\right\}$$

$$=K_{\mathrm{P}}\cdot x_{\mathrm{e0}}\cdot\left[1-\mathrm{e}^{-\frac{t}{T_1}}\cdot\sum_{i=0}^{n-1}\frac{\left(\dfrac{t}{T_1}\right)^i}{i!}\right]$$

比例系数 K_{P} 由终值 $x_{\mathrm{a}}(t\to\infty)$ 和阶跃高度 x_{e0} 确定:

$$K_{\mathrm{P}}=\frac{x_{\mathrm{a}}(t\to\infty)}{x_{\mathrm{e0}}}$$

为了进一步确定阶数 n 和时间常数 T_1, 施瓦茨法从时间百分比值 t_m (t_{10}, t_{50}, t_{90}) 出发, 在这些点阶跃响应分别达到终值的 10%, 50%和 90% ($m = 10, 50, 90$) (图 9.3-30). 对此, 为了计算阶数 n 和时间常数 T_1 给出预先给出 m 和 t_m 的三个方程:

$$\frac{x_{\mathrm{a}}(t)}{K_{\mathrm{P}} \cdot x_{\mathrm{e0}}} = 1 - \mathrm{e}^{-\frac{t_m}{T_1}} \cdot \sum_{i=0}^{n-1} \frac{\left(\frac{t_m}{T_1}\right)^i}{i!} = \frac{m}{100}$$

$$t_m = t_{10},\ t_{50},\ t_{90}, \qquad m = 10,\ 50,\ 90$$

该方程仅对于 $n = 1$ 可直接解, 例如对于 $m = 50$:

$$1 - \mathrm{e}^{-\frac{t_m}{T_1}} = \frac{m}{100} = 0.5, \quad T_1 = -\frac{t_m}{\ln(1 - m/100)} = \frac{t_m}{0.69315}$$

$$\tau_m = \tau_{50} = \frac{t_m}{T_1} = 0.693147$$

τ_m 称为时间百分比特征值, 而比值 $\tau_m = t_m/T_1$ 对于预先给出阶数 n 和百分比值 m 总是常值. 对于 $n > 1$ 用牛顿 (NEWTON) 法可数值解方程, 为了应用牛顿法, 将阶跃响应方程

$$1 - \mathrm{e}^{-\frac{t_m}{T_1}} \cdot \sum_{i=0}^{n-1} \frac{\left(\frac{t_m}{T_1}\right)^i}{i!} = 1 - \mathrm{e}^{-\tau_m} \cdot \sum_{i=0}^{n-1} \frac{\tau_m^i}{i!} = \frac{m}{100}$$

变形如下:

$$f(\tau_m) = 1 - \frac{m}{100} - \mathrm{e}^{-\tau_m} \cdot \sum_{i=0}^{n-1} \frac{\tau_m^i}{i!} = 0$$

牛顿法提供递推公式

$$\tau_{m,j+1} = \tau_{m,j} - \frac{f(\tau_{m,j})}{f'(\tau_{m,j})} = \tau_{m,j} - \frac{1 - \frac{m}{100} - \mathrm{e}^{-\tau_{m,j}} \cdot \sum_{i=0}^{n-1} \frac{\tau_{m,j}^i}{i!}}{\frac{\mathrm{d}}{\mathrm{d}\tau_{m,j}} \left[1 - \frac{m}{100} - \mathrm{e}^{-\tau_{m,j}} \cdot \sum_{i=0}^{n-1} \frac{\tau_{m,j}^i}{i!}\right]}$$

$$= \tau_{m,j} - \frac{1 - \frac{m}{100} - \mathrm{e}^{-\tau_{m,j}} \cdot \sum_{i=0}^{n-1} \frac{\tau_{m,j}^i}{i!}}{\mathrm{e}^{-\tau_{m,j}} \cdot \left[\sum_{i=0}^{n-1} \frac{\tau_{m,j}^i}{i!} - \sum_{i=0}^{n-1} \frac{\tau_{m,j}^{i-1}}{(i-1)!}\right]}$$

$$= \tau_{m,j} - \frac{1 - \dfrac{m}{100} - \mathrm{e}^{-\tau_{m,j}} \cdot \displaystyle\sum_{i=0}^{n-1} \frac{\tau_{m,j}^i}{i!}}{\mathrm{e}^{-\tau_{m,j}} \cdot \dfrac{\tau_{m,j}^{n-1}}{(n-1)!}}$$

$$\tau_{m,j+1} = \tau_{m,j} - \frac{(n-1)!}{\tau_{m,j}^{n-1}} \cdot \left[\left(1 - \frac{m}{100}\right) \cdot \mathrm{e}^{\tau_{m,j}} - \sum_{i=0}^{n-1} \frac{\tau_{m,j}^i}{i!}\right]$$

递推初值 $\tau_{m,0}$ 可由牛顿法收敛准则

$$\left|\frac{f(\tau_m) \cdot f''(\tau_m)}{f'^2(\tau_m)}\right| < 1$$

估计出

$$\tau_{m,0} = n \cdot (m/100 + 0.5)$$

其有效性直至阶数 $n = 25$. 表 9.3-3 给出计算的时间百分比特征值. 为了确定阶数 n 同样在表中列出了比值.

$$\mu_n = \frac{t_{10}}{t_{90}} = \frac{\tau_{10}}{\tau_{90}}$$

表 9.3-3 至阶数 $n = 12$ 的时间百分比特征值

阶 n	$\mu_n = \tau_{10}/\tau_{90}$	τ_{10}	τ_{50}	τ_{90}
1	0.045757	0.105361	0.693147	2.302585
2	0.136722	0.531812	1.678347	3.889720
3	0.207065	1.102065	2.674060	5.322320
4	0.261162	1.744770	3.672061	6.680783
5	0.304318	2.432591	4.670909	7.993590
6	0.339839	3.151898	5.670161	9.274674
7	0.369801	3.894767	6.669637	10.532072
8	0.395561	4.656118	7.669249	11.770914
9	0.418052	5.432468	8.668951	12.994712
10	0.437935	6.221305	9.668715	14.205990
11	0.455696	7.020747	10.668522	15.406641
12	0.471700	7.829342	11.668363	16.598122

下面的 MATLAB 程序计算表 9.3-3 的时间百分比特征值和由已给的时间百分比值 t_{10}, t_{50}, t_{90}, $x_{\mathrm{a}}(t \to \infty)$, $x_{\mathrm{e}0}$ 求比例系数 K_{P}、传递函数的阶数 n 和时间常数 T_1.

```
%Zeitprozentmethode nach Schwarze, Testdaten
%t10 = 2.3; t50 = 4.2; t90 = 7.0; % n = 6, T1 = 0.74172 s
%t10 = 15.383; t50 = 20.667; t90 = 27.045; % n = 21, T1 = 1 s
%t10 = 7.829; t50 = 11.668; t90 = 16.598; % n = 12, T1 = 1 s
%xaoo = 2; xe0 = 1; KP = 2;
t10 = input ('Eingabe t10 = '); t50 = input ('Eingabe t50 = ');
t90 = input ('Eingabe t90 = '); xaoo = input ('Eingabe xa(t-> oo = ');
xe0 = input ('Eingabe Sprunghé xe0 = ');
n = 1; m10 = 10; m50 = 50; m90 = 90;
fprintf('\n n = mue_n = tau10 = tau50 = tau90 =\n');
tau10(n) = -log(1 - m10/100); tau50(n) = -log(1 - m50/100);
tau90(n) = -log(1 - m90/100); mue_n(n) = tau10(n)/tau90(n);
fprintf ('% 4d %10.6f %10.6f %10.6f %10.6f\n',
            n, mue_n(n), tau10(n),tau50(n),tau90(n));
for n=2:25 %Berechnung der tabellierten Zeitprozentkennwerte
            %mue_n, tau10, tau50, tau90
     tau10(n) = kennwert (n, m10); tau50(n) = kennwert (n, m50);
     tau90(n) = kennwert (n, m90); mue_n(n) = tau10(n)/tau90(n);
     fprintf ('%4d %10.6f %10.6f %10.6f %10.6f\n',
                n, mue_n(n), tau10(n),tau50(n),tau90(n));
end
n = 1; diff(n) = abs (t10/t90 - mue_n(n));
while (1) %Suche nach dem passenden Verhétnis mue_n,
           %|t10/t90 - mue_n| = Minimum
     n = n + 1; diff(n) = abs (t10/t90 - mue_n(n));
     if (diff(n) > diff(n-1)) break; end
end
n = n - 1; T1 = (t10/tau10(n) + t50/tau50(n) + t90/tau90(n))/3;
fprintf ('Proportionalverst KP = %7.3f, Ordnung n = %d,
           Zeitkonstante T1 = %7.3f s\n', xaoo/xe0, n, T1);
```

程序中德文译文:

1. %Zeitprozentmethode nach Schwarze, Testdaten (基于测试数据的时间百分比法)
2. Eingabe (输入)
3. Eingabe Sprunghé (输入阶跃高度)
4. %Berechnung der tabellierten Zeitprozentkennwerte (表格化的时间百分比特征值)
5. %Suche nach dem passenden Verhétnis mue_n (寻找合适的比值)
6. Proportionalverst (比例增益)

7. Ordnung (阶)
8. Zeitkonstante (时间常数)

```
%Funktion zur Berechnung der Zeitprozentkennwerte tau10, tau50, tau90
function [tau] = kennwert (n, m)
eps = 1e-6; % Genauigkeit, Fehlerschranke
tau = n * (m / 100 + 0.5); %Anfangswert des Newton-Verfahrens,
                                    %anwendbar bis n <= 25
while (1)
     s = 0.0;
     for i = 0:n-1 s = s + tau^i/factorial(i); end %Bildung der Summe
     zuwachs = (s - (1-m/100) * exp(tau)) * factorial(n-1) / (tau)^(n-1);
     tau = tau + zuwachs;
     if (abs(zuwachs) < eps) break; end % |zuwachs|   < Genauigkeit
end
```

程序中德文译文:

1. %Funktion zur Berechnung der Zeitprozentkennwerte (计算时间百分比特征值函数)
2. %Genauigkeit, Fehlerschranke (精度, 误差限)
3. %Anfangswert des Newton-Verfahrens (牛顿法初值)
4. %anwendbar bis n <= 25 (可应用至 n $\leqslant$ 25)
5. %Bildung der Summe (求和)
6. %|zuwachs| < Genauigkeit (|值| < 精度)

例 9.3-14　由具有三个时间常数的对象传递函数研究时间百分比特征值法的精度:

$$G_{\mathrm{S}}(s) = \frac{K_{\mathrm{S}}}{(1+T_{1\mathrm{S}}\cdot s)\cdot(1+T_{2\mathrm{S}}\cdot s)\cdot(1+T_{3\mathrm{S}}\cdot s)}$$

$$= \frac{2}{(1+9\cdot s)\cdot(1+10\cdot s)\cdot(1+12\cdot s)}$$

由阶跃响应读出时间百分比值 $t_{10} = 11.3\,\mathrm{s}$, $t_{50} = 27.6\,\mathrm{s}$, $t_{90} = 55.1\,\mathrm{s}$.

对于比值

$$\mu = \frac{t_{10}}{t_{90}} = 0.2051$$

位于表 9.3-3 中最近的值为 $\mu_n = \mu_3 = 0.207065$, 近似求传递函数的阶数为 $n = 3$. 对于 $n = 3$ 具有 $\tau_{10} = 1.102065$, $\tau_{50} = 2.674060$, $\tau_{90} = 5.322320$ 的时间常数为

$$T_1 = \frac{1}{3}\cdot\left[\frac{t_{10}}{\tau_{10}} + \frac{t_{50}}{\tau_{50}} + \frac{t_{90}}{\tau_{90}}\right] = 10.31\ \mathrm{s}$$

为此, 传递函数近似为

$$G(s)=\frac{x_{\mathrm{a}}(s)}{x_{\mathrm{e}}(s)}=\frac{K_{\mathrm{P}}}{(1+T_1\cdot s)^n}=\frac{2}{(1+10.31\cdot s)^3}$$

在图 9.3-31 中具有三个不同时间常数的被调节对象 $G_{\mathrm{S}}(s)$ 与近似的具有三个相同时间常数的传递函数 $G(s)$ 的阶跃响应差表示施瓦茨时间百分比特征值法的精度.

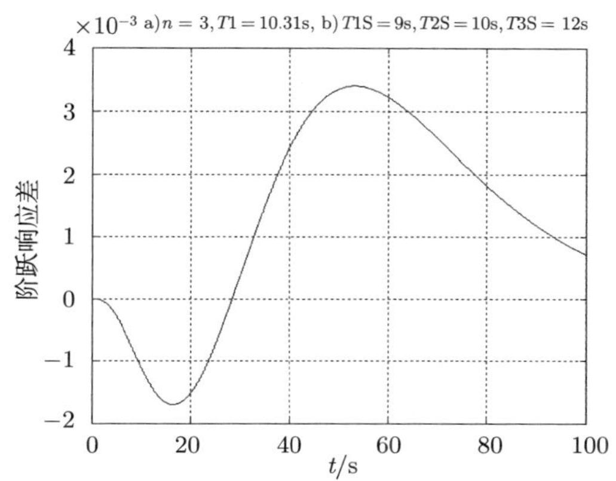

图 9.3-31 时间百分比特征值法的精度

9.3.4 积分环节的阶跃响应曲线

9.3.4.1 积分环节特性

在 9.3.2.1 节中由阶跃响应推导出传递环节的基本特性. 如果阶跃响应信号持续上升. 那么存在积分特性. 理论终值为 $x_{\mathrm{a}}(t\to\infty)\to\infty$. 具有积分特性的环节除了积分部分还包括比例微分部分和滞后: I, I_2, $\cdots$, IT_1, IT_2, $\cdots$, IT_{t}, PI, PIDT_1, PIDT_2 环节.

积分环节特征方程永远含有零实部的零点, 该环节是不稳定的. 如果特征方程除了零实部外还有实部小于零的零点, 那么由阶跃响应辨识积分环节是很简单的.

9.3.4.2 纯积分环节的辨识

在积分环节情况可确定参数积分增益 K_1 或积分时间常数 T_1.

I 环节

阶跃接入:

$$x_{\mathrm{e}}(t)=x_{\mathrm{e}0}\cdot E(t),\quad x_{\mathrm{e}}(s)=\frac{x_{\mathrm{e}0}}{s}$$

传递函数:

$$G(s)=\frac{x_{\mathrm{a}}(s)}{x_{\mathrm{e}}(s)}=\frac{K_{\mathrm{I}}}{s},\quad G(s)=\frac{x_{\mathrm{a}}(s)}{x_{\mathrm{e}}(s)}=\frac{1}{T_{\mathrm{I}}\cdot s}$$

阶跃响应:

$$x_{\mathrm{a}}(s)=G(s)\cdot x_{\mathrm{e}}(s),\quad x_{\mathrm{a}}(s)=\frac{K_{\mathrm{I}}}{s}\cdot\frac{x_{\mathrm{e0}}}{s},\quad x_{\mathrm{a}}(s)=\frac{1}{T_{\mathrm{I}}\cdot s}\cdot\frac{x_{\mathrm{e0}}}{s}$$

$$x_{\mathrm{a}}(t)=x_{\mathrm{e0}}\cdot K_{\mathrm{I}}\cdot t,\quad x_{\mathrm{a}}(t)=x_{\mathrm{e0}}\cdot\frac{t}{T_{\mathrm{I}}}$$

纯积分环节阶跃响应是一个具有斜率 $x_{\mathrm{e0}}\cdot K_{\mathrm{I}}$ 或 $\frac{x_{\mathrm{e0}}}{T_{\mathrm{I}}}$ 的斜坡函数, 阶跃响应参数积分增益 K_{I} 或积分时间常数 T_{I} 是由阶跃响应至测量点 $t_{\mathrm{m1}}>0$ 测量的. 参数值为

$$\boxed{K_{\mathrm{I}}=\frac{x_{\mathrm{a}}(t_{\mathrm{m1}})}{x_{\mathrm{e0}}\cdot t_{\mathrm{m1}}},\quad T_{\mathrm{I}}=\frac{x_{\mathrm{e0}}\cdot t_{\mathrm{m1}}}{x_{\mathrm{a}}(t_{\mathrm{m1}})}}$$

I_2 环节

阶跃接入:

$$x_{\mathrm{e}}(t)=x_{\mathrm{e0}}\cdot E(t),\quad x_{\mathrm{e}}(s)=\frac{x_{\mathrm{e0}}}{s}$$

传递函数:

$$G(s)=\frac{x_{\mathrm{a}}(s)}{x_{\mathrm{e}}(s)}=\frac{K_{\mathrm{I1}}\cdot K_{\mathrm{I2}}}{s^2},\quad G(s)=\frac{x_{\mathrm{a}}(s)}{x_{\mathrm{e}}(s)}=\frac{1}{T_{\mathrm{I1}}\cdot T_{\mathrm{I2}}\cdot s^2}$$

阶跃响应:

$$x_{\mathrm{a}}(s)=G(s)\cdot x_{\mathrm{e}}(s),\quad x_{\mathrm{a}}(s)=\frac{K_{\mathrm{I1}}\cdot K_{\mathrm{I2}}}{s^2}\cdot\frac{x_{\mathrm{e0}}}{s},\quad x_{\mathrm{a}}(s)=\frac{1}{T_{\mathrm{I1}}\cdot T_{\mathrm{I2}}\cdot s^2}\cdot\frac{x_{\mathrm{e0}}}{s}$$

$$x_{\mathrm{a}}(t)=x_{\mathrm{e0}}\cdot K_{\mathrm{I1}}\cdot K_{\mathrm{I2}}\cdot\frac{t^2}{2},\quad x_{\mathrm{a}}(t)=\frac{x_{\mathrm{e0}}}{T_{\mathrm{I1}}\cdot T_{\mathrm{I2}}}\cdot\frac{t^2}{2}$$

两个积分环节串联提供抛物线函数为阶跃响应. 参数 K_{I1}、K_{I2} 和 T_{I1}、T_{I2} 不能独立确定, 如果不掌握关于被调节对象结构和参数进一步知识, 那么就假设积分环节具有相同参数值. 对于时间 t_{m1} 的参数值计算如下.

$$\boxed{K_{\mathrm{I}}^2=K_{\mathrm{I1}}\cdot K_{\mathrm{I2}}=\frac{2\cdot x_{\mathrm{a}}(t_{\mathrm{m1}})}{x_{\mathrm{e0}}\cdot t_{\mathrm{m1}}^2},\quad T_{\mathrm{I}}^2=T_{\mathrm{I1}}\cdot T_{\mathrm{I2}}=\frac{x_{\mathrm{e0}}\cdot t_{\mathrm{m1}}^2}{2\cdot x_{\mathrm{a}}(t_{\mathrm{m1}})}}$$

I_2 环节的辨识特征在阶跃接入时为抛物线函数, 用时间值 $t_{\mathrm{m2}}>t_{\mathrm{m1}}$ 检验必须给出等值参数 $K_{\mathrm{I1}}\cdot K_{\mathrm{I2}}$, $T_{\mathrm{I1}}\cdot T_{\mathrm{I2}}$.

例 9.3-15　已知两个传递环节阶跃响应 (图 9.3-32), 试确定环节的传递函数.

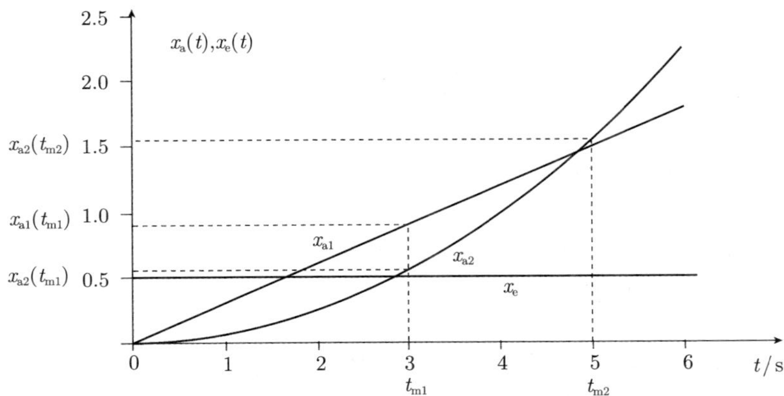

图 9.3-32 纯积分环节的阶跃响应函数

测试函数：$x_e(t) = x_{e0} \cdot E(t) = 0.5 \cdot E(t)$, 测量时间点 $t_{m1} = 3$ s, $x_{a1}(t)$ 的响应函数 $x_{a1}(t_{m1}) = 0.9$

$$K_I = \frac{x_a(t_{m1})}{x_{e0} \cdot t_{m1}} = 0.6\,\mathrm{s}^{-1}, \quad G_1(s) = \frac{x_{a1}(s)}{x_e(s)} = \frac{0.6\,\mathrm{s}^{-1}}{s}$$

测试函数：$x_e(t) = x_{e0} \cdot E(t) = 0.5 \cdot E(t)$, 测量时间点 $t_{m1} = 3$ s, $t_{m2} = 5$ s, $x_{a2}(t)$ 的响应函数 $x_{a2}(t_{m1}) = 0.56$, $x_{a2}(t_{m2}) = 1.57$

$$K_I^2 = \frac{2 \cdot x_a(t_{m1})}{x_{e0} \cdot t_{m1}^2} = 0.249\,\mathrm{s}^{-2} \approx \frac{2 \cdot x_a(t_{m2})}{x_{e0} \cdot t_{m2}^2} = 0.251\,\mathrm{s}^{-2},$$

$$G_2(s) = \frac{x_{a2}(s)}{x_e(s)} = \frac{K_I^2}{s^2} = \frac{0.25\,\mathrm{s}^{-2}}{s^2}, \quad K_I = 0.5\,\mathrm{s}^{-1}$$

9.3.4.3 具有滞后积分环节的辨识

在具有滞后时间或时延的积分环节时将使阶跃响应函数滞后上升, 由阶跃响应可辨识具有滞后时间常数 T_1 的积分环节, 而在具有多个时间常数环节并假设具有相同时间常数时由阶跃响应函数辨识会导出唯一结果.

具有传递函数

$$G(s) = \frac{x_a(s)}{x_e(s)} = \frac{K_S}{(1 + T_1 \cdot s)^2} \cdot \frac{K_I}{s}$$

$$K_S = 40, \quad K_I = 0.1\,\mathrm{s}^{-1}, \quad K_S \cdot K_I = 4\,\mathrm{s}^{-1}, \quad T_1 = 0.4\,\mathrm{s}$$

的一个积分环节和两个具有相同时间常数 T_1 的 $\mathrm{PT_1}$ 环节可用下面信号流图表示.

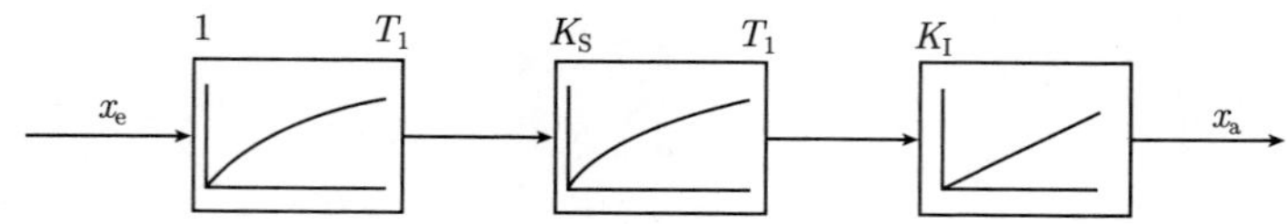

在图 9.3-33 中, 绘制了对于阶跃高度 $x_{e0} = 2$ 的阶跃响应函数. 对于时间 $t = t_{m1} \gg T_1$ 在阶跃响应函数中具有 $e^{-\frac{t}{T_1}}$ 解的部分会衰减, 阶跃响应仅取决于被移动 $2 \cdot T_1$ 的斜坡函数 (稳态解). 斜坡函数相交时间轴于延迟时间 $T_u = 2 \cdot T_1$, 在 IT_n 环节时它等于滞后时间常数之和.

在具有滞后或时延环节的积分环节情况下, 阶跃接入产生作为稳态解的斜坡函数, 它相交时间轴于延迟时间 T_u. 延迟时间等于滞后时间常数之和

$$T_u = \sum_i T_i$$

其中, 时间常数可以是不同的.

根据这个定义的延迟时间, 对于相同滞后时间常数情况可由阶跃响应函数进行辨识. 由具有多个相同时间常数积分环节 (IT_n 环节) 出发推导辨识方法.

传递函数:

$$G(s) = \frac{x_a(s)}{x_e(s)} = \frac{K_S}{(1 + T_1 \cdot s)^n} \cdot \frac{K_I}{s}, \quad n = 1, 2, 3, \cdots$$

阶跃接入:

$$x_e(t) = x_{e0} \cdot E(t),\ x_e(s) = \frac{x_{e0}}{s}$$

阶跃响应:

$$x_a(s) = G(s) \cdot x_e(s) = \frac{x_{e0} \cdot K_S \cdot K_I}{(1 + T_1 \cdot s)^n \cdot s^2}$$

由部分分式分解, $x_a(s)$ 分解为

$$x_a(s) = x_{e0} \cdot K_S \cdot K_I \cdot \left[\sum_{i=1}^{n} \frac{(n + 1 - i) \cdot T_1^2}{(1 + T_1 \cdot s)^i} + \frac{1}{s^2} - \frac{n \cdot T_1}{s} \right]$$

对于具有滞后项进行反变换, 将变换对

$$\frac{1}{(1 + T_1 \cdot s)^i} \longleftrightarrow \frac{t^{i-1} \cdot e^{-\frac{t}{T_1}}}{T_1^i \cdot (i - 1)!}$$

代入

$$x_a(t) = x_{e0} \cdot K_S \cdot K_I \cdot \left[\sum_{i=1}^{n} \frac{(n + 1 - i) \cdot t^{i-1} \cdot e^{-\frac{t}{T_1}}}{T_1^{i-2} \cdot (i - 1)!} + t - n \cdot T_1 \right]$$

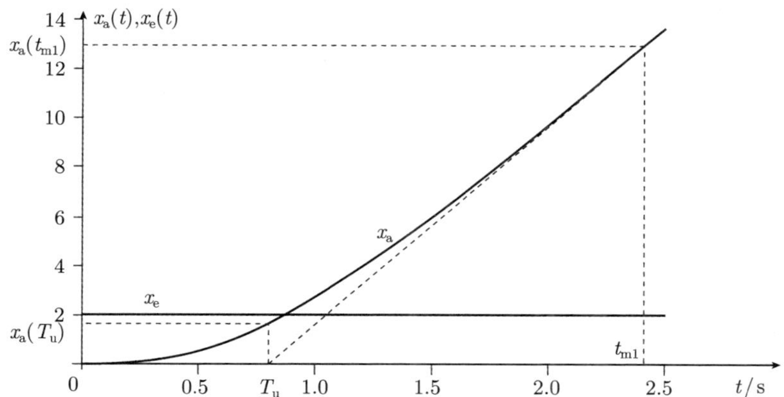

图 9.3-33 具有两个相同滞后时间常数积分环节 (IT_2 环节) 的阶跃响应

对于时间 $t \gg n \cdot T_1$, 具有 $e^{-\frac{t}{T_1}}$ 解的部分变得可忽略的小, 可得到被移动的斜坡函数 (稳态解)

$$x_a(t) = x_{e0} \cdot K_S \cdot K_I \cdot (t - n \cdot T_1)$$

它相交时间轴于延迟时间 T_u, 延迟时间等于滞后时间常数之和 $T_u = n \cdot T_1$.

对于 $t = T_u = n \cdot T_1$ 计算阶跃响应函数

$$x_a(T_u) = x_{e0} \cdot K_S \cdot K_I \cdot T_1 \cdot e^{-n} \cdot \sum_{i=1}^{n} \frac{(n+1-i) \cdot n^{i-1}}{(i-1)!}$$

并且为了一般应用, 用量 x_{e0}, K_S, K_I 和 $T_u = n \cdot T_1$ 将其规一化:

$$x_u = \frac{x_a(T_u)}{x_{e0} \cdot K_S \cdot K_I \cdot n \cdot T_1} = \frac{x_a(T_u)}{x_{e0} \cdot K_S \cdot K_I \cdot T_u} = e^{-n} \cdot \sum_{i=1}^{n} \frac{(n+1-i) \cdot n^{i-2}}{(i-1)!}$$

在表 9.3-4 中给出阶跃响应规一化值 x_u 与滞后环节个数 n 的关系.

表 9.3-4 具有 n 个相同滞后时间常数的积分环节的阶跃响应归一化值

n	1	2	3	4	5	6
x_u	0.3679	0.2707	0.2240	0.1954	0.1755	0.1606

对于 $t = t_{m1} \gg T_u = n \cdot T_1$, 由斜坡函数:

$$x_a(t) = x_{e0} \cdot K_S \cdot K_I \cdot (t - n \cdot T_1) = x_{e0} \cdot K_S \cdot K_I \cdot (t - T_u)$$

求增益 $K_S \cdot K_I$:

$$K_S \cdot K_I = \frac{x_a(t_{m1})}{x_{e0} \cdot (t_{m1} - T_u)}$$

辨识按如下过程进行：

接入高度为 x_{e0} 的阶跃函数, 通过作切线求 T_u, 读出对于 $t_{m1} \gg T_u$ 的 $x_a(t_{m1})$ 和 $x_a(T_u)$, 计算

$$K_S \cdot K_I = \frac{x_a(t_{m1})}{x_{e0} \cdot (t_{m1} - T_u)}$$

$$x_u = \frac{x_a(T_u)}{x_{e0} \cdot K_S \cdot K_I \cdot T_u} = \frac{x_a(T_u) \cdot (t_{m1} - T_u)}{x_a(t_{m1}) \cdot T_u}$$

在表 9.3-4 中由 x_u 求出合适的 n 值, 由此滞后时间常数为

$$T_1 = \frac{T_u}{n}$$

例 9.3-16　由图 9.3-33 阶跃响应函数, 试求传递环节的传递函数和参数. 阶跃响应函数是滞后的并且随时间增长, 传递环节为 IT_n 环节. 切线与时间轴交点提供延迟时间 $T_u = 0.8\mathrm{s}$. 对于 $t_{m1} = 2.4\mathrm{s}$ 为 $x_a(t_{m1}) = 12.8$, 由 $x_{e0} = 2$ 得增益 $K_S \cdot K_I$ 为

$$K_S \cdot K_I = \frac{x_a(t_{m1})}{x_{e0} \cdot (t_{m1} - T_u)} = 4\,\mathrm{s}^{-1}$$

由在延迟时间 T_u 的阶跃响应函数值 $x_a(T_u) = 1.7$, 计算规一化的 x_u 值为

$$x_u = \frac{x_a(T_u)}{x_{e0} \cdot K_S \cdot K_I \cdot T_u} = 0.266$$

根据表 9.3-4 得到对于 $x_u = 0.2707$ 的具有 $n = 2$ 个相同滞后时间常数的积分环节. 在传递函数中 K_S, K_I 值只能作为乘积给出：

$$T_1 = \frac{T_u}{n} = 0.4\,\mathrm{s}$$

$$G(s) = \frac{x_a(s)}{x_e(s)} = \frac{K_S \cdot K_I}{(1 + T_1 \cdot s)^2 \cdot s} = \frac{4\,\mathrm{s}^{-1}}{(1 + 0.4\,\mathrm{s} \cdot s)^2 \cdot s}$$

在信号流图中将 K_S 和 K_I 综合在一起：

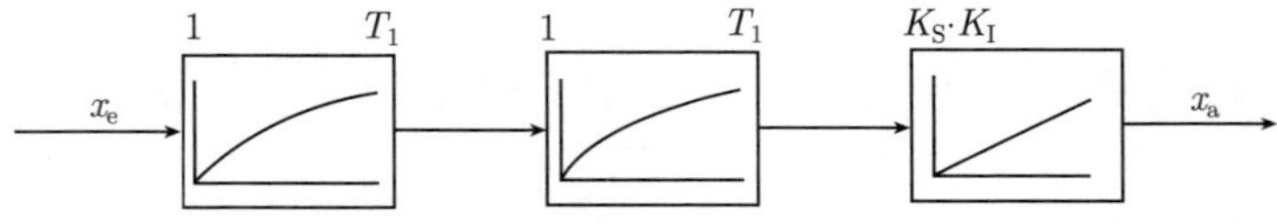

$\mathrm{IT_t}$ 被调节对象阶跃响应如图 9.3-34 所示.

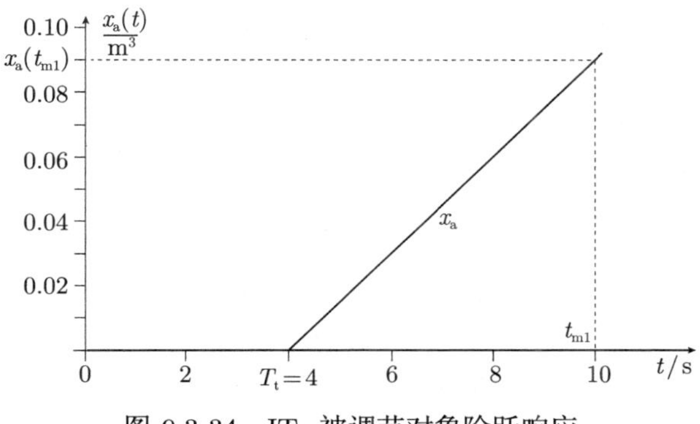

图 9.3-34 IT$_t$ 被调节对象阶跃响应

9.3.4.4 具有时延的积分环节的辨识

在具有时延的积分环节情况, 其阶跃响应函数被移动时延. 为了辨识应从阶跃响应函数中分离出时延, 并按 9.3.4.2 节, 9.3.4.3 节求 I 和 IT$_1$ 部分.

例 9.3-17 通过传送带将材料装进容器. 材料流入量与输入量 $x_e(t)$ 对应. 而运入容器的容积与 $x_a(t)$ 对应. 对于材料流入量阶跃变化绘制阶跃响应 (图 9.3-17).

阶跃响应在运行时延 $T_t = 4$ s 之后上升, 由斜坡函数确定对于 $t_{m1} = 10.0$ s 的被调节对象增益.

阶跃接入:

$$x_e(t) = x_{e0} \cdot E(t), \quad x_e(s) = \frac{x_{e0}}{s}, \quad x_{e0} = 0.01\,\mathrm{m}^3 \cdot \mathrm{s}^{-1}$$

计算增益:

测量点 $t_{m1} = 10$ s, $x_a(t_{m1}) = 0.09\,\mathrm{m}^3$:

$$K_I = \frac{x_a(t_{m1})}{x_{e0} \cdot (t_{m1} - T_t)} = 1.5$$

传递函数:

$$G(s) = \frac{x_a(s)}{x_e(s)} = \mathrm{e}^{-T_t s} \cdot \frac{K_I}{s} = \frac{1.5 \cdot \mathrm{e}^{-4s}}{s}$$

信号流图:

1 T_t K_I

x_e x_a

9.4 基本传递环节的阶跃响应, 辨识方程和数学描述

9.4.1 导言

对于基本传递环节在 9.4.2 节中以图表形式给出具有特征参量的**非参数模型阶**

跃响应函数(nichtparametrische Modell Sprungantwortfunktion). 借助阶跃响应特征由模型推导出环节类型. 由辨识方程可确定传递环节参数. 对此可得到**参数模型(parametrisches Modell)**, 它们在 9.4.2 节中用数学描述形式给出微分方程, 频率特性函数和传递函数.

9.4.2　传递环节的阶跃响应函数和数学模型汇编

表示基本传递环节辨识法是从测量并总被表示成阶跃响应出发. 由高度为 x_{e0} 阶跃接入产生阶跃响应, 给出环节的阶跃响应函数特征、方程及待求的参数. 其特征有阶跃响应函数的初值、终值和最大值, 阶跃响应函数导数初值, 还有延迟时间和平衡时间.

辨识方程给出阶跃响应特征与特征量之间的关系, 微分方程、频率特性函数和传递函数的参数. 对于每个环节类型都示范地计算参数值. 参数模型微分方程、频率特性函数和传递函数, 同样还有信号流图符号, 都用参数一般形式给出, 如图 9.4-1～ 图 9.4-13 所示.

9.4.3　小结

用阶跃函数辨识对于调节技术的实践显现出其优越性. 阶跃函数可通过简单的开关操作过程来产生. 由测量的响应函数进行求值, 并用简单作图法 (如像作切线) 代替大量运算 (如像响应函数微分). 用简单公式从读出的阶跃响应特征计算数学模型参数.

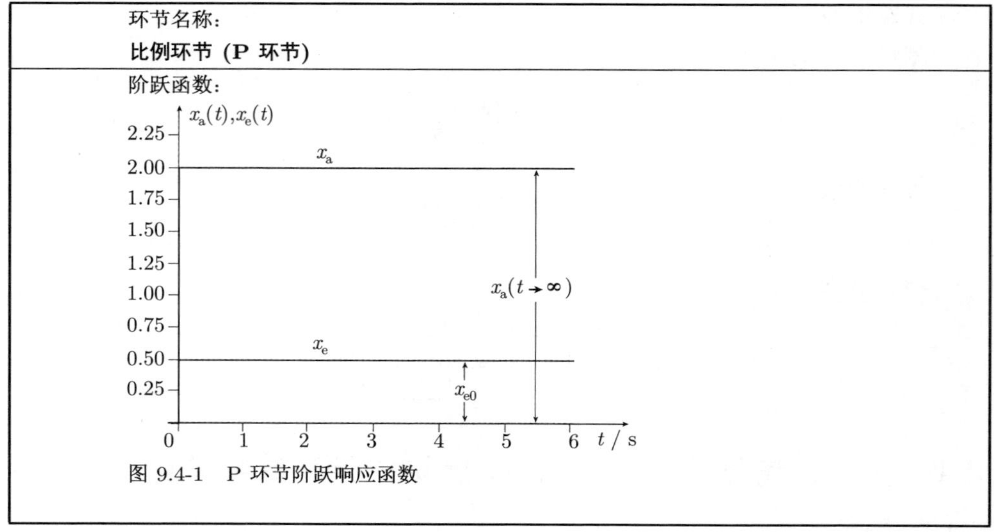

图 9.4-1　P 环节阶跃响应函数

阶跃响应函数方程和特征：

$x_{\mathrm{a}}(t) = K_{\mathrm{P}} \cdot x_{\mathrm{e0}} \cdot E(t)$,

$x_{\mathrm{a}}(t=0) \neq 0$, $x_{\mathrm{a}}(t \to \infty) = \mathrm{konst} \neq 0 \neq \infty$

传递环节参数：

比例增益 K_{P}

辨识方程：

$x_{\mathrm{e0}} = 0.5$, $x_{\mathrm{a}}(t \to \infty) = 2.0$,

$$K_{\mathrm{P}} = \frac{x_{\mathrm{a}}(t \to \infty)}{x_{\mathrm{e0}}} = 4.0$$

环节方程：

$x_{\mathrm{a}}(t) = K_{\mathrm{P}} \cdot x_{\mathrm{e}}(t)$

频率特性函数，传递函数：

$F(\mathrm{j}\omega) = K_{\mathrm{P}}$, $G(s) = K_{\mathrm{P}}$

信号流图符号：

K_{P}, x_{e}, x_{a}

辨识方法评语：

当在调节回路中存在很大的时间常数时，可忽略小的比例环节滞后时间常数

环节名称：

具有 I 阶滞后的比例环节 ($\mathbf{PT_1}$环节)

阶跃响应函数：

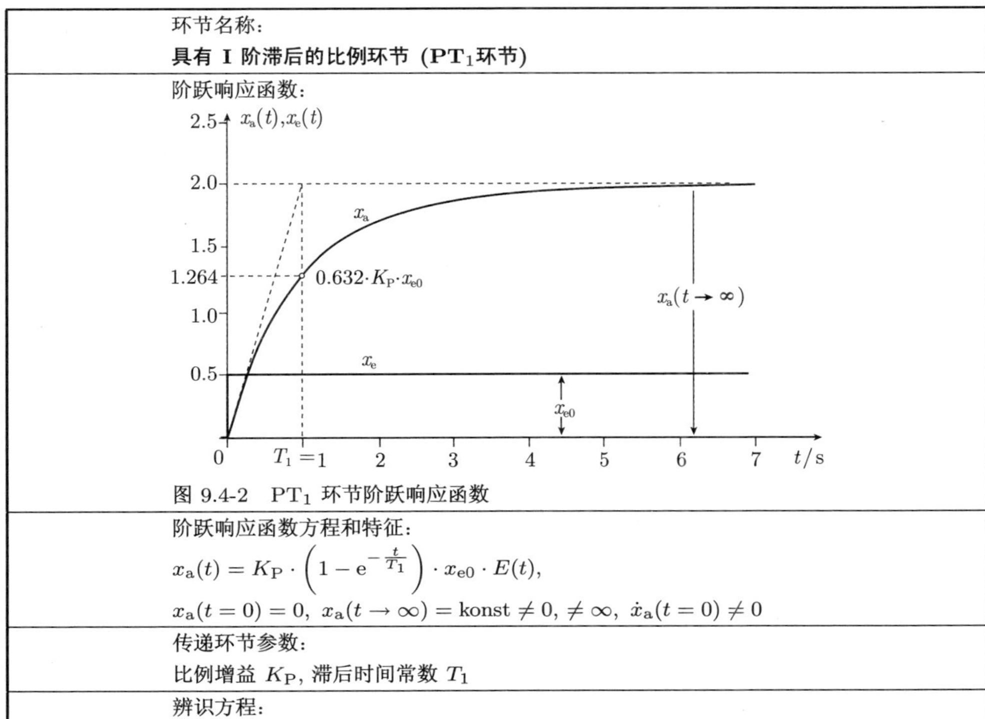

图 9.4-2 $\mathrm{PT_1}$ 环节阶跃响应函数

阶跃响应函数方程和特征：

$x_{\mathrm{a}}(t) = K_{\mathrm{P}} \cdot \left(1 - \mathrm{e}^{-\frac{t}{T_1}}\right) \cdot x_{\mathrm{e0}} \cdot E(t)$,

$x_{\mathrm{a}}(t=0) = 0$, $x_{\mathrm{a}}(t \to \infty) = \mathrm{konst} \neq 0, \neq \infty$, $\dot{x}_{\mathrm{a}}(t=0) \neq 0$

传递环节参数：

比例增益 K_{P}，滞后时间常数 T_1

辨识方程：

$x_{\mathrm{e0}} = 0.5$, $x_{\mathrm{a}}(t \to \infty) = 2.0$,

$$K_{\mathrm{P}} = \frac{x_{\mathrm{a}}(t \to \infty)}{x_{\mathrm{e}0}} = 4.0, \quad T_1 = \frac{x_{\mathrm{a}}(t \to \infty)}{\dot{x}_{\mathrm{a}}(t = 0)}$$

作图求 T_1:$T_1 = 1.0\ \mathrm{s}$

微分方程:

$$T_1 \cdot \frac{\mathrm{d}x_{\mathrm{a}}(t)}{\mathrm{d}t} + x_{\mathrm{a}}(t) = K_{\mathrm{P}} \cdot x_{\mathrm{e}}(t)$$

频率特性函数, 传递函数:

$$F(\mathrm{j}\omega) = \frac{K_{\mathrm{P}}}{1 + \mathrm{j}\omega \cdot T_1}, \quad G(s) = \frac{K_{\mathrm{P}}}{1 + T_1 \cdot s}$$

信号流图符号:

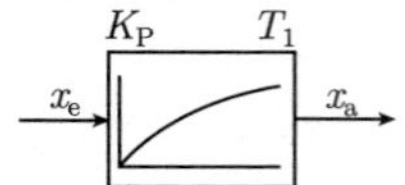

辨识方法评语:

滞后时间常数 T_1 一般通过作切线绘图确定, 将切线与 $x_{\mathrm{a}}(t)$ 的切点和与时间轴平行线 $x_{\mathrm{a}}(t \to \infty)$ 的交点投影到时间轴上, 在那里读出时间常数 T_1, 切线可位于阶跃响应 $x_{\mathrm{a}}(t)$ 任意位置, 本法最精确是在 $x_{\mathrm{a}}(t = 0)$.

确定时间常数 T_1 的另一方法求在时间 $t = T_1$ 的阶跃响应函数值:

$$\begin{aligned} x_{\mathrm{a}}(t = T_1) &= K_{\mathrm{P}} \cdot x_{\mathrm{e}0} \cdot \left(1 - \mathrm{e}^{-\frac{T_1}{T_1}}\right) = K_{\mathrm{P}} \cdot x_{\mathrm{e}0} \cdot (1 - \mathrm{e}^{-1}) \\ &= 0.632 \cdot K_{\mathrm{P}} \cdot x_{\mathrm{e}0} = 0.632 \cdot x_{\mathrm{a}}(t \to \infty) \end{aligned}$$

阶跃响应函数达到终值 63%的时间对应时间常数 T_1

环节名称:

具有 I 阶滞后的比例微分环节

($T_{\mathrm{V}} > T_{\mathrm{I}}$), (PDT$_1$**环节**)

阶跃响应函数:

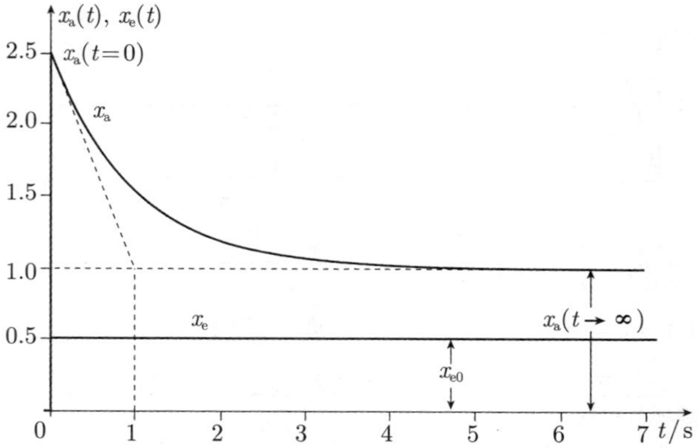

图 9.4-3　PDT$_1$ 环节阶跃响应函数

阶跃响应函数方程和特征:

$$x_a(t) = K_P \cdot \left(1 - \left(1 - \frac{T_V}{T_1}\right) \cdot e^{-\frac{t}{T_1}}\right) \cdot x_{e0} \cdot E(t), \quad \frac{T_V}{T_1} > 1$$

$x_a(t=0) \neq 0,\ x_a(t \to \infty) = \text{konst} \neq 0, \neq \infty,\ x_a(t=0) > x_a(t \to \infty)$

传递环节参数:

比例增益 K_P,

超前时间常数 T_V, 滞后时间常数 T_1

辨识方程:

$x_{e0} = 0.5,\ x_a(t=0) = 2.5,\ x_a(t \to \infty) = 1.0$

$$K_P = \frac{x_a(t \to \infty)}{x_{e0}} = 2.0$$

$$T_1 = \frac{x_a(t \to \infty) - x_a(t=0)}{\dot{x}_a(t=0)}, \quad T_V = \frac{T_1 \cdot x_a(t=0)}{K_P \cdot x_{e0}} = 2.5\,\text{s}$$

绘图求 T_1, $T_1 = 1.0$ s

微分方程:

$$T_1 \cdot \frac{dx_a(t)}{dt} + x_a(t) = K_P \cdot \left[T_V \cdot \frac{dx_e(t)}{dt} + x_e(t)\right]$$

频率特性函数, 传递函数:

$$F(j\omega) = K_P \cdot \frac{1 + j\omega \cdot T_V}{1 + j\omega \cdot T_1}, \quad G(s) = K_P \cdot \frac{1 + T_V \cdot s}{1 + T_1 \cdot s}$$

信号流图符号:

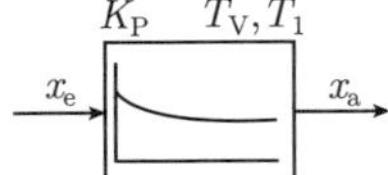

辨识方法评语:

滞后时间常数 T_1 一般通过作切线绘图确定. 将切线与 $x_a(t)$ 的切点和与时间轴平行线 $x_a(t \to \infty)$ 的交点投影到时间轴上, 在那里读出时间常数 T_1, 切线可位于阶跃响应 $x_a(t)$ 任意位置, 本法最精确是在 $x_a(t=0)$

环节名称:

具有 I 阶滞后的比例微分环节

($T_V < T_1$), ($\mathbf{PPT_1}$环节)

阶跃响应函数:

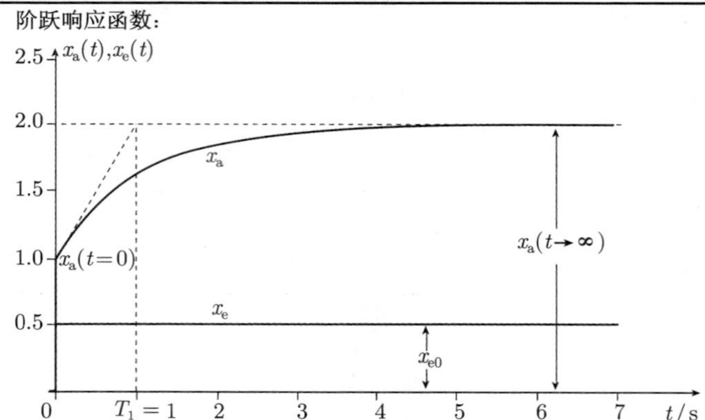

图 9.4-4 PPT$_1$ 环节阶跃响应函数

阶跃响应函数方程和特征:

$$x_a(t) = K_P \cdot \left(1 - \left(1 - \frac{T_V}{T_1}\right) \cdot e^{-\frac{t}{T_1}}\right) \cdot x_{e0} \cdot E(t), \quad \frac{T_V}{T_1} < 1,$$

$x_a(t=0) \neq 0,\ x_a(t \to \infty) = \text{konst} \neq 0,\ \neq \infty,\ x_a(t=0) < x_a(t \to \infty)$

传递环节参数:

比例增益 K_P,

超前时间常数 T_V, 滞后时间常数 T_1

辨识方程:

$x_{e0} = 0.5,\ x_a(t=0) = 1.0,\ x_a(t \to \infty) = 2.0$

$$K_P = \frac{x_a(t \to \infty)}{x_{e0}} = 4.0$$

$$T_1 = \frac{x_a(t \to \infty) - x_a(t=0)}{\dot{x}_a(t=0)}, \quad T_V = \frac{T_1 \cdot x_a(t=0)}{K_P \cdot x_{e0}} = 0.5\,\text{s}$$

绘图求 T_1, $T_1 = 1.0$ s

微分方程:

$$T_1 \cdot \frac{dx_a(t)}{dt} + x_a(t) = K_P \cdot \left[T_V \cdot \frac{dx_e(t)}{dt} + x_e(t)\right]$$

频率特性函数, 传递函数:

$$F(j\omega) = K_P \cdot \frac{1 + j\omega \cdot T_V}{1 + j\omega \cdot T_1}, \quad G(s) = K_P \cdot \frac{1 + T_V \cdot s}{1 + T_1 \cdot s}$$

信号流图符号:

辨识方法评语:

滞后时间常数 T_1 一般通过作切线绘图确定, 将切线与 $x_a(t)$ 的切点和与时间轴平行线 $x_a(t \to \infty)$ 的交点投影到时间轴上, 在那里读出时间常数 T_1, 切线可位于阶跃响应 $x_a(t)$ 任意位置, 本法最精确是在 $x_a(t=0)$

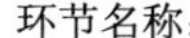

环节名称：

比例时延环节 ($\mathbf{PT_t}$ 环节)

阶跃响应函数：

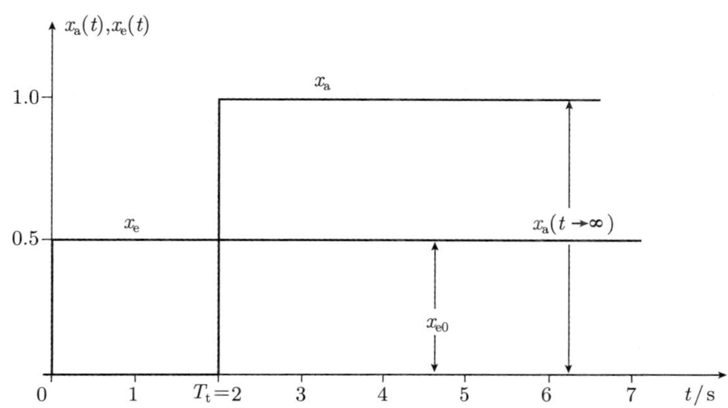

图 9.4-5 $\mathrm{PT_t}$ 环节阶跃响应函数

阶跃响应函数方程和特征：

$x_a(t) = K_P \cdot x_{e0} \cdot E(t - T_t)$,

$x_a(t = 0) = 0,\ x_a(t \to \infty) = \text{konst} \neq 0,\ \neq \infty$,

$x_a(t)$ 相对 $x_e(t)$ 时间上被位移.

传递环节参数：

比例增益 K_P,

时延 T_t

辨识方程：

$x_{e0} = 0.5,\ x_a(t = T_t) = 1.0,\ x_a(t \to \infty) = 1.0$

$$K_P = \frac{x_a(t \to \infty)}{x_{e0}} = 2.0$$

绘图求 T_t:$T_t = 2.0$ s

方程：

$x_a(t) = K_P \cdot x_e(t - T_t) \cdot E(t - T_t), \quad E(t - T_t) = 1,\ t > T_t$

频率特性函数，传递函数：

$F(\mathrm{j}\omega) = K_P \cdot \mathrm{e}^{-\mathrm{j}\omega T_t}, \quad G(s) = K_P \cdot \mathrm{e}^{-sT_t}$

信号流图符号：

K_P T_t

x_e x_a

辨识方法评语：

时延常数 T_t 由输出和输入信号时间位移来确定

环节名称:

具有两个共轭复数极点的 II 阶滞后比例环节 (PT_2 环节)

阶跃响应函数:

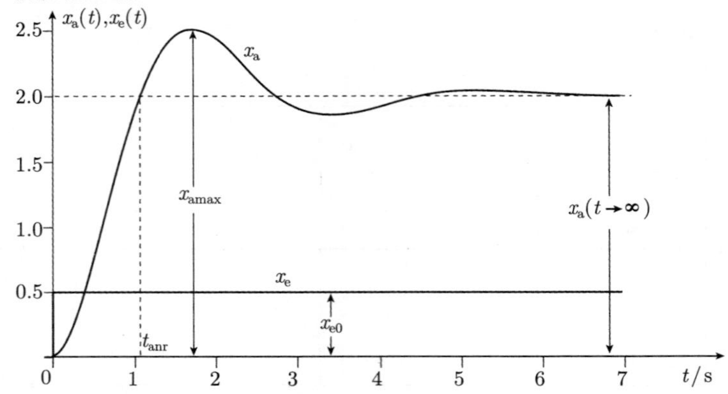

图 9.4-6 PT_2 环节阶跃响应函数

阶跃响应函数方程和特征:

$$x_a(t) = K_P \cdot \left[1 - \frac{e^{-D\omega_0 t}}{\sqrt{1-D^2}} \cdot \sin\left(\omega_0 \cdot \sqrt{1-D^2} \cdot t + \arccos(D)\right)\right] \cdot x_{e0} \cdot E(t)$$

$x_a(t=0) = 0,\ x_{amax} > x_a(t\to\infty),\ x_a(t\to\infty) = \text{konst} \neq 0,\ \neq \infty$

拐点, 超调量 $\ddot{u} \neq 0$, 初调时间 t_{anr}

传递环节参数:

比例增益 K_P,

阻尼比 D, 特征角频率 ω_0

辨识方程:

$x_{e0} = 0.5,\ t_{anr} = 1.1\,\text{s},\ x_{amax} = 2.5,\ x_a(t\to\infty) = 2.0$

$$K_P = \frac{x_a(t\to\infty)}{x_{e0}} = 4.0, \quad \ddot{u} = \frac{x_{amax} - x_a(t\to\infty)}{x_a(t\to\infty)} = 25.0\,\%$$

$$D = \frac{1}{\sqrt{1+\left(\dfrac{\pi}{\ln(\ddot{u})}\right)^2}} = 0.404, \quad \omega_0 = \frac{\pi - \arccos(D)}{t_{anr} \cdot \sqrt{1-D^2}} = 1.97\,\text{s}^{-1}$$

微分方程:

$$\frac{1}{\omega_0^2} \cdot \frac{d^2 x_a(t)}{dt^2} + \frac{2\cdot D}{\omega_0} \cdot \frac{dx_a(t)}{dt} + x_a(t) = K_P \cdot x_e(t)$$

频率特性函数, 传递函数:

$$F(j\omega) = \frac{K_P \cdot \omega_0^2}{\omega_0^2 + 2\cdot D\cdot \omega_0 \cdot j\omega + (j\omega)^2}, \quad G(s) = \frac{K_P \cdot \omega_0^2}{\omega_0^2 + 2\cdot D \cdot \omega_0 \cdot s + s^2}$$

信号流图符号：

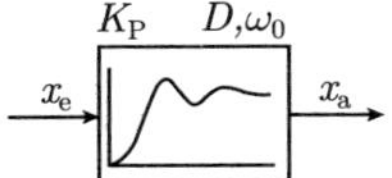

辨识方法评语：

在初调时间 t_{anr} 时阶跃响应第一次达到终值 $x_a(t\to\infty)$

环节名称：

具有两个不同实数极点的 II 阶滞后比例环节 (PT_2 环节)

阶跃响应函数：

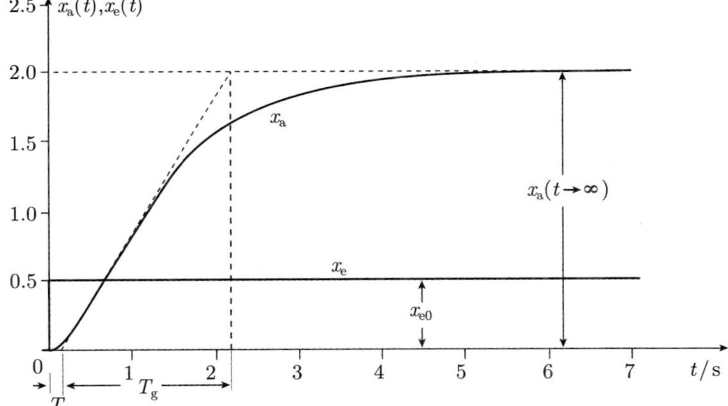

图 9.4-7 PT_2 环节阶跃响应函数

阶跃响应函数方程和特征：

$$x_a(t)=K_P\cdot\left[1-\frac{T_1\cdot e^{-\frac{t}{T_1}}-T_2\cdot e^{-\frac{t}{T_2}}}{T_1-T_2}\right]\cdot x_{e0}\cdot E(t),\quad T_1\neq T_2$$

$x_a(t=0)=0,\ x_a(t\to\infty)=\text{konst}\neq 0,\ \neq\infty$

拐点, 无超调量, $\ddot{u}=0$

延迟时间 T_u, 平衡时间 T_g, $\dfrac{T_u}{T_g}<0.1036$

传递环节参数：

比例增益 K_P

时间常数 T_1, T_2, $(T_1\neq T_2)$

辨识方程：

$x_{e0}=0.5,\ x_a(t\to\infty)=2.0$

$T_u=0.193\,\text{s},\ T_g=2.0\,\text{s},\ \dfrac{T_u}{T_g}=0.0965$

$$K_{\mathrm{P}} = \frac{x_{\mathrm{a}}(t \to \infty)}{x_{\mathrm{e0}}} = 4.0$$

$$\alpha = \frac{T_2}{T_1} = f\left(\frac{T_{\mathrm{u}}}{T_{\mathrm{g}}}\right) = 0.5 \text{ 由图 9.3-20}$$

$$\frac{T_{\mathrm{g}}}{T_1} = f\left(\frac{T_{\mathrm{u}}}{T_{\mathrm{g}}}\right) = 2.0 \text{ 由图 9.3-22}$$

$T_1 = 1.0\,\mathrm{s},\ T_2 = 0.5\,\mathrm{s}$

微分方程:

$$T_1 \cdot T_2 \cdot \frac{\mathrm{d}^2 x_{\mathrm{a}}(t)}{\mathrm{d}t^2} + (T_1 + T_2) \cdot \frac{\mathrm{d}x_{\mathrm{a}}(t)}{\mathrm{d}t} + x_{\mathrm{a}}(t) = K_{\mathrm{P}} \cdot x_{\mathrm{e}}(t)$$

频率特性函数, 传递函数:

$$F(\mathrm{j}\omega) = \frac{K_{\mathrm{P}}}{(1+\mathrm{j}\omega \cdot T_1)\cdot(1+\mathrm{j}\omega \cdot T_2)},\quad G(s) = \frac{K_{\mathrm{P}}}{(1+T_1 \cdot s)\cdot(1+T_2 \cdot s)}$$

信号流图符号:

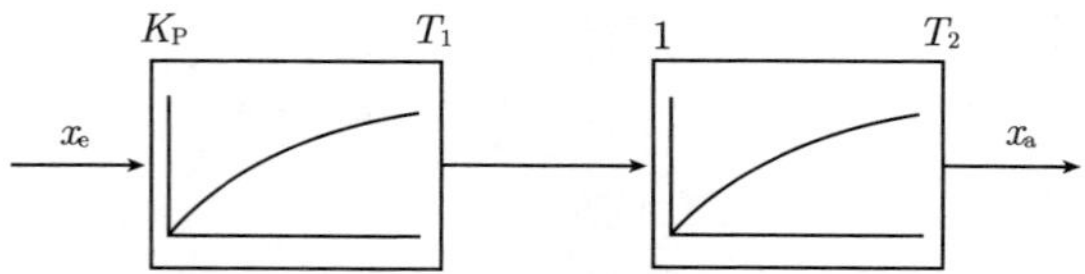

辨识方法评语:

延迟时间 T_{u} 和平衡时间 T_{g} 通过在拐点作切线绘图确定

环节名称:

具有 n 个相同实数极点 n 阶滞后比例环节 ($\mathbf{PT}_n$ 环节)

阶跃响应函数:

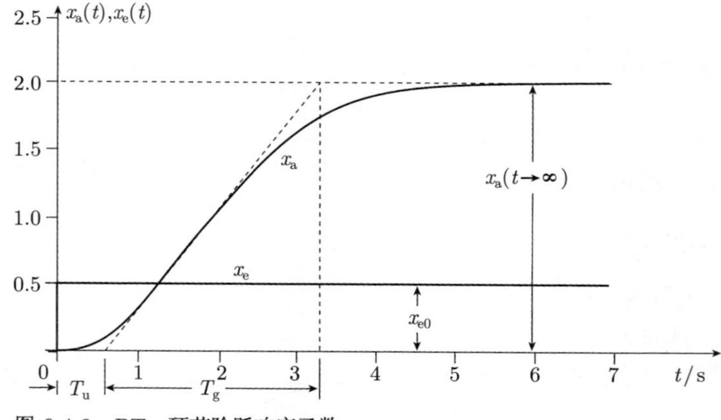

图 9.4-8　PT_n 环节阶跃响应函数

阶跃响应函数方程和特征：

$$x_{\mathrm{a}}(t) = K_{\mathrm{P}} \cdot \left[1 - \mathrm{e}^{-\frac{t}{T_1}} \cdot \sum_{i=0}^{n-1} \frac{\left(\frac{t}{T_1}\right)^i}{i!} \right] \cdot x_{\mathrm{e0}} \cdot E(t)$$

$x_{\mathrm{a}}(t=0)=0,\ x_{\mathrm{a}}(t\to\infty)=\mathrm{konst}\neq 0,\ \neq\infty$

拐点，无超调量，$\ddot{u}=0$

延迟时间 T_{u}，平衡时间 T_{g}，$\dfrac{T_{\mathrm{u}}}{T_{\mathrm{g}}} \geqslant 0.1036$

传递环节参数：

比例增益 K_{P}

n 个相同时间常数 T_1

辨识方程：

$x_{\mathrm{e0}}=0.5,\ x_{\mathrm{a}}(t\to\infty)=2.0$

$T_{\mathrm{u}}=0.6\,\mathrm{s},\ T_{\mathrm{g}}=2.77\,\mathrm{s}$

$$K_{\mathrm{P}} = \frac{x_{\mathrm{a}}(t\to\infty)}{x_{\mathrm{e0}}} = 4.0, \quad \frac{T_{\mathrm{u}}}{T_{\mathrm{g}}} = 0.217$$

$n = f\left(\dfrac{T_{\mathrm{u}}}{T_{\mathrm{g}}}\right) = 3$ 由表 9.3-2,

$\dfrac{T_{\mathrm{g}}}{T_1} = f(n) = 3.6945$ 由表 9.3-2, $T_1 = 0.75$ s.

微分方程：

$$T_1^n \cdot \frac{\mathrm{d}^n x_{\mathrm{a}}(t)}{\mathrm{d}t^n} + \cdots + x_{\mathrm{a}}(t) = K_{\mathrm{P}} \cdot x_{\mathrm{e}}(t)$$

频率特性函数，传递函数：

$$F(\mathrm{j}\omega) = \frac{K_{\mathrm{P}}}{(1+\mathrm{j}\omega\cdot T_1)^n}, \quad G(s) = \frac{K_{\mathrm{P}}}{(1+T_1\cdot s)^n}$$

信号流图符号：

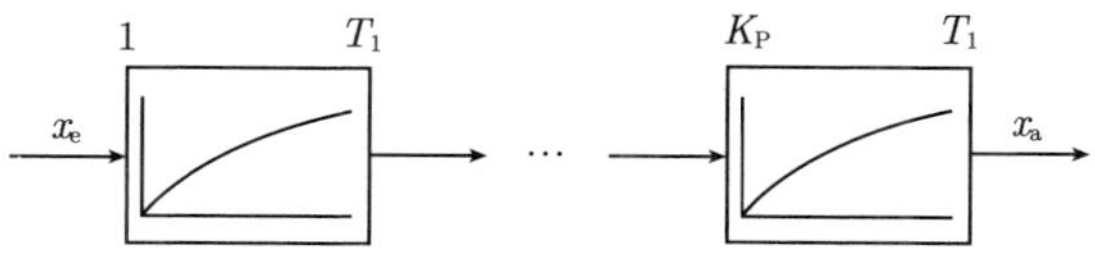

辨识方法评语：

延迟时间 T_{u} 和平衡时间 T_{g} 通过在拐点作切线绘图确定

环节名称:

积分环节 (I 环节)

阶跃响应函数:

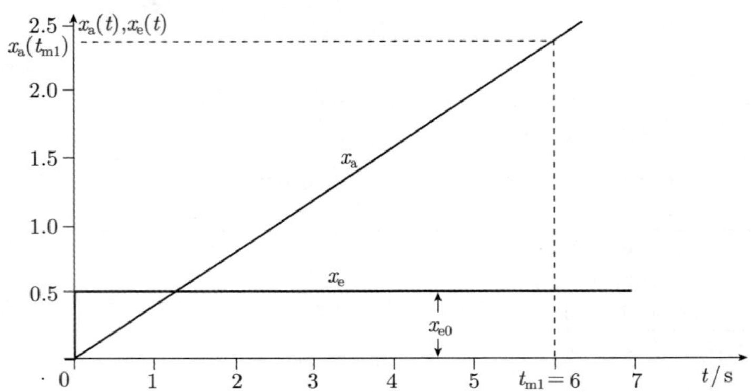

图 9.4-9 I 环节阶跃响应函数

阶跃响应函数方程和特征:

$$x_a(t) = K_I \cdot t \cdot x_{e0} \cdot E(t), \quad x_a(t) = \frac{t}{T_I} \cdot x_{e0} \cdot E(t)$$

$x_a(t=0)=0$, $x_a(t\to\infty)$ 趋于无穷 $\to\infty$, $\dot{x}_a(t=0)\neq 0$

传递环节参数:

积分增益 K_I 或积分时间常数 T_I

辨识方程:

$$x_{e0}=0.5,\ t_{m1}=6.0\,\mathrm{s},\ x_a(t_{m1})=2.4$$

$$K_I = \frac{x_a(t_{m1})}{x_{e0}\cdot t_{m1}} = 0.8\,\mathrm{s}^{-1}, \quad T_I = \frac{x_{e0}\cdot t_{m1}}{x_a(t_{m1})} = 1.25\,\mathrm{s}$$

微分方程:

$$\frac{\mathrm{d}x_a(t)}{\mathrm{d}t} = K_I \cdot x_e(t), \quad T_I \cdot \frac{\mathrm{d}x_a(t)}{\mathrm{d}t} = x_e(t)$$

频率特性函数, 传递函数:

$$F(\mathrm{j}\omega) = \frac{K_I}{\mathrm{j}\omega}, \quad G(s) = \frac{K_I}{s}, \quad F(\mathrm{j}\omega) = \frac{1}{\mathrm{j}\omega\cdot T_I}, \quad G(s) = \frac{1}{T_I\cdot s}$$

信号流图符号:

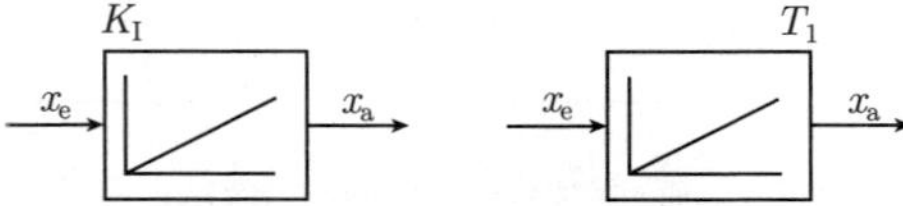

辨识方法评语:

当输入量和输出量具有相同量纲时, 积分时间常数 T_I 才能确定, 这也可通过输入量和输出量归一化达到

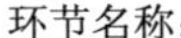

环节名称:

具有 I 阶滞后积分环节 (IT_1 环节)

阶跃响应函数:

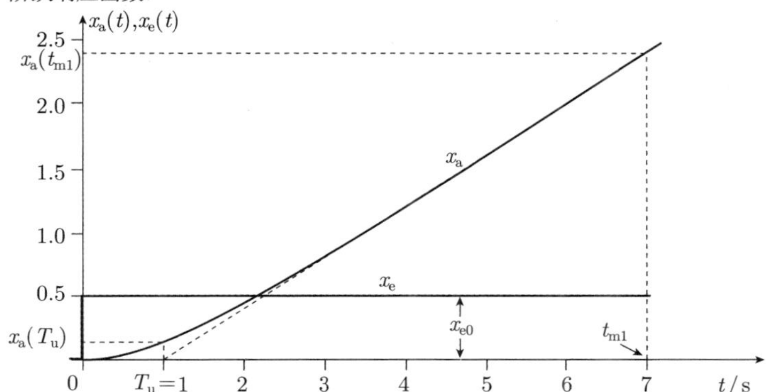

图 9.4-10 IT_1 环节阶跃响应函数

阶跃响应函数方程和特征:

$$x_a(t)=K_S\cdot K_I\cdot\left[t-T_1\cdot\left(1-e^{-\frac{t}{T_1}}\right)\right]\cdot x_{e0}\cdot E(t)$$

$x_a(t=0)=0,\ x_a(t\to\infty)$ 趋于无穷 $\to\infty,\ \dot{x}_a(t=0)=0$

传递环节参数:

积分增益 $K_S\cdot K_I$ 或 K_S/T_I, 时间常数 T_1

辨识方程:

$x_{e0}=0.5,\ T_u=1.0\,\text{s},\ x_a(T_u)=0.145$

$t_{m1}=7.0\,\text{s},\ x_a(t_{m1})=2.4$

$$K_S\cdot K_I=\frac{x_a(t_{m1})}{x_{e0}\cdot(t_{m1}-T_u)}=0.8\,\text{s}^{-1},\quad x_u=\frac{x_a(T_u)}{x_{e0}\cdot K_S\cdot K_I}=0.3625$$

$n(x_u)=1$ (表 9.3-4)

$$T_1=\frac{T_u}{n}=1.0\,\text{s}$$

对于 IT_1-环节必须是 $x_u\approx 0.3679$(表 9.3-4).

微分方程:

$$T_1\cdot\frac{\mathrm{d}x_a(t)}{\mathrm{d}t}+x_a(t)=K_S\cdot K_I\cdot\int x_e(t)\mathrm{d}t,$$

频率特性函数, 传递函数:

$$F(\mathrm{j}\omega)=\frac{K_S}{1+\mathrm{j}\omega\cdot T_1}\cdot\frac{K_I}{\mathrm{j}\omega},\quad G(s)=\frac{K_S}{1+T_1\cdot s}\cdot\frac{K_I}{s}$$

信号流图符号:

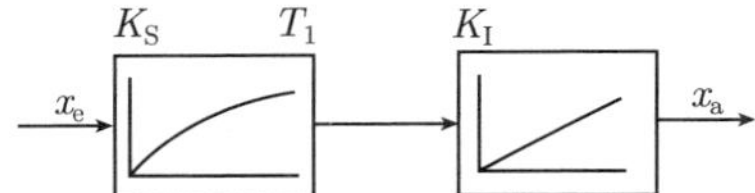

辨识方法评语:

对于 IT_1 环节规一化量是 $x_u = 0.3679$. 为了确定 $K_S \cdot K_I$ 应当选择测量时间 $t_{m1} \gg T_1 = T_u$, 在这种情况下 $x_a(t)$ 主要取决于稳态解:

$x_a(t_{m1}) \approx K_S \cdot K_I \cdot (t_{m1} - T_1) \cdot x_{e0}$

环节名称:

具有时延的积分环节 (IT_t 环节)

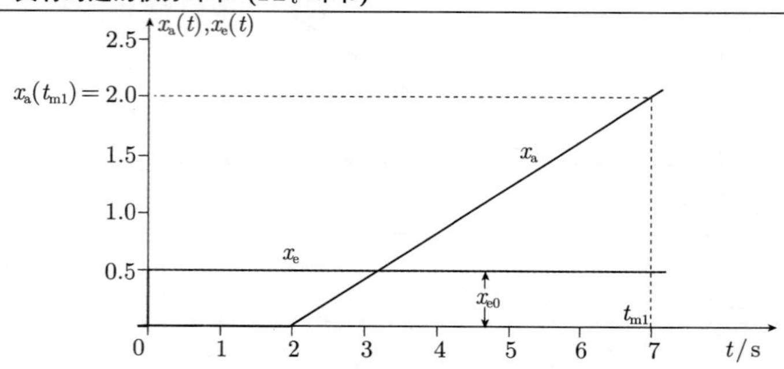

图 9.4-11　IT_t 环节阶跃响应函数

阶跃响应函数方程和特征:

$x_a(t) = K_I \cdot x_{e0} \cdot (t - T_t) \cdot E(t - T_t),\ E(t - T_t) = 1$ 对于 $t > T_t$

$x_a(t = 0) = 0,\ x_a(t \to \infty)$ 趋于无穷 $\to \infty$

$x_a(t)$ 为位移斜坡函数.

传递环节参数:

积分增益 K_I, 时延 T_t

辨识方程:

$x_{e0} = 0.5,\ t_{m1} = 7.0\,\mathrm{s},\ x_a(t_{m1}) = 2.0$

作图求 T_t: $T_t = 2.0$ s

$$K_I = \frac{x_a(t_{m1})}{x_{e0} \cdot (t_{m1} - T_t)} = 0.8\,\mathrm{s}^{-1}$$

微分方程:

$$\frac{\mathrm{d}x_a(t)}{\mathrm{d}t} = K_I \cdot x_e(t - T_t) \cdot E(t - T_t),\ E(t - T_t) = 1,\ t > T_t$$

频率特性函数, 传递函数:

$$F(\mathrm{j}\omega) = \frac{K_I \cdot \mathrm{e}^{-\mathrm{j}\omega T_t}}{\mathrm{j}\omega},\quad G(s) = \frac{K_I \cdot \mathrm{e}^{-sT_t}}{s}$$

信号流图符号:

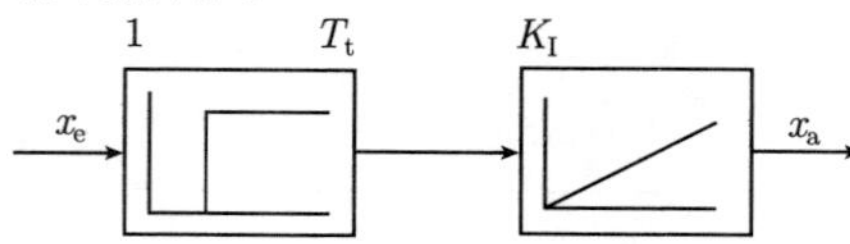

辨识方法评语:

时延 T_t 由输出斜坡函数与输入阶跃函数的时间位移来求, 必须选择测量时间 t_{m1} 大于 T_t

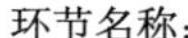

环节名称:

比例积分环节 (PI 环节)

阶跃响应函数:

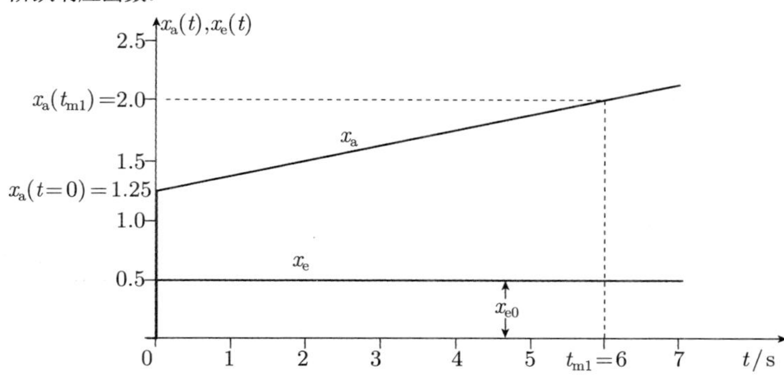

图 9.4-12 PI 环节阶跃响应函数

阶跃响应函数方程和特征:

$$x_a(t) = K_P \cdot \left(1 + \frac{t}{T_N}\right) \cdot x_{e0} \cdot E(t)$$

$x_a(t = 0) \neq 0$, $x_a(t \to \infty)$ 趋于无穷 $\to \infty$

传递环节参数:

比例增益 K_P, 调后时间 T_N

辨识方程:

$x_{e0} = 0.5$, $x_a(t = 0) = 1.25$, $t_{m1} = 6.0\,\mathrm{s}$, $x_a(t_{m1}) = 2.0$

$$K_P = \frac{x_a(t=0)}{x_{e0}} = 2.5, \quad T_N = \frac{x_a(t=0) \cdot t_{m1}}{x_a(t_{m1}) - x_a(t=0)} = 10.0\,\mathrm{s}$$

微分方程:

$$x_a(t) = K_P \cdot \left[x_e(t) + \frac{1}{T_N} \cdot \int x_e(t) \cdot \mathrm{d}t\right]$$

频率特性函数, 传递函数:

$$F(\mathrm{j}\omega) = \frac{K_P \cdot (1 + \mathrm{j}\omega \cdot T_N)}{\mathrm{j}\omega \cdot T_N}, \quad G(s) = \frac{K_P \cdot (1 + T_N \cdot s)}{T_N \cdot s}$$

信号流图符号:

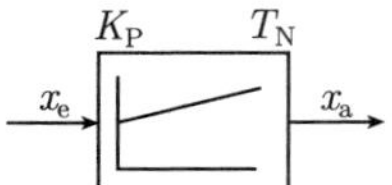

环节名称:

具有 I 阶滞后的微分环节 (DT_1 环节)

阶跃响应函数:

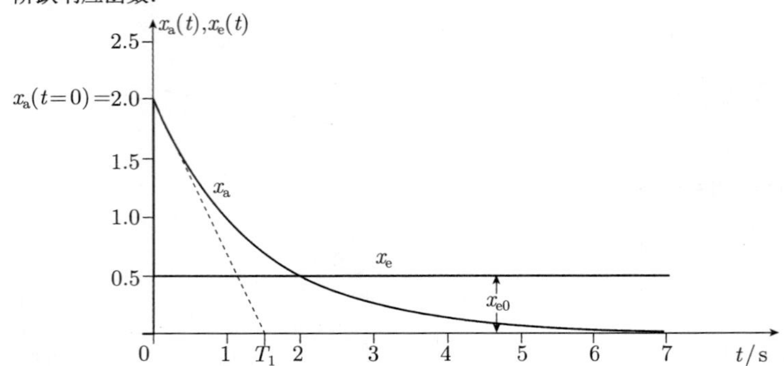

图 9.4-13 DT_1 环节阶跃响应函数

阶跃响应函数方程和特征:

$$x_a(t) = \frac{K_D}{T_1} \cdot e^{-\frac{t}{T_1}} \cdot x_{e0} \cdot E(t)$$

$x_a(t=0) \neq 0,\ x_a(t \to \infty) = 0,\ \dot{x}_a(t=0) \neq 0$

传递环节参数:

微分增益 K_D, 时间常数 T_1

辨识方程:

$x_{e0} = 0.5,\ x_a(t=0) = 2.0,$

$$T_1 = \frac{x_a(t \to \infty) - x_a(t=0)}{\dot{x}_a(t=0)}, \quad K_D = \frac{x_a(t=0)}{x_{e0}} \cdot T_1 = 6.0\,\mathrm{s}$$

绘图求 T_1:$T_1 = 1.5$ s

微分方程:

$$T_1 \cdot \frac{dx_a(t)}{dt} + x_a(t) = K_D \cdot \frac{dx_e(t)}{dt}$$

频率特性函数, 传递函数:

$$F(j\omega) = \frac{K_D \cdot j\omega}{1 + j\omega \cdot T_1}, \quad G(s) = \frac{K_D \cdot s}{1 + T_1 \cdot s}$$

信号流图符号:

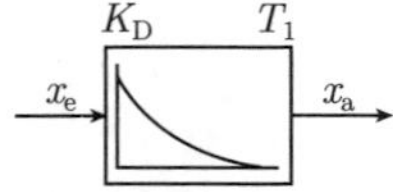

辨识方法评语:

滞后时间常数 T_1 一般通过作切线绘图确定. 将与 $x_a(t)$ 相切的切点和与时间轴平行线 $x_a(t \to \infty)$ 的交点投影到时间轴上, 在那里可读出时间常数 T_1, 切线可位于阶跃响应 $x_a(t)$ 任意位置, 本法最精确是在 $x_a(t=0)$

9.5 参数估计法辨识动态系统

9.5.1 随机过程模型概念

动态系统参数辨识一般用数字计算机进行. 在实验辨识时将根据数字计算机工作原理处理输入量和输出量时间离散采样值, 其中必须考虑出现随机的不可测量的或不可预测的对有效信号的扰动. 在提出这个任务时需引入用于参数辨识 (参数估计) 的统计方法.

为了建模, 这里应用由随机过程理论构建的过程模型. 具有离散时间的随机过程提供随机量序列. 一个纯随机序列可理解为离散的白噪声 (纯随机量). 在这些关系中随机的 MA、AR、ARMA、ARX、ARMAX 过程具有特殊意义, 他们的随机输入量是纯随机量.

为了在用随机信号辨识时应用, 引入 MA、AR 和 ARMA 模型. 如果还附加考虑确定性的输入信号, 那么应转入到 ARX、ARMAX 模型和其他模型形式. 后面说明模型类型, 其中主要描述与调节技术相关的模型.

9.5.2 MA 模型 (moving-average modell 滑动平均值模型)

用滑动平均值 (moving-average) 序列构建 MA 模型, 至采样时间点 kT 输出量 $y_k = y(kT)$ 的差分方程是由随机信号 (random signal) $r_k = r(kT)$ 的当前值和 m 个其前面采样时间点所得的值 r_{k-i}, $i = 1, \cdots, m$ 来确定.

MA 模型 (MA 过程) 的差分方程为

$$y_k = c_0 \cdot r_k + c_1 \cdot r_{k-1} + c_2 \cdot r_{k-2} + c_3 \cdot r_{k-3} + \cdots + c_m \cdot r_{k-m} = \sum_{i=0}^{m} c_i \cdot r_{k-i}$$

MA 模型用有限记忆来工作, 也就是说, 只将当前值 r_k 和 m 个前面值进入求 y_k. 故对此, 必须存储的 m 个前面值 $r_{k-1}, \cdots, r_{k-m}$ 称为记忆. 这里存在一个求滑动平均值问题, 因为, 至每个时间点永远只考虑最后 $m+1$ 个值. 在 MA 过程中 r_k 都对应一个不可测量的随机量, 其原理如图 9.5-7 所示.

如果应用 z 变换到差分方程, 同时用移位算子 z^{-1} 置换如下:

$$y_k \to y(z), \quad r_k \to r(z), \quad r_{k-1} \to z^{-1} \cdot r(z)$$

$$r_{k-2} \to z^{-2} \cdot r(z), \quad \cdots, \quad r_{k-m} \to z^{-m} \cdot r(z)$$

那么得到 z 变换方程

$$y(z) = \left[c_0 + c_1 \cdot z^{-1} + c_2 \cdot z^{-2} + c_3 \cdot z^{-3} + \cdots + c_m \cdot z^{-m}\right] \cdot r(z) = C(z^{-1}) \cdot r(z)$$

为此, MA 模型 (moving-everage model 滑动平均值模型) 的离散 z 传递函数为

$$G_{\mathrm{MA}}(z)=\frac{y(z)}{r(z)}=C(z^{-1})=c_0+c_1\cdot z^{-1}+c_2\cdot z^{-2}+c_3\cdot z^{-3}+\cdots+c_m\cdot z^{-m}$$

当不能进行精确求平均值时, 这样结构也被称为 MA 模型 (滑动平均值原理). 对此, 一个合适的名称为滑动和原理. MA 模型对应于时间离散传递系统的 z 扰动信号传递函数的分子多项式 $C(z^{-1})$.

例 9.5-1　为了平滑一个随机输入量, 试构造一个具有 $m=3$ 个相同加权的前面值的滤波器, $\mathrm{MA}(m)=\mathrm{MA}(3)$ 滤波器具有如下形式:

$$y_k=0.25\cdot r_k+0.25\cdot r_{k-1}+0.25\cdot r_{k-2}+0.25\cdot r_{k-3}=0.25\cdot\sum_{i=0}^{3}r_{k-i}$$

$$\begin{aligned}y(z)&=\left[0.25+0.25\cdot z^{-1}+0.25\cdot z^{-2}+0.25\cdot z^{-3}\right]\cdot r(z)\\&=\left[c_0+c_1\cdot z^{-1}+c_2\cdot z^{-2}+c_3\cdot z^{-3}\right]\cdot r(z)=C(z^{-1})\cdot r(z)\end{aligned}$$

$$G_{\mathrm{MA}}(z)=\frac{y(z)}{r(z)}=C(z^{-1})=0.25\cdot\left[1+z^{-1}+z^{-2}+z^{-3}\right]$$

对于随机输入序列 r_k 得到滑动平均值 y_k(图 9.5-1):

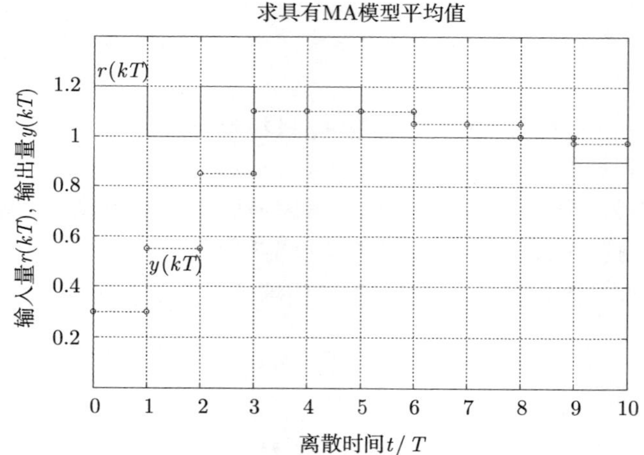

图 9.5-1　具有输入量 r_k, 输出量 y_k 的 MA 模型的工作原理

$$r_0 = 1.2,\quad r_1 = 1.0,\quad r_2 = 1.2,\quad r_3 = 1.0,\quad r_4 = 1.2$$

$$r_5 = 1.0,\quad r_6 = 1.0\quad r_7 = 1.0,\quad r_8 = 1.0,\quad \cdots$$

$$y_0 = 0.3,\quad y_1 = 0.55,\quad y_2 = 0.85,\quad y_3 = 1.1,\quad y_4 = 1.1$$

$$y_5 = 1.1,\quad y_6 = 1.05,\quad y_7 = 1.05,\quad y_8 = 1.0,\quad \cdots$$

```
%Mittelwertbildung mit einem MA-Modell, MA_Modell.m
%MA-Modell, moving-average model

T = 1;
r = [1.2 1.0 1.2 1.0 1.2 1.0 1.0 1.0 1.0 0.9 1.0];
G = tf([0.25 0.25 0.25 0.25], [1], T, 'Variable', 'z^-1');
t = 0:T:length(r)-1;
y = lsim (G, r, t);
stairs (t, r)
hold on
grid on
stairs (t, y, 'o')
stairs (t, y, ':')
axis ([0 10 0 1.4])
title ('Mittelwertbildung mit einem MA-Modell')
xlabel ('diskrete Zeit t/T')
ylabel ('Eingangsgré r(kT), Ausgangsgré y(kT)')
```

程序中的德文译文:

1. %Mittelwertbildung mit einem MA-Modell, MA_Modell.m (求具有 MA-模型的平均值 MA_Modell.m)
2. %MA-Modell, moving-average model (MA-模型, 滑动-平均值模型)
3. Variable (变量)
4. Mittelwertbildung mit einem MA-Modell (求 MA-模型的平均值)
5. diskrete Zeit t/T (离散时间 t/T)
6. Eingangsgré (输入量)
7. Ausgangsgré (输出量)

9.5.3 AR 模型 (auto-regressive modell 自回归模型)

在已经计算的模型输出量数据上获取自回归 (自相关) 模型. 输出量当前值

$y_k = y(kT)$ 仅取决于输出量前面的值 y_{k-i}, $i = 1, \cdots, n$ 和输入量的当前值 r_k. 在 AR 过程中 r_k 与一个纯随机量相对应.

AR 模型差分方程为

$$y_k + a_1 \cdot y_{k-1} + a_2 \cdot y_{k-2} + a_3 \cdot y_{k-3} + \cdots + a_n \cdot y_{k-n} = r_k$$

如果应用 z 变换, 那么, 如像 9.5.2 节那样用移位算子 z^{-1}, 差分方程变换为

$$\left[1+a_1\cdot z^{-1}+a_2\cdot z^{-2}+a_3\cdot z^{-3}+\cdots+a_n\cdot z^{-n}\right]\cdot y(z)=A(z^{-1})\cdot y(z)=r(z).$$

AR 模型离散 z 传递函数为

$$\begin{aligned} G_{\mathrm{AR}}(z) &= \frac{y(z)}{r(z)} = \frac{1}{A(z^{-1})} \\ &= \frac{1}{1 + a_1 \cdot z^{-1} + a_2 \cdot z^{-2} + a_3 \cdot z^{-3} + \cdots + a_n \cdot z^{-n}} \end{aligned}$$

这样模型结构称为 AR 模型 (AR 过程). AR 模型主要与离散时间传递系统的 z 扰动信号传递函数分母多项式 $A(z^{-1})$ 相对应.

例 9.5-2　对于具有系数 $a_1 = -0.5$, 自回归模型 $\mathrm{AR}(n) = \mathrm{AR}(1)$ 试确定对于 $r_k = \delta(k)$, ($r_0 = 1$, $r_k = 0$, 对于 $k \geqslant 1$, 表 11.5-2, 序号 1) 的冲激响应序列:

$$r_k = \delta(k), \qquad r(z) = 1,$$

$$y_k+a_1\cdot y_{k-1}=y_k-0.5\cdot y_{k-1}=r_k, \quad y(z)\cdot\left[1-0.5\cdot z^{-1}\right]=y(z)\cdot A(z^{-1})=r(z)$$

$$y(z) = G_{\mathrm{AR}}(z) \cdot r(z) = \frac{1}{A(z^{-1})} \cdot r(z) = \frac{1}{1 - 0.5 \cdot z^{-1}} \cdot 1$$

由 z 传递函数的特征方程

$$1 - 0.5 \cdot z^{-1} = 0$$

及其解 $z_1 = 0.5$, 得到响应序列

$$y_k=z_1^k=0.5^k=\left\{z_1^0, z_1^1, z_1^2, z_1^3, z_1^4, \cdots\right\}=\{1, 0.5, 0.25, 0.125, 0.0625, \cdots\}$$

9.5.4　ARMA 模型 (auto-regressive moving-average modell 自回归滑动平均值模型)

在连续过程离散化, 例如通过采样连续信号时, 或当描述等间隔时间点的离散系统由于随机信号而出现变化时, 将产生差分方程. 其一般形式为

$$y_k + a_1 \cdot y_{k-1} + a_2 \cdot y_{k-2} + \cdots + a_n \cdot y_{k-n}$$
$$= c_0 \cdot r_k + c_1 \cdot r_{k-1} + c_2 \cdot r_{k-2} + \cdots + c_m \cdot r_{k-m}$$

并可解出输出量 y_k:

$$y_k = -a_1 \cdot y_{k-1} - a_2 \cdot y_{k-2} - \cdots - a_n \cdot y_{k-n} + c_0 \cdot r_k$$
$$+ c_1 \cdot r_{k-1} + c_2 \cdot r_{k-2} + \cdots + c_m \cdot r_{k-m}$$

用移位算子 z^{-1} 得到 z 传递函数:

$$\begin{aligned}(1 + a_1 \cdot z^{-1} + a_2 \cdot z^{-2} + \cdots + a_n \cdot z^{-n}) \cdot y(z)& \\ = (c_0 + c_1 \cdot z^{-1} + c_2 \cdot z^{-2} + \cdots + c_m \cdot z^{-m}) \cdot r(z)& \\ A(z^{-1}) \cdot y(z) = C(z^{-1}) \cdot r(z)&\end{aligned}$$

ARMA 模型的离散 z 传递函数为

$$\begin{aligned}G_{\mathrm{ARMA}}(z) &= \frac{y(z)}{r(z)} = G_{\mathrm{AR}}(z) \cdot G_{\mathrm{MA}}(z) \\ &= \frac{c_0 + c_1 \cdot z^{-1} + c_2 \cdot z^{-2} + \cdots + c_m \cdot z^{-m}}{1 + a_1 \cdot z^{-1} + a_2 \cdot z^{-2} + a_3 \cdot z^{-3} \cdots + a_n \cdot z^{-n}} = \frac{C(z^{-1})}{A(z^{-1})}\end{aligned}$$

这个模型类型也称为 ARMA 模型. AR 部分 $A(z^{-1})$ 给出 y_k 与输出量前面值的相关性. 而 MA 部分 $C(z^{-1})$ 表示输出量 y_k 与输入量当前值 r_k 和前面的值 r_{k-i} 的相关性.

在 ARMA 过程中 MA 部分构成离散时间传递系统 z 扰动信号传递函数的分子多项式 $C(z^{-1})$, 而 AR 部分构成分母多项式 $A(z^{-1})$.

例 9.5-3 对于连续 II 阶传递系统, 试开发时间离散 ARMA 模型. 对于

$$G(s) = \frac{y(s)}{r(s)} = \frac{1 + 2 \cdot s}{(1 + s)^2} = \frac{1 + 2 \cdot s}{1 + 2 \cdot s + s^2}$$

由

$$(1 + 2 \cdot s + s^2) \cdot y(s) = (1 + 2 \cdot s) \cdot r(s)$$

通过反变换, 求得微分方程:

$$\frac{\mathrm{d}^2 y(t)}{\mathrm{d}t^2} + 2 \cdot \frac{\mathrm{d}y(t)}{\mathrm{d}t} + y(t) = 2 \cdot \frac{\mathrm{d}\,r(t)}{\mathrm{d}t} + r(t)$$

为离散化应用反向差分法 (11.8.2 节), 其中微分被反向差分取代:

$$\frac{\mathrm{d}y(t)}{\mathrm{d}t} \approx \frac{y(kT) - y((k-1)\cdot T)}{kT - (k-1)T} = \frac{y_k - y_{k-1}}{T} \rightarrow \left(\frac{1 - z^{-1}}{T}\right) \cdot y(z)$$

相应地成立：

$$\frac{\mathrm{d}^2 y(t)}{\mathrm{d}t^2} \approx \frac{(y_k - y_{k-1})/T - (y_{k-1} - y_{k-2})/T}{T}$$

$$= \frac{y_k - 2\cdot y_{k-1} + y_{k-2}}{T^2} \rightarrow \left(\frac{1 - z^{-1}}{T}\right)^2 \cdot y(z)$$

由此, 时域和频域的变换规则为

时域	频域
$y(t) \rightarrow y(kT) = y_k,\quad \frac{\mathrm{d}y(t)}{\mathrm{d}t} \rightarrow \frac{y_k - y_{k-1}}{T}$	$y(s) \rightarrow y(z),\quad s \rightarrow \frac{1 - z^{-1}}{T}$

对于采样时间 $T = 0.5\,\mathrm{s}$ 确定差分方程

$$\frac{y_k - 2\cdot y_{k-1} + y_{k-2}}{T^2} + 2\cdot\frac{y_k - y_{k-1}}{T} + y_k = 2\cdot\frac{r_k - r_{k-1}}{T} + r_k$$

$$9\cdot y_k - 12\cdot y_{k-1} + 4\cdot y_{k-2} = 5\cdot r_k - 4\cdot r_{k-1}$$

并用 y_k 系数归一化：

$$y_k - 1.333\cdot y_{k-1} + 0.444\cdot y_{k-2} = 0.556\cdot r_k - 0.444\cdot r_{k-1}$$

z 变换提供 ARMA 模型的 AR 部分 $A(z^{-1})$ 和 MA 部分 $C(z^{-1})$

$$(1 - 1.333\cdot z^{-1} + 0.444\cdot z^{-2})\cdot y(z) = (0.556 - 0.444\cdot z^{-1})\cdot r(z)$$

$$A(z^{-1})\cdot y(z) = C(z^{-1})\cdot r(z)$$

$$A(z^{-1}) = 1 - 1.333\cdot z^{-1} + 0.444\cdot z^{-2} = 1 + a_1\cdot z^{-1} + a_2\cdot z^{-2}$$

$$C(z^{-1}) = 0.556 - 0.444\cdot z^{-1} = c_0 + c_1\cdot z^{-1}$$

并由此得到 ARMA 模型, 即连续传递系统 $G(s)$ 的离散传递函数 $G(z)$：

$$G(z) = \frac{y(z)}{r(z)} = \frac{0.556 - 0.444\cdot z^{-1}}{1 - 1.333\cdot z^{-1} + 0.444\cdot z^{-2}}$$

$$= \frac{c_0 + c_1\cdot z^{-1}}{1 + a_1\cdot z^{-1} + a_2\cdot z^{-2}} = \frac{C(z^{-1})}{A(z^{-1})}$$

$$A(z^{-1})\cdot y(z) = C(z^{-1})\cdot r(z)$$

9.5.5 具有附加确定性输入量模型

9.5.5.1 通用模型结构

在许多工程和经济应用课题都存在确定性输入量, 其中不可测量和不可预测的扰动会影响输出量 (图 9.5-2). 这样的系统可应用确定性信号和随机信号作为输入量模型来描述.

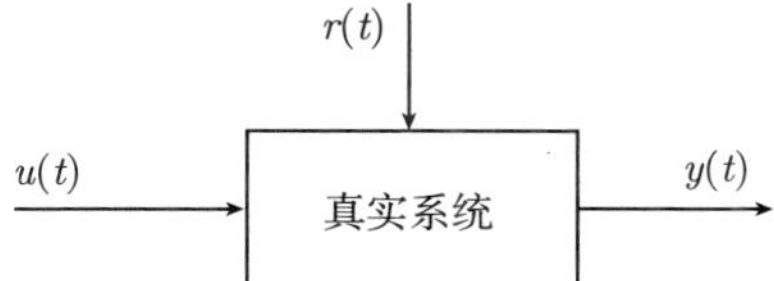

图 9.5-2 具有确定性输入量 $u(t)$、随机输入量 $r(t)$ 和输出量 $y(t)$ 的系统

为求模型参数给出采样信号的模型结构. 对于具有采样输入量 $u(kT)$, $r(kT)$ 和输出量 $y(kT)$ 的线性离散模型的通用模型结构可用下述方程表示 (图 9.5-3):

$$A(z^{-1}) \cdot y(z) = \frac{B(z^{-1})}{F(z^{-1})} \cdot z^{-n_k} \cdot u(z) + \frac{C(z^{-1})}{D(z^{-1})} \cdot r(z)$$

移项后得到输出量 $y(z)$

$$\begin{aligned} y(z) &= \frac{B(z^{-1})}{A(z^{-1}) \cdot F(z^{-1})} \cdot z^{-n_k} \cdot u(z) + \frac{C(z^{-1})}{A(z^{-1}) \cdot D(z^{-1})} \cdot r(z) \\ &= G(z) \cdot u(z) + H(z) \cdot r(z) \end{aligned}$$

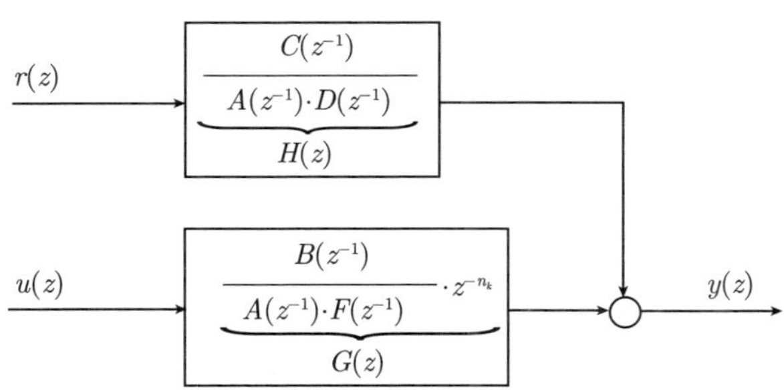

图 9.5-3 通用模型结构①

这里 $G(z)$ 意味着关于确定性输入量 $u(z)$ 过程模型的 z 传递函数, z^{-n_k} 代表在频域的输入量 $u(z)$ 和输出量 $y(z)$ 之间的时间位移 (时延). 时延为 $T_{\mathrm{t}} = n_k \cdot T$, 其中 T 为采样时间周期, $H(z)$ 为扰动模型 z 传递函数.

① [译者注] 原文缺 $\cdot z^{-n_k}$.

多项式 $A(z^{-1})$, $B(z^{-1})$, $C(z^{-1})$, $D(z^{-1})$, $F(z^{-1})$ 用位移系数 z^{-1} 给出差分方程的计算规则.

例 9.5-4　对于 $C(z^{-1})=1$, $D(z^{-1})=1$, $F(z^{-1})=1$ 的模型方程

$$y(z)=\frac{B(z^{-1})}{A(z^{-1})}\cdot z^{-n_k}\cdot u(z)+\frac{1}{A(z^{-1})}\cdot r(z)=G(z)\cdot u(z)+H(z)\cdot r(z)$$

对于

$$n_k=1$$

$$A(z^{-1})=1+a_1\cdot z^{-1}+a_2\cdot z^{-2}=1-0.4\cdot z^{-1}+0.6\cdot z^{-2}$$

$$B(z^{-1})=b_0+b_1\cdot z^{-1}=1+0.2\cdot z^{-1}$$

得到具有

$$A(z^{-1})\cdot y(z)=B(z^{-1})\cdot z^{-1}\cdot u(z)+r(z)$$

$$\left[1+a_1\cdot z^{-1}+a_2\cdot z^{-2}\right]\cdot y(z)=\left[b_0+b_1\cdot z^{-1}\right]\cdot z^{-1}\cdot u(z)+r(z)$$

$$\left[1-0.4\cdot z^{-1}+0.6\cdot z^{-2}\right]\cdot y(z)=\left[z^{-1}+0.2\cdot z^{-2}\right]\cdot u(z)+r(z)$$

的模型差分方程

$$y(kT)-0.4\cdot y((k-1)T)+0.6\cdot y((k-2)T)$$

$$=u((k-1)T)+0.2\cdot u((k-2)T)+r(kT)$$

并以缩写符号表示:

$$y_k-0.4\cdot y_{k-1}+0.6\cdot y_{k-2}=u_{k-1}+0.2\cdot u_{k-2}+r_k$$

具有 $C(z^{-1})=1$, $D(z^{-1})=1$, $F(z^{-1})=1$ 的模型被称为 ARX 模型 (autoregressive model with extra(exogenous) variable 具有外部变量的自回归模型). 自回归表示 z 扰动信号传递函数, 即扰动模型

$$H(z)=\frac{1}{A(z^{-1})}$$

的固有特性.

9.5.5.2 具有确定性的和随机的输入量模型类型

由通用模型

$$A(z^{-1})\cdot y(z)=\frac{B(z^{-1})}{F(z^{-1})}\cdot z^{-n_k}\cdot u(z)+\frac{C(z^{-1})}{D(z^{-1})}\cdot r(z)$$

$$y(z)=\frac{B(z^{-1})}{A(z^{-1})\cdot F(z^{-1})}\cdot z^{-n_k}\cdot u(z)+\frac{C(z^{-1})}{A(z^{-1})\cdot D(z^{-1})}\cdot r(z)$$

$$=G(z)\cdot u(z)+H(z)\cdot r(z)$$

可推导出专用模型 (表 9.5-1). 在例 9.5-4 中给出了作为简化形式的 ARX 模型.

表 9.5-1 具有确定性的和随机的输入量模型

ARX 模型 (具有外部变量的自回归模型): $A(z^{-1})\cdot y(z)=B(z^{-1})\cdot z^{-n_k}\cdot u(z)+r(z),\quad C(z^{-1})=D(z^{-1})=F(z^{-1})=1$ $y(z)=G(z)\cdot u(z)+H(z)\cdot r(z)=\frac{B(z^{-1})}{A(z^{-1})}\cdot z^{-n_k}\cdot u(z)+\frac{1}{A(z^{-1})}\cdot r(z)$ AR(自回归) 表示 z 扰动信号传递函数 (扰动模型)$H(z)$ 的固有特性
ARMAX-模型 (具有外部变量的自回归滑动平均值模型): $A(z^{-1})\cdot y(z)=B(z^{-1})\cdot z^{-n_k}\cdot u(z)+C(z^{-1})\cdot r(z),\quad D(z^{-1})=F(z^{-1})=1$ $y(z)=G(z)\cdot u(z)+H(z)\cdot r(z)=\frac{B(z^{-1})}{A(z^{-1})}\cdot z^{-n_k}\cdot u(z)+\frac{C(z^{-1})}{A(z^{-1})}\cdot r(z)$ ARMA(自回归滑动平均值) 表示 z 扰动信号传递函数 (扰动模型)$H(z)$ 的固有特性
输出误差模型: $A(z^{-1})=C(z^{-1})=D(z^{-1})=1$ $y(z)=G(z)\cdot u(z)+H(z)\cdot r(z)=\frac{B(z^{-1})}{F(z^{-1})}\cdot z^{-n_k}\cdot u(z)+r(z)$
BOX-JENKINS 模型: $A(z^{-1})=1$ $y(z)=G(z)\cdot u(z)+H(z)\cdot r(z)=\frac{B(z^{-1})}{F(z^{-1})}\cdot z^{-n_k}\cdot u(z)+\frac{C(z^{-1})}{D(z^{-1})}\cdot r(z)$

9.5.6 ARX 模型的参数估计

9.5.6.1 参数估计法辨识动态系统原理 (实验辨识)

在用参数估计方法辨识动态系统时, 处理在采样时间输入量和输出量离散值, 其中随机扰动信号叠加到输出量. 在所提出任务中引入参数辨识 (参数估计) 的统计方法.

该法从等间隔时间点测量的或采样的输入量和输出量信号值出发. 由这些数据求数学模型的结构和参数值, 它们尽可能精确地模拟实际动态系统特性.

在图 9.5-4 中说明在参数估计时的基本运行过程, 为了更精确辨识, 与真实系统平行接入一个模型, 在此, 采样真实系统输入量 $u(t)$, 并且同时输入给模型. 模型结构和参数这样调整. 即使模型的静态和动态特性尽可能地与真实系统的特性一致. 对此, 应用由输出信号差值给出的误差

$$e(kT) = y(kT) - y_{\mathrm{M}}(kT)$$

的性能准则, 用适当的方法使性能准则最小.

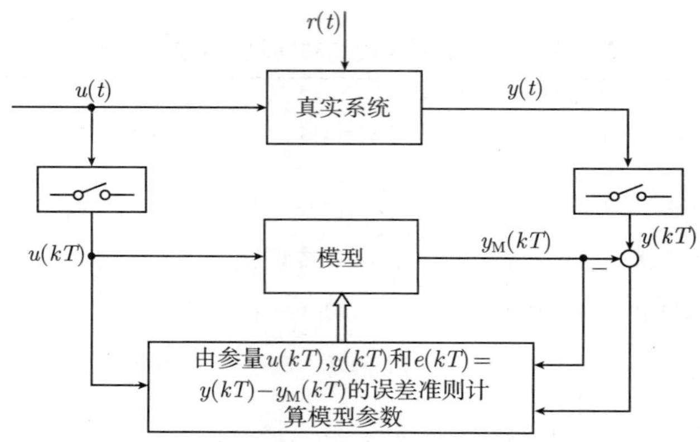

图 9.5-4　通过计算输出误差的辨识原理

9.5.6.2　应用参数估计法的误差类型

在应用不同辨识方法时应用计算简单的误差方程最有意义, 构建真实系统与不同类型模型之间的误差是与在辨识时应用的系统模型结构有关.

对于采样离散信号 $u(kT)$, $y(kT)$, 在图 9.5-5 中给出了在图 9.5-4 中表示的**输出误差(Ausgangsfehler)**. 对此, 将真实系统转换为离散表达式, 并给出 z 变换表达式. 由于输入量和输出量是通过测量以采样离散形式存在的, 因此在描述参数估计方法时应求一个离散模型, 通过反变换可从 z 域推导出连续模型.

其他辨识方法基于确定输入量 $u(z)$ 和由逆式模型反算的输入量 $u_{\mathrm{M}}(z)$ 之间的误差, 并使其最小 (图 9.5-6).

在图 9.5-5 和图 9.5-6 两个模型结构中, 误差非线性地取决于具有分子和分母多项式的传递函数. 在基于 ARX 和 ARMA 模型参数估计法时, 应用误差表达式在数学上是简单的, 该表达式与模型参数 $A(z^{-1})$, $B(z^{-1})$ 线性相关. 这样特性具有如图 9.5-7 的广义误差结构.

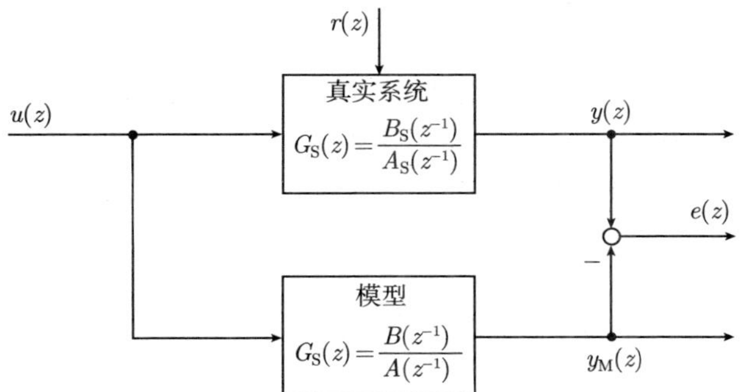

输出误差: $e(z)=y-y_M(z)=y(z)-\frac{B(z^{-1})}{A(z^{-1})}\cdot u(z)$

图 9.5-5 真实系统与模型之间的输出误差

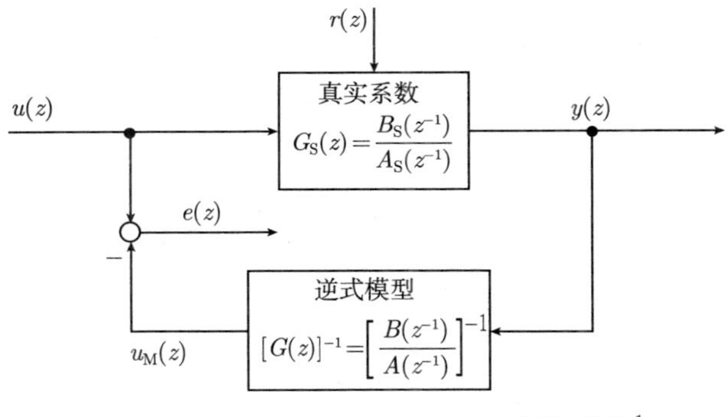

输入误差: $e(z)=u(z)-u_M(z)=u(z)-\left[\frac{B(z^{-1})}{A(z^{-1})}\right]^{-1}\cdot y(z)$

图 9.5-6 真实系统与模型之间的输入误差

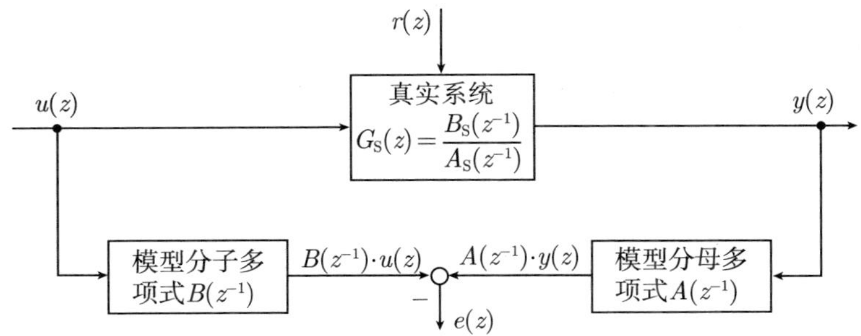

广义误差: $e(z)=A(z^{-1})\cdot y(z)-B(z^{-1})\cdot u(z)$

图 9.5-7 真实系统与模型之间广义误差

9.5.6.3 可略去扰动量过程的模型确定

如果在辨识时扰动量未出现或是可略去的话, 那么可简化辨识过程 (图 9.5-8).

如果模型传递函数 $G(z)$ 和系统传递函数 $G_\mathrm{S}(z)$ 一致时, 对于不等于零的输入信号则误差 $e(z)=0$. 对于在图 9.5-8 表示的结构, 引入用于辨识的广义误差方程, 模型传递函数 $G(z)$ 下式成立:

$$e(z)=A(z^{-1})\cdot y(z)-B(z^{-1})\cdot u(z)=0$$

$$y(z)=G(z)\cdot u(z)=\frac{B(z^{-1})}{A(z^{-1})}\cdot u(z),\qquad G(z)=\frac{B(z^{-1})}{A(z^{-1})}$$

系统传递函数为

$$y(z)=G_\mathrm{S}(z)\cdot u(z)=\frac{B_\mathrm{S}(z^{-1})}{A_\mathrm{S}(z^{-1})}\cdot u(z),\qquad G_\mathrm{S}(z)=\frac{B_\mathrm{S}(z^{-1})}{A_\mathrm{S}(z^{-1})}$$

模型传递函数和系统传递函数一致, 仅当当时的分子和分母多项式一致时:

$$B(z^{-1})=B_\mathrm{S}(z^{-1}),\qquad A(z^{-1})=A_\mathrm{S}(z^{-1})$$

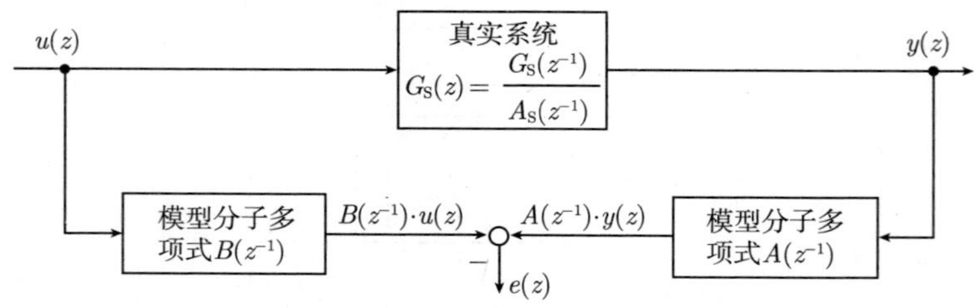

$e(z)=A(z^{-1})\cdot y(z)-B(z^{-1})\cdot u(z)=0$

图 9.5-8　在可略去扰动量时辨识系统模型结构

用线性方程组求分子和分母系数, 由误差方程 $e(z)=0$ 并通过反变换到时域得到输出量 $y(kT)$ 和输入量 $u(kT)$ 之间的关系式:

$$A(z^{-1})\cdot y(z)-B(z^{-1})\cdot u(z)=0$$

$$\left[1+a_1\cdot z^{-1}+a_2\cdot z^{-2}+\cdots+a_n\cdot z^{-n}\right]\cdot y(z)$$

$$-\left[b_0+b_1\cdot z^{-1}+b_2\cdot z^{-2}+\cdots+b_m\cdot z^{-m}\right]\cdot u(z)=0$$

反变换到时域提供:

$$[y(kT)+a_1\cdot y((k-1)T)+a_2\cdot y((k-2)T)+\cdots+a_n\cdot y((k-n)T)]$$

$$-[b_0\cdot u(kT)+b_1\cdot u((k-1)T)+b_2\cdot u((k-2)T)+\cdots+b_m\cdot u((k-m)T)]=0$$

具有 a_i, b_j 的未知项保持在左端, 而已知测量值 $y(kT)$ 放到右端:

$$
\begin{aligned}
&[-a_1\cdot y((k-1)T)-a_2\cdot y((k-2)T)-\cdots-a_n\cdot y((k-n)T)]\\
&+[b_0\cdot u(kT)+b_1\cdot u((k-1)T)+b_2\cdot u((k-2)T)+\cdots+b_m\cdot u((k-m)T)]\\
=&y(kT)
\end{aligned}
$$

得到下面的缩写符号:

$$
\begin{aligned}
&[-a_1\cdot y_{k-1}-a_2\cdot y_{k-2}-\cdots-a_n\cdot y_{k-n}]\\
&+[b_0\cdot u_k+b_1\cdot u_{k-1}+b_2\cdot u_{k-2}+\cdots+b_m\cdot u_{k-m}]=y_k
\end{aligned}
$$

该方程对于每一个采样时间点 kT 都是成立的, 通过测量其输入和输出量值 $\cdots, y_{k-1}, y_k, y_{k+1}, \cdots, u_{k-1}, u_k, u_{k+1}, \cdots$ 是已知的. 为了确定未知值 $a_1, \cdots, a_n$, $b_0, \cdots, b_m$ 需要 $N=n+m+1$ 个方程:

$$
\begin{aligned}
&[-a_1\cdot y_{k-1}-a_2\cdot y_{k-2}-\cdots-a_n\cdot y_{k-n}]\\
&+[b_0\cdot u_k+b_1\cdot u_{k-1}+b_2\cdot u_{k-2}+\cdots+b_m\cdot u_{k-m}]=y_k\\
&[-a_1\cdot y_k-a_2\cdot y_{k-1}-\cdots-a_n\cdot y_{k-n+1}]\\
&+[b_0\cdot u_{k+1}+b_1\cdot u_k+b_2\cdot u_{k-1}+\cdots+b_m\cdot u_{k-m+1}]=y_{k+1}\\
&[-a_1\cdot y_{k+1}-a_2\cdot y_k-\cdots-a_n\cdot y_{k-n+2}]\\
&+[b_0\cdot u_{k+2}+b_1\cdot u_{k+1}+b_2\cdot u_k+\cdots+b_m\cdot u_{k-m+2}]=y_{k+2}\\
&\vdots\\
&[-a_1\cdot y_{k+N-2}-a_2\cdot y_{k+N-3}-\cdots-a_n\cdot y_{k+N-n-1}]\\
&+[b_0\cdot u_{k+N-1}+b_1\cdot u_{k+N-2}+b_2\cdot u_{k+N-3}+\cdots+b_m\cdot u_{k+N-m-1}]\\
=&y_{k+N-1}
\end{aligned}
$$

方程组可作转换如下, 其中测量阵 $\boldsymbol{M}$ 含有输入量和输出量的测量 (采样) 值, 参数向量 $\boldsymbol{p}$ 归纳为待确定值 $a_1, \cdots, a_n, b_0, \cdots, b_m$, 而 $\boldsymbol{y}$ 为输出向量:

$$\begin{bmatrix} -y_{k-1} & -y_{k-2} & \cdots & -y_{k-n} & u_k & u_{k-1} & \cdots & u_{k-m} \\ -y_k & -y_{k-1} & \cdots & -y_{k-n+1} & u_{k+1} & u_k & \cdots & u_{k-m+1} \\ -y_{k+1} & -y_k & \cdots & -y_{k-n+2} & u_{k+2} & u_{k+1} & \cdots & u_{k-m+2} \\ \vdots & \vdots & \ddots & \vdots & \vdots & \vdots & \iddots & \vdots \\ -y_{k+N-4} & -y_{k+N-5} & \cdots & -y_{k+N-n-3} & u_{k+N-3} & u_{k+N-4} & \cdots & u_{k+N-m-3} \\ -y_{k+N-3} & -y_{k+N-4} & \cdots & -y_{k+N-n-2} & u_{k+N-2} & u_{k+N-3} & \cdots & u_{k+N-m-2} \\ -y_{k+N-2} & -y_{k+N-3} & \cdots & -y_{k+N-n-1} & u_{k+N-1} & u_{k+N-2} & \cdots & u_{k+N-m-1} \end{bmatrix} \begin{bmatrix} a_1 \\ a_2 \\ \vdots \\ a_n \\ b_0 \\ b_1 \\ \vdots \\ b_m \end{bmatrix} = \begin{bmatrix} y_k \\ y_{k+1} \\ y_{k+2} \\ \vdots \\ y_{k+N-3} \\ y_{k+N-2} \\ y_{k+N-1} \end{bmatrix}$$

$$\boldsymbol{M} \cdot \boldsymbol{p} = \boldsymbol{y}$$

如果测量阵 $\boldsymbol{M}$ 是可逆的, 那么可确定传递系统:

$$\boldsymbol{M}^{-1} \cdot \boldsymbol{M} \cdot \boldsymbol{p} = \boldsymbol{M}^{-1}\boldsymbol{y} \rightarrow \boldsymbol{p} = \boldsymbol{M}^{-1} \cdot \boldsymbol{y}$$

当由输入量 u_k 从静止位置这样激励系统, 即尽可能激励所有固有振荡并没达到稳态状态时, 测量矩阵是可逆的. 如果在例 9.5-5 中首先在 $k=1$ 或稍后开始 N 个必要测量, 那么通过阶跃接入的常值 $u_k=1$ 会产生多个具有值为 1 的列. 各列不再线性无关 (行列式变为零). 为此测量阵是不可逆的, 方程组是不可解的. 由此, 输入量 u_k 大多作为随机量由随机数产生器生成, u_k 值对于辨识必须是已知的.

例 9.5-5 对于参数已知的 II 阶系统, 试应用阶跃形式的输入量校验辨识方法. 按照表 11.5-11, 具有保持器 (Halteglied) 的连续的被调节对象 $G_{\mathrm{S}}(s)$ 的 z 传递函数 $G_{\mathrm{HS}}(z)$ 为

$$G_{\mathrm{S}}(s) = \frac{K_{\mathrm{S}} \cdot \omega_0^2}{s^2 + 2 \cdot D \cdot \omega_0 \cdot s + \omega_0^2} = \frac{32}{s^2 + 4 \cdot s + 16}$$

$$K_{\mathrm{S}} = 2, \quad \omega_0 = 4\,\mathrm{s}^{-1}, \quad D = 0.5, \qquad T = 0.2\,\mathrm{s}$$

$$G_{\mathrm{HS}}(z) = \frac{B_{\mathrm{S}}(z^{-1})}{A_{\mathrm{S}}(z^{-1})}$$

$$= K_{\mathrm{S}} \cdot \frac{\left[1 - \dfrac{a_{11} \cdot \sin(\omega_{\mathrm{e}}T + \varPhi)}{\sqrt{1-D^2}}\right] \cdot z + a_{11} \cdot \left[a_{11} + \dfrac{\sin(\omega_{\mathrm{e}}T - \varPhi)}{\sqrt{1-D^2}}\right]}{z^2 - 2 \cdot a_{11} \cdot \cos(\omega_{\mathrm{e}}T) \cdot z + a_{11}^2}$$

$$\omega_{\mathrm{e}} = \omega_0 \cdot \sqrt{1-D^2}, \quad \varPhi = \arccos D, \quad a_{11} = \mathrm{e}^{-D\omega_0 T}$$

对于采样时间间隔 $T = 0.2\,\mathrm{s}$, 由已给值上式变为

$$G_{\mathrm{HS}}(z) = \frac{0.47407 \cdot z + 0.36148}{z^2 - 1.03155 \cdot z + 0.44933} = \frac{0.47407 \cdot z^{-1} + 0.36148 \cdot z^{-2}}{1 - 1.03155 \cdot z^{-1} + 0.44933 \cdot z^{-2}}$$

$$= \frac{b_1 \cdot z^{-1} + b_2 \cdot z^{-2}}{1 + a_1 \cdot z^{-1} + a_2 \cdot z^{-2}}$$

在被调节对象上接入一个具有采样 (测量) 值 $u_k = 0$(对于 $k < 0$), $u_k = 1$(对于 $k \geqslant 0$) 的阶跃函数作为输入量. 对于传递函数 $G_{\mathrm{HS}}(z)$, 计算输出量 (图 9.5-9)

$$\begin{aligned} y_k &= 0, \qquad k < 0 \\ y_k &= \{y_0,\ y_1,\ y_2,\ y_3,\ y_4,\ \cdots\} \\ &= \{0,\ 0.47407,\ 1.32458,\ 1.98891,\ 2.29205,\ 2.30624, \\ &\quad\ 2.18468,\ 2.05290,\ \cdots\} \end{aligned}$$

用这些在辨识时与输出量测量值相对应的数据进行辨识, 在本例第一部分首先应给出模型 $G(z)$ 的分子和分母多项式的阶数 $m = 2$, $n = 3$:

$$G(z) = \frac{b_0 + b_1 \cdot z^{-1} + b_2 \cdot z^{-2}}{1 + a_1 \cdot z^{-1} + a_2 \cdot z^{-2} + a_3 \cdot z^{-3}}$$

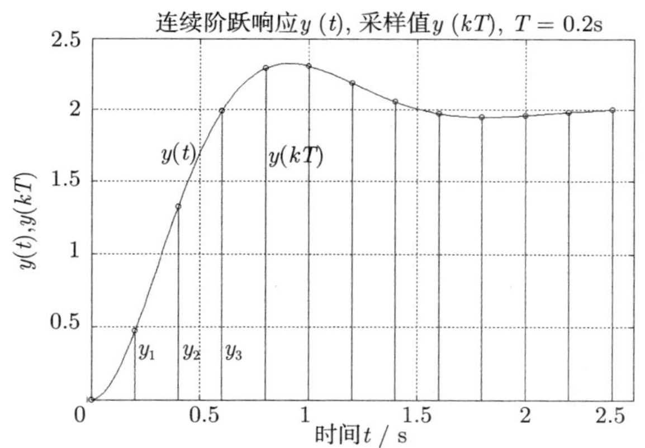

图 9.5-9　输出量 $y(t)$ 的采样值 $y(kT) = y_k$

为辨识需要确定参数向量 $\boldsymbol{p}$ 的 $N = n + m + 1 = 6$ 个方程:

$$\boldsymbol{p} = \begin{bmatrix} a_1 \\ a_2 \\ a_3 \\ b_0 \\ b_1 \\ b_2 \end{bmatrix} = \begin{bmatrix} -y_{k-1} & -y_{k-2} & -y_{k-3} & u_k & u_{k-1} & u_{k-2} \\ -y_k & -y_{k-1} & -y_{k-2} & u_{k+1} & u_k & u_{k-1} \\ -y_{k+1} & -y_k & -y_{k-1} & u_{k+2} & u_{k+1} & u_k \\ -y_{k+2} & -y_{k+1} & -y_k & u_{k+3} & u_{k+2} & u_{k+1} \\ -y_{k+3} & -y_{k+2} & -y_{k+1} & u_{k+4} & u_{k+3} & u_{k+2} \\ -y_{k+4} & -y_{k+3} & -y_{k+2} & u_{k+5} & u_{k+4} & u_{k+3} \end{bmatrix}^{-1} \cdot \begin{bmatrix} y_k \\ y_{k+1} \\ y_{k+2} \\ y_{k+3} \\ y_{k+4} \\ y_{k+5} \end{bmatrix}$$

$$\boldsymbol{p} = \boldsymbol{M}^{-1} \cdot \boldsymbol{y}$$

由数据

$$
\boldsymbol{p}=\begin{bmatrix} a_1\\ a_2\\ a_3\\ b_0\\ b_1\\ b_2 \end{bmatrix}=\begin{bmatrix} 0 & 0 & 0 & 1 & 0 & 0\\ 0 & 0 & 0 & 1 & 1 & 0\\ -0.47407 & 0 & 0 & 1 & 1 & 1\\ -1.32458 & -0.47407 & 0 & 1 & 1 & 1\\ -1.98891 & -1.32458 & -0.47407 & 1 & 1 & 1\\ -2.29205 & -1.98891 & -1.32458 & 1 & 1 & 1 \end{bmatrix}^{-1}\cdot\begin{bmatrix} 0\\ 0.47407\\ 1.32458\\ 1.98891\\ 2.29205\\ 2.30624 \end{bmatrix}
$$

计算参数为

$$
\boldsymbol{p}=\begin{bmatrix} a_1\\ a_2\\ a_3\\ b_0\\ b_1\\ b_2 \end{bmatrix}=\begin{bmatrix} -1.03155\\ 0.44933\\ -4.30703\cdot 10^{-9}\\ 0\\ 0.47407\\ 0.36148 \end{bmatrix}
$$

a_3 项可被略去, 其结果与已给被调节对象完全一致:

$$
\begin{aligned}
G_{\mathrm{HS}}(z)&=\frac{0.47407\cdot z^{-1}+0.36148\cdot z^{-2}}{1-1.03155\cdot z^{-1}+0.44933\cdot z^{-2}}=G(z)\\
&=\frac{0.47407\cdot z^{-1}+0.36148\cdot z^{-2}}{1-1.03155\cdot z^{-1}+0.44933\cdot z^{-2}}
\end{aligned}
$$

本例第二部分, 假设分子和分母多项式的阶数为 $m=3$, $n=4$, 这要建立 $N=n+m+1=8$ 个方程. 测量矩阵 $\boldsymbol{M}$ 含有附加值, 而输出向量 $\boldsymbol{y}$ 必须再被扩展两个值:

$$
\boldsymbol{p}=\begin{bmatrix} a_1\\ a_2\\ a_3\\ a_4\\ b_0\\ b_1\\ b_2\\ b_3 \end{bmatrix}=\begin{bmatrix}
-y_{k-1} & -y_{k-2} & -y_{k-3} & -y_{k-4} & u_k & u_{k-1} & u_{k-2} & u_{k-3}\\
-y_k & -y_{k-1} & -y_{k-2} & -y_{k-3} & u_{k+1} & u_k & u_{k-1} & u_{k-2}\\
-y_{k+1} & -y_k & -y_{k-1} & -y_{k-2} & u_{k+2} & u_{k+1} & u_k & u_{k-1}\\
-y_{k+2} & -y_{k+1} & -y_k & -y_{k-1} & u_{k+3} & u_{k+2} & u_{k+1} & u_k\\
-y_{k+3} & -y_{k+2} & -y_{k+1} & -y_k & u_{k+4} & u_{k+3} & u_{k+2} & u_{k+1}\\
-y_{k+4} & -y_{k+3} & -y_{k+2} & -y_{k+1} & u_{k+5} & u_{k+4} & u_{k+3} & u_{k+2}\\
-y_{k+5} & -y_{k+4} & -y_{k+3} & -y_{k+2} & u_{k+6} & u_{k+5} & u_{k+4} & u_{k+3}\\
-y_{k+6} & -y_{k+5} & -y_{k+4} & -y_{k+3} & u_{k+7} & u_{k+6} & u_{k+5} & u_{k+4}
\end{bmatrix}^{-1}\cdot\begin{bmatrix} y_k\\ y_{k+1}\\ y_{k+2}\\ y_{k+3}\\ y_{k+4}\\ y_{k+5}\\ y_{k+6}\\ y_{k+7} \end{bmatrix}
$$

$$
\boldsymbol{p}=\boldsymbol{M}^{-1}\cdot\boldsymbol{y}
$$

计算参数向量得

$$\boldsymbol{p}=\begin{bmatrix}a_1\\a_2\\a_3\\a_4\\b_0\\b_1\\b_2\\b_3\end{bmatrix}=\begin{bmatrix}2.09086\\-2.77160\\1.40299\\-1.40786\cdot10^{-8}\\0\\0.47407\\1.84173\\1.12869\end{bmatrix}^{①}$$

由 $b_0=0$ 和 $a_4\approx0$, 模型传递函数为

$$\begin{aligned}G(z)&=\frac{b_0+b_1\cdot z^{-1}+b_2\cdot z^{-2}+b_3\cdot z^{-3}}{1+a_1\cdot z^{-1}+a_2\cdot z^{-2}+a_3\cdot z^{-3}+a_4\cdot z^{-4}}^{①}\\&=\frac{b_1\cdot z^{-1}+b_2\cdot z^{-2}+b_3\cdot z^{-3}}{1+a_1\cdot z^{-1}+a_2\cdot z^{-2}+a_3\cdot z^{-3}}\\&=\frac{0.47407\cdot z^2+1.86825\cdot z+1.13312}{z^3+2.09349\cdot z^2-2.75846\cdot z+1.39040}\\&=\frac{0.47407\cdot(z+0.74879)\cdot(z+3.19204)}{(z-0.513417+\mathrm{j}\cdot0.42661)\cdot(z-0.513417-\mathrm{j}\cdot0.42661)\cdot(z+3.12033)}\\&\approx\frac{0.47407\cdot(z+0.74879)}{(z-0.513417+\mathrm{j}\cdot0.42661)\cdot(z-0.513417-\mathrm{j}\cdot0.42661)}\\&=\frac{0.47407\cdot z+0.35498}{z^2-1.02683\cdot z+0.44560}\end{aligned}$$

其中, 必须相约去不稳定的偶极子 $\dfrac{z+3.19204}{z+3.12033}$.

模型精度变坏是由于附加高阶项的数值误差:

$$\begin{aligned}G_{\mathrm{HS}}(z)&=\frac{0.47407\cdot z^{-1}+0.36148\cdot z^{-2}}{1-1.03155\cdot z^{-1}+0.44933\cdot z^{-2}}\approx G(z)\\&=\frac{0.47407\cdot z^{-1}+0.35498\cdot z^{-2}}{1-1.02683\cdot z^{-1}+0.44560\cdot z^{-2}}\end{aligned}$$

在本例第三部分, 应引入附加时延. 在考虑时延时, 会增高分子多项式的阶数.

① [译者注] 二者系数 (a_1,a_2,a_3 和 b_1,b_2,b_3) 数据不一致.

对于时延 $T_\mathrm{t}=0.4\,\mathrm{s}$, 对象传递函数为

$$G_\mathrm{S}(s)=\frac{K_\mathrm{S}\cdot\omega_0^2\cdot\mathrm{e}^{-T_\mathrm{t}\cdot s}}{s^2+2\cdot D\cdot\omega_0\cdot s+\omega_0^2}=\frac{32\cdot\mathrm{e}^{-0.4\cdot s}}{s^2+4\cdot s+16}$$

$$K_\mathrm{S}=2,\qquad \omega_0=4\,\mathrm{s}^{-1},\qquad D=0.5,\qquad T_\mathrm{t}=0.4\,\mathrm{s},\qquad T=0.2\,\mathrm{s}$$

$$G_\mathrm{HS}(z)=\frac{B_\mathrm{S}(z^{-1})}{A_\mathrm{S}(z^{-1})}$$

$$=K_\mathrm{S}\cdot\frac{\left[1-\dfrac{a_{11}\cdot\sin(\omega_\mathrm{e}T+\varPhi)}{\sqrt{1-D^2}}\right]\cdot z+a_{11}\cdot\left[a_{11}+\dfrac{\sin(\omega_\mathrm{e}T-\varPhi)}{\sqrt{1-D^2}}\right]}{z^2-2\cdot a_{11}\cdot\cos(\omega_\mathrm{e}T)\cdot z+a_{11}^2}\cdot z^{-T_\mathrm{t}/T}$$

$$\omega_\mathrm{e}=\omega_0\cdot\sqrt{1-D^2},\qquad \varPhi=\arccos D,\qquad a_{11}=\mathrm{e}^{-D\omega_0T}$$

对于这个时延, $G_\mathrm{HS}(z)$ 的分子多项式与 $z^{-T_\mathrm{t}/T}=z^{-2}$ 相乘, 在时域它相当于延迟两个采样时间间隔:

$$G_\mathrm{HS}(z)=\frac{0.47407\cdot z+0.36148}{z^2-1.03155\cdot z+0.44933}\cdot z^{-2}=\frac{0.47407\cdot z^{-3}+0.36148\cdot z^{-4}}{1-1.03155\cdot z^{-1}+0.44933\cdot z^{-2}}$$

$$=\frac{b_3\cdot z^{-3}+b_4\cdot z^{-4}}{1+a_1\cdot z^{-1}+a_2\cdot z^{-2}}$$

那么, 滞后两个采样时间间隔的 $G_\mathrm{HS}(z)$ 输出量为

$$y_k=0,\qquad \text{对于 } k<0$$

$$y_k=\{y_0,\ y_1,\ y_2,\ y_3,\ y_4,\ \cdots\}$$

$$=\{0,\ 0,\ 0,\ 0.47407,\ 1.32458,\ 1.98891,\ 2.29205,\ 2.30624,$$

$$2.18468,\ 2.05290,\ \cdots\}$$

由于时延, $G(z)$ 具有 $m=4$ 阶分子多项式和 $n=3$ 阶分母多项式, 并对此进行辨识:

$$G(z)=\frac{b_0+b_1\cdot z^{-1}+b_2\cdot z^{-2}+b_3\cdot z^{-3}+b_4\cdot z^{-4}}{1+a_1\cdot z^{-1}+a_2\cdot z^{-2}+a_3\cdot z^{-3}}$$

为了辨识需要 $N=n+m+1=8$ 个确定参数向量 $\boldsymbol{p}$ 的方程:

$$\boldsymbol{p}=\begin{bmatrix}a_1\\a_2\\a_3\\b_0\\b_1\\b_2\\b_3\\b_4\end{bmatrix}=\begin{bmatrix}-y_{k-1}&-y_{k-2}&-y_{k-3}&u_k&u_{k-1}&u_{k-2}&u_{k-3}&u_{k-4}\\-y_k&-y_{k-1}&-y_{k-2}&u_{k+1}&u_k&u_{k-1}&u_{k-2}&u_{k-3}\\-y_{k+1}&-y_k&-y_{k-1}&u_{k+2}&u_{k+1}&u_k&u_{k-1}&u_{k-2}\\-y_{k+2}&-y_{k+1}&-y_k&u_{k+3}&u_{k+2}&u_{k+1}&u_k&u_{k-1}\\-y_{k+3}&-y_{k+2}&-y_{k+1}&u_{k+4}&u_{k+3}&u_{k+2}&u_{k+1}&u_k\\-y_{k+4}&-y_{k+3}&-y_{k+2}&u_{k+5}&u_{k+4}&u_{k+3}&u_{k+2}&u_{k+1}\\-y_{k+5}&-y_{k+4}&-y_{k+3}&u_{k+6}&u_{k+5}&u_{k+4}&u_{k+3}&u_{k+2}\\-y_{k+6}&-y_{k+5}&-y_{k+4}&u_{k+7}&u_{k+6}&u_{k+5}&u_{k+4}&u_{k+3}\end{bmatrix}^{-1}\cdot\begin{bmatrix}y_k\\y_{k+1}\\y_{k+2}\\y_{k+3}\\y_{k+4}\\y_{k+5}\\y_{k+6}\\y_{k+7}\end{bmatrix}$$

$$\boldsymbol{p}=\boldsymbol{M}^{-1}\cdot\boldsymbol{y}$$

计算出参数向量

$$\boldsymbol{p}=\begin{bmatrix}a_1\\a_2\\a_3\\b_0\\b_1\\b_2\\b_3\\b_4\end{bmatrix}=\begin{bmatrix}-1.03155\\0.44933\\-4.30703\cdot10^{-9}\\0\\0\\0\\0.47407\\0.36148\end{bmatrix}$$

系统模型和模型传递函数重合得很好, 其中 a_3 值被略去:

$$G_{\mathrm{HS}}(z)=\frac{0.47407\cdot z^{-3}+0.36148\cdot z^{-4}}{1-1.03155\cdot z^{-1}+0.44933\cdot z^{-2}}=\frac{b_3\cdot z^{-3}+b_4\cdot z^{-4}}{1+a_1\cdot z^{-1}+a_2\cdot z^{-2}}$$

$$G(z)=\frac{0.47407\cdot z^{-3}+0.36148\cdot z^{-4}}{1-1.03155\cdot z^{-1}+0.44933\cdot z^{-2}}$$

例 9.5-5 可认识到, 在辨识时首先应尽可能地降低系统阶数. 由于过高的阶数 (过度拟合) 会极大地增大计算费用. 此外, 用过高阶的模型也会提供比较差的结果, 正如例 9.5-5 第二部分所指出的, 这会导致模型不稳定或出现振荡. 这个不良结果的原因在于, 不能将附加参数精确计算到零, 或这些附加参数产生的零点和极点不能精确地补偿.

9.5.6.4 最小二乘法模型确定

通常把随机不可测量的扰动量 $r(t)$ 叠加到动态过程输出量 $y_{\mathrm{s}}(t)$ 上, 该扰动量在图 9.5-10 ARX 模型确定的情况可用随机测量扰动过程来表示.

这样的测量扰动过程是在测量输出量 $y_{\mathrm{s}}(t)$ 时由随机误差产生的.

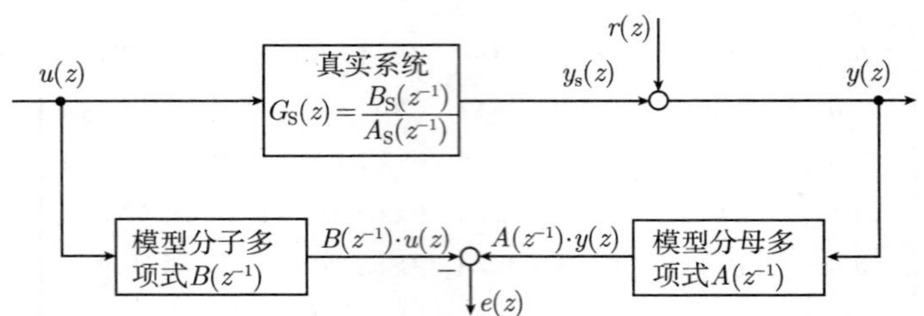

图 9.5-10 确定 ARX 模型的基本结构

这里表示的相叠加的随机扰动量包括在输出量 $y(kT)$、$y(z)$ 中. 在辨识 ARX 模型时, 假设系统量 $y_s(kT)$, $y_s(z)$ 本身未受扰动:

$$y(kT) = y_s(kT) + r(kT), \qquad y(z) = y_s(z) + r(z)$$

与 9.5.6.3 节相反, 现在方程误差 $e(kT)$ 不为零, 而是含有扰动信号部分 $r(kT)$ 和由于不精确的 $A(z^{-1})$, $B(z^{-1})$ 模型参数产生的误差. 广义误差

$$e(z) = A(z^{-1}) \cdot y(z) - B(z^{-1}) \cdot u(z)$$

是与待确定参数 $A(z^{-1})$、$B(z^{-1})$ 线性相关. 相应地由于误差 $e(kT) \neq 0$ 参数现在不再能像 9.5.6.3 节直接计算, 而是必须按高斯最小二乘法来估计. 该法也称为线性补偿计算或称为最小二乘法 (least squares method,LS), 在此由一个超定方程组使方差之和趋于极小值.

推导该法的出发点为误差方程

$$A(z^{-1}) \cdot y(z) - B(z^{-1}) \cdot u(z) = e(z)$$

$$\left[1 + a_1 \cdot z^{-1} + a_2 \cdot z^{-2} + \cdots + a_n \cdot z^{-n}\right] \cdot y(z)$$

$$- \left[b_0 + b_1 \cdot z^{-1} + b_2 \cdot z^{-2} + \cdots + b_m \cdot z^{-m}\right] \cdot u(z) = e(z)$$

反变换到时域得到:

$$\begin{aligned}&[y(kT) + a_1 \cdot y((k-1)T) + a_2 \cdot y((k-2)T) + \cdots + a_n \cdot y((k-n)T)]\\&-[b_0 \cdot u(kT) + b_1 \cdot u((k-1)T) + b_2 \cdot u((k-2)T) + \cdots + b_m \cdot u((k-m)T)]\\&= e(kT)\end{aligned}$$

类似 9.5.6.3 节将方程变形:

$$\begin{aligned}y(kT) = &[-a_1 \cdot y((k-1)T) - a_2 \cdot y((k-2)T) - \cdots - a_n \cdot y((k-n)T)]\\&+[b_0 \cdot u(kT) + b_1 \cdot u((k-1)T) + b_2 \cdot u((k-2)T) + \cdots\\&+b_m \cdot u((k-m)T)] + e(kT)\end{aligned}$$

缩写后给出下面书写形式:

$$
\begin{aligned}
y_k = & [-a_1 \cdot y_{k-1} - a_2 \cdot y_{k-2} - \cdots - a_n \cdot y_{k-n}] \\
& + [b_0 \cdot u_k + b_1 \cdot u_{k-1} + b_2 \cdot u_{k-2} + \cdots + b_m \cdot u_{k-m}] + e_k
\end{aligned}
$$

对于每个任意采样点 kT, $k = 0, 1, 2, 3, \cdots$ 都应给出这些方程, 为了确定 $n + m + 1$ 个未知值 $a_1, \cdots, a_n, b_0, \cdots, b_m$ 需要 $N \gg n + m + 1$ 个方程, 因为补偿问题应求出误差信号部分 $e(kT)$ 的影响:

$$
\begin{aligned}
y_k = & [-a_1 \cdot y_{k-1} - a_2 \cdot y_{k-2} - \cdots - a_n \cdot y_{k-n}] \\
& + [b_0 \cdot u_k + b_1 \cdot u_{k-1} + b_2 \cdot u_{k-2} + \cdots + b_m \cdot u_{k-m}] + e_k \\
y_{k+1} = & [-a_1 \cdot y_k - a_2 \cdot y_{k-1} - \cdots - a_n \cdot y_{k-n+1}] \\
& + [b_0 \cdot u_{k+1} + b_1 \cdot u_k + b_2 \cdot u_{k-1} + \cdots + b_m \cdot u_{k-m+1}] + e_{k+1} \\
y_{k+2} = & [-a_1 \cdot y_{k+1} - a_2 \cdot y_k - \cdots - a_n \cdot y_{k-n+2}] \\
& + [b_0 \cdot u_{k+2} + b_1 \cdot u_{k+1} + b_2 \cdot u_k + \cdots + b_m \cdot u_{k-m+2}] + e_{k+2} \\
& \vdots \\
y_{k+N-1} = & [-a_1 \cdot y_{k+N-2} - a_2 \cdot y_{k+N-3} - \cdots - a_n \cdot y_{k+N-n-1}] \\
& + [b_0 \cdot u_{k+N-1} + b_1 \cdot u_{k+N-2} + b_2 \cdot u_{k+N-3} + \cdots \\
& + b_m \cdot u_{k+N-m-1}] + e_{k+N-1}
\end{aligned}
$$

方程组可以表示矩阵形式, 其中应注意: 由于 $N \gg n + m + 1$ 测量阵 $\boldsymbol{M}$ 不再是方阵, 方程组是超定的.

$$
\underset{[N \times 1]}{\begin{bmatrix} y_k \\ y_{k+1} \\ y_{k+2} \\ \vdots \\ y_{k+N-3} \\ y_{k+N-2} \\ y_{k+N-1} \end{bmatrix}}
=
\underset{[N \times (n+m+1)]}{\begin{bmatrix}
-y_{k-1} & -y_{k-2} & \cdots & -y_{k-n} & u_k & u_{k-1} & \cdots & u_{k-m} \\
-y_k & -y_{k-1} & \cdots & -y_{k-n+1} & u_{k+1} & u_k & \cdots & u_{k-m+1} \\
-y_{k+1} & -y_k & \cdots & -y_{k-n+2} & u_{k+2} & u_{k+1} & \cdots & u_{k-m+2} \\
\vdots & \vdots & \ddots & \vdots & \vdots & \vdots & \cdot^{\cdot^{\cdot}} & \vdots \\
-y_{k+N-4} & -y_{k+N-5} & \cdots & -y_{k+N-n-3} & u_{k+N-3} & u_{k+N-4} & \cdots & u_{k+N-m-3} \\
-y_{k+N-3} & -y_{k+N-4} & \cdots & -y_{k+N-n-2} & u_{k+N-2} & u_{k+N-3} & \cdots & u_{k+N-m-2} \\
-y_{k+N-2} & -y_{k+N-3} & \cdots & -y_{k+N-n-1} & u_{k+N-1} & u_{k+N-2} & \cdots & u_{k+N-m-1}
\end{bmatrix}}
$$

$$\cdot \underset{[(n+m+1)\times 1]}{\begin{bmatrix} a_1 \\ \vdots \\ a_n \\ b_0 \\ \vdots \\ b_m \end{bmatrix}} + \overset{[N\times 1]}{\begin{bmatrix} e_k \\ e_{k+1} \\ e_{k+2} \\ \vdots \\ e_{k+N-3} \\ e_{k+N-2} \\ e_{k+N-1} \end{bmatrix}}$$

$$\boldsymbol{y} = \boldsymbol{M} \cdot \boldsymbol{p} + \boldsymbol{e}$$

由测量求得, $k=0,1,2,3,\cdots$ 的输入和输出信号. 首先从 $k+j$(其中 $j=\max(m,n)$) 起, 完全填满测量矩阵.

例 9.5-6　通过测量求得对于 $n=2, m=2$ 和 $N \gg n+m+1$ 模型

$$G(z) = \frac{b_0 + b_1 \cdot z^{-1} + b_2 \cdot z^{-2}}{1 + a_1 \cdot z^{-1} + a_2 \cdot z^{-2}}$$

的测量阵的各个元素:

$$\begin{bmatrix} y_k \\ y_{k+1} \\ y_{k+2} \\ y_{k+3} \\ y_{k+4} \\ y_{k+5} \\ y_{k+6} \\ \vdots \end{bmatrix} = \begin{bmatrix} -y_{k-1} & -y_{k-2} & u_k & u_{k-1} & u_{k-2} \\ -y_k & -y_{k-1} & u_{k+1} & u_k & u_{k-1} \\ -y_{k+1} & -y_k & u_{k+2} & u_{k+1} & u_k \\ -y_{k+2} & -y_{k+1} & u_{k+3} & u_{k+2} & u_{k+1} \\ -y_{k+3} & -y_{k+2} & u_{k+4} & u_{k+3} & u_{k+2} \\ -y_{k+4} & -y_{k+3} & u_{k+5} & u_{k+4} & u_{k+3} \\ -y_{k+5} & -y_{k+4} & u_{k+6} & u_{k+5} & u_{k+4} \\ \vdots & \vdots & \vdots & \vdots & \vdots \end{bmatrix} \cdot \begin{bmatrix} a_1 \\ a_2 \\ b_0 \\ b_1 \\ b_2 \end{bmatrix} + \begin{bmatrix} e_k \\ e_{k+1} \\ e_{k+2} \\ e_{k+3} \\ e_{k+4} \\ e_{k+5} \\ e_{k+6} \\ \vdots \end{bmatrix}$$

所有下标 < 0 的值为零, 首先从 $k+j = k+\max(n,\ m) = k+2$ 起完全填满测量矩阵:

$$\begin{bmatrix} y_k \\ y_{k+1} \\ y_{k+2} \\ y_{k+3} \\ y_{k+4} \\ y_{k+5} \\ y_{k+6} \\ \vdots \end{bmatrix} = \begin{bmatrix} 0 & 0 & u_k & 0 & 0 \\ -y_k & 0 & u_{k+1} & u_k & 0 \\ -y_{k+1} & -y_k & u_{k+2} & u_{k+1} & u_k \\ -y_{k+2} & -y_{k+1} & u_{k+3} & u_{k+2} & u_{k+1} \\ -y_{k+3} & -y_{k+2} & u_{k+4} & u_{k+3} & u_{k+2} \\ -y_{k+4} & -y_{k+3} & u_{k+5} & u_{k+4} & u_{k+3} \\ -y_{k+5} & -y_{k+4} & u_{k+6} & u_{k+5} & u_{k+4} \\ \vdots & \vdots & \vdots & \vdots & \vdots \end{bmatrix} \cdot \begin{bmatrix} a_1 \\ a_2 \\ b_0 \\ b_1 \\ b_2 \end{bmatrix} + \begin{bmatrix} e_k \\ e_{k+1} \\ e_{k+2} \\ e_{k+3} \\ e_{k+4} \\ e_{k+5} \\ e_{k+6} \\ \vdots \end{bmatrix}$$

为了进行补偿计算, 从 $N \gg n+m+1$ 起建立 $k+j=k+\max(n,\, m+1)$ 个方程:

$$\begin{bmatrix} y_{k+j} \\ y_{k+j+1} \\ y_{k+j+2} \\ \vdots \\ y_{k+j+N-3} \\ y_{k+j+N-2} \\ y_{k+j+N-1} \end{bmatrix} = \begin{bmatrix} -y_{k+j-1} & -y_{k+j-2} & \cdots & -y_{k+j-n} & u_k & u_{k+j-1} & \cdots & u_{k+j-m} \\ -y_{k+j} & -y_{k+j-1} & \cdots & -y_{k+j-n+1} & u_{k+1} & u_{k+j} & \cdots & u_{k+j-m+1} \\ -y_{k+j+1} & -y_{k+j} & \cdots & -y_{k+j-n+2} & u_{k+2} & u_{k+j+1} & \cdots & u_{k+j-m+2} \\ \vdots & \vdots & \ddots & \vdots & \vdots & \vdots & \ddots & \vdots \\ -y_{k+j+N-4} & -y_{k+j+N-5} & \cdots & -y_{k+j+N-n-3} & u_{k+j+N-3} & u_{k+j+N-4} & \cdots & u_{k+j+N-m-3} \\ -y_{k+j+N-3} & -y_{k+j+N-4} & \cdots & -y_{k+j+N-n-2} & u_{k+j+N-2} & u_{k+j+N-3} & \cdots & u_{k+j+N-m-2} \\ -y_{k+j+N-2} & -y_{k+j+N-3} & \cdots & -y_{k+j+N-n-1} & u_{k+j+N-1} & u_{k+j+N-2} & \cdots & u_{k+j+N-m-1} \end{bmatrix} \cdot \begin{bmatrix} a_1 \\ \vdots \\ a_n \\ b_0 \\ \vdots \\ b_m \end{bmatrix} + \begin{bmatrix} e_{k+j} \\ e_{k+j+1} \\ e_{k+j+2} \\ \vdots \\ e_{k+j+N-3} \\ e_{k+j+N-2} \\ e_{k+j+N-1} \end{bmatrix}$$

$$\boldsymbol{y} = \boldsymbol{M} \cdot \boldsymbol{p} + \boldsymbol{e}$$

具有 N 行和 $n+m+1$ 列的超定方程组的参数向量 $\boldsymbol{p}$ 在辨识时必须这样确定, 即使差 $\boldsymbol{y}-\boldsymbol{M}\cdot\boldsymbol{p}$ 变得尽可能小. 由补偿计算 (最小二乘法) 使关于品质函数 $Q(p)$ 的方程

$$y - \boldsymbol{M} \cdot \boldsymbol{p} = \boldsymbol{e}$$

极小. 引入 $Q(\boldsymbol{p})$ 作为误差平方和

$$Q(\boldsymbol{p}) = \boldsymbol{e}^{\mathrm{T}} \cdot \boldsymbol{e} = \sum_{i=k+j}^{k+j+N-1} e^2(iT) = \|\boldsymbol{y} - \boldsymbol{M} \cdot \boldsymbol{p}\|^2$$

其中

$$\|\boldsymbol{y} - \boldsymbol{M} \cdot \boldsymbol{p}\|^2 = (\boldsymbol{y} - \boldsymbol{M} \cdot \boldsymbol{p})^{\mathrm{T}} \cdot (\boldsymbol{y} - \boldsymbol{M} \cdot \boldsymbol{p})$$

与**欧几里德范数**(Euklideschen Norm) 的平方 ($\boldsymbol{y}-\boldsymbol{M}\cdot\boldsymbol{p}$ 与自身的标量积) 相对应. 当假定误差平方和 $Q(\boldsymbol{p})$ 为极小值时, 参数向量 p 为最佳. 存在极小值的必要条件为

$$\frac{\partial Q(\boldsymbol{p})}{\partial \boldsymbol{p}} = \boldsymbol{o}$$

将 $y-M\cdot p$ 与自身的标量积代入函数 $Q(p)$, 并且由交换规则

$$(\boldsymbol{M} \cdot \boldsymbol{p})^{\mathrm{T}} = \boldsymbol{p}^{\mathrm{T}} \cdot \boldsymbol{M}^{\mathrm{T}}$$

变为

$$\begin{aligned}Q(\boldsymbol{p})=\boldsymbol{e}^{\mathrm{T}}\cdot\boldsymbol{e}&=(\boldsymbol{y}-\boldsymbol{M}\cdot\boldsymbol{p})^{\mathrm{T}}\cdot(\boldsymbol{y}-\boldsymbol{M}\cdot\boldsymbol{p})\\&=\boldsymbol{y}^{\mathrm{T}}\cdot\boldsymbol{y}-\boldsymbol{y}^{\mathrm{T}}\cdot\boldsymbol{M}\cdot\boldsymbol{p}-(\boldsymbol{M}\cdot\boldsymbol{p})^{\mathrm{T}}\cdot\boldsymbol{y}+(\boldsymbol{M}\cdot\boldsymbol{p})^{\mathrm{T}}\cdot\boldsymbol{M}\cdot\boldsymbol{p}\\&=\boldsymbol{y}^{\mathrm{T}}\cdot\boldsymbol{y}-\boldsymbol{y}^{\mathrm{T}}\cdot\boldsymbol{M}\cdot\boldsymbol{p}-\boldsymbol{p}^{\mathrm{T}}\cdot\boldsymbol{M}^{\mathrm{T}}\cdot\boldsymbol{y}+\boldsymbol{p}^{\mathrm{T}}\cdot\boldsymbol{M}^{\mathrm{T}}\cdot\boldsymbol{M}\cdot\boldsymbol{p}\end{aligned}$$

$Q(\boldsymbol{p})$ 的导数有四项, 被归纳为

$$\begin{aligned}\frac{\partial Q(\boldsymbol{p})}{\partial\boldsymbol{p}}&=\frac{\partial}{\partial\boldsymbol{p}}\left[\boldsymbol{y}^{\mathrm{T}}\cdot\boldsymbol{y}-\boldsymbol{y}^{\mathrm{T}}\cdot\boldsymbol{M}\cdot\boldsymbol{p}-\boldsymbol{p}^{\mathrm{T}}\cdot\boldsymbol{M}^{\mathrm{T}}\cdot\boldsymbol{y}+\boldsymbol{p}^{\mathrm{T}}\cdot\boldsymbol{M}^{\mathrm{T}}\cdot\boldsymbol{M}\cdot\boldsymbol{p}\right]\\&=[0]-\left[(\boldsymbol{y}^{\mathrm{T}}\cdot\boldsymbol{M})^{\mathrm{T}}\right]-\left[\boldsymbol{M}^{\mathrm{T}}\cdot\boldsymbol{y}\right]+\left[(\boldsymbol{M}^{\mathrm{T}}\cdot\boldsymbol{M})^{\mathrm{T}}\cdot\boldsymbol{p}+\boldsymbol{M}^{\mathrm{T}}\cdot\boldsymbol{M}\cdot\boldsymbol{p}\right]\\&=-\boldsymbol{M}^{\mathrm{T}}\cdot\boldsymbol{y}-\boldsymbol{M}^{\mathrm{T}}\cdot\boldsymbol{y}+2\cdot\boldsymbol{M}^{\mathrm{T}}\cdot\boldsymbol{M}\cdot\boldsymbol{p}\\&=-2\cdot\boldsymbol{M}^{\mathrm{T}}\cdot\boldsymbol{y}+2\cdot\boldsymbol{M}^{\mathrm{T}}\cdot\boldsymbol{M}\cdot\boldsymbol{p}=2\cdot\boldsymbol{M}^{\mathrm{T}}(\boldsymbol{y}-\boldsymbol{M}\cdot\boldsymbol{p})=\boldsymbol{o}\end{aligned}$$

通过解出参数向量 $\boldsymbol{p}$ 给出估计方程

$$\boldsymbol{p}=\left[\boldsymbol{M}^{\mathrm{T}}\cdot\boldsymbol{M}\right]^{-1}\cdot\boldsymbol{M}^{\mathrm{T}}\cdot\boldsymbol{y}=\boldsymbol{M}^{+}\cdot\boldsymbol{y}$$

其中, $\boldsymbol{M}^{+}=\left[\boldsymbol{M}^{\mathrm{T}}\cdot\boldsymbol{M}\right]^{-1}\cdot\boldsymbol{M}^{\mathrm{T}}$ 称为伪逆 (Moore-Penrose-Inverse). 其存在, 仅当 $M^{\mathrm{T}}\cdot M$ 是可逆的. 作为极小值的条件, 对于二阶导数

$$\frac{\partial^2 Q(\boldsymbol{p})}{\partial\boldsymbol{p}\partial\boldsymbol{p}^{\mathrm{T}}}=2\cdot\boldsymbol{M}^{\mathrm{T}}\cdot\boldsymbol{M}$$

成立, 必须定义 $\boldsymbol{M}^{\mathrm{T}}\cdot\boldsymbol{M}$ 为正. 平方项必须具有如下特性:

$$\boldsymbol{x}^{\mathrm{T}}\cdot\boldsymbol{M}^{\mathrm{T}}\cdot\boldsymbol{M}\cdot\boldsymbol{x}>0,\quad \boldsymbol{x}\neq\boldsymbol{o},\quad \boldsymbol{x}\in\mathbb{R}^{n+m+1}$$

当 $N\times(n+m+1)$ 测量阵 $\boldsymbol{M}$ 具有**最大秩**(Maximalrang) $n+m+1$, 也就是说, 各列必须是线性无关时, 矩阵的积 $\boldsymbol{M}^{\mathrm{T}}\cdot\boldsymbol{M}$ 是可逆的并且被定义为正. 当系统在接入输入量如阶跃函数后进入稳态状态时, 会产生测量阵的线性相关列. 为避免这些, 应使输入量 $u(kT)$ 作为随机量并由随机数产生器生成, 而为辨识必须已知 $u(kT)$ 值 (也可参见 9.5.6.3 节和例 9.5-7).

例 9.5-7　对于例 9.5-5 中所研究的系统 $G_{\mathrm{HS}}(z)$, 试通过测量伪造输出量 $y(kT)$. 输入量 $u(kT)$ 和叠加到未受扰动系统输出量 $y_{\mathrm{s}}(kT)$ 的扰动量 $r(kT)$ 都是由随机数产生器产生的 (图 9.5-11～图 9.5-13).

模型阶数与例 9.5-6 相应给出 $n=2, m=2$:

$$G(z)=\frac{b_0+b_1\cdot z^{-1}+b_2\cdot z^{-2}}{1+a_1\cdot z^{-1}+a_2\cdot z^{-2}}$$

对于测量阵 $\boldsymbol{M}$ 已给 $N=20$ 行, 而列数为 $n+m+1=5$. 从 $j=2$ 开始用数据完全填满 20×5 测量阵 $\boldsymbol{M}$, 在表 9.5-2 中象征地表示第一行数据.

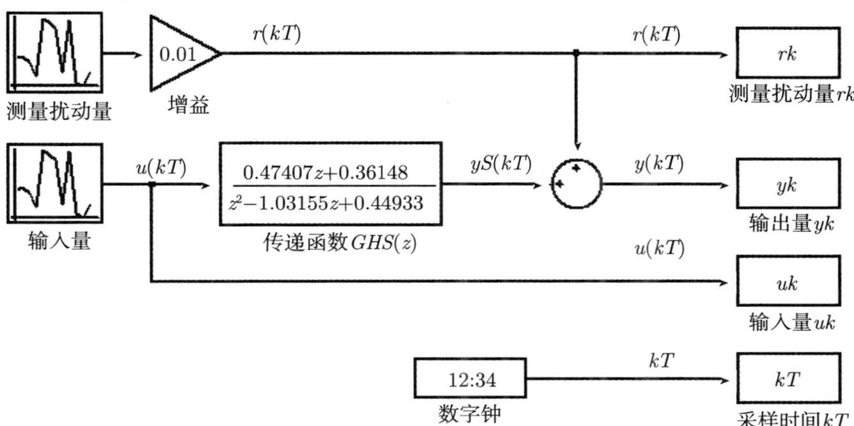

图 9.5-11 辨识 Simulink 方块图

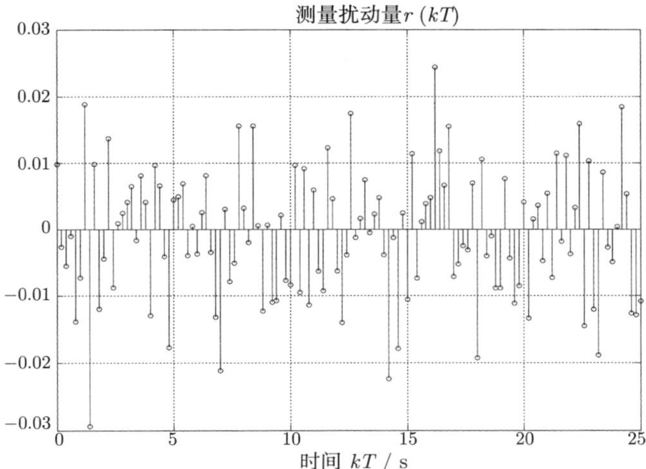

图 9.5-12 测量扰动量 $r(kT)$

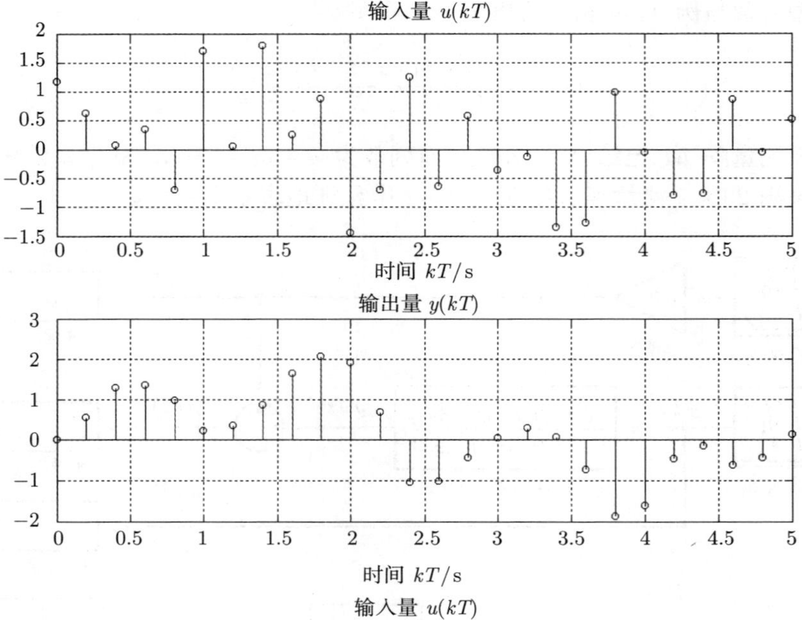

图 9.5-13　输入量 $u(kT)$, 输出量 $y(kT)$

参数向量 $\boldsymbol{p}$ 由

$$\boldsymbol{p}=\left[\boldsymbol{M}^{\mathrm{T}}\cdot\boldsymbol{M}\right]^{-1}\cdot\boldsymbol{M}^{\mathrm{T}}\cdot\boldsymbol{y}=\boldsymbol{M}^{+}\cdot\boldsymbol{y}$$

给出

$$\boldsymbol{p}=\begin{bmatrix}a_1\\a_2\\b_0\\b_1\\b_2\end{bmatrix}=\begin{bmatrix}-1.032795\\0.451127\\-0.009580\\0.478727\\0.358729\end{bmatrix}$$

参数 b_0 可被略去, 系统和模型对照如下:

$$G_{\mathrm{HS}}(z)=\frac{0.47407\cdot z^{-1}+0.36148\cdot z^{-2}}{1-1.03155\cdot z^{-1}+0.44933\cdot z^{-2}}$$

$$G(z)=\frac{b_1\cdot z^{-1}+b_2\cdot z^{-2}}{1+a_1\cdot z^{-1}+a_2\cdot z^{-2}}=\frac{0.478727\cdot z^{-1}+0.358729\cdot z^{-2}}{1-1.032795\cdot z^{-1}+0.451127\cdot z^{-2}}$$

将测量矩阵扩大到 $N=80$ 行可得到如下结果:

$$\boldsymbol{p}=\begin{bmatrix}a_1\\a_2\\b_0\\b_1\\b_2\end{bmatrix}=\begin{bmatrix}-1.029046\\0.447580\\-0.002204\\0.475143\\0.362017\end{bmatrix}$$

$$G_{\mathrm{HS}}(z)=\frac{0.47407\cdot z^{-1}+0.36148\cdot z^{-2}}{1-1.03155\cdot z^{-1}+0.44933\cdot z^{-2}}$$

$$G(z)=\frac{b_1\cdot z^{-1}+b_2\cdot z^{-2}}{1+a_1\cdot z^{-1}+a_2\cdot z^{-2}}=\frac{0.475143\cdot z^{-1}+0.362017\cdot z^{-2}}{1-1.029046\cdot z^{-1}+0.447580\cdot z^{-2}}$$

表 9.5-2 辨识的数据

$\boldsymbol{y}$	$\boldsymbol{M}$					kT
y_{k+2}	$-y_{k+1}$	$-y_k$	u_{k+2}	u_{k+1}	u_k	$(k+j)T$
1.2825	−0.5496	−0.0098	0.0751	0.6268	1.1650	0.4
1.3417	−1.2825	−0.5496	0.3516	0.0751	0.6268	0.6
0.9863	−1.3417	−1.2825	−0.6965	0.3516	0.0751	0.8
0.2180	−0.9863	−1.3417	1.6961	−0.6965	0.3516	1.0
0.3542	−0.2180	−0.9863	0.0591	1.6961	−0.6965	1.2
0.8564	−0.3542	−0.2180	1.7971	0.0591	1.6961	1.4
1.6462	−0.8564	−0.3542	0.2641	1.7971	0.0591	1.6
2.0528	−1.6462	−0.8564	0.8717	0.2641	1.7971	1.8
1.8990	−2.0528	−1.6462	−1.4462	0.8717	0.2641	2.0
0.6788	−1.8990	−2.0528	−0.7012	−1.4462	0.8717	2.2
−1.0330	−0.6788	−1.8990	1.2460	−0.7012	−1.4462	2.4
−1.0173	1.0330	−0.6788	−0.6390	1.2460	−0.7012	2.6
−0.4402	1.0173	1.0330	0.5774	−0.6390	1.2460	2.8
0.0477	0.4402	1.0173	−0.3600	0.5774	−0.6390	3.0
0.2884	−0.0477	0.4402	−0.1356	−0.3600	0.5774	3.2
0.0752	−0.2884	−0.0477	−1.3493	−0.1356	−0.3600	3.4
−0.7280	−0.0752	−0.2884	−1.2704	−1.3493	−0.1356	3.6
−1.8798	0.7280	−0.0752	0.9846	−1.2704	−1.3493	3.8
−1.6180	1.8798	0.7280	−0.0449	0.9846	−1.2704	4.0
−0.4649	1.6180	1.8798	−0.7989	−0.0449	0.9846	4.2

对于 $r(kT)=0$, 得到

$$G(z)=\frac{b_1\cdot z^{-1}+b_2\cdot z^{-2}}{1+a_1\cdot z^{-1}+a_2\cdot z^{-2}}=G_{\mathrm{HS}}(z)=\frac{0.47407\cdot z^{-1}+0.36148\cdot z^{-2}}{1-1.03155\cdot z^{-1}+0.44933\cdot z^{-2}}$$

用 MATLAB-m-File 调用图 9.5-11 的仿真模型, 并进行辨识.

```
%file-name bsp9_5_7_m.m


T = 0.2;                        %Abtastzeitintervall
sim('bsp9_5_7')                 %bsp9_5_7.mdl
n = 2;                          %Ordnung von A
m = 2;                          %Ordnung von B
```

程序中的德文译文:

1. %file-name bsp9_5_7_m.m (文件名 bsp9_5_7_m.m)
2. %Abtastzeitintervall (测试)
3. %Ordnung von A (A 的阶)
4. %Ordnung von B (B 的阶)

```
N = 20;                              %Anzahl der Zeilen
nmp1 = n + m + 1;                    %Anzahl der Spalten
M = zeros (N, nmp1);                 %Messmatrix, Vorbelegung mit Nullen
y = zeros (N, 1);                    %Ausgangsgré, Vorbelegung mit Nullen
for k1 = 1:N
   y(k1) = yk(k1+2);                 %Belegung der Ausgangsgré
end
M = zeros (N, nmp1); =for k1 = 1:N   %Belegung der Messmatrix
   M(k1,1) = -yk(k1+1);
   M(k1,2) = -yk(k1);
   M(k1,3) = uk(k1+2);
   M(k1,4) = uk(k1+1);
   M(k1,5) = uk(k1);
end
```

```
p = pinv(M) * y                    %Pseudoinverse
                                   %Berechnung der Koeffizienten von A, B
figure (1)
stem (kT, rk)
title ('Messstéprozess r(kT)')
xlabel ('Zeit kT / s')
grid on
figure (2)
subplot (211)
stem (kT, uk)
```

程序中的德文译文：

1. %Anzahl der Zeilen (行数)
2. %Anzahl der Spalten (列数)
3. %Messmatrix, Vorbelegung mit Nullen (测量阵, 预先占用零)
4. %Ausgangsgré, Vorbelegung mit Nullen (输出量, 预先占用零)
5. %Belegung der Ausgangsgré (输出量占用)
6. %Belegung der Messmatrix (测量阵占用)
7. %Pseudoinverse (伪逆)
8. %Berechnung der Koeffizienten von A, B (计算 A 和 B 的系数)
9. Messstéprozess r(kT)(测量扰动过程 $r(kT)$)
10. Zeit kT / s (时间 kT/s)

```
title ('Eingangsgré u(kT)')
xlabel ('Zeit kT / s')
grid on
subplot (212)
stem (kT, yk)
title ('Ausgangsgré y(kT)')
xlabel ('Zeit kT / s')
grid on
```

程序中的德文译文:

1. Eingangsgré u(kT) (输入量 $u(kT)$)
2. Zeit kT / s (时间 kT/s)
3. Ausgangsgré y(kT) (输入量 $y(kT)$)

第 10 章 调节回路优化准则和调整规则

10.1 导言

至今, 要预先给定并调整调节回路时域特征量 (上升时间、超调量、稳态调节误差) 或频域特征量 (截止角频率、相位裕度、稳态增益 K_{RS}). 这些特征量应满足**基本优化准则**, 其值由用户根据技术要求规定. 在一般优化任务中预先给定品质准则, 并使其值变得尽可能大或尽可能小.

应进一步由调节回路工作原理推出优化的基本任务. 在出现阶跃形式的扰动量或参据量变化时, 被调节量总是会偏离参据量. 如果调节回路无稳态调节误差, 那么偏差就会消失, 如图 10.1-1 所示.

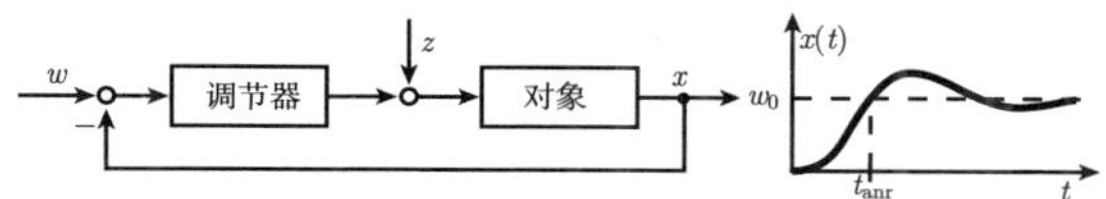

图 10.1-1 具有参据阶跃响应的调节回路

调节器的任务就是精确地调整被调节量并抑制扰动的影响. 这应**快速**而**无超调**地实现. 这些要求在简单调节结构中不能同时被满足, 因为一些要求在调节器参数变化时会**向相反方向**变化: 例如, 减小增益以便减小超调量, 然而这样会增大上升时间和初调时间, 调节回路变慢.

优化的任务就是, 寻找相互矛盾要求之间的折衷. 为此要引入更高级的优化准则, 然后用所选择的优化方法使所求的调整值为最优. 为调整调节器, 需应用时域和频域优化方法.

优化方法可以理解为, 它使调节系统达到预先给定的品质准则尽可能大或尽可能小值——最优值时的特性. 按着方法类型可分为参数优化和结构优化.

参数优化方法是在预先给出调节系统结构情况下确定调节装置的特征值. 参数优化会导致极值问题. 在**时域优化**时, 品质准则由调节技术参量的时间变化历程组成. 在频域优化时, 则要推导出由频率特性特征量组成的准则.

在**结构优化**时, 要求调节系统最优结构和参数, 优化的任务也可提供算法作为结果, 并由此确定最优的调整量序列.

下节将研究建立在调节面积分准则上的一组参数优化法.

10.2 时域参数优化

10.2.1 调节面概念

由闭环回路的阶跃响应可读出上升时间、初调时间、过渡过程时间、调节误差和超调量. 如果这些特征量都尽可能小, 那么调节回路确实是最优配置. 其中一些要求是自相矛盾的, 那么就必须进行折衷. 为此, 在时域应用调节误差 $x_{\mathrm{d}}(t)$ 的积分. 在图 10.2-1 中将无稳态调节误差调节系统的调节误差

$$x_{\mathrm{d}}(t) = w(t) - x(t)$$

的积分绘制成阴影线.

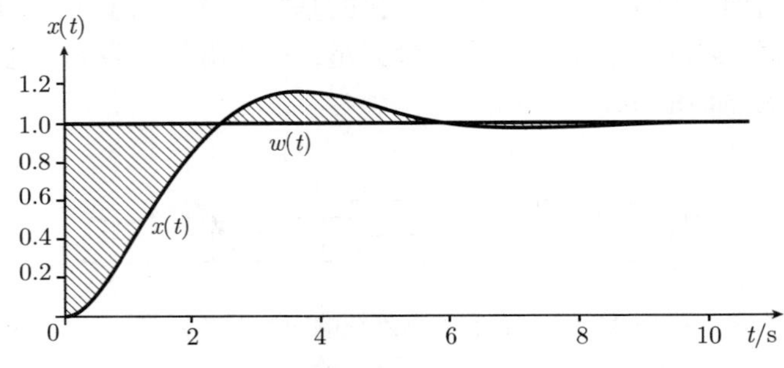

图 10.2-1　参据量和被调节量的误差面积

在计算具有稳态调节误差的调节系统时应注意：是不允许积分稳态调节误差(图 10.2-3).否则积分会得到无穷大的值, 且不能提供关于调节器最优调整的结果.

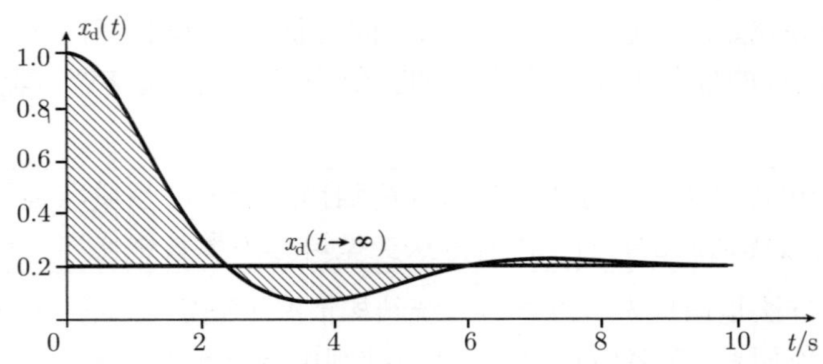

图 10.2-2　具有稳态调节误差的 II 阶调节系统的调节面积

调节面可用线性、绝对值或平方求值, 在一些积分准则中还可用其他函数加权调节误差.

10.2.2 时域积分准则

10.2.2.1 线性调节面积分准则

该准则的基础是：超调量和初调时间越小，调节品质越好.

$$A_{\mathrm{Lin}} = A_{\mathrm{Lin}}(t \to \infty) = \int_0^{\infty} [x_{\mathrm{d}}(t) - x_{\mathrm{d}}(t \to \infty)]\mathrm{d}t \stackrel{!}{=} \mathrm{Min}$$

A_{Lin} 称为**线性调节面**Lineare Regelfläche(图 10.2-3). 它由在参据阶跃或扰动阶跃时关于调节误差 $x_d(t)$ 和稳态调节误差 $x_d(t \to \infty)$ 之差的积分给出.

当积分驱近于极小时，那么调节回路调整为最优. 在具有超调的调节回路时调节面由正的和负的部分组成. 在这样的调节过程调节面变得很小，在不稳定调节回路甚至驱于零. 因此，仅当调节回路预先给定阻尼时，才能引入这个准则.

对于具有特征角频率 $\omega_0 = 1s^{-1}$ 和阻尼比 $D = 0.5$ 的 II 阶标准传递函数进行不同调节面计算：

$$G(s) = \frac{x(s)}{w(s)} = \frac{\omega_0^2}{s^2 + 2 \cdot D \cdot \omega_0 \cdot s + \omega_0^2} = \frac{1}{s^2 + s + 1}$$

那么具有 $w(t) = w_0 \cdot E(t) = E(t)$ 的参据阶跃响应为

$$x(t) = \left[1 - \frac{\mathrm{e}^{-D\omega_0 t}}{\sqrt{1-D^2}} \cdot \sin\left(\omega_0 \cdot \sqrt{1-D^2} \cdot t + \arccos D\right)\right] \cdot w_0$$
$$= 1 - 1.155 \cdot \mathrm{e}^{-0.5 \cdot t} \cdot \sin\left(0.866 \cdot t + \frac{\pi}{3}\right)$$

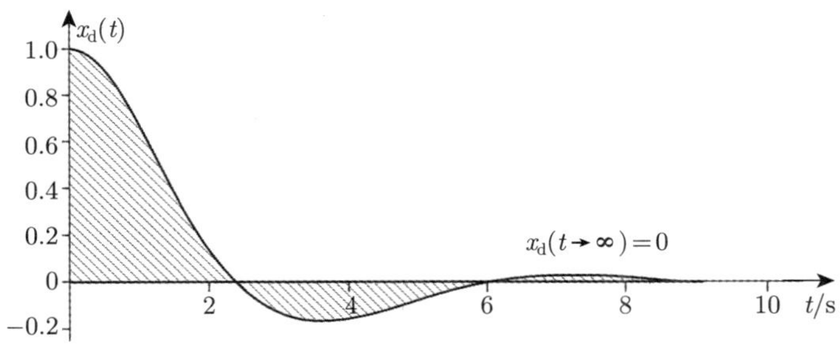

图 10.2-3 线性调节面 (阴影面)

为了在时域计算积分，首先必须求调节误差 $x_{\mathrm{d}}(t)$. 如果在频域用终值定理确定积分，那么就可避免必要的大量计算. 对于线性调节面 A_{Lin} 可用终值定理求下面表达式：

$$A_{\mathrm{Lin}} = \lim_{t \to \infty} A_{\mathrm{Lin}}(t) = \lim_{t \to \infty} \int [x_{\mathrm{d}}(t) - x_{\mathrm{d}}(t \to \infty)]\mathrm{d}t$$

$$A_{\mathrm{Lin}} = \lim_{s\to 0} s \cdot A_{\mathrm{Lin}}(s) = \lim_{s\to 0} s \cdot L\left\{\int [x_{\mathrm{d}}(t) - x_{\mathrm{d}}(t\to\infty)]\mathrm{d}t\right\}$$

$$= \lim_{s\to 0} s \cdot \frac{1}{s} \cdot \left[x_{\mathrm{d}}(s) - \frac{x_{\mathrm{d}}(t\to\infty)}{s}\right]$$

$$\boxed{A_{\mathrm{Lin}} = A_{\mathrm{Lin}}(t\to\infty) = \lim_{s\to 0}\left[x_{\mathrm{d}}(s) - \frac{x_{\mathrm{d}}(t\to\infty)}{s}\right] \stackrel{!}{=} \mathrm{Min}}$$

为计算线性调节面需要在频域的调节误差 $x_{\mathrm{d}}(s)$.

例 10.2-1　试按线性调节面积分准则对具有两个 PT_1 环节和一个比例调节器的调节回路进行不出现超调的调整. 对此调整其阻尼比为 $D = 1$.

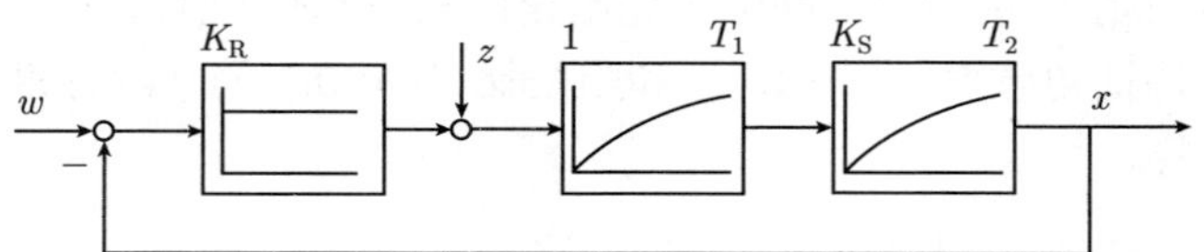

对于该调节回路应求参据阶跃 $w(t) = w_0 \cdot E(t)$ 的调节误差, 首先确定传递函数:

$$G_{\mathrm{R}}(s) = K_{\mathrm{R}}, \quad G_{\mathrm{S}}(s) = \frac{K_{\mathrm{S}}}{(1+T_1\cdot s)\cdot(1+T_2\cdot s)}, \quad w(s) = \frac{w_0}{s}$$

$$G(s) = \frac{G_{\mathrm{R}}(s)\cdot G_{\mathrm{S}}(s)}{1+G_{\mathrm{R}}(s)\cdot G_{\mathrm{S}}(s)} = \frac{K_{\mathrm{R}}\cdot K_{\mathrm{S}}}{T_1\cdot T_2\cdot s^2 + (T_1+T_2)\cdot s + 1 + K_{\mathrm{R}}\cdot K_{\mathrm{S}}}$$

$$= \frac{K_{\mathrm{R}}\cdot K_{\mathrm{S}}}{1+K_{\mathrm{R}}\cdot K_{\mathrm{S}}} \cdot \frac{1}{\dfrac{T_1\cdot T_2\cdot s^2}{1+K_{\mathrm{R}}\cdot K_{\mathrm{S}}} + \dfrac{(T_1+T_2)\cdot s}{1+K_{\mathrm{R}}\cdot K_{\mathrm{S}}} + 1}$$

$$\stackrel{!}{=} K_{\mathrm{P}} \cdot \frac{1}{\dfrac{s^2}{\omega_0^2} + 2\cdot D\cdot\dfrac{s}{\omega_0} + 1} \quad (\mathrm{PT}_2\ \text{环节标准传递函数})$$

在频域的调节误差为

$$x_{\mathrm{d}}(s) = \frac{1}{1+G_{\mathrm{R}}(s)\cdot G_{\mathrm{S}}(s)} \cdot w(s) = \frac{(1+T_1\cdot s)\cdot(1+T_2\cdot s)}{(1+T_1\cdot s)\cdot(1+T_2\cdot s) + K_{\mathrm{R}}\cdot K_{\mathrm{S}}} \cdot \frac{w_0}{s}$$

得到稳态调节误差:

$$x_{\mathrm{d}}(t\to\infty) = \lim_{s\to 0} s\cdot x_{\mathrm{d}}(s) = \frac{w_0}{1+K_{\mathrm{R}}\cdot K_{\mathrm{S}}}$$

下个计算步骤确定调节面 A_{Lin}：

$$
\begin{aligned}
A_{\text{Lin}} &= \lim_{s\to 0}\left[x_{\text{d}}(s) - \frac{x_{\text{d}}(t\to\infty)}{s}\right] \\
&= \lim_{s\to 0}\left[\frac{(1+T_1\cdot s)\cdot(1+T_2\cdot s)}{(1+T_1\cdot s)\cdot(1+T_2\cdot s)+K_{\text{R}}\cdot K_{\text{S}}}\cdot\frac{w_0}{s} - \frac{1}{1+K_{\text{R}}\cdot K_{\text{S}}}\cdot\frac{w_0}{s}\right] \\
&= \lim_{s\to 0}\left[\frac{(1+K_{\text{R}}\cdot K_{\text{S}})\cdot(1+T_1\cdot s)\cdot(1+T_2\cdot s)}{[(1+T_1\cdot s)\cdot(1+T_2\cdot s)+K_{\text{R}}\cdot K_{\text{S}}]\cdot(1+K_{\text{R}}\cdot K_{\text{S}})\cdot s} - \right. \\
&\qquad \left.\frac{[(1+T_1\cdot s)\cdot(1+T_2\cdot s)+K_{\text{R}}\cdot K_{\text{S}}]}{[(1+T_1\cdot s)\cdot(1+T_2\cdot s)+K_{\text{R}}\cdot K_{\text{S}}]\cdot(1+K_{\text{R}}\cdot K_{\text{S}})\cdot s}\right]\cdot w_0 \\
&= \lim_{s\to 0}\left[\frac{K_{\text{R}}\cdot K_{\text{S}}\cdot[(T_1+T_2)\cdot s+T_1\cdot T_2\cdot s^2]}{[(1+T_1\cdot s)\cdot(1+T_2\cdot s)+K_{\text{R}}\cdot K_{\text{S}}]\cdot(1+K_{\text{R}}\cdot K_{\text{S}})\cdot s}\right]\cdot w_0 \\
&= \frac{K_{\text{R}}\cdot K_{\text{S}}\cdot(T_1+T_2)}{(1+K_{\text{R}}\cdot K_{\text{S}})^2}\cdot w_0
\end{aligned}
$$

对于 $K_R\to\infty$ 存在线性调节面极小. 因为调节回路是不稳定的, 那么线性调节面等于零. 调节误差振荡的正负面积部分相互抵消. 对于具有附加条件 $D=1$(超调量 $\ddot{u}=0$) 的最优调整, 给出 $G(s)$ 同 PT_2 环节标准传递函数的系数比较：

$$
\frac{1}{\omega_0^2} = \frac{T_1\cdot T_2}{1+K_{\text{R}}\cdot K_{\text{S}}},\quad \frac{2\cdot D}{\omega_0} = \frac{T_1+T_2}{1+K_{\text{R}}\cdot K_{\text{S}}}
$$

$$
K_{\text{R}} = \frac{(T_1+T_2)^2-4\cdot D^2\cdot T_1\cdot T_2}{4\cdot D^2\cdot T_1\cdot T_2\cdot K_{\text{S}}} = \frac{(T_1-T_2)^2}{4\cdot T_1\cdot T_2\cdot K_{\text{S}}}
$$

线性调节面具有最优值：

$$
A_{\text{Lin}} = \frac{K_{\text{R}}\cdot K_{\text{S}}\cdot(T_1+T_2)}{(1+K_{\text{R}}\cdot K_{\text{S}})^2}\cdot w_0 = \frac{4\cdot T_1\cdot T_2\cdot(T_1-T_2)^2}{(T_1+T_2)^3}\cdot w_0
$$

对于被调节对象相等的时间常数 $T_1=T_2$, 不能用一个 P 调节器优化调节回路, 计算会导致 $K_{\text{R}}=0$. 非周期极限情况 $D=1$ 不能被调整 (4.3.3.2 节).

10.2.2.2 数值调节面积分准则

在这个准则里构建调节面的值, 对此将避免线性调节面准则的缺点, 即正负面积部分相消, **数值调节面**(Betragsregelfläche) 准则 A_{abs} 构成关于调节误差值积分 (图 10.2-4)：

$$
\boxed{A_{\text{abs}} = A_{\text{abs}}(t\to\infty) = \int_0^{\infty}|x_{\text{d}}(t)-x_{\text{d}}(t\to\infty)|\,\text{d}t \overset{!}{=} \text{Min}}
$$

在**时间加权数值调节面(Zeitgewichteten Betragsregelfläche)** 准则 $A_{\mathrm{abs\_t}}$ 情况, 调节误差的值与时间 t 相乘:

$$A_{\mathrm{abs\_t}} = A_{\mathrm{abs\_t}}(t \to \infty) = \int_0^\infty |x_\mathrm{d}(t) - x_\mathrm{d}(t \to \infty)| \cdot t\,\mathrm{d}t \overset{!}{=} \mathrm{Min}$$

在调节回路阶跃响应时, 由于与时间 t 的相乘, 具有小幅的振荡在长时间后加权调节面也会提供大的值 (图 10.2-5). 该优化方法适于调整出现微小振荡的调节回路.

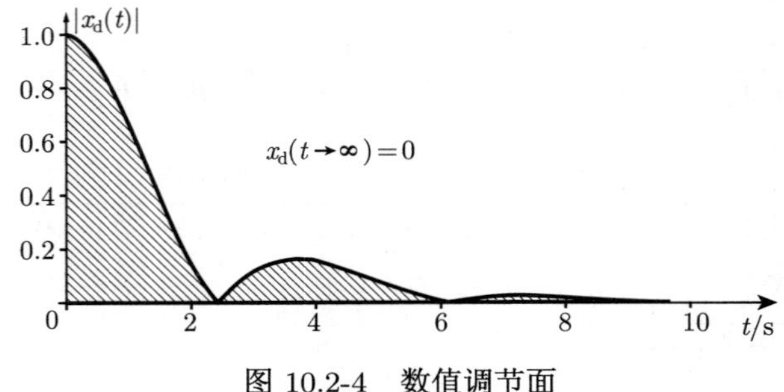

图 10.2-4 数值调节面

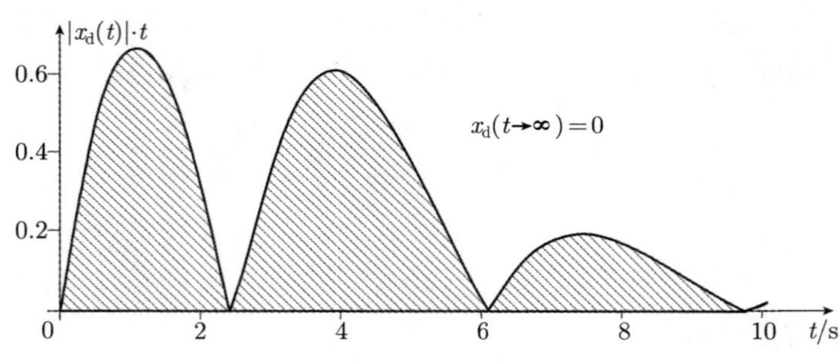

图 10.2-5 时间加权数值调节面

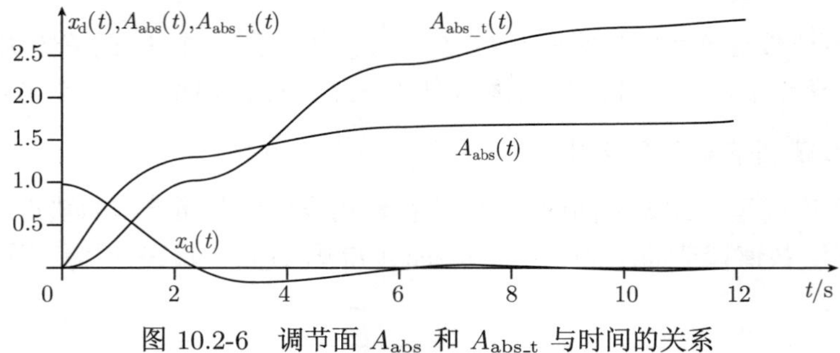

图 10.2-6 调节面 A_{abs} 和 $A_{\mathrm{abs\_t}}$ 与时间的关系

这两种优化方法的缺点是, 由于不连续点不能封闭积分, 而只能进行数值计算.

10.2.2.3 平方调节面积分准则

在这个准则里构建调节误差和稳态调节误差之差的平方. 通过平方使大的调节误差值比小的调节误差值更强烈地进入平方调节面 (图 10.2-7).

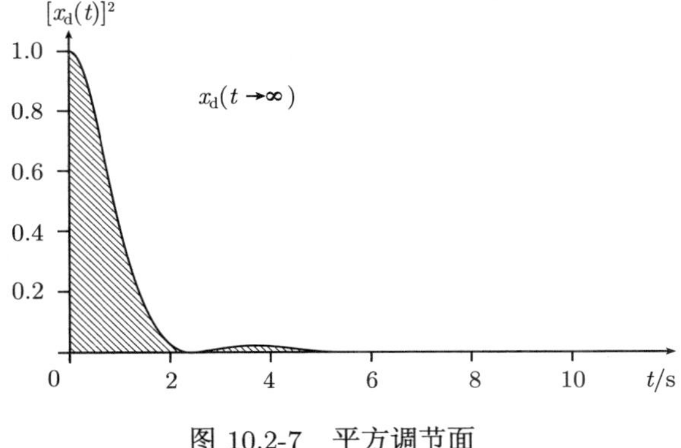

图 10.2-7 平方调节面

在**平方调节面**(Quadratischen Regelfläche) 优化方法情况会抑制大的调节误差值, 被调节量的阶跃响会快速地达到终值. 其缺点是, 在优化调节回路时会出现较大的超调, 并且由于较微小的阻尼会在较长时间的瞬变过程后才达到被调节量的终值. **平方调节面**积分准则具有形式:

$$A_{\mathrm{sqr}} = A_{\mathrm{sqr}}(t\to\infty) = \int_0^\infty [x_{\mathrm{d}}(t) - x_{\mathrm{d}}(t\to\infty)]^2\,\mathrm{d}t \overset{!}{=} \mathrm{Min}$$

而**时间加权平方准则**(quadratischen Kriterien mit Zeitgewichtuny) 就可避免这些缺点, 与时间或时间平方相乘, 能用增大的时间强烈地加权调节误差 (图 10.2-8, 图 10.2-9). 用该优化方法能给出具有足够阻尼比的调节回路, 具有时间加权的主要平方准则为

$$A_{\mathrm{sqr\_t}} = A_{\mathrm{sqr\_t}}(t\to\infty) = \int_0^\infty [x_{\mathrm{d}}(t) - x_{\mathrm{d}}(t\to\infty)]^2\cdot t\,\mathrm{d}t \overset{!}{=} \mathrm{Min}$$

$$A_{\mathrm{sqr\_t^2}} = A_{\mathrm{sqr\_t^2}}(t\to\infty) = \int_0^\infty [x_{\mathrm{d}}(t) - x_{\mathrm{d}}(t\to\infty)]^2\cdot t^2\,\mathrm{d}t \overset{!}{=} \mathrm{Min}$$

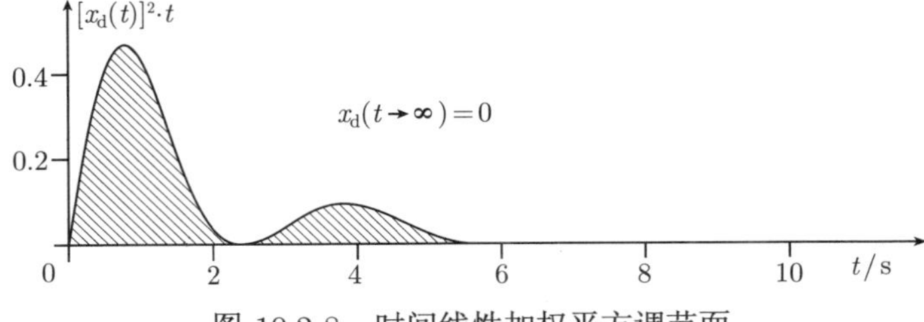

图 10.2-8 时间线性加权平方调节面

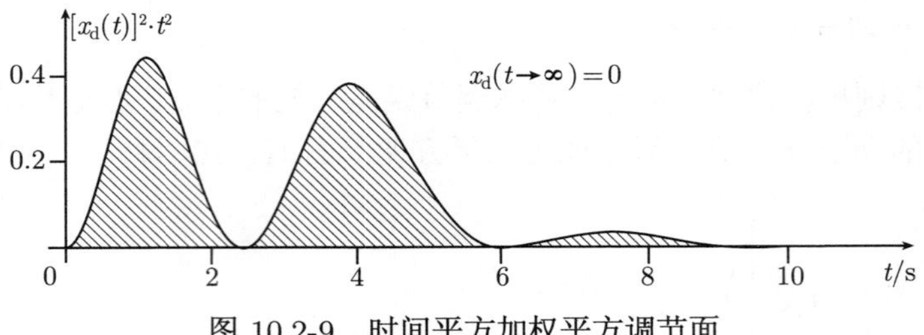

图 10.2-9　时间平方加权平方调节面

计算平方调节面准则可在时域或频域进行. 通过调节误差平方在时域产生大量的算式, 其积分耗费巨大. 而在频域计算平方调节面则会变得简单.

为在频域计算积分引入帕舍伐尔方程:

$$\boxed{\int_0^{\infty} f(t)^2 \mathrm{d}t = \frac{1}{2\pi}\int_{-\infty}^{\infty} |f(\mathrm{j}\omega)|^2 \mathrm{d}\omega = \frac{1}{2\pi}\int_{-\infty}^{\infty} f(\mathrm{j}\omega)\cdot f(-\mathrm{j}\omega)\mathrm{d}\omega}$$

为确定平方调节面将调节误差与稳态调节误差之差代入积分. 在频域差值为

$$f(s) = x_{\mathrm{d}}(s) - \frac{x_{\mathrm{d}}(t\to\infty)}{s}$$

在阶跃形式加载参据量 $w(t)$、供能扰动量 $z_1(t)$、负载扰动量 $z_2(t)$ 时, 按照节 5.1 调节误差具有下列形式:

$$x_{\mathrm{d}w}(s) = \frac{1}{1+G_{\mathrm{R}}(s)\cdot G_{\mathrm{S}}(s)}\cdot w(s) = \frac{N_{\mathrm{R}}(s)\cdot N_{\mathrm{S}}(s)}{N_{\mathrm{R}}(s)\cdot N_{\mathrm{S}}(s)+Z_{\mathrm{R}}(s)\cdot Z_{\mathrm{S}}(s)}\cdot\frac{w_0}{s}$$

$$x_{\mathrm{d}z1}(s) = \frac{-G_{\mathrm{S}}(s)}{1+G_{\mathrm{R}}(s)\cdot G_{\mathrm{S}}(s)}\cdot z_1(s) = \frac{-N_{\mathrm{R}}(s)\cdot Z_{\mathrm{S}}(s)}{N_{\mathrm{R}}(s)\cdot N_{\mathrm{S}}(s)+Z_{\mathrm{R}}(s)\cdot Z_{\mathrm{S}}(s)}\cdot\frac{z_{10}}{s}$$

$$x_{\mathrm{d}z2}(s) = \frac{-1}{1+G_{\mathrm{R}}(s)\cdot G_{\mathrm{S}}(s)}\cdot z_2(s) = \frac{-N_{\mathrm{R}}(s)\cdot N_{\mathrm{S}}(s)}{N_{\mathrm{R}}(s)\cdot N_{\mathrm{S}}(s)+Z_{\mathrm{R}}(s)\cdot Z_{\mathrm{S}}(s)}\cdot\frac{z_{20}}{s}$$

拉普拉斯变换的调节误差是一个关于 s 的切断有理函数, 其中分子阶数可最高等于分母阶数, 这发生在下列条件, 即在可实现的传递函数情况分子阶数最高等于分母阶数:

由 $\mathrm{grad}\{N_R\}(s) \leqslant \mathrm{grad}\{Z_R(s)\} \leqslant \mathrm{grad}\{Z_s(s)\}$①得

$$\mathrm{grad}\{N_{\mathrm{R}}(s)\cdot N_{\mathrm{S}}(s)+Z_{\mathrm{R}}(s)\cdot Z_{\mathrm{S}}(s)\} = \mathrm{grad}\{N_{\mathrm{R}}(s)\cdot N_{\mathrm{S}}(s)\}$$

$$\mathrm{grad}\{N_{\mathrm{R}}(s)\cdot N_{\mathrm{S}}(s)+Z_{\mathrm{R}}(s)\cdot Z_{\mathrm{S}}(s)\} \geqslant \mathrm{grad}\{Z_{\mathrm{S}}(s)\cdot N_{\mathrm{R}}(s)\}$$

① grad 表示阶数.

首先给出调节误差如下形式, 其中输入量含有单位阶跃高度:

$$x_{\mathrm{d}}(s)=\frac{a_{n-1}\cdot s^n+a_{n-2}\cdot s^{n-1}+\cdots+a_0\cdot s+a_{00}}{b_n\cdot s^n+b_{n-1}\cdot s^{n-1}+\cdots+b_2\cdot s^2+b_1\cdot s+b_0}\cdot\frac{1}{s}$$

在计算积分时减去稳态调节误差

$$x_{\mathrm{d}}(t\to\infty)=\lim_{s\to 0}s\cdot x_{\mathrm{d}}(s)=\frac{a_{00}}{b_0}$$

因为否则积分会得到无穷大的值, 为了进一步研究, 表达式

$$f(s)=x_{\mathrm{d}}(s)-\frac{x_{\mathrm{d}}(t\to\infty)}{s}$$

对应于时域的差

$$f(t)=x_{\mathrm{d}}(t)-x_{\mathrm{d}}(t\to\infty)$$

可通过

$$f(s)=\frac{a_{n-1}\cdot s^n+a_{n-2}\cdot s^{n-1}+\cdots+a_0\cdot s}{b_n\cdot s^n+b_{n-1}\cdot s^{n-1}+\cdots+b_2\cdot s^2+b_1\cdot s+b_0}\cdot\frac{1}{s}$$

$$=\frac{a_{n-1}\cdot s^{n-1}+a_{n-2}\cdot s^{n-2}+\cdots+a_0}{b_n\cdot s^n+b_{n-1}\cdot s^{n-1}+\cdots+b_2\cdot s^2+b_1\cdot s+b_0}$$

来代替, 对于 $f(\mathrm{j}\omega)$ 得到

$$f(\mathrm{j}\omega)=\frac{a_{n-1}\cdot(\mathrm{j}\omega)^{n-1}+a_{n-2}\cdot(\mathrm{j}\omega)^{n-2}+\ldots+a_0}{b_n\cdot(\mathrm{j}\omega)^n+b_{n-1}\cdot(\mathrm{j}\omega)^{n-1}+\ldots+b_2\cdot(\mathrm{j}\omega)^2+b_1\cdot\mathrm{j}\omega+b_0}$$

积分值

$$A_{\mathrm{sqr}}=\frac{1}{2\pi}\int_{-\infty}^{\infty}f(\mathrm{j}\omega)\cdot f(-\mathrm{j}\omega)\mathrm{d}\omega$$

可从表中查取, 表 10.2-1 汇集至 $n=3$ 的结果.

表 10.2-1 平方调节面的值

	$n=1$	$n=2$	$n=3$
A_{sqr}	$\dfrac{a_0^2}{2\cdot b_0\cdot b_1}$	$\dfrac{a_1^2\cdot b_0+a_0^2\cdot b_2}{2\cdot b_0\cdot b_1\cdot b_2}$	$\dfrac{a_2^2\cdot b_0\cdot b_1+(a_1^2-2\cdot a_0\cdot a_2)\cdot b_0\cdot b_3+a_0^2\cdot b_2\cdot b_3}{2\cdot b_0\cdot b_3\cdot(b_1\cdot b_2-b_0\cdot b_3)}$

例 10.2-2 试用积分调节器对于阶跃形式的扰动 $z_1(t)$ 通过平方积分准则优化具有两个 PT_1 环节的被调节对象. 被调节对象的特征数据为 $T_{\mathrm{S1}}=T_{\mathrm{S2}}=2.0\mathrm{s}, K_{\mathrm{S}}=0.5$.

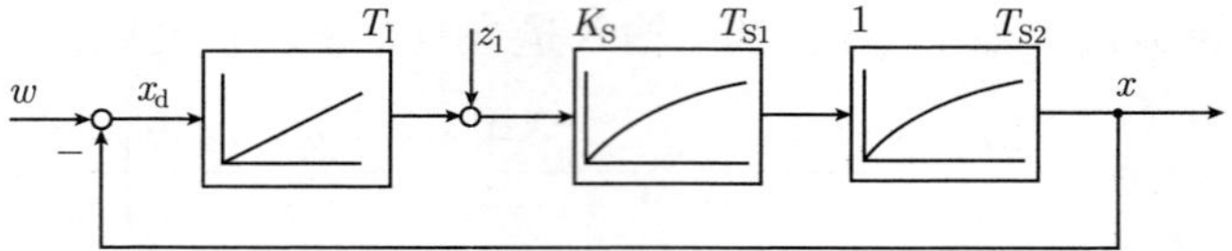

调节器和对象的传递函数：

$$G_R(s) = \frac{Z_R(s)}{N_R(s)} = \frac{1}{T_I \cdot s}, \quad G_S(s) = \frac{Z_S(s)}{N_S(s)} = \frac{K_S}{(1+T_{S1} \cdot s) \cdot (1+T_{S2} \cdot s)}$$

在供能扰动时的传递函数：

$$G_{z1}(s) = \frac{x(s)}{z_1(s)} = \frac{G_S(s)}{1+G_R(s) \cdot G_S(s)} = \frac{N_R(s) \cdot Z_S(s)}{N_R(s) \cdot N_S(s) + Z_R(s) \cdot Z_S(s)}$$

$$= \frac{K_S \cdot T_I \cdot s}{T_I \cdot s \cdot (1+T_{S1} \cdot s) \cdot (1+T_{S2} \cdot s) + K_S}$$

$$= \frac{K_S \cdot T_I \cdot s}{T_I \cdot T_{S1} \cdot T_{S2} \cdot s^3 + T_I \cdot (T_{S1}+T_{S2}) \cdot s^2 + T_I \cdot s + K_S}$$

阶跃形式的供能扰动：

$$z_1(t) = z_{10} \cdot E(t), \quad z_1(s) = \frac{z_{10}}{s}$$

在频域的调节误差为

$$x_{dz1}(s) = -x(s) = -G_{z1}(s) \cdot z_1(s)$$

$$= \frac{-K_S \cdot T_I \cdot s}{T_I \cdot T_{S1} \cdot T_{S2} \cdot s^3 + T_I \cdot (T_{S1}+T_{S2}) \cdot s^2 + T_I \cdot s + K_S} \cdot \frac{z_{10}}{s}$$

$$= \frac{-K_S \cdot T_I \cdot z_{10}}{T_I \cdot T_{S1} \cdot T_{S2} \cdot s^3 + T_I \cdot (T_{S1}+T_{S2}) \cdot s^2 + T_I \cdot s + K_S}$$

$$= \frac{-a_0}{b_3 \cdot s^3 + b_2 \cdot s^2 + b_1 \cdot s + b_0}$$

按照积分表对于 $n=3$ 积分准则的值为

$$a_0 = K_S \cdot T_I \cdot z_{10}, \quad a_1 = a_2 = 0$$

$$b_0 = K_S, \quad b_1 = T_I, \quad b_2 = T_I \cdot (T_{S1}+T_{S2}), \quad b_3 = T_I \cdot T_{S1} \cdot T_{S2}$$

$$A_{\text{sqr}} = \frac{a_2^2 \cdot b_0 \cdot b_1 + (a_1^2 - 2 \cdot a_0 \cdot a_2) \cdot b_0 \cdot b_3 + a_0^2 \cdot b_2 \cdot b_3}{2 \cdot b_0 \cdot b_3 \cdot (b_1 \cdot b_2 - b_0 \cdot b_3)}$$

$$= \frac{a_0^2 \cdot b_2}{2 \cdot b_0 \cdot (b_1 \cdot b_2 - b_0 \cdot b_3)}$$

$$= \frac{K_{\text{S}} \cdot T_{\text{I}}^2 \cdot (T_{\text{S1}} + T_{\text{S2}}) \cdot z_{10}^2}{2 \cdot (T_{\text{I}} \cdot (T_{\text{S1}} + T_{\text{S2}}) - T_{\text{S1}} \cdot T_{\text{S2}} \cdot K_{\text{S}})}$$

通过极值计算确定对于调节器积分时间 T_I 的最优值:

$$\frac{\text{d}A_{\text{sqr}}}{\text{d}T_{\text{I}}} = \frac{\text{d}}{\text{d}T_{\text{I}}} \cdot \left[\frac{K_{\text{S}} \cdot (T_{\text{S1}} + T_{\text{S2}}) \cdot z_{10}^2}{2} \cdot \frac{T_{\text{I}}^2}{T_{\text{I}} \cdot (T_{\text{S1}} + T_{\text{S2}}) - T_{\text{S1}} \cdot T_{\text{S2}} \cdot K_{\text{S}}} \right] \stackrel{!}{=} 0$$

$$\frac{K_{\text{S}} \cdot (T_{\text{S1}}+T_{\text{S2}}) \cdot z_{10}^2}{2} \cdot \frac{[T_{\text{I}} \cdot (T_{\text{S1}}+T_{\text{S2}}) - T_{\text{S1}} \cdot T_{\text{S2}} \cdot K_{\text{S}}] \cdot 2 \cdot T_{\text{I}} - T_{\text{I}}^2 \cdot (T_{\text{S1}}+T_{\text{S2}})}{[T_{\text{I}} \cdot (T_{\text{S1}}+T_{\text{S2}}) - T_{\text{S1}} \cdot T_{\text{S2}} \cdot K_{\text{S}}]^2} \stackrel{!}{=} 0$$

$$[T_{\text{I}} \cdot (T_{\text{S1}} + T_{\text{S2}}) - T_{\text{S1}} \cdot T_{\text{S2}} \cdot K_{\text{S}}] \cdot 2 - T_{\text{I}} \cdot (T_{\text{S1}} + T_{\text{S2}}) \stackrel{!}{=} 0$$

$$T_{\text{Iopt}} = \frac{2 \cdot T_{\text{S1}} \cdot T_{\text{S2}} \cdot K_{\text{S}}}{T_{\text{S1}} + T_{\text{S2}}} = 1\,\text{s}$$

在 T_{Iopt} 时的积分准则具有值:

$$A_{\text{sqr\_min}} = \frac{2 \cdot T_{\text{S1}} \cdot T_{\text{S2}} \cdot K_{\text{S}}^2 \cdot z_{10}^2}{T_{\text{S1}} + T_{\text{S2}}} = 0.5 \cdot z_{10}^2$$

10.2.3 计算 II 阶标准调节回路积分准则

具有参数特征角频率 ω_0 和阻尼比 D 的 II 阶标准调节回路具有如下的传递函数:

$$G(s) = \frac{x(s)}{w(s)} = \frac{\omega_0^2}{s^2 + 2 \cdot D \cdot \omega_0 \cdot s + \omega_0^2}$$

由 $w(t) = w_0 \cdot E(t)$ 得到参据阶跃响应:

$$x(t) = w_0 \left[1 - \frac{\text{e}^{-D\omega_0 t}}{\sqrt{1 - D^2}} \cdot \sin\left(\sqrt{1 - D^2} \cdot \omega_0 \cdot t + \arccos D \right) \right]$$

调节误差为

$$x_{\text{d}}(t) = w(t) - x(t) = w_0 \cdot \frac{\text{e}^{-D\omega_0 t}}{\sqrt{1 - D^2}} \cdot \sin\left(\sqrt{1 - D^2} \cdot \omega_0 \cdot t + \arccos D \right)$$

由阻尼比给出归一化超调量:

$$\ddot{u} = \mathrm{e}^{-\mathrm{T}\frac{D\pi}{\sqrt{1-D^2}}}$$

对于调节回路, 在图 10.2-10 中绘出对于规范化的特征角频率 $\omega_0 = 1\mathrm{s}^{-1}$ 和阶跃高度 $w_0 = 1$ 的积分值与阻尼比 D 的关系.

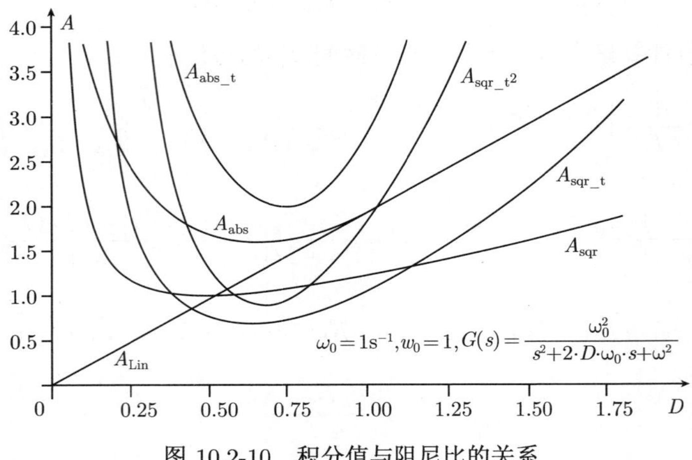

图 10.2-10　积分值与阻尼比的关系

除了线性调节面, 对于所有准则都可调整到最优阻尼值, 在表 10.2-2 中给出 II 阶标准调节回路对于阶跃形式参据量的最优调整. 对于数值准则是数值计算的结果, 而对于其他准则为封闭计算积分值.

表 10.2-2　II 阶标准调节回路的优化

线性调节面积分准则 $A_{\mathrm{Lin}} = \dfrac{2 \cdot D}{\omega_0} \cdot w_0, \quad D_{\mathrm{opt}} = 0$ $A_{\mathrm{Lin\_opt}} = 0$	(振荡情况) 必须预先给出阻尼比 按照阻尼比校正超调量 $\ddot{u}$
数值调节面积分准则 $(\omega_0 = 1s^{-1})$ $A_{\mathrm{abs}} = 1.605 \cdot w_0, \quad D_{\mathrm{opt}} = 0.659, \quad \ddot{u} = 6.35\,\%$ $A_{\mathrm{abs\_opt}} = 1.605 \cdot w_0$	
时间加权数值调节面积分准则 $(\omega_0 = 1s^{-1})$ $A_{\mathrm{abs\_t}} = 1.952 \cdot w_0, \quad D_{\mathrm{opt}} = 0.753, \quad \ddot{u} = 2.76\,\%$ $A_{\mathrm{abs\_t\_opt}} = 1.952 \cdot w_0$	
平方调节面积分准则 $A_{\mathrm{sqr}} = \dfrac{4 \cdot D^2 + 1}{4 \cdot D \cdot \omega_0} \cdot w_0, \quad D_{\mathrm{opt}} = 0.5, \quad \ddot{u} = 16.3\,\%$ $A_{\mathrm{sqr\_opt}} = \dfrac{1}{\omega_0} \cdot w_0$	

(续)

时间加权平方调节面积分准则 $A_{\text{sqr\_t}} = \dfrac{8 \cdot D^4 + 1}{8 \cdot D^2 \cdot \omega_0^2} \cdot w_0, \quad D_{\text{opt}} = \dfrac{\sqrt[4]{2}}{2} = 0.595, \quad \ddot{u} = 9.8\,\%$ $A_{\text{sqr\_t\_opt}} = \dfrac{1}{\sqrt{2} \cdot \omega_0^2} \cdot w_0 = \dfrac{0.707}{\omega_0^2} \cdot w_0$
时间平方加权平方调节面积分准则 $A_{\text{sqr\_t2}} = \dfrac{16 \cdot D^6 - 4 \cdot D^4 + D^2 + 1}{8 \cdot D^3 \cdot \omega_0^3} \cdot w_0, \quad D_{\text{opt}} = 0.667, \quad \ddot{u} = 5.99\,\%$ $A_{\text{sqr\_t2\_opt}} = \dfrac{0.869}{\omega_0^3} \cdot w_0$

例 10.2-3 试优化位置调节参据特性. 调整量为电动机的电枢电压 u_A. 被调节对象是由电动机 (K_1, T_M) 与联动装置 (K_2) 构成, 而位置 x 由转数 n 的积分 (K_3) 得到, 位置由具有传递系数 K_4 的测量装置获得. 特征量的值为

$$K_1 = 100 \cdot \frac{1}{\text{min} \cdot \text{V}}, \quad K_2 \cdot K_3 = 0.01 \cdot 2 \cdot \pi \cdot \text{rad}, \quad K_4 = 1 \cdot \frac{\text{V}}{\text{rad}}, \quad T_\text{M} = 2\,\text{s}$$

试确定比例调节器的最优调整 K_{Ropt}.

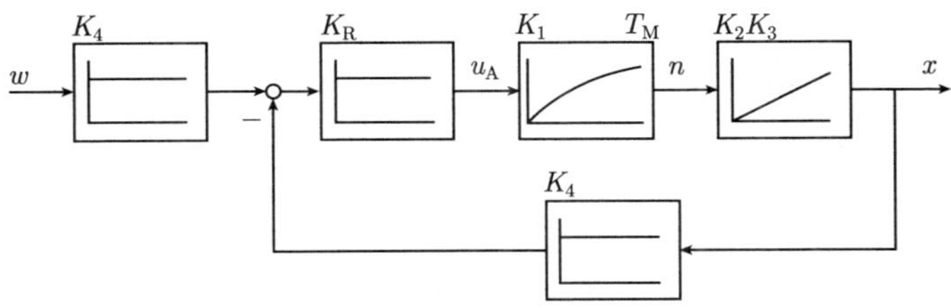

简化信号流图: 将具有 K_4 的传递环节移位至调节回路内.

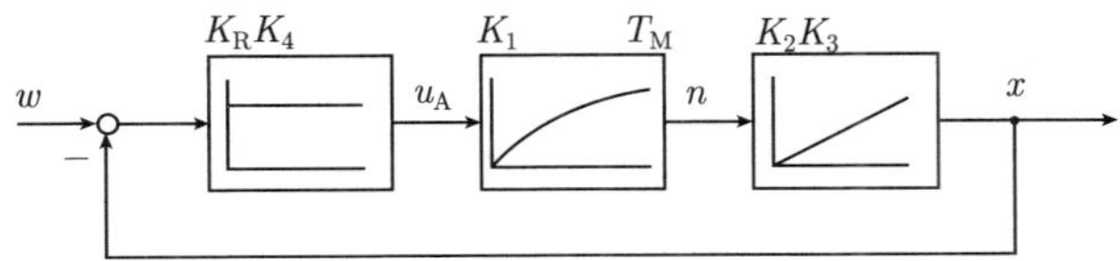

调节器和对象的传递函数:

$$G_\text{R}(s) = K_\text{R} \cdot K_4, \quad G_\text{S}(s) = \frac{K_1 \cdot K_2 \cdot K_3}{s \cdot (1 + s \cdot T_\text{M})}$$

参据传递函数:

$$G(s)=\frac{x(s)}{w(s)}=\frac{G_{\mathrm{R}}(s)\cdot G_{\mathrm{S}}(s)}{1+G_{\mathrm{R}}(s)\cdot G_{\mathrm{S}}(s)}=\frac{Z_{\mathrm{R}}(s)\cdot Z_{\mathrm{S}}(s)}{N_{\mathrm{R}}(s)\cdot N_{\mathrm{S}}(s)+Z_{\mathrm{R}}(s)\cdot Z_{\mathrm{S}}(s)}$$
$$=\frac{K_{\mathrm{R}}\cdot K_1\cdot K_2\cdot K_3\cdot K_4}{s^2\cdot T_{\mathrm{M}}+s+K_{\mathrm{R}}\cdot K_1\cdot K_2\cdot K_3\cdot K_4}$$

与 II 阶调节回路标准形式比较提供最优调整方程:

$$G(s)=\frac{K_{\mathrm{R}}\cdot K_1\cdot K_2\cdot K_3\cdot K_4/T_{\mathrm{M}}}{s^2+s/T_{\mathrm{M}}+K_{\mathrm{R}}\cdot K_1\cdot K_2\cdot K_3\cdot K_4/T_{\mathrm{M}}}\overset{!}{=}\frac{\omega_0^2}{s^2+2\cdot D\cdot\omega_0\cdot s+\omega_0^2}$$

$$\omega_0^2=\frac{K_{\mathrm{R}}\cdot K_1\cdot K_2\cdot K_3\cdot K_4}{T_{\mathrm{M}}},\quad 2\cdot D\cdot\omega_0=\frac{1}{T_{\mathrm{M}}},\quad \omega_0^2=\frac{1}{4\cdot D^2\cdot T_{\mathrm{M}}^2}$$

$$K_{\mathrm{R}}=\frac{\omega_0^2\cdot T_{\mathrm{M}}}{K_1\cdot K_2\cdot K_3\cdot K_4}=\frac{1}{4\cdot D^2\cdot K_1\cdot K_2\cdot K_3\cdot K_4\cdot T_{\mathrm{M}}}=\frac{1.194}{D^2}$$

由方程

$$\boxed{K_{\mathrm{Ropt}}=\frac{1.194}{D_{\mathrm{opt}}^2}}$$

得到调节器最优调整. 如果要显示调节回路在阶跃接入时微小的超调, 那么必须按照时间加权数值调节面准则优化. 对于该准则为 $D_{\mathrm{opt}}=0.753$. 归一化超调量 $\ddot{u}=2.76\%$, 最优调节器增益为 $K_{\mathrm{Ropt}}=2.11$.

10.3　调节回路调整规则

10.3.1　调整规则应用

在实际调整规则中应避免在积分准则上耗费大量的数学运算, 在本节中研究的调整方法是从实验求调节回路或被调节对象的特征量出发.

将齐格勒和尼科尔斯方法应用于稳定边界值, 按照 CHIEN、HRONES、RESWICK调整方法求出被调节对象的阶跃响应特征量值.

然而调整规则也仅对确定性的被调节对象类型有效, 用近似公式由测量求得调节器调正量, 并应进行校验. 在表中给出的 PID 调节器的最优参数, 对于按照 4.5.3.3 节和 4.5.3.5 节的 PID 调节器加法可实现形式是有效的.

10.3.2　齐格勒和尼科尔斯调整规则

许多生产工艺技术的被调节对象都可通过具有时延 T_t 的时延环节和具有对象增益 K_{S} 与滞后时间 T_{S} 的 I 阶滞后环节近似地表示:

$$\boxed{G_{\mathrm{S}}(s)=K_{\mathrm{S}}\cdot\frac{\mathrm{e}^{-T_{\mathrm{t}}s}}{1+s\cdot T_{\mathrm{S}}}}$$

信号流图如图 10.3-1 所示.

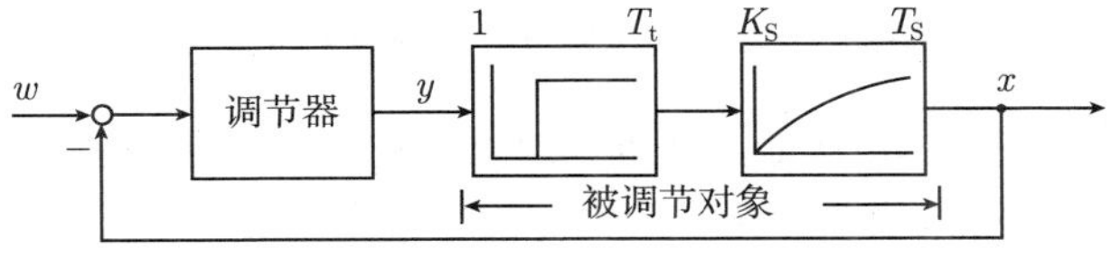

图 10.3-1 具有时延和滞后的调节回路

物质或能量的传递过程可通过时延环节模拟. 而滞后环节则近似地描述能量或物质存储特性. 如果已知被调节对象数据, 那么就可按表 10.3-1 给出最优调整值.

表 10.3-1 按照齐格勒和尼科尔斯规则优化

调节器	K_R	T_N	T_V
P 调节器	$\frac{T_S}{K_S \cdot T_t}$	—	—
PI 调节器	$0.9 \cdot \frac{T_S}{K_S \cdot T_t}$	$3.33 \cdot T_t$	—
PID 调节器 (加法形式)	$1.2 \cdot \frac{T_S}{K_S \cdot T_t}$	$2.0 \cdot T_t$	$0.5 \cdot T_t$

如果没有对象数据, 那么按如下确定最优调节器调整: 首先用比例调节器来调整被调节对象. 增益 K_S 调到这样大, 直到在

$$\boxed{K_R = K_{Rkrit}}$$

时调节回路达到稳定边界. 测量产生振荡的周期 T_{krit}. 对于不同调节器类型按照表 10.3-2 进行调节器调整.

表 10.3-2 按照齐格勒和尼科尔斯 ($\boldsymbol{K_{Rkrit}}, \boldsymbol{T_{krit}}$) 规则优化

调节器	K_R	T_N	T_V
P 调节器	$0.50 \cdot K_{Rkrit}$	—	—
PI 调节器	$0.45 \cdot K_{Rkrit}$	$0.83 \cdot T_{krit}$	—
PID 调节器 (加法形式)	$0.60 \cdot K_{Rkrit}$	$0.50 \cdot T_{krit}$	$0.125 \cdot T_{krit}$

如果被调节对象不允许在稳定边界处运行, 可用伯德图计算具有 $T_{krit} = 2 \cdot \pi/\omega_{krit}$ 的振荡周期.

对于在对象输入端的阶跃扰动, 优化是有效的. 在按照齐格勒和尼科尔斯规则

调整时, 具有 PT_2 特性的调节回路具有阻尼比 $D \approx 0.3$.

10.3.3 CHIEN, HRONES 和 RESWICK 调整规则

由具有滞后而无超调的被调节对象的阶跃响应, 都可用这些方法确定空载时间 T_u、平衡时间 T_g 和对象增益 K_S.

对于这种对象类型, 在扰动量–和参据量变化时 CHIEN, HRONES 和 RESWICK 规则都可计算有效的调整值. 调整规则对于 $T_g/T_u > 3$ 是可应用的.

对于最短持续时间的非周期调节过程 ($\ddot{u} = 0\%$) 和在超调 $\ddot{u} = 20\%$ 的最小振荡时间过程可给出调整值.

例 10.3-1 为了校验调整规则研究具有 $K_S = 2$ 和三个相等时间常数 $T_1 = 1\text{s}$ 的III阶被调节对象与一个 PI 调节器.

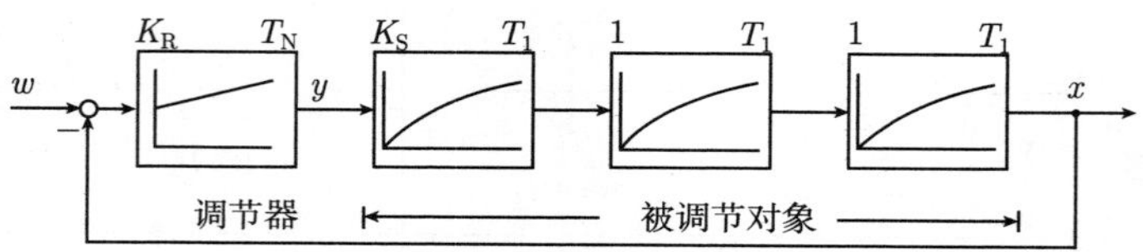

在图 10.3-2 中绘制被调节对象的阶跃响应. 阶跃响应特征值为

- 拐点 $T_w = 2 \cdot T_1 = 2.0\text{s}$,
- 延迟时间 $T_u = 0.81 \cdot T_1 = 0.81\text{s}$,
- 平衡时间 $T_g = 3.69 \cdot T_1 = 3.69\text{s}$.

调整规则的前提条件 $T_g/T_u = 4.56 > 3$ 是满足的. 在图 10.3-3 中给出在参据阶跃函数时调整的阶跃响应, 其扰动特性和参据特性的调整值见表 10.3-3、表 10.3-4 所列.

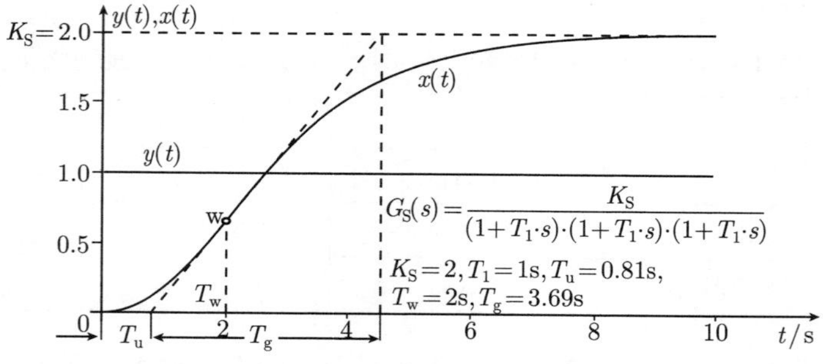

图 10.3-2 具有 K_S、T_u、T_g 被调节对象的阶跃响应

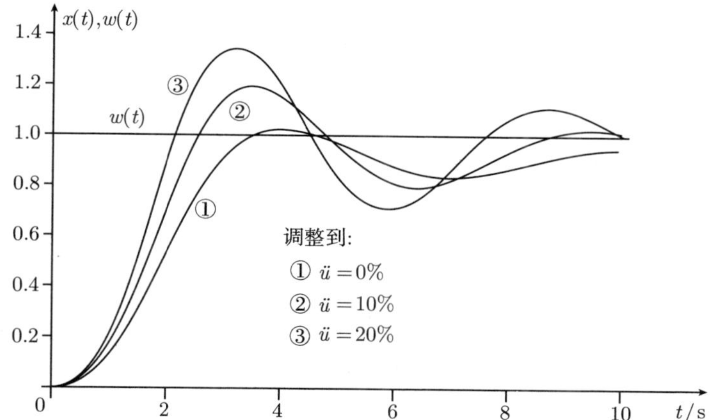

图 10.3-3 按照 CHIEN, HRONES 和 RESWICK 规则优化参据特性时调节回路的阶跃响应

表 10.3-3 按照 CHIEN, HRONES 和 RESWICK 规则优化扰动特性的调整值

调节器类型		在阶跃扰动时非周期的调节过程($\ddot{u}=0\%$)	在阶跃扰动时超调 $\ddot{u}=20\%$振荡的调节过程
P 调节器	K_{R}	$0.3\cdot\dfrac{T_{\mathrm{g}}}{T_{\mathrm{u}}\cdot K_{\mathrm{S}}}$	$0.70\cdot\dfrac{T_{\mathrm{g}}}{T_{\mathrm{u}}\cdot K_{\mathrm{S}}}$
PI 调节器	K_{R}	$0.6\cdot\dfrac{T_{\mathrm{g}}}{T_{\mathrm{u}}\cdot K_{\mathrm{S}}}$	$0.70\cdot\dfrac{T_{\mathrm{g}}}{T_{\mathrm{u}}\cdot K_{\mathrm{S}}}$
	T_{N}	$4.0\cdot T_{\mathrm{u}}$	$2.3\cdot T_{\mathrm{u}}$
PID 调节器(加法形式)	K_{R}	$0.95\cdot\dfrac{T_{\mathrm{g}}}{T_{\mathrm{u}}\cdot K_{\mathrm{S}}}$	$1.20\cdot\dfrac{T_{\mathrm{g}}}{T_{\mathrm{u}}\cdot K_{\mathrm{S}}}$
	T_{N}	$2.4\cdot T_{\mathrm{u}}$	$2.0\cdot T_{\mathrm{u}}$
	T_{V}	$0.42\cdot T_{\mathrm{u}}$	$0.42\cdot T_{\mathrm{u}}$

表 10.3-4 按照 CHIEN, HRONES 和 RESWICK 规则优化参据特性的调整值

调节器类型		在阶跃扰动时非周期的调节过程($\ddot{u}=0\%$)	在阶跃扰动时超调 $\ddot{u}=20\%$振荡的调节过程
P 调节器	K_{R}	$0.3\cdot\dfrac{T_{\mathrm{g}}}{T_{\mathrm{u}}\cdot K_{\mathrm{S}}}$	$0.70\cdot\dfrac{T_{\mathrm{g}}}{T_{\mathrm{u}}\cdot K_{\mathrm{S}}}$

(续)

调节器类型		在阶跃扰动时非周期的调节过程($\ddot{u}=0\%$)	在阶跃扰动时超调 $\ddot{u}=20\%$振荡的调节过程
PI 调节器	K_R	$0.35\cdot\dfrac{T_g}{T_u\cdot K_S}$	$0.60\cdot\dfrac{T_g}{T_u\cdot K_S}$
	T_N	$1.2\cdot T_g$	$1.0\cdot T_g$
PID 调节器 (加法形式)	K_R	$0.60\cdot\dfrac{T_g}{T_u\cdot K_S}$	$0.95\cdot\dfrac{T_g}{T_u\cdot K_S}$
	T_N	$1.0\cdot T_g$	$1.35\cdot T_g$
	T_V	$0.50\cdot T_u$	$0.47\cdot T_u$

通过对于 $\ddot{u}=0\%$ 和 $\ddot{u}=20\%$ 值的内插法求调整到 $\ddot{u}=10\%$ 的调节器特征值. 实际达到的超调量 $\ddot{u}_{\text{exakt}}$ 高于已给值, 对此增益 K_R 必须调小, 而调后时间 T_N 调大. 参据特性的优化见表 10.3-5 所列.

表 10.3-5 参据特性的优化

特征量	参据阶跃和超调量的调整		
	$\ddot{u}=0\,\%$	$\ddot{u}=10\,\%$	$\ddot{u}=20\,\%$
K_R	$\dfrac{0.35\cdot T_g}{T_u\cdot K_S}=0.8$	$\dfrac{0.475\cdot T_g}{T_u\cdot K_S}=1.08$	$\dfrac{0.60\cdot T_g}{T_u\cdot K_S}=1.37$
T_N	$1.2\cdot T_g=4.43\,\text{s}$	$1.1\cdot T_g=4.06\,\text{s}$	$1.0\cdot T_g=3.69\,\text{s}$
$\ddot{u}_{\text{exakt}}$	$\ddot{u}=3.17\,\%$	$\ddot{u}=19.88\,\%$	$\ddot{u}=34.7\,\%$

10.3.4 按 T 和规则的调节器调整

10.3.4.1 被调节对象总和时间常数

在被调节对象中, 其阶跃响应呈现从零开始并且无超调 (图 10.3-4), 可引入 KUHN 的 T 和调整. 这样的被调节对象的动态可由时间常数和来求值.

如果分子阶数 m 小于分母阶数 n, 并且所有超前时间常数小于最大的滞后时间常数 (9.3.2.5 节), 那么具有传递函数

$$G_\mathrm{S}(s)=\frac{x(s)}{y(s)}=K_\mathrm{S}\cdot\frac{Z_\mathrm{S}(s)}{N_\mathrm{S}(s)}\cdot\mathrm{e}^{-sT_\mathrm{t}}$$

$$=K_\mathrm{S}\cdot\frac{(1+T_{\mathrm{V}1}\cdot s)\cdot(1+T_{\mathrm{V}2}\cdot s)\cdot\ldots\cdot(1+T_{\mathrm{V}m}\cdot s)}{(1+T_1\cdot s)\cdot(1+T_2\cdot s)\cdot\ldots\cdot(1+T_n\cdot s)}\cdot\mathrm{e}^{-sT_\mathrm{t}},$$

$$Z_\mathrm{S}(s=0)=1,\quad N_\mathrm{S}(s=0)=1$$

的被调节对象的阶跃响应从零开始并且无振荡.

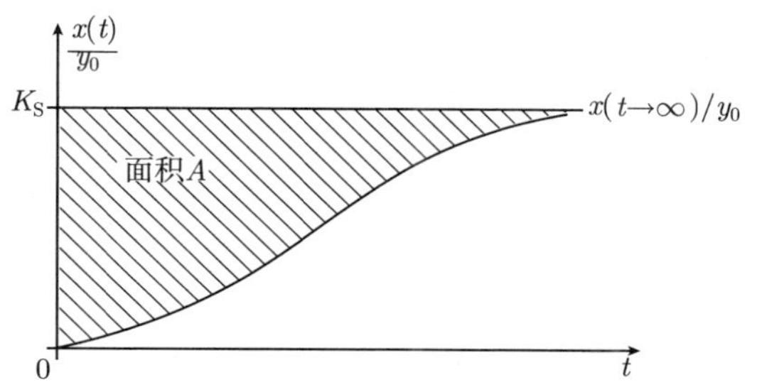

图 10.3-4 被调节对象的阶跃响应

时间常数和 T_Σ 确定如下:

$$\boxed{\begin{aligned}T_\Sigma&=\sum_{j=1}^{n}T_\mathrm{j}+T_\mathrm{t}-\sum_{i=1}^{m}T_{\mathrm{V}i}\\&=T_1+T_2+\cdots+T_n+T_\mathrm{t}-T_{\mathrm{V}1}-T_{\mathrm{V}2}-\cdots-T_{\mathrm{V}m}\end{aligned}}$$

如果时间常数未知, 那么时间常数和也可由测量的被调节对象的阶跃响应用实验来求. 如图 10.3-4 由阶跃响应值与被调节量阶跃响应之归一化差构成的面积 A

$$A=\int_0^\infty\left[\frac{x(t\to\infty)}{y_0}-\frac{x(t)}{y_0}\right]\mathrm{d}t=\int_0^\infty\left[K_\mathrm{S}-\frac{x(t)}{y_0}\right]\mathrm{d}t=K_\mathrm{S}\cdot T_\Sigma$$

等于对象增益 K_S 和时间常数和 T_Σ 之乘积, y_0 为接入的调整量 $y(t)=y_0\cdot E(t)$ 的阶跃高度.

由拉普拉斯变换终值定理得

$$A=A(t\to\infty)=\lim_{s\to 0}s\cdot A(s)=\lim_{s\to 0}s\cdot\frac{1}{s}\cdot\left[\frac{K_\mathrm{S}}{s}-\frac{x(s)}{y_0}\right]$$

$$=\lim_{s\to 0}\left[\frac{K_\mathrm{S}}{s}-\frac{G_\mathrm{S}(s)}{y_0}\cdot\frac{y_0}{s}\right]=\lim_{s\to 0}\left[\frac{K_\mathrm{S}}{s}-\frac{G_\mathrm{S}(s)}{s}\right]$$

$$= \lim_{s\to 0}\left[\frac{\frac{K_S}{s}}{1} - K_S \cdot \left[\frac{\frac{Z_S(s)}{s}}{N_S(s)}\right]\cdot \mathrm{e}^{-sT_t}\right]$$

$$= \lim_{s\to 0} K_S \cdot \left[\frac{\frac{N_S(s)}{s} - \frac{Z_S(s)\cdot \mathrm{e}^{-sT_t}}{s}}{N_S(s)}\right]$$

在求极限时所有与 s 相乘的项都将消失, 随后对未确定的极限值

$$\lim_{s\to 0}\left(\frac{1}{s} - \frac{\mathrm{e}^{-sT_t}}{s}\right) = \lim_{s\to 0}\frac{1-\mathrm{e}^{-sT_t}}{s} = \lim_{s\to 0}\frac{T_t\cdot \mathrm{e}^{-sT_t}}{1} = T_t$$

的分子和分母微分后该极极值将成为时延 T_t, 这样面积 A 由对象增益和时间常数和构成:

$$A = \lim_{s\to 0} K_S \cdot \left[\frac{(T_1+T_2+\cdots+T_n) + \frac{1}{s} - (T_{V1}+T_{V2}+\cdots+T_{Vm}) - \frac{\mathrm{e}^{-sT_t}}{s}}{1}\right]$$

$$= K_S \cdot [(T_1+T_2+\cdots+T_n) + T_t - (T_{V1}+T_{V2}+\cdots+T_{Vm})] = K_S \cdot T_{\sum}$$

例 10.3-2 为了解释导数, 对于被调节对象

$$G_S(s) = K_S \cdot \frac{1+T_V\cdot s}{(1+T_1\cdot s)\cdot(1+T_2\cdot s)}$$

$$K_S = 5,\quad T_V = 1\,\mathrm{s},\quad T_1 = 2\,\mathrm{s},\quad T_2 = 5\,\mathrm{s},\quad T_t = 0$$

由终值定理试确定差面积 A.

$$A = \lim_{s\to 0} K_S \cdot \left[\frac{\frac{N_S(s)}{s} - \frac{Z_S(s)}{s}}{N_S(s)}\right]$$

$$= \lim_{s\to 0} K_S \cdot \left[\frac{\frac{T_1\cdot T_2\cdot s^2 + (T_1+T_2)\cdot s + 1}{s} - \frac{T_V\cdot s+1}{s}}{T_1\cdot T_2\cdot s^2 + (T_1+T_2)\cdot s + 1}\right]$$

$$= \lim_{s\to 0} K_S \cdot \left[\frac{T_1\cdot T_2\cdot s + (T_1+T_2) + \frac{1}{s} - T_V - \frac{1}{s}}{T_1\cdot T_2\cdot s^2 + (T_1+T_2)\cdot s + 1}\right]$$

$$= \lim_{s\to 0} K_S \cdot \left[\frac{T_1 + T_2 - T_V + \frac{1}{s} - \frac{1}{s}}{1}\right] = K_S \cdot (T_1 + T_2 - T_V) = 30\,\mathrm{s}$$

时间常数和为 $T_{\sum} = T_1 + T_2 - T_V = 6\mathrm{s}$.

10.3.4.2 实验确定时间常数和

常常被调节对象传递函数是未知的. 为求时间常数和, 可充分利用阶跃响应函数. 为此, K_S 与测量的阶跃响应函数 $x(t)$ 之差的积分

$$A = \int_0^{\infty} \left[K_S - \frac{x(t)}{y_0}\right] \mathrm{d}t = K_S \cdot T_{\sum}$$

是可计算的. 其简化也是可能的, 即由测量的阶跃响应估计出时间常数和.

为了确定时间常数和 T_Σ, 在阶跃响应函数中使一条平行线偏移 x 纵坐标这么远, 直至出现相等面积 $A_1 = A_2$(图 10.3-5):

$$A = \int_0^{\infty} \left[K_S - \frac{x(t)}{y_0}\right] \mathrm{d}t = K_S \cdot T_{\sum} = \int_0^{T_\Sigma} \left[K_S - \frac{x(t)}{y_0}\right] \mathrm{d}t + A_1$$

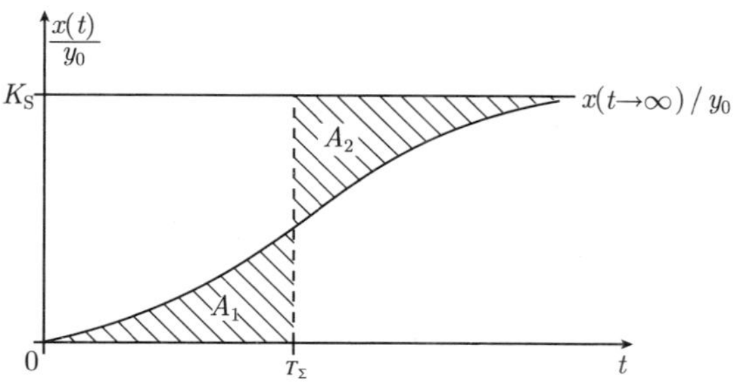

图 10.3-5 总和时间常数的估计

10.3.4.3 PI 和 PID 调节器的 T 和规则

在规定 PI 调节器的 T 和规则时, 假设被调节对象模型具有两个相同时间常数:

$$T_{\sum} = T_1 + T_2, \quad T_1 = T_2 = \frac{T_{\sum}}{2}$$

$$G_R(s) = K_R \cdot \frac{1 + T_N \cdot s}{T_N \cdot s}, \quad G_S(s) = \frac{K_S}{(1 + T_1 \cdot s) \cdot (1 + T_2 \cdot s)}$$

由调后时间 T_N 补偿时间常数 T_1, 而调节器增益 K_R 这样调整, 即使合成的 II 阶调节回路阻尼比总计为 $D = \dfrac{1}{\sqrt{2}}$, 并由此得阶跃响应归一化超调量总计为

$\ddot{u} = 4.32\%$.

$$T_{\rm N} = T_1 = \frac{T_\Sigma}{2}, \quad T_2 = \frac{T_\Sigma}{2}, \quad D = \frac{1}{\sqrt{2}}$$

$$G_{\rm R}(s) \cdot G_{\rm S}(s) = K_{\rm R} \cdot \frac{1 + T_{\rm N} \cdot s}{T_{\rm N} \cdot s} \cdot \frac{K_{\rm S}}{(1 + T_1 \cdot s) \cdot (1 + T_2 \cdot s)}$$

$$= \frac{K_{\rm R} \cdot K_{\rm S}}{\dfrac{T_\Sigma}{2} \cdot s \cdot \left(1 + \dfrac{T_\Sigma}{2} \cdot s\right)} = \frac{4 \cdot K_{\rm R} \cdot K_{\rm S}}{T_\Sigma^2 \cdot s^2 + 2 \cdot T_\Sigma \cdot s}$$

$$G(s) = \frac{G_{\rm R}(s) \cdot G_{\rm S}(s)}{1 + G_{\rm R}(s) \cdot G_{\rm S}(s)} = \frac{4 \cdot K_{\rm R} \cdot K_{\rm S}}{T_\Sigma^2 \cdot s^2 + 2 \cdot T_\Sigma \cdot s + 4 \cdot K_{\rm R} \cdot K_{\rm S}}$$

$$= \frac{\dfrac{4 \cdot K_{\rm R} \cdot K_{\rm S}}{T_\Sigma^2}}{s^2 + \dfrac{2}{T_\Sigma} \cdot s + \dfrac{4 \cdot K_{\rm R} \cdot K_{\rm S}}{T_\Sigma^2}} = \frac{\omega_0^2}{s^2 + 2 \cdot D \cdot \omega_0 \cdot s + \omega_0^2}$$

由 $D = \dfrac{1}{\sqrt{2}}$ 进行系数比较得:

$$\omega_0^2 = \frac{4 \cdot K_{\rm R} \cdot K_{\rm S}}{T_\Sigma^2}, \quad 2 \cdot D \cdot \omega_0 = \frac{2}{T_\Sigma}, \quad \omega_0 = \frac{\sqrt{2}}{T_\Sigma}, \quad K_{\rm R} = \frac{1}{2 \cdot K_{\rm S}}$$

$$\ddot{u} = {\rm e}^{-\pi D/\sqrt{1-D^2}} = {\rm e}^{-\pi} = 4.32\,\%$$

$$t_{\rm anr} = \frac{\pi - \arccos(D)}{\omega_0 \cdot \sqrt{1 - D^2}} = \frac{3 \cdot \pi}{4} \cdot T_\Sigma = 2.36 \cdot T_\Sigma$$

按 T 和规则由

$$K_{\rm R} = \frac{1}{2 \cdot K_{\rm S}}, \quad T_{\rm N} = \frac{T_\Sigma}{2}$$

调整 PI 调节器, 则阶跃响应归一化超调量 $\ddot{u}$ 和初调时间 $t_{\rm anr}$ 近似为

$$\ddot{u} = 4.32\,\%, \quad t_{\rm anr} = 2.36 \cdot T_\Sigma$$

为了按 T 和规则确定 PID 调节器参数, 假设被调节对象模型具有三个相同时间常数:

$$T_\Sigma = T_1 + T_2 + T_3, \quad T_1 = T_2 = T_3 = \frac{T_\Sigma}{3}$$

$$G_{\mathrm{R}}(s) = K_{\mathrm{R}} \cdot \frac{(1 + T_{\mathrm{N}} \cdot s) \cdot (1 + T_{\mathrm{V}} \cdot s)}{T_{\mathrm{N}} \cdot s}$$

$$G_{\mathrm{S}}(s) = \frac{K_{\mathrm{S}}}{(1 + T_1 \cdot s) \cdot (1 + T_2 \cdot s) \cdot (1 + T_3 \cdot s)}$$

用调后时间 T_{N} 和超前时间 T_{V} 补偿时间常数 T_1 和 T_2, 而调节器增益 K_{R} 像在 PI 调节器时那样调整, 即合成 II 阶调节回路的阻尼比总计为 $D = \frac{1}{\sqrt{2}}$(阶跃响应规范化超调量 $\ddot{u} = 4.32\%$).

$$T_{\mathrm{N}} = T_1 = \frac{T_{\sum}}{3}, \quad T_{\mathrm{V}} = T_2 = \frac{T_{\sum}}{3}, \quad T_3 = \frac{T_{\sum}}{3}, \quad D = \frac{1}{\sqrt{2}}$$

$$\begin{aligned} G_{\mathrm{R}}(s) \cdot G_{\mathrm{S}}(s) &= \frac{K_{\mathrm{R}} \cdot (1 + T_{\mathrm{N}} \cdot s) \cdot (1 + T_{\mathrm{V}} \cdot s) \cdot K_{\mathrm{S}}}{T_{\mathrm{N}} \cdot s \cdot (1 + T_1 \cdot s) \cdot (1 + T_2 \cdot s) \cdot (1 + T_3 \cdot s)} \\ &= \frac{K_{\mathrm{R}} \cdot K_{\mathrm{S}}}{\frac{T_{\sum}}{3} \cdot s \cdot \left(1 + \frac{T_{\sum}}{3} \cdot s\right)} = \frac{9 \cdot K_{\mathrm{R}} \cdot K_{\mathrm{S}}}{T_{\sum}^2 \cdot s^2 + 3 \cdot T_{\sum} \cdot s} \end{aligned}$$

$$G(s) = \frac{G_{\mathrm{R}}(s) \cdot G_{\mathrm{S}}(s)}{1 + G_{\mathrm{R}}(s) \cdot G_{\mathrm{S}}(s)} = \frac{9 \cdot K_{\mathrm{R}} \cdot K_{\mathrm{S}}}{T_{\sum}^2 \cdot s^2 + 3 \cdot T_{\sum} \cdot s + 9 \cdot K_{\mathrm{R}} \cdot K_{\mathrm{S}}}$$

$$G(s) = \frac{\frac{9 \cdot K_{\mathrm{R}} \cdot K_{\mathrm{S}}}{T_{\sum}^2}}{s^2 + \frac{3}{T_{\sum}} \cdot s + \frac{9 \cdot K_{\mathrm{R}} \cdot K_{\mathrm{S}}}{T_{\sum}^2}} = \frac{\omega_0^2}{s^2 + 2 \cdot D \cdot \omega_0 \cdot s + \omega_0^2}$$

由 $D = \frac{1}{\sqrt{2}}$ 进行系数比较得:

$$\omega_0^2 = \frac{9 \cdot K_{\mathrm{R}} \cdot K_{\mathrm{S}}}{T_{\sum}^2}, \quad 2 \cdot D \cdot \omega_0 = \frac{3}{T_{\sum}}, \quad \omega_0 = \frac{3}{\sqrt{2} \cdot T_{\sum}}, \quad K_{\mathrm{R}} = \frac{1}{2 \cdot K_{\mathrm{S}}}$$

$$\ddot{u} = \mathrm{e}^{-\pi D / \sqrt{1 - D^2}} = \mathrm{e}^{-\pi} = 4.32\,\%$$

$$t_{\mathrm{anr}} = \frac{\pi - \arccos(D)}{\omega_0 \cdot \sqrt{1 - D^2}} = \frac{\pi}{2} \cdot T_{\sum} = 1.571 \cdot T_{\sum}$$

按 T 和规则由

$$K_{\mathrm{R}} = \frac{1}{2 \cdot K_{\mathrm{S}}}, \quad T_{\mathrm{N}} = \frac{T_{\sum}}{3}, \quad T_{\mathrm{V}} = \frac{T_{\sum}}{3}$$

调整 PID 调节器乘法形式, 则阶跃响应规一化超调量 $\ddot{u}$ 和初调时间 t_{anr} 近似为

$$\ddot{u} = 4.32\,\%, \quad t_{\text{anr}} = 1.571 \cdot T_{\sum}$$

10.3.4.4 应用 T 和规则

按 T 和规则计算调节器参数, 仅需要对象增益 K_S 和时间常数和 $T_{\sum}$. 其计算公式由表 10.3-6 查出, 而快速调节过程应用表 10.3-7 调整.

在比例被调节对象时应用表中 T 和规则. 为了使在阶跃接入时稳态调节误差趋于零, 必须具有积分部分调节器 (PI, PID 调节器).

表 10.3-6 按 KUHN 的 T 和规则调节器–调整

调节器参数	K_R	T_N	T_V
PI 调节器	$\dfrac{0.5}{K_S}$	$0.5 \cdot T_{\sum}$	—
PID 调节器, 乘法形式 K_{Rm}, T_{Nm}, T_{Vm}	$\dfrac{0.5}{K_S}$	$0.333 \cdot T_{\sum}$	$0.333 \cdot T_{\sum}$
PID 调节器, 加法形式 K_{Ra}, T_{Na}, T_{Va}	$\dfrac{1}{K_S}$	$0.667 \cdot T_{\sum}$	$0.167 \cdot T_{\sum}$

表 10.3-7 快速调节过程按 KUHN 的 T 和规则调节器调整

调节器参数	K_R	T_N	T_V
PI 调节器	$\dfrac{1}{K_S}$	$0.7 \cdot T_{\sum}$	—
PID 调节器, 乘法形式 K_{Rm}, T_{Nm}, T_{Vm}	$\dfrac{1.173}{K_S}$	$0.469 \cdot T_{\sum}$	$0.331 \cdot T_{\sum}$
PID 调节器, 加法形式 K_{Ra}, T_{Na}, T_{Va}	$\dfrac{2}{K_S}$	$0.8 \cdot T_{\sum}$	$0.194 \cdot T_{\sum}$

例 10.3-3 在具有相同增益和同样的时间常数和的三个被调节对象时应用 T 和规则.

$$G_S(s) = \frac{K_S}{(1 + T_1 \cdot s) \cdot (1 + T_2 \cdot s) \cdot (1 + T_3 \cdot s)}$$

$$K_S = 2, \quad T_{\sum} = 10\,\text{s}$$

$$G_{S1}(s) : T_1 = 1\,\text{s}, \quad T_2 = 2\,\text{s}, \quad T_3 = 7\,\text{s}$$

$$G_{S2}(s): T_1 = 2\,\mathrm{s}, \quad T_2 = 3\,\mathrm{s}, \quad T_3 = 5\,\mathrm{s}$$

$$G_{S3}(s): T_1 = T_2 = T_3 = 3.333\,\mathrm{s}$$

$$K_S = 2, \quad T_{\sum} = T_1 + T_2 + T_3 = 10\,\mathrm{s}$$

由表 10.3-6 和表 10.3-7 确定 PID 调节器参数：

$$G_R(s) = K_{Rm} \cdot \frac{(1 + T_{Nm} \cdot s) \cdot (1 + T_{Vm} \cdot s)}{T_{Nm} \cdot s} = K_{Ra} \cdot \left[1 + \frac{1}{T_{Na} \cdot s} + T_{Va} \cdot s\right]$$

按表 10.3-6 进行调整:

PID 调节器, 乘法形式：

$$K_{Rm} = \frac{0.5}{K_S} = 0.25, \quad T_{Nm} = 0.333 \cdot T_{\sum} = 3.33\,\mathrm{s}$$

$$T_{Vm} = 0.333 \cdot T_{\sum} = 3.33\,\mathrm{s}$$

PID 调节器, 加法形式：

$$K_{Ra} = \frac{1}{K_S} = 0.5, \quad T_{Na} = 0.667 \cdot T_{\sum} = 6.67\,\mathrm{s}, \quad T_{Va} = 0.167 \cdot T_{\sum} = 1.67\,\mathrm{s}$$

快速调节过程按表 10.3-7 调整:

PID 调节器, 乘法形式：

$$K_{Rm} = \frac{1.173}{K_S} = 0.587, \quad T_{Nm} = 0.469 \cdot T_{\sum} = 4.69\,\mathrm{s}$$

$$T_{Vm} = 0.331 \cdot T_{\sum} = 3.31\,\mathrm{s}$$

PID 调节器, 加法形式：

$$K_{Ra} = \frac{2}{K_S} = 1.0, \quad T_{Na} = 0.8 \cdot T_{\sum} = 8.0\,\mathrm{s}, \quad T_{Va} = 0.194 \cdot T_{\sum} = 1.94\,\mathrm{s}$$

阶跃响应曲线绘制在图 10.3-6 和图 10.3-7 中. 阶跃响应曲线的初调时间 t_{anr} 和归一化超调量 $\ddot{u}$ 汇总在表 10.3-8 中.

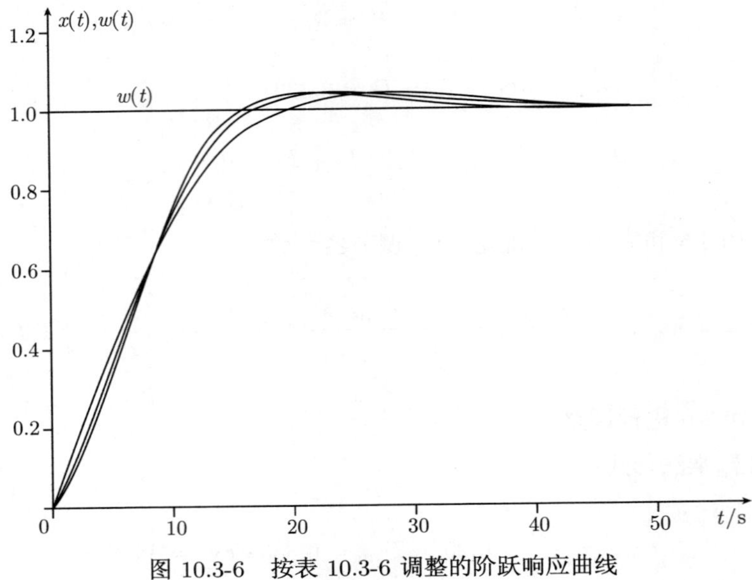

图 10.3-6　按表 10.3-6 调整的阶跃响应曲线

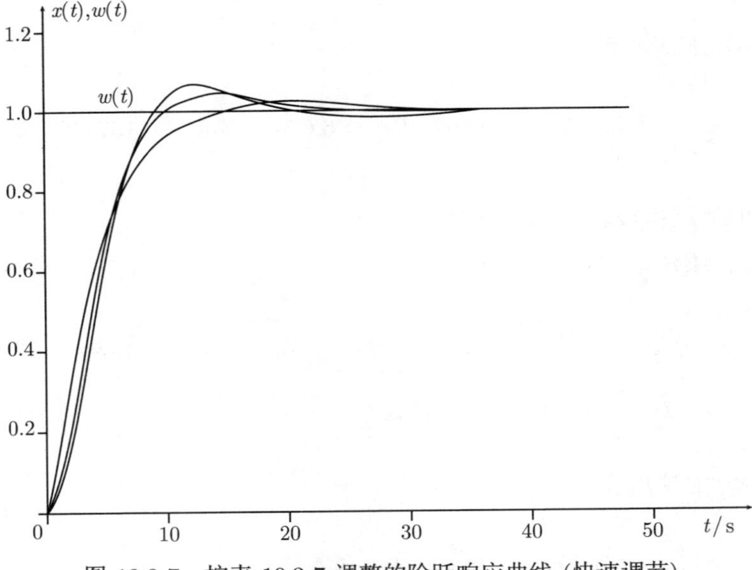

图 10.3-7　按表 10.3-7 调整的阶跃响应曲线 (快速调节)

表 10.3-8 阶跃响应初调时间和归一化超调量

传递函数	按表 10.3-6 调整	按表 10.3-7 调整
$G_{S1}(s)$	$\ddot{u}=3.07\,\%$, $t_{anr}=19.6\,s$	$\ddot{u}=1.76\,\%$, $t_{anr}=14.34\,s$
$G_{S2}(s)$	$\ddot{u}=3.63\,\%$, $t_{anr}=16.73\,s$	$\ddot{u}=3.79\,\%$, $t_{anr}=9.57\,s$
$G_{S3}(s)$	$\ddot{u}=4.32\,\%$, $t_{anr}=15.71\,s$	$\ddot{u}=6.82\,\%$, $t_{anr}=8.87\,s$

10.4 频域优化准则——幅值最优

10.4.1 频域优化原理

频域优化从闭环调节回路频率特性出发. 基本思想是：当被调节量快速达到参据量值时, 调节是最优的. 短的阶跃响应上升时间 t_r 对应于频域大的频率特性带宽 ω_b. 由此给出要求：

闭环调节回路频率特性应具有尽可能**宽的从零开始的频率范围**, 而**频率特性幅值**应尽可能靠近 1.

如果下式对所有角频率 ω 成立, 那么调节回路的理想参据特性存在：

$$\boxed{|F(\mathrm{j}\omega)|=1}$$

在工程系统中这是不可实现的, 因为在调节回路总是存在滞后环节的, 它在高频时会使频率特性幅值减小, 条件 $|F(\mathrm{j}\omega)|=1$ 仅可近似地满足 (图 10.4-1).

在频域优化的结果是, 频率特性幅值会在很大的频率范围保持值 1. 优化方法也称为**幅值最优**.

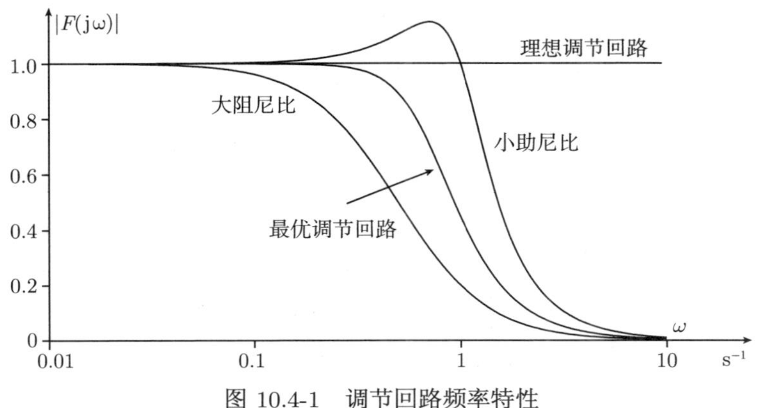

图 10.4-1 调节回路频率特性

10.4.2 按幅值最优调整调节回路

推导 II 阶调节回路按幅值最优调整. 被调节对象优化任务应这样求调节器参

数, 即方程

$$\boxed{|F(\mathrm{j}\omega)| = 1}$$

在大的频率范围是被满足的. 当在 $\omega = 0$ 处尽可能多的 $|F(\mathrm{j}\omega)|$ 导数趋于零时, 或当频率特性函数幅值的分子和分母多项式具有尽可能多的相同系数时, 这就成功了.

例 10.4-1　II 阶调节回路

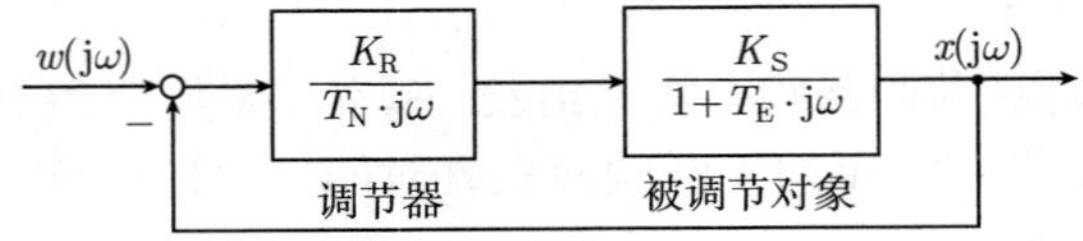

开环调节回路频率特性函数表示为

$$F_{\mathrm{RS}}(\mathrm{j}\omega) = \frac{K_{\mathrm{S}}}{\mathrm{j}\omega \cdot T_{\mathrm{I}} \cdot (1 + \mathrm{j}\omega \cdot T_{\mathrm{E}})}, \quad \text{其中} \quad \frac{1}{T_{\mathrm{I}}} = \frac{K_{\mathrm{R}}}{T_{\mathrm{N}}}$$

闭环调节回路频率特性函数为

$$F(\mathrm{j}\omega) = \frac{K_{\mathrm{S}}}{\mathrm{j}\omega \cdot T_{\mathrm{I}} \cdot (1 + \mathrm{j}\omega \cdot T_{\mathrm{E}}) + K_{\mathrm{S}}} = \frac{K_{\mathrm{S}}}{K_{\mathrm{S}} + \mathrm{j}\omega \cdot T_{\mathrm{I}} + (\mathrm{j}\omega)^2 \cdot T_{\mathrm{I}} \cdot T_{\mathrm{E}}}$$

频率特性幅值由

$$F(\mathrm{j}\omega) = \frac{K_{\mathrm{S}}}{K_{\mathrm{S}} - \omega^2 \cdot T_{\mathrm{I}} \cdot T_{\mathrm{E}} + \mathrm{j}\omega \cdot T_{\mathrm{I}}}$$

得出

$$|F(\mathrm{j}\omega)| = \frac{K_{\mathrm{S}}}{\sqrt{(K_{\mathrm{S}} - \omega^2 \cdot T_{\mathrm{I}} \cdot T_{\mathrm{E}})^2 + \omega^2 \cdot T_{\mathrm{I}}^2}}$$

因为 $F(\mathrm{j}\omega)$ 幅值应等于 1, 所以在后面计算中也可应用幅值平方:

$$\boxed{|F(\mathrm{j}\omega)|^2 = \frac{K_{\mathrm{S}}^2}{K_{\mathrm{S}}^2 + (T_{\mathrm{I}}^2 - 2 \cdot K_{\mathrm{S}} \cdot T_{\mathrm{I}} \cdot T_{\mathrm{E}}) \cdot \omega^2 + T_{\mathrm{I}}^2 \cdot T_{\mathrm{E}}^2 \cdot \omega^4} \overset{!}{\approx} 1}$$

如果尽可能多的分子和分母多项式系数相同, 那么频率特性幅值会在大的频率范围等于 1. 补上分子多项式缺少的系数, 并在表 10.4-1 中比较系数.

$$\boxed{|F(\mathrm{j}\omega)|^2 = \frac{K_{\mathrm{S}}^2 + \qquad\qquad 0 \cdot \omega^2 + \qquad 0 \cdot \omega^4}{K_{\mathrm{S}}^2 + (T_{\mathrm{I}}^2 - 2 \cdot K_{\mathrm{S}} \cdot T_{\mathrm{I}} \cdot T_{\mathrm{E}}) \cdot \omega^2 + T_{\mathrm{I}}^2 \cdot T_{\mathrm{E}}^2 \cdot \omega^4} \overset{!}{\approx} 1}$$

表 10.4-1 在 II 阶频率特性函数幅值平方时的多项式系数

分子多项式	分母多项式	实现性
$K_S^2 \cdot \omega^0$	$K_S^2 \cdot \omega^0$	满足
$0 \cdot \omega^2$	$(T_I^2 - 2 \cdot K_S \cdot T_I \cdot T_E) \cdot \omega^2$	可实现
$0 \cdot \omega^4$	$T_I^2 \cdot T_E^2 \cdot \omega^4$	不可实现

作为优化方程给出:

$$\boxed{(T_I^2 - 2 \cdot K_S \cdot T_I \cdot T_E) \cdot \omega^2 = 0}$$

由此得到最优调整:

$$\boxed{T_{\mathrm{Iopt}} = 2 \cdot K_S \cdot T_E}$$

将该值代入频率特性函数

$$F(\mathrm{j}\omega) = \frac{K_S}{K_S + \mathrm{j}\omega \cdot T_I + (\mathrm{j}\omega)^2 \cdot T_I \cdot T_E} = \frac{K_S}{K_S + 2 \cdot K_S \cdot T_E \cdot \mathrm{j}\omega + 2 \cdot K_S \cdot T_E^2 \cdot (\mathrm{j}\omega)^2}$$

并简化

$$F(\mathrm{j}\omega) = \frac{1}{1 + 2 \cdot T_E \cdot \mathrm{j}\omega + 2 \cdot T_E^2 \cdot (\mathrm{j}\omega)^2}, \quad G(s) = \frac{1}{1 + 2 \cdot T_E \cdot s + 2 \cdot T_E^2 \cdot s^2}$$

将最优调节回路与 PT_2 环节标准化参量比较, 得到特征角频率 ω_0 和阻尼比 D:

$$\boxed{\begin{gathered} G(s) = \frac{1}{1 + 2 \cdot T_E \cdot s + 2 \cdot T_E^2 \cdot s^2} \stackrel{!}{=} \frac{1}{1 + 2 \cdot D \cdot \dfrac{s}{\omega_0} + \dfrac{s^2}{\omega_0^2}}, \\ \omega_0 = \frac{1}{\sqrt{2} \cdot T_E}, \quad D = \frac{1}{\sqrt{2}} \end{gathered}}$$

图 10.4-2 所示为一般信号流图. 用简化信号流图 (图 10.4-3) 可研究参据特性和负载扰动特性.

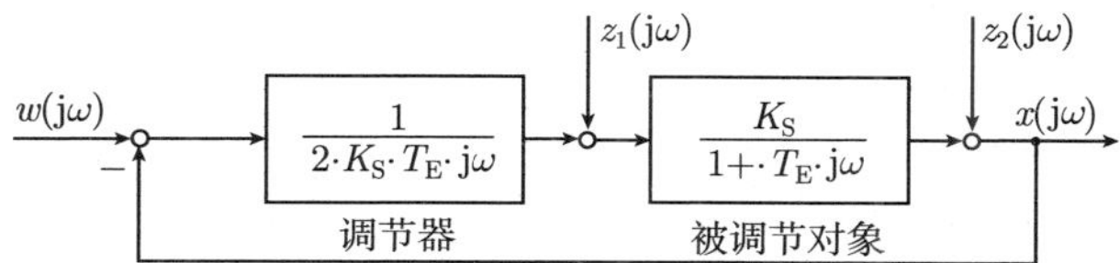

图 10.4-2 具有参据量和扰动量的幅值最优调节回路的信号流图

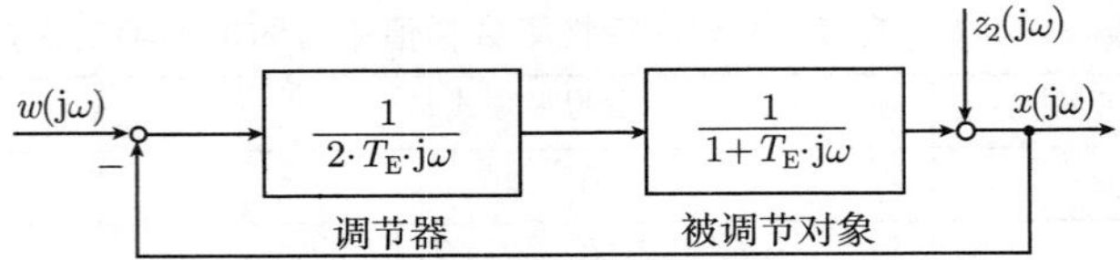

图 10.4-3 具有参据量和负载扰动量的幅值最优调节回路的信号流图

调节回路的极–零点图含有两个共轭复数极点:

幅值最优调节回路的参据阶跃响应 (图 10.4-4) 具有下面特征值:

初调时间:	$t_{anr} = 4.7 \cdot T_E$
过渡过程时间:	$t_{ausr} = 8.4 \cdot T_E$ (在 $\varepsilon = 2\,\%$时)
超调量:	$\ddot{u} = 4.3\,\%$

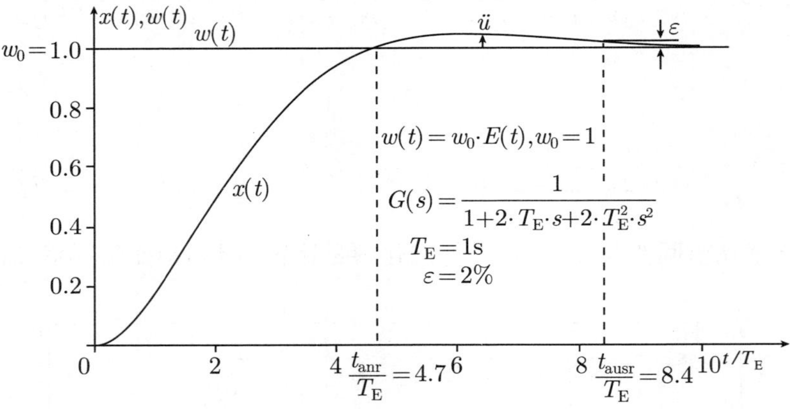

图 10.4-4 幅值最优调节回路的参据阶跃响应

幅值最优调节回路的扰动传递函数为

$$G_{z1}(s) = \frac{G_S(s)}{1 + G_R(s) \cdot G_S(s)} = \frac{2 \cdot K_S \cdot T_E \cdot s}{1 + 2 \cdot T_E \cdot s + 2 \cdot T_E^2 \cdot s^2}$$

$$G_{z2}(s) = \frac{1}{1 + G_R(s) \cdot G_S(s)} = \frac{2 \cdot T_E \cdot s + 2 \cdot T_E^2 \cdot s^2}{1 + 2 \cdot T_E \cdot s + 2 \cdot T_E^2 \cdot s^2}$$

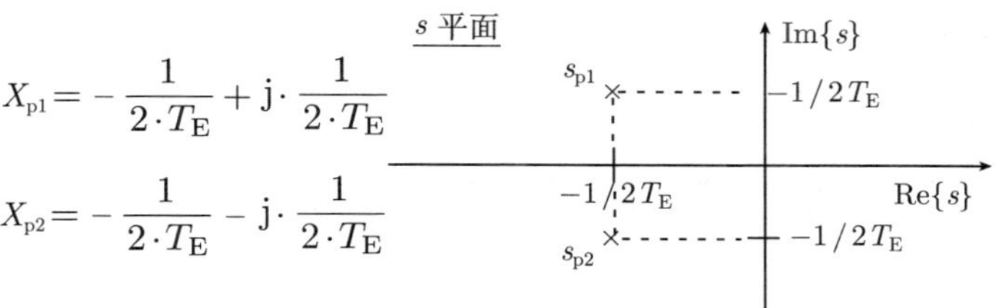

图 10.4-5 幅值最优调节回路的极–零点图

计算供能扰动 z_1(图 10.4-6) 和负载扰动 z_2(图 10.4-7) 的扰动阶跃响应.

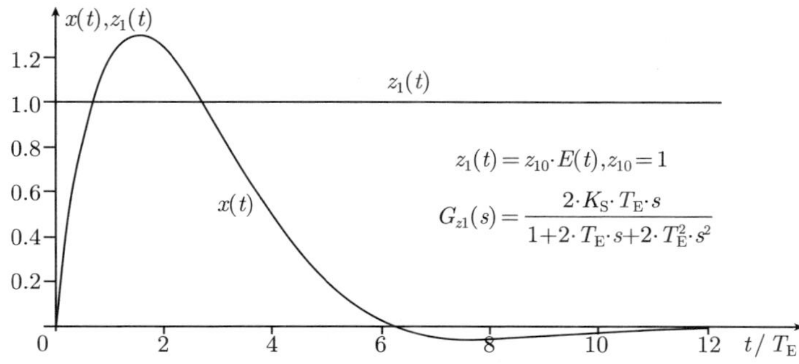

图 10.4-6 幅值最优调节回路的扰动阶跃响应 (供能扰动量)

所推导的最优传递函数和阶跃响应函数特征值, 对于**所有幅值最优调节回路是相同的**. 例外的是求供能扰动量的阶跃响应函数. 在高阶被调节对象时, 大的对象时间常数用调节器时间常数来补偿 (10.4.4 节). 因为供能扰动量作用于调节器和被调节对象之间, 所以其补偿是无效的. 在供能扰动量处的阶跃响应曲线是取决于对象增益 K_S 和对象时间常数值.

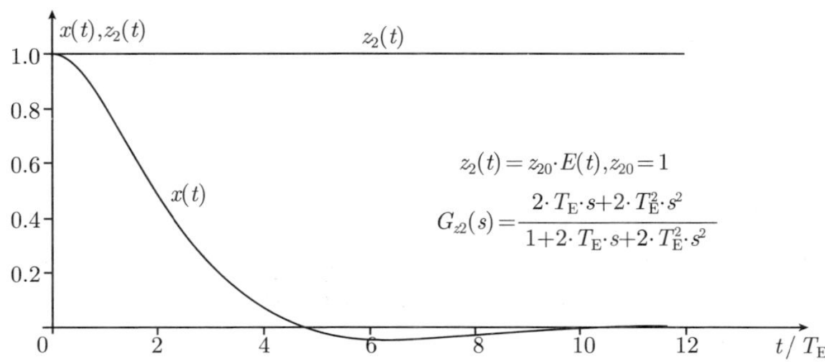

图 10.4-7 幅值最优调节回路的扰动阶跃响应 (负载扰动量)

10.4.3 方法应用

10.4.3.1 对象传递函数的简化

方法仅适用于**比例被调节对象**. 推导 I 阶被调节对象. 在高阶被调节对象和在时延环节时可简化被调节对象. 所用的辅助定理说明如下.

10.4.3.2 小时间常数和定理

如果被调节对象是由多个滞后环节组成, 那么下面的简化是允许的.

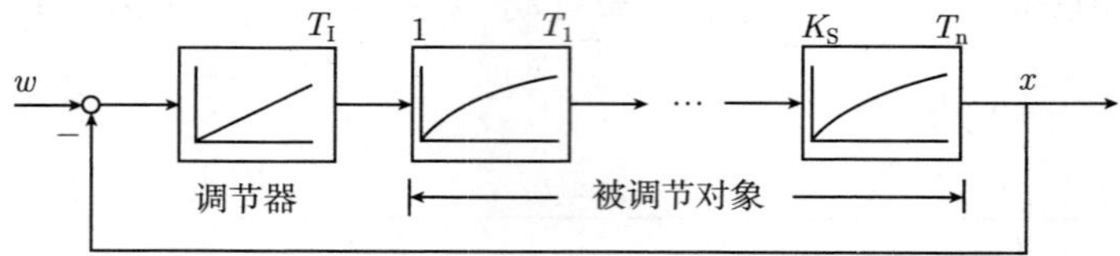

开环传递函数为

$$
\begin{aligned}
&G_{RS}(s)\\
&=\frac{1}{T_I\cdot s}\cdot\frac{1}{1+T_1\cdot s}\cdot\frac{1}{1+T_2\cdot s}\cdots\frac{K_S}{1+T_n\cdot s}\\
&=\frac{K_S}{T_I\cdot s\cdot(1+(T_1+T_2+\cdots+T_n)\cdot s+(T_1\cdot T_2+T_1\cdot T_3+\cdots)\cdot s^2+\cdots)}.
\end{aligned}
$$

如果时间常数和

$$T_E=T_1+T_2+\cdots+T_n$$

相对积分时间常数 T_I 是小的, 那么小时间常数的高阶乘积仅对被调节对象时间特性有微小的影响. 这样下式成立.

$$G_{RS}(s)\approx\frac{K_S}{T_I\cdot s\cdot(1+(T_1+T_2+\cdots+T_n)\cdot s)}=\frac{K_S}{T_I\cdot s\cdot(1+T_E\cdot s)}$$

其中, $T_E=T_1+T_2+\cdots+T_n$

该简化被称为**小时间常数和定理** (**Satz von der Summe der kleinen Zeitkostanten**). 如果开环调节回路含有一个具有大时间常数的滞后环节取代积分环节的话, 那么该定理仍成立. T_E 称为**等效时间常数** (**Ersatzzeitkonstanten**).

10.4.3.3 时延环节的简化

一个相对积分时间常数 T_I 小的时延 T_t, 可通过一个 I 阶滞后环节来代替. 在

此, 截断时延环节指数函数的级数展开式第 1 项以后的各项:

$$\boxed{\begin{aligned} G_{\mathrm{RS}}(s) &= \frac{K_{\mathrm{S}} \cdot \mathrm{e}^{-T_{\mathrm{t}} s}}{T_{\mathrm{I}} \cdot s} \\ &= \frac{K_{\mathrm{S}}}{T_{\mathrm{I}} \cdot s \cdot \left(1 + \dfrac{T_{\mathrm{t}} \cdot s}{1!} + \dfrac{(T_{\mathrm{t}} \cdot s)^2}{2!} + \cdots\right)} \approx \frac{K_{\mathrm{S}}}{T_{\mathrm{I}} \cdot s \cdot (1 + T_{\mathrm{t}} \cdot s)} \end{aligned}}$$

如果在开环调节回路中存在一个具有大时间常数的滞后环节来取代积分环节, 那么时延环节也可通过 PT_1 环节来取代.

10.4.4 高阶被调节对象时应用幅值最优

10.4.4.1 一个大时间常数的补偿

如果被调节对象的一个时间常数是大的, 那么为了改善调节的快速性可用 PI 调节器的调后时间 T_{N} 来补偿大的时间常数 T_1. 补偿就是相当于分子部分 $(1+T_{\mathrm{N}} \cdot s)$ 与分母部分 $(1 + T_1 \cdot s)$ 相约. 小时间常数汇总于等效时间常数 T_{E}.

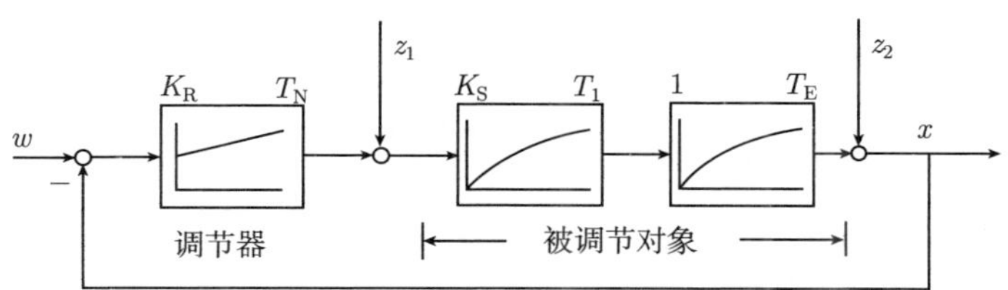

开环调节回路的传递函数为

$$G_{\mathrm{RS}}(s) = G_{\mathrm{R}}(s) \cdot G_{\mathrm{S}}(s) = \frac{K_{\mathrm{R}} \cdot (1 + T_{\mathrm{N}} \cdot s)}{T_{\mathrm{N}} \cdot s} \cdot \frac{K_{\mathrm{S}}}{1 + T_1 \cdot s} \cdot \frac{1}{1 + T_{\mathrm{E}} \cdot s}$$

在补偿大的滞后时间常数 T_1 时, 给出 PI 调节器的优化规则:

$$\boxed{T_{\mathrm{N}} = T_1}$$

令调后时间 T_{N} 等于大的时间常数 T_1. 由约简得到一个如例 10.4-1 的调节回路, 其传递函数:

$$G_{\mathrm{RS}}(s) = G_{\mathrm{R}}(s) \cdot G_{\mathrm{S}}(s) = \frac{K_{\mathrm{R}}}{T_{\mathrm{N}} \cdot s} \cdot \frac{K_{\mathrm{S}}}{1 + T_{\mathrm{E}} \cdot s}$$

由已求的 T_{I} 最优调整, 给出 K_{R} 的优化规则:

$$\boxed{T_{\mathrm{I}} = 2 \cdot K_{\mathrm{S}} \cdot T_{\mathrm{E}} = \frac{T_{\mathrm{N}}}{K_{\mathrm{R}}}, \quad K_{\mathrm{R}} = \frac{T_{\mathrm{N}}}{2 \cdot K_{\mathrm{S}} \cdot T_{\mathrm{E}}}}$$

10.4.4.2　两个大时间常数的补偿

小的时间常数汇总于等效时间常数 T_E. 两个大的时间常数可用 PID 调节器的调后时间 T_N 和超前时间 T_V 来补偿.

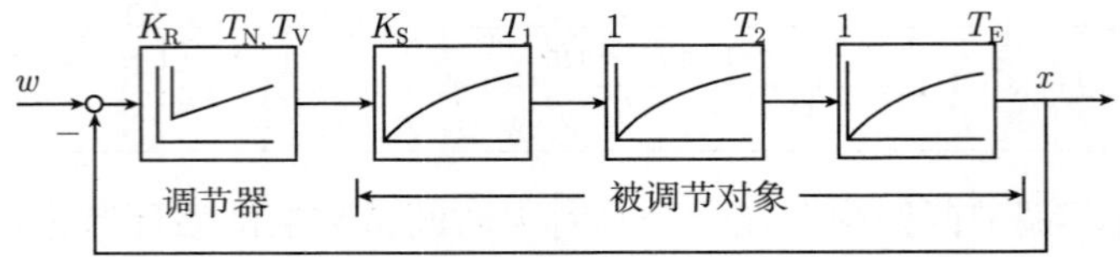

开环调节回路的传递函数为

$$G_\mathrm{RS}(s)=\frac{K_\mathrm{R}\cdot(1+T_\mathrm{N}\cdot s)\cdot(1+T_\mathrm{V}\cdot s)}{T_\mathrm{N}\cdot s}\cdot\frac{K_\mathrm{S}}{1+T_1\cdot s}\cdot\frac{1}{1+T_2\cdot s}\cdot\frac{1}{1+T_\mathrm{E}\cdot s}$$

由调节器调整

$$\boxed{T_\mathrm{N}=T_1,\quad T_\mathrm{V}=T_2,\quad \text{对于 } T_1>T_2}$$

补偿大的时间常数. 按照 10.4.4.1 节, 10.4.4.2 节补偿, 得到同样的开环调节回路传递函数:

$$G_\mathrm{RS}(s)=\frac{K_\mathrm{R}\cdot K_\mathrm{S}}{T_\mathrm{N}\cdot s\cdot(1+T_\mathrm{E}\cdot s)}$$

由优化调整

$$\boxed{\frac{K_\mathrm{R}}{T_\mathrm{N}}=\frac{1}{T_\mathrm{I}}=\frac{1}{2\cdot K_\mathrm{S}\cdot T_\mathrm{E}},\quad K_\mathrm{R}=\frac{T_\mathrm{N}}{2\cdot K_\mathrm{S}\cdot T_\mathrm{E}}}$$

闭环调节回路具有如像 10.4.2 节优化那样相同特性:

$$G(s)=\frac{K_\mathrm{R}\cdot K_\mathrm{S}}{K_\mathrm{R}\cdot K_\mathrm{S}+T_\mathrm{N}\cdot s+T_\mathrm{N}\cdot T_\mathrm{E}\cdot s^2}=\frac{1}{1+2\cdot T_\mathrm{E}\cdot s+2\cdot T_\mathrm{E}^2\cdot s^2}$$

对于 PI 和 PID 调节器, 按照幅值最优 K_R 的最优增益调整为

$$\boxed{K_\mathrm{R}=\frac{1}{2\cdot K_\mathrm{S}}\cdot\frac{T_\mathrm{N}}{T_\mathrm{E}}}$$

按照幅值最优计算的调节回路, 具有**相同的参据和负载扰动传递函数**. 为此, 在时域阶跃响应的特征值也是相同的. 对于参据阶跃响应下式成立:

初调时间	t_anr	$=4.7\cdot T_\mathrm{E}$
过渡过程时间	t_ausr	$=8.4\cdot T_\mathrm{E}$ (在 $\varepsilon=2\,\%$时)
超调量	$\ddot{u}$	$=4.32\,\%$

供能扰动特性在补偿大的对象时间常数时是不利的.

例 10.4-2 幅值最优调节回路的供能扰动特性

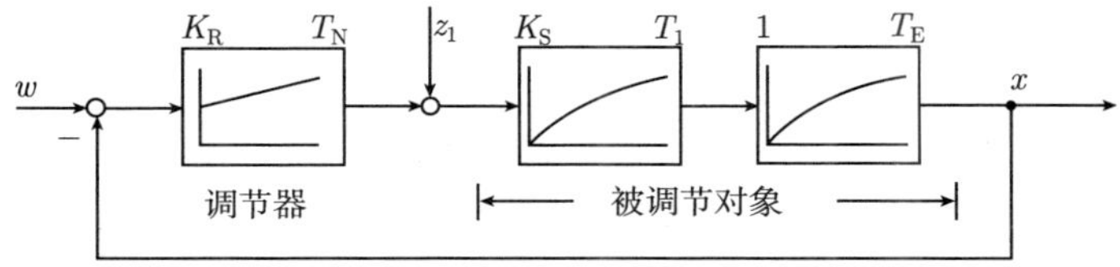

对于具有 $T_1 = 5\text{s}, T_E = 1\text{s}, K_S = 2$ 的调节回路, 按照幅值最优

$$T_N = T_1 = 5\,\text{s}, \quad K_R = \frac{T_N}{2 \cdot K_S \cdot T_E} = 1.25$$

调整, 扰动传递函数

$$\begin{aligned} G_{z1}(s) &= \frac{G_S(s)}{1 + G_R(s) \cdot G_S(s)} = \frac{1}{G_R(s)} \cdot \frac{G_R(s) \cdot G_S(s)}{1 + G_R(s) \cdot G_S(s)} = \frac{G(s)}{G_R(s)} \\ &= \frac{T_N \cdot s}{K_R \cdot (1 + T_N \cdot s)} \cdot \frac{1}{1 + 2 \cdot T_E \cdot s + 2 \cdot T_E^2 \cdot s^2} \end{aligned}$$

由 $T_N = T_1$ 和 $\dfrac{T_N}{K_R} = 2 \cdot K_S \cdot T_E$ 变为

$$\begin{aligned} G_{z1}(s) &= \frac{2 \cdot T_E \cdot K_S \cdot s}{1 + (T_1 + 2 \cdot T_E) \cdot s + 2 \cdot T_E \cdot (T_1 + T_E) \cdot s^2 + 2 \cdot T_E^2 \cdot T_1 \cdot s^3} \\ &= \frac{4 \cdot s}{1 + 7 \cdot s + 12 \cdot s^2 + 10 \cdot s^3} \end{aligned}$$

扰动传递函数含有大的时间常数 T_1, 因此阶跃响应只能缓慢地趋于零(图 10.4-8、图 10.4-9). 在极一零点图中可看出 T_1 的主导影响. 极点 $s_{p3} = -1/T_1$, 从值上看是小于 $s_{p1,2}$ 的实部, 由此, 主要由 T_1 确定不利的时间特性.

$$s_{p1} = -\frac{1}{2 \cdot T_E} + \text{j} \cdot \frac{1}{2 \cdot T_E}$$

$$s_{p2} = -\frac{1}{2 \cdot T_E} - \text{j} \cdot \frac{1}{2 \cdot T_E}$$

$$s_{p3} = -\frac{1}{T_1}$$

s 平面

$\text{Im}\{s\}$　$\text{Re}\{s\}$　s_{p1}　s_{p2}　s_{p3}　s_n　$1/2\,T_E$　$-1/2\,T_E$　$\frac{-1}{2T_E}$　$\frac{-1}{T_1}$　0

图 10.4-8 扰动传递函数极–零点图

> 因此, 为了改善在供能扰动和大的对象时间常数时的调节特性, 通常用对称最优值来调整调节回路.

传递函数极–零点图含有一个零点 $s_n=0$, 两个共轭复数极点和一个实数极点：

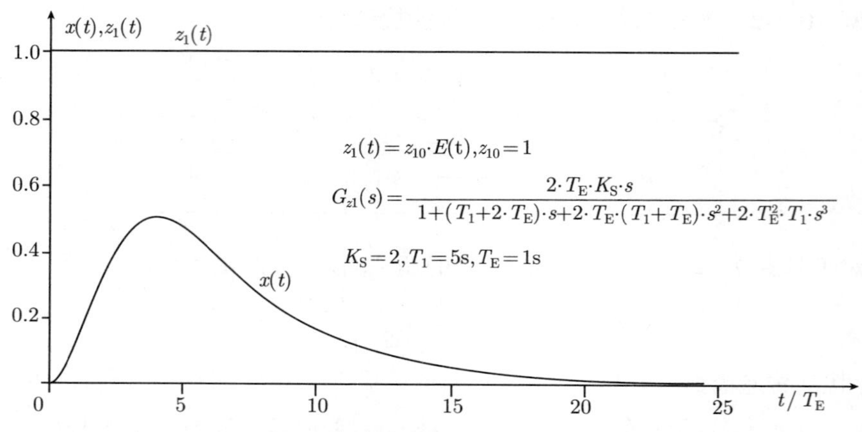

图 10.4-9　幅值最优调节回路的扰动阶跃响应 (供能扰动量)

例 10.4-3　转数调节的整流器驱动装置.

在图中表示具有转数调节的整流器驱动装置的工程简图.

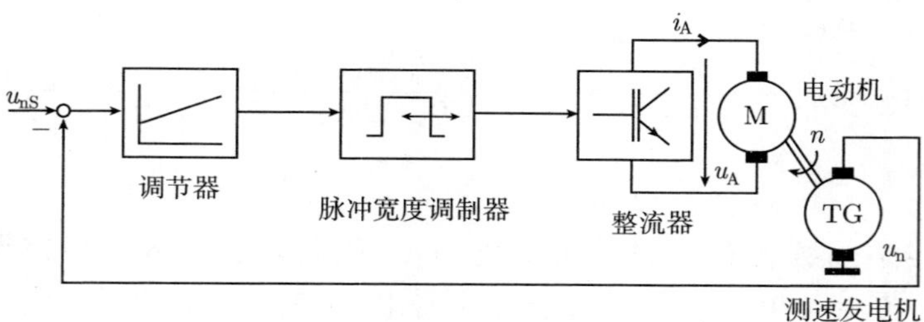

u_{nS} 为与转数成比例的希望电压, n_{S} 为希望转数 (参据量), n 为转数 (被调节量). 如果略去测速发电机时间常数, 那么给出直流电动机的传递函数

$$G_{\mathrm{M}}(s)=\frac{n(s)}{u_{\mathrm{A}}(s)}=\frac{K_{\mathrm{M}}}{1+T_{\mathrm{M}}\cdot s+T_{\mathrm{A}}\cdot T_{\mathrm{M}}\cdot s^2}$$

其中, T_{M} 为机械时间常数, 而 T_{A} 为电枢时间常数, K_{M} 为电动机力矩常数. 在整流器驱动装置中 $T_{\mathrm{M}}\gg T_{\mathrm{A}}$ 成立, 这样可应用如下近似式：

$$G_{\mathrm{M}}(s)\approx\frac{K_{\mathrm{M}}}{1+(T_{\mathrm{A}}+T_{\mathrm{M}})\cdot s+T_{\mathrm{A}}\cdot T_{\mathrm{M}}\cdot s^2}=\frac{K_{\mathrm{M}}}{(1+T_{\mathrm{A}}\cdot s)\cdot(1+T_{\mathrm{M}}\cdot s)}$$

在晶体管技术中用整流器来控制可调节的机床传动装置, 整流器输出电压滞后输入电压约一个时延 T_{t}.

时延环节传递函数通过

$$G_{\mathrm{t}}(s) = \mathrm{e}^{-T_{\mathrm{t}} \cdot s}$$

描述, 因为被调节对象具有显著的低通特性 ($T_t \ll T_M$), 所以下面近似式

$$G_{\mathrm{t}}(s) \approx \frac{1}{1 + T_{\mathrm{t}} \cdot s}$$

成立. 为此被调节对象传递函数采用下面形式

$$\begin{aligned} G_{\mathrm{S}}(s) \quad &= G_{\mathrm{M}}(s) \cdot G_{\mathrm{t}}(s) = \frac{K_{\mathrm{M}}}{(1 + T_{\mathrm{t}} \cdot s) \cdot (1 + T_{\mathrm{A}} \cdot s) \cdot (1 + T_{\mathrm{M}} \cdot s)} \\ &\approx \frac{K_{\mathrm{M}}}{(1 + T_{\mathrm{E}} \cdot s) \cdot (1 + T_{\mathrm{M}} \cdot s)} \end{aligned}$$

$T_{\mathrm{E}} = T_{\mathrm{A}} + T_{\mathrm{t}}$ (等效时间常数).

加上 PI 调节器传递函数后, 得到开环调节回路传递函数

$$G_{\mathrm{RS}}(s) = G_{\mathrm{R}}(s) \cdot G_{\mathrm{S}}(s) = \frac{K_{\mathrm{R}} \cdot (1 + T_{\mathrm{N}} \cdot s)}{T_{\mathrm{N}} \cdot s} \cdot \frac{K_{\mathrm{M}}}{(1 + T_{\mathrm{E}} \cdot s) \cdot (1 + T_{\mathrm{M}} \cdot s)}$$

和信号流图:

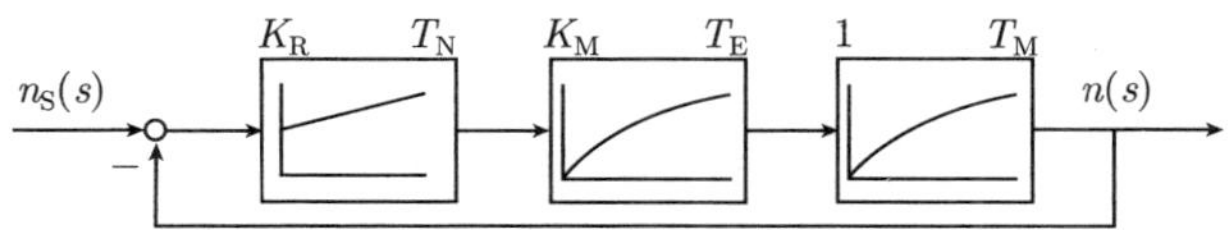

用幅值最优给出参数最优值

$$T_{\mathrm{N}} = T_{\mathrm{M}} \quad \text{和} \quad K_{\mathrm{R}} = \frac{T_{\mathrm{M}}}{2 \cdot K_{\mathrm{M}} \cdot T_{\mathrm{E}}}$$

由此得到最优开环调节回路的传递函数

$$G_{\mathrm{RS}}(s) = \frac{1}{2 \cdot T_{\mathrm{E}} \cdot s + 2 \cdot T_{\mathrm{E}}^2 \cdot s^2}$$

和闭环调节回路传递函数

$$G(s) = \frac{1}{1 + 2 \cdot T_{\mathrm{E}} \cdot s + 2 \cdot T_{\mathrm{E}}^2 \cdot s^2}$$

参据阶跃响应具有如下特征量:

- 初调时间: $t_{\mathrm{anr}} = 4.7 \cdot T_{\mathrm{E}} = 4.7 \cdot (T_{\mathrm{A}} + T_{\mathrm{t}})$,
- 过渡过程时间: $t_{\mathrm{ausr}} = 8.4 \cdot T_{\mathrm{E}} = 8.4 \cdot (T_{\mathrm{A}} + T_{\mathrm{t}})$,
- 超调量: $\ddot{u} = 4.32\,\%$.

在例 11.2-3 中, 用脉冲宽度调制器来描述速度调节.

例 10.4-4 幅值最优应用于具有多个滞后环节的被调节对象.

对于在信号流图所表示的调节, 试按照幅值最优求 I, PI 和 PID 调节器的调节器参数.

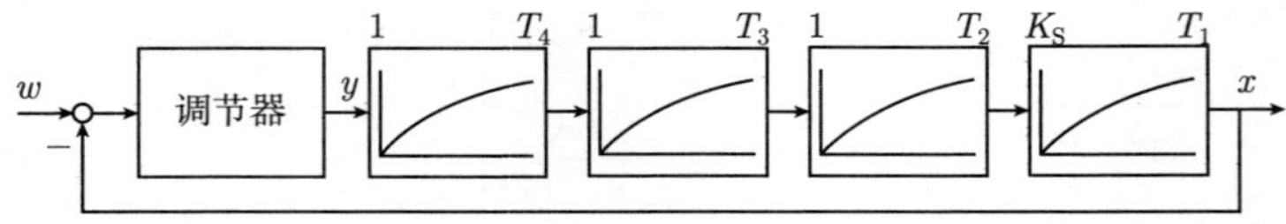

时间常数和对象增益具有下面数据:

$$T_1 = 0.5\,\mathrm{s},\quad T_2 = 0.045\,\mathrm{s},\quad T_3 = 0.004\,\mathrm{s},\quad T_4 = 0.001\,\mathrm{s},\quad K_{\mathrm{S}} = 2$$

对于 **I 调节器**求最优积分时间常数 T_{I}, 被调节对象所有 PT_1 环节的时间常数汇总成等效时间常数:

$$T_{\mathrm{E}} = T_1 + T_2 + T_3 + T_4 = 0.55\,\mathrm{s}$$

得到积分时间常数

$$T_{\mathrm{I}} = 2 \cdot K_{\mathrm{S}} \cdot T_{\mathrm{E}} = 2.2\mathrm{s}$$

被调节量运行初调时间 $t_{\mathrm{anr}} = 4.7 \cdot T_{\mathrm{E}} = 2.59\mathrm{s}$ 后达到参据量.

用 **PI 调节器**改善被调节对象, 调后时间等于被调节对象中大的时间常数:

$$T_{\mathrm{N}} = T_1 = 0.5\,\mathrm{s}$$

对象所有的其他时间常数被汇总为

$$T_{\mathrm{E}} = T_2 + T_3 + T_4 = 0.05\,\mathrm{s}$$

其中, 满足条件 $T_1 \gg T_{\mathrm{E}}$. 计算 PI 调节器的比例系数

$$K_{\mathrm{R}} = \frac{T_{\mathrm{N}}}{2 \cdot K_{\mathrm{S}} \cdot T_{\mathrm{E}}} = 2.5$$

与 I 调节器调节比较, 初调时间是小的:

$$t_{\mathrm{anr}} = 4.7 \cdot T_{\mathrm{E}} = 0.235\,\mathrm{s}$$

调节是快速的. 由 **PID 调节器**可继续减小初调时间, 超前时间 T_{V} 等于被调节对象第二大的时间常数:

$$T_{\mathrm{N}} = T_1 = 0.5\,\mathrm{s}, \quad T_{\mathrm{V}} = T_2 = 0.045\,\mathrm{s}$$

汇总两个对象时间常数:

$$T_{\mathrm{E}} = T_3 + T_4 = 0.005\,\mathrm{s}$$

其中满足条件 $T_1 > T_2 \gg T_{\mathrm{E}}$. PID 调节器的比例系数得到:

$$K_{\mathrm{R}} = \frac{T_{\mathrm{N}}}{2 \cdot K_{\mathrm{S}} \cdot T_{\mathrm{E}}} = 25$$

初调时间为 $t_{\mathrm{anr}} = 4.7 \cdot T_{\mathrm{E}} = 0.0235\mathrm{s}$.

继续借助于微分超前对第三个时间常数约简, 是无意义的. 参据量快速的变化, 例如叠加到参据量的扰动量, 那么将引起大的调整幅度. 对此, 过度调制放大器, 这样调节回路就不能再起作用.

调节参数汇总见表 10.4-2 所列.

表 10.4-2 结果汇总

调节器	调节器参数	等效时间常数	初调时间
I	$T_{\mathrm{I}} = 2.2\,\mathrm{s}$	$T_{\mathrm{E}} = T_1 + T_2 + T_3 + T_4$ $T_{\mathrm{E}} = 0.55\,\mathrm{s}$	$t_{\mathrm{anr}} = 2.59\,\mathrm{s}$
PI	$T_{\mathrm{N}} = 0.5\,\mathrm{s}$ $K_{\mathrm{R}} = 2.5$	$T_{\mathrm{E}} = T_2 + T_3 + T_4$ $T_{\mathrm{E}} = 0.05\,\mathrm{s}$	$t_{\mathrm{anr}} = 0.235\,\mathrm{s}$
PID	$T_{\mathrm{N}} = 0.5\,\mathrm{s}$ $T_{\mathrm{V}} = 0.045\,\mathrm{s}$ $K_{\mathrm{R}} = 25$	$T_{\mathrm{E}} = T_3 + T_4$ $T_{\mathrm{E}} = 0.005\,\mathrm{s}$	$t_{\mathrm{anr}} = 0.0235\,\mathrm{s}$

10.4.5 幅值最优调整规则

调节基本上是通过调整量作用到高的对象负载上. 如果通过调节器超前环节补偿被调节对象滞后环节, 那么就会出现大的调整量值, 特别在阶跃形式输入量时. 必须满足下列条件:

- 调整量不允许达到调整限制,
- 被调节对象必须是可用调整量加载的.

在表 10.4-3 中用幅值最优调整规则给出对象和调节器结构.

表 10.4-3　按照幅值最优调整调节器参数

被调节对象		调节器	
类型	传递函数	类型	传递函数
PT_1	$G_S(s)=\dfrac{K_S}{1+T_1\cdot s}$ $T_E=T_1$	I	$G_R(s)=\dfrac{K_{IR}}{s}$, $G_R(s)=\dfrac{1}{T_{IR}\cdot s}$ $K_{IR}=\dfrac{1}{2\cdot K_S\cdot T_E}$, $T_{IR}=2\cdot K_S\cdot T_E$
PT_2	$G_S(s)=\dfrac{K_S}{(1+T_1\cdot s)\cdot(1+T_2\cdot s)}$ $T_1>T_2$, $T_E=T_2$	PI	$G_R(s)=\dfrac{K_R\cdot(1+T_N\cdot s)}{T_N\cdot s}$ $T_N=T_1$, $K_R=\dfrac{T_N}{2\cdot K_S\cdot T_E}$
PT_n	$G_S(s)=\dfrac{K_S}{(1+T_1\cdot s)\cdot(1+T_E\cdot s)}$ $T_1\gg T_E$, $T_E=\sum\limits_{i=2}^{n}T_i$	PI	$G_R(s)=\dfrac{K_R\cdot(1+T_N\cdot s)}{T_N\cdot s}$ $T_N=T_1$, $K_R=\dfrac{T_N}{2\cdot K_S\cdot T_E}$
PT_n	$G_S(s)=\dfrac{K_S}{(1+T_1\cdot s)\cdot(1+T_2\cdot s)\cdot(1+T_E\cdot s)}$ $T_1>T_2\gg T_E$, $T_E=\sum\limits_{i=3}^{n}T_i$	PID	$G_R(s)=\dfrac{K_R\cdot(1+T_N\cdot s)\cdot(1+T_V\cdot s)}{T_N\cdot s}$ $T_N=T_1$, $T_V=T_2$, $K_R=\dfrac{T_N}{2\cdot K_S\cdot T_E}$

10.5　频域优化准则——对称最优

10.5.1　方法原理和在 IT_1 被调节对象中的应用

如果被调节对象含有一个积分传递环节和一个具有时间常数 T_E 的滞后环节 (图 10.5-1), 那么用 $T_N=T_E$ 补偿是不允许的, 因为此时调节回路将成为不稳定的.

用 $T_N=T_E$ 补偿会导致开环调节回路的传递函数具有

$$G_{RS}(s)=\frac{K_R\cdot K_S}{T_N\cdot T_0\cdot s^2}.$$

由特征方程

$$T_N\cdot T_0\cdot s^2+K_R\cdot K_S=0$$

和零点

$$s_{1,2}=\pm \mathrm{j}\sqrt{\frac{K_{\mathrm{R}}\cdot K_{\mathrm{S}}}{T_{\mathrm{N}}\cdot T_0}}$$

的闭环调节回路具有不稳定的特性. 调节器调整可按照对称最优方法进行, 其中引入 PI 或 PID 调节器. 在应用该法时产生具有幅值特性和相位特性对称的伯德图 (图 10.5-2).

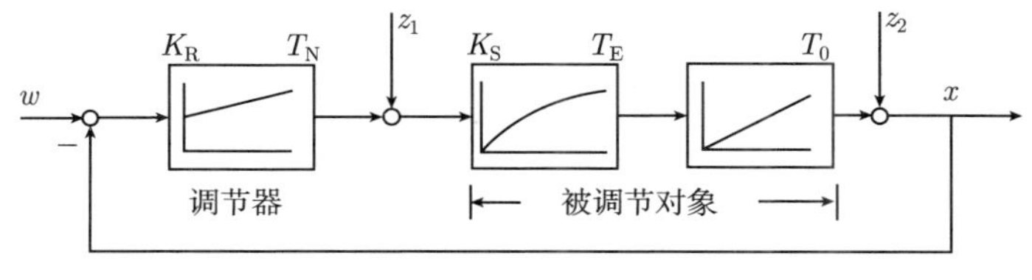

$$F_{\mathrm{RS}}(\mathrm{j}\omega)=F_{\mathrm{R}}(\mathrm{j}\omega)\cdot F_{\mathrm{S}}(\mathrm{j}\omega)=\frac{K_{\mathrm{R}}\cdot(1+T_{\mathrm{N}}\cdot \mathrm{j}\omega)}{T_{\mathrm{N}}\cdot \mathrm{j}\omega}\cdot\frac{1}{T_0\cdot \mathrm{j}\omega}\cdot\frac{K_{\mathrm{S}}}{1+T_{\mathrm{E}}\cdot \mathrm{j}\omega}$$

$$G_{\mathrm{RS}}(s)=G_{\mathrm{R}}(s)\cdot G_{\mathrm{S}}(s)=\frac{K_{\mathrm{R}}\cdot(1+T_{\mathrm{N}}\cdot s)}{T_{\mathrm{N}}\cdot s}\cdot\frac{1}{T_0\cdot s}\cdot\frac{K_{\mathrm{S}}}{1+T_{\mathrm{E}}\cdot s}$$

图 10.5-1 具有积分被调节对象的调解回路和开环调节回路的频率特性函数和传递函数

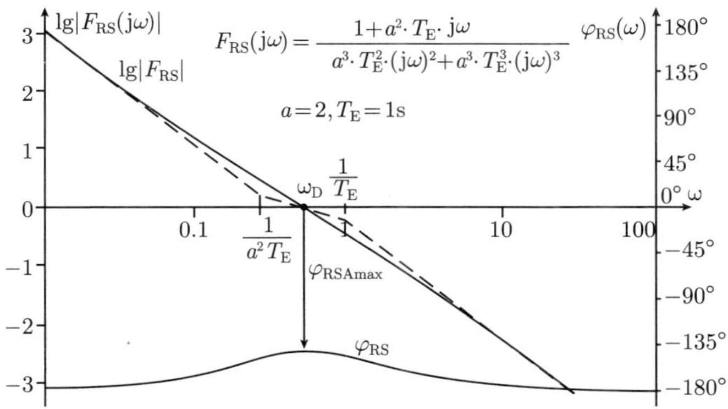

图 10.5-2 对称最优调节回路的伯德图

在对称最优时调节器是这样限定的, 即假设截止角频率 ω_{D} 为转折角频率 $\omega_{\mathrm{N}}=1/T_{\mathrm{N}}$ 和 $\omega_{\mathrm{E}}=1/T_{\mathrm{E}}$ 的几何平均值. 通过适当的选择调后时间 T_{N} 可以调整相位裕度 Φ_{R}, 它给出调节回路期望的瞬态特性.

在下面以具有 PT_1 被调节对象和 PI 调节器调节为例表述本方法. 使调后时间 T_N 与 PT_1 环节的时间常数 T_E 建立关系. 对此下式

$$\boxed{T_N = a^2 \cdot T_E, \quad a > 1}$$

是合适的, 其中 a 必须选择大于 1, 因为对于 $a = 1$ 会得到不稳定调整 $T_N = a^2 \cdot T_E = T_E$. 由于稳定性原因必须以 $T_N > T_E$ 为先决条件.

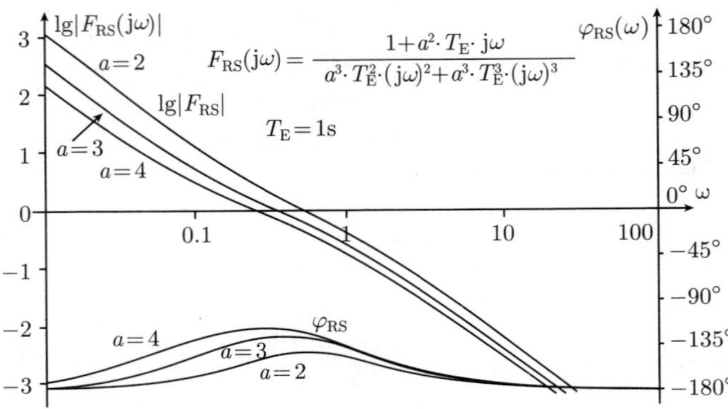

图 10.5-3　依据解器调整 a 的对称最优调节回路的伯德图

由开环调节回路的频率特性函数

$$F_{RS}(j\omega) = F_R(j\omega) \cdot F_S(j\omega) = \frac{K_R \cdot (1 + T_N \cdot j\omega)}{T_N \cdot j\omega} \cdot \frac{1}{T_0 \cdot j\omega} \cdot \frac{K_S}{1 + T_E \cdot j\omega}$$

求开环调节回路的相位 φ_{RS}

$$\varphi_{RS}(\omega) = \arctan(\omega \cdot T_N) - \arctan(\omega \cdot T_E) - \pi$$

由导数

$$\frac{d\varphi_{RS}(\omega)}{d\omega} = \frac{T_N}{1 + (\omega \cdot T_N)^2} - \frac{T_E}{1 + (\omega \cdot T_E)^2} \stackrel{!}{=} 0$$

可确定角频率

$$\omega_{max} = \frac{1}{\sqrt{T_E \cdot T_N}}$$

在此处 φ_{RS} 具有最大值. 在截止角频率 $\omega_D = \omega_{max}$ 时应产生 φ_{RS} 最大值:

$$|F_{RS}(\omega_D = \omega_{max})| = \frac{K_R \cdot K_S \cdot \sqrt{1 + \omega^2 \cdot T_N^2}}{T_0 \cdot T_N \cdot \omega^2 \cdot \sqrt{1 + \omega^2 \cdot T_E^2}} \stackrel{!}{=} 1$$

在应用

$$T_N = a^2 \cdot T_E \quad 和 \quad \omega_{max} = \frac{1}{\sqrt{T_E \cdot T_N}}$$

情况下, 得到调节器增益

$$\boxed{K_{\mathrm{R}}=\frac{T_0}{a\cdot K_{\mathrm{S}}\cdot T_{\mathrm{E}}}}$$

如果预先给出相位裕度 $\varPhi_{\mathrm{R}}$ 的话, 那么就从前面给出的方程

$$\varphi_{\mathrm{RS}}(\omega_{\mathrm{D}}=\omega_{\max})=\varPhi_{\mathrm{R}}-\pi=\arctan(\omega_{\max}\cdot T_{\mathrm{N}})-\arctan(\omega_{\max}\cdot T_{\mathrm{E}})-\pi$$

出发. 如果引入 $\omega_{\max}$ 关系式

$$\omega_{\max}=\frac{1}{\sqrt{T_{\mathrm{E}}\cdot T_{\mathrm{N}}}}=\frac{a}{T_{\mathrm{N}}}=\frac{1}{a\cdot T_{\mathrm{E}}}$$

那么得到

$$\varPhi_{\mathrm{R}}=\arctan(a)-\arctan\left(\frac{1}{a}\right)$$

变形导出

$$\varPhi_{\mathrm{R}}=\arctan\frac{a^2-1}{2\cdot a}$$

由该方程可求出用于计算 PI 调节器必要的常数:

$$\boxed{a=\frac{1+\sin(\varPhi_{\mathrm{R}})}{\cos(\varPhi_{\mathrm{R}})}}$$

将前面通用形式的优化方程

$$T_{\mathrm{N}}=a^2\cdot T_{\mathrm{E}},\quad K_{\mathrm{R}}=\frac{T_0}{a\cdot K_{\mathrm{S}}\cdot T_{\mathrm{E}}}$$

代入图 10.5-1 开环调节回路的传递函数, 那么, 对称最优调节回路的通用参据传递函数为

$$\boxed{G(s)=\frac{1+a^2\cdot T_{\mathrm{E}}\cdot s}{1+a^2\cdot T_{\mathrm{E}}\cdot s+a^3\cdot T_{\mathrm{E}}^2\cdot s^2+a^3\cdot T_{\mathrm{E}}^3\cdot s^3}}$$

对于在图 10.5-1 中给出的具有 PI 调节器的调节系统, 绘出在不同参数 a 值时参据阶跃响应函数 (图 10.5-4) 和扰动阶跃响应函数 (图 10.5-5, 图 10.5-6).

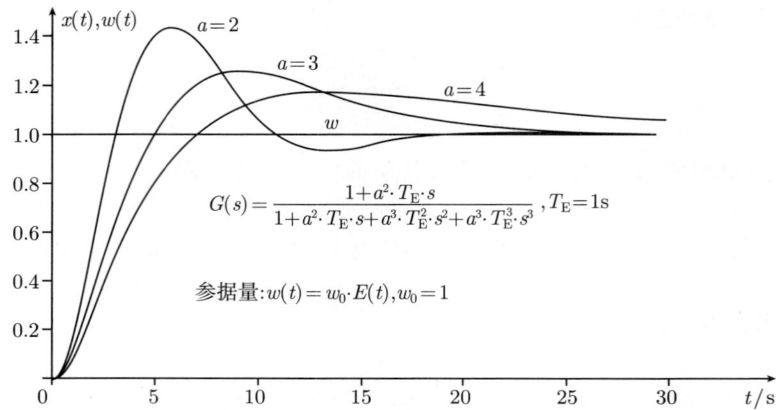

$$G_{\mathrm{R}}(s)=\frac{K_{\mathrm{R}}\cdot(1+T_{\mathrm{N}}\cdot s)}{T_{\mathrm{N}}\cdot s},\quad G_{\mathrm{S}}(s)=\frac{K_{\mathrm{S}}}{T_0\cdot s\cdot(1+T_{\mathrm{E}}\cdot s)}$$

$$T_{\mathrm{N}}=a^2\cdot T_{\mathrm{E}},\qquad K_{\mathrm{R}}=\frac{T_0}{a\cdot K_{\mathrm{S}}\cdot T_{\mathrm{E}}}$$

图 10.5-4 对称最优调节回路的参据阶跃响应函数

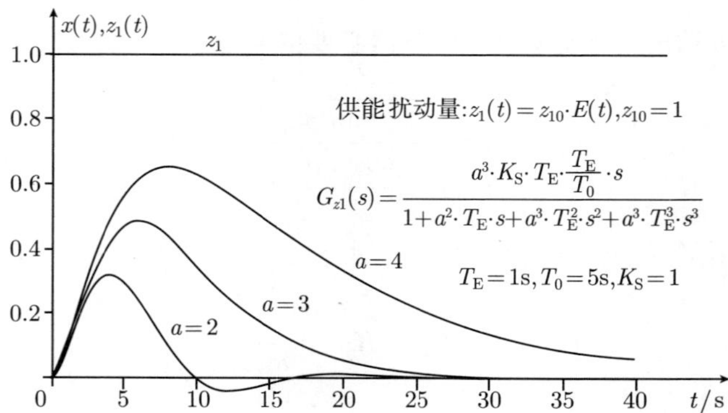

$$G_{\mathrm{R}}(s)=\frac{K_{\mathrm{R}}\cdot(1+T_{\mathrm{N}}\cdot s)}{T_{\mathrm{N}}\cdot s},\quad G_{\mathrm{S}}(s)=\frac{K_{\mathrm{S}}}{T_0\cdot s\cdot(1+T_{\mathrm{E}}\cdot s)}$$

$$T_{\mathrm{N}}=a^2\cdot T_{\mathrm{E}},\qquad K_{\mathrm{R}}=\frac{T_0}{a\cdot K_{\mathrm{S}}\cdot T_{\mathrm{E}}}$$

图 10.5-5 在供能扰动时对称最优调节回路的阶跃响应函数

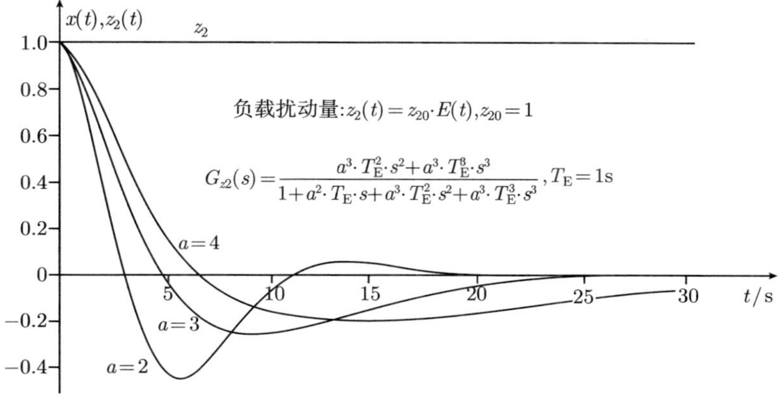

$$G_{\mathrm{R}}(s)=\frac{K_{\mathrm{R}}\cdot(1+T_{\mathrm{N}}\cdot s)}{T_{\mathrm{N}}\cdot s},\quad G_{\mathrm{S}}(s)=\frac{K_{\mathrm{S}}}{T_0\cdot s\cdot(1+T_{\mathrm{E}}\cdot s)}$$

$$T_{\mathrm{N}}=a^2\cdot T_{\mathrm{E}},\qquad K_{\mathrm{R}}=\frac{T_0}{a\cdot K_{\mathrm{S}}\cdot T_{\mathrm{E}}}$$

图 10.5-6 在负载扰动时对称最优调节回路的阶跃响应函数

在图 10.5-7 中表示对称最优调节回路极点和零点的根轨迹曲线. 特征方程 (分母多项式) 的零点为传递函数的极点:

$$\boxed{G(s)=\frac{1+a^2\cdot T_{\mathrm{E}}\cdot s}{1+a^2\cdot T_{\mathrm{E}}\cdot s+a^3\cdot T_{\mathrm{E}}^2\cdot s^2+a^3\cdot T_{\mathrm{E}}^3\cdot s^3}}$$

$G(s)$ 的零点为

$$s_{\mathrm{n}}=-\frac{1}{a^2\cdot T_{\mathrm{E}}}$$

极点具有值:

$$s_{\mathrm{p1}}=-\frac{1}{a\cdot T_{\mathrm{E}}},\quad s_{\mathrm{p2,3}}=-\frac{a-1\pm\sqrt{a^2-2\cdot a-3}}{2\cdot a\cdot T_{\mathrm{E}}}$$

对于 $a=1$ 调节系统变成不稳定的, 因为 $\mathrm{Re}\{s_{\mathrm{p2,3}}\}$ 为零. 而对于 $a=3$ 所有极点相等, 并且具有实数

$$s_{\mathrm{p1,2,3}}=-\frac{1}{3\cdot T_{\mathrm{E}}}$$

如果令 a 在范围 $1<a<3$, 那么会出现两个具有负实部的共轭复数极点.

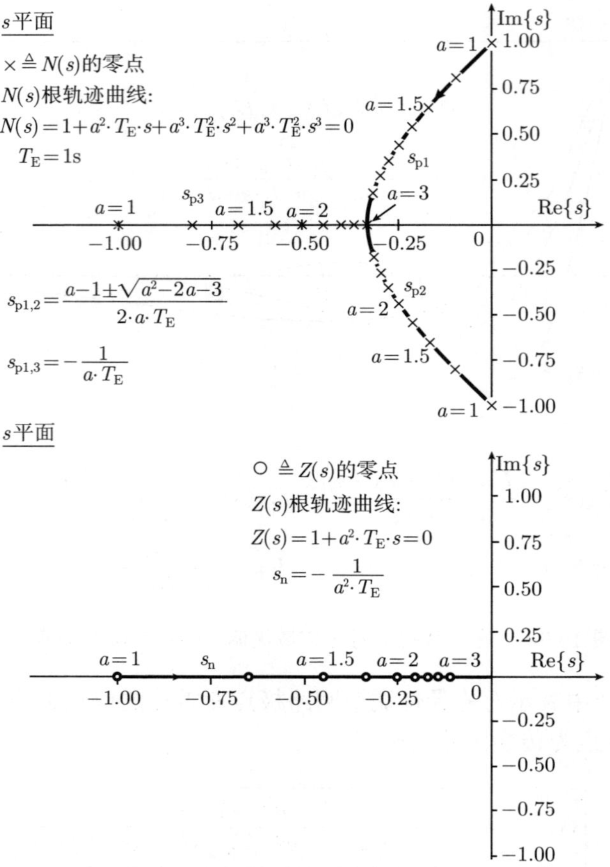

图 10.5-7 依据 a 的对称最优调节回路的根轨迹曲线

10.5.2 对称最优的标准调整

首先对于 $a = 2$ 的调节器调整给出对称最优. 这个标准调整可通过下面研究来建立. 出发点是对称最优调节回路的一般参据传递函数:

$$\boxed{G(s) = \frac{1 + a^2 \cdot T_\mathrm{E} \cdot s}{1 + a^2 \cdot T_\mathrm{E} \cdot s + a^3 \cdot T_\mathrm{E}^2 \cdot s^2 + a^3 \cdot T_\mathrm{E}^3 \cdot s^3} = \frac{Z(s)}{N(s)}}$$

由传递函数求频率特性函数:

$$F(\mathrm{j}\omega) = \frac{1 + a^2 \cdot T_\mathrm{E} \cdot \mathrm{j}\omega}{1 + a^2 \cdot T_\mathrm{E} \cdot \mathrm{j}\omega + a^3 \cdot T_\mathrm{E}^2 \cdot (\mathrm{j}\omega)^2 + a^3 \cdot T_\mathrm{E}^3 \cdot (\mathrm{j}\omega)^3} = \frac{Z(\mathrm{j}\omega)}{N(\mathrm{j}\omega)}$$

如像应用幅值最优那样, 参数 a 这样调整, 即使参据频率传递函数的幅值在大的频率范围保持 1. 分母多项式 $N(\mathrm{j}\omega)$ 对参据频率传递函数幅值影响最大. 因为分子多项式 $Z(s)=1+a^2\cdot T_\mathrm{E}\cdot s$ 由于它的微分作用会产生大的超调, 所以通常通过一个前置滤波器来补偿 (图 10.5-9). 基于这个原因打算这样调整 a, 即使频率传递函数

$$F(\mathrm{j}\omega)=\frac{1}{1+a^2\cdot T_\mathrm{E}\cdot \mathrm{j}\omega+a^3\cdot T_\mathrm{E}^2\cdot(\mathrm{j}\omega)^2+a^3\cdot T_\mathrm{E}^3\cdot(\mathrm{j}\omega)^3}$$

$$=\frac{1}{N(\mathrm{j}\omega)}$$

幅值在大的频率范围成为

$$\boxed{|F(\mathrm{j}\omega)|\approx 1}$$

为了进一步计算, 应用频率特性函数幅值平方:

$$|F(\mathrm{j}\omega)|^2=\left|\frac{1}{[1-a^3\cdot T_\mathrm{E}^2\cdot\omega^2]+\mathrm{j}\cdot[a^2\cdot T_\mathrm{E}\cdot\omega-a^3\cdot T_\mathrm{E}^3\cdot\omega^3]}\right|^2$$

$$=\frac{1}{[1-a^3\cdot T_\mathrm{E}^2\cdot\omega^2]^2+[a^2\cdot T_\mathrm{E}\cdot\omega-a^3\cdot T_\mathrm{E}^3\cdot\omega^3]^2}$$

$$=\frac{1}{1+a^3\cdot T_\mathrm{E}^2\cdot\omega^2\cdot(a-2)+a^5\cdot T_\mathrm{E}^4\cdot\omega^4\cdot(a-2)+a^6\cdot T_\mathrm{E}^6\cdot\omega^6}$$

如果幅值函数有尽可能多的分子和分母多项式系数相重合, 那么在一个大频率范围上频率特性函数的幅值等于 1, 填上分子多项式缺少的系数, 在表 10.5-1 中对照这些系数.

表 10.5-1 频率特性函数值平方的多项式系数

分子多项式	分母多项式	实现性
$1\cdot\omega^0$	$1\cdot\omega^0$	满足
$0\cdot\omega^2$	$a^3\cdot T_\mathrm{E}^2\cdot(a-2)\cdot\omega^2$	对于 $a=2$ 可实现
$0\cdot\omega^4$	$a^5\cdot T_\mathrm{E}^4\cdot(a-2)\cdot\omega^4$	对于 $a=2$ 可实现
$0\cdot\omega^6$	$a^6\cdot T_\mathrm{E}^6\cdot\omega^6$	不可实现

在图 10.5-8 中绘制不同 a 值的频率特性函数的对数幅值.

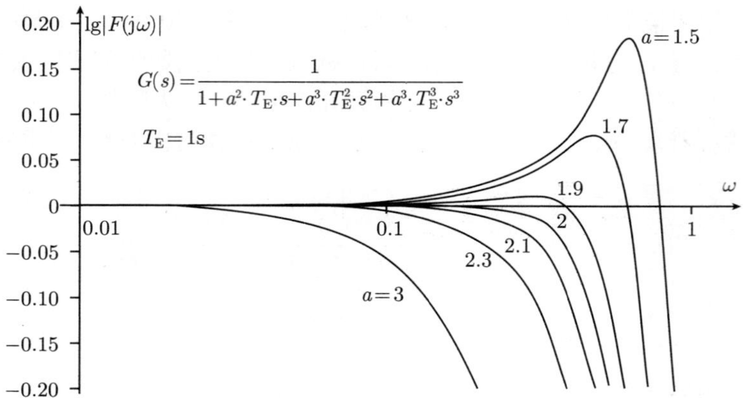

图 10.5-8　参据频率特性函数幅值

对于值 $a = 2$, 在一个大的频率范围幅值为 1, 对数幅值等于零. 对于 $a = 2$ 给出优化方程

$$
\boxed{T_{\mathrm{N}} = 4 \cdot T_{\mathrm{E}}, \quad K_{\mathrm{R}} = \frac{1}{2 \cdot K_{\mathrm{S}}} \cdot \frac{T_0}{T_{\mathrm{E}}}}
$$

如果代入开环调节回路传递函数 (图 10.5-1), 那么得到最优传递函数:

$$
G_{\mathrm{RS}}(s) = G_{\mathrm{R}}(s) \cdot G_{\mathrm{S}}(s) = \frac{1 + 4 \cdot T_{\mathrm{E}} \cdot s}{8 \cdot T_{\mathrm{E}}^2 \cdot s^2 \cdot (1 + T_{\mathrm{E}} \cdot s)}
$$

$$
G(s) = \frac{1 + 4 \cdot T_{\mathrm{E}} \cdot s}{1 + 4 \cdot T_{\mathrm{E}} \cdot s + 8 \cdot T_{\mathrm{E}}^2 \cdot s^2 + 8 \cdot T_{\mathrm{E}}^3 \cdot s^3}
$$

阶跃响应具有 43.4% 的超调. 大的超调量主要是由传递函数分子部分导致的结果. 用一个前置滤波器平滑参据量可降低超调 (图 10.5-9).

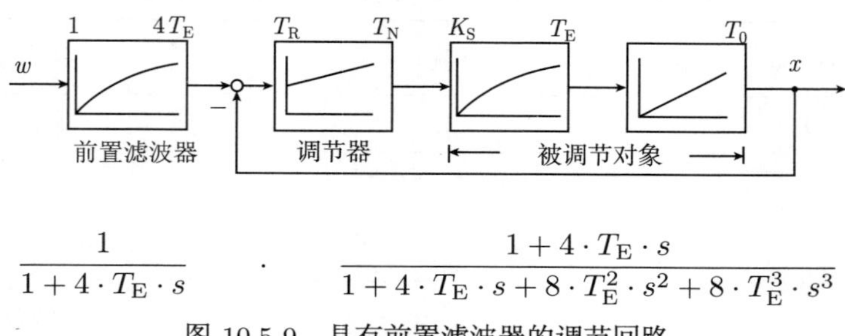

$$
\frac{1}{1 + 4 \cdot T_{\mathrm{E}} \cdot s} \quad \cdot \quad \frac{1 + 4 \cdot T_{\mathrm{E}} \cdot s}{1 + 4 \cdot T_{\mathrm{E}} \cdot s + 8 \cdot T_{\mathrm{E}}^2 \cdot s^2 + 8 \cdot T_{\mathrm{E}}^3 \cdot s^3}
$$

图 10.5-9　具有前置滤波器的调节回路

在图 10.5-10 中绘制了对于 $a = 2$ 有和没有前置滤波器调节回路的归一化的参据阶跃响应. 图 10.5-7 显示闭环调节回路传递函数极点与 a 的关系曲线. 共轭

复数极点对位于最靠近虚轴, 它确定调节回路的瞬态特性, 并因此称为**主导极点对**(dominierendes Polpaar). 在按照对称最优调节器调整时, 主导极点对具有比在幅值最优时更小的实部.

对称最优调节回路具有相同的传递函数, 由此在时域的特征值也相同. 对于参据阶跃响应有效:

无前置滤波器$(a=2)$:

初调时间:	$t_{\text{anr}} = 3.1\cdot T_{\text{E}}$
过渡过程时间:	$t_{\text{ausr}} = 16.5\cdot T_{\text{E}} \quad (\varepsilon = 2\,\%)$
超调量:	$\ddot{u} = 43.4\,\%$

具有前置滤波器$(a=2)$:

初调时间:	$t_{\text{anr}} = 7.6\cdot T_{\text{E}}$
过渡过程时间:	$t_{\text{ausr}} = 13.4\cdot T_{\text{E}} \quad (\varepsilon = 2\,\%)$
超调量:	$\ddot{u} = 8.1\,\%$

具有 $a=2$ 和前置滤波器的调节器调整, 给出好的参据特性. 扰动快速地被控制.

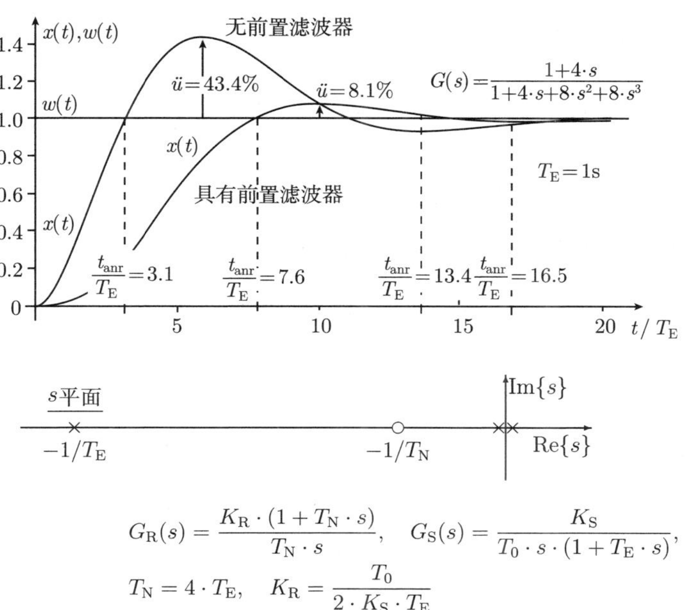

$$G_{\text{R}}(s) = \frac{K_{\text{R}}\cdot(1+T_{\text{N}}\cdot s)}{T_{\text{N}}\cdot s},\quad G_{\text{S}}(s) = \frac{K_{\text{S}}}{T_0\cdot s\cdot(1+T_{\text{E}}\cdot s)},$$

$$T_{\text{N}} = 4\cdot T_{\text{E}},\quad K_{\text{R}} = \frac{T_0}{2\cdot K_{\text{S}}\cdot T_{\text{E}}}$$

图 10.5-10 按照对称最优调整的调节回路 $(a=2)$ 的参据阶跃响应和极–零点图

10.5.3　在具有高阶滞后的积分被调节对象中的方法应用

对称最优法在具有 IT_n 结构

$$G_{\mathrm{S}}(s)=\frac{K_{\mathrm{S}}}{T_0\cdot s\cdot(1+T_1\cdot s)\cdot(1+T_{\mathrm{E}}\cdot s)}\quad 和\quad T_1\gg T_{\mathrm{E}},\quad T_{\mathrm{E}}=\sum_{i=2}^{n}T_i$$

的被调节对象中也是可应用的, 在这种对象类型中引入具有传递函数

$$G_{\mathrm{R}}(s)=\frac{K_{\mathrm{R}}\cdot(1+T_{\mathrm{N}}\cdot s)\cdot(1+T_{\mathrm{V}}\cdot s)}{T_{\mathrm{N}}\cdot s}$$

的 PID 调节器, 其中对象的具有大时间常数 T_1 的 PT_1 环节可通过超前时间 T_{V} 来补偿, 应用下面调整规则:

$$\boxed{K_{\mathrm{R}}=\frac{T_0}{a\cdot K_{\mathrm{S}}\cdot T_{\mathrm{E}}},\quad T_{\mathrm{N}}=a^2\cdot T_{\mathrm{E}},\quad T_{\mathrm{V}}=T_1}$$

为此, 给出一般最优参据传递函数

$$\boxed{G(s)=\frac{1+a^2\cdot T_{\mathrm{E}}\cdot s}{1+a^2\cdot T_{\mathrm{E}}\cdot s+a^3\cdot T_{\mathrm{E}}^2\cdot s^2+a^3\cdot T_{\mathrm{E}}^3\cdot s^3}}$$

由 $a=2$ 得到传递函数

$$\boxed{G(s)=\frac{1+4\cdot T_{\mathrm{E}}\cdot s}{1+4\cdot T_{\mathrm{E}}\cdot s+8\cdot T_{\mathrm{E}}^2\cdot s^2+8\cdot T_{\mathrm{E}}^3\cdot s^3}}$$

对于 IT_1 对象已在 10.5.2 节中研究过.

10.5.4　在具有高阶滞后的比例被调节对象中的方法应用

10.5.4.1　具有一个大时间常数的 PT_n 被调节对象

按照对称最优法调整也可应用在具有大时间常数 T_1 的被调节对象. 对此, 与幅值最优调节回路比较, 得到更小的扰动初调时间.

对于 PT_n 被调节对象

$$G_{\mathrm{S}}(s)=\frac{K_{\mathrm{S}}}{(1+T_1\cdot s)\cdot(1+T_{\mathrm{E}}\cdot s)}$$

具有一个大的时间常数 T_1 和多个小的时间常数 T_i, 其中

$$T_{\mathrm{E}}=\sum_{i=2}^{n}T_i\quad 和\quad T_1\gg a^2\cdot T_{\mathrm{E}}$$

成立, 可引入具有传递函数

$$G_{\mathrm{R}}(s)=\frac{K_{\mathrm{R}}\cdot(1+T_{\mathrm{N}}\cdot s)}{T_{\mathrm{N}}\cdot s}$$

的 PI 调节器. 这给出如下调节器调整:

$$\boxed{K_{\mathrm{R}}=\frac{T_1}{a\cdot K_{\mathrm{S}}\cdot T_{\mathrm{E}}},\quad T_{\mathrm{N}}=a^2\cdot T_{\mathrm{E}}}$$

10.5.4.2 具有两个大时间常数的 PT_n 被调节对象

对于具有两个大的时间常数 T_1 和 T_2 与多个小的时间常数 T_i 的 PT_n 被调节对象

$$G_{\mathrm{S}}(s)=\frac{K_{\mathrm{S}}}{(1+T_1\cdot s)\cdot(1+T_2\cdot s)\cdot(1+T_{\mathrm{E}}\cdot s)}$$

的调节, 其中

$$T_{\mathrm{E}}=\sum_{i=3}^{n}T_i\quad 和\quad T_1>T_2\gg T_{\mathrm{E}}\quad 以及\quad T_1\gg a^2\cdot T_{\mathrm{E}}$$

成立, 具有传递函数

$$G_{\mathrm{R}}(s)=\frac{K_{\mathrm{R}}\cdot(1+T_{\mathrm{N}}\cdot s)\cdot(1+T_{\mathrm{V}}\cdot s)}{T_{\mathrm{N}}\cdot s}$$

的 PID 调节器是合适的. 用超前时间 T_{V} 来补偿时间常数 T_2, 对于 PID 调节器, 调节器调整

$$\boxed{T_{\mathrm{V}}=T_2,\quad K_{\mathrm{R}}=\frac{T_1}{a\cdot K_{\mathrm{S}}\cdot T_{\mathrm{E}}},\quad T_{\mathrm{N}}=a^2\cdot T_{\mathrm{E}}}$$

有效. 应用 PI 调节器 (10.5.4.1 节) 和 PID 调节器的优化方程, 可给出闭环调节回路的最优传递函数:

$$\boxed{G(s)=\frac{1+a^2\cdot T_{\mathrm{E}}\cdot s}{1+a^2\cdot T_{\mathrm{E}}\cdot\left(1+a\cdot\dfrac{T_{\mathrm{E}}}{T_1}\right)\cdot s+a^3\cdot T_{\mathrm{E}}^2\cdot\left(1+\dfrac{T_{\mathrm{E}}}{T_1}\right)\cdot s^2+a^3\cdot T_{\mathrm{E}}^3\cdot s^3}}$$

将上面引用的条件 $T_1\gg a^2\cdot T_{\mathrm{E}}$ 转换为 $a^2\cdot\dfrac{T_{\mathrm{E}}}{T_1}\ll 1$, 为此得到下面简化式

$$\left(1+a\cdot\frac{T_{\mathrm{E}}}{T_1}\right)\approx 1,\quad \left(1+\frac{T_{\mathrm{E}}}{T_1}\right)\approx 1$$

这将导出在 10.5.2 节, 10.5.3 节开发的对称最优被调节对象的一般传递函数:

$$\boxed{G(s)=\frac{1+a^2\cdot T_{\mathrm{E}}\cdot s}{1+a^2\cdot T_{\mathrm{E}}\cdot s+a^3\cdot T_{\mathrm{E}}^2\cdot s^2+a^3\cdot T_{\mathrm{E}}^3\cdot s^3}}$$

10.5.5 对称最优调整规则

当被调节对象含有**一个积分环节**时, **可**按对称最优法**进行调整**. 当被调节对象含有一个**很大时间常数**的滞后环节, 按对称最优法**调整**也是**允许的**, 在一级近似时它像积分环节一样起作用:

$$\boxed{\frac{1}{1+T_1\cdot s}\approx\frac{1}{T_1\cdot s},\quad \text{当}\quad T_1\gg a^2\cdot T_{\mathrm{E}}\quad \text{时}}$$

在表 10.5-2 中给出选择调节器结构和参数的规则.

例 10.5-1 具有 IT_1 被调节对象的转数调节.

一个电进刀驱动的转数调节回路具有下面结构:

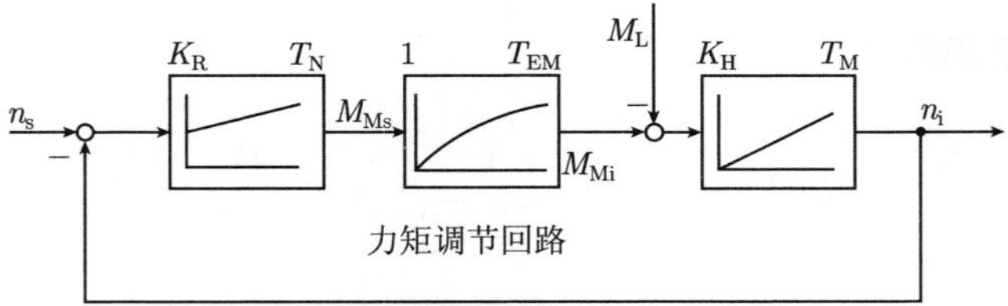

n_{s}为转数 (希望值)	M_{L}为负载旋转力矩
n_{i}为转数 (实际值)	T_{EM}为力矩调节回路等效时间常数
M_{Ms}为旋转力矩 (希望值)	T_{M}为机械时间常数
M_{Mi}为旋转力矩 (实际值)	K_{H}为加速常数

下面的力矩调节回路简单地表示为 PT_1 环节. 如果在机械传递环节中与速度有关的摩擦是可被忽略, 那么被调节对象就具有 IT_1 特性.

开环调节回路传递函数具有形式

$$G_{\mathrm{RS}}(s)=\frac{K_{\mathrm{R}}\cdot(1+T_{\mathrm{N}}\cdot s)}{T_{\mathrm{N}}\cdot s}\cdot\frac{K_{\mathrm{H}}}{T_{\mathrm{M}}\cdot s\cdot(1+T_{\mathrm{EM}}\cdot s)}$$

如果应用具有 $a=2$ 的调节器调整, 那么给出 PI 调节器参数为

$$T_{\mathrm{N}}=4\cdot T_{\mathrm{EM}},\quad K_{\mathrm{R}}=\frac{T_{\mathrm{M}}}{2\cdot K_{\mathrm{H}}\cdot T_{\mathrm{EM}}}$$

为此, 得到最优开环调节回路传递函数

$$G_{\mathrm{RS}}(s)=\frac{1+4\cdot T_{\mathrm{EM}}\cdot s}{8\cdot T_{\mathrm{EM}}^{2}\cdot s^{2}+8\cdot T_{\mathrm{EM}}^{3}\cdot s^{3}}$$

和闭环调节回路传递函数

$$G(s)=\frac{1+4\cdot T_{\mathrm{EM}}\cdot s}{1+4\cdot T_{\mathrm{EM}}\cdot s+8\cdot T_{\mathrm{EM}}^{2}\cdot s^{2}+8\cdot T_{\mathrm{EM}}^{3}\cdot s^{3}}$$

表 10.5-2 按照对称最优确定调节器参数

被调节对象		调节器	
类型	传递函数	类型	传递函数
IT_n	$G_{\mathrm{S}}(s)=\frac{K_{\mathrm{S}}}{T_0\cdot s\cdot(1+T_{\mathrm{E}}\cdot s)}$ $T_{\mathrm{E}}=\sum_{i=1}^{n}T_i$	PI	$G_{\mathrm{R}}(s)=\frac{K_{\mathrm{R}}\cdot(1+T_{\mathrm{N}}\cdot s)}{T_{\mathrm{N}}\cdot s}$ $T_{\mathrm{N}}=a^2\cdot T_{\mathrm{E}},\quad K_{\mathrm{R}}=\frac{T_0}{a\cdot K_{\mathrm{S}}\cdot T_{\mathrm{E}}}$
IT_n	$G_{\mathrm{S}}(s)=\frac{K_{\mathrm{S}}}{T_0\cdot s\cdot(1+T_1\cdot s)\cdot(1+T_{\mathrm{E}}\cdot s)}$ $T_1\gg T_{\mathrm{E}},\quad T_{\mathrm{E}}=\sum_{i=2}^{n}T_i$	PID	$G_{\mathrm{R}}(s)=\frac{K_{\mathrm{R}}\cdot(1+T_{\mathrm{N}}\cdot s)\cdot(1+T_{\mathrm{V}}\cdot s)}{T_{\mathrm{N}}\cdot s}$ $T_{\mathrm{V}}=T_1,$ $T_{\mathrm{N}}=a^2\cdot T_{\mathrm{E}},\quad K_{\mathrm{R}}=\frac{T_0}{a\cdot K_{\mathrm{S}}\cdot T_{\mathrm{E}}}$
PT_n	$G_{\mathrm{S}}(s)=\frac{K_{\mathrm{S}}}{(1+T_1\cdot s)\cdot(1+T_{\mathrm{E}}\cdot s)}$ $T_1\gg a^2\cdot T_{\mathrm{E}},\quad T_{\mathrm{E}}=\sum_{i=2}^{n}T_i$	PI	$G_{\mathrm{R}}(s)=\frac{K_{\mathrm{R}}\cdot(1+T_{\mathrm{N}}\cdot s)}{T_{\mathrm{N}}\cdot s}$ $T_{\mathrm{N}}=a^2\cdot T_{\mathrm{E}},\quad K_{\mathrm{R}}=\frac{T_1}{a\cdot K_{\mathrm{S}}\cdot T_{\mathrm{E}}}$
PT_n	$G_{\mathrm{S}}(s)=\frac{K_{\mathrm{S}}}{(1+T_1\cdot s)\cdot(1+T_2\cdot s)\cdot(1+T_{\mathrm{E}}\cdot s)}$ $T_1>T_2\gg T_{\mathrm{E}},$ $T_1\gg a^2\cdot T_{\mathrm{E}},\quad T_{\mathrm{E}}=\sum_{i=3}^{n}T_i$	PID	$G_{\mathrm{R}}(s)=\frac{K_{\mathrm{R}}\cdot(1+T_{\mathrm{N}}\cdot s)\cdot(1+T_{\mathrm{V}}\cdot s)}{T_{\mathrm{N}}\cdot s}$ $T_{\mathrm{V}}=T_2,$ $T_{\mathrm{N}}=a^2\cdot T_{\mathrm{E}},\quad K_{\mathrm{R}}=\frac{T_1}{a\cdot K_{\mathrm{S}}\cdot T_{\mathrm{E}}}$

对于具有前置滤波器调节回路的参据阶跃响应, 给出下列特征值:

$$t_{\mathrm{anr}}=7.6\cdot T_{\mathrm{EM}},\quad t_{\mathrm{ausr}}=13.4\cdot T_{\mathrm{EM}},\quad \ddot{u}=8.1\,\%.$$

10.5.6　频域优化总结

在频域最优调节回路的参据特性和扰动特性汇总在表 10.5-3 中.

表 10.5-3　频域最优调节回路的参据特性和扰动特性

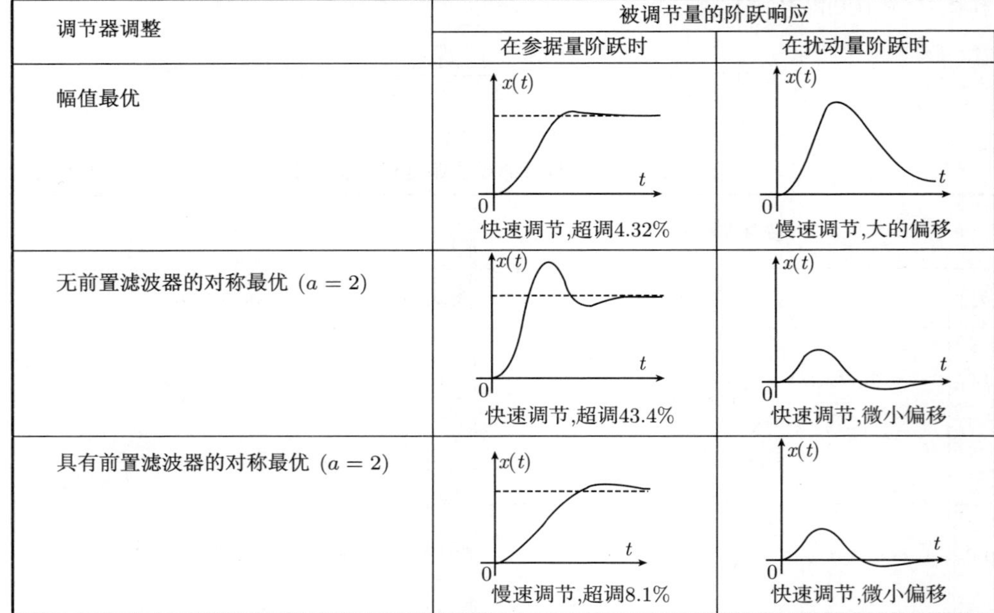

调节器调整	被调节量的阶跃响应	
	在参据量阶跃时	在扰动量阶跃时
幅值最优	快速调节,超调4.32%	慢速调节,大的偏移
无前置滤波器的对称最优 ($a=2$)	快速调节,超调43.4%	快速调节,微小偏移
具有前置滤波器的对称最优 ($a=2$)	慢速调节,超调8.1%	快速调节,微小偏移

与幅值最优比较, 对称最优调节回路具有微小的阻尼比. 如果扰动为期望值, 那么按照对称最优法调节器调整是有利的.

应用频域优化方法不需要大的数学耗费, 只是必须已知调节回路参数. 这一方法用于开发设计驱动调节. 特别是对于

- 速度调节,
- 电流调节,
- 旋转力矩调节,
- 力调节.

及在以下领域里的应用.

- 机床的主驱动,
- 机床的进刀驱动和工业机器人,
- 升降机.

第 11 章　数字调节系统 (采样调节)

11.1　数字调节回路基本工作原理

11.1.1　导言

随着计算机技术的进步, 数字调节系统广泛地应用于自动化技术中. 进而要求调节器特性由计算机计算的调节算法来实现. 数字调节回路可引入模拟调节技术的优化方法和计算方法. 这个**准模拟调节**的前提条件是, 采样时间必须小于调节回路主导时间常数.

此后, 数字调节系统开发了超出模拟调节技术范围的方法. 通过微计算机和过程控制计算机的灵活性, 可实现用模拟调节器技术无法实现的调节方法.

11.1.2　数字调节系统连续和离散信号

模拟的被调节量一般在每个时间点可采用已给边界内的任意值, 其为**数据和时间连续的**模拟信号. 如果仅在已给定的时间点测量这些信号, 那么将其称为**采样过程**. 在等距采样时, 将两次采样之间的时间被称为**采样时间**, 采样周期或采样时间间隔 T. 这会生成**时间离散而数据连续的**模拟信号. 根据已给定数字表示字宽数, 数字信号只能采样有限个数据. 为此, 通过模拟/数字转换将信号量化, 这将产生**时间和数据离散的**信号. 在图 11.1-1 中以被调节量 x 为例表示这些信号类型.

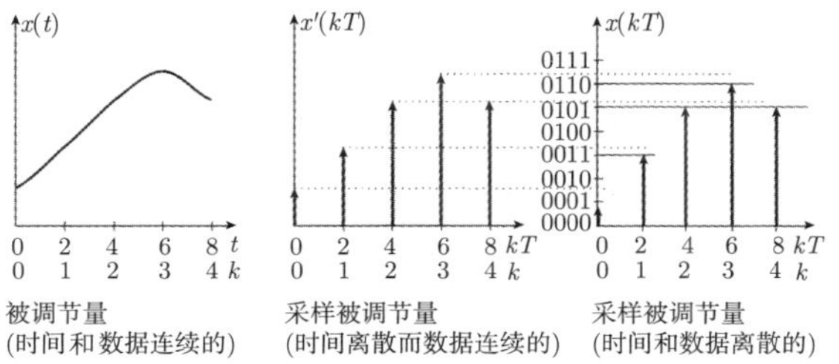

图 11.1-1　连续信号的采样

图 11.1-1 中, 在采样周期 $T = 2\mathrm{s}$ 的时间点 $t = k \cdot T, k = 0, 1, 2, \cdots$ 对信号 $x(t)$ 采样, 这将生成时间和数据离散信号 $x(kT)$.

> 引入其值为整数的**离散时间变量** k 取代连续时间变量 t. 变量 $k = \dfrac{t}{T}$ 总是整数的, 即 $k = 0, 1, 2, 3, \cdots$

在数字调节系统中求同样为采样值的参据量 $w(kT)$ 和被调节量 $x(kT)$ 之间的误差 $x_{\mathrm{d}}(kT)$, 程序 (**调节算法 (Regelalgorithmus)**) 生成调整量 $y(kT)$.

将数字调节回路的调整量进行数模转换并保持, 这样在被调节对象输入端存在**时间连续而数据离散的**调整量. 通过调整量信号 $y(kT)$ 保持产生**阶跃序列**$\bar{y}(t)$ 或**阶梯函数**(图 11.1-2).

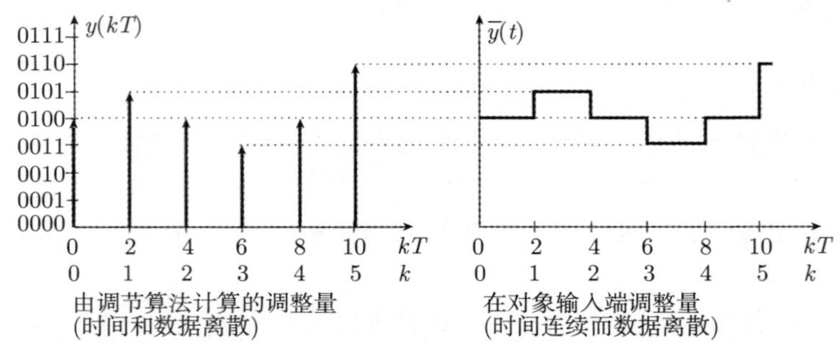

图 11.1-2　数字信号转换和保持

在调节和过程自动化技术中, 用数字计算机采样和处理测量值. 为此, 所产生的信号为时间和数据离散的 (时间和幅值量化的).

11.1.3　数字调节回路的基本功能

被调节对象一般在模拟环境工作. 为了在数字调节系统能处理**模拟被调节量**, 首先必须将其测量, 并转换为电压或电流信号. 用**模数转换器**将模拟信号转换为数字信号.

模拟信号由模数转换器采样、 保持和转换. **采样**和**保持**(Halteoperaration) 由**采样保持电路** 来实现. 保持运算的目标是, 在模数转换期间保持采样的信号模拟值, 而对于调节技术特性计算它是无意义的.

在转换时, 根据模数转换器的有限字宽, 在数字计算机中产生一个时间和数据离散的 (amplitudenquantisiertes) 信号 (图 11.1-3).

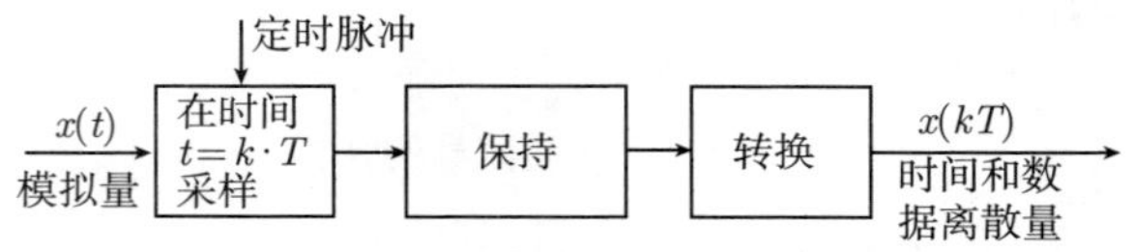

图 11.1-3　被调节量的模数转换

当参据量 $w(t)$ 以模拟形式接入时同样要被转换, 这样参据量产生数列 $w(kT)$. 由调节算法, 数字调节器产生**调整量序列**$y(kT)$. 在图 11.1-4 中表示数字调节器的基本功能. 在时间点 $t = kT$, 其中 $k = 0, 1, 2, \cdots$, 实现参据量和被调节量的采样.

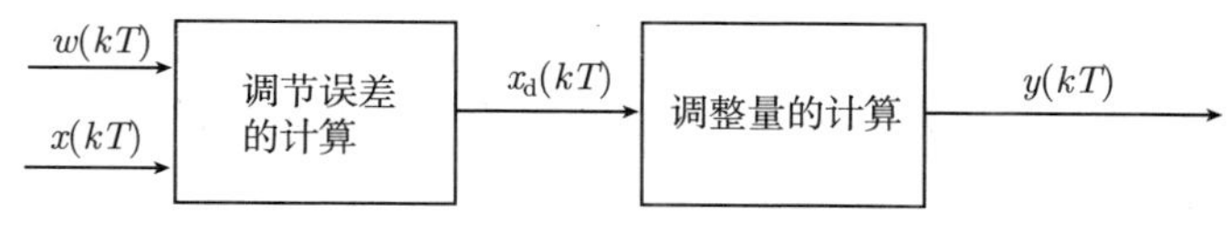

图 11.1-4 数字调节器的基本功能

数模转换器由调整量序列 $y(kT)$ 数据生成**调整量**$\bar{y}(t)$, 它作为输入量影响被调节对象. 对象输入量必须作为阶梯函数时间连续地存在, 为此数模转换器将保持 (Halteoperation) 调节器输出量一个采样时间 (图 11.1-5). 在调节技术研究时必须考虑这个保持运算, 它在数学上用一个**保持器**来描述. 在数模转换时同样进行信号**量化**, 因为转换器的字宽一般与计算机的内部表示格式不一致.

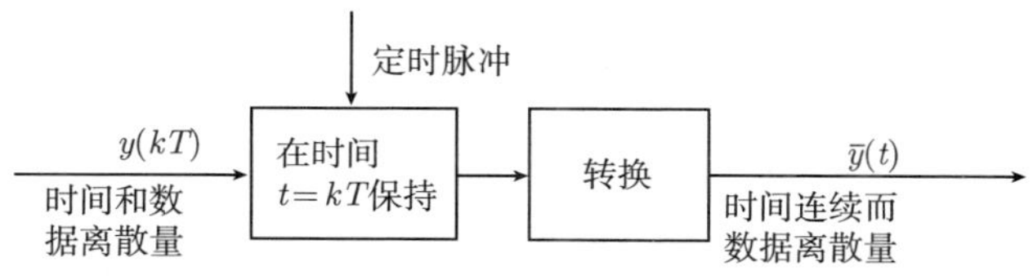

图 11.1-5 调整量的数模转换

在图 11.1-6 中给出数字调节回路的方块图. 该结构用 **DDC 调节**(Direct Digital Control, 直接数字调节) 表示. 用计算机由调节误差求调整量. 在 **SPC 调节**(Setpoint Control, 定点调节) 时, 只能由前置计算机预先给出模拟调节回路的希望值.

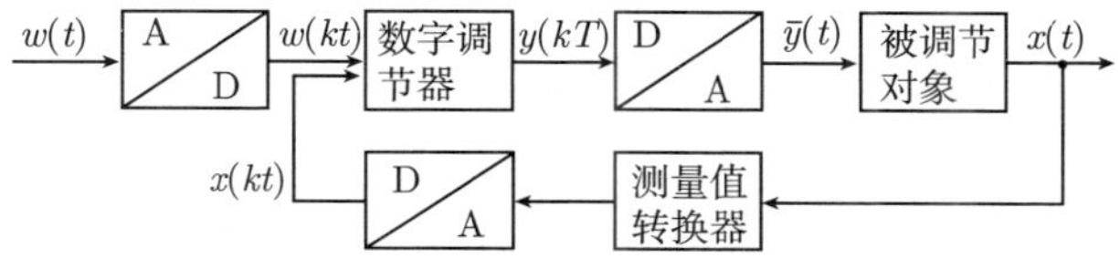

图 11.1-6 数字调节回路组成 (DDC)

在转换时信号进行幅值量化. 在 11 章研究中假设, 略去这个量化误差. 再进一步假设, 相对采样时间略去转换时间和计算时间, 这样调节误差采样和调整量输出在同一时间点 kT 进行.

11.2 数字调节基本算法

11.2.1 导言

模拟调节器借助**布线运算放大器**由调节误差 $x_d(t)$ 连续地产生调整量 $y(t)$.

在**数字调节**时程序按照**调节算法**计算所需要的调整量序列 $y(kT)$.

如果采样时间相对调节系统时间常数小的话, 那么可将用于设计调节回路的模拟调节技术方法引入到数字调节, 下面推出数字调节技术的基本算法, 此外在节 11.5 中给出所属的时间离散的 z 传递函数 $G_{\mathrm{R}}(z)$.

11.2.2 比例算法

下标 k 标记变量在时间 $t=k\cdot T$ 的值, $x_{\mathrm{d},k}$ 为调节误差在时间 $t=k\cdot T$ 的采样值. 由缩语 $x_{\mathrm{d},k}=x_{\mathrm{d}}(kT), w_k=w(kT), x_k=x(kT)$ 和 $y_k=y(kT)$ 构成调节误差采样序列:

$$x_{\mathrm{d}}(kT)=w(kT)-x(kT),\quad x_{\mathrm{d},k}=w_k-x_k$$

计算出调整量序列

$$\boxed{\begin{aligned} y(kT)&=K_{\mathrm{R}}\cdot x_{\mathrm{d}}(kT), \qquad G_{\mathrm{R}}(z)=\frac{y(z)}{x_{\mathrm{d}}(z)}=K_{\mathrm{R}},\\ y_k&=K_{\mathrm{R}}\cdot x_{\mathrm{d},k}\end{aligned}}$$

由实际值 w_k, x_k 生成调节误差 $x_{\mathrm{d},k}$, 并且通过与调节器增益 K_{R} 相乘产生调整量 y_k.

11.2.3 通过离散运算的积分和微分近似法

11.2.3.1 矩形近似的积分算法

连续调节器函数积分和微分不能被应用到离散值 $x_{\mathrm{d},k}=x_{\mathrm{d}}(kT)$ 上. 调节器函数应通过离散运算加法和减法来近似. 模拟的积分调节器函数可通过和式来模拟:

$$y(t)=K_{\mathrm{I}}\int x_{\mathrm{d}}(t)\mathrm{d}t\rightarrow y(kT)=K_{\mathrm{I}}\cdot\sum_i x_{\mathrm{d}}(i\cdot T)\cdot T$$

积分可通过不同离散算法来近似, 实际引入有矩形近似法和梯形近似法. 矩形近似法表示在图 11.2-1 和图 11.2-2. 积分通过和式近似, 而采样时间 T 取代时间微分 $\mathrm{d}t$. 将用于计算调整量序列的**积分算法**编制成两种类型公式:

左区间边值**矩形近似法**(I 型):

$$y_k=K_{\mathrm{I}}\cdot\sum_{i=0}^{k-1}x_{\mathrm{d},i}\cdot T$$

右区间边值矩形近似法 (II 型):

$$y_k=K_{\mathrm{I}}\cdot\sum_{i=1}^{k}x_{\mathrm{d},i}\cdot T$$

研究具有下面斜坡函数的两种算法:

$$x_{\mathrm{d}}(t)=\frac{t}{T}\cdot E(t),\qquad x_{\mathrm{d}}(t)=\begin{cases}0, & t\leqslant 0\\ \dfrac{t}{T}, & t>0\end{cases}$$

对于积分增益 $K_{\mathrm{I}}=1\mathrm{s}^{-1}$ 和采样时间 $T=1\mathrm{s}$ 得到数据表 11.2-1, $y(t)$ 为积分的精确值.

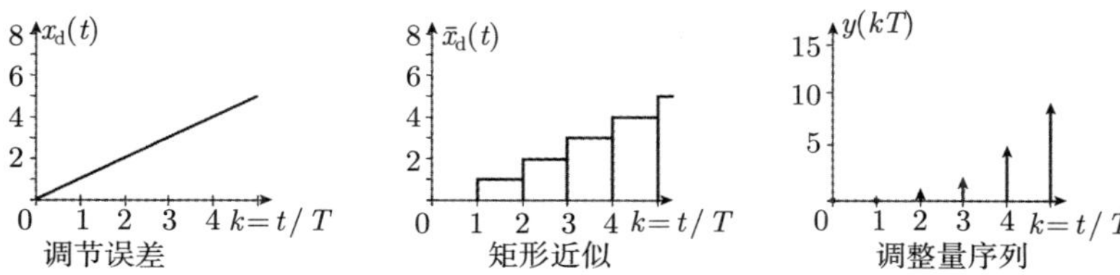

图 11.2-1 积分算法, 左区间边值矩形近似法 (I 型)

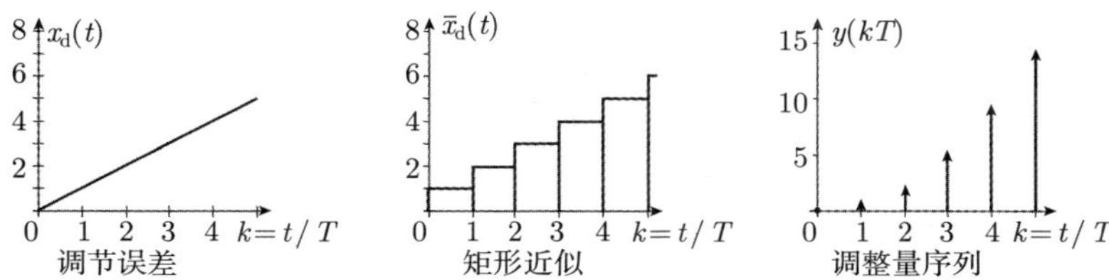

图 11.2-2 积分算法, 右区间边值矩形近似法 (II 型)

表 11.2-1 积分算法比较

$t=k\cdot T$	0s	1s	2s	3s	4s	5s	6s	
$k=t/T$	0	1	2	3	4	5	6	
$x_{\mathrm{d},k}$	0	1	2	3	4	5	6	
y_k	0	0	1	3	6	10	15	矩形近似 I 型
y_k	0	1	3	6	10	15	21	矩形近似 II 型
y_k	0	0.5	2	4.5	8	12.5	18	梯型近似 III 型
$y(t)$	0	0.5	2	4.5	8	12.5	18	精确值

在单调斜坡函数时 I 型算法具有太小的值, 而 II 型算法提供太大的值. 对于小的采样时间, 其算法之间的差别是可忽略的. 为了缩短计算时间和减小存储需要量, 将调节误差最后的值加到前一采样时刻的调整量值 y_{k-1} 上. 为此得到计算调整量**递推算法**(I 型):

$$y_k=K_{\mathrm{I}}\cdot\sum_{i=0}^{k-1}x_{\mathrm{d},i}\cdot T=K_{\mathrm{I}}\cdot\sum_{i=0}^{k-2}x_{\mathrm{d},i}\cdot T+K_{\mathrm{I}}\cdot x_{\mathrm{d},k-1}\cdot T=y_{k-1}+K_{\mathrm{I}}\cdot x_{\mathrm{d},k-1}\cdot T$$

II 型积分算法:

$$y_k = K_\mathrm{I} \cdot \sum_{i=1}^{k} x_{\mathrm{d},i} \cdot T = K_\mathrm{I} \cdot \sum_{i=1}^{k-1} x_{\mathrm{d},i} \cdot T + K_\mathrm{I} \cdot x_{\mathrm{d},k} \cdot T = y_{k-1} + K_\mathrm{I} \cdot x_{\mathrm{d},k} \cdot T$$

递推积分算法由调节误差和前一调节周期的调整量 y_{k-1} 计算调整量. 对于积分增益 K_I 和积分时间常数 T_I 给出算法:

I 型:
$y_k = y_{k-1} + K_\mathrm{I} \cdot T \cdot x_{\mathrm{d},k-1}, \quad G_\mathrm{R}(z) = \dfrac{y(z)}{x_\mathrm{d}(z)} = \dfrac{K_\mathrm{I} \cdot T}{z-1},$
$y_k = y_{k-1} + \dfrac{T}{T_\mathrm{I}} \cdot x_{\mathrm{d},k-1}, \quad G_\mathrm{R}(z) = \dfrac{y(z)}{x_\mathrm{d}(z)} = \dfrac{T/T_\mathrm{I}}{z-1}$
II 型:
$y_k = y_{k-1} + K_\mathrm{I} \cdot T \cdot x_{\mathrm{d},k}, \quad G_\mathrm{R}(z) = \dfrac{y(z)}{x_\mathrm{d}(z)} = \dfrac{K_\mathrm{I} \cdot T \cdot z}{z-1},$
$y_k = y_{k-1} + \dfrac{T}{T_\mathrm{I}} \cdot x_{\mathrm{d},k}, \quad G_\mathrm{R}(z) = \dfrac{y(z)}{x_\mathrm{d}(z)} = \dfrac{T/T_\mathrm{I} \cdot z}{z-1}$

必须存储仅是调整量每次最后的值. 采样时间进入调整量序列计算. 由此, 在执行 (Implementierung) 算法时必须注意, 保持采样时间 (图 11.2-3, 图 11.2-4), 否则会导致最优调整值失配的.

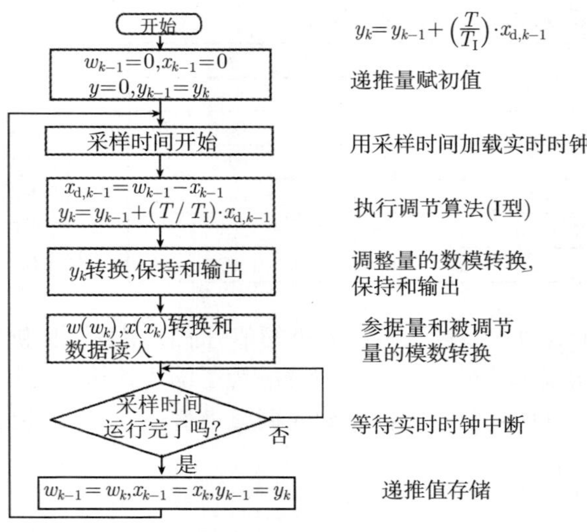

图 11.2-3　积分算法 I 型程序框图

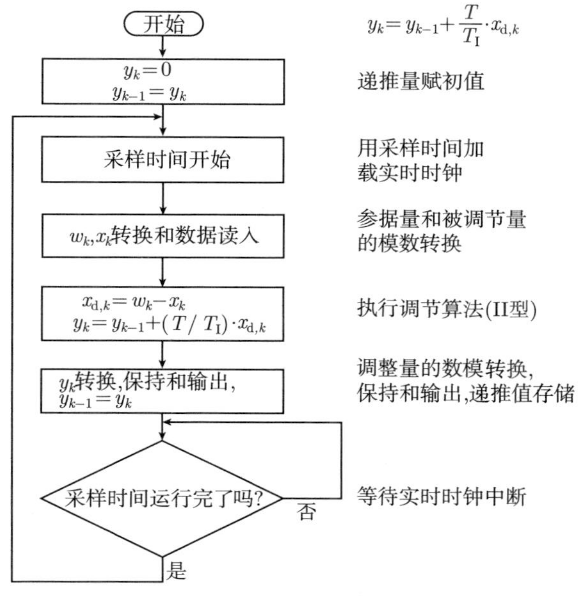

图 11.2-4 积分算法 II 型程序框图

例 11.2-1 由积分调节器控制可忽略时间常数的被调节对象. 通过积分算法取代模拟的积分调节器, 试求采样时间 $T=0.1\text{s}, T=0.5\text{s}$ 的阶跃响应.

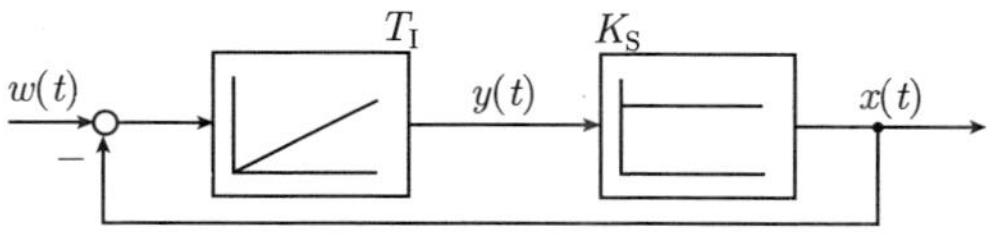

模拟调节回路参数为

$$T_I=1\,\text{s},\quad K_S=2$$

对于数字调节回路应用 I 型积分算法:

$$y_k=y_{k-1}+\frac{T}{T_I}\cdot x_{d,k-1}$$

在**情况**①时阶跃输入后立即进行第一次采样, 马上就获得参据量变化值.

情况②: 在参据量阶跃输入前至时间 $k\cdot T=0$ 立即进行第一次采样. 在此时计算调节特性是最不利情况, 因为参据量变化值是在采样时间 T 之后才能得到的. 参据量 $w(kT)$:

$$\text{情况①:}\quad w_0=w_1=w_2=w_3=\cdots=w_k=1$$

$$\text{情况②:}\quad w_0=0,\quad w_1=w_2=w_3=\cdots=w_k=1$$

计算被调节量:

调节误差 $x_{\mathrm{d}}(kT)$:

$$x_{\mathrm{d},k} = w_k - x_k$$

调整量 $y(kT)$:

$$y_k = y_{k-1} + \frac{T}{T_{\mathrm{I}}} \cdot x_{\mathrm{d},k-1}$$

被调节量 $x(kT)$:

$$x_k = K_{\mathrm{S}} \cdot y_k,\ y_{k-1} = \frac{x_{k-1}}{K_{\mathrm{S}}}$$

$$\begin{aligned} x_k &= K_{\mathrm{S}} \cdot y_k = K_{\mathrm{S}} \cdot y_{k-1} + K_{\mathrm{S}} \cdot \frac{T}{T_{\mathrm{I}}} \cdot x_{\mathrm{d},k-1} \\ &= x_{k-1} + K_{\mathrm{S}} \cdot \frac{T}{T_{\mathrm{I}}} \cdot (w_{k-1} - x_{k-1}) \end{aligned}$$

$$\boxed{x_k = \left(1 - K_{\mathrm{S}} \cdot \frac{T}{T_{\mathrm{I}}}\right) \cdot x_{k-1} + K_{\mathrm{S}} \cdot \frac{T}{T_{\mathrm{I}}} \cdot w_{k-1}}$$

采样时间 $T = 0.1\mathrm{s}$ 的调节特性:

$$x_k = \left(1 - K_{\mathrm{S}} \cdot \frac{T}{T_{\mathrm{I}}}\right) \cdot x_{k-1} + K_{\mathrm{S}} \cdot \frac{T}{T_{\mathrm{I}}} \cdot w_{k-1} = 0.8 \cdot x_{k-1} + 0.2 \cdot w_{k-1}$$

情况①: $x_0 = 0,\quad x_1 = 0.20,\quad x_2 = 0.36,\quad x_3 = 0.488,\quad \cdots$

$x_k = 0.8 \cdot x_{k-1} + 0.2$, 对于 $k \geqslant 1$

情况②: $x_0 = 0,\quad x_1 = 0,\quad x_2 = 0.20,\quad x_3 = 0.36,\quad x_4 = 0.488,\quad \cdots$

$x_k = 0.8 \cdot x_{k-1} + 0.2$, 对于 $k \geqslant 2$

采样时间 $T = 0.5\mathrm{s}$ 的调节特性:

$$x_k = \left(1 - K_{\mathrm{S}} \cdot \frac{T}{T_{\mathrm{I}}}\right) \cdot x_{k-1} + K_{\mathrm{S}} \cdot \frac{T}{T_{\mathrm{I}}} \cdot w_{k-1} = w_{k-1}$$

情况①: $x_0 = 0,\quad x_1 = 1,\quad x_2 = 1,\quad x_3 = 1,\quad x_4 = 1,\quad \cdots$

$x_k = 1$, 对于 $k \geqslant 1$

情况②: $x_0 = 0,\quad x_1 = 0,\quad x_2 = 1,\quad x_3 = 1,\quad x_4 = 1,\quad \cdots$

$x_k = 1$, 对于 $k \geqslant 2$

在采样时间 $T = T_{\mathrm{I}}/K_{\mathrm{S}}$ 时, 在最有利情况①可在一个采样步后使被调节量达到参据量值. 这个调节被称为无振荡调节.

在图 11.2-5 中绘制了对于 $T = 0.1\mathrm{s}$ 和 $T = 0.5\mathrm{s}$ 在情况 1 数字调节回路的调节曲线. 在计算时假设, 由保持器保持调整量 y_k.

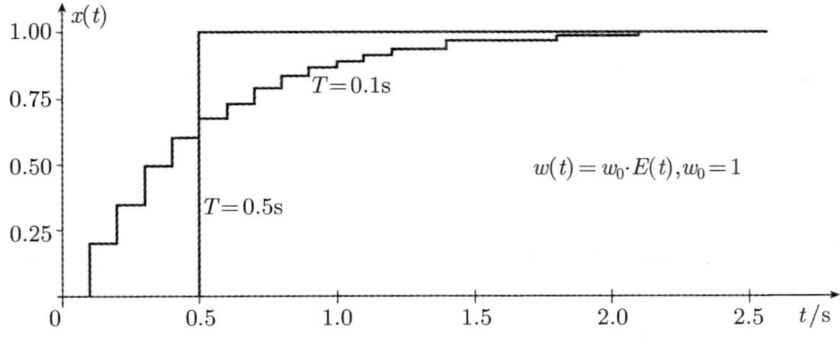

图 11.2-5 在不同采样时间调节回路调节曲线

11.2.3.2 梯型近似的积分算法

积分最好用梯形近似法近似. 由

$$y_k = K_\mathrm{I} \cdot \sum_{i=1}^{k} \frac{1}{2} \cdot [x_{\mathrm{d},i} + x_{\mathrm{d},i-1}] \cdot T = \frac{K_\mathrm{I} \cdot T}{2} \cdot \sum_{i=1}^{k} [x_{\mathrm{d},i} + x_{\mathrm{d},i-1}]$$

和时间点 $(k-1) \cdot T$ 的 y 值

$$y_{k-1} = \frac{K_\mathrm{I} \cdot T}{2} \cdot \sum_{i=1}^{k-1} [x_{\mathrm{d},i} + x_{\mathrm{d},i-1}]$$

给出积分算法的递推形式 (III 型):

$$\boxed{\begin{aligned} y_k &= y_{k-1} + \frac{K_\mathrm{I} \cdot T}{2} \cdot [x_{\mathrm{d},k} + x_{\mathrm{d},k-1}], \\ G_\mathrm{R}(z) &= \frac{y(z)}{x_\mathrm{d}(z)} = \frac{\dfrac{K_\mathrm{I} \cdot T}{2} \cdot z + \dfrac{K_\mathrm{I} \cdot T}{2}}{z-1} \end{aligned}}$$

对于斜坡函数 $x_\mathrm{d}(t) = \dfrac{t}{T} \cdot E(t)$, 梯形近似在采样时间点能精确地工作 (表 11.2-1, 图 11.2-6). 由 $K_\mathrm{I} = 1\mathrm{s}^{-1}, T = 1\mathrm{s}$ 进行计算.

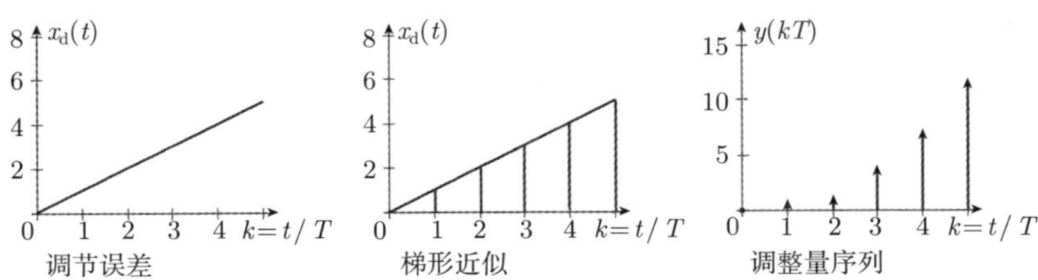

图 11.2-6 积分算法, 梯形近似法

11.2.3.3　简单微分算法

连续运算微分在数字调节时可通过差分来近似. 为此由微商产生差商. 模拟调节器的微分部分通过差分来代换:

$$y(t)=K_{\mathrm{D}}\cdot\frac{\mathrm{d}x_{\mathrm{d}}(t)}{\mathrm{d}t}\longrightarrow y(k\cdot T)=\frac{\Delta x_{\mathrm{d}}(k\cdot T)}{\Delta t}$$

选择采样周期 T 为时间差, 用于计算调整量序列微分部分的**微分算法**可给出各种形式:

左区间边值**求差分**(反向求差分, I 型, 图 11.2-7):

$$y_k=\frac{K_{\mathrm{D}}}{T}\cdot(x_{\mathrm{d},k}-x_{\mathrm{d},k-1})$$

右区间边值求差分 (正向求差分, II 型, 图 11.2-8):

$$y_k=\frac{K_{\mathrm{D}}}{T}\cdot(x_{\mathrm{d},k+1}-x_{\mathrm{d},k})$$

因为调节误差值 $x_{\mathrm{d},k+1}=x_{\mathrm{d}}\left((k+1)\cdot T\right)$ 在时间 $k\cdot T$ 尚未存在, 因此这个调节算法只能计算推后一个采样时间 T 的时间点 $(k-1)\cdot T$ 的差分:

$$y_{k-1}=\frac{K_{\mathrm{D}}}{T}\cdot(x_{\mathrm{d},k}-x_{\mathrm{d},k-1})$$

在时间 $k\cdot T$ 首先计算 y_{k-1}. 这些限制是由于下面原因: 在时间 $k\cdot T$ 时 $(k+1)\cdot T$ 值还不是已知的, 在微分方程离散化时也引入 I 型和 II 型算法. 为说明此任务的算法作用, 在计算时对已知函数 x_{d} 进行无滞后的**正向求差分和平均值算法 III 型**求差分 (11.2.3.4 节), 将算法应用到函数

$$x_{\mathrm{d}}(t)=\frac{1}{2}\cdot\left(\frac{t}{T}\right)^2\cdot E(t),\qquad x_{\mathrm{d}}(t)=\begin{cases}0, & t\leqslant 0\\ \dfrac{1}{2}\cdot\left(\dfrac{t}{T}\right)^2, & t>0\end{cases}$$

由微分增益 $K_{\mathrm{D}}=1\mathrm{s}$ 和采样时间 $T=1\mathrm{s}$ 得到数据表 11.2-2, $y\left(t\right)$ 为精确微分值.

表 11.2-2　微分算法比较

$t=k\cdot T$	0s	1s	2s	3s	4s	5s	6s	
$k=t/T$	0	1	2	3	4	5	6	
$x_{\mathrm{d},k}$	0	0.5	2	4.5	8	12.5	18	
y_k	0	0.5	1.5	2.5	3.5	4.5	5.5	I 型
y_k	0.5	1.5	2.5	3.5	4.5	5.5	6.5	II 型
y_k	0.25	1	2	3	4	5	6	III 型
$y(t)$	0	1	2	3	4	5	6	精确值

在单调斜坡函数时 I 型算法具有太小的值, 而 II 型算法提供太大的值. 除了 y_0 之外 III 型微分是精确的. 在小的采样时间时, 算法之间的差别是可忽略的. 一般将具有反向求差分的 I 型微分算法引入数字调节回路:

$$\boxed{y_k=\frac{K_\mathrm{D}\cdot(x_{\mathrm{d},k}-x_{\mathrm{d},k-1})}{T},\qquad G_\mathrm{R}(z)=\frac{y(z)}{x_\mathrm{d}(z)}=\frac{K_\mathrm{D}\cdot z-K_\mathrm{D}}{T\cdot z}}$$

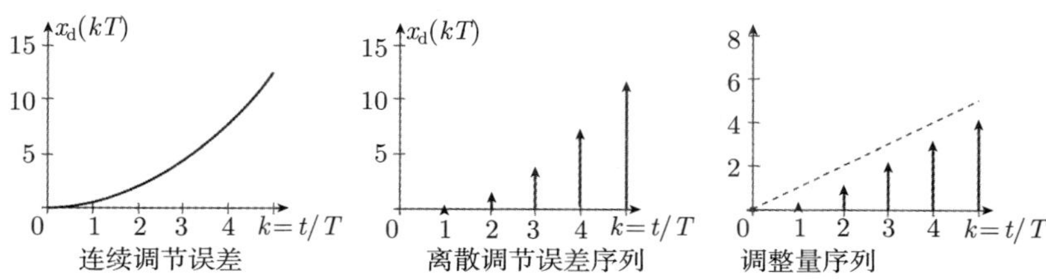

图 11.2-7 微分算法, 左区间边值求差分 (I 型)

高阶微分通过低阶差商近似, 对于二阶微分应用两个相邻近采样步的一阶差商:

$$\frac{\mathrm{d}^2x_\mathrm{d}(t)}{\mathrm{d}t^2}\approx\frac{\dfrac{x_{\mathrm{d},k}-x_{\mathrm{d},k-1}}{T}-\dfrac{x_{\mathrm{d},k-1}-x_{\mathrm{d},k-2}}{T}}{T}=\frac{x_{\mathrm{d},k-2}\cdot x_{\mathrm{d},k-1}+x_{\mathrm{d},k-2}}{T^2}$$

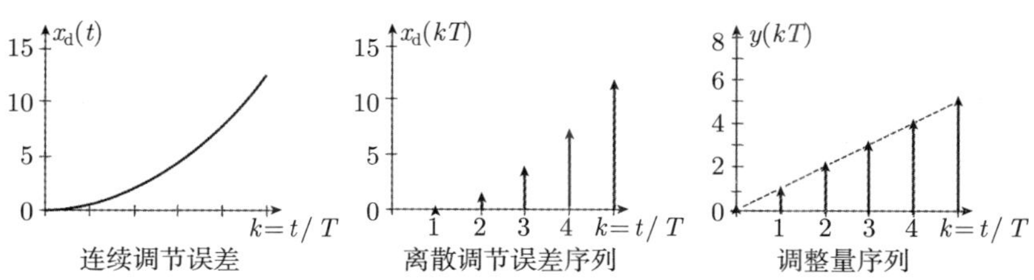

图 11.2-8 微分算法, 右区间边值求差分 (II 型)

11.2.3.4 求平均值微分算法

如果被调节量叠加上干扰, 那么在小的采样时间时差商也会强烈地波动. 这可通过平均多个差商的算法来避免. 算法

$$\begin{aligned}y_k&=\left[\frac{K_\mathrm{D}}{T}\cdot(x_{\mathrm{d},k+1}-x_{\mathrm{d},k})+\frac{K_\mathrm{D}}{T}\cdot(x_{\mathrm{d},k}-x_{\mathrm{d},k-1})\right]\cdot\frac{1}{2}\\&=\frac{K_\mathrm{D}}{2\cdot T}\cdot(x_{\mathrm{d},k+1}-x_{\mathrm{d},k-1})\end{aligned}$$

通过正向和反向差分的平均值构成微分 (III 型). 因为 $x_{\mathrm{d},k+1}$ 值在时间 $k\cdot T$ 还是

不能求的, 但可得到滞后微分

$$y_{k-1}=\frac{K_{\mathrm{D}}}{2\cdot T}\cdot(x_{\mathrm{d},k}-x_{\mathrm{d},k-2})$$

下面算法反向求调节误差 (IV 型), 由调节误差构成平均值

$$x_{\mathrm{m}}=\frac{1}{4}\cdot[x_{\mathrm{d},k-3}+x_{\mathrm{d},k-2}+x_{\mathrm{d},k-1}+x_{\mathrm{d},k}]$$

并赋予其平均时间 T_{m}:

$$T_{\mathrm{m}}=\frac{1}{4}\cdot[(k-3)\cdot T+(k-2)\cdot T+(k-1)\cdot T+k\cdot T]=k\cdot T-\frac{3}{2}\cdot T$$

对于 T_{m} 下式成立:

$$(k-3)\cdot T<(k-2)\cdot T<T_{\mathrm{m}}<(k-1)\cdot T<k\cdot T$$

T_{m} 位于 $(k-2)\cdot T$ 和 $(k-1)\cdot T$ 之间. 在 x_{m} 和 $x_{\mathrm{d},k},x_{\mathrm{d},k-1},x_{\mathrm{d},k-2},x_{\mathrm{d},k-3}$ 之间构成四个差商, 其平均值对应于差商:

$$y_k=K_{\mathrm{D}}\cdot\frac{1}{4}\cdot\left[\frac{x_{\mathrm{m}}-x_{\mathrm{d},k-3}}{T_{\mathrm{m}}-(k-3)T}+\frac{x_{\mathrm{m}}-x_{\mathrm{d},k-2}}{T_{\mathrm{m}}-(k-2)T}+\frac{x_{\mathrm{d},k-1}-x_{\mathrm{m}}}{(k-1)T-T_{\mathrm{m}}}+\frac{x_{\mathrm{d},k}-x_{\mathrm{m}}}{kT-T_{\mathrm{m}}}\right]$$

$$=\frac{K_{\mathrm{D}}}{6\cdot T}\cdot[-x_{\mathrm{d},k-3}-3\cdot x_{\mathrm{d},k-2}+3\cdot x_{\mathrm{d},k-1}+x_{\mathrm{d},k}]$$

$$G_{\mathrm{R}}(z)=\frac{y(z)}{x_{\mathrm{d}}(z)}=\frac{K_{\mathrm{D}}}{6\cdot T}\cdot\frac{z^3+3\cdot z^2-3\cdot z-1}{z^3}$$

11.2.4　标准调节器调节算法

11.2.4.1　PID 位置算法

模拟 PID 调节器函数并行形式

$$y(t)=K_{\mathrm{R}}\cdot\left[x_{\mathrm{d}}(t)+\frac{1}{T_{\mathrm{N}}}\int x_{\mathrm{d}}(t)\mathrm{d}t+T_{\mathrm{V}}\cdot\frac{\mathrm{d}x_{\mathrm{d}}(t)}{\mathrm{d}t}\right]$$

可通过离散调节算法来取代:

$$y_k=K_{\mathrm{R}}\cdot\left[x_{\mathrm{d},k}+\frac{1}{T_{\mathrm{N}}}\cdot\sum_{i=0}^{k-1}x_{\mathrm{d},i}\cdot T+T_{\mathrm{V}}\cdot\frac{x_{\mathrm{d},k}-x_{\mathrm{d},k-1}}{T}\right]$$

算法的积分和微分部分按 I 型来实现. 当从 y_k 方程减去 $(k-1)\cdot T$ 时的调整量 y_{k-1} 方程时, 可推导出 PID 调节算法递推公式:

$$y_{k-1} = K_{\mathrm{R}} \cdot \left[x_{\mathrm{d},k-1} + \frac{1}{T_{\mathrm{N}}} \cdot \sum_{i=0}^{k-2} x_{\mathrm{d},i} \cdot T + T_{\mathrm{V}} \cdot \frac{x_{\mathrm{d},k-1} - x_{\mathrm{d},k-2}}{T} \right]$$

$$y_k - y_{k-1} = K_{\mathrm{R}} \cdot \left[x_{\mathrm{d},k} - x_{\mathrm{d},k-1} + \frac{T}{T_{\mathrm{N}}} \cdot x_{\mathrm{d},k-1} + \frac{T_{\mathrm{V}}}{T} \cdot (x_{\mathrm{d},k} - 2 \cdot x_{\mathrm{d},k-1} + x_{\mathrm{d},k-2}) \right]$$

在积分部分的差分和中只剩下 $K_{\mathrm{R}} \cdot T \cdot \dfrac{x_{\mathrm{d},k-1}}{T_{\mathrm{N}}}$ 值.

$$\begin{aligned} y_k = & y_{k-1} + K_{\mathrm{R}} \cdot \left[\left(1 + \frac{T_{\mathrm{V}}}{T}\right) \cdot x_{\mathrm{d},k} \right. \\ & \left. - \left(1 - \frac{T}{T_{\mathrm{N}}} + 2 \cdot \frac{T_{\mathrm{V}}}{T}\right) \cdot x_{\mathrm{d},k-1} + \frac{T_{\mathrm{V}}}{T} \cdot x_{\mathrm{d},k-2} \right] \end{aligned}$$

由缩写

$$a_1 = 1, \qquad b_0 = K_{\mathrm{R}} \cdot \left(1 + \frac{T_{\mathrm{V}}}{T}\right)$$

$$b_1 = -K_{\mathrm{R}} \cdot \left(1 - \frac{T}{T_{\mathrm{N}}} + 2 \cdot \frac{T_{\mathrm{V}}}{T}\right), \quad b_2 = K_{\mathrm{R}} \cdot \frac{T_{\mathrm{V}}}{T}$$

得到具有一般系数的 PID 调节算法:

$$y_k = a_1 \cdot y_{k-1} + b_0 \cdot x_{\mathrm{d},k} + b_1 \cdot x_{\mathrm{d},k-1} + b_2 \cdot x_{\mathrm{d},k-2}\,,$$

$$G_{\mathrm{R}}(z) = \frac{y(z)}{x_{\mathrm{d}}(z)} = \frac{b_0 \cdot z^2 + b_1 \cdot z + b_2}{z^2 - a_1 \cdot z}$$

这种形式的 PID 算法称为**位置算法**(Positionsalgorithmus), 因为 y_k 为调整量的值 (调整环节的位置或定位).

11.2.4.2 PID 速度算法

如果只给出调整量的变化 (调整环节的调整速度), 那么得到**速度算法**:

$$\Delta y_k = y_k - y_{k-1} = b_0 \cdot x_{\mathrm{d},k} + b_1 \cdot x_{\mathrm{d},k-1} + b_2 \cdot x_{\mathrm{d},k-2}\,,$$

$$G_{\mathrm{R}}(z) = \frac{\Delta y(z)}{x_{\mathrm{d}}(z)} = \frac{b_0 \cdot z^2 + b_1 \cdot z + b_2}{z^2}$$

速度算法给出两个相邻近采样步之间的调整量差. 其与采样步 T 有关, 故对应于调整速度.

例 11.2-2　试用数字调节回路来调节具有可忽略时间常数的比例阀位置 x, 并表示位置算法 (图 11.2-9) 和速度算法 (图 11.2-10) 调节回路结构.

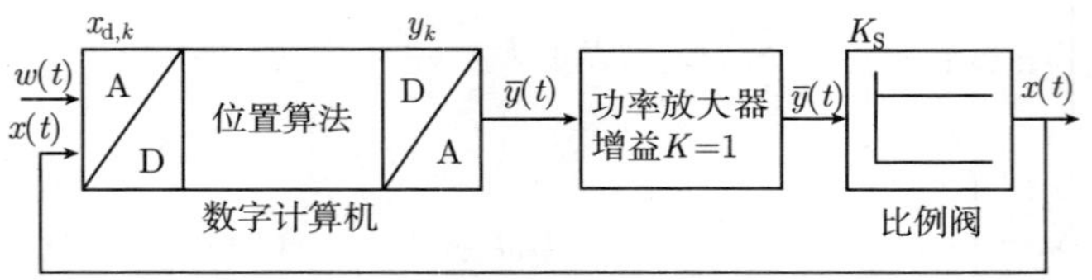

图 11.2-9　位置算法调节回路

位置算法

$$y_k = y_{k-1} + b_0 \cdot x_{d,k} + b_1 \cdot x_{d,k-1} + b_2 \cdot x_{d,k-2}$$

计算输出的调整量 y_k, 它将被保持并放大. 用调整量 $\bar{y}(t)$ 调整比例阀. 由 PID 调节算法产生调节器的积分部分.

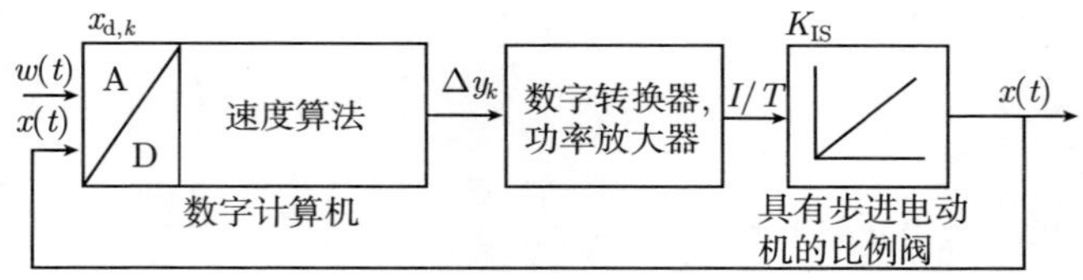

图 11.2-10　速度算法调节回路

速度算法

$$\Delta y_k = b_0 \cdot x_{d,k} + b_1 \cdot x_{d,k-1} + b_2 \cdot x_{d,k-2}$$

计算每个采样点调整量的变化 Δy_k. Δy_k 变化与采样时间 T 有关, 故对应于调整速度. 它以每个采样时间的路程增量 (脉冲) 数 I/T 输出给步进电动机. 步进电动机输出路程间距. 如果 $\Delta y_k = 0$ 那么步进电动机, 并进而阀保持前步所处位置: 步进电动机具有积分特性. 手动和自动运行之间的转换可由速度算法无冲击地进行.

位置和速度算法主要区别在于进行积分的地方: 位置算法在计算机中进行, 而速度算法在调整装置中完成.

例 11.2-3　试计算具有速度调节算法和在伺服电动机中具有积分的调节回路特性.

对于 PID 速度调节器, 按表 11.2-3 输出量 Δy_k 为

$$\Delta y_k = y_k - y_{k-1} = b_0 \cdot x_{d,k} + b_1 \cdot x_{d,k-1} + b_2 \cdot x_{d,k-2}$$

z 变换提供调节器的 z 传递函数 $G_{\mathrm{R}}(z)$:

$$\Delta y(z) = \left(b_0 + b_1 \cdot z^{-1} + b_2 \cdot z^{-2}\right) \cdot x_{\mathrm{d}}(z),$$

$$G_{\mathrm{R}}(z) = \frac{\Delta y(z)}{x_{\mathrm{d}}(z)} = b_0 + b_1 \cdot z^{-1} + b_2 \cdot z^{-2} = \frac{b_0 \cdot z^2 + b_1 \cdot z + b_2}{z^2}$$

与采样时间间隔 T 有关的两个时间点之间的调整量差 Δy_k 对应于调整速度

$$\dot{y}_k = \frac{y_k - y_{k-1}}{t_k - t_{k-1}} = \frac{\Delta y_k}{\Delta t_k} = \frac{\Delta y_k}{T}$$

通过保持器 (11.1.3 节, 11.5.1 节) 可将其转换成时间连续的阶梯形函数 $\bar{y}(t)$. $\bar{y}(t)$ 为后面的积分环节 (累加的, 累积的环节) 的输入量. 具有传递函数 $G_{\mathrm{St}}(t)$ 的伺服电动机适用于本题:

$$G_{\mathrm{St}}(s) = \frac{K_{\mathrm{St}}}{(1 + T_{\mathrm{St}} \cdot s) \cdot s}$$

在伺服电动机情况, 滞后时间常数 T_{St} 通常相对被调节对象的时间常数是很小的, 并且由此它可被忽略. 其在拉普拉斯域的传递函数为

$$G_{\mathrm{St}}(s) = \frac{K_{\mathrm{St}}}{s}$$

对于该调节回路给出如图 11.2-11 所示信号流图.

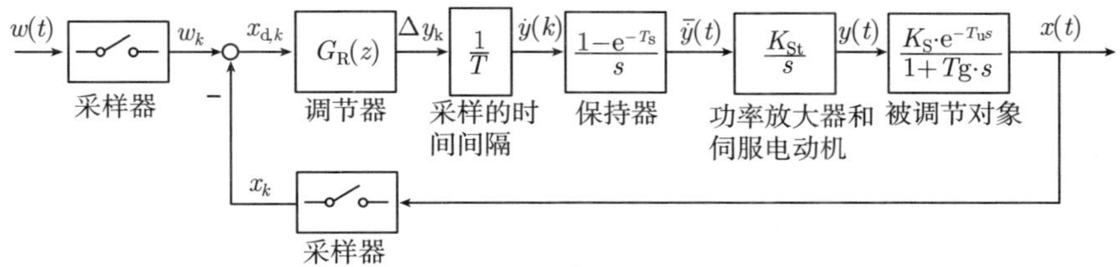

图 11.2-11 具有速度调节算法和积分的伺服电动机的调节回路

在信号流图中位于调节误差 $x_{\mathrm{d}.k}$ 和调整量 $y(t)$ 之间的环节, 用于调节装置计算. 为此在计算调节器参数时必须考虑, 如下式组成的调节回路调节器总增益 K_{Rges}:

$$K_{\mathrm{Rges}} = \frac{K_{\mathrm{R}} \cdot K_{\mathrm{St}}}{T}$$

为了计算调节回路应用如下数据:

$$T = 0.1\,\mathrm{s}, \quad K_{\mathrm{St}} = 1, \quad K_{\mathrm{S}} = 5, \quad T_{\mathrm{u}} = 1\,\mathrm{s}, \quad T_{\mathrm{g}} = 4\,\mathrm{s}$$

根据 TAKAHASHI调整规则, 表 11.3-3, 得到 PID 调节器加法形式的参数:

$$K_{\mathrm{Rges}}=\frac{K_{\mathrm{R}}\cdot K_{\mathrm{St}}}{T}=\frac{1.2\cdot T_{\mathrm{g}}}{K_{\mathrm{S}}\cdot(T_{\mathrm{u}}+T)},\ K_{\mathrm{R}}=\frac{T}{K_{\mathrm{St}}}\cdot\frac{1.2\cdot T_{\mathrm{g}}}{K_{\mathrm{S}}\cdot(T_{\mathrm{u}}+T)}=0.0873\,\mathrm{s}$$

$$T_{\mathrm{N}}=\frac{2\cdot(T_{\mathrm{u}}+T/2)^2}{T_{\mathrm{u}}+T}=2.005\,\mathrm{s},\quad T_{\mathrm{V}}=0.5\cdot(T_{\mathrm{u}}+T)=0.55\,\mathrm{s}$$

为此, 根据 TAKAHASHI表 11.3-5 速度调节器具有 z 传递函数

$$\begin{aligned}G_{\mathrm{R}}(z)&=\frac{\Delta y(z)}{x_{\mathrm{d}}(z)}=\frac{b_0\cdot z^2+b_1\cdot z+b_2}{z^2}\\&=\frac{K_{\mathrm{R}}\cdot\left[1+\dfrac{T}{2\cdot T_{\mathrm{N}}}+\dfrac{T_{\mathrm{V}}}{T}\right]\cdot z^2-K_{\mathrm{R}}\cdot\left[1-\dfrac{T}{2\cdot T_{\mathrm{N}}}+2\cdot\dfrac{T_{\mathrm{V}}}{T}\right]\cdot z+K_{\mathrm{R}}\cdot\dfrac{T_{\mathrm{V}}}{T}}{z^2}\\&=\frac{0.5694\cdot z^2-1.0451\cdot z+0.48}{z^2}\end{aligned}$$

对于阶跃接入 $w(t)=E(t)$, 用 Simulink 模型计算被调节量 $x(t)$.

作为具有速度算法调节回路的功率放大器 (图 11.2-11), 可用线性 (连续工作的) 放大器或开关放大器来取代. 线性晶体管放大器除了它的高损耗功率外还有经济上的缺点, 而开关放大器价格便宜并且只有很小的损耗.

为此, 大多用脉冲宽度调制放大器 (PMW 放大器) 来取代调整构件、伺服电动机和调节阀的功率控制. 在脉冲宽度调制时, 将具有常值电压但可变脉冲宽度的矩形脉冲接到调整构件上. 脉冲宽度控制的优点是消耗很小的功率: 与伺服电动机毗连的是可变宽度开关脉冲, 而非持久毗连的由电子放大器提供的电动机电压, 在存在库伦 (COULOMB) 摩擦时, 脉冲宽度控制驱动具有较好的动态特性.

具有速度调节算法和伺服电动机调节回路的 Simulink 模型与调节回路阶跃响应如图 11.2-12、图 11.2-13 所示.

许多调节器也可附带地提供用于模拟的输出信号的脉冲宽度调制. 此外, 还存在将电压脉冲宽度变换器接到调节器的数模变换器上的可能性.

> 在脉冲宽度调制时可生成矩形脉冲, 其高度和周期是常值. 调整脉冲宽度取决于输入值的高度. 可把大的幅值转换成宽的矩形脉冲, 而小的幅值转换成窄的矩形脉冲.

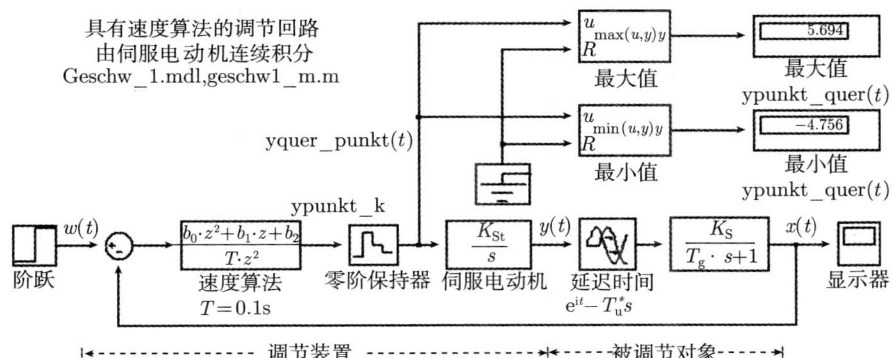

图 11.2-12 具有速度调节算法和伺服电动机调节回路的 Simulink 模型

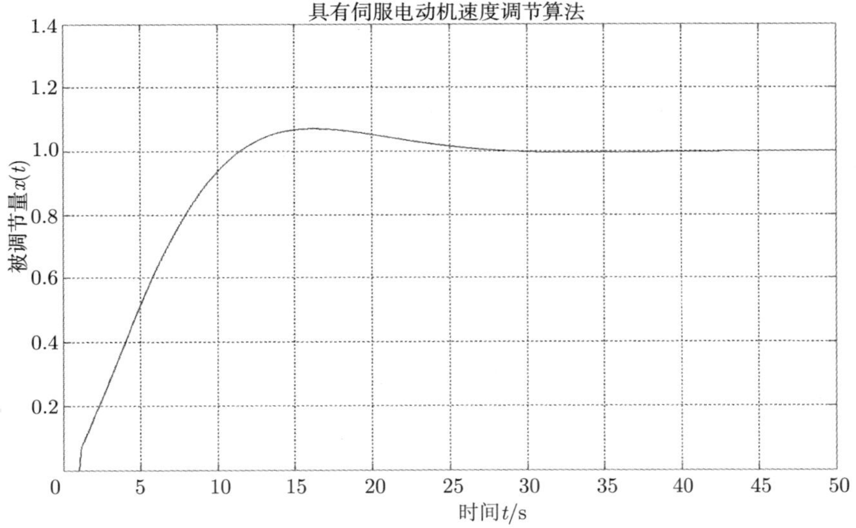

图 11.2-13 具有速度调节算法调节回路的阶跃响应

脉冲宽度调制原理在图 11.2-14 中给出. 比较器将脉冲宽度调制器输入信号 $\bar{\dot{y}}(t)$ 与参考信号 $y_{\mathrm{ref}}(t)$ 进行比较. 参考信号具有线性增长的锯齿形, 由此 $\bar{\dot{y}}(t)$ 幅值高度可线性地投影到开关时间点 $kT+t_{\mathrm{W},k}$ 和脉冲宽度 $t_{\mathrm{W},k}$ 上 (图 11.2-15).

在图 11.2-15 中表示对于脉冲宽度调制的信号时间历程: 将时间连续的阶梯函数 $\bar{\dot{y}}(t)$ 转换成脉冲宽度调制的等高度 $\dot{y}_{\max}$ 的矩形脉冲函数 $\dot{y}_{\mathrm{PWM}}(t)$, 其脉冲宽度 $t_{\mathrm{W}.k}$ 是与对应于采样时间 $t=kT$ 的阶梯函数 $\bar{\dot{y}}(t)$ 高度成比例:

$$t_{\mathrm{W},k}=\frac{\bar{\dot{y}}_k}{\dot{y}_{\max}}\cdot T$$

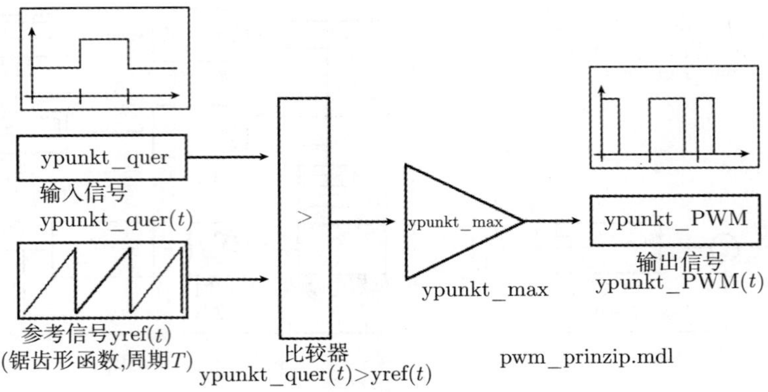

图 11.2-14　脉冲宽度调制原理

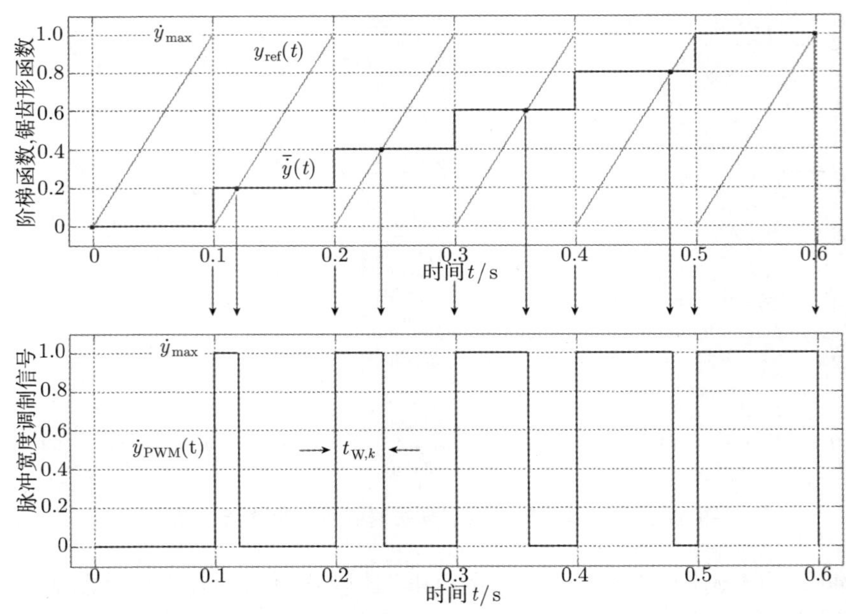

图 11.2-15　采样时间间隔 $T = 0.1\mathrm{s}$ 时脉冲宽度调制信号历程

在与积分伺服电动机连接上可得出如下结论, 即在连续功率放大和脉冲宽度调制放大之间在调节工程上是不存在差别的. 对于采样时间间隔 T 得到:

$$y_k = \overbrace{K_{\mathrm{St}} \cdot \int_0^T \bar{y}_k \cdot \mathrm{d}\,t = K_{\mathrm{St}} \cdot \bar{y}_k \cdot T}^{\text{连续放大器}}$$

$$= \overbrace{K_{\mathrm{St}} \cdot \int_0^{t_{\mathrm{W},k}} \dot{y}_{\max} \cdot \mathrm{d}\,t = K_{\mathrm{St}} \cdot \dot{y}_{\max} \cdot t_{\mathrm{W},k} = K_{\mathrm{St}} \cdot \dot{y}_{\max} \cdot \frac{\bar{\dot{y}}_k}{\dot{y}_{\max}} \cdot T = K_{\mathrm{St}} \cdot \bar{\dot{y}}_k \cdot T}^{\text{开关放大器, PWM 放大器}}$$

例 11.2-4 在按照例 11.2-3 实现调节回路的脉冲宽度调制时必须考虑, 调整量差 Δy_k 和调整速度 $\dot{y}_k$ 与时间连续的阶梯函数 $\bar{y}(t)$ 也可采用负值. 因此, 脉冲宽度调制必须提供高度 $\pm\dot{y}_{\max}$ 的双极矩形脉冲序列.

按照图 11.2-16 脉冲宽度调制子系统由 $\bar{y}(t)$ 幅值和参考信号 $y_{\mathrm{ref}}(t)$ 经过比较器形成一个高度 1 和脉冲宽度 t_{W} 的脉冲宽度调制的信号 (信号 $u[2]$). 这个信号与 $\bar{y}(t)$(正负) 符号和这里所需要的脉冲高度 $\dot{y}_{\max} = 6.0\,(-4.756 \leqslant \bar{y}(t) \leqslant 5.694)$ 相乘并提供伺服电动机的脉冲宽度调制的双极信号 (信号 sgn(u[1]∗ypunkt_max∗u[2])).

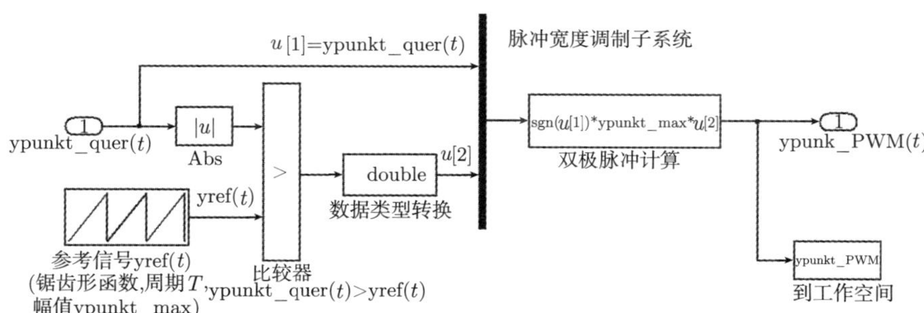

图 11.2-16 脉冲宽度调制子系统

含脉冲宽度调制的调节回路图 11.2-17 具有像例 11.2-3, 图 11.2-13 调节回路相同的时间特性. 在图 11.2-18 中表示对于首个采样时间间隔的脉冲宽度调制信号 $\dot{y}_{\mathrm{PWM}}(t)$ 的曲线.

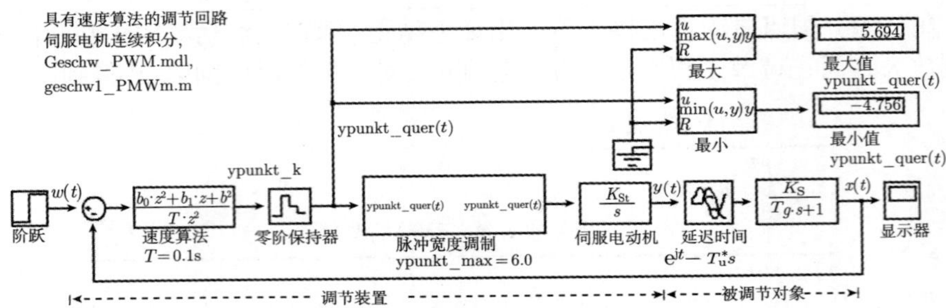

图 11.2-17　具有脉冲宽度调制的调节回路

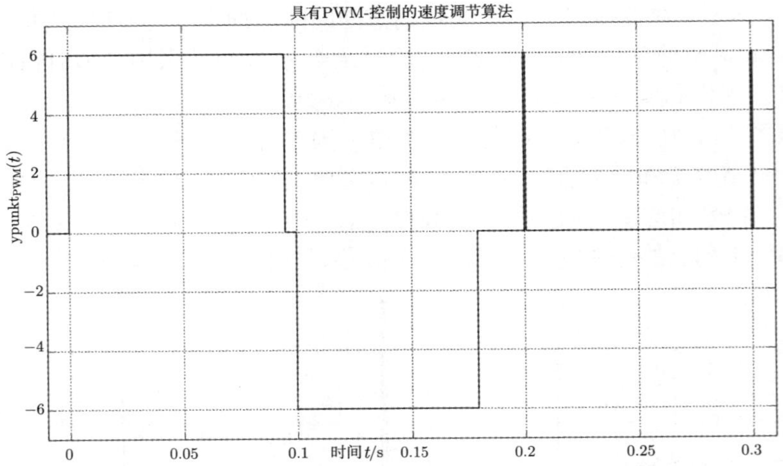

图 11.2-18　脉冲宽度调制信号 $\dot{y}_{\mathrm{PWM}}(t)$ 的曲线, 采样时间间隔 $T = 0.1\mathrm{s}$

11.2.4.3　PID 标准调节算法

由模拟 PID 调节器一般方程

$$y(t) = K_{\mathrm{R}} \cdot \left[x_{\mathrm{d}}(t) + \frac{1}{T_{\mathrm{N}}}\int x_{\mathrm{d}}(t)\mathrm{d}t + T_{\mathrm{V}} \cdot \frac{\mathrm{d}x_{\mathrm{d}}(t)}{\mathrm{d}t}\right] \ \text{(PID)}$$

推导出数字 PID 调节器、$T_{\mathrm{N}} \to \infty$ 的 PD 调节器和 $T_{\mathrm{V}} = 0$ 的 PI 调节器:

$$y(t) = K_{\mathrm{R}} \cdot \left[x_{\mathrm{d}}(t) + T_{\mathrm{V}} \cdot \frac{\mathrm{d}x_{\mathrm{d}}(t)}{\mathrm{d}t}\right] \ \text{(PD)}$$

$$y(t) = K_{\mathrm{R}} \cdot \left[x_{\mathrm{d}}(t) + \frac{1}{T_{\mathrm{N}}}\int x_{\mathrm{d}}(t)\mathrm{d}t\right] \ \text{(PI)}$$

按照 I 型实现微分算法.

PID 调节算法:

I 型积分算法:

$$y_k = y_{k-1} + K_R \cdot \left[\left(1 + \frac{T_V}{T}\right) \cdot x_{d,k} - \left(1 - \frac{T}{T_N} + 2 \cdot \frac{T_V}{T}\right) \cdot x_{d,k-1} + \frac{T_V}{T} \cdot x_{d,k-2}\right]$$

II 型积分算法:

$$y_k = y_{k-1} + K_R \cdot \left[\left(1 + \frac{T}{T_N} + \frac{T_V}{T}\right) \cdot x_{d,k} - \left(1 + 2 \cdot \frac{T_V}{T}\right) \cdot x_{d,k-1} + \frac{T_V}{T} \cdot x_{d,k-2}\right]$$

表 11.2-3 标准调节器调节算法

调节器类型	a_1		b_0	b_1	b_2
	S	G			
P 调节器	0	–	K_R	0	0
I 调节器 I 型	1	0	0	$K_I \cdot T, \frac{T}{T_I}$	0
I 调节器 II 型	1	0	$K_I \cdot T, \frac{T}{T_I}$	0	0
PD 调节器	0	–	$K_R \cdot \left[1 + \frac{T_V}{T}\right]$	$-K_R \cdot \frac{T_V}{T}$	0
PI 调节器 I 型	1	0	K_R	$-K_R \cdot \left[1 - \frac{T}{T_N}\right]$	0
PI 调节器 II 型	1	0	$K_R \cdot \left[1 + \frac{T}{T_N}\right]$	$-K_R$	0
PID 调节器 I 型	1	0	$K_R \cdot \left[1 + \frac{T_V}{T}\right]$	$-K_R \cdot \left[1 - \frac{T}{T_N} + 2 \cdot \frac{T_V}{T}\right]$	$K_R \cdot \frac{T_V}{T}$
PID 调节器 II 型	1	0	$K_R \cdot \left[1 + \frac{T}{T_N} + \frac{T_V}{T}\right]$	$-K_R \cdot \left[1 + 2 \cdot \frac{T_V}{T}\right]$	$K_R \cdot \frac{T_V}{T}$

z-传递函数

位置算法

$$G_R(z) = \frac{y(z)}{x_d(z)} = \frac{b_0 \cdot z^2 + b_1 \cdot z + b_2}{z^2 - a_1 \cdot z}$$

速度算法

$$G_R(z) = \frac{\Delta y(z)}{x_d(z)} = \frac{b_0 \cdot z^2 + b_1 \cdot z + b_2}{z^2}$$

$S \hat{=}$ 位置算法, $G \hat{=}$ 速度算法

PD 调节算法:

$$y_k = K_R \cdot \left[\left(1 + \frac{T_V}{T}\right) \cdot x_{d,k} - \frac{T_V}{T} \cdot x_{d,k-1}\right]$$

PI 调节算法:

I 型积分算法:

$$y_k = y_{k-1} + K_\mathrm{R} \cdot \left[x_{\mathrm{d},k} - \left(1 - \frac{T}{T_\mathrm{N}}\right) \cdot x_{\mathrm{d},k-1}\right],$$

II 型积分算法:

$$y_k = y_{k-1} + K_\mathrm{R} \cdot \left[\left(1 + \frac{T}{T_\mathrm{N}}\right) \cdot x_{\mathrm{d},k} - x_{\mathrm{d},k-1}\right].$$

用递推计算规则列出具有一般系数的调节算法

$$y_k = a_1 \cdot y_{k-1} + b_0 \cdot x_{\mathrm{d},k} + b_1 \cdot x_{\mathrm{d},k-1} + b_2 \cdot x_{\mathrm{d},k-2}$$

在表 11.2-3 中汇总各种调节器基本类型的系数, 其中应用 I 型微分算法.

对于具有积分部分调节器给出**位置算法 (S)**, 而为了实现**速度算法 (G)** 必须对于在表 11.2-3 中执行标准调节器设置 $a_1 = 0$, 而对于 P 调节器和 PD 调节器速度算法是不可实现的.

在图 11.2-19 中表示标准算法的程序流程框图.

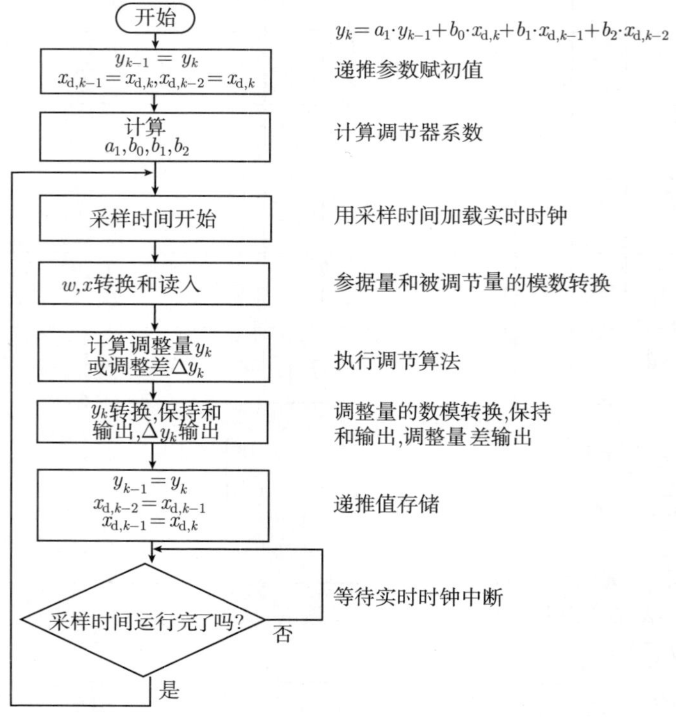

图 11.2-19　标准调节算法程序框图

11.2.4.4 改进的 PID 调节算法

在希望值阶跃时由于调节算法的微分部分产生大的调整量, 它会加重调整环节的负荷并激励调节系统出现振荡. 只要将该微分部分应用到被调节量 x 上, 调节算法就可避免该问题.

改进具有 I 型积分算法的 PID 调节器

$$y_k = y_{k-1} + K_\mathrm{R} \cdot \left[x_{\mathrm{d},k} - x_{\mathrm{d},k-1} + \frac{T}{T_\mathrm{N}} \cdot x_{\mathrm{d},k-1} + \frac{T_\mathrm{V}}{T} \cdot (x_{\mathrm{d},k} - 2 \cdot x_{\mathrm{d},k-1} + x_{\mathrm{d},k-2})\right]$$

$$G_\mathrm{R}(z) = \frac{y(z)}{x_\mathrm{d}(z)} = \frac{b_0 \cdot z^2 + b_1 \cdot z + b_2}{z^2 - a_1 \cdot z}$$

$$= \frac{K_\mathrm{R} \cdot \left(1 + \frac{T_\mathrm{V}}{T}\right) \cdot z^2 - K_\mathrm{R} \cdot \left(1 - \frac{T}{T_\mathrm{N}} + 2 \cdot \frac{T_\mathrm{V}}{T}\right) \cdot z + K_\mathrm{R} \cdot \frac{T_\mathrm{V}}{T}}{z^2 - z}$$

同时通过 $-x$ 取代调节器 D 部分的 $x_\mathrm{d} = w - x$:

$$y_k = y_{k-1} + K_\mathrm{R} \cdot \left[x_{\mathrm{d},k} - x_{\mathrm{d},k-1} + \frac{T}{T_\mathrm{N}} \cdot x_{\mathrm{d},k-1} - \frac{T_\mathrm{V}}{T} \cdot (x_k - 2 \cdot x_{k-1} + x_{k-2})\right]$$

$$G_{\mathrm{R,PI}}(z) = \frac{y(z)}{x_\mathrm{d}(z)} = \frac{K_\mathrm{R} \cdot z - K_\mathrm{R} \cdot \left(1 - \frac{T}{T_\mathrm{N}}\right)}{z - 1}$$

$$G_{\mathrm{R,D}}(z) = \frac{y(z)}{x(z)} = \frac{-K_\mathrm{R} \cdot \frac{T_\mathrm{V}}{T} \cdot z^2 + 2 \cdot K_\mathrm{R} \cdot \frac{T_\mathrm{V}}{T} \cdot z - K_\mathrm{R} \cdot \frac{T_\mathrm{V}}{T}}{z^2 - z}$$

$$y(z) = G_{\mathrm{R,PI}}(z) \cdot x_\mathrm{d}(z) + G_{\mathrm{R,D}}(z) \cdot x(z)$$

进一步改进可导出具有扰动量接入的调节算法或调节器, 在这种情况下当达到调整边界时会切断调整量的积分部分.

11.3 数字调节回路的调整规则

11.3.1 准连续数字调节回路

模拟调节回路调整和优化方法也可被应用到数字调节回路. 采样时间 T 必须这样选择, 即模拟和数字调节器之间调节特性的差别是微小的. 那么这样的数字调节回路称为**准连续工作**.

为了求准连续特性的采样时间, 可引入被调节对象和闭环调节回路**阶跃响应**特征量.

11.3.2　由被调节对象特征量确定采样时间

由被调节对象无振荡阶跃响应可读出三个特征量: **延迟时间**T_u(时延 T_t), **平衡时间**T_g(滞后时间 T_S), 在被调节量达到 95%终值 $K_S \cdot y_0$ 的调整时间 T_{95}(图 11.3-1).

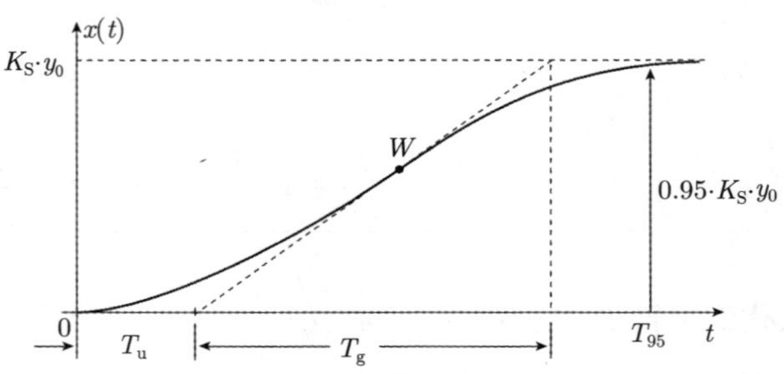

图 11.3-1　比例被调节对象阶跃响应的特征量

对于准连续调节回路采样时间 T, 给出取决于阶跃响应特征量的参考值 (表 11.3-1).

表 11.3-1　由被调节对象阶跃响应特征量调整采样时间

时间特征量	在时间特征量内采样次数	采样时间
T_u	2~5	$0.2 \cdot T_u \leqslant T \leqslant 0.5 \cdot T_u$, 对于 $\dfrac{T_g}{T_u} < 12$ 成立
T_g	$\geqslant 10$	$T \leqslant 0.1 \cdot T_g$
T_{95}	10~20	$0.05 \cdot T_{95} \leqslant T \leqslant 0.1 \cdot T_{95}$

准模拟数字调节回路的调节器参数可按照第 8 章和第 10 章推出方法来求.

例 11.3-1　对于准模拟调节回路试借助阶跃响应特征量确定采样时间. 被调节对象含有两个滞后环节:

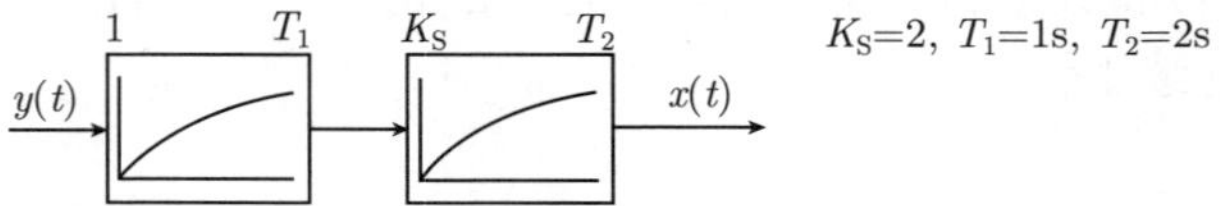

$$G_S(s)=\frac{x(s)}{y(s)}=\frac{K_S}{(1+T_1\cdot s)\cdot(1+T_2\cdot s)},\quad y(s)=\frac{y_0}{s},\quad y_0=1$$

对于不同特征量分别计算采样时间. 数值地确定调整时间 T_{95}, 而对于延迟时间 T_u 和平衡时间 T_g 由 $\alpha=\dfrac{T_2}{T_1}$ 得到:

$$T_{95}=7.35\,\text{s},\quad \longrightarrow 0.368\,\text{s}\leqslant T\leqslant 0.735\,\text{s}$$

$$T_g=T_1\cdot\alpha^{\frac{\alpha}{\alpha-1}}=4.0\,\text{s},\quad \longrightarrow T\leqslant 0.4\,\text{s}$$

$$T_u=\frac{T_1\cdot\alpha\cdot\ln(\alpha)}{\alpha-1}+T_1+T_2-T_g=0.386\,\text{s},\quad \longrightarrow 0.077\,\text{s}\leqslant T\leqslant 0.193\,\text{s}$$

T_u 准则提供采样时间 T 的最小值. 对于准模拟调节特性调整 $T=0.2\text{s}$.

11.3.3 由调节回路特征量确定采样时间

为了由闭环调节回路特征量确定采样时间, 可应用被调节量的初调时间、变化速度、周期和主导系统时间常数.

初调时间: 在初调时间内, 具有超调的模拟调节回路的被调节量阶跃响应第一次达到希望值, 在数字调节回路时采样时间应比初调时间小.

被调节量归一化变化速度: 由所研究的被调节量采样速度 (采样率, 每秒采样次数) 和归一化的变化速度给出另一观点: 采样速度应比被调节量规范化变化速度大.

被调节量周期: 采样时间 T 应比周期 T_P 小. T_P 由调节系统最大的固有角频率来求.

主导时间常数: 在频率优化 (幅值最优和对称最优) 过程中, 采样时间比最优调节回路的主导时间常数 (等效时间常数 T_E) 小.

> 如果人们在选择采样时间考虑这些要求, 那么用已给调节算法近似地模拟连续调节器, 数字调节准连续地工作. 调节器参数可按照第 8 章和第 10 章推导的方法来计算.

对于 II 阶调节回路进行计算, 这些计算对于具有主导极点对的高阶调节回路也是有效的.

初调时间: 在 7.5 节中已推导初调时间 t_{anr} 方程:

$$t_{anr}=\frac{\pi-\arccos D}{\omega_0\cdot\sqrt{1-D^2}}$$

被调节量归一化变化速度: 采样速度通过采样时间倒数值给出: 采样速度 $= \dfrac{1}{T}$. 被调节量规范化变化速度为阶跃响应的导数, 按照例 7.5-1 为

$$\frac{\mathrm{d}x(t)/w_0}{\mathrm{d}t} = \frac{\omega_0}{\sqrt{1-D^2}} \cdot \mathrm{e}^{-D\omega_0 t} \cdot \sin\left(\omega_0 \cdot \sqrt{1-D^2} \cdot t\right)$$

归一化变化速度的最大值出现在阶跃响应的拐点处, 并通过阶跃响应的二阶导数置零得到. t_W 为出现最大值的时间 (图 7.5-2):

$$t_\mathrm{W} = \frac{\arccos D}{\omega_0 \cdot \sqrt{1-D^2}}$$

代入一阶导数提供变化速度的最大值, 并用希望值 ω_0 归一化:

$$\frac{\mathrm{d}x(t_\mathrm{W})/w_0}{\mathrm{d}t} = \omega_0 \cdot \mathrm{e}^{-(D/\sqrt{1-D^2})\cdot \arccos\, D} = \frac{1}{t_\mathrm{r}}$$

上升时间 t_r 为被调节量以最大归一化变化速度达到希望值的时间.

周期: 周期 T_P 由调节回路固有角频率 ω_e 来计算:

$$\omega_\mathrm{e} = \omega_0 \cdot \sqrt{1-D^2}, \quad T_\mathrm{P} = \frac{2\cdot\pi}{\omega_\mathrm{e}} = \frac{2\cdot\pi}{\omega_0 \cdot \sqrt{1-D^2}}$$

主导时间常数: 在按照频域优化方法调整调节回路时, 等效时间常数 T_E 为调节系统主导时间常数. 当

$$\boxed{\begin{aligned} &T \ll t_\mathrm{anr} = \frac{\pi - \arccos D}{\omega_0 \cdot \sqrt{1-D^2}}, \quad T \ll T_\mathrm{P} = \frac{2\cdot\pi}{\omega_0 \cdot \sqrt{1-D^2}} \\ &T \ll t_\mathrm{r} = \frac{1}{\omega_0} \cdot \mathrm{e}^{(D/\sqrt{1-D^2})\cdot \arccos D}, \quad T \ll T_\mathrm{E} \end{aligned}}$$

成立时, 数字调节回路调整不**考虑采样时间**T(准连续调节) 是足够的. 在表 11.3-2 中汇总采样时间参考值.

表 11.3-2　由闭环调节回路阶跃响应特征量调整采样时间

时间特征量	在时间特征量采样次数	采样时间
t_anr	10∼20	$0.05 \cdot t_\mathrm{anr} \leqslant T \leqslant 0.1 \cdot t_\mathrm{anr}$
t_r	10∼20	$0.05 \cdot t_\mathrm{r} \leqslant T \leqslant 0.1 \cdot t_\mathrm{r}$
T_P	$\geqslant 20$	$T \leqslant 0.05 \cdot T_\mathrm{P}$
T_E	$\geqslant 10$	$T \leqslant 0.1 \cdot T_\mathrm{E}$

如果能计算各个特征量, 那么应选择最小的采样时间.

例 11.3-2　对于 II 阶调节回路, 准模拟数字 P 调节器应这样调整, 即不能超越规范化超调量 $\ddot{u} = 10\%$. 调节回路信号流程图:

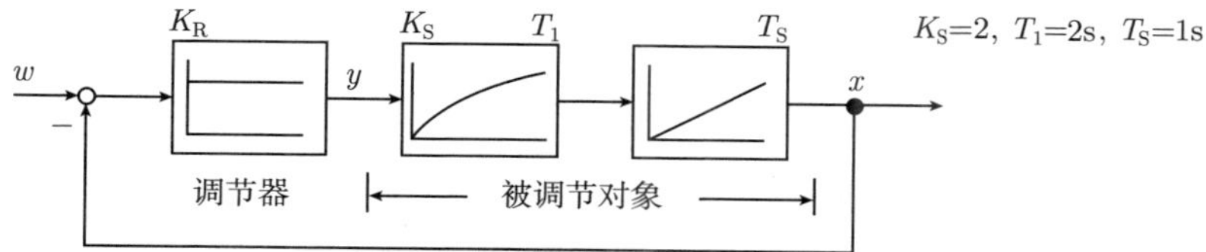

调节器和被调节对象传递函数:

$$G_R(s) = K_R, \quad G_S(s) = \frac{K_S}{T_S \cdot s \cdot (1 + T_1 \cdot s)} = \frac{K_S}{T_1 \cdot T_S \cdot s^2 + T_S \cdot s}$$

闭环调节回路传递函数

$$G(s) = \frac{x(s)}{w(s)} = \frac{Z_R(s) \cdot Z_S(s)}{N_R(s) \cdot N_S(s) + Z_R(s) \cdot Z_S(s)} = \frac{K_R \cdot K_S}{T_1 \cdot T_S \cdot s^2 + T_S \cdot s + K_R \cdot K_S}$$

$$= \frac{\dfrac{K_R \cdot K_S}{T_1 \cdot T_S}}{s^2 + \dfrac{s}{T_1} + \dfrac{K_R \cdot K_S}{T_1 \cdot T_S}} \overset{!}{=} \frac{\omega_0^2}{s^2 + 2 \cdot D \cdot \omega_0 \cdot s + \omega_0^2}$$

与 II 阶标准传递函数比较:

$$2 \cdot D \cdot \omega_0 = \frac{1}{T_1}, \quad \omega_0^2 = \frac{K_R \cdot K_S}{T_1 \cdot T_S}$$

由超调量 $\ddot{u}$ 求阻尼比 D(例 7.5-1) 以及 K_R:

$$D = \frac{1}{\sqrt{1 + \left[\dfrac{\pi}{\ln \ddot{u}}\right]^2}} = 0.591, \quad K_R = \frac{1}{4 \cdot D^2 \cdot K_S} \cdot \frac{T_S}{T_1} = 0.179$$

$$\omega_0 = \frac{1}{2 \cdot D \cdot T_1} = 0.423\,\mathrm{s}^{-1}$$

P 算法得到如下形式:

$$y_k = b_0 \cdot x_{d,k} = K_R \cdot x_{d,k} = 0.179 \cdot x_{d,k}$$

为了确定采样时间, 计算初调时间、规范化变化速度的倒数和周期:

$$t_{anr} = \frac{\pi - \arccos D}{\omega_0 \cdot \sqrt{1 - D^2}} = \frac{2.73}{\omega_0} = 6.45\,\mathrm{s}, \quad \longrightarrow T \leqslant 0.645\,\mathrm{s}$$

$$t_r = \frac{1}{\omega_0} \cdot \mathrm{e}^{(D/\sqrt{1-D^2}) \cdot \arccos D} = \frac{1.99}{\omega_0} = 4.70\,\mathrm{s}, \quad \longrightarrow T \leqslant 0.470\,\mathrm{s}$$

$$T_P = \frac{2 \cdot \pi}{\omega_0 \cdot \sqrt{1 - D^2}} = \frac{7.79}{\omega_0} = 18.41\,\mathrm{s}, \quad \longrightarrow T \leqslant 0.92\,\mathrm{s}$$

引用最小采样时间准则: $T \ll t_{\mathrm{r}}$. 在提出任务时, 预先给出超调量 $\ddot{u}=10\%$, 数值计算不同采样时间的调节回路超调量:

$$T=\frac{t_{\mathrm{r}}}{10}=0.470\,\mathrm{s},\quad \ddot{u}=13.3\,\%$$

$$T=\frac{t_{\mathrm{r}}}{20}=0.235\,\mathrm{s},\quad \ddot{u}=11.6\,\%$$

$$T=\frac{t_{\mathrm{r}}}{30}=0.157\,\mathrm{s},\quad \ddot{u}=11.0\,\%$$

对于 $T=\dfrac{t_{\mathrm{r}}}{20}$ 得到准模拟调节特性.

例 11.3-3　对于调节回路, 试按照幅值最优调整准模拟数字 PID 调节器, 模拟调节回路信号流图:

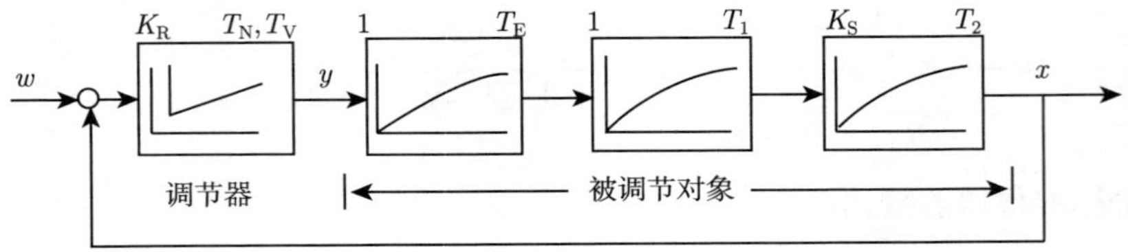

$$K_{\mathrm{S}}=5,\quad T_{\mathrm{E}}=0.5\,\mathrm{s},\quad T_1=8\,\mathrm{s},\quad T_2=1\,\mathrm{s}$$

调节器传递函数串行 (乘法) 形式:

$$G_{\mathrm{R}}(s)=\frac{y(s)}{x_{\mathrm{d}}(s)}=K_{\mathrm{Rm}}\cdot\frac{(1+T_{\mathrm{Nm}}\cdot s)\cdot(1+T_{\mathrm{Vm}}\cdot s)}{T_{\mathrm{Nm}}\cdot s}$$

对模拟调节回路按照幅值最优进行调节器调整:

$$T_{\mathrm{Nm}}=T_1=8\,\mathrm{s},\quad T_{\mathrm{Vm}}=T_2=1\,\mathrm{s},\quad K_{\mathrm{Rm}}=\frac{T_{\mathrm{Nm}}}{2\cdot K_{\mathrm{S}}\cdot T_{\mathrm{E}}}=1.6$$

模拟 PID 调节器并行 (加法) 形式按照 11.2.4 节求 PID 调节算法:

$$G_{\mathrm{R}}(s)=\frac{y(s)}{x_{\mathrm{d}}(s)}=K_{\mathrm{Ra}}\cdot\left[1+\frac{1}{T_{\mathrm{Na}}\cdot s}+T_{\mathrm{Va}}\cdot s\right]$$

$$y(t)=K_{\mathrm{Ra}}\cdot\left[x_{\mathrm{d}}(t)+\frac{1}{T_{\mathrm{Na}}}\int x_{\mathrm{d}}(t)\mathrm{d}t+T_{\mathrm{Va}}\cdot\frac{\mathrm{d}x_{\mathrm{d}}(t)}{\mathrm{d}t}\right]$$

按照 4.5.3.7 节方程计算 PID 调节器并行形式的调整:

$$K_{\mathrm{Ra}}=K_{\mathrm{Rm}}\cdot\frac{T_{\mathrm{Nm}}+T_{\mathrm{Vm}}}{T_{\mathrm{Nm}}}=1.8$$

$$T_{\mathrm{Na}}=T_{\mathrm{Nm}}+T_{\mathrm{Vm}}=9\,\mathrm{s},\quad T_{\mathrm{Va}}=\frac{T_{\mathrm{Nm}}\cdot T_{\mathrm{Vm}}}{T_{\mathrm{Nm}}+T_{\mathrm{Vm}}}=0.889\,\mathrm{s}$$

由

$$T\ll t_{\mathrm{r}}=\frac{1}{\omega_0}\cdot \mathrm{e}^{(D/\sqrt{1-D^2})\cdot\arccos D}$$

预先给出准模拟数字调节回路的采样时间 T, 对于幅值最优, 按照 10.4 节则下式

$$\omega_0=\frac{1}{\sqrt{2}\cdot T_{\mathrm{E}}},\quad D=\frac{1}{\sqrt{2}}$$

有效. 为此, 采样时间为

$$T\ll t_{\mathrm{r}}=\frac{1}{\omega_0}\cdot \mathrm{e}^{(D/\sqrt{1-D^2})\cdot\arccos D}=3.1\cdot T_{\mathrm{E}}=1.55\,\mathrm{s},\quad \longrightarrow T\leqslant 0.1\cdot t_{\mathrm{r}}=0.155\,\mathrm{s}$$

对于由周期 T_{P} 估计采样时间, 得到:

$$T_{\mathrm{P}}=\frac{2\cdot\pi}{\omega_0\cdot\sqrt{1-D^2}}=4\cdot\pi\cdot T_{\mathrm{E}}=6.28\,\mathrm{s},\quad \longrightarrow T\leqslant 0.314\,\mathrm{s}$$

按照幅值最优配置的调节回路具有初调时间 $t_{\mathrm{anr}}=4.7\cdot T_{\mathrm{E}}=2.35\mathrm{s}$、超调量 $\ddot{u}=4.3\%$ 和主导时间常数 $T_{\mathrm{E}}=0.5\mathrm{s}$, 对于采样时间得到:

$$T\ll t_{\mathrm{anr}}=4.7\cdot T_{\mathrm{E}}=2.35\,\mathrm{s},\quad \longrightarrow T\leqslant 0.1\cdot t_{\mathrm{anr}}=0.235\,\mathrm{s}$$

$$T\ll T_{\mathrm{E}}=0.5\,\mathrm{s},\quad \longrightarrow T\leqslant 0.1\cdot T_{\mathrm{E}}=0.050\,\mathrm{s}$$

对于不同采样时间, 数值计算调节回路的超调量和初调时间:

$$T=\frac{T_{\mathrm{P}}}{20}=314.0\,\mathrm{ms},\quad t_{\mathrm{anr}}=1.76\,\mathrm{s},\quad \ddot{u}=17.36\,\%$$

$$T=\frac{t_{\mathrm{anr}}}{10}=235.0\,\mathrm{ms},\quad t_{\mathrm{anr}}=1.85\,\mathrm{s},\quad \ddot{u}=12.75\,\%$$

$$T=\frac{t_{\mathrm{r}}}{20}=77.5\,\mathrm{ms},\quad t_{\mathrm{anr}}=2.14\,\mathrm{s},\quad \ddot{u}=6.17\,\%$$

$$T=\frac{T_{\mathrm{E}}}{10}=50.0\,\mathrm{ms},\quad t_{\mathrm{anr}}=2.21\,\mathrm{s},\quad \ddot{u}=5.43\,\%$$

由计算值 $K_{\mathrm{Ra}}, T_{\mathrm{Na}}, T_{\mathrm{Va}}$ 和对于 $T=50\mathrm{ms}$ 确定 PID 调整算法的系数:

$$\begin{aligned}y_k=y_{k-1}+K_{\mathrm{Ra}}\cdot\Bigg[&\left(1+\frac{T_{\mathrm{Va}}}{T}\right)\cdot x_{\mathrm{d},k}\\&-\left(1-\frac{T}{T_{\mathrm{Na}}}+2\cdot\frac{T_{\mathrm{Va}}}{T}\right)\cdot x_{\mathrm{d},k-1}+\frac{T_{\mathrm{Va}}}{T}\cdot x_{\mathrm{d},k-2}\Bigg]\end{aligned}$$

$$y_k = a_1 \cdot y_{k-1} + b_0 \cdot x_{\mathrm{d},k} + b_1 \cdot x_{\mathrm{d},k-1} + b_2 \cdot x_{\mathrm{d},k-2}$$

$$y_k = y_{k-1} + 33.8 \cdot x_{\mathrm{d},k} - 65.8 \cdot x_{\mathrm{d},k-1} + 32.0 \cdot x_{\mathrm{d},k-2}$$

随着采样时间增大超调量会增大, 初调时间缩短, 调节回路会去阻尼. 图 11.3-2 含有采样时间 $T = 50\mathrm{ms}$ 的准模拟数字调节回路的阶跃响应, 为了比较还计算了采样时间 $T = T_{\mathrm{E}} = 0.5\mathrm{s}$ 的阶跃响应.

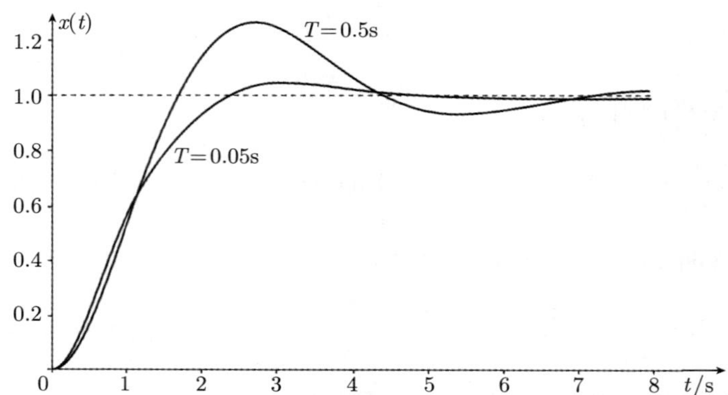

图 11.3-2 幅值最优调节回路的阶跃响应, 采样时间 $T = 50\mathrm{ms}$(准模拟), $T = 0.5\mathrm{s}$

11.3.4 考虑采样时间的调整规则

在齐格勒和尼科尔斯优化基础上 (10.3.2 节) 开发 TAKAHASHI调整规则, 调整规则考虑采样时间 T 和在数字调节系统中调整量的保持. 齐格勒和尼科尔斯优化法存在两种形式. 求阶跃响应值要应用被调节对象特征量: 增益 K_{S}、时延 T_{t}、时间常数 T_{S}. 也可应用阶跃响应特征量的延迟时间 (等效时延)T_{u} 和平衡时间 T_{g} 取代时延 T_{t} 和时间常数 T_{S}(图 11.3-3).

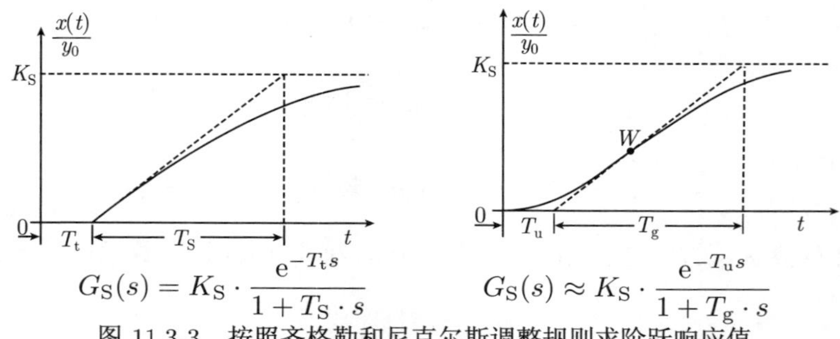

图 11.3-3 按照齐格勒和尼克尔斯调整规则求阶跃响应值

在已知对象特征值时 TAKAHASHI调整规则汇总在表 11.3-3 中. 它相对于 T_{t} 和 T_{S} 是有效的, 对于采样时间 $T \to 0$ 又得到齐格勒和尼克尔斯调整规则, 表中最优调节器参数适用于节 4.5.3.3 的 PID 调节器加法实现形式.

TAKAHASHI调整规则仅对于$T \leqslant 2 \cdot T_u$有效

表 11.3-3 在已知被调节对象特征值时按 TAKAHASHI 调整

调节器	K_R	T_N	T_V
P 调节器	$\frac{T_g}{K_S \cdot (T_u + T)}$	—	—
PI 调节器	$\frac{0.9 \cdot T_g}{K_S \cdot \left(T_u + \frac{T}{2}\right)}$	$3.33 \cdot \left(T_u + \frac{T}{2}\right)$	—
PID 调节器 (加法形式)	$\frac{1.2 \cdot T_g}{K_S \cdot (T_u + T)}$	$\frac{2 \cdot \left(T_u + \frac{T}{2}\right)^2}{T_u + T}$	$0.5 \cdot (T_u + T)$

如果对象数据未知, 则要确定稳定性边界的特征值. 在增益 K_{Rkrit} 时调节回路以周期 T_{Rkrit} 振荡. 对于 K_R, T_N 和 T_V 值, TAKAHASHI调整规则相当于齐格勒和尼克尔斯调整规则 (表 11.3-4).

表 11.3-4 用稳定边界值调整

调节器	K_R	T_N	T_V
P 调节器	$0.50 \cdot K_{Rkrit}$	—	—
PI 调节器	$0.45 \cdot K_{Rkrit}$	$0.83 \cdot T_{krit}$	—
PID 调节器 (加法形式)	$0.60 \cdot K_{Rkrit}$	$0.50 \cdot T_{krit}$	$0.125 \cdot T_{krit}$

计算 PID 调节算法的调整规则, 其中积分部分用梯形近似来实现. 因此, 为了确定 PID 调节算法的一般系数, 应从下面方程出发:

$$y_k = y_{k-1} + K_R \cdot \left[x_{d,k} - x_{d,k-1} + \frac{T}{T_N} \cdot \frac{x_{d,k-1} + x_{d,k}}{2} + \frac{T_V}{T} \cdot (x_{d,k} - 2 \cdot x_{d,k-1} + x_{d,k-2})\right]$$

$$= y_{k-1} + K_R \cdot \left[\left(1 + \frac{T}{2 \cdot T_N} + \frac{T_V}{T} \right) \cdot x_{d,k} - \left(1 - \frac{T}{2 \cdot T_N} + 2 \cdot \frac{T_V}{T} \right) \cdot x_{d,k-1} + \frac{T_V}{T} \cdot x_{d,k-2} \right]$$

由缩写

$$a_1 = 1, \quad b_0 = K_R \cdot \left(1 + \frac{T}{2 \cdot T_N} + \frac{T_V}{T} \right)$$

$$b_1 = -K_R \cdot \left(1 - \frac{T}{2 \cdot T_N} + 2 \cdot \frac{T_V}{T} \right), \quad b_2 = K_R \cdot \frac{T_V}{T}$$

给出具有一般系数的 PID 调节算法:

$$y_k = a_1 \cdot y_{k-1} + b_0 \cdot x_{d,k} + b_1 \cdot x_{d,k-1} + b_2 \cdot x_{d,k-2},$$

$$G_R(z) = \frac{y(z)}{x_d(z)} = \frac{b_0 \cdot z^2 + b_1 \cdot z + b_2}{z^2 - a_1 \cdot z}$$

在表 11.3-5 中汇总了按 TAKAHASHI调节器调整的系数. 按照表 11.3-3 和表 11.3-4 计算 K_R, T_N 和 T_V 值.

表 11.3-5 调节算法系数

调节器类型	a_1	b_0	b_1	b_2
P 调节器	0	K_R	0	0
PI 调节器	1	$K_R \cdot \left[1 + \frac{T}{2 \cdot T_N}\right]$	$-K_R \cdot \left[1 - \frac{T}{2 \cdot T_N}\right]$	0
PID调节器 (加法形式)	1	$K_R \cdot \left[1 + \frac{T}{2 \cdot T_N} + \frac{T_V}{T}\right]$	$-K_R \cdot \left[1 - \frac{T}{2 \cdot T_N} + 2 \cdot \frac{T_V}{T}\right]$	$K_R \cdot \frac{T_V}{T}$

11.4 计算时域数字调节回路的数学方法

11.4.1 概述

调节回路环节和调节回路的时间特性, 由微分方程计算或由拉普拉斯变换求. 对于数字调节回路相应地引入这些方法. 研究采样信号以取代连续信号, 由微分方程导出简化差分方程. 拉普拉斯变换转变为离散拉普拉斯变换, 即 z 变换.

连续信号	$\longrightarrow$	采样信号
微分方程	$\longrightarrow$	差分方程
拉普拉斯变换	$\longrightarrow$	z 变换
传递函数 $G(s)$	$\longrightarrow$	传递函数 $G(z)$

11.4.2 差分方程

通过**差分方程**给出采样系统在时域输入量和输出量之间的关系.

$$\begin{aligned}&a_n \cdot x_{\mathrm{a},k+n} + a_{n-1} \cdot x_{\mathrm{a},k+n-1} + \cdots + a_1 \cdot x_{\mathrm{a},k+1} + a_0 \cdot x_{\mathrm{a},k} = \\ &b_m \cdot x_{\mathrm{e},k+m} + b_{m-1} \cdot x_{\mathrm{e},k+m-1} + \cdots + b_1 \cdot x_{\mathrm{e},k+1} + b_0 \cdot x_{\mathrm{e},k}, \quad n \geqslant m\end{aligned}$$

该方程与差分方程具有相似性, 在此应用差分

$$\Delta x_k = x_{k+1} - x_k$$

函数值序列

$$x_{\mathrm{a},0},\ x_{\mathrm{a},1},\ x_{\mathrm{a},2}, \cdots$$

为差分方程的解, 在确定时需要初值.

11.4.3 差分方程解

11.4.3.1 通过递推求解

必须已知输入量 x_{e}、输出量 $x_{\mathrm{a},k+n-1}, ..., x_{\mathrm{a},k+1}, x_{\mathrm{a},k}$ 和系数 a_i, b_j 值, 然后 $x_{a,k+n}$ 值才是可计算的, 为求序列值 $x_{\mathrm{a},k+n+1}, x_{\mathrm{a},k+n+2}, ...$, k 每次都增加 1:

$$\begin{aligned}x_{\mathrm{a},k+n} = \frac{1}{a_n} \cdot [&-a_{n-1} \cdot x_{\mathrm{a},k+n-1} - \cdots - a_1 \cdot x_{\mathrm{a},k+1} - a_0 \cdot x_{\mathrm{a},k} + \\ &+ b_m \cdot x_{\mathrm{e},k+m} + b_{m-1} \cdot x_{\mathrm{e},k+m-1} + \cdots + b_1 \cdot x_{\mathrm{e},k+1} + b_0 \cdot x_{\mathrm{e},k}]\end{aligned}$$

这种解法做不出关于动态特性和稳定性的结论.

例 11.4-1 一个积分被调节对象由 PI 调节器来调整. 试确定 PI 调节算法和对于阶跃接入的被调节量序列.

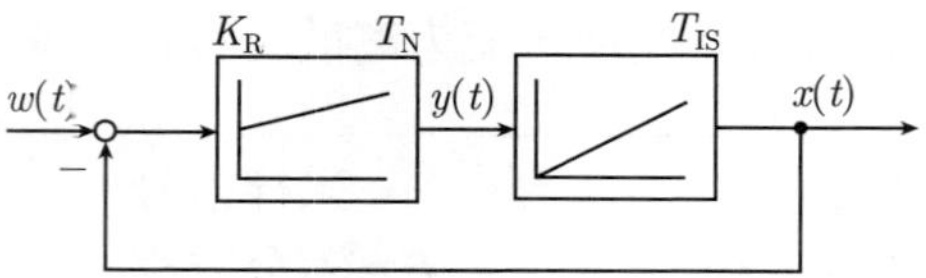

模拟调节回路参数:

$$K_R = 10, \quad T_N = 1\,\text{s}, \quad T_{IS} = 5\,\text{s}$$

按照 11.2.4.3 节的 PI 调节算法 (I 型):

$$y_k = y_{k-1} + K_R \cdot x_{d,k} - K_R \cdot \left(1 - \frac{T}{T_N}\right) \cdot x_{d,k-1}$$

按照 11.2.3.1 节积分被调节对象离散化 (I 型):

$$x_k = x_{k-1} + \frac{T}{T_{IS}} \cdot y_{k-1}$$

参据量 $w(t)$ 阶跃接入:

$$w_0 = w_1 = w_2 = \cdots = w_k = 1, \quad x_{d,k} = w_k - x_k$$

计算被调节量序列 x_k:

$$x_k = x_{k-1} + \frac{T}{T_{IS}} \cdot y_{k-1}$$

将 $k-1$ 调整量方程

$$y_{k-1} = y_{k-2} + K_R \cdot x_{d,k-1} - K_R \cdot \left(1 - \frac{T}{T_N}\right) \cdot x_{d,k-2}$$

代入:

$$\begin{aligned} x_k &= x_{k-1} + \frac{T}{T_{IS}} \cdot y_{k-1} \\ &= x_{k-1} + \frac{T}{T_{IS}} \cdot \left[y_{k-2} + K_R \cdot x_{d,k-1} - K_R \cdot \left(1 - \frac{T}{T_N}\right) \cdot x_{d,k-2}\right] \end{aligned}$$

将 $k-1$ 被调节量方程

$$x_{k-1} = x_{k-2} + \frac{T}{T_{IS}} \cdot y_{k-2}$$

转换为 y_{k-2}

$$y_{k-2} = \frac{T_{IS}}{T} \cdot (x_{k-1} - x_{k-2})$$

并代入被调节量方程:

$$x_k = x_{k-1} + \frac{T}{T_{\mathrm{IS}}} \cdot \left[y_{k-2} + K_{\mathrm{R}} \cdot x_{\mathrm{d},k-1} - K_{\mathrm{R}} \cdot \left(1 - \frac{T}{T_{\mathrm{N}}}\right) \cdot x_{\mathrm{d},k-2} \right]$$

$$= x_{k-1} + \frac{T}{T_{\mathrm{IS}}} \cdot \left[\frac{T_{\mathrm{IS}}}{T} \cdot (x_{k-1} - x_{k-2}) + K_{\mathrm{R}} \cdot x_{\mathrm{d},k-1} - K_{\mathrm{R}} \cdot \left(1 - \frac{T}{T_{\mathrm{N}}}\right) \cdot x_{\mathrm{d},k-2} \right]$$

置换 $x_{\mathrm{d},k-1} = w_{k-1} - x_{k-1}$ 和 $x_{\mathrm{d},k-2} = w_{k-2} - x_{k-2}$:

$$x_k = \frac{2 \cdot T_{\mathrm{IS}} - K_{\mathrm{R}} \cdot T}{T_{\mathrm{IS}}} x_{k-1} - \frac{K_{\mathrm{R}} \cdot T \cdot (T - T_{\mathrm{N}}) + T_{\mathrm{IS}} \cdot T_{\mathrm{N}}}{T_{\mathrm{IS}} \cdot T_{\mathrm{N}}} \cdot x_{k-2} +$$

$$\frac{K_{\mathrm{R}} \cdot T}{T_{\mathrm{IS}}} \cdot w_{k-1} + \frac{K_{\mathrm{R}} \cdot T^2 - K_{\mathrm{R}} \cdot T \cdot T_{\mathrm{N}}}{T_{\mathrm{IS}} \cdot T_{\mathrm{N}}} \cdot w_{k-2}$$

对于采样时间 $T = 0.25\mathrm{s}$, 由已知参数得到被调节量序列的差分方程:

$$\boxed{x_k = 1.5 \cdot x_{k-1} - 0.625 \cdot x_{k-2} + 0.5 \cdot w_{k-1} - 0.375 \cdot w_{k-2}}$$

由 $x_{-1} = 0, x_{-2} = 0, w_{-1} = 0, w_{-2} = 0$ 计算被调节量序列 (图 11.4-1), 递次地代入所求的值, 得

$$x_0 = 0, \quad x_1 = 0.5, \quad x_2 = 0.875, \quad x_3 = 1.125, \quad x_4 = 1.266, \quad \cdots$$

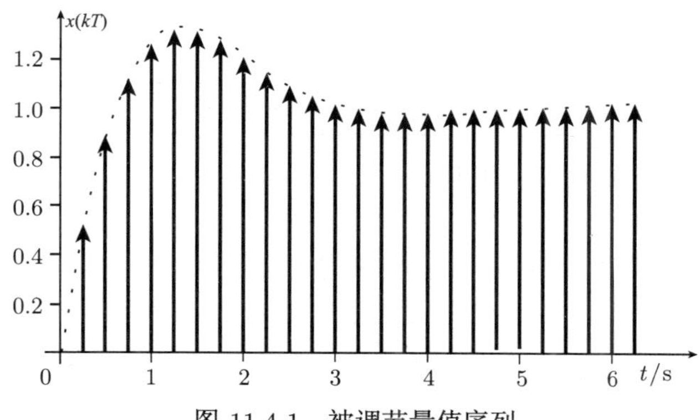

图 11.4-1 被调节量值序列

11.4.3.2 齐次解和特殊附加式

线性微分方程的解法可转移到差分方程. 通过齐次差分方程解和特解的叠加可完全地表示采样系统时间特性.

齐次差分方程解

首先齐次差分方程

$$\boxed{a_n \cdot x_{\mathrm{a},k+n} + a_{n-1} \cdot x_{\mathrm{a},k+n-1} + \cdots + a_1 \cdot x_{\mathrm{a},k+1} + a_0 \cdot x_{\mathrm{a},k} = 0}$$

由附加式

$$x_{\mathrm{ah},k} = C \cdot z^k$$

求解. 给出如下值

$$x_{\mathrm{ah},k+1} = C \cdot z^{k+1}, \quad x_{\mathrm{ah},k+2} = C \cdot z^{k+2}, \quad x_{\mathrm{ah},k+3} = C \cdot z^{k+3}, \quad \cdots$$

将这些值代入差分方程, 由

$$a_n \cdot C \cdot z^{k+n} + a_{n-1} \cdot C \cdot z^{k+n-1} + \cdots + a_1 \cdot C \cdot z^{k+1} + a_0 \cdot C \cdot z^k = 0$$

$$C \cdot z^k \cdot \left[a_n \cdot z^n + a_{n-1} \cdot z^{n-1} + \cdots + a_1 \cdot z^1 + a_0 \cdot z^0\right] = 0$$

得到差分方程的**特征方程**:

$$\boxed{a_n \cdot z^n + a_{n-1} \cdot z^{n-1} + \cdots + a_1 \cdot z + a_0 = 0}$$

根据代数基本定理, n 阶方程具有 n 个零点 (根)

$$z_1,\ z_2, \cdots,\ z_n$$

得到齐次差分方程解

$$\boxed{x_{\mathrm{ah},k} = C_1 \cdot z_1^k + C_2 \cdot z_2^k + \cdots + C_n \cdot z_n^k}$$

零点 $z_1, \cdots, z_n$ 可是实数或共轭复数.

差分方程特解

由齐次差分方程解与特解 $x_{\mathrm{ap},k}$ 叠加得到总的解:

$$\boxed{x_{\mathrm{a},k} = x_{\mathrm{ah},k} + x_{\mathrm{ap},k}}$$

$x_{\mathrm{ap},k}$ 为考虑还未包括在 $x_{\mathrm{ah},k}$ 中的输入量 $x_{\mathrm{e},k}$ 的特殊曲线. 系数 C_i 由初始条件确定.

在线性微分方程解中加一个未定系数的附加式. 因为特解的函数类型通常与输入量类型相一致, 所以附加式应这样选择, 即特解除了未定系数外与输入函数一致, 例如, 如果 x_e 为阶跃函数, 那么 x_ap 也可规定为阶跃函数, 只是它具有未定的阶跃高度. 在表 11.4-1 中 A_i 为待定附加式系数, 通过代入差分方程来确定系数.

表 11.4-1 特解函数的附加式

输入量 $x_{e,k}$	特解附加式 $x_{ap,k}$
$x_{e,k} = d \cdot 1^k$	$x_{ap,k} = A_1 \cdot 1^k$ (阶跃函数)
$x_{e,k} = d \cdot k$	$x_{ap,k} = A_1 \cdot k$ (斜坡函数)
$x_{e,k} = d^k$	$x_{ap,k} = A_1 \cdot d^k$
$x_{e,k} = d^k \cdot \cos(k \cdot \alpha)$	$x_{ap,k} = A_1 \cdot b^k \cdot \cos(k \cdot \alpha) + A_2 \cdot b^k \cdot \sin(k \cdot \alpha)$
$x_{e,k} = d^k \cdot \sin(k \cdot \alpha)$	$x_{ap,k} = A_1 \cdot b^k \cdot \cos(k \cdot \alpha) + A_2 \cdot b^k \cdot \sin(k \cdot \alpha)$
$x_{e,k} = \sum_{i=0}^{j} a_i \cdot k^i$	$x_{ap,k} = \sum_{i=0}^{j} A_i \cdot k^i$
$x_{e,k} = f^{lk} \cdot \sum_{i=0}^{j} a_i \cdot k^i$	$x_{ap,k} = f^{lk} \cdot \sum_{i=0}^{j} A_i \cdot k^i$

小结: 通过差分方程给出采样系统输入量和输出量之间的关系. 其解可通过部分解 $x_{ah,k}$ 和 $x_{ap,k}$ 叠加来求.

例 11.4-2 对于具有 II 阶传递函数

$$G(s) = \frac{x(s)}{w(s)} = \frac{\omega_0^2}{s^2 + 2 \cdot D \cdot \omega_0 \cdot s + \omega_0^2}$$

$$(s^2 + 2 \cdot D \cdot \omega_0 \cdot s + \omega_0^2) \cdot x(s) = \omega_0^2 \cdot w(s)$$

的调节回路, 具有 $D = 0.5$ 和 $\omega_0 = 1\text{s}^{-1}$ 的微分方程

$$\frac{\mathrm{d}^2 x(t)}{\mathrm{d}t^2} + \frac{\mathrm{d}x(t)}{\mathrm{d}t} + x(t) = w(t)$$

按照 II 型正向求差分来离散化:

$$\frac{\dfrac{x_{k+2} - x_{k+1}}{T} - \dfrac{x_{k+1} - x_k}{T}}{T} + \frac{x_{k+1} - x_k}{T} + x_k = w_k$$

$$\frac{1}{T^2} \cdot x_{k+2} + \frac{(T-2)}{T^2} \cdot x_{k+1} + \frac{(T^2 - T + 1)}{T^2} \cdot x_k = w_k$$

对于**离散化时间**$T = 0.5\text{s}$ 得到差分方程

$$\boxed{4 \cdot x_{k+2} - 6 \cdot x_{k+1} + 3 \cdot x_k = w_k}$$

对于阶跃接入

$$w(t) = E(t), \quad w(kT) = w_k = E(kT) = 1^k = 1 \quad \text{对于} \quad k = 0, 1, 2, \cdots$$

试解差分方程. 将齐次差分方程解的附加式

$$x_{\mathrm{h},k} = C \cdot z^k$$

和 $x_{\mathrm{h},k+1} = C \cdot z^{k+1}, x_{\mathrm{h},k+2} = C \cdot z^{k+2}$ 代入

$$4 \cdot C \cdot z^{k+2} - 6 \cdot C \cdot z^{k+1} + 3 \cdot C \cdot z^k = C \cdot z^k \cdot (4 \cdot z^2 - 6 \cdot z + 3) = 0$$

特征方程

$$4 \cdot z^2 - 6 \cdot z + 3 = 0$$

的零点为 $z_1 = 0.75 - 0.433\mathrm{j}, z_2 = 0.75 + 0.433\mathrm{j}$.
那么齐次差分方程解为

$$x_{\mathrm{h},k} = C_1 \cdot z_1^k + C_2 \cdot z_2^k$$

将按表 11.4-1 阶跃函数的附加式 $x_{\mathrm{p},k} = A_1$ 的特解代入差分方程:

$$4 \cdot A_1 - 6 \cdot A_1 + 3 \cdot A_1 = w_k = 1, \quad \text{对于} \quad k = 0, 1, 2, \cdots$$

$$x_{\mathrm{p},k} = A_1 = 1$$

通过部分解相加确定总的解:

$$x_k = x_{\mathrm{h},k} + x_{\mathrm{p},k} = C_1 \cdot z_1^k + C_2 \cdot z_2^k + 1$$

由微分方程的初值

$$x(t=0) = 0, \quad \frac{\mathrm{d}x(t=0)}{\mathrm{d}t} = 0$$

得差分方程初值:

$$x(kT=0) = x_0 = 0, \quad \frac{x(kT=T) - x(kT=0)}{T} = \frac{x_1 - x_0}{T} = 0, \quad x_1 = 0$$

为此得到两个对于常数 C_1, C_2 的方程:

$$x_0 = C_1 \cdot z_1^0 + C_2 \cdot z_2^0 + 1 = C_1 + C_2 + 1 = 0$$

$$x_1 = C_1 \cdot z_1^1 + C_2 \cdot z_2^1 + 1 = 0$$

解出方程提供常数

$$C_1 = -0.5 - 0.289\mathrm{j}, \quad C_2 = -0.5 + 0.289\mathrm{j}$$

并代入总的解:

$$
\begin{aligned}
x_k =& 1 + C_1 \cdot z_1^k + C_2 \cdot z_2^k \\
=& 1 + \left(-\frac{1}{2} - \mathrm{j} \cdot \frac{\sqrt{3}}{6}\right) \cdot \left(\frac{3}{4} - \mathrm{j} \cdot \frac{\sqrt{3}}{4}\right)^k + \left(-\frac{1}{2} + \mathrm{j} \cdot \frac{\sqrt{3}}{6}\right) \cdot \left(\frac{3}{4} + \mathrm{j} \cdot \frac{\sqrt{3}}{4}\right)^k \\
=& 1 - \left(\frac{3}{4}\right)^{\frac{k}{2}} \cdot \frac{2 \cdot \sin\left(\frac{\pi}{6} \cdot k + \frac{\pi}{3}\right)}{\sqrt{3}} = 1 - \mathrm{e}^{-\ln\left(\frac{2}{\sqrt{3}}\right) \cdot k} \cdot \frac{2 \cdot \sin\left(\frac{\pi}{6} \cdot k + \frac{\pi}{3}\right)}{\sqrt{3}}
\end{aligned}
$$

$$
\boxed{x_k = 1 - 1.155 \cdot \mathrm{e}^{-0.144 \cdot k} \cdot \sin(0.524 \cdot k + 1.047)}
$$

在图 11.4-2 中给出差分方程解, 阻尼比 $D = 0.5$ 的连续传递系统具有超调量

$$
\ddot{u} = \mathrm{e}^{-\pi \cdot D/\sqrt{1-D^2}} = 16.3\,\%
$$

对于离散化时间 $T = 0.5\mathrm{s}$, 序列最大值 $x_{\max} = x_4 = x_5 = 1.422(\ddot{u} = 42.2\%)$, 而对于 $T = 0.1\mathrm{s}$ 计算得到 $x_{\max} = x_{35} = 1.196\,(\ddot{u} = 19.6\%)$.

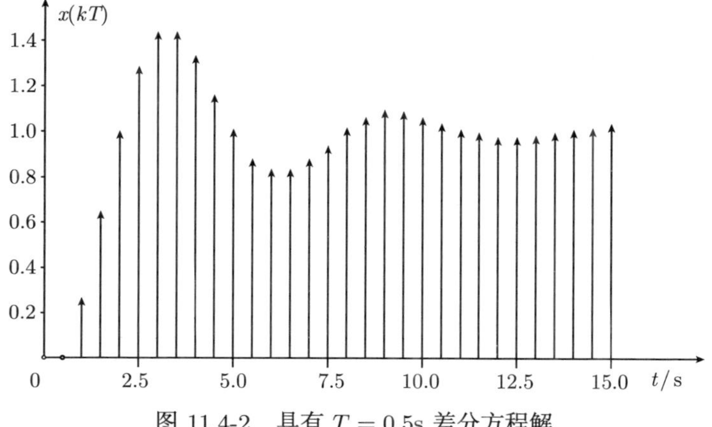

图 11.4-2 具有 $T = 0.5\mathrm{s}$ 差分方程解

11.4.4 时域采样系统稳定性

与连续线性调节系统稳定性定义相对应, 在采样系统时也从对初值反应 (从稳定工作状态 (静止状态) 偏离) 出发, 至时间点 $kT = 0$ 出现偏离. 如果采样系统是稳定的话, 那么它必须靠自身恢复到稳定工作状态. 采样系统的稳定性是通过相对初始偏离来定义的 (数学上研究, 差分方程解如何取决于初始条件).

采样系统是稳定的, 仅当齐次差分方程解

$$
\boxed{x_{\mathrm{ah},k} = C_1 \cdot z_1^k + C_2 \cdot z_2^k + \cdots + C_n \cdot z_n^k}
$$

对于 $k \to \infty$ 趋于零时:

$$\boxed{x_{\mathrm{ah},k}\Big|_{k\to\infty} \to 0}$$

序列极限值只能为零, 仅当所有 $|z_i| < 1$ 成立时, 由此可确定**差分方程稳定性**, 从而也确定采样系统稳定性:

> 差分方程 (采样系统) 是稳定的, 仅当特征方程的全部零点的幅值小于 1: $|z_i| < 1$ 时.

例 11.4-3　试求对于具有如例 11.2-1 差分方程

$$x_k = \left(1 - K_{\mathrm{S}} \cdot \frac{T}{T_{\mathrm{I}}}\right) \cdot x_{k-1} + K_{\mathrm{S}} \cdot \frac{T}{T_{\mathrm{I}}} \cdot w_{k-1}, \quad T_{\mathrm{I}} = 1\,\mathrm{s}, \quad K_{\mathrm{S}} = 2$$

的调节系统的采样时间 T 的稳定范围.

齐次差分方程:

$$x_k - \left(1 - K_{\mathrm{S}} \cdot \frac{T}{T_{\mathrm{I}}}\right) \cdot x_{k-1} = 0$$

解附加式:

$$x_{\mathrm{h},k} = C_1 \cdot z^k, \quad x_{\mathrm{h},k-1} = C_1 \cdot z^{k-1}$$

$$C_1 z^k - \left(1 - K_{\mathrm{S}} \cdot \frac{T}{T_{\mathrm{I}}}\right) \cdot C_1 \cdot z^{k-1} = 0$$

$$C_1 \cdot z^k \cdot \left(1 - \left(1 - K_{\mathrm{S}} \cdot \frac{T}{T_{\mathrm{I}}}\right) \cdot z^{-1}\right) = 0$$

特征方程零点为:

$$z_1 = 1 - K_{\mathrm{S}} \cdot \frac{T}{T_{\mathrm{I}}}$$

采样系统是稳定的, 仅当 $|z_1| < 1$ 时:

$$\left|1 - K_{\mathrm{S}} \cdot \frac{T}{T_{\mathrm{I}}}\right| < 1$$

由 $K_{\mathrm{S}} = 2, T_{\mathrm{I}} = 1\mathrm{s}$ 和 $T > 0$ 得到采样时间临界值 T_{krit}

$$T_{\mathrm{krit}} = 1\,\mathrm{s}$$

图 11.4-3 所示为对于 $T = 0.05 \cdot T_{\mathrm{krit}}$, T_{krit}, $1.1 \cdot T_{\mathrm{krit}}$ 的被调节量阶跃响应。由保持器保持所计算的调整量 y_k, 这样在对象输入端存在个阶梯形的调整量.

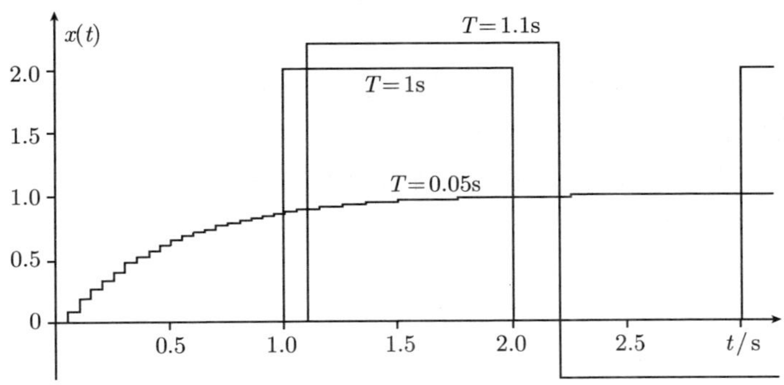

图 11.4-3 离散调节回路的稳定性特性

11.5 计算频域数字调节回路的数学方法

11.5.1 数字调节回路工程和数学基本功能

11.5.1.1 概述

为了计算数字调节系统, 在时域引入差分方程. 与用拉普拉斯变换求解微分方程相对应, 对于数字调节回路用 z**变换**计算差分方程. z 变换也称为**离散拉普拉斯变换**. 进一步在数学上研究数字调节回路的基本功能. 出发点是如图 11.5-1 所示的数字调节回路, 采样被调节误差 $x_{\mathrm{d}}(t)$, 并对其应用模数转换.

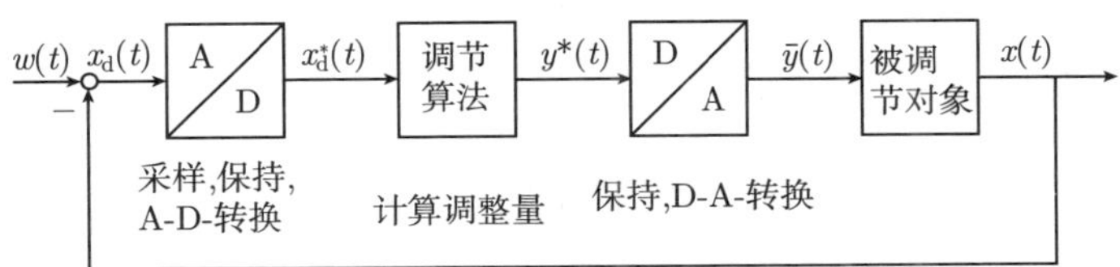

图 11.5-1 数字调节器的工程基本功能

为了用 z 变换计算, 由数字调节回路的基本功能开发数学函数 δ 采样器和保持器 (图 11.5-2).

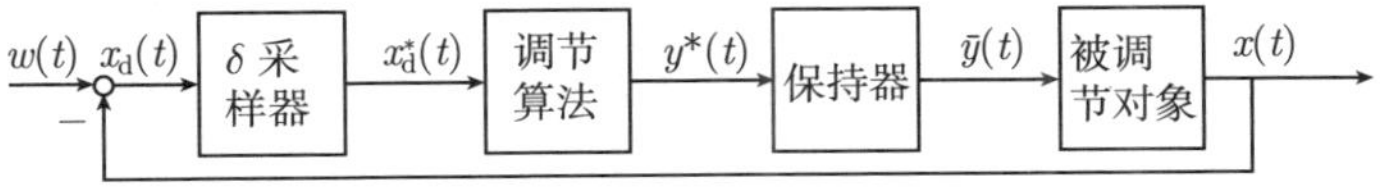

图 11.5-2 数字调节回路的数学基本功能

δ 采样器描述连续信号的采集, **保持器**保存调整量脉冲序列函数 $y^*(t)$ 一个采样时间 T, 这样在被调节对象输入端就会存在一个时间连续的量 $\bar{y}(t)$.

11.5.1.2　连续信号的采样

下面**理想化地**研究采集信号的过程. 假设, 调节误差 x_d 以电压 $U_{x\mathrm{d}}(t)$ 形式存在 (图 11.5-3), 其中 $U_{x\mathrm{d}}$ 电 (压) 源具有零内电阻. 采集和保持元件可用存储元件电容器来说明, 其中在每次采样前要清空 (放电) 存储元件. 可是基本功能的**工程实现**都是由其他元件来完成.

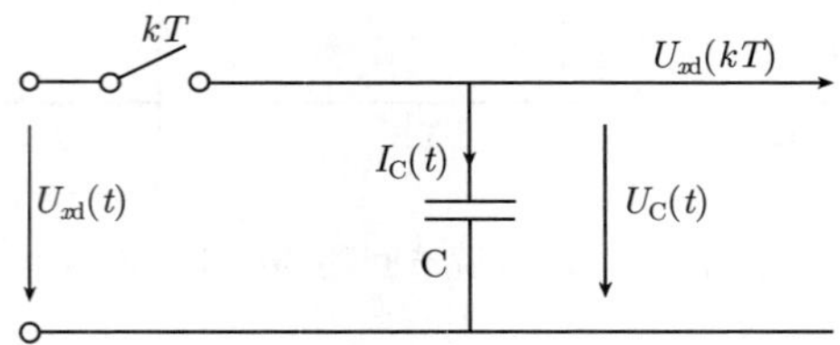

图 11.5-3　调节误差的采样

至时间点 $t=0$ 电容器 C 放电, $U_\mathrm{C}(t=0)=0$. 开关至时间点 $k\cdot T=0$ 以无限短的时间闭合. 电压以阶跃形式作用到电容器, $U_\mathrm{C}(t=0)$由零上升到$U_{x\mathrm{d}}(kT=0)$值:

$$U_\mathrm{C}(t)=U_{x\mathrm{d}}(kT=0)\cdot E(t),\quad U_\mathrm{C}(s)=U_{x\mathrm{d}}(kT=0)\cdot\frac{1}{s}$$

对于电流 $I_\mathrm{C}(t)$ 有效:

$$I_\mathrm{C}(t)=C\cdot\frac{\mathrm{d}U_\mathrm{C}(t)}{\mathrm{d}t}$$

$$I_\mathrm{C}(s)=C\cdot s\cdot U_\mathrm{C}(s)=C\cdot s\cdot U_{x\mathrm{d}}(kT=0)\cdot\frac{1}{s}=C\cdot U_{x\mathrm{d}}(kT=0)$$

$I_\mathrm{C}(s)$ 反变换得到 Dirac-冲激:

$$I_\mathrm{C}(t)=C\cdot U_{x\mathrm{d}}(kT=0)\cdot\delta(t)$$

其中

$$\delta(t)=\begin{cases}0, & t<0\text{ 和 }t>0\\ \infty, & t=0\end{cases},\quad \int\delta(t)\mathrm{d}t=1,\quad L\{\delta(t)\}=1$$

电流冲激面积

$$\int I_\mathrm{C}(t)\mathrm{d}t=C\cdot U_{x\mathrm{d}}(kT=0)\cdot\int\delta(t)\mathrm{d}t=C\cdot U_{x\mathrm{d}}(kT=0)$$

是与电压 $U_{x\mathrm{d}}(kT=0)$ 成比例. 为下次采样应清空存储器, 电容器放电. 那么对于具有 $k=1$ 的第二次采样

$$I_\mathrm{C}(t)=C\cdot U_{x\mathrm{d}}(kT=0)\cdot\delta(t)+C\cdot U_{x\mathrm{d}}(kT=T)\cdot\delta(t-T)$$

和一般对于所有采样时间点都是成立的:

$$I_{\mathrm{C}}(t) = C \cdot \sum_{k=0}^{\infty} U_{x\mathrm{d}}(kT) \cdot \delta(t - kT)$$

$\delta\,(t - kT)$ 为至时间点 $t = kT$ 的 DIRAC-函数, 并具有

$$\delta(t-kT) = \begin{cases} 0, & t < kT \text{ 和 } t > kT \\ \infty, & t = kT \end{cases}, \quad L\{\delta(t-kT)\} = 1 \cdot \mathrm{e}^{-kTs}$$

通过用电容量 C 归一化得到:

$$\frac{I_{\mathrm{C}}(t)}{C} = U_{x\mathrm{d}}^{*}(t) = \sum_{k=0}^{\infty} U_{x\mathrm{d}}(kT) \cdot \delta(t - kT)$$

将所推导的关系一般化: 在等间隔时间点 $kT\,(k = 0, 1, 2, \cdots)$ 采样连续量 (例如调节误差 $x_{\mathrm{d}}\,(t)$), 通过采样得到

冲激序列函数

$$x_{\mathrm{d}}^{*}(t) = \sum_{k=0}^{\infty} x_{\mathrm{d}}(kT) \cdot \delta(t - kT) = \sum_{k=0}^{\infty} x_{\mathrm{d},k} \cdot \delta(t - kT)$$

冲激序列函数也可解释为由输入量 $x_{\mathrm{d}}\,(t)$ 调制的 δ 冲激序列, 在表示冲激序列函数时, **箭头高度**与冲激面积相对应 (图 11.5-4)

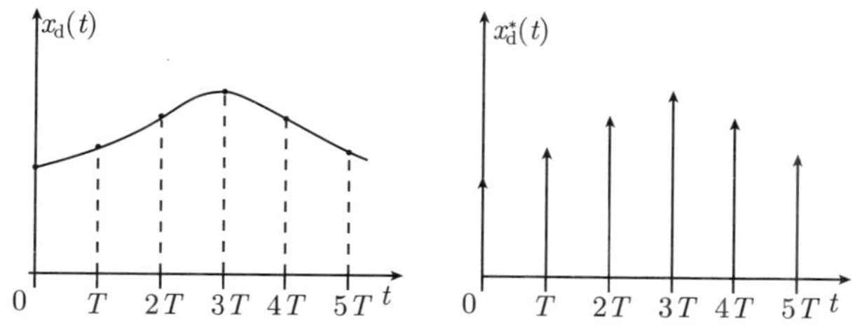

图 11.5-4 冲激序列函数的表示

用于产生冲激序列函数的采样元件也可用 δ**采样器**表示. 在信号流图中应用如图 11.5-5 的符号.

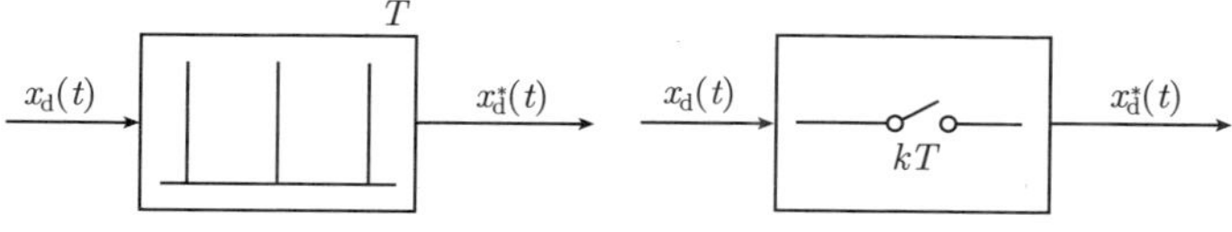

图 11.5-5 采样元件信号流图符号

对冲激序列函数

$$x_{\mathrm{d}}^{*}(t)=\sum_{k=0}^{\infty}x_{\mathrm{d},k}\cdot\delta(t-kT)$$

应用拉普拉斯变换, 借助拉普拉斯变换平移定理给出 DIRAC-冲激

$$L\{\delta(t)\}=1,\ L\{\delta(t-T)\}=\mathrm{e}^{-Ts}$$

$$L\{\delta(t-2T)\}=\mathrm{e}^{-2Ts},\ \cdots,\ L\{\delta(t-kT)\}=\mathrm{e}^{-kTs}$$

和变换的冲激序列函数

$$\boxed{x_{\mathrm{d}}^{*}(s)=L\left\{\sum_{k=0}^{\infty}x_{\mathrm{d},k}\cdot\delta(t-kT)\right\}=\sum_{k=0}^{\infty}x_{\mathrm{d},k}\cdot\mathrm{e}^{-kTs}}$$

用变量

$$z=\mathrm{e}^{Ts},\quad z^{-1}=\mathrm{e}^{-Ts},\quad z^{-k}=\mathrm{e}^{-kTs}$$

置换方程, 以便给出调节误差冲激序列函数 $x_{\mathrm{d}}^{*}(t)$ 的 z**变换式**:

$$\boxed{x_{\mathrm{d}}(z)=\sum_{k=0}^{\infty}x_{\mathrm{d},k}\cdot z^{-k}}$$

11.5.1.3　通过序列表示时间离散信号

为表示采样信号, 在前几节应用时间函数. 如果为列出时间离散信号数学公式而应用序列, 这是很容易理解的. 由时间连续信号以等间隔 T 采样提取数据:

$$x_{\mathrm{d}}(kT)=x_{\mathrm{d}}(t)\Big|_{t=kT},\quad k=0,\ 1,\ 2,\ 3,\ \cdots$$

这将产生调节误差序列:

$$\boxed{\begin{aligned}\{x_{\mathrm{d}}(kT)\}=\{x_{\mathrm{d},k}\}&=x_{\mathrm{d}}(0),\ x_{\mathrm{d}}(T),\ x_{\mathrm{d}}(2T),\ x_{\mathrm{d}}(3T),\ \cdots\\&=x_{\mathrm{d},0},\ x_{\mathrm{d},1},\ x_{\mathrm{d},2},\ x_{\mathrm{d},3},\ \cdots\end{aligned}}$$

由 11.5-2 节的 z 变换, 将序列 $x_{\mathrm{d},k}$ 变换成函数 $x_{\mathrm{d}}(z)$:

$$\boxed{x_{\mathrm{d}}(z)=\sum_{k=0}^{\infty}x_{\mathrm{d},k}\cdot z^{-k}}$$

11.5.1.4 执行调节算法 (计算调整量)

为在时域计算调整量, 在节 11.3 引入差分方程. 由前几个采样点保存的输入量调节误差 x_d, 可求出调整量

$$y_k = f(y_{k-1},\ x_{\mathrm{d},k},\ x_{\mathrm{d},k-1},\ x_{\mathrm{d},k-2})$$

借助于 z 变换, 可给出相应于拉普拉斯传递函数的差分方程 z 传递函数. 在拉普拉斯变换的频域, 通过与平移算子 e^{-Ts} 相乘来替换时间位移. 而一个采样时间的位移, 在 z 变换时相应于与 z^{-1} 相乘. 在 11.5.2 节将阐述 z 变换的进一步特性.

例 11.5-1 对于积分算法的差分方程

$$y_k = y_{k-1} + K_\mathrm{I} \cdot T \cdot x_{\mathrm{d},k-1}$$

由变换规则

$$y_k \to y(z), \quad y_{k-1} \to z^{-1} \cdot y(z), \quad x_{\mathrm{d},k-1} \to z^{-1} \cdot x_\mathrm{d}(z)$$

变换为

$$y(z) = z^{-1} \cdot y(z) + K_\mathrm{I} \cdot T \cdot z^{-1} \cdot x_\mathrm{d}(z)$$

由调节器 z 传递函数

$$G_\mathrm{R}(z) = \frac{y(z)}{x_\mathrm{d}(z)} = \frac{K_\mathrm{I} \cdot T \cdot z^{-1}}{1 - z^{-1}} = \frac{K_\mathrm{I} \cdot T}{z - 1}$$

推导调整量 $y(z)$:

$$y(z) = G_\mathrm{R}(z) \cdot x_\mathrm{d}(z) = G_\mathrm{R}(z) \cdot (w(z) - x(z))$$

通过 z 变换将离散调节算法的差分方程转换为传递函数. 在传递函数中含有差分方程系数.

11.5.1.5 离散调整量的保持 (保持器)

由调节器计算调整量序列 $y(kT)$, 调整量值 $y(kT)$ 必须保持一个采样周期, 以便在被调节对象的输入端毗连成时间连续信号. 数模转换器保持输出量 (图 11.5-6). 保持 (Speicherung) 在数学上用**保持器 (Halteglied)** 来描述. 对于下面研究, 用电容器实现冲激序列函数保持, 该电容器在每次采样前应放电. 在工程实施中数字地实现保持.

为了简化表示保持函数, 假设, 用系数 1 来放大调节误差, 这相应一个具有调节器增益 $K_\mathrm{R} = 1$ 的比例调节算法, 那么下式成立

$$U_y(kT) = K_\mathrm{R} \cdot U_{x\mathrm{d}}(kT) = U_{x\mathrm{d}}(kT)$$

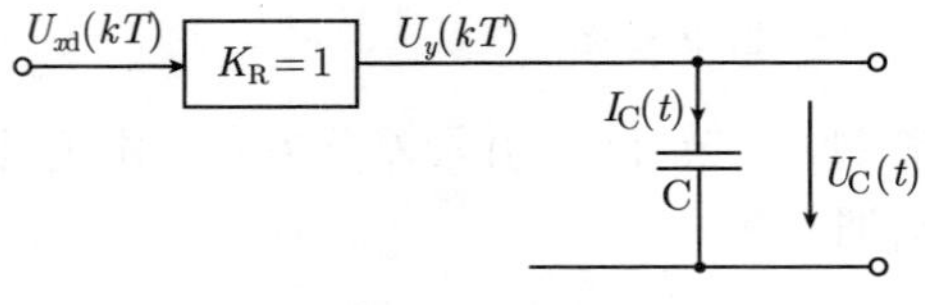

图 11.5-6　保持器

从非归一化表示的**冲激序列函数**出发:

$$I_C(t) = C \cdot \sum_{k=0}^{\infty} U_{xd}(kT) \cdot \delta(t - kT), \quad U_y(kT) = U_{xd}(kT)$$

至时间点 $t = 0$ 电容器 C 放电, $U_C(t = 0) = 0$. 用电容器保持冲激序列, 那么在 $0 < t < T$ 时第 1 个**采样周期**存储元件的电压 U_y 为

$$U_y(t) = \frac{1}{C} \int I_C(t)\mathrm{d}t = \frac{1}{C} \int C \cdot U_y(kT = 0) \cdot \delta(t)\mathrm{d}t = U_{y,0} \cdot E(t)$$

电压为至时间 $kT = 0$ 接入的阶跃函数:

$$U_y(t) = U_{y,0} \cdot E(t), \quad U_y(s) = U_{y,0} \cdot \frac{1}{s}$$

在下个采样前电容器放电, 那么对于在第 1 个采样周期内的 $U_y(t)$ 下式成立:

$$U_y(t) = U_{y,0} \cdot E(t) - U_{y,0} \cdot E(t - T) = U_{y,0} \cdot (E(t) - E(t - T))$$

$$U_y(s) = U_{y,0} \cdot \frac{1}{s} - U_{y,0} \cdot \frac{\mathrm{e}^{-Ts}}{s} = \frac{1 - \mathrm{e}^{-Ts}}{s} \cdot U_{y,0}$$

在图 11.5-7 中表示第 1 个采样周期的电压曲线 $U_y(t)$ 和部分函数.

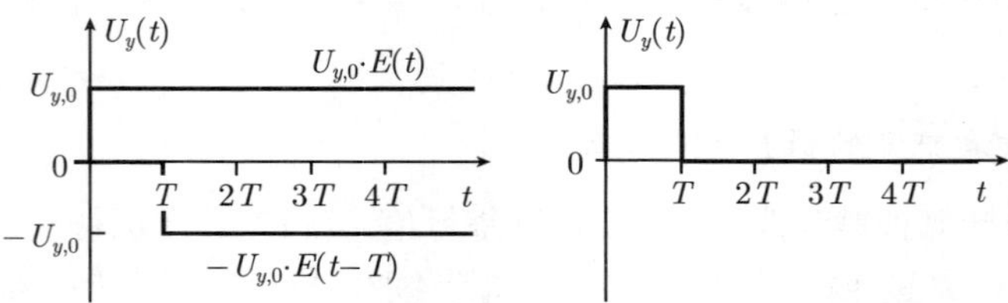

图 11.5-7　在第 1 个采样周期期间 $U_y(t)$ 部分函数和电压曲线

在 $T < t < 2T$ 时第 2 个采样周期内的存储元件电压 U_y 为

$$U_y(t) = \frac{1}{C} \int I_C(t)\mathrm{d}t = \frac{1}{C} \int C \cdot U_y(kT = T) \cdot \delta(t - T)\mathrm{d}t = U_{y,1} \cdot E(t - T)$$

为数学上表示第 2 个采样周期内电压, 下式相应地成立 (图 11.5-8):

$$U_y(t) = U_{y,1} \cdot E(t - T) - U_{y,1} \cdot E(t - 2T) = U_{y,1} \cdot (E(t - T) - E(t - 2T))$$

$$U_y(s) = U_{y,1} \cdot \frac{\mathrm{e}^{-Ts}}{s} - U_{y,1} \cdot \frac{\mathrm{e}^{-2Ts}}{s} = \frac{\mathrm{e}^{-Ts} - \mathrm{e}^{-2Ts}}{s} \cdot U_{y,1}$$

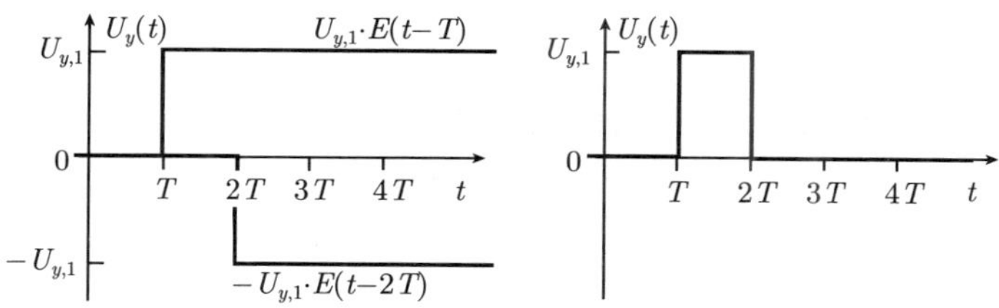

图 11.5-8 在第 2 个采样周期期间 $U_y(t)$ 部分函数和电压曲线

存储元件的电压通过如下函数表示:

$$U_y(t) = \sum_{k=0}^{\infty} U_{y,k} \cdot [E(t-kT) - E(t-(k+1)T)]$$

$$U_y(s) = \sum_{k=0}^{\infty} U_{y,k} \cdot \left[\frac{\mathrm{e}^{-kTs}}{s} - \frac{\mathrm{e}^{-(k+1)Ts}}{s}\right] = \frac{1-\mathrm{e}^{-Ts}}{s} \cdot \sum_{k=0}^{\infty} U_{y,k} \cdot \mathrm{e}^{-kTs}$$

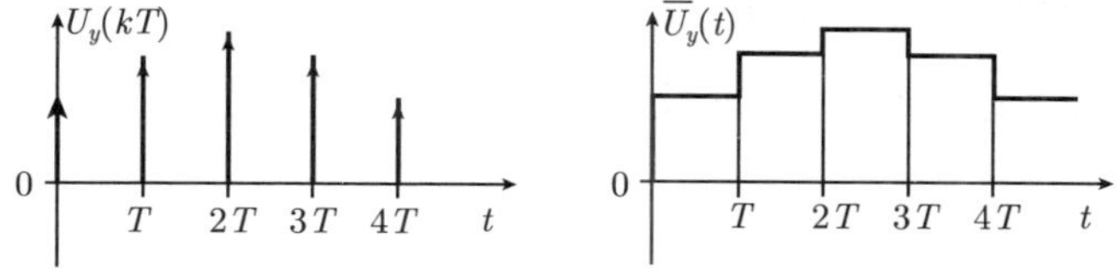

图 11.5-9 冲激序列函数 $U_y(kT)$ 和阶梯函数 $\overline{U}_y(t)$

可推广这些关系: 时间离散量 (例如调整量 $y(kT)$) 的保存可通过保持元件来实现. 通过保存形成阶梯函数 $\bar{y}(t)$:

$$\overline{y}(t) = \sum_{k=0}^{\infty} y_k \cdot [E(t-kT) - E(t-(k+1)T)]$$

$$\overline{y}(s) = \frac{1-\mathrm{e}^{-Ts}}{s} \cdot \sum_{k=0}^{\infty} y(kT) \cdot \mathrm{e}^{-kTs} = \frac{1-\mathrm{e}^{-Ts}}{s} \cdot y^*(s)$$

在频域调整量阶梯函数, 由保持元件传递函数

$$G_{\mathrm{H}}(s) = \frac{\overline{y}(s)}{y^*(s)} = \frac{1-\mathrm{e}^{-Ts}}{s}$$

和调整量冲激序列函数

$$y^*(s)=\sum_{k=0}^{\infty}y(kT)\cdot \mathrm{e}^{-kTs}$$

组成.

在信号流图中直接给出保持函数 (图 11.5-10).

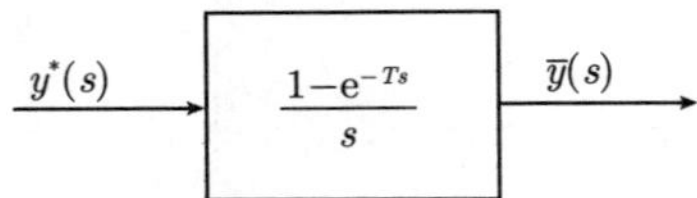

图 11.5-10　保持函数信号流图

11.5.2　z 变换

11.5.2.1　导言

由拉普拉斯变换简化具有连续输入量的微分方程解. 为计算在采样信号时生成的冲激序列和数列, z 变换具有同样意义.

> z 变换将冲激序列 $f^*(t)$ 或数列 f_k 转换为复变量 z 的函数 $f(z)$. 其目的是将冲激函数或序列耗费巨大计算, 通过变换到图域进行简单计算.

冲激序列函数的 z 变换, 可理解为离散的拉普拉斯变换.

11.5.2.2　z 变换定义

采样调节误差 $x_{\mathrm{d}}(t)$ 按照 11.5.1.2 节提供冲激序列函数

$$x_{\mathrm{d}}^*(t)=\sum_{k=0}^{\infty}x_{\mathrm{d}}(kT)\cdot\delta(t-kT)=\sum_{k=0}^{\infty}x_{\mathrm{d},k}\cdot\delta(t-kT)$$

将拉普拉斯变换应用到冲激序列函数:

$$x_{\mathrm{d}}^*(s)=L\left\{\sum_{k=0}^{\infty}x_{\mathrm{d}}(kT)\cdot\delta(t-kT)\right\}=\int_0^{\infty}\sum_{k=0}^{\infty}x_{\mathrm{d},k}\cdot\delta(t-kT)\cdot\mathrm{e}^{-st}\mathrm{d}t$$

DIRAC-冲激至采样时间点 $t=k\cdot T$ 具有无限大值, 冲激宽度趋于零, 积分提供单位面积. 因此求积分值只能给出采样时间点 kT 的值 $x_{\mathrm{d},k}\cdot\mathrm{e}^{-kTs}$, 可将其汇总为和式:

$$x_{\mathrm{d}}^*(s)=\int_0^{\infty}\sum_{k=0}^{\infty}x_{\mathrm{d},k}\cdot\delta(t-kT)\cdot\mathrm{e}^{-st}\mathrm{d}t=\sum_{k=0}^{\infty}x_{\mathrm{d},k}\cdot\mathrm{e}^{-kTs}$$

由变量 $z=\mathrm{e}^{Ts}$ 和相应的 $z^{-k}=\mathrm{e}^{-kTs}$ 可简化方程, 以便得到调节误差 $x_{\mathrm{d}}(t)$ 的 z**变换式**:

$$Z\{x_{\mathrm{d}}(kT)\}=x_{\mathrm{d}}(z)=\sum_{k=0}^{\infty}x_{\mathrm{d},k}\cdot z^{-k}$$

在冲激序列函数拉普拉斯变换时, 积分转成和式.

z 变换一般应用到序列 (11.5.1.3 节): 通过以采样时间 T 采集信号 $f(t)$ 生成的数列 $f(kT)=f_k, k=0,1,2,\cdots$, 可通过其 z 变换式 $f(z)$ 来表示:

$$Z\{f(kT)\}=Z\{f_k\}=f(z)=\sum_{k=0}^{\infty}f_k\cdot z^{-k}$$

对于拉普拉斯和 z 变换之间的关系下面结论成立:

数列 f_k 的 z 变换式 $f(z)$ 与冲激序列函数 $f^*(t)$ 的拉普拉斯变换式相等:

$$f(z)=Z\{f_k\}=Z\{f(kT)\}=L\{f^*(t)\},\quad z=\mathrm{e}^{Ts}$$

对于调节技术具有意义的所有冲激序列函数或数列, 其变换是收敛的, 也就是说, 和式具有极限值. 在计算时还要进一步研究序列. 用 Z 表示 z 变换, 而用 Z^{-1} 表示逆 z 变换.

例 11.5-2 试求参据阶跃函数的 z 变换式:

$$w(t)=E(t)$$

通过采样产生常值数列

$$w(kT)=w_k=1,\quad k=0,\,1,\,2,\,3,\cdots$$

或冲激序列函数

$$w^*(t)=\sum_{k=0}^{\infty}w_k\cdot\delta(t-kT)$$

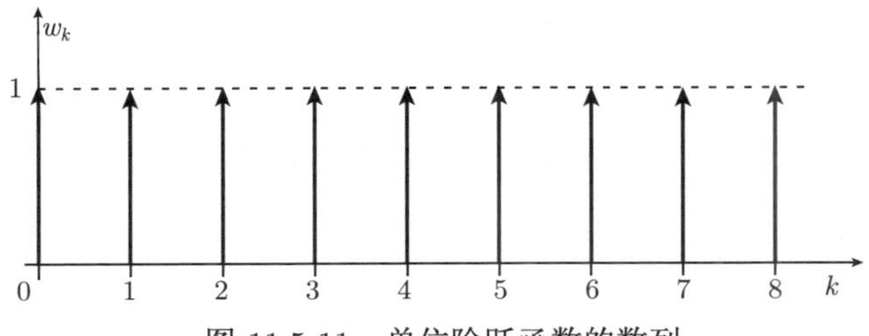

图 11.5-11 单位阶跃函数的数列

那么 z 变换式为

$$Z\{w_k\} = w(z) = \sum_{k=0}^{\infty} w_k \cdot z^{-k} = \sum_{k=0}^{\infty} z^{-k}$$

为计算几何级数, 通常从部分和式

$$z \cdot S = z \cdot \sum_{k=0}^{n} z^{-k} = z + 1 + z^{-1} + z^{-2} + z^{-3} + \cdots + z^{-n+1}$$

$$S = \sum_{k=0}^{n} z^{-k} = 1 + z^{-1} + z^{-2} + z^{-3} + \cdots + z^{-n+1} + z^{-n}$$

出发, 并构建第 1 和第 2 部分和式之差:

$$(z-1) \cdot S = (z-1) \cdot \sum_{k=0}^{n} z^{-k} = z - z^{-n}$$

为此得

$$\sum_{k=0}^{n} w_k \cdot z^{-k} = \sum_{k=0}^{n} z^{-k} = \frac{z - z^{-n}}{z-1}$$

对于 $n \to \infty$ 和 $|z| > 1$, z^{-n} 的极限 (收敛) 为零, 由此单位阶跃函数的 z 变换式为

$$\lim_{n\to\infty} \frac{z - z^{-n}}{z-1} = \frac{z}{z-1}, \quad Z\{w_k\} = w(z) = \sum_{k=0}^{\infty} w_k \cdot z^{-k} = \frac{z}{z-1}$$

例 11.5-3　试求 $w(t) = \mathrm{e}^{-\frac{t}{T_1}} \cdot E(t)$ 的 z 变换式 (图 11.5-12). $w(t)$ 具有数列

$$w(kT) = w_k = \mathrm{e}^{-\frac{kT}{T_1}}$$

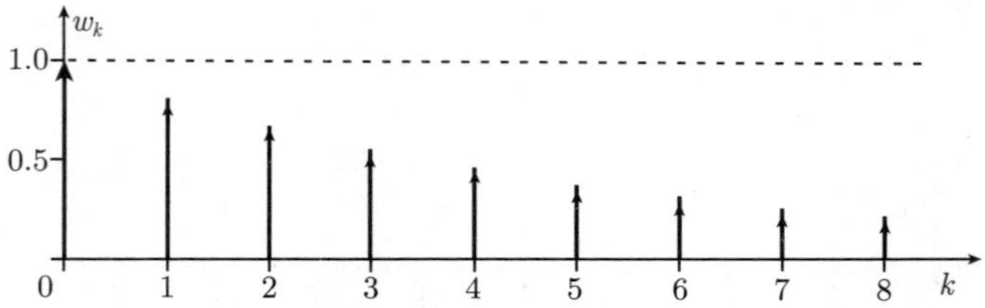

图 11.5-12　指数函数数列

那么 z 变换式为

$$w(z) = \sum_{k=0}^{\infty} w_k \cdot z^{-k} = \sum_{k=0}^{\infty} \mathrm{e}^{-\frac{kT}{T_1}} \cdot z^{-k}$$

如果进行置换

$$z' = z \cdot \mathrm{e}^{\frac{T}{T_1}}, \quad (z')^{-k} = z^{-k} \cdot \mathrm{e}^{-\frac{kT}{T_1}}$$

那么由例 11.5-2z 变换式变成为

$$w(z) = Z\left\{\mathrm{e}^{-\frac{kT}{T_1}}\right\} = \sum_{k=0}^{\infty}(z')^{-k} = \frac{z'}{z'-1} = \frac{z \cdot \mathrm{e}^{\frac{T}{T_1}}}{z \cdot \mathrm{e}^{\frac{T}{T_1}} - 1}$$

由此得

$$w(z) = Z\{w(kT)\} = Z\left\{\mathrm{e}^{-\frac{kT}{T_1}}\right\} = \frac{z}{z - \mathrm{e}^{-\frac{T}{T_1}}}$$

11.5.2.3 z 变换计算规则

变换和反变换一般是借助**表格**(11.5.2.4 节) 来进行. 用计算规则求不能列表的变换对. 对于所有计算规则和变换下式有效:

$$\boxed{f(t) = 0, \quad f^*(t) = 0, t < 0 \quad \text{和} \quad f_k = f(kT) = 0, k < 0}$$

线性定理(Linearität): z 变换是线性的. 对此, 放大原理和叠加原理有效:

$$\boxed{\begin{aligned} &Z\{a \cdot f_k\} = a \cdot Z\{f_k\} = a \cdot f(z), \\ &Z\{f_{1,k} \pm f_{2,k}\} = Z\{f_{1,k}\} \pm Z\{f_{2,k}\} = f_1(z) \pm f_2(z) \end{aligned}}$$

例 11.5-4 试确定数列

$$f_k = 2 \cdot E(kT) + \frac{kT}{T_0}$$

对于 $\dfrac{T}{T_0} = 0.5$ 的 z 变换.

$$\begin{aligned} f(z) &= Z\left\{2 \cdot E(kT) + \frac{kT}{T_0}\right\} = 2 \cdot Z\{E(kT)\} + Z\left\{\frac{kT}{T_0}\right\} \\ &= 2 \cdot \frac{z}{z-1} + \frac{T \cdot z}{T_0 \cdot (z-1)^2} = \frac{2 \cdot z^2 + \left(\dfrac{T}{T_0} - 2\right) \cdot z}{(z-1)^2} = \frac{2 \cdot z^2 - 1.5 \cdot z}{(z-1)^2} \end{aligned}$$

相似定理, 衰减定理: 由相似定理可确定与 a^k 相乘序列 $f(kT)$ 的 z 变换式, 在此假设 $Z\{f(kT)\}$ 已知.

$$\boxed{Z\{a^k \cdot f(kT)\} = f\left[\frac{z}{a}\right]}$$

特殊情况 $a^k = \mathrm{e}^{\alpha kT} = \left(\mathrm{e}^{\alpha T}\right)^k$

$$\boxed{Z\{\mathrm{e}^{\alpha kT} \cdot f(kT)\} = f(z \cdot \mathrm{e}^{-\alpha T})}$$

称为**衰减定理**, α 为任意复数.

例 11.5-5　试计算与 b^{kT} 相乘的阶跃函数的 z 变换式. 阶跃函数的 z 变换为

$$f(z) = \frac{z}{z-1}$$

用 $a^k = \left(b^T\right)^k$ 代入, 得到:

$$Z\{b^{kT} \cdot 1\} = \frac{\dfrac{z}{b^T}}{\dfrac{z}{b^T} - 1} = \frac{z}{z - b^T}$$

例 11.5-6　试计算衰减序列

$$\mathrm{e}^{-\alpha kT} \cdot \sin(\omega kT)$$

的 z 变换式. 按照表 11.5-7 正弦序列 z 变换式为

$$f(kT) = \sin(\omega kT), \quad f(z) = \frac{\sin(\omega T) \cdot z}{z^2 - 2 \cdot \cos(\omega T) \cdot z + 1}$$

$z \cdot \mathrm{e}^{\alpha T}$ 代换 z. 则变换为

$$f(kT) = \mathrm{e}^{-\alpha kT} \sin(\omega kT)$$

$$\begin{aligned} f(z) &= \frac{\mathrm{e}^{\alpha T} \cdot \sin(\omega T) \cdot z}{\mathrm{e}^{2\alpha T} \cdot z^2 - 2 \cdot \mathrm{e}^{\alpha T} \cdot \cos(\omega T) \cdot z + 1} \\ &= \frac{\mathrm{e}^{-\alpha T} \cdot \sin(\omega T) \cdot z}{z^2 - 2 \cdot \mathrm{e}^{-\alpha T} \cdot \cos(\omega T) \cdot z + \mathrm{e}^{-2\alpha T}} \end{aligned}$$

微分定理: 为求 z 变换对, 微分定理才有意义. 如果序列 $f(kT)$ 的 z 变换式是已知的, 那么通过 $f(z)$ 的微分并与 $-z \cdot T$ 相乘可确定下面的变换对:

$$\boxed{Z\{kT \cdot f(kT)\} = -T \cdot z \cdot \frac{\mathrm{d}}{\mathrm{d}z}[f(z)]}$$

例 11.5-7　试求阶跃函数的 z 变换式 (11.5-2 节):

$$f_1(t) = E(t), \quad f_{1,k} = 1^k = 1, \quad f_1(z) = \frac{z}{z-1}$$

用微分定理计算函数

$$f_2(t) = t \cdot f_1(t) = t \cdot E(t), \quad f_{2,k} = kT$$

的 z 变换式：

$$\begin{aligned} Z\{f_2(kT)\} &= Z\{kT \cdot f_1(kT)\} = -T \cdot z \cdot \frac{\mathrm{d}}{\mathrm{d}z}[f_1(z)] \\ &= -T \cdot z \cdot \frac{\mathrm{d}}{\mathrm{d}z}\left[\frac{z}{z-1}\right] = \frac{T \cdot z}{(z-1)^2} \end{aligned}$$

积分定理：如果已知 z 变换式的序列 $f(kT)$ 被 kT 除，那么可用积分定理求 $\frac{f_k}{kT}$ 的 z 变换式：

$$\boxed{Z\left\{\frac{f(kT)}{kT}\right\} = \frac{1}{T}\int_z^{\infty} \frac{f(\zeta)}{\zeta}\mathrm{d}\zeta}$$

偏微分定理(对一个参数微分)：下面为求 z 变换式对应用偏微分定理. 如果 $f(z,a)$ 为 $f(kT,a)$ 的 z 变换式, 其中 a 为一参数, 那么下面关系式成立：

在时域或频域可进行偏微分：

$$Z\left\{\frac{\partial f(kT,\, a)}{\partial a}\right\} = \frac{\partial}{\partial a} Z\{f(kT,\, a)\} = \frac{\partial f(z,\, a)}{\partial a}$$

例 11.5-8 对于函数

$$f_1(kT,\, T_1) = kT \cdot \mathrm{e}^{-\frac{kT}{T_1}}$$

试用偏微分定理

$$Z\left\{\frac{\partial f(kT,\, T_1)}{\partial T_1}\right\} = \frac{\partial f(z,\, T_1)}{\partial T_1}$$

确定 z 变换式 $f_1(z,T)$. 对于

$$f(kT,\, T_1) = \mathrm{e}^{-\frac{kT}{T_1}}$$

z 变换式 $f(z)$ 是已知的 (表 11.5-4, 序号 32)：

$$f(z,\, T_1) = \frac{z}{z - \mathrm{e}^{-\frac{T}{T_1}}}$$

偏微分定理方程的左边做这样的变换, 即它含有待变换的函数 $f_1(kT,T_1)$. 对右边进行微分：

$$\overbrace{Z\left\{\frac{\partial f(kT,\, T_1)}{\partial T_1}\right\} = Z\left\{\frac{\partial \mathrm{e}^{-\frac{kT}{T_1}}}{\partial T_1}\right\} = \frac{1}{T_1^2} \cdot Z\left\{kT \cdot \mathrm{e}^{-\frac{kT}{T_1}}\right\} = \frac{1}{T_1^2} \cdot Z\{f_1(kT,\, T_1)\} = \frac{1}{T_1^2} \cdot f_1(z,\, T_1)}^{\text{偏微分定理的左边}}$$

$$\overbrace{\frac{\partial f(z,T_1)}{\partial T_1}=\frac{\partial\left(\dfrac{z}{z-\mathrm{e}^{-\frac{T}{T_1}}}\right)}{\partial T_1}=\frac{1}{T_1^2}\cdot\frac{T\cdot\mathrm{e}^{-\frac{T}{T_1}}\cdot z}{\left(z-\mathrm{e}^{-\frac{T}{T_1}}\right)^2}}^{\text{偏微分定理的右边}}$$

由此得到所求的 z-变换式 (也可由表 11.5-4, 序号 34 查到):

$$\frac{1}{T_1^2}\cdot f_1(z,T_1)=\frac{1}{T_1^2}\cdot\frac{T\cdot\mathrm{e}^{-\frac{T}{T_1}}\cdot z}{\left(z-\mathrm{e}^{-\frac{T}{T_1}}\right)^2}$$

$$f_1(z,T_1)=Z\left\{kT\cdot\mathrm{e}^{-\frac{kT}{T_1}}\right\}=\frac{T\cdot\mathrm{e}^{-\frac{T}{T_1}}\cdot z}{\left(z-\mathrm{e}^{-\frac{T}{T_1}}\right)^2}$$

偏积分定理(对一参数积分): 相应于偏微分应用, 这个定理同样地也仅用于求 z 变换对. 如果 $f(z,a)$ 是 $f(kT,a)$ 的 z 变换式, 其中 a 是一参数, 那么下面关系式成立:

在时域或频域可进行偏积分:

$$Z\left\{\int_{a_1}^{a_2} f(kT,\,a)\,\mathrm{d}a\right\}=\int_{a_1}^{a_2} Z\left\{f(kT,\,a)\right\}\mathrm{d}a=\int_{a_1}^{a_2} f(z,\,a)\,\mathrm{d}a$$

右位移定理: 应将冲激序列 $f_{1,k}$ 向右位移 n 个采样步.

在时域将冲激右移一个采样步, 而在频域则是通过乘 e^{-Ts} 来实现的. 与其定义对应, 将 z 变换乘以 z^{-1}. 位移 n 个采样步导出与 z^{-n} 的乘法. 那么对于图 11.5-13 冲激序列为

$$f_2(z)=z^{-2}\cdot f_1(z)$$

z^{-1} 也称为**位移算子**. 对于向右位移冲激序列的 z 变换下式成立:

$$\boxed{Z\{f_{k-n}\}=Z\{f(kT-nT)\}=z^{-n}\cdot Z\{f(kT)\}=z^{-n}\cdot f(z)}$$

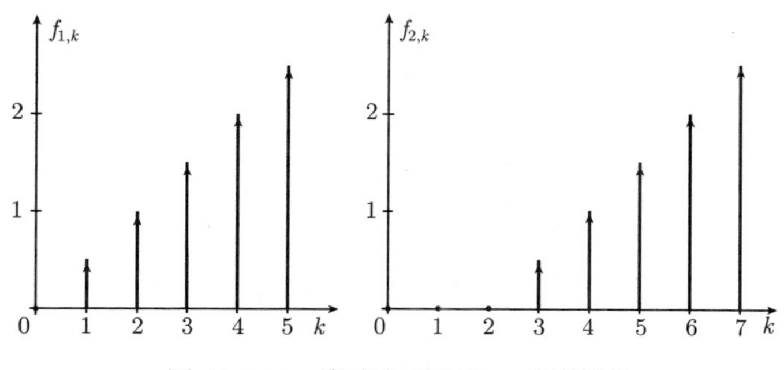

图 11.5-13 序列向右位移 2 个采样步

右位移在实现调节算法时是必需的, 该算法要在以前采样时间点上存取数据. 例如需要调节误差 $x_{\mathrm{d}}(kT-T)=x_{\mathrm{d},k-1}$ 值. 从 $k-1$ 采样步过渡到 k 步时, 要保持该调节误差值, 并用于计算实际调整值 y_k.

例 11.5-9 对于具有一般系数的 PID 调节算法

$$y_k=a_1\cdot y_{k-1}+b_0\cdot x_{\mathrm{d},k}+b_1\cdot x_{\mathrm{d},k-1}+b_2\cdot x_{\mathrm{d},k-2}$$

试确定调整量的 z 变换式和调节器的 z 传递函数 $G_{\mathrm{R}}(z)$, 其中初值应为零:

$$\begin{aligned}
Z\{y_k\}&=Z\{a_1\cdot y_{k-1}+b_0\cdot x_{\mathrm{d},k}+b_1\cdot x_{\mathrm{d},k-1}+b_2\cdot x_{\mathrm{d},k-2}\}\\
y(z)&=a_1\cdot z^{-1}\cdot y(z)+b_0\cdot x_{\mathrm{d}}(z)+b_1\cdot z^{-1}\cdot x_{\mathrm{d}}(z)+b_2\cdot z^{-2}\cdot x_{\mathrm{d}}(z)\\
y(z)&=\frac{b_0+b_1\cdot z^{-1}+b_2\cdot z^{-2}}{1-a_1\cdot z^{-1}}\cdot x_{\mathrm{d}}(z)=\frac{b_0\cdot z^2+b_1\cdot z+b_2}{z^2-a_1\cdot z}\cdot x_{\mathrm{d}}(z)\\
&=G_{\mathrm{R}}(z)\cdot x_{\mathrm{d}}(z)
\end{aligned}$$

左位移定理: 在冲激序列向左位移 n 个采样步时会失掉起初 n 个函数 $f_{1,k}$ 值, 因为 z 变换仅是对 $k\geqslant 0$ 时定义的.

左位移 n 个采样步导出与 z^n 的乘法, 它将减掉起初 n 个值. 由图 11.5-14 冲激序列得到:

$$f_2(z)=z^2\cdot\left[f_1(z)-f_1(0)-f_1(1)\cdot z^{-1}\right]$$

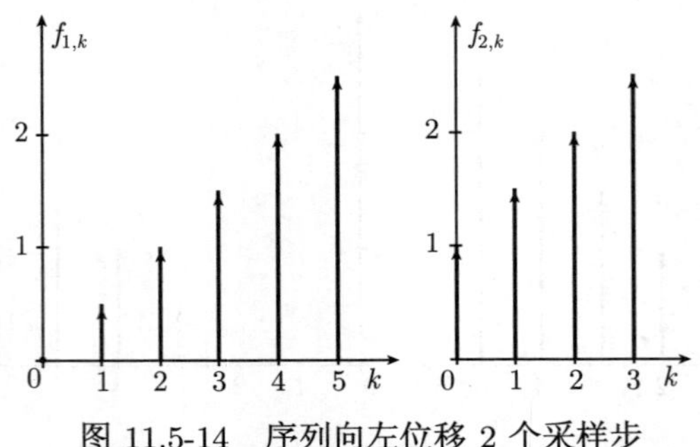

图 11.5-14　序列向左位移 2 个采样步

对于向左位移冲激序列的 z 变换, 下式成立:

$$\boxed{Z\{f_{k+n}\} = Z\{f(kT+nT)\} = z^n \cdot \left[f(z) - \sum_{i=0}^{n-1} f(iT)\cdot z^{-i}\right]}$$

反向差分定理: 差分的 z 变换

$$Z\{f(kT) - f(kT-T)\} = Z\{f_k - f_{k-1}\}$$

应用右位移定理

$$f(z) - z^{-1}\cdot f(z) = (1-z^{-1})\cdot f(z) = \frac{z-1}{z}\cdot f(z)$$

导出反向差分计算规则:

$$\boxed{Z\{f_k - f_{k-1}\} = Z\{f(kT) - f(kT-T)\} = \frac{z-1}{z}\cdot f(z)}$$

例 11.5-10　如果反向差分

$$x_{\mathrm{d},k} - x_{\mathrm{d},k-1}$$

被采样时间 T 除, 那么按照与微分增益 K_D 的乘法得到按 11.2.3.3 节微分算法 I 型的 z 传递函数:

$$y_k = \frac{K_\mathrm{D}}{T}\cdot(x_{\mathrm{d},k} - x_{\mathrm{d},k-1}),\quad y(z) = \frac{K_\mathrm{D}}{T}\cdot\frac{z-1}{z}\cdot x_\mathrm{d}(z) = G_\mathrm{R}(z)\cdot x_\mathrm{d}(z)$$

正向差分定理: 差分的 z 变换式

$$Z\{f(kT+T) - f(kT)\} = Z\{f_{k+1} - f_k\}$$

由左位移定理计算:

$$z \cdot (f(z) - f(0)) - f(z) = (z - 1) \cdot f(z) - z \cdot f(0)$$

正向差分计算规则:

$$\boxed{Z\{f_{k+1} - f_k\} = Z\{f(kT + T) - f(kT)\} = (z - 1) \cdot f(z) - z \cdot f(0)}$$

加法定理: 序列部分和可由加法定理确定:

$$\boxed{Z\left\{\sum_{i=0}^{k} f_i\right\} = Z\left\{\sum_{i=0}^{k} f(iT)\right\} = \frac{z}{z-1} \cdot f(z)}$$

卷积定理: 两个序列卷积的 z 变换式等于序列 z 变换式的乘积:

$$\boxed{Z\{f_1(kT) * f_2(kT)\} = Z\left\{\sum_{i=0}^{k} f_1(iT) \cdot f_2(kT - iT)\right\} = f_1(z) \cdot f_2(z)}$$

如果时间离散系统通过差分方程给出, 那么可求 z 传递函数. 在拉普拉斯传递函数 $G(s)$ 反变换时产生权函数 $g(t)$, 相应地通过 z 传递函数 $G(z)$ 的反变换得到权序列 $g_k = g(kT)$. 如果预先给出输入量, 那么按照卷积定理由 z 传递函数 $G(z)$ 与输入量 z 传递函数乘积计算输出量.

例 11.5-11 具有一般系数 PID 调节算法由差分方程

$$y_k = a_1 \cdot y_{k-1} + b_0 \cdot x_{\mathrm{d},k} + b_1 \cdot x_{\mathrm{d},k-1} + b_2 \cdot x_{\mathrm{d},k-2}$$

给出, 试确定调整量 $y(z)$, 其中接入阶跃序列 $x_{\mathrm{d},k}$, 其初值为零:

$$x_{\mathrm{d},k} = 1^k = 1, \quad k = 0, 1, 2, \cdots, \quad x_{\mathrm{d}}(z) = \frac{z}{z-1}$$

按照例 11.5-9 计算 z 传递函数:

$$G_{\mathrm{R}}(z) = \frac{b_0 + b_1 \cdot z^{-1} + b_2 \cdot z^{-2}}{1 - a_1 \cdot z^{-1}} = \frac{b_0 \cdot z^2 + b_1 \cdot z + b_2}{z^2 - a_1 \cdot z}$$

对于调整量 $y(z)$ 得到:

$$y(z) = Z\{g_{\mathrm{R},k} * x_{\mathrm{d},k}\} = G_{\mathrm{R}}(z) \cdot x_{\mathrm{d}}(z) = \frac{b_0 \cdot z^2 + b_1 \cdot z + b_2}{z^2 - a_1 \cdot z} \cdot \frac{z}{z-1}$$

与拉普拉斯变换对应, 对于 z 变换也存在边界值定理, 它建立时域初值和终值与图域边界值的关系.

初值定理: 数列 $f(kT)$ 的初值 $f(0)$ 为

$$\boxed{f_0 = f(kT=0) = \lim_{z\to\infty} f(z)}$$

终值定理: 如果终值存在的话, 那么可确定数列 $f(kT)$ 的终值 $f(\infty)$:

$$\boxed{f_\infty = f(kT\to\infty) = \lim_{z\to 1+} (z-1)\cdot f(z)}$$

$z \to +1$ 说明, 求右侧边界值. 一般 $f(z)$ 为截断有理函数. 当其幅值分母的所有零点 (函数 $f(z)$ 的极点) 小于 1, 且允许具有 $z_1 = 1$ 的单一极点时, 终值定理成立.

计算调节回路稳态量, 需用边界值定理. 终值定理对于**稳态调节误差**$x_\mathrm{d}\ (t\to\infty)$ 计算是很重要的.

例 11.5-12　对于调节回路 (例 11.4-1), 已求过被调节量的差分方程. 试确定对于阶跃接入被调节量序列 x_k 的终值:

$$x_k = 1.5\cdot x_{k-1} - 0.625\cdot x_{k-2} + 0.5\cdot w_{k-1} - 0.375\cdot w_{k-2}$$

差分方程的 z 变换:

$$x(z) = 1.5\cdot x(z)\cdot z^{-1} - 0.625\cdot x(z)\cdot z^{-2} + 0.5\cdot w(z)\cdot z^{-1} - 0.375\cdot w(z)\cdot z^{-2}$$

z 传递函数:

$$x(z)\cdot(1 - 1.5\cdot z^{-1} + 0.625\cdot z^{-2}) = w(z)\cdot(0.5\cdot z^{-1} - 0.375\cdot z^{-2})$$

$$G(z) = \frac{x(z)}{w(z)} = \frac{0.5\cdot z^{-1} - 0.375\cdot z^{-2}}{1 - 1.5\cdot z^{-1} + 0.625\cdot z^{-2}} = \frac{0.5\cdot z - 0.375}{z^2 - 1.5\cdot z + 0.625}$$

z 变换式 $w(z), x(z)$:

$$w_k = 1,\quad w(z) = \frac{z}{z-1},\quad x(z) = G(z)\cdot w(z) = \frac{0.5\cdot z - 0.375}{z^2 - 1.5\cdot z + 0.625}\cdot\frac{z}{z-1}$$

终值 $x_\infty = x(kT\to\infty)$:

$$\begin{aligned} x(kT\to\infty) &= \lim_{z\to 1+} (z-1)\cdot x(z) = \lim_{z\to 1+} \frac{(z-1)\cdot(0.5\cdot z^2 - 0.375\cdot z)}{(z^2 - 1.5\cdot z + 0.625)\cdot(z-1)} \\ &= \lim_{z\to 1+} \frac{0.5\cdot z^2 - 0.375\cdot z}{z^2 - 1.5\cdot z + 0.625} = \frac{0.125}{0.125} = 1 \end{aligned}$$

对于 $kT\to\infty$ 被调节量达到希望值 1, 调节回路无稳态调节误差:

$$x_\mathrm{d}(kT\to\infty) = w(kT\to\infty) - x(kT\to\infty) = 1 - 1 = 0$$

11.5.2.4 z 变换表

表 11.5-1 含有用于 z 变换的计算规则. 在表 11.5-2 至表 11.5-8 中, 对于在调节技术中有意义的函数, 对照给出连续时间函数和作为采样序列的采样时间函数所属的拉普拉斯变换和 z 变换. 变换对按下列分组排列:

- 基本函数和归一化单位函数,
- 通用底的指数函数,
- 以e为底的指数函数 (e函数), 双曲线函数,
- 谐波函数, 具有指数函数的谐波函数,
- 调节技术环节冲激响应函数,
- 特殊序列.

在表中未包含的变换对可借助部分分式展开求得, 或查参考文献 z 变换表来提取.

> 所有连续时间函数和采样时间函数仅对 $t \geqslant 0, kT \geqslant 0$ 有效:
>
> $$f(t) = 0, \quad t < 0; \quad f(kT) = 0, \quad k < 0$$

为便于在数字调节技术中应用变换表, 给出具有采样时间 T 的变换对. 为解差分方程, 在数字滤波器技术问题或一般在序列函数变换时通常不需要参数 T, 为此可令 T 为 1:

> 在一些应用中不需要参数 T, 在这些情况该参数在变换对中用 1 来取代.

在调节技术中, 由于实际原因按自变量表示函数是有意义的和惯用的. 这样下列函数表示:

$f(t),\ x(t)$ = 连续时间函数,
$f(kT),\ x(kT)$ = 离散时间函数,
$f(\mathrm{j}\omega),\ x(\mathrm{j}\omega)$ = 谐波函数,
$f(s),\ x(s)$ = 拉普拉斯变换时间函数,
$f(z),\ x(z)$ = z变换时间函数,
$F(\mathrm{j}\omega),\ F_{\mathrm{S}}(\mathrm{j}\omega)$ = 频率特性传递函数,
$G(s),\ G_{\mathrm{S}}(s)$ = 拉普拉斯传递函数,
$G(z),\ G_{\mathrm{S}}(z)$ = z传递函数.

表 11.5-1　z 变换计算规则

z 变换	$Z\{f(kT)\}=Z\{f_k\}=f(z)=\sum\limits_{k=0}^{\infty} f_k \cdot z^{-k}$
z 反变换	$f_k=Z^{-1}\{f(z)\}=\dfrac{1}{2\pi\mathrm{j}}\oint f(z)\cdot z^{k-1}\mathrm{d}z$
线性定理:	
放大原理	$Z\{a\cdot f(kT)\}=a\cdot Z\{f(kT)\}=a\cdot f(z)$
叠加原理	$Z\{f_1(kT)\pm f_2(kT)\}=Z\{f_1(kT)\}\pm Z\{f_2(kT)\}=f_1(z)\pm f_2(z)$
微分定理:	$Z\{kT\cdot f(kT)\}=-T\cdot z\cdot\dfrac{\mathrm{d}f(z)}{\mathrm{d}z}$ $Z\{(kT)^n\cdot f(kT)\}=[-T\cdot z]^n\cdot\dfrac{\mathrm{d}^n f(z)}{\mathrm{d}z^n}$
积分定理:	$Z\left\{\dfrac{f(kT)}{kT}\right\}=\dfrac{1}{T}\int_z^{\infty}\dfrac{f(\zeta)}{\zeta}\mathrm{d}\zeta$
偏微分定理:	$Z\left\{\dfrac{\partial f(kT,a)}{\partial a}\right\}=\dfrac{\partial}{\partial a}Z\{f(kT,a)\}=\dfrac{\partial f(z,a)}{\partial a}$
偏积分定理	$Z\left\{\int_{a_1}^{a_2} f(kT,a)\,\mathrm{d}a\right\}=\int_{a_1}^{a_2} Z\{f(kT,a)\}\,\mathrm{d}a=\int_{a_1}^{a_2} f(z,a)\,\mathrm{d}a$
相似定理:	$Z\{a^k\cdot f(kT)\}=f\left[\dfrac{z}{a}\right]$ $Z\{a^{kT}\cdot f(kT)\}=f\left[\dfrac{z}{a^T}\right]$
衰减定理	$Z\{\mathrm{e}^{\alpha kT}\cdot f(kT)\}=f(z\cdot\mathrm{e}^{-\alpha T})$

(续)

位移定理: 右位移 左位移	$Z\{f(kT-nT)\}=z^{-n}\cdot Z\{f(kT)\}=z^{-n}\cdot f(z)$ $Z\{f(kT+nT)\}=z^{n}\cdot\left[f(z)-\sum\limits_{i=0}^{n-1}f(iT)\cdot z^{-i}\right]$
差分定理: 反向差分 正向差分	$Z\{f(kT)-f(kT-T)\}=\dfrac{z-1}{z}\cdot f(z)$ $Z\{f(kT+T)-f(kT)\}=(z-1)\cdot f(z)-z\cdot f(0)$
加法定理:	$Z\left\{\sum\limits_{i=0}^{k}f(iT)\right\}=\dfrac{z}{z-1}\cdot f(z)$ $Z\left\{\sum\limits_{i=0}^{k-1}f(iT)\right\}=\dfrac{f(z)}{z-1}$
下标变换:	$f_1(iT)=f_2(kT),\quad i=n\cdot k,\ n=1,\ 2,\ \cdots$ $f_1(iT)=0$, 对于其他值 $f_1(z)=f_2(z^n)$
卷积定理:	$Z\{f_1(kT)*f_2(kT)\}=Z\left\{\sum\limits_{i=0}^{k}f_1(iT)\cdot f_2(kT-iT)\right\}=f_1(z)\cdot f_2(z)$
边界值定理: 初值定理 终值定理 边界值定理	$f(kT=0)=\lim\limits_{z\to\infty}f(z)$ $f(kT\to\infty)=\lim\limits_{z\to 1+}(z-1)\cdot f(z)$ $\sum\limits_{k=0}^{\infty}f(kT)=\lim\limits_{z\to 1+}f(z)$ (以上三式)当边界值存在时

表 11.5-2　基本函数 z 变换式

序号	$f(s)$,	$f(z)$	$f(t),\ t \geqslant 0$, $f(kT),\ k \geqslant 0$	
1	—	1	— $\delta(k), \delta_{k,0},\ 0^k$	单位冲激序列, DIRAC序列
2	—	$z^{-1},\ \dfrac{1}{z}$	— $\delta(k-1),\ \delta_{k,1}$	移位单位冲激序列, DIRAC序列
3	—	$z^{-n},\ \dfrac{1}{z^n}$	— $\delta(k-n),\ \delta_{k,n}$	移位单位冲激序列, DIRAC序列
4	$\dfrac{1}{s}$,	$\dfrac{z}{z-1}$	$E(t)$, $E(kT),\ 1^k$	单位阶跃函数, 单位阶跃序列
5	$\dfrac{\mathrm{e}^{-Ts}}{s}$,	$\dfrac{1}{z-1}$	$E(t-T)$, $E(kT-T)$	移位单位阶跃函数, 移位单位阶跃序列
6	$\dfrac{1-\mathrm{e}^{-Ts}}{s}$,	1	$E(t)-E(t-T)$, $E(kT)-E(kT-T)$	单位矩形冲激函数, 单位矩形冲激序列
7	$\dfrac{1}{s^2}$,	$\dfrac{T \cdot z}{(z-1)^2}$	t, kT	单位斜坡函数, 单位斜坡序列
8	$\dfrac{\mathrm{e}^{-Ts}}{s^2}$,	$\dfrac{T}{(z-1)^2}$	$(t-T) \cdot E(t-T)$, $(kT-T) \cdot E(kT-T)$	移位单位斜坡函数, 移位单位斜坡序列
9	$\dfrac{1}{s^3}$,	$\dfrac{T^2 \cdot (z+1) \cdot z}{2 \cdot (z-1)^3}$	$\dfrac{t^2}{2}$, $\dfrac{(kT)^2}{2}$	单位抛物线函数, 单位抛物线序列
10	$\dfrac{1}{s^4}$,	$\dfrac{T^3 \cdot (z^2+4 \cdot z+1) \cdot z}{6 \cdot (z-1)^4}$	$\dfrac{t^3}{6}$, $\dfrac{(kT)^3}{6}$	

(续)

序号	$f(s)$, $f(z)$	$f(t), t \geqslant 0$, $f(kT), k \geqslant 0$
11	$\dfrac{1}{s^{n+1}}$, $\dfrac{-T \cdot z}{n!} \cdot \dfrac{\mathrm{d}}{\mathrm{d}z} Z\{(kT)^{n-1}\}$, $\lim\limits_{a \to 0} \dfrac{(-1)^n}{n!} \cdot \dfrac{\mathrm{d}^n}{\mathrm{d}a^n} \left(\dfrac{z}{z-\mathrm{e}^{-aT}}\right)$	$\dfrac{t^n}{n!}$, $\quad n = 1, 2, 3, \cdots$ $\dfrac{(kT)^n}{n!}$
12	$\dfrac{2 - 3 \cdot T \cdot s + 2 \cdot T^2 \cdot \mathrm{e}^{-Ts} \cdot s^2}{2 \cdot s^3}$, $\dfrac{T^2}{(z-1)^3}$	$\dfrac{t \cdot (t - 3T)}{2} + T^2 \cdot E(t - T)$, $\dfrac{kT \cdot (kT - 3 \cdot T)}{2} + T^2 \cdot E(kT - T)$
13	$\dfrac{2 - T \cdot s}{2 \cdot s^3}$, $\dfrac{T^2 \cdot z}{(z-1)^3}$	$\dfrac{t \cdot (t - T)}{2}$, $\dfrac{kT \cdot (kT - T)}{2} = T^2 \cdot \binom{k}{2}$
14	$\dfrac{2 + T \cdot s}{2 \cdot s^3}$, $\dfrac{T^2 \cdot z^2}{(z-1)^3}$	$\dfrac{t \cdot (t + T)}{2}$, $\dfrac{kT \cdot (kT + T)}{2} = T^2 \cdot \binom{k+1}{2}$
15	$\dfrac{6 - 12 \cdot T \cdot s + 11 \cdot T^2 \cdot s^2}{6 \cdot s^4} - \dfrac{6 \cdot T^3 \cdot \mathrm{e}^{-T \cdot s} \cdot s^3}{6 \cdot s^4}$, $\dfrac{T^3}{(z-1)^4}$	$\dfrac{t \cdot (t^2 - 6 \cdot t \cdot T + 11 \cdot T^2)}{6} - T^3 \cdot E(t - T)$, $\dfrac{kT \cdot ((kT)^2 - 6 \cdot kT^2 + 11 \cdot T^2)}{6} - T^3 \cdot E(kT - T)$
16	$\dfrac{3 - 3 \cdot T \cdot s + T^2 \cdot s^2}{3 \cdot s^4}$, $\dfrac{T^3 \cdot z}{(z-1)^4}$	$\dfrac{t \cdot (t - T) \cdot (t - 2 \cdot T)}{6}$, $\dfrac{kT \cdot (kT - T) \cdot (kT - 2 \cdot T)}{6} = T^3 \cdot \binom{k}{3}$

(续)

序号	$f(s)$, $f(z)$	$f(t),\ t \geqslant 0$, $f(kT),\ k \geqslant 0$
17	$\dfrac{6 - T^2 \cdot s^2}{6 \cdot s^4}$, $\dfrac{T^3 \cdot z^2}{(z-1)^4}$	$\dfrac{t \cdot (t^2 - T^2)}{6}$, $\dfrac{kT \cdot ((kT)^2 - T^2)}{6} = T^3 \cdot \binom{k+1}{3}$
18	$\dfrac{3 + 3 \cdot T \cdot s + T^2 \cdot s^2}{3 \cdot s^4}$, $\dfrac{T^3 \cdot z^3}{(z-1)^4}$	$\dfrac{t \cdot (t+T) \cdot (t + 2 \cdot T)}{6}$, $\dfrac{kT \cdot (kT + T) \cdot (kT + 2 \cdot T)}{6} = T^3 \cdot \binom{k+2}{3}$
19	—, $\dfrac{T^n \cdot z}{(z-1)^{n+1}}$	$\dfrac{t \cdot (t-T) \cdot (t-2T) \cdots (t-(n-1) \cdot T)}{n!}$, $\dfrac{kT \cdot (kT-T) \cdots (kT-(n-1) \cdot T)}{n!} = T^n \cdot \binom{k}{n}$

表 11.5-3　指数函数 z 变换式

序号	$f(s)$, $f(z)$	$f(t),\ t \geqslant 0$, $f(kT),\ kT \geqslant 0$
20	$\dfrac{T}{T \cdot s - \ln a}$, $\dfrac{z}{z-a}$ $\dfrac{T_1}{T_1 \cdot s - \ln a}$, $\dfrac{z}{z - a^{\frac{T}{T_1}}}$	$a^{\frac{t}{T}}$, a^k $a^{\frac{t}{T_1}}$, $a^{\frac{kT}{T_1}}$

(续)

序号	$f(s)$, $f(z)$	$f(t),\ t\geqslant 0$, $f(kT),\ kT\geqslant 0$
21	$\dfrac{2\cdot T^2\cdot s-T\cdot\ln(a\cdot b)}{(T\cdot s-\ln a)\cdot(T\cdot s-\ln b)}$, $\dfrac{(2\cdot z-a-b)\cdot z}{(z-a)\cdot(z-b)}$ $\dfrac{2\cdot T_1\cdot T_2\cdot s-T_1\cdot\ln b-T_2\cdot\ln a}{(T_1\cdot s-\ln a)\cdot(T_2\cdot s-\ln b)}$, $\dfrac{\left(2\cdot z-a^{\frac{T}{T_1}}-b^{\frac{T}{T_2}}\right)\cdot z}{\left(z-a^{\frac{T}{T_1}}\right)\cdot\left(z-b^{\frac{T}{T_2}}\right)}$	$a^{\frac{t}{T}}+b^{\frac{t}{T}}$, a^k+b^k $a^{\frac{t}{T_1}}+b^{\frac{t}{T_2}}$, $a^{\frac{kT}{T_1}}+b^{\frac{kT}{T_2}}$
22	$\dfrac{T\cdot\ln\left(\frac{a}{b}\right)}{(T\cdot s-\ln a)\cdot(T\cdot s-\ln b)}$, $\dfrac{(a-b)\cdot z}{(z-a)\cdot(z-b)}$ $\dfrac{T_2\cdot\ln a-T_1\cdot\ln b}{(T_1\cdot s-\ln a)\cdot(T_2\cdot s-\ln b)}$, $\dfrac{\left(a^{\frac{T}{T_1}}-b^{\frac{T}{T_2}}\right)\cdot z}{\left(z-a^{\frac{T}{T_1}}\right)\cdot\left(z-b^{\frac{T}{T_2}}\right)}$	$a^{\frac{t}{T}}-b^{\frac{t}{T}}$, a^k-b^k $a^{\frac{t}{T_1}}-b^{\frac{t}{T_2}}$, $a^{\frac{kT}{T_1}}-b^{\frac{kT}{T_2}}$
23	$\dfrac{T\cdot a^{-1}}{(T\cdot s-\ln a)^2}$, $\dfrac{z}{(z-a)^2}$ $\dfrac{T_1^2\cdot a^{-\frac{T}{T_1}}}{(T_1\cdot s-\ln a)^2}$, $\dfrac{T\cdot z}{\left(z-a^{\frac{T}{T_1}}\right)^2}$	$\dfrac{t}{T}\cdot a^{\frac{t-T}{T}}$, $k\cdot a^{k-1}$ $t\cdot a^{\frac{t-T}{T_1}}$, $kT\cdot a^{\frac{(k-1)T}{T_1}}$

(续)

序号	$f(s)$, $f(z)$	$f(t),\ t \geqslant 0$, $f(kT),\ kT \geqslant 0$
24	$\dfrac{T}{(T\cdot s-\ln a)^2}$, $\dfrac{a\cdot z}{(z-a)^2}$ $\dfrac{T_1^2}{(T_1\cdot s-\ln a)^2}$, $\dfrac{T\cdot a^{\frac{T}{T_1}}\cdot z}{\left(z-a^{\frac{T}{T_1}}\right)^2}$	$\dfrac{t}{T}\cdot a^{\frac{t}{T}}$, $k\cdot a^k$ $t\cdot a^{\frac{t}{T_1}}$, $kT\cdot a^{\frac{kT}{T_1}}$
25	$\dfrac{2\cdot T}{(T\cdot s-\ln a)^3}$, $\dfrac{a\cdot(z+a)\cdot z}{(z-a)^3}$ $\dfrac{2\cdot T_1^3}{(T_1\cdot s-\ln a)^3}$, $\dfrac{T^2\cdot a^{\frac{T}{T_1}}\cdot\left(z+a^{\frac{T}{T_1}}\right)\cdot z}{\left(z-a^{\frac{T}{T_1}}\right)^3}$	$\dfrac{t^2}{T^2}\cdot a^{\frac{t}{T}}$, $k^2\cdot a^k$ $t^2\cdot a^{\frac{t}{T_1}}$, $(kT)^2\cdot a^{\frac{kT}{T_1}}$
26	$\dfrac{6\cdot T}{(T\cdot s-\ln a)^4}$, $\dfrac{a\cdot(z^2+4\cdot a\cdot z+a^2)\cdot z}{(z-a)^4}$ $\dfrac{6\cdot T_1^4}{(T_1\cdot s-\ln a)^4}$, $\dfrac{T^3\cdot a^{\frac{T}{T_1}}\cdot\left(z^2+4\cdot a^{\frac{T}{T_1}}\cdot z+a^{2\frac{T}{T_1}}\right)\cdot z}{\left(z-a^{\frac{T}{T_1}}\right)^4}$	$\dfrac{t^3}{T^3}\cdot a^{\frac{t}{T}}$, $k^3\cdot a^k$ $t^3\cdot a^{\frac{t}{T_1}}$, $(kT)^3\cdot a^{\frac{kT}{T_1}}$

(续)

序号	$f(s)$, $f(z)$	$f(t),\ t \geqslant 0$, $f(kT),\ kT \geqslant 0$
27	$\dfrac{\ln a}{(\ln a - T \cdot s) \cdot s}$,	$E(t) - a^{\frac{t}{T}},\ \left(1 - a^{\frac{t}{T}}\right)$,
	$\dfrac{(1-a) \cdot z}{(z-1) \cdot (z-a)}$	$E(kT) - a^k,\ (1^k - a^k)$
	$\dfrac{\ln a}{(\ln a - T_1 \cdot s) \cdot s}$,	$E(t) - a^{\frac{t}{T_1}},\ \left(1 - a^{\frac{t}{T_1}}\right)$,
	$\dfrac{\left(1 - a^{\frac{T}{T_1}}\right) \cdot z}{(z-1) \cdot \left(z - a^{\frac{T}{T_1}}\right)}$	$E(kT) - a^{\frac{kT}{T_1}},\ \left(1^k - a^{\frac{kT}{T_1}}\right)$
28	$\dfrac{\omega T}{(T \cdot s - \ln a)^2 + \omega^2}$,	$a^{\frac{t}{T}} \cdot \sin\left(\dfrac{\omega t}{T}\right)$,
	$\dfrac{a \cdot \sin(\omega) \cdot z}{z^2 - 2 \cdot a \cdot \cos(\omega) \cdot z + a^2}$	$a^k \cdot \sin(\omega k)$
	$\dfrac{\omega \cdot T_1^2}{(T_1 \cdot s - \ln a)^2 + \omega^2 \cdot T_1^2}$,	$a^{\frac{t}{T_1}} \cdot \sin(\omega t)$,
	$\dfrac{a^{\frac{T}{T_1}} \cdot \sin(\omega T) \cdot z}{z^2 - 2 \cdot a^{\frac{T}{T_1}} \cdot \cos(\omega T) \cdot z + a^{2\frac{T}{T_1}}}$	$a^{\frac{kT}{T_1}} \cdot \sin(\omega kT)$
29	$\dfrac{T \cdot (T \cdot s - \ln a)}{(T \cdot s - \ln a)^2 + \omega^2}$,	$a^{\frac{t}{T}} \cdot \cos\left(\dfrac{\omega t}{T}\right)$,
	$\dfrac{z^2 - a \cdot \cos(\omega) \cdot z}{z^2 - 2 \cdot a \cdot \cos(\omega) \cdot z + a^2}$	$a^k \cdot \cos(\omega k)$
	$\dfrac{T_1 \cdot (T_1 \cdot s - \ln a)}{(T_1 \cdot s - \ln a)^2 + \omega^2 \cdot T_1^2}$,	$a^{\frac{t}{T_1}} \cdot \cos(\omega t)$,
	$\dfrac{z^2 - a^{\frac{T}{T_1}} \cdot \cos(\omega T) \cdot z}{z^2 - 2 \cdot a^{\frac{T}{T_1}} \cdot \cos(\omega T) \cdot z + a^{2\frac{T}{T_1}}}$	$a^{\frac{kT}{T_1}} \cdot \cos(\omega kT)$

(续)

序号	$f(s)$, $f(z)$	$f(t),\ t \geqslant 0$, $f(kT),\ kT \geqslant 0$
30	$\dfrac{T^2 \cdot s}{T^2 \cdot s^2 + \pi^2}$, $\dfrac{z}{z+1}$	$\cos\left(\dfrac{t}{T} \cdot \pi\right)$, $(-1)^k,\ \cos(k \cdot \pi)$
31	$\dfrac{T \cdot (T \cdot s - \ln a)}{(T \cdot s - \ln a)^2 + \pi^2}$, $\dfrac{z}{z+a}$ $\dfrac{T_1 \cdot (T_1 \cdot s - \ln a)}{(T_1 \cdot s - \ln a)^2 + \left(\dfrac{T_1}{T}\right)^2 \cdot \pi^2}$, $\dfrac{z}{z + a^{\frac{T}{T_1}}}$	$a^{\frac{t}{T}} \cdot \cos\left(\dfrac{t}{T} \cdot \pi\right)$, $(-a)^k,\ a^k \cdot \cos(k \cdot \pi)$ $a^{\frac{t}{T_1}} \cdot \cos\left(\dfrac{t}{T} \cdot \pi\right)$, $\left(-a^{\frac{T}{T_1}}\right)^k,\ a^{\frac{kT}{T_1}} \cdot \cos(k \cdot \pi)$

一般指数函数换算成 e 函数
$e^{y\frac{t}{T}} = a^{x\frac{t}{T}},\quad e^{yk} = a^{xk},\quad y = x\ln a,\quad e^{yt} = a^{\frac{t}{T_1}},\quad e^{ykT} = a^{\frac{kT}{T_1}},\quad y = \dfrac{\ln a}{T_1}$

表 11.5-4　e 函数 z 变换式

序号	$f(s)$, $f(z)$	$f(t),\ t \geqslant 0$, $f(kT),\ kT \geqslant 0$
32	$\dfrac{T_1}{T_1 \cdot s + 1}$, $\dfrac{z}{z - e^{-\frac{T}{T_1}}}$ $\dfrac{1}{s+a}$, $\dfrac{z}{z - e^{-aT}}$	$e^{-\frac{t}{T_1}}$, $e^{-\frac{kT}{T_1}}$ e^{-at}, e^{-akT}

(续)

序号	$f(s)$, $f(z)$	$f(t),\ t \geqslant 0$, $f(kT),\ kT \geqslant 0$
33	$\dfrac{T_1 - T_2}{(T_1 \cdot s + 1) \cdot (T_2 \cdot s + 1)},\quad T_1 \neq T_2,$ $\dfrac{\left(e^{-\frac{T}{T_1}} - e^{-\frac{T}{T_2}}\right) \cdot z}{\left(z - e^{-\frac{T}{T_1}}\right) \cdot \left(z - e^{-\frac{T}{T_2}}\right)}$ $\dfrac{b - a}{(s + a) \cdot (s + b)},\quad a \neq b,$ $\dfrac{\left(e^{-aT} - e^{-bT}\right) \cdot z}{\left(z - e^{-aT}\right) \cdot \left(z - e^{-bT}\right)}$	$e^{-\frac{t}{T_1}} - e^{-\frac{t}{T_2}},$ $e^{-\frac{kT}{T_1}} - e^{-\frac{kT}{T_2}}$ $e^{-at} - e^{-bt},$ $e^{-akT} - e^{-bkT}$
34	$\dfrac{T_1^2}{(T_1 \cdot s + 1)^2},$ $\dfrac{T \cdot e^{-\frac{T}{T_1}} \cdot z}{\left(z - e^{-\frac{T}{T_1}}\right)^2}$ $\dfrac{1}{(s + a)^2},$ $\dfrac{T \cdot e^{-aT} \cdot z}{(z - e^{-aT})^2}$	$t \cdot e^{-\frac{t}{T_1}},$ $kT \cdot e^{-\frac{kT}{T_1}}$ $t \cdot e^{-at},$ $kT \cdot e^{-akT}$
35	$\dfrac{2 \cdot T_1^3}{(T_1 \cdot s + 1)^3},$ $\dfrac{T^2 \cdot e^{-\frac{T}{T_1}} \cdot \left(z + e^{-\frac{T}{T_1}}\right) \cdot z}{\left(z - e^{-\frac{T}{T_1}}\right)^3}$ $\dfrac{2}{(s + a)^3},$ $\dfrac{T^2 \cdot e^{-aT} \cdot \left(z + e^{-aT}\right) \cdot z}{(z - e^{-aT})^3}$	$t^2 \cdot e^{-\frac{t}{T_1}},$ $(kT)^2 \cdot e^{-\frac{kT}{T_1}}$ $t^2 \cdot e^{-at},$ $(kT)^2 \cdot e^{-akT}$

(续)

序号	$f(s)$, $f(z)$	$f(t),\ t \geqslant 0$, $f(kT),\ kT \geqslant 0$
36	$\dfrac{6 \cdot T_1^4}{(T_1 \cdot s+1)^4}$, $\dfrac{T^3 \cdot \mathrm{e}^{-\frac{T}{T_1}} \cdot \left(z^2+4 \cdot \mathrm{e}^{-\frac{T}{T_1}} \cdot z+\mathrm{e}^{-2\frac{T}{T_1}}\right) \cdot z}{\left(z-\mathrm{e}^{-\frac{T}{T_1}}\right)^4}$ $\dfrac{6}{(s+a)^4}$, $\dfrac{T^3 \cdot \mathrm{e}^{-aT} \cdot \left(z^2+4 \cdot \mathrm{e}^{-aT} \cdot z+\mathrm{e}^{-2aT}\right) \cdot z}{\left(z-\mathrm{e}^{-aT}\right)^4}$	$t^3 \cdot \mathrm{e}^{-\frac{t}{T_1}}$, $(kT)^3 \cdot \mathrm{e}^{-\frac{kT}{T_1}}$ $t^3 \cdot \mathrm{e}^{-at}$, $(kT)^3 \cdot \mathrm{e}^{-akT}$
37	$\dfrac{1}{(T_1 \cdot s+1) \cdot s}$, $\dfrac{\left(1-\mathrm{e}^{-\frac{T}{T_1}}\right) \cdot z}{(z-1) \cdot \left(z-\mathrm{e}^{-\frac{T}{T_1}}\right)}$	$E(t)-\mathrm{e}^{-\frac{t}{T_1}},\ \left(1-\mathrm{e}^{-\frac{t}{T_1}}\right)$, $E(kT)-\mathrm{e}^{-\frac{kT}{T_1}},\ \left(1^k-\mathrm{e}^{-\frac{kT}{T_1}}\right)$
38	$\dfrac{T_1 \cdot T_2 \cdot s^2+2 \cdot T_2 \cdot s+1}{(T_1 \cdot s+1) \cdot (T_2 \cdot s+1) \cdot s},\quad T_1 \neq T_2$, $\dfrac{z}{z-1}-\dfrac{z}{z-\mathrm{e}^{-\frac{T}{T_1}}}+\dfrac{z}{z-\mathrm{e}^{-\frac{T}{T_2}}}$	$1-\mathrm{e}^{-\frac{t}{T_1}}+\mathrm{e}^{-\frac{t}{T_2}}$, $E(kT)-\mathrm{e}^{-\frac{kT}{T_1}}+\mathrm{e}^{-\frac{kT}{T_2}}$
39	$\dfrac{1}{(T_1 \cdot s+1) \cdot (T_2 \cdot s+1) \cdot s},\quad T_1 \neq T_2$, $\dfrac{z}{z-1}-\dfrac{\dfrac{T_1}{T_1-T_2} \cdot z}{z-\mathrm{e}^{-\frac{T}{T_1}}}+\dfrac{\dfrac{T_2}{T_1-T_2} \cdot z}{z-\mathrm{e}^{-\frac{T}{T_2}}}$, 也可见序号 80	$1-T_1 \cdot \dfrac{\mathrm{e}^{-\frac{t}{T_1}}}{T_1-T_2}+T_2 \cdot \dfrac{\mathrm{e}^{-\frac{t}{T_2}}}{T_1-T_2}$, $E(kT)-\dfrac{T_1}{T_1-T_2} \cdot \mathrm{e}^{-\frac{kT}{T_1}}$ $+\dfrac{T_2}{T_1-T_2} \cdot \mathrm{e}^{-\frac{kT}{T_2}}$
40	$\dfrac{1}{(T_1 \cdot s+1)^2 \cdot s}$, $\dfrac{z}{z-1}-\dfrac{z}{z-\mathrm{e}^{-\frac{T}{T_1}}}-\dfrac{\dfrac{T}{T_1} \cdot \mathrm{e}^{-\frac{T}{T_1}} \cdot z}{\left(z-\mathrm{e}^{-\frac{T}{T_1}}\right)^2}$, 也可见序号 85	$1-\left(1+\dfrac{t}{T_1}\right) \cdot \mathrm{e}^{-\frac{t}{T_1}}$, $E(kT)-\left(1+\dfrac{kT}{T_1}\right) \cdot \mathrm{e}^{-\frac{kT}{T_1}}$

(续)

序号	$f(s)$, $f(z)$	$f(t),\ t\geqslant 0$, $f(kT),\ kT\geqslant 0$
41	$\dfrac{1}{T_1\cdot(T_1\cdot s+1)\cdot s^2}$, $\dfrac{\dfrac{T}{T_1}\cdot z}{(z-1)^2}-\dfrac{z}{z-1}+\dfrac{z}{z-\mathrm{e}^{-\frac{T}{T_1}}}=$ $\dfrac{\left(\dfrac{T}{T_1}-1+\alpha\right)\cdot z^2+\left(1-\dfrac{T}{T_1}\cdot\alpha-\alpha\right)\cdot z}{(z-1)^2\cdot(z-\alpha)}$, $\alpha=\mathrm{e}^{-\frac{T}{T_1}}$	$-1+\dfrac{t}{T_1}+\mathrm{e}^{-\frac{t}{T_1}}$, $\dfrac{kT}{T_1}-E(kT)+\mathrm{e}^{-\frac{kT}{T_1}}$

e 函数换算成一般指数函数
$a^{x\frac{t}{T}}=\mathrm{e}^{y\frac{t}{T}}$, $a^{xk}=\mathrm{e}^{yk}$, $x=\dfrac{y}{\ln a}$, $a^{xt}=\mathrm{e}^{-\frac{t}{T_1}}$, $a^{xkT}=\mathrm{e}^{-\frac{kT}{T_1}}$, $x=-\dfrac{1}{T_1\cdot\ln a}$

表 11.5-5 双曲线函数 z 变换

序号	$f(s)$, $f(z)$	$f(t),\ t\geqslant 0$ $f(kT),\ kT\geqslant 0$
42	$\dfrac{T_1}{T_1^2\cdot s^2-1}$, $\dfrac{\sin h\dfrac{T}{T_1}\cdot z}{z^2-2\cdot\cos h\dfrac{T}{T_1}\cdot z+1}$	$\sin h\dfrac{t}{T_1}$, $\sin h\dfrac{kT}{T_1}$
43	$\dfrac{T_1^2\cdot s}{T_1^2\cdot s^2-1}$, $\dfrac{z^2-\cos h\dfrac{T}{T_1}\cdot z}{z^2-2\cdot\cos h\dfrac{T}{T_1}\cdot z+1}$	$\cos h\dfrac{t}{T_1}$, $\cos h\dfrac{kT}{T_1}$
44	$\dfrac{2\cdot T_1^3\cdot s}{(T_1^2\cdot s^2-1)^2}$, $\dfrac{T\cdot\sin h\dfrac{T}{T_1}\cdot z\cdot(z^2-1)}{\left(z^2-2\cdot\cos h\dfrac{T}{T_1}\cdot z+1\right)^2}$	$t\cdot\sin h\dfrac{t}{T_1}$, $kT\cdot\sin h\dfrac{kT}{T_1}$

(续)

序号	$f(s)$, $f(z)$	$f(t)$, $t \geqslant 0$, $f(kT)$, $kT \geqslant 0$
45	$\dfrac{T_1^2\cdot(T_1^2\cdot s^2+1)}{(T_1^2\cdot s^2-1)^2}$, $\dfrac{T\cdot\left(-2\cdot z+\cos h\dfrac{T}{T_1}\right)\cdot z\cdot(z^2+1)}{\left(z^2-2\cdot\cos h\dfrac{T}{T_1}\cdot z+1\right)^2}$	$t\cdot\cos h\dfrac{t}{T_1}$, $kT\cdot\cos h\dfrac{kT}{T_1}$
46	$\dfrac{T_0^2\cdot T_1}{(T_1\cdot\ln a-T_1\cdot T_0\cdot s+T_0)\cdot(T_1\cdot\ln a-T_1\cdot T_0\cdot s-T_0)}$, $\dfrac{a^{\frac{T}{T_0}}\cdot\sin h\dfrac{T}{T_1}\cdot z}{z^2-2\cdot a^{\frac{T}{T_0}}\cdot\cos h\dfrac{T}{T_1}\cdot z+a^{2\frac{T}{T_0}}}$	$a^{\frac{t}{T_0}}\cdot\sin h\dfrac{t}{T_1}$, $a^{\frac{kT}{T_0}}\cdot\sin h\dfrac{kT}{T_1}$
47	$\dfrac{T_0\cdot T_1^2\cdot(T_0\cdot s-\ln a)}{(T_1\cdot\ln a-T_1\cdot T_0\cdot s+T_0)\cdot(T_1\cdot\ln a-T_1\cdot T_0\cdot s-T_0)}$, $\dfrac{z^2-a^{\frac{T}{T_0}}\cdot\cos h\dfrac{T}{T_1}\cdot z}{z^2-2\cdot a^{\frac{T}{T_0}}\cdot\cos h\dfrac{T}{T_1}\cdot z+a^{2\frac{T}{T_0}}}$	$a^{\frac{t}{T_0}}\cdot\cos h\dfrac{t}{T_1}$, $a^{\frac{kT}{T_0}}\cdot\cos h\dfrac{kT}{T_1}$

表 11.5-6　谐波函数与指数函数积的 z 变换

序号	$f(s)$, $f(z)$	$f(t)$, $t \geqslant 0$, $f(kT)$, $kT \geqslant 0$
48	$\dfrac{\omega\cdot T_1^2}{(T_1\cdot s+1)^2+\omega^2\cdot T_1^2}$, $\dfrac{\mathrm{e}^{-\frac{T}{T_1}}\cdot\sin(\omega T)\cdot z}{z^2-2\cdot\mathrm{e}^{-\frac{T}{T_1}}\cdot\cos(\omega T)\cdot z+\mathrm{e}^{-2\frac{T}{T_1}}}$	$\mathrm{e}^{-\frac{t}{T_1}}\cdot\sin(\omega t)$, $\mathrm{e}^{-\frac{kT}{T_1}}\cdot\sin(\omega\cdot kT)$
49	$\dfrac{T_1\cdot(T_1 s+1)}{(T_1 s+1)^2+\omega^2\cdot T_1^2}$, $\dfrac{z^2-\mathrm{e}^{-\frac{T}{T_1}}\cdot\cos(\omega T)\cdot z}{z^2-2\cdot\mathrm{e}^{-\frac{T}{T_1}}\cdot\cos(\omega T)\cdot z+\mathrm{e}^{-2\frac{T}{T_1}}}$	$\mathrm{e}^{\frac{t}{T_1}}\cdot\cos(\omega t)$, $\mathrm{e}^{\frac{kT}{T_1}}\cdot\cos(\omega\cdot kT)$
50	$\dfrac{T_1\cdot(\omega\cdot T_1\cdot\cos\phi+(T_1\cdot s+1)\cdot\sin\phi)}{(T_1\cdot s+1)^2+\omega^2T_1^2}$, $\dfrac{\sin\phi\cdot z^2+\mathrm{e}^{\frac{T}{T_1}}\cdot\sin(\omega T-\phi)\cdot z}{z^2-2\cdot\mathrm{e}^{-\frac{T}{T_1}}\cdot\cos(\omega T)\cdot z+\mathrm{e}^{-2\frac{T}{T_1}}}$	$\mathrm{e}^{-\frac{t}{T_1}}\cdot\sin(\omega t+\phi)$, $\mathrm{e}^{-\frac{kT}{T_1}}\cdot\sin(\omega\cdot kT+\phi)$

(续)

序号	$f(s)$, $f(z)$	$f(t)$, $t \geqslant 0$, $f(kT)$, $kT \geqslant 0$
51	$\frac{T_1 \cdot ((T_1 \cdot s+1) \cdot \cos\phi - \omega T_1 \cdot \sin\phi)}{(T_1 \cdot s+1)^2 + \omega^2 \cdot T_1^2}$, $\frac{\cos\phi \cdot z^2 - \mathrm{e}^{-\frac{T}{T_1}} \cdot \cos(\omega T - \phi) \cdot z}{z^2 - 2 \cdot \mathrm{e}^{-\frac{T}{T_1}} \cdot \cos(\omega T) \cdot z + \mathrm{e}^{-2\frac{T}{T_1}}}$	$\mathrm{e}^{-\frac{t}{T_1}} \cdot \cos(\omega t + \phi)$, $\mathrm{e}^{-\frac{kT}{T_1}} \cdot \cos(\omega \cdot kT + \phi)$
52	$\frac{\omega_0 \cdot \sqrt{1-D^2}}{s^2 + 2 \cdot D \cdot \omega_0 \cdot s + \omega_0^2}$, $\frac{\mathrm{e}^{-\omega_0 T} \cdot \sin(\omega_0 \cdot \sqrt{1-D^2} \cdot T) \cdot z}{z^2 - 2 \cdot \mathrm{e}^{-D\omega_0 T} \cdot \cos(\omega_0 \cdot \sqrt{1-D^2} \cdot T) \cdot z + \mathrm{e}^{-2D\omega_0 T}}$	$\mathrm{e}^{-D\omega_0 t} \cdot \sin(\omega_0 \cdot \sqrt{1-D^2} \cdot t)$, $\mathrm{e}^{-D\omega_0 kT} \cdot \sin(\omega_0 \cdot \sqrt{1-D^2} \cdot kT)$
53	$\frac{s + D \cdot \omega_0}{s^2 + 2 \cdot D \cdot \omega_0 \cdot s + \omega_0^2}$, $\frac{z^2 - \mathrm{e}^{-D\omega_0 T} \cdot \cos(\omega_0 \cdot \sqrt{1-D^2} \cdot T) \cdot z}{z^2 - 2 \cdot \mathrm{e}^{-D\omega_0 T} \cdot \cos(\omega_0 \cdot \sqrt{1-D^2} \cdot T) \cdot z + \mathrm{e}^{-2D\omega_0 T}}$	$\mathrm{e}^{-D\omega_0 t} \cdot \cos(\omega_0 \cdot \sqrt{1-D^2} \cdot t)$, $\mathrm{e}^{-D\omega_0 kT} \cdot \cos(\omega_0 \cdot \sqrt{1-D^2} \cdot kT)$

表 11.5-7　谐波函数 z 变换

序号	$f(s)$, $f(z)$	$f(t)$, $t \geqslant 0$, $f(kT)$, $k \geqslant 0$
54	$\frac{\omega}{s^2 + \omega^2}$, $\frac{\sin(\omega T) \cdot z}{z^2 - 2 \cdot \cos(\omega T) \cdot z + 1}$	$\sin(\omega t)$, $\sin(\omega \cdot kT)$
55	$\frac{s}{s^2 + \omega^2}$, $\frac{z^2 - \cos(\omega T) \cdot z}{z^2 - 2 \cdot \cos(\omega T) \cdot z + 1}$	$\cos(\omega t)$, $\cos(\omega \cdot kT)$
56	$\frac{s \cdot \sin\phi + \omega \cdot \cos\phi}{s^2 + \omega^2}$, $\frac{\sin\phi \cdot z^2 + \sin(\omega T - \phi) \cdot z}{z^2 - 2 \cdot \cos(\omega T) \cdot z + 1}$	$\sin(\omega t + \phi)$ $\sin(\omega \cdot kT + \phi)$

(续)

序号	$f(s)$, $f(z)$	$f(t),\ t \geqslant 0$ $f(kT),\ k \geqslant 0$
57	$\dfrac{s\cdot\cos\phi-\omega\cdot\sin\phi}{s^2+\omega^2}$, $\dfrac{\cos\phi\cdot z^2-\cos(\omega T-\phi)\cdot z}{z^2-2\cdot\cos(\omega T)\cdot z+1}$	$\cos(\omega t+\phi)$, $\cos(\omega\cdot kT+\phi)$
58	$\dfrac{2\cdot\omega\cdot s}{(s^2+\omega^2)^2}$, $\dfrac{T\cdot\sin(\omega T)\cdot z\cdot(z^2-1)}{(z^2-2\cdot\cos(\omega T)\cdot z+1)^2}$	$t\cdot\sin(\omega t)$, $kT\cdot\sin(\omega\cdot kT)$
59	$\dfrac{s^2-\omega^2}{(s^2+\omega^2)^2}$, $\dfrac{T\cdot\cos(\omega T)\cdot z\cdot(z^2+1)-2\cdot T\cdot z^2}{(z^2-2\cdot\cos(\omega T)\cdot z+1)^2}$	$t\cdot\cos(\omega t)$, $kT\cdot\cos(\omega\cdot kT)$
60	$\dfrac{2\cdot\omega\cdot s\cdot\cos\phi+(s^2-\omega^2)\cdot\sin\phi}{(s^2+\omega^2)^2}$, $\dfrac{T\cdot\sin(\omega T+\phi)\cdot z^3-2\cdot T\cdot\sin\phi\cdot z^2-T\cdot\sin(\omega T-\phi)\cdot z}{(z^2-2\cdot\cos(\omega T)\cdot z+1)^2}$	$t\cdot\sin(\omega t+\phi)$, $kT\cdot\sin(\omega\cdot kT+\phi)$
61	$\dfrac{-2\cdot\omega\cdot s\cdot\sin\phi+(s^2-\omega^2)\cdot\cos\phi}{(s^2+\omega^2)^2}$, $\dfrac{T\cdot\cos(\omega T+\phi)\cdot z^3-2\cdot T\cdot\cos\phi\cdot z^2-T\cdot\cos(\omega T-\phi)\cdot z}{(z^2-2\cdot\cos(\omega T)\cdot z+1)^2}$	$t\cdot\cos(\omega t+\phi)$, $kT\cdot\cos(\omega\cdot kT+\phi)$

表 11.5-8 调节技术环节冲激响应函数 z 变换

序号	$f(s)$, $f(z)$	$f(t), t \geqslant 0$, $f(kT),\ k \geqslant 0$
62	$\dfrac{K_S}{s}$, $\dfrac{K_S \cdot z}{z-1}$	K_S K_S
63	$\dfrac{K_S}{s^2}$, $\dfrac{K_S \cdot T \cdot z}{z^2 - 2 \cdot z + 1}$	$K_S \cdot t$, $K_S \cdot kT$
64	$\dfrac{K_S}{1 + T_1 \cdot s}$, $\dfrac{\dfrac{K_S}{T_1} \cdot z}{z - e^{-\frac{T}{T_1}}}$	$\dfrac{K_S}{T_1} \cdot e^{-\frac{t}{T_1}}$, $\dfrac{K_S}{T_1} \cdot e^{-\frac{kT}{T_1}}$
65	$\dfrac{s}{1 + T_1 \cdot s} = \dfrac{1}{T_1} - \dfrac{1}{T_1 \cdot (1 + T_1 \cdot s)}$, $\dfrac{-\dfrac{1}{T_1^2} \cdot z}{z - e^{-\frac{T}{T_1}}}$	$\dfrac{1}{T_1} \cdot \delta(t) - \dfrac{1}{T_1^2} \cdot e^{-\frac{t}{T_1}}$, $-\dfrac{1}{T_1^2} \cdot e^{-\frac{kT}{T_1}}$
66	$\dfrac{K_S \cdot (1 + T_V \cdot s)}{1 + T_1 \cdot s} = \dfrac{K_S \cdot T_V}{T_1} - \dfrac{K_S \cdot (T_V - T_1)}{T_1 \cdot (1 + T_1 \cdot s)}$, $\dfrac{-\dfrac{K_S \cdot (T_V - T_1)}{T_1^2} \cdot z}{z - e^{-\frac{T}{T_1}}}$	$\dfrac{K_S \cdot T_V}{T_1} \cdot \delta(t) - \dfrac{K_S \cdot (T_V - T_1)}{T_1^2} \cdot e^{-\frac{t}{T_1}}$, $-\dfrac{K_S \cdot (T_V - T_1)}{T_1^2} \cdot e^{-\frac{kT}{T_1}}$
67	$\dfrac{K_S}{(1 + T_1 \cdot s) \cdot s}$, $\dfrac{K_S \cdot \left(1 - e^{-\frac{T}{T_1}}\right) \cdot z}{z^2 - \left(1 + e^{-\frac{T}{T_1}}\right) \cdot z + e^{-\frac{T}{T_1}}}$	$K_S \cdot \left(1 - e^{-\frac{t}{T_1}}\right)$, $K_S \cdot \left(1 - e^{-\frac{kT}{T_1}}\right)$
68	$\dfrac{K_S \cdot (1 + T_V \cdot s)}{(1 + T_1 \cdot s) \cdot s}$, $\dfrac{\dfrac{K_S \cdot T_V}{T_1} \cdot z^2 + \dfrac{K_S}{T_1} \cdot \left(T_1 - T_V - T_1 \cdot e^{-\frac{T}{T_1}}\right) \cdot z}{z^2 - \left(1 + e^{-\frac{T}{T_1}}\right) \cdot z + e^{-\frac{T}{T_1}}}$	$K_S \cdot \left(1 + \dfrac{T_V - T_1}{T_1} \cdot e^{-\frac{t}{T_1}}\right)$, $K_S \cdot \left(1 + \dfrac{T_V - T_1}{T_1} \cdot e^{-\frac{kT}{T_1}}\right)$

(续)

序号	$f(s)$, $f(z)$	$f(t),\ t\geqslant 0$, $f(kT),\ k\geqslant 0$
69	$\dfrac{K_{\mathrm{S}}\omega_0^2}{s^2+2D\omega_0 s+\omega_0^2}$, $\dfrac{\dfrac{K_{\mathrm{S}}\omega_0}{\sqrt{1-D^2}}\cdot \mathrm{e}^{-D\omega_0 T}\cdot\sin(\omega_{\mathrm{e}}T)\cdot z}{z^2-2\,\mathrm{e}^{-D\omega_0 T}\cos(\omega_{\mathrm{e}}T)\cdot z+\mathrm{e}^{-2D\omega_0 T}}$	$\dfrac{K_{\mathrm{S}}\omega_0}{\sqrt{1-D^2}}\cdot \mathrm{e}^{-D\omega_0 t}\cdot\sin(\omega_{\mathrm{e}}t)$, $\dfrac{K_{\mathrm{S}}\omega_0}{\sqrt{1-D^2}}\cdot \mathrm{e}^{-D\omega_0 kT}\cdot\sin(\omega_{\mathrm{e}}\cdot kT)$, $-1<D<1,\quad \omega_{\mathrm{e}}=\omega_0\cdot\sqrt{1-D^2}$
70	$\dfrac{s}{s^2+2D\omega_0 s+\omega_0^2}$, $\dfrac{z^2-\dfrac{1}{\sqrt{1-D^2}}\cdot \mathrm{e}^{-D\omega_0 T}\cdot\sin(\omega_{\mathrm{e}}T+\phi_2)\cdot z}{z^2-2\,\mathrm{e}^{-D\omega_0 T}\cos(\omega_{\mathrm{e}}T)\cdot z+\mathrm{e}^{-2D\omega_0 T}}$	$\dfrac{\mathrm{e}^{-D\omega_0 t}}{\sqrt{1-D^2}}\cdot\cos(\omega_{\mathrm{e}}t+\phi_1)$, $\dfrac{\mathrm{e}^{-D\omega_0 kT}}{\sqrt{1-D^2}}\cdot\cos(\omega_{\mathrm{e}}\cdot kT+\phi_1)$, $-1<D<1,\quad \omega_{\mathrm{e}}=\omega_0\cdot\sqrt{1-D^2}$, $\phi_1=\arcsin(D),\quad \phi_2=\arccos(D)$
71	$\dfrac{s+D\omega_0}{s^2+2D\omega_0 s+\omega_0^2}$, $\dfrac{z^2-\mathrm{e}^{-D\omega_0 T}\cdot\cos(\omega_{\mathrm{e}}T)\cdot z}{z^2-2\,\mathrm{e}^{-D\omega_0 T}\cos(\omega_{\mathrm{e}}T)\cdot z+\mathrm{e}^{-2D\omega_0 T}}$	$\mathrm{e}^{-D\omega_0 t}\cdot\cos(\omega_{\mathrm{e}}t)$, $\mathrm{e}^{-D\omega_0 kT}\cdot\cos(\omega_{\mathrm{e}}\cdot kT)$, $-1<D<1,\quad \omega_{\mathrm{e}}=\omega_0\cdot\sqrt{1-D^2}$
72	$\dfrac{K_{\mathrm{S}}\omega_0^2\cdot(1+T_{\mathrm{V}}\cdot s)}{s^2+2D\omega_0 s+\omega_0^2}$, $\dfrac{\dfrac{K_{\mathrm{S}}\omega_0^2}{\sqrt{1-D^2}}\cdot\Big(\omega_{\mathrm{e}}T_{\mathrm{V}}\cdot z^2-\mathrm{e}^{-D\omega_0 T}\cdot\big((D\omega_0T_{\mathrm{V}}-1)\cdot\sin(\omega_{\mathrm{e}}T)+\omega_{\mathrm{e}}T_{\mathrm{V}}\cdot\cos(\omega_{\mathrm{e}}T)\big)\cdot z\Big)}{z^2-2\,\mathrm{e}^{-D\omega_0 T}\cos(\omega_{\mathrm{e}}T)\cdot z+\mathrm{e}^{-2D\omega_0 T}}$	$K_{\mathrm{S}}\omega_0^2\cdot \mathrm{e}^{-D\omega_0 t}\cdot\left(T_{\mathrm{V}}\cdot\cos(\omega_{\mathrm{e}}t)+\dfrac{1-D\omega_0T_{\mathrm{V}}}{\omega_{\mathrm{e}}}\cdot\sin(\omega_{\mathrm{e}}t)\right)$, $K_{\mathrm{S}}\omega_0^2\cdot \mathrm{e}^{-D\omega_0 kT}\cdot\left(T_{\mathrm{V}}\cdot\cos(\omega_{\mathrm{e}}\cdot kT)+\dfrac{1-D\omega_0T_{\mathrm{V}}}{\omega_{\mathrm{e}}}\cdot\sin(\omega_{\mathrm{e}}\cdot kT)\right)$ $-1<D<1,\quad \omega_{\mathrm{e}}=\omega_0\cdot\sqrt{1-D^2}$
73	$\dfrac{K_{\mathrm{S}}\omega_0^2}{(s^2+2D\omega_0 s+\omega_0^2)\cdot(1+T_1\cdot s)}$, $\dfrac{\dfrac{K_{\mathrm{S}}\omega_0^2}{w_1^2\sqrt{1-D^2}}\cdot\Big(\big(\omega_{\mathrm{e}}T_1a_2-w_1a_1\cos(\omega_{\mathrm{e}}T-\phi)\big)\cdot z^2+\big(\omega_{\mathrm{e}}T_1a_1^2-w_1a_1a_2\cos(\omega_{\mathrm{e}}T+\phi)\big)\cdot z\Big)}{z^3-(2a_1b_1+a_2)\cdot z^2+(a_1^2+2a_1a_2b_1)\cdot z-a_1^2a_2}$, $-1<D<1,\quad \omega_{\mathrm{e}}=\omega_0\cdot\sqrt{1-D^2},\quad a_1=\mathrm{e}^{-D\omega_0 T},\quad a_2=\mathrm{e}^{-\frac{T}{T_1}},\quad b_1=\cos(\omega_{\mathrm{e}}T)$, $w_1^2=1-2D\omega_0T+\omega_0^2T_1^2,\quad \phi=\arctan\left(\dfrac{D\omega_0T_1-1}{\omega_{\mathrm{e}}T_1}\right)$	$\dfrac{K_{\mathrm{S}}\omega_0^2T_1}{1-2D\omega_0T_1+\omega_0^2T_1^2}\cdot\left[\mathrm{e}^{-\frac{t}{T_1}}-\mathrm{e}^{-D\omega_0 t}\cdot\left(\cos(\omega_{\mathrm{e}}t)+\dfrac{D\omega_0T_1-1}{\omega_{\mathrm{e}}T_1}\cdot\sin(\omega_{\mathrm{e}}t)\right)\right]$, $\dfrac{K_{\mathrm{S}}\omega_0^2T_1}{1-2D\omega_0T_1+\omega_0^2T_1^2}\cdot\left[\mathrm{e}^{-\frac{kT}{T_1}}-\mathrm{e}^{-D\omega_0 kT}\cdot\left(\cos(\omega_{\mathrm{e}}\cdot kT)+\dfrac{D\omega_0T_1-1}{\omega_{\mathrm{e}}T_1}\cdot\sin(\omega_{\mathrm{e}}\cdot kT)\right)\right]$

(续)

<table>
<tr><th>序号</th><th>$f(s)$,
$f(z)$</th><th>$f(t),\ t\geqslant 0$
$f(kT),\ k\geqslant 0$,</th></tr>
<tr><td rowspan="2">74</td><td>$\dfrac{K_S\omega_0^2\cdot(1+T_V\cdot s)}{(s^2+2D\omega_0 s+\omega_0^2)\cdot(1+T_1\cdot s)}$,</td><td>$\dfrac{K_S\omega_0^2}{w_1^2}\cdot\Big((T_1-T_V)\cdot \mathrm{e}^{-\frac{t}{T_1}}+(T_V-T_1)\cdot \mathrm{e}^{-D\omega_0 t}\cdot\cos(\omega_e t)$ $+\dfrac{1-D\omega_0(T_1+T_V)+\omega_0^2T_1T_V}{\omega_e}\cdot \mathrm{e}^{-D\omega_0 t}\cdot\sin(\omega_e t)\Big)$,
$\dfrac{K_S\omega_0^2}{w_1^2}\cdot\Big((T_1-T_V)\cdot \mathrm{e}^{-\frac{kT}{T_1}}+(T_V-T_1)\cdot \mathrm{e}^{-D\omega_0 kT}\cdot\cos(\omega_e\cdot kT)$ $+\dfrac{1-D\omega_0(T_1+T_V)+\omega_0^2T_1T_V}{\omega_e}\cdot \mathrm{e}^{-D\omega_0 kT}\cdot\sin(\omega_e\cdot kT)\Big)$</td></tr>
<tr><td colspan="2">$\dfrac{\dfrac{K_S\omega_0^2}{w_1^2\omega_e}\cdot\Big((2\omega_e(T_V-T_1)a_1b_1-w_1w_2a_1b_2+\omega_e(T_1-T_V)a_2)\cdot z^2+\big(w_1w_2a_1a_2b_2+\omega_e(T_1-T_V)a_1^2\big)\cdot z\Big)}{z^3-(2a_1b_1+a_2)\cdot z^2+(a_1^2+2a_1a_2b_1)\cdot z-a_1^2a_2}$
$-1<D<1,\quad \omega_e=\omega_0\cdot\sqrt{1-D^2},\quad a_1=\mathrm{e}^{-D\omega_0 T},\quad a_2=\mathrm{e}^{-\frac{T}{T_1}}$,
$b_1=\cos(\omega_e T),\quad b_2=\cos(\omega_e T+\phi),\quad T_V>T_1$,
$w_1^2=1-2D\omega_0T_1+\omega_0^2T_1^2,\quad w_2^2=1-2D\omega_0T_V+\omega_0^2T_V^2$,
$\phi=\arctan\left(\dfrac{1-D\omega_0(T_1+T_V)+\omega_0^2T_1T_V}{\omega_e(T_V-T_1)}\right)$</td></tr>
<tr><td rowspan="2">75</td><td>$\dfrac{K_S\omega_0^2}{(s^2+2D\omega_0 s+\omega_0^2)\cdot s}$,</td><td>$K_S\cdot\left(1-\dfrac{1}{\sqrt{1-D^2}}\cdot \mathrm{e}^{-D\omega_0 t}\cdot\sin(\omega_e t+\phi)\right)$,
$K_S\cdot\left(1-\dfrac{1}{\sqrt{1-D^2}}\cdot \mathrm{e}^{-D\omega_0 kT}\cdot\sin(\omega_e\cdot kT+\phi)\right)$</td></tr>
<tr><td colspan="2">$\dfrac{\dfrac{K_S}{\sqrt{1-D^2}}\cdot\Big[\big(a_1b_2+(1-2a_1b_1)\sqrt{1-D^2}\big)\cdot z^2+\big(a_1^2\sqrt{1-D^2}-a_1b_2\big)\cdot z\Big]}{z^3-(1+2a_1b_1)\cdot z^2+(a_1^2+2a_1b_1)\cdot z-a_1^2}$,
$-1<D<1,\quad \omega_e=\omega_0\cdot\sqrt{1-D^2},\quad \phi=\arccos(D)$,
$a_1=\mathrm{e}^{-D\omega_0 T},\quad b_1=\cos(\omega_e T),\quad b_2=\cos(\omega_e T+\arcsin(D))$</td></tr>
</table>

(续)

序号	$f(s)$, $f(z)$	$f(t),\ t\geqslant 0$, $f(kT),\ k\geqslant 0$,
76	$\dfrac{K_S\omega_0^2\cdot(1+T_V\cdot s)}{(s^2+2D\omega_0 s+\omega_0^2)\cdot s}$, $\dfrac{\dfrac{K_S}{\sqrt{1-D^2}}\cdot\left[\left((\omega_0T_V-D)a_1c_1+\sqrt{1-D^2}(1-a_1b_1)\right)\cdot z^2+\left(\sqrt{1-D^2}(a_1^2-a_1b_1)+(D-\omega_0T_V)a_1c_1\right)\cdot z\right]}{z^3-(1+2a_1b_1)\cdot z^2+(a_1^2+2a_1b_1)\cdot z-a_1^2}$, $-1<D<1,\quad \omega_e=\omega_0\cdot\sqrt{1-D^2},\quad a_1=e^{-D\omega_0T},\quad b_1=\cos(\omega_eT),\quad c_1=\sin(\omega_eT)$	$K_S\cdot\left[1-e^{-D\omega_0t}\cdot\left(\cos(\omega_et)+\dfrac{D-T_V\cdot\omega_0}{\sqrt{1-D^2}}\cdot\sin(\omega_et)\right)\right]$, $K_S\cdot\left[1-e^{-D\omega_0kT}\cdot\left(\cos(\omega_e\cdot kT)+\dfrac{D-T_V\cdot\omega_0}{\sqrt{1-D^2}}\cdot\sin(\omega_e\cdot kT)\right)\right]$
77	$\dfrac{K_S}{(1+T_1\cdot s)\cdot(1+T_2\cdot s)},\quad T_1\neq T_2$, $\dfrac{\dfrac{K_S}{T_1-T_2}\cdot\left(e^{-\frac{T}{T_1}}-e^{-\frac{T}{T_2}}\right)\cdot z}{z^2-\left(e^{-\frac{T}{T_1}}+e^{-\frac{T}{T_2}}\right)\cdot z+e^{-\frac{T}{T_1}-\frac{T}{T_2}}}$	$\dfrac{K_S}{T_1-T_2}\cdot\left(e^{-\frac{t}{T_1}}-e^{-\frac{t}{T_2}}\right)$, $\dfrac{K_S}{T_1-T_2}\cdot\left(e^{-\frac{kT}{T_1}}-e^{-\frac{kT}{T_2}}\right)$
78	$\dfrac{s}{(1+T_1\cdot s)\cdot(1+T_2\cdot s)},\quad T_1\neq T_2$, $\dfrac{\dfrac{1}{T_1T_2}\cdot z^2+\left(\dfrac{e^{-\frac{T}{T_1}}}{T_2(T_2-T_1)}+\dfrac{e^{-\frac{T}{T_2}}}{T_1(T_1-T_2)}\right)\cdot z}{z^2-\left(e^{-\frac{T}{T_1}}+e^{-\frac{T}{T_2}}\right)\cdot z+e^{-\frac{T}{T_1}-\frac{T}{T_2}}}$	$\dfrac{1}{T_2-T_1}\cdot\left(\dfrac{e^{-\frac{t}{T_1}}}{T_1}-\dfrac{e^{-\frac{t}{T_2}}}{T_2}\right)$, $\dfrac{1}{T_2-T_1}\cdot\left(\dfrac{e^{-\frac{kT}{T_1}}}{T_1}-\dfrac{e^{-\frac{kT}{T_2}}}{T_2}\right)$
79	$\dfrac{K_S\cdot(1+T_V\cdot s)}{(1+T_1\cdot s)\cdot(1+T_2\cdot s)},\quad T_1\neq T_2$, $\dfrac{\dfrac{K_S\cdot T_V}{T_1\cdot T_2}\cdot z^2+\dfrac{K_S\cdot(T_1\cdot T_2\cdot(a_1-a_2)-T_1\cdot T_V\cdot a_1+T_2\cdot T_V\cdot a_2)}{T_1\cdot T_2\cdot(T_1-T_2)}\cdot z}{z^2-(a_1+a_2)\cdot z+a_1\cdot a_2}$, $a_1=e^{-\frac{T}{T_1}},\quad a_2=e^{-\frac{T}{T_2}}$	$\dfrac{K_S}{T_1-T_2}\cdot\left(\dfrac{T_1-T_V}{T_1}\cdot e^{-\frac{t}{T_1}}-\dfrac{T_2-T_V}{T_2}\cdot e^{-\frac{t}{T_2}}\right)$, $\dfrac{K_S}{T_1-T_2}\cdot\left(\dfrac{T_1-T_V}{T_1}\cdot e^{-\frac{kT}{T_1}}-\dfrac{T_2-T_V}{T_2}\cdot e^{-\frac{kT}{T_2}}\right)$

(续)

序号	$f(s)$, $f(z)$	$f(t)$, $t \geqslant 0$, $f(kT)$, $k \geqslant 0$
80	$\dfrac{K_S}{(1+T_1\cdot s)\cdot(1+T_2\cdot s)\cdot s}$, $T_1 \neq T_2$,	$K_S\cdot\left[1-\dfrac{1}{T_1-T_2}\cdot\left(T_1\cdot e^{-\frac{t}{T_1}}-T_2\cdot e^{-\frac{t}{T_2}}\right)\right]$, $K_S\cdot\left[1-\dfrac{1}{T_1-T_2}\cdot\left(T_1\cdot e^{-\frac{kT}{T_1}}-T_2\cdot e^{-\frac{kT}{T_2}}\right)\right]$
	$\dfrac{\dfrac{K_S\cdot(T_2\cdot b_2-T_1\cdot b_1)}{T_2-T_1}\cdot z^2-\dfrac{K_S\cdot(T_2\cdot a_1\cdot b_2-T_1\cdot a_2\cdot b_1)}{T_2-T_1}\cdot z}{z^3-(1+a_1+a_2)\cdot z^2+(a_1+a_1\cdot a_2+a_2)\cdot z-a_1\cdot a_2}$, $a_1=e^{-\frac{T}{T_1}}$, $a_2=e^{-\frac{T}{T_2}}$, $b_1=1-e^{-\frac{T}{T_1}}$, $b_2=1-e^{-\frac{T}{T_2}}$	
81	$\dfrac{K_S\cdot(1+T_V\cdot s)}{(1+T_1\cdot s)\cdot(1+T_2\cdot s)\cdot s}$, $T_1 \neq T_2$,	$K_S\cdot\left(1-\dfrac{T_1-T_V}{T_1-T_2}\cdot e^{-\frac{t}{T_1}}+\dfrac{T_2-T_V}{T_1-T_2}\cdot e^{-\frac{t}{T_2}}\right)$, $K_S\cdot\left(1-\dfrac{T_1-T_V}{T_1-T_2}\cdot e^{-\frac{kT}{T_1}}+\dfrac{T_2-T_V}{T_1-T_2}\cdot e^{-\frac{kT}{T_2}}\right)$
	$\dfrac{-\dfrac{K_S\cdot(T_1\cdot b_1-T_2\cdot b_2+T_V\cdot(a_1-a_2))}{T_2-T_1}\cdot z^2+\dfrac{K_S\cdot(T_1\cdot a_2\cdot b_1-T_2\cdot a_1\cdot b_2+T_V\cdot(a_1-a_2))}{T_2-T_1}\cdot z}{z^3-(1+a_1+a_2)\cdot z^2+(a_1+a_1\cdot a_2+a_2)\cdot z-a_1\cdot a_2}$, $a_1=e^{-\frac{T}{T_1}}$, $a_2=e^{-\frac{T}{T_2}}$, $b_1=1-e^{-\frac{T}{T_1}}$, $b_2=1-e^{-\frac{T}{T_2}}$	
82	$\dfrac{K_S}{(1+T_1\cdot s)^2}$, $\dfrac{\dfrac{K_S\cdot T}{T_1^2}\cdot e^{-\frac{T}{T_1}}\cdot z}{z^2-2\cdot e^{-\frac{T}{T_1}}\cdot z+e^{-\frac{2T}{T_1}}}$	$\dfrac{K_S}{T_1^2}\cdot t\cdot e^{-\frac{t}{T_1}}$, $\dfrac{K_S}{T_1^2}\cdot kT\cdot e^{-\frac{kT}{T_1}}$
83	$\dfrac{s}{(1+T_1\cdot s)^2}$, $\dfrac{\dfrac{1}{T_1^2}\cdot z^2-\dfrac{T+T_1}{T_1^3}\cdot e^{-\frac{T}{T_1}}\cdot z}{z^2-2\cdot e^{-\frac{T}{T_1}}\cdot z+e^{-\frac{2T}{T_1}}}$	$\left(\dfrac{1}{T_1^2}-\dfrac{t}{T_1^3}\right)\cdot e^{-\frac{t}{T_1}}$, $\left(\dfrac{1}{T_1^2}-\dfrac{kT}{T_1^3}\right)\cdot e^{-\frac{kT}{T_1}}$
84	$\dfrac{K_S\cdot(1+T_V\cdot s)}{(1+T_1\cdot s)^2}$, $\dfrac{\dfrac{K_S\cdot T_V}{T_1^2}\cdot z^2+\dfrac{K_S\cdot(T\cdot(T_1-T_V)-T_1T_V)}{T_1^3}\cdot e^{-\frac{T}{T_1}}\cdot z}{z^2-2\cdot e^{-\frac{T}{T_1}}\cdot z+e^{-\frac{2T}{T_1}}}$	$\dfrac{K_S}{T_1^2}\cdot\left(T_V+\dfrac{T_1-T_V}{T_1}\cdot t\right)\cdot e^{-\frac{t}{T_1}}$, $\dfrac{K_S}{T_1^2}\cdot\left(T_V+\dfrac{T_1-T_V}{T_1}\cdot kT\right)\cdot e^{-\frac{kT}{T_1}}$

(续)

序号	$f(s)$, $f(z)$	$f(t),\ t \geqslant 0$, $f(kT),\ k \geqslant 0$
85	$\dfrac{K_S}{(1+T_1\cdot s)^2\cdot s}$, $\dfrac{-\dfrac{K_S\cdot(T\cdot a_1-T_1\cdot b_1)}{T_1}\cdot z^2+\dfrac{K_S\cdot(T\cdot a_1-T_1\cdot a_1\cdot b_1)}{T_1}\cdot z}{z^3-(1+2\cdot a_1)\cdot z^2+(2\cdot a_1+a_1^2)\cdot z-a_1^2}$, $a_1=\mathrm{e}^{-\frac{T}{T_1}},\quad b_1=1-\mathrm{e}^{-\frac{T}{T_1}}$	$K_S\cdot\left[1-\left(1+\dfrac{t}{T_1}\right)\cdot\mathrm{e}^{-\frac{t}{T_1}}\right]$, $K_S\cdot\left[1-\left(1+\dfrac{kT}{T_1}\right)\cdot\mathrm{e}^{-\frac{kT}{T_1}}\right]$
86	$\dfrac{K_S\cdot(1+T_V\cdot s)}{(1+T_1\cdot s)^2\cdot s}$, $\dfrac{\dfrac{K_S(T_1^2b_1-T(T_1-T_V)a_1)}{T_1^2}\cdot z^2+\dfrac{K_S(T(T_1-T_V)-T_1^2b_1)a_1}{T_1^2}\cdot z}{z^3-(1+2a_1)\cdot z^2+(2a_1+a_1^2)\cdot z-a_1^2}$, $a_1=\mathrm{e}^{-\frac{T}{T_1}},\quad b_1=1-\mathrm{e}^{-\frac{T}{T_1}}$	$K_S\cdot\left[1-\left(1-\dfrac{T_V-T_1}{T_1^2}\cdot t\right)\cdot\mathrm{e}^{-\frac{t}{T_1}}\right]$, $K_S\cdot\left[1-\left(1-\dfrac{T_V-T_1}{T_1^2}\cdot kT\right)\cdot\mathrm{e}^{-\frac{kT}{T_1}}\right]$
87	$\dfrac{K_S}{(1+T_1\cdot s)\cdot(1+T_2\cdot s)\cdot(1+T_3\cdot s)}$, $T_1, T_2, T_3 \neq$, $\dfrac{-(A\cdot(a_2+a_3)+B\cdot(a_1+a_3)+C\cdot(a_1+a_2))\cdot z^2+(A\cdot a_2a_3+B\cdot a_1a_3+C\cdot a_1a_2)\cdot z}{z^3-(a_1+a_2+a_3)\cdot z^2+(a_1a_2+a_1a_3+a_2a_3)\cdot z-a_1a_2a_3}$, $a_1=\mathrm{e}^{-\frac{T}{T_1}},\quad a_2=\mathrm{e}^{-\frac{T}{T_2}},\quad a_3=\mathrm{e}^{-\frac{T}{T_3}}$, $A=\dfrac{K_S\cdot T_1}{(T_1-T_2)\cdot(T_1-T_3)},\quad B=\dfrac{K_S\cdot T_2}{(T_2-T_1)\cdot(T_2-T_3)},\quad C=\dfrac{K_S\cdot T_3}{(T_3-T_1)\cdot(T_3-T_2)}$	$A\cdot\mathrm{e}^{-\frac{t}{T_1}}+B\cdot\mathrm{e}^{-\frac{t}{T_2}}+C\cdot\mathrm{e}^{-\frac{t}{T_3}}$, $A\cdot\mathrm{e}^{-\frac{kT}{T_1}}+B\cdot\mathrm{e}^{-\frac{kT}{T_2}}+C\cdot\mathrm{e}^{-\frac{kT}{T_3}}$
88	$\dfrac{s}{(1+T_1\cdot s)\cdot(1+T_2\cdot s)\cdot(1+T_3\cdot s)}$, $T_1, T_2, T_3 \neq$, $\dfrac{(A\cdot(a_2+a_3)+B\cdot(a_1+a_3)+C\cdot(a_1+a_2))\cdot z^2-(A\cdot a_2a_3+B\cdot a_1a_3+C\cdot a_1a_2)\cdot z}{z^3-(a_1+a_2+a_3)\cdot z^2+(a_1a_2+a_1a_3+a_2a_3)\cdot z-a_1a_2a_3}$, $a_1=\mathrm{e}^{-\frac{T}{T_1}},\quad a_2=\mathrm{e}^{-\frac{T}{T_2}},\quad a_3=\mathrm{e}^{-\frac{T}{T_3}}$, $A=\dfrac{1}{(T_1-T_2)\cdot(T_1-T_3)},\quad B=\dfrac{1}{(T_2-T_1)\cdot(T_2-T_3)},\quad C=\dfrac{1}{(T_3-T_1)\cdot(T_3-T_2)}$	$-A\cdot\mathrm{e}^{-\frac{t}{T_1}}-B\cdot\mathrm{e}^{-\frac{t}{T_2}}-C\cdot\mathrm{e}^{-\frac{t}{T_3}}$, $-A\cdot\mathrm{e}^{-\frac{kT}{T_1}}-B\cdot\mathrm{e}^{-\frac{kT}{T_2}}-C\cdot\mathrm{e}^{-\frac{kT}{T_3}}$

(续)

序号	$f(s)$, $f(z)$	$f(t)$, $t \geqslant 0$, $f(kT)$, $k \geqslant 0$
89	$\dfrac{K_S \cdot (1+T_V \cdot s)}{(1+T_1 \cdot s)\cdot(1+T_2 \cdot s)\cdot(1+T_3 \cdot s)}$, $T_1, T_2, T_3 \neq$, $\dfrac{-(A\cdot(a_2+a_3)+B\cdot(a_1+a_3)+C\cdot(a_1+a_2))\cdot z^2+(A\cdot a_2a_3+B\cdot a_1a_3+C\cdot a_1a_2)\cdot z}{z^3-(a_1+a_2+a_3)\cdot z^2+(a_1a_2+a_1a_3+a_2a_3)\cdot z-a_1a_2a_3}$, $a_1=\mathrm{e}^{-\frac{T}{T_1}},\quad a_2=\mathrm{e}^{-\frac{T}{T_2}},\quad a_3=\mathrm{e}^{-\frac{T}{T_3}}$, $A=\dfrac{K_S\cdot(T_1-T_V)}{(T_1-T_2)\cdot(T_1-T_3)},\quad B=\dfrac{K_S\cdot(T_2-T_V)}{(T_2-T_1)\cdot(T_2-T_3)},\quad C=\dfrac{K_S\cdot(T_3-T_V)}{(T_3-T_1)\cdot(T_3-T_2)}$	$A\cdot\mathrm{e}^{-\frac{t}{T_1}}+B\cdot\mathrm{e}^{-\frac{t}{T_2}}+C\cdot\mathrm{e}^{-\frac{t}{T_3}}$, $A\cdot\mathrm{e}^{-\frac{kT}{T_1}}+B\cdot\mathrm{e}^{-\frac{kT}{T_2}}+C\cdot\mathrm{e}^{-\frac{kT}{T_3}}$
90	$\dfrac{K_S}{(1+T_1 \cdot s)\cdot(1+T_2 \cdot s)\cdot(1+T_3 \cdot s)\cdot s}$, $T_1, T_2, T_3 \neq$, $\dfrac{K_S\cdot z}{z-1}-\dfrac{A\cdot z}{z-a_1}-\dfrac{B\cdot z}{z-a_2}-\dfrac{C\cdot z}{z-a_3}$ $=\dfrac{\left(\begin{array}{l}-(A\cdot a_1+B\cdot a_2+C\cdot a_3-K_S)\cdot z^3\\+(A\cdot a_1(1+a_2+a_3)+B\cdot a_2(1+a_1+a_3)+C\cdot a_3(1+a_1+a_2)-K_S\cdot(a_1+a_2+a_3))\cdot z^2\\+(A\cdot a_2a_3\cdot(1-a_1)+B\cdot a_1a_3\cdot(1-a_2)+C\cdot a_1a_2\cdot(1-a_3))\cdot z\end{array}\right)}{\left(\begin{array}{l}z^4-(1+a_1+a_2+a_3)\cdot z^3\\+(a_1(1+a_2+a_3)+a_2(1+a_3)+a_3)\cdot z^2-(a_1a_2(1+a_3)+a_1a_3+a_2a_3)\cdot z+a_1a_2a_3\end{array}\right)}$, $a_1=\mathrm{e}^{-\frac{T}{T_1}},\quad a_2=\mathrm{e}^{-\frac{T}{T_2}},\quad a_3=\mathrm{e}^{-\frac{T}{T_3}}$, $A=\dfrac{K_S\cdot T_1^2}{(T_1-T_2)\cdot(T_1-T_3)},\quad B=\dfrac{K_S\cdot T_2^2}{(T_2-T_1)\cdot(T_2-T_3)},\quad C=\dfrac{K_S\cdot T_3^2}{(T_3-T_1)\cdot(T_3-T_2)}$	$K_S-A\cdot\mathrm{e}^{-\frac{t}{T_1}}-B\cdot\mathrm{e}^{-\frac{t}{T_2}}-C\cdot\mathrm{e}^{-\frac{t}{T_3}}$, $K_S-A\cdot\mathrm{e}^{-\frac{kT}{T_1}}-B\cdot\mathrm{e}^{-\frac{kT}{T_2}}-C\cdot\mathrm{e}^{-\frac{kT}{T_3}}$
91	$\dfrac{K_S\cdot(1+T_V\cdot s)}{(1+T_1 \cdot s)\cdot(1+T_2 \cdot s)\cdot(1+T_3 \cdot s)\cdot s}$, $T_1, T_2, T_3 \neq$, $\dfrac{K_S\cdot z}{z-1}-\dfrac{A\cdot z}{z-a_1}-\dfrac{B\cdot z}{z-a_2}-\dfrac{C\cdot z}{z-a_3}$ $=\dfrac{\left(\begin{array}{l}-(A\cdot a_1+B\cdot a_2+C\cdot a_3-K_S)\cdot z^3\\+(A\cdot a_1(1+a_2+a_3)+B\cdot a_2(1+a_1+a_3)+C\cdot a_3(1+a_1+a_2)-K_S\cdot(a_1+a_2+a_3))^{①}\cdot z^2\\+(A\cdot a_2a_3\cdot(1-a_1)+B\cdot a_1a_3\cdot(1-a_2)+C\cdot a_1a_2\cdot(1-a_3))\cdot z\end{array}\right)}{\left(\begin{array}{l}z^4-(1+a_1+a_2+a_3)\cdot z^3\\+(a_1(1+a_2+a_3)+a_2(1+a_3)+a_3)\cdot z^2-(a_1a_2(1+a_3)+a_1a_3+a_2a_3))\cdot z+a_1a_2a_3\end{array}\right)}$, $a_1=\mathrm{e}^{-\frac{T}{T_1}},\quad a_2=\mathrm{e}^{-\frac{T}{T_2}},\quad a_3=\mathrm{e}^{-\frac{T}{T_3}}$, $A=\dfrac{K_S\cdot T_1\cdot(T_1-T_V)}{(T_1-T_2)\cdot(T_1-T_3)},\quad B=\dfrac{K_S\cdot T_2\cdot(T_2-T_V)}{(T_2-T_1)\cdot(T_2-T_3)},\quad C=\dfrac{K_S\cdot T_3\cdot(T_3-T_V)}{(T_3-T_1)\cdot(T_3-T_2)}$	$K_S-A\cdot\mathrm{e}^{-\frac{t}{T_1}}-B\cdot\mathrm{e}^{-\frac{t}{T_2}}-C\cdot\mathrm{e}^{-\frac{t}{T_3}}$, $K_S-A\cdot\mathrm{e}^{-\frac{kT}{T_1}}-B\cdot\mathrm{e}^{-\frac{kT}{T_2}}-C\cdot\mathrm{e}^{-\frac{kT}{T_3}}$

① [译者注]：原书缺一右括号

(续)

序号	$f(s)$, $f(z)$	$f(t),\ t\geqslant 0$, $f(kT),\ k\geqslant 0$
92	$\dfrac{K_S}{(1+T_1\cdot s)^2\cdot(1+T_2\cdot s)},\quad T_1\neq T_2$, $\dfrac{(AT\cdot a_1+B\cdot(a_2-a_1))\cdot z^2-a_1\cdot(AT\cdot a_2+B\cdot(a_2-a_1))\cdot z}{z^3-(2a_1+a_2)\cdot z^2+(a_1^2+2a_1a_2)\cdot z-a_1^2a_2}$, $a_1=\mathrm{e}^{-\frac{T}{T_1}},\quad a_2=\mathrm{e}^{-\frac{T}{T_2}}$, $A=\dfrac{K_S}{T_1\cdot(T_1-T_2)},\quad B=\dfrac{K_S\cdot T_2}{(T_1-T_2)^2}$	$(A\cdot t-B)\cdot\mathrm{e}^{-\frac{t}{T_1}}+B\cdot\mathrm{e}^{-\frac{t}{T_2}}$, $(A\cdot kT-B)\cdot\mathrm{e}^{-\frac{kT}{T_1}}+B\cdot\mathrm{e}^{-\frac{kT}{T_2}}$
93	$\dfrac{s}{(1+T_1\cdot s)^2\cdot(1+T_2\cdot s)},\quad T_1\neq T_2$, $\dfrac{-(AT\cdot a_1+B\cdot(a_2-a_1))\cdot z^2+a_1\cdot(AT\cdot a_2+B\cdot(a_2-a_1))\cdot z}{z^3-(2a_1+a_2)\cdot z^2+(a_1^2+2a_1a_2)\cdot z-a_1^2a_2}$, $a_1=\mathrm{e}^{-\frac{T}{T_1}},\quad a_2=\mathrm{e}^{-\frac{T}{T_2}}$, $A=\dfrac{1}{T_1^2\cdot(T_1-T_2)},\quad B=\dfrac{1}{(T_1-T_2)^2}$	$(-A\cdot t+B)\cdot\mathrm{e}^{-\frac{t}{T_1}}-B\cdot\mathrm{e}^{-\frac{t}{T_2}}$, $(-A\cdot kT+B)\cdot\mathrm{e}^{-\frac{kT}{T_1}}-B\cdot\mathrm{e}^{-\frac{kT}{T_2}}$
94	$\dfrac{K_S\cdot(1+T_V\cdot s)}{(1+T_1\cdot s)^2\cdot(1+T_2\cdot s)},\quad T_1\neq T_2$, $\dfrac{-(AT\cdot a_1+B\cdot(a_2-a_1))\cdot z^2+a_1\cdot(AT\cdot a_2+B\cdot(a_2-a_1))\cdot z}{z^3-(2a_1+a_2)\cdot z^2+(a_1^2+2a_1a_2)\cdot z-a_1^2a_2}$, $a_1=\mathrm{e}^{-\frac{T}{T_1}},\quad a_2=\mathrm{e}^{-\frac{T}{T_2}}$, $A=\dfrac{K_S\cdot(T_V-T_1)}{T_1^2\cdot(T_1-T_2)},\quad B=\dfrac{K_S\cdot(T_V-T_2)}{(T_1-T_2)^2}$	$(-A\cdot t+B)\cdot\mathrm{e}^{-\frac{t}{T_1}}-B\cdot\mathrm{e}^{-\frac{t}{T_2}}$, $(-A\cdot kT+B)\cdot\mathrm{e}^{-\frac{kT}{T_1}}-B\cdot\mathrm{e}^{-\frac{kT}{T_2}}$
95	$\dfrac{K_S}{(1+T_1\cdot s)^2\cdot(1+T_2\cdot s)\cdot s},\quad T_1\neq T_2$, $\dfrac{K_S\cdot z}{z-1}-\dfrac{AT\cdot a_1\cdot z}{(z-a_1)^2}+\dfrac{B\cdot z}{z-a_1}-\dfrac{C\cdot z}{z-a_2}$ $=\dfrac{\begin{pmatrix}-(AT\cdot a_1-B\cdot a_1+C\cdot a_2-K_S)\cdot z^3\\+(AT\cdot(a_1+a_1a_2)+B\cdot(a_2-a_1^2)+C\cdot(a_1a_2-a_1)+K_S\cdot(a_1a_2-a_1))\cdot z^2\\-a_1\cdot(AT\cdot a_2+B\cdot a_2-C\cdot a_1+K_S\cdot a_1a_2)\cdot z\end{pmatrix}}{z^4-(1+2a_1+a_2)\cdot z^3+(a_1^2+2a_1+2a_1a_2+a_2)\cdot z^2-(a_1^2+a_1^2a_2+2a_1a_2)\cdot z+a_1^2a_2}$, $a_1=\mathrm{e}^{-\frac{T}{T_1}},\quad a_2=\mathrm{e}^{-\frac{T}{T_2}},\quad A=\dfrac{K_S}{T_1-T_2},\quad B=\dfrac{K_S\cdot T_1\cdot(2\cdot T_2-T_1)}{(T_1-T_2)^2},\quad C=\dfrac{K_S\cdot T_2^2}{(T_1-T_2)^2}$	$K_S-(A\cdot t-B)\cdot\mathrm{e}^{-\frac{t}{T_1}}-C\cdot\mathrm{e}^{-\frac{t}{T_2}}$, $K_S-(A\cdot kT-B)\cdot\mathrm{e}^{-\frac{kT}{T_1}}-C\cdot\mathrm{e}^{-\frac{kT}{T_2}}$

(续)

序号	$f(s)$, $f(z)$	$f(t), t \geqslant 0$, $f(kT), k \geqslant 0$
96	$\dfrac{K_S}{(1+T_1\cdot s)^3}$, $\dfrac{\dfrac{K_S\cdot T^2}{2\cdot T_1^3}\cdot e^{-\frac{T}{T_1}}\cdot z^2+\dfrac{K_S\cdot T^2}{2\cdot T_1^3}\cdot e^{-\frac{2T}{T_1}}\cdot z}{z^3-3\cdot e^{-\frac{T}{T_1}}\cdot z^2+3\cdot e^{-\frac{2T}{T_1}}\cdot z-e^{-\frac{3T}{T_1}}}$	$\dfrac{K_S}{2\cdot T_1^3}\cdot t^2\cdot e^{-\frac{t}{T_1}}$, $\dfrac{K_S}{2\cdot T_1^3}\cdot (kT)^2\cdot e^{-\frac{kT}{T_1}}$
97	$\dfrac{s}{(1+T_1\cdot s)^3}$, $\dfrac{\dfrac{T\cdot T_1^4\cdot(2\cdot T_1-T)}{2}\cdot e^{-\frac{T}{T_1}}\cdot z^2-\dfrac{T\cdot T_1^4\cdot(2\cdot T_1+T)}{2}\cdot e^{-\frac{2T}{T_1}}\cdot z}{z^3-3\cdot e^{-\frac{T}{T_1}}\cdot z^2+3\cdot e^{-\frac{2T}{T_1}}\cdot z-e^{-\frac{3T}{T_1}}}$	$\left(\dfrac{t}{T_1^3}-\dfrac{t^2}{2\cdot T_1^4}\right)\cdot e^{-\frac{t}{T_1}}$, $\left(\dfrac{kT}{T_1^3}-\dfrac{(kT)^2}{2\cdot T_1^4}\right)\cdot e^{-\frac{kT}{T_1}}$
98	$\dfrac{K_S\cdot(1+T_V\cdot s)}{(1+T_1\cdot s)^3}$, $\dfrac{\dfrac{K_S\cdot T\cdot(T\cdot(T_1-T_V)+2\cdot T_1\cdot T_V)}{2\cdot T_1^4}\cdot e^{-\frac{T}{T_1}}\cdot z^2+\dfrac{K_S\cdot T\cdot(T\cdot(T_1-T_V)-2\cdot T_1\cdot T_V)}{2\cdot T_1^4}\cdot e^{-\frac{2T}{T_1}}\cdot z}{z^3-3\cdot e^{-\frac{T}{T_1}}\cdot z^2+3\cdot e^{-\frac{2T}{T_1}}\cdot z-e^{-\frac{3T}{T_1}}}$	$\dfrac{K_S}{T_1^3}\cdot\left(T_V\cdot t+\dfrac{T_1-T_V}{2\cdot T_1}\cdot t^2\right)\cdot e^{-\frac{t}{T_1}}$, $\dfrac{K_S}{T_1^3}\cdot\left(T_V\cdot kT+\dfrac{T_1-T_V}{2\cdot T_1}\cdot (kT)^2\right)\cdot e^{-\frac{kT}{T_1}}$
99	$\dfrac{K_S}{(1+T_1\cdot s)^3\cdot s}$, $\dfrac{K_S}{z-1}+\dfrac{A}{(z-a_1)^3}+\dfrac{B}{(z-a_1)^2}+\dfrac{C}{z-a_1}$ $=\dfrac{(C+K_S)\cdot z^3+(B-C\cdot(1+2a_1)-3K_Sa_1)\cdot z^2+(A-B\cdot(1+a_1)+C\cdot(2a_1+a_1^2)+3K_S\cdot a_1^2)\cdot z}{z^4-(1+3a_1)\cdot z^3+(3a_1+3a_1^2)\cdot z^2-(3a_1^2+a_1^3)\cdot z+a_1^3}$, $a_1=e^{-\frac{T}{T_1}}$, $A=\dfrac{-K_ST^2\cdot a_1^3}{T_1^2}$, $B=\dfrac{-K_ST\cdot(3T+2T_1)\cdot a_1^2}{2\cdot T_1^2}$, $C=\dfrac{-K_S\cdot(T^2+2TT_1+2T_1^2)\cdot a_1}{2\cdot T_1^2}$	$K_S\cdot\left[1-\left(1+\dfrac{t}{T_1}+\dfrac{t^2}{2\cdot T_1^2}\right)\cdot e^{-\frac{t}{T_1}}\right]$, $K_S\cdot\left[1-\left(1+\dfrac{kT}{T_1}+\dfrac{(kT)^2}{2\cdot T_1^2}\right)\cdot e^{-\frac{kT}{T_1}}\right]$
100	$\dfrac{K_S\cdot(1+T_V\cdot s)}{(1+T_1\cdot s)^3\cdot s}$, $\dfrac{-(A\cdot a_1+B\cdot a_1-K_S\cdot b_1)\cdot z^3+(A\cdot(a_1+a_1^2)+(B-2K_S)\cdot a_1b_1)\cdot z^2+(A-B-K_S\cdot b_1)\cdot a_1^2\cdot z}{z^4-(1+3a_1)\cdot z^3+(3a_1+3a_1^2)\cdot z^2-(3a_1^2+a_1^3)\cdot z+a_1^3}$, $a_1=e^{-\frac{T}{T_1}}$, $b_1=1-e^{-\frac{T}{T_1}}$, $A=\dfrac{K_S\cdot T}{T_1}$, $B=\dfrac{K_S\cdot T^2\cdot(T_1-T_V)}{2\cdot T_1^3}$	$K_S\cdot\left[1-\left(1+\dfrac{t}{T_1}+\dfrac{T_1-T_V}{2\cdot T_1^3}\cdot t^2\right)\cdot e^{-\frac{t}{T_1}}\right]$, $K_S\cdot\left[1-\left(1+\dfrac{kT}{T_1}+\dfrac{T_1-T_V}{2\cdot T_1^3}\cdot (kT)^2\right)\cdot e^{-\frac{kT}{T_1}}\right]$

(续)

序号	$f(s)$, $f(z)$	$f(t)$, $t \geqslant 0$, $f(kT)$, $k \geqslant 0$
101	$\dfrac{K_S}{(1+T_1\cdot s)^n}$, $n=1, 2, 3, \ldots$, $\lim\limits_{a\to 1/T_1}\dfrac{K_S\cdot(-1)^{n-1}}{T_1^n\cdot(n-1)!}\cdot\dfrac{\mathrm{d}^{n-1}}{\mathrm{d}a^{n-1}}\left(\dfrac{z}{z-\mathrm{e}^{-aT}}\right)$, $\dfrac{1}{(s+a)^n}$, $\dfrac{(-1)^{n-1}}{(n-1)!}\cdot\dfrac{\mathrm{d}^{n-1}}{\mathrm{d}a^{n-1}}\left(\dfrac{z}{z-\mathrm{e}^{-aT}}\right)$	$\dfrac{K_S}{T_1\cdot(n-1)!}\cdot\left(\dfrac{t}{T_1}\right)^{n-1}\cdot\mathrm{e}^{-\frac{t}{T_1}}$, $\dfrac{K_S}{T_1\cdot(n-1)!}\cdot\left(\dfrac{kT}{T_1}\right)^{n-1}\cdot\mathrm{e}^{-\frac{kT}{T_1}}$, $\dfrac{1}{(n-1)!}\cdot t^{n-1}\cdot\mathrm{e}^{-at}$, $\dfrac{1}{(n-1)!}\cdot(kT)^{n-1}\cdot\mathrm{e}^{-akT}$

表 11.5-9　特殊序列 z 变换式

序号	$f(z)$	$f_k, f(k), k \geqslant 0$
102	1	$\delta(k)$, $\delta_{k,0}$, 0^k, $\{1, 0, 0, 0, \cdots\}$
103	$\dfrac{1}{z}$	$\delta(k-1)$, $\delta_{k,1}$, $\{0, 1, 0, 0, \cdots\}$
104	$\dfrac{1}{z^n}$	$\delta(k-n)$, $\delta_{k,n}$, $\{0, 0, 0, 0, \cdots, 0, 1, 0, 0, \cdots\}$
105	$\dfrac{1}{z+1}$	$\delta(k)-\cos(k\cdot\pi)$, $\{0, 1, -1, 1, -1, 1, -1, 1, \cdots\}$
106	$\dfrac{z}{z+1}$	$\cos(k\cdot\pi)$, $(-1)^k$, $\{1, -1, 1, -1, 1, -1, 1, \cdots\}$
107	$\dfrac{1}{z^2+1}$	$\delta(k)-\cos\left(k\cdot\dfrac{\pi}{2}\right)$, $\{0, 0, 1, 0, -1, 0, 1, 0, -1, 0, \cdots\}$
108	$\dfrac{z}{z^2+1}$	$\sin\left(k\cdot\dfrac{\pi}{2}\right)$, $\{0, 1, 0, -1, 0, 1, 0, -1, 0, 1, \cdots\}$
109	$\dfrac{z^2}{z^2+1}$	$\cos\left(k\cdot\dfrac{\pi}{2}\right)$, $\{1, 0, -1, 0, 1, 0, -1, 0, 1, 0, \cdots\}$
110	$\dfrac{1}{z^2-1}$	$\sum\limits_{i=0}^{\infty}\delta(k-(2i+2))$, $\{0, 0, 1, 0, 1, 0, 1, 0, 1, \cdots\}$
111	$\dfrac{z}{z^2-1}$	$\sum\limits_{i=0}^{\infty}\delta(k-(2i+1))$, $\{0, 1, 0, 1, 0, 1, 0, 1, \cdots\}$
112	$\dfrac{z^2}{z^2-1}$	$\sum\limits_{i=0}^{\infty}\delta(k-2i)$, $\{1, 0, 1, 0, 1, 0, 1, 0, \cdots\}$
113	$\dfrac{z^n}{z^n-1}$	$\sum\limits_{i=0}^{\infty}\delta(k-n\cdot i)$, $n>0$
114	$\ln\dfrac{z}{z-1}$	$f_0=0$, $f_k=\dfrac{1}{k}$, $k>0$, $\left\{0, 1, \dfrac{1}{2}, \dfrac{1}{3}, \cdots, \dfrac{1}{k}, \cdots\right\}$

(续)

序号	$f(z)$	$f_k, f(k), k \geqslant 0$
115	$\frac{1}{a} \cdot \ln \frac{z}{z-a}$	$f_0=0,\ f_k=\frac{a^{k-1}}{k},\ k>0,\ \left\{0,\ 1,\ \frac{a}{2},\ \frac{a^2}{3},\ \cdots,\ \frac{a^{k-1}}{k},\ \cdots\right\}$
116	$\ln \frac{z+1}{z}=\ln\left(1+\frac{1}{z}\right)$	$f_0=0,\ f_k=\frac{(-1)^{k-1}}{k},\ k>0,\ \left\{0,\ 1,\ \frac{-1}{2},\ \frac{1}{3},\ \frac{-1}{4},\ \cdots\right\}$
117	$\ln \frac{z-1}{z+1}$	$f_{2k}=0,\ f_{2k+1}=\frac{2}{2k+1},\ \left\{0,\ 2,\ 0,\ \frac{2}{3},\ 0,\ \frac{2}{5},\ 0,\ \cdots\right\}$
118	$\mathrm{e}^{1/z}$	$\frac{1}{k!},\ \left\{1,\ 1,\ \frac{1}{2},\ \frac{1}{6},\ \frac{1}{24},\ \cdots\right\}$
119	$\mathrm{e}^{a/z}$	$\frac{a^k}{k!},\ \left\{1,\ a,\ \frac{a^2}{2},\ \frac{a^3}{6},\ \frac{a^4}{24},\ \cdots\right\}$
120	$\sqrt{z} \cdot \sinh\left(\frac{1}{\sqrt{z}}\right)$	$\frac{1}{(2k+1)!},\ \left\{1,\ \frac{1}{6},\ \frac{1}{120},\ \frac{1}{5040},\ \cdots\right\}$
121	$\sqrt{\frac{z}{a}} \cdot \sinh\left(\sqrt{\frac{a}{z}}\right)$	$\frac{a^k}{(2k+1)!},\ \left\{1,\ \frac{a}{6},\ \frac{a^2}{120},\ \frac{a^3}{5040},\ \cdots\right\}$
122	$\cosh\left(\frac{1}{\sqrt{z}}\right)$	$\frac{1}{(2k)!},\ \left\{1,\ \frac{1}{2},\ \frac{1}{24},\ \frac{1}{720},\ \cdots\right\}$
123	$\cosh\left(\sqrt{\frac{a}{z}}\right)$	$\frac{a^k}{(2k)!},\ \left\{1,\ \frac{a}{2},\ \frac{a^2}{24},\ \frac{a^3}{720},\ \cdots\right\}$
124	$\sqrt{z} \cdot \sin\left(\frac{1}{\sqrt{z}}\right)$	$\frac{(-1)^k}{(2k+1)!},\ \left\{1,\ \frac{-1}{6},\ \frac{1}{120},\ \frac{-1}{5040},\ \cdots\right\}$
125	$\sqrt{\frac{z}{a}} \cdot \sin\left(\sqrt{\frac{a}{z}}\right)$	$\frac{(-a)^k}{(2k+1)!},\ \left\{1,\ \frac{-a}{6},\ \frac{a^2}{120},\ \frac{-a^3}{5040},\ \cdots\right\}$
126	$\cos\left(\frac{1}{\sqrt{z}}\right)$	$\frac{(-1)^k}{(2k)!},\ \left\{1,\ \frac{-1}{2},\ \frac{1}{24},\ \frac{-1}{720},\ \cdots\right\}$
127	$\cos\left(\sqrt{\frac{a}{z}}\right)$	$\frac{(-a)^k}{(2k)!},\ \left\{1,\ \frac{-a}{2},\ \frac{a^2}{24},\ \frac{-a^3}{720},\ \cdots\right\}$
128	$\frac{z}{(z-1)^{n+1}}$	$\binom{k}{n}=\frac{k(k-1)(k-2)\cdots(k-n+1)}{n!}$
129	$\frac{(-1)^n \cdot z}{(z-1)^{n+1}}$	$(-1)^k \cdot \binom{k}{n}$
130	$\frac{a^n \cdot z}{(z-1)^{n+1}}$	$a^k \cdot \binom{k}{n}$
131	$\left(1+\frac{1}{z}\right)^n=\left(\frac{z+1}{z}\right)^n$	$\binom{n}{k}$

11.5.2.5　z 变换表的应用

在用 z 变换式计算时会遇到这种情况, 在表 11.5 中不存在合适的变换对. 为此通过**部分分式展开(Partialbruchzerlegung)** 将其展开成在表中存在变换对的部分分式. 下面例子就解释这种方法.

例 11.5-13　对于 z 变换 $x(z)$, 试计算在时域的采样序列 $x(kT)$:

$$x(z)=\frac{T^3\cdot(z^3+z^2+z+1)}{(z-1)^4}$$

使 $x(z)$ 表达式具有基本序列:

$$x(kT)=a\cdot k^3+b\cdot k^2+c\cdot k+d\cdot E(kT)+e\cdot\delta(kT)$$

由表 11.5-2(序号 10,9,7,4,1) 求序列的 z 变换, 并被置换:

$$\begin{aligned}x(z)&=\frac{T^3\cdot(z^3+z^2+z+1)}{(z-1)^4}\\&=a\cdot\frac{z^3+4\cdot z^2+z}{(z-1)^4}+b\cdot\frac{z^2+z}{(z-1)^3}+c\cdot\frac{z}{(z-1)^2}+d\cdot\frac{z}{z-1}+e\\&=\frac{(d+e)\cdot z^4+(a+b+c-3d-4e)\cdot z^3+(4a-2c+3d+6e)\cdot z^2}{(z-1)^4}+\\&\quad+\frac{(a-b+c-d-4e)\cdot z+e}{(z-1)^4}\end{aligned}$$

通过分子多项系数比较, 求未知 $a,b.c.d,e$ 的方程:

$$d+e=0,\quad a+b+c-3d-4e=T^3$$

$$4a-2c+3d+6e=T^3,\quad a-b+c-d-4e=T^3,\quad e=T^3$$

由解

$$a=\frac{2\cdot T^3}{3},\quad b=-T^3,\quad c=\frac{7\cdot T^3}{3},\quad d=-T^3,\quad e=T^3$$

得到采样序列

$$\begin{aligned}x(kT)&=a\cdot k^3+b\cdot k^2+c\cdot k+d\cdot E(kT)+e\cdot\delta(kT)\\&=\frac{2}{3}\cdot(kT)^3-T\cdot(kT)^2+\frac{7\cdot T^2}{3}\cdot kT-T^3\cdot E(kT)+T^3\cdot\delta(kT)\end{aligned}$$

$$= \frac{2}{3} \cdot (kT)^3 - T \cdot (kT)^2 + \frac{7 \cdot T^2}{3} \cdot kT - T^3 \cdot E(kT - T)$$

为了简化在时域的基本序列, 可应用下列公式:

$$\begin{aligned}
\delta(k) &= \delta(k) \cdot E(k) = E(k) - E(k-1) \\
\delta(k) &= 0^k, \ \{1, 0, 0, 0, \cdots\} \\
E(k-1) &= k - (k-1) \cdot E(k-1), \ \{0, 1, 1, 1, 1, \cdots\} \\
k &= k \cdot E(k-1), \ \{0, 1, 2, 3, 4, \cdots\}
\end{aligned}$$

11.5.3 逆 z 变换 (z 反变换)

11.5.3.1 z 反变换法

通过反变换由 z 变换 $f(z)$ 求数列 $f(kT)$, 它在采样时间点 kT 与函数 $f(t)$ 值重合, **逆z变换(inverse z-Transformation)** 下式成立:

$$\boxed{f_k = Z^{-1}\{f(z)\}}$$

通过符号 Z^{-1} 给出由变换的图域过渡到原域. 反变换可应用具有不同的特殊意义的各种方法进行:

- 用余式计算曲线积分,
- 部分分式展开, 用表反变换,
- 幂级数展开,
- 递推.

11.5.3.2 复数反演积分反变换

在 z 反变换时, 可用类似于像在拉普拉斯积分那样的复数反演积分

$$\boxed{f_k = Z^{-1}\{f(z)\} = \frac{1}{2\pi \mathrm{j}} \oint f(z) \cdot z^{k-1} \mathrm{d}z}$$

求数列 f_k, 与拉普拉斯变换相似, 闭合积分路径是在复数平面围绕 $f(z)$ 的所有极点进行. $f(z)$ 极点为在此时 $f(z)$ 分母为零的 z 值.

例 11.5-14 对于 z 变换

$$f(z) = \frac{\left(1 - \mathrm{e}^{-\frac{T}{T_\mathrm{S}}}\right) \cdot z}{z^2 - \left(1 + \mathrm{e}^{-\frac{T}{T_\mathrm{S}}}\right) \cdot z + \mathrm{e}^{-\frac{T}{T_\mathrm{S}}}} = \frac{\left(1 - \mathrm{e}^{-\frac{T}{T_\mathrm{S}}}\right) \cdot z}{(z-1) \cdot \left(z - \mathrm{e}^{-\frac{T}{T_\mathrm{S}}}\right)}$$

试计算数列 f_k.

$f(z)$ 部分分式展开得

$$f(z)=\frac{z}{z-1}-\frac{z}{z-\mathrm{e}^{-\frac{T}{T_{\mathrm{S}}}}}$$

函数 $f(z)$ 具有极点 $z_1=1, z_2=\mathrm{e}^{-\frac{T}{T_{\mathrm{S}}}}$, 对于这些值 $f(z)$ 分母为零, 而函数 $f(z)$ 为无穷大. 应用反演积分给出:

$$\begin{aligned} f_k=Z^{-1}\{f(z)\}&=\frac{1}{2\pi\mathrm{j}}\oint\left[\frac{z}{z-1}-\frac{z}{z-\mathrm{e}^{-\frac{T}{T_{\mathrm{S}}}}}\right]\cdot z^{k-1}\mathrm{d}z\\ &=\frac{1}{2\pi\mathrm{j}}\oint\left[\frac{1}{z-z_1}-\frac{1}{z-z_2}\right]\cdot z^{k}\mathrm{d}z\\ &=z_1^k-z_2^k=1^k-\mathrm{e}^{-\frac{kT}{T_{\mathrm{S}}}}=E(kT)-\mathrm{e}^{-\frac{kT}{T_{\mathrm{S}}}} \end{aligned}$$

该法仅应用于理论研究. 而在数字调节技术中一般不计算这个积分, 因为经常出现的基本函数都可在变换表中查用.

11.5.3.3 部分分式展开, 查表反变换

与前述拉普拉斯反变换对应, **逆z变换(Inverse z-Transformation)** 大多也是借助表来求. 部分分式展开 (3.5.6 节) 在这里也是辅助工具, 以便从高阶 z 变换推导出简单的变换对. 假设, $f(z)$ 分母多项式的零点是已知的, 分母多项式的零点就是 $f(z)$ 极点. 如果在时间离散系统的 z 传递函数中令分母多项式等于零, 那么就产生**特征方程**.

例 11.5-15 对于 z 变换

$$x(z)=\frac{z^2-z}{z^2-0.7\cdot z+0.1}=\frac{z^2-z}{(z-0.2)\cdot(z-0.5)}=\frac{A\cdot z}{z-0.2}+\frac{B\cdot z}{z-0.5}$$

试计算 x_k. 部分分式展开给出:

$$z^2-z=z^2\cdot(A+B)+z\cdot(-0.5\cdot A-0.2\cdot B)$$

$$A+B=1,\quad -0.5\cdot A-0.2\cdot B=-1$$

$$A=2.667,\quad B=-1.667$$

由表 11.5-3 序号 20 进行反变换:

$$x(z)=\frac{z^2-z}{z^2-0.7\cdot z+0.1}=\frac{A\cdot z}{z-z_1}+\frac{B\cdot z}{z-z_2},\quad z_1=0.2,\quad z_2=0.5$$

$$x_k = 2.667 \cdot z_1^k - 1.667 \cdot z_2^k = 2.667 \cdot 0.2^k - 1.667 \cdot 0.5^k$$

例 11.5-16 对于采样时间 $T = 0.1\text{s}$, 求得下列 z 传递函数:

$$G_\text{S}(z) = \frac{z}{z^2 - 1.6 \cdot z + 0.8} = \frac{z}{(z - 0.8 + 0.4j) \cdot (z - 0.8 - 0.4j)}$$

试求权序列 x_k. 它的存在, 仅当作为输入量 y_k 接入 DIRAC序列时, 具体:

$$y(kT) = \delta(kT) = 0^k, \quad y(z) = 1$$

$$x(z) = G_\text{S}(z) \cdot y(z) = \frac{z}{z^2 - 1.6 \cdot z + 0.8} \cdot y(z) = \frac{z}{z^2 - 1.6 \cdot z + 0.8}$$

z变换式特征方程的共轭复数零点是谐波函数在时域的一个特征标志. 将表 11.5-6 序号 52 的变换对扩大常系数 K_S 倍, 然后可进行系数比较.

$$x(s) = \frac{K_\text{S} \cdot \omega_0 \cdot \sqrt{1 - D^2}}{s^2 + 2 \cdot D \cdot \omega_0 \cdot s + \omega_0^2}$$

$$x(t) = K_\text{S} \cdot \text{e}^{-D\omega_0 t} \cdot \sin(\omega_0 \cdot \sqrt{1 - D^2} \cdot t)$$

$$x(z) = \frac{K_\text{S} \cdot \text{e}^{-D\omega_0 T} \cdot \sin(\omega_0 \cdot \sqrt{1 - D^2} \cdot T) \cdot z}{z^2 - 2 \cdot \text{e}^{-D\omega_0 T} \cdot \cos(\omega_0 \cdot \sqrt{1 - D^2} \cdot T) \cdot z + \text{e}^{-2D\omega_0 T}}$$

$$x(kT) = K_\text{S} \cdot \text{e}^{-D\omega_0 kT} \cdot \sin(\omega_0 \cdot \sqrt{1 - D^2} \cdot kT)$$

$$x(z) = \frac{K_\text{S} \cdot \text{e}^{-D\omega_0 T} \cdot \sin(\omega_0 \cdot \sqrt{1 - D^2} \cdot T) \cdot z}{z^2 - 2 \cdot \text{e}^{-D\omega_0 T} \cos(\omega_0 \sqrt{1 - D^2} \cdot T) \cdot z + \text{e}^{-2D\omega_0 T}}$$

$$\overset{!}{=} \frac{z}{z^2 - 1.6 \cdot z + 0.8}$$

由系数比较导出 3 个方程, 其中代入采样时间 $T - 0.1\text{s}$:

对方程 (1) $\text{e}^{-2D\omega_0 T} = \text{e}^{-0.2D\omega_0} = 0.8$

取对数并变换

$$D = \frac{1.1157}{\omega_0}$$

在方程 (2) $-2 \cdot \text{e}^{-D\omega_0 T} \cdot \cos\left(\omega_0 \sqrt{1 - D^2} \cdot T\right) = -1.6 \cdot z$

中代入 D, 给出特征角频率的解:

$$\omega_0 = 4.769\,\text{s}^{-1}, \quad D = 0.234$$

如果将数据代入方程 (3)

$$K_\text{S} \cdot \text{e}^{-D\omega_0 T} \cdot \sin(\omega_0 \sqrt{1 - D^2} \cdot T) \cdot z = z$$

那么得 $K_S = 2.5$. 在时域数列为

$$\begin{aligned}x(kT) &= K_S \cdot \mathrm{e}^{-D\omega_0 kT} \cdot \sin(\omega_0 \cdot \sqrt{1-D^2} \cdot kT) \\ &= 2.5 \cdot \mathrm{e}^{-1.1157kT} \cdot \sin(4.636 \cdot kT) \\ &= 2.5 \cdot \mathrm{e}^{-0.11157k} \cdot \sin(0.4636 \cdot k)\end{aligned}$$

冲激响应序列表示在图 11.5-15 中. 第 1 组数据为

$$x(0) = 0, \quad x(T) = 1, \quad x(2T) = 1.6, \quad x(3T) = 1.76, \quad x(4T) = 1.536, \quad \cdots$$

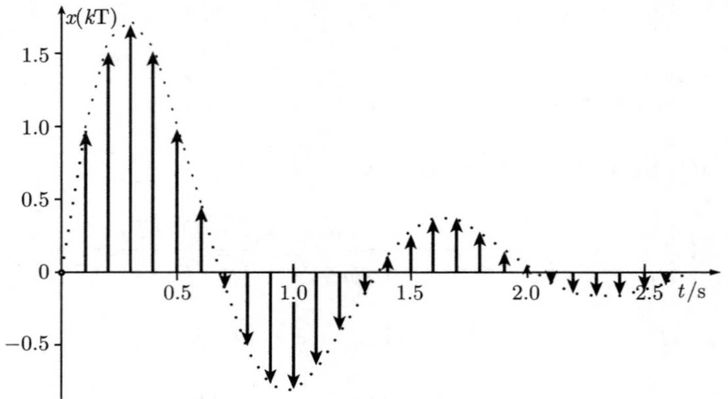

图 11.5-15　冲激响应

11.5.3.4　幂级数展开反变换

数列也可通过对 $f(z)$ 按照 z^{-1} 幂展开级数来计算, 按照定义为

$$Z\{f(kT)\} = f(z) = \sum_{k=0}^{\infty} f_k \cdot z^{-k} = f_0 \cdot z^0 + f_1 \cdot z^{-1} + f_2 \cdot z^{-2} + f_3 \cdot z^{-3} + \cdots$$

级数展开的系数 f_k 对应于采样时间点 kT 的 $f(kT)$ 值.

例 11.5-17　对于例 11.5-16 的 z 变换, 试由幂级数展开确定采样时间 $T = 0.1\mathrm{s}$ 的数列 $x(kT)$:

$$x(z) = G_S(z) \cdot y(z) = \frac{z}{z^2 - 1.6 \cdot z + 0.8}$$

代数除法得到:

$$
\begin{array}{l}
z \qquad\qquad : (z^2 - 1.6\cdot z + 0.8) = 0\cdot z^0 + 1\cdot z^{-1} + 1.6\cdot z^{-2} + 1.76\cdot z^{-3} + \cdots \\
\underline{-(z - 1.6 + 0.80\cdot z^{-1})} \\
\quad +1.6 - 0.80\cdot z^{-1} \\
\quad \underline{-(1.6 - 2.56\cdot z^{-1} + 1.28\cdot z^{-2})} \\
\qquad 1.76\cdot z^{-1} - 1.28\cdot z^{-2} \\
\qquad \underline{-(1.76\cdot z^{-1} - 2.81\cdot z^{-2} + 1.408\cdot z^{-3})} \\
\qquad \cdots
\end{array}
$$

$$
\begin{aligned}
x(z) &= \frac{z}{z^2 - 1.6\cdot z + 0.8} \\
&= x_0\cdot z^0 + x_1\cdot z^{-1} + x_2\cdot z^{-2} + x_3\cdot z^{-3} + \cdots \\
&= 0\cdot z^0 + 1\cdot z^{-1} + 1.6\cdot z^{-2} + 1.76\cdot z^{-3} + \cdots
\end{aligned}
$$

数列 $x(k) = x_k$ 为

$$x(0) = 0, \quad x(1) = 1, \quad x(2) = 1.6, \quad x(3) = 1.76, \quad \cdots$$

采样点 $x(kT)$ 值为

$$x(0) = 0, \quad x(0.1) = 1, \quad x(0.2) = 1.6, \quad x(0.3) = 1.76, \quad \cdots$$

11.5.3.5 递推冲激函数计算

由 z 变换可推导出用计算机递推求解的差分方程. 在计算线性离散系统 z 传递函数时给出截断有理函数

$$G(z) = \frac{x_a(z)}{x_e(z)} = \frac{b_m\cdot z^m + b_{m-1}\cdot z^{m-1} + \cdots + b_1\cdot z + b_0}{a_n\cdot z^n + a_{n-1}\cdot z^{n-1} + \cdots + a_1\cdot z + a_0} = \frac{Z(z)}{N(z)}$$

对于用计算机计算差分方程, 更适合具有 z^{-1} 的传递函数, 分子和分母分别乘以 z^{-n} 得:

$$G(z) = \frac{x_a(z)}{x_e(z)} = \frac{b_m\cdot z^{m-n} + b_{m-1}\cdot z^{m-n-1} + \cdots + b_1\cdot z^{-n+1} + b_0\cdot z^{-n}}{a_n + a_{n-1}\cdot z^{-1} + \cdots + a_1\cdot z^{-n+1} + a_0\cdot z^{-n}}$$

截断有理函数相乘

$$
\begin{aligned}
& x_a(z)\cdot[a_n + a_{n-1}\cdot z^{-1} + \cdots + a_1\cdot z^{-n+1} + a_0\cdot z^{-n}] \\
& \quad = x_e(z)\cdot[b_m\cdot z^{m-n} + b_{m-1}\cdot z^{m-n-1} + \cdots + b_1\cdot z^{-n+1} + b_0\cdot z^{-n}]
\end{aligned}
$$

并反变换

$$a_n \cdot x_{\mathrm{a},k} + a_{n-1} \cdot x_{\mathrm{a},k-1} + \cdots + a_1 \cdot x_{\mathrm{a},k-n+1} + a_0 \cdot x_{\mathrm{a},k-n}$$

$$= b_m \cdot x_{\mathrm{e},k+m-n} + b_{m-1} \cdot x_{\mathrm{e},k+m-n-1} + \cdots + b_1 \cdot x_{\mathrm{e},k-n+1} + b_0 \cdot x_{\mathrm{e},k-n}$$

解出 $x_{\mathrm{d},k}$, 当输入量 $x_{\mathrm{e},k}$ 作为序列出现时可计算出其冲激函数:

$$\boxed{\begin{aligned} x_{\mathrm{a},k} = \frac{1}{a_n} \cdot [&-a_{n-1} \cdot x_{\mathrm{a},k-1} - \cdots - a_1 \cdot x_{\mathrm{a},k-n+1} - a_0 \cdot x_{\mathrm{a},k-n} + \\ &+ b_m \cdot x_{\mathrm{e},k+m-n} + b_{m-1} \cdot x_{\mathrm{e},k+m-n-1} + \cdots + b_1 \cdot x_{\mathrm{e},k-n+1} + b_0 \cdot x_{\mathrm{e},k-n}] \end{aligned}}$$

例 11.5-18　对于例 11.5-16 的 z 变换, 试由递推确定采样时间 $T = 0.1\mathrm{s}$ 的数列 $x(kT)$. 输出量 $x_{\mathrm{a}}(z)$ 对应于被调节量 $x(z)$, 而对于输入量 $x_{\mathrm{e}}(z)$, 作为调整量则以 DELTA- 序列 $y(z) = 1$ 接入:

$$x(z) = G_{\mathrm{S}}(z) \cdot y(z) = \frac{z}{z^2 - 1.6 \cdot z + 0.8} \cdot y(z) = \frac{b_1 \cdot z}{a_2 \cdot z^2 + a_1 \cdot z + a_0} \cdot y(z)$$

用 $z^{-n} = z^{-2}$ 乘得到具有 z^{-1} 幂的 z 传递函数:

$$x(z) = \frac{b_1 \cdot z^{-1}}{a_2 + a_1 \cdot z^{-1} + a_0 \cdot z^{-2}} \cdot y(z) = \frac{z^{-1}}{1 - 1.6 \cdot z^{-1} + 0.8 \cdot z^{-2}} \cdot y(z)$$

$$x(z) \cdot [1 - 1.6 \cdot z^{-1} + 0.8 \cdot z^{-2}] = y(z) \cdot z^{-1}$$

z 反变换:

$$x(k) - 1.6 \cdot x(k-1) + 0.8 \cdot x(k-2) = y(k-1)$$

$$x(k) = 1.6 \cdot x(k-1) - 0.8 \cdot x(k-2) + y(k-1)$$

对于 $k = 0, 1, 2, \cdots$ 递推计算 $x(k)$:

$$\begin{aligned} x(k) &= 1.6 \cdot x(k-1) - 0.8 \cdot x(k-2) + y(k-1) \\ x(0) &= 1.6 \cdot x(-1) - 0.8 \cdot x(-2) + y(-1) = 1.6 \cdot 0 - 0.8 \cdot 0 + 0 = 0 \\ x(1) &= 1.6 \cdot x(0) - 0.8 \cdot x(-1) + y(0) = 1.6 \cdot 0 - 0.8 \cdot 0 + 1 = 1 \\ x(2) &= 1.6 \cdot x(1) - 0.8 \cdot x(0) + y(1) = 1.6 \cdot 1 - 0.8 \cdot 0 + 0 = 1.6 \\ x(3) &= 1.6 \cdot x(2) - 0.8 \cdot x(1) + y(2) = 1.76, \quad x(4) = 1.536, \cdots \end{aligned}$$

采样点 $x(kT)$ 值为

$$x(0) = 0, \quad x(0.1) = 1, \quad x(0.2) = 1.6, \quad x(0.3) = 1.76, \quad \cdots$$

11.5.4 z 传递函数 (冲激传递函数)

11.5.4.1 时间离散环节 z 传递函数

线性时间离散系统的**冲激传递**在时域可用差分方程来计算. 当由 z 变换的差分方程确定系统 z 传递函数时, 计算可被简化. 可由差分方程编制调节算法, 然后通过变换产生数字调节器的 z 传递函数.

预先给出调节算法的线性差分方程如下形式:

$$
\begin{aligned}
& a_n \cdot x_{\mathrm{a},k+n} + a_{n-1} \cdot x_{\mathrm{a},k+n-1} + \cdots + a_1 \cdot x_{\mathrm{a},k+1} + a_0 \cdot x_{\mathrm{a},k} \\
= & b_m \cdot x_{\mathrm{e},k+m} + b_{m-1} \cdot x_{\mathrm{e},k+m-1} + \cdots + b_1 \cdot x_{\mathrm{e},k+1} + b_0 \cdot x_{\mathrm{e},k}, \ n \geqslant m
\end{aligned}
$$

为了计算必须已知输入序列 $x_{\mathrm{e},k}$ 值、初值 $x_{\mathrm{a},k+n-1}, \cdots, x_{\mathrm{a},k+1}, x_{\mathrm{a},k}$ 和系数 a_i, b_j, 在时间离散系统初值为零的前提条件下变换差分方程. 由移位计算规则获得传递规程:

$$
\boxed{
\begin{array}{lll}
x_{\mathrm{a},k} \to x_{\mathrm{a}}(z), & x_{\mathrm{a},k+i} \to z^i \cdot x_{\mathrm{a}}(z), & x_{\mathrm{a},k-i} \to z^{-i} \cdot x_{\mathrm{a}}(z), \\
x_{\mathrm{e},k} \to x_{\mathrm{e}}(z), & x_{\mathrm{e},k+j} \to z^j \cdot x_{\mathrm{e}}(z), & x_{\mathrm{e},k-j} \to z^{-j} \cdot x_{\mathrm{e}}(z)
\end{array}
}
$$

z 变换的差分方程为

$$
\begin{aligned}
& a_n \cdot z^n \cdot x_{\mathrm{a}}(z) + a_{n-1} \cdot z^{n-1} \cdot x_{\mathrm{a}}(z) + \cdots + a_1 \cdot z \cdot x_{\mathrm{a}}(z) + a_0 \cdot x_{\mathrm{a}}(z) \\
= & b_m \cdot z^m \cdot x_{\mathrm{e}}(z) + b_{m-1} \cdot z^{m-1} \cdot x_{\mathrm{e}}(z) + \cdots + b_1 \cdot z \cdot x_{\mathrm{e}}(z) + b_0 \cdot x_{\mathrm{e}}(z)
\end{aligned}
$$

可将 $x_{\mathrm{a}}(z)$ 和 $x_{\mathrm{e}}(z)$ 移到括号外. 商式 $\dfrac{x_{\mathrm{a}}(z)}{x_{\mathrm{e}}(z)}$ 就是时间离散系统的冲激传递函数或 z**传递函数**$G(z)$:

$$
\boxed{G(z) = \frac{x_{\mathrm{a}}(z)}{x_{\mathrm{e}}(z)} = \frac{b_m \cdot z^m + b_{m-1} \cdot z^{m-1} + \cdots + b_1 \cdot z + b_0}{a_n \cdot z^n + a_{n-1} \cdot z^{n-1} + \cdots + a_1 \cdot z + a_0} = \frac{Z(z)}{N(z)}}
$$

向右位移 n 步的方程更适用于用计算机计算差分方程:

$$
\begin{aligned}
& a_n \cdot x_{\mathrm{a},k} + a_{n-1} \cdot x_{\mathrm{a},k-1} + \cdots + a_1 \cdot x_{\mathrm{a},k-n+1} + a_0 \cdot x_{\mathrm{a},k-n} \\
= & b_m \cdot x_{\mathrm{e},k-n+m} + b_{m-1} \cdot x_{\mathrm{e},k-n+m-1} + \cdots + b_1 \cdot x_{\mathrm{e},k-n+1} + b_0 \cdot x_{\mathrm{e},k-n}
\end{aligned}
$$

z 传递函数为

$$
\boxed{G(z) = \frac{x_{\mathrm{a}}(z)}{x_{\mathrm{e}}(z)} = \frac{b_m \cdot z^{m-n} + b_{m-1} \cdot z^{m-1-n} + \cdots + b_1 \cdot z^{-n+1} + b_0 \cdot z^{-n}}{a_n + a_{n-1} \cdot z^{-1} + \cdots + a_1 \cdot z^{-n+1} + a_0 \cdot z^{-n}}}
$$

例 11.5-19 对于具有 $n=3, m=2$ 的 3 阶差分方程

$$a_3 \cdot x_{\mathrm{a},k+3} + a_2 \cdot x_{\mathrm{a},k+2} + a_1 \cdot x_{\mathrm{a},k+1} + a_0 \cdot x_{\mathrm{a},k} = b_2 \cdot x_{\mathrm{e},k+2} + b_1 \cdot x_{\mathrm{e},k+1} + b_0 \cdot x_{\mathrm{e},k}$$

试计算 z 传递函数:

$$x_{\mathrm{a}}(z) \cdot [a_3 \cdot z^3 + a_2 \cdot z^2 + a_1 \cdot z + a_0] = x_{\mathrm{e}}(z) \cdot [b_2 \cdot z^2 + b_1 \cdot z + b_0]$$

$$G(z) = \frac{x_{\mathrm{a}}(z)}{x_{\mathrm{e}}(z)} = \frac{Z(z)}{N(z)} = \frac{b_2 \cdot z^2 + b_1 \cdot z + b_0}{a_3 \cdot z^3 + a_2 \cdot z^2 + a_1 \cdot z + a_0}$$

对于向右位移 $n=3$ 步的差分方程

$$a_3 \cdot x_{\mathrm{a},k} + a_2 \cdot x_{\mathrm{a},k-1} + a_1 \cdot x_{\mathrm{a},k-2} + a_0 \cdot x_{\mathrm{a},k-3} = b_2 \cdot x_{\mathrm{e},k-1} + b_1 \cdot x_{\mathrm{e},k-2} + b_0 \cdot x_{\mathrm{e},k-3}$$

通过 z 传递函数分子和分母同乘以 $z^{-n} = z^{-3}$, 得到:

$$G(z) = \frac{x_{\mathrm{a}}(z)}{x_{\mathrm{e}}(z)} = \frac{Z(z)}{N(z)} = \frac{b_2 \cdot z^{-1} + b_1 \cdot z^{-2} + b_0 \cdot z^{-3}}{a_3 + a_2 \cdot z^{-1} + a_1 \cdot z^{-2} + a_0 \cdot z^{-3}}$$

11.5.4.2 调节算法的 z 传递函数

标准调节器 z 传递函数汇总在表 11.5-10. 按照 11.2.4.3 节用递推计算规程编制具有一般系数的调节算法

$$y_k = a_1 \cdot y_{k-1} + b_0 \cdot x_{\mathrm{d},k} + b_1 \cdot x_{\mathrm{d},k-1} + b_2 \cdot x_{\mathrm{d},k-2}$$

差分方程 z 变换式提供调节器 z 传递函数 $G_{\mathrm{R}}(z)$:

$$G_{\mathrm{R}}(z) = \frac{y(z)}{x_{\mathrm{d}}(z)} = \frac{b_0 + b_1 \cdot z^{-1} + b_2 \cdot z^{-2}}{1 - a_1 \cdot z^{-1}} = \frac{b_0 \cdot z^2 + b_1 \cdot z + b_2}{z^2 - a_1 \cdot z}$$

与表 11.2-3 相应, 应用 I 型微分算法. 对于**调整算法**给出具有积分部分调节器的 z 传递函数 $(a_1 = 1)$, 为实现**速度算法**必须令 $a_1 = 0$.

表 11.5-10 标准调节器 z 传递函数

调节器类型	z 传递函数 $G_R(z)$
P 调节器	$G_R(z)=b_0,\quad b_0=K_R$
I 调节器 I 型	$G_R(z)=\dfrac{b_1}{z-a_1}=\dfrac{b_1\cdot z^{-1}}{1-a_1\cdot z^{-1}}$, $a_1=1,\quad b_1=K_I\cdot T,\quad \dfrac{T}{T_I}$
I 调节器 II 型	$G_R(z)=\dfrac{b_0\cdot z}{z-a_1}=\dfrac{b_0}{1-a_1\cdot z^{-1}}$, $a_1=1,\quad b_0=K_I\cdot T,\quad \dfrac{T}{T_I}$
PD 调节器	$G_R(z)=\dfrac{b_0\cdot z+b_1}{z}=b_0+b_1\cdot z^{-1}$ $b_0=K_R\cdot\left[1+\dfrac{T_V}{T}\right],\quad b_1=-K_R\cdot\dfrac{T_V}{T}$
PI 调节器 I 型 II 型	$G_R(z)=\dfrac{b_0\cdot z+b_1}{z-a_1}=\dfrac{b_0+b_1\cdot z^{-1}}{1-a_1\cdot z^{-1}}$, $a_1=1,\quad b_0=K_R,\quad b_1=-K_R\cdot\left[1-\dfrac{T}{T_N}\right]$ $a_1=1,\quad b_0=K_R\cdot\left[1+\dfrac{T}{T_N}\right],\quad b_1=-K_R$
PID 调节器 I 型 II 型	$G_R(z)=\dfrac{b_0\cdot z^2+b_1\cdot z+b_2}{z^2-a_1\cdot z}=\dfrac{b_0+b_1\cdot z^{-1}+b_2\cdot z^{-2}}{1-a_1\cdot z^{-1}}$, $a_1=1,b_0=K_R\cdot\left[1+\dfrac{T_V}{T}\right],b_1=-K_R\cdot\left[1-\dfrac{T}{T_N}+2\cdot\dfrac{T_V}{T}\right],b_2=K_R\cdot\dfrac{T_V}{T}$ $a_1=1,b_0=K_R\cdot\left[1+\dfrac{T}{T_N}+\dfrac{T_V}{T}\right],b_1=-K_R\cdot\left[1+2\cdot\dfrac{T_V}{T}\right],b_2=K_R\cdot\dfrac{T_V}{T}$

11.5.4.3 时间连续环节 z 传递函数

在求时间连续环节 z 传递函数时一般是从环节的权函数 $g(t)$ 出发. 权函数为对接入 DILAC冲激 $\delta(t)$ 的系统响应.

对于拉普拉斯传递函数

$$G(s)=\frac{x_a(s)}{x_e(s)}$$

其中, $x_e(t)=\delta(t), x_e(s)=1$, 其权函数为

$$g(t)=x_a(t)=L^{-1}\{G(s)\cdot x_e(s)\}=L^{-1}\{G(s)\}$$

由权函数构成冲激序列函数 $g^*(t)$ 或权序列 $g(kT)$, 并将其变换到 z 域. 用如下规则构成时间连续环节 z 传递函数:

$$\boxed{G(z)=Z\left\{g(t)\Big|_{t=kT}\right\}=Z\left\{L^{-1}\{G(s)\}\Big|_{t=kT}\right\}}$$

保持器和连续工作的被调节对象串接是数字调节的特征 (图 11.5-16). 保持器在采样时间 T 期间保持调整量的冲激序列函数 $y^*(t)$, 这样在被调节对象输入端产生时间连续阶梯函数 $\bar{y}(t)$. 保持在数学上通过保持器来表示 (11.5.1.5 节).

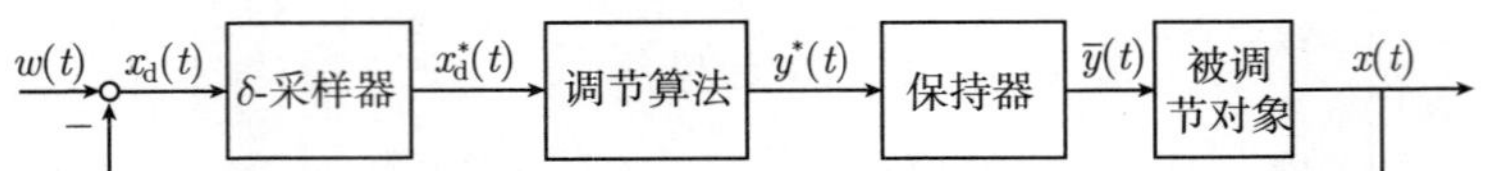

图 11.5-16　具有时域参量的数字调节结构

保持器传递函数

$$G_{\mathrm{H}}(s)=\frac{1-\mathrm{e}^{-Ts}}{s}$$

与被调节对象传递函数 $G_{\mathrm{S}}(s)$ 串接在一起, 保持器和被调节对象的冲激传递函数通过 $G_{\mathrm{H}}(s)\cdot G_{\mathrm{S}}(s)$ 的 z 变换式来计算. 具有 z 变换式参量调节环路的信号流图表示在图 11.5-17 中.

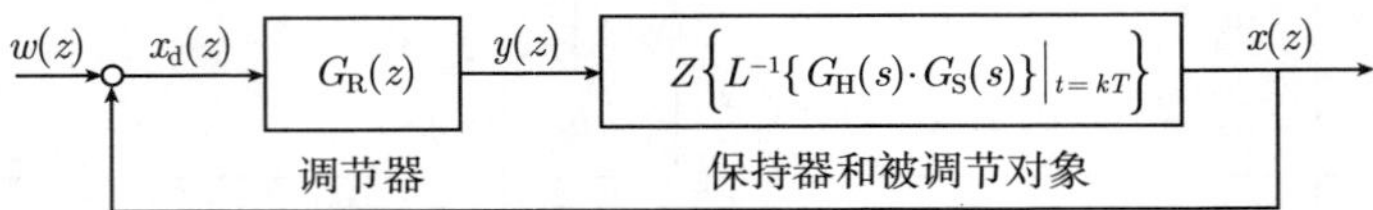

图 11.5-17　具有 z 变换式参量的数字调节环路

保持器和被调节对象的 z 传递函数

$$G_{\mathrm{HS}}(z)=Z\left\{L^{-1}\{G_{\mathrm{H}}(s)\cdot G_{\mathrm{S}}(s)\}\Big|_{t=kT}\right\}$$

被简化为:

$$G_{\mathrm{HS}}(z)=Z\{G_{\mathrm{H}}(s)\cdot G_{\mathrm{S}}(s)\}$$

将 $G_{\mathrm{H}}(s)$ 代入方程

$$G_{\mathrm{HS}}(z)=Z\left\{\frac{1-\mathrm{e}^{-Ts}}{s}\cdot G_{\mathrm{S}}(s)\right\}=Z\left\{\frac{G_{\mathrm{S}}(s)}{s}\right\}-Z\left\{\frac{\mathrm{e}^{-Ts}\cdot G_{\mathrm{S}}(s)}{s}\right\}$$

与 e^{-Ts} 相乘对应于在 z 域右位移一个采样时间点, 由此它对应于与 z^{-1} 相乘. 因此移位运算符 z^{-1} 可被移到前面:

$$\begin{aligned}G_{\mathrm{HS}}(z)&=Z\left\{\frac{1-\mathrm{e}^{-Ts}}{s}\cdot G_{\mathrm{S}}(s)\right\}=(1-z^{-1})\cdot Z\left\{\frac{G_{\mathrm{S}}(s)}{s}\right\}\\&=\frac{z-1}{z}\cdot Z\left\{\frac{G_{\mathrm{S}}(s)}{s}\right\}\end{aligned}$$

零阶保持器和一个连续系统串接的 z 传递函数, 可由阶跃响应 $\frac{G_S(s)}{s}$ 的 z 变换式与 $\frac{z-1}{z}$ 相乘得到:

$$G_{HS}(z)=\frac{z-1}{z}\cdot Z\left\{L^{-1}\left\{\frac{G_S(s)}{s}\right\}\bigg|_{t=kT}\right\}=\frac{z-1}{z}\cdot Z\left\{\frac{G_S(s)}{s}\right\}$$

例 11.5-20 对于具有保持器的 I 阶被调节对象, 试确定 z 传递函数.

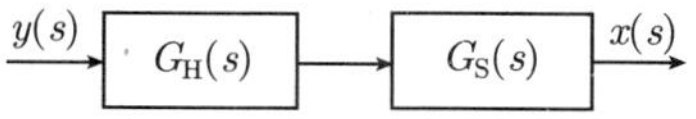

$y(s)$ → $G_H(s)$ → $G_S(s)$ → $x(s)$ $\quad G_H(s)=\frac{1-e^{-T_S}}{S}$, $\quad G_S(s)=\frac{K_S}{1+T_S\cdot S}$

图 11.5-18 保持器和被调节对象的信号流图

由下式计算 z 传递函数

$$G_{HS}(z)=\frac{z-1}{z}\cdot Z\left\{\frac{G_S(s)}{s}\right\}$$

计算被调节对象阶跃响应:

$$x(s)=\frac{G_S(s)}{s}=\frac{K_S}{1+T_S\cdot s}\cdot\frac{1}{s}$$

$$x(t)=K_S\cdot\left(1-e^{-\frac{t}{T_S}}\right)\cdot E(t),\quad x(kT)=K_S\cdot\left(1-e^{-\frac{kT}{T_S}}\right)\cdot E(kT)$$

计算 z 变换:

$$x(z)=K_S\cdot Z\{E(kT)\}-K_S\cdot Z\left\{e^{-\frac{kT}{T_S}}\cdot E(kT)\right\}$$

按照例 11.5-2, 11.5-3, 与 K_S 相乘并具有 $e^{-\frac{kT}{T_S}}$ 的衰减阶跃函数的 z 变换为

$$x(z)=K_S\cdot\frac{z}{z-1}-K_S\cdot\frac{z}{z-e^{-\frac{T}{T_S}}}$$

计算 z 传递函数:

$$G_{HS}(z)=\frac{z-1}{z}\cdot x(z)=\frac{z-1}{z}\cdot\left[K_S\cdot\frac{z}{z-1}-K_S\cdot\frac{z}{z-e^{-\frac{T}{T_S}}}\right]=K_S\cdot\frac{1-e^{-\frac{T}{T_S}}}{z-e^{-\frac{T}{T_S}}}$$

11.5.4.4 时间连续环节 (具有保持器的被调节对象)z 传递函数表

在连续系统与保持器、采样器串接时, z 传递函数是由连续系统的阶跃响应乘以 $\frac{z-1}{z}$ 来确定 (11.5.4.3 节, 13.9.1 节). 被调节对象一般由线性的、连续的工作部分系统组成.

对于一些被调节对象, 按照图 11.5-19 保持器与对象串接的 z 传递函数表示在表 11.5-11 中. 用 T 表示采样时间. 具有时延的被调节对象传递函数由对象部分 $G_{S1}(s)$ 和时延部分 $G_t(s)$ 组成. 在具有时延被调节对象时, 应选择采样时间 T 小于时延 T_t. 对于 $T_t = m \cdot T$(其中, $m = 1, 2, \cdots$) 为

$$G_S(s) = G_{S1}(s) \cdot G_t(s) = G_{S1}(s) \cdot e^{-T_t s} = G_{S1}(s) \cdot e^{-mTs}$$

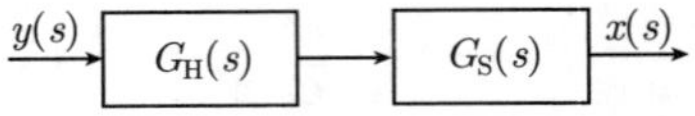

$y(s) \rightarrow \boxed{G_H(s)} \rightarrow \boxed{G_S(s)} \xrightarrow{x(s)}$ $G_{HS}(z) = \dfrac{x(z)}{y(z)} = \dfrac{z-1}{z} \cdot z\left\{\dfrac{G_S(s)}{s}\right\}$

图 11.5-19　保持器和被调节对象的信号流图

由位移定理获得具有时延和保持器的被调节对象的 z 传递函数:

$$\begin{aligned} G_{HS}(z) &= Z\{G_H(s) \cdot G_{S1}(s) \cdot G_t(s)\} \\ &= \frac{z-1}{z} \cdot Z\left\{\frac{G_{S1}(s)}{s}\right\} \cdot z^{-m} = G_{HS1}(z) \cdot z^{-m} \end{aligned}$$

$$\boxed{G_{HS}(z) = G_{HS1}(z) \cdot z^{-m} = (z-1) \cdot z^{-m-1} \cdot Z\left\{\frac{G_{S1}(s)}{s}\right\}}$$

表 11.5-11　具有保持器被调节对象的 z 传递函数

序号	$G_S(s)$	$G_{HS}(z) = \dfrac{z-1}{z} \cdot Z\left\{\dfrac{G_S(s)}{s}\right\}$
1	比例环节 (P 环节)	
	K_S	K_S
2	时延环节 (PT_t 环节)	
	$K_S \cdot e^{-sT_t}$	$K_S \cdot z^{-m} = \dfrac{K_S}{z^m}$,　$T_t = m \cdot T$,　$m = 1, 2, \cdots$
3	积分环节 (I 环节)	
	$\dfrac{K_{IS}}{s}$, $\dfrac{1}{T_{IS} \cdot s}$	$\dfrac{K_{IS} \cdot T}{z-1}$, $\dfrac{\frac{T}{T_{IS}}}{z-1}$
4	Ⅱ 阶积分环节 (I_2 环节)	
	$\dfrac{K_{IS}^2}{s^2}$, $\dfrac{1}{T_{IS}^2 \cdot s^2}$	$\dfrac{\frac{K_{IS}^2 \cdot T^2}{2} \cdot z + \frac{K_{IS}^2 \cdot T^2}{2}}{z^2 - 2 \cdot z + 1}$, $\dfrac{\frac{T^2}{2 \cdot T_{IS}^2} \cdot z + \frac{T^2}{2 \cdot T_{IS}^2}}{z^2 - 2 \cdot z + 1}$

(续)

序号	$G_{\mathrm{S}}(s)$	$G_{\mathrm{HS}}(z)=\dfrac{z-1}{z}\cdot Z\left\{\dfrac{G_{\mathrm{S}}(s)}{s}\right\}$
5	I阶滞后环节 ($\mathrm{PT_1}$ 环节)	
	$\dfrac{K_{\mathrm{S}}}{1+T_1\cdot s}$	$\dfrac{K_{\mathrm{S}}\cdot\left(1-\mathrm{e}^{-\frac{T}{T_1}}\right)}{z-\mathrm{e}^{-\frac{T}{T_1}}}$
6	具有 I 阶滞后的积分环节 ($\mathrm{IT_1}$ 环节)	
	$\dfrac{K_{\mathrm{IS}}}{(1+T_1\cdot s)\cdot s}$	$\dfrac{K_{\mathrm{IS}}\cdot\left[T-T_1\cdot\left(1-\mathrm{e}^{-\frac{T}{T_1}}\right)\right]\cdot z}{z^2-\left(1+\mathrm{e}^{-\frac{T}{T_1}}\right)\cdot z+\mathrm{e}^{-\frac{T}{T_1}}}+\dfrac{K_{\mathrm{IS}}\cdot\left(T_1-(T+T_1)\cdot\mathrm{e}^{-\frac{T}{T_1}}\right)}{z^2-\left(1+\mathrm{e}^{-\frac{T}{T_1}}\right)\cdot z+\mathrm{e}^{-\frac{T}{T_1}}}$
7	具有时延的 I 阶滞后环节 ($\mathrm{PT_1T_t}$ 环节)	
	$\dfrac{K_{\mathrm{S}}}{(1+T_1\cdot s)}\cdot\mathrm{e}^{-T_{\mathrm{t}}s}$	$\dfrac{K_{\mathrm{S}}\cdot\left(1-\mathrm{e}^{-\frac{T}{T_1}}\right)}{z-\mathrm{e}^{-\frac{T}{T_1}}}\cdot z^{-m}=\dfrac{K_{\mathrm{S}}\cdot\left(1-\mathrm{e}^{-\frac{T}{T_1}}\right)}{z^{m+1}-\mathrm{e}^{-\frac{T}{T_1}}\cdot z^m},T_{\mathrm{t}}=m\cdot T,\quad m=1,2,\cdots$
8	具有 I 阶滞后的微分环节 ($\mathrm{PDT_1-PPT_1}$ 环节)	
	$\dfrac{K_{\mathrm{S}}\cdot(1+T_{\mathrm{V}}\cdot s)}{1+T_1\cdot s}$	$\dfrac{\dfrac{K_{\mathrm{S}}\cdot T_{\mathrm{V}}}{T_1}\cdot z+K_{\mathrm{S}}\cdot\left(1-\dfrac{T_{\mathrm{V}}}{T_1}-\mathrm{e}^{-\frac{T}{T_1}}\right)}{z-\mathrm{e}^{-\frac{T}{T_1}}}$
9	II阶滞后环节 ($\mathrm{PT_2}$ 环节)	
	$\dfrac{K_{\mathrm{S}}}{(1+T_1\cdot s)\cdot(1+T_2\cdot s)}$, $T_1\neq T_2$	$\dfrac{\dfrac{K_{\mathrm{S}}}{T_1-T_2}[T_1\cdot(1-a_1)-T_2\cdot(1-a_2)]\cdot z}{z^2-(a_1+a_2)\cdot z+a_1a_2}+\dfrac{+\dfrac{K_{\mathrm{S}}}{T_1-T_2}[T_2\cdot a_1(1-a_2)-T_1\cdot a_2(1-a_1)]}{z^2-(a_1+a_2)\cdot z+a_1a_2}$ $a_1=\mathrm{e}^{-\frac{T}{T_1}},\quad a_2=\mathrm{e}^{-\frac{T}{T_2}}$
10	具有 II 阶滞后的积分环节 ($\mathrm{IT_2}$ 环节)	
	$\dfrac{K_{\mathrm{IS}}}{(1+T_1\cdot s)\cdot(1+T_2\cdot s)\cdot s}$, $T_1\neq T_2$	$\dfrac{\left((A+B+C)\cdot z^2-((B+C)\cdot a_1+(A+C)\cdot a_2+A+B)\cdot z+A\cdot a_2+B\cdot a_1+C\cdot a_1a_2\right)}{\left(z^3-(1+a_1+a_2)\cdot z^2+(a_1+a_1a_2+a_2)\cdot z-a_1a_2\right)}$, $a_1=\mathrm{e}^{-\frac{T}{T_1}},\quad a_2=\mathrm{e}^{-\frac{T}{T_2}}$, $A=\dfrac{K_{\mathrm{IS}}\cdot T_1^2\cdot(1-a_1)}{T_2-T_1},\quad B=\dfrac{K_{\mathrm{IS}}\cdot T_2^2\cdot(1-a_2)}{T_1-T_2},C=K_{\mathrm{IS}}\cdot T$
11	II 阶滞后环节 ($\mathrm{PT_2}$ 环节)	
	$\dfrac{K_{\mathrm{S}}}{(1+T_1\cdot s)^2}$	$\dfrac{K_{\mathrm{S}}\cdot\left[1-\left(1+\dfrac{T}{T_1}\right)\cdot\mathrm{e}^{-\frac{T}{T_1}}\right]\cdot z}{z^2-2\cdot\mathrm{e}^{-\frac{T}{T_1}}\cdot z+\mathrm{e}^{-\frac{2T}{T_1}}}-\dfrac{K_{\mathrm{S}}\cdot\left(1-\dfrac{T}{T_1}-\mathrm{e}^{-\frac{T}{T_1}}\right)\cdot\mathrm{e}^{-\frac{T}{T_1}}}{z^2-2\cdot\mathrm{e}^{-\frac{T}{T_1}}\cdot z+\mathrm{e}^{-\frac{2T}{T_1}}}$

(续)

序号	$G_{\mathrm{S}}(s)$	$G_{\mathrm{HS}}(z)=\frac{z-1}{z}\cdot Z\left\{\frac{G_{\mathrm{S}}(s)}{s}\right\}$
12	具有 II 阶滞后的积分环节 (IT_2 环节)	
	$\frac{K_{\mathrm{IS}}}{(1+T_1\cdot s)^2\cdot s}$	$\frac{(A+C+D)\cdot z^2-((C+2\cdot D)\cdot a_1+A-B+C)\cdot z}{z^3-(1+2\cdot a_1)\cdot z^2+(2\cdot a_1+a_1^2)\cdot z-a_1^2}-\frac{B+C\cdot a_1+D\cdot a_1^2}{z^3-(1+2\cdot a_1)\cdot z^2+(2\cdot a_1+a_1^2)\cdot z-a_1^2}$, $a_1=\mathrm{e}^{-\frac{T}{T_1}},\quad A=K_{\mathrm{IS}}\cdot T_1\cdot\left[\left(1+\frac{T}{T_1}\right)\cdot a_1-1\right]$, $B=K_{\mathrm{IS}}\cdot T_1\cdot\left(1-\frac{T}{T_1}-a_1\right)\cdot a_1, C=K_{\mathrm{IS}}\cdot T_1\cdot(a_1-1), D=K_{\mathrm{IS}}\cdot T$
13	具有 II 阶滞后的环节 (PT_2 环节)	
	$\frac{K_{\mathrm{S}}\cdot\omega_0^2}{s^2+2\cdot D\cdot\omega_0\cdot s+\omega_0^2}$	$\frac{K_{\mathrm{S}}\cdot\left(1-\frac{a_1\cdot\sin(\omega_{\mathrm{e}}T+\phi)}{\sqrt{1-D^2}}\right)\cdot z}{z^2-2\cdot a_1\cdot\cos(\omega_{\mathrm{e}}T)\cdot z+a_1^2}+\frac{+K_{\mathrm{S}}\cdot\left(a_1^2+\frac{a_1\cdot\sin(\omega_{\mathrm{e}}T-\phi)}{\sqrt{1-D^2}}\right)}{z^2-2\cdot a_1\cdot\cos(\omega_{\mathrm{e}}T)\cdot z+a_1^2}$, $-1<D<1,\quad \omega_{\mathrm{e}}=\omega_0\cdot\sqrt{1-D^2}, \phi=\arccos(D), a_1=\mathrm{e}^{-D\omega_0T}$
14	具有 II 阶滞后的微分环节 (DT_2 环节)	
	$\frac{K_{\mathrm{S}}\cdot\omega_0^2\cdot s}{s^2+2\cdot D\cdot\omega_0\cdot s+\omega_0^2}$	$\frac{\frac{K_{\mathrm{S}}\cdot\omega_0}{\sqrt{1-D^2}}\cdot\mathrm{e}^{-D\omega_0T}\cdot\sin(\omega_{\mathrm{e}}T)\cdot z}{z^2-2\cdot\mathrm{e}^{-D\omega_0T}\cdot\cos(\omega_{\mathrm{e}}T)\cdot z+\mathrm{e}^{-2D\omega_0T}}-\frac{\frac{K_{\mathrm{S}}\cdot\omega_0}{\sqrt{1-D^2}}\cdot\mathrm{e}^{-D\omega_0T}\cdot\sin(\omega_{\mathrm{e}}T)}{z^2-2\cdot\mathrm{e}^{-D\omega_0T}\cdot\cos(\omega_{\mathrm{e}}T)\cdot z+\mathrm{e}^{-2D\omega_0T}}$, $-1<D<1,\quad \omega_{\mathrm{e}}=\omega_0\cdot\sqrt{1-D^2}$
15	具有 II 阶滞后的积分环节 (IT_2 环节)	
	$\frac{K_{\mathrm{IS}}\cdot\omega_0^2}{(s^2+2\cdot D\cdot\omega_0\cdot s+\omega_0^2)\cdot s}$	$\frac{\left(\begin{array}{l}K_{\mathrm{IS}}\cdot\left(T-\frac{2D}{\omega_0}+\frac{2Da_1c_2}{\omega_{\mathrm{e}}}-\frac{a_1c_1}{\omega_{\mathrm{e}}}\right)\cdot z^2\\-2K_{\mathrm{IS}}\cdot\left(Ta_1b_1-\frac{D(1-a_1^2)}{\omega_0}+\frac{Da_1(c_2+c_3)}{\omega_{\mathrm{e}}}-\frac{a_1c_1}{\omega_{\mathrm{e}}}\right)\cdot z\\+K_{\mathrm{IS}}\cdot\left(Ta_1+\frac{2Da_1}{\omega_0}+\frac{2Dc_3}{\omega_{\mathrm{e}}}-\frac{c_1}{\omega_{\mathrm{e}}}\right)\cdot a_1\end{array}\right)}{z^3-(1+2a_1b_1)\cdot z^2+(a_1^2+2a_1b_1)\cdot z-a_1^2}$, $-1<D<1,\quad \omega_{\mathrm{e}}=\omega_0\cdot\sqrt{1-D^2}, a_1=\mathrm{e}^{-D\omega_0T}, b_1=\cos(\omega_{\mathrm{e}}T)$, $c_1=\sin(\omega_{\mathrm{e}}T), c_2=\sin(\omega_{\mathrm{e}}T+\phi), c_3=\sin(\omega_{\mathrm{e}}T-\phi), \phi=\arccos(D)$

(续)

序号	$G_{\mathrm{S}}(s)$	$G_{\mathrm{HS}}(z)=\dfrac{z-1}{z}\cdot Z\left\{\dfrac{G_{\mathrm{S}}(s)}{s}\right\}$
16	具有 III 阶滞后的比例环节 (PT_3 环节) $\dfrac{K_{\mathrm{S}}}{(1+T_1\cdot s)\cdot(1+T_2\cdot s)\cdot(1+T_3\cdot s)},\quad T_1,T_2,T_3\neq$	$\dfrac{(A+B+C)\cdot z^2-((B+C)\cdot a_1+(A+C)\cdot a_2+(A+B)\cdot a_3)\cdot z}{z^3-(a_1+a_2+a_3)\cdot z^2+(a_1a_2+a_1a_3+a_2a_3)\cdot z-a_1a_2a_3}+\dfrac{A\cdot a_2a_3+B\cdot a_1a_3+C\cdot a_1a_2}{z^3-(a_1+a_2+a_3)\cdot z^2+(a_1a_2+a_1a_3+a_2a_3)\cdot z-a_1a_2a_3},$ $a_1=\mathrm{e}^{-\frac{T}{T_1}},\quad a_2=\mathrm{e}^{-\frac{T}{T_2}},\quad a_3=\mathrm{e}^{-\frac{T}{T_3}},$ $A=\dfrac{K_{\mathrm{S}}\cdot T_1^2\cdot(1-a_1)}{(T_1-T_2)\cdot(T_1-T_3)},\quad B=\dfrac{K_{\mathrm{S}}\cdot T_2^2\cdot(1-a_2)}{(T_2-T_1)\cdot(T_2-T_3)},C=\dfrac{K_{\mathrm{S}}\cdot T_3^2\cdot(1-a_3)}{(T_3-T_1)\cdot(T_3-T_2)}$
17	具有 III 阶滞后的比例环节 (PT_3 环节) $\dfrac{K_{\mathrm{S}}}{(1+T_1\cdot s)^2\cdot(1+T_2\cdot s)},\quad T_1\neq T_2$	$\dfrac{(A+C+D)\cdot z^2-((C+2\cdot D)\cdot a_1+(A+C)\cdot a_2-B)\cdot z}{z^3-(2\cdot a_1+a_2)\cdot z^2+(a_1^2+2\cdot a_1\cdot a_2)\cdot z-a_1^2\cdot a_2}+\dfrac{-B\cdot a_2+C\cdot a_1\cdot a_2+D\cdot a_1^2}{z^3-(2\cdot a_1+a_2)\cdot z^2+(a_1^2+2\cdot a_1\cdot a_2)\cdot z-a_1^2\cdot a_2},$ $a_1=\mathrm{e}^{-\frac{T}{T_1}},\quad a_2=\mathrm{e}^{-\frac{T}{T_2}},\quad A=\dfrac{K_{\mathrm{S}}\cdot T_1\cdot\left[1-\left(1+\dfrac{T}{T_1}\right)\cdot a_1\right]}{T_1-T_2},$ $B=\dfrac{-K_{\mathrm{S}}\cdot T_1\cdot\left(1-\dfrac{T}{T_1}-a_1\right)\cdot a_1}{T_1-T_2},C=\dfrac{-K_{\mathrm{S}}\cdot T_1\cdot T_2\cdot(1-a_1)}{(T_1-T_2)^2},D=\dfrac{K_{\mathrm{S}}\cdot T_2^2\cdot(1-a_2)}{(T_1-T_2)^2}$
18	III 阶滞后环节 (PT_3 环节) $\dfrac{K_{\mathrm{S}}}{(1+T_1\cdot s)^3}$	$\dfrac{\begin{pmatrix} K_{\mathrm{S}}\cdot\left[1-\left(1+\dfrac{T}{T_1}+\dfrac{T^2}{2\cdot T_1^2}\right)\cdot a_1\right]\cdot z^2 \\ +K_{\mathrm{S}}\cdot\left[\left(2+\dfrac{T}{T_1}-\dfrac{T^2}{2\cdot T_1^2}\right)\cdot a_1^2-\left(2-\dfrac{T}{T_1}-\dfrac{T^2}{2\cdot T_1^2}\right)\cdot a_1\right]\cdot z \\ +K_{\mathrm{S}}\cdot\left[a_1^3-\left(1-\dfrac{T}{T_1}+\dfrac{T^2}{2\cdot T_1^2}\right)\cdot a_1^2\right]\end{pmatrix}}{z^3-3\cdot a_1\cdot z^2+3\cdot a_1^2\cdot z-a_1^3},$ $a_1=\mathrm{e}^{-\frac{T}{T_1}}$

11.5.4.5　z 传递函数特性

线性差分方程按照节 11.4.3.2 由齐次函数和特殊附加式函数求解. 为此从如下结构的差分方程出发:

$$\begin{aligned}&a_n\cdot x_{\mathrm{a},k+n}+a_{n-1}\cdot x_{\mathrm{a},k+n-1}+\cdots+a_1\cdot x_{\mathrm{a},k+1}+a_0\cdot x_{\mathrm{a},k}\\=\ &b_m\cdot x_{\mathrm{e},k+m}+b_{m-1}\cdot x_{\mathrm{e},k+m-1}+\cdots+b_1\cdot x_{\mathrm{e},k+1}+b_0\cdot x_{\mathrm{e},k},\quad n\geqslant m\end{aligned}$$

由齐次方程

$$a_n\cdot x_{\mathrm{a},k+n}+a_{n-1}\cdot x_{\mathrm{a},k+n-1}+\cdots+a_1\cdot x_{\mathrm{a},k+1}+a_0\cdot x_{\mathrm{a},k}=0$$

生成**差分方程的特征方程**

$$a_n\cdot z^n+a_{n-1}\cdot z^{n-1}+\cdots+a_1\cdot z+a_0=0$$

其中零点为 $z_1,z_2,z_3,...,z_n$, 用 z 变换由差分方程求时间离散系统的 z 传递函数 $G(z)$:

$$G(z)=\frac{x_{\mathrm{a}}(z)}{x_{\mathrm{e}}(z)}=\frac{b_m\cdot z^m+b_{m-1}\cdot z^{m-1}+\cdots+b_1\cdot z+b_0}{a_n\cdot z^n+a_{n-1}\cdot z^{n-1}+\cdots+a_1\cdot z+a_0}=\frac{Z(z)}{N(z)}$$

与连续拉普拉斯传递函数相对应, 此时由 $G(s)$ 分母多项式构成特征方程, 对于时间离散传递环节由 z 传递函数获得特征方程.

当令 z 传递函数的分母多项式 $N(z)$ 等于零时, 得到时间离散系统 $G(z)$ 的特征方程:

$$N(z)=a_n\cdot z^n+a_{n-1}\cdot z^{n-1}+\cdots+a_1\cdot z+a_0=0$$

在连续传递系统 $G(s)$ 与相应的时间离散系统 $G(z)$ 的极点 (特征方程零点) 之间存在如下的关系:

$G(s)$ 的极点 s_i 对应于 $G(z)$ 的极点 $z_i=\mathrm{e}^{s_iT}$

例 11.5-21　对于 11.5.2.4 节表 11.5-4 之序号 33 变换对, 表示其关系.

连续函数:

时间函数:

$$\mathrm{e}^{-\frac{t}{T_1}}-\mathrm{e}^{-\frac{t}{T_2}},\quad T_1\neq T_2$$

拉普拉斯传递函数:

$$\frac{T_1-T_2}{(T_1\cdot s+1)\cdot(T_2\cdot s+1)}=\frac{T_1-T_2}{T_1\cdot T_2\cdot\left(s+\dfrac{1}{T_1}\right)\cdot\left(s+\dfrac{1}{T_2}\right)}=\frac{T_1-T_2}{T_1\cdot T_2\cdot(s-s_1)\cdot(s-s_2)}$$

特征方程:

$$\left(s+\frac{1}{T_1}\right)\cdot\left(s+\frac{1}{T_2}\right)=0$$

零点 ($G(s)$ 极点):

$$s_1=-\frac{1}{T_1},\quad s_2=-\frac{1}{T_2}$$

时间离散函数:

离散时间函数:

$$\mathrm{e}^{-\frac{kT}{T_1}}-\mathrm{e}^{-\frac{kT}{T_2}},\quad T_1\neq T_2$$

z 传递函数:

$$\frac{\left(\mathrm{e}^{-\frac{T}{T_1}}-\mathrm{e}^{-\frac{T}{T_2}}\right)\cdot z}{\left(z-\mathrm{e}^{-\frac{T}{T_1}}\right)\cdot\left(z-\mathrm{e}^{-\frac{T}{T_2}}\right)}=\frac{(z_1-z_2)\cdot z}{(z-z_1)\cdot(z-z_2)}$$

特征方程:

$$\left(z-\mathrm{e}^{-\frac{T}{T_1}}\right)\cdot\left(z-\mathrm{e}^{-\frac{T}{T_2}}\right)=0$$

零点 ($G(z)$ 极点):

$$z_1=\mathrm{e}^{-\frac{T}{T_1}}=\mathrm{e}^{s_1T},\quad z_2=\mathrm{e}^{-\frac{T}{T_2}}=\mathrm{e}^{s_2T}$$

应用终值定理可由 z 传递函数确定时间离散传递系统特性. 与 4.6.2 节前述方法对应, 求稳态增益系数并由此求传递环节的原理特性.

在表 11.5-12 中对照给出了连续的和离散的传递环节的稳态增益系数的条件方程. 在比较稳态增益系数时必须考虑, 连续传递环节稳态增益系数, 除了 K_P 之外都是有因次的:

$$K_\mathrm{I}[\mathrm{s}^{-1}],\quad K_\mathrm{P}[1],\quad K_\mathrm{D}[\mathrm{s}]$$

对于离散的传递环节, 所产生的增益系数都是无因次的:

$$K_\mathrm{I}\cdot T[1],\quad K_\mathrm{P}[1],\quad \frac{K_\mathrm{D}}{T}[1]$$

表 11.5-12 z 传递函数增益系数

连续环节	离散环节
积分特性	
$K_{\mathrm{I}}=$ 积分系数 单位冲激函数 $x_{\mathrm{e}}(t)=\delta(t), x_{\mathrm{e}}(s)=1$ $K_{\mathrm{I}}=\lim\limits_{s\to 0} s\cdot G(s)\cdot x_{\mathrm{e}}(s)$ $\lim\limits_{s\to 0} s\cdot G(s)$	单位冲激序列, DIRAC序列 $x_{\mathrm{e}}(k)=\delta(k),\ x_{\mathrm{e}}(z)=1$ $K_{\mathrm{I}}\cdot T=\lim\limits_{z\to 1+}(z-1)\cdot G(z)\cdot x_{\mathrm{e}}(z)$ $=\lim\limits_{z\to 1+}(z-1)\cdot G(z)$
比例特性	
$K_{\mathrm{P}}=$ 比例系数 单位阶跃函数 $x_{\mathrm{e}}(t)=E(t),\ x_{\mathrm{e}}(s)=\frac{1}{s}$ $K_{\mathrm{P}}=\lim\limits_{s\to 0} s\cdot G(s)\cdot x_{\mathrm{e}}(s)$ $=\lim\limits_{s\to 0} G(s)$	单位阶跃序列 $x_{\mathrm{e}}(k)=E(k),\ x_{\mathrm{e}}(z)=\frac{z}{z-1}$ $K_{\mathrm{P}}=\lim\limits_{z\to 1+}(z-1)\cdot G(z)\cdot x_{\mathrm{e}}(z)$ $=\lim\limits_{z\to 1+} z\cdot G(z)=\lim\limits_{z\to 1+} G(z)$
微分特性	
$K_{\mathrm{D}}=$ 微分系数 单位斜坡函数 $x_{\mathrm{e}}(t)=t,\ x_{\mathrm{e}}(s)=\frac{1}{s^2}$ $K_{\mathrm{D}}=\lim\limits_{s\to 0} s\cdot G(s)\cdot x_{\mathrm{e}}(s)$ $\lim\limits_{s\to 0} G(s)\cdot\frac{1}{s}$	单位斜坡序列 $x_{\mathrm{e}}(k)=k,\ x_{\mathrm{e}}(z)=\frac{z}{(z-1)^2}$ $\frac{K_{\mathrm{D}}}{T}=\lim\limits_{z\to 1+}(z-1)\cdot G(z)\cdot x_{\mathrm{e}}(z)$ $=\lim\limits_{z\to 1+}\frac{G(z)}{z-1}$

例 11.5-22 试确定对于采样时间 $T=0.1\mathrm{s}$ 的 z 传递函数的类型和增益系数:

$$G_{\mathrm{R}}(z)=\frac{5\cdot z-4}{z-1}=\frac{5\cdot(z-1)}{z-1}+\frac{1}{z-1}=5+\frac{1}{z-1}=G_1(z)+G_2(z)$$

比例系数 K_{P}:

$$K_{\mathrm{P}}=\lim_{z\to 1+} G_1(z)=5$$

积分系数 K_{I}:

$$K_{\mathrm{I}}\cdot T=\lim_{z\to 1+}(z-1)\cdot G_2(z)=\lim_{z\to 1+}(z-1)\cdot\frac{1}{z-1}=1$$

将所求的参数代入 z 传递函数:

$$G_{\mathrm{R}}(z)=5+\frac{1}{z-1}=K_{\mathrm{P}}+\frac{K_{\mathrm{I}}\cdot T}{z-1}=\frac{K_{\mathrm{P}}\cdot z-K_{\mathrm{P}}+K_{\mathrm{I}}\cdot T}{z-1}=\frac{b_0\cdot z+b_1}{z-a_1}$$

与表 11.5-10 比较得:

$$b_0 = K_\mathrm{R} = K_\mathrm{P} = 5, \quad b_1 = -K_\mathrm{P} + K_\mathrm{I} \cdot T = -K_\mathrm{R} \cdot \left[1 - \frac{T}{T_\mathrm{N}}\right]$$

$$K_\mathrm{I} \cdot T = K_\mathrm{R} \cdot \frac{T}{T_\mathrm{N}} = K_\mathrm{P} \cdot \frac{T}{T_\mathrm{N}}, \quad T_\mathrm{N} = \frac{K_\mathrm{P} \cdot T}{K_\mathrm{I} \cdot T} = 0.5\,\mathrm{s}$$

时间离散调节器具有 PI 特性, 其参数为: 增益系数 $K_\mathrm{R} = 5$, 调后时间 $T_\mathrm{N} = 0.5\mathrm{s}$.

11.5.4.6 z 传递函数规范化测试序列

为了研究连续调节系统引入规范化测试函数, 对应地在数字调节系统应用规范化输入序列 (测试序列), 将时间离散调节系统测试序列与模拟调节技术的测试函数对照:

- 单位冲激序列 (DIRAC序列)$\delta(k), \delta(kT)$, 单位冲激函数 (DIRAC冲激)$\delta(t)$,
- 单位阶跃序列 $E(k), E(kT)$, 单位阶跃函数 $E(t)$,
- 单位斜坡序列 k, kT, 单位斜坡函数 t,
- 谐波序列和谐波函数,
- 指数序列和指数函数.

在研究数字调节系统时, 应用规范化输入序列使其与各种调节算法比较成为可能.

单位冲激序列(DIRAC序列, δ 序列) 定义如下 (图 11.5-20):

$$\boxed{\delta_{k,0} = \delta(k) = \delta(kT) = \begin{cases} 1, & k = 0 \\ 0, & k \neq 0 \end{cases}}$$

冲激函数 (DIRAC函数) 和冲激序列的主要区别在于: δ 序列是一个其值为 1 的特殊序列, 而冲激函数是在时间点为无穷大的特殊函数. 如果 δ 序列作为输入量接入到时间离散传递环节上, 那么可得到权序列 $x_\mathrm{a}(k) = g(k)$ 或系统的冲激响应序列.

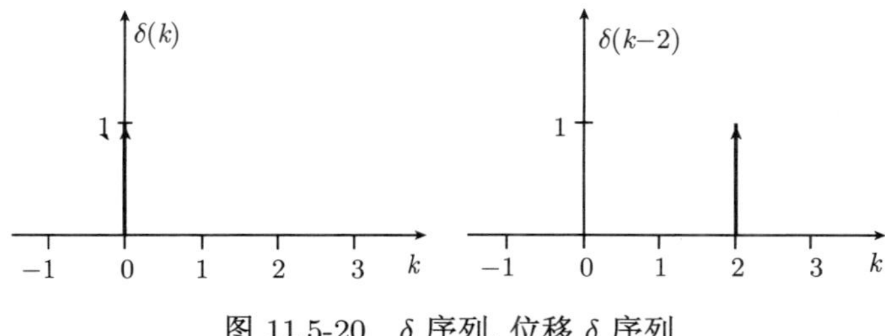

图 11.5-20 δ 序列, 位移 δ 序列

δ 序列的 z 变换为

$$x_{\mathrm{e}}(z) = Z\{\delta(k)\} = 1$$

通过反变换得到权序列 $g(k)$:

$$x_{\mathrm{a}}(k) = g(k) = Z^{-1}\{G(z) \cdot x_{\mathrm{e}}(z)\} = Z^{-1}\{G(z)\}$$

对于**位移单位冲激序列**

$$\delta_{k,2} = \delta(k-2) = \delta((k-2)T) = \begin{cases} 1, & k = 2 \\ 0, & k \neq 2 \end{cases}$$

由右位移定理变成为

$$x_{\mathrm{e}}(z) = Z\{\delta(k-2)\} = z^{-2} \cdot Z\{\delta(k)\} = z^{-2}$$

推广至向右位移 m 步 δ 序列也成立:

$$\delta_{k,m} = \delta(k-m) = \delta((k-m)T) = \begin{cases} 1, & k = m \\ 0, & k \neq m \end{cases}$$

$$x_{\mathrm{e}}(z) = Z\{\delta(k-m)\} = z^{-m}$$

单位阶跃序列: 序列值为常数 (图 11.5-21):

$$\boxed{E(k) = E(kT) = \begin{cases} 1, & k \geqslant 0 \\ 0, & k < 0 \end{cases}}$$

在接入单位阶跃序列时, 得到离散传递系统阶跃响应.

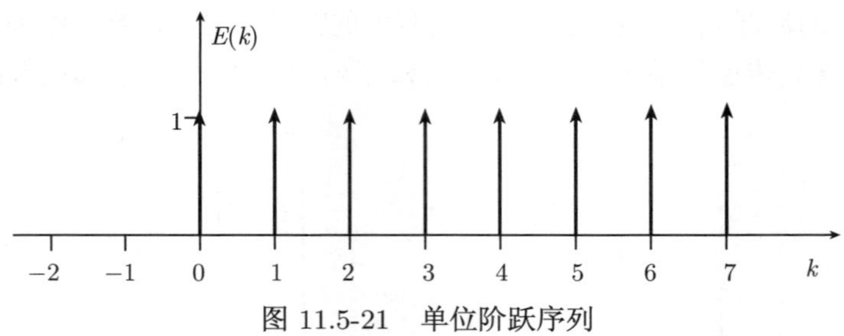

图 11.5-21　单位阶跃序列

阶跃序列的 z 变换为

$$x_{\mathrm{e}}(z) = Z\{E(k)\} = \frac{z}{z-1}$$

单位斜坡序列在图 11.5-22 中给出：

$$x_{\mathrm{e}}(k) = k, \quad k = 0, 1, 2, 3, \cdots$$

$$x_{\mathrm{e}}(z) = \frac{z}{(z-1)^2}$$

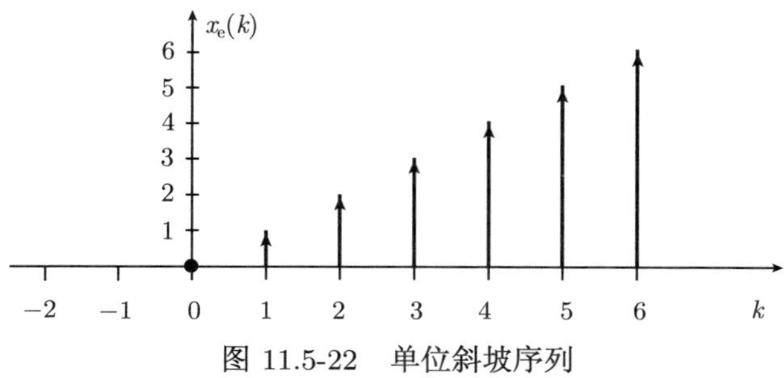

图 11.5-22 单位斜坡序列

11.5.4.7 *z* 传递函数变换规则

11.5.4.7.1 变换规则应用前提条件

在 2.3 节和 2.5 节给出的信号流图结构的简化规则和变换规则, 原则上对于具有 z 传递函数的信号流图结构也有效. 规则有效性的前提条件为

- 同步控制简化结构的所有采样过程,
- 在应用调节规则前, 必须将未被采样器切断的连续部分系统归结在一起. 然后首先求相应的 z 传递函数. 特别在计算被调节对象 z 传递函数时, 应考虑保持器的模拟部分, 因此在调节回路中采样器的位置是很有意义的.

11.5.4.7.2 基本结构

因为以离散信号为先提条件, 所以在时间离散传递环节时可取消信号流图中采样器. 只是在采样时间点它们具有不等于零的值. 由此, 后面对于连续拉普拉斯函数的 z 变换以缩写形式来描述:

$$f(z) = Z\left\{f(t)\Big|_{t=kT}\right\} = Z\left\{L^{-1}\{f(s)\}\Big|_{t=kT}\right\} \stackrel{!}{=} Z\{(f(s)\}$$

$$G(z) = Z\left\{g(t)\Big|_{t=kT}\right\} = Z\left\{L^{-1}\{G(s)\}\Big|_{t=kT}\right\} \stackrel{!}{=} Z\{(G(s)\}$$

在表 11.5-13 中给出基本结构的 z 变换

表 11.5-13　基本结构 z 变换

连续函数采样

$x_a(z) = x_e(z), x_a(s) = x_e^*(s), x_a(kT) = x_e(kT)$

采样器和加法环节交换

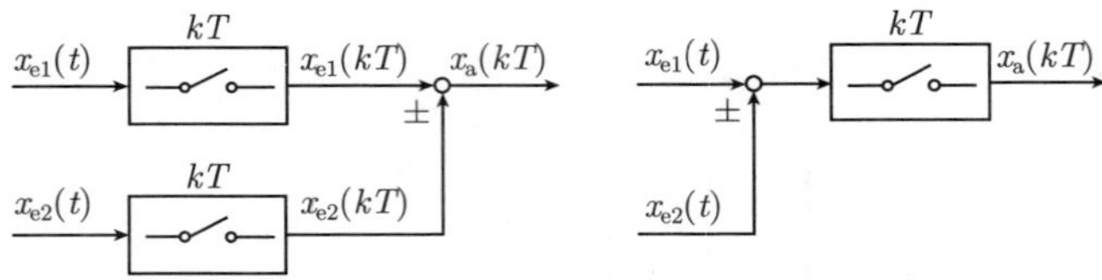

$x_a(z) = x_{e1}(z) \pm x_{e2}(z) = Z\{x_{e1}(kT) \pm x_{e2}(kT)\} = Z\{x_{e1}(kT)\} \pm Z\{x_{e2}(kT)\}$

具有输入序列或冲激序列函数的离散环节

$x_a = G_1(z) \cdot x_e(z)$

在输出端具有采样器的连续环节

$x_a(z) = Z\{G_1(s) \cdot x_e(s)\}$

在输入端和输出端具有采样器的连续环节

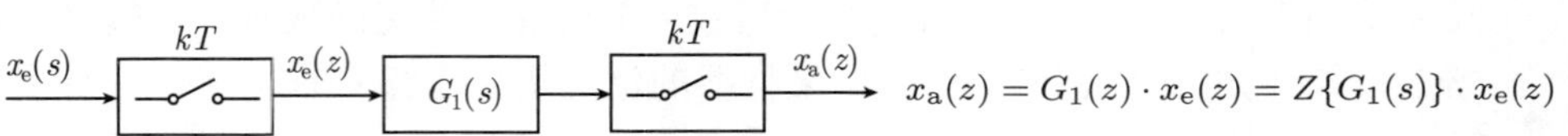

$x_a(z) = G_1(z) \cdot x_e(z) = Z\{G_1(s)\} \cdot x_e(z)$

11.5.4.7.3 传递环节串联

传递环节串联见表 11.5-14 所列.

表 11.5-14　传递环节串联

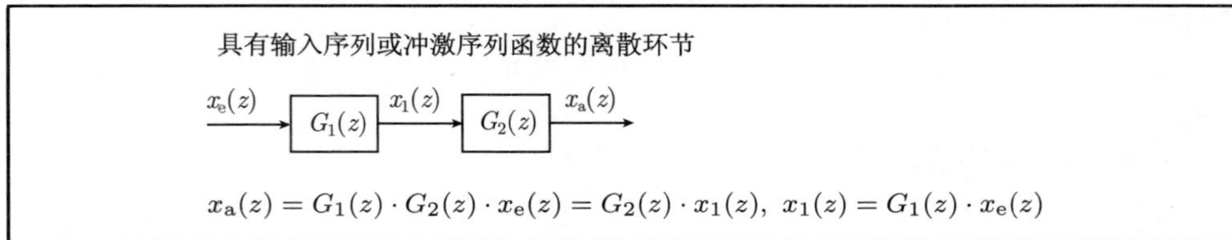

$x_a(z) = G_1(z) \cdot G_2(z) \cdot x_e(z) = G_2(z) \cdot x_1(z),\ x_1(z) = G_1(z) \cdot x_e(z)$

(续)

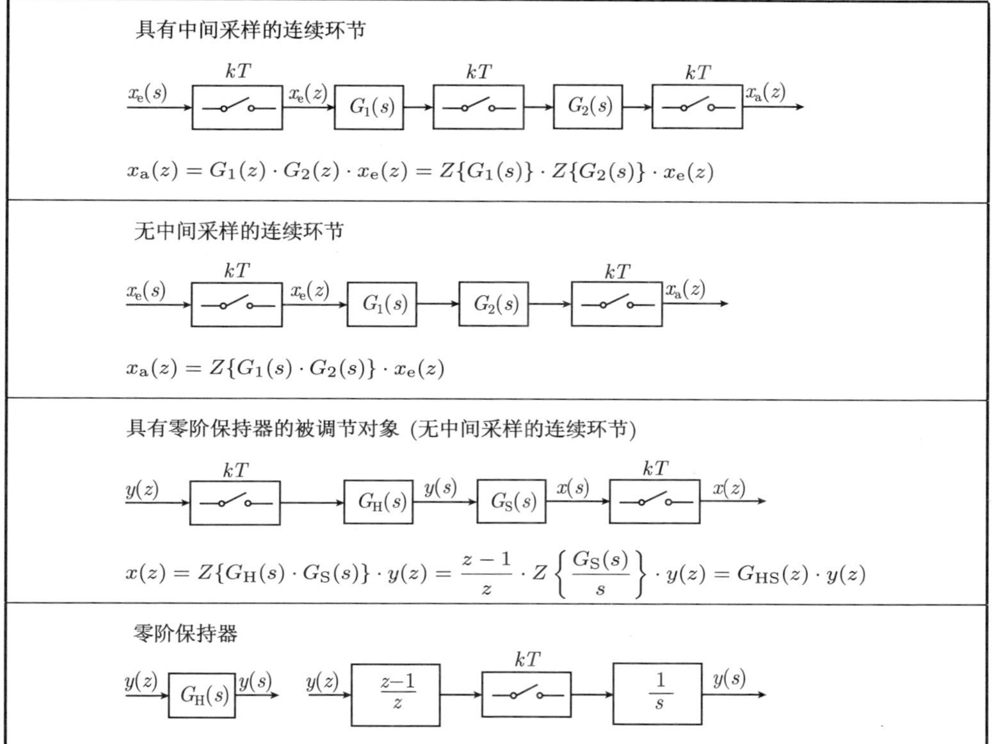

11.5.4.7.4 传递环节并联

传递环节并联见表 11.5-15 所列.

表 11.5-15　传递环节并联

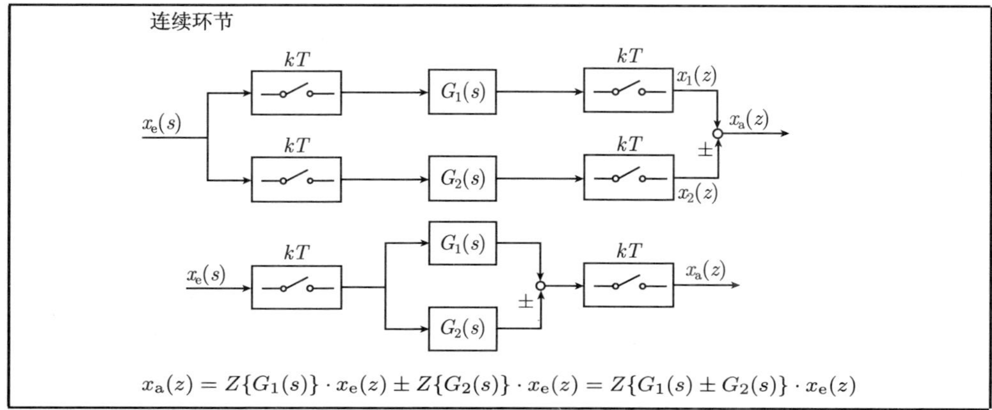

(续)

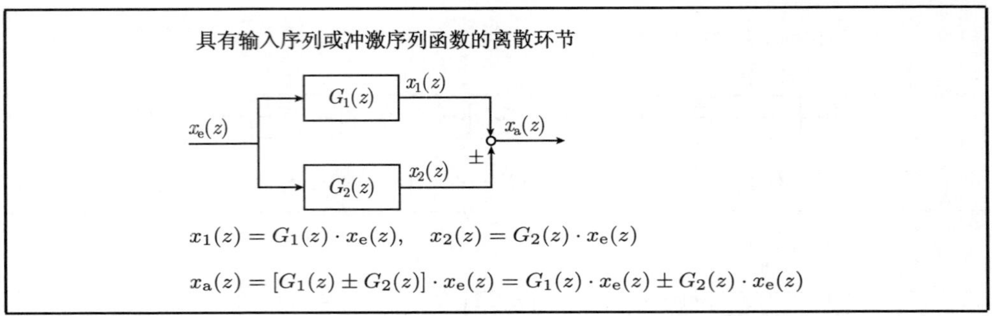

$$x_1(z) = G_1(z) \cdot x_e(z), \quad x_2(z) = G_2(z) \cdot x_e(z)$$

$$x_a(z) = [G_1(z) \pm G_2(z)] \cdot x_e(z) = G_1(z) \cdot x_e(z) \pm G_2(z) \cdot x_e(z)$$

由于 z 变换的线性特性, 并联连续环节结构与按照表 11.5-15 的采样是等效的.

11.5.4.7.5 回路结构

直接与间接反馈回路结构见表 11.5-16、表 11.5-17 所列.

表 11.5-16　直接反馈回路结构

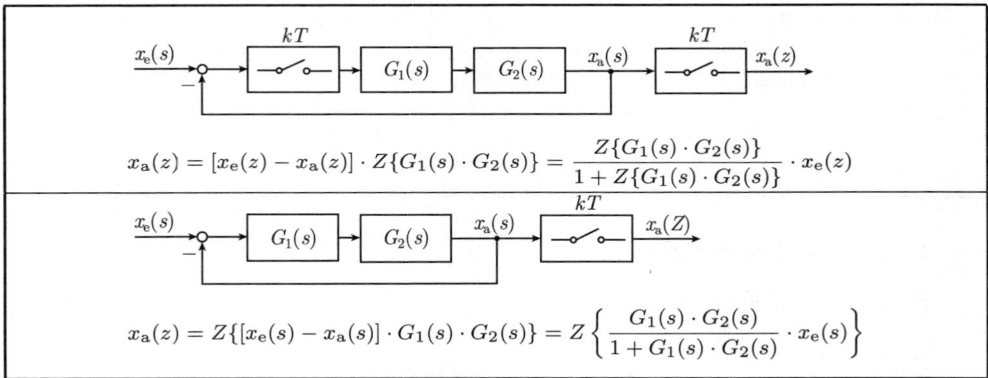

$$x_a(z) = [x_e(z) - x_a(z)] \cdot Z\{G_1(s) \cdot G_2(s)\} = \frac{Z\{G_1(s) \cdot G_2(s)\}}{1 + Z\{G_1(s) \cdot G_2(s)\}} \cdot x_e(z)$$

$$x_a(z) = Z\{[x_e(s) - x_a(s)] \cdot G_1(s) \cdot G_2(s)\} = Z\left\{\frac{G_1(s) \cdot G_2(s)}{1 + G_1(s) \cdot G_2(s)} \cdot x_e(s)\right\}$$

表 11.5-17　间接反馈回路结构

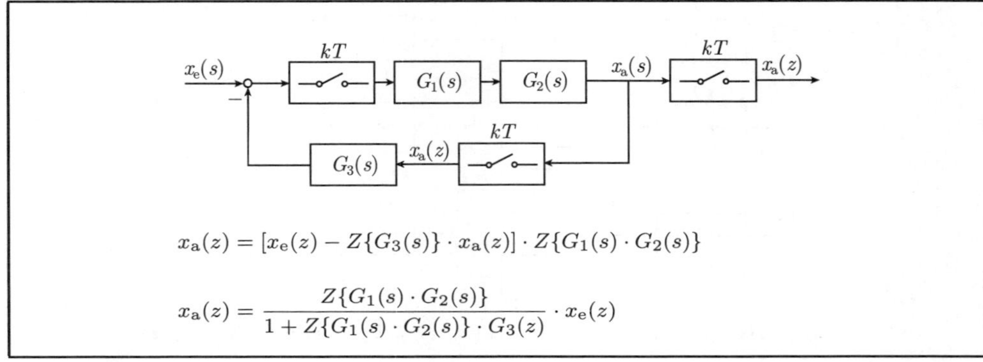

$$x_a(z) = [x_e(z) - Z\{G_3(s)\} \cdot x_a(z)] \cdot Z\{G_1(s) \cdot G_2(s)\}$$

$$x_a(z) = \frac{Z\{G_1(s) \cdot G_2(s)\}}{1 + Z\{G_1(s) \cdot G_2(s)\} \cdot G_3(z)} \cdot x_e(z)$$

(续)

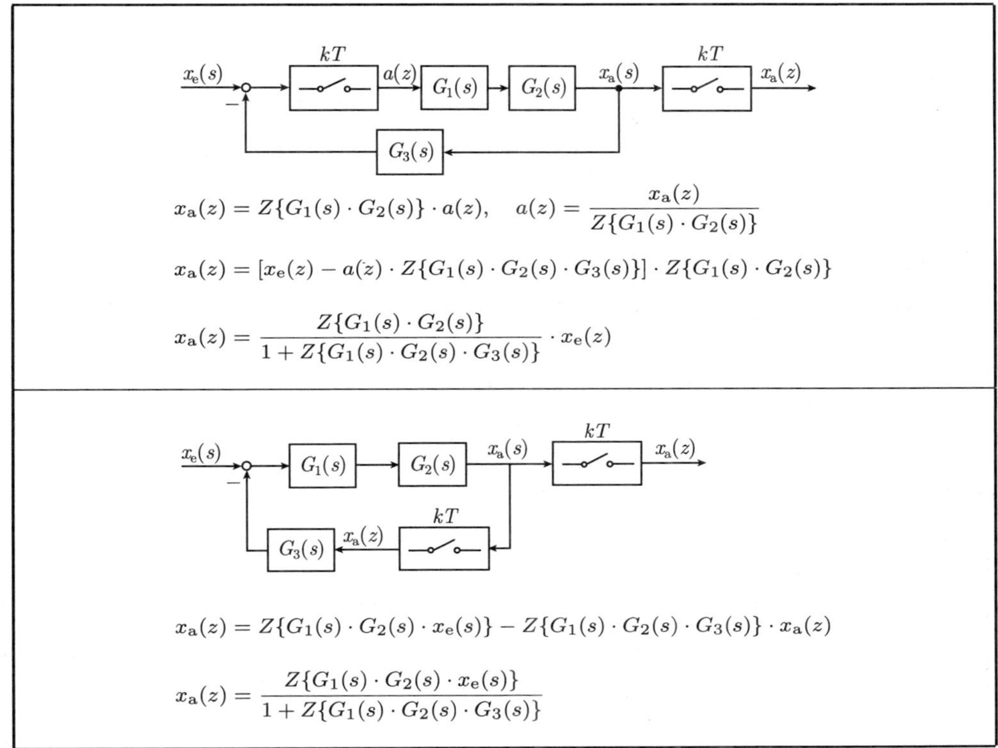

$$x_a(z)=Z\{G_1(s)\cdot G_2(s)\}\cdot a(z),\quad a(z)=\frac{x_a(z)}{Z\{G_1(s)\cdot G_2(s)\}}$$

$$x_a(z)=[x_e(z)-a(z)\cdot Z\{G_1(s)\cdot G_2(s)\cdot G_3(s)\}]\cdot Z\{G_1(s)\cdot G_2(s)\}$$

$$x_a(z)=\frac{Z\{G_1(s)\cdot G_2(s)\}}{1+Z\{G_1(s)\cdot G_2(s)\cdot G_3(s)\}}\cdot x_e(z)$$

$$x_a(z)=Z\{G_1(s)\cdot G_2(s)\cdot x_e(s)\}-Z\{G_1(s)\cdot G_2(s)\cdot G_3(s)\}\cdot x_a(z)$$

$$x_a(z)=\frac{Z\{G_1(s)\cdot G_2(s)\cdot x_e(s)\}}{1+Z\{G_1(s)\cdot G_2(s)\cdot G_3(s)\}}$$

11.5.4.8 数字调节回路 z 传递函数

11.5.4.8.1 前提条件

下面推导数字调节回路参据和扰动传递函数. 被调节对象 $G_S(s)$ 得到经过零阶保持环节的时间离散调整量 $y(z)$. 为了计算参据扰动和负载扰动特性的 z 传递函数, 将被调节对象传递函数 $G_S(s)$ 和保持环节传递函数 $G_H(s)$ 汇总为 $G_{HS}(s)$:

$$G_{HS}(s)=G_H(s)\cdot G_S(s)$$

在 $G_H(s)$ 中含有采样器和保持器环节. 为计算参据和负载扰动特性可将

$$G_{HS}(z)=\frac{z-1}{z}\cdot Z\left\{\frac{G_S(s)}{s}\right\}$$

代入所求的方程. 为了研究在供能扰动量时的扰动特性, 应用图 11.5-23 的信号流图.

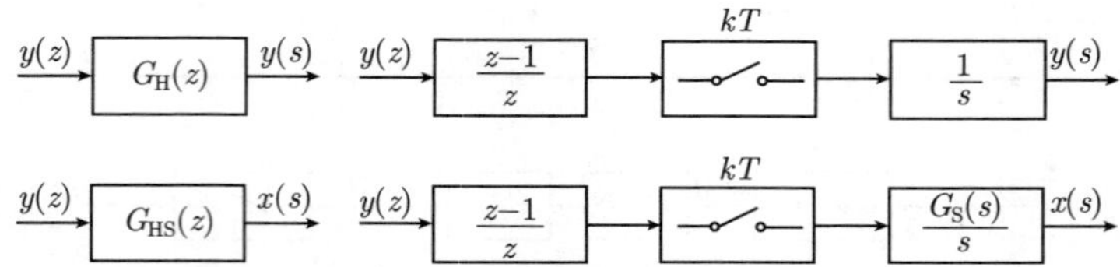

图 11.5-23　保持环节 $G_{\mathrm{H}}(z)$ 和具有被调节对象的保持环节 $G_{\mathrm{HS}}(z)$ 的信号流图

11.5.4.8.2 参据传递特性

如果对于连续调节回路通过离散环节和参量取代在拉普拉斯域的方程

$$
\begin{aligned}
&G_{\mathrm{R}}(s) \to G_{\mathrm{R}}(z), \quad &&G_{\mathrm{S}}(s) \to G_{\mathrm{HS}}(z), \quad &&G(s) \to G(z)\\
&w(s) \to w(z), &&x_{\mathrm{d}}(s) \to x_{\mathrm{d}}(z), &&x(s) \to x(z)
\end{aligned}
$$

那么可给出参据特性在 z 域方程.

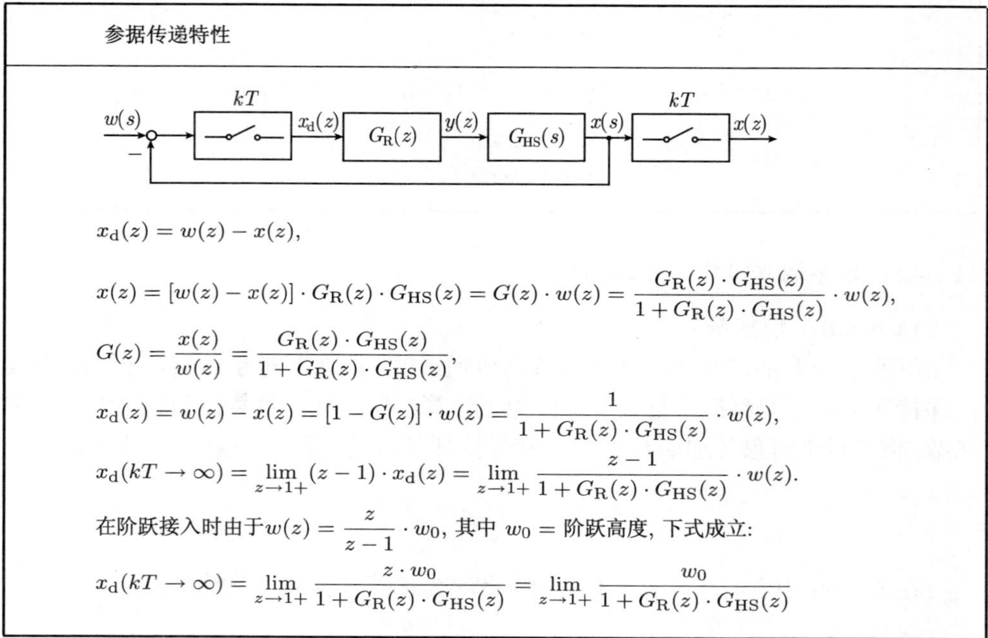

参据传递特性

$$x_{\mathrm{d}}(z) = w(z) - x(z),$$

$$x(z) = [w(z) - x(z)] \cdot G_{\mathrm{R}}(z) \cdot G_{\mathrm{HS}}(z) = G(z) \cdot w(z) = \frac{G_{\mathrm{R}}(z) \cdot G_{\mathrm{HS}}(z)}{1 + G_{\mathrm{R}}(z) \cdot G_{\mathrm{HS}}(z)} \cdot w(z),$$

$$G(z) = \frac{x(z)}{w(z)} = \frac{G_{\mathrm{R}}(z) \cdot G_{\mathrm{HS}}(z)}{1 + G_{\mathrm{R}}(z) \cdot G_{\mathrm{HS}}(z)},$$

$$x_{\mathrm{d}}(z) = w(z) - x(z) = [1 - G(z)] \cdot w(z) = \frac{1}{1 + G_{\mathrm{R}}(z) \cdot G_{\mathrm{HS}}(z)} \cdot w(z),$$

$$x_{\mathrm{d}}(kT \to \infty) = \lim_{z \to 1+} (z-1) \cdot x_{\mathrm{d}}(z) = \lim_{z \to 1+} \frac{z-1}{1 + G_{\mathrm{R}}(z) \cdot G_{\mathrm{HS}}(z)} \cdot w(z).$$

在阶跃接入时由于$w(z) = \dfrac{z}{z-1} \cdot w_0$, 其中 $w_0 =$ 阶跃高度, 下式成立:

$$x_{\mathrm{d}}(kT \to \infty) = \lim_{z \to 1+} \frac{z \cdot w_0}{1 + G_{\mathrm{R}}(z) \cdot G_{\mathrm{HS}}(z)} = \lim_{z \to 1+} \frac{w_0}{1 + G_{\mathrm{R}}(z) \cdot G_{\mathrm{HS}}(z)}$$

11.5.4.8.3 扰动传递特性 (供能扰动量)

供能扰动量 z_1 作用在保持环节后的被调节对象的输入端, 为计算通常令参据量 w 为零, 在扰动特性方程中必须确定 $G_{\mathrm{S}}(s) \cdot z_1(s)$ 的 z 变换.

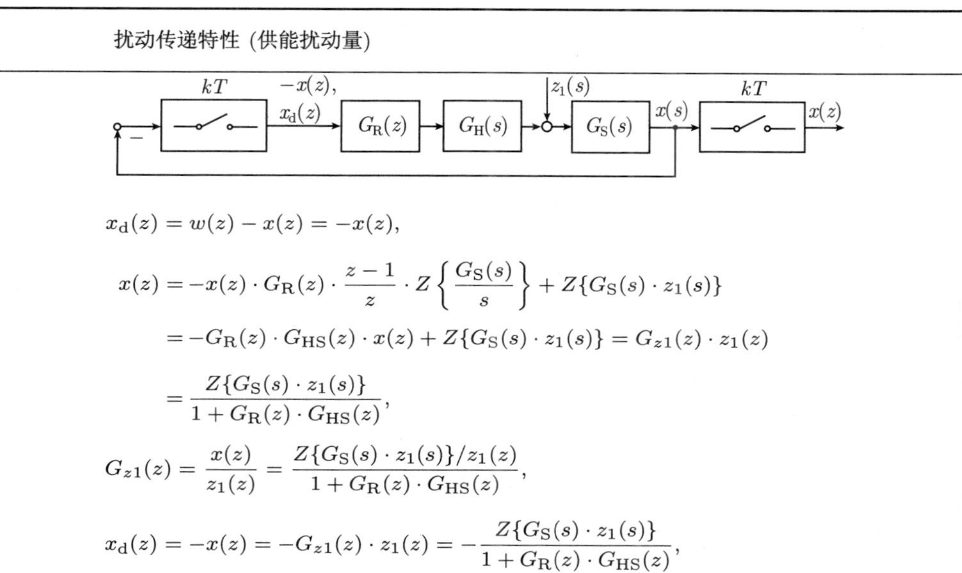

$$x_{\rm d}(z) = w(z) - x(z) = -x(z),$$

$$\begin{aligned}x(z) &= -x(z)\cdot G_{\rm R}(z)\cdot\frac{z-1}{z}\cdot Z\left\{\frac{G_{\rm S}(s)}{s}\right\} + Z\{G_{\rm S}(s)\cdot z_1(s)\}\\ &= -G_{\rm R}(z)\cdot G_{\rm HS}(z)\cdot x(z) + Z\{G_{\rm S}(s)\cdot z_1(s)\} = G_{z1}(z)\cdot z_1(z)\\ &= \frac{Z\{G_{\rm S}(s)\cdot z_1(s)\}}{1+G_{\rm R}(z)\cdot G_{\rm HS}(z)},\end{aligned}$$

$$G_{z1}(z) = \frac{x(z)}{z_1(z)} = \frac{Z\{G_{\rm S}(s)\cdot z_1(s)\}/z_1(z)}{1+G_{\rm R}(z)\cdot G_{\rm HS}(z)},$$

$$x_{\rm d}(z) = -x(z) = -G_{z1}(z)\cdot z_1(z) = -\frac{Z\{G_{\rm S}(s)\cdot z_1(s)\}}{1+G_{\rm R}(z)\cdot G_{\rm HS}(z)},$$

$$x_{\rm d}(kT\to\infty) = \lim_{z\to 1+}(z-1)\cdot x_{\rm d}(z) = \lim_{z\to 1+}\frac{-(z-1)\cdot Z\{G_{\rm S}(s)\cdot z_1(s)\}}{1+G_{\rm R}(z)\cdot G_{\rm HS}(z)}$$

传递函数 $G_{z1}(z)$

$$G_{z1}(z) = \frac{x(z)}{z_1(z)} = \frac{Z\{G_{\rm S}(s)\cdot z_1(s)\}/z_1(z)}{1+G_{\rm R}(z)\cdot G_{\rm HS}(z)}$$

不能形成为 z 的截断有理函数, 因为表达式

$$\frac{Z\{G_{\rm S}(s)\cdot z_1(s)\}}{z_1(z)}$$

不能被分解. 调节回路对阶跃扰动的响应, 是判断调节品质特性的主要依据. 经常应用这些测试函数来求传递函数 $G_{z1}(z)$, 其中假设阶跃接入和第一次采样同时进行. 扰动阶跃函数的拉普拉斯变换和 z 变换为

$$z_1(t) = z_{10}\cdot E(t),\quad z_{10} = \text{阶跃高度},\quad z_1(s) = \frac{z_{10}}{s},\quad z_1(z) = \frac{z_{10}\cdot z}{z-1}$$

将 $z_1(s)$ 和 $z_1(z)$ 代入传递函数 $G_{z1}(z)$:

$$G_{z1}(z) = \frac{x(z)}{z_1(z)} = \frac{\dfrac{Z\{G_{\rm S}(s)\cdot z_1(s)\}}{z_1(z)}}{1+G_{\rm R}(z)\cdot G_{\rm HS}(z)} = \frac{Z\left\{\dfrac{G_{\rm S}(s)\cdot z_{10}}{s}\right\}\dfrac{z-1}{z_{10}\cdot z}}{1+G_{\rm R}(z)\cdot G_{\rm HS}(z)}$$

将常数因子 z_{10} 约简掉, 并通过 $G_{\mathrm{HS}}(z)$ 置换 $\dfrac{Z\{G_{\mathrm{S}}(s)\cdot z_1(z)\}}{z_1(z)}$:

$$Z\left\{\frac{G_{\mathrm{S}}(s)\cdot z_{10}}{s}\right\}\cdot\frac{z-1}{z_{10}\cdot z}=\frac{z-1}{z}\cdot Z\left\{\frac{G_{\mathrm{S}}(s)}{s}\right\}=G_{\mathrm{HS}}(z)$$

$$G_{z1}(z)=\frac{x(z)}{z_1(z)}=\frac{G_{\mathrm{HS}}(z)}{1+G_{\mathrm{R}}(z)\cdot G_{\mathrm{HS}}(z)}$$

扰动传递特性 (阶跃形式的供能扰动量)

kT　$-x(z)$, $x_{\mathrm{d}}(z)$　$G_{\mathrm{R}}(z)$　$G_{\mathrm{H}}(s)$　$z_1(s)=\frac{z_{10}}{s}$　$G_{\mathrm{S}}(s)$　$x(s)$　kT　$x(z)$

$$G_{z1}(z)=\frac{x(z)}{z_1(z)}=\frac{G_{\mathrm{HS}}(z)}{1+G_{\mathrm{R}}(z)\cdot G_{\mathrm{HS}}(z)},\quad z_1(z)=z_{10}\cdot\frac{z}{z-1},$$

$$x(z)=G_{z1}(z)\cdot z_1(z)=\frac{G_{\mathrm{HS}}(z)}{1+G_{\mathrm{R}}(z)\cdot G_{\mathrm{HS}}(z)}\cdot z_1(z)$$

$$x_{\mathrm{d}}(z)=w(z)-x(z)=-x(z)=-G_{z1}(z)\cdot z_1(z)=\frac{-G_{\mathrm{HS}}(z)}{1+G_{\mathrm{R}}(z)\cdot G_{\mathrm{HS}}(z)}\cdot z_1(z),$$

$$x_{\mathrm{d}}(kT\to\infty)=\lim_{z\to1+}(z-1)\cdot x_{\mathrm{d}}(z)=\lim_{z\to1+}\frac{-(z-1)\cdot G_{\mathrm{HS}}(z)\cdot z_1(z)}{1+G_{\mathrm{R}}(z)\cdot G_{\mathrm{HS}}(z)}.$$

由 $z_1(z)=\dfrac{z}{z-1}\cdot z_{10}, z_{10}=$ 阶跃高度, 上式变为:

$$x_{\mathrm{d}}(kT\to\infty)=\lim_{z\to1+}\frac{-G_{\mathrm{HS}}(z)\cdot z\cdot z_{10}}{1+G_{\mathrm{R}}(z)\cdot G_{\mathrm{HS}}(z)}=\lim_{z\to1+}\frac{-G_{\mathrm{HS}}(z)\cdot z_{10}}{1+G_{\mathrm{R}}(z)\cdot G_{\mathrm{HS}}(z)}$$

11.5.4.8.4 扰动传递特性 (负载扰动量)

负载扰动量 z_2 作用在被调节对象输出端.

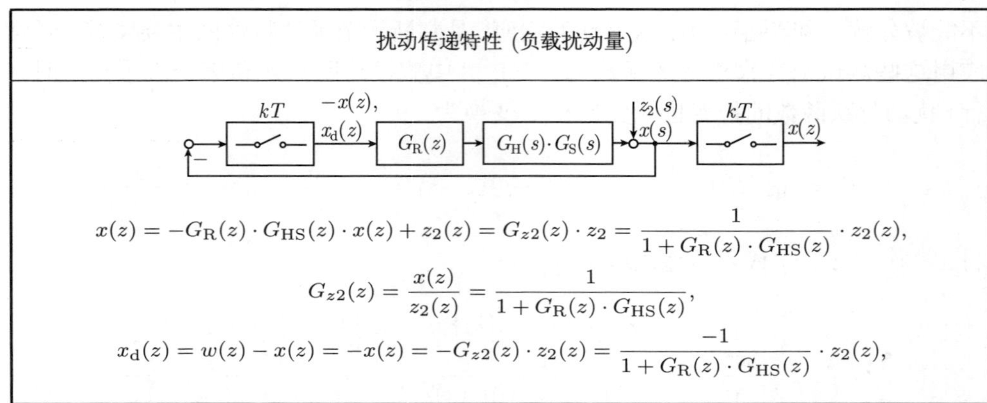

扰动传递特性 (负载扰动量)

$$x(z)=-G_{\mathrm{R}}(z)\cdot G_{\mathrm{HS}}(z)\cdot x(z)+z_2(z)=G_{z2}(z)\cdot z_2=\frac{1}{1+G_{\mathrm{R}}(z)\cdot G_{\mathrm{HS}}(z)}\cdot z_2(z),$$

$$G_{z2}(z)=\frac{x(z)}{z_2(z)}=\frac{1}{1+G_{\mathrm{R}}(z)\cdot G_{\mathrm{HS}}(z)},$$

$$x_{\mathrm{d}}(z)=w(z)-x(z)=-x(z)=-G_{z2}(z)\cdot z_2(z)=\frac{-1}{1+G_{\mathrm{R}}(z)\cdot G_{\mathrm{HS}}(z)}\cdot z_2(z),$$

$$x_{\mathrm{d}}(kT\to\infty)=\lim_{z\to1+}(z-1)\cdot x_{\mathrm{d}}(z)=\lim_{z\to1+}\frac{-(z-1)}{1+G_{\mathrm{R}}(z)\cdot G_{\mathrm{HS}}(z)}\cdot z_2(z)$$

在阶跃接入时由于 $z_2(z)=\dfrac{z}{z-1}\cdot z_{20}$, 其中 $z_{20}=$ 阶跃高度, 下式成立

$$x_{\mathrm{d}}(kT\to\infty)=\lim_{z\to1+}\frac{-z\cdot z_{20}}{1+G_{\mathrm{R}}(z)\cdot G_{\mathrm{HS}}(z)}=\lim_{z\to1+}\frac{-z_{20}}{1+G_{\mathrm{R}}(z)\cdot G_{\mathrm{HS}}(z)}$$

在 5.1 节中将连续调节回路的拉普拉斯传递函数汇集在一起. 对于数字调节回路也可构建所属的 z 传递函数, 如果按如下替换的话:

$$G_{\mathrm{R}}(s)\to G_{\mathrm{R}}(z),\quad G_{\mathrm{S}}(s)\to G_{\mathrm{HS}}(z)$$
$$G(s)\to G(z),\quad G_{z1}(s)\to G_{z1}(z),\quad G_{z2}(s)\to G_{z2}(z)$$

在供能扰动 z 传递函数 $G_{z1}(z)$ 时, 置换规则仅在阶跃形式扰动时成立

11.5.4.8.5 计算 z 传递函数

例 11.5-23 对于数字调节系统, 试计算参据量和扰动量的 z 传递函数. 对于接入单位阶跃函数求调节误差的终值 $x_{\mathrm{d}}(kT\to\infty)$.

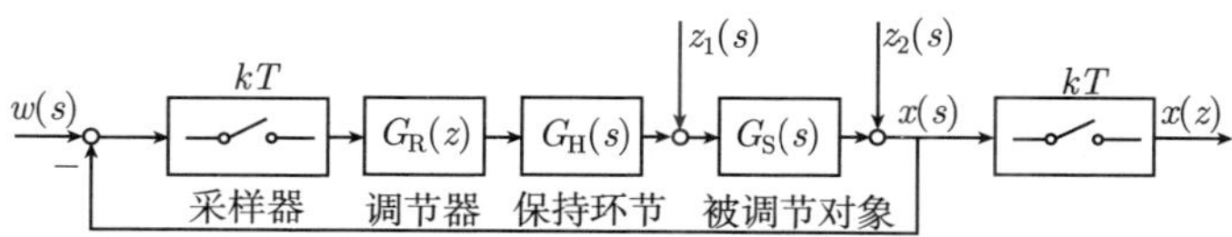

$$G_{\mathrm{R}}(z)=K_{\mathrm{R}},\quad G_{\mathrm{H}}(s)=\frac{1-\mathrm{e}^{-Ts}}{s},\quad G_{\mathrm{S}}(s)=\frac{K_{\mathrm{S}}}{(1+T_{\mathrm{S}}\cdot s)\cdot T_{\mathrm{I}}\cdot s}$$

$$K_{\mathrm{R}}=5,\quad K_{\mathrm{S}}=0.2,\quad T_{\mathrm{S}}=2\ \mathrm{s},\quad T_{\mathrm{I}}=2\ \mathrm{s},\quad T=0.5\ \mathrm{s}$$

参据量: $w(t)=w_0\cdot E(t)=E(t)$

供能扰动量: $z_1(t)=z_{10}\cdot E(t)=E(t)$

负载扰动量: $z_2(t)=z_{20}\cdot E(t)=E(t)$

分别研究输入量的作用. 不考虑因次, 计算调节器和保持环节与被调节对象一起的 z 传递函数. 按照表 11.5-11 序号 6, 对于具有滞后的积分环节 (IT_1 环节) 和保持环节的 z 传递函数为

$$G_{\mathrm{HS}}(z)=\frac{z}{z-1}\cdot Z\left\{\frac{G_{\mathrm{S}}(s)}{s}\right\}$$

$$= \frac{K_\mathrm{S} \cdot T_\mathrm{S}}{T_\mathrm{I}} \cdot \frac{\left(\frac{T}{T_\mathrm{S}} - 1 + \mathrm{e}^{-\frac{T}{T_\mathrm{S}}}\right) \cdot z + 1 - \left(\frac{T}{T_\mathrm{S}} + 1\right) \cdot \mathrm{e}^{-\frac{T}{T_\mathrm{S}}}}{(z-1) \cdot \left(z - \mathrm{e}^{-\frac{T}{T_\mathrm{S}}}\right)}$$

$$= \frac{0.00576 \cdot z + 0.0053}{z^2 - 1.7788 \cdot z + 0.7788}$$

$$G_\mathrm{R}(z) = K_\mathrm{R} = 5$$

计算阶跃接入的参据特性:

参据量:

$$w(t) = E(t),\ w(z) = \frac{z}{z-1}$$

参据传递函数:

$$G(z) = \frac{G_\mathrm{R}(z) \cdot G_\mathrm{HS}(z)}{1 + G_\mathrm{R}(z) \cdot G_\mathrm{HS}(z)} = \frac{0.0288 \cdot z + 0.0265}{z^2 - 1.75 \cdot z + 0.8053}$$

被调节量 (图 11.5-24):

$$x(z) = G(z) \cdot w(z) = \frac{G_\mathrm{R}(z) \cdot G_\mathrm{HS}(z)}{1 + G_\mathrm{R}(z) \cdot G_\mathrm{HS}(z)} \cdot w(z)$$

$$= \frac{0.0288 \cdot z + 0.0265}{z^2 - 1.75 \cdot z + 0.8053} \cdot \frac{z}{z-1} = \frac{0.0288 \cdot z^2 + 0.0265 z}{z^3 - 2.75 \cdot z^2 + 2.5553 \cdot z - 0.8053}$$

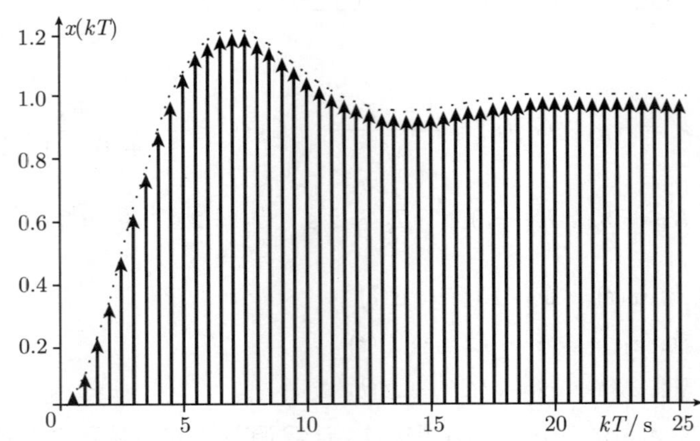

图 11.5-24　参据阶跃响应

调节误差:

$$x_\mathrm{d}(z) = \frac{1}{1 + G_\mathrm{R}(z) \cdot G_\mathrm{HS}(z)} \cdot w(z) = \frac{z^2 - 1.7788 \cdot z + 0.7788}{z^2 - 1.75 \cdot z + 0.8053} \cdot \frac{z}{z-1}$$

稳态调节误差：

$$x_{\mathrm{d}}(kT \to \infty) = \lim_{z \to 1+} (z-1) \cdot x_{\mathrm{d}}(z) = \lim_{z \to 1+} \frac{1}{1 + G_{\mathrm{R}}(z) \cdot G_{\mathrm{HS}}(z)} = 0$$

计算在供能扰动时调节特性：

供能扰动量 (图 11.5-25)：

$$z_1(t) = E(t), \quad z_1(z) = \frac{z}{z-1}$$

扰动传递函数：

$$G_{z1}(z) = \frac{G_{\mathrm{HS}}(z)}{1 + G_{\mathrm{R}}(z) \cdot G_{\mathrm{HS}}(z)} = \frac{0.00576 \cdot z + 0.0053}{z^2 - 1.75 \cdot z + 0.8053}$$

被调节量 (图 11.5-25)：

$$\begin{aligned} x(z) &= G_{z1}(z) \cdot z_1(z) = \frac{G_{\mathrm{HS}}(z)}{1 + G_{\mathrm{R}}(z) \cdot G_{\mathrm{HS}}(z)} \cdot z_1(z) \\ &= \frac{0.00576 \cdot z + 0.0053}{z^2 - 1.75 \cdot z + 0.8053} \cdot \frac{z}{z-1} = \frac{0.00576 \cdot z^2 + 0.0053 \cdot z}{z^3 - 2.75 \cdot z^2 + 2.5553 \cdot z - 0.8053} \end{aligned}$$

调节误差：

$$x_{\mathrm{d}}(z) = -x(z) = -G_{z1}(z) \cdot z_1(z) = \frac{-0.00576 \cdot z^2 - 0.0053 \cdot z}{z^3 - 2.75 \cdot z^2 + 2.5553 \cdot z - 0.8053}$$

稳态调节误差：

$$\begin{aligned} x_{\mathrm{d}}(kT \to \infty) &= \lim_{z \to 1+} (z-1) \cdot x_{\mathrm{d}}(z) = -\lim_{z \to 1+} (z-1) \cdot G_{z1}(z) \cdot z_1(z) \\ &= -\lim_{z \to 1+} G_{z1}(z) = -0.2 \end{aligned}$$

稳态被调节量： $x(kT \to \infty) = -x_{\mathrm{d}}(kT \to \infty) = 0.2$

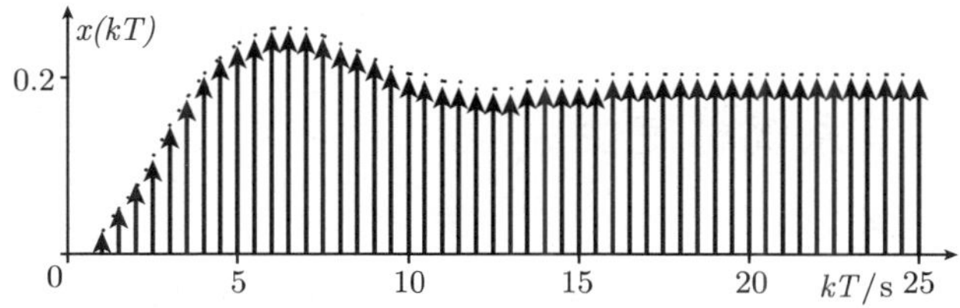

图 11.5-25 在供能扰动时调节特性

计算在负载扰动时调节特性：

负载扰动量：

$$z_2(t) = E(t), \quad z_2(z) = \frac{z}{z-1}$$

扰动传递函数：

$$G_{z2}(z) = \frac{1}{1 + G_{\mathrm{R}}(z) \cdot G_{\mathrm{HS}}(z)} = \frac{z^2 - 1.7788 \cdot z + 0.7788}{z^2 - 1.75 \cdot z + 0.8053}$$

被调节量 (图 11.5-26):

$$\begin{aligned} x(z) &= G_{z2}(z) \cdot z_2(z) = \frac{1}{1 + G_{\mathrm{R}}(z) \cdot G_{\mathrm{HS}}(z)} \cdot z_2(z) \\ &= \frac{z^2 - 1.7788 \cdot z + 0.7788}{z^2 - 1.75 \cdot z + 0.8053} \cdot \frac{z}{z-1} = \frac{z^3 - 1.7788 \cdot z^2 + 0.7788 \cdot z}{z^3 - 2.75 \cdot z^2 + 2.5553 \cdot z - 0.8053} \end{aligned}$$

调节误差:

$$x_{\mathrm{d}}(z) = -x(z) = -G_{z2}(z) \cdot z_2(z) = \frac{-z^3 + 1.7788 \cdot z^2 - 0.7788 \cdot z}{z^3 - 2.75 \cdot z^2 + 2.5553 \cdot z - 0.8053}$$

稳态调节误差:

$$\begin{aligned} x_{\mathrm{d}}(kT \to \infty) &= \lim_{z \to 1+} (z-1) \cdot x_{\mathrm{d}}(z) = -\lim_{z \to 1+} (z-1) \cdot G_{z2}(z) \cdot z_2(z) \\ &= -\lim_{z \to 1+} G_{z2}(z) = 0 \end{aligned}$$

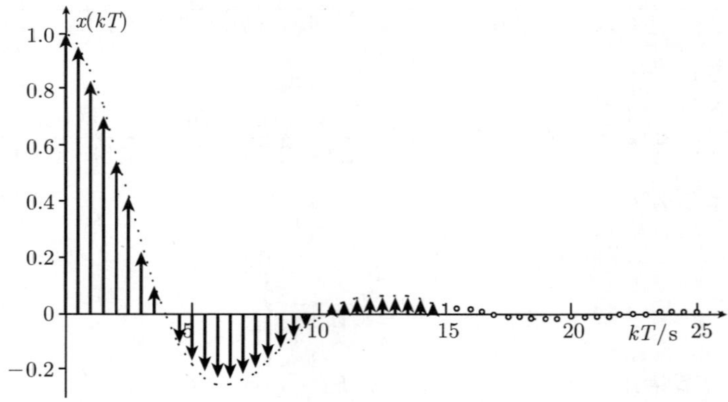

图 11.5-26 在负载扰动时调节特性

11.6 数字调节系统稳定性

11.6.1 稳定性定义

在 11.4.4 节中用差分方程的特征方程阐述了时间离散系统的稳定性定义:

时间离散传递环节是稳定的, 仅当特征方程全部零点的模小于 1 时: $\vert z_i\vert < 1$

此外, 对初始偏离 (初值) 的反应 $x_{\mathrm{a}}(kT)$ 具有极限值零:

$$x_{\mathrm{a}}(kT \to \infty) \to 0$$

为确定**稳定性**也可研究传递环节权序列, 权序列为传递环节对 δ 序列的反应:

$$g(kT)=Z^{-1}\{G(z)\cdot x_{\mathrm{e}}(z)\}=Z^{-1}\{G(z)\},\quad x_{\mathrm{e}}(k)=\delta(k),\quad x_{\mathrm{e}}(z)=1$$

稳定性存在, 仅当在 δ 序列偏离时权序列极限值趋于零:

$$g(kT\to\infty)\to 0$$

差分方程和 z 传递函数具有相同的特征方程. 如果特征方程的零点 (z 传递函数的极点) 位于在 z 平面的单位圆内, 那么零点的模小于 1(图 11.6-1).

在初始偏离后或在接入 δ 序列时, 其响应序列对 $kT\to\infty$ 的极限值趋于零, 由齐次差分方程或 z 传递函数分母多项式给出特征方程.

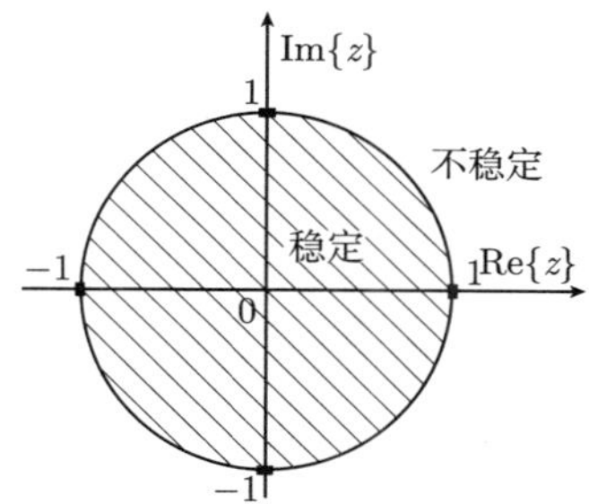

图 11.6-1 时间离散系统特征方程零点的稳定范围

零点位置提供关于调节系统响应特性的结论:

调节系统特征方程的零点 (z 传递函数的极点) 位于在单位圆内并离稳定边界足够远距离, 该系统在工程上才是可用的.

例 11.6-1 试确定传递函数稳定性, 并计算其权序列.

具有极点的 z 传递函数:

$$G(z)=\frac{x_{\mathrm{a}}(z)}{x_{\mathrm{e}}(z)}=\frac{z}{z-z_1},\quad z_1=0,\,0.5,\,1,\,1.1$$

根据稳定性定义 $|z|<1$, $G(z)$ 仅对于 $z_1=0$ 和 0.5 是稳定的. 权序列为

$$g(k)=Z^{-1}\{G(z)\cdot x_{\mathrm{e}}(z)\},\quad x_{\mathrm{e}}(k)=\delta(k),\quad x_{\mathrm{e}}(z)=1$$

$$g(k)=Z^{-1}\{G(z)\}=Z^{-1}\{1\}=\delta(k),\ \text{对于}z_1=0$$

$$g(k)=Z^{-1}\{G(z)\}=z_1^k\quad \text{对于}z_1\text{全部其他值}$$

权序列 $g(k)$ 仅对于 $z_1=0$ 和 0.5 具有对 $k\to\infty$ 的零极限值. 与稳定性定义的稳定性结论是等价的 (图 11.6-2).

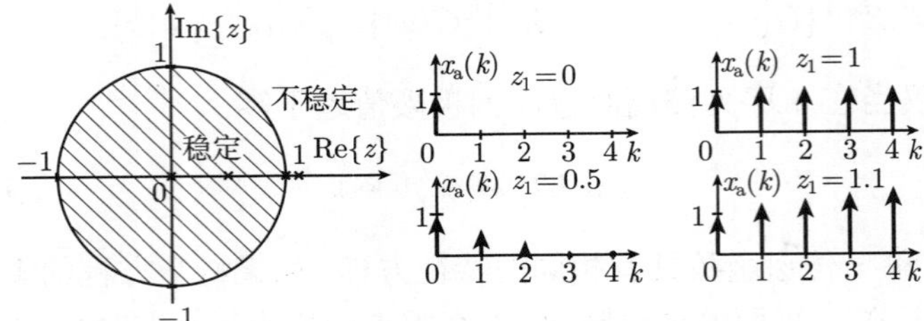

图 11.6-2 $G(z)$ 极点位置和权序列 $x_a(k)$

具有两个共轭极点的 z 传递函数:

$$G(z)=\frac{x_a(z)}{x_e(z)}=\frac{z^2-a^T\cdot\cos(\omega_0T)\cdot z}{z^2-2\cdot a^T\cdot\cos(\omega_0T)\cdot z+a^{2T}}=\frac{z^2-a^T\cdot\cos(\omega_0T)\cdot z}{(z-z_1)\cdot(z-z_2)}$$

$$z_{1,2}=a^T\cdot\cos(\omega_0T)\pm\sqrt{a^{2T}\cdot\cos^2(\omega_0T)-a^{2T}}$$

$$=a^T\cdot\cos(\omega_0T)\pm a^T\cdot \mathrm{j}\sqrt{1-\cos^2(\omega_0T)}=a^T\cdot(\cos(\omega_0T)\pm \mathrm{j}\sin(\omega_0T))$$

零点的模为

$$|z_1|=|z_2|=a^T$$

对于 $a^T<1$ 可获得稳定性. 由表 11.5-3 序号 29, z 传递函数的 δ 响应为

$$x_a(kT)=Z^{-1}\{G(z)\cdot 1\}=a^{kT}\cdot\cos(\omega_0\cdot kT)$$

对于 $\omega_0=5s^{-1},T=0.1\mathrm{s},a^T=0.75$ 和 1.1, 计算权序列如图 11.6-3, 图 11.6-4 所示.

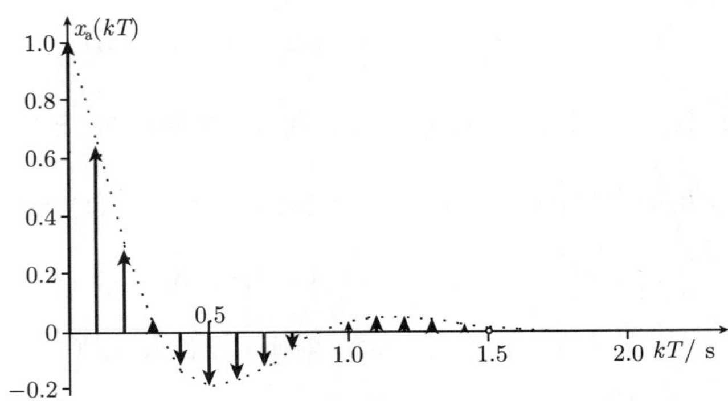

图 11.6-3 对于 $a^T=0.75$ 的稳定的权序列 $x_a(kT)$

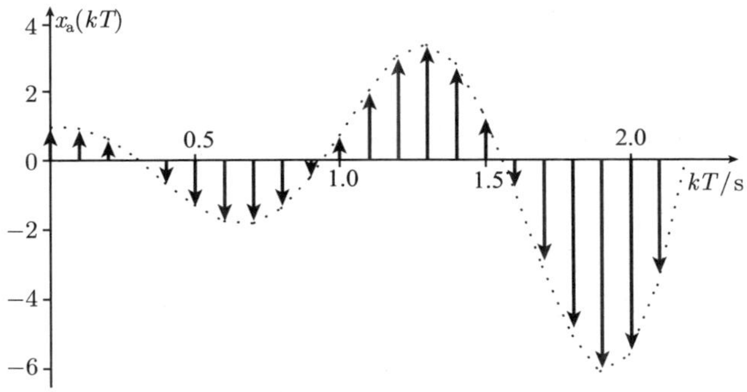

图 11.6-4 对于 $a^T = 1.1$ 的不稳定的权序列 $x_a(kT)$

11.6.2 确定稳定性方法

11.6.2.1 稳定性判据

借助时间离散系统特征方程的零点, 判别数字调节系统的稳定性. 因为计算高阶方程耗费巨大, 所以应开发应用简单的稳定性判据. 对于稳定性研究大多兴趣仅在于, 特征方程的所有零点是否在或不在单位圆内. 对于这个结论可类似像时间连续系统那样推导出稳定性判据, 对此不必确定零点精确值.

对于稳定性研究大多引用代数稳定性判据. 在代数判据时可借助特征方程系数确定稳定性. 属于这种常用方法有:

- 通过应用**双线性变换 (Bilineartransformation)** 将 z 平面的单位圆内部映象到 v 平面左半部. 然后用劳思或赫尔维茨判据研究特征方程.
- 为确定稳定性, 可进一步给出**必要和充分的判据**. 如果这些得不出一个明确结论, 那么可引入
- **按照**COHU, SCHUR, JURY **的行算式判据**.

特征方程零点可数值计算, 如果特征方程系数作为数据给出的话. 特征方程**数值解**将在 17 章来描述. 将给出按照 BAIRSTOW法求解的 C 程序. 在本节中用双线性变换开发出稳定性确定方法. 汇总了直至 $n = 5$ 阶特征方程的稳定性判据.

11.6.2.2 双线性变换的应用

在双线性变换时变量仅为一阶 (线性). 借助双线性变换

$$\boxed{z = \frac{1+v}{1-v}, \quad v = \frac{z-1}{z+1}}$$

将 z 平面的单位圆内部映象到复 v 平面左半部 (图 11.6-5).

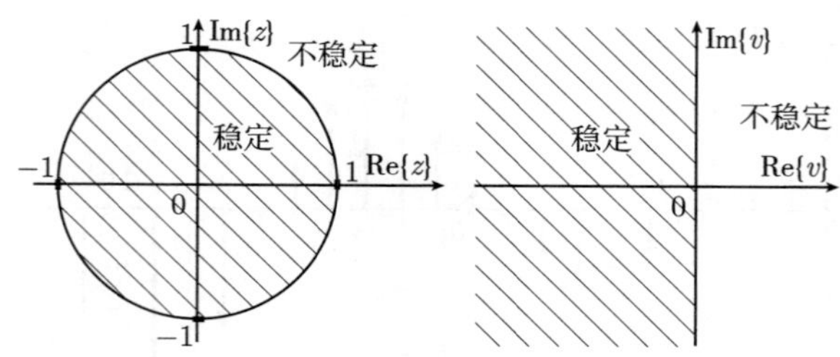

图 11.6-5　特征方程零点稳定范围的变换

应用双线性变换到具有 z 的特征方程, 用劳思或胡尔维茨判据研究, 零点是否在或不在稳定范围 (负的 v 半平面).

如果具有 v 的特征方程的零点位于 v 平面稳定范围 (负的 v 半平面), 那么具有 z 的特征方程的零点位于 z 平面稳定范围 (单位圆内): 采样系统为稳定的.

例 11.6-2　对于位于在 z 平面不稳定或稳定范围的几个零点进行双线性变换. 将 z_i 值代入

$$v = \frac{z-1}{z+1}$$

范围	z 平面	v 平面
稳定	$\lvert z\rvert < 1 \longrightarrow \mathrm{Re}\{v\} < 0$	
	$z_1 = 0.5$	$v_1 = -1/3$
	$z_{1,2} = \pm 0.5$	$v_1 = -1/3, \quad v_2 = -3$
	$z_{1,2} = \pm 0.5\mathrm{j}$	$v_{1,2} = -0.6 \pm 0.8\mathrm{j}$
	$z_{1,2} = 0.5 \pm 0.5\mathrm{j}$	$v_{1,2} = -0.2 \pm 0.4\mathrm{j}$
	$z_{1,2} = -0.5 \pm 0.5\mathrm{j}$	$v_{1,2} = -1 \pm 2\mathrm{j}$
不稳定	$\lvert z\rvert \geqslant 1 \longrightarrow \mathrm{Re}\{v\} \geqslant 0$	
	$z_1 = 1$	$v_1 = 0$
	$z_{1,2} = \pm\mathrm{j}$	$v_{1,2} = \pm\mathrm{j}$
	$\lim\limits_{z\to -1-} z$	$v \to \infty$
	$\lim\limits_{z\to -1+} z$	$v \to -\infty$
	$z_{1,2} = \pm 2$	$v_1 = 1/3, \quad v_2 = 3$
	$z_{1,2} = \pm 2\mathrm{j}$	$v_{1,2} = 0.6 \pm 0.8\mathrm{j}$

位于 z 平面不稳定范围的零点可映象到 v 平面不稳定范围, 相应地这对于稳定范围也有效. 稳定性确定方法以两步进行:

- 将特征方程变换到 v 平面;
- 应用劳思或胡尔维茨判据.

例 11.6-3　对于数字调节系统, 试求调节器积分增益 K_{I} 的稳定范围.

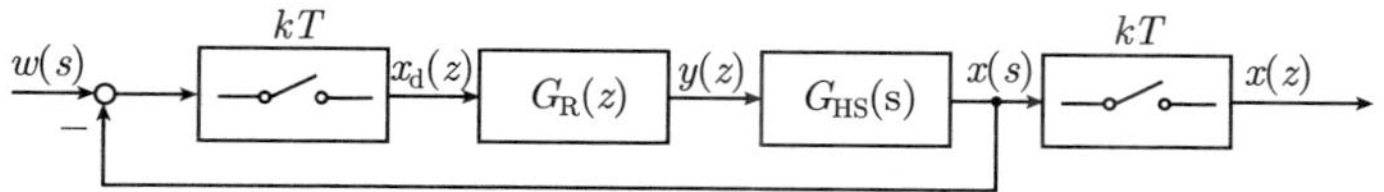

调节器传递函数:

$$G_{\mathrm{R}}(s)=\frac{K_{\mathrm{I}}}{s},\quad G_{\mathrm{R}}(z)=K_{\mathrm{I}}\cdot T\cdot\frac{z}{z-1}$$

对象传递函数:

$$G_{\mathrm{S}}(s)=\frac{K_{\mathrm{S}}}{(1+T_1\cdot s)^2}$$

按照表 11.5-11 序号 11 具有保持器的对象 z 传递函数:

$$G_{\mathrm{HS}}(z)=K_{\mathrm{S}}\cdot\frac{\left[1-\left(1+\dfrac{T}{T_1}\right)\cdot\mathrm{e}^{-\frac{T}{T_1}}\right]\cdot z-\left[1-\dfrac{T}{T_1}-\mathrm{e}^{-\frac{T}{T_1}}\right]\cdot\mathrm{e}^{-\frac{T}{T_1}}}{\left(z-\mathrm{e}^{-\frac{T}{T_1}}\right)^2}$$

由参数采样时间间隔 $T=0.2\mathrm{s}$, 对象增益 $K_{\mathrm{S}}=2$ 和时间常数 $T_{\mathrm{I}}=1\mathrm{s}$ 得到:

$$G_{\mathrm{HS}}(z)=\frac{0.03505\cdot z+0.03067}{z^2-1.6375\cdot z+0.67032}$$

$$\begin{aligned}G_{\mathrm{R}}(z)\cdot G_{\mathrm{HS}}(z)=&\frac{K_{\mathrm{I}}\cdot 0.2\cdot z}{z-1}\cdot\frac{0.03505\cdot z+0.03067}{z^2-1.6375\cdot z+0.67032}\\=&\frac{0.007009\cdot K_{\mathrm{I}}\cdot z^2+0.0061342\cdot K_{\mathrm{I}}\cdot z}{z^3-2.63746\cdot z^2+2.30778\cdot z-0.67032}\end{aligned}$$

z 传递函数:

$$\begin{aligned}&G(z)=\frac{G_{\mathrm{R}}(z)\cdot G_{\mathrm{HS}}(z)}{1+G_{\mathrm{R}}(z)\cdot G_{\mathrm{HS}}(z)}\\&=\frac{0.007009\cdot K_{\mathrm{I}}\cdot z^2+0.0061342\cdot K_{\mathrm{I}}\cdot z}{(z^3+(0.007009\cdot K_{\mathrm{I}}-2.63746)\cdot z^2+(0.0061342\cdot K_{\mathrm{I}}+2.30778)\cdot z-0.67032)}\end{aligned}$$

特征方程:

$$\begin{aligned}&a_3\cdot z^3+a_2\cdot z^2+a_1\cdot z+a_0\\&=z^3+(0.007009\cdot K_{\mathrm{I}}-2.63746)\cdot z^2+(0.0061342\cdot K_{\mathrm{I}}+2.30778)\cdot z-0.67032=0\end{aligned}$$

用 $z=\dfrac{1+v}{1-v}$ 置换 z, 并用 $(1-v)^3$ 乘得

$$b_3\cdot v^3+b_2\cdot v^2+b_1\cdot v+b_0=0;$$

$$b_3=6.61556-0.00087506\cdot K_{\mathrm{I}};\qquad b_2=1.31872-0.013143\cdot K_{\mathrm{I}};$$

$$b_1=0.065718+0.00087506\cdot K_{\mathrm{I}};\quad b_0=0.013143\cdot K_{\mathrm{I}}$$

应用 Routh判据得到稳定条件

b_3	b_1	0
b_2	b_0	0
c_1	0	
d_1	0	

$b_3 = 6.61556 - 0.00087506 \cdot K_{\mathrm{I}} > 0,$ 对于$K_1 < 7560.12$;

$b_2 = 1.31872 - 0.013143 \cdot K_{\mathrm{I}} > 0,$ 对于$K_{\mathrm{I}} < 100.331$;

$c_1 = b_2 \cdot b_1 - b_3 \cdot b_0 > 0;$

$d_1 = c_1 \cdot b_0 > 0, \quad b_0 = 0.013143 \cdot K_{\mathrm{I}} > 0,$ 对于$K_{\mathrm{I}} > 0$;

$c_1 = b_2 \cdot b_1 - b_3 \cdot b_0 = 0.0866636 - 0.0866608 \cdot K_{\mathrm{I}} > 0,$ 对于$K_{\mathrm{I}} < 1.000032$.

对于积分增益范围

$$K_{\mathrm{Imin}} = 0 < K_{\mathrm{I}} < K_{\mathrm{Imax}} = 1.000032\,\mathrm{s}^{-1}$$

调节系统是稳定的.

z 特征方程在 $K_{\mathrm{I}} = K_{\mathrm{Imin}} = 0$ 时具有一个不稳定零点 $z_1 = 1$, 在 $K_{\mathrm{Imax}} = 1.000032\mathrm{s}^{-1}$ 时具有不稳定的共轭复数零点 $z_{1,2} = 0.98006578 \pm 0.1986733\mathrm{j}$, 其模为 $|z_{1,2}| = 1$. 在图 11.6-6 中绘制了随着积分增益 K_{I} 变化的 z 特征方程根轨迹曲线.

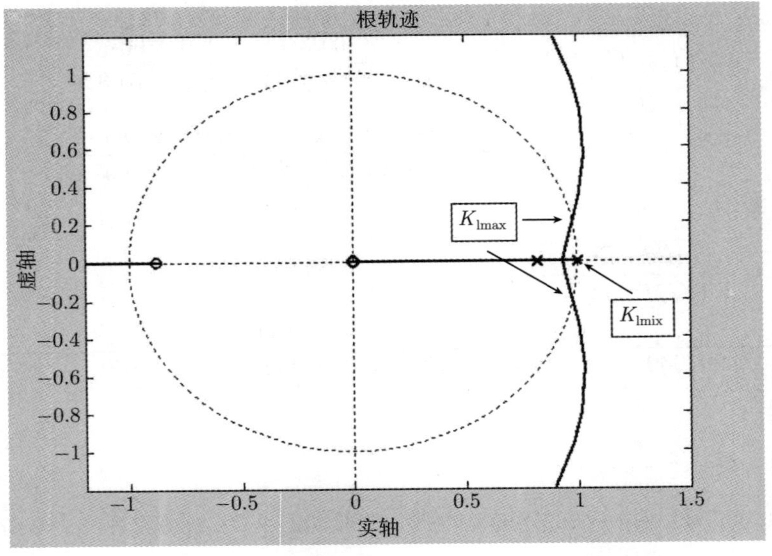

图 11.6-6　随着积分增益 K_{I} 变化的 z 特征方程根轨迹曲线

11.6.2.3　系数判据 (双线性变换)

求时间离散传递系统为 z 多项式方程形式的特征方程:

$$P(z) = a_n \cdot z^n + a_{n-1} \cdot z^{n-1} + \cdots + a_2 \cdot z^2 + a_1 \cdot z + a_0 = 0$$

用

$$z=\frac{1+v}{1-v}$$

映象, 并与 $(1-v)^n$ 相乘得到变换的多项式方程:

$$P(v)=b_n\cdot v^n+b_{n-1}\cdot v^{n-1}+\cdots+b_2\cdot v^2+b_1\cdot v+b_0=0$$

对于至 5 阶的传递环节, 在表 11.6-1 中给出系数 $b_i=f(a_j)$ 和稳定性条件.

由 ROUTH判据得到稳定性必要条件:

全部 $P(v)$ 系数必须具有相同符号, 并且不允许系数为零. 为进一步研究假设, 所有多项式 $P(v)$ 系数具有正的符号. 如果所有系数都为负的符号, 那么可将符号转入到传递函数分子多项式, 以便满足假设. 系数 b_0 和 b_n 的必要条件可由 11.6.2.4 节查取:

$$\begin{aligned}&b_0=P(z=1)=a_n+a_{n-1}+\cdots+a_1+a_0>0;\\&b_n=-P(z=-1)=a_n-a_{n-1}+\cdots+a_1-a_0>0,\quad n\text{为奇数};\\&b_n=P(z=-1)=a_n-a_{n-1}-\cdots-a_1+a_0>0,\quad n\text{为偶数}.\end{aligned}$$

表 11.6-1 稳定性系数判据

$n=1$	特征方程: $P(z)=a_1\cdot z+a_0=0,\quad P(v)=b_1\cdot v+b_0=0$ $P(v)$ 系数: $b_1=-a_0+a_1,\quad b_0=a_0+a_1$ 稳定性条件: $b_i>0$, 对于 $i=0,\cdots,n$, $b_1=-a_0+a_1>0,\quad b_0=a_0+a_1>0$
$n=2$	特征方程: $P(z)=a_2\cdot z^2+a_1\cdot z+a_0=0,$ $P(v)=b_2\cdot v^2+b_1\cdot v+b_0=0$ $P(v)$ 系数: $b_2=a_0-a_1+a_2,$ $b_1=-2\cdot a_0+2\cdot a_2,\quad b_0=a_0+a_1+a_2$ 稳定性条件: $b_i>0$, 对于 $i=0,\cdots,n$ $b_2=a_0-a_1+a_2>0,\quad b_1=-2\cdot a_0+2\cdot a_2>0,\quad b_0=a_0+a_1+a_2>0$

(续)

$n=3$	特征方程: $P(z)=a_3\cdot z^3+a_2\cdot z^2+a_1\cdot z+a_0=0$, $P(v)=b_3\cdot v^3+b_2\cdot v^2+b_1\cdot v+b_0=0$ $P(v)$ 系数: $b_3=-a_0+a_1-a_2+a_3,\quad b_2=3\cdot a_0-a_1-a_2+3\cdot a_3$, $b_1=-3\cdot a_0-a_1+a_2+3\cdot a_3,\quad b_0=a_0+a_1+a_2+a_3$ 稳定性条件: $b_i>0,\ i=0,\cdots,n,\quad b_2\cdot b_1-b_3\cdot b_0>0$, $-a_0^2+a_0\cdot a_2-a_1\cdot a_3+a_3^2>0$
$n=4$	特征方程: $P(z)=a_4\cdot z^4+a_3\cdot z^3+a_2\cdot z^2+a_1\cdot z+a_0=0$, $P(v)=b_4\cdot v^4+b_3\cdot v^3+b_2\cdot v^2+b_1\cdot v+b_0=0$ $P(v)$ 系数: $b_4=a_0-a_1+a_2-a_3+a_4$, $b_3=-4\cdot a_0+2\cdot a_1-2\cdot a_3+4\cdot a_4,\quad b_2=6\cdot a_0-2\cdot a_2+6\cdot a_4$, $b_1=-4\cdot a_0-2\cdot a_1+2\cdot a_3+4\cdot a_4,\quad b_0=a_0+a_1+a_2+a_3+a_4$ 稳定性条件: $b_i>0,\ i=0,\cdots,n,\quad c_1=b_3\cdot b_2-b_4\cdot b_1>0$, $c_3=b_3\cdot b_0>0,\quad d_1=c_1\cdot b_1-b_3\cdot c_3>0,\quad e_1=d_1\cdot c_3>0$
$n=5$	特征方程: $P(z)=a_5\cdot z^5+a_4\cdot z^4+a_3\cdot z^3+a_2\cdot z^2+a_1\cdot z+a_0=0$, $P(v)=b_5\cdot v^5+b_4\cdot v^4+b_3\cdot v^3+b_2\cdot v^2+b_1\cdot v+b_0=0$ $P(v)$ 系数: $b_5=-a_0+a_1-a_2+a_3-a_4+a_5$, $b_4=5\cdot a_0-3\cdot a_1+a_2+a_3-3\cdot a_4+5\cdot a_5$, $b_3=-10\cdot a_0+2\cdot a_1+2\cdot a_2-2\cdot a_3-2\cdot a_4+10\cdot a_5$, $b_2=10\cdot a_0+2\cdot a_1-2\cdot a_2-2\cdot a_3+2\cdot a_4+10\cdot a_5$, $b_1=-5\cdot a_0-3\cdot a_1-a_2+a_3+3\cdot a_4+5\cdot a_5$, $b_0=a_0+a_1+a_2+a_3+a_4+a_5$ 稳定性条件: $b_i>0,\ i=0,\cdots,n,\quad c_1=b_4\cdot b_3-b_5\cdot b_2>0$, $c_3=b_4\cdot b_1-b_5\cdot b_0>0,\quad d_1=c_1\cdot b_2-b_4\cdot c_3>0$, $d_3=c_1\cdot b_0>0,\quad e_1=d_1\cdot c_3-c_1\cdot d_3>0,\quad f_1=e_1\cdot d_3>0$

例 11.6-4 由两个传递系统给出特征方程, 试确定传递系统的稳定特性.

特征方程:

$$n=3,$$

$$z^3-1.8\cdot z^2+1.45\cdot z-0.226=0,$$

$$a_3=1,\quad a_2=-1.8,\quad a_1=1.45,\quad a_0=-0.226.$$

变换多项式:

$$z = \frac{1+v}{1-v},$$
$$4.476 \cdot v^3 + 2.672 \cdot v^2 + 0.428 \cdot v + 0.424 = 0,$$
$$b_3 = 4.476, \quad b_2 = 2.672, \quad b_1 = 0.428, \quad b_0 = 0.424.$$

稳定性判据:
全部 b_i- 系数 $(i = 0, \cdots, 3)$ 都大于零.

$$-a_0^2 + a_0 \cdot a_2 - a_1 \cdot a_3 + a_3^2 = -0.0943 < 0 \to \text{不稳定}.$$

数值计算 z 特征方程零点:

$$z_1 = 0.2, \quad z_{2,3} = 0.8 \pm 0.7\mathrm{j}, \quad |z_{2,3}| = 1.06 \geqslant 1 \to \text{不稳定}.$$

数值计算 v 特征方程零点:

$$v_1 = -0.667, \quad v_{2,3} = 0.0349 \pm 0.375\mathrm{j}, \quad \mathrm{Re}\{v_{2,3}\} \geqslant 0 \to \text{不稳定}.$$

传递系统是不稳定的.

特征方程:

$$n = 4,$$
$$z^4 - 1.7 \cdot z^3 + 1.54 \cdot z^2 - 0.618 \cdot z + 0.074 = 0,$$
$$a_4 = 1, \quad a_3 = -1.7, \quad a_2 = 1.54, \quad a_1 = -0.618, \quad a_0 = 0.074.$$

变换多项式:

$$z = \frac{1+v}{1-v},$$
$$4.932 \cdot v^4 + 5.868 \cdot v^3 + 3.364 \cdot v^2 + 1.54 \cdot v + 0.296 = 0,$$
$$b_4 = 4.932, \quad b_3 = 5.868, \quad b_2 = 3.364, \quad b_1 = 1.54, \quad b_0 = 0.296.$$

稳定性判据:
全部 b_i- 系数 $(i = 0, \cdots, 4)$ 都大于零.

b_4	b_2	b_0	0
b_3	b_1	0	0
c_1	c_3	0	0
d_1	0	0	0
e_1	0	0	0

$$c_1 = b_3 \cdot b_2 - b_4 \cdot b_1 = 12.145,$$
$$c_3 = b_3 \cdot b_0 = 1.737,$$
$$d_1 = c_1 \cdot b_1 - b_3 \cdot c_3 = 8.511,$$
$$e_1 = d_1 \cdot c_3 = 14.782.$$

劳思表第一列所有系数都大于零：系统是稳定的.

数值计算 z 特征方程零点：

$$z_1 = 0.2, \quad z_2 = 0.5, \quad z_{3,4} = 0.5 \pm 0.7\text{j}, \quad |z_{3,4}| = 0.86 < 1$$

$|z_i| < 1$：全部零点位于单位圆内：→ 稳定的.

数值计算 v 特征方程零点：

$$v_1 = -0.333, \ \ v_2 = -0.667, \ \ v_{3,4} = -0.0949 \pm 0.511\text{j}, \ \ \text{Re}\{v_i\} < 0 \rightarrow \text{稳定}.$$

11.6.2.4 JURY稳定性判据

借助双线性变换将特征方程这样变形，即用劳思或胡尔维茨判据可确定采样系统稳定性. 用直接法从无变换的特征方程系数求稳定性.

JURY判据 (COHU, SCHUR, JURY**的行算式判据**)是从特征方程出发：

$$P(z) = a_n \cdot z^n + a_{n-1} \cdot z^{n-1} + \cdots + a_2 \cdot z^2 + a_1 \cdot z + a_0 = 0$$

其中预先给出 $a_n > 0$. 如果 $a_n < 0$, 可通过对所有系数乘 -1 以满足条件. 由系数构建表 11.6-2.

表 11.6-2 JURY 稳定性阵列

行	z^0	z^1	z^2	$\cdots z^{n-k} \cdots$	z^{n-2}	z^{n-1}	z^n
1	a_0	a_1	a_2	$\cdots a_{n-k} \cdots$	a_{n-2}	a_{n-1}	a_n
2	a_n	a_{n-1}	a_{n-2}	$\cdots a_k \cdots$	a_2	a_1	a_0
3	b_0	b_1	b_2	$\cdots b_{n-1-k} \cdots$	b_{n-2}	b_{n-1}	—
4	b_{n-1}	b_{n-2}	b_{n-3}	$\cdots b_k \cdots$	b_1	b_0	—
5	c_0	c_1	c_2	$\cdots c_{n-2-k} \cdots$	c_{n-2}	—	—
6	c_{n-2}	c_{n-3}	c_{n-4}	$\cdots c_k \cdots$	c_0	—	—
$\vdots$	$\vdots$	$\vdots$	$\vdots$	$\vdots$	—	—	—
$2n-5$	p_0	p_1	p_2	p_3	—	—	—
$2n-4$	p_3	p_2	p_1	p_0	—	—	—
$2n-3$	q_0	q_1	q_2	—	—	—	—

由行算式建造表的元素：

$$\boldsymbol{b}_k = \begin{vmatrix} a_0 & a_{n-k} \\ a_n & a_k \end{vmatrix}, \quad \boldsymbol{c}_k = \begin{vmatrix} b_0 & b_{n-1-k} \\ b_{n-1} & b_k \end{vmatrix}, \quad \boldsymbol{d}_k = \begin{vmatrix} c_0 & c_{n-2-k} \\ c_{n-2} & c_k \end{vmatrix}, \quad \cdots,$$

$$\boldsymbol{q}_0 = \begin{vmatrix} p_0 & p_3 \\ p_3 & p_0 \end{vmatrix}, \quad \boldsymbol{q}_1 = \begin{vmatrix} p_0 & p_2 \\ p_3 & p_1 \end{vmatrix}, \quad \boldsymbol{q}_2 = \begin{vmatrix} p_0 & p_1 \\ p_3 & p_2 \end{vmatrix}$$

具有特征方程 $P(z)=0$ 的数字调节系统稳定性必要和充分条件, 可由表 11.6-2 的 JURY**稳定性阵列**给出公式:

特征方程:

$$P(z)=a_n\cdot z^n+a_{n-1}+a_{n-1}\cdot z^{n-1}+\cdots+a_2\cdot z^2+a_1\cdot z+a_0=0$$

(其中, $a_n>0$) 只具有在单位圆内的零点, 仅当 $n+1$ 个条件

$$\begin{array}{ll}
P(z=1)>0, & (1)\\
P(z=-1)>0,\text{对于}n\text{为偶数},P(z=-1)<0,\text{对于}n\text{为奇数} & (2)\\
|a_0|<a_n,\text{其中}a_n>0, & (3)\\
|b_0|>|b_{n-1}|, & (4)\\
|c_0|>|c_{n-2}|, & (5)\\
|d_0|>|d_{n-3}|, & (6)\\
\vdots\quad\vdots\quad\vdots & \vdots\\
|q_0|>|q_2|, & (n+1)
\end{array}$$

被满足时, 调节系统是稳定的.

例 11.6-5 由

$$P(z)=a_3\cdot z^3+a_2\cdot z^2+a_1\cdot z+a_0=z^3+3\cdot z^2+4\cdot z+0.5=0$$

求得数字调节系统特征方程。方程为 3 阶, 具有 $2n-3=3$ 行, 试研究 $n+1=4$ 个条件.

行	z^0	z^1	z^2	z^3
1	$a_0=0.5$	$a_1=4$	$a_2=3$	$a_3=1$
2	$a_3=1$	$a_2=3$	$a_1=4$	$a_0=0.5$
3	b_0	b_1	b_2	—

对于稳定性下式必须成立:

$$P(z=1)=a_3+a_2+a_1+a_0=1+3+4+0.5=8.5>0 \tag{1}$$

$$P(z=-1)=-a_3+a_2-a_1+a_0=-1+3-4+0.5=-1.5<0 \tag{2}$$

$$|a_0|=0.5<a_n=1 \tag{3}$$

$$\boldsymbol{b}_0=\begin{vmatrix}a_0 & a_3\\ a_3 & a_0\end{vmatrix}=a_0^2-a_3^2=-0.75,$$

$$\boldsymbol{b}_1 = \begin{vmatrix} a_0 & a_2 \\ a_3 & a_1 \end{vmatrix} = a_0 \cdot a_1 - a_2 \cdot a_3 = -1,$$

$$\boldsymbol{b}_2 = \begin{vmatrix} a_0 & a_1 \\ a_3 & a_2 \end{vmatrix} = a_0 \cdot a_2 - a_1 \cdot a_3 = -2.5.$$

前 3 个条件满足, 而第 4 个条件

$$|b_0| = 0.75 > |b_2| = 2.5 \tag{4}$$

未满足调节系统是不稳定的. 数值计算零点, 给出两个零点在单位圆外:

$$z_1 = -0.139, \quad z_{2,3} = -1.43 \pm 1.25\mathrm{j}.$$

11.7 数字调节回路补偿调节器

11.7.1 补偿原理

在理想调节时应使被调节量 $x(t)$ 精确而无滞后地跟踪参据量 $w(t)$. 对于如图 11.7-1 所示调节回路结构

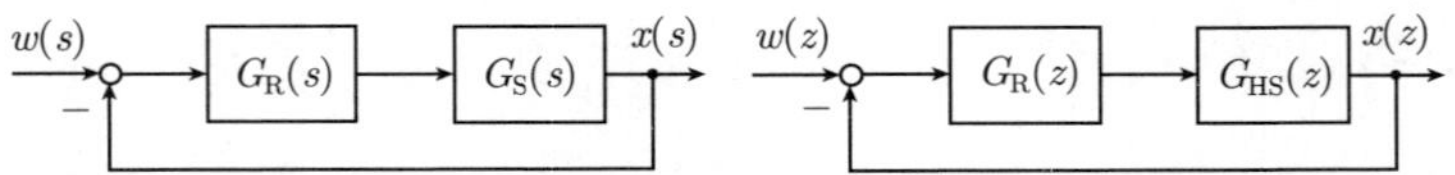

图 11.7-1 调节回路标准结构

在理想情况必须使参据传递函数满足如下条件:

$$G(s) = \frac{x(s)}{w(s)} = \frac{G_{\mathrm{R}}(s) \cdot G_{\mathrm{S}}(s)}{1 + G_{\mathrm{R}}(s) \cdot G_{\mathrm{S}}(s)} \stackrel{!}{=} 1$$

$$G(z) = \frac{x(z)}{w(z)} = \frac{G_{\mathrm{R}}(z) \cdot G_{\mathrm{HS}}(z)}{1 + G_{\mathrm{R}}(z) \cdot G_{\mathrm{HS}}(z)} \stackrel{!}{=} 1$$

方程解出 $G_{\mathrm{R}}(s), G_{\mathrm{R}}(z)$. 对于被调节对象的理想补偿, 调节器传递函数是不可实现的, 因为在这种条件下 $G_{\mathrm{R}}(s), G_{\mathrm{R}}(z)$ 的分母总是要成为零:

$$G_{\mathrm{R}}(s) = \frac{y(s)}{x_{\mathrm{d}}(s)} = \frac{1}{G_{\mathrm{S}}(s)} \cdot \left.\frac{G(s)}{1 - G(s)}\right|_{G(s) \to 1} \to \infty$$

$$G_{\mathrm{R}}(z) = \frac{y(z)}{x_{\mathrm{d}}(z)} = \frac{1}{G_{\mathrm{HS}}(z)} \cdot \left.\frac{G(z)}{1 - G(z)}\right|_{G(z) \to 1} \to \infty$$

也可预先给出无滞后的 $G(s)$ 一个小于 1 的实数值 K_{G}, 但是也不能实现精确的补偿.

$$G(s) = K_{\mathrm{G}}, \frac{G(s)}{1-G(s)} = \frac{K_{\mathrm{G}}}{1-K_{\mathrm{G}}} = K$$

不能导出可实现的调节器, 因为在实际被调节对象的传递函数

$$G_{\mathrm{S}}(s) = \frac{Z_{\mathrm{S}}(s)}{N_{\mathrm{S}}(s)} = \frac{b'_m \cdot s^m + b'_{m-1} \cdot s^{m-1} + \cdots + b'_1 \cdot s + b'_0}{a'_n \cdot s^n + a'_{n-1} \cdot s^{n-1} + \cdots + a'_1 \cdot s + a'_0}, \quad m < n$$

的情况下, 分子多项式 $Z_{\mathrm{S}}(s)$ 的阶数 m 永远小于分母多项式 $N_{\mathrm{S}}(s)$①的阶数 n. $G_{\mathrm{R}}(s)$ 为

$$G_{\mathrm{R}}(s) \stackrel{!}{=} \frac{K}{G_{\mathrm{S}}(s)} = \frac{N_{\mathrm{S}}(s)}{Z_{\mathrm{S}}(s)} \cdot K$$

$$= \frac{a'_n \cdot s^n + a'_{n-1} \cdot s^{n-1} + \cdots + a'_1 \cdot s + a'_0}{b'_m \cdot s^m + b'_{m-1} \cdot s^{m-1} + \cdots + b'_1 \cdot s + b'_0} \cdot K, \quad m < n$$

同样地也是不可实现的. 连续性调节器传递函数 $G_{\mathrm{R}}(s)$ 是可实现的, 仅当

$$\lim_{s \to \infty} G_{\mathrm{R}}(s) < \infty$$

成立时. 对于具有保持器的实际被调节对象的 z 传递函数, 分子多项式 $Z_{\mathrm{HS}}(z)$ 的阶数 m 小于分母多项式 $N_{\mathrm{HS}}(z)$ 的阶数 n. 因此

$$G_{\mathrm{R}}(z) \stackrel{!}{=} \frac{K}{G_{\mathrm{HS}}(z)} = \frac{N_{\mathrm{HS}}(z)}{Z_{\mathrm{HS}}(z)} \cdot K = \frac{a_n \cdot z^n + a_{n-1} \cdot z^{n-1} + \cdots + a_1 \cdot z + a_0}{b_m \cdot z^m + b_{m-1} \cdot z^{m-1} + \cdots + b_1 \cdot z + b_0} \cdot K, \quad m < n$$

是不可实现的. 仅当分子多项式的阶数小于或等于分母多项式阶数时, z 传递函数 $G_{\mathrm{R}}(z)$ 是可实现的. 如果不是这种情况, 那么系统是无因果关系, 因为为了计算输出量需要正在研究的还不存在的数据.

> 对于实际调节回路, 被调节对象精确补偿是不能实现的. 如果对参据量传递函数提出可实现的要求, 那么补偿只能近似实现, 这些要求将确定补偿调节器的结构和参数.

按照 10.4.2 节幅值最优进行调节器计算时, 在参据传递函数方面提出对精度 $(x_{\mathrm{d}}(t \to \infty) = 0)$, 阻尼比 (超调量 $\ddot{u} = 4.32\%$) 和初调时间 $(t_{\mathrm{anr}} = 4.7 \cdot T_{\mathrm{E}})$ 要求, 对于这些要求的参据传递函数为

$$G(s) = \frac{1}{1 + 2 \cdot T_{\mathrm{E}} \cdot s + 2 \cdot T_{\mathrm{E}}^2 \cdot s^2}$$

①[译者注]原文为 $Z_{\mathrm{S}}(s)$.

其中, T_E 为被调节对象的等效时间常数.

为了按照幅值最优补偿, 对于具有两个时间常数的被调节对象

$$G_\mathrm{S}(s)=\frac{K_\mathrm{S}}{(1+T_1\cdot s)\cdot(1+T_\mathrm{E}\cdot s)}$$

得到 PI 调节器的调节器传递函数:

$$\begin{aligned}G_\mathrm{R}(s)=&\frac{y(s)}{x_\mathrm{d}(s)}=\frac{1}{G_\mathrm{S}(s)}\cdot\frac{G(s)}{1-G(s)}\\=&\frac{(1+T_1\cdot s)\cdot(1+T_\mathrm{E}\cdot s)}{K_\mathrm{S}}\cdot\frac{1}{2\cdot T_\mathrm{E}\cdot s+2\cdot T_\mathrm{E}^2\cdot s^2}\\=&\frac{1+T_1\cdot s}{2\cdot K_\mathrm{S}\cdot T_\mathrm{E}\cdot s}\stackrel{!}{=}\frac{K_\mathrm{R}\cdot(1+T_\mathrm{N}\cdot s)}{T_\mathrm{N}\cdot s},\quad T_\mathrm{N}=T_1,\quad K_\mathrm{R}=\frac{T_1}{2\cdot K_\mathrm{S}\cdot T_\mathrm{E}}\end{aligned}$$

补偿原理定义如下:

> 补偿调节器的传递函数包含被调节对象传递函数的倒数和由可实现的附加条件给出的项.

由补偿的原理研究可推出如下结论: 在由连续工作调节器调节时, 被调节量首先在理论上无限大时间才能达到稳态值. 在参据量阶跃变化时被调节量渐进地趋近于参据量, 因为在计算调节过程产生具有 e 函数的解部分, 它随着 $t\rightarrow\infty$ 而变成零.

11.7.2 有限调整时间补偿调节器 (无振荡调节器 (Dead-Beat-Regler))

具有数字补偿调节器的调节回路, 可这样进行调整, 即被调节量在有限时间精确地达到并保持参据量阶跃值. 具有这样特性的调节被称为**有限调整时间调节或无振荡调节 (Dead-Beat-Regelungen)**.

因为调节器在有限时间补偿 (约简) 对象传递函数的极点, 因此在极点位于单位圆外的不稳定的被调节对象情况, 它是不能被引入的, 不稳定极点的补偿是不能精确实现的. 因此, 补偿方法仅可应用于有足够阻尼的被调节对象或积分的被调节对象. 被调节量达到希望值的最短时间, 取决于被调节对象的阶数 (分母多项式的阶数) 和所选择的采样时间. 在推导计算公式时从调节回路标准结构出发.

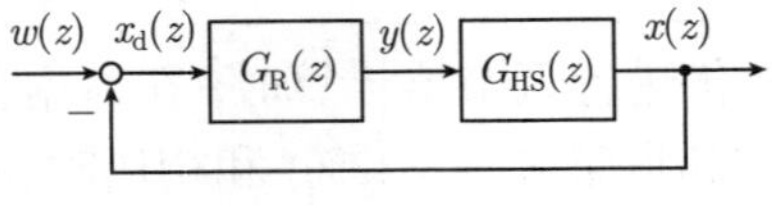

对于补偿调节器研究下面方程:

$$G_\mathrm{R}(z)=\frac{y(z)}{x_\mathrm{d}(z)}=\frac{1}{G_\mathrm{HS}(z)}\cdot\frac{G(z)}{1-G(z)}$$

假设被调节对象 $G_{\mathrm{HS}}(s)$ 的参数为已知的. 为确定调节器传递函数 $G_{\mathrm{R}}(z)$, 还需要由参据量响应和调整量曲线推导出实现条件. 对参据特性提出如下要求: 在参据量阶跃接入后被调节误差在 n 采样步后应趋于零, 并保持该值, 调整量在 n 采样步后应为常数. 由这些要求确定 $G(z)$, 以便计算 $G_{\mathrm{R}}(z)$ 和调节算法.

实际的被调节对象是无跃变能力的, 在输入量阶跃接入时输出量第 1 个值为零. 对于阶跃接入有

$$y(z)=\frac{z}{z-1}=\frac{1}{1-z^{-1}},$$

$$x(0)=\lim_{z\to\infty}G_{\mathrm{HS}}(z)\cdot y(z)=\lim_{z\to\infty}G_{\mathrm{HS}}(z)\cdot\frac{1}{1-z^{-1}}=0$$

因此系数 $b_0=0$. 对于调节回路, 通过 a_0 除分子和分母多项式得到保持器和被调节对象的传递函数:

$$G_{\mathrm{HS}}(z)=\frac{z-1}{z}\cdot Z\left\{\frac{G_{\mathrm{S}}(s)}{s}\right\}=\frac{Z_{\mathrm{HS}}(z)}{N_{\mathrm{HS}}(z)}$$
$$=\frac{b_1\cdot z^{-1}+b_2\cdot z^{-2}+\cdots+b_n\cdot z^{-n}}{1+a_1\cdot z^{-1}+a_2\cdot z^{-2}+\cdots+a_n\cdot z^{-n}}$$

其中, $b_1,b_2,\cdots,b_n,a_1,a_2,\cdots,a_n$ 不再与 11.7.1 节的离散传递函数的系数一致.

对于 $w(k)=1$, $w(z)=\dfrac{z}{z-1}=\dfrac{1}{1-z^{-1}}$ 则下式成立:

$$x_{\mathrm{d},k}=x_{\mathrm{d}}(k)=w(k)-x(k)=0,\quad k\geqslant n;$$

$$x_k=x(k)=w(k)=1,\quad k\geqslant n;$$

$$x_k=\{0,\,x_1,\,x_2,\,\cdots,\,x_{n-2},\,x_{n-1},\,1,\,1,\,1,\,\cdots\};$$

$$x(z)=x_1\cdot z^{-1}+x_2\cdot z^{-2}+\cdots+x_{n-1}\cdot z^{-n+1}+1\cdot z^{-n}+1\cdot z^{-n-1}+\cdots$$
$$=x_1\cdot z^{-1}+x_2\cdot z^{-2}+\cdots+x_{n-1}\cdot z^{-n+1}+\sum_{i=n}^{\infty}z^{-i}.$$

对于参据量阶跃接入, 得到参据传递函数 $G(z)$ 的有限多项式 $P\left(z^{-1}\right)$:

$$G(z)=\frac{x(z)}{w(z)}=\left[x_1\cdot z^{-1}+\cdots+x_{n-1}\cdot z^{-n+1}+\sum_{i=n}^{\infty}z^{-i}\right]\cdot(1-z^{-1})$$

$$=\left[x_1\cdot z^{-1}+(x_2-x_1)\cdot z^{-2}+\cdots\right.$$
$$\left.+(x_{n-1}-x_{n-2})\cdot z^{-n+1}+(1-x_{n-1})\cdot z^{-n}+\sum_{i=n+1}^{\infty}z^{-i}-z^{-1}\cdot\sum_{i=n}^{\infty}z^{-i}\right]$$

$$=x_1\cdot z^{-1}+(x_2-x_1)\cdot z^{-2}+\cdots+(x_{n-1}-x_{n-2})\cdot z^{-n+1}+(1-x_{n-1})\cdot z^{-n}$$

$$=p_1 \cdot z^{-1} + p_2 \cdot z^{-2} + \cdots + p_{n-1} \cdot z^{-n+1} + p_n \cdot z^{-n} = P(z^{-1})$$

如果构建多项式系数和式, 那么只剩余值 $x_n = 1$:

$$\sum_{i=1}^{n} p_i = (x_1 - x_1) + (x_2 - x_2) + \cdots + (x_{n-1} - x_{n-1}) + 1 = 1$$

对于调整量求相应的有限多项式:

$$\begin{aligned}
y_k &= y(k) = \text{常数}, \quad k \geqslant n; \\
y_k &= \{y_0,\ y_1, \cdots,\ y_{n-2},\ y_{n-1},\ y_n,\ y_n,\ y_n, \cdots\}; \\
y(z) &= y_0 + y_1 \cdot z^{-1} + \cdots + y_{n-1} \cdot z^{-n+1} + y_n \cdot z^{-n} + y_n \cdot z^{-n-1} + y_n \cdot z^{-n-2} + \cdots \\
&= y_0 + y_1 \cdot z^{-1} + \cdots + y_{n-1} \cdot z^{-n+1} + y_n \cdot \sum_{i=n}^{\infty} z^{-i}; \\
\frac{y(z)}{w(z)} &= \left[y_0 + y_1 \cdot z^{-1} + \cdots + y_{n-1} \cdot z^{-n+1} + y_n \cdot \sum_{i=n}^{\infty} z^{-i} \right] \cdot (1 - z^{-1}) \\
&= y_0 + (y_1 - y_0) \cdot z^{-1} + (y_2 - y_1) \cdot z^{-2} + \cdots + (y_{n-1} - y_{n-2}) \cdot z^{-n+1} + (y_n - y_{n-1}) \cdot z^{-n} \\
&= q_0 + q_1 \cdot z^{-1} + q_2 \cdot z^{-2} + \cdots + q_{n-1} \cdot z^{-n+1} + q_n \cdot z^{-n} = Q(z^{-1}).
\end{aligned}$$

调整量第 1 值为 $y_0 = q_0$. 如果构成

$$\frac{x(z)}{w(z)} \cdot \frac{w(z)}{y(z)} = \frac{x(z)}{y(z)} = \frac{p_1 \cdot z^{-1} + p_2 \cdot z^{-2} + \cdots + p_n \cdot z^{-n}}{q_0 + q_1 \cdot z^{-1} + q_2 \cdot z^{-2} + \cdots + q_n \cdot z^{-n}} = \frac{P(z^{-1})}{Q(z^{-1})}$$

并用 q_0 除, 那么变成为

$$\begin{aligned}
\frac{x(z)}{y(z)} &= \frac{\dfrac{p_1}{q_0} \cdot z^{-1} + \dfrac{p_2}{q_0} \cdot z^{-2} + \cdots + \dfrac{p_n}{q_0} \cdot z^{-n}}{1 + \dfrac{q_1}{q_0} \cdot z^{-1} + \dfrac{q_2}{q_0} \cdot z^{-2} + \cdots + \dfrac{q_n}{q_0} \cdot z^{-n}} \overset{!}{=} G_{\mathrm{HS}}(z) \\
&= \frac{b_1 \cdot z^{-1} + b_2 \cdot z^{-2} + \cdots + b_n \cdot z^{-n}}{1 + a_1 \cdot z^{-1} + a_2 \cdot z^{-2} + \cdots + a_n \cdot z^{-n}} = \frac{\dfrac{P(z^{-1})}{q_0}}{\dfrac{Q(z^{-1})}{q_0}} = \frac{P(z^{-1})}{Q(z^{-1})}
\end{aligned}$$

由 p_i, q_i 值可求 $G(z)$. 并由此求 $G_{\mathrm{R}}(z)$. 比较系数并用上面推导的关系式

$$\sum_{i=1}^{n} p_i = 1, \quad \sum_{i=1}^{n} \frac{p_i}{q_0} = \frac{1}{q_0} = \sum_{i=1}^{n} b_i$$

给出系数 p_i, q_i 的条件方程:

$$q_0 = \frac{1}{\sum\limits_{i=1}^{n} b_i}, \quad p_i = b_i \cdot q_0, \quad q_i = a_i \cdot q_0, \quad i = 1, 2, \cdots, n$$

将

$$G(z) = P(z^{-1}), \quad G_{\mathrm{HS}}(z) = \frac{P(z^{-1})}{Q(z^{-1})}$$

代入补偿调节器传递函数的条件方程:

$$G_{\mathrm{R}}(z) = \frac{y(z)}{x_{\mathrm{d}}(z)} = \frac{1}{G_{\mathrm{HS}}(z)} \cdot \frac{G(z)}{1-G(z)} = \frac{Q(z^{-1})}{P(z^{-1})} \cdot \frac{P(z^{-1})}{1-P(z^{-1})} = \frac{Q(z^{-1})}{1-P(z^{-1})}$$

对于具有保持器的被调节对象 $G_{\mathrm{HS}}(z)$, 用**有限调整时间**调节器 (DEAD-BEAT-Regeler) 法的调节器传递函数系数由以下列方程计算:

$$G_{\mathrm{HS}}(z) = \frac{z-1}{z} \cdot Z\left\{\frac{G_{\mathrm{S}}(s)}{s}\right\} = \frac{b_1 \cdot z^{-1} + b_2 \cdot z^{-2} + \cdots + b_n \cdot z^{-n}}{1 + a_1 \cdot z^{-1} + a_2 \cdot z^{-2} + \cdots + a_n \cdot z^{-n}}$$

$$q_0 = \frac{1}{\sum\limits_{i=1}^{n} b_i}, \quad q_i = a_i \cdot q_0, \quad p_i = b_i \cdot q_0, \quad i = 1, 2, \cdots, n$$

$$G_{\mathrm{R}}(z) = \frac{Q(z^{-1})}{1-P(z^{-1})} = \frac{q_0 + q_1 \cdot z^{-1} + q_2 \cdot z^{-2} + \cdots + q_n \cdot z^{-n}}{1 - p_1 \cdot z^{-1} - p_2 \cdot z^{-2} - \cdots - p_n \cdot z^{-n}}$$

$$\begin{aligned} G(z) &= \frac{x(z)}{w(z)} = P(z^{-1}) = p_1 \cdot z^{-1} + p_2 \cdot z^{-2} + \cdots + p_n \cdot z^{-n} \\ &= \frac{1}{\sum\limits_{i=1}^{n} b_i} \cdot [b_1 \cdot z^{-1} + b_2 \cdot z^{-2} + \cdots + b_n \cdot z^{-n}] \end{aligned}$$

$$\begin{aligned} x(z) &= G(z) \cdot w(z) \\ &= \frac{1}{\sum\limits_{i=1}^{n} b_i} \cdot [b_1 \cdot z^{-1} + b_2 \cdot z^{-2} + \cdots + b_n \cdot z^{-n}] \cdot w(z) \end{aligned}$$

$$\begin{aligned} y(z) &= Q(z^{-1}) \cdot w(z) \\ &= [q_0 + q_1 \cdot z^{-1} + q_2 \cdot z^{-2} + \cdots + q_n \cdot z^{-n}] \cdot w(z) \\ &= \frac{1}{\sum\limits_{i=1}^{n} b_i} \cdot [1 + a_1 \cdot z^{-1} + a_2 \cdot z^{-2} + \cdots + a_n \cdot z^{-n}] \cdot w(z) \end{aligned}$$

例 11.7-1 对于具有 IT_1 被调节对象的调节回路, 试用有限调整时间法计算调节器.

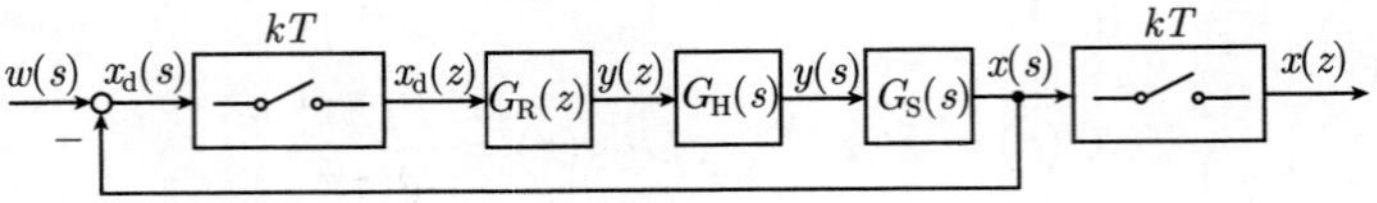

$$G_{\mathrm{S}}(s)=\frac{K_{\mathrm{S}}}{1+T_{\mathrm{S}}\cdot s}\cdot\frac{1}{T_{\mathrm{I}}\cdot s}$$

对于具有保持器的被调节对象, 用变换表 11.5-11 序号 6 的 z 变换对求 $G_{\mathrm{HS}}(z)$, 确定系数 a_i, b_i, p_i, q_i:

$$\begin{aligned}G_{\mathrm{HS}}(z)=&\frac{K_{\mathrm{S}}\cdot T_{\mathrm{S}}}{T_{\mathrm{I}}}\cdot\frac{\left(\frac{T}{T_{\mathrm{S}}}-1+\mathrm{e}^{-\frac{T}{T_{\mathrm{S}}}}\right)\cdot z+1-\left(\frac{T}{T_{\mathrm{S}}}+1\right)\cdot\mathrm{e}^{-\frac{T}{T_{\mathrm{S}}}}}{z^2+\left(-1-\mathrm{e}^{-\frac{T}{T_{\mathrm{S}}}}\right)\cdot z+\mathrm{e}^{-\frac{T}{T_{\mathrm{S}}}}}\\=&\frac{K_{\mathrm{S}}\cdot T_{\mathrm{S}}}{T_{\mathrm{I}}}\cdot\frac{\left(\frac{T}{T_{\mathrm{S}}}-1+\mathrm{e}^{-\frac{T}{T_{\mathrm{S}}}}\right)\cdot z^{-1}+\left(1-\left(\frac{T}{T_{\mathrm{S}}}+1\right)\cdot\mathrm{e}^{-\frac{T}{T_{\mathrm{S}}}}\right)\cdot z^{-2}}{1+\left(-1-\mathrm{e}^{-\frac{T}{T_{\mathrm{S}}}}\right)\cdot z^{-1}+\mathrm{e}^{-\frac{T}{T_{\mathrm{S}}}}\cdot z^{-2}}\\=&\frac{b_1\cdot z^{-1}+b_2\cdot z^{-2}}{1+a_1\cdot z^{-1}+a_2\cdot z^{-2}},\quad n=2\end{aligned}$$

$$b_1=\frac{K_{\mathrm{S}}\cdot T_{\mathrm{S}}}{T_{\mathrm{I}}}\cdot\left(\frac{T}{T_{\mathrm{S}}}-1+\mathrm{e}^{-\frac{T}{T_{\mathrm{S}}}}\right)$$

$$b_2=\frac{K_{\mathrm{S}}\cdot T_{\mathrm{S}}}{T_{\mathrm{I}}}\cdot\left(1-\left(\frac{T}{T_{\mathrm{S}}}+1\right)\cdot\mathrm{e}^{-\frac{T}{T_{\mathrm{S}}}}\right)$$

$$a_1=-1-\mathrm{e}^{-\frac{T}{T_{\mathrm{S}}}},\quad a_2=\mathrm{e}^{-\frac{T}{T_{\mathrm{S}}}}$$

$$\frac{1}{q_0}=\sum_{i=1}^{2}b_i,\quad q_0=\frac{1}{b_1+b_2}=\frac{T_{\mathrm{I}}}{K_{\mathrm{S}}\cdot T}\cdot\frac{1}{1-\mathrm{e}^{-\frac{T}{T_{\mathrm{S}}}}}$$

$$q_1=a_1\cdot q_0=\frac{-T_{\mathrm{I}}}{K_{\mathrm{S}}\cdot T}\cdot\frac{1+\mathrm{e}^{-\frac{T}{T_{\mathrm{S}}}}}{1-\mathrm{e}^{-\frac{T}{T_{\mathrm{S}}}}},\quad q_2=a_2\cdot q_0=\frac{T_{\mathrm{I}}}{K_{\mathrm{S}}\cdot T}\cdot\frac{\mathrm{e}^{-\frac{T}{T_{\mathrm{S}}}}}{1-\mathrm{e}^{-\frac{T}{T_{\mathrm{S}}}}}$$

$$p_1=b_1\cdot q_0=\frac{T_{\mathrm{S}}}{T}\cdot\frac{\frac{T}{T_{\mathrm{S}}}-1+\mathrm{e}^{-\frac{T}{T_{\mathrm{S}}}}}{1-\mathrm{e}^{-\frac{T}{T_{\mathrm{S}}}}}=\frac{b_1}{b_1+b_2}$$

$$p_2=b_2\cdot q_0=\frac{T_{\mathrm{S}}}{T}\cdot\frac{1-\left(\frac{T}{T_{\mathrm{S}}}+1\right)\cdot\mathrm{e}^{-\frac{T}{T_{\mathrm{S}}}}}{1-\mathrm{e}^{-\frac{T}{T_{\mathrm{S}}}}}=\frac{b_2}{b_1+b_2}$$

调节器传递函数:

$$G_{\mathrm{R}}(z)=\frac{Q(z^{-1})}{1-P(z^{-1})}=\frac{q_0+q_1\cdot z^{-1}+q_2\cdot z^{-2}}{1-p_1\cdot z^{-1}+p_2\cdot z^{-2}}$$

计算被调节量序列:

$$
\begin{aligned}
w(z) =& \frac{z}{z-1}, \\
G(z) =& \frac{x(z)}{w(z)} = P(z^{-1}) = p_1 \cdot z^{-1} + p_2 \cdot z^{-2} \\
=& \frac{b_1 \cdot z^{-1} + b_2 \cdot z^{-2}}{b_1 + b_2}, \\
x(z) =& P(z^{-1}) \cdot w(z) = (p_1 \cdot z^{-1} + p_2 \cdot z^{-2}) \cdot \frac{z}{z-1} \\
=& p_1 \cdot \frac{1}{z-1} + p_2 \cdot \frac{z^{-1}}{z-1} \\
=& \frac{b_1}{b_1+b_2} \cdot \frac{1}{z-1} + \frac{b_2}{b_1+b_2} \cdot \frac{z^{-1}}{z-1}, \\
x(k) =& p_1 \cdot E(k-1) + p_2 \cdot E(k-2) \\
=& \{0,\, p_1,\, p_1+p_2,\, p_1+p_2,\, p_1+p_2,\, \cdots\}
\end{aligned}
$$

由 $p_1 + p_2 = \dfrac{b_1+b_2}{b_1+b_2} = 1$, 得

$$
x(k) = \left\{0,\, \frac{b_1}{b_1+b_2},\, 1,\, 1,\, 1,\, \cdots\right\}
$$

计算调整量序列:

$$
\begin{aligned}
w(z) =& \frac{z}{z-1}, \quad \frac{y(z)}{w(z)} = Q(z^{-1}), \\
y(z) =& Q(z^{-1}) \cdot w(z) = (q_0 + q_1 \cdot z^{-1} + q_2 \cdot z^{-2}) \cdot \frac{z}{z-1} \\
=& (q_0 + q_0 \cdot a_1 \cdot z^{-1} + q_0 \cdot a_2 \cdot z^{-2}) \cdot \frac{z}{z-1} \\
=& \frac{1 + a_1 \cdot z^{-1} + a_2 \cdot z^{-2}}{b_1+b_2} \cdot \frac{z}{z-1} \\
y(k) =& \frac{1}{b_1+b_2} \cdot [E(k) + a_1 \cdot E(k-1) + a_2 \cdot E(k-2)] \\
=& \left\{\frac{1}{b_1+b_2},\, \frac{1+a_1}{b_1+b_2},\, \frac{1+a_1+a_2}{b_1+b_2},\, \frac{1+a_1+a_2}{b_1+b_2},\cdots\right\} \\
=& \left\{\frac{1}{b_1+b_2},\, \frac{1+a_1}{b_1+b_2},\, 0,\, 0,\, \cdots\right\} \quad \text{其中}, 1 + a_1 + a_2 = 0
\end{aligned}
$$

对于被调节对象参数 $K_S = 5, T_S = 1s, T_1 = 2s$ 和采样时间 $T = 0.6s$, 得到下列结果.

具有保持器的对象传递函数：

$$G_{HS}(z) = \frac{b_1 \cdot z^{-1} + b_2 \cdot z^{-2}}{1 + a_1 \cdot z^{-1} + a_2 \cdot z^{-2}} = \frac{0.372 \cdot z^{-1} + 0.305 \cdot z^{-2}}{1 - 1.549 \cdot z^{-1} + 0.549 \cdot z^{-2}}$$

调节器传递函数：

$$\begin{aligned} G_R(z) =& \frac{q_0 + q_1 \cdot z^{-1} + q_2 \cdot z^{-2}}{1 - p_1 \cdot z^{-1} - p_2 \cdot z^{-2}} \\ =& \frac{1.478 - 2.288 \cdot z^{-1} + 0.811 \cdot z^{-2}}{1 - 0.550 \cdot z^{-1} - 0.450 \cdot z^{-2}} = 1.4776 \cdot \frac{1 - 0.5488 \cdot z^{-1}}{1 + 0.4503 \cdot z^{-1}} \end{aligned}$$

参据传递函数：

$$\begin{aligned} G(z) =& \frac{G_R(z) \cdot G_{HS}(z)}{1 + G_R(z) \cdot G_{HS}(z)} = p_1 \cdot z^{-1} + p_2 \cdot z^{-2} \\ =& \frac{b_1 \cdot z^{-1} + b_2 \cdot z^{-2}}{b_1 + b_2} = 0.550 \cdot z^{-1} + 0.450 \cdot z^{-2} \end{aligned}$$

被调节量序列：

$$x(k) = \left\{0,\ \frac{b_1}{b_1 + b_2},\ 1,\ 1,\ 1,\ \cdots\right\} = \{0,\ 0.550,\ 1,\ 1,\ 1,\ \cdots\}$$

调整量序列：

$$y(k) = \left\{\frac{1}{b_1 + b_2},\ \frac{1 + a_1}{b_1 + b_2},\ 0,\ 0,\ 0,\ \cdots\right\} = \{1.478,\ -0.811,\ 0,\ 0,\ 0,\ \cdots\}$$

在图 11.7-2 中绘制了调整量和被调节量曲线. 图 11.7-3 用有限调整时间法调节器被失配优化 (fehloptimiert), 该调节器用 $K'_S = 1.1 \cdot K_S$ 计算. 被调节对象系数 b_i 放大 10%.

调节器传递函数：

$$G_R(z) = \frac{q_0 + q_1 \cdot z^{-1} + q_2 \cdot z^{-2}}{1 - p_1 \cdot z^{-1} - p_2 \cdot z^{-2}} = \frac{1.343 - 2.080 \cdot z^{-1} + 0.737 \cdot z^{-2}}{1 - 0.550 \cdot z^{-1} - 0.450 \cdot z^{-2}}$$

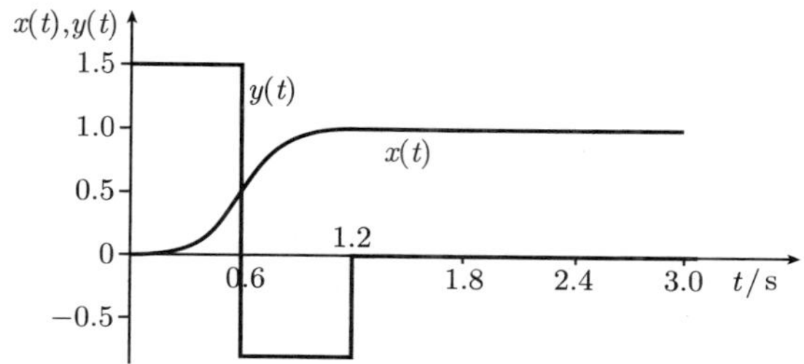

图 11.7-2 用有限调整时间 (无振荡调节器) 法调节

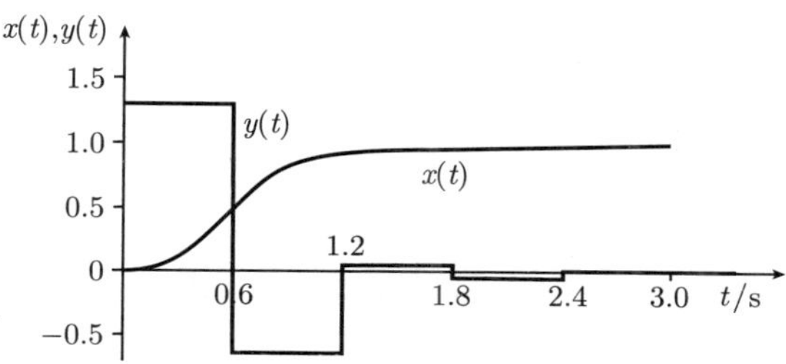

图 11.7-3 用有限调整时间法失配调节

在表 11.7-1 中, 对于具有传递函数 $G_{\mathrm{S}}(s)$ 的被调节对象给出具有保持器的 z 传递函数 $G_{\mathrm{HS}}(z)$, 有限调整时间调节器 $G_{\mathrm{R}}(z)$ 和所属的总传递函数 $G(z)$, 从位移阶跃序列给出阶跃响应序列 $x(k)$.

对于 1 阶和 2 阶被调节对象, 用有限调整时间调节算法生成下列调节器方程和阶跃响应序列.

Ⅰ **阶被调节对象**:

$$G_{\mathrm{HS}}(z)=\frac{x(z)}{y(z)}=\frac{b_1}{z+a_1}=\frac{b_1\cdot z^{-1}}{1+a_1\cdot z^{-1}}$$

$$q_0=\frac{1}{b_1},\quad q_1=q_0\cdot a_1=\frac{a_1}{b_1},\quad p_1=q_0\cdot b_1=1$$

$$Q(z^{-1})=q_0+q_1\cdot z^{-1}=\frac{1}{b_1}\cdot\left[1+a_1\cdot z^{-1}\right]$$

$$P(z^{-1})=p_1\cdot z^{-1}=z^{-1}$$

$$G_{\mathrm{R}}(z)=\frac{y(z)}{x_{\mathrm{d}}(z)}=\frac{Q(z^{-1})}{1-P(z^{-1})}=\frac{1}{b_1}\cdot\frac{1+a_1\cdot z^{-1}}{1-z^{-1}}=\frac{1}{b_1}\cdot\frac{z+a_1}{z-1}$$

$$G(z)=\frac{x(z)}{w(z)}=\frac{G_{\mathrm{R}}(z)\cdot G_{\mathrm{HS}}(z)}{1+G_{\mathrm{R}}(z)\cdot G_{\mathrm{HS}}(z)}=P(z^{-1})=z^{-1}$$

接入阶跃序列:

$$w(k) = E(k) = 1^k, \quad w(z) = \frac{z}{z-1}$$

$$x(z) = G(z) \cdot w(z) = z^{-1} \cdot \frac{z}{z-1} = \frac{1}{z-1}$$

$$x(k) = E(k-1) = \{0, 1, 1, 1, 1, \cdots\}$$

被调节量 x 在一个采样周期后具有参据量 w 值, 调整量 y 在一个采样周期后为常值:

$$\begin{aligned} y(z) =& G_{\mathrm{R}}(z) \cdot x_{\mathrm{d}}(z) = G_{\mathrm{R}}(z) \cdot (w(z) - x(z)) = G_{\mathrm{R}}(z) \cdot (1 - G(z)) \cdot w(z) \\ =& \frac{G_{\mathrm{R}}(z)}{1 + G_{\mathrm{R}}(z) \cdot G_{\mathrm{HS}}(z)} \cdot w(z) = Q(z^{-1}) \cdot w(z) = (q_0 + q_1 \cdot z^{-1}) \cdot w(z) \\ =& \left[\frac{1}{b_1} + \frac{a_1}{b_1} \cdot z^{-1}\right] \cdot \frac{z}{z-1} = \frac{1}{b_1} \cdot \frac{z}{z-1} + \frac{a_1}{b_1} \cdot \frac{1}{z-1} \end{aligned}$$

$$y(k) = \frac{1}{b_1} \cdot E(k) + \frac{a_1}{b_1} \cdot E(k-1)$$

$$y(k) = \left\{\frac{1}{b_1}, \frac{1+a_1}{b_1}, \frac{1+a_1}{b_1}, \frac{1+a_1}{b_1}, \cdots\right\}$$

II 阶被调节对象:

$$G_{\mathrm{HS}}(z) = \frac{x(z)}{y(z)} = \frac{b_1 \cdot z + b_2}{z^2 + a_1 \cdot z + a_2} = \frac{b_1 \cdot z^{-1} + b_2 \cdot z^{-2}}{1 + a_1 \cdot z^{-1} + a_2 \cdot z^{-2}}$$

$$q_0 = \frac{1}{b_1 + b_2}, \quad q_1 = q_0 \cdot a_1 = \frac{a_1}{b_1 + b_2}, \quad q_2 = q_0 \cdot a_2 = \frac{a_2}{b_1 + b_2}$$

$$p_1 = q_0 \cdot b_1 = \frac{b_1}{b_1 + b_2}, \quad p_2 = q_0 \cdot b_2 = \frac{b_2}{b_1 + b_2}$$

$$Q(z^{-1}) = q_0 + q_1 \cdot z^{-1} + q_2 \cdot z^{-2} = \frac{1}{b_1 + b_2} \cdot \left[1 + a_1 \cdot z^{-1} + a_2 \cdot z^{-2}\right]$$

$$P(z^{-1}) = p_1 \cdot z^{-1} + p_2 \cdot z^{-2} = \frac{1}{b_1 + b_2} \cdot \left[b_1 \cdot z^{-1} + b_2 \cdot z^{-2}\right]$$

$$G_{\mathrm{R}}(z) = \frac{y(z)}{x_{\mathrm{d}}(z)} = \frac{Q(z^{-1})}{1 - P(z^{-1})} = \frac{z^2 + a_1 \cdot z + a_2}{(b_1 + b_2) \cdot z^2 - b_1 \cdot z - b_2}$$

$$G(z) = \frac{x(z)}{w(z)} = P(z^{-1}) = \frac{b_1}{b_1 + b_2} \cdot z^{-1} + \frac{b_2}{b_1 + b_2} \cdot z^{-2}$$

接入阶跃序列：

$$w(k)=E(k)=1^k,\quad w(z)=\frac{z}{z-1}$$

$$x(z)=G(z)\cdot w(z)=\frac{b_1}{b_1+b_2}\cdot\frac{z}{z-1}\cdot z^{-1}+\frac{b_2}{b_1+b_2}\cdot\frac{z}{z-1}\cdot z^{-2}$$

$$x(k)=\frac{b_1}{b_1+b_2}\cdot E(k-1)+\frac{b_2}{b_1+b_2}\cdot E(k-2)$$

$$x(k)=\left\{0,\ \frac{b_1}{b_1+b_2},\ 1,\ 1,\ 1,\ \cdots\right\}$$

被调节量 x 在两个采样周期后具有参据量 w 值, 调整量 y 在两个采样周期后为常值：

$$\begin{aligned}y(z)=&G_{\mathrm{R}}(z)\cdot x_{\mathrm{d}}(z)=\frac{G_{\mathrm{R}}(z)}{1+G_{\mathrm{R}}(z)\cdot G_{\mathrm{HS}}(z)}\cdot w(z)\\=&Q(z^{-1})\cdot w(z)=(q_0+q_1\cdot z^{-1}+q_2\cdot z^{-2})\cdot w(z)\\=&\frac{1}{b_1+b_2}\cdot\left[1+a_1\cdot z^{-1}+a_2\cdot z^{-2}\right]\cdot\frac{z}{z-1}\\=&\frac{1}{b_1+b_2}\cdot\left[\frac{z}{z-1}+\frac{a_1\cdot z}{z-1}\cdot z^{-1}+\frac{a_2\cdot z}{z-1}\cdot z^{-2}\right]\end{aligned}$$

$$y(k)=\frac{1}{b_1+b_2}\cdot E(k)+\frac{a_1}{b_1+b_2}\cdot E(k-1)+\frac{a_2}{b_1+b_2}\cdot E(k-2)$$

$$y(k)=\left\{\frac{1}{b_1+b_2},\ \frac{1+a_1}{b_1+b_2},\ \frac{1+a_1+a_2}{b_1+b_2},\ \frac{1+a_1+a_2}{b_1+b_2},\ \cdots\right\}$$

表 11.7-1　用有限调整时间法调节

序号	$G_S(s), G_{HS}(z), G_R(z), G(z), x(k)$
1	积分环节 (I 对象) $G_S(s)=\dfrac{K_{IS}}{s},\quad G_S(s)=\dfrac{1}{T_{IS}\cdot s},$ $G_{HS}(z)=\dfrac{K_{IS}\cdot T\cdot z^{-1}}{1-z^{-1}},\quad G_{HS}(z)=\dfrac{\left(\dfrac{T}{T_{IS}}\right)\cdot z^{-1}}{1-z^{-1}},$ $G_R(z)=\dfrac{1}{K_{IS}\cdot T},\quad G_R(z)=\dfrac{T_{IS}}{T},$ $G(z)=z^{-1},\quad x(k)=\{0,\ 1,\ 1,\ 1,\ \cdots\}$
2	积分环节 (I_2 对象) $G_S(s)=\dfrac{K_{IS}^2}{s^2},\quad G_{HS}(z)=\dfrac{0.5\cdot K_{IS}^2\cdot T^2\cdot(z^{-1}+z^{-2})}{1-2\cdot z^{-1}+z^{-2}},$ $G_S(s)=\dfrac{1}{T_{IS}^2\cdot s^2},\quad G_{HS}(z)=\dfrac{0.5\cdot\left(\dfrac{T^2}{T_{IS}^2}\right)\cdot(z^{-1}+z^{-2})}{1-2\cdot z^{-1}+z^{-2}},$ $G_R(z)=\dfrac{2\cdot(z-1)}{K_{IS}^2\cdot T^2\cdot(2\cdot z+1)},\quad G_R(z)=\dfrac{2\cdot T_{IS}^2\cdot(z-1)}{T^2\cdot(2\cdot z+1)},$ $G(z)=0.5\cdot z^{-1}+0.5\cdot z^{-2},\quad x(k)=\{0,\ 0.5,\ 1,\ 1,\ 1,\ \cdots\}$
3	I 阶滞后环节 (PT_1 对象) $G_S(s)=\dfrac{K_S}{1+T_S\cdot s},\quad G_{HS}(z)=\dfrac{K_S\cdot\left(1-e^{-\frac{T}{T_S}}\right)\cdot z^{-1}}{1-e^{-\frac{T}{T_S}}\cdot z^{-1}},$ $G_R(z)=\dfrac{z-e^{-\frac{T}{T_S}}}{K_S\cdot\left(1-e^{-\frac{T}{T_S}}\right)\cdot(z-1)},$ $G(z)=z^{-1},\quad x(k)=\{0,1,1,1,1,\cdots\}$

(续)

序号	$G_S(s), G_{HS}(z), G_R(z), G(z), x(k)$
4	具有滞后的积分环节 (IT_1 对象) $G_S(s)=\frac{K_S}{1+T_S\cdot s}\cdot\frac{1}{T_I\cdot s}$, $G_{HS}(z)=\frac{K_S\cdot T_S}{T_I}\cdot\frac{\left(\frac{T}{T_S}-1+e^{-\frac{T}{T_S}}\right)\cdot z^{-1}+\left(1-\left(\frac{T}{T_S}+1\right)e^{-\frac{T}{T_S}}\right)\cdot z^{-2}}{1-\left(1+e^{-\frac{T}{T_S}}\right)\cdot z^{-1}+e^{-\frac{T}{T_S}}\cdot z^{-2}}$, $G_R(z)=\frac{T_I}{K_S}\cdot\frac{z-e^{-\frac{T}{T_S}}}{T_S-(T+T_S)\cdot e^{-\frac{T}{T_S}}+T\cdot\left(1-e^{-\frac{T}{T_S}}\right)\cdot z}$, $G(z)=\frac{T-T_S+T_S\cdot e^{-\frac{T}{T_S}}}{\left(1-e^{-\frac{T}{T_S}}\right)\cdot T}\cdot z^{-1}+\frac{T_S-(T+T_S)\cdot e^{-\frac{T}{T_S}}}{\left(1-e^{-\frac{T}{T_S}}\right)\cdot T}\cdot z^{-2}$, $x(k)=\left\{0,\ \frac{T-T_S+T_S\cdot e^{-\frac{T}{T_S}}}{\left(1-e^{-\frac{T}{T_S}}\right)\cdot T},\ 1,\ 1,\ 1,\ \cdots\right\}$
5	Ⅱ阶滞后环节 (PT_2 对象) $G_S(s)=\frac{K_S}{(1+T_1\cdot s)\cdot(1+T_2\cdot s)},\quad T_1\neq T_2$, $\alpha_1=1-e^{-\frac{T}{T_1}},\quad \alpha_2=1-e^{-\frac{T}{T_2}}$, $G_{HS}(z)=K_S\cdot\frac{(\alpha_1\cdot T_1-\alpha_2\cdot T_2)\cdot z^{-1}+(\alpha_1\cdot\alpha_2\cdot(T_1-T_2)-(\alpha_1\cdot T_1-\alpha_2\cdot T_2))\cdot z^{-2}}{(T_1-T_2)\cdot\left(1-\left(e^{-\frac{T}{T_1}}+e^{-\frac{T}{T_2}}\right)\cdot z^{-1}+e^{-\frac{T}{T_1}-\frac{T}{T_2}}\cdot z^{-2}\right)}$, $G_R(z)=\frac{z^2-\left(e^{-\frac{T}{T_1}}+e^{-\frac{T}{T_2}}\right)\cdot z+e^{-\frac{T}{T_1}-\frac{T}{T_2}}}{K_S\cdot\left[\alpha_1\cdot\alpha_2\cdot z^2+\frac{(\alpha_1\cdot T_1-\alpha_2\cdot T_2)\cdot z}{T_2-T_1}+\frac{\alpha_1\cdot(\alpha_2-1)\cdot T_1+\alpha_2\cdot(1-\alpha_1)\cdot T_2}{T_2-T_1}\right]}$, $G(z)=\frac{\alpha_1\cdot T_1-\alpha_2\cdot T_2}{\alpha_1\cdot\alpha_2\cdot(T_1-T_2)}\cdot z^{-1}+\frac{\alpha_1\cdot(\alpha_2-1)\cdot T_1+\alpha_2\cdot(1-\alpha_1)\cdot T_2}{\alpha_1\cdot\alpha_2\cdot(T_1-T_2)}\cdot z^{-2}$, $x(k)=\left\{0,\ \frac{\alpha_1\cdot T_1-\alpha_2\cdot T_2}{\alpha_1\cdot\alpha_2\cdot(T_1-T_2)},\ 1,\ 1,\ 1,\ \cdots\right\}$

(续)

序号	$G_S(s), G_{HS}(z), G_R(z), G(z), x(k)$
6	II 阶滞后环节 (PT_2 对象) $G_S(s)=\dfrac{K_S}{(1+T_1\cdot s)^2},\quad \alpha=e^{-\frac{T}{T_1}},$ $G_{HS}(z)=K_S\cdot\dfrac{\left[1-\left(1+\dfrac{T}{T_1}\right)\cdot\alpha\right]\cdot z^{-1}-\left[1-\dfrac{T}{T_1}-\alpha\right]\cdot\alpha\cdot z^{-2}}{1-2\cdot\alpha\cdot z^{-1}+\alpha^2\cdot z^{-2}},$ $G_R(z)=\dfrac{T_1\cdot(z^2-2\cdot\alpha\cdot z+\alpha^2)}{K_S\cdot(z-1)\cdot[T_1\cdot(1-\alpha)^2\cdot z+(T-T_1\cdot(1-\alpha))\cdot\alpha]}$ $=\dfrac{T_1\cdot(z^2-2\cdot\alpha\cdot z+\alpha^2)}{K_S\cdot[T_1\cdot(1-\alpha)^2\cdot z^2+(T\cdot\alpha-T_1\cdot(1-\alpha))\cdot z-(T-T_1\cdot(1-\alpha))\cdot\alpha]},$ $G(z)=\dfrac{-T\cdot\alpha+T_1\cdot(1-\alpha)}{T_1\cdot(1-\alpha)^2}\cdot z^{-1}+\dfrac{T\cdot\alpha-T_1\cdot(1-\alpha)\cdot\alpha}{T_1\cdot(1-\alpha)^2}\cdot z^{-2},$ $x(k)=\left\{0,\ \dfrac{T\cdot\alpha+T_1\cdot(1-\alpha)}{T_1\cdot(1-\alpha)^2},\ 1,\ 1,\ 1,\ \cdots\right\}$
7	II 阶滞后环节 (PT_2 对象) $G_S(s)=\dfrac{K_S\cdot\omega_0^2}{s^2+2\cdot D\cdot\omega_0\cdot s+\omega_0^2},\quad 0\leqslant D\leqslant 1,\quad \omega_e=\omega_0\cdot\sqrt{1-D^2},\quad \varPhi=\arccos D,\quad \alpha=e^{-D\omega_0 T},$ $G_{HS}(z)=\dfrac{b_1\cdot z^{-1}+b_2\cdot z^{-2}}{1+a_1\cdot z^{-1}+a_2\cdot z^{-2}}$ $=K_S\cdot\dfrac{\left[1-\dfrac{\alpha\cdot\sin(\omega_e\cdot T+\varPhi)}{\sqrt{1-D^2}}\right]\cdot z^{-1}+\alpha\cdot\left[\alpha+\dfrac{\sin(\omega_e\cdot T-\varPhi)}{\sqrt{1-D^2}}\right]\cdot z^{-2}}{1-2\cdot\alpha\cdot\cos(\omega_e\cdot T)\cdot z^{-1}+\alpha^2\cdot z^{-2}},$ $b_1=K_S\cdot\left[1-\dfrac{\alpha\cdot\sin(\omega_e\cdot T+\varPhi)}{\sqrt{1-D^2}}\right],$ $b_2=K_S\cdot\alpha\cdot\left[\alpha+\dfrac{\sin(\omega_e\cdot T-\varPhi)}{\sqrt{1-D^2}}\right],$ $a_1=-2\cdot\alpha\cdot\cos(\omega_e\cdot T),\quad a_2=\alpha^2,$ $G_R(z)=\dfrac{z^2+a_1\cdot z+a_2}{(b_1+b_2)\cdot z^2-b_1\cdot z-b_2},$ $G(z)=\dfrac{b_1}{b_1+b_2}\cdot z^{-1}+\dfrac{b_2}{b_1+b_2}\cdot z^{-2},$ $x(k)=\left\{0,\ \dfrac{b_1}{b_1+b_2},\ 1,\ 1,\ 1,\ \cdots\right\}$

例 11.7-2 对于 I 阶调节器, 试用有限调整时间法计算调节器.

$$G_{\mathrm{S}}(s)=\frac{K_{\mathrm{S}}}{1+T_{\mathrm{S}}\cdot s},\quad K_{\mathrm{S}}=5,\quad T_{\mathrm{S}}=2\,\mathrm{s},\quad T=0.5\,\mathrm{s}$$

$$G_{\mathrm{HS}}(z)=\frac{x(z)}{y(z)}=\frac{b_1\cdot z^{-1}}{1+a_1\cdot z^{-1}}=\frac{K_{\mathrm{S}}\cdot\left(1-\mathrm{e}^{-\frac{T}{T_{\mathrm{S}}}}\right)\cdot z^{-1}}{1-\mathrm{e}^{-\frac{T}{T_{\mathrm{S}}}}\cdot z^{-1}}=\frac{1.106\cdot z^{-1}}{1-0.779\cdot z^{-1}}$$

$$G_{\mathrm{R}}(z)=\frac{y(z)}{x_{\mathrm{d}}(z)}=\frac{1}{b_1}\cdot\frac{z+a_1}{z-1}=\frac{z-\mathrm{e}^{-\frac{T}{T_{\mathrm{S}}}}}{K_{\mathrm{S}}\cdot\left(1-\mathrm{e}^{-\frac{T}{T_{\mathrm{S}}}}\right)\cdot(z-1)}$$

$$=\frac{1.284\cdot z-1}{1.420\cdot(z-1)}=\frac{0.9042-0.7042\cdot z^{-1}}{1-z^{-1}}$$

$$G(z)=\frac{x(z)}{w(z)}=\frac{G_{\mathrm{R}}(z)\cdot G_{\mathrm{HS}}(z)}{1+G_{\mathrm{R}}(z)\cdot G_{\mathrm{HS}}(z)}=z^{-1}$$

由接入阶跃序列

$$w(k)=E(k)=1^k,\quad w(z)=\frac{z}{z-1}$$

得到作为被调节量位移单位阶跃序列:

$$x(z)=G(z)\cdot w(z)=z^{-1}\cdot\frac{z}{z-1}=\frac{1}{z-1}$$

$$x(k)=E(k-1)=\{0,\ 1,\ 1,\ 1,\ 1,\ \cdots\}$$

对于调整量序列计算:

$$y(z)=\frac{G_{\mathrm{R}}(z)}{1+G_{\mathrm{R}}(z)\cdot G_{\mathrm{HS}}(z)}\cdot w(z)=\left[\frac{1}{b_1}+\frac{a_1}{b_1}\cdot z^{-1}\right]\cdot w(z)$$

$$=\frac{1}{K_{\mathrm{S}}\cdot\left(1-\mathrm{e}^{-\frac{T}{T_{\mathrm{S}}}}\right)}\cdot\left[1-\mathrm{e}^{-\frac{T}{T_{\mathrm{S}}}}\cdot z^{-1}\right]\cdot\frac{z}{z-1}$$

$$y(k)=\frac{1}{K_{\mathrm{S}}\cdot\left(1-\mathrm{e}^{-\frac{T}{T_{\mathrm{S}}}}\right)}\cdot E(k)-\frac{\mathrm{e}^{-\frac{T}{T_{\mathrm{S}}}}}{K_{\mathrm{S}}\cdot\left(1-\mathrm{e}^{-\frac{T}{T_{\mathrm{S}}}}\right)}\cdot E(k-1)$$

$$y(k)=\left\{\frac{1}{K_{\mathrm{S}}\cdot\left(1-\mathrm{e}^{-\frac{T}{T_{\mathrm{S}}}}\right)},\ \frac{1}{K_{\mathrm{S}}},\ \frac{1}{K_{\mathrm{S}}},\ \frac{1}{K_{\mathrm{S}}},\ \cdots\right\}$$

$$=\{0.9042,\ 0.2,\ 0.2,\ 0.2,\ \cdots\}$$

11.7.3　预先给出第一个调整量值的有限调整时间补偿调节器

通过被调节对象的阶数 n 规定最小调整时间 $T_{\mathrm{emin}} = n \cdot T$. 如果允许较大的调整时间

$$T_{\mathrm{e}} = T_{\mathrm{emin}} + m \cdot T = (n+m) \cdot T$$

那么可以预先给出 m 个调整量值. 由此可使调节器匹配于调整装置的技术限制. 增补关于调整量预先给定值的实现条件, 为计算调节器参数应扩展条件方程:

$$\frac{x(z)}{y(z)} = \frac{p_1 \cdot z^{-1} + p_2 \cdot z^{-2} + \cdots + p_{n+m} \cdot z^{-n-m}}{q_0 + q_1 \cdot z^{-1} + q_2 \cdot z^{-2} + \cdots + q_{n+m} \cdot z^{-n-m}} = \frac{P(z^{-1})}{Q(z^{-1})}$$

其与 n 阶被调节对象传递函数 $G_{\mathrm{HS}}(z)$ 比较是可能的, 如果 $P\left(z^{-1}\right)$ 和 $Q\left(z^{-1}\right)$ 都含有一个共用的 m 阶多项式 $R\left(z^{-1}\right)$ 的话:

$$\frac{x(z)}{y(z)} = \frac{P(z^{-1})}{Q(z^{-1})} = \frac{P'(z^{-1}) \cdot R(z^{-1})}{Q'(z^{-1}) \cdot R(z^{-1})} \overset{!}{=} G_{\mathrm{HS}}(z)$$

如果调整量第 1 个值 y_0 预先给出, 那么 $m=1$. 对于这种情况推导出调节器系数的方程:

$$\frac{x(z)}{y(z)} = \frac{p_1 \cdot z^{-1} + p_2 \cdot z^{-2} + \cdots + p_{n+1} \cdot z^{-n-1}}{q_0 + q_1 \cdot z^{-1} + q_2 \cdot z^{-2} + \cdots + q_{n+1} \cdot z^{-n-1}} = \frac{P(z^{-1})}{Q(z^{-1})}$$

与对象传递函数比较

$$\frac{x(z)}{y(z)} = \frac{\dfrac{p_1}{q_0} \cdot z^{-1} + \dfrac{p_2}{q_0} \cdot z^{-2} + \cdots + \dfrac{p_{n+1}}{q_0} \cdot z^{-n-1}}{1 + \dfrac{q_1}{q_0} \cdot z^{-1} + \dfrac{q_2}{q_0} \cdot z^{-2} + \cdots + \dfrac{q_{n+1}}{q_0} \cdot z^{-n-1}} \overset{!}{=} G_{\mathrm{HS}}(z)$$

$$= \frac{b_1 \cdot z^{-1} + b_2 \cdot z^{-2} + \cdots + b_n \cdot z^{-n}}{1 + a_1 \cdot z^{-1} + a_2 \cdot z^{-2} + \cdots + a_n \cdot z^{-n}} = \frac{\dfrac{P(z^{-1})}{q_0}}{\dfrac{Q(z^{-1})}{q_0}} = \frac{P(z^{-1})}{Q(z^{-1})}$$

给出调节器系数的条件方程, 其中 $P\left(z^{-1}\right)$ 和 $Q\left(z^{-1}\right)$ 必须含有共用的线性因式 $R\left(z^{-1}\right) = \left(r_0 + z^{-1}\right)$:

$$G_{\mathrm{HS}}(z) = \frac{b_1 \cdot z^{-1} + b_2 \cdot z^{-2} + \cdots + b_n \cdot z^{-n}}{1 + a_1 \cdot z^{-1} + a_2 \cdot z^{-2} + \cdots + a_n \cdot z^{-n}} = \frac{P'(z^{-1})}{Q'(z^{-1})} \cdot \frac{r_0 + z^{-1}}{r_0 + z^{-1}}$$

$$=\frac{p_1'\cdot z^{-1}+p_2'\cdot z^{-2}+\cdots+p_n'\cdot z^{-n}}{q_0'+q_1'\cdot z^{-1}+q_2'\cdot z^{-2}+\cdots+q_n'\cdot z^{-n}}\cdot\frac{r_0+z^{-1}}{r_0+z^{-1}}$$

$$G_{\mathrm{HS}}(z)=\frac{\dfrac{p_1'}{q_0'}\cdot z^{-1}+\dfrac{p_2'}{q_0'}\cdot z^{-2}+\cdots+\dfrac{p_n'}{q_0'}\cdot z^{-n}}{1+\dfrac{q_1'}{q_0'}\cdot z^{-1}+\dfrac{q_2'}{q_0'}\cdot z^{-2}+\cdots+\dfrac{q_n'}{q_0'}\cdot z^{-n}}\cdot\frac{r_0+z^{-1}}{r_0+z^{-1}}$$

比较系数得到关系式:

$$q_i'=q_0'\cdot a_i,\quad p_i'=q_0'\cdot b_i,\quad i=1,2,\cdots,n$$

乘线性因式, 有理函数与 $\dfrac{P\left(z^{-1}\right)}{Q\left(z^{-1}\right)}$ 比较:

$$\frac{P'(z^{-1})\cdot R(z^{-1})}{Q'(z^{-1})\cdot R(z^{-1})}$$

$$=\frac{p_1'\cdot z^{-1}+p_2'\cdot z^{-2}+\cdots+p_n'\cdot z^{-n}}{q_0'+q_1'\cdot z^{-1}+q_2'\cdot z^{-2}+\cdots+q_n'\cdot z^{-n}}\cdot\frac{r_0+z^{-1}}{r_0+z^{-1}}$$

$$=\frac{r_0p_1'\cdot z^{-1}+(r_0p_2'+p_1')\cdot z^{-2}+\cdots+(r_0p_n'+p_{n-1}')\cdot z^{-n}+p_n'\cdot z^{-n-1}}{r_0q_0'+(r_0q_1'+q_0')\cdot z^{-1}+\cdots+(r_0q_n'+q_{n-1}')\cdot z^{-n}+q_n'\cdot z^{-n-1}}$$

$$=\frac{p_1\cdot z^{-1}+p_2\cdot z^{-2}+\cdots+p_{n+1}\cdot z^{-n-1}}{q_0+q_1\cdot z^{-1}+q_2\cdot z^{-2}+\cdots+q_{n+1}\cdot z^{-n-1}}=\frac{P(z^{-1})}{Q(z^{-1})}$$

比较得出:

$$p_1=r_0\cdot p_1',\quad p_i=r_0\cdot p_i'+p_{i-1}',\quad \text{对于}i=2,3,\cdots,n,\quad p_{n+1}=p_n'$$

$q_0=r_0\cdot q_0'$, q_0 为预先给出的参数,

$$q_i=r_0\cdot q_i'+q_{i-1}',\quad \text{对于}i=1,2,\cdots,n,\quad q_{n+1}=q_n'$$

为了确定系数 p_i 和 q_i 还需要 r_0 和 q_0' 方程. 调整量第 1 个值 q_0 预先给出, 由此 $r_0\cdot q_0'=q_0$. 与 11.7.2 节对应, 并用 p_i,p_i' 方程, 则下列式有效:

$$\sum_{i=1}^{n+1}p_i=1$$

$$\sum_{i=1}^{n+1}p_i=\sum_{i=1}^{n}r_0\cdot p_i'+\sum_{i=2}^{n+1}p_{i-1}'=\sum_{i=1}^{n}r_0\cdot p_i'+\sum_{i=1}^{n}p_i'$$

$$=\sum_{i=1}^{n} r_0\cdot q_0'\cdot b_i+\sum_{i=1}^{n} q_0'\cdot b_i=\sum_{i=1}^{n} q_0\cdot b_i+\sum_{i=1}^{n} q_0'\cdot b_i=1$$

$$q_0'=-q_0+\frac{1}{\sum\limits_{i=1}^{n} b_i},\quad r_0=\frac{q_0}{q_0'}=\frac{q_0}{-q_0+\frac{1}{\sum\limits_{i=1}^{n} b_i}}$$

具有保持器的被调节对象 $G_{\mathrm{HS}}(z)$ 预先给出的第 1 个调整量值 y_0, 用**有限调整时间法的调节器**(无振荡调节器) 的传递函数系数按照下列方程来计算:

$$G_{\mathrm{HS}}(z)=\frac{z-1}{z}\cdot Z\left\{\frac{G_{\mathrm{S}}(s)}{s}\right\}=\frac{b_1\cdot z^{-1}+b_2\cdot z^{-2}+\cdots+b_n\cdot z^{-n}}{1+a_1\cdot z^{-1}+a_2\cdot z^{-2}+\cdots+a_n\cdot z^{-n}}$$

$q_0=y_0$为预先给定参数

$$q_i=q_0\cdot(a_i-a_{i-1})+\frac{a_{i-1}}{\sum\limits_{i=1}^{n} b_i},\quad \text{对于}i=1,2,\cdots,n,\quad a_0=1$$

$$q_{n+1}=-a_n\cdot q_0+\frac{a_n}{\sum\limits_{i=1}^{n} b_i}$$

$$p_i=q_0\cdot(b_i-b_{i-1})+\frac{b_{i-1}}{\sum\limits_{i=1}^{n} b_i},\quad \text{对于}i=1,2,\cdots,n,\quad b_0=0$$

$$p_{n+1}=-q_0\cdot b_n+\frac{b_n}{\sum\limits_{i=1}^{n} b_i}$$

$$G_{\mathrm{R}}(z)=\frac{Q(z^{-1})}{1-P(z^{-1})}=\frac{q_0+q_1\cdot z^{-1}+q_2\cdot z^{-2}+\cdots+q_{n+1}\cdot z^{-n-1}}{1-p_1\cdot z^{-1}-p_2\cdot z^{-2}-\cdots-p_{n+1}\cdot z^{-n-1}}$$

$$G(z)=\frac{x(z)}{w(z)}=P(z^{-1})=p_1\cdot z^{-1}+p_2\cdot z^{-2}+\cdots+p_{n+1}\cdot z^{-n-1}$$

$$x(z)=G(z)\cdot w(z)=\left[p_1\cdot z^{-1}+p_2\cdot z^{-2}+\cdots+p_{n+1}\cdot z^{-n-1}\right]\cdot w(z)$$

$$y(z)=Q(z^{-1})\cdot w(z)=\left[q_0+q_1\cdot z^{-1}+q_2\cdot z^{-2}+\cdots+q_{n+1}\cdot z^{-n-1}\right]\cdot w(z)$$

例 11.7-3 对于如例 11.7-1 所示的调节回路, 由 $y_0=q_0=0.8$ 预先给出第 1 个调整量值 y_0. 对于这些条件, 用有限调整时间法试计算调节器.

具有保持器的对象传递函数:

$$G_{\mathrm{HS}}(z)=\frac{b_1\cdot z^{-1}+b_2\cdot z^{-2}}{1+a_1\cdot z^{-1}+a_2\cdot z^{-2}}=\frac{0.372\cdot z^{-1}+0.305\cdot z^{-2}}{1-1.549\cdot z^{-1}+0.549\cdot z^{-2}}$$

由 q_i,p_i 条件方程得到调节器传递函数:

$$\begin{aligned}G_{\mathrm{R}}(z)&=\frac{q_0+q_1\cdot z^{-1}+q_2\cdot z^{-2}+q_3\cdot z^{-3}}{1-p_1\cdot z^{-1}-p_2\cdot z^{-2}-p_3\cdot z^{-3}}\\&=\frac{0.8-0.561\cdot z^{-1}-0.610\cdot z^{-2}+0.372\cdot z^{-3}}{1-0.298\cdot z^{-1}-0.496\cdot z^{-2}-0.206\cdot z^{-3}}\\&=\frac{0.8+0.239\cdot z^{-1}-0.372\cdot z^{-2}}{1+0.702\cdot z^{-1}+0.206\cdot z^{-2}}\end{aligned}$$

在图 11.7-4 中绘制了调整量和被调节量曲线.

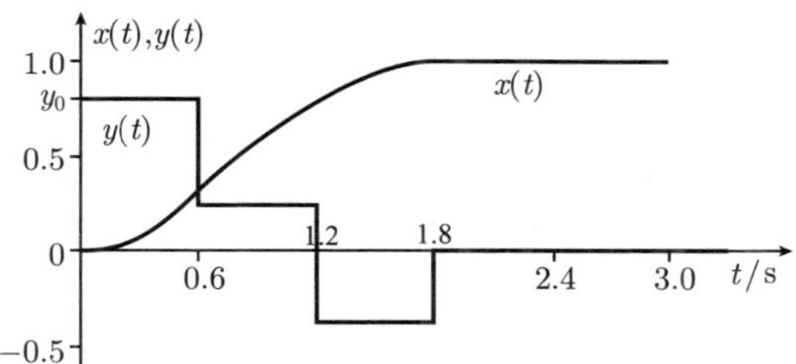

图 11.7-4　由预先给出第 1 个调整量值用有限调整时间法调节

在表 11.7-2 中, 对于基本被调节对象, 由预先给出的第 1 个调整量值 y_0 用有限调整时间法 (无振荡调节器) 计算调节器传递函数 $G_{\mathrm{R}}(z)$ 和所属的总传递函数 $G(z)$. 从位移阶跃序列给出阶跃响应序列 $x(k)$.

例 11.7-4　对于在例 11.7-2 中的 I 阶被调节对象, 按第 1 个调整量值 $y_0=0.9042$ 来计算. 为了降低调整量负荷, 由预先给出的第 1 个调整量值用有限调整时间法 (无振荡调节器) 计算调节器. 如果选择第 1 个调整量值 $y(k=0)=y_0$ 太小, 那么 $y(k=1)=y_1>y_0$. 通过预先给出的两个相同调整量值 $y_1=y_0$ 产生最小调整量序列.

$$G_{\mathrm{S}}(s)=\frac{K_{\mathrm{S}}}{1+T_{\mathrm{S}}\cdot s},\quad K_{\mathrm{S}}=5,\quad T_{\mathrm{S}}=2\,\mathrm{s},\quad T=0.5\,\mathrm{s},\quad y_1=y_0$$

表 11.7-2 用有限调整时间法由预先给出的第 1 个调整量值 y_0 进行无振荡调节

序号	$G_{\mathrm{S}}(s)$, $G_{\mathrm{HS}}(z)$, $G_{\mathrm{R}}(z)$, $G(z)$, $x(k)$
1	积分环节 (Ⅰ对象) $G_{\mathrm{S}}(s)=\dfrac{K_{\mathrm{IS}}}{s},\quad G_{\mathrm{S}}(s)=\dfrac{1}{T_{\mathrm{IS}}\cdot s}$ $G_{\mathrm{HS}}(z)=\dfrac{K_{\mathrm{IS}}\cdot T\cdot z^{-1}}{1-z^{-1}},\quad G_{\mathrm{HS}}(z)=\dfrac{\dfrac{T}{T_{\mathrm{IS}}}\cdot z^{-1}}{1-z^{-1}}$ $G_{\mathrm{R}}(z)=\dfrac{y_0\cdot z+\dfrac{1}{K_{\mathrm{IS}}\cdot T}-y_0}{z+1-y_0\cdot K_{\mathrm{IS}}\cdot T},\quad G_{\mathrm{R}}(z)=\dfrac{y_0\cdot z+\dfrac{T_{\mathrm{IS}}}{T}-y_0}{z+1-y_0\cdot\dfrac{T}{T_{\mathrm{IS}}}}$ $G(z)=y_0\cdot K_{\mathrm{IS}}\cdot T\cdot z^{-1}+(1-y_0\cdot K_{\mathrm{IS}}\cdot T)\cdot z^{-2}$ $G(z)=y_0\cdot\dfrac{T}{T_{\mathrm{IS}}}\cdot z^{-1}+\left(1-y_0\cdot\dfrac{T}{T_{\mathrm{IS}}}\right)\cdot z^{-2}$ $x(k)=\{0,\ y_0\cdot K_{\mathrm{IS}}\cdot T,\ 1,\ 1,\ 1,\ \cdots\}$ $x(k)=\left\{0,\ y_0\cdot\dfrac{T}{T_{\mathrm{IS}}},\ 1,\ 1,\ 1,\ \cdots\right\}$
2	积分环节 (Ⅰ$_2$ 对象) $G_{\mathrm{S}}(s)=\dfrac{K_{\mathrm{IS}}^2}{s^2},\quad G_{\mathrm{HS}}(z)=\dfrac{0.5\cdot K_{\mathrm{IS}}^2\cdot T^2\cdot(z^{-1}+z^{-2})}{1-2\cdot z^{-1}+z^{-2}}$ $G_{\mathrm{S}}(s)=\dfrac{1}{T_{\mathrm{IS}}^2\cdot s^2},\quad G_{\mathrm{HS}}(z)=\dfrac{0.5\cdot\dfrac{T^2}{T_{\mathrm{IS}}^2}\cdot(z^{-1}+z^{-2})}{1-2\cdot z^{-1}+z^{-2}}$ $G_{\mathrm{R}}(z)=\dfrac{y_0\cdot z^2+\left(\dfrac{1}{K_{\mathrm{IS}}^2\cdot T^2}-2\cdot y_0\right)\cdot z-\dfrac{1}{K_{\mathrm{IS}}^2\cdot T^2}+y_0}{z^2+0.5\cdot z\cdot(2-y_0\cdot K_{\mathrm{IS}}^2\cdot T^2)-0.5\cdot(y_0\cdot K_{\mathrm{IS}}^2\cdot T^2-1)}$ $G_{\mathrm{R}}(z)=\dfrac{y_0\cdot z^2+\left(\dfrac{T_{\mathrm{IS}}^2}{T^2}-2\cdot y_0\right)\cdot z-\dfrac{T_{\mathrm{IS}}^2}{T^2}+y_0}{z^2+0.5\cdot z\cdot\left(2-y_0\cdot\dfrac{T^2}{T_{\mathrm{IS}}^2}\right)-0.5\cdot\left(y_0\cdot\dfrac{T^2}{T_{\mathrm{IS}}^2}-1\right)}$ $G(z)=0.5\cdot y_0\cdot K_{\mathrm{IS}}^2\cdot T^2\cdot z^{-1}+0.5\cdot z^{-2}+0.5\cdot(1-y_0\cdot K_{\mathrm{IS}}^2\cdot T^2)\cdot z^{-3}$ $G(z)=0.5\cdot y_0\cdot\dfrac{T^2}{T_{\mathrm{IS}}^2}\cdot z^{-1}+0.5\cdot z^{-2}+0.5\cdot\left(1-y_0\cdot\dfrac{T^2}{T_{\mathrm{IS}}^2}\right)\cdot z^{-3}$ $x(k)=\{0,\ 0.5\cdot y_0\cdot K_{\mathrm{IS}}^2\cdot T^2,\ 0.5\cdot(1+y_0\cdot K_{\mathrm{IS}}^2\cdot T^2),\ 1,\ 1,\ \cdots\}$ $x(k)=\left\{0,\ 0.5\cdot y_0\cdot\dfrac{T^2}{T_{\mathrm{IS}}^2},\ 0.5\cdot\left(1+y_0\cdot\dfrac{T^2}{T_{\mathrm{IS}}^2}\right),\ 1,\ 1,\ \cdots\right\}$

(续)

序号	$G_S(s)$, $G_{HS}(z)$, $G_R(z)$, $G(z)$, $x(k)$
3	I 阶滞后环节 (PT_1 对象) $G_S(s)=\dfrac{K_S}{1+T_S\cdot s},\quad \alpha=e^{-\frac{T}{T_S}}$ $G_{HS}(z)=\dfrac{K_S\cdot\left(1-e^{-\frac{T}{T_S}}\right)\cdot z^{-1}}{1-e^{-\frac{T}{T_S}}\cdot z^{-1}}=\dfrac{K_S\cdot(1-\alpha)\cdot z^{-1}}{1-\alpha\cdot z^{-1}}$ $G_R(z)=\dfrac{y_0\cdot z^2+\dfrac{y_0\cdot K_S\cdot(\alpha^2-1)+1}{K_S\cdot(1-\alpha)}\cdot z-\dfrac{\alpha\cdot(y_0\cdot K_S\cdot(\alpha-1)+1)}{K_S\cdot(1-\alpha)}}{z^2-y_0\cdot K_S\cdot(1-\alpha)\cdot z+y_0\cdot K_S\cdot(1-\alpha)-1}$ $G(z)=y_0\cdot K_S\cdot(1-\alpha)\cdot z^{-1}+(1-y_0\cdot K_S\cdot(1-\alpha))\cdot z^{-2}$ $x(k)=\{0,\ y_0\cdot K_S\cdot(1-\alpha),\ 1,\ 1,\ 1,\ 1,\ \cdots\}$

$$G_{HS}(z)=\frac{x(z)}{y(z)}=\frac{b_1\cdot z^{-1}}{1+a_1\cdot z^{-1}}=\frac{K_S\cdot\left(1-e^{-\frac{T}{T_S}}\right)\cdot z^{-1}}{1-e^{-\frac{T}{T_S}}\cdot z^{-1}}$$

$$=K_S\cdot\frac{(1-\alpha)\cdot z^{-1}}{1-\alpha\cdot z^{-1}},\quad \text{其中}\quad \alpha=e^{-\frac{T}{T_S}}$$

$$G_R(z)=\frac{y_0\cdot z^2+\dfrac{y_0\cdot K_S\cdot\left(\alpha^2-1\right)+1}{K_S\cdot(1-\alpha)}\cdot z-\dfrac{\alpha\cdot(y_0\cdot K_S\cdot(\alpha-1)+1)}{K_S\cdot(1-\alpha)}}{z^2-y_0\cdot K_S\cdot(1-\alpha)\cdot z+y_0\cdot K_S\cdot(1-\alpha)-1}$$

由接入阶跃序列

$$w(k)=E(k)=1^k,\quad w(z)=\frac{z}{z-1}$$

得到调整量序列

$$y(z)=\frac{G_R(z)}{1+G_R(z)\cdot G_{HS}(z)}\cdot w(z)$$

$$=\left[y_0+\frac{y_0\cdot K_S\cdot\left(\alpha^2-1\right)+1}{K_S\cdot(1-\alpha)}\cdot z^{-1}-\frac{\alpha\cdot(y_0\cdot K_S\cdot(\alpha-1)+1)}{K_S\cdot(1-\alpha)}\cdot z^{-2}\right]\cdot\frac{z}{z-1}$$

$$y(k)=y_0\cdot E(k)+\frac{y_0\cdot K_S\cdot\left(\alpha^2-1\right)+1}{K_S\cdot(1-\alpha)}\cdot E(k-1)$$

$$-\frac{\alpha\cdot(y_0\cdot K_S\cdot(\alpha-1)+1)}{K_S\cdot(1-\alpha)}\cdot E(k-2)$$

这两式第 1 调整量值为

$$y(k=0)=y_0\cdot E(0)=y_0$$

$$y(k=1)=y_1=y_0\cdot E(1)+\frac{y_0\cdot K_\mathrm{S}\cdot\left(\alpha^2-1\right)+1}{K_\mathrm{S}\cdot(1-\alpha)}\cdot E(0)$$

条件 $y_1=y_0$ 提供 y_0 值:

$$y_0=y_0+\frac{y_0\cdot K_\mathrm{S}\cdot\left(\alpha^2-1\right)+1}{K_\mathrm{S}\cdot(1-\alpha)},\quad 0=\frac{y_0\cdot K_\mathrm{S}\cdot\left(\alpha^2-1\right)+1}{K_\mathrm{S}\cdot(1-\alpha)}$$

$$y_0=\frac{1}{K_\mathrm{S}\cdot(1-\alpha^2)}=\frac{1}{K_\mathrm{S}\cdot\left(1-\mathrm{e}^{-2\frac{T}{T_\mathrm{S}}}\right)}=0.5083$$

由 I 阶被调节对象值得到调节器传递函数 $G_\mathrm{R}(z)$、调节算法 y_k、传递函数 $G(z)$ 和被调节量序列 x_k:

$$G_\mathrm{R}(z)=\frac{y(z)}{x_\mathrm{d}(z)}=\frac{z^2-\alpha^2}{K_\mathrm{S}\cdot(1-\alpha^2)\cdot z^2-K_\mathrm{S}\cdot(1-\alpha)\cdot z-K_\mathrm{S}\cdot\alpha\cdot(1-\alpha)}$$

$$=\frac{0.5083-0.3083\cdot z^{-2}}{1-0.5622\cdot z^{-1}-0.4378\cdot z^{-2}}$$

$$y_k=0.5622\cdot y_{k-1}-0.4378\cdot y_{k-2}+0.5083\cdot x_{\mathrm{d},k}-0.3083\cdot x_{\mathrm{d},k-2}$$

$$G(z)=\frac{x(z)}{w(z)}=\frac{1}{1+\alpha}\cdot z^{-1}+\frac{\alpha}{1+\alpha}\cdot z^{-2}=0.5622\cdot z^{-1}+0.4378\cdot z^{-2}$$

$$x(k)=0.5622\cdot E(k-1)+0.4378\cdot E(k-2)=\{0,\ 0.5622,\ 1,\ 1,\ 1,\ \cdots\}$$

11.8 连续传递函数离散化

11.8.1 离散化方法的应用

在由连续传递函数 $G(s)$ 求冲激传递函数 $G(z)$ 时, 第一步就是求传递环节的权函数 $g(t)$:

$$g(t)=L^{-1}\{G(s)\cdot x_\mathrm{e}(s)\},\quad x_\mathrm{e}(s)=L\{\delta(t)\}=1$$

由权函数 (对接入 DIRAC冲激的系统响应) 构成冲激序列函数 $g^*(t)$ 或权序列 $g(kT)$。并变换到 z 域, 时间连续环节的 z 传递函数 $G(z)$(11.5.2.4 节的表) 用如下规则构成:

$$G(z) = Z\left\{g(t)\bigg|_{t=kT}\right\} = Z\left\{L^{-1}\{G(s)\}\bigg|_{t=kT}\right\}$$

在高阶传递函数时该法耗费巨大, 首先当传递函数 $G(s)$ 的分母不是依极点因式形式而是作为多项式存在时. 为此, 为了近似计算 $G(z)$ 开发对于小的采样时间和慢变化的输入信号有效的公式 (11.8.2 节).

为用计算机摹拟连续函数, 一般需要离散化处理:

- 将连续调节器传递函数 $G_{\mathrm{R}}(s)$ 换算到离散传递函数 $G_{\mathrm{R}}(z)$,
- 计算被调节对象 z 传递函数,
- 在连续传递函数基础上按照 12 章实现离散的状态调节器, 观测器和参数模型,
- 将时间连续滤波器换算到离散滤波器.

11.8.2 置换法

该法通过 z 函数去置换连续传递函数 $G_{\mathrm{R}}(s)$ 的拉普拉斯变量 s, 以积分环节为例来解释方法.

连续的积分

$$x_{\mathrm{a}}(t) = \int x_{\mathrm{e}}(t)\mathrm{d}t, \quad \frac{\mathrm{d}x_{\mathrm{a}}(t)}{\mathrm{d}t} = x_{\mathrm{e}}(t)$$

$$G(s) = \frac{x_{\mathrm{a}}(s)}{x_{\mathrm{e}}(s)} = \frac{1}{s}, \quad x_{\mathrm{a}}(s) = \frac{1}{s}\cdot x_{\mathrm{e}}(s)$$

可按照 11.2.3 节用不同算法来近似.

具有左区间边值 $x_{\mathrm{e},k-1}$ 矩形近似法, I 型 (相应于正向差分 II 型):

$$x_{\mathrm{a},k} = x_{\mathrm{a},k-1} + T\cdot x_{\mathrm{e},k-1}, \quad x_{\mathrm{a},k} - x_{\mathrm{a},k-1} = T\cdot x_{\mathrm{e},k-1}$$

$$x_{\mathrm{a}}(z)\cdot(1-z^{-1}) = T\cdot z^{-1}\cdot x_{\mathrm{e}}(z)$$

$$G(z) = \frac{x_{\mathrm{a}}(z)}{x_{\mathrm{e}}(z)} = \frac{T\cdot z^{-1}}{1-z^{-1}} = \frac{T}{z-1}$$

具有右区间边值 $x_{\mathrm{e},k}$ 矩形近似法, II 型 (对应于反向差分 I 型):

$$x_{\mathrm{a},k} = x_{\mathrm{a},k-1} + T\cdot x_{\mathrm{e},k}, \quad x_{\mathrm{a},k} - x_{\mathrm{a},k-1} = T\cdot x_{\mathrm{e},k}$$

$$x_{\mathrm{a}}(z)\cdot(1-z^{-1}) = T\cdot x_{\mathrm{e}}(z)$$

$$G(z) = \frac{x_{\mathrm{a}}(z)}{x_{\mathrm{e}}(z)} = \frac{T}{1-z^{-1}} = \frac{T\cdot z}{z-1}$$

梯形近似法, III 型:

$$x_{a,k}=x_{a,k-1}+T\cdot\frac{x_{e,k}+x_{e,k-1}}{2},\quad x_{a,k}-x_{a,k-1}=T\cdot\frac{x_{e,k}+x_{e,k-1}}{2}$$

$$x_a(z)\cdot(1-z^{-1})=T\cdot x_e(z)\cdot\frac{1+z^{-1}}{2}$$

$$G(z)=\frac{x_a(z)}{x_e(z)}=\frac{T}{2}\cdot\frac{1+z^{-1}}{1-z^{-1}}=\frac{T}{2}\cdot\frac{z+1}{z-1}$$

传递函数 $G(s)$ 与 z 传递函数 $G(z)$ 比较, 得到 s 的置换方程 (表 11.8-1). 对于矩形近似法 I 型可通过 $\frac{T}{z-1}$ 置换 $\frac{1}{s}$. $\frac{1}{s}$ 对应于频域的积分, 而 s 对应于微分: $s\triangleq\frac{z-1}{T}$.

表 11.8-1 微分方程和连续传递函数离散化置换方程, T 为采样时间间隔, x_e 为输入量, x_a 为输出量

运算类型 近似类型	时域 $x_a(t)\to x_{a,k}$, $x_e(t)\to x_{e,k}$	频域 $x_a(s)\to x_a(z)$, $x_e(s)\to x_e(z)$
	正向差分法, Forward Euler(欧拉正向法)	
积分法, 矩形近似法, I 型 (节 11.2.3.1)	$x_a(t)=\int x_e(t)\,dt\to$ $x_{a,k}=x_{a,k-1}+T\cdot x_{e,k-1}$	$x_a(s)=\frac{1}{s}\cdot x_e(s)\to x_a(z)=\frac{T}{z-1}\cdot x_e(z)$, $\frac{1}{s}\to\frac{T}{z-1}=\frac{T\cdot z^{-1}}{1-z^{-1}}$
差分法, 正向积分法, II 型 (节 11.2.3.3)	$x_a(t)=\frac{dx_e(t)}{dt}\to$ $x_{a,k}=\frac{x_{e,k+1}-x_{e,k}}{T}$	$x_a(s)=\frac{1}{s}\cdot x_e(s)\to x_a(z)=\frac{T}{z-1}\cdot x_e(z)$, $\frac{1}{s}\to\frac{T}{z-1}=\frac{T\cdot z^{-1}}{1-z^{-1}}$
	反向差分法, Bachward Euler(欧拉反向法)	
积分法, 矩形近似法, II 型 (节 11.2.3.1)	$x_a(t)=\int x_e(t)\,dt\to$ $x_{a,k}=x_{a,k-1}+T\cdot x_{e,k-1}$	$x_a(s)=\frac{1}{s}\cdot x_e(s)\to x_a(z)=\frac{T\cdot z}{z-1}\cdot x_e(z)$, $\frac{1}{s}\to\frac{T\cdot z}{z-1}=\frac{T}{1-z^{-1}}$
差分法, 反向差分法, I 型 (节 11.2.3.3)	$x_a(t)=\frac{dx_e(t)}{dt}\to$ $x_{a,k}=\frac{x_{e,k+1}-x_{e,k}}{T}$	$x_a(s)=s\cdot x_e(s)\to x_a(z)=\frac{z-1}{T\cdot z}\cdot x_e(z)$, $s\to\frac{z-1}{T\cdot z}=\frac{1-z^{-1}}{T}$

(续)

运算类型 近似类型	时域 $x_a(t) \to x_{a,k}$, $x_e(t) \to x_{e,k}$	频域 $x_a(s) \to x_a(z)\, x_e(s) \to x_e(z)$
梯形近似法, 双线性变换, TUSTIN公式, Trapezoidal(梯形法)		
积分法 (节 11.2.3.2)	$x_a(t)=\int x_e(t)\,\mathrm{d}t \to$ $x_{a,k}=x_{a,k-1}+\frac{T}{2}\cdot(x_{e,k}+x_{e,k-1})$	$x_a(s)=\frac{1}{s}\cdot x_e(s)\to x_a(z)=\frac{T}{2}\cdot\frac{z+1}{z-1}\cdot x_e(z)$ $\frac{1}{s}\to\frac{T}{2}\cdot\frac{z+1}{z-1}=\frac{T}{2}\cdot\frac{1+z^{-1}}{1-z^{-1}}$
差分法	$x_a(t)=\frac{\mathrm{d}x_e(t)}{\mathrm{d}t}\to$ $x_{a,k}=-x_{a,k-1}+\frac{2}{T}\cdot(x_{e,k}-x_{e,k-1})$	$x_a(s)=s\cdot x_e(s)\to x_a(z)=\frac{2}{T}\cdot\frac{z-1}{z+1}\cdot x_e(z)$, $s\to\frac{2}{T}\cdot\frac{z-1}{z+1}=\frac{2}{T}\cdot\frac{1-z^{-1}}{1+z^{-1}}$

梯形近似法也称为 **TUSTIN公式**. z 变换定义

$$z=\mathrm{e}^{Ts},\quad \ln z=T\cdot s$$

可解出 $\ln z$, 并展开级数. 对于小的采样时间 T, e^{Ts} 趋近, 并由此 z 也趋近于 1, 在这个假设下级数截断第 1 项后的各项:

$$\boxed{s=\frac{1}{T}\cdot\ln z=\frac{2}{T}\cdot\left[\frac{z-1}{z+1}+\frac{(z-1)^3}{3\cdot(z+1)^3}+\cdots\right]\approx\frac{2}{T}\cdot\frac{z-1}{z+1}}$$

对于 PT_1 环节可用表 11.8-1 的不同方法进行离散化:

$$T_1\cdot\frac{\mathrm{d}x_a(t)}{\mathrm{d}t}+x_a(t)=K_P\cdot x_e(t)$$

$$G(s)=\frac{x_a(s)}{x_e(s)}=\frac{K_P}{1+T_1\cdot s}\to G(z)=\frac{x_a(z)}{x_e(z)}$$

对于时间离散的阶跃响应, 借助部分分式展开法在时域确定其封闭解. 由 z 传递函数求得递推差分方程.

时间连续的阶跃接入, 阶跃响应函数:

$$x_e(t)=E(t),\quad x_e(s)=\frac{1}{s}$$

$$x_a(s)=G(s)\cdot x_e(s)=\frac{K_P}{1+T_1\cdot s}\cdot x_e(s)=\frac{K_P}{1+T_1\cdot s}\cdot\frac{1}{s}$$

$$x_a(t)=K_P\cdot\left(1-\mathrm{e}^{-\frac{t}{T_1}}\right)$$

时间离散的阶跃接入, 阶跃响应序列:

$$x_{e,k}=E(kT)=1^k,\quad x_e(z)=\frac{z}{z-1},\quad x_a(z)=G(z)\cdot x_e(z)=G(z)\cdot\frac{z}{z-1}$$

对于下列数据可给出在阶跃接入时, 以不同方法所求的传递函数与连续系统解相比较的最大绝对误差 $\Delta F = \max\left|x_{\mathrm{a},k} - x_{\mathrm{a}}\left(t = kT\right)\right|$:

$$K_{\mathrm{P}} = 1,\quad T_1 = 1\,\mathrm{s},\quad \text{采样时间间隔 } T = 0.1\,\mathrm{s}$$

正向差分法, 欧拉正向法:

$$s \to \frac{z-1}{T},\quad G(s) = \frac{x_{\mathrm{a}}(s)}{x_{\mathrm{e}}(s)} = \frac{K_{\mathrm{P}}}{1 + T_1 \cdot s} \to G(z) = \frac{x_{\mathrm{a}}(z)}{x_{\mathrm{e}}(z)} = \frac{K_{\mathrm{P}} \cdot T}{T_1 \cdot z - T_1 + T}$$

$$x_{\mathrm{a}}(z) = G(z) \cdot x_{\mathrm{e}}(z) = \frac{K_{\mathrm{P}} \cdot T}{T_1 \cdot z - T_1 + T} \cdot \frac{z}{z-1} = \frac{K_{\mathrm{P}}}{z-1} - \frac{K_{\mathrm{P}} \cdot \dfrac{T_1 - T}{T_1}}{z - \dfrac{T_1 - T}{T_1}}$$

$$= \frac{K_{\mathrm{P}}}{z - a_1} - \frac{K_{\mathrm{P}} \cdot \dfrac{T_1 - T}{T_1}}{z - a_2}$$

由表 11.5-3 具有右位移的序号 20 变换, 得到封闭解:

$$\begin{aligned} x_{\mathrm{a},k} &= K_{\mathrm{P}} \cdot a_1^{k-1} \cdot E(k-1) - K_{\mathrm{P}} \cdot \frac{T_1 - T}{T_1} \cdot a_2^{k-1} \cdot E(k-1) \\ &= K_{\mathrm{P}} \cdot 1^{k-1} \cdot E(k-1) - K_{\mathrm{P}} \cdot \frac{T_1 - T}{T_1} \cdot \left(\frac{T_1 - T}{T_1}\right)^{k-1} \cdot E(k-1) \end{aligned}$$

$$E(k-1) = \begin{cases} 0, & k < 1 \\ 1, & k \geqslant 1 \end{cases}$$

$$\boxed{x_{\mathrm{a},k=0} = 0,\quad x_{\mathrm{a},k\geqslant 1} = K_{\mathrm{P}} \cdot \left(1 - \left(\frac{T_1 - T}{T_1}\right)^k\right) = 1 - 0.9^k}$$

最大误差: $\Delta F = \left|x_{\mathrm{a},k=\frac{T_1}{T}=10} - x_{\mathrm{a}}(t = T_1)\right| = \left|1 - 0.9^{10} - \left(1 - \mathrm{e}^{-1}\right)\right| = 0.019201$

差分方程:

$$G(z) = \frac{x_{\mathrm{a}}(z)}{x_{\mathrm{e}}(z)} = \frac{K_{\mathrm{P}} \cdot T}{T_1 \cdot z - T_1 + T} = \frac{K_{\mathrm{P}} \cdot \dfrac{T}{T_1}}{z - \dfrac{T_1 - T}{T_1}} = \frac{K_{\mathrm{P}} \cdot \dfrac{T}{T_1} \cdot z^{-1}}{1 - \dfrac{T_1 - T}{T_1} \cdot z^{-1}}$$

$$\left(1 - \frac{T_1 - T}{T_1} \cdot z^{-1}\right) \cdot x_{\mathrm{a}}(z) = K_{\mathrm{P}} \cdot \frac{T}{T_1} \cdot z^{-1} \cdot x_{\mathrm{e}}(z)$$

$$x_{\mathrm{a}}(z)=\frac{T_1-T}{T_1}\cdot z^{-1}\cdot x_{\mathrm{a}}(z)+K_{\mathrm{P}}\cdot\frac{T}{T_1}\cdot z^{-1}\cdot x_{\mathrm{e}}(z)$$

$$\boxed{x_{\mathrm{a},k}=\frac{T_1-T}{T_1}\cdot x_{\mathrm{a},k-1}+K_{\mathrm{P}}\cdot\frac{T}{T_1}\cdot x_{\mathrm{e},k-1}}$$

反向差分法, 欧拉反向法:

$$s\to\frac{z-1}{T\cdot z},\quad G(s)=\frac{x_{\mathrm{a}}(s)}{x_{\mathrm{e}}(s)}=\frac{K_{\mathrm{P}}}{1+T_1\cdot s}\to G(z)=\frac{x_{\mathrm{a}}(z)}{x_{\mathrm{e}}(z)}=\frac{K_{\mathrm{P}}\cdot T\cdot z}{(T_1+T)\cdot z-T_1}$$

$$\begin{aligned}x_{\mathrm{a}}(z)=G(z)\cdot x_{\mathrm{e}}(z)&=\frac{K_{\mathrm{P}}\cdot T\cdot z}{(T_1+T)\cdot z-T_1}\cdot\frac{z}{z-1}\\&=K_{\mathrm{P}}\cdot\frac{T}{T_1+T}+\frac{K_{\mathrm{P}}}{z-1}-\frac{K_{\mathrm{P}}\cdot\dfrac{T_1^2}{(T_1+T)^2}}{z-\dfrac{T_1}{T_1+T}}\\&=K_{\mathrm{P}}\cdot\frac{T}{T_1+T}+\frac{K_{\mathrm{P}}}{z-a_1}-\frac{K_{\mathrm{P}}\cdot\dfrac{T_1^2}{(T_1+T)^2}}{z-a_2}\end{aligned}$$

由表 11.5-2, 表 11.5-3 具有右位移的序号 1 和序号 20 变换, 得到封闭解:

$$\begin{aligned}x_{\mathrm{a},k}=&K_{\mathrm{P}}\cdot\frac{T}{T_1+T}\cdot 0^k+K_{\mathrm{P}}\cdot a_1^{k-1}\cdot E(k-1)\\&-K_{\mathrm{P}}\cdot\frac{T_1^2}{(T_1+T)^2}\cdot a_2^{k-1}\cdot E(k-1)\\=&K_{\mathrm{P}}\cdot\frac{T}{T_1+T}\cdot 0^k+K_{\mathrm{P}}\cdot 1^{k-1}\cdot E(k-1)\\&-K_{\mathrm{P}}\cdot\frac{T_1^2}{(T_1+T)^2}\cdot\left(\frac{T_1}{T_1+T}\right)^{k-1}\cdot E(k-1)\end{aligned}$$

$$0^k=\delta(k)=\begin{cases}1, & k=0\\0, & k\neq 0\end{cases}$$

$$\boxed{\begin{aligned}&x_{\mathrm{a},k=0}=K_{\mathrm{P}}\cdot\frac{T}{T_1+T}=0.09091,\\&x_{\mathrm{a},k\geqslant 1}=K_{\mathrm{P}}\cdot\left(1-\left(\frac{T_1}{T_1+T}\right)^{k+1}\right)=1-0.90909^{k+1}\end{aligned}}$$

差分方程:

$$G(z)=\frac{x_{\mathrm{a}}(z)}{x_{\mathrm{e}}(z)}=\frac{K_{\mathrm{P}}\cdot T\cdot z}{(T_1+T)\cdot z-T_1}=\frac{K_{\mathrm{P}}\cdot\dfrac{T}{T_1+T}\cdot z}{z-\dfrac{T_1}{T_1+T}}=\frac{K_{\mathrm{P}}\cdot\dfrac{T}{T_1+T}}{1-\dfrac{T_1}{T_1+T}\cdot z^{-1}}$$

$$\left(1-\frac{T_1}{T_1+T}\cdot z^{-1}\right)\cdot x_{\mathrm{a}}(z)=K_{\mathrm{P}}\cdot\frac{T}{T_1+T}\cdot x_{\mathrm{e}}(z)$$

$$x_{\mathrm{a}}(z)=\frac{T_1}{T_1+T}\cdot z^{-1}\cdot x_{\mathrm{a}}(z)+K_{\mathrm{P}}\cdot\frac{T}{T_1+T}\cdot x_{\mathrm{e}}(z)$$

$$\boxed{x_{\mathrm{a},k}=\frac{T_1}{T_1+T}\cdot x_{\mathrm{a},k-1}+K_{\mathrm{P}}\cdot\frac{T}{T_1+T}\cdot x_{\mathrm{e},k}}$$

最大误差: $\Delta F=|x_{\mathrm{a},k=0}-x_{\mathrm{a}}(t=0)|=K_{\mathrm{P}}\cdot\dfrac{T}{T_1+T}-0=0.090909$

梯形近似法, 双线性变换, Tustin公式, Trapezoidal(梯形法):

$$s\to\frac{2}{T}\cdot\frac{z-1}{z+1},\quad G(s)=\frac{x_{\mathrm{a}}(s)}{x_{\mathrm{e}}(s)}=\frac{K_{\mathrm{P}}}{1+T_1\cdot s}\to G(z)$$

$$=\frac{x_{\mathrm{a}}(z)}{x_{\mathrm{e}}(z)}=\frac{K_{\mathrm{P}}\cdot T\cdot z+K_{\mathrm{P}}\cdot T}{(2\cdot T_1+T)\cdot z-2\cdot T_1+T}$$

$$x_{\mathrm{a}}(z)=G(z)\cdot x_{\mathrm{e}}(z)=\frac{K_{\mathrm{P}}\cdot T\cdot z+K_{\mathrm{P}}\cdot T}{(2\cdot T_1+T)\cdot z-2\cdot T_1+T}\cdot\frac{z}{z-1}$$

$$=K_{\mathrm{P}}\cdot\frac{T}{2\cdot T_1+T}+\frac{K_{\mathrm{P}}}{z-1}-\frac{K_{\mathrm{P}}\cdot\dfrac{2\cdot T_1\cdot(2\cdot T_1-T)}{(2\cdot T_1+T)^2}}{z-\dfrac{2\cdot T_1-T}{2\cdot T_1+T}}$$

$$=K_{\mathrm{P}}\cdot\frac{T}{2\cdot T_1+T}+\frac{K_{\mathrm{P}}}{z-a_1}-\frac{K_{\mathrm{P}}\cdot\dfrac{2\cdot T_1\cdot(2\cdot T_1-T)}{(2\cdot T_1+T)^2}}{z-a_2}$$

由表 11.5-2 和表 11.5-3 具有右位移的序号 1 和序号 20 变换, 得到封闭解:

$$x_{\mathrm{a},k}=K_{\mathrm{P}}\cdot\frac{T}{2\cdot T_1+T}\cdot 0^k+K_{\mathrm{P}}\cdot a_1^{k-1}\cdot E(k-1)$$
$$-K_{\mathrm{P}}\cdot\frac{2\cdot T_1\cdot(2\cdot T_1-T)}{(2\cdot T_1+T)^2}\cdot a_2^{k-1}\cdot E(k-1)$$

$$= K_{\rm P}\cdot\frac{T}{2\cdot T_1+T}\cdot 0^k + K_{\rm P}\cdot 1^{k-1}\cdot E(k-1)$$

$$-K_{\rm P}\cdot\frac{2\cdot T_1\cdot(2\cdot T_1-T)}{(2\cdot T_1+T)^2}\cdot\left(\frac{2\cdot T_1-T}{2\cdot T_1+T}\right)^{k-1}\cdot E(k-1)$$

$$\boxed{\begin{aligned} x_{{\rm a},k=0} &= K_{\rm P}\cdot\frac{T}{2\cdot T_1+T}=0.047619,\\ x_{{\rm a},k\geqslant 1} &= K_{\rm P}\cdot\left(1-\frac{2\cdot T_1}{2\cdot T_1+T}\cdot\left(\frac{2\cdot T_1-T}{2\cdot T_1+T}\right)^k\right)\\ &= 1-0.95238\cdot 0.90476^k \end{aligned}}$$

差分方程:

$$G(z)=\frac{x_{\rm a}(z)}{x_{\rm e}(z)}=\frac{K_{\rm P}\cdot T\cdot z+K_{\rm P}\cdot T}{(2\cdot T_1+T)\cdot z-2\cdot T_1+T}$$

$$=\frac{K_{\rm P}\cdot\dfrac{T}{2\cdot T_1+T}\cdot(z+1)}{z-\dfrac{2\cdot T_1-T}{2\cdot T_1+T}}=\frac{K_{\rm P}\cdot\dfrac{T}{2\cdot T_1+T}\cdot\left(1+z^{-1}\right)}{1-\dfrac{2\cdot T_1-T}{2\cdot T_1+T}\cdot z^{-1}}$$

$$\left(1-\frac{2\cdot T_1-T}{2\cdot T_1+T}\cdot z^{-1}\right)\cdot x_{\rm a}(z)=K_{\rm P}\cdot\frac{T}{2\cdot T_1+T}\cdot\left(1+z^{-1}\right)\cdot x_{\rm e}(z)$$

$$x_{\rm a}(z)=\frac{2\cdot T_1-T}{2\cdot T_1+T}\cdot z^{-1}\cdot x_{\rm a}(z)+K_{\rm P}\cdot\frac{T}{2\cdot T_1+T}\cdot\left(1+z^{-1}\right)\cdot x_{\rm e}(z)$$

$$\boxed{x_{{\rm a},k}=\frac{2\cdot T_1-T}{2\cdot T_1+T}\cdot x_{{\rm a},k-1}+K_{\rm P}\cdot\frac{T}{2\cdot T_1+T}\cdot(x_{{\rm e},k}+x_{{\rm e},k-1})}$$

最大误差: $\Delta F=|x_{{\rm a},k=0}-x_{\rm a}(t=0)|=K_{\rm P}\cdot\dfrac{T}{2\cdot T_1+T}=0.047619$

例 11.8-1 试用置换法离散化并联形式 $\mathrm{PIDT_1}$ 调节器的传递函数:

$$G_{\rm R}(s)=\frac{y(s)}{x_{\rm d}(s)}=K_{\rm R}\cdot\left[1+\frac{1}{T_{\rm N}\cdot s}+\frac{T_{\rm V}\cdot s}{1+T_1\cdot s}\right]$$

将参数值

$$K_{\rm R}=2.5,\quad T_{\rm N}=8.0\ {\rm s},\quad T_{\rm V}=1.0\ {\rm s},\quad T_1=0.25\ {\rm s},\quad T=0.1\ {\rm s}$$

代入变形的传递函数:

$$G_{\mathrm{R}}(s)=K_{\mathrm{R}}\cdot\left[1+\frac{1}{T_{\mathrm{N}}\cdot s}+\frac{T_{\mathrm{V}}\cdot s}{1+T_{1}\cdot s}\right]$$

$$=K_{\mathrm{R}}\cdot\frac{T_{\mathrm{N}}\cdot(T_{1}+T_{\mathrm{V}})\cdot s^{2}+(T_{1}+T_{\mathrm{N}})\cdot s+1}{T_{\mathrm{N}}\cdot T_{1}\cdot s^{2}+T_{\mathrm{N}}\cdot s}$$

$$=\frac{12.5\cdot s^{2}+10.3125\cdot s+1.25}{s^{2}+4\cdot s}=12.5\cdot\frac{s^{2}+0.825\cdot s+0.1}{s^{2}+4\cdot s}$$

$$=K_{\mathrm{R}}^{*}\cdot\frac{(s-s_{1})\cdot(s-s_{2})}{s\cdot(s-s_{3})}$$

其中

$$K_{\mathrm{R}}^{*}=K_{\mathrm{R}}\cdot\frac{T_{\mathrm{V}}+T_{1}}{T_{1}}=12.5,\quad s_{1}=-0.6774,\quad s_{2}=-0.1476,\quad s_{3}=-4$$

$$s_{1,2}=-\frac{T_{1}+T_{\mathrm{N}}\pm\sqrt{T_{1}^{2}-2\cdot T_{1}\cdot T_{\mathrm{N}}+T_{\mathrm{N}}\cdot(T_{\mathrm{N}}-4\cdot T_{\mathrm{V}})}}{2\cdot T_{\mathrm{N}}\cdot(T_{1}+T_{\mathrm{V}})},\quad s_{3}=-\frac{1}{T_{1}}$$

进行下列置换.

引入正向差分法 (矩形近似法, I 型):

$$s=\frac{z-1}{T},\quad \frac{\mathrm{d}y}{\mathrm{d}t}\mathrel{\hat{=}}\frac{y_{k+1}-y_{k}}{T},\quad \frac{\mathrm{d}x_{\mathrm{d}}}{\mathrm{d}t}\mathrel{\hat{=}}\frac{x_{\mathrm{d},k+1}-x_{\mathrm{d},k}}{T}$$

引入反向差分法 (矩形近似法, II 型):

$$s=\frac{z-1}{T\cdot z},\quad \frac{\mathrm{d}y}{\mathrm{d}t}\mathrel{\hat{=}}\frac{y_{k}-y_{k-1}}{T},\quad \frac{\mathrm{d}x_{\mathrm{d}}}{\mathrm{d}t}\mathrel{\hat{=}}\frac{x_{\mathrm{d},k}-x_{\mathrm{d},k-1}}{T}$$

应用梯形规则法, III型:

$$s=\frac{2}{T}\cdot\frac{z-1}{z+1}$$

计算 PIDT_1 调节器的传递函数.

I 型:

$$G_{\mathrm{R}}(z)=K_{\mathrm{R}}^{*}\cdot\frac{z^{2}-(2+s_{1}\cdot T+s_{2}\cdot T)\cdot z+(1+s_{1}\cdot T)\cdot(1+s_{2}\cdot T)}{z^{2}-(2+s_{3}\cdot T)\cdot z+1+s_{3}\cdot T}$$

$$=12.5\cdot\frac{z^{2}-1.9175\cdot z+0.9185}{z^{2}-1.6\cdot z+0.6}=12.5\cdot\frac{(z-0.9852)\cdot(z-0.9323)}{(z-1)\cdot(z-0.6)}$$

II 型:

$$G_{\mathrm{R}}(z)=K_{\mathrm{R}}^{*}\cdot\frac{(1-s_{1}\cdot T)\cdot(1-s_{2}\cdot T)\cdot z^{2}-(2-s_{1}\cdot T-s_{2}\cdot T)\cdot z+1}{(1-s_{3}\cdot T)\cdot z^{2}-(2-s_{3}\cdot T)\cdot z+1}$$

$$=9.674\cdot\frac{z^2-1.922\cdot z+0.9229}{z^2-1.714\cdot z+0.714}=9.674\cdot\frac{(z-0.9855)\cdot(z-0.9366)}{(z-1)\cdot(z-0.714)}$$

III型:

$$G_{\mathrm{R}}(z)$$
$$=K_{\mathrm{R}}^{*}\cdot\frac{\left((2-s_1\cdot T)\cdot(2-s_2\cdot T)\cdot z^2-(8-2\cdot s_1\cdot s_2\cdot T^2)\cdot z+(2+s_1\cdot T)\cdot(2+s_2\cdot T)\right)}{2\cdot(2-s_3\cdot T)\cdot z^2-8\cdot z+2\cdot(2+s_3\cdot T)}$$

$$=10.849\cdot\frac{z^2-1.9198\cdot z+0.9208}{z^2-1.6667\cdot z+0.6667}=10.849\cdot\frac{(z-0.9853)\cdot(z-0.9345)}{(z-1)\cdot(z-0.6667)}$$

在图 11.8-1 和图 11.8-2 中, 按 I 型绘制 z 传递函数冲激和阶跃响应序列. 由连续传递函数 $G_{\mathrm{R}}(s)$ 精确求 z 传递函数 $G_{\mathrm{R}}(z)$ 是不可能的, 因为不能对权函数 $g(t)$ 采样. 由 $x_{\mathrm{d}}(s)=L\{\delta(t)\}=1$ 得到权函数:

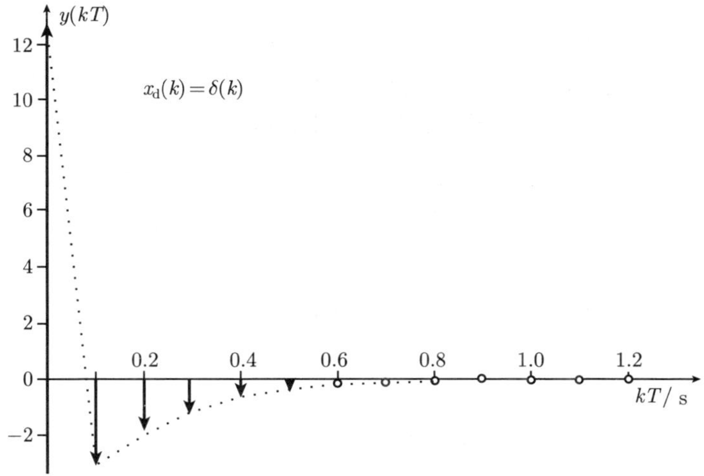

图 11.8-1 按 I 型 (正向差分法)z 传递函数的冲激响应序列

$$\begin{aligned}g(t)&=L^{-1}\{G_{\mathrm{R}}(s)\cdot x_{\mathrm{d}}(s)\}=L^{-1}\left\{K_{\mathrm{R}}\cdot\left[1+\frac{1}{T_{\mathrm{N}}\cdot s}+\frac{T_{\mathrm{V}}\cdot s}{1+T_1\cdot s}\right]\cdot 1\right\}\\&=L^{-1}\left\{K_{\mathrm{R}}\cdot\left[1+\frac{1}{T_{\mathrm{N}}\cdot s}+\frac{T_{\mathrm{V}}}{T_1}-\frac{T_{\mathrm{V}}}{T_1\cdot(1+T_1\cdot s)}\right]\cdot 1\right\}\\&=K_{\mathrm{R}}\cdot\left[\frac{T_{\mathrm{V}}+T_1}{T_1}\cdot\delta(t)+\frac{1}{T_{\mathrm{N}}}\cdot E(t)-\frac{T_{\mathrm{V}}}{T_1^2}\cdot\mathrm{e}^{-\frac{t}{T_1}}\right]\end{aligned}$$

由于 DIRAC函数不能采样权函数, 冲激传递函数只能近似地给出.

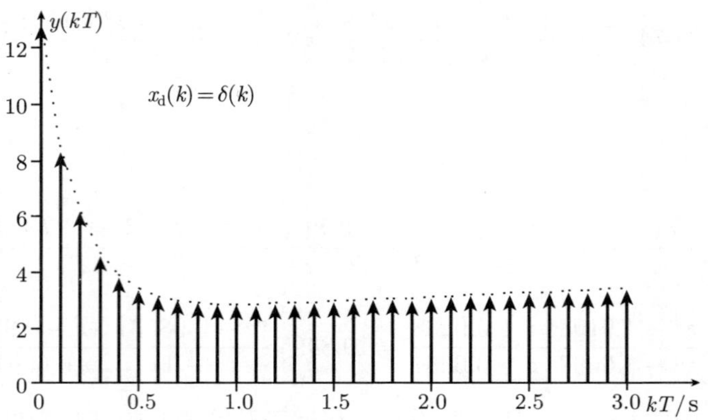

图 11.8-2　按 I 型 (正向差分法)z 传递函数的阶跃响应序列

11.8.3　方法的稳定性

为应用置换法, 必须研究所产生的 z 传递函数的稳定性. 在此必须研究, 稳定的连续系统在 z 域是否也同样是稳定的. 为此借助置换将 s**平面的稳定域**映象到 z 域, 并检验所形成的域是否位于 z**平面的稳定域**内.

置换法是稳定的, 仅当借助置换能将 s 平面的稳定域 $\mathrm{Re}\{s\}<0$ 映象到 z 平面的稳定域 $\lvert z\rvert<1$ 内时.

s 平面的稳定条件 $\mathrm{Re}\{s\}<0$ 应用到置换法上, 将变量 z 代入公式 $z=\mathrm{Re}\{z\}+\mathrm{j}\cdot\mathrm{Im}\{z\}=u+\mathrm{j}\cdot v$, 采样时间 T 是大于零的.

正向差分法(矩形近似法, I 型):

$$\mathrm{Re}\{s\}<0\rightarrow\mathrm{Re}\left\{\frac{z-1}{T}\right\}<0$$

$$\mathrm{Re}\left\{\frac{z-1}{T}\right\}=\mathrm{Re}\left\{\frac{u+\mathrm{j}\cdot v-1}{T}\right\}=\frac{u-1}{T}<0,\quad u<1$$

s 平面的稳定域不能在每种情况都被映象到稳定的 z 域内 (图 11.8-3), 应用置换会导致一个不稳定的离散模型, 虽然连续传递函数是稳定的.

反向差分法(矩形近似法, II 型):

$$\mathrm{Re}\{s\}<0\rightarrow\mathrm{Re}\left\{\frac{z-1}{T\cdot z}\right\}<0$$

$$\mathrm{Re}\left\{\frac{z-1}{T\cdot z}\right\}=\mathrm{Re}\left\{\frac{u+\mathrm{j}\cdot v-1}{T\cdot(u+\mathrm{j}\cdot v)}\right\}=\mathrm{Re}\left\{\frac{u^2-u+v^2+\mathrm{j}\cdot v}{T\cdot(u^2+v^2)}\right\}<0$$

不等式

$$\frac{u^2-u+v^2}{T\cdot(u^2+v^2)}<0,\quad u^2-u+v^2<0$$

用平方增补两边扩展成:

$$u^2-u+\frac{1}{4}+v^2=\left(u-\frac{1}{2}\right)^2+v^2<\frac{1}{4}$$

s 平面的稳定域, 映象到位于 z 平面单位圆内具有半径 $r=\dfrac{1}{2}$ 和圆心 $\left\{u_0=\dfrac{1}{2},\ v_0=0\right\}$ 的圆内, 如果连续系统是稳定的话, 置换法提供稳定的 z 传递函数.

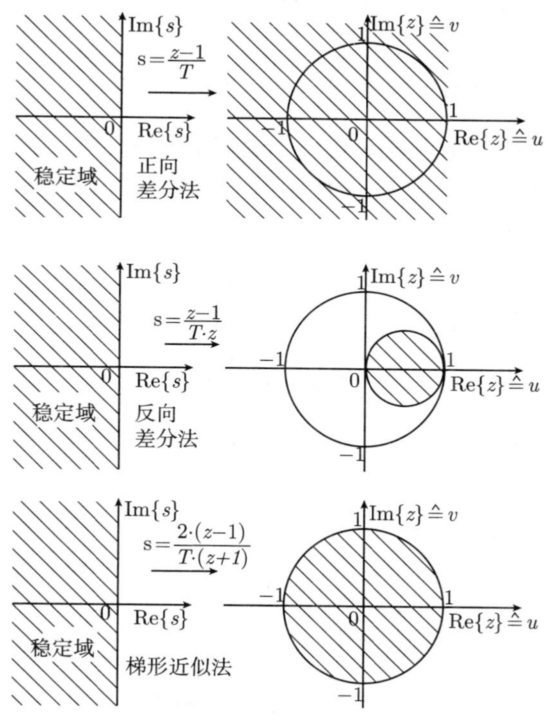

图 11.8-3 s 平面的稳定域映象到 z 平面

梯形规则法(III型):

$$\mathrm{Re}\{s\}<0\rightarrow\mathrm{Re}\left\{\frac{2\cdot(z-1)}{T\cdot(z+1)}\right\}<0$$

$$\mathrm{Re}\left\{\frac{2\cdot(z-1)}{T\cdot(z+1)}\right\}=\mathrm{Re}\left\{\frac{2\cdot(u+\mathrm{j}\cdot v-1)}{T\cdot(u+\mathrm{j}\cdot v+1)}\right\}<0$$

$$\operatorname{Re}\left\{\frac{2\cdot(u^2+v^2-1)+\mathrm{j}\cdot 4\cdot v}{T\cdot(u^2+2\cdot u+v^2+1)}\right\}=\frac{2\cdot(u^2+v^2-1)}{T\cdot(u^2+2\cdot u+v^2+1)}<0$$

$$u^2+v^2<1$$

s 平面的稳定域, 映象到具有半径 $r=1$ 和圆心 $\{u_0=0, v_0=0\}$ 的圆内, 它覆盖 z 平面整个单位圆, 如果连续系统是稳定的话, 置换法提供稳定的 z 传递函数.

例 11.8-2　用置换法试将 II 阶传递函数离散化. 试确定 z 传递函数稳定性.

传递函数

$$G(s)=\frac{b}{s^2+a\cdot s+b}$$

对于 $a>0, b>0$ 是稳定的, 因为特征方程

$$s^2+a\cdot s+b=0,\quad s_{1,2}=-\frac{a}{2}\pm\sqrt{\frac{a^2}{4}-b}$$

仅具有负实部的零点. 用置换法确定 z 传递函数, 并研究其稳定性. z 传递函数是稳定的, 仅当 z 特征方程所有零点的模小于 1, 其中假设采样时间 $T>0$.

正向差分法 (矩形近似法, I 型, $s=\dfrac{z-1}{T}$):

$$G(z)=\frac{b\cdot T^2}{z^2+(a\cdot T-2)\cdot z-a\cdot T+b\cdot T^2+1},$$

$$z^2+(a\cdot T-2)\cdot z-a\cdot T+b\cdot T^2+1=0,$$

$$z_{1,2}=-0.5\cdot(a\cdot T-2)\pm 0.5\cdot T\cdot\sqrt{a^2-4\cdot b}.$$

求稳定边界值

$$|z_{1,2}|=|-0.5\cdot(a\cdot T-2)\pm 0.5\cdot T\cdot\sqrt{a^2-4\cdot b}|=1$$

对于 a 无解, 而对于 b 和 T 得到:

$$b_{\text{krit}}=\frac{2\cdot(a\cdot T-2)}{T^2},\quad b_{\text{krit}}=2,\quad \text{对于}\quad a=3,\quad T=1\,\text{s}:$$

$$G(z)=\frac{2}{z\cdot(z+1)},\quad z_1=0,\quad z_2=-1,\quad\rightarrow\ \text{不稳定}$$

$$T_{\text{krit}}=\frac{\pm\sqrt{a^2-4\cdot b}+a}{b},\quad \text{对于}\, a^2>4\cdot b$$

$$T_{\text{krit}}=2\,\text{s},\quad \text{对于}\quad a=3,\quad b=2:$$

$$G(z)=\frac{8}{(z+1)\cdot(z+3)},\quad z_1=-1,\quad z_2=-3,\quad\rightarrow\ \text{不稳定}$$

反向差分法 (矩形近似法, II 型, $s=\dfrac{z-1}{T\cdot z}$):

$$G(z)=\frac{b\cdot T^2\cdot z^2}{(a\cdot T+b\cdot T^2+1)\cdot z^2-(a\cdot T+2)\cdot z+1}$$

梯形规则法 (III型, $s=\dfrac{2\cdot(z-1)}{T\cdot(z+1)}$):

$$G(z)=\frac{b\cdot T^2\cdot(z^2+2\cdot z+1)}{(2\cdot a\cdot T+b\cdot T^2+4)\cdot z^2+(2\cdot b\cdot T^2-8)\cdot z-2\cdot a\cdot T+b\cdot T^2+4}$$

用反向差分法和梯形规则法求特征方程值, 对于 $a>0,b>0,T>0$ 得不到临界值. 当连续的传递函数是稳定时, 这两种方法都提供稳定的 z 传递函数.

11.8.4 系统响应不变的变换

11.8.4.1 在时域不变的系统反应

很多调节技术应用都要求, 离散化传递系统响应具有在采样点, 像所属的时间连续传递系统响应那样相同的值. 输入量通常为单位冲激和单位阶跃函数.

用**系统响应不变的变换**可满足这些要求. 所提出的任务被描述如下: 具有传递函数

$$G(s)=\frac{x_{\mathrm{a}}(s)}{x_{\mathrm{e}}(s)}$$

的连续传递环节, 在接入输入量 $x_{\mathrm{e}}(s)$ 时具有系统反应

$$x_{\mathrm{a}}(s)=G(s)\cdot x_{\mathrm{e}}(s),\quad x_{\mathrm{a}}(t)=L^{-1}\{G(s)\cdot x_{\mathrm{e}}(s)\}$$

所属的离散传递系统

$$G(z)=\frac{x_{\mathrm{a}}(z)}{x_{\mathrm{e}}(z)}$$

在时域对于采样点 $t=kT$ 应提供像连续系统那样相同的值:

$$x_{\mathrm{a}}(kT)=Z^{-1}\{G(z)\cdot x_{\mathrm{e}}(z)\}\overset{!}{=}x_{\mathrm{a}}(t)\Big|_{t=kT}=L^{-1}\{G(s)\cdot x_{\mathrm{e}}(s)\}\Big|_{t=kT}$$

方程

$$Z^{-1}\{G(z)\cdot x_{\mathrm{e}}(z)\}=L^{-1}\{G(s)\cdot x_{\mathrm{e}}(s)\}\Big|_{t=kT}$$

两边进行 z 变换

$$G(z)\cdot x_{\mathrm{e}}(z)=Z\left\{L^{-1}\{G(s)\cdot x_{\mathrm{e}}(s)\}\Big|_{t=kT}\right\}$$

得到

$$Z\{G(s)\cdot x_{\mathrm{e}}(s)\} = Z\left\{L^{-1}\{G(s)\cdot x_{\mathrm{e}}(s)\}\Big|_{t=kT}\right\}$$

按 11.5.4.3 节简化表示法

$$G(z)\cdot x_{\mathrm{e}}(z) = Z\{G(s)\cdot x_{\mathrm{e}}(s)\}$$

因此对于系统响应不变的变换, 下式必须成立:

$$\boxed{G(z) = \frac{1}{x_{\mathrm{e}}(z)}\cdot Z\{G(s)\cdot x_{\mathrm{e}}(s)\}}$$

对于调节技术, 冲激不变和阶跃不变的变换是很有意义的.

11.8.4.2　冲激不变的转换

对于冲激不变的变换, 在采样点离散系统的冲激响应序列与连续冲激响应相重合. 系统输入量为

连续系统:

$x_{\mathrm{e}}(t) = \delta(t)$

$x_{\mathrm{e}}(s) = 1$

时间离散系统

$x_{\mathrm{e}}(k) = \delta(k)$

$x_{\mathrm{e}}(z) = 1$

具有冲激不变特性的 z 传递函数

$$G(z) = \frac{1}{x_{\mathrm{e}}(z)}\cdot Z\{G(s)\cdot x_{\mathrm{e}}(s)\} = Z\{G(s)\} = Z\{g(kT)\}$$

可由权函数的 z 变换得到. 在 11.5.2.4 节中的变换表中包括冲激不变的变换.

11.8.4.3　阶跃不变的转换

这个变换提供一个时间离散系统, 其阶跃响应在采样点与连续系统的阶跃响应的值重合. 系统输入量为

连续系统:

$x_{\mathrm{e}}(t) = E(t)$

$x_{\mathrm{e}}(s) = \dfrac{1}{s}$

时间离散系统:

$x_{\mathrm{e}}(k) = E(kT)$

$x_{\mathrm{e}}(z) = \dfrac{z}{z-1}$

具有阶跃不变特性的 z 传递函数

$$G(z)=\frac{1}{x_{\mathrm{e}}(z)}\cdot Z\{G(s)\cdot x_{\mathrm{e}}(s)\}=\frac{z-1}{z}\cdot Z\left\{\frac{G(s)}{s}\right\}$$

对应于连续系统具有保持器的 z 变换, 在变换表 11.5-11 中包括阶跃不变的变换.

例 11.8-3 试计算 I 阶滞后环节的冲激和阶跃响应序列, 这里该环节总是可用冲激不变的和阶跃不变的变换来离散化.

连续系统:

$$G(s)=\frac{x_{\mathrm{a}}(s)}{x_{\mathrm{e}}(s)}=\frac{K_{\mathrm{P}}}{1+T_1\cdot s},\quad K_{\mathrm{P}}=2,\ T_1=1\ \mathrm{s}$$

连续系统冲激响应:

$$x_{\mathrm{e}}(t)=x_{\mathrm{e}0}\cdot\delta(t),\quad x_{\mathrm{e}}(s)=x_{\mathrm{e}0}$$

$$x_{\mathrm{a}}(s)=G(s)\cdot x_{\mathrm{e}}(s)=\frac{K_{\mathrm{P}}}{1+T_1\cdot s}\cdot x_{\mathrm{e}0}$$

$$x_{\mathrm{a}}(t)=\frac{K_{\mathrm{P}}\cdot x_{\mathrm{e}0}}{T_1}\cdot \mathrm{e}^{-\frac{t}{T_1}}$$

连续系统阶跃响应:

$$x_{\mathrm{a}}(s)=G(s)\cdot x_{\mathrm{e}}(s)=\frac{K_{\mathrm{P}}}{1+T_1\cdot s}\cdot\frac{1}{s},\quad x_{\mathrm{e}}(t)=E(t),\quad x_{\mathrm{e}}=\frac{1}{s}$$

$$x_{\mathrm{a}}(t)=K_{\mathrm{P}}\cdot\left(1-\mathrm{e}^{-\frac{t}{T_1}}\right)$$

时间离散系统: 冲激不变的变换和冲激响应序列 (表 11.5-4, 序号 32):

$$G(z)=\frac{x_{\mathrm{a}}(z)}{x_{\mathrm{e}}(z)}=\frac{K_{\mathrm{P}}}{T_1}\cdot\frac{z}{z-\mathrm{e}^{-\frac{T}{T_1}}},\quad x_{\mathrm{e}}(kT)=x_{\mathrm{e}0}\cdot\delta(k),\quad x_{\mathrm{e}}(z)=x_{\mathrm{e}0}$$

$$x_{\mathrm{a}}(z)=G(z)\cdot x_{\mathrm{e}}(z)=\frac{K_{\mathrm{P}}}{T_1}\cdot\frac{z}{z-\mathrm{e}^{-\frac{T}{T_1}}}\cdot x_{\mathrm{e}0}$$

$$x_{\mathrm{a}}(kT)=\frac{K_{\mathrm{P}}\cdot x_{\mathrm{e}0}}{T_1}\cdot\mathrm{e}^{-\frac{kT}{T_1}}$$

阶跃不变的变换 (表 11.5-11, 序号 5):

$$G(z)=\frac{x_{\mathrm{a}}(z)}{x_{\mathrm{e}}(z)}=K_{\mathrm{P}}\cdot\frac{1-\mathrm{e}^{-\frac{T}{T_1}}}{z-\mathrm{e}^{-\frac{T}{T_1}}},\quad x_{\mathrm{e}}(kT)=E(kT),\quad x_{\mathrm{e}}(z)=\frac{z}{z-1}$$

阶跃响应序列 (表 11.5-4, 序号 37):

$$x_{\mathrm{a}}(z) = G(z) \cdot x_{\mathrm{e}}(z) = K_{\mathrm{P}} \cdot \frac{1 - \mathrm{e}^{-\frac{T}{T_1}}}{z - \mathrm{e}^{-\frac{T}{T_1}}} \cdot \frac{z}{z-1}$$

$$x_{\mathrm{a}}(kT) = K_{\mathrm{P}} \cdot \left(1 - \mathrm{e}^{-\frac{kT}{T_1}}\right)$$

冲激和阶跃响应序列在采样点与连续函数的值相重合.

第 12 章　状态调节

12.1　概述

经典调节技术(klassischen Regelungstechnik) 方法描述传递系统输入–输出特性, 它特别适合于具有单输入量和单输出量的调节回路设计. 如果调节回路环节为线性的和定常的, 那么可引入 Laplace 变换作为有效的数学辅助工具, 对此用**频域法(Frequenzbereichsvefahren)** 间接地进行调节器计算, 其中应用复数计算求解代数方程以取代解微分方程.

状态描述(Zustandsbeschreibung) 的现代方法在**时域 (Zeitbereich)** 工作具有优越性, 由此也可研究非线性的和时变的系统以及具有多输入和多输出变量的系统. 如果被调节对象是线性的话, 对计算状态调节器引入频域法也是有益的, 其特征是将高阶微分方程转换为一阶微分方程组.

串联调节利用确定的内部状态变量以改善调节品质. **状态调节要求完全状态反馈(Zustandsregelungen erfordern vollständige Zustansrückführung)**, 这意味着将全部储能器的能量都计入调节之内. 这样调节装置具有**最优结构 (optimale Struktur)**. 状态调节器参数不再能分开计算或由实验来求得. 最优值可在一个封闭计算过程中来确定. 此外有两个重点必须注意:

- 被调节对象的数学模型必须存在;
- 在具有高阶滞后的被调节对象时应引入数字计算机作为计算的辅助工具.

当用闭环调节或串联调节不能满足高的动态特性要求时, 则应用状态调节. 对于调节技术, 按照 DIN IEC 60 050-351①的概念和公式符号是有效的. 状态调节方法首先在美国发展的. 对此, 用于描述占主导的仍是应用美国符号. 在表 12.1-1 中汇总了用于状态描述的重要公式符号.

表 12.1-1　状态描述的调节技术公式符号

公式符号	概念
$\boldsymbol{A}$	系统矩阵
$\boldsymbol{B}, \boldsymbol{b}$	输入矩阵, 输入向量
$\boldsymbol{C}, \boldsymbol{c}^{\mathrm{T}}$	输出矩阵, 输出向量
$\boldsymbol{D}, \boldsymbol{d}, d$	前馈矩阵, 前馈向量, 前馈系数
e	调节误差

① [译者注]德国工业标准 (DIN) 采用国际电工委员会 (IEC) 制定的有关国际电工词汇国际标准, 其中 351 部分为控制技术词汇.

(续)

公式符号	概念
$\boldsymbol{E}$	单位矩阵
$\boldsymbol{F}$	观测模型, 观测器系统矩阵
$\boldsymbol{L}, \boldsymbol{l}$	观测矩阵, 观测向量
$\boldsymbol{Q}_{\mathrm{B}}$	可观测性矩阵
$\boldsymbol{Q}_{\mathrm{S}}$	可控性矩阵
$\boldsymbol{R}, \boldsymbol{r}^T$	反馈矩阵, 反馈向量
$\boldsymbol{u}, u$	输入变量向量, 输入变量
v	前置滤波器
w	参据量
$\boldsymbol{x}, x$	状态向量, 状态变量
$\boldsymbol{y}, y$	输出变量向量, 输出变量
z	扰动量

12.2 用于计算具有状态变量传递系统的数学方法

12.2.1 具有状态变量传递系统的描述

12.2.1.1 方程组一般形式

在具有多输入–多输出变量调节系统的输入–输出描述时, 对于每个输出变量都应用一个 n 阶微分方程, 其中出现输入–输出变量及其导数. 对于具有 n 个储能器, m 个输入变量和 r 个输出变量的传递系统, 通用传递符号是有效的.

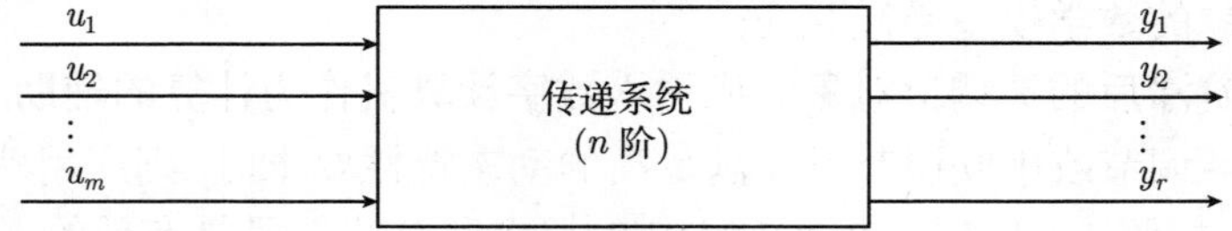

通过引入内部系统量, 即**状态变量(Zustandsvariablen)**可给出状态表示. 人们得到状态变量, 仅当 n 阶微分方程能被转换成一个 I 阶微分方程组:

$$\begin{aligned}
\frac{\mathrm{d}x_1}{\mathrm{d}t} &= f_1[x_1,\, x_2,\, \cdots,\, x_n;\; u_1,\, u_2,\, \cdots,\, u_m] \\
\frac{\mathrm{d}x_2}{\mathrm{d}t} &= f_2[x_1,\, x_2,\, \cdots,\, x_n;\; u_1,\, u_2,\, \cdots,\, u_m] \\
\vdots &= \vdots \\
\frac{\mathrm{d}x_n}{\mathrm{d}t} &= f_n[x_1,\, x_2,\, \cdots,\, x_n;\; u_1,\, u_2,\, \cdots,\, u_m]
\end{aligned}$$

n 个状态微分方程 (Zustandsdifferentialgleichungen) 建立输入变量 $u_1, u_2, \cdots, u_m$ 和状态变量 $x_1, x_2, \cdots, x_n$ 之间关系式. 附加 r 个**输出方程(Ausgangsgleichungen)**

是必要的, 它描述输出量 $y_1, \cdots, y_r$ 与状态变量和输入变量的关系:

$$\begin{aligned} y_1 &= g_1[x_1,\, x_2,\, \cdots,\, x_n;\; u_1,\, u_2,\, \cdots,\, u_m] \\ y_2 &= g_2[x_1,\, x_2,\, \cdots,\, x_n;\; u_1,\, u_2,\, \cdots,\, u_m] \\ \vdots &= \vdots \\ y_r &= g_r[x_1,\, x_2,\, \cdots,\, x_n;\; u_1,\, u_2,\, \cdots,\, u_m] \end{aligned}$$

输出变量是状态量, 该量能把满足调节的确定要求规定成时间历程. 状态微分方程和输出方程共同构建**状态方程(Zustangsgleichungen)**. 在状态方程中不出现输入变量的导数, 输出方程为不含导数的代数方程.

12.2.1.2 具有状态变量线性多变量系统的描述

被调节对象的微分方程一般是非线性的. 就应用所给的状态表示的一般形式. 如果被调节对象位于工作点或工作范围, 那么通过线性化可给出线性等效系统. 对于具有多输入变量和多输出变量的线性传递系统 (图 12.2-1), **线性状态微分方程(linearen Zustandsdifferentialgleichungen)** 有效:

$$\begin{aligned} \frac{\mathrm{d}x_1}{\mathrm{d}t} &= a_{11} \cdot x_1 + a_{12} \cdot x_2 + \cdots + a_{1n} \cdot x_n + b_{11} \cdot u_1 + b_{12} \cdot u_2 + \cdots + b_{1m} \cdot u_m \\ \frac{\mathrm{d}x_2}{\mathrm{d}t} &= a_{21} \cdot x_1 + a_{22} \cdot x_2 + \cdots + a_{2n} \cdot x_n + b_{21} \cdot u_1 + b_{22} \cdot u_2 + \cdots + b_{2m} \cdot u_m \\ \vdots &= \vdots \\ \frac{\mathrm{d}x_n}{\mathrm{d}t} &= a_{n1} \cdot x_1 + a_{n2} \cdot x_2 + \cdots + a_{nn} \cdot x_n + b_{n1} \cdot u_1 + b_{n2} \cdot u_2 + \cdots + b_{nm} \cdot u_m \end{aligned}$$

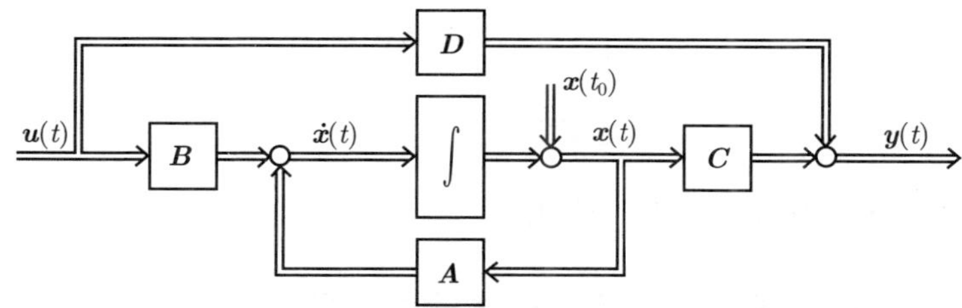

图 12.2-1 具有多输入和多输出变量的线性传递系统以状态表示的向量信号流图

在线性系统中**输出方程(Ausgangsgleichungen)** 具有如下形式:

$$\begin{aligned} y_1 &= c_{11} \cdot x_1 + c_{12} \cdot x_2 + \cdots + c_{1n} \cdot x_n + d_{11} \cdot u_1 + d_{12} \cdot u_2 + \cdots + d_{1m} \cdot u_m \\ y_2 &= c_{21} \cdot x_1 + c_{22} \cdot x_2 + \cdots + c_{2n} \cdot x_n + d_{21} \cdot u_1 + d_{22} \cdot u_2 + \cdots + d_{2m} \cdot u_m \\ \vdots &= \vdots \end{aligned}$$

$$y_r = c_{r1}\cdot x_1 + c_{r2}\cdot x_2 + \cdots + c_{rn}\cdot x_n + d_{r1}\cdot u_1 + d_{r2}\cdot u_2 + \cdots + d_{rm}\cdot u_m$$

高阶复杂的被调节对象线性化会导致庞大方程组. 这里**矩阵式(Matrixform)** 是有优越性的, 它给出一个紧凑清晰的表达式. 在矩阵表示法中, 将状态输入和输出变量汇集成**向量(Vektoren)**:

状态向量(Zustandsvektor): n 行, 1 列, 维数 $n\times 1$

$$\begin{bmatrix} x_1(t)\\ x_2(t)\\ \vdots\\ x_n(t)\end{bmatrix} = \boldsymbol{x}(t),\quad \frac{\mathrm{d}}{\mathrm{d}t}\begin{bmatrix} x_1(t)\\ x_2(t)\\ \vdots\\ x_n(t)\end{bmatrix} = \frac{\mathrm{d}}{\mathrm{d}t}\boldsymbol{x}(t) = \dot{\boldsymbol{x}}(t)$$

输入变量向量(Eingangsvariablenvektor): m 行, 1 列, 维数 $m\times 1$

$$\begin{bmatrix} u_1(t)\\ u_2(t)\\ \vdots\\ u_m(t)\end{bmatrix} = \boldsymbol{u}(t)$$

输出变量向量(Ausgangsvariablenvektor): r 行, 1 列, 维数 $r\times 1$

$$\begin{bmatrix} y_1(t)\\ y_2(t)\\ \vdots\\ y_r(t)\end{bmatrix} = \boldsymbol{y}(t)$$

为此, 可将线性状态方程写成下列形式.

状态微分方程 (Zustandsdifferentialgleichungen):

$$\frac{\mathrm{d}}{\mathrm{d}t}\begin{bmatrix} x_1(t)\\ x_2(t)\\ \vdots\\ x_n(t)\end{bmatrix} = \begin{bmatrix} a_{11} & \cdots & a_{1n}\\ \vdots & \ddots & \vdots\\ a_{n1} & \cdots & a_{nn}\end{bmatrix}\begin{bmatrix} x_1(t)\\ x_2(t)\\ \vdots\\ x_n(t)\end{bmatrix} + \begin{bmatrix} b_{11} & \cdots & b_{1m}\\ \vdots & \ddots & \vdots\\ b_{n1} & \cdots & b_{nm}\end{bmatrix}\begin{bmatrix} u_1(t)\\ u_2(t)\\ \vdots\\ u_m(t)\end{bmatrix}$$

输出方程 (Ausgangsgleichungen):

$$\begin{bmatrix} y_1(t) \\ y_2(t) \\ \vdots \\ y_r(t) \end{bmatrix} = \begin{bmatrix} c_{11} & \cdots & c_{1n} \\ \vdots & \ddots & \vdots \\ c_{r1} & \cdots & c_{rn} \end{bmatrix} \begin{bmatrix} x_1(t) \\ x_2(t) \\ \vdots \\ x_n(t) \end{bmatrix} + \begin{bmatrix} d_{11} & \cdots & d_{1m} \\ \vdots & \ddots & \vdots \\ d_{r1} & \cdots & d_{rm} \end{bmatrix} \begin{bmatrix} u_1(t) \\ u_2(t) \\ \vdots \\ u_m(t) \end{bmatrix}$$

矩阵具有如下符号:

系统矩阵 (Systemmatrix): n 行, n 列, 维数 $n \times n$

$$\begin{bmatrix} a_{11} & \cdots & a_{1n} \\ \vdots & \ddots & \vdots \\ a_{n1} & \cdots & a_{nn} \end{bmatrix} = \boldsymbol{A}$$

输入矩阵 (Eingangsmatrix): n 行, m 列, 维数 $n \times m$

$$\begin{bmatrix} b_{11} & \cdots & b_{1m} \\ \vdots & \ddots & \vdots \\ b_{n1} & \cdots & b_{nm} \end{bmatrix} = \boldsymbol{B}$$

输出矩阵 (Ausgangsmatrix): r 行, n 列, 维数 $r \times n$

$$\begin{bmatrix} c_{11} & \cdots & c_{1n} \\ \vdots & \ddots & \vdots \\ c_{r1} & \cdots & c_{rn} \end{bmatrix} = \boldsymbol{C}$$

前馈矩阵(Durchgangsmatrix): r 行, m 列, 维数 $r \times m$

$$\begin{bmatrix} d_{11} & \cdots & d_{1m} \\ \vdots & \ddots & \vdots \\ d_{r1} & \cdots & d_{rm} \end{bmatrix} = \boldsymbol{D}$$

用缩语得到缩写表达式:

$$\frac{\mathrm{d}\boldsymbol{x}(t)}{\mathrm{d}t} = \dot{\boldsymbol{x}}(t) = \boldsymbol{A} \cdot \boldsymbol{x}(t) + \boldsymbol{B} \cdot \boldsymbol{u}(t) \quad \text{(状态微分方程)}$$

$$\boldsymbol{y}(t) = \boldsymbol{C} \cdot \boldsymbol{x}(t) + \boldsymbol{D} \cdot \boldsymbol{u}(t) \quad \text{(输出方程)}$$

如果在所属的传递函数中分子阶数小于分母阶数, 那么前馈矩阵 $\boldsymbol{D}$ 的元素为零. 多数工程的被调节对象是这种情况.

例 12.2-1　具有两个驱动的搅拌机.

在图 12.2-2 中给出具有两个驱动电动机的搅拌机工艺示意图, 而在图 12.2-3 中为信号流图.

搅拌机具有两个输入变量和两个输出变量. 驱动系统是机械耦合的, 其中耦合程度取决于搅拌物质的黏性 (阻尼系数 r_{k12}, r_{k21}).

由信号流图给出力矩方程:

$$\begin{aligned}\frac{\mathrm{d}\omega_1(t)}{\mathrm{d}t} &= \frac{1}{J_1}\cdot[M_{\mathrm{M1}}(t)+M_{\mathrm{R1}}(t)+M_{\mathrm{R12}}(t)] \\ &= \frac{1}{J_1}\cdot[K_{\mathrm{M1}}\cdot u_1(t)-r_{\mathrm{k1}}\cdot\omega_1(t)-r_{\mathrm{k12}}\cdot\omega_2(t)] \\ \frac{\mathrm{d}\omega_2(t)}{\mathrm{d}t} &= \frac{1}{J_2}\cdot[M_{\mathrm{M2}}(t)+M_{\mathrm{R2}}(t)+M_{\mathrm{R21}}(t)] \\ &= \frac{1}{J_2}\cdot[K_{\mathrm{M2}}\cdot u_2(t)-r_{\mathrm{k2}}\cdot\omega_2(t)-r_{\mathrm{k21}}\cdot\omega_1(t)]\end{aligned}$$

用调节技术的符号

$$\omega_1(t)\mathrel{\hat{=}}x_1(t)=y_1(t)$$
$$\omega_2(t)\mathrel{\hat{=}}x_2(t)=y_2(t)$$

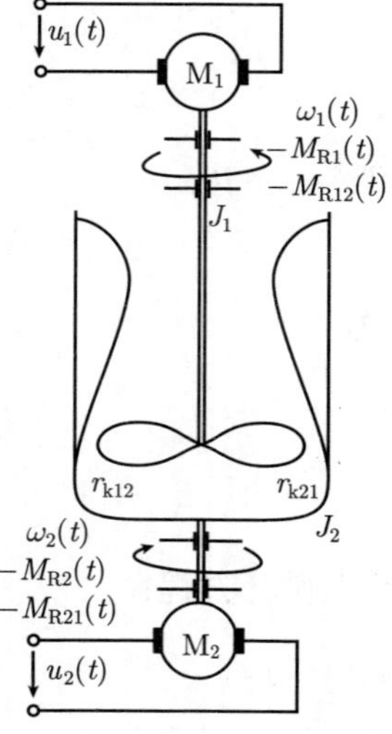

$u(t)$ = 电枢电压(输入变量)
$\omega(t)$ = 角速度(输出变量)
$M_{\mathrm{M}}(t)$ = 电动机力矩
$M_{\mathrm{B}}(t)$ = 加速力矩
$M_{\mathrm{R}}(t)$ = 摩擦力矩
K_{M} = 力矩常数
r_{k} = 阻尼系数
J = 惯性矩

图 12.2-2　搅拌机的工艺示意图

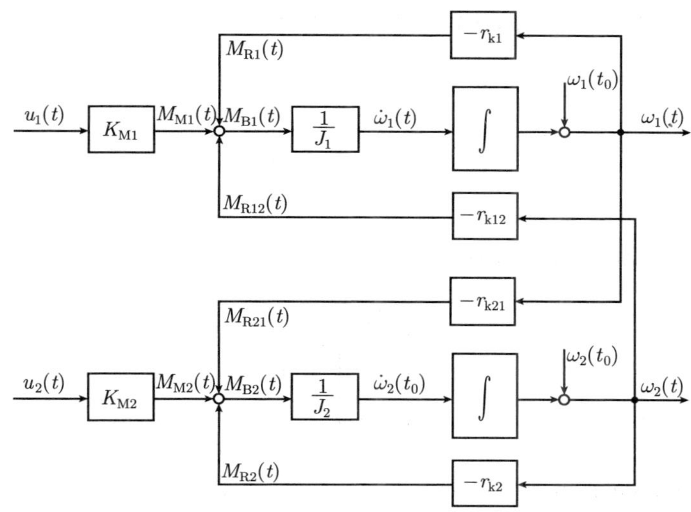

图 12.2-3 搅拌机的信号流图

得到状态微分方程和输出方程的标量形式

$$\frac{\mathrm{d}\,x_1(t)}{\mathrm{d}t} = -\frac{r_{k1}}{J_1}\cdot x_1(t) - \frac{r_{k12}}{J_1}\cdot x_2(t) + \frac{K_{M1}}{J_1}\cdot u_1(t)$$

$$\frac{\mathrm{d}\,x_2(t)}{\mathrm{d}t} = -\frac{r_{k21}}{J_2}\cdot x_1(t) - \frac{r_{k2}}{J_2}\cdot x_2(t) + \frac{K_{M2}}{J_2}\cdot u_2(t)$$

$$y_1(t) = x_1(t), \quad y_2(t) = x_2(t)$$

和矩阵表达式 $(n = m = r = 2)$:

$$\frac{\mathrm{d}}{\mathrm{d}t}\begin{bmatrix} x_1(t) \\ x_2(t) \end{bmatrix} = \begin{bmatrix} -\dfrac{r_{k1}}{J_1} & -\dfrac{r_{k12}}{J_1} \\ -\dfrac{r_{k21}}{J_2} & -\dfrac{r_{k2}}{J_2} \end{bmatrix}\begin{bmatrix} x_1(t) \\ x_2(t) \end{bmatrix} + \begin{bmatrix} \dfrac{K_{M1}}{J_1} & 0 \\ 0 & \dfrac{K_{M2}}{J_2} \end{bmatrix}\begin{bmatrix} u_1(t) \\ u_2(t) \end{bmatrix}$$

$$\begin{bmatrix} y_1(t) \\ y_2(t) \end{bmatrix} = \begin{bmatrix} 1 & 0 \\ 0 & 1 \end{bmatrix}\begin{bmatrix} x_1(t) \\ x_2(t) \end{bmatrix}$$

在这种调节系统中前馈矩阵 $\boldsymbol{D}$ 为零.

12.2.1.3 具有状态变量的线性单变量系统的描述

单变量系统为具有单输入和单输出变量的传递系统. 在这种情况输入矩阵和输出矩阵转变为向量. 单变量系统的矩阵和向量具有下列形式:

系统矩阵 (Systemmatrix)：n 行, n 列, 维数 $n \times n$

$$\begin{bmatrix} a_{11} & \cdots & a_{1n} \\ \vdots & \ddots & \vdots \\ a_{n1} & \cdots & a_{nn} \end{bmatrix} = \boldsymbol{A}$$

输入向量 (Eingangsvektor)：n 行, 1 列, 维数 $n \times 1$

$$\begin{bmatrix} b_1 \\ \vdots \\ b_n \end{bmatrix} = \boldsymbol{b}$$

输出向量 (Ausgangsvektor)：1 行, n 列, 维数 $1 \times n$

$$[c_1 \cdots c_n] = \boldsymbol{c}^{\mathrm{T}}$$

在多变量系统中的前馈矩阵 $\boldsymbol{D}$ 对应于在单变量系统中的标量的前馈系数 d. 对于线性单变量系统下面方程组成立：

$$\frac{\mathrm{d}}{\mathrm{d}t}\begin{bmatrix} x_1(t) \\ x_2(t) \\ \vdots \\ x_n(t) \end{bmatrix} = \begin{bmatrix} a_{11} & \cdots & a_{1n} \\ a_{21} & \cdots & a_{2n} \\ \vdots & \ddots & \vdots \\ a_{n1} & \cdots & a_{nn} \end{bmatrix}\begin{bmatrix} x_1(t) \\ x_2(t) \\ \vdots \\ x_n(t) \end{bmatrix} + \begin{bmatrix} b_1 \\ b_2 \\ \vdots \\ b_n \end{bmatrix} \cdot u(t) \text{ (状态微分方程)}$$

$$y(t) = [c_1 \ \ldots \ c_n]\begin{bmatrix} x_1(t) \\ x_2(t) \\ \vdots \\ x_n(t) \end{bmatrix} + d \cdot u(t) \qquad \text{(输出方程)}$$

用缩写表示法得：

$$\frac{\mathrm{d}\,\boldsymbol{x}(t)}{\mathrm{d}t} = \dot{\boldsymbol{x}}(t) = \boldsymbol{A} \cdot \boldsymbol{x}(t) + \boldsymbol{b} \cdot u(t) \quad \text{(状态微分方程)}$$

$$y(t) = \boldsymbol{c}^{\mathrm{T}} \cdot \boldsymbol{x}(t) + d \cdot u(t) \quad \text{(输出方程)}$$

在图 12.2-4 中给出对于单变量传递系统的状态表示的向量信号流图.

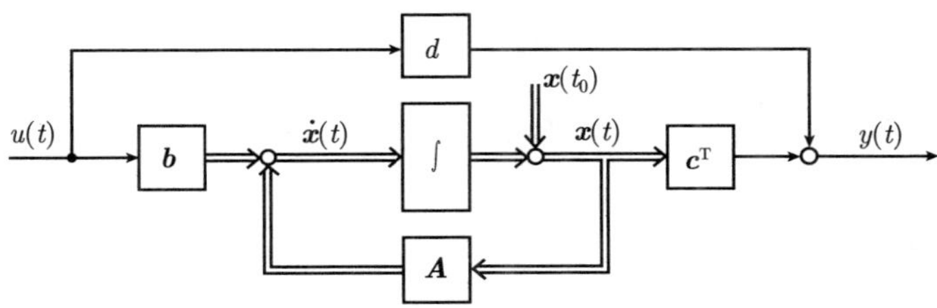

图 12.2-4 具有单输入和单输出变量的传递系统以状态表示的信号流图

例 12.2-2 位置被调节对象的状态方程.

在图 12.2-5 中给出单驱动的位置被调节对象的信号流图.

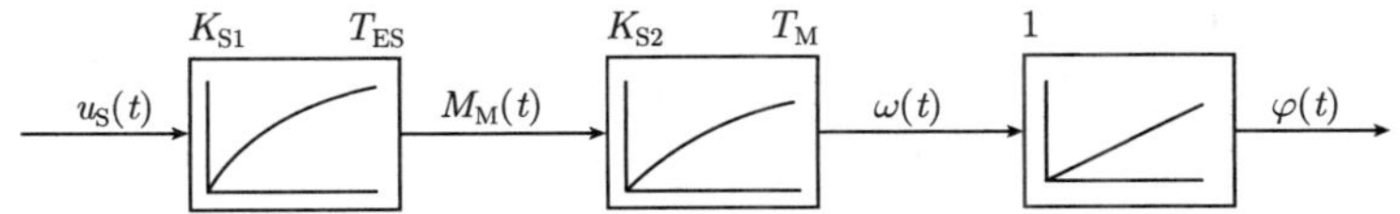

$u_S(t)$ = 整流器输入电压

$M_M(t)$ = 电动机力矩

$\omega(t)$ = 角速度

$\varphi(t)$ = 旋转角

T_{ES} = 被调节对象等效时间常数

T_M = 机械时间常数

K_{S1} = 电部分对象增益

K_{S2} = 机械部分对象增益

图 12.2-5 位置被调节对象信号流图

将信号流图中物理量归类于调节技术的变量, 即

状态变量:	输入变量:	输出变量:
$(n=3)$	$(m=1)$	$(r=1)$
$x_1(t) \mathrel{\hat{=}} \varphi(t)$,	$u(t) \mathrel{\hat{=}} u_S(t)$,	$y(t) \mathrel{\hat{=}} \varphi(t)$
$x_2(t) \mathrel{\hat{=}} \omega(t)$,		
$x_3(t) \mathrel{\hat{=}} M_M(t)$		

为此给出状态方程的标量形式:

$$\dot{x}_1(t) = \quad x_2(t)$$
$$\dot{x}_2(t) = \quad -\frac{1}{T_{\mathrm{M}}}\cdot x_2(t) \quad +\frac{K_{\mathrm{S2}}}{T_{\mathrm{M}}}\cdot x_3(t)$$
$$\dot{x}_3(t) = \quad -\frac{1}{T_{\mathrm{ES}}}\cdot x_3(t) + \frac{K_{\mathrm{S1}}}{T_{\mathrm{ES}}}\cdot u(t)$$
$$y(t) = x_1(t)$$

和矩阵形式:

$$\frac{\mathrm{d}}{\mathrm{d}t}\begin{bmatrix} x_1(t)\\ x_2(t)\\ x_3(t)\end{bmatrix} = \begin{bmatrix} 0 & 1 & 0\\ 0 & -\dfrac{1}{T_{\mathrm{M}}} & \dfrac{K_{\mathrm{S2}}}{T_{\mathrm{M}}}\\ 0 & 0 & -\dfrac{1}{T_{\mathrm{ES}}}\end{bmatrix}\begin{bmatrix} x_1(t)\\ x_2(t)\\ x_3(t)\end{bmatrix} + \begin{bmatrix} 0\\ 0\\ \dfrac{K_{\mathrm{S1}}}{T_{\mathrm{ES}}}\end{bmatrix}\cdot u(t)$$

$$y(t) = [1\ 0\ 0]\begin{bmatrix} x_1(t)\\ x_2(t)\\ x_3(t)\end{bmatrix}$$

被调节对象前馈系数 d 为零.

12.2.2 时域状态方程解

12.2.2.1 矩阵 e 函数计算

非齐次状态方程解 (节 12.2.2.3) 取决于 e 函数 $\mathrm{e}^{\boldsymbol{A}t}$, 其中系统矩阵 $\boldsymbol{A}$ 以指数出现. 求矩阵 e 函数可归结为标量 e 函数的计算. 与表示标量 e 函数为幂级数

$$\mathrm{e}^{at} = 1 + a\cdot\frac{t}{1!} + a^2\cdot\frac{t^2}{2!} + a^3\cdot\frac{t^3}{3!} + \cdots = \sum_{i=0}^{\infty} a^i\cdot\frac{t^i}{i!}$$

相对应, 矩阵 e 函数也可通过幂级数表示:

$$\mathrm{e}^{\boldsymbol{A}t} = \boldsymbol{E} + \boldsymbol{A}\cdot\frac{t}{1!} + \boldsymbol{A}^2\cdot\frac{t^2}{2!} + \boldsymbol{A}^3\cdot\frac{t^3}{3!} + \cdots = \sum_{i=0}^{\infty}\boldsymbol{A}^i\cdot\frac{t^i}{i!}$$

例 12.2-3 试确定系统矩阵

$$\boldsymbol{A} = \begin{bmatrix} -1 & 0\\ 1 & -1\end{bmatrix}$$

的矩阵 e 函数. 首先应计算乘积

$$\boldsymbol{A}^2 = \boldsymbol{A}\cdot\boldsymbol{A} = \begin{bmatrix} -1 & 0\\ 1 & -1\end{bmatrix}\begin{bmatrix} -1 & 0\\ 1 & -1\end{bmatrix} = \begin{bmatrix} 1 & 0\\ -2 & 1\end{bmatrix}$$

和

$$\boldsymbol{A}^3=\boldsymbol{A}^2\cdot\boldsymbol{A}=\begin{bmatrix}1&0\\-2&1\end{bmatrix}\begin{bmatrix}-1&0\\1&-1\end{bmatrix}=\begin{bmatrix}-1&0\\3&-1\end{bmatrix}$$

对于矩阵 e 函数得到幂级数

$$\begin{aligned}\mathrm{e}^{\boldsymbol{A}t}&=\mathrm{e}^{\begin{bmatrix}-1&0\\1&-1\end{bmatrix}\cdot t}\\&=\begin{bmatrix}1&0\\0&1\end{bmatrix}+\begin{bmatrix}-1&0\\1&-1\end{bmatrix}\cdot\frac{t}{1!}+\begin{bmatrix}1&0\\-2&1\end{bmatrix}\cdot\frac{t^2}{2!}+\begin{bmatrix}-1&0\\3&-1\end{bmatrix}\cdot\frac{t^3}{3!}+\cdots\\&=\begin{bmatrix}1-\frac{t}{1!}+\frac{t^2}{2!}-\frac{t^3}{3!}+\cdots & 0+0\cdot\frac{t}{1!}+0\cdot\frac{t^2}{2!}+0\cdot\frac{t^3}{3!}+\cdots\\0+\frac{t}{1!}-\frac{2\cdot t^2}{2!}+\frac{3\cdot t^3}{3!}-\cdots & 1-\frac{t}{1!}+\frac{t^2}{2!}-\frac{t^3}{3!}+\cdots\end{bmatrix}\end{aligned}$$

矩阵元素为 e 函数:

元素 (1, 1) 和 (2, 2) $=1-\frac{t}{1!}+\frac{t^2}{2!}-\frac{t^3}{3!}+\cdots=\mathrm{e}^{-t}$

元素 (1, 2)$=0+0\cdot\frac{t}{1!}+0\cdot\frac{t^2}{2!}+0\cdot\frac{t^3}{3!}+\cdots=0$

元素 (2, 1)$=0+\frac{t}{1!}-2\cdot\frac{t^2}{2!}+3\cdot\frac{t^3}{3!}+\cdots=t\cdot\left[1-\frac{t}{1!}+\frac{t^2}{2!}-\cdots\right]=t\cdot\mathrm{e}^{-t}$

为此矩阵e函数采用形式:

$$\mathrm{e}^{\boldsymbol{A}t}=\mathrm{e}^{\begin{bmatrix}-1&0\\1&-1\end{bmatrix}\cdot t}=\begin{bmatrix}\mathrm{e}^{-t}&0\\t\cdot\mathrm{e}^{-t}&\mathrm{e}^{-t}\end{bmatrix}=\mathrm{e}^{-t}\cdot\begin{bmatrix}1&0\\t&1\end{bmatrix}$$

12.2.2.2 矩阵 e 函数微分

为了计算矩阵 e 函数对时间的导数, 也适宜于表示为幂级数. 对矩阵 e 函数

$$\mathrm{e}^{\boldsymbol{A}t}=\boldsymbol{E}+\boldsymbol{A}\cdot\frac{t}{1!}+\boldsymbol{A}^2\cdot\frac{t^2}{2!}+\boldsymbol{A}^3\cdot\frac{t^3}{3!}+\cdots=\sum_{i=0}^{\infty}\boldsymbol{A}^i\cdot\frac{t^i}{i!}$$

微分

$$\begin{aligned}\frac{\mathrm{d}}{\mathrm{d}t}\mathrm{e}^{\boldsymbol{A}t}&=\sum_{i=0}^{\infty}\boldsymbol{A}^i\cdot i\cdot\frac{t^{i-1}}{i!}=0+\boldsymbol{A}\cdot\frac{1}{1!}+2\cdot\boldsymbol{A}^2\cdot\frac{t}{2!}+3\cdot\boldsymbol{A}^3\cdot\frac{t^2}{3!}+\cdots\\&=\boldsymbol{A}+\boldsymbol{A}^2\cdot\frac{t}{1!}+\boldsymbol{A}^3\cdot\frac{t^2}{2!}+\cdots\end{aligned}$$

其中生成系统矩阵 $\boldsymbol{A}$ 与矩阵 e 函数的乘积. 系统矩阵可向右或向左移至括号外:

$$\frac{\mathrm{d}}{\mathrm{d}t}\mathrm{e}^{\boldsymbol{A}t}=\left[\boldsymbol{E}+\boldsymbol{A}\cdot\frac{t}{1!}+\boldsymbol{A}^2\cdot\frac{t^2}{2!}+\cdots\right]\boldsymbol{A}=\boldsymbol{A}\cdot\left[\boldsymbol{E}+\boldsymbol{A}\cdot\frac{t}{1!}+\boldsymbol{A}^2\cdot\frac{t^2}{2!}+\cdots\right]$$

$$\frac{\mathrm{d}}{\mathrm{d}t}\mathrm{e}^{\boldsymbol{A}t}=\mathrm{e}^{\boldsymbol{A}t}\cdot\boldsymbol{A}=\boldsymbol{A}\cdot\mathrm{e}^{\boldsymbol{A}t}$$

与一般矩阵乘法相反, 这里的乘积是可交换的.

12.2.2.3　非齐次状态方程解

在节 12.2.1.2 中已开发具有常矩阵 $\boldsymbol{A},\boldsymbol{B}$ 和多输入多输出变量线性传递系统的状态方程

$$\frac{\mathrm{d}}{\mathrm{d}t}\boldsymbol{x}(t)=\boldsymbol{A}\cdot\boldsymbol{x}(t)+\boldsymbol{B}\cdot\boldsymbol{u}(t)$$

为求解方程左乘矩阵 e 函数:

$$\mathrm{e}^{-\boldsymbol{A}t}\frac{\mathrm{d}}{\mathrm{d}t}\boldsymbol{x}(t)=\mathrm{e}^{-\boldsymbol{A}t}\cdot\boldsymbol{A}\cdot\boldsymbol{x}(t)+\mathrm{e}^{-\boldsymbol{A}t}\cdot\boldsymbol{B}\cdot\boldsymbol{u}(t)$$

在节 12.2.2.2 中指出, 矩阵

$$\mathrm{e}^{-\boldsymbol{A}t}\cdot\boldsymbol{A}=\boldsymbol{A}\cdot\mathrm{e}^{-\boldsymbol{A}t}$$

是可交换的, 对此变换

$$\mathrm{e}^{-\boldsymbol{A}t}\frac{\mathrm{d}}{\mathrm{d}t}\boldsymbol{x}(t)-\boldsymbol{A}\cdot\mathrm{e}^{-\boldsymbol{A}t}\cdot\boldsymbol{x}(t)=\mathrm{e}^{-\boldsymbol{A}t}\cdot\boldsymbol{B}\cdot\boldsymbol{u}(t)$$

是允许的, 方程左边与导数

$$\frac{\mathrm{d}}{\mathrm{d}t}\left[\mathrm{e}^{-\boldsymbol{A}t}\cdot\boldsymbol{x}(t)\right]=\mathrm{e}^{-\boldsymbol{A}t}\frac{\mathrm{d}}{\mathrm{d}t}\boldsymbol{x}(t)-\boldsymbol{A}\cdot\mathrm{e}^{-\boldsymbol{A}t}\cdot\boldsymbol{x}(t)$$

对应, 它是通过乘积微分得到的. 为此, 得到

$$\frac{\mathrm{d}}{\mathrm{d}t}\left[\mathrm{e}^{-\boldsymbol{A}t}\cdot\boldsymbol{x}(t)\right]=\mathrm{e}^{-\boldsymbol{A}t}\cdot\boldsymbol{B}\cdot\boldsymbol{u}(t)$$

如果研究开始于时间点 t_0, 那么提供从 t_0 到 t 的积分

$$\int_{t_0}^{t}\frac{\mathrm{d}}{\mathrm{d}\tau}\left[\mathrm{e}^{-\boldsymbol{A}\tau}\cdot\boldsymbol{x}(\tau)\right]\mathrm{d}\tau=\int_{t_0}^{t}\mathrm{e}^{-\boldsymbol{A}\tau}\cdot\boldsymbol{B}\cdot\boldsymbol{u}(\tau)\cdot\mathrm{d}\tau$$

用 τ 表示积分变量, 以便区别积分边界, 左边方程的积分给出:

$$\left[\mathrm{e}^{-\boldsymbol{A}\tau}\cdot\boldsymbol{x}(\tau)\right]_{t_0}^{t}=\mathrm{e}^{-\boldsymbol{A}t}\cdot\boldsymbol{x}(t)-\mathrm{e}^{-\boldsymbol{A}t_0}\cdot\boldsymbol{x}(t_0)=\int_{t_0}^{t}\mathrm{e}^{-\boldsymbol{A}\tau}\cdot\boldsymbol{B}\cdot\boldsymbol{u}(\tau)\cdot\mathrm{d}\tau$$

方程再左乘矩阵 e 函数:

$$\mathrm{e}^{\boldsymbol{A}t}\cdot\mathrm{e}^{-\boldsymbol{A}t}\cdot\boldsymbol{x}(t)-\mathrm{e}^{\boldsymbol{A}t}\cdot\mathrm{e}^{-\boldsymbol{A}t_0}\cdot\boldsymbol{x}(t_0)=\mathrm{e}^{\boldsymbol{A}t}\int_{t_0}^{t}\mathrm{e}^{-\boldsymbol{A}\tau}\cdot\boldsymbol{B}\cdot\boldsymbol{u}(\tau)\cdot\mathrm{d}\tau$$

在右边方程上, 可将两个 e 函数在积分内合并, 因为 $\mathrm{e}^{-\boldsymbol{A}t}$ 与 τ 无关:

$$\boldsymbol{x}(t)-\mathrm{e}^{\boldsymbol{A}(t-t_0)}\cdot\boldsymbol{x}(t_0)=\int_{t_0}^{t}\mathrm{e}^{\boldsymbol{A}(t-\tau)}\cdot\boldsymbol{B}\cdot\boldsymbol{u}(\tau)\cdot\mathrm{d}\tau$$

状态方程一般解是由齐次状态方程解 $x_h(t)$ 和特解 $x_p(t)$ 组合成的:

$$\boxed{\boldsymbol{x}(t)=\boldsymbol{x}_{\mathrm{h}}(t)+\boldsymbol{x}_{\mathrm{p}}(t)=\mathrm{e}^{\boldsymbol{A}(t-t_0)}\cdot\boldsymbol{x}(t_0)+\int_{t_0}^{t}\mathrm{e}^{\boldsymbol{A}(t-\tau)}\cdot\boldsymbol{B}\cdot\boldsymbol{u}(\tau)\cdot\mathrm{d}\tau}$$

该结果表明, 系统状态 $x(t)$(对于 $t>t_0$) 是由状态变量初值 $x(t_0)$ 和输入向量 $u(t)$ 唯一确定. 通过将解 $x(t)$ 代入输出方程

$$\boldsymbol{y}(t)=\boldsymbol{C}\cdot\boldsymbol{x}(t)$$

可计算输出变量:

$$\boxed{\boldsymbol{y}(t)=\boldsymbol{C}\cdot\int_{t_0}^{t}\mathrm{e}^{\boldsymbol{A}(t-\tau)}\cdot\boldsymbol{B}\cdot\boldsymbol{u}(\tau)\cdot\mathrm{d}\tau+\boldsymbol{C}\cdot\mathrm{e}^{\boldsymbol{A}(t-t_0)}\cdot\boldsymbol{x}(t_0)}$$

12.2.2.4 转移矩阵

在节 12.2.2.1 中描述了也称为**转移矩阵(Transitionsmatrix)** 的矩阵 e 函数:

$$\boxed{\boldsymbol{\Phi}(t)=\mathrm{e}^{\boldsymbol{A}t}}$$

它确定齐次和非齐次状态方程解:

$$\boldsymbol{x}(t)=\int_{t_0}^{t}\boldsymbol{\Phi}(t-\tau)\cdot\boldsymbol{B}\cdot\boldsymbol{u}(\tau)\cdot\mathrm{d}\tau+\boldsymbol{\Phi}(t-t_0)\cdot\boldsymbol{x}(t_0)$$

齐次状态方程解部分是由转移矩阵与初始值向量 $\boldsymbol{x}(t_0)$ 的乘积构成:

$$\boldsymbol{x}_{\mathrm{h}}(t)=\boldsymbol{\Phi}(t-t_0)\cdot\boldsymbol{x}(t_0)$$

通过方程变换, 初始值由实际系统状态用逆转移矩阵来计算:

$$\boldsymbol{x}(t_0)=\boldsymbol{\Phi}^{-1}(t-t_0)\cdot\boldsymbol{x}_{\mathrm{h}}(t)$$

逆转移矩阵

$$\boldsymbol{\Phi}^{-1}(t-t_0)=\boldsymbol{\Phi}(t_0-t)$$

可通过 t 和 t_0 交换来构成. 由 $t_0=0$ 给出

$$\boldsymbol{\Phi}^{-1}(t)=\boldsymbol{\Phi}(-t)$$

由此计算初始状态

$$\boldsymbol{x}(t_0) = \boldsymbol{\Phi}(t_0 - t) \cdot \boldsymbol{x}_{\mathrm{h}}(t)$$

对于 $t_0 = 0$ 时, 可得到

$$\boldsymbol{x}(0) = \boldsymbol{\Phi}(-t) \cdot \boldsymbol{x}_{\mathrm{h}}(t)$$

对于转移矩阵下面**特定值(Sonderwerte)** 有效.

初始值(Anfangswert):

$$\boldsymbol{\Phi}(t=0) = \lim_{t\to 0} \mathrm{e}^{\boldsymbol{A}t} = \mathrm{e}^{\boldsymbol{A}0} = \boldsymbol{E}$$

终值(Endwert):

$$\boldsymbol{\Phi}(t\to\infty) = \lim_{t\to\infty} \mathrm{e}^{\boldsymbol{A}t} = \mathrm{e}^{\boldsymbol{A}\infty} = \boldsymbol{0}, \quad 用\ \mathbf{0}\ 表示零矩阵.$$

如果具有系统矩阵 $\boldsymbol{A}$ 的传递系统是稳定的话, 那么终值公式是可应用的, 转移矩阵也称为基本矩阵或状态传递矩阵.

例 12.2-4　状态方程解.

在信号流图 12.2-6 中表示具有微分方程

$$\frac{1}{\omega_{0\mathrm{S}}^2} \cdot \frac{\mathrm{d}^2 y(t)}{\mathrm{d}t^2} + \frac{2 \cdot D_{\mathrm{S}}}{\omega_{0\mathrm{S}}} \cdot \frac{\mathrm{d}y(t)}{\mathrm{d}t} + y(t) = K_{\mathrm{S}} \cdot u(t)$$

PT_2 被调节对象的标准微分方程.

通过引入状态变量

$$x_1(t) = y(t)$$

$$x_2(t) = \frac{\mathrm{d}y(t)}{\mathrm{d}t}$$

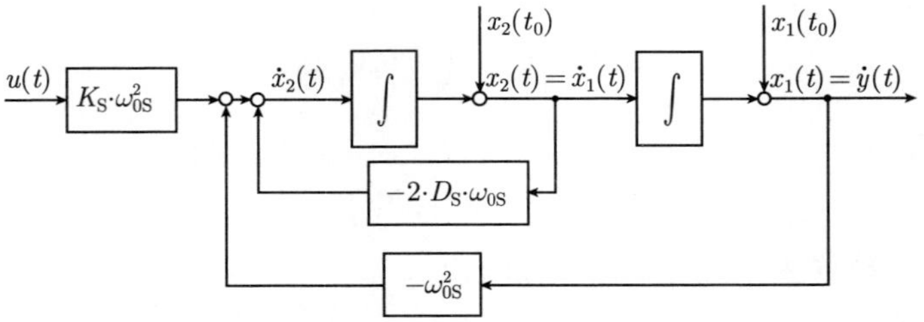

图 12.2-6　PT_2 被调节对象的标准型的信号流图

将 II 阶微分方程转换为状态表达式：

$$\frac{\mathrm{d}x_1(t)}{\mathrm{d}t} = x_2(t)$$
$$\frac{\mathrm{d}x_2(t)}{\mathrm{d}t} = -\omega_{0\mathrm{S}}^2 \cdot x_1(t) - 2 \cdot D_\mathrm{S} \cdot \omega_{0\mathrm{S}} \cdot x_2(t) + K_\mathrm{S} \cdot \omega_{0\mathrm{S}}^2 \cdot u(t)$$
$$y(t) = x_1(t)$$

给出方程组的矩阵形式：

$$\frac{\mathrm{d}}{\mathrm{d}t}\begin{bmatrix} x_1(t) \\ x_2(t) \end{bmatrix} = \begin{bmatrix} 0 & 1 \\ -\omega_{0\mathrm{S}}^2 & -2 \cdot D_\mathrm{S} \cdot \omega_{0\mathrm{S}} \end{bmatrix}\begin{bmatrix} x_1(t) \\ x_2(t) \end{bmatrix} + \begin{bmatrix} 0 \\ K_\mathrm{S} \cdot \omega_{0\mathrm{S}}^2 \end{bmatrix} \cdot u(t)$$

$$y(t) = [1\ 0]\begin{bmatrix} x_1(t) \\ x_2(t) \end{bmatrix}$$

特征角频率 ω_{0S} 和阻尼比 D_S 分别具有值 $\omega_{0S} = 1s^{-1}$ 和 $D_S = 1$. 那么系统矩阵为：

$$\boldsymbol{A} = \begin{bmatrix} 0 & 1 \\ -\omega_{0\mathrm{S}}^2 & -2 \cdot D_\mathrm{S} \cdot \omega_{0\mathrm{S}} \end{bmatrix} = \begin{bmatrix} 0 & 1 \\ -1 & -2 \end{bmatrix}$$

与在节 12.2.2.1 中描述的前述方法相应, 也称为转移矩阵的矩阵 e 函数可通过幂级数来计算：

$$\boldsymbol{\Phi}(t) = \mathrm{e}^{At} = \mathrm{e}^{\begin{bmatrix} 0 & 1 \\ -1 & -2 \end{bmatrix} \cdot t}$$
$$= \begin{bmatrix} 1 + 0 \cdot \frac{t}{1!} - 1 \cdot \frac{t^2}{2!} + 2 \cdot \frac{t^3}{3!} - \cdots & 0 + 1 \cdot \frac{t}{1!} - 2 \cdot \frac{t^2}{2!} + 3 \cdot \frac{t^3}{3!} - \cdots \\ 0 - 1 \cdot \frac{t}{1!} + 2 \cdot \frac{t^2}{2!} - 3 \cdot \frac{t^3}{3!} + \cdots & 1 - 2 \cdot \frac{t}{1!} + 3 \cdot \frac{t^2}{2!} - 4 \cdot \frac{t^3}{3!} + \cdots \end{bmatrix}$$

转移矩阵元素为

$$\boldsymbol{\Phi}_{12}(t) = t \cdot \mathrm{e}^{-t}$$

$$\boldsymbol{\Phi}_{21}(t) = -t \cdot \mathrm{e}^{-t}$$

$\boldsymbol{\Phi}_{11}(t)$ 和 $\boldsymbol{\Phi}_{22}(t)$ 被分解成系数：

$$\boldsymbol{\Phi}_{11}(t) = 1 - \frac{t^2}{2!} + 2 \cdot \frac{t^3}{3!} - 3 \cdot \frac{t^4}{4!} + \cdots$$
$$= (1 + t) \cdot \left(1 - \frac{t}{1!} + \frac{t^2}{2!} - \frac{t^3}{3!} + \cdots\right) = (1 + t) \cdot \mathrm{e}^{-t}$$

$$\boldsymbol{\Phi}_{22}(t) = 1 - 2\cdot\frac{t}{1!} + 3\cdot\frac{t^2}{2!} - 4\cdot\frac{t^3}{3!} + \cdots$$
$$= (1-t)\cdot\left(1 - \frac{t}{1!} + \frac{t^2}{2!} - \frac{t^3}{3!} + \cdots\right) = (1-t)\cdot \mathrm{e}^{-t}$$

由此转移矩阵含义为

$$\boldsymbol{\Phi}(t) = \begin{bmatrix} \boldsymbol{\Phi}_{11} & \boldsymbol{\Phi}_{12} \\ \boldsymbol{\Phi}_{21} & \boldsymbol{\Phi}_{22} \end{bmatrix} = \begin{bmatrix} (1+t)\cdot \mathrm{e}^{-t} & t\cdot \mathrm{e}^{-t} \\ -t\cdot \mathrm{e}^{-t} & (1-t)\cdot \mathrm{e}^{-t} \end{bmatrix}$$

研究 $u(\tau) = u_0 \cdot E(\tau)$ 的阶跃特性. 如果选择 $t_0 = 0$, 那么状态方程解具有如下形式:

$$\boldsymbol{x}(t) = \int_0^t \boldsymbol{\Phi}(t-\tau)\cdot\boldsymbol{b}\cdot u(\tau)\cdot \mathrm{d}\tau + \boldsymbol{\Phi}(t)\cdot\boldsymbol{x}(t_0)$$

对于输出变量 $y(t)$ 得到

$$y(t) = x_1(t) = \int_0^t \boldsymbol{\Phi}_{12}(t-\tau)\cdot K_\mathrm{S}\cdot\omega_{0\mathrm{S}}^2\cdot u_0\cdot \mathrm{d}\tau + \boldsymbol{\Phi}_{11}(t)\cdot x_1(t_0) + \boldsymbol{\Phi}_{12}(t)\cdot x_2(t_0)$$
$$= K_\mathrm{S}\cdot\omega_{0\mathrm{S}}^2\cdot u_0\cdot\int_0^t (t-\tau)\cdot \mathrm{e}^{-(t-\tau)}\cdot \mathrm{d}\tau + (1+t)\cdot \mathrm{e}^{-t}\cdot x_1(t_0) + t\cdot \mathrm{e}^{-t}\cdot x_2(t_0)$$

通过分部积分计算积分:

$$y(t) = K_\mathrm{S}\cdot\omega_{0\mathrm{S}}^2\cdot u_0\cdot[1-(1+t)\cdot \mathrm{e}^{-t}] + (1+t)\cdot \mathrm{e}^{-t}\cdot x_1(t_0) + t\cdot \mathrm{e}^{-t}\cdot x_2(t_0)$$

PT_2 被调节对象的初始值为

$$\begin{bmatrix} x_1(t_0) \\ x_2(t_0) \end{bmatrix} = \begin{bmatrix} 0.5 \\ 0.2 \end{bmatrix}$$

在图 12.2-7 中绘制出输出变量的时间历程.

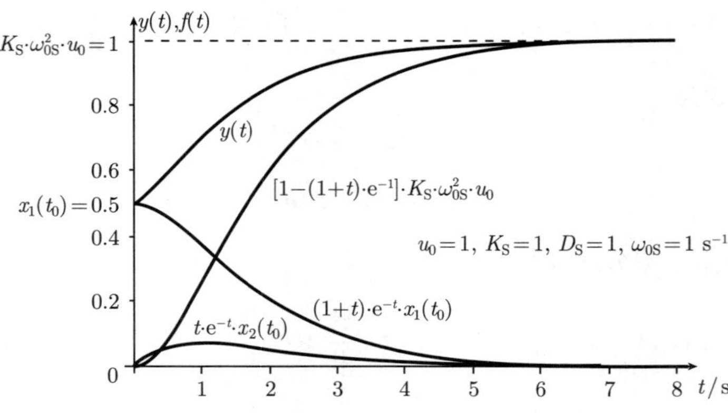

图 12.2-7　具有部分解的输出变量的时间历程

对于状态变量 $x_2(t)$ 给出表达式

$$
\begin{aligned}
x_2(t) &= \int_0^t \boldsymbol{\Phi}_{22}(t-\tau)\cdot K_{\mathrm{S}}\cdot\omega_{0\mathrm{S}}^2\cdot u_0\cdot \mathrm{d}\tau + \boldsymbol{\Phi}_{21}(t)\cdot x_1(t_0) + \boldsymbol{\Phi}_{22}(t)\cdot x_2(t_0)\\
&= K_{\mathrm{S}}\cdot\omega_{0\mathrm{S}}^2\cdot u_0\cdot\int_0^t (1-t+\tau)\cdot \mathrm{e}^{-(t-\tau)}\cdot \mathrm{d}\tau - t\cdot\mathrm{e}^{-t}\cdot x_1(t_0) + (1-t)\cdot\mathrm{e}^{-t}\cdot x_2(t_0)
\end{aligned}
$$

分部积分提供结果

$$
x_2(t) = K_{\mathrm{S}}\cdot\omega_{0\mathrm{S}}^2\cdot u_0\cdot t\cdot\mathrm{e}^{-t} - t\cdot\mathrm{e}^{-t}\cdot x_1(t_0) + (1-t)\cdot\mathrm{e}^{-t}\cdot x_2(t_0)
$$

并绘制在图 12.2-8 中.

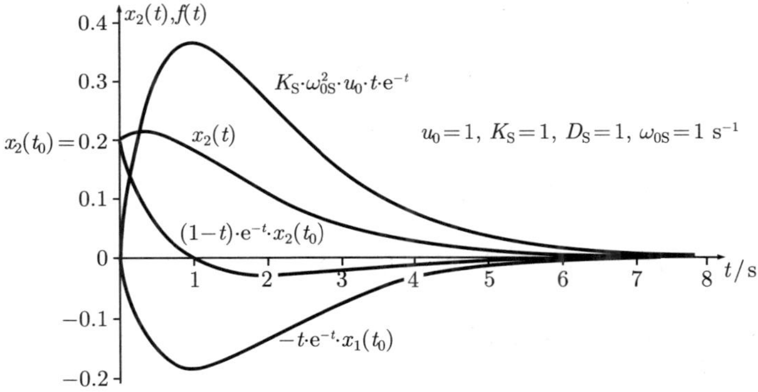

图 12.2-8 具有部分解状态变量 $x_2(t)$ 的时间历程

12.2.3 在频域状态方程解

在时域求解高阶传递系统非齐次状态方程时, 对于转移矩阵幂级数和卷积已经给出的隐式表达式. 如果矩阵 $\boldsymbol{A}$、$\boldsymbol{B}$、$\boldsymbol{C}$、$\boldsymbol{D}$ 的元素与时间无关, 那么状态方程可间接地在频域求解.

以下描述具有状态方程

$$
\begin{aligned}
\dot{\boldsymbol{x}}(t) &= \boldsymbol{A}\cdot\boldsymbol{x}(t) + \boldsymbol{b}\cdot u(t)\\
y(t) &= \boldsymbol{c}^{\mathrm{T}}\cdot\boldsymbol{x}(t)
\end{aligned}
$$

的单变量系统计算过程, 其中假设前馈系数为零: $d=0$. 应用拉普拉斯变换到状态向量 $x(t)$, 得到

$$L\{\boldsymbol{x}(t)\} = L\left\{\begin{bmatrix} x_1(t) \\ x_2(t) \\ \vdots \\ x_n(t) \end{bmatrix}\right\} = \begin{bmatrix} x_1(s) \\ x_2(s) \\ \vdots \\ x_n(s) \end{bmatrix} = \boldsymbol{x}(s)$$

用微分定理对状态向量 $x(t)$ 的导数进行变换:

$$L\{\dot{\boldsymbol{x}}(t)\} = L\left\{\begin{bmatrix} \dot{x}_1(t) \\ \dot{x}_2(t) \\ \vdots \\ \dot{x}_n(t) \end{bmatrix}\right\} = \begin{bmatrix} s \cdot x_1(s) - x_1(t_0) \\ s \cdot x_2(s) - x_2(t_0) \\ \vdots \\ s \cdot x_n(s) - x_n(t_0) \end{bmatrix} = s \cdot \boldsymbol{x}(s) - \boldsymbol{x}(t_0)$$

由此状态方程在频域具有如下形式:

$$s \cdot \boldsymbol{x}(s) - \boldsymbol{x}(t_0) = \boldsymbol{A} \cdot \boldsymbol{x}(s) + \boldsymbol{b} \cdot u(s)$$
$$y(s) = \boldsymbol{c}^{\mathrm{T}} \cdot \boldsymbol{x}(s)$$

在应用单位矩阵 $\boldsymbol{E}$ 情况下变形得到

$$s \cdot \boldsymbol{E} \cdot \boldsymbol{x}(s) - \boldsymbol{A} \cdot \boldsymbol{x}(s) = [s \cdot \boldsymbol{E} - \boldsymbol{A}] \cdot \boldsymbol{x}(s) = \boldsymbol{b} \cdot u(s) + \boldsymbol{x}(t_0)$$

为从方程解出 $x(s)$ 必须左乘逆矩阵

$$[s \cdot \boldsymbol{E} - \boldsymbol{A}]^{-1}$$

得到:

$$\boldsymbol{x}(s) = [s \cdot \boldsymbol{E} - \boldsymbol{A}]^{-1} \cdot \boldsymbol{b} \cdot u(s) + [s \cdot \boldsymbol{E} - \boldsymbol{A}]^{-1} \cdot \boldsymbol{x}(t_0)$$

状态方程解由特解部分和齐次解部分组成. 用逆拉普拉斯变换得到

$$\begin{aligned}\boldsymbol{x}(t) =& \boldsymbol{x}_{\mathrm{p}}(t) + \boldsymbol{x}_{\mathrm{h}}(t) \\ =& L^{-1}\{[s \cdot \boldsymbol{E} - \boldsymbol{A}]^{-1} \cdot \boldsymbol{b} \cdot u(s)\} + L^{-1}\{[s \cdot \boldsymbol{E} - \boldsymbol{A}]^{-1}\} \cdot \boldsymbol{x}(t_0)\end{aligned}$$

乘以输出系数 c^{T}, 给出输出变量

$$y(t) = L^{-1}\{\boldsymbol{c}^{\mathrm{T}} \cdot [s \cdot \boldsymbol{E} - \boldsymbol{A}]^{-1} \cdot \boldsymbol{b} \cdot u(s)\} + L^{-1}\{\boldsymbol{c}^{\mathrm{T}} \cdot [s \cdot \boldsymbol{E} - \boldsymbol{A}]^{-1}\} \cdot \boldsymbol{x}(t_0)$$

如果不考虑初始向量 $x(t_0) = 0$, 那么

$$y(t) = L^{-1}\{\boldsymbol{c}^{\mathrm{T}} \cdot [s \cdot \boldsymbol{E} - \boldsymbol{A}]^{-1} \cdot \boldsymbol{b} \cdot u(s)\} = L^{-1}\{G(s) \cdot u(s)\}$$

其中传递函数

$$\boxed{G(s) = \boldsymbol{c}^{\mathrm{T}} \cdot [s \cdot \boldsymbol{E} - \boldsymbol{A}]^{-1} \cdot \boldsymbol{b}}$$

为了计算**逆矩阵(inversen Matrix)** 必须构建**伴随矩阵(adjunggierte Matrix)** 并除以行列式:

$$[s \cdot \boldsymbol{E} - \boldsymbol{A}]^{-1} = \frac{1}{\det [s \cdot \boldsymbol{E} - \boldsymbol{A}]} \cdot \operatorname{adj} [s \cdot \boldsymbol{E} - \boldsymbol{A}]$$

如果将齐次状态方程解的表达式与 12.2.2.3 节的解比较, 那么对于 $t_0 = 0$ 得到

$$\boxed{\boldsymbol{\Phi}(t) = L^{-1}\{[s \cdot \boldsymbol{E} - \boldsymbol{A}]^{-1}\}}$$

由公式

$$\boxed{\boldsymbol{\Phi}(s) = [s \cdot \boldsymbol{E} - \boldsymbol{A}]^{-1}}$$

可计算在频域的转移矩阵.

例 12.2-5 在频域求解非齐次状态方程. 在例 12.2-4 中已在时域解出 PT_2 标准被调节对象的状态方程

$$\frac{\mathrm{d}}{\mathrm{d}t}\begin{bmatrix} x_1(t) \\ x_2(t) \end{bmatrix} = \begin{bmatrix} 0 & 1 \\ -\omega_{0\mathrm{S}}^2 & -2 \cdot D_{\mathrm{S}} \cdot \omega_{0\mathrm{S}} \end{bmatrix} \begin{bmatrix} x_1(t) \\ x_2(t) \end{bmatrix} + \begin{bmatrix} 0 \\ K_{\mathrm{S}} \cdot \omega_{0\mathrm{S}}^2 \end{bmatrix} \cdot u(t)$$

$$y(t) = [1\ 0] \begin{bmatrix} x_1(t) \\ x_2(t) \end{bmatrix}$$

通过应用拉普拉斯变换得到

$$\boldsymbol{x}(t) = L^{-1}\{[s \cdot \boldsymbol{E} - \boldsymbol{A}]^{-1} \cdot \boldsymbol{b} \cdot u(s)\} + L^{-1}\{[s \cdot \boldsymbol{E} - \boldsymbol{A}]^{-1} \cdot \boldsymbol{x}(t_0)\}$$

在方程中含有转移矩阵

$$\begin{aligned} \boldsymbol{\Phi}(s) &= [s \cdot \boldsymbol{E} - \boldsymbol{A}]^{-1} \\ &= \left[s \cdot \begin{bmatrix} 1 & 0 \\ 0 & 1 \end{bmatrix} - \begin{bmatrix} 0 & 1 \\ -\omega_{0\mathrm{S}}^2 & -2 \cdot D_{\mathrm{S}} \cdot \omega_{0\mathrm{S}} \end{bmatrix} \right]^{-1} \\ &= \begin{bmatrix} s & -1 \\ \omega_{0\mathrm{S}}^2 & s + 2 \cdot D_{\mathrm{S}} \cdot \omega_{0\mathrm{S}} \end{bmatrix}^{-1} \end{aligned}$$

为求一个 2×2 矩阵

$$\boldsymbol{A} = \begin{bmatrix} a_{11} & a_{12} \\ a_{21} & a_{22} \end{bmatrix}$$

的逆矩阵, 一般下式成立

$$\boldsymbol{A}^{-1}=\frac{1}{\det \boldsymbol{A}}\cdot\begin{bmatrix} a_{22} & -a_{12} \\ -a_{21} & a_{11}\end{bmatrix}$$

其中行列式为

$$\det \boldsymbol{A}=a_{11}\cdot a_{22}-a_{12}\cdot a_{21}$$

由此给出转移矩阵

$$\boldsymbol{\Phi}(s)=\frac{1}{s^2+2\cdot D_{\mathrm{S}}\cdot\omega_{0\mathrm{S}}\cdot s+\omega_{0\mathrm{S}}^2}\cdot\begin{bmatrix} s+2\cdot D_{\mathrm{S}}\cdot\omega_{0\mathrm{S}} & 1 \\ -\omega_{0\mathrm{S}}^2 & s\end{bmatrix}$$

如果将转移矩阵代入到状态方程解, 那么首先得到向量形式

$$\begin{aligned}\boldsymbol{x}(t)=&L^{-1}\left\{\frac{1}{s^2+2\cdot D_{\mathrm{S}}\cdot\omega_{0\mathrm{S}}\cdot s+\omega_{0\mathrm{S}}^2}\cdot\begin{bmatrix} s+2\cdot D_{\mathrm{S}}\cdot\omega_{0\mathrm{S}} & 1 \\ -\omega_{0\mathrm{S}}^2 & s\end{bmatrix}\begin{bmatrix} 0 \\ K_{\mathrm{S}}\cdot\omega_{0\mathrm{S}}^2\end{bmatrix}\cdot u(s)\right\}\\ &+L^{-1}\left\{\frac{1}{s^2+2\cdot D_{\mathrm{S}}\cdot\omega_{0\mathrm{S}}\cdot s+\omega_{0\mathrm{S}}^2}\cdot\begin{bmatrix} s+2\cdot D_{\mathrm{S}}\cdot\omega_{0\mathrm{S}} & 1 \\ -\omega_{0\mathrm{S}}^2 & s\end{bmatrix}\right\}\begin{bmatrix} x_1(t_0) \\ x_2(t_0)\end{bmatrix}\end{aligned}$$

并由此得到标量解

$$\begin{aligned}&x_1(t)\\ &=L^{-1}\left\{\frac{K_{\mathrm{S}}\cdot\omega_{0\mathrm{S}}^2}{s^2+2\cdot D_{\mathrm{S}}\cdot\omega_{0\mathrm{S}}\cdot s+\omega_{0\mathrm{S}}^2}\cdot u(s)\right\}+L^{-1}\left\{\frac{(s+2\cdot D_{\mathrm{S}}\cdot\omega_{0\mathrm{S}})\cdot x_1(t_0)+x_2(t_0)}{s^2+2\cdot D_{\mathrm{S}}\cdot\omega_{0\mathrm{S}}\cdot s+\omega_{0\mathrm{S}}^2}\right\}\\ &x_2(t)\\ &=L^{-1}\left\{\frac{K_{\mathrm{S}}\cdot\omega_{0\mathrm{S}}^2\cdot s}{s^2+2\cdot D_{\mathrm{S}}\cdot\omega_{0\mathrm{S}}\cdot s+\omega_{0\mathrm{S}}^2}\cdot u(s)\right\}+L^{-1}\left\{\frac{-\omega_{0\mathrm{S}}^2\cdot x_1(t_0)+s\cdot x_2(t_0)}{s^2+2\cdot D_{\mathrm{S}}\cdot\omega_{0\mathrm{S}}\cdot s+\omega_{0\mathrm{S}}^2}\right\}\end{aligned}$$

逆拉普拉斯变换包含在 3.5.8 节的拉普拉斯变换表中.

12.2.4　传递系统规范型

12.2.4.1　概述

在用**规范型(Normalformen)** 状态描述时, 状态方程采用特别简单或对于规定计算合适的形式, 在以下各节给出两个常用的典型描述形式: **可调节规范型 (Regelungsnormalform)** 和**可观测规范型 (Beobachtungsnormalform)**.

在 12.3 节中, 用这些规范型可简化状态调节的计算.

在例 12.2-2 中状态变量和物理量是同一的. 然而如果在微分方程中出现输入变量的导数, 那么所属的传递函数具有零点. 在这种情况就不能应用物理系统的状

态变量, 因为在状态表示时不允许有输入变量的导数. 对于这些传递系统适用经典描述形式, 其中通过适当选择状态变量可避免出现输入量的导数. 传递特性与选择的状态表示无关.

12.2.4.2 可调节规范型

出发点是一般 n 阶线性微分方程

$$a_n \cdot \frac{\mathrm{d}^n y(t)}{\mathrm{d}t^n} + a_{n-1} \cdot \frac{\mathrm{d}^{n-1} y(t)}{\mathrm{d}t^{n-1}} + \cdots + a_1 \cdot \frac{\mathrm{d}y(t)}{\mathrm{d}t} + a_0 \cdot y(t)$$
$$= b_n \cdot \frac{\mathrm{d}^n u(t)}{\mathrm{d}t^n} + \cdots + b_1 \cdot \frac{\mathrm{d}u(t)}{\mathrm{d}t} + b_0 \cdot u(t)$$

其传递函数为

$$G(s) = \frac{y(s)}{u(s)} = \frac{b_n \cdot s^n + b_{n-1} \cdot s^{n-1} + \cdots + b_1 \cdot s + b_0}{a_n \cdot s^n + a_{n-1} \cdot s^{n-1} + \cdots + a_1 \cdot s + a_0} = \frac{Z(s)}{N(s)}$$

对于分子阶数等于分母阶数的一般情况, I 阶微分方程组可被简化为如下的**可调节规范型(Regelungsnormalform)** 和矩阵描述形式:

$$\frac{\mathrm{d}}{\mathrm{d}t}\begin{bmatrix} x_{1\mathrm{R}}(t) \\ x_{2\mathrm{R}}(t) \\ \vdots \\ x_{(n-1)\mathrm{R}}(t) \\ x_{n\mathrm{R}}(t) \end{bmatrix} = \begin{bmatrix} 0 & 1 & 0 & \cdots & 0 \\ 0 & 0 & 1 & \cdots & 0 \\ \vdots & \vdots & \vdots & \ddots & \vdots \\ 0 & 0 & 0 & \cdots & 1 \\ -\dfrac{a_0}{a_n} & -\dfrac{a_1}{a_n} & -\dfrac{a_2}{a_n} & \cdots & -\dfrac{a_{n-1}}{a_n} \end{bmatrix} \begin{bmatrix} x_{1\mathrm{R}}(t) \\ x_{2\mathrm{R}}(t) \\ \vdots \\ x_{(n-1)\mathrm{R}}(t) \\ x_{n\mathrm{R}}(t) \end{bmatrix} + \begin{bmatrix} 0 \\ 0 \\ \vdots \\ 0 \\ \dfrac{1}{a_n} \end{bmatrix} \cdot u(t)$$

$$\boldsymbol{y}(t) = \begin{bmatrix} b_0 - \dfrac{b_n a_0}{a_n} & b_1 - \dfrac{b_n a_1}{a_n} & \cdots & b_{n-1} - \dfrac{b_n a_{n-1}}{a_n} \end{bmatrix} \begin{bmatrix} x_{1\mathrm{R}}(t) \\ x_{2\mathrm{R}}(t) \\ \vdots \\ x_{n\mathrm{R}}(t) \end{bmatrix} + \frac{b_n}{a_n} \cdot u(t)$$

用缩写表示得到

$$\frac{\mathrm{d}}{\mathrm{d}t}\boldsymbol{x}_{\mathrm{R}}(t) = \dot{\boldsymbol{x}}_{\mathrm{R}}(t) = \boldsymbol{A}_{\mathrm{R}} \cdot \boldsymbol{x}_{\mathrm{R}}(t) + \boldsymbol{b}_{\mathrm{R}} \cdot u(t),\ y(t) = \boldsymbol{c}_{\mathrm{R}}^{\mathrm{T}} \cdot \boldsymbol{x}_{\mathrm{R}}(t) + d \cdot u(t)$$

可调节规范型也称为：FROBENIU型，控制规范型或第 I 标准型.

在图 12.2-9 中绘制了可调节规范型的信号流图，x_{iR} 为时间函数 $x_{iR}(t)$.

在可调节规范型中仅在状态微分方程组最后一行出现输入变量 $u(t)$，并且对此它仅直接作用在状态变量 x_{nR} 上. 如果传递函数的分子多项式具有零阶，那么 $y(t) = b_0 \cdot x_{1R}(t)$. 如果高阶的分子多项式为 $b_i \neq 0, i = 1, 2, \cdots, n$，那么输出变量为多状态变量的线性组合. 前馈系数 $d = \dfrac{b_n}{a_n}$ 在可实现的系统通常为零.

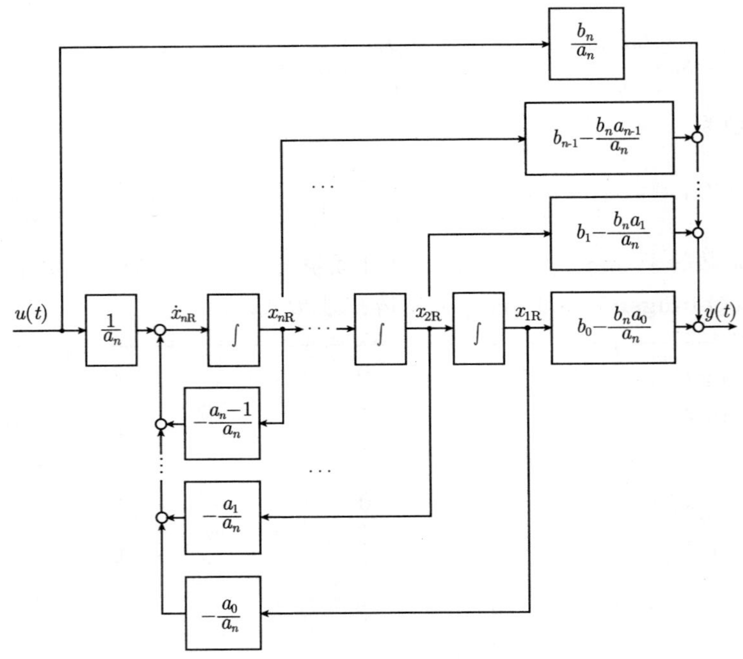

图 12.2-9　传递系统可调节规范型的信号流图

例 12.2-6：将具有微分方程

$$a_3 \cdot \frac{\mathrm{d}^3y(t)}{\mathrm{d}t^3} + a_2 \cdot \frac{\mathrm{d}^2y(t)}{\mathrm{d}t^2} + a_1 \cdot \frac{\mathrm{d}y(t)}{\mathrm{d}t} + a_0 \cdot y(t) = b_0 \cdot u(t)$$

和传递函数

$$G(s) = \frac{y(s)}{u(s)} = \frac{b_0}{a_3 \cdot s^3 + a_2 \cdot s^2 + a_1 \cdot s + a_0} = \frac{Z(s)}{N(s)}$$

$$x_{1\mathrm{R}}(s) = \frac{y(s)}{b_0} = \frac{1}{a_3 \cdot s^3 + a_2 \cdot s^2 + a_1 \cdot s + a_0} \cdot u(s) = \frac{1}{N(s)} \cdot u(s)$$

的传递系统，试用状态变量表示成可调节规范型. 由缩写 $\dot{x}(t) = \dfrac{\mathrm{d}x(t)}{\mathrm{d}t}$ 和状态变量

$x_{1R}(t)$, $x_{2R}(t)$ 和 $x_{3R}(t)$ 得到:

$$x_{1\mathrm{R}}(t)=\frac{y(t)}{b_0},\quad \dot{x}_{1\mathrm{R}}(t)=x_{2\mathrm{R}}(t)=\frac{\dot{y}(t)}{b_0},\quad \dot{x}_{2\mathrm{R}}(t)=x_{3\mathrm{R}}(t)=\frac{\ddot{y}(t)}{b_0}$$

$$\dot{x}_{3\mathrm{R}}(t)=\ddot{x}_{2\mathrm{R}}(t)=\dddot{x}_{1\mathrm{R}}(t)=\frac{\dddot{y}(t)}{b_0}$$

并由变换

$$\begin{aligned}
a_3\cdot\dddot{y}(t)&=-a_0\cdot y(t)-a_1\cdot\dot{y}(t)-a_2\cdot\ddot{y}(t)+b_0\cdot u(t)\\
a_3\cdot\dddot{x}_{1\mathrm{R}}(t)&=-a_0\cdot x_{1\mathrm{R}}(t)-a_1\cdot\dot{x}_{1\mathrm{R}}(t)-a_2\cdot\ddot{x}_{1\mathrm{R}}(t)+u(t)\\
a_3\cdot\dddot{x}_{1\mathrm{R}}(t)&=-a_0\cdot x_{1\mathrm{R}}(t)-a_1\cdot x_{2\mathrm{R}}(t)-a_2\cdot x_{3\mathrm{R}}(t)+u(t)
\end{aligned}$$

得到

$$\dot{x}_{3\mathrm{R}}(t)=-\frac{a_0}{a_3}\cdot x_{1\mathrm{R}}(t)-\frac{a_1}{a_3}\cdot x_{2\mathrm{R}}(t)-\frac{a_2}{a_3}\cdot x_{3\mathrm{R}}(t)+\frac{1}{a_3}\cdot u(t)$$

由这些变形产生 I 阶微分方程组的可调节规范型:

$$\frac{\mathrm{d}}{\mathrm{d}t}\begin{bmatrix}x_{1\mathrm{R}}(t)\\x_{2\mathrm{R}}(t)\\x_{3\mathrm{R}}(t)\end{bmatrix}=\begin{bmatrix}0&1&0\\0&0&1\\-\dfrac{a_0}{a_3}&-\dfrac{a_1}{a_3}&-\dfrac{a_2}{a_3}\end{bmatrix}\begin{bmatrix}x_{1\mathrm{R}}(t)\\x_{2\mathrm{R}}(t)\\x_{3\mathrm{R}}(t)\end{bmatrix}+\begin{bmatrix}0\\0\\\dfrac{1}{a_3}\end{bmatrix}\cdot u(t)$$

$$y(t)=\begin{bmatrix}b_0&0&0\end{bmatrix}\begin{bmatrix}x_{1\mathrm{R}}(t)\\x_{2\mathrm{R}}(t)\\x_{3\mathrm{R}}(t)\end{bmatrix}=b_0\cdot x_{1\mathrm{R}}(t)$$

微分方程组可通过下面结构图表示:

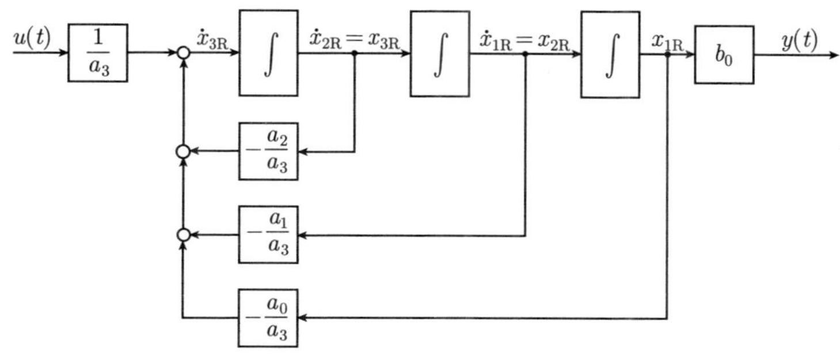

将其扩展到分子多项式阶数等于分母多项式阶数的一般情况, 具体进行如下, 出发点是三阶传递函数 $G(s)$.

$$G(s)=\frac{y(s)}{u(s)}=\frac{b_3\cdot s^3+b_2\cdot s^2+b_1\cdot s+b_0}{a_3\cdot s^3+a_2\cdot s^2+a_1\cdot s+a_0}=\frac{Z(s)}{N(s)}$$

$$x_{1\mathrm{R}}(s)=\frac{y(s)}{b_0}=\frac{1}{a_3\cdot s^3+a_2\cdot s^2+a_1\cdot s+a_0}\cdot u(s)=\frac{1}{N(s)}\cdot u(s)$$

将状态变量 $x_{1R}(s)$ 代入:

$$\begin{aligned}y(s)&=G(s)\cdot u(s)=\frac{b_3\cdot s^3+b_2\cdot s^2+b_1\cdot s+b_0}{a_3\cdot s^3+a_2\cdot s^2+a_1\cdot s+a_0}\cdot u(s)\\&=\frac{Z(s)}{N(s)}\cdot u(s)=\left[\frac{b_3\cdot s^3}{N(s)}+\frac{b_2\cdot s^2}{N(s)}+\frac{b_1\cdot s}{N(s)}+\frac{b_0}{N(s)}\right]\cdot u(s)\\&=b_3\cdot s^3\cdot x_{1\mathrm{R}}(s)+b_2\cdot s^2\cdot x_{1\mathrm{R}}(s)+b_1\cdot s\cdot x_{1\mathrm{R}}(s)+b_0\cdot x_{1\mathrm{R}}(s)\end{aligned}$$

将最后方程反变换到时域并代入状态变量:

$$\begin{aligned}y(s)&=b_3\cdot s^3\cdot x_{1\mathrm{R}}(s)+b_0\cdot x_{1\mathrm{R}}(s)+b_1\cdot s\cdot x_{1\mathrm{R}}(s)+b_2\cdot s^2\cdot x_{1\mathrm{R}}(s)\\&=b_3\cdot s\cdot x_{3\mathrm{R}}(s)+b_0\cdot x_{1\mathrm{R}}(s)+b_1\cdot x_{2\mathrm{R}}(s)+b_2\cdot x_{3\mathrm{R}}(s)\\y(t)&=b_3\cdot\dot{x}_{3\mathrm{R}}(t)+b_0\cdot x_{1\mathrm{R}}(t)+b_1\cdot x_{2\mathrm{R}}(t)+b_2\cdot x_{3\mathrm{R}}(t)\end{aligned}$$

由 $\dot{x}_{3\mathrm{R}}(t)=-\frac{a_0}{a_3}\cdot x_{1\mathrm{R}}(t)-\frac{a_1}{a_3}\cdot x_{2\mathrm{R}}(t)-\frac{a_2}{a_3}\cdot x_{3\mathrm{R}}(t)+\frac{1}{a_3}\cdot u(t)$
得到

$$\begin{aligned}y(t)=&\quad b_0\cdot x_{1\mathrm{R}}(t)+\quad b_1\cdot x_{2\mathrm{R}}(t)+\quad b_2\cdot x_{3\mathrm{R}}(t)+\\&-a_0\cdot\frac{b_3}{a_3}\cdot x_{1\mathrm{R}}(t)-\quad a_1\cdot\frac{b_3}{a_3}\cdot x_{2\mathrm{R}}(t)-\quad a_2\cdot\frac{b_3}{a_3}\cdot x_{3\mathrm{R}}(t)+\quad\frac{b_3}{a_3}\cdot u(t)\\=&\left(b_0-a_0\cdot\frac{b_3}{a_3}\right)\cdot x_{1\mathrm{R}}(t)+\left(b_1-a_1\cdot\frac{b_3}{a_3}\right)\cdot x_{2\mathrm{R}}(t)+\left(b_2-a_2\cdot\frac{b_3}{a_3}\right)\cdot x_{3\mathrm{R}}(t)+\frac{b_3}{a_3}\cdot u(t)\end{aligned}$$

由这些变形产生 I 阶微分方程组的可调节规范型:

$$\frac{\mathrm{d}}{\mathrm{d}t}\begin{bmatrix}x_{1\mathrm{R}}(t)\\x_{2\mathrm{R}}(t)\\x_{3\mathrm{R}}(t)\end{bmatrix}=\begin{bmatrix}0&1&0\\0&0&1\\-\frac{a_0}{a_3}&-\frac{a_1}{a_3}&-\frac{a_2}{a_3}\end{bmatrix}\begin{bmatrix}x_{1\mathrm{R}}(t)\\x_{2\mathrm{R}}(t)\\x_{3\mathrm{R}}(t)\end{bmatrix}+\begin{bmatrix}0\\0\\\frac{1}{a_3}\end{bmatrix}\cdot u(t)$$

$$y(t)=\left[b_0-b_3\cdot\frac{a_0}{a_3}b_1-b_3\cdot\frac{a_1}{a_3}b_2-b_3\cdot\frac{a_2}{a_3}\right]\begin{bmatrix}x_{1\mathrm{R}}(t)\\x_{2\mathrm{R}}(t)\\x_{3\mathrm{R}}(t)\end{bmatrix}+\frac{b_3}{a_3}\cdot u(t)$$

给出 III 阶系统可调节规范型的信号流图.

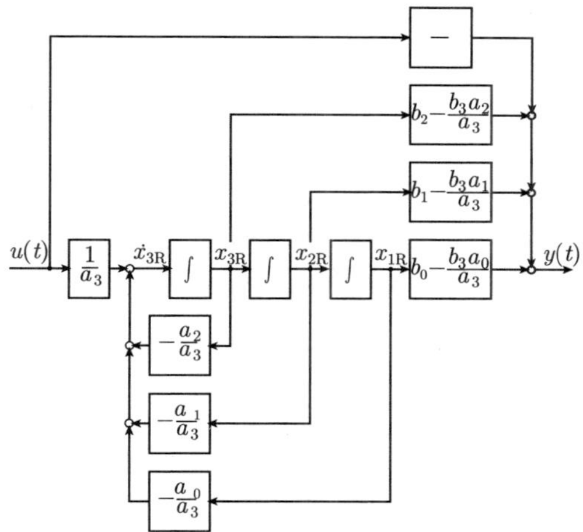

12.2.4.3 可观测规范型

n 阶线性微分方程

$$a_n \cdot \frac{\mathrm{d}^n y(t)}{\mathrm{d}t^n} + a_{n-1} \cdot \frac{\mathrm{d}^{n-1} y(t)}{\mathrm{d}t^{n-1}} + \cdots + a_1 \cdot \frac{\mathrm{d}y(t)}{\mathrm{d}t} + a_0 \cdot y(t)$$

$$= b_n \cdot \frac{\mathrm{d}^n u(t)}{\mathrm{d}t^n} + \cdots + b_1 \cdot \frac{\mathrm{d}u(t)}{\mathrm{d}t} + b_0 \cdot u(t)$$

及其传递函数

$$G(s) = \frac{y(s)}{u(s)} = \frac{b_n \cdot s^n + b_{n-1} \cdot s^{n-1} + \cdots + b_1 \cdot s + b_0}{a_n \cdot s^n + a_{n-1} \cdot s^{n-1} + \cdots + a_1 \cdot s + a_0} = \frac{Z(s)}{N(s)}$$

构建开发**可观测规范型(Beobachtungsnormalform)** 的出发点, 对于一般情况给出下面详尽的矩阵描述形式, 信号流图如图 12.2-10 所示.

$$\frac{\mathrm{d}}{\mathrm{d}t}\begin{bmatrix} x_{1\mathrm{B}}(t) \\ x_{2\mathrm{B}}(t) \\ x_{3\mathrm{B}}(t) \\ \vdots \\ x_{n\mathrm{B}}(t) \end{bmatrix} = \begin{bmatrix} 0 & 0 & \cdots & 0 & -\dfrac{a_0}{a_n} \\ 1 & 0 & \cdots & 0 & -\dfrac{a_1}{a_n} \\ 0 & 1 & \cdots & 0 & -\dfrac{a_2}{a_n} \\ \vdots & \vdots & \ddots & \vdots & \vdots \\ 0 & 0 & \cdots & 1 & -\dfrac{a_{n-1}}{a_n} \end{bmatrix} \begin{bmatrix} x_{1\mathrm{B}}(t) \\ x_{2\mathrm{B}}(t) \\ x_{3\mathrm{B}}(t) \\ \vdots \\ x_{n\mathrm{B}}(t) \end{bmatrix} + \begin{bmatrix} b_0 - b_n \cdot \dfrac{a_0}{a_n} \\ b_1 - b_n \cdot \dfrac{a_1}{a_n} \\ b_2 - b_n \cdot \dfrac{a_2}{a_n} \\ \vdots \\ b_{n-1} - b_n \cdot \dfrac{a_{n-1}}{a_n} \end{bmatrix} \cdot u(t)$$

$$y(t) = \begin{bmatrix} 0 & 0 & \cdots & 0 & \dfrac{1}{a_n} \end{bmatrix} \begin{bmatrix} x_{1\mathrm{B}}(t) \\ x_{2\mathrm{B}}(t) \\ \vdots \\ x_{n\mathrm{B}}(t) \end{bmatrix} + \frac{b_n}{a_n} \cdot u(t)$$

和缩写形式

$$\frac{\mathrm{d}}{\mathrm{d}t}\boldsymbol{x}_{\mathrm{B}}(t)=\dot{\boldsymbol{x}}_{\mathrm{B}}(t)=\boldsymbol{A}_{\mathrm{B}}\cdot\boldsymbol{x}_{\mathrm{B}}(t)+\boldsymbol{b}_{\mathrm{B}}\cdot u(t),\quad y(t)=\boldsymbol{c}_{\mathrm{B}}^{\mathrm{T}}\cdot\boldsymbol{x}_{\mathrm{B}}(t)+d\cdot u(t)$$

可观测规范型也称为第 II 标准型.

在可观测规范型中, 对于 $d=0$ 的输出变量 $y(t)$ 仅直接取决于状态变量 x_{nB}. 如果传递函数分子多项式 $Z(s)$ 为高阶的 $(b_i\neq 0, i=1,2,\cdots,n)$, 那么输入变量 $u(t)$ 作用到多个状态变量上.

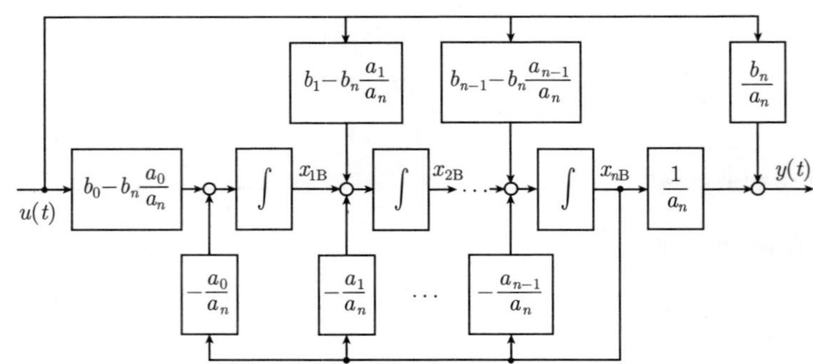

图 12.2-10　传递系统可观测规范型的信号流图

例 12.2-7　试将 III 阶微分方程

$$a_3\cdot\frac{\mathrm{d}^3y(t)}{\mathrm{d}t^3}+a_2\cdot\frac{\mathrm{d}^2y(t)}{\mathrm{d}t^2}+a_1\cdot\frac{\mathrm{d}y(t)}{\mathrm{d}t}+a_0\cdot y(t)$$

$$=b_3\cdot\frac{\mathrm{d}^3u(t)}{\mathrm{d}t^3}+b_2\cdot\frac{\mathrm{d}^2u(t)}{\mathrm{d}t^2}+b_1\cdot\frac{\mathrm{d}u(t)}{\mathrm{d}t}+b_0\cdot u(t)$$

和传递函数

$$G(s)=\frac{y(s)}{u(s)}=\frac{b_3\cdot s^3+b_2\cdot s^2+b_1\cdot s+b_0}{a_3\cdot s^3+a_2\cdot s^2+a_1\cdot s+a_0}=\frac{Z(s)}{N(s)}$$

表示为微分方程组的**可观测规范型(Beobachtungsnormalform)**.

在状态微分方程中不允许出现输入变量导数. 在例中可通过对微分方程三次积分来避免输入变量导数. 对于本例, 在频域它对应于一个通过 s^3 对传递函数的除法:

$$
\begin{aligned}
&a_3 \cdot y(s) + \frac{a_2}{s} \cdot y(s) + \frac{a_1}{s^2} \cdot y(s) + \frac{a_0}{s^3} \cdot y(s) \\
=&b_3 \cdot u(s) + \frac{b_2}{s} \cdot u(s) + \frac{b_1}{s^2} \cdot u(s) + \frac{b_0}{s^3} \cdot u(s)
\end{aligned}
$$

进一步变形给出:

$$
\begin{aligned}
a_3 \cdot y(s) =& b_3 \cdot u(s) + \frac{1}{s} \cdot [b_2 \cdot u(s) - a_2 \cdot y(s)] + \\
&+ \frac{1}{s^2} \cdot [b_1 \cdot u(s) - a_1 \cdot y(s)] + \frac{1}{s^3} \cdot [b_0 \cdot u(s) - a_0 \cdot y(s)] \\
y(s) =& \frac{b_3}{a_3} \cdot u(s) + \frac{1}{a_3} \cdot \left[\frac{1}{s} \cdot \left[b_2 \cdot u(s) - a_2 \cdot y(s) + \right.\right. \\
&\left.\left. + \frac{1}{s} \cdot \left[b_1 \cdot u(s) - a_1 \cdot y(s) + \frac{1}{s} \cdot \left[b_0 \cdot u(s) - a_0 \cdot y(s)\right]\right]\right]\right]
\end{aligned}
$$

方程中的括号表达式, 为可观测规范型状态变量的拉普拉斯变换导数:

$$
\begin{aligned}
s \cdot x_{1\text{B}}(s) &= b_0 \cdot u(s) - a_0 \cdot y(s) \\
s \cdot x_{2\text{B}}(s) &= b_1 \cdot u(s) - a_1 \cdot y(s) + x_{1\text{B}}(s) \\
s \cdot x_{3\text{B}}(s) &= b_2 \cdot u(s) - a_2 \cdot y(s) + x_{2\text{B}}(s)
\end{aligned}
$$

如果将拉普拉斯变换的输出方程

$$
y(s) = \frac{1}{a_3} \cdot x_{3\text{B}}(s) + \frac{b_3}{a_3} \cdot u(s)
$$

代入方程并进行反变换, 那么得到下列状态微分方程:

$$
\begin{aligned}
\dot{x}_{1\text{B}}(t) &= -\frac{a_0}{a_3} \cdot x_{3\text{B}}(t) + \left(b_0 - \frac{b_3 \cdot a_0}{a_3}\right) \cdot u(t) \\
\dot{x}_{2\text{B}}(t) &= -\frac{a_1}{a_3} \cdot x_{3\text{B}}(t) + \left(b_1 - \frac{b_3 \cdot a_1}{a_3}\right) \cdot u(t) + x_{1\text{B}}(t) \\
\dot{x}_{3\text{B}}(t) &= -\frac{a_2}{a_3} \cdot x_{3\text{B}}(t) + \left(b_2 - \frac{b_3 \cdot a_2}{a_3}\right) \cdot u(t) + x_{2\text{B}}(t)
\end{aligned}
$$

输出方程在时域表示为

$$
y(t) = \frac{1}{a_3} \cdot x_{3\text{B}}(t) + \frac{b_3}{a_3} \cdot u(t)
$$

在矩阵描述形式中方程组具有形式:

$$\frac{\mathrm{d}}{\mathrm{d}t}\begin{bmatrix} x_{1\mathrm{B}}(t) \\ x_{2\mathrm{B}}(t) \\ x_{3\mathrm{B}}(t) \end{bmatrix} = \begin{bmatrix} 0 & 0 & -\dfrac{a_0}{a_3} \\ 1 & 0 & -\dfrac{a_1}{a_3} \\ 0 & 1 & -\dfrac{a_2}{a_3} \end{bmatrix} \begin{bmatrix} x_{1\mathrm{B}}(t) \\ x_{2\mathrm{B}}(t) \\ x_{3\mathrm{B}}(t) \end{bmatrix} + \begin{bmatrix} b_0 - b_3 \cdot \dfrac{a_0}{a_3} \\ b_1 - b_3 \cdot \dfrac{a_1}{a_3} \\ b_2 - b_3 \cdot \dfrac{a_2}{a_3} \end{bmatrix} \cdot u(t)$$

$$y(t) = \begin{bmatrix} 0 & 0 & \dfrac{1}{a_3} \end{bmatrix} \begin{bmatrix} x_{1\mathrm{B}}(t) \\ x_{2\mathrm{B}}(t) \\ x_{3\mathrm{B}}(t) \end{bmatrix} + \frac{b_3}{a_3} \cdot u(t)$$

对于传递系统得到下面的可观测规范型信号流图:

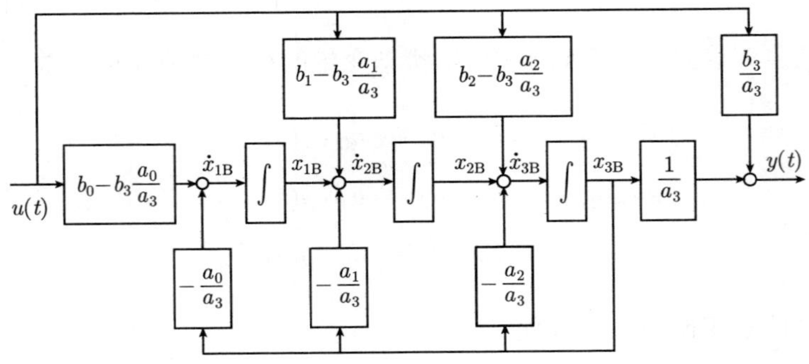

例 12.2-8 位置被调节对象的规范型

对于位置被调节对象 (信号流图 12.2-11), 在例 12.2-2 中已给出具有物理状态变量的状态表达式, 在本例中开发可调节规范型和可观测规范型.

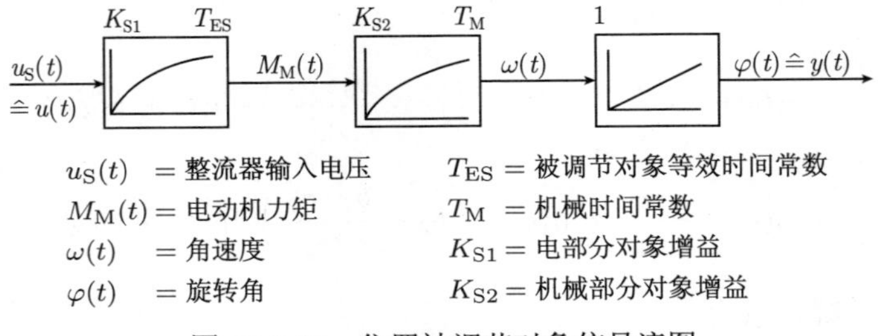

图 12.2-11 位置被调节对象信号流图

可调节规范型(Regelungsnormalform)

由信号流图推导出传递函数

$$G_{\mathrm{S}}(s)=\frac{y(s)}{u(s)}=\frac{K_{\mathrm{S1}}\cdot K_{\mathrm{S2}}}{T_{\mathrm{ES}}\cdot T_{\mathrm{M}}\cdot s^3+(T_{\mathrm{ES}}+T_{\mathrm{M}})\cdot s^2+s}$$

和微分方程:

$$T_{\mathrm{ES}}\cdot T_{\mathrm{M}}\cdot \dddot{y}(t)+(T_{\mathrm{ES}}+T_{\mathrm{M}})\cdot\ddot{y}(t)+\dot{y}(t)=K_{\mathrm{S1}}\cdot K_{\mathrm{S2}}\cdot u(t)$$

对于可调节规范型规定状态变量

$$x_{1\mathrm{R}}(t)=\frac{y(t)}{K_{\mathrm{S1}}\cdot K_{\mathrm{S2}}}$$

$$\dot{x}_{1\mathrm{R}}(t)=x_{2\mathrm{R}}(t)=\frac{\dot{y}(t)}{K_{\mathrm{S1}}\cdot K_{\mathrm{S2}}}$$

$$\dot{x}_{2\mathrm{R}}(t)=x_{3\mathrm{R}}(t)=\frac{\ddot{y}(t)}{K_{\mathrm{S1}}\cdot K_{\mathrm{S2}}}$$

$$\dot{x}_{3\mathrm{R}}(t)=\ddot{x}_{2\mathrm{R}}(t)=\dddot{x}_{1\mathrm{R}}(t)$$

那么 III 阶微分方程通过变形

$$T_{\mathrm{ES}}\cdot T_{\mathrm{M}}\cdot\dddot{x}_{1\mathrm{R}}(t)=-\dot{x}_{1\mathrm{R}}(t)-(T_{\mathrm{ES}}+T_{\mathrm{M}})\cdot\ddot{x}_{1\mathrm{R}}(t)+u(t)$$

$$\dot{x}_{3\mathrm{R}}(t)=-\frac{1}{T_{\mathrm{ES}}\cdot T_{\mathrm{M}}}\cdot x_{2\mathrm{R}}(t)-\frac{T_{\mathrm{ES}}+T_{\mathrm{M}}}{T_{\mathrm{ES}}\cdot T_{\mathrm{M}}}\cdot x_{3\mathrm{R}}(t)+\frac{1}{T_{\mathrm{ES}}\cdot T_{\mathrm{M}}}\cdot u(t)$$

被转换到 I 阶微分方程组:

$$\frac{\mathrm{d}}{\mathrm{d}t}\begin{bmatrix}x_{1\mathrm{R}}(t)\\x_{2\mathrm{R}}(t)\\x_{3\mathrm{R}}(t)\end{bmatrix}=\begin{bmatrix}0&1&0\\0&0&1\\0&-\dfrac{1}{T_{\mathrm{ES}}\cdot T_{\mathrm{M}}}&-\dfrac{T_{\mathrm{ES}}+T_{\mathrm{M}}}{T_{\mathrm{ES}}\cdot T_{\mathrm{M}}}\end{bmatrix}\begin{bmatrix}x_{1\mathrm{R}}(t)\\x_{2\mathrm{R}}(t)\\x_{3\mathrm{R}}(t)\end{bmatrix}+\begin{bmatrix}0\\0\\\dfrac{1}{T_{\mathrm{ES}}\cdot T_{\mathrm{M}}}\end{bmatrix}\cdot u(t)$$

$$\boldsymbol{y}(t)=\begin{bmatrix}K_{\mathrm{S1}}\cdot K_{\mathrm{S2}}&0&0\end{bmatrix}\begin{bmatrix}x_{1\mathrm{R}}(t)\\x_{2\mathrm{R}}(t)\\x_{3\mathrm{R}}(t)\end{bmatrix}$$

在可调节规范型中, 位置被调节对象具有如下结构:

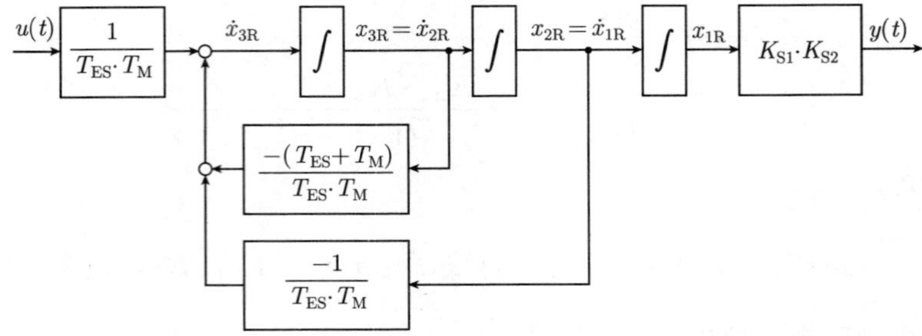

可观测规范型(Beobachtungsnormalform)

为了构建可观测规范型, 将位置被调节对象传递函数

$$G_{\mathrm{S}}(s)=\frac{y(s)}{u(s)}=\frac{K_{\mathrm{S1}}\cdot K_{\mathrm{S2}}}{T_{\mathrm{ES}}\cdot T_{\mathrm{M}}\cdot s^3+(T_{\mathrm{ES}}+T_{\mathrm{M}})\cdot s^2+s}$$

变形, 并除以 $s^n(n=3)$

$$T_{\mathrm{ES}}\cdot T_{\mathrm{M}}\cdot y(s)+\frac{T_{\mathrm{ES}}+T_{\mathrm{M}}}{s}\cdot y(s)+\frac{1}{s^2}\cdot y(s)=\frac{K_{\mathrm{S1}}\cdot K_{\mathrm{S2}}}{s^3}\cdot u(s)$$

并得到下式:

$$y(s)=\frac{1}{T_{\mathrm{ES}}\cdot T_{\mathrm{M}}}\left[\frac{1}{s}\cdot\left[-(T_{\mathrm{ES}}+T_{\mathrm{M}})\cdot y(s)+\frac{1}{s}\cdot\left[-y(s)+\frac{1}{s}\cdot(K_{\mathrm{S1}}\cdot K_{\mathrm{S2}}\cdot u(s))\right]\right]\right]$$

与在可观测规范型中的状态变量定义相对应, 括号表达式为状态变量的拉普拉斯变换导数:

$$s\cdot x_{1\mathrm{B}}(s)=K_{\mathrm{S1}}\cdot K_{\mathrm{S2}}\cdot u(s)$$

$$s\cdot x_{2\mathrm{B}}(s)=-y(s)+x_{1\mathrm{B}}(s)$$

$$s\cdot x_{3\mathrm{B}}(s)=-(T_{\mathrm{ES}}+T_{\mathrm{M}})\cdot y(s)+x_{2\mathrm{B}}(s)$$

如果代入拉普拉斯变换输出方程

$$y(s)=\frac{1}{T_{\mathrm{ES}}\cdot T_{\mathrm{M}}}\cdot x_{3\mathrm{B}}(s)$$

并进行逆拉普拉斯变换, 那么得到状态微分方程:

$$\dot{x}_{1\mathrm{B}}(t)=K_{\mathrm{S1}}\cdot K_{\mathrm{S2}}\cdot u(t)$$

$$\dot{x}_{2\mathrm{B}}(t)=-\frac{1}{T_{\mathrm{ES}}\cdot T_{\mathrm{M}}}\cdot x_{3\mathrm{B}}(t)+x_{1\mathrm{B}}(t)$$

$$\dot{x}_{3\mathrm{B}}(t) = -\frac{T_{\mathrm{ES}} + T_{\mathrm{M}}}{T_{\mathrm{ES}} \cdot T_{\mathrm{M}}} \cdot x_{3\mathrm{B}}(t) + x_{2\mathrm{B}}(t)$$

在可观测规范型中给出矩阵–微分方程组

$$\frac{\mathrm{d}}{\mathrm{d}t}\begin{bmatrix} x_{1\mathrm{B}}(t) \\ x_{2\mathrm{B}}(t) \\ x_{3\mathrm{B}}(t) \end{bmatrix} = \begin{bmatrix} 0 & 0 & 0 \\ 1 & 0 & \dfrac{-1}{T_{\mathrm{ES}} \cdot T_{\mathrm{M}}} \\ 0 & 1 & -\dfrac{T_{\mathrm{ES}} + T_{\mathrm{M}}}{T_{\mathrm{ES}} \cdot T_{\mathrm{M}}} \end{bmatrix} \begin{bmatrix} x_{1\mathrm{B}}(t) \\ x_{2\mathrm{B}}(t) \\ x_{3\mathrm{B}}(t) \end{bmatrix} + \begin{bmatrix} K_{\mathrm{S1}} \cdot K_{\mathrm{S2}} \\ 0 \\ 0 \end{bmatrix} \cdot u(t)$$

$$\boldsymbol{y}(t) = \begin{bmatrix} 0 & 0 & \dfrac{1}{T_{\mathrm{ES}} \cdot T_{\mathrm{M}}} \end{bmatrix} \begin{bmatrix} x_{1\mathrm{B}}(t) \\ x_{2\mathrm{B}}(t) \\ x_{3\mathrm{B}}(t) \end{bmatrix}$$

和信号流图:

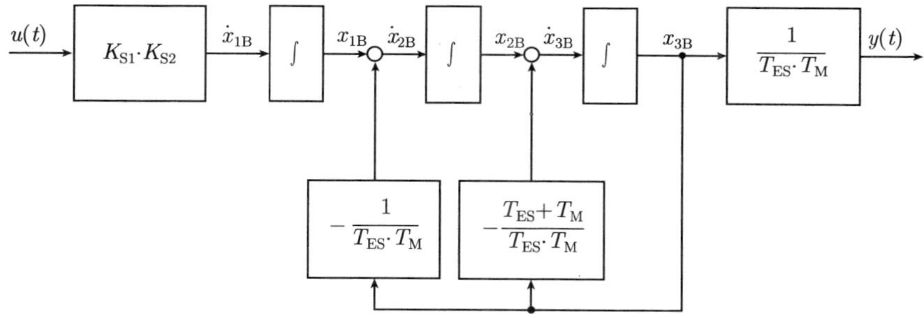

12.2.4.4 小结

在调节技术中应用多种用于描述传递系统的典型形式. 可调节规范型和可观测规范型是相互对偶的. 在计算时都是从传递函数出发. 如果规范型之一已知, 那么可确定对偶的规范型. 系统矩阵可通过矩阵转置, 也就是围绕矩阵对角线镜像交换进行相互换算. 输入向量和输出向量互换.

12.2.5 传递系统可控性和可观测性

12.2.5.1 可控性

在状态调节时, 所有状态变量都返回到调节系统输入端. 当调整量作用到所有状态变量上并影响它们时, 状态调节是可实现的. 如果满足这些条件, 那么被调节对象是可控制的.

为了准确描述**传递系统可控性(Steuerbarkeit von Übertragungs systemen)** 应用下面定义:

> 传递系统
> $$\dot{\boldsymbol{x}}(t) = \boldsymbol{A} \cdot \boldsymbol{x}(t) + \boldsymbol{b} \cdot u(t), \quad y(t) = \boldsymbol{c}^{\mathrm{T}} \cdot \boldsymbol{x}(t) + d \cdot u(t)$$
> 是可控制的, 仅当输入变量 $u(t)$ 存在, 可使状态变量 $x(t)$ 从任意初始状态 $x(t_0) = x_0$ 转移到终止状态 $x(t_{\mathrm{E}}) = 0$. 其必要的控制时间 $t = t_{\mathrm{E}} - t_0$ 必须是有限的.

用下面方法判别可控性. 对于具有 n 个状态变量的传递系统求 n 个列向量 $b, A \cdot b, A^2 \cdot b, \cdots, A^{n-1} \cdot b$, 它们构成 $n \times n$ **可控性矩阵(Steurbarkeitsmatrix)**

$$\boldsymbol{Q}_{\mathrm{S}} = [\boldsymbol{b}\ \boldsymbol{A} \cdot \boldsymbol{b}\ \boldsymbol{A}^2 \cdot \boldsymbol{b}\ \cdots\ \boldsymbol{A}^{n-1} \cdot \boldsymbol{b}]$$

可控性矩阵行列式(Determinate der Steurbarkeitsmatrix) 为可控性的量度.

> 如果行列式 $\det \boldsymbol{Q}_{\mathrm{S}} \neq 0$, 那么传递系统是完全可控制的, 也就是所有状态变量都是可控制的, 对于 $\det \boldsymbol{Q}_{\mathrm{S}} = 0$, 不是所有状态变量可控制的. 完全可控制的传递系统可被表示成可调节规范型.

例 12.2-9　位置被调节对象的可控性

由图所表示的位置被调节对象, 在例 12.2-2 中被描述成具有物理状态变量的状态表示, 在例 12.2-8 中给出可调节和可观测规范型.

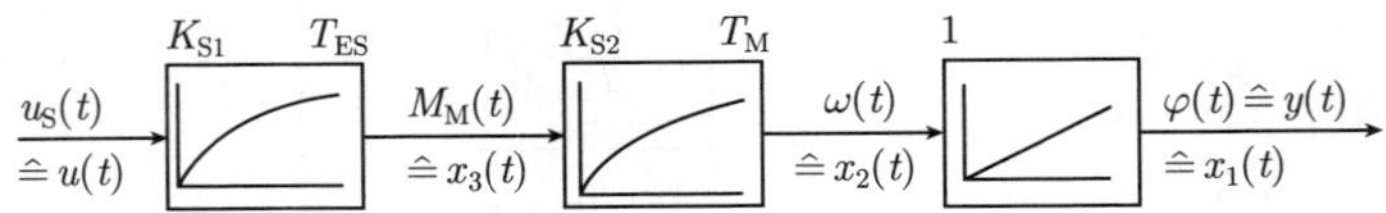

$u_{\mathrm{S}}(t)$ = 整流器输入电压
$M_{\mathrm{M}}(t)$ = 电动机力矩
$\omega(t)$ = 角速度
$\varphi(t)$ = 旋转角
T_{ES} = 被调节对象等效时间常数
T_{M} = 机械时间常数
K_{S1} = 电部分对象增益
K_{S2} = 机械部分对象增益

由在信号流图中物理状态变量给出下面状态方程:

$$\frac{\mathrm{d}}{\mathrm{d}t}\begin{bmatrix} x_1(t) \\ x_2(t) \\ x_3(t) \end{bmatrix} = \begin{bmatrix} 0 & 1 & 0 \\ 0 & -\dfrac{1}{T_{\mathrm{M}}} & \dfrac{K_{\mathrm{S2}}}{T_{\mathrm{M}}} \\ 0 & 0 & -\dfrac{1}{T_{\mathrm{ES}}} \end{bmatrix} \begin{bmatrix} x_1(t) \\ x_2(t) \\ x_3(t) \end{bmatrix} + \begin{bmatrix} 0 \\ 0 \\ \dfrac{K_{\mathrm{S1}}}{T_{\mathrm{ES}}} \end{bmatrix} \cdot u(t)$$

$$\boldsymbol{y}(t) = \begin{bmatrix} 1 & 0 & 0 \end{bmatrix} \begin{bmatrix} x_1(t) \\ x_2(t) \\ x_3(t) \end{bmatrix}$$

对于方程组得到可控性矩阵

$$\boldsymbol{Q}_{\mathrm{S}} = [\boldsymbol{b}, \boldsymbol{A} \cdot \boldsymbol{b}, \boldsymbol{A}^2 \cdot \boldsymbol{b}] = \begin{bmatrix} 0 & 0 & \dfrac{K_{\mathrm{S1}} \cdot K_{\mathrm{S2}}}{T_{\mathrm{ES}} \cdot T_{\mathrm{M}}} \\ 0 & \dfrac{K_{\mathrm{S1}} \cdot K_{\mathrm{S2}}}{T_{\mathrm{ES}} \cdot T_{\mathrm{M}}} & -\dfrac{K_{\mathrm{S1}} \cdot K_{\mathrm{S2}}}{T_{\mathrm{ES}} \cdot T_{\mathrm{M}}} \cdot \left[\dfrac{1}{T_{\mathrm{M}}} + \dfrac{1}{T_{\mathrm{ES}}}\right] \\ \dfrac{K_{\mathrm{S1}}}{T_{\mathrm{ES}}} & -\dfrac{K_{\mathrm{S1}}}{T_{\mathrm{ES}}^2} & \dfrac{K_{\mathrm{S1}}}{T_{\mathrm{ES}}^3} \end{bmatrix}$$

其行列式

$$\det \boldsymbol{Q}_{\mathrm{S}} = -q_{\mathrm{S13}} \cdot q_{\mathrm{S22}} \cdot q_{\mathrm{S31}} = \frac{-K_{\mathrm{S1}}^3 \cdot K_{\mathrm{S2}}^2}{T_{\mathrm{M}}^2 \cdot T_{\mathrm{ES}}^3} \neq 0$$

对于下面对象参数的极限值, 位置被调节对象的可控性受到限制. 对于

$$K_{\mathrm{S2}} = 0 \quad \text{或} \quad T_{\mathrm{M}} \to \infty$$

状态变量 $x_1(t)$ 和 $x_2(t)$ 是不可控制的, 对于

$$K_{\mathrm{S1}} = 0 \quad \text{或} \quad T_{\mathrm{ES}} \to \infty$$

状态变量 $x_1(t)$、$x_2(t)$ 和 $x_3(t)$ 是不可控制的.

这些极限的参数值是不现实的. **位置被调节对象是完全可控制的(Lageregelstrecke ist Vollständig steuerbar)**, 也就是所有状态变量都受到整流器输入电压的影响. 因此对于位置调节可引入状态调节器.

12.2.5.2 可观测性

状态调节要求所有状态变量能被测量并被反馈到被调节对象的输入端. 由于物理的或经费原因单状态变量常常是不可测量的, 在这种情况下不可测量的状态变量可由测量的状态变量来计算, 完成此任务的状态观测器是辅助调节系统, 然而仅当被调节对象或传递系统是可观测时, 状态观测器是可实现的.

传递系统可观测性(Beobachtbarkeit von Übertragungssystemen) 定义如下:

传递系统

$$\dot{\boldsymbol{x}}(t) = \boldsymbol{A} \cdot \boldsymbol{x}(t) + \boldsymbol{b} \cdot u(t),\ y(t) = \boldsymbol{c}^{\mathrm{T}} \cdot \boldsymbol{x}(t) + d \cdot u(t)$$

是可观测的, 仅当通过测量输出变量 $y(t)$ 可确定状态变量的初始状态 $x(t_0) = x_0$ 时. 在此, 输入变量 $u(t)$ 必须已知, 并且观测时间 $t - t_0$ 是有限的.

为了判别具有 n 个状态变量的传递系统的可观测性, 必须计算 n 个行向量 $c^T, c^T \cdot A, c^T \cdot A^2, \cdots, c^T \cdot A^{n-1}$. 这个行向量构成 $n \times n$ **可观测性矩阵(Beobachtbarkeitsmatrix)**:

$$\boldsymbol{Q}_{\mathrm{B}} = \begin{bmatrix} \boldsymbol{c}^{\mathrm{T}} \\ \boldsymbol{c}^{\mathrm{T}} \cdot \boldsymbol{A} \\ \boldsymbol{c}^{\mathrm{T}} \cdot \boldsymbol{A}^2 \\ \vdots \\ \boldsymbol{c}^{\mathrm{T}} \cdot \boldsymbol{A}^{n-1} \end{bmatrix}$$

如果行列式 $\det \boldsymbol{Q}_B \neq 0$, 那么传递系统是完全可观测的, 如果可观测性矩阵行列式是 $\det \boldsymbol{Q}_S = 0$, 这样不是所有状态变量可观测的. 完全可观测的传递系统可被表示成可观测规范型.

例 12.2-10　位置被调节对象的可观测性

由图所表示的位置被调节对象, 在例 12.2-2 中被描述成具有物理状态变量的状态表示. 在例 12.2-8 中给出可调节规范型和可观测规范型. 在例 12.2-9 中判定可控性.

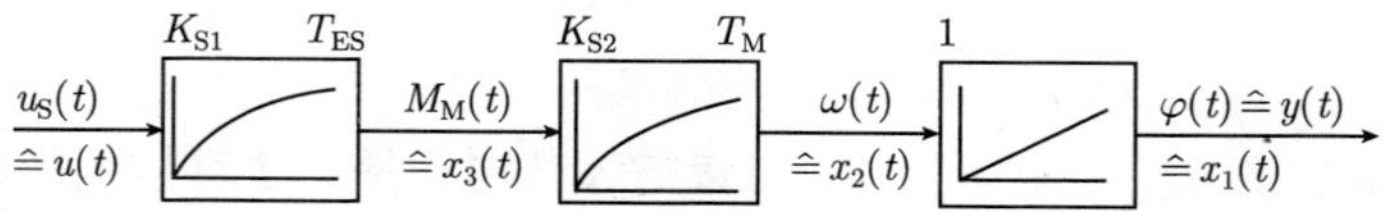

$u_S(t)$ = 整流器输入电压
$M_M(t)$ = 电动机力矩
$\omega(t)$ = 角速度
$\varphi(t)$ = 旋转角
T_{ES} = 被调节对象等效时间常数
T_M = 机械时间常数
K_{S1} = 电部分对象增益
K_{S2} = 机械部分对象增益

为了判定可观测性, 由信号流图求状态方程:

$$\frac{\mathrm{d}}{\mathrm{d}t} \begin{bmatrix} x_1(t) \\ x_2(t) \\ x_3(t) \end{bmatrix} = \begin{bmatrix} 0 & 1 & 0 \\ 0 & -\dfrac{1}{T_{\mathrm{M}}} & \dfrac{K_{\mathrm{S2}}}{T_{\mathrm{M}}} \\ 0 & 0 & -\dfrac{1}{T_{\mathrm{ES}}} \end{bmatrix} \begin{bmatrix} x_1(t) \\ x_2(t) \\ x_3(t) \end{bmatrix} + \begin{bmatrix} 0 \\ 0 \\ \dfrac{K_{\mathrm{S1}}}{T_{\mathrm{ES}}} \end{bmatrix} \cdot u(t)$$

$$\boldsymbol{y}(t)=\begin{bmatrix}1 & 0 & 0\end{bmatrix}\begin{bmatrix}x_1(t)\\x_2(t)\\x_3(t)\end{bmatrix}$$

对于方程组构建可观测性矩阵

$$\boldsymbol{Q}_{\mathrm{B}}=\begin{bmatrix}\boldsymbol{c}^{\mathrm{T}}\\ \\ \boldsymbol{c}^{\mathrm{T}}\cdot\boldsymbol{A}\\ \\ \boldsymbol{c}^{\mathrm{T}}\cdot\boldsymbol{A}^2\end{bmatrix}=\begin{bmatrix}1 & 0 & 0\\ 0 & 1 & 0\\ 0 & -\dfrac{1}{T_{\mathrm{M}}} & \dfrac{K_{\mathrm{S2}}}{T_{\mathrm{M}}}\end{bmatrix}$$

具有行列式

$$\det\boldsymbol{Q}_{\mathrm{B}}=q_{\mathrm{B11}}\cdot q_{\mathrm{B22}}\cdot q_{\mathrm{B33}}=\frac{K_{\mathrm{S2}}}{T_{\mathrm{M}}}\neq 0$$

对于下面对象参数的极限值, 位置被调节对象的可观测性受到限制. 对于

$$K_{\mathrm{S2}}=0 \quad \text{或} \quad T_{\mathrm{M}}\to\infty$$

状态变量 $x_3(t)$ 是不可观测的, 这些极限的参数值实际上是不会出现的. **被调节对象是完全可观测的(Regelstrecke ist vollständig Beobachtbar)**, 通过测量位置 $y(t)$, 在已知对象参数时可由状态观测器求状态变量 $x_2(t)$ 和 $x_3(t)$.

12.2.5.3 研究传递系统的可控性和可观测性

传递系统的描述(Beschreibung des Übertragungssystems)

在信号流图 12.2-12 中给出具有 $\mathrm{PDT_1}$ 调节器和 $\mathrm{PT_1}$ 被调节对象的开环调节回路.

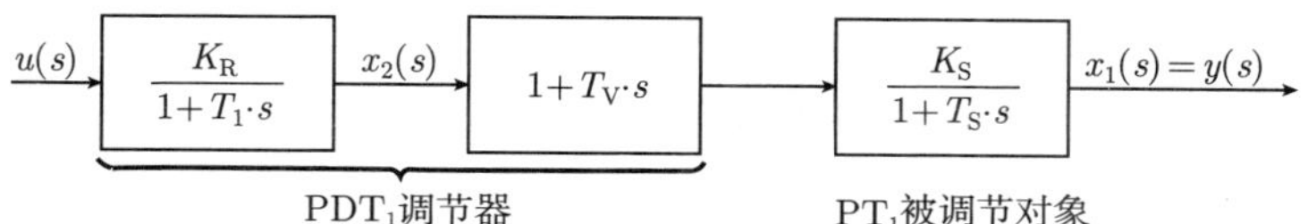

图 12.2-12 用于研究可控性和可观测性的传递系统

在下面研究中试求传递系统为可控制的和可观测的条件. 如果满足该条件, 那么通过配置具有状态观测器的状态调节器可调节传递系统.

由在图 12.2-12 中应用的状态变量, 给出状态方程的标量形式

$$\frac{\mathrm{d}}{\mathrm{d}t}x_1(t)=-\frac{1}{T_{\mathrm{S}}}\cdot x_1(t)+\frac{K_{\mathrm{S}}}{T_{\mathrm{S}}}\cdot\left(1-\frac{T_{\mathrm{V}}}{T_1}\right)\cdot x_2(t)+\frac{K_{\mathrm{R}}\cdot K_{\mathrm{S}}\cdot T_{\mathrm{V}}}{T_1\cdot T_{\mathrm{S}}}\cdot u(t)$$

$$\frac{\mathrm{d}}{\mathrm{d}t}x_2(t)=-\frac{1}{T_1}\cdot x_2(t)+\frac{K_{\mathrm{R}}}{T_1}\cdot u(t)$$

$$y(t) = x_1(t)$$

和矩阵表达式:

$$\frac{\mathrm{d}}{\mathrm{d}t}\boldsymbol{x}(t) = \begin{bmatrix} -\dfrac{1}{T_\mathrm{S}} & \dfrac{K_\mathrm{S}}{T_\mathrm{S}} \cdot \left(1 - \dfrac{T_\mathrm{V}}{T_1}\right) \\ 0 & -\dfrac{1}{T_1} \end{bmatrix} \cdot \boldsymbol{x}(t) + \begin{bmatrix} \dfrac{K_\mathrm{R} \cdot K_\mathrm{S} \cdot T_\mathrm{V}}{T_1 \cdot T_\mathrm{S}} \\ \dfrac{K_\mathrm{R}}{T_1} \end{bmatrix} \cdot u(t)$$

$$y(t) = \begin{bmatrix} 1 & 0 \end{bmatrix} \cdot \boldsymbol{x}(t)$$

判别可控性 (Prüfung der Steuerbarkeit)

计算可控性矩阵

$$\boldsymbol{Q}_\mathrm{S} = \begin{bmatrix} \boldsymbol{b}, & \boldsymbol{A} \cdot \boldsymbol{b} \end{bmatrix} = \begin{bmatrix} \dfrac{K_\mathrm{R} \cdot K_\mathrm{S} \cdot T_\mathrm{V}}{T_1 \cdot T_\mathrm{S}} & \dfrac{K_\mathrm{R} \cdot K_\mathrm{S}}{T_1 \cdot T_\mathrm{S}} \cdot \left[1 - \dfrac{T_\mathrm{V}}{T_1} - \dfrac{T_\mathrm{V}}{T_\mathrm{S}}\right] \\ \dfrac{K_\mathrm{R}}{T_1} & -\dfrac{K_\mathrm{R}}{T_1^2} \end{bmatrix}$$

对于可控性矩阵的行列式得到表达式

$$\det \boldsymbol{Q}_\mathrm{S} = q_{\mathrm{S}11} \cdot q_{\mathrm{S}22} - q_{\mathrm{S}12} \cdot q_{\mathrm{S}21} = \frac{(T_\mathrm{V} - T_\mathrm{S}) \cdot K_\mathrm{R}^2 \cdot K_\mathrm{S}}{T_1^2 \cdot T_\mathrm{S}^2}$$

对于下列参数值行列式总是为零:

$$K_\mathrm{R} = 0, \quad K_\mathrm{S} = 0, \quad T_\mathrm{V} = T_\mathrm{S} \quad \text{或} \quad T_1,\ T_\mathrm{S} \to \infty$$

在这些情况下传递系统不是完全可控制的. 信号流图 12.2-12 说明, 具有 $K_\mathrm{R} = 0$ 时通过输入变量 $u\,(t)$ 不再能影响状态变量 $x_1\,(t)$ 和 $x_2\,(t)$. 对于 $K_\mathrm{S} = 0$, $x_1\,(t)$ 是不可控制的. 另一方面极限值 $K_\mathrm{S} = 0$ 或 $T_1, T_\mathrm{S} \to \infty$ 是不实际的.

在应用 PDT_1 调节器时, 常常通过超前时间 T_V 来补偿在被调节对象中的滞后时间常数. 在传递函数中补偿 $T_\mathrm{V} = T_\mathrm{S}$ 会导出一个简化式:

$$G_\mathrm{S}(s) = \frac{y(s)}{u(s)} = \frac{K_\mathrm{R} \cdot K_\mathrm{S} \cdot (1 + T_\mathrm{V} \cdot s)}{(1 + T_1 \cdot s) \cdot (1 + T_\mathrm{S} \cdot s)} = \frac{K_\mathrm{R} \cdot K_\mathrm{S}}{1 + T_1 \cdot s}$$

被调节对象的特征值 $s_2 = -\dfrac{1}{T_\mathrm{S}}$ 不是传递函数极点, 根据简化式只有状态变量 $x_1(t)$ 是可控制的:

$$\frac{\mathrm{d}}{\mathrm{d}t}x_1(t) = -\frac{1}{T_1} \cdot x_1(t) + \frac{K_\mathrm{R} \cdot K_\mathrm{S}}{T_1} \cdot u(t)$$

$$y(t) = x_1(t)$$

判别可观测性 (Prüfung der Beobachtbarkeit)

由系统矩阵 $\boldsymbol{A}$ 和输出向量 $\boldsymbol{c}^{\mathrm{T}}$ 构建可观测性矩阵

$$\boldsymbol{Q}_{\mathrm{B}} = \begin{bmatrix} \boldsymbol{c}^{\mathrm{T}} \\ \boldsymbol{c}^{\mathrm{T}} \cdot \boldsymbol{A} \end{bmatrix} = \begin{bmatrix} 1 & 0 \\ -\dfrac{1}{T_{\mathrm{S}}} & \dfrac{K_{\mathrm{S}}}{T_1 \cdot T_{\mathrm{S}}} \cdot (T_1 - T_{\mathrm{V}}) \end{bmatrix}$$

矩阵行列式给出

$$\det \boldsymbol{Q}_{\mathrm{B}} = q_{\mathrm{B}11} \cdot q_{\mathrm{B}22} - q_{\mathrm{B}12} \cdot q_{\mathrm{B}21} = \frac{K_{\mathrm{S}}}{T_1 \cdot T_{\mathrm{S}}} \cdot (T_1 - T_{\mathrm{V}})$$

对于 $\det \boldsymbol{Q}_B = 0$ 传递系统不是完全可观测的. 它总是出现在下列参数值情况:

$$K_{\mathrm{S}} = 0, \quad T_{\mathrm{S}} \to \infty \quad \text{或} \quad T_{\mathrm{V}} = T_1$$

信号流图 12.2-12 显示, 对于 $K_{\mathrm{S}} = 0$ 或对于 $T_{\mathrm{S}} \to \infty$ 通过测量 $y(t)$ 不能求 (观测) 状态变量 $x_2(t)$. 但是, 这些对象参数极限值实际上是不能出现的.

下面 PDT_1 调节器的参数选择同样是不能实现的. 如果选择 $T_{\mathrm{V}} = T_{\mathrm{S}}$, 那么在传递函数

$$G_{\mathrm{S}}(s) = \frac{y(s)}{u(s)} = \frac{K_{\mathrm{R}} \cdot K_{\mathrm{S}} \cdot (1 + T_{\mathrm{V}} \cdot s)}{(1 + T_1 \cdot s) \cdot (1 + T_{\mathrm{S}} \cdot s)} = \frac{K_{\mathrm{R}} \cdot K_{\mathrm{S}}}{1 + T_{\mathrm{S}} \cdot s}$$

中出现简化式, 其中特征值 $s_1 = -\dfrac{1}{T_1}$ 不再是传递函数极点, 并且只有调节器的比例环节是有效的. 根据简化式, 只有状态变量 $x_1(t)$ 是通过测量输出变量求得的:

$$\frac{\mathrm{d}}{\mathrm{d}t} x_1(t) = -\frac{1}{T_{\mathrm{S}}} \cdot x_1(t) + \frac{K_{\mathrm{R}} \cdot K_{\mathrm{S}}}{T_{\mathrm{S}}} \cdot u(t)$$

$$y(t) = x_1(t)$$

小结 (Zusammenfassung)

研究调节系统可控性和可观测性得出下面结论, 在现实参数值 $K_{\mathrm{R}}, K_{\mathrm{S}} \neq 0$ 和 $T_1, T_{\mathrm{S}} < \infty$ 的假设下, 所有状态变量都是可控的和可观测的. 通过调节器调整 $T_{\mathrm{V}} = T_{\mathrm{S}}$, 在传递函数中形成一个简化式. 这导致对可控性的限制.

12.2.6 转换到可调节规范型和可观测规范型

12.2.6.1 转换方程一般形式

应用传递系统规范型推导出一个在计算状态调节器和状态观测器时的系统流程. 在节 12.2.4 中描述了调节系统可调节规范型和可观测规范型, 并且它们都是从传递函数出发.

在时域单变量系统状态方程一般形式为

$$\dot{\boldsymbol{x}}(t) = \boldsymbol{A} \cdot \boldsymbol{x}(t) + \boldsymbol{b} \cdot u(t)$$

$$\boldsymbol{y}(t) = \boldsymbol{c}^{\mathrm{T}} \cdot \boldsymbol{x}(t) + \boldsymbol{d} \cdot u(t)$$

状态变量 $x(t)$ 一般为物理量. 新的状态变量 (例如在可调节规范型中)$\boldsymbol{x}_{\mathrm{R}}(t)$ 借助变换可计算:

$$\boldsymbol{x}_{\mathrm{R}}(t) = \boldsymbol{T}_{\mathrm{R}} \cdot \boldsymbol{x}(t)$$

在详细表示中方程组具有形式:

$$\begin{bmatrix} x_{1\mathrm{R}}(t) \\ x_{2\mathrm{R}}(t) \\ \vdots \\ x_{n\mathrm{R}}(t) \end{bmatrix} = \begin{bmatrix} t_{11\mathrm{R}} & t_{12\mathrm{R}} & \cdots & t_{1n\mathrm{R}} \\ t_{21\mathrm{R}} & t_{22\mathrm{R}} & \cdots & t_{2n\mathrm{R}} \\ \vdots & \vdots & \ddots & \vdots \\ t_{n1\mathrm{R}} & t_{n2\mathrm{R}} & \cdots & t_{nn\mathrm{R}} \end{bmatrix} \begin{bmatrix} x_1(t) \\ x_2(t) \\ \vdots \\ x_n(t) \end{bmatrix}$$

矩阵 $\boldsymbol{T}_{\mathrm{R}}$ 的元素都与时间无关, 对此下式成立

$$\dot{\boldsymbol{x}}_{\mathrm{R}}(t) = \boldsymbol{T}_{\mathrm{R}} \cdot \dot{\boldsymbol{x}}(t)$$

如果转换方程解出 $x\,(t)$ 和 $\dot{x}\,(t)$, 那么得到

$$\begin{aligned} \boldsymbol{x}(t) &= \boldsymbol{T}_{\mathrm{R}}^{-1} \cdot \boldsymbol{x}_{\mathrm{R}}(t) \text{ 和} \\ \dot{\boldsymbol{x}}(t) &= \boldsymbol{T}_{\mathrm{R}}^{-1} \cdot \dot{\boldsymbol{x}}_{\mathrm{R}}(t) \end{aligned}$$

将方程代入单变量系统状态方程, 并用 $\boldsymbol{T}_{\mathrm{R}}$ 左乘状态微分方程:

$$\begin{aligned} \boldsymbol{T}_{\mathrm{R}}^{-1} \cdot \dot{\boldsymbol{x}}_{\mathrm{R}}(t) &= \boldsymbol{A} \cdot \boldsymbol{T}_{\mathrm{R}}^{-1} \cdot \boldsymbol{x}_{\mathrm{R}}(t) + \boldsymbol{b} \cdot u(t) \\ \dot{\boldsymbol{x}}_{\mathrm{R}}(t) &= \boldsymbol{T}_{\mathrm{R}} \cdot \boldsymbol{A} \cdot \boldsymbol{T}_{\mathrm{R}}^{-1} \cdot \boldsymbol{x}_{\mathrm{R}}(t) + \boldsymbol{T}_{\mathrm{R}} \cdot \boldsymbol{b} \cdot u(t) \\ &= \boldsymbol{A}_{\mathrm{R}} \cdot \boldsymbol{x}_{\mathrm{R}}(t) + \boldsymbol{b}_{\mathrm{R}} \cdot u(t) \\ y(t) &= \boldsymbol{c}^{\mathrm{T}} \cdot \boldsymbol{T}_{\mathrm{R}}^{-1} \cdot \boldsymbol{x}_{\mathrm{R}}(t) + d \cdot u(t) \\ &= \boldsymbol{c}_{\mathrm{R}}^{\mathrm{T}} \cdot \boldsymbol{x}_{\mathrm{R}}(t) + d_{\mathrm{R}} \cdot u(t) \end{aligned}$$

用下列方程换算状态表达式 (例如物理变量) 的系数矩阵和系数向量 A、$\boldsymbol{b}$、$\boldsymbol{c}^{\mathrm{T}}$ 以及**可调节规范型(Regelungsnormalform)**A_{R}、$\boldsymbol{b}_{\mathrm{R}}$、$\boldsymbol{c}_{\mathrm{R}}^{\mathrm{T}}$:

$\boldsymbol{A}_{\mathrm{R}} = \boldsymbol{T}_{\mathrm{R}} \cdot \boldsymbol{A} \cdot \boldsymbol{T}_{\mathrm{R}}^{-1}$	$\boldsymbol{A} = \boldsymbol{T}_{\mathrm{R}}^{-1} \cdot \boldsymbol{A}_{\mathrm{R}} \cdot \boldsymbol{T}_{\mathrm{R}}$
$\boldsymbol{b}_{\mathrm{R}} = \boldsymbol{T}_{\mathrm{R}} \cdot \boldsymbol{b}$	$\boldsymbol{b} = \boldsymbol{T}_{\mathrm{R}}^{-1} \cdot \boldsymbol{b}_{\mathrm{R}}$
$\boldsymbol{c}_{\mathrm{R}}^{\mathrm{T}} = \boldsymbol{c}^{\mathrm{T}} \cdot \boldsymbol{T}_{\mathrm{R}}^{-1}$	$\boldsymbol{c}^{\mathrm{T}} = \boldsymbol{c}_{\mathrm{R}}^{\mathrm{T}} \cdot \boldsymbol{T}_{\mathrm{R}}$
$d_{\mathrm{R}} = d$	$d = d_{\mathrm{R}}$

为将状态表达式转换到可观测规范型, 本节的方程用下标 B 替换是有效的.

用下列方程进行对状态表达式系数矩阵和系数向量 $\boldsymbol{A}$、$\boldsymbol{b}$、$\boldsymbol{c}^{\mathrm{T}}$ 以及**可观测规范型(Beobachtungsnormalform)**$\boldsymbol{A}_{\mathrm{B}}$、$\boldsymbol{b}_{\mathrm{B}}$、$\boldsymbol{c}_{\mathrm{B}}^{\mathrm{T}}$ 的变换:

$\boldsymbol{A}_{\mathrm{B}}=\boldsymbol{T}_{\mathrm{B}}\cdot\boldsymbol{A}\cdot\boldsymbol{T}_{\mathrm{B}}^{-1}$	$\boldsymbol{A}=\boldsymbol{T}_{\mathrm{B}}^{-1}\cdot\boldsymbol{A}_{\mathrm{B}}\cdot\boldsymbol{T}_{\mathrm{B}}$
$\boldsymbol{b}_{\mathrm{B}}=\boldsymbol{T}_{\mathrm{B}}\cdot\boldsymbol{b}$	$\boldsymbol{b}=\boldsymbol{T}_{\mathrm{B}}^{-1}\cdot\boldsymbol{b}_{\mathrm{B}}$
$\boldsymbol{c}_{\mathrm{B}}^{\mathrm{T}}=\boldsymbol{c}^{\mathrm{T}}\cdot\boldsymbol{T}_{\mathrm{B}}^{-1}$	$\boldsymbol{c}^{\mathrm{T}}=\boldsymbol{c}_{\mathrm{B}}^{\mathrm{T}}\cdot\boldsymbol{T}_{\mathrm{B}}$
$d_{\mathrm{B}}=d$	$d=d_{\mathrm{B}}$

12.2.6.2 转换到可调节规范型的转换矩阵计算

应用逆可控性矩阵 $\boldsymbol{Q}_{\mathrm{S}}^{-1}$ 确定转换矩阵 $\boldsymbol{T}_{\mathrm{R}}$, 用于计算 $\boldsymbol{Q}_{\mathrm{S}}$ 方法已在节 12.2.5.1 中给出. 逆可控性矩阵

$$\boldsymbol{Q}_{\mathrm{S}}^{-1}=\frac{1}{\det\boldsymbol{Q}_{\mathrm{S}}}\cdot\operatorname{adj}\boldsymbol{Q}_{\mathrm{S}}=\begin{bmatrix} q_{\mathrm{S}11} & q_{\mathrm{S}12} & \cdots & q_{\mathrm{S}1n} \\ q_{\mathrm{S}21} & q_{\mathrm{S}22} & \cdots & q_{\mathrm{S}2n} \\ \vdots & \vdots & \ddots & \vdots \\ q_{\mathrm{S}n1} & q_{\mathrm{S}n2} & \cdots & q_{\mathrm{S}nn} \end{bmatrix}=\begin{bmatrix} \boldsymbol{q}_{\mathrm{S}1}^{\mathrm{T}} \\ \boldsymbol{q}_{\mathrm{S}2}^{\mathrm{T}} \\ \vdots \\ \boldsymbol{q}_{\mathrm{S}n}^{\mathrm{T}} \end{bmatrix}$$

的计算仅适用于可控的调节系统, 因为行列式为

$$\det\boldsymbol{Q}_{\mathrm{S}}\neq 0$$

传递系统

$$\dot{\boldsymbol{x}}(t)=\boldsymbol{A}\cdot\boldsymbol{x}(t)+\boldsymbol{b}\cdot u(t)$$

用变换

$$\boldsymbol{x}_{\mathrm{R}}(t)=\boldsymbol{T}_{\mathrm{R}}\cdot\boldsymbol{x}(t)$$

被转换到**可调节规范型(Regelungsformalform)**

$$\dot{\boldsymbol{x}}_{\mathrm{R}}(t)=\boldsymbol{A}_{\mathrm{R}}\cdot\boldsymbol{x}_{\mathrm{R}}(t)+\boldsymbol{b}_{\mathrm{R}}\cdot u(t)$$

其中转换矩阵

$$\boldsymbol{T}_{\mathrm{R}}=\begin{bmatrix} \boldsymbol{q}_{\mathrm{S}n}^{\mathrm{T}} \\ \boldsymbol{q}_{\mathrm{S}n}^{\mathrm{T}}\cdot\boldsymbol{A} \\ \vdots \\ \boldsymbol{q}_{\mathrm{S}n}^{\mathrm{T}}\cdot\boldsymbol{A}^{n-1} \end{bmatrix}$$

可由系统矩阵 $\boldsymbol{A}$ 和逆可控性矩阵 $\boldsymbol{Q}_{\mathrm{S}}^{-1}$ 最后一行 $\boldsymbol{q}_{\mathrm{S}n}^{\mathrm{T}}$ 构成.

例 12.2-11 PT_2 被调节对象转换到可调节规范型

判别可控性(Prüfung der Steuerbarkeit)

在例 12.2-4 和例 12.2-5 中, 在时域和频域解出 PT_2 标准被调节对象

$$\frac{\mathrm{d}}{\mathrm{d}t}\begin{bmatrix} x_1(t) \\ x_2(t) \end{bmatrix} = \begin{bmatrix} 0 & 1 \\ -\omega_{0\mathrm{S}}^2 & -2\cdot D_\mathrm{S}\cdot\omega_{0\mathrm{S}} \end{bmatrix}\begin{bmatrix} x_1(t) \\ x_2(t) \end{bmatrix} + \begin{bmatrix} 0 \\ K_\mathrm{S}\cdot\omega_{0\mathrm{S}}^2 \end{bmatrix}\cdot u(t)$$

$$y(t) = \begin{bmatrix} 1 & 0 \end{bmatrix}\begin{bmatrix} x_1(t) \\ x_2(t) \end{bmatrix}$$

的非齐次状态方程, 如果被调节对象是可控的, 可计算状态调节器, 给出 PT_2 被调节对象的可控性矩阵

$$\boldsymbol{Q}_\mathrm{S} = [\boldsymbol{b},\ \boldsymbol{A}\cdot\boldsymbol{b}] = \begin{bmatrix} 0 & K_\mathrm{S}\cdot\omega_{0\mathrm{S}}^2 \\ K_\mathrm{S}\cdot\omega_{0\mathrm{S}}^2 & -2\cdot K_\mathrm{S}\cdot D_\mathrm{S}\cdot\omega_{0\mathrm{S}}^3 \end{bmatrix}$$

$$= K_\mathrm{S}\cdot\omega_{0\mathrm{S}}^2\cdot\begin{bmatrix} 0 & 1 \\ 1 & -2\cdot D_\mathrm{S}\cdot\omega_{0\mathrm{S}} \end{bmatrix}$$

满足**可控性条件**(Steuerbarkeitsbedingung)

$$\det\boldsymbol{Q}_\mathrm{S} = -K_\mathrm{S}^2\cdot\omega_{0\mathrm{S}}^4 \neq 0$$

被调节对象是完全可控的, **逆可控性矩阵**(Inverse Steuerbarkeitsmatrix) 表示为

$$\boldsymbol{Q}_\mathrm{S}^{-1} = \frac{1}{\det\boldsymbol{Q}_\mathrm{S}}\cdot\mathrm{adj}\,\boldsymbol{Q}_\mathrm{S} = \frac{1}{K_\mathrm{S}\cdot\omega_{0\mathrm{S}}^2}\cdot\begin{bmatrix} 2\cdot D_\mathrm{S}\cdot\omega_{0\mathrm{S}} & 1 \\ 1 & 0 \end{bmatrix}$$

用逆可控性矩阵最后行

$$\boldsymbol{q}_{\mathrm{S}n}^\mathrm{T} = \begin{bmatrix} \dfrac{1}{K_\mathrm{S}\cdot\omega_{0\mathrm{S}}^2} & 0 \end{bmatrix}$$

和系统阵 $\boldsymbol{A}$ 构成转换矩阵

$$\boldsymbol{T}_\mathrm{R} = \begin{bmatrix} \boldsymbol{q}_{\mathrm{S}n}^\mathrm{T} \\ \boldsymbol{q}_{\mathrm{S}n}^\mathrm{T}\cdot\boldsymbol{A} \end{bmatrix} = \frac{1}{K_\mathrm{S}\cdot\omega_{0\mathrm{S}}^2}\cdot\begin{bmatrix} 1 & 0 \\ 0 & 1 \end{bmatrix} = \frac{1}{K_\mathrm{S}\cdot\omega_{0\mathrm{S}}^2}\cdot\boldsymbol{E}$$

和它的逆

$$\boldsymbol{T}_\mathrm{R}^{-1} = K_\mathrm{S}\cdot\omega_{0\mathrm{S}}^2\cdot\begin{bmatrix} 1 & 0 \\ 0 & 1 \end{bmatrix} = K_\mathrm{S}\cdot\omega_{0\mathrm{S}}^2\cdot\boldsymbol{E}$$

$\boldsymbol{E}$ 为单位矩阵.

在 12.2.6.1 节中给出在转换到可调节规范型的流程, 由**系统矩阵 (Systemmatrix)**

$$\boldsymbol{A}_{\mathrm{R}}=\boldsymbol{T}_{\mathrm{R}}\cdot\boldsymbol{A}\cdot\boldsymbol{T}_{\mathrm{R}}^{-1}=\frac{1}{K_{\mathrm{S}}\cdot\omega_{0\mathrm{S}}^{2}}\cdot\boldsymbol{E}\cdot\begin{bmatrix}0 & 1\\ -\omega_{0\mathrm{S}}^{2} & -2\cdot D_{\mathrm{S}}\cdot\omega_{0\mathrm{S}}\end{bmatrix}\cdot K_{\mathrm{S}}\cdot\omega_{0\mathrm{S}}^{2}\cdot\boldsymbol{E}$$

$$=\begin{bmatrix}0 & 1\\ -\omega_{0\mathrm{S}}^{2} & -2\cdot D_{\mathrm{S}}\cdot\omega_{0\mathrm{S}}\end{bmatrix}$$

输入向量(Eingangsvektor)

$$\boldsymbol{b}_{\mathrm{R}}=\boldsymbol{T}_{\mathrm{R}}\cdot\boldsymbol{b}=\frac{1}{K_{\mathrm{S}}\cdot\omega_{0\mathrm{S}}^{2}}\cdot\boldsymbol{E}\cdot\begin{bmatrix}0\\ K_{\mathrm{S}}\cdot\omega_{0\mathrm{S}}^{2}\end{bmatrix}=\begin{bmatrix}0\\ 1\end{bmatrix}$$

和**输出向量(Ausgangsvektor)**

$$\boldsymbol{c}_{\mathrm{R}}^{\mathrm{T}}=\boldsymbol{c}^{\mathrm{T}}\cdot\boldsymbol{T}_{\mathrm{R}}^{-1}=[1\quad 0]\cdot K_{\mathrm{S}}\cdot\omega_{0\mathrm{S}}^{2}\cdot\boldsymbol{E}=[K_{\mathrm{S}}\cdot\omega_{0\mathrm{S}}^{2}\quad 0]$$

给出 PT_2 被调节对象的**可调节规范型(Regelungsformalform)**

$$\frac{\mathrm{d}}{\mathrm{d}t}\begin{bmatrix}x_{1\mathrm{R}}(t)\\ x_{2\mathrm{R}}(t)\end{bmatrix}=\begin{bmatrix}0 & 1\\ -\omega_{0\mathrm{S}}^{2} & -2\cdot D_{\mathrm{S}}\cdot\omega_{0\mathrm{S}}\end{bmatrix}\begin{bmatrix}x_{1\mathrm{R}}(t)\\ x_{2\mathrm{R}}(t)\end{bmatrix}+\begin{bmatrix}0\\ 1\end{bmatrix}\cdot u(t)$$

$$y(t)=\begin{bmatrix}K_{\mathrm{S}}\cdot\omega_{0\mathrm{S}}^{2} & 0\end{bmatrix}\begin{bmatrix}x_{1\mathrm{R}}(t)\\ x_{2\mathrm{R}}(t)\end{bmatrix}$$

12.2.6.3 转换到可观测规范型的转换矩阵计算

在计算用于转换到可观测规范型的矩阵 $\boldsymbol{T}_{\mathrm{B}}$ 时, 从逆观测性矩阵 $\boldsymbol{Q}_{\mathrm{B}}^{-1}$ 起始. 在 12.2.5.2 节中给出了 $\boldsymbol{Q}_{\mathrm{B}}$ 的计算. 对于可观测传递系统可构成逆可观测性矩阵

$$\boldsymbol{Q}_{\mathrm{B}}^{-1}=\frac{1}{\det\boldsymbol{Q}_{\mathrm{B}}}\cdot\operatorname{adj}\boldsymbol{Q}_{\mathrm{B}}=\begin{bmatrix}q_{\mathrm{B}11} & q_{\mathrm{B}12} & \cdots & q_{\mathrm{B}1n}\\ q_{\mathrm{B}21} & q_{\mathrm{B}22} & \cdots & q_{\mathrm{B}2n}\\ \vdots & \vdots & \ddots & \vdots\\ q_{\mathrm{B}n1} & q_{\mathrm{B}n2} & \cdots & q_{\mathrm{B}nn}\end{bmatrix}$$

$$=\begin{bmatrix}\boldsymbol{q}_{\mathrm{B}1}\ \boldsymbol{q}_{\mathrm{B}2}\cdots\ \boldsymbol{q}_{\mathrm{B}n}\end{bmatrix}$$

其中

$$\det\ \boldsymbol{Q}_{\mathrm{B}}\neq 0$$

传递系统

$$\dot{\boldsymbol{x}}(t) = \boldsymbol{A} \cdot \boldsymbol{x}(t) + \boldsymbol{b} \cdot u(t)$$

用变换

$$\boldsymbol{x}_{\mathrm{B}}(t) = \boldsymbol{T}_{\mathrm{B}} \cdot \boldsymbol{x}(t)$$

被转换到**可观测规范型(Beobachtungsformalform)**

$$\dot{\boldsymbol{x}}_{\mathrm{B}}(t) = \boldsymbol{A}_{\mathrm{B}} \cdot \boldsymbol{x}_{\mathrm{B}}(t) + \boldsymbol{b}_{\mathrm{B}} \cdot u(t)$$

其中逆转换矩阵

$$\boldsymbol{T}_{\mathrm{B}}^{-1} = \left[\begin{array}{cccc} \boldsymbol{q}_{\mathrm{B}n} & \boldsymbol{A} \cdot \boldsymbol{q}_{\mathrm{B}n} & \ldots & \boldsymbol{A}^{n-1} \cdot \boldsymbol{q}_{\mathrm{B}n} \end{array} \right]$$

可由系统矩阵 $\boldsymbol{A}$ 和逆可观测性矩阵 $\boldsymbol{Q}_{\mathrm{B}}^{-1}$ 最后一列 $q_{\mathrm{B}n}$ 构成.

例 12.2-12 PT$_2$ 被调节对象转换到可观测规范型

判别可观测性(Prüfung der Beobachtbarkeit)

在例 12.2-4 和例 12.2-5 中, 解标准 PT$_2$ 被调节对象的状态方程

$$\frac{\mathrm{d}}{\mathrm{d}t} \left[\begin{array}{c} x_1(t) \\ x_2(t) \end{array} \right] = \left[\begin{array}{cc} 0 & 1 \\ -\omega_{0\mathrm{S}}^2 & -2 \cdot D_{\mathrm{S}} \cdot \omega_{0\mathrm{S}} \end{array} \right] \left[\begin{array}{c} x_1(t) \\ x_2(t) \end{array} \right] + \left[\begin{array}{c} 0 \\ K_{\mathrm{S}} \cdot \omega_{0\mathrm{S}}^2 \end{array} \right] \cdot u(t)$$

$$y(t) = \left[\begin{array}{cc} 1 & 0 \end{array} \right] \left[\begin{array}{c} x_1(t) \\ x_2(t) \end{array} \right]$$

对于已给被调节对象给出**可观测性矩阵(Beobachtbarkeitsmatrix)**

$$\boldsymbol{Q}_{\mathrm{B}} = \left[\begin{array}{c} \boldsymbol{c}^{\mathrm{T}} \\ \boldsymbol{c}^{\mathrm{T}} \cdot \boldsymbol{A} \end{array} \right] = \boldsymbol{E}$$

它已在 12.2.5.2 节中描述过. 由于

$$\det \boldsymbol{Q}_{\mathrm{B}} = 1$$

满足**可观测性条件(Beobachtbarkeitsbedingung)**, 也就是被调节对象是完全可观测的. 为此可构成**逆可观测性矩阵(inverse Beobachtbarkeitsmatrix)**:

$$\boldsymbol{Q}_{\mathrm{B}}^{-1} = \boldsymbol{E}$$

用逆可观测性矩阵最后列

$$\boldsymbol{q}_{\mathrm{B}n} = \left[\begin{array}{c} 0 \\ 1 \end{array} \right]$$

和系统阵 $\boldsymbol{A}$ 给出逆转换矩阵

$$\boldsymbol{T}_{\mathrm{B}}^{-1}=[\boldsymbol{q}_{\mathrm{B}n},\ \boldsymbol{A}\cdot\boldsymbol{q}_{\mathrm{B}n}]=\begin{bmatrix}0 & 1\\ 1 & -2\cdot D_{\mathrm{S}}\cdot\omega_{0\mathrm{S}}\end{bmatrix}$$

继续求逆提供

$$\boldsymbol{T}_{\mathrm{B}}=\begin{bmatrix}2\cdot D_{\mathrm{S}}\cdot\omega_{0\mathrm{S}} & 1\\ 1 & 0\end{bmatrix}$$

与在 12.2.6.1 节中流程对应, 得到**系统矩阵**(Systemmatrix)

$$\boldsymbol{A}_{\mathrm{B}}=\boldsymbol{T}_{\mathrm{B}}\cdot\boldsymbol{A}\cdot\boldsymbol{T}_{\mathrm{B}}^{-1}=\begin{bmatrix}2D_{\mathrm{S}}\cdot\omega_{0\mathrm{S}} & 1\\ 1 & 0\end{bmatrix}\begin{bmatrix}0 & 1\\ -\omega_{0\mathrm{S}}^2 & -2D_{\mathrm{S}}\cdot\omega_{0\mathrm{S}}\end{bmatrix}\begin{bmatrix}0 & 1\\ 1 & -2D_{\mathrm{S}}\cdot\omega_{0\mathrm{S}}\end{bmatrix}$$

$$=\begin{bmatrix}0 & -\omega_{0\mathrm{S}}^2\\ 1 & -2D_{\mathrm{S}}\cdot\omega_{0\mathrm{S}}\end{bmatrix}$$

输入向量(Eingangsvektor)

$$\boldsymbol{b}_{\mathrm{B}}=\boldsymbol{T}_{\mathrm{B}}\cdot\boldsymbol{b}=\begin{bmatrix}2\cdot D_{\mathrm{S}}\cdot\omega_{0\mathrm{S}} & 1\\ 1 & 0\end{bmatrix}\begin{bmatrix}0\\ K_{\mathrm{S}}\cdot\omega_{0\mathrm{S}}^2\end{bmatrix}=\begin{bmatrix}K_{\mathrm{S}}\cdot\omega_{0\mathrm{S}}^2\\ 0\end{bmatrix}$$

和**输出向量(Ausgangsvektor)**

$$\boldsymbol{c}_{\mathrm{B}}^{\mathrm{T}}=\boldsymbol{c}^{\mathrm{T}}\cdot\boldsymbol{T}_{\mathrm{B}}^{-1}=[1\ 0]\begin{bmatrix}0 & 1\\ 1 & -2\cdot D_{\mathrm{S}}\cdot\omega_{0\mathrm{S}}\end{bmatrix}=[0\ 1]$$

为此, 给出 PT_2 被调节对象的**可观测规范型(Beobachtungsnormalform)**

$$\frac{\mathrm{d}}{\mathrm{d}t}\begin{bmatrix}x_{1\mathrm{B}}(t)\\ x_{2\mathrm{B}}(t)\end{bmatrix}=\begin{bmatrix}0 & -\omega_{0\mathrm{S}}^2\\ 1 & -2\cdot D_{\mathrm{S}}\cdot\omega_{0\mathrm{S}}\end{bmatrix}\begin{bmatrix}x_{1\mathrm{B}}(t)\\ x_{2\mathrm{B}}(t)\end{bmatrix}+\begin{bmatrix}K_{\mathrm{S}}\cdot\omega_{0\mathrm{S}}^2\\ 0\end{bmatrix}\cdot u(t)$$

$$y(t)=\begin{bmatrix}0 & 1\end{bmatrix}\begin{bmatrix}x_{1\mathrm{B}}(t)\\ x_{2\mathrm{B}}(t)\end{bmatrix}$$

12.3 状态反馈调节

12.3.1 概述

状态变量含有关于被调节对象或过程动态特性的信息. 状态调节完全地利用这些信息, 同时**全部状态变量反馈(alle Zustandsvariablen Züruckgeführt werden)**. 图 12.3-1 中给出了状态调节简化信号流图.

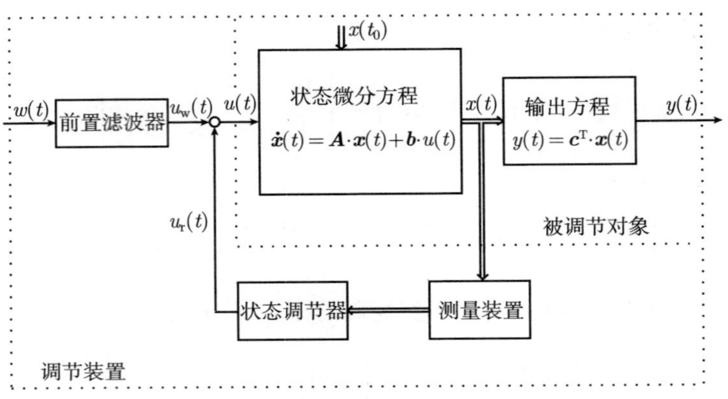

图 12.3-1　状态调节简化信号流图

调节装置的组成部件包括：测量装置; 状态调节器 (反馈向量); 前置滤波器.

通常下列问题与状态变量测量联系在一起：测量装置在技术上是不可实现的; 实现费用太高.

在这些情况中可引入求状态变量的状态观测器. 状态观测器可实现性的前提条件是被调节对象具有可观测性. 为了计算观测器必须已知被调节对象的数学模型.

为了进行状态调节, 所有状态变量的可控性是必要的前提条件. 在状态调节器中, 总是将测量的或观测的状态变量输送给一个比例环节.

在反馈中通过应用比例环节会产生稳态误差, 该误差必须通过附加的前置滤波器来补偿.

下面, 通过极点配置计算状态调节器和状态观测器. 所推导的方法涉及到具有单输入和单输出变量的调节系统.

12.3.2　状态调节的计算

12.3.2.1　通过极点配置求状态调节器

调节的时间特性是通过传递函数的极点和零点位置规定的. 如果不存在零点, 那么极点或微分方程特征值单独地确定动态特性.

> 在状态调节时所有状态变量都被反馈. 由此预先配置所有调节极点或特征值是可能的.

由信号流图 (图 12.3-2) 推导下列方程：

被调节对象：$\dfrac{\mathrm{d}}{\mathrm{d}t}\boldsymbol{x}(t)=\boldsymbol{A}\cdot\boldsymbol{x}(t)+\boldsymbol{b}\cdot[u_{\mathrm{w}}(t)+u_{\mathrm{r}}(t)]$

调节器：
$$u_r(t) = \boldsymbol{r}^T \cdot \boldsymbol{x}(t) = [r_1 \ \cdots \ r_n] \begin{bmatrix} x_1(t) \\ \vdots \\ x_n(t) \end{bmatrix}$$

前置滤波器：$u_w(t) = v_w \cdot w(t)$

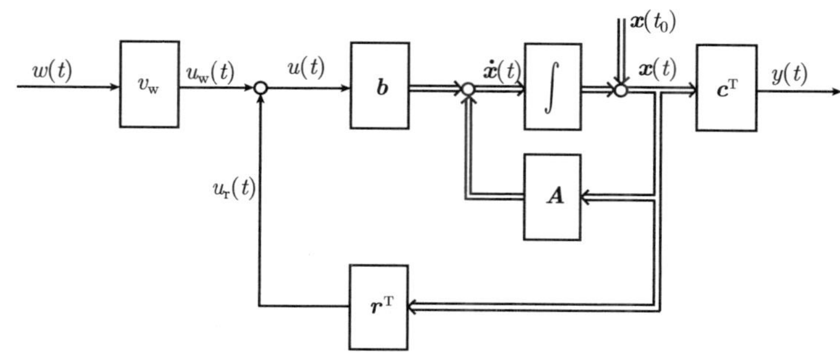

图 12.3-2 状态调节一般信号流图

通过将调节器方程代入被调节对象方程, 并由 $u_w(t) = 0$ 可给出状态调节的齐次状态微分方程：

$$\frac{d}{dt}\boldsymbol{x}(t) = \boldsymbol{A} \cdot \boldsymbol{x}(t) + \boldsymbol{b} \cdot \boldsymbol{r}^T \cdot \boldsymbol{x}(t) = [\boldsymbol{A} + \boldsymbol{b} \cdot \boldsymbol{r}^T] \cdot \boldsymbol{x}(t)$$

用拉普拉斯变换的微分定理将其转换到频域：

$$s \cdot \boldsymbol{x}(s) - \boldsymbol{x}(t_0) = (\boldsymbol{A} + \boldsymbol{b} \cdot \boldsymbol{r}^T) \cdot \boldsymbol{x}(s)$$

变形得到

$$s \cdot \boldsymbol{x}(s) - (\boldsymbol{A} + \boldsymbol{b} \cdot \boldsymbol{r}^T) \cdot \boldsymbol{x}(s) = [s \cdot \boldsymbol{E} - (\boldsymbol{A} + \boldsymbol{b} \cdot \boldsymbol{r}^T)] \cdot \boldsymbol{x}(s) = \boldsymbol{x}(t_0)$$

为解出 $x(s)$ 必须用逆矩阵

$$[s \cdot \boldsymbol{E} - (\boldsymbol{A} + \boldsymbol{b} \cdot \boldsymbol{r}^T)]^{-1}$$

左乘方程：

$$\boldsymbol{x}(s) = [s \cdot \boldsymbol{E} - (\boldsymbol{A} + \boldsymbol{b} \cdot \boldsymbol{r}^T)]^{-1} \cdot \boldsymbol{x}(t_0)$$

用逆拉普拉斯变换, 在时域的解为

$$\boxed{\boldsymbol{x}(t) = L^{-1}\{[s \cdot \boldsymbol{E} - (\boldsymbol{A} + \boldsymbol{b} \cdot \boldsymbol{r}^T)]^{-1} \cdot \boldsymbol{x}(t_0)\}}$$

$\boldsymbol{A} + \boldsymbol{b} \cdot \boldsymbol{r}^T$ 为状态调节的系统矩阵.

对于可控被调节对象可将状态方程表示成**可调节规范型(Regelungsnormalform)**. 在这种情况通过状态反馈可任意预先给出调节的极点.

状态调节的系统矩阵表示成可调节规范型

$$\boldsymbol{A}_{\mathrm{R}}+\boldsymbol{b}_{\mathrm{R}}\cdot\boldsymbol{r}_{\mathrm{R}}^{\mathrm{T}}=\begin{bmatrix}0&1&0&\cdots&0\\0&0&1&\cdots&0\\\vdots&\vdots&\vdots&\ddots&\vdots\\0&0&0&\cdots&1\\-\dfrac{a_0}{a_n}&-\dfrac{a_1}{a_n}&-\dfrac{a_2}{a_n}&\cdots&-\dfrac{a_{n-1}}{a_n}\end{bmatrix}+\begin{bmatrix}0\\0\\\vdots\\0\\\dfrac{1}{a_n}\end{bmatrix}[r_{1\mathrm{R}}\quad r_{2\mathrm{R}}\quad\cdots\quad r_{n\mathrm{R}}]$$

$$=\begin{bmatrix}0&1&0&\cdots&0\\0&0&1&\cdots&0\\\vdots&\vdots&\vdots&\ddots&\vdots\\0&0&0&\cdots&1\\-\dfrac{a_0-r_{1\mathrm{R}}}{a_n}&-\dfrac{a_1-r_{2\mathrm{R}}}{a_n}&-\dfrac{a_2-r_{3\mathrm{R}}}{a_n}&\cdots&-\dfrac{a_{n-1}-r_{n\mathrm{R}}}{a_n}\end{bmatrix}$$

在 12.2.3 节中描述了状态方程解, 状态调节可调节规范型的齐次状态方程解具有特征方程:

$$\det[s\cdot\boldsymbol{E}-(\boldsymbol{A}_{\mathrm{R}}+\boldsymbol{b}_{\mathrm{R}}\cdot\boldsymbol{r}_{\mathrm{R}}^{\mathrm{T}})]$$

$$=\det\begin{bmatrix}s&-1&0&\cdots&0\\0&s&-1&\cdots&0\\0&0&s&\cdots&0\\\vdots&\vdots&\vdots&\ddots&\vdots\\0&0&0&\cdots&-1\\\dfrac{a_0-r_{1\mathrm{R}}}{a_n}&\dfrac{a_1-r_{2\mathrm{R}}}{a_n}&\dfrac{a_2-r_{3\mathrm{R}}}{a_n}&\cdots&s+\dfrac{a_{n-1}-r_{n\mathrm{R}}}{a_n}\end{bmatrix}$$

$$=s^n+\frac{a_{n-1}-r_{n\mathrm{R}}}{a_n}\cdot s^{n-1}+\cdots+\frac{a_1-r_{2\mathrm{R}}}{a_n}\cdot s+\frac{a_0-r_{1\mathrm{R}}}{a_n}=0$$

多项式系数为反馈向量 $\boldsymbol{r}_{\mathrm{R}}^{\mathrm{T}}$ 元素的函数. 在配置 n 个闭环调节回路极点 $s_{\mathrm{p}1}$, $s_{\mathrm{p}2},\cdots,s_{\mathrm{p}n}$ 时得到多项式, 即

$$\boxed{\begin{aligned}P(s)&=(s-s_{\mathrm{p}1})\cdot(s-s_{\mathrm{p}2})\cdot\cdots\cdot(s-s_{\mathrm{p}n})\\&=s^n+P_{n-1}\cdot s^{n-1}+\cdots+P_1\cdot s+P_0\end{aligned}}$$

通过两多项式系数比较, 给出具有解的方程组:

$$\boxed{\begin{array}{ccccccc} \dfrac{a_0 - r_{1\mathrm{R}}}{a_n} & = & P_0 & \to & r_{1\mathrm{R}} & = & a_0 - P_0 \cdot a_n \\ \dfrac{a_1 - r_{2\mathrm{R}}}{a_n} & = & P_1 & \to & r_{2\mathrm{R}} & = & a_1 - P_1 \cdot a_n \\ \vdots & = & \vdots & \vdots & \vdots & = & \vdots \\ \dfrac{a_{n-1} - r_{n\mathrm{R}}}{a_n} & = & P_{n-1} & \to & r_{n\mathrm{R}} & = & a_{n-1} - P_{n-1} \cdot a_n \end{array}}$$

12.3.2.2 前置滤波器的计算

由于反馈向量的比例环节, 在常值参据量 $w(t)$ 时产生稳态调节误差, 前置滤波器应保证稳态调节精度.

在考虑参据量 $w(t)$ 下, 从信号流图 12.3-2 中提取非齐次状态方程

$$\begin{aligned} \frac{\mathrm{d}}{\mathrm{d}t}\boldsymbol{x}(t) &= \boldsymbol{A} \cdot \boldsymbol{x}(t) + \boldsymbol{b} \cdot u(t) = \boldsymbol{A} \cdot \boldsymbol{x}(t) + \boldsymbol{b} \cdot [u_\mathrm{r}(t) + u_\mathrm{w}(t)] \\ &= \boldsymbol{A} \cdot \boldsymbol{x}(t) + \boldsymbol{b} \cdot [\boldsymbol{r}^\mathrm{T} \cdot \boldsymbol{x}(t) + v_\mathrm{w} \cdot w(t)] \\ &= [\boldsymbol{A} + \boldsymbol{b} \cdot \boldsymbol{r}^\mathrm{T}] \cdot \boldsymbol{x}(t) + \boldsymbol{b} \cdot v_\mathrm{w} \cdot w(t) \end{aligned}$$

应用拉普拉斯变换, 由 $\boldsymbol{x}(t_0) = \boldsymbol{o}$ 给出

$$s \cdot \boldsymbol{x}(s) - [\boldsymbol{A} + \boldsymbol{b} \cdot \boldsymbol{r}^\mathrm{T}] \cdot \boldsymbol{x}(s) = [s \cdot \boldsymbol{E} - (\boldsymbol{A} + \boldsymbol{b} \cdot \boldsymbol{r}^\mathrm{T})] \cdot \boldsymbol{x}(s) = \boldsymbol{b} \cdot v_\mathrm{w} \cdot w(s)$$

解出 $\boldsymbol{x}(s)$ 得到

$$\boldsymbol{x}(s) = [s \cdot \boldsymbol{E} - (\boldsymbol{A} + \boldsymbol{b} \cdot \boldsymbol{r}^\mathrm{T})]^{-1} \cdot \boldsymbol{b} \cdot v_\mathrm{w} \cdot w(s)$$

代入输出方程给出

$$y(s) = \boldsymbol{c}^\mathrm{T} \cdot \boldsymbol{x}(s) = \boldsymbol{c}^\mathrm{T} \cdot [s \cdot \boldsymbol{E} - (\boldsymbol{A} + \boldsymbol{b} \cdot \boldsymbol{r}^\mathrm{T})]^{-1} \cdot \boldsymbol{b} \cdot v_\mathrm{w} \cdot w(s)$$

对于常值参据量

$$w(s) = \frac{w_0}{s}$$

由归一化的参据阶跃响应的终值确定前置滤波器:

$$\begin{aligned} \frac{y(t \to \infty)}{w_0} &= \lim_{s \to 0} s \cdot \frac{y(s)}{w_0} = \lim_{s \to 0} s \cdot \boldsymbol{c}^\mathrm{T} \cdot [s \cdot \boldsymbol{E} - (\boldsymbol{A} + \boldsymbol{b} \cdot \boldsymbol{r}^\mathrm{T})]^{-1} \cdot \boldsymbol{b} \cdot v_\mathrm{w} \cdot \frac{1}{s} \\ &= -\boldsymbol{c}^\mathrm{T} \cdot [\boldsymbol{A} + \boldsymbol{b} \cdot \boldsymbol{r}^\mathrm{T}]^{-1} \cdot \boldsymbol{b} \cdot v_\mathrm{w} \overset{!}{=} 1 \end{aligned}$$

常值前置滤波器可由方程

$$\boxed{v_{\mathrm{w}} = -[\boldsymbol{c}^{\mathrm{T}} \cdot (\boldsymbol{A} + \boldsymbol{b} \cdot \boldsymbol{r}^{\mathrm{T}})^{-1} \cdot \boldsymbol{b}]^{-1}}$$

给出. 本方法保证调节系统稳定性.

例 12.3-1 通过状态变量反馈极点配置.

PT_2 **被调节对象状态表达式的可调节规范型**

在例 12.2-4 和例 12.2-5 中, 对 PT_2 标准被调节对象的非齐次状态方程

$$\frac{\mathrm{d}}{\mathrm{d}t}\begin{bmatrix} x_1(t) \\ x_2(t) \end{bmatrix} = \begin{bmatrix} 0 & 1 \\ -\omega_{0\mathrm{S}}^2 & -2 \cdot D_{\mathrm{S}} \cdot \omega_{0\mathrm{S}} \end{bmatrix}\begin{bmatrix} x_1(t) \\ x_2(t) \end{bmatrix} + \begin{bmatrix} 0 \\ K_{\mathrm{S}} \cdot \omega_{0\mathrm{S}}^2 \end{bmatrix} \cdot u(t)$$

$$y(t) = \begin{bmatrix} 1 & 0 \end{bmatrix}\begin{bmatrix} x_1(t) \\ x_2(t) \end{bmatrix}$$

在时域和频域求解. 如果被调节对象是可控的, 那么可计算状态调节器. PT_2 被调节对象的**可控性矩阵(Steuerbarkeitsmatrix)**

$$\boldsymbol{Q}_{\mathrm{S}} = [\boldsymbol{b}, \boldsymbol{A} \cdot \boldsymbol{b}] = K_{\mathrm{S}} \cdot \omega_{0\mathrm{S}}^2 \cdot \begin{bmatrix} 0 & 1 \\ 1 & -2 \cdot D_{\mathrm{S}} \cdot \omega_{0\mathrm{S}} \end{bmatrix}$$

已在例 12.2-11 中计算, 其可控性已被证实. 在同一例子中构建了**可调节规范型(Regelungsnormalform)**

$$\frac{\mathrm{d}}{\mathrm{d}t}\begin{bmatrix} x_{1\mathrm{R}}(t) \\ x_{2\mathrm{R}}(t) \end{bmatrix} = \begin{bmatrix} 0 & 1 \\ -\omega_{0\mathrm{S}}^2 & -2 \cdot D_{\mathrm{S}} \cdot \omega_{0\mathrm{S}} \end{bmatrix}\begin{bmatrix} x_{1\mathrm{R}}(t) \\ x_{2\mathrm{R}}(t) \end{bmatrix} + \begin{bmatrix} 0 \\ 1 \end{bmatrix} \cdot u(t)$$

$$y(t) = \begin{bmatrix} K_{\mathrm{S}} \cdot \omega_{0\mathrm{S}}^2 & 0 \end{bmatrix}\begin{bmatrix} x_{1\mathrm{R}}(t) \\ x_{2\mathrm{R}}(t) \end{bmatrix}$$

其中必须满足可控性条件.

反馈系数对调节极点的影响

在信号流图 12.3-3 中绘制了具有反馈状态变量的被调节对象的可调节规范型. 按照 12.3.2.1 节的极点配置法计算出特征多项式

$$
\begin{aligned}
&\det\left[s\cdot\boldsymbol{E}-(\boldsymbol{A}_{\mathrm{R}}+\boldsymbol{b}_{\mathrm{R}}\cdot\boldsymbol{r}_{\mathrm{R}}^{\mathrm{T}})\right]\\
=&\det\left[\begin{bmatrix}s & 0\\ 0 & s\end{bmatrix}-\begin{bmatrix}0 & 1\\ -\omega_{0\mathrm{S}}^2 & -2\cdot D_{\mathrm{S}}\cdot\omega_{0\mathrm{S}}\end{bmatrix}-\begin{bmatrix}0\\ 1\end{bmatrix}[r_{1\mathrm{R}}r_{2\mathrm{R}}]\right]\\
=&\det\begin{bmatrix}s & -1\\ \omega_{0\mathrm{S}}^2-r_{1\mathrm{R}} & s+2\cdot D_{\mathrm{S}}\cdot\omega_{0\mathrm{S}}-r_{2\mathrm{R}}\end{bmatrix}\\
=&s^2+(2\cdot D_{\mathrm{S}}\cdot\omega_{0\mathrm{S}}-r_{2\mathrm{R}})\cdot s+\omega_{0\mathrm{S}}^2-r_{1\mathrm{R}}
\end{aligned}
$$

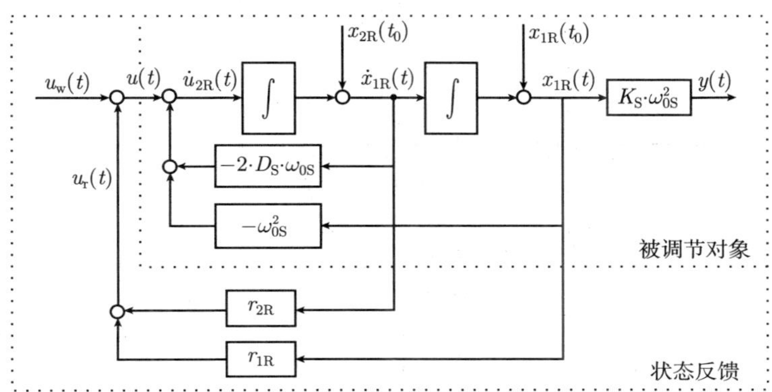

图 12.3-3 具有状态反馈的 PT_2 标准被调节对象的可调节规范型信号流图

特征方程的零点是调节的极点, 它们计算出

$$
s_{\mathrm{p}1,2}=-\frac{2\cdot D_{\mathrm{S}}\cdot\omega_{0\mathrm{S}}-r_{2\mathrm{R}}}{2}\pm\sqrt{\left[\frac{2\cdot D_{\mathrm{S}}\cdot\omega_{0\mathrm{S}}-r_{2\mathrm{R}}}{2}\right]^2-\omega_{0\mathrm{S}}^2+r_{1\mathrm{R}}}
$$

下面研究反馈系数 $r_{1\mathrm{R}}$, $r_{2\mathrm{R}}$ 对调节极点的影响, 其中分四种情况.

(1) $r_{1\mathrm{R}}=r_{2\mathrm{R}}=0$.

如果两个反馈系数都为零, 那么得到被调节对象极点:

$$
s_{\mathrm{p}1,2}=\omega_{0\mathrm{S}}\cdot\left(-D_{\mathrm{S}}\pm\sqrt{D_{\mathrm{S}}^2-1}\right)
$$

(2) $r_{1\mathrm{R}}=0, r_{2\mathrm{R}}\neq 0$(**内部状态变量**$x_{2\mathrm{R}}$**反馈**).

由于 $r_{1\mathrm{R}}=0$ 特征多项式具有零点

$$
s_{\mathrm{p}1,2}=-\frac{2\cdot D_{\mathrm{S}}\cdot\omega_{0\mathrm{S}}-r_{2\mathrm{R}}}{2}\pm\sqrt{\left[\frac{2\cdot D_{\mathrm{S}}\cdot\omega_{0\mathrm{S}}-r_{2\mathrm{R}}}{2}\right]^2-\omega_{0\mathrm{S}}^2}
$$

代入对象参数 $\omega_{0\mathrm{S}}=1\mathrm{s}^{-1},D_{\mathrm{S}}=0.707$ 得到

$$s_{\mathrm{p}1,2}=-\frac{1.414-r_{2\mathrm{R}}}{2}\pm\sqrt{\left[\frac{1.414-r_{2\mathrm{R}}}{2}\right]^2-1}$$

通过 $x_{2\mathrm{R}}$ 反馈可调整的极点位置, 显示在图 12.3-4 中的根轨迹曲线 (零点位置).

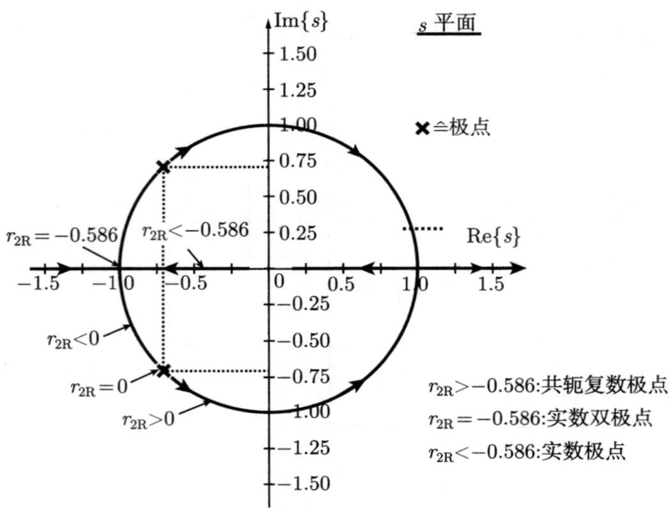

图 12.3-4　对于 $r_{1R}=0,r_{2R}\neq 0$ 根轨迹曲线

(3) $r_{1\mathrm{R}}\neq 0,r_{2\mathrm{R}}=0$(**状态变量**$x_{1\mathrm{R}}$**反馈**).

对于 $r_{2\mathrm{R}}=0$ 特征多项式具有零点

$$s_{\mathrm{p}1,2}=-D_{\mathrm{S}}\cdot\omega_{0\mathrm{S}}\pm\sqrt{\omega_{0\mathrm{S}}^2\cdot(D_{\mathrm{S}}^2-1)+r_{1\mathrm{R}}}$$

由对象参数 $\omega_{0\mathrm{S}}=1\ \mathrm{s}^{-1}$, $D_{\mathrm{S}}=0.707$ 得到

$$s_{\mathrm{p}1,2}=-0.707\pm\sqrt{r_{1\mathrm{R}}-0.5}$$

通过反馈状态变量 $x_{1\mathrm{R}}$, 在图 12.3-5 中的根轨迹曲线的极点位置是可调整的.

(4) $\boldsymbol{r_{1\mathrm{R}}\neq 0}$**,** $\boldsymbol{r_{2\mathrm{R}}\neq 0}$ **(两状态变量**$\boldsymbol{x_{1\mathrm{R}}}$**,** $\boldsymbol{x_{2\mathrm{R}}}$**反馈)**.

对于 $r_{1\mathrm{R}},r_{2\mathrm{R}}\neq 0$ 状态调节特征多项式具有形式

$$s^2+(2\cdot D_{\mathrm{S}}\cdot\omega_{0\mathrm{S}}-r_{2\mathrm{R}})\cdot s+\omega_{0\mathrm{S}}^2-r_{1\mathrm{R}}=0$$

如果导入特征量

$\omega_{0\mathrm{Z}}=$ 状态调节特征角频率

$D_{\mathrm{Z}}=$ 状态调节阻尼比

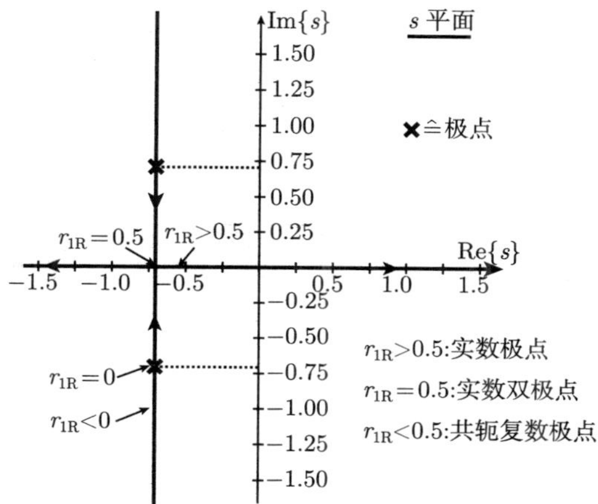

图 12.3-5 对于 $r_{1\mathrm{R}} \neq 0, r_{2\mathrm{R}} = 0$ 根轨迹曲线

那么给出状态调节特征多项式的形式

$$s^2 + 2 \cdot D_{\mathrm{Z}} \cdot \omega_{0\mathrm{Z}} \cdot s + \omega_{0\mathrm{Z}}^2 = 0$$

其中零点

$$s_{\mathrm{p}1,2\mathrm{Z}} = -D_{\mathrm{Z}} \cdot \omega_{0\mathrm{Z}} \pm \mathrm{j} \cdot \omega_{0\mathrm{Z}} \cdot \sqrt{1 - D_{\mathrm{Z}}^2} = \mathrm{Re}\{s_{\mathrm{p}1,2\mathrm{Z}}\} + \mathrm{j} \cdot \mathrm{Im}\{s_{\mathrm{p}1,2\mathrm{Z}}\}$$

两个特征方程系数比较提供

$$2 \cdot D_{\mathrm{Z}} \cdot \omega_{0\mathrm{Z}} = 2 \cdot D_{\mathrm{S}} \cdot \omega_{0\mathrm{S}} - r_{2\mathrm{R}}$$

$$\omega_{0\mathrm{Z}}^2 = \omega_{0\mathrm{S}}^2 - r_{1\mathrm{R}}$$

解出反馈系数得到公式

$$r_{1\mathrm{R}} = \omega_{0\mathrm{S}}^2 - \omega_{0\mathrm{Z}}^2$$

$$r_{2\mathrm{R}} = 2 \cdot (D_{\mathrm{S}} \cdot \omega_{0\mathrm{S}} - D_{\mathrm{Z}} \cdot \omega_{0\mathrm{Z}})$$

其中由 D_{Z} 和 $\omega_{0\mathrm{Z}}$ 可任意配置状态调节的极点, 在表 4.3-2 中给出标准 PT_2 环节极–零点图, 研究反馈系数对调节极点的影响推出下面结论:

如果不是被调节对象全部状态变量反馈, 那么在选择调节极点时会受到限制. 在状态调节时必须将全部状态变量反馈. 只有在这种情况下调节极点才能自由选择.

例 12.3-2　PT_2 被调节对象状态调节.

状态调节器的计算

在例 12.3-1 构建了 PT_2 被调节对象的可调节规范型. 在信号流图 12.3-6 中给出具有状态调节装置被调节对象的可调节规范型.

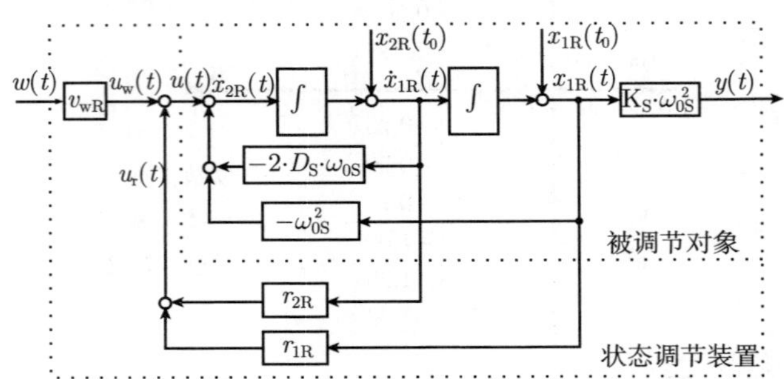

图 12.3-6　具有状态调节装置的 PT_2 标准被调节对象的可调节规范型信号流图

在例 12.3-1 中, 用 12.3.2.1 节描述的方法计算出状态调节的特征多项式:

$$\det,\ [s\cdot \boldsymbol{E}-(\boldsymbol{A}_{\mathrm{R}}+\boldsymbol{b}_{\mathrm{R}}\cdot \boldsymbol{r}_{\mathrm{R}}^{\mathrm{T}})]=s^2+(2\cdot D_{\mathrm{S}}\cdot\omega_{0\mathrm{S}}-r_{2\mathrm{R}})\cdot s+\omega_{0\mathrm{S}}^2-r_{1\mathrm{R}}$$

在 4.3 节 (表 4.3-2) 中描述了 PT_2 环节的极点位置. 被调节对象的极点 $s_{\mathrm{P1,2S}}$ 具有在图 12.3-7 中给出的位置.

状态调节的调节动态特性应该比被调节对象更好 (更快). 对此必须使状态调节的极点 $s_{\mathrm{P1,2Z}}$ 位于被调节对象极点的左边. 状态调节极点配置由多项式

$$P_{\mathrm{Z}}(s)=(s-s_{\mathrm{p1Z}})\cdot(s-s_{\mathrm{p2Z}})=s^2+2\cdot D_{\mathrm{S}}\cdot\omega_{0\mathrm{Z}}\cdot s+\omega_{0\mathrm{Z}}^2$$

实现, 其中对象和调节的阻尼比 D_{S} 和超调是等价的, 调节参数是通过两个多项式系数比较来计算的. 这产生具有解的两个方程:

$$\omega_{0\mathrm{S}}^2-r_{1\mathrm{R}}=\omega_{0\mathrm{Z}}^2,\quad 2\cdot D_{\mathrm{S}}\cdot\omega_{0\mathrm{S}}-r_{2\mathrm{R}}=2\cdot D_{\mathrm{S}}\cdot\omega_{0\mathrm{Z}}$$

$$\boxed{r_{1\mathrm{R}}=\omega_{0\mathrm{S}}^2-\omega_{0\mathrm{Z}}^2,\quad r_{2\mathrm{R}}=2\cdot D_{\mathrm{S}}\cdot(\omega_{0\mathrm{S}}-\omega_{0\mathrm{Z}})}$$

> 在应用参数 D_{S} 和 $\omega_{0\mathrm{Z}}$ 下, 通过极点配置可任意给出状态调节动态特性.

前置滤波器的计算

用前置滤波器补偿在常值参据量时的稳态调节误差. 为计算前置滤波器在本节开发方程

$$v_{\mathrm{w}}=-[\boldsymbol{c}^{\mathrm{T}}\cdot(\boldsymbol{A}+\boldsymbol{b}\cdot\boldsymbol{r}^{\mathrm{T}})^{-1}\cdot\boldsymbol{b}]^{-1}$$

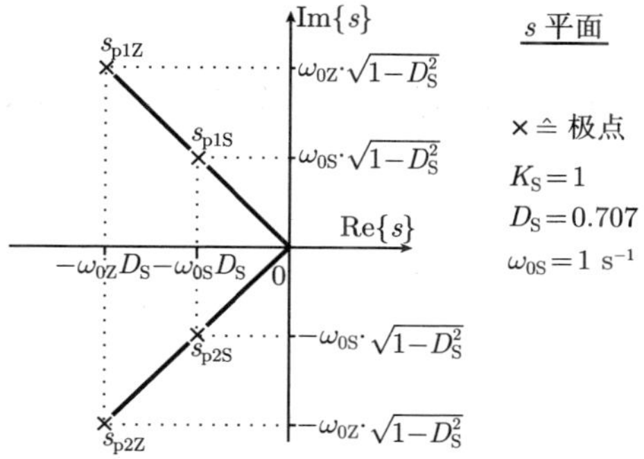

被调节对象的极点	状态调节的极点
$s_{p1S}=\left(-D_S+j\cdot\sqrt{1-D_S^2}\right)$ $=-0.707\cdot(1-j)$	$s_{p1Z}=\omega_{0Z}\cdot\left(-D_S+j\cdot\sqrt{1-D_S^2}\right)$
$s_{p2S}=\left(-D_S-j\cdot\sqrt{1-D_S^2}\right)$ $=-0.707\cdot(1+j)$	$s_{p2Z}=\omega_{0Z}\cdot\left(-D_S-j\cdot\sqrt{1-D_S^2}\right)$

图 12.3-7 被调节对象和状态调节的极点位置和参数

对于本例给出

$$v_{wR}=\left[\begin{bmatrix}K_S\cdot\omega_{0S}^2 & 0\end{bmatrix}\left[\begin{bmatrix}0 & -1\\ \omega_{0S}^2 & 2\cdot D_S\cdot\omega_{0S}\end{bmatrix}\right.\right.$$
$$\left.\left.-\begin{bmatrix}0\\1\end{bmatrix}\begin{bmatrix}r_{1R} & r_{2R}\end{bmatrix}\right]^{-1}\begin{bmatrix}0\\1\end{bmatrix}\right]^{-1}$$
$$=\frac{\omega_{0S}^2-r_{1R}}{K_S\cdot\omega_{0S}^2}$$

状态调节的传递特性

当闭环调节回路的极点具有大的负实部时, 调节是快速的. 然而, 由此总是会增大调整量 $u(t)$ 耗费. 对于选择状态调节的极点应当注意, 在应用参据量时不应超越**调整量的限制(Begrenzung der Stellgröße)**. 此外被调节对象必须是有足够可承载能力. 实际趋向是使期望的调节指标与**容许的对象承载能力(zulässiger Streckenbelastung)** 的折衷.

对于在图 12.3-8 中状态调节调整量适用于传递函数:

$$\frac{u(s)}{w(s)}=\frac{v_{wR}\cdot(s^2+2\cdot D_S\cdot\omega_{0S}\cdot s+\omega_{0S}^2)}{s^2+(2\cdot D_S\cdot\omega_{0S}-r_{2R})\cdot s+\omega_{0S}^2-r_{1R}}$$

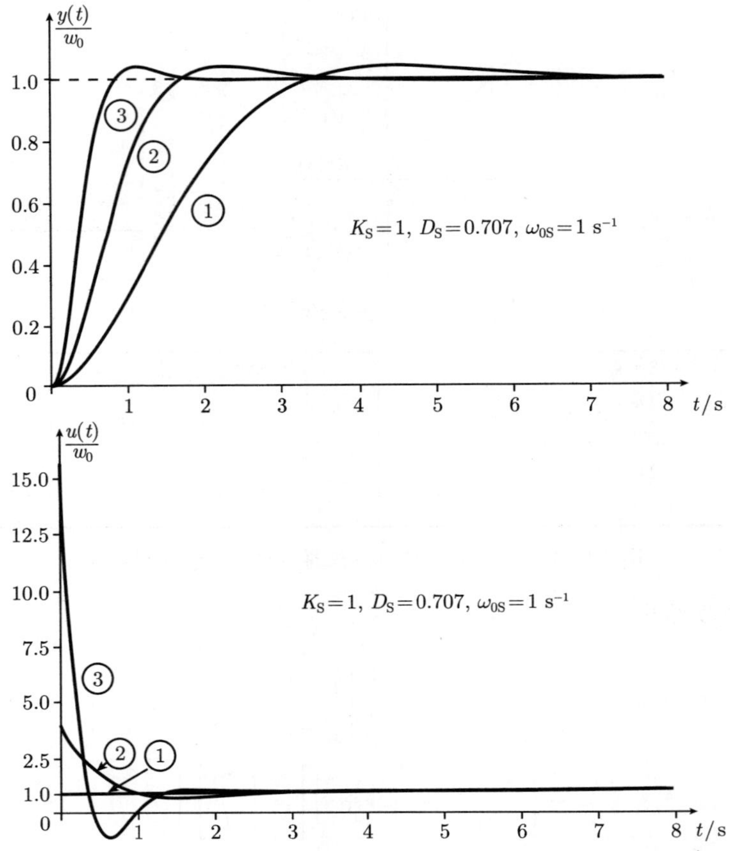

曲线编号	状态调节的特征角频率	调节器参数	前置滤波器
1	$\omega_{0\mathrm{Z}} = \omega_{0\mathrm{S}}$	$r_{1\mathrm{R}} = 0$ $r_{2\mathrm{R}} = 0$	$v_{\mathrm{wR}} = 1$
2	$\omega_{0\mathrm{Z}} = 2 \cdot \omega_{0\mathrm{S}}$	$r_{1\mathrm{R}} = -3$ $r_{2\mathrm{R}} = -1.414$	$v_{\mathrm{wR}} = 4$
3	$\omega_{0\mathrm{Z}} = 4 \cdot \omega_{0\mathrm{S}}$	$r_{1\mathrm{R}} = -15$ $r_{2\mathrm{R}} = -4.242$	$v_{\mathrm{wR}} = 16$

图 12.3-8　状态调节的参据阶跃响应函数 $\dfrac{y(t)}{w_0}$ 和调整量 $\dfrac{u(t)}{w_0}$ 曲线

代入反馈系数

$$r_{1\mathrm{R}} = \omega_{0\mathrm{S}}^2 - \omega_{0\mathrm{Z}}^2$$

$$r_{2\mathrm{R}} = 2 \cdot D_\mathrm{S} \cdot (\omega_{0\mathrm{S}} - \omega_{0\mathrm{Z}})$$

和前置滤波器

$$v_{\mathrm{wR}} = \frac{\omega_{0\mathrm{S}}^2 - r_{1\mathrm{R}}}{K_{\mathrm{S}} \cdot \omega_{0\mathrm{S}}^2}$$

得到

$$\frac{u(s)}{w(s)} = \frac{s^2 + 2 \cdot D_{\mathrm{S}} \cdot \omega_{0\mathrm{S}} \cdot s + \omega_{0\mathrm{S}}^2}{\left(\dfrac{s^2}{\omega_{0\mathrm{Z}}^2} + 2 \cdot D_{\mathrm{S}} \cdot \dfrac{s}{\omega_{0\mathrm{Z}}} + 1\right) \cdot K_{\mathrm{S}} \cdot \omega_{0\mathrm{S}}^2}$$

研究调整量极限值与时间和特征角频率 $\omega_{0\mathrm{Z}}$ 的关系. 对于 $t=0$ 达到调整量最大值. 在阶跃形式参据量时, 拉普拉斯变换初值定理提供

$$u(t=0) = \lim_{s \to \infty} s \cdot u(s) = \lim_{s \to \infty} s \cdot \frac{(s^2 + 2 \cdot D_{\mathrm{S}} \cdot \omega_{0\mathrm{S}} \cdot s + \omega_{0\mathrm{S}}^2) \cdot \omega_{0\mathrm{Z}}^2}{(s^2 + 2 \cdot D_{\mathrm{S}} \cdot \omega_{0\mathrm{Z}} \cdot s + \omega_{0\mathrm{Z}}^2) \cdot K_{\mathrm{S}} \cdot \omega_{0\mathrm{S}}^2} \cdot \frac{1}{s}$$

$$= \lim_{s \to \infty} \frac{\left(1 + 2 \cdot D_{\mathrm{S}} \cdot \dfrac{\omega_{0\mathrm{S}}}{s} + \dfrac{\omega_{0\mathrm{S}}^2}{s^2}\right) \cdot \omega_{0\mathrm{Z}}^2}{\left(1 + 2 \cdot D_{\mathrm{S}} \cdot \dfrac{\omega_{0\mathrm{Z}}}{s} + \dfrac{\omega_{0\mathrm{Z}}^2}{s^2}\right) \cdot K_{\mathrm{S}} \cdot \omega_{0\mathrm{S}}^2} = \frac{\omega_{0\mathrm{Z}}^2}{K_{\mathrm{S}} \cdot \omega_{0\mathrm{S}}^2}$$

对于大的 $\omega_{0\mathrm{Z}}$ 值, 在图 12.3-7 中状态调节的极点具有大的负实部. 调节是快速的. 对于 $\omega_{0\mathrm{Z}} \to \infty$ 调整量值变成无穷大:

$$\lim_{\omega_{0\mathrm{Z}} \to \infty} u(t=0) = \lim_{\omega_{0\mathrm{Z}} \to \infty} \frac{\omega_{0\mathrm{Z}}^2}{K_{\mathrm{S}} \cdot \omega_{0\mathrm{S}}^2} = \infty$$

用拉普拉斯变换终值定理计算调整量终值:

$$u(t \to \infty) = \lim_{s \to 0} u(s) = \lim_{s \to 0} s \cdot \frac{(s^2 + 2 \cdot D_{\mathrm{S}} \cdot \omega_{0\mathrm{S}} \cdot s + \omega_{0\mathrm{S}}^2) \cdot \omega_{0\mathrm{Z}}^2}{(s^2 + 2 \cdot D_{\mathrm{S}} \cdot \omega_{0\mathrm{Z}} \cdot s + \omega_{0\mathrm{Z}}^2) \cdot K_{\mathrm{S}} \cdot \omega_{0\mathrm{S}}^2} \cdot \frac{1}{s} = \frac{1}{K_{\mathrm{S}}}$$

在图 12.3-8 中绘制了对于 $\omega_{0\mathrm{S}} = 1\mathrm{s}^{-1}$, $D_{\mathrm{S}} = 0.707$, $K_{\mathrm{S}} = 1$ 的规一化的参据阶跃响应函数 $\dfrac{y(t)}{w_0}$ 和规一化的调整量 $\dfrac{u(t)}{w_0}$ 曲线.

12.3.3 具有观测器的状态调节

12.3.3.1 观测器原理工作方式

当内部状态变量是不可测量时, 应引入观测器. 在图 12.3-9 中给出了具有观测器的状态调节简化信号流图. 状态观测器是调节装置的一部分.

由被调节对象构建观测器状态方程形式的数学模型. 接入对象模型与被调节对象并行, 其中输入变量 $u(t)$ 作用到两个系统上. 如果传递系统是相同的并且无干扰作用, 那么被调节对象和观测器给出相同的状态向量: $x(t) = \hat{x}(t)$.

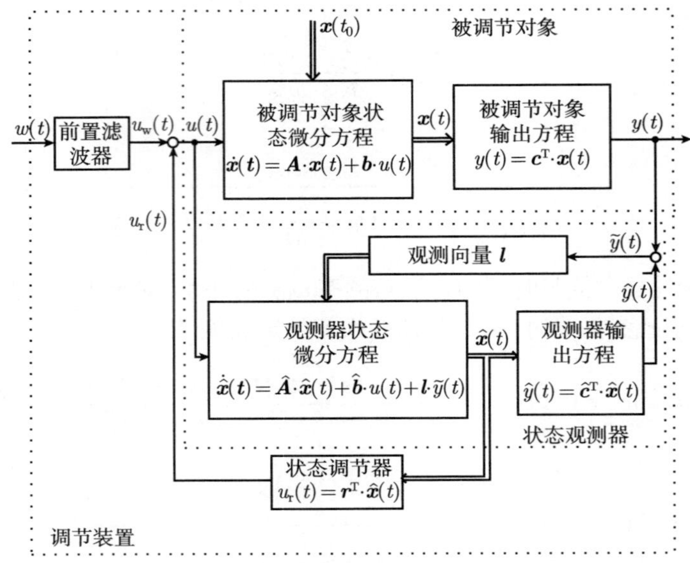

图 12.3-9 具有状态观测器状态调节的简化信号流图

然而这些假设是不现实的. 对此必须通过调节来完善对象模型. 比较被调节对象和观测器的输出变量. 将差

$$\tilde{y}(t)=y(t)-\hat{y}(t)$$

通过观测向量 $\boldsymbol{l}$ 反作用到对象模型上.

以 PT_1 被调节对象为例描述观测器原理, 其中出现以标量方程取代向量状态方程. 在图 12.3-10 中绘制了被调节对象和观测器的信号流图.

扰动量 $z(t)$ 作用到被调节对象上, 该扰动量也可具有初值意义. 对于被调节对象适用方程:

$$\begin{aligned}\dot{x}(t)&=a\cdot x(t)+b\cdot u(t)+\dot{z}(t)\\ y(t)&=c\cdot x(t)\end{aligned}$$

观测器用下列方程描述:

$$\begin{aligned}\dot{\hat{x}}(t)&=\hat{a}\cdot\hat{x}(t)+\hat{b}\cdot u(t)+\boldsymbol{l}\cdot[c\cdot x(t)-\hat{c}\cdot\hat{x}(t)]\\ &=(\hat{a}-\boldsymbol{l}\cdot\hat{c})\cdot\hat{x}(t)+\hat{b}\cdot u(t)+\boldsymbol{l}\cdot c\cdot x(t)\\ \hat{y}(t)&=\hat{c}\cdot\hat{x}(t)\end{aligned}$$

假设观测器初值趋于零: $\hat{x}(t_0)=0$. 被调节对象和观测器状态变量之间的差通过误

差方程来描述:

$$\dot{x}(t)-\dot{\hat{x}}(t)=\dot{\tilde{x}}(t)=a\cdot x(t)-\hat{a}\cdot\hat{x}(t)+\boldsymbol{l}\cdot\hat{c}\cdot\hat{x}(t)-\boldsymbol{l}\cdot c\cdot x(t)+(b-\hat{b})\cdot u(t)+\dot{z}(t)$$

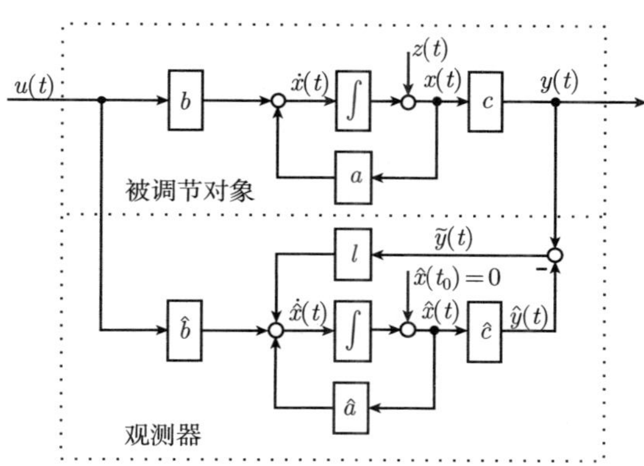

图 12.3-10 具有观测器的 PT_1 被调节对象

如果观测器和对象参数之偏差是很微小的, 那么极限值

$$\dot{\tilde{x}}(t)=\lim_{\substack{\hat{a}\to a\\ \hat{b}\to b\\ \hat{c}\to c}}[(a-\boldsymbol{l}\cdot c)\cdot x(t)-(\hat{a}-\boldsymbol{l}\cdot\hat{c})\cdot\hat{x}(t)+(b-\hat{b})\cdot u(t)+\dot{z}(t)]$$

会使误差方程的简化

$$\dot{\tilde{x}}(t)=(a-\boldsymbol{l}\cdot c)\cdot\tilde{x}(t)+\dot{z}(t)$$

它将生成 DT_1 环节的微分方程. 误差方程传递函数

$$G_z^F(s)=\frac{\tilde{x}(s)}{z(s)}=\frac{s}{s+\boldsymbol{l}\cdot c-a}$$

具有特征方程

$$\boldsymbol{l}\cdot c-a+s=0$$

并有零点

$$s_{\mathrm{p1}}=-(\boldsymbol{l}\cdot c-a)=-\frac{1}{T_1}$$

对于常值扰动量 $z(t)=z_0\cdot E(t)$ 微分方程具有下列解:

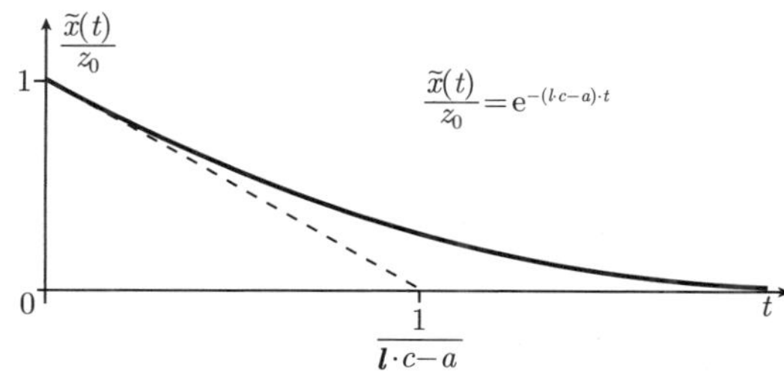

由观测误差方程解得到:

> 对于反馈量 $l > \dfrac{a}{c}$, 状态观测器是稳定的. 在该前提下和对于常值扰动或初值 z_0, 下面稳态观测误差成立
> $$\tilde{x}(t \to \infty) = 0$$
> 大的反馈量 l 值会使观测误差快速衰减. 由于观测误差方程的 $\mathrm{DT_1}$ 特性, 对叠加到输出变量 $y(t)$ 的扰动 $z(t)$ 有微分作用. 因此, 在太大的 l 值时高频干扰可使观测结果不可信.

在进一步研究中比较被调节对象和观测器的参据传递函数和扰动传递函数. 输入量 $u(s)$ 和扰动量或初值 z_0 总是作用到被调节对象

$$x(s) = G_u(s) \cdot u(s) + G_z(s) \cdot z(s) = \frac{b}{s-a} \cdot u(s) + \frac{s}{s-a} \cdot z(s)$$

和观测器

$$\begin{aligned}\hat{x}(s) &= \hat{G}_u(s) \cdot u(s) + \hat{G}_z(s) \cdot z(s) \\ &= \frac{\hat{b} \cdot (s-a) + l \cdot c \cdot b}{[s - (\hat{a} - l \cdot \hat{c})] \cdot (s-a)} \cdot u(s) + \frac{l \cdot c \cdot s}{[s - (\hat{a} - l \cdot \hat{c})] \cdot (s-a)} \cdot z(s)\end{aligned}$$

的传递函数上. 对于被调节对象和观测器参数之间小的偏差, 极限值

$$\lim_{\substack{\hat{a} \to a \\ \hat{b} \to b \\ \hat{c} \to c}} \hat{x}(s) = \frac{\hat{b} \cdot (s-a) + l \cdot c \cdot b}{[s - (\hat{a} - l \cdot \hat{c})] \cdot (s-a)} \cdot u(s) = \frac{b}{s-a} \cdot u(s)$$

导致同一的参据传递函数. 研究反馈量 l 对观测器传递函数的影响给出

$$\begin{aligned}\lim_{\substack{l \to \infty \\ \hat{c} \to c}} \hat{x}(s) &= \frac{\dfrac{\hat{b} \cdot (s-a)}{l} + c \cdot b}{\left[\dfrac{s}{l} - \left[\dfrac{\hat{a}}{l} - \hat{c}\right]\right](s-a)} \cdot u(s) + \frac{c \cdot s}{\left[\dfrac{s}{l} - \left[\dfrac{\hat{a}}{l} - \hat{c}\right]\right](s-a)} \cdot z(s) \\ &= \frac{b}{s-a} \cdot u(s) + \frac{s}{s-a} \cdot z(s)\end{aligned}$$

对于大 l 值的极限值提供被调节对象和观测器相同的传递函数.

> 实际上所求观测器的模型参数仅具有有限的精度. 对于大的反馈量 l 值, 不精确观测器参数对观测结果影响很微小.

用于求全状态向量的状态观测器也被称为 Lueberger 观测器.

12.3.3.2 通过极点配置求状态观测器

在图 12.3-11 中给出具有观测器的状态调节的一般信号流图.

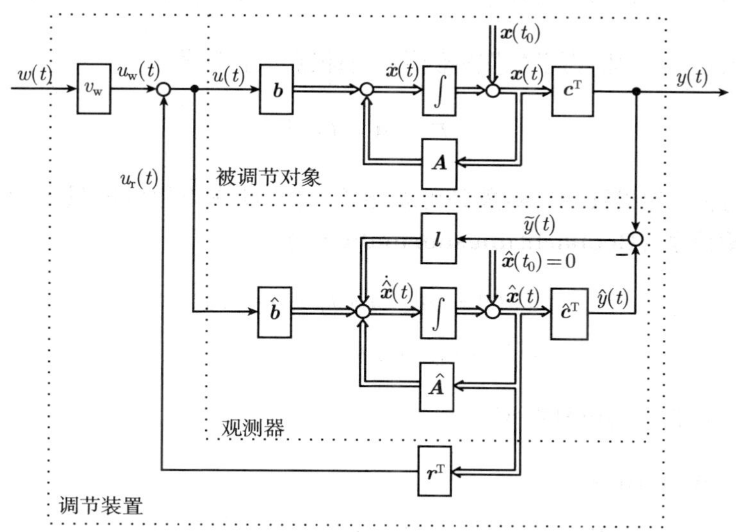

图 12.3-11 具有状态观测器状态调节的信号流图

与在 12.3.3.1 节分析观测器原理时的前述方法相对应, 着手建立状态方程, 接着描述观测器极点配置方法.

对于信号流图, 被调节对象状态方程的矩阵形式

$$\dot{\boldsymbol{x}}(t)=\boldsymbol{A}\cdot\boldsymbol{x}(t)+\boldsymbol{b}\cdot u(t),\quad y(t)=\boldsymbol{c}^{\mathrm{T}}\cdot\boldsymbol{x}(t)$$

和观测器状态方程的矩阵形式

$$\begin{aligned}\dot{\hat{\boldsymbol{x}}}(t)&=\hat{\boldsymbol{A}}\cdot\hat{\boldsymbol{x}}(t)+\boldsymbol{l}\cdot[y(t)-\hat{y}(t)]+\hat{\boldsymbol{b}}\cdot u(t)\\&=(\hat{\boldsymbol{A}}-\boldsymbol{l}\cdot\hat{\boldsymbol{c}}^{\mathrm{T}})\cdot\hat{\boldsymbol{x}}(t)+\boldsymbol{l}\cdot y(t)+\hat{\boldsymbol{b}}\cdot u(t)\end{aligned}$$

$$\hat{y}(t)=\hat{\boldsymbol{c}}^{\mathrm{T}}\cdot\hat{\boldsymbol{x}}(t)$$

有效. 假设被调节对象的参数为已知, 也就是

$$\hat{\boldsymbol{A}}=\boldsymbol{A},\quad \hat{\boldsymbol{b}}=\boldsymbol{b}\quad 和\quad \hat{\boldsymbol{c}}^{\mathrm{T}}=\boldsymbol{c}^{\mathrm{T}}$$

观测误差方程具有如下形式:

$$\dot{\tilde{\boldsymbol{x}}}(t)=\dot{\boldsymbol{x}}(t)-\dot{\hat{\boldsymbol{x}}}(t)=(\boldsymbol{A}-\boldsymbol{l}\cdot\boldsymbol{c}^{\mathrm{T}})\cdot\tilde{\boldsymbol{x}}(t)=\boldsymbol{F}\cdot\tilde{\boldsymbol{x}}(t)$$

用**观测器系统矩阵(Systemmatrix des Beobachters)** 或用**观测模型 (Beobachtungsmodell)** 表示$\boldsymbol{F}$. 在应用转移矩阵 $\boldsymbol{\Phi}$ 或拉普拉斯变换情况下, 用 12.2.2.4 节

已给公式

$$\tilde{\boldsymbol{x}}(t) = \boldsymbol{\Phi}(t-t_0)\cdot\tilde{\boldsymbol{x}}(t_0) = \mathrm{e}^{(\boldsymbol{A}-\boldsymbol{l}\cdot\boldsymbol{c}^{\mathrm{T}})(t-t_0)}\cdot\tilde{\boldsymbol{x}}(t_0) = \mathrm{e}^{\boldsymbol{F}(t-t_0)}\cdot\tilde{\boldsymbol{x}}(t_0)$$

可计算齐次误差方程. 为了配置观测模型的极点或特征值

$$\boldsymbol{F} = \boldsymbol{A} - \boldsymbol{l}\cdot\boldsymbol{c}^{\mathrm{T}}$$

应用下述方法. 如果被调节对象是可观测的, 那么状态方程可按照 12.2.4.3 节表示成**可观测规范型 (Beobachtungsnormalform)**:

$$\begin{aligned}\dot{\boldsymbol{x}}_{\mathrm{B}}(t) &= \boldsymbol{A}_{\mathrm{B}}\cdot\boldsymbol{x}_{\mathrm{B}}(t) + \boldsymbol{b}_{\mathrm{B}}\cdot u(t)\\ y(t) &= \boldsymbol{c}_{\mathrm{B}}^{\mathrm{T}}\cdot\boldsymbol{x}_{\mathrm{B}}(t)\end{aligned}$$

观测模型表示为可观测规范型:

$$\boldsymbol{F}_{\mathrm{B}} = \boldsymbol{A}_{\mathrm{B}} - \boldsymbol{l}_{\mathrm{B}}\cdot\boldsymbol{c}_{\mathrm{B}}^{\mathrm{T}}$$

$$\boldsymbol{F}_{\mathrm{B}} = \begin{bmatrix} 0 & 0 & 0 & \cdots & 0 & -\dfrac{a_0}{a_n}\\ 1 & 0 & 0 & \cdots & 0 & -\dfrac{a_1}{a_n}\\ 0 & 1 & 0 & \cdots & 0 & -\dfrac{a_2}{a_n}\\ \vdots & \vdots & \vdots & \ddots & \vdots & \vdots\\ 0 & 0 & 0 & \cdots & 1 & -\dfrac{a_{n-1}}{a_n}\end{bmatrix} - \begin{bmatrix} l_{1\mathrm{B}}\\ l_{2\mathrm{B}}\\ l_{3\mathrm{B}}\\ \vdots\\ l_{n\mathrm{B}}\end{bmatrix}\begin{bmatrix} 0 & 0 & 0 & \cdots & \dfrac{1}{a_n}\end{bmatrix}$$

$$= \begin{bmatrix} 0 & 0 & 0 & \cdots & 0 & -\dfrac{a_0+l_{1\mathrm{B}}}{a_n}\\ 1 & 0 & 0 & \cdots & 0 & -\dfrac{a_1+l_{2\mathrm{B}}}{a_n}\\ 0 & 1 & 0 & \cdots & 0 & -\dfrac{a_2+l_{3\mathrm{B}}}{a_n}\\ \vdots & \vdots & \vdots & \ddots & \vdots & \vdots\\ 0 & 0 & 0 & \dots & 1 & -\dfrac{a_{n-1}+l_{n\mathrm{B}}}{a_n}\end{bmatrix}.$$

如果像 12.3.3 节那样进行在频域解齐次观测方程或齐次误差方程, 那么给出特征方程:

$$\det[s\cdot \boldsymbol{E}-(\boldsymbol{A}_{\mathrm{B}}-\boldsymbol{l}_{\mathrm{B}}\cdot \boldsymbol{c}_{\mathrm{B}}^{\mathrm{T}})]=\det\begin{bmatrix} s & 0 & 0 & \dots & 0 & \dfrac{a_0+l_{1\mathrm{B}}}{a_n} \\ -1 & s & 0 & \dots & 0 & \dfrac{a_1+l_{2\mathrm{B}}}{a_n} \\ 0 & -1 & s & \dots & 0 & \dfrac{a_2+l_{3\mathrm{B}}}{a_n} \\ \vdots & \vdots & \vdots & \ddots & \vdots & \vdots \\ 0 & 0 & 0 & \dots & -1 & s+\dfrac{a_{n-1}+l_{n\mathrm{B}}}{a_n} \end{bmatrix}$$
$$=s^n+s^{n-1}\cdot\frac{a_{n-1}+l_{n\mathrm{B}}}{a_n}+\cdots+s\cdot\frac{a_1+l_{2\mathrm{B}}}{a_n}+\frac{a_0+l_{1\mathrm{B}}}{a_n}$$
$$=0$$

多项式系数是观测向量 $\boldsymbol{l}_{\mathrm{B}}$ 系数的函数. 配置 n 个观测器极点 $s_{\mathrm{p}1}, s_{\mathrm{p}2},\cdots, s_{\mathrm{p}n}$ 会导出多项式

$$\boxed{\begin{aligned} P(s)&=(s-s_{\mathrm{p}1})\cdot(s-s_{\mathrm{p}2})\cdot\dots\cdot(s-s_{\mathrm{p}n}) \\ &=s^n+P_{n-1}\cdot s^{n-1}+\cdots+P_1\cdot s+P_0 \end{aligned}}$$

通过与特征方程系数比较给出具有解的方程组

$$\boxed{\begin{array}{ccccccc} \dfrac{a_0+l_{1\mathrm{B}}}{a_n} & = & P_0 & \to & l_{1\mathrm{B}} & = & P_0\cdot a_n-a_0 \\ \dfrac{a_1+l_{2\mathrm{B}}}{a_n} & = & P_1 & \to & l_{2\mathrm{B}} & = & P_1\cdot a_n-a_1 \\ \vdots & \vdots & \vdots & \vdots & \vdots & \vdots & \vdots \\ \dfrac{a_{n-1}+l_{n\mathrm{B}}}{a_n} & = & P_{n-1} & \to & l_{n\mathrm{B}} & = & P_{n-1}\cdot a_n-a_{n-1} \end{array}}$$

> 对于可控和可观测被调节对象, 可相互独立地自由地选择状态调节极点和观测器极点. 首先计算状态调节 (无观测器), 并且接着计算状态观测器, 在此不影响状态调节的极点, 这个结论称为**分离定理(Separationstheorem)**.

例 12.3-3 对于 PT_2 被调节对象的状态观测器.

标准 PT_2 被调节对象的状态方程

$$\frac{\mathrm{d}}{\mathrm{d}t}\begin{bmatrix} x_1(t) \\ x_2(t) \end{bmatrix}=\begin{bmatrix} 0 & 1 \\ -\omega_{0\mathrm{S}}^2 & -2\cdot D_{\mathrm{S}}\cdot\omega_{0\mathrm{S}} \end{bmatrix}\begin{bmatrix} x_1(t) \\ x_2(t) \end{bmatrix}+\begin{bmatrix} 0 \\ K_{\mathrm{S}}\cdot\omega_{0\mathrm{S}}^2 \end{bmatrix}\cdot u(t)$$

$$y(t)=\begin{bmatrix} 1 & 0 \end{bmatrix}\begin{bmatrix} x_1(t) \\ x_2(t) \end{bmatrix}$$

已在例 12.2-4 和例 12.2-5 中被解出. 可控性判别并转换到可调节规范型已在例 12.2-11 中描述过, 在例 12.3-2 中计算了标准 PT_2 被调节对象的状态调节. 在本例中通过观测器求出这个状态调节的状态变量.

如果被调节对象是可观测的, 那么可计算观测器. 可观测性判别并转换到**可观测规范型(Beobachtungsnormalform)**

$$\frac{\mathrm{d}}{\mathrm{d}t}\begin{bmatrix} x_{1\mathrm{B}}(t) \\ x_{2\mathrm{B}}(t) \end{bmatrix} = \begin{bmatrix} 0 & -\omega_{0\mathrm{S}}^2 \\ 1 & -2\cdot D_\mathrm{S}\cdot\omega_{0\mathrm{S}} \end{bmatrix}\begin{bmatrix} x_{1\mathrm{B}}(t) \\ x_{2\mathrm{B}}(t) \end{bmatrix} + \begin{bmatrix} K_\mathrm{S}\cdot\omega_{0\mathrm{S}}^2 \\ 0 \end{bmatrix}\cdot u(t)$$

$$y(t) = \begin{bmatrix} 0 & 1 \end{bmatrix}\begin{bmatrix} x_{1\mathrm{B}}(t) \\ x_{2\mathrm{B}}(t) \end{bmatrix}$$

已在例 12.2-12 中描述过. 这个被调节对象是完全可观测的.

状态观测器的计算

在图 12.3-12 中给出具有观测器的状态调节. 被调节对象如像在例 12.3-2 中计算状态调节器那样的被表示为可调节规范型, 而观测器被表示为可观测规范型.

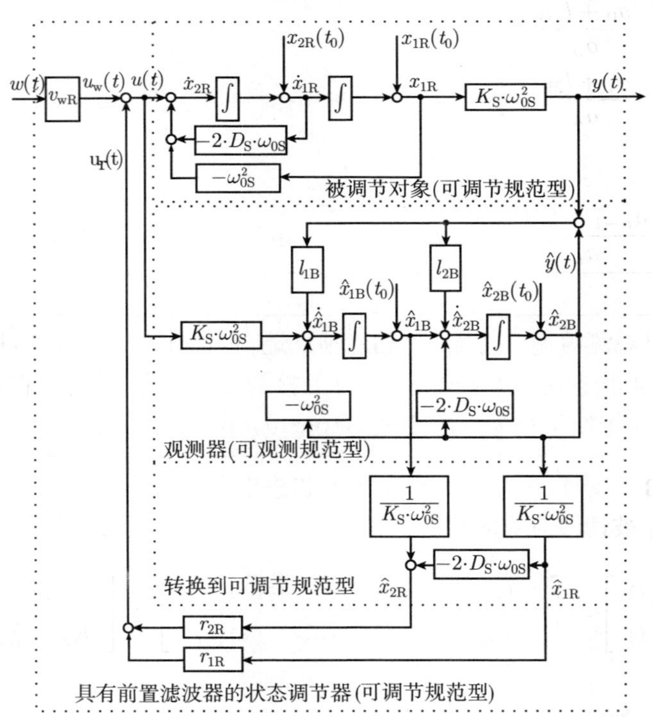

图 12.3-12　具有状态观测器的 PT_2 标准被调节对象的状态调节的信号流图

在**可观测规范型**(**Beobachtungsnormalform**) 中观测模型具有形式

$$
\begin{aligned}
\boldsymbol{F} &= \boldsymbol{A}_{\mathrm{B}} - \boldsymbol{l}_{\mathrm{B}} \cdot \boldsymbol{c}_{\mathrm{B}}^{\mathrm{T}} \\
&= \begin{bmatrix} 0 & -\omega_{0\mathrm{S}}^2 \\ 1 & -2 \cdot D_{\mathrm{S}} \cdot \omega_{0\mathrm{S}} \end{bmatrix} - \begin{bmatrix} \boldsymbol{l}_{1\mathrm{B}} \\ \boldsymbol{l}_{2\mathrm{B}} \end{bmatrix} \begin{bmatrix} 0 & 1 \end{bmatrix} \\
&= \begin{bmatrix} 0 & -(\omega_{0\mathrm{S}}^2 + \boldsymbol{l}_{1\mathrm{B}}) \\ 1 & -(2 \cdot D_{\mathrm{S}} \cdot \omega_{0\mathrm{S}} + \boldsymbol{l}_{2\mathrm{B}}) \end{bmatrix}
\end{aligned}
$$

将观测模型代入齐次观测器方程的特征多项式:

$$
\begin{aligned}
\det[s \cdot \boldsymbol{E} - (\boldsymbol{A}_{\mathrm{B}} - \boldsymbol{l}_{\mathrm{B}} \cdot \boldsymbol{c}_{\mathrm{B}}^{\mathrm{T}})] &= \det \left[\begin{bmatrix} s & 0 \\ 0 & s \end{bmatrix} - \begin{bmatrix} 0 & -(\omega_{0\mathrm{S}}^2 + \boldsymbol{l}_{1\mathrm{B}}) \\ 1 & -(2 \cdot D_{\mathrm{S}} \cdot \omega_{0\mathrm{S}} + \boldsymbol{l}_{2\mathrm{B}}) \end{bmatrix} \right] \\
&= \det \begin{bmatrix} s & \omega_{0\mathrm{S}}^2 + \boldsymbol{l}_{1\mathrm{B}} \\ -1 & s + 2 \cdot D_{\mathrm{S}} \cdot \omega_{0\mathrm{S}} + \boldsymbol{l}_{2\mathrm{B}} \end{bmatrix} \\
&= s^2 + (2 \cdot D_{\mathrm{S}} \cdot \omega_{0\mathrm{S}} + \boldsymbol{l}_{2\mathrm{B}}) \cdot s + \omega_{0\mathrm{S}}^2 + \boldsymbol{l}_{1\mathrm{B}}
\end{aligned}
$$

观测器必须是比状态调节快速, 在图 12.3-13 中 s 平面上, 绘入了对象极点 $s_{\mathrm{P1,2S}}$, 状态调节极点 $s_{\mathrm{P1,2Z}}$ 和观测器极点 $s_{\mathrm{P1,2B}}$, 其中观测器极点位于状态调节极点左边.

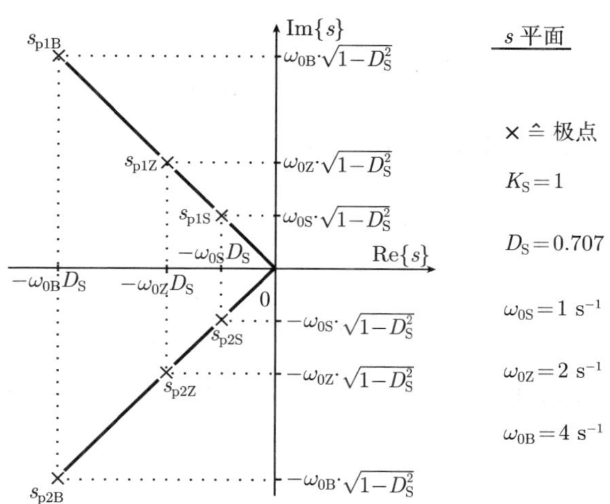

被调节对象极点	状态调节极点	观测器极点
$s_{\mathrm{p1S}} = \omega_{0\mathrm{S}} \cdot \left(-D_{\mathrm{S}} + \mathrm{j}\sqrt{1-D_{\mathrm{S}}^2}\right)$ $= -0.707 \cdot (1-\mathrm{j})$ $s_{\mathrm{p2S}} = \omega_{0\mathrm{S}} \cdot \left(-D_{\mathrm{S}} - \mathrm{j}\sqrt{1-D_{\mathrm{S}}^2}\right)$ $= -0.707 \cdot (1+\mathrm{j})$	$s_{\mathrm{p1Z}} = \omega_{0\mathrm{Z}} \cdot \left(-D_{\mathrm{S}} + \mathrm{j}\sqrt{1-D_{\mathrm{S}}^2}\right)$ $= -1.414 \cdot (1-\mathrm{j})$ $s_{\mathrm{p2Z}} = \omega_{0\mathrm{Z}} \cdot \left(-D_{\mathrm{S}} - \mathrm{j}\sqrt{1-D_{\mathrm{S}}^2}\right)$ $= -1.414 \cdot (1+\mathrm{j})$	$s_{\mathrm{p1B}} = \omega_{0\mathrm{B}} \cdot \left(-D_{\mathrm{S}} + \mathrm{j}\sqrt{1-D_{\mathrm{S}}^2}\right)$ $= -2.828 \cdot (1-\mathrm{j})$ $s_{\mathrm{p2B}} = \omega_{0\mathrm{B}} \cdot \left(-D_{\mathrm{S}} - \mathrm{j}\sqrt{1-D_{\mathrm{S}}^2}\right)$ $= -2.828 \cdot (1+\mathrm{j})$

图 12.3-13　具有观测器的状态调节的极点位置

由在图 12.3-13 中观测器极点构建配置多项式:

$$P_{\mathrm{B}}(s) = (s - s_{\mathrm{p1B}}) \cdot (s - s_{\mathrm{p2B}}) = s^2 + 2 \cdot D_{\mathrm{S}} \cdot \omega_{0\mathrm{B}} \cdot s + \omega_{0\mathrm{B}}^2 = s^2 + 5.656 \cdot s + 16$$

通过同观测器方程特征多项式的系数比较, 得到具有解的方程组:

$$\omega_{0\mathrm{S}}^2 + l_{1\mathrm{B}} = \omega_{0\mathrm{B}}^2, \quad 2 \cdot D_{\mathrm{S}} \cdot \omega_{0\mathrm{S}} + l_{2\mathrm{B}} = 2 \cdot D_{\mathrm{S}} \cdot \omega_{0\mathrm{B}} \longrightarrow$$

$$l_{1\mathrm{B}} = \omega_{0\mathrm{B}}^2 - \omega_{0\mathrm{S}}^2 = 15\ \mathrm{s}^{-2}, \quad l_{2\mathrm{B}} = 2 \cdot D_{\mathrm{S}} \cdot (\omega_{0\mathrm{B}} - \omega_{0\mathrm{S}}) = 4.242\ \mathrm{s}^{-1}$$

状态变量的换算

在例 12.3-2 中状态调节器

$$u_{\mathrm{r}}(t) = \boldsymbol{r}^{\mathrm{T}} \cdot \boldsymbol{x}_{\mathrm{R}}(t) = \begin{bmatrix} r_{1\mathrm{R}} & r_{2\mathrm{R}} \end{bmatrix} \begin{bmatrix} x_{1\mathrm{R}}(t) \\ x_{2\mathrm{R}}(t) \end{bmatrix}$$

被计算成可调节规范型 (状态变量 $\boldsymbol{x}_{\mathrm{R}}(t)$). 而状态观测器被开发成可观测规范型 (状态变量 $\boldsymbol{x}_{\mathrm{B}}(t)$). 因为在本例中为调节应用观测器状态变量, 所以必须将此换算到可调节规范型.

把在 12.2.6.3 节中所描述的转换到可观测规范型

$$\boldsymbol{x}_{\mathrm{B}}(t) = \boldsymbol{T}_{\mathrm{B}} \cdot \boldsymbol{x}(t)$$

变形

$$\boldsymbol{x}(t) = \boldsymbol{T}_{\mathrm{B}}^{-1} \cdot \boldsymbol{x}_{\mathrm{B}}(t)$$

并代入转换到可调节规范型 (12.2.6.2 节)

$$\boldsymbol{x}_{\mathrm{R}}(t) = \boldsymbol{T}_{\mathrm{R}} \cdot \boldsymbol{x}(t)$$

得:

$$\boldsymbol{x}_{\mathrm{R}}(t) = \boldsymbol{T}_{\mathrm{R}} \cdot \boldsymbol{T}_{\mathrm{B}}^{-1} \cdot \boldsymbol{x}_{\mathrm{B}}(t)$$

由例 12.2-11 和例 12.2-12 转换矩阵, 得到用于把可观测规范型状态变量转换到可调节规范型的方程组:

$$\boldsymbol{x}_{\mathrm{R}}(t) = \frac{1}{K_{\mathrm{S}} \cdot \omega_{0\mathrm{S}}^2} \cdot \begin{bmatrix} 0 & 1 \\ 1 & -2 \cdot D_{\mathrm{S}} \cdot \omega_{0\mathrm{S}} \end{bmatrix} \cdot \boldsymbol{x}_{\mathrm{B}}(t)$$

在信号流图 12.3-12 中表示这种转换.

观测器过渡特性

研究在被调节对象有初始扰动时对于阶跃接入 $w(t) = w_0 \cdot E(t)$ 的状态调节器和观测器的动态特性. 在图 12.3-14 中绘制了状态变量时间曲线, 被调节对象初始值为

$$\begin{bmatrix} x_{1\mathrm{R}}(t_0) \\ x_{2\mathrm{R}}(t_0) \end{bmatrix} = \begin{bmatrix} 0.25 \\ -0.50 \end{bmatrix}$$

适当地选择观测器初值 $\hat{x}_{1\mathrm{B}}(t_0), \hat{x}_{2\mathrm{B}}(t_0) = 0$, 因为在实现时被调节对象的初值是未知的, 观测误差大约在 1s 之后才衰减.

如果在图 12.3-12 中状态反馈用测量的被调节对象输出变量 $y(t)$ 以取代观测的输出变量 $\hat{y}(t)$ 的话, 那么其状态调节的调节性能指标会得到改善.

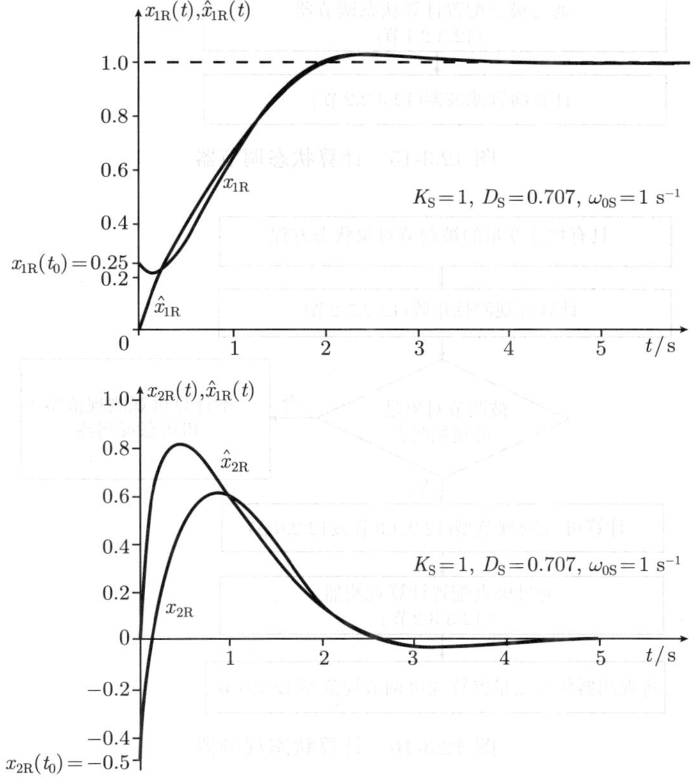

图 12.3-14 被调节对象状态变量 $x_{1\mathrm{R}}, x_{2\mathrm{R}}$ 和观测器状态变量 $\hat{x}_{1\mathrm{R}}, \hat{x}_{2\mathrm{R}}$ 时间曲线

12.3.4 在计算状态调节器和状态观测器时系统运行过程

在 12.3.2 节和 12.3.3 节中已描述过在应用调节规范型和可观测规范型下用于计算状态调节器和状态观测器的系统运行过程. 在图 12.3-15 和图 12.3-16 中给出计算步骤程序框图.

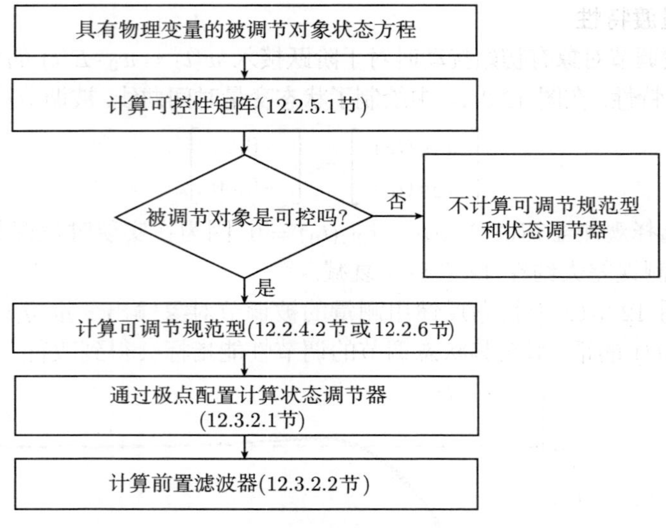

图 12.3-15　计算状态调节器

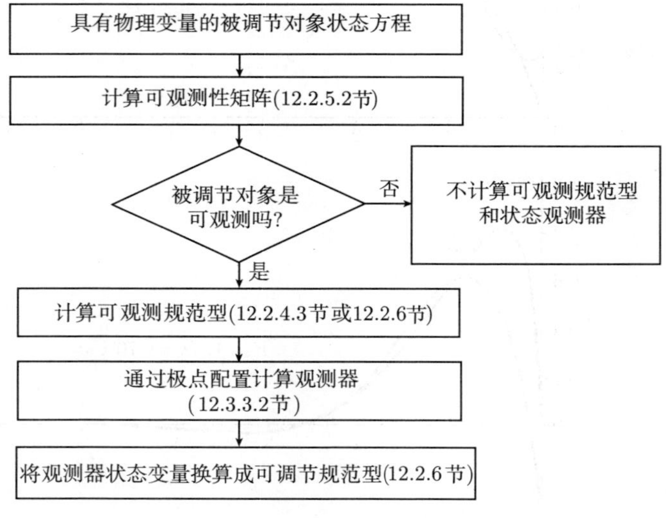

图 12.3-16　计算状态观测器

12.3.5　小结

状态反馈使选择闭环调节回路特征值或极点成为可能. 为此可预先任意给出调节动态. 然而, 实际上鉴于通过调整量对被调节对象的加载总是存在限制的. 在有自由选择极点可能性时, 不稳定的传递系统是可稳定的.

在很多应用情况个别状态变量是不可测量的. 那么为了计算状态变量而引入

状态调节器.

干扰会损害状态调节和状态观测的性能品质. 在应用扰动量观测器下也可求出并补偿扰动量. 计算具有观测器的状态调节, 例如电走刀传动装置, 将在 13.8 节中进行, 其中应用物理状态变量.

12.4 用于改善扰动特性的状态反馈调节

12.4.1 概述

在 12.3 节中描述的状态调节也可改善扰动特性. 正如在下面所显示的, 状态反馈可降低扰动对被调节量的动态和静态作用. 然而, 在常值扰动量时会产生稳态调节误差. 对于围绕扰动的调节, 通常是不适合这些状态调节的. 用下列调节方法可提高状态调节的扰动特性品质:

(1) 具有扰动量观测器和扰动量接入的状态调节器;

(2) PI 状态调节器.

如果已知扰动时间曲线, 那么扰动信号可通过数学模型来模拟并计算在扰动观测器中. 在观测器中生成的扰动信号, 被接入到被调节对象输入端并补偿扰动量. 这个过程也被称为扰动量接入.

在第二种方法时, 给状态调节器叠加个辅助的 PI 调节器, 其中调节器的积分环节将通常在常值参据量和扰动量时出现的稳态调节误差调节到零.

在下面描述具有状态观测器和扰动量观测器以及 PI 状态调节器的 PT_2 标准被调节对象的状态调节. 在 12.3 节中, 为了计算这个被调节对象的状态调节器和状态观测器应用了规范型 (可调节观测器和可观测规范型). 下面用物理状态变量而不应用规范型来进行计算.

12.4.2 具有状态观测器和扰动量观测器的状态调节

12.4.2.1 计算具有前置滤波器的状态调节器

在例 12.2-4 中解出了 PT_2 被调节对象用物理状态变量表示的状态方程. 为了研究扰动特性对信号流图 (图 12.4-1) 补加了扰动量 $z(t)$.

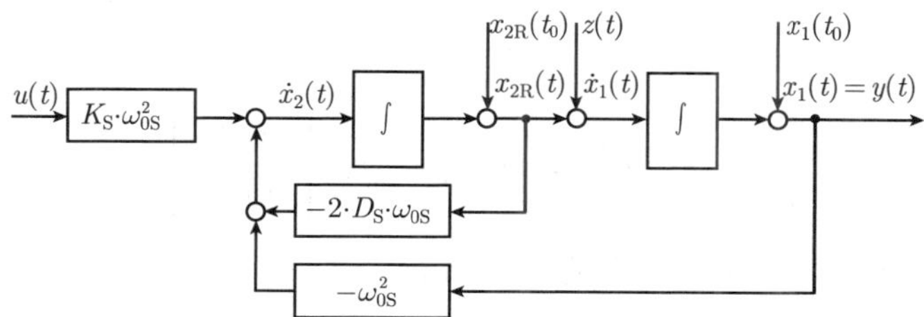

图 12.4-1 具有扰动量的 PT_2 被调节对象标准型的信号流图

对被调节对象状态方程表示为缩写形式

$$\frac{\mathrm{d}}{\mathrm{d}t}\boldsymbol{x}(t)=\boldsymbol{A}\cdot\boldsymbol{x}(t)+\boldsymbol{b}\cdot u(t)+\boldsymbol{b}_{\mathrm{z}}\cdot z(t)$$
$$y(t)=\boldsymbol{c}^{\mathrm{T}}\cdot\boldsymbol{x}(t)$$

和详细书写形式

$$\frac{\mathrm{d}}{\mathrm{d}t}\begin{bmatrix}x_1(t)\\x_2(t)\end{bmatrix}=\underbrace{\begin{bmatrix}0 & 1\\-\omega_{0\mathrm{S}}^2 & -2\cdot D_{\mathrm{S}}\cdot\omega_{0\mathrm{S}}\end{bmatrix}}_{\boldsymbol{A}}\begin{bmatrix}x_1(t)\\x_2(t)\end{bmatrix}+\underbrace{\begin{bmatrix}0\\K_{\mathrm{S}}\cdot\omega_{0\mathrm{S}}^2\end{bmatrix}}_{\boldsymbol{b}}\cdot u(t)+\underbrace{\begin{bmatrix}1\\0\end{bmatrix}}_{\boldsymbol{b}_z}\cdot z(t)$$

$$y(t)=\underbrace{[1\quad 0]}_{\boldsymbol{c}^{\mathrm{T}}}\begin{bmatrix}x_1(t)\\x_2(t)\end{bmatrix}$$

当被调节对象是可控的, 可计算状态调节器. 可控性已在例 12.2-11 中证实过, 在信号流图 12.4-2 中给出具有状态调节装置的被调节对象.

与在 12.3.4.1 节前述方法对应, 按照图 12.4-2 建立状态微分方程:

$$\frac{\mathrm{d}}{\mathrm{d}t}\boldsymbol{x}(t)=\boldsymbol{A}\cdot\boldsymbol{x}(t)+\boldsymbol{b}\cdot[u_{\mathrm{w}}(t)+u_{\mathrm{r}}(t)]+\boldsymbol{b}_{\mathrm{z}}\cdot z(t)$$

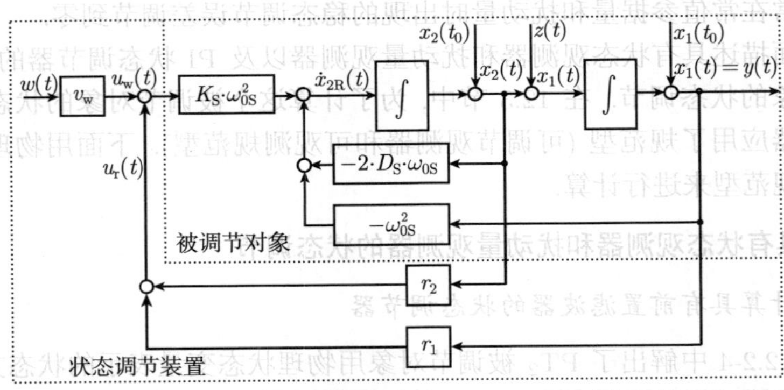

图 12.4-2　具有状态调节装置 (物理状态变量) 的 PT_2 标准被调节对象的信号流图

引入调节器方程

$$\boldsymbol{u}_{\mathrm{r}}(t)=\boldsymbol{r}^{\mathrm{T}}\cdot\boldsymbol{x}(t)=[r_1\quad r_2]\begin{bmatrix}x_1(t)\\x_2(t)\end{bmatrix}$$

由 $u_w(t)=0, z(t)=0$ 得到齐次状态微分方程:

$$\frac{\mathrm{d}}{\mathrm{d}t}\boldsymbol{x}(t)=\boldsymbol{A}\cdot\boldsymbol{x}(t)+\boldsymbol{b}\cdot\boldsymbol{r}^{\mathrm{T}}\cdot\boldsymbol{x}(t)=\left(\boldsymbol{A}+\boldsymbol{b}\cdot\boldsymbol{r}^{\mathrm{T}}\right)\cdot\boldsymbol{x}(t)$$

状态调节的特征多项式为

$$\det\left[s\cdot\boldsymbol{E}-\left(\boldsymbol{A}+\boldsymbol{b}\cdot\boldsymbol{r}^{\mathrm{T}}\right)\right]=\det\begin{bmatrix} s & -1 \\ \omega_{0\mathrm{S}}^2-r_1\cdot K_{\mathrm{S}}\cdot\omega_{0\mathrm{S}}^2 & s+2\cdot D_{\mathrm{S}}\cdot\omega_{0\mathrm{S}}-r_2\cdot K_{\mathrm{S}}\cdot\omega_{0\mathrm{S}}^2 \end{bmatrix}$$
$$=s^2+\left(2\cdot D_{\mathrm{S}}\cdot\omega_{0\mathrm{S}}-r_2\cdot K_{\mathrm{S}}\cdot\omega_{0\mathrm{S}}^2\right)s+\left(1-r_1\cdot K_{\mathrm{S}}\right)\cdot\omega_{0\mathrm{S}}^2$$

对于被调节对象和状态调节, 选择如例 12.3-2 中图 12.3-7 的相同极点位置. 由多项式

$$P_{\mathrm{Z}}(s)=(s-s_{\mathrm{p1Z}})\cdot(s-s_{\mathrm{p2Z}})=s^2+2\cdot D_{\mathrm{S}}\cdot\omega_{0\mathrm{Z}}\cdot s+\omega_{0\mathrm{Z}}^2$$

给出状态调节极点. 两个多项式系数比较导出调节器参数的条件方程

$$r_1=\frac{\omega_{0\mathrm{S}}^2-\omega_{0\mathrm{Z}}^2}{K_{\mathrm{S}}\cdot\omega_{0\mathrm{S}}^2},\quad r_2=\frac{2\cdot D_{\mathrm{S}}\cdot(\omega_{0\mathrm{S}}-\omega_{0\mathrm{Z}})}{K_{\mathrm{S}}\cdot\omega_{0\mathrm{S}}^2}$$

对于参据阶跃函数的稳态调节误差, 用前置滤波器

$$v_{\mathrm{w}}=-\left[\boldsymbol{c}^{\mathrm{T}}\cdot(\boldsymbol{A}+\boldsymbol{b}\cdot\boldsymbol{r}^{\mathrm{T}})^{-1}\cdot\boldsymbol{b}\right]^{-1}=\frac{1-r_1\cdot K_{\mathrm{S}}}{K_{\mathrm{S}}}=\frac{\omega_{0\mathrm{Z}}^2}{K_{\mathrm{S}}\cdot\omega_{0\mathrm{S}}^2}$$

来补偿. 在 12.3.2.2 节中已推导出前置滤波器一般公式.

12.4.2.2 状态调节的扰动特性

对于状态调节, 扰动传递函数由下式来计算. 被调节对象和状态调节的极点位置和参数如图 12.4-3 所示.

$$G_{\mathrm{z}}(s)=\frac{y(s)}{z(s)}=\boldsymbol{c}^{\mathrm{T}}\cdot[s\cdot\boldsymbol{E}-(\boldsymbol{A}+\boldsymbol{b}\cdot\boldsymbol{r}^{\mathrm{T}})]^{-1}\cdot\boldsymbol{b}_z$$
$$=\frac{s+2\cdot D_{\mathrm{S}}\cdot\omega_{0\mathrm{S}}-r_2\cdot K_{\mathrm{S}}\cdot\omega_{0\mathrm{S}}^2}{s^2+(2\cdot D_{\mathrm{S}}\cdot\omega_{0\mathrm{S}}-r_2\cdot K_{\mathrm{S}}\cdot\omega_{0\mathrm{S}}^2)\cdot s+(1-r_1\cdot K_{\mathrm{S}})\cdot\omega_{0\mathrm{S}}^2}$$

由拉普拉斯变换终值定理给出输出变量的稳态值

$$y(t\to\infty)=\lim_{s\to 0}s\cdot G_z(s)\cdot z(s)$$
$$=\lim_{s\to 0}s\cdot\boldsymbol{c}^{\mathrm{T}}\cdot[s\cdot\boldsymbol{E}-(\boldsymbol{A}+\boldsymbol{b}\cdot\boldsymbol{r}^{\mathrm{T}})]^{-1}\cdot\boldsymbol{b}_{\mathrm{z}}\cdot z(s)$$

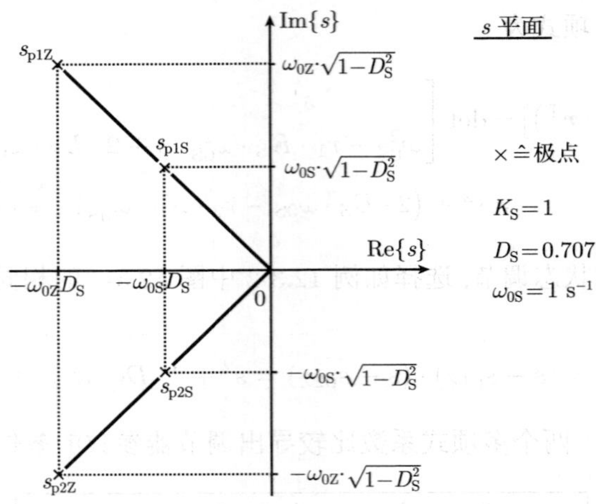

被调节对象极点	状态调节极点
$s_{p1S}=\omega_{0S}\cdot\left(-D_S+j\sqrt{1-D_S^2}\right)$ $=-0.707\cdot(1-j)$ $s_{p2S}=\omega_{0S}\cdot\left(-D_S-j\sqrt{1-D_S^2}\right)$ $=-0.707\cdot(1+j)$	$s_{p1Z}=\omega_{0Z}\cdot\left(-D_S+j\sqrt{1-D_S^2}\right)$ $s_{p2Z}=\omega_{0Z}\cdot\left(-D_S-j\sqrt{1-D_S^2}\right)$

调节器参数	前置滤波器
$r_1=\dfrac{\omega_{0S}^2-\omega_{0Z}^2}{K_S\cdot\omega_{0S}^2}$ $r_2\dfrac{2\cdot D_S\cdot(\omega_{0S}-\omega_{0Z})}{K_S\cdot\omega_{0S}^2}$	$v_w\dfrac{1-r_1\cdot K_Z}{K_S}=\dfrac{\omega_{0S}^2}{K_S\cdot\omega_{0S}^2}$

图 12.4-3　被调节对象和状态调节的极点位置和参数

和特别地对于阶跃形式扰动 $z(t)=z_0\cdot E(t)$ 的稳态值:

$$y(t\to\infty)=y_\infty=\frac{r_2\cdot K_S\cdot\omega_{0S}-2\cdot D_S}{\omega_{0S}\cdot(r_1\cdot K_S-1)}\cdot z_0=\frac{2\cdot D_S}{\omega_{0Z}}\cdot z_0$$

在具有状态反馈的调节时, 阶跃形式的扰动会导致常值调节误差.

该值会随着 ω_{0Z}(快速调节) 的增大而变小. 在图 12.4-4 中表示对于 $w(t)=w_0\cdot E(t)$ 和 $z(t)=z_0\cdot E(t)$ 的归一化的参据阶跃响应函数和扰动阶跃响应函数.

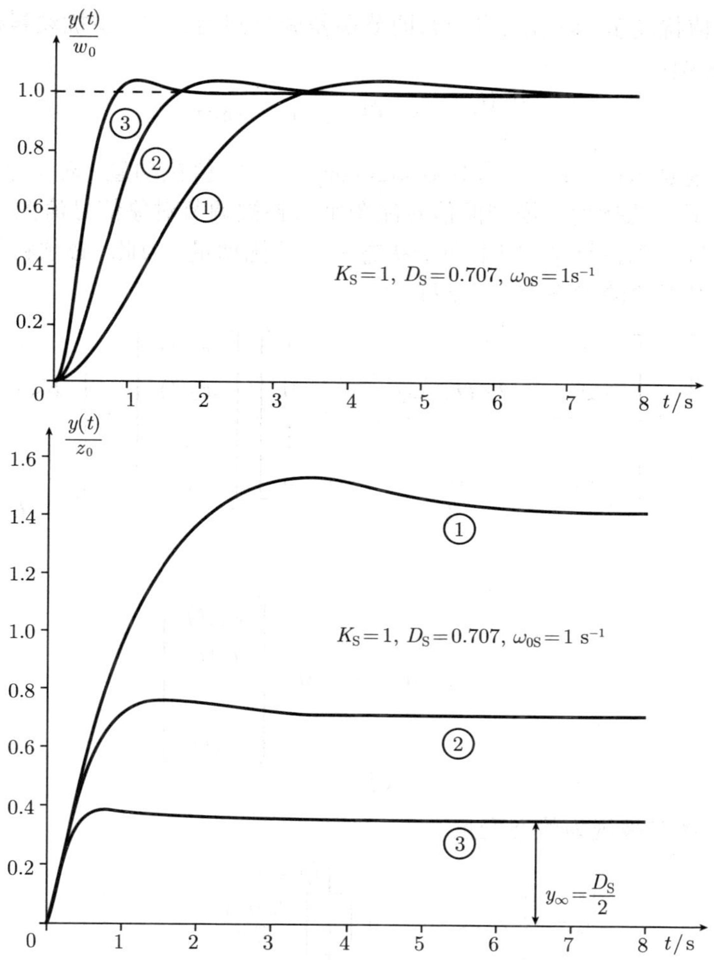

曲线号	状态调节特征角频率	调节器参数	前置滤波器
1	$\omega_{0Z}=\omega_{0S}$	$r_1=0,\quad r_2=0$	$v_w=1$
2	$\omega_{0Z}=2\cdot\omega_{0S}$	$r_1=-3, r_2=-1.414$	$v_w=4$
3	$\omega_{0Z}=4\cdot\omega_{0S}$	$r_1=-15, r_2=-4.242$	$v_w=16$

图 12.4-4 状态调节的参据阶跃响应函数 $\frac{y(t)}{w_0}$ 和扰动阶跃响应函数 $\frac{y(t)}{z_0}$

12.4.2.3 计算状态观测器和扰动量观测器

状态观测器和扰动量观测器的状态方程

为了计算扰动量观测器需要扰动量模型, 借助观测的扰动信号 $\hat{z}(t)$ 应平稳地补偿作用到被调节对象上的扰动量 $z(t)$.

对于常值扰动量, 调节应将稳态调节误差调节到趋于零. 由**扰动量模型(Störgrößenmodell)**

$$\frac{\mathrm{d}z(t)}{\mathrm{d}t}=0 \quad 和 \quad z(t)=\mathrm{konst}$$

求在**扰动量观测器(Störgrößenbeobachter)** 中的常值扰动量. 对于常值扰动, 通过图 12.4-5 所示的扰动量模型的信号流图来增补被调节对象信号流图 12.4-1.

对于通过观测器调节, 应求两个状态变量及扰动量. 为此, 必须将扰动量模型增广到被调节对象的状态方程 (下标 s):

$$\frac{\mathrm{d}}{\mathrm{d}t}\begin{bmatrix} x_1(t) \\ x_2(t) \\ \vdots \\ z(t) \end{bmatrix} = \underbrace{\begin{bmatrix} 0 & 1 & \cdots & 1 \\ -\omega_{0\mathrm{S}}^2 & -2\cdot D_{\mathrm{S}}\cdot\omega_{0\mathrm{S}} & \cdots & 0 \\ \vdots & \vdots & \ddots & \vdots \\ 0 & 0 & \cdots & 0 \end{bmatrix}}_{\boldsymbol{A}_{\mathrm{s}}} \begin{bmatrix} x_1(t) \\ x_2(t) \\ \vdots \\ z(t) \end{bmatrix} + \underbrace{\begin{bmatrix} 0 \\ K_{\mathrm{S}}\cdot\omega_{0\mathrm{S}}^2 \\ \vdots \\ 0 \end{bmatrix}}_{\boldsymbol{b}_{\mathrm{s}}} \cdot u(t)$$

$$y(t)=\underbrace{[1 \quad 0 \quad \cdots \quad 0]}_{\boldsymbol{c}_{\mathrm{s}}^{\mathrm{T}}}\begin{bmatrix} x_1(t) \\ x_2(t) \\ \vdots \\ z(t) \end{bmatrix}$$

扰动量 $z(t)$ 现在被视为状态变量.

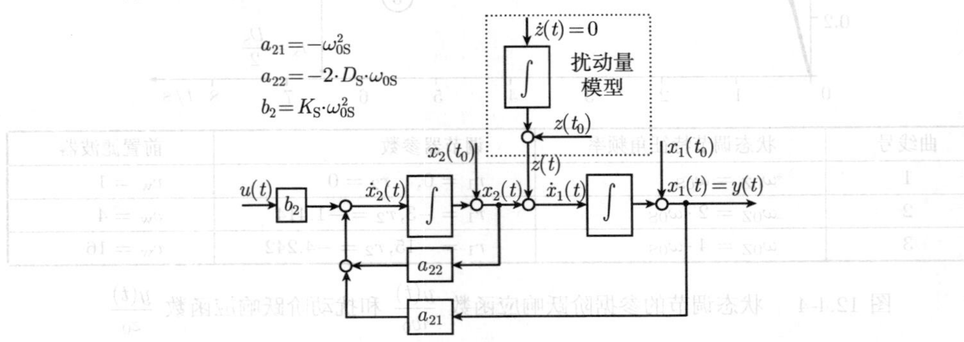

图 12.4-5 具有扰动量模型的 PT_2 被调节对象标准型的信号流图

判别增广被调节对象的可观测性

当被调节对象是可观测的, 观测器是可计算的. 在例 12.2-12 中已证实被调节对象的可观测性. 对于由扰动量模型增广的被调节对象, 按照 12.2.5.2 节描述的方法研究**可观测性(Beobachtbarkeit)**.

由上面给出的增广被调节对象的系统矩阵和输出向量

$$\boldsymbol{A}_{\mathrm{s}}=\begin{bmatrix}0 & 1 & \cdots & 1\\ a_{21} & a_{22} & \cdots & 0\\ \vdots & \vdots & \ddots & \vdots\\ 0 & 0 & \cdots & 0\end{bmatrix},\quad \boldsymbol{c}_{\mathrm{s}}^{\mathrm{T}}=[1\quad 0\quad \cdots\quad 0]$$

给出增广被调节对象的**可观测性矩阵 (Beobachtbarkeitmatrix)**

$$\boldsymbol{Q}_{\mathrm{B,s}}=\begin{bmatrix}\boldsymbol{c}_{\mathrm{s}}^{\mathrm{T}}\\ \boldsymbol{c}_{\mathrm{s}}^{\mathrm{T}}\cdot\boldsymbol{A}_{\mathrm{s}}\\ \boldsymbol{c}_{\mathrm{s}}^{\mathrm{T}}\cdot\boldsymbol{A}_{\mathrm{s}}^{2}\end{bmatrix}=\begin{bmatrix}1 & 0 & 0\\ 0 & 1 & 1\\ a_{21} & a_{22} & 0\end{bmatrix}$$

由

$$\det\boldsymbol{Q}_{\mathrm{B,s}}=-a_{22}=2\cdot D_{\mathrm{S}}\cdot\omega_{0\mathrm{S}}\neq 0$$

可知满足可观测性条件, 因为对于工程上的被调节对象, 参数 $D_{\mathrm{S}}, \omega_{0\mathrm{S}}>0$ 是可被接受的. 对于 $a_{22}=0$ 增广被调节对象是不可观测的, 因为那样状态变量 $x_2(t)$ 和 $z(t)$ 是不能辨别的.

具有状态观测器和扰动量观测器的状态调节结构

图 12.4-6 所示为具有状态观测器和扰动量观测器的状态调节的信号流图.

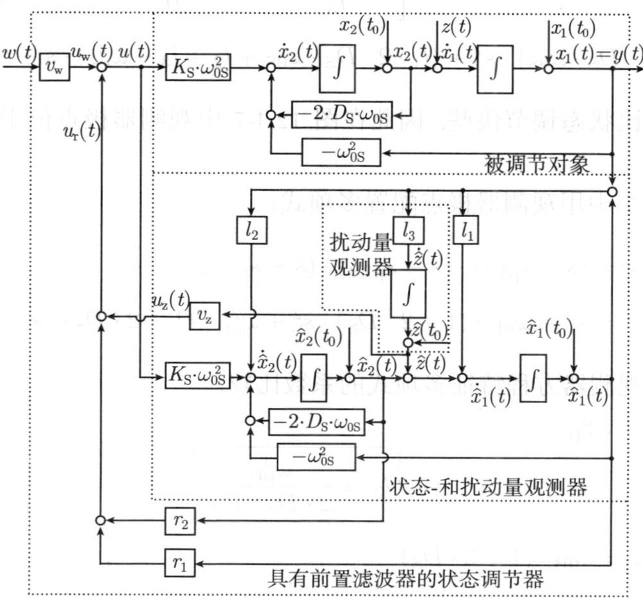

图 12.4-6 具有状态观测器和扰动量观测器的 PT_2 标准被调节对象的信号流图

通过极点配置求状态观测器和扰动量观测器

由 12.3.3.2 节描述的前述方法, 可给出对于用扰动量模型增广的被调节对象的观测模型

$$\boldsymbol{F}_{\mathrm{s}} = \boldsymbol{A}_{\mathrm{s}} - \boldsymbol{l} \cdot \boldsymbol{c}_{\mathrm{s}}^{\mathrm{T}}$$

$$= \begin{bmatrix} 0 & 1 & \cdots & 1 \\ -\omega_{0\mathrm{S}}^2 & -2 \cdot D_{\mathrm{S}} \cdot \omega_{0\mathrm{S}} & \cdots & 0 \\ \vdots & \vdots & \ddots & \vdots \\ 0 & 0 & \cdots & 0 \end{bmatrix} - \begin{bmatrix} l_1 \\ l_2 \\ \vdots \\ l_3 \end{bmatrix} [1 \quad 0 \quad \cdots \quad 0]$$

$$\boldsymbol{F}_{\mathrm{s}} = \begin{bmatrix} -l_1 & 1 & 1 \\ -(l_2 + \omega_{0\mathrm{S}}^2) & -2 \cdot D_{\mathrm{S}} \cdot \omega_{0\mathrm{S}} & 0 \\ -l_3 & 0 & 0 \end{bmatrix}$$

将观测模型代入齐次观测器方程的特征多项式:

$$\det[s \cdot \boldsymbol{E} - (\boldsymbol{A}_{\mathrm{s}} - \boldsymbol{l} \cdot \boldsymbol{c}_{\mathrm{s}}^{\mathrm{T}})] = \det \begin{bmatrix} s + l_1 & -1 & -1 \\ l_2 + \omega_{0\mathrm{S}}^2 & s + 2 \cdot D_{\mathrm{S}} \cdot \omega_{0\mathrm{S}} & 0 \\ l_3 & 0 & s \end{bmatrix}$$

$$= s^3 + (l_1 + 2 \cdot D_{\mathrm{S}} \cdot \omega_{0\mathrm{S}}) \cdot s^2 + (l_1 \cdot 2 \cdot D_{\mathrm{S}} \cdot \omega_{0\mathrm{S}} + l_2 + l_3 + \omega_{0\mathrm{S}}^2) \cdot s + l_3 \cdot 2 \cdot D_{\mathrm{S}} \cdot \omega_{0\mathrm{S}}$$

观测器必须是比状态调节快些. 因此在图 12.4-7 中观测器极点位于状态调节极点的左边.

在图 12.4-7 中用观测器极点配置多项式:

$$P_{\mathrm{B}}(s) = (s - s_{\mathrm{p1B}}) \cdot (s - s_{\mathrm{p2B}}) \cdot (s - s_{\mathrm{p3B}})$$

$$= s^3 + \omega_{0\mathrm{B}} \cdot (1 + 2 \cdot D_{\mathrm{S}}) \cdot s^2 + \omega_{0\mathrm{B}}^2 \cdot (1 + 2 \cdot D_{\mathrm{S}}) \cdot s + \omega_{0\mathrm{B}}^3$$

配置多项式与观测器方程特征多项式的系数比较:

$l_3 \cdot 2 \cdot D_{\mathrm{S}} \cdot \omega_{0\mathrm{S}} = \omega_{0\mathrm{B}}^3$

$$\longrightarrow \boxed{l_3 = \frac{\omega_{0\mathrm{B}}^3}{2 \cdot D_{\mathrm{S}} \cdot \omega_{0\mathrm{S}}}}$$

$l_1 + 2 \cdot D_{\mathrm{S}} \cdot \omega_{0\mathrm{S}} = \omega_{0\mathrm{B}} \cdot (1 + 2 \cdot D_{\mathrm{S}})$

$$\longrightarrow \boxed{l_1 = \omega_{0\mathrm{B}} + 2 \cdot D_{\mathrm{S}} \cdot (\omega_{0\mathrm{B}} - \omega_{0\mathrm{S}})}$$

$$l_1 \cdot 2 \cdot D_S \cdot \omega_{0S} + l_2 + \omega_{0S}^2 + l_3 = \omega_{0B}^2 \cdot (1 + 2 \cdot D_S)$$

$$\longrightarrow \boxed{l_2 = \omega_{0B}^2 \cdot (1 + 2 \cdot D_S) - l_1 \cdot 2 \cdot D_S \cdot \omega_{0S} - l_3 - \omega_{0S}^2}$$

用物理状态变量计算具有状态观测器和扰动量观测器的状态调节. 在 12.3 节应用规范型时给出简化形式.

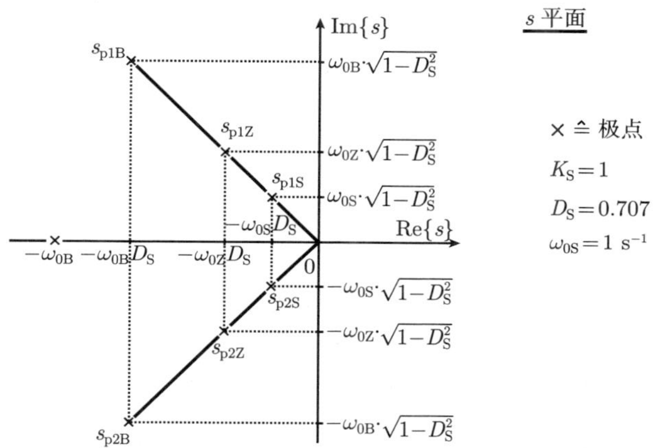

被调节对象极点	状态调节极点	状态观测器和扰动量观测器极点
$s_{p1S} = \omega_{0S} \cdot \left(-D_S + j\sqrt{1-D_S^2}\right)$ $= -0.707 \cdot (1-j)$	$s_{p1Z} = \omega_{0Z} \cdot \left(-D_S + j\sqrt{1-D_S^2}\right)$	$s_{p1B} = \omega_{0B} \cdot \left(-D_S + j\sqrt{1-D_S^2}\right)$
$s_{p2S} = \omega_{0S} \cdot \left(-D_S - j\sqrt{1-D_S^2}\right)$ $= -0.707 \cdot (1+j)$	$s_{p2Z} = \omega_{0Z} \cdot \left(-D_S - j\sqrt{1-D_S^2}\right)$	$s_{p2B} = \omega_{0B} \cdot \left(-D_S + j\sqrt{1-D_S^2}\right)$ $s_{p3B} = -\omega_{0B}$

图 12.4-7 具有状态观测器和扰动量观测器的状态调节的极点位置

对于扰动量接入的前置滤波器计算

扰动量接入 (Störgrößenaufschaltung) 的目的是通过观测的扰动量 $\hat{z}(t)$ 来补偿作用到被调节对象上的扰动量 $z(t)$. 在观测器中产生的扰动信号传送到前置滤波器 v_z, 在那里 $u_z(t)$ 叠加到调整量 $u_w(t)$ 上, 在图 12.4-8 中给出**扰动量接入**

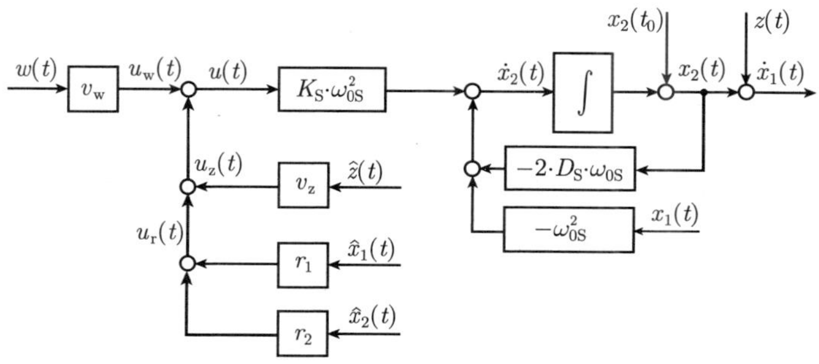

图 12.4-8 具有扰动量接入的状态调节 (信号流图 12.4-6 局部图)

(Störgrößenaufschaltung). 图 12.4-9 所示为具有状态观测器和扰动量观测器的状态调节的参据阶跃响应函数 $y(t)/w_0$ 和扰动阶跃响应函数 $y(t)/z_0$.

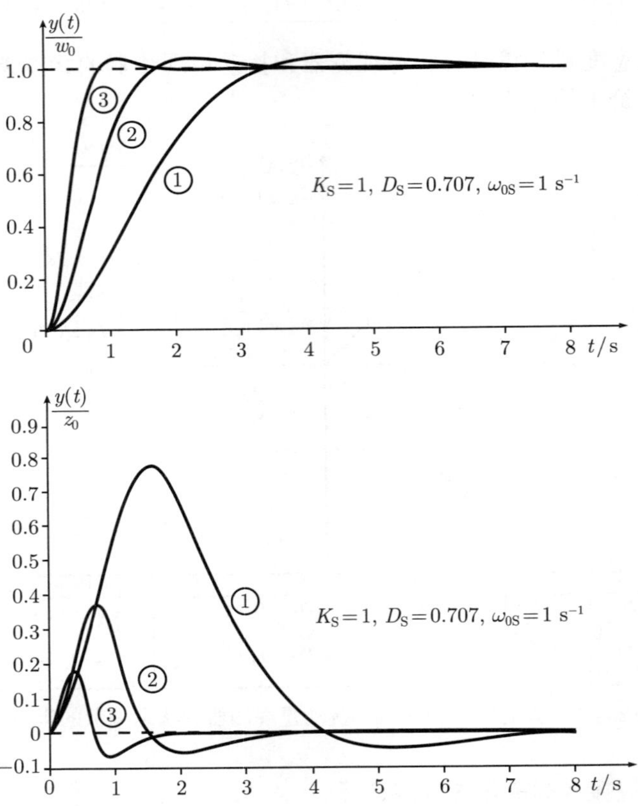

曲线编号	状态调节和观测器的特征角频率	反馈向量	观测向量	前置滤波器
1	$\omega_{0Z}=\omega_{0S}$ $\omega_{0B}=2\cdot\omega_{0Z}$	$r_1=0$ $r_2=0$	$l_1=3.414$ $l_2=-1.828$ $l_3=5.657$	$v_W=1$ $v_Z=-1.414$
2	$\omega_{0Z}=2\cdot\omega_{0S}$ $\omega_{0B}=2\cdot\omega_{0Z}$	$r_1=-3$ $r_2=-1.414$	$l_1=8.243$ $l_2=-19.294$ $l_3=45.255$	$v_W=4$ $v_Z=-2.828$
3	$\omega_{0Z}=4\cdot\omega_{0S}$ $\omega_{0B}=2\cdot\omega_{0Z}$	$r_1=-15$ $r_2=-4.242$	$l_1=17.899$ $l_2=-233.84$ $l_3=362.04$	$v_W=16$ $v_Z=-5.656$

图 12.4-9　具有状态观测器和扰动量观测器的状态调节的参据阶跃响应函数 $y(t)/w_0$ 和扰动阶跃响应函数 $y(t)/z_0$

对于常值扰动量 $z(t)$ 计算前置滤波器 v_z, 这里令参据量 $w(t)=0$. 对于稳态状态下列式成立:

$$w(t)=w(t\to\infty)=0,\quad u_{\mathrm{w}}(t\to\infty)=0$$

$$y(t\to\infty)=x_1(t\to\infty)=\hat{x}_1(t\to\infty)=0$$

$$\frac{\mathrm{d}\,x_1(t\to\infty)}{\mathrm{d}t}=\frac{\mathrm{d}\,\hat{x}_1(t\to\infty)}{\mathrm{d}t}=0$$

$$x_2(t\to\infty)+z(t\to\infty)=\frac{\mathrm{d}\,x_1(t\to\infty)}{\mathrm{d}t}=0$$

$$\hat{x}_2(t\to\infty)=x_2(t\to\infty)=-z(t\to\infty)=-\hat{z}(t\to\infty)$$

$$\begin{aligned}\frac{\mathrm{d}x_2(t\to\infty)}{\mathrm{d}t}=0=&-2\cdot D_{\mathrm{S}}\cdot\omega_{0\mathrm{S}}\cdot x_2(t\to\infty)-\omega_{0\mathrm{S}}^2\cdot x_1(t\to\infty)+\\&+K_{\mathrm{S}}\cdot\omega_{0\mathrm{S}}^2\cdot[u_{\mathrm{w}}(t\to\infty)+r_1\cdot x_1(t\to\infty)\\&+r_2\cdot\hat{x}_2(t\to\infty)+u_{\mathrm{z}}(t\to\infty))]\end{aligned}$$

由

$$u_{\mathrm{z}}(t)=v_{\mathrm{z}}\cdot\hat{z}(t),\quad u_{\mathrm{z}}(t\to\infty)=v_{\mathrm{z}}\cdot\hat{z}(t\to\infty)$$

和条件 $x_2(t\to\infty)=\hat{x}_2(t\to\infty)=-z(t\to\infty)=-\hat{z}(t\to\infty)$ 从最后方程得到扰动量接入的前置滤波器

$$\boxed{v_{\mathrm{z}}=\frac{-2\cdot D_{\mathrm{S}}\cdot\omega_{0\mathrm{Z}}}{K_{\mathrm{S}}\cdot\omega_{0\mathrm{S}}^2}}$$

12.4.2.4 具有状态观测器和扰动观测器的状态调节扰动特性

由扰动量接入, 调节稳态调节误差趋于零. 随着状态调节特征角频率 $\omega_{0\mathrm{Z}}$ 的增大 (较快速调节) 会改善扰动量接入的动态特性, 在图 12.4-9 中绘制了阶跃特性.

测量的被调节对象输出变量 $y(t)$ 代替在图 12.4-6 中调节的观测输出量 $\hat{x}_1(t)=\hat{y}(t)$ 的反馈会改善调节品质.

如果引入 v_{z} 的动态前置滤波器, 那么可进一步改善扰动接入的动态特性. PDT_1 前置滤波器将阻滞在被调节对象输入端的 PT_1 环节的滞后特性.

在 13.8 节中对于工作母机位置调节应用具有状态观测器和扰动量观测器的状态调节器.

12.4.3 比例积分 (PI) 状态调节

12.4.3.1 PI 状态调节的状态方程

在 PI**状态调节 (PI-Zustandsregelung)** 时, 通过叠加的 PI 调节器增补状态反馈. 应用调节器积分环节有如下优点:

- 对于常值参据量和扰动量无稳态调节误差;
- 可去掉参据量的前置滤波器.

图 12.4-10 所示为具有 PI 调节器的状态调节一般信号流图.

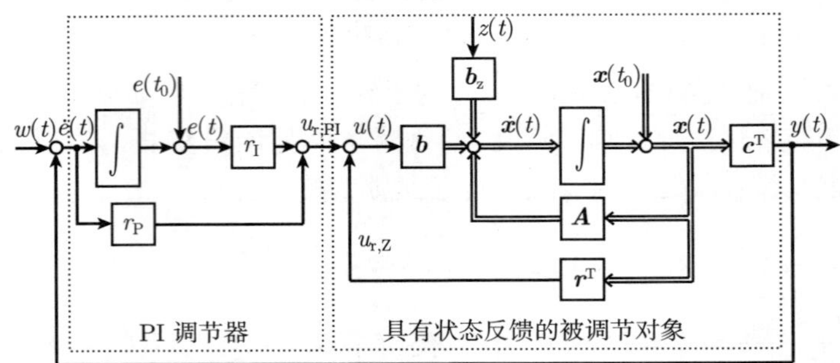

图 12.4-10 具有叠加的 PI 调节器的状态调节的一般信号流图

具有状态反馈的被调节对象适用下列缩写形式的方程.

被调节对象:

$$\frac{\mathrm{d}\boldsymbol{x}(t)}{\mathrm{d}t}=\dot{\boldsymbol{x}}(t)=\boldsymbol{A}\cdot\boldsymbol{x}(t)+\boldsymbol{b}\cdot u(t)+\boldsymbol{b}_{\mathrm{z}}\cdot z(t)$$

$$y(t)=\boldsymbol{c}^{\mathrm{T}}\cdot\boldsymbol{x}(t)$$

状态反馈:

$$u_{\mathrm{r,Z}}(t)=\boldsymbol{r}^{\mathrm{T}}\cdot\boldsymbol{x}(t)$$

通过 PI 调节器增广状态反馈, 调整量由状态反馈部分 $u_{r,Z}$ 和 PI 调节器部分 $u_{r,\mathrm{PI}}$ 组成, 其中 PI 部分具有比例系数 r_{P} 和积分系数 r_{I}:

$$u(t)=u_{\mathrm{r,Z}}(t)+u_{\mathrm{r,PI}}(t)=\boldsymbol{r}^{\mathrm{T}}\cdot\boldsymbol{x}(t)+r_{\mathrm{P}}\cdot\frac{\mathrm{d}e(t)}{\mathrm{d}t}+r_{\mathrm{I}}\cdot e(t)$$

其中

$$\frac{\mathrm{d}e(t)}{\mathrm{d}t}=w(t)-y(t)=w(t)-\boldsymbol{c}^{\mathrm{T}}\cdot\boldsymbol{x}(t)$$

通过调节误差的状态变量 $e(t)$ 来增广状态变量 $x(t)$. 可得到**增广状态调节器 (erweiterten Zustandsregler)**的一般方程

$$u(t)=\left[(\boldsymbol{r}^{\mathrm{T}}-r_{\mathrm{P}}\cdot\boldsymbol{c}^{\mathrm{T}})\cdots r_{\mathrm{I}}\right]\begin{bmatrix}\boldsymbol{x}(t)\\ \vdots\\ e(t)\end{bmatrix}$$

和对于按图 12.4-1 具有 $\boldsymbol{c}^{\mathrm{T}}=[1\quad 0]$ 的 PT_2 被调节对象的一般方程:

$$u(t)=\left[(\boldsymbol{r}^{\mathrm{T}}-r_{\mathrm{P}}\cdot\boldsymbol{c}^{\mathrm{T}})\quad\cdots\quad r_{\mathrm{I}}\right]\left[\begin{array}{c}\boldsymbol{x}(t)e(t)\end{array}\right]=\left[r_1-r_{\mathrm{P}}\quad r_2\quad\cdots\quad r_{\mathrm{I}}\right]\begin{bmatrix}x_1(t)\\x_2(t)\\\vdots\\e(t)\end{bmatrix}$$

由新的状态向量

$$\begin{bmatrix}\boldsymbol{x}(t)\\\vdots\\e(t)\end{bmatrix}=\begin{bmatrix}x_1(t)\\x_2(t)\\\vdots\\e(t)\end{bmatrix}$$

得到下列具有 $w(t)=0$ 增广被调节对象的状态方程:

$$\frac{\mathrm{d}}{\mathrm{d}t}\begin{bmatrix}\boldsymbol{x}(t)\\\vdots\\e(t)\end{bmatrix}=\underbrace{\begin{bmatrix}\boldsymbol{A}&\cdots&\boldsymbol{o}\\\vdots&\ddots&\vdots\\-\boldsymbol{c}^{\mathrm{T}}&\cdots&0\end{bmatrix}}_{\boldsymbol{A}_{\mathrm{e}}}\begin{bmatrix}\boldsymbol{x}(t)\\\vdots\\e(t)\end{bmatrix}+\underbrace{\begin{bmatrix}\boldsymbol{b}\\\vdots\\0\end{bmatrix}}_{\boldsymbol{b}_{\mathrm{e}}}\cdot u(t)+\begin{bmatrix}\boldsymbol{b}_{\mathrm{z}}\\\vdots\\0\end{bmatrix}\cdot z(t)$$

$$y(t)=\boldsymbol{c}^{\mathrm{T}}\cdot\boldsymbol{x}(t)$$

并具有增广被调节对象的系统矩阵 $\boldsymbol{A}_e$ 和输入向量 $\boldsymbol{b}_e$. 为研究 PI 状态调节, 如像在具有状态观测器和扰动量观测器状态调节时那样, 应用如像在图 12.4-1 中相同的具有物理状态变量的 PT_2 被调节对象.

在图 12.4-11 中具有 PI 状态调节器的 PT_2 被调节对象适用下列状态方程.

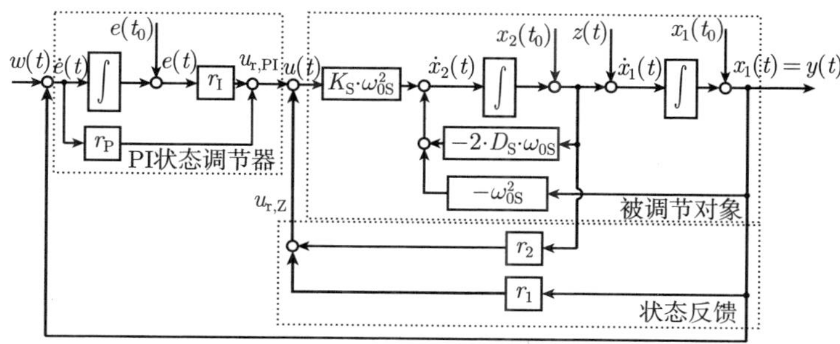

图 12.4-11 具有 PI 状态调节器的 PT_2 标准被调节对象的信号流图

被调节对象:

$$\frac{\mathrm{d}}{\mathrm{d}t}\begin{bmatrix}x_1(t)\\x_2(t)\end{bmatrix}=\begin{bmatrix}0&1\\-\omega_{0\mathrm{S}}^2&-2\cdot D_{\mathrm{S}}\cdot\omega_{0\mathrm{S}}\end{bmatrix}\begin{bmatrix}x_1(t)\\x_2(t)\end{bmatrix}+\begin{bmatrix}0\\K_{\mathrm{S}}\cdot\omega_{0\mathrm{S}}^2\end{bmatrix}\cdot u(t)+\begin{bmatrix}1\\0\end{bmatrix}\cdot z(t)$$

$$y(t)=[1\quad 0]\begin{bmatrix}x_1(t)\\x_2(t)\end{bmatrix}$$

状态反馈:

$$u_{\mathrm{r},Z}(t)=[r_1 \quad r_2]\begin{bmatrix} x_1(t) \\ x_2(t) \end{bmatrix}$$

增广状态调节器:

$$u(t)=u_{\mathrm{r},Z}(t)+u_{\mathrm{r,PI}}(t)=\boldsymbol{r}^{\mathrm{T}}\cdot\boldsymbol{x}(t)+r_{\mathrm{P}}\cdot\frac{\mathrm{d}e(t)}{\mathrm{d}t}+r_{\mathrm{I}}\cdot e(t)$$

其中

$$\begin{aligned}\frac{\mathrm{d}e(t)}{\mathrm{d}t}&=w(t)-y(t)=w(t)-\boldsymbol{c}^{\mathrm{T}}\cdot\boldsymbol{x}(t)\\ u(t)&=\boldsymbol{r}^{\mathrm{T}}\cdot\boldsymbol{x}(t)+r_{\mathrm{P}}\cdot[w(t)-\boldsymbol{c}^{\mathrm{T}}\cdot\boldsymbol{x}(t)]+r_{\mathrm{I}}\cdot e(t)\\ &=[\boldsymbol{r}^{\mathrm{T}}-r_{\mathrm{P}}\cdot\boldsymbol{c}^{\mathrm{T}}]\cdot\boldsymbol{x}(t)+r_{\mathrm{P}}\cdot w(t)+r_{\mathrm{I}}\cdot e(t)\end{aligned}$$

通过调节误差的状态变量 $e(t)$ 增广状态向量 $\boldsymbol{x}(t)$:

$$\begin{aligned}u(t)&=\left[(\boldsymbol{r}^{\mathrm{T}}-r_{\mathrm{P}}\cdot\boldsymbol{c}^{\mathrm{T}}) \quad \cdots \quad r_{\mathrm{I}}\right]\begin{bmatrix} \boldsymbol{x}(t) \\ \vdots \\ e(t) \end{bmatrix}+r_{\mathrm{P}}\cdot w(t)\\ &=[([r_1 \quad r_2]-r_{\mathrm{P}}\cdot[1 \quad 0]) \quad \cdots \quad r_{\mathrm{I}}]\begin{bmatrix} x_1(t) \\ x_2(t) \\ \vdots \\ e(t) \end{bmatrix}+r_{\mathrm{P}}\cdot w(t)\\ &=[r_1-r_{\mathrm{P}} \quad r_2 \quad \cdots \quad r_{\mathrm{I}}]\begin{bmatrix} x_1(t) \\ x_2(t) \\ \vdots \\ e(t) \end{bmatrix}+r_{\mathrm{P}}\cdot w(t)\end{aligned}$$

具有 $w(t)=0$ 增广被调节对象的状态方程:

$$\frac{\mathrm{d}}{\mathrm{d}t}\begin{bmatrix} x_1(t) \\ x_2(t) \\ \vdots \\ e(t) \end{bmatrix}$$

$$= \underbrace{\begin{bmatrix} 0 & 1 & \cdots & 0 \\ -\omega_{0S}^2 & -2\cdot D_S\cdot\omega_{0S} & \cdots & 0 \\ \vdots & \vdots & \ddots & \vdots \\ -1 & 0 & \cdots & 0 \end{bmatrix}}_{\boldsymbol{A}_e} \begin{bmatrix} x_1(t) \\ x_2(t) \\ \vdots \\ e(t) \end{bmatrix} + \underbrace{\begin{bmatrix} 0 \\ K_S\cdot\omega_{0S}^2 \\ \vdots \\ 0 \end{bmatrix}}_{\boldsymbol{b}_e} \cdot u(t) + \begin{bmatrix} 1 \\ 0 \\ \vdots \\ 0 \end{bmatrix} \cdot z(t)$$

$$y(t) = \underbrace{[1 \quad 0 \quad \cdots \quad 0]}_{\boldsymbol{c}_e^{\mathrm{T}}} \begin{bmatrix} x_1(t) \\ x_2(t) \\ \vdots \\ e(t) \end{bmatrix}$$

将 $u(t)$ 代入增广被调节对象的状态方程导出 PI 状态调节的状态方程:

$$\frac{\mathrm{d}}{\mathrm{d}t}\begin{bmatrix} x_1(t) \\ x_2(t) \\ \vdots \\ e(t) \end{bmatrix} = \underbrace{\begin{bmatrix} 0 & 1 & 0 \\ [K_S\cdot(r_1-r_P)-1]\cdot\omega_{0S}^2 & K_S\cdot\omega_{0S}^2\cdot r_2 - 2\cdot D_S\cdot\omega_{0S} & K_S\cdot\omega_{0S}^2\cdot r_1 \\ \vdots & \vdots & \vdots \\ -1 & 0 & 0 \end{bmatrix}}_{\boldsymbol{A}_{PI}}$$

$$\cdot \begin{bmatrix} x_1(t) \\ x_2(t) \\ \vdots \\ e(t) \end{bmatrix} + \underbrace{\begin{bmatrix} 0 \\ r_P\cdot K_S\cdot\omega_{0S}^2 \\ \vdots \\ 1 \end{bmatrix}}_{\boldsymbol{b}_{PI}} \cdot w(t) + \underbrace{\begin{bmatrix} 1 \\ 0 \\ \vdots \\ 0 \end{bmatrix}}_{\boldsymbol{b}_{z,PI}} z(t)$$

$$y(t) = [1 \quad 0 \quad \cdots \quad 0] \begin{bmatrix} x_1(t) \\ x_2(t) \\ \vdots \\ e(t) \end{bmatrix}$$

其中增广被调节对象的系统矩阵 $\boldsymbol{A}_e$ 和输入向量 $\boldsymbol{b}_e$ 以及 PI 状态调节的的系统矩阵 $\boldsymbol{A}_{PI}$、输入向量 $\boldsymbol{b}_{PI}$ 和扰动输入向量 $\boldsymbol{b}_{z,PI}$.

12.4.3.2 具有叠加的 PI 调节器的状态调节计算

判别增广被调节对象可控性

PT_2 被调节对象可控性已在例 12.2-11 中确定. 如果通过调整量能影响到所有状态变量 $x(t), e(t)$, 那么增广的状态调节器才是可实现的. 为此, 增广被调节对象的可控性可用 12.2.5.1 节给出的方法来研究.

由增广被调节对象系统矩阵

$$\boldsymbol{A}_{\mathrm{e}}=\begin{bmatrix}\boldsymbol{A} & \cdots & \boldsymbol{o}\\ \vdots & \ddots & \vdots\\ -\boldsymbol{c}^{\mathrm{T}} & \cdots & 0\end{bmatrix}=\begin{bmatrix}0 & 1 & \cdots & 0\\ a_{21} & a_{22} & \cdots & 0\\ \vdots & \vdots & \ddots & \vdots\\ -1 & 0 & \cdots & 0\end{bmatrix}$$

和增广被调节对象输入向量

$$\boldsymbol{b}_{\mathrm{e}}=\begin{bmatrix}\boldsymbol{b}\\ \vdots\\ 0\end{bmatrix}=\begin{bmatrix}0\\ b_2\\ \vdots\\ 0\end{bmatrix}$$

构建增广被调节对象的可控性矩阵

$$\boldsymbol{Q}_{\mathrm{S,e}}=[\boldsymbol{b}_{\mathrm{e}},\ \boldsymbol{A}_{\mathrm{e}}\cdot\boldsymbol{b}_{\mathrm{e}},\ \boldsymbol{A}_{\mathrm{e}}^2\cdot\boldsymbol{b}_{\mathrm{e}}]=\begin{bmatrix}0 & b_2 & a_{22}\cdot b_2\\ b_2 & a_{22}\cdot b_2 & (a_{21}+a_{22}^2)\cdot b_2\\ 0 & 0 & -b_2\end{bmatrix}$$

由于

$$\det\boldsymbol{Q}_{\mathrm{S,e}}=b_2^3=(K_{\mathrm{S}}\cdot\omega_{0\mathrm{S}}^2)^3\neq 0$$

则满足增广被调节对象的可控性条件. 可归结为一般性结论:

如果原被调节对象是可控的, 那么通过叠加 PI 调节器的增广被调节对象也满足可控性条件.

计算PI状态调节的参据传递函数和扰动传递函数

由于增广被调节对象的可控性, 也满足 PI 状态调节极点配置前提条件. 现在预先给出 PI 状态调节的三个极点, 其中可附加规定一个参据传递函数和扰动传递函数的零点.

用 12.2.3 节推导出的方程计算参据传递函数和扰动传递函数. PI**状态调节的参据传递函数 (Führungsübertragungsfunktion der** PI **Zustandsregelung)** 表示为

$$\begin{aligned}G(s)=\frac{y(s)}{w(s)}&=\boldsymbol{c}_{\mathrm{PI}}^{\mathrm{T}}\cdot[s\cdot\boldsymbol{E}-\boldsymbol{A}_{\mathrm{PI}}]^{-1}\cdot\boldsymbol{b}_{\mathrm{PI}}\\ &=\frac{1}{\det[s\cdot\boldsymbol{E}-\boldsymbol{A}_{\mathrm{PI}}]}\cdot\boldsymbol{c}_{\mathrm{PI}}^{\mathrm{T}}\cdot\mathrm{adj}[s\cdot\boldsymbol{E}-\boldsymbol{A}_{\mathrm{PI}}]\cdot\boldsymbol{b}_{\mathrm{PI}}\end{aligned}$$

$$
=[1\ 0\ 0]\begin{bmatrix} s & -1 & 0 \\ [1-(r_1-r_P)\cdot K_S]\cdot\omega_{0S}^2 & s-K_S\cdot\omega_{0S}^2\cdot r_2+2\cdot D_S\cdot\omega_{0S} & -K_S\cdot\omega_{0S}^2\cdot r_I \\ 1 & 0 & s \end{bmatrix}^{-1}
$$

$$
\cdot\begin{bmatrix} 0 \\ r_P\cdot K_S\cdot\omega_{0S}^2 \\ 1 \end{bmatrix}
$$

$$
G(s)=\frac{K_S\cdot\omega_{0S}^2\cdot r_P\cdot s+K_S\cdot\omega_{0S}^2\cdot r_I}{s^3+\underbrace{(2\cdot D_S\cdot\omega_{0S}-K_S\cdot\omega_{0S}^2\cdot r_2)}_{a_2}\cdot s^2+\underbrace{[1-K_S\cdot(r_1-r_P)]\cdot\omega_{0S}^2}_{a_1}\cdot s+\underbrace{K_S\cdot\omega_{0S}^2\cdot r_I}_{a_0}}
=\frac{K_S\cdot\omega_{0S}^2\cdot r_P\cdot s+a_0}{s^3+a_2\cdot s^2+a_1\cdot s+a_0}
$$

PI 状态调节的扰动传递函数:

$$
G_z(s)=\frac{y(s)}{z(s)}=\boldsymbol{c}_{PI}^T\cdot[s\cdot\boldsymbol{E}-\boldsymbol{A}_{PI}]^{-1}\cdot\boldsymbol{b}_{z,PI}
$$

$$
=\frac{1}{\det[s\cdot\boldsymbol{E}-\boldsymbol{A}_{PI}]}\cdot\boldsymbol{c}_{PI}^T\cdot\mathrm{adj}[s\cdot\boldsymbol{E}-\boldsymbol{A}_{PI}]^{-1}\cdot\boldsymbol{b}_{z,PI}=[1\quad 0\quad 0]
$$

$$
\begin{bmatrix} s & -1 & 0 \\ [1-(r_1-r_P)\cdot K_S]\cdot\omega_{0S}^2 & s-K_S\cdot\omega_{0S}^2\cdot r_2+2\cdot D_S\cdot\omega_{0S} & -K_s\cdot\omega_{os}^2\cdot r_I \\ 1 & 0 & s \end{bmatrix}^{-1}
$$

$$
\cdot\begin{bmatrix} 1 \\ 0 \\ 0 \end{bmatrix}
$$

$$
G_z(s)=\frac{s^2+(2\cdot D_S\cdot\omega_{0S}-K_S\cdot\omega_{0S}^2\cdot r_2)\cdot s}{s^3+(2\cdot D_S\cdot\omega_{0S}-K_S\cdot\omega_{0S}^2\cdot r_2)\cdot s^2+[1-K_S\cdot(r_1-r_P)]\omega_{0S}^2\cdot s+K_S\cdot\omega_{0S}^2\cdot r_I}
=\frac{s^2+a_2\cdot s}{s^3+a_2\cdot s^2+a_1\cdot s+a_0}.
$$

叠加的 PI 调节器总会给出这两个传递函数一个零点. 扰动传递函数存在一个距 $s_{n2}=0$ 处较远的零点.

PI 状态调节稳态调节特性

稳态参据传递特性

阶跃函数$w(t) = w_0 \cdot E(t),\quad z(t) = 0$:

$$e(t \to \infty) = \lim_{s\to 0} s \cdot e(s) = \lim_{s\to 0} s \cdot [w(s) - y(s)] = \lim_{s\to 0} s \cdot [1 - G(s)] \cdot w(s)$$

$$= \lim_{s\to 0} s \cdot \left[1 - \frac{K_S \cdot \omega_{0S}^2 \cdot r_P \cdot s + a_0}{s^3 + a_2 \cdot s^2 + a_1 \cdot s + a_0}\right] \cdot \frac{w_0}{s} = 0$$

斜坡函数$w(t) = (w_0/T) \cdot t \cdot E(t),\quad z(t) = 0$:

$$e(t \to \infty) = \lim_{s\to 0} s \cdot e(s) = \lim_{s\to 0} s \cdot \left[1 - \frac{K_S \cdot \omega_{0S}^2 \cdot r_P \cdot s + a_0}{s^3 + a_2 \cdot s^2 + a_1 \cdot s + a_0}\right] \cdot \frac{w_0}{T \cdot s^2}$$

$$= \lim_{s\to 0} \left[1 - \frac{K_S \cdot \omega_{0S}^2 \cdot r_P \cdot s + a_0}{s^3 + a_2 \cdot s^2 + a_1 \cdot s + a_0}\right] \cdot \frac{w_0}{T \cdot s}$$

$$= \lim_{s\to 0} \left[\frac{s^2 + a_2 \cdot s + a_1 - K_S \cdot \omega_{0S}^2 \cdot r_P}{s^3 + a_2 \cdot s^2 + a_1 \cdot s + a_0}\right] \cdot \frac{w_0}{T} = \frac{1 - K_S \cdot r_1}{K_S \cdot r_I} \cdot \frac{w_0}{T}$$

稳态扰动传递特性

阶跃函数$z(t) = z_0 \cdot E(t),\quad w(t) = 0$:

$$e(t \to \infty) = \lim_{s\to 0} s \cdot e(s) = \lim_{s\to 0} s \cdot [w(s) - y(s)] = \lim_{s\to 0} s \cdot [-G_z(s) \cdot z(s)]$$

$$= \lim_{s\to 0} s \cdot \left[-\frac{s^2 + a_2 \cdot s}{s^3 + a_2 \cdot s^2 + a_1 \cdot s + a_0} \cdot \frac{z_0}{s}\right] = 0$$

斜坡函数$z(t) = (z_0/T) \cdot t \cdot E(t),\ w(t) = 0$:

$$e(t \to \infty) = \lim_{s\to 0} s \cdot e(s)$$

$$= \lim_{s\to 0} s \cdot \left[-\frac{s^2 + a_2 \cdot s}{s^3 + a_2 \cdot s^2 + a_1 \cdot s + a_0} \cdot \frac{z_0}{T \cdot s^2}\right]$$

$$= \frac{-a_2}{a_0} \cdot \frac{z_0}{T} = \frac{-2 \cdot D_S + K_S \cdot \omega_{0S} \cdot r_2}{K_S \cdot \omega_{0S} \cdot r_I} \cdot \frac{z_0}{T}$$

研究 PT_2 被调节对象的 PI 状态调节稳态调节特性, 导出如下结论:

对于常值参据量和扰动量不产生稳态调节误差. 通过选择 r_1 及 r_2 可使在参据斜坡函数和扰动斜坡函数时的稳态调节误差最小.

在表 12.4-1 中给出直至 III 阶的参据量和扰动量的稳态调节误差.

表 12.4-1　具有 $\mathrm{PT_2}$ 被调节对象的 PI 状态调节的稳态调节误差

	调节误差		
	I 阶	II 阶	III 阶
参据量	$w(t)=E(t)$	$w(t)=t\cdot E(t)$	$w(t)=\frac{t^2}{2}\cdot E(t)$
调节误差	$e(t\to\infty)=0$	$e(t\to\infty)=\frac{(1-K_\mathrm{S}\cdot r_1)}{K_\mathrm{S}\cdot r_\mathrm{I}}\cdot\frac{w_0}{T}$	$e(t\to\infty)\to\infty$
扰动误差	$z(t)=E(t)$	$z(t)=t\cdot E(t)$	$z(t)=\frac{t^2}{2}\cdot E(t)$
调节误差	$e(t\to\infty)=0$	$e(t\to\infty)=\frac{-2\cdot D_\mathrm{S}+K_\mathrm{S}\cdot\omega_\mathrm{0S}\cdot r_2}{K_\mathrm{S}\cdot\omega_\mathrm{0S}\cdot r_\mathrm{I}}\cdot\frac{z_0}{T}$	$e(t\to\infty)\to\infty$

通过参据传递函数极点配置和零点配置求增广调节器

如果原被调节对象是可控的, 那么通过叠加 PI 调节器增广的被调节对象也是可控的. 对于这种情况, 通过状态反馈可任意配置调节极点.

增广调节器应这样来调整, 即可使参据特性与在 12.4.2 节的具有参据观测器和扰动量观测器的状态调节相比较. 在图 12.4-12 中给出被调节对象极点及参据传递函数极点和零点, 其中通过零点 s_nZ 补偿实数极点 s_p3Z.

用在图 12.4-12 中的 PI 状态调节的极点构建配置多项式:

$$
\begin{aligned}
P_\mathrm{Z}(s)&=(s-s_\mathrm{p1Z})\cdot(s-s_\mathrm{p2Z})\cdot(s-s_\mathrm{p3Z})\\
&=s^3+\omega_\mathrm{0Z}\cdot(1+2\cdot D_\mathrm{S})\cdot s^2+\omega_\mathrm{0Z}^2\cdot(1+2\cdot D_\mathrm{S})\cdot s+\omega_\mathrm{0Z}^3
\end{aligned}
$$

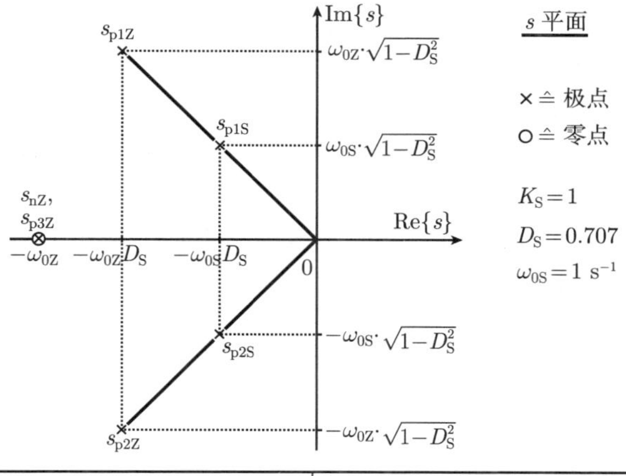

被调节对象极点	PI 状态调节的极点和零点
$s_\mathrm{p1S}=\omega_\mathrm{0S}\cdot\left(-D_\mathrm{S}+\mathrm{j}\sqrt{1-D_\mathrm{S}^2}\right)$ $=-0.707\cdot(1-\mathrm{j})$	$s_\mathrm{p1Z}=\omega_\mathrm{0Z}\cdot\left(-D_\mathrm{S}+\mathrm{j}\sqrt{1-D_\mathrm{S}^2}\right)$
$s_\mathrm{p2S}=\omega_\mathrm{0S}\cdot\left(-D_\mathrm{S}-\mathrm{j}\sqrt{1-D_\mathrm{S}^2}\right)$ $=-0.707\cdot(1+\mathrm{j})$	$s_\mathrm{p2Z}=\omega_\mathrm{0Z}\cdot\left(-D_\mathrm{S}-\mathrm{j}\sqrt{1-D_\mathrm{S}^2}\right)$ $s_\mathrm{p3Z}=s_\mathrm{nZ}=-\omega_\mathrm{0Z}$

图 12.4-12　在 PI 状态调节时参据传递函数极点和零点

配置多项式与传递函数特征多项式系数比较并计算参据传递函数零点:

$$\omega_{0S}^2 \cdot K_S \cdot r_I = \omega_{0Z}^3 \longrightarrow \boxed{r_I = \frac{\omega_{0Z}^3}{K_S \cdot \omega_{0S}^2}}$$

参据传递函数零点:

$$s_{nZ} = -r_I/r_P = -\omega_{0Z} \longrightarrow \boxed{r_P = \frac{r_I}{\omega_{0Z}} = \frac{\omega_{0Z}^2}{K_S \cdot \omega_{0S}^2}}$$

$$\omega_{0S}^2 \cdot [1 - K_S \cdot (r_1 - r_P)] = \omega_{0Z}^2 \cdot (1 + 2 \cdot D_S)$$

$$\longrightarrow \boxed{r_1 = \frac{\omega_{0S}^2 \cdot (1 + K_S \cdot r_P) - \omega_{0Z}^2 \cdot (1 + 2 \cdot D_S)}{K_S \cdot \omega_{0S}^2}}$$

$$2 \cdot D_S \cdot \omega_{0S} - K_S \cdot \omega_{0S}^2 \cdot r_2 = \omega_{0Z} \cdot (1 + 2 \cdot D_S)$$

$$\longrightarrow \boxed{r_2 = \frac{2 \cdot D_S \cdot (\omega_{0S} - \omega_{0Z}) - \omega_{0Z}}{K_S \cdot \omega_{0S}^2}}$$

12.4.3.3　PI 状态调节的扰动特性

在图 12.4-13 中绘制了对于不同极点位置的 PI 状态调节的参据阶跃响应和扰动阶跃响应, 调节品质与具有状态观测器和扰动量观测器的状态调节是可比较的 (图 12.4-9). 在上面部分图中参据阶跃响应实际上是相同的. 而 PI 状态调节扰动特性有些不佳.

对于阶跃形式扰动量, 具有状态观测器和扰动量观测器的状态调节的动态调节品质 (图 12.4-9) 比 PI 状态调节 (图 12.4-13) 相对好些.

12.4.4　鲁棒调节 —— 具有状态观测器和扰动观测器的状态调节与 PI 状态调节的比较

12.4.4.1　鲁棒调节概念

在计算状态调节时, 通常从被调节对象的简化数学模型出发. 在此, 假设模型方程参数为常值. 然而, 许多被调节对象都具有变化的参数, 其中稳态或动态运行特性是随时间而变化的. 被调节对象参数具有不同变化范围, 参数可随着快些或慢些变化. 惯性矩和摩擦系数都是机械被调节对象参数, 工业机器人的惯性矩可在很大变化范围快速变化. 摩擦系数一般变化慢些.

小的和慢的被调节对象参数变化, 常常对调节回路特性只有微小的影响, 然而, 对于大的参数变化就必须引入鲁棒调节器, 快速的具有接近于调节动态变化速度的对象参数变化, 对调节鲁棒性提出很高的要求.

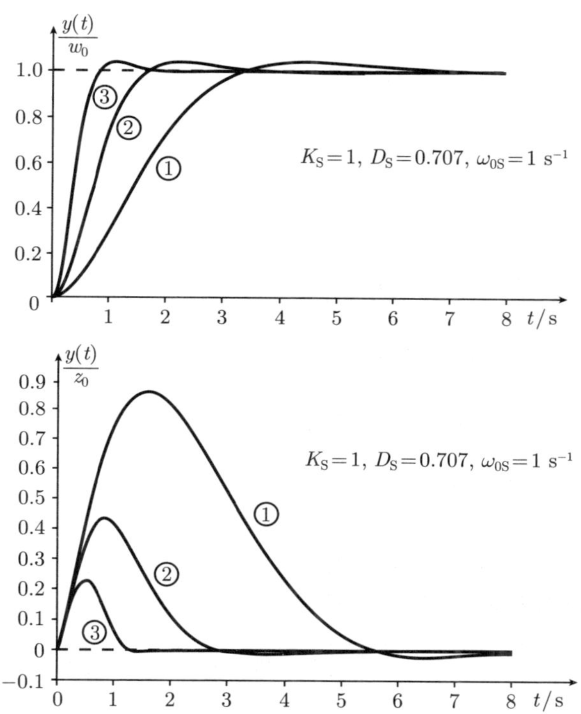

曲线编号	PI 状态调节特征角频率	调节器参数	
		反馈向量	PI 调节器
1	$\omega_{0Z}=\omega_{0S}$	$r_1=-0.414$ $r_2=-1$	$r_P=1$ $r_I=1$
2	$\omega_{0Z}=2\cdot\omega_{0S}$	$r_1=-4.656$ $r_2=-3.414$	$r_P=4$ $r_I=8$
3	$\omega_{0Z}=4\cdot\omega_{0S}$	$r_1=-21.624$ $r_2=-8.424$	$r_P=16$ $r_I=64$

图 12.4-13 PI 状态调节的参据阶跃响应函数 $y(t)/w_0$ 和扰动阶跃响应传递函数 $y(t)/z_0$

对于鲁棒调节必须这样计算调节器, 即调节具有已给的并在对象参数变化时仍继续保持的固有特性. 这种调节称为**鲁棒调节 (Robuste Regelungen)**, **鲁棒调节器 (Robuste Regler)** 具有固定结构和常值参数.

调节的固有特性可在时域或频域定义. 闭环调节回路的极点位置通常是期望的

固有特性. 在时域可给出在确定的容许带宽内阶跃响应曲线.

12.4.4.2 具有状态观测器和扰动观测器的状态调节与 PI 状态调节的鲁棒特性比较

对于两种调节结构, 表示并比较其参据阶跃响应函数和扰动阶跃响应函数. 对于标准 PT_2 被调节对象的参数值:

- 对象增益 $K_S = 1, K_{S,v} = 2$;
- 阻尼比 $D_S = 0.707, D_{S,v} = 0.1$;
- 特征角频率 $\omega_{0S} = 1s^{-1}, \omega_{0S,v} = 2s^{-1}$.

总是求其响应函数, $K_{S,v}$、$D_{S,v}$ 和 $\omega_{0S,v}$ 是变化的参数. 对于被调节对象标称参数值, 计算调节装置参数, 并且其与变化值不匹配.

在 PI 状态调节时对象参数对响应函数时间曲线的影响, 比在具有观测器的状态调节时更微小 (图 12.4-14 和图 12.4-15). PI 状态调节主导极点对的阻尼, 相对于对象参数变化是鲁棒的.

叠加的 PI 调节器的积分环节给予 PI 状态调节鲁棒调节特性.

12.4.5 小结

在状态调节时测量被调节对象全部状态变量并反馈到被调节对象输入端. 调节极点及其时间特性是可以任意配置的. 对于可控的被调节对象, 状态调节是可应用的. 常常不能 (或耗费巨大) 测量某个别状态变量. 为了求得这些状态变量引入状态观测器. 如果被调节对象是可观测的, 那么状态观测器是可应用的, 对于工程上的被调节对象, 实际上总是满足可控性和可观测性条件的. 对于极点配置方法及判别可控性和可观测性, 被调节对象数学模型是必须的.

用状态调节可满足特别高的调节品质要求. 通过在反馈向量中应用 P 环节会出现如下缺点. 对于阶跃形式参据量产生稳态调节误差, 该误差可通过前置滤波器进行稳定地补偿. 阶跃形式的扰动量会造成常值稳态调节误差.

可用两种方法来规避这些缺点：用扰动量观测器和扰动量接入的状态调节; I 或 PI 状态调节器.

在扰动量观测器中用扰动量模型计算增广的扰动信号, 并实现扰动量接入.

在 I 或 PI 状态调节时, 为了状态反馈附加引入 I 或 PI 调节器. 稳态调节常值扰动量, 参据量前置滤波器不是必须的. 调节特性相对对象参数变化是鲁棒的.

PI 状态调节器在参据传递函数中产生一个附加零点. 可应用该零点, 以便补偿调节极点. 如果不需要零点, 那么可给出一个积分状态调节器. 但具有 I 状态调节器的调节是慢速的. 在 12.4.3 节中的计算和结论, 相应地用 r_P=0 对 I 状态调节也是有效的.

数字状态调节将在 13.9 节中描述.

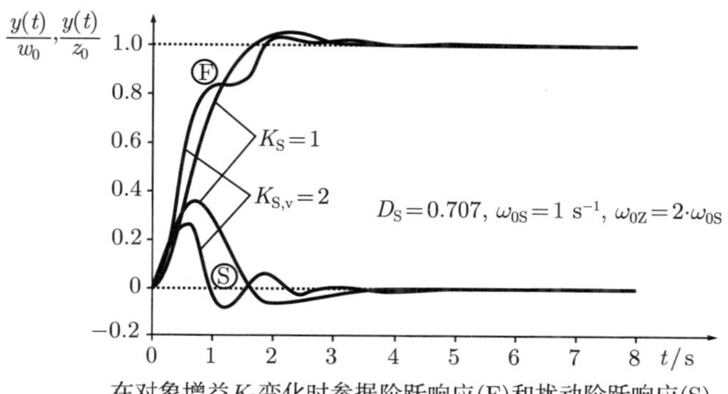

在对象增益K_S变化时参据阶跃响应(F)和扰动阶跃响应(S)

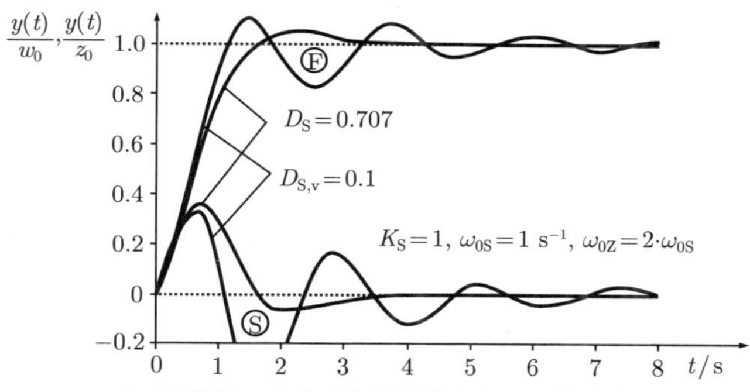

在对象阻尼D_S变化时参据阶跃响应(F)和扰动阶跃响应(S)

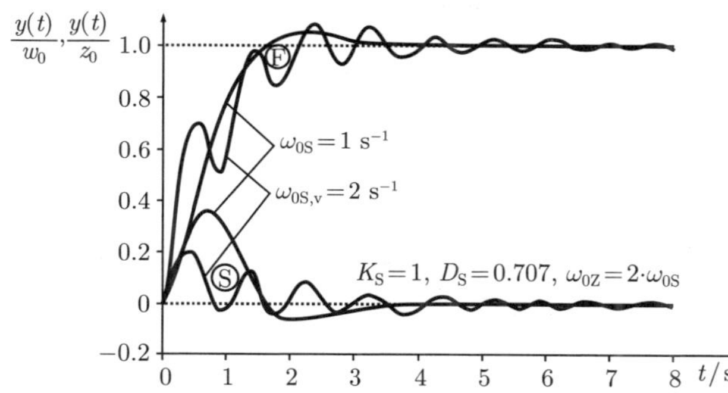

在被调节对象特征角频率ω_{0S}变化时参据阶跃响应(F)和扰动阶跃响应(S)

图 12.4-14　对于标称的和变化的对象参数具有状态和扰动量观测器的状态调节的参据阶跃响应和扰动阶跃响应传递函数

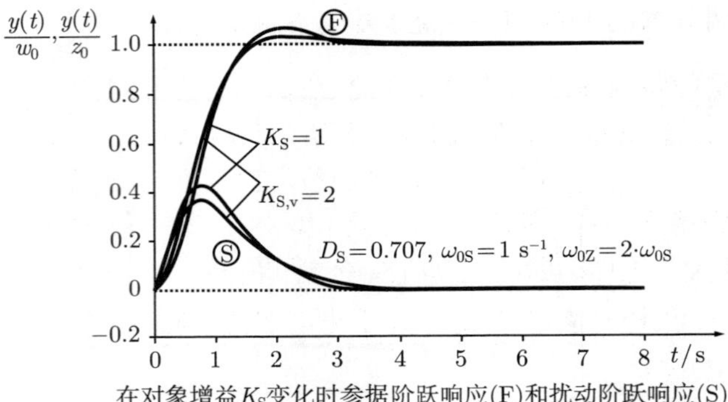

在对象增益K_S变化时参据阶跃响应(F)和扰动阶跃响应(S)

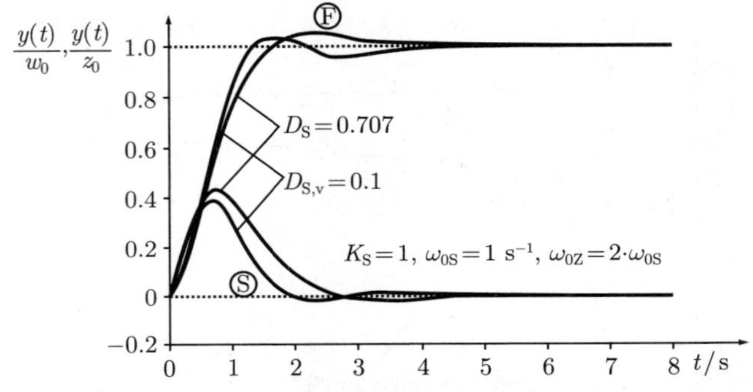

在对象阻尼D_S变化时参据阶跃响应 (F)和扰动阶跃响应(S)

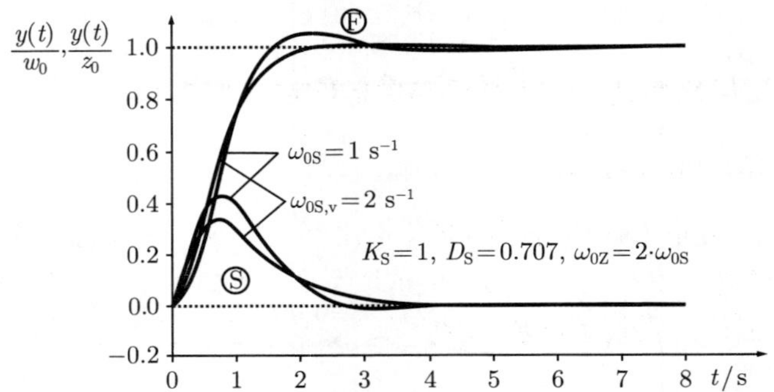

在被调节对象特征角频率ω_{0S}变化时参据 阶跃响应(F)和扰动阶跃响应(S)

图 12.4-15　对于标称的和变化的对象参数的 PI 状态调节的参据阶跃响应和扰动阶跃响应传递函数

第 13 章　在电驱动技术中调节

13.1　概论

由机床和工业机器人所执行的工艺规范, 对加工精度提出了很高的要求, 数值控制着走刀运动并监控工艺流程. 由机床结构引起的与过程有关的扰动会作用到单旋转轴上, 这样将与已给定的加工方法和运行速度产生偏差. 如果调节能精确确定过程量的话, 那么在很大加工速度时也可产生精确的运动流程.

机床主要过程量为走刀轴位置, 走刀速度和电动机转矩为辅助调节量. 这里旋转角为主调节量, 而辅助调节量相应为角速度和电动机转矩. 位置或旋转角的调节一般称为**位置调节 (Lageregelungen)**. 在后面将研究旋转角的位置调节, 其结果是可转移到**定位调节 (Positionsregelung)**.

引入不同调节结构, 都取决于所要求的位置调节的调节品质：

- 单回路 (Einschleifige) 位置调解;
- 串级结构 (Kaskadenstruktur) 位置调节;
- 具有状态调节器的位置调节.

故此好的可调节性大多引用电走刀驱动装置. 位置调节工艺如图 13.1-1 所示.

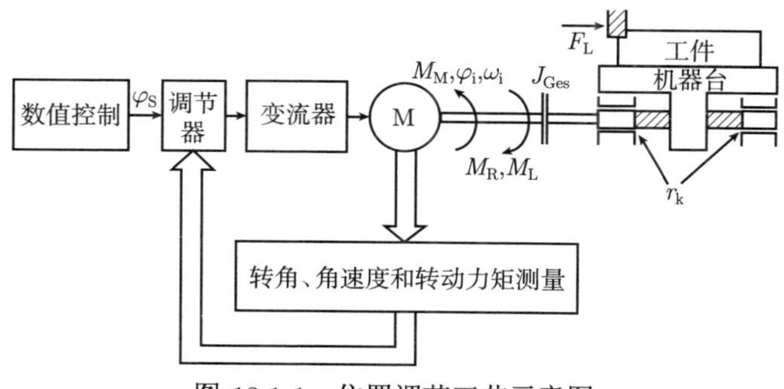

图 13.1-1　位置调节工艺示意图

13.2　电驱动被调节对象

13.2.1　被调节对象数学模型

13.2.1.1　被调节对象电的部分

电动机产生驱动力矩或驱动力. 作为在驱动调节中的调整装置, 它们将已给运动的希望值快速精确地转换为旋转的或平移的机器轴走刀运动. 电动机按功能原理分为同步电动机、异步电动机和直流电动机. 在**电机驱动(elektromechanischen Antrieben)** 时, 机械传输元件位于电动机和运动有效位置之间. 机械传输元件有联动装置 (Getriebe), 例如球形滚动螺杆 (Kugelrollspindel)、带齿皮带传动 (Zahnriementrieb) 等, 他们与转数、转动力矩、惯性力矩相匹配或用于将旋转运动转换为平移运动. 机械传输元件通常具有非线性的 (齿轮侧隙 (Getriebespiel), Coulomb(库伦) 摩擦) 或弹性传递特性. 通过与负载质量相连的弹簧作用, 快速运动会导致具有高固有频率的机械振荡, 它作为负载力矩或力 (扰动量) 反作用到驱动电动机上. 由于调节的扰动频率特性函数的有限带宽, 其调节品质会受到限制.

直接驱动(Direktantriebe) 没有机械传输元件. 电动机直接生成走刀力和走刀运动, 没有力转换器或运动转换器. 对此不存在如象间隙、弹性和附加惯性力矩等缺点. 对于旋转和平移运动 (直线磁场电动机) 才具有上述的已给的功能原理的直接驱动. 已调节的直接驱动具有大的加速度能力和很高的位置精度.

在转数和位置调节中与变流器 (Stromrichter) 相连接的驱动电动机构成调整装置 (Stellglied). 在电驱动时变流器技术会严重地影响调节品质. 仅是对于大功率驱动才引入晶闸管变流器 (Thyristorstromrichter), 而大的变流器时延会损害可调节性. 对于晶体管脉冲变流器 (Transistor-Pulsumrichtern) 的驱动装置会给出很小的调整装置时间常数, 以便满足机床走刀驱动很高的动态和静态特性要求.

下面求电驱动装置的简化 II 阶数学模型. 用这个对象模型可进行转数和位置调节的研究.

被调节对象电部分数学描述可由驱动电动机和变流器构造型式来确定. 下面的表示对于旋转驱动电动机有效, 被调节对象电部分 (驱动电机和变流器) 由具有三个传递环节的链式结构来模拟:

- 变流器时间离散工作方式应通过一个时延环节来模拟;
- 具有小的驱动时间常数 T_{A} 的滞后环节 (PT_1 环节) 可描述由于磁化引起的电动机电流的滞后特性;
- 比例环节 (P 环节) 可描述瞬时生成的电动机电流 I_{A} 和电动机力矩 M_{M} 之间的关系:

$$M_{\mathrm{M}}(t) = K_{\mathrm{M}} \cdot I_{\mathrm{A}}(t)$$

被调节对象电的部分得到作为输入量的功率放大器电压 u_{S}, 这个电压在转数调节回路中是通过调节误差 $\omega_{x\mathrm{d}}(t) = \omega_{\mathrm{s}}(t) - \omega_{\mathrm{i}}(t)$ 产生的, 而在位置调节回路时由角速度希望值 ω_s 推导出, 对此, 尚应通过转换因子 K_T(转数计常数 $[V/s^{-1}]$) 补充图 13.2-1 的信号流图, 因为这个因子一般通过选择测量装置来规定, 因此与第 1 章对应它被视为被调节对象.

用方程

$$G_{\mathrm{t}}(s)=K_{\mathrm{Th}}\cdot \mathrm{e}^{-T_{\mathrm{t}}s}$$

描述时延环节的传递函数. 因为被调节对象的机械部分具有明显的低通特性, 所以下面的近似是允许的. 由 $\omega_b \ll \dfrac{1}{T_{\mathrm{t}}}$, 其中 ω_b 标志对象的带宽, 得到:

$$\mathrm{e}^{-T_{\mathrm{t}}s}=\frac{1}{1+T_{\mathrm{t}}\cdot s+T_{\mathrm{t}}^2\cdot \dfrac{s^2}{2!}+\cdots}\approx \frac{1}{1+T_{\mathrm{t}}\cdot s}$$

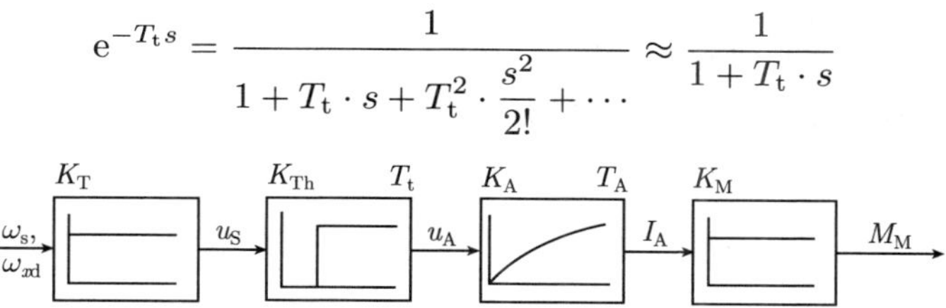

测量装置, 给定希望值:

$\omega_{x\mathrm{d}}(t)$ = 调节误差 ($v_{x\mathrm{d}}$);

$\omega_{\mathrm{s}}(t)$ = 角速度希望值 (v_{s});

K_{T} = 转数计常数.

变流器:

$u_{\mathrm{S}}(t)$ = 变流器输入端电压;

K_{Th} = 电压增益;

T_{t} = 功率放大器时延.

电动机:

u_{A} = 电动机电压;

$K_{\mathrm{A}} = \dfrac{I_{\mathrm{A}}(t\to\infty)}{u_{\mathrm{A0}}}$ = 驱动装置增益;

T_{A} = 驱动装置时间常数;

$I_{\mathrm{A}}(t)$ = 瞬时生成的电动机电流;

$K_{\mathrm{M}} = \dfrac{M_{\mathrm{M0}}}{I_{\mathrm{A0}}}$ = 力矩常数 ($K_{\mathrm{F}} = \dfrac{F_{\mathrm{M0}}}{I_{\mathrm{A0}}}$ = 力常数);

$M_{\mathrm{M}}(t)$ = 电动机力矩 ($F_{\mathrm{M}}(t)$= 电动机力).

标称值:

u_{A0} = 电动机标称电压;

I_{A0} = 电动机标称电流;

M_{M0} = 标称力矩 (F_{M0}= 标称力).

图 13.2-1 驱动被调节对象信号流图 (在括号内为直线磁场电动机符号)

用近似式进一步简化计算, 对此, 被调节对象信号流图假设形式如图 13.2-2 所示:

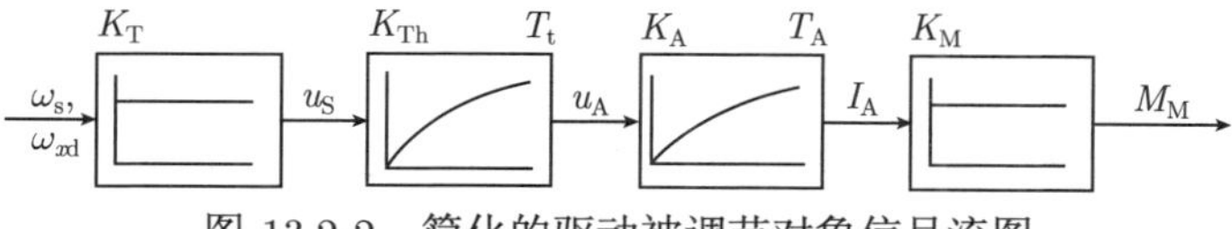

图 13.2-2 简化的驱动被调节对象信号流图

由所应用的驱动电动机和对调节的动态要求确定所引入的变流器电路.

用晶体管电路可满足对走刀驱动装置很高的动态特性要求, 通过高电路频率和脉冲宽度调制 (Pulsweitenmodulation), 每单位时间可产生大量的电流脉冲, 这样在计算调节时常常可略去变流器时延.

13.2.1.2　被调节对象机械部分

旋转电动机被调节对象数学模型

力矩方程描述被调节对象机械部分:

$$\boxed{J_{\text{Ges}} \cdot \frac{\mathrm{d}\omega_{\text{i}}(t)}{\mathrm{d}t} = M_{\text{B}}(t) = M_{\text{M}}(t) - M_{\text{R}}(t) - M_{\text{L}}(t)}$$

进一步应用如下常数和变量:

$\varphi_{\text{i}}(t)$ = 转角 (实际值, 被调节量);
$\varphi_{\text{s}}(t)$ = 转角 (希望值, 参据量);
$\omega_{\text{i}}(t)$ = 角速度 (实际值, 被调节量);
$\omega_{\text{s}}(t)$ = 角速度 (希望值, 参据量);
r_{k} = 摩擦系数;
J_{Ges} = 总惯性矩;
$M_{\text{B}}(t)$ = 加速力矩;
$M_{\text{M}}(t)$ = 电动机力矩;
$M_{\text{R}}(t) = r_{\text{k}} \cdot \omega_{\text{i}}(t)$ = 摩擦力矩;
$M_{\text{L}}(t)$ = 负载力矩;
$F_{\text{L}}(t)$ = 加工力.

负载力矩 $M_{\text{L}}(t)$ 为作用在机床驱动单元的干扰, 这些力或力矩可分成如下类型:

- **刚性力 (Steifigkeitskräfte)**(与位置相关的), 它是在运动轴与周围接触时产生的.
- **阻力 (Dämpfungskräfte)**(与速度相关的), 它作为
  — 切削力 (压力) 出现在机床;
  —Coriolis(科里奥利) 力和离心力出现在工业机器人.
- **惯性力 (Massenkräfte)**(与加速度相关的), 它通过
  — 重力或通过;
  — 相邻传动装置的加速运动产生的.

在图 13.2-3 中表示具有作为扰动量的负载力矩 $M_L(t)$ 的驱动被调节对象机械部分的信号流图.

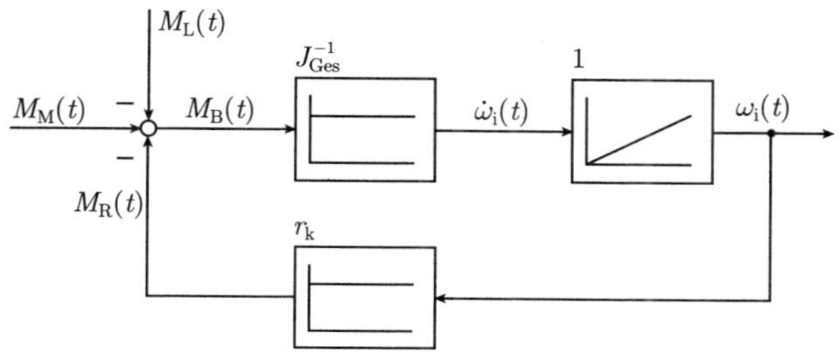

图 13.2-3 驱动被调节对象机械部分信号流图

计算惯性矩

电动机轴角加速度

$$\frac{d\omega_i(t)}{dt} = \dot{\omega}_i(t) = \frac{M_B(t)}{J_{Ges}}$$

由具有电动机惯性矩 J_M, 负载惯性矩或外惯性矩 J_L 的总惯性矩

$$J_{Ges} = J_M + J_L$$

来确定, 其中 J_L 折算到电动机轴上.

在图 13.2-4 中给出两个常用的机械传输元件, 下面不同的公式对计算折算到电动机轴上的惯性矩 J_{Ges} 有效.

线性构件	
球形滚动螺杆	带齿皮带传动
$J_{Ges} = J_M + J_{sp} + J_L$ $= J_M + J_{sp} + (m_s + m_w) \cdot \left(\frac{h_{sp}}{2 \cdot \pi}\right)^2$	$J_{Ges} = J_M + J_G + J_L$ $= J_M + J_G + \frac{(m_s + m_w) \cdot r^2}{i^2}$

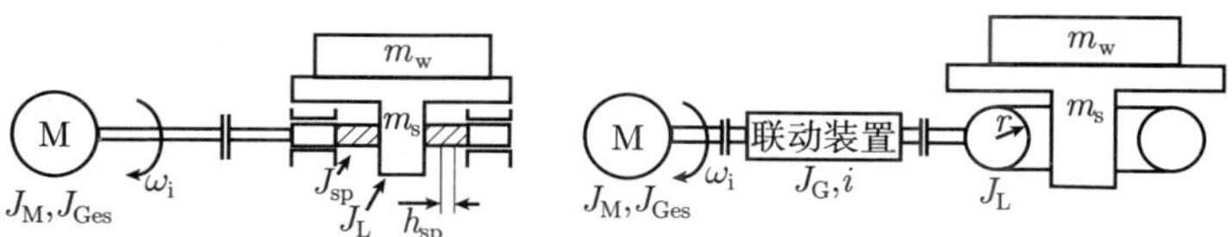

J_{Ges} = 总惯性矩 (折算到电动机轴上)
J_L = 负载惯性矩
J_M = 电动机惯性矩
J_{sp} = 球形滚动螺杆惯性矩
J_G = 联动装置惯性矩
m_s = 走刀滑板质量
m_w = 工件质量
h_{sp} = 螺杆螺距
r = 传动齿轮节半径
i = 联动装置变换比

图 13.2-4 线性构件的机械传输元件

计算对象增益和机械时间常数

已知摩擦系数 r_k 可由力矩方程计算被调节对象机械部分增益 K_S2, 如果令 $M_\mathrm{L}=0$ 并使电动机角速度 ω_i 终值与常值电动机力矩 M_M0 有关, 那么给出

$$\boxed{K_\mathrm{S2}=\frac{\omega_\mathrm{i}(t\to\infty)}{M_\mathrm{M0}}=\frac{1}{r_\mathrm{k}}\cdot\frac{\mathrm{s}^{-1}}{\mathrm{Nm}}}$$

机械时间常数 T_M 确定电动机转数变化速度, T_M 通过力矩方程的规一化来规定:

$$\underbrace{\frac{\omega_\mathrm{im}\cdot J_\mathrm{Ges}}{M_\mathrm{st}}}_{T_\mathrm{M}}\cdot\frac{\mathrm{d}\dfrac{\omega_\mathrm{i}(t)}{\omega_\mathrm{im}}}{\mathrm{d}t}+\frac{\omega_\mathrm{im}\cdot r_\mathrm{k}}{M_\mathrm{st}}\cdot\frac{\omega_\mathrm{i}(t)}{\omega_\mathrm{im}}=\frac{M_\mathrm{M}(t)}{M_\mathrm{st}}-\frac{M_\mathrm{L}(t)}{M_\mathrm{st}}$$

其中机械时间常数

$$\boxed{T_\mathrm{M}=\frac{\omega_\mathrm{im}\cdot J_\mathrm{Ges}}{M_\mathrm{st}}}$$

$\omega_\mathrm{im}=$ 最大电动机角速度;
$M_\mathrm{st}=$ 最大电动机力矩.

直线磁场电动机被调节对象数学模型

直线磁场电动机不需要机械传输元件, 由此可简化模型方程, 电动机力方程描述被调节对象机械部分

$$m_\mathrm{Ges}\cdot\frac{\mathrm{d}v_\mathrm{i}(t)}{\mathrm{d}t}=F_\mathrm{B}(t)=F_\mathrm{M}(t)-F_\mathrm{R}(t)-F_\mathrm{L}(t)$$

其中变量

$v_\mathrm{i}(t)$ =速度 (实际值, 被调节量);
$F_\mathrm{B}(t)$ =加速力;
$F_\mathrm{M}(t)$ =电动机力;
$F_\mathrm{R}(t)=r_k\cdot v_i(t)$摩擦力;
$F_\mathrm{L}(t)$ =负载力.

机械对象部分增益 K_S2 由

$$\boxed{K_\mathrm{S2}=\frac{v_\mathrm{i}(t\to\infty)}{F_\mathrm{M0}}=\frac{1}{r_\mathrm{k}}\cdot\frac{\mathrm{m}\cdot\mathrm{s}^{-1}}{\mathrm{N}}}$$

计算.

通过力矩方程的规一化

$$\underbrace{\frac{v_{\text{im}}\cdot m_{\text{Ges}}}{F_{\text{st}}}}_{T_{\text{M}}}\cdot\frac{\mathrm{d}v_{\text{i}}(t)/v_{\text{im}}}{\mathrm{d}t}+\frac{v_{\text{im}}\cdot r_{\text{k}}}{F_{\text{st}}}\cdot\frac{v_{\text{i}}(t)}{v_{\text{im}}}=\frac{F_{\text{M}}(t)}{F_{\text{st}}}-\frac{F_{\text{L}}(t)}{F_{\text{st}}}$$

得到机械时间常数

$$\boxed{T_{\text{M}}=\frac{v_{\text{im}}\cdot m_{\text{Ges}}}{F_{\text{st}}}}$$

v_{im} = 电动机最大运行速度;
F_{st} = 最大电动机力;
m_{Ges} = 移动质量.

13.2.2 简化被调节对象

可将两个小的滞后环节时间常数组合为被调节对象的等效时间常数

$$T_{\text{ES}}=T_{\text{t}}+T_{\text{A}}$$

如果一般表述成立:

$$\frac{1}{(1+T_{\text{M}}\cdot s)\cdot\prod_{i=1}^{n}(1+T_i\cdot s)}\approx\frac{1}{(1+T_{\text{M}}\cdot s)\cdot\left(1+\sum_{i=1}^{n}T_i\cdot s\right)}$$

那么简化是允许的, 该近似式称为小时间常数和定理 (10.4.3.2 节), 当不等式

$$\omega\cdot T_{\text{M}}\gg\sum_{i=1}^{n}\omega\cdot T_i$$

对于所研究的频域成立时, 上述定理是被满足的, 对此被调节对象可通过在图 13.2-5 中两个 PT_1 环节来表示.

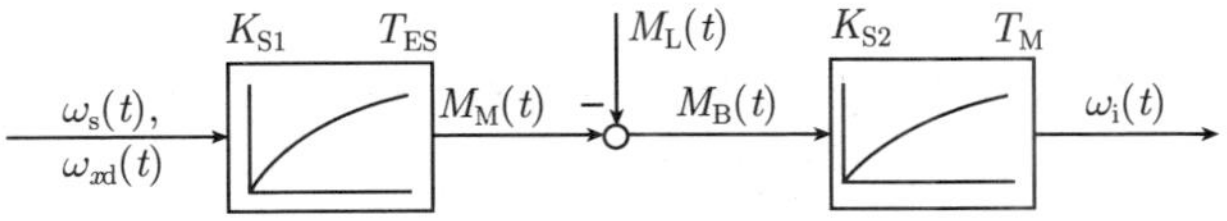

$K_{S1}=K_{\text{T}}\cdot K_{\text{Th}}\cdot K_{\text{A}}\cdot K_{\text{M}}=0.3\text{Nm/s}^{-1}$;
= 电对象部分增益;
$K_{S2}=1.0\dfrac{s^{-1}}{\text{Nm}}$ = 机械对象部分增益;
T_{ES} = 1.5ms = 被调节对象等效时间常数;
T_{M} = 20ms = 机械时间常数.

图 13.2-5 驱动装置被调节对象信号流图

驱动装置被调节对象具有参据传递函数

$$
\begin{aligned}
G_{\mathrm{S}}(s) = \frac{\omega_{\mathrm{i}}(s)}{\omega_{\mathrm{s}}(s)} &= \frac{K_{\mathrm{S1}} \cdot K_{\mathrm{S2}}}{(1 + T_{\mathrm{ES}} \cdot s) \cdot (1 + T_{\mathrm{M}} \cdot s)} \\
&= \frac{K_{\mathrm{S}}}{1 + (T_{\mathrm{ES}} + T_{\mathrm{M}}) \cdot s + T_{\mathrm{ES}} \cdot T_{\mathrm{M}} \cdot s^2}
\end{aligned}
$$

和极零点图:

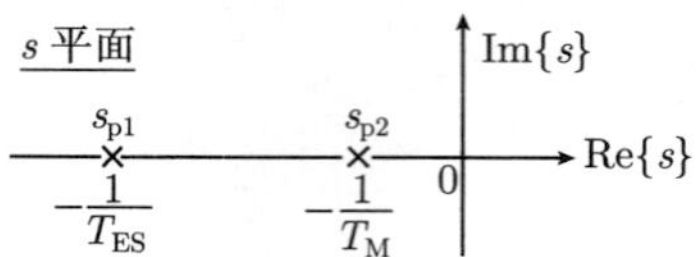

13.3 在车床驱动调节时参据量和扰动量的时间历程

图 13.3-1 表示圆锥形和圆柱形旋转体的加工. 具有位置调节驱动电动机 M_x, M_z 的走刀驱动装置, 使车刀沿着由三个直线段构成的轨道运动, 在主螺杆驱动时将调节角速度.

在图 13.3-1 中还绘制了作用到走刀运动轴 x 和主螺杆轴 c 上的参据量和扰动量的时间曲线. $s_{\mathrm{s}x}(t)$ 为 x 轴的位置参据量. 时间曲线由斜坡函数 (时间段 $t_1 \to t_2, t_3 \to t_4$) 与加速函数 (时间段 $t_0 \to t_1, t_2 \to t_3, t_4 \to t_5$) 组成. 加速函数阻止在轨道方向改变时走刀速度 $v_x(t)$ 阶跃形式变化, 在时间段 $t_5 \to t_6$, $s_{\mathrm{s}x}(t)$ 为常值.

此外, 给出 $s_{\mathrm{s}x}(t)$ 的时间导数, 走刀速度 $v_x(t)$ 和加速度 $a_x(t)$ 时间曲线, 在旋转加工期间, 加工力 $F_{\mathrm{L}}(t)$(切削力) 的 x 分力 $F_{\mathrm{L}x}(t)$ 作为扰动量反作用到 x 轴的驱动单元上. 切削分力 $F_{\mathrm{L}x}(t)$ 与走刀速度 $v_x(t)$ 近似成比例, 其中

$$
F_{\mathrm{L}x}(t) = r_{\mathrm{kM}} \cdot v_x(t)
$$

成立.

摩擦系数 r_{kM} 值取决于旋转部分的材料固有性质、车刀形状和切削量等.

$\omega_{\mathrm{sc}}(t)$ 为主螺杆轴角速度希望值, 时间曲线相应一个阶跃函数. $M_{\mathrm{Lc}}(t)$ 是作为扰动量作用于主螺杆轴上的转动力矩, 该转动力矩与切削力 y 分力 $F_{Ly}(t)$ 和旋转体半径 $r(t)$ 的乘积成比例:

$$
M_{\mathrm{Lc}}(t) = F_{\mathrm{L}y}(t) \cdot r(t)
$$

扰动转动力矩 $M_{\mathrm{Lc}}(t)$ 时间曲线由斜坡函数和一个常值部分组成.

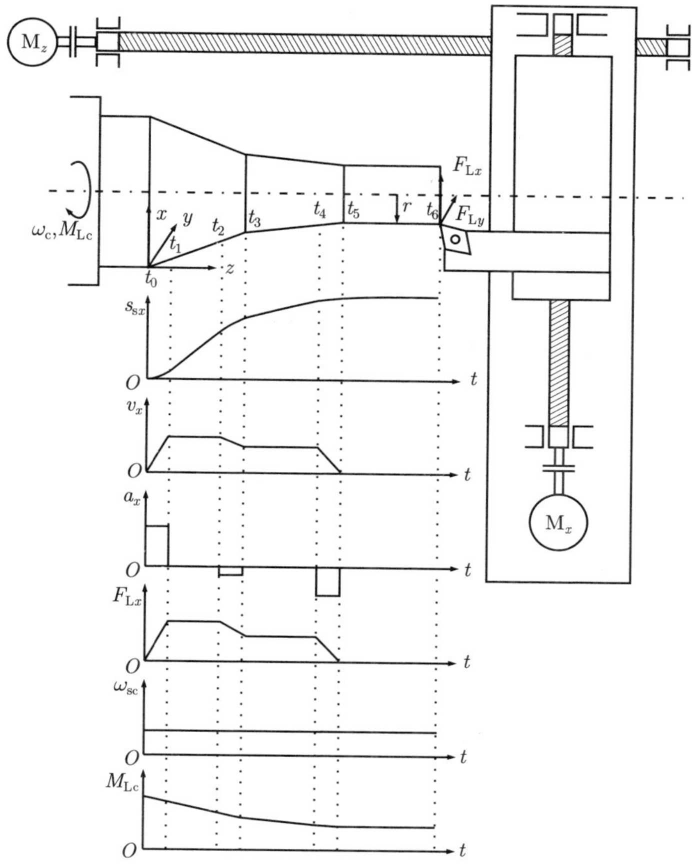

图 13.3-1 在旋转加工时驱动单元的参据量和扰动量

机床驱动装置调节参据量和扰动量的时间曲线, 可由调节技术的测试函数之阶跃函数, 斜坡函数和加速函数来描述. 在第 13 章中为了研究驱动装置调节的时间特性, 引入这些测试函数.

13.4 单回路位置调节

13.4.1 位置调节器计算

在图 13.4-1 中给出单回路位置调节信号流图.

在考虑条件 $\omega_b \ll \dfrac{1}{T_{ES}}$(其中 ω_b 为位置调节回路带宽) 下, 位置被调节对象的两个 PT_1 环节可通过具有传递函数

$$G_S(s) = \frac{K_{S1} \cdot K_{S2}}{1 + (T_{ES} + T_M) \cdot s} = \frac{K_S}{1 + (T_{ES} + T_M) \cdot s}$$

的一个 PT_1 环节来取代, 在此简化位置调节器的计算.

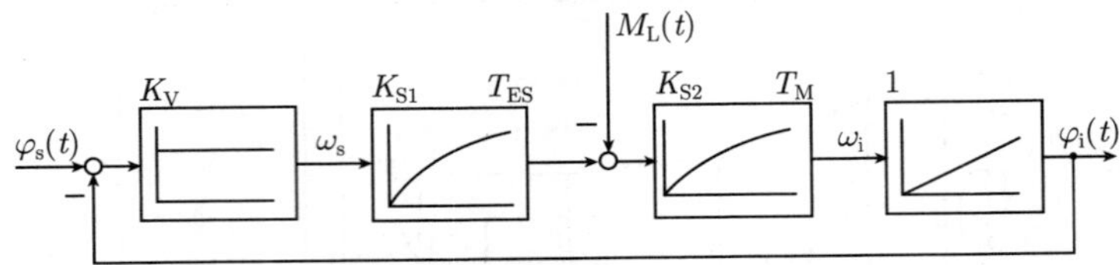

图 13.4-1 单回路位置调节信号流图

位置调节必须满足下面主要要求. 为了避免碰撞, 运动轴的实际位置不允许超越程序设计运动的终点. 由此阶跃响应函数必须非周期地衰减. 当引入比例调节器时, 才能满足该要求. 在后面上标 L 标志位置调节传递函数, 由图 13.4-2 中信号流图给出开环调节回路传递函数

$$G_{RS}^{L}(s) = \frac{K_V \cdot K_S}{[1 + (T_{ES} + T_M) \cdot s] \cdot s}$$

和闭环调节回路传递函数:

$$\boxed{G^{L}(s) = \frac{K_V \cdot K_S}{K_V \cdot K_S + s + (T_{ES} + T_M) \cdot s^2}}$$

K_V 被称为速度增益 (角速度增益), 由调节误差 (角度 [rad], 位置 [mm]) 用 $K_V[s^{-1}]$ 来生成平移 (角) 速度希望值 (角速度 $[rad \cdot s^{-1}]$, 平移速度 $[mm \cdot s^{-1}]$). 当传递函数具有实数双极点时:

$$s_{p1,2} = -\frac{1}{2 \cdot (T_{ES} + T_M)} \pm \underbrace{\sqrt{\frac{1}{4 \cdot (T_{ES} + T_M)^2} - \frac{K_V \cdot K_S}{T_{ES} + T_M}}}_{\overset{!}{=} 0}$$

阶跃响应函数会非周期地衰减.

$$\boxed{K_V = \frac{1}{4 \cdot K_S \cdot (T_{ES} + T_M)}, G^{L}(s) = \frac{1}{(1 + 2 \cdot (T_{ES} + T_M) \cdot s)^2}}$$

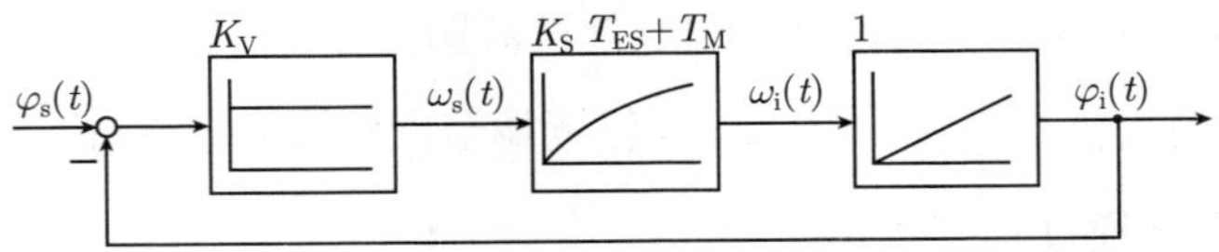

图 13.4-2 简化单回路位置调节信号流图

13.4.2 单回路位置调节的参据特性

阶跃响应

具有点到点控制 (Punkt-zu-Punkt-Steuerung) 的机床, 可到达由控制程序所确定的工作空间位置. 在此, 运动初始点和终点之间行进路径或角度的精确曲线是不被定义的. 所应用的位置参据量具有阶跃形式的时间曲线, 那么参据量 φ_s 和参据阶跃响应函数 φ_i 为

$$\varphi_{\mathrm{s}}(t)=\varphi_{\mathrm{s0}}\cdot E(t),\quad \varphi_{\mathrm{s}}(s)=\frac{\varphi_{\mathrm{s0}}}{s},\varphi_{\mathrm{s0}}=\text{阶跃高度}$$

$$\varphi_{\mathrm{i}}(t)=\frac{\varphi_{\mathrm{s0}}}{4\cdot(T_{\mathrm{ES}}+T_{\mathrm{M}})^2}\cdot L^{-1}\left\{\frac{1}{\left[s+\dfrac{0.5}{T_{\mathrm{ES}}+T_{\mathrm{M}}}\right]^2\cdot s}\right\}$$

$$\boxed{\varphi_{\mathrm{i}}(t)=\varphi_{\mathrm{s0}}\cdot\left[1-\mathrm{e}^{-\dfrac{0.5\cdot t}{T_{\mathrm{ES}}+T_{\mathrm{M}}}}-\frac{0.5\cdot t\cdot \mathrm{e}^{-\frac{0.5\cdot t}{T_{\mathrm{ES}}+T_{\mathrm{M}}}}}{T_{\mathrm{ES}}+T_{\mathrm{M}}}\right]}$$

在图 13.4-3 中绘制了单回路位置调节的参据阶跃响应函数, 在阶跃形式位置参据量时不产生稳态调节误差, 将达到程序确定的行进路径终点.

斜坡响应

在具有轨道控制的机床和工业机器人的控制程序中, 还要定义行进路径或角度和平移 (角度) 速度的精确曲线. 如果要求常值速度, 那么引入斜坡函数作为位置参据量.

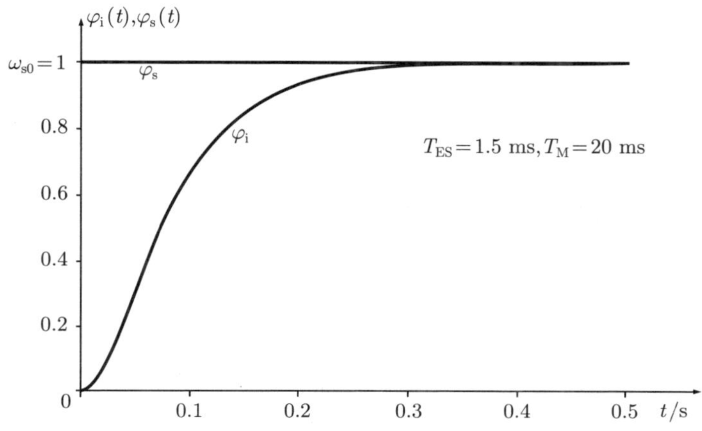

图 13.4-3 单回路位置调节的参据阶跃响应函数 ($\varphi_{\mathrm{s0}}=1.0$)

具有量纲 $[\mathrm{s}^{-1}]$ 的 $\dot{\varphi}_{s0}$ 对应于斜坡函数的常值斜坡速度：

$$\varphi_{\mathrm{s}}(t)=\dot{\varphi}_{\mathrm{s0}}\cdot t,\quad \varphi_{\mathrm{s}}(s)=\frac{\dot{\varphi}_{\mathrm{s0}}}{s^2},\quad \dot{\varphi}_{\mathrm{s0}}=\text{斜坡速度}$$

那么, 单回路位置调节回路的斜坡响应 (图 13.4-4)：

$$\varphi_{\mathrm{i}}(t)=\frac{\dot{\varphi}_{\mathrm{s0}}}{4\cdot(T_{\mathrm{ES}}+T_{\mathrm{M}})^2}\cdot L^{-1}\left\{\frac{1}{\left[s+\dfrac{0.5}{T_{\mathrm{ES}}+T_{\mathrm{M}}}\right]^2\cdot s^2}\right\}$$

$$\boxed{\varphi_{\mathrm{i}}(t)=\dot{\varphi}_{\mathrm{s0}}\cdot\left[t-4\cdot(T_{\mathrm{ES}}+T_{\mathrm{M}})+(t+4\cdot(T_{\mathrm{ES}}+T_{\mathrm{M}}))\cdot \mathrm{e}^{-\frac{0.5\cdot t}{T_{\mathrm{ES}}+T_{\mathrm{M}}}}\right]}$$

如果位置参据量具有斜坡函数曲线, 那么会产生稳态跟踪误差 (Folgefehler), 运动轴以一个后拖量

$$x_{\mathrm{d}}^{\mathrm{L}}(t\to\infty)=\varphi_{\mathrm{s}}(t\to\infty)-\varphi_{\mathrm{i}}(t\to\infty)=\frac{\dot{\varphi}_{\mathrm{s0}}}{K_{\mathrm{V}}\cdot K_{\mathrm{S}}}=4\cdot(T_{\mathrm{ES}}+T_{\mathrm{M}})\cdot\dot{\varphi}_{\mathrm{s0}}$$

跟随位置参据量.

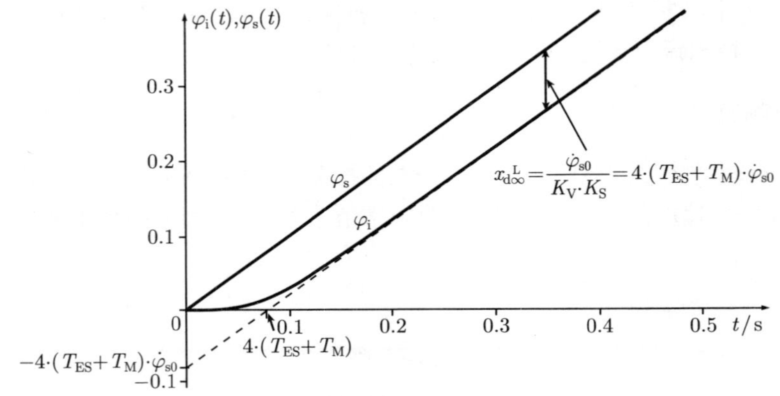

图 13.4-4　单回路位置调节的参据斜坡响应 ($\dot{\varphi}_{\mathrm{s0}}=1.0\mathrm{s}^{-1}$)

13.4.3　单回路位置调节的扰动特性

由图 13.4-1 中单回路位置调节信号流图开发扰动传递函数

$$G_{\mathrm{z}}^{\mathrm{L}}(s)=\frac{\varphi_{\mathrm{i}}(s)}{M_{\mathrm{L}}(s)}=\frac{-K_{\mathrm{S2}}\cdot(1+T_{\mathrm{ES}}\cdot s)}{(1+T_{\mathrm{ES}}\cdot s)\cdot(1+T_{\mathrm{M}}\cdot s)\cdot s+K_{\mathrm{V}}\cdot K_{\mathrm{S1}}\cdot K_{\mathrm{S2}}}$$

代入 13.4.1 节非周期调整的速度增益 K_{V} 值：

$$K_{\mathrm{V}}=\frac{1}{4\cdot K_{\mathrm{S1}}\cdot K_{\mathrm{S2}}\cdot(T_{\mathrm{ES}}+T_{\mathrm{M}})}$$

$$G_z^L(s)=\frac{\varphi_i(s)}{M_L(s)}=\frac{-4\cdot K_{S2}\cdot(T_{ES}+T_M)\cdot(1+T_{ES}\cdot s)}{1+4\cdot(T_{ES}+T_M)\cdot(1+T_{ES}\cdot s)\cdot(1+T_M\cdot s)\cdot s}$$

在单回路位置调节时 (图 13.4-5), 常值扰动力会导致常值稳态位置误差, 由阶跃形式的已给扰动 $M_L(t)$ 得到

$$M_L(t)=M_{L0}\cdot E(t),\quad M_L(s)=\frac{M_{L0}}{s}, M_{L0}=\text{阶跃高度}$$

$$\begin{aligned}\varphi_i(t\to\infty)&=\lim_{s\to 0} s\cdot G_z^L(s)\cdot\frac{M_{L0}}{s}\\&=-4\cdot K_{S2}\cdot(T_{ES}+T_M)\cdot M_{L0}=\frac{-M_{L0}}{K_V\cdot K_{S1}}\end{aligned}$$

对于扰动斜坡函数, 调节误差趋于无穷, 具有不利的参据特性和扰动特性的单回路位置调节, 只能被引入到具有微小精度要求的机床中.

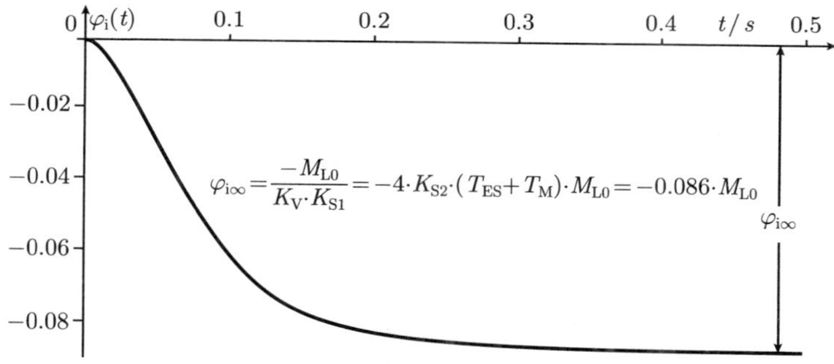

图 13.4-5 单回路位置调节的扰动阶跃响应 ($M_{L0}=1.0\text{Nm}$)

13.5 串级结构位置调节

13.5.1 概述

用于机床和工业机器人位置调节通常应用串级结构, 如图 13.5-1 所示, 多调节回路是这样相互连接的, 即外层调节回路的调整量构成内层调节回路的参据量. 如果表示位置调节, 在此应附加反馈角速度和驱动力矩作为辅助被调节量.

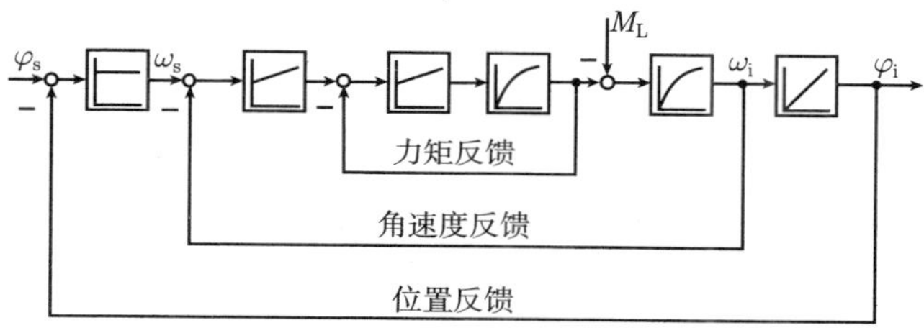

图 13.5-1 位置调节的串级结构

串级结构优点有：

- 在扰动作用到外层调节回路之前，它已在内层调节回路被调节；
- 为了保护驱动系统可限制内层回路被调节量的最大值；
- 调节器综合由内调节回路开始进行.

假设串级调节作用能力，其内层调节回路反应比外层调节回路快.

13.5.2　串级结构位置调节参据特性

13.5.2.1　力矩调节器计算

为了改善电驱动装置动态特性，通常引入内层回路电流或力矩调节. 由此，在参据量或扰动量变化时会达到快速提升电动机力矩.

从图 13.2-2 通过附加力矩调节器功能模块给出力矩调节的信号流图，如图 13.5-2 所示.

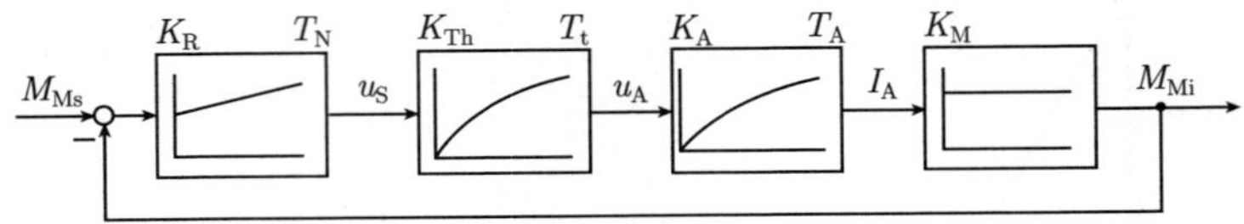

图 13.5-2　力矩调节回路信号流图

借助 10.4.2 节所描述的幅值最优配置 PI 调节器，进行选择调节器参数，即对于尽可能大的频率范围闭环调节回路的频率特性幅值等于 1，上标 M 表示力矩调节回路的传递函数. 由图 13.5-2 得到开环调节回路传递函数：

$$G_{RS}^{M}(s)=\frac{K_R\cdot(1+T_N\cdot s)\cdot K_A\cdot K_M\cdot K_{Th}}{T_N\cdot s\cdot(1+T_t\cdot s)\cdot(1+T_A\cdot s)}$$

用 PI 调节器的调后时间来补偿力矩被调节对象大的时间常数：$T_N=T_A$. PI 调节器增益为

$$K_R=\frac{T_N}{2\cdot K_A\cdot K_M\cdot K_{Th}\cdot T_t}=\frac{T_A}{2\cdot K_A\cdot K_M\cdot K_{Th}\cdot T_t}$$

力矩调节的参据传递函数给出

$$G^{M}(s)=\frac{1}{1+2\cdot T_t\cdot s+2\cdot T_t^2\cdot s^2}$$

在考虑条件$\omega_b\ll\dfrac{1}{T_t}$ (其中 ω_b 为驱动装置被调节对象带宽) 下，力矩调节回路传递函数可通过具有力矩调节回路等效时间常数 T_{EM} 的 PT_1 环节来近似，在此它将取代功率放大器时延 $T_t=0.5$ms：

$$T_{EM}=2\cdot T_t=1.0\text{ ms}$$

$$G^{\mathrm{M}}(s) \approx \frac{1}{1 + T_{\mathrm{EM}} \cdot s}$$

在图 13.5-3 中给出简化力矩调节回路结构.

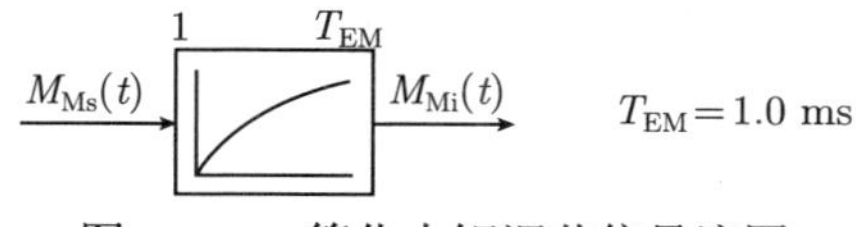

图 13.5-3 简化力矩调节信号流图

在脉冲变流器控制的异步电动机方面, 通常引入电流调节或力矩调节的非线性算法. 调节器的调整由驱动装置制造者进行.

13.5.2.2 具有副回路力矩调节的转数调节

13.5.2.2.1 转数调节器的计算

对于驱动单元转数调节和特别在走刀驱动速度调节时, 应用 PI 调节器. 图 13.5-4 表示转数调节回路的信号流图. 在后面计算时应用角速度 ω_{s}(希望值, 参据量) 和 ω_i(实际值, 被调节量), 他们与转数区别仅差系数 $2 \cdot \pi$.

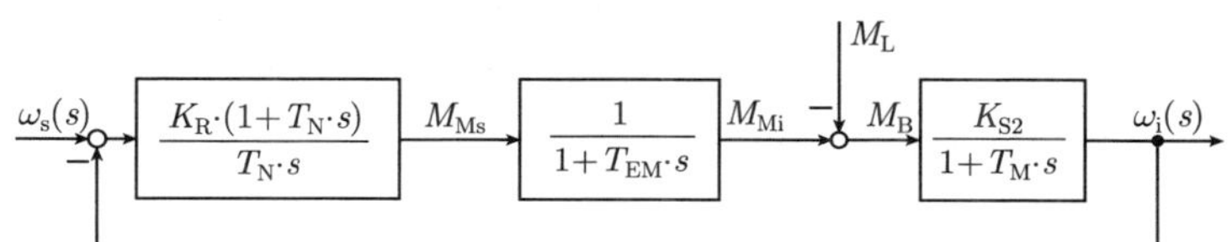

图 13.5-4 转数调节回路信号流图

对于开环调节回路传递函数为

$$G_{\mathrm{RS}}^{\mathrm{D}}(s) = \frac{K_{\mathrm{R}} \cdot K_{\mathrm{S2}} \cdot (1 + T_{\mathrm{N}} \cdot s)}{T_{\mathrm{N}} \cdot s \cdot (1 + T_{\mathrm{EM}} \cdot s) \cdot (1 + T_{\mathrm{M}} \cdot s)} = \frac{1}{2 \cdot T_{\mathrm{EM}} \cdot s \cdot (1 + T_{\mathrm{EM}} \cdot s)}$$

其中上标 D 标志转动角速度调节回路.

按照幅值最优设计规范, 给出 PI 调节器的调整:

$$T_{\mathrm{N}} = T_{\mathrm{M}}$$
和
$$K_{\mathrm{R}} = \frac{T_{\mathrm{M}}}{2 \cdot K_{\mathrm{S2}} \cdot T_{\mathrm{EM}}}$$

s 平面

$s_{\mathrm{p3}} = \frac{-1}{T_{\mathrm{EM}}}$, $s_{\mathrm{n1}} = \frac{-1}{T_{\mathrm{N}}}$, $s_{\mathrm{p1}} = \frac{-1}{T_{\mathrm{M}}}$, s_{p1}, o, $\mathrm{Im}\{s\}$, $\mathrm{Re}\{s\}$

由此, 开环调节回路极零点图具有规定形式. 按照幅值最优对调节器调整, 信号流图简化为如图 13.5-5 所示.

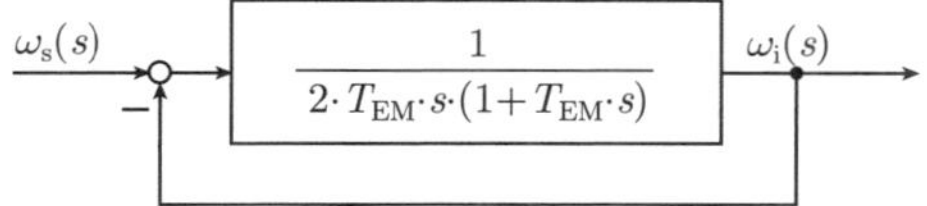

图 13.5-5 幅值最优转数调节回路的信号流图

在补偿机械时间常数后，闭环转数调节回路传递函数仅取决于力矩调节回路等效时间常数 T_{EM}：

$$G^{\mathrm{D}}(s)=\frac{\omega_{\mathrm{i}}(s)}{\omega_{\mathrm{s}}(s)}=\frac{1}{1+2\cdot T_{\mathrm{EM}}\cdot s+2\cdot T_{\mathrm{EM}}^{2}\cdot s^{2}}$$

对于传递函数给出如下极零点图：

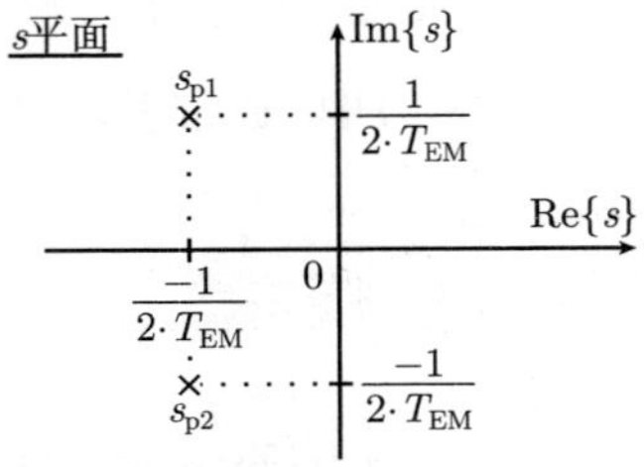

s平面
$\mathrm{Im}\{s\}$
s_{p1}
$\frac{1}{2\cdot T_{\mathrm{EM}}}$
$\mathrm{Re}\{s\}$
$\frac{-1}{2\cdot T_{\mathrm{EM}}}$
0
$\frac{-1}{2\cdot T_{\mathrm{EM}}}$
s_{p2}

13.5.2.2.2　具有内层回路力矩调节的转数调节参据特性

阶跃响应

转数调节的一个重要特征量为驱动装置特征角频率，下面计算驱动装置特征角频率 $\omega_{0\mathrm{A}}$，阻尼比 D_{A}，超调量 $\ddot{u}$ 以及转数调节回路的阶跃响应函数，通过与标准传递函数的系数比较得到 PT_2 环节特征量：

$$G^{\mathrm{D}}(s)=\frac{1}{1+2\cdot T_{\mathrm{EM}}\cdot s+2\cdot T_{\mathrm{EM}}^{2}\cdot s^{2}}\overset{!}{=}\frac{1}{1+2\cdot D_{\mathrm{A}}\cdot\dfrac{s}{\omega_{0\mathrm{A}}}+\left(\dfrac{s}{\omega_{0\mathrm{A}}}\right)^{2}}$$

其中

- 驱动装置特征角频率 $\omega_{0\mathrm{A}}=\dfrac{1}{\sqrt{2}\cdot T_{\mathrm{EM}}}$；
- 阻尼比 $D_{\mathrm{A}}=\dfrac{1}{\sqrt{2}}$；
- 超调量 $\ddot{u}=\mathrm{e}^{\frac{-\pi D_{\mathrm{A}}}{\sqrt{1-D_{\mathrm{A}}^{2}}}}=0.0432$.

在调节回路大带宽时阶跃特性是快速的，而 PT_2 环节特征角频率为带宽的量度.

> 高级驱动单元具有小的等效时间常数 T_{EM}，这样驱动装置特征角频率 $\omega_{0\mathrm{A}}$ 会达到大的值.

阶跃响应函数 (图 13.5-6)：

$$\omega_{\mathrm{s}}(t)=\omega_{\mathrm{s}0}\cdot E(t),\quad \omega_{\mathrm{s}}(s)=\frac{\omega_{\mathrm{s}0}}{s},\quad \omega_{\mathrm{s}0}=\text{阶跃高度},$$

$$\omega_{\mathrm{i}}(t)=\omega_{\mathrm{s0}}\cdot L^{-1}\left\{\frac{1}{\left[1+2\cdot D_{\mathrm{A}}\cdot\frac{s}{\omega_{0\mathrm{A}}}+\left(\frac{s}{\omega_{0\mathrm{A}}}\right)^2\right]\cdot s}\right\}$$

$$=\omega_{\mathrm{s0}}\cdot L^{-1}\left\{\frac{\omega_{0\mathrm{A}}^2}{(\omega_{0\mathrm{A}}^2+2\cdot D_{\mathrm{A}}\cdot\omega_{0\mathrm{A}}\cdot s+s^2)\cdot s}\right\}$$

$$\boxed{\omega_{\mathrm{i}}(t)=\omega_{\mathrm{s0}}\cdot\left[1-\frac{\mathrm{e}^{-D_{\mathrm{A}}\cdot\omega_{0\mathrm{A}}\cdot t}}{\sqrt{1-D_{\mathrm{A}}^2}}\cdot\sin\left(\sqrt{1-D_{\mathrm{A}}^2}\cdot\omega_{0\mathrm{A}}\cdot t+\arccos D_{\mathrm{A}}\right)\right]}$$

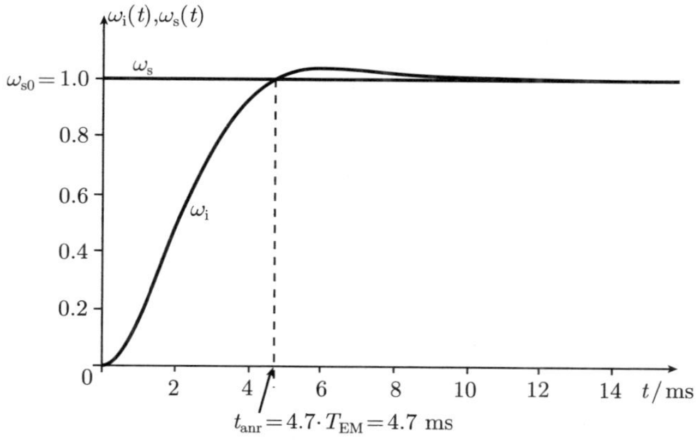

图 13.5-6 具有内层回路力矩调节的转数调节回路的参据阶跃响应函数 ($\omega_{\mathrm{S0}}=1.0\mathrm{s}^{-1}$)

在常值转数或运行速度时稳态转数误差

在轨道控制机床时, 由常值的刀具运行速度可完成很多加工任务. 那么, 驱动装置转数或角速度同样也是常值的. 从图 13.5-5 中的简化转数调节回路信号流图, 推导出调节误差传递函数:

$$x_{\mathrm{d}}^{\mathrm{D}}(s)=\frac{1}{1+G_{\mathrm{RS}}^{\mathrm{D}}(s)}\cdot\omega_{\mathrm{s}}(s)=\frac{2\cdot T_{\mathrm{EM}}\cdot s\cdot(1+T_{\mathrm{EM}}\cdot s)}{1+2\cdot T_{\mathrm{EM}}\cdot s\cdot(1+T_{\mathrm{EM}}\cdot s)}\cdot\omega_{\mathrm{s}}(s)$$

对于常值运行速度或角速度 (也就是转数), 拉普拉斯变换的终值定理提供:

$$\omega_{\mathrm{s}}(t)=\omega_{\mathrm{s0}}\cdot E(t),\quad \omega_{\mathrm{s}}(s)=\frac{\omega_{\mathrm{s0}}}{s},\quad \omega_{\mathrm{s0}}=\text{阶跃高度}$$

$$x_{\mathrm{d}}^{\mathrm{D}}(t\to\infty)=\lim_{s\to0}s\cdot\frac{1}{1+G_{\mathrm{RS}}^{\mathrm{D}}(s)}\cdot\omega_{\mathrm{s}}(s)$$

$$=\lim_{s\to0}s\cdot\frac{2\cdot T_{\mathrm{EM}}\cdot s\cdot(1+T_{\mathrm{EM}}\cdot s)}{1+2\cdot T_{\mathrm{EM}}\cdot s\cdot(1+T_{\mathrm{EM}}\cdot s)}\cdot\frac{\omega_{\mathrm{s0}}}{s}=0$$

> 在常值运行速度时, PI 速度调节器的积分环节调节使调节误差趋于零.

在斜坡转数曲线时稳态转数误差

在程序设计的轨道速度变化时, 斜坡形的转数曲线或速度曲线出现在轨道起始和终止阶段的加速阶段和制动阶段期间. 这里产生稳态转数误差或速度误差:

$$\omega_{\mathrm{s}}(t) = \dot{\omega}_{\mathrm{s0}} \cdot t, \quad \omega_{\mathrm{s}}(s) = \frac{\dot{\omega}_{\mathrm{s0}}}{s^2}$$

$$\dot{\omega}_{\mathrm{s0}} = \text{常值斜坡速度}$$

$$x_{\mathrm{d}}^{\mathrm{D}}(t \to \infty) = \lim_{s \to 0} s \cdot \frac{1}{1 + G_{\mathrm{RS}}^{\mathrm{D}}(s)} \cdot \omega_{\mathrm{s}}(s)$$

$$= \lim_{s \to 0} s \cdot \frac{2 \cdot T_{\mathrm{EM}} \cdot s \cdot (1 + T_{\mathrm{EM}} \cdot s)}{1 + 2 \cdot T_{\mathrm{EM}} \cdot s \cdot (1 + T_{\mathrm{EM}} \cdot s)} \cdot \frac{\dot{\omega}_{\mathrm{s0}}}{s^2} = 2 \cdot T_{\mathrm{EM}} \cdot \dot{\omega}_{\mathrm{s0}}$$

> 如果运行速度或转数以斜坡函数 (常值加速度) 形式给出, 那么会产生与力矩调节回路等效时间常数 T_{EM} 成比例的常值稳态调节误差.

13.5.2.3 具有内层回路转数调节和力矩调节的位置调节

13.5.2.3.1 位置调节器的计算

位置调节主要要求, 实际位置不应超出阶跃形式给出的位置参据量. 为此, 必要的相位裕度可用比例调节器来调整, 因为位置被调节对象已经含有一个积分环节.

为了简化位置调节器的计算, 再次通过 PT_1 环节取代内层回路速度调节回路的 PT_2 传递函数. 如果位置调节回路带宽 $\omega_b \ll \dfrac{1}{T_{EM}}$, 那么下面的变形是允许的:

$$G^{\mathrm{D}}(s) = \frac{1}{1 + 2 \cdot T_{\mathrm{EM}} \cdot s + 2 \cdot T_{\mathrm{EM}}^2 \cdot s^2} \approx \frac{1}{1 + 2 \cdot T_{\mathrm{EM}} \cdot s}$$

为此, 开环位置调节回路的传递函数和极零点图假定形式:

$$G_{\mathrm{RS}}(s) = \frac{K_{\mathrm{V}}}{(1 + 2 \cdot T_{\mathrm{EM}} \cdot s) \cdot s}.$$

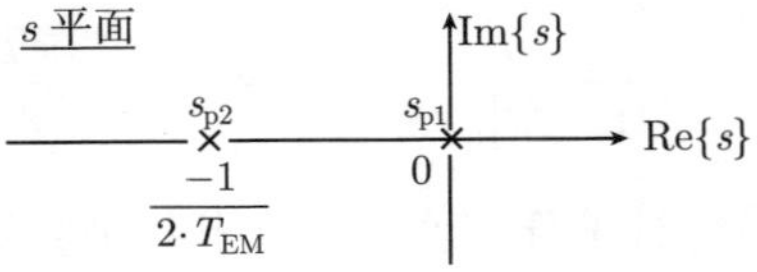

具有图 13.5-7 信号流图的闭环位置调节回路具有传递函数

$$G^{\mathrm{L}}(s) = \frac{\dfrac{K_{\mathrm{V}}}{2 \cdot T_{\mathrm{EM}}}}{s^2 + \dfrac{s}{2 \cdot T_{\mathrm{EM}}} + \dfrac{K_{\mathrm{V}}}{2 \cdot T_{\mathrm{EM}}}}$$

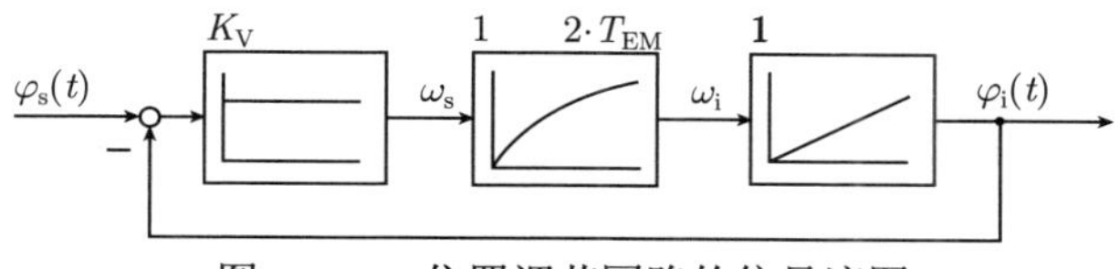

图 13.5-7 位置调节回路的信号流图

应快速而无超调量地达到阶跃形式的已给位置参据量. 如果 PT_2 传递函数这样选择, 即产生非周期阶跃响应特性, 那么就可满足该项要求. 在此位置调节器增益 K_V 应这样确定, 即位置调节回路传递函数的特征方程

$$s^2+\frac{s}{2\cdot T_{EM}}+\frac{K_V}{2\cdot T_{EM}}=0$$

具有实数双零点

$$s_{p1,2}=\frac{-1}{4\cdot T_{EM}}\pm\underbrace{\sqrt{\frac{1}{(4\cdot T_{EM})^2}-\frac{K_V}{2\cdot T_{EM}}}}_{\overset{!}{=}\,0}$$

$$s_{p1,2}=\frac{-1}{4\cdot T_{EM}}$$

由速度增益

$$\boxed{K_V=\frac{1}{8\cdot T_{EM}}}$$

可使被开方数趋于零, 由此, 给出位置调节回路的传递函数和极零点图:

$$G^L(s)=\frac{\dfrac{K_V}{2\cdot T_{EM}}}{(s-s_{p1})^2}=\frac{1}{16\cdot T_{EM}^2\cdot\left[s+\dfrac{1}{4\cdot T_{EM}}\right]^2}$$

s 平面
$\mathrm{Im}\{s\}$
$s_{p1,2}$
$\mathrm{Re}\{s\}$
$\frac{-1}{4\cdot T_{EM}}$
0

由在计算串级调节时的简化, 可得到 K_V 的近似值. 在机床上用实验或计算机辅助求位置调节器的精确增益值.

13.5.2.3.2 具有内层回路转数调节和力矩调节的位置调节参据特性

阶跃响应

阶跃函数是典型的点到点 (PTP) 控制机床的位置参据量, 由位置调节回路传递函数计算阶跃响应函数

$$\varphi_s(t)=\varphi_{s0}\cdot E(t),\quad \varphi_s(s)=\frac{\varphi_{s0}}{s},\quad \varphi_{s0}=\text{阶跃高度}$$

$$\varphi_\mathrm{i}(t)=\frac{\varphi_{\mathrm{s}0}}{16\cdot T_\mathrm{EM}^2}\cdot L^{-1}\left\{\frac{1}{\left[s+\dfrac{1}{4\cdot T_\mathrm{EM}}\right]^2\cdot s}\right\}$$

$$\boxed{\varphi_\mathrm{i}(t)=\varphi_{\mathrm{s}0}\cdot\left[1-\mathrm{e}^{-\frac{t}{4\cdot T_\mathrm{EM}}}-\frac{t}{4\cdot T_\mathrm{EM}}\cdot\mathrm{e}^{-\frac{t}{4\cdot T_\mathrm{EM}}}\right]}$$

在图 13.5-8 中的阶跃响应函数时间特性是由等效时间常数 T_EM 确定的.

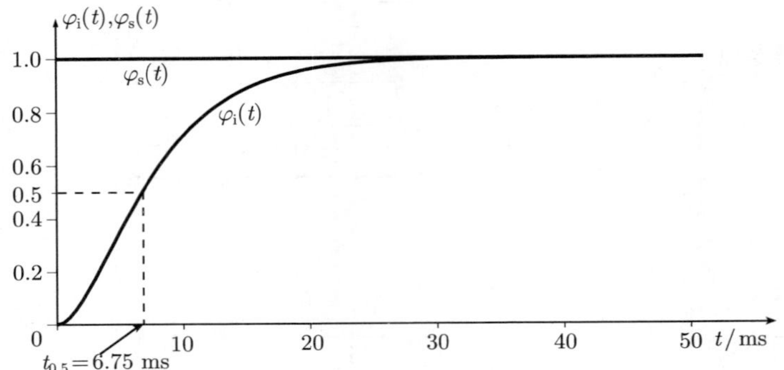

图 13.5-8 具有串级结构的位置调节回路的参据阶跃响应 ($\varphi_{\mathrm{S}0}=1.0$)

在具有串级结构的位置调节时, 常值位置参据量给出无稳定调节误差.

斜坡响应

当进行具有常值速度或转数的走刀运动或转动运动时, 斜坡函数是具有轨道控制或线路控制机床的典型位置参据量, 斜坡响应函数为

$$\varphi_\mathrm{s}(t)=\dot{\varphi}_{\mathrm{s}0}\cdot t,\quad \varphi_\mathrm{s}(s)=\frac{\dot{\varphi}_{\mathrm{s}0}}{s^2},\quad \dot{\varphi}_{\mathrm{s}0}=\text{斜坡速度}$$

$$\varphi_\mathrm{i}(t)=\frac{\dot{\varphi}_{\mathrm{s}0}}{16\cdot T_\mathrm{EM}^2}\cdot L^{-1}\left\{\frac{1}{\left[s+\dfrac{1}{4\cdot T_\mathrm{EM}}\right]^2\cdot s^2}\right\}$$

$$\boxed{\varphi_\mathrm{i}(t)=\dot{\varphi}_{\mathrm{s}0}\cdot\left[t-8\cdot T_\mathrm{EM}+(t+8\cdot T_\mathrm{EM})\cdot\mathrm{e}^{-\frac{t}{4\cdot T_\mathrm{EM}}}\right]}$$

在图 13.5-9 中阶跃响应可提取所产生的常值调节误差 $x_\mathrm{d}^\mathrm{L}(t)$(所谓后拖误差). 它随着运动轴运行速度增大而增大, 随着速度增益 K_V 增大而减小. 对于具有常值转数

或速度的稳态运动, 存在关系式:

$$x_{\mathrm{d}}^{\mathrm{L}}(t \to \infty) = \frac{\dot{\varphi}_{\mathrm{s0}}}{K_{\mathrm{V}}}$$

在轨道控制机床中多运动轴参与加工任务, 单个后拖误差的空间叠加会导致轨道偏差, 因此速度增益 K_{V} 的大小是具有位置调节走刀驱动装置的重要质量指标.

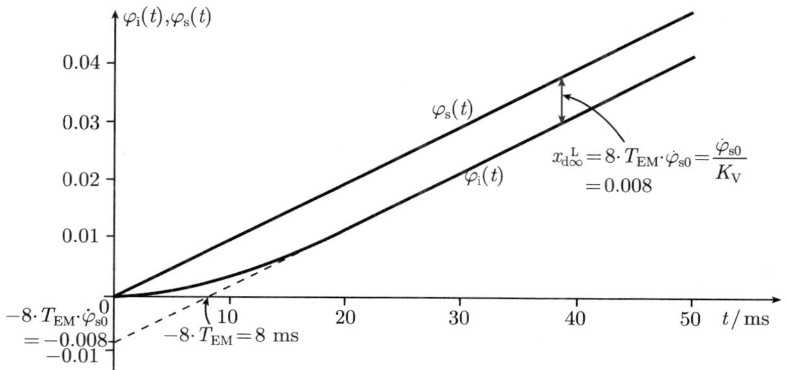

图 13.5-9 具有串级结构的位置调节的参据斜坡响应 ($\dot{\varphi}_{\mathrm{S0}} = 1.0\mathrm{s}^{-1}$)

加速度响应

加速度函数出现在所有加工运动中. 在轨道控制运行方式中的加速和刹车阶段期间, 由控制预先给出 (角) 加速度函数. 加速度响应 (图 13.5-10) 表示为

$$\varphi_{\mathrm{s}}(t) = \ddot{\varphi}_{\mathrm{s0}} \cdot \frac{t^2}{2}, \quad \varphi_{\mathrm{s}}(s) = \frac{\ddot{\varphi}_{\mathrm{s0}}}{s^3}$$

$$\ddot{\varphi}_{\mathrm{s0}} = \text{常值加速度值}$$

$$\varphi_{\mathrm{i}}(t) = \frac{\ddot{\varphi}_{\mathrm{s0}}}{16 \cdot T_{\mathrm{EM}}^2} \cdot L^{-1} \left\{ \frac{1}{\left[s + \frac{1}{4 \cdot T_{\mathrm{EM}}}\right]^2 \cdot s^3} \right\}$$

$$\varphi_{\mathrm{i}}(t) = \ddot{\varphi}_{\mathrm{s0}} \cdot \left[\frac{t^2}{2} - 8 \cdot t \cdot T_{\mathrm{EM}} + 48 \cdot T_{\mathrm{EM}}^2 - 4 \cdot T_{\mathrm{EM}} \cdot (t + 12 \cdot T_{\mathrm{EM}}) \cdot \mathrm{e}^{-\frac{t}{4 \cdot T_{\mathrm{EM}}}}\right]$$

在抛物线形式位置参据量 (加速度函数) 时, 稳态误差会增大到无穷大值, 对此在轨道运行的加速和刹车阶段会产生相当大的轨道偏差.

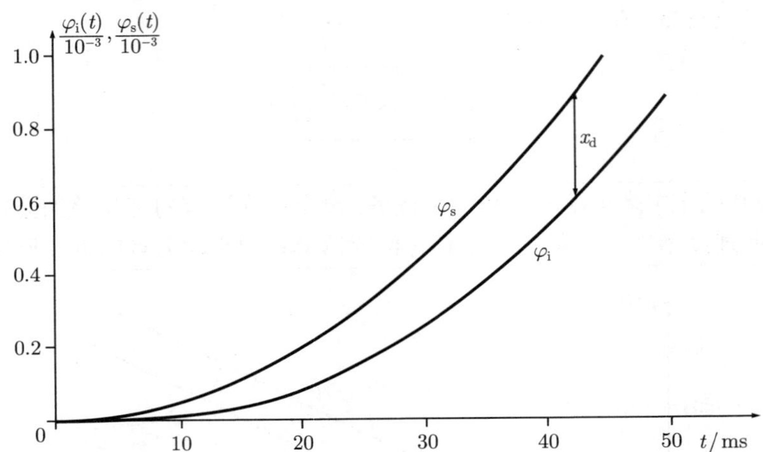

图 13.5-10 具有串级结构的位置调节的参据加速度响应 ($\ddot{\varphi}_{s0} = 1.0\text{s}^{-2}$)

13.5.3 具有串级结构位置调节的扰动特性

13.5.3.1 被调节对象扰动特性

要求: 位置调节回路应调节在 13.2.1.2 节所描述的扰动, 这样就不出现或只出现微小的位置偏差. 用在 13.5 节中所选择调节器参数来确定参据特性. 由此同样也规定了扰动特性. 为了研究具有力矩调节的被调节对象的扰动特性, 图 13.5-11 的信号流图有效.

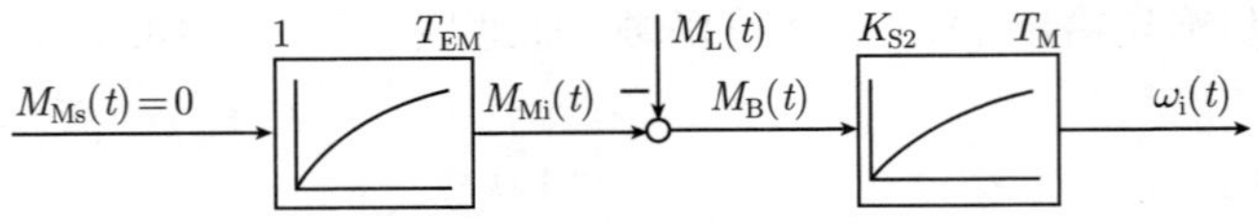

图 13.5-11 被调节对象信号流图

由 $M_{\text{L}}(t) = M_{\text{L0}} \cdot E(t)$, $M_{\text{L}}(s) = \dfrac{M_{\text{L0}}}{s}$, 表示扰动阶跃响应函数

$$\boxed{\omega_i(t) = M_{\text{L0}} \cdot L^{-1}\left\{\frac{-K_{\text{S2}}}{1+T_{\text{M}} \cdot s} \cdot \frac{1}{s}\right\} = -K_{\text{S2}} \cdot \left(1-\text{e}^{-\frac{t}{T_{\text{M}}}}\right) \cdot M_{\text{L0}}}$$

> 一个其上作用常值过程力的未被调节的运动轴, 长时间 ($t \to \infty$) 后会以常值转数或速度运行.

13.5.3.2 具有内层回路力矩调节的转数调节扰动特性

为了研究转数调节回路扰动特性, 应用图 13.5-12 信号流图.

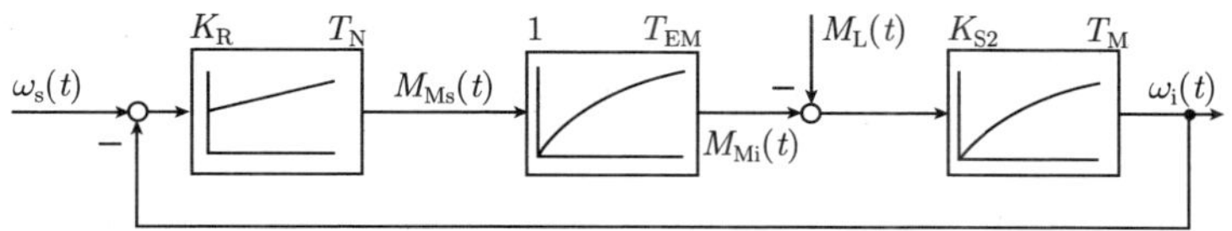

图 13.5-12 转数调节回路的信号流图

由信号流图开发角速度调节回路的扰动传递函数：

$$G_z^D(s) = \frac{\omega_i(s)}{M_L(s)} = \frac{-K_{S2} \cdot (1 + T_{EM} \cdot s) \cdot T_N \cdot s}{(1 + T_{EM} \cdot s) \cdot (1 + T_M \cdot s) \cdot T_N \cdot s + K_R \cdot K_{S2} \cdot (1 + T_N \cdot s)}$$

调节回路由

$$T_N = T_M, \quad K_R = \frac{T_M}{2 \cdot K_{S2} \cdot T_{ES}}$$

按照幅值最优调节来配置：

$$G_z^D(s) = \frac{\omega_i(s)}{M_L(s)}$$
$$= \frac{-2 \cdot K_{S2} \cdot T_{EM} \cdot (1 + T_{EM} \cdot s) \cdot s}{1 + (2 \cdot T_{EM} + T_M) \cdot s + 2 \cdot T_{EM} \cdot (T_{EM} + T_M) \cdot s^2 + 2 \cdot T_{EM}^2 \cdot T_M \cdot s^3}$$

在图 13.5-13 中绘制出对于 $M_L(t) = M_{L0} \cdot E(t)$ 的速度调节回路的扰动阶跃响应函数.

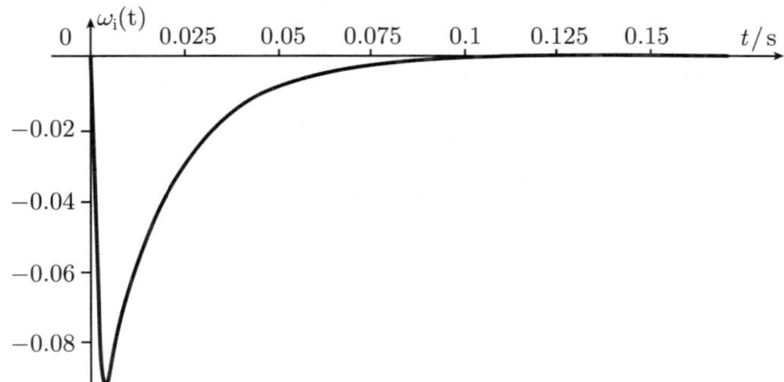

图 13.5-13 转数调节回路的扰动阶跃响应函数 ($M_{L0} = 1.0$Nm)

在 PI 速度调节时, 常值扰动力矩不会产生稳态调节误差.

拉普拉斯变换终值定理也可提供这个结论：

$$\boxed{\omega_i(t \to \infty) = \lim_{s \to 0} s \cdot G_z^D(s) \cdot \frac{M_{L0}}{s} = 0}$$

当机床运动轴的位置同样为常值时, 重力和刚性力作为常值过程力也在起作用.

如果出现斜坡函数的扰动力矩 $M_{\mathrm{L}}(t)=\dot{M}_{\mathrm{L0}}\cdot t$ (其中 $\dot{M}_{\mathrm{L0}}$ 为常值扰动斜坡速度), 那么得到在图 13.5-14 绘制的响应函数曲线.

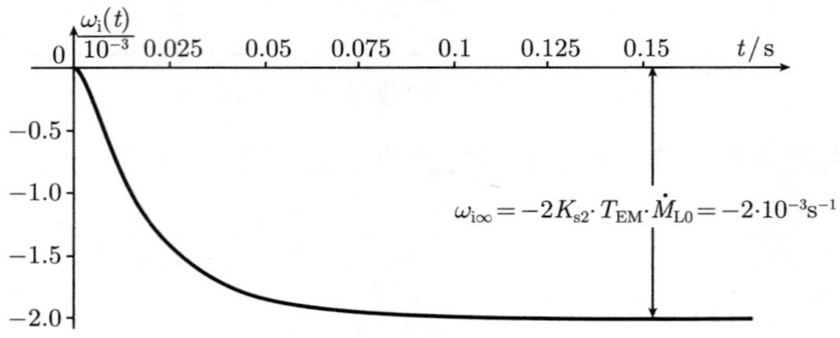

图 13.5-14　转数调节回路的扰动斜坡响应 ($\dot{M}_{\mathrm{L0}}=1.0\mathrm{Nm}\cdot\mathrm{s}^{-1}$)

在 PI 速度调节时, 扰动斜坡函数导致常值稳态转数误差或速度误差.

由终值定理得到该结果一般形式:

$$\boxed{\omega_{\mathrm{i}}(t\to\infty)=\lim_{s\to 0}s\cdot G_{\mathrm{z}}^{\mathrm{G}}(s)\cdot\frac{\dot{M}_{\mathrm{L0}}}{s^2}=-2\cdot K_{\mathrm{S2}}\cdot T_{\mathrm{EM}}\cdot\dot{M}_{\mathrm{L0}}}$$

在扰动斜坡函数时, 稳态转数误差或速度误差是与力矩调节回路的等效时间常数 T_{EM} 成比例.

13.5.3.3　具有内层回路转数调节和力矩调节的位置调节扰动特性

为了研究位置调节扰动特性, 下面信号流图有效:
由图 13.5-15 信号流图可推导出扰动传递函数:

$$\begin{aligned}G_{\mathrm{z}}^{\mathrm{L}}(s)&=\frac{\varphi_{\mathrm{i}}(s)}{M_{\mathrm{L}}(s)}\\&=\frac{-K_{\mathrm{S2}}\cdot(1+T_{\mathrm{EM}}\cdot s)\cdot T_{\mathrm{N}}\cdot s}{(1+T_{\mathrm{EM}}\cdot s)\cdot(1+T_{\mathrm{M}}\cdot s)\cdot s^2\cdot T_{\mathrm{N}}+K_{\mathrm{R}}\cdot K_{\mathrm{S2}}\cdot(K_{\mathrm{V}}+s)\cdot(1+T_{\mathrm{N}}\cdot s)}\end{aligned}$$

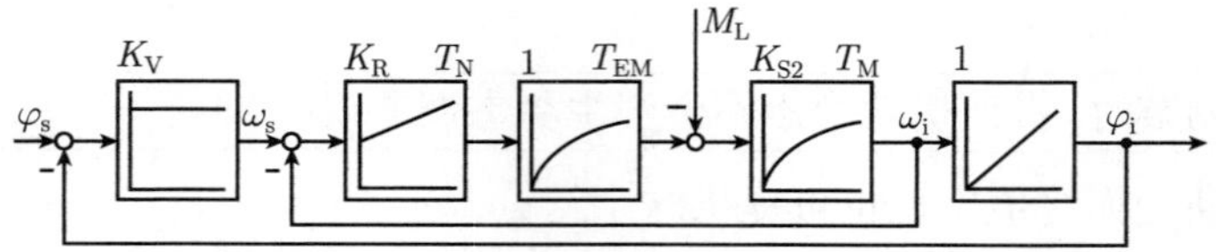

图 13.5-15　具有串级结构位置调节信号流图

按照幅值最优并按照 13.5.2.3.1 节速度增益, 调整角速度调节回路

$$T_{\mathrm{N}}=T_{\mathrm{M}},\quad K_{\mathrm{R}}=\frac{T_{\mathrm{M}}}{2\cdot K_{\mathrm{S2}}\cdot T_{\mathrm{EM}}},\quad K_{\mathrm{V}}=\frac{1}{8\cdot T_{\mathrm{EM}}},$$

$$G_z^L(s) = \frac{\varphi_i(s)}{M_L(s)}$$
$$= \frac{-16 \cdot K_{S2} \cdot T_{EM}^2 \cdot s \cdot (1 + T_{EM} \cdot s)}{16 \cdot T_{EM}^2 \cdot s^2 \cdot (1 + T_{EM} \cdot s) \cdot (1 + T_M \cdot s) + (1 + T_M \cdot s) \cdot (1 + 8 \cdot T_{EM} \cdot s)}$$

在图 13.5-16 中绘制了具有 $\varphi_s(t) = 0$ 和 $M_L(t) = M_{L0} \cdot E(t)$ 串级结构的位置调节的扰动阶跃响应函数.

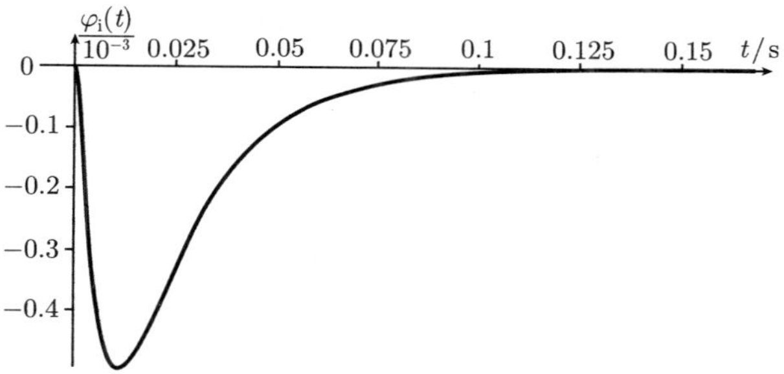

图 13.5-16 具有串级结构的位置调节回路的扰动阶跃响应函数 ($M_{L0} = 1.0\text{Nm}$)

> 在串级结构位置调节时常值扰动力矩引起微小的位置误差, 并调节稳态位置误差趋于零.

拉普拉斯变换的终值定理会导出同样结果:

$$\boxed{\varphi_i(t \to \infty) = \lim_{s \to 0} s \cdot G_z^L(s) \cdot \frac{M_{L0}}{s} = 0}$$

如果扰动力或力矩具有斜坡曲线, 那么对于 $M_L(t) = \dot{M}_{L0} \cdot t$ 得到在图 13.5-17 中绘制的实际位置曲线:

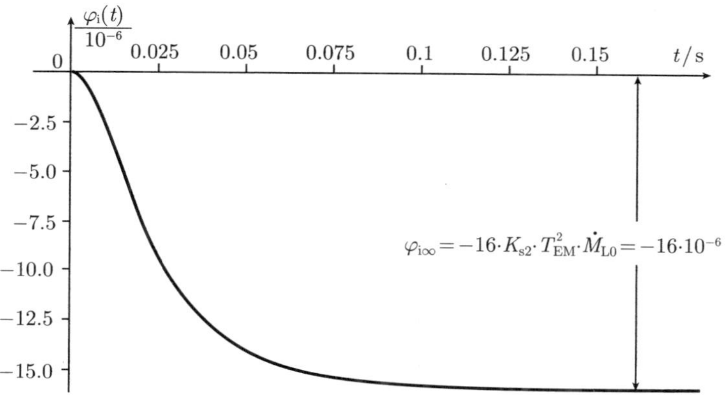

图 13.5-17 具有串级结构的位置调节回路的扰动斜坡响应 ($\dot{M}_{L0} = 1.0\text{Nm} \cdot \text{s}^{-1}$)

在具有串级结构的位置调节时, 扰动斜坡函数会引起常值稳态位置误差.

终值定理提供该结果一般形式:

$$\varphi_{\mathrm{i}}(t \to \infty) = \lim_{s \to 0} s \cdot G_{\mathrm{z}}^{\mathrm{L}}(s) \cdot \frac{\dot{M}_{\mathrm{L0}}}{s^2} = -16 \cdot K_{\mathrm{S2}} \cdot T_{\mathrm{EM}}^2 \cdot \dot{M}_{\mathrm{L0}}$$

在小的力矩调节回路等效时间常数 T_{EM} 和大的速度增益 K_{V} 时, 位置调节误差是微小的. 有效扰动抑制是强调串级调节的能力.

13.6　小结

以机床电走刀驱动位置调节为例, 描述串级调节的设计. 关于机床控制方式, 这里讨论参据特性和扰动特性. 在此, 串级调节动态和稳态调节品质, 与单回路位置调节比较, 证明它是优越的. 在机床中占主导的是引入串级调节, 它显示力矩调节回路等效时间常数的大小将确定速度增益值, 并由此决定性地影响稳态和动态调节品质.

如果比较两个所研究的位置调节回路结构的开环调节回路增益 K_{RS} 那么得到如下数值:

单回路的位置调节	具有串级结构的位置调节
$K_{\mathrm{RS}} = K_{\mathrm{V}} \cdot K_{\mathrm{S}} = \frac{1}{4 \cdot (T_{\mathrm{ES}} + T_{\mathrm{M}})}$ $K_{\mathrm{RS}} = 11.63\mathrm{s}^{-1}$	$K_{\mathrm{RS}} = K_{\mathrm{V}} = \frac{1}{8 \cdot T_{\mathrm{EM}}}$ $K_{\mathrm{RS}} = 125\,\mathrm{s}^{-1}$
K_{V} = 速度增益 K_{S} = 对象增益 $T_{\mathrm{ES}} = 1.5\mathrm{ms}$ = 被调节对象等效时间常数 $T_{\mathrm{M}} = 20\mathrm{ms}$ = 机械时间常数	$T_{\mathrm{EM}} = 1\mathrm{ms}$ = 力矩调节回路的等效时间常数

在单回路位置调节时速度增益也取决于机械时间常数 T_{M}, 这样开环调节回路增益很小, 并由此期望的调节品质也是较差的.

13.7　具有串级结构数字位置调节

13.7.1　概述

对于机床和工业机器人数值控制由数字计算机来实现, 其中对于驱动装置调节应用数字调节方法. 与时间连续调节比较, 应用数字测量系统和调节算法会提高加工精度. 在图 13.7-1 中给出数字位置调节的信号流图.

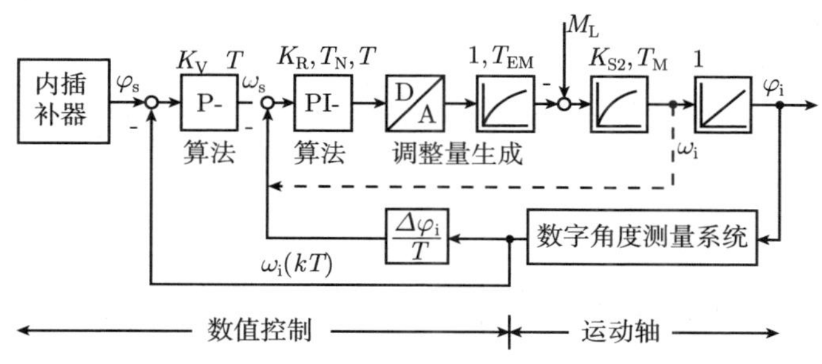

图 13.7-1 具有串级结构的数字位置调节

在数值控制中, 内插补器计算位置参据量 $\varphi_s(kT)$, 它为采样时间 T 的函数, 由数字角度测量系统获得加工角 $\varphi_i(t)$. 通常由于经费原因放弃加工 (角) 速度测量, (角) 速度可由位置的差商近似来求, 调整量生成首先将数字调整量转换成模拟电压, 它经过功率放大产生电枢电流和驱动力矩.

13.7.2 具有内层回路力矩调节的数字角速度调节 (转数调节)

13.7.2.1 调节算法和采样时间

图 13.7-2 为含有数字角速度调节的信号流图, 通过 PT_1 环节取代在节 13.5.2.1 所描述的内层回路力矩调节. T_{EM} 为力矩调节回路等效时间常数.

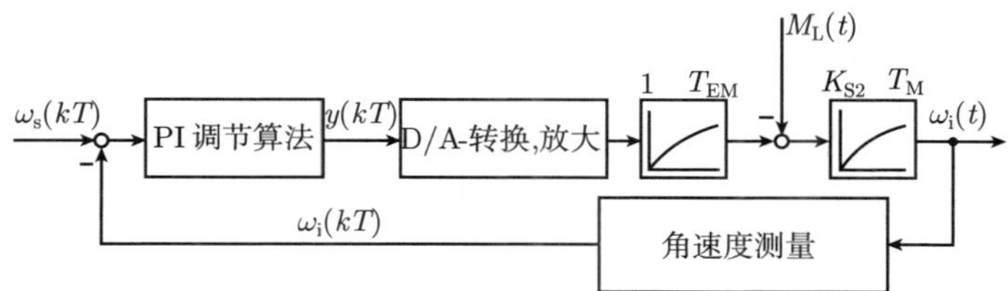

图 13.7-2 数字角速度调节回路 $T_{EM} = 1\text{ms}, T_M = 20\text{ms}, K_{S2} = 1\text{s}^{-1}/\text{Nm}$

与 13.5.2.2.1 节前述方法相对应, 对于被调节对象 $G_S(s)$ 首先按照幅值最优来调节连续的 PI 调节器

$$G_R(s) = \frac{K_R \cdot (1 + T_N \cdot s)}{T_N \cdot s}, \quad G_S(s) = \frac{K_{S2}}{(1 + T_{EM} \cdot s) \cdot (1 + T_M \cdot s)}$$

在增益系数 K_R 中含有 D/A(数模) 转换和功率放大的转换因子. 给出调节器参数

$$T_N = T_M, \quad K_R = \frac{T_M}{2 \cdot K_{S2} \cdot T_{EM}}$$

为研究调节回路考虑 K_R 的单位 Nm/s^{-1}. 对于数字调节, 引入按照表 11.2-3 相应

的递推 PI 调整算法 (II 型)

$$y_k = y_{k-1} + K_{\mathrm{R}} \cdot \left(1 + \frac{T}{T_{\mathrm{N}}}\right) \cdot x_{\mathrm{d},k} - K_{\mathrm{R}} \cdot x_{\mathrm{d},k-1}$$

根据对象动态确定采样时间, 因为被调节对象时间常数是已知的, 故可应用 11.3.3 节给出的准则:

如果采样时间小于未补偿调节回路时间常数的 10%, 那么可用数字调节算法近似地实现连续调节器.

由幅值最优通过 PI 调节器的调后时间 T_{N} 来补偿机械时间常数 T_{M} 将准则应用到未补偿的力矩调节回路等效时间常数 $T_{\mathrm{EM}} = 1$, 可提供采样时间 $T = 0.1 \cdot T_{\mathrm{EM}} = 0.1$ ms.

13.7.2.2　具有内层回路力矩调节的角速度调节参据特性

在满足选择采样时间的时间常数准则时, 得到对于幅值最优的具有特征量超调量 $\ddot{u} = 4.3$ % 和初调时间 $t_{\mathrm{anr}} = 4.7 \cdot T_{\mathrm{EM}}$ 的角速度调节阶跃响应典型曲线. 在图 13.7-3 中绘制了计算结果.

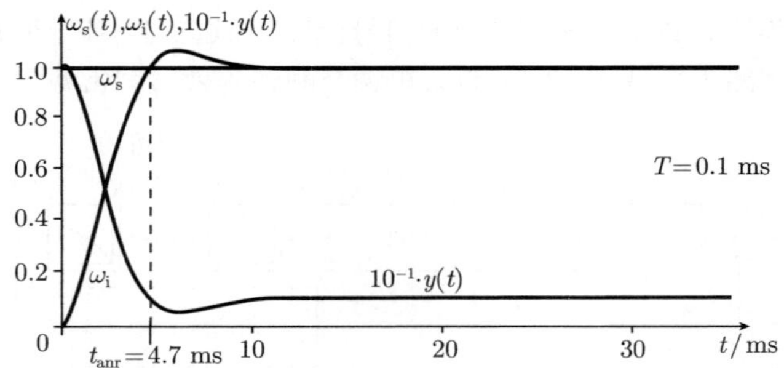

图 13.7-3　角速度调节回路的参据阶跃响应

($T = 0.1 \cdot T_{\mathrm{EM}} = 0.1$ms, $K_{\mathrm{R}} = 10$Nm/s^{-1}, $T_{\mathrm{N}} = 20$ms, 准连续的)

如果未满足采样时间准则, 那么预料在调节品质上会受到损失.

图 13.7-4 和图 13.7-5 显示对于采样时间 $T = T_{\mathrm{EM}} = 1$ ms 以及 $T = 2 \cdot T_{\mathrm{EM}} = 2$ ms 的参据阶跃响应, 从图中推测, 随着采样时间增大超调量也增大.

在增大采样时间时调节器设计

不满足选择采样时间准则, 会导致调节回路阻尼降低, 用较小的回路增益可降低超调量, 其中会产生较长的初调时间. 在图 13.7-6 中绘制了在区间

$$\frac{T_{\mathrm{M}}}{2 \cdot K_{\mathrm{S2}} \cdot T_{\mathrm{EM}}}\ (\text{幅值最优}) > K_{\mathrm{R}} > 0$$

内与 K_R 有关的闭环角速度调节回路的极点分布.

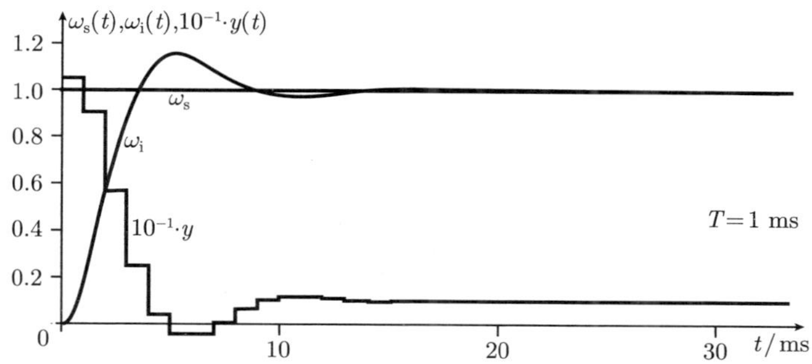

图 13.7-4 角速度调节回路的参据阶跃响应 ($K_R = 10\text{Nm/s}^{-1}, T_N = 20\text{ms}, T = T_{EM} = 1\text{ms}$)

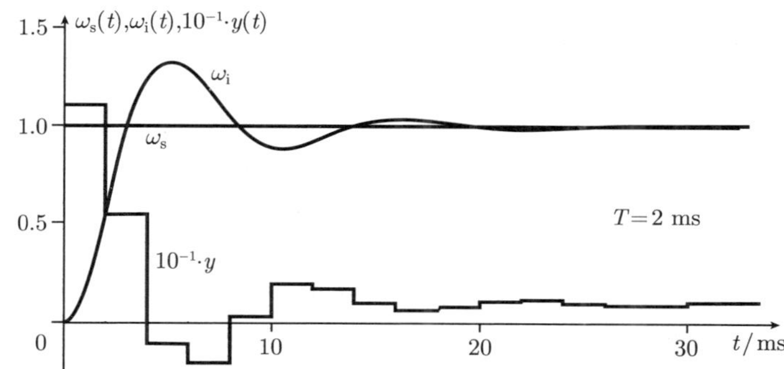

图 13.7-5 角速度调节回路的参据阶跃响应 ($K_R = 10\text{Nm/s}^{-1}, T_M = 20\text{ms}, T = 2 \cdot T_{EM} = 2\text{ms}$)

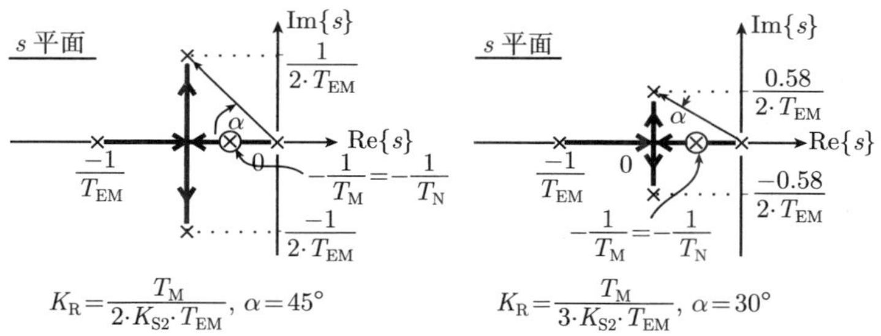

图 13.7-6 闭环时间连续角速度调节回路的极零点图

按照幅值最优进行调节器调整, 闭环调节回路的极点可构成与负实轴成角 $\alpha = 45°$, 由角 $\alpha = 30°$ 得到

$$\text{Im}\{s\} = \text{Re}\{s\} \cdot \tan\alpha$$

$$\text{Im}\{s\} = \frac{1}{2 \cdot T_{EM}} \cdot \tan 30° = \frac{0.58}{2 \cdot T_{EM}}$$

对于 $T_{\mathrm{N}}=T_{\mathrm{M}}$, 由图 13.5-4 可求闭环调节回路传递函数:

$$G(s)=\frac{K_{\mathrm{R}}\cdot K_{\mathrm{S2}}}{K_{\mathrm{R}}\cdot K_{\mathrm{S2}}+T_{\mathrm{N}}\cdot s+T_{\mathrm{EM}}\cdot T_{\mathrm{N}}\cdot s^2}$$

特征方程解为

$$s_{\mathrm{p1,2}}=-\frac{1}{2\cdot T_{\mathrm{EM}}}\pm j\sqrt{\frac{K_{\mathrm{R}}\cdot K_{\mathrm{S2}}}{T_{\mathrm{N}}\cdot T_{\mathrm{EM}}}-\left(\frac{1}{2\cdot T_{\mathrm{EM}}}\right)^2}$$

如果令虚部相等

$$\mathrm{Im}\{s_{\mathrm{p1,2}}\}=\sqrt{\frac{K_{\mathrm{R}}\cdot K_{\mathrm{S2}}}{T_{\mathrm{N}}\cdot T_{\mathrm{EM}}}-\left(\frac{1}{2\cdot T_{\mathrm{EM}}}\right)^2}\stackrel{!}{=}\left.\frac{0.58}{2\cdot T_{\mathrm{EM}}}\right|_{\alpha=30^\circ}$$

那么给出具有 $T_{\mathrm{N}}=T_{\mathrm{M}}$ 的 PI 调节器增益

$$K_{\mathrm{R}}=\frac{T_{\mathrm{M}}}{3\cdot K_{\mathrm{S2}}\cdot T_{\mathrm{EM}}}=6.67\mathrm{Nm/s^{-1}}$$

图 13.7-5 显示在减小调节器增益 $K_{\mathrm{R}}=6.67\,\mathrm{Nm/s^{-1}}$ 时对于 $T=T_{\mathrm{EM}}=1$ ms 的参据的响应.

对照在图 13.7-3 中的参据阶跃响应, 在大的采样时间时按照幅值最优用减小的回路增益也可调整超调, 其缺点是较长的初调时间 t_{anr}.

如果不满足角速度调节回路采样时间的要求, 那么通过减小回路增益也可降低超调量, 然而调节会变缓慢.

角速度调节回路的数据阶跃响应如图 13.7-7 所示.

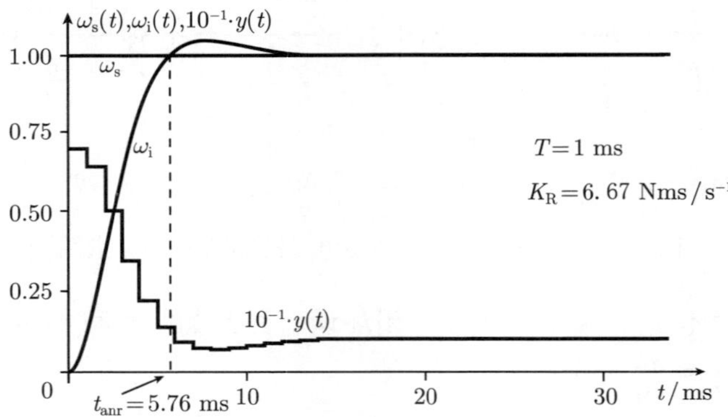

图 13.7-7 角速度调节回路的参据阶跃响应

($K_{\mathrm{R}}=6.67\mathrm{Nm/s^{-1}}, T_{\mathrm{N}}=20\mathrm{ms}, T=T_{\mathrm{EM}}=1\mathrm{ms}, t_{\mathrm{anr}}=5.76\mathrm{ms}$)

13.7.2.3 具有内层回路力矩调节的角速度调节扰动特性

在具有内层回路角速度调节的位置调节时, 尽管为测量和调节加工 (角) 速度而增加耗费也应改善其扰动特性. 图 13.7-8 所示为阶跃形式接入负载力矩 $M_{\mathrm{L}}(t)=M_{\mathrm{L0}}\cdot E(t)$, $M_{\mathrm{L0}}=1\mathrm{Nm}$ 时的角速度 $\omega_{\mathrm{i}}(t)$ 曲线. 在此, 调节器调整对应于幅值最优. 由时间常数准则确定采样时间 $T=0.1\cdot T_{\mathrm{EM}}=0.1\mathrm{ms}$. 在图 13.7-8 中给出对于 $T=0.1\mathrm{ms}$ 和更大的采样时间的扰动阶跃响应.

由图可看到, 采样时间 $T=2\mathrm{ms}$ 几乎未削弱扰动特性, 在采样时间 $T=5$ ms 调节品质明显降低.

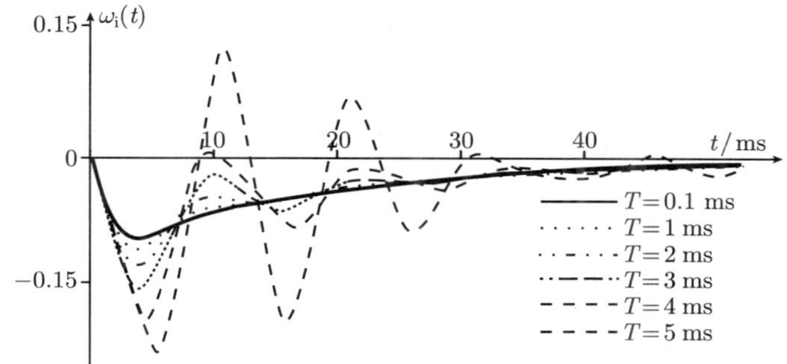

图 13.7-8 在不同采样时间角速度调节回路的扰动阶跃响应

($K_{\mathrm{R}}=10\mathrm{Nm/s^{-1}}, T_{\mathrm{N}}=20\mathrm{ms}, M_{\mathrm{L0}}=1\mathrm{Nm}$)

13.7.3 具有内层回路角速度和力矩调节的数字位置调节

13.7.3.1 调节算法和采样时间

在图 13.7-9 中绘制了具有内层回路角速度和力矩调节的数字位置调节的信号流图. 具有等效时间常数 T_{EM} 的 $\mathrm{PT_1}$ 环节取代力矩调节回路. 内层回路角速度调节回路准连续地工作. 因此为了进一步研究, 通过连续的 PI 调节器取代数字角速度调节.

为了选择采样时间应用时间常数准则. 如在 13.5.2.3 节所述, 通过具有传递函数

$$G^{\mathrm{D}}(s)=\frac{1}{1+2\cdot T_{\mathrm{EM}}\cdot s}$$

的 $\mathrm{PT_1}$ 环节取代角速度调节回路. 由时间常数准则给出 P 算法的采样时间

$$T=0.1\cdot 2\cdot T_{\mathrm{EM}}=0.2\,\mathrm{ms}$$

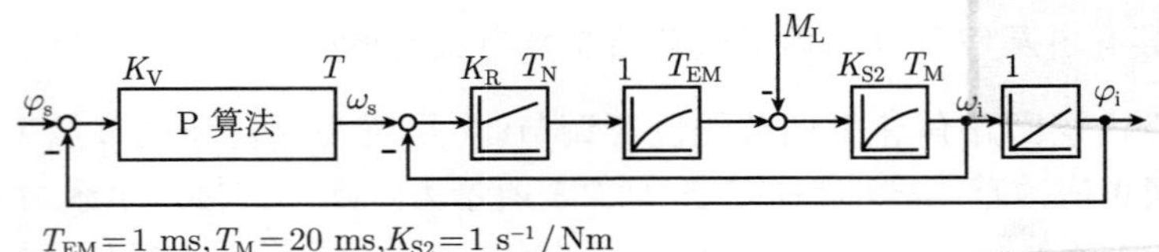

图 13.7-9　具有内层回路角速度调节和力矩调节的数字位置调节的信号流图

13.7.3.2　具有内层回路角速度调节和力矩调节的位置调节参据特性

由在 13.5.2.3 节推导的调节器调整

$$K_V = \frac{1}{8 \cdot T_{EM}}$$

和采样时间 $T = 0.2$ ms, 得到在图 13.7-10 中的参据阶跃响应函数的非周期曲线 ($K_V = 125\,s^{-1}$). 对于增大的采样时间, 计算出其他参据阶跃响应函数.

增大采样时间会导致位置调节回路去阻尼, 增大超调量. 在位置调节时振荡的阶跃响应特性是不允许的, 因为机床运动轴会超出程序设计的终值位置, 为此会产生工件外廓误差或碰撞.

在增大采样时间时调节器设计

如果不满足采样时间准则, 与在内层回路角速度调节时的前述方法对应, 用减小的回路增益可避免超调. 在图 13.7-11 中绘制了 $T = 5$ ms 和降低速度增益 $K_V = \dfrac{1}{16 \cdot T_{EM}} = 62.5\,s^{-1}$ 的参据阶跃响应.

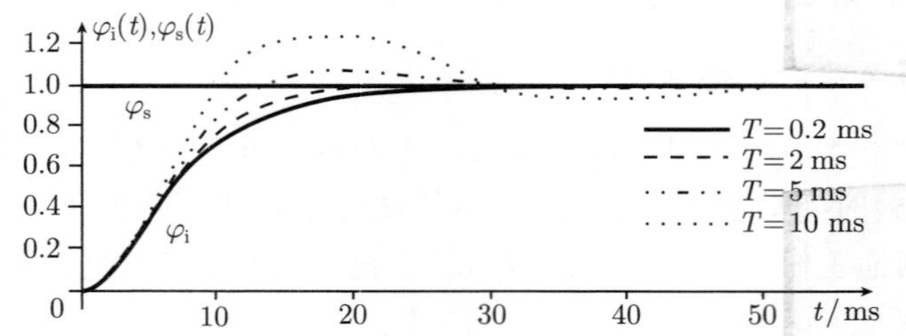

图 13.7-10　在不同采样时间时位置调节回路的参据阶跃响应 ($K_V = 125s^{-1}$)

13.7.3.3　具有内层回路角速度调节和力矩调节的位置调节扰动特性

由位置调节器调整 $K_V = \dfrac{1}{8 \cdot T_{EM}}$ 研究在接入阶跃形式负载力矩 $M_L = M_{L0} \cdot E(t)$, $M_{L0} = 1$ 时的扰动特性. 图 13.7-12 显示, 具有内层回路幅值最优角速度调节的位置调节的扰动阶跃响应典型时间曲线. 在此, 所达到的扰动抑制显示串级调节的效能: 在图 13.7-12 中对于 $T = 0.2$ ms 的被调节量最大值为 $\varphi_{imax} = -0.5 \cdot 10^{-3}$. 对于增大采样时间, 位置调节扰动特性变得不利.

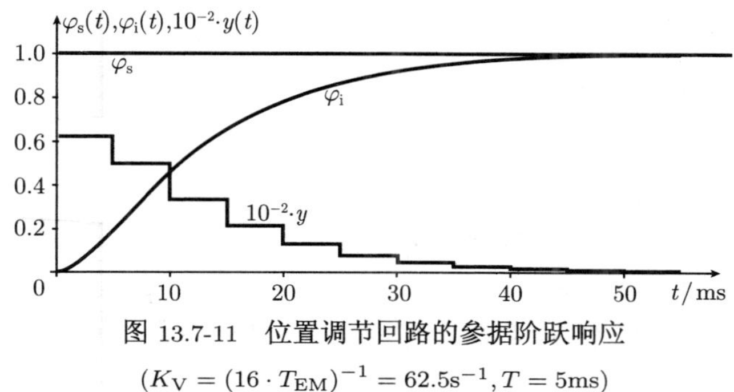

图 13.7-11 位置调节回路的参据阶跃响应

$(K_V = (16 \cdot T_{EM})^{-1} = 62.5\text{s}^{-1}, T = 5\text{ms})$

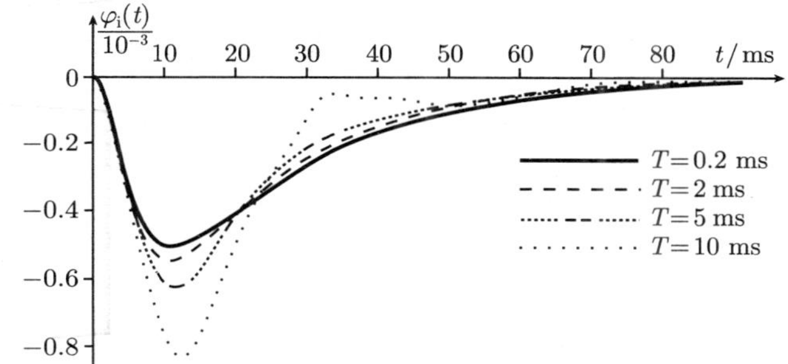

图 13.7-12 对于不同采样时间的位置调节回路的扰动阶跃响应

$(K_V = 125\text{s}^{-1}, M_{L0} = 1\text{Nm})$

13.7.4 小结

在节 13.7 中研究了具有串级结构和时间离散调节装置的位置调节的调节特性. 按照时间常数准则设计采样时间. 讨论了采样时间对参据特性和扰动传递特性的影响.

13.8 具有状态调节器的位置调节

13.8.1 概述

第 13.1 节至 13.7 节研究了具有单回路和串级结构的电驱动装置的位置调节. 在本节中将计算具有状态调节器的位置调节, 并与串级调节进行效能比较.

第 12 章探讨了状态调节基础, 在例 12.3-2 中描述了 PT_2 被调节对象的状态调节. 为了计算调节器和观测器, 应用了具有调节规范型和观测规范型的系统化的前述方法, 在此处简化计算公式有效的. 规范型取代物理状态变量位置. 其不足之处在于直观性较差. 在 12.4-2 节中通过状态观测器和扰动量观测器增补了 PT_2 被调节对象的状态调节.

13.8.2　状态调节的计算

13.8.2.1　通过极点配置求状态调节器

状态调节特征方程

图 13.8-1 所示为含有具有状态调节装置的位置被调节对象信号流图. 由于直观性原因, 对于计算偏爱采用物理状态变量. 例 12.2-9 证实, 被调节对象的可控性将作为计算状态调节器的先决条件.

由扰动量的输入向量 $\boldsymbol{b}_{\mathrm{Z}}$ 给出具有一般关系式的状态方程, 然后用物理变量来取代它:

$$\frac{\mathrm{d}\,\boldsymbol{x}(t)}{\mathrm{d}t}=\boldsymbol{A}\cdot\boldsymbol{x}(t)+\boldsymbol{b}\cdot u(t)-\boldsymbol{b}_{\mathrm{z}}\cdot z(t),\quad y(t)=\boldsymbol{c}^{\mathrm{T}}\cdot\boldsymbol{x}(t)$$

$$\frac{\mathrm{d}}{\mathrm{d}t}\begin{bmatrix}\varphi_{\mathrm{i}}(t)\\ \omega_{\mathrm{i}}(t)\\ M_{\mathrm{M}}(t)\end{bmatrix}$$

$$=\begin{bmatrix}0 & 1 & 0\\ 0 & -\dfrac{1}{T_{\mathrm{M}}} & \dfrac{K_{\mathrm{S2}}}{T_{\mathrm{M}}}\\ 0 & 0 & -\dfrac{1}{T_{\mathrm{ES}}}\end{bmatrix}\begin{bmatrix}\varphi_{\mathrm{i}}(t)\\ \omega_{\mathrm{i}}(t)\\ M_{\mathrm{M}}(t)\end{bmatrix}+\begin{bmatrix}0\\ 0\\ \dfrac{K_{\mathrm{S1}}}{T_{\mathrm{ES}}}\end{bmatrix}\cdot u(t)-\begin{bmatrix}0\\ \dfrac{K_{\mathrm{S2}}}{T_{\mathrm{M}}}\\ 0\end{bmatrix}\cdot M_{\mathrm{L}}(t),$$

$$\mathrm{y}(t)=[1\quad 0\quad 0]\begin{bmatrix}\varphi_{\mathrm{i}}(t)\\ \omega_{\mathrm{i}}(t)\\ M_{\mathrm{M}}(t)\end{bmatrix}$$

从图 13.8-1 推导出具有扰动量的状态调节的一般结构图 13.8-2.

为了应用极点配置方法, 用 12.3.2.1 节所描述的方法计算状态调节特征方程:

$$\det\,[\,s\cdot\boldsymbol{E}-(\boldsymbol{A}+\boldsymbol{b}\cdot\boldsymbol{r}^{\mathrm{T}})]=$$

$$=\det\left[\begin{bmatrix}s & 0 & 0\\ 0 & s & 0\\ 0 & 0 & s\end{bmatrix}-\left[\begin{bmatrix}0 & 1 & 0\\ 0 & -\dfrac{1}{T_{\mathrm{M}}} & \dfrac{K_{\mathrm{S2}}}{T_{\mathrm{M}}}\\ 0 & 0 & -\dfrac{1}{T_{\mathrm{ES}}}\end{bmatrix}+\begin{bmatrix}0\\ 0\\ \dfrac{K_{\mathrm{S1}}}{T_{\mathrm{ES}}}\end{bmatrix}[r_1\quad r_2\quad r_3]\right]\right]$$

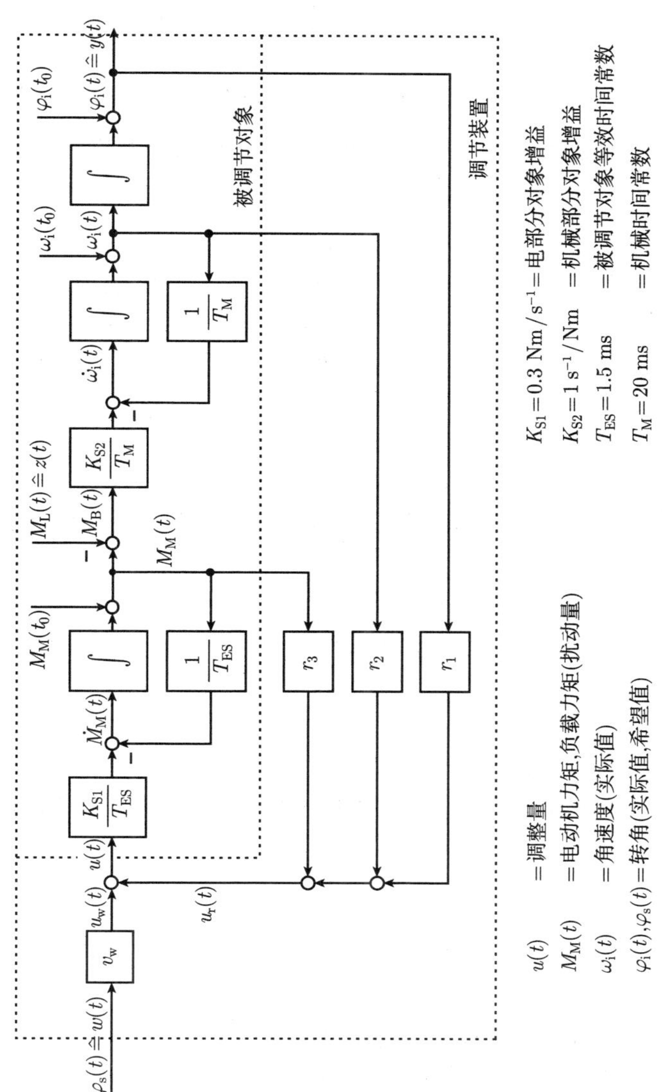

图13.8-1 具有状态调节装置的位置被调节对象

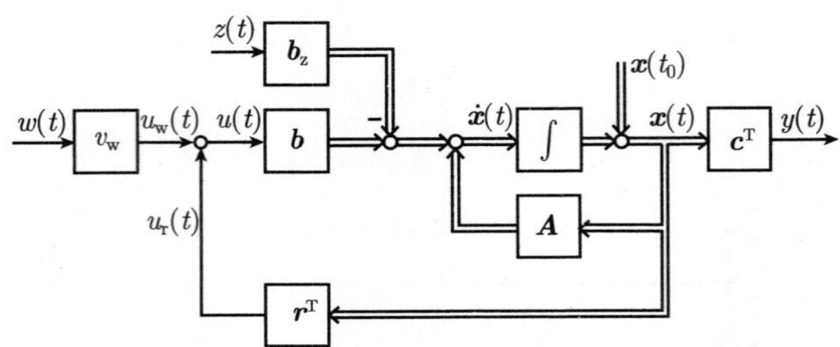

图 13.8-2　具有扰动量的状态调节的一般信号流图

$$= \det \begin{bmatrix} s & -1 & 0 \\ 0 & s+\dfrac{1}{T_{\mathrm{M}}} & -\dfrac{K_{\mathrm{S2}}}{T_{\mathrm{M}}} \\ \dfrac{-r_1 \cdot K_{\mathrm{S1}}}{T_{\mathrm{ES}}} & \dfrac{-r_2 \cdot K_{\mathrm{S1}}}{T_{\mathrm{ES}}} & s+\dfrac{1-r_3 \cdot K_{\mathrm{S1}}}{T_{\mathrm{ES}}} \end{bmatrix}$$

$$\boxed{\begin{aligned} &\det\left[s \cdot \boldsymbol{E} - (\boldsymbol{A} + \boldsymbol{b} \cdot \boldsymbol{r}^{\mathrm{T}})\right] \\ =\ & s^3 + \left[\frac{T_{\mathrm{ES}} + T_{\mathrm{M}} \cdot (1 - r_3 \cdot K_{\mathrm{S1}})}{T_{\mathrm{ES}} \cdot T_{\mathrm{M}}}\right] \cdot s^2 + \left[\frac{1 - r_3 \cdot K_{\mathrm{S1}} - r_2 \cdot K_{\mathrm{S1}} \cdot K_{\mathrm{S2}}}{T_{\mathrm{ES}} \cdot T_{\mathrm{M}}}\right] \cdot s \\ & - \frac{r_1 \cdot K_{\mathrm{S1}} \cdot K_{\mathrm{S2}}}{T_{\mathrm{ES}} \cdot T_{\mathrm{M}}} \end{aligned}}$$

极点配置

对于阶跃形式的已给位置参据量, 在机床位置调节时实际位置 φ_i 超调是不允许的. 参据传递函数不具有零点, 这样将由极点确定阶跃响应特性. 传递函数形式为

$$G(s) = \frac{Z(s)}{N(s)} = \frac{\omega_0^n}{(s+\omega_0)^n}$$

(也称为**二项式滤波器传递函数(Binomialfilter-Übertragungsfunktionen)**) 满足这些要求. 传递函数在 $-\omega_0$ 具有 $n-$ 重极点. 图 13.8-3 含有至 5 阶传递函数的二项式滤波器–阶跃响应函数.

归一化的阶跃响应 $h(\omega_0 t)$ 为:

$$h(\omega_0 t) = L^{-1}\left[\frac{\omega_0^n}{(s+\omega_0)^n} \cdot \frac{1}{s}\right] = 1 - \mathrm{e}^{-\omega_0 t} \cdot \sum_{i=1}^{n} \frac{(\omega_0 \cdot t)^{i-1}}{(i-1)!}$$

因为状态调节的极点可自由选择, 所以可由 $\omega_{0Z} \to \infty$ 产生任意快速的响应函数. 可是实际上, 由于调整量 (变流器输入电压, 电动机力矩) 限制和机械传输元件 (联动装置, 球形滚动螺杆) 负载只能预先给定最大值.

由 $n = 3$ 给出具有状态调节器的位置调节的参据传递函数

$$G(s) = \frac{\varphi_{\mathrm{i}}(s)}{\varphi_{\mathrm{s}}(s)} = \frac{\omega_{0\mathrm{Z}}^3}{(s+\omega_{0\mathrm{Z}})^3} = \frac{\omega_{0\mathrm{Z}}^3}{s^3 + 3\cdot\omega_{0\mathrm{Z}}\cdot s^2 + 3\cdot\omega_{0\mathrm{Z}}^2\cdot s + \omega_{0\mathrm{Z}}^3}$$

其中预先给定多项式

$$\boxed{P(s) = s^3 + 3\cdot\omega_{0\mathrm{Z}}\cdot s^2 + 3\cdot\omega_{0\mathrm{Z}}^2\cdot s + \omega_{0\mathrm{Z}}^3}$$

n	$N(s)$
1	$s+\omega_0$
2	$s^2+2\cdot\omega_0\cdot s+\omega_0^2$
3	$s^3+3\cdot\omega_0\cdot s^2+3\cdot\omega_0^2\cdot s+\omega_0^3$
4	$s^4+4\cdot\omega_0\cdot s^3+6\cdot\omega_0^2\cdot s^2+4\cdot\omega_0^3\cdot s+\omega_0^4$
5	$s^5+5\cdot\omega_0\cdot s^4+10\cdot\omega_0^2\cdot s^3+10\cdot\omega_0^3\cdot s^2+5\cdot\omega_0^4\cdot s+\omega_0^5$

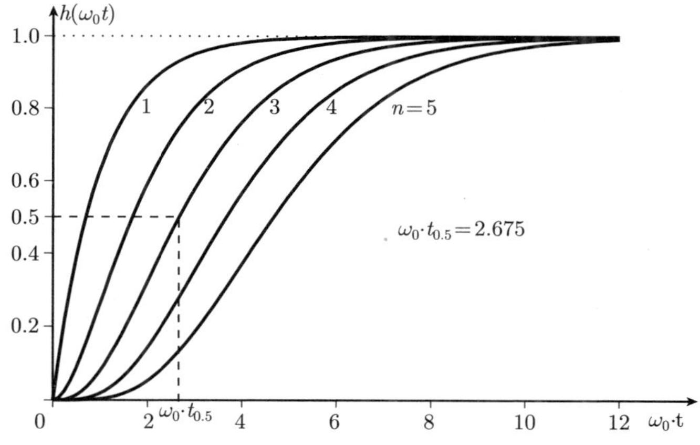

图 13.8-3 二项式滤波器–传递函数和归一化的阶跃响应函数

具有状态调节器的位置调节与具有串级结构的调节相比较. 在图 13.5-8 中具有串级结构的位置调节的参据阶跃响应函数在 $t_{0.5} = 6.75\mathrm{ms}$ 后达到值 0.5, 在图 13.8-3 中二项式滤波器–传递函数的阶跃响应在 $\omega_{0\mathrm{Z}}\cdot t_{0.5} = 2.675$ 时就具有该值. 为此给出

$$\boxed{\omega_{0\mathrm{Z}} = \frac{2.675}{t_{0.5}} = 396.3\,\mathrm{s}^{-1}}$$

图 13.8-4 所示为位置被调节对象和具有状态调节器位置调能的极点.

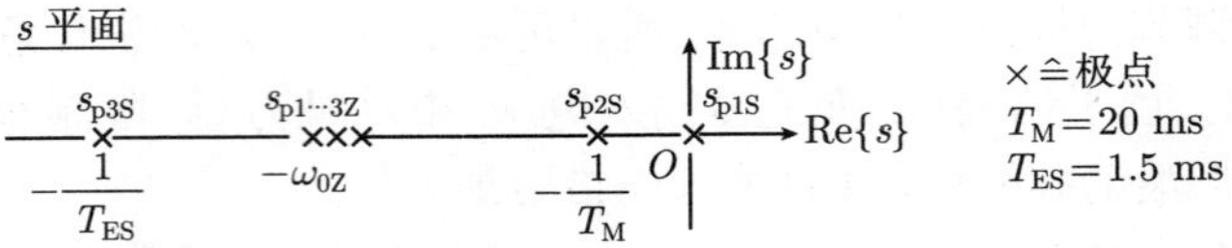

位置被调节对象极点	具有状态调节器的位置调节极点
$s_{p1S} = 0$	$s_{p1\cdots3Z} = -\omega_{0Z} = -396.3\text{s}^{-1}$
$s_{p2S} = -\dfrac{1}{T_M} = -50\text{s}^{-1}$	
$s_{p3S} = -\dfrac{1}{T_{ES}} = -666.7\text{s}^{-1}$	

图 13.8-4　位置被调节对象和具有状态调节器位置调节的极点

具有状态调节器位置调节的特征方程与预先给定的多项式 $P(s)$ 的系数比较，提供具有解的方程：

$$\left.\begin{aligned}&\frac{T_{ES}+T_M\cdot(1-r_3\cdot K_{S1})}{T_{ES}\cdot T_M}=3\cdot\omega_{0Z}\\&\frac{1-r_3\cdot K_{S1}-r_2\cdot K_{S1}\cdot K_{S2}}{T_{ES}\cdot T_M}=3\cdot\omega_{0Z}^2\\&\frac{-r_1\cdot K_{S1}\cdot K_{S2}}{T_{ES}\cdot T_M}=\omega_{0Z}^3\end{aligned}\right\}\begin{aligned}&r_1=\frac{-\omega_{0Z}^3\cdot T_{ES}\cdot T_M}{K_{S1}\cdot K_{S2}}\\&r_2=\frac{-T_{ES}\cdot(1-3\cdot\omega_{0Z}\cdot T_M)-3\cdot\omega_{0Z}^2\cdot T_{ES}\cdot T_M^2}{K_{S1}\cdot K_{S2}\cdot T_M}\\&r_3=\frac{T_{ES}\cdot(1-3\cdot\omega_{0Z}\cdot T_M)+T_M}{K_{S1}\cdot T_M}\end{aligned}$$

13.8.2.2　状态调节器前置滤波器的计算

对于常值位置参据量应这样设计前置滤波器，即不产生稳态调节误差．对此，在 12.3.2.2 节中开发了下面方程：

$$v_w = -[\boldsymbol{c}^T\cdot(\boldsymbol{A}+\boldsymbol{b}\cdot\boldsymbol{r}^T)^{-1}\cdot\boldsymbol{b}]^{-1}$$

其中

输入向量为

$$\boldsymbol{b}=\begin{bmatrix}0\\0\\\dfrac{K_{S1}}{T_{ES}}\end{bmatrix}$$

输出向量为

$$\boldsymbol{c}^T=[1\quad 0\quad 0]$$

状态调节的系统矩阵为

$$\boldsymbol{A}+\boldsymbol{b}\cdot\boldsymbol{r}^{\mathrm{T}}=\begin{bmatrix}0 & 1 & 0\\ 0 & -\dfrac{1}{T_{\mathrm{M}}} & \dfrac{K_{\mathrm{S2}}}{T_{\mathrm{M}}}\\ \dfrac{r_1\cdot K_{\mathrm{S1}}}{T_{\mathrm{ES}}} & \dfrac{r_2\cdot K_{\mathrm{S1}}}{T_{\mathrm{ES}}} & \dfrac{r_3\cdot K_{\mathrm{S1}}-1}{T_{\mathrm{ES}}}\end{bmatrix}$$

对于状态调节的系统矩阵, 构建逆矩阵. 3×3 矩阵为

$$\boldsymbol{A}+\boldsymbol{b}\cdot\boldsymbol{r}^{\mathrm{T}}=\boldsymbol{A}'=\begin{bmatrix}a'_{11} & a'_{12} & a'_{13}\\ a'_{21} & a'_{22} & a'_{23}\\ a'_{31} & a'_{32} & a'_{33}\end{bmatrix}$$

的逆借助符号元素

$$\boldsymbol{A}'^{-1}=\frac{1}{\det\boldsymbol{A}'}\begin{bmatrix}a'_{22}\cdot a'_{33}-a'_{23}\cdot a'_{32} & -a'_{12}\cdot a'_{33}+a'_{13}\cdot a'_{32} & a'_{12}\cdot a'_{23}-a'_{13}\cdot a'_{22}\\ -a'_{21}\cdot a'_{33}+a'_{23}\cdot a'_{31} & a'_{11}\cdot a'_{33}-a'_{13}\cdot a'_{31} & -a'_{11}\cdot a'_{23}+a'_{13}\cdot a'_{21}\\ a'_{21}\cdot a'_{32}-a'_{22}\cdot a'_{31} & -a'_{11}\cdot a'_{32}+a'_{12}\cdot a'_{31} & a'_{11}\cdot a'_{22}-a'_{12}\cdot a'_{21}\end{bmatrix}$$

来计算, 其中

$$\begin{aligned}\det\boldsymbol{A}=&a'_{11}\cdot a'_{22}\cdot a'_{33}+a'_{12}\cdot a'_{23}\cdot a'_{31}+a'_{13}\cdot a'_{21}\cdot a'_{32}\\ &-a'_{13}\cdot a'_{22}\cdot a'_{31}-a'_{11}\cdot a'_{23}\cdot a'_{32}-a'_{12}\cdot a'_{21}\cdot a'_{33}\end{aligned}$$

对于常值位置参据量的前置滤波器给出

$$\begin{aligned}v_{\mathrm{w}}&=-[\boldsymbol{c}^{\mathrm{T}}\cdot(\boldsymbol{A}+\boldsymbol{b}\cdot\boldsymbol{r}^{\mathrm{T}})^{-1}\cdot\boldsymbol{b}]^{-1}\\ &=-\left[[1\ 0\ 0]\begin{bmatrix}\dfrac{1-K_{\mathrm{S1}}\cdot(K_{\mathrm{S2}}\cdot r_2+r_3)}{K_{\mathrm{S1}}\cdot K_{\mathrm{S2}}\cdot r_1} & \dfrac{T_{\mathrm{M}}\cdot(1-K_{\mathrm{S1}}\cdot r_3)}{K_{\mathrm{S1}}\cdot K_{\mathrm{S2}}\cdot r_1} & \dfrac{T_{\mathrm{ES}}}{K_{\mathrm{S1}}\cdot r_1}\\ 1 & 0 & 0\\ \dfrac{1}{K_{\mathrm{S2}}} & \dfrac{T_{\mathrm{M}}}{K_{\mathrm{S2}}} & 0\end{bmatrix}\begin{bmatrix}0\\ 0\\ \dfrac{K_{\mathrm{S1}}}{T_{\mathrm{ES}}}\end{bmatrix}\right]^{-1}\\ &=-r_1\end{aligned}$$

13.8.2.3 具有状态调节器的位置调节的阶跃特性

从图 13.8-2 状态调节一般信号流图, 推导出在时域状态方程, 其中调整量 $u(t)$ 被置换:

$$u(t) = u_{\mathrm{r}}(t) + u_{\mathrm{w}}(t) = \boldsymbol{r}^{\mathrm{T}} \cdot \boldsymbol{x}(t) + v_{\mathrm{w}} \cdot w(t)$$

$$\frac{\mathrm{d}\boldsymbol{x}(t)}{\mathrm{d}t} = \boldsymbol{A} \cdot \boldsymbol{x}(t) + \boldsymbol{b} \cdot u(t) - \boldsymbol{b}_{\mathrm{z}} \cdot z(t)$$

$$= (\boldsymbol{A} + \boldsymbol{b} \cdot \boldsymbol{r}^{\mathrm{T}}) \cdot \boldsymbol{x}(t) + \boldsymbol{b} \cdot v_{\mathrm{w}} \cdot w(t) - \boldsymbol{b}_{\mathrm{z}} \cdot z(t)$$

$$y(t) = \boldsymbol{c}^{\mathrm{T}} \cdot \boldsymbol{x}(t)$$

按照 12.2.3 节求频域的状态方程. 通过时域状态方程的拉普拉斯变换, 得到参据特性和扰动特性的方程:

$$u(s) = \boldsymbol{r}^{\mathrm{T}} \cdot \boldsymbol{x}(s) + v_{\mathrm{w}} \cdot w(s)$$

$$s \cdot \boldsymbol{x}(s) - \boldsymbol{x}(t_0) = (\boldsymbol{A} + \boldsymbol{b} \cdot \boldsymbol{r}^{\mathrm{T}}) \cdot \boldsymbol{x}(s) + \boldsymbol{b} \cdot v_{\mathrm{w}} \cdot w(s) - \boldsymbol{b}_{\mathrm{z}} \cdot z(s)$$

$$[s \cdot \boldsymbol{E} - (\boldsymbol{A} + \boldsymbol{b} \cdot \boldsymbol{r}^{\mathrm{T}})] \cdot \boldsymbol{x}(s) = \boldsymbol{x}(t_0) + \boldsymbol{b} \cdot v_{\mathrm{w}} \cdot w(s) - \boldsymbol{b}_{\mathrm{z}} \cdot z(s)$$

$$\boldsymbol{x}(s) = \left[s \cdot \boldsymbol{E} - (\boldsymbol{A} + \boldsymbol{b} \cdot \boldsymbol{r}^{\mathrm{T}})\right]^{-1} \cdot [\boldsymbol{x}(t_0) + \boldsymbol{b} \cdot v_{\mathrm{w}} \cdot w(s) - \boldsymbol{b}_{\mathrm{z}} \cdot z(s)]$$

$$y(s) = \boldsymbol{c}^{\mathrm{T}} \cdot \boldsymbol{x}(s) = \boldsymbol{c}^{\mathrm{T}} \cdot [s \cdot \boldsymbol{E} - (\boldsymbol{A} + \boldsymbol{b} \cdot \boldsymbol{r}^{\mathrm{T}})]^{-1} \cdot [\boldsymbol{x}(t_0) + \boldsymbol{b} \cdot v_{\mathrm{w}} \cdot w(s) - \boldsymbol{b}_{\mathrm{z}} \cdot z(s)]$$

对在图 13.8-1 中给出的对象参数, 绘制状态调节的动态曲线. 初值向量 $x(t_0)$ 各分量为零. 在后面, 通过物理变量取代状态调节的一般变量. 对于阶跃接入, 计算状态调节的参据特性 (图 13.8-5 和图 13.8-6).

参据传递函数:

$$\varphi_{\mathrm{i}}(s) \hat{=} y(s), \quad \varphi_{\mathrm{s}}(s) \hat{=} w(s), \quad M_{\mathrm{L}}(s) \hat{=} z(s) = 0$$

$$\varphi_{\mathrm{i}}(s) = \boldsymbol{c}^{\mathrm{T}} \cdot [s \cdot \boldsymbol{E} - (\boldsymbol{A} + \boldsymbol{b} \cdot \boldsymbol{r}^{\mathrm{T}})]^{-1} \cdot \boldsymbol{b} \cdot v_{\mathrm{w}} \cdot \varphi_{\mathrm{s}}(s)$$

$$= \frac{\omega_{0\mathrm{Z}}^3}{s^3 + 3 \cdot \omega_{0\mathrm{Z}} \cdot s^2 + 3 \cdot \omega_{0\mathrm{Z}}^2 \cdot s + \omega_{0\mathrm{Z}}^3} \cdot \varphi_{\mathrm{s}}(s) = G(s) \cdot \varphi_{\mathrm{s}}(s)$$

阶跃响应函数 (图 13.8-5):

$$\varphi_{\mathrm{s}}(s) = \frac{\varphi_{\mathrm{s0}}}{s}, \quad \varphi_{\mathrm{s}}(t) = \varphi_{\mathrm{s0}} \cdot E(t), \quad \omega_{0\mathrm{Z}} = 396.3\,\mathrm{s}^{-1}$$

$$\varphi_{\mathrm{i}}(t) = \varphi_{\mathrm{s0}} \cdot \left[1 - \left(1 + \omega_{0\mathrm{Z}} \cdot t + \frac{(\omega_{0\mathrm{Z}} \cdot t)^2}{2}\right) \cdot \mathrm{e}^{-\omega_{0\mathrm{Z}} t}\right]$$

调整量:

$$u(s) = \boldsymbol{r}^{\mathrm{T}} \cdot \boldsymbol{x}(s) + v_{\mathrm{w}} \cdot w(s)$$

$$= \boldsymbol{r}^{\mathrm{T}} \cdot [s \cdot \boldsymbol{E} - (\boldsymbol{A} + \boldsymbol{b} \cdot \boldsymbol{r}^{\mathrm{T}})]^{-1} \cdot \boldsymbol{b} \cdot v_{\mathrm{w}} \cdot \varphi_{\mathrm{s}}(s) + v_{\mathrm{w}} \cdot \varphi_{\mathrm{s}}(s)$$

$$= \frac{(T_{\mathrm{ES}} \cdot T_{\mathrm{M}} \cdot s^3 + (T_{\mathrm{ES}} + T_{\mathrm{M}}) \cdot s^2 + s) \cdot \omega_{0\mathrm{Z}}^3}{K_{\mathrm{S1}} \cdot K_{\mathrm{S2}} \cdot (s^3 + 3 \cdot \omega_{0\mathrm{Z}} \cdot s^2 + 3 \cdot \omega_{0\mathrm{Z}}^2 \cdot s + \omega_{0\mathrm{Z}}^3)} \cdot \varphi_{\mathrm{s}}(s)$$

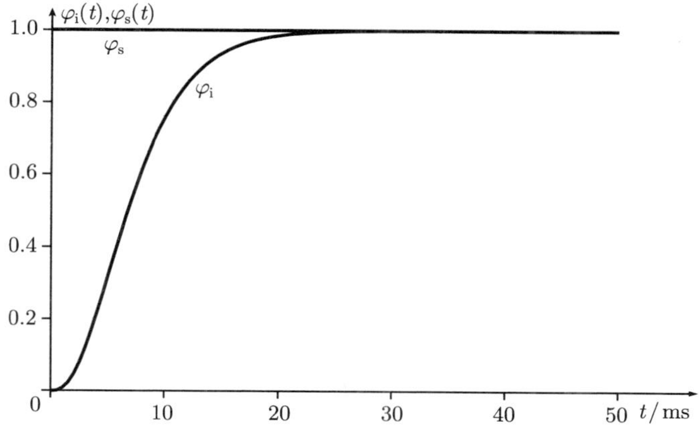

图 13.8-5 具有状态调节器的位置调节的参据阶跃响应函数 ($\varphi_{S0}=1.0,\omega_{0Z}=396.3\text{s}^{-1}$)

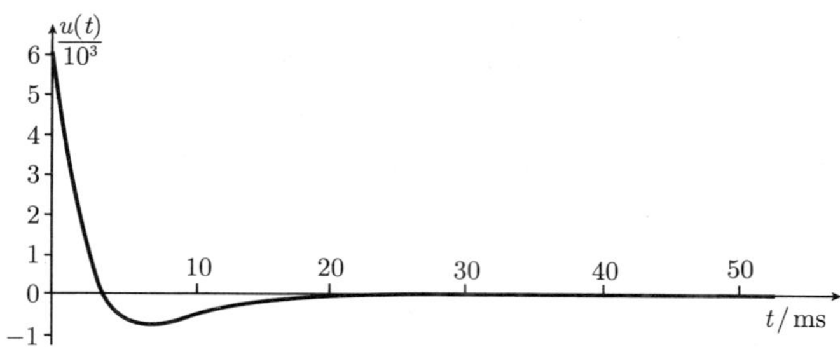

图 13.8-6 用于图 13.8-5 中参据阶跃响应函数的调整量时间曲线

对于阶跃接入, 计算状态调节的扰动特性 (图 13.8-7).

扰动传递函数:

$$\varphi_i(s)\hat{=}y(s),\quad \varphi_s(s)\hat{=}w(s)=0,\quad M_L(s)\hat{=}z(s)$$

$$\begin{aligned}\varphi_i(s)&=-\boldsymbol{c}^T\cdot[s\cdot\boldsymbol{E}-(\boldsymbol{A}+\boldsymbol{b}\cdot\boldsymbol{r}^T)]^{-1}\cdot\boldsymbol{b}_z\cdot M_L(s)\\&=\frac{-K_{S2}\cdot(T_M\cdot s-1+3\cdot\omega_{0Z}\cdot T_M)}{T_M^2\cdot(s^3+3\cdot\omega_{0Z}\cdot s^2+3\cdot\omega_{0Z}^2\cdot s+\omega_{0Z}^3)}\cdot M_L(s)=G_z(s)\cdot M_L(s)\end{aligned}$$

对于 $M_L(s)=\dfrac{M_{L0}}{s}$, $M_L(t)=M_{L0}\cdot E(t)$, $M_{L0}=1.0$ Nm 计算阶跃响应函数 (图 13.8-7).

在状态调节时, 常值扰动会导致常值调节误差. 在具有串级结构位置调节时, 引入 PI 调节器. 通过在 PI 调节器中的积分环节, 调节误差会渐进地衰减. 当附加应用扰动量观测器时, 状态调节也具有这样的调节特性.

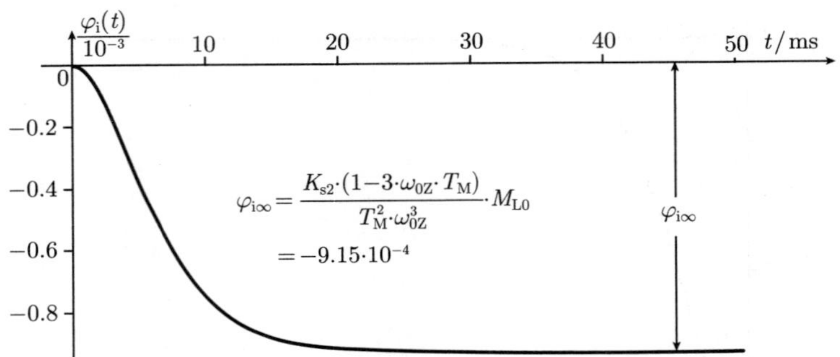

图 13.8-7　具有状态调节器的位置调节的扰动阶跃响应函数 ($M_{L0} = 1.0\text{Nm}, \omega_{0Z} = 396.3\text{s}^{-1}$)

13.8.2.4　调整装置时间常数和调整量耗费

开发半导体变流器 (从晶闸管技术开始到晶体管–脉冲变流器), 会大大地改善走刀驱动装置的调节品质. 具有晶体管–脉冲变流器的驱动装置满足特别高的调节动态要求, 因为由于高的脉冲频率使变流器时延小到可忽略. 在这种驱动装置情况, 由驱动电动机的电时间常数确定被调节对象等效时间常数 T_{ES}.

由 13.8.2 节, 图 13.8-1 状态位置调节, 研究 T_{ES} (调整装置时间常数) 对调整量耗费的影响如下. 通过位置 (角度 φ_i) 的 I 环节来增补具有 13.2.2 节的两个时间常数的对象模型, 以便给出位置被调节对象的状态模型:

$$\frac{d}{dt}\begin{bmatrix}\varphi_i(t)\\ \omega_i(t)\\ M_M(t)\end{bmatrix}=\begin{bmatrix}0 & 1 & 0\\ 0 & \frac{-1}{T_M} & \frac{K_{S2}}{T_M}\\ 0 & 0 & \frac{-1}{T_{ES}}\end{bmatrix}\cdot\begin{bmatrix}\varphi_i(t)\\ \omega_i(t)\\ M_M(t)\end{bmatrix}+\begin{bmatrix}0\\ 0\\ \frac{K_{S1}}{T_{ES}}\end{bmatrix}\cdot u(t)-\begin{bmatrix}0\\ \frac{K_{S2}}{T_M}\\ 0\end{bmatrix}\cdot M_L(t)$$

$$\frac{d}{dt}\boldsymbol{x}(t) = \boldsymbol{A}\cdot\boldsymbol{x}(t)+\boldsymbol{b}\cdot u(t)-\boldsymbol{b}_z\cdot M_L(t)$$

$$\varphi_i(t)=y(t)=\boldsymbol{c}^T\cdot\boldsymbol{x}(t)=[1\quad 0\quad 0]\cdot\boldsymbol{x}(t)$$

通过预先给定极点 $\omega_{0Z} = 396.3\text{s}^{-1}$ 的极点配置, 求反馈向量 r^T. 对于状态位置调节, 状态微分方程表示为

$$\frac{d}{dt}\boldsymbol{x}(t)=(\boldsymbol{A}+\boldsymbol{b}\cdot\boldsymbol{r}^T)\cdot\boldsymbol{x}(t)+\boldsymbol{b}_w\cdot u(t)-\boldsymbol{b}_z\cdot M_L(t),\qquad \boldsymbol{b}_w=[0\quad 0\quad v_w]^T$$

而由调整量作为输出量的输出方程表示为

$$u(t)=\boldsymbol{r}^T\cdot\boldsymbol{x}(t)+v_w\cdot\varphi_s(t)$$

大的调整量幅值会改善调节动态特性, 然而也会加载被调节对象. 在此不允许超越调整量限制. 对于高的调节动态特性, 配置具有大的负实部的调节极点.

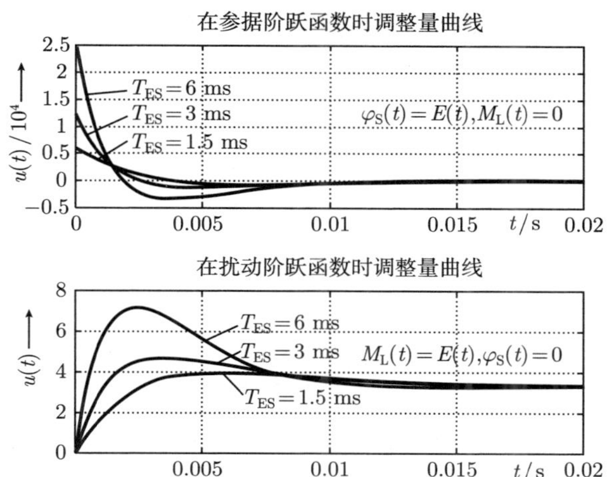

图 13.8-8 对于不同调整装置时间常数 T_{ES} 的状态位置调节的调整量曲线 $u(t)$

图 13.8-8(上图) 所示为对于位置参据量单位阶跃函数 $\varphi_S(t) = E(t)$ 的调整量曲线 $u(t)$. 对于大的调整装置时间常数 T_{ES} 生成冲激形式调整量, 其中幅值高度随 T_{ES} 增大而增大. 在负载力矩单位阶跃函数 $M_L(t) = E(t)$ 时, 调整量在图 13.8-8(下图) 中具有类似曲线.

小的调整装置滞后时间常数会改善调节动态特性, 并减小被调节对象负载.

13.8.3 状态观测器和扰动量观测器的计算

13.8.3.1 状态观测器和扰动量观测器的结构

在机床和工业机器人中为了测量实际位置 $\varphi_i(t)$ 引入不同结构形式的位移测量系统. 由于费用原因通常放弃旋转角速度 $\omega_i(t) = \dot{\varphi}_i(t)$ 的测量, 其中速度近似地用差商

$$\omega_i(t) = \dot{\varphi}_i(t) \approx \frac{\Delta\varphi_i(t)}{\Delta t}$$

来计算. 实际上, 在小运行速度时近似式会导致对调节品质方面的限制. 电动机力矩

$$M_M(t) = K_M \cdot I_A(t)$$

已知力矩常数 K_M 可通过测量电枢电流来求. 在具有状态调节器的位置调节时, 测量实际位置. 通过状态观测器求速度和电动机转动力矩.

测量或用数学模型计算的扰动量, 可通过在被调节对象输入端的扰动量接入来补偿. 通过扰动量观测器来计算扰动转动力矩和负载转动力矩. 具有状态观测器和扰动量观测器状态调节的基础已在 12.4.2 节中描述过.

对于扰动特性, 调节应满足下面要求：对于常值扰动量调节应使调节误差稳态地趋于零. 该要求可借助扰动量观测器由扰动量接入来满足, 其中通过扰动量模型增广被调节对象模型：

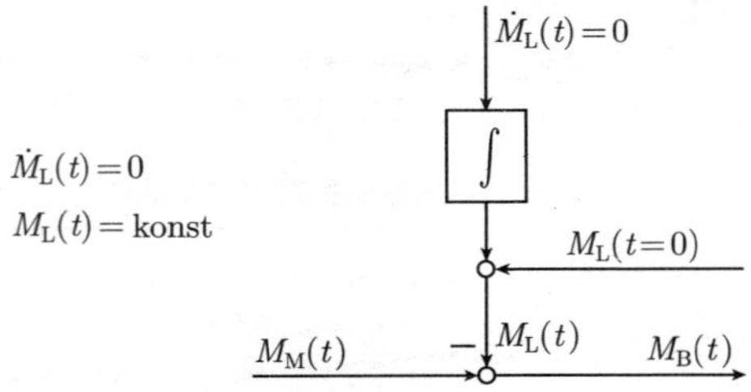

$\dot{M}_L(t)=0$
$M_L(t)=\text{konst}$

$\dot{M}_L(t)=0$ → ∫ → $M_L(t=0)$ → $M_L(t)$；$M_M(t)$ − $M_L(t)$ → $M_B(t)$

图 13.8-9 显示具有状态调节器以及具有状态观测器和扰动量观测器的位置调节的信号流图.

13.8.3.2　通过极点配置求观测器

状态观测器和扰动量观测器的特征方程

用扰动量 $M_L(t)$ 扩展的状态向量, 表示具有一般的和物理的状态变量的位置被调节对象状态方程：

$$\frac{\mathrm{d}\,\boldsymbol{x}(t)}{\mathrm{d}t}=\boldsymbol{A}\cdot\boldsymbol{x}(t)+\boldsymbol{b}\cdot u(t), y(t)=\boldsymbol{c}^{\mathrm{T}}\cdot\boldsymbol{x}(t)$$

$$\frac{\mathrm{d}}{\mathrm{d}t}\begin{bmatrix}\varphi_i(t)\\ \omega_i(t)\\ M_M(t)\\ M_L(t)\end{bmatrix}=\begin{bmatrix}0 & 1 & 0 & 0\\ 0 & \dfrac{-1}{T_M} & \dfrac{K_{S2}}{T_M} & \dfrac{-K_{S2}}{T_M}\\ 0 & 0 & \dfrac{-1}{T_{ES}} & 0\\ 0 & 0 & 0 & 0\end{bmatrix}\begin{bmatrix}\varphi_i(t)\\ \omega_i(t)\\ M_M(t)\\ M_L(t)\end{bmatrix}+\begin{bmatrix}0\\ 0\\ \dfrac{K_{S1}}{T_{ES}}\\ 0\end{bmatrix}\cdot u(t)$$

$$y(t)=\begin{bmatrix}1 & 0 & 0 & 0\end{bmatrix}\begin{bmatrix}\varphi_i(t)\\ \omega_i(t)\\ M_M(t)\\ M_L(t)\end{bmatrix}=\varphi_i(t)$$

在计算观测器时应由此出发, 即被调节对象的参数是已知的：$\hat{\boldsymbol{A}}=\boldsymbol{A}$, $\hat{\boldsymbol{b}}=\boldsymbol{b}$. 相应地对于状态和扰动量观测器也有效：

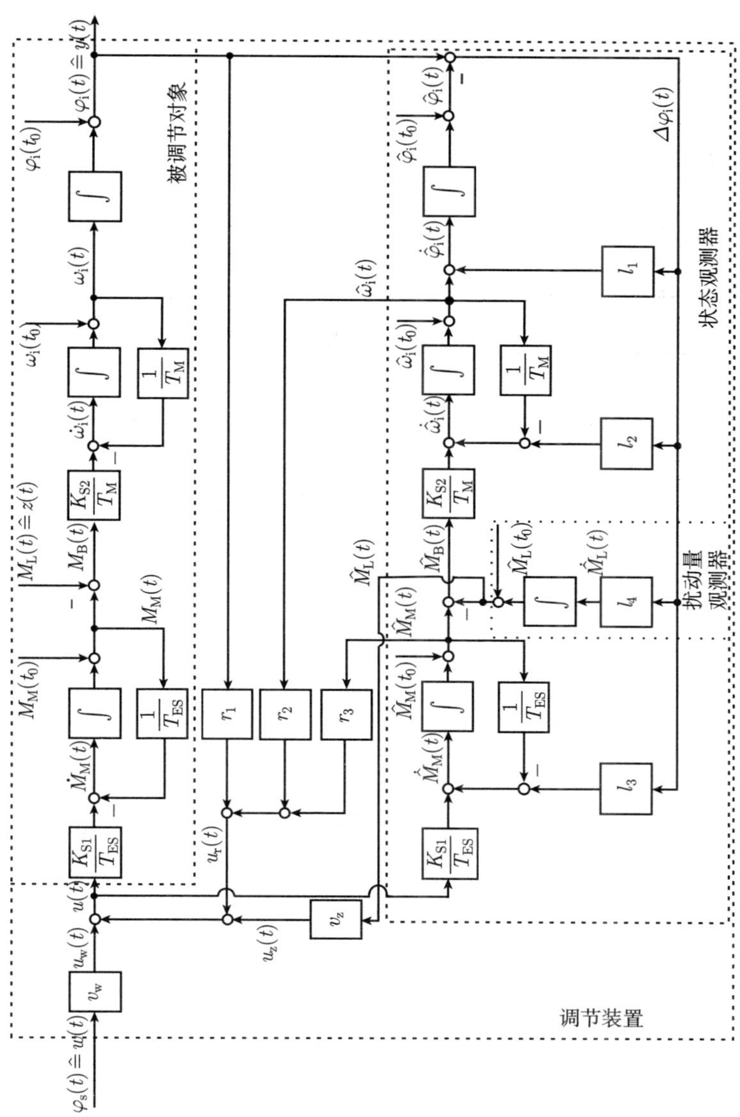

图13.8-9 具有状态调节器、状态 观测器和扰动量观测器的位置调节的信号流图

$$\frac{\mathrm{d}\,\hat{\boldsymbol{x}}(t)}{\mathrm{d}t} = \boldsymbol{A}\cdot\hat{\boldsymbol{x}}(t) + \boldsymbol{b}\cdot u(t) + \boldsymbol{l}\cdot\boldsymbol{c}^{\mathrm{T}}\cdot(\boldsymbol{x}(t) - \hat{\boldsymbol{x}}(t))$$

$$= \boldsymbol{A}\cdot\hat{\boldsymbol{x}}(t) + \boldsymbol{b}\cdot u(t) + \boldsymbol{l}\cdot(y(t) - \hat{y}(t)), \quad \hat{y}(t) = \boldsymbol{c}^{\mathrm{T}}\cdot\hat{\boldsymbol{x}}(t)$$

$$\frac{\mathrm{d}}{\mathrm{d}t}\begin{bmatrix}\hat{\varphi}_{\mathrm{i}}(t)\\ \hat{\omega}_{\mathrm{i}}(t)\\ \hat{M}_{\mathrm{M}}(t)\\ \hat{M}_{\mathrm{L}}(t)\end{bmatrix}$$

$$= \begin{bmatrix}0 & 1 & 0 & 0\\ 0 & \dfrac{-1}{T_{\mathrm{M}}} & \dfrac{K_{\mathrm{S2}}}{T_{\mathrm{M}}} & \dfrac{-K_{\mathrm{S2}}}{T_{\mathrm{M}}}\\ 0 & 0 & \dfrac{-1}{T_{\mathrm{ES}}} & 0\\ 0 & 0 & 0 & 0\end{bmatrix}\begin{bmatrix}\hat{\varphi}_{\mathrm{i}}(t)\\ \hat{\omega}_{\mathrm{i}}(t)\\ \hat{M}_{\mathrm{M}}(t)\\ \hat{M}_{\mathrm{L}}(t)\end{bmatrix} + \begin{bmatrix}0\\ 0\\ \dfrac{K_{\mathrm{S1}}}{T_{\mathrm{ES}}}\\ 0\end{bmatrix}\cdot u(t) + \begin{bmatrix}l_1\\ l_2\\ l_3\\ l_4\end{bmatrix}\cdot[\varphi_{\mathrm{i}}(t) - \hat{\varphi}_{\mathrm{i}}(t)]$$

$$\hat{y}(t) = \begin{bmatrix}1 & 0 & 0 & 0\end{bmatrix}\begin{bmatrix}\hat{\varphi}_{\mathrm{i}}(t)\\ \hat{\omega}_{\mathrm{i}}(t)\\ \hat{M}_{\mathrm{M}}(t)\\ \hat{M}_{\mathrm{L}}(t)\end{bmatrix} = \hat{\varphi}_{\mathrm{i}}(t)$$

调整量 $u(t)$ 由参据量、状态反馈 $u_{\mathrm{r}}(t)$ 和扰动量接入 $u_z(t)$ 构成:

$$u(t) = \begin{bmatrix}r_1 & r_2 & r_3 & v_z\end{bmatrix}\begin{bmatrix}\varphi_{\mathrm{i}}(t)\\ \hat{\omega}_{\mathrm{i}}(t)\\ \hat{M}_{\mathrm{M}}(t)\\ \hat{M}_{\mathrm{L}}(t)\end{bmatrix} + v_{\mathrm{w}}\cdot\varphi_{\mathrm{s}}(t)$$

在例 12.2-10 中显示出位置被调节对象的可观测性. 用扰动量模型扩展的位置被调节对象同样是可观测的, 因为负载转动力矩 $M_{\mathrm{L}}(t)$ 作用到实际位置 $\varphi_{\mathrm{i}}(t)$ 上. 将观测模型一般形式

$$\boldsymbol{F} = \boldsymbol{A} - \boldsymbol{l}\cdot\boldsymbol{c}^{\mathrm{T}}$$

引入到在 12.3.3.2 节开发的状态观测器和扰动量观测器的特征方程:

$$\det[s\cdot\boldsymbol{E}-\boldsymbol{F}]=\det[s\cdot\boldsymbol{E}-(\boldsymbol{A}-\boldsymbol{l}\cdot\boldsymbol{c}^{\mathrm{T}})]=\det\left[\begin{bmatrix} s & 0 & 0 & 0\\ 0 & s & 0 & 0\\ 0 & 0 & s & 0\\ 0 & 0 & 0 & s\end{bmatrix}\right.$$

$$\left.-\left[\begin{bmatrix} 0 & 1 & 0 & 0\\ 0 & -\dfrac{1}{T_{\mathrm{M}}} & \dfrac{K_{\mathrm{S2}}}{T_{\mathrm{M}}} & -\dfrac{K_{\mathrm{S2}}}{T_{\mathrm{M}}}\\ 0 & 0 & -\dfrac{1}{T_{\mathrm{ES}}} & 0\\ 0 & 0 & 0 & 0\end{bmatrix}-\begin{bmatrix} l_1\\ l_2\\ l_3\\ l_4\end{bmatrix}\begin{bmatrix}1 & 0 & 0 & 0\end{bmatrix}\right]\right]$$

$$=\det\begin{bmatrix} s+l_1 & -1 & 0 & 0\\ l_2 & s+\dfrac{1}{T_{\mathrm{M}}} & -\dfrac{K_{\mathrm{S2}}}{T_{\mathrm{M}}} & \dfrac{K_{\mathrm{S2}}}{T_{\mathrm{M}}}\\ l_3 & 0 & s+\dfrac{1}{T_{\mathrm{ES}}} & 0\\ l_4 & 0 & 0 & s\end{bmatrix}$$

$$=(s+l_1)\cdot\begin{vmatrix} s+\dfrac{1}{T_{\mathrm{M}}} & -\dfrac{K_{\mathrm{S2}}}{T_{\mathrm{M}}} & \dfrac{K_{\mathrm{S2}}}{T_{\mathrm{M}}}\\ 0 & s+\dfrac{1}{T_{\mathrm{ES}}} & 0\\ 0 & 0 & s\end{vmatrix}-l_2\cdot\begin{vmatrix} -1 & 0 & 0\\ 0 & s+\dfrac{1}{T_{\mathrm{ES}}} & 0\\ 0 & 0 & s\end{vmatrix}+$$

$$+l_3\cdot\begin{vmatrix} -1 & 0 & 0\\ s+\dfrac{1}{T_{\mathrm{M}}} & -\dfrac{K_{\mathrm{S2}}}{T_{\mathrm{M}}} & \dfrac{K_{\mathrm{S2}}}{T_{\mathrm{M}}}\\ 0 & 0 & s\end{vmatrix}-l_4\cdot\begin{vmatrix} -1 & 0 & 0\\ s+\dfrac{1}{T_{\mathrm{M}}} & -\dfrac{K_{\mathrm{S2}}}{T_{\mathrm{M}}} & \dfrac{K_{\mathrm{S2}}}{T_{\mathrm{M}}}\\ 0 & s+\dfrac{1}{T_{\mathrm{ES}}} & 0\end{vmatrix}$$

4×4 矩阵行列式按照第 1 列展开来计算. 求值 3×3 子行列式, 提供观测器方程特征多项式:

$$\boxed{\begin{aligned}&\det[s\cdot\boldsymbol{E}-(\boldsymbol{A}-\boldsymbol{l}\cdot\boldsymbol{c}^{\mathrm{T}})]\\ =\ &s^4+\frac{l_1T_{\mathrm{ES}}T_{\mathrm{M}}+T_{\mathrm{ES}}+T_{\mathrm{M}}}{T_{\mathrm{ES}}\cdot T_{\mathrm{M}}}\cdot s^3+\frac{1+l_1(T_{\mathrm{ES}}+T_{\mathrm{M}})+l_2T_{\mathrm{ES}}T_{\mathrm{M}}}{T_{\mathrm{ES}}\cdot T_{\mathrm{M}}}\cdot s^2\\ &+\frac{l_1+l_2\cdot T_{\mathrm{M}}+l_3\cdot K_{\mathrm{S2}}\cdot T_{\mathrm{ES}}-l_4\cdot K_{\mathrm{S2}}\cdot T_{\mathrm{ES}}}{T_{\mathrm{ES}}\cdot T_{\mathrm{M}}}\cdot s-\frac{l_4\cdot K_{\mathrm{S2}}}{T_{\mathrm{ES}}\cdot T_{\mathrm{M}}}.\end{aligned}}$$

极点配置

对于状态观测器和扰动量观测器, 由于引入扰动量模型的状态变量 $M_{\mathrm{L}}(t)$ 而配置 4 个极点. 如像在状态调节时那样, 配置观测器极点为具有相同实部的实数

$$\omega_{0\mathrm{B}} = \alpha \cdot \omega_{0\mathrm{Z}}, \quad \alpha = 2$$

与状态调节比较提高了动态特性. **观测器配置多项式(Vorgabepolynom des Beobachters)** 表示为

$$\boxed{P(s) = s^4 + 4 \cdot \alpha \cdot \omega_{0\mathrm{Z}} \cdot s^3 + 6 \cdot \alpha^2 \cdot \omega_{0\mathrm{Z}}^2 \cdot s^2 + 4 \cdot \alpha^3 \cdot \omega_{0\mathrm{Z}}^3 \cdot s + \alpha^4 \cdot \omega_{0\mathrm{Z}}^4}$$

在图 13.8-10 极零点图中标绘出被调节对象、状态调节和观测器的极点.

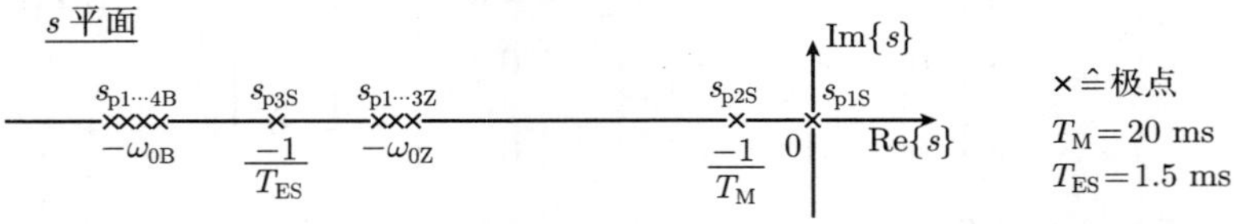

位置被调节对象极点	具有状态调节器位置调节极点	状态观测器和扰动量观测器极点
$S_{\mathrm{p1s}} = 0$	$S_{\mathrm{p1\cdots3z}} = -\omega_{0\mathrm{z}} = -396.3\mathrm{s}^{-1}$	$S_{\mathrm{p1\cdots4B}} = -\omega_{0\mathrm{B}} = -792.6\mathrm{s}^{-1}$
$S_{\mathrm{p2s}} = -\frac{1}{T_{\mathrm{M}}} = -50\mathrm{s}^{-1}$		
$S_{\mathrm{p3s}} = -\frac{1}{T_{\mathrm{ES}}} = -666.7\mathrm{s}^{-1}$		

图 13.8-10　位置被调节对象的和具有状态调节器与观测器位置调节的极点

通过特征方程同配置多项式的系数比较给出观测向量 l 元素:

$$\frac{-l_4 \cdot K_{\mathrm{S2}}}{T_{\mathrm{ES}} \cdot T_{\mathrm{M}}} = \alpha^4 \cdot \omega_{0\mathrm{Z}}^4 \longrightarrow \boxed{l_4 = \frac{-\alpha^4 \cdot \omega_{0\mathrm{Z}}^4 \cdot T_{\mathrm{M}} \cdot T_{\mathrm{ES}}}{K_{\mathrm{S2}}}}$$

$$\frac{l_1 \cdot T_{\mathrm{ES}} \cdot T_{\mathrm{M}} + T_{\mathrm{ES}} + T_{\mathrm{M}}}{T_{\mathrm{ES}} \cdot T_{\mathrm{M}}} = 4 \cdot \alpha \cdot \omega_{0\mathrm{Z}}$$

$$\longrightarrow \boxed{l_1 = \frac{T_{\mathrm{ES}} \cdot (4 \cdot \alpha \cdot \omega_{0\mathrm{Z}} \cdot T_{\mathrm{M}} - 1) - T_{\mathrm{M}}}{T_{\mathrm{ES}} \cdot T_{\mathrm{M}}}}$$

$$\frac{l_1 \cdot (T_{\mathrm{ES}} + T_{\mathrm{M}}) + 1 + l_2 \cdot T_{\mathrm{ES}} \cdot T_{\mathrm{M}}}{T_{\mathrm{ES}} \cdot T_{\mathrm{M}}} = 6 \cdot \alpha^2 \cdot \omega_{0\mathrm{Z}}^2$$

$$\longrightarrow \boxed{l_2 = \frac{6 \cdot \alpha^2 \cdot \omega_{0\mathrm{Z}}^2 \cdot T_{\mathrm{ES}} \cdot T_{\mathrm{M}} - 1 - l_1 \cdot (T_{\mathrm{ES}} + T_{\mathrm{M}})}{T_{\mathrm{ES}} \cdot T_{\mathrm{M}}}}$$

$$\frac{l_1 + l_2 \cdot T_{\mathrm{M}} + l_3 \cdot K_{\mathrm{S2}} \cdot T_{\mathrm{ES}} - l_4 \cdot K_{\mathrm{S2}} \cdot T_{\mathrm{ES}}}{T_{\mathrm{ES}} \cdot T_{\mathrm{M}}} = 4 \cdot \alpha^3 \cdot \omega_{0\mathrm{Z}}^3$$

$$\longrightarrow \boxed{l_3 = \frac{4 \cdot \alpha^3 \cdot \omega_{0\mathrm{Z}}^3 \cdot T_{\mathrm{ES}} \cdot T_{\mathrm{M}} - l_1 - l_2 \cdot T_{\mathrm{M}} + l_4 \cdot K_{\mathrm{S2}} \cdot T_{\mathrm{ES}}}{K_{\mathrm{S2}} \cdot T_{\mathrm{ES}}}}$$

13.8.3.3 对于扰动量接入的前置滤波器计算

观测的扰动量 $\hat{M}_{\rm L}(t)$ 应补偿作用到被调节对象上的负载转动力矩 $M_{\rm L}(t)$, $v_z \cdot \hat{M}_{\rm L}(t)$ 作为调整量部分被接入在被调节对象输入端. 图 13.8-11 显示具有状态调节器的位置调节信号流图 13.8-9 的局部图.

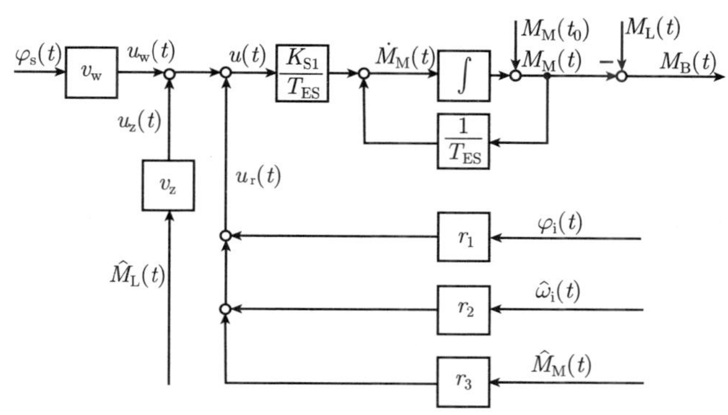

图 13.8-11 扰动量接入和状态调节 (信号流图 13.8-9 的局部图)

对于常值负载力矩 $M_{\rm L}(t) = M_{\rm L0} \cdot E(t)$, 求调节回路稳态特性. 在此令参据量 $\varphi_{\rm S}(t) = 0$. 对于稳态状态下式成立:

$$\varphi_{\rm s}(t) = \varphi_{\rm s}(t \to \infty) = 0, \quad u_{\rm w}(t \to \infty) = 0, \quad \varphi_{\rm i}(t \to \infty) = 0, \quad \hat{\omega}_{\rm i}(t \to \infty) = 0$$

$$M_{\rm M}(t \to \infty) - M_{\rm L}(t \to \infty) = M_{\rm B}(t \to \infty) = 0$$

$$M_{\rm M}(t \to \infty) = M_{\rm L}(t \to \infty) = M_{\rm L0}$$

$$\dot{M}_{\rm M}(t \to \infty) = 0 = \frac{K_{\rm S1}}{T_{\rm ES}} \cdot [u_{\rm w}(t \to \infty) + u_z(t \to \infty) + u_{\rm r}(t \to \infty)] - \frac{M_{\rm M}(t \to \infty)}{T_{\rm ES}}$$

$$= \frac{K_{\rm S1}}{T_{\rm ES}} \cdot \left[v_z \cdot \hat{M}_{\rm L}(t \to \infty) + r_3 \cdot \hat{M}_{\rm M}(t \to \infty)\right] - \frac{1}{T_{\rm ES}} \cdot M_{\rm M}(t \to \infty)$$

由于条件 $\hat{M}_{\rm L}(t \to \infty) = \hat{M}_{\rm M}(t \to \infty) = M_{\rm M}(t \to \infty)$, 可得到扰动量接入的前置滤波器:

$$\boxed{v_z = \frac{1}{K_{\rm S1}} - r_3}$$

扰动量接入动态作用是, 时间常数 $T_{\rm ES}$ 越小越好.

13.8.3.4 观测器动态特性

状态观测器时间特性

研究在阶跃形式位置参据量 $\varphi_{\rm S} = E(t), M_{\rm L}(t) = 0$ 时状态观测器的时间特性. 为了评估动态特性, 选择被调节对象变量初值

$$\begin{bmatrix} \varphi_\mathrm{i}(t_0) \\ \omega_\mathrm{i}(t_0) \\ M_\mathrm{M}(t_0) \end{bmatrix} = \begin{bmatrix} -0.1 \\ 50 \\ 500 \end{bmatrix}$$

是合适的, 这些与观测器是不同的. 观测器初始状态为零. 在如下各图中绘制了状态变量的瞬态特性:

- 图 13.8-12: 转角 $\varphi_\mathrm{i}(t), \hat{\varphi}_\mathrm{i}(t)$;
- 图 13.8-13: 角速度 $\omega_\mathrm{i}(t), \hat{\omega}_\mathrm{i}(t)$;
- 图 13.8-14: 电动机力矩 $M_\mathrm{M}(t), \hat{M}_\mathrm{M}(t)$.

在 3~10ms 后, 被调节对象与观测器的状态变量近似地重合在一起.

观测器初值实际也可选择等于零, 因为对象初值是未知的. 观测器需要时间, 以便调整出被调节对象初始扰动. 对此, 与图 13.8-5 中无观测器的状态调节相比较, 在图 13.8-12 中具有观测器状态调节产生不利的阶跃响应曲线.

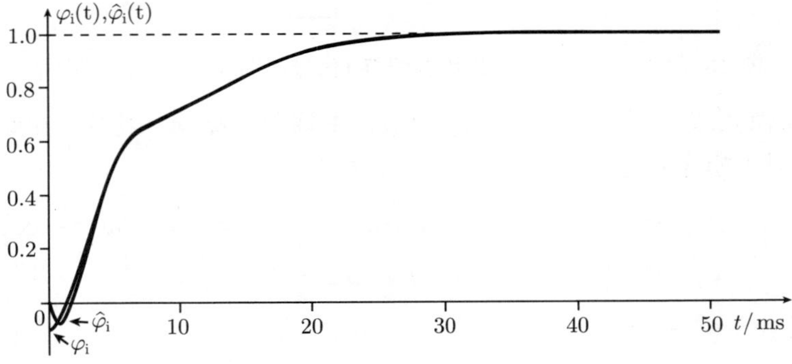

图 13.8-12　转角瞬态特性

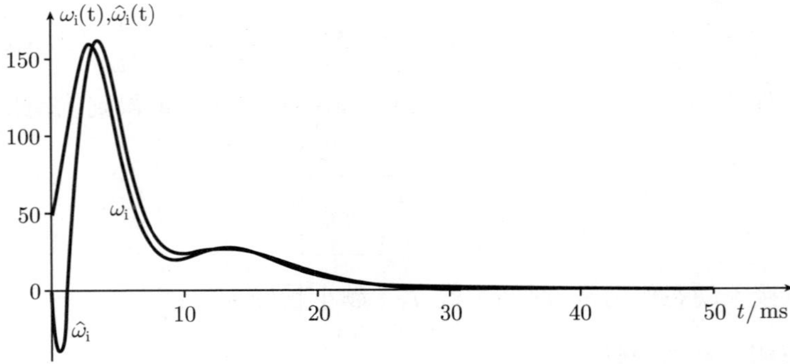

图 13.8-13　角速度瞬态特性

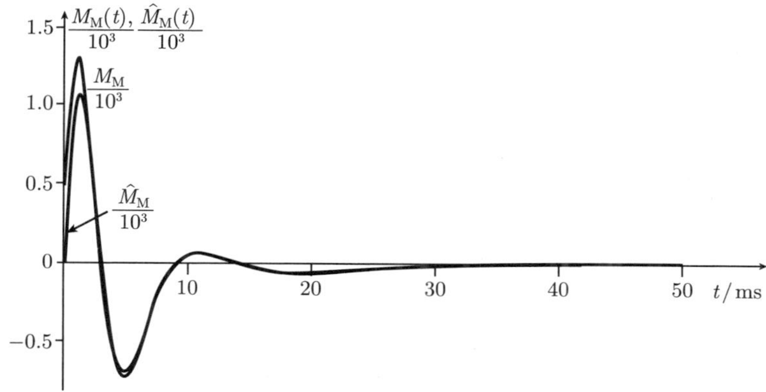

图 13.8-14　电动机力矩瞬态特性

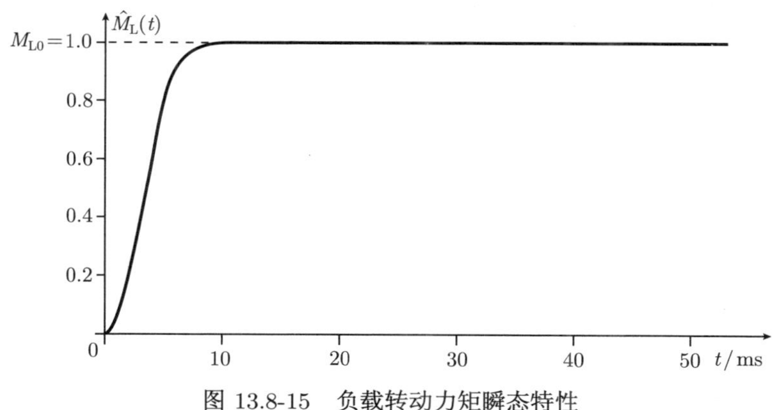

图 13.8-15　负载转动力矩瞬态特性

扰动量观测器时间特性

图 13.8-15 显示对于阶跃形式负载力矩 $M_L(t) = M_{L0}(t) \cdot E(t)$, $\varphi_S(t) = 0$ 的扰动量观测器瞬态特性, 其中观测的负载转动力矩 $\hat{M}_L(t)$ 大约在 10ms 后达到预先给定值 $M_{L0} = 1$Nm.

13.8.3.5　具有状态观测器和扰动量观测器与扰动量接入的状态调节扰动特性

串级调节和状态调节具有定性相同的稳态扰动特性. 在图 13.8-16 中绘制了具有 $\varphi_S(t) = 0$ 和 $M_L(t) = M_{L0}(t) \cdot E(t)$ 状态调节器的位置调节器的扰动阶跃响应函数. 在图 13.8-16 中扰动阶跃响应函数与在图 13.5-16 中具有串级结构的位置调节比较, 给出近似相同的最大值. 然而状态调节的扰动阶跃响应函数一般会快速地被调节到零.

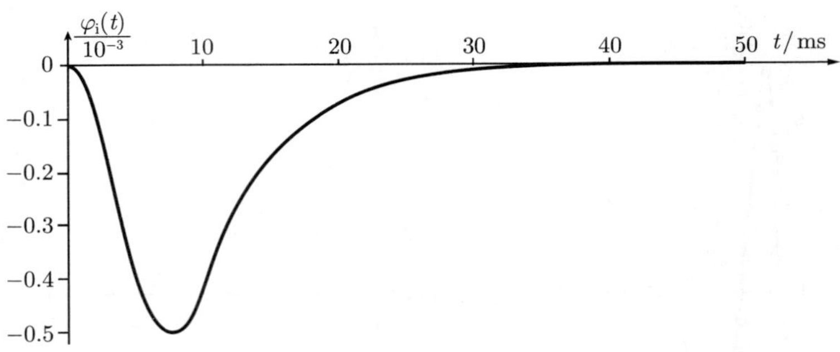

图 13.8-16 具有状态观测器和扰动观测器以及扰动量接入的状态调节的扰动阶跃响应函数 ($M_{L0} = 1.0\text{Nm}$)

对于以斜坡函数 $M_L(t) = \dot{M}_{L0} \cdot t$ 作用的扰动力或扰动力矩, 给出如图 13.8-17 所示的实际位置曲线. 在图 13.5-17 中绘制了串级调节的扰动斜坡响应函数. 与串级调节比较, 状态调节仅为其 1/3 的稳态终值.

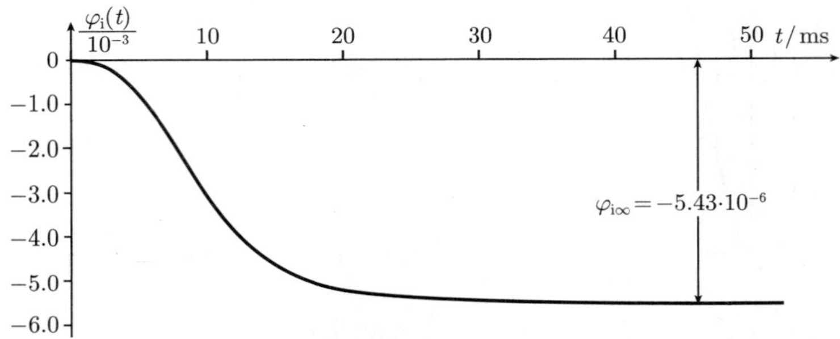

图 13.8-17 具有状态观测器和扰动观测器以及扰动量接入的状态调节的扰动阶跃响应函数 ($M_{L0} = 1.0\text{Nm}$)

13.8.4 具有扰动量接入的状态位置调节

调节是抑制扰动, 然而扰动量接入主要是改善扰动特性. 前提条件是, 扰动是可测量或可计算的. 有效性是扰动越靠近对象输入端作用越好. 在图 13.8-18 中用传递函数表示图 13.8-1 的状态位置调节的信号流图.

在位置被调节对象中, 负载力矩 M_L 作为扰动量抑制电动机力矩. 作用点是在被调节对象输入端, 因为调整装置时间常数 T_{ES}, 相对于在扰动量输入端后的部分对象的滞后时间常数是小的. 对于扰动量接入应这样求传递函数 $G_A(s)$, 即扰动量被补偿:

$$M_M - M_L = 0$$

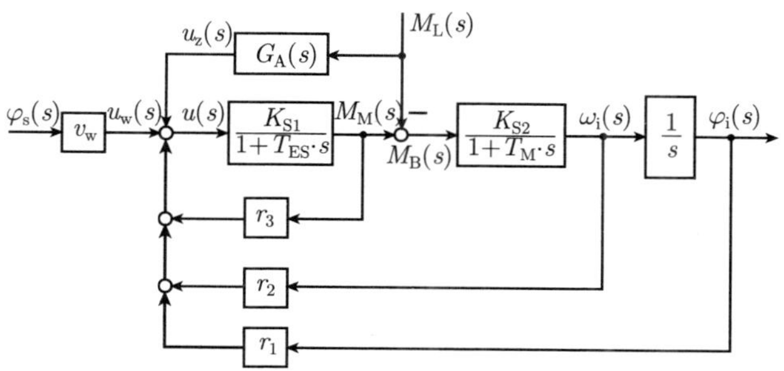

图 13.8-18 具有扰动量接入的状态位置调节

对于常值负载力矩 $M_L(t) = M_{L0}(t) \cdot E(t)$ 和 $\varphi_S(t) = 0$, 计算 $G_A(s)$. 对于稳态状态

$$\varphi_s(t \to \infty) = 0, \quad u_w(t \to \infty) = 0, \quad \varphi_i(t \to \infty) = 0$$

$$\omega_i(t \to \infty) = 0, \quad M_B(t \to \infty) = 0$$

由信号流图给出:

$$\begin{aligned} M_M(s) &= \frac{K_{S1}}{1 + T_{ES} \cdot s} \cdot [G_A(s) \cdot M_L(s) + r_3 \cdot M_M(s)] \\ &= G_{z1}(s) \cdot [G_A(s) \cdot M_L(s) + r_3 \cdot M_M(s)] \end{aligned}$$

该方程变形, 由扰动量补偿条件

$$\frac{M_M(s)}{M_L(s)} = \frac{G_{z1}(s) \cdot G_A(s)}{1 - G_{z1}(s) \cdot r_3} \stackrel{!}{=} 1$$

得到具有 PD 特性的扰动量接入的传递函数.

$$G_A(s) = \frac{1 + T_{ES} \cdot s - K_{S1} \cdot r_3}{K_{S1}} = \frac{Z(s)}{N(s)}$$

用 $G_A(s)$ 这种形式, 扰动量被稳态地和动态地完全地补偿, 其中只有调整装置和反馈向量通过 r_3 的反馈影响归一化的阶跃响应 (过渡过程). 被调节对象输出端不受扰动量影响. 然而该传递函数工程上是不能实现的, 因为不满足条件阶 $N(s) \geqslant$ 阶 $Z(s)$. 如果扰动量被稳态和动态近似地补偿, 那么必须通过 PT_1 环节增补 $G_A(s)$

$$G_{A,\mathrm{PDT1}}(s) = \frac{(1 - K_{S1} \cdot r_3) \cdot \left(1 + \dfrac{T_{ES}}{1 - K_{S1} \cdot r_3} \cdot s\right)}{K_{S1} \cdot (1 + T_1 \cdot s)} = \frac{K_A \cdot (1 + T_A \cdot s)}{1 + T_1 \cdot s}$$

对于 PDT_1 环节选择 $T_1 \ll T_A$. 在许多应用情况, 对于阶跃形式扰动量, 稳态补偿

$$M_M(t \to \infty) = M_L(t \to \infty) = M_{L0}$$

是足够的, 那么通过 P 环节可实现 $G_A(s)$:

$$\lim_{s\to 0} G_{A,P}(s) = K_A = \frac{1}{K_{S1}} - r_3$$

在具有 P 环节的扰动量接入时, 调节器在阶跃响应过程期间作用. 如果开环调节回路也不含 I 环节的话, 那么预先给出的阶跃形式扰动量也不能稳态地作用到被调节对象输出端. 当由晶体管脉冲变流器给出小的调整装置时间常数 T_{ES} 时, 在电走刀驱动装置时具有 P 环节的扰动量接入是动态有效的, 在图 13.8-19 中绘制了对于具有 P 环节的扰动量接入的扰动阶跃响应和扰动斜坡响应. 当常值扰动量被稳态地精确地补偿时, 那么对于扰动斜坡函数仅给出常值调节误差.

扰动量接入在单回路调节和串级调节时也可应用, 在 13.8-3 节中描述了具有扰动量观测器和扰动量接入的状态位置调节.

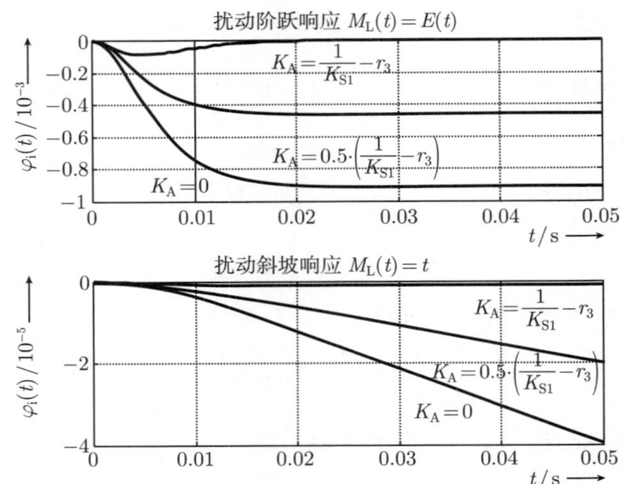

图 13.8-19　在具有 P 环节扰动量接入时状态位置调节的扰动阶跃响应和扰动斜坡响应时间曲线

13.9　具有状态调节器的数字转数调节和位置调节

13.9.1　数字调节的状态表达式

在描述具有单输入变量和单输出变量 (单变量系统) 的模拟的状态调节 (12 章) 时, 给出如下形式的状态方程 (缩写形式):

$$\frac{\mathrm{d}\boldsymbol{x}(t)}{\mathrm{d}t} = \dot{\boldsymbol{x}}(t) = \boldsymbol{A}\cdot\boldsymbol{x}(t) + \boldsymbol{b}\cdot u(t) \quad \text{(状态微分方程)}$$

$$y(t) = \boldsymbol{c}^{\mathrm{T}}\cdot\boldsymbol{x}(t) + d\cdot u(t) \quad \text{(输出方程)}$$

相应的时间离散系统可用 n 个 I 阶差分方程和 1 个输出方程来描述. 对于具有零阶保持器的时间离散系统, 给出下面状态方程:

$$\boldsymbol{x}_{k+1} = \boldsymbol{\Phi}(T)\cdot\boldsymbol{x}_k + \boldsymbol{h}(T)\cdot u_k \quad \text{(状态差分方程)}$$

$$y_k = \boldsymbol{c}^{\mathrm{T}}\cdot\boldsymbol{x}_k + d\cdot u_k \quad \text{(输出方程)}$$

时间离散系统的矩阵和向量为系统矩阵 $\boldsymbol{\Phi}(T)$、输入向量 $\boldsymbol{h}(T)$、输出向量 $\boldsymbol{c}^{\mathrm{T}}$ 和前馈系数 d. 输出向量和前馈系数在模拟系统和数字系统时是相同的. 对于时间离散系统系统矩阵, 求对于采样时间 T 的转移矩阵 (12.2.2.4 节). 转移矩阵可通过展开成幂级数

$$\boldsymbol{\Phi}(T) = \mathrm{e}^{\boldsymbol{A}\cdot T} = \sum_{i=0}^{\infty}\boldsymbol{A}^i\cdot\frac{T^i}{i!}$$

或由拉普拉斯变换

$$\boldsymbol{\Phi}(T) = L^{-1}\{[s\cdot\boldsymbol{E}-\boldsymbol{A}]^{-1}\}\Big|_{t=T}$$

来计算.

时间离散系统输入向量可用关于采样周期的积分

$$\boldsymbol{h}(T) = \left[\int_0^T \boldsymbol{\Phi}(T-t)\cdot\mathrm{d}t\right]\cdot\boldsymbol{b}$$

或用

$$\boldsymbol{h}(T) = \boldsymbol{A}^{-1}\cdot[\boldsymbol{\Phi}(T)-\boldsymbol{E}]\cdot\boldsymbol{b}, \qquad \det\boldsymbol{A}\neq 0$$

来计算

13.9.2 具有状态调节器的数字转数调节

对于机床和工业机器人驱动装置的高精度性要求, 只能由数字调节来满足. 对于许多应用情况 (在此就是必须精确而快速地进行走刀运动), 扩展的串级调节的动态调节品质是不够的. 当存在很高稳态的和动态的调节品质要求时, 要引入数字状态调节. 在本节和下节中将描述具有状态调节器的数字转数调节和位置调节, 其中调节装置是完全数字可实现的.

首先研究具有状态调节器的数字转数调节 (角速度调节). 对于转数被调节对象, 引入 13.2.2 节的具有两个时间常数的模型, 其中信号流图和状态模型如下:

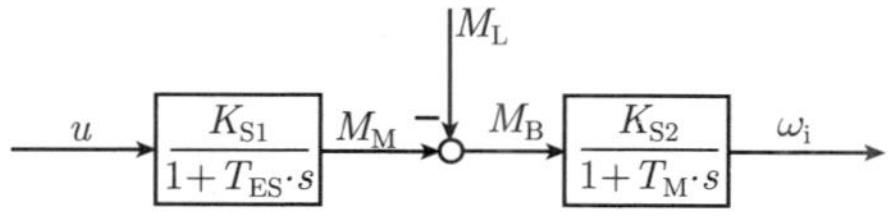

u → $\dfrac{K_{\mathrm{S1}}}{1+T_{\mathrm{ES}}\cdot s}$ → M_{M} → (−M_{L}) → M_{B} → $\dfrac{K_{\mathrm{S2}}}{1+T_{\mathrm{M}}\cdot s}$ → ω_{i}

$K_{\mathrm{S1}} = 0.3\mathrm{Nm/s^{-1}}, K_{\mathrm{S2}} = 1\mathrm{Nm/s^{-1}}, T_{\mathrm{ES}} = 1.5\mathrm{ms}, T_{\mathrm{M}} = 20\mathrm{ms}$

$$\frac{\mathrm{d}}{\mathrm{d}t}\begin{bmatrix}\omega_{\mathrm{i}}(t)\\ \\ M_{\mathrm{M}}(t)\end{bmatrix}=\begin{bmatrix}\frac{-1}{T_{\mathrm{M}}} & \frac{K_{\mathrm{S2}}}{T_{\mathrm{M}}}\\ 0 & \frac{-1}{T_{\mathrm{ES}}}\end{bmatrix}\cdot\begin{bmatrix}\omega_{\mathrm{i}}(t)\\ \\ M_{\mathrm{M}}(t)\end{bmatrix}+\begin{bmatrix}0\\ \frac{K_{\mathrm{S1}}}{T_{\mathrm{ES}}}\end{bmatrix}\cdot u(t)-\begin{bmatrix}\frac{K_{\mathrm{S2}}}{T_{\mathrm{M}}}\\ 0\end{bmatrix}\cdot M_{\mathrm{L}}(t)$$

$$\frac{\mathrm{d}}{\mathrm{d}t}\quad \boldsymbol{x}(t)\quad=\quad\boldsymbol{A}\quad\cdot\quad\boldsymbol{x}(t)\quad+\quad\boldsymbol{b}\quad\cdot u(t)-\quad\boldsymbol{b}_{\mathrm{z}}\quad\cdot z(t)$$

$$y(t)=\boldsymbol{c}^{\mathrm{T}}\cdot\boldsymbol{x}(t)=[1\quad 0]\cdot\boldsymbol{x}(t)=\omega_{\mathrm{i}}(t)$$

在下面用符号求具有零阶保持器的时间离散系统的系统矩阵 $\boldsymbol{\varPhi}(T)$, 输入向量 $\boldsymbol{h}(T)$ 和扰动输入向量 $\boldsymbol{h}_{\mathrm{z}}(T)$, 接着计算不同采样时间的数值. 对于 $T\leqslant 0.1\cdot T_{\mathrm{ES}}=0.15\mathrm{ms}$ 按照表 11.3-2 确定所要求的采样时间, 选择 $T=0.1\mathrm{ms}$, 以便数字转数调节准连续地工作.

被调节对象系统矩阵:

$$\boldsymbol{\varPhi}(T)=L^{-1}\{[s\cdot\boldsymbol{E}-\boldsymbol{A}]^{-1}\}\Big|_{t=T}$$

$$=\begin{bmatrix}\mathrm{e}^{-T/T_{\mathrm{M}}} & \dfrac{K_{\mathrm{S2}}\cdot T_{\mathrm{ES}}\cdot\left(\mathrm{e}^{-T/T_{\mathrm{M}}}-\mathrm{e}^{-T/T_{\mathrm{ES}}}\right)}{T_{\mathrm{M}}-T_{\mathrm{ES}}}\\ 0 & \mathrm{e}^{-T/T_{\mathrm{ES}}}\end{bmatrix}=\begin{bmatrix}\boldsymbol{\varPhi}_{11} & \boldsymbol{\varPhi}_{12}\\ 0 & \boldsymbol{\varPhi}_{22}\end{bmatrix}$$

$$\boldsymbol{\varPhi}(T=0.1\ \mathrm{ms})=\begin{bmatrix}0.9950 & 0.0048\\ 0 & 0.9355\end{bmatrix}$$

输入向量:

$$\boldsymbol{h}(T)=\boldsymbol{A}^{-1}\cdot[\boldsymbol{\varPhi}(T)-\boldsymbol{E}]\cdot\boldsymbol{b}$$

$$=\begin{bmatrix}K_{\mathrm{S1}}\cdot K_{\mathrm{S2}}\cdot\left(1+\dfrac{T_{\mathrm{ES}}}{T_{\mathrm{M}}-T_{\mathrm{ES}}}\cdot\mathrm{e}^{-T/T_{\mathrm{ES}}}-\dfrac{T_{\mathrm{M}}}{T_{\mathrm{M}}-T_{\mathrm{ES}}}\cdot\mathrm{e}^{-T/T_{\mathrm{M}}}\right)\\ K_{\mathrm{S1}}\cdot(1-\mathrm{e}^{-T/T_{\mathrm{ES}}})\end{bmatrix}=\begin{bmatrix}h_1\\ h_2\end{bmatrix}$$

$$\boldsymbol{h}(T=0.1\ \mathrm{ms})=\begin{bmatrix}0.000049\\ 0.019348\end{bmatrix}$$

扰动输入矩阵:

$$\boldsymbol{h}_{\mathrm{z}}(T)=\boldsymbol{A}^{-1}\cdot[\boldsymbol{\varPhi}(T)-\boldsymbol{E}]\cdot\boldsymbol{b}_{\mathrm{z}}=\begin{bmatrix}K_{\mathrm{S2}}\cdot(1-\mathrm{e}^{-T/T_{\mathrm{M}}})\\ 0\end{bmatrix}=\begin{bmatrix}h_{\mathrm{z}1}\\ 0\end{bmatrix}$$

$$\boldsymbol{h}_{\mathrm{z}}(T=0.1\ \mathrm{ms})=\begin{bmatrix}0.0050\\ 0\end{bmatrix}$$

转数被调节对象的时间离散模型公式有：

$$\begin{bmatrix} \omega_{\mathrm{i},\,k+1} \\ M_{\mathrm{M},\,k+1} \end{bmatrix} = \begin{bmatrix} \Phi_{11} & \Phi_{12} \\ 0 & \Phi_{22} \end{bmatrix} \cdot \begin{bmatrix} \omega_{\mathrm{i},\,k} \\ M_{\mathrm{M},\,k} \end{bmatrix} + \begin{bmatrix} h_1 \\ h_2 \end{bmatrix} \cdot u_k - \begin{bmatrix} h_{\mathrm{z}1} \\ 0 \end{bmatrix} \cdot M_{\mathrm{L},k}$$

$$\boldsymbol{x}_{k+1} = \boldsymbol{\Phi}(T) \cdot \boldsymbol{x}_k + \boldsymbol{h}(T) \cdot u_k - \boldsymbol{h}_{\mathrm{z}}(T) \cdot M_{\mathrm{L},k}$$

$$y_k = \boldsymbol{c}^{\mathrm{T}} \cdot \boldsymbol{x}_k = [1 \quad 0] \cdot \boldsymbol{x}_k \mathrel{\widehat{=}} \omega_{\mathrm{i},\,k}$$

给出其信号流图 13.9-1 和具有状态调节器的数字转数调节的一般信号流图 13.9-2.

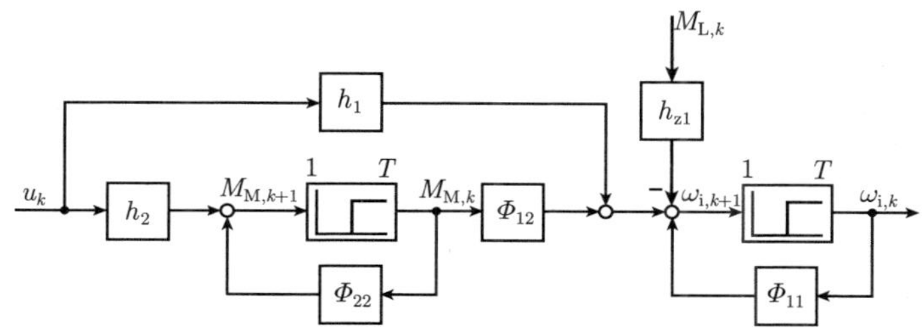

图 13.9-1 离散化的转数被调节对象的信号流图

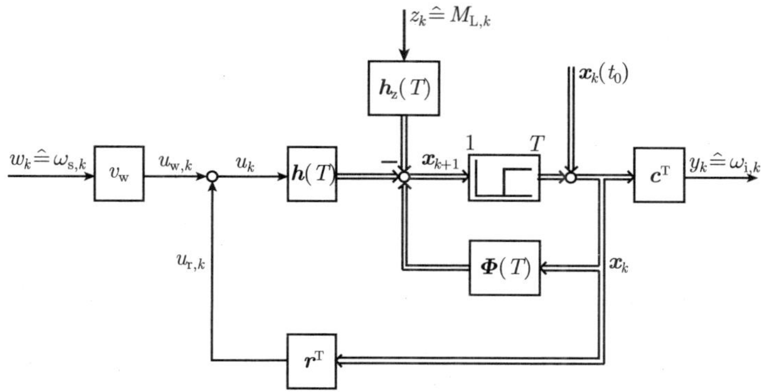

图 13.9-2 数字状态转数调节的一般信号流图

在信号流图中时延环节使状态向量位移一个采样周期.

齐次状态差分方程解

由信号流图 13.9-2 给出如下方程：

被调节对象：

$$\boldsymbol{x}_{k+1} = \boldsymbol{\Phi}(T) \cdot \boldsymbol{x}_k + \boldsymbol{h}(T) \cdot [u_{\mathrm{w},\,k} + u_{\mathrm{r},\,k}] - \boldsymbol{h}_{\mathrm{z}}(T) \cdot z_k, \qquad z_k \mathrel{\widehat{=}} M_{\mathrm{L},\,k}$$

$$y_k = \boldsymbol{c}^{\mathrm{T}} \cdot \boldsymbol{x}_k \mathrel{\widehat{=}} \omega_{\mathrm{i},k}$$

调节器:

$$u_{\mathrm{r},k} = \boldsymbol{r}^{\mathrm{T}} \cdot \boldsymbol{x}_k = [r_1 \quad \cdots \quad r_n] \begin{bmatrix} x_{1,k} \\ \vdots \\ x_{n,k} \end{bmatrix} = [r_1 \quad r_2] \begin{bmatrix} \omega_{\mathrm{i},k} \\ M_{\mathrm{M},k} \end{bmatrix}$$

前置滤波器:

$$u_{\mathrm{w},k} = v_{\mathrm{w}} \cdot w_k = v_{\mathrm{w}} \cdot \omega_{\mathrm{s},k}$$

将调节器方程代入被调节对象方程, 对于 $u_{\mathrm{w},k} = 0, z_k = 0$ 给出状态调节的齐次状态差分方程:

$$\boldsymbol{x}_{k+1} = \boldsymbol{\Phi}(T) \cdot \boldsymbol{x}_k + \boldsymbol{h}(T) \cdot \boldsymbol{r}^{\mathrm{T}} \cdot \boldsymbol{x}_k = [\boldsymbol{\Phi}(T) + \boldsymbol{h}(T) \cdot \boldsymbol{r}^{\mathrm{T}}] \cdot \boldsymbol{x}_k$$

由向左位移一个采样周期的 z 变换位移定理, 进行 z 变换:

$$z \cdot [\boldsymbol{x}(z) - \boldsymbol{x}(t_0)] = [\boldsymbol{\Phi}(T) + \boldsymbol{h}(T) \cdot \boldsymbol{r}^{\mathrm{T}}] \cdot \boldsymbol{x}(z)$$

方程变形

$$[z \cdot \boldsymbol{E} - (\boldsymbol{\Phi}(T) + \boldsymbol{h}(T) \cdot \boldsymbol{r}^{\mathrm{T}})] \cdot \boldsymbol{x}(z) = z \cdot \boldsymbol{x}(t_0)$$

并左乘逆矩阵

$$[z \cdot \boldsymbol{E} - (\boldsymbol{\Phi}(T) + \boldsymbol{h}(T) \cdot \boldsymbol{r}^{\mathrm{T}})]^{-1}$$

解出 $x(z)$:

$$\boldsymbol{x}(z) = [z \cdot \boldsymbol{E} - (\boldsymbol{\Phi}(T) + \boldsymbol{h}(T) \cdot \boldsymbol{r}^{\mathrm{T}})]^{-1} \cdot z \cdot \boldsymbol{x}(t_0)$$

z 反变换提供在时域齐次状态差分方程解

$$\boxed{\boldsymbol{x}_k = Z^{-1}\left\{\left[z \cdot \boldsymbol{E} - (\boldsymbol{\Phi}(T) + \boldsymbol{h}(T) \cdot \boldsymbol{r}^{\mathrm{T}})\right]^{-1} \cdot z\right\} \cdot \boldsymbol{x}(t_0)}$$

$\boldsymbol{\Phi}(T) + \boldsymbol{h}(T) \cdot \boldsymbol{r}^{\mathrm{T}}$ 为数字状态调节的系统矩阵.

时间离散被调节对象的可控性

为验证离散化被调节对象的可控性, 可应用在 12.2.5.1 节中描述的时间连续调节的方法, $n \times n$ 可控性矩阵

$$\boldsymbol{Q}_{\mathrm{S}} = [\boldsymbol{h}(T) \quad \boldsymbol{\Phi}(T) \cdot \boldsymbol{h}(T) \quad \boldsymbol{\Phi}^2(T) \cdot \boldsymbol{h}(T) \quad \cdots \quad \boldsymbol{\Phi}^{n-1}(T) \cdot \boldsymbol{h}(T)]$$

是由离散化被调节对象的输入向量 $\boldsymbol{h}(T)$ 和系统矩阵 $\boldsymbol{\Phi}(T)$ 构成. 对于 $\boldsymbol{Q}_{\mathrm{S}} \neq 0$, 时间离散被调节对象是可控的, 可控性品质取决于选择的采样时间 T. 对于可控的被调节对象, 可应用计算状态调节器的极点配置法.

数字的状态转数调节给出可控性矩阵

$$\boldsymbol{Q}_{\mathrm{S}} = [\boldsymbol{h}(T) \quad \boldsymbol{\Phi}(T) \cdot \boldsymbol{h}(T)]$$

具有行列式

$$\det \boldsymbol{Q}_{\mathrm{S}} = \det \begin{bmatrix} h_1 & \boldsymbol{\Phi}_{11} \cdot h_1 + \boldsymbol{\Phi}_{12} \cdot h_2 \\ h_2 & \boldsymbol{\Phi}_{22} \cdot h_2 \end{bmatrix}^{①}$$
$$= h_2 \cdot [\boldsymbol{\Phi}_{22} \cdot h_1 - \boldsymbol{\Phi}_{11} \cdot h_1 - \boldsymbol{\Phi}_{12} \cdot h_2] \neq 0$$

通过极点配置求数字状态调节器

极点配置方法的出发点是数字状态调节的特征方程

$$\det[z \cdot \boldsymbol{E} - (\boldsymbol{\Phi}(T) + \boldsymbol{h}(T) \cdot \boldsymbol{r}^{\mathrm{T}})] = a_n \cdot z^n + a_{n-1} \cdot z^{n-1} + \ldots + a_1 \cdot z + a_0 \stackrel{!}{=} P(z)$$

而对于数字状态转数调节为

$$P(z) = z^2 - (\boldsymbol{\Phi}_{22} + \boldsymbol{\Phi}_{11} + h_1 \cdot r_1 + h_2 \cdot r_2) \cdot z + \boldsymbol{\Phi}_{11} \cdot \boldsymbol{\Phi}_{12}$$
$$+ \Phi_{11} \cdot h_2 \cdot r_2 + \Phi_{22} \cdot h_1 \cdot r_1 - \Phi_{12} \cdot h_2 \cdot r_1 = 0$$

多项式系数为反馈向量 $\boldsymbol{r}^{\mathrm{T}}$ 元素的函数. 如果配置一对共轭复数极点对

$$s_{\mathrm{p1,2Z}} = \frac{-1}{2 \cdot T_{\mathrm{ES}}} \cdot (1 \pm \mathrm{j})$$

这可由

$$z_{\mathrm{p1,2Z}} = \mathrm{e}^{s_{\mathrm{p1,2Z}} \cdot T}, \qquad z_{\mathrm{p1,2Z}}(T = 0.1\ \mathrm{ms}) = 0.9667 \mp \mathrm{j}0.0322$$

换算成数字调节极点位置. 反馈向量 $\boldsymbol{r}^{\mathrm{T}}$ 可通过与配置多项式

$$P(z) = (z - z_{\mathrm{p1Z}}) \cdot (z - z_{\mathrm{p2Z}})$$
$$= (z - 0.9667 + \mathrm{j}0.0322) \cdot (z - 0.9667 - j0.0322)$$
$$= z^2 - 1.93335 \cdot z + 0.9355$$

系数比较来计算.

对于 $T = 0.1$ ms 得到反馈系数

$$r_1 = -19.0997, \qquad r_2 = 0.1971$$

在图 13.9-3 中给出了被调节对象和数字调节的极点, 极零点图 (图 13.9-4) 显示转数被调节对象的极点, 和模拟的与已给采样时间的数字的转数调节配置极点.

① [译者注]原式漏掉了 det.

<table>
<tr><th rowspan="3">转数被调节对象极点</th><th colspan="3">具有状态调节器的转数调节极点</th></tr>
<tr><th rowspan="2">模拟转数调节</th><th colspan="2">数字转数调节</th></tr>
<tr><th>$T=0.1$ ms</th><th>$T=1$ ms</th></tr>
<tr><td>$s_{\mathrm{p1S}}=-1/T_{\mathrm{M}}$ $=-50\ \mathrm{s}^{-1}$</td><td rowspan="2">$s_{\mathrm{p1,2Z}}=-\frac{1}{2\cdot T_{\mathrm{ES}}}(1\pm \mathrm{j})$</td><td rowspan="2">$z_{\mathrm{p1,2Z}}=0.9667\mp \mathrm{j}0.0322$</td><td rowspan="2">$z_{\mathrm{p1,2Z}}=0.6771\mp \mathrm{j}0.2344$</td></tr>
<tr><td>$s_{\mathrm{p2S}}=-1/T_{\mathrm{ES}}$ $=-666.7\ \mathrm{s}^{-1}$</td></tr>
</table>

图 13.9-3　具有状态调节器的模拟的和数字的转数调节极点和被调节对象极点

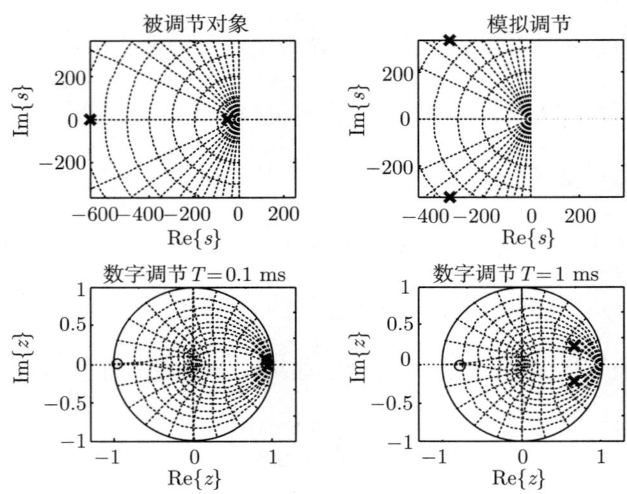

图 13.9-4　具有转数被调节对象极点和模拟的与数字的转数调节配置极点的极零点图

前置滤波器计算

正如在模拟状态调节时, 为补偿对于常值参据量的稳态调节误差需要一个前置滤波器. 与在 12.3.2.2 节所述方法对应, 应用非齐次状态方程 (信号流图 13.9-2) 进行如下计算:

$$\begin{aligned}\boldsymbol{x}_{k+1} &= \boldsymbol{\Phi}(T)\cdot\boldsymbol{x}_k+\boldsymbol{h}(T)\cdot u_k=\boldsymbol{\Phi}(T)\cdot\boldsymbol{x}_k+\boldsymbol{h}(T)\cdot[u_{\mathrm{r},k}+u_{\mathrm{w},k}]\\ &= \boldsymbol{\Phi}(T)\cdot\boldsymbol{x}_k+\boldsymbol{h}(T)\cdot[\boldsymbol{r}^{\mathrm{T}}\cdot\boldsymbol{x}_k+v_{\mathrm{w}}\cdot w_k]\\ &= [\boldsymbol{\Phi}(T)+\boldsymbol{h}(T)\cdot\boldsymbol{r}^{\mathrm{T}}]\cdot\boldsymbol{x}_k+\boldsymbol{h}(T)\cdot v_{\mathrm{w}}\cdot w_k\end{aligned}$$

由 z 变换左移定理和 $x(t_0)=0$ 得到

$$\begin{aligned}z\cdot\boldsymbol{x}(z)-[\boldsymbol{\Phi}(T)+\boldsymbol{h}(T)\cdot\boldsymbol{r}^{\mathrm{T}}]\cdot\boldsymbol{x}(z) &= [z\cdot\boldsymbol{E}-[\boldsymbol{\Phi}(T)+\boldsymbol{h}(T)\cdot\boldsymbol{r}^{\mathrm{T}}]]\cdot\boldsymbol{x}(z)\\ &= \boldsymbol{h}(T)\cdot v_{\mathrm{w}}\cdot w(z)\end{aligned}$$

解出

$$\boldsymbol{x}(z)=[z\cdot\boldsymbol{E}-[\boldsymbol{\Phi}(T)+\boldsymbol{h}(T)\cdot\boldsymbol{r}^{\mathrm{T}}]]^{-1}\cdot\boldsymbol{h}(T)\cdot v_{\mathrm{w}}\cdot w(z)$$

并代入输出方程, 得

$$y(z)=\boldsymbol{c}^{\mathrm{T}}\cdot\boldsymbol{x}(z)=\boldsymbol{c}^{\mathrm{T}}\cdot[z\cdot\boldsymbol{E}-[\boldsymbol{\Phi}(T)+\boldsymbol{h}(T)\cdot\boldsymbol{r}^{\mathrm{T}}]]^{-1}\cdot\boldsymbol{h}(T)\cdot v_{\mathrm{w}}\cdot w(z)$$

对于常值参据量 (接入阶跃序列)

$$w(z)=w_0\cdot\frac{z}{z-1}$$

由归一化阶跃序列响应的终值确定前置滤波器:

$$\begin{aligned}\frac{y(kT\to\infty)}{w_0}&=\lim_{z\to1+}(z-1)\cdot\boldsymbol{c}^{\mathrm{T}}\cdot[z\cdot\boldsymbol{E}-[\boldsymbol{\Phi}(T)+\boldsymbol{h}(T)\cdot\boldsymbol{r}^{\mathrm{T}}]]^{-1}\cdot\boldsymbol{h}(T)\cdot v_{\mathrm{w}}\cdot\frac{z}{z-1}\\&=\boldsymbol{c}^{\mathrm{T}}\cdot[\boldsymbol{E}-[\boldsymbol{\Phi}(T)+\boldsymbol{h}(T)\cdot\boldsymbol{r}^{\mathrm{T}}]]^{-1}\cdot\boldsymbol{h}(T)\cdot v_{\mathrm{w}}\overset{!}{=}1\end{aligned}$$

常值滤波器给出

$$\boxed{v_{\mathrm{w}}=[\boldsymbol{c}^{\mathrm{T}}\cdot[\boldsymbol{E}-[\boldsymbol{\Phi}(T)+\boldsymbol{h}(T)\cdot\boldsymbol{r}^{\mathrm{T}}]]^{-1}\cdot\boldsymbol{h}(T)]^{-1}}$$

对于状态转数调节, $T=0.1\mathrm{ms}$ 的前置滤波器具有值

$$v_{\mathrm{w}}=\frac{1-K_{\mathrm{S1}}\cdot(K_{\mathrm{S2}}\cdot r_1+r_2)}{K_{\mathrm{S1}}\cdot K_{\mathrm{S2}}}=22.24$$

数字状态转数调节的阶跃特性

图 13.9-5 显示对于 $T=0.1\mathrm{ms}$, $T=1\mathrm{ms}$ 的阶跃接入时数字状态转数调节的参据特性和扰动特性. 较大的采样时间 ($T=1\mathrm{ms}$) 导致较差的扰动特性, 稳态调节误差较大. 对于实际使用的机床主驱动装置转数调节, 必须改善扰动特性. 通过 I 或 PI 调节器叠加到状态调节器是一个合适的方法.

13.9.3 数字积分状态位置调节

为了改善扰动特性, 在 12.4.2.3 节和 13.8.3 节中研究了具有扰动量观测器的状态调节, 实现费用相对是高的. 按照 12.4.3 节具有叠加的 PI 调节器的状态调节应是容易实现的, 但会失去参据量的前置滤波器. 更广泛的优点是对象参数变化对调节品质只有微小的影响. 叠加的 PI 调节器给传递函数一个附加零点, 用它可补偿调节的极点, 由此调节变得快速. 如果零点不是要求的, 那么一个叠加的 I 调节器是足够的.

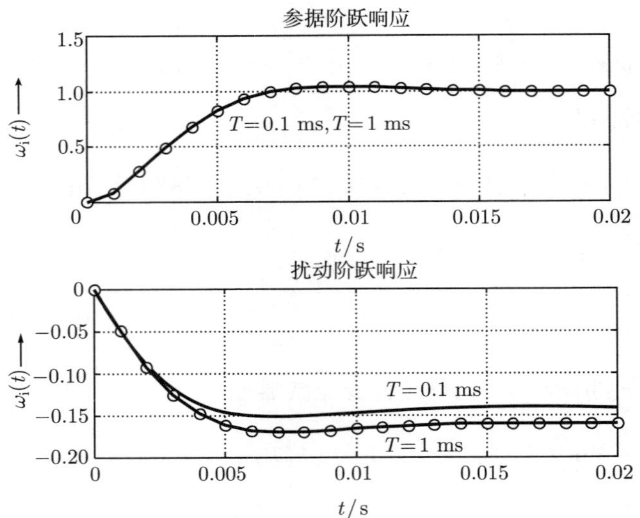

图 13.9-5 数字状态转数调节的参据和扰动阶跃响应函数

在积分状态位置调节时, 通过 I 调节器叠加到图 13.9-2①中的状态反馈, 这样会调节常值参据量和扰动量的稳态调节误差趋于零. 图 13.9-6 显示数字积分状态位置调节的信号流图.

对于对象和调节装置, 由信号流图给出如下方程:

被调节对象:

$$\boldsymbol{x}_{k+1} = \boldsymbol{\Phi}(T) \cdot \boldsymbol{x}_k + \boldsymbol{h}(T) \cdot u_k - \boldsymbol{h}_{\mathrm{z}}(T) \cdot z_k, \qquad z_k \mathrel{\hat{=}} M_{\mathrm{L},\,k}$$

$$y_k \quad = \boldsymbol{c}^{\mathrm{T}} \cdot \boldsymbol{x}_k \mathrel{\hat{=}} \varphi_{\mathrm{i},\,k}$$

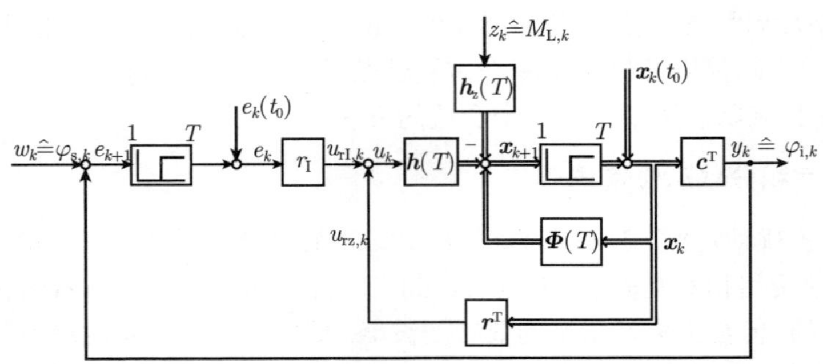

图 13.9-6 数字积分状态位置调节的信号流图

①[译者注]原书为图 13.9-1.

状态反馈:

$$u_{\mathrm{rz},\,k} = \boldsymbol{r}^{\mathrm{T}} \cdot \boldsymbol{x}_k$$

叠加的 I 调节器:

$$u_k = u_{\mathrm{rz},\,k} + u_{\mathrm{rI},\,k} = \boldsymbol{r}^{\mathrm{T}} \cdot \boldsymbol{x}_k + r_{\mathrm{I}} \cdot e_k$$

$$e_{k+1} = w_k - y_k = w_k - \boldsymbol{c}^{\mathrm{T}} \cdot \boldsymbol{x}_k = \varphi_{\mathrm{s},\,k} - \varphi_{\mathrm{i},\,k}$$

用 e_k 增广状态向量 $\boldsymbol{x}_k$. 用增广的状态向量给出被调节对象的状态差分方程和输出方程:

$$\begin{bmatrix} \boldsymbol{x}_{k+1} \\ \vdots \\ e_{k+1} \end{bmatrix} = \begin{bmatrix} \boldsymbol{\Phi}(T) & \cdots & \boldsymbol{o} \\ \vdots & \ddots & \vdots \\ -\boldsymbol{c}^{\mathrm{T}} & \cdots & 0 \end{bmatrix} \begin{bmatrix} \boldsymbol{x}_k \\ \vdots \\ e_k \end{bmatrix} + \begin{bmatrix} \boldsymbol{h}(T) \\ \vdots \\ 0 \end{bmatrix} \cdot u_k - \begin{bmatrix} \boldsymbol{h}_{\mathrm{z}}(T) \\ \vdots \\ 0 \end{bmatrix} \cdot z_k$$

$$y_k = \begin{bmatrix} \boldsymbol{c}^{\mathrm{T}} & \cdots & 0 \end{bmatrix} \begin{bmatrix} \boldsymbol{x}_k \\ \vdots \\ e_k \end{bmatrix} = \varphi_{\mathrm{i},\,k}$$

对于积分状态位置调节得到方程

$$\begin{bmatrix} \boldsymbol{x}_{k+1} \\ \vdots \\ e_{k+1} \end{bmatrix} = \underbrace{\begin{bmatrix} \boldsymbol{\Phi}(T) + \boldsymbol{h}(T) \cdot \boldsymbol{r}^{\mathrm{T}} \cdots \boldsymbol{h}(T) \cdot r_{\mathrm{I}} \\ \vdots \qquad \ddots \qquad \vdots \\ -\boldsymbol{c}^{\mathrm{T}} \qquad \cdots \qquad 0 \end{bmatrix}}_{\boldsymbol{\Phi}_{\mathrm{I}}(T)} \begin{bmatrix} \boldsymbol{x}_k \\ \vdots \\ e_k \end{bmatrix} + \underbrace{\begin{bmatrix} \boldsymbol{o} \\ \vdots \\ 1 \end{bmatrix}}_{\boldsymbol{h}_{\mathrm{I}}(T)} \cdot w_k - \underbrace{\begin{bmatrix} \boldsymbol{h}_{\mathrm{z}}(T) \\ \vdots \\ 0 \end{bmatrix}}_{\boldsymbol{h}_{\mathrm{zI}}(T)} \cdot z_k$$

$$y_k = \begin{bmatrix} \boldsymbol{c}^{\mathrm{T}} & \cdots & 0 \end{bmatrix} \begin{bmatrix} \boldsymbol{x}_k \\ \vdots \\ e_k \end{bmatrix}$$

其中具有积分状态位置调节的系统矩阵 $\boldsymbol{\Phi}_{\mathrm{I}}(T)$, 输入向量 $\boldsymbol{h}_{\mathrm{I}}(T)$ 和扰动输入向量 $\boldsymbol{h}_{\mathrm{zI}}(T)$. 在具有叠加 I 调节器的状态调节的极点配置时预先给出 4 个极点, 通过与调节特征方程的系数比较求反馈向量 $\boldsymbol{r}^{\mathrm{T}}$ 和积分系数 r_{I}:

$$\det[z \cdot \boldsymbol{E} - \boldsymbol{\Phi}_{\mathrm{I}}(T)] \stackrel{!}{=} P(z) = (z - z_{\mathrm{p1Z}}) \cdot (z - z_{\mathrm{p2Z}}) \cdot (z - z_{\mathrm{p3Z}}) \cdot (z - z_{\mathrm{p4Z}})$$

图 13.9-7 含有被调节对象、模拟的和数字的积分状态位置调节的极点.

<table>
<tr><td rowspan="3">位置被调节对象极点</td><td colspan="4">积分-状态位置调节的极点</td></tr>
<tr><td rowspan="2">模拟位置调节</td><td colspan="3">数字位置调节</td></tr>
<tr><td>$T=0.1$ ms</td><td>$T=1$ ms</td><td>$T=3$ ms</td></tr>
<tr><td>$s_{\mathrm{p1S}}=s_{\mathrm{p2S}}=0$</td><td rowspan="3">$s_{\mathrm{p1\cdots 3Z}}=-\omega_{0\mathrm{Z}}$
$=-396.3\ \mathrm{s}^{-1}$</td><td rowspan="3">$z_{\mathrm{p1\cdots 4Z}}=0.9611$
$=\mathrm{e}^{s_{\mathrm{p1Z}}\cdot T}$</td><td rowspan="3">$z_{\mathrm{p1\cdots 4Z}}=0.6728$</td><td rowspan="3">$z_{\mathrm{p1\cdots 4Z}}=0.3046$</td></tr>
<tr><td>$s_{\mathrm{p3S}}=-1/T_{\mathrm{M}}$
$=-50\ \mathrm{s}^{-1}$</td></tr>
<tr><td>$s_{\mathrm{p4S}}=-1/T_{\mathrm{ES}}$
$=-666.7\ \mathrm{s}^{-1}$</td></tr>
</table>

图 13.9-7　模拟的和数字的积分状态位置调节的极点和位置被调节对象极点

在图 13.9-8 中绘制了对于阶跃接入的数字积分状态位置调节的参据特性和扰动特性. 与模拟状态位置调节 (图 13.8-1 和图 13.8-5) 参据阶跃响应函数比较, 其调节动态减小了. 通过 I 调节器的附加极点使数字积分状态位置调节变慢了. 然而扰动特性比在具有状态调节器和状态观测器和扰动量观测器的位置调节 (图 13.8-8, 图 13.8-15) 时改善了. 尤其高采样时间 (T = 1ms, T = 3ms) 对扰动特性产生影响.

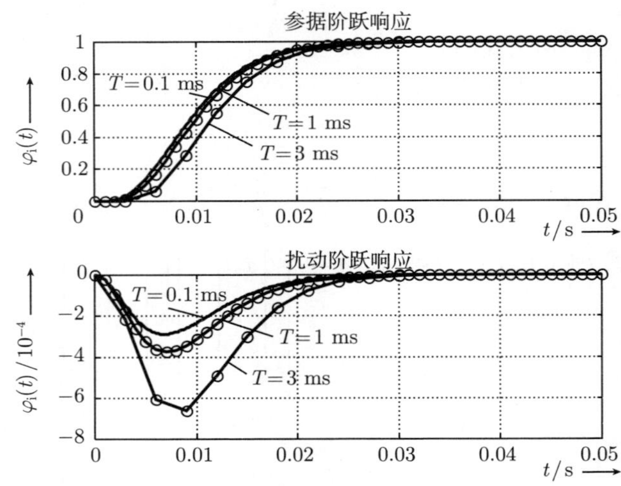

图 13.9-8　数字积分状态位置调节的参据阶跃响应函数和扰动阶跃响应函数

13.10　小结

对于机床电走刀驱动装置的位置调节, 研究并比较具有不同效能的三种调节结构:

- 单回路位置调节 (13.4 节);
- 具有串级结构的位置调节 (13.5~13.7 节);
- 具有状态调节器的位置调节 (13.8 节, 13.9 节).

对此, 单回路位置调节呈现最差的调节品质, 而状态调节显示最高的调节品质. 单回路位置调节不能满足机床走刀驱动装置高品质要求.

具有串级结构的位置调节对于转动力矩、转数和位置各具有一个调节回路. 对此, 调节器调整开始于内转动力矩 (电流) 调节回路, 依次从内到外进行. 串级调节相对于状态调节的优点在于, 可用实验实现调节器调整, 这样就不要求被调节对象数学模型. 在第 13 章中应用优化准则计算串级调节并求调节品质. 串级调节是单回路位置调节的叠加, 然而可达到的调节品质是受到限制, 因为开环调节回路增益存在最高值, 这个最高值是在阶跃形式参据量时通过无超调要求给出的.

在状态调节时, 由被调节对象数学模型的精确性和调整量 (电动机力矩和电动机力) 的限制来确定可达到的调节品质. 如果存在精确的对象模型和足够的电动机力矩可供使用, 那么在强调调整量限制时通过极点配置可预先给定调节的时间特性. 然而高阶模型是与测量大量状态变量相应的费用相联系的.

对此, 在第 13 章研究中应用了简化 II 阶模型. 在模型中未考虑具有 (用于将旋转运动转换为平移运动所需的) 弹性机械传动元件的驱动装置. 因此, 对于具有机械传输元件的传动装置的简化模型只能是被限制地应用. 直接驱动装置 (转动的和平移的) 没有机械传输元件, 在这里 II 阶模型是有效的. 具有状态调节的直接驱动装置可满足很高的调节品质要求.

在驱动装置被调节对象中一个重要扰动量是负载力矩或负载力, 由扰动量观测器和扰动量接入或通过 I 或 PI 状态调节可改善扰动特性, 在 13.9 节中研究了具有状态调节器的数字转数调节和数字积分状态位置调节.

第 14 章　非线性调节系统

14.1　导言

14.1.1　研究非线性系统的方法

调节技术研究至今都假设, 调节回路传递环节具有线性的定常的特性, 或运行在工作点的可线性化范围内. 对此, 传递特性的数学公式都是从线性微分方程或差分方程出发, 通过转换到拉普拉斯域或 z 域来简化计算, 进一步作出关于稳定性和动态特性的普遍性的结论.

对于线性传递系统存在统一的封闭的理论 (Eine Einheitliche Geschlosse Theorie), 可是对于非线性系统研究不存在普遍有效的方法, 所应用的方法是与非线性类型和研究目的有关. 14.3 节介绍的一组方法将研究线性化等效系统以取代非线性系统.

计算不可线性化的非线性系统应在时域进行. 求解非线性微分方程耗费巨大, 通常不能给出解的封闭的解析表达式. 这个问题首先出现在具有开关调节器的调节或具有逐段的线性特性曲线的被调节对象情况.

因此, 计算机仿真对于非线性调节技术具有很大意义, 其进一步例子就是用程序包 MATLAB 计算, 在此具有 Simulink 的图形程序设计居于突出地位.

非线性系统稳定性分析存在各种方法, 在后面各节陆续表示有:

- 谐波线性化;
- 状态空间研究 (相平面法);
- 李雅普诺夫法;
- 波波夫稳定性判据.

14.1.2　非线性定义

非线性调节回路环节的类型可通过静态特性曲线 (函数) 来区分. 这些静态调节回路环节将输入信号无滞后地传递到输出端.

静态环节不具有使信号滞后的储能器, 因此输出量也是与状态量的初值无关.

输入信号和输出信号之间关系通过函数来描述 (图 14.1-1):

$$x_{\mathrm{a}} = f(x_{\mathrm{e1}},\ x_{\mathrm{e2}},\ \cdots)$$

工程物理系统的动态环节含有引起输入信号和输出信号之间滞后的储能器, 随之用微分方程和积分方程列出数学公式和计算, 而输出量则取决状态量的初值.

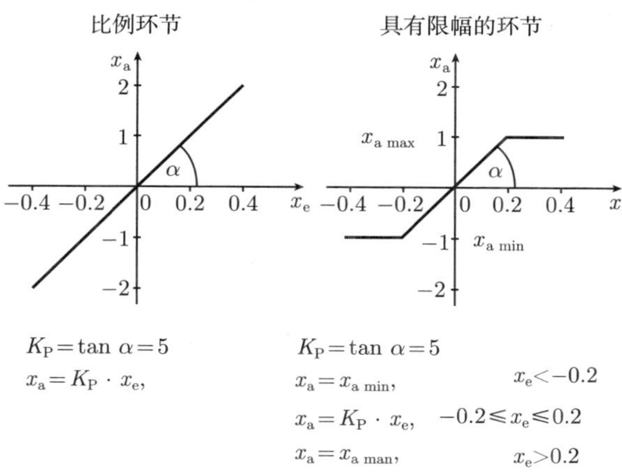

图 14.1-1 线性和非线性传递环节随输入量变化的静态特性曲线

动态环节具有使信号滞后的储能器. 输出量取决于状态量的初值.

对于非线性系统列出具有状态微分方程的一般式:

$$\dot{\boldsymbol{x}} = f(\boldsymbol{x}, u, z), \qquad y = g(\boldsymbol{x}, u, z)$$

式中: y 为输出变量 (被调节量), $\boldsymbol{x}$ 为状态向量, u 为输入变量, z 为扰动量.

对于线性静态和动态传递环节, 线性原理是成立的 (3.2.1 节), 该原理是由放大和叠加原理组成的.

当具有实系数 k 的输入信号 x_e 增益产生同样系数 k 的输出量增益时, 则满足放大原理 (Homogenitätsprinzip):

$$x_a = f(x_e)$$

$$\boxed{k \cdot x_a = k \cdot f(x_e)} = \boxed{f(k \cdot x_e)}$$

当输入量之和 $x_{e1} + x_{e2}$ 具有如像各单个所求输出量之和 $x_{a1} + x_{a2}$ 同样作用时, 则叠加原理 (Superpositionsprinzip) 是成立的:

$$x_{a1} = f(x_{e1}), \qquad x_{a2} = f(x_{e2})$$

$$\boxed{x_{a1} + x_{a2} = f(x_{e1}) + f(x_{e2})} = \boxed{f(x_{e1} + x_{e2})}$$

放大原理和叠加原理构成线性原理.

线性原理(Linearitätsprinzip): 传递系统或传递环节是线性的, 仅当对于任意可选择的输入量下列方程

$$k \cdot f(x_{\mathrm{e}}) = f(k \cdot x_{\mathrm{e}}) \quad (放大原理)$$

$$f(x_{\mathrm{e1}}) + f(x_{\mathrm{e2}}) = f(x_{\mathrm{e1}} + x_{\mathrm{e2}}) \quad (叠加原理)$$

成立时. 对于线性原理不成立的所有传递环节为**非线性传递环节(nichtlineare Übertragungselemente)** 并具有非线性特性.

例 14.1-1　对于具有如图 14.1-1 的静态特性曲线的传递环节检验其线性特性.

对于**比例环节 (Proportional-Element)**$x_{\mathrm{a}} = K_{\mathrm{P}} \cdot x_{\mathrm{e}}$ 满足放大原理:

$$x_{\mathrm{a}} = f(x_{\mathrm{e}}) = K_{\mathrm{P}} \cdot x_{\mathrm{e}}$$

$$\boxed{k \cdot f(x_{\mathrm{e}}) = k \cdot K_{\mathrm{P}} \cdot x_{\mathrm{e}}} = \boxed{f(k \cdot x_{\mathrm{e}}) = K_{\mathrm{P}} \cdot k \cdot x_{\mathrm{e}}}$$

$$K_{\mathrm{P}} = 5, \quad k = 2, \quad x_{\mathrm{e}} = 0.2, \quad x_{\mathrm{a}} = f(x_{\mathrm{e}}) = K_{\mathrm{P}} \cdot x_{\mathrm{e}} = 1$$

$$\boxed{k \cdot f(x_{\mathrm{e}}) = k \cdot K_{\mathrm{P}} \cdot x_{\mathrm{e}} = 2,} = \boxed{f(k \cdot x_{\mathrm{e}}) = K_{\mathrm{P}} \cdot k \cdot x_{\mathrm{e}} = 2}$$

同样叠加原理成立:

$$\boxed{f(x_{\mathrm{e1}}) + f(x_{\mathrm{e2}}) = K_{\mathrm{P}} \cdot x_{\mathrm{e1}} + K_{\mathrm{P}} \cdot x_{\mathrm{e2}}} = \boxed{f(x_{\mathrm{e1}} + x_{\mathrm{e2}}) = K_{\mathrm{P}} \cdot (x_{\mathrm{e1}} + x_{\mathrm{e2}})}$$

$$x_{\mathrm{e1}} = 0.1, \quad x_{\mathrm{e2}} = 0.16$$

$$x_{\mathrm{a1}} = f(x_{\mathrm{e1}}) = K_{\mathrm{P}} \cdot x_{\mathrm{e1}} = 0.5, \quad x_{\mathrm{a2}} = f(x_{\mathrm{e2}}) = K_{\mathrm{P}} \cdot x_{\mathrm{e2}} = 0.8$$

$$\boxed{f(x_{\mathrm{e1}}) + f(x_{\mathrm{e2}}) = 5 \cdot 0.1 + 5 \cdot 0.16} = \boxed{f(x_{\mathrm{e1}} + x_{\mathrm{e2}}) = 5 \cdot (0.1 + 0.16)}$$

则环节是线性的. 对于**具有限幅的环节(Element mit Begrenzung)**

$$\begin{aligned} x_{\mathrm{a}} &= x_{\mathrm{a\,min}} = -1 && 对于 \quad x_{\mathrm{e}} < -0.2 \\ x_{\mathrm{a}} &= K_{\mathrm{P}} \cdot x_{\mathrm{e}} = 5 \cdot x_{\mathrm{e}} && 对于 \quad -0.2 \leqslant x_{\mathrm{e}} \leqslant 0.2 \\ x_{\mathrm{a}} &= x_{\mathrm{a\,max}} = 1 && 对于 \quad x_{\mathrm{e}} > 0.2 \end{aligned}$$

不满足放大原理, 例如 $k = 2, x_{\mathrm{e}} = 0.2$,

$$\boxed{k \cdot f(x_{\mathrm{e}}) = 2 \cdot f(0.2) = 2} \neq \boxed{f(k \cdot x_{\mathrm{e}}) = f(2 \cdot 0.2) = f(0.4) = 1}$$

同样不满足叠加原理:

$$x_{\mathrm{e1}} = 0.1, \qquad x_{\mathrm{e2}} = 0.16$$

$$x_{\mathrm{a1}} = f(x_{\mathrm{e1}}) = K_{\mathrm{P}} \cdot x_{\mathrm{e1}} = 0.5$$

$$x_{\mathrm{a2}} = f(x_{\mathrm{e2}}) = K_{\mathrm{P}} \cdot x_{\mathrm{e2}} = 0.8$$

$$\boxed{f(x_{\mathrm{e1}}) + f(x_{\mathrm{e2}}) = 0.5 + 0.8 = 1.3} \neq \boxed{f(x_{\mathrm{e1}} + x_{\mathrm{e2}}) = f(0.26) = 1}$$

不满足线性原理, 具有输出量限幅的环节是非线性的.

线性原理相应地被推广到多输入量:

$$\begin{aligned} &k \cdot f(x_{\mathrm{e1}}, x_{\mathrm{e2}}, \cdots) = f(k \cdot x_{\mathrm{e1}}) + f(k \cdot x_{\mathrm{e2}}) + \cdots, \\ &f(x_{\mathrm{e11}}(t) + x_{\mathrm{e12}}(t), x_{\mathrm{e21}}(t) + x_{\mathrm{e22}}(t), \cdots) = f(x_{\mathrm{e11}}(t), x_{\mathrm{e21}}(t), \cdots) + \\ &\qquad f(x_{\mathrm{e12}}(t), x_{\mathrm{e22}}(t), \cdots) \end{aligned}$$

14.1.3 线性和非线性运算

用函数由输入量数值求输出量数值:

$$x_{\mathrm{a}}(t) = [\hat{x}_{\mathrm{e}} \cdot \sin(\omega t)]^2$$

在静态算子 (函数), 如加、减、乘和除时, 用两个输入函数值求出输出函数值:

$$x_{\mathrm{a}}(t) = [\hat{x}_{\mathrm{e1}} \cdot \sin(\omega t)] \cdot [\hat{x}_{\mathrm{e2}} \cdot \sin(\omega t)]$$

微分和积分为动态算子, 并将输入函数变换为输出函数:

$$x_{\mathrm{a}}(t) = \frac{\mathrm{d}}{\mathrm{d}t}[\hat{x}_{\mathrm{e}} \cdot \sin(\omega t)] = \omega \cdot \hat{x}_{\mathrm{e}} \cdot \cos(\omega t)$$

在表 14.1-1 中表述了传递环节的线性特性, 用其可实现一些运算.

例 14.1-2 用线性原理验证表 14.1-1 的运算.

加法和减法(Addition und Subtraktion) 是线性运算

$$x_{\mathrm{a}}(t) = f(x_{\mathrm{e1}}(t), x_{\mathrm{e2}}(t)) = x_{\mathrm{e1}}(t) \pm x_{\mathrm{e2}}(t)$$

放大原理

$$\begin{aligned} k \cdot f(x_{\mathrm{e1}}(t), x_{\mathrm{e2}}(t)) &= k \cdot (x_{\mathrm{e1}}(t) \pm x_{\mathrm{e2}}(t)) = f(k \cdot x_{\mathrm{e1}}(t), k \cdot x_{\mathrm{e2}}(t)) \\ &= k \cdot x_{\mathrm{e1}}(t) \pm k \cdot x_{\mathrm{e2}}(t) \end{aligned}$$

表 14.1-1　运算特性

运算, 特性	方程	信号流图符号
加法, 线性	$x_a(t) = x_{e1}(t) + x_{e2}(t)$	相加点 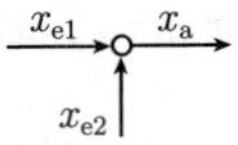
减法, 线性	$x_a(t) = x_{e1}(t) - x_{e2}(t)$	相减点 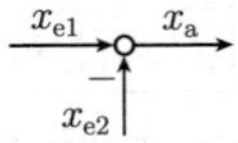
乘法, 非线性	$x_a(t) = x_{e1}(t) \cdot x_{e2}(t)$	乘法器 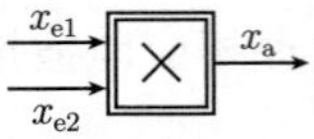
除法, 非线性	$x_a(t) = \dfrac{x_{e1}(t)}{x_{e2}(t)}$	除法器 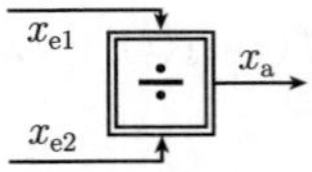
微分, 线性	$x_a(t) = \dfrac{dx_e(t)}{dt}$	微分器 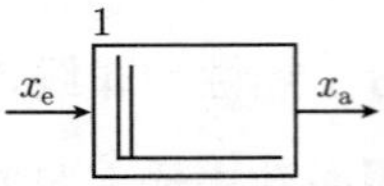
积分, 线性	$x_a(t) = \int x_e(t)dt$	积分器 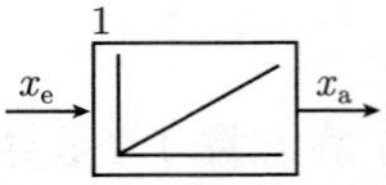

叠加原理

$$f(x_{e11}(t), x_{e21}(t))+f(x_{e12}(t), x_{e22}(t)) = [x_{e11}(t)\pm x_{e21}(t)]+[x_{e12}(t)\pm x_{e22}(t)]$$

$$= [x_{e11}(t)+x_{e12}(t)]\pm[x_{e21}(t)+x_{e22}(t)]$$

$$= f(x_{e11}(t)+x_{e12}(t), x_{e21}(t)+x_{e22}(t)) = [x_{e11}(t)+x_{e12}(t)]\pm[x_{e21}(t)+x_{e22}(t)]$$

是成立的.

乘法和除法是非线性运算.

乘法(Multiplikation):

$$x_a(t) = f(x_{e1}(t), x_{e2}(t)) = x_{e1}(t) \cdot x_{e2}(t)$$

放大原理

$$k\cdot f(x_{\mathrm{e1}}(t),\ x_{\mathrm{e2}}(t))=k\cdot x_{\mathrm{e1}}(t)\cdot x_{\mathrm{e2}}(t)$$

$$\neq f(k\cdot x_{\mathrm{e1}}(t),\ k\cdot x_{\mathrm{e2}}(t))=k\cdot x_{\mathrm{e1}}(t)\cdot k\cdot x_{\mathrm{e2}}(t)=k^2\cdot x_{\mathrm{e1}}(t)\cdot x_{\mathrm{e2}}(t)$$

叠加原理

$$f(x_{\mathrm{e11}}(t),x_{\mathrm{e21}}(t))+f(x_{\mathrm{e12}}(t),x_{\mathrm{e22}}(t))=[x_{\mathrm{e11}}(t)\cdot x_{\mathrm{e21}}(t)]+[x_{\mathrm{e12}}(t)\cdot x_{\mathrm{e22}}(t)]$$

$$\neq f(x_{\mathrm{e11}}(t)+x_{\mathrm{e12}}(t),x_{\mathrm{e21}}(t)+x_{\mathrm{e22}}(t))=[x_{\mathrm{e11}}(t)+x_{\mathrm{e12}}(t)]\cdot[x_{\mathrm{e21}}(t)+x_{\mathrm{e22}}(t)]$$

$$=x_{\mathrm{e11}}(t)\cdot[x_{\mathrm{e21}}(t)+x_{\mathrm{e22}}(t)]+x_{\mathrm{e12}}(t)\cdot[x_{\mathrm{e21}}(t)+x_{\mathrm{e22}}(t)]$$

除法(Division):

$$x_{\mathrm{a}}(t)=f(x_{\mathrm{e1}}(t),\ x_{\mathrm{e2}}(t))=x_{\mathrm{e1}}(t)/x_{\mathrm{e2}}(t)$$

放大原理

$$k\cdot f(x_{\mathrm{e1}}(t),\ x_{\mathrm{e2}}(t))=k\cdot\frac{x_{\mathrm{e1}}(t)}{x_{\mathrm{e2}}(t)}$$

$$\neq f(k\cdot x_{\mathrm{e1}}(t),\ k\cdot x_{\mathrm{e2}}(t))=\frac{k\cdot x_{\mathrm{e1}}(t)}{k\cdot x_{\mathrm{e2}}(t)}=\frac{x_{\mathrm{e1}}(t)}{x_{\mathrm{e2}}(t)}$$

叠加原理

$$f(x_{\mathrm{e11}}(t),\ x_{\mathrm{e21}}(t))+f(x_{\mathrm{e12}}(t),\ x_{\mathrm{e22}}(t))=\frac{x_{\mathrm{e11}}(t)}{x_{\mathrm{e21}}(t)}+\frac{x_{\mathrm{e12}}(t)}{x_{\mathrm{e22}}(t)}$$

$$\neq f(x_{\mathrm{e11}}(t)+x_{\mathrm{e12}}(t),\ x_{\mathrm{e21}}(t)+x_{\mathrm{e22}}(t))=\frac{x_{\mathrm{e11}}(t)+x_{\mathrm{e12}}(t)}{x_{\mathrm{e21}}(t)+x_{\mathrm{e22}}(t)}$$

微分和积分是线性运算.

微分 (Differentiation):

$$x_{\mathrm{a}}(t)=f(x_{\mathrm{e}}(t))=\frac{\mathrm{d}x_{\mathrm{e}}(t)}{\mathrm{d}t}$$

放大原理

$$k\cdot f(x_{\mathrm{e}}(t))=k\cdot\frac{\mathrm{d}x_{\mathrm{e}}(t)}{\mathrm{d}t}=f(k\cdot x_{\mathrm{e}}(t))=\frac{\mathrm{d}k\cdot x_{\mathrm{e}}(t)}{\mathrm{d}t}=k\cdot\frac{\mathrm{d}x_{\mathrm{e}}(t)}{\mathrm{d}t}$$

叠加原理

$$f(x_{\mathrm{e1}}(t))+f(x_{\mathrm{e2}}(t))=\frac{\mathrm{d}x_{\mathrm{e1}}(t)}{\mathrm{d}t}+\frac{\mathrm{d}x_{\mathrm{e2}}(t)}{\mathrm{d}t}$$

$$=f(x_{\mathrm{e1}}(t)+x_{\mathrm{e2}}(t))=\frac{\mathrm{d}(x_{\mathrm{e1}}(t)+x_{\mathrm{e2}}(t))}{\mathrm{d}t}=\frac{\mathrm{d}x_{\mathrm{e1}}(t)}{\mathrm{d}t}+\frac{\mathrm{d}x_{\mathrm{e2}}(t)}{\mathrm{d}t}$$

积分 (Integration):

$$x_{\mathrm{a}}(t)=f(x_{\mathrm{e}}(t))=\int x_{\mathrm{e}}(t)\mathrm{d}t$$

放大原理

$$\begin{aligned}k\cdot f(x_{\mathrm{e}}(t))&=k\cdot\int x_{\mathrm{e}}(t)\mathrm{d}t\\&=f(k\cdot x_{\mathrm{e}}(t))=\int k\cdot x_{\mathrm{e}}(t)\mathrm{d}t=k\cdot\int x_{\mathrm{e}}(t)\mathrm{d}t\end{aligned}$$

叠加原理

$$\begin{aligned}f(x_{\mathrm{e1}}(t))+f(x_{\mathrm{e2}}(t))&=\int x_{\mathrm{e1}}(t)\mathrm{d}t+\int x_{\mathrm{e2}}(t)\mathrm{d}t\\&=f(x_{\mathrm{e1}}(t)+x_{\mathrm{e2}}(t))=\int(x_{\mathrm{e1}}(t)+x_{\mathrm{e2}}(t))\mathrm{d}t\\&=\int x_{\mathrm{e1}}(t)\mathrm{d}t+\int x_{\mathrm{e2}}(t)\mathrm{d}t\end{aligned}$$

14.1.4 非线性调节回路环节和系统性质

在非线性的调节回路环节和系统中, 线性原理是无效的. 这对非线性系统传递特性产生影响如下.

因为放大原理不成立, 输入信号的放大就不能导致输出信号成比例地放大的结果. 此外, 与线性系统传递的信号相比, 使输出信号变形. 由谐波输入信号产生的输出信号含有 (高次) 谐波.

例 14.1-3 常常将正弦形式信号接到图 14.1-1 的比例环节和限幅环节上 (参照图 14.1-2 的 Simulink 模型), 仿真显示, 通过限幅环节使输出信号变形.

因为叠加原理不成立, 在非线性调节回路中不再能相互独立地进行参据传递特性和扰动传递特性计算. 参据响应函数和扰动响应函数在线性系统时允许分别计算并接着叠加, 而在非线性系统时会导致错误的结果.

例 14.1-4 调节回路常常含有饱和环节, 其作用是, 随着增大调整量而输出量只有微小地上升 (图 14.1-3(a)), 而被调节对象的增益系数在大的输入信号时会变小 (图 14.1-3(b)).

对于具有饱和特性和滞后的被调节对象, 分别计算参据和扰动阶跃响应. 结果叠加与精确计算比较, 其中参据阶跃响应和扰动阶跃响应是独立求解的.

比例调节器:

$$G_{\mathrm{R}}(s)=K_{\mathrm{R}}=10$$

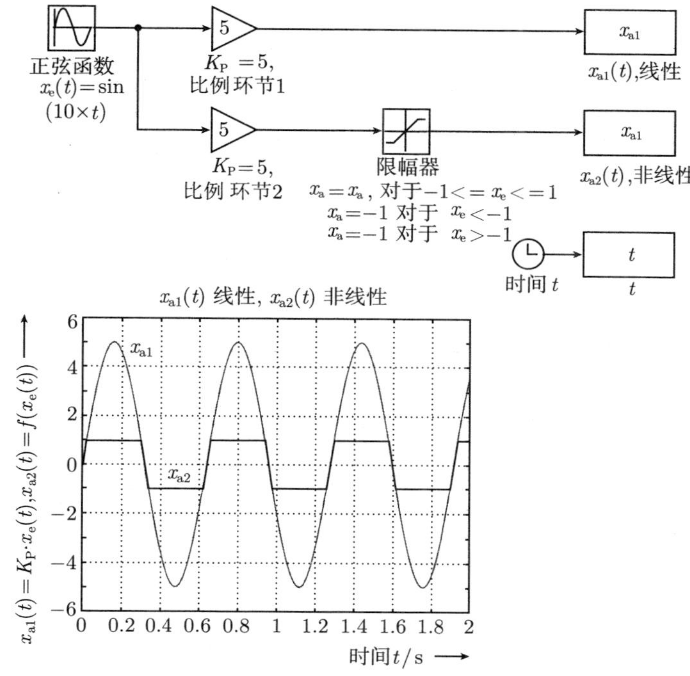

图 14.1-2 通过非线性环节谐波信号变形 (Simulink 模型)

被调节对象含有作为非线性部分的具有图 14.1-3 特性曲线的饱和环节, 它近似地用一般的幂函数描述:

$$y_a = f(y_e), \quad k_1 \cdot y_a + k_2 \cdot y_a^n = y_e, \quad n = 3, 5, 7, \cdots$$

$n = 3$ 描述一个 "软的" 饱和特性曲线, 用 $n = 9$ 数学上列出 "硬的" 饱和特性公式 (图 14.1-3).

具有饱和的被调节对象信号流图如图 14.1-4 所示.

滞后环节构成被调节对象线性部分:

$$G_S(s) = \frac{x(s)}{y_a(s)} = \frac{K_S}{1 + T_S \cdot s}, \quad K_S = 1,\ T_S = 5\ \mathrm{s}$$

对于具有饱和环节的被调节对象

$$k_1 = 0.25, \quad k_2 = 0.75, \quad n = 3$$

$$k_1 \cdot y_a + k_2 \cdot y_a^n = 0.25 \cdot y_a + 0.75 \cdot y_a^3 = y_e$$

分别计算参据 $x_{\mathrm{w}}(t)$ 和扰动 $x_{\mathrm{z}}(t)$ 的阶跃响应并叠加 $x_{\mathrm{w}}(t)+x_{\mathrm{z}}(t)$, 这是不允许的, 因为叠加定理不成立. 在第二种计算中参据和扰动是同时接入并计算响应特性 $x_{\mathrm{w+z}}(t)$(图 14.1-7). 图 14.1-7 显示, 叠加原理不成立: 函数曲线 $x_{\mathrm{w}}(t)+x_{\mathrm{z}}(t)$ 和 $x_{\mathrm{w+z}}(t)$ 是不同的. 图 14.1-5 和图 14.1-6 含有非线性调节回路和相应的 Simulink 模型的信号流图.

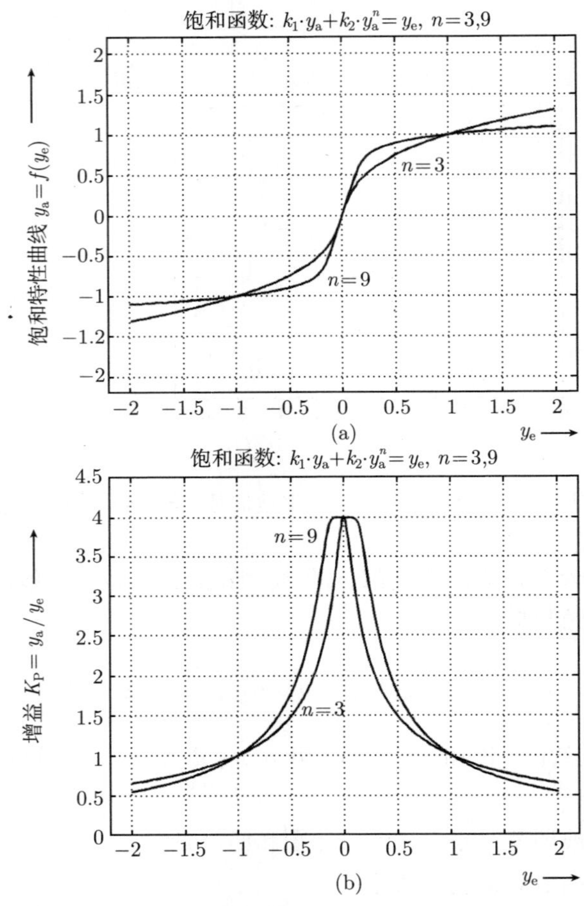

图 14.1-3　(a) 被调节对象饱和特性曲线 $y_{\mathrm{a}}=f(y_{\mathrm{e}})$; (b) 具有饱和特性被调节对象的增益 $K_{\mathrm{P}}=f(y_{\mathrm{a}}/y_{\mathrm{e}})$

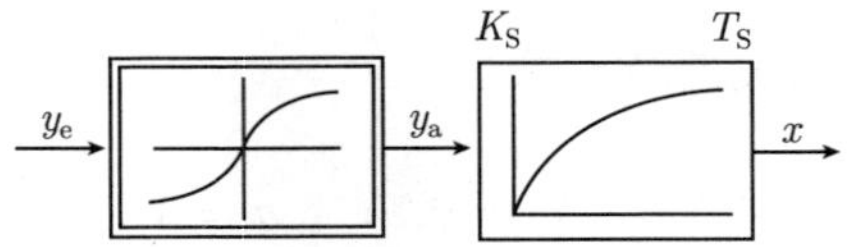

图 14.1-4　具有饱和的被调节对象信号流图

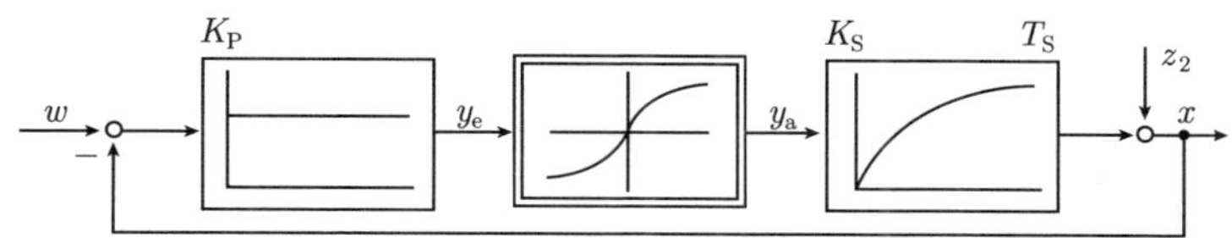

图 14.1-5 非线性调节系统信号流图

饱和环节的输出量 y_a 可通过方程

$$k_1 \cdot y_a + k_2 \cdot y_a^n = y_e$$

的解来计算. 在 Simulink 中应用代数约束模块 (Algebraic Contraint Block), 在已知方程

$$f(y_a) = k_1 \cdot y_a + k_2 \cdot y_a^n - y_e = 0$$

的 k_1、k_2、n 和 y_e 时计算输出量. 在图 14.1-6 中饱和环节含有在其下面表示的子系统, 其中可输入参数 k_1、k_2 和 n.

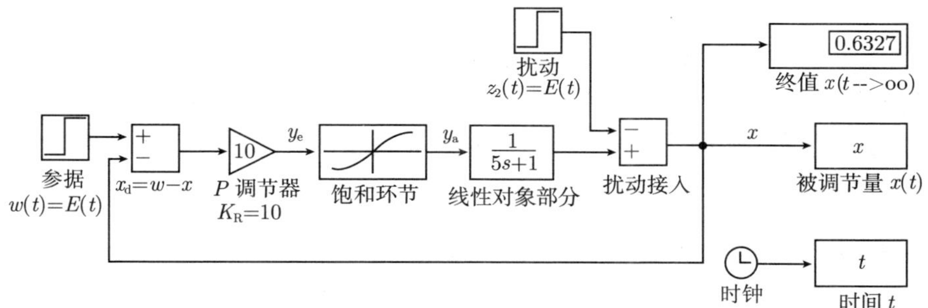

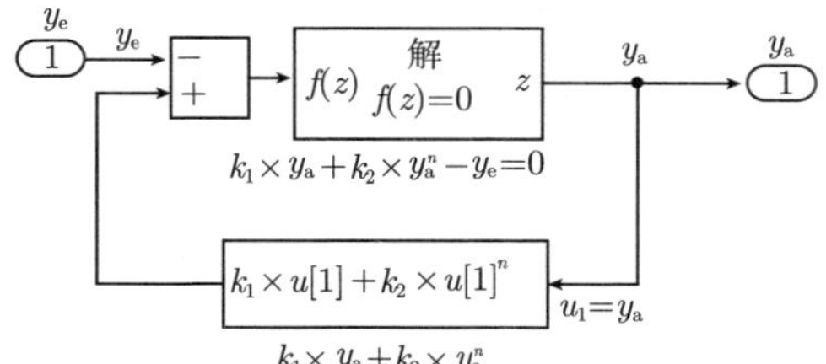

图 14.1-6 用于非线性调节回路计算的 Simulink 模型

在非线性系统时不允许分别计算和叠加的参据响应和扰动响应, 可提供如下终值:

$$x_w(t \to \infty) = 0.9188$$

$$x_z(t \to \infty) = -0.08115$$

$$x_w(t \to \infty) + x_z(t \to \infty) = 0.8377$$

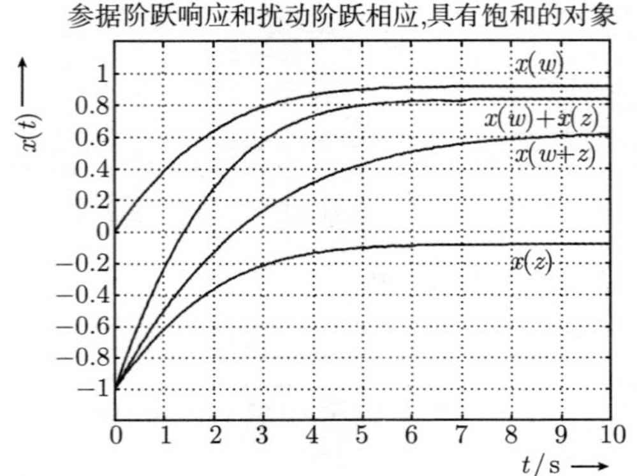

图 14.1-7　非线性调节回路的参据–和扰动阶跃响应

在同时考虑两种作用产生的正确值为

$$x_{w+z}(t \to \infty) = 0.6327$$

在线性系统时按照 2.5 节的规则串联的传递环节允许移动或交换, 而不改变总传递函数和时间特性. 在非线性环节串联或非线性环节与线性环节串联时, 在交换时一般会改变传递信号的时间特性. 当存在非线性环节时, 在串联时不允许改变顺序, 2.5 节的变换规则不再成立.

例 14.1-5　计算两个以不同顺序串联的传递环节 (图 14.1-8, 图 14.1-9) 的时

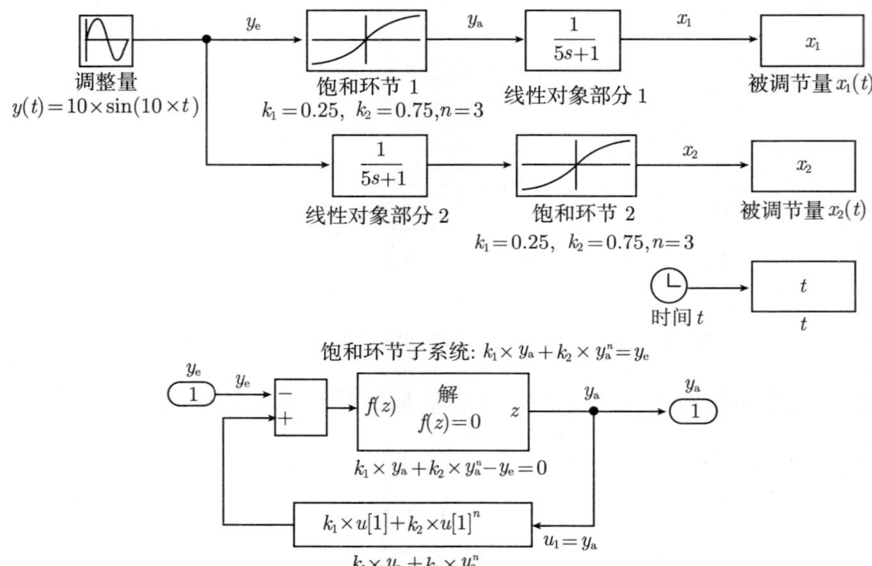

图 14.1-8　线性和非线性环节的交换 (Simulink 模型)

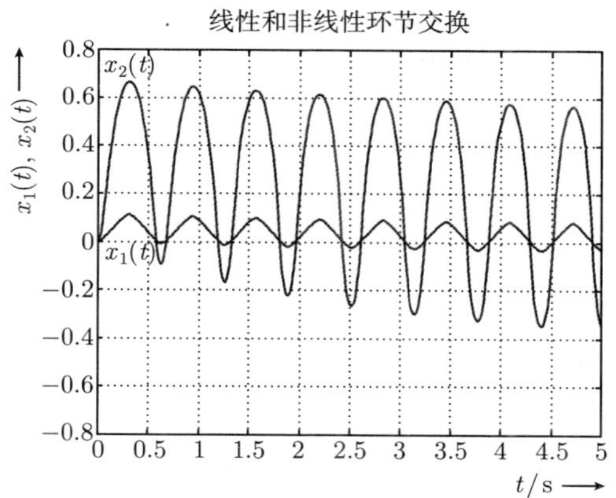

图 14.1-9 线性和非线性环节交换的时间特性

间特性. 信号曲线是不同的, 传递环节交换是不允许的.

在非线性调节系统情况, 动态的和静态的特性 (稳态调节误差) 与工作点和希望值有关, 在非线性系统情况可出现等幅振荡 (极限振荡, 极限环), 而不使系统处于稳定性极限.

例 14.1-6 在如图 14.1-10 所示的调节回路中引入具有磁滞环的三位调节器, 被调节对象含有滞后环节和积分环节.

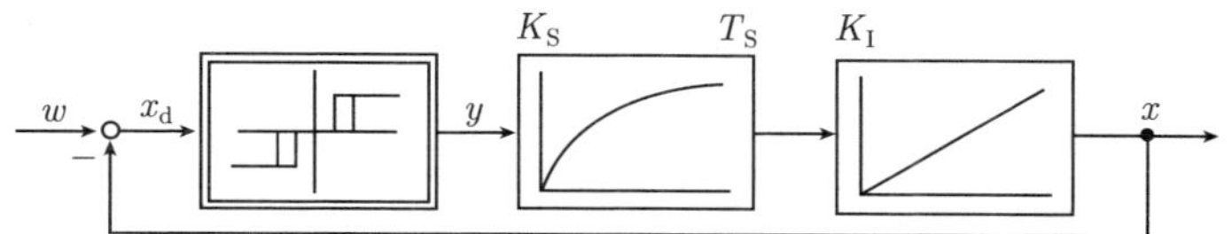

图 14.1-10 具有磁滞环三位调节器的非线性调节回路信号流图

为了阻滞通过频繁开关加载, 大多构建具有死区和磁滞环的开关调节器. 为了从调节误差 x_d 计算调整量 y, 由图 14.1-11 三位调节器特征曲线建立公式.

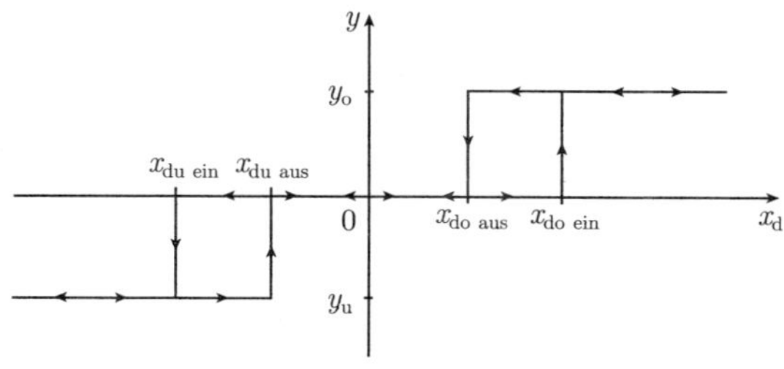

图 14.1-11 具有磁滞环的三位调节器特性曲线

在区间 $x_{\text{du ein}} < x_{\text{d}} < x_{\text{du aus}}$ 和 $x_{\text{do aus}} < x_{\text{d}} < x_{\text{do ein}}$ 内特性曲线不是单值的, 输出量新值 $y(t+\Delta t)$ 与先前值 $y(t)$ 有关. 计算 $y(t+\Delta t)$ 按下表进行:

$$y(t+\Delta t) = \begin{cases} y_{\text{u}}, & x_{\text{d}} \leqslant x_{\text{du ein}} \\ y(t), & x_{\text{du ein}} < x_{\text{d}} < x_{\text{du aus}} \\ 0, & x_{\text{du aus}} \leqslant x_{\text{d}} \leqslant x_{\text{do aus}} \\ y(t), & x_{\text{do aus}} < x_{\text{d}} < x_{\text{do ein}} \\ y_{\text{o}}, & x_{\text{d}} \geqslant x_{\text{do ein}} \end{cases}$$

用下面的数据研究调节的参据特性:

具有磁滞环的三位调节器:

$$y_{\text{o}} = 1, \quad x_{\text{do aus}} = 0.05, \quad x_{\text{do ein}} = 0.1$$
$$y_{\text{u}} = -1, \quad x_{\text{du aus}} = -0.05, \quad x_{\text{du ein}} = -0.1$$

被调节对象:

$$G_{\text{S}}(s) = \frac{K_{\text{S}}}{1+T_{\text{S}}\cdot s}\cdot\frac{K_{\text{I}}}{s}, \qquad K_{\text{S}} = 0.4, \qquad T_{\text{S}} = 4\ \text{s}, \qquad K_{\text{I}} = 1\ \text{s}^{-1}$$

图 14.1-12 含有调节回路的 Simulink 模型. 三位调节器作为子系统由两个具有磁滞环的二位环节构成. 上面的环节提供正的调整量, 而下面的环节提供负的调整量:

$$y_1(t+\Delta t) = \begin{cases} 0, & x_{\text{d}} \leqslant 0.05 \\ y(t), & 0.05 < x_{\text{d}} < 0.1 \\ 1, & x_{\text{d}} \geqslant 0.1 \end{cases}$$

$$y_2(t+\Delta t) = \begin{cases} -1, & x_{\text{d}} \leqslant -0.1 \\ y(t), & -0.1 < x_{\text{d}} < -0.05 \\ 0, & x_{\text{d}} \geqslant -0.05 \end{cases}$$

$$y(t+\Delta t) = y_1(t+\Delta t) + y_2(t+\Delta t)$$

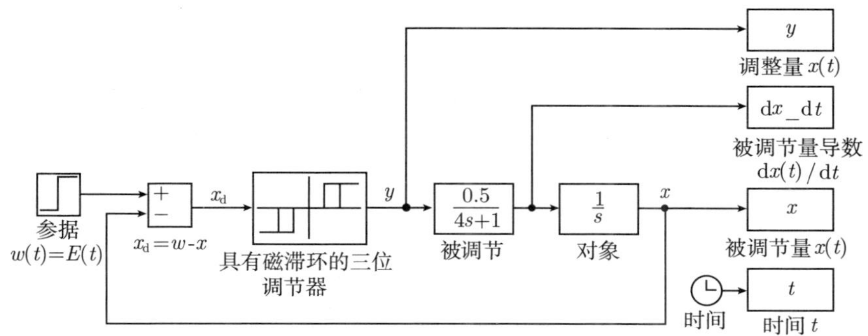

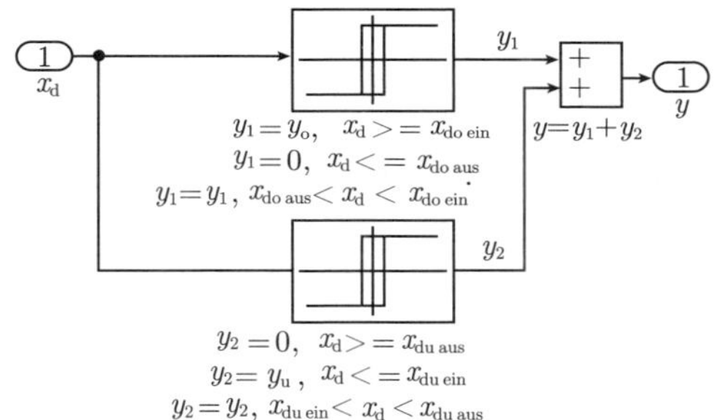

图 14.1-12 具有磁滞环三位调节器的非线性调节回路 Simulink 模型

在图 14.1-13 中绘制调整量 $y(t)$、被调节量 $x(t)$ 和被调节量导数 $\dot{x}(t)$ 的时间曲线. 调节回路导致围绕希望值持续振荡. 在图 14.1-14 中表示 $\dot{x} = f(x)$ 相平面, 闭合曲线表示极限环, 其形状和大小尚取决于希望值大小.

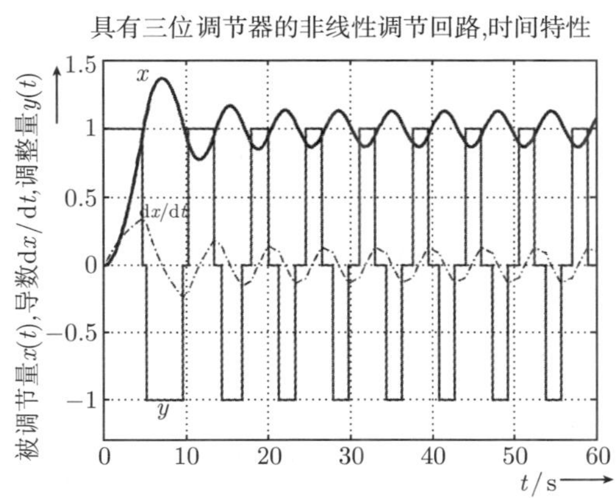

图 14.1-13 具有滞环三位调节器的非线性调节回路时间特性

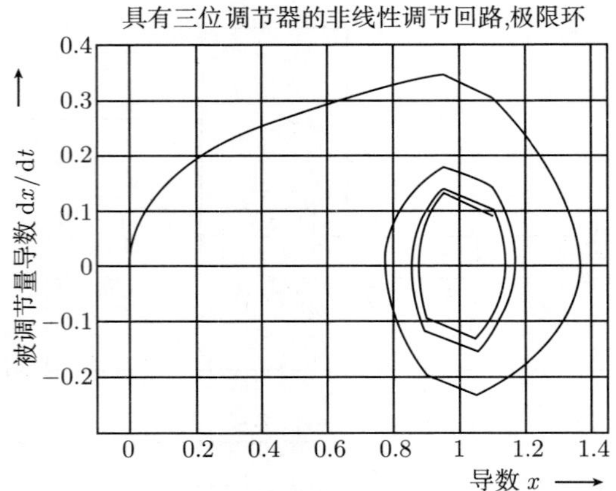

图 14.1-14　具有三位调节器和磁滞环的非线性调节回路的极限环

非线性系统稳定性取决于初值、希望值和信号振幅. 在线性系统情况稳定性只由特征方程解来确定.

14.2　非线性环节的基本类型

14.2.1　非线性函数原理特性

在调节回路中非线性函数可作为被调节对象环节基本组成部分出现, 或作为调节器和调整机构期望特性存在, 非线性环节具有不同的形态, 可根据其特性分类.

解析函数(Analytische Funktion): 在调节系统中非线性函数可是简单解析的 (可微分的 (differenzierbare)) 函数, 例如:

$$x_{\mathrm{a}} = \sin(x_{\mathrm{e}}), \qquad x_{\mathrm{a}} = x_{\mathrm{e}}^3, \qquad x_{\mathrm{a}} = \mathrm{e}^{x_{\mathrm{e}}}, \qquad x_{\mathrm{a}} = x_{\mathrm{e1}} \cdot x_{\mathrm{e2}}$$

这类函数对于输入量的每个值都可被展开泰勒级数, 也就是可微分的, 因此它们在调节系统工作点临域可被线性化, 由此他们可通过线性函数表达式来近似 (正切线性化, 3.2,14.3.4 节).

一个特殊解析函数族构成双线性系统, 在此非线性是以状态量与输入量积的形式存在. 一个例子是通过微分方程组

$$\begin{aligned}
\dot{x}_1(t) &= x_2(t)\\
\dot{x}_2(t) &= k_1 \cdot u_1(t) \cdot x_1(t) + k_2 \cdot u_2(t) \cdot x_2(t)\\
y(t) &= x_1(t)
\end{aligned}$$

来描述, 其中 y 为输出变量 (被调节量), x_1、x_2 为状态量, u_1、u_2 为输入变量. 如果系

统只含有解析非线性, 那么输入-输出特性的描述可展开为一般幂级数 (VOLTERRA (沃尔特) 级数).

分段线性函数 (Stückweise lineare Funktion): 分段线性函数通常应用于调节装置和被调节对象的模型描述. 线性关系式对于输入量和输出量的确定范围是有效的, 因此函数不是在所有点都是解析 (可微分) 的, 因为函数值或导数或两者在分段线性函数段的转换点是不连续的 (图 14.2-1).

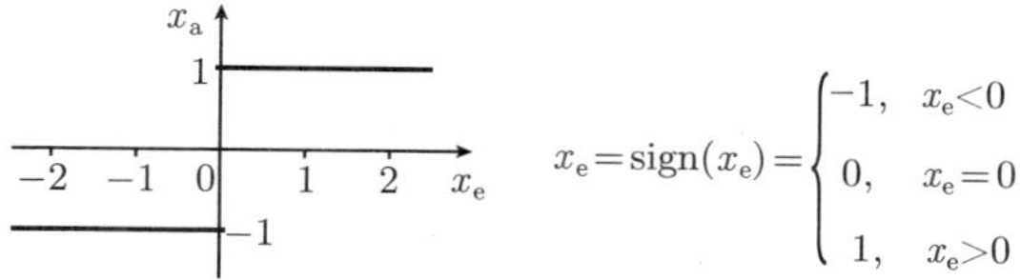

图 14.2-1 理想二位特性曲线 (继电器特性曲线, 正负号函数)

如图 14.2-1 的分段线性函数 $x_a = f(x_e)$ 在 $x_e = 0$ 时具有值和导数不连续点. 用分段线性函数表示非线性的动态系统时间特性, 其线性部分区间是可计算的, 而在区间边界处则组合各部分解. 因此, 在调节技术提出许多任务中, 通过分段线性函数模拟调节装置 (测量数据发生器, 调节器, 调整机构) 和被调节对象的特性 (继电器调整机构组, 摩擦效应, 限幅 (饱和), 死区, 偏压) 是有益的.

多值函数(Mehrdeutige Funktion): 至今所研究的函数都是单值的, 每一个输入量 x_e 值对应有单一输出量 x_a 值. 用多值函数在数学上列出具有滞环环节的公式. 滞环效应可出现在电磁的, 弹性的和机械的传递环节. 图 14.2-2 含有具有滞环的继电器特性曲线, 切断发生在比接通更小的电压, 因为继电器切断比接通需要更小的能量.

由调节误差信号 x_{d1} 不能单值地求出调整量 y. 在区间 $x_{d\,aus} < x_d < x_{d\,ein}$ 内运行哪条特性曲线支路, 取决于 x_d 先前运行的信号曲线. 传递环节具有存储器功能或记忆功能: 如果继电器是接通的, 那么保持 $y = y_o$(特性曲线上面支路); 如果继电器是切断的, 那么特性曲线下面支路有效并且 $y = 0$.

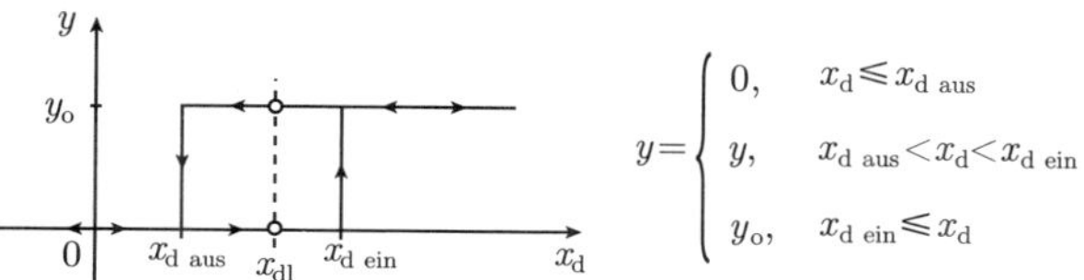

图 14.2-2 具有开关差 (磁滞环) 的二位调节器特性曲线

多值函数也出现在具有反向间隙的环节. 如果输入量反转它的方向, 那么当输入量通过 (在具有齿轮游隙或–间隙的齿轮时所显现的) 反向间隙 $2\cdot c$ 时 (图 14.2-3),

输出量前后会发生变化. 对应一个输入量 x_{e1} 会有无穷多个 x_a 值 (例 14.3-8).

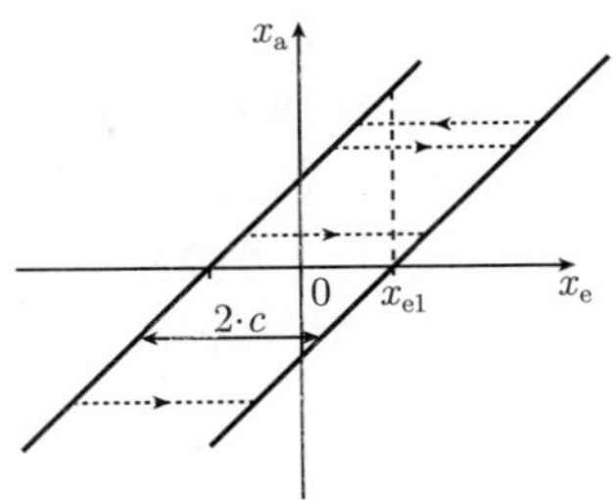

图 14.2-3 具有反向间隙 (游隙) 的传递环节

应用下面特性对非线性环节进行分类 (表 14.2-1).

在表 14.3-5 中将经常出现的非线性静态的环节归结为下面类型:

- 开关环节 (二位, 三位和多位环节);
- 具有滞环开关环节;
- 具有增益递增特性曲线环节 (增益随着输入量增大而增大);
- 具有增益递减特性曲线环节 (增益随着输入量增大而变小);
- 具有不同增益环节 (整流器);
- 具有限幅, 死区, 偏移 (偏压) 环节;
- 无限幅 (游隙, 反向间隙) 滞环环节;
- 具有限幅 (饱和) 滞环环节.

表 14.2-1 非线性环节特性

可微分性	解析的, 封闭可微分的	分段可微分的, 分段线性的
函数曲线	连续的	不连续的
函数导数	连续的	不连续的
特性曲线	单值的	多值的
函数 (特性曲线)	偶数的: $x_a = f(-x_e)$ (对称的)	奇数的: $x_a = -f(-x_e)$ (斜角对称的)
时间特性	静态的 (无储能器)	动态的 (具有储能器)

在表 14.3-5(见 14.3.5.6 节) 中除了静态特性曲线外还给出了具有或没有偏移输入信号的描述函数.

14.3 线性化方法

14.3.1 概述

为研究非线性系统引入不同方法. 一类方法是研究线性化等效系统以取代非

线性系统.

这种线性化方法通过近似线性系统取代非线性系统, 其中研究结果仅对于确定的边界条件和假设条件才有效. 进一步表述下列方法:

- 用可逆特性曲线环节线性化;
- 通过反馈线性化;
- 通过略去泰勒级数高阶导数在工作点线性化 (正切线性化);
- 通过略去傅里叶级数高级谐波的谐波线性化 (描述函数法).

14.3.2 可逆特性曲线线性化法

为了应用方法假设, 非线性环节具有单值可逆的特性曲线.

> 将具有可逆特性曲线的非线性环节串接到非线性环节上, 由此抵消后个环节的非线性作用.

为使非线性测量机构和被调节对象线性化引入可逆特性曲线线性化法.

例 14.3-1 为了测量流量, 通常将压力差计安装到导管中, 单位时间流量 x_{an}, 按照下面方程非线性地取决于压力差 x_{e}:

$$x_{\mathrm{an}} = f(x_{\mathrm{e}}) = K_1 \cdot \sqrt{x_{\mathrm{e}}}$$

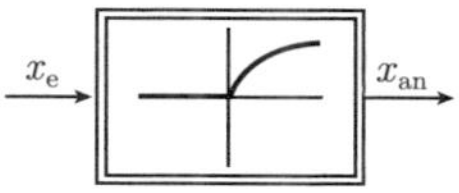

x_{e} x_{an}

为了线性化串接一个具有特性曲线 $f^{-1}(x_{\mathrm{an}})$ 的可逆平方环节:

$$x_{\mathrm{al}} = f^{-1}(x_{\mathrm{an}}) = \frac{x_{\mathrm{an}}^2}{K_1^2}$$

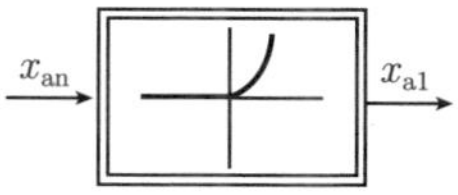

x_{an} x_{al}

通过串接来补偿根–环节的非线性特性.

$$x_{\mathrm{al}} = f^{-1}(f(x_{\mathrm{e}})) = f^{-1}\left(K_1 \cdot \sqrt{x_{\mathrm{e}}}\right)$$

$$= \frac{K_1^2 \cdot \left(\sqrt{x_{\mathrm{e}}}\right)^2}{K_1^2} = x_{\mathrm{e}}$$

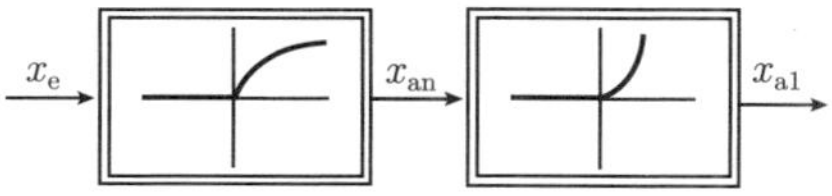

x_{e} x_{an} x_{al}

例 14.3-2 被调节对象具有响应门限值 c_1(死区, 表 14.3-5, 序号 29) 和对象增益

$$K_{\mathrm{S}} = \tan\beta = \frac{d}{c_2 - c_1}$$

为了校正非线性特性, 按照图 14.3-1 串接一个具有偏移 (偏压, 表 14.3-5, 序号 32) 和增益

$$K_{\text{inv}}=\tan\alpha=\frac{d_2-d_1}{c}$$

的环节.

为了明显的表示, 这里仅研究正的输入量和输出量范围. 对于负的量, 计算值相应地也有效.

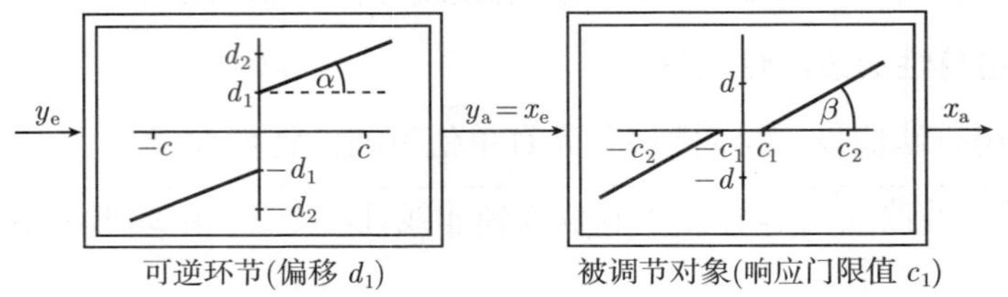

图 14.3-1　用一个可逆的特性曲线环节补偿非线性

偏移环节对于范围 $y_e\geqslant 0$ 提供

$$y_a=d_1+\frac{d_2-d_1}{c}\cdot y_e=d_1+\tan\alpha\cdot y_e=d_1+K_{\text{inv}}\cdot y_e$$

而在 $x_e>c_1$ 时具有响应灵敏度的被调节对象下式有效

$$x_a=\frac{d}{c_2-c_1}\cdot(x_e-c_1)=\tan\beta\cdot(x_e-c_1)=K_S\cdot(x_e-c_1)$$

将可逆环节的方程 $y_a=f(y_e)$ 代入被调节对象方程 $x_a=f(x_e)$:

$$\begin{aligned}x_a&=K_S\cdot(y_a-c_1)=K_S\cdot(d_1+K_{\text{inv}}\cdot y_e-c_1)\\&=K_S\cdot K_{\text{inv}}\cdot y_e+K_S\cdot(d_1-c_1)\end{aligned}$$

对于偏移等于死区 $d_1=c_1$, 其死区被补偿, 而串接的传递特性是线性的.

$$x_a=K_{\text{inv}}\cdot K_S\cdot y_e$$

对于 $K_{\text{inv}}=1$ 得到线性对象方程

$$x_a=K_S\cdot y_e$$

对于 $K_{\text{inv}}=1/K_S$ 则为 $x_a=y_e$.

图 14.3-2 含有求信号的 Simulink 模型. 偏移环节与具有响应灵敏度环节斜率是相同 $K_{\text{inv}}=K_S=1$. 对于偏移等于死区宽度 $d=c_1=0.4$ 死区被补偿. 用可逆特性曲线线性化如图 14.3-3 所示.

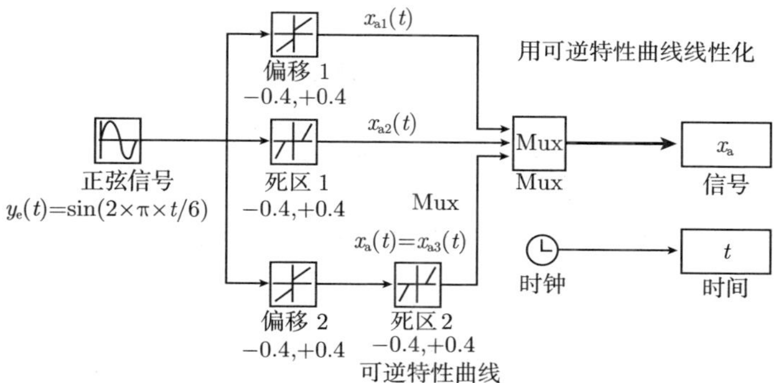

图 14.3-2 研究用可逆特性曲线线性化 (Simulink 模型)

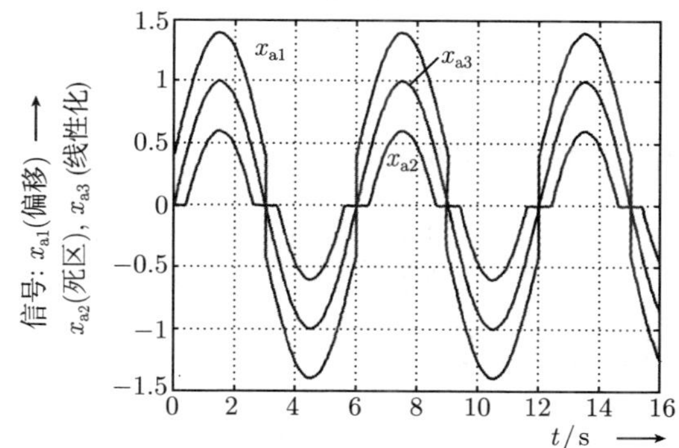

图 14.3-3 用可逆特性曲线线性化 (曲线)

14.3.3 通过反馈线性化法

本方法将非线性环节输出量反馈, 并且与输入量比较. 在大的前向通路增益时, 传递特性主要由反馈确定, 降低非线性信号失真.

例 14.3-3 一个具有二次方特性曲线的非线性环节, 对于正的输入量范围 $x_e \geqslant 0$ 试用反馈进行线性化. 与一个线性传递环节比较, 显示反馈线性化的作用 (图 14.3-4, 曲线 (a) 到 (d)).

(1) 线性环节 (曲线 (a))

$$x_a = x_e$$

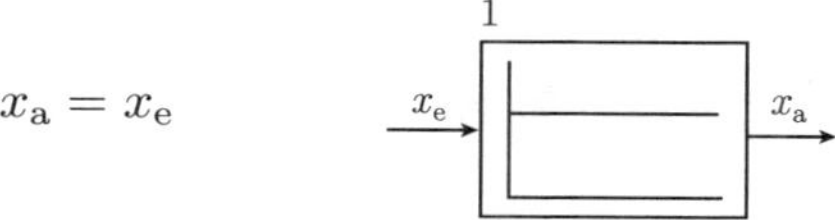

(2) 非线性环节 (曲线 (b))

$$x_{an} = x_e^2$$

在范围 $0 \leqslant x_e \leqslant 1$ 内, 与线性特性最大的偏差为

$$\Delta x_a = x_{an} - x_a = -0.25, \quad 在\ x_e = 0.5\ 时.$$

(3) 通过反馈的线性化环节 (曲线 (c)、(d)):

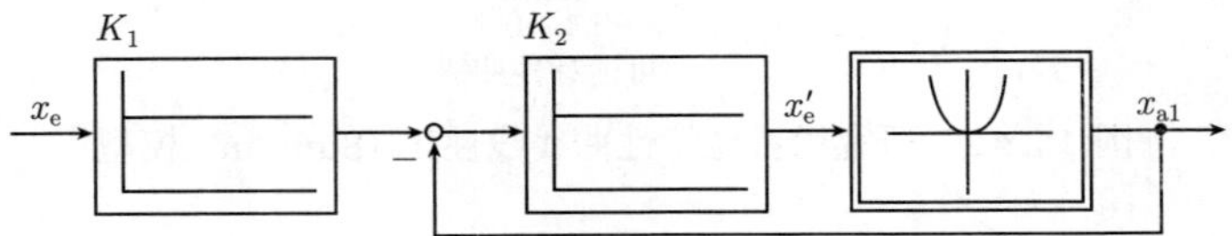

对于线性化系统下面方程成立

$$x_{al} = (x_e')^2 = [(K_1 \cdot x_e - x_{al}) \cdot K_2]^2$$

$$x_{al} = K_1 \cdot x_e + \frac{0.5}{K_2^2} - \frac{0.5 \cdot \sqrt{4 \cdot K_1 \cdot K_2^2 \cdot x_e + 1}}{K_2^2}$$

由 $K_1 = 1, K_2 = 10$ 线性化方程为

$$x_{al} = x_e + \underbrace{0.005 - \sqrt{0.01 \cdot x_e + 2.5 \cdot 10^{-5}}}_{\text{非线性部分}}$$

对于 $K_1 = 1$(曲线 (c)), 与线性特性最大的偏差为

$$\Delta x_a = x_{al} - x_a = -0.0951, \quad x_e = 1$$

偏差主要是由系统稳态输入误差而不是由非线性环节引起的.

由

$$K_1 = \frac{1 + K_2}{K_2} = 1.1$$

在输入端校正可近似地补偿稳态输入误差 (曲线 (d)), 并且减小与线性特性最大偏差

$$\Delta x_a = x_{al} - x_a = -0.0227, \quad x_e = 0.3$$

通过增大 K_2 还可继续降低非线性影响.

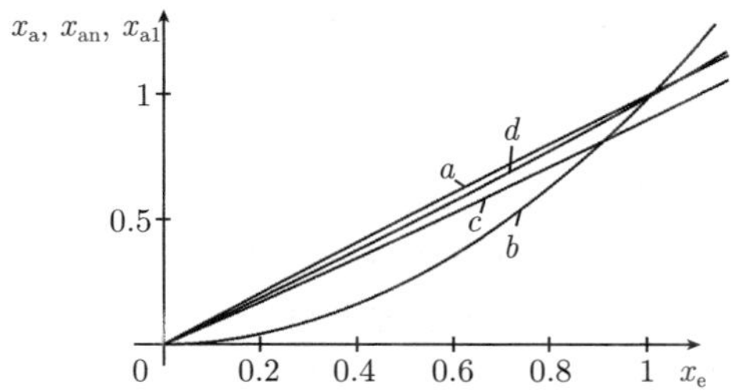

图 14.3-4 反馈线性化曲线 $x_{a1}\,(c, d)$, 线性特性曲线 $x_a\,(a)$, 非线性特性曲线 $x_{an}\,(b)$

14.3.4 在工作点略去泰勒级数高阶导数的线性化 (正切线性化) 法

在节 3.2 中描述了在工作点线性化方法, 下面再次简述地给出.

传递环节非线性函数展开泰勒级数. 只考虑一阶导数的线性项, 略去高阶导数.

图解法: 在通过测量求得的非线性特性曲线上, 通过在工作点 A 绘制一条切线来确定特性曲线的斜率 (图 3.2-3).

具有单输入量解析法: 如果函数是可微分的, 那么切断函数一阶导数后的泰勒展开并代入工作点 A 的值.

$$x_a = f(x_e), \qquad x_{aA} = f(x_{eA})$$

$$x_a(t) = x_{aA} + \Delta x_a(t) = f(x_{eA} + \Delta x_e(t))$$

$x_e(t)$ → $f(x_e)$ → $x_a(t)$

$$x_a(t) = x_{aA} + \Delta x_a(t) \approx f(x_{eA}) + \left.\frac{\mathrm{d}f(x_e)}{\mathrm{d}x_e}\right|_A \cdot \Delta x_e(t)$$

对于在工作点 A 附近很小的变化, 得到具有比例系数 K_P 的线性化方程:

$$\boxed{\Delta x_a(t) \approx \left.\frac{\mathrm{d}f(x_e)}{\mathrm{d}x_e}\right|_A \cdot \Delta x_e(t) = K_P \cdot \Delta x_e(t)}$$

具有多输入量解析法: 对于具有多输入量的传递系统

$$x_a(t) = f(x_{e1}(t), x_{e2}(t), \cdots, x_{em}(t))$$

可相应地跟着线性化, 其中按照多变量进行泰勒展开:

$$\boxed{\begin{aligned} x_{aA} + \Delta x_a(t) &\approx f(x_{e1A}, x_{e2A}, \cdots, x_{emA}) + \sum_{i=1}^{m} \frac{\partial f}{\partial x_{ei}} \cdot \Delta x_{ei}(t) \\ \Delta x_a(t) &\approx \left.\frac{\partial f}{\partial x_{e1}}\right|_A \cdot \Delta x_{e1}(t) + \left.\frac{\partial f}{\partial x_{e2}}\right|_A \cdot \Delta x_{e2}(t) + \cdots + \left.\frac{\partial f}{\partial x_{em}}\right|_A \cdot \Delta x_{em}(t) \\ &= K_{P1} \cdot \Delta x_{e1}(t) + K_{P2} \cdot \Delta x_{e2}(t) + \cdots + K_{Pm} \cdot \Delta x_{em}(t) \end{aligned}}$$

14.3.5　用略去傅里叶级数高次谐波的描述函数谐波线性化法

14.3.5.1　方法基础

该法也称为**谐波平衡法(Harmonishe Balance)** 或**描述函数法(Methode der Beschreibungsfunktion)**. 用谐波线性化, 将线性系统的频率特性法移植到非线性系统, 用该法可近似地计算在非线性系统中持续振荡的频率和幅值.

进一步表述方法基础. 一个谐波 (正弦形式) 的输入信号 $x_\mathrm{e}(t)$, 在非线性环节的输出端产生一个通过傅里叶级数表示的信号 $x_\mathrm{a}(t)$, 在二位环节时, 产生高度为 d 的方波函数作为输出信号 $x_\mathrm{a}(t)$.

$$x_\mathrm{e}(t) = \hat{x}_\mathrm{e} \cdot \sin(2\pi t/T)$$

$$x_\mathrm{a}(t) = f(x_\mathrm{e}(t)) = d \cdot \mathrm{sign}(x_\mathrm{e}(t)) = \begin{cases} d, & x_\mathrm{e}(t) > 0 \\ 0, & x_\mathrm{e}(t) = 0 \\ -d, & x_\mathrm{e}(t) < 0 \end{cases}$$

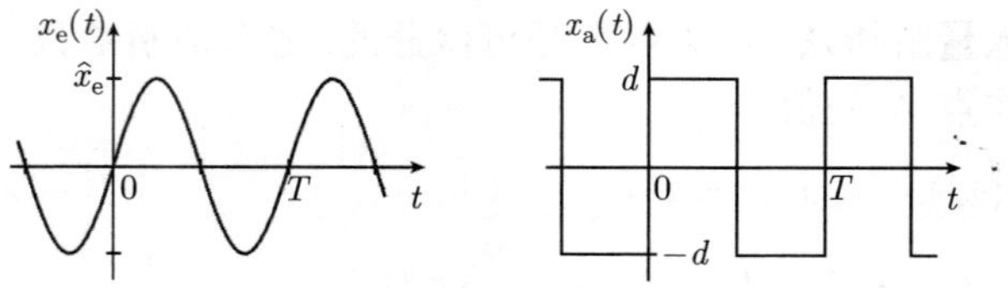

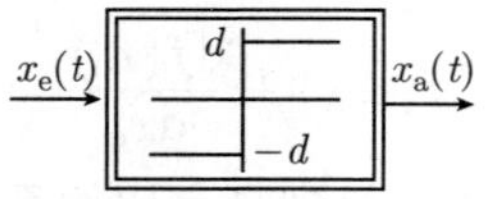

计算 $x_\mathrm{a}(t)$ 的傅里叶级数, 得到

$$x_\mathrm{a}(t) = \frac{4 \cdot d}{\pi} \cdot \left[\sin(2\pi t/T) + \frac{\sin(3 \cdot 2\pi t/T)}{3} + \frac{\sin(5 \cdot 2\pi t/T)}{5} + \cdots\right]$$

输出信号的 1 次谐波具有与输入量 x_e 相同的频率, 而相位移则为零. 输出信号高次谐波幅值以 1/3, 1/5, $\cdots$, 递减.

在调节系统中高次谐波 (Oberwellen), 可通过后面连接的被调节对象的低通特性来抑制, 在稳态状态时. 在非线性环节 (调节器) 输入端再次出现一个近似的基本频率的正弦形式信号, 这样调节系统获得线性特性, 并且可用线性调节技术方法来计算.

例 14.3-4　对于如图 14.3-5 的非线性位置调节系统 (图 14.3-6 为其 Simulink 模型), 试计算被调节量的阶跃响应, 并确定谐波的幅值.

调整量 y 相应于加速度, 通过积分产生速度 $\dot{x}$ 和位置 x.

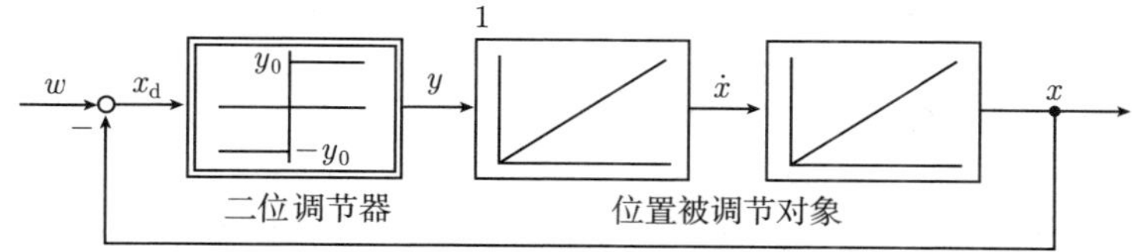

图 14.3-5 具有二位调节器的调节回路

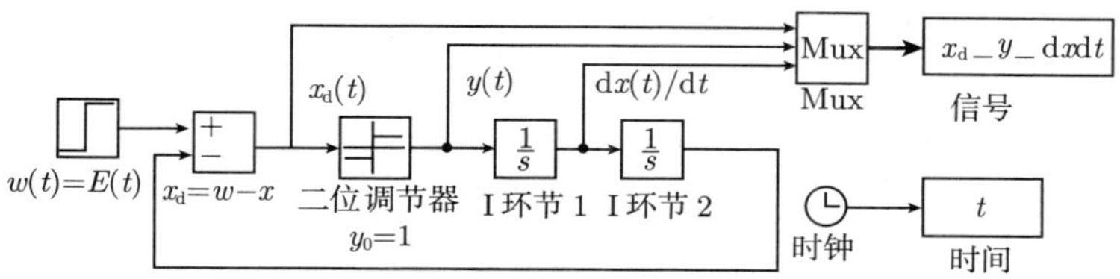

图 14.3-6 具有二位调节器的调节回路 (Simulink 模型)

二位调节器产生两个调整量

$$
y = \begin{cases} y_0, & x_d \geqslant 0 \\ -y_0, & x_d < 0 \end{cases}
$$

对于参据单位阶跃 $w(t) = E(t)$, 在调节回路生成如下的具有周期 $T = 4\cdot\sqrt{2}\,\mathrm{s} = 5.657\,\mathrm{s}$ 的全部信号形式 (图 14.3-7):

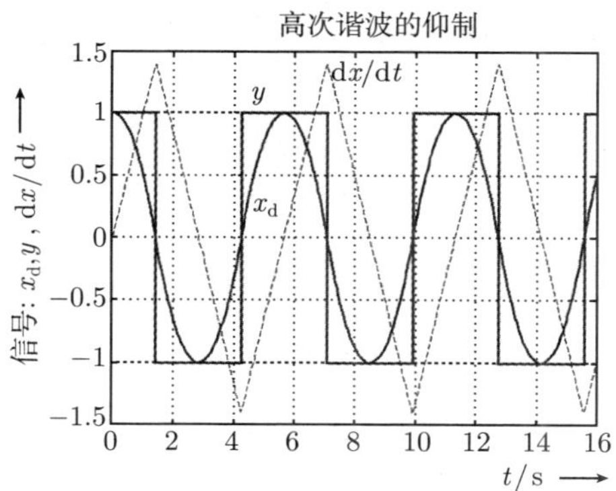

图 14.3-7 调节回路的信号曲线

- 调整量 $y(t)$: 具有高度 $y_0 = 1$ 的方波信号;
- 被调节量的导数 $\dot{x}(t)$: 具有高度 $\dot{x}_0 = \sqrt{2}$ 的三角形信号;
- 被调节量 $x(t)$: 平移 1 的、由两个抛物线组合的、近似于余弦形式的信号, 幅值 $\hat{x}_0 = 1$;

- 调节误差 $x_{\mathrm{d}}(t)$：由两个抛物线组合的、近似于具有幅值 $\hat{x}_{\mathrm{d}0}=1$ 的余弦形式的信号.

用傅里叶级数表示图 14.3-7 的信号：

$$f(t)=a_0+\sum_{n=1}^{\infty}[a_n\cdot\cos(n\cdot 2\pi t/T)+b_n\cdot\sin(n\cdot 2\pi t/T)]$$

$$a_0=\frac{1}{T}\int_{-T/2}^{T/2}f(t)\mathrm{d}t$$

$$a_n=\frac{2}{T}\int_{-T/2}^{T/2}f(t)\cdot\cos(n\cdot 2\pi t/T)\mathrm{d}t$$

$$b_n=\frac{2}{T}\int_{-T/2}^{T/2}f(t)\cdot\sin(n\cdot 2\pi t/T)\mathrm{d}t$$

提供系数 a_n、b_n. 因为函数不含有直流分量, 所以 $a_0=0$.

方波信号的调整量 $y(t)$：

$$y(t)=\begin{cases} y_0=1, & -T/4\leqslant t\leqslant T/4 \\ y_0=-1, & T/4\leqslant t\leqslant 3\cdot T/4 \end{cases}$$

$$y(t)=\sum_{n=1}^{\infty}a_n\cdot\cos(n\cdot 2\pi t/T)=\frac{4}{\pi}\cdot\sum_{n=1}^{\infty}\frac{(-1)^{n-1}}{2n-1}\cdot\cos((2n-1)\cdot 2\pi t/T)$$

$$=\frac{4}{\pi}\cdot\left[\frac{\cos(2\pi t/T)}{1}-\frac{\cos(3\cdot 2\pi t/T)}{3}+\frac{\cos(5\cdot 2\pi t/T)}{5}-\cdots\right]$$

三角形信号的被调节量导数 $\dot{x}(t)$：

$$\dot{x}(t)=\begin{cases} t, & -T/4\leqslant t\leqslant T/4 \\ t-T/2, & T/4\leqslant t\leqslant 3\cdot T/4 \end{cases}$$

$$\dot{x}(t)=\sum_{n=1}^{\infty}b_n\cdot\sin(n\cdot 2\pi t/T)=\frac{\sqrt{2}\cdot 8}{\pi^2}\cdot\sum_{n=1}^{\infty}\frac{(-1)^{n-1}}{(2n-1)^2}\cdot\sin((2n-1)\cdot 2\pi t/T)$$

$$=\frac{\sqrt{2}\cdot 8}{\pi^2}\cdot\left[\frac{\sin(2\pi t/T)}{1}-\frac{\sin(3\cdot 2\pi t/T)}{3^2}+\frac{\sin(5\cdot 2\pi t/T)}{5^2}-\cdots\right]$$

近似于余弦形式信号的被调节误差 $x_{\mathrm{d}}(t)$：

$$x_{\mathrm{d}}(t)=\begin{cases}1-t^2/2, & -T/4\leqslant t\leqslant T/4\\ -1+(t-T/2)^2/2, & T/4\leqslant t\leqslant 3\cdot T/4\end{cases}$$

$$x_{\mathrm{d}}(t)=\sum_{n=1}^{\infty}a_n\cdot\cos(n\cdot 2\pi t/T)=\frac{32}{\pi^3}\cdot\sum_{n=1}^{\infty}\frac{(-1)^{n-1}}{(2n-1)^3}\cdot\cos((2n-1)\cdot 2\pi t/T)$$

$$=\frac{32}{\pi^3}\cdot\left[\frac{\cos(2\pi t/T)}{1}-\frac{\cos(3\cdot 2\pi t/T)}{3^3}+\frac{\cos(5\cdot 2\pi t/T)}{5^3}-\cdots\right]$$

在表 14.3-1 中由 $y(t)$ 和 $x_{\mathrm{d}}(t)$ 的谐波幅值比较看出低通作用.

表 14.3-1 通过低通作用减低高次谐波幅值

信号	1 次谐波, 基本谐波	3 次谐波	5 次谐波
$y(t)$	$a_1=1.273$	$a_3=-a_1/3=-0.424$	$a_5=a_1/5=0.255$
$x_{\mathrm{d}}(t)$	$a_1=1.032$	$a_3=-a_1/27=-0.0382$	$a_5=a_1/125=0.00826$

14.3.5.2 具有单值特性曲线函数环节的描述函数

应用描述函数法前提条件是, 非线性调节回路呈现持续振荡, 除了参据量 $w(t)$ 之外, 所有参量都具有周期性曲线. 由于其他调节回路环节的低通作用, 静态非线性环节的输入量 $x_{\mathrm{e}}(t)$ 为可含有直流分量 x_{e0} 的正弦振荡.

$$x_{\mathrm{e}}(t)=x_{\mathrm{e0}}+x_{\mathrm{e1}}(t)=x_{\mathrm{e0}}+\hat{x}_{\mathrm{e}}\cdot\sin(2\pi t/T)$$
$$=x_{\mathrm{e0}}+\hat{x}_{\mathrm{e}}\cdot\sin(\omega t),\quad \omega=2\pi/T$$

$x_{\mathrm{e}}(t)$ → $f(x_{\mathrm{e}})$ → $x_{\mathrm{a}}(t)$

周期的非谐波的输出信号 $x_{\mathrm{a}}(t)$ 表示为傅里叶级数, 略去所有大于基本振荡 $x_{\mathrm{a1}}(t)$ 频率的振荡:

$$x_{\mathrm{a}}(t)=a_0+\sum_{n=1}^{\infty}[a_n\cdot\cos(n\cdot 2\pi t/T)+b_n\cdot\sin(n\cdot 2\pi t/T)]$$

$$\approx a_0+a_1\cdot\cos(2\pi t/T)+b_1\cdot\sin(2\pi t/T)=x_{\mathrm{a0}}+x_{\mathrm{a1}}(t)$$

为了计算描述函数, 构建输出信号 $x_{\mathrm{a1}}(t)$ 和输入信号 $x_{\mathrm{e1}}(t)$ 的基本振荡关系:

$$x_{\mathrm{e1}}(t)=\hat{x}_{\mathrm{e}}\cdot\sin(2\pi t/T)=\hat{x}_{\mathrm{e}}\cdot\sin(\omega t)$$

$$x_{\mathrm{a1}}(t)=a_1\cdot\cos(2\pi t/T)+b_1\cdot\sin(2\pi t/T)=a_1\cdot\cos(\omega t)+b_1\cdot\sin(\omega t)$$

用信号复数表达式给出描述函数:

$$\cos(\omega t) \to \cos(\omega t) + \mathrm{j} \cdot \sin(\omega t) = \mathrm{e}^{\mathrm{j}\omega t}$$

$$\sin(\omega t) \to (\cos(\omega t) + \mathrm{j} \cdot \sin(\omega t)) \cdot \mathrm{e}^{-\mathrm{j}\pi/2} = -\mathrm{j} \cdot \mathrm{e}^{\mathrm{j}\omega t}$$

$$x_{\mathrm{e}1}(\mathrm{j}\omega t) = -\mathrm{j} \cdot \hat{x}_{\mathrm{e}} \cdot \mathrm{e}^{\mathrm{j}\omega t}$$

$$x_{\mathrm{a}1}(\mathrm{j}\omega t) = (a_1 - \mathrm{j} \cdot b_1) \cdot \mathrm{e}^{\mathrm{j}\omega t}$$

$$B(\hat{x}_{\mathrm{e}}, x_{\mathrm{e}0}) = \frac{x_{\mathrm{a}1}(\mathrm{j}\omega t)}{x_{\mathrm{e}1}(\mathrm{j}\omega t)} = \frac{(a_1 - \mathrm{j} \cdot b_1) \cdot \mathrm{e}^{\mathrm{j}\omega t}}{-\mathrm{j} \cdot \hat{x}_{\mathrm{e}} \cdot \mathrm{e}^{\mathrm{j}\omega t}} = \frac{b_1 + \mathrm{j} \cdot a_1}{\hat{x}_{\mathrm{e}}}$$

描述函数 $B(\hat{x}_{\mathrm{e}}, x_{\mathrm{e}0})$ 为非线性特性曲线环节的输出信号傅里叶展开的基本振荡 (1 次谐波) 的复数增益系数:

$$x_{\mathrm{e}}(t) = x_{\mathrm{e}0} + \hat{x}_{\mathrm{e}} \cdot \sin(2\pi t/T), \quad 2\pi/T = \omega, \quad x_{\mathrm{a}}(t) = f(x_{\mathrm{e}}(t))$$

$$B(\hat{x}_{\mathrm{e}}, x_{\mathrm{e}0}) = \frac{b_1 + \mathrm{j} \cdot a_1}{\hat{x}_{\mathrm{e}}}, \quad x_{\mathrm{a}1}(\mathrm{j}\omega t) = B(\hat{x}_{\mathrm{e}}, x_{\mathrm{e}0}) \cdot x_{\mathrm{e}1}(\mathrm{j}\omega t)$$

a_1、b_1 为 $x_{\mathrm{a}}(t)$ 傅里叶展开的 1 次振荡系数:

$$a_1 = \frac{2}{T} \int_{-T/2}^{T/2} x_{\mathrm{a}}(t) \cdot \cos(2\pi t/T) \mathrm{d}t = \frac{2}{T} \int_{-T/2}^{T/2} f(x_{\mathrm{e}}(t)) \cdot \cos(2\pi t/T) \mathrm{d}t$$

$$b_1 = \frac{2}{T} \int_{-T/2}^{T/2} x_{\mathrm{a}}(t) \cdot \sin(2\pi t/T) \mathrm{d}t = \frac{2}{T} \int_{-T/2}^{T/2} f(x_{\mathrm{e}}(t)) \cdot \sin(2\pi t/T) \mathrm{d}t$$

$x_{\mathrm{a}}(t)$ 为在正弦形式输入信号 $x_{\mathrm{e}}(t)$ 时非线性环节的周期的非谐波的输出信号.

相应地实数描述函数 $B_0(\hat{x}_{\mathrm{e}}, x_{\mathrm{e}0})$ 可定义为输出信号 $x_{\mathrm{a}}(t)$ 的直流信号 $x_{\mathrm{a}0} = a_0$ 的增益系数:

$$B_0(\hat{x}_{\mathrm{e}}, x_{\mathrm{e}0}) = \frac{a_0}{\hat{x}_{\mathrm{e}}}$$

a_0 为 $x_{\mathrm{a}}(t)$ 傅里叶展开的直流信号分量:

$$a_0 = \frac{1}{T} \int_{-T/2}^{T/2} x_{\mathrm{a}}(t) \mathrm{d}t = a_0(x_{\mathrm{e}0}, \hat{x}_{\mathrm{e}})$$

并且取决于输入量 $x_{\mathrm{e}}(t)$ 的幅值 $\hat{x}_{\mathrm{e}}$ 和可能存在的直流分量 $x_{\mathrm{e}0}$.

描述函数取决于特性曲线环节的非线性函数类型. 在具有 $-f(-x_{\mathrm{e}}) = f(x_{\mathrm{e}})$ 的**单值奇函数(eindeutigen ungeraden Funktion)** 时描述函数为实数, 不出现基本频率的余弦振荡, 对于 $x_{\mathrm{e}0} = 0$ 简化 b_1 的计算:

$$-f(-x_{\mathrm{e}})=f(x_{\mathrm{e}}) \qquad \text{奇对称特性曲线}$$

$$B_0(\hat{x}_{\mathrm{e}})=0$$

$$B(\hat{x}_{\mathrm{e}})=\frac{b_1}{\hat{x}_{\mathrm{e}}}$$

$$b_1=\frac{4}{T}\int_0^{T/2} x_{\mathrm{a}}(t)\cdot\sin(2\pi t/T)\mathrm{d}t, \quad a_1=0$$

在具有 $f(-x_{\mathrm{e}})=f(x_{\mathrm{e}})$(偶对称特性曲线) 和 $x_{\mathrm{e0}}=0$ 的**单值偶函数(eindeutigen geraden Funktion)** 时, 在输出信号 $x_{\mathrm{a}}(t)$ 中不出现基本频率振荡, 不能计算描述函数, $B(\hat{x}_{\mathrm{e}})=0$, 因为 $a_1=0$, $b_1=0$.

在**多值函数(mehrdeutigen Funktion)**, 例如在滞环特性曲线函数时, 描述函数为复数, 输出信号 $x_{\mathrm{a1}}(t)$ 含有正弦和余弦振荡:

$$B(\hat{x}_{\mathrm{e}}, x_{\mathrm{e0}})=\frac{b_1+\mathrm{j}\cdot a_1}{\hat{x}_{\mathrm{e}}}, \quad B_0(\hat{x}_{\mathrm{e}}, x_{\mathrm{e0}})=\frac{a_0}{\hat{x}_{\mathrm{e}}}$$

在**非对称特性曲线 (unsymmetrische Kennlinie)** 时输出量 $x_{\mathrm{a}}(t)$ 的傅里叶展开具有直流分量 $x_{\mathrm{a0}}=a_0\neq 0$, 即使 $x_{\mathrm{e0}}=0$.

$$B(\hat{x}_{\mathrm{e}}, x_{\mathrm{e0}})=\frac{b_1+\mathrm{j}\cdot a_1}{\hat{x}_{\mathrm{e}}}, \quad B_0(\hat{x}_{\mathrm{e}}, x_{\mathrm{e0}})=\frac{a_0}{\hat{x}_{\mathrm{e}}}$$

如果输入量具有直流分量 x_{e0}, 则

$$x_{\mathrm{e}}(t)=x_{\mathrm{e0}}+\hat{x}_{\mathrm{e}}\cdot\sin(2\pi t/T)$$

在无积分环节的调节回路 (比例调节回路) 时它为

$$x_{\mathrm{d}}(t)=x_{\mathrm{d0}}+\hat{x}_{\mathrm{d}}\cdot\sin(2\pi t/T)$$

的稳态调节误差 x_{d0}, 那么输出量的傅里叶展开具有直流分量 $x_{\mathrm{a0}}=a_0$. 描述函数取决于 x_{e0} 或 x_{d0}(例 14.3-7, 例 14.3-18):

$$B(\hat{x}_{\mathrm{e}}, x_{\mathrm{e0}})=\frac{b_1+\mathrm{j}\cdot a_1}{\hat{x}_{\mathrm{e}}}, \quad B_0(\hat{x}_{\mathrm{e}}, x_{\mathrm{e0}})=\frac{a_0}{\hat{x}_{\mathrm{e}}}$$

如果在描述的非线性环节中含有**动态分量(dynamische Anteile)**(微分方程), 那么必须考虑基本振荡角频率 $\omega=2\pi/T$ 作为描述函数的另一参数:

$$B_0(\hat{x}_{\mathrm{e}}, x_{\mathrm{e0}}), \qquad B(\hat{x}_{\mathrm{e}}, x_{\mathrm{e0}}, \omega)$$

在例 14.3-7 中研究非对称特性曲线和 $x_{\mathrm{e0}}\neq 0$, 对于其他例子计算具有 $x_{\mathrm{e0}}=0$ 输入信号的描述函数.

例 14.3-5　对于具有**奇特性函数(ungeraden Kennlinierfunktion)** $-f(-x_e)=f(x_e)$ 和具有 $x_{e0}=0$ 无偏移输入信号的非线性环节, 试确定描述函数. 直流分量为 $a_0=0$, 将不出现非余弦振荡, $a_1=0$.

二位环节

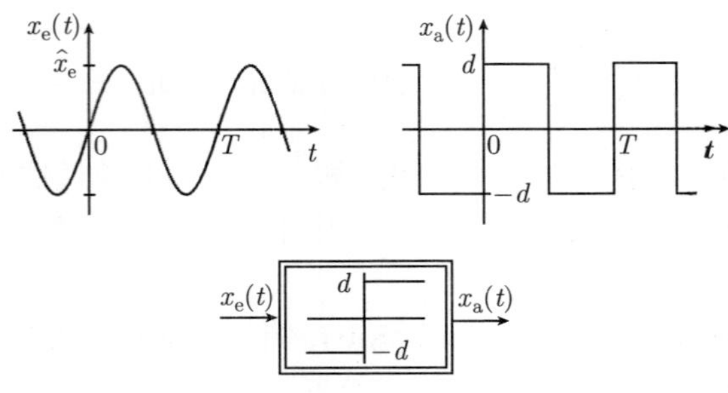

$$x_e(t)=\hat{x}_e\cdot\sin(2\pi t/T),\qquad x_{e0}=0$$

$$x_a(t)=f(x_e(t))=d\cdot\operatorname{sign}(x_e(t))=\begin{cases}d, & x_e(t)>0\\ 0, & x_e(t)=0\\ -d, & x_e(t)<0\end{cases}$$

$$b_1=\frac{2}{T}\int_{-T/2}^{T/2}x_a(t)\cdot\sin(2\pi t/T)\mathrm{d}t=\frac{4}{T}\int_0^{T/2}x_a(t)\cdot\sin(2\pi t/T)\mathrm{d}t$$

$$=\frac{4}{T}\int_0^{T/2}d\cdot\sin(2\pi t/T)\mathrm{d}t=\frac{4\cdot d}{\pi}$$

描述函数为实数:

$$B(\hat{x}_e)=\frac{b_1}{\hat{x}_e}=\frac{4\cdot d}{\pi\cdot\hat{x}_e}$$

增益 $B(\hat{x}_e)$ 随着幅值 $\hat{x}_e$ 增大而变小, 因为输出量的幅值 $\hat{x}_a$ 为常值:

$$\hat{x}_a=b_1=B(\hat{x}_e)\cdot\hat{x}_e=4\cdot d/\pi$$

限幅环节

$$x_e(t)=\hat{x}_e\cdot\sin(2\pi t/T),\quad x_{e0}=0$$

$$x_a(t)=f(x_e(t))=\begin{cases}d, & c<x_e(t)\\ (d/c)\cdot x_e(t), & -c\leqslant x_e(t)\leqslant c\\ -d, & x_e(t)<-c\end{cases}$$

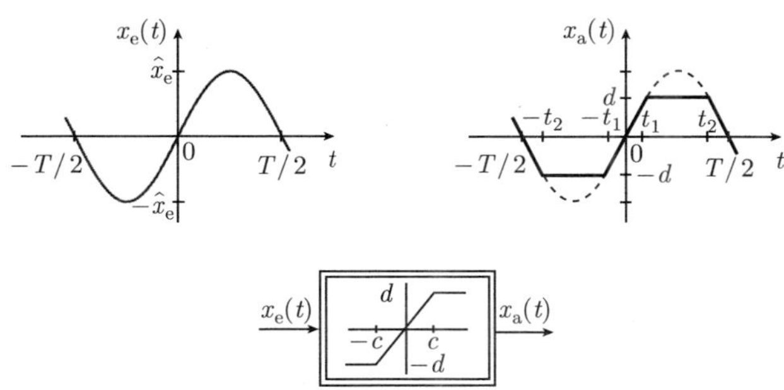

为了计算 b_1 需要时间点 t_1, t_2:

$$x_a(t_1) = d \quad 对于 \quad x_e(t_1) = \hat{x}_e \cdot \sin(2\pi t_1/T) = c$$

$$t_1 = \frac{T}{2\cdot\pi}\cdot\arcsin(c/\hat{x}_e)$$

$$t_2 = \frac{T}{2} - t_1 = \frac{T}{2} - \frac{T}{2\cdot\pi}\cdot\arcsin(c/\hat{x}_e)$$

$$\begin{aligned}
b_1 &= \frac{2}{T}\int_{-T/2}^{T/2} x_a(t)\cdot\sin(2\pi t/T)\mathrm{d}t = \frac{4}{T}\int_0^{T/2} x_a(t)\cdot\sin(2\pi t/T)\mathrm{d}t \\
&= \frac{4}{T}\int_0^{t_1}(d/c)\cdot x_e(t)\cdot\sin(2\pi t/T)\mathrm{d}t + \frac{4}{T}\int_{t_1}^{t_2} d\cdot\sin(2\pi t/T)\mathrm{d}t \\
&\quad + \frac{4}{T}\int_{t_2}^{T/2}(d/c)\cdot x_e(t)\cdot\sin(2\pi t/T)\mathrm{d}t \\
&= \frac{2\cdot d\cdot\hat{x}_e\cdot\arcsin(c/\hat{x}_e)}{\pi\cdot c} + \frac{2\cdot d\cdot\sqrt{\hat{x}_e^2 - c^2}}{\pi\cdot\hat{x}_e}
\end{aligned}$$

限幅环节的描述函数为实数:

$$B(\hat{x}_e) = K_P = d/c, \quad \hat{x}_e \leqslant c$$

$$B(\hat{x}_e) = \frac{b_1}{\hat{x}_e} = \frac{2\cdot d\cdot\arcsin(c/\hat{x}_e)}{\pi\cdot c} + \frac{2\cdot d\cdot\sqrt{1 - c^2/\hat{x}_e^2}}{\pi\cdot\hat{x}_e}, \quad \hat{x}_e \geqslant c$$

用在比例区间的增益 $K_P = d/c$ 使 $B(\hat{x}_e)$ 变形:

$$B(\hat{x}_e) = \frac{b_1}{\hat{x}_e} = \frac{2\cdot K_P}{\pi}\cdot\left[\arcsin(c/\hat{x}_e) + (c/\hat{x}_e)\cdot\sqrt{1 - c^2/\hat{x}_e^2}\right]$$

限幅环节的矢量轨迹曲线运行在实轴上. 增益 $B(\hat{x}_e)$ 随着幅值 $\hat{x}_e$ 增大而变小, 因为输出信号的幅值 $\hat{x}_a$ 在限幅区间内为常值 $\hat{x}_e = c$, 而在线性区间 $\hat{x}_e \leqslant c$ 内为 $B(\hat{x}_e) = K_P$. 为了更好的概述, 绘制 $B(\hat{x}_e)$ 与 $\hat{x}_e/c$ 关系曲线 (图 14.3-8).

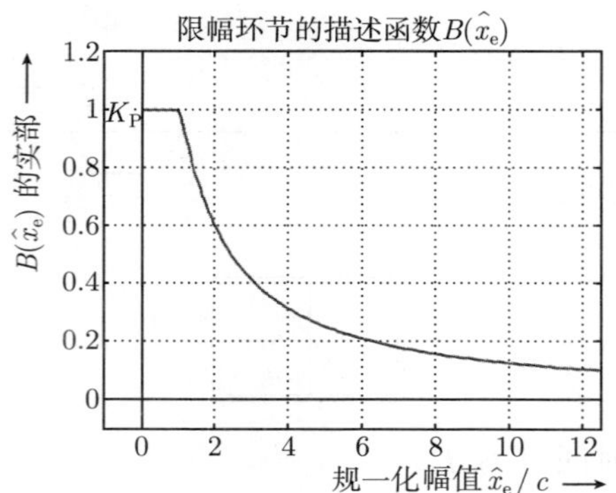

图 14.3-8　表示描述函数与 $\hat{x}_e/c$ 相关性

具有增益递增特性曲线环节、幂环节

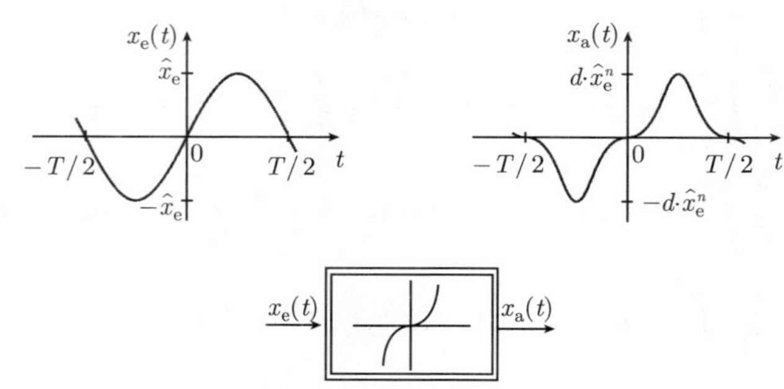

$$x_e(t) = \hat{x}_e \cdot \sin(2\pi t/T), \quad x_{e0} = 0$$

$$x_a(t) = f(x_e(t)) = d \cdot (x_e(t))^n, \quad n = 1,\ 3,\ 5,\ 7,\ \cdots$$

$$x_a(t) = f(x_e(t)) = d \cdot \mathrm{sign}(x_e(t)) \cdot (x_e(t))^n, \quad n = 2,\ 4,\ 6,\ \cdots$$

因为这里存在的也是奇函数, $a_0 = 0, a_1 = 0$, 所以它可用对于 $0 < t \leqslant T/2$ 和 $n = 1, 2, 3, 4, 5, \cdots$ 的具有 $\mathrm{sign}(x_e(t)) = 1$ 的正时间 t 的简化公式来计算:

$$b_1 = \frac{2}{T}\int_{-T/2}^{T/2} x_a(t) \cdot \sin(2\pi t/T)\mathrm{d}t = \frac{4}{T}\int_0^{T/2} d \cdot (x_e(t))^n \cdot \sin(2\pi t/T)\mathrm{d}t$$

$$= \frac{4}{T}\int_0^{T/2} d \cdot \hat{x}_e^{\,n} \cdot (\sin(2\pi t/T))^{n+1}\mathrm{d}t$$

计算的积分值可提供描述函数 (表 14.3-2), 其中 $n = 1$ 表示增益递增特性曲线

的极限情况:

$$B(\hat{x}_e)=\frac{b_1}{\hat{x}_e}=d\cdot\hat{x}_e^{n-1}\cdot\prod_{i=1}^{(n-1)/2}\frac{n+2-2i}{n+3-2i},\quad n=1,3,5,7,\cdots$$

$$B(\hat{x}_e)=\frac{b_1}{\hat{x}_e}=\frac{4d\cdot\hat{x}_e^{n-1}}{\pi}\cdot\prod_{i=1}^{n/2}\frac{n+2-2i}{n+3-2i},\quad n=2,4,6,\cdots$$

表 14.3-2 幂环节描述函数

n	1	2	3	4	5	6	7
b_1	$d\cdot\hat{x}_e$	$\frac{8\cdot d\cdot\hat{x}_e^2}{3\cdot\pi}$	$\frac{3\cdot d\cdot\hat{x}_e^3}{4}$	$\frac{32\cdot d\cdot\hat{x}_e^4}{15\cdot\pi}$	$\frac{5\cdot d\cdot\hat{x}_e^5}{8}$	$\frac{64\cdot d\cdot\hat{x}_e^6}{35\cdot\pi}$	$\frac{35\cdot d\cdot\hat{x}_e^7}{64}$
$B(\hat{x}_e)$	d	$\frac{8\cdot d\cdot\hat{x}_e}{3\cdot\pi}$	$\frac{3\cdot d\cdot\hat{x}_e^2}{4}$	$\frac{32\cdot d\cdot\hat{x}_e^3}{15\cdot\pi}$	$\frac{5\cdot d\cdot\hat{x}_e^4}{8}$	$\frac{64\cdot d\cdot\hat{x}_e^5}{35\cdot\pi}$	$\frac{35\cdot d\cdot\hat{x}_e^6}{64}$

在计算具有增益递增特性曲线的描述函数时, 输出函数 $x_a(t)$ 的三角函数展开也可导出这些结果, 对于 $n=3$ 为

$$\begin{aligned}x_a(t)&=d\cdot(\hat{x}_e(t))^n=d\cdot\hat{x}_e^3\cdot(\sin(2\pi t/T))^3\\&=d\cdot\hat{x}_e^3\cdot\left[\frac{3}{4}\cdot\sin(2\pi t/T)-\frac{1}{4}\cdot\sin(3\cdot 2\pi t/T)\right]\\&=b_1\cdot\sin(2\pi t/T)+b_3\cdot\sin(3\cdot 2\pi t/T)\end{aligned}$$

具有增益递减特性曲线的环节、根环节

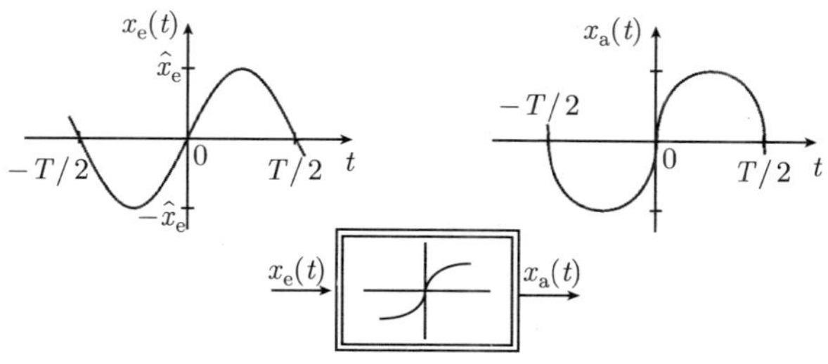

$$x_e(t)=\hat{x}_e\cdot\sin(2\pi t/T),\qquad x_{e0}=0$$

$$x_a(t)=f(x_e(t))=d\cdot\text{sign}(x_e(t))\cdot|x_e(t)|^{1/n},\quad n=1,2,3,4,\cdots$$

上面给出的根函数同样是奇函数, 由此 $a_0=0, a_1=0$. 此外, 对于 $0<t\leqslant T/2$ 和 $n=1,2,3,4,5,\cdots$, 其中 $n=1$ 表示增益递减特性曲线的极限情况, 具有 $\text{sign}(x_e(t))=1$, $|x_e(t)|\to x_e(t)$ 的简化公式为

$$b_1=\frac{4}{T}\int_0^{T/2}x_a(t)\cdot\sin(2\pi t/T)dt=\frac{4}{T}\int_0^{T/2}d\cdot[x_e(t)]^{1/n}\cdot\sin(2\pi t/T)dt$$

$$=\frac{4}{T}\int_0^{T/2}d\cdot[\hat{x}_e\cdot\sin(2\pi t/T)]^{1/n}\cdot\sin(2\pi t/T)dt$$

$$=\frac{8}{T}\int_0^{T/4}d\cdot\hat{x}_e^{1/n}\cdot[\sin(2\pi t/T)]^{1/n+1}dt$$

在计算积分值时得到 Beta(贝塔, B) 或 Gamma(伽马, Γ) 函数, 表 14.3-3 的描述函数至 $n=7$ 的值是计算的.

由

$$\int_0^{\pi/2}[\sin(x)]^{2\alpha+1}\cdot[\cos(x)]^{2\beta+1}dx=\frac{1}{2}\cdot B(\alpha+1,\beta+1)=\frac{\Gamma(\alpha+1)\cdot\Gamma(\beta+1)}{2\cdot\Gamma(\alpha+\beta+2)}$$

$$2\alpha+1=\frac{1}{n}+1,\qquad \alpha=\frac{1}{2n},\qquad 2\beta+1=0,\qquad \beta=-\frac{1}{2}$$

$$x=\frac{2\pi t}{T},\qquad dt=\frac{T\cdot dx}{2\pi}$$

得

$$b_1=\frac{8}{T}\int_0^{T/4}d\cdot\hat{x}_e^{1/n}\cdot[\sin(2\pi t/T)]^{1/n+1}dt=\frac{4\cdot d\cdot\hat{x}_e^{1/n}}{\pi}\cdot\int_0^{\pi/2}[\sin(x)]^{1/n+1}dx$$

$$=\frac{4\cdot d\cdot\hat{x}_e^{1/n}}{\pi}\cdot\frac{\Gamma\left(\frac{1}{2n}+1\right)\cdot\Gamma\left(\frac{1}{2}\right)}{2\cdot\Gamma\left(\frac{1}{2n}+\frac{3}{2}\right)}=\frac{2\cdot d\cdot\hat{x}_e^{1/n}}{\sqrt{\pi}}\cdot\frac{2\cdot\left(\frac{1}{2\cdot n}\right)!}{\left(\frac{1}{2\cdot n}+\frac{1}{2}\right)!}$$

表 14.3-3 根环节的描述函数

n	b_1	$B(\hat{x}_e)$
1	$d\cdot\hat{x}_e$	d
2	$1.1128\cdot d\cdot\hat{x}_e^{1/2}$	$1.1128\cdot d\cdot\hat{x}_e^{-1/2}$
3	$1.1596\cdot d\cdot\hat{x}_e^{1/3}$	$1.1596\cdot d\cdot\hat{x}_e^{-2/3}$
4	$1.1852\cdot d\cdot\hat{x}_e^{1/4}$	$1.1852\cdot d\cdot\hat{x}_e^{-3/4}$
5	$1.2014\cdot d\cdot\hat{x}_e^{1/5}$	$1.2014\cdot d\cdot\hat{x}_e^{-4/5}$
6	$1.2126\cdot d\cdot\hat{x}_e^{1/6}$	$1.2126\cdot d\cdot\hat{x}_e^{-5/6}$
7	$1.2207\cdot d\cdot\hat{x}_e^{1/7}$	$1.2207\cdot d\cdot\hat{x}_e^{-6/7}$

其他非线性环节的描述函数在表 14.3-5 中查找.

例 14.3-6 对于具有**偶特性曲线函数(geraden Kennlinienfunktionen)** $f(-x_e)=f(x_e)$ 和具有 $x_{e0}=0$ 的无偏移输入信号的非线性环节, 不能确定描

述函数, 因为除了直流分量 a_0 之外只出现具有偶数倍基本频率的余弦振荡, 也就是 a_1 为零. 这是由所产生输出信号的对称特性引起的: 用偶特性曲线函数 $f(x_{\rm e})$, 将正弦形式输入信号 $x_{\rm e}$ 变形为一个同样具有 $x_{\rm a}(t)=x_{\rm a}(-t)$ 的偶输出信号 $x_{\rm a}(t)$, 这个信号附带地还具有对任意 t_1 的对称特性

$$x_{\rm a}(t_1)=x_{\rm a}(T/2-t_1)=x_{\rm a}(T/2+t_1)=x_{\rm a}(T-t_1)$$

在傅里叶展开时所有正弦系数 $b_i=0$, 同样地所有奇数余弦系数 $a_{2i-1}=0, i=1,2,\cdots$

幅值生成, 整流器环节

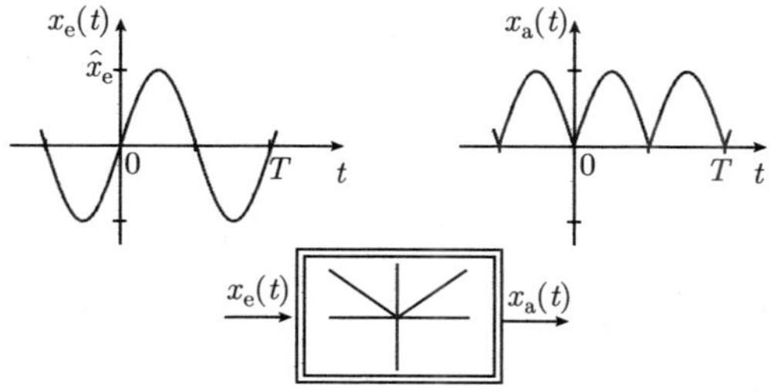

$$x_{\rm e}(t)=\hat{x}_{\rm e}\cdot\sin(2\pi t/T),\qquad x_{\rm e0}=0$$

$$x_{\rm a}(t)=f(x_{\rm e}(t))=\operatorname{sign}(x_{\rm e}(t))\cdot x_{\rm e}(t)=\hat{x}_{\rm e}\cdot|\sin(2\pi t/T)|$$

$$\begin{aligned}x_{\rm a}(t)&=\hat{x}_{\rm e}\cdot\left[\frac{2}{\pi}-\frac{4\cdot\cos(2\cdot 2\pi t/T)}{3\cdot\pi}-\frac{4\cdot\cos(4\cdot 2\pi t/T)}{15\cdot\pi}-\cdots\right]\\&=a_0+a_2\cdot\cos(2\cdot 2\pi t/T)+a_4\cdot\cos(4\cdot 2\pi t/T)+\cdots\end{aligned}$$

乘 (平) 方环节

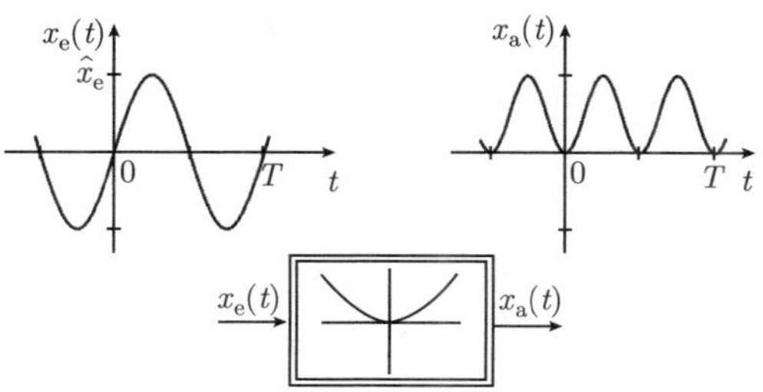

$$x_{\rm e}(t)=\hat{x}_{\rm e}\cdot\sin(2\pi t/T)$$

$$x_{\rm a}(t)=f(x_{\rm e}(t))=d\cdot(x_{\rm e}(t))^2=d\cdot(\hat{x}_{\rm e}\cdot\sin(2\pi t/T))^2$$

在具有整指数的增益递增偶特性曲线 (幂函数) 情况也可应用三角项幂的定理以取代傅里叶展开.

由

$$\sin^2(x) = \frac{1}{2} - \frac{1}{2} \cdot \cos(2x)$$

得

$$x_a(t) = d \cdot (\hat{x}_e \cdot \sin(2\pi t/T))^2 = d \cdot \hat{x}_e^2 \cdot \left[\frac{1}{2} - \frac{\cos(2 \cdot 2\pi t/T)}{2}\right]$$

$$= a_0 + a_2 \cdot \cos(2 \cdot 2\pi t/T)$$

对于单值特性曲线函数, 描述函数永远是实数:

$$B(\hat{x}_e) = \frac{b_1}{\hat{x}_e}, \qquad a_1 = 0$$

在具有 $f(-x_e) = f(x_e)$ 和 $x_{e0} = 0$ 的偶特性曲线函数时不能确定描述函数, 因为不能出现基本频率的振荡, $a_1 = 0, b_1 = 0$. 仅出现具有偶数倍基本频率的余弦振荡.

例 14.3-7　对于具有非对称特性曲线的二位环节和具有偏移的输入信号, 计算描述函数.

二位环节

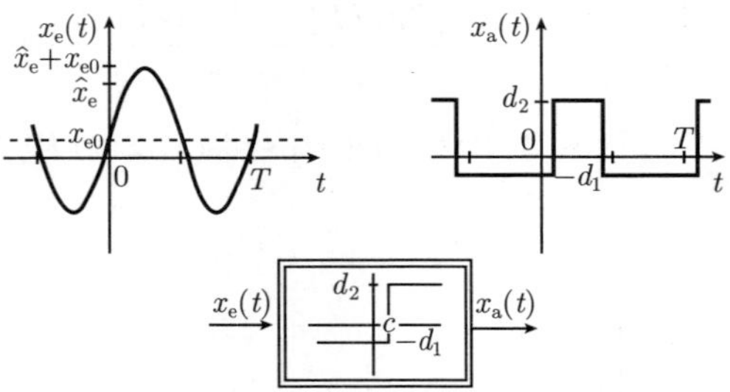

$$x_e(t) = x_{e0} + \hat{x}_e \cdot \sin(2\pi t/T)$$

$$x_a(t) = f(x_e(t)) = \begin{cases} d_2, & (x_{e0} + \hat{x}_e \cdot \sin(2\pi t/T)) \geqslant c \\ -d_1, & (x_{e0} + \hat{x}_e \cdot \sin(2\pi t/T)) < c \end{cases}$$

为了计算 b_1 需要转换时间点 t_1、t_2, 方程

$$x_{e0} + \hat{x}_e \cdot \sin(2\pi t/T) = c$$

具有解

$$t_1 = \frac{T}{2\cdot\pi}\cdot\arcsin\left(\frac{c-x_{e0}}{\hat{x}_e}\right)$$

$$t_2 = \frac{T}{2} - \frac{T}{2\cdot\pi}\cdot\arcsin\left(\frac{c-x_{e0}}{\hat{x}_e}\right)$$

$$a_0 = \frac{1}{T}\int_0^T x_a(t)\mathrm{d}t = \frac{1}{T}\int_0^{t_1} -d_1\mathrm{d}t + \frac{1}{T}\int_{t_1}^{t_2} d_2\mathrm{d}t + \frac{1}{T}\int_{t_2}^{T} -d_1\mathrm{d}t$$

$$= \frac{d_2-d_1}{2} + \frac{d_1+d_2}{\pi}\cdot\arcsin\left(\frac{x_{e0}-c}{\hat{x}_e}\right)$$

$$b_1 = \frac{2}{T}\int_0^T x_a(t)\cdot\sin(2\pi t/T)\mathrm{d}t = \frac{2}{T}\int_0^{t_1} -d_1\cdot\sin(2\pi t/T)\mathrm{d}t$$

$$+\frac{2}{T}\int_{t_1}^{t_2} d_2\cdot\sin(2\pi t/T)\mathrm{d}t + \frac{2}{T}\int_{t_2}^{T} -d_1\cdot\sin(2\pi t/T)\mathrm{d}t$$

$$= \frac{2\cdot(d_1+d_2)\cdot\sqrt{1-(c-x_{e0})^2/\hat{x}_e^2}}{\pi}$$

对于具有偏移 x_{e0} 的**一般二位环节(allgemeine Zweipunkt-Element)** 计算出描述函数 $B_0(\hat{x}_e, x_{e0})$, $B(\hat{x}_e, x_{e0})$:

$$B_0(\hat{x}_e, x_{e0}) = \frac{a_0}{\hat{x}_e} = \frac{d_2-d_1}{2\cdot\hat{x}_e} + \frac{d_1+d_2}{\pi\cdot\hat{x}_e}\cdot\arcsin\left(\frac{x_{e0}-c}{\hat{x}_e}\right)$$

$$B(\hat{x}_e, x_{e0}) = \frac{b_1}{\hat{x}_e} = \frac{2\cdot(d_1+d_2)\cdot\sqrt{1-(x_{e0}-c)^2/\hat{x}_e^2}}{\pi\cdot\hat{x}_e}.$$

由方程可导出下面特殊情况: 输入信号偏移 $x_{e0}=0$ 和开关点 $c\neq 0$:

$$B_0(\hat{x}_e) = \frac{a_0}{\hat{x}_e} = \frac{d_2-d_1}{2\cdot\hat{x}_e} - \frac{d_1+d_2}{\pi\cdot\hat{x}_e}\cdot\arcsin\left(\frac{c}{\hat{x}_e}\right)$$

$$B(\hat{x}_e) = \frac{b_1}{\hat{x}_e} = \frac{2\cdot(d_1+d_2)\cdot\sqrt{1-c^2/\hat{x}_e^2}}{\pi\cdot\hat{x}_e}$$

在 $c=0$ 时的开关点和偏移 $x_{e0}\neq 0$:

$$B_0(\hat{x}_e, x_{e0}) = \frac{a_0}{\hat{x}_e} = \frac{d_2-d_1}{2\cdot\hat{x}_e} + \frac{d_1+d_2}{\pi\cdot\hat{x}_e}\cdot\arcsin\left(\frac{x_{e0}}{\hat{x}_e}\right)$$

$$B(\hat{x}_e, x_{e0}) = \frac{b_1}{\hat{x}_e} = \frac{2\cdot(d_1+d_2)\cdot\sqrt{1-x_{e0}^2/\hat{x}_e^2}}{\pi\cdot\hat{x}_e}$$

在 $c=0$ 时的开关点, 偏移 $x_{e0}=0$, 输出值 $d_1=d_2=d$:

$$B_0(\hat{x}_e) = 0, \qquad B(\hat{x}_e) = \frac{4\cdot d}{\pi\cdot\hat{x}_e}$$

14.3.5.3　具有多值特性曲线函数环节的描述函数

在 14.3.5.2 节中所研究的非线性环节具有单值特性曲线, 属于每一个输入量 x_e 值都有一个确定的输出量 x_a 值.

多值函数出现在具有滞环环节情况, 在此, 滞环效应是基于传递环节的电磁的, 弹性的和机械的特性而出现的或有意引入的, 为了避免二位调节器经常转换, 例如在这类调节器有意识地引入滞环. 在输入量作为接通的其他值时切断调节器正的调整量, 而在负的调整量时也做相应处理.

由此特性曲线是双值的: 属于一个输入量 x_e 值有两个输出量 x_a 值. 转换时间点是与输出量以前的值和输入量历程有关, 在输入端的正弦信号产生 (限于滞环) 一个相移的输出信号, 相移引起负的描述函数虚部.

多值特性曲线也出现在具有游隙 (间隙) 环节, 这里属于一个输入量值 x_e 有无限多个输出量值 x_a.

例 14.3-8　对于具有滞环和游隙的非线性环节确定描述函数.

具有滞环二位环节 (二位调节器)

$$x_\mathrm{e}(t)=\hat{x}_\mathrm{e}\cdot\sin(2\pi t/T),\qquad x_{\mathrm{e}0}=0$$

$$x_\mathrm{a}(t)=f(x_\mathrm{e}(t),\,x_\mathrm{a}(t))=\begin{cases}-d, & x_\mathrm{e}\leqslant -c\\ x_\mathrm{a}(t), & -c<x_\mathrm{e}<c\\ d, & c\leqslant x_\mathrm{e}\end{cases}$$

输出信号 $x_\mathrm{a}(t)$ 的直流分量 a_0 为零, 为计算 a_1, b_1 求转换时间点 t_1, t_2. 对于

$$\hat{x}_\mathrm{e}\cdot\sin(2\pi t_1/T)=c,\qquad \hat{x}_\mathrm{e}\cdot\sin(2\pi t_2/T)=-c$$

为

$$t_1=\frac{T}{2\cdot\pi}\cdot\arcsin\left(\frac{c}{\hat{x}_\mathrm{e}}\right),\qquad t_2=\frac{T}{2}+\frac{T}{2\cdot\pi}\cdot\arcsin\left(\frac{c}{\hat{x}_\mathrm{e}}\right)$$

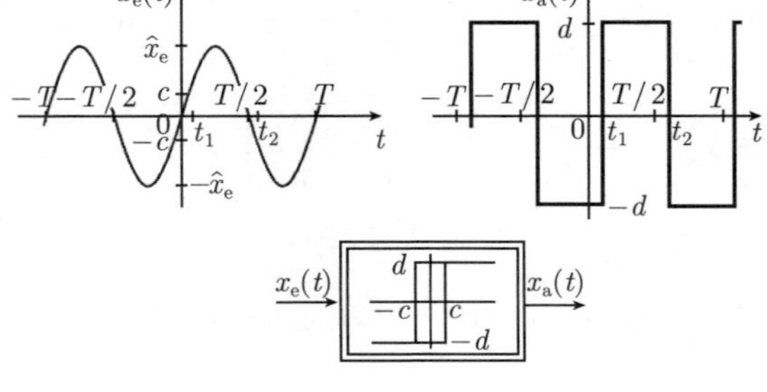

基本振荡的傅里叶系数 a_1, b_1 为

$$a_1 = \frac{2}{T}\int_0^T x_a(t)\cdot\cos(2\pi t/T)\mathrm{d}t = \frac{2}{T}\int_0^{t_1} -d\cdot\cos(2\pi t/T)\mathrm{d}t$$

$$+\frac{2}{T}\int_{t_1}^{t_2} d\cdot\cos(2\pi t/T)\mathrm{d}t + \frac{2}{T}\int_{t_2}^{T} -d\cdot\cos(2\pi t/T)\mathrm{d}t$$

$$= -\frac{4\cdot d\cdot c/\hat{x}_e}{\pi}$$

$$b_1 = \frac{2}{T}\int_0^T x_a(t)\cdot\sin(2\pi t/T)\mathrm{d}t = \frac{2}{T}\int_0^{t_1} -d\cdot\sin(2\pi t/T)\mathrm{d}t$$

$$+\frac{2}{T}\int_{t_1}^{t_2} d\cdot\sin(2\pi t/T)\mathrm{d}t + \frac{2}{T}\int_{t_2}^{T} -d\cdot\sin(2\pi t/T)\mathrm{d}t$$

$$= \frac{4\cdot d\cdot\sqrt{1-c^2/\hat{x}_e^2}}{\pi}$$

复描述函数 $B(\hat{x}_e)$ 为

$$B(\hat{x}_e) = \frac{b_1 + \mathrm{j}\cdot a_1}{\hat{x}_e} = \frac{4\cdot d\cdot\sqrt{1-c^2/\hat{x}_e^2}}{\pi\cdot\hat{x}_e} - \mathrm{j}\cdot\frac{4\cdot d\cdot c/\hat{x}_e}{\pi\cdot\hat{x}_e}$$

$$= \frac{4\cdot d}{\pi\cdot\hat{x}_e}\cdot\left[\sqrt{1-c^2/\hat{x}_e^2} - \mathrm{j}\cdot c/\hat{x}_e\right], \qquad \hat{x}_e > c$$

在图 14.3-9 中绘制了对于 $c = 0.25, d = 1$ 的描述函数矢量轨迹曲线, 矢量轨迹曲线是一个半圆, 其半径为

$$r = \frac{2\cdot d}{\pi\cdot c} = 2.55$$

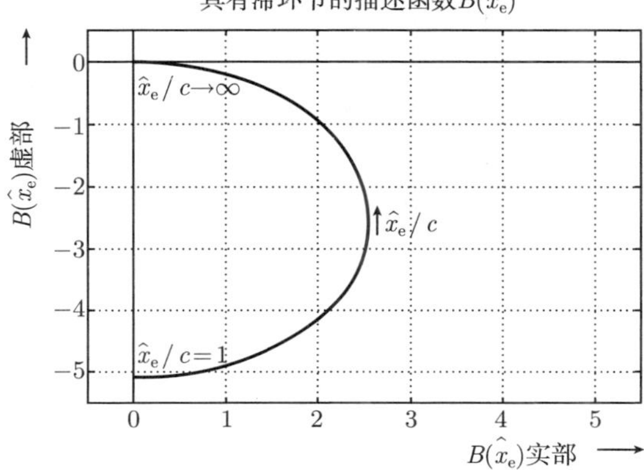

图 14.3-9 具有 $c = 0.25, d = 1$ 的滞环环节描述函数的矢量轨迹曲线

具有游隙 (间隙) 环节

以一个机械例子说明具有游隙传递环节的工作原理. 机械驱动元件 E 完成运动 $x_\mathrm{e}(t)=\hat{x}_\mathrm{e}\cdot\sin(2\pi t/T)$. 分三种驱动类型 (图 14.3-10), 当驱动元件 E 没有与被驱动元件 A 接触时, x_a 保持常数.

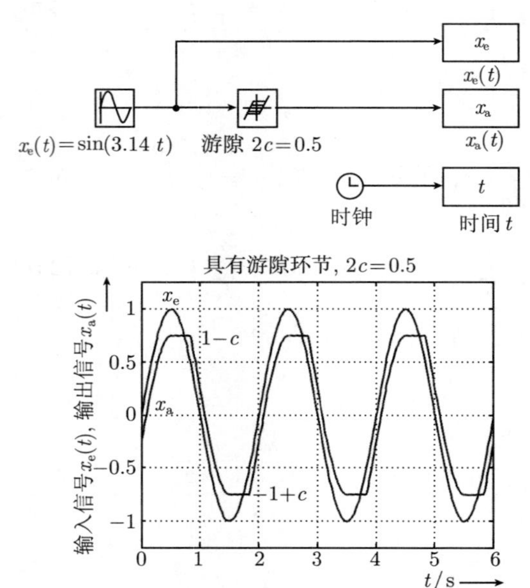

图 14.3-10　具有游隙 ($\hat{x}_\mathrm{e}=1, 2c=0.5$) 传递环节的信号曲线

如果元件 A 靠在右挡板上运行, 那么被驱动元件 A 以距离 $-c$ 跟随元件 E 运动: $x_\mathrm{a}=x_\mathrm{e}-c$. 在 x_e 达到极大值 $x_\mathrm{e}=\hat{x}_\mathrm{e}$ 之后, 会中断机械接触, x_e 变小, x_a 保持常值 $x_\mathrm{a}=\hat{x}_\mathrm{e}-c$ 上. 在元件 E 通过游隙 $2c$ 后, 为 $x_\mathrm{e}=\hat{x}_\mathrm{e}-2c$. 元件 A 靠在左挡板运行, 并且以距离 $+c$ 跟随元件 E 运动: $x_\mathrm{a}=x_\mathrm{e}+c$. 在达到极小值 $x_\mathrm{e}=-\hat{x}_\mathrm{e}$ 后, 通过游隙并且元件靠在右挡板上运行, 然后再重新起始运行.

具有游隙 (间隙) 环节出现在位置调节齿轮变速装置: 元件 E 对应于主动齿轮的齿, 右和左挡板对应于被动齿轮的齿面.

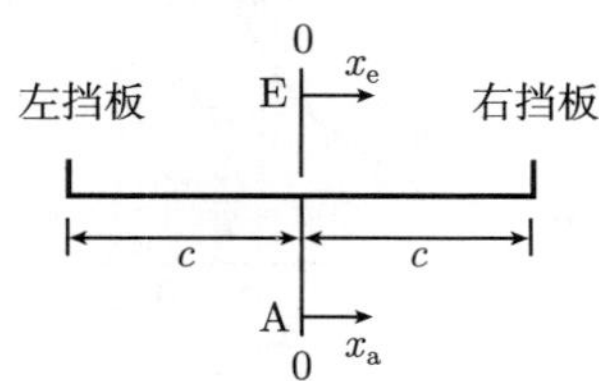

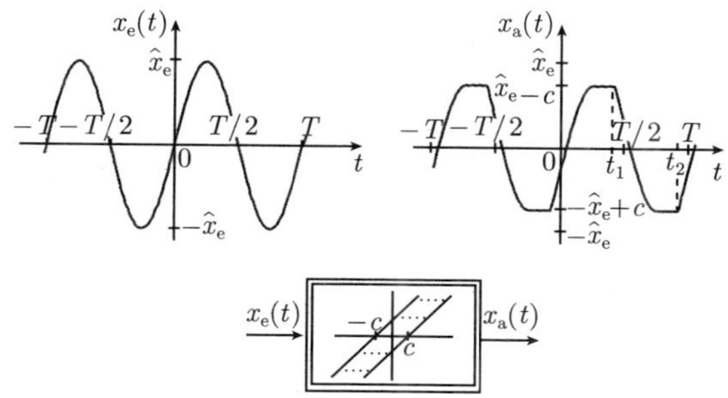

按照图 14.3-10 输出量 $x_a(t)$ 由分量函数组成:

$$x_a(t)=f(x_e(t))\begin{cases}\hat{x}_e\cdot\sin(2\pi t/T)-c, & 0\leqslant t<T/4\\ \hat{x}_e-c, & T/4\leqslant t<t_1\\ \hat{x}_e\cdot\sin(2\pi t/T)+c, & t_1\leqslant t<3T/4\\ -\hat{x}_e+c, & 3T/4\leqslant t<t_2\\ \hat{x}_e\cdot\sin(2\pi t/T)-c, & t_2\leqslant t<T\end{cases}$$

$$x_e(t)=\hat{x}_e\cdot\sin(2\pi t/T)\qquad x_{e0}=0$$

输出信号 $x_a(t)$ 的直流分量 a_0 为零, 而时间点 t_1 和 t_2 为

$$\hat{x}_e\cdot\sin(2\pi t/T)=\hat{x}_e-2c$$

$$t_1=\frac{T}{2}-\frac{T}{2\pi}\cdot\arcsin(1-2c/\hat{x}_e)$$

$$\hat{x}_e\cdot\sin(2\pi t/T)=-\hat{x}_e+2c$$

$$t_2=T-\frac{T}{2\pi}\cdot\arcsin(1-2c/\hat{x}_e)$$

在计算傅里叶系数 a_1、b_1 时总是对五个时间区间求出积分项值:

$$a_1=\frac{2}{T}\int_0^T x_a(t)\cdot\cos(2\pi t/T)\mathrm{d}t=-\frac{4\cdot c}{\pi}\cdot\left(1-\frac{c}{\hat{x}_e}\right)$$

$$b_1=\frac{2}{T}\int_0^T x_a(t)\cdot\sin(2\pi t/T)\mathrm{d}t$$

$$=\frac{\hat{x}_e}{2}+\frac{\hat{x}_e}{\pi}\cdot\arcsin\left(1-\frac{2c}{\hat{x}_e}\right)+\frac{2\cdot\hat{x}_e}{\pi}\cdot\left(1-\frac{2c}{\hat{x}_e}\right)\cdot\sqrt{\frac{c}{\hat{x}_e}\cdot\left(1-\frac{c}{\hat{x}_e}\right)}$$

复数描述函数 $B(\hat{x}_e)$ 为

$$B(\hat{x}_e)=\frac{b_1+j\cdot a_1}{\hat{x}_e}=\mathrm{Re}\{B(\hat{x}_e)\}+j\cdot\mathrm{Im}\{B(\hat{x}_e)\}$$

$$=\frac{1}{2}+\frac{1}{\pi}\cdot\arcsin\left(1-\frac{2c}{\hat{x}_e}\right)+\frac{2}{\pi}\cdot\left(1-\frac{2c}{\hat{x}_e}\right)\cdot\sqrt{\frac{c}{\hat{x}_e}\cdot\left(1-\frac{c}{\hat{x}_e}\right)}$$

$$-j\cdot\frac{4\cdot c}{\pi\cdot\hat{x}_e}\cdot\left(1-\frac{c}{\hat{x}_e}\right)$$

$\hat{x}_e>c$

在图 14.3-11 中绘制了对于规一化幅值 $\hat{x}_e/c$ 描述函数的矢量轨迹曲线.

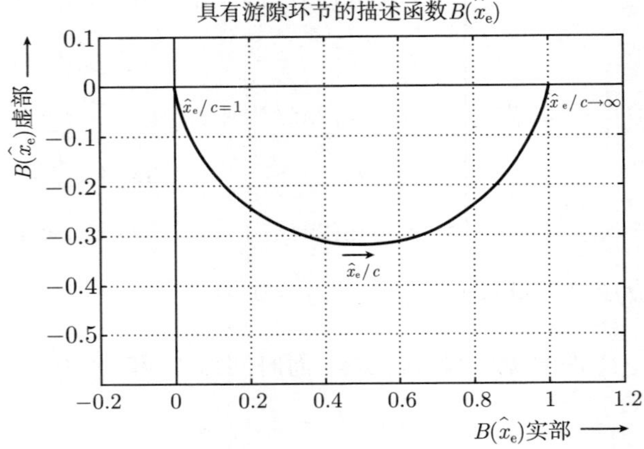

图 14.3-11　具有游隙环节的描述函数矢量轨迹曲线

14.3.5.4　由特性函数直接计算描述函数

描述函数计算可通过置换来简化, 即去掉耗费巨大的转换时间点计算和具有三角函数的积分.

首先推导出计算描述函数虚部的简化公式.

系数 a_1 为

$$a_1=\frac{2}{T}\int_0^T x_a(t)\cdot\cos(2\pi t/T)\mathrm{d}t=-\frac{F_H}{\pi\cdot\hat{x}_e}$$

其中 F_H 为多值函数 (例如滞环环线) 的面积.

在

$$a_1=\frac{2}{T}\int_0^T f(\hat{x}_e\cdot\sin(2\pi t/T))\cdot\cos(2\pi t/T)\mathrm{d}t$$

中 dt 用

$$\frac{\mathrm{d}\{\hat{x}_\mathrm{e}\cdot\sin(2\pi t/T)\}}{\mathrm{d}t}=\hat{x}_\mathrm{e}\cdot\frac{2\pi}{T}\cdot\cos(2\pi t/T)$$

$$\mathrm{d}t=\frac{\mathrm{d}\{\hat{x}_\mathrm{e}\cdot\sin(2\pi t/T)\}}{\hat{x}_\mathrm{e}\cdot\dfrac{2\pi}{T}\cdot\cos(2\pi t/T)}$$

来置换, 以便去掉余弦分量:

$$\begin{aligned}a_1&=\frac{1}{\pi\cdot\hat{x}_\mathrm{e}}\int_{t=0}^{t=T}f(\underbrace{\hat{x}_\mathrm{e}\cdot\sin(2\pi t/T)}_{x_\mathrm{e}})\mathrm{d}\{\underbrace{\hat{x}_\mathrm{e}\cdot\sin(2\pi t/T)}_{x_\mathrm{e}}\}\\&=\frac{1}{\pi\cdot\hat{x}_\mathrm{e}}\oint f(x_\mathrm{e})\mathrm{d}x_\mathrm{e}\end{aligned}$$

由此 a_1 作为环积分可表示为, 通过 x_e 的积分路经

$$0\to\hat{x}_\mathrm{e}\to0\to-\hat{x}_\mathrm{e}\to0$$

取代积分限 $t=0,t=T$.

通过下面变形计算环积分:

$$\begin{aligned}a_1&=\frac{1}{\pi\cdot\hat{x}_\mathrm{e}}\oint f(x_\mathrm{e})\mathrm{d}x_\mathrm{e}\\&=\frac{1}{\pi\cdot\hat{x}_\mathrm{e}}\cdot\left[\underset{1}{\int_0^{\hat{x}_\mathrm{e}}f(x_\mathrm{e})\,\mathrm{d}x_\mathrm{e}}+\underset{2}{\int_{\hat{x}_\mathrm{e}}^0f(x_\mathrm{e})\,\mathrm{d}x_\mathrm{e}}+\underset{3}{\int_0^{-\hat{x}_\mathrm{e}}f(x_\mathrm{e})\,\mathrm{d}x_\mathrm{e}}+\underset{4}{\int_{-\hat{x}_\mathrm{e}}^0f(x_\mathrm{e})\,\mathrm{d}x_\mathrm{e}}\right]\end{aligned}$$

其中积分 4 和 1 为对函数 $f_\mathrm{u}(x_\mathrm{e})$ 求积分, 该函数从 $-\hat{x}_\mathrm{e}$ 到 $+\hat{x}_\mathrm{e}$ 运行的 x_e ($\dot{x}_\mathrm{e}>0$) 是增大. 而积分 2 和 3 则为对函数 $f_\mathrm{o}(x_\mathrm{e})$ 积分, 从 $\hat{x}_\mathrm{e}$ 到 $-\hat{x}_\mathrm{e}$ 区间 $x_\mathrm{e}(\dot{x}_\mathrm{e}<0)$ 是减小的.

$$\begin{aligned}a_1&=\frac{1}{\pi\cdot\hat{x}_\mathrm{e}}\oint f(x_\mathrm{e})\mathrm{d}x_\mathrm{e}\\&=\frac{1}{\pi\cdot\hat{x}_\mathrm{e}}\cdot\left[\int_{-\hat{x}_\mathrm{e}}^{\hat{x}_\mathrm{e}}f_\mathrm{u}(x_\mathrm{e})\mathrm{d}x_\mathrm{e}+\int_{\hat{x}_\mathrm{e}}^{-\hat{x}_\mathrm{e}}f_\mathrm{o}(x_\mathrm{e})\mathrm{d}x_\mathrm{e}\right]\\&=\frac{1}{\pi\cdot\hat{x}_\mathrm{e}}\int_{-\hat{x}_\mathrm{e}}^{\hat{x}_\mathrm{e}}[f_\mathrm{u}(x_\mathrm{e})-f_\mathrm{o}(x_\mathrm{e})]\mathrm{d}x_\mathrm{e}=-\frac{F_\mathrm{H}}{\pi\cdot\hat{x}_\mathrm{e}}\end{aligned}$$

特性曲线差的积分对应于两个特性曲线间的面积.

在具有滞环 (多值特性曲线) 特性曲线情况, 描述函数的虚部与滞环面积 F_H 成比例:

$$B(\hat{x}_\mathrm{e}) = \frac{b_1 + \mathrm{j} \cdot a_1}{\hat{x}_\mathrm{e}}$$

$$\mathrm{Im}\{B(\hat{x}_\mathrm{e})\} = \frac{a_1}{\hat{x}_\mathrm{e}} = -\frac{F_\mathrm{H}}{\pi \cdot \hat{x}_\mathrm{e}^2} = \frac{1}{\pi \cdot \hat{x}_\mathrm{e}^2} \int_{-\hat{x}_\mathrm{e}}^{\hat{x}_\mathrm{e}} [f_\mathrm{u}(x_\mathrm{e}) - f_\mathrm{o}(x_\mathrm{e})] \mathrm{d}x_\mathrm{e}$$

其中 $f_\mathrm{u}(x_\mathrm{e})$ 为 $\dot{x}_\mathrm{e} > 0$ 运行的特性曲线分量, 而 $f_\mathrm{o}(x_\mathrm{e})$ 相应 $\dot{x}_\mathrm{e} < 0$ 运行的特性曲线分量.

在具有滞环特性曲线时, 环线运行在数学上正的方向, 描述函数的虚部具有负的符号, 输出量的基本波相对输入量具有一个负的相位移.

例 14.3-9 为了计算具有滞环的二位环节将环积分分解为 8 个部分积分:

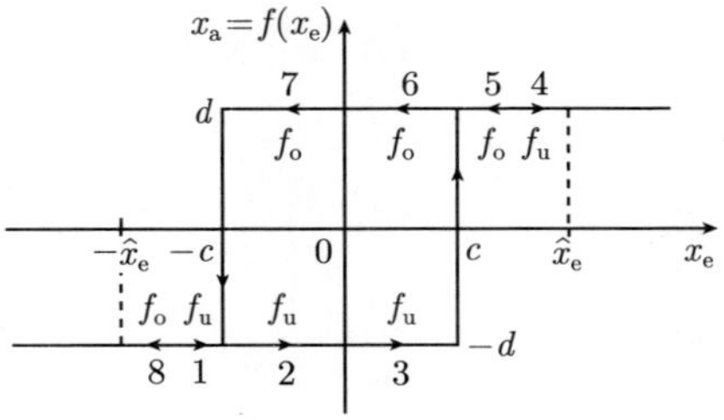

$$a_1 = \frac{1}{\pi \cdot \hat{x}_\mathrm{e}} \oint f(x_\mathrm{e}) \mathrm{d}x_\mathrm{e} = \frac{1}{\pi \cdot \hat{x}_\mathrm{e}} \int_{-\hat{x}_\mathrm{e}}^{\hat{x}_\mathrm{e}} f_\mathrm{u}(x_\mathrm{e}) \mathrm{d}x_\mathrm{e} + \frac{1}{\pi \cdot \hat{x}_\mathrm{e}} \int_{\hat{x}_\mathrm{e}}^{-\hat{x}_\mathrm{e}} f_\mathrm{o}(x_\mathrm{e}) \mathrm{d}x_\mathrm{e}$$

$$= \frac{1}{\pi \cdot \hat{x}_\mathrm{e}} \cdot \left(\underset{1}{\int_{-\hat{x}_\mathrm{e}}^{-c} -d \mathrm{d}x_\mathrm{e}} + \underset{2}{\int_{-c}^{0} -d \mathrm{d}x_\mathrm{e}} + \underset{3}{\int_{0}^{c} -d \mathrm{d}x_\mathrm{e}} + \underset{4}{\int_{c}^{\hat{x}_\mathrm{e}} d \mathrm{d}x_\mathrm{e}} \right)$$

$$+ \frac{1}{\pi \cdot \hat{x}_\mathrm{e}} \cdot \left(\underset{5}{\int_{\hat{x}_\mathrm{e}}^{c} d \mathrm{d}x_\mathrm{e}} + \underset{6}{\int_{c}^{0} d \mathrm{d}x_\mathrm{e}} + \underset{7}{\int_{0}^{-c} d \mathrm{d}x_\mathrm{e}} + \underset{8}{\int_{-c}^{-\hat{x}_\mathrm{e}} -d \mathrm{d}x_\mathrm{e}} \right)$$

积分 1, 4 和 5, 8 相互抵消, 而积分 2, 3, 6, 7 分别都是 $-d \cdot c$, 总和为 $-4 \cdot d \cdot c$. 滞环面积为

$$F_\mathrm{H} = 4 \cdot d \cdot c$$

$$a_1 = \frac{2}{T} \int_0^T x_\mathrm{a}(t) \cdot \cos(2\pi t/T) \mathrm{d}t = -\frac{F_\mathrm{H}}{\pi \cdot \hat{x}_\mathrm{e}} = -\frac{4 \cdot d \cdot c}{\pi \cdot \hat{x}_\mathrm{e}}$$

描述函数实部计算同样地可被简化.

系数 b_1 为

$$b_1 = \frac{2}{T}\int_0^T f(\hat{x}_e \cdot \sin(2\pi t/T)) \cdot \sin(2\pi t/T)\mathrm{d}t$$

微分 $\mathrm{d}t$ 可用

$$\frac{\mathrm{d}\{\hat{x}_e \cdot \sin(2\pi t/T)\}}{\mathrm{d}t} = \frac{\mathrm{d}x_e}{\mathrm{d}t} = \dot{x}_e = \hat{x}_e \cdot \frac{2\pi}{T} \cdot \cos(2\pi t/T)$$

$$\hat{x}_e \cdot \frac{2\pi}{T} \cdot \cos(2\pi t/T) = \hat{x}_e \cdot \frac{2\pi}{T} \cdot \mathrm{sign}(\cos(2\pi t/T)) \cdot \sqrt{1-\sin^2(2\pi t/T)}$$

$$\mathrm{d}t = \frac{\mathrm{d}\{\hat{x}_e \cdot \sin(2\pi t/T)\}}{\frac{2\pi}{T} \cdot \mathrm{sign}(\cos(2\pi t/T)) \cdot \sqrt{\hat{x}_e^2 - \hat{x}_e^2 \cdot \sin^2(2\pi t/T)}}$$

来置换.

函数

$$\mathrm{sign}(\cos(2\pi t/T)) \cdot \sqrt{1-\sin^2(2\pi t/T)} = \cos(2\pi t/T)$$

在符号上能正确地模拟余弦函数, 因为根仅能取正值.

由缩写

$$s(\dot{x}_e) = \mathrm{sign}(\cos(2\pi t/T))$$

表示作为环积分的 b_1

$$\begin{aligned} b_1 &= \frac{1}{\pi}\int_{t=0}^{t=T} \frac{f(\overbrace{\hat{x}_e \cdot \sin(2\pi t/T)}^{x_e}) \cdot \overbrace{\sin(2\pi t/T)}^{x_e/\hat{x}_e}}{s(\dot{x}_e) \cdot \sqrt{\hat{x}_e^2 - \underbrace{\hat{x}_e^2 \cdot \sin^2(2\pi t/T)}_{x_e^2}}}\mathrm{d}\underbrace{\{\hat{x}_e \cdot \sin(2\pi t/T)\}}_{x_e} \\ &= \frac{1}{\pi \cdot \hat{x}_e}\oint \frac{f(x_e) \cdot x_e}{s(\dot{x}_e) \cdot \sqrt{\hat{x}_e^2 - x_e^2}}\mathrm{d}x_e \end{aligned}$$

再通过积分路经

$$0 \to \hat{x}_e \to 0 \to -\hat{x}_e \to 0$$

取代积分限 $t = 0, t = T$.

将环积分变形, 其中用 $g(x_e)$ 来缩写被积函数:

$$\begin{aligned} b_1 &= \frac{1}{\pi \cdot \hat{x}_e}\oint \frac{f(x_e) \cdot x_e}{s(\dot{x}_e) \cdot \sqrt{\hat{x}_e^2 - x_e^2}}\mathrm{d}x_e \\ &= \frac{1}{\pi \cdot \hat{x}_e} \cdot \left[\int_0^{\hat{x}_e} \underset{1}{g(x_e)}\ \mathrm{d}x_e + \int_{\hat{x}_e}^0 \underset{2}{g(x_e)}\ \mathrm{d}x_e + \int_0^{-\hat{x}_e} \underset{3}{g(x_e)}\ \mathrm{d}x_e + \int_{-\hat{x}_e}^0 \underset{4}{g(x_e)}\ \mathrm{d}x_e\right] \end{aligned}$$

其中积分 4 和 1 为对函数 $f_u(x_e)$ 求积分, 该函数从 $-\hat{x}_e$ 到 $+\hat{x}_e$ 运行的 x_e ($\dot{x}_e>0$) 是增大, 在正弦振荡区间 $-\hat{x}_e$ 到 $+\hat{x}_e(-\pi/2$ 到 $+\pi/2$, $-T/4$ 到 $+T/4)$ 余弦具有正的值, 符号为 $s=1$. 而积分 2 和 3 则为对函数 $f_o(x_e)$ 积分, 从 $\hat{x}_e$ 到 $-\hat{x}_e$ 区间 $x_e(\dot{x}_e<0)$ 是减小的. 在范围 $\hat{x}_e$ 到 $-\hat{x}_e(\pi/2$ 到 $+3\pi/2$, $T/4$ 到 $3T/4)$ 余弦为负的, $s=-1$:

$$\begin{aligned}
b_1&=\frac{1}{\pi\cdot\hat{x}_e}\oint\frac{f(x_e)\cdot x_e}{s(\dot{x}_e)\cdot\sqrt{\hat{x}_e^2-x_e^2}}\mathrm{d}x_e\\
&=\frac{1}{\pi\cdot\hat{x}_e}\cdot\left[\int_{-\hat{x}_e}^{\hat{x}_e}\frac{f_u(x_e)\cdot x_e}{1\cdot\sqrt{\hat{x}_e^2-x_e^2}}\mathrm{d}x_e+\int_{\hat{x}_e}^{-\hat{x}_e}\frac{f_o(x_e)\cdot x_e}{(-1)\cdot\sqrt{\hat{x}_e^2-x_e^2}}\mathrm{d}x_e\right]\\
&=\frac{1}{\pi\cdot\hat{x}_e}\int_{-\hat{x}_e}^{\hat{x}_e}\frac{[f_u(x_e)+f_o(x_e)]\cdot x_e}{\sqrt{\hat{x}_e^2-x_e^2}}\mathrm{d}x_e
\end{aligned}$$

描述函数实部可直接由特性曲线函数来求:

$$B(\hat{x}_e)=\frac{b_1+\mathrm{j}\cdot a_1}{\hat{x}_e}$$

$$\mathrm{Re}\{B(\hat{x}_e)\}=\frac{b_1}{\hat{x}_e}=\frac{1}{\pi\cdot\hat{x}_e^2}\int_{-\hat{x}_e}^{\hat{x}_e}\frac{[f_u(x_e)+f_o(x_e)]\cdot x_e}{\sqrt{\hat{x}_e^2-x_e^2}}\mathrm{d}x_e$$

其中 $f_u(x_e)$ 为运行于 $\dot{x}_e>0$ 特性曲线部分, 而 $f_o(x_e)$ 为运行于 $\dot{x}_e<0$ 特性曲线部分.

例 14.3-10　为了计算具有滞环的二位环节将环积分分解为 8 个部分积分:

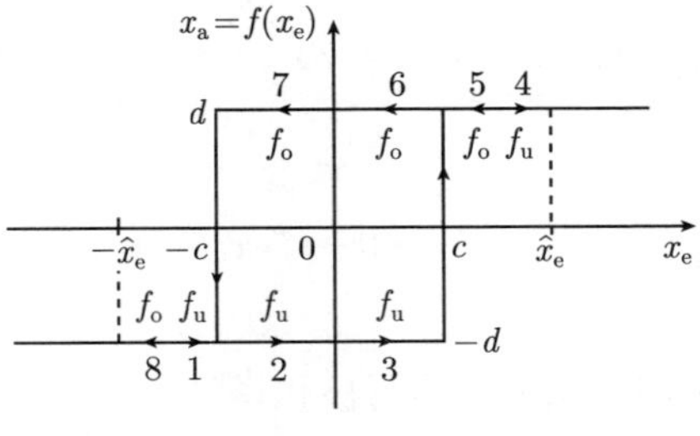

$$b_1=\frac{1}{\pi\cdot\hat{x}_e}\int_{-\hat{x}_e}^{\hat{x}_e}\frac{[f_u(x_e)+f_o(x_e)]\cdot x_e}{\sqrt{\hat{x}_e^2-x_e^2}}\mathrm{d}x_e$$

$$=\frac{1}{\pi\cdot\hat{x}_e}\cdot\left[\underset{1}{\int_0^c -d\cdot g(x_e)\ \mathrm{d}x_e}+\underset{2}{\int_c^{\hat{x}_e} d\cdot g(x_e)\ \mathrm{d}x_e}+\underset{3}{\int_{\hat{x}_e}^c d\cdot g(x_e)\ \mathrm{d}x_e}\right.$$

$$+\underbrace{\int_{c}^{0} d\cdot g(x_{\mathrm{e}})\ \mathrm{d}x_{\mathrm{e}}}_{4}+\underbrace{\int_{0}^{-c} d\cdot g(x_{\mathrm{e}})\ \mathrm{d}x_{\mathrm{e}}}_{5}+\underbrace{\int_{-c}^{-\hat{x}_{\mathrm{e}}} -d\cdot g(x_{\mathrm{e}})\ \mathrm{d}x_{\mathrm{e}}}_{6}$$

$$\left.+\underbrace{\int_{-\hat{x}_{\mathrm{e}}}^{-c} -d\cdot g(x_{\mathrm{e}})\ \mathrm{d}x_{\mathrm{e}}}_{7}+\underbrace{\int_{-c}^{0} -d\cdot g(x_{\mathrm{e}})\ \mathrm{d}x_{\mathrm{e}}}_{8}\right]$$

积分 2, 3 和 6, 7 相互抵消, 而积分 1, 4, 5, 8 分别都是

$$\frac{d\cdot\sqrt{\hat{x}_{\mathrm{e}}^{2}-c^{2}}}{\pi\cdot\hat{x}_{\mathrm{e}}}$$

对于描述函数实部得到:

$$b_{1}=\frac{4\cdot d\cdot\sqrt{\hat{x}_{\mathrm{e}}^{2}-c^{2}}}{\pi\cdot\hat{x}_{\mathrm{e}}}$$

$$\mathrm{Re}\{B(\hat{x}_{\mathrm{e}})\}=\frac{b_{1}}{\hat{x}_{\mathrm{e}}}=\frac{4\cdot d\cdot\sqrt{\hat{x}_{\mathrm{e}}^{2}-c^{2}}}{\pi\cdot\hat{x}_{\mathrm{e}}^{2}}=\frac{4\cdot d\cdot\sqrt{1-c^{2}/\hat{x}_{\mathrm{e}}^{2}}}{\pi\cdot\hat{x}_{\mathrm{e}}}$$

描述函数实部可直接由特性曲线函数来求:

$$B(\hat{x}_{\mathrm{e}})=\frac{b_{1}+\mathrm{j}\cdot a_{1}}{\hat{x}_{\mathrm{e}}}=\frac{1}{\pi\cdot\hat{x}_{\mathrm{e}}^{2}}\int_{-\hat{x}_{\mathrm{e}}}^{\hat{x}_{\mathrm{e}}}\left[\frac{[f_{\mathrm{u}}(x_{\mathrm{e}})+f_{\mathrm{o}}(x_{\mathrm{e}})]\cdot x_{\mathrm{e}}}{\sqrt{\hat{x}_{\mathrm{e}}^{2}-x_{\mathrm{e}}^{2}}}+\mathrm{j}(f_{\mathrm{u}}(x_{\mathrm{e}})-f_{\mathrm{o}}(x_{\mathrm{e}}))\right]\mathrm{d}x_{\mathrm{e}}.$$

$f_{\mathrm{u}}(x_{\mathrm{e}})$ 为运行于 $\dot{x}_{\mathrm{e}}>0$ 特性曲线部分, 而 $f_{\mathrm{o}}(x_{\mathrm{e}})$ 为运行于 $\dot{x}_{\mathrm{e}}<0$ 特性曲线部分. 在单值特性曲线时描述函数虚部为零, 并且 $f(x_{\mathrm{e}})=f_{\mathrm{u}}(x_{\mathrm{e}})=f_{\mathrm{o}}(x_{\mathrm{e}})$:

$$B(\hat{x}_{\mathrm{e}})=\frac{b_{1}}{\hat{x}_{\mathrm{e}}}=\frac{2}{\pi\cdot\hat{x}_{\mathrm{e}}^{2}}\int_{-\hat{x}_{\mathrm{e}}}^{\hat{x}_{\mathrm{e}}}\frac{f(x_{\mathrm{e}})\cdot x_{\mathrm{e}}}{\sqrt{\hat{x}_{\mathrm{e}}^{2}-x_{\mathrm{e}}^{2}}}\mathrm{d}x_{\mathrm{e}}$$

对于奇特性曲线函数 $f(x_{\mathrm{e}})=-f(-x_{\mathrm{e}})$ 则为

$$B(\hat{x}_{\mathrm{e}})=\frac{b_{1}}{\hat{x}_{\mathrm{e}}}=\frac{4}{\pi\cdot\hat{x}_{\mathrm{e}}^{2}}\int_{0}^{\hat{x}_{\mathrm{e}}}\frac{f(x_{\mathrm{e}})\cdot x_{\mathrm{e}}}{\sqrt{\hat{x}_{\mathrm{e}}^{2}-x_{\mathrm{e}}^{2}}}\mathrm{d}x_{\mathrm{e}}$$

例 14.3-11 对于具有单值奇特性曲线函数的传递环节, 确定描述函数:

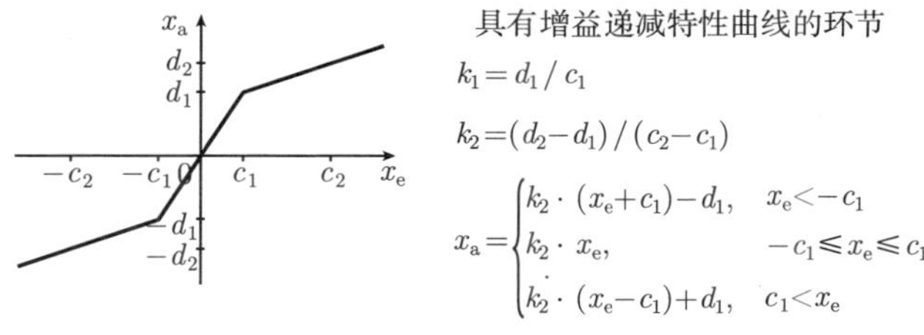

$$B(\hat{x}_e)=\frac{b_1}{\hat{x}_e}=\frac{4}{\pi\cdot\hat{x}_e^2}\int_0^{\hat{x}_e}\frac{f(x_e)\cdot x_e}{\sqrt{\hat{x}_e^2-x_e^2}}\mathrm{d}x_e$$

$$=\frac{4}{\pi\cdot\hat{x}_e^2}\cdot\left[\int_0^{c_1}\frac{k_1\cdot x_e^2}{\sqrt{\hat{x}_e^2-x_e^2}}\mathrm{d}x_e+\int_{c_1}^{\hat{x}_e}\frac{(k_2\cdot(x_e-c_1)+d_1)\cdot x_e}{\sqrt{\hat{x}_e^2-x_e^2}}\mathrm{d}x_e\right]$$

$$=k_2+\frac{2\cdot(k_1-k_2)}{\pi}\cdot\left[\arcsin(c_1/\hat{x}_e)+\frac{c_1}{\hat{x}_e^2}\cdot\sqrt{\hat{x}_e^2-c_1^2}\right]$$

14.3.5.5　描述函数计算法则

描述函数是非线性传递环节的等效频率特性. 为计算假设, 非线性环节输入量为正弦形. 这种情况是, 如果调节系统线性部分具有低通特性, 那么非线性环节输出信号的高次谐波被抑制.

如果对于传递函数极零点数的差最少 $m-n=2$ 的话, 那么大多会给出足够的低通特性 (滤波特性).

在具有传递函数

$$G_S(s)=\frac{K_S}{(1+T_1\cdot s)\cdot(1+T_2\cdot s)}$$

(零点数 $m=0$, 极点数 $n=2$) 的被调节对象时, 这个要求可被满足. 其次所出现振荡的角频率必须位于频率特性函数线性部分转折角频率范围之内. 通过降低幅值增益抑制振荡高次谐波, 这样对于进一步计算可从谐波振荡出发.

对于在调节回路中多非线性环节**串联(Reihenschaltungen)**, 必须区分下列情况.

情况 (1): 如果多非线性特性曲线直接处于串行排列, 那么在计算描述函数之前归并这些特性曲线.

例 14.3-12　两个限幅环节直接接连在一起. 用合成特性曲线进行描述函数计算.

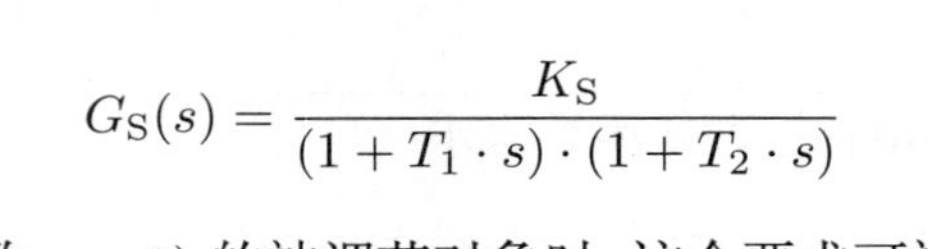

环节$f_1(x_{e1})$　　环节$f_2(x_{e2})$

$$x_{a1}(t)=f_1(x_{e1}(t))=\begin{cases}-d_1, & x_{e1}(t)\leqslant -c_1\\ (d_1/c_1)\cdot x_{e1}(t), & -c_1<x_{e1}(t)<c_1\\ d_1, & c_1\leqslant x_{e1}(t)\end{cases}$$

$$x_{a2}(t)=f_2(x_{e2}(t))=\begin{cases}-d_2, & x_{e2}(t)\leqslant -c_2\\ (d_2/c_2)\cdot x_{e2}(t), & -c_2<x_{e2}(t)<c_2\\ d_2, & c_2\leqslant x_{e2}(t)\end{cases}$$

由 $x_e(t)=x_{e1}(t)$ 和 $x_a(t)=x_{a2}(t)$, 得

$$x_a(t)=f_2(x_{e2}(t))=f_2(f_1(x_{e1}(t)))=f(x_e(t))$$

对于 $d_1=1,c_1=2,d_2=2,c_2=1$, 等效环节

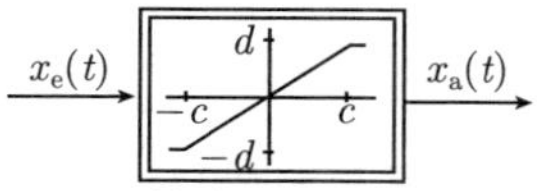

等效环节$f(x_e)$

$$x_a(t)=f(x_e(t))=\begin{cases}-d, & x_e(t)\leqslant -c\\ (d/c)\cdot x_e(t), & -c<x_e(t)<c\\ d, & c\leqslant x_e(t)\end{cases}$$

由 $d=2,c=2$ 来确定.

对于合成的限幅环节, 描述函数按照例 14.3-5 为

$$\begin{aligned}B(\hat{x}_e)&=\frac{2\cdot d\cdot\arcsin(c/\hat{x}_e)}{\pi\cdot c}+\frac{2\cdot d\cdot\sqrt{1-c^2/\hat{x}_e^2}}{\pi\cdot\hat{x}_e}\\&=0.637\cdot\arcsin(2/\hat{x}_e)+\frac{1.273\cdot\sqrt{\hat{x}_e^2-4}}{\hat{x}_e^2},\qquad \hat{x}_e\geqslant 2\end{aligned}$$

情况 (2): 如果具有低通特性的线性环节位于非线性环节之间, 那么描述函数可分开计算.

例 14.3-13 如果线性环节 $F_1(\mathrm{j}\omega)$、$F_2(\mathrm{j}\omega)$ 具有低通特性, 那么描述函数 $B_1(\hat{x}_d)$、$B_2(\hat{x}_2)$ 可分开计算.

在信号流图中非线性环节

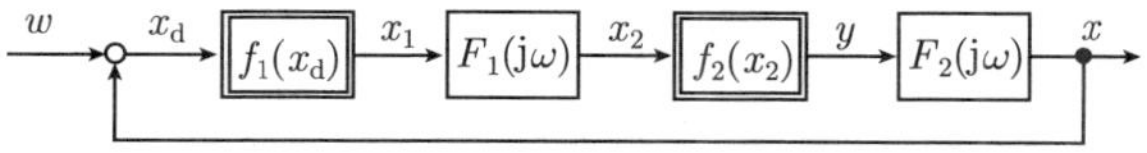

可通过描述函数取代:

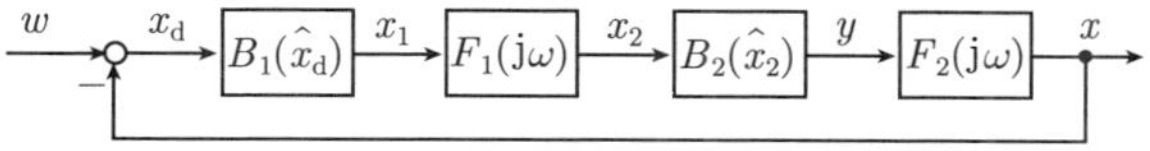

情况 (3): 如果不存在显著的低通特性, 那么计算描述函数, 同时在正弦形的输入量 $x_{\mathrm{d}}(t)$ 时确定输出信号 $y(t)$ 的 1 次谐波 $y_1(t)$.

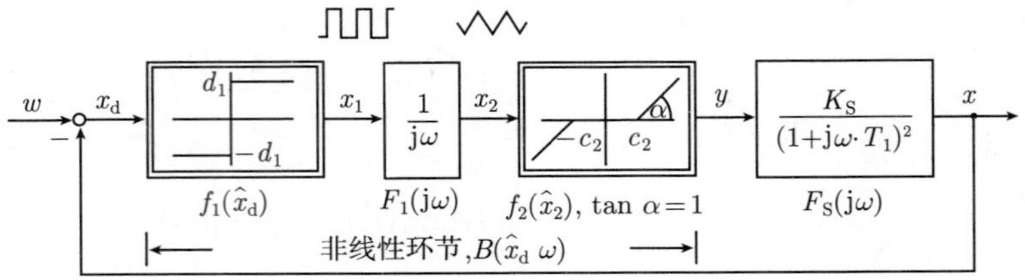

对于

$$F_1(\mathrm{j}\omega) = \frac{1}{\mathrm{j}\omega}$$

是无足够的低通特性. 具有死区环节的输入量 $x_2(t)$ 为三角形的, 因为 $x_1(t)$ 只能接受 $\pm d_1$ 值, 也就是具有矩形曲线. 在图 14.3-12 中绘制了具有 $f_1(\hat{x}_\mathrm{d})$、$F_1(\mathrm{j}\omega)$、$f_2(\hat{x}_2)$ 的非线性传递环节 Simulink 模型信号曲线.

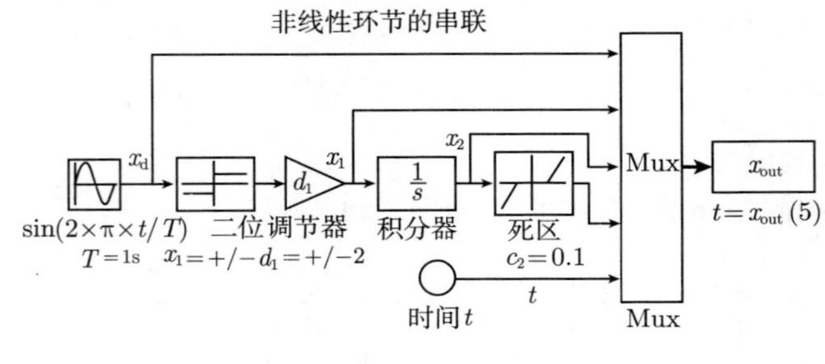

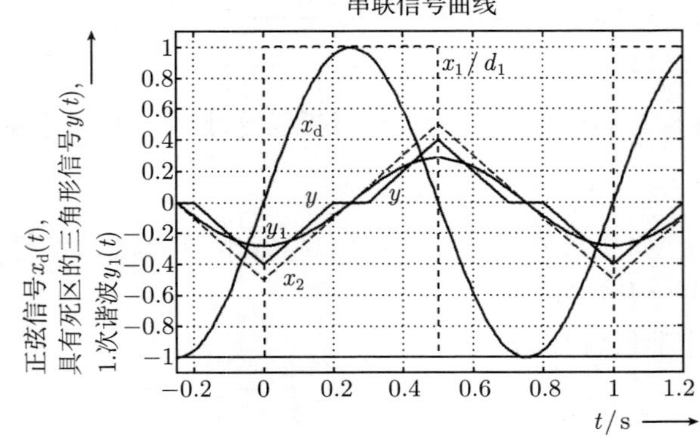

图 14.3-12 信号曲线 (Simulink 模型)

信号具有周期时间 $T = 1\mathrm{s}$:

正弦信号:

$$x_\mathrm{d}(t) = \hat{x}_\mathrm{d} \cdot \sin(2\pi t/T)$$

矩形信号：

$$x_1(t) = d_1 \cdot \mathrm{sign}[\hat{x}_\mathrm{e} \cdot \sin(2\pi t/T)] = d_1 \cdot \mathrm{sign}[\sin(2\pi t/T)]$$

三角形信号：

$$x_2(t) = \begin{cases} (t - T/4) \cdot d_1, & 0 < t < T/2 \\ (3T/4 - t) \cdot d_1, & T/2 < t < T \end{cases}$$

具有死区的三角形信号：

$$y(t) = \begin{cases} (t - T/4) \cdot d_1 + c_2, & 0 < t < t_1 \\ 0, & t_1 < t < T/2 - t_1 \\ (t - T/4) \cdot d_1 - c_2, & T/2 - t_1 < t < T/2 \\ (3T/4 - t) \cdot d_1 - c_2, & T/2 < t < T/2 + t_1 \\ 0, & T/2 + t_1 < t < T - t_1 \\ (3T/4 - t) \cdot d_1 + c_2, & T - t_1 < t < T \end{cases}$$

其中 $t_1 = T/4 - c_2/d_1$.

计算信号 $y(t)$ 的傅里叶级数, 得

$$y(t) = \frac{T \cdot d_1 \cdot \sum_{n=1}^{\infty} \left[(-1)^n - 1 + 2 \cdot \sin\left(\frac{n \cdot \pi}{2}\right) \cdot \sin\left(\frac{n \cdot 2\pi \cdot c_2}{T \cdot d_1}\right)\right]}{\pi^2 \cdot n^2} \cdot \cos(n \cdot 2\pi t/T)$$

正弦系数 b_n 为 $b_n = 0$, 对于 $T = 2\pi/\omega = 1\ \mathrm{s}, d_1 = 2, c_2 = 0.1$ 第一个余弦系数：

$$a_1 = \frac{-2 \cdot T \cdot d_1 \cdot \left[1 - \sin\left(\frac{2\pi \cdot c_2}{T \cdot d_1}\right)\right]}{\pi^2} = \frac{-4 \cdot d_1 \cdot \left[1 - \sin\left(\frac{\omega \cdot c_2}{d_1}\right)\right]}{\omega \cdot \pi} = -0.28$$

描述函数成为虚数并且也是取决于 ω, 因为 $F_1(\mathrm{j}\omega)$ 被包含在 a_1 的计算中：

$$B(\hat{x}_\mathrm{d}, \omega) = \frac{b_1 + \mathrm{j} \cdot a_1}{\hat{x}_\mathrm{d}} = -\mathrm{j} \cdot \frac{4 \cdot d_1 \cdot \left[1 - \sin\left(\frac{\omega \cdot c_2}{d_1}\right)\right]}{\pi \cdot \omega \cdot \hat{x}_\mathrm{d}} = \mathrm{j} \cdot \mathrm{Im}\{\hat{x}_\mathrm{d}, \omega\}$$

描述函数的虚部永远是负的, 而输出信号 $y(t)$ 的 1 次谐波 $y_1(t)$ 的相位相对输入信号 $x_\mathrm{d}(t)$ 平移 $-\pi/2$.

为借助描述函数计算持续振荡, 则从下面结构出发. 将非线性环节和频率特性函数 $F_1(\mathrm{j}\omega)$ 归并成描述函数 $B(\hat{x}_\mathrm{d}, \omega)$.

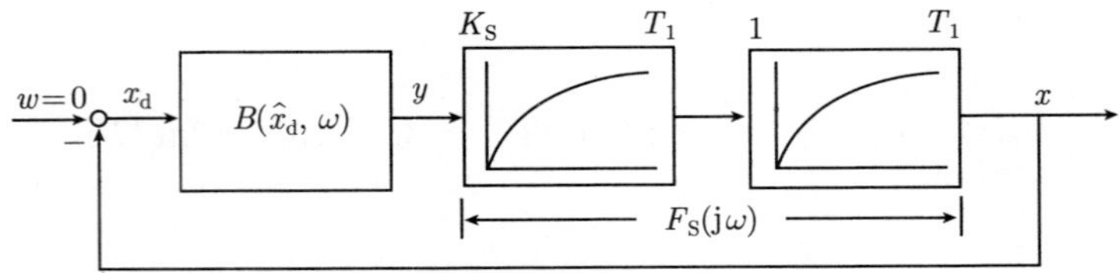

对于调节回路, 计算**非线性系统特征方程(charakterisische Gleichung des nichtlinearen Systems)**(谐波平衡方程)(14.3.5.7 节).

当

$$x_d(j\omega)\cdot B(\hat{x}_d,\,\omega)\cdot F_S(j\omega)=x(j\omega)$$

时, 会出现角频率 ω_G 和幅值 $\hat{x}_G$ 的持续振荡. 由 $x_d(j\omega)=-x(j\omega)$, $\hat{x}_d=\hat{x}$, 得 $B(\hat{x},\,\omega)\cdot F_S(j\omega)=-1$.

在求值时给出对于 $B(\hat{x},\,\omega)\cdot F_S(j\omega)$ 的实部和虚部两个方程, 用它们求出未知参数 $\hat{x}_G$ 和 ω_G:

$$\mathrm{Re}\{B(\hat{x},\,\omega)\cdot F_S(j\omega)\}+j\cdot\mathrm{Im}\{B(\hat{x},\,\omega)\cdot F_S(j\omega)\}=-1$$

$$\mathrm{Re}\{B(\hat{x},\,\omega)\cdot F_S(j\omega)\}=-1,\qquad \mathrm{Im}\{B(\hat{x},\,\omega)\cdot F_S(j\omega)\}=0$$

$$B(\hat{x},\,\omega)\cdot F_S(j\omega)=-j\cdot\frac{4\cdot d_1\cdot\left[1-\sin\left(\dfrac{\omega\cdot c_2}{d_1}\right)\right]}{\pi\cdot\omega\cdot\hat{x}}\cdot\frac{K_S}{(1+j\omega\cdot T_1)^2}=-1$$

由值 $c_2=0.1$, $K_S=0.25$, $T_1=1$ s 成为

$$\mathrm{Im}\{B(\hat{x},\,\omega)\cdot F_S(j\omega)\}=\frac{d_1\cdot(1-\omega^2)\cdot(\sin(0.1\omega/d_1)-1)}{\pi\cdot\hat{x}\cdot\omega\cdot(1+\omega^2)^2}=0$$

其中 $(1-\omega^2)=0$, $\omega_G=1\ \mathrm{s}^{-1}$.

可得到可能持续振荡的其他角频率与 d_1 的关系性:

$$\mathrm{Im}\{B(\hat{x},\,\omega)\cdot F_S(j\omega)\}=0\quad\text{对于}$$

$$\sin(0.1\omega/d_1)-1=0,\qquad \omega_{Gd1}=10\cdot d_1\cdot\arcsin(1)=5\pi\cdot d_1\ \mathrm{s}^{-1}$$

为了计算 $\hat{x}$, 将 ω_G, ω_{Gd1} 代入实部方程:

$$\mathrm{Re}\{B(\hat{x},\,\omega)\cdot F_S(j\omega)\}=\frac{2\cdot d_1\cdot(\sin(0.1\omega/d_1)-1)}{\pi\cdot\hat{x}\cdot(1+\omega^2)^2}=-1$$

得到

$$\hat{x}_G=\frac{2\cdot d_1\cdot(1-\sin(0.1\omega/d_1))}{\pi\cdot(1+\omega^2)^2}$$

$$\omega_G=1\ \mathrm{s}^{-1}\text{: }\hat{x}_G=0.143\ (d_1=1),\ \hat{x}_G=0.302\ (d_1=2)$$

$$\omega_{Gd1}=5\pi\cdot d_1\text{: }\hat{x}_{Gd1}=0$$

未出现具有 ω_{Gd1} 的持续振荡. 从图 14.3-13 中可查出极限振荡精确特征值. 在仿真时用冲激激励非线性调节回路, 极限振荡被激起并且保持稳定, 在表 14.3-4 中将仿真结果与用描述函数计算的值对照给出.

在多个非线性环节并联时, 特性曲线可相加或相减, 这对应于描述函数的加法或减法:

$$f(x_{\mathrm{e}})=f_1(x_{\mathrm{e}})\pm f_2(x_{\mathrm{e}})$$

$$B(\hat{x}_{\mathrm{e}})=B_1(\hat{x}_{\mathrm{e}})\pm B_2(\hat{x}_{\mathrm{e}})$$

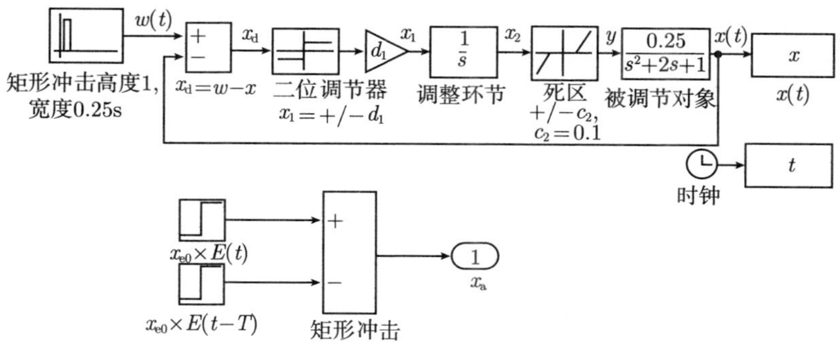

具有二位调节器和死区的调节回路

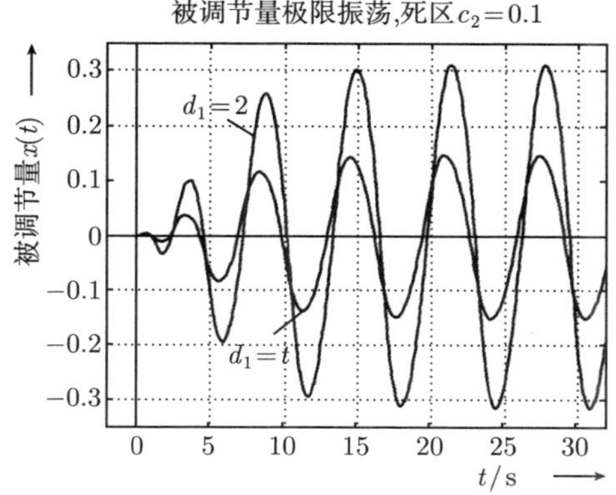

图 14.3-13 非线性调节回路极限振荡 (Simulink 模型)

为了在复杂特性曲线时避免耗费巨大的描述函数计算, 将特性曲线分解为简单的非线性基本型, 用基本型的描述函数的加法或减法, 构成非线性环节总描述函数.

表 14.3-4　用描述函数计算结果，仿真结果

极限振荡特征量	用描述函数计算 (近似)	仿真结果 (精确)
二位–调节器增益 $d_1 = 1.0$		
角频率 周期时间 幅值	$\omega_G = 1\ s^{-1}$ $T_G = 2\pi\ s = 6.28\ s$ $\hat{x}_G = \hat{x}_{dG} = 0.143$	$\omega_G = 0.973\ s^{-1}$ $T_G = 6.46\ s$ $\hat{x}_G = \hat{x}_{dG} = 0.150$
二位–调节器增益 $d_1 = 2.0$		
角频率 周期时间 幅值	$\omega_G = 1\ s^{-1}$ $T_G = 2\pi\ s = 6.28\ s$ $\hat{x}_G = \hat{x}_{dG} = 0.302$	$\omega_G = 0.973\ s^{-1}$ $T_G = 6.461\ s$ $\hat{x}_G = \hat{x}_{dG} = 0.316$

在多位环节和由二位和多个三位特性曲线组合的量化特性曲线时，会发现这种方法的应用.

例 14.3-14　将一个**具有偏移环节(Element mit Offset)** 分解为一个线性环节和一个二位环节 (图 14.3-14).

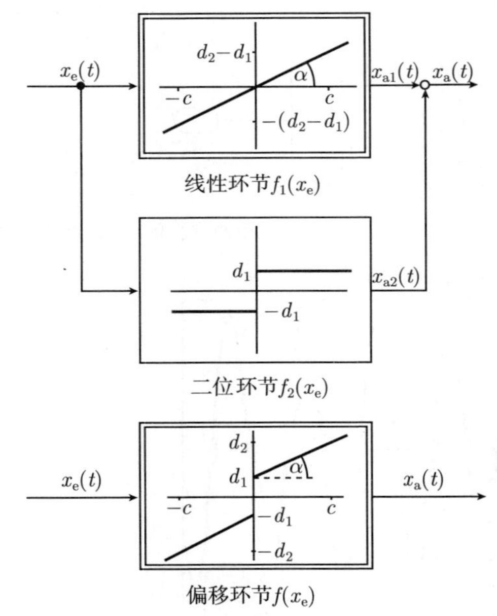

图 14.3-14　偏移环节的分解

线性环节:

$$x_{a1} = f_1(x_e) = \frac{d_2 - d_1}{c} \cdot x_e = \tan(\alpha) \cdot x_e, \qquad B_1(\hat{x}_e) = \frac{d_2 - d_1}{c}$$

二位环节 (例 14.3-5):

$$x_{a2} = f_2(x_e) = \begin{cases} -d_1, & x_e < 0 \\ 0, & x_e = 0 \\ d_1, & x_e > 0 \end{cases}, \qquad B_2(\hat{x}_e) = \frac{4 \cdot d_1}{\pi \cdot \hat{x}_e}$$

偏移环节：

$$x_a = f(x_e) = x_{a1} + x_{a2} = f_1(x_e) + f_2(x_e)$$

$$x_a = f(x_e) = \begin{cases} -d_1 + \dfrac{d_2 - d_1}{c} \cdot x_e, & x_e < 0 \\ 0, & x_e = 0 \\ d_1 + \dfrac{d_2 - d_1}{c} \cdot x_e, & x_e > 0 \end{cases}$$

$$B(\hat{x}_e) = B_1(\hat{x}_e) + B_2(\hat{x}_e) = \frac{d_2 - d_1}{c} + \frac{4 \cdot d_1}{\pi \cdot \hat{x}_e}$$

多位环节计算, 通过分解为非线性基本环节可显著地被简化, 如图 14.3-15 所示.

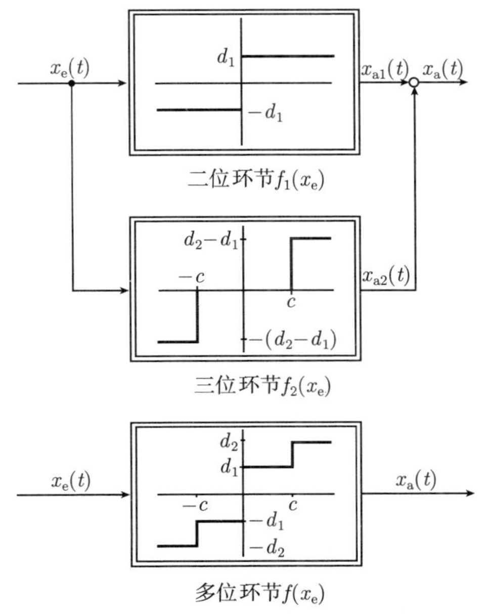

图 14.3-15 多位环节的分解

二位环节：

$$x_{a1} = f_1(x_e) = \begin{cases} -d_1, & x_e < 0 \\ 0, & x_e = 0, \\ d_1, & x_e > 0 \end{cases} \qquad B_1(\hat{x}_e) = \frac{4 \cdot d_1}{\pi \cdot \hat{x}_e}$$

三位环节 (表 14.3-5):

$$x_{a2} = f_2(x_e) = \begin{cases} -(d_2 - d_1), & x_e < -c \\ 0, & -c \leqslant x_e \leqslant c \\ d_2 - d_1, & x_e > c \end{cases}$$

$$B_2(\hat{x}_e) = \frac{4 \cdot (d_2 - d_1)}{\pi \cdot \hat{x}_e} \cdot \sqrt{1 - c^2/\hat{x}_e^2}$$

多位环节:

$$x_a = f(x_e) = x_{a1} + x_{a2} = f_1(x_e) + f_2(x_e)$$

$$x_a = f(x_e) = \begin{cases} -d_2, & x_e < -c \\ -d_1, & -c \leqslant x_e < 0 \\ 0, & x_e = 0 \\ d_1, & 0 < x_e \leqslant c \\ d_2, & x_e > c \end{cases}$$

$$B(\hat{x}_e) = B_1(\hat{x}_e) + B_2(\hat{x}_e) = \frac{4 \cdot d_1}{\pi \cdot \hat{x}_e} + \frac{4 \cdot (d_2 - d_1)}{\pi \cdot \hat{x}_e} \cdot \sqrt{1 - c^2/\hat{x}_e^2}$$

为计算**具有死区环节(Elements mit Totzone)** 的描述函数, 相减特性曲线, 如图 14.3-16 所示.

线性环节:

$$x_{a1} = f_1(x_e) = \frac{d}{c} \cdot x_e = \tan(\alpha) \cdot x_e, \qquad B_1(\hat{x}_e) = \frac{d}{c}$$

限幅环节 (例 14.3-5):

$$x_{a2} = f_2(x_e) = \begin{cases} -d, & x_e < -c \\ (d/c) \cdot x_e, & -c \leqslant x_e \leqslant c \\ d, & x_e > c \end{cases}$$

$$B_2(\hat{x}_e) = \frac{2 \cdot d \cdot \arcsin(c/\hat{x}_e)}{\pi \cdot c} + \frac{2 \cdot d \cdot \sqrt{1 - c^2/\hat{x}_e^2}}{\pi \cdot \hat{x}_e}$$

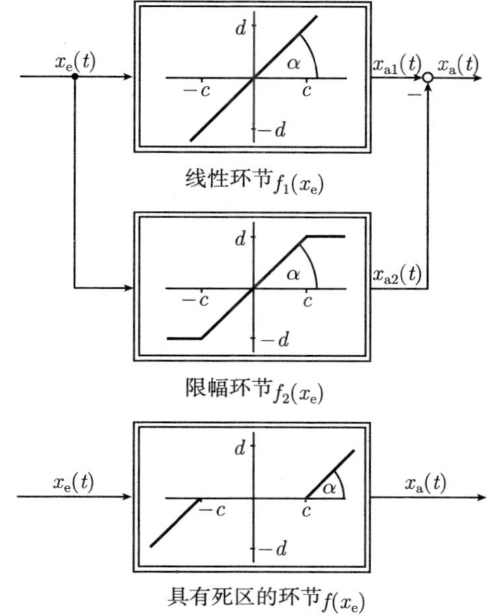

图 14.3-16 具有死区的环节分解

具有死区的环节：

$$x_a = f(x_e) = x_{a1} - x_{a2} = f_1(x_e) - f_2(x_e)$$

$$x_a = f(x_e) = \begin{cases} (d/c)\cdot x_e + d, & x_e < -c \\ 0, & -c \leqslant x_e \leqslant c \\ (d/c)\cdot x_e - d, & x_e > c \end{cases}$$

$$\begin{aligned} B(\hat{x}_e) &= B_1(\hat{x}_e) - B_2(\hat{x}_e) \\ &= \frac{d}{c} - \left[\frac{2\cdot d\cdot \arcsin(c/\hat{x}_e)}{\pi\cdot c} + \frac{2\cdot d\cdot\sqrt{1-c^2/\hat{x}_e^2}}{\pi\cdot\hat{x}_e}\right] \\ &= \frac{d}{c}\cdot\left[1 - \frac{2\cdot\arcsin(c/\hat{x}_e)}{\pi} - \frac{2\cdot\sqrt{1-c^2/\hat{x}_e^2}}{\pi\cdot\hat{x}_e/c}\right] \end{aligned}$$

14.3.5.6 特性曲线环节的描述函数 (表)

在表 14.3-5 中将经常出现的非线性静态环节归为下面几组.

- 开关环节 (二位、三位和多位环节);
- 具有滞环开关环节;
- 具有增益递增特性曲线环节 (增益随着输入量增大而增大);
- 具有增益递减特性曲线环节 (增益随着输入量增大而减小);

- 具有不同增益环节 (整流器);
- 具有限幅, 死区, 偏压环节;
- 无限幅 (游隙, 反向间隙) 滞环环节;
- 具有限幅 (饱和) 滞环环节.

鉴于调节技术应用提出的任务, 应给出

- 特性曲线 $x_\mathrm{a} = f(x_\mathrm{e})$;
- 具有偏移的描述函数 $B_0(\hat{x}_\mathrm{e}, x_\mathrm{e0})$、$B(\hat{x}_\mathrm{e}, x_\mathrm{e0})$;
- 无偏移的描述函数 $B_0(\hat{x}_\mathrm{e})$、$B(\hat{x}_\mathrm{e})$.

计算一般形式的特性曲线描述函数. 通过使特征量置零或通过置换, 可从一般特性曲线推导出其他特定情况.

特性曲线特征量 c_i, d_i, k_i 永远都是正的. 如果转换点位于在 x_e 负的区间内, 也就是 $-c$, 那么在具有转换点位于 x_e 正的区间内的描述函数方程中通过变量 $-c$ 置换变量 c: $c \to -c, -c \to -(-c) \to c$.

相应地对于输出量 x_a 做处理: 如果输出量值位于在 x_a 负的区间内, 也就是 $-d_1$, 那么在具有输出值位于 x_a 正区间的描述参数方程中用变量 $-d_1$ 置换变量 d_1: $d_1 \to -d_1, -d_1 \to -(-d_1) \to d_1$. 为此, 其例子为特性曲线序号 1) 和 2). 直接给出经常出现的基本特性曲线的描述函数.

表 14.3-5　非线性静态环节

1) 二位环节: $c, x_\mathrm{a} = -d_1, d_2$

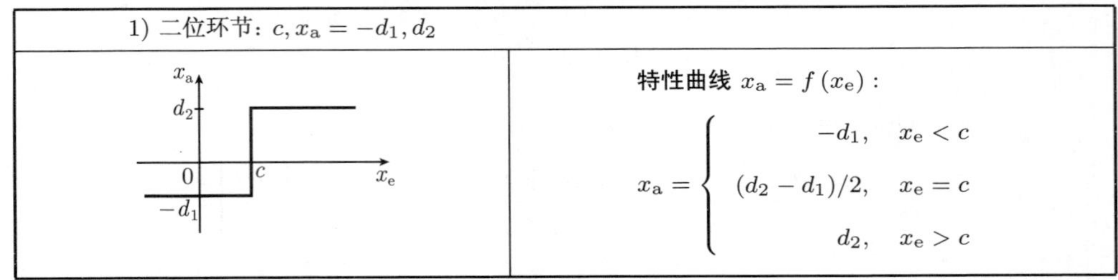

特性曲线 $x_\mathrm{a} = f(x_\mathrm{e})$:

$$x_\mathrm{a} = \begin{cases} -d_1, & x_\mathrm{e} < c \\ (d_2 - d_1)/2, & x_\mathrm{e} = c \\ d_2, & x_\mathrm{e} > c \end{cases}$$

描述函数

具有偏移 x_e0 的输入信号, $x_\mathrm{e}(t) = x_\mathrm{e0} + \hat{x}_\mathrm{e} \cdot \sin(2\pi t/T)$:

$$B_0(\hat{x}_\mathrm{e},\, x_\mathrm{e0}) = \frac{d_2 - d_1}{2 \cdot \hat{x}_\mathrm{e}} - \frac{d_1 + d_2}{\pi \cdot \hat{x}_\mathrm{e}} \cdot \arcsin\left(\frac{c - x_\mathrm{e0}}{\hat{x}_\mathrm{e}}\right)$$

$$B(\hat{x}_\mathrm{e},\, x_\mathrm{e0}) = \frac{2 \cdot (d_1 + d_2) \cdot \sqrt{1 - (x_\mathrm{e0} - c)^2 / \hat{x}_\mathrm{e}^2}}{\pi \cdot \hat{x}_\mathrm{e}}$$

无偏移输入信号, $x_e(t) = \hat{x}_e \cdot \sin(2\pi t/T)$:

$$B_0(\hat{x}_e) = \frac{d_2 - d_1}{2 \cdot \hat{x}_e} - \frac{d_1 + d_2}{\pi \cdot \hat{x}_e} \cdot \arcsin\left(\frac{c}{\hat{x}_e}\right)$$

$$B(\hat{x}_e) = \frac{2 \cdot (d_1 + d_2) \cdot \sqrt{1 - c^2/\hat{x}_e^2}}{\pi \cdot \hat{x}_e}$$

2) 二位环节: c, $x_a = d_1$, d_2

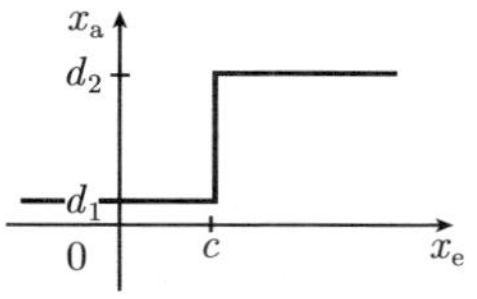

特性曲线 $x_a = f(x_e)$:

$$x_a = \begin{cases} d_1, & x_e < c \\ (d_1 + d_2)/2, & x_e = c \\ d_2, & x_e > c \end{cases}$$

描述函数

具有偏移 x_{e0} 输入信号, $x_e(t) = x_{e0} + \hat{x}_e \cdot \sin(2\pi t/T)$:

$$B_0(\hat{x}_e, x_{e0}) = \frac{d_1 + d_2}{2 \cdot \hat{x}_e} - \frac{d_2 - d_1}{\pi \cdot \hat{x}_e} \cdot \arcsin\left(\frac{c - x_{e0}}{\hat{x}_e}\right)$$

$$B(\hat{x}_e, x_{e0}) = \frac{2 \cdot (d_2 - d_1) \cdot \sqrt{1 - (x_{e0} - c)^2/\hat{x}_e^2}}{\pi \cdot \hat{x}_e}$$

无偏移输入信号, $x_e(t) = \hat{x}_e \cdot \sin(2\pi t/T)$:

$$B_0(\hat{x}_e) = \frac{d_1 + d_2}{2 \cdot \hat{x}_e} - \frac{d_2 - d_1}{\pi \cdot \hat{x}_e} \cdot \arcsin\left(\frac{c}{\hat{x}_e}\right)$$

$$B(\hat{x}_e) = \frac{2 \cdot (d_2 - d_1) \cdot \sqrt{1 - c^2/\hat{x}_e^2}}{\pi \cdot \hat{x}_e}$$

3) 二位环节: c, $x_a = 0$, d

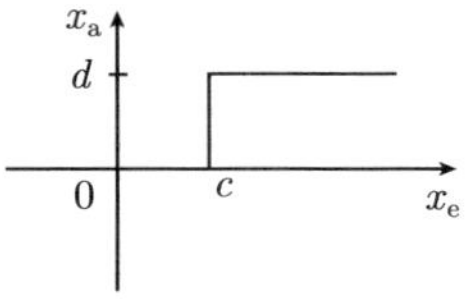

特性曲线 $x_a = f(x_e)$:

$$x_a = \begin{cases} 0, & x_e < c \\ d/2, & x_e = c \\ d, & x_e > c \end{cases}$$

描述函数

具有偏移 x_{e0} 输入信号, $x_e(t) = x_{e0} + \hat{x}_e \cdot \sin(2\pi t/T)$:

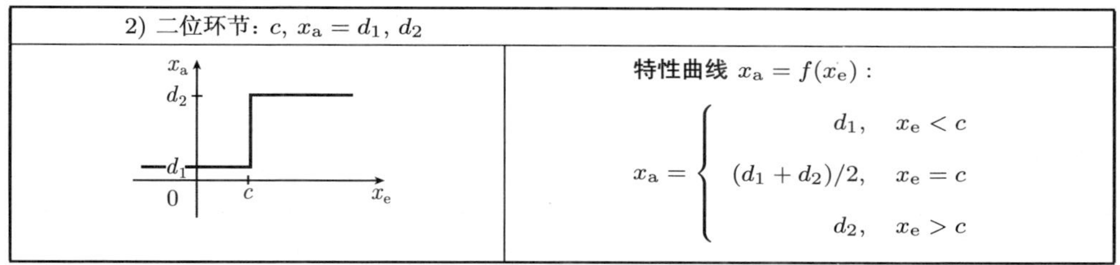

$$B_0(\hat{x}_e,\, x_{e0}) = \frac{d}{2\cdot\hat{x}_e} - \frac{d}{\pi\cdot\hat{x}_e}\cdot\arcsin\left(\frac{c-x_{e0}}{\hat{x}_e}\right)$$

$$B(\hat{x}_e,\, x_{e0}) = \frac{2\cdot d\cdot\sqrt{1-(x_{e0}-c)^2/\hat{x}_e^2}}{\pi\cdot\hat{x}_e}$$

无偏移输入信号, $x_e(t)=\hat{x}_e\cdot\sin(2\pi t/T)$:

$$B_0(\hat{x}_e) = \frac{d}{2\cdot\hat{x}_e} - \frac{d}{\pi\cdot\hat{x}_e}\cdot\arcsin\left(\frac{c}{\hat{x}_e}\right)$$

$$B(\hat{x}_e) = \frac{2\cdot d\cdot\sqrt{1-c^2/\hat{x}_e^2}}{\pi\cdot\hat{x}_e}$$

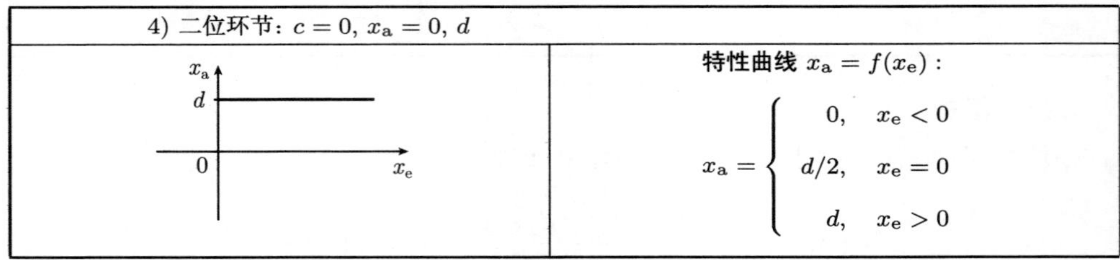

描述函数:

具有偏移 x_{e0} 输入信号, $x_e(t)=x_{e0}+\hat{x}_e\cdot\sin(2\pi t/T)$:

$$B_0(\hat{x}_e,\, x_{e0}) = \frac{d}{2\cdot\hat{x}_e} + \frac{d}{\pi\cdot\hat{x}_e}\cdot\arcsin\left(\frac{x_{e0}}{\hat{x}_e}\right)$$

$$B(\hat{x}_e,\, x_{e0}) = \frac{2\cdot d\cdot\sqrt{1-x_{e0}^2/\hat{x}_e^2}}{\pi\cdot\hat{x}_e}$$

无偏移输入信号, $x_e(t)=\hat{x}_e\cdot\sin(2\pi t/T)$:

$$B_0(\hat{x}_e) = \frac{d}{2\cdot\hat{x}_e}$$

$$B(\hat{x}_e) = \frac{2\cdot d}{\pi\cdot\hat{x}_e}$$

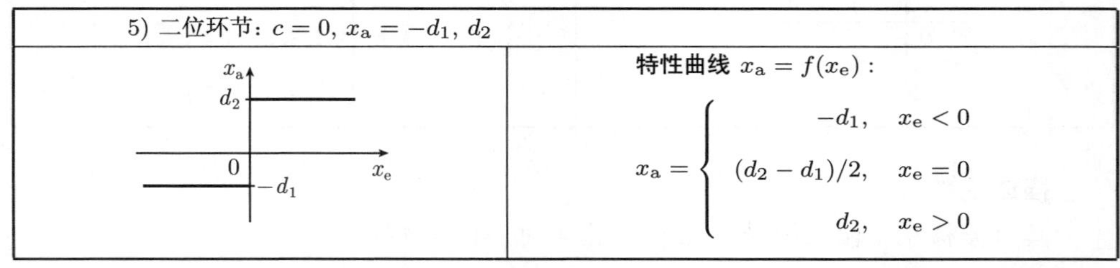

描述函数

具有偏移 x_{e0} 输入信号, $x_e(t) = x_{e0} + \hat{x}_e \cdot \sin(2\pi t/T)$:

$$B_0(\hat{x}_e, x_{e0}) = \frac{d_2 - d_1}{2 \cdot \hat{x}_e} + \frac{d_1 + d_2}{\pi \cdot \hat{x}_e} \cdot \arcsin\left(\frac{x_{e0}}{\hat{x}_e}\right)$$

$$B(\hat{x}_e, x_{e0}) = \frac{2 \cdot (d_1 + d_2) \cdot \sqrt{1 - x_{e0}^2/\hat{x}_e^2}}{\pi \cdot \hat{x}_e}$$

无偏移输入信号, $x_e(t) = \hat{x}_e \cdot \sin(2\pi t/T)$:

$$B_0(\hat{x}_e) = \frac{d_2 - d_1}{2 \cdot \hat{x}_e}$$

$$B(\hat{x}_e) = \frac{2 \cdot (d_1 + d_2)}{\pi \cdot \hat{x}_e}$$

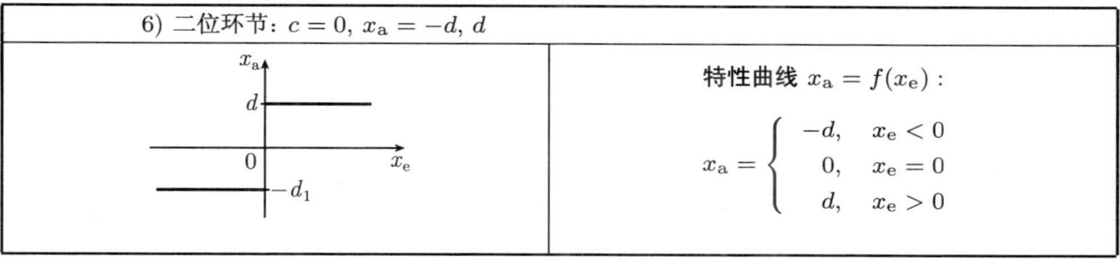

描述函数

具有偏移 x_{e0} 输入信号, $x_e(t) = x_{e0} + \hat{x}_e \cdot \sin(2\pi t/T)$:

$$B_0(\hat{x}_e, x_{e0}) = \frac{2 \cdot d}{\pi \cdot \hat{x}_e} \cdot \arcsin\left(\frac{x_{e0}}{\hat{x}_e}\right)$$

$$B(\hat{x}_e, x_{e0}) = \frac{4 \cdot d \cdot \sqrt{1 - x_{e0}^2/\hat{x}_e^2}}{\pi \cdot \hat{x}_e}$$

无偏移输入信号, $x_e(t) = \hat{x}_e \cdot \sin(2\pi t/T)$:

$$B_0(\hat{x}_e) = 0$$

$$B(\hat{x}_e) = \frac{4 \cdot d}{\pi \cdot \hat{x}_e}$$

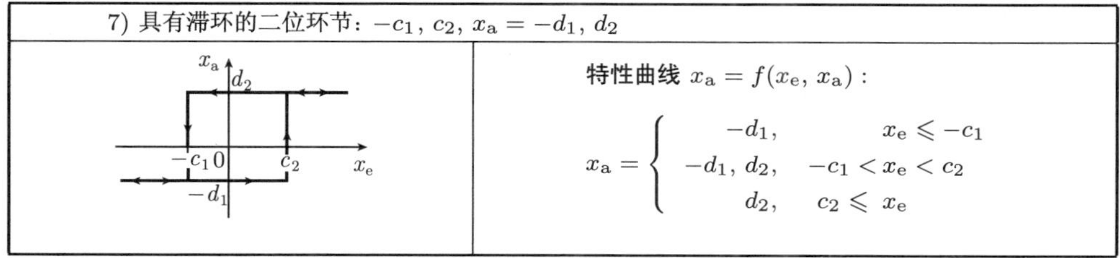

描述函数

具有偏移 x_{e0} 输入信号, $x_e(t) = x_{e0} + \hat{x}_e \cdot \sin(2\pi t/T)$:

$$B_0(\hat{x}_e,\, x_{e0}) = \frac{d_2 - d_1}{2 \cdot \hat{x}_e} + \frac{d_1 + d_2}{2 \cdot \pi \cdot \hat{x}_e} \cdot \left[\arcsin\left(\frac{x_{e0} + c_1}{\hat{x}_e}\right) + \arcsin\left(\frac{x_{e0} - c_2}{\hat{x}_e}\right)\right]$$

$$B(\hat{x}_e,\, x_{e0}) = \frac{(d_1 + d_2) \cdot \left[\sqrt{1 - (x_{e0} + c_1)^2/\hat{x}_e^2} + \sqrt{1 - (x_{e0} - c_2)^2/\hat{x}_e^2}\right]}{\pi \cdot \hat{x}_e} - \mathrm{j} \cdot \frac{(c_1 + c_2) \cdot (d_1 + d_2)}{\pi \cdot \hat{x}_e^2}$$

无偏移输入信号, $x_e(t) = \hat{x}_e \cdot \sin(2\pi t/T)$:

$$B_0(\hat{x}_e) = \frac{d_2 - d_1}{2 \cdot \hat{x}_e} + \frac{d_1 + d_2}{2 \cdot \pi \cdot \hat{x}_e} \cdot \left[\arcsin\left(\frac{c_1}{\hat{x}_e}\right) - \arcsin\left(\frac{c_2}{\hat{x}_e}\right)\right]$$

$$B(\hat{x}_e) = \frac{(d_1 + d_2) \cdot \left[\sqrt{1 - c_1^2/\hat{x}_e^2} + \sqrt{1 - c_2^2/\hat{x}_e^2}\right]}{\pi \cdot \hat{x}_e} - \mathrm{j} \cdot \frac{(c_1 + c_2) \cdot (d_1 + d_2)}{\pi \cdot \hat{x}_e^2}$$

如果转换点 c_1 位于在正的 x_e 区间内, 那么在描述方程中变量 c_1 被 $-c_1$ 置换: $c_1 \to -c_1, -c_1 \to -(-c_1) \to c_1$, 如果输出量 d_1 位于在正的区间内, 那么上面给出的方程中 d_1 也被相应地置换.

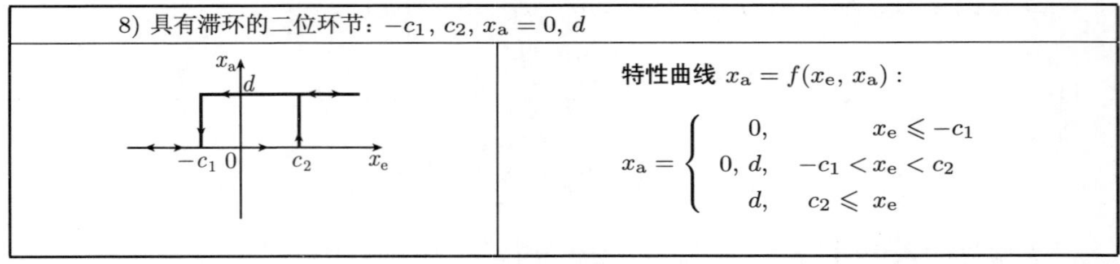

描述函数

具有偏移 x_{e0} 输入信号, $x_e(t) = x_{e0} + \hat{x}_e \cdot \sin(2\pi t/T)$:

$$B_0(\hat{x}_e,\, x_{e0}) = \frac{d}{2 \cdot \hat{x}_e} + \frac{d}{2 \cdot \pi \cdot \hat{x}_e} \cdot \left[\arcsin\left(\frac{x_{e0} + c_1}{\hat{x}_e}\right) + \arcsin\left(\frac{x_{e0} - c_2}{\hat{x}_e}\right)\right]$$

$$B(\hat{x}_e,\, x_{e0}) = \frac{d \cdot \left[\sqrt{1 - (x_{e0} + c_1)^2/\hat{x}_e^2} + \sqrt{1 - (x_{e0} - c_2)^2/\hat{x}_e^2}\right]}{\pi \cdot \hat{x}_e} - \mathrm{j} \cdot \frac{(c_1 + c_2) \cdot d}{\pi \cdot \hat{x}_e^2}$$

无偏移输入信号, $x_\mathrm{e}(t) = \hat{x}_\mathrm{e} \cdot \sin(2\pi t/T)$:

$$B_0(\hat{x}_\mathrm{e}) = \frac{d}{2\cdot\hat{x}_\mathrm{e}} + \frac{d}{2\cdot\pi\cdot\hat{x}_\mathrm{e}} \cdot \left[\arcsin\left(\frac{c_1}{\hat{x}_\mathrm{e}}\right) - \arcsin\left(\frac{c_2}{\hat{x}_\mathrm{e}}\right)\right]$$

$$B(\hat{x}_\mathrm{e}) = \frac{d\cdot\left(\sqrt{1-c_1^2/\hat{x}_\mathrm{e}^2} + \sqrt{1-c_2^2/\hat{x}_\mathrm{e}^2}\right)}{\pi\cdot\hat{x}_\mathrm{e}} - \mathrm{j}\cdot\frac{(c_1+c_2)\cdot d}{\pi\cdot\hat{x}_\mathrm{e}^2}$$

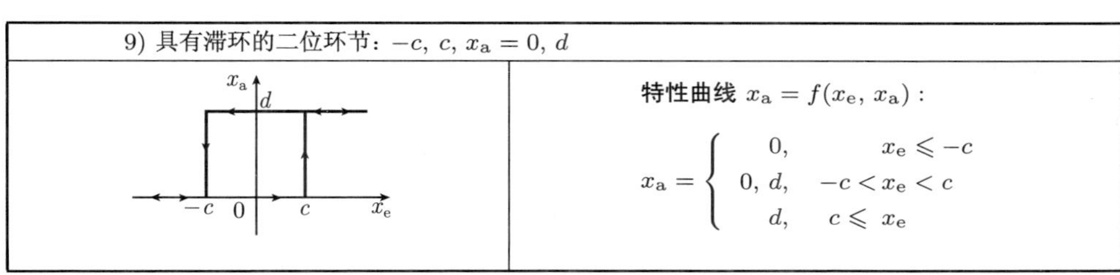

9) 具有滞环的二位环节: $-c,\ c,\ x_\mathrm{a}=0,\ d$

特性曲线 $x_\mathrm{a} = f(x_\mathrm{e},\ x_\mathrm{a})$:

$$x_\mathrm{a} = \begin{cases} 0, & x_\mathrm{e} \leqslant -c \\ 0,\ d, & -c < x_\mathrm{e} < c \\ d, & c \leqslant x_\mathrm{e} \end{cases}$$

描述函数

具有偏移 x_e0 输入信号, $x_\mathrm{e}(t) = x_\mathrm{e0} + \hat{x}_\mathrm{e} \cdot \sin(2\pi t/T)$:

$$B_0(\hat{x}_\mathrm{e},\ x_\mathrm{e0}) = \frac{d}{2\cdot\hat{x}_\mathrm{e}} + \frac{d}{2\cdot\pi\cdot\hat{x}_\mathrm{e}} \cdot \left[\arcsin\left(\frac{x_\mathrm{e0}+c}{\hat{x}_\mathrm{e}}\right) + \arcsin\left(\frac{x_\mathrm{e0}-c}{\hat{x}_\mathrm{e}}\right)\right]$$

$$B(\hat{x}_\mathrm{e},\ x_\mathrm{e0}) = \frac{d\cdot\left[\sqrt{1-(x_\mathrm{e0}+c)^2/\hat{x}_\mathrm{e}^2} + \sqrt{1-(x_\mathrm{e0}-c)^2/\hat{x}_\mathrm{e}^2}\right]}{\pi\cdot\hat{x}_\mathrm{e}} - \mathrm{j}\cdot\frac{2\cdot c\cdot d}{\pi\cdot\hat{x}_\mathrm{e}^2}$$

无偏移输入信号, $x_\mathrm{e}(t) = \hat{x}_\mathrm{e} \cdot \sin(2\pi t/T)$:

$$B_0(\hat{x}_\mathrm{e}) = \frac{d}{2\cdot\hat{x}_\mathrm{e}}$$

$$B(\hat{x}_\mathrm{e}) = \frac{2\cdot d\cdot\sqrt{1-c^2/\hat{x}_\mathrm{e}^2}}{\pi\cdot\hat{x}_\mathrm{e}} - \mathrm{j}\cdot\frac{2\cdot c\cdot d}{\pi\cdot\hat{x}_\mathrm{e}^2}$$

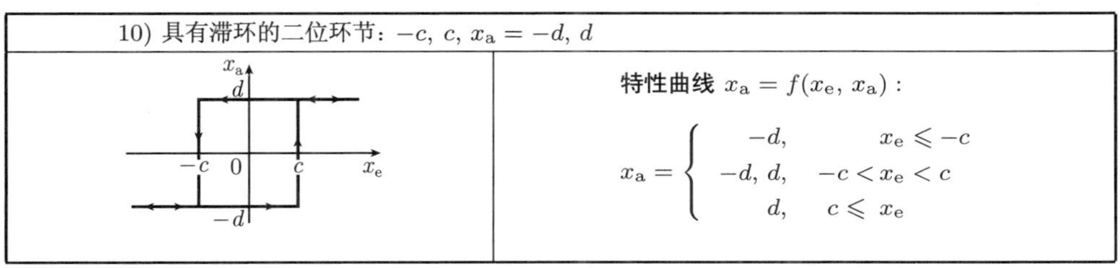

10) 具有滞环的二位环节: $-c,\ c,\ x_\mathrm{a}=-d,\ d$

特性曲线 $x_\mathrm{a} = f(x_\mathrm{e},\ x_\mathrm{a})$:

$$x_\mathrm{a} = \begin{cases} -d, & x_\mathrm{e} \leqslant -c \\ -d,\ d, & -c < x_\mathrm{e} < c \\ d, & c \leqslant x_\mathrm{e} \end{cases}$$

描述函数

具有偏移 x_e0 输入信号, $x_\mathrm{e}(t) = x_\mathrm{e0} + \hat{x}_\mathrm{e} \cdot \sin(2\pi t/T)$:

$$B_0(\hat{x}_e,\, x_{e0}) = \frac{d}{\pi\cdot\hat{x}_e}\cdot\left[\arcsin\left(\frac{x_{e0}+c}{\hat{x}_e}\right)+\arcsin\left(\frac{x_{e0}-c}{\hat{x}_e}\right)\right]$$

$$B(\hat{x}_e,\, x_{e0}) = \frac{2\cdot d\cdot\left[\sqrt{1-(x_{e0}+c)^2/\hat{x}_e^2}+\sqrt{1-(x_{e0}-c)^2/\hat{x}_e^2}\right]}{\pi\cdot\hat{x}_e} - \mathrm{j}\cdot\frac{4\cdot c\cdot d}{\pi\cdot\hat{x}_e^2}$$

无偏移输入信号, $x_e(t) = \hat{x}_e\cdot\sin(2\pi t/T)$:

$$B_0(\hat{x}_e) = 0$$

$$B(\hat{x}_e) = \frac{4\cdot d\cdot\sqrt{1-c^2/\hat{x}_e^2}}{\pi\cdot\hat{x}_e} - \mathrm{j}\cdot\frac{4\cdot c\cdot d}{\pi\cdot\hat{x}_e^2}$$

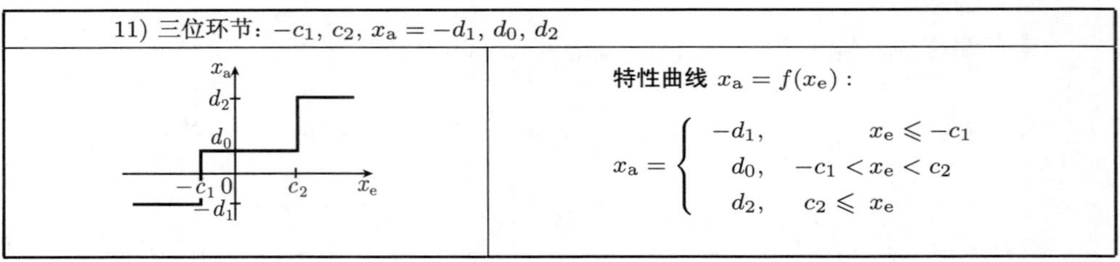

11) 三位环节: $-c_1$, c_2, $x_a = -d_1$, d_0, d_2

特性曲线 $x_a = f(x_e)$:

$$x_a = \begin{cases} -d_1, & x_e \leqslant -c_1 \\ d_0, & -c_1 < x_e < c_2 \\ d_2, & c_2 \leqslant x_e \end{cases}$$

描述函数

具有偏移 x_{e0} 输入信号, $x_e(t) = x_{e0} + \hat{x}_e\cdot\sin(2\pi t/T)$:

$$B_0(\hat{x}_e,\, x_{e0}) = \frac{d_2-d_1}{2\cdot\hat{x}_e}+\frac{d_0+d_1}{\pi\cdot\hat{x}_e}\cdot\arcsin\left(\frac{x_{e0}+c_1}{\hat{x}_e}\right)+\frac{d_2-d_0}{\pi\cdot\hat{x}_e}\cdot\arcsin\left(\frac{x_{e0}-c_2}{\hat{x}_e}\right)$$

$$B(\hat{x}_e,\, x_{e0}) = \frac{2\cdot\left[(d_0+d_1)\cdot\sqrt{1-(x_{e0}+c_1)^2/\hat{x}_e^2}+(d_2-d_0)\cdot\sqrt{1-(x_{e0}-c_2)^2/\hat{x}_e^2}\right]}{\pi\cdot\hat{x}_e}$$

无偏移输入信号, $x_e(t) = \hat{x}_e\cdot\sin(2\pi t/T)$:

$$B_0(\hat{x}_e) = \frac{d_2-d_1}{2\cdot\hat{x}_e}+\frac{d_0+d_1}{\pi\cdot\hat{x}_e}\cdot\arcsin\left(\frac{c_1}{\hat{x}_e}\right)+\frac{d_0-d_2}{\pi\cdot\hat{x}_e}\cdot\arcsin\left(\frac{c_2}{\hat{x}_e}\right)$$

$$B(\hat{x}_e) = \frac{2\cdot\left[(d_0+d_1)\cdot\sqrt{1-c_1^2/\hat{x}_e^2}+(d_2-d_0)\cdot\sqrt{1-c_2^2/\hat{x}_e^2}\right]}{\pi\cdot\hat{x}_e}$$

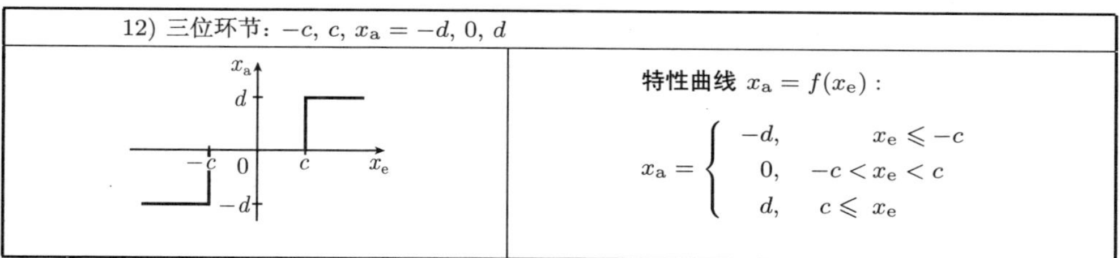

描述函数

具有偏移 x_{e0} 输入信号, $x_e(t)=x_{e0}+\hat{x}_e\cdot\sin(2\pi t/T)$:

$$B_0(\hat{x}_e,\,x_{e0})=\frac{d}{\pi\cdot\hat{x}_e}\cdot\left[\arcsin\left(\frac{x_{e0}+c}{\hat{x}_e}\right)+\arcsin\left(\frac{x_{e0}-c}{\hat{x}_e}\right)\right]$$

$$B(\hat{x}_e,\,x_{e0})=\frac{2\cdot d\cdot\left[\sqrt{1-(x_{e0}+c)^2/\hat{x}_e^2}+\sqrt{1-(x_{e0}-c)^2/\hat{x}_e^2}\right]}{\pi\cdot\hat{x}_e}$$

无偏移输入信号, $x_e(t)=\hat{x}_e\cdot\sin(2\pi t/T)$:

$$B_0(\hat{x}_e)=0$$

$$B(\hat{x}_e)=\frac{4\cdot d\cdot\sqrt{1-c^2/\hat{x}_e^2}}{\pi\cdot\hat{x}_e}$$

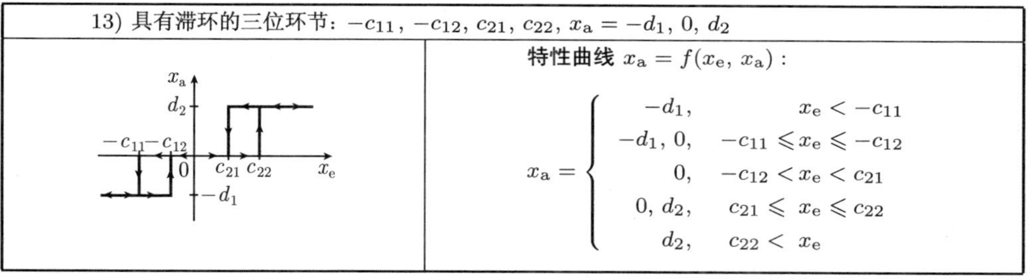

描述函数

具有偏移 x_{e0} 输入信号, $x_e(t)=x_{e0}+\hat{x}_e\cdot\sin(2\pi t/T)$:

$$B_0(\hat{x}_e,\,x_{e0})=\frac{d_2-d_1}{2\cdot\hat{x}_e}+\frac{d_1}{2\cdot\pi\cdot\hat{x}_e}\cdot\left[\arcsin\left(\frac{x_{e0}+c_{11}}{\hat{x}_e}\right)+\arcsin\left(\frac{x_{e0}+c_{12}}{\hat{x}_e}\right)\right]$$
$$+\frac{d_2}{2\cdot\pi\cdot\hat{x}_e}\cdot\left[\arcsin\left(\frac{x_{e0}-c_{21}}{\hat{x}_e}\right)+\arcsin\left(\frac{x_{e0}-c_{22}}{\hat{x}_e}\right)\right]$$

$$B(\hat{x}_e,\, x_{e0}) = \frac{d_1 \cdot \left[\sqrt{1-(x_{e0}+c_{11})^2/\hat{x}_e^2} + \sqrt{1-(x_{e0}+c_{12})^2/\hat{x}_e^2}\right]}{\pi \cdot \hat{x}_e} + \frac{d_2 \cdot \left[\sqrt{1-(x_{e0}-c_{21})^2/\hat{x}_e^2} + \sqrt{1-(x_{e0}-c_{22})^2/\hat{x}_e^2}\right]}{\pi \cdot \hat{x}_e} - \mathrm{j} \cdot \frac{(c_{11}-c_{12}) \cdot d_1 + (c_{22}-c_{21}) \cdot d_2}{\pi \cdot \hat{x}_e^2}$$

无偏移输入信号, $x_e(t) = \hat{x}_e \cdot \sin(2\pi t/T)$:

$$B_0(\hat{x}_e) = \frac{d_2 - d_1}{2 \cdot \hat{x}_e} + \frac{d_1}{2 \cdot \pi \cdot \hat{x}_e} \cdot \left[\arcsin\left(\frac{c_{11}}{\hat{x}_e}\right) + \arcsin\left(\frac{c_{12}}{\hat{x}_e}\right)\right] - \frac{d_2}{2 \cdot \pi \cdot \hat{x}_e} \cdot \left[\arcsin\left(\frac{c_{21}}{\hat{x}_e}\right) + \arcsin\left(\frac{c_{22}}{\hat{x}_e}\right)\right]$$

$$B(\hat{x}_e) = \frac{d_1 \cdot \left[\sqrt{1-c_{11}^2/\hat{x}_e^2} + \sqrt{1-c_{12}^2/\hat{x}_e^2}\right]}{\pi \cdot \hat{x}_e} + \frac{d_2 \cdot \left[\sqrt{1-c_{21}^2/\hat{x}_e^2} + \sqrt{1-c_{22}^2/\hat{x}_e^2}\right]}{\pi \cdot \hat{x}_e} - \mathrm{j} \cdot \frac{(c_{11}-c_{12}) \cdot d_1 + (c_{22}-c_{21}) \cdot d_2}{\pi \cdot \hat{x}_e^2}$$

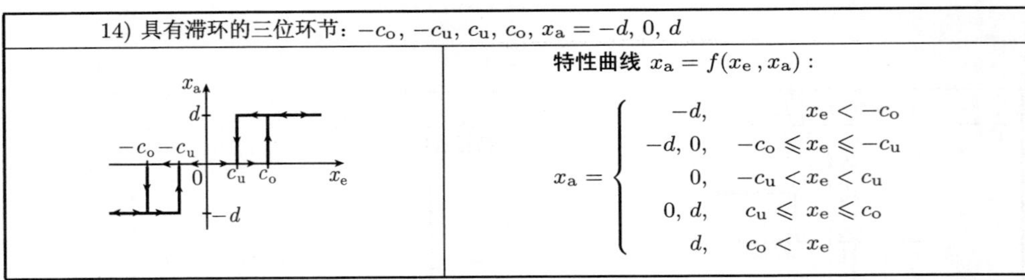

14) 具有滞环的三位环节: $-c_o$, $-c_u$, c_u, c_o, $x_a = -d$, 0, d

特性曲线 $x_a = f(x_e, x_a)$:

$$x_a = \begin{cases} -d, & x_e < -c_o \\ -d,\ 0, & -c_o \leqslant x_e \leqslant -c_u \\ 0, & -c_u < x_e < c_u \\ 0,\ d, & c_u \leqslant x_e \leqslant c_o \\ d, & c_o < x_e \end{cases}$$

描述函数

具有偏移 x_{e0} 输入信号, $x_e(t) = x_{e0} + \hat{x}_e \cdot \sin(2\pi t/T)$:

$$B_0(\hat{x}_e,\, x_{e0}) = \frac{d}{2 \cdot \pi \cdot \hat{x}_e} \cdot \left[\arcsin\left(\frac{x_{e0}+c_o}{\hat{x}_e}\right) + \arcsin\left(\frac{x_{e0}+c_u}{\hat{x}_e}\right)\right] + \frac{d}{2 \cdot \pi \cdot \hat{x}_e} \cdot \left[\arcsin\left(\frac{x_{e0}-c_o}{\hat{x}_e}\right) + \arcsin\left(\frac{x_{e0}-c_u}{\hat{x}_e}\right)\right]$$

$$B(\hat{x}_e,\, x_{e0}) = \frac{d \cdot \left[\sqrt{1-(x_{e0}+c_o)^2/\hat{x}_e^2} + \sqrt{1-(x_{e0}+c_u)^2/\hat{x}_e^2}\right]}{\pi \cdot \hat{x}_e}$$

$$+\frac{d\cdot\left[\sqrt{1-(x_{e0}-c_o)^2/\hat{x}_e^2}+\sqrt{1-(x_{e0}-c_u)^2/\hat{x}_e^2}\right]}{\pi\cdot\hat{x}_e}$$

$$-\mathrm{j}\cdot\frac{2\cdot(c_o-c_u)\cdot d}{\pi\cdot\hat{x}_e^2}$$

无偏移输入信号, $x_e(t)=\hat{x}_e\cdot\sin(2\pi t/T)$:

$$B_0(\hat{x}_e)=0$$

$$B(\hat{x}_e)=\frac{2\cdot d\cdot\left[\sqrt{1-c_o^2/\hat{x}_e^2}+\sqrt{1-c_u^2/\hat{x}_e^2}\right]}{\pi\cdot\hat{x}_e}-\mathrm{j}\cdot\frac{2\cdot d\cdot(c_o-c_u)}{\pi\cdot\hat{x}_e^2}$$

<table>
<tr><td colspan="2">15) 五位环节：$-c_{11}$, $-c_{12}$, c_{21}, c_{22}, $x_a=-d_{11}$, $-d_{12}$, 0, d_{21}, d_{22}</td></tr>
<tr><td>x_a, d_{22}, d_{21}, $-c_{11}$, $-c_{12}$, 0, c_{21}, c_{22}, x_e, $-d_{12}$, $-d_{11}$</td><td>特性曲线 $x_a=f(x_e)$：
$$x_a=\begin{cases}-d_{11}, & x_e<-c_{11}\\ -d_{12}, & -c_{11}\leqslant x_e<-c_{12}\\ 0, & -c_{12}\leqslant x_e\leqslant c_{21}\\ d_{21}, & c_{21}<x_e\leqslant c_{22}\\ d_{22}, & c_{22}<x_e\end{cases}$$</td></tr>
</table>

描述函数

具有偏移 x_{e0} 输入信号, $x_e(t)=x_{e0}+\hat{x}_e\cdot\sin(2\pi t/T)$:

$$B_0(\hat{x}_e,x_{e0})=\frac{d_{22}-d_{11}}{2\cdot\hat{x}_e}+\frac{d_{11}-d_{12}}{\pi\cdot\hat{x}_e}\cdot\arcsin\left(\frac{x_{e0}+c_{11}}{\hat{x}_e}\right)$$

$$+\frac{d_{12}}{\pi\cdot\hat{x}_e}\cdot\arcsin\left(\frac{x_{e0}+c_{12}}{\hat{x}_e}\right)+\frac{d_{21}}{\pi\cdot\hat{x}_e}\cdot\arcsin\left(\frac{x_{e0}-c_{21}}{\hat{x}_e}\right)$$

$$+\frac{d_{22}-d_{21}}{\pi\cdot\hat{x}_e}\cdot\arcsin\left(\frac{x_{e0}-c_{22}}{\hat{x}_e}\right)$$

$$B(\hat{x}_e,x_{e0})=\frac{2\cdot(d_{11}-d_{12})\cdot\sqrt{1-(x_{e0}+c_{11})^2/\hat{x}_e^2}}{\pi\cdot\hat{x}_e}$$

$$+\frac{2\cdot d_{12}\cdot\sqrt{1-(x_{e0}+c_{12})^2/\hat{x}_e^2}+2\cdot d_{21}\cdot\sqrt{1-(x_{e0}-c_{21})^2/\hat{x}_e^2}}{\pi\cdot\hat{x}_e}$$

$$+\frac{2\cdot(d_{22}-d_{21})\cdot\sqrt{1-(x_{e0}-c_{22})^2/\hat{x}_e^2}}{\pi\cdot\hat{x}_e}$$

无偏移输入信号, $x_e(t)=\hat{x}_e\cdot\sin(2\pi t/T)$:

$$B_0(\hat{x}_e) = \frac{d_{22}-d_{11}}{2\cdot\hat{x}_e} + \frac{d_{11}-d_{12}}{\pi\cdot\hat{x}_e}\cdot\arcsin\left(\frac{c_{11}}{\hat{x}_e}\right) + \frac{d_{12}}{\pi\cdot\hat{x}_e}\cdot\arcsin\left(\frac{c_{12}}{\hat{x}_e}\right) - \frac{d_{21}}{\pi\cdot\hat{x}_e}\cdot\arcsin\left(\frac{c_{21}}{\hat{x}_e}\right) - \frac{d_{22}-d_{21}}{\pi\cdot\hat{x}_e}\cdot\arcsin\left(\frac{c_{22}}{\hat{x}_e}\right)$$

$$B(\hat{x}_e) = \frac{2\cdot(d_{11}-d_{12})\cdot\sqrt{1-c_{11}^2/\hat{x}_e^2} + 2\cdot d_{12}\cdot\sqrt{1-c_{12}^2/\hat{x}_e^2}}{\pi\cdot\hat{x}_e} + \frac{2\cdot d_{21}\cdot\sqrt{1-c_{21}^2/\hat{x}_e^2} + 2\cdot(d_{22}-d_{21})\cdot\sqrt{1-c_{22}^2/\hat{x}_e^2}}{\pi\cdot\hat{x}_e}$$

16) 五位环节：$-c_o$, $-c_u$, c_u, c_o, $x_a = -2d$, $-d$, 0, d, $2d$	
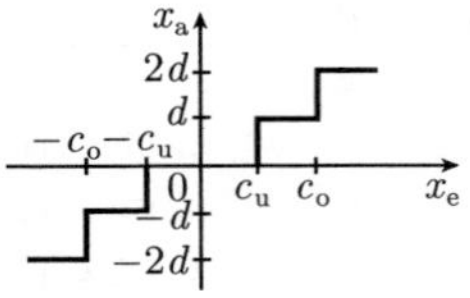 x_a, $2d$, d, $-c_o$, $-c_u$, 0, c_u, c_o, x_e, $-d$, $-2d$	特性曲线 $x_a = f(x_e)$： $x_a = \begin{cases} -2\cdot d, & x_e < -c_o \\ -d, & -c_o \leqslant x_e < -c_u \\ 0, & -c_u \leqslant x_e \leqslant c_u \\ d, & c_u < x_e \leqslant c_o \\ 2\cdot d, & c_o < x_e \end{cases}$

描述函数

具有偏移 x_{e0} 输入信号, $x_e(t) = x_{e0} + \hat{x}_e\cdot\sin(2\pi t/T)$:

$$B_0(\hat{x}_e, x_{e0}) = \frac{d}{\pi\cdot\hat{x}_e}\cdot\arcsin\left(\frac{x_{e0}+c_o}{\hat{x}_e}\right) + \frac{d}{\pi\cdot\hat{x}_e}\cdot\arcsin\left(\frac{x_{e0}-c_o}{\hat{x}_e}\right) + \frac{d}{\pi\cdot\hat{x}_e}\cdot\arcsin\left(\frac{x_{e0}+c_u}{\hat{x}_e}\right) + \frac{d}{\pi\cdot\hat{x}_e}\cdot\arcsin\left(\frac{x_{e0}-c_u}{\hat{x}_e}\right)$$

$$B(\hat{x}_e, x_{e0}) = \frac{2\cdot d\cdot\left[\sqrt{1-(x_{e0}+c_o)^2/\hat{x}_e^2} + \sqrt{1-(x_{e0}-c_o)^2/\hat{x}_e^2}\right]}{\pi\cdot\hat{x}_e} + \frac{2\cdot d\cdot\left[\sqrt{1-(x_{e0}+c_u)^2/\hat{x}_e^2} + \sqrt{1-(x_{e0}-c_u)^2/\hat{x}_e^2}\right]}{\pi\cdot\hat{x}_e}$$

无偏移输入信号, $x_e(t) = \hat{x}_e\cdot\sin(2\pi t/T)$:

$$B_0(\hat{x}_e) = 0$$

$$B(\hat{x}_e) = \frac{4\cdot d\cdot\left[\sqrt{1-c_o^2/\hat{x}_e^2} + \sqrt{1-c_u^2/\hat{x}_e^2}\right]}{\pi\cdot\hat{x}_e}$$

<table>
<tr><td colspan="2">17) 多位环节：$\cdots\ -c_3,\ -c_2,\ -c_1,\ c_1,\ c_2,\ c_3,\ \cdots,$
$x_a = \cdots\ -3d,\ -2d,\ -d,\ 0,\ d,\ 2d,\ 3d,\ \cdots$</td></tr>
<tr><td>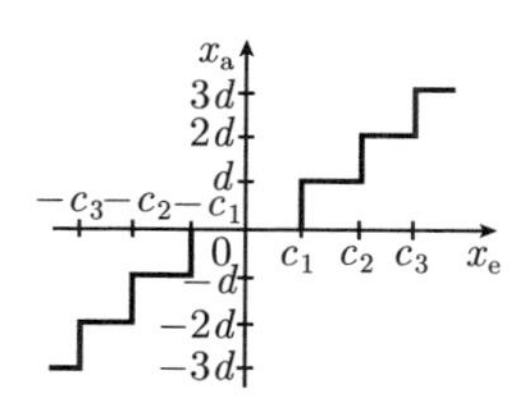
</td><td>特性曲线 $x_a = f(x_e)$：
$$x_a = \begin{cases} \cdots & \\ -3\cdot d, & -c_4 \leqslant x_e < -c_3 \\ -2\cdot d, & -c_3 \leqslant x_e < -c_2 \\ -d, & -c_2 \leqslant x_e < -c_1 \\ 0, & -c_1 \leqslant x_e \leqslant c_1 \\ d, & c_1 < x_e \leqslant c_2 \\ 2\cdot d, & c_2 < x_e \leqslant c_3 \\ 3\cdot d, & c_3 < x_e \leqslant c_4 \\ \cdots & \end{cases}$$</td></tr>
</table>

描述函数

无偏移输入信号, $x_e(t) = \hat{x}_e \cdot \sin(2\pi t/T)$:

$$B_0(\hat{x}_e) = 0$$

$$B(\hat{x}_e) = \frac{4\cdot d\cdot \sum_{i=1}^{n}\sqrt{1 - c_i^2/\hat{x}_e^2}}{\pi\cdot \hat{x}_e}$$

<table>
<tr><td colspan="2">18) 多位环节：$c,\ d$</td></tr>
<tr><td>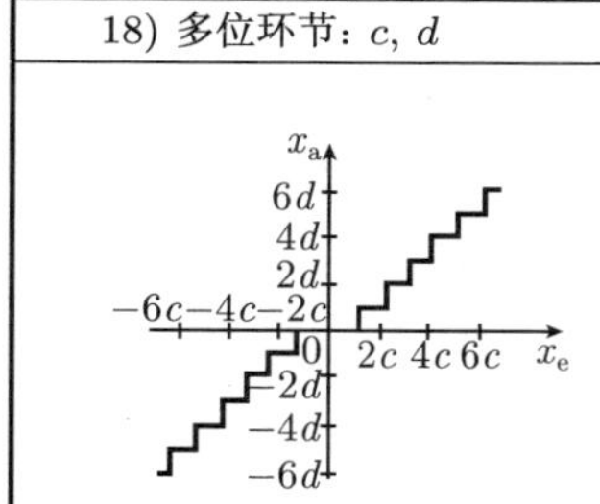
</td><td>数字转换器, 具有截断取整 (truncation) 的A/D- 转换器 $(c = d = 1)$,
特性曲线
$x_a = f(x_e)$
$\quad = d\cdot \mathrm{sign}(x_e)\cdot \mathrm{floor}\,(|x_e/c|)$,
$f(x_e) =$ 整数除法, 数值上最小整数值</td></tr>
</table>

描述函数

无偏移输入信号, $x_e(t) = \hat{x}_e \cdot \sin(2\pi t/T)$:

$$B_0(\hat{x}_e) = 0$$

$$B(\hat{x}_e) = \frac{4\cdot d\cdot \sum_{i=1}^{n}\sqrt{1 - (i\cdot c)^2/\hat{x}_e^2}}{\pi\cdot \hat{x}_e}$$

<table>
<tr><td colspan="2">19) 多位环节：c, d</td></tr>
<tr><td>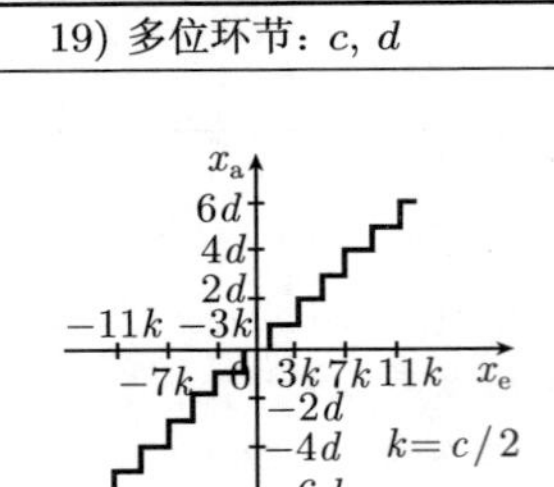
</td><td>数字转换器, 具有舍入取整 (round-off) 的 A/D- 转换器 $(c = d = 1)$
特性曲线
$x_a = f(x_e)$
$\quad = d \cdot \text{sign}(x_e) \cdot \text{floor}\left(|x_e/c + \text{sign}(x_e)/2|\right),$
$f(x_e)$ = 整数除法, 加法 $\pm 1/2$, 数值上最小整数值</td></tr>
</table>

描述函数

无偏移输入信号, $x_e(t) = \hat{x}_e \cdot \sin(2\pi t/T)$:

$$B_0(\hat{x}_e) = 0$$

$$B(\hat{x}_e) = \frac{4 \cdot d \cdot \sum\limits_{i=1}^{n} \sqrt{1 - [(2 \cdot i - 1) \cdot c/2]^2/\hat{x}_e^2}}{\pi \cdot \hat{x}_e}$$

<table>
<tr><td colspan="2">20) 具有增益递增特性曲线环节：d, n</td></tr>
<tr><td>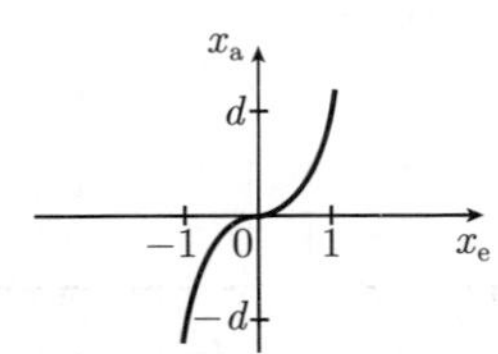
</td><td>奇函数：
特性曲线
$x_a = f(x_e)$
$\quad = d \cdot \text{sign}(x_e) \cdot x_e^n,$
$n = 2, 4, 6, \cdots$
$x_a = d \cdot x_e^n,$
$n = 3, 5, 7, \cdots$</td></tr>
</table>

描述函数

$\boldsymbol{n = 2}$, $x_a = d \cdot \text{sign}(x_e) \cdot x_e^2$

具有偏移 x_{e0} 输入信号, $x_e(t) = x_{e0} + \hat{x}_e \cdot \sin(2\pi t/T)$:

$$B_0(\hat{x}_e, x_{e0}) = \frac{d \cdot (2 \cdot x_{e0}^2 + \hat{x}_e^2)}{\pi \cdot \hat{x}_e} \cdot \arcsin\left(\frac{x_{e0}}{\hat{x}_e}\right) + \frac{3 \cdot d \cdot x_{e0} \cdot \sqrt{1 - x_{e0}^2/\hat{x}_e^2}}{\pi}$$

$$B(\hat{x}_e, x_{e0}) = \frac{4 \cdot d \cdot x_{e0}}{\pi} \cdot \arcsin\left(\frac{x_{e0}}{\hat{x}_e}\right) + \frac{4 \cdot d \cdot (x_{e0}^2 + 2 \cdot \hat{x}_e^2) \cdot \sqrt{1 - x_{e0}^2/\hat{x}_e^2}}{3 \cdot \pi \cdot \hat{x}_e}$$

无偏移输入信号, $x_e(t) = \hat{x}_e \cdot \sin(2\pi t/T)$:

$$B_0(\hat{x}_e) = 0$$

$$B(\hat{x}_e) = \frac{8 \cdot d \cdot \hat{x}_e}{3 \cdot \pi}$$

$\boldsymbol{n=3}$, $x_{\mathrm{a}}=d\cdot x_{\mathrm{e}}^{3}$

具有偏移 x_{e0} 输入信号, $x_{\mathrm{e}}(t)=x_{\mathrm{e0}}+\hat{x}_{\mathrm{e}}\cdot\sin(2\pi t/T)$:

$$B_0(\hat{x}_{\mathrm{e}},\,x_{\mathrm{e0}})=\frac{d\cdot x_{\mathrm{e0}}\cdot(2\cdot x_{\mathrm{e0}}^2+3\cdot\hat{x}_{\mathrm{e}}^2)}{2\cdot\hat{x}_{\mathrm{e}}}$$

$$B(\hat{x}_{\mathrm{e}},\,x_{\mathrm{e0}})=\frac{3\cdot d\cdot(4\cdot x_{\mathrm{e0}}^2+\hat{x}_{\mathrm{e}}^2)}{4}$$

无偏移输入信号, $x_{\mathrm{e}}(t)=\hat{x}_{\mathrm{e}}\cdot\sin(2\pi t/T)$:

$$B_0(\hat{x}_{\mathrm{e}})=0$$

$$B(\hat{x}_{\mathrm{e}})=\frac{3\cdot d\cdot\hat{x}_{\mathrm{e}}^2}{4}$$

$\boldsymbol{n=4}$, $x_{\mathrm{a}}=d\cdot\mathrm{sign}(x_{\mathrm{e}})\cdot x_{\mathrm{e}}^{4}$

具有偏移 x_{e0} 输入信号, $x_{\mathrm{e}}(t)=x_{\mathrm{e0}}+\hat{x}_{\mathrm{e}}\cdot\sin(2\pi t/T)$:

$$B_0(\hat{x}_{\mathrm{e}},\,x_{\mathrm{e0}})=\frac{d\cdot(8\cdot x_{\mathrm{e0}}^4+24\cdot x_{\mathrm{e0}}^2\cdot\hat{x}_{\mathrm{e}}^2+3\cdot\hat{x}_{\mathrm{e}}^4)}{4\cdot\pi\cdot\hat{x}_{\mathrm{e}}}\cdot\arcsin\left(\frac{x_{\mathrm{e0}}}{\hat{x}_{\mathrm{e}}}\right)+\frac{5\cdot d\cdot x_{\mathrm{e0}}\cdot(10\cdot x_{\mathrm{e0}}^2+11\cdot\hat{x}_{\mathrm{e}}^2)\cdot\sqrt{1-x_{\mathrm{e0}}^2/\hat{x}_{\mathrm{e}}^2}}{12\cdot\pi}$$

$$B(\hat{x}_{\mathrm{e}},\,x_{\mathrm{e0}})=\frac{2\cdot d\cdot x_{\mathrm{e0}}\cdot(4\cdot x_{\mathrm{e0}}^2+3\cdot\hat{x}_{\mathrm{e}}^2)}{\pi}\cdot\arcsin\left(\frac{x_{\mathrm{e0}}}{\hat{x}_{\mathrm{e}}}\right)+\frac{2\cdot d\cdot(6\cdot x_{\mathrm{e0}}^4+83\cdot x_{\mathrm{e0}}^2\cdot\hat{x}_{\mathrm{e}}^2+16\cdot\hat{x}_{\mathrm{e}}^4)\cdot\sqrt{1-x_{\mathrm{e0}}^2/\hat{x}_{\mathrm{e}}^2}}{15\cdot\pi\cdot\hat{x}_{\mathrm{e}}}$$

无偏移输入信号, $x_{\mathrm{e}}(t)=\hat{x}_{\mathrm{e}}\cdot\sin(2\pi t/T)$:

$$B_0(\hat{x}_{\mathrm{e}})=0$$

$$B(\hat{x}_{\mathrm{e}})=\frac{32\cdot d\cdot\hat{x}_{\mathrm{e}}^3}{15\cdot\pi}$$

$\boldsymbol{n=5}$, $x_{\mathrm{a}}=d\cdot x_{\mathrm{e}}^{5}$

具有偏移 x_{e0} 输入信号, $x_{\mathrm{e}}(t)=x_{\mathrm{e0}}+\hat{x}_{\mathrm{e}}\cdot\sin(2\pi t/T)$:

$$B_0(\hat{x}_{\mathrm{e}},\,x_{\mathrm{e0}})=\frac{d\cdot(8\cdot x_{\mathrm{e0}}^4+40\cdot x_{\mathrm{e0}}^2\cdot\hat{x}_{\mathrm{e}}^2+15\cdot\hat{x}_{\mathrm{e}}^4)\cdot x_{\mathrm{e0}}}{8\cdot\hat{x}_{\mathrm{e}}}$$

$$B(\hat{x}_{\mathrm{e}},\,x_{\mathrm{e0}})=\frac{5\cdot d\cdot(8\cdot x_{\mathrm{e0}}^4+12\cdot x_{\mathrm{e0}}^2\cdot\hat{x}_{\mathrm{e}}^2+\hat{x}_{\mathrm{e}}^4)}{8}$$

无偏移输入信号, $x_e(t) = \hat{x}_e \cdot \sin(2\pi t/T)$:

$$B_0(\hat{x}_e) = 0$$

$$B(\hat{x}_e) = \frac{5 \cdot d \cdot \hat{x}_e^4}{8}$$

在例 14.3-5, 表 14.3-2 中, 对于无偏移信号给出描述函数:

$$B(\hat{x}_e) = d \cdot \hat{x}_e^{n-1} \cdot \prod_{i=1}^{(n-1)/2} \frac{n+2-2i}{n+3-2i}, \qquad \text{对于 } n = 1, 3, 5, 7, \cdots$$

$$B(\hat{x}_e) = \frac{4 \cdot d \cdot \hat{x}_e^{n-1}}{\pi} \cdot \prod_{i=1}^{n/2} \frac{n+2-2i}{n+3-2i}, \qquad \text{对于 } n = 2, 4, 6, \cdots$$

n	1	2	3	4	5	6	7
$B(\hat{x}_e)$	d	$\frac{8 \cdot d \cdot \hat{x}_e}{3 \cdot \pi}$	$\frac{3 \cdot d \cdot \hat{x}_e^2}{4}$	$\frac{32 \cdot d \cdot \hat{x}_e^3}{15 \cdot \pi}$	$\frac{5 \cdot d \cdot \hat{x}_e^4}{8}$	$\frac{64 \cdot d \cdot \hat{x}_e^5}{35 \cdot \pi}$	$\frac{35 \cdot d \cdot \hat{x}_e^6}{64}$

21) 具有增益递增特性曲线环节: d, n

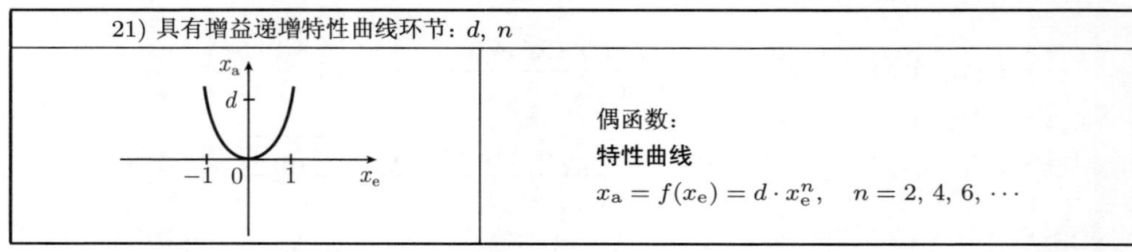

偶函数:

特性曲线

$x_a = f(x_e) = d \cdot x_e^n, \quad n = 2, 4, 6, \cdots$

描述函数

$\boldsymbol{n = 2}$, $x_a = d \cdot x_e^2$

具有偏移 x_{e0} 输入信号, $x_e(t) = x_{e0} + \hat{x}_e \cdot \sin(2\pi t/T)$:

$$B_0(\hat{x}_e, x_{e0}) = \frac{d \cdot (2 \cdot x_{e0}^2 + \hat{x}_e^2)}{2 \cdot \hat{x}_e}$$

$$B(\hat{x}_e, x_{e0}) = 2 \cdot d \cdot x_{e0}$$

$\boldsymbol{n = 4}$, $x_a = d \cdot x_e^4$

具有偏移 x_{e0} 输入信号, $x_e(t) = x_{e0} + \hat{x}_e \cdot \sin(2\pi t/T)$:

$$B_0(\hat{x}_e, x_{e0}) = \frac{d \cdot (8 \cdot x_{e0}^4 + 24 \cdot x_{e0}^2 \cdot \hat{x}_e^2 + 3 \cdot \hat{x}_e^4)}{8 \cdot \hat{x}_e}$$

$$B(\hat{x}_e, x_{e0}) = d \cdot x_{e0} \cdot (4 \cdot x_{e0}^2 + 3 \cdot \hat{x}_e^2)$$

无偏移输入信号, $x_e(t) = \hat{x}_e \cdot \sin(2\pi t/T)$:

$$B(\hat{x}_e) = 0$$

它不存在描述函数, 第一次谐波为零, 见例 14.3-6:

$$B_0(\hat{x}_e)=\frac{d\cdot\hat{x}_e}{2},\qquad n=2$$

$$B_0(\hat{x}_e)=\frac{3\cdot d\cdot\hat{x}_e^3}{8},\qquad n=4$$

22) 具有增益递增特性曲线环节: c_1, k_1, k_2

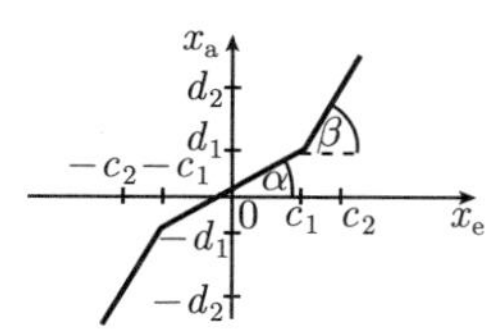

奇函数, 线性化的增益递增特性曲线:

特性曲线 $x_a=f(x_e)$:

$\tan\alpha=k_1=d_1/c_1$

$\tan\beta=k_2=(d_2-d_1)/(c_2-c_1)$

$$x_a=\begin{cases}k_2\cdot(x_e+c_1)-k_1\cdot c_1, & x_e<-c_1\\ k_1\cdot x_e, & -c_1\leqslant x_e\leqslant c_1\\ k_2\cdot(x_e-c_1)+k_1\cdot c_1, & c_1<x_e\end{cases}$$

描述函数

具有偏移 x_{e0} 输入信号, $x_e(t)=x_{e0}+\hat{x}_e\cdot\sin(2\pi t/T)$:

$$B_0(\hat{x}_e,x_{e0})=\frac{k_2\cdot x_{e0}}{\hat{x}_e}+\frac{(x_{e0}+c_1)\cdot(k_1-k_2)}{\pi\cdot\hat{x}_e}\cdot\arcsin\left(\frac{x_{e0}+c_1}{\hat{x}_e}\right)-\frac{(x_{e0}-c_1)\cdot(k_1-k_2)}{\pi\cdot\hat{x}_e}\cdot\arcsin\left(\frac{x_{e0}-c_1}{\hat{x}_e}\right)-\frac{(k_1-k_2)\cdot\left[\sqrt{1-(c_1-x_{e0})^2/\hat{x}_e^2}-\sqrt{1-(c_1+x_{e0})^2/\hat{x}_e^2}\right]}{\pi}$$

$$B(\hat{x}_e,x_{e0})=k_2+\frac{k_1-k_2}{\pi}\cdot\left[\arcsin\left(\frac{x_{e0}+c_1}{\hat{x}_e}\right)-\arcsin\left(\frac{x_{e0}-c_1}{\hat{x}_e}\right)\right]+\frac{(k_1-k_2)\cdot\left[(c_1-x_{e0})\cdot\sqrt{1-(c_1-x_{e0})^2/\hat{x}_e^2}+(c_1+x_{e0})\cdot\sqrt{1-(c_1+x_{e0})^2/\hat{x}_e^2}\right]}{\pi\cdot\hat{x}_e}$$

无偏移输入信号, $x_e(t)=\hat{x}_e\cdot\sin(2\pi t/T)$:

$$B_0(\hat{x}_e)=0$$

$$B(\hat{x}_e)=k_2+\frac{2\cdot(k_1-k_2)}{\pi}\cdot\arcsin\left(\frac{c_1}{\hat{x}_e}\right)+\frac{2\cdot c_1\cdot(k_1-k_2)\cdot\sqrt{1-c_1^2/\hat{x}_e^2}}{\pi\cdot\hat{x}_e}$$

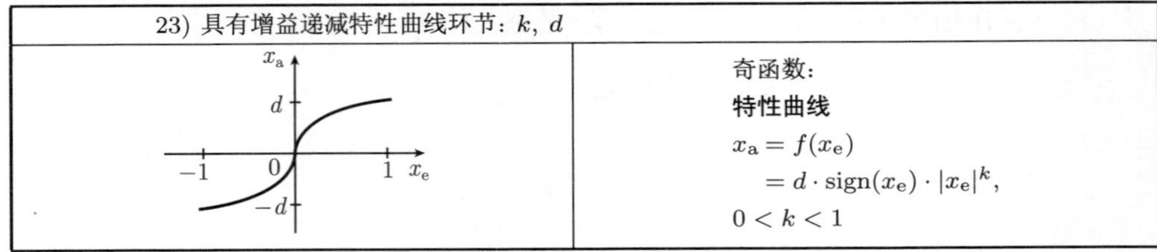

23) 具有增益递减特性曲线环节：k, d

奇函数：

特性曲线

$$x_a = f(x_e) = d \cdot \mathrm{sign}(x_e) \cdot |x_e|^k,$$

$0 < k < 1$

描述函数

无偏移输入信号, $x_e(t) = \hat{x}_e \cdot \sin(2\pi t/T)$:

在例 14.3-5, 表 14.3-3 中, 给出无偏移输入信号的描述函数：

k	$B(\hat{x}_e)$
1	d
1/2	$1.1128 \cdot d \cdot \hat{x}_e^{-1/2}$
1/3	$1.1596 \cdot d \cdot \hat{x}_e^{-2/3}$
1/4	$1.1852 \cdot d \cdot \hat{x}_e^{-3/4}$
1/5	$1.2014 \cdot d \cdot \hat{x}_e^{-4/5}$
1/6	$1.2126 \cdot d \cdot \hat{x}_e^{-5/6}$
1/7	$1.2207 \cdot d \cdot \hat{x}_e^{-6/7}$

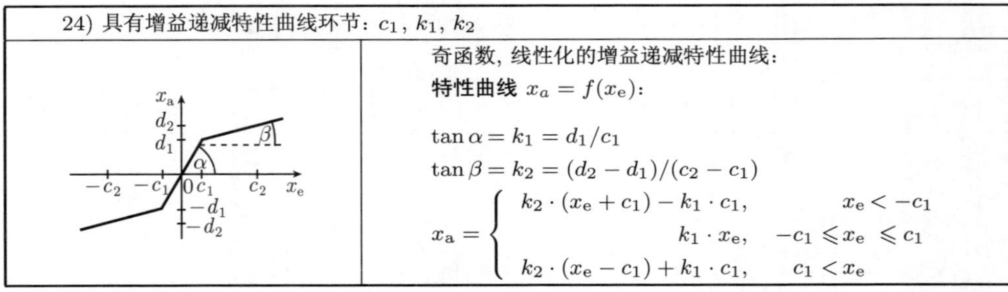

24) 具有增益递减特性曲线环节：c_1, k_1, k_2

奇函数, 线性化的增益递减特性曲线：

特性曲线 $x_a = f(x_e)$:

$$\tan\alpha = k_1 = d_1/c_1$$

$$\tan\beta = k_2 = (d_2 - d_1)/(c_2 - c_1)$$

$$x_a = \begin{cases} k_2 \cdot (x_e + c_1) - k_1 \cdot c_1, & x_e < -c_1 \\ k_1 \cdot x_e, & -c_1 \leqslant x_e \leqslant c_1 \\ k_2 \cdot (x_e - c_1) + k_1 \cdot c_1, & c_1 < x_e \end{cases}$$

描述函数

同于序号 22.

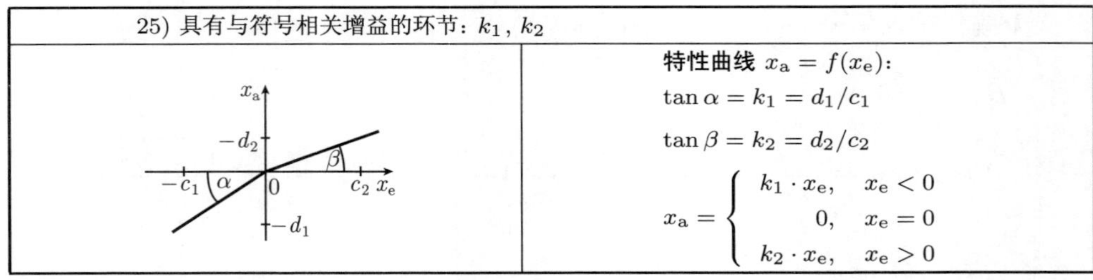

25) 具有与符号相关增益的环节：k_1, k_2

特性曲线 $x_a = f(x_e)$:

$$\tan\alpha = k_1 = d_1/c_1$$

$$\tan\beta = k_2 = d_2/c_2$$

$$x_a = \begin{cases} k_1 \cdot x_e, & x_e < 0 \\ 0, & x_e = 0 \\ k_2 \cdot x_e, & x_e > 0 \end{cases}$$

描述函数

具有偏移 x_{e0}①输入信号, $x_e(t) = x_{e0} + \hat{x}_e \cdot \sin(2\pi t/T)$:

$$B_0(\hat{x}_e, x_{e0}) = \frac{(k_2 - k_1) \cdot x_{e0}}{\pi \cdot \hat{x}_e} \cdot \arcsin\left(\frac{x_{e0}}{\hat{x}_e}\right) + \frac{2 \cdot (k_2 - k_1) \cdot \sqrt{1 - x_{e0}^2/\hat{x}_e^2} + (k_1 + k_2) \cdot \pi \cdot x_{e0}/\hat{x}_e}{2 \cdot \pi}$$

$$B(\hat{x}_e, x_{e0}) = \frac{k_2 - k_1}{\pi} \cdot \arcsin\left(\frac{x_{e0}}{\hat{x}_e}\right) + \frac{k_1 + k_2}{2} + \frac{(k_2 - k_1) \cdot \sqrt{1 - x_{e0}^2/\hat{x}_e^2} \cdot x_{e0}/\hat{x}_e}{\pi}$$

无偏移输入信号, $x_e(t) = \hat{x}_e \cdot \sin(2\pi t/T)$:

$$B_0(\hat{x}_e) = \frac{k_2 - k_1}{\pi}$$

$$B(\hat{x}_e) = \frac{k_1 + k_2}{2}$$

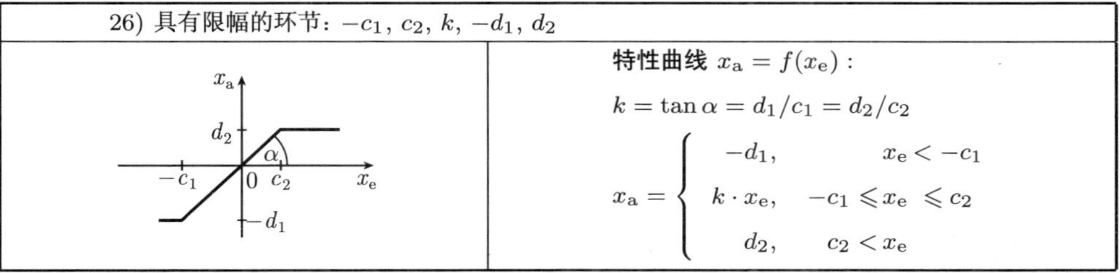

26) 具有限幅的环节: $-c_1$, c_2, k, $-d_1$, d_2	
	特性曲线 $x_a = f(x_e)$: $k = \tan\alpha = d_1/c_1 = d_2/c_2$ $x_a = \begin{cases} -d_1, & x_e < -c_1 \\ k \cdot x_e, & -c_1 \leqslant x_e \leqslant c_2 \\ d_2, & c_2 < x_e \end{cases}$

描述函数

具有偏移 x_{e0} 输入信号, $x_e(t) = x_{e0} + \hat{x}_e \cdot \sin(2\pi t/T)$:

$$B_0(\hat{x}_e, x_{e0}) = \frac{k \cdot (c_2 - c_1)}{2 \cdot \hat{x}_e} + \frac{k \cdot (x_{e0} + c_1)}{\pi \cdot \hat{x}_e} \cdot \arcsin\left(\frac{x_{e0} + c_1}{\hat{x}_e}\right) - \frac{k \cdot (x_{e0} - c_2)}{\pi \cdot \hat{x}_e} \cdot \arcsin\left(\frac{x_{e0} - c_2}{\hat{x}_e}\right) + \frac{k \cdot \left[\sqrt{1 - (c_1 + x_{e0})^2/\hat{x}_e^2} - \sqrt{1 - (c_2 - x_{e0})^2/\hat{x}_e^2}\right]}{\pi}$$

①[译者注]原文均略去 x_{e0}, 下同.

$$B(\hat{x}_e,\, x_{e0})$$

$$= \frac{k}{\pi} \cdot \left[\arcsin\left(\frac{x_{e0}+c_1}{\hat{x}_e}\right) - \arcsin\left(\frac{x_{e0}-c_2}{\hat{x}_e}\right)\right]$$

$$+ \frac{k \cdot \left[(x_{e0}+c_1) \cdot \sqrt{1-(c_1+x_{e0})^2/\hat{x}_e^2} - (x_{e0}-c_2) \cdot \sqrt{1-(c_2-x_{e0})^2/\hat{x}_e^2}\right]}{\pi \cdot \hat{x}_e}$$

无偏移输入信号, $x_e(t) = \hat{x}_e \cdot \sin(2\pi t/T)$:

$$B_0(\hat{x}_e) = \frac{k \cdot (c_2 - c_1)}{2 \cdot \hat{x}_e} + \frac{k \cdot c_1}{\pi \cdot \hat{x}_e} \cdot \arcsin\left(\frac{c_1}{\hat{x}_e}\right) - \frac{k \cdot c_2}{\pi \cdot \hat{x}_e} \cdot \arcsin\left(\frac{c_2}{\hat{x}_e}\right)$$

$$+ \frac{k \cdot \left[\sqrt{1 - c_1^2/\hat{x}_e^2} - \sqrt{1 - c_2^2/\hat{x}_e^2}\right]}{\pi}$$

$$B(\hat{x}_e) = \frac{k}{\pi} \cdot \left[\arcsin\left(\frac{c_1}{\hat{x}_e}\right) + \arcsin\left(\frac{c_2}{\hat{x}_e}\right)\right]$$

$$+ \frac{k \cdot \left[c_1 \cdot \sqrt{1 - c_1^2/\hat{x}_e^2} + c_2 \cdot \sqrt{1 - c_2^2/\hat{x}_e^2}\right]}{\pi \cdot \hat{x}_e}$$

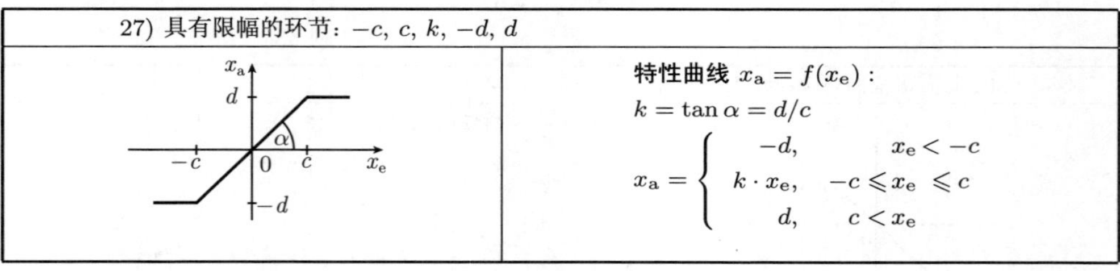

描述函数

具有偏移 x_{e0} 输入信号, $x_e(t) = x_{e0} + \hat{x}_e \cdot \sin(2\pi t/T)$:

$$B_0(\hat{x}_e,\, x_{e0}) = \frac{k \cdot (x_{e0}+c)}{\pi \cdot \hat{x}_e} \cdot \arcsin\left(\frac{x_{e0}+c}{\hat{x}_e}\right) - \frac{k \cdot (x_{e0}-c)}{\pi \cdot \hat{x}_e} \cdot \arcsin\left(\frac{x_{e0}-c}{\hat{x}_e}\right)$$

$$+ \frac{k \cdot \left[\sqrt{1-(c+x_{e0})^2/\hat{x}_e^2} - \sqrt{1-(c-x_{e0})^2/\hat{x}_e^2}\right]}{\pi}$$

$$B(\hat{x}_e,\, x_{e0})$$

$$= \frac{k}{\pi} \cdot \left[\arcsin\left(\frac{x_{e0}+c}{\hat{x}_e}\right) - \arcsin\left(\frac{x_{e0}-c}{\hat{x}_e}\right)\right]$$

$$+ \frac{k \cdot \left[(x_{e0}+c) \cdot \sqrt{1-(c+x_{e0})^2/\hat{x}_e^2} - (x_{e0}-c) \cdot \sqrt{1-(c-x_{e0})^2/\hat{x}_e^2}\right]}{\pi \cdot \hat{x}_e}$$

无偏移输入信号, $x_e(t)=\hat{x}_e\cdot\sin(2\pi t/T)$:

$$B_0(\hat{x}_e)=0$$

$$B(\hat{x}_e)=\frac{2\cdot k}{\pi}\cdot\arcsin\left(\frac{c}{\hat{x}_e}\right)+\frac{2\cdot d\cdot\sqrt{1-c^2/\hat{x}_e^2}}{\pi\cdot\hat{x}_e}$$

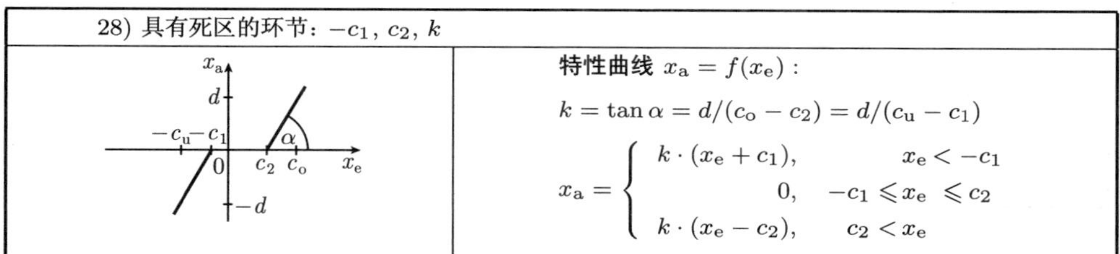

28) 具有死区的环节: $-c_1$, c_2, k	
	特性曲线 $x_a=f(x_e)$: $k=\tan\alpha=d/(c_o-c_2)=d/(c_u-c_1)$ $x_a=\begin{cases}k\cdot(x_e+c_1), & x_e<-c_1\\ 0, & -c_1\leqslant x_e\leqslant c_2\\ k\cdot(x_e-c_2), & c_2<x_e\end{cases}$

描述函数

具有偏移 x_{e0} 输入信号, $x_e(t)=x_{e0}+\hat{x}_e\cdot\sin(2\pi t/T)$:

$$B_0(\hat{x}_e,x_{e0})=\frac{k\cdot(c_1-c_2+2\cdot x_{e0})}{2\cdot\hat{x}_e}-\frac{k\cdot(x_{e0}+c_1)}{\pi\cdot\hat{x}_e}\cdot\arcsin\left(\frac{x_{e0}+c_1}{\hat{x}_e}\right)+\frac{k\cdot(x_{e0}-c_2)}{\pi\cdot\hat{x}_e}\cdot\arcsin\left(\frac{x_{e0}-c_2}{\hat{x}_e}\right)-\frac{k\cdot\left[\sqrt{1-(c_1+x_{e0})^2/\hat{x}_e^2}-\sqrt{1-(c_2-x_{e0})^2/\hat{x}_e^2}\right]}{\pi}$$

$$B(\hat{x}_e,x_{e0})=k+\frac{k}{\pi}\cdot\left[-\arcsin\left(\frac{x_{e0}+c_1}{\hat{x}_e}\right)+\arcsin\left(\frac{x_{e0}-c_2}{\hat{x}_e}\right)\right]-\frac{k\cdot\left[(x_{e0}+c_1)\cdot\sqrt{1-(c_1+x_{e0})^2/\hat{x}_e^2}-(x_{e0}-c_2)\cdot\sqrt{1-(c_2-x_{e0})^2/\hat{x}_e^2}\right]}{\pi\cdot\hat{x}_e}$$

无偏移输入信号, $x_e(t)=\hat{x}_e\cdot\sin(2\pi t/T)$:

$$B_0(\hat{x}_e)=\frac{k\cdot(c_1-c_2)}{2\cdot\hat{x}_e}-\frac{k\cdot c_1}{\pi\cdot\hat{x}_e}\cdot\arcsin\left(\frac{c_1}{\hat{x}_e}\right)+\frac{k\cdot c_2}{\pi\cdot\hat{x}_e}\cdot\arcsin\left(\frac{c_2}{\hat{x}_e}\right)-\frac{k\cdot\left[\sqrt{1-c_1^2/\hat{x}_e^2}-\sqrt{1-c_2^2/\hat{x}_e^2}\right]}{\pi}$$

$$B(\hat{x}_{\mathrm{e}})=k-\frac{k}{\pi}\cdot\left[\arcsin\left(\frac{c_1}{\hat{x}_{\mathrm{e}}}\right)+\arcsin\left(\frac{c_2}{\hat{x}_{\mathrm{e}}}\right)\right]-\frac{k\cdot\left[c_1\cdot\sqrt{1-c_1^2/\hat{x}_{\mathrm{e}}^2}+c_2\cdot\sqrt{1-c_2^2/\hat{x}_{\mathrm{e}}^2}\right]}{\pi\cdot\hat{x}_{\mathrm{e}}}$$

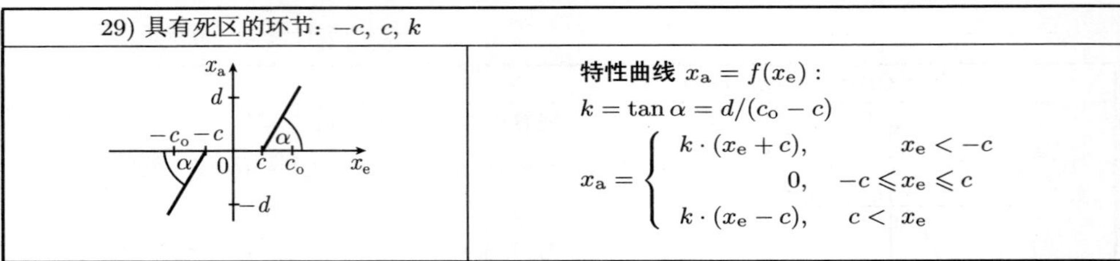

29) 具有死区的环节：$-c$, c, k

特性曲线 $x_{\mathrm{a}}=f(x_{\mathrm{e}})$：

$k=\tan\alpha=d/(c_{\mathrm{o}}-c)$

$$x_{\mathrm{a}}=\begin{cases}k\cdot(x_{\mathrm{e}}+c), & x_{\mathrm{e}}<-c\\ 0, & -c\leqslant x_{\mathrm{e}}\leqslant c\\ k\cdot(x_{\mathrm{e}}-c), & c<x_{\mathrm{e}}\end{cases}$$

描述函数

具有偏移 x_{e0} 输入信号, $x_{\mathrm{e}}(t)=x_{\mathrm{e0}}+\hat{x}_{\mathrm{e}}\cdot\sin(2\pi t/T)$：

$$B_0(\hat{x}_{\mathrm{e}},\,x_{\mathrm{e0}})=\frac{k\cdot x_{\mathrm{e0}}}{\hat{x}_{\mathrm{e}}}-\frac{k\cdot(x_{\mathrm{e0}}+c)}{\pi\cdot\hat{x}_{\mathrm{e}}}\cdot\arcsin\left(\frac{x_{\mathrm{e0}}+c}{\hat{x}_{\mathrm{e}}}\right)+\frac{k\cdot(x_{\mathrm{e0}}-c)}{\pi\cdot\hat{x}_{\mathrm{e}}}\cdot\arcsin\left(\frac{x_{\mathrm{e0}}-c}{\hat{x}_{\mathrm{e}}}\right)-\frac{k\cdot\left[\sqrt{1-(c+x_{\mathrm{e0}})^2/\hat{x}_{\mathrm{e}}^2}-\sqrt{1-(c-x_{\mathrm{e0}})^2/\hat{x}_{\mathrm{e}}^2}\right]}{\pi}$$

$$B(\hat{x}_{\mathrm{e}},\,x_{\mathrm{e0}})=k+\frac{k}{\pi}\cdot\left[-\arcsin\left(\frac{x_{\mathrm{e0}}+c}{\hat{x}_{\mathrm{e}}}\right)+\arcsin\left(\frac{x_{\mathrm{e0}}-c}{\hat{x}_{\mathrm{e}}}\right)\right]-\frac{k\cdot\left[(x_{\mathrm{e0}}+c)\cdot\sqrt{1-(c+x_{\mathrm{e0}})^2/\hat{x}_{\mathrm{e}}^2}-(x_{\mathrm{e0}}-c)\cdot\sqrt{1-(c-x_{\mathrm{e0}})^2/\hat{x}_{\mathrm{e}}^2}\right]}{\pi\cdot\hat{x}_{\mathrm{e}}}$$

无偏移输入信号, $x_{\mathrm{e}}(t)=\hat{x}_{\mathrm{e}}\cdot\sin(2\pi t/T)$：

$$B_0(\hat{x}_{\mathrm{e}})=0$$

$$B(\hat{x}_{\mathrm{e}})=k-\frac{2\cdot k}{\pi}\cdot\arcsin\left(\frac{c}{\hat{x}_{\mathrm{e}}}\right)-\frac{2\cdot k\cdot c\cdot\sqrt{1-c^2/\hat{x}_{\mathrm{e}}^2}}{\pi\cdot\hat{x}_{\mathrm{e}}}$$

<table>
<tr><td colspan="2">30) 具有死区和限幅的环节：$-c$, c, k, d</td></tr>
<tr><td>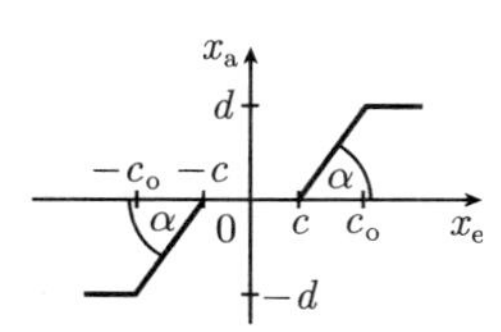
</td><td>特性曲线 $x_a = f(x_e)$：
$k = \tan\alpha = d/(c_o - c)$
$$x_a = \begin{cases} -k\cdot(c_o-c) = -d, & x_e < -c_o \\ k\cdot x_e + c, & -c_o \leqslant x_e < -c \\ 0, & -c \leqslant x_e \leqslant c \\ k\cdot x_e - c, & c < x_e \leqslant c_o \\ k\cdot(c_o-c) = d, & c_o < x_e \end{cases}$$</td></tr>
</table>

描述函数

具有偏移 x_{e0} 输入信号, $x_e(t) = x_{e0} + \hat{x}_e \cdot \sin(2\pi t/T)$:

$$B_0(\hat{x}_e,\, x_{e0}) = \frac{k\cdot(c-x_{e0})}{\pi\cdot\hat{x}_e}\cdot\arcsin\left(\frac{c-x_{e0}}{\hat{x}_e}\right) - \frac{k\cdot(c+x_{e0})}{\pi\cdot\hat{x}_e}\cdot\arcsin\left(\frac{c+x_{e0}}{\hat{x}_e}\right)$$
$$-\frac{k\cdot(c_o-x_{e0})}{\pi\cdot\hat{x}_e}\cdot\arcsin\left(\frac{c_o-x_{e0}}{\hat{x}_e}\right) + \frac{k\cdot(c_o+x_{e0})}{\pi\cdot\hat{x}_e}\cdot\arcsin\left(\frac{c_o+x_{e0}}{\hat{x}_e}\right)$$
$$+\frac{k\cdot\left[\sqrt{1-(c-x_{e0})^2/\hat{x}_e^2} - \sqrt{1-(c+x_{e0})^2/\hat{x}_e^2}\right]}{\pi}$$
$$-\frac{k\cdot\left[\sqrt{1-(c_o-x_{e0})^2/\hat{x}_e^2} - \sqrt{1-(c_o+x_{e0})^2/\hat{x}_e^2}\right]}{\pi}$$

$$B(\hat{x}_e,\, x_{e0})$$
$$= -\frac{k}{\pi}\cdot\left[\arcsin\left(\frac{c-x_{e0}}{\hat{x}_e}\right) + \arcsin\left(\frac{c+x_{e0}}{\hat{x}_e}\right)\right]$$
$$+\frac{k}{\pi}\cdot\left[\arcsin\left(\frac{c_o-x_{e0}}{\hat{x}_e}\right) + \arcsin\left(\frac{c_o+x_{e0}}{\hat{x}_e}\right)\right]$$
$$-\frac{k\cdot\left[(c-x_{e0})\cdot\sqrt{1-(c-x_{e0})^2/\hat{x}_e^2} + (c+x_{e0})\cdot\sqrt{1-(c+x_{e0})^2/\hat{x}_e^2}\right]}{\pi\cdot\hat{x}_e}$$
$$+\frac{k\cdot\left[(c_o-x_{e0})\cdot\sqrt{1-(c_o-x_{e0})^2/\hat{x}_e^2} + (c_o+x_{e0})\cdot\sqrt{1-(c_o+x_{e0})^2/\hat{x}_e^2}\right]}{\pi\cdot\hat{x}_e}$$

无偏移输入信号, $x_e(t) = \hat{x}_e \cdot \sin(2\pi t/T)$:

$$B_0(\hat{x}_e) = 0$$
$$B(\hat{x}_e) = \frac{2\cdot k}{\pi}\cdot\left[-\arcsin\left(\frac{c}{\hat{x}_e}\right) + \arcsin\left(\frac{c_o}{\hat{x}_e}\right)\right]$$

$$-\frac{2\cdot k\cdot\left[c\cdot\sqrt{1-c^2/\hat{x}_\mathrm{e}^2}-c_\mathrm{o}\cdot\sqrt{1-c_\mathrm{o}^2/\hat{x}_\mathrm{e}^2}\right]}{\pi\cdot\hat{x}_\mathrm{e}}$$

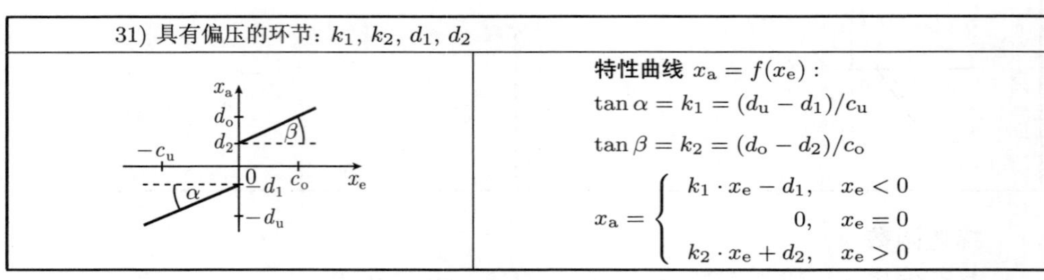

31) 具有偏压的环节：k_1, k_2, d_1, d_2

特性曲线 $x_\mathrm{a}=f(x_\mathrm{e})$：

$\tan\alpha=k_1=(d_\mathrm{u}-d_1)/c_\mathrm{u}$

$\tan\beta=k_2=(d_\mathrm{o}-d_2)/c_\mathrm{o}$

$$x_\mathrm{a}=\begin{cases}k_1\cdot x_\mathrm{e}-d_1, & x_\mathrm{e}<0\\ 0, & x_\mathrm{e}=0\\ k_2\cdot x_\mathrm{e}+d_2, & x_\mathrm{e}>0\end{cases}$$

描述函数

具有偏移 x_e0 输入信号，$x_\mathrm{e}(t)=x_\mathrm{e0}+\hat{x}_\mathrm{e}\cdot\sin(2\pi t/T)$：

$$B_0(\hat{x}_\mathrm{e},\,x_\mathrm{e0})=\frac{d_2-d_1+(k_1+k_2)\cdot x_\mathrm{e0}}{2\cdot\hat{x}_\mathrm{e}}+\frac{(k_2-k_1)\cdot\sqrt{1-x_\mathrm{e0}^2/\hat{x}_\mathrm{e}^2}}{\pi}+\frac{d_1+d_2+(k_2-k_1)\cdot x_\mathrm{e0}}{\pi\cdot\hat{x}_\mathrm{e}}\cdot\arcsin\left(\frac{x_\mathrm{e0}}{\hat{x}_\mathrm{e}}\right)$$

$$B(\hat{x}_\mathrm{e},\,x_\mathrm{e0})=\frac{k_1+k_2}{2}+\frac{k_2-k_1}{\pi}\cdot\arcsin\left(\frac{x_\mathrm{e0}}{\hat{x}_\mathrm{e}}\right)+\frac{(2\cdot d_1+2\cdot d_2+(k_2-k_1)\cdot x_\mathrm{e0})\cdot\sqrt{1-x_\mathrm{e0}^2/\hat{x}_\mathrm{e}^2}}{\pi\cdot\hat{x}_\mathrm{e}}$$

无偏移输入信号，$x_\mathrm{e}(t)=\hat{x}_\mathrm{e}\cdot\sin(2\pi t/T)$：

$$B_0(\hat{x}_\mathrm{e})=\frac{d_2-d_1}{2\cdot\hat{x}_\mathrm{e}}+\frac{k_2-k_1}{\pi}$$

$$B(\hat{x}_\mathrm{e})=\frac{k_1+k_2}{2}+\frac{2\cdot(d_1+d_2)}{\pi\cdot\hat{x}_\mathrm{e}}$$

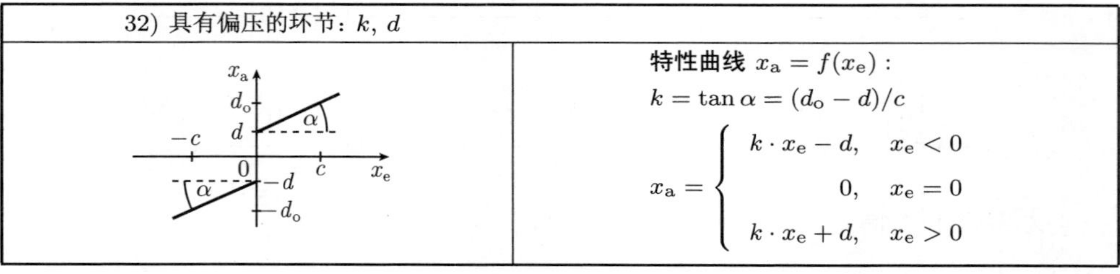

32) 具有偏压的环节：k, d

特性曲线 $x_\mathrm{a}=f(x_\mathrm{e})$：

$k=\tan\alpha=(d_\mathrm{o}-d)/c$

$$x_\mathrm{a}=\begin{cases}k\cdot x_\mathrm{e}-d, & x_\mathrm{e}<0\\ 0, & x_\mathrm{e}=0\\ k\cdot x_\mathrm{e}+d, & x_\mathrm{e}>0\end{cases}$$

描述函数

具有偏移 x_e0 输入信号，$x_\mathrm{e}(t)=x_\mathrm{e0}+\hat{x}_\mathrm{e}\cdot\sin(2\pi t/T)$：

$$B_0(\hat{x}_e, x_{e0}) = \frac{k \cdot x_{e0}}{\hat{x}_e} + \frac{2 \cdot d}{\pi \cdot \hat{x}_e} \cdot \arcsin\left(\frac{x_{e0}}{\hat{x}_e}\right)$$

$$B(\hat{x}_e, x_{e0}) = k + \frac{4 \cdot d \cdot \sqrt{1 - x_{e0}^2/\hat{x}_e^2}}{\pi \cdot \hat{x}_e}$$

无偏移输入信号, $x_e(t) = \hat{x}_e \cdot \sin(2\pi t/T)$:

$$B_0(\hat{x}_e) = 0$$

$$B(\hat{x}_e) = k + \frac{4 \cdot d}{\pi \cdot \hat{x}_e}$$

33) 具有偏压和限幅的环节: c, d, k	
x_a, d_o, d, α, $-c$, 0, c, x_e, $-d$, $-d_o$	**特性曲线** $x_a = f(x_e)$: $k = \tan\alpha = (d_o - d)/c$ $x_a = \begin{cases} -k \cdot c - d = -d_o, & x_e < -c \\ k \cdot x_e - d, & -c < x_e < 0 \\ 0, & x_e = 0 \\ k \cdot x_e + d, & 0 < x_e < c \\ k \cdot c + d = d_o, & c < x_e \end{cases}$

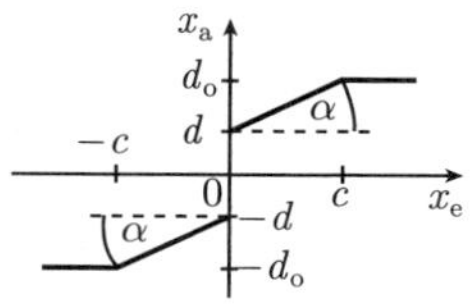

描述函数

具有偏移 x_{e0} 输入信号, $x_e(t) = x_{e0} + \hat{x}_e \cdot \sin(2\pi t/T)$:

$$B_0(\hat{x}_e, x_{e0}) = \frac{k \cdot (c + x_{e0})}{\pi \cdot \hat{x}_e} \cdot \arcsin\left(\frac{c + x_{e0}}{\hat{x}_e}\right) - \frac{k \cdot (c - x_{e0})}{\pi \cdot \hat{x}_e} \cdot \arcsin\left(\frac{c - x_{e0}}{\hat{x}_e}\right)$$
$$+ \frac{2 \cdot d}{\pi \cdot \hat{x}_e} \cdot \arcsin\left(\frac{x_{e0}}{\hat{x}_e}\right)$$
$$+ \frac{k \cdot \sqrt{1 - (c + x_{e0})^2/\hat{x}_e^2} - k \cdot \sqrt{1 - (c - x_{e0})^2/\hat{x}_e^2}}{\pi}$$

$$B(\hat{x}_e, x_{e0}) = \frac{k}{\pi} \cdot \left[\arcsin\left(\frac{c + x_{e0}}{\hat{x}_e}\right) + \arcsin\left(\frac{c - x_{e0}}{\hat{x}_e}\right)\right]$$
$$+ \frac{k \cdot \left[(c - x_{e0}) \cdot \sqrt{1 - (c - x_{e0})^2/\hat{x}_e^2} + (c + x_{e0}) \cdot \sqrt{1 - (c + x_{e0})^2/\hat{x}_e^2}\right]}{\pi \cdot \hat{x}_e}$$
$$+ \frac{4 \cdot d \cdot \sqrt{1 - x_{e0}^2/\hat{x}_e^2}}{\pi \cdot \hat{x}_e}$$

无偏移输入信号 $x_e(t)=\hat{x}_e\cdot\sin(2\pi t/T)$:

$$B_0(\hat{x}_e)=0$$

$$B(\hat{x}_e)=\frac{2\cdot k}{\pi}\cdot\arcsin\left(\frac{c}{\hat{x}_e}\right)+\frac{2\cdot k\cdot c\cdot\sqrt{1-c^2/\hat{x}_e^2}+4\cdot d}{\pi\cdot\hat{x}_e}$$

34) 理想整流器环节：k	
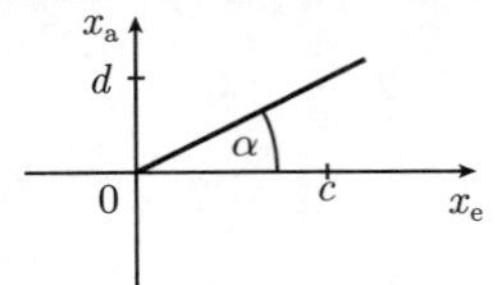	特性曲线 $x_a=f(x_e)$： $k=\tan\alpha=d/c$, $x_a=\begin{cases}0, & x_e\leqslant 0\\ k\cdot x_e, & x_e>0\end{cases}$

描述函数

具有偏移 x_{e0} 输入信号, $x_e(t)=x_{e0}+\hat{x}_e\cdot\sin(2\pi t/T)$:

$$B_0(\hat{x}_e,\,x_{e0})=\frac{k\cdot x_{e0}}{2\cdot\hat{x}_e}+\frac{k\cdot\sqrt{1-x_{e0}^2/\hat{x}_e^2}}{\pi}+\frac{k\cdot x_{e0}}{\pi\cdot\hat{x}_e}\cdot\arcsin\left(\frac{x_{e0}}{\hat{x}_e}\right)$$

$$B(\hat{x}_e,\,x_{e0})=\frac{k}{2}+\frac{k\cdot x_{e0}\cdot\sqrt{1-x_{e0}^2/\hat{x}_e^2}}{\pi\cdot\hat{x}_e}+\frac{k}{\pi}\cdot\arcsin\left(\frac{x_{e0}}{\hat{x}_e}\right)$$

无偏移输入信号, $x_e(t)=\hat{x}_e\cdot\sin(2\pi t/T)$:

$$B_0(\hat{x}_e)=\frac{k}{\pi}$$

$$B(\hat{x}_e)=\frac{k}{2}$$

35) 理想化整流器环节：c, k	
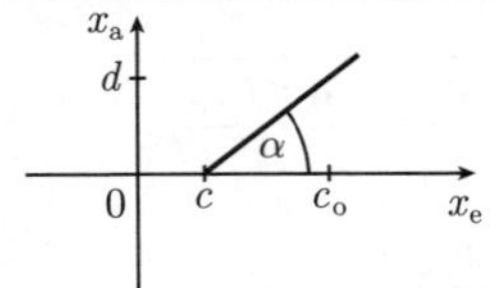	特性曲线 $x_a=f(x_e)$： $k=\tan\alpha=d/(c_o-c)$ $x_a=\begin{cases}0, & x_e\leqslant c\\ k\cdot(x_e-c), & x_e>c\end{cases}$①

描述函数

具有偏移 x_{e0} 输入信号, $x_e(t)=x_{e0}+\hat{x}_e\cdot\sin(2\pi t/T)$:

① [译者注]原文为 $x_a=\begin{cases}0, & x_e\leqslant c,\\ k\cdot x_e-c, & x_e>c.\end{cases}$

$$B_0(\hat{x}_\mathrm{e},\, x_\mathrm{e0}) = -\frac{k\cdot(c-x_\mathrm{e0})}{2\cdot\hat{x}_\mathrm{e}} + \frac{k\cdot\sqrt{1-(x_\mathrm{e0}-c)^2/\hat{x}_\mathrm{e}^2}}{\pi} + \frac{k\cdot(c-x_\mathrm{e0})}{\pi\cdot\hat{x}_\mathrm{e}}\cdot\arcsin\left(\frac{c-x_\mathrm{e0}}{\hat{x}_\mathrm{e}}\right)$$

$$B(\hat{x}_\mathrm{e},\, x_\mathrm{e0}) = \frac{k}{2} - \frac{k\cdot(c-x_\mathrm{e0})\cdot\sqrt{1-(c-x_\mathrm{e0})^2/\hat{x}_\mathrm{e}^2}}{\pi\cdot\hat{x}_\mathrm{e}} - \frac{k}{\pi}\cdot\arcsin\left(\frac{c-x_\mathrm{e0}}{\hat{x}_\mathrm{e}}\right).$$

无偏移输入信号, $x_\mathrm{e}(t) = \hat{x}_\mathrm{e}\cdot\sin(2\pi t/T)$:

$$B_0(\hat{x}_\mathrm{e}) = -\frac{k\cdot c}{2\cdot\hat{x}_\mathrm{e}} + \frac{k\cdot\sqrt{1-c^2/\hat{x}_\mathrm{e}^2}}{\pi} + \frac{k\cdot c}{\pi\cdot\hat{x}_\mathrm{e}}\cdot\arcsin\left(\frac{c}{\hat{x}_\mathrm{e}}\right)$$

$$B(\hat{x}_\mathrm{e}) = \frac{k}{2} - \frac{k\cdot c\cdot\sqrt{1-c^2/\hat{x}_\mathrm{e}^2}}{\pi\cdot\hat{x}_\mathrm{e}} - \frac{k}{\pi}\cdot\arcsin\left(\frac{c}{\hat{x}_\mathrm{e}}\right)$$

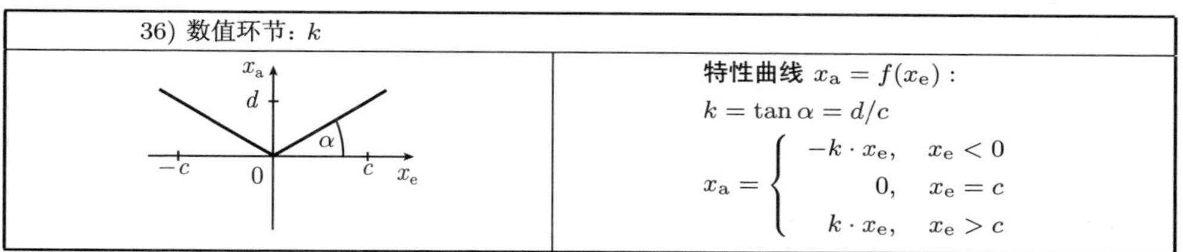

描述函数

具有偏移 x_e0 输入信号, $x_\mathrm{e}(t) = x_\mathrm{e0} + \hat{x}_\mathrm{e}\cdot\sin(2\pi t/T)$:

$$B_0(\hat{x}_\mathrm{e},\, x_\mathrm{e0}) = \frac{2\cdot k\cdot\sqrt{1-x_\mathrm{e0}^2/\hat{x}_\mathrm{e}^2}}{\pi} + \frac{2\cdot k\cdot x_\mathrm{e0}}{\pi\cdot\hat{x}_\mathrm{e}}\cdot\arcsin\left(\frac{x_\mathrm{e0}}{\hat{x}_\mathrm{e}}\right)$$

$$B(\hat{x}_\mathrm{e},\, x_\mathrm{e0}) = \frac{2\cdot k\cdot x_\mathrm{e0}\cdot\sqrt{1-x_\mathrm{e0}^2/\hat{x}_\mathrm{e}^2}}{\pi\cdot\hat{x}_\mathrm{e}} + \frac{2\cdot k}{\pi}\cdot\arcsin\left(\frac{x_\mathrm{e0}}{\hat{x}_\mathrm{e}}\right)$$

无偏移输入信号, $x_\mathrm{e}(t) = \hat{x}_\mathrm{e}\cdot\sin(2\pi t/T)$: 对于此种情况, 不存在一次谐波.

$$B_0(\hat{x}_\mathrm{e}) = \frac{2\cdot k}{\pi}$$

$$B(\hat{x}_\mathrm{e}) = 0$$

<table>
<tr><td colspan="3">37) 具有滞环和反向间隙 (游隙) 环节: c, k</td></tr>
<tr><td colspan="2"></td><td>$k=\tan\alpha$</td></tr>
<tr><td colspan="3">特性曲线描述
$x_a=f(x_e)$ 对于 $x_e(t)=x_{e0}+\hat{x}_e\cdot\sin(2\pi t/T)$, $\hat{x}_e>c$</td></tr>
<tr><td>x_e 区间</td><td>x_e 导数</td><td>输出量 x_a</td></tr>
<tr><td>$x_e>-\hat{x}_e+2c$</td><td>$\dot{x}_e>0$</td><td>$x_a=x_e-c$</td></tr>
<tr><td>$x_e<-\hat{x}_e+2c$</td><td>$\dot{x}_e>0$</td><td>$x_a=-\hat{x}_e+c$</td></tr>
<tr><td>$x_e<\hat{x}_e+2c$</td><td>$\dot{x}_e<0$</td><td>$x_a=x_e+c$</td></tr>
<tr><td>$x_e>\hat{x}_e-2c$</td><td>$\dot{x}_e<0$</td><td>$x_a=\hat{x}_e-c$</td></tr>
</table>

描述函数

具有偏移 x_{e0} 输入信号, $x_e(t)=x_{e0}+\hat{x}_e\cdot\sin(2\pi t/T)$:

$$B_0(\hat{x}_e,\,x_{e0})=\frac{k\cdot x_{e0}}{\hat{x}_e}$$

$$B(\hat{x}_e,\,x_{e0})=B(\hat{x}_e)=\frac{k}{2}+\frac{k}{\pi}\cdot\arcsin\left(1-\frac{2\cdot c}{\hat{x}_e}\right)+\frac{2\cdot k}{\pi}\cdot\left(1-\frac{2\cdot c}{\hat{x}_e}\right)\cdot\sqrt{\frac{c}{\hat{x}_e}\cdot\left(1-\frac{c}{\hat{x}_e}\right)}-\mathrm{j}\cdot\frac{4\cdot k\cdot c}{\pi\cdot\hat{x}_e}\cdot\left(1-\frac{c}{\hat{x}_e}\right)$$

无偏移输入信号, $x_e(t)=\hat{x}_e\cdot\sin(2\pi t/T)$:

$$B_0(\hat{x}_e)=0$$

$$B(\hat{x}_e)=\frac{k}{2}+\frac{k}{\pi}\cdot\arcsin\left(1-\frac{2\cdot c}{\hat{x}_e}\right)+\frac{2\cdot k}{\pi}\cdot\left(1-\frac{2\cdot c}{\hat{x}_e}\right)\cdot\sqrt{\frac{c}{\hat{x}_e}\cdot\left(1-\frac{c}{\hat{x}_e}\right)}-\mathrm{j}\cdot\frac{4\cdot k\cdot c}{\pi\cdot\hat{x}_e}\cdot\left(1-\frac{c}{\hat{x}_e}\right)$$

<table>
<tr><td colspan="2">38) 具有滞环, 反向间隙 (游隙) 和死区的环节: c, c_o, k</td></tr>
<tr><td>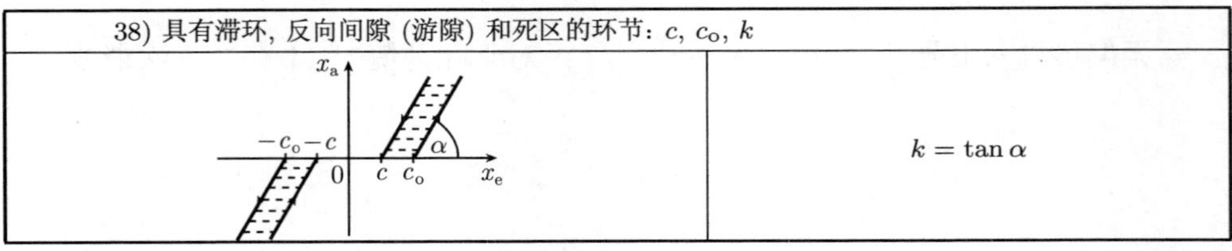
</td><td>$k=\tan\alpha$</td></tr>
</table>

续表

特性曲线描述 $x_a = f(x_e)$ 对于 $x_e(t) = x_{e0} + \hat{x}_e \cdot \sin(2\pi t/T)$, $\hat{x}_e > c_o$		
x_e 区间	x_e 导数	输出量 x_a
$-c_o < x_e < c$	$\dot{x}_e < 0$	$x_a = 0$
$x_e < -c_o$	$\dot{x}_e < 0$	$x_a = k \cdot (x_e + c_o)$
$-\hat{x}_e + x_{e0} < x_e < -\hat{x}_e + x_{e0} + c_o - c$	$\dot{x}_e > 0$	$x_a = k \cdot (-\hat{x}_e + x_{e0} + c_o)$
$-\hat{x}_e + x_{e0} + c_o - c < x_e < -c$	$\dot{x}_e > 0$	$x_a = k \cdot (x_e + c)$
$-c < x_e < c_o$	$\dot{x}_e > 0$	$x_a = 0$
$c_o < x_e$	$\dot{x}_e > 0$	$x_a = k \cdot (x_e - c_o)$
$\hat{x}_e + x_{e0} - (c_o - c) < x_e < \hat{x}_e + x_{e0}$	$\dot{x}_e < 0$	$x_a = k \cdot (\hat{x}_e + x_{e0} - c_o)$
$c < x_e < \hat{x}_e + x_{e0} - (c_o - c)$	$\dot{x}_e < 0$	$x_a = k \cdot (x_e - c)$

描述函数

具有偏移 x_{e0} 输入信号, $x_e(t) = x_{e0} + \hat{x}_e \cdot \sin(2\pi t/T)$:

$$\begin{aligned}
B_0(\hat{x}_e, x_{e0}) =& \frac{k \cdot (c - x_{e0})}{2 \cdot \pi \cdot \hat{x}_e} \cdot \arcsin\left(\frac{c - x_{e0}}{\hat{x}_e}\right) - \frac{k \cdot (c + x_{e0})}{2 \cdot \pi \cdot \hat{x}_e} \cdot \arcsin\left(\frac{c + x_{e0}}{\hat{x}_e}\right) \\
&+ \frac{k \cdot (c_o - x_{e0})}{2 \cdot \pi \cdot \hat{x}_e} \cdot \arcsin\left(\frac{c_o - x_{e0}}{\hat{x}_e}\right) - \frac{k \cdot (c_o + x_{e0})}{2 \cdot \pi \cdot \hat{x}_e} \cdot \arcsin\left(\frac{c_o + x_{e0}}{\hat{x}_e}\right) \\
&+ \frac{k \cdot x_{e0}}{\hat{x}_e} + \frac{k \cdot \left[\sqrt{1 - (c - x_{e0})^2/\hat{x}_e^2} - \sqrt{1 - (c + x_{e0})^2/\hat{x}_e^2}\right]}{2 \cdot \pi} \\
&+ \frac{k \cdot \left[\sqrt{1 - (c_o - x_{e0})^2/\hat{x}_e^2} - \sqrt{1 - (c_o + x_{e0})^2/\hat{x}_e^2}\right]}{2 \cdot \pi}
\end{aligned}$$

$$\begin{aligned}
B(\hat{x}_e, x_{e0}) =& -\frac{k}{2 \cdot \pi} \cdot \left[\arcsin\left(\frac{c - x_{e0}}{\hat{x}_e}\right) + \arcsin\left(\frac{c + x_{e0}}{\hat{x}_e}\right)\right] \\
&- \frac{k}{2 \cdot \pi} \cdot \left[\arcsin\left(\frac{c_o - x_{e0}}{\hat{x}_e}\right) + \arcsin\left(\frac{c_o + x_{e0}}{\hat{x}_e}\right) - 2 \cdot \arcsin\left(\frac{c - c_o + \hat{x}_e}{\hat{x}_e}\right)\right] \\
&+ \frac{k}{2} + \frac{k \cdot (1 - (c_o - c)/\hat{x}_e) \cdot \sqrt{2 \cdot (c_o - c)/\hat{x}_e - (c_o - c)^2/\hat{x}_e^2}}{\pi} \\
&+ \frac{k \cdot \left[(x_{e0} - c) \cdot \sqrt{1 - (c - x_{e0})^2/\hat{x}_e^2} - (c + x_{e0}) \cdot \sqrt{1 - (c + x_{e0})^2/\hat{x}_e^2}\right]}{2 \cdot \pi \cdot \hat{x}_e} \\
&+ \frac{k \cdot \left[(x_{e0} - c_o) \cdot \sqrt{1 - (c_o - x_{e0})^2/\hat{x}_e^2} - (c_o + x_{e0}) \cdot \sqrt{1 - (c_o + x_{e0})^2/\hat{x}_e^2}\right]}{2 \cdot \pi \cdot \hat{x}_e} \\
&- \mathrm{j} \cdot \frac{2 \cdot k \cdot (c_o - c)}{\pi \cdot \hat{x}_e} \cdot \left(1 - \frac{c_o}{\hat{x}_e}\right)
\end{aligned}$$

无偏移输入信号, $x_e(t)=\hat{x}_e\cdot\sin(2\pi t/T)$:

$$B_0(\hat{x}_e)=0$$

$$B(\hat{x}_e)=\frac{k}{\pi}\cdot\left[\arcsin\left(\frac{c-c_o+\hat{x}_e}{\hat{x}_e}\right)-\arcsin\left(\frac{c}{\hat{x}_e}\right)-\arcsin\left(\frac{c_o}{\hat{x}_e}\right)\right]$$
$$+\frac{k}{2}+\frac{k\cdot(1-(c_o-c)/\hat{x}_e)\cdot\sqrt{2\cdot(c_o-c)/\hat{x}_e-(c_o-c)^2/\hat{x}_e^2}}{\pi}$$
$$-\frac{k\cdot\left[c\cdot\sqrt{1-c^2/\hat{x}_e^2}+c_o\cdot\sqrt{1-c_o^2/\hat{x}_e^2}\right]}{\pi\cdot\hat{x}_e}-\mathrm{j}\cdot\frac{2\cdot k\cdot(c_o-c)}{\pi\cdot\hat{x}_e}\cdot\left(1-\frac{c_o}{\hat{x}_e}\right)$$

39) 具有滞环和饱和的环节: c, c_o, k, d

x_a, c, d, α, 0, $-c_o$, $-c/2$, $c/2$, c_o, x_e, $-d$

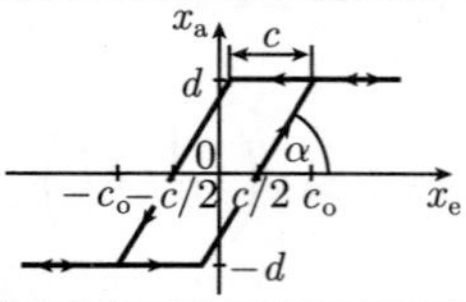

$$k=\tan\alpha=\frac{d}{c_o-c/2}=\frac{2\cdot d}{c_o+c/2}$$
$$d=k\cdot(c_o-c/2)$$

特性曲线描述

$x_a=f(x_e)$ 对于 $x_e(t)=x_{e0}+\hat{x}_e\cdot\sin(2\pi t/T)$, $\hat{x}_e>c_o$

x_e 区间	x_e 导数	输出量 x_a
$x_e<-c_o$		$x_a=-d$
$-c_o<x_e<-c_o+c$	$\dot{x}_e>0$	$x_a=-d$
$-c_o+c<x_e<c_o$	$\dot{x}_e>0$	$x_a=k\cdot(x_e-c)$
$c_o<x_e$		$x_a=d$
$c_o-c<x_e<c_o$	$\dot{x}_e<0$	$x_a=d$
$-c_o<x_e<c_o-c$	$\dot{x}_e<0$	$x_a=k\cdot(x_e+c)$

描述函数

具有偏移 x_{e0} 输入信号, $x_e(t)=x_{e0}+\hat{x}_e\cdot\sin(2\pi t/T)$:

$$B_0(\hat{x}_e,x_{e0})=-\frac{k\cdot(c-c_o+x_{e0})}{2\cdot\pi\cdot\hat{x}_e}\cdot\arcsin\left(\frac{c-c_o+x_{e0}}{\hat{x}_e}\right)$$
$$+\frac{k\cdot(c-c_o-x_{e0})}{2\cdot\pi\cdot\hat{x}_e}\cdot\arcsin\left(\frac{c-c_o-x_{e0}}{\hat{x}_e}\right)$$
$$-\frac{k\cdot(c_o-x_{e0})}{2\cdot\pi\cdot\hat{x}_e}\cdot\arcsin\left(\frac{c_o-x_{e0}}{\hat{x}_e}\right)+\frac{k\cdot(c_o+x_{e0})}{2\cdot\pi\cdot\hat{x}_e}\cdot\arcsin\left(\frac{c_o+x_{e0}}{\hat{x}_e}\right)$$
$$-\frac{k\cdot\left[\sqrt{1-(c-c_o+x_{e0})^2/\hat{x}_e^2}-\sqrt{1-(c-c_o-x_{e0})^2/\hat{x}_e^2}\right]}{2\cdot\pi\cdot\hat{x}_e}$$

$$-\frac{k\cdot\left[\sqrt{1-(c-x_{e0})^2/\hat{x}_e^2}-\sqrt{1-(c_o+x_{e0})^2/\hat{x}_e^2}\right]}{2\cdot\pi\cdot\hat{x}_e}$$

$$B(\hat{x}_e,x_{e0})=-\frac{k}{2\cdot\pi}\cdot\left[\arcsin\left(\frac{c-c_o+x_{e0}}{\hat{x}_e}\right)+\arcsin\left(\frac{c-c_o-x_{e0}}{\hat{x}_e}\right)\right]$$

$$+\frac{k}{2\cdot\pi}\cdot\left[\arcsin\left(\frac{c_o-x_{e0}}{\hat{x}_e}\right)+\arcsin\left(\frac{c_o+x_{e0}}{\hat{x}_e}\right)\right]$$

$$-\frac{k\cdot(c-c_o+x_{e0})\cdot\sqrt{1-(c-c_o+x_{e0})^2/\hat{x}_e^2}}{2\cdot\pi\cdot\hat{x}_e}$$

$$-\frac{k\cdot(c-c_o-x_{e0})\cdot\sqrt{1-(c-c_o-x_{e0})^2/\hat{x}_e^2}}{2\cdot\pi\cdot\hat{x}_e}$$

$$+\frac{k\cdot\left[(c_o-x_{e0})\cdot\sqrt{1-(c_o-x_{e0})^2/\hat{x}_e^2}+(c_o+x_{e0})\cdot\sqrt{1-(c_o+x_{e0})^2/\hat{x}_e^2}\right]}{2\cdot\pi\cdot\hat{x}_e}$$

$$-\mathrm{j}\cdot\frac{k\cdot c\cdot(2\cdot c_o-c)}{\pi\cdot\hat{x}_e^2}$$

无偏移输入信号, $x_e(t)=\hat{x}_e\cdot\sin(2\pi t/T)$:

$$B_0(\hat{x}_e)=0$$

$$B(\hat{x}_e)=-\frac{k}{\pi}\cdot\left[\arcsin\left(\frac{c-c_o}{\hat{x}_e}\right)-\arcsin\left(\frac{c_o}{\hat{x}_e}\right)\right]$$

$$+\frac{k\cdot\left[c_o\cdot\sqrt{1-c_o^2/\hat{x}_e^2}-(c-c_o)\cdot\sqrt{1-(c-c_o)^2/\hat{x}_e^2}\right]}{\pi\cdot\hat{x}_e}$$

$$-\mathrm{j}\cdot\frac{k\cdot c\cdot(2\cdot c_o-c)}{\pi\cdot\hat{x}_e^2}$$

40) 具有磁滞环, 饱和和死区的环节: c, c_o, k, d

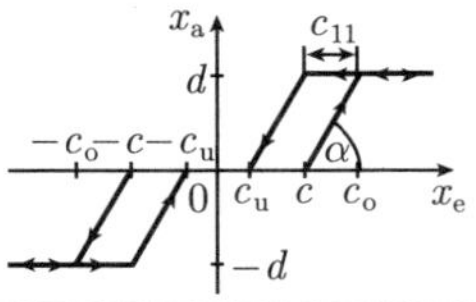

$$k=\tan\alpha=\frac{d}{c_o-c}$$

$$c_{11}=c-c_u$$

$$c_o=2\cdot c-c_u$$

特性曲线描述

$x_a=f(x_e)$ 对于 $x_e(t)=x_{e0}+\hat{x}_e\cdot\sin(2\pi t/T)$, $\hat{x}_e>c_o$

x_e 区间	x_e 导数	输出量 x_a
$-c<x_e<c_u$	$\dot{x}_e<0$	$x_a=0$
$-c_o<x_e<-c$	$\dot{x}_e<0$	$x_a=k\cdot(x_e+c)$
$x_e<-c_o$		$x_a=-d$
$-c_o<x_e<-c$	$\dot{x}_e>0$	$x_a=-d$

(续)

x_e 区间	x_e 导数	输出量 x_a
$-c < x_e < -c_u$	$\dot{x}_e > 0$	$x_a = k \cdot (x_e + c_u)$
$-c_u < x_e < c$	$\dot{x}_e > 0$	$x_a = 0$
$c < x_e < c_o$	$\dot{x}_e > 0$	$x_a = k \cdot (x_e - c)$
$c_o < x_e$		$x_a = d$
$c < x_e < c_o$	$\dot{x}_e < 0$	$x_a = d$
$c_u < x_e < c$	$\dot{x}_e < 0$	$x_a = k \cdot (x_e - c_u)$

描述函数

具有偏移 x_{e0} 输入信号, $x_e(t) = x_{e0} + \hat{x}_e \cdot \sin(2\pi t/T)$:

$$
\begin{aligned}
&B_0(\hat{x}_e, x_{e0})\\
&= -\frac{k\cdot(c_u + x_{e0})}{2\cdot\pi\cdot\hat{x}_e}\cdot\arcsin\left(\frac{c_u + x_{e0}}{\hat{x}_e}\right) + \frac{k\cdot(c_u - x_{e0})}{2\cdot\pi\cdot\hat{x}_e}\cdot\arcsin\left(\frac{c_u - x_{e0}}{\hat{x}_e}\right)\\
&\quad + \frac{k\cdot c - k\cdot c_u - d}{2\cdot\pi\cdot\hat{x}_e}\cdot\arcsin\left(\frac{c - x_{e0}}{\hat{x}_e}\right) - \frac{k\cdot c - k\cdot c_u - d}{2\cdot\pi\cdot\hat{x}_e}\cdot\arcsin\left(\frac{c + x_{e0}}{\hat{x}_e}\right)\\
&\quad + \frac{k\cdot c + k\cdot x_{e0} + d}{2\cdot\pi\cdot\hat{x}_e}\cdot\arcsin\left(\frac{c_o + x_{e0}}{\hat{x}_e}\right) - \frac{k\cdot c - k\cdot x_{e0} + d}{2\cdot\pi\cdot\hat{x}_e}\cdot\arcsin\left(\frac{c_o - x_{e0}}{\hat{x}_e}\right)\\
&\quad + \frac{k\cdot\left[\sqrt{1 - (c_o + x_{e0})^2/\hat{x}_e^2} - \sqrt{1 - (c_o - x_{e0})^2/\hat{x}_e^2}\right]}{2\cdot\pi}\\
&\quad + \frac{k\cdot\left[\sqrt{1 - (c_u - x_{e0})^2/\hat{x}_e^2} - \sqrt{1 - (c_u + x_{e0})^2/\hat{x}_e^2}\right]}{2\cdot\pi}
\end{aligned}
$$

$$
\begin{aligned}
&B(\hat{x}_e, x_{e0})\\
&= -\frac{k}{2\cdot\pi}\cdot\left[\arcsin\left(\frac{c_u + x_{e0}}{\hat{x}_e}\right) + \arcsin\left(\frac{c_u - x_{e0}}{\hat{x}_e}\right)\right]\\
&\quad + \frac{k}{2\cdot\pi}\cdot\left[\arcsin\left(\frac{c_o + x_{e0}}{\hat{x}_e}\right) + \arcsin\left(\frac{c_o - x_{e0}}{\hat{x}_e}\right)\right]\\
&\quad + \frac{k\cdot(c_u + x_{e0} + 2\cdot d/k)\cdot\sqrt{1 - (c_o + x_{e0})^2/\hat{x}_e^2}}{2\cdot\pi\cdot\hat{x}_e}\\
&\quad + \frac{k\cdot(c_u - x_{e0} + 2\cdot d/k)\cdot\sqrt{1 - (c_o - x_{e0})^2/\hat{x}_e^2}}{2\cdot\pi\cdot\hat{x}_e}\\
&\quad - \frac{k\cdot(c - c_u - d/k))\cdot\left[\sqrt{1 - (c - x_{e0})^2/\hat{x}_e^2} + \sqrt{1 - (c + x_{e0})^2/\hat{x}_e^2}\right]}{\pi\cdot\hat{x}_e}\\
&\quad - \frac{k\cdot\left[(c_u - x_{e0})\cdot\sqrt{1 - (c_u - x_{e0})^2/\hat{x}_e^2} + (c_u + x_{e0})\cdot\sqrt{1 - (c_u + x_{e0})^2/\hat{x}_e^2}\right]}{2\cdot\pi\cdot\hat{x}_e}\\
&\quad - \mathrm{j}\cdot\frac{2\cdot(c - c_u)\cdot d}{\pi\cdot\hat{x}_e^2}
\end{aligned}
$$

无偏移输入信号, $x_e(t) = \hat{x}_e \cdot \sin(2\pi t/T)$:

$$B_0(\hat{x}_e) = 0$$

$$B(\hat{x}_e) = \frac{k}{\pi} \cdot \left[\arcsin\left(\frac{c_o}{\hat{x}_e}\right) - \arcsin\left(\frac{c_u}{\hat{x}_e}\right)\right] + \frac{(k \cdot c_u + 2 \cdot d) \cdot \sqrt{1 - c_o^2/\hat{x}_e^2} - k \cdot c_u \cdot \sqrt{1 - c_u^2/\hat{x}_e^2}}{\pi \cdot \hat{x}_e} - \frac{2 \cdot (k \cdot c - k \cdot c_u - d) \cdot \sqrt{1 - c^2/\hat{x}_e^2}}{\pi \cdot \hat{x}_e} - \mathrm{j} \cdot \frac{2 \cdot (c - c_u) \cdot d}{\pi \cdot \hat{x}_e^2}$$

14.3.5.7 谐波平衡方程的计算

用引入的描述函数, 计算具有谐波信号的非线性环节调节回路时间特性是可能的. 研究的目的是, 确定极限振荡的存在和特性. 稳定的极限振荡通常是非线性调节时间特性的组成部分. 为了计算阶跃响应特性不可引入描述函数.

用作为非线性传递环节等效频率特性的描述函数, 可给出非线性调节回路特征方程.

为了推导出**谐波平衡方程(Gleichung der Harmonischen Balance)** (振荡平衡, 非线性调节回路特征方程) 假设, 参据量和扰动量都为常值.

从图 14.3-17 谐波线性化调节回路的信号流图推导出下列方程, 其中 $F_L(\mathrm{j}\omega)$ 为调节系统线性部分的频率特性函数:

$$x_d(\mathrm{j}\omega) \cdot B(\hat{x}_d) \cdot F_L(\mathrm{j}\omega) = x(\mathrm{j}\omega), \qquad x_d(\mathrm{j}\omega) = -x(\mathrm{j}\omega), \qquad \hat{x}_d = \hat{x}$$

$$-x(\mathrm{j}\omega) \cdot B(\hat{x}) \cdot F_L(\mathrm{j}\omega) = x(\mathrm{j}\omega), \quad x(\mathrm{j}\omega) \cdot (1 + B(\hat{x}) \cdot F_L(\mathrm{j}\omega)) = 0$$

除了寻常解 $x(\mathrm{j}\omega) = 0$ 外, 还满足方程

$$1 + B(\hat{x}) \cdot F_L(\mathrm{j}\omega) = 0$$

复数方程

$$B(\hat{x}) \cdot F_L(\mathrm{j}\omega) = -1$$

称为**谐波平衡方程(Gleichung der Harmonischen Balance)**(振荡平衡方程). 方程解由极限振荡基本频率角频率 ω_G 和幅值 $\hat{x}_G$ 的数值对组成.

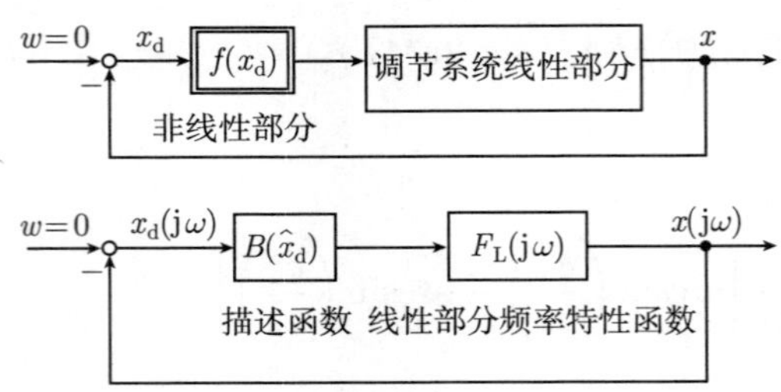

图 14.3-17　谐波线性化结果

用**解析 (analytisch)** 或**图解 (graphisch)** 求解**谐波平衡方程**. 在解析求解时, 由复数方程构建两个实数方程:

$$B(\hat{x})\cdot F_L(j\omega) = -1 = \mathrm{Re}\{B(\hat{x})\cdot F_L(j\omega)\} + j\cdot \mathrm{Im}\{B(\hat{x})\cdot F_L(j\omega)\} = -1$$

$$\mathrm{Re}\{B(\hat{x})\cdot F_L(j\omega)\} = -1$$

$$\mathrm{Im}\{B(\hat{x})\cdot F_L(j\omega)\} = 0$$

在求方程值时大多会出现多解, 在此后面只研究具有 $\omega_G > 0$, $\hat{x}_G > 0$ 的实数解, 对于图解的**双幅相频率特性曲线法 (Zweiortskurvenverfahren)**, 将谐波平衡方程变形:

$$F_L(j\omega) = -1/B(\hat{x})$$

在本法中确定 $F_L(j\omega)$ 幅相频率特性曲线与负的倒数幅相频率特性曲线 $-1/B(\hat{x})$ 的交点, 以便得到极限振荡的角频率 ω_G 和振幅 $\hat{x}_G$. 交点为谐波平衡方程的解.

例 14.3-15　对于具有三位环节和三阶被调节对象的调节回路, 用解析法和图解法确定持续振荡. 为清晰表示, 将非线性特性曲线 $f(x_d)$ 和调节的线性部分 $F_L(j\omega)$ 绘制成信号流图.

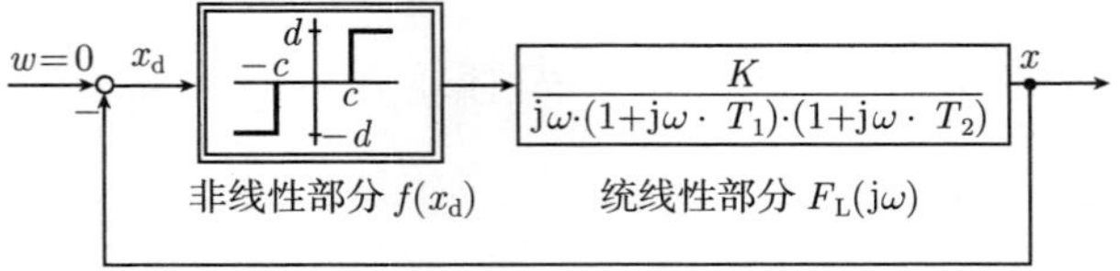

按表 14.3-5 三位环节描述函数为

$$B(\hat{x}_d) = \frac{4\cdot d\cdot\sqrt{1-c^2/\hat{x}_d^2}}{\pi\cdot\hat{x}_d} = \frac{4\cdot d\cdot\sqrt{\hat{x}_d^2-c^2}}{\pi\cdot\hat{x}_d^2}$$

为此得到线性化调节回路信号流图.

$$w=0 \quad x_d(j\omega) \quad B(\hat{x}_d) \quad \frac{K}{j\omega\cdot(1+j\omega\cdot T_1)\cdot(1+j\omega\cdot T_2)} \quad x(j\omega)$$

从谐波平衡方程

$$x_d(j\omega)\cdot B(\hat{x}_d)\cdot F_L(j\omega)=x(j\omega),\qquad x_d(j\omega)=-x(j\omega),\qquad \hat{x}_d=\hat{x}$$

$$B(\hat{x})\cdot F_L(j\omega)=\frac{4\cdot d\cdot\sqrt{\hat{x}^2-c^2}}{\pi\cdot\hat{x}^2}\cdot\frac{K}{j\omega\cdot(1+j\omega\cdot T_1)\cdot(1+j\omega\cdot T_2)}=-1$$

产生虚部和实部方程.

虚部方程

$$\mathrm{Im}\{B(\hat{x})\cdot F_L(j\omega)\}=0$$

$$\mathrm{Im}\{B(\hat{x})\cdot F_L(j\omega)\}=\mathrm{Im}\left\{\frac{4\cdot d\cdot\sqrt{\hat{x}^2-c^2}}{\pi\cdot\hat{x}^2}\cdot\frac{K}{j\omega\cdot(1+j\omega\cdot T_1)\cdot(1+j\omega\cdot T_2)}\right\}$$

$$=\frac{4\cdot K\cdot d\cdot\sqrt{\hat{x}^2-c^2}\cdot(T_1\cdot T_2\cdot\omega^2-1)}{\pi\cdot\omega\cdot\hat{x}^2\cdot(T_1^2\cdot\omega^2+1)\cdot(T_2^2\cdot\omega^2+1)}=0$$

提供极限振荡角频率:

$$\omega_G=\frac{1}{\sqrt{T_1\cdot T_2}}$$

ω_G 值取代实部方程中的 ω, 以便给出极限振荡幅值 $\hat{x}_G$ 的方程:

$$\mathrm{Re}\{B(\hat{x})\cdot F_L(j\omega)\}=-1$$

$$\mathrm{Re}\{B(\hat{x})\cdot F_L(j\omega)\}=\mathrm{Re}\left\{\frac{4\cdot d\cdot\sqrt{\hat{x}^2-c^2}}{\pi\cdot\hat{x}^2}\cdot\frac{K}{j\omega\cdot(1+j\omega\cdot T_1)\cdot(1+j\omega\cdot T_2)}\right\}$$

$$=\frac{4\cdot K\cdot d\cdot\sqrt{\hat{x}^2-c^2}\cdot(T_1+T_2)}{\pi\cdot\hat{x}^2\cdot(T_1^2\cdot\omega^2+1)\cdot(T_2^2\cdot\omega^2+1)}$$

$$=\frac{4\cdot K\cdot d\cdot T_1\cdot T_2\cdot\sqrt{\hat{x}^2-c^2}}{\pi\cdot\hat{x}^2\cdot(T_1+T_2)}=\frac{K_1\cdot\sqrt{\hat{x}^2-c^2}}{\hat{x}^2}=-1$$

将常数归结为 K_1, 那么 $\hat{x}$ 的四个解可能为

$$\hat{x}_{G1,2,3,4}=\pm\frac{\sqrt{K_1}}{2}\cdot\left(\sqrt{K_1+2\cdot c}\pm\sqrt{K_1-2\cdot c}\right)$$

其中对于 $K_1 > 2\cdot c$ 给出两个正值:

$$\hat{x}_{G1,2} = \frac{\sqrt{K_1}}{2}\cdot\left(\sqrt{K_1+2\cdot c}\pm\sqrt{K_1-2\cdot c}\right)$$

对于 $K_1 < 2\cdot c$ 不存在极限振荡, 因为 $\hat{x}_G$ 值为共轭复数, 而对于 $K_1 > 2\cdot c$ 出现两个振荡幅值 $\hat{x}_{G1,2}$. 进入极限振荡的增益 K 为临界值 K_{krit}.

$$K_1 - 2\cdot c = 0$$

$$K_1 = \frac{4\cdot K\cdot d\cdot T_1\cdot T_2}{\pi\cdot(T_1+T_2)} = 2\cdot c, \qquad K_{krit} = \frac{c\cdot\pi\cdot(T_1+T_2)}{2\cdot d\cdot T_1\cdot T_2}$$

由值 $T_1 = T_2 = 1$ s, $c = 0.25$, $d = 1$, 它成为

$$K_{krit} = \pi\cdot c = 0.785$$

对于值 $K = 0.5$, $K = K_{krit} = 0.785$, $K = 1.0$, 极限振荡幅值 $\hat{x}$ 计算如下:

$$K = 0.5\colon\ \hat{x}_{G1,2} = 0.255 \pm \mathrm{j}\cdot 0.120$$

$\hat{x}_{G1,2}$ 为复数, 不出现极限振荡,

$$K = K_{krit} = 0.785\colon\ \hat{x}_{G1,2} = \sqrt{2}/4 = 0.354, \quad \omega_G = 1\ \mathrm{s}^{-1}$$

$$K = 1.0\colon\quad \hat{x}_{G1} = 0.573, \quad \hat{x}_{G2} = 0.278, \quad \omega_G = 1\ \mathrm{s}^{-1}$$

如果出现两个幅值, 那么选定较大的值, 在 $K = 1$ 时为 $\hat{x}_{G1} = 0.573$.

图解双幅相频率特性曲线法 (graphische Zweiortskurvenverfahren) 的出发点是谐波平衡方程

$$B(\hat{x})\cdot F_L(\mathrm{j}\omega) = -1$$

通过变形在方程左部分只出现调节系统线性部分频率特性函数 $F_L(\mathrm{j}\omega)$, 而在右边只放负倒描述函数 $-1/B(\hat{x})$:

$$F_L(\mathrm{j}\omega) = -1/B(\hat{x})$$

计算 $F_L(\mathrm{j}\omega)$ 和 $-1/B(\hat{x})$ 的幅相频率特性曲线, 如果出现交点, 那么可求所属的极限振荡的幅值和角频率, 为了绘制负倒幅相频率特性曲线, 通过微分并置零计算 $-1/B(\hat{x})$ 的极大值:

$$B(\hat{x}) = \frac{4\cdot d\cdot\sqrt{\hat{x}^2-c^2}}{\pi\cdot\hat{x}^2}, \qquad -1/B(\hat{x}) = \frac{-\pi\cdot\hat{x}^2}{4\cdot d\cdot\sqrt{\hat{x}^2-c^2}}$$

$$\frac{\mathrm{d}}{\mathrm{d}\hat{x}}[-1/B(\hat{x})]=\frac{\pi\cdot\hat{x}\cdot(2\cdot c^2-\hat{x}^2)}{4\cdot d\cdot\sqrt{(\hat{x}^2-c^2)^3}}=0,\quad \hat{x}=\sqrt{2}\cdot c$$

$$[-1/B(\hat{x})]_{\max}=-\frac{\pi\cdot c}{2\cdot d}=-0.393$$

在图 14.3-18 中绘制了对于值 $K=0.5$, $K=K_{\mathrm{krit}}=0.785$, $K=1.0$ 的 $F_{\mathrm{L}}(\mathrm{j}\omega)$ 的幅相频率特性曲线. 结果与解析法结果一致：对于 $K=0.5$ 与负倒描述函数不存在交点, 对于 $K=K_{\mathrm{krit}}=0.785$ 存在一个交点 (切点), 而 $K=1.0$ 有两个交点.

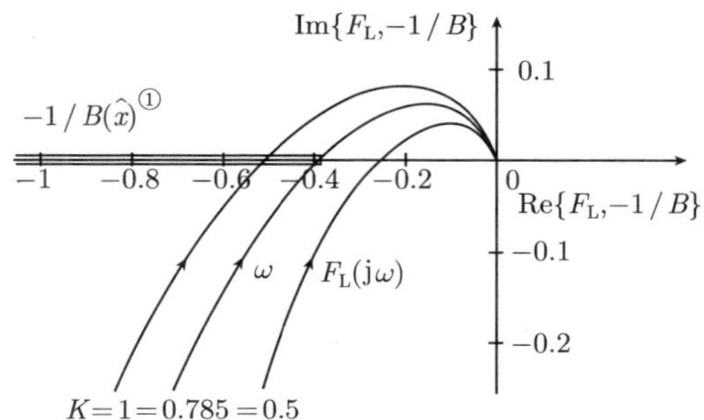

图 14.3-18 用于确定极限振荡的双幅相频率特性曲线法

用图 14.3-19 的 Simulink 模型检验解析求的值. 在表 14.3-6 中给出了仿真结果与由谐波平衡方程计算值对比. 在增益 K_{krit} 范围内谐波线性化法的精度比在较大增益 $K=1$ 的范围内小.

在高阶系统情况, 可求出调节系统线性部分频率特性函数 $F_{\mathrm{L}}(\mathrm{j}\omega)$ 与负倒描述函数 $-1/B(\hat{x})$ 多个交点. 对于与实数描述函数的交点, 其极零点数的差至少必须是 $n-m=7$, 而在复数描述函数时 $n-m=6$. 出现的最大相位移为 $\varphi_{\max}=-(n-m)\cdot 90°$.

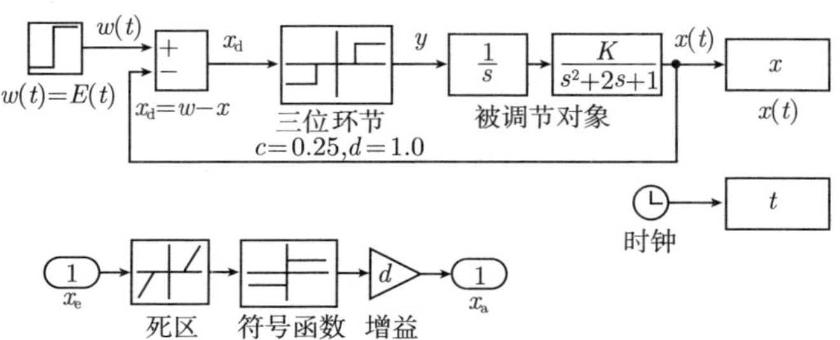

①[译者注]图 14.3-8 中原文为 $1/B(\hat{x})$.

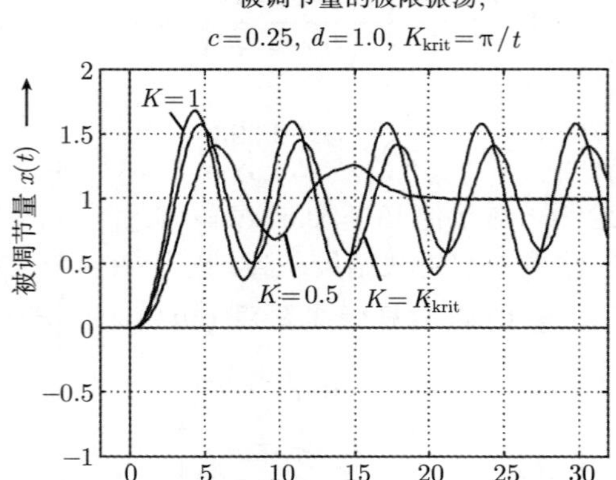

图 14.3-19　极限振荡信号曲线 (Simulink 模型)

表 14.3-6　谐波平衡方程计算结果和仿真结果的比较

极限振荡特征量	用谐波平衡方程计算	仿真结果 (精确)
调节回路增益 $K = K_{\text{krit}} = 0.785$		
角频率	$\omega_G = 1\ \text{s}^{-1}$	$\omega_G = 1.013\ \text{s}^{-1}$
周期时间	$T_G = 2 \cdot \pi\ \text{s} = 6.28\ \text{s}$	$T_G = 6.365\ \text{s}$
幅值	$\hat{x}_G = 0.354$	$\hat{x}_G = 0.4$
调节回路增益 $K = 1.0$		
角频率	$\omega_G = 1\ \text{s}^{-1}$	$\omega_G = 1.006\ \text{s}^{-1}$
周期时间	$T_G = 2 \cdot \pi\ \text{s} = 6.28\ \text{s}$	$T_G = 6.32\ \text{s}$
幅值	$\hat{x}_G = 0.573$	$\hat{x}_G = 0.578$

例 14.3-16　对于具有

$$F_L(j\omega) = \frac{K}{j\omega \cdot (1 + j\omega \cdot T_1)^6}, \qquad n - m = 7$$

的调节回路最大相位移为

$$\varphi_{\max} = -630^\circ$$

频率特性函数矢量曲线与负实轴有两个交点. 如果负倒描述函数, 如像例中三位环节情况那样, 位于负实轴上, 那么就出现与 $-1/B(\hat{x})$ 的两个交点. 对于实数描述函数, 虚部方程可被简化为

$$\text{Im}\{B(\hat{x}) \cdot F_L(j\omega)\} = \text{Im}\{F_L(j\omega)\} = 0$$

$$\text{Im}\{B(\hat{x}) \cdot F_L(j\omega)\} = \text{Im}\left\{\frac{K}{j\omega \cdot (1 + j\omega \cdot T_1)^6}\right\} = 0$$

计算出如下正的角频率:

- 与负实轴第一个交点为

$$\omega_{\mathrm{G1}} = (2-\sqrt{3})/T_1 = 0.268/T_1$$

与正实轴的交点, $\omega_2 = 1/T_1$

- 与负实轴第二个交点为

$$\omega_{\mathrm{G3}} = (2+\sqrt{3})/T_1 = 3.73/T_1$$

对于无法实现的高增益值 K, 第二个交点只提供一个角频率 ω_{G3} 的幅值 $\hat{x}_{\mathrm{G3}}$. 高阶频率特性函数的实部和虚部, 随着角频率 ω 增大快速地趋于零. 在具有死区的调节系统情况相位移随着角频率 ω 增大而增大, 而且相位移不存在限制, 随着 ω 增大产生任意多个与负实轴的交点.

例 14.3-17 对于具有三位环节和具有时延被调节对象的调节回路, 试解析地求出持续振荡.

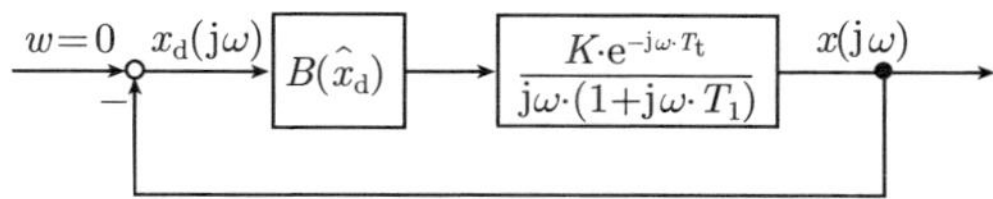

调节系统线性部分频率特性函数:

$$F_{\mathrm{L}}(\mathrm{j}\omega) = \frac{K\cdot \mathrm{e}^{-\mathrm{j}\omega\cdot T_{\mathrm{t}}}}{\mathrm{j}\omega\cdot(1+\mathrm{j}\omega\cdot T_1)}, \qquad K=4.0, \quad T_1 = 0.1\ \mathrm{s}, \quad T_{\mathrm{t}} = 1\ \mathrm{s}$$

按照表 14.3-5 查出三位环节描述函数:

$$B(\hat{x}_{\mathrm{d}}) = \frac{4\cdot d\cdot\sqrt{\hat{x}_{\mathrm{d}}^2 - c^2}}{\pi\cdot\hat{x}_{\mathrm{d}}^2}, \qquad c=0.25, \quad d=1, \qquad \hat{x}=\hat{x}_{\mathrm{d}}$$

由虚部的谐波平衡方程确定角频率 ω_i:

$$\mathrm{Im}\{B(\hat{x})\cdot F_{\mathrm{L}}(\mathrm{j}\omega)\} = \mathrm{Im}\{F_{\mathrm{L}}(\mathrm{j}\omega)\} = 0$$

$$\mathrm{Im}\{F_{\mathrm{L}}(\mathrm{j}\omega)\} = \mathrm{Im}\left\{\frac{K\cdot \mathrm{e}^{-\mathrm{j}\omega\cdot T_{\mathrm{t}}}}{\mathrm{j}\omega\cdot(1+\mathrm{j}\omega\cdot T_1)}\right\} = \frac{-K\cdot\cos(\arctan(\omega\cdot T_1)+\omega\cdot T_{\mathrm{t}})}{\omega\cdot\sqrt{1+\omega^2\cdot T_1^2}} = 0$$

满足方程的正的角频率为

$$\arctan(\omega\cdot T_1) + \omega\cdot T_{\mathrm{t}} = (i-1/2)\cdot\pi, \quad i=1,2,3,\cdots$$

$$\omega_{\mathrm{G1}} = 1.429\ \mathrm{s}^{-1}, \qquad \omega_{\mathrm{G3}} = 7.228\ \mathrm{s}^{-1}$$

提供与负实轴的交点, 而

$$\omega_2 = 4.306\ \mathrm{s}^{-1}, \qquad \omega_4 = 10.200\ \mathrm{s}^{-1}$$

提供与正实轴的交点.

在图 14.3-20 中绘制了 $F_\mathrm{L}(\mathrm{j}\omega)$ 和 $-1/B(\hat{x})$ 幅相频率特性曲线.

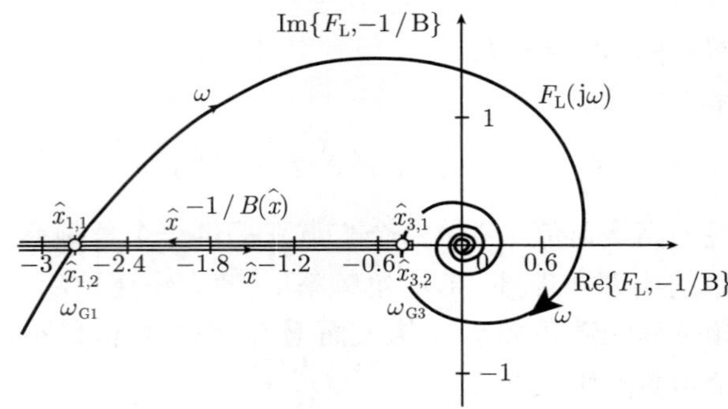

图 14.3-20　用双幅相频率特性曲线法确定多个交点

将 $\omega_{\mathrm{G}1,\,3}$ 值代入实部方程, 方程解提供可能极限振荡的幅值 $\hat{x}$:

$$\mathrm{Re}\{B(\hat{x})\cdot F_\mathrm{L}(\mathrm{j}\omega)\}=-1$$

$$\mathrm{Re}\{B(\hat{x})\cdot F_\mathrm{L}(\mathrm{j}\omega)\}=\mathrm{Re}\left\{\frac{4\cdot d\cdot\sqrt{\hat{x}^2-c^2}}{\pi\cdot\hat{x}^2}\cdot\frac{K\cdot\mathrm{e}^{-\mathrm{j}\omega\cdot T_\mathrm{t}}}{\mathrm{j}\omega\cdot(1+\mathrm{j}\omega\cdot T_1)}\right\}=-1$$

$$\omega_\mathrm{G1}=1.429\ \mathrm{s}^{-1}:\quad \hat{x}_{1,\,1}=3.520,\quad \hat{x}_{1,\,2}=0.251$$

$$\omega_\mathrm{G3}=7.228\ \mathrm{s}^{-1}:\quad \hat{x}_{3,\,1}=0.492,\quad \hat{x}_{3,\,2}=0.290$$

在仿真时这里也选定最大的幅值 $\hat{x}_{\mathrm{G}1,\,1}$(也可见 14.3.5.8 节, 例 14.3-19).

在图 14.3-21、图 14.3-22、图 14.3-23 中给出了仿真模型, 对于小增益 $K=0.5$ 的阶跃响应 $x\,(t)$ 和在状态平面内对应的表示 $x=f(\mathrm{d}x/\mathrm{d}t)$.

在至今所研究调节系统中, 在接入参据量 $w\,(t)$ 时非线性环节的输入量有调节误差 $x_\mathrm{d}\,(t)$, 而无稳态均值 x_d0, 调节误差在过渡状态围绕零值振荡, 该特性表明调节系统具有积分环节特征.

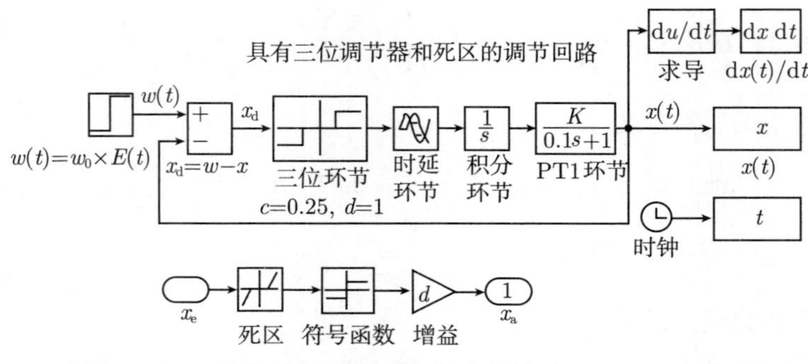

图 14.3-21　具有时延调节回路的仿真模型 (Simulink 模型)

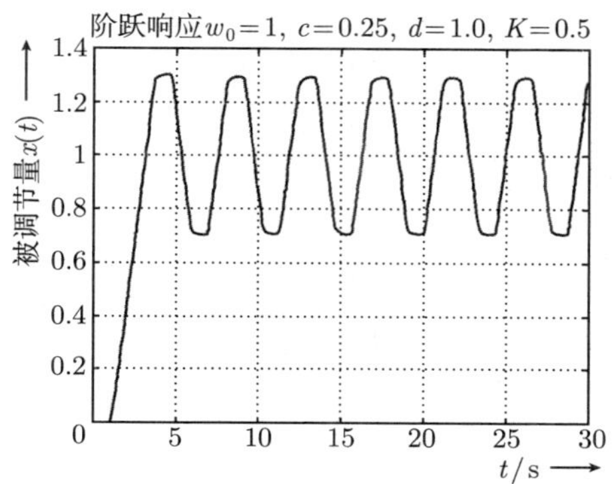

图 14.3-22 在阶跃接入时极限振荡的信号曲线 ($K=0.5$, $\omega_{\mathrm{G1}}=1.429\ \mathrm{s}^{-1}$)

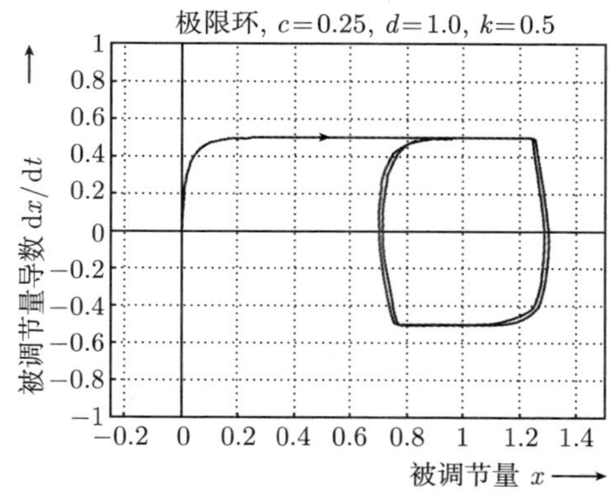

图 14.3-23 在阶跃接入时被调节量 $x=f(\mathrm{d}x/\mathrm{d}t)$ 的极限环 ($K=0.5$, $\omega_{\mathrm{G1}}=1.429\ \mathrm{s}^{-1}$)

稳定比例调节回路, 在阶跃接入时出现稳态调节误差 $x_{\mathrm{d}}(t\to\infty)\neq 0$, 而在具有极限振荡的非线性调节时调节误差的均值 x_{d0} 不等于零, 极限振荡的幅值 $\hat{x}$, $\hat{x}_{\mathrm{d}}$ 附带还取决于调节误差的均值 x_{d0}. 在下例中为了计算谐波平衡的特征量 ω_{G}, $\hat{x}_{\mathrm{d}}=\hat{x}$, x_{d0}, 对三个方程求值.

例 14.3-18 对于具有非对称特性曲线二位环节和三阶滞后环节的调节回路, 确定极限振荡的角频率 ω_{G}, 幅值 $\hat{x}$, $\hat{x}_{\mathrm{d}}$ 和平均稳态误差 x_{d0}, 为此求解三个非线性方程. 对于二位环节

$x_{\mathrm{d}}(t)$ d c $x_{\mathrm{a}}(t)$

由按例 14.3-7 建立的一般二位环节的描述函数

$$B_0(\hat{x}_e,\, x_{e0}) = \frac{a_0}{\hat{x}_e} = \frac{d_2 - d_1}{2\cdot\hat{x}_e} + \frac{d_1 + d_2}{\pi\cdot\hat{x}_e}\cdot\arcsin\left(\frac{x_{e0} - c}{\hat{x}_e}\right)$$

$$B(\hat{x}_e,\, x_{e0}) = \frac{b_1}{\hat{x}_e} = \frac{2\cdot(d_1 + d_2)\cdot\sqrt{1 - (c - x_{e0})^2/\hat{x}_e^2}}{\pi\cdot\hat{x}_e}$$

其中 $d_2 = d,\ d_1 = 0,\ x_{d0} = x_{e0},\ \hat{x} = \hat{x}_d = \hat{x}_e$, 得到本例的描述函数:

$$B_0(\hat{x}_d,\, x_{d0}) = \frac{d}{2\cdot\hat{x}_d} + \frac{d}{\pi\cdot\hat{x}_d}\cdot\arcsin\left(\frac{x_{d0} - c}{\hat{x}_d}\right)$$

$$B(\hat{x}_d,\, x_{d0}) = \frac{2\cdot d\cdot\sqrt{1 - (c - x_{d0})^2/\hat{x}_d^2}}{\pi\cdot\hat{x}_d},\qquad c = 0.25,\quad d = 1$$

对于本调节回路, 为了计算极限振荡和直流分量给出信号流图.

$$F_L(j\omega) = \frac{K}{(1 + j\omega\cdot T_1)^3},\qquad K = 2,\quad T_1 = 1\ \text{s},\quad w(t) = w_0\cdot E(t)$$

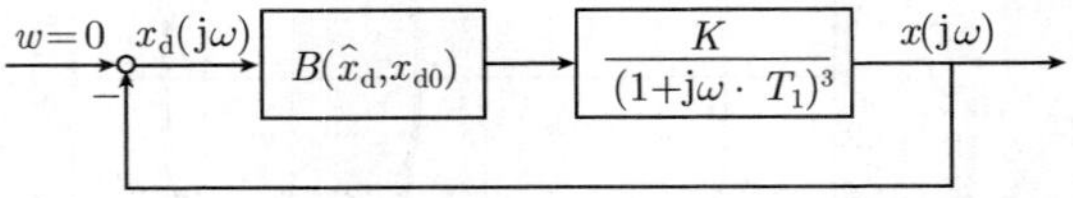

图 14.3-24　研究极限振荡 ω_G, $\hat{x}_d = \hat{x}$ 的信号流图

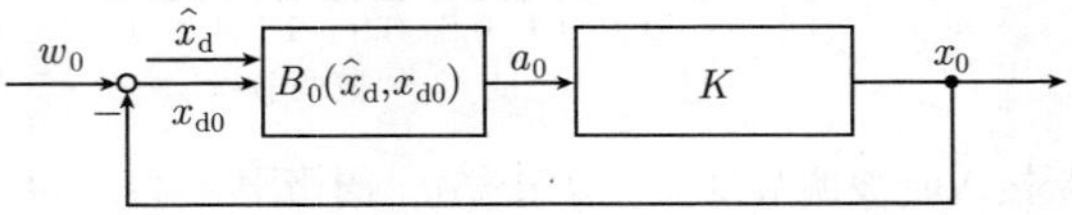

图 14.3-25　研究直流信号 x_{d0} 的信号流图

因为调节误差 $x_d(t)$ 和被调节量 $x(t)$ 的极限振荡连符号都相同, 所以下式成立.

$$B_0(\hat{x}_d,\, x_{d0}) = B_0(\hat{x},\, x_{d0}),\qquad B(\hat{x}_d,\, x_{d0}) = B(\hat{x},\, x_{d0})$$

对于直流信号, 建立方程

$$x_{d0} = w_0 - x_0$$

$$a_0 = B_0(\hat{x}_d,\, x_{d0})\cdot\hat{x}_d$$

$$x_0 = K\cdot a_0 = K\cdot B_0(\hat{x}_d,\, x_{d0})\cdot\hat{x}_d$$

$$x_{d0} = w_0 - x_0 = w_0 - K\cdot B_0(\hat{x}_d,\, x_{d0})\cdot\hat{x}_d$$

$$x_{d0} = w_0 - K\cdot B_0(\hat{x}_d,\, x_{d0})\cdot\hat{x}_d$$

为计算极限振荡首先令虚部为零:

$$\operatorname{Im}\{B(\hat{x}_{\mathrm{d}},\,x_{\mathrm{d0}})\cdot F_{\mathrm{L}}(\mathrm{j}\omega)\}=\operatorname{Im}\{F_{\mathrm{L}}(\mathrm{j}\omega)\}=\operatorname{Im}\left\{\frac{K}{(1+\mathrm{j}\omega\cdot T_1)^3}\right\}=0$$

其解为

$$\omega_{\mathrm{G}}=\frac{\sqrt{3}}{T_1}=1.732\ \mathrm{s}^{-1}$$

用 $\omega=\omega_{\mathrm{G}}$ 来置换, 创立实部方程:

$$\operatorname{Re}\{B(\hat{x}_{\mathrm{d}},\,x_{\mathrm{d0}})\cdot F_{\mathrm{L}}(\mathrm{j}\omega)\}=\operatorname{Re}\left\{\frac{2\cdot d\cdot\sqrt{1-(c-x_{\mathrm{d0}})^2/\hat{x}_{\mathrm{d}}^2}}{\pi\cdot\hat{x}_{\mathrm{d}}}\cdot\frac{K}{(1+\mathrm{j}\omega\cdot T_1)^3}\right\}=-1$$

提供

$$\frac{2\cdot d\cdot\sqrt{(1-(c-x_{\mathrm{d0}})^2/\hat{x}_{\mathrm{d}}^2}}{\pi\cdot\hat{x}_{\mathrm{d}}}\cdot\frac{K}{-8}=-1$$

$$\hat{x}_{\mathrm{d1,\,2}}=\frac{\sqrt{K\cdot d}\cdot\left[\sqrt{K\cdot d+8\cdot\pi\cdot(c-x_{\mathrm{d0}})}\pm\sqrt{K\cdot d-8\cdot\pi\cdot(c-x_{\mathrm{d0}})}\right]}{8\cdot\pi}$$

对于 $c=0.25,d=1,K=2$ 为

$$\hat{x}_{\mathrm{d1,\,2}}=\hat{x}_{1,\,2}=\frac{\sqrt{1+\pi-4\cdot\pi\cdot x_{\mathrm{d0}}}\pm\sqrt{1-\pi+4\cdot\pi\cdot x_{\mathrm{d0}}}}{4\cdot\pi}$$

较大值 $\hat{x}_{\mathrm{d1}}=\hat{x}_1$ 为稳定极限振荡的幅值, 并在方程

$$x_{\mathrm{d0}}=w_0-K\cdot B_0(\hat{x}_{\mathrm{d}},\,x_{\mathrm{d0}})\cdot\hat{x}_{\mathrm{d}}$$

$$x_{\mathrm{d0}}=w_0-K\cdot\left[\frac{d}{2\cdot\hat{x}_{\mathrm{d}}}+\frac{d}{\pi\cdot\hat{x}_{\mathrm{d}}}\cdot\arcsin\left(\frac{x_{\mathrm{d0}}-c}{\hat{x}_{\mathrm{d}}}\right)\right]\cdot\hat{x}_{\mathrm{d}}$$

中取代 $\hat{x}_{\mathrm{d}}$:

$$x_{\mathrm{d0}}=w_0-\frac{K\cdot d}{2}-\frac{K\cdot d}{\pi}\cdot\arcsin\left[\frac{4\cdot\pi\cdot(x_{\mathrm{d0}}-c)}{\sqrt{1+\pi-4\cdot\pi\cdot x_{\mathrm{d0}}}+\sqrt{1-\pi+4\cdot\pi\cdot x_{\mathrm{d0}}}}\right]$$

对于 $K=2,c=0.25,d=1$ 非线性方程的解为平均稳态调节误差 x_{d0}, 对于单位阶跃 $w_0=1$ 为

$$x_{\mathrm{d0}}=0.2027,\qquad x_0=w_0-x_{\mathrm{d0}}=0.7973$$

将 x_{d0} 代入, 得到极限振荡幅值

$$\hat{x}_{\mathrm{d}}=\hat{x}=\frac{\sqrt{1+\pi-4\cdot\pi\cdot x_{\mathrm{d0}}}+\sqrt{1-\pi+4\cdot\pi\cdot x_{\mathrm{d0}}}}{4\cdot\pi}=0.1512$$

在图 14.3-26 和图 14.3-27 中绘制了仿真模型和具有 $x(t)$ 和 $x_{\mathrm{d}}(t)$ 的阶跃响应, 其计算值同其仿真值很好地吻合 (表 14.3-7).

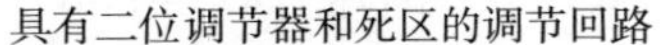

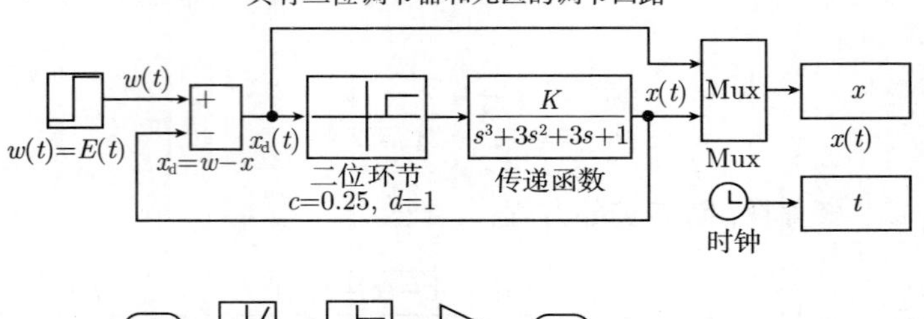

图 14.3-26　具有二位环节调节回路的仿真模型

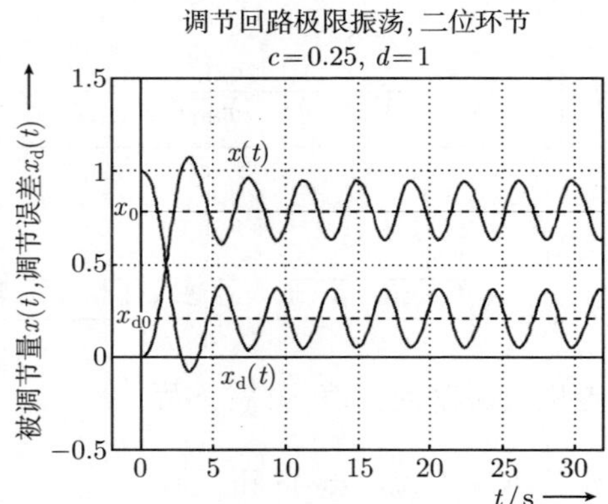

图 14.3-27　调节系统阶跃响应特性

表 14.3-7　谐波平衡方程计算结果与仿真结果的比较

极限振荡特征量	用谐波平衡方程计算	仿真结果 (精确)
角频率	$\omega_{\mathrm{G}} = 1.732\ \mathrm{s}^{-1}$	$\omega_{\mathrm{G}} = 1.690\ \mathrm{s}^{-1}$
周期时间	$T_{\mathrm{G}} = 3.626\ \mathrm{s}$	$T_{\mathrm{G}} = 3.717\ \mathrm{s}$
幅值	$\hat{x}_{\mathrm{d}} = \hat{x} = 0.1512$	$\hat{x}_{\mathrm{d}} = \hat{x} = 0.16$
平均稳态调节误差	$x_{\mathrm{d0}} = 0.2027$	$x_{\mathrm{d0}} = 0.21$
平均被调节量	$x_0 = 0.7973$	$x_0 = 0.79$

14.3.5.8　极限振荡稳定性

在图解或解析解谐波平衡方程时会出现多解. 在双幅相频率特性曲线法时每一个交点, 确切些具有 $\hat{x}_{\mathrm{G}} > 0$, $\omega_{\mathrm{G}} > 0$ 的谐波平衡方程解析解都与一个可能的极限振荡相对应. 幅值和角频率为常值的极限振荡被称为**稳定的极限振荡 (stabile Grenzschwingungen)**.

极限振荡稳定性例如可用奈奎斯特判据来判别. 在线性调节系统时, 简化奈奎斯特判据 (节 6.3.4.2) 由开环调节回路的频率特性函数

$$F_{\mathrm{RS}}(\mathrm{j}\omega)=F_{\mathrm{R}}(\mathrm{j}\omega)\cdot F_{\mathrm{S}}(\mathrm{j}\omega)$$

的幅相频率特性曲线确定闭环调节回路的稳定性.

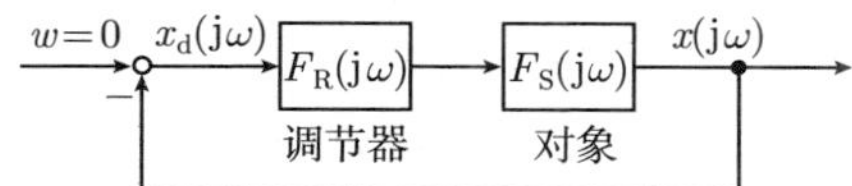

当满足条件

$$F_{\mathrm{R}}(\mathrm{j}\omega_{\mathrm{krit}})\cdot F_{\mathrm{S}}(\mathrm{j}\omega_{\mathrm{krit}})=F_{\mathrm{RS}}(\mathrm{j}\omega_{\mathrm{krit}})=-1$$

时达到稳定性边界, 在此情况下由于扰动可产生极限振荡. 对于在临界增益 $K_{\mathrm{RS\,krit}}$ 附近的增益值, 下面结论有效 (图 14.3-28):

$K_{\mathrm{RS}}<K_{\mathrm{RS\,krit}}$:

振荡幅值 $\hat{x}$ 不断变小, 为衰减振荡.

$K_{\mathrm{RS}}=K_{\mathrm{RS\,krit}}$:

相应于具有常幅值 $\hat{x}$ 振荡, 为等幅振荡.

$K_{\mathrm{RS}}>K_{\mathrm{RS\,krit}}$:

振荡幅值 $\hat{x}$ 不断变大, 为发散振荡.

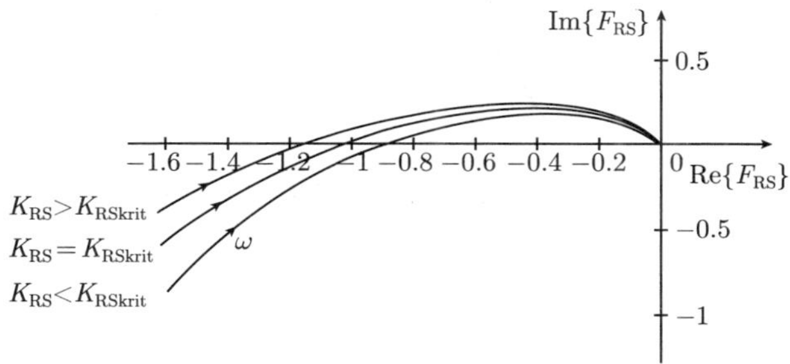

图 14.3-28 幅相频率特性曲线与增益 K_{RS} 的相关性

与奈奎斯特判据相对应, 在非线性调节回路时建立方程

$$F_{\mathrm{L}}(\mathrm{j}\omega)\cdot B(\hat{x}_{\mathrm{d}})=-1$$

并研究形式

$$F_{\mathrm{L}}(\mathrm{j}\omega)=-1/B(\hat{x}_{\mathrm{d}})$$

在此确定 $F_{\mathrm{L}}(j\omega)$ 与 $-1/B(\hat{x}_{\mathrm{d}})$ 幅相频率特性曲线交点, 或解谐波平衡方程.

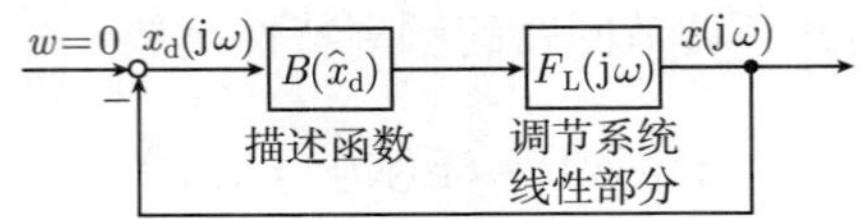

每个交点都代表一个极限振荡. 通过代入值 $\omega_{\mathrm{G}}, \hat{x}_{\mathrm{G}}=\hat{x}_{\mathrm{dG}}$ 得到幅相频率特性曲线的交点:

$$F_{\mathrm{L}}(\mathrm{j}\omega_{\mathrm{G}})=-1/B(\hat{x}_{\mathrm{G}})=-1/K_{\mathrm{G}}$$

$-1/K_{\mathrm{G}}$ 一般为复数并表示为交点坐标, 在实数描述函数时交点位于实轴, 为稳定性研究使幅值 $\hat{x}_{\mathrm{G}}$ 有个很小的变化.

通过扰动使振荡振幅增大个小值 $\Delta\hat{x}$:

$$-1/B(\hat{x}_{\mathrm{G}}+\Delta\hat{x})=-1/K_{\mathrm{G+}}$$

如果新的值 $-1/K_{\mathrm{G+}}$ 位于幅相频率特性曲线左边 (外边), 那么它就就不再被幅相频率特性曲线 $F_{\mathrm{L}}(\mathrm{j}\omega)$ 围绕着 (图 14.3-29). 根据奈奎斯特判据闭环调节回路是稳定的, 振荡衰减, 幅值 $\hat{x}_{\mathrm{G}}+\Delta\hat{x}$ 向原值 $\hat{x}_{\mathrm{G}}$ 减小.

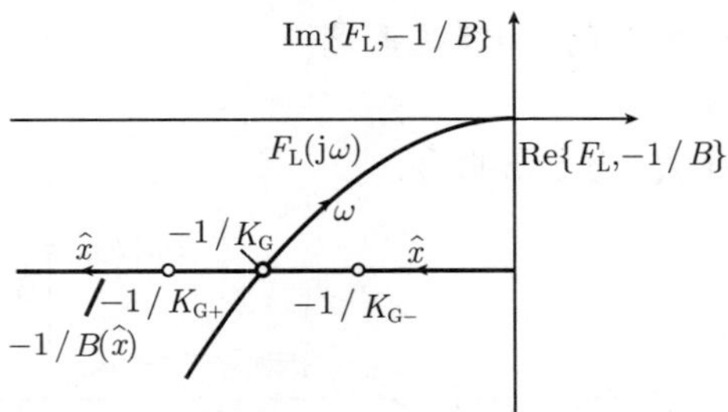

图 14.3-29　双幅相频率特性曲线法 (稳定的极限振荡)

使振荡幅值减小个小值 $\Delta\hat{x}$:

$$-1/B(\hat{x}_{\mathrm{G}}-\Delta\hat{x})=-1/K_{\mathrm{G-}}$$

如果新的值 $-1/K_{\mathrm{G-}}$ 被幅相频率特性曲线围绕着, 那么它位于幅相频率特性曲线内. 根据奈奎斯特判据闭环调节回路是不稳定的, 振荡发散, 幅值 $\hat{x}_{\mathrm{G}}-\Delta\hat{x}$ 向原值 $\hat{x}_{\mathrm{G}}$ 增大.

如果在小的偏离后极限振荡幅值再次调整到原来的幅值, 那么极限振荡是稳定的, 为此可给出稳定极限振荡的稳定性判据.

稳定极限振荡的稳定性判据(Stabilitätskritium ür Stabilie Grenzschwingungen):
具有角频率 ω_G 和幅值 $\hat{x}_G$ 的极限振荡是稳定的, 仅当在幅值增大 $+\Delta\hat{x}$ 时新的负倒描述函数值不被频率特性函数 $F_L(j\omega)$ 幅相频率特性曲线包围, 而在减小 $-\Delta\hat{x}$ 时却被 $F_L(j\omega)$ 幅相频率特性曲线包围时.

反之对应于不稳定极限振荡. 如果交点仅为切点, 那么极限振荡被称为**半稳定的(semistabil)**, 对此区分两种情况.

$-1/K_{G+}$ 和 $-1/K_{G-}$ 位于 $F_L(j\omega)$ 幅相频率特性曲线左边 (外边): 半稳定振荡是衰减的, 调节系统是稳定的, 因为 $F_L(j\omega)$ 幅相频率特性曲线未包围交点.

$-1/K_{G+}$ 和 $-1/K_{G-}$ 位于 $F_L(j\omega)$ 幅相频率特性曲线右边 (内边): 半稳定振荡是发散的, 负倒描述函数被 $F_L(j\omega)$ 包围, 调节系统是不稳定的, 稳定性和幅相频率特性曲线见表 14.3-8 所列.

表 14.3-8 稳定性和幅相频率特性曲线

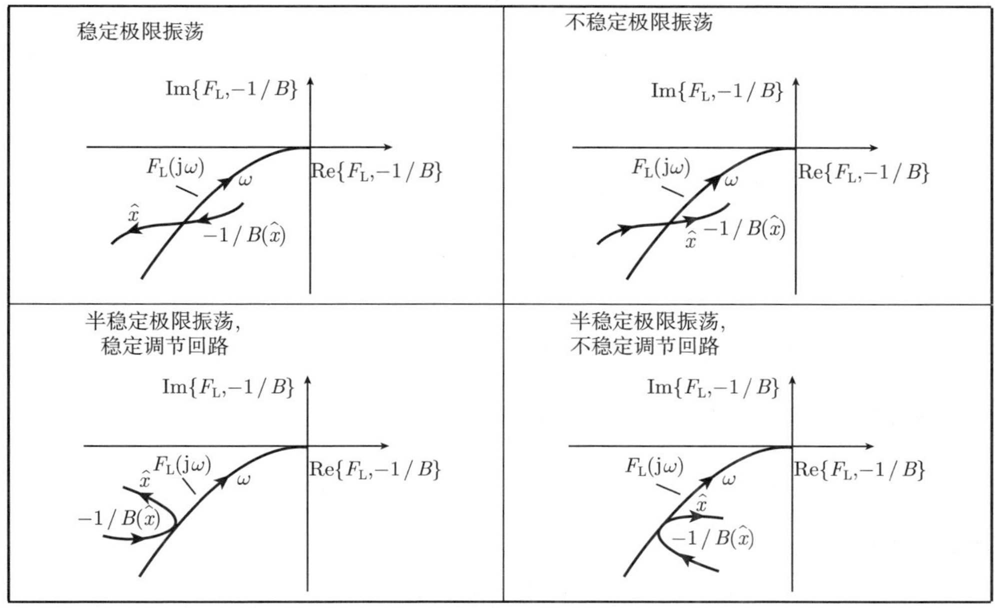

例 14.3-19 对于如例 14.3-17 的具有三位环节的调节回路, 试确定极限振荡稳定性.

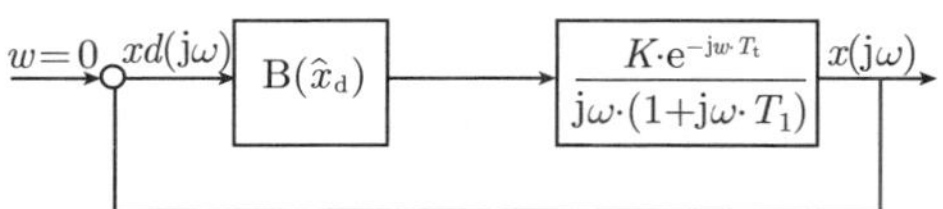

调节系统线性部分频率特性函数：

$$F_{\mathrm{L}}(\mathrm{j}\omega)=\frac{K\cdot \mathrm{e}^{-\mathrm{j}\omega\cdot T_{\mathrm{t}}}}{\mathrm{j}\omega\cdot(1+\mathrm{j}\omega\cdot T_1)},\qquad K=4.0,\quad T_1=0.1\ \mathrm{s},\quad T_{\mathrm{t}}=1\ \mathrm{s}$$

三位环节描述函数：

$$B(\hat{x}_{\mathrm{d}})=\frac{4\cdot d\cdot\sqrt{\hat{x}_{\mathrm{d}}^2-c^2}}{\pi\cdot\hat{x}_{\mathrm{d}}^2},\qquad c=0.25,\quad d=1$$

根据例 14.3-17 谐波平衡方程具有四个解, 它们存在四个 $F_{\mathrm{L}}(\mathrm{j}\omega)$ 与 $-1/B(\hat{x}_{\mathrm{d}})$ 的交点 (图 14.3-30)：

$$\omega_{\mathrm{G1}}=1.429\ \mathrm{s}^{-1}:\quad \hat{x}_{1,1}=3.520,\quad \hat{x}_{1,2}=0.251$$

$$\omega_{\mathrm{G3}}=7.228\ \mathrm{s}^{-1}:\quad \hat{x}_{3,1}=0.492,\quad \hat{x}_{3,2}=0.290$$

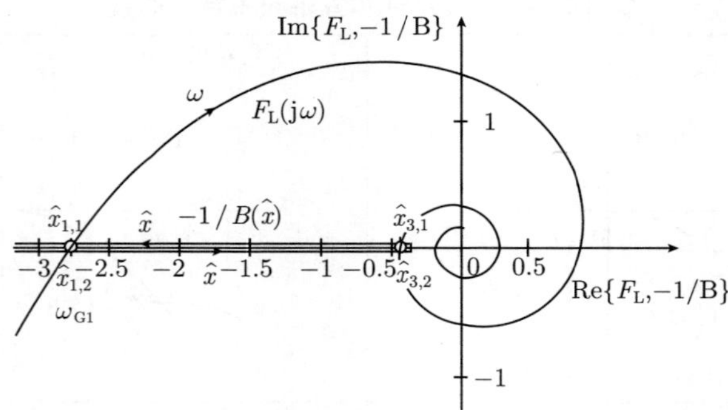

图 14.3-30　双幅相频率特性曲线法, 确定极限振荡稳定性

根据图 14.3-30 只存在一个稳定极限振荡 (仿真如图 14.3-31), 其中

$$\omega_{\mathrm{G1}}=1.429\ \mathrm{s}^{-1},\qquad \hat{x}_{1,1}=3.520$$

因为对于幅值 $\hat{x}_{1,1}$ 小的变化 $+\Delta\hat{x}$ 点 $-1/K_{\mathrm{G+}}$ 未被 $F_{\mathrm{L}}(\mathrm{j}\omega)$ 包围, 而对于幅值变化 $-\Delta\hat{x}$ 点 $-1/K_{\mathrm{G-}}$ 却被包围, 应用稳定性判据到具有值

$$\omega_{\mathrm{G1}}=1.429\ \mathrm{s}^{-1},\quad \hat{x}_{1,2}=0.251$$

$$\omega_{\mathrm{G3}}=7.228\ \mathrm{s}^{-1},\quad \hat{x}_{3,1}=0.492,\qquad \hat{x}_{3,2}=0.290$$

的交点得出结论, 这些极限振荡是不稳定的.

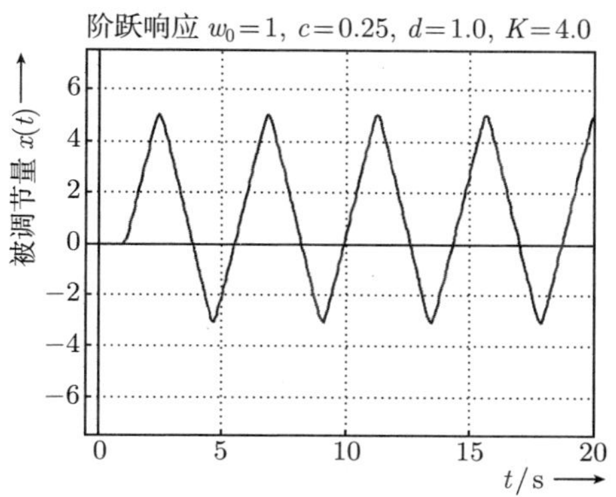

图 14.3-31 在阶跃接入时极限振荡信号曲线 ($K = 4$, $\omega_{G1} = 1.429\ \text{s}^{-1}$, $\hat{x}_{1,1} = 3.520$)

14.4 非线性系统稳定性研究

14.4.1 相平面 (状态平面) 法

用上面所介绍的谐波线性化法可近似地描述非线性系统, 因此, 在此基础上的计算也只能近似地正确. 求解非线性微分方程的时域方法才能提供精确解.

用于计算和表示 II 阶线性或非线性系统的静态和动态特性的方法为**相平面 (状态平面) 法(Methode der Phasenebene (Zustandsebene))**. 借助图形的表示 (相平面) 法可评价和计算 II 阶系统特性. 前提条件是, 系统微分方程不显示与时间的关系, 也就是它必须存在形式

$$\ddot{x} = f(x, \dot{x}, u)$$

的自治系统.

通过引入状态变量

$$x_1 = x, \qquad x_2 = \dot{x}$$

可产生两个一阶方程:

$$\dot{x}_1 = x_2$$

$$\dot{x}_2 = f(x_1, x_2, u)$$

其中 x_1 为系统输出量, x_2 为输出量 x 或 x_1 的一阶导数.

在相平面 $x_2 = f(x_1)$(对应于 $\dot{x} = f(x)$) 表示微分方程组的解 x_1, x_2. 每个解在相平面或状态平面都可绘制一条状态曲线 (轨迹曲线, 相轨迹). **相图(Phasenportrait)** 由多条状态曲线组成.

例 14.4-1　试在相平面绘制 II 阶线性系统状态曲线. 对于 II 阶微分方程 $\ddot{x}+4\cdot x=0$, 其在时域的解为无阻尼振荡:

$$x(t)=x_{10}\cdot\cos(2\cdot t)+0.5\cdot x_{20}\cdot\sin(2\cdot t)$$
$$\dot{x}(t)=x_{20}\cdot\cos(2\cdot t)-2\cdot x_{10}\cdot\sin(2\cdot t)$$

系统是不稳定的, 因为特征方程 $s^2+4=0$ 的零点 $s_{1,2}=\pm\mathrm{j}2$ 不具有负实部, 为了在相平面绘制状态曲线引入状态变量:

$$x_1=x,\qquad x_2=\dot{x}$$

由此形成具有两个一阶微分方程的系统:

$$\dot{x}_1=x_2$$
$$\dot{x}_2=-4\cdot x_1$$

消去时间 t, 同时用 $\dot{x}_1$ 除 $\dot{x}_2$:

$$\frac{\dot{x}_2}{\dot{x}_1}=\frac{\frac{\mathrm{d}x_2}{\mathrm{d}t}}{\frac{\mathrm{d}x_1}{\mathrm{d}t}}=\frac{\mathrm{d}x_2}{\mathrm{d}x_1}=\frac{-4\cdot x_1}{x_2}$$

合成的 I 阶微分方程为**状态曲线方程(Gleichung der Zustandskurve)**. 它可通过变量分离求解, 其中常数 C 由初值 x_{10}, x_{20} 确定:

$$x_2\cdot\mathrm{d}x_2=-4\cdot x_1\cdot\mathrm{d}x_1$$
$$\frac{x_2^2}{2}+2\cdot x_1^2=C,\qquad C=2\cdot x_{10}^2+x_{20}^2/2$$

状态曲线绘制在图 14.1-1 中, 因为系统以常值振幅振荡, 所以状态曲线为封闭曲线 (椭圆).

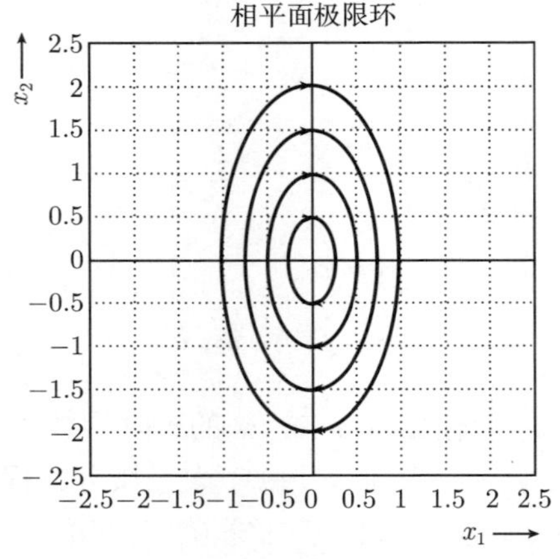

图 14.4-1　具有封闭曲线 (极限环) 相平面

14.4.2 在相平面中状态曲线特性

计算在相平面中状态曲线按下面步骤进行.

II 阶微分方程 $\ddot{x} = f(x, \dot{x}, u)$ 通过引入状态变量 $x_1 = x, x_2 = \dot{x}$ 转换为两个一阶微分方程:

$$\dot{x}_1 = x_2$$

$$\dot{x}_2 = f(x_1,\, x_2,\, u)$$

在微分方程不显示与 t 关系的前提条件下, 状态曲线方程

$$\frac{\dot{x}_2}{\dot{x}_1} = \frac{\mathrm{d}x_2}{\mathrm{d}x_1} = \frac{f(x_1,\, x_2,\, u)}{x_2}$$

是可解的, 输入量 u 必须是 (分段的) 常数.

通过消去 t 使时间关系消失, 它可从方程

$$\dot{x}_1 = \frac{\mathrm{d}x_1}{\mathrm{d}t} = x_2, \qquad \mathrm{d}t = \frac{\mathrm{d}x_1}{x_2}$$

还原成:

$$\int_{t_\mathrm{B}}^{t_\mathrm{A}} \mathrm{d}t = t_\mathrm{A} - t_\mathrm{B} = \int_{x_{1\mathrm{A}}}^{x_{1\mathrm{B}}} \frac{\mathrm{d}x_1}{x_2}$$

II 阶线性或非线性系统状态曲线具有如下特性:

- 因为 x_2 是 x_1 的导数, 所以在相平面的正半平面 $(x_2 > 0)$ 量 x_1 必须增加: 状态曲线从左向右运行. 相应地在相平面的负半平面 $(x_2 < 0)$ 量 x_1 减小: 状态曲线在下面部分从右向左运行.
- 状态曲线垂直地相交 x_1 轴, 并在那里具有最大值 (从正向负半平面交变) 或最小值 (从负向正半平面交变). 因为在与 x_1 轴的交点有 $x_2 = \dot{x}_1 = 0$, 所以 x_1 在那里必须存在极值. 如果交点是微分方程奇异解 (14.4.5 节, 14.4.6 节), 将不属于该情况. 奇异点由 $\dot{x}_1 = 0, \dot{x}_2 = 0$ 确定, 并且它是系统静态位置 (稳态位置, 平衡位置). 静态位置永远位于 x_1 轴上, 因为对于静态位置其导数 (输出量的变化速度) 必须是 $\dot{x}_1 = x_2 = 0$.
- 当在系统中存在持续振荡时, 就出现封闭状态曲线 (图 14.4-1). 该极限振荡在相平面被称为**极限环 (Grenzzyklus)**. 根据环绕极限环特性它们分别被称为稳定的, 不稳定的和半稳定的. 在图 14.4-1 中的极限环是稳定的, 因为在小的扰动后它返回到原轨迹.

14.4.3　在时域和相平面计算 II 阶线性系统

线性微分方程

$$\ddot{x} + a_1 \cdot \dot{x} + a_0 \cdot x = 0$$

由 $x_1 = x, x_2 = \dot{x}$ 被表示为

$$\begin{aligned} \dot{x}_1 &= x_2 \\ \dot{x}_2 &= -a_0 \cdot x_1 - a_1 \cdot x_2 \end{aligned}$$

特征方程 $s^2 + a_1 \cdot s + a_0 = 0$ 提供零点 (特征值):

$$s_{1,2} = -\frac{a_1}{2} \pm \sqrt{\frac{a_1^2}{4} - a_0}, \qquad a_1 = -s_1 - s_2, \quad a_0 = s_1 \cdot s_2$$

对于 $s_1 \neq s_2$ 在时域微分方程解:

$$\begin{aligned} x_1(t) &= C_1 \cdot \mathrm{e}^{s_1 t} + C_2 \cdot \mathrm{e}^{s_2 t}, & x_{10} &= C_1 + C_2 \\ x_2(t) &= s_1 \cdot C_1 \cdot \mathrm{e}^{s_1 t} + s_2 \cdot C_2 \cdot \mathrm{e}^{s_2 t}, & x_{20} &= s_1 \cdot C_1 + s_2 \cdot C_2 \\ x_1(t) &= \frac{x_{20} - s_2 \cdot x_{10}}{s_1 - s_2} \cdot \mathrm{e}^{s_1 t} + \frac{s_1 \cdot x_{10} - x_{20}}{s_1 - s_2} \cdot \mathrm{e}^{s_2 t} \\ x_2(t) &= s_1 \cdot \frac{x_{20} - s_2 \cdot x_{10}}{s_1 - s_2} \cdot \mathrm{e}^{s_1 t} + s_2 \cdot \frac{s_1 \cdot x_{10} - x_{20}}{s_1 - s_2} \cdot \mathrm{e}^{s_2 t} \end{aligned}$$

对于 $s_1 = s_2$:

$$\begin{aligned} x_1(t) &= (C_1 + C_2 \cdot t) \cdot \mathrm{e}^{s_1 t}, & x_{10} &= C_1 \\ x_2(t) &= (s_1 \cdot C_1 + C_2 + s_1 \cdot t \cdot C_2) \cdot \mathrm{e}^{s_1 t}, & x_{20} &= s_1 \cdot C_1 + C_2 \\ x_1(t) &= (x_{10} - s_1 \cdot t \cdot x_{10} + t \cdot x_{20}) \cdot \mathrm{e}^{s_1 t} \\ x_2(t) &= (x_{20} + s_1 \cdot t \cdot x_{20} - s_1^2 \cdot t \cdot x_{10}) \cdot \mathrm{e}^{s_1 t} \end{aligned}$$

对于 II 阶线性系统状态曲线方程为

$$\frac{\mathrm{d}x_2}{\mathrm{d}x_1} = \frac{-a_0 \cdot x_1 - a_1 \cdot x_2}{x_2}$$

计算 II 阶线性系统状态曲线的 Simulink 模型如图 14.4-2 所示.

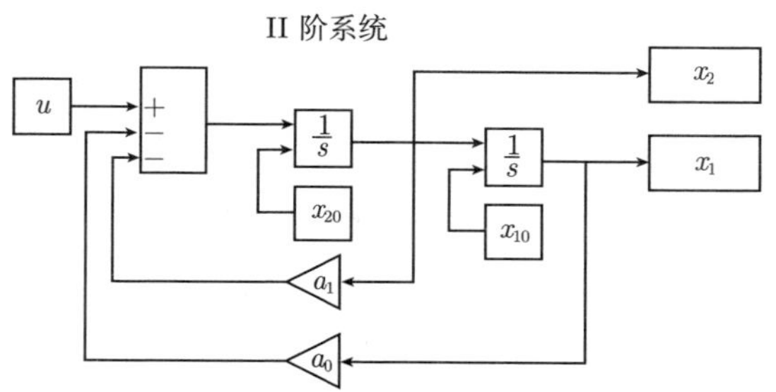

图 14.4-2 计算 II 阶线性系统状态曲线的 Simulink 模型

特殊系统的状态曲线可直接用变量分离来求 (例 14.4-1,2). 然而一般必须进行坐标变换. 在图 14.4-3 和图 14.4-4 中给出了 II 阶线性系统的状态曲线和对应的特征方程的零点.

例 14.4-2 在相平面绘制微分方程 $\ddot{x}+a_1\cdot\dot{x}=0$ 图.

$$\dot{x}_1=x_2$$

$$\dot{x}_2=-a_1\cdot x_2$$

$$\frac{\mathrm{d}x_2}{\mathrm{d}x_1}=\frac{-a_1\cdot x_2}{x_2}=-a_1$$

$$\int\mathrm{d}x_2=\int-a_1\cdot\mathrm{d}x_1$$

$$x_2=f(x_1)=-a_1\cdot x_1+a_1\cdot x_{10}+x_{20}$$

状态曲线为具有斜率 $-a_1$ 的直线. x_2 从初始点 (x_{20},x_{10}) 出发向平衡点运行, 在该点 $x_{2\mathrm{R}}=0$(序号 3, 图 14.4-3):

$$x_{2\mathrm{R}}=0=-a_1\cdot x_{1\mathrm{R}}+a_1\cdot x_{10}+x_{20}$$

$$x_{1\mathrm{R}}=x_{10}+x_{20}/a_1$$

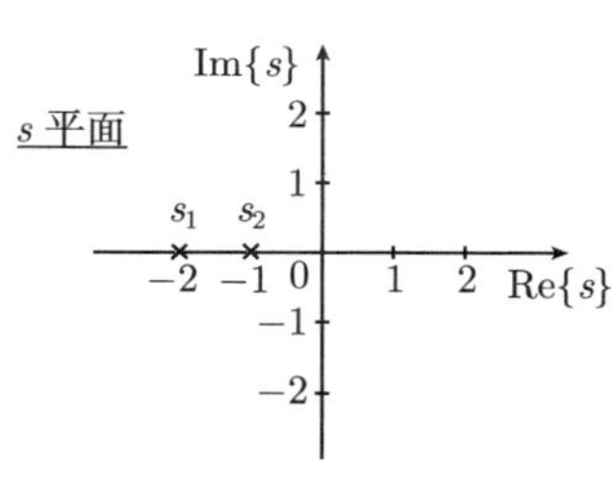

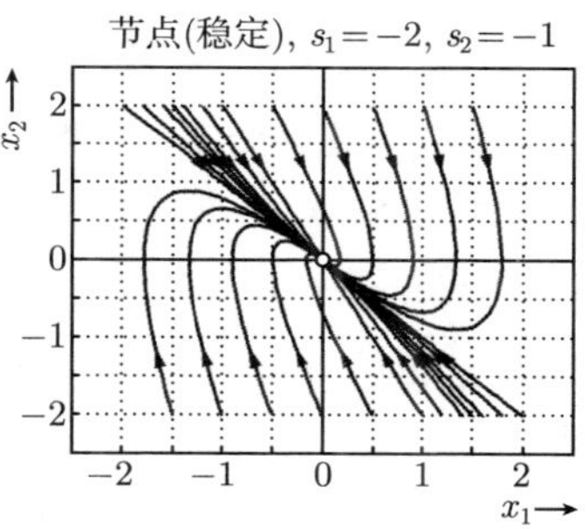

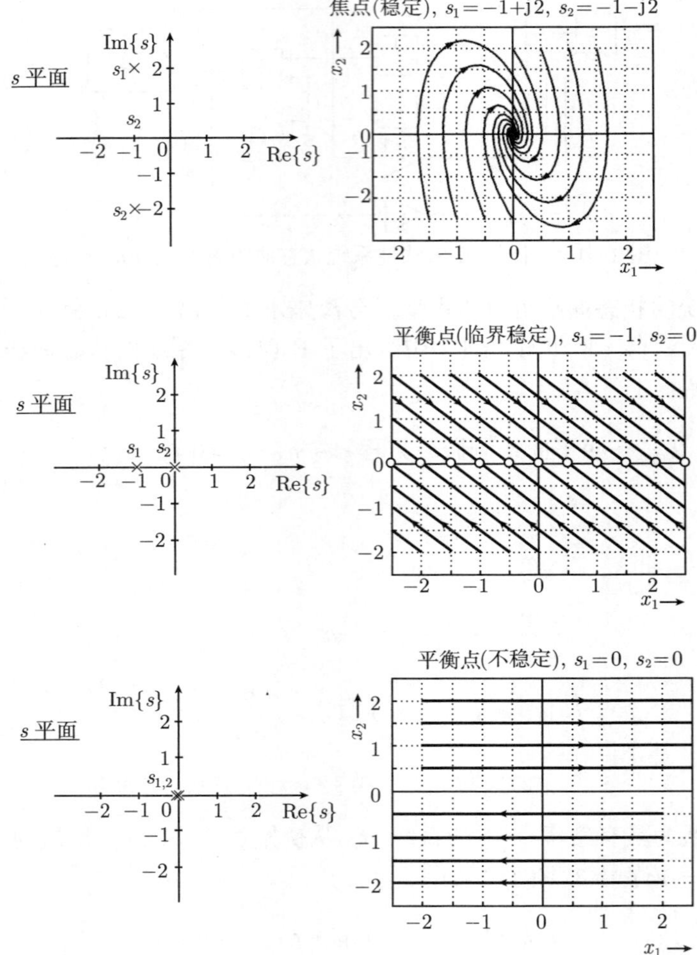

图 14.4-3　II 阶线性系统的特征方程零点和状态曲线

14.4.4　线性和非线性系统的平衡点

平衡点 (稳态状态, 平衡状态) 在状态空间具有重大意义. 它标示主要影响状态曲线的特别标识性状态. 对于非线性系统特别感兴趣的是平衡点稳定性问题. 为了进一步研究引入平衡点概念.

线性或非线性定常系统保持在平衡点 (稳态状态, 惰性状态或平衡状态), 仅当状态变量的导数为 $\dot{\boldsymbol{x}}=\boldsymbol{o}$ (其中假设输入量 $u(t)=u_{\mathrm{R}}$ 为常值) 时.

对于形式

$$\dot{\boldsymbol{x}}(t) = \boldsymbol{A} \cdot \boldsymbol{x}(t) + \boldsymbol{b} \cdot u(t)$$

$$y(t) = \boldsymbol{c}^{\mathrm{T}} \cdot \boldsymbol{x}(t)$$

的线性定常系统, 通过置导数 $\dot{\boldsymbol{x}}$ 为零得到对于 $u = u_{\mathrm{R}}$ 的平衡点 $\boldsymbol{x}_{\mathrm{R}}$:

$$\dot{\boldsymbol{x}}(t) = \boldsymbol{o} = \boldsymbol{A} \cdot \boldsymbol{x}_{\mathrm{R}} + \boldsymbol{b} \cdot u_{\mathrm{R}}$$

$$\boldsymbol{x}_{\mathrm{R}} = -\boldsymbol{A}^{-1} \cdot \boldsymbol{b} \cdot u_{\mathrm{R}}$$

对于在相平面表示的 II 阶非线性定常系统

$$\dot{x}_1 = x_2$$

$$\dot{x}_2 = f(x_1, x_2, u)$$

对于 $u = u_{\mathrm{R}}$ 的平衡点 $x_{1\mathrm{R}}, x_{2\mathrm{R}}$, 由方程

$$\dot{x}_1 = 0 = x_2, \qquad \rightarrow x_{2\mathrm{R}} = 0$$

$$\dot{x}_2 = 0 = f(x_1, x_2, u), \qquad \rightarrow f(x_{1\mathrm{R}}, x_{2\mathrm{R}}, u_{\mathrm{R}}) = 0$$

计算.

14.4.5 平衡点稳定性

线性定常调节系统的稳定性与初值或作用到系统上的输入信号无关.

线性定常系统

$$\dot{\boldsymbol{x}}(t) = \boldsymbol{A} \cdot \boldsymbol{x}(t) + \boldsymbol{b} \cdot u(t)$$
$$y(t) = \boldsymbol{c}^{\mathrm{T}} \cdot \boldsymbol{x}(t)$$

被称为**渐进稳定的(asymptotisch stabil)**, 仅当全部系统阵 $\boldsymbol{A}$ 的特征值 (其为方程

$$\det[s \cdot \boldsymbol{E} - \boldsymbol{A}] = 0$$

的零点) 具有负实部时.

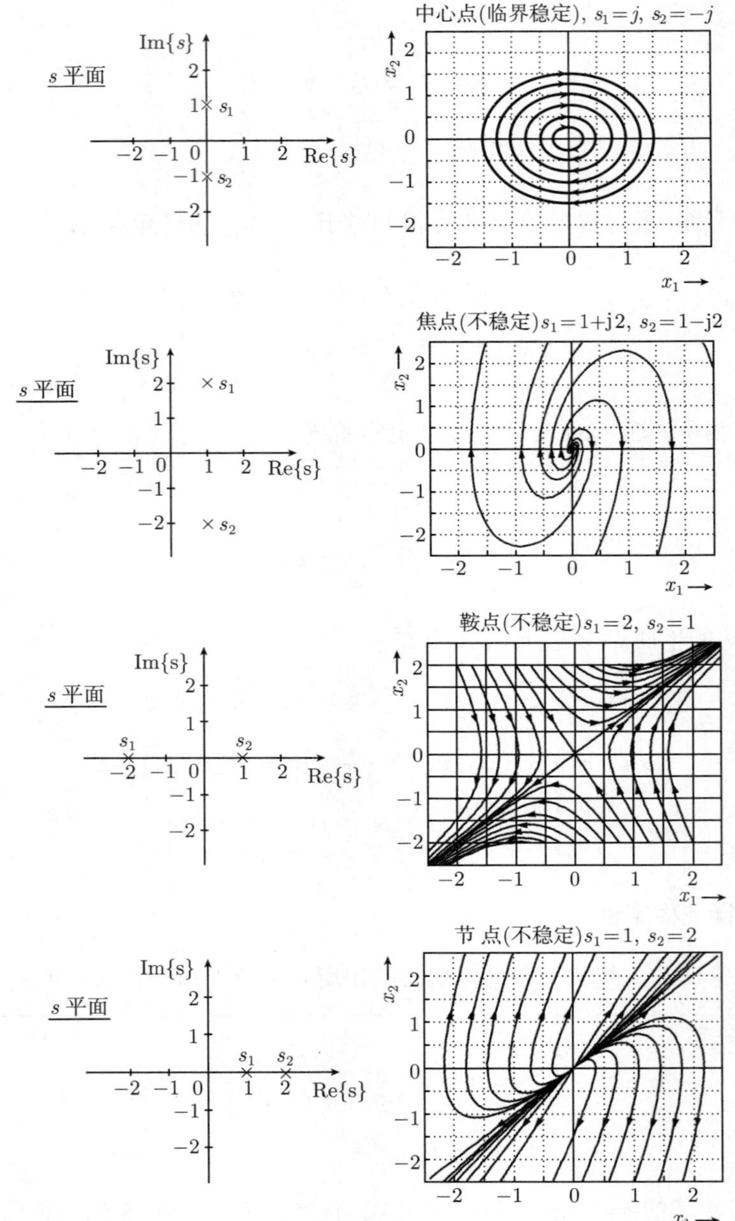

图 14.4-4　II 阶线性系统的特征方程零点和状态曲线

如果不加输入信号 $u(t)$, 那么渐进稳定系统对于任意初始状态 $\boldsymbol{x}_0(t=0) \neq \boldsymbol{o}$ 都企图恢复到**平衡点(Ruhelage)**(平衡位置)$\boldsymbol{x}_{\mathrm{R}}(t \to \infty) = \boldsymbol{o}$.

对于线性和非线性系统平衡点, 区别下列稳定性定义: 平衡点是**渐进稳定的(asymptotisch stabil)**(**全局渐进稳定的(global asymptotisch stabil)**, 在大范围稳定的), 仅当系统在任意偏离后再返回平衡点 $\boldsymbol{x}(t \to \infty) = \boldsymbol{x}_{\mathrm{R}}$ 时, 平衡点的进入范围是无限制的.
局部渐进稳定的(lokal asymptotisch stabil)(在小范围稳定的), 仅当系统在有限偏离后再返回平衡点 $\boldsymbol{x}(t \to \infty) = \boldsymbol{x}_{\mathrm{R}}$ 时. 平衡点的进入范围是受限制的.
临界稳定的(grenzstabil)(**李雅普诺夫稳定的(LJAPUNOW-stabil)**), 仅当系统在任意小偏离后离开平衡点并保持在平衡点的临域时. **不稳定的(instabil)**, 仅当系统在任意小偏离后远离平衡点并不向平衡点返回时. 平衡点的进入范围是零.

例 14.4-3 对于线性系统, 试确定平衡点:

$$\dot{\boldsymbol{x}}(t) = \boldsymbol{A} \cdot \boldsymbol{x}(t) + \boldsymbol{b} \cdot u(t)$$

$$y(t) = \boldsymbol{c}^{\mathrm{T}} \cdot \boldsymbol{x}(t)$$

1) **渐进稳定的线性系统,** $\mathrm{Re}\{s_i\} < 0$:

$$\boldsymbol{A} = \begin{bmatrix} 0 & 1 \\ -1 & -2 \end{bmatrix}, \qquad \boldsymbol{b} = \begin{bmatrix} 0 \\ 1 \end{bmatrix}, \qquad \boldsymbol{c}^{\mathrm{T}} = [1 \quad 0]$$

$$G(s) = \frac{y(s)}{u(s)} = \boldsymbol{c}^{\mathrm{T}} \cdot [s \cdot \boldsymbol{E} - \boldsymbol{A}]^{-1} \cdot \boldsymbol{b} = [1 \quad 0] \cdot \begin{bmatrix} s & -1 \\ 1 & s+2 \end{bmatrix}^{-1} \cdot \begin{bmatrix} 0 \\ 1 \end{bmatrix}$$
$$= \frac{1}{s^2 + 2 \cdot s + 1}$$

系统是稳定的, 因为特征方程的零点具有负实部:

$$s^2 + 2 \cdot s + 1 = 0, \qquad s_{1,2} = -1$$

计算平衡点得到:

$$\boldsymbol{x}_{\mathrm{R}} = \begin{bmatrix} x_{1\mathrm{R}} \\ x_{2\mathrm{R}} \end{bmatrix} = -\boldsymbol{A}^{-1} \cdot \boldsymbol{b} \cdot u_{\mathrm{R}} = -\begin{bmatrix} -2 & -1 \\ 1 & 0 \end{bmatrix} \cdot \begin{bmatrix} 0 \\ 1 \end{bmatrix} \cdot u_{\mathrm{R}} = \begin{bmatrix} 1 \\ 0 \end{bmatrix} \cdot u_{\mathrm{R}}$$
$$x_{1\mathrm{R}} = u_{\mathrm{R}}, \qquad x_{2\mathrm{R}} = 0$$

在渐进稳定的线性定常系统情况, 在已给 u_{R} 时存在一个**平衡点(Ruhelage)**, 如果把该系统视为调节回路, 那么被调节量

$$y(t) = \boldsymbol{c}^{\mathrm{T}} \cdot \boldsymbol{x}(t) = x_1(t)$$

对应变量 $x_1(t)$, 而 $u(t)$ 为参据量. 对于 $t \to \infty$ 被调节量达到每个常值参据量值, 也就是静态或平衡点. 平衡点进入范围是无限制的, 平衡点是渐进稳定的.

2) **不稳定的线性系统**, $\mathrm{Re}\{s_1\}=0$:

$$\boldsymbol{A}=\begin{bmatrix}0 & 1\\ 0 & -1\end{bmatrix},\qquad \boldsymbol{b}=\begin{bmatrix}0\\ 1\end{bmatrix},\qquad \boldsymbol{c}^{\mathrm{T}}=[1\quad 0]$$

$$G(s)=\frac{y(s)}{u(s)}=\boldsymbol{c}^{\mathrm{T}}\cdot[s\cdot\boldsymbol{E}-\boldsymbol{A}]^{-1}\cdot\boldsymbol{b}=[1\quad 0]\cdot\begin{bmatrix}s & -1\\ 0 & s+1\end{bmatrix}^{-1}\cdot\begin{bmatrix}0\\ 1\end{bmatrix}$$

$$=\frac{1}{s\cdot(s+1)}$$

系统是不稳定的, 因为特征方程的一个零点不具有负实部:

$$s^2+s=0,\qquad s_1=0,\qquad s_2=-1$$

系统阵 $\boldsymbol{A}$ 不是可逆的, 因为 $\det\boldsymbol{A}=0$. 研究平衡点给出:

$$\boldsymbol{A}\cdot\boldsymbol{x}_{\mathrm{R}}+\boldsymbol{b}\cdot u_{\mathrm{R}}=\boldsymbol{o}=\begin{bmatrix}0 & 1\\ 0 & -1\end{bmatrix}\cdot\begin{bmatrix}x_{1\mathrm{R}}\\ x_{2\mathrm{R}}\end{bmatrix}+\begin{bmatrix}0\\ 1\end{bmatrix}\cdot u_{\mathrm{R}}=\begin{bmatrix}0\\ 0\end{bmatrix}$$

$x_{1\mathrm{R}}$ 是任意的, $x_{2\mathrm{R}}=0$, $x_{2\mathrm{R}}=u_{\mathrm{R}}$. 对于 $u_{\mathrm{R}}=0$ 存在无穷多平衡点, 而对于 $u_{\mathrm{R}}\neq 0$ 则无.

3)**不稳定的线性系统**, $\mathrm{Re}\{s_1\}$, $\mathrm{Re}\{s_2\}>0$:

$$\boldsymbol{A}=\begin{bmatrix}0 & 1\\ -2 & 2\end{bmatrix},\qquad \boldsymbol{b}=\begin{bmatrix}0\\ 1\end{bmatrix},\qquad \boldsymbol{c}^{\mathrm{T}}=[1\quad 0]$$

$$G(s)=\frac{y(s)}{u(s)}=\boldsymbol{c}^{\mathrm{T}}\cdot[s\cdot\boldsymbol{E}-\boldsymbol{A}]^{-1}\cdot\boldsymbol{b}=[1\quad 0]\cdot\begin{bmatrix}s & -1\\ 2 & s-2\end{bmatrix}^{-1}\cdot\begin{bmatrix}0\\ 1\end{bmatrix}$$

$$=\frac{1}{s^2-2\cdot s+2}$$

系统是不稳定的, 因为特征方程的零点是正实部:

$$s^2-2\cdot s+2=0,\qquad s_{1,2}=1\pm j$$

计算平衡点得到:

$$\boldsymbol{x}_{\mathrm{R}}=\begin{bmatrix}x_{1\mathrm{R}}\\ x_{2\mathrm{R}}\end{bmatrix}=-\boldsymbol{A}^{-1}\cdot\boldsymbol{b}\cdot u_{\mathrm{R}}=-\begin{bmatrix}1 & -1/2\\ 1 & 0\end{bmatrix}\cdot\begin{bmatrix}0\\ 1\end{bmatrix}\cdot u_{\mathrm{R}}$$

$$= \begin{bmatrix} 1/2 \\ 0 \end{bmatrix} \cdot u_{\mathrm{R}}$$

$$x_{1\mathrm{R}} = \frac{u_{\mathrm{R}}}{2}, \qquad x_{2\mathrm{R}} = 0$$

因为系统是不稳定的, 所以在小的扰动时会远离平衡点. 该平衡点被称为不稳定的.

对线性定常系统存在一个, 没有或无限多个平衡点. 在非线性系统时也可出现多个 (有限多个) 平衡点.

例 14.4-4 对于一阶非线性系统, 试确定平衡点:

$$\dot{x} = x - a \cdot x^3 + b \cdot u, \qquad a = 1, \quad b = 1, \quad u = u_{\mathrm{R}} = \mathrm{konst}$$

平衡点由方程

$$\dot{x} = 0 = x_{\mathrm{R}} - x_{\mathrm{R}}^3 + u_{\mathrm{R}}$$

以一般符号计算出

$$x_{\mathrm{R}i} = -\frac{2 \cdot \sqrt{3}}{3} \cdot \sin\left[\frac{\arcsin(3 \cdot \sqrt{3} \cdot u_{\mathrm{R}}/2)}{3} + \frac{2 \cdot (i-1) \cdot \pi}{3}\right], \qquad i = 1,\ 2,\ 3$$

各个平衡点取决于输入量 (表 14.4-1).

对于 $u_{\mathrm{R}} = 0$ 平衡点为

$$x_{\mathrm{R}1} = -1, \qquad x_{\mathrm{R}2} = 0, \qquad x_{\mathrm{R}3} = +1$$

对于 $u = 0$ 非线性微分方程解 $x(t)$ 与初值 x_0 的相关性为

$$x(t) = \frac{x_0 \cdot \mathrm{e}^t}{\sqrt{x_0^2 \cdot \mathrm{e}^{2t} - x_0^2 + 1}}$$

表 14.4-1 一阶三次非线性系统平衡点

输入量 u_{R} 范围	零点 $x_{\mathrm{R}i}$ 的个数和类型	平衡点 $x_{\mathrm{R}i}$ 的个数和类型
$\lvert u_{\mathrm{R}}\rvert < 2/(3 \cdot \sqrt{3})$, $2/(3 \cdot \sqrt{3}) = 0.385$	三个实数不同零点	三个平衡点: 一个不稳定, 两个局部渐进稳定
$\lvert u_{\mathrm{R}}\rvert = 2/(3 \cdot \sqrt{3})$	三个实数零点, 其中两个相同零点	两个平衡点: 一个不稳定, 一个局部渐进稳定
$\lvert u_{\mathrm{R}}\rvert > 2/(3 \cdot \sqrt{3})$	一个实数零点, 两个共轭复数零点	一个全局渐进稳定平衡点

对于平衡点 $x_0 = 0$ 具有 $x(t) = x_{\mathrm{R}2} = 0$. 对于初值 $x_0 \neq 0$ 系统达到平衡点

$$x(t\to\infty)=\lim_{t\to\infty}\frac{x_0\cdot \mathrm{e}^t}{\sqrt{x_0^2\cdot \mathrm{e}^{2t}-x_0^2+1}}$$

$$=\frac{x_0}{|x_0|}=\mathrm{sign}(x_0)=\pm 1=x_{\mathrm{R3,\,R1}}$$

在图 14.4-5 中表示对于仿真的 Simulink 模型. 在图 14.4-6 中绘制了对于 $u=0$ 输出量 $x(t)$ 曲线.

对于 $-\infty<x_0<0$ $x(t)$ 向平衡点 $x_{\mathrm{R1}}=-1$ 运行, 对于 $x_0=0$ 系统保持在平衡点 $x_{\mathrm{R2}}=0$, 而对于 $0<x_0<\infty$ $x(t)$ 向平衡点 $x_{\mathrm{R3}}=+1$ 运行. 平衡点 x_{R1}, x_{R3} 被称为**局部渐进稳定的**, 因为对于每个平衡点的进入范围均未包括总的初值数值范围, 通过值 $x=0$ 限制平衡点的进入范围.

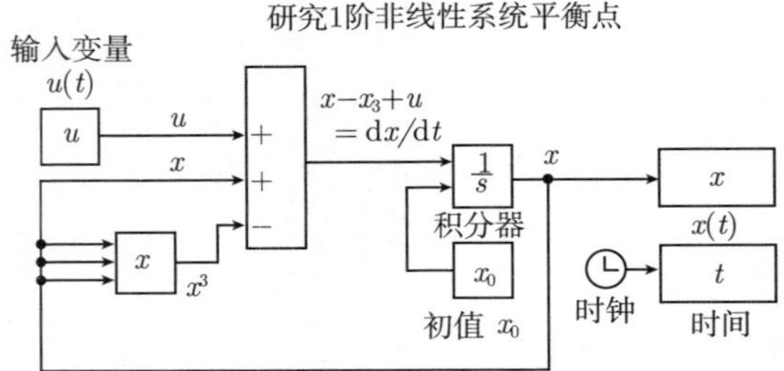

图 14.4-5　非线性系统仿真的 Simulink 模型

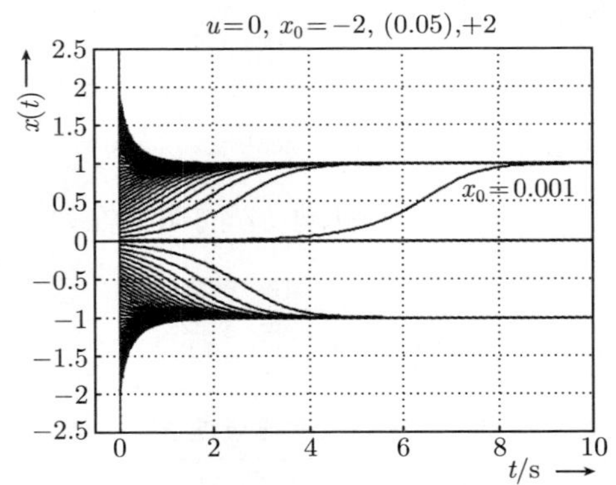

图 14.4-6　对于 $u=0$ 非线性系统平衡点和动态特性

平衡点 $x_{\mathrm{R2}}=0$ 是不稳定的, 小的平衡点偏离系统就会从平衡点移向两个局部稳定的平衡点之一. 在图 14.4-6 中给出通过初值 $x_0=0.001$ 引起的偏离.

图 14.4-7 显示对于输入量 $u=1$ 的动态和静态特性. 根据表 14.4-1 仅存在一个稳定的平衡点, 数值计算为 $x_{\mathrm{R}}=1.325$. 对于初值 $-\infty<x_0<\infty$ 都达到平衡点.

它被称为**全局渐进稳定的**, 因为对于平衡点进入范围不受限制.

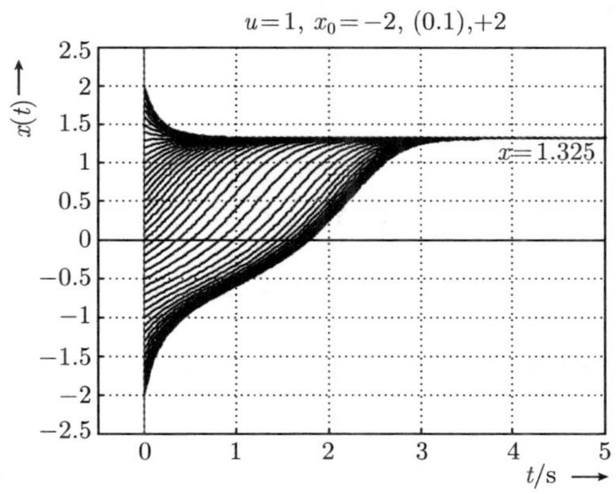

图 14.4-7 对于 $u=1$ 的非线性系统平衡点和动态特性

14.4.6 平衡点稳定性的计算

线性系统平衡点稳定性可从特征方程推导出: 如果线性系统是渐进稳定的, 那么它也是平衡点 (图 14.4-3).

非线性系统不存在特征方程. 然而其平衡点稳定性, 例如, 可通过在平衡点邻域**系统方程线性化(Linearisierung der Systemgleichungen)** 来确定.

对于具有

$$\dot{\boldsymbol{x}} = \boldsymbol{f}(\boldsymbol{x}, u)$$

$$y = h(\boldsymbol{x}, u)$$

和详细方程

$$\begin{aligned}
\dot{x}_1 &= f_1(x_1, \cdots, x_n, u) \\
\dot{x}_2 &= f_2(x_1, \cdots, x_n, u) \\
&\vdots \\
\dot{x}_n &= f_n(x_1, \cdots, x_n, u) \\
y &= h(x_1, \cdots, x_n, u)
\end{aligned}$$

的非线性定常系统, 计算对于平衡点 $\boldsymbol{x}_{\mathrm{R}}$

$$u = u_{\mathrm{R}}, \quad 其中 \quad \dot{\boldsymbol{x}}_{\mathrm{R}} = 0$$

线性化. 如果 $f_1, \cdots, f_n, h$ 在平衡点邻域常常是可微分的, 也就是不存在特性曲线的不连续点 (断点), 那么对于平衡点邻域

$$\boldsymbol{x} = \boldsymbol{x}_{\mathrm{R}} + \Delta\boldsymbol{x}, \qquad u = u_{\mathrm{R}} + \Delta u, \qquad y = y_{\mathrm{R}} + \Delta y$$

可展开泰勒级数:

$$\Delta\dot{\boldsymbol{x}} = \boldsymbol{A} \cdot \Delta\boldsymbol{x} + \boldsymbol{b} \cdot \Delta u$$

$$\Delta y = \boldsymbol{c}^{\mathrm{T}} \cdot \Delta\boldsymbol{x} + d \cdot \Delta u$$

其中 $\boldsymbol{A}$ 为对于平衡点邻域的 JACOBI矩阵 (函数矩阵):

$$\boldsymbol{A} = \left[\frac{\partial f}{\partial x}\right]_{\mathrm{R}} = \begin{bmatrix} f'_{11} & f'_{12} & \cdots & f'_{1n} \\ f'_{21} & f'_{22} & \cdots & f'_{2n} \\ \vdots & \vdots & \ddots & \vdots \\ f'_{n1} & f'_{n2} & \cdots & f'_{nn} \end{bmatrix}$$

其中

$$\begin{matrix} f'_{11} = \left.\dfrac{\partial f_1}{\partial x_1}\right|_{\mathrm{R}}, & f'_{12} = \left.\dfrac{\partial f_1}{\partial x_2}\right|_{\mathrm{R}}, & \cdots, & f'_{1n} = \left.\dfrac{\partial f_1}{\partial x_n}\right|_{\mathrm{R}} \\ \vdots & \vdots & \ddots & \vdots \\ f'_{n1} = \left.\dfrac{\partial f_n}{\partial x_1}\right|_{\mathrm{R}}, & f'_{n2} = \left.\dfrac{\partial f_n}{\partial x_2}\right|_{\mathrm{R}}, & \cdots, & f'_{nn} = \left.\dfrac{\partial f_n}{\partial x_n}\right|_{\mathrm{R}} \end{matrix}$$

其中下标 R 标志平衡点 $x_{1\mathrm{R}}, \cdots, x_{n\mathrm{R}}, u_{\mathrm{R}}$.

非线性方程线性化如下:

$$f_1(x_1, \cdots, x_n, u) \approx f_1(x_{1\mathrm{R}}, \cdots, x_{n\mathrm{R}}, u_{\mathrm{R}}) + f'_{11} \cdot \Delta x_1 + f'_{12} \cdot \Delta x_2 + \cdots + f'_{1n} \cdot \Delta x_n$$

$$\vdots \qquad\qquad\qquad \vdots$$

$$f_n(x_1, \cdots, x_n, u) \approx f_n(x_{1\mathrm{R}}, \cdots, x_{n\mathrm{R}}, u_{\mathrm{R}}) + f'_{n1} \cdot \Delta x_1 + f'_{n2} \cdot \Delta x_2 + \cdots + f'_{nn} \cdot \Delta x_n$$

对于 $\boldsymbol{b}$、$\boldsymbol{c}$ 和 d 相应地下式成立:

$$\boldsymbol{b} = \left[\frac{\partial f}{\partial u}\right]_{\mathrm{R}} = \begin{bmatrix} f'_{1u} \\ f'_{2u} \\ \vdots \\ f'_{nu} \end{bmatrix}, \qquad f'_{1u} = \left.\frac{\partial f_1}{\partial u}\right|_{\mathrm{R}}, \qquad f'_{2u} = \left.\frac{\partial f_2}{\partial u}\right|_{\mathrm{R}}, \qquad \cdots, \qquad f'_{nu} = \left.\frac{\partial f_n}{\partial u}\right|_{\mathrm{R}}$$

$$\boldsymbol{c}=\left[\frac{\partial h}{\partial x}\right]_{\mathrm{R}}=\begin{bmatrix}h_1'\\h_2'\\\vdots\\h_n'\end{bmatrix},\qquad h_1'=\left.\frac{\partial h}{\partial x_1}\right|_{\mathrm{R}},\qquad h_2'=\left.\frac{\partial h}{\partial x_2}\right|_{\mathrm{R}},\qquad\cdots,\qquad h_n'=\left.\frac{\partial h}{\partial x_n}\right|_{\mathrm{R}}$$

$$d=\left.\frac{\partial h}{\partial u}\right|_{\mathrm{R}}=h_u'$$

由函数矩阵 $\boldsymbol{A}$ 确定平衡点稳定性.

如果函数矩阵 $\boldsymbol{A}$ 具有特征值, 即方程

$$\det(s\cdot\boldsymbol{E}-\boldsymbol{A})=0$$

的零点为负实部, 那么非线性系统至少在平衡点邻域是渐进稳定的 (局部稳定的).

例 14.4-5 对于具有非线性特性曲线的调节回路, 试求对于 $u=u_{\mathrm{R}}=0$ 平衡点的稳定性.

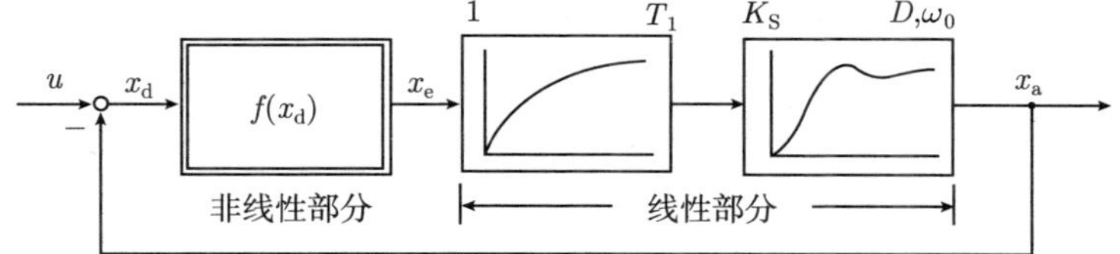

对于调节回路确定非线性方程. 系统线性部分提供如下微分方程:

$$G_{\mathrm{S}}(s)=\frac{x_{\mathrm{a}}(s)}{x_{\mathrm{e}}(s)}=\frac{K_{\mathrm{S}}\cdot\omega_0^2}{(s^2+2\cdot D\cdot\omega_0\cdot s+\omega_0^2)\cdot(1+T_1\cdot s)}$$

$$=\frac{b_0}{a_3\cdot s^3+a_2\cdot s^2+a_1\cdot s+a_0}$$

其中

$$b_0=\frac{K_{\mathrm{S}}\cdot\omega_0^2}{T_1}$$

$$a_3=1,\qquad a_2=\frac{2\cdot D\cdot\omega_0\cdot T_1+1}{T_1},\qquad a_1=\frac{2\cdot D\cdot\omega_0+T_1\cdot\omega_0^2}{T_1},\qquad a_0=\frac{\omega_0^2}{T_1}$$

按照节 12.2.4 微分方程组为

$$\dot{x}_1=x_2$$

$$\dot{x}_2=x_3$$

$$\dot{x}_3=-\frac{a_0}{a_3}\cdot x_1-\frac{a_1}{a_3}\cdot x_2-\frac{a_2}{a_3}\cdot x_3+\frac{b_0}{a_3}\cdot x_{\mathrm{e}}$$

$$x_a = x_1$$

非线性特性曲线由一个线性部分和一个三阶部分组成:

$$x_e = f(x_d) = x_d^3 - x_d = (u - x_a)^3 - (u - x_a)$$

由 $x_a = x_1$, $u = u_R = 0$, 得到非线性系统方程:

$$\begin{aligned} \dot{x}_1 &= x_2 \\ \dot{x}_2 &= x_3 \\ \dot{x}_3 &= -\left(\frac{a_0}{a_3} - \frac{b_0}{a_3}\right) \cdot x_1 - \frac{b_0}{a_3} \cdot x_1^3 - \frac{a_1}{a_3} \cdot x_2 - \frac{a_2}{a_3} \cdot x_3 \end{aligned}$$

对于平衡点, 所有导数必须是等于零, 为此应为

$$x_{2R} = 0, \qquad x_{3R} = 0$$

$$-\left(\frac{a_0}{a_3} - \frac{b_0}{a_3}\right) \cdot x_{1R} - \frac{b_0}{a_3} \cdot x_{1R}^3 = 0$$

具有解

$$x_{1R1} = 0, \qquad x_{1R2,3} = \pm\sqrt{1 - a_0/b_0}$$

由数据 $K_S = 2$, $\omega_0 = 1\ \mathrm{s}^{-1}$, $D = 0.8$, $T_1 = 1\ \mathrm{s}$, 而 $b_0 = 2$, $a_0 = 1$, $a_1 = 2.6$, $a_2 = 2.6$, $a_3 = 1$, 得

$$x_{1R1} = 0, \qquad x_{1R2,3} = \pm 1/\sqrt{2}$$

为了确定线性化系统特征值, 计算函数矩阵:

$$\begin{aligned} \dot{x}_1 &= f_1(x_1, x_2, x_3) = x_2 \\ \dot{x}_2 &= f_2(x_1, x_2, x_3) = x_3 \\ \dot{x}_3 &= f_3(x_1, x_2, x_3) = -\left(\frac{a_0}{a_3} - \frac{b_0}{a_3}\right) \cdot x_1 - \frac{b_0}{a_3} \cdot x_1^3 - \frac{a_1}{a_3} \cdot x_2 - \frac{a_2}{a_3} \cdot x_3 \end{aligned}$$

$$\boldsymbol{A} = \left[\frac{\partial f}{\partial x}\right]_R = \begin{bmatrix} f'_{11} & f'_{12} & f'_{13} \\ f'_{21} & f'_{22} & f'_{23} \\ f'_{31} & f'_{32} & f'_{33} \end{bmatrix} = \begin{bmatrix} 0 & 1 & 0 \\ 0 & 0 & 1 \\ -\dfrac{a_0 + b_0 \cdot (3 \cdot x_1^2 - 1)}{a_3} & -\dfrac{a_1}{a_3} & -\dfrac{a_2}{a_3} \end{bmatrix}$$

由行列式

$$\det(s\cdot\boldsymbol{E}-\boldsymbol{A})=\det\begin{bmatrix} s & -1 & 0 \\ 0 & s & -1 \\ \dfrac{a_0+b_0\cdot(3\cdot x_1^2-1)}{a_3} & \dfrac{a_1}{a_3} & s+\dfrac{a_2}{a_3} \end{bmatrix}$$

$$=\frac{a_3\cdot s^3+a_2\cdot s^2+a_1\cdot s+a_0+b_0\cdot(3\cdot x_1^2-1)}{a_3}$$

$$=s^3+2.6\cdot s^2+2.6\cdot s+6\cdot x_1^2-1=0$$

研究平衡点稳定性.

对于 $x_{1\mathrm{R}1}=0$ 为

$$s_1=0.291,\qquad s_{2,3}=-1.445\pm\mathrm{j}1.162$$

平衡点是不稳定的, 因为 s_1 具有一个正实部. 对于 $x_{1\mathrm{R}2,3}=\pm1/\sqrt{2}$ 特征值为

$$s_1=-1.769,\qquad s_{2,3}=-0.415\pm\mathrm{j}0.979$$

平衡点是稳定的. 按照图 14.4-8 和图 14.4-9 仿真显示, 按每个初值都达到平衡点 $x_{1\mathrm{R}2}$ 或 $x_{1\mathrm{R}3}$, 平衡点 $x_{1\mathrm{R}2}$ 和 $x_{1\mathrm{R}3}$ 是局部稳定的. 轨迹从平衡点 $x_{1\mathrm{R}1}$ 离开.

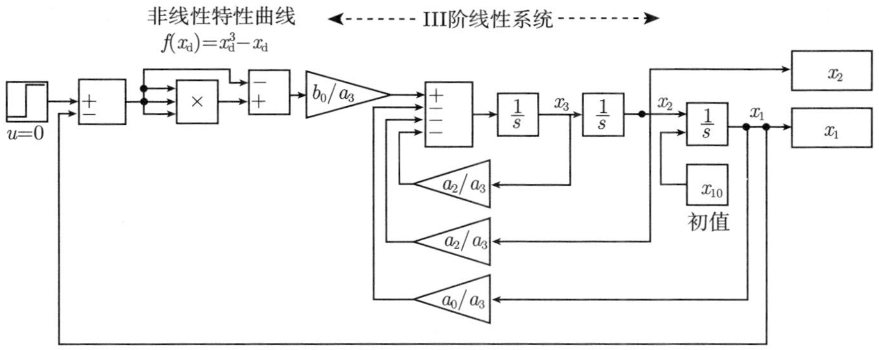

图 14.4-8 非线性系统仿真模型

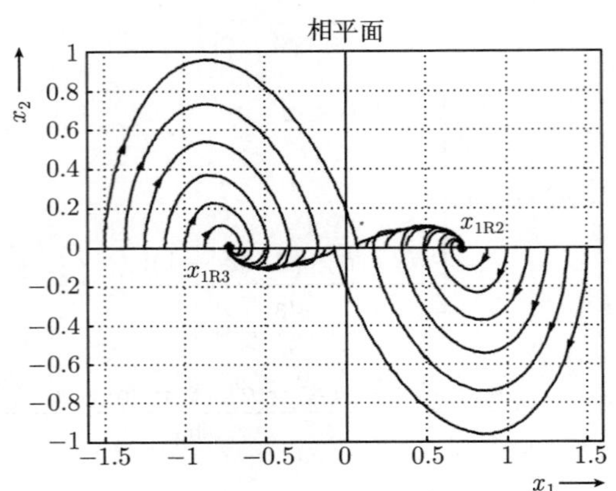

图 14.4-9　在平衡点邻域的轨迹曲线

14.4.7　用李雅普诺夫直接法研究稳定性

14.4.7.1　直接法基本思想

用李雅普诺夫直接法 (李雅普诺夫第二法) 可检验线性和非线性动态系统稳定性, 而不必解微分方程. 该法将关于动态系统能量结论与稳定特性结论建立起联系.

举 II 阶线性系统例子解释这种关系. 机械弹簧–质量–阻尼器系统 (图 14.4-10 和图 4.3-9) 通过下面微分方程来描述:

$$m \cdot \ddot{x}_{\mathrm{a}} + r_{\mathrm{k}} \cdot \dot{x}_{\mathrm{a}} + c_{\mathrm{f}} \cdot x_{\mathrm{a}} = 0$$

其中 c_{f} 为弹簧常数, r_{k} 为阻尼系数, m 为质量.

用状态变量 $x_1 = x_{\mathrm{a}}$, $x_2 = \dot{x}_{\mathrm{a}}$ 给出状态向量和状态表达式的规范形式:

$$\boldsymbol{x} = \begin{bmatrix} x_1 \\ x_2 \end{bmatrix} = \begin{bmatrix} x_{\mathrm{a}} \\ \dot{x}_{\mathrm{a}} \end{bmatrix}$$

$$\dot{x}_1 = x_2$$

$$\dot{x}_2 = -\frac{c_{\mathrm{f}}}{m} \cdot x_1 - \frac{r_{\mathrm{k}}}{m} \cdot x_2$$

r_{k}　c_{f}　m

$x_{\mathrm{e}}(t)=0$

$x_{\mathrm{a}}(t)$

弹簧　阻尼器　质量

图 14.4-10　弹簧–质量–阻尼器系统

对于初值

$$\boldsymbol{x}(t=0)=\begin{bmatrix} x_{10} \\ x_{20} \end{bmatrix}=\begin{bmatrix} 1 \\ 0 \end{bmatrix}$$

和参数值 $c_{\mathrm{f}}=2, r_{\mathrm{k}}=2, m=1$, 规一化解为

$$x_1(t)=\sqrt{2}\cdot \mathrm{e}^{-t}\cdot \sin(t+\pi/4)$$

$$x_2(t)=-2\cdot \mathrm{e}^{-t}\cdot \sin(t)$$

特征方程具有零点:

$$m\cdot s^2+r_{\mathrm{k}}\cdot s+c_{\mathrm{f}}=0$$

$$s_{1,2}=-1\pm \mathrm{j}$$

系统是稳定的, 解 $x_1(t), x_2(t)$ 对于 $t\to\infty$ 趋于零.

在非线性系统时可获得关于微分方程解的稳定性结论. 另外的研究, 例如李雅普诺夫**直接法 (direkte Methode von LJAPUNOW)** 由广义能量函数和能量变化时间过程可导出相同结果.

弹簧–质量–阻尼器–系统的能量由取决于弹簧偏移平方 x_1^2 的弹簧势能和与速度平方 x_2^2 成比例的质量动能组成:

$$V(\boldsymbol{x})=V(x_1, x_2)=\frac{c_{\mathrm{f}}\cdot x_1^2}{2}+\frac{m\cdot x_2^2}{2}$$

这个纯量函数 (这里与能量对应) 也被称为**正定函数(positive definite Funktion)**. 对于 $x_1=0, x_2=0$ 正定函数为零, 而对于所有其他数据对则都大于零.

系统能量由于在阻尼器活塞中转换为热量而减小. 能量变化通过能量对时间的导数来确定, 在此对微分方程右边偏微分并取代 $\dot{x}_1$ 和 $\dot{x}_2$:

$$\dot{V}(\boldsymbol{x})=\frac{\mathrm{d}V(\boldsymbol{x})}{\mathrm{d}t}=[\operatorname{grad} V(\boldsymbol{x})]^{\mathrm{T}}\cdot\dot{\boldsymbol{x}}=\begin{bmatrix}\dfrac{\partial V(\boldsymbol{x})}{\partial x_1} & \dfrac{\partial V(\boldsymbol{x})}{\partial x_2} & \cdots & \dfrac{\partial V(\boldsymbol{x})}{\partial x_n}\end{bmatrix}\cdot\begin{bmatrix}\dot{x}_1\\ \dot{x}_2\\ \vdots \\ \dot{x}_n\end{bmatrix}$$

$$=\frac{\partial V(x_1, x_2)}{\partial x_1}\cdot\dot{x}_1+\frac{\partial V(x_1, x_2)}{\partial x_2}\cdot\dot{x}_2$$

$$=\frac{\partial}{\partial x_1}\left(\frac{c_{\mathrm{f}}\cdot x_1^2}{2}+\frac{m\cdot x_2^2}{2}\right)\cdot x_2+\frac{\partial}{\partial x_2}\left(\frac{c_{\mathrm{f}}\cdot x_1^2}{2}+\frac{m\cdot x_2^2}{2}\right)\cdot\left(-\frac{c_{\mathrm{f}}\cdot x_1}{m}-\frac{r_{\mathrm{k}}\cdot x_2}{m}\right)$$

$$=c_{\mathrm{f}}\cdot x_1\cdot x_2+m\cdot x_2\cdot(-c_{\mathrm{f}}\cdot x_1/m-r_{\mathrm{k}}\cdot x_2/m)=-r_{\mathrm{k}}\cdot x_2^2$$

在阻尼器活塞中转换的功率 ($\dot{V}$ = 单位时间能量) 等于作用于阻尼器活塞的力 $r_k \cdot x_2$ 与速度 x_2 相乘. 在系统中能量变化**总是负的(Immer Negativ)**. 对于具有已给参数值的机械系统, 能量变化按照函数

$$\dot{V}(x_1, x_2) = -r_{\mathrm{k}} \cdot x_2^2 = -8 \cdot \mathrm{e}^{-2t} \cdot \sin^2(t)$$

运行.

由这些研究可构成李雅普诺夫基本思想.

如果在从稳态状态 (平衡点) 偏离后, 系统中现有的能量在减小并且在稳态状态为零, 那么系统是渐进稳定的.

14.4.7.2　用李雅普诺夫函数研究稳定性

对于具有常值输入信号 $u(t) = u_0$ 的线性或非线性系统 $\dot{\boldsymbol{x}} = f(\boldsymbol{x}, u_0)$:

$$\begin{aligned}\dot{x}_1 &= f_1(x_1, \cdots, x_n, u_0)\\ \dot{x}_2 &= f_2(x_1, \cdots, x_n, u_0)\\ &\vdots\\ \dot{x}_n &= fn(x_1, \cdots, x_n, u_0)\end{aligned}$$

存在一个平衡点 $\boldsymbol{x} = \boldsymbol{x}_{\mathrm{R}}$, 可规定它能通过相应状态量变换转换到 $\boldsymbol{x}_{\mathrm{R}} = \boldsymbol{o}$. 李雅普诺夫稳定性判据表述为: 稳定性存在, 仅当所有轨迹对于 $t \to \infty$ 都终止在这个平衡点时.

当能寻找到一个具有下列特性的函数 $V(\boldsymbol{x})$ 时, 才是这种情况.

1) 函数

$$V(\boldsymbol{x}) = V(x_1, x_2, \cdots, x_n) > 0$$

除了 $\boldsymbol{x} = \boldsymbol{o}$: $V(\boldsymbol{o}) = 0$ 之外, 对于 $x_1, x_2, \cdots, x_n$ 所有值都是大于零. 这样的函数被称为**正定的(Positiv Definit)**.

2) 导数

$$\dot{V}(\boldsymbol{x}) = \dot{V}(x_1, x_2, \cdots, x_n) = [\mathrm{grad}\, V(\boldsymbol{x})]^{\mathrm{T}} \cdot \dot{\boldsymbol{x}} < 0$$

必须是除了 $\boldsymbol{x} = \boldsymbol{o}$ 之外, 对于 $x_1, x_2, \cdots, x_n$ 所有值都小于零. 其中微分方程右边取代 $\dot{\boldsymbol{x}}$. 如果 $\dot{V}(\boldsymbol{x})$ 仅在平衡点等于零

$$\dot{V}(\boldsymbol{x}_{\mathrm{R}}) = \dot{V}(x_{1\mathrm{R}}, x_{2\mathrm{R}}, \cdots, x_{n\mathrm{R}}) = V(\boldsymbol{o}) = 0$$

那么函数称为**负定的(negativ definit)**.

具有这些特性的函数被称为李雅普诺夫**函数**. 那么, 对应所研究的线性或非线性系统为渐进稳定的.

例 14.4-6 对于非线性系统

$$\ddot{x} + a \cdot \dot{x}^3 + \dot{x} + x = 0, \qquad \text{其中} x_1 = x,\ x_2 = \dot{x}$$

$$\dot{x}_1 = x_2$$

$$\dot{x}_2 = -x_1 - x_2 - a \cdot x_2^3$$

在 $x_1 = 0, x_2 = 0$ 处存在平衡点.

由正定函数

$$V(\boldsymbol{x}) = x_1^2 + x_2^2$$

试检验系统稳定性.

由

$$\begin{aligned}\dot{V}(\boldsymbol{x}) &= [\operatorname{grad} V(\boldsymbol{x})]^{\mathrm{T}} \cdot \dot{\boldsymbol{x}} = \frac{\partial V(x_1, x_2)}{\partial x_1} \cdot \dot{x}_1 + \frac{\partial V(x_1, x_2)}{\partial x_2} \cdot \dot{x}_2 \\ &= \frac{\partial}{\partial x_1}\left(x_1^2 + x_2^2\right) \cdot x_2 + \frac{\partial}{\partial x_2}\left(x_1^2 + x_2^2\right) \cdot \left(-x_1 - x_2 - a \cdot x_2^3\right) \\ &= 2 \cdot x_1 \cdot x_2 + 2 \cdot x_2 \cdot \left(-x_1 - x_2 - a \cdot x_2^3\right) = -2 \cdot x_2^2 - 2 \cdot a \cdot x_2^4\end{aligned}$$

对于 $a > 0$ 导数 $\dot{V}(x_1, x_2)$ 永远是小于零, 平衡点是渐进稳定的.

例 14.4-7 具有微分方程

$$\dot{x}_1 = x_2 - a_1 \cdot x_1 \cdot (x_1^2 + x_2^2)$$

$$\dot{x}_2 = x_1 - a_2 \cdot x_2 \cdot (x_1^2 + x_2^2)$$

的非线性系统, 在 $x_1 = 0, x_2 = 0$ 处具有平衡点.

由正定函数

$$V(\boldsymbol{x}) = x_1^2 + x_2^2$$

试计算对于 a_1, a_2 为何值时平衡点是稳定的.

导数 $\dot{V}(\boldsymbol{x})$

$$\begin{aligned}\frac{\mathrm{d}V(\boldsymbol{x})}{\mathrm{d}t}&=[\operatorname{grad}V(\boldsymbol{x})]^{\mathrm{T}}\cdot\dot{\boldsymbol{x}}=\frac{\partial V(x_1,\,x_2)}{\partial x_1}\cdot\dot{x}_1+\frac{\partial V(x_1,\,x_2)}{\partial x_2}\cdot\dot{x}_2\\&=\frac{\partial}{\partial x_1}\left(x_1^2+x_2^2\right)\cdot\left[x_2-a_1\cdot x_1\cdot(x_1^2+x_2^2)\right]+\frac{\partial}{\partial x_2}\left(x_1^2+x_2^2\right)\\&\quad\cdot\left[x_1-a_2\cdot x_2\cdot(x_1^2+x_2^2)\right]\\&=-2\cdot(a_1\cdot x_1^2+a_2\cdot x_2^2)\cdot(x_1^2+x_2^2)\end{aligned}$$

对于 $a_1>0,a_2>0$ 永远为负的. 对于 $a_1>0,a_2>0$, 平衡点是渐进稳定的.

在应用李雅普诺夫稳定性测试时, 问题在于预先给定正定的函数 $V(\boldsymbol{x})$. 如果选择一个不合适的函数 $V(\boldsymbol{x})$, 那么稳定性结论可与好的合适的函数结论相矛盾. 对于 14.4.7.1 节例子

$$\begin{aligned}\dot{x}_1&=x_2\\\dot{x}_2&=-\frac{c_{\mathrm{f}}}{m}\cdot x_1-\frac{r_{\mathrm{k}}}{m}\cdot x_2\end{aligned}$$

取代

$$V(\boldsymbol{x})=\frac{c_{\mathrm{f}}\cdot x_1^2}{2}+\frac{m\cdot x_2^2}{2}$$

选择一个类似的正定函数

$$V(\boldsymbol{x})=x_1^2+x_2^2$$

这样为

$$\begin{aligned}\dot{V}(\boldsymbol{x})&=\frac{\partial}{\partial x_1}\left(x_1^2+x_2^2\right)\cdot x_2+\frac{\partial}{\partial x_2}\left(x_1^2+x_2^2\right)\cdot\left(-\frac{c_{\mathrm{f}}\cdot x_1}{m}-\frac{r_{\mathrm{k}}\cdot x_2}{m}\right)\\&=-\frac{2\cdot x_1\cdot x_2\cdot(c_{\mathrm{f}}-m)+2\cdot r_{\mathrm{k}}\cdot x_2^2}{m}\end{aligned}$$

对于参数值 $c_{\mathrm{f}}=2$, $r_{\mathrm{k}}=2$, $m=1$, 为

$$\dot{V}(\boldsymbol{x})=-2\cdot x_1\cdot x_2-4\cdot x_2^2$$

对于 $x_1<-2\cdot x_2$ 为 $\dot{V}(\boldsymbol{x})>0$. 因为在平衡点 $\boldsymbol{x}_{\mathrm{R}}=\boldsymbol{o}$ 之外 $\dot{V}(\boldsymbol{x})$ 不是到处小于零, 所以不满足李雅普诺夫稳定性条件: 系统不能被认为稳定的, 虽然经验和按照 14.4.7.1 节另一个李雅普诺夫函数的列式显示系统稳定的.

李雅普诺夫直接法仅是一个充分稳定性条件. 如果满足稳定性条件, 所研究系统是稳定的; 如果不满足条件, 可能没有结论.

14.4.8 波波夫稳定性判据

14.4.8.1 绝对稳定性

由李雅普诺夫直接法可检验动态系统稳定性, 而无须解微分方程. 然而为了应用, 寻找合适的非线性调节回路李雅普诺夫函数会产生困难.

推广稳定性方法构成波波夫 (Popow) 判据, 这对于非线性调节回路的标准型作出稳定性的结论是可能的. 由此, 不仅对于确定的特性曲线而且对于一类特性曲线也能得出稳定性结论. 频率形式的波波夫判据可以幅相频率特性曲线为例予以验证, 也可像奈奎斯特判据那样由频域稳定性判据进行类似的判别.

为了波波夫判据公式化需要**绝对稳定性(absoluten Stabilität)** 概念. 在图 14.4-11 的调节回路中, 非线性环节的特性曲线应单值地逐段连续地通过原点 $f(x_\mathrm{d}=0)=0$ 并且位于扇形区 $[0,K]$ 内 (图 14.4-12).

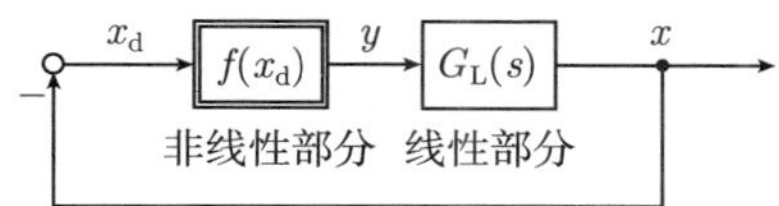

图 14.4-11 非线性标准调节回路

> 调节回路被称为在扇形区 [0, K] 内**绝对稳定的**, 仅当它对于位于在扇形区内每条特性曲线 $y=f(x_\mathrm{d})$ 都具有渐进稳定的平衡点 $x_\mathrm{d}=0$ 时.

在图 14.4-12 中阴影扇形区通过 $y=K\cdot x_\mathrm{d}$ 和 $y=0$ 划定边界. 如果 $y=f(x_\mathrm{d})$ 位于在扇形区 $[0,K]$ 内且 $K>0$ 的话, 那么下列式成立:

$$0<f(x_\mathrm{d})\leqslant K\cdot x_\mathrm{d},\qquad x_\mathrm{d}>0$$

$$f(x_\mathrm{d})=0,\quad x_\mathrm{d}=0$$

$$K\cdot x_\mathrm{d}\leqslant f(x_\mathrm{d})<0,\quad x_\mathrm{d}<0$$

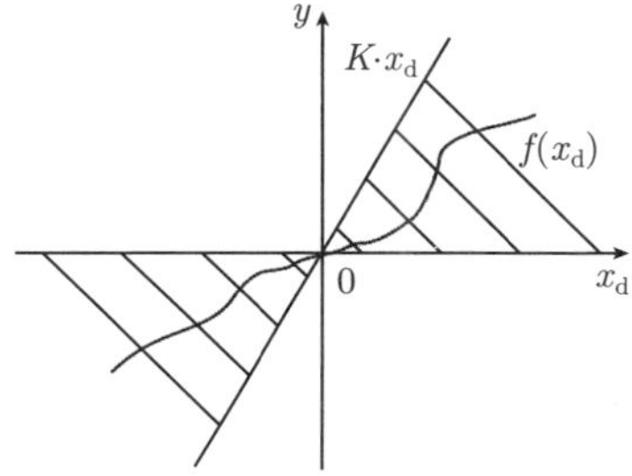

图 14.4-12 在扇形区 $[0,K]$ 内的函数

用 x_d 归一化, 那么得到

$$0 < \frac{f(x_\mathrm{d})}{x_\mathrm{d}} \leqslant K, \quad x_\mathrm{d} \neq 0$$

14.4.8.2 波波夫判据的数值形式

由波波夫判据证实绝对稳定性, 它首先以数值和在 14.4.8.3 节以幅相频率特性曲线形式给出.

波波夫判据应用的前提条件是: 非线性系统具有一个线性部分 $G_\mathrm{L}(s)$ 或 $F_\mathrm{L}(\mathrm{j}\omega)$, 并将其增益系数 K_S 或 K_IS 附加给非线性特性曲线. 因此, $G_\mathrm{L}(s)$ 例如具有如下形式, 其中分子阶数必须是小于分母阶数.

$$G_\mathrm{L}(s) = \frac{Z_\mathrm{L}(s)}{N_\mathrm{L}(s)} = \frac{b_1 \cdot s + 1}{a_2 \cdot s^2 + a_1 \cdot s + 1}$$

$$G_\mathrm{L}(s) = \frac{Z_\mathrm{L}(s)}{N_\mathrm{L}(s)} = \frac{1}{s \cdot (a_2 \cdot s^2 + a_1 \cdot s + 1)}$$

非线性部分由非线性单值的逐段连续特性曲线 $y = f(x_\mathrm{d})$ 组成, 并满足下列要求.

1) $f(x_\mathrm{d} = 0) = 0$, 特性曲线穿过原点.
2) 如果 $G_\mathrm{L}(s)$ 仅具有负实部极点, 那么对于特性曲线就允许下式成立:

$$0 \leqslant \left| \frac{f(x_\mathrm{d})}{x_\mathrm{d}} \right| \leqslant K$$

3) 如果 $G_\mathrm{L}(s)$ 仅具有负实部极点并在虚轴上附加单一极点, 那么对于特性曲线下面限制成立:

$$0 < \left| \frac{f(x_\mathrm{d})}{x_\mathrm{d}} \right| \leqslant K$$

例如, 具有死区的环节 (表 14.3-5, 序号 3, 28, 29, 30) 或三位环节 (表 14.3-5, 序号 12) 不满足这些限制.

当满足波波夫判据两个条件时, 调节系统才是绝对稳定的. **第一条件 (erste Bedingung)** 要求, 线性系统部分对于赫尔维茨扇形区 $[0,\ K < K_{\mathrm{H\,max}}]$ 是稳定的.

由此第一条件给出的结果是, 线性特性曲线也允许位于扇形区域 $[0,\ K]$, 因为线性特性曲线是非线性的特殊情况. 对于位于扇形 $0 < K_\mathrm{H} < K$ 的线性特性曲线特殊情况, 调节系统是稳定的. 赫尔维茨扇形可由赫尔维茨判据或劳思判据确定 (6.3 节). 为此按图 14.4-13 研究调节回路.

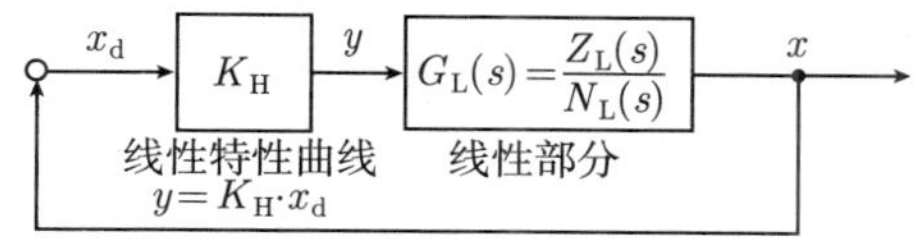

图 14.4-13 计算赫尔维茨扇形 (稳定性扇形) 的调节回路

方程

$$N_L(s) + K_H \cdot Z_L(s) = 0$$

的零点只允许具有负实部, 应用劳思或赫尔维茨判据提供一个临界增益 $K_{H\max}$, 它规定扇形 $[0,\ K < K_{H\max}]$ 的上界.

作为**第二条件(zweite Bedingung)** 对于所有 $\omega \geqslant 0$ 必须满足下面不等式, 其中 α 为一实数:

$$\mathrm{Re}\{(1+\alpha\cdot \mathrm{j}\omega)\cdot F_L(\mathrm{j}\omega)\} > -\frac{1}{K}$$

一些特性曲线要求扇形上界 $K \to \infty$, 那么特性曲线 $y = f(x_d)$ 只能位于扇形域 $[0,\ K]$. 这就是二位环节 (表 14.3-5. 序号 6)

$$y = \begin{cases} -d, & x_d < 0 \\ 0, & x_d = 0 \\ d, & x_d > 0 \end{cases}$$

具有增益递增和增益递减特性曲线环节 (表 14.3-5. 序号 20,23), 例如

$$y = d \cdot x_d^3$$

或具有偏压环节 (表 14.3-5. 序号 31-33), 因为对于这些环节的

$$\lim_{x_d \to \infty} \frac{f(x_d)}{x_d}$$

趋向无限. 在稳定性研究时包含这些环节的第二波波夫条件, 由于 $K \to \infty$, $-1/K \to 0$, 变成为

$$\mathrm{Re}\{(1+\alpha\cdot \mathrm{j}\omega)\cdot F_L(\mathrm{j}\omega)\} > 0$$

例 14.4-18 调节系统线性部分具有传递函数:

$$G_L(s) = \frac{Z_L(s)}{N_L(s)} = \frac{1}{a_2\cdot s^2 + a_1\cdot s + 1}, \qquad a_1 > 0,\ a_2 > 0$$

对象增益 K_S 附加给扇形边界 K.

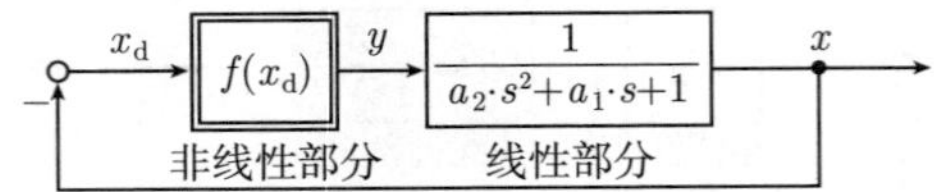

对于 $a_1 > 0, a_2 > 0, G_L(s)$ 仅具有负实部极点. 计算赫尔维茨扇形给出:

$$N_L(s) + K_H \cdot Z_L(s) = a_2 \cdot s^2 + a_1 \cdot s + 1 + K_H = 0$$

劳思表:

$$\begin{array}{ll} a_2 & 1 + K_H \\ a_1 & 0 \\ \multicolumn{2}{l}{c_1 = a_1 \cdot (1 + K_H) - a_2 \cdot 0 = a_1 \cdot (1 + K_H) > 0} \end{array}$$

对于具有 $0 \leqslant K_H < K_{H\max} \to \infty$ 的线性特性曲线 $y = K_H \cdot x_d$, 调节回路是稳定的, 对此研究第一条件, 可规定扇形增益 $K < K_{H\max}$.

因为对于大量非线性特性曲线稳定性结论应是成立的, 因此当尽可能选择 $K \to \infty$ 时扇形边界是大的. 由此对于所有位于 I 和 III 象限的单值特性曲线, 判断稳定性. 在本例中允许选择 $K \to \infty$ 作为扇形上界.

然后检验作为波波夫判据的第二条件

$$\mathrm{Re}\{(1 + \alpha \cdot \mathrm{j}\omega) \cdot F_L(\mathrm{j}\omega)\} > 0$$

对于 $\omega \geqslant 0$ 是否成立. 将频率特性函数

$$F_L(\mathrm{j}\omega) = \frac{1}{a_2 \cdot (\mathrm{j}\omega)^2 + a_1 \cdot \mathrm{j}\omega + 1}$$

代入

$$\begin{aligned} \mathrm{Re}\{(1 + \alpha \cdot \mathrm{j}\omega) \cdot F_L(\mathrm{j}\omega)\} &= \mathrm{Re}\left\{\frac{1 + \alpha \cdot \mathrm{j}\omega}{a_2 \cdot (\mathrm{j}\omega)^2 + a_1 \cdot \mathrm{j}\omega + 1}\right\} \\ &= \mathrm{Re}\left\{\frac{(\alpha \cdot a_1 - a_2) \cdot \omega^2 + 1}{a_1^2 \cdot \omega^2 + (a_2 \cdot \omega^2 - 1)^2}\right. \\ &\qquad \left. - \mathrm{j} \cdot \frac{\omega \cdot (a_1 + \alpha \cdot (a_2 \cdot \omega^2 - 1))}{a_1^2 \cdot \omega^2 + (a_2 \cdot \omega^2 - 1)^2}\right\} \\ &= \frac{(\alpha \cdot a_1 - a_2) \cdot \omega^2 + 1}{a_1^2 \cdot \omega^2 + (a_2 \cdot \omega^2 - 1)^2} > 0. \end{aligned}$$

对于 $\omega \geqslant 0$ 分母总是大于零, 而对于

$$\alpha > \frac{a_2}{a_1}$$

分子大于零, 并且由此对于所有 $\omega \geqslant 0$ 总是

$$\mathrm{Re}\{(1+\alpha\cdot \mathrm{j}\omega)\cdot F_{\mathrm{L}}(\mathrm{j}\omega)\}>0$$

由此满足第二波波夫条件: 对于所有位于扇形 $[0,\ K\rightarrow\infty]$ 的单值逐段连续的特性曲线 $y=f(x_{\mathrm{d}})$(这是所有位于 I 和 III 象限的特性曲线), 非线性调节回路是绝对稳定的.

在表 14.4-2 中对于线性部分频率特性函数 $F_{\mathrm{L}}(\mathrm{j}\omega)$ 给出对于 α 的特征量条件. 对于 $a_1>0,\ a_2>0,\ b_1>0$, 稳定扇形为 $[0,\ K<K_{\mathrm{H\,max}}\rightarrow\infty]$. α 总是可这样选择, 即满足条件

$$\mathrm{Re}\{(1+\alpha\cdot \mathrm{j}\omega)\cdot F_{\mathrm{L}}(\mathrm{j}\omega)\}>0$$

因此对于在波波夫判据中所给前提条件, 非线性调节回路是绝对稳定的.

表 14.4-2 非线性调节系统稳定性结论

$F_{\mathrm{L}}(\mathrm{j}\omega)$	$\mathrm{Re}\{(1+\alpha\cdot \mathrm{j}\omega)\cdot F_{\mathrm{L}}(\mathrm{j}\omega)\}$	α
$\dfrac{1}{a_1\cdot \mathrm{j}\omega+1}$	$\dfrac{a_1\cdot\alpha\cdot\omega^2+1}{a_1^2\cdot\omega^2+1}$	$\alpha>0$
$\dfrac{1}{\mathrm{j}\omega\cdot(a_1\cdot \mathrm{j}\omega+1)}$	$\dfrac{\alpha-a_1}{a_1^2\cdot\omega^2+1}$	$\alpha>a_1$
$\dfrac{b_1\cdot \mathrm{j}\omega+1}{\mathrm{j}\omega\cdot(a_1\cdot \mathrm{j}\omega+1)}$	$\dfrac{a_1\cdot b_1\cdot\alpha\cdot\omega^2+\alpha-a_1+b_1}{a_1^2\cdot\omega^2+1}$	$\alpha>0$, $\alpha>a_1-b_1$
$\dfrac{1}{a_2\cdot(\mathrm{j}\omega)^2+a_1\cdot \mathrm{j}\omega+1}$	$\dfrac{\omega^2\cdot(\alpha\cdot a_1-a_2)+1}{(a_2\cdot\omega^2-1)^2+a_1^2\cdot\omega^2}$	$\alpha>\dfrac{a_2}{a_1}$

14.4.8.3 波波夫判据的幅相频率特性曲线形式

波波夫判据的数值计算, 对于具有高阶线性部分 $F_{\mathrm{L}}(\mathrm{j}\omega)$ 系统耗费巨大. 此后在幅相频率特性曲线平面给出并研究简化的波波夫判据.

为了在幅相频率特性曲线平面表示, 进行下面变形. 由

$$F_{\mathrm{L}}(\mathrm{j}\omega)=\mathrm{Re}\{F_{\mathrm{L}}(\mathrm{j}\omega)\}+\mathrm{j}\cdot\mathrm{Im}\{F_{\mathrm{L}}(\mathrm{j}\omega)\}$$

得

$$\mathrm{Re}\{(1+\alpha\cdot \mathrm{j}\omega)\cdot F_{\mathrm{L}}(\mathrm{j}\omega)\}=\mathrm{Re}\{F_{\mathrm{L}}(\mathrm{j}\omega)\}+\mathrm{Re}\{\alpha\cdot \mathrm{j}\omega\cdot[\mathrm{Re}\{F_{\mathrm{L}}(\mathrm{j}\omega)\}+\mathrm{j}\cdot\mathrm{Im}\{F_{\mathrm{L}}(\mathrm{j}\omega)\}]\}$$

$$=\mathrm{Re}\{F_{\mathrm{L}}(\mathrm{j}\omega)\}+\alpha\cdot\omega\cdot\mathrm{Re}\{\mathrm{j}\cdot\mathrm{Re}\{F_{\mathrm{L}}(\mathrm{j}\omega)\}-\mathrm{Im}\{F_{\mathrm{L}}(\mathrm{j}\omega)\}]\}$$

$$=\mathrm{Re}\{F_{\mathrm{L}}(\mathrm{j}\omega)\}+\alpha\cdot\omega\cdot\mathrm{Re}\{-\mathrm{Im}\{F_{\mathrm{L}}(\mathrm{j}\omega)\}\}$$

$$=\mathrm{Re}\{F_{\mathrm{L}}(\mathrm{j}\omega)\}-\alpha\cdot\omega\cdot\mathrm{Im}\{F_{\mathrm{L}}(\mathrm{j}\omega)\}>-\frac{1}{K}$$

通过引入一个新的幅相频率特性曲线

$$F_{\mathrm{P}}(\mathrm{j}\omega)=\mathrm{Re}\{F_{\mathrm{L}}(\mathrm{j}\omega)\}+\mathrm{j}\omega\cdot\mathrm{Im}\{F_{\mathrm{L}}(\mathrm{j}\omega)\}=x_{\mathrm{P}}+\mathrm{j}\cdot y_{\mathrm{P}}$$

其中

$$x_{\mathrm{P}}=\mathrm{Re}\{F_{\mathrm{L}}(\mathrm{j}\omega)\},\qquad y_{\mathrm{P}}=\omega\cdot\mathrm{Im}\{F_{\mathrm{L}}(\mathrm{j}\omega)\}$$

将波波夫判据转换成

$$\mathrm{Re}\{F_{\mathrm{L}}(\mathrm{j}\omega)\}-\alpha\cdot\omega\cdot\mathrm{Im}\{F_{\mathrm{L}}(\mathrm{j}\omega)\}=x_{\mathrm{P}}-\alpha\cdot y_{\mathrm{P}}>-\frac{1}{K}$$

得出稳定性边界

$$x_{\mathrm{P}}-\alpha\cdot y_{\mathrm{P}}+\frac{1}{K}>0$$

方程

$$y_{\mathrm{P}}=\frac{1}{\alpha}\cdot\left(x_{\mathrm{P}}+\frac{1}{K}\right)$$

在 $y_{\mathrm{P}}-x_{\mathrm{P}}$ 幅相频率特性曲线平面描述一条具有斜率 $1/\alpha$ 并与横轴相交于点 $x_{\mathrm{P}}=-1/K$ 的直线, 这条**直线**将 y_{P}-x_{P} 平面分成两个区域: 直线右边下式成立

$$x_{\mathrm{P}}-\alpha\cdot y_{\mathrm{P}}+\frac{1}{K}>0$$

直线左边为

$$x_{\mathrm{P}}-\alpha\cdot y_{\mathrm{P}}+\frac{1}{K}<0$$

对于绝对稳定性的第二波波夫条件表述为, 对于 $\omega\geqslant 0$ 必须满足

$$x_{\mathrm{P}}-\alpha\cdot y_{\mathrm{P}}+\frac{1}{K}>0$$

但仅当幅相频率特性曲线运行于直线的右边时成立 (图 14.4-14).

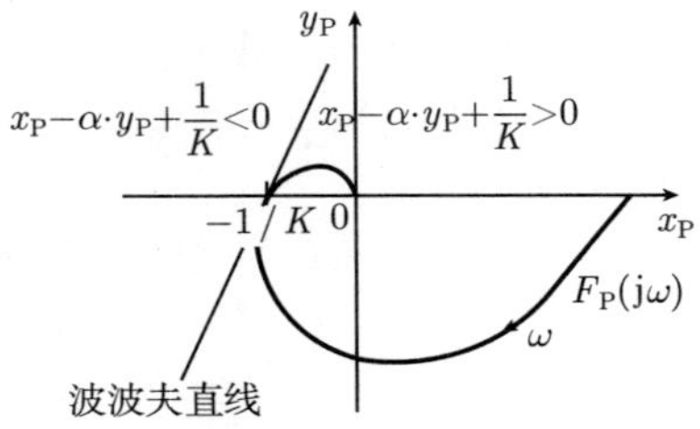

图 14.4-14　在幅相频率特性曲线平面的波波夫判据

例 14.4-9 调节系统线性部分具有传递函数:

$$G_L(s) = \frac{K_S}{(1+T_1\cdot s)\cdot(1+T_2\cdot s)\cdot(1+T_3\cdot s)}$$

$$K_S = 2,\quad T_1 = T_2 = 1\ \text{s},\quad T_3 = 0.2\ \text{s}$$

对象增益 K_S 被附加给扇形边界 K.

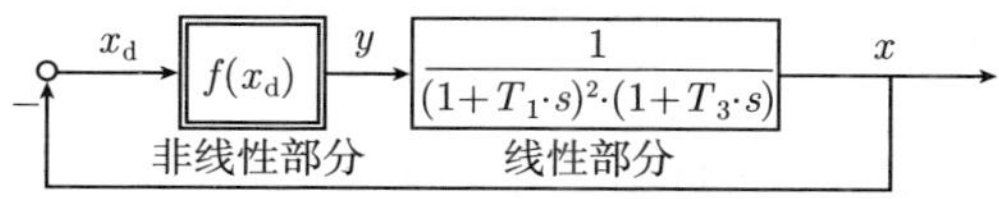

由 $s_{1,2} = -1/T_1$, $s_3 = -1/T_3$, $G_L(s)$ 仅具有负实部极点. 计算赫尔维茨扇形给出:

$$\begin{aligned} N_L(s) + K_H\cdot Z_L(s) &= (1+T_1\cdot s)^2\cdot(1+T_3\cdot s) + K_H \\ &= T_1^2\cdot T_3\cdot s^3 + (T_1^2 + 2\cdot T_1\cdot T_3)\cdot s^2 + (2\cdot T_1 + T_3)\cdot s + 1 + K_H \\ &= 0.2\cdot s^3 + 1.4\cdot s^2 + 2.2\cdot s + 1 + K_H = 0 \end{aligned}$$

劳思表:

$$\begin{array}{ll} 0.2 & 2.2 \\ 1.4 & 1+K_H \end{array}$$

$$c_1 = 1.4\cdot 2.2 - 0.2\cdot(1+K_H) > 0$$

对于具有 $0 \leqslant K_H < K_{H\max} = 14.4$ 的线性特性曲线 $y = K_H\cdot x_d$ 的调节回路是稳定的. 选择 $K < K_{H\max} = 14.4$ 为扇形上界. 用幅相频率特性曲线

$$\begin{aligned} F_P(j\omega) &= \text{Re}\{F_L(j\omega)\} + j\omega\cdot\text{Im}\{F_L(j\omega)\} \\ &= \frac{-35\cdot\omega^2 + 25}{\omega^6 + 27\cdot\omega^4 + 51\cdot\omega^2 + 25} + j\cdot\frac{5\cdot\omega^4 - 55}{\omega^6 + 27\cdot\omega^4 + 51\cdot\omega^2 + 25} \end{aligned}$$

检验波波夫判据的第二条件 (图 14.4-15). 波波夫直线位于幅相频率特性曲线的左边. 波波夫直线在 $-1/K < -1/K_{H\max}$ 相交于实轴. 波波夫直线的斜率 $1/\alpha$ 可这样选择, 即幅相频率特性曲线总是保持在波波夫直线的右边. 对于所有位于扇形 $[0,\ K/K_S < K_{H\max}/K_S = 7.7]$ 的单值的逐段连续的特性曲线 $y = f(x_d)$, 非线性调节回路是绝对稳定的. 在确定特性曲线区域时必须考虑, 增益 $K_S = 2$ 包含在 K 中. 因此非线性特性曲线必须位于在扇形 $[0,\ < 7.7]$ 内.

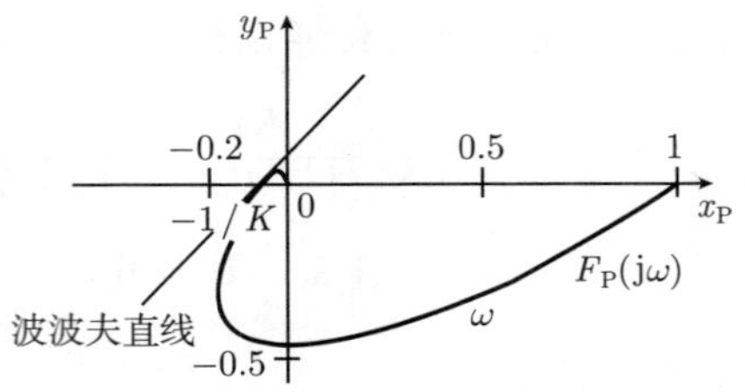

图 14.4-15　波波夫直线和波波夫幅相频率特性曲线

波波夫判据 —— 如同李雅普诺夫直接法 —— 只是一个充分稳定性条件. 如果满足稳定性条件, 那么所研究系统是稳定的; 如果不满足它, 则不能做出结论.

14.5　具有开关调节器的调节回路

14.5.1　开关调节器的应用

在许多技术调节中, 在简单应用时都采用开关调节器, 无滞环 (开关误差) 的二位调节器只提供两个不同的输出信号, 例如:

$$y = \begin{cases} y_2, & x_d > 0 \\ 0, & x_d \leqslant 0 \end{cases}$$

这对应于在被调节对象输入端功率的接入和断开.

二位调节器的重要应用领域有:

- 在家庭领域的温度调节 (室内暖气、电灶、电热板、热水箱、电熨斗、冰箱、洗衣机);
- 在工业领域的温度调节 (淬火炉、煅烧炉、陶瓷炉、干燥设备);
- 压力调节;
- 液体液面调节, 颗粒度调节.

三位调节器提供三种不同输出信号, 例如:

$$y = \begin{cases} y_2, & x_d \geqslant x_{d2} \\ 0, & -x_{d1} < x_d < x_{d2} \\ -y_1, & x_d \leqslant -x_{d1} \end{cases}$$

三位调节器的一个应用领域是阀门调整的伺服电动机控制 (右转, 静止, 左转): 由 $y = y_2$ 阀门流通截面增大, 对于 $y = 0$ 阀门保持在最后占有的位置, 由 $y = -y_1$ 流通截面缩小.

二位和三位调节器信号流图如图 14.5-1 所示.

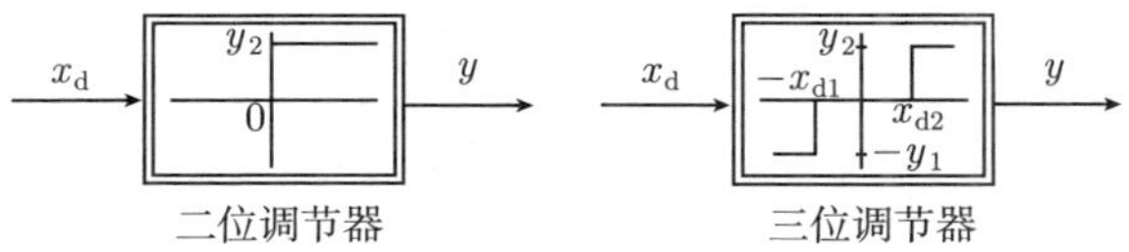

图 14.5-1　二位和三位调节器信号流图

例 14.5-1　近似地通过时延环节和 I 阶滞后环节描述的温度被调节对象, 试用一个具有开关误差的二位调节器来调节.

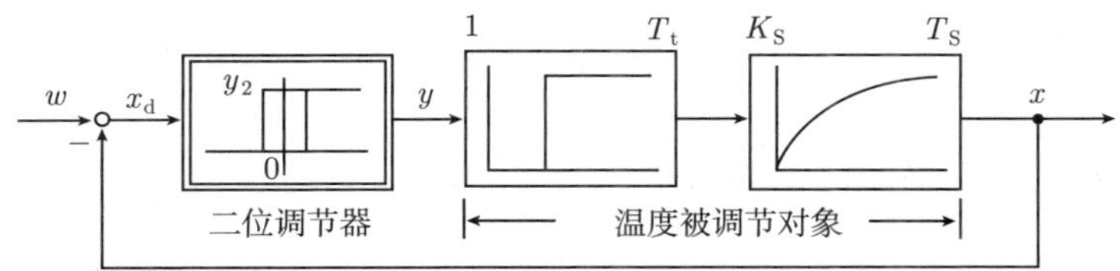

对于 $K_S = 5$, $T_t = 0.5$ s, $T_S = 5$ s, $y_2 = 0.5$, 给出如图 14.5-2 所示的调节回路参量曲线.

在调整量断开后, 被调节量通过时延 T_t 后有限制地继续上升. 当调整量再次接通后, 相应地它还继续下降. 这产生一个被调节量围绕希望值的摆式工作运动.

开关调节器具有很多优点. 它可简单地实现, 例如通过具有限位开关、双金属触点和继电器的测量值发生器. 调节器是坚固耐用和廉价的, 通过开关工作方式可达到高功率放大. 在下节将研究怎样能计算和影响具有开关调节器调节的调节特性.

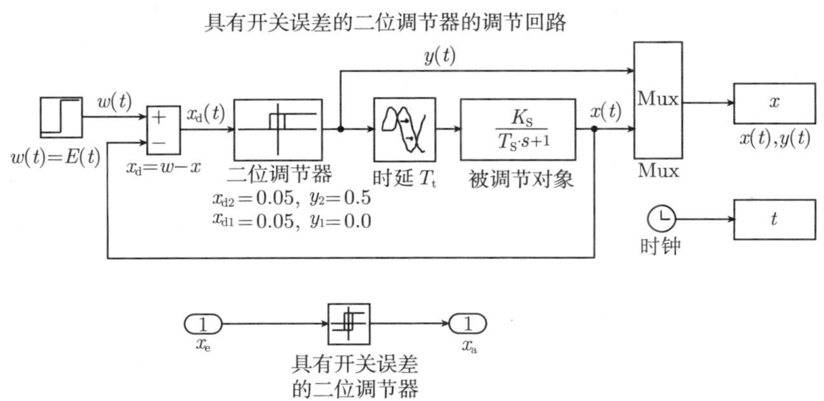

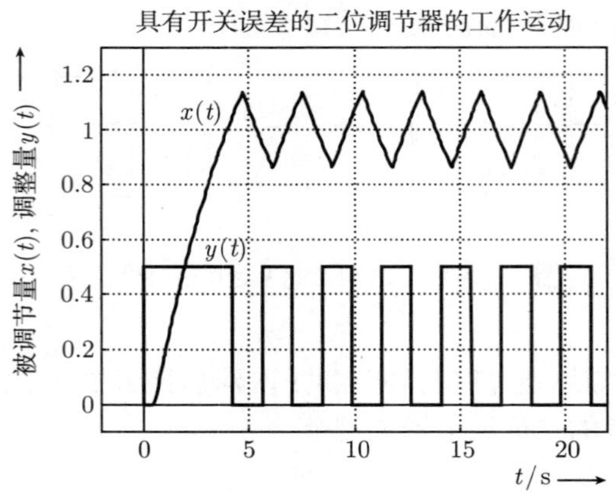

图 14.5-2　在具有二位调节器的调节回路中的信号曲线

14.5.2　具有二位调节器的调节回路

14.5.2.1　计算具有二位调节器和比例被调节对象的调节回路特征量

在本节中推导出具有比例被调节对象的一般二位调节回路方程, 由一般方程开发并在 14.5.2.2 节和 14.5.2.3 节中汇总了对于特定情况, 如像无开关误差、无基本负载的二位调节器的方程, 有或无时延的被调节对象的方程等.

把具有滞环 (开关误差 $x_{d1}+x_{d2}$)、基本负载 y_1 和主负载 y_2 的一般二位调节器 (图 14.5-3) 作为下面计算基础. 在具有 I 阶滞后而无时延被调节对象时, 滞环会减小调节器的开关误差. 为此可提高调节装置使用寿命.

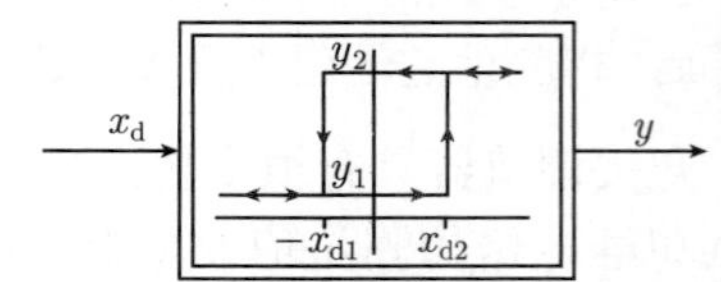

图 14.5-3　具有滞环 (开关误差) 和基本负载的二位调节器

基本负载 $y=y_1$ 取代调整量 $y=0$ 会增大调节回路工作运动周期, 并减小振荡幅值.

研究与具有时延和 I 阶滞后的被调节对象相连的二位调节器 (图 14.5-4). 具有多个滞后环节的被调节对象可通过延迟时间 T_u 和平衡时间 T_g 来取代, 其中延迟时间近似地对应于时延 T_t, 而平衡时间对应于 I 阶滞后的时间常数 T_S(11.3.4 节, 图 11.3-3).

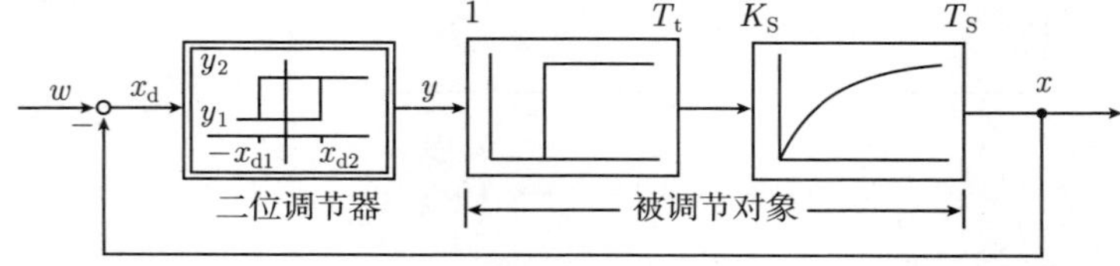

图 14.5-4　具有滞环和基本负载的二位调节器, 具有时延和滞后的被调节对象

为了按照图 14.5-5 计算信号曲线应用下列数据.

- **参据量**: 阶跃接入 $w(t)=w_0\cdot E(t)$, $w_0=1$;
- **被调节对象**: $K_{\mathrm{S}}=4$, $T_{\mathrm{S}}=5\ \mathrm{s}$, $T_{\mathrm{t}}=1\ \mathrm{s}$;
- **二位调节器**: 开关限 $x_{\mathrm{d1}}=0.1$, 开关限 $x_{\mathrm{d2}}=0.1$, 基本负载 $y_1=0.1$, 主负载 $y_2=0.5$.

对于二位调节主要时间区间表示在图 14.5-5 中, 被调节量在各时间区间具有如下曲线.

时延区间 $0\leqslant t\leqslant T_{\mathrm{t}}$:

$$x(t)=0$$

被调节量上升区间 $T_{\mathrm{t}}\leqslant t\leqslant t_1$:

$$\begin{aligned}x(t)&=x(T_{\mathrm{t}})+(K_{\mathrm{S}}\cdot y_2-x(T_{\mathrm{t}}))\cdot(1-\mathrm{e}^{-(t-T_{\mathrm{t}})/T_{\mathrm{S}}})\\&=K_{\mathrm{S}}\cdot y_2\cdot(1-\mathrm{e}^{-(t-T_{\mathrm{t}})/T_{\mathrm{S}}})\end{aligned}$$

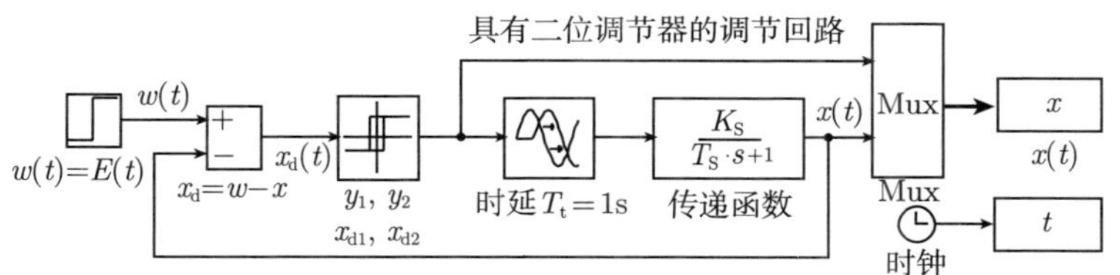

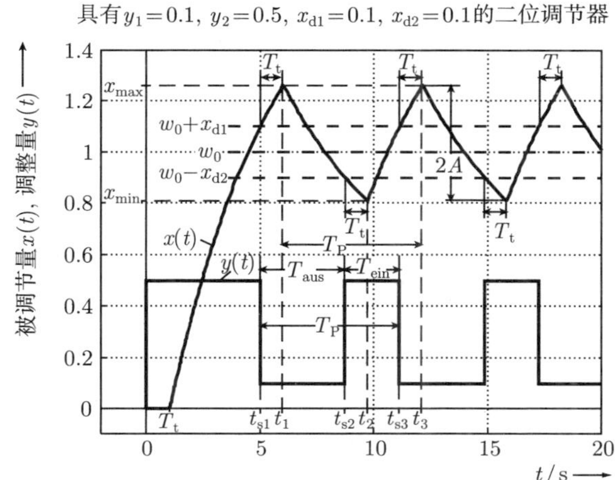

图 14.5-5　对于二位调节回路的信号曲线

$K_{\mathrm{S}}\cdot y_2=x_{\mathrm{E2}}$ 为当调节器提供主负载 y_2 并不再换向时所达到的被调节量终值. 调

整量由主负载 $y=y_2$ 换向到基本负载 $y=y_1$ 的时间点 t_{s1} 可由方程

$$x(t_{s1})=K_S\cdot y_2\cdot(1-e^{-(t_{s1}-T_t)/T_S})=w_0+x_{d1}$$

确定, 其值

$$t_{s1}=T_S\cdot\ln\left(\frac{K_S\cdot y_2}{K_S\cdot y_2-w_0-x_{d1}}\right)+T_t$$

由于时延引起地, 被调节量还在上升, 直至时间

$$t_1=t_{s1}+T_t=T_S\cdot\ln\left(\frac{K_S\cdot y_2}{K_S\cdot y_2-w_0-x_{d1}}\right)+2\cdot T_t$$

达到最大值

$$x_{max}=x(t_1)=K_S\cdot y_2\cdot(1-e^{-T_t/T_S})+(w_0+x_{d1})\cdot e^{-T_t/T_S}$$

被调节量下降区间 $t_1\leqslant t\leqslant t_2$:

$$x(t)=x_{max}+(K_S\cdot y_1-x_{max})\cdot(1-e^{-(t-t_1)/T_S})$$

$K_S\cdot y_1=x_{E1}$ 为当调节器提供基本负载 $y=y_1$ 并不再转换时所达到的被调节量终值, $K_S\cdot y_1=x_{E1}$ 值必须小于希望值 w_0, 因为否则被调节量在希望值下不再出现. 有效值为 $K_S\cdot y_1=x_{E1}=0.75\cdot w_0$ (例 14.5-2), 调整量由基本负载 $y=y_1$ 转换到主负载 $y=y_2$ 的转换时间点 t_{s2} 可由方程

$$x(t_{s2})=x_{max}+(K_S\cdot y_1-x_{max})\cdot(1-e^{-(t_{s2}-t_1)/T_S})=w_0-x_{d2}$$

计算, 其值

$$t_{s2}=T_S\cdot\ln\left[\frac{K_S\cdot y_2\cdot(K_S\cdot(y_1-y_2)\cdot e^{T_t/T_S}+K_S\cdot y_2-w_0-x_{d1})}{(K_S\cdot y_1-w_0+x_{d2})\cdot(K_S\cdot y_2-w_0-x_{d1})}\right]+T_t$$

其中代入了 t_1.

由于时延被调节量还在下降, 直至时间

$$\begin{aligned}t_2&=t_{s2}+T_t\\&=T_S\cdot\ln\left[\frac{K_S\cdot y_2\cdot(K_S\cdot(y_1-y_2)\cdot e^{T_t/T_S}+K_S\cdot y_2-w_0-x_{d1})}{(K_S\cdot y_1-w_0+x_{d2})\cdot(K_S\cdot y_2-w_0-x_{d1})}\right]+2\cdot T_t\end{aligned}$$

达到最小值

$$x_{min}=x(t_2)=K_S\cdot y_1\cdot(1-e^{-T_t/T_S})+(w_0-x_{d2})\cdot e^{-T_t/T_S}$$

被调节量上升区间 $t_2 \leqslant t \leqslant t_3$:

$$x(t) = x_{\min} + (K_{\mathrm{S}} \cdot y_2 - x_{\min}) \cdot (1 - \mathrm{e}^{-(t-t_2)/T_{\mathrm{S}}})$$

对于调整量由主负载 $y = y_2$ 转换到基本负载 $y = y_1$ 的转换时间点 t_{s3} 可由方程

$$x(t_{\mathrm{s3}}) = x_{\min} + (K_{\mathrm{S}} \cdot y_2 - x_{\min}) \cdot (1 - \mathrm{e}^{-(t_{\mathrm{s3}}-t_2)/T_{\mathrm{S}}}) = w_0 + x_{\mathrm{d1}}$$

计算, 其值

$$\begin{aligned} t_{\mathrm{s3}} = T_{\mathrm{S}} \cdot \ln \Bigg[& \frac{K_{\mathrm{S}}^3 \cdot y_2 \cdot (y_1 - y_2)^2 \cdot \mathrm{e}^{2T_{\mathrm{t}}/T_{\mathrm{S}}}}{(w_0 - K_{\mathrm{S}} \cdot y_1 - x_{\mathrm{d2}}) \cdot (K_{\mathrm{S}} \cdot y_2 - w_0 - x_{\mathrm{d1}})^2} \\ & + \frac{K_{\mathrm{S}}^2 \cdot (y_2 - y_1) \cdot y_2 \cdot \mathrm{e}^{T_{\mathrm{t}}/T_{\mathrm{S}}} \cdot (K_{\mathrm{S}} \cdot (y_1 - y_2) + x_{\mathrm{d1}} + x_{\mathrm{d2}})}{(w_0 - K_{\mathrm{S}} \cdot y_1 - x_{\mathrm{d2}}) \cdot (K_{\mathrm{S}} \cdot y_2 - w_0 - x_{\mathrm{d1}})^2} \\ & - \frac{K_{\mathrm{S}} \cdot y_2 \cdot (K_{\mathrm{S}} \cdot y_1 - w_0 + x_{\mathrm{d2}}) \cdot (K_{\mathrm{S}} \cdot y_2 - w_0 - x_{\mathrm{d1}})}{(w_0 - K_{\mathrm{S}} \cdot y_1 - x_{\mathrm{d2}}) \cdot (K_{\mathrm{S}} \cdot y_2 - w_0 - x_{\mathrm{d1}})^2} \Bigg] + T_{\mathrm{t}} \end{aligned}$$

由于时延被调节量还在上升, 直至时间

$$\begin{aligned} t_3 &= t_{\mathrm{s3}} + T_{\mathrm{t}} \\ &= T_{\mathrm{S}} \cdot \ln \Bigg[\frac{K_{\mathrm{S}}^3 \cdot y_2 \cdot (y_1 - y_2)^2 \cdot \mathrm{e}^{2T_{\mathrm{t}}/T_{\mathrm{S}}}}{(w_0 - K_{\mathrm{S}} \cdot y_1 - x_{\mathrm{d2}}) \cdot (K_{\mathrm{S}} \cdot y_2 - w_0 - x_{\mathrm{d1}})^2} \\ &\quad + \frac{K_{\mathrm{S}}^2 \cdot (y_2 - y_1) \cdot y_2 \cdot \mathrm{e}^{T_{\mathrm{t}}/T_{\mathrm{S}}} \cdot (K_{\mathrm{S}} \cdot (y_1 - y_2) + x_{\mathrm{d1}} + x_{\mathrm{d2}})}{(w_0 - K_{\mathrm{S}} \cdot y_1 - x_{\mathrm{d2}}) \cdot (K_{\mathrm{S}} \cdot y_2 - w_0 - x_{\mathrm{d1}})^2} \\ &\quad - \frac{K_{\mathrm{S}} \cdot y_2 \cdot (K_{\mathrm{S}} \cdot y_1 - w_0 + x_{\mathrm{d2}}) \cdot (K_{\mathrm{S}} \cdot y_2 - w_0 - x_{\mathrm{d1}})}{(w_0 - K_{\mathrm{S}} \cdot y_1 - x_{\mathrm{d2}}) \cdot (K_{\mathrm{S}} \cdot y_2 - w_0 - x_{\mathrm{d1}})^2} \Bigg] + 2 \cdot T_{\mathrm{t}} \end{aligned}$$

达到最大值

$$x_{\max} = x(t_3) = K_{\mathrm{S}} \cdot y_2 \cdot (1 - \mathrm{e}^{-T_{\mathrm{t}}/T_{\mathrm{S}}}) + (w_0 + x_{\mathrm{d1}}) \cdot \mathrm{e}^{-T_{\mathrm{t}}/T_{\mathrm{S}}} = x(t_1)$$

二位调节特征量为时间量、幅值和平均调节偏差 (负的平均调节误差值), 对于具有下面结构的二位调节回路汇总了特征量方程, 由此推导出特定情况的方程.

1) 具有开关误差 $x_{\mathrm{d1}} + x_{\mathrm{d2}} \neq 0$、基本负载 $y_1 \neq 0$、主负载 $y_2 \neq 0$ 的二位调节器, 具有时延和 I 阶滞后的被调节对象.

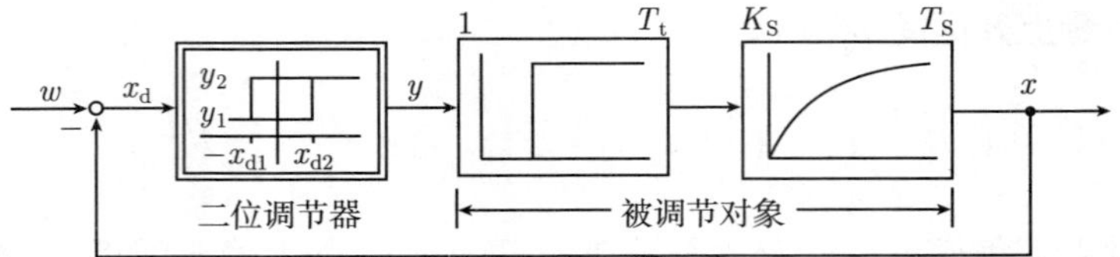

被调节量最大值:

$$
\begin{aligned}
x_{\max} &= K_S \cdot y_2 \cdot (1 - e^{-T_t/T_S}) + (w_0 + x_{d1}) \cdot e^{-T_t/T_S} \\
&= x(t_1) = x(t_1 + T_P) = x(t_1 + 2 \cdot T_P) = \cdots
\end{aligned}
$$

被调节量最小值:

$$
\begin{aligned}
x_{\min} &= K_S \cdot y_1 \cdot (1 - e^{-T_t/T_S}) + (w_0 - x_{d2}) \cdot e^{-T_t/T_S} \\
&= x(t_2) = x(t_2 + T_P) = x(t_2 + 2 \cdot T_P) = \cdots
\end{aligned}
$$

主负载断开持续时间 (基本负载接通持续时间)T_{aus}, 同时为被调节量下降持续时间:

$$
\begin{aligned}
T_{aus} &= t_{s2} - t_{s1} = t_2 - t_1 \\
&= T_S \cdot \ln \left[\frac{K_S \cdot (y_2 - y_1) \cdot e^{T_t/T_S} - K_S \cdot y_2 + w_0 + x_{d1}}{w_0 - K_S \cdot y_1 - x_{d2}} \right]
\end{aligned}
$$

主负载接通持续时间 T_{ein}, 同时为被调节量上升持续时间:

$$
\begin{aligned}
T_{ein} &= t_{s3} - t_{s2} = t_3 - t_2 \\
&= T_S \cdot \ln \left[\frac{K_S \cdot (y_2 - y_1) \cdot e^{T_t/T_S} + K_S \cdot y_1 - w_0 + x_{d2}}{K_S \cdot y_2 - w_0 - x_{d1}} \right]
\end{aligned}
$$

接通断开持续时间比(主负载对基本负载):

$$
\frac{T_{ein}}{T_{aus}}
$$

被调节量工作运动的**周期时间**T_P(开关频率 $f_s = 1/T_P$):

$$
\begin{aligned}
T_P &= t_{s3} - t_{s1} = t_3 - t_1 = T_{aus} + T_{ein} \\
&= T_S \cdot \ln \left[\frac{K_S \cdot (y_2 - y_1) \cdot e^{T_t/T_S} - K_S \cdot y_2 + w_0 + x_{d1}}{w_0 - K_S \cdot y_1 - x_{d2}} \right] \\
&\quad + T_S \cdot \ln \left[\frac{K_S \cdot (y_2 - y_1) \cdot e^{T_t/T_S} + K_S \cdot y_1 - w_0 + x_{d2}}{K_S \cdot y_2 - w_0 - x_{d1}} \right]
\end{aligned}
$$

被调节量工作运动的**振荡幅值** A:

$$A = \frac{x_{\max} - x_{\min}}{2} = \frac{K_{\mathrm{S}} \cdot (y_2 - y_1) \cdot (1 - \mathrm{e}^{-T_{\mathrm{t}}/T_{\mathrm{S}}}) + (x_{\mathrm{d1}} + x_{\mathrm{d2}}) \cdot \mathrm{e}^{-T_{\mathrm{t}}/T_{\mathrm{S}}}}{2}$$

平均调节偏差 x_{wm}(负的平均调节误差值):

$$x_{\mathrm{wm}} = \frac{x_{\max} - w_0}{2} + \frac{x_{\min} - w_0}{2} = \frac{x_{\max} + x_{\min}}{2} - w_0 = \frac{(K_{\mathrm{S}} \cdot (y_1 + y_2) - 2 \cdot w_0) \cdot (1 - \mathrm{e}^{-T_{\mathrm{t}}/T_{\mathrm{S}}}) + (x_{\mathrm{d1}} - x_{\mathrm{d2}}) \cdot \mathrm{e}^{-T_{\mathrm{t}}/T_{\mathrm{S}}}}{2}$$

在二位调节时振荡幅值 A 与希望值 w_0 无关. 对于对称开关值 $x_{\mathrm{d1}} = x_{\mathrm{d2}}$ 和当 $K_{\mathrm{S}} \cdot (y_1 + y_2) = 2 \cdot w_0$ 时平均调节偏差为零.

14.5.2.2 在具有时延的比例被调节对象前的二位调节器

对于基本负载 $y_1 = 0$、开关值 $x_{\mathrm{d1}} = x_{\mathrm{d2}} = 0$、规一化主负载 $y = y_2 = 1$ 的特定情况, 由在 14.5.2.1 节,1) 中计算的特征量推导出具有时延和 I 阶滞后的被调节对象的计算方程.

2) 具有开关误差 $x_{\mathrm{d1}} + x_{\mathrm{d2}} \neq 0$、基本负载 $y_1 = 0$、主负载 $y_2 \neq 0$ 的二位调节器, 具有时延和 I 阶滞后的被调节对象.

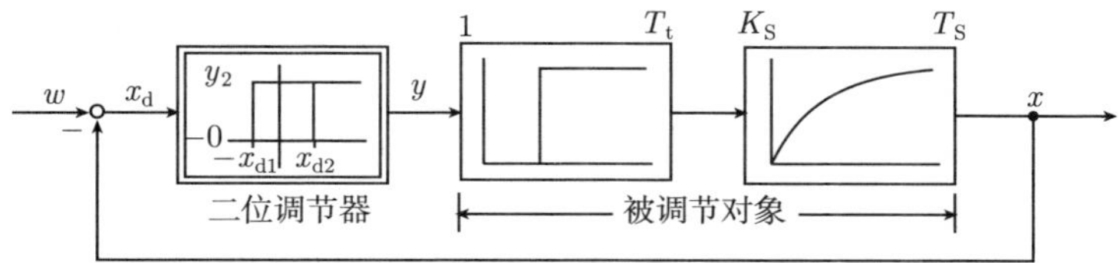

被调节量最大值:

$$x_{\max} = K_{\mathrm{S}} \cdot y_2 \cdot (1 - \mathrm{e}^{-T_{\mathrm{t}}/T_{\mathrm{S}}}) + (w_0 + x_{\mathrm{d1}}) \cdot \mathrm{e}^{-T_{\mathrm{t}}/T_{\mathrm{S}}}$$

被调节量最小值:

$$x_{\min} = (w_0 - x_{\mathrm{d2}}) \cdot \mathrm{e}^{-T_{\mathrm{t}}/T_{\mathrm{S}}}$$

主负载断开持续时间 T_{aus}:

$$T_{\mathrm{aus}} = T_{\mathrm{S}} \cdot \ln\left(\frac{K_{\mathrm{S}} \cdot y_2 \cdot \mathrm{e}^{T_{\mathrm{t}}/T_{\mathrm{S}}} - K_{\mathrm{S}} \cdot y_2 + w_0 + x_{\mathrm{d1}}}{w_0 - x_{\mathrm{d2}}}\right)$$

主负载接通持续时间 T_{ein}:

$$T_{\mathrm{ein}} = T_{\mathrm{S}} \cdot \ln\left(\frac{K_{\mathrm{S}} \cdot y_2 \cdot \mathrm{e}^{T_{\mathrm{t}}/T_{\mathrm{S}}} - w_0 + x_{\mathrm{d2}}}{K_{\mathrm{S}} \cdot y_2 - w_0 - x_{\mathrm{d1}}}\right)$$

接通断开持续时间比:

$$\frac{T_{\mathrm{ein}}}{T_{\mathrm{aus}}}$$

周期时间 T_{P}(开关频率 $f_{\mathrm{s}} = 1/T_{\mathrm{P}}$):

$$T_{\mathrm{P}} = T_{\mathrm{S}} \cdot \ln\left(\frac{K_{\mathrm{S}} \cdot y_2 \cdot \mathrm{e}^{T_{\mathrm{t}}/T_{\mathrm{S}}} - K_{\mathrm{S}} \cdot y_2 + w_0 + x_{\mathrm{d1}}}{w_0 - x_{\mathrm{d2}}}\right) + T_{\mathrm{S}} \cdot \ln\left(\frac{K_{\mathrm{S}} \cdot y_2 \cdot \mathrm{e}^{T_{\mathrm{t}}/T_{\mathrm{S}}} - w_0 + x_{\mathrm{d2}}}{K_{\mathrm{S}} \cdot y_2 - w_0 - x_{\mathrm{d1}}}\right)$$

被调节量工作运动的**振荡幅值** A:

$$A = \frac{K_{\mathrm{S}} \cdot y_2 \cdot (1 - \mathrm{e}^{-T_{\mathrm{t}}/T_{\mathrm{S}}}) + (x_{\mathrm{d1}} + x_{\mathrm{d2}}) \cdot \mathrm{e}^{-T_{\mathrm{t}}/T_{\mathrm{S}}}}{2}$$

平均调节偏差 x_{wm}:

$$x_{\mathrm{wm}} = \frac{(K_{\mathrm{S}} \cdot y_2 - 2 \cdot w_0) \cdot (1 - \mathrm{e}^{-T_{\mathrm{t}}/T_{\mathrm{S}}}) + (x_{\mathrm{d1}} - x_{\mathrm{d2}}) \cdot \mathrm{e}^{-T_{\mathrm{t}}/T_{\mathrm{S}}}}{2}$$

3) 无开关误差 $x_{\mathrm{d1}} = x_{\mathrm{d2}} = 0$、基本负载 $y_1 \neq 0$、主负载 $y_2 \neq 0$ 的二位调节器, 具有时延和 I 阶滞后的被调节对象.

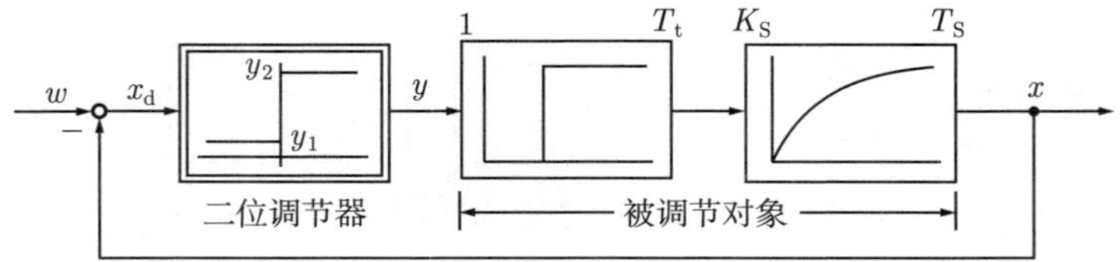

被调节量最大值:

$$x_{\max} = K_{\mathrm{S}} \cdot y_2 \cdot (1 - \mathrm{e}^{-T_{\mathrm{t}}/T_{\mathrm{S}}}) + w_0 \cdot \mathrm{e}^{-T_{\mathrm{t}}/T_{\mathrm{S}}}$$

被调节量最小值:

$$x_{\min} = K_{\mathrm{S}} \cdot y_1 \cdot (1 - \mathrm{e}^{-T_{\mathrm{t}}/T_{\mathrm{S}}}) + w_0 \cdot \mathrm{e}^{-T_{\mathrm{t}}/T_{\mathrm{S}}}$$

主负载断开持续时间 (基本负载接通持续时间) T_{aus}:

$$T_{\mathrm{aus}} = T_{\mathrm{S}} \cdot \ln\left[\frac{K_{\mathrm{S}} \cdot (y_1 - y_2) \cdot \mathrm{e}^{T_{\mathrm{t}}/T_{\mathrm{S}}} + K_{\mathrm{S}} \cdot y_2 - w_0}{K_{\mathrm{S}} \cdot y_1 - w_0}\right]$$

主负载接通持续时间 T_{ein}:

$$T_{\mathrm{ein}} = T_{\mathrm{S}} \cdot \ln\left[\frac{K_{\mathrm{S}} \cdot (y_1 - y_2) \cdot \mathrm{e}^{T_{\mathrm{t}}/T_{\mathrm{S}}} - K_{\mathrm{S}} \cdot y_1 + w_0}{w_0 - K_{\mathrm{S}} \cdot y_2}\right]$$

接通断开持续时间比 (主负载对基本负载):

$$\frac{T_{\mathrm{ein}}}{T_{\mathrm{aus}}}$$

周期时间 T_{P} (开关频率 $f_{\mathrm{s}} = 1/T_{\mathrm{P}}$):

$$T_{\mathrm{P}} = T_{\mathrm{S}} \cdot \ln\left[\frac{K_{\mathrm{S}} \cdot (y_1 - y_2) \cdot \mathrm{e}^{T_{\mathrm{t}}/T_{\mathrm{S}}} + K_{\mathrm{S}} \cdot y_2 - w_0}{K_{\mathrm{S}} \cdot y_1 - w_0}\right] + T_{\mathrm{S}} \cdot \ln\left[\frac{K_{\mathrm{S}} \cdot (y_1 - y_2) \cdot \mathrm{e}^{T_{\mathrm{t}}/T_{\mathrm{S}}} - K_{\mathrm{S}} \cdot y_1 + w_0}{w_0 - K_{\mathrm{S}} \cdot y_2}\right]$$

被调节量工作运动的**振荡幅值** A:

$$A = \frac{K_{\mathrm{S}} \cdot (y_2 - y_1) \cdot (1 - \mathrm{e}^{-T_{\mathrm{t}}/T_{\mathrm{S}}})}{2}$$

平均调节偏差 x_{wm}:

$$x_{\mathrm{wm}} = \frac{(K_{\mathrm{S}} \cdot (y_1 + y_2) - 2 \cdot w_0) \cdot (1 - \mathrm{e}^{-T_{\mathrm{t}}/T_{\mathrm{S}}})}{2}$$

4) 无开关误差 $x_{\mathrm{d1}} = x_{\mathrm{d2}} = 0$、基本负载 $y_1 = 0$、主负载 $y_2 \neq 0$ 的二位调节器, 具有时延和 I 阶滞后的被调节对象.

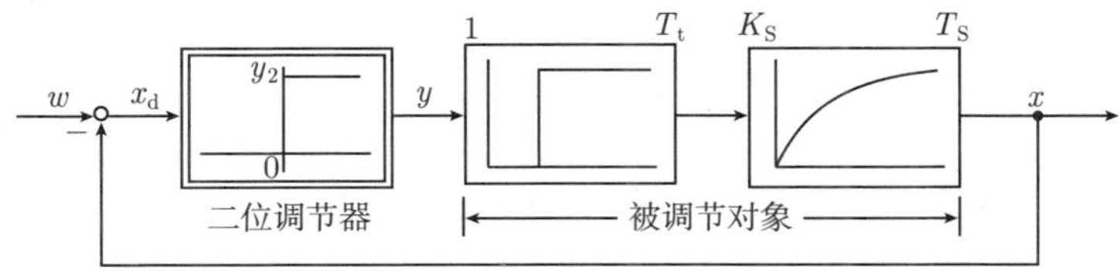

对于 $T_{\mathrm{t}} \ll T_{\mathrm{S}}$ 代入近似式

$$\mathrm{e}^{-T_{\mathrm{t}}/T_{\mathrm{S}}} \approx 1 - T_{\mathrm{t}}/T_{\mathrm{S}}, \qquad \mathrm{e}^{T_{\mathrm{t}}/T_{\mathrm{S}}} \approx 1 + T_{\mathrm{t}}/T_{\mathrm{S}}$$

被调节量最大值:

$$x_{\max} = K_{\mathrm{S}} \cdot y_2 \cdot (1 - \mathrm{e}^{-T_{\mathrm{t}}/T_{\mathrm{S}}}) + w_0 \cdot \mathrm{e}^{-T_{\mathrm{t}}/T_{\mathrm{S}}} \approx \frac{K_{\mathrm{S}} \cdot y_2 \cdot T_{\mathrm{t}} + w_0 \cdot (T_{\mathrm{S}} - T_{\mathrm{t}})}{T_{\mathrm{S}}}$$

被调节量最小值:

$$x_{\min} = w_0 \cdot \mathrm{e}^{-T_\mathrm{t}/T_\mathrm{S}} \approx \frac{w_0 \cdot (T_\mathrm{S} - T_\mathrm{t})}{T_\mathrm{S}}$$

主负载断开持续时间 T_{aus}:

$$T_{\mathrm{aus}} = T_\mathrm{S} \cdot \ln\left(\frac{K_\mathrm{S} \cdot y_2 \cdot \mathrm{e}^{T_\mathrm{t}/T_\mathrm{S}} - K_\mathrm{S} \cdot y_2 + w_0}{w_0}\right) \approx T_\mathrm{S} \cdot \ln\left(\frac{K_\mathrm{S} \cdot y_2 \cdot T_\mathrm{t} + w_0 \cdot T_\mathrm{S}}{w_0 \cdot T_\mathrm{S}}\right)$$

主负载接通持续时间 T_{ein}:

$$T_{\mathrm{ein}} = T_\mathrm{S} \cdot \ln\left(\frac{K_\mathrm{S} \cdot y_2 \cdot \mathrm{e}^{T_\mathrm{t}/T_\mathrm{S}} - w_0}{K_\mathrm{S} \cdot y_2 - w_0}\right) \approx T_\mathrm{S} \cdot \ln\left(\frac{K_\mathrm{S} \cdot y_2 \cdot (T_\mathrm{S} + T_\mathrm{t}) - w_0 \cdot T_\mathrm{S}}{(K_\mathrm{S} \cdot y_2 - w_0) \cdot T_\mathrm{S}}\right)$$

接通断开持续时间比:

$$\frac{T_{\mathrm{ein}}}{T_{\mathrm{aus}}}$$

周期时间 T_P (开关频率 $f_\mathrm{s} = 1/T_\mathrm{P}$):

$$T_\mathrm{P} = T_\mathrm{S} \cdot \ln\left[\frac{(K_\mathrm{S} \cdot y_2 \cdot \mathrm{e}^{T_\mathrm{t}/T_\mathrm{S}} - K_\mathrm{S} \cdot y_2 + w_0) \cdot (K_\mathrm{S} \cdot y_2 \cdot \mathrm{e}^{T_\mathrm{t}/T_\mathrm{S}} - w_0)}{w_0 \cdot (K_\mathrm{S} \cdot y_2 - w_0)}\right]$$

$$\approx T_\mathrm{S} \cdot \ln\left[\frac{(K_\mathrm{S} \cdot y_2 \cdot T_\mathrm{t} + w_0 \cdot T_\mathrm{S}) \cdot (K_\mathrm{S} \cdot y_2 \cdot (T_\mathrm{S} + T_\mathrm{t}) - w_0 \cdot T_\mathrm{S})}{w_0 \cdot (K_\mathrm{S} \cdot y_2 - w_0) \cdot T_\mathrm{S}^2}\right]$$

被调节量工作运动的**振荡幅值** A:

$$A = \frac{K_\mathrm{S} \cdot y_2 \cdot (1 - \mathrm{e}^{-T_\mathrm{t}/T_\mathrm{S}})}{2} \approx \frac{K_\mathrm{S} \cdot y_2 \cdot T_\mathrm{t}}{2 \cdot T_\mathrm{S}}$$

平均调节偏差x_{wm}:

$$x_{\mathrm{wm}} = \frac{(K_\mathrm{S} \cdot y_2 - 2 \cdot w_0) \cdot (1 - \mathrm{e}^{-T_\mathrm{t}/T_\mathrm{S}})}{2} \approx \frac{(K_\mathrm{S} \cdot y_2 - 2 \cdot w_0) \cdot T_\mathrm{t}}{2 \cdot T_\mathrm{S}}$$

$K_\mathrm{S} \cdot y_2 = x_{\mathrm{E2}}$ 为当调节器不断开主负载 y_2 时所达到的被调节量终值. 对于 $2 \cdot w_0 = K_\mathrm{S} \cdot y_2 = x_{\mathrm{E2}}$, 平均调节误差等于零.

对于评估二位调节, 感兴趣的是周期时间 T_P(开关频率 $f_\mathrm{s} = 1/T_\mathrm{P}$) 和主负载 y_2 的接通和断开持续时间的比值 $T_{\mathrm{ein}}/T_{\mathrm{aus}}$ 与归一化希望值 w_0/x_{E2} 的关系. 周期时间方程

$$T_\mathrm{P} = T_\mathrm{S} \cdot \ln\left[\frac{(K_\mathrm{S} \cdot y_2 \cdot \mathrm{e}^{T_\mathrm{t}/T_\mathrm{S}} - K_\mathrm{S} \cdot y_2 + w_0) \cdot (K_\mathrm{S} \cdot y_2 \cdot \mathrm{e}^{T_\mathrm{t}/T_\mathrm{S}} - w_0)}{w_0 \cdot (K_\mathrm{S} \cdot y_2 - w_0)}\right]$$

可用

$$\frac{w_0}{x_{\mathrm{E2}}}=\frac{w_0}{K_{\mathrm{S}}\cdot y_2},\qquad \frac{T_{\mathrm{P}}}{T_{\mathrm{S}}}$$

归一化:

$$\frac{T_{\mathrm{P}}}{T_{\mathrm{S}}}=\ln\left[\frac{(\mathrm{e}^{T_{\mathrm{t}}/T_{\mathrm{S}}}-w_0/x_{\mathrm{E2}})\cdot(\mathrm{e}^{T_{\mathrm{t}}/T_{\mathrm{S}}}+w_0/x_{\mathrm{E2}}-1)}{(1-w_0/x_{\mathrm{E2}})\cdot w_0/x_{\mathrm{E2}}}\right]$$

而导数

$$\begin{aligned}&\frac{\mathrm{d}(T_{\mathrm{P}}/T_{\mathrm{S}})}{\mathrm{d}(w_0/x_{\mathrm{E2}})}\\&=\ln\left[\frac{(\mathrm{e}^{2T_{\mathrm{t}}/T_{\mathrm{S}}}-\mathrm{e}^{T_{\mathrm{t}}/T_{\mathrm{S}}})\cdot(2\cdot w_0/x_{\mathrm{E2}}-1)}{(1-w_0/x_{\mathrm{E2}})\cdot(\mathrm{e}^{2T_{\mathrm{t}}/T_{\mathrm{S}}}-\mathrm{e}^{T_{\mathrm{t}}/T_{\mathrm{S}}}-(w_0/x_{\mathrm{E2}}-1)\cdot w_0/x_{\mathrm{E2}})\cdot w_0/x_{\mathrm{E2}}}\right]\overset{!}{=}0\end{aligned}$$

提供最小值在

$$2\cdot w_0/x_{\mathrm{E2}}=1,\qquad x_{\mathrm{E2}}=K_{\mathrm{S}}\cdot y_2=2\cdot w_0$$

在图 14.5-6 中绘制了比值 $T_{\mathrm{P}}/T_{\mathrm{S}}=f(w_0/x_{\mathrm{E2}})$ 曲线. 对于 $w_0/x_{\mathrm{E2}}=0.5$, 周期时间具有最小值和开关频率 f_{s} 具有最大值, 并都与比值 $T_{\mathrm{t}}/T_{\mathrm{S}}$ 无关. 在较大的振荡周期时间 T_{P} 时, 不能够快速地调节扰动, 为此对于 w_0/x_{E2} 选择范围

$$0.25<\frac{w_0}{x_{\mathrm{E2}}}=\frac{w_0}{K_{\mathrm{S}}\cdot y_2}<0.75$$

表示接通和断开持续时间的比值 $T_{\mathrm{ein}}/T_{\mathrm{aus}}$ 对于规一化希望值 w_0/x_{E2} 的关系 (图 14.5-7), 方程

$$\frac{T_{\mathrm{ein}}}{T_{\mathrm{aus}}}=\frac{\ln\left(\dfrac{K_{\mathrm{S}}\cdot y_2\cdot\mathrm{e}^{T_{\mathrm{t}}/T_{\mathrm{S}}}-w_0}{K_{\mathrm{S}}\cdot y_2-w_0}\right)}{\ln\left(\dfrac{K_{\mathrm{S}}\cdot y_2\cdot\mathrm{e}^{T_{\mathrm{t}}/T_{\mathrm{S}}}-K_{\mathrm{S}}\cdot y_2+w_0}{w_0}\right)}$$

用

$$\frac{w_0}{x_{\mathrm{E2}}}=\frac{w_0}{K_{\mathrm{S}}\cdot y_2}$$

归一化

$$\frac{T_{\mathrm{ein}}}{T_{\mathrm{aus}}}=\frac{\ln\left(\dfrac{\mathrm{e}^{T_{\mathrm{t}}/T_{\mathrm{S}}}-w_0/x_{\mathrm{E2}}}{1-w_0/x_{\mathrm{E2}}}\right)}{\ln\left(\dfrac{\mathrm{e}^{T_{\mathrm{t}}/T_{\mathrm{S}}}+w_0/x_{\mathrm{E2}}-1}{w_0/x_{\mathrm{E2}}}\right)}$$

对于 $w_0/x_{\mathrm{E2}}=1/2$, $x_{\mathrm{E2}}=K_{\mathrm{S}}\cdot y_2=2\cdot w_0$, 接通和断开持续时间相等, $T_{\mathrm{ein}}/T_{\mathrm{aus}}=1$.

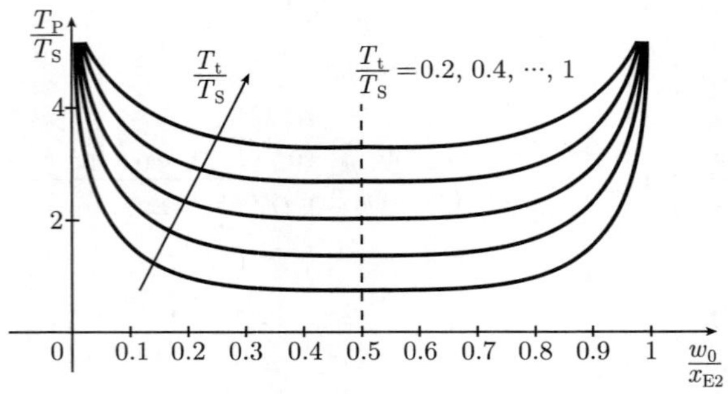

图 14.5-6 归一化周期时间 T_P/T_S 与规一化希望值 w_0/x_{E2} 依赖关系

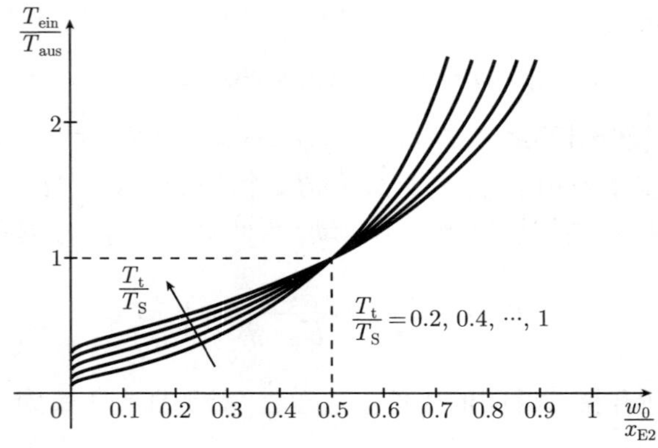

图 14.5-7 接通和断开持续时间的比值 T_{ein}/T_{aus} 与归一化希望值 w_0/x_{E2} 的依赖关系

5) 无开关误差 $x_{d1} = x_{d2} = 0$、基本负载 $y_1 = 0$、主负载 $y_2 = 1$ 的二位调节器, 具有时延和 I 阶滞后的被调节对象.

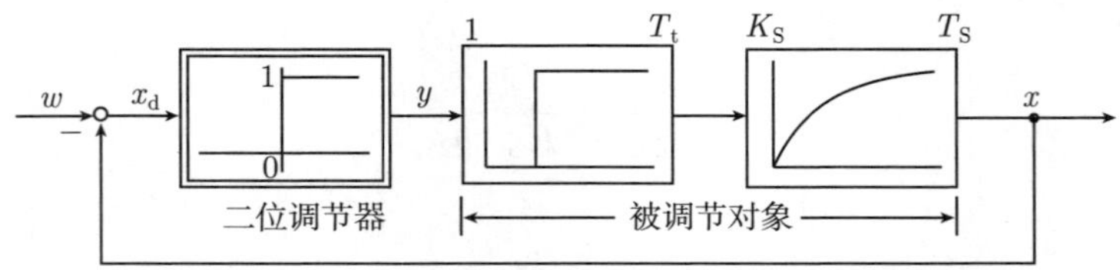

特定情况 $y_2 = 1$ 简化方程, 对于 $T_t \ll T_S$ 应用近似式

$$e^{-T_t/T_S} \approx 1 - T_t/T_S, \qquad e^{T_t/T_S} \approx 1 + T_t/T_S$$

被调节量最大值:

$$x_{max} = K_S \cdot (1 - e^{-T_t/T_S}) + w_0 \cdot e^{-T_t/T_S} \approx \frac{K_S \cdot T_t + w_0 \cdot (T_S - T_t)}{T_S}$$

被调节量最小值:

$$x_{\min} = w_0 \cdot \mathrm{e}^{-T_\mathrm{t}/T_\mathrm{S}} \approx \frac{w_0 \cdot (T_\mathrm{S} - T_\mathrm{t})}{T_\mathrm{S}}$$

主负载断开持续时间 T_aus:

$$T_\mathrm{aus} = T_\mathrm{S} \cdot \ln\left(\frac{K_\mathrm{S} \cdot \mathrm{e}^{T_\mathrm{t}/T_\mathrm{S}} - K_\mathrm{S} + w_0}{w_0}\right) \approx T_\mathrm{S} \cdot \ln\left(\frac{K_\mathrm{S} \cdot T_\mathrm{t} + w_0 \cdot T_\mathrm{S}}{w_0 \cdot T_\mathrm{S}}\right)$$

主负载接通持续时间 T_ein:

$$T_\mathrm{ein} = T_\mathrm{S} \cdot \ln\left(\frac{K_\mathrm{S} \cdot \mathrm{e}^{T_\mathrm{t}/T_\mathrm{S}} - w_0}{K_\mathrm{S} - w_0}\right) \approx T_\mathrm{S} \cdot \ln\left[\frac{K_\mathrm{S} \cdot (T_\mathrm{S} + T_\mathrm{t}) - w_0 \cdot T_\mathrm{S}}{(K_\mathrm{S} - w_0) \cdot T_\mathrm{S}}\right]$$

接通断开持续时间比:

$$\frac{T_\mathrm{ein}}{T_\mathrm{aus}}$$

周期时间 T_P (开关频率 $f_\mathrm{s} = 1/T_\mathrm{P}$):

$$T_\mathrm{P} = T_\mathrm{S} \cdot \ln\left[\frac{(K_\mathrm{S} \cdot \mathrm{e}^{T_\mathrm{t}/T_\mathrm{S}} - K_\mathrm{S} + w_0) \cdot (K_\mathrm{S} \cdot \mathrm{e}^{T_\mathrm{t}/T_\mathrm{S}} - w_0)}{w_0 \cdot (K_\mathrm{S} - w_0)}\right]$$

$$\approx T_\mathrm{S} \cdot \ln\left[\frac{(K_\mathrm{S} \cdot T_\mathrm{t} + w_0 \cdot T_\mathrm{S}) \cdot (K_\mathrm{S} \cdot [T_\mathrm{S} + T_\mathrm{t}] - w_0 \cdot T_\mathrm{S})}{w_0 \cdot (K_\mathrm{S} - w_0) \cdot T_\mathrm{S}^2}\right]$$

被调节量工作运动的**振荡幅值** A:

$$A = \frac{K_\mathrm{S} \cdot (1 - \mathrm{e}^{-T_\mathrm{t}/T_\mathrm{S}})}{2} \approx \frac{K_\mathrm{S} \cdot T_\mathrm{t}}{2 \cdot T_\mathrm{S}}$$

平均调节偏差 x_wm:

$$x_\mathrm{wm} = \frac{(K_\mathrm{S} - 2 \cdot w_0) \cdot (1 - \mathrm{e}^{-T_\mathrm{t}/T_\mathrm{S}})}{2} \approx \frac{(K_\mathrm{S} - 2 \cdot w_0) \cdot T_\mathrm{t}}{2 \cdot T_\mathrm{S}}$$

对于 $K_\mathrm{S} = 2 \cdot w_0$ 平均调节偏差等于零.

例 14.5-2 对于温度调节回路, 试确定有和无基本负载的二位调节器的特征数据.

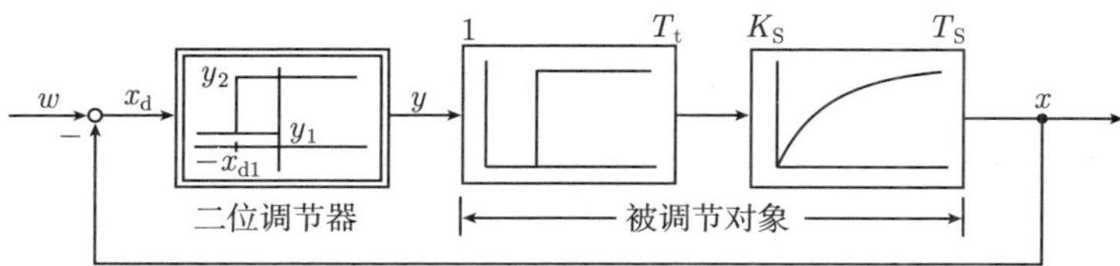

参据量: 阶跃接入 $w(t) = w_0 \cdot E(t)$, $w_0 = 1$.

被调节对象: $K_S = 5$, $T_S = 300$ s, $T_t = 60$ s.

二位调节器: 基本负载这样选择, 即被调节量在基本负载 y_1 时达到终值, 而在希望值 w_0 的 75%时处于: $K_S \cdot y_1 = x_{E1} = 0.75 \cdot w_0$. 被调节量在主负载 y_2 时达到的终值由 $K_S \cdot y_2 = x_{E2} = 2 \cdot w_0$ 来确定. 应将无基本负载 $y_1 = 0$ 的调节回路与其进行比较.

为此二位调节器具有如下特征数据: 开关限 $x_{d1} = 0.05$, 开关限 $x_{d2} = 0$, 基本负载 $y_1 = 0.75 \cdot w_0/K_S = 0.15$, $y_1 = 0$, 主负载 $y_2 = 2 \cdot w_0/K_S = 0.4$. 对于具有基本负载 $y_1 = 0.15$ 的计算, 14.5.2.1 节, 1) 的一般方程有效; 而对于 $y_1 = 0$(无基本负载) 则在 14.5.2.2 节, 2) 中给出公式.

被调节量最大值:

$$x_{\max} = K_S \cdot y_2 \cdot (1 - e^{-T_t/T_S}) + (w_0 + x_{d1}) \cdot e^{-T_t/T_S}$$

$$y_1 = 0.15, \qquad y_1 = 0\colon\ x_{\max} = 1.222$$

被调节量最小值:

$$x_{\min} = K_S \cdot y_1 \cdot (1 - e^{-T_t/T_S}) + (w_0 - x_{d2}) \cdot e^{-T_t/T_S}$$

$$y_1 = 0.15\colon\ x_{\min} = 0.955$$

$$y_1 = 0\colon\qquad x_{\min} = 0.819$$

主负载断开持续时间 (基本负载接通持续时间):

$$T_{\text{aus}} = T_S \cdot \ln\left[\frac{K_S \cdot (y_2 - y_1) \cdot e^{T_t/T_S} - K_S \cdot y_2 + w_0 + x_{d1}}{w_0 - K_S \cdot y_1 - x_{d2}}\right]$$

$y_1 = 0.15$: $T_{\text{aus}} = 250.79$ s

$y_1 = 0$: $T_{\text{aus}} = 120.20$ s

主负载接通持续时间:

$$T_{\text{ein}} = T_S \cdot \ln\left[\frac{K_S \cdot (y_2 - y_1) \cdot e^{T_t/T_S} + K_S \cdot y_1 - w_0 + x_{d2}}{K_S \cdot y_2 - w_0 - x_{d1}}\right]$$

$y_1 = 0.15$: $T_{\text{ein}} = 88.68$ s

$y_1 = 0$: $T_{\text{ein}} = 125.36$ s

接通断开持续时间比 (主负载对基本负载):

$$y_1 = 0.15\colon\ T_{\text{ein}}/T_{\text{aus}} = 0.354$$

$$y_1 = 0\colon\qquad T_{\text{ein}}/T_{\text{aus}} = 1.043$$

周期时间:

$$T_{\mathrm{P}}=T_{\mathrm{S}}\cdot\ln\left[\frac{K_{\mathrm{S}}\cdot(y_2-y_1)\cdot\mathrm{e}^{T_{\mathrm{t}}/T_{\mathrm{S}}}-K_{\mathrm{S}}\cdot y_2+w_0+x_{\mathrm{d1}}}{w_0-K_{\mathrm{S}}\cdot y_1-x_{\mathrm{d2}}}\right]$$
$$+T_{\mathrm{S}}\cdot\ln\left[\frac{K_{\mathrm{S}}\cdot(y_2-y_1)\cdot\mathrm{e}^{T_{\mathrm{t}}/T_{\mathrm{S}}}+K_{\mathrm{S}}\cdot y_1-w_0+x_{\mathrm{d2}}}{K_{\mathrm{S}}\cdot y_2-w_0-x_{\mathrm{d1}}}\right]$$

$y_1=0.15$: $T_{\mathrm{P}}=339.47\ \mathrm{s}$

$y_1=0$: $T_{\mathrm{P}}=245.56\ \mathrm{s}$

振荡幅值:

$$A=\frac{K_{\mathrm{S}}\cdot(y_2-y_1)\cdot(1-\mathrm{e}^{-T_{\mathrm{t}}/T_{\mathrm{S}}})+(x_{\mathrm{d1}}+x_{\mathrm{d2}})\cdot\mathrm{e}^{-T_{\mathrm{t}}/T_{\mathrm{S}}}}{2}$$

$y_1=0.15$: $A=0.134$

$y_1=0$: $A=0.202$

平均调节偏差:

$$x_{\mathrm{wm}}=\frac{(K_{\mathrm{S}}\cdot(y_1+y_2)-2\cdot w_0)\cdot(1-\mathrm{e}^{-T_{\mathrm{t}}/T_{\mathrm{S}}})+(x_{\mathrm{d1}}-x_{\mathrm{d2}})\cdot\mathrm{e}^{-T_{\mathrm{t}}/T_{\mathrm{S}}}}{2}$$

$y_1=0.15$: $x_{\mathrm{wm}}=0.088$

$y_1=0$: $x_{\mathrm{wm}}=0.020$

在图 14.5-8 中给出了信号曲线.

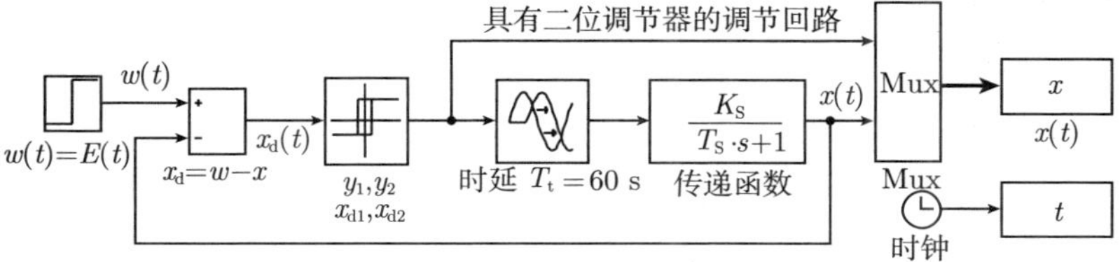

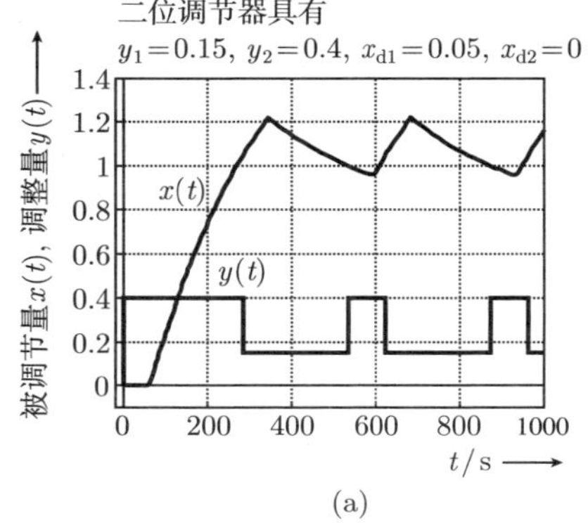

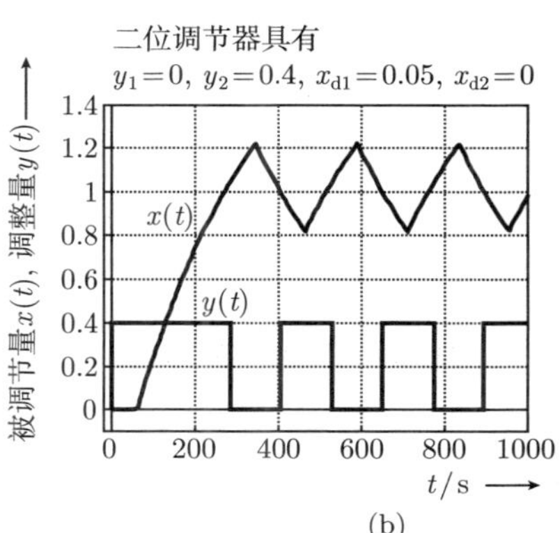

图 14.5-8 有和无基本负载二位调节回路的阶跃响应

具有基本负载的调节回路有较大的周期时间, 而开关转换频率是较小的, 因为被调节量的 $x_{\min}$ 值近似位于希望值 w_0, 振荡幅值小于在无基本负载调节回路时的值.

14.5.2.3 在无时延比例被调节对象前的二位调节器

在无时延被调节对象时不应引入无滞环的二位调节器, 因为开关频率 $f_s = 1/T_P$ 很大的话, 调整装置的工作持续时间由于经常开关就会变得很小. 用有意引入的滞环 (开关误差) 以减小开关频率和增大工作运动周期时间.

由 14.5.2.1 节和 14.5.2.2 节求得的特征量, 推导出具有滞环的二位调节器和具有 I 阶滞后而无时延被调节对象的调节回路的计算方程.

6) 具有开关误差 $x_{d1} + x_{d2} \neq 0$、基本负载 $y_1 \neq 0$、主负载 $y_2 \neq 0$ 的二位调节器, 具有 I 阶滞后而无时延的被调节对象.

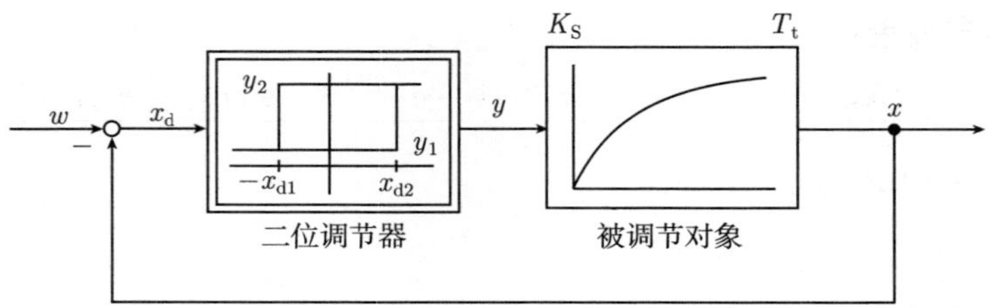

被调节量最大值:

$$x_{\max} = w_0 + x_{d1}$$

被调节量最小值:

$$x_{\min} = w_0 - x_{d2}$$

主负载断开持续时间 (基本负载接通持续时间) T_{aus}:

$$T_{aus} = T_S \cdot \ln\left(\frac{K_S \cdot y_1 - w_0 - x_{d1}}{K_S \cdot y_1 - w_0 + x_{d2}}\right)$$

$$y_1 = 0, \quad y_2 = 1$$

$$T_{aus} = T_S \cdot \ln\left(\frac{w_0 + x_{d1}}{w_0 - x_{d2}}\right)$$

主负载接通持续时间 T_{ein}:

$$T_{ein} = T_S \cdot \ln\left(\frac{K_S \cdot y_2 - w_0 + x_{d2}}{K_S \cdot y_2 - w_0 - x_{d1}}\right)$$

$$y_1 = 0, \quad y_2 = 1\text{: } T_{ein} = T_S \cdot \ln\left(\frac{K_S - w_0 + x_{d2}}{K_S - w_0 - x_{d1}}\right)$$

接通断开持续时间比(主负载对基本负载):

$$\frac{T_{\text{ein}}}{T_{\text{aus}}}$$

周期时间 T_{P} (开关频率 $f_{\text{s}} = 1/T_{\text{P}}$):

$$T_{\text{P}} = T_{\text{S}} \cdot \ln \left[\frac{(K_{\text{S}} \cdot y_1 - w_0 - x_{\text{d1}}) \cdot (K_{\text{S}} \cdot y_2 - w_0 + x_{\text{d2}})}{(K_{\text{S}} \cdot y_1 - w_0 + x_{\text{d2}}) \cdot (K_{\text{S}} \cdot y_2 - w_0 - x_{\text{d1}})} \right]$$

$$y_1 = 0, \quad y_2 = 1$$

$$T_{\text{P}} = T_{\text{S}} \cdot \ln \left[\frac{(w_0 + x_{\text{d1}}) \cdot (K_{\text{S}} - w_0 + x_{\text{d2}})}{(w_0 - x_{\text{d2}}) \cdot (K_{\text{S}} - w_0 - x_{\text{d1}})} \right]$$

被调节量工作运动的**振荡幅值** A:

$$A = \frac{x_{\text{d1}} + x_{\text{d2}}}{2}$$

平均调节偏差 x_{wm}:

$$x_{\text{wm}} = \frac{x_{\text{d2}} - x_{\text{d1}}}{2}$$

继续给出对于 $x_{\text{d1}} = 0, x_{\text{d2}} = 0$ 理论上不可实现的值:

$$x_{\max} = w_0, \quad x_{\min} = w_0, \quad A = 0, \quad x_{\text{wm}} = 0$$
$$T_{\text{aus}} = 0, \quad T_{\text{ein}} = 0, \quad T_{\text{P}} = 0, \quad f_{\text{s}} \to \infty$$

14.5.2.4 计算具有二位调节器和具有积分–部分的被调节对象的调节回路特征量

在具有积分部分被调节对象时也可引入二位调节器. 应用领域是液体和颗粒的液面调节.

与具有比例被调节对象的二位调节区别在于, 在出现扰动时调节回路首先促使工作运动. 如果容器装满到预先给定的希望液面, 那么首先这样调整工作运动, 即取出引起扰动的材料或液体.

对于配置滞环会得出另一个区别. 为了避免经常开关调节器, 选择足够大的开关误差. 这样当低于最低液面时会被接通, 而当超出最高液面时被断开. 保持液面在足够宽边界内的液面调节, 这在工程上是可应用的.

在本节内推导出具有积分被调节对象的一般二位调节回路方程, 由一般方程开发并增补无时延被调节对象特定情况的方程.

在下面的计算中应用具有滞环 (开关误差 $x_{\text{d1}} + x_{\text{d2}}$) 二位调节器, 研究与具有积分部分和时延的被调节对象相联接的调节器 (图 14.5-9), 由于时延 T_{t} (传送设备) 使材料供应 (调整量 $y(t) = q_{\text{zu}}(t)$) 延迟, 然而材料提取 (扰动量 $z_1(t) = q_{\text{ab}}(t)$) 却无滞后地作用到被调节对象的输入端.

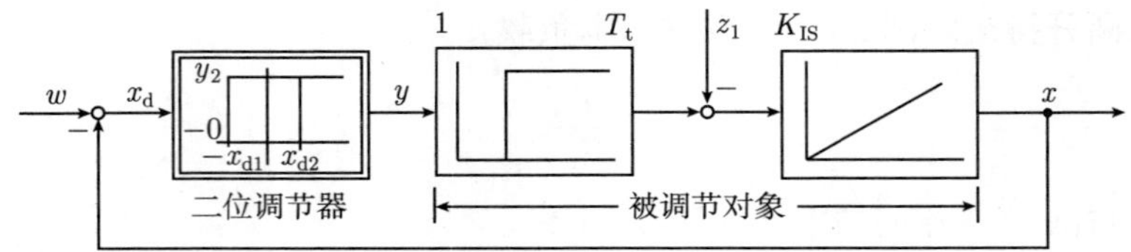

图 14.5-9 具有滞环的二位调节器, 具有积分–部分和时延的被调节对象

为计算图 14.5-10 信号曲线, 应用如下数据:

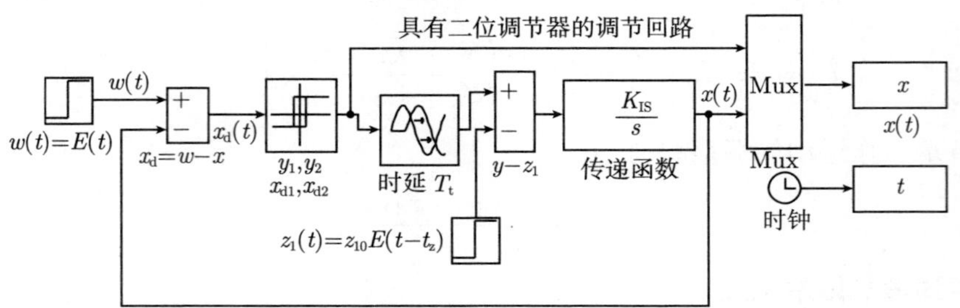

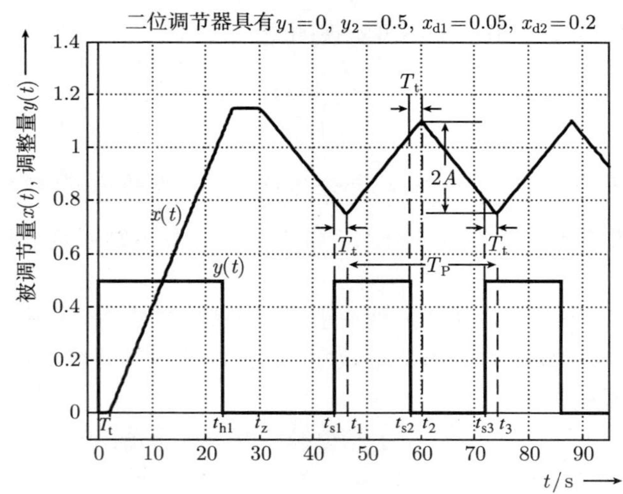

图 14.5-10 对于二位调节回路的信号曲线

参据量:

阶跃接入 $w(t) = w_0 \cdot E(t)$, $w_0 = 1$ m.

二位调节器:

调整量 (材料供应): $y_1 = 0$, $y_2 = 0.5\ \mathrm{m^3/s}$;

开关限 $x_{d1} = 0.05$ m, 开关限 $x_{d2} = 0.2$ m.

被调节对象:
$K_{IS} = 0.1\ s^{-1} \cdot m^{-2}$, $T_t = 2$ s.

扰动量 (材料提取):
阶跃接入 $z_1(t) = z_{10} \cdot E(t - t_z)$, $z_{10} = 0.25\ m^3/s$.

首先应填充容器 (启动时间 t_h), 在时间 $t_z = 30$ s 后接入扰动.

二位调节的时间区间表示在图 14.5-10 中. 被调节量在各时间区间具有如下曲线:

时延区间 $0 \leqslant t \leqslant T_t$:

$$x(t) = 0$$

被调节量上升区间(设备启动运行) $T_t \leqslant t \leqslant t_h$:

$$x(t) = K_{IS} \cdot y_2 \cdot (t - T_t)$$

对于调整量从 $y = y_2$ 切断到 $y = 0$ 的时间点 t_{h1}, 由方程

$$x(t_{h1}) = K_{IS} \cdot y_2 \cdot (t_{h1} - T_t) = w_0 + x_{d1}$$

确定, 其值为

$$t_{h1} = \frac{K_{IS} \cdot y_2 \cdot T_t + w_0 + x_{d1}}{K_{IS} \cdot y_2}$$

由于时延原因, 被调节量还在上升直至时间

$$t_h = t_{h1} + T_t = \frac{K_{IS} \cdot y_2 \cdot T_t + w_0 + x_{d1}}{K_{IS} \cdot y_2} + T_t$$

达到启动运行值

$$x_h = x(t_h) = K_{IS} \cdot y_2 \cdot (t_h - T_t) = w_0 + x_{d1} + K_{IS} \cdot y_2 \cdot T_t$$

被调节量常值区间 $t_h \leqslant t \leqslant t_z$:

$$x(t) = x_h = w_0 + x_{d1} + K_{IS} \cdot y_2 \cdot T_t$$

在 $t = t_z$ 后扰动量 $z_1(t)$ 起作用.

被调节量下降区间 $t_z \leqslant t \leqslant t_1$:

$$x(t) = x_h - K_{IS} \cdot z_{10} \cdot (t - t_z)$$

调整量由 $y = 0$ 接通到 $y = y_2$ 的时间点 t_{s1} 可由方程

$$\begin{aligned} x(t_{s1}) &= x_h - K_{IS} \cdot z_{10} \cdot (t_{s1} - t_z) \\ &= w_0 + x_{d1} + K_{IS} \cdot y_2 \cdot T_t - K_{IS} \cdot z_{10} \cdot (t_{s1} - t_z) = w_0 - x_{d2} \end{aligned}$$

计算, 其值

$$t_{s1}=\frac{K_{IS}\cdot(y_2\cdot T_t+z_{10}\cdot t_z)+x_{d1}+x_{d2}}{K_{IS}\cdot z_{10}}$$

由于时延被调节量还在下降直至时间

$$t_1=t_{s1}+T_t=\frac{K_{IS}\cdot(y_2\cdot T_t+z_{10}\cdot t_z)+x_{d1}+x_{d2}}{K_{IS}\cdot z_{10}}+T_t$$

达到最小值

$$x_{min}=x(t_1)=x_h-K_{IS}\cdot z_{10}\cdot(t_1-t_z)=w_0-x_{d2}-K_{IS}\cdot z_{10}\cdot T_t$$

被调节量上升区间$t_1\leqslant t\leqslant t_2$, $y_2>z_{10}$, 从时间点 t_1 起开始调节回路周期的工作运动:

$$\begin{aligned}x(t)&=x_{min}+K_{IS}\cdot(y_2-z_{10})\cdot(t-t_1)\\&=w_0-x_{d2}-K_{IS}\cdot z_{10}\cdot T_t+K_{IS}\cdot(y_2-z_{10})\cdot(t-t_1)\end{aligned}$$

调整量由 $y=y_2$ 切断到 $y=0$ 的时间点 t_{s2} 可由方程

$$\begin{aligned}x(t_{s2})&=x_{min}+K_{IS}\cdot(y_2-z_{10})\cdot(t_{s2}-t_1)\\&=w_0-x_{d2}-K_{IS}\cdot z_{10}\cdot T_t+K_{IS}\cdot(y_2-z_{10})\cdot(t_{s2}-t_1)=w_0+x_{d1}\end{aligned}$$

计算, 其值

$$t_{s2}=\frac{K_{IS}\cdot((y_2-z_{10})\cdot t_1+z_{10}\cdot T_t)+x_{d1}+x_{d2}}{K_{IS}\cdot(y_2-z_{10})}$$

由于时延, 被调节量还在上升直至时间

$$t_2=t_{s2}+T_t=\frac{K_{IS}\cdot((y_2-z_{10})\cdot t_1+z_{10}\cdot T_t)+x_{d1}+x_{d2}}{K_{IS}\cdot(y_2-z_{10})}+T_t$$

达到最大值

$$\begin{aligned}x_{max}&=x(t_2)=x_{min}+K_{IS}\cdot(y_2-z_{10})\cdot(t_2-t_1)\\&=w_0+x_{d1}+K_{IS}\cdot(y_2-z_{10})\cdot T_t\end{aligned}$$

被调节量下降区间 $t_2\leqslant t\leqslant t_3$:

$$\begin{aligned}x(t)&=x_{max}-K_{IS}\cdot z_{10}\cdot(t-t_2)\\&=w_0+x_{d1}+K_{IS}\cdot(y_2-z_{10})\cdot T_t-K_{IS}\cdot z_{10}\cdot(t-t_2)\end{aligned}$$

调整量由 $y=0$ 接通到 $y=y_2$ 的时间点 t_{s3} 可由方程

$$x(t_{s3})=x_{max}-K_{IS}\cdot z_{10}\cdot(t_{s3}-t_2)$$

$$=w_0+x_{d1}+K_{IS}\cdot(y_2-z_{10})\cdot T_t-K_{IS}\cdot z_{10}\cdot(t_{s3}-t_2)=w_0-x_{d2}$$

计算, 其值

$$t_{s3}=\frac{K_{IS}\cdot((y_2-z_{10})\cdot T_t+z_{10}\cdot t_2)+x_{d1}+x_{d2}}{K_{IS}\cdot z_{10}}$$

由于时延, 被调节量还在下降直至时间

$$t_3=t_{s3}+T_t=\frac{K_{IS}\cdot((y_2-z_{10})\cdot T_t+z_{10}\cdot t_2)+x_{d1}+x_{d2}}{K_{IS}\cdot z_{10}}+T_t$$

达到最小值

$$x_{min}=x(t_3)=x_{max}-K_{IS}\cdot z_{10}\cdot(t_3-t_2)$$

$$=w_0-x_{d2}-K_{IS}\cdot z_{10}\cdot T_t=x(t_1)$$

具有积分部分被调节对象的二位调节特征量为时间变量、幅值和平均调节偏差 (负的平均调节误差值).

7) 具有开关误差 $x_{d1}+x_{d2}\neq 0$、基本负载 $y_1=0$、主负载 $y_2\neq 0$, $0<z_{10}<y_2$ 的二位调节器, 具有时延和积分环节的被调节对象.

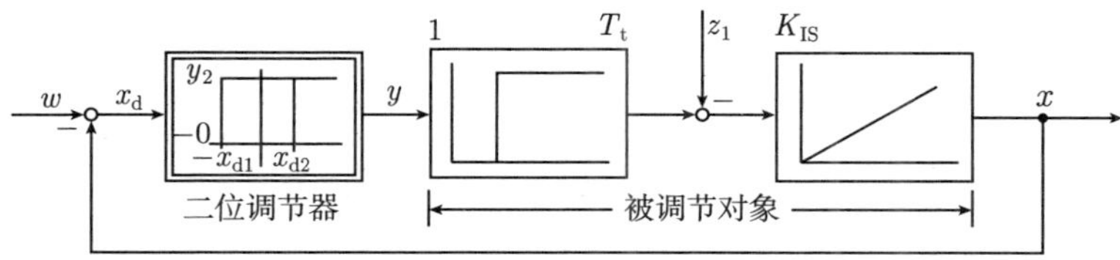

被调节量最大值:

$$x_{max}=w_0+x_{d1}+K_{IS}\cdot(y_2-z_{10})\cdot T_t$$

$$=x(t_1)=x(t_1+T_P)=x(t_1+2\cdot T_P)=\cdots$$

被调节量最小值:

$$x_{min}=w_0-x_{d2}-K_{IS}\cdot z_{10}\cdot T_t$$

$$=x(t_2)=x(t_2+T_P)=x(t_2+2\cdot T_P)=\cdots$$

主负载断开持续时间 T_{aus}, 同时为被调节量下降持续时间:

$$T_{\mathrm{aus}} = t_{\mathrm{s2}} - t_{\mathrm{s1}} = t_2 - t_1 = \frac{K_{\mathrm{IS}} \cdot y_2 \cdot T_{\mathrm{t}} + x_{\mathrm{d1}} + x_{\mathrm{d2}}}{K_{\mathrm{IS}} \cdot (y_2 - z_{10})}$$

主负载接通持续时间 T_{ein}, 同时为被调节量上升持续时间:

$$T_{\mathrm{ein}} = t_{\mathrm{s3}} - t_{\mathrm{s2}} = t_3 - t_2 = \frac{K_{\mathrm{IS}} \cdot y_2 \cdot T_{\mathrm{t}} + x_{\mathrm{d1}} + x_{\mathrm{d2}}}{K_{\mathrm{IS}} \cdot z_{10}}$$

接通断开持续时间之比:

$$\frac{T_{\mathrm{ein}}}{T_{\mathrm{aus}}} = \frac{y_2 - z_{10}}{z_{10}}$$

在扰动时被调节量工作运动的**周期时间** T_{P} (开关频率 $f_{\mathrm{s}} = 1/T_{\mathrm{P}}$):

$$T_{\mathrm{P}} = T_{\mathrm{aus}} + T_{\mathrm{ein}} = t_{\mathrm{s3}} - t_{\mathrm{s1}} = t_3 - t_1 = \frac{y_2 \cdot (K_{\mathrm{IS}} \cdot y_2 \cdot T_{\mathrm{t}} + x_{\mathrm{d1}} + x_{\mathrm{d2}})}{K_{\mathrm{IS}} \cdot z_{10} \cdot (y_2 - z_{10})}$$

被调节量工作运动的**振荡幅值** A:

$$A = \frac{x_{\max} - x_{\min}}{2} = \frac{K_{\mathrm{IS}} \cdot y_2 \cdot T_{\mathrm{t}} + x_{\mathrm{d1}} + x_{\mathrm{d2}}}{2}$$

平均调节偏差 x_{wm} (负的平均调节误差值):

$$\begin{aligned} x_{\mathrm{wm}} &= \frac{x_{\max} - w_0}{2} + \frac{x_{\min} - w_0}{2} = \frac{x_{\max} + x_{\min}}{2} - w_0 \\ &= \frac{K_{\mathrm{IS}} \cdot (y_2 - 2 \cdot z_{10}) \cdot T_{\mathrm{t}} + x_{\mathrm{d1}} - x_{\mathrm{d2}}}{2} \end{aligned}$$

> 在与具有积分部分被调节对象相联的二位调节时周期时间 T_{P}、振荡幅值 A 和平均调节偏差 x_{wm} 与希望值 w_0 无关, 对于对称开关误差 $x_{\mathrm{d1}} = x_{\mathrm{d2}}$ 和 $y_2 = 2 \cdot z_{10}$ 平均调节偏差为零.

对于具有 $0 < z_{10} < y_2$ 的无时延被调节对象得到:

被调节量最大值:

$$x_{\max} = w_0 + x_{\mathrm{d1}}$$

被调节量最小值:

$$x_{\min} = w_0 - x_{\mathrm{d2}}$$

主负载断开持续时间 T_{aus}:

$$T_{\mathrm{aus}} = \frac{x_{\mathrm{d1}} + x_{\mathrm{d2}}}{K_{\mathrm{IS}} \cdot (y_2 - z_{10})}$$

主负载接通持续时间 T_{ein}:

$$T_{\mathrm{ein}}=\frac{x_{\mathrm{d1}}+x_{\mathrm{d2}}}{K_{\mathrm{IS}}\cdot z_{10}}$$

接通断开持续时间之比:

$$\frac{T_{\mathrm{ein}}}{T_{\mathrm{aus}}}=\frac{y_2-z_{10}}{z_{10}}$$

周期时间 T_{P} (开关频率 $f_{\mathrm{s}}=1/T_{\mathrm{P}}$):

$$T_{\mathrm{P}}=\frac{y_2\cdot(x_{\mathrm{d1}}+x_{\mathrm{d2}})}{K_{\mathrm{IS}}\cdot z_{10}\cdot(y_2-z_{10})}$$

振荡幅值 A:

$$A=\frac{x_{\mathrm{d1}}+x_{\mathrm{d2}}}{2}$$

平均调节偏差 x_{wm}:

$$x_{\mathrm{wm}}=\frac{x_{\mathrm{d1}}-x_{\mathrm{d2}}}{2}$$

14.5.3 计算具有三位调节回路

二位调节器通过调整量最大值和最小值之间的换向加载被调节对象. 为避免这些缺点并进一步减小调节器换向频率, 应用具有死区和后接积分器的三位调节器. 三位调节器提供三种不同输出信号, 例如:

$$y=\begin{cases} y_2, & x_{\mathrm{d}}\geqslant x_{\mathrm{d2}} \\ 0, & -x_{\mathrm{d1}}<x_{\mathrm{d}}<x_{\mathrm{d2}} \\ -y_1, & x_{\mathrm{d}}\leqslant -x_{\mathrm{d1}} \end{cases}$$

后接积分环节大多通过伺服电动机实现的: 当电动机不被控制 ($y=0$) 时阀门位置保持不变, 对于 $y=y_2$ 使阀门流通断面放大, 而对于 $y=-y_1$ 使它减小.

例 14.5-3 按照图 14.5-11 研究具有后接积分–环节的三位调节器的工作原理.

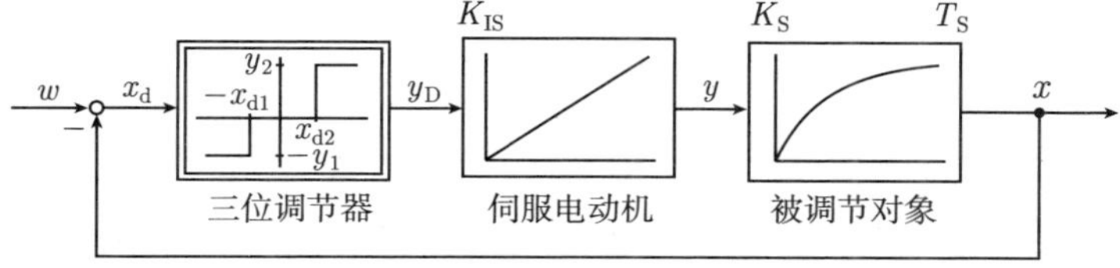

图 14.5-11 三位调节器和具有滞后的被调节对象

为了计算应用下列数据:

参据量: 阶跃接入 $w(t) = w_0 \cdot E(t)$, $w_0 = 1$.

三位调节器: 开关限 $x_{\mathrm{d1}} = 0.05$, 开关限 $x_{\mathrm{d2}} = 0.05$.

$$y_{\mathrm{D}} = \begin{cases} y_2 = 1, & x_{\mathrm{d}} \geqslant x_{\mathrm{d2}} \\ 0, & -x_{\mathrm{d1}} < x_{\mathrm{d}} < x_{\mathrm{d2}} \\ -y_1 = -1, & x_{\mathrm{d}} \leqslant -x_{\mathrm{d1}} \end{cases}$$

积分环节(伺服电动机): $K_{\mathrm{IR}} = 0.005\ \mathrm{s}^{-1}$.

被调节对象: $K_{\mathrm{S}} = 4$, $T_{\mathrm{S}} = 12\ \mathrm{s}$.

在图 14.5-12 中绘制了三位调节开关时间点.

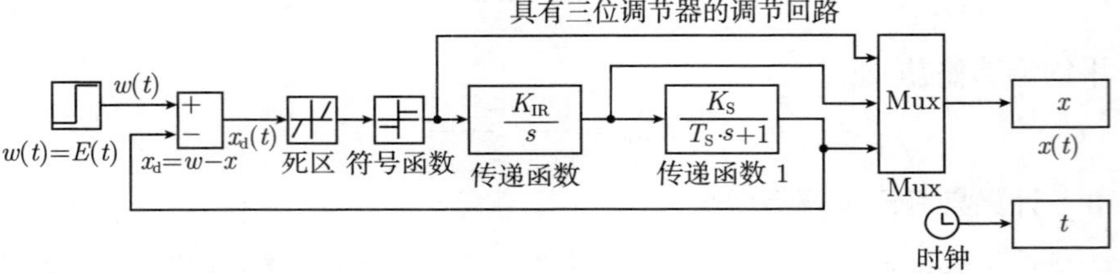

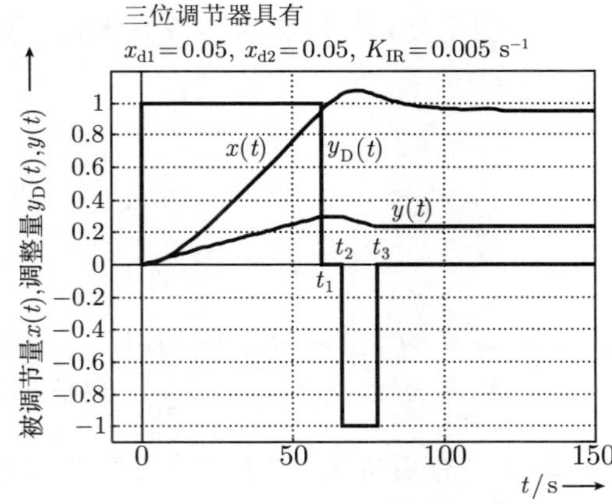

图 14.5-12　三位调节回路的信号曲线

被调节量在各时间区间具有如下曲线:

正调整量区间 $y_{\mathrm{D}} = y_2 = 1$, $0 \leqslant t \leqslant t_1$:
三位调节器在接入希望值 w_0 后提供开关量 $y_{\mathrm{D}} = y_2 = 1$, 随后对其积分, 即

$$y(t) = K_{\mathrm{IR}} \cdot t$$

通过被调节对象使斜坡函数滞后

$$x(t) = K_{\text{IR}} \cdot K_{\text{S}} \cdot (t - T_{\text{S}} + T_{\text{S}} \cdot \text{e}^{-t/T_{\text{S}}})$$

由方程

$$x(t_1) = K_{\text{IR}} \cdot K_{\text{S}} \cdot (t_1 - T_{\text{S}} + T_{\text{S}} \cdot \text{e}^{-t_1/T_{\text{S}}}) = w_0 - x_{\text{d2}}$$

数值确定调整量切断到 $y_{\text{D}} = 0$ 的时间点 t_1

$$t_1 = 59.415 \text{ s}, \qquad y(t_1) = K_{\text{IR}} \cdot t_1 = 0.297, \qquad x(t_1) = w_0 - x_{\text{d2}} = 0.95$$

调整量零区间, $y_{\text{D}} = 0,\ t_1 \leqslant t \leqslant t_2$:
开关量 y_{D} 为零

$$y(t) = y(t_1) = \text{常数}$$

$$x(t) = x(t_1) + (K_{\text{S}} \cdot y(t_1) - x(t_1)) \cdot (1 - \text{e}^{-(t-t_1)/T_{\text{S}}})$$

由方程

$$x(t_2) = x(t_1) + (K_{\text{S}} \cdot y(t_1) - x(t_1)) \cdot (1 - \text{e}^{-(t_2-t_1)/T_{\text{S}}}) = w_0 + x_{\text{d1}}$$

数值确定调整量接通到 $y_{\text{D}} = -y_1 = -1$ 的时间点 t_2

$$t_2 = 65.944 \text{ s}, \qquad y(t_2) = y(t_1) = 0.297, \qquad x(t_2) = w_0 + x_{\text{d1}} = 1.05$$

负调整量区间 $y_{\text{D}} = -y_1 = -1,\ t_2 \leqslant t \leqslant t_3$:
开关量为 $y_{\text{D}} = -y_1 = -1$

$$y(t) = y(t_2) - K_{\text{IR}} \cdot (t - t_2)$$

$$\begin{aligned} x(t) = &x(t_2) + (K_{\text{S}} \cdot y(t_2) - x(t_2)) \cdot (1 - \text{e}^{-(t-t_2)/T_{\text{S}}}) \\ &-K_{\text{IR}} \cdot K_{\text{S}} \cdot (t - t_2 - T_{\text{S}} + T_{\text{S}} \cdot \text{e}^{-(t-t_2)/T_{\text{S}}}) \end{aligned}$$

由方程

$$\begin{aligned} x(t_3) = &x(t_2) + (K_{\text{S}} \cdot y(t_2) - x(t_2)) \cdot (1 - \text{e}^{-(t_3-t_2)/T_{\text{S}}}) \\ &- K_{\text{IR}} \cdot K_{\text{S}} \cdot (t_3 - t_2 - T_{\text{S}} + T_{\text{S}} \cdot \text{e}^{-(t_3-t_2)/T_{\text{S}}}) = w_0 + x_{\text{d1}} \end{aligned}$$

数值确定调整量切断到 $y_{\text{D}} = 0$ 的时间点 t_3

$$t_3 = 77.840 \text{ s}, \qquad y(t_3) = 0.2376, \qquad x(t_3) = w_0 + x_{\text{d1}} = 1.05$$

调整量零区间, $y_D = 0,\ t_3 \leqslant t < \infty$:
开关量为零, $y_D = 0$

$$y(t) = y(t_3) = \text{常数}$$

$$x(t) = x(t_3) + (K_S \cdot y(t_3) - x(t_3)) \cdot (1 - e^{-(t-t_3)/T_S})$$

后面不再有换向点, 因为 $x(t)$ 不再比 $w_0 - x_{d2} = 0.95$ 小, 被调节量的终值为

$$x(t \to \infty) = K_S \cdot y(t_3) = 0.9504 > w_0 - x_{d2} = 0.95$$

$$x_d(t \to \infty) = w_0 - x(t \to \infty) = 0.0496$$

稳态调节误差 $x_d(t \to \infty)$ 位于在死区区间

$$-x_{d1} < x_d(t \to \infty) < x_{d2}$$

被调节量 $x(t \to \infty)$ 位于在下面区间内

$$w_0 - x_{d2} = 0.95 < x(t \to \infty) < w_0 + x_{d1} = 1.05$$

14.5.4　具有反馈的开关调节器

14.5.4.1　准连续调节器特性

在具有二位和三位调节器调节回路时, 开关特性特征量 (接通时间 T_{ein}, 断开时间 T_{aus}, 周期时间 T_P, 振荡幅值 A, 平均调节偏差 x_{wm}) 在很大程度上是取决于被调节对象参数 (对象增益 K_S, 滞后时间 T_S 和时延 T_t).

对于具有反馈的开关调节器, 开关特性特征量则是与被调节对象参数无关的, 并可通过反馈来调整. 通过引入具有反馈的开关调节器, 可减小围绕被调节量均值的振荡.

由反馈的传递函数可产生像连续调节器那样的时间特性. 类似于像在运算放大器那样, 调节器特性还仅取决于外部的配置 (增益反馈), 那么该调节被称为**准连续的(quasistetig)**.

在图 14.5-13 中, 具有二位调节器的调节回路与具有反馈的调节器进行对照. 信号流图具有相同结构. 如果做如下的置换:

$$T_S \to T_r, \quad K_S \to K_r, \quad w \to x_d, \quad w_0 \to x_{d0}$$

$$x \to x_r, \quad x_d \to x_e, \quad x_{d1} \to x_{e1}, \quad x_{d2} \to x_{e2}$$

那么对于具有二位调节器的调节回路按照 14.5.2.3 节, 6) 给出的具有 $y_1 = 0$ 的公式, 相应地对于具有反馈开关调节器也有效.

断开持续时间 T_{aus}:

二位调节回路 具有反馈二位调节器

$$T_{\mathrm{aus}} = T_{\mathrm{S}} \cdot \ln\left(\frac{w_0 + x_{\mathrm{d1}}}{w_0 - x_{\mathrm{d2}}}\right) \rightarrow \quad T_{\mathrm{aus}} = T_{\mathrm{r}} \cdot \ln\left(\frac{x_{\mathrm{d0}} + x_{\mathrm{e1}}}{x_{\mathrm{d0}} - x_{\mathrm{e2}}}\right)$$

接通持续时间 T_{ein}:

二位调节回路 具有反馈二位调节器

$$T_{\mathrm{ein}} = T_{\mathrm{S}} \cdot \ln\left(\frac{K_{\mathrm{S}} \cdot y_2 - w_0 + x_{\mathrm{d2}}}{K_{\mathrm{S}} \cdot y_2 - w_0 - x_{\mathrm{d1}}}\right) \rightarrow \quad T_{\mathrm{ein}} = T_{\mathrm{r}} \cdot \ln\left(\frac{K_{\mathrm{r}} \cdot y_2 - x_{\mathrm{d0}} + x_{\mathrm{e2}}}{K_{\mathrm{r}} \cdot y_2 - x_{\mathrm{d0}} - x_{\mathrm{e1}}}\right)$$

周期时间 T_{P} (开关频率 $f_{\mathrm{s}} = 1/T_{\mathrm{P}}$)

二位调节回路 具有反馈二位调节器

$$T_{\mathrm{P}} = T_{\mathrm{S}} \cdot \ln \left(\frac{(w_0 + x_{\mathrm{d1}}) \cdot (K_{\mathrm{S}} \cdot y_2 - w_0 + x_{\mathrm{d2}})}{(w_0 - x_{\mathrm{d2}}) \cdot (K_{\mathrm{S}} \cdot y_2 - w_0 - x_{\mathrm{d1}})}\right) \rightarrow \quad T_{\mathrm{P}} = T_{\mathrm{r}} \cdot \ln \left(\frac{(x_{\mathrm{d0}} + x_{\mathrm{e1}}) \cdot (K_{\mathrm{r}} \cdot y_2 - x_{\mathrm{d0}} + x_{\mathrm{e2}})}{(x_{\mathrm{d0}} - x_{\mathrm{e2}}) \cdot (K_{\mathrm{r}} \cdot y_2 - x_{\mathrm{d0}} - x_{\mathrm{e1}})}\right)$$

振荡幅值 A

被调节量 x 反馈量 x_{r}

$$A = \frac{x_{\mathrm{d1}} + x_{\mathrm{d2}}}{2} \rightarrow \quad A = \frac{x_{\mathrm{e1}} + x_{\mathrm{e2}}}{2}$$

平均调节偏差

被调节量 x 反馈量 x_{r}

$$x_{\mathrm{wm}} = \frac{x_{\mathrm{d2}} - x_{\mathrm{d1}}}{2} \rightarrow \quad x_{\mathrm{wm}} = \frac{x_{\mathrm{e2}} - x_{\mathrm{e1}}}{2}$$

具有反馈开关调节器调节回路的开关特性特征量, 可调整成与被调节对象参数 (例如像对象增益 K_{S}, 滞后时间 T_{S} 和时延 T_{t} 等) 无关.

14.5.4.2 在开关调节器时反馈的影响

对于具有反馈调节器研究其时间特性. 如果求开关信号参量的均值, 那么得出: 均值信号传递特性是与开关环节特征量无关的, 并且还仅通过反馈值来确定它, 在下例中将进行这些研究.

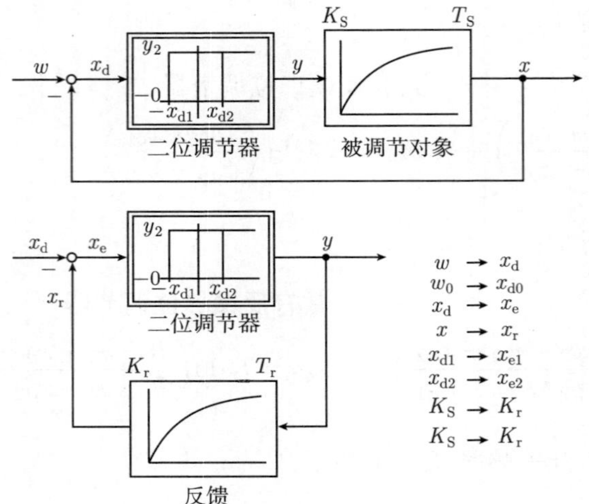

图 14.5-13　结构比较：具有二位调节器调节回路，具有反馈二位调节器

例 14.5-4　当调节误差以阶跃 $x_d(t) = x_{d0} \cdot E(t)$, $x_{d0} = 1$ 接入时，计算对于 $y_2 = 0.5$, $x_{e1} = x_{e2} = 0.05$ 的具有反馈 ($K_r = 8$, $T_r = 2$ s) 的二位调节器的阶跃响应.

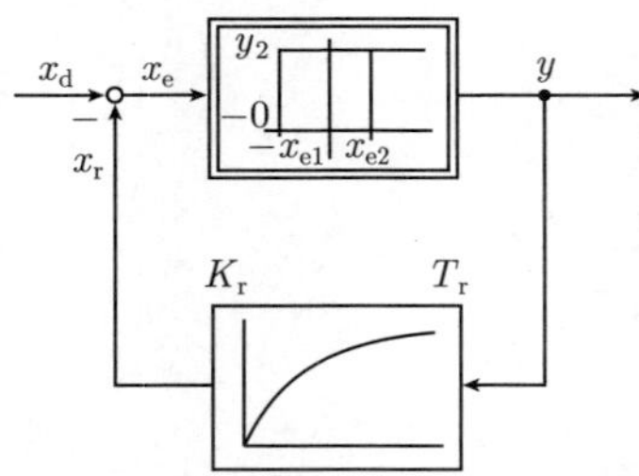

在图 14.5-14 中绘出二位调节器时间区间. 由开关限 x_{e1}, x_{e2}、调整量主负载 y_2 和反馈值 K_r, T_r 确定信号曲线.

在接入调节误差 $x_d(t) = x_{d0} \cdot E(t)$ 后调整量为 $y(t) = y_2 = 0.5$, 反馈量 $x_r(t)$ 按照函数

$$x_r(t) = K_r \cdot y_2 \cdot (1 - e^{-t/T_r})$$

上升.

由方程

$$x_r(t_1) = K_r \cdot y_2 \cdot (1 - e^{-t_1/T_r}) = x_{d0} + x_{e1}$$

计算第一个开关时间点 t_1:

$$t_1 = T_r \cdot \ln\left(\frac{K_r \cdot y_2}{K_r \cdot y_2 - x_{d0} - x_{e1}}\right) = 0.609 \text{ s}$$

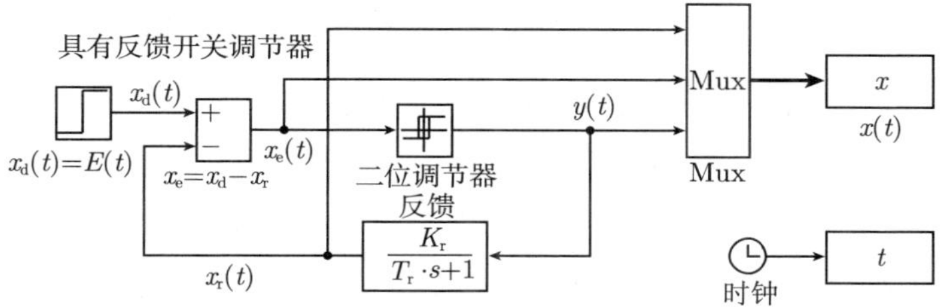

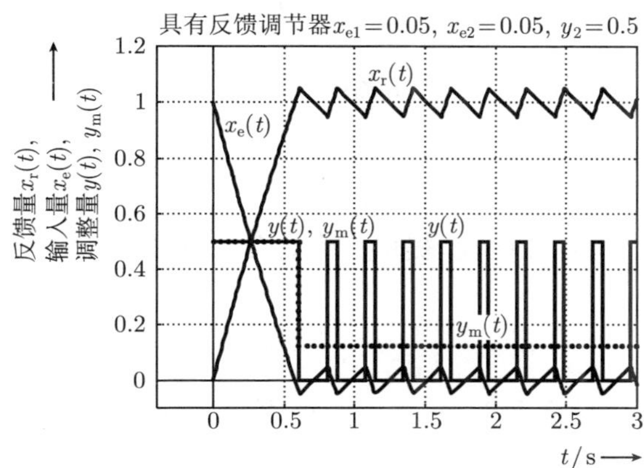

图 14.5-14 具有反馈二位调节器信号曲线

在时间 t_1 后进入周期的开关运行过程. 信号均值为

$$x_{rm}(t) \approx x_{d0} = 1, \qquad x_{em}(t) \approx 0$$

对于调整量均值 $y_m(t)$, 由 14.5.4.1 节对于接通持续时间 T_{ein} 和周期时间 T_P 方程给出:

$$y_m(t) = \frac{T_{ein}}{T_{ein} + T_{aus}} \cdot y_2 = \frac{T_{ein}}{T_P} \cdot y_2$$

$$= \frac{T_r \cdot \ln\left(\dfrac{K_r \cdot y_2 - x_{d0} + x_{e2}}{K_r \cdot y_2 - x_{d0} - x_{e1}}\right)}{T_r \cdot \ln\left[\dfrac{(x_{d0} + x_{e1}) \cdot (K_r \cdot y_2 - x_{d0} + x_{e2})}{(x_{d0} - x_{e2}) \cdot (K_r \cdot y_2 - x_{d0} - x_{e1})}\right]} \cdot y_2 = 0.12493$$

如果后接的被调节对象具有一个比反馈时间常数大的滞后时间常数, 那么仅研究信号均值是允许的, 在这个假设下给出

$$x_{em}(t) = x_d(t) - x_{rm}(t) \approx 0, \qquad x_d(t) \approx x_{rm}(t)$$

$$x_{rm}(s) = G_r(s) \cdot y_m(s) = \frac{K_r}{1 + T_r \cdot s} \cdot y_m(s)$$

因为 $x_{\mathrm{d}}(s) \approx x_{\mathrm{rm}}(s)$, 所以可计算关于信号均值准连续调节器的传递函数:

$$x_{\mathrm{d}}(s) = G_{\mathrm{r}}(s) \cdot y_{\mathrm{m}}(s)$$

$$y_{\mathrm{m}}(s) = \frac{1}{G_{\mathrm{r}}(s)} \cdot x_{\mathrm{d}}(s) = \frac{1}{K_{\mathrm{r}}} \cdot (1 + T_{\mathrm{r}} \cdot s) \cdot x_{\mathrm{d}}(s)$$

对于反馈预先给出 $K_{\mathrm{r}} = 8$, 在阶跃接入 $x_{\mathrm{d0}} = 1$ 时调整量均值的终值为

$$y_{\mathrm{m}}(t \to \infty) = \lim s \cdot y_{\mathrm{m}}(s) = \lim s \cdot \frac{1}{K_{\mathrm{r}}} \cdot (1 + T_{\mathrm{r}} \cdot s) \cdot \frac{x_{\mathrm{d0}}}{s} = \frac{1}{K_{\mathrm{r}}} \cdot x_{\mathrm{d0}} = 0.125$$

并且对此相应的由调节器精确方程计算的值:

$$y_{\mathrm{m}}(t) = \frac{T_{\mathrm{ein}}}{T_{\mathrm{ein}} + T_{\mathrm{aus}}} \cdot y_2 = 0.12493$$

与按照 4.7.3 节的传递函数比较, 提供一个具有调节器增益 K_{R} 和超前时间 T_{V} 的 PD 调节器:

$$K_{\mathrm{R}} = \frac{1}{K_{\mathrm{r}}}, \qquad T_{\mathrm{V}} = T_{\mathrm{r}}$$

另一研究方法显示: 输入量为 $x_{\mathrm{em}}(t) \approx 0$, 输出量为 $y_{\mathrm{m}}(t) \neq 0$, 这对应于具有大增益的运算放大器电路特性, 这样电路特性仅取决于反馈传递函数倒数 (8 节, 8.4.3.2).

为按照图 14.5-15 计算调节器结构, 回路方程

$$[x_{\mathrm{d}}(s) - G_{\mathrm{r}}(s) \cdot y_{\mathrm{m}}(s)] \cdot V = y_{\mathrm{m}}(s)$$

求解出 $y_{\mathrm{m}}(s)$. 对于大的增益 V 为:

$$y_{\mathrm{m}}(s) = \frac{V}{1 + V \cdot G_{\mathrm{r}}(s)} \cdot x_{\mathrm{d}}(s) = \frac{1}{1/V + G_{\mathrm{r}}(s)} \cdot x_{\mathrm{d}}(s) \approx \frac{1}{G_{\mathrm{r}}(s)} \cdot x_{\mathrm{d}}(s)$$

它仅取决于传递函数倒数 $1/G_{\mathrm{r}}(s)$.

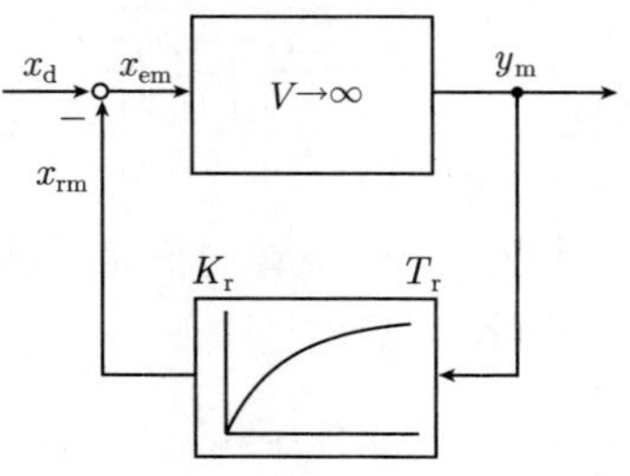

图 14.5-15　对于信号均值二位调节器的等效图

14.5.4.3 准连续标准调节器 (具有反馈的调节器)

通过反馈开关调节器得到一个准连续工作方式.

> 在具有反馈开关调节器时, 准连续特性可用倒数的反馈传递函数来调整, 对此前提条件是: 被调节对象主导时间常数相对反馈时间常数必须是大的, 此外开关误差相对希望值 w_0 是小的.

在本节中表述准连续调节器标准应用的例子. 通过比例无滞后反馈是不能实现准连续比例调节器 (P 调节器), 因为开关频率将变得很大.

具有补加反馈的二位调节器(准连续比例微分调节器, PD 调节器, 图 14.5-16):

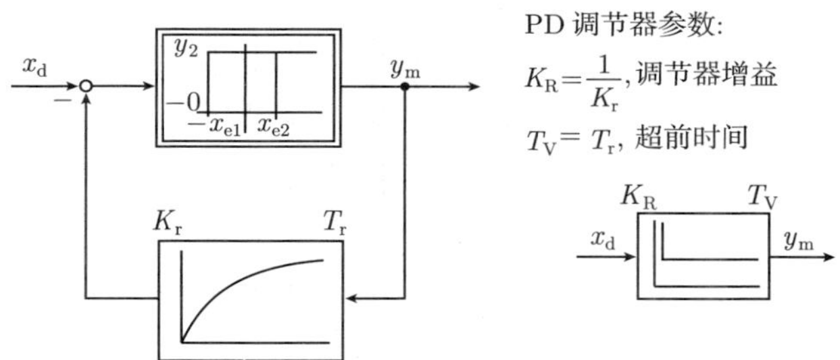

图 14.5-16 准连续 PD 调节器

反馈含有一个 PT_1 环节:

$$G_r(s)=\frac{K_r}{1+T_r\cdot s}$$

对于 PD 调节器通过系数比较确定比例增益 K_R 和超前时间 T_V:

$$G_R(s)=\frac{y_m(s)}{x_d(s)}=\frac{1}{G_r(s)}=\frac{1}{K_r}\cdot(1+T_r\cdot s)\overset{!}{=}K_R\cdot(1+T_V\cdot s)$$

$$K_R=\frac{1}{K_r},\qquad T_V=T_R$$

PD 特性: 按照图 14.5-17 阶跃响应信号在阶跃接入之后首先趋向限制 $y_m(t)=y_2=1$(D 特性). 如果调节器周期地开关, 那么调整量的均值为 $y_m(t)=K_R\cdot x_{d0}=0.2$(P 特性).

具有滞后补加反馈的二位调节器(准连续比例积分微分调节器, PID 调节器).

在反馈中 DT_1 环节与 PT_1 环节串接:

$$G_r(s)=\frac{K_r}{1+T_{r1}\cdot s}\cdot\frac{T_{r2}\cdot s}{1+T_{r2}\cdot s}$$

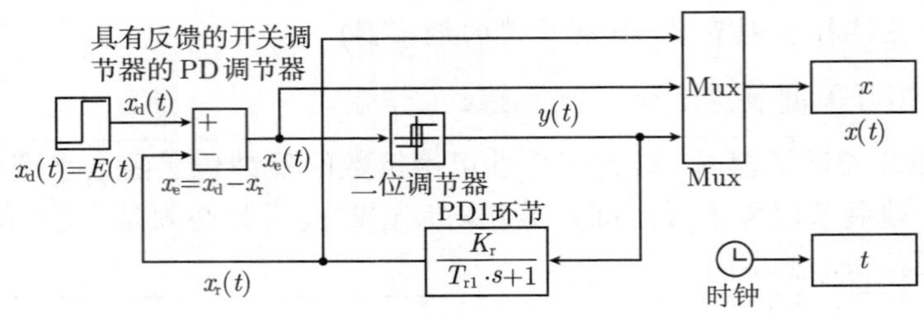

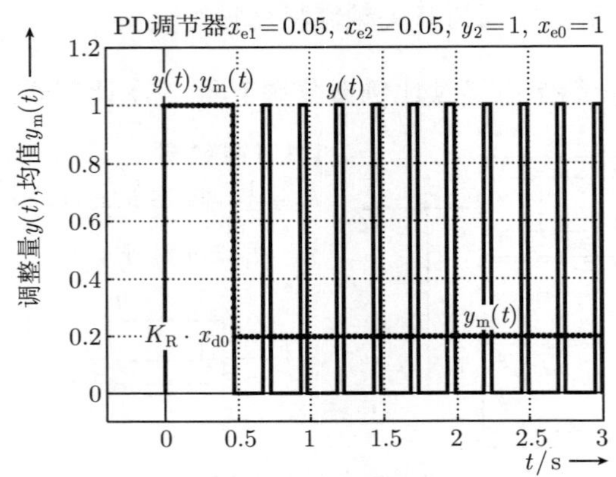

图 14.5-17　准连续 PD 调节器的阶跃响应 $y(t)$ 和均值 $y_m(t)$

其中 $K_R=0.2, T_V=2s, x_{do}=1\,(K_r=5, T_r=2s, y_2=1, x_{e1}=x_{e2}=0.05)$

准连续 PID 调节器如图 14.5-18 所示.

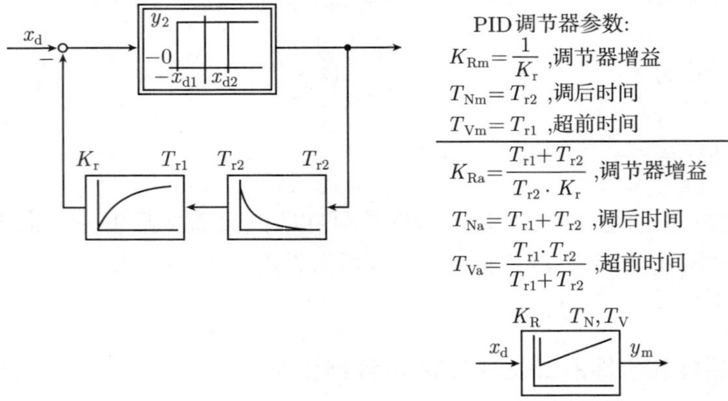

图 14.5-18　准连续 PID 调节器

PID 调节器串行 (乘法) 形式参数 (比例增益 K_{Rm}、调后时间 T_{Nm}、超前时间 T_{Vm}) 可直接由系数比较确定:

$$G_{\mathrm{R}}(s)=\frac{y_{\mathrm{m}}(s)}{x_{\mathrm{d}}(s)}=\frac{1}{G_{\mathrm{r}}(s)}=\frac{(1+T_{\mathrm{r}1}\cdot s)\cdot(1+T_{\mathrm{r}2}\cdot s)}{K_{\mathrm{r}}\cdot T_{\mathrm{r}2}\cdot s}$$

$$\stackrel{!}{=}K_{\mathrm{Rm}}\cdot\frac{(1+T_{\mathrm{Nm}}\cdot s)\cdot(1+T_{\mathrm{Vm}}\cdot s)}{T_{\mathrm{Nm}}\cdot s}$$

$$K_{\mathrm{Rm}}=\frac{1}{K_{\mathrm{r}}},\qquad T_{\mathrm{Nm}}=T_{\mathrm{r}2},\quad T_{\mathrm{Vm}}=T_{\mathrm{r}1}$$

为求 PID 调节器并行 (加法) 形式参数进行下列变换:

$$G_{\mathrm{R}}(s)=\frac{y_{\mathrm{m}}(s)}{x_{\mathrm{d}}(s)}=\frac{1}{G_{\mathrm{r}}(s)}=\frac{(1+T_{\mathrm{r}1}\cdot s)\cdot(1+T_{\mathrm{r}2}\cdot s)}{K_{\mathrm{r}}\cdot T_{\mathrm{r}2}\cdot s}=\frac{T_{\mathrm{r}1}+T_{\mathrm{r}2}}{K_{\mathrm{r}}\cdot T_{\mathrm{r}2}}+\frac{1}{K_{\mathrm{r}}\cdot T_{\mathrm{r}2}\cdot s}+\frac{T_{\mathrm{r}1}}{K_{\mathrm{r}}}\cdot s$$

$$=\frac{T_{\mathrm{r}1}+T_{\mathrm{r}2}}{K_{\mathrm{r}}\cdot T_{\mathrm{r}2}}\cdot\left[1+\frac{1}{(T_{\mathrm{r}1}+T_{\mathrm{r}2})\cdot s}+\frac{T_{\mathrm{r}1}\cdot T_{\mathrm{r}2}}{T_{\mathrm{r}1}+T_{\mathrm{r}2}}\cdot s\right]$$

$$\stackrel{!}{=}K_{\mathrm{Ra}}\cdot\left(1+\frac{1}{T_{\mathrm{Na}}\cdot s}+T_{\mathrm{Va}}\cdot s\right)$$

比例增益:

$$K_{\mathrm{Ra}}=\frac{T_{\mathrm{r}1}+T_{\mathrm{r}2}}{T_{\mathrm{r}2}\cdot K_{\mathrm{r}}}$$

调后时间:

$$T_{\mathrm{Na}}=T_{\mathrm{r}1}+T_{\mathrm{r}2}$$

超前时间:

$$T_{\mathrm{Va}}=\frac{T_{\mathrm{r}1}\cdot T_{\mathrm{r}2}}{T_{\mathrm{r}1}+T_{\mathrm{r}2}}$$

用具有 $K_{\mathrm{r}}=5$, $T_{\mathrm{r}1}=2\ \mathrm{s}$, $T_{\mathrm{r}2}=3\ \mathrm{s}$ 反馈调整, 计算 PID 调节器并行形式的参数, 其阶跃响应绘制在图 14.5-19 中:

$$K_{\mathrm{Ra}}=\frac{T_{\mathrm{r}1}+T_{\mathrm{r}2}}{T_{\mathrm{r}2}\cdot K_{\mathrm{r}}}=0.333,\qquad T_{\mathrm{Na}}=T_{\mathrm{r}1}+T_{\mathrm{r}2}=5\ \mathrm{s}$$
$$T_{\mathrm{Va}}=\frac{T_{\mathrm{r}1}\cdot T_{\mathrm{r}2}}{T_{\mathrm{r}1}+T_{\mathrm{r}2}}=1.2\ \mathrm{s}$$

PID 特性: 按照图 14.5-19 阶跃响应信号, 在阶跃接入之后首先趋向限制 $y_{\mathrm{m}}(t)=y_2=1$(D特性). 如果调节器进行管理, 首先开通持续时间是短的, 那么在此时调整量达到的均值为 $y_{\mathrm{m}}=K_{\mathrm{Ra}}\cdot x_{\mathrm{d0}}=0.333$(P 特性). 然后开通持续时间是长的: 调整量均值的积分部分是与时间 t 成比例的, $y_{\mathrm{mI}}(t)=K_{\mathrm{R}}\cdot x_{\mathrm{d0}}\cdot t/T_{\mathrm{Na}}=0.333\cdot t/T_{\mathrm{Na}}$(I 特性). 在时间 T_{Na} 后调整量的均值加倍到 $y_{\mathrm{m}}=2\cdot K_{\mathrm{Ra}}\cdot x_{\mathrm{d0}}=0.667$. 调整量的均值 $y_{\mathrm{m}}(t)$ 在增长, 直到调节器不再断开 (开通持续时间 $T_{\mathrm{ein}}\to\infty$, 限制).

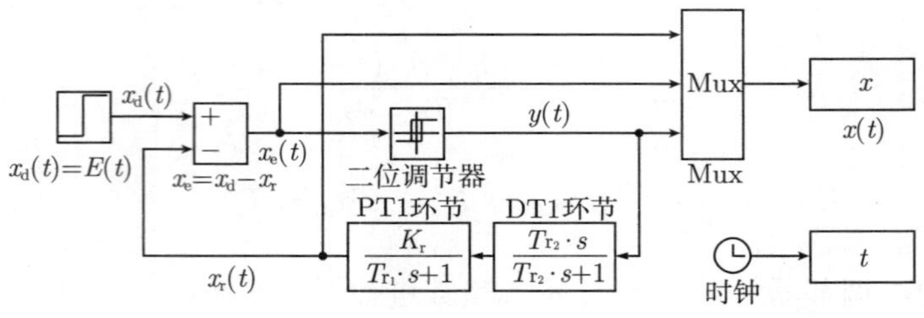

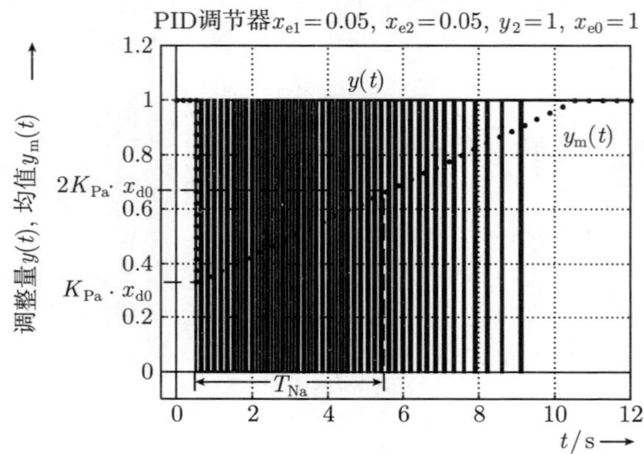

图 14.5-19 准连续 PID 调节器的阶跃响应 $y(t)$ 和均值 $y_m(t)$

其中 $K_{Ra}=0.333$, $T_{Na}=5$ s, $T_{Va}=1.2$ s, $x_{d0}=1$ ($K_r=5$, $T_{r1}=2$ s, $T_{r2}=3$ s, $y_2=1$, $x_{e1}=x_{e2}=0.05$)

具有滞后反馈和积分环节 (伺服电动机) 的三位调节器(准连续比例积分调节器, PI 调节器)

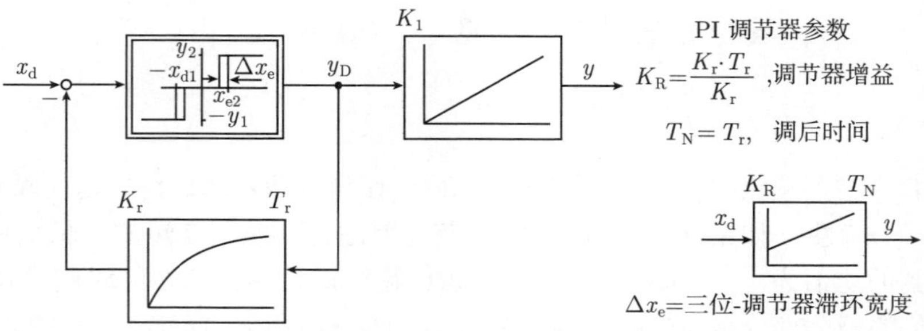

图 14.5-20 准连续 PI 调节器

PT_1 环节位于反馈中, 给调节器后接个积分环节:

$$G_{\mathrm{r}}(s)=\frac{K_{\mathrm{r}}}{1+T_{\mathrm{r}}\cdot s},\qquad G_{\mathrm{I}}(s)=\frac{K_{\mathrm{I}}}{s}$$

对于 PI 调节器, 通过系数比较给出参数 (比例增益 K_{R} 和调后时间 T_{N}):

$$G_{\mathrm{R}}(s)=\frac{y(s)}{x_{\mathrm{d}}(s)}=\frac{1}{G_{\mathrm{r}}(s)}\cdot G_{\mathrm{I}}(s)=\frac{K_{\mathrm{I}}}{s}\cdot\frac{1+T_{\mathrm{r}}\cdot s}{K_{\mathrm{r}}}=\frac{K_{\mathrm{I}}\cdot T_{\mathrm{r}}}{K_{\mathrm{r}}}\cdot\frac{1+T_{\mathrm{r}}\cdot s}{T_{\mathrm{r}}\cdot s}$$

$$\stackrel{!}{=}K_{\mathrm{R}}\cdot\frac{1+T_{\mathrm{N}}\cdot s}{T_{\mathrm{N}}\cdot s}$$

$$K_{\mathrm{R}}=\frac{K_{\mathrm{I}}\cdot T_{\mathrm{r}}}{K_{\mathrm{r}}},\qquad T_{\mathrm{N}}=T_{\mathrm{r}}$$

PI 特性: 按照图 14.5-21 阶跃响应信号在阶跃接入之后快速运行到值 $y=K_{\mathrm{R}}\cdot x_{\mathrm{d0}}=0.2$(近似 P 特性). 如果调节器周期地以常值接通持续时间 T_{ein} 接通, 那么后面积分生成调整量的积分–部分, $y_{\mathrm{I}}(t)=K_{\mathrm{R}}\cdot x_{\mathrm{d0}}\cdot t/T_{\mathrm{N}}=0.2\cdot t/T_{\mathrm{N}}$(I 特性). 在时间 T_{N} 后调整量加倍到 $y=2\cdot K_{\mathrm{R}}\cdot x_{\mathrm{d0}}=0.4$.

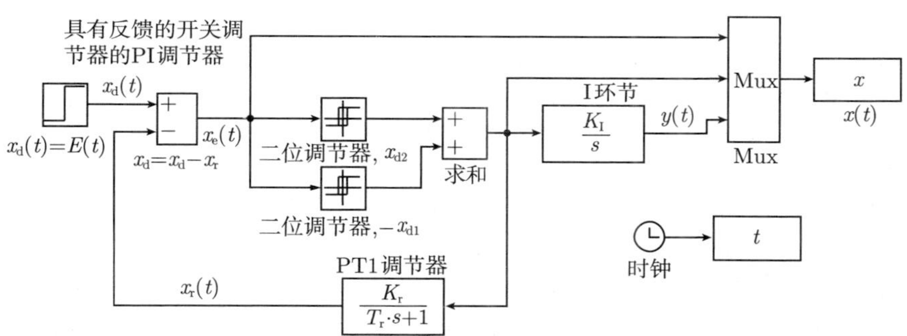

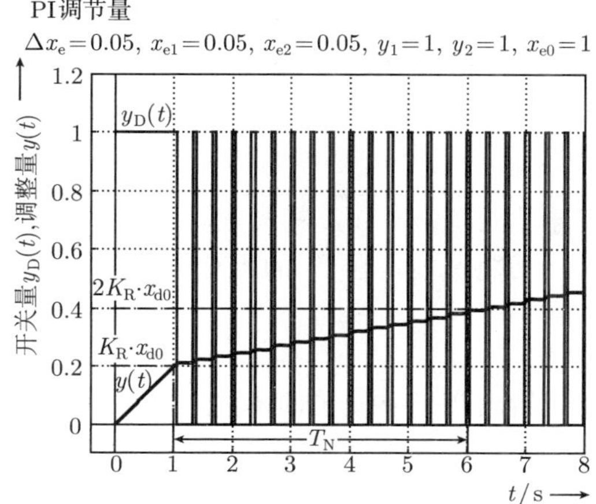

图 14.5-21 准连续 PI 调节器的阶跃响应 $y(t)$

其中 $K_{\mathrm{R}}=0.2$, $T_{\mathrm{N}}=5$ s, $x_{\mathrm{d0}}=1$ ($K_{\mathrm{r}}=5$, $T_{\mathrm{r}}=5$ s, $K_{\mathrm{I}}=0.2\ \mathrm{s}^{-1}$)

第 15 章　模糊逻辑在调节技术中的应用

15.1　模糊逻辑基本概念

15.1.1　清晰和非清晰集合, 隶属度函数

在日常用语描述中存在很多不能明确区分如真或假真实性的命题. 为了解决所提出包括这些非清晰命题的任务, 扎德 (ZADEH) 通过推广集合论创立了非清晰集合 (模糊集合 fuzzy sets) 理论. 具有非清晰集合的运算, 用**非清晰逻辑(unscharfen Logik)** 或**模糊–逻辑(Fuzzy-Logik)** 来规定. 后面将描述应用于调节技术的模糊逻辑主要元素和运算.

为了解决所提出的具有非清晰的、不精确的命题的问题, 可应用非清晰逻辑 (模糊逻辑). 模糊逻辑法是精确的, 在非清晰逻辑中包含经典二元 (清晰) 逻辑.

清晰集合(scharfen Mengen)(crisp Sets) 特征是对于所有元素都能明确以语言形式给出真/假 (Wahr/Falsch), 是/否 (Ja/Nein) 或隶属/非隶属 (zugehörig/nicht zugehörig) 的隶属性命题, 具有这些经典 (清晰) 集合运算, 可由**布尔代数(BOOLEshen Algebra)**(清晰代数, 布尔逻辑, **清晰逻辑(scharfe logik)**) 来规定. 通常用清晰代数的逻辑值表示隶属性命题 (二进制的隶属度函数), 也就是, 对于真/是/隶属 (wahr/ja/zugehörig) 为 1 而对于假/否/非隶属 (falsch/nein/nicht zugehörig) 为 0.

非清晰集合由**隶属度函数(Zugehörigkeitsfunktion)**(membership function) 定义, 可假定该函数值在 0 和 1 之间. 它们给出, 元素以怎样程度属于相应的非清晰集合.

基本集合 X 的非清晰集合 (fuzzy set, 模糊集合) A 通过隶属度函数 $\mu_{\mathrm{A}}(x)$ 来定义. 隶属度函数 $\mu_{\mathrm{A}}(x)$ 可将基本集合 X 的所有值 x 都映像到数值区间 [0,1] 上:

$$\mu_{\mathrm{A}}:\ X \to [0,\ 1]$$

对于每个 x 值, $\mu_{\mathrm{A}}(x)$ 给出在 A 内 x 的隶属度. 集合 A 数学上用下式定义:

$$A = \{(x,\ \mu_{\mathrm{A}}(x)) \mid x \in X\}$$

例 15.1-1　在本例中连续基本集合 X 应是物理上可实现的温度范围, 也就是实数的部分范围. 对于下列集合给出隶属度函数:

(1) 温度 T 的清晰部分集合 T_5, 温度低于 5°C (清晰命题 $T < 5°\text{C}$).
清晰集合 T_5 可通过隶属度命题数据描述

$$T_5 = \{T \mid T \in X,\ T < 5°\text{C}\}$$

在物理上可实现的范围 X 内, 低于 5°C 的全部温度 T 都属于集合 T_5, 而高于或等于 5°C 的温度则不属于该集合. 二进制隶属度函数 $\mu_{\text{T5}}(T)$(特征函数, 逻辑函数, 真实函数) 具有如下数学形式:

$$\mu_{\text{T5}}(T) = \begin{cases} 1, & T < 5°\text{C} \\ 0, & T \geqslant 5°\text{C} \end{cases}$$

T	$\mu_{\text{T5}}(T)$
$< 5°\text{C}$	1
$\geqslant 5°\text{C}$	0

温度 $T = -1°\text{C}$ 属于低于 5°C 的温度集合, 而 $T = 10°\text{C}$ 则不属于该集合.

(2) 温度非清晰部分集合 A_n, "低的温度" 属于非清晰命题.

低的温度的非清晰集合 A_n 可通过隶属度函数 $\mu_{\text{A}n}(T)$ 来规定:

$$\mu_{\text{A}n}(T) = \begin{cases} 1, & T \leqslant T_\text{a} = 0°\text{C} \\ \dfrac{T_\text{e} - T}{T_\text{e} - T_\text{a}}, & T_\text{a} = 0°\text{C} \leqslant T \leqslant T_\text{e} = 10°\text{C} \\ 0, & T \geqslant T_\text{e} = 10°\text{C}. \end{cases}$$

集合定义包括温度值 T 和隶属度函数 $\mu_{\text{A}n}(T)$:

$$A_n = \{(T,\ \mu_{\text{A}n}(T)) \mid T \in X\}$$

位于0°C 和10°C 之间的温度具有位于 0.0 和 1.0 之间的隶属度 (degree of membership,DOM) 或真实度 (degree of truth), 对于大于等于 10°C 或小于等于 0°C 其隶属度为 0.0 或 1.0. 温度 5°C 具有属于低的温度集合的隶属度 $\mu_{\text{A}n}(T = 5°\text{C}) = 0.5(50\%)$.

清晰和非清晰集合的隶属度函数如图 15.1-1 所示.

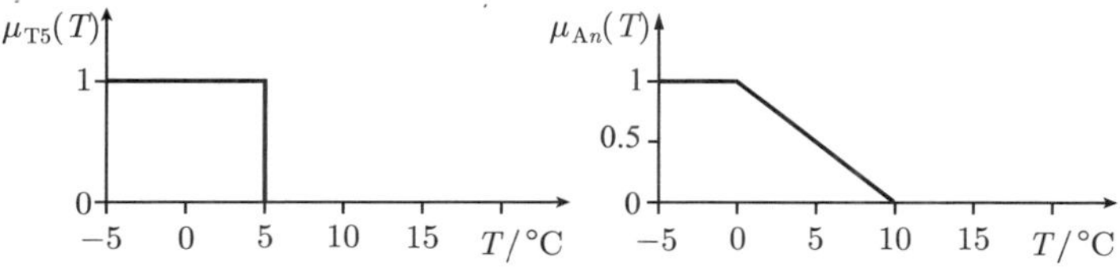

图 15.1-1 清晰和非清晰集合的隶属度函数

15.1.2 清晰和非清晰集合的描述

15.1.2.1 清晰集合描述形式

清晰和非清晰集合数学上可以不同方法来描述. 对于清晰集合 (A_1, A_2, A_3) 惯常的是下述方法.

元素列举法 (Aufzählong der Element)

如果在离散基本集合情况下集合元素较少, 那么列举法是最简单的描述形式.

例 15.1-2 7 和 13 之间自然数集合 A_1 被表示为

$$A_1 = \{8,\ 9,\ 10,\ 11,\ 12\}$$

解析描述法 (Analytische Beschreibung)

在连续基本集合情况解析描述法是合适的, 因为它也可表示无限多部分集合.

例 15.1-3 小于 10 的实数集合 A_2 可被解析描述为

$$A_2 = \{x \in \mathbb{R} \mid x < 10\}$$

集合特征函数图示法 (Grafische Darstellung der charakteristischen Funktion einer Menge)

如果元素属于集合, 那么特征函数 (二进制隶属度函数) 计算值为 1; 而对于非隶属度则为 0. 其优越性是, 特征函数可用图形或表格表示.

例 15.1-4 位于闭区间 $[2,6]$ 的实数集合 A_3 自然也可用解析描述:

$$A_3 = \{x \in \mathbb{R} \mid 2 \leqslant x \leqslant 6\}$$

将实数基本集合显像在值 0(非隶属) 和 1(隶属) 上的特征函数 μ_{A3} 为

$$\mu_{\mathrm{A3}}:\ \mathbb{R} \to \{0,\ 1\}$$

$$\mu_{\mathrm{A3}}(x) = \begin{cases} 1, & x \in A_3 \\ 0, & x \notin A_3 \end{cases} = \begin{cases} 1, & 2 \leqslant x \leqslant 6 \\ 0, & x < 2 \text{ 或 } x > 6 \end{cases}$$

用特征函数法表示清晰集合如图 15.1-2 所示.

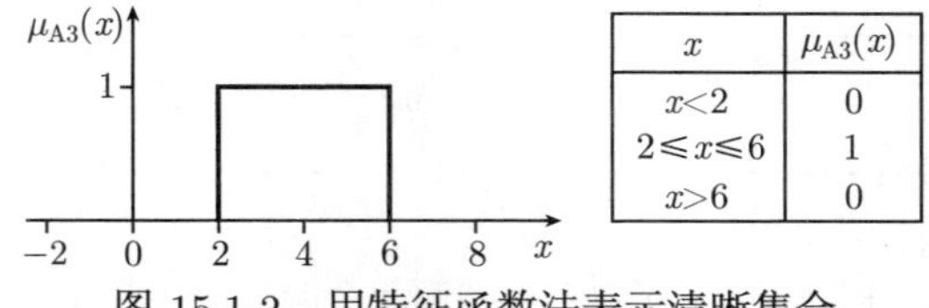

x	$\mu_{\mathrm{A3}}(x)$
$x<2$	0
$2\leqslant x\leqslant 6$	1
$x>6$	0

图 15.1-2 用特征函数法表示清晰集合

15.1.2.2 非清晰集合描述形式

清晰集合元素永远具有隶属度命题 (Zugehörigkeitsaussage)1, 如果元素具有命题 0, 那么它就不属于清晰集合, 非清晰集合通过隶属度函数来描述, 其值取在 0 和 1 之间. 为此, 为了描述集合元素需要两个值: 元素值 x 和隶属度 $\mu_{\mathrm{A}}(x)$.

非清晰集合元素通过一个由元素值 x 和隶属度 $\mu_{\mathrm{A}}(x)$ 组成的数偶来描述.

具有隶属度 0.0 的元素 (也不属于非清晰集合), 如像在清晰集合情况那样, 在列举法中也被略去. 为了描述非清晰集合 (A_4, A_5) 通常有下列表示法.

元素列举法 (Aufzählong der Element)

如果非清晰集合数目很小, 那么最简单地是, 成对地列举具有隶属度的元素.

例 15.1-5 给出位于 "在 5 附近"("大约等于 5") 整数的非清晰集合 A_4. 其中位于 5 附近的数具有大的隶属度, 而 $\leqslant 1$ 或 $\geqslant 9$ 的数应得到隶属度 0.0. 对于本例规定如下的隶属度.

$$\begin{aligned}A_4 &= \{(x,\ \mu_{\mathrm{A4}}(x)) \mid x \in \mathbb{Z}\}\\ &= \{(2,\,0.25),\ (3,\,0.5),\ (4,\,0.75),\ (5,\,1.0),\ (6,\,0.75),\ (7,\,0.5),\ (8,\,0.25)\}\end{aligned}$$

在无限多的集合元素, 如像在本例情况时, 也可应用如下表示法.

$$\begin{aligned}A_4 &= \{(\mu_{\mathrm{A4}}(x)/x) \mid x \in \mathbb{Z}\}\\ &= \{(0.25/2),\ (0.5/3),\ (0.75/4),\ (1.0/5),\ (0.75/6),\ (0.5/7),\ (0.25/8)\}\end{aligned}$$

图 15.1-3 所示为位于"在 5 附近"整数的非清晰集合.

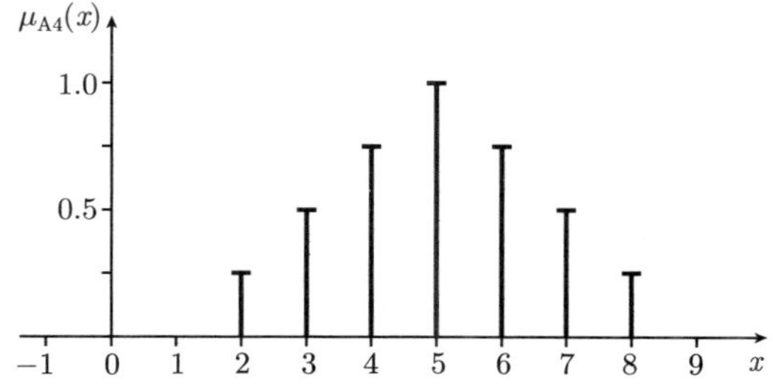

图 15.1-3 位于 "在 5 附近" 整数的非清晰集合

作为等价的表示法

$$A = \{(x,\ \mu_{\mathrm{A}}(x)) \mid x \in X\}$$

通常在具有有限多元素的非清晰集合时被应用如下形式:

$$\begin{aligned} A &= \{\mu_{\mathrm{A}}(x)/x \mid x \in X\} \\ A &= \mu_{\mathrm{A}}(x_1)/x_1 + \mu_{\mathrm{A}}(x_2)/x_2 + \mu_{\mathrm{A}}(x_3)/x_3 + \cdots + \mu_{\mathrm{A}}(x_n)/x_n \\ &= \sum_{i=1}^{n} \mu_{\mathrm{A}}(x_i)/x_i \end{aligned}$$

其中加号和总和号不是作为除法和加法, 而斜线是被理解为数偶 $\mu_{\mathrm{A}}(x_i)/x_i$ 的分隔符号.

该表达式与下式意义相同.

$$A = \{(x_1,\ \mu_{\mathrm{A}}(x_1)),\ (x_2,\ \mu_{\mathrm{A}}(x_2)),\ (x_3,\ \mu_{\mathrm{A}}(x_3)),\ \cdots,\ (x_n,\ \mu_{\mathrm{A}}(x_n))\}.$$

如果非清晰集合是由单个数偶 x_i, $\mu_{\mathrm{A}}(x_i)$ 组成, 那么可应用上述给出的表示法之一.

如果一个非清晰集合仅含有一个具有隶属度值 $\mu_{\mathrm{A}}(x_1) = 1$ 的数偶 x_1, $\mu_{\mathrm{A}}(x_1)$, 那么 x_1 被称为**单点模糊集合 (Singleton)**. 这样, 同时 A 相应于一个具有一个元素 x_1 的清晰集合，通常用单点模糊集合模拟输出量 (在控制技术中调节器的调整量 y) 的模糊–集合.

例 15.1-6　基本集合Y为调节器调整量y的技术上可实现的范围, 非清晰集合: A_{NG} (调节器–调整量负–大); A_{NM} (调节器–调整量负–中); A_{ZE} (调节器–调整量近于–零); A_{PM} (调节器–调整量正–中); A_{PG} (调节器–调整量正–大).

总是仅含有一个数偶 (单点模糊集合):

$$\begin{aligned} A_{\mathrm{NG}} &= \{(y_{\mathrm{NG}},\ \mu_{\mathrm{NG}}(y_{\mathrm{NG}}))\} = \{(-10.0,\ 1.0)\} \\ &= \mu_{\mathrm{NG}}(y_{\mathrm{NG}})/y_{\mathrm{NG}} = 1.0/-10.0 \\ A_{\mathrm{NM}} &= \{(y_{\mathrm{NM}},\ \mu_{\mathrm{NM}}(y_{\mathrm{NM}}))\} = \{(-5.0,\ 1.0)\} \\ &= \mu_{\mathrm{NM}}(y_{\mathrm{NM}})/y_{\mathrm{NM}} = 1.0/-5.0 \\ A_{\mathrm{ZE}} &= \{(y_{\mathrm{ZE}},\ \mu_{\mathrm{ZE}}(y_{\mathrm{ZE}}))\} = \{(0.0,\ 1.0)\} \\ &= \mu_{\mathrm{ZE}}(y_{\mathrm{ZE}})/y_{\mathrm{ZE}} = 1.0/0.0 \\ A_{\mathrm{PM}} &= \{(y_{\mathrm{PM}},\ \mu_{\mathrm{PM}}(y_{\mathrm{PM}}))\} = \{(5.0, 1.0)\} \\ &= \mu_{\mathrm{PM}}(y_{\mathrm{PM}})/y_{\mathrm{PM}} = 1.0/5.0 \end{aligned}$$

$$
\begin{aligned}
A_{\mathrm{PG}} &= \{(y_{\mathrm{PG}},\ \mu_{\mathrm{PG}}(y_{\mathrm{PG}}))\} = \{(10.0, 1.0)\} \\
&= \mu_{\mathrm{PG}}(y_{\mathrm{PG}})/y_{\mathrm{PG}} = 1.0/10.0
\end{aligned}
$$

图 15.1-4 所示为具有一个数偶 (单点模糊集合) 与非清晰集合的隶属度函数.

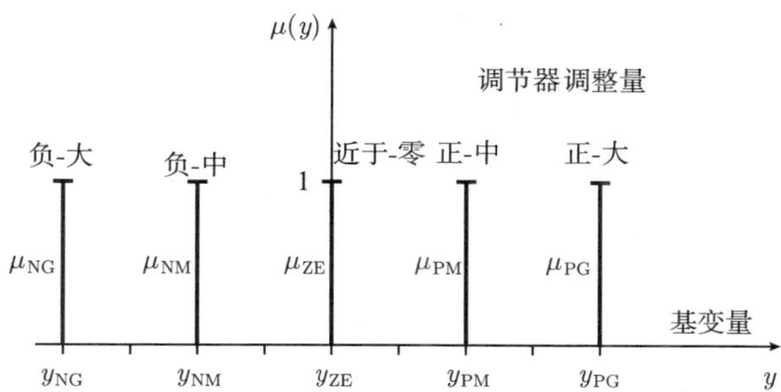

图 15.1-4 具有一个数偶 (单点模糊集合) 的非清晰集合的隶属度函数

解析描述法 (Analytische Beschreibung)

可用解析描述法表示无限多的集合.

例 15.1-7 位于 "在 5 附近"("大约等于 5") 的实数非清晰集合 A_5, 用算例可解析地描述如下:

$$
A_5 = \{(x,\ \mu_{\mathrm{A5}}(x)) \mid x \in \mathbb{R}\}
$$

其中

$$
\mu_{\mathrm{A5}}(x) = \frac{1}{1+(x-5)^2}
$$

对于 $x = 5$ 为 $\mu_{\mathrm{A5}}(x=5) = 1$, 而对于 $x \gg 5$, $x \ll 5$, $\mu_{\mathrm{A5}}(x)$ 趋于零.

作为等价的表示法

$$
A = \{(x,\ \mu_{\mathrm{A}}(x)) \mid x \in X\}
$$

通常在具有无限多元素的集合 (构成连续性) 时被应用如下形式:

$$
A = \int_X \mu_{\mathrm{A}}(x)/x
$$

其中斜线用作为数偶 $\mu_{\mathrm{A}}(x)/x$ 的分隔符号, 而积分符号象征 x 的连续数值变化, X 为基本集合, x 为基–或元素变量.

集合隶属度函数图示法 (Graphische Darstellung der Zughörigsfunktion einer Menge)

非清晰集合的特性是通过隶属度函数来表征.

例 15.1-8　对于在例 15.1-7 给出的非清晰集合 A_5, 试表示为隶属度函数. 隶属度函数

$$\mu_{\mathrm{A5}}(x)=\frac{1}{1+(x-5)^2}$$

在 $x=5$ 时具有值 1, 而对于所有其他 x 值隶属度则是小于 1 的 (图 15.1-5).

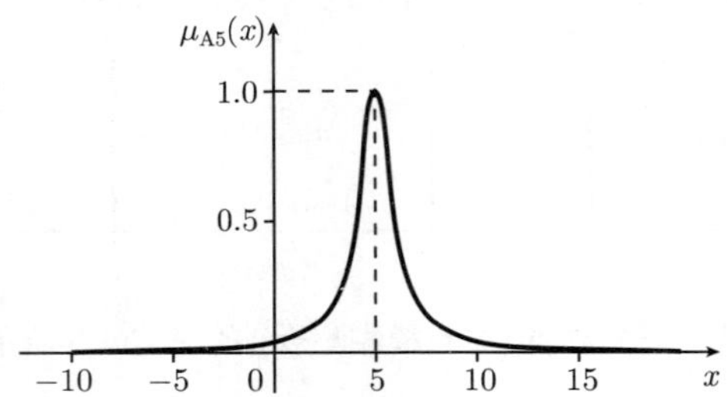

图 15.1-5　位于 "在 5 附近" 的实数非清晰集合

在非清晰集合时隶属度函数 $\mu(x)$ 取 0.0 和 1.0 之间任意值, x 为清晰基本集合 X 的元素, 例如实数集合:

$$0.0\leqslant\mu(x)\leqslant 1.0,\quad x\in X$$

非清晰集合可用隶属度函数来描述. 隶属度函数可通过数偶 $(x,\ \mu_{\mathrm{A}}(x))$ 以及 $\mu_{\mathrm{A}}(x)/x$ 或解析定义, 并可用图形表示.

在清晰集合时隶属度函数是二进制的, 他们仅能取值为 0 和 1.

15.1.3　用隶属度函数表示非清晰集合

由隶属度函数特征量给出非清晰集合特性.

由图 15.1-6 和图 15.1-7 推导出非清晰集合最重要特征量.

借助隶属度函数以公式给出模糊集合特性: 非清晰集合被称谓**凸集合 (konvex)**, 仅当对于位于在基本域 X 内的所有区间 $[x_1,x_2]$, 在区间 $[x_1,x_2]$ 内存在一个 x_m 值的隶属度值 $\mu_{\mathrm{A}}(x_m)$ 是大于或等于 $\mu_{\mathrm{A}}(x_1),\mu_{\mathrm{A}}(x_2)$ 中的最小值 (图 15.1-6, 曲线 1, 2, 3) 时:

$$\mu_{\mathrm{A}}(x_{\mathrm{m}})\geqslant\min[\mu_{\mathrm{A}}(x_1),\ \mu_{\mathrm{A}}(x_2)],\quad 对于 x_1\leqslant x_{\mathrm{m}}\leqslant x_2,\ x_1,\ x_{\mathrm{m}},\ x_2\in X.$$

如果不满足该条件, 那么称谓**非凸集合(nicht konvex)**(曲线 4). 模糊集合 A 的**高度(Höhe)**(height) 是由隶属度函数 $\mu_{\mathrm{A}}(x)$ 的极大值来确定:

$$\text{height }(A) = \max\{\mu_{\mathrm{A}}(x) \mid x \in X\}$$

高度为从 0 到 1 范围内的实数. 如果高度 height $(A) = 1$, 那么 A 被称为**正则(normale)** 模糊集合 (曲线 1, 3, 4), 而其他情况称谓**亚正则 (subnoemal)**(曲线 2). 为了能更好地进行比较, 一般只研究正则的或正则化的模糊集合. 能进行**正则化(Normalisierung)**, 仅当高度 height $(A) \neq 0$(那么 A 是非空集合) 时:

$$\mu_{\mathrm{Anorm}}(x) = \mu_{\mathrm{A}}(x)/\text{height }(A)$$

模糊–集合 A 的**核 (Kern)** (core 核, Toleranz 容限) 是通过隶属度函数等于 1 的区间来给出:

$$\text{core }(A) = \{x \mid x \in X, \mu_{\mathrm{A}}(x) = 1\}$$

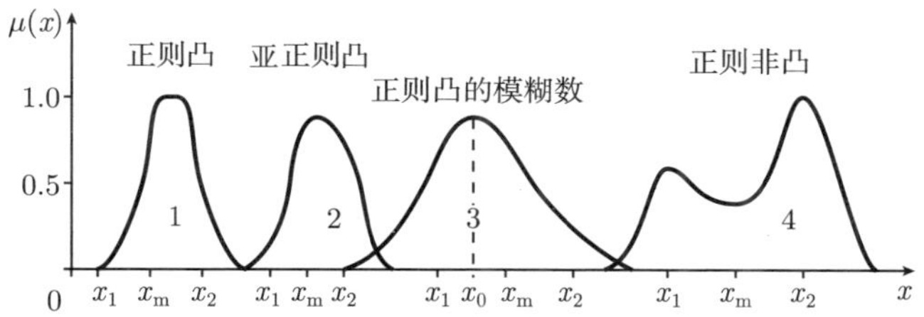

图 15.1-6 非清晰集合的隶属度函数

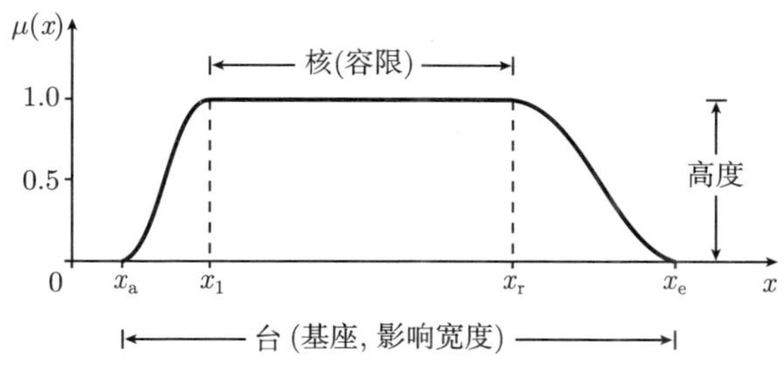

图 15.1-7 具有特征量的隶属度函数

模糊集合的**台 (Support)**(Stützmenge 支座集合. Träger 基座, Einflußbreite 影响宽度) 是隶属度函数 $\mu(x)$ 大于零的 x 范围:

$$\text{supp }(A) = \{x \mid x \in X,\ \mu_{\mathrm{A}}(x) > 0\}$$

核和台是清晰集合, 在模糊技术中需要**非清晰数 (unscharfe Zahl) (fuzzy-Zahl(模糊数))** 概念 (图 15.1-6, 曲线 3).

一个凸的正则非清晰集合 (模糊集合) 为非清晰数 (模糊数, fuzzy Number), 仅当对于值 x_0 的隶属度值精确地为 $\mu_{\mathrm{A}}(x_0)=1$(也就是：高度等于 1, 核只含一个元素 x_0) 并且隶属度函数至少是逐段连续的时.

原则上很多各种不同曲线形都可取代模糊逻辑中的隶属度函数. 主要被证实有两个函数类型: 逐段连续的线性函数; 平方函数和 e 函数.

为了在调节技术中应用, 大多应用线性函数. 由图 15.1-8 梯形基函数可推导出三角函数、矩形函数、斜坡函数和单点模糊集合作为极限值 (图 15.1-9). 梯形函数用五个线性函数来描述:

$$\mu_{\mathrm{A}}(x)=\begin{cases}0, & x \leqslant x_{\mathrm{a}} \\ \dfrac{x-x_{\mathrm{a}}}{x_{\mathrm{l}}-x_{\mathrm{a}}}, & x_{\mathrm{a}} \leqslant x \leqslant x_{\mathrm{l}} \\ 1, & x_{\mathrm{l}} \leqslant x \leqslant x_{\mathrm{r}} \\ \dfrac{x_{\mathrm{e}}-x}{x_{\mathrm{e}}-x_{\mathrm{r}}}, & x_{\mathrm{r}} \leqslant x \leqslant x_{\mathrm{e}} \\ 0, & x \geqslant x_{\mathrm{e}}\end{cases}$$

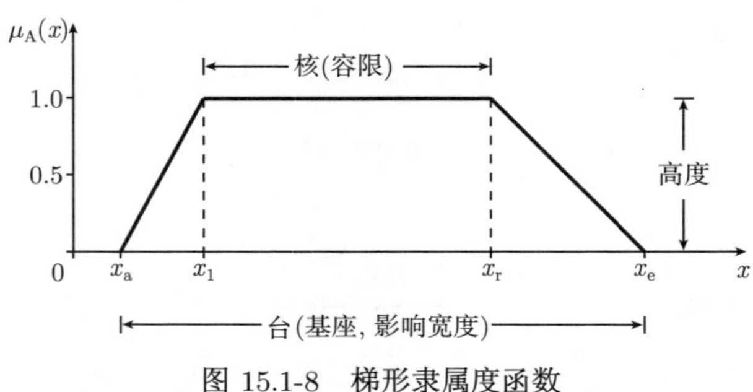

图 15.1-8　梯形隶属度函数

例 15.1-9　对于图 15.1-8 梯形隶属度函数, 试确定模糊–集合 A 的高度、核和台.

因为 A 是规范模糊集合, 所以其高度等于 1:

$$\text{height }(A)=\max\{\mu_{\mathrm{A}}(x)\mid x\in X\}=1$$

A 的核 (容限) 是具有隶属度 $\mu_{\mathrm{A}}(x)=1$ 数的清晰集合. 它们位于在闭区间 $[x_1,x_r]$:

$$\operatorname{core}(A)=\{x\mid x\in X,\ \mu_{\mathrm{A}}(x)=1\}=[x_{\mathrm{l}},\ x_{\mathrm{r}}]$$

而 A 的台 (基座, 影响宽度) 是具有隶属度 $\mu_{\mathrm{A}}(x)>0$ 数的清晰集合. 它们位于在开区间 (x_a,x_e):

$$\text{supp}\ (A) = \{x \mid x \in X,\ \mu_{\text{A}}(x) > 0\} =]\, x_{\text{a}},\ x_{\text{e}}\, [= (x_{\text{a}},\ x_{\text{e}})$$

在梯形基函数中含有三角函数、矩形函数、斜坡函数和作为极限情况的单信号. 边缘区域的隶属度函数可由图 15.1-9 的函数来模拟.

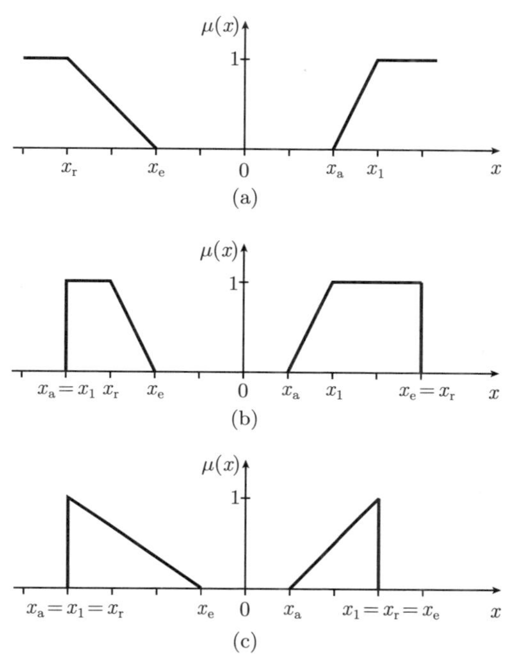

图 15.1-9 边缘区域的线性隶属度函数

对于中间区域的隶属度函数可应用如图 15.1-10 的函数.

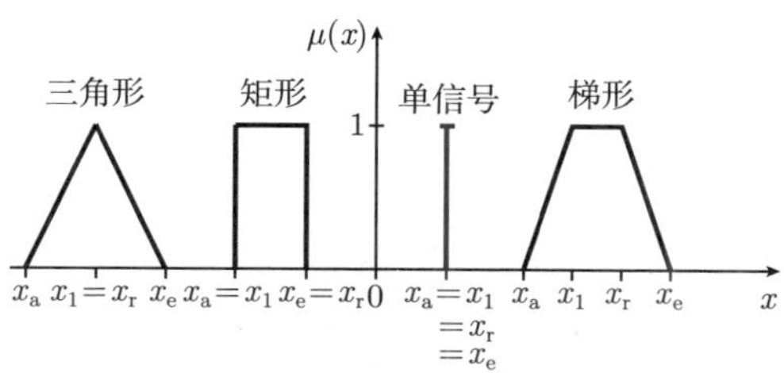

图 15.1-10 中间区域的线性隶属度函数

平方隶属度函数和 e 函数是独立可微分的, 在函数曲线中避免了不连续点. 在图 15.1-11 中给出了平方函数和 e 函数. 给出主要区域平方函数如下.

左边缘区域 (曲线(a)):

$$\mu(x)=\begin{cases}1, & x<x_{\mathrm{a}}\\ 1-2\cdot\left[\dfrac{x-x_{\mathrm{a}}}{x_{\mathrm{e}}-x_{\mathrm{a}}}\right]^2, & x_{\mathrm{a}}\leqslant x\leqslant(x_{\mathrm{e}}+x_{\mathrm{a}})/2\\ 2\cdot\left[\dfrac{x_{\mathrm{e}}-x}{x_{\mathrm{e}}-x_{\mathrm{a}}}\right]^2, & (x_{\mathrm{e}}+x_{\mathrm{a}})/2\leqslant x\leqslant x_{\mathrm{e}}\\ 0, & x>x_{\mathrm{e}}\end{cases}$$

中间区域 (曲线(b)):

$$\mu(x)=\frac{1}{1+(x-x_{\mathrm{m}})^2}$$

右边缘区域 (曲线(c)):

$$\mu(x)=\begin{cases}0, & x<x_{\mathrm{a}}\\ 2\cdot\left[\dfrac{x-x_{\mathrm{a}}}{x_{\mathrm{e}}-x_{\mathrm{a}}}\right]^2, & x_{\mathrm{a}}\leqslant x\leqslant(x_{\mathrm{e}}+x_{\mathrm{a}})/2\\ 1-2\cdot\left[\dfrac{x_{\mathrm{e}}-x}{x_{\mathrm{e}}-x_{\mathrm{a}}}\right]^2, & (x_{\mathrm{e}}+x_{\mathrm{a}})/2\leqslant x\leqslant x_{\mathrm{e}}\\ 1, & x>x_{\mathrm{e}}\end{cases}$$

隶属度函数也可由 e**函数(e-Funktion)** 来定义 (**曲线**(d)):

$$\mu(x)=\mathrm{e}^{-k(x-x_{\mathrm{m}})^2},\quad k>0$$

例 15.1-10　试表示具有下列特征量的隶属度函数. 平方函数特征量:

(1) 左边缘区域: $x_{\mathrm{a}}=-6, x_{\mathrm{e}}=-2$;

(2) 中间区域: $x_{\mathrm{m}}=4$;

(3) 右边缘区域: $x_{\mathrm{a}}=12, x_{\mathrm{e}}=20$;

(4) 中间区域 e 函数具有 $k=1, x_{\mathrm{m}}=8$.

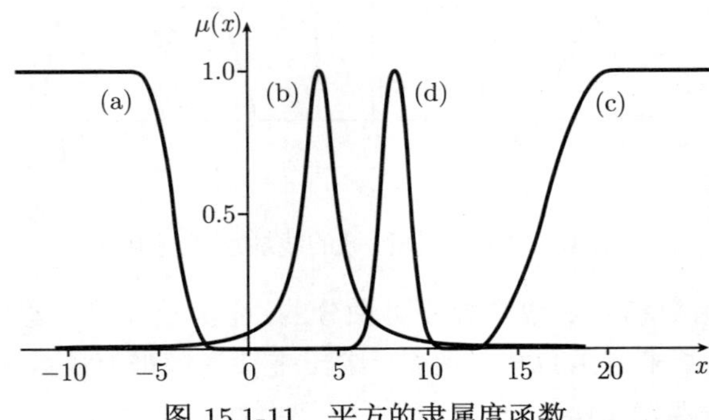

图 15.1-11　平方的隶属度函数

在平方函数和 e 函数情况计算费用高于在逐段连续的线性函数情况.

> 对于在调节技术中大多数应用模糊逻辑, 由逐段连续线性部分函数组合成的隶属度函数是足够的.

15.1.4 语言变量和语言值

15.1.4.1 用于描述非清晰命题的语言变量

> 非清晰命题和信息可用模糊–集合定义, 并用隶属度函数表示.

在数学描述技术过程时, 调节系统特征量如参据量、被调节量、调整量和调节误差都被定义为仅可取用清晰值的数值变量.

相反, 在日常语言描述过程特性时常用非清晰表述, 例如: 当温度低时, 那么调整阀被打开些.

表述 "温度低" 和 "调整阀被打开些" 是描述调整阀打开取决于非清晰定义温度范围的不确切的 (非清晰的) 关系. 非清晰命题或规则是由两部分组成, 即非清晰条件 (前提): **当 (WENN)** 温度低**时**和非清晰结果 (结论): **那么 (DANN)** 调整阀被打开些.

> 用模糊–逻辑法, 可将定性的概念在数学上被定义为非清晰变量. 对于这类变量应用命名**语言变量(linguistische Veriable)**, 语言变量的值称谓**语言值(linguistische Werte)**(Terme).

例 15.1-11 为描述室内温度, 日常语言中应用非清晰概念, 如低温 (n)、中温 (m) 或高温 (h). 对于语言变量室温, 规定语言值低 (n)、中 (m)、高 (h). 通过极限值预先给定隶属度函数, 极限值之间隶属度函数成线性变化:

语言值低的:

$$\mu_{\mathrm{n}}(T \leqslant 5^\circ\mathrm{C}) = 1.0, \quad \mu_{\mathrm{n}}(T \geqslant 15^\circ\mathrm{C}) = 0.0$$

语言值中的:

$$\mu_{\mathrm{m}}(T \leqslant 5^\circ\mathrm{C}) = 0.0, \quad \mu_{\mathrm{m}}(T = 15^\circ\mathrm{C}) = 1.0, \quad \mu_{\mathrm{m}}(T \geqslant 25^\circ\mathrm{C}) = 0.0$$

语言值高的:

$$\mu_{\mathrm{h}}(T \leqslant 15^\circ\mathrm{C}) = 0.0, \quad \mu_{\mathrm{h}}(T \geqslant 25^\circ\mathrm{C}) = 1.0$$

> 语言变量 (linguistic variable) 通过
> - 变量名 V_{L};
> - 规则集合 G_{L}(例如, 在语法形式中), 由该规则规定语言值 (linguistic terms);

- 语言值集合 W_{L};
- 具有隶属基变量 x 的基本集合 X;
- 隶属度函数的集合 M_{L}, 它将由基本集合 X 构成的非清晰集合赋值给语言值;

来定义.

例 15.1-12　试按上述定义描述例 15.1-11 语言变量室温:
变量名为 $V_{\mathrm{L}}=$ 室温, 规则集合 G_{L} 用定义生成语言值名.

〈语言值名〉::=〈命名符〉|〈语言修饰语〉〈命名符〉;
〈命名符〉::= 低 | 中 | 高 | $\cdots$;
〈语言修饰语〉::= 很 | 相当 | 确实 | 较多 | 较少 | 非 $\cdots$

其中 | 对应于逻辑 **ODER**(或) 函数. 语言值集合 W_{L} 为

$$W_{\mathrm{L}}=\{w_{\mathrm{L1}},\ w_{\mathrm{L2}},\ w_{\mathrm{L3}}\}=\{\text{低, 中, 高}\}$$

基本集合 X 为具有基变量温度 $x \mathrel{\hat{=}} T$ 允许的室温范围 $[-5°\mathrm{C}, 35°\mathrm{C}]$.

隶属度函数集合 M_{L} 为

$$M_{\mathrm{L}}=\{\mu_{\mathrm{n}}(T),\ \mu_{\mathrm{m}}(T),\ \mu_{\mathrm{h}}(T)\}$$

其中函数是按照图 15.1-12 定义的.

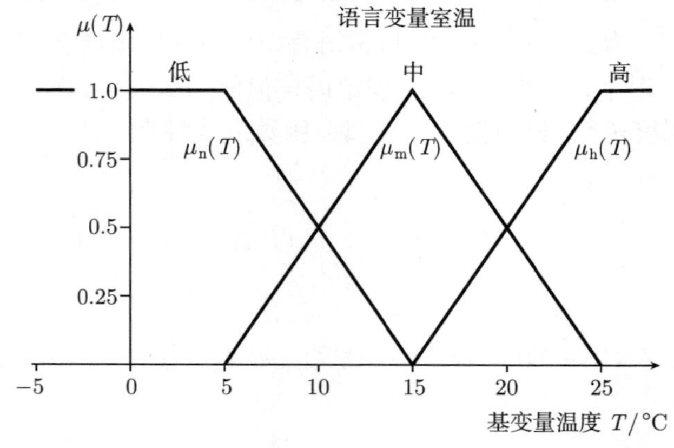

图 15.1-12　具有语言值的语言变量室温

15.1.4.2　语言变量结构, 语言算子

在模拟借助模糊–技术解决工程任务的语言变量时, 通常需要语言变量的结构、

算法描述的形式. 这可轻易转换到工程模糊-系统.

对此, 属于语言值的非清晰集合隶属度范围应当重叠, 值名本身应与阶对应, 然后用修饰语来改变已经定义的隶属度函数.

对于技术过程模糊调解, 由下列语言值名构建信号量.

{小, 中, 大} = {K, M, G}

{低, 中, 高} = {N, M, H}

{负-大, 负-中, 负-小, 近于-零, 正-小, 正-中, 正-大} =

{NG, NM, NK, ZE, PK, PM, PG}

{负-大, 负-中, 负-小, 近于-零, 正-小, 正-中, 正-大} =

{NB, NM, NS, ZE, PS, PM, PB}

用连字符 ("-") 表示负-大, 负-中, ··· 应指出, 这关系到语言值的名称. 在应用修饰语时, 修饰语和值名通过空格来分开①:

很大, 相当小, ···

例 15.1-13 对于语言变量 "特征-数", 试用算法生成语言值. 用修饰语 "很" 使语言值 w_{L1} ="近似零" 发生变化.

$$W_{\mathrm{L}} = \{w_{\mathrm{L1}},\ w_{\mathrm{L2}},\ w_{\mathrm{L3}}\} = \{\text{近似零, 很近似零, 很很近似零}\}.$$

对于继续语言值的递推方程:

$$\begin{aligned} w_{\mathrm{L}i+1} &= \text{很}\ w_{\mathrm{L}i}, \quad i \geqslant 1 \\ w_{\mathrm{L2}} &= \text{很}\ w_{\mathrm{L1}} = \text{很近似零} \\ w_{\mathrm{L3}} &= \text{很}\ w_{\mathrm{L2}} = \text{很很}\ w_{\mathrm{L1}} = \text{很很近似零} \end{aligned}$$

作为语言值的修饰语常用的有:
较多, 很, 较少, 相当 (较多或较少), 确实 (的确), 非, ···

修饰语是一元 (unäre) 语言算子 (linguistic modifiers,linguistic hedges), 用它可变换非清晰集合.

对于通过非清晰集合 $A_{w\mathrm{L}} = \{x,\ \mu_{\mathrm{A}w\mathrm{L}}(x)\}$ 表示的语言值 w_{L}, 例如可用如下变换解析列出修饰语公式 (表 15.1-1).

① [译者注]中文不空格.

表 15.1-1　语言值变换

修饰语	变换, 方程
较多 w_L	微小聚集 $A=\text{MORE}(A_{w\text{L}}),\quad \mu(x)=\mu_{\text{A}w\text{L}}(x)^{1.25}$
很 w_L	聚集 $A=\text{CON}(A_{w\text{L}}),\quad \mu(x)=\mu_{\text{A}w\text{L}}(x)^{2}$
很很 w_L	聚集, 聚集 $A=\text{CON}(\text{CON}(A_{w\text{L}})),\quad \mu(x)=\mu_{\text{A}w\text{L}}(x)^{4}$
确实 w_L	对比–增强 $A=\text{INT}(A_{w\text{L}}),$ $\mu(x)=2\cdot\mu_{\text{A}w\text{L}}(x)^2$　对于$\mu_{\text{A}w\text{L}}(x)<0.5$ $\mu(x)=1-2\cdot(1-\mu_{\text{A}w\text{L}}(x))^2$　对于$\mu_{\text{A}w\text{L}}(x)\geqslant 0.5$
较少 w_L	微小扩展 $A=\text{LESS}(A_{w\text{L}}),\quad \mu(x)=\mu_{\text{A}w\text{L}}(x)^{0.75}$
相当 w_L	扩展 $A=\text{DIL}(A_{w\text{L}}),\quad \mu(x)=\sqrt{\mu_{\text{A}w\text{L}}(x)}$
非 w_L	求补 $A=\text{CPL}(A_{w\text{L}}),\quad \mu(x)=1-\mu_{\text{A}w\text{L}}(x)$
非很 w_L	求补, 聚集 $A=\text{CPL}(\text{CON}(A_{w\text{L}})),$ $\mu(x)=1-\text{CON}(\mu_{\text{A}w\text{L}}(x))=1-\mu_{\text{A}w\text{L}}(x)^2$
相当很 w_L	扩展, 聚集到 $A=\text{DIL}(\text{CON}(A_{w\text{L}})),\quad \mu_{\text{DIL,CON}}(x)=\mu_{\text{A}w\text{L}}(x)$

修饰语 “很” 聚集非清晰集合, 减小命题的非清晰度:

聚集(Konzentration)(concentration):

$$A=\text{CON}\ (A_{w\text{L}}),\ \mu(x)=\mu_{\text{A}w\text{L}}(x)^2$$

用 “相当”, “较多或较少” 增大非清晰度, 扩大隶属度函数:

扩展(Dehnung) (dilatation):

$$A=\text{DIL}\ (A_{w\text{L}}),\ \mu(x)=\sqrt{\mu_{\text{A}w\text{L}}(x)}$$

用,“确实”, “的确” 增强非清晰集合对比度. 对于 $\mu_{\text{A}w\text{L}}<0.5$ 减小隶属度, 而对于 $\geqslant 0.5$ 则增大. 对此, 命题增强:

对比–增强(Kontrast-Intensivierung)(intensification):

$A=\text{INT}\,(A_{w\text{L}})$

$$\mu(x)=\begin{cases}2\cdot\mu_{\text{A}w\text{L}}(x)^2, & \mu_{\text{A}w\text{L}}(x)<0.5\\ 1-2\cdot(1-\mu_{\text{A}w\text{L}}(x))^2, & \mu_{\text{A}w\text{L}}(x)\geqslant 0.5\end{cases}$$

用修饰语“较少”增大非清晰度, 用“较多”减小它:

减小(Verkleinerung)(less):

$$A = \text{LESS } (A),\ \mu(x) = \mu_{\text{A}w\text{L}}(x)^{0.75}$$

增大(Vergrößerung)(more):

$$A = \text{MORE } (A),\ \mu(x) = \mu_{\text{A}w\text{L}}(x)^{1.25}$$

用“非”否定非清晰集合:

求补(Komplementbildung)(complement):

$$\begin{aligned} A &= \text{CPL } (A_{w\text{L}}), & \mu(x) &= 1 - \mu_{\text{A}w\text{L}}(x) \\ A &= \text{NICHT } (A_{w\text{L}}), & \mu(x) &= 1 - \mu_{\text{A}w\text{L}}(x) \end{aligned}$$

例 15.1-14 应用修饰语变换非清晰命题“调节误差近似于 x_{d0}”, 语言变量是“调节误差”, 而语言值为“近似于 x_{d0}”. 隶属度函数可用 x_{d} 作为基变量来模拟, 例如已给的 $x_{\text{d0}} = 1$ 和 $k = 1$.

(1) 调节误差近似于 1

$$\mu_{\text{A}n}(x_{\text{d}}) = \frac{1}{1 + k \cdot (x_{\text{d}} - x_{\text{d0}})^2} = \frac{1}{1 + (x_{\text{d}} - 1)^2}$$

用修饰语较多, 很, 确实, 较少, 相当, 非, 修饰命题.

(2) 调节误差较多近似于 1

$$\mu_{\text{A}}(x_{\text{d}}) = \mu_{\text{A}n}(x_{\text{d}})^{1.25} = \frac{1}{[1 + (x_{\text{d}} - 1)^2]^{1.25}}$$

(3) 调节误差很近似于 1

$$\mu_{\text{A}}(x_{\text{d}}) = \mu_{\text{A}n}(x_{\text{d}})^2 = \frac{1}{[1 + (x_{\text{d}} - 1)^2]^2}$$

(4) 调节误差很很近似于 1

$$\mu_{\text{A}}(x_{\text{d}}) = \mu_{\text{A}n}(x_{\text{d}})^4 = \frac{1}{[1 + (x_{\text{d}} - 1)^2]^4}$$

(5) 调节误差较小近似于 1

$$\mu_{\text{A}}(x_{\text{d}}) = \mu_{\text{A}n}(x_{\text{d}})^{0.75} = \frac{1}{[1 + (x_{\text{d}} - 1)^2]^{0.75}}$$

(6) 调节误差相当近似于 1

$$\mu_{\mathrm{A}}(x_{\mathrm{d}}) = \sqrt{\mu_{\mathrm{A}n}(x_{\mathrm{d}})} = \frac{1}{\sqrt{1+(x_{\mathrm{d}}-1)^2}}$$

7. 调节误差非 (不) 近似于 1

$$\mu_{\mathrm{A}}(x_{\mathrm{d}}) = 1-\mu_{\mathrm{A}n}(x_{\mathrm{d}}) = 1-\frac{1}{1+(x_{\mathrm{d}}-1)^2} = \frac{(x_{\mathrm{d}}-1)^2}{1+(x_{\mathrm{d}}-1)^2}$$

8. 调节误差确实近似于 1

$$\mu_{\mathrm{A}}(x_{\mathrm{d}})=2\cdot\mu_{\mathrm{A}n}(x_{\mathrm{d}})^2=\frac{2}{[1+(x_{\mathrm{d}}-1)^2]^2},\qquad \mu_{\mathrm{A}n}(x_{\mathrm{d}})<0.5$$

$$\mu_{\mathrm{A}}(x_{\mathrm{d}})=1-2\cdot(1-\mu_{\mathrm{A}n}(x_{\mathrm{d}}))^2=\frac{2-x_{\mathrm{d}}^4+4\cdot x_{\mathrm{d}}^3-4\cdot x_{\mathrm{d}}^2}{(x_{\mathrm{d}}^2-2x_{\mathrm{d}}+2)^2},\qquad \mu_{\mathrm{A}n}(x_{\mathrm{d}})\geqslant 0.5$$

图 15.1-13 和图 15.1-14 含有修饰的隶属度函数.

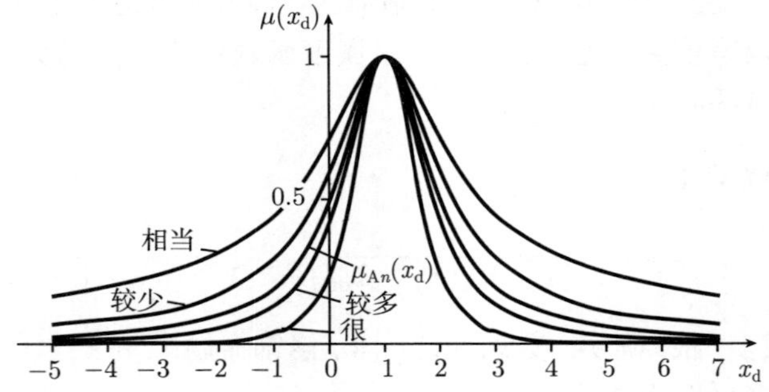

图 15.1-13 语言修饰语相当 (大约), 较少, 较多, 很的作用

从图可看出, 在正则化非清晰集合时, 通过聚集、扩展、对比增强变换隶属度函数最大值、核和台均无变化. 如果要扩大语言变量值域, 那么就必须引入新的语言值.

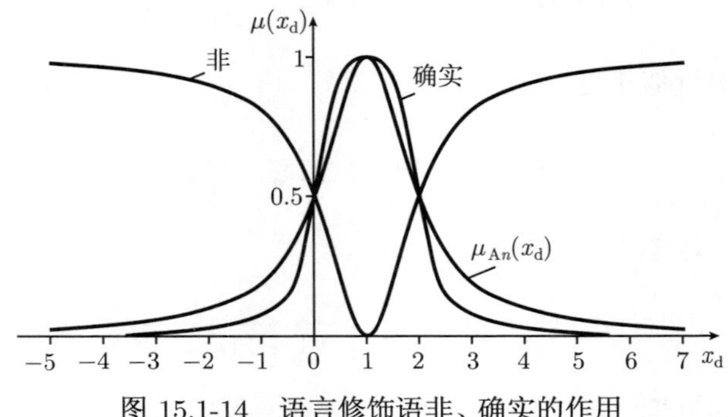

图 15.1-14 语言修饰语非、确实的作用

例 15.1-15 对于语言描述室温，应用平方和三角形隶属度函数，在下列隶属度函数最大值的基变量值 T_i 相互之间，其间隔等于 $\Delta T = T_{i+1} - T_i = 8°\text{C}$，语言值名很-低，很-高是特定值名，也就是不通过修饰语来生成的.

室温语言值 (Linguistische Werte der Raumtemperatur):

$$W_{\text{L}} = \{w_{\text{L1}}, w_{\text{L2}}, w_{\text{L3}}, w_{\text{L4}}, w_{\text{L5}}\}$$

$$= \{\text{很-低, 低, 中, 高, 很-高}\}$$

$$\Delta T = 8°\text{C}, \quad T_{i+1} = T_i + \Delta T, \quad i = 0, \cdots, 3$$

$$T_0 = 0°\text{C}, \quad T_1 = 8°\text{C}, \quad T_2 = 16°\text{C}, \quad T_3 = 24°\text{C}, \quad T_4 = 32°\text{C}$$

平方隶属度函数 (Quadratische Zugehörigkeitsfunktionen):

$$\mu_{\text{A0}}(T) = \begin{cases} 1, & T < T_0 = 0°\text{C} \\ \dfrac{1}{1 + k^2 \cdot (T - T_0)^2}, & T \geqslant T_0 = 0°\text{C} \end{cases}$$

$$\mu_{\text{A}i}(T) = \frac{1}{1 + k^2 \cdot (T - T_i)^2}, \qquad i = 1, 2, 3$$

$$\mu_{\text{A4}}(T) = \begin{cases} \dfrac{1}{1 + k^2 \cdot (T - T_4)^2}, & T < T_4 = 32°\text{C} \\ 1, & T \geqslant T_4 = 32°\text{C} \end{cases}$$

对于

$$k = \frac{2}{\Delta T} = 0.25 \ \frac{1}{°\text{C}}$$

得到最优重叠

$$\mu_{\text{A}i}(T_i + \Delta T/2) = \mu_{\text{A}i+1}(T_{i+1} - \Delta T/2) = 0.5$$

三角形隶属度函数 (Dreiekförmige Zugehörigkeitsfunktionen):

$$\mu_{\text{A0}}(T) = \begin{cases} 1, & T < T_0 = 0°\text{C} \\ \dfrac{(T_0 + 8°\text{C}) - T}{8°\text{C}}, & T_0 \leqslant T \leqslant T_0 + 8°\text{C} \\ 0, & T > T_0 + 8°\text{C} \end{cases}$$

$$\mu_{\text{A}i}(T) = \begin{cases} 0, & T < T_i - 8°\text{C}, \ i = 1, 2, 3 \\ \dfrac{T - (T_i - 8°\text{C})}{8°\text{C}}, & T_i - 8°\text{C} \leqslant T < T_i \\ \dfrac{(T_i + 8°\text{C}) - T}{8°\text{C}}, & T_i \leqslant T \leqslant T_i + 8°\text{C} \\ 0, & T > T_i + 8°\text{C} \end{cases}$$

$$\mu_{\mathrm{A4}}(T) = \begin{cases} 0, & T < T_4 - 8°\mathrm{C} \\ \dfrac{T - (T_4 - 8°\mathrm{C})}{8°\mathrm{C}}, & T_4 - 8°\mathrm{C} \leqslant T < T_4 \\ 1, & T \geqslant T_4 = 32°\mathrm{C} \end{cases}$$

图 15.1-15、图 15.1-16 为具有平方隶属度函数和三角形隶属度函数的语言变量.

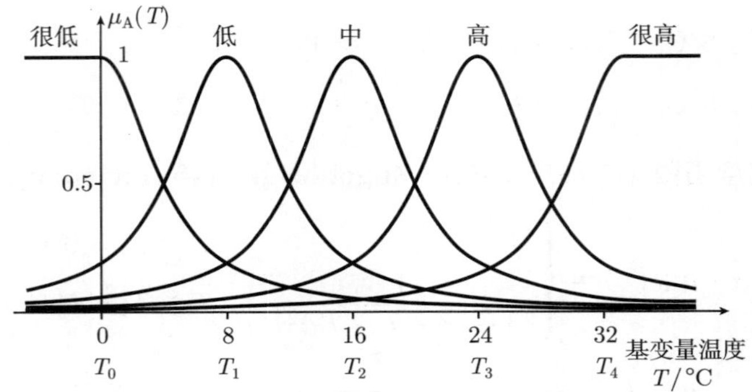

图 15.1-15　具有平方隶属度函数的语言变量

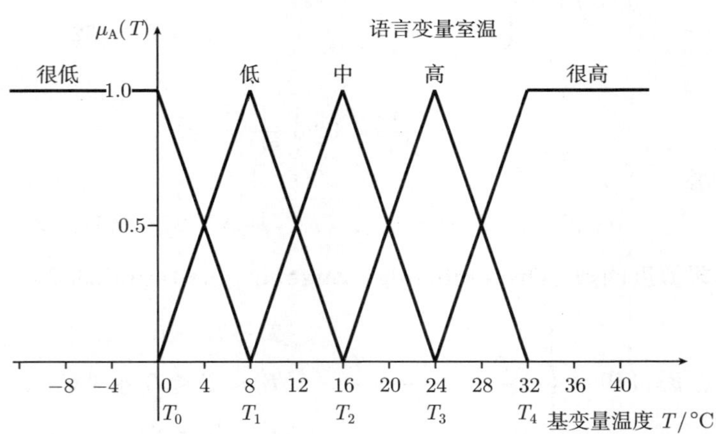

图 15.1-16　具有三角形隶属度函数的语言变量

15.2　非清晰集合运算

15.2.1　清晰集合基本运算

清晰集合基本运算交、并和补可用逻辑连接 UND(与)、ODER(或) 和 NICHT(非)

来说明. 作相应地变形将这些运算应用到隶属度函数上.

对于在表 15.2-1 中的关系假设, A、B、C 为基本集合 X 的清晰部分集合, 而 x 为基变量. μ_A, μ_B, μ_C 为仅取值 0(非隶属) 和 1(隶属) 的二进制隶属度函数 (逻辑函数).

在表 15.2-2 中用隶属度值 0 和 1 进行基本运算.

例 15.2-1 x 是自然数基 $X=\mathbb{N}$ 的元素, 试将基本运算应用到集合 A、B 上:

$$集合A=\{x\in X\mid 2\leqslant x\leqslant 6\}=\{2, 3, 4, 5, 6\}$$
$$集合B=\{x\in X\mid 4\leqslant x\leqslant 8\}=\{4, 5, 6, 7, 8\}$$

交集:

$$C=A\cap B=\{x\in X\mid 4\leqslant x\leqslant 6\}=\{4, 5, 6\}$$

并集:

$$C=A\cup B=\{x\in X\mid 2\leqslant x\leqslant 8\}=\{2, 3, 4, 5, 6, 7, 8\}$$

补集:

$$C=A^\mathrm{C}=\{x\notin A\mid 0, 1, 7, 8, 9, 10, \cdots\}$$

表 15.2-1 清晰集合的基本运算

运算	方程
交集	$C=A\cap B$, $x\in C$, $x\in A$ UND $x\in B$, $\mu_\mathrm{C}(x)=1$, $\mu_\mathrm{A}(x)=1$ UND $\mu_\mathrm{B}(x)=1$, $\mu_\mathrm{C}(x)=0$, 对于所有其他情况
并集	$C=A\cup B$, $x\in C$, $x\in A$ ODER $x\in B$, $\mu_\mathrm{C}(x)=1$, $\mu_\mathrm{A}(x)=1$ ODER $\mu_\mathrm{B}(x)=1$, $\mu_\mathrm{C}(x)=0$, 对于其他情况
补集	$C=A^\mathrm{C}$, $x\in C$, $x\notin A$, $\mu_\mathrm{C}(x)=1$, $\mu_\mathrm{A}(x)=0$ $\mu_\mathrm{C}(x)=0$, $\mu_\mathrm{A}(x)=1$

表 15.2-2　隶属度值的基本运算

交集 UND(与) 运算 $C = A \cap B$			并集 ODER(或) 运算 $C = A \cup B$			补集 NICHT(非) 运算 $C = A^{C}$	
$\mu_C(x)$	$\mu_A(x)$	$\mu_B(x)$	$\mu_C(x)$	$\mu_A(x)$	$\mu_B(x)$	$\mu_C(x)$	$\mu_A(x)$
0	0	0	0	0	0	0	1
0	0	1	1	0	1	1	0
0	1	0	1	1	0		
1	1	1	1	1	1		

清晰集合的交集、并集和补集用二进制运算 UND(与)、ODER(或) 和 NICHT(非) 来实现.

15.2.2　非清晰集合运算

15.2.2.1　非清晰集合基本运算

当必须依 WENN-DANN(当–则) 规则连接多个语言 (非清晰) 命题时, 要引入非清晰集合运算 (图 15.2-1).

为处理由模糊集合定义和用隶属度函数描述的非清晰命题, 建议下述的基本运算, 它可被解释为清晰集合论的推广.

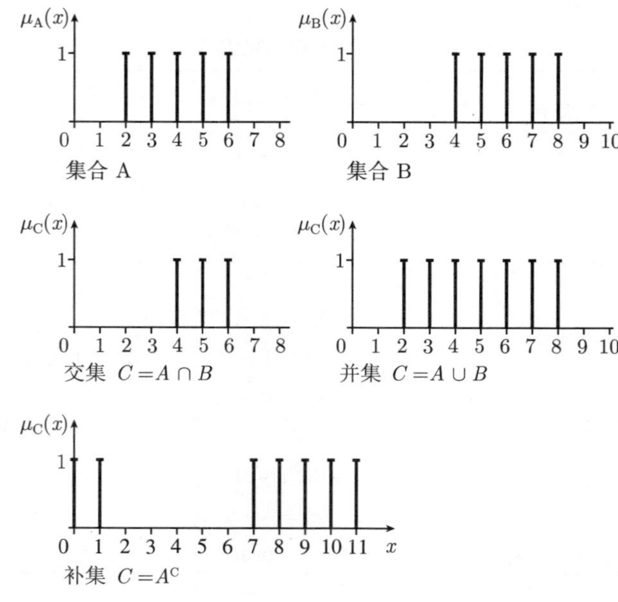

图 15.2-1　清晰集合基本运算

对于具有 x 作为基变量的基本集合 X 的非清晰集合 A、B、C, 其 μ_{A}、μ_{B}、μ_{C} 为具有值 0 和 1 之间的隶属度函数. 两个模糊集合的交集 (非清晰 UND(与) 逻辑连接, 模糊 UND(与) 算子), 通常用最小算子来构建. 对于**交集(Durchschnitt)**

$$C = A \cap B$$

隶属度函数

$$\mu_{\mathrm{C}}(x) = \min(\mu_{\mathrm{A}}(x),\ \mu_{\mathrm{B}}(x))$$

用 A 和 B 隶属度函数最小来构建.

相应地两个非清晰集合的并集 (非清晰 ODER(或) 逻辑连接, 模糊 ODER(或) 算子) 用最大算子来求. 对于**并集(Vereinigung)**

$$C = A \cup B$$

隶属度函数

$$\mu_{\mathrm{C}}(x) = \max(\mu_{\mathrm{A}}(x),\ \mu_{\mathrm{B}}(x))$$

用 A 和 B 隶属度函数最大来计算.

非清晰集合 A 的**补集(Komplement)**C 用模糊 NICHT(非) 算子 (CPL 修饰语) 来构建:

$$C = A^{\mathrm{C}}$$

含有隶属度函数

$$\mu_{\mathrm{C}}(x) = \mathrm{NICHT}\ (\mu_{\mathrm{A}}(x)) = \mu_{\mathrm{A}}^{\mathrm{C}}(x) = 1 - \mu_{\mathrm{A}}(x)$$

例 15.2-2　在例 15.1-11 中对于语言变量室温规定了语言值低, 中, 高. 试用隶属度函数表示较低温和较中温的交集、较中温和较高温的并集和较中温的补集.

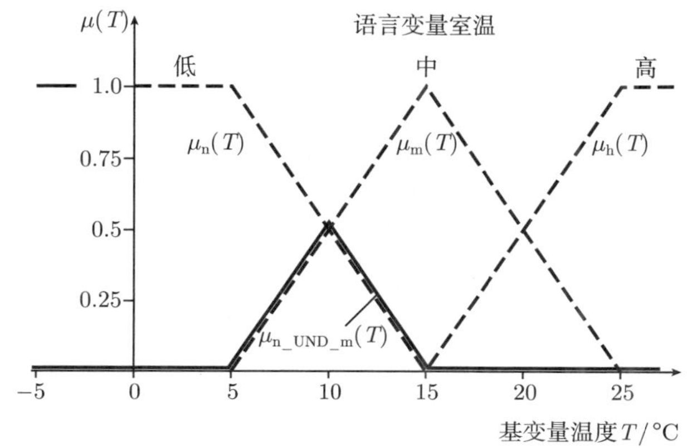

图 15.2-2　用 MIN(最小) 算子进行**较低温和较中温**模糊 UND(与) 逻辑连接

对于较低温和较中温的交集引入模糊 UND(与) 逻辑连接 MIN(最小) 算子 (图 15.2-2)

$$\mu_{\mathrm{n\_UND\_m}}(T) = \min(\mu_{\mathrm{n}}(T),\, \mu_{\mathrm{m}}(T))$$

对于较中温和较高温的并集引入模糊 ORER(或) 逻辑连接 MAX(最大) 算子 (图 15.2-3):

$$\mu_{\mathrm{m\_ODER\_h}}(T) = \max(\mu_{\mathrm{m}}(T),\, \mu_{\mathrm{h}}(T))$$

为了构建较中温补集应用模糊 NICHT(非) 逻辑连接 (CPL 修饰语)(图 15.2-4):

$$\mu_{\mathrm{NICHT\_m}}(T) = \mu_{\mathrm{m}}^{\mathrm{C}}(T) = 1 - \mu_{\mathrm{m}}(T)$$

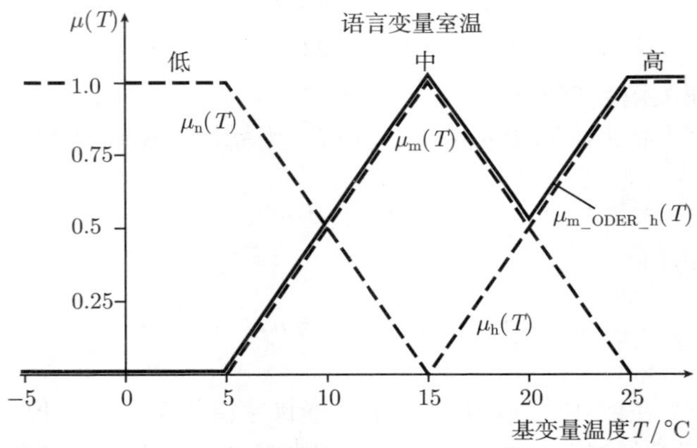

图 15.2-3　用 MAX(最大) 算子进行较中温或较高温模糊 ODER(或) 逻辑连接

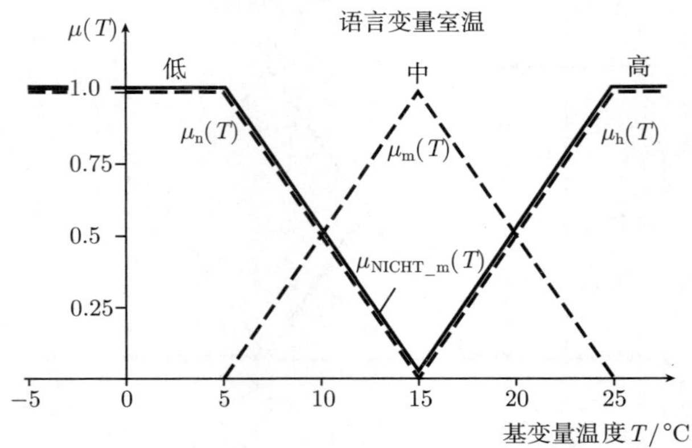

图 15.2-4　**非较中温的**模糊 NICHT(非) 逻辑连接

两个模糊集合的非清晰 UND(与) 逻辑连接 (模糊 UND(与) 算子) 大多用 MIN(最小) 算子来构建:

$$\mu_{\mathrm{C}}(x) = \min(\mu_{\mathrm{A}}(x),\, \mu_{\mathrm{B}}(x))$$

两个模糊集合的非清晰 ODER(或) 逻辑连接 (模糊 ODER(或) 算子) 通常用 MAX(最大) 算子来求:

$$\mu_{\mathrm{C}}(x) = \max(\mu_{\mathrm{A}}(x),\, \mu_{\mathrm{B}}(x))$$

模糊集合的补集 (模糊 NICHT(非) 算子, CPL 修饰语) 用模糊 NICHT(非) 算子来构建:

$$\mu_{\mathrm{C}}(x) = \mathrm{NICHT}(\mu_{\mathrm{A}}(T)) = \mu_{\mathrm{A}}^{\mathrm{C}}(x) = 1 - \mu_{\mathrm{A}}(x)$$

15.2.2.2 模糊算子一般要求

对于模糊集合的交集 (模糊 UND(与)) 和并集 (模糊 ODER(或)) 在节 15.2.2.1 建议将 MIN(最小) 运算和 MAX(最大) 运算作为基本运算. 它们在工程应用中常常被使用, 因为它们在硬件或软件上容易实现.

缺点是, 它们对于非清晰关系的模拟是不够匹配的. 为了解决所提问题开发了大量算子, 它被分为如下类型.

- t 算则 (模糊 UND(与) 算子) 和 t 补算则 (s 算则, 模糊 ODER(或) 算子);
- 可参数化的 t 补算则和 t 补算则 (s 算则) 所属的补偿器算子.

***t* 算则**(t-Normen)(三角形算则, triangulare Normen) 是为构建模糊–集合**交集 (Durchschnitts)** 的**模糊 UND(与) 算子 (Fuzzy-UND-Operatoren)**. MIN(最小) 运算属于 t 算则.

***t* 补算则**(t-Konormen) 也被称为 s 算则. 它是为实现模糊集合并集不同变体的**模糊 ODER(或) 算子(Fuzzy-ODER-Operatoren)**, MAX(最大) 运算属于 t 补算则.

为了灵活的模拟非清晰命题附加开发可参数化的算子, 可用其调整位于模糊 UND(与) 和模糊 ODER(或) 之间的非清晰运算.

在用于处理由模糊-集合定义和用隶属度函数描述的非清晰命题的算子方面提出如下的一般要求.

用位于区间 $[0,1]$ 的两个运算数进行运算. 因此通过二元 (数字) 函数进行运算, 同样其结果也位于区间 $[0,1]$. t 算则和 t 补算则是可交换的、可结合的和单调递增的. 在应用于相等的运算数值时其结果保持相等值 (幂等). 对于极限值 0 和 1, 运算产生布尔代数的结果.

对于 t 算则存在一个零元素, 而对于 t 补算则存在一个壹元素. 对于两个运算总是存在一个中性元素.

例 15.2-3　试对于 MIN(最小) 运算 (t 算则) 和 MAX(最大) 运算 (t 补算则) 说明其要求.

研究**MIN(最小) 运算**: $\mu_{\mathrm{E}}(x)=\min(\mu_{\mathrm{A}}(x),\,\mu_{\mathrm{B}}(x))$.

零元素(Null-Element): 如果一个运算数是零, 那么运算结果同样是零.

$$\begin{aligned}&\mu_{\mathrm{B}}(x)=0\\&\mu_{\mathrm{E}}(x)=\min(\mu_{\mathrm{A}}(x),\ 0)=0\end{aligned}$$

中性元素 (这里为 1)(Neutrales Element(hier Eins)): 如果一个运算数具有中性元素, 那么运算结果等于另个运算数.

$$\begin{aligned}&\mu_{\mathrm{B}}(x)=1\\&\mu_{\mathrm{E}}(x)=\min(\mu_{\mathrm{A}}(x),\ 1)=\mu_{\mathrm{A}}(x)\end{aligned}$$

交换律(Kommutativ-Gesetz): 运算结果不受运算数的顺序影响.

$$\begin{aligned}&\mu_{\mathrm{A}}(x)=0.2,\quad \mu_{\mathrm{B}}(x)=0.6\\&\mu_{\mathrm{E}}(x)=\min(\mu_{\mathrm{A}}(x),\,\mu_{\mathrm{B}}(x))=\min(\mu_{\mathrm{B}}(x),\,\mu_{\mathrm{A}}(x))=0.2\end{aligned}$$

结合律(Assoziativ-Gesetz): 运算结果不受运算顺序影响.

$$\begin{aligned}\mu_{\mathrm{A}}(x)&=0.2,\,\mu_{\mathrm{B}}(x)=0.6,\,\mu_{\mathrm{C}}(x)=0.4\\\mu_{\mathrm{E}}(x)&=\min[\min(\mu_{\mathrm{A}}(x),\,\mu_{\mathrm{B}}(x)),\,\mu_{\mathrm{C}}(x)]=0.2\\&=\min[\mu_{\mathrm{A}}(x),\,\min(\mu_{\mathrm{B}}(x),\,\mu_{\mathrm{C}}(x))]=0.2\\&=\min[\min(\mu_{\mathrm{C}}(x),\,\mu_{\mathrm{A}}(x)),\,\mu_{\mathrm{B}}(x)]=0.2\end{aligned}$$

单调性(Monotonie): 在运算数增大 (减小) 时运算结果不减小 (增大). 如果 $\mu_{\mathrm{A}}(x)\leqslant\mu_{\mathrm{A1}}(x)$ 和 $\mu_{\mathrm{B}}(x)\leqslant\mu_{\mathrm{B1}}(x)$, 例如

$$\mu_{\mathrm{A}}(x)=0.2,\quad \mu_{\mathrm{A1}}(x)=0.4,\quad \mu_{\mathrm{B}}(x)=0.3,\quad \mu_{\mathrm{B1}}(x)=0.5$$

那么

$$\min(\mu_{\mathrm{A}}(x),\ \mu_{\mathrm{B}}(x)) \leqslant \min(\mu_{\mathrm{A1}}(x),\ \mu_{\mathrm{B1}}(x))$$
$$\min(\mu_{\mathrm{A}}(x),\ \mu_{\mathrm{B}}(x)) = 0.2 \leqslant \min(\mu_{\mathrm{A1}}(x),\ \mu_{\mathrm{B1}}(x)) = 0.4$$

幂等性(Idempotenz): 在相等的运算数值时其结果应保持等值:

$$\min(\mu_{\mathrm{A}}(x),\ \mu_{\mathrm{A}}(x)) = \mu_{\mathrm{A}}(x)$$

布尔代数(BOOLEsche Algebra): 对于极限值 0 和 1 运算应提供布尔代数结果:

$$\min(0,0) = (0\ \mathrm{UND}_{\mathrm{BOOLE}}\ 0) = 0$$
$$\min(0,1) = (0\ \mathrm{UND}_{\mathrm{BOOLE}}\ 1) = 0$$
$$\min(1,0) = (1\ \mathrm{UND}_{\mathrm{BOOLE}}\ 0) = 0$$
$$\min(1,1) = (1\ \mathrm{UND}_{\mathrm{BOOLE}}\ 1) = 1$$

研究**最大运算(MAX-Operation)**: $\mu_{\mathrm{E}}(x) = \max(\mu_{\mathrm{A}}(x),\ \mu_{\mathrm{B}}(x))$.

壹元素(Eins-Element): 如果一个运算数是壹, 那么运算结果同样是壹:

$$\mu_{\mathrm{B}}(x) = 1$$
$$\mu_{\mathrm{E}}(x) = \max(\mu_{\mathrm{A}}(x),\ 1) = 1$$

中性元素 (这里为 0)(Neutrales Element(hier Null)): 如果一个运算数具有中性元素, 那么运算结果等于另个运算数:

$$\mu_{\mathrm{B}}(x) = 0$$
$$\mu_{\mathrm{E}}(x) = \max(\mu_{\mathrm{A}}(x),\ 0) = \mu_{\mathrm{A}}(x)$$

交换律(Kommutativ-Gesetz): 运算结果不受运算数的顺序影响:

$$\mu_{\mathrm{A}}(x) = 0.2, \quad \mu_{\mathrm{B}}(x) = 0.6$$
$$\mu_{\mathrm{E}}(x) = \max(\mu_{\mathrm{A}}(x),\ \mu_{\mathrm{B}}(x)) = \max(\mu_{\mathrm{B}}(x),\ \mu_{\mathrm{A}}(x)) = 0.6$$

结合律(Assoziativ-Gesetz): 运算结果不受运算顺序影响:

$$\mu_{\mathrm{A}}(x) = 0.2, \quad \mu_{\mathrm{B}}(x) = 0.6, \quad \mu_{\mathrm{C}}(x) = 0.4$$
$$\begin{aligned}\mu_{\mathrm{E}}(x) &= \max[\max(\mu_{\mathrm{A}}(x),\ \mu_{\mathrm{B}}(x)),\ \mu_{\mathrm{C}}(x)] = 0.6\\ &= \max[\mu_{\mathrm{A}}(x),\ \max(\mu_{\mathrm{B}}(x),\ \mu_{\mathrm{C}}(x))] = 0.6\\ &= \max[\max(\mu_{\mathrm{C}}(x),\ \mu_{\mathrm{A}}(x)),\ \mu_{\mathrm{B}}(x)] = 0.6\end{aligned}$$

单调性(Monotonie): 在运算数增大 (减小) 时运算结果不减小 (增大). 如果 $\mu_{\mathrm{A}}(x) \leqslant \mu_{\mathrm{A1}}(x)$ 和 $\mu_{\mathrm{B}}(x) \leqslant \mu_{\mathrm{B1}}(x)$, 例如

$$\mu_{\mathrm{A}}(x) = 0.2, \quad \mu_{\mathrm{A1}}(x) = 0.4, \quad \mu_{\mathrm{B}}(x) = 0.3, \quad \mu_{\mathrm{B1}}(x) = 0.5$$

那么

$$\begin{aligned} &\max(\mu_{\mathrm{A}}(x), \mu_{\mathrm{B}}(x)) \leqslant \max(\mu_{\mathrm{A1}}(x), \mu_{\mathrm{B1}}(x)) \\ &\max(\mu_{\mathrm{A}}(x), \mu_{\mathrm{B}}(x)) = 0.3 \leqslant \max(\mu_{\mathrm{A1}}(x), \mu_{\mathrm{B1}}(x)) = 0.5 \end{aligned}$$

幂等性(Idempotenz): 在相等的运算数值时其结果应保持等值:

$$\max(\mu_{\mathrm{A}}(x), \mu_{\mathrm{A}}(x)) = \mu_{\mathrm{A}}(x)$$

布尔代数(BOOLEsche Algebra): 对于极限值 0 和 1 运算应提供布尔代数结果:

$$\begin{aligned} \max(0, 0) &= (0 \ \mathrm{ODER}_{\mathrm{BOOLE}}\ 0) = 0 \\ \max(0, 1) &= (0 \ \mathrm{ODER}_{\mathrm{BOOLE}}\ 1) = 1 \\ \max(1, 0) &= (1 \ \mathrm{ODER}_{\mathrm{BOOLE}}\ 0) = 1 \\ \max(1, 1) &= (1 \ \mathrm{ODER}_{\mathrm{BOOLE}}\ 1) = 1 \end{aligned}$$

MIN(最小) 和 MAX(最大) 运算满足 t 算则和 t 补算则要求.

15.2.2.3　t 算则和 t 补算则 (s 算则)

模糊-运算可被分 t 算则类 (构成交集的模糊 UND(与) 运算) 和 t 补算则类 (s 算则, 构成并集的模糊 ODER(或) 运算). 算则是可交换的、可结合的和单调的. 对于每个 t 算则 (构成交集) 可给出一个对偶的 t 补算则 (s 算则, 构成并集), 其函数关系可通过下面给出:

用**达 · 摩根律(DE MORGANschen Gesetzen)** 求补^{C}(Komplementbildung^{C}):

$$A \cap_{\mathrm{t}} B = (A^{\mathrm{C}} \cup_{\mathrm{s}} B^{\mathrm{C}})^{\mathrm{C}}, \quad A \cup_{\mathrm{s}} B = (A^{\mathrm{C}} \cap_{\mathrm{t}} B^{\mathrm{C}})^{\mathrm{C}}$$
$$(A \cap_{\mathrm{t}} B)^{\mathrm{C}} = A^{\mathrm{C}} \cup_{\mathrm{s}} B^{\mathrm{C}}, \quad (A \cup_{\mathrm{s}} B)^{\mathrm{C}} = A^{\mathrm{C}} \cap_{\mathrm{t}} B^{\mathrm{C}}$$

从首个两方程, 用非清晰集合 A、B 求补 (模糊 NICHT(非) 逻辑连接)

$$\mu_{\mathrm{A}}^{\mathrm{C}}(x) = 1 - \mu_{\mathrm{A}}(x), \quad \mu_{\mathrm{B}}^{\mathrm{C}}(x) = 1 - \mu_{\mathrm{B}}(x)$$

得到换算方程:

$$\begin{aligned}t_i(\mu_{\rm A}(x),\,\mu_{\rm B}(x)) &= (s_i(\mu_{\rm A}^{\rm C}(x),\,\mu_{\rm B}^{\rm C}(x)))^{\rm C}\\ &= 1-s_i(1-\mu_{\rm A}(x),\,1-\mu_{\rm B}(x))\\ s_i(\mu_{\rm A}(x),\,\mu_{\rm B}(x)) &= (t_i(\mu_{\rm A}^{\rm C}(x),\,\mu_{\rm B}^{\rm C}(x)))^{\rm C}\\ &= 1-t_i(1-\mu_{\rm A}(x),\,1-\mu_{\rm B}(x))\end{aligned}$$

其中 t_i 为 t 算则之一, 而 s_i 为对应的对偶的 t 补算则 (s 算则).

例 15.2-4 MIN(最小) 运算 (t 算则) 和 MAX(最大) 运算 (t 补算则) 可相互换算.

$$\begin{aligned}&t_i(\mu_{\rm A}(x),\,\mu_{\rm B}(x)) = \min(\mu_{\rm A}(x),\,\mu_{\rm B}(x))\\ &s_i(\mu_{\rm A}(x),\,\mu_{\rm B}(x)) = \max(\mu_{\rm A}(x),\,\mu_{\rm B}(x))\\ &\mu_{\rm A}(x) = 0.2,\quad \mu_{\rm B}(x) = 0.6\end{aligned}$$

对于运算换算下式成立:

$$\begin{aligned}t_i(\mu_{\rm A}(x),\,\mu_{\rm B}(x)) &= 1-s_i(1-\mu_{\rm A}(x),\,1-\mu_{\rm B}(x))\\ \min(\mu_{\rm A}(x),\,\mu_{\rm B}(x)) &= \min(0.2,\,0.6) = 0.2\\ &= 1-\max(1-\mu_{\rm A}(x),\,1-\mu_{\rm B}(x))\\ &= 1-\max(0.8,\,0.4) = 1-0.8 = 0.2\end{aligned}$$

对于重要的 t 算则和 t 补算则汇集在表 15.2-3 和表 15.2-4 中.

从全部 t 算则看, 用最小-算子计算提供交集最大值. 而其他 t 算则则提供小于或等于该值.

在 t 算则之间下面关系式成立:

$$\mu_{\rm dra\_P}(x) \leqslant \mu_{\rm beg\_D}(x) \leqslant \mu_{\rm EIN\_P}(x) \leqslant \mu_{\rm alg\_P}(x) \leqslant \mu_{\rm HAM\_P}(x) \leqslant \mu_{\rm min}(x).$$

从全部 t 补算则看, 用最大算子计算提供并集最小值, 而其他 t 补算则则提供大于或等于该值. 在 t 补算则之间下面关系式成立:

$$\mu_{\rm max}(x) \leqslant \mu_{\rm HAM\_S}(x) \leqslant \mu_{\rm alg\_S}(x) \leqslant \mu_{\rm EIN\_S}(x) \leqslant \mu_{\rm beg\_S}(x) \leqslant \mu_{\rm dra\_S}(x)$$

t 算则值总是等于或小于对应的 t 补算则值: $\mu_{ti}(x) \leqslant \mu_{si}(x)$. 在 t 算则和 t 补算则之间存在关系:

$$\begin{aligned}&\mu_{\rm dra\_P}(x) \leqslant \mu_{\rm beg\_D}(x) \leqslant \mu_{\rm EIN\_P}(x) \leqslant \mu_{\rm alg\_P}(x) \leqslant \mu_{\rm HAM\_P}(x) \leqslant \mu_{\rm min}(x)\\ &\qquad \leqslant \mu_{\rm max}(x) \leqslant \mu_{\rm HAM\_S}(x) \leqslant \mu_{\rm alg\_S}(x) \leqslant \mu_{\rm EIN\_S}(x) \leqslant \mu_{\rm beg\_S}(x) \leqslant \mu_{\rm dra\_S}(x)\end{aligned}$$

表 15.2-3　t 算则, 非清晰集合交集的模糊 UND(与) 算子

t 算则, 模糊 UND(与) 算子 (交集)
最小 $\mu_{\min}(x) = \min(\mu_{\rm A}(x),\, \mu_{\rm B}(x))$
HAMACHER-积 $\mu_{\rm HAM\_P}(x) = \dfrac{\mu_{\rm A}(x)\cdot\mu_{\rm B}(x)}{\mu_{\rm A}(x)+\mu_{\rm B}(x)-\mu_{\rm A}(x)\cdot\mu_{\rm B}(x)}$
代数积 $\mu_{\rm alg\_P}(x) = \mu_{\rm A}(x)\cdot\mu_{\rm B}(x)$
爱因斯坦-积 $\mu_{\rm EIN\_P}(x) = \dfrac{\mu_{\rm A}(x)\cdot\mu_{\rm B}(x)}{2-(\mu_{\rm A}(x)+\mu_{\rm B}(x)-\mu_{\rm A}(x)\cdot\mu_{\rm B}(x))}$
有界差 $\mu_{\rm beg\_D}(x) = \max(0,\, \mu_{\rm A}(x)+\mu_{\rm B}(x)-1)$
强制积 $\mu_{\rm dra\_P}(x) = \min(\mu_{\rm A}(x),\, \mu_{\rm B}(x)),\quad \max(\mu_{\rm A}(x),\, \mu_{\rm B}(x)) = 1$ $\mu_{\rm dra\_P}(x) = 0,\quad \max(\mu_{\rm A}(x),\, \mu_{\rm B}(x)) < 1$

表 15.2-4　t 补算则, 非清晰集合并集的模糊 ODER(或) 算子

t 补算则, 模糊 ODER(或) 算子 (并集)
最大 $\mu_{\max}(x) = \max(\mu_{\rm A}(x),\, \mu_{\rm B}(x))$
HAMACHER和 $\mu_{\rm HAM\_S}(x) = \dfrac{\mu_{\rm A}(x)+\mu_{\rm B}(x)-2\cdot\mu_{\rm A}(x)\cdot\mu_{\rm B}(x)}{1-\mu_{\rm A}(x)\cdot\mu_{\rm B}(x)}$
代数和 $\mu_{\rm alg\_S}(x) = \mu_{\rm A}(x)+\mu_{\rm B}(x)-\mu_{\rm A}(x)\cdot\mu_{\rm B}(x)$
爱因斯坦和 $\mu_{\rm EIN\_S}(x) = \dfrac{\mu_{\rm A}(x)+\mu_{\rm B}(x)}{1+\mu_{\rm A}(x)\cdot\mu_{\rm B}(x)}$
有界和 $\mu_{\rm beg\_S}(x) = \min(1,\, \mu_{\rm A}(x)+\mu_{\rm B}(x))$
强制和 $\mu_{\rm dra\_S}(x) = \max(\mu_{\rm A}(x),\, \mu_{\rm B}(x)),\quad \min(\mu_{\rm A}(x),\, \mu_{\rm B}(x)) = 0$ $\mu_{\rm dra\_S}(x) = 1,\quad \min(\mu_{\rm A}(x),\, \mu_{\rm B}(x)) > 0$

例 15.2-5　如图 15.2-5 的两个三角形隶属度函数 (图 15.2-5), 试用 t 算则和 t 补算则逻辑连接. 对于每个 x 值的 $\mu_{\rm A}(x)$ 和 $\mu_{\rm B}(x)$ 计算最小和最大, 并表示在图 15.2-6 中:

$$\mu_{\min}(x)=\min(\mu_{\mathrm{A}}(x),\ \mu_{\mathrm{B}}(x)),\quad (t\ \text{算则})$$

$$\mu_{\max}(x)=\max(\mu_{\mathrm{A}}(x),\ \mu_{\mathrm{B}}(x)),\quad (t\ \text{补算则})$$

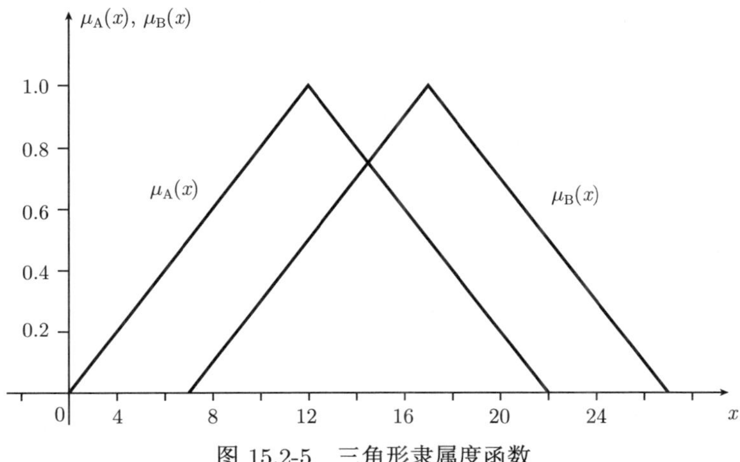

图 15.2-5 三角形隶属度函数

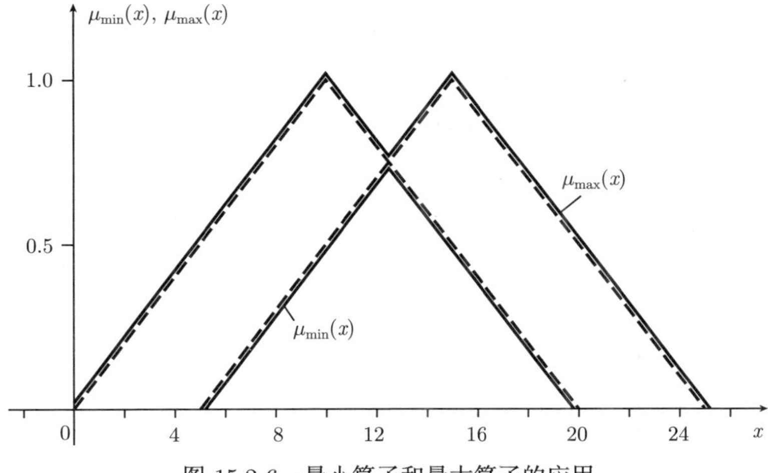

图 15.2-6 最小算子和最大算子的应用

在图 15.2-7 中绘制出应用 t 算则 $\mu_{\min}(x)$, $\mu_{\mathrm{HAM\_P}}(x)$, $\mu_{\mathrm{alg\_P}}(x)$, $\mu_{\mathrm{EIN\_P}}(x)$, $\mu_{\mathrm{beg\_D}}(x)$ 的结果，对于值 $x=8$, 则有 $\mu_{\mathrm{A}}(x)=0.8$, $\mu_{\mathrm{B}}(x)=0.3$. 由 t 算则得到如下结果.

$$\mu_{\min}(x)=0.3,\quad \mu_{\mathrm{HAM\_P}}(x)=0.279,\quad \mu_{\mathrm{alg\_P}}(x)=0.24$$

$$\mu_{\mathrm{EIN\_P}}(x)=0.211,\quad \mu_{\mathrm{beg\_D}}(x)=0.1,\quad \mu_{\mathrm{dra\_P}}(x)=0$$

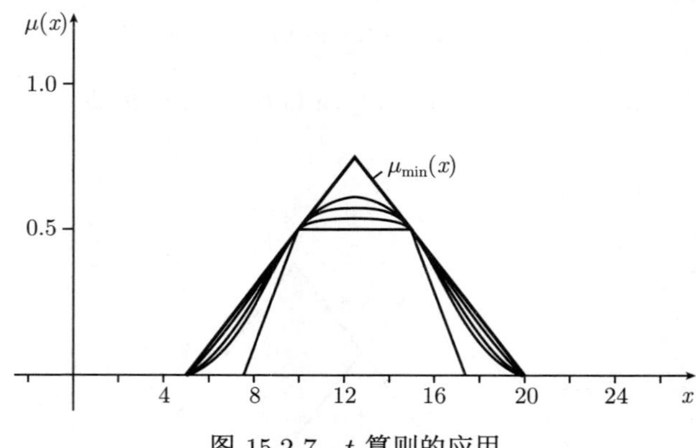

图 15.2-7　t 算则的应用

对于 $x = 10$ 和 $x = 15$ 的强积仅给出一个不等于零的值.

$$\mu_{\text{dra\_P}}(x = 10) = 0.5, \quad \mu_{\text{dra\_P}}(x = 15) = 0.5$$

图 15.2-8 含有应用 t 补算则 $\mu_{\max}(x)$, $\mu_{\text{HAM\_S}}(x)$, $\mu_{\text{alg\_S}}(x)$, $\mu_{\text{EIN\_S}}(x)$, $\mu_{\text{beg\_S}}(x)$, $\mu_{\text{dra\_S}}(x)$ 的结果, 对于值 $x = 8$, 则有 $\mu_{\text{A}}(x) = 0.8$, $\mu_{\text{B}}(x) = 0.3$. 由 t 补算则得到如下结果.

$$\mu_{\max}(x) = 0.8, \quad \mu_{\text{HAM\_S}}(x) = 0.816, \quad \mu_{\text{alg\_S}}(x) = 0.86$$

$$\mu_{\text{EIN\_S}}(x) = 0.887, \quad \mu_{\text{beg\_S}}(x) = 1, \quad \mu_{\text{dra\_S}}(x) = 1$$

15.2.2.4　参数化的 t 算则和 t 补算则

按照 15.2.2.3 节的 t 算则和 t 补算则是不可调整的. 而参数化的 t 算则和 t 补算则则有可能调整运算特性. 参数在很大的范围是可调整的, 对于确定的参数调整可得到按照 15.2.2.3 节的标准运算. 在表 15.2-5 中给出一个参数化算子的例子. t 补算则的应用如图 15.2-8 所示.

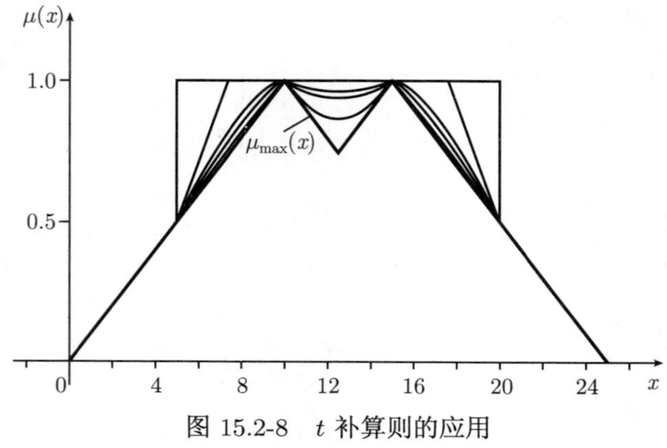

图 15.2-8　t 补算则的应用

表 15.2-5 参数化 t 算则的例子

参数化的 t 算则, 模糊 UND(与) 算子 (交集)
参数化的 HAMACHER积 $$\mu_{\mathrm{HAM\_P}\alpha}(x)=\frac{\mu_{\mathrm{A}}(x)\cdot\mu_{\mathrm{B}}(x)}{\alpha+(1-\alpha)\cdot[\mu_{\mathrm{A}}(x)+\mu_{\mathrm{B}}(x)-\mu_{\mathrm{A}}(x)\cdot\mu_{\mathrm{B}}(x)]},\quad \alpha\geqslant 0$$ 特殊情况: HAMACHER–积 $\mu_{\mathrm{HAM\_P}}(x),\alpha=0$: $$\mu_{\mathrm{HAM\_P}}(x)=\frac{\mu_{\mathrm{A}}(x)\cdot\mu_{\mathrm{B}}(x)}{\mu_{\mathrm{A}}(x)+\mu_{\mathrm{B}}(x)-\mu_{\mathrm{A}}(x)\cdot\mu_{\mathrm{B}}(x)}$$ 代数积 $\mu_{\mathrm{alg\_P}}(x),\alpha=1$: $$\mu_{\mathrm{alg\_P}}(x)=\mu_{\mathrm{A}}(x)\cdot\mu_{\mathrm{B}}(x)$$ 强制积 $\mu_{\mathrm{dra\_P}}(x),\alpha\to\infty$: $$\begin{array}{ll}\mu_{\mathrm{dra\_P}}(x)=\min(\mu_{\mathrm{A}}(x),\,\mu_{\mathrm{B}}(x)), & \max(\mu_{\mathrm{A}}(x),\,\mu_{\mathrm{B}}(x))=1\\ \mu_{\mathrm{dra\_P}}(x)=0, & \max(\mu_{\mathrm{A}}(x),\,\mu_{\mathrm{B}}(x))<1\end{array}$$

例 15.2-6 计算特殊情况 $\alpha\to\infty$ 的参数化的 HAMACHER积.

$$\begin{aligned}&\mu_{\mathrm{HAM\_P}\alpha}(x)\\ =&\frac{\mu_{\mathrm{A}}(x)\cdot\mu_{\mathrm{B}}(x)}{\alpha+(1-\alpha)\cdot[\mu_{\mathrm{A}}(x)+\mu_{\mathrm{B}}(x)-\mu_{\mathrm{A}}(x)\cdot\mu_{\mathrm{B}}(x)]}\\ =&\frac{\mu_{\mathrm{A}}(x)\cdot\mu_{\mathrm{B}}(x)}{\alpha\cdot(1-[\mu_{\mathrm{A}}(x)+\mu_{\mathrm{B}}(x)-\mu_{\mathrm{A}}(x)\cdot\mu_{\mathrm{B}}(x)])+[\mu_{\mathrm{A}}(x)+\mu_{\mathrm{B}}(x)-\mu_{\mathrm{A}}(x)\cdot\mu_{\mathrm{B}}(x)]}\end{aligned}$$

表达式

$$(1-[\mu_{\mathrm{A}}(x)+\mu_{\mathrm{B}}(x)-\mu_{\mathrm{A}}(x)\cdot\mu_{\mathrm{B}}(x)])$$

等于零, 对于 $\mu_{\mathrm{A}}(x)=1$:

$$(1-[1+\mu_{\mathrm{B}}(x)-\mu_{\mathrm{B}}(x)])=0,\quad \mu_{\mathrm{HAM\_P}\alpha}(x)=\mu_{\mathrm{B}}(x)$$

或对于 $\mu_{\mathrm{B}}(x)=1$:

$$(1-[\mu_{\mathrm{A}}(x)+1-\mu_{\mathrm{A}}(x)])=0,\quad \mu_{\mathrm{HAM\_P}\alpha}(x)=\mu_{\mathrm{A}}(x)$$

在所有其他情况, 参数化的 HAMACHER积的极限值等于零, 这对应于表 15.2-5 强制积定义:

$$\begin{array}{ll}\mu_{\mathrm{dra\_P}}(x)=\min(\mu_{\mathrm{A}}(x),\,\mu_{\mathrm{B}}(x)), & \max(\mu_{\mathrm{A}}(x),\,\mu_{\mathrm{B}}(x))=1\\ \mu_{\mathrm{dra\_P}}(x)=0, & \max(\mu_{\mathrm{A}}(x),\,\mu_{\mathrm{B}}(x))<1\end{array}$$

在图 15.2-9 中计算了对于不同参数 α 的参数化的 HAMACHER积.

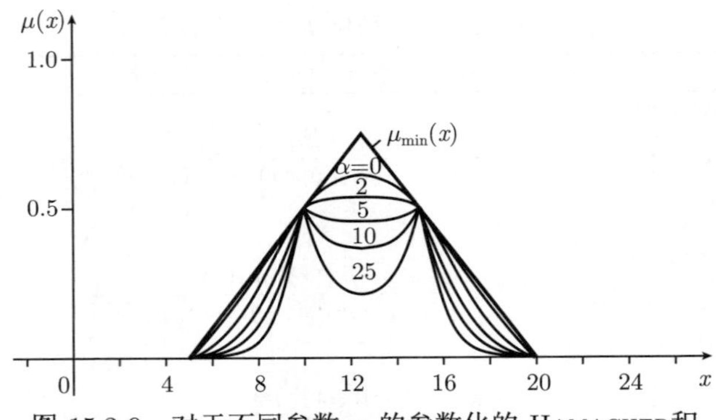

图 15.2-9 对于不同参数 α 的参数化的 HAMACHER积

在表 15.2-6 中计算了对于不同参数 α 的所对应的参数化 t 补算则.

表 15.2-6 参数化的 t 补算则的例子

参数化的 t 补算则, 模糊 ODER(或) 算子 (并集)
参数化的 HAMACHER和 $\mu_{\text{HAM\_S}\alpha}(x)=\dfrac{(\alpha-1)\cdot\mu_{\text{A}}(x)\cdot\mu_{\text{B}}(x)+\mu_{\text{A}}(x)+\mu_{\text{B}}(x)}{1+\alpha\cdot\mu_{\text{A}}(x)\cdot\mu_{\text{B}}(x)},\quad \alpha\geqslant -1$ 特殊情况: 代数和, $\alpha=0$: $\mu_{\text{alg\_S}}(x)=\mu_{\text{A}}(x)+\mu_{\text{B}}(x)-\mu_{\text{A}}(x)\cdot\mu_{\text{B}}(x)$ 强制和, $\alpha\to\infty$: $\mu_{\text{dra\_S}}(x)=\max(\mu_{\text{A}}(x),\,\mu_{\text{B}}(x)),\quad \min(\mu_{\text{A}}(x),\,\mu_{\text{B}}(x))=0$ $\mu_{\text{dra\_S}}(x)=1,\quad \min(\mu_{\text{A}}(x),\,\mu_{\text{B}}(x))>0$

15.2.2.5 补偿算子和平均算子

为了模拟非清晰关系, 可引进其他算子组. 补偿算子和平均算子 (Kompensatorishe und Mittelnde Opertatoren) 构成逻辑连接, 将它分类在交集 (t 算则) 和并集 (t 补算则) 之间. 借助参数可由模糊 UND(与) 和模糊 ODER(或) 部分来调整逻辑连接.

在用 λ **算子**逻辑连接时, 用参数 λ 调整运算特性.

补偿 λ **算子**

$$\mu_\lambda(x)=\lambda\cdot\mu_{t\text{-Norm}}(x)+(1-\lambda)\cdot\mu_{t\text{-Konorm}}(x)$$

模糊 UND(与) 部分 + 模糊 ODER(或) 部分

例 15.2-7 最小算子的缺点在于, 较大的运算数值对逻辑连接无影响. 对于 $\min(0.2,\,0.3)$ 和 $\min(0.2,\,1.0)$ 都得到值 0.2, 而补偿评估则依据高的值 1.0 赋给数偶

(0.2, 1.0) 较高的逻辑连接值.

按照例 15.2-5 的三角形隶属度函数试用补偿 Lambta 算子连接.

$$\mu_\lambda(x) = \lambda \cdot \min(\mu_{\mathrm{A}}(x), \mu_{\mathrm{B}}(x)) + (1-\lambda) \cdot \max(\mu_{\mathrm{A}}(x), \mu_{\mathrm{B}}(x))$$

对于 $\lambda = 1$ 得到最小算子 (t 算则), 而对 $\lambda = 0$ 得到最大算子 (t 补算则). 在图 15.2-10 中绘制了对于不同 λ 值算子的作用.

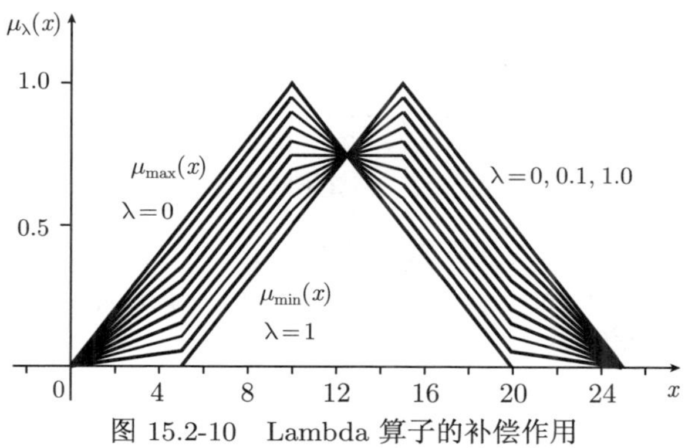

图 15.2-10 Lambda 算子的补偿作用

由 γ **算子**给出对于交集和并集算子加权的其他可能性. 在用 γ 算子逻辑连接时由参数 γ 改变运算特性.

> 补偿 γ **算子**
>
> $$\mu_\gamma(x) = [\mu_{t\text{-Norm}}(x)]^{1-\gamma} \cdot [\mu_{t\text{-Konorm}}(x)]^{\gamma}, \quad 0 \leqslant \gamma \leqslant 1$$
>
> 模糊 UND(与) 部分 · 模糊 ODER(或) 部分

例 15.2-8 试用补偿 Gamma 算子逻辑连接如例 15.2-5 的隶属度函数.

$$\mu_\gamma(x) = [\min(\mu_{\mathrm{A}}(x), \mu_{\mathrm{B}}(x))]^{1-\gamma} \cdot [\max(\mu_{\mathrm{A}}(x), \mu_{\mathrm{B}}(x))]^{\gamma}$$

对于 $\gamma = 0$ 给出最小-算子 (t 算则), 而对 $\gamma = 1$ 给出最大-算子 (t 补算则). 在图 15.2-11 中绘制了不同 γ 值算子的作用.

均值-算子总是用隶属度函数的算术平均值连接最小-和最大-算子:

> 最小-均值-算子:
>
> $$\mu_{\mathrm{min\_av}}(x) = \alpha \cdot \min(\mu_{\mathrm{A}}(x), \mu_{\mathrm{B}}(x)) + (1-\alpha) \cdot \frac{\mu_{\mathrm{A}}(x) + \mu_{\mathrm{B}}(x)}{2}, \quad 0 \leqslant \alpha \leqslant 1$$
>
> 最大-均值-算子:
>
> $$\mu_{\mathrm{max\_av}}(x) = \alpha \cdot \max(\mu_{\mathrm{A}}(x), \mu_{\mathrm{B}}(x)) + (1-\alpha) \cdot \frac{\mu_{\mathrm{A}}(x) + \mu_{\mathrm{B}}(x)}{2}, \quad 0 \leqslant \alpha \leqslant 1$$

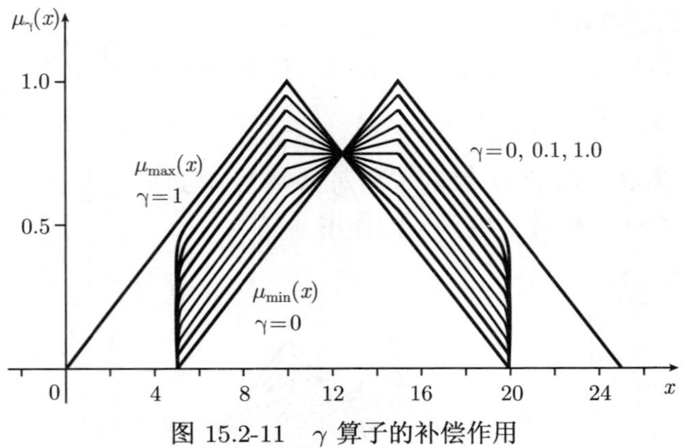

图 15.2-11　γ 算子的补偿作用

例 15.2-9　试用均值-算子逻辑连接如例 15.2-5 的隶属度函数. 图 15.2-12, 图 15.2-13 中含有运算结果, 对于 $\alpha=1$ 总是给出最小-或最大-运算, 而由 $\alpha=0$ 构成隶属度函数的算术平均值.

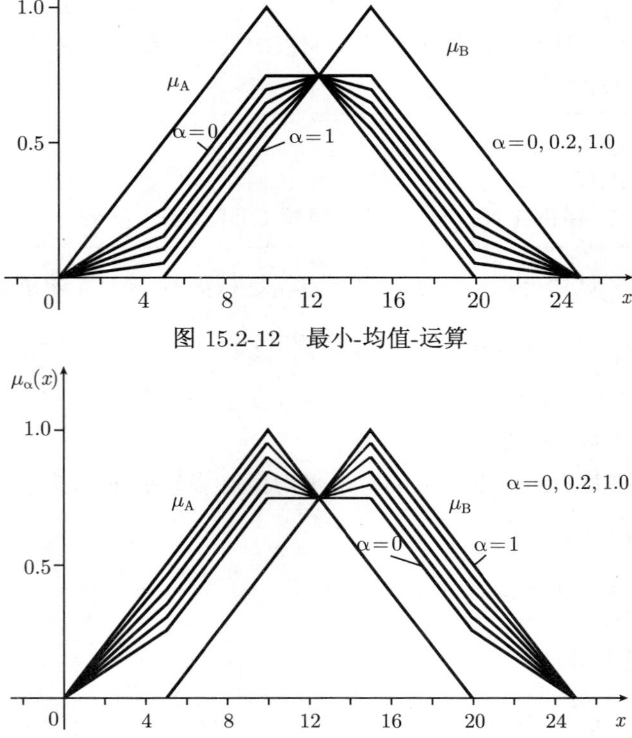

图 15.2-12　最小-均值-运算

图 15.2-13　最大-均值-运算

15.3 非清晰关系

15.3.1 一元关系

用关系 (Relationen) 可建立数据 (Daten) 与对象 (Objekten) 之间的清晰和非清晰关系式或事态公式. 在 15.1 节中应用了一元清晰和非清晰关系. 在基本集合 X 上定义一元关系, 它们相应于基本集合 X 的清晰或非清晰部分集合.

例 15.3-1 小于 5°C 的温度 T(基本集合 X 是技术上可实现的温度范围) 的清晰部分集合 T_5 相应于一元清晰关系 (例 15.1-1). 关系范式 $R_T = T < 5^0C$ 也可作为二进制隶属度函数来表述定义.

$$T_5 = \{T \mid T \in X,\ R_{\mathrm{T}}\} = \{T \mid T \in X,\ T < 5^\circ\mathrm{C}\}$$

非清晰一元关系为 "约等于 5 的实数"(基本集合 X 是实数 $\mathbb{R}$), 可被描述为例 15.1-7 的如下的非清晰集合 A_5:

$$A_5 = \{(x,\ \mu_{\mathrm{A5}}(x)) \mid x \in \mathbb{R}\}$$

其中隶属度函数

$$\mu_{\mathrm{A5}}(x) = \frac{1}{1 + (x-5)^2}$$

如果允许多个基本集合 $X_1, X_2, \cdots, X_n$ 取代单一基本集合 X, 那么可推广集合概念, 并也由此推广关系概念, 为建立公式所需要的新的基本集合 $X_1 \times X_2 \times \cdots \times X_n$ 被称为笛卡儿积集合或叉积集合 (kartesiche Produkt-oder Kreuzproduktmenge).

> 关系可用集合来定义. 多元关系是清晰的或非清晰集合之间在不同基本集合上的关系式.
>
> 多元关系是基本集合笛卡儿积集合的部分集合, 而非清晰关系永远是非清晰集合.

15.3.2 具有清晰集合的清晰关系

> 清晰 n 元关系 R 是清晰基本集合 $X_1, X_2, \cdots, X_n$ 笛卡儿积的清晰部分集合:
>
> $$X_1 \times X_2 \times \cdots \times X_n$$
>
> $x_1, x_2, \cdots, x_n$ 是 $X_1, X_2, \cdots, X_n$ 的元素. 积集合元素被描述如下:
>
> $$(x_1, x_2, \cdots, x_n)$$

关系 R 构建出在二进制隶属度值 0 和 1 上具有关系范式 $R_{x1\cdots xn}$(二进制隶属度函数) 的笛卡儿积:

$$R:\ X_1 \times X_2 \times \cdots \times X_n \to \{0,\ 1\}$$

那么集合 R 为

$$R = \{(x_1,\ x_2,\ \cdots,\ x_n) \mid x_i \in X_i,\ R_{x1\cdots xn})\}$$

例 15.3-2　试确定对于关系范式 $R_{x1x2} = x_1 \geqslant 2 \cdot x_2$ 成立的自然序偶 (Zahlenpaar) 的集合 A_{g}. X_1 和 X_2 是自然数集合 $\mathbb{N}$ 的基本集合.

$$X_1 = \{x_{10},\ x_{11},\ x_{12},\ x_{13}\} = \{0,\ 1,\ 2,\ 3\}$$

$$X_2 = \{x_{20},\ x_{21},\ x_{22},\ x_{23},\ x_{24}\} = \{0,\ 1,\ 2,\ 3,\ 4\}$$

积集合 $X_1 \times X_2$ 是通过序偶列举法来描述.

$$\begin{aligned} X_1 \times X_2 = \{ & (x_{10},\ x_{20}),\ (x_{10},\ x_{21}),\ (x_{10},\ x_{22}),\ (x_{10},\ x_{23}),\ (x_{10},\ x_{24}) \\ & (x_{11},\ x_{20}),\ (x_{11},\ x_{21}),\ (x_{11},\ x_{22}),\ (x_{11},\ x_{23}),\ (x_{11},\ x_{24}) \\ & (x_{12},\ x_{20}),\ (x_{12},\ x_{21}),\ (x_{12},\ x_{22}),\ (x_{12},\ x_{23}),\ (x_{12},\ x_{24}) \\ & (x_{13},\ x_{20}),\ (x_{13},\ x_{21}),\ (x_{13},\ x_{22}),\ (x_{13},\ x_{23}),\ (x_{13},\ x_{24})\} \end{aligned}$$

$$\begin{aligned} X_1 \times X_2 = \{ & (0,\ 0),\ (0,\ 1),\ \cdots,\ (0,\ 4),\ (1,\ 0),\ (1,\ 1),\ \cdots,\ (1,\ 4) \\ & (2,\ 0),\ (2,\ 1),\ \cdots,\ (2,\ 4),\ (3,\ 0),\ (3,\ 1),\ \cdots,\ (3,\ 4)\} \end{aligned}$$

对于集合 A_{g} 满足关系范式 $x_1 \geqslant 2 \cdot x_2$, 关系 R_{g} 为

$$\begin{aligned} R_{\mathrm{g}} = A_{\mathrm{g}} &= \{(x_{10}, x_{20}), (x_{11},\ x_{20}), (x_{12},\ x_{20}), (x_{12}, x_{21}), (x_{13}, x_{20}), (x_{13}, x_{21})\} \\ &= \{(0,\ 0),\ (1,\ 0),\ (2,\ 0),\ (2,\ 1),\ (3,\ 0),\ (3,\ 1)\} \end{aligned}$$

数偶 (Wertepaare) 满足关系, 也就是二进制隶属度为 1; 所有其他数偶不满足关系, 属于集合 A_{g} 的隶属度为 0. 对于如本例的有限的积空间, 其关系也可通过关系矩阵表示.

x_1 | x_2	0	1	2	3	4
0	1	0	0	0	0
1	1	0	0	0	0
2	1	1	0	0	0
3	1	1	0	0	0

$R_{x1x2} = x_1 \geqslant 2 \cdot x_2$

15.3.3 具有清晰集合的非清晰关系

在非清晰集合笛卡儿积上的非清晰关系定义如下.

> 非清晰 n 元关系 R 是清晰基本集合 $X_1, X_2, \cdots, X_n$ 笛卡儿积的非清晰部分集合:
>
> $$X_1 \times X_2 \times \cdots \times X_n$$
>
> $x_1, x_2, \cdots, x_n$ 是 $X_1, X_2, \cdots, X_n$ 的元素, 积集合的元素 (基变量) 描述如下
>
> $$(x_1, x_2, \cdots, x_n)$$
>
> 非清晰关系 R 构建出具有值在 0 和 1 之间的隶属度函数 μ_R 的笛卡儿积:
>
> $$R : X_1 \times X_2 \times \cdots \times X_n \to [0,\ 1]$$
>
> 那么非清晰关系 (集合)R 为
>
> $$R = \{((x_1, \cdots, x_n),\ \mu_{\mathrm{R}}(x_1, \cdots, x_n)) \mid x_i \in X_i\}$$

例 15.3-3 X_1 和 X_2 是实数 $\mathbb{R}$ 集合的基本集合, 试确定 “大致相等” 的实数序偶 (x_1, x_2) 的非清晰关系 (集合)R_1. 非清晰关系范式 $R_{x1,x2}$ =“大致相等”, 例如, 可通过如下隶属度函数来模拟:

$$\mu_{\mathrm{R1}}(x_1,\ x_2) = \frac{1}{1 + k \cdot (x_1 - x_2)^2}, \qquad R_{x1x2} = \text{“大致相等”}$$

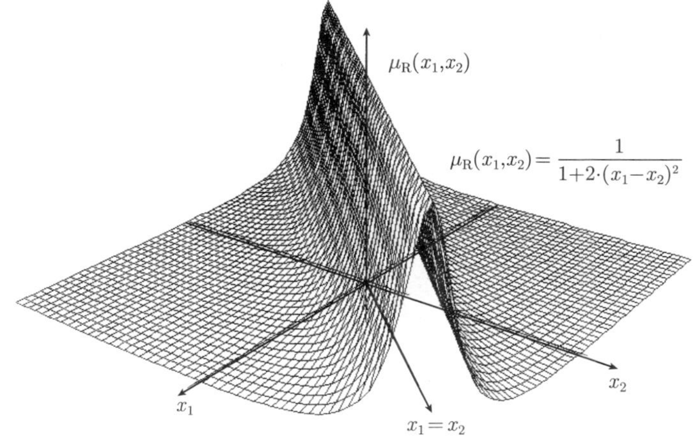

图 15.3-1 非清晰关系的隶属度函数

对于极限情况 $x_1 = x_2$, $\mu_{\mathrm{R}}(x_1, x_2) = 1$, 而对于 $x_1 \gg x_2$ 或 $x_1 \ll x_2$ 则 $\mu_{\mathrm{R}}(x_1, x_2) \approx 0$, k 值可选择大于零, 对于 $k = 2$ 隶属度函数绘制在 ‘图 15.3-1 中, 在直线 $x_1 = x_2$ 上它们具有值 1. 非清晰关系 R_1(非清晰集合) 为

$$\begin{aligned}R_1 &= \{(x_1,\, x_2),\ \mu_{\mathrm{R}}(x_1,\, x_2) \mid x_i \in X_i)\}\\ &= \left\{(x_1,\, x_2),\, \frac{1}{1+2\cdot(x_1-x_2)^2}\middle| x_i \in X_i)\right\}\end{aligned}$$

为便于计算机处理可离散化二元关系的连续隶属度函数. 对于有限数值范围, 支撑点 (Stützstellen) 可用隶属度函数矩阵表示.

对于范围 $-1.2 \leqslant x_1 \leqslant 1.2$, $-1.2 \leqslant x_2 \leqslant 1.2$, 可得到关系范式 “大致相等” 的具有步距 0.4 的隶属度矩阵.

x_1 \ x_2	−1.2	−0.8	−0.4	0.0	0.4	0.8	1.2
−1.2	1.0	0.757	0.438	0.257	0.163	0.111	0.079
−0.8	0.757	1.0	0.757	0.438	0.257	0.163	0.111
−0.4	0.438	0.757	1.0	0.757	0.438	0.257	0.163
0.0	0.257	0.438	0.757	1.0	0.757	0.438	0.257
0.4	0.163	0.257	0.438	0.757	1.0	0.757	0.438
0.8	0.111	0.163	0.257	0.438	0.757	1.0	0.757
1.2	0.079	0.111	0.163	0.257	0.438	0.757	1.0

15.3.4　具有非清晰集合的非清晰关系

也可建立两个非清晰集合之间的非清晰关系. 下面定义非清晰二元关系, 它作为非清晰条件语句 (Bedingungsanweisung) 或非清晰规则被引入模糊调节. 对于 n 元关系必须相应地推广该定义.

对于非清晰集合

$$A_1 = \{(x_1,\, \mu_1(x_1) \mid x_1 \in X_1\}$$

$$A_2 = \{(x_2,\, \mu_2(x_2) \mid x_2 \in X_2\}$$

其中 X_1, X_2 为基本集合, 具有非清晰集合的非清晰关系

$$R:\ X_1 \times X_2 \to [0,\ 1]$$

是通过隶属度函数

$$\mu_{\mathrm{R}}(x_1,\, x_2) \leqslant \min(\mu_1(x_1),\, \mu_2(x_2)) = \mu_1(x_1) \times \mu_2(x_2)$$

规定的. 非清晰二元关系 (集合) 为

$$R = \{((x_1, x_2), \mu_R(x_1, x_2)) \mid (x_1, x_2) \in X_1 \times X_2\}$$

也可引入其他 t 算则取代 MIN(最小) 运算. 对于非清晰规则的工程应用, 输出量的隶属度不超过输入量的隶属度是很重要的. 非清晰推论 (Schlussfolgerung) 不允许比非清晰输入量更真实 (15.3.7 节).

例 15.3-4 A_{kxd} 为 "小的正调节误差" 的非清晰集合 (基本集合 X_D, 基变量 x_d), 其中

$$\mu_{kxd}(x_d) = \begin{cases} 0, & x_d < 0.0 \\ 1 - 1.25 \cdot x_d, & 0 \leqslant x_d \leqslant 0.8 \\ 0, & x_d > 0.8 \end{cases}$$

非清晰集合 B_{ky} 描述 "小的正调整量值"(基本集合 Y, 基变量 y), 具有隶属度函数

$$\mu_{ky}(y) = \begin{cases} 0, & y < 0.0 \\ 1 - 2 \cdot y, & 0 \leqslant y \leqslant 0.5 \\ 0, & y > 0.5 \end{cases}$$

对于 x_d 和 y 的一些离散值 (支撑点) 给出序偶 $(x_d, \mu_{kxd}(x_d))$ 和 $(y, \mu_{ky}(y))$. 属于集合 A_{kxd} 的元素有

$$(0.0, 1.0),\ (0.2, 0.75),\ (0.4, 0.5),\ (0.6, 0.25)$$

属于 B_{ky} 的元素有

$$(0.0, 1.0),\ (0.1, 0.8),\ (0.2, 0.6),\ (0.3, 0.4),\ (0.4, 0.2)$$

调节器在大的调节误差时产生大的调整量, 以便尽可能快地减小调节误差. 相应地 "在小的调节误差时输出小的调整量". 这种关联 (Zusammenhang) 是个**非清晰规则(unscharfe Regel)**(unscharfe Implikation 非清晰蕴涵) 或 X_D 在 Y 上的关系 $R_{xd \to y}$. 关系 $R_{xd \to y}$ 可用 t 算子, 例如 MIN(最小) 算子来定义. MIN(最小) 算子相应于隶属度函数的笛卡儿积

$$\mu_{Rxd \to y}(x_d, y) = \min(\mu_{kxd}(x_d), \mu_{ky}(y)) = \mu_{kxd}(x_d) \times \mu_{ky}(y)$$

用关系矩阵说明离散值关联:

x_d	y 0.0	0.1	0.2	0.3	0.4	$R_{xd\to y}$,
0.0	1.0	0.8	0.6	0.4	0.2	$\mu_{Rxd\to y}(x_d, y)$
0.2	0.75	0.75	0.6	0.4	0.2	
0.4	0.5	0.5	0.5	0.4	0.2	
0.6	0.25	0.25	0.25	0.25	0.2	

为了计算图 15.3-2 应用连续隶属度函数, 可得到隶属度函数的平面图.

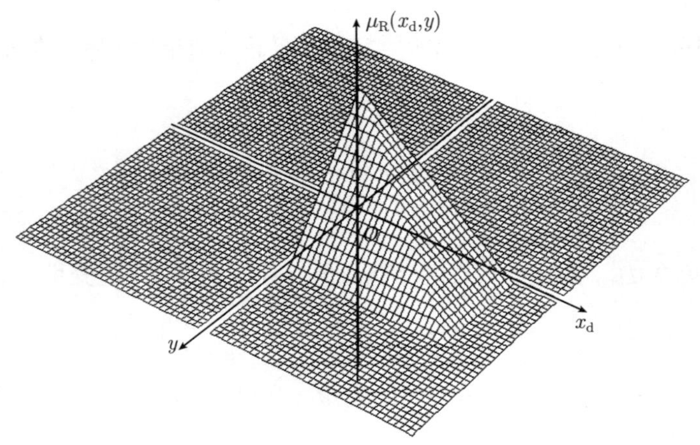

图 15.3-2　调节误差与调整量的关系

非清晰规则 "在小的调节误差时输出小的调整量" 或 "WENN(若)x_d 小, DANN(则)y 小", 与非清晰关系矩阵对应. 在调节技术中调节误差 x_d 一般是清晰量, 由一个清晰值, 例如 $x_d = 0.4$, 它也可作为单信号被包含在具有

$$A_{xd} = \{(x_d, \mu_{Axd}(x_d)) \mid (0.0, 0.0), (0.2, 0.0), (0.4, 1.0), (0.6, 0.0)\}$$

的非清晰集合 A_{xd} 中, 生成具有

$$\mu_{By}(y) = \max_{xd}[\min(\mu_{Axd}(x_d), \mu_{Rxd\to y}(x_d, y))]$$
$$B_y = \{(y, \mu_{By}(y)) \mid (0.0, 0.5), (0.1, 0.5), (0.2, 0.5), (0.3, 0.4), (0.4, 0.2)\}$$

的输出量的非清晰集合 B_y. 对此从关系矩阵的 $x_d = 0.4$ 行得到非清晰集合 B_y, 用 $\mu_{Bmax}(y) = 0.5$ 限制 B_y 值向上的隶属度. 对于连续隶属度函数, 在图 15.3-3 中显示对于输入值 $x_d = 0.4$ 输出量 y 的非清晰集合 B_y 的形成.

求非清晰集合 B_y 也可按照节 15.3.6 用

$$B_y = A_{xd} \circ R_{xd\to y},$$
$$\mu_{By}(y)=\max_{xd}[\min(\mu_{Axd}(x_d), \mu_{Rxd\to y}(x_d, y))]$$

表示具有 MAX(最大)-MIN(最小)-合成关系积.

用关系可定义非清晰关系式. 非清晰的 WENN(若)-DANN(则)-规则在运算化方面的应用具有很大意义. 它构成非清晰调节 (Fuzzy-control, 模糊控制) 调节器开发的基础.

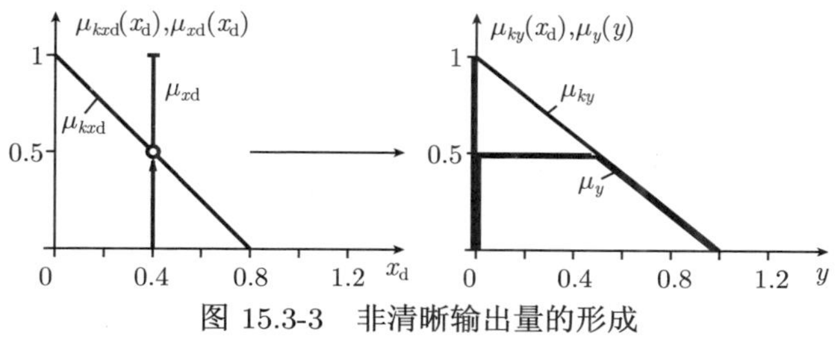

图 15.3-3 非清晰输出量的形成

15.3.5 非清晰关系的逻辑连接

非清晰关系是模糊技术的基础. 对于非清晰集合在 15.2.2.3 节所阐明的运算也可应用到关系上.

因为非清晰关系是非清晰集合, 所以可将交集、并集和由此普遍化的 t 算则、t 补算则和为非清晰集合可应用的算子应用到非清晰关系上.

在构建非清晰集合交集和并集时, 占主导的是引入 MIN(最小) 和 MAX(最大) 运算.

用 MIN(最小) 运算来进行构建在各种基本集合上的非清晰集合交集.

$$\mu_R(x_1, x_2) = \min(\mu_1(x_1), \mu_2(x_2))$$

计算在相同的积集合上的非清晰关系逻辑连接, 对于交集用 MIN(最小) 运算

$$\mu_R(x_1, x_2) = \mu_{R1\cap R2}(x_1, x_2) = \min(\mu_{R1}(x_1, x_2), \mu_{R2}(x_1, x_2))$$

而对于并集用 MAX(最大) 运算

$$\mu_R(x_1, x_2) = \mu_{R1\cup R2}(x_1, x_2) = \max(\mu_{R1}(x_1, x_2), \mu_{R2}(x_1, x_2))$$

来计算

对于具有 $\mu_R(x_1, x_2)$ 的非清晰二元关系 R, 下面特性和计算规则有效.

表示法(Darstellung): 具有有限个数偶的二元关系可适当地表示为矩阵 (例

15.3-4), 对于连续隶属度函数通常应用积分表达式:

$$R = \int_{X_1 \times X_2} \mu_{\mathrm{R}}(x_1,\, x_2)/(x_1,\, x_2)$$

求逆(Inversenbildung): R^{-1} 是通过变量 x_1 和 x_2 交换产生的:

$$\mu_{\mathrm{R}}^{-1}(x_1,\, x_2) = \mu_{\mathrm{R}}(x_2,\, x_1)$$

例 15.3-5　关系 R“x_1^2 相对 x_2^2 是大的” 数学上可用隶属度函数

$$\mu_{\mathrm{R}}(x_1,\, x_2) = \frac{1}{1 + k \cdot \left(\dfrac{x_2}{x_1}\right)^2} = \frac{x_1^2}{x_1^2 + k \cdot x_2^2}, \quad k > 0$$

来描述.

逆关系 R^{-1} “x_2^2 相对 x_1^2 是大的” 为

$$\mu_{\mathrm{R}}^{-1}(x_1,\, x_2) = \mu_{\mathrm{R}}(x_2,\, x_1) = \frac{1}{1 + k \cdot \left(\dfrac{x_1}{x_2}\right)^2} = \frac{x_2^2}{x_2^2 + k \cdot x_1^2}, \quad k > 0$$

对此 $\left(R^{-1}\right)^{-1} = R$ 也成立.

求补(Komplementbiltung): R^{C} 是通过对隶属度函数求补来计算的:

$$\mu_{\mathrm{R}}^{\mathrm{C}}(x_1,\, x_2) = 1 - \mu_{\mathrm{R}}(x_1,\, x_2)$$

例 15.3-6　对于例 15.3-5 的关系, 试计算补 R^{C} “x_1^2 相对 x_2^2 是不大的”, 也就是 “x_1^2 相对 x_2^2 是小的”, 隶属度函数为

$$\mu_{\mathrm{R}}^{\mathrm{C}}(x_1,\, x_2) = 1 - \mu_{\mathrm{R}}(x_1,\, x_2) = 1 - \frac{1}{1 + k \cdot \left(\dfrac{x_2}{x_1}\right)^2} = \frac{k \cdot x_2^2}{x_1^2 + k \cdot x_2^2}$$

此外 $(R^{\mathrm{C}})^{-1} = (R^{-1})^{\mathrm{C}}$.

对称性(Symmetrie) 存在, 仅当下式成立:

$$\mu_{\mathrm{R}}(x_1,\, x_2) = \mu_{\mathrm{R}}(x_2,\, x_1)$$

例 15.3-7　具有 $k > 0$ 的关系 R “x_1 等于 x_2” 是对称的:

$$\mu_{\mathrm{R}}(x_1,\ x_2) = \frac{1}{1+k\cdot(x_1-x_2)^2} = \mu_{\mathrm{R}}(x_2,\ x_1) = \frac{1}{1+k\cdot(x_2-x_1)^2}$$

对非清晰关系并集和交集**求逆(Inversenbildung)**，下面关系式成立：

$$(R_1\cup R_2)^{-1} = R_1^{-1}\cup R_2^{-1}$$
$$(R_1\cap R_2)^{-1} = R_1^{-1}\cap R_2^{-1}$$

此外对于**包含性(Einschließung)**

$$R_1\subseteq R_2,\quad \mu_{\mathrm{R1}}(x_1,\ x_2)\leqslant \mu_{\mathrm{R2}}(x_1,\ x_2)$$

和相等性(Äquivalenz)

$$R_1 = R_2,\quad \mu_{\mathrm{R1}}(x_1,\ x_2) = \mu_{\mathrm{R2}}(x_1,\ x_2)$$

也成立.

15.3.6 非清晰关系交链 (合成)

用**合成**(Kompositionen) 将在各种不同积空间的非清晰关系连接起来. 各种合成都是可能的, 而最常引入的是 MAX(最大)-MIN(最小)-合成 (MAX(最大)-MIN(最小) 积).

用 MAX(最大)-MIN(最小) 积的例子解释非清晰关系积 (合成 (Komposition), 交链 (Verkettung), 模糊关系积 (Fuzzy-Relationenprodukt))$R_1\circ R_2$:

MAX(最大)-MIN(最小)-积(MAX-MIN-Produkt)：
R_1 和 R_2 为非清晰关系：

$$R_1 = \{((x_1,\ x_2),\ \mu_{\mathrm{R1}}(x_1,\ x_2))\mid(x_1,\ x_2)\in X_1\times X_2\}$$

$$R_2 = \{((x_2,\ x_3),\ \mu_{\mathrm{R2}}(x_2,\ x_3))\mid(x_2,\ x_3)\in X_2\times X_3\}$$

非清晰关系 R_1, R_2 的 MAX(最大)-MIN(最小) 积

$$R_1\circ R_2:\ X_1\times X_3\to[0,\ 1]$$

是通过隶属度函数

$$\mu_{\mathrm{R1\circ R2}}(x_1,\ x_3) = \max_{x2\in X2}[\min(\mu_{\mathrm{R1}}(x_1,\ x_2),\ \mu_{\mathrm{R2}}(x_2,\ x_3))]$$

其中$(x_1,\ x_3)\in X_1\times X_3$

来定义的. 计算也被称为 MAX(最大)-MIN(最小)-合成. 更广泛的定义构成关于 x_2 的上确界 (Supremum) 以取代最大值, 更普遍化通过 t 算则置换 MIN(最小) 运算:

$$\mu_{\mathrm{R1tR2}}(x_1, x_3) = \sup_{x2 \in X2}(t\{\mu_{\mathrm{R1}}(x_1, x_2), \mu_{\mathrm{R2}}(x_2, x_3)\})$$

其中$(x_1, x_3) \in X_1 \times X_3$

如果关系以离散或离散化形式作为关系矩阵存在, 并且当矩阵元素乘法通过 MIN(最小) 运算而相乘矩阵元素的加法通过 MAX(最大) 运算进行的话, 那么 MAX (最大)-MIN(最小) 求积对应于矩阵积.

例 15.3-8　对于 $x_1, x_2, x_3 > 0$ 的非清晰关系 R_1 "x_1 大于 x_2" 和 R_2"x_2 等于 x_3", 例如通过如下隶属度函数来描述.

$$R_1:\ \mu_{\mathrm{R1}}(x_1, x_2) = \begin{cases} 1 - x_2/x_1, & x_1 > x_2 \\ 0.1, & x_1 = x_2 \\ 0, & x_1 < x_2 \end{cases}$$

$$R_2:\ \mu_{\mathrm{R2}}(x_2, x_3) = \begin{cases} x_2/x_3, & x_3 \geqslant x_2 \\ x_3/x_2, & x_3 < x_2 \end{cases}$$

通过离散化得到对于 R_1 "x_1 大于 x_2" 的关系矩阵:

R_1, "x_1 大于 x_2"

x_1 | x_2	1.0	2.0	4.0	10.0
1.0	0.1	0.0	0.0	0.0
2.0	0.5	0.1	0.0	0.0
4.0	0.75	0.5	0.1	0.0
10.0	0.9	0.8	0.6	0.1

而对于 R_2 "x_2 等于 x_3":

R_2, "x_2 等于 x_3"

x_2 | x_3	1.0	2.0	4.0	10.0
1.0	1.0	0.5	0.25	0.1
2.0	0.5	1.0	0.5	0.2
4.0	0.25	0.5	1.0	0.4
10.0	0.1	0.2	0.4	1.0

MAX(最大)-MIN(最小)-积 $R_1 \circ R_2$ 由改进的矩阵-乘法 (乘法 →MIN(最小)-运算, 加法 →MAX(最大) 运算) 得出:

x_1 | x_3	1.0	2.0	4.0	10.0
1.0	0.1	0.1	0.1	0.1
2.0	0.5	0.5	0.25	0.1
4.0	0.75	0.5	0.5	0.2
10.0	0.9	0.8	0.6	0.4

$R_1 \circ R_2$,
"x_1 大于 x_3"

MAX(最大)-MIN(最小)-积 $R_1 \circ R_2$ 经过逻辑连接

"x_1 大于 x_2" UND(与) "x_2 等于 x_3"

被判读为

"x_1 大于 x_3"

用于非清晰关系交链的其它方法构成 MAX(最大)PROD(积) 合成. 这里通过隶属度函数乘法取代 MIN(最小) 逻辑连接.

MAX(最大)-PROD(积)积(MAX-PROD-Produkt):

R_1 和 R_2 为非清晰关系:

$$R_1 = \{((x_1,\ x_2),\ \mu_{\mathrm{R1}}(x_1,\ x_2)) \mid (x_1,\ x_2) \in X_1 \times X_2\}$$
$$R_2 = \{((x_2,\ x_3),\ \mu_{\mathrm{R2}}(x_2,\ x_3)) \mid (x_2,\ x_3) \in X_2 \times X_3\}$$

非清晰关系 R_1, R_2 的 MAX(最大)-PROD(积) 积

$$R_1 \circ R_2:\ X_1 \times X_3 \to [0,\ 1]$$

是通过隶属度函数

$$\mu_{\mathrm{R1 \circ R2}}(x_1,\ x_3) = \max_{x2 \in X2}(\mu_{\mathrm{R1}}(x_1,\ x_2) \cdot \mu_{\mathrm{R2}}(x_2,\ x_3)),\quad \text{其中}(x_1,\ x_3) \in X_1 \times X_3.$$

来定义的.

例 15.3-9 由例 15.3-8 非清晰关系 R_1 "x_1 大于 x_2" 和 R_2"x_2 等于 x_3" 构成 MAX(最大)-PROD(积) 合成. MAX(最大)- PROD(积) 合成 $R_1 \circ R_2$ 由改进的矩阵-乘法 (乘法相应于 PROD(积) 运算, 加法相应于 MAX(最大) 运算) 得出:

x_1 | x_3	1.0	2.0	4.0	10.0
1.0	0.1	0.05	0.025	0.01
2.0	0.5	0.25	0.125	0.05
4.0	0.75	0.5	0.25	0.1
10.0	0.9	0.8	0.6	0.24

$R_1 \circ R_2$,
"x_1 大于 x_3"

用于非清晰关系交链除了本方法外还引入 MAX(最大)-AVERAGE(平均) 合成, 这里通过隶属度函数的算术平均值取代 MIN(最小) 逻辑连接.

MAX(最大) –AVERAGE(平均)积MAX–AVERAGE–Product):

R_1 和 R_2 为非清晰关系:

$$R_1 = \{((x_1,\ x_2),\ \mu_{\mathrm{R1}}(x_1,\ x_2))\ |\ (x_1,\ x_2) \in X_1 \times X_2\}$$

$$R_2 = \{((x_2,\ x_3),\ \mu_{\mathrm{R2}}(x_2,\ x_3))\ |\ (x_2,\ x_3) \in X_2 \times X_3\}$$

非清晰关系 R_1, R_2 的 MAX(最大)-AVERAGE(平均) 积

$$R_1 \circ R_2:\ X_1 \times X_3 \to [0,\ 1]$$

是通过隶属度函数

$$\mu_{\mathrm{R1 \circ R2}}(x_1,\ x_3) = \max_{x2 \in X2}((\mu_{\mathrm{R1}}(x_1,\ x_2) + \mu_{\mathrm{R2}}(x_2,\ x_3))/2)$$

其中$(x_1,\ x_3) \in X_1 \times X_3$

来定义的.

例 15.3-10　由例 15.3-8 非清晰关系 R_1 “x_1 大于 x_2 ” 和 R_2“x_2 等于 x_3” 计算 MAX(最大)-AVERAGE(平均) 积. MAX(最大)-AVERAGE(平均) 积 $R_1 \circ R_2$ 由改进的矩阵乘法 (乘法相应于 AVERAGE(平均) 运算 (数学平均值), 加法相应于 MAX(最大) 运算) 得出:

x_1 | x_3	1.0	2.0	4.0	10.0
1.0	0.55	0.5	0.5	0.5
2.0	0.75	0.55	0.5	0.5
4.0	0.875	0.75	0.55	0.5
10.0	0.95	0.9	0.8	0.55

$R_1 \circ R_2$, “x_1 大于 x_3”

与其他求积比较, MAX(最大)-AVERAGE(平均) 积会增大命题的非清晰性.

按照 MAX(最大)-MIN(最小)-合成可给出 MIN(最小)-MAX(最大) 合成.

MIN(最小)- MAX(最大)合成(MIN–MAX–Komposition):

R_1 和 R_2 为非清晰关系:

$$R_1 = \{((x_1,\ x_2),\ \mu_{\mathrm{R1}}(x_1,\ x_2))\ |\ (x_1,\ x_2) \in X_1 \times X_2\}$$

$$R_2 = \{((x_2,\ x_3),\ \mu_{\mathrm{R2}}(x_2,\ x_3))\ |\ (x_2,\ x_3) \in X_2 \times X_3\}$$

非清晰关系 R_1, R_2 的 MIN(最小)-MAX(最大) 合成

$$R_1(+)R_2:\ X_1 \times X_3 \to [0,\ 1]$$

是通过隶属度函数

$$\mu_{\mathrm{R1(+)R2}}(x_1, x_3) = \min_{x2\in X2}[\max(\mu_{\mathrm{R1}}(x_1, x_2), \mu_{\mathrm{R2}}(x_2, x_3))]$$

其中 $(x_1, x_3) \in X_1 \times X_3$

来定义的, 更广泛的定义构成关于 x_2 的下确界 (Infimum) 以取代最小值, 更普遍化通过 s 算则取代 MAX(最大) 运算:

$$\mu_{\mathrm{R1sR2}}(x_1, x_3) = \inf_{x2\in X2}(s\{\mu_{\mathrm{R1}}(x_1, x_2), \mu_{\mathrm{R2}}(x_2, x_3)\})$$

其中$(x_1, x_3) \in X_1 \times X_3$

对于具有 $\mu_{\mathrm{R1}}(x_1, x_2)$ 的非清晰关系 R_1, 具有 $\mu_{\mathrm{R2}}(x_2, x_3)$ 的 R_2 和具有 $\mu_{\mathrm{R3}}(x_3, x_4)$ 的 R_3 的交链, 下列计算规则成立.

结合律(Assoziativgesetz):

$$(R_1 \circ R_2) \circ R_3 = R_1 \circ (R_2 \circ R_3)$$

求并集分配律(Distributivgesetz für die Vereinigungsbildung):

$$R_1 \circ (R_2 \cup R_3) = (R_1 \circ R_2) \cup (R_1 \circ R_3)$$

求交集分配律 (衰减)(Distributivgesetz(abgeschwächt) für die Durchschnittsbildung):

$$R_1 \circ (R_2 \cap R_3) \subseteq (R_1 \circ R_2) \cap (R_1 \circ R_3)$$

求逆(Inversenbildung):

$$(R_1 \circ R_2)^{-1} = R_2^{-1} \circ R_1^{-1}$$

单调性(Monotonie):

$$R_1 \subseteq R_2,\ \text{则是} R_1 \circ R_3 \subseteq R_2 \circ R_3\ \text{和} R_3 \circ R_1 \subseteq R_3 \circ R_2$$

15.3.7 非清晰推理 (模糊推理)

非清晰推理 (Unscharfe Schließen)(approximatives Schlieben(近似推理), approximate oder fuzzy-reasoning(近似的或模糊–推理)) 是由非清晰条件推出非清晰结论 (Folgerungen) 或逻辑判断 (Entscheidungen). 用于非清晰推论 (Inferenz) 的方法是非清晰逻辑最主要部分.

对于调节技术的应用, 求得行为语句 (Handlungsanweisungen) 形式的推论 (Schlussfolgerungen). 从预先给定 (测量) 小的调节误差, 不是推断小的调整量, 而是推导出减小调整量, 也就是小的调整行为语句. 后面将进一步研究在调节技术中应用这方面的意义.

由经验 (Erfahrungen)、知识 (Wissen) 和观测 (测量) (Beobachtung (Messungen)) 得出推论, 这存在各种可能性. 在二元逻辑 (布尔逻辑 (BOOLEsche Logik), 清晰逻辑) 中通过逻辑函数定义命题 (Aussagen). 这些命题仅能是 falsch(假)/0, 或 wahr(真)/1. 以形式 "Wenn(若)A,dann(则)B" 的 WENN(若)–DANN(则) 规则从条件部分 (前提 (Prämosse), WENN 部分)A 出发, 并得到一个推论部分 (结论 (Konklusion)–DANN 部分)B. 清晰推理的基础是逻辑函数.

蕴涵 (Implikation)("Wenn(若)A,dann(则)B","Aus(由)A folg(得)B",$\overline{A}$ ODER (或)B, 表 15.3-1).

表 15.3-1 清晰推理真值表

前提 A	结论 B	蕴涵 $A \to B$	置换规则 $B = A$ UND(与) $(A \to B)$
0	0	1	0
0	1	1	0
1	0	0	0
1	1	1	1

若前提 (Prämisse) 和蕴涵 (Implikation)$A \to B$ 都是 wahr(真)/1, 则结论 (Konklusion)B 是 wahr(真)/1. 这种关系 (Zusammenhang) 被称为置换规则 (Ersetzungsregel)(分离规则, modus ponens(假言推理)), 因为从前提 A 和命题 "Wenn (若)A, dann(则)B" 可变换命题 B, 并且前提 A 的真值被结论 B 置换. 置换规则的逻辑函数为

$$B = A \text{ UND } (A \to B) = A \text{ UND } (\overline{A} \text{ ODER } B)$$

例 15.3-11 命题 A: $(x > 4)$,B: $(x > 2)$ 逻辑连接到 WENN(若)-DANN(则)-规则. 前提是 $(x > 4)$, 结论是 $(x > 2)$.

"Wenn(若)A,dann(则)B" 这里表示 "Wenn(若)$x > 4$,dann(则)$x > 2$". 按照表 15.3-2 检验蕴涵. 如果前提是 wahr(真)/1 和结论是 falsch(假)/0, 那么蕴涵 $A \to B$ 是 falsch(假)(不成立). 这里不是这种情况, 不存在 x 同时大于 4 而又小于 2. 对此由置换规则可推断 B, 即 $x > 2$.

表 15.3-2 清晰推理

值 x	前提 A: $(x > 4)$	结论 B: $(x > 2)$	蕴涵 $A \to B$	置换规则 $B = A$UND(与)$(A \to B)$
1	0	0	1	0
3	0	1	1	0
-	1	0	0	0
5	1	1	1	1

按照置换规则 $B = A$ UND(与) $(A \to B)$ 清晰推理是由下述各部分组成:
前提: A 是 wahr(真)(满足);
蕴涵: “Wenn(若)A,dann(则)B” 是 wahr(真)(成立, 证实);
结论: B 是 wahr(真).

为了应用非清晰推理, 使置换规则在所提出问题上与非清晰数据匹配. 为此, 考虑工程可应用性, 非清晰命题和推论应是数学上可公式化的和在调节技术中是可应用的.

为非清晰推理开发了各种推理方法, 主要方法是广义的置换规则 (generalisierter modus ponens 广义假言推理), 对此前提和结论允许与非清晰蕴涵 (规则) 的规格有些偏离. 为使模糊–蕴涵的数学公式化, 推荐大量蕴涵算子 (implication operator). 转移结论是通过推理合成规则 (compositionnal rule of inference) 实现的.

一般研究用

$$\mu_{\mathrm{B}'}(x_2) = \max_{x1}\left[\langle t\rangle[\mu_{\mathrm{A}'}(x_1),\ I(\mu_{\mathrm{A}}(x_1),\, \mu_{\mathrm{B}}(x_2))]\right]$$

运算非清晰推论, 其中 $\langle t\rangle$ 是 t 算则 (求非清晰交集), 例如 MIN(最小) 运算, 假如不存在最大值, 则上确界 (应用最小的上限) 取代 MAX(最大) 运算. I 是蕴涵算子, 对于调节技术通常引入具有 MIN(最小) 算子的 MAMDANI蕴涵. 该情况被解释为非清晰推论.

按照广义的置换规则, 非清晰推理是由下述各部分组成:
前提: A';
蕴涵: “Wenn(若)A,dann(则)B”;
结论: B'.

A(基本集合 X_1, 基变量 x_1) 和 B(基本集合 X_2, 基变量 x_2) 是非清晰集合 (语言命题, 非清晰信息). A' 与蕴涵前提 A 有些偏离, 相应地 B' 也与蕴涵结论 B 有些偏离.

对此广义非清晰置换规则为

$$B' = A' \circ (A \to B) = A' \circ I_{x1\to x2}$$

其中按照 MAMDANI蕴涵 (关系)$I_{x1\to x2}$:

$$I_{x1\to x2} = A \times B = A \to B$$
$$\mu_{\mathrm{I}x1\to x2}(x_1,\, x_2) = \min(\mu_{\mathrm{A}}(x_1),\, \mu_{\mathrm{B}}(x_2))$$

$A' \circ I$ 交链用 MAX(最大)–MIN(最小) 合成来计算：

$$\mu_{B'}(x_2) = \max_{x1}\left[\min[\mu_{A'}(x_1),\ \mu_{Ix1\to x2}(x_1,\ x_2)]\right]$$

B' 是与关系 I 相关的 A' 的推理像 (Inferenzbild), 计算方法是求语言 WENN(若)-DANN(则) 规则值的基础.

为用具有 MIN(最小) 算子的 MAMDANI蕴涵使广义置换规则公式化, 可简化置换规则:

$$\begin{aligned}\mu_{B'}(x_2) &= \max_{x1}\left[\min[\mu_{A'}(x_1),\ \mu_{Ix1\to x2}(x_1,\ x_2)]\right]\\ &= \max_{x1}\left[\min[\mu_{A'}(x_1),\ \min(\mu_A(x_1),\ \mu_B(x_2))]\right]\\ &= \max_{x1}\left[\min[\min(\mu_{A'}(x_1),\ \mu_A(x_1)),\ \mu_B(x_2)]\right]\\ &= \min\left[\max_{x1}[\min(\mu_{A'}(x_1),\ \mu_A(x_1)),\ \mu_B(x_2)]\right]\end{aligned}$$

表达式 $\max_{x1}[\min(\mu_{A'}(x_1),\ \mu_A(x_1))]$ 相应于规则的激活度 (Aktivieru- ngsgrad) 或满足度 (Erfüllungsgrad)α. 前提 A' 和蕴涵前提 A 的交集生成最大值为

$$\alpha = \text{height}[\min(\mu_{A'}(x_1),\ \mu_A(x_1))] = \max_{x1}[\min(\mu_{A'}(x_1),\ \mu_A(x_1))]$$

由此

$$\mu_{B'}(x_2) = \min(\alpha,\ \mu_B(x_2)) \leqslant \mu_B(x_2)$$

B' 隶属度通过满足度 α 来限制, 此外, 非清晰推论 B' 的隶属度可成为不大于蕴涵结论 B 的隶属度.

例 15.3-12　A_{kxd} 为非清晰集合 “小调节误差”(基本集合 X_D, 基变量 x_d), 具有隶属度函数 (图 15.3-4)

$$\mu_{kxd}(x_d) = \begin{cases} 1 - 1.25\cdot|x_d|, & -0.8 \leqslant x_d \leqslant 0.8\\ 0, & |x_d| > 0.8\end{cases}$$

非清晰集合 B_{ky} 描述 “小调整量值 y”(基本集合 Y, 基函数 y), 具有

$$\mu_{ky}(y) = \begin{cases} 1 - 2\cdot|y|, & -0.5 \leqslant y \leqslant 0.5\\ 0, & |y| > 0.5\end{cases}$$

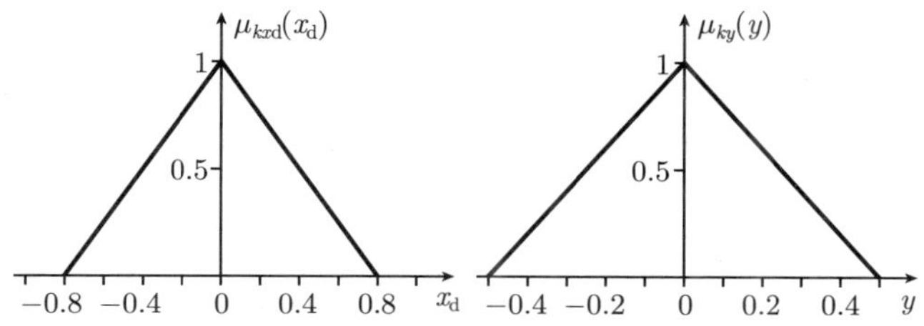

图 15.3-4 非清晰调节误差和非清晰调整量的隶属度函数

对于 x_d 和 y 一些离散值 (支撑点) 给出序偶 $(x_d, \mu_{kxd}(x_d))$ 和 $(y, \mu_{ky}(y))$. 属于集合 A_{kxd} 的元素有

$$(-0.6, 0.25), (-0.4, 0.5), (-0.2, 0.75), (0.0, 1.0), (0.2, 0.75), (0.4, 0.5), (0.6, 0.25)$$

属于集合 B_{ky} 的元素有

$$(-0.4, 0.2),\ (-0.2, 0.6),\ (0.0, 1.0),\ (0.2, 0.6),\ (0.4, 0.2)$$

关系 (蕴涵)$R_{xd\to y}$"在小调解误差时调整小调整量", 用离散值的 MIN(最小) 运算来计算, 关系矩阵用

$$\mu_{\mathrm{R}xd\to y}(x_d,\ y) = \min(\mu_{kxd}(x_d),\ \mu_{ky}(y)) = \mu_{kxd}(x_d) \times \mu_{ky}(y)$$

x_d | y	−0.4	−0.2	0.0	0.2	0.4
−0.6	0.2	0.25	0.25	0.25	0.2
−0.4	0.2	0.5	0.5	0.5	0.2
−0.2	0.2	0.6	0.75	0.6	0.2
0.0	0.2	0.6	1.0	0.6	0.2
0.2	0.2	0.6	0.75	0.6	0.2
0.4	0.2	0.5	0.5	0.5	0.2
0.6	0.2	0.25	0.25	0.25	0.2

$R_{xd\to y}$, $\mu_{\mathrm{R}xd\to y}(x_d,\ y)$

来计算.

从与 A_{kxd} 偏离些的集合 (前提)

$$A'_{kxd} = \{(-0.6,\ 0.0),\ (-0.4,\ 0.0),\ (-0.2,\ 0.0),\ (0.0, 0.0),\ (0.2,\ 0.0),\ (0.4,\ 0.5),\ (0.6,\ 1.0),\ (0.8,\ 0.5)\}$$

由

$$\mu_{ky'}(y) = \max_{xd}[\min(\mu_{kxd'}(x_d),\ \mu_{\mathrm{R}xd\to y}(x_d,\ y))]$$

求偏离些集合 (结论)

$$B'_{ky} = \{(-0.4,\ 0.2),\ (-0.2,\ 0.5),\ (0.0,\ 0.5),\ (0.2,\ 0.5),\ (0.4,\ 0.2)\}$$

规则满意度 α 为

$$\begin{aligned}\alpha &= \text{height}[\min(\mu_{kx\text{d}'}(x_\text{d}),\ \mu_{kx\text{d}}(x_\text{d}))]\\ &= \max[\min(\mu_{kx\text{d}'}(x_\text{d}),\ \mu_{kx\text{d}}(x_\text{d}))] = 0.5\end{aligned}$$

图 15.3-5 是用连续函数计算的. 逻辑连接 $\min(\mu_{kx\text{d}'}(x_\text{d}),\ \mu_{kx\text{d}}(x_\text{d}))$ 用阴影线表示, α 限制推论的真值, 并由此用 $\alpha = 0.5$ 限制隶属度函数 $\mu_{ky'}(y)$.

$$\mu_{ky'}(y) = \min(\alpha,\ \mu_{ky}(y)) = \min(0.5,\ \mu_{ky}(y))$$

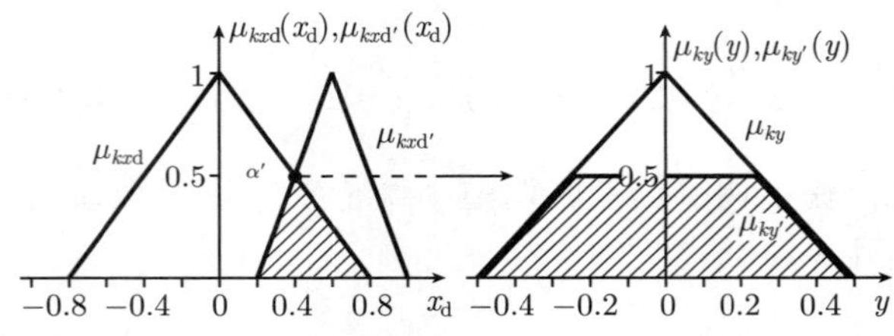

图 15.3-5　具有非清晰输入量的非清晰推论

对于调节技术应用, 调节误差一般是清晰量. 在这种情况下给出 $A'_{kx\text{d}}$ 为仅具有一个值 (单信号), 例如 $x_\text{d} = 0.6$, 的非清晰集合:

$$\begin{aligned}A'_{kx\text{d}} = \{&(-0.6,\ 0.0),\ (-0.4,\ 0.0),\ (-0.2,\ 0.0),\ (0.0,\ 0.0),\\ &(0.2,\ 0.0),\ (0.4,\ 0.0),\ (0.6,\ 1.0),\ (0.8,\ 0.0)\}\end{aligned}$$

非清晰结论可再次由

$$\mu_{ky'}(y) = \max_{x\text{d}}[\min(\mu_{kx\text{d}'}(x_\text{d}),\ \mu_{\text{R}x\text{d}\to y}(x_\text{d},\ y))]$$

确定:

$$B'_{ky} = \{(-0.4,\ 0.2),\ (-0.2,\ 0.25),\ (0.0,\ 0.25),\ (0.2,\ 0.25),\ (0.4,\ 0.2)\}$$

规则满意度 α 为

$$\begin{aligned}\alpha &= \text{height}[\min(\mu_{kx\text{d}'}(x_\text{d}),\ \mu_{kx\text{d}}(x_\text{d}))]\\ &= \min((0.6,\ 1.0),\ (0.6,\ 0.25)) = 0.25\end{aligned}$$

对于推论的隶属度函数, 可得到

$$\mu_{ky'}(y) = \min(\alpha,\ \mu_{ky}(y)) = \min(0.25,\ \mu_{ky}(y))$$

在图 15.3-6 中表示连续隶属度函数的求调节值方法.

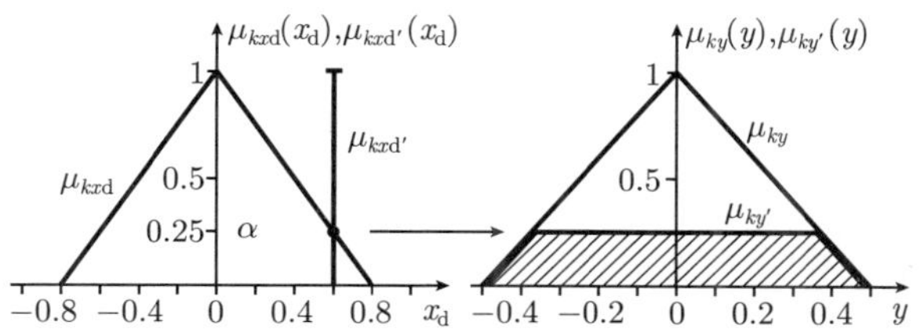

图 15.3-6 具有清晰输入量的非清晰推论

用满意度 α 限制上面的 B'_{ky} 的隶属度. 在调节技术应用时引入 x_d 的清晰值. 为这些应用, 简化非清晰推论方法:

> 确定规则满意度 α
>
> $$\alpha = \mu_{xd}(x_d)$$
>
> 通过用 α 截取隶属度函数 $\mu_y(y)$ 确定非清晰推论:
>
> $$\mu_{y'}(y) = \min(\alpha,\ \mu_y(y))$$

在本例中显示, 怎样由调节误差 x_d 求非清晰调整量 y. 模糊技术的优点在于, 非清晰推论方法也可应用到多输入量上, 它们不是必须由调节误差推导出的.

将蕴涵推广到多语言命题上可导出推论规范 "Wenn(若)A_1 UND(与)A_2 UND(与) $\cdots$ UND(与)A_n, dann(则)B", 其中 B 的基本集合 $X_1, \cdots, X_n$ 和 X_{n+1}, 并且通过下述蕴涵 (关系) 来描述:

$$I_{x1\cdots xn\to xn+1} = A_1 \times A_2 \times \cdots \times A_n \times B$$

$$\mu_{\mathrm{I}x1\cdots xn\to xn+1}(x_1,\ x_2,\ \cdots,\ x_{n+1}) = \min(\mu_{\mathrm{A}1}(x_1),\ \mu_{\mathrm{A}2}(x_2),\ \cdots \ \mu_{\mathrm{A}n}(x_n),\ \mu_{\mathrm{B}}(x_{n+1}))$$

15.4 模糊调节和模糊控制 (Fuzzz-Control)

15.4.1 模糊调节器应用领域

非清晰逻辑的主要应用领域是自动化技术的模糊调节方法. 用考虑关于调节过程的非清晰信息, 可取代或扩展调节技术的经典方法. 如果已知关于被调节对象或复杂的非线性过程结构的非清晰知识, 那么就可很经济地引入非清晰调节器.

关于模糊调节方法的主要命题是：辨识被调节对象不是必要的因为对于模糊调节器设计不需要被调节对象模型. 对此可降低开发费用, 因此调节器调整和优化也可只用实验来进行.

模糊调节器工作原理由语言规则很容易识别, 由此数学上的耗费相对清晰调节是低的. 复杂的调节任务用低廉费用就可解决. 然而具有经典调节技术的解大多情况只能定性地改进. 引入与经典调节器结构的联系, 模糊调节器可提高自动化技术系统的功能性、品质和经济性.

15.4.2 模糊调节器类型

在模糊调节中引入用于过程调节的非清晰 (语言) 规则. 模糊调节器由一个或多个输入量求调整量, 该调整量作为被调节对象输入量可确定调节特性, 根据由语言规则产生的推论类型, 区分关系的和函数的模糊调节器 (图 15.4-1).

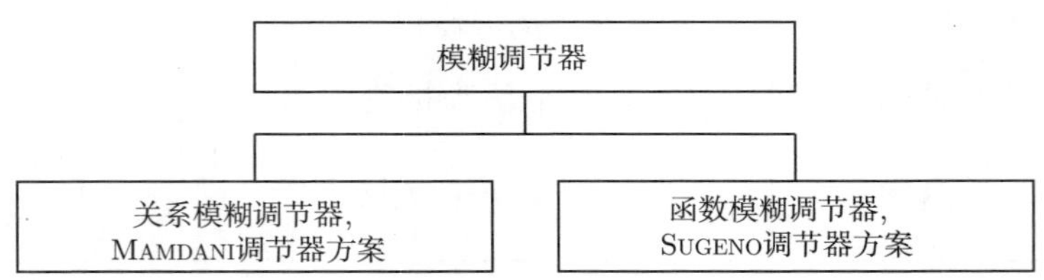

图 15.4-1 模糊调节器类型

在**关系模糊调节器(relationalen Fuzzy-Reglern)** 时推论是一个非清晰集合, 用解模糊化方法将其转换为清晰的调整量. 在**函数模糊调节器(funktionalen Fuzzy-Reglern)** 时推论由输入量函数生成调整量值. 用加权法由函数值计算调整量.

15.4.3 关系模糊调节器的结构和部件

15.4.3.1 原理构造

关系模糊调节器由下列部件组成 (图 15.4-2): 从清晰输入信号用模糊化部件求所有语言前提 (非清晰集合, 模糊集合) 的隶属度 (真值). 用规则库的推理求非清晰推论. 解模糊化是由非清晰推理结果计算清晰输出值, 一般为调整量.

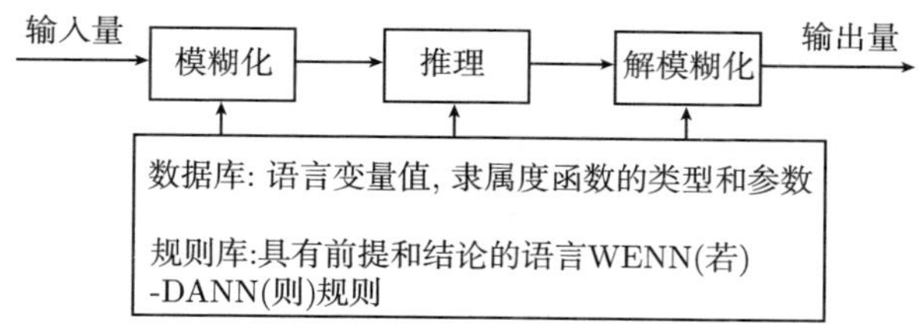

图 15.4-2 关系模糊–调节器结构

15.4.3.2 模糊化

由模糊化数据库规定输入变量语言值的隶属度函数.

> 模糊化是将输入量的清晰值转换为语言值的隶属度.

对于输入量的每个语言值 (隶属度函数), 求输入量清晰值生成的隶属度. 所求得模糊化信号是一个向量, 其分量为语言值的隶属度.

例 15.4-1 对于模糊 PD 调节器, 应用调节误差 $x_\mathrm{d}(t)$ 及其变化速度 (调节误差对时间的导数)

$$\dot{x}_\mathrm{d}(t)=\frac{\mathrm{d}x_\mathrm{d}(t)}{\mathrm{d}t}$$

作为输入量, 用图 15.4-3 和图 15.4-4 规定语言变量 (信号量)x_dL. $\dot{x}_\mathrm{dL}$ 的语言值和隶属度曲线. 对于基变量的值

$$x_\mathrm{d}=0.5,\quad \dot{x}_\mathrm{d}=-0.4\ \mathrm{s}^{-1}$$

可确定模糊化信号 x_dF, $\dot{x}_\mathrm{dF}$.

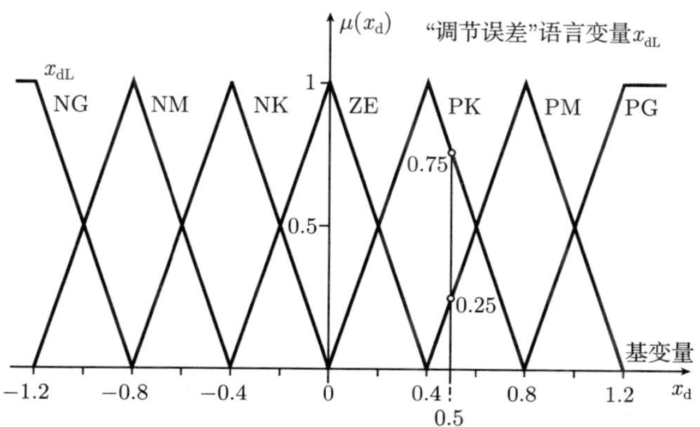

图 15.4-3 "调节误差" 语言变量值

语言信号量具有如下语言值名和缩语结构:

NG = 负–大, NM = 负–中, NK = 负–小, ZE = 近于–零
PK = 正–小, PM = 正–中, PG = 正–大

对于调节误差 x_{dL} 应用语言值 NG, NM, NK, ZE, PK, PM, PG, 而对于调节误差变化 $\dot{x}_{\mathrm{dL}}$ 应用值 NG, NM, ZE, PM, PG. 为了计算模糊化信号必须将隶属度函数参数存储在模糊化数据库中. 隶属度计算如下, 其中 w_{L} 为语言值, x 相应于基变量 x_{d} 或 $\dot{x}_{\mathrm{d}}$.

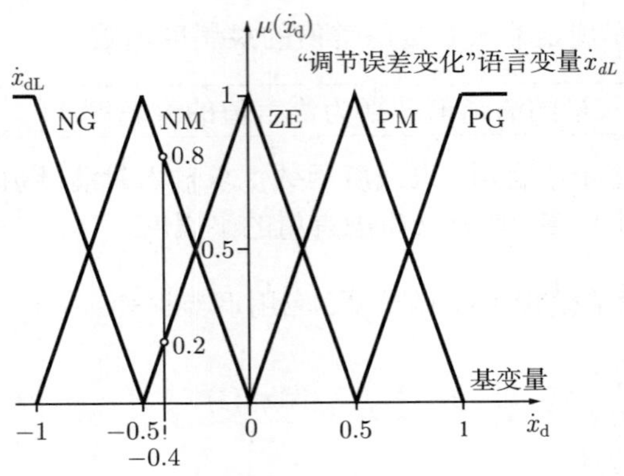

图 15.4-4　调节误差变化 "语言变量" 值

梯形函数:

$$\mu_{w\mathrm{L}}(x)=\begin{cases}0, & x<x_{\mathrm{a}}\\ \dfrac{x-x_{\mathrm{a}}}{x_{\mathrm{l}}-x_{\mathrm{a}}}, & x_{\mathrm{a}}\leqslant x\leqslant x_{\mathrm{l}}\\ 1, & x_{\mathrm{l}}\leqslant x\leqslant x_{\mathrm{r}}\\ \dfrac{x_{\mathrm{e}}-x}{x_{\mathrm{e}}-x_{\mathrm{r}}}, & x_{\mathrm{r}}\leqslant x\leqslant x_{\mathrm{e}}\\ 0, & x>x_{\mathrm{e}}\end{cases}$$

三角形函数:

$$\mu_{w\mathrm{L}}(x)=\begin{cases}0, & x<x_{\mathrm{a}}\\ \dfrac{x-x_{\mathrm{a}}}{x_{\mathrm{m}}-x_{\mathrm{a}}}, & x_{\mathrm{a}}\leqslant x\leqslant x_{\mathrm{m}}\\ \dfrac{x_{\mathrm{e}}-x}{x_{\mathrm{e}}-x_{\mathrm{m}}}, & x_{\mathrm{m}}\leqslant x\leqslant x_{\mathrm{e}}\\ 0, & x>x_{\mathrm{e}}\end{cases}$$

对于梯形和三角形的隶属度函数, 存储数据组 $T(x_\mathrm{a}, x_\mathrm{l}, x_\mathrm{r}, x_\mathrm{m})$ 和 $D(x_\mathrm{a}, x_\mathrm{m}, x_\mathrm{e})$. x_l 和 x_r 称为梯形左和右特征值, x_a, x_e 是初值和终值, 而 x_m 被称为三角形函数的**模式值(Modalwert)**(图 15.4-5).

按图 15.4-3 和图 15.4-4 所示的隶属度函数参数模糊化数据库汇编在表 15.4-1 中.

作为清晰调节误差 $x_\mathrm{d} = 0.5$ 的模糊化信号值给出

$$\begin{aligned} x_\mathrm{dF}(x_\mathrm{d}) = &[\mu_{x\mathrm{dNG}}(x_\mathrm{d}),\ \mu_{x\mathrm{dNM}}(x_\mathrm{d}),\ \mu_{x\mathrm{dNK}}(x_\mathrm{d}),\ \mu_{x\mathrm{dZE}}(x_\mathrm{d}),\ \mu_{x\mathrm{dPK}}(x_\mathrm{d}).\\ &\mu_{x\mathrm{dPM}}(x_\mathrm{d}),\ \mu_{x\mathrm{dPG}}(x_\mathrm{d})]\\ = &[0.0,\ 0.0,\ 0.0,\ 0.0,\ 0.75,\ 0.25,\ 0.0] \end{aligned}$$

其中 $\mu_{x\mathrm{dPK}}(x_\mathrm{d}) = 0.75$, $\mu_{x\mathrm{dPM}}(x_\mathrm{d}) = 0.25$.

对于调节误差变化 $\dot{x}_\mathrm{d} = -0.4$, 模糊化信号值为

$$\begin{aligned} \dot{x}_\mathrm{dF}(\dot{x}_\mathrm{d}) = &[\mu_{\dot{x}\mathrm{dNG}}(\dot{x}_\mathrm{d}),\ \mu_{\dot{x}\mathrm{dNM}}(\dot{x}_\mathrm{d}),\ \mu_{\dot{x}\mathrm{dZE}}(\dot{x}_\mathrm{d}),\ \mu_{\dot{x}\mathrm{dPM}}(\dot{x}_\mathrm{d}),\ \mu_{\dot{x}\mathrm{dPG}}(\dot{x}_\mathrm{d})]\\ = &[0.0,\ 0.8,\ 0.2,\ 0.0,\ 0.0] \end{aligned}$$

其中 $\mu_{\dot{x}\mathrm{dNM}}(\dot{x}_\mathrm{d}) = 0.8$, $\mu_{\dot{x}\mathrm{dZE}}(\dot{x}_\mathrm{d}) = 0.2$.

表 15.4-1 模糊化数据库

隶属度函数	三角形函数			梯形函数			
x_dL	x_da	x_dm	x_de	x_da	x_dl	x_dr	x_de
$\mu_{x\mathrm{dNG}}(x_\mathrm{d})$				$-\infty$	$-\infty$	-1.2	-0.8
$\mu_{x\mathrm{dNM}}(x_\mathrm{d})$	-1.2	-0.8	-0.4				
$\mu_{x\mathrm{dNK}}(x_\mathrm{d})$	-0.8	-0.4	0.0				
$\mu_{x\mathrm{dZE}}(x_\mathrm{d})$	-0.4	0.0	0.4				
$\mu_{x\mathrm{dPK}}(x_\mathrm{d})$	0.0	0.4	0.8				
$\mu_{x\mathrm{dPM}}(x_\mathrm{d})$	0.4	0.8	1.2				
$\mu_{x\mathrm{dPG}}(x_\mathrm{d})$				0.8	1.2	$+\infty$	$+\infty$
隶属度函数	三角形函数			梯形函数			
$\dot{x}_\mathrm{dL}$	$\dot{x}_\mathrm{da}$	$\dot{x}_\mathrm{dm}$	$\dot{x}_\mathrm{de}$	$\dot{x}_\mathrm{da}$	$\dot{x}_\mathrm{dl}$	$\dot{x}_\mathrm{dr}$	$\dot{x}_\mathrm{de}$
$\mu_{\dot{x}\mathrm{dNG}}(\dot{x}_\mathrm{d})$				$-\infty$	$-\infty$	-1.0	-0.5
$\mu_{\dot{x}\mathrm{dNM}}(\dot{x}_\mathrm{d})$	-1.0	-0.5	0.0				
$\mu_{\dot{x}\mathrm{dZE}}(\dot{x}_\mathrm{d})$	-0.5	0.0	0.5				
$\mu_{\dot{x}\mathrm{dPM}}(\dot{x}_\mathrm{d})$	0.0	0.5	1.0				
$\mu_{\dot{x}\mathrm{dPG}}(\dot{x}_\mathrm{d})$				0.5	1.0	$+\infty$	$+\infty$

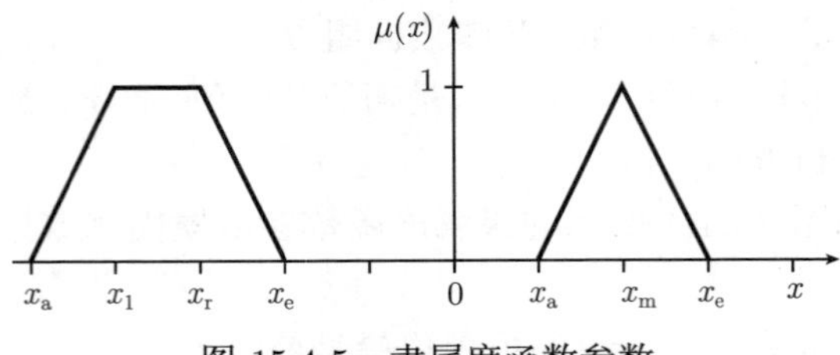

图 15.4-5　隶属度函数参数

用模糊–调节器的模糊化部件, 将输入量的清晰信号值转换成语言值的隶属度, 对此所生成的模糊化信号是个向量, 其元素为语言命题隶属度:

$$x_{\mathrm{F}}(x) = [\mu_{w\mathrm{L}1}(x),\ \mu_{w\mathrm{L}2}(x),\ \cdots,\ \mu_{w\mathrm{L}n}(x)]$$

x 为清晰值, x_{F} 为模糊化信号, $\mu_{w\mathrm{L}i}(x)$ 为语言值 $w_{\mathrm{L}i}$ 的隶属度函数.

对模糊化数据库提出下列要求. 对于每个输入信号语言值都应规定语言值, 也就是隶属度函数, 语言值数量应在 3 和 9 个之间. 大量语言值虽然改善模糊调节的工作方式, 但是也会增大规则库并且会提高后面的推理和解模糊化部件的费用.

对于语言变量值原则上应允许任何非清晰集合, 为了降低计算费用, 将具有三角形或梯形隶属度函数的非清晰集合引入模糊规则. 这些函数数值存储简单, 因为从顶点可计算函数. 在逐段线性曲线函数情况, 模糊规则计算会大大简化.

当每个基变量值的隶属度之和等于 1 时, 那么存在一个基变量区域最优重叠. 由此得出, 当中间隶属度函数保持 1 时, 那么相邻隶属度函数为 0 值, 两个相邻隶属度函数相交在隶属度 0.5 处 (例 15.4-1).

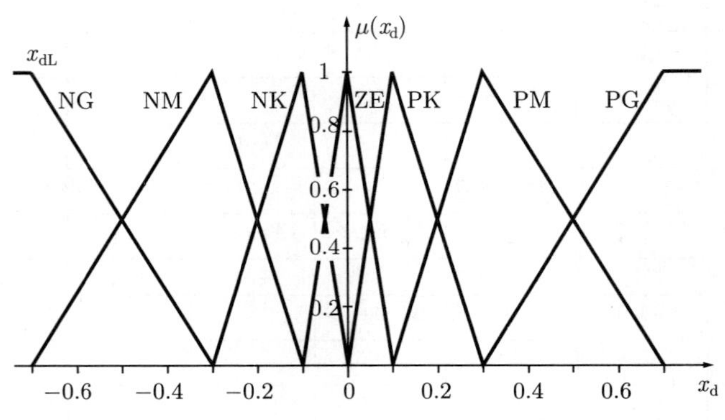

图 15.4-6　调节误差的非线性模糊化

由三角形隶属度函数值可再次计算输入信号. 而在边界区域的梯形隶属度函数

μ_{NG} 和 μ_{PG} 则不是这种情况, 因为该区域隶属度为 1 的常数. 在该区域关系模糊调节器将限制调整量. 因此对于基变量的相关区域应用重叠的三角形函数.

在例 15.4-1 中隶属度函数最大值具有相同的间隔 (线性模糊化), 非线性调节器特性曲线可通过非线性模糊化来生成. 例如为了减小稳态调节误差, 必须在基变量 x_d 零点附近减小隶属度最大值之间间隔 (图 15.4-6).

15.4.4 模糊–调节器推理部件

15.4.4.1 规则库

模糊调节器的基础是规则库. 在用非清晰 WENN(若)–DANN(则) 规则编制的关系模糊调节器时, 它们具有下列形式:

> R_i: WENN $\langle x_{\mathrm{L1}}$ 是 $w_{\mathrm{L1}j}\rangle$ UND $\cdots$ UND $\langle x_{\mathrm{L}n}$ 是 $w_{\mathrm{L}nk}\rangle$ DANN $\langle y_{\mathrm{L}}$ 是 $w_{\mathrm{L}l}\rangle$,
>
> 或简化:
>
> $$R_i:\ \mathrm{WENN}\ x_{\mathrm{L1}}=w_{\mathrm{L1}j}\ \mathrm{UND}\ \cdots\ \mathrm{UND}\ x_{\mathrm{L}n}=w_{\mathrm{L}nk}\ \mathrm{DANN}\ y_{\mathrm{L}}=w_{\mathrm{L}l}.$$
>
> 规则前提 (WENN 部分) 为
>
> $$x_{\mathrm{L1}}=w_{\mathrm{L1}j}\ \mathrm{UND}\ \cdots\ \mathrm{UND}\ x_{\mathrm{L}n}=w_{\mathrm{L}nk}$$
>
> 结论 (DANN 部分) 为: $y_{\mathrm{L}}=w_{\mathrm{L}l}$.
>
> R_i 为第 i 个规则, $w_{\mathrm{L1}j}$, $w_{\mathrm{L}nk}$ 为前提语言变量 $x_{\mathrm{L1}},\cdots,x_{\mathrm{L}n}$ 的语言值, $w_{\mathrm{L}l}$ 为结论语言变量 y_{L} 的语言值.

可将在前提公式化中出现的 ODER(或) 逻辑连接, 转换为具有只含有 UND(与) 逻辑连接的前提规则. 相反, 可将具有相同 DANN(则) 部分的规则用 ODER(或) 逻辑连接组合在一起.

例 15.4-2 规则 R_1

$$R_1:\ \mathrm{WENN}\ (x_{\mathrm{L1}}=\mathrm{NG\ ODER}\ x_{\mathrm{L2}}=\mathrm{NM})\ \mathrm{UND}\ x_{\mathrm{L3}}=\mathrm{NK\ DANN}\ y_{\mathrm{L}}=\mathrm{NM},$$

可分解为规则 R_{11}, R_{12}:

$$R_{11}:\ \mathrm{WENN}\ x_{\mathrm{L1}}=\mathrm{NG\ UND}\ x_{\mathrm{L3}}=\mathrm{NK\ DANN}\ y_{\mathrm{L}}=\mathrm{NM}$$
$$R_{12}:\ \mathrm{WENN}\ x_{\mathrm{L2}}=\mathrm{NM\ UND}\ x_{\mathrm{L3}}=\mathrm{NK\ DANN}\ y_{\mathrm{L}}=\mathrm{NM}$$

例 15.4-3 规则 R_{11}, R_{12}

$$R_{11}: \text{ WENN } x_{\text{L}1} = \text{NG DANN } y_{\text{L}} = \text{NM}$$

$$R_{12}: \text{ WENN } x_{\text{L}2} = \text{NG DANN } y_{\text{L}} = \text{NM}$$

可组合成规则 R_1:

$$R_1: \text{ WENN } x_{\text{L}1} = \text{NG ODER } x_{\text{L}2} = \text{NG DANN } y_{\text{L}} = \text{NM}$$

用规则表可一目了然地表示语言输入量和输出量的规则库. 在此, 语言输入值 (WENN(若) 部分, 前提) 每个组合都赋给一个推论 (DANN(则) 部分, 结论).

例 15.4-4 对于一个模糊 PD 调节器试建立一个规则库. 基本思想是, 应生成一个正/负的调整量 y 趋使正/负的调节误差 $x_{\text{d}} = w - x$, 以便 x_{d} 快速地调节到零, 并使被调节量 x 趋向希望值 w. 如果调节误差的变化 (调节误差对时间导数) 是正的/负的, 那么调节误差是增大/减小, 在这种情况也必须增大/减小调整量, 如果调节误差和调节误差变化具有不同的 (正负) 符号, 但是具有大致相同的语言值, 这样调节误差应具有优先权. 对此, 使调节误差趋向零, 具有较高的优先权. 根据这个观点可得到下列规则库. 对于语言值规定缩写

NG = 负–大, NM = 负–中, NK = 负–小, ZE = 近于–零

PK = 正–小, PM = 正–中, PG = 正–大

对于语言变量应用下列值:

调节误差 x_{dL} : {NG, NM, ZE, PM, PG}

调节误差变化 $\dot{x}_{\text{dL}}$: {NM, ZE, PM}

调整量 y_{L} : {NG, NM, ZE, PM, PG}

从表 15.4-2 中读出 15 条规则 R_{ij}:

表 15.4-2 表形式规则库 (模糊 PD 调节器)

			调节误差 x_{dL}				
		i	1	2	3	4	5
	j		NG	NM	ZE	PM	PG
调节误差	1	NM	NG	NG	NM	ZE	PM
变化	2	ZE	NG	NM	ZE	PM	PG
$\dot{x}_{\text{dL}}$	3	PM	NM	ZE	PM	PG	PG

调整量 y_{L}

$$R_{11}: \text{ WENN } x_{\mathrm{dL}} = \text{NG UND } \dot{x}_{\mathrm{dL}} = \text{NM DANN } y_{\mathrm{L}} = \text{NG}$$
$$R_{12}: \text{ WENN } x_{\mathrm{dL}} = \text{NG UND } \dot{x}_{\mathrm{dL}} = \text{ZE DANN } y_{\mathrm{L}} = \text{NG}$$
$$R_{13}: \text{ WENN } x_{\mathrm{dL}} = \text{NG UND } \dot{x}_{\mathrm{dL}} = \text{PM DANN } y_{\mathrm{L}} = \text{NM}$$

$$R_{21}: \text{ WENN } x_{\mathrm{dL}} = \text{NM UND } \dot{x}_{\mathrm{dL}} = \text{NM DANN } y_{\mathrm{L}} = \text{NG}$$
$$R_{22}: \text{ WENN } x_{\mathrm{dL}} = \text{NM UND } \dot{x}_{\mathrm{dL}} = \text{ZE DANN } y_{\mathrm{L}} = \text{NM}$$
$$R_{23}: \text{ WENN } x_{\mathrm{dL}} = \text{NM UND } \dot{x}_{\mathrm{dL}} = \text{PM DANN } y_{\mathrm{L}} = \text{ZE}$$

$$R_{31}: \text{ WENN } x_{\mathrm{dL}} = \text{ZE UND } \dot{x}_{\mathrm{dL}} = \text{NM DANN } y_{\mathrm{L}} = \text{NM}$$
$$R_{32}: \text{ WENN } x_{\mathrm{dL}} = \text{ZE UND } \dot{x}_{\mathrm{dL}} = \text{ZE DANN } y_{\mathrm{L}} = \text{ZE}$$
$$R_{33}: \text{ WENN } x_{\mathrm{dL}} = \text{ZE UND } \dot{x}_{\mathrm{dL}} = \text{PM DANN } y_{\mathrm{L}} = \text{PM}$$

$$R_{41}: \text{ WENN } x_{\mathrm{dL}} = \text{PM UND } \dot{x}_{\mathrm{dL}} = \text{NM DANN } y_{\mathrm{L}} = \text{ZE}$$
$$R_{42}: \text{ WENN } x_{\mathrm{dL}} = \text{PM UND } \dot{x}_{\mathrm{dL}} = \text{ZE DANN } y_{\mathrm{L}} = \text{PM}$$
$$R_{43}: \text{ WENN } x_{\mathrm{dL}} = \text{PM UND } \dot{x}_{\mathrm{dL}} = \text{PM DANN } y_{\mathrm{L}} = \text{PG}$$

$$R_{51}: \text{ WENN } x_{\mathrm{dL}} = \text{PG UND } \dot{x}_{\mathrm{dL}} = \text{NM DANN } y_{\mathrm{L}} = \text{PM}$$
$$R_{52}: \text{ WENN } x_{\mathrm{dL}} = \text{PG UND } \dot{x}_{\mathrm{dL}} = \text{ZE DANN } y_{\mathrm{L}} = \text{PG}$$
$$R_{53}: \text{ WENN } x_{\mathrm{dL}} = \text{PG UND } \dot{x}_{\mathrm{dL}} = \text{PM DANN } y_{\mathrm{L}} = \text{PG}$$

具有相同 DANN(则)-部分的规则可用 ODER(或) 逻辑连接组合, 并用调整量 y_{L} 的语言名表示:

y_{L} =NG, 负–大, R_{11}, R_{12}, R_{21}:

$$\begin{aligned} R_{\mathrm{NG}}: &\text{ WENN } x_{\mathrm{dL}} = \text{NG UND } \dot{x}_{\mathrm{dL}} = \text{NM} \\ &\text{ ODER } x_{\mathrm{dL}} = \text{NG UND } \dot{x}_{\mathrm{dL}} = \text{ZE} \\ &\text{ ODER } x_{\mathrm{dL}} = \text{NM UND } \dot{x}_{\mathrm{dL}} = \text{NM DANN } y_{\mathrm{L}} = \text{NG} \end{aligned}$$

y_{L} =NM, 负–中, R_{13}, R_{22}, R_{31}:

$$\begin{aligned} R_{\mathrm{NM}}: &\text{ WENN } x_{\mathrm{dL}} = \text{NG UND } \dot{x}_{\mathrm{dL}} = \text{PM} \\ &\text{ ODER } x_{\mathrm{dL}} = \text{NM UND } \dot{x}_{\mathrm{dL}} = \text{ZE} \\ &\text{ ODER } x_{\mathrm{dL}} = \text{ZE UND } \dot{x}_{\mathrm{dL}} = \text{NM DANN } y_{\mathrm{L}} = \text{NM} \end{aligned}$$

y_{L} =ZE, 近于–零, R_{23}, R_{32}, R_{41}:

$$R_{\mathrm{ZE}}: \text{WENN } x_{\mathrm{dL}} = \text{NM UND } \dot{x}_{\mathrm{dL}} = \text{PM}$$
$$\text{ODER } x_{\mathrm{dL}} = \text{ZE UND } \dot{x}_{\mathrm{dL}} = \text{ZE}$$
$$\text{ODER } x_{\mathrm{dL}} = \text{PM UND } \dot{x}_{\mathrm{dL}} = \text{NM DANN } y_{\mathrm{L}} = \text{ZE}$$

y_{L} =PM, 正–中, R_{33}, R_{42}, R_{51}:

$$R_{\mathrm{PM}}: \text{WENN } x_{\mathrm{dL}} = \text{ZE UND } \dot{x}_{\mathrm{dL}} = \text{PM}$$
$$\text{ODER } x_{\mathrm{dL}} = \text{PM UND } \dot{x}_{\mathrm{dL}} = \text{ZE}$$
$$\text{ODER } x_{\mathrm{dL}} = \text{PG UND } \dot{x}_{\mathrm{dL}} = \text{NM DANN } y_{\mathrm{L}} = \text{PM}$$

y_{L} =PG, 正–大, R_{43}, R_{52}, R_{53}:

$$R_{\mathrm{PG}}: \text{WENN } x_{\mathrm{dL}} = \text{PM UND } \dot{x}_{\mathrm{dL}} = \text{PM}$$
$$\text{ODER } x_{\mathrm{dL}} = \text{PG UND } \dot{x}_{\mathrm{dL}} = \text{ZE}$$
$$\text{ODER } x_{\mathrm{dL}} = \text{PG UND } \dot{x}_{\mathrm{dL}} = \text{PM DANN } y_{\mathrm{L}} = \text{PG}$$

15.4.4.2　推理方法步骤

模糊调节器的推理单元由信号量的模糊化值和规则库的语言规则构成语言推论. 规则库的推理分成三项部分任务 (图 15.4-7).

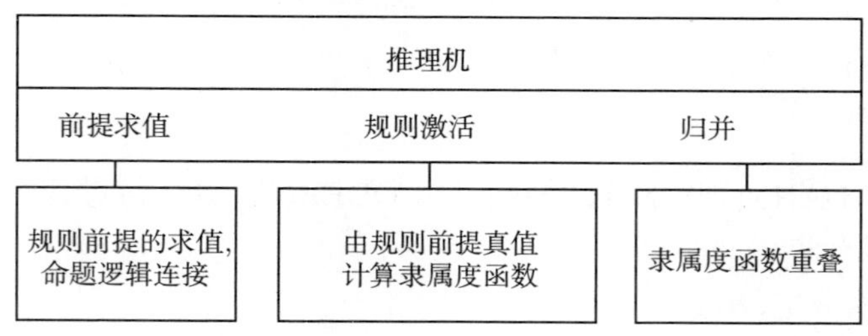

图 15.4-7　推理单元部分任务

15.4.4.3　规则前提的求值

在规则前提 (规则的 WENN(若) 部分) 求值时, 使非清晰 UND(与) 和 ODER (或) 逻辑连接演算运算化. 原则上对于 UND(交集) 可引入 t 算则算子, 而对于 ODER(并集) 引入 t 补算则算子, 这可实现简单的 MIN(最小) 算子 (t 算子) 和 MAX(最大) 算子 (t 补算则算子) 运算.

> 在自动化技术中, 对于命题的 UND(与) 逻辑连接引入 MIN(最小) 算子到规则的 WENN 部分, 而对于 ODER(或) 逻辑连接引入 MAX(最大) 算子.

例 15.4-5 对于模糊调节已给出如图 14.4-8、图 14.4-9 和表 14.4-3、表 14.3-4 的模糊化数据库和推理规则库.

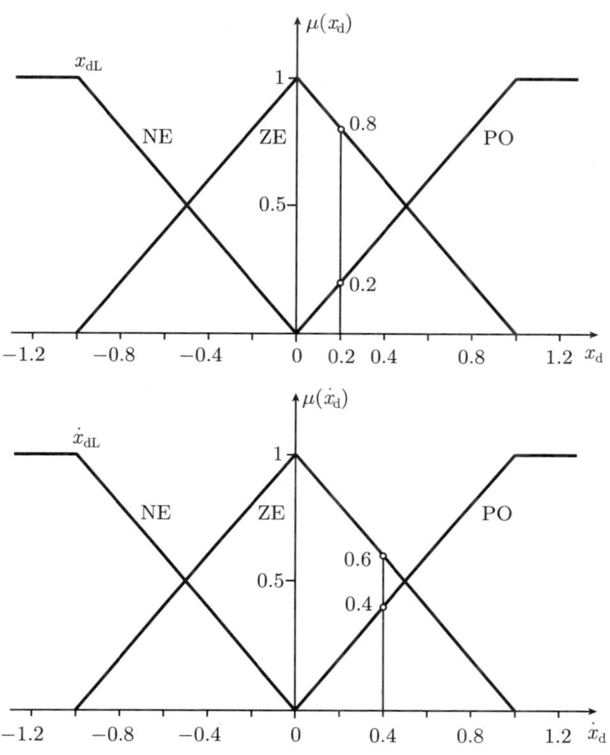

图 15.4-8 变量 $x_{dL}, \dot{x}_{dL}$ 的语言值

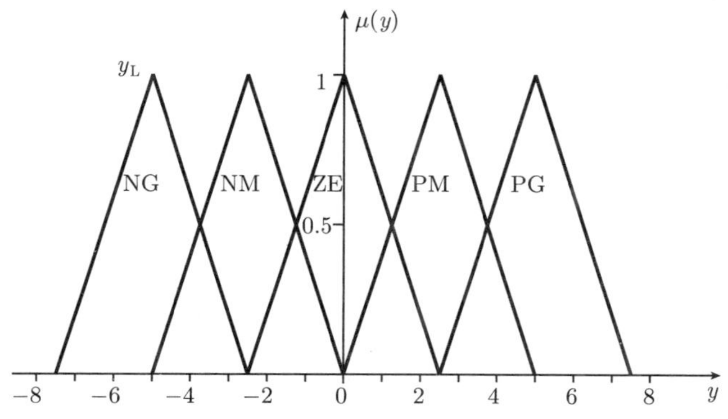

图 15.4-9 调整量 y_L 的语言值

对于调节误差 x_{d0} 和调节误差变化 $\dot{x}_{d0}$ 应用值 NE = 负, ZE = 近于–零, PO = 正, 而对于调整量 y_L 语言值应用值 NG = 负–大, NM = 负–中, ZE = 近于–零, PM = 正–中, PG = 正–大.

按照例 15.4-4 的考虑, 编制模糊 PD 调节器的规则库.

对于调节误差 $x_{d0}=0.2$ 和调节误差变化 $\dot{x}_{d0}=0.4$ 清晰值的模糊化信号值为

$$x_{dF}(x_{d0})=[\mu_{xdNE}(x_{d0}),\ \mu_{xdZE}(x_{d0}),\ \mu_{xdPO}(x_{d0})]=[0.0,\ 0.8,\ 0.2]$$

$$\dot{x}_{dF}(\dot{x}_{d0})=[\mu_{\dot{x}dNE}(\dot{x}_{d0}),\ \mu_{\dot{x}dZE}(\dot{x}_{d0}),\ \mu_{\dot{x}dPO}(\dot{x}_{d0})]=[0.0,\ 0.6,\ 0.4]$$

表 15.4-3　语言变量 $x_{dL}, \dot{x}_{dL}, y_L$ 数据库

隶属度函数	三角形函数			梯形函数			
x_{dL}	x_{da}	x_{dm}	x_{de}	x_{da}	x_{dl}	x_{dr}	x_{de}
$\mu_{xdNE}(x_d)$				$-\infty$	$-\infty$	-1.0	0.0
$\mu_{xdZE}(x_d)$	-1.0	0.0	1.0				
$\mu_{xdPO}(x_d)$				0.0	1.0	$+\infty$	$+\infty$
隶属度函数	三角形函数			梯形函数			
$\dot{x}_{dL}$	$\dot{x}_{da}$	$\dot{x}_{dm}$	$\dot{x}_{de}$	$\dot{x}_{da}$	$\dot{x}_{dl}$	$\dot{x}_{dr}$	$\dot{x}_{de}$
$\mu_{\dot{x}dNE}(\dot{x}_d)$				$-\infty$	$-\infty$	-1.0	0.0
$\mu_{\dot{x}dZE}(\dot{x}_d)$	-1.0	0.0	1.0				
$\mu_{\dot{x}dPO}(\dot{x}_d)$				0.0	1.0	$+\infty$	$+\infty$
隶属度函数	三角形函数			梯形函数			
y_L	y_a	y_m	y_e	y_a	y_l	y_r	y_e
$\mu_{yNG}(y)$	-7.5	-5.0	-2.5				
$\mu_{yNM}(y)$	-5.0	-2.5	0.0				
$\mu_{yZE}(y)$	-2.5	0.0	2.5				
$\mu_{yPM}(y)$	0.0	2.5	5.0				
$\mu_{yPG}(y)$	2.5	5.0	7.5				

表 15.4-4　模糊 PD 调节器的规则库

		调节误差 x_{dL}		
		NE	ZE	PO
调节误差变化 $\dot{x}_{dL}$	NE	NG	NM	ZE
	ZE	NM	ZE	PM
	PO	ZE	PM	PG

调整量 y_L

具有相同 DANN(则) 部分的规则用 ODER(或) 组合在一起. 为了实现 ODER(或) 逻辑连接应用 MAX(最大) 算子, 而对于 UND(与) 逻辑连接应用 MIN(最小) 算子. 由前提求值得规则满足度 α_R:

$$\alpha_{\rm R} = [\alpha_{y\rm NG}, \alpha_{y\rm NM}, \alpha_{y\rm ZE}, \alpha_{y\rm PM}, \alpha_{y\rm PG}]$$

负–大调整量, $y_{\rm L} = \rm NG$:

$$R_{\rm NG}: \quad \text{WENN } x_{\rm dL} = \text{NE UND } \dot{x}_{\rm dL} = \text{NE DANN } y_{\rm L} = \text{NG}$$

$$\alpha_{y\rm NG} = \min(\mu_{x\rm dNE}(x_{\rm d0}), \mu_{\dot{x}\rm dNE}(\dot{x}_{\rm d0})) = \min(0.0, 0.0) = 0.0$$

负–中调整量, $y_{\rm L} = \rm NM$:

$$R_{\rm NM}: \text{WENN } x_{\rm dL} = \text{NE UND } \dot{x}_{\rm dL} = \text{ZE ODER } x_{\rm dL} = \text{ZE UND } \dot{x}_{\rm dL} = \text{NE}$$
$$\text{DANN } y_{\rm L} = \text{NM}$$

$$\alpha_{y\rm NM} = \max[\min(\mu_{x\rm dNE}(x_{\rm d0}), \mu_{\dot{x}\rm dZE}(\dot{x}_{\rm d0})), \min(\mu_{x\rm dZE}(x_{\rm d0}), \mu_{\dot{x}\rm dNE}(\dot{x}_{\rm d0}))]$$
$$= \max[\min(0.0, 0.6), \min(0.8, 0.0)] = 0.0$$

近于–零调整量, $y_{\rm L} = \rm ZE$:

$$R_{\rm ZE}: \text{WENN } x_{\rm dL} = \text{NE UND } \dot{x}_{\rm dL} = \text{PO ODER } x_{\rm dL} = \text{ZE UND } \dot{x}_{\rm dL} = \text{ZE}$$
$$\text{ODER } x_{\rm dL} = \text{PO UND } \dot{x}_{\rm dL} = \text{NE DANN } y_{\rm L} = \text{ZE}$$

$$\alpha_{y\rm ZE} = \max[\min(\mu_{x\rm dNE}(x_{\rm d0}), \mu_{\dot{x}\rm dPO}(\dot{x}_{\rm d0})), \min(\mu_{x\rm dZE}(x_{\rm d0}), \mu_{\dot{x}\rm dZE}(\dot{x}_{\rm d0})),$$
$$\min(\mu_{x\rm dPO}(x_{\rm d0}), \mu_{\dot{x}\rm dNE}(\dot{x}_{\rm d0}))]$$
$$= \max[\min(0.0, 0.4), \min(0.8, 0.6), \min(0.2, 0.0)] = 0.6,$$

正–中调整量, $y_{\rm L} = \rm PM$:

$$R_{\rm PM}: \text{WENN } x_{\rm dL} = \text{ZE UND } \dot{x}_{\rm dL} = \text{PO ODER } x_{\rm dL} = \text{PO UND } \dot{x}_{\rm dL} = \text{ZE}$$
$$\text{DANN } y_{\rm L} = \text{PM}$$

$$\alpha_{y\rm PM} = \max[\min(\mu_{x\rm dZE}(x_{\rm d0}), \mu_{\dot{x}\rm dPO}(\dot{x}_{\rm d0})), \min(\mu_{x\rm dPO}(x_{\rm d0}), \mu_{\dot{x}\rm dZE}(\dot{x}_{\rm d0}))]$$
$$= \max[\min(0.8, 0.4), \min(0.2, 0.6)] = 0.4,$$

正–大调整量, $y_{\rm L} = \rm PG$:

$$R_{\rm PG}: \quad \text{WENN } x_{\rm dL} = \text{PO UND } \dot{x}_{\rm dL} = \text{PO DANN } y_{\rm L} = \text{PG}$$

$$\alpha_{y\rm PG} = \min(\mu_{x\rm dPO}(x_{\rm d0}), \mu_{\dot{x}\rm dPO}(\dot{x}_{\rm d0})) = \min(0.2, 0.4) = 0.2$$

规则满足度 (激活度) 为:

$$[\alpha_{y\rm NG}, \alpha_{y\rm NM}, \alpha_{y\rm ZE}, \alpha_{y\rm PM}, \alpha_{y\rm PG}] = [0.0, 0.0, 0.6, 0.4, 0.2]$$

15.4.4.4 规则激活和归并

用激活概念表示规则满足度的计值并转换为结论隶属度函数 (DANN (则) 部分). 推论归并部件组合成所求结论的隶属度函数.

在节 15.3.7 中通过截取具有前提满足度的隶属度函数 (MAMDANI的 MIN(最小) 法) 来定义非清晰推论方法. 用 MIN(最小) 运算可确保, 结论达不到比前提更高的满足度. 这个条件也可由其它算子满足. 在调节技术中常用地有下列方法:

- MAMDANI的 MIN(最小) 法;
- PROD(积) 法.

μ_{yi} 是调整量 y_{L} 语言值的隶属度函数 (DANN(则) 部分, 结论).
MIN(最小) 法将限制结论隶属度函数 μ_{yi} 至前提隶属度 (满足度)α_i.

$$\mu_{yi'}(y) = \min(\alpha_i,\, \mu_{yi}(y))$$

PROD(积) 法使前提隶属度 α_i 与结论隶属度函数 μ_{yi} 相乘:

$$\mu_{yi'}(y) = \alpha_i \cdot \mu_{yi}(y)$$

通过激活确定的结论隶属度函数与归并组合. 归并对应于一个隶属度函数的组合 (叠加), 并且可用一个合适的模糊 ODER(或) 算子 (并集, t 补算则算子) 来实现: 通常用 MAX(最大) 算子或代数和 (SUN(和) 算子) 来归并.

对于用 **MAX(最大)算子(MAX-Operator)** 归并, 将 r 个规则激活的隶属度函数 $\mu_{yi'}$ 组合如下:

$$\mu(y) = \max(\mu_{y1'}(y),\, \mu_{y2'}(y),\, \cdots,\, \mu_{yr'}(y))$$

将结论隶属度函数 μ_{yi} 限制至当时前提的隶属度 (满足度)α_i 和随后将激活的隶属度函数 $\mu_{yi'}$ 叠加被称为推理合成规则 (Compositional Rule of Inference)

MAX(最大)-MIN(最小)-推理(MAX-MIN-Inferenz):

$$\begin{aligned}\mu(y) &= \max(\mu_{y1'}(y),\, \mu_{y2'}(y),\, \cdots,\, \mu_{yr'}(y)) \\ &= \max\Big[\min[\alpha_1,\, \mu_{y1}(y)],\, \min[\alpha_2,\, \mu_{y2}(y)],\, \cdots,\, \min[\alpha_r,\, \mu_{yr}(y)]\Big]\end{aligned}$$

MAX(最大)-PROD(积)-推理(MAX-PROD-Inferenz):

$$\begin{aligned}\mu(y) &= \max(\mu_{y1'}(y),\, \mu_{y2'}(y),\, \cdots,\, \mu_{yr'}(y)) \\ &= \max\left[\alpha_1 \cdot \mu_{y1}(y),\, \alpha_2 \cdot \mu_{y2}(y),\, \cdots,\, \alpha_r \cdot \mu_{yr}(y)\right]\end{aligned}$$

对于用 **SUM(和)算子(SUM-Operator)** 归并, 将激活的隶属度函数 $\mu_{yi'}$ 求和. 所有激活规则都对推理结果有贡献:

SUM(和)-MIN(最小)-推理(SUM-MIN-Inferenz):

$$\mu(y)=\sum_{i=1}^{r}\mu_{yi'}(y)=\sum_{i=1}^{r}\min[\alpha_i,\ \mu_{yi}(y)]$$

SUM(和)-PROD(积)-推理(SUM-PROD-Inferenz):

$$\mu(y)=\sum_{i=1}^{r}\mu_{yi'}(y)=\sum_{i=1}^{r}\alpha_i\cdot\mu_{yi}(y)$$

自动化技术应用的最主要推理方法有 MAX-MIN-, MAX-PROD-, SUM-MIN-, SUM-PROD-策略 (Strategien). 第二个符号给出, 如何进行激活, 而第一个符号, 用什么类型实现归并.

例 15.4-6 对于例 15.4-5, 调整量 y_{L} 语言变量值用如图 15.4-10 和表 15.4-5 所示的三角形隶属度函数 $\mu_{y\mathrm{NG}}(y)$, $\mu_{y\mathrm{NM}}(y)$, $\mu_{y\mathrm{ZE}}(y)$, $\mu_{y\mathrm{PM}}(y)$, $\mu_{y\mathrm{PG}}(y)$ 来定义.

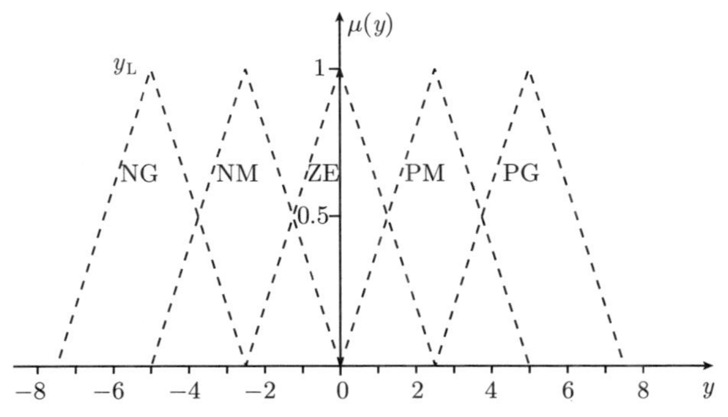

图 15.4-10 调整量 y_{L} 语言值

表 15.4-5 语言变量 y_{L} 数据库

隶属度函数	三角形函数		
y_{L}	y_{a}	y_{m}	y_{e}
$\mu_{y\mathrm{NG}}(y)$	−7.5	−5.0	−2.5
$\mu_{y\mathrm{NM}}(y)$	−5.0	−2.5	0.0
$\mu_{y\mathrm{ZE}}(y)$	−2.5	0.0	2.5
$\mu_{y\mathrm{PM}}(y)$	0.0	2.5	5.0
$\mu_{y\mathrm{PG}}(y)$	2.5	5.0	7.5

按照例 15.4-5 计算规则 R_{NG}, R_{NM}, R_{ZE}, R_{PM}, R_{PG} 的满足度

$$[\alpha_{y\mathrm{NG}},\ \alpha_{y\mathrm{NM}},\ \alpha_{y\mathrm{ZE}},\ \alpha_{y\mathrm{PM}},\ \alpha_{y\mathrm{PG}}] = [0.0,\ 0.0,\ 0.6,\ 0.4,\ 0.2]$$

按照 MIN(最小) 法的规则激活, 结论隶属度函数被限制至当时前提的隶属度 (图 15.4-11).

$$\begin{aligned}&[\min(\alpha_{y\mathrm{NG}},\ \mu_{y\mathrm{NG}}(y)),\ \min(\alpha_{y\mathrm{NM}},\ \mu_{y\mathrm{NM}}(y)),\ \min(\alpha_{y\mathrm{ZE}},\ \mu_{y\mathrm{ZE}}(y)),\\ &\ \min(\alpha_{y\mathrm{PM}},\ \mu_{y\mathrm{PM}}(y)),\ \min(\alpha_{y\mathrm{PG}},\ \mu_{y\mathrm{PG}}(y))]\\ =&[\min(0.0,\ \mu_{y\mathrm{NG}}(y)),\ \min(0.0,\ \mu_{y\mathrm{NM}}(y)),\ \min(0.6,\ \mu_{y\mathrm{ZE}}(y)),\\ &\ \min(0.4,\ \mu_{y\mathrm{PM}}(y)),\ \min(0.2,\ \mu_{y\mathrm{PG}}(y))]\\ =&[0.0,\ 0.0,\ \min(0.6,\ \mu_{y\mathrm{ZE}}(y)),\ \min(0.4,\ \mu_{y\mathrm{PM}}(y)),\ \min(0.2,\ \mu_{y\mathrm{PG}}(y))]\end{aligned}$$

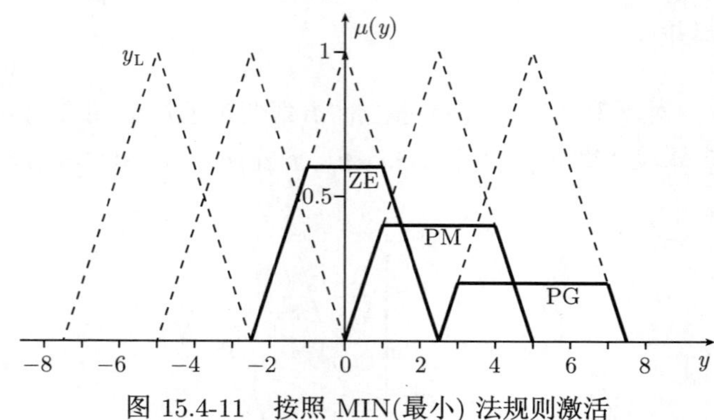

图 15.4-11　按照 MIN(最小) 法规则激活

激活规则的叠加构成具有语言变量 y_{L} 的隶属度函数 $\mu(y)$ 的非清晰输出量 (推论)(如图 15.4-12).

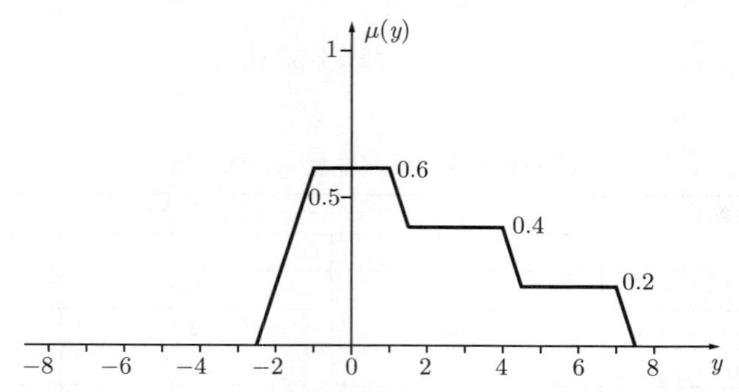

图 15.4-12　用 MAX(最大)–MIN(最小) 法的规则叠加 (归并)

$$\begin{aligned}\mu(y) &= \mu_{\mathrm{MAXMIN}}(y)\\ &= \max[\min(\alpha_{y\mathrm{NG}}, \mu_{y\mathrm{NG}}(y)),\ \min(\alpha_{y\mathrm{NM}}, \mu_{y\mathrm{NM}}(y)),\\ &\quad \min(\alpha_{y\mathrm{ZE}}, \mu_{y\mathrm{ZE}}(y)),\ \min(\alpha_{y\mathrm{PM}}, \mu_{y\mathrm{PM}}(y)), \min(\alpha_{y\mathrm{PG}}, \mu_{y\mathrm{PG}}(y))]\\ &= \max[0.0, 0.0, \min(0.6, \mu_{y\mathrm{ZE}}(y)), \min(0.4, \mu_{y\mathrm{PM}}(y)), \min(0.2, \mu_{y\mathrm{PG}}(y))]\end{aligned}$$

按照 PROD(积) 法的规则激活, 前提满足度 α_i 与结论隶属度函数 $\mu_i(y)$ 相乘 (图 15.4-13):

$$\begin{aligned}&[\alpha_{y\mathrm{NG}}\cdot\mu_{y\mathrm{NG}}(y), \alpha_{y\mathrm{NM}}\cdot\mu_{y\mathrm{NM}}(y), \alpha_{y\mathrm{ZE}}\cdot\mu_{y\mathrm{ZE}}(y)\alpha_{y\mathrm{PM}}\cdot\mu_{y\mathrm{PM}}(y), \alpha_{y\mathrm{PG}}\cdot\mu_{y\mathrm{PG}}(y)]\\ &= [0.0,\ 0.0,\ 0.6\cdot\mu_{y\mathrm{ZE}}(y),\ 0.4\cdot\mu_{y\mathrm{PM}}(y),\ 0.2\cdot\mu_{y\mathrm{PG}}(y)]\end{aligned}$$

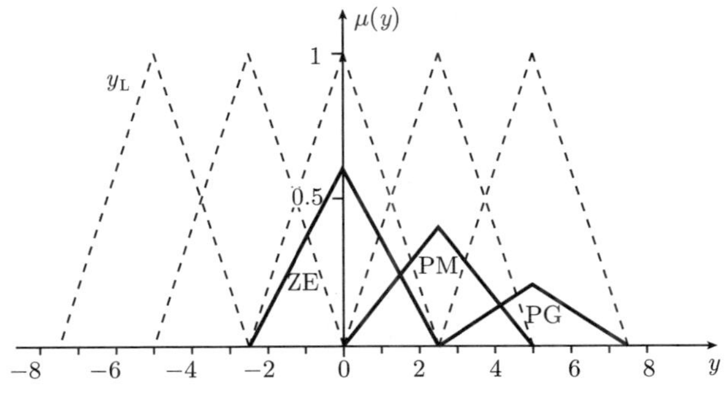

图 15.4-13 按照 PROD(积) 法的规则激活

相应地得到按照 MAX(最大)–PROD(积) 法的推理结果 (图 15.4-14):

$$\begin{aligned}\mu(y) &= \mu_{\mathrm{MAXPROD}}(y)\\ &= \max[\alpha_{y\mathrm{NG}}\cdot\mu_{y\mathrm{NG}}(y),\ \alpha_{y\mathrm{NM}}\cdot\mu_{y\mathrm{NM}}(y),\ \alpha_{y\mathrm{ZE}}\cdot\mu_{y\mathrm{ZE}}(y)\\ &\quad \alpha_{y\mathrm{PM}}\cdot\mu_{y\mathrm{PM}}(y),\ \alpha_{y\mathrm{PG}}\cdot\mu_{y\mathrm{PG}}(y)]\\ &= \max[0.0,\ 0.0,\ 0.6\cdot\mu_{y\mathrm{ZE}}(y),\ 0.4\cdot\mu_{y\mathrm{PM}}(y),\ 0.2\cdot\mu_{y\mathrm{PG}}(y)]\end{aligned}$$

从调节误差 $x_{d0} = 0.2$ 和调节误差变化 $\dot{x}_{\mathrm{d0}} = 0.4$ 的清晰输入量, 用模糊化和推理 (前提求值, 规则激活, 归并) 求具有隶属度函数 $\mu(y) = \mu_{\mathrm{MAXMIN}}(y)$ 或 $\mu(y) = \mu_{\mathrm{MAXPROD}}(y)$ 的非清晰输出量 y_{L}. 解模糊化 (转换到清晰的调整量值 y_0) 通常按照在 15.4.5.4 节中详细说明的重心法进行.

为按照重心法解模糊化, 由 $y_{\mathrm{a}} = -7.5, y_{\mathrm{c}} = 7.5$ 对于 MAX(最大)–MIN(最小)

法给出

$$y_0 = \frac{\int_{y_a}^{y_e} y \cdot \mu_{\mathrm{MAXMIN}}(y)\mathrm{d}y}{\int_{y_a}^{y_e} \mu_{\mathrm{MAXMIN}}(y)\mathrm{d}y} = 1.736$$

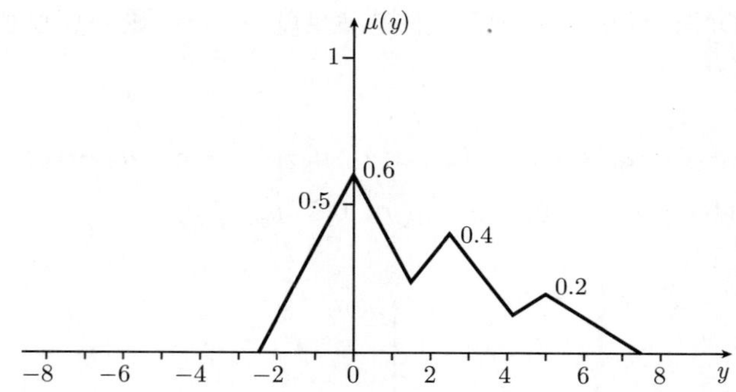

图 15.4-14 用 MAX(最大)–PROD(积) 法的规则叠加 (归并)

对于 MAX(最大)–PROD(积) 法

$$y_0 = \frac{\int_{y_a}^{y_e} y \cdot \mu_{\mathrm{MAXPROD}}(y)\mathrm{d}y}{\int_{y_a}^{y_e} \mu_{\mathrm{MAXPROD}}(y)\mathrm{d}y} = 1.560$$

在 SUN(和)–MIN(最小) 法和 SUM(和)-PROD(积) 法中, 激活规则的隶属度函数相加, 并构成语言变量 y_L 的非清晰输出量 (推论)(如图 15.4-15, 图 15.4-16):

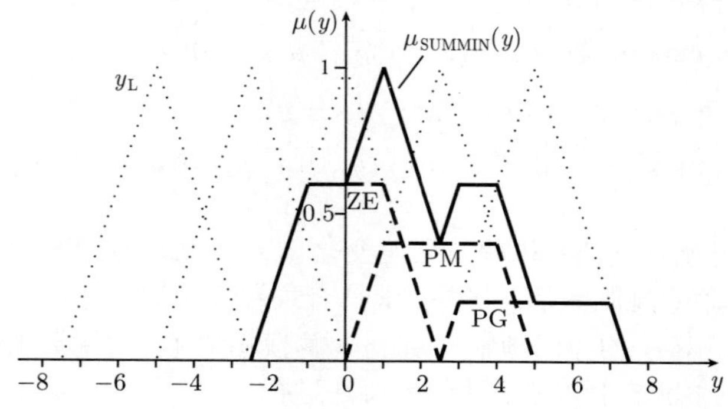

图 15.4-15 用 SUM(和)–MIN(最小) 法的规则叠加 (归并)

$$\mu(y)=\mu_{\text{SUMMIN}}(y)=\sum_{i=1}^{r}\mu_{yi'}(y)=\sum_{i=1}^{r}\min(\alpha_i,\ \mu_{yi}(y))$$

$$=\min(\alpha_{y\text{NG}},\ \mu_{y\text{NG}}(y))+\min(\alpha_{y\text{NM}},\ \mu_{y\text{NM}}(y))+\min(\alpha_{y\text{ZE}},\ \mu_{y\text{ZE}}(y))$$

$$+\min(\alpha_{y\text{PM}},\ \mu_{y\text{PM}}(y))+\min(\alpha_{y\text{PG}},\ \mu_{y\text{PG}}(y))$$

$$=\min(0.6,\ \mu_{y\text{ZE}}(y))+\min(0.4,\ \mu_{y\text{PM}}(y))+\min(0.2,\ \mu_{y\text{PG}}(y))$$

$$\mu(y)=\mu_{\text{SUMPROD}}(y)=\sum_{i=1}^{r}\mu_{yi'}(y)=\sum_{i=1}^{r}\alpha_i\cdot\mu_{yi}(y)$$

$$=\alpha_{y\text{NG}}\cdot\mu_{y\text{NG}}(y)+\alpha_{y\text{NM}}\cdot\mu_{y\text{NM}}(y)+\alpha_{y\text{ZE}}\cdot\mu_{y\text{ZE}}(y)$$

$$+\alpha_{y\text{PM}}\cdot\mu_{y\text{PM}}(y)+\alpha_{y\text{PG}}\cdot\mu_{y\text{PG}}(y)$$

$$=0.6\cdot\mu_{y\text{ZE}}(y)+0.4\cdot\mu_{y\text{PM}}(y)+0.2\cdot\mu_{y\text{PG}}(y)$$

为按照重心法解模糊化 (15.4.5.5 节), 由 $y_{\text{a}}=-7.5\ y_{\text{e}}=7.5$ 对于 SUM(和)–MIN(最小) 法给出,

$$y_0=\frac{\displaystyle\int_{y_{\text{a}}}^{y_{\text{e}}}y\cdot\mu_{\text{SUMMIN}}(y)\text{d}y}{\displaystyle\int_{y_{\text{a}}}^{y_{\text{e}}}\mu_{\text{SUMMIN}}(y)\text{d}y}=1.8478$$

对于 SUM(和)-PROD(积) 法

$$y_0=\frac{\displaystyle\int_{y_{\text{a}}}^{y_{\text{e}}}y\cdot\mu_{\text{SUMPROD}}(y)\text{d}y}{\displaystyle\int_{y_{\text{a}}}^{y_{\text{e}}}\mu_{\text{SUMPROD}}(y)\text{d}y}=1.6667$$

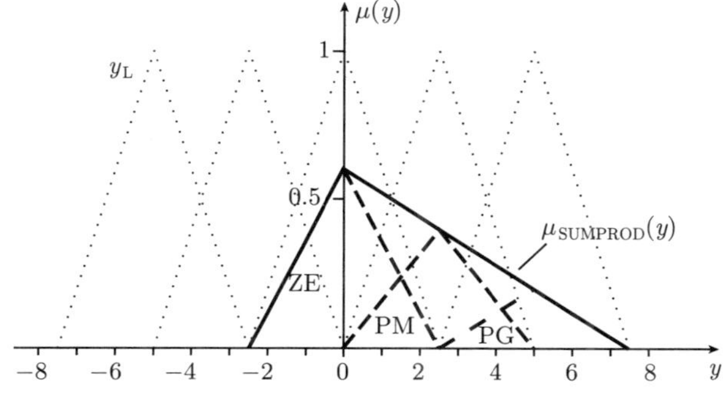

图 15.4-16 用 SUM(和)–PROD(积) 法的规则叠加 (归并)

15.4.5 解模糊化

15.4.5.1 解模糊化方法

推理方法提供一个语言输出变量的非清晰集合, 在调节技术中它就是由归并的隶属度函数组合的非清晰调整量. 在模糊调节中所要求的是, 由推理所生成的非清晰调整量转换到合适的清晰调整量值. 这个调整量值应尽可能多地包含非清晰调整量的信息.

解模糊化法是由一个非清晰集合生成一个清晰值. 解模糊化是不被看作为模糊化的求逆. 在模糊化时是由清晰值求非清晰集合的隶属度.

为解模糊化 (defuzzification) 引入各种方法. 计算清晰值由下列方法得到:

- 隶属度函数最大高度法;
- 隶属度函数重心法.

对于调节技术应用, 重心法是最有意义的.

15.4.5.2 用最大隶属度函数法解模糊化

最大高度法(Methode der Maximalen Höhe)(Max-height Method) 是由非清晰调整量 y_{L} 的隶属度函数 $\mu(y)$ 的最大值求清晰的调整量值 y_0. 在三角形隶属度函数时, y_{L} 语言值的最大值由规则库预先给定. 本方法前提条件是, 产生例如作为 MAX(最大)-PROD(积) 推理方法结果的唯一的最大值.

例 15.4-7　按照在例 15.4-6 中 MAX(最大)–PROD(积) 法计算图 15.4-17 的非清晰调整量 y_{L}. 最大值位于 ZE(近于零) 区域内, 按照最大高度法的清晰调整量为 $y_0 = 0$.

如果在值

$$y_1, y_2, \cdots, y_n$$

其中

$$\mu(y_1) = \mu(y_2) = \cdots = \mu(y_n)$$

出现多个最大值, 那么 y_0 或被确定为 y_i 的最小值 (左–最大法, first of maxima(首个最大法), FOM)

$$y_0 = \min(y_i), \quad i = 1, 2, \cdots, n$$

或被确定为 y_i 的最大值 (右–最大法, Last of Maxima(末个最大法), LOM)

$$y_0 = \max(y_i), \quad i = 1, 2, \cdots, n$$

或由最大值的算术平均值 (最大–平均值法, mean of maxima(最大平均法), middle of maxima(最大中间法), MOM)

$$y_0 = \frac{1}{n} \cdot \sum_{i=1}^{n} y_i$$

确定. 在应用 MAX(最大)–MIN(最小) 推理法时最大位置不是唯一的, 它形成一个区域, 在该区域隶属度函数是最大的. **最大–均值法(Maximum-Mittelwert-Methode)** 由区域边界的算术平均值计算清晰调整量 y_0. 对于 y_L 的三角形隶属度函数这里也可得到最大值, 它是通过调整量 y_L 语言值预先给定的.

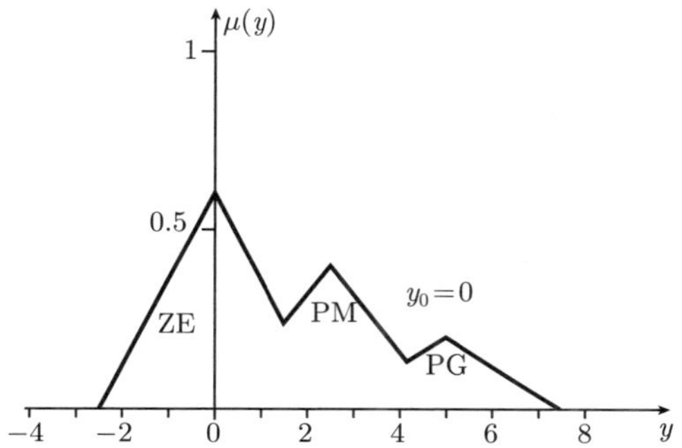

图 15.4-17 在 MAX(最大)–PROD(积) 推理时用最大高度法确定调整量

对于具有例 15.4-6 结果的 MAX(最大)–MIN(最小) 推理法, 最大区域位于在 ZE(近于零) 区域. 区域边界为 −1, +1, 其平均值为零, 由此清晰的调整量为 $y_0 = 0$(图 15.4-18).

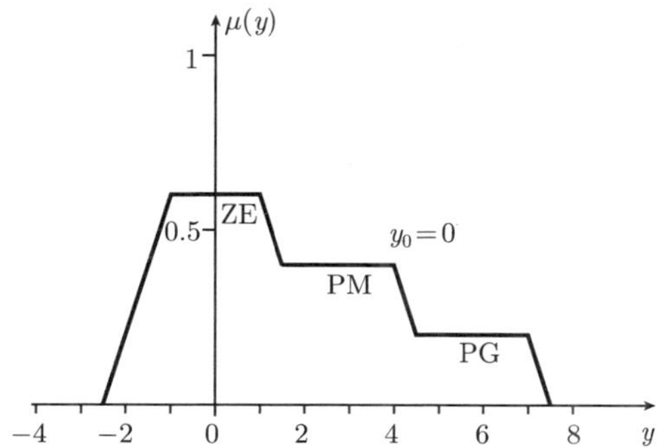

图 15.4-18 在 MAX(最大)–MIN(最小) 推理的最大–平均法时确定调整量

模糊调节的最大值法的缺点在于大量的信息约简: 它只考虑隶属度函数的最大值, 而未考虑总的分布, 邻近区域和相应的最大值对调整量值都不起作用, 因此它生成对于推理结果的非典型的调整量. 用最大值方法对于本例仅可计算五种不同调整量.

如果最大值位于区域 NG(负大), NM(负中), ZE(近于零), PM(正中), PG(正大), 那么调整量值为 $y_0 = -5.0, -2.5, 0.0, 2.5.5.0$, 由此调节器具有多位调节器特性, 对于本例按照最大值–法解模糊化得到五位调节器.

> 因为用最大值法解模糊化仅能提供具有离散值的输出量, 所以在分级任务 (符号识别) 和诊断系统中引入它们是有利的.

15.4.5.3　用重心法解模糊化

在模糊调节中用于解模糊化占主导的是引入重心法, 在此, 由非清晰输出变量 y_{L} 隶属度函数 $\mu(y)$ 的面积重心确定清晰的调整量值.

重心法数值 (计算) 费用很高, 由此原因在隶属度函数上或在重心法上要进行简化, 引入下列方法变形.

- 重心法 (center of gravity method(重心法),COG, center of area(面积形心), COA, centroid defuzzification method(重心解模糊化法));
- 规则的重心和法 (center of sums(和的中心), COS), 该法用 SUN(和)–MIN(最小) 或 SUM(和)–PROD(积) 推理法来归并;
- 简化的或广义的隶属度函数重心法.

15.4.5.4　一般重心法

清晰调整量值 y_0 由隶属度函数 $\mu(y)$ 面积重心求出, y_0 对应于面积重心的横坐标值, 计算在初值 y_{a} 至终值 y_{e} 区域内一般隶属度函数 $\mu(y)$ 的调整量值 y_0 的基础是横坐标值的面积重心公式

$$y_0 = \frac{\displaystyle\int_{y_{\mathrm{a}}}^{y_{\mathrm{e}}} y \cdot \mu(y)\mathrm{d}y}{\displaystyle\int_{y_{\mathrm{a}}}^{y_{\mathrm{e}}} \mu(y)\mathrm{d}y}$$

数值积分是很耗时的, 对此为在调节技术上应用应当简化重心计算, 如果语言调整量 y_{L} 用三角形隶属度函数来模拟, 这样得到作为 MAX(最大)–MIN(最小) 或 MAX(最大)–PROD(积) 推理结果的隶属度函数 $\mu(y)$, 它是由 n 个线性部分函数

$$\mu(y) = \sum_{i=1}^{n} \mu_i(y), \quad \mu_i(y) = a_i + b_i \cdot y$$

组成, a_i 是常值, 而 b_i 为部分函数的斜率. 用 y_{ai} 和 y_{ei} 作为部分函数的初始值和终值, 那么可首先进行积分:

$$y_0=\frac{\displaystyle\int_{y_a}^{y_e} y\cdot\mu(y)\mathrm{d}y}{\displaystyle\int_{y_a}^{y_e}\mu(y)\mathrm{d}y}=\frac{\displaystyle\sum_{i=1}^{n}\int_{y_{ai}}^{y_{ei}} y\cdot(a_i+b_i\cdot y)\mathrm{d}y}{\displaystyle\sum_{i=1}^{n}\int_{y_{ai}}^{y_{ei}}(a_i+b_i\cdot y)\mathrm{d}y}$$

$$=\frac{\displaystyle\sum_{i=1}^{n}\left[\frac{a_i\cdot y^2}{2}+\frac{b_i\cdot y^3}{3}\right]\Bigg|_{y_{ai}}^{y_{ei}}}{\displaystyle\sum_{i=1}^{n}\left[a_i\cdot y+\frac{b_i\cdot y^2}{2}\right]\Bigg|_{y_{ai}}^{y_{ei}}}=\frac{\displaystyle\sum_{i=1}^{n}\left[\frac{a_i\cdot(y_{ei}^2-y_{ai}^2)}{2}+\frac{b_i\cdot(y_{ei}^3-y_{ai}^3)}{3}\right]}{\displaystyle\sum_{i=1}^{n}\left[a_i\cdot(y_{ei}-y_{ai})+\frac{b_i\cdot(y_{ei}^2-y_{ai}^2)}{2}\right]}$$

例 15.4-18 用 MAX(最大)–MIN(最小) 推理法按照图 15.4-19 求非清晰调整量 y_L, 规则满足度为

$$[\alpha_{y\mathrm{NG}},\ \alpha_{y\mathrm{NM}},\ \alpha_{y\mathrm{ZE}},\ \alpha_{y\mathrm{PM}},\ \alpha_{y\mathrm{PG}}]=[0.0,\ 0.0,\ 0.2,\ 0.6,\ 0.0]$$

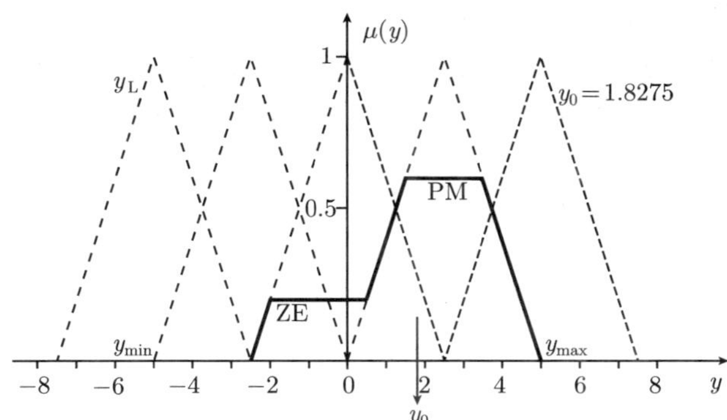

图 15.4-19 按照重心法确定调整量 y_0

为了按照重心法计算调整量 y_0, 将隶属度函数分解为 $n=5$ 个直线方程 (部分函数):

$$\mu_1(y)=a_1+b_1\cdot y,\quad a_1=1.0,\quad b_1=0.4,\qquad y_{a1}=-2.5,\quad y_{e1}=-2.0$$

$$\mu_2(y)=a_2+b_2\cdot y,\quad a_2=0.2,\quad b_2=0.0,\qquad y_{a2}=-2.0,\quad y_{e2}=0.5$$

$$\mu_3(y)=a_3+b_3\cdot y,\quad a_3=0.0,\quad b_3=0.4,\qquad y_{a3}=0.5,\quad y_{e3}=1.5$$

$$\mu_4(y)=a_4+b_4\cdot y,\quad a_4=0.6,\quad b_4=0.0,\qquad y_{a4}=1.5,\quad y_{e4}=3.5$$

$$\mu_5(y)=a_5+b_5\cdot y,\quad a_5=2.0,\quad b_5=-0.4,\qquad y_{a5}=3.5,\quad y_{e5}=5.0$$

$$y_0 = \frac{\sum_{i=1}^{5}\left[\frac{a_i \cdot (y_{\mathrm{e}i}^2 - y_{\mathrm{a}i}^2)}{2} + \frac{b_i \cdot (y_{\mathrm{e}i}^3 - y_{\mathrm{a}i}^3)}{3}\right]}{\sum_{i=1}^{5}\left[a_i \cdot (y_{\mathrm{e}i} - y_{\mathrm{a}i}) + \frac{b_i \cdot (y_{\mathrm{e}i}^2 - y_{\mathrm{a}i}^2)}{2}\right]} = 1.8275$$

如果, 正如本情况, 存在一个重叠的多边形折线, 那么公式可进一步简化, 因为积分终值 $y_{\mathrm{e}i}$ 等于下一个初值 $y_{\mathrm{a}i+1}$:

$$\boxed{y_0 = \frac{\sum_{i=1}^{n}\left[\frac{a_i \cdot (y_{i+1}^2 - y_i^2)}{2} + \frac{b_i \cdot (y_{i+1}^3 - y_i^3)}{3}\right]}{\sum_{i=1}^{n}\left[a_i \cdot (y_{i+1} - y_i) + \frac{b_i \cdot (y_{i+1}^2 - y_i^2)}{2}\right]}}$$

对于本例部分函数的初值和终值为

$$y_1 = -2.5, \quad y_2 = -2.0, \quad y_3 = 0.5, \quad y_4 = 1.5, \quad y_5 = 3.5, \quad y_6 = 5.0$$

对于清晰调整量得到值 $y_0 = 1.8275$

如果从多边形顶点的坐标出发, 计算会简化. 由多边形 n 个截距和多边形顶点坐标 $((\mu_i(y_i), y_i), i = 1, 2, \cdots, n+1)$ 得到部分函数 $\mu_i(y)$ 公式

$$\mu_i(y) = \left[\mu_i(y_i) + \frac{\mu_{i+1}(y_{i+1}) - \mu_i(y_i)}{y_{i+1} - y_i} \cdot (y - y_i)\right]$$

$$\mu(y) = \sum_{i=1}^{n} \mu_i(y)$$

对此, 给出仅包括多边形顶点坐标的和式:

$$y_0 = \frac{\int_{y_\mathrm{a}}^{y_\mathrm{e}} y \cdot \mu(y)\mathrm{d}y}{\int_{y_\mathrm{a}}^{y_\mathrm{e}} \mu(y)\mathrm{d}y} = \frac{\sum_{i=1}^{n}\int_{y_i}^{y_{i+1}} y \cdot \mu_i(y)\mathrm{d}y}{\sum_{i=1}^{n}\int_{y_i}^{y_{i+1}} \mu_i(y)\mathrm{d}y}$$

$$= \frac{\sum_{i=1}^{n}\int_{y_i}^{y_{i+1}} y \cdot \left[\mu_i(y_i) + \frac{\mu_{i+1}(y_{i+1}) - \mu_i(y_i)}{y_{i+1} - y_i} \cdot (y - y_i)\right]\mathrm{d}y}{\sum_{i=1}^{n}\int_{y_i}^{y_{i+1}} \left[\mu_i(y_i) + \frac{\mu_{i+1}(y_{i+1}) - \mu_i(y_i)}{y_{i+1} - y_i} \cdot (y - y_i)\right]\mathrm{d}y}$$

$$y_0 = \frac{\sum_{i=1}^{n}[y_{i+1} - y_i] \cdot [(y_{i+1} + 2 \cdot y_i) \cdot \mu_i(y_i) + (2 \cdot y_{i+1} + y_i) \cdot \mu_{i+1}(y_{i+1})]}{3 \cdot \sum_{i=1}^{n}[y_{i+1} - y_i] \cdot [\mu_i(y_i) + \mu_{i+1}(y_{i+1})]}$$

对于本例多边形顶点坐标为

$$(\mu_1(y_1),\ y_1) = (0.0,\ -2.5),\qquad (\mu_2(y_2),\ y_2) = (0.2,\ -2.0)$$
$$(\mu_3(y_3),\ y_3) = (0.2,\ 0.5),\qquad (\mu_4(y_4),\ y_4) = (0.6,\ 1.5)$$
$$(\mu_5(y_5),\ y_5) = (0.6,\ 3.5),\qquad (\mu_6(y_6),\ y_6) = (0.0,\ 5.0)$$

所推导的公式对于 MAX(最大)–PROD(积) 法也是成立的, 这时, 出现由三角形组合成的隶属度函数以取代多边形折线.

例 15.4-9　由 MAX(最大)–PROD(积) 推理法按照图 15.4-20 求非清晰的调整量 y_L, 规则满足度为

$$[\alpha_{y\mathrm{NG}},\ \alpha_{y\mathrm{NM}},\ \alpha_{y\mathrm{ZE}},\ \alpha_{y\mathrm{PM}},\ \alpha_{y\mathrm{PG}}] = [0.0,\ 0.0,\ 0.2,\ 0.6,\ 0.0]$$

隶属度函数 $\mu_{y\mathrm{ZE}}(y)$ 和 $\mu_{y\mathrm{PM}}(y)$ 交点坐标由

$$\alpha_{y\mathrm{ZE}} \cdot \mu_{y\mathrm{ZE}}(y) = \alpha_{y\mathrm{PM}} \cdot \mu_{y\mathrm{PM}}(y)$$
$$0.2 \cdot \mu_{y\mathrm{ZE}}(y) = 0.6 \cdot \mu_{y\mathrm{PM}}(y)$$

计算出

$$(\mu_3(y_3),\ y_3) = (0.15,\ 0.625)$$

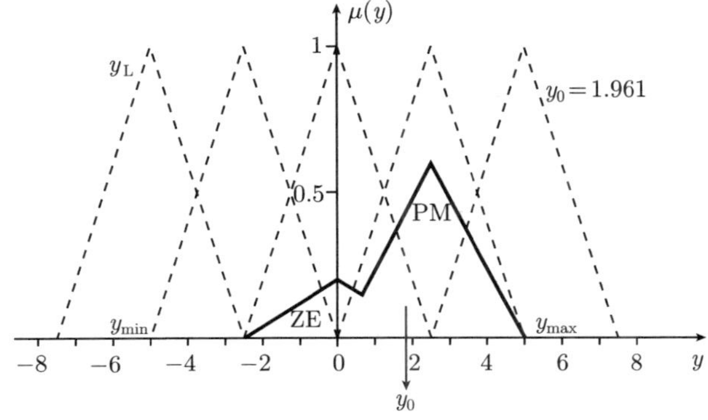

图 15.4-20　按照重心法确定调整量 y_0

三角形部分函数的顶点坐标为

$$(\mu_1(y_1),\, y_1) = (0.0,\, -2.5), \qquad (\mu_2(y_2),\, y_2) = (0.2,\, 0.0)$$
$$(\mu_3(y_3),\, y_3) = (0.15,\, 0.625), \quad (\mu_4(y_4),\, y_4) = (0.6,\, 2.5)$$
$$(\mu_5(y_5),\, y_5) = (0.0,\, 5.0)$$

重心和由此的清晰调整量 y_0 为

$$y_0 = \frac{\sum_{i=1}^{4}[y_{i+1}-y_i]\cdot[(y_{i+1}+2\cdot y_i)\cdot\mu_i(y_i)+(2\cdot y_{i+1}+y_i)\cdot\mu_{i+1}(y_{i+1})]}{3\cdot\sum_{i=1}^{4}[y_{i+1}-y_i]\cdot[\mu_i(y_i)+\mu_{i+1}(y_{i+1})]} = 1.961$$

15.4.5.5　用 SUM–MIN, SUM–PROD 法推理的重心和法

在模糊调节器语言调整量的三角形和梯形隶属度函数中应用 MAX(最大)–MIN(最小) 和 MAX(最大)–PROD(积) 推理时, 为归并而引入 MAX(最大) 算子. 因为隶属度函数一般是重叠的, 所以按照一般重心法计算清晰调整量 (解模糊化) 的数值 (计算) 耗费是相对高的.

解析不能简化 MAX(最大) 运算. 为了确定重心, 对于每一个调整量计算 (在线, 在调节过程期间) 首先必须从各个规则的隶属度函数 $\mu_i(y)$ 的交点求总隶属度函数 $\mu(y)$ 的多边形折线坐标.

在 MAX(最大)–MIN(最小) 和 MAX(最大)–PROD(积) 推理时所产生的隶属度函数的简化重心法，可避免耗费巨大的交点计算和坐标计算. 重心计算的简化 (重心和法) 在于, 每个规则隶属度函数的计算步都是分别进行的, 其中不考虑与相邻隶属度函数的重叠 (图 15.4-21). 隶属度函数重叠区域, 在重心和法中通过分别计算隶属度函数被两次考虑. 在解模糊化时出现这小的缺陷, 这是由于降低计算耗费而导致的正常结果.

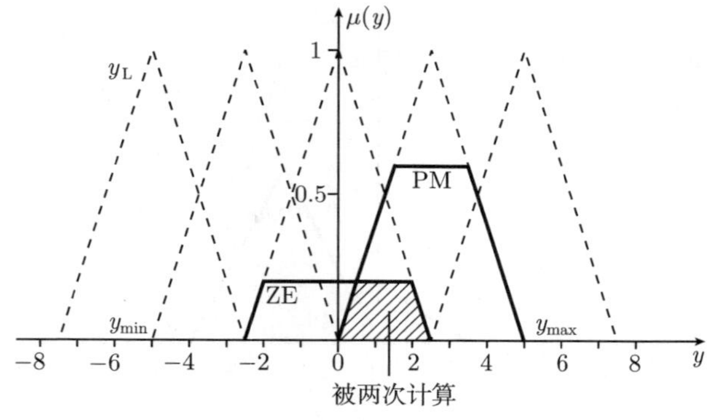

图 15.4-21　在重心和法 (MAX(最大)–MIN(最小) 推理) 的重叠区域

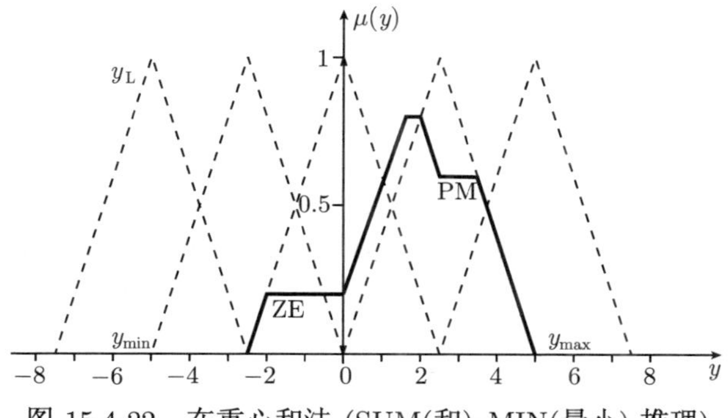

图 15.4-22 在重心和法 (SUM(和)–MIN(最小) 推理)

对于在 SUM(和)–MIN(最小) 和 SUM(和)–PROD(积) 推理时产生的隶属度函数, 在按照重心和法解模糊化时就不会出现缺陷. 隶属度函数重叠区域被相加, 它通过具有 SUM(和) 算子的归并也如此地被两次考虑. 这对应于 SUM(和) 算子的工作原理.

> 如果将重心和法应用到通过 MAX(最大)–MIN(最小), MAX(最大)–PROD(积) 推理产生的隶属度函数, 那么该推理法对应于 SUM(和)–MIN(最小), SUM(和)–PROD(积) 推理.

重心和法(Schwerpunktsummen-Verfahen) (center of sums (和中心), COS) 由规则 $R_i(i=1,2,\cdots,r)$ 的隶属度函数 $\mu_i(y)$ 的初值 $y_{\mathrm{a}i}$ 和终值 $y_{\mathrm{e}i}$, 计算具有下面方程的调整量.

$$y_0=\frac{\displaystyle\int_{y_\mathrm{a}}^{y_\mathrm{e}} y\cdot\mu(y)\mathrm{d}y}{\displaystyle\int_{y_\mathrm{a}}^{y_\mathrm{e}}\mu(y)\mathrm{d}y}\approx\frac{\displaystyle\int_{y_{\mathrm{a}i}}^{y_{\mathrm{e}i}}\sum_{i=1}^{r} y\cdot\mu_i(y)\mathrm{d}y}{\displaystyle\int_{y_{\mathrm{a}i}}^{y_{\mathrm{e}i}}\sum_{i=1}^{r}\mu_i(y)\mathrm{d}y}=\frac{\displaystyle\sum_{i=1}^{r}\int_{y_{\mathrm{a}i}}^{y_{\mathrm{e}i}} y\cdot\mu_i(y)\mathrm{d}y}{\displaystyle\sum_{i=1}^{r}\int_{y_{\mathrm{a}i}}^{y_{\mathrm{e}i}}\mu_i(y)\mathrm{d}y}$$

由隶属度函数 $\mu_i(y)$ 的静态力矩 $M_{\mu i}$ 和面积 A_i 按照重心和法计算调整量 y_0.

$$y_0=\frac{\displaystyle\sum_{i=1}^{r}\int_{y_{\mathrm{a}i}}^{y_{\mathrm{e}i}} y\cdot\mu_i(y)\mathrm{d}y}{\displaystyle\sum_{i=1}^{r}\int_{y_{\mathrm{a}i}}^{y_{\mathrm{e}i}}\mu_i(y)\mathrm{d}y}=\frac{\displaystyle\sum_{i=1}^{r}M_{\mu i}}{\displaystyle\sum_{i=1}^{r}A_i}$$

$i=1,2,\cdots,r$, $r=$ 规则 R_i 数目,
$y_{\mathrm{a}i}=$ 规则隶属度函数的初始值,
$y_{\mathrm{e}i}=$ 规则隶属度函数的终止值,

$M_{\mu i}=$ 规则隶属度函数的力矩,
$A_i=$ 规则隶属度函数的面积,

$$M_{\mu i}=\int_{y_{\mathrm{a}i}}^{y_{\mathrm{e}i}} y\cdot\mu_i(y)\mathrm{d}y,\quad A_i=\int_{y_{\mathrm{a}i}}^{y_{\mathrm{e}i}}\mu_i(y)\mathrm{d}y$$

重心和法对于按照 SUM(和)–MIN(最小), SUM(和)–PROD(积) 推理法归并可精确地计算重心, 而对于 MAX(最大)–MIN(最小), MAX(最大)–PROD(积) 推理则是近似的.

在模糊调节中工程应用的解模糊化方法要求快速的算法. 模糊调节器必须在线进行 (online), 也就是在调节过程期间对于每个采样步完成全部分步模糊化、推理和解模糊化.

因此对费时的方法必须这样处理, 即具有常值参数 (数据库和规则库的值) 的计算应离线进行 (offline), 也就是在调节过程之前完成, 简化的目标是, 规则隶属度函数 $\mu_i(y)$ 的力矩 $M_{\mu i}$ 和面积 A_i 表示并计算仅取决于规则满足度 α_i 的函数.

对于隶属度函数, 其力矩 $M_{\mu i}$ 和面积 A_i 是取决于当时规则 R_i 的满足度 α_i, 对于如图 15.4-23 的**一般梯形函数(allgemeine Trapezfunktion)**, 计算其力矩 $M_{\mu i}$ 和面积 A_i. 在这里梯形用命名初值 $y_{\mathrm{a}i}$、终值 $y_{\mathrm{e}i}$、左特征值 $y_{\mathrm{l}i}$、右特征值 $y_{\mathrm{r}i}$ 来描述. 满足度 α_i 将限制梯形高度 α_i, 并生成计算所需要的量 $y'_{\mathrm{l}i}$ 和 $y'_{\mathrm{r}i}$.

对于梯形三个区间得到以下公式:

左区间 $y_{\mathrm{a}i}\leqslant y\leqslant y'_{\mathrm{l}i}$:

$$y'_{\mathrm{l}i}=y_{\mathrm{a}i}+\alpha_i\cdot(y_{\mathrm{l}i}-y_{\mathrm{a}i})$$
$$\mu_{\mathrm{l}i}(y)=\frac{y-y_{\mathrm{a}i}}{y_{\mathrm{l}i}-y_{\mathrm{a}i}}$$

中间区间 $y'_{\mathrm{l}i}\leqslant y\leqslant y'_{\mathrm{r}i}$:

$$\mu_{\mathrm{m}i}(y)=\alpha_i$$

右区间 $y'_{\mathrm{r}i}\leqslant y\leqslant y_{\mathrm{e}i}$:

$$y'_{\mathrm{r}i}=y_{\mathrm{r}i}+(1-\alpha_i)\cdot(y_{\mathrm{e}i}-y_{\mathrm{r}i})$$
$$\mu_{\mathrm{r}i}(y)=\frac{y_{\mathrm{e}i}-y}{y_{\mathrm{e}i}-y_{\mathrm{r}i}}$$

用 α_i 限制高度的**一般梯形函数(allgemeinen Trapezfunktion)**(图 15.4-23) 的重心 y_0 计算如下.

$$y_0 = \frac{\displaystyle\int_{y_{ai}}^{y'_{li}} y\cdot\mu_{li}(y)\mathrm{d}y + \int_{y'_{li}}^{y'_{ri}} y\cdot\mu_{mi}(y)\mathrm{d}y + \int_{y'_{ri}}^{y_{ei}} y\cdot\mu_{ri}(y)\mathrm{d}y}{\displaystyle\int_{y_{ai}}^{y'_{li}} \mu_{li}(y)dy + \int_{y'_{li}}^{y'_{ri}} \mu_{mi}(y)\mathrm{d}y + \int_{y'_{ri}}^{y_{ei}} \mu_{ri}(y)\mathrm{d}y}$$

$$y_0 = \frac{\sum\limits_{i=1}^{r} M_{\mu i}}{\sum\limits_{i=1}^{r} A_i} = \frac{\sum\limits_{i=1}^{r}(a_{i3}\cdot\alpha_i^3 + a_{i2}\cdot\alpha_i^2 + a_{i1}\cdot\alpha_i)}{\sum\limits_{i=1}^{r}(b_{i2}\cdot\alpha_i^2 + b_{i1}\cdot\alpha_i)}$$

$$M_{\mu i} = a_{i3}\cdot\alpha_i^3 + a_{i2}\cdot\alpha_i^2 + a_{i1}\cdot\alpha_i$$

$$A_i = b_{i2}\cdot\alpha_i^2 + b_{i1}\cdot\alpha_i$$

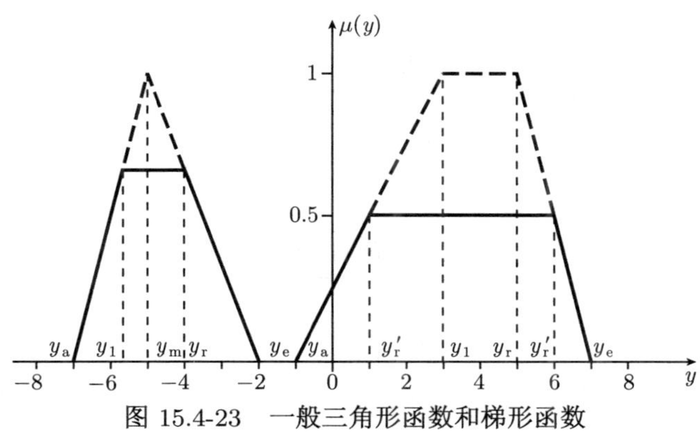

图 15.4-23 一般三角形函数和梯形函数

一般的和对称的梯形函数的力矩 $M_{\mu i}$ 和面积 A_i, 与 α_i 的依赖关系在表 15.4-6 中给出.

对于对称的梯形函数为

$$y_{li} = y_{ai} + y_{di}, \quad y_{ri} = y_{ei} - y_{di}$$

$$y_{di} = y_{ei} - y_{ri} = y_{li} - y_{ai}$$

因为梯形特征量 $y_{ai}, y_{li}, y_{ri}, y_{ei}$ 是在规则库中规定的, 因此系数 a_{i3}, a_{i2}, a_{i1}, b_{i2}, b_{i1} 是可预先 (离线) 计算的.

对于**三角形函数(Dreiecksfunktion)**(图 15.4-23) 方程简化. 模式值 y_{mi} 给出三角形函数最大值位置, 梯形值 y_{li}, y_{ri} 被三角形函数的模式值

$$y_{mi} = y_{li} = y_{ri}$$

表 15.4-6　梯形函数重心和法计算的系数

一般梯形函数	对称梯形函数
$a_{i3} = \dfrac{(y_{\mathrm{a}i} - y_{\mathrm{l}i} - y_{\mathrm{r}i} + y_{\mathrm{e}i}) \cdot (-y_{\mathrm{a}i} + y_{\mathrm{l}i} - y_{\mathrm{r}i} + y_{\mathrm{e}i})}{6}$	$a_{i3} = 0$
$a_{i2} = \dfrac{y_{\mathrm{a}i}^2 - y_{\mathrm{a}i} \cdot y_{\mathrm{l}i} + y_{\mathrm{e}i} \cdot y_{\mathrm{r}i} - y_{\mathrm{e}i}^2}{2}$	$a_{i2} = \dfrac{-y_{\mathrm{d}i} \cdot (y_{\mathrm{a}i} + y_{\mathrm{e}i})}{2}$
$a_{i1} = \dfrac{-y_{\mathrm{a}i}^2 + y_{\mathrm{e}i}^2}{2}$	$a_{i1} = \dfrac{-y_{\mathrm{a}i}^2 + y_{\mathrm{e}i}^2}{2}$
$b_{i2} = \dfrac{y_{\mathrm{a}i} - y_{\mathrm{l}i} + y_{\mathrm{r}i} - y_{\mathrm{e}i}}{2}$	$b_{i2} = -y_{\mathrm{d}i}$
$b_{i1} = -y_{\mathrm{a}i} + y_{\mathrm{e}i}$	$b_{i1} = -y_{\mathrm{a}i} + y_{\mathrm{e}i}$

取代. 被限制高度 α_i 的一般的和对称的三角形函数的力矩和面积由表 15.4-7 的值给出重心:

$$y_0 = \frac{\sum\limits_{i=1}^{r} M_{\mu i}}{\sum\limits_{i=1}^{r} A_i} = \frac{\sum\limits_{i=1}^{r}(a_{i3} \cdot \alpha_i^3 + a_{i2} \cdot \alpha_i^2 + a_{i1} \cdot \alpha_i)}{\sum\limits_{i=1}^{r}(b_{i2} \cdot \alpha_i^2 + b_{i1} \cdot \alpha_i)}$$

表 15.4-7　三角形函数重心和法计算的系数

一般三角形函数	对称三角函数
$a_{i3} = \dfrac{-y_{\mathrm{a}i}^2 + 2 \cdot y_{\mathrm{a}i} \cdot y_{\mathrm{m}i} - 2 \cdot y_{\mathrm{m}i} \cdot y_{\mathrm{e}i} + y_{\mathrm{e}i}^2}{6}$	$a_{i3} = 0$
$a_{i2} = \dfrac{y_{\mathrm{a}i}^2 - y_{\mathrm{a}i} \cdot y_{\mathrm{m}i} + y_{\mathrm{e}i} \cdot y_{\mathrm{m}i} - y_{\mathrm{e}i}^2}{2}$	$a_{i2} = \dfrac{y_{\mathrm{a}i}^2 - y_{\mathrm{e}i}^2}{4}$
$a_{i1} = \dfrac{-y_{\mathrm{a}i}^2 + y_{\mathrm{e}i}^2}{2}$	$a_{i1} = \dfrac{-y_{\mathrm{a}i}^2 + y_{\mathrm{e}i}^2}{2}$
$b_{i2} = \dfrac{y_{\mathrm{a}i} - y_{\mathrm{e}i}}{2}$	$b_{i2} = -y_{\mathrm{a}i} + y_{\mathrm{e}i}$
$b_{i1} = -y_{\mathrm{a}i} + y_{\mathrm{e}i}$	$b_{i1} = y_{\mathrm{a}i} - y_{\mathrm{e}i}$

例 15.4-10　非清晰调整量 y_{L} 语言值用对称三角形函数, 初值 $y_{\mathrm{a}i}$、模式值 $y_{\mathrm{m}i}$、终值 $y_{\mathrm{e}i}$ 来定义 (图 15.4-24).

$$\begin{array}{llll}
\mu_{y\mathrm{NG}}(y), & y_{\mathrm{a}1} = -7.5, & y_{\mathrm{m}1} = -5.0, & y_{\mathrm{e}1} = -2.5 \\
\mu_{y\mathrm{NM}}(y), & y_{\mathrm{a}2} = -5.0, & y_{\mathrm{m}2} = -2.5, & y_{\mathrm{e}2} = 0.0 \\
\mu_{y\mathrm{ZE}}(y), & y_{\mathrm{a}3} = -2.5, & y_{\mathrm{m}3} = 0.0, & y_{\mathrm{e}3} = 2.5 \\
\mu_{y\mathrm{PM}}(y), & y_{\mathrm{a}4} = 0.0, & y_{\mathrm{m}4} = 2.5, & y_{\mathrm{e}4} = 5.0 \\
\mu_{y\mathrm{PG}}(y), & y_{\mathrm{a}5} = 2.5, & y_{\mathrm{m}5} = 5.0, & y_{\mathrm{e}5} = 7.5
\end{array}$$

因为这里引入对称三角形函数, 所以系数方程为

$$
\begin{aligned}
&a_{i2}=\frac{y_{\mathrm{a}i}^2-y_{\mathrm{e}i}^2}{4}\\
&a_{12}=12.5,\quad a_{22}=6.25,\quad a_{32}=0.0,\quad a_{42}=-6.25,\quad a_{52}=-12.5\\
&a_{i1}=\frac{-y_{\mathrm{a}i}^2+y_{\mathrm{e}i}^2}{2}\\
&a_{11}=-25.0,\quad a_{21}=-12.5,\quad a_{31}=0.0,\quad a_{41}=12.5,\quad a_{51}=25.0\\
&b_{i2}=-y_{\mathrm{a}i}+y_{\mathrm{e}i}=5.0\\
&b_{i1}=y_{\mathrm{a}i}-y_{\mathrm{e}i}=-5.0
\end{aligned}
$$

对于本例引入例 15.4-8 的规则满足度 α_i:

$$[\alpha_{y\mathrm{NG}},\alpha_{y\mathrm{NM}},\alpha_{y\mathrm{ZE}},\alpha_{y\mathrm{PM}},\alpha_{y\mathrm{PG}}]=[\alpha_1,\alpha_2,\alpha_3,\alpha_4,\alpha_5]=[0.0,0.0,0.2,0.6,0.0]$$

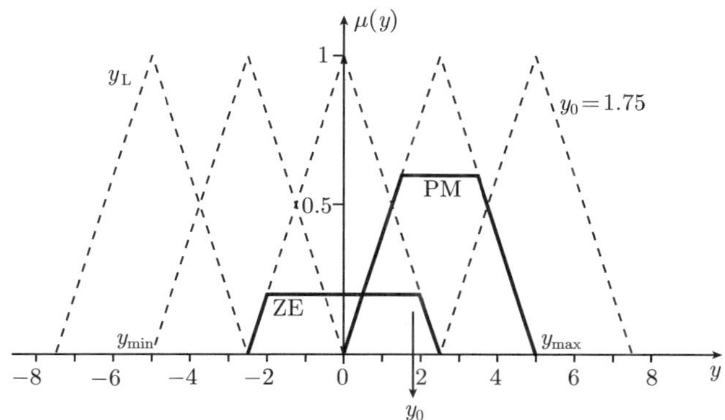

图 15.4-24 按照重心和法计算调整量

按照重心和–法调整量为

$$y_0=\frac{\sum\limits_{i=1}^{r}M_{\mu i}}{\sum\limits_{i=1}^{r}A_i}=\frac{\sum\limits_{i=1}^{r}(a_{i2}\cdot\alpha_i^2+a_{i1}\cdot\alpha_i)}{\sum\limits_{i=1}^{r}(b_{i2}\cdot\alpha_i^2+b_{i1}\cdot\alpha_i)}$$

因为仅由 $\alpha_3=0.2,\alpha_4=0.6$ 激活具有隶属度函数 $\mu_{y\mathrm{ZE}}$, $\mu_{y\mathrm{PM}}$ 规则, 所以对于力矩和面积得到:

$$
\begin{aligned}
&M_{\mu3}=a_{32}\cdot\alpha_3^2+a_{31}\cdot\alpha_3=0.0\\
&M_{\mu4}=a_{42}\cdot\alpha_4^2+a_{41}\cdot\alpha_4=-6.25\cdot0.36+12.5\cdot0.6=5.25\\
&A_3=b_{32}\cdot\alpha_3^2+b_{31}\cdot\alpha_3=-2.5\cdot0.04+5.0\cdot0.2=0.9
\end{aligned}
$$

$$A_4 = b_{42} \cdot \alpha_4^2 + b_{41} \cdot \alpha_4 = -2.5 \cdot 0.36 + 5.0 \cdot 0.6 = 2.1$$
$$y_0 = \frac{M_{\mu 3} + M_{\mu 4}}{A_3 + A_4} = 1.75$$

15.4.5.6 简化隶属度函数 (矩形函数) 重心法

为了继续降低调整量计算耗费, 对这里研究的重心法进一步简化其语言输出变量的隶属度函数. 按照一般重心法进行调整量的计算.

如果由矩形函数出发代替由调整量 y_{L} 语言值的三角形或梯形隶属度函数出发的话, 那么可使重心计算简化. 用推理法给出非清晰调整量 r 规则的矩形隶属度函数, 矩形高度对应于当时规则的满足度:

$$\mu_i(y) = \alpha_i, \quad \text{对于} y_i \leqslant y < y_{i+1},\ i = 1, 2, \cdots, r$$
$$\mu(y) = \sum_{i=1}^{r} \mu_i(y)$$

$\mu(y)$ 的重心为清晰调整量 y_0:

$$y_0 = \frac{\displaystyle\int_{y_\mathrm{a}}^{y_\mathrm{e}} y \cdot \mu(y)\mathrm{d}y}{\displaystyle\int_{y_\mathrm{a}}^{y_\mathrm{e}} \mu(y)\mathrm{d}y} = \frac{\displaystyle\sum_{i=1}^{r} \int_{y_i}^{y_{i+1}} y \cdot \mu_i(y)\mathrm{d}y}{\displaystyle\sum_{i=1}^{r} \int_{y_i}^{y_{i+1}} \mu_i(y)\mathrm{d}y} = \frac{\displaystyle\sum_{i=1}^{r} \int_{y_i}^{y_{i+1}} y \cdot \alpha_i \mathrm{d}y}{\displaystyle\sum_{i=1}^{r} \int_{y_i}^{y_{i+1}} \alpha_i \mathrm{d}y}$$
$$= \frac{\displaystyle\sum_{i=1}^{r} \left[\alpha_i \cdot \frac{y_{i+1}^2 - y_i^2}{2}\right]}{\displaystyle\sum_{i=1}^{r} \alpha_i \cdot (y_{i+1} - y_i)}$$

$$\boxed{y_0 = \frac{\displaystyle\sum_{i=1}^{r} \left[\alpha_i \cdot \frac{y_{i+1}^2 - y_i^2}{2}\right]}{\displaystyle\sum_{i=1}^{r} \alpha_i \cdot (y_{i+1} - y_i)} = \frac{\displaystyle\sum_{i=1}^{r} A_i \cdot y_{0i}}{\displaystyle\sum_{i=1}^{r} A_i}}$$

A_i 为部分函数 $\mu_i(y)$ 的面积, y_{0i} 为部分面积 A_i 的重心:

$$\alpha_i \cdot \frac{y_{i+1}^2 - y_i^2}{2} = \alpha_i \cdot (y_{i+1} - y_i) \cdot \frac{y_i + y_{i+1}}{2} = A_i \cdot y_{0i}$$
$$A_i = \alpha_i \cdot (y_{i+1} - y_i), \quad y_{0i} = \frac{y_{i+1} + y_i}{2}$$

例 15.4-11 非清晰调整量 y_L 的语言值用矩形函数来模拟 (图 15.4-25):

$$\mu_{y\mathrm{NG}}(y) = 1.0 \text{ 对于} -6.25 \leqslant y < -3.75, \text{ 否则}0.0$$
$$\mu_{y\mathrm{NM}}(y) = 1.0 \text{ 对于} -3.75 \leqslant y < -1.25, \text{ 否则}0.0$$
$$\mu_{y\mathrm{ZE}}(y) = 1.0 \text{ 对于} -1.25 \leqslant y < 1.25, \text{ 否则}0.0$$
$$\mu_{y\mathrm{PM}}(y) = 1.0 \text{ 对于} 1.25 \leqslant y < 3.75, \text{ 否则}0.0$$
$$\mu_{y\mathrm{PG}}(y) = 1.0 \text{ 对于} 3.75 \leqslant y \leqslant 6.25, \text{ 否则}0.0$$

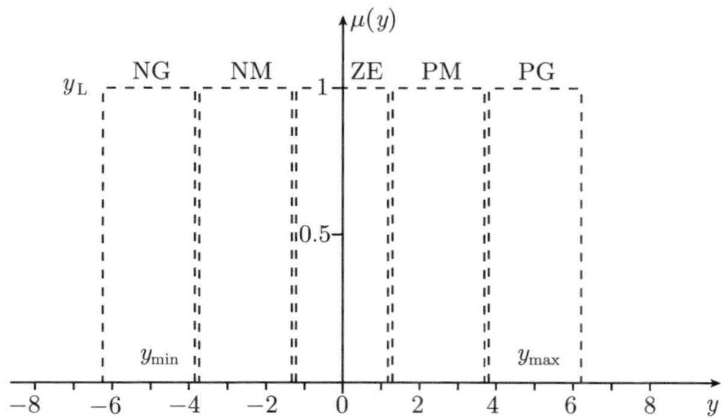

图 15.4-25 语言变量调整量 y_L 的矩形隶属度函数

对于规则的满足度应用例 15.4-8 的值 (图 15.4-26)

$$[\alpha_{y\mathrm{NG}}, \alpha_{y\mathrm{NM}}, \alpha_{y\mathrm{ZE}}, \alpha_{y\mathrm{PM}}, \alpha_{y\mathrm{PG}}] = [\alpha_1, \alpha_2, \alpha_3, \alpha_4, \alpha_5]$$
$$= [0.0, 0.0, 0.2, 0.6, 0.0]$$

$$A_i = \alpha_i \cdot (y_{i+1} - y_i), \quad y_{0i} = (y_i + y_{i+1})/2$$
$$\mu_1(y) = \mu_{y\mathrm{NG}}(y) = \alpha_1 = 0.0 \quad \text{对于} -6.25 \leqslant y < -3.75$$
$$A_1 = \alpha_1 \cdot 2.5 = 0.0, \quad y_{01} = (-6.25 - 3.75)/2 = -5.0$$
$$\mu_2(y) = \mu_{y\mathrm{NM}}(y) = \alpha_2 = 0.0 \quad \text{对于} -3.75 \leqslant y < -1.25$$
$$A_2 = \alpha_2 \cdot 2.5 = 0.0, \quad y_{02} = (-3.75 - 1.25)/2 = -2.5$$
$$\mu_3(y) = \mu_{y\mathrm{ZE}}(y) = \alpha_3 = 0.2 \quad \text{对于} -1.25 \leqslant y < 1.25$$
$$A_3 = \alpha_3 \cdot 2.5 = 0.2 \cdot 2.5 = 0.5, \quad y_{03} = (-1.25 + 1.25)/2 = 0.0$$
$$\mu_4(y) = \mu_{y\mathrm{PM}}(y) = \alpha_4 = 0.6 \quad \text{对于} 1.25 \leqslant y < 3.75$$

$$A_4 = \alpha_4 \cdot 2.5 = 0.6 \cdot 2.5 = 1.5, \quad y_{04} = (1.25 + 3.75)/2 = 2.5$$

$$\mu_5(y) = \mu_{y\mathrm{PG}}(y) = \alpha_5 = 0, \quad 3.75 \leqslant y \leqslant 6.25$$

$$A_5 = \alpha_5 \cdot 2.5 = 0, \quad y_{05} = (3.75 + 6.25)/2 = 5.0$$

计算清晰的调整量 y_0:

$$y_0 = \frac{\sum_{i=1}^{r} A_i \cdot y_{0i}}{\sum_{i=1}^{r} A_i} = \frac{A_3 \cdot y_{03} + A_4 \cdot y_{04}}{A_3 + A_4} = \frac{0.5 \cdot 0 + 1.5 \cdot 2.5}{0.5 + 1.5} = 1.875$$

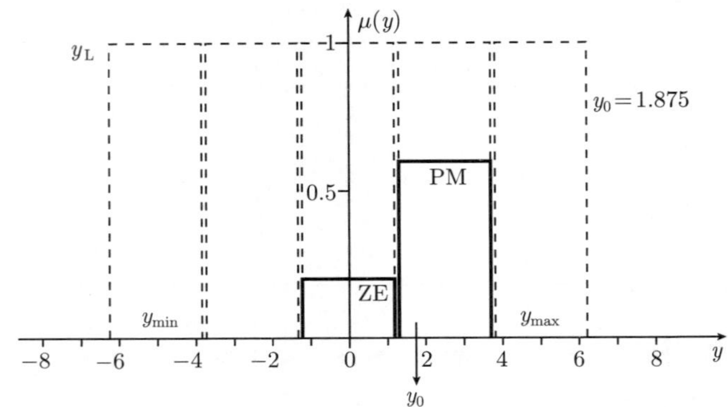

图 15.4-26　按照矩形隶属度函数重心法确定调整量 y_0

15.4.5.7　简化隶属度函数 (单点模糊集合) 重心法

如果使 15.4.5.6 节的隶属度函数的宽度趋向零而矩形面积趋向 1 的话, 那么可使解模糊化的计算量和存储量进一步降低. 而后隶属度函数作为**单点模糊集合(Singletons)** 存在, 而 y_L 语言值的非清晰集合用数偶 $(\mu(y_i), y_i)$ 来定义 (15.1.2.2 节, 例 15.1-6). 通过应用非清晰输出变量的单点模糊集合而不损害模糊控制和模糊调节的品质特性.

为应用面积重心公式, 单点模糊集合用 Dirac-函数表示, 函数 $\delta(y_i)$ 具有面积 1, 宽度趋于零, 而高度趋于无穷:

$$\int \delta(y_i)\mathrm{d}y = 1$$

$$\delta(y_i) = \begin{cases} 0, & y \neq y_i \\ \infty, & y = y_i \end{cases}$$

用推理法在面积上限制 y_L 的冲击形的隶属度函数, 用单点模糊集合的长度表示面积参量, 而在图形表示中长度对应于当时规则的满足度 α_i(图 15.4-27, 图 15.4-28):

$$\mu_i(y) = \alpha_i \cdot \delta(y_i), \quad i = 1, 2, \cdots, r,$$

$$\mu(y) = \sum_{i=1}^{r} \mu_i(y) = \sum_{i=1}^{r} \alpha_i \cdot \delta(y_i)$$

r 为规则数, y_i 为单点模糊集合的位置. 对于单点模糊集合所在的 y_{a} 和 y_{e} 之间区域, 计算重心:

$$y_0 = \frac{\displaystyle\int_{y_{\mathrm{a}}}^{y_{\mathrm{e}}} y \cdot \mu(y) \mathrm{d}y}{\displaystyle\int_{y_{\mathrm{a}}}^{y_{\mathrm{e}}} \mu(y) \mathrm{d}y} = \frac{\displaystyle\sum_{i=1}^{r} \int_{y_{\mathrm{a}}}^{y_{\mathrm{e}}} y \cdot \alpha_i \cdot \delta(y_i) \mathrm{d}y}{\displaystyle\sum_{i=1}^{r} \int_{y_{\mathrm{a}}}^{y_{\mathrm{e}}} \alpha_i \cdot \delta(y_i) \mathrm{d}y} = \frac{\displaystyle\sum_{i=1}^{r} y_i \cdot \alpha_i}{\displaystyle\sum_{i=1}^{r} \alpha_i}$$

积分提供这样结果, 即由 α_i 限制单点模糊集合的单位面积与单点模糊集合位置 y_i 乘积之和除以满足度 α_i 之和.

> 单点模糊集合的**重心法 (Schwerpunktverfahren)** 用下式计算调整量 y_0:
>
> $$y_0 = \frac{\displaystyle\sum_{i=1}^{r} y_i \cdot \alpha_i}{\displaystyle\sum_{i=1}^{r} \alpha_i}$$
>
> $\alpha_i, i = 1, 2, \cdots, r$, 规则 R_i 的满足度,
> $y_i =$ 单点模糊集合-位置.

例 15.4-12　用单点模糊集合 (冲击函数) 定义模糊调整量 y_{L} 的语言值 (图 15.4-27):

$$\mu_{y\mathrm{NG}}(y) = \delta(y_1), \quad 1 \text{ 对于} y = y_1 = -5, \quad \text{否则} 0$$

$$\mu_{y\mathrm{NM}}(y) = \delta(y_2), \quad 1 \text{ 对于} y = y_2 = -2.5, \quad \text{否则} 0$$

$$\mu_{y\mathrm{ZE}}(y) = \delta(y_3), \quad 1 \text{ 对于} y = y_3 = 0, \quad \text{否则} 0$$

$$\mu_{y\mathrm{PM}}(y) = \delta(y_4), \quad 1 \text{ 对于} y = y_4 = 2.5, \quad \text{否则} 0$$

$$\mu_{y\mathrm{PG}}(y) = \delta(y_5), \quad 1 \text{ 对于} y = y_5 = 5, \quad \text{否则} 0$$

对于规则满足度应用例 15.4-8 的数据 (图 15.4-28):

$$[\alpha_{y\mathrm{NG}},\ \alpha_{y\mathrm{NM}},\ \alpha_{y\mathrm{ZE}},\ \alpha_{y\mathrm{PM}},\ \alpha_{y\mathrm{PG}}] = [\alpha_1,\ \alpha_2,\ \alpha_3,\ \alpha_4,\ \alpha_5]$$

$$= [0,\ 0,\ 0.2,\ 0.6,\ 0]$$

$$\mu_1(y) = \alpha_1 \cdot \delta(y_1) = 0$$
$$\mu_2(y) = \alpha_2 \cdot \delta(y_2) = 0$$
$$\mu_3(y) = \alpha_3 \cdot \delta(y_3) = 0.2 \cdot \delta(y_3), \quad y_3 = 0$$
$$\mu_4(y) = \alpha_4 \cdot \delta(y_4) = 0.6 \cdot \delta(y_4), \quad y_4 = 2.5$$
$$\mu_5(y) = \alpha_5 \cdot \delta(y_5) = 0$$

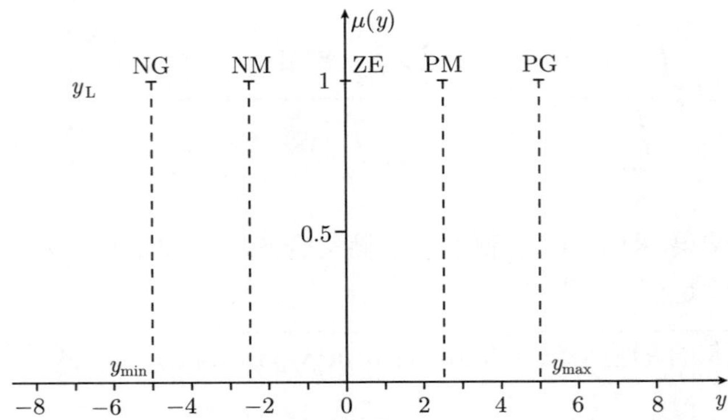

图 15.4-27　语言变量调整量 y_{L} 的冲击形隶属度函数

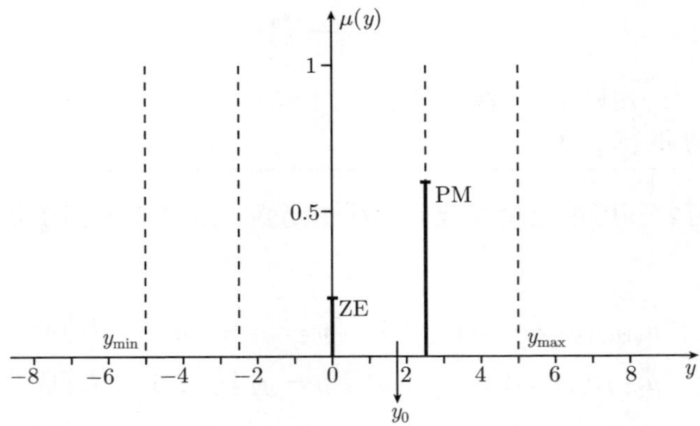

图 15.4-28　按照冲击形隶属度函数重心法确定调整量 y_0

计算清晰调整量 y_0:

$$y_0 = \frac{\sum_{i=1}^{r} y_i \cdot \alpha_i}{\sum_{i=1}^{r} \alpha_i} = \frac{y_3 \cdot \alpha_3 + y_4 \cdot \alpha_4}{\alpha_3 + \alpha_4} = \frac{0 \cdot 0.2 + 2.5 \cdot 0.6}{0.2 + 0.6} = 1.875$$

15.4.5.8 扩展隶属度函数重心法

在至今所研究的例子中, 将语言变量值域扩展超越可调整的极限值 $y_{\min}, y_{\max}$. 在应用用于解模糊化的重心法时这是有优越性的, 即可调整调整量极限值域:

$$y_{\min} \leqslant y \leqslant y_{\max}$$

如果用 1 激活调整量 negativ-große(负–大) 的规则 $\mu_{y\mathrm{NG}}$ 或 positiv-große(正–大)$\mu_{y\mathrm{PG}}$ 的话, 那么当打算将隶属度函数定义超越极限值时就按照重心法解模糊化给出极限值 $y_{\min}$ 或 $y_{\max}$ 作为清晰的调整量值. 图 15.4-29 含有两个边界调整.

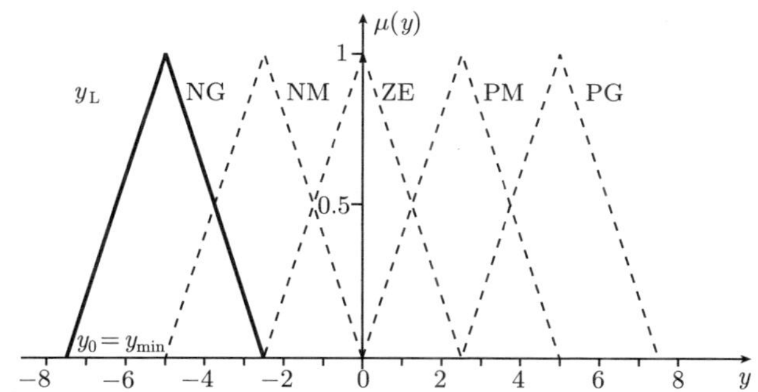

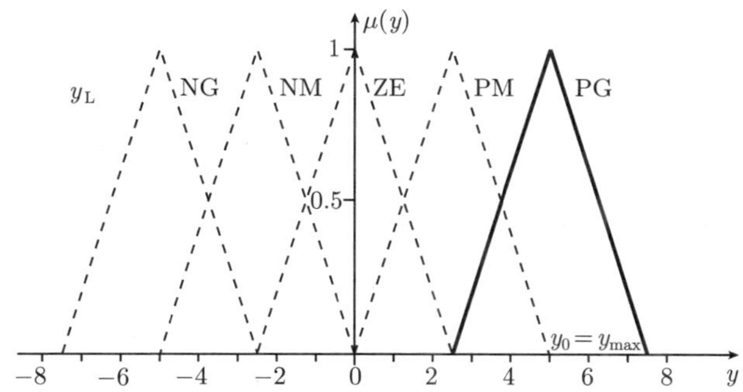

图 15.4-29 语言变量调整量 y_{L} 具有边界扩展的隶属度函数

在图 15.4-30 的边界区域 y_{L} 的三角形隶属度函数情况, 在按照重心法解模糊化时极限值 $y_{\min}, y_{\max}$ 是不能被调整的, 因为面积重心永远位于 $y_{\min}$ 和 $y_{\max}$ 之间.

如图 15.4-30 表示的重心和由此的清晰调整量值只能采用值

$$y_{0\min} = -4.1667 > y_{\min} = -5.0$$

$$y_{0\max} = 4.1667 < y_{\max} = 5.0$$

扩展语言变量 y_{L} 边界值定义域可避免调整范围的减小.

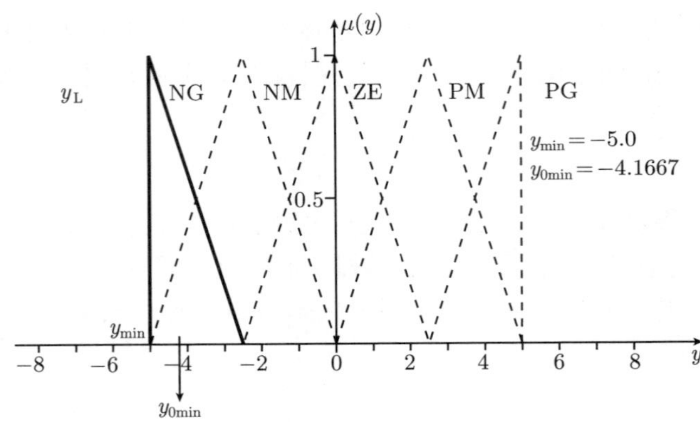

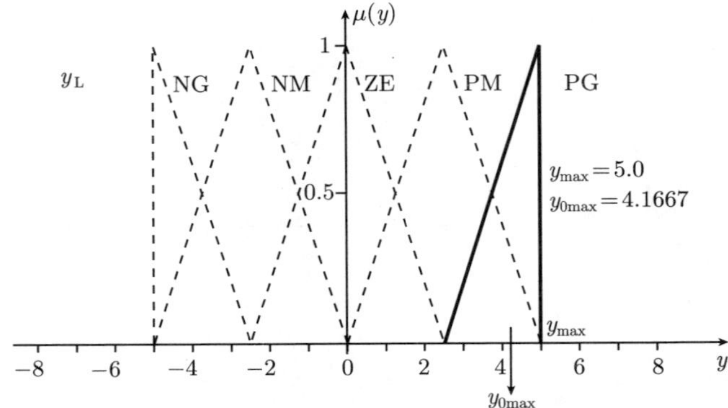

图 15.4-30　无边界扩展的隶属度函数

15.4.6　函数模糊调节器的结构和组成

15.4.6.1　关系模糊调节器与函数模糊调节器的区别

按照 MAMDANI关系模糊–调节器由推论产生非清晰集合, 从该非清晰集合用解模糊化法推导出清晰的调整量.

按照 SUGENO、TAKAGI和 KANG函数的模糊调节器, 由清晰推论求具有输入量函数的调整量值, 函数值是用规则满足度来加权, 而结果是清晰调整量. 关系的和函数的模糊调节器之间的区别显现在规则库 (结论), 归并和解模糊化方面 (表 15.4-8).

两种模糊调节器之间标志性区别在于规则库的结构. 关系调节器的规则库含有如下形式的规则 R_i(节 15.4.4.1):

$$R_i:\ \text{WENN}\ x_{\mathrm{L}1}=w_{\mathrm{L}1j}\ \text{UND}\ \cdots\ \text{UND}\ x_{\mathrm{L}n}=w_{\mathrm{L}nk}\ \text{DANN}\ y_{\mathrm{L}}=w_{\mathrm{L}l}$$

规则前提 (WENN(若) 部分)：$x_{\mathrm{L}1}=w_{\mathrm{L}1j}$ UND(与)$\cdots$ UND(与)$x_{\mathrm{L}n}=w_{\mathrm{L}nk}$，

结论 (DANN(则) 部分)：$y_{\mathrm{L}}=w_{\mathrm{L}l}$.

$w_{\mathrm{L}1j}$，$w_{\mathrm{L}nk}$ 为前提语言变量 $x_{\mathrm{L}1},\cdots,x_{\mathrm{L}n}$ 的语言值，$w_{\mathrm{L}l}$ 为结论语言变量 y_{L} 的语言值.

在一阶函数调节器中规则库具有下列结构：

$$R_i:\quad \text{WENN}\ \langle x_{\mathrm{L}1}\ \text{是} w_{\mathrm{L}1j}\rangle\ \text{UND}\ \cdots\ \text{UND}\ \langle x_{\mathrm{L}n}\ \text{是} w_{\mathrm{L}nk}\rangle$$
$$\text{DANN}\ y_i=c_{0i}+c_{1i}\cdot x_1+c_{2i}\cdot x_2+\cdots+c_{ni}\cdot x_n$$

或简化：

$$R_i:\quad \text{WENN}\ x_{\mathrm{L}1}=w_{\mathrm{L}1j}\ \text{UND}\ \cdots\ \text{UND}\ x_{\mathrm{L}n}=w_{\mathrm{L}nk}$$
$$\text{DANN}\ y_i=c_{0i}+c_{1i}\cdot x_1+c_{2i}\cdot x_2+\cdots+c_{ni}\cdot x_n$$

规则前提 (WENN(若) 部分) 为

$$x_{\mathrm{L}1}=w_{\mathrm{L}1j}\ \text{UND}\ \cdots\ \text{UND}\ x_{\mathrm{L}n}=w_{\mathrm{L}nk}$$

结论 (DANN(则) 部分) 为

$$y_i=c_{0i}+c_{1i}\cdot x_1+c_{2i}\cdot x_2+\cdots+c_{ni}\cdot x_n$$

R_i 为第 i 个规则，$w_{\mathrm{L}1j},\cdots,w_{\mathrm{L}nk}$ 为前提语言变量 $x_{\mathrm{L}1},\cdots,x_{\mathrm{L}n}$ 的语言值，y_i 为规则 R_i 的清晰调整量值，$c_{oi},\cdots,c_{ni}$ 为常数，$x_1,x_2,\cdots,x_n$ 为输入量的清晰值.

前提具有像在关系调节器时相同的结构. 在函数调节器的推论部分中未出现语言表达式，而所对应的规则的清晰调整量 y_i 则由输入量 x_i 的清晰值确定. 因此不需要解模糊化. 清晰的调整量值 y_0 通过用所对应的规则满足度 α_i 对调整量部分 y_i 加权来求.

按照 SUGENO,TAKAGI和 KANG计算一阶调节器的清晰调整量 y_0：

$$y_0=\frac{\sum_{i=1}^{r}y_i\cdot\alpha_i}{\sum_{i=1}^{r}\alpha_i}=\frac{\sum_{i=1}^{r}(c_{0i}+c_{1i}\cdot x_1+c_{2i}\cdot x_2+\cdots+c_{ni}\cdot x_n)\cdot\alpha_i}{\sum_{i=1}^{r}\alpha_i}$$

$\alpha_i,i=1,2,\cdots,r$, 规则 R_i 的满足度，

$y_i=$ 规则 R_i 的清晰调整量值.

对于 SUGENO零阶调节器, 计算公式对应于用单点模糊集合重心法解模糊化 (15.4.5.7 节, 例 15.4-12, 13):

按照 SUGENO,TAKAGI和 KANG计算零阶调节器的清晰调整量 y_0:

$$y_0 = \frac{\sum_{i=1}^{r} y_i \cdot \alpha_i}{\sum_{i=1}^{r} \alpha_i}$$

$\alpha_i, i = 1, \cdots, r$, 规则 R_i 的满足度,
$y_i =$ 规则 R_i 所属的常数调整量值.

在表 15.4-8 中列出关系模糊调节器和函数模糊调节器之间的区别.

表 15.4-8 关系的和函数的模糊调节器的区别

<table>
<tr><th>关系模糊调节器</th><th>函数模糊调节器</th></tr>
<tr><td colspan="2">模糊化(Fuzzifzieung) 是将输入量的清晰值转换到语言值的隶属度.</td></tr>
<tr><td colspan="2">数据库(Datenbasis) 含有语言变量值, 隶属度函数的类型和参数.</td></tr>
<tr><td colspan="2">推理(Inferenz), 前提求值(Prämissenauswertung): 用非清晰的 UND(与) 和 ODER(或) 逻辑连接求规则前提值 (规则 WENN(若) 部分), 确定满足度.</td></tr>
<tr><td>推理 (Inferenz), 规则激活 (Regelaktivierung):
由规则前提的真值计算隶属度函数(MIN(最小), PROD(积) 激活).
推理 (Inferenz), 归并 (Aggegation):
隶属度函数叠加 (MAX(最大) 法, SUN(和) 法)</td><td>推理 (Inferenz), 规则激活 (Regelaktivierung):
每个规则的清晰调整量值的函数计算, 乘以满足度.
推理 (Inferenz), 归并 (Aggegation):
清晰调整量值的叠加.</td></tr>
<tr><td colspan="2">规则库 (Regelbasis): 规则的语言前提 (WENN(若) 部分),</td></tr>
<tr><td>规则的语言结论 (DANN(则) 部分).</td><td>由函数计算的清晰结论.</td></tr>
<tr><td colspan="2">求清晰调整量</td></tr>
<tr><td>借助解模糊化方法 (Defuzzifizierungsmethode).</td><td>用规则清晰调整量值的加权平均值 (gewichteten Mittelwert).</td></tr>
</table>

15.4.6.2 函数模糊调节器原理构造

函数模糊调节器包括模糊化、用分步前提求值推理、清晰推论和用加权平均值法计算调整量等部分 (图 15.4-31).

例 15.4-13 对于模糊 P 调节器, 按照表 15.4-9 建立模糊化数据库. 语言变量 x_{dL} 具有五个值: 负–大 (NG), 负–中 (NM), 近于–零 (ZE), 正–中 (PM), 正–大 (PG)(图 15.4-32);

调节误差 x_{dL}: {NG, NM, ZE, PM, PG}.

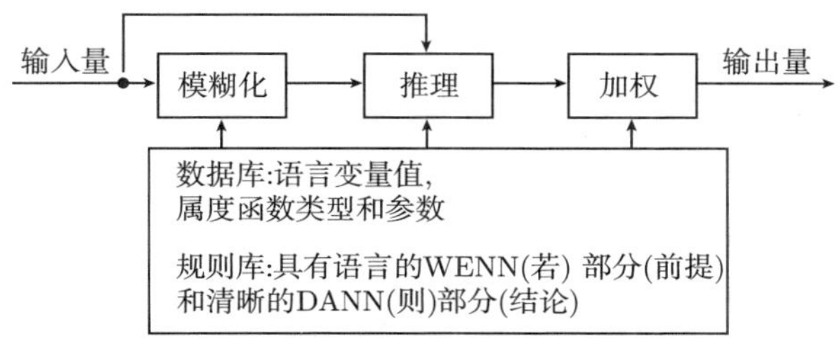

图 15.4-31 函数模糊调节器的结构

表 15.4-9 输入量调节误差 x_d 的模糊化数据库

隶属度函数 x_{dL}	三角形函数			梯形函数			
	x_{da}	x_{dm}	x_{de}	x_{da}	x_{dl}	x_{dr}	x_{de}
$\mu_{xdNG}(x_d)$				$-\infty$	$-\infty$	−1.0	−0.5
$\mu_{xdNM}(x_d)$	−1.0	−0.5	0.0				
$\mu_{xdZE}(x_d)$	−0.5	0.0	0.5				
$\mu_{xdPM}(x_d)$	0.0	0.5	1.0				
$\mu_{xdPG}(x_d)$				0.5	1.0	$+\infty$	$+\infty$

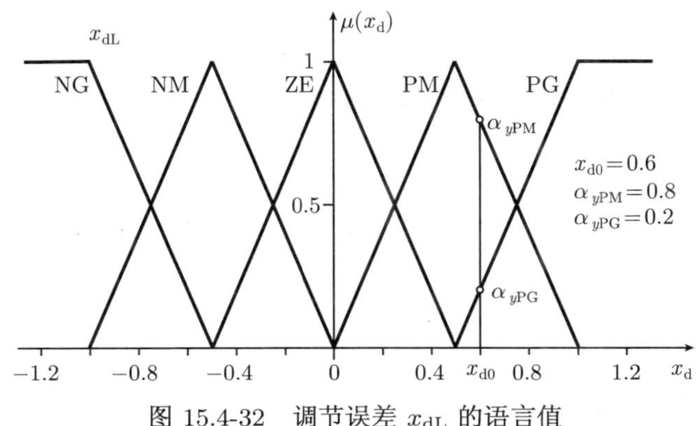

图 15.4-32 调节误差 x_{dL} 的语言值

对于 SUGENO零阶调节器, 计算规则调整量部分 y_i 的函数是常数, 它不取决于输入量 x_d. 在表 15.4-10 中给出规则库.

表 15.4-10 SUGENO调节器规则库

调节误差 x_{dL}				
NG	NM	ZE	PM	PG
$c_{01}=-5$	$c_{02}=-2.5$	$c_{03}=0$	$c_{04}=2.5$	$c_{05}=5$

调整量 y_L

表 15.4-10 取出五个规则 R_i:

$$\begin{aligned}
&R_1: \text{ WENN } x_{\mathrm{dL}} = \mathrm{NG} \quad \text{DANN } y_1 = c_{01} = -5.0\\
&R_2: \text{ WENN } x_{\mathrm{dL}} = \mathrm{NM} \quad \text{DANN } y_2 = c_{02} = -2.5\\
&R_3: \text{ WENN } x_{\mathrm{dL}} = \mathrm{ZE} \quad \text{DANN } y_3 = c_{03} = 0.0\\
&R_4: \text{ WENN } x_{\mathrm{dL}} = \mathrm{PM} \quad \text{DANN } y_4 = c_{04} = 2.5\\
&R_5: \text{ WENN } x_{\mathrm{dL}} = \mathrm{PG} \quad \text{DANN } y_5 = c_{05} = 5.0
\end{aligned}$$

对于调节误差 $x_{\mathrm{d0}} = 0.6$ 的清晰值进行模糊化 (图 15.4-32), 模糊化的信号值为

$$\begin{aligned}
x_{\mathrm{dF}}(x_{\mathrm{d0}}) &= [\mu_{x\mathrm{dNG}}(x_{\mathrm{d0}}), \mu_{x\mathrm{dNM}}(x_{\mathrm{d0}}), \mu_{x\mathrm{dZE}}(x_{\mathrm{d0}}), \mu_{x\mathrm{dPM}}(x_{\mathrm{d0}}), \mu_{x\mathrm{dPG}}(x_{\mathrm{d0}})]\\
&= [0,\ 0,\ 0,\ 0.8,\ 0.2]
\end{aligned}$$

前提求值给出规则满足度 α_i

$$\begin{aligned}
\alpha_i &= [\alpha_{y\mathrm{NG}},\ \alpha_{y\mathrm{NM}},\ \alpha_{y\mathrm{ZE}},\ \alpha_{y\mathrm{PM}},\ \alpha_{y\mathrm{PG}}] = [\alpha_1,\ \alpha_2,\ \alpha_3,\ \alpha_4,\ \alpha_5]\\
&= [0,\ 0,\ 0,\ 0.8,\ 0.2]
\end{aligned}$$

调整量部分为

$$[y_1,\ y_2,\ y_3,\ y_4,\ y_5] = [-5,\ -2.5,\ 0,\ 2.5,\ 5]$$

清晰调整量值 y_0 为用满足度加权的平均值:

$$y_0 = \frac{\sum\limits_{i=1}^{5} y_i \cdot \alpha_i}{\sum\limits_{i=1}^{5} \alpha_i} = \frac{y_4 \cdot \alpha_4 + y_5 \cdot \alpha_5}{\alpha_4 + \alpha_5} = \frac{2.5 \cdot 0.8 + 5 \cdot 0.2}{0.8 + 0.2} = 3$$

15.5　模糊调节器传递特性

15.5.1　模糊调节器一般特性

模糊调节器的内部结构由具有数据库和规则库的模糊化、推理和解模糊化等部分组成 (图 15.5-1).

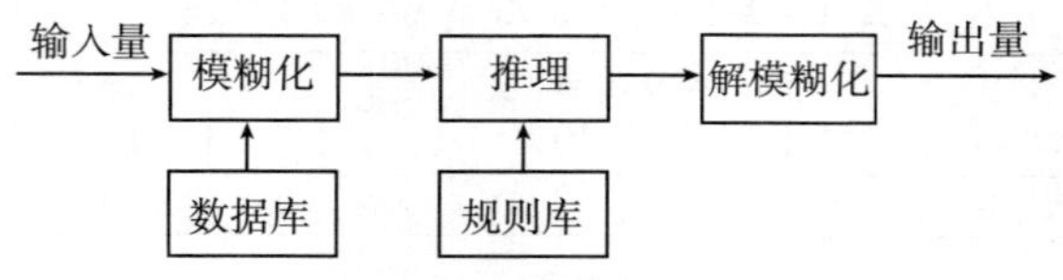

图 15.5-1　模糊调节器结构

清晰输入量到清晰输出量的传递特性是通过这些部分来规定. 为应用调节技术, 将各部分综合成一个非线性传递环节模糊系统或模糊调节器 (图 15.5-2).

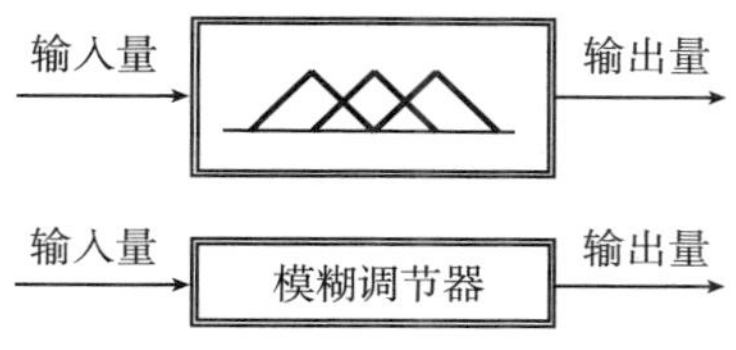

图 15.5-2 模糊调节器信号流图

模糊调节器将输入量值 (测量值、希望值、调节误差) 映像 (abbilden) 到输出量 (调整量) 上. 这些映像 (Abbildung)(传递函数) 一般是非线性的, 而为调节技术应用也可实现线性传递函数. 此外映像是静态的: 实际输入值仅仅通过代数方程确定输出值, 其中在该命题中略去了计算过程的滞后.

模糊调节器是静态的 (非动态的, 无蓄能器的) 非线性的传递环节.

在动态调节器中还要考虑时间过去值, 因此动态系统总是含有蓄能器, 数学描述会导出微分或差分方程.

模糊调节器的动态特性只能通过附加的动态函数来产生, 在模糊 PID 调节器时构成输入量的微分或差分, 并进行输出量的积分或加法 (图 15.5-3).

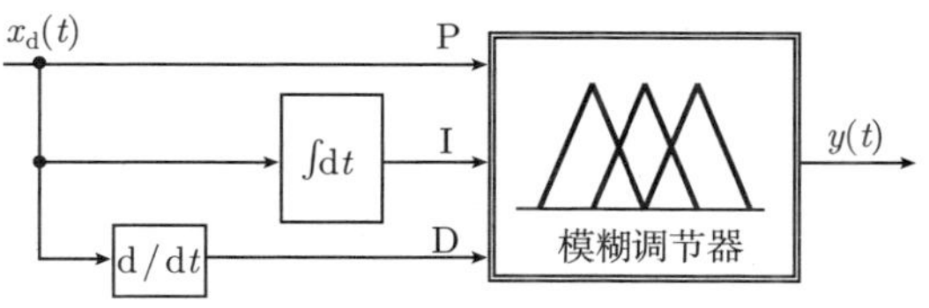

图 15.5-3 模糊 PID 调节器信号流图

模糊调节器的动态特性可通过外部的输入量微分和输出量的积分来改善. 因此, 在模糊调节器中必须处理这些新生成的变量.

15.5.2 模糊调节器特性曲线

15.5.2.1 解模糊化的影响

传递特性可通过输入量语言值的选择 (模糊化)、推理方法和输出量的语言值来调整. 因为按照三角形隶属度函数重心法解模糊化本身就是一个非线性运算, 所以为了进一步研究应当用单点模糊集合模拟输出量. 其优点是, 通过语言值规定的期望特性不是通过非线性解模糊化伪造的.

例 15.5-1　对于模糊 P 调节器可显示三角形隶属度函数解模糊化的非线性特性,

对于值域

$$-1 \leqslant x_{\mathrm{d}} \leqslant 1$$

按照图 15.5-4 划分调节误差 x_{dL} 语言值. 用 MAX(最大)–MIN(最小) 法进行推理, 对于语言变量调整量 y_{L} 规定调整范围

$$-5 \leqslant y \leqslant 5$$

的三角形隶属度函数 (图 15.5-5). 按照下面原则建立规则库, 即趋向正的/负的调节误差 x_{d} 应产生正的/负的调整量 y, 以便调节 x_{d} 快速地趋向零 (表 15.5-1), 如果应用缩语 NG= 负–大, NM= 负–中, ZE= 近于–零, PM= 正–中, PG= 正–大的话, 那么语言变量具有下列值.

$$\text{调节误差}x_{\mathrm{dL}}: \{\mathrm{NG, NM, ZE, PM, PG}\}$$

$$\text{调整量}y_{\mathrm{L}}: \{\mathrm{NG, NM, ZE, PM, PG}\}$$

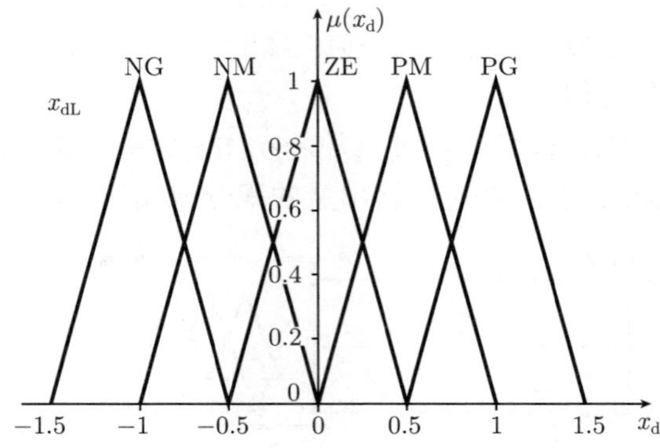

图 15.5-4　调节误差 x_{dL} 的语言值

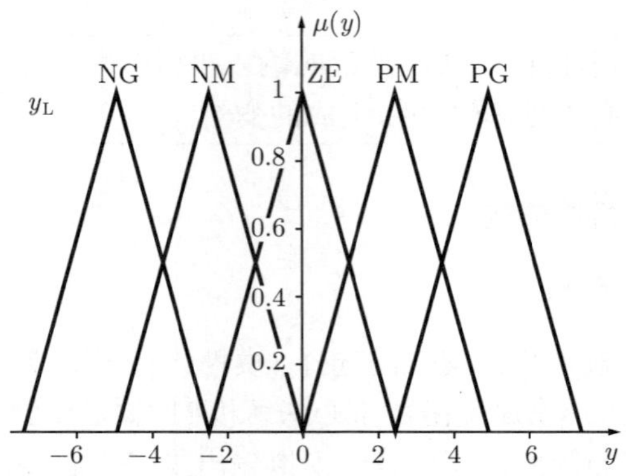

图 15.5-5　调整量 y_{L} 的语言值 (三角形函数)

表 15.5-1 列出五个规则.

$$R_1: \text{ WENN } x_{\text{dL}} = \text{NG} \quad \text{DANN } y_{\text{L}} = \text{NG}$$

$$R_2: \text{ WENN } x_{\text{dL}} = \text{NM} \quad \text{DANN } y_{\text{L}} = \text{NM}$$

$$R_3: \text{ WENN } x_{\text{dL}} = \text{ZE} \quad \text{DANN } y_{\text{L}} = \text{ZE}$$

$$R_4: \text{ WENN } x_{\text{dL}} = \text{PM} \quad \text{DANN } y_{\text{L}} = \text{PM}$$

$$R_5: \text{ WENN } x_{\text{dL}} = \text{PG} \quad \text{DANN } y_{\text{L}} = \text{PG}$$

表 15.5-1 模糊 P 调节器规则库

调节误差 x_{dL}				
NG	NM	ZE	PM	PG
NG	NM	ZE	PM	PG
调整量 y_{L}				

对于模糊调节器, 数值计算出如图 15.5-6 的传递特性曲线. 增益因子取决于调节误差

$$K_{\text{R}}(x_{\text{d}}) = \frac{y}{x_{\text{d}}}, \quad y = K_{\text{R}}(x_{\text{d}}) \cdot x_{\text{d}}$$

该因子位于 $4.74 < K_{\text{R}}(x_{\text{d}}) < 7.48$ 并且取决于调节误差的值, 如果输出量用单点模糊集合模拟的话, 那么线性的传递特性是可调整的 (15.5.2.2 节).

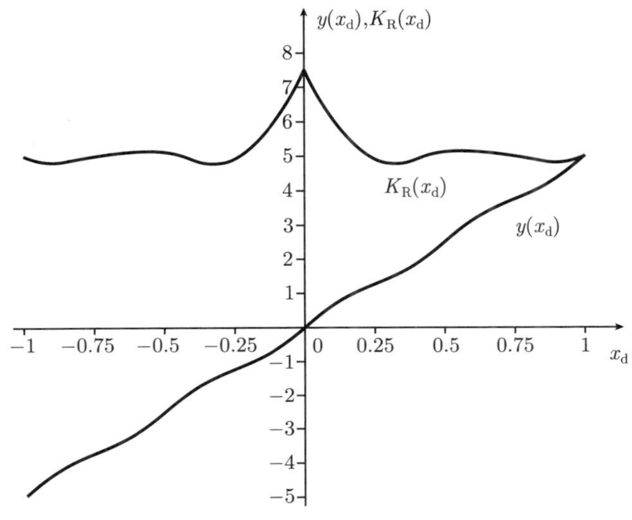

图 15.5-6 用重心法解模糊化的模糊 P 调节器的传递特性曲线和增益因子

15.5.2.2　线性传递函数的调整

为进一步研究引入 MAX(最大)–MIN(最小) 推理法, 如果输入量的语言值被线性地模糊化, 语言输出量的单点模糊集合是零对称的和具有相等间隔, 并且规则将输入量语言值直接传递到输出量的话, 线性的传递特性是可调整的.

线性模糊化要求对称的三角形的隶属度函数, 它们最大值必须具有相等的间隔. 隶属度函数的叠加必须是最优的, 也就是, 隶属度函数的和对于每个输入量 x_{d} 的值都等于 1.0.

$$\sum_{i=1}^{r}\mu_i(x_{\mathrm{d}})=\sum_{i=1}^{r}\alpha_i=1.0$$

例 15.5-2　按照例 15.5-1 模糊化满足线性模糊化条件: 在工作区间 $-1.0 \leqslant x_{\mathrm{d}} \leqslant 1.0$ 存在对称的三角形隶属度函数, 具有相同间隔的最大值, 最优的叠加 (图 15.5-7).

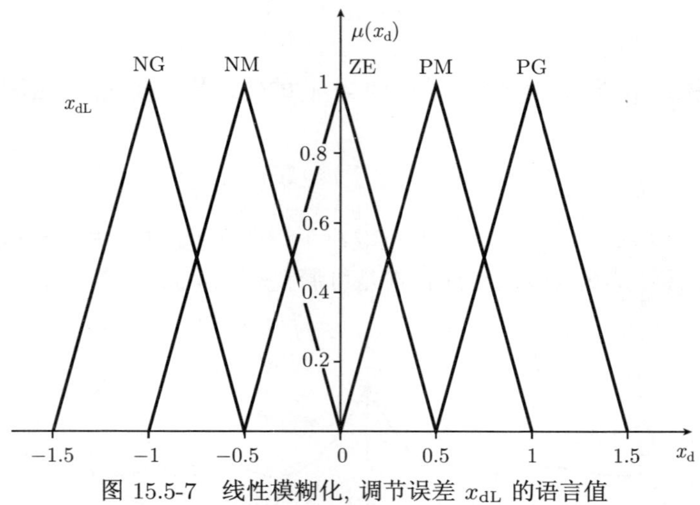

图 15.5-7　线性模糊化, 调节误差 x_{dL} 的语言值

对于语言输出量调整量 y_{L} 预先给出具有相等间隔的零对称单点模糊集合 (图 15.5-8).

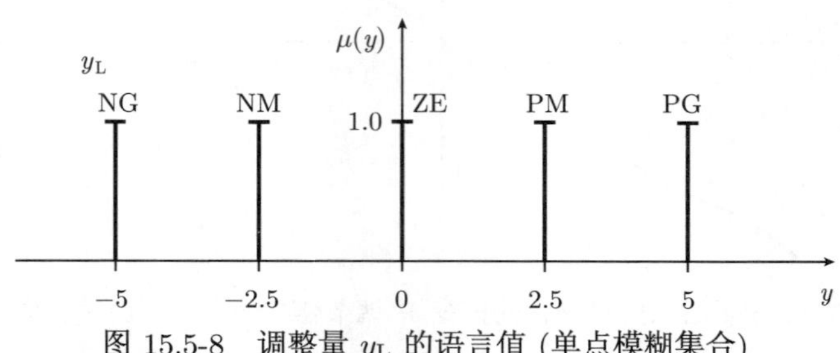

图 15.5-8　调整量 y_{L} 的语言值 (单点模糊集合)

规则将输入量语言值复制到输出量. 表 15.5-2 列出五个规则:

$$R_1:\ \text{WENN}\ x_{\text{dL}}=\text{NG}\quad \text{DANN}\ y_{\text{L}}=y_{\text{NG}}=-5$$

$$R_2:\ \text{WENN}\ x_{\text{dL}}=\text{NM}\quad \text{DANN}\ y_{\text{L}}=y_{\text{NM}}=-2.5$$

$$R_3:\ \text{WENN}\ x_{\text{dL}}=\text{ZE}\quad \text{DANN}\ y_{\text{L}}=y_{\text{ZE}}=0$$

$$R_4:\ \text{WENN}\ x_{\text{dL}}=\text{PM}\quad \text{DANN}\ y_{\text{L}}=y_{\text{PM}}=2.5$$

$$R_5:\ \text{WENN}\ x_{\text{dL}}=\text{PG}\quad \text{DANN}\ y_{\text{L}}=y_{\text{PG}}=5$$

表 15.5-2 模糊 P 调节器规则库

调节误差 x_{dL}				
NG	NM	ZE	PM	PG
$y_{\text{NG}}=-5$	$y_{\text{NM}}=-2.5$	$y_{\text{ZE}}=0$	$y_{\text{PM}}=2.5$	$y_{\text{PG}}=5$
调整量 y_{L}				

单点模糊集合重心法用下面公式计算调整量 y

$$y=\frac{\sum_{i=1}^{r} y_i\cdot\alpha_i}{\sum_{i=1}^{r}\alpha_i}$$

α_i, $i=1,2,\cdots,r=5$, 是规则 R_i 的满足度, y_i 是单点模糊集合–位置 (图 15.5-8):

$$y_i=(i-3)\cdot 2.5$$

$$y_1=y_{\text{NG}}=-5,\quad y_2=y_{\text{NM}}=-2.5,\quad y_3=y_{\text{ZE}}=0$$

$$y_4=y_{\text{PM}}=2.5,\quad y_5=y_{\text{PG}}=5$$

在最优叠加时, 或仅用满足度 $\alpha_i=1.0$ 激活规则, 或两个相邻的规则具有满足度和为 $\alpha_i+\alpha_{i+1}=1$.

对于第一种情况在值 $x_{\text{dm}i}$ 处

$$x_{\text{dm}i}=(i-3)\cdot 0.5$$

$$x_{\text{dm1}}=-1,\quad x_{\text{dm2}}=-0.5,\quad x_{\text{dm3}}=0,\quad x_{\text{dm4}}=0.5,\quad x_{\text{dm5}}=1$$

语言变量 x_{dL} 的隶属度函数具有最大满足度 $\alpha_i=1.0$(图 15.5-4). 假若调节误差 x_{d} 为这些极限值 $x_{\text{dm}i}$ 之一, 那么

$$y=\frac{\sum_{i=1}^{r} y_i\cdot\alpha_i}{\sum_{i=1}^{r}\alpha_i}=\frac{y_i\cdot 1}{1}=y_i$$

而对于极限值 $x_{\mathrm{dm}i}$ 的模糊调节器的增益为

$$K_{\mathrm{R}i} = \frac{y_i}{x_{\mathrm{dm}i}} = \frac{(i-3)\cdot 2.5}{(i-3)\cdot 0.5} = 5$$

如果调解误差位于值 $x_{\mathrm{dm}i}, x_{\mathrm{dm}i+1}$ 之间, 那么满足度之和为 $\alpha_i + \alpha_{i+1} = 1$ 单点模糊集合重心计算可用 $\alpha_{i+1} = 1 - \alpha_i$ 简化为

$$\begin{aligned} y &= \frac{\sum\limits_{i=1}^{r} y_i \cdot \alpha_i}{\sum\limits_{i=1}^{r} \alpha_i} = \frac{y_i \cdot \alpha_i + y_{i+1}\cdot \alpha_{i+1}}{\alpha_i + \alpha_{i+1}} = y_i \cdot \alpha_i + y_{i+1}\cdot \alpha_{i+1} \\ &= (i-3)\cdot 2.5\cdot \alpha_i + (i+1-3)\cdot 2.5 \cdot \alpha_{i+1} = (i-\alpha_i-2)\cdot 2.5 \end{aligned}$$

由规则 R_i 满足度

$$\alpha_i = \frac{x_{\mathrm{d}} - x_{\mathrm{dm}i+1}}{x_{\mathrm{dm}i} - x_{\mathrm{dm}i+1}}$$

计算调节误差:

$$\begin{aligned} x_{\mathrm{d}} &= x_{\mathrm{dm}i}\cdot \alpha_i + x_{\mathrm{dm}i+1}\cdot (1-\alpha_i) \\ &= (i-3)\cdot 0.5\cdot \alpha_i + (i+1-3)\cdot 0.5 \cdot (1-\alpha_i) = (i-\alpha_i-2)\cdot 0.5 \end{aligned}$$

由此对于在工作区间所有 x_{d} 值, 模糊调节器增益都为常数 (图 15.5-9).

$$K_{\mathrm{R}} = \frac{y}{x_{\mathrm{d}}} = \frac{(i-\alpha_i-2)\cdot 2.5}{(i-\alpha_i-2)\cdot 0.5} = 5$$

用适当的参数化, 并借助模糊–调节器可调整线性传递特性.

15.5.2.3　非线性传递函数的调整

模糊调节器实现线性的或非线性的静态传递函数, 其中传递函数概念也应应用到非线性传递环节. 对于具有输入量和输出量的模糊调节器应指出, 传递函数通过参数改变是可调整的.

模糊 P 调节器与线性传递特性曲线如图 15.5-9 所示.

通过预先给定非线性模糊化和一个将输入量语言值赋给输出量单点模糊集合的规则库, 可任意精确地近似非线性函数. 数偶构建支撑点, 其间线性地内插期望的函数.

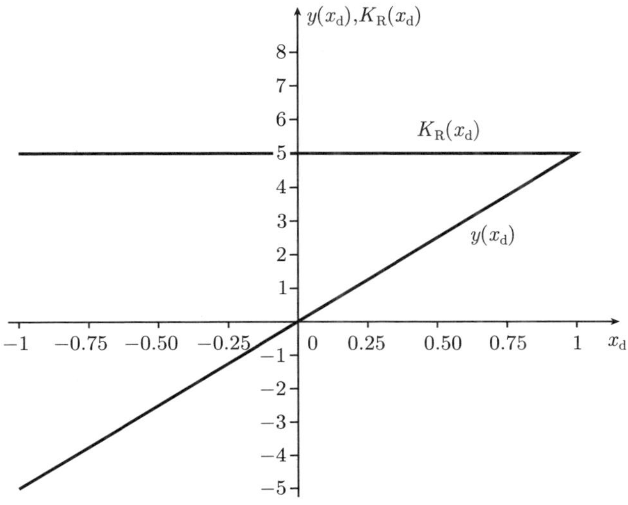

图 15.5-9 模糊 P 调节器的线性传递特性曲线

例 15.5-3 为了减小调节回路稳态调节误差, 在模糊 P 调节器时可在小的调节误差范围内提高增益. 解模糊化和输出量的语言值在图 15.5-10, 图 15.5-11 中给出. 按照表 15.5-3 构建规则库.

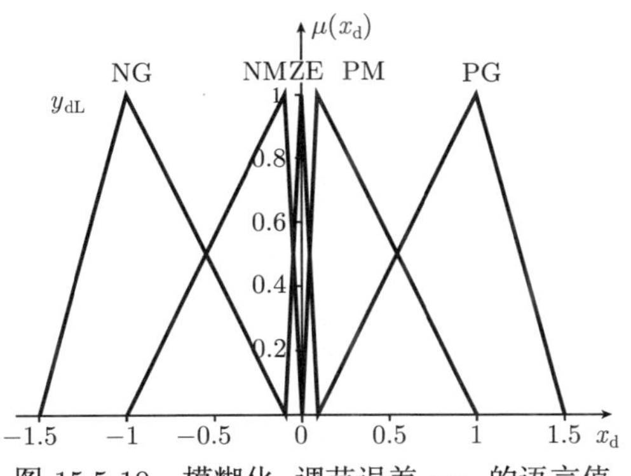

图 15.5-10 模糊化, 调节误差 x_{dL} 的语言值

在值 x_{dmi} 处调节误差的隶属度函数具有满足度 1.0:

$$x_{dm1} = -1.0, \quad x_{dm2} = -0.1, \quad x_{dm3} = 0.0, \quad x_{dm4} = 0.1, \quad x_{dm5} = 1.0$$

每个规则用最大值 x_{dmi} 和输出–单点模糊集合 y_i 构建传递特性曲线的支撑点 (Stützstelle).

对于传递特性曲线这些点的增益值为

$$K_{Ri} = \frac{y_i}{x_{dmi}}$$

从表 15.5-3 导出五条规则, 将支撑点和增益值赋予规则:

$$R_1: \text{WENN } x_{\text{dL}} = \text{NG DANN } y_{\text{L}} = y_1 = y_{\text{NG}} = -5$$

$$x_{\text{dm1}} = -1, \quad y_1 = -5, \quad K_{\text{R1}} = 5$$

$$R_2: \text{WENN } x_{\text{dL}} = \text{NM DANN } y_{\text{L}} = y_2 = y_{\text{NM}} = -1$$

$$x_{\text{dm2}} = -0.1, \quad y_2 = -1, \quad K_{\text{R2}} = 10$$

$$R_3: \text{WENN } x_{\text{dL}} = \text{ZE DANN } y_{\text{L}} = y_3 = y_{\text{ZE}} = 0$$

$$x_{\text{dm3}} = 0, \quad y_3 = 0, \quad \text{极限值} K_{\text{R3}} = 10$$

$$R_4: \text{WENN } x_{\text{dL}} = \text{PM DANN } y_{\text{L}} = y_4 = y_{\text{PM}} = 1$$

$$x_{\text{dm4}} = 0.1, \quad y_4 = 1, \quad K_{\text{R4}} = 10$$

$$R_5: \text{WENN } x_{\text{dL}} = \text{PG DANN } y_{\text{L}} = y_5 = y_{\text{PG}} = 5$$

$$x_{\text{dm5}} = 1, \quad y_5 = 5, \quad K_{\text{R5}} = 5$$

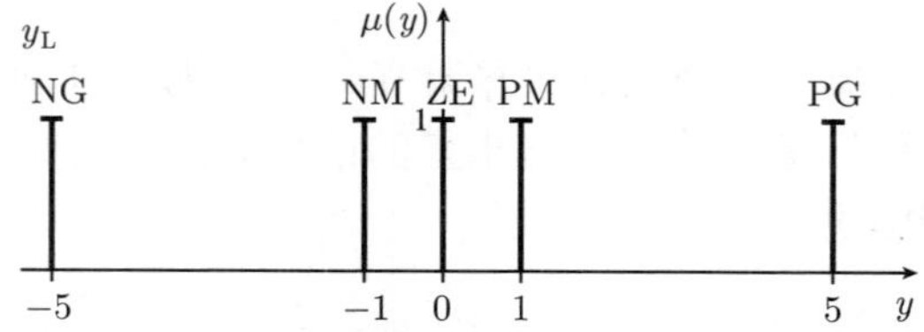

图 15.5-11　调整量 y_{L} 的语言值 (单点模糊集合)

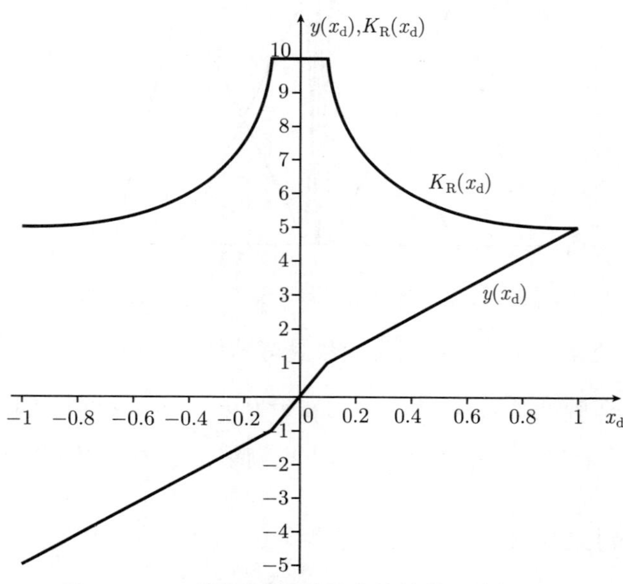

图 15.5-12　模糊 P 调节器非线性传递特性曲线

表 15.5-3 模糊 P 调节器规则库

调节误差 x_{dL}				
NG	NM	ZE	PM	PG
$y_{NG}=-5$	$y_{NM}=-1$	$y_{ZE}=0$	$y_{PM}=1$	$y_{PG}=5$
调整量 y_L				

在图 15.5-12 中绘制了传递特性曲线 $y=f(x_d)$ 和增益因子 $K_R(x_d)$. 在支撑点 y_i, x_{dmi} 之间线性内插特性线.

如果输入量的隶属度函数这样选择, 即不出现叠加的话, 那么可调整逐段常值的传递特性曲线 (多位调节器).

例 15.5-4 对于五位调节器预先给出如图 15.5-13 和图 15.5-14 所示及表 15.5-4 所列的模糊化、规则库和语言输出量. 输入量的隶属度函数没有叠加, 而输出量在所处规则的有效范围都是常数.

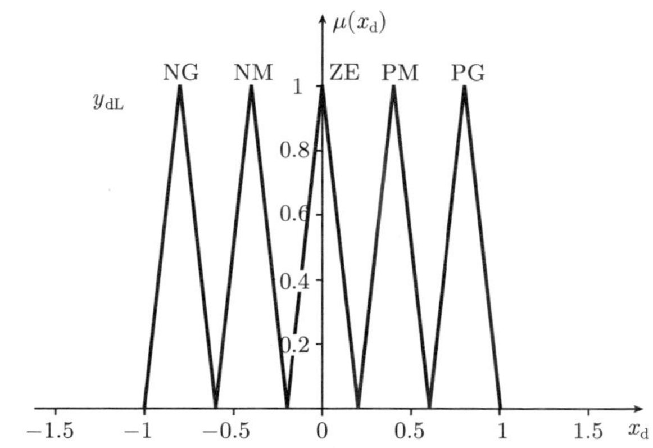

图 15.5-13 无隶属度函数叠加的模糊化, 调节误差 x_{dL} 语言值

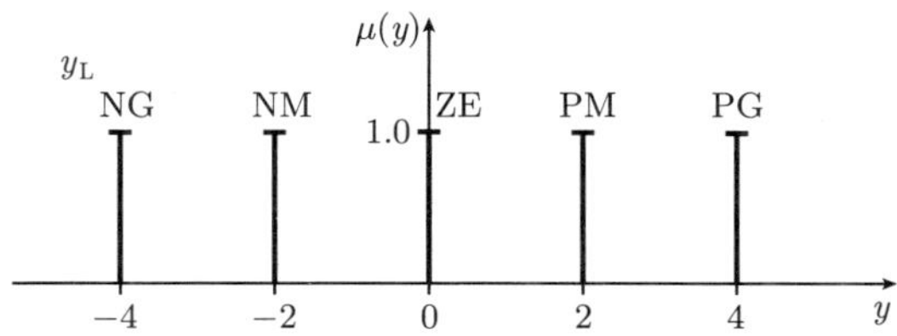

图 15.5-14 调整量 y_L 语言值 (单点模糊集合)

表 15.5-4 模糊 P 调节器规则库

调节误差 x_{dL}				
NG	NM	ZE	PM	PG
$y_{NG}=-4$	$y_{NM}=-2$	$y_{ZE}=0$	$y_{PM}=2$	$y_{PG}=4$
调整量 y_L				

在图 15.5-15 中绘制了传递特性曲线 $y = f(x_\mathrm{d})$ 和增益因子 $K_\mathrm{R}(x_\mathrm{d})$ 曲线, 在由模糊化预先给出的范围调整量具有常值:

$$\begin{aligned}
&R_1: \ -1 \leqslant x_\mathrm{d} < -0.6, && y = y_\mathrm{NG} = -4\\
&R_2: \ -0.6 \leqslant x_\mathrm{d} < -0.2, && y = y_\mathrm{NM} = -2\\
&R_3: \ -0.2 \leqslant x_\mathrm{d} < 0.2, && y = y_\mathrm{ZE} = 0\\
&R_4: \ 0.2 \leqslant x_\mathrm{d} < 0.6, && y = y_\mathrm{PM} = 2\\
&R_5: \ 0.6 \leqslant x_\mathrm{d} \leqslant 1, && y = y_\mathrm{PG} = 4
\end{aligned}$$

多位调节器特性曲线也可用叠加的隶属度函数和用最大值方法解模糊化来实现 (15.4.5.2 节).

15.5.3　模糊 PID 调节器

15.5.3.1　PID 相似的模糊调节器

在调节技术中 PID 相似的模糊调节器发现很大的应用范围. 建立在 PID 调节器应用经验基础上, 通过模糊方法的推广可改善调节特性. 如果在调节误差、调节误差积分和调节误差微分等增大时模糊调节器总是增大调整量 y 的话, 那么就存在 PID 相似的特性.

用调节器增益 K_R, 调后时间 T_N 和超前时间 T_V 调整 PID 调节器特性, 而 T 为在数字调节时的采样时间. 对于线性 PID 调节器存在连续的描述公式, 由它们通过离散化可推导出离散的数字调节算法 (4.5.3.3, 11.2 节).

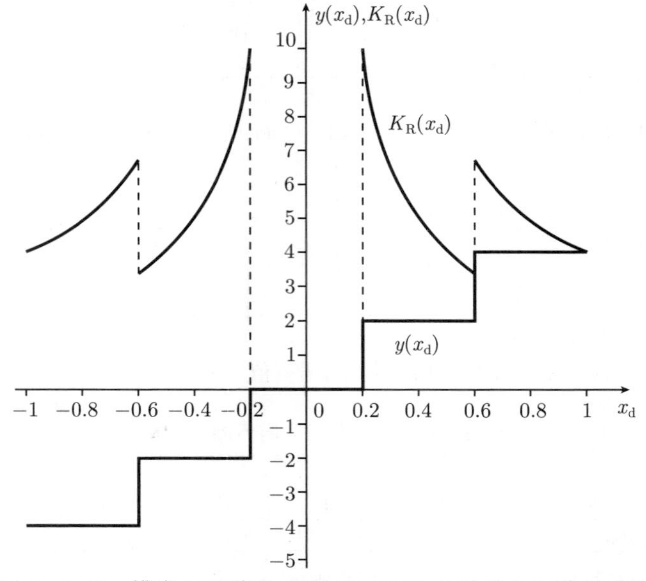

图 15.5-15　模糊 P调节器 (五位调节器) 非线性传递特性曲线

模拟 PID 调节器, PID 位置调节器并联形式:

$$y(t)=K_{\mathrm{R}}\cdot\left[x_{\mathrm{d}}(t)+\frac{1}{T_{\mathrm{N}}}\cdot\int x_{\mathrm{d}}(t)\mathrm{d}t+T_{\mathrm{V}}\cdot\frac{\mathrm{d}x_{\mathrm{d}}(t)}{\mathrm{d}t}\right]$$

数字 PID 调节器, PID 位置算法 (II 型):

$$\begin{aligned}y_k&=K_{\mathrm{R}}\cdot\left[x_{\mathrm{d},k}+\frac{1}{T_{\mathrm{N}}}\cdot\sum_{i=1}^{k}x_{\mathrm{d},i}\cdot T+T_{\mathrm{V}}\cdot\frac{x_{\mathrm{d},k}-x_{\mathrm{d},k-1}}{T}\right]\\&=K_{\mathrm{R}}\cdot\left[x_{\mathrm{d},k}+\frac{1}{T_{\mathrm{N}}}\cdot\sum x_{\mathrm{d},k}\cdot T+T_{\mathrm{V}}\cdot\frac{\Delta x_{\mathrm{d},k}}{T}\right]\end{aligned}$$

$$y_k=y_{k-1}+K_{\mathrm{R}}\cdot\left[\left(1+\frac{T}{T_{\mathrm{N}}}+\frac{T_{\mathrm{V}}}{T}\right)\cdot x_{\mathrm{d},k}-\left(1+2\cdot\frac{T_{\mathrm{V}}}{T}\right)\cdot x_{\mathrm{d},k-1}+\frac{T_{\mathrm{V}}}{T}\cdot x_{\mathrm{d},k-2}\right]$$

数字 PID 调节器, PID 速度算法 (II 型):

$$\begin{aligned}&y_k-y_{k-1}=\Delta y_k\\&=K_{\mathrm{R}}\cdot\left[x_{\mathrm{d},k}-x_{\mathrm{d},k-1}+\frac{T}{T_{\mathrm{N}}}\cdot x_{\mathrm{d},k}+T_{\mathrm{V}}\cdot\frac{x_{\mathrm{d},k}-x_{\mathrm{d},k-1}}{T}-T_{\mathrm{V}}\cdot\frac{x_{\mathrm{d},k-1}-x_{\mathrm{d},k-2}}{T}\right]\\&=K_{\mathrm{R}}\cdot\left[\Delta x_{\mathrm{d},k}+\frac{T}{T_{\mathrm{N}}}\cdot x_{\mathrm{d},k}+\frac{T_{\mathrm{V}}}{T}\cdot(\Delta x_{\mathrm{d},k}-\Delta x_{\mathrm{d},k-1})\right]\\&=K_{\mathrm{R}}\cdot\left[\left(1+\frac{T}{T_{\mathrm{N}}}+\frac{T_{\mathrm{V}}}{T}\right)\cdot x_{\mathrm{d},k}-\left(1+2\cdot\frac{T_{\mathrm{V}}}{T}\right)\cdot x_{\mathrm{d},k-1}+\frac{T_{\mathrm{V}}}{T}\cdot x_{\mathrm{d},k-2}\right]\end{aligned}$$

在将 PID 调节概念转换到模糊 PID 调节器时, 必须在外部完成微分或差分和积分或求和, 因为模糊调节器不具有动态特性 (15.5.1 节). 通过模糊技术的应用扩大了调整的可能性, 这样相对于线性 PID 调节器可改善调节特性的动态特性.

后面将研究 PID 相似的模糊调节器. 模糊化由最优叠加的三角形或梯形隶属度函数来实现, 在此激活或仅由一个满足度 $\alpha_i=1$ 规则, 或两个相邻具有其满足度之和为 $\alpha_i+\alpha_{i+1}=1$ 的规则. 对于推理引入 MAX(最大)–MIN(最小) 法, 而对于输出量应用单点模糊集合. 为了使特性能与典型 PID 调节器比较, 计算模糊调节器的阶跃响应函数.

15.5.3.2 模糊 P调节器

连续 (模拟)P调节器:

$$y(t)=K_{\mathrm{R}}\cdot x_{\mathrm{d}}(t)$$

离散 (数字)P调节器:

$$y_k=K_{\mathrm{R}}\cdot x_{\mathrm{d},k}$$

模糊 P调节器输入量是调节误差 $x_{\mathrm{d}}(t)$, 而输出量为调整量 $y(t)$(图 15.5-16), 对于本例总是预先规定五种语言值.

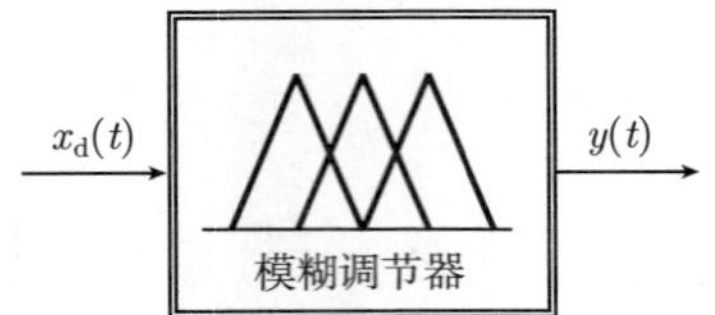

图 15.5-16　模糊 P 调节器信号流图

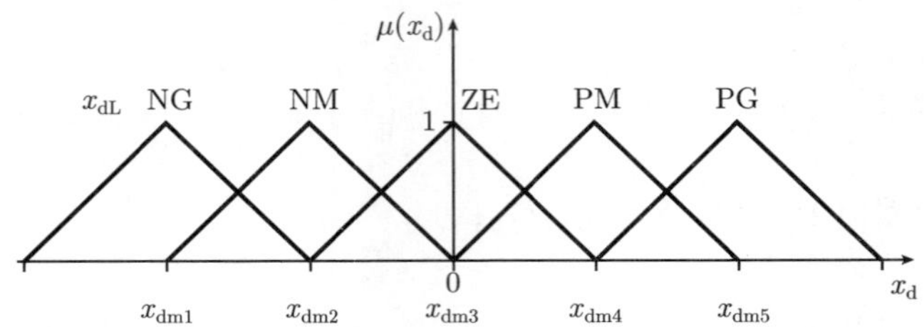

图 15.5-17　隶属度函数 (输入量), 调节误差 x_{dL} 语言值

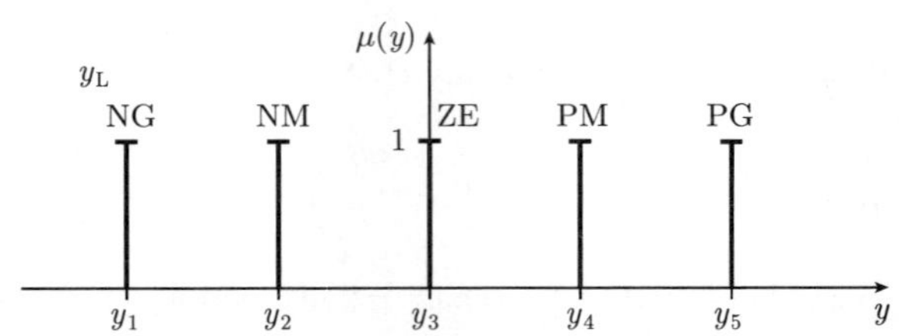

图 15.5-18　隶属度函数 (输出量), 调整量 y_{L} 语言值

对于 P相似的模糊 P调节器在正的调节误差 $x_d = w - x$ 时增大调整量, 因为被调节量还低于希望值, 而在负的调节误差时应减小调整量. 按照表 15.5-5 规则如下.

$$R_1: \ \text{WENN } x_{\mathrm{dL}} = \text{NG} \quad \text{DANN } y_{\mathrm{L}} = \text{NG}$$
$$R_2: \ \text{WENN } x_{\mathrm{dL}} = \text{NM} \quad \text{DANN } y_{\mathrm{L}} = \text{NM}$$

$$R_3: \ \text{WENN } x_{\mathrm{dL}} = \text{ZE} \quad \text{DANN } y_{\mathrm{L}} = \text{ZE}$$
$$R_4: \ \text{WENN } x_{\mathrm{dL}} = \text{PM} \quad \text{DANN } y_{\mathrm{L}} = \text{PM}$$
$$R_5: \ \text{WENN } x_{\mathrm{dL}} = \text{PG} \quad \text{DANN } y_{\mathrm{L}} = \text{PG}$$

表 15.5-5 模糊 P调节器规则库

调节误差 x_{dL}				
NG	NM	ZE	PM	PG
$y_{NG}=y_1$	$y_{NM}=y_2$	$y_{ZE}=y_3$	$y_{PM}=y_4$	$y_{PG}=y_5$
调整量 y_L				

例 15.5-5 对于具有滞后时间常数被调节对象的调节, 引入线性模糊调节器:

$$G_S(s)=\frac{K_S}{1+T_S\cdot s},\quad K_S=1.8,\quad T_S=10\ \mathrm{s}$$

按照例 15.5-2 线性模糊 P 调节器具有

$$x_{dmi}=(i-3)\cdot 0.5$$

$$x_{dm1}=-1,\quad x_{dm2}=-0.5,\quad x_{dm3}=0,\quad x_{dm4}=0.5,\quad x_{dm5}=1$$

$$y_i=(i-3)\cdot 2.5$$

$$y_1=-5,\quad y_2=-2.5,\quad y_3=0,\quad y_4=2.5,\quad y_5=5$$

常值增益

$$G_R(s)=K_R=5$$

对于阶跃接入

$$w(t)=E(t),\quad w(s)=\frac{w_0}{s}=\frac{1}{s}$$

得到如图 15.5-19 的稳态调节误差:

$$x_d(t\to\infty)=\lim_{s\to 0}s\cdot\frac{1}{1+G_R(s)\cdot G_S(s)}\cdot\frac{1}{s}=\frac{1}{1+K_R\cdot K_S}=0.1$$

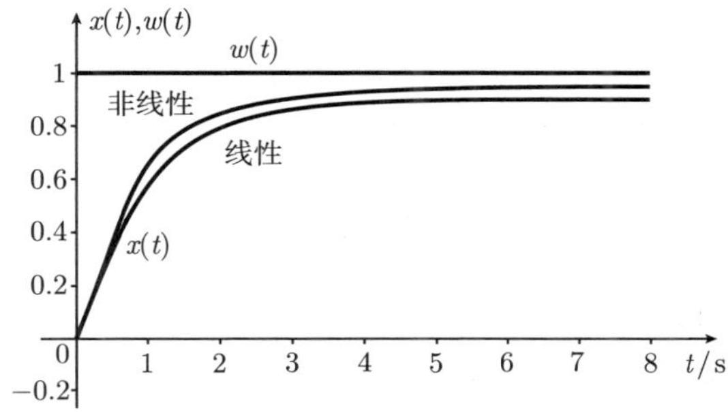

图 15.5-19 具有模糊 P调节器调节回路的稳态调节误差

为减小阶跃响应稳态调节误差应应用一个非线性模糊 P调节器. 预先给出稳态调节误差为

$$x_d(t\to\infty)=0.05\cdot w_0=0.05$$

如像线性模糊 P调节器那样, 对称地选择边值和零值、中间区域 (NM, PM):

$$x_{\mathrm{dm1}} = -1, \quad x_{\mathrm{dm3}} = 0, \quad x_{\mathrm{dm5}} = 1$$

$$y_1 = -5, \quad y_3 = 0, \quad y_5 = 5$$

$$K_{\mathrm{R1}} = K_{\mathrm{R5}} = 5$$

$$x_{\mathrm{dm2}} = -x_{\mathrm{dm4}}, \quad y_2 = -y_4, \quad K_{\mathrm{R2}} = K_{\mathrm{R3}} = K_{\mathrm{R4}}$$

对于调节回路下列稳态方程成立:

$$\alpha_i = \frac{x_{\mathrm{d}} - x_{\mathrm{dm}i+1}}{x_{\mathrm{dm}i} - x_{\mathrm{dm}i+1}}, \quad \alpha_i + \alpha_{i+1} = 1$$

$$y = \frac{y_i \cdot \alpha_i + y_{i+1} \cdot \alpha_{i+1}}{\alpha_i + \alpha_{i+1}} = y_i \cdot \alpha_i + y_{i+1} \cdot \alpha_{i+1} = \alpha_i \cdot (y_i - y_{i+1}) + y_{i+1}$$

$$x = K_{\mathrm{S}} \cdot y$$

$$x_{\mathrm{d}} = w_0 - x = w_0 - K_{\mathrm{S}} \cdot y = w_0 - K_{\mathrm{S}} \cdot (\alpha_i \cdot (y_i - y_{i+1}) + y_{i+1})$$

置换 α_i:

$$\begin{aligned} x_{\mathrm{d}} &= w_0 - K_{\mathrm{S}} \cdot \frac{(y_i - y_{i+1}) \cdot x_{\mathrm{d}} + x_{\mathrm{dm}i} \cdot y_{i+1} - x_{\mathrm{dm}i+1} \cdot y_i}{x_{\mathrm{dm}i} - x_{\mathrm{dm}i+1}} \\ &= \frac{K_{\mathrm{S}} \cdot (x_{\mathrm{dm}i} \cdot y_{i+1} - x_{\mathrm{dm}i+1} \cdot y_i) + w_0 \cdot (x_{\mathrm{dm}i+1} - x_{\mathrm{dm}i})}{x_{\mathrm{dm}i+1} - x_{\mathrm{dm}i} + K_{\mathrm{S}} \cdot (y_{i+1} - y_i)} \end{aligned}$$

对于小调节误差范围代入:

$$x_{\mathrm{dm}i} = x_{\mathrm{dm3}} = 0, \quad y_i = y_3 = 0, \quad y_4 = K_{\mathrm{R4}} \cdot x_{\mathrm{dm4}}$$

$$\begin{aligned} x_{\mathrm{d}} &= \frac{x_{\mathrm{dm}i+1} \cdot w_0}{x_{\mathrm{dm}i+1} + K_{\mathrm{S}} \cdot y_{i+1}} = \frac{x_{\mathrm{dm4}} \cdot w_0}{x_{\mathrm{dm4}} + K_{\mathrm{S}} \cdot y_4} = \frac{w_0}{1 + K_{\mathrm{R4}} \cdot K_{\mathrm{S}}} \\ &= \frac{1}{1 + K_{\mathrm{R4}} \cdot K_{\mathrm{S}}} \end{aligned}$$

由

$$K_{\mathrm{R4}} = \frac{1 - x_{\mathrm{d}}}{K_{\mathrm{S}} \cdot x_{\mathrm{d}}} = \frac{1 - x_{\mathrm{d}}(t \to \infty)}{K_{\mathrm{S}} \cdot x_{\mathrm{d}}(t \to \infty)} = 10.556$$

使稳态调节误差达到 $x_{\mathrm{d}}\,(t \to \infty) = 0.05$.

对于模糊化和规则库, 得到下列值:

$$x_{\mathrm{dm4}} > x_{\mathrm{d}}(t \to \infty), \quad \text{选择} x_{\mathrm{d4}} = 0.1$$

$$x_{\mathrm{dm1}} = -1, \quad x_{\mathrm{dm2}} = -0.1, \quad x_{\mathrm{dm3}} = 0, \quad x_{\mathrm{dm4}} = 0.1, \quad x_{\mathrm{dm5}} = 1$$

$$y_4 = K_{\mathrm{R4}} \cdot x_{\mathrm{dm4}} = 1.0556$$

$$y_1 = -5, \quad y_2 = -1.0556, \quad y_3 = 0, \quad y_4 = 1.0556, \quad y_5 = 5$$

在图 15.5-19 中绘制了具有非线性模糊 P 调节器的调节回路阶跃响应. 阶跃响应曲线在大的调节误差范围内是与线性模糊 P 调节器相同的, 而在较小的调节误差范围内由于非线性调节器较高的增益, 稳态调节误差才变得较小.

对于大的增益, 线性调节系统成为不稳定的. 如果对于模糊调节在小的调节误差时选择增益太大的话, 那么这里也会出现不稳定性.

例 15.5-6 对于具有传递函数

$$G_{\mathrm{S}}(s)=\frac{K_{\mathrm{IS}}}{(1+T_1\cdot s)\cdot(1+T_2\cdot s)\cdot s},\quad T_1=T_2=1\ \mathrm{s},\quad K_{\mathrm{IS}}=1\ \mathrm{s}^{-1}$$
$$G_{\mathrm{R}}(s)=K_{\mathrm{R}}$$

的三阶被调节对象, 按照劳思判据由特征方程

$$T_1\cdot T_2\cdot\ \mathrm{s}^3+(T_1+T_2)\cdot\ \mathrm{s}^2+s+K_{\mathrm{R}}\cdot K_{\mathrm{IS}}=0$$
$$c_1=(T_1+T_2)-T_1\cdot T_2\cdot K_{\mathrm{Rkrit}}\cdot K_{\mathrm{IS}}=0$$
$$K_{\mathrm{Rkrit}}=\frac{T_1+T_2}{K_{\mathrm{IS}}\cdot T_1\cdot T_2}=2$$

确定线性 P 调节器增益的稳定性边界 K_{Rkrit}. 对于模糊 P 调节器预先给出模式值 $x_{\mathrm{dm}i}$ 的下列增益:

$$K_{\mathrm{R}i}=\frac{y_i}{x_{\mathrm{dm}i}}$$

其中 K_{R3} 构成为极限值:

$$\begin{array}{lllll}
x_{\mathrm{dm1}}=-1, & x_{\mathrm{dm2}}=-0.1, & x_{\mathrm{dm3}}=0, & x_{\mathrm{dm4}}=0.1, & x_{\mathrm{dm5}}=1\\
y_1=-0.2, & y_2=-0.2, & y_3=0, & y_4=0.2, & y_5=0.2\\
K_{\mathrm{R1}}=0.2, & K_{\mathrm{R2}}=2, & K_{\mathrm{R3}}=2, & K_{\mathrm{R4}}=2, & K_{\mathrm{R5}}=0.2
\end{array}$$

如图 15.5-20 模糊调节器的增益特性曲线在区间

$$-0.1\leqslant x_{\mathrm{d}}\leqslant 0.1$$

具有 $K_{\mathrm{Rkrit}}=2$ 的不稳定的调整.

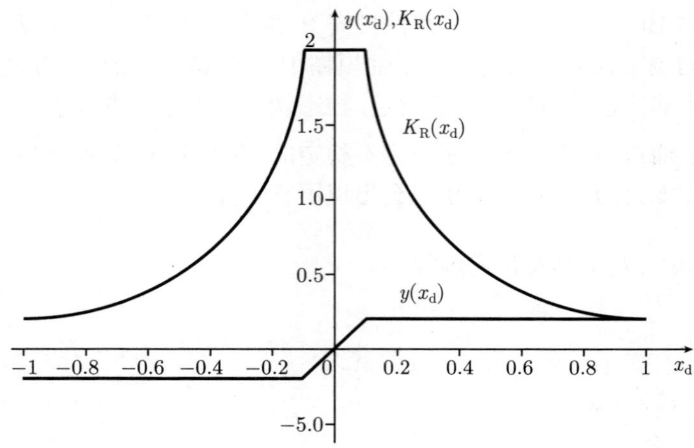

图 15.5-20 模糊 P 调节器的特性曲线

在图 15.5-21 中绘制了调节回路的阶跃响应. 阶跃响应曲线在大的调节误差范围是稳定的, 而在小的调节误差范围出现不稳定性. 被调节量 x 持续振荡具有振幅 0.105, 并围绕希望值 $w_0 = 1$ 在 $0.895 < x < 1.105$ 范围内振荡. 模糊调节回路在不稳定增益调整范围内是振荡的.

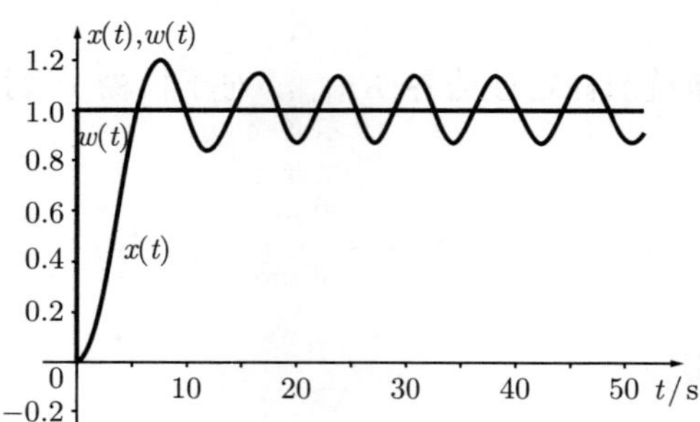

图 15.5-21 具有模糊调节器的不稳定调节回路的阶跃响应

15.5.3.3 模糊 PD 调节器

连续 (模拟)PD 调节器:

$$y(t) = K_{\mathrm{R}} \cdot \left[x_{\mathrm{d}}(t) + T_{\mathrm{V}} \cdot \frac{\mathrm{d}x_{\mathrm{d}}(t)}{\mathrm{d}t}\right]$$

离散 (数字)PD 调节器:

$$y_k = K_{\mathrm{R}} \cdot \left[x_{\mathrm{d},k} + T_{\mathrm{V}} \cdot \frac{x_{\mathrm{d},k} - x_{\mathrm{d},k-1}}{T}\right]$$

模糊 PD 调节器输入量是调节误差 x_{d} 和调节误差对时间导数 $\dot{x}_{\mathrm{d}}(t)$. 在数字调节系统中调节误差导数是用两相邻 x_{d} 采样值的差来取代的.

$$\frac{\Delta x_{\mathrm{d},k}}{T}=\frac{x_{\mathrm{d}}(kT)-x_{\mathrm{d}}((k-1)T)}{T}=\frac{x_{\mathrm{d},k}-x_{\mathrm{d},k-1}}{T}\approx\frac{\mathrm{d}x_{\mathrm{d}}(t)}{\mathrm{d}t}$$

其中 T 为采样时间.

模糊调节器动态特性仅能用附加的函数分量来产生. 因此调节误差导数在外部产生并作为第二个输入量提供给模糊调节器 (图 15.5-22).

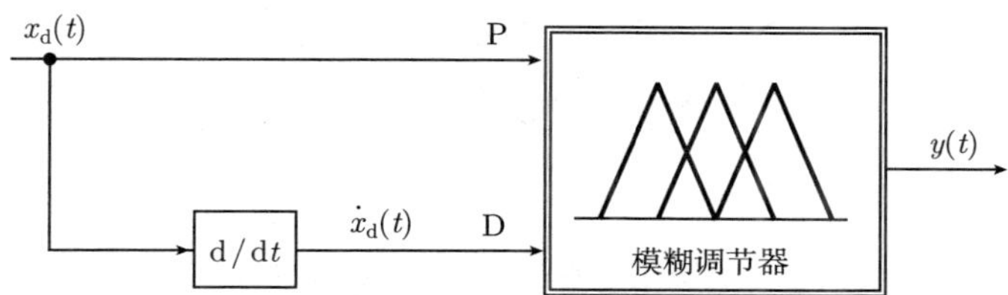

图 15.5-22 模糊 PD 调节器结构

在信号流图 15.5-23 中表示数字模糊 PD 调节器的原理. 在调节误差 $x_{\mathrm{d}}(t)$ 采样后产生离散信号 $x_{\mathrm{d},k}=x_{\mathrm{d}}(kT)$. 前一步采样的信号 $x_{\mathrm{d},k-1}$ 被存储. 它与当前信号 $x_{\mathrm{d},k}$ 相减并被采样时间除.

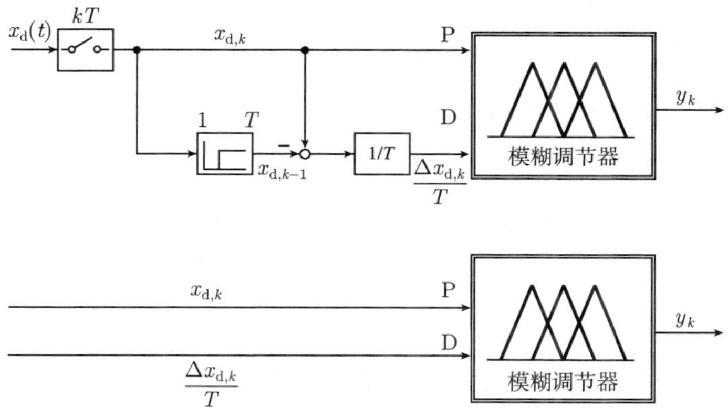

图 15.5-23 数字模糊 PD 调节器的信号流图

例 15.5-7 对于模糊 PD 调节器试建立规则库. 对于调节误差和调节误差导数总是被规定五个语言值 (图 15.5-24, 图 15.5-25), x_{dm} 为三角形函数的模式值, $\Delta x_{\mathrm{dr1}}/T$, $\Delta x_{\mathrm{dl5}}/T$ 为图 15.5-25 梯形函数右的和左的特征值.

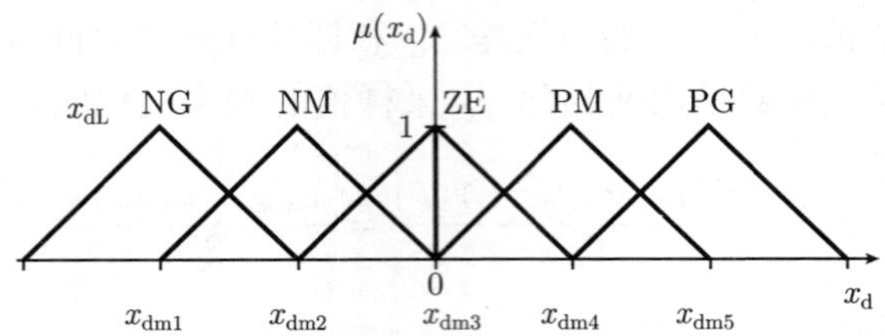

图 15.5-24 隶属度函数 (输入量), 调节误差 x_{dL} 语言值

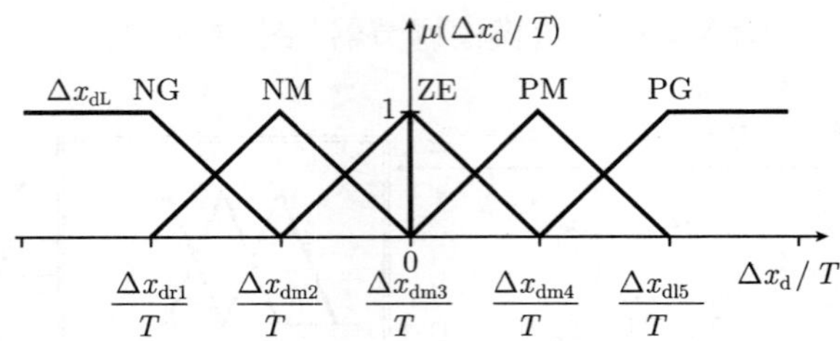

图 15.5-25 隶属度函数 (输入量), 调节误差导数 Δx_{dL} 语言值

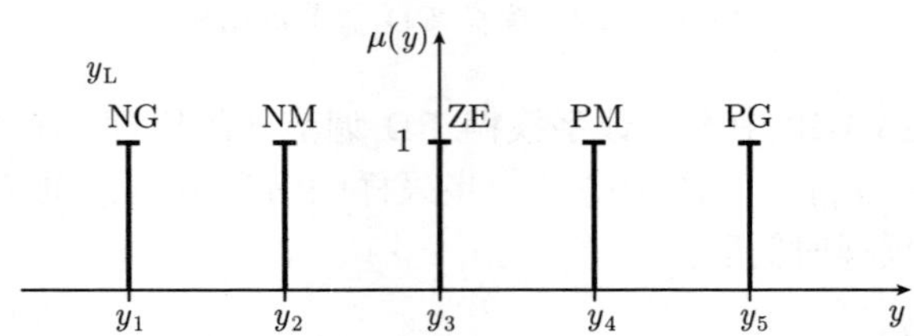

图 15.5-26 隶属度函数 (输出量), 调整量 y_L 语言值

在表 15.5-6 中建立模糊 PD 调节器的规则库, 对于调整量 y_L 的语言值将所属的序偶

表 15.5-6 具有输出量 y_L 语言值的模糊 PD 调节器规则库

		调节误差 x_{dL}				
		NG	NM	ZE	PM	PG
调节误差变化 Δx_{dL}	NG	NG	NG	NM	NM	ZE
	NM	NG	NM	NM	ZE	PM
	ZE	NM	NM	ZE	PM	PM
	PM	NM	ZE	PM	PM	PG
	PG	ZE	PM	PM	PG	PG

调整量 y_L

$$y_{NG} = y_1, \quad y_{NM} = y_2, \quad y_{ZE} = y_3, \quad y_{PM} = y_4, \quad y_{PG} = y_5$$

列入表 15.5-7.

表 15.5-7 具有输出量 y_L 单点模糊集合值的模糊 PD 调节器规则库

		调节误差 x_{dL}				
		NG	NM	ZE	PM	PG
调节误差变化 Δx_{dL}	NG	y_1	y_1	y_2	y_2	y_3
	NM	y_1	y_2	y_2	y_3	y_4
	ZE	y_2	y_2	y_3	y_4	y_4
	PM	y_2	y_3	y_4	y_4	y_5
	PG	y_3	y_4	y_4	y_5	y_5

调整量 y_L

例 15.5-8 对于总是具有输入量 $x_{dL}, \Delta x_{dL}$ 三个语言值和输出量 y_L 五个值的模糊 PD 调节器, 计算阶跃响应和斜坡响应.

调节误差 x_{dL}(图 15.5-27): {NG, ZE, PG}

$$x_{dm1} = -1, \quad x_{dm2} = 0, \quad x_{dm3} = 1$$

调节误差变化 Δx_{dL}(图 15.5-28): {NG, ZE, PG}

$$\frac{\Delta x_{dr1}}{T} = -1, \quad \frac{\Delta x_{dm2}}{T} = 0, \quad \frac{\Delta x_{dl3}}{T} = 1$$

调整量 y_L(单点模糊集合): {NG, NM, ZE, PM, PG}

$$y_1 = -10, \quad y_2 = -5, \quad y_3 = 0, \quad y_4 = 5, \quad y_5 = 10$$

表 15.5-8 取出九个规则, 它被归纳成输出量 y_L 五个规则.

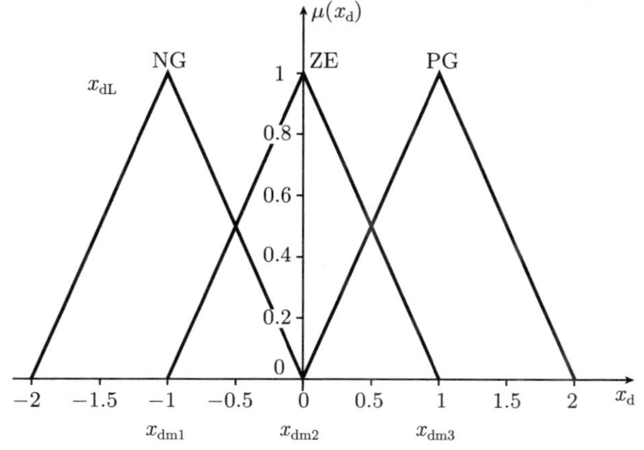

图 15.5-27 调节误差 x_{dL} 隶属度函数和语言值

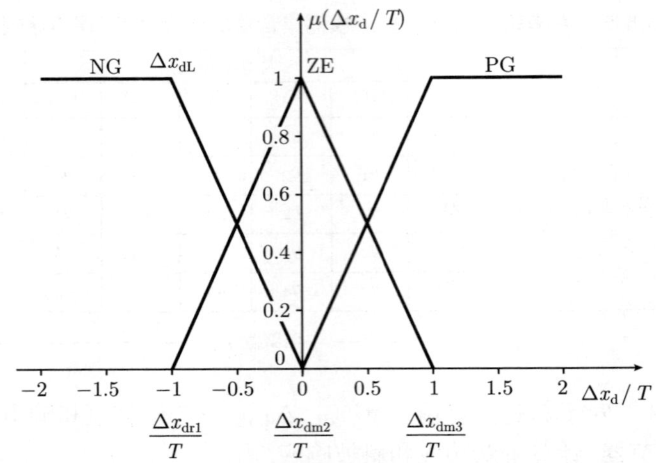

图 15.5-28　调节误差 Δx_{dL} 导数隶属度函数和语言值

$$R_{\mathrm{NG}}:\ \text{WENN } x_{\mathrm{dL}} = \text{NG} \quad \text{UND } \Delta x_{\mathrm{dL}} = \text{NG DANN } y_{\mathrm{L}} = \text{NG}$$

$$\begin{aligned} R_{\mathrm{NM}}:\ & \text{WENN } x_{\mathrm{dL}} = \text{NG} \quad \text{UND } \Delta x_{\mathrm{dL}} = \text{ZE} \\ & \text{ODER } x_{\mathrm{dL}} = \text{ZE} \quad \text{UND } \Delta x_{\mathrm{dL}} = \text{NG DANN } y_{\mathrm{L}} = \text{NM} \end{aligned}$$

$$\begin{aligned} R_{\mathrm{ZE}}:\ & \text{WENN } x_{\mathrm{dL}} = \text{NG} \quad \text{UND } \Delta x_{\mathrm{dL}} = \text{PG} \\ & \text{ODER } x_{\mathrm{dL}} = \text{ZE} \quad \text{UND } \Delta x_{\mathrm{dL}} = \text{ZE} \\ & \text{ODER } x_{\mathrm{dL}} = \text{PG} \quad \text{UND } \Delta x_{\mathrm{dL}} = \text{NG DANN } y_{\mathrm{L}} = \text{ZE} \end{aligned}$$

$$\begin{aligned} R_{\mathrm{PM}}:\ & \text{WENN } x_{\mathrm{dL}} = \text{ZE} \quad \text{UND } \Delta x_{\mathrm{dL}} = \text{PG} \\ & \text{ODER } x_{\mathrm{dL}} = \text{PG} \quad \text{UND } \Delta x_{\mathrm{dL}} = \text{ZE DANN } y_{\mathrm{L}} = \text{PM} \end{aligned}$$

$$R_{\mathrm{PG}}:\ \text{WENN } x_{\mathrm{dL}} = \text{PG} \quad \text{UND } \Delta x_{\mathrm{dL}} = \text{PG DANN } y_{\mathrm{L}} = \text{PG}$$

表 15.5-8　表形式的规则库

		调节误差 x_{dL}		
		NG	ZE	PG
调节误差变化 Δx_{dL}	NG	NG, y_1	NM, y_2	ZE, y_3
	ZE	NM, y_2	ZE, y_3	PM, y_4
	PG	ZE, y_3	PM, y_4	PG, y_5

调整量 y_{L}

对于

$$x_{\mathrm{d},k} = E(k), \quad T = 0.025\ \mathrm{s}$$

模糊 PD 调节器的阶跃响应序列绘制在图 15.5-29 中.

对于斜坡序列

$$x_{\mathrm{d},k} = 0.025 \cdot k, \quad T = 0.025\ \mathrm{s}$$

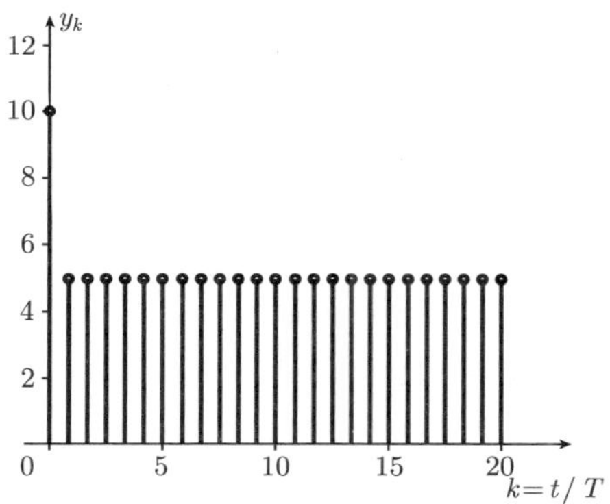

图 15.5-29 模糊 PD 调节器的阶跃响应序列

计算斜坡响应如图 15.5-30 所示. 阶跃和斜坡响应显示 PD-相似的模糊–调节器的特性.

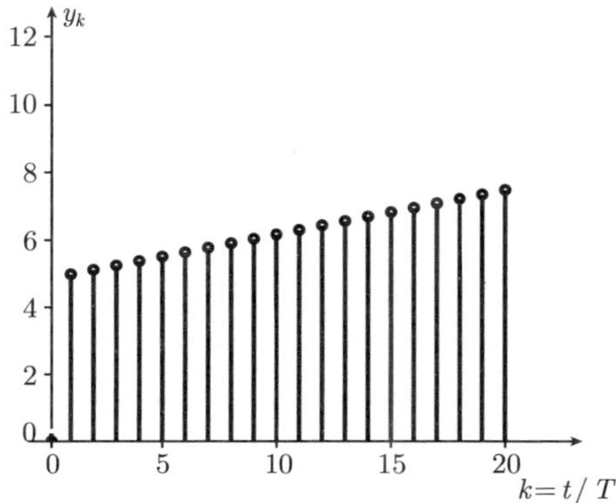

图 15.5-30 模糊 PD 调节器的斜坡响应序列

纯 D 调节器在调节技术应用是无意义的, 因为不能传递常值的希望值. 而当断开 P 部分时, 模糊-D-传递环节是可实现的. 模糊环节的输入量是 $\dot{x}_{\mathrm{d}}$ 或 $\Delta x_{\mathrm{d},k}/T$, 具有三个语言值的规则库例如具有如下形式:

$$\begin{aligned}
R_{\mathrm{NG}}: &\quad \text{WENN } \Delta x_{\mathrm{dL}} = \text{NG} \quad \text{DANN } y_{\mathrm{L}} = \text{NG} \\
R_{\mathrm{ZE}}: &\quad \text{WENN } \Delta x_{\mathrm{dL}} = \text{ZE} \quad \text{DANN } y_{\mathrm{L}} = \text{ZE} \\
R_{\mathrm{PG}}: &\quad \text{WENN } \Delta x_{\mathrm{dL}} = \text{PG} \quad \text{DANN } y_{\mathrm{L}} = \text{PG}
\end{aligned}$$

15.5.3.4　模糊 PI 调节器 (位置算法)

模糊 PI 位置调节器的输入量为调节误差 x_d 和调节误差的积分, 其中在数字调节系统中调节误差积分是通过采样值$x_{\mathrm{d},k}$的和来构成.

通过连续 (模拟)PI 调节器方程

$$y(t)=K_\mathrm{R}\cdot\left[x_\mathrm{d}(t)+\frac{1}{T_\mathrm{N}}\cdot\int x_\mathrm{d}(t)\mathrm{d}t\right]$$

离散化得到数字 PI 调节器 (PI 位置算法, Ⅱ型).

$$y_k=K_\mathrm{R}\cdot\left[x_{\mathrm{d},k}+\frac{1}{T_\mathrm{N}}\cdot\sum_{i=1}^{k}x_{\mathrm{d},i}\cdot T\right]=K_\mathrm{R}\cdot\left[x_{\mathrm{d},k}+\frac{1}{T_\mathrm{N}}\cdot\Sigma\,x_{\mathrm{d},k}\cdot T\right]$$

积分是通过调节误差的和来取代, 该积分用采样时间点kT的递推方程来表示:

$$\int x_\mathrm{d}(t)\mathrm{d}t\approx\Sigma\,x_{\mathrm{d},k}\cdot T=\Sigma\,x_{\mathrm{d},k-1}\cdot T+x_{\mathrm{d},k}\cdot T$$

$$\Sigma\,x_{\mathrm{d},k}\cdot T=\sum_{i=1}^{k}x_{\mathrm{d},i}\cdot T=\sum_{i=1}^{k-1}x_{\mathrm{d},i}\cdot T+x_{\mathrm{d},k}\cdot T=\Sigma\,x_{\mathrm{d},k-1}\cdot T+x_{\mathrm{d},k}\cdot T$$

通过递推求和公式取代积分, 由此 $\Sigma x_{d,k}\cdot T$ 为模糊 PI 位置调节器的第二个输入量, 对于模糊 PI 位置调节器, 结构图 15.5-31, 图 15.5-32 是有效的.

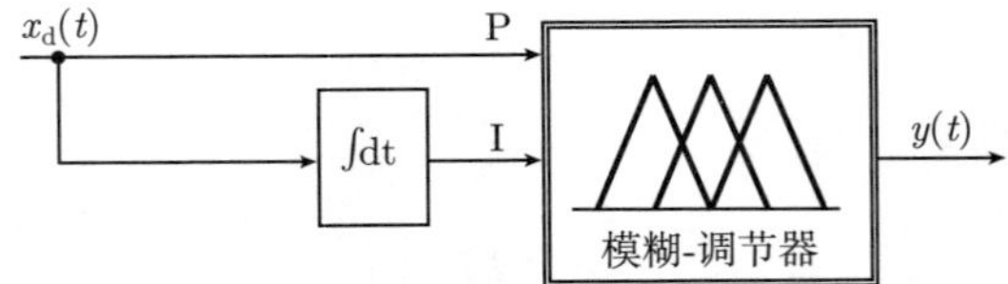

图 15.5-31　模糊 PI 位置调节器的信号流图

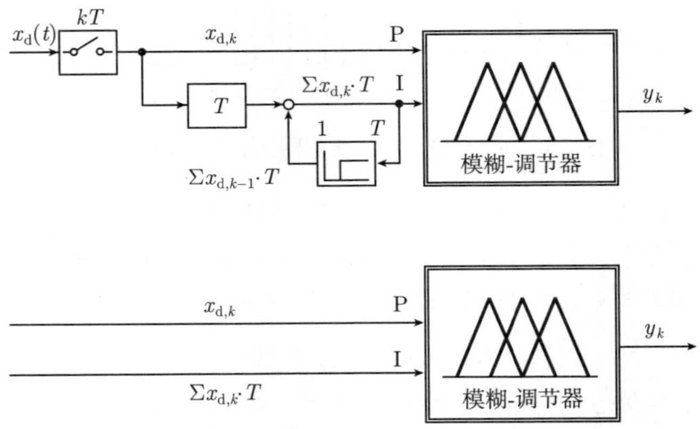

图 15.5-32　数字模糊 PI 位置调节器的信号流图

根据信号流图 15.5-32 调节误差采样值 $x_{\mathrm{d},k}$ 乘以 T(矩形近似法), 并附加到至今所求调节误差和 $\Sigma x_{\mathrm{d},k-1}\cdot T$. 信号 $\Sigma x_{\mathrm{d},k}\cdot T$ 相应于矩形近似法的积分近似值.

例 15.5-9 对于模糊 PI 位置调节器试建立规则库, 对于调节误差 $x_{\mathrm{d},k}$ 和调节误差积分 $\Sigma x_{\mathrm{d},k}\cdot T$ 预先被看作按图 15.5-33, 图 15.5-34 的语言值, $x_{\mathrm{dm}i}$ 为三角形函数的模式值, $\Sigma x_{\mathrm{dr1}}\cdot T$, $\Sigma x_{\mathrm{dl5}}\cdot T$ 为图 15.5-34 梯形函数右和左的特征值.

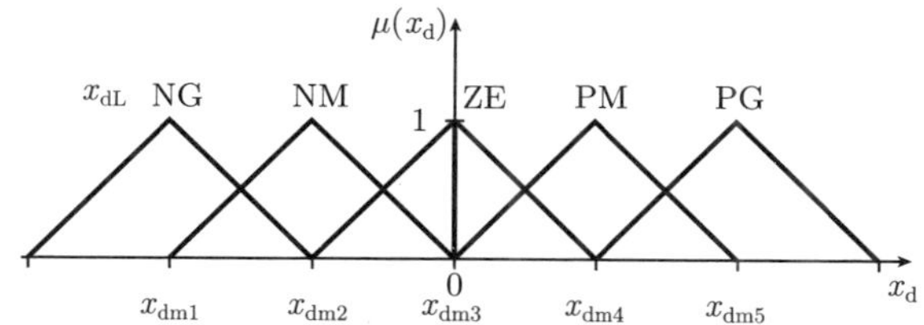

图 15.5-33 隶属度函数 (输入量), 调节误差 x_{dL} 语言值

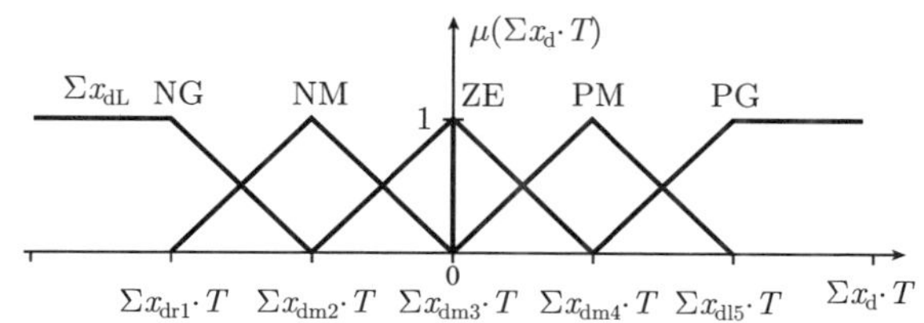

图 15.5-34 隶属度函数 (输入量), 调节误差积分 Σx_{dL} 语言值

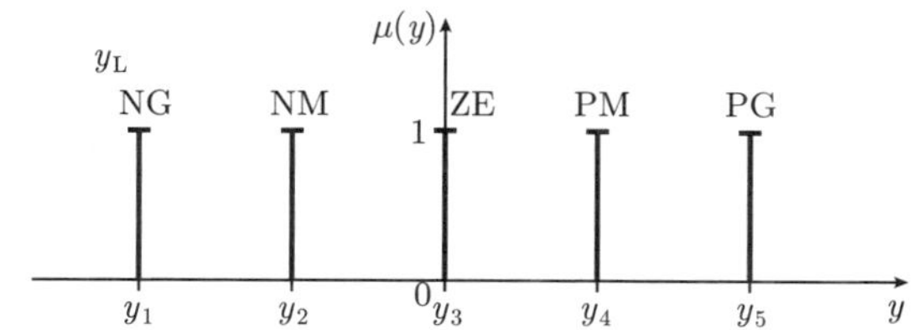

图 15.5-35 隶属度函数 (输出量), 调整量 y_L 语言值

在表 15.5-9 中建立模糊 PI 位置调节器的规则库.

表 15.5-9 具有语言值的模糊 PI 位置调节器规则库

		调节误差 x_{dL}				
		NG	NM	ZE	PM	PG
调节误差积分 Σx_{dL}	NG	NG	NG	NM	NM	ZE
	NM	NG	NM	NM	ZE	PM
	ZE	NM	NM	ZE	PM	PM
	PM	NM	ZE	PM	PM	PG
	PG	ZE	PM	PM	PG	PG

调整量 y_L

例 15.5-10　对于总是具有输入量 $x_{\mathrm{dL}}, \Sigma x_{\mathrm{dL}}$ 三个语言值和输出量 y_L 五个值的模糊 PI 位置调节器, 计算阶跃响应.

调节误差 x_{dL}: {NG, ZE, PG}

$$x_{\mathrm{dm1}} = -1, \quad x_{\mathrm{dm2}} = 0, \quad x_{\mathrm{dm3}} = 1$$

调节误差和 Σx_{dL}: {NG, ZE, PG}

$$\Sigma x_{\mathrm{dr1}} \cdot T = -2, \quad \Sigma x_{\mathrm{dm2}} \cdot T = 0, \quad \Sigma x_{\mathrm{dml3}} \cdot T = 2$$

调整量 y_{L}: {NG, NM, ZE, PM, PG}

$$y_1 = -10, \quad y_2 = -5, \quad y_3 = 0, \quad y_4 = 5, \quad y_5 = 10$$

表 15.5-10 所列为表形式的规则库.

表 15.5-10　表形式的规则库

		调节误差 x_{dL}		
		NG	ZE	PG
调节误差积分 Σx_{dL}	NG	NG, y_1	NM, y_2	ZE, y_3
	ZE	NM, y_2	ZE, y_3	PM, y_4
	PG	ZE, y_3	PM, y_4	PG, y_5

调整量 y_{L}

对于

$$x_{\mathrm{d},k} = E(k), \quad T = 0.025 \text{ s}$$

模糊 PI 位置调节器的阶跃响应序列绘制在图 15.5-36 中. 阶跃响应显示 PI 相似的模糊调节器的特性.

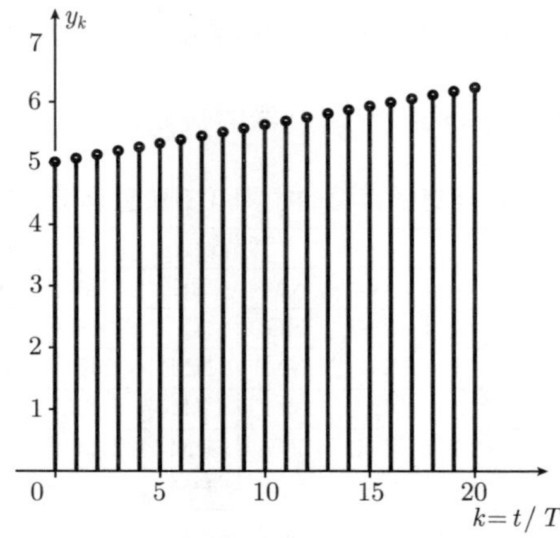

图 15.5-36　模糊 PI 位置调节器的阶跃响应

模糊 I 调节器具有调节误差和 $\Sigma x_{\mathrm{d},k}$ 作为输入量. 具有三条语言值的规则库具有下列形式:

$$
\begin{aligned}
&R_{\mathrm{NG}}: \ \text{WENN } \Sigma\, x_{\mathrm{dL}} = \mathrm{NG} \quad \text{DANN } y_{\mathrm{L}} = \mathrm{NG}\\
&R_{\mathrm{ZE}}: \ \text{WENN } \Sigma\, x_{\mathrm{dL}} = \mathrm{ZE} \quad \text{DANN } y_{\mathrm{L}} = \mathrm{ZE}\\
&R_{\mathrm{PG}}: \ \text{WENN } \Sigma\, x_{\mathrm{dL}} = \mathrm{PG} \quad \text{DANN } y_{\mathrm{L}} = \mathrm{PG}
\end{aligned}
$$

15.5.3.5 模糊 PI 调节器 (速度算法)

通过 PI 调节器的连续 (模拟) 方程的差分和离散化推导出数字 PI 调节器 (PI 速度算法, II 型):

$$
\begin{aligned}
&y(t) = K_{\mathrm{R}} \cdot \left[x_{\mathrm{d}}(t) + \frac{1}{T_{\mathrm{N}}} \cdot \int x_{\mathrm{d}}(t)\mathrm{d}t\right]\\
&\frac{\mathrm{d}y(t)}{\mathrm{d}t} = K_{\mathrm{R}} \cdot \left[\frac{\mathrm{d}x_{\mathrm{d}}(t)}{\mathrm{d}t} + \frac{x_{\mathrm{d}}(t)}{T_{\mathrm{N}}}\right]\\
&\frac{y_k - y_{k-1}}{T} = K_{\mathrm{R}} \cdot \left[\frac{x_{\mathrm{d},k} - x_{\mathrm{d},k-1}}{T} + \frac{x_{\mathrm{d},k}}{T_{\mathrm{N}}}\right]\\
&\Delta y_k = y_k - y_{k-1} = K_{\mathrm{R}} \cdot \left[x_{\mathrm{d},k} - x_{\mathrm{d},k-1} + \frac{T}{T_{\mathrm{N}}} \cdot x_{\mathrm{d},k}\right]\\
&\qquad = K_{\mathrm{R}} \cdot \left[\Delta x_{\mathrm{d},k} + \frac{T}{T_{\mathrm{N}}} \cdot x_{\mathrm{d},k}\right]
\end{aligned}
$$

输出量是两个采样时间点之间的调整量差 Δy_k, 也就是调整速度. 调整量的积分这里要求在调节器外并在调节回路调整装置中进行 (11.2.4.2 节). 模糊 PI 速度调节器的输入量是调节误差变化 $\Delta x_{\mathrm{d},k}$(由于紧随后面的外部积分在这里从原理上它体现了比例部分) 和调节误差 $x_{\mathrm{d},k}$(它与调节误差的积分对应)(图 15.5-37, 图 15.5-38).

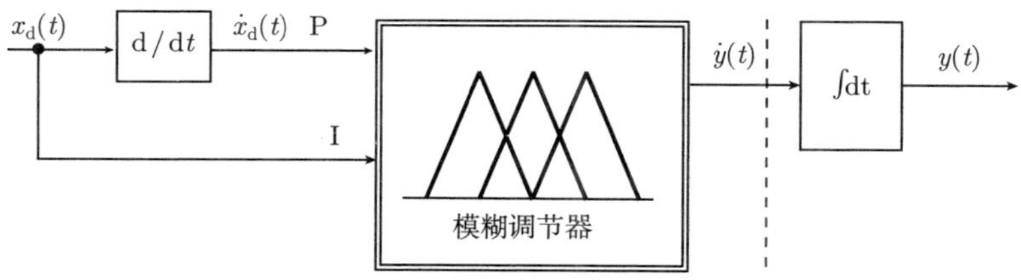

图 15.5-37 模糊 PI 速度调节器结构

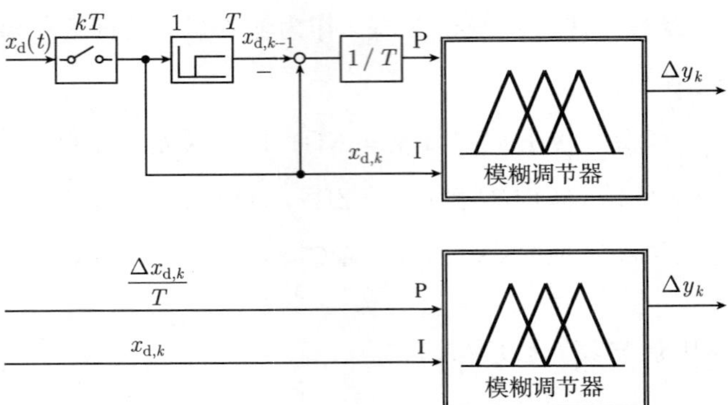

图 15.5-38 数字模糊 PI 速度调节器信号流图

在表 15.5-11 中示范性地给出规则库.

表 15.5-11 模糊 PI 速度调节器规则库

		调节误差的变化 Δx_{dL}		
		NG	ZE	PG
调节误差 x_{dL}	NG	NG	NM	ZE
	ZE	NM	ZE	PM
	PG	ZE	PM	PG

调节量 y_L

15.5.3.6 模糊 PID 调节器

在 PID 位置算法 (II 型) 基础上开发模糊 PID 调节器.

$$y_k = K_R \cdot \left[x_{d,k} + \frac{1}{T_N} \cdot \sum_{i=1}^{k} x_{d,i} \cdot T + T_V \cdot \frac{x_{d,k} - x_{d,k-1}}{T} \right]$$
$$= K_R \cdot \left[x_{d,k} + \frac{1}{T_N} \cdot \Sigma\, x_{d,k} \cdot T + T_V \cdot \frac{\Delta x_{d,k}}{T} \right]$$

模糊 PID 位置调节器的输入量是调节误差 $x_{d,k}$(P 部分)、调节误差和 $\Sigma\, x_{d,k} \cdot T$(I 部分) 和调节误差的变化 $\Delta x_{d,k}/T$(D 部分), 在图 15.5-39 中绘制了信号流图.

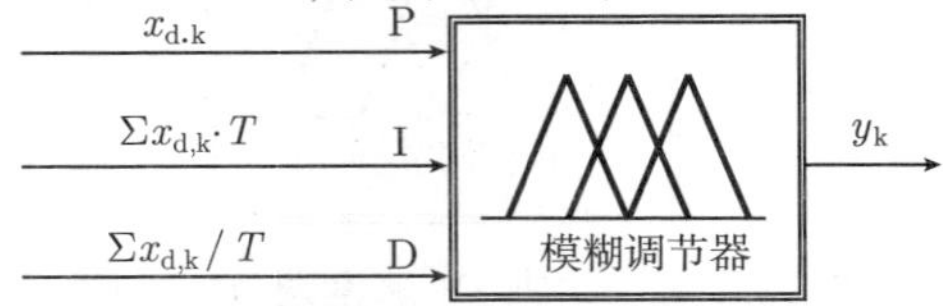

图 15.5-39 数字模糊 PID 调节器信号流图

例 15.5-11 对于具有输入量 $x_{\mathrm{dL}}, \Sigma x_{\mathrm{dL}}, \Delta x_{\mathrm{dL}}$ 总是三个语言值和输出量 y_{L} 五个值的模糊 PID 调节器, 建立规则库和计算阶跃响应. 语言值和隶属度函数相应于在例 15.5-8(模糊 PD 调节器) 和例 15.5-10(模糊 PI 调节器) 中的结果:
调节误差 x_{dL}: {NG, ZE, PG}

$$x_{\mathrm{dm1}} = -1, \quad x_{\mathrm{dm2}} = 0, \quad x_{\mathrm{dm3}} = 1$$

调节误差和 Σx_{dL}: {NG, ZE, PG}

$$\Sigma x_{\mathrm{dr1}} \cdot T = -2, \quad \Sigma x_{\mathrm{dm2}} \cdot T = 0, \quad \Sigma x_{\mathrm{dl3}} \cdot T = 2$$

调节误差变化 Δx_{dL}: {NG, ZE, PG}

$$\frac{\Delta x_{\mathrm{dr1}}}{T} = -1, \quad \frac{\Delta x_{\mathrm{dm2}}}{T} = 0, \quad \frac{\Delta x_{\mathrm{dl3}}}{T} = 1$$

调整量 y_{L}: {NG, NM, ZE, PM, PG}

$$y_1 = -10, \quad y_2 = -5, \quad y_3 = 0, \quad y_4 = 5, \quad y_5 = 10$$

规则库总是用提高调整量 y_k 来考虑大的调节误差和 $\Sigma x_{\mathrm{d},k} \cdot T$ 与大的调节误差变化 $\Delta x_{\mathrm{d},k}/T$, 那么规则库为

$$\begin{aligned}
R_{\mathrm{NG}}:\ & \text{WENN } x_{\mathrm{dL}} = \text{NG UND } \Sigma x_{\mathrm{dL}} = \text{NG} \\
& \text{ODER } x_{\mathrm{dL}} = \text{NG UND } \Delta x_{\mathrm{dL}} = \text{NG DANN } y_{\mathrm{L}} = \text{NG} \\
R_{\mathrm{NM}}:\ & \text{WENN } x_{\mathrm{dL}} = \text{NG} \\
& \text{ODER } x_{\mathrm{dL}} = \text{ZE UND } \Sigma x_{\mathrm{dL}} = \text{NG} \\
& \text{ODER } x_{\mathrm{dL}} = \text{ZE UND } \Delta x_{\mathrm{dL}} = \text{NG DANN } y_{\mathrm{L}} = \text{NM} \\
R_{\mathrm{ZE}}:\ & \text{WENN } x_{\mathrm{dL}} = \text{ZE UND } \Sigma x_{\mathrm{dL}} = \text{ZE UND } \Delta x_{\mathrm{dL}} = \text{ZE} \\
& \text{DANN } y_{\mathrm{L}} = \text{ZE} \\
R_{\mathrm{PM}}:\ & \text{WENN } x_{\mathrm{dL}} = \text{PG} \\
& \text{ODER } x_{\mathrm{dL}} = \text{ZE UND } \Sigma x_{\mathrm{dL}} = \text{PG} \\
& \text{ODER } x_{\mathrm{dL}} = \text{ZE UND } \Delta x_{\mathrm{dL}} = \text{PG DANN } y_{\mathrm{L}} = \text{PM} \\
R_{\mathrm{PG}}:\ & \text{WENN } x_{\mathrm{dL}} = \text{PG UND } \Sigma x_{\mathrm{dL}} = \text{PG} \\
& \text{ODER } x_{\mathrm{dL}} = \text{PG UND } \Delta x_{\mathrm{dL}} = \text{PG DANN } y_{\mathrm{L}} = \text{PG}
\end{aligned}$$

对于

$$x_{\mathrm{d},k} = E(k), \quad T = 0.025 \text{ s}$$

模糊 PID 位置调节器的阶跃响应序列绘制在图 15.5-40 中. 阶跃响应显示 PID 相似的模糊调节器特性.

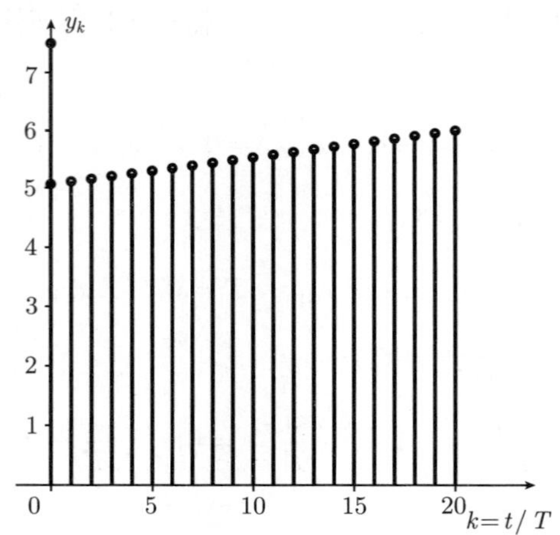

图 15.5-40　数字模糊 PID 调节器的阶跃响应序列

15.5.4　模糊调节回路结构

15.5.4.1　模糊部件的引入

在 15.5.3 节中将常规 PID 调节器概念转移到模糊调节器, 为此, 在常规调节器概念 (P, I, D 特性) 基础上开发规则库. 模糊 PID 调节器推广了常规 PID 调节器的应用范围. 通过用模糊方法实现调整量与输入量调节误差之间的非线性关系的可能性, 来调整改善调节特性.

模糊部件可取代在调节回路结构中的常规调节装置, 或扩展常规结构 (模糊混合结构).

15.5.4.2　作为取代常规调节器的模糊调节器

用模糊调节器可取代常规调节器. 在下面信号流图中应用模糊部件取代在常规调节结构中的 PID 调节器和状态调节器. 在图 15.5-41 中模糊 PID 调节器取代 PID 调节器. 在此, 调节误差的导数和微分在外部通过差 $\Delta x_{\mathrm{d}}/T$ 与和 $\Sigma x_{\mathrm{d}} \cdot T$ 来模拟.

在图 15.5-42 中将如图 12.3-2 的常规状态调节器与模糊状态调节器相对照. 被调节对象的状态向量 $x(t)$ 反馈给模糊调节器, 而它生成调整量 $u(t)$.

与本例相应地, 模糊部件也可被应用在串级调节、多变量调节和具有参据量、辅助调节量或扰动量接入的调节回路结构中.

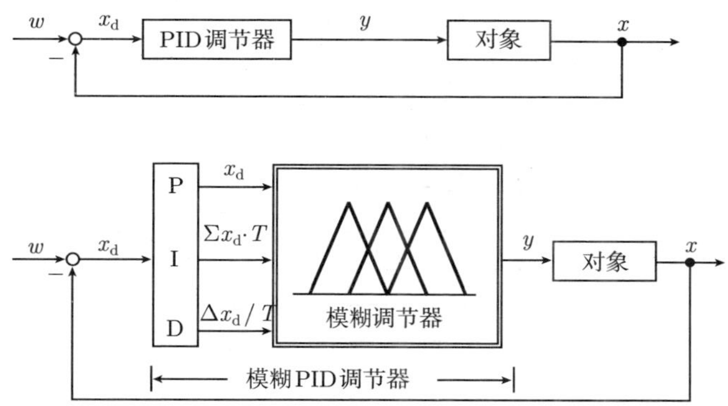

图 15.5-41 具有 PID 调节器和模糊 PID 调节器的调节回路结构

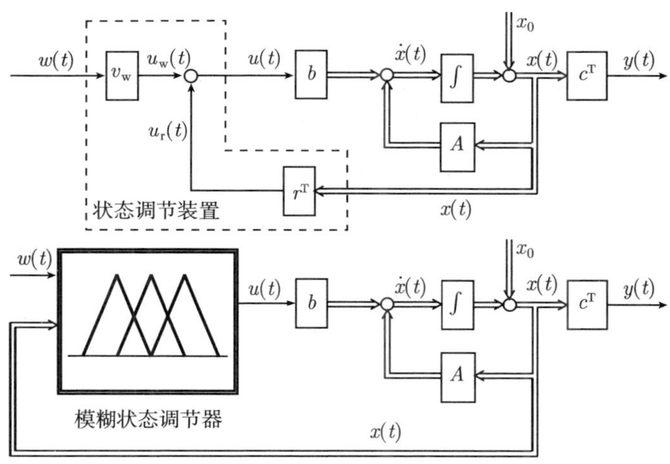

图 15.5-42 状态调节和模糊状态调节

15.5.4.3 用模糊部件扩展常规调节回路结构 (模糊混合结构)

作为用模糊部件扩展常规调节的例子, 将积分调节器和模糊调节器的并联结构绘制在图 15.5-43 中. 用积分调节器保证调节精度, 而非线性模糊调节器在大的调节误差范围实现快速调节特性.

在具有自适应调节器的调节回路时, 可提供更多应用可能性 (图 15.5-44). 由测量被调节对象特征量, 经过模糊部件使常规 PID 调节器与变化的对象特性相匹配.

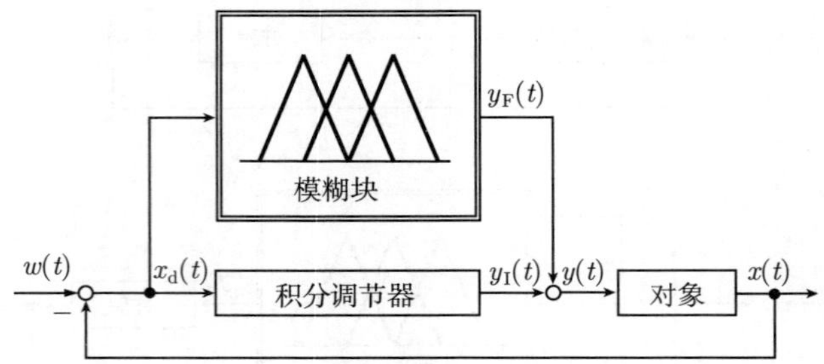

图 15.5-43 具有积分调节器和模糊调节器的调节回路

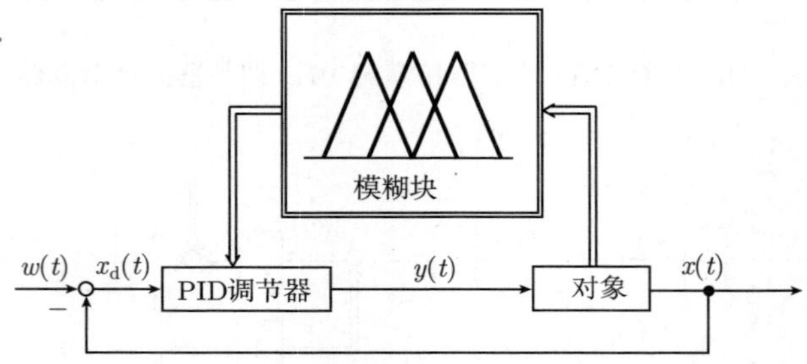

图 15.5-44 具有自适应 PID 调节器的调节回路

第 16 章　用 MATLAB 计算调节系统①

16.1　概论

MATLAB 是 MATrix LABoratory(矩阵实验室) 的缩写, 它是为处理数学—工程问题而设计的程序系统. 在调节技术中引入数字计算具有下列优点:

- 为使用数字计算机运算可以引入高阶的数学模型, 从而得到比手工计算更精确的结果, 而手工计算通常花费大量的计算成本也只能解决较低阶 (大多数情况下为二阶或三阶) 的控制系统问题.
- MATLAB 图形可以比语言表述或公式更快地被理解并加以评价. 在调节技术中, 除信号流图之外还会应用诸如响应函数、幅相频率特性曲线、根轨迹曲线和伯德图. 这些工具使人们可以快速地了解, 所研究的调节系统是否满足事先设定的要求, 并决定下一步的进程. 借助计算机, 图形化的描述可在满足精度要求并在时间及财力消耗允许的范围内得以实现. 控制技术人员通过人机交互对话来解决问题并得到答案.

MATLAB 拥有功能强大的专为调节技术方法及图形显示可剪裁的函数. 该程序系统是用高级程序语言 C 编写, 拥有开放的系统环境, 其中可调用已有的算法或其他用高级程序语言, 例如 C, 编写的程序也可以被嵌入 MATLAB 程序. 特别是用户还可以自己开发函数. 对于调节技术, MATLAB 是一个标准工具, 广泛应用于高校的教学和科研以及工业生产当中.

对专用领域, MATLAB 还有扩展功能, 被称为工具箱. 例如, 对调节技术有下列工具箱:

- 控制系统工具箱 (Control System Toolbox);
- 符号数学工具箱 (Symbolic Math Toolbox);
- 信号处理工具箱 (Signal Processing Toolbox);
- 系统辨识工具箱 (System Identification Toolbox);
- 鲁棒控制工具箱 (Robust Control Toolbox);
- 模型预测工具箱 (Model Predictive Toolbox);

---

① MATLAB 和 Simulink 是公司 (The MathWorks, Inc., 3 Apple Hill Drive, Natick, MA-01760) 的注册商标. MATLAB 软件包在德意志联邦共和国由公司 (The MathWorks GmbH, Friedlandstr. 18, D-52064 Aachen) 销售.

- 模糊逻辑工具箱 (Fuzzy Logic Toolbox);
- Simulink, 等等.

Simulink 是 MATLAB 的一个扩展, 在应用信号流图时它具有图形化的操作界面, 其中也可研究非线性系统. 对于高校中调节技术的教学, 可以引用具有 Simulink 的 MATLAB 学生版.

16.2 节将介绍用 MATLAB 进行编程. 在后面的各节中将描述控制系统工具箱的最重要的调节技术函数并给出应用程序, 将符号数学工具箱引入到在提出调节技术问题时的两节. 关于个别 MATLAB 函数更进一步的的信息, 请参阅 MATLAB 的手册 (Using MATLAB) 以及相应工具箱的用户指南或在线帮助.

使用不同的字体可以帮助改善本章的可读性.

- 一般的叙述主体, 采用字体 Times;
- 在 MATLAB 的输入提示符 >> 后的用户输入, MATLAB 程序, MATLAB 语句以及函数名采用字体`Courier`, 在某一节新引入的 MATLAB 程序中的 MATLAB 语句及函数名依然采用字体`Courier`, 但用**黑体**印刷以期更加醒目.

16.2 MATLAB 简介

16.2.1 应用 MATLAB 进行简单计算

使用鼠标在 MATLAB 图标上点击启动 MATLAB. 如果程序被加载到内存, 那么在屏幕上将显示输入提示符: >>. 该程序系统处于人机交互式运行方式, 在此句法正确的用户输入将被逐行执行, 运行结果将显示在屏幕上.

MATLAB 具有在线帮助功能. 输入`help`, `help`将得到如何使用在线帮助的信息. 在输入`help`之后, 将列表显示在线帮助可提供的主题信息. 帮助窗口 (help window) 则使得用户可以抓取这些信息. 输入`help 'funktionaname` (函数名)', 将得到关于该函数的详细说明.

输入一个简单的表达式

```
>> 2+3
```

将显示

```
ans =
    5
```

在此 MATLAB 将结果赋于变量 ans, ans 为 "answer(答案)" 的缩写. 在下面的行中, 结果将被赋于变量 x:

```
>> x = 2+3;
```

此处的分号强制取消屏幕显示. 当不用显示中间结果的时候可使用分号, 但变量值可以在任何时候, 比如查找程序错误时, 被访问:

```
>> x
x =
     5
```

MATLAB 可识别和存储变量名的前 31 位字符, 但首位必须是字母. MATLAB 对大小写 "case sensitive(敏感)", 因此对大小写字母区别对待, 也就是说, x 和 X 是两个不同的变量.

如果一个表达式不能用一行写完, 就在第一行末尾加三点结束并在下一行接着写:

```
>> y = 1-2+3-4+...
         5-6
y =
    -3
```

在下面的表达式中,

```
>> z = x*y^2
z =
    45
```

使用了已定义过的变量 x 和 y. $*$ 是乘法运算符, ^是指数运算符. 为改善可读性, 可在行输入时引入空格.

使用运算符 \ 和 / 可进行除法运算. 使用 x/y 表示 x 除以 y, 而 $x\backslash y$ 则与此相反表示 y 除以 x. 对标量变量 $x\backslash y = y/x$ 成立.

如果没有括号, 算术运算符具有以下优先级: ^, $*$, \ 和 /, $+$ 和 $-$.

```
>> z = x*2^2/4-y
z =
     8
```

在下列其他的例子中, 运算顺序通过使用圆括号加以限定:

```
>> z = (x*2)^2/4-y
z =
    28
>> z =x*2^2/(4-y)
z =
    2.8571
```

所有运算也允许使用**复数 (komplexe Zahen)**. 虚部单位 $\sqrt{-1}$ 可用 i 或 j 表示, 例如:

```
>> z1 = 3+i*4;
```

或者

```
>> z2 = 2-j*5
z2 =
    2.0000 - 5.0000i
```

在输入复数时, 复数的单个符号不能用空格分开. 在下列例子中, 给出了其基本运算方式和重要的变形:

```
>> z3 = z1 + z2
z3 =
    5.0000 - 1.0000i
>> z4 = z1*z2
z4=
    26.0000 - 7.0000i
>> z5 = z1/z2
z5 =
    -0.4828 + 0.7931i
```

复数 z_1 的**实部 (Realteil)**re, **虚部 (Imaginärteil)**im, **模 (Betrag)**r 以及**相位 (Phase)**phi 将通过如下方式计算:

```
>> re = real(z1)
re =
    3
```

```
>> im = imag(z1)
im =
    4
>> r = abs(z1)
r =
    5
>> phi = angle(z1)
phi =
    0.9273
>> z1 = r*exp(j*phi)
z1 =
    3.0000 + 4.0000i
```

MATLAB 以 64 位 (bit) 格式 (double precision(双精度)) 执行所有运算. 对于输出可选择下列格式:

- **format short**: z=2.8571, 具有 5 位有效数字位 (default-For- mat(默认-格式));
- **format short e**: z=2.8571e+000;
- **format long**: z=2.857142857142857;
- **format long e**: z=2.857142857142857e+000.

使用指令 format 输出格式又回到默认格式 format short. 其他格式在表 16.2-11 中给出.

MATLAB 拥有大量的数学和调节技术应用的函数. 函数名和指令用小写字母书写. 下面给出关于具有一个输入和一个输出变量的函数的例子.

```
>> %komplexe Zahl mit trigonometrischen Funktionen
>> z6 = 2*(cos(pi/4)+j*sin(pi/4)) %pi=3.14159
z6 =
    1.4142 + 1.4142i
>> %Quadratwurzelfunktion
>> F = sqrt(10)
F =
    3.1623
>> %Logarithmusfunktion
>> LG=log10(F)
```

```
LG =
    0.5000
>> %Sprungantwortwert für ein PT2-Element
>> xa = 1-1.1547*exp(-0.1)*sin(1.2204)
xa =
    0.0187
```

程序中德文译文:

1. %komplexe Zahl mit trigonometrischen Funktionen (具有三角函数的复数)
2. %Quadratwurzelfunktion (平方根函数)
3. %Logarithmusfunktion (对数函数 (底数 =10))
4. %Sprungantwortwert für ein PT2-Element (PT_2 环节的阶跃响应值)

注释行由%符号开始. 由%引起的行中所有字符将被忽略不计.

使用**Desktop(桌面)**, **Workspace(工作面)**将出现工作面浏览器. 输入 who 或 whos 将在显示屏上显示所有使用过的变量表:

```
>> who
Your variables are(你的变量有):
F LG ans im phi r re x xa y z z1 z2 z3 z4 z5 z6
```

若一个 MATLAB 对话过程中断, 它仍可利用变量的值在此后接着处理. 使用指令 save 可将变量存入一个具有标准文件名 matlab.mat 的文件中. 同样地, 变量也可存入一个由用户任意命名的文件中. 使用语句 load 可将存入文件的变量在此后任何时候再调入内存. 命名 clear 将删除内存中的所有变量.

MATLAB 的工作可通过输入 exit 或 quit 结束.

16.2.2　向量、矩阵、多项式的输入和基本运算

16.2.2.1　向量

MATLAB 作为唯一的数据类型具有矩阵和基于矩阵基础的数据结构, 其矩阵元素允许为复数. 向量被看成具有单行或单列的矩阵来处理. 标量被看作是单元素矩阵.

如果每个元素后面加分号或 <CR>, 将生成列向量. 其所有元素用一对方括号括起来.

输入列向量

```
>> a = [1; 3; 5]
```

将产生

```
a =
    1
    3
    5
```

向量或矩阵元素也可以包含任意的 MATLAB 表达式. 如果按行输入元素, 并用逗号或空格符分开, 将产生一个行向量:

```
>> b = [log10(100) cos(pi) exp(-1)]
b = 2.0000 -1.0000 0.3679
```

行向量可以通过转置成为列向量:

```
>> c = b'
c =
     2.0000
    -1.0000
     0.3679
```

相同维数的向量可以进行加或减:

```
>> d = a + c
d =
    3.0000
    2.0000
    5.3679
```

如果输入

```
>> d = a + 3
d =
    4
    6
    8
```

将把数字 3 加到向量 $\boldsymbol{a}$ 的所有元素.

将向量 $\boldsymbol{b}$ 乘以数字 2

```
>>e = b * 2
```

可得到

```
e =
    4.0000 -2.0000 0.7358
```

为得到列向量 $\boldsymbol{a}$ 和 $\boldsymbol{c}$ 的标量积 (点乘), 列向量 $\boldsymbol{a}$ 必须转置:

```
>> f = a' *c
f =
    0.8394
```

向量也可以通过使用冒号 (:) 以下列方式来构造.

输入

```
>> g = 1:6
```

将得到由整数 1 到 6 构成的行向量:

```
g =
    1 2 3 4 5 6
```

通过输入

```
>> g = 0:0.1:0.5
```

将产生一个行向量

```
g = 0 0.1000 0.2000 0.3000 0.4000 0.5000
```

存取向量元素通过变址表达式得到. 由

```
>> k3=g(3)
```

求出第三个值

```
K3 = 0.2000
```

值的区间可用

```
>> k35 = g(3:5)
```

给出

```
K35 = 0.2000 0.3000 0.400
```

向量或数组最后一个值可用符号变址最大值 end 来存取, end 具有与 length(g) 或 size(g,2)(g 的列数) 同样的数值.

```
>>k6 = g(end)
k6 = 0.5000
```

用 end 也可表示相对最后向量元素的地址.

```
>>k35 = g(end-3:end-1)
k35 = 0.2000 0.3000 0.4000
```

在图形显示中, 常用到线性或对数格式的坐标刻度. 使用语句 linspace 或 logspace 将产生相应的向量. 例如 linspace (x, y, k) 产生一具有 k 个元素, 并且线性分布在数值 x 和 y 之间的向量. 用 logspace (x, y, k) 作以下数值输入

```
>> h = logspace(0, 4, 5)
```

将提供一个含 $k = 5$ 个元素的行向量, 其元素值在 $10^x = 10^0$ 和 $10^y = 10^4$ 之间, 即

```
h =
    1 10 100 1000 10000
```

16.2.2.2 矩阵

矩阵必须采用行方式输入. 如象向量输入一样, 矩阵元素由空格符隔开, 并且每行由分号或 < CR < 结束. 所有元素由一对方括号括起来.

矩阵输入

```
>> A = [4 5; 6 3]
```

或选择采用 <CR< 输入

```
>> A = [4 5
        6 3]
```

将得出

```
A=
    4 5
    6 3
```

矩阵元素可通过将全变址括进圆括号中独立地进行定址. 例如, 第 2 行第 1 列其值为 6 的元素可通过下列方式重新赋值为 2:

```
>> A(2, 1) = 2
A =
    4 5
    2 3
```

使用冒号 (:) 可以将全行或全列进行定址. 下面的例子将输出矩阵第 2 列:

```
>> S2 = A(:,2)
S2 =
    5
    3
```

特殊矩阵, 如对角矩阵或单位矩阵, 将通过特殊指令来构建. diag($\boldsymbol{a}$) 将生成一个具有向量 $\boldsymbol{a}$ 的元素的对角矩阵:

```
>> B = diag([4 5])
B =
    4 0
    0 5
```

使用输入

```
>> E = eye(2)
E =
    1 0
    0 1
```

将产生一个 2 行 2 列的单位矩阵.

相同维数的矩阵可以相加减. 两个矩阵相加 $\boldsymbol{A}+\boldsymbol{B}$ 将得出

```
>> C = A + B
C =
    8 5
    2 8
```

用输入

```
>> C = A + 2
C =
    6 7
    4 5
```

将把数字 2 相加到矩阵 $\boldsymbol{A}$ 的所有元素.

对于两个矩阵相乘 $\boldsymbol{A}*\boldsymbol{B}$, $\boldsymbol{A}$ 矩阵的列数必须与 $\boldsymbol{B}$ 矩阵的行数相同.

```
>> D = A*B
D =
    16 25
     8 15
```

用列向量

```
>>b = [1;6]
b =
    1
    6
```

可以构成矩阵–向量–积 $\boldsymbol{A}*\boldsymbol{b}$. 在此, 向量 $\boldsymbol{b}$ 的行数必须和矩阵 $\boldsymbol{A}$ 的列数一致.

```
>> C = A*b
C =
    34
    20
```

使用指令 inv($\boldsymbol{A}$) 将得到矩阵 $\boldsymbol{A}$ 的逆:

```
>> F = inv(A)
F =
     1.5000 -2.5000
    -1.0000  2.0000
```

存取矩阵元素, 如像向量那样, 通过变址表达式得到. 由

```
>>f11 = F(1,1)
```

求得第一个矩阵元素值

```
f11 = 1.5000
```

用: 算符存取行和列,

```
>>zeilel = F(1,:)
Zeilel = 1.5000 -2.5000
>>spaltel = F(:,1)
spaltel = 1.5000
         -1.0000
```

数组最后一个值也可用符号变址最大值 end 来求. 对于行 end 具有与 size$(F,1)$ 相同的值, 而对于列具有 size$(F,2)$ 值.

```
>>f22 = F(end,end)
F22 = 2.000
```

与 16.2.2.1 节对应, 也可用 end 寻找相对最后元素的地址. 对于第二行用

```
>>F(2,:)  = []
F = -1.0000 2.0000①
```

来求解, 而第二列用

```
>>F(:,2) = [] ②

F = -2500
    2000③
```

来求解.

16.2.2.3　多项式

多项式用向量来表示, 其中多项式的系数按降阶顺序构成向量的元素.

① [译者注]原文为 F=1.500 -2.500.
② [译者注] 原文为 F(2).
③ [译者注] 原文为 F=1.500.

矩阵 $\boldsymbol{A}$ 的特征方程用

$$\det(\alpha \cdot \boldsymbol{E} - \boldsymbol{A}) = p(\alpha) = \alpha^2 - 7 \cdot \alpha + 2 = 0$$

来构成. 矩阵 $\boldsymbol{A}$ 的特征多项式则用

```
>> pA = poly(A)
```

来计算:

```
pA =
    1.0000 -7.0000 2.0000
```

$p_{\boldsymbol{A}}$ 是一个由特征多项式系数构成的行向量. $\boldsymbol{E}$ 是单位矩阵. 用 roots($p_{\boldsymbol{A}}$) 可计算多项式 $p_{\boldsymbol{A}}$ 的零点 **alpha12**:

```
>> alpha12 = roots(pA)
Alpha12 =
         6.7016
         0.2984
```

Alpha12 是一个列向量. 如果零点 **alpha12** 是已知的, 那么就可求对应的特征多项式 $p_{\boldsymbol{A}}$:

```
>> pA = poly(alpha)
pA =
    1.0000 -7.0000 2.0000
```

一个多项式的值用 polyval 来计算. 用 polyval($p_{\boldsymbol{A}}$, **alpha**) 可确定对于值 $\alpha = 2$ 的多项式 $p(\alpha) = \alpha^2 - 7 \cdot \alpha + 2$ 的值:

```
>> x = polyval(pA, 2)
x =
    -8.0000
```

在频域的调节技术方法时, 其多项式的构成依赖算子 jω, s 或 z. 两个多项式

$$p_1(s) = s^2 + 2 \cdot s + 3$$

$$p_2(s) = 2 \cdot s^2 + s - 5$$

的乘积将通过下列程序串来计算:

```
>> p1 = [1 2 3];
>> p2 = [2 1 -5];
>> p3 = conv(p1,p2)

p3 =
    2 5 3 -7 -15
```

下面是多项式的 MATLAB 显示形式:

$$p_3(s) = 2 \cdot s^4 + 5 \cdot s^3 + 3 \cdot s^2 - 7 \cdot s - 15$$

16.2.2.4　向量和矩阵元素乘除法

在向量或矩阵元素乘除法中, 具有相同变址的元素才能进行乘除. 在此, 相乘除的矩阵或向量必须具有相同的维数. 在下面例子中, 两个行向量 $\boldsymbol{a}$ 和 $\boldsymbol{b}$ 进行元素相乘: $\boldsymbol{c} = \boldsymbol{a}.*\boldsymbol{b}$. 元素运算通过运算符号左下角的点来标识.

```
>> a = [1 2 3];
>> b = [2 6 4];
>> c = a.*b
c =
    2 18 20
```

对两个矩阵的元素相乘 $\boldsymbol{G} = \boldsymbol{A}.*\boldsymbol{C}$ 将通过输入下列程序串实现:

```
>> A = [4 5; 6 3];
>> C = [8 5; 2 8];
>> G = A.*C
G =
    32 25
    12 24
```

在向量和矩阵元素除法中也是具有相同变址的元素相除, 其中运算数必须具有相同维数. 两个行向量的相除 $\boldsymbol{b} = \boldsymbol{c}./\boldsymbol{a}$ 将通过下列步骤执行:

```
>> a = [1 3 5];
>> c = [2 18 20];
>> b = c./a
b =
    2 6 4
```

相应地, 两矩阵的元素相除 $\boldsymbol{A} = \boldsymbol{G}./\boldsymbol{C}$ 将是:

```
>> G = [32 25; 12 24];
>> C = [8 5; 2 8];
>> A = G./C
A =
     4 5
     6 3
```

16.2.3 m 文件①

16.2.3.1 脚本文件和函数文件

至今语句只是逐行输入并执行的. 这种交互式工作方式并不适用于那些需要多程序行并需要重复执行的算法, 为此, 适合使用所谓的 m 文件, 这些 m 文件用 ASCII 格式的文本编辑器 (Tex Editor) 或 MATLAB 编辑器 (Editor) 来生成.

应用两种**m 文件 (m-File)**类型: **脚本文件 (Script-File)**和**函数文件 (Function-File)**. 这两种文件区别在于两个方面. 脚本文件通常是大量的程序串而且可以存取所有在对话中定义的变量 (全局变量). 函数文件大部分是短程序. 利用它用户可定义自己的函数, 并由此扩充已有的 MATLAB 函数库, 函数文件中的变量是局部变量传送单个变量是经过在函数调用时的参数表来实现的.

16.2.3.2 脚本文件

用 'filename(文件名).m' 命名的脚本文件将通过输入不加.m 的文件名来启动. 下面以具有命名 pt2_162.m 的脚本文件为例来计算一个 PT_2 环节的阶跃响应值和超调量.

```
%MATLAB Script-File pt2_162.m
%Sprungantwort und Überschwingweite für PT2-Element
%KP=Proportionalverstärkung
%D=Dämpfung
%w0=Kennkreisfrequenz
```

① 德文原书注: 本控制技术手册使用的 m 文件和 mdl 文件可以从下列主页下载:
http://www.fh-friedberg.de/fachbereiche/iem/cae-labor/lutz/home.htm
http://www2.fht.esslingen.de/fachbereiche/mb/Labore/IRT/index.htm

```
%t=Zeit
we=w0*sqrt(1-D*D);            %Eigenkreisfrequenz
%Wert der Sprungantwort für die Zeit t:
xa=KP*(1-w0*exp(-D*w0*t)*sin(we*t+acos(D))/we)
ue=exp(-D*pi/sqrt(1-D*D))     %Überschwingweite
```

程序中德文译文:

1. %MATLAB Script-File pt2_162.m (MATLAB 脚本文件 pt2_162.m)
2. %Sprungantwort und Überschwingweite für PT2-Element (PT_2 环节的阶跃响应和超调量)
3. %KP=Proportionalverstärkung(KP= 比例增益)
4. %D=Dämpfung (阻尼)
5. %w0=Kennkreisfrequenz (特征角频率)
6. %t=Zeit (时间)
7. %Eigenkreisfrequenz (固有角频率)
8. %Wert der Sprungantwort für die Zeit t (时间阶跃响应值)
9. %Überschwingweite (超调量)

键入下列变量值 $K_P = 1, D = 0.5, w_0 = 2$ 和 $t = 0.1$ 之后启动 pt2_162.m

```
>> pt2_162
```

并将得到:

```
xa =
   0.0187
ue =
   0.1630
```

所有在脚本文件中生成的变量作为全局变量在脚本文件程序运行结束后依然有效. 例如, 在脚本文件 pt2_162.m 运行结束后依然可以显示变量 w_e 的值:

```
>> we
we =
   1.7321
```

阶跃响应也可用控制系统工具箱 (Control System Toolbox) 中的 step 函数来计算 (16.5 节).

16.2.3.3 函数文件

函数文件是具有下述通用句法形式的 m 文件:

```
function[A1,A2,...]=Filename(E1,E2,...)
%Kommentare (für die Dokumentation)      (% 注释行(为文件编制提供方便))
MATLAB-Anweisungen                       (MATLAB 语句)
```

函数说明用标识名 function 开始. $E_1, E_2, \cdots$ 为输入参数, 而 $A_1, A_2, \cdots$ 为输出参数. 在函数文件中所有其他的参数均为局部 (只在该函数中) 有效. 在参数表中的输入参数和输出参数把函数文件与主程序联系起来. 在函数文件中也可定义全局变量.

在下面的函数文件 pt2wu_162.m 中, 将计算 PT_2 环节固有角频率和超调量.

```
%MATLAB Function-File pt2wu_162.m
%Überschwingweite und Eigenkreisfrequenz für PT2-Elemente
function[ue,we]=pt2wu_162(D,w0)
%Eingangsvariablen:  D=Dämpfung, w0=Kennkreisfrequenz
sq=sqrt(1-D*D);
we=w0*sq;              %Eigenkreisfrequenz
ue=exp(-D*pi/sq);      %Überschwingweite
```

程序中德文译文:

1. %MATLAB Functiont-File pt2wu_162.m (MATLAB 函数文件 pt2wu_162.m)
2. %Überschwingweite und Eigenkreisfrequenz für PT2-Elemente (PT_2 环节超调量和固有角频率)
3. %Eigenkreisfrequenz(固有角频率): D=Dämpfung(阻尼), w0=Kennkreisfrequenz(特征角频率)
4. %Eigenkreisfrequenz(固有角频率)
5. %Überschwingweite(超调量)

使用此前输入的值 $D = 0.5$ 和 $\omega_0 = 1\mathrm{s}^{-1}$ 启动函数文件:

```
>> [ue, we] = pt2wu_162(D, w0)
```

将得出:

```
ue =
    0.1630
```

```
we =
    0.8660
```

sq 是一个局部变量.

> 标准函数
> `[A1,A2,...]  =Filename(文件名)(E1,E2,...)`
> 经常也可用无输出变量形式
> `Filename (文件名)(E1,E2,...)`
> 来描述. 在这种情况下, 计算出的数值或图形将直接输出到显示屏.

16.2.4 控制结构

16.2.4.1 控制结构类型

像大多数高级程序语言一样, 在 MATLAB 中有下列控制结构:

- for Schleife (循环);
- while Schleife (循环);
- if-elseif-else Struktur (结构);
- switch-case-otherwise Struktur (结构).

这些控制语句必须用 end 结束.

16.2.4.2 for Schleife (循环)

for Schleife (循环) 用于固定的循环运行次数, 这一循环运行次数必须事先已知. 下面的流程图显示了一个用 for $n = n_1 : n_2\ A$; 构成的 for 循环基本结构. 下列脚本文件将产生一个反对称矩阵.

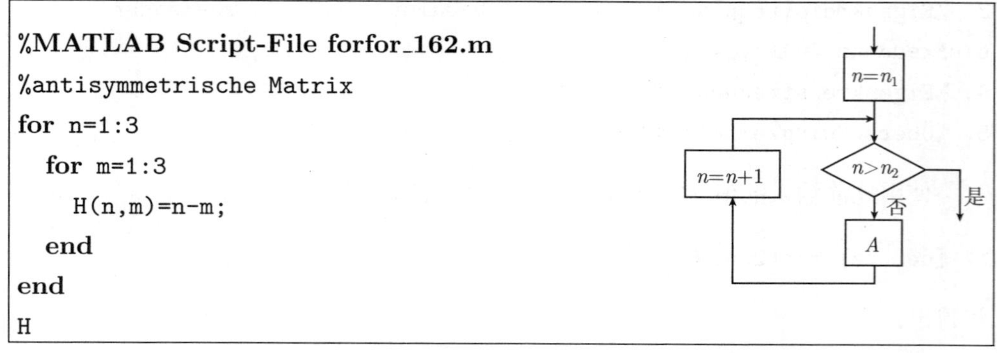

程序中德文译文:

1. %MATLAB Script-File forfor_162.m(MATLAM 脚本文件 forfor_162.m)
2. %antisymmetrische Matrix(反对称矩阵)

```
H =
    0 -1  -2
    1  0  -1
    2  1   0
```

程序中可以设置多个 for 循环结构. 在循环运行次数完成后给出矩阵 $\boldsymbol{H}$.

16.2.4.3 while Schleife(循环)

在 while Schleife (循环) 中, 在循环运行前检验进入条件. 在下列流程图中给出了 while 循环的基本结构. 只要条件 B 被满足, 就执行循环中的语句 A. 该程序累计了在前一节中计算的 $\boldsymbol{H}$ 矩阵的下三角矩阵元素的和 k.

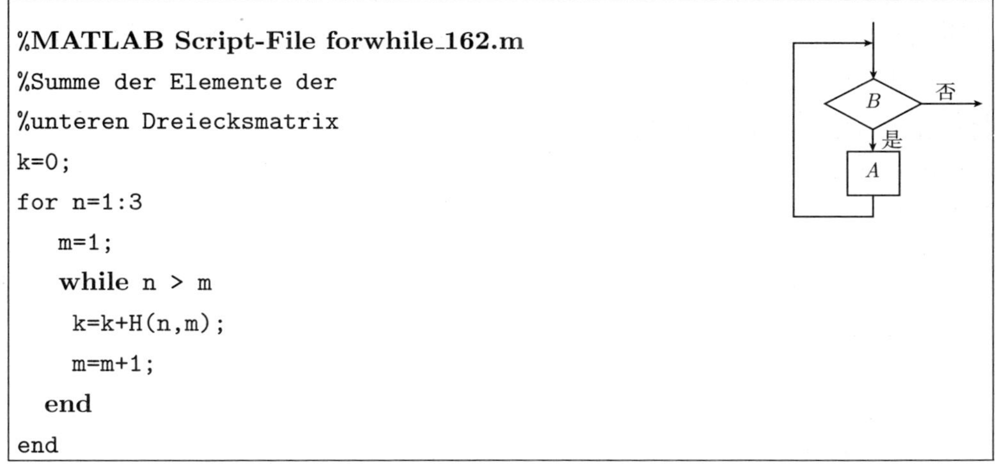

```
%MATLAB Script-File forwhile_162.m
%Summe der Elemente der
%unteren Dreiecksmatrix
k=0;
for n=1:3
   m=1;
   while n > m
    k=k+H(n,m);
    m=m+1;
  end
end
```


程序中德文译文:

1. %MATLAB Script-File forwhile_162.m(MATLAB 脚本文件 forwhile_162.m)
2. %Summe der Elemente der
3. %unteren Dreiecksmatrix(下三角矩阵元素和)

16.2.4.4 if-elseif-else Struktur (结构)

这一结构被用于条件执行指令. 它具有下列句法形式:

```
>>if Bedingung(条件)B1,
    Anweisung(语句)A11, A12, ...,
    elseif Bedingung(条件)B2,
           Anweisung(语句)A21, A22, ...,
    elseif Bedingung(条件)B3,
           Anweisung(语句)A31, A32, ...,
   ⋮
    else  Anweisung(语句)An1, An2, ...,
end
```

当满足条件 B_1 时, 执行语句 A_{11}, A_{12}. 如果满足条件 B_2, 那么执行语句 A_{21}, A_{22}. 程序允许嵌入更多的 elseif–条件. 如果条件 B_1, B_2, B_3, $\cdots$ 都不满足, 则执行语句 A_{n1}, A_{n2}. elseif 和 else 不一定总是被使用, 但 end 语句总是必要的.

下面的程序计算向量 $\boldsymbol{x}$ 的 (正负) 符号函数.

```
%MATLAB Script-File signum_162.m
%Signumfunktion
for k=1:3
   if x(k) < 0
     y(k) = -1;
     elseif x(k) > 0
       y(k) = 1;
     else
       y(k)=0;
   end
end
y
```

程序中德文译文:

1. %MATLAB Script-File signum_162.m(MATLAB 脚本文件 signum_162.m)
2. %Signumfunktion((正负) 符号函数)

输入

```
>> x = [1.3 -3.7 0];
>> signum_162
```

将得到

```
y =
    1 -1 0
```

(正负) 符号函数也可用 MATLAB 函数 sign 来计算.

下面的例子将利用 log 计算自然对数 (底 =e), 其变量 x 的值将通过 input 由键盘输入. 如果条件满足, 程序循环将通过 break 终止. 符号 ~ 表示逻辑非.

```
%MATLAB Script-File logarith_162.m
%Logarithmusfunktion (Basis=e)
schleife=0;
while ~schleife
x=input('x=');            %Eingabe von der Tastatur
    if x <= 0, break      %Verlassen der Schleife
      else
      y=log(x)            %Logarithmusfunktion (Basis=e)
    end
end
```

程序中德文译文:

1. %MATLAB Script-File logarith_162.m(MATLAB 脚本文件 logarith_162.m)
2. %Logarithmusfunktion(Basis=e)(对数函数 (底=e))
3. %Eingabe von der Tastatur (键盘输入)
4. %Verlassen der Schleife(退出循环)
5. %Logarithmusfunktion(Basis=e)(对数函数 (底=e))

16.2.4.5 switch-case-otherwise Struktur(结构)

使用这一控制结构可通过与一个变量的值比较执行确定的语句. 这结构具有下列形式:

```
>> swith Variable(变量)
      case Wert(数值)1
           Anweisung(语句)A11, A12, ...,
      case Wert(数值)2
```

```
        Anweisung(语句)A21, A22, ...,
  ⋮
    otherwise Anweisung(语句)An1, An2, ...,
end
```

如果 Variable(变量) 等于 Wert(数值)1, 则执行 Anweisung(语句) A_{11}, A_{12}. 如果 Variable(变量) 不具有 Wert(数值)1, Wert(数值)2, $\cdots$, 那么执行 Anweisung(语句) A_{n1}, A_{n2}, 如果 case 条件之一被满足, 那么它后面的 case 条件将不再被检验. otherwise 不一定总是被使用, 但 end 语句总是必需的.

16.2.4.6　节省计算时间

在程序执行过程中, 程序循环作为解释器/编译器 (Interpreter/Compiler) 运行要比向量或矩阵运行慢. 下面的例子将比较用 for 循环和向量形式来计算余弦函数所需的时间.

```
%MATLAB Script-File re_zeit_162.m
%Ermittlung von Rechenzeiten
%Programm mit for-Schleife
clear
t01=tic;                         %Zeit
k=1;
for x=0:2*pi/50000:2*pi;
  y(k)=cos(x);
  k=k+1;
end
t0=toc(t01)                              %Zeitdifferenz
%Programm mit for-Schleife
%und preallocation für y
t11=tic;
y=zeros(1,50000);                        %Vordefinition Vektor y mit Null
k=1;
for x=0:2*pi/50000:2*pi;
  y(k)=cos(x);
  k=k+1;
end
```

```
t1=toc(t11)

%Programm in Vektorschreibweise
t21=tic;
x=0:2*pi/50000:2*pi;
y=cos(x);
t2=toc(t21)
```

程序中德文译文:

1. %MATLAB Script-File re_zeit_162.m(MATLAB 脚本文件 re_zeit_162.m)
2. %Ermittlung von Rechenzeiten(求计算时间)
3. %Program mit for-schleife(具有 for 循环程序)
4. %Zeit (时间)
5. %Zeitdifferenz (时间差)
6. %Programm mit for-Schleife
7. %und preallocation für y(具有 for 循环和预分配地址 y 程序)
8. %Vordefinition Vektor y mit Null(用零预定义向量 y)
9. %programm in Vektorschreibweise(在向量表示法中程序)

```
>> re_zeit_162
to =
    3.8400
t1 =
    0.0049
t2 =
    0.0039
```

由此, 最后一段以向量表示法的程序的运行时间要比第一段使用 for 循环程序的运行时间短大约 1000 倍.

具有大量元素和高计算时间要求的向量或矩阵的运算, 应尽量使用向量运算来代替 for 或 while 程序循环.

如果向量或矩阵事先被定义, 就象在使用 for 循环的第二程序段一样, 其运算时间也可明显缩短. 为此, 在执行 for 循环之前, 用 y = zeros(1, 50000); 将结果向量的所有元素置零.

16.2.5　有用语句：echo, keyboard, pause, type, what

- echo：在 m 文件的执行过程中, 语句一般不会被显示在屏幕上. 使用 echo 可以将语句显示在屏幕上. 键入 echo off 将恢复不显示语句状态.
- keyboard：在对 m 文件进行查错时, 可以使用 keyboard. m 文件中的 keyboard 语句将中断程序执行并把控制权转移到键盘. 这时候用户可以检查或更改变量值. 当键入字 return 和 <CR> 后程序将连续执行. 为方便查错, 程序提供了纠错器 (Debugger).
- pause：m 文件中的 pause 语句将中断程序执行. 击任意键程序将继续执行. 键入 pause(n) 将使程序执行中断 n 秒.
- type：键入 type filename(文件名) 将在屏幕上列出该 m 文件.
- what：键入 what 将列出硬盘上当前目录下的所有 m 文件.

16.2.6　图形显示

16.2.6.1　二维图形

MATLAB 拥有功能强大的用于生成图形的函数. 对于具有线性坐标轴刻度的图形可应用函数 plot. 只用一个输入参数 plot(y), 就可得到取决于横坐标轴上的向量 y 变址 $(1\cdots13)$ 的在纵坐标轴上的向量 y. 用 pokit(y) 绘制的三角函数如图 16.2-1 所示.

```
%MATLAB Script-File dreieck_162.m
%dreieckförmige Funktion
x=[0:5:60];
y=[0 1 2 3 2 1 0 -1 -2 -3 -2 -1 0];
plot(x,y);   %Grafik in kartesischen Koordinaten
grid         %kartesische Gitterlinien
```

程序中德文译文：

1. %MATLAB Script-File dreieck_162.m(MATLAB 脚本文件 dreieck_162.m)
2. %dreieckförmige Funktion(三角形函数)
3. %Graphik in kartesischen Koordinaten(在笛卡儿坐标上图形)
4. %kartesische Gitterlinien(笛卡儿网格线)

如果在上面已给的程序中应用两个输入参数 plot(x,y), 那么就可将向量 y 在纵坐标轴上而向量 x 在横坐标轴上绘制. 用 grid 将绘出笛卡儿网格线.

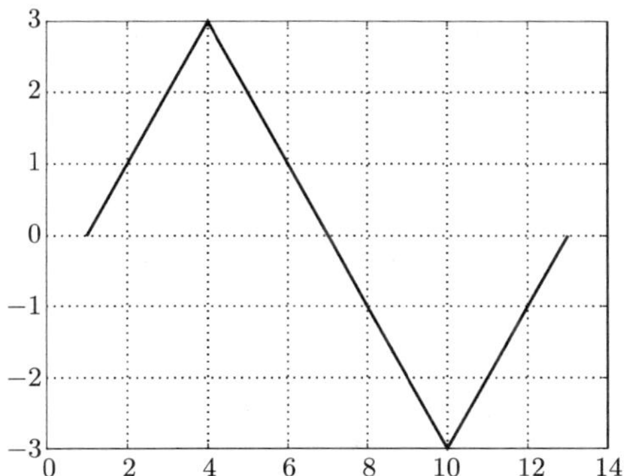

图 16.2-1 用 plot($\boldsymbol{y}$) 绘制的三角形函数 (dreieck_162.m)

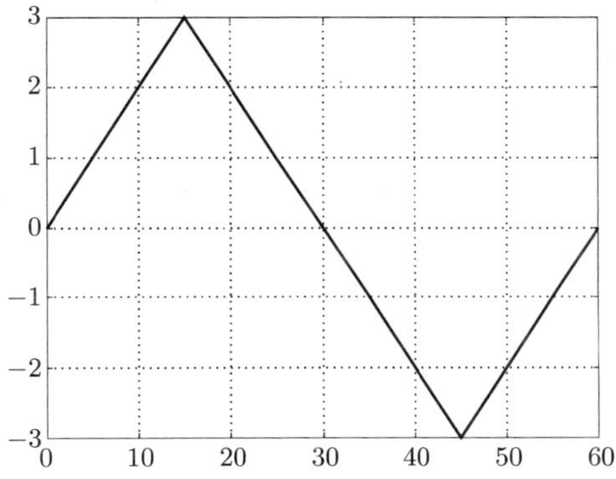

图 16.2-2 用 plot($\boldsymbol{x},\boldsymbol{y}$) 绘制的三角形函数 (dreieck_162.m)

在下面的例子中将绘制多条曲线 (图 16.2-3). 指令 hold on 阻止, 后面产生的曲线重绘前面的曲线. 使用 hold off 再退回到以前的状态, 程序中三个各自独立的 plot 函数也可以用一个单独调用指令 `plot(x, y1, x, y2, x, y3)` 来代替, 其中总是每两个向量 $\boldsymbol{x}, \boldsymbol{y}_i$ 对应一条曲线.

%MATLAB Script-File expo_162.m

```
%Exponentialfunktionen
x=-0.5:0.1:3;       %Zeilenvektor
y1=exp(-x);
y2=exp(-2*x);
y3=exp(-3*x);
plot(x,y1)     % \    %Grafik in kartesischen Koordinaten
```

```
hold on        % |    %Grafik nicht überschreiben
plot(x,y2)     %  >   oder mit plot(x,y1,x,y2,x,y3)
plot(x,y3)     % |
hold off       % /
grid                  %kartesische Gitterlinien
```

程序中德文译文:

1. %MATLAB Script-File expo_162.m(MATLAB 脚本文件 expo_162.m)
2. %Exponentialfunktionen(指数函数)
3. %Zeilenvektor(行向量)
4. %Graphik in kartesischen Koordinaten(笛卡儿坐标图)
5. %Graphik nicht überschreiben(不重绘图形)
6. oder mit plot(x,y1,x,y2,x,y3)(或用 plot(x, y_1, x, y_2, x, y_3))
7. %kartesische Gitterlinien(笛卡儿网格)

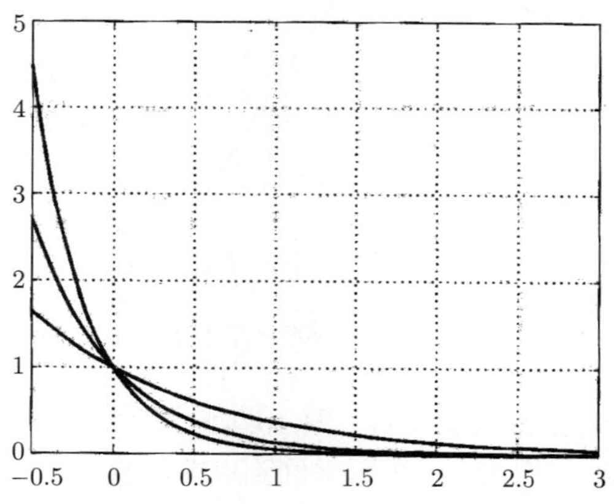

图 16.2-3 指数函数 (expo_162.m)

图 16.2-4 显示了整有理函数 (Ganzrationale Funktionen). 在构造向量 $\boldsymbol{x}$ 的幂函数 (Potenzfunktion) 时用到了元素相乘, 其中在 `y2 = x.^2` 中幂函数运算符必须用一个点来补充标识 (16.2.2.4 节).

程序中规定每条曲线的颜色、线型和图形标记, 例如使用指令 `plot (x, y1, 'g')` 将把向量 $\boldsymbol{y}_1$ 用一条由绿色点线 (grünen Punkten) 构成的曲线来绘制. 三个 plot 指令也可由一条函数调用指令 `plot(x, y1,'g.', x, y2,' r-', x, y3,' b.')` 来代替, 其中指令 hold on 和 hold off 将失去作用.

```
%MATLAB Script-File ganzra_162.m
%Ganzrationale Funktionen
x=-10:0.1:10;
y1=10*x;                    %Lineare Funktion
y2=x.^2;                    %Quadratische Funktion
y3=0.1*x.^3;                %Kubische Funktion
plot(x,y1,'g.')             %zeichnet Kurve mit grünen Punkten
hold on                     %Grafik nicht Überschreiben
plot(x,y2,'r-')             %zeichnet Kurve mit roten Strichen
plot(x,y3,'b-.')            %zeichnet Kurve mit blauen Strichen und Punkten

hold off
grid      %kartesische Gitterlinien
title('\it{Ganzrationale Funktionen}') %Titel der Grafik
text(x(150),y1(150),'\it{y_{1}=10*x}') %Bezeichnung der Kurve
text(x(25),y2(27),'\it{y_{2}=x^2}') %Bezeichnung der Kurve
gtext('\it{y_{3}=0.1*x^3}')           %Bezeichnung der Kurve
text(-7,-70,'\leftarrow\it{y_{1}= -70}')
xlabel('\it{x}','Fontsize',10)        %Beschriftung der Abszisse
ylabel('\it{y=f(x)}')                  %Beschriftung der Ordinate
legend('lineare Funktion',...         %Legende einfügen
  'quadratische Funktion',...
  'kubische Funktion')
```

程序中德文译文:

1. %MATLAB Script-File ganzra _162.m(MATLAB 脚本文件 ganzra _162.m)
2. %ganzrationale Funktionen(整有理函数)
3. %Lineare Funktion(线性函数)
4. %Quadratische Funktion (平方函数)
5. %Kubische Funktion (立方函数)
6. %zeichnet Kurve mit grünen Punkten (用绿色点线绘制曲线)
7. %Grafik nicht überschreiben (不重绘图形)
8. %zeichnet Kurve mit roten Stichen(用红色实线绘制曲线)
9. %zeichnet Kurve mit blauen Stichen und Punkten (用蓝色点划线绘制曲线)
10. %kartesische Gitterlinien(笛卡儿网格线)

11. '\it(Ganzrationale Funktionen)'(整有理函数)
12. %Titel der Grafik(图形标题)
13. %Bezeichnung der Kurve (命名曲线)
14. %Bezeichnung der Kurve (命名曲线)
15. %Bezeichnung der Kurve (命名曲线)
16. '\leftarrrow\ ...'(左箭头)
17. 'Fontsize(字号)'
18. %Beschriftung der Abssisse(横坐标标记)
19. %Beschriftung der Ordinate(纵坐标标记)
20. 'Lineare Funktion' (线性函数)
21. %legende einfügen (加入图例)
22. 'quadratische Funktion' (平方函数)
23. 'kubische Funktion' (立方函数)

使用函数 text 和 gtext 可以对曲线加文字标记, 其中 LATEX-Format(格式) 是在有限定范围使用的 (程序中 it=italic font, kursiv (italic 字形, 斜体)). 函数 legend 将在图形中加入曲线的图例, 它可以通过鼠标移动到图中合适的位置.

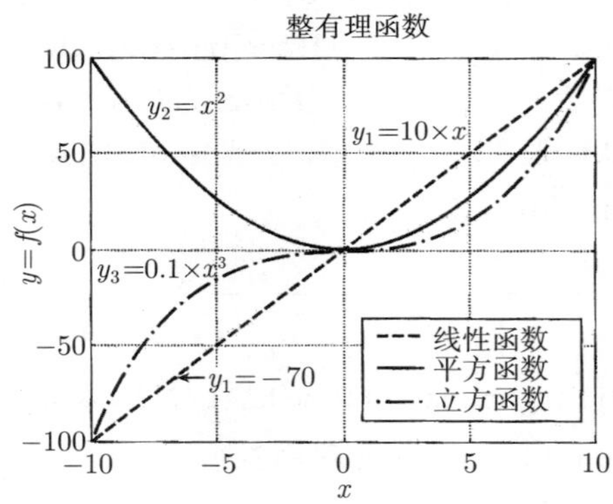

图 16.2-4 整有理函数 (ganzra_162.m)

使用 subplot 可以生成多个分图. subplot($\boldsymbol{mnp}$) 将一个图形窗口分成分图的 $\boldsymbol{m}, \boldsymbol{x}, \boldsymbol{n}$ 矩阵. 用 $\boldsymbol{p}$ 将确定分图的位置. 所有分图将被逐行绘制, 如图 12.2-5 所示.

对使用对数坐标刻度 (log10) 的曲线, 有特别的 plot–指令:

- loglog: 横坐标和纵坐标均使用对数刻度;
- semilogx: 横坐标使用对数刻度, 纵坐标使用线性刻度;
- semilogy: 横坐标使用线性刻度, 纵坐标使用对数刻度.

```
%MATLAB Script-File logari_162.m
%halb- u. doppeltlogarithmische Darstellung von Funktionen
%Darstellung von Funktionen
x1=0.1:0.1:3;
y1=log10(x1);   %Logarithmusfunktion
x2=-3:0.1:3;
y2=x2.^2;       %Quadratische Funktion
subplot(221), plot(x1,y1) %zeichnet die Logarithmusfunktion
title('\it{y=log_{10}(x)}')     %Titel der Grafik
grid                            %kartesische Gitterlinien
subplot(222), semilogx(x1,y1)   %Logarithmusfunktion mit

title('\it{y=log_{10}(x)}')     %log10-Abszissenteilung und
grid                            %linearer Ordinatenteilung
subplot(223), plot(x2,y2)        %zeichnet die Quadratische Funktion

title('\it{y=x^2}')
grid
subplot(224), loglog(x2,y2)  %Quadratische Funktion mit log10-
                              Abszissen-und

title('\it{y=x^2}')             %Ordinatenteilung
grid
```

程序中德文译文:

1. %MATLAB Script-File logari _162.m(MATLAB 脚本文件 logari _162.m)
2. %halb- u.doppeltlogarithmische Darstellung von Funktion
(半和双对数的函数显示)
3. %Darstellung von Funktion (函数显示)
4. %Logarithmusfunktion (对数函数)
5. %Quadratische Funktion (平方函数)
6. %zeichnet die Logarithmusfkt.(绘制对数函数)
7. %Titel der Grafik (图形标题)
8. %kartesische Gitterlinien(笛卡儿网格线)
9. %Logarithmusfunktion mit
   %log10-Abszissenteilung und

%linearer Ordinatenteilung(对数函数具有对数 (log10) 横坐标刻度和线性纵坐标刻度)

10. %zeichmet die Quadratische Funktion. (绘制平方函数)

11. %Quadratische Funktion mit log10-Abszissen- und

%Ordinatenteilung (平方函数具有对数 (log10)-横坐标和对数 (log10)-纵坐标刻度)

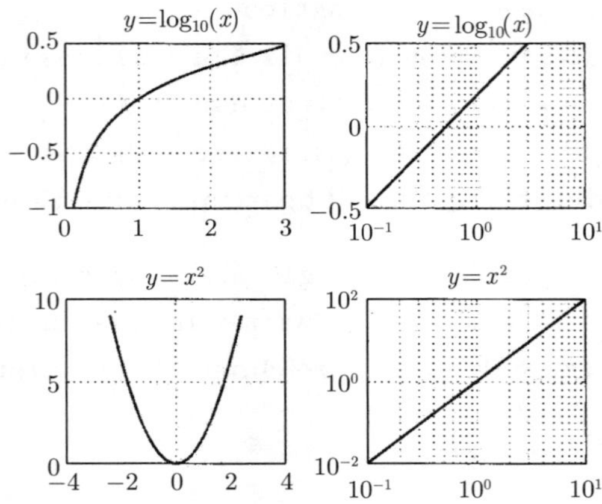

图 12.2-5　使用指令 supplot 显示函数 (logari_162.m)

使用指令 polar(φ, r)(角度 φ 以弧度为单位, r 为半径) 可在极坐标系中绘制曲线. 在图 16.2-6 显示的对数螺旋曲线对应着下列方程:

$$r = a \cdot \mathrm{e}^{k \cdot \varphi}, \quad 其中\ a = 1\ 和\ k = 0.1$$

```
%MATLAB Script-File spirale_162.m
%Logarithmische Spirale
a=1; k=0.1;
Phi=0:4*pi/100:4*pi;   %Zeilenvektor
r=a*exp(k*Phi);        %Exponentialfunktion
polar(Phi,r)           %Grafik in Polarkoordinaten
```

程序中德文译文:

1. %MATLAB Script-File spirale_162.m(MATLAB 脚本文件 spirale_162.m)
2. %Logariththmusche Spirale (对数螺旋线)
3. %Zeilenvektor(行向量)
4. %Exponentialfunktion(指数函数)

5. %Grafik in Polarkoordinaten(极坐标图形)

在确定的应用中, 用语句 axis([$x_{\min}$ $x_{\max}$ $y_{\min}$ $y_{\max}$]) 通过人工键入的坐标轴刻度替代自动的坐标轴刻度是有意义的. 使用 axis 将把坐标轴恢复到自动刻度状态.

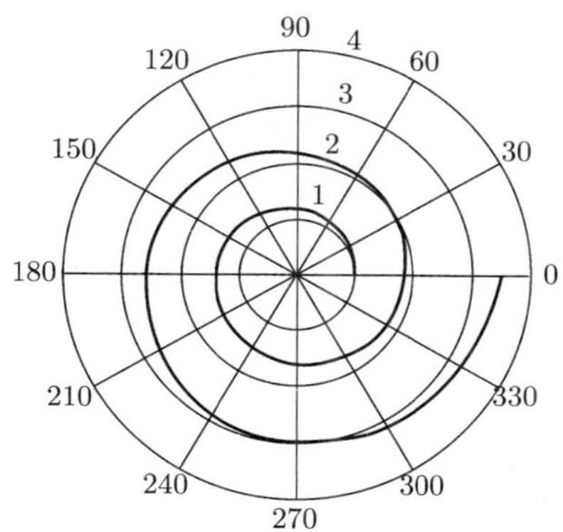

图 16.2-6 在极坐标系中的对数螺旋线 (spirale_162.m)

16.2.6.2 三维图形

生成三维彩色图形可采用下列途径:

- plat3 是 plat- 函数用于三维显示的扩展. 它可以用来绘制点和线;
- contour: 使用 contour 可显示等高线;
- mesh, surf: 这些指令可实现具有表面网和表面阴影的透视显示, 除此之外, 还可生成彩色图形, 照片和电影.

复数的幅值和相位的三维图形 (3D-Grafiken)

复数的幅值用 $|z| = \sqrt{\mathbf{Re}^2\{z\} + \mathbf{Im}^2\{z\}}$ 来计算. 下列例子中将用不同的三维图形来显示这一函数, 实部和虚部总是被显示在水平面上.

```
%MATLAB Script-File be_z_162.m
%Betrag einer komplexen Zahl

Re=linspace(-1,1,30);              %Vektor mit linearer Teilung
Im=Re;
z=sqrt(Re.^2+Im.^2);               %Betrag der komplexen Zahl
[RE,IM]=meshgrid(Re,Im);           %Matrizen RE, IM für 3D-Plots
Z=sqrt(RE.^2+IM.^2);
```

```
subplot(221), plot3(Re,Im,z)   %3D-Liniengrafik
grid on                        %Gitterlinien
title('\it{3D-Liniengrafik}')  %Titel der Grafik
xlabel('\it{Realteil}')        %Bezeichnung der x-Achse
ylabel('\it{Imaginärteil}')    %Bezeichnung der y-Achse
zlabel('\it{Betrag von z}')    %Bezeichnung der z-Achse
subplot(222), contour(RE,IM,Z)  %2D-Höhenlinien
grid on
title('\it{2D-Höhenlinien}')
xlabel('\it{Realteil}')
ylabel('\it{Imaginärteil}')
zlabel('\it{Betrag von z}')
subplot(223), contour3(RE,IM,Z) %3D-Höhenlinien
grid on
title('\it{3D-Höhenlinien}')
xlabel('\it{Realteil}')
ylabel('\it{Imaginärteil}')
zlabel('\it{Betrag von z}')
subplot(224), mesh(RE,IM,Z)    %3D-Grafik mit Netzoberfläche
grid on
title('\it{3D-Netz}')
xlabel('\it{Realteil}')
ylabel('\it{Imaginärteil}')
zlabel('\it{Betrag von z}')
```

程序中德文译文：

1. %MATLAB Script-File be_z_162.m（MATLAB 脚本文件 be_z_162.m）
2. %Betrag einer Komplexen Zahl（复数的幅值）
3. %Vektor mit linearer Teilung（向量具有线性刻度）
4. %Betrag der Komplexen Zahl（复数的幅值）
5. %Matrizen RE,IM für 3D-Plots（三维（3D）图形矩阵 **RE,IM**）
6. %3D-Liniengrafik（三维（3D）曲线图）
7. %Gitzerlinien(网格线)
8. '\it {3D-Liniengrafik} '(it {三维（3D）曲线图})
   %Titel der Grafik(图形标题)

9. '\it {Realteil} '('\it {实部} ')
   %Bezeichnung der x-Achse (x 轴命名)
10. '\it {Imaginärteil} '('\it {虚部} ')
   %Bezeichnung der y-Achse (y 轴命名)
11. '\it {Betrag von z} '('\it {z 的幅值} ')
   %Bezeichnung der z-Achse (z 轴命名)
12. %2D-Höhenlinien (二维等高线图)
13. '\it {2D- Höhenlinien} '('\it {二维等高线图} ')
14. '\it {Realteil} ' ('\it {实部} ')
15. '\it {Imaginärteil} ' ('\it {虚部} ')
16. '\it {Betrag von z} ' ('\it {z 的幅值} ')
17. %3D-Höhenlinien (三维等高线图)
18. '\it {3D-Höhenlinien} '('\it {三维等高线图} ')
19. '\it {Realteil} ' ('\it {实部} ')
20. '\it {Imaginärteil} ' ('\it {虚部} ')
21. '\it {Betrag von z} ' ('\it {z 的幅值} ')
22. %3D-Grafik mit Netzoberfläche(具有网状表面的三维图形)
23. '\it {3D-Netz} ' (三维 (3D) 网状图)
24. '\it {Realteil} ' ('\it {实部} ')
25. '\it {Imaginärteil} '('\it {虚部} ')
26. '\it {Betrag von z} '('\it {z 的幅值} ')

在脚本文件 be_z_162.m 中, 我们用 linspace 生成了具有 30 个元素的行向量 Re 和 Im 并对它们进行了线性刻度, 由此来计算向量 $\boldsymbol{z}$. plot3($\mathbf{Re}, \mathbf{Im}, \boldsymbol{z}$) 将所有具有以向量元素 **Re**、**Im** 和 $\boldsymbol{z}$ 为坐标的点用直线连接成**三维曲线图 (3D-Liniengrafik)**, 如图 16.2-7 的第一分图. 为显示等高线, 应用函数 [$\mathbf{RE}, \mathbf{IM}$] = meshgrid(Re, Im) 和 contour($\mathbf{RE}, \mathbf{IM}, \boldsymbol{z}$)①, 借助向量 $\boldsymbol{x}$ 和 $\boldsymbol{y}$, meshgrid 可生成矩阵 **RE** 和 **IM**, 其中在 Re-Im 平面上构建成具有直角网格的网.
函数

```
[RE, IM] = meshgrid(Re, Im)
```

将执行下列运算:

```
RE = ones(Im')* Re;
```

① [译者注] 原文为 Contour(RE, IM, PHI).

```
IM = Im' * ones(Re);
```

用函数 ones(a) 可以生成维数为 a 的具有单个元素的向量或矩阵, 用 contour 可画出彩色的**二维等高线图 (2D-Höhenlinien)**, 而**三维等高线图 (3D-Höhenlinien)** 则用 contour3 生成. 在图 16.2-7 的最后分图中是用 mesh 生成的**三维网状图 (3D-Netz)**.

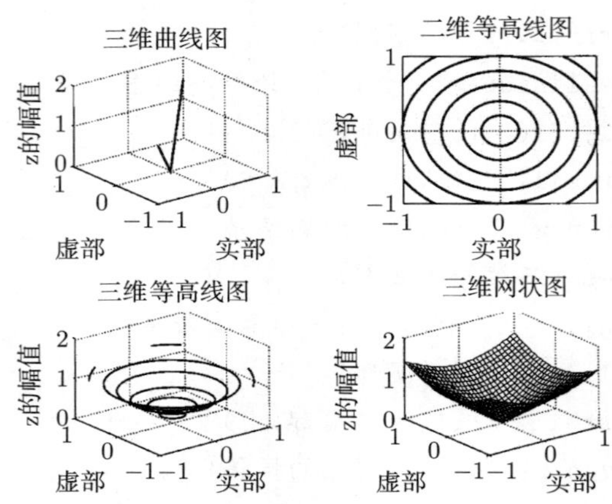

图 16.2-7　对于复数幅值的三维曲线图 (函数 plot3), 二维等高线图 (函数 contour), 三维等高线图 (函数 contour3) 和三维网状图 (函数 mesh)(be_z_162.m)

在图 16.2-8 和图 16.2-9 中复数相位 Phi=arctan(**Im/Re**) 图是由脚本文件 phi_z_162.m 生成的.

```
%MATLAB Script-File phi_z_162.m
%Phase einer komplexen Zahl

Re=linspace(-1,1,30);          %Vektor mit linearer Teilung
Im=Re;
[RE,IM]=meshgrid(Re,Im);       %Matrizen RE, IM für 3D-Plots
PHI=atan(IM./RE);              %Phase komplexer Zahl als Matrix
mesh(RE,IM,PHI)                %3D-Grafik mit Netzoberfläche
grid on                        %kartesische Gitterlinien
title('\it{3D-Netz}')          %Titel der Grafik
xlabel('\it{Realteil}')        %Bezeichnung der x-Achse
ylabel('\it{Imaginärteil}')    %Bezeichnung der y-Achse
zlabel('\it{Phase}')           %Bezeichnung der z-Achse
```

```
pause                              %weiter mit beliebiger Taste
clf                                %Bildschirm löschen

surf(RE,IM,PHI)                    %3D-Grafik mit Schattierung
grid on
title('\it{3D-Netz, schattiert}')
xlabel('\it{Realteil}')
ylabel('\it{Imaginärteil}')
zlabel('\it{Phase}')
```

程序中德文译文:

1. %MATLAB Script-File phi_z_162.m (MATLAB 脚本文件 phi_z_162.m)
2. %Phase einer komplexen Zahl (复数相位)
3. %Vektor mit linearer Teilung (具有线性刻度向量)
4. %Matrizen RE,IM für 3D-Plots (三维图形矩阵 **RE, IM**)
5. %Phase komplexer Zahl als Matrix (作为矩阵的复数相位)
6. %3D-Grafik mit Netzoberfläche(三维网状表面图)
7. %kartesische Gitzerlinien(笛卡儿网格)
8. '\it {3D-Netz} ' (it {三维网状图} ') %Titel der Grafik (图形标题)
9. '\it {Realteil} ' ('\it {实部} ') %Bezeichnung der x-Achse (x-轴命名)
10. '\it {Imaginärteil} '('\it {虚部} ') %Bezeichnung der y-Achse (y-轴命名)
11. '\it {Phase} ' ('\it {相位} ') %Bezeichnung der z-Achse (z-轴命名)
12. %weiter mit beliebiger Taste (按任意键继续)
13. %Bildschirm löschen (清除显示屏)
14. %3D-Grafik mit Schattierung(三维阴影图)
15. '\it {3D-Netz,schattiert} '('it {三维阴影网状图} ')
16. '\it {Realteil} ' ('\it {实部} ')
17. '\it {Imaginärteil} '('\it {虚部} ')
18. '\it {Phase} ' ('\it {相位} ')

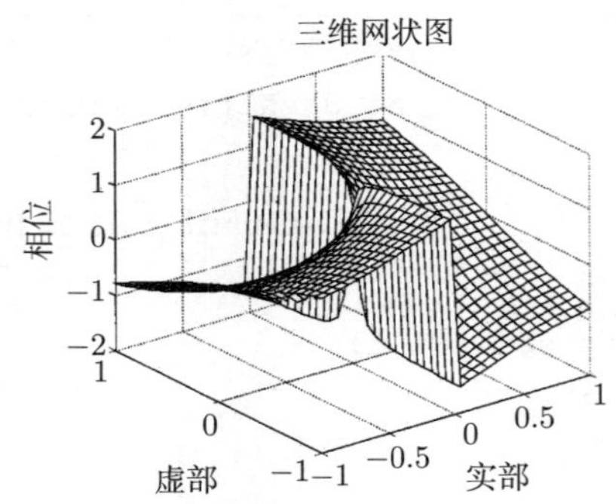

图 16.2-8　复数相位的三维网状图 (函数 mesh) (phi_z_162.m)

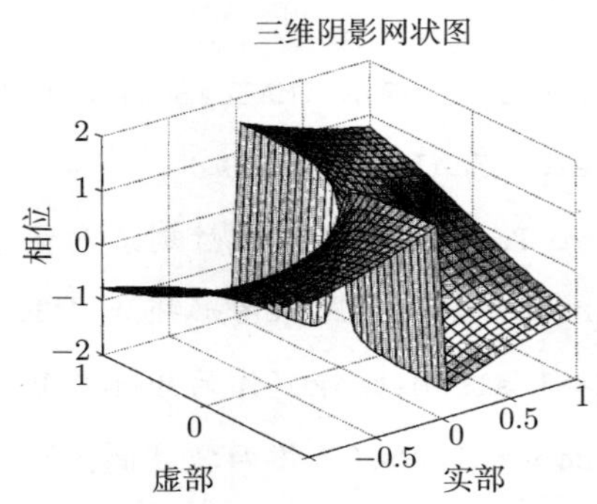

图 16.2-9　复数相位的三维阴影网状图 (函数 surf)(phi_z_162.m)

传递函数的三维图形

在下面的例子中, 将利用脚本文件 pdt2_162.m 图形显示 PDT_2 环节的复数传递函数 (图 16.2-10)

$$G(s)=\frac{K_{\mathrm{RS}}\cdot(1+T_{\mathrm{V}}\cdot s)\cdot\omega_0^2}{s^2+2\cdot D\cdot\omega_0\cdot s+\omega_0^2}$$

当 $T_{\mathrm{V}}=5\mathrm{s}, D=0.1$ 和 $\omega_0=2\mathrm{s}^{-1}$ 时, 将得到下列零点和极点:

$$s_{\mathrm{n1}}=-0.2,\quad s_{\mathrm{p1}}=-0.2+\mathrm{j}2,\quad s_{\mathrm{p2}}=-0.2-\mathrm{j}2.$$

借助复变量 $s:=\sigma+\mathrm{j}\omega$ 人们可得到下列形式的传递函数:

$$G(\sigma+\mathrm{j}\omega)=\frac{K_{\mathrm{RS}}\cdot\omega_0^2\cdot(1+\sigma\cdot T_{\mathrm{V}})+j\omega\cdot K_{\mathrm{RS}}\cdot\omega_0^2\cdot T_{\mathrm{V}}}{\sigma^2-\omega^2+2\cdot D\cdot\omega_0\cdot\sigma+\omega_0^2+j\omega\cdot 2\cdot(\sigma+D\cdot\omega_0)}$$

```
%MATLAB Script-File pdt2_162.m
%Betrag der Übertragungsfunktion eines PDT2-Elements
```

```
si=linspace(-0.5,0,25);              %sigma (Realteil {s})
om=linspace(-5,5,25);                %omega (Imaginärteil {s})
KRS=1;TV=5;
w0=2;D=0.1;                          %Kennkreisfrequenz, Dämpfung
[SI,OM]=meshgrid(si,om);

rez=KRS*w0^2*(1+SI*TV);              %Realteil des Zählers von G(s)
imz=KRS*TV*w0^2*OM;                  %Imaginärteil d.  Zählers von G(s)
num=rez+j*imz;
ren=SI.^2-OM.^2+2*D*w0*SI+w0^2;      %Realteil des Nenners von G(s)
imn=2*OM*(SI+D*w0);                  %Imaginärteil d.  Nenners von G(s)
den=ren+j*imn;

G=abs(num./den);                     %Betrag der Übertragung-sfunktion

surf(SI,OM,G)                        %3D-Netz, schattiert
grid on                              %kartesische Gitterlinien
title('\it{3D-Netz, schattiert}')    %Titel der Grafik
xlabel('\it{Realteil}')              %Bezeichnung der x-Achse
ylabel('\it{Imaginaärteil}')         %Bezeichnung der y-Achse
zlabel('\it{Betrag von G}')          %Bezeichnung der z-Achse

pause                                %weiter mit beliebiger Taste
clf                                  %Grafik löschen

l=[0.5:1:40];                        %Zeilenvektor
subplot(211), contour(SI,OM,G,l)     %2D-Höhenlinien für l
grid on
title('\it{2D-Höhenlinien}')
xlabel('\it{Realteil}')
ylabel('\it{Imaginärteil}')
zlabel('\it{Betrag von G}')
subplot(212), contour3(SI,OM,G,l) %3D-Höhenlinien für l
grid on
title('\it{3D-Höhenlinien}')
xlabel('\it{Realteil}')
ylabel('\it{Imaginärteil}')
```

```
zlabel('\it{Betrag von G}')
pause
clf

subplot(211), mesh(SI,OM,G), view(0,0)     %Blickwinkel mit view
grid on
title('\it{3D-Netz; azimuth=0, elevation=0}')
xlabel('\it{Realteil}')
ylabel('\it{Imaginärteil}')
zlabel('\it{Betrag von G}')
subplot(212), mesh(SI,OM,G), view(90,0)   %Blickwinkel mit view
grid on
title('\it{3D-Netz; azimuth=90, elevation=0}')
xlabel('\it{Realteil}')
ylabel('\it{Imaginärteil}')
zlabel('\it{Betrag von G}')
```

程序中德文译文:

1. %MATLAB Script-File gdt2_162.m (MATLAB 脚本文件 gdt2_162.m)
2. %Betrag der Übertragungsfunktion eines PDT2-Elements (PDT2-环节传递函数的幅值)
3. %sigma(Realteil {s}) (sigma(实部 {s}))
4. %omega(Imaginärteil {s}) (omega(虚部 {s}))
5. %Kennkreisfrequenz,Dämphung (特征角频率, 阻尼)
6. %Realteil des Zählers von G(s) ($G(s)$ 分子实部)
7. %Imaginärteil d. Zählers von G(s) ($G(s)$ 分子虚部)
8. %Realteil des Nenners von G(s) ($G(s)$ 分母实部)
9. %Imaginärteil d. Nenners von G(s) ($G(s)$ 分母虚部)
10. %Betrag der Übertragungsfunktion (传递函数幅值)
11. %3D-Netz,schattiert (三维阴影网状图)
12. %kartesische Gitterlinien (笛卡儿网格)
13. 'it(3D-Netz,schattiert)'(三维阴影网状图) %Titel der Grafik (图形标题)
14. '\it {Realteil} ' ('\it {实部} ') %Bezeichnung der x-Achse (x-轴命名)

15. '\it {Imaginärteil} '('\it {虚部} ') %Bezeichnung der y-Achse (y-轴命名)

16. '\it {Betrag von G} '('\it {G 的幅值} ') %Bezeichnung der z-Achse (z-轴命名)

17. %weiter mit beliebiger Taste (按任意键继续)

18. %Bildschirm löschen (清显示屏)

19. %Zeilenvektor (行向量)

20. %2D-Höhenlinien für 1 (1 的二维等高线)

21. '\it {2D- Höhenlinien t} '('\it {二维等高线})

22. '\it {Realteil} ' ('\it {实部} ')

23. '\it {Imaginärteil} '('\it {虚部} ')

24. '\it {Betrag von G} '('\it {G 的幅值} ')

25. %3D-Höhenlinien für 1 (1 的三维等高线)

26. '\it {3D- Höhenlinien} '('\it {三维等高线})

27. '\it {Realteil} ' ('\it {实部} ')

28. '\it {Imaginärteil} '('\it {虚部} ')

29. '\it {Betrag von G} '('\it {G 的幅值} ')

30. %Blickwinkel mit view (视图视角)

31. '\it {3D-Netz; azimuth=0, elevation=0} '('\it {三维网状图; azimuth (方位角)=0, elevation(仰角)=0} ')

32. '\it {Realteil} ' ('\it {实部} ')

33. '\it {Imaginärteil} '('\it {虚部} ')

34. '\it {Betrag von G} '('\it {G 的幅值} ')

35. %Blickwinkel mit view (视图视角)

36. '\it {3D-Netz; azimuth=90, elevation=0} '('\it {三维网状图; az-imuth(方位角)=90, elevation(仰角)=0} ')

37. '\it {Realteil} ' ('\it {实部} ')

38. '\it {Imaginärteil} '('\it {虚部} ')

39. '\it {Betrag von G} '('\it {G 的幅值} ')

在 pdt2_162.m 中用向量 l 定义等高线.

借助函数 view(azimuth, elevation) 可以设定视角. 在下面的分图 16.2-11 中, 选择了标准设置 (defahlt-Werte, 默认值), 即: azimuth(方位角) $= -37.5°$ 和 elevation (仰角)$= 30°$. 在图 16.2-12 中这两个角被预先给出. 在图 16.2-13 中, 这两个角被定义.

视角的定义也可利用计算机鼠标在交互式界面内设置. 为此在 MATLAB- 视窗内键入

```
rotate3d on
```

将计算机鼠标移到图 16.2-12 所示的图形上, 通过按住鼠标左键并拖动鼠标设置一个新的视角 (见图 16.2-14). 通过键入

```
ratate3D off
```

可关闭该功能.

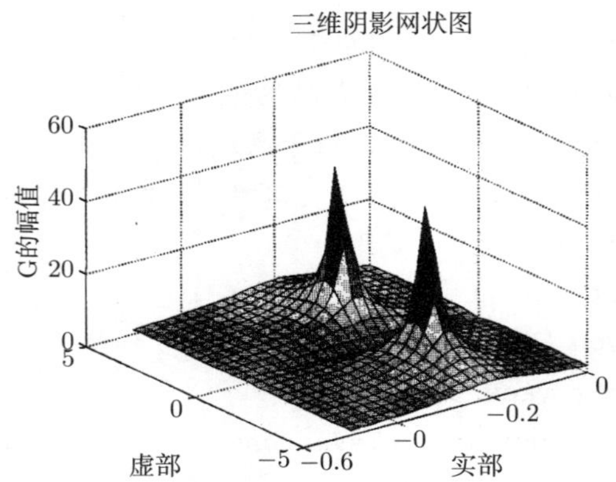

图 16.2-10　PDT_2 环节传递函数幅值的三维阴影网状图 (函数 surf)(pdt2_162.m)

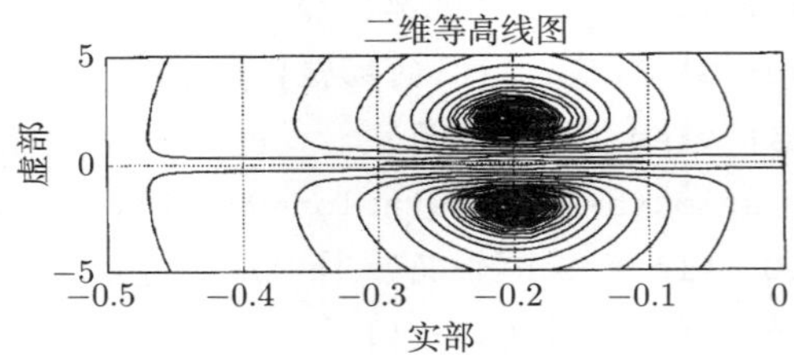

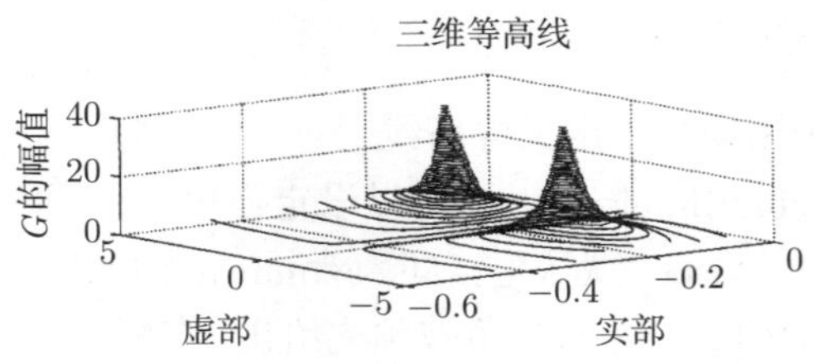

图 16.2-11　用函数 contour 和 contour3 显示 PDT_2 环节传递函数幅值图 (pdt2_162.m)

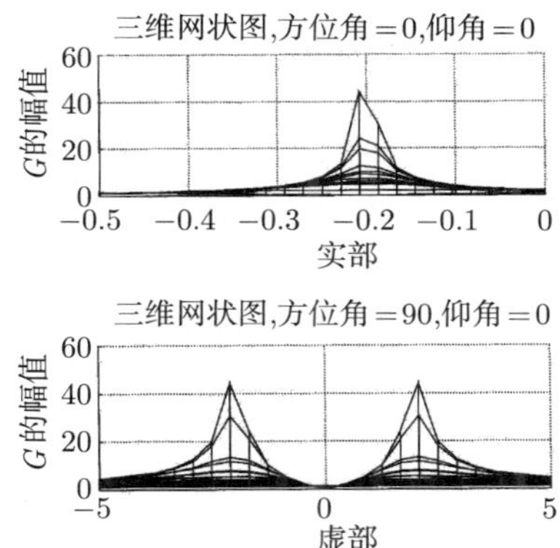

图 16.2-12 用函数 mesh 和 view 显示 PDT_2 环节传递函数幅值图 (pdt2_162.m)

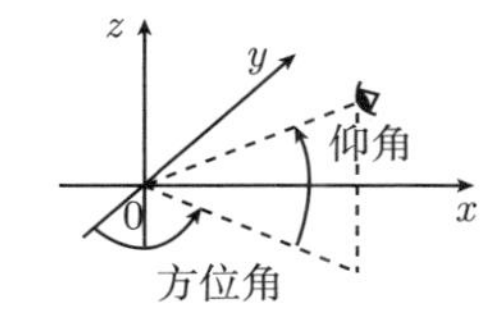

图 16.2-13 图形显示视角定义

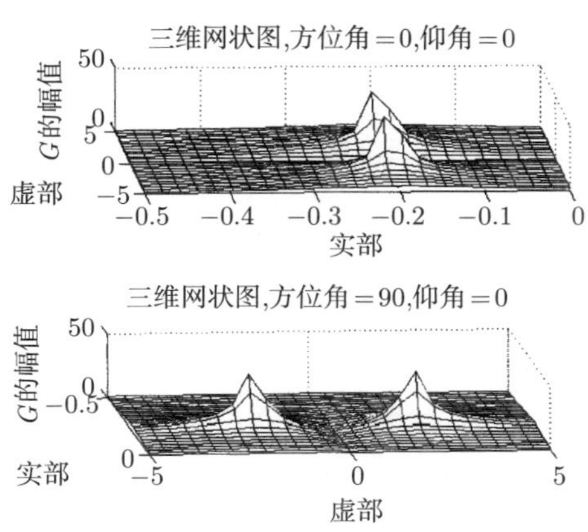

图 16.2-14 用 rotate3D 改变图 16.2-12 的视角 (pdt2_162.m)

16.2.7 MATLAB 的重要标准函数一览表

在表 16.2-1~ 表 16.2-11 中汇集了使用 MATLAB 工作时常用的标准函数. 对于调节技术方法的 Control System Toolbox(控制系统工具箱) 中的函数, 将在 16.5.6 节, 16.6.5 节, 16.7.9 节和 16.8.8 节中给出.

函数的详细描述, 通过键入 help ‘Funktionsname(函数名)’ 由 online-Hilfe(在线帮助) 或者由 Hilfe-Fenster(帮助视窗) 可获得. 通过键入 lookfor ‘Schlüseelwort(关键词)’ 也可获得相关信息. 标准函数经常可以不使用输出变量进行书写. 在这种情况下, 计算数据或图形将被直接输出到显示屏幕上.

表 16.2-1　特殊符号

%	注释
!	执行操作系统语句
,	指令分隔符, 在输入向量和矩阵时行中元素分隔符
;	行结束标识符, 取消变量值输出, 在输入矩阵时行分隔符
:	生成向量
=	赋值
[ ]	输入向量和矩阵
( )	算术表达式的括号
{ }	单元–元素的括号

表 16.2-2　关系符, 逻辑运算, 位 (Bit) 函数和逻辑函数

关系符	
>	大于
>=	大于或等于
<	小于
<=	小于或等于
==	等于
~=	不等于
逻辑运算	
&	与
~	非
&&	简化与–运算
xor	异–或
|	或
||	简化或–运算
位 (Bit) 函数	
bitant	位与
bitcmp	位补 (invertieren, 互补转换)
bitget	位查询
bitmax	提供在浮点格式中最大整数：2^{53}-1
bitor	位或
bitset	设定位
bitshift	移动全位
bitxor	位异–或

(续)

逻辑函数	
all	查询, 数组全部元素是否为非零
any	查询, 数组一个或多个元素是否为非零
find	求非零元素的变址
ischar	查询, 数组 (元素) 是否含有字符串
isempty	查询, 数组是否是空的
isequal	查询, 两个或多个数组 (元素) 是否相同
isinf	查询, 数组元素是否有无穷值
isfinite	查询, 数组元素是否有有限值
isletter	查询, 字符串是否是字母
isnan	查询, 数组元素是否有 NaN(Not a Number(特殊值, 不是数)) 值 (如 0/0)
isnumeric	查询, 数组是否含有具有数值
isreal	查询, 数组值是否为实数
logical	将数值转换为逻辑值

表 16.2-3 算术运算符

向量和矩阵元素运算	矩阵运算	运算方式
+	+	加法
-	-	减法
.*	*	乘法
./ ($x./y$ 表示 x 除以 y)	/	(右) 除
.\ ($x.\backslash y$ 表示 y 除以 x)	\	(左) 除
.^	^	幂符
.′ (生成非共轭复数转置矩阵)	′	转置符

表 16.2-4 通用语句

clc	删除命令视窗
clear, clear *abc*	删除工作内存中所有的 (或指定的) 变量
clock	时钟和日期
disp	输出文本或矩阵
echo	在程序执行过程中显示 m 文件指令
etime	时间差
exit	结束 MATLAB 对话窗
fprintf	打印格式化数据
fscanf	读出格式化数据
input	从键盘输入
load	加载变量
keyboard	把程序控制转移到键盘
pause	中断程序运行

(续)

quit	结束 MATLAB 对话窗
save	存储变量值
tic	启动秒表
toc	停止和读出秒表
type	列表显示 m 文件
what	列表当前目录下的所有 m 文件
who	列表所有变量
whos	列表所有具有详细描述的变量

表 16.2-5 多项式、向量、矩阵和 n 维数组函数

cat	连接向量、矩阵和 n 维数组
cond	求矩阵性态数 (Konditionszahl)
conv	多项式乘法, 向量卷积 (convolution)
cross	两个三维向量叉乘积
ctranspose	求矩阵共轭复数转置
cumprod	构建向量元素连乘积 (在 n 维数组时要给出乘积构成的维数)
cumsum	构建向量元素连加和 (叠加)(在 n 维数组时要给出和构成的维数)
deconv	多项式除法 (deconvolution, 消卷积)
det	方阵行列式
diag	对角–矩阵
dot	两个向量标量积
eig	特征值, 特征向量
end	标记向量, 矩阵和 n 维数组的最大变址值, 并用 end 存取最后元素
expm	矩阵 -e- 函数
eye	单位矩阵
inv	方阵逆
length	向量的长度
linspace	线性部分向量
logspace	对数部分向量
max	向量, 矩阵列向量和 n 维数组的最大元素
mean	构建矩阵元素均值 (在数组时给出均值组成的维数)
median	构建矩阵元素中值 (Zentralwert, 中心值)(在数组时给出中值组成的维数)
min	向量, 矩阵列向量和 n 维数组的最小元素
mode	求在向量, 矩阵列向量和 n 维数组中最经常出现的数值
norm	构建向量和矩阵的范数 (Norm)
ones	用 1 元素赋值给向量, 矩阵和 n 维数组
pinv	构建 Moore-Penrose 逆
poly	特征多项式
polyder	多项式导数 (derivative)
polyfit	用多项式拟合曲线

(续)

polyval	多项式的值
prod	构建向量元素积 (在数组时给出乘积组成的维数)
rand	用均匀分布随机数赋值给向量, 矩阵和 n 维数组
randn rank	用正态分布随机数赋值给向量, 矩阵和 n 维数组 矩阵的秩
residue	计算部分分式展开的余式 (分子系数), 极点 (Pole) 和直接项
roots	多项式的零点
size	矩阵的维数
sort	将向量, 矩阵和数组元素分类
sum	构建向量元素和 (在数组时给出和组成的维数)
std	计算向量, 矩阵和数组元素的标准偏差
trace	矩阵的迹
transpose	求矩阵非共轭复数转置
var	计算向量, 矩阵和数组元素的方差 (标准偏差的平方)
zeros	用 0- 元素赋值给向量, 矩阵和 n 维数组

表 16.2-6 数学函数和常数

abs	绝对值或复数幅值
angle	相位角
ans	答案, 如果未输入变量
ceil	向正无穷方向取最靠近的整数
complex	复数
conj	共轭复数
eps	在浮点计算时机器精度
exp	指数–函数 (底 =e)
fix	向零靠近方向取最靠近的整数
floor	向负无穷方向取最靠近的整数
i	$\sqrt{-1}$(复数单位)
imag	虚部
inf	无穷大
j	$\sqrt{-1}$(复数单位)
log,log2, log10	对数–函数, 底 =e, 底 =2, 底 =10
max	最大值
mean	平均值
min	最小值
mod	Modulo(模数值)–函数 (模数取余)
NaN	不确定式 (Not-a-Number, 不是数), 如 (0/0)
pi	$\pi(3.14159\cdots)$
real	实部

(续)

realmax	最大正浮点数
realmin	最小正浮点数
rem	提供除法余数
round	取最靠近的整数
sign	符号函数
sqrt	平方根函数
std	计算向量, 矩阵和数组元素的标准偏差
unwrap	删除相位突变
var	计算向量, 矩阵和数组元素的方差 (标准偏差的平方)
三角函数, 角度以 rad(弧度), °(度) 为单位	
acos,acosd, cos,cosd	反余弦, 余弦
acot,acotd, cot,cotd	反余切, 余切
acsc,acscd, csc,cscd	反余割, 余割
asec,asecd, sec,secd	反正割, 正割
asin,asind, sin,sind	反正弦, 正弦
atan,atand, tan,tand	反正切, 正切
atan2	四象限反正切
双曲线函数	
acosh,cosh	反余弦双曲线, 余弦双曲线
acoth,coth	反余切双曲线, 余切双曲线
acsch,csch	反余割双曲线, 余割双曲线
asech,cech	反正割双曲线, 正割双曲线
asinh,sinh	反正弦双曲线, 正弦双曲线
atanh,tanh	反正切双曲线, 正切双曲线

表 16.2-7 控制结构

for···end	For 循环
while···end	While 循环
if···elseif···else···end	条件执行语句
switch···case···otherwise···end	条件执行语句
break	退出控制结构
continue	开始下一个循环迭代
return	由 m 函数返回到调用的程序

表 16.2-8 图形显示语句

axes	在图形中生成坐标轴
axis	坐标轴刻度等

(续)

bar	作为方格图的图形
cla	清除当前坐标轴元素
clf	清除图形窗口的内容
contour	画等高线
figure	插入新的图形窗口
fpolt	函数图形
ginput	用鼠标输入图形
grid	在图形中生成网格线
gtext	插入文本
hist	作为直方图 (频率图) 的图形
hold	不重绘当前图形
legend	插入图例
loglog	双对数显示 (底 =10)
mesh	三维带网状结构表面
meshc	三维带网状结构和下轮廓图的表面
meshz	三维带网状结构和和基准面的表面
meshgrid	三维表面的转换
pie	作为圆饼图的图形
plot	在笛卡儿坐标 (x,y) 中绘制图形
plotyy	用笛卡儿坐标 (x,y) 和双 y 坐标绘制图形
plot3	用笛卡儿坐标 (x,y,z) 绘制三维图形
polar	在极坐标系 (φ,r) 中绘制图形
rotate3d	用计算机鼠标设置三维图形的视角
semilogx	设置 x 轴为对数刻度
semilogy	设置 y 轴为对数刻度
sgrid	s 平面作网格线
stairs	作为阶梯形函数的图形
stem	离散信号的图形
stem3	离散信号的三维图形
subplot	将图形窗口分割成分图
surf	带阴影的三维表面
surfc	带阴影和下轮廓图的三维表面
text	文本输入
title	图形标题
view	设置视角
whitebg	切换图形窗口的背景色为 (黑或白)
xlabel	x 轴的命名
ylabel	y 轴的命名
zgrid	z 面网格线
zlabel	z 轴的命名

表 16.2-9　函数 plot(绘图) 的颜色

'b' 或'blue'	蓝色线
'c' 或'cyan'	青色线
'g' 或'green'	绿色线
'k' 或'black'	黑色线
'm' 或'magenta'	洋红色线
'r' 或'red'	红色线
'w' 或'white'	白色线
'y' 或'yellow'	黄色线

表 16.2-10　函数 plot(绘图) 的曲线标记

'd' 或'diamond'	菱形符号
'h' 或'hexagram'	六角星号
'o'	圆圈
'p' 或'pentagram'	五角星
'v'	角向下三角形
's' 或'square'	方格
'×'	叉号 (乘号)
'.'	点号
':'	冒号, 间断处为短横线 (点线)
'+ '	加号
'– '	减号 (实线)
' - - '	双减号 (dashed line, 虚线)
'–.'	减号–点, 点划线 (dashdat line, 点划线)
'*'	星号
'*'	角向上三角形
'<'	角向左三角形
'>'	角向右三角形

表 16.2-11　输出格式

format long	16 位数字定点数, 如: $z = 2.857142857142812$
format long e' format long eng	16 位数字浮点数, 如: $z = 2.857142857142857\text{e}+000$
format long g	按具有 long 或 long e 数的大小输出
format short	5 位数字定点数, 如: $z = 2.8571$(默认格式)
format short e' format short eng	5 位数字浮点数, 如: $z = 2.8571\text{e}+000$
format short g	按具有 short 或 short e 数的大小输出
format +	当为正, 负或零时, 分别输出 +, – 或 Leerzeichen(空位记号)
format bank	输出小数点后两个十进制位
format hex	十六进制 (hexadezimale) 表示
format rat	作为有理近似值结果表示
format compact	无空位符号输出
format loose	断开 format compact, 插入空位符号

16.3 面向对象的编程

16.3.1 线性定常系统的 LTI 对象

用传统的将**数据**(Daten) 和**过程**(Prozeduren) 分开处理的编程方法, 即**面向过程的编程**(prozeduralen Programmerstellung) 方法使得大量程序系统的开发和维护费用越来越高. 当将**数据**(Daten) 和**方法**(Methoden) 构成一个单元时, 面向对象的编程方法则试图避免这一弊端. 面向对象编程的一个重要特征是**打包**(Kapselung), 也就是说将数据和处理这些数据的方法整合成一个**对象类型**(Objekttyps). 在一个对象类型中的**过程**(Prozeduren) 和**函数**(Funktion) 称为**方法**(Methoden). 在程序中可以通过给出**对象名称** (Objektname) 调用它们, 这一点类似于面向过程的编程.

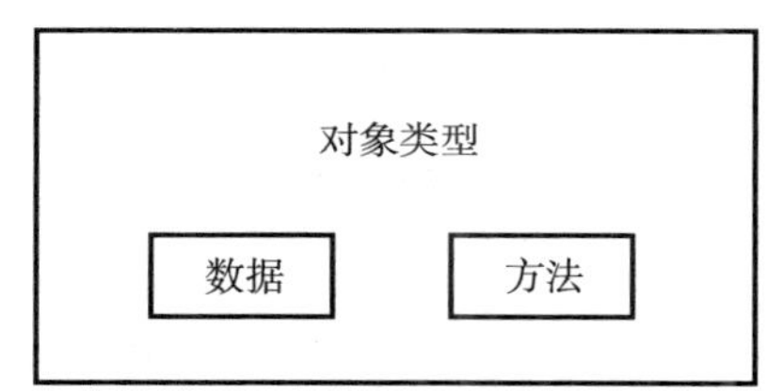

调节系统通常用状态模型来描述. 特别对线性定常传递系统, 可以建立传递函数, MATLAB 使用四种**模型类型**(Modellarten):

- 状态模型 (state space, ss, 状态空间);
- 传递函数多项式形式 (trenfer function, tf, 传递函数);
- 传递函数的极–零点形式 (zero-pole-gain, zpk, 极–零点增益);
- 频率特性模型 (frenguсy response data, frd, 频率响应数据).

在下面传递函数极–零点形式被称为极–零点模型.

对于这些模型类型, 在*控制系统工具箱*(Control System Toolbox) 中有一个由四种对象类型构成的**对象类 (class) 线性定常系统 (linear time-invariant system, LTI)**:

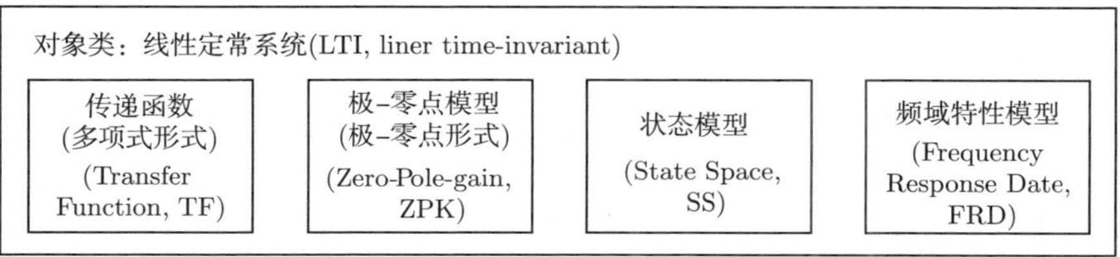

MATLAB 对象类型有固定的**数据结构** (Datenstrukturen), 其中蕴涵着对象特性. 模型数据, 数字调节系统的采样时间以及作为可选项的输入变量和输出变量的

名称等均被视为对象特性.

在时域和频域中的调节技术方法都是从确定的数学模型出发, 因而其描述形式之间的变换是必不可少的. 例如在状态调节的计算中通常需要被调节对象的状态模型, 在此常常必须将被调节对象的传递函数转化为状态表达式. 为应用根轨迹法则必须给出传递函数的极–零点形式. 在下面的章节中将给出用于 LTI 对象生成和变换的一些函数.

16.3.2　LTI 对象的数据和方法

对象类型传递函数 (Übertragungsfunktion,TF)通常使用拉普拉斯传递函数或 z 传递函数的多项式形式. 拉普拉斯传递函数具有下列形式:

$$G(s) = \frac{b_m \cdot s^m + b_{m-1} \cdot s^{m-1} + \ldots + b_1 \cdot s + b_0}{a_n \cdot s^n + a_{n-1} \cdot s^{n-1} + \ldots + a_1 \cdot s + a_0}$$

$$= \frac{\text{numerator polynomial}\,(s)}{\text{denominator polynomial}\,(s)} = \frac{\text{num}\,(s)}{\text{den}\,(s)}, \qquad n \geqslant m$$

num(s) 和 den(s) 分别称为传递函数 $G(s)$ 的分子多项式 (numerator polynomial) 和分母多项式 (denominator polynomial). 它们在模型建立过程中常被以行向量的形式输入. 行向量的元素则是以拉普拉斯算子 s 降阶顺序排列的多项式系数. 对于上述已给出的传递函数多项式形式得到向量:

$$\texttt{num} = [\texttt{b}_\texttt{m} \quad \texttt{b}_{\texttt{m}-1} \quad \cdots \quad \texttt{b}_1 \quad \texttt{b}_0] \quad \text{和} \quad \texttt{den} = [\texttt{a}_\texttt{n} \quad \texttt{a}_{\texttt{n}-1} \quad \cdots \quad \texttt{a}_1 \quad \texttt{a}_0]$$

对象类型极–零点模型 (Pol-Nullstellenmodell(ZPK)) 建立在传递函数的极–零点模型基础上. 对拉普拉斯传递函数则有:

$$G(s) = K_0 \cdot \frac{\prod_{i=1}^{m}(s - s_{\mathrm{n}i})}{\prod_{i=1}^{n}(s - s_{\mathrm{p}i})}$$

$$= K_0 \cdot \frac{(s - s_{\mathrm{n}1}) \cdot (s - s_{\mathrm{n}2}) \cdot (s - s_{\mathrm{n}3}) \cdot \ldots \cdot (s - s_{\mathrm{n}m})}{(s - s_{\mathrm{p}1}) \cdot (s - s_{\mathrm{p}2}) \cdot (s - s_{\mathrm{p}3}) \cdot \ldots \cdot (s - s_{\mathrm{p}n})}, \quad n \geqslant m$$

$$\texttt{nul} = [\texttt{s}_{\texttt{n1}} \quad \texttt{s}_{\texttt{n2}} \quad \ldots \quad \texttt{s}_{\texttt{nm}}] \quad \text{和} \quad \texttt{pol} = [\texttt{s}_{\texttt{p1}} \quad \texttt{s}_{\texttt{p2}} \quad \ldots \quad \texttt{s}_{\texttt{pn}}]$$

`nul`是传递函数的零点 $s_{\mathrm{n}i}$, `pol`是传递函数的极点 $s_{\mathrm{p}i}$, 它们被以列向量形式输入. K_0 是常数因子.

对于具有单输入和单输出变量 (Single Input-single Output(单输入单输出), SISO) 的线性定常系统, **对象类型状态模型 (Zustandmodel(SS))**具有下面的以

矩阵简化书写方式表达的形式:

$$\frac{\mathrm{d}}{\mathrm{d}t}\boldsymbol{x}(t)=\boldsymbol{A}\cdot\boldsymbol{x}(t)+\boldsymbol{b}\cdot u(t)\quad\text{(状态微分方程)}$$

$$y(t)=\boldsymbol{c}^{\mathrm{T}}\cdot\boldsymbol{x}(t)+d\cdot u(t)\quad\text{(输出方程)}$$

其中 $\boldsymbol{A}$ 为系统矩阵, $\boldsymbol{b}$ 为输入向量, $\boldsymbol{c}^{\mathrm{T}}$ 为输出向量, d 为前馈系数, $\boldsymbol{x}(t)$ 为状态向量, $u(t)$ 为输入变量, $y(t)$ 为输出变量.

对象类型频域特性模型 (Frequenzgangmodell (FRD))是一个非参数性模型. FRD 模型具有对应角频率 $\omega_i(i=1,2,\cdots,k)$ 的复数值的频率特性函数 $\boldsymbol{F}(\mathbf{j}\boldsymbol{\omega})$:

i	角频率 ω_i	频域特性函数值 $F_i(\mathrm{j}\omega_i)$
1	ω_i	$F_1(\mathrm{j}\omega_1)$
2	ω_i	$F_2(\mathrm{j}\omega_2)$
$\vdots$	$\vdots$	$\cdots$
k	ω_i	$F_k(\mathrm{j}\omega_k)$

对于数字调节系统, 采样时间用一个广义参数给出, 而对象 TF 和 ZPK 则由 z 传递函数产生. 例如对传递函数

$$G(s)=\frac{0.5\cdot s+2}{s^2+2\cdot s+2}=\frac{\text{numerator polynomial}\,(s)}{\text{denominator polynomial}\,(s)}=\frac{\text{num}\,(s)}{\text{den}\,(s)}$$

分子和分母多项式的系数

num = [b1 b0] = [0.5 2] 和 den = [a2 a1 a0] = [1 2 2]

以拉普拉斯算子 s 的降阶顺序输入. 通过键入

```
>> num = [0.5 2];
>> den = [1 2 2];
>> sys_tf = tf(num, den)

Transfer function:
  0.5 s + 2
-------------
s^2 + 2 s + 2
```

由名为sys_tf生成对于 $G(s)$ 的对象类型传递函数 (TF) 并显示在屏幕上.

第二种可能的方案是, 先将拉普拉斯变量 s 接着再将传递函数直接以截断有理函数键入:

```
>> b1=0.5; b0=2; a2=1; a1=2; a0=2;
>> s=tf('s');
```

```
>> sys_tf=(b1*s + b0)/(a2*s^2 + a1*s + a0)

Transfer function:
  0.5 s + 2
-------------
s^2 + 2 s + 2
```

方法 (methods, 方法) 是函数子程序 (Function-File, 函数文件), 它们可存取到对象类内的数据并可更改这些数据, 在生成对象时定义对象特性 (数据), 存在对象的数据可以用函数 set 来改变, 通过键入:

```
>> set(sys_tf,'num',[1 3])
>> sys_tf

Transfer function:
    s + 3
-------------
s^2 + 2 s + 2
```

用名为sys_tf改变传递函数 $G(s)$ 的分子多项式. 与此相对应, 也可以给分母多项式赋值新的数值. 使用变址表示方法也可以直接对指定的对象特性进行存取. 利用

```
>> sys_tf.num = [0.5 2];
```

分子多项式再次获得原来的值.

函数 tfdata 用一个单一语句给出传递函数的特征数据. 例如用

```
[num,den] = tfdata(sys_tf,'v')
num =
    0 0.5000 2.0000
den =
    1 2 2
```

可以给出分子多项式和分母多项式的系数.

用函数 zpk 通过键入零点, 极点和常数因子 (nul,pol,k0) 来生成极–零点模型 sys_zpk:

```
sys_zpk = zpk(nul,pol,K0),
```

用zpk可将状态模型sys_ss或传递函数sys_tf转化为极–零点模型syz_zpk:

```
sys_zpk = zpk(sys_ss),
sys_zpk = zpk(sys_tf).
```

对于上例中可以用

```
>> sys_zpk = zpk(sys_tf)
Zero/pole/gain:
  0.5 (s+4)
--------------
(s^2 + 2s + 2)
```

将传递函数转化为所属的极–零点模型. 函数

```
>> [nul,pol,K0]=zpkdata(sys_zpk,'v')
nul =
    -4                              (Nullstelle (零点)s_n1)
pol =
    -1.0000 + 1.0000i               (Polstellen (极点)s_p1,2)
    -1.0000 - 1.0000i
K0 =
    0.5000                          (konstanter Faktor(常数因子))
```

则给出零点 (zero), 极点 (poles) 和常数因子 (gain, 增益) 的值.

用函数 ss 通过键入 $\boldsymbol{a}$, $\boldsymbol{b}$, $\boldsymbol{c}^{\mathrm{T}}$, d 生成状态模型sys_ss:

```
sys_ss = ss(a,b,c,d),
```

可用ss将传递函数sys_tf或极–零点模型sys_zpk转化成状态模型sys_ss:

```
sys_ss = ss(sys_tf),
sys_ss = ss(sys_zpk).
```

通过下列输入生成传递函数的状态模型:

```
>> sys_ss = ss(sys_tf)
a =
                    x1          x2
        x1          -2          -2
        x2           1           0
```

```
b =
                    u1
          x1         2
          x2         0
c =
                    x1          x2
          y1      0.25           1
d =
                    u1
          y1         0
Continuous-time model.
```

通过上述输出格式, 状态变量 x_1, x_2, 输入变量 u_1 和输出变量 y_1 之间的关系是可识别的. 而通过下列的函数则可给出系统矩阵 a, 输入向量 b, 输出向量 c 和前馈系数 d:

```
>> [a,b,c,d] = ssdata(sys_ss)
a =
    -2      -2
     1       0
b =
     2
     0
c =
     0.2500  1.0000
d =
     0
```

对于动态系统, 总是只有一个传递函数和极–零点模型, 但可有多个可能的状态模型. MATLAB 沿用了在美国惯用的 “控制规范型 (control canonical form)”.

> 用函数tf通过输入分子和分母多项式num, den生成传递函数sys_tf:
> sys_tf = tf(num,den),
> 用tf将状态模型sys_ss或极–零点模型sys_zpk转换成传递函数sys_tf:
> sys_tf = tf(sys_ss),
> sys_tf = tf(sys_zpk).

状态模型再次转化成先前输入的传递函数:

```
>> tf(sys_ss)
Transfer function:
  0.5 s + 2
-------------
s^2 + 2 s + 2
```

在 16.4 节 ~16.7 节中经常应用函数`tf`和`zpk`, 而在 16.8 节中将经常应用函数`ss`.

调节技术的计算在*控制系统工具箱*(Control System Toolbox) 中由函数文件来完成. 这些标准函数与用于模型转换函数一起被算作 LTI 对象的方法 (Methoden). 对于时域研究, 例如存在标准函数:

`step`(阶跃响应); `impulse`(冲激响应).

在频域中应用函数:

`bode`(伯德图); `nyquist`(幅相频率特性曲线); `rlocus`(根轨轨迹曲线).

通过键入

```
>> step(sys_tf)
```

在屏幕上显示出名为`sys_tf`的传递函数阶跃响应 (图 16.3-1).

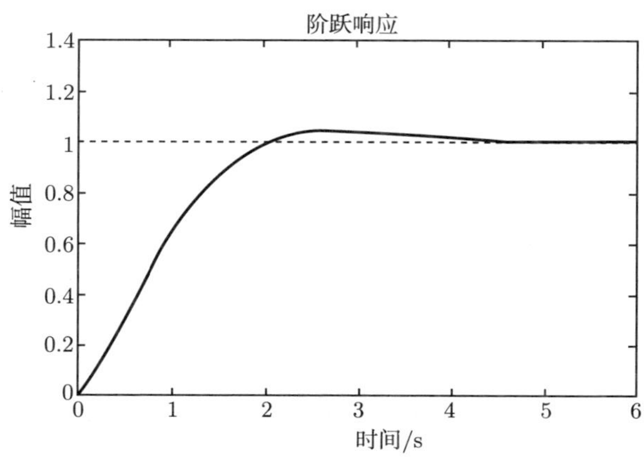

图 16.3-1 传递系统阶跃响应

对 PT_1 环节的传递函数

$$G_1(s) = \frac{K_\mathrm{P}}{1 + s \cdot T_1}, \quad K_\mathrm{P} = 2, \quad T_1 = 4\mathrm{s} \quad \rightarrow \quad \omega_\mathrm{E} = \frac{1}{T_1} = 0.25\mathrm{s}^{-1}$$

由下列输入生成频率特性模型 (图 16.3-2) sys_frd1:

```
>> sys__tf1 = tf(2,[4 1]);
>> sys__frd1 = frd(sys__tf1,[0.01;0.05;0.1;0.25;0.5;1;2;3])
From input 1 to:
Frequency(频率)(rad/s)                    Response(响应)
----------------                           --------
     0.0100                              1.9968 - 0.0799i
     0.0500                              1.9231 - 0.3846i
     0.1000                              1.7241 - 0.6897i
     0.2500                              1.0000 - 1.0000i
     0.5000                              0.4000 - 0.8000i
     1.0000                              0.1176 - 0.4706i
     2.0000                              0.0308 - 0.2462i
     3.0000                              0.0138 - 0.1655i
```

(Kreisfrequenzen (角频率) ω_i) (Frequenzgangfunktionswerte (频率特性函数值) $F_i(j\omega_i)$)

```
Continuous-time frequency response (连续时间频率特性数据模型).
```

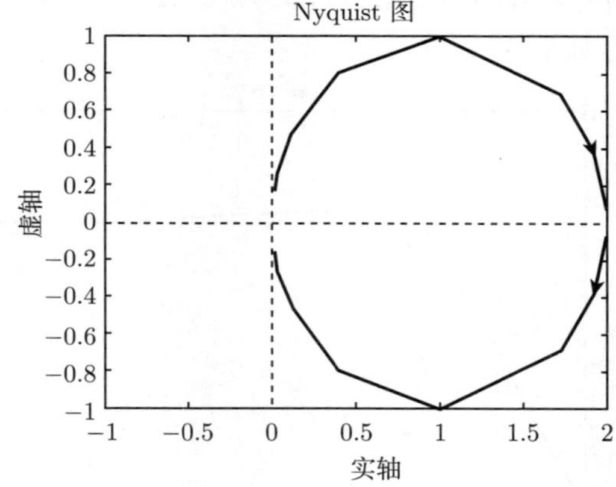

图 16.3-2　频率特性模型的幅相频率特性曲线

通过键入

```
>> nyquist(sys_frd1)
```

将在屏幕上输出对应 8 个 ω 值的幅相频率特性曲线.

用函数frd可以通过输入具有复数值的频率特性函数 $\boldsymbol{F}_i$ 的向量以及与之相对应的角频率 ω_i(wi) 向量来生成频率特性模型sys_frd:

```
sys_frd = frd(Fi,wi),
```

状态模型sys_ss, 极–零点模型sys_zpk或者传递函数sys_tf可以通过frd转换成频率特性模型sys_frd:

```
sys_frd = frd(sys_ss),
sys_frd = frd(sys_zpk),
sys_frd = frd(sys_tf).
```

频率特性模型并不能逆向地转换为状态模型, 极–零点模型或传递函数.

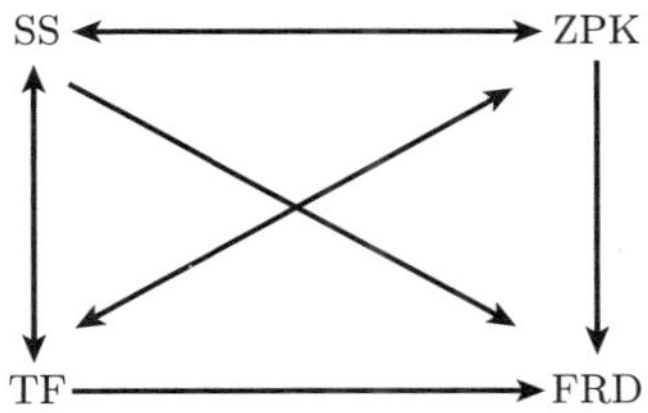

图 16.3-3 LTI 模型之间的相互转换

对于用频率特性函数研究, 只能应用 FRD 方法 (标准函数bode.m, margin.m, nyquist.m).

在本节中, 将生成 LTI 对象sys_tf, sys_zpk, sys_ss 和sys_ frd1 (图 16.3-3). 在面向对象的编程中, 对于 LTI 对象sys_tf将获得如下表达式:

Objekttype(对象类型): Übertragungsfunktion(传递函数)(TF)

Daten(数据):
Obejektname(对象名称): sys_tf
Koeffizienten des Zahlerpolynom(分子多项式系数):
num = [0.5 2]
Koeffizienten des Nennerpolynom(分母多项式系数):
den = [1 2 2]

Methoden(方法):
set, tfdata, ⋯;
step, impulse, bode,
nyquist, rlocus, ⋯

16.3.3 用于 LTI 模型生成与转换的控制系统工具箱函数列表

控制系统工具箱(Control System Toolbox) 的标准函数将被应用于下面各节的例子. MATLAB 使面向过程的编程和面向对象的编程成为可能. 用于 LTI 换型生成及转换的控制系统工具箱函数, 如表 16.3-1 所列.

表 16.3-1　用于 LTI 模型生成及转换的控制系统工具箱函数

函数名称	函数的描述
get	输出对象特性 (数据)
set	输入或改变对象特性 (数据)
frd	生成频率特性模型 (FRD–对象) 或由传递函数、极–零点模型和状态模型转换到频率特性模型
frdata	输出频率特性模型的对象特性 (数据), 例如, 频率特性函数值和角频率值
ss	生成状态模型 (ss–对象) 或由传递函数和极–零点模型转换到状态模型
ssdate	输出状态表示的对象特性 (数据)
tf	生成传递函数 (TF–对象) 或由极–零点模型和状态模型转换到传递函数
tfdate	输出传递函数的对象特性 (数据), 例如, 分子–和分母多项式的系数向量
zpk	生成极–零点模型 (ZPK–对象) 或由传递函数和状态模型转换到极–零点模型
zpkdata	输出极–零点模型的对象特性 (数据), 例如, 传递函数的零点、极点和常数因子

通过键入 help 'Funktionsname(函数名)', online-Hilfe (在线帮助) 给出其他信息.

16.4 信号流图的变换

16.4.1 概述

经常必须简化信号流图, 这样可给出整个系统合成的频率特性, 或传递函数, 或状态模型. 所应用的变换规则已在第 2 章描述. 在控制系统工具箱 (Control System Toolbox) 中有用于信号流图简化的特殊函数, 其中输入作为传递函数或极–零点模型或状态模型的**传递框 (Übertragungsblöcke)**. 用 MATLAB 函数输入并转换 LTI 模型已在 16.3.2 节中描述过.

在下面所给的 MATLAB 函数也适用于数字调节系统.

16.4.2 链式结构

在下面的程序中计算了两个串联连接的传递框的传递函数:

$$x_e(s) \longrightarrow \boxed{G_1(s)} \longrightarrow \boxed{G_2(s)} \longrightarrow x_a(s)$$

$$G(s) = \frac{x_a(s)}{x_e(s)} = G_1(s) \cdot G_2(s) = \frac{s+1}{s+4} \cdot \frac{s-2}{s^2+3 \cdot s+2}$$

$$= \frac{\text{num}G(s)}{\text{den}G(s)} = \frac{\text{num}G_1(s)}{\text{den}G_1(s)} \cdot \frac{\text{num}G_2(s)}{\text{den}G_2(s)}$$

```
%MATLAB Script-File reihe_164.m
 %Kettenstruktur mit zwei Übertragungsblöcken
 numG1=[1 1];              %Zählerpolynom von G1(s)
 denG1=[1 4];              %Nennerpolynom von G1(s)
 numG2=[1 -2];             %Zählerpolynom von G2(s)
 denG2=[1 3 2];            %Nennerpolynom von G2(s)
 G1=tf(numG1,denG1);       %Übertragungsfunktion G1(s) und G2(s)
 G2=tf(numG2,denG2);       %werden mit tf (transfer function) gebildet
 G=G1*G2                   %G(s) der Kettenstruktur ausgeben
```

程序中德文译文:

1. %MATLAB Script-File reihe_164.m (MATLAB 脚本文件 reihe_164.m)
2. %Zählerpolynom von G1(s)($G_1(s)$ 分子多项式)
3. %Nennerpolynom von G1(s)($G_1(s)$ 分母多项式)
4. %Zählerpolynom von G2(s)($G_2(s)$ 分子多项式)
5. %Nennerpolynom von G2(s)($G_2(s)$ 分母多项式)
6. %Übertragungsfunktion G1(s) und G2(s) (传递函数 $G_1(s)$ 和 $G_2(s)$)
7. %werden mit tf (transfer function) gebildet(用 tf (transfer function) 构建传递函数 G_1 和 G_2)
8. %G(s) der Kettenstruktur ausgeben (输出链式结构 $G(s)$)

numG1, denG1, numG2和denG2是传递函数 $G_1(s)$ 和 $G_2(s)$.的分子和分母多项式,它们以行向量形式输入. 通过函数tf生成对象 G_1 和 G_2. 乘积$G = G_1 \times G_2$为合成的传递函数 $G(s)$. 脚本文件reihe_164.m将提供下面的传递函数:

```
>> reihe_164
Transfer function:
    s^2 - s - 2
----------------------
s^3 + 7 s^2 + 14 s + 8
```

$G(s)$ 将直接显示在屏幕上.

16.4.3 并联结构

对给定传递函数的信号流图求并联结构的传递函数:

$$G(s)=\frac{x_a(s)}{x_e(s)}=G_1(s)-G_3(s)=\frac{s+1}{s+4}-\frac{4}{s+2}$$
$$=\frac{\mathrm{num}G(s)}{\mathrm{den}G(s)}=\frac{\mathrm{num}G_1(s)}{\mathrm{den}G_1(s)}-\frac{\mathrm{num}G_3(s)}{\mathrm{den}G_3(s)}$$

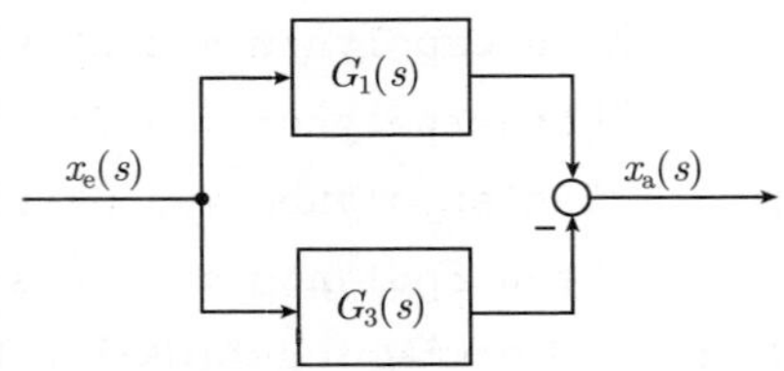


```
%MATLAB Script-File parall_164.m
%Parallelstruktur mit zwei Übertragungsblöcken
G1=tf([1 1],[1 4]);    %Z{G1(s)}=[1 1], N{G1(s)}=[1 4]
G3=tf(4,[1 2]);        %Z{G3(s)}=4, N{G3(s)}=[1 2]
G=G1-G3                %G(s) der Parallelstruktur ausgeben
```

程序中德文译文:

1. %MATLAB Script-File parall_164.m (MATLAB 脚本文件 parall_164.m)
2. %Parallelstruktur mit zwei Ünertragungsblöcken (具有两个传递框的并行结构)
3. %G(s) der Parallelstruktur ausgeben (输出并行结构 $G(s)$)

在脚本文件parall_164.m中生成部分传递函数G_1, G_3. 并联的传递函数 $G(s)$ 则是二者的差$G=G_1-G_3$:

```
>> parall_164
Transfer function:
s^2 - s - 14
-------------
s^2 + 6 s + 8
```

16.4.4 回路结构

16.4.4.1 具有间接负反馈的结构

在下面的例子中, 将计算一个具有间接负反馈的回路结构的传递函数.

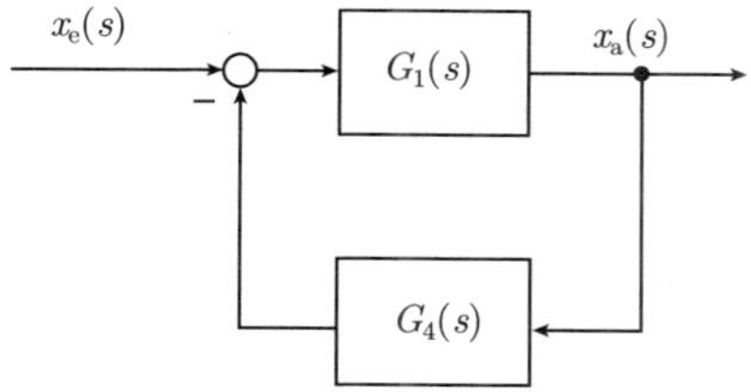

由信号流图中的传递函数

$$G_1(s) = \frac{s+1}{s+4} = \frac{\text{num}G_1(s)}{\text{den}G_1(s)}$$

$$G_4(s) = \frac{3}{s+6} = \frac{\text{num}G_4(s)}{\text{den}G_4(s)}$$

可构建具有间接负反馈回路结构的传递函数:

$$G(s) = \frac{x_a(s)}{x_e(s)} = \frac{G_1(s)}{1 + G_1(s) \cdot G_4(s)}$$

```
%MATLAB Script-File ind_ge_164.m
%Kreisstruktur mit indirekter Gegenkopplung
%Zähler:[1 1] und Nenner:[1 4] - Polynome von G1(s)
%Zähler:3 und Nenner:[1 6] - Polynome von G4(s)
%G(s) der Kreisstruktur ausgeben:
G=feedback(tf([1 1],[1 4]),tf(3,[1 6]))
```

程序中德文译文:

1. %MATLAB Script-File ind.ge_164.m (MATLAB 脚本文件 ind_ge_ 164.m)
2. %Kreisstruktur mit indirekter Gegenkopplung(具有间接负反馈的回路结构)
3. %Zäler:[1 1] und Nenner:[1 4] - Polynome von G1(s)($G_1(s)$ 的分子:[1 1] 和分母: [1 4]-多项式)
4. %Zäler:3 und Nenner:[1 6] - Polynome von G4(s)($G_4(s)$ 的 分 子:3 和 分 母:[1 6]-多项式)
5. %G(s) der Kreisstruktur ausgeben:(输出回路结构的 $G(s)$)

在脚本文件ind_ge_164.m中的函数feedback生成回路结构的传递函数:

```
>> ind_ge_164
Transfer function:
```

```
 s^2 + 7 s + 6
---------------
s^2 + 13 s + 27
```

反馈的符号可在函数

```
G=feedback(tf([1 1],[1 4]),tf(3,[1 6]),sgn)
```

中用参数sgn输入. sgn = 1给出正反馈, 而sgn = -1导出负反馈. 如果参数sgn缺省, 反馈被默认为负反馈.

16.4.4.2　具有直接负反馈的结构

对于具有直接负反馈的回路结构 (如图) 得到传递函数:

$$G(s)=\frac{x_{\mathrm{a}}(s)}{x_{\mathrm{e}}(s)}=\frac{G_1(s)}{1+G_1(s)}=\frac{\mathrm{num}G(s)}{\mathrm{den}G(s)}$$

$G_1(s)$ 是在正向支路中传递函数:

$$G_1(s)=\frac{s+1}{s+4}=\frac{\mathrm{num}G_1(s)}{\mathrm{den}G_1(s)}$$

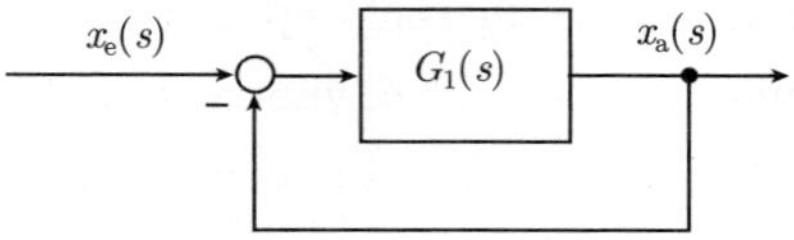

$x_e(s)$　$G_1(s)$　$x_a(s)$　−

```
%MATLAB Script-File dir_ge_164.m
%Kreisstruktur mit direkter Gegenkopplung
%Zähler:[1 1] und Nenner:[1 4] - Polynome von G1(s)
%G(s)der Kreisstruktur ausgeben:
G=feedback(tf([1 1],[1 4]),1)
```

程序中德文译文:

1. %MATLAB Script-File dir_ge_164.m (MATLAB 脚本文件 dir_ge_164.m)
2. %Kreisstruktur mit direkter Gegenkopplung(具有直接负反馈的回路结构)
3. %Zäler:[1 1] und Nenner:[1 4] -- Polynome von G1(s)($G_1(s)$ 的 分 子:[1 1] 和分母:[1 4] 多项式)
4. %G(s) der Kreisstruktur ausgeben:(输出回路结构的 $G(s)$)

在脚本文件dir_ge_164.m中, 用函数feedback也可计算具有直接负反馈结构的传递函数:

```
>> dir_ge_164
Transfer function:
 s + 1
-------
2 s + 5
```

在 feedback 中反馈的符号由最后一个参数 sgn 确定:

```
G=feedback(tf([1 1],[1 4]),1,sgn)
```

没有输入 sgn 时反馈 (默认) 为负.

16.4.5 求信号流图的参据传递函数和扰动传递函数

由脚本文件sf_plan1_164.m计算信号流图的参据传递函数和扰动传递函数.

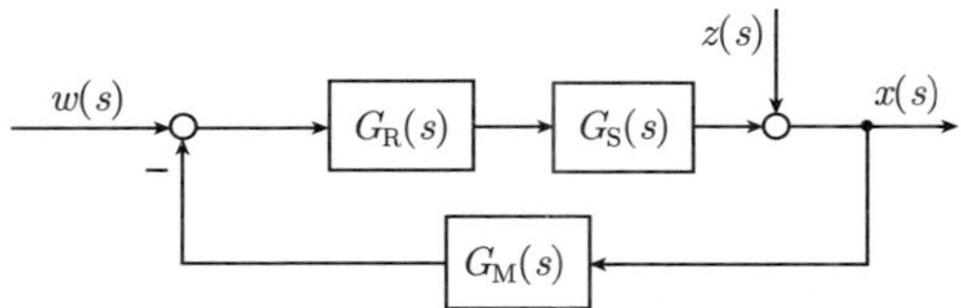

由给定信号流图中框的传递函数

$$G_{\mathrm{R}}(s)=K_{\mathrm{R}}=\frac{\mathrm{num}G_{\mathrm{R}}(s)}{\mathrm{den}G_{\mathrm{R}}(s)},\qquad \text{(调节器(Regler))}$$

$$G_{\mathrm{S}}(s)=\frac{K_{\mathrm{S}}\cdot\omega_{0\mathrm{S}}^2}{s^2+2\cdot D_{\mathrm{S}}\cdot\omega_{0\mathrm{S}}\cdot s+\omega_{0\mathrm{S}}^2}=\frac{\mathrm{num}G_{\mathrm{S}}(s)}{\mathrm{den}G_{\mathrm{S}}(s)},\qquad \text{(被调节对象(Regelstrecke))}$$

$$G_{\mathrm{M}}(s)=K_{\mathrm{M}}=\frac{\mathrm{num}G_{\mathrm{M}}(s)}{\mathrm{den}G_{\mathrm{M}}(s)},\qquad \text{(测量装置(Messeinrichtung))}$$

可构建参据和扰动传递函数:

$$G(s)=\frac{x(s)}{w(s)}=\frac{G_{\mathrm{RS}}(s)}{1+G_{\mathrm{RS}}(s)\cdot G_{\mathrm{M}}(s)}=\frac{\mathrm{num}G(s)}{\mathrm{den}G(s)}$$

$$G_{\mathrm{z}}(s)=\frac{x(s)}{z(s)}=\frac{1}{1+G_{\mathrm{RS}}(s)\cdot G_{\mathrm{M}}(s)}=\frac{\mathrm{num}G_{\mathrm{z}}(s)}{\mathrm{den}G_{\mathrm{z}}(s)}$$

```
%MATLAB Script-File sf_plan1_164.m
%einschleifiger Signalflussplan
%Parameter Regler, Strecke:
KR=0.63; KS=2; DS=1.2; w0s=1; KM=1.5;
```

```
GR=tf(KR,1);                  %Übertragungsfunktion des Reglers
                              %Zähler- u. Nenner-Polynome der Strecke:
numGS=KS*w0s^2; denGS=[1,2*DS*w0s,w0s^2];
GS=tf(numGS,denGS);           %Übertragungsfunktion der Strecke
numGM=1.5; denGM=1;
%Zähler- u. Nenner-Polynome der Messeinrichtung
GM=tf(numGM,denGM);
%Übertragungsfunktion der Messein-richtung
GRS=GR*GS;
%Übertragungsfunktion des offenen Regelkreises:
%Führungsübertragungsfunktion: G(s) = x(s)/w(s)
fprintf('\n')                 %neue Zeile
disp('Führungsübertragungsfunktion:')
G=feedback(GRS,GM)            %G(s) ausgeben
%Störungsübertragungsfunktion: Gz(s) = x(s)/z(s)
fprintf('\n')                 %neue Zeile
disp('Störungsübertragungsfunktion:')
Gz=feedback(1,GRS*GM)         %Gz(s) ausgeben
```

程序中德文译文:

1. %MATLAB Script-File sf_plan1_164.m (MATLAB 脚本文件 sf_plan1_164.m)
2. %einschleifige Sigalflußplan (单回路信号流图)
3. %Parameter Regler,Strecke:(调节器参数，对象参数)
4. %Übertragungsfunktion des Reglers(调节器传递函数)
5. %Zäler- u. Nenner-Polynome der Strecke:(对象分子和分母多项式)
6. %Übertragungsfunktion der Strecke(对象传递函数)
7. %Zäler- u. Nenner-Polynome der Messeinrichtung(测量装置分子和分母多项式)
8. %Übertragungsfunktion der Messeinrichtung(测量装置传递函数)
9. %Übertragungsfunktion des offenen Regelkreises (开环调节回路传递函数)
10. %Führungsübertragungsfunktion (参据传递函数):
11. %neue Zeile(新行)
12. 'Führungsübertragungsfunktion(参据传递函数):'
13. %G(s) ausgeben(输出 $G(s)$)

```
14. %Störungsübertragungsfunktion(扰动传递函数):
15. %neue Zeile(新行)
16. 'Störungsübertragungsfunktion(扰动传递函数):'
17. %Gz(s) ausgeben(输出 Gz(s))
```

在程序中计算下列传递函数:

```
>> sf_plan1_164
Führungsübertragungsfunktion (参据传递函数):
Transfer function:
       1.26
------------------
s^2 + 2.4 s + 2.89
Störungsübertragungsfunktion (扰动传递函数):
Transfer function:
 s^2 + 2.4 s + 1
------------------
s^2 + 2.4 s + 2.89
```

16.4.6 多回路信号流图的变换

为求链式结构和并联结构的传递函数将部分传递函数相乘或相加, 而回路结构则用函数feedback来计算. 对于复杂的多回路传递系统有专门的方法来计算其传递函数, 在该方法中信号流借助矩阵来描述. 下面以一个串级调节的信号流图为例, 并通过脚本文件sf_plan2_164.m来阐述这一方法.

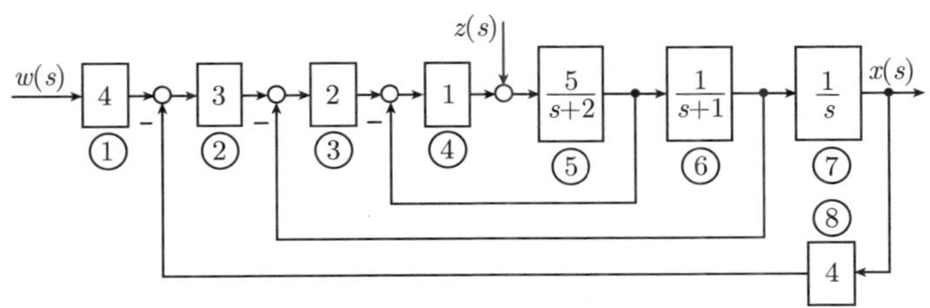

对于编号从 1 到 8 的传递框, 它们的分子和分母多项式将以向量形式输入, 其多项式系数按拉普拉斯算子 s 的降阶顺序排列. 随后, 函数append构建总系统的传递框 G_i.

传递框之间的信号流将用矩阵 $\boldsymbol{q}$ 来描述. 每一个传递框对应矩阵 $\boldsymbol{q}$ 中的一行. 每一行的第一个元素是传递框编号. 进入该传递框的信号来自于那些下面的元素所

给出的传递框. 例如在脚本文件sf_plan2_164.m中矩阵 $\boldsymbol{q}$ 的第 4 行描述了传递框 4, 其输入信号来自于传递框 3 和 5. 在此, 来自传递框 5 的信号为负. 传递框 4 至 8 没有为传递框 4 提供输入信号. 因此, 在第 4 行中的元素 4 到 8 被赋零, 这样形成一个方形矩阵. Fuehrung(参据) = 1设定, 外部输入信号作用于传递框 1, 并且总系统的输出信号来自于传递框 7(Ausgang(输出) = 7). 扰动量作用于传递框 5(Stoerung(扰动) = 5).

函数

```
Fsys=connect(Gi,q,Fuehrung,Ausgang)
```

将信号流图的描述转换为总系统的状态表示. 由

```
G=tf(Fsys)
```

再次将状态模型 Fsys 转换成传递函数 G 并输出.

```
%MATLAB Script-File sf_plan2_164.m
%Signalflussplan für eine Kaskadenregelung
num1=4; den1=1;      G1=tf(num1,den1);  %Zählerpolynome (numi)
num2=3; den2=1;      G2=tf(num2,den2);  %und
num3=2; den3=1;      G3=tf(num3,den3);  %Nennerpolynome (deni)
num4=1; den4=1;      G4=tf(num4,den4);  %sowie
num5=5; den5=[1 2]; G5=tf(num5,den5);  %die
num6=1; den6=[1 1]; G6=tf(num6,den6);  %Teilübertragungs-
num7=1; den7=[1 0]; G7=tf(num7,den7);  %funktionen
num8=4; den8=1;      G8=tf(num8,den8);  %G1(s) bis G8(s)
Gi=append(G1,G2,G3,G4,G5,G6,G7,G8); %Blockbildung
q=[1 0  0 0 0 0 0 0   %Die Matrix q beschreibt den Sig-nalflussim
   2 1 -8 0 0 0 0 0   %Signalflussbild.  In der 1.  Spalte steht die
   3 2 -6 0 0 0 0 0   %Nr.  des Übertragungsblocks.  In den folgenden
   4 3 -5 0 0 0 0 0   %Spalten stehen die Blöcke, deren Ausgang mit
   5 4  0 0 0 0 0 0   %dem Eingang des Blocks in der 1.  Spalte ver-
   6 5  0 0 0 0 0 0   %bunden ist.  Beispiel Zeile 2:  Der Eingang von
   7 6  0 0 0 0 0 0   %Block 2 ist mit den Ausgängen der Blöcke 1
   8 7  0 0 0 0 0 0];   %und 8 verbunden.  Matrix q ist quadratisch.
```

```
Fuehrung=1;                  %Führungsgröße wirkt auf Block 1
Ausgang=7;                   %Regelgröße kommt von Block 7
Fsys=connect(Gi,q,Fuehrung,Ausgang);            %Zustandsdarstellung
fprintf('\n')               %neue Zeile
disp('Führungsübertragungsfunktion:')
G=tf(Fsys)                   %Führungsübertragungsfunktion G(s)
Stoerung=5;                  %Störgröße wirkt auf Block 5
Zsys=connect(Gi,q,Stoerung,Ausgang);            %Zustandsdarstellung
fprintf('\n')
disp('Störungsübertragungsfunktion:')
Gz=tf(Zsys)                  %Störungsübertragungsfunktion Gz(s)
```

程序中德文译文:

1. %MATLAB Script-File sf_plan2_164.m (MATLAB 脚本文件 sf_plan 2_164.m)
2. %Signalflussplan für eines Kaskadenregelung(串级调节信号流图)
3. %Zählerpolynome(numi)
   %und
   %Nennerpolynome(deni)
   %sowie
   %die
   %Teilübertragungs-
   %funktion
   %G1(s) bis G8(s)
   (分子多项式 (numi) 和分母多项式 (deni) 以及部分传递函数 $G_1(s) \sim G_8(s)$)
4. %Blockbildung(传递框构建)
   %Die Matrix q beschreibt den Signalfluß im
   %Signalflussbild. In der 1. Spalte steht die
   %Nr.des Übertragungsblocks.In den folgenden
   %Spalten stehen die Blöcke,deren Ausgang mit
   %dem Eingang des Blocks in der 1.Spalte ver-
   %bunden ist.Beispiel Zeile 2:Der Eingang von
   %Block 2 ist mit den Ausgängen der Blöcke 1
   %und 8 verbunden.Matrix q iet quadratisch.

(矩阵 q 描述在信号流图中信号流. 在第1列为传递框编号. 在后面各列是传递框, 其输出端与框的输入端连接成第1列. 例如第2行: 框2的输入端是与框 1 和 8 输出端相连接)

5. %Führungsgröße wirkt auf Block 1(参据量作用在框 1)
6. %Regelgröße kommt von Block 7(被调节量来自于框 7)
7. %Zustandsdarstellung(状态表示)
8. %neue Zeile(新行)
9. 'Führungsübertragungsfunktion(参据传递函数):'
10. % Führungsübertragungsfunktion G(s)(参据传递函数 $G(s)$)
11. %Störgröße wirkt auf Block 5(扰动量作用到框 5)
12. % Zustandsdarstellung(状态表示)
13. 'Störungsübertragungsfunktion(扰动传递函数):'
14. % Störungsübertragungsfunktion Gz(s)(扰动传递函数 $G_z(s)$)

```
>> sf_plan2_164
Führungsübertragungsfunktion:
Transfer function:
          120
------------------------
s^3 + 8 s^2 + 17 s + 120
Störungsübertragungsfunktion:
Transfer function:
           5
------------------------
s^3 + 8 s^2 + 17 s + 120
```

16.4.7　用于信号流图变换的控制系统工具箱函数表

用于信号流图变换的控制系统工具箱函数见表 16.4-1 所列.

表 16.4-1　用于信号流图变换的控制系统工具箱函数

函数名	函数描述
append	由单一传递框的传递函数求信号流图的总模型 (没有对传递框之间信号流的描述).
connect	求输入和输出变量信号流图的状态模型, 此前, append函数必须已被执行, 用矩阵q描述信号流必须已经存在.
feedback	计算回路结构的传递函数, 极–零点模型或状态模型. 输入传递函数, 极–零点模型或状态模型.

通过键入`help 'Funktionsname(函数名)'`, 在线帮助 (online-Hilfe) 给出其他信息.

16.5 在时域中调节计算

16.5.1 概述

对于在时域中调节技术的研究, 引入测试函数, 如像冲激函数、阶跃函数、斜坡函数或者谐波函数, 并求其响应函数值. 为了用控制系统工具箱中的标准函数计算响应函数, 输入作为传递函数、极–零点模型或状态模型的传递系统. 在 16.3.2 节中描述过用 MATLAT 函数输入和转换 LTI 模型.

下面给出的 MATLAB 函数也适用于数字调节系统. 调节系统的响应函数将在 16.7 节中计算, 在 16.8 节中将生成状态模型的响应函数.

16.5.2 冲激响应

如果将在 3.4.2 节中描述过的单位冲激函数接到传递系统上, 在其输出端就会产生一个冲激响应 $g(t)$, 这一冲激响应也被称为权函数.

脚本–文件`impuls_165.m`由下面传递函数生成在图 16.5-1 中所绘出的 PT_1 和 PT_2 环节的冲激响应:

$$G_{\mathrm{PT1}}(s)=\frac{K_{\mathrm{P1}}}{1+T_1\cdot s}=\frac{\mathrm{num}G_1(s)}{\mathrm{den}G_1(s)}$$

$$G_{\mathrm{PT2}}(s)=\frac{K_{\mathrm{P2}}\cdot\omega_0^2}{s^2+2\cdot D\cdot\omega_0\cdot s+\omega_0^2}=\frac{\mathrm{num}G_2(s)}{\mathrm{den}G_2(s)}$$

该冲激响应可由函数

```
g=impulse(G,t)
```

来计算, 其中传递函数 G 的分子和分母多项式以行向量形式输入. 而由向量 t 规定**时间帧 (Zeitraster)**.

```
%MATLAB Script-File impuls_165.m
%Einheits-Impulsantwortfunktion für PT1- und PT2-Element
hold on                    %Kurve nicht Überschreiben
grid on                    %kartesische Gitterlinien
KP1=1; T1=4;               %Parameter
```

```
KP2=1; w0=0.5; D=0.25;
numG1=KP1; denG1=[T1 1]; %Zähler-, Nennerpolynom PT1-Element
G1=tf(numG1,denG1);      %Übertragungsfunktion G1(s)
numG2=KP2*w0^2;          %Zählerpolynom und
denG2=[1 2*D*w0 w0^2];   %Nennerpolynom des PT2-Elements
G2=tf(numG2,denG2);      %Übertragungsfunktion G2(s)

t=0:0.4:20;              %Vektor der Zeitwerte
g1=impulse(G1,t);        %PT1-Impulsantwort
g2=impulse(G2,t);        %PT2-Impulsantwort

plot(t,g1,'-')           %PT1-Impulsantwort plotten
plot(t,g2,'-.')          %PT2-Impulsantwort plotten
%Titel der Grafik:
title('\it{Einheits-Impulsantwort}')
xlabel('\it{Zeit t/s}')  %Beschriftung der Abszisse
ylabel('\it{g(t)}')      %Beschriftung der Ordinate,

                         %Legende:
legend('\it{PT}_1\it{-Element}','\it{PT}_2\it{-Element}')
```

程序中德文译文:

1. %MATLAB Script-File impuls_165.m (MATLAB 脚本文件 impus_165.m)
2. %Einheits-Impulsantwortfunktion für PT1 und Pt2-Element (PT_1 和 PT_2 环节单位冲激响应函数)
3. %Kurve nicht überschreiben(不重绘曲线)
4. %kartesische Gitterlinien(笛卡儿网格)
5. %Parameter(参数)
6. %Zähler-,Nennerpolynom PT1-Element(PT_1 环节分子，分母多项式)
7. %Übertragungsfunktion G1(s)(传递函数 $G_1(s)$)
8. %Zählerpolynom und
   % Nennerpolynom des PT2-Elements(PT_2 环节分子多项式和分母多项式)
9. %Übertragungsfunktion G2(s)(传递函数 $G_2(s)$)
10. %Vektor der Zeitwerte(时间值向量)
11. %PT1-Impulsantwort(PT_1 冲激响应)

12. %PT2-Impulsantwort(PT_2 冲激响应)

13. %PT1-Impulsantwort Plotten(PT_1 冲激响应图)

14. %PT2-Impulsantwort Plotten(PT_2 冲激响应图)

15. %Titel der Graphik:(图题)

16. '\it {Einheit-Impulsantwort} '('\ {单位冲激响应} ')

17. '\it {Zeit t/s} '('\it {时间 t/s} ')

18. %Beschriftung der Abszisse(标记横坐标)

19. '\it {g(t)} '('\it {g(t)} ')

20. % Beschriftung der Ordinate (标记纵坐标),

21. %Legende(图例):

22. '\it(PT)_1\it {-Element} ','\it(PT)_2\it {-Element} ' ('\it(PT)_1\it {-环节} ','\it(PT)_2\it {-环节} ')

为显示曲线, 可采用表 16.2-9, 16.2-10 给出的颜色和标识方法.

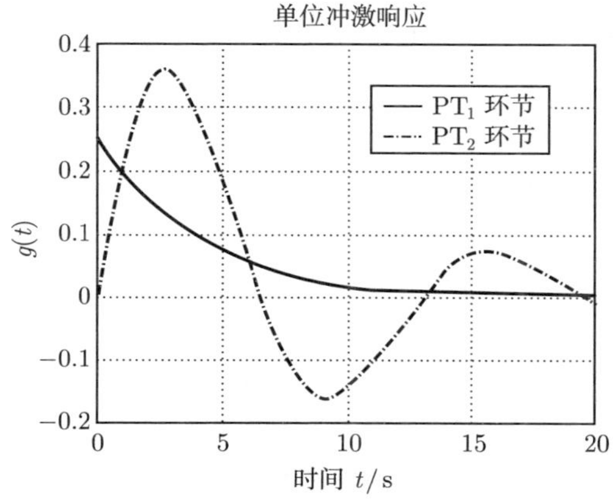

图 16.5-1 PT_1 和 PT_2 环节单位冲激响应 (impuls_165.m)

如果没有给出输出结果向量 $\boldsymbol{g}_1$ 和 $\boldsymbol{g}_2$, 那么可将图形直接输出到屏幕上, 其中应用标准绘图.

16.5.3 阶跃响应

在 3.4.3 节中描述的单位阶跃函数的阶跃响应, 用函数

```
xa=step(G,t)
```

来计算. 脚本文件sprung_165.m生成在图 16.5-2 中绘制的具有传递函数

$$G_{\mathrm{PT1}}(s)=\frac{K_{\mathrm{P1}}}{1+T_1\cdot s}=\frac{\mathrm{num}G_1(s)}{\mathrm{den}G_1(s)}$$

$$G_{\mathrm{PT2}}(s)=\frac{K_{\mathrm{P2}}\cdot\omega_0^2}{s^2+2\cdot D\cdot\omega_0\cdot s+\omega_0^2}=\frac{\mathrm{num}G_2(s)}{\mathrm{den}G_2(s)}$$

的 PT_1 和 PT_2 环节的阶跃响应. 像计算冲激响应一样, 传递函数的分子多项式和分母多项式将作为行向量形式输入. 向量元素为拉普拉斯算子 s 降阶的多项式系数. $\boldsymbol{t}$ 是时间帧 (Zeitraster) 的向量.

```
%MATLAB Script-File sprung_165.m
%Einheits-Sprungantwortfunktion für PT1- und PT2-Element
hold on                 %Kurve nicht Überschreiben
grid on                 %kartesische Gitterlinien
KP1=1; T1=4;            %Parameter
KP2=1; w0=0.5; D=0.25;
numG1=KP1; denG1=[T1 1]; %Zähler- u.  Nennerpolynom PT1-Element
G1=tf(numG1,denG1);     %Übertragungsfunktion G1(s)
numG2=KP2*w0^2;         %Zähler- u.  Nennerpolynom
denG2=[1 2*D*w0 w0^2];  %des PT2-Elements
G2=tf(numG2,denG2);     %Übertragungsfunktion G2(s)

t=0:0.4:20;             %Vektor der Zeitwerte
xa1=step(G1,t);         %PT1-Sprungantwort
xa2=step(G2,t);         %PT2-Sprungantwort
KP_PT1=dcgain(G1) %Proportionalbeiwert des PT1-Elements
KP_PT2=dcgain(G2) %Proportionalbeiwert des PT2-Elements
plot(t,xa1,'-')         %PT1-Sprungantwort plotten
plot(t,xa2,'-.')        %PT2-Sprungantwort plotten

title('\it{Einheits-Sprungantwort}')
xlabel('\it{Zeit t/s}')   %Beschriftung der Abszisse
ylabel('\it{x}_a\it{(t)}') %Beschriftung der Ordinate
legend('\it{PT}_1\it{-Element}','\it{PT}_2\it{-Element}')
                        %Legende
legend('\it{PT}_1\it{-Element}','\it{PT}_2\it{-Element}')
```

程序中德文译文：

1. %MATLAB Script-File sprung_165.m (MATLAB 脚本文件 sprung_ 165.m)
2. %Einheits-sprungantwortfunktion für PT1 und Pt2 Element (PT_1 和 PT_2 环节单位阶跃响应函数)
3. %Kurve nicht überschreiben(不重绘曲线)
4. %kartesische Gitterlinien(笛卡儿网格线)
5. %Parameter(参数)
6. %Zähler-u.Nennerpolynom PT1-Element(PT_1 环节分子多项式和分母多项式)
7. %Übertragungsfunktion G1(s)(传递函数 $G_1(s)$)
8. %Zähler- u. Nennerpolynom
   % des PT2-Elements(PT_2 环节分子多项式和分母多项式)
9. %Übertragungsfunktion G2(s)(传递函数 $G_2(s)$)
10. %Vektor der Zeitwerte(时间值向量)
11. %PT1-Sprungantwort(PT_1 阶跃响应)
12. %PT2-Sprungantwort(PT_2 阶跃响应)
13. %Proportionalbeiwert des PT1-Elements(PT_1 环节比例系数)
14. %Proportionalbeiwert des PT2-Elements(PT_2 环节比例系数)
15. %PT1-Sprungantwort Plotten(PT_1 阶跃响应图)
16. %PT2-Sprungantwort Plotten(PT_2 阶跃响应图)
17. '\it {Einheit-Spurungantwort} '('\it {单位阶跃响应} ')
18. '\it {Zeit t/s} '('\it {时间 t/s} ')
19. %Beschriftung der Abszisse(横坐标标记)
20. % Beschriftung der Ordinate, (纵坐标标记)
21. '\it(PT)_1\it {-Element} ' ('\it {PT} _1\it {- 环节} '),'\it(PT)_2\it {-Element} '('\it(PT)_2\it {- 环节} ')
22. %Legende(图例):
23. '\it(PT)_1\it {-Element} '('\it(PT)_1\it {- 环节} '),'\it(PT)_2\it {-Element} '('\it(PT)_2\it {- 环节} ')

如果没有给出输出结果向量 $\boldsymbol{x}_{a1}$ 和 $\boldsymbol{x}_{a2}$, 那么可将图形直接输出到屏幕上, 其中应用标准绘图.

传递函数的稳态增益 (Stationäre Verstärkung) 可由函数

```
KP=dcgain(G)
```

来确定.

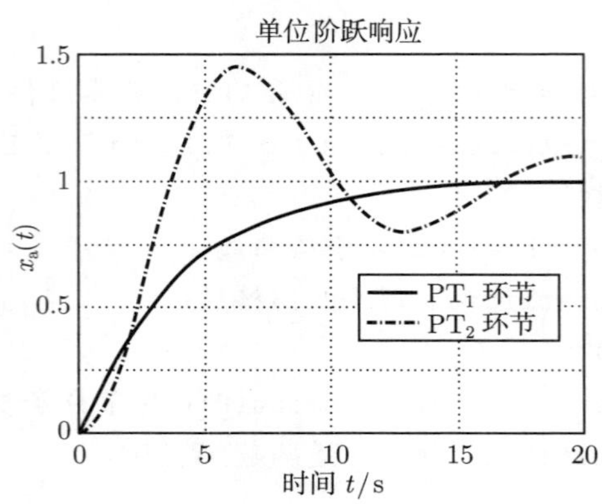

图 16.5-2　PT_1 和 PT_2 环节单位阶跃响应 (sprung_165.m)

```
>> sprung_165
KP_PT1 =

    1

KP_PT2 =

    1
```

16.5.4　斜坡响应

由函数

```
xa=lsim(G,xe,t)
```

可生成具有任意时间历程测试函数的响应函数. 对于具有传递函数

$$G_{\mathrm{PT1}}(s)=\frac{K_{\mathrm{P1}}}{1+T_1\cdot s}=\frac{\mathrm{num}G_1(s)}{\mathrm{den}G_1(s)}$$

$$G_{\mathrm{PT2}}(s)=\frac{K_{\mathrm{P2}}\cdot\omega_0^2}{s^2+2\cdot D\cdot\omega_0\cdot s+\omega_0^2}=\frac{\mathrm{num}G_2(s)}{\mathrm{den}G_2(s)}$$

的 PT_1 和 PT_2 环节, 脚本文件anstieg_165.m计算图 16.5-3 所示的斜坡响应.

像计算冲激响应和阶跃响应一样, 传递函数的分子分母多项式将以行向量的形式输入. 向量元素为按降阶顺序排列的拉普拉斯算子 s 的多项式系数. $\boldsymbol{t}$ 是时间帧的向量.

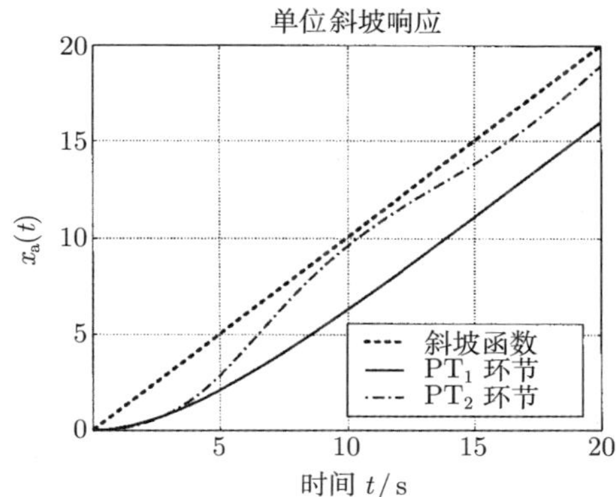

图 16.5-3 PT_1 和 PT_2 环节的单位斜坡响应 (anstieg-165.m)

```
%MATLAB Script-File anstieg_165.m
%Einheits-Anstiegsantwortfunktion für PT1- und PT2-Element
clf
hold on                        %Kurve nicht Überschreiben
grid on                        %kartesische Gitterlinien
KP1=1; T1=4;                   %Parameter
KP2=1; w0=0.5; D=0.25;
numG1=KP1; denG1=[T1 1];       %Zähler- u.  Nennerpolynom PT1-Ele-ment
G1=tf(numG1,denG1);            %Übertragungsfunktion G1(s)
numG2=KP2*w0^2;                %Zähler- u.  Nennerpolynom
denG2=[1 2*D*w0 w0^2];         %des PT2-Elements
G2=tf(numG2,denG2);            %Übertragungsfunktion G2(s)

t=0:0.4:20;                    %Vektor der Zeitwerte
xe=t;                          %Einheits-Anstiegsfunktion
xa1=lsim(G1,xe,t);             %PT1-Anstiegsantwort
xa2=lsim(G2,xe,t);             %PT2-Anstiegsantwort

plot(t,xe,'.')                 %Anstiegsfunktion plotten
plot(t,xa1,'-')                %PT1-Anstiegsantwort plotten
plot(t,xa2,'-.')               %PT2-Anstiegsantwort plotten

title('\it{Einheits-Anstiegsantwort}')
```

```
xlabel('\it{Zeit t/s}')                       %Beschriftung der Abszisse
ylabel('\it{x}_a\it{(t)}')                    %Beschriftung der Ordinate
legend('\it{Anstiegsfunktion}','\it{PT}_1\it{-Elem.}',
'\it{PT}_2\it{-Elem.}')
                                              %Legende
```

程序中德文译文:

1. %MATLAB Script-File anstieg_165.m (MATLAB 脚本文件 anstieg_165.m)
2. %Einheits-Anstiegantwortfunktion für PT1- und Pt2-Element(PT_1 和 PT_2 环节单位斜坡响应函数)
3. %Kurve nicht überschreiben(不重绘曲线)
4. %kartesische Gitterlinien(笛卡儿网格)
5. %Parameter(参数)
6. %Zähler- u.Nennerpolynom PT1-Element(PT_1 环节分子多项式和分母多项式)
7. %Übertragungsfunktion G1(s)(传递函数 $G_1(s)$)
8. %Zähler- u. Nennerpolynom
   % des PT2-Elements(PT_2 环节分子多项式和分母多项式)
9. %Übertragungsfunktion G2(s)(传递函数 $G_2(s)$)
10. %Vektor der Zeitwerte(时间值向量)
11. %Einheits-Anstiegsfunktion(单位斜坡函数)
12. %PT1-Anstiegantwort(PT_1 斜坡响应)
13. %PT2-Anstiegantwort(PT_2 斜坡响应)
14. %Anstiegsfunktion plotten(斜坡函数图)
15. %PT1-Anstiegantwort Plotten(PT_1 斜坡响应图)
16. %PT2-Anstiegantwort Plotten(PT_2 斜坡响应图)
17. '\it {Einheit-Anstiegantwort} '('\it {单位斜坡响应} ')
18. '\it {Zeit t/s} '('\it {时间 t/s} ')
19. %Beschriftung der Abszisse(横坐标标记)
20. % Beschriftung der Ordinate,(纵坐标标记)
21. '\it {Anstiegsfunktion} ','\it(PT)_1\it {-Elem, } ', '\it (PT)_2\it {-Elem, } '('\it{斜坡函数}', '\it(PT)_1\it {-环节} ','\it(PT)_2\it {-环节} ')
22. %Legende(图例):

如果没有给出输出结果向量 $\boldsymbol{x}_{a1}$ 和 $\boldsymbol{x}_{a2}$, 那么可将图形直接输出到显示屏上, 其中应用标准绘图.

16.5.5 正弦响应

为了求频域特性函数, 这里将引入谐波函数, 比如正弦函数

$$x_e(t) = \hat{x}_e \cdot \sin(\omega t)$$

如果计算出稳态正弦响应

$$x_a(t) = \hat{x}_a(\omega) \cdot \sin[\omega t + \varphi(\omega)]$$

的幅值和相位, 并由此得到频域函数. 在脚本文件sinusant_165.m中, PT_1 环节的频域特性函数

$$F(j\omega) = \frac{x_a(j\omega)}{x_e(j\omega)} = \frac{K_{P1}}{1 + j\omega \cdot T_1}$$

像在本节前面所述的例子中一样被应用, 角频率 ω 在两个十倍频程 (Dekaden)

$$\omega_1 = 0.025\mathrm{s}^{-1} \leqslant \omega \leqslant \omega_{20} = 2.5\mathrm{s}^{-1}$$

上变化, 其中 PT_1 环节的转折角频率位于

$$\omega_E = \frac{1}{T_1} = 0.25\mathrm{s}^{-1}$$

对于 20ω 值, 按对数分布始于 $\lg\omega_1$=lg0.025=−1.602, 而终止于 $\lg\omega_{20}$= lg2.5=0.3979. 用函数

```
w = logspace(-1.602,0.3979,20)
```

生成 ω 值的向量. 在图 16.5-4 中绘出了正弦响应的曲线族.

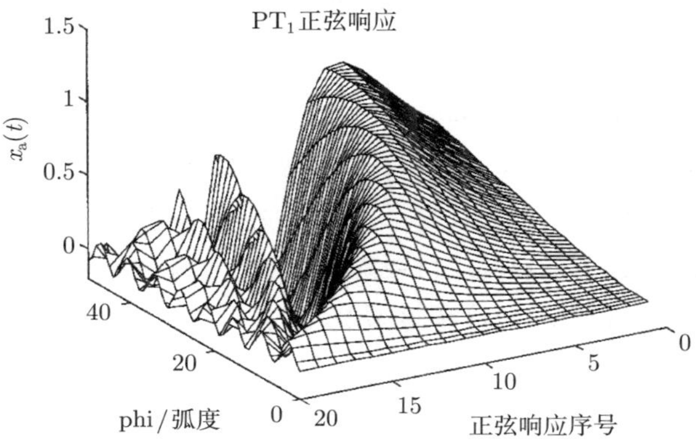

图 16.5-4 PT_1 环节的正弦响应 (sinusant_165.m)

```
%MATLAB Script-File sinusant_165.m
%Familie von Sinusantworten
KP1=1; T1=4;                         %Parameter
numG1=KP1; denG1=[T1 1];    %Zähler- und Nennerpolynom PT1-Element
G1=tf(numG1,denG1);                  %Übertragungsfunktion G1

t=[0:0.4:20]';                       %Spaltenvektor der Zeitwerte
xa=zeros(length(t),1);               %Vordefinition Spaltenvektor für xa
xe=xa;                               %Vordefinition Spaltenvektor für xe
k=1;                                 %Nr. der Sinusantwort

for w=logspace(-1.602,0.3979,20)%20 Sinusantworten
     phi=w*t;                        %Winkel phi/rad
     xe=sin(phi);                    %Sinusfunktion
     xa(:,k)=lsim(G1,xe,t); %Sinusantwort, Adressierung der Spalte k
     k=k+1;                          %Nr. der Sinusantwort
end

mesh(phi,1:k-1,xa')                  %3D-Netz
axis([0,50,0,20,-0.2,1.5])           %Skalierung phi, k, xa
view(-120,30)                        %Blickwinkel
title('\it{PT}_1 \it{-Sinusantworten}')  %Titel der Grafik
xlabel('\it{phi/rad}')               %Beschriftung der x-Achse
ylabel('\it{Sinusantwort Nr.}')  %Beschriftung der y-Achse
zlabel('\it{x}_a\it{(t)}')           %Beschriftung der z-Achse
```

程序中德文译文：

1. %MATLAB Script-File sinusant_165.m (MATLAB 脚本文件 sinusant_165.m)
2. %Familie von Sinusantworten (正弦响应曲线族)
3. %Parameter(参数)
4. %Zähler- u.Nennerpolynom PT1-Element(PT_1 环节分子多项式和分母多项式)
5. %Übertragungsfunktion G1(传递函数 G_1)
6. %Spaltenvektor der Zeitwerte(时间值列向量)
7. %Vordefinition Spaltenvektor für xa(预定义列向量 $\boldsymbol{x}_\mathrm{a}$)
8. %Vordefinition Spaltenvektor für xe(预定义列向量 $\boldsymbol{x}_\mathrm{e}$)

9. %Nr.der Sinusantwort(正弦响应序号)

10. %20 Sinusantworten(20 正弦响应)

11. %Winkel phi/rad(角 phi/rad)

12. %Sinusfunktion(正弦函数)

13. %Sinusantwort(正弦响应), Adressierung der Spalte k(列 k 寻址)

14. %Nr.der Sinusantwort(正弦响应序号)

15. %3D-Netz(3D 网)

16. %Skalierung phi,k,xa(刻度 phi, k, $\boldsymbol{x}_{\mathrm{a}}$)

17. %Blickwinkel(视角)

18. 'it {PT} _1\it {-Sinusantworten} '('it {PT} _1\it {-正弦响应} ')

19. %Titel der Graphik(图题)

20. %Beschriftung der x-Achse(x 轴标记)

21. '\it {Sinusantwort Nr.} '('\it {正弦响应序号} ')

22. %Beschriftung der y-Achse(y 轴标记)

23. %Beschriftung der z-Achse(z 轴标记)

16.5.6 用于在时域中调节计算的控制系统工具箱的函数列表

通过输入help'Funktionsname(函数名)', online-Hilfe(在线帮助) 给出其他信息, 用于在时域中调节计算的控制系统工具箱的函数见表 16.5-1 所示.

表 16.5-1 用于在时域中调节计算的控制系统工具箱的函数

函数	函数描述
dcgain	计算稳态增益, 输入传递函数, 极–零点模型或状态模型.
impulse	计算单位冲激响应, 输入传递函数, 极–零点模型或状态模型, 时间值向量的输入可作为选项. 如果没有给出输出变量, 冲激响应将直接输出到显示屏.
lsim	计算传递函数, 极–零点模型或状态模型对任意时间函数的响应函数. 可选择输入时间值向量和初始值向量, 没有给出输出变量, 响应函数将被直接输出到显示屏上.
step	计算单位阶跃响应. 输入传递函数, 极–零点模型或状态模型. 时间值向量的输入可作为选项. 没有给出输出变量, 阶跃响应将被直接输出到显示屏.

16.6 在频域中调节计算

16.6.1 传递函数特性

16.6.1.1 传递函数和极–零点图

在已知极–零点时求传递函数和极–零点图

在给出零点 $s_{\mathrm{p}i}$ 和极点 $s_{\mathrm{n}i}$ 时就可构建传递函数的极–零点形式.

$$G(s)=K_0\cdot\frac{\prod_{i=1}^{m}(s-s_{\mathrm{n}i})}{\prod_{i=1}^{n}(s-s_{\mathrm{p}i})}=\frac{K_0\cdot(s-s_{\mathrm{n}1})\cdot(s-s_{\mathrm{n}2})\cdot(s-s_{\mathrm{n}3})\cdot\ldots\cdot(s-s_{\mathrm{n}m})}{(s-s_{\mathrm{p}1})\cdot(s-s_{\mathrm{p}2})\cdot(s-s_{\mathrm{p}3})\cdot\ldots\cdot(s-s_{\mathrm{p}n})}$$

由此, 脚本文件pn_tf1_166.m可求出传递函数的多项式形式以及与之相应的极–零点图. 函数

```
pnG=zpk(nul,pol,K0)
```

由已给出的零点 nul, 极点 pol 和因子 K_0 生成传递函数的极–零点模型 pnG. 然后再构建传递函数G并输出. 用函数 pzmap(G) 给出极–零点图. 函数sgrid绘出一个由等特征角频率线 (半圆) 和在 $0.1\leqslant D\leqslant 1$ 范围内的等阻尼比线 (射线) 构成的网状图, 如图 16.6-1 所示.

```
%MATLAB Script-File pn_tf1_166.m
%Berechnung der Übertragungsfunktion
%durch Vorgabe der Pol- u.  Nullstellen

sn1=-1+0.5j; sn2=-1-0.5j; sn3=-3;  %Nullstellen
sp1=-2+j; sp2=-2-j; sp3=-4; sp4=-6;%Polstellen
nul=[sn1; sn2; sn3];               %Spaltenvektor Nullstellen
pol=[sp1; sp2; sp3; sp4];          %Spaltenvektor Polstellen
K0=3;                              %konstanter Faktor

pnG=zpk(nul,pol,K0);               %Pol-Nullstellenmodell pnG
G=tf(pnG)                          %Übertragungsfunktion G(s)

pzmap(G)                           %Pol-Nullstellenplan ausgeben
sgrid                              %Gitterlinien für D und w0
title('\it{s-Ebene}')              %Titel der Grafik
```

程序中德文译文:

1. %MATLAB Script-File pn_tf1_166.m (MATLAB 脚本文件 pn_tf1_166.m)
2. %Berechnung der Übertragungsfunktion

%durch Vorgabe der Pol- u. Nullstellen(通过已知极-零点计算传递函数)

3. %Nullstellen(零点)
4. %Polstellen(极点)
5. %Spaltenvektor Nullstellen(零点列向量)
6. %Spaltenvektor Polstellen(极点列向量)
7. %konstanter Faktor(常值因子)
8. %Pol-Nullstellenmodell pnG(极-零点模型 pnG)
9. %Übertragungsfunktion G(s)(传递函数 $G(s)$)
10. %Pol-Nullstellenmodell ausgeben(输出极-零点图)
11. %Gitterlinien für D und w0(D 和 w_0 网格)
12. '\it {s-Ebene} '('\it {s-平面} ')
13. %Tittel der Grapuik(图题)

```
>> pn_tf1_166
Transfer function:
 3 s^3 + 15 s^2 + 21.75 s + 11.25
-----------------------------------
s^4 + 14 s^3 + 69 s^2 + 146 s + 120
```

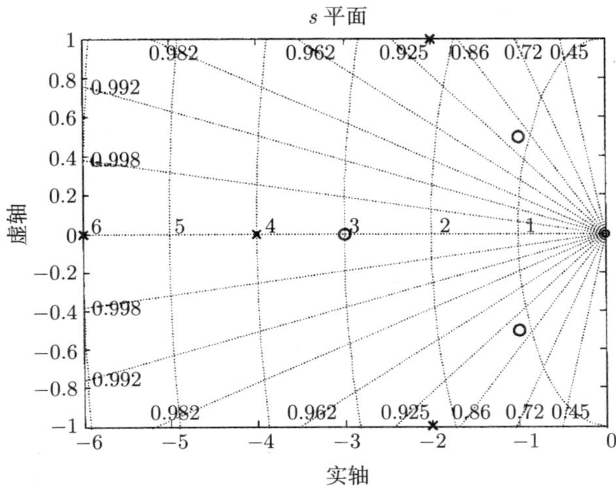

图 16.6-1 传递函数的极–零点图 (pn_tf_166.m)

极–零点图是传递函数的极点和零点的图形表达方式, 它可被用来评价一个传递系统的稳定性和动态特性.

PT_2 环节极–零点图

调节通常是这样调整的, 即参据传递函数获得一个**主导极点对**(Dominie-rendes Polpaar), 以便产生微小的阶跃响应超调 (参考 7.5.2.3 节). 由 PT_2 环节的特征角频率 ω_0 和阻尼比 D 参数可以预先给出其时间特性. 在 4.3.3.2 节中已描述过在频域中的 PT_2 环节, 在下面的脚本文件pn_tf2_166.m中预先给出 PT_2 环节的极点

$$s_{\mathrm{p}1,2} = \omega_0 \cdot \left(-D \pm \mathrm{j}\sqrt{1-D^2}\right)$$

其标准传递函数

$$G(s) = \frac{K_{\mathrm{P}} \cdot \omega_0^2}{(s - s_{\mathrm{p}1}) \cdot (s - s_{\mathrm{p}2})} = \frac{K_{\mathrm{P}} \cdot \omega_0^2}{s^2 + 2 \cdot D \cdot \omega_0 \cdot s + \omega_0^2}$$

并图形显示它的极–零点图, 如图 16.6-2 所示.

```
%MATLAB Script-File pn_tf2_166.m
%Pol-Nullstellenplan für ein PT2-Übertragungselement
KP=1; D=0.707; w0=1;          %Parameter eines PT2-Elements
sp1=w0*(-D+j*sqrt(1-D^2));    %Polstellen der
sp2=w0*(-D-j*sqrt(1-D^2));    %Übertragungsfunktion
nul=[];                       %keine Nullstellen
pol=[sp1; sp2];               %Spaltenvektor der Polstellen
K0=KP*w0^2;                   %konstanter Faktor

pnG=zpk(nul,pol,K0);          %Pol-Nullstellenmodell pnG
G=tf(pnG)                     %Übertragungsfunktion
pzmap(G)                      %Pol-Nullstellenplan
title('\it{s-Ebene}')
sgrid                         %Gitterlinien für D und w0
axis([-1.6,1,-1,1])           %manuelle Achsenskalierung
axis('equal')                 %gleicher Skalierungsfaktor
```

程序中德文译文:

1. %MATLAB Script-File pn_tf2_166.m (MATLAB 脚本文件 pn_tf2_ 166.m)
2. % Pol- Nullstellenplan für ein PT2-Übertragungselement(PT_2 传递环节的极-零点图)
3. %Parameter eines PT2-Elements(PT_2 环节参数)
4. % Polstellen der

```
    %Übertragungsfunktion(传递函数的极点)
5. %keine Nullstellen(无零点)
6. %Spaltenvektor der Polstellen(极点列向量)
7. %konstanter Faktor(常值因子)
8. %Pol-Nullstellenmodell pnG(极-零点模型 pnG)
9. %Übertragungsfunktion (传递函数)
10. % Pol- Nullstellenplan(极-零点图)
11. '\it {s-Ebene} '('\it {s-平面} ')
12. %Gitterlinien für D und w0(D 和 w0 网格)
13. %manuelle Achsenskalierung(手工坐标轴刻度)
14. 'squal'(' 等于')
15. %gleicher Skalierungsfaktor(相同刻度因子)
```

```
>> pn_tf2_166
Transfer function:
        1
-----------------
s^2 + 1.414 s + 1
```

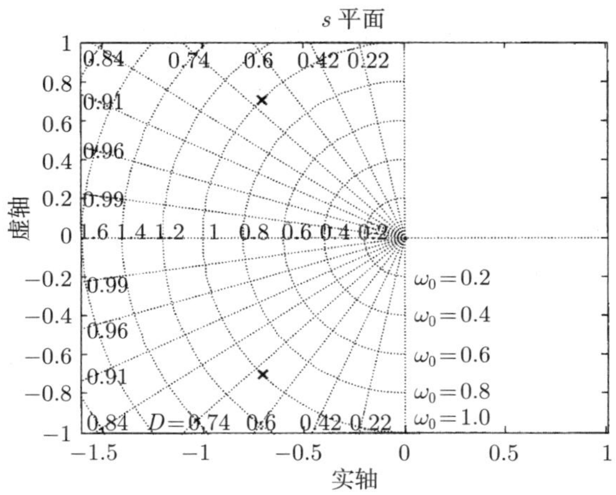

图 16.6-2 PT_2 环节极–零点图 (pn_tf2_166.m)

函数dmap实现对传递函数G的分母多项式的极点, 阻尼比和特征角频率的列表:

```
>> damp(G)
```

```
Eigenvalue                    Damping        Freq.  (rad/s)
-7.07e-001 + 7.07e-001i       7.07e-001      1.00e+000
-7.07e-001 - 7.07e-001i       7.07e-001      1.00e+000
```

(极点 $s_{\mathrm{p}i}$)　(阻尼比 D)　(特征角频率 ω_0)

对应于输入值 $\omega_0 = 1\mathrm{s}^{-1}$ 和 $D = 0.707$ 得出在图 16.6-2 中画出的传递函数的极点

$$s_{\mathrm{p1,2}} = -0.707 \pm \mathrm{j}0.707$$

函数 axis('equal') 生成横坐标和纵坐标相同的坐标刻度因子.

16.6.1.2　部分分式展开

多项式形式的传递函数

$$G(s) = \frac{b_m \cdot s^m + b_{m-1} \cdot s^{m-1} + \cdots + b_1 \cdot s + b_0}{a_n \cdot s^n + a_{n-1} \cdot s^{n-1} + \cdots + a_1 \cdot s + a_0}$$

的极–零点可由在 16.2.2.3 节描述过的函数 roots 来计算. 为此, 必须将传递函数的分子多项式或分母多项式的系数分别归入行向量

num=[$\mathrm{b_m}$ $\mathrm{b_{m-1}}$ $\cdots$ $\mathrm{b_1}$ $\mathrm{b_0}$] 和 den=[$\mathrm{a_n}$ $\mathrm{a_{n-1}}$ $\cdots$ $\mathrm{a_1}$ $\mathrm{a_0}$]

其元素按拉普拉斯算子 s 降阶顺序输入. 它的极点pol将通过语句

```
pol = roots(den)
```

或者由

```
pol = pole(G)
```

来求. 零点 (nul) 则可通过

```
nul = roots(num)
```

或者通过

```
nul = tzero(G)
```

来计算. 传递函数的零点和极点也可通过一次性调用函数

```
[nul, pol, K0]=zpkdata(G,'v')
```

来计算, 并以列向量形式输出. 由此, 传递函数可被描述成极点 (s_{pi})–零点 (s_{ni}) 模

型的形式

$$G(s)=K_0\cdot\frac{\prod_{i=1}^{m}(s-s_{\mathrm{n}i})}{\prod_{i=1}^{n}(s-s_{\mathrm{p}i})}=\frac{K_0\cdot(s-s_{\mathrm{n1}})\cdot(s-s_{\mathrm{n2}})\cdot(s-s_{\mathrm{n3}})\cdot\cdots\cdot(s-s_{\mathrm{n}m})}{(s-s_{\mathrm{p1}})\cdot(s-s_{\mathrm{p2}})\cdot(s-s_{\mathrm{p3}})\cdot\cdots\cdot(s-s_{\mathrm{p}n})}$$

脚本文件tf_pn_166.m 计算零点, 极点, 常值因子 K_0 以及部分分式的系数. 传递函数分解成部分分式

$$G(s)=\frac{4\cdot s+12}{s^3+3\cdot s^2+2\cdot s}=\frac{2}{s+2}+\frac{-8}{s+1}+\frac{6}{s}=\frac{\mathrm{res}_1}{s-s_{\mathrm{p1}}}+\frac{\mathrm{res}_2}{s-s_{\mathrm{p2}}}+\frac{\mathrm{res}_3}{s-s_{\mathrm{p3}}}$$

则通过函数

```
[res,pol,kr]=residue(numG,denG)
```

来实现. 部分分式系数和相应的极点将被存入列向量 **res** 和 **pol**. 只有当分子多项式的阶数大于或等于分母多项式的阶数时, 系数向量 **kr** 才存在. 部分分式展开已在 3.5.6 节中曾描述过.

```
%MATLAB Script-File tf_pn_166.m
%Nullstellen, Polstellen und Partialbruchzerlegung
b1=4; b0=12;                 %Koeffizienten des Zählerpolynoms
a3=1; a2=3; a1=2; a0=0;      %Koeffizienten des Nennerpolynoms
numG=[b1 b0];                %Zeilenvektor des Zählerpolynoms
denG=[a3 a2 a1 a0];          %Zeilenvektor des Nennerpolynoms
G=tf(numG,denG);             %G(s)

keyboard                     %Mögliche Eingabe von
                             %[nul,pol,k]=zpkdata(G,'v')
                             %und Wort "return"mit Tastatur
                             %Nullstellen, Polstellen
                             %und konstanter Faktor von G(s)

[res,pol,kr]=residue(numG,denG)
                             %Koeffizienten der Partialbrüche,
                             %Polstellen, Koeff.  kr
```

程序中德文译文:

1. %MATLAB Script-File tf_pn_166.m (MATLAB 脚本文件 tf_pn_ 166.m)
2. %Nullstellen,Polstellen und Partialbruchzerlegung(零点, 极点和部分分式展开)
3. %Koeffizienten des Zählerpolynoms(分子多项式系数)
4. %Koeffizienten des Nennerpolynoms(分母多项式系数)
5. %Zeilenvektor des Zählerpolynoms(分子多项式行向量)
6. %Zeilenvektor des Nennerpolynoms(分母多项式行向量)
7. %G(s)
8. %Mögliche Eingabe von
   %[nul,pol,k]=zpkdata(G,'v')
   %und Wort''returen''mit Tastatur(用键盘可能输入 [nul,pol,k]=zpkdata(G,'v') 和词 ''returen'')
9. %Nullstellen,Pollstellen
   %und konstanter Faktor von G(s) ($G(s)$的零点, 极点和常值因子)
10. %Koeffizienten der Partialbrüche
    %Polstellen,Koeff.kr(部分分式系数, 极点, 系数 kr)

语句 keyboard 将程序控制转移到键盘. 这样就存在这种可能性, 即通过键盘输入并执行用于计算极–零点的函数

```
[nul,pol,K0]=zpkdata(G,'v')
```

借助附加的参数'v' 可以把极–零点的值直接以列向量的形式输出, 通过键入词 return 程序继续处理. 程序执行过程中会产生下列对话:

```
>> tf_pn_166
K>> [nul,pol,K0]=zpkdata(G,'v')
    nul =
    -3 (Nullstelle(零点))
pol =
     0
    -2 (Polstelle(极点))
    -1
k =
    4 (Konstanter Faktor(常值因子))
```

```
K>> return
res = (Koeffizienten der Partialbrüche(部分分式系数))
      2 =res1
     -8 =res2
      6 =res3
pol= (Polstellen(极点))
     -2 =sp1
     -1 =sp2
      0 =sp3
kr=
     []
```

借助传递函数极点的知识可评价传递系统的稳定性. 当所有极点具有负的实部时, 传递系统是稳定的. 由此, 上述传递函数是不稳定的.

16.6.1.3 传递函数和根轨迹曲线

求根轨迹曲线的过程

传递系统的稳定性和时间特性是由传递函数的极点位置确定的. 如果存在零点, 那么零点也会对时间特性产生附加影响. 如果已知闭环调节回路极点, 就可做出调节系统的稳定性和动态特性的结论.

根轨迹曲线为闭环调节回路极点随着调节回路一个参数变化的几何轨迹. 这个根轨迹曲线参数大多是调节器增益. 根轨迹曲线被显示在 s 平面上.

由开环调节回路的极–零点出发求根轨迹曲线. 由开环调节回路传递函数

$$G_{\mathrm{RS}}(s) = G_{\mathrm{R}}(s) \cdot G_{\mathrm{S}}(s) = \frac{K_0 \cdot Z_0(s)}{N_0(s)}$$

可以得出具有直接负反馈调节的闭环调节回路传递函数为

$$G(s) = \frac{G_{\mathrm{RS}}(s)}{1 + G_{\mathrm{RS}}(s)} = \frac{K_0 \cdot Z_0(s)}{K_0 \cdot Z_0(s) + N_0(s)}$$

如果令 $G(s)$ 的分母多项式等于零, 那么就可以得出 $G(s)$ 的特征方程

$$K_0 \cdot Z_0(s) + N_0(s) = 0$$

如果令方程中的常值因子 K_0, 其中含有 K_R, 发生变化, 那么就会生成根轨迹曲线, 根轨迹曲线常用于调节器设计. 由函数 rlocus 和 rlocfind 可以绘制并评价根轨迹曲线图形. 根轨迹曲线方法在 6.4 节中曾描述过.

具有 IT_2 被调节对象和 P 调节器调节的根轨迹曲线

在下面的程序例子中, P 调节器和 PDT_1 调节器将被用于下面信号流图中给出的 IT_2 被调节对象的调节.

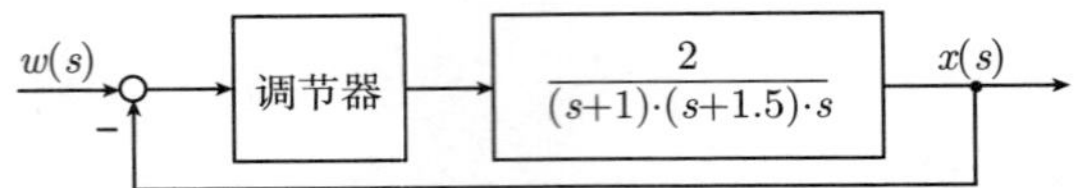

用于求根轨迹曲线的函数 rlocus 是从开环调节回路的传递函数、极–零点模型或状态模型出发, LTI- 模型的输入和转换已经在 16.3.2 节中描述过. 在脚本文件`wok1_166.m`中预先给出开环调节回路 $G_{RS}(s)$ 的传递函数极–零点位置.

由函数

```
polG = rlocus(GRS)
```

计算闭环调节回路的极点并被存入输出变量 polG. 根轨迹曲线将不被画出. 如果没有给出输出变量

```
rlocus(GRS)
```

根轨迹曲线将被直接输出到显示屏上.

```
%MATLAB Script-File wok1_166.m
%Wurzelortskurve für IT2-Strecke mit P-Regler, Sprungantwort
clf                               %Grafisches Fenster löschen
KS=2;                             %Verstärkung der Regelstrecke
nulGRS=[];                        %Nullstellen von GRS(s)
polGRS=[0;-1;-1.5];               %Polstellen von GRS(s)

pnGRS=zpk(nulGRS,polGRS,KS);      %Pol-Nullstellenmodell pnGRS
GRS=tf(pnGRS);                    %GRS(s)

subplot(121), rlocus(GRS)         %Wurzelortskurve zeichnen
axis([-2,0.5,-2.5,2.5])           %Skalierung
axis ('equal')                    %gleicher Skalierungsfaktor
D=0.7;w0=0.5;                     %Dämpfung, Kennkreisfrequenz
sgrid(D,w0)                       %Gitterlinien für D und w0

%Reglerverstärkung, Pole G(s) für bestimmten Wurzelort:
```

```
[KR,polG]=rlocfind(GRS)
pnG=zpk(nulGRS,polG,KR*KS);            %Pol-Nullstellenmodell pnG
G=tf(pnG);                             %G(s)
subplot(122), step(G), grid            %Sprungantwort zeichnen
axis([0,20,0,1.2])                     %Skalierung
```

程序中德文译文：

1. %MATLAB Script-File wok1_166.m (MATLAB 脚本文件 wok1_166.m)
2. %Wurzelortskurve für IT2-Strecke mit P-Regler,Sprungantwort (具有 P 调节器的 IT_2 对象的根轨迹曲线，阶跃响应)
3. %Graphisches Fenster löschen (删除图形窗口)
4. %Verstärkung der Regelstrecke(被调节对象增益)
5. %Nullstellen von GRS(s)($G_{RS}(s)$ 零点)
6. %Polstellen von GRS(s)($G_{RS}(s)$ 极点)
7. %Pol-Nullstellenmodell pnGRS(极-零点模型pnGRS)
8. %GRS(s)
9. %Wurzelortskurve zeichen(绘制根轨迹曲线)
10. %Skalierung(刻度)
11. 'equal'(' 等于')
12. %gleicher Skalierungsfaktor(相同刻度因子)
13. %Dämpfung,Kennkreisfrequenz(阻尼比，特征角频率)
14. %Gitterlinien für D und w0(D 和 w_0 的网格线)
15. %Reglerverstärkung,Pole G(s) für bestimmten Wurzelort:(确定根轨迹的调节器增益，$G(s)$ 极点)
16. %Pol-Nullstellenmodell pnG(极-零点模型 pnG)
17. %G(s)
18. %Sprungantwort zeichen(绘制阶跃响应)
19. %Skalierung(刻度)

对于具有 P 调节器的调节回路其根轨迹曲线如图 16.6-3 所示. 调节回路具有一对主导极点对, 这样可预先给出属于它的 PT_2 环节的阻尼比和特征角频率.

函数 sgrid 可被用作为确定极点位置的辅助工具, 它将绘制具有等特征角频率线 (半圆) 和在 $0.1 \leqslant D \leqslant 1$ 范围内的等阻尼比线 (射线) 的网格图. axis('equal') 的作用是使横坐标和纵坐标具有相同刻度因子.

函数

```
[KR,polG]=rlocfind(GRS)
```

求 $G(s)$ 的所有极点 polG 以及在根轨迹曲线上一个确定点的调节器增益 K_{R}. 执行该函数时, 在根轨迹曲线与预期的阻尼比线的交叉点处会出现一个十字线符号. 启动程序并用 rlocfind 选择阻尼比 $D \approx 0.7$. 对应于图 16.6-3 所示根轨迹曲线上的这一点将得到特征角频率 $\omega_0 \approx 0.5\mathrm{s}^{-1}$. 这些数据被作为 sgrid 参数输入.

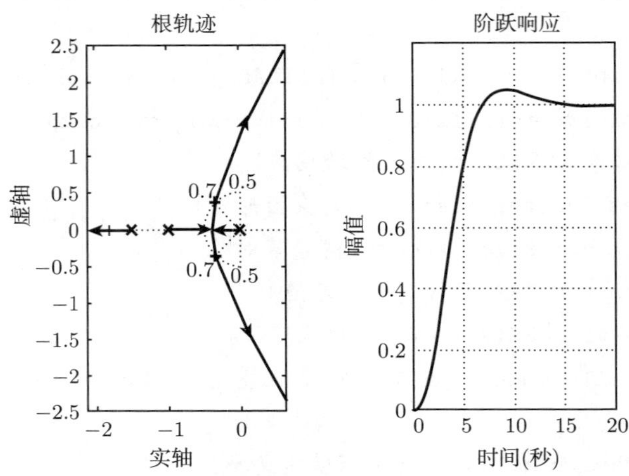

图 16.6-3　IT_2 被调节对象和 P 调节器的根轨迹曲线和阶跃响应 (wok1_166.m)

```
>> wok1_166
Select a point in the graphics window (选择图形窗口内点)
selected_point (选择的点) =
-0.3374 + 0.3448i
KR =
    0.2185
polG =
    -1.8022
    -0.3489 + 0.3475i
    -0.3489 - 0.3475i
```

具有 IT_2 被调节对象和 PDT_1 调节器调节的根轨迹曲线

对上述例子中具有 IT_2 被调节对象和直接负反馈的调节, 现在引入一个 PDT_1 调节器, 由此, 开环调节回路的传递函数就成为

$$G_{\mathrm{RS}}(s) = \frac{K_{\mathrm{R}} \cdot (1 + T_{\mathrm{V}} \cdot s)}{1 + T_1 \cdot s} \cdot \frac{2}{(s+1)\cdot(s+1.5)\cdot s}, \quad T_{\mathrm{V}} = 1\mathrm{s}, \quad T_1 = 0.5\mathrm{s}$$

由 $T_V = 1$ s 调节器的传递函数有一个位于 $s_{n1} = -1$ 的零点. 由此, 被调节对象的极点 $s_{p1} = -1$ 被补偿 (对消). 对于具有 PDT_1 调节器的调节, 脚本文件 wok1_166.m 中 $G_{RS}(s)$ 的零点和极点的第 5 行和第 6 行被改写为

```
nulGRS=[-1];
polGRS=[0;-1;-1.5;-2];
```

像具有 P 调节器的调节一样, 由 rlocfind 预先给出主导极点的阻尼比 $D \approx 0.7$. 在图 16.6-4 所示的根轨迹曲线给该阻尼比值再附加个特征角频率 $\omega_0 \approx 0.7s^{-1}$. 比较两者的阶跃响应可以看出, 具有 PDT_1 调节器具有较快的调节过程.

```
>> wok1_166
Select a point in the graphics window (选择图形窗口内点)
selected_point (选择的点) =
 -0.4934 +0.5000i
KR =
     0.6266
polG =
    -2.5008
    -1.0000
    -0.4996 +0.5015i
    -0.4996 -0.5015i
```

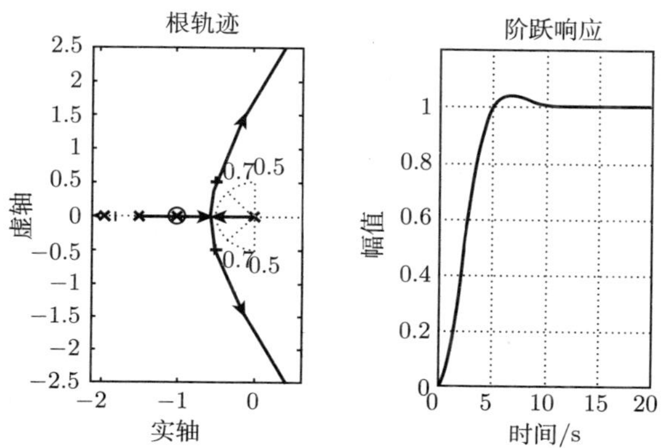

图 16.6-4 IT_2 被调节对象和 PDT_1 调节器的根轨迹曲线和阶跃响应 (wok1_166.m)

16.6.2　频率特性和幅相频率特性曲线

16.6.2.1　PT_1 环节和 PT_2环节的幅相频率特性曲线

幅相频率特性曲线是频率特性函数

$$F(j\omega)=\frac{x_{\mathrm{a}}(\mathrm{j}\omega)}{x_{\mathrm{e}}(\mathrm{j}\omega)}=\frac{\hat{x}_{\mathrm{a}}(\omega)}{\hat{x}_{\mathrm{e}}}\cdot\mathrm{e}^{\mathrm{j}\varphi(\omega)}$$

的图形表示.

在此, 在 $0<\omega<\infty$ 范围内的函数值 $F(\mathrm{j}\omega)$ 作为指针 (Zeiger) 被显示到复平面上, 幅相频率特性曲线就是把所有指针尖连起来而得到的 (3.6.5 节). 用Nyquist (奈奎斯特) 判据可从幅相频率特性曲线来评价系统的稳定性 (6.3.4 节).

对用于求幅相频率特性曲线和伯德图 (Bode-Diagramm) 的控制系统工具箱函数, 将应用于以下传递函数的多项式形式

$$G(s)=\frac{b_m\cdot s^m+b_{m-1}\cdot s^{m-1}+\ldots+b_1\cdot s+b_0}{a_n\cdot s^n+a_{n-1}\cdot s^{n-1}+\ldots+a_1\cdot s+a_0}$$

传递函数的输入已在 16.3.2 节中描述过.

频率特性函数的实部和虚部将通过函数

```
[re,im]=nyquist(G,w)
```

来计算. $\boldsymbol{w}$ 是 ω 值的向量. 如果函数是用等式左边的输出变量来描述, 那么其实部和虚部将被存入输出变量 re, im 中. 在这种情况下, 幅相频率特性曲线只能通过一个附加的 plot- 语句来绘制. 如果没有在

```
nyquist(G,w)
```

中给出输出变量, 那么幅相频率特性曲线就被直接输出到显示屏上. 可省略向量 $\boldsymbol{w}$ 的输入, 那么角频率的变化范围将在调用 G 的零点和极点的函数中求出. 下面的脚本文件 ortsk1_166.m 将生成曾在 16.5 节中应用过的 PT_1 环节和 PT_2 环节

$$G_{\mathrm{PT1}}(s)=\frac{K_{\mathrm{P1}}}{1+T_1\cdot s}=\frac{\mathrm{num}G_1(s)}{\mathrm{den}G_1(s)}$$

$$G_{\mathrm{PT2}}(s)=\frac{K_{\mathrm{P2}}\cdot\omega_0^2}{s^2+2\cdot D\cdot\omega_0\cdot s+\omega_0^2}=\frac{\mathrm{num}G_2(s)}{\mathrm{den}G_2(s)}$$

的幅相频率特性曲线.

```
%MATLAB Script-File ortsk1_166.m
%Ortskurve für PT1- und PT2-Element
KP1=1; T1=4;                    %Parameter für PT1-Element
KP2=1; w0=1; D=0.25;            %Parameter für PT2-Element
numG1=KP1; denG1=[T1 1];        %Zähler- und Nennerpolynom PT1-Element
G1=tf(numG1,denG1);             %G1(s)
numG2=KP2*w0^2;                 %Zähler- und Nennerpolynom PT2-Element
denG2=[1 2*D*w0 w0^2];
G2=tf(numG2,denG2);             %G2(s)
clf
nyquist(G2)                     %Ortskurve für PT2-Element
hold on
nyquist(G1)                     %Ortskurve für PT1-Element
axis([-2,2,-2,2])               %manuelle Achsenskalierung
axis('equal')                   %gleicher Skalierungsfaktor
text(0.1,-0.7,'\it{PT_1}')      %Text einfügen
text(1.15,-1.7,'\it{PT_2}')     %Text einfügen
```

程序中德文译文:

1. %MATLAB Script-File ortskl_166.m (MATLAB 脚本文件 ortsk1_166.m)
2. %Ortskurve für PT1 und PT2 Element (PT_1 环节和 PT_2 环节矢量轨迹曲线)
3. %Parameter für PT1-Element(PT_1 环节参数)
4. %Parameter für PT2-Element(PT_2 环节参数)
5. %Zähler- und Nennerpolynom PT1-Element(PT_1 环节分子多项式和分母多项式)
6. %G1(s)
7. %Zähler- und Nennerpolynom PT2-Element(PT_2 环节分子多项式和分母多项式)
8. %G2(s)
9. %Ortskurve für PT2-Element(PT_2 环节幅相频率特性曲线)
10. %Ortskurve für PT1-Element(PT_1 环节幅相频率特性曲线)
11. %manuelle Achsenskalierung(手动坐标轴刻度)
12. %gleicher Skalierungsfaktor(相同刻度因子)
13. %Text einfügen(插入文字)
14. %Text einfügen(插入文字)

对负的角频率, 幅相频率特性曲线用虚线画出, 如图 16.6-5 所示.

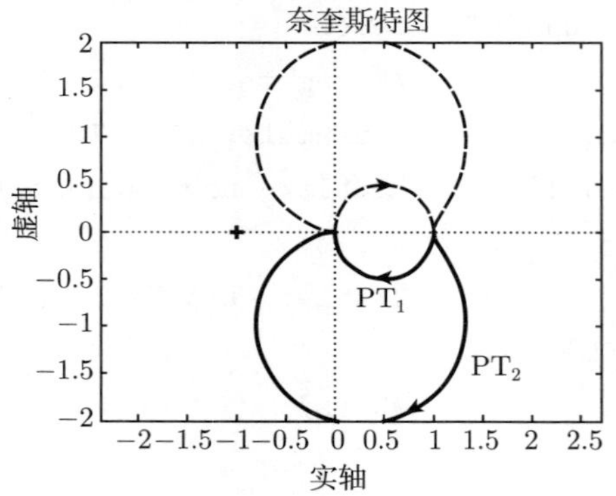

图 16.6-5　PT_1 环节和 PT_2 环节的幅相频率特性曲线 (ortskl_166.m)

16.6.2.2　开环调节回路的幅相频率特性曲线

对于具有传递函数

$$G_{\mathrm{RS}}(s)=\frac{K_{\mathrm{RS}}\cdot\omega_{0\mathrm{S}}^2}{(1+T_1\cdot s)\cdot(s^2+2\cdot D_{\mathrm{S}}\cdot\omega_{0\mathrm{S}}\cdot s+\omega_{0\mathrm{S}}^2)}$$

和直接负反馈的开环调节回路, 求 $F_{\mathrm{RS}}(\mathrm{j}\omega)$ 的三条幅相频率特性曲线, $\boldsymbol{w}$ 是角频率向量.

```
%MATLAB Script-File ortsk2_166.m
%Ortskurve eines offenen Regelkreises
KS=1; DS=0.5; w0s=1;          %Parameter der Regelstrecke
T1=1;
a3=1; a2=1+2*DS*w0s*T1;       %Koeffizienten des
a1=2*DS*w0s+w0s*w0s*T1;       %Nennerpolynoms
a0=w0s^2;                     %von GRS(s)
denGRS=[a3 a2 a1 a0];         %Nennerpolynom von GRS(s)
w=logspace(-2,1,150);         %logarithmische Teilung für w
clf
hold on
axis('equal')                 %gleicher Skalierungsfaktor
text(0.8,0.1,'\it{1}'),       %Text einfügen
text(1.8,0.1,'\it{2}'),
text(2.2,0.1,'\it{K}_{RS}\it{=3}')
```

```
for KR=1:3
    numGRS=[0 0 0 KR*KS];                        %Zählerpolynom und
    denG=denGRS+numGRS;                          %Nennerpolynom von G(s)
    GRS=tf(numGRS,denGRS);                       %GRS(s)
    spi=roots(denG)                              %Pole von G(s)
    nyquist(GRS,w);                              %Ortskurve
end
                                                 %Titel der Grafik:
title('\it{Ortskurven für F}_{RS}\it{(j\omega)}')
```

程序中德文译文:

1. %MATLAB Script-File ortsk2_166.m (MATLAB 脚本文件 ortsk2_166.m)
2. %Ortskurve eines offenen Regelkreises (开环调节回路幅相频率特性曲线)
3. %Parameter der Regelstrecke(被调节对象参数)
4. %Koeffizienten des
5. %Nennerpolynom
   %von GRS(s)(GRS(s) 分母多项式系数)
6. %Nennerpolynom von GRS(s)($G_{\mathrm{RS}}(s)$ 分母多项式)
7. %logarithmische Teilung für w(w 的对数刻度)
8. 'equal'('相同')
9. %gleicher Skalierungsfaktor(相同刻度因子)
10. %Text einfügen(插入文字)
11. %Zählerpolynom und
    %Nennerpolynom von G(s)($G(s)$ 分子多项式和分母多项式)
12. %GRS(s)
13. %Pole von G(s)($G(s)$ 极点)
14. %Ortskurve(幅相频率特性曲线)
15. %Titel der Graphik(图题)
16. '\it {Ortskurven für F} _ {RS} \ {(j\omega)} '('\it {F 幅相频率特性曲线} _ {RS} \ {(j\omega)} ')

在脚本文件 ortsk2_166.m 中, 函数 spi=roots(denG) 计算在不同的 K_{R} 值时的闭环调节回路极点. 当 $K_{\mathrm{R}}=3$ 时, 调节回路是临界稳定的, 如图 16.6-6 所示.

```
>> ortsk2_166
spi =
   -1.5437
   -0.2282 + 1.1151i     (KRS=1)
   -0.2282 - 1.1151i
spi=
   -1.8105
   -0.0947 + 1.2837i     (KRS= 2)
   -0.0947 - 1.2837i
spi =
   -2.0000
   0.0000 + 1.4142i      (KRS = 3)
   0.0000 - 1.4142i
```

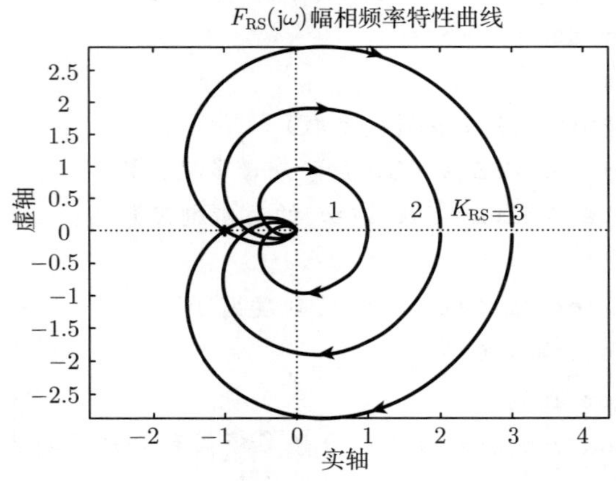

图 16.6-6　对于不同 K_{RS} 值的开环调节回路幅相频率特性曲线 (ortsk2_166.m)

16.6.3　频率特性和伯德图

16.6.3.1　$PIDT_1$ 调节器的伯德图

伯德图是频率特性函数

$$F(j\omega)=\frac{x_a(j\omega)}{x_e(j\omega)}=\frac{\hat{x}_a(\omega)}{\hat{x}_e}\cdot e^{j\varphi(\omega)}$$

的图形显示形式, 其中幅频特性 $\lg|F(j\omega)|$ 和相频特性 $\varphi(\omega)$ 被分别描绘在各自的关于对数角频率的图中 (3.6.6 节, 3.6.7 节和第 7 章). 幅频特性常以对数增益单位 dB(Dezibel, 分贝) 来给出: $|F(j\omega)|_{dB}=20\cdot\lg|F(j\omega)|$.

传递函数的通用多项式形式

$$G(s)=\frac{b_m\cdot s^m+b_{m-1}\cdot s^{m-1}+\ldots+b_1\cdot s+b_0}{a_n\cdot s^n+a_{n-1}\cdot s^{n-1}+\ldots+a_1\cdot s+a_0}$$

在下面被用于求伯德图的 MATLAB 函数中. 传递函数的输入已在 16.3.2 节中描述过.

频率特性函数的幅值和相位可通过函数

```
[betrag,phase]=bode(G,w)
```

来计算. 如果函数是以左边输出变量来描述, 那么其幅值和相位 (以 Grad(度) 为单位) 将被存入矩阵 betrag, phase 中. 伯德图将只能用附加的 plot 语句来绘制. w 是角频率 ω 变化范围的向量. 如果在函数

```
bode(G,w)
```

中没有描述输出变量, 那么伯德图将被直接绘制到显示屏上. 幅频特性将以 Dezebel (分贝) 给出. 角频率的输入为可选项.

在脚本文件 tf_bode1_166.m 中, 绘制一个具有传递函数

$$G_{\mathrm{R}}(s)=\frac{K_{\mathrm{R}}\cdot(1+T_{\mathrm{N}}\cdot s)\cdot(1+T_{\mathrm{V}}\cdot s)}{T_{\mathrm{N}}\cdot s\cdot(1+T_1\cdot s)}$$

其中

$$K_{\mathrm{R}}=1,\quad T_{\mathrm{N}}=1\ \mathrm{s},\quad T_{\mathrm{V}}=0.1\ \mathrm{s},\quad T_1=0.01\mathrm{s}$$

图 16.6-7 为 PIDT_1 调节器乘法形式的伯德图. PIDT_1 调节器乘法形式在 4.5.3.6 节中描述过.

```
%MATLAB Script-File tf_bode1_166.m
%Bode-Diagramm eines PIDT1-Reglers
numGR=[0.1 1.1 1]; denGR=[0.01 1 0];  %Zähler-/Nennerpolynom GR(s)
GR=tf(numGR,denGR);                   %GR(s)
bode(GR)                              %Bode-Diagramm ausgeben
grid on                               %Gitterlinien
title('\it{Bode-Diagramm eines PIDT}_1\it{-Reglers}')
```

程序中德文译文:

1. %MATLAB Script-File tf_bode1_166.m (MATLAB 脚本文件 tf_bode1_166.m)
2. %Bode-Diagramm eines PIDT1-Reglers(PIDT$_1$ 调节器伯德图)
3. %Zähler-/Nennerpolynom GR(s)($G_{\mathrm{R}}(s)$ 分子多项式/分母多项式)

4. %GR(s)

5. %Bode-Diagramm ausgeben(输出伯德图)

6. %Gitterlinien(网格线)

7. '\it {Bode-Diagramm eines PIDT } _1\it {-Reglers} '('\it {PIDT$_1$ 调节器} _1\it {伯德图} ')

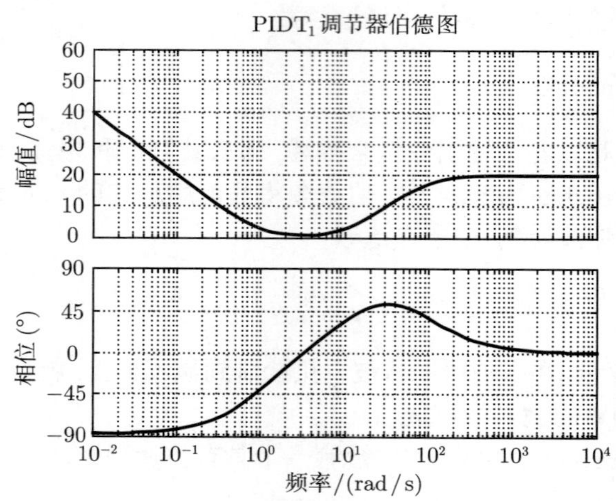

图 16.6-7　PIDT$_1$ 调节器的伯德图 (tf_bode1_166.m)

16.6.3.2　调节回路的幅值裕度和相位裕度

对一个具有三个 PT$_1$ 环节和传递函数为

$$G_{\mathrm{RS}}(s) = G_{\mathrm{R}}(s) \cdot G_{\mathrm{S}}(s) = \frac{K_{\mathrm{R}} \cdot K_{\mathrm{S}}}{(1+T_1 \cdot s)\cdot(1+T_2 \cdot s)\cdot(1+T_3 \cdot s)}$$

的开环调节回路, 可利用脚本文件 tf_bode2_166.m 求出其伯德图以及幅值和相位裕度 (例 7.3-1).

```
%MATLAB Script-File tf_bode2_166.m
%Amplituden- und Phasenreserve eines offenen Regelkreises
clf                                    %Grafisches Fenster löschen
KS=2; T1=1; T2=0.1; T3=T2; KR=5;       %Parameter
numGRS=KR*KS;                          %Zählerpolynom von GRS(s)
nen=conv([T1 1],[T2 1]);               %Nennerpolynom Teilstrecke
denGRS=conv(nen,[T3 1]);               %Nennerpolnom von GRS(s)
GRS=tf(numGRS,denGRS);                 %GRS(s)
w=logspace(-1, 3, 100);                %Spaltenvektor der w-Werte
```

```
[betrag,phase,w]=bode(GRS,w);                %Betrag und Phase
[Gm,Pm,wpi,wD]=margin(betrag,phase,w);
                                  %Amplituden- und Pha-senreserve
fprintf('Phasenreserve Pm =%8.3f Grad \n',Pm)
fprintf('Durchtrittskreisfrequenz wD =%8.3f/s \n',wD)

fprintf('Amplitudenreserve Gm =%8.3f \n',Gm)
fprintf('Phasenschnittkreisfrequenz wpi =%8.3f/s \n',wpi)

%Amplitudengang (logarithmierter Betrag) zeichnen:
subplot(311), semilogx(w,log10(betrag(:)));
title('\it{Amplitudengang}')                 %Titel der Grafik
ylabel('\it{lg|F}_{RS}\it{(j\omega)|}')  %Beschriftung der Ordinate
grid

%Amplitudengang (logarithmierter Betrag in dB) zeichnen:
subplot(312), semilogx(w,20*log10(betrag(:)));
title('\it{Amplitudengang in dB}')
ylabel('\it{20*lg|F}_{RS}\it{(j\omega)|}')
grid

%Phasengang:
subplot(313), semilogx(w,phase(:));          %Phase in Grad
title('\it{Phasengang}')
ylabel('\it{Grad}')
grid
```

程序中德文译文：

1. %MATLAB Script-File tf_bode2_166.m (MATLAB 脚本文件 tf_bode2_166.m)
2. %Amplituden- und Phasenreserve eines offenen Regelkreises (开环调节回路幅值裕度和相位裕度)
3. %Graphisches Fenster löschen(删除图形窗口)
4. %Parameter(参数)
5. %Zählerpolynom von GRS(s)($G_{\mathrm{RS}}(s)$ 分子多项式)
6. %Nennerpolynom Teilstrecke(部分对象分母多项式)

7. %Nennerpolynom von GRS(s)(GRS(s) 分母多项式)

8. % GRS(s)

9. %Spaltenvektor der w-Werte(w 值的列向量)

10. %Betrag und Phase(幅值和相位)

11. %Amplituden- und Phasenreserve(幅值裕度和相位裕度)

12. 'Phasenreserve Pm =%8.3f Grad \n',Pm(' 相位裕度Pm =%8.3f 度 \n', Pm)

13. 'Durchtrittskreisfrequenz wD =%8.3f/s \n',wD(' 截止角频率 w_{D} = %8.3f/s \n',wD)

14. 'Amplitudenreserve Gm=%8.3f \n',Gm(' 幅值裕度 Gm=%8.3f\n',Gm)

15. 'Phasenschnittkreisfrequenz wpi =%8.3f/s \n',wpi(' 穿越角频率wpi =%8.3f/s \n',wpi)

16. %Amplitudengang(logarithmierter Betrag) zeichnen(绘制幅频特性 (对数幅值))

17. '\it {Amplitudengang} '('\it {幅频特性} ')

18. %Titel der Graphik(图题)

19. %Beschriftung der Ordinate(纵坐标标记)

20. %Amplitudengang(logarithmierter Betrag in dB) zeichnen(绘制幅频特性(对数幅值 (dB)))

21. '\it {Amplitudengang in dB} '('\it {幅频特性 (dB)} ')

22. %Phasengang:(相频特性)

23. %Phase in Grad(相位 (度))

24. '\it {Phasengang} '('\it {相频特性} ')

25. '\it {Grad} '('\it {度} ')

借助函数

```
nen=conv([T1 1],[T2 1]); und
denGRS=conv(nen,[T3 1]);
```

通过各 PT_1 环节分母多项式相乘来构成 $G_{\mathrm{RS}}(s)$ 分母多项式. 在程序中, 语句

```
[betrag,phase,w]=bode(GRS,w)
```

是用输出变量来描述, 因为幅频特性应以对数的幅值

```
log10(betrag(:))
```

和对数幅值分贝数 (dB)(Dezibel)

```
20*log10(betrag(:))
```

来表示.

函数

```
[Gm,Pm,wpi,wD]=margin(betrag,phase,w);
```

计算对于 betrag, phase 和角频率 $\boldsymbol{w}$ 的幅值裕度 Gm, 相位裕度 Pm, 截止角频率 $\boldsymbol{w}_{\mathrm{D}}$ 和穿越角频率 $\boldsymbol{w}_{\mathrm{WPI}}$. 函数

```
fprintf('Amplitudenreserve Gm =%8.3f\n',Gm)
```

输出幅值裕度并产生一个换行显示命令 (Zeilenvorschub). 程序提供下列输出:

```
>> tf_bode2_166
Phasenreserve (相位裕度) Pm = 30.152 Grad
Durchtrittskreisfrequenz (截止角频率) wD = 6.775/s
Amplitudenreserve (幅值裕度) Gm = 2.424
Phasenschnittkreisfrequenz (穿越角频率) wpi = 10.956/s
```

图 16.6-8 中的三个分图是由 subplot 语句生成的, 其中上面的分图描绘的是对数幅值, 中间的分图是用 dB(分贝) 表示的对数幅值, 下面的分图是相频特性, 语句 semilogx 生成一个具有以对数刻度 (底数为 10) 的横坐标和以线性刻度的纵坐标构成的图形.

如果函数

```
>> margin(GRS)
```

没有给出输出变量, 那么具有幅值裕度和相位裕度的伯德图将被显示到显示屏上 (图 16.6-9).

16.6.3.3 在不同阻尼比时 PT_2 环节的伯德图

在图 16.6-10 和图 16.6-11 中显示在阻尼比范围为 $0.05 \leqslant D \leqslant 3$ 的 PT_2 环节

$$G(s)=\frac{K_{\mathrm{P}} \cdot \omega_0^2}{s^2+2 \cdot D \cdot \omega_0 \cdot s+\omega_0^2}$$

其中

$$K_{\mathrm{P}}=1, \quad \omega_0=1\ \mathrm{s}^{-1}$$

的幅频和相频特性, PT_2 环节曾在 4.3.3 节中描述过.

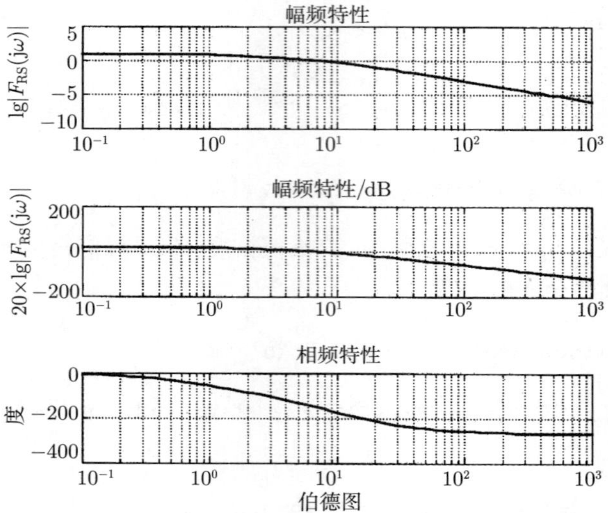

图 16.6-8　具有三个 PT_1 环节的开环调节回路的伯德图 (tf_bode2_166.m)

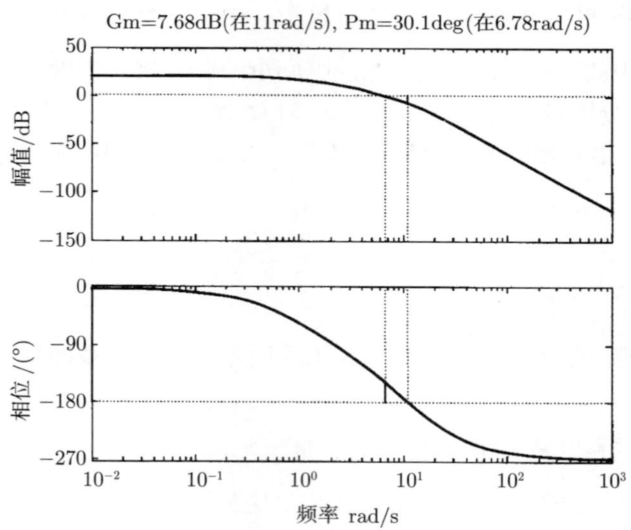

图 16.6-9　具有三个 PT_1 环节的开环调节回路的伯德图并画出幅值裕度 (Gm=Gain margin, 幅值裕度) 及相位裕度 (Pm = phase margin, 相位裕度)(tf_bode2_166.m)

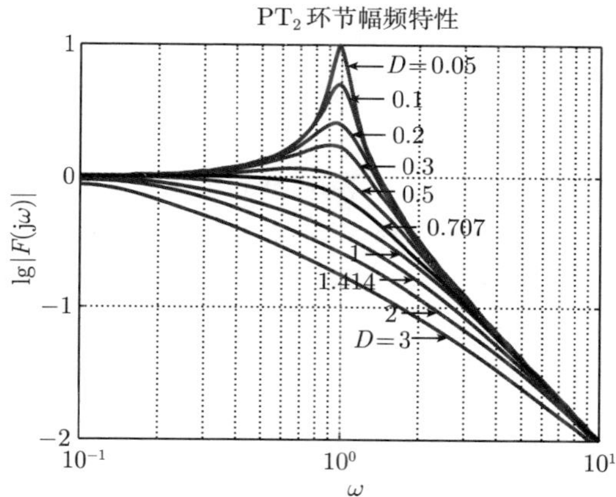

图 16.6-10 在不同阻尼比时 PT$_2$ 环节幅频特性 (tf_bode3_166.m)

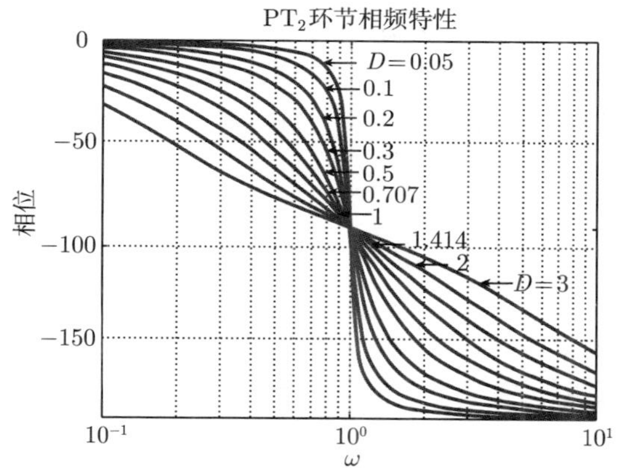

图 16.6-11 在不同阻尼比时 PT$_2$ 环节相频特性 (tf_bode3_166.m)

```
%MATLAB Script-File tf_bode3_166.m
%Bode-Diagramm für PT2-Element bei verschiedenen Dämpfungen
numG=1;                              %Zählerpolynom von G(s)
w=logspace(-1, 1, 200);              %logarithmische Teilung für w
D=[0.05,0.1,0.2,0.3,0.5,0.707,1,1.414,2,3]; %Dämpfungswerte
for k=1:10
    denG=[1 2*D(k) 1];               %Nennerpolynom von G(s)
    G=tf(numG,denG);                 %G(s)
    [betrag,phase,w]=bode(G,w);           %Betrag und Phase
```

```
    semilogx(w,log10(betrag(:)));             %Amplitudengang
    hold on                                   %Kurve nicht überschreiben
end
axis([0.1, 10, -2, 1]);                       %manuelle Achsenskalierung
title('\it{Amplitudengang eines PT}_{2}\it{-Elements}')
text(1.05,0.9,'\leftarrow\it{D=0.05}')        %Kurvenparameter
text(1.0,0.7,'\leftarrow\it{0.1}')
text(1.07,0.35,'\leftarrow\it{0.2}')
text(1.17,0.1,'\leftarrow\it{0.3}')
text(1.55,-0.4,'\leftarrow\it{0.707}')
text(1.5,-0.65,'\it{1}\rightarrow')
text(1.45,-0.9,'\it{1.414}\rightarrow')
text(2.4,-1.15,'\it{2}\rightarrow')
text(2.5,-1.4,'\it{D=3}\rightarrow')
xlabel('\it{\omega}')                         %Beschriftung der Abszisse
ylabel('\it{lg|F(j\omega)|}')                 %Beschriftung der Ordinate
hold off
grid                                          %kartesische Gitterlinien
figure                                        %neues Grafikfenster
for k=1:10
    denG=[1 2*D(k) 1];
    G=tf(numG,denG);
    [betrag,phase,w]=bode(G,w);
    semilogx(w,phase(:));
    hold on
end
axis([0.1, 10, -180, 0]);
set(gca,'YTick',-180:90:0)
set(gca,'YTickLabel',{'-180','-90','0'})
title('\it{Phasengang eines PT}_{2}\it{-Elements}')
text(0.78,-10,'\leftarrow\it{D=0.05}')        %Kurvenparameter
text(0.76,-20,'\leftarrow\it{0.1}')
text(0.72,-30,'\leftarrow\it{0.2}')
text(0.7,-40,'\leftarrow\it{0.3}')
```

```
text(0.67,-50,'\leftarrow\it{0.5}')
text(0.67,-60,'\leftarrow\it{0.707}')
text(0.7,-70,'\leftarrow\it{1}')
text(1.65,-110,'\leftarrow\it{1.414}')
text(2.7,-120,'\leftarrow\it{2}')
text(5.4,-130,'\leftarrow\it{D=3}')
xlabel('\it{\omega}')
ylabel('\it{Phase}')
hold off
grid
```

程序中德文译文:

1. %MATLAB Script-File tf_bode3_166.m (MATLAB 脚本文件 tf_bode3_166.m)
2. %Bode-Diagramm für PT2-Element bei verschiedenen Dämpfungen (在不同阻尼比时 PT2 环节伯德图)
3. %Zählerpolynom von G(s)($G(s)$ 分子多项式)
4. %logarithmische Teilung für w(对数刻度 w)
5. %Dämpfungswerte(阻尼比值)
6. %Nennerpolynom von G(s)($G(s)$ 分母多项式)
7. % G(s)
8. %Betrag und Phase(幅值和相位)
9. %Amplitudengang(幅频特性)
10. %Kurve nicht überschreiben(不重绘曲线)
11. %manuelle Achsenskalierung(手动坐标刻度)
12. 'it{Amplitudenggang eines PT}_ {2} \it {-Elements} '('it{ PT_2 环节}_ {2} \it {幅频特性} ')
13. %Kurvenparameter(曲线参数)
14. '\leftarrow\...'('\ 左箭头 \...')
15. '\rightarrow\...'('\ 右箭头 \...')
16. %Beschriftung der Abszisse(横坐标标记)
17. %Beschriftung der Ordinate(纵坐标标记)
18. %kartesische Gitterlinien(笛卡儿网格线)
19. %neues Graphikfenster(新图形窗口)
20. '\it {Phasengang eines PT} _ {2} \it {-Elements} '('\it {PT2 环节} _ {2} \it {相频特性} ')

```
21. %Kurvenparameter(曲线参数)
22. 'it {\omega} '('it {\ω} ')
23. 'it {Phase} '('it {相位} ')
```

16.6.4　用 MATLAB 符号数学工具箱计算拉普拉斯变换和反变换

MATLAB 是一个数值占优的定向软件–系统, 借助符号数学工具箱 (Symbolic Math Toolbox) 也可将符号计算和变换与 MATLAB 连在一起, 例如积分和微分、变换、线性代数运算、解方程和简化数学表达式. 符号数学工具箱的基础是计算机代数系统 MuPAD.

拉普拉斯变换是, 为在时域和频域中计算时间连续工作调节回路的一个重要数学辅助工具. 用符号数学工具箱中的函数 laplace 和 ilaplace 可在 MATLAB 中进行拉普拉斯变换和拉普拉斯反变换, 见表 16.6-1 所列.

表 16.6-1　在 MATLAB 中拉普拉斯变换和拉普拉斯反变换

拉普拉斯变换	MATLAB 中拉普拉斯变换 默认变量 t 和 s
$f(s)=L\{f(t)\}=\int_0^\infty f(t)\cdot \mathrm{e}^{-s\cdot t}\mathrm{d}t$	f_s = laplace(f_t) f_s = laplace(f_t,t,s)
$f(y)=L\{f(x)\}=\int_0^\infty f(x)\cdot \mathrm{e}^{-y\cdot x}\mathrm{d}x$	f_y = laplace(f_x,x,y)
拉普拉斯反变换	MATLAB 中拉普拉斯反变换 默认变量 t 和 s
$f(t)=L^{-1}\{f(s)\}=\frac{1}{2\pi \mathrm{j}}\oint f(s)\cdot \mathrm{e}^{t\cdot s}\mathrm{d}s$	f_t = ilaplace(f_s) f_t = ilaplace(f_s,s,t)
$f(x)=L^{-1}\{f(y)\}=\frac{1}{2\pi \mathrm{j}}\oint f(y)\cdot \mathrm{e}^{x\cdot y}\mathrm{d}y$	f_x = ilaplace(f_y,y,x)

对于拉普拉斯变换表 3.5-2 和表 3.5-5 的函数, 作范例用符号数学工具箱进行正变换和反变换. 输出到 MATLAB Command Window (MATLAB 指令视窗) 的结果被框于框内.

```
%sym_laplace_1.m, LAPLACE-Transformation und
%LAPLACE-Rücktransformation mit der Symbolic Math Toolbox

%Definition der symbolischen Variablen mit syms
syms a s t f_s f_t

%Tabelle 3.5-2, Nr.  1, Einheitsimpuls, DIRAC-Impuls
```

```
f_t = dirac(t);
f_s = laplace(f_t)                    %LAPLACE-Transformation
```

```
f_s =
1
```

```
%Tabelle 3.5-2, Nr.  3,
%Einheitssprungfunktion, HEAVISIDE-Funktion
f_s =laplace(heaviside(t))            %LAPLACE-Transformation
```

```
f_s =
1/s
```

```
%Tabelle 3.5-5, Nr.  159
f_s = laplace(sinh(a*t) - a*t);       %LAPLACE-Transformation
f_s = simplify(f_s);                  %Vereinfachung
pretty (f_s)                          %Ausgabe des Ausdrucks
```

```
        3
       a
- ------------
   2   2    2
  s  (a  - s )
```

```
f_t = ilaplace(f_s);                  %LAPLACE-Rüktransformation
f_t = simplify(f_t)                   %Vereinfachung
```

```
f_t =
sinh(a*t) - a*t
```

程序中德文译文:

1. %sym_laplace _1.m,LAPLACE-Transformation und
   %LAPLACE-Rücktransformation mit der Symbolic Math Toolbox
(sym_laplace _1.m, 用符号数学工具箱拉普拉斯变换和拉普拉斯反变换)
2. %Difinition der symbolischem Variablen mit syms(用 syms 定义符号变量)
3. %Tabelle 3.5-2,Nr.1,Einheitsimpuls,DIRAC-Impuls(表 3.5-2, 序号 1, 单位冲激, DIRAC-冲激)
4. %LAPLACE- Transformation(拉普拉斯变换)
5. %Tabelle 3.5-2,Nr.3,
   %Einheitspprungfunktion,HEANISIDE-Funktion(表 3.5-2, 序号 3, 单位阶跃函数, HEANISIDE 函数)

```
6. %LAPLACE- Transformation(拉普拉斯变换)
7. %Tabelle 3.5-5,Nr.159(表 3.5-2, 序号 159)
8. %LAPLACE- Transformation(拉普拉斯变换)
9. %Vereinfachung(简化)
10. %Ausgabe des Ausdrucks(输出表达式)
11. %LAPLACE- Rücktransformation(拉普拉斯反变换)
12. %Vereinfachung(简化)
```

下面试确定在阶跃接入时对于具有非周期特性的调节回路的被调节量时间历程曲线, 如图 16.6-12 所示 (无超调的快速阶跃响应曲线, 参见 3.3.2.3 节, 4.3.3.1 节).

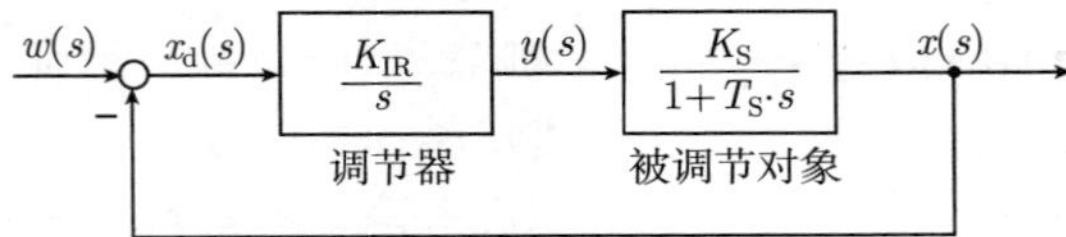

对于一个积分调节器 $G_\mathrm{R}(s)$ 并与具有 I 阶滞后的被调节对象 $G_\mathrm{S}(s), K_\mathrm{S}=1, T_\mathrm{S}=0.5\mathrm{s}$ 相连接

$$G_\mathrm{R}(s)=\frac{y(s)}{x_\mathrm{d}(s)}=\frac{K_\mathrm{IR}}{s},\quad G_\mathrm{S}(s)=\frac{x(s)}{y(s)}=\frac{K_\mathrm{S}}{1+T_\mathrm{S}\cdot s}$$

得到闭环调节回路的传递函数 $G(s)$ 为

$$G(s)=\frac{x(s)}{w(s)}=\frac{G_\mathrm{R}(s)\cdot G_\mathrm{S}(s)}{1+G_\mathrm{R}(s)\cdot G_\mathrm{S}(s)}=\frac{K_\mathrm{IR}\cdot K_\mathrm{S}}{T_\mathrm{S}\cdot s^2+s+K_\mathrm{IR}\cdot K_\mathrm{S}}$$
$$=\frac{\dfrac{K_\mathrm{IR}\cdot K_\mathrm{S}}{T_\mathrm{S}}}{s^2+\dfrac{1}{T_\mathrm{S}}\cdot s+\dfrac{K_\mathrm{IR}\cdot K_\mathrm{S}}{T_\mathrm{S}}}=\frac{\dfrac{K_\mathrm{IR}\cdot K_\mathrm{S}}{T_\mathrm{S}}}{(s-s_\mathrm{p1})\cdot(s-s_\mathrm{p2})}$$

传递函数的极点 $s_{\mathrm{p}1,2}$(特征方程的零点) 为

$$s^2+\frac{1}{T_\mathrm{S}}\cdot s+\frac{K_\mathrm{IR}\cdot K_\mathrm{S}}{T_\mathrm{S}}=0,\quad s_{\mathrm{p}1,2}=-\frac{1}{2\cdot T_\mathrm{S}}\pm\sqrt{\frac{1}{4\cdot T_\mathrm{S}^2}-\frac{K_\mathrm{IR}\cdot K_\mathrm{S}}{T_\mathrm{S}}}$$

非周期极限情况是存在的, 反当根号内值趋于零时:

$$\sqrt{\frac{1}{4\cdot T_\mathrm{S}^2}-\frac{K_\mathrm{IR}\cdot K_\mathrm{S}}{T_\mathrm{S}}}=0,\quad \frac{1}{4\cdot T_\mathrm{S}^2}=\frac{K_\mathrm{IR}\cdot K_\mathrm{S}}{T_\mathrm{S}},\quad K_\mathrm{IR}=\frac{1}{4\cdot K_\mathrm{S}\cdot T_\mathrm{S}}$$

那么将成为 $s_{\mathrm{p1}}=s_{\mathrm{p2}}=-\dfrac{1}{2\cdot T_{\mathrm{S}}}$, 用等效时间常数 $T_{\mathrm{E}}=2\cdot T_{\mathrm{S}}$ 代替那么传递函数 $G(s)$ 变为

$$G(s)=\frac{x(s)}{w(s)}=\frac{\dfrac{1}{4\cdot T_{\mathrm{S}}^2}}{s^2+\dfrac{1}{T_{\mathrm{S}}}\cdot s+\dfrac{1}{4\cdot T_{\mathrm{S}}^2}}=\frac{\dfrac{1}{4\cdot T_{\mathrm{S}}^2}}{\left(s+\dfrac{1}{2\cdot T_{\mathrm{S}}}\right)^2}$$

$$=\frac{1}{(1+2\cdot T_{\mathrm{S}}\cdot s)^2}=\frac{1}{(1+T_{\mathrm{E}}\cdot s)^2}$$

对于 $w(t)=E(t), w(s)=1/s$, 由表 3.5-3, 序号 24,

$$x(s)=G(s)\cdot w(s)=G(s)\cdot\frac{1}{s}=\frac{1}{(1+2\cdot T_{\mathrm{S}}\cdot s)^2}\cdot\frac{1}{s}$$

得到阶跃响应 $x(t)$

$$x(t)=L^{-1}\{x(s)\}$$

$$=L^{-1}\left\{\frac{1}{(1+2\cdot T_{\mathrm{S}}\cdot s)^2}\cdot\frac{1}{s}\right\}$$

$$=1-\left(1+\frac{t}{2\cdot T_{\mathrm{S}}}\right)\cdot \mathrm{e}^{-\frac{t}{2\cdot T_{\mathrm{S}}}}=1-\left(1+\frac{t}{T_{\mathrm{E}}}\right)\cdot \mathrm{e}^{-\frac{t}{T_{\mathrm{E}}}}$$

为用符号数学工具箱计算阶跃响应, 需要下面程序步, 其中输出到 MATLAB Command Window (MATLAB 指令视窗) 的结果被框于框内.

```
%sym_laplace_2.m, regelungstechnische Anwendung der
%LAPLACE-Transformation und LAPLACE-Rücktransformation
%mit der Symbolic Math Toolbox
%Definition der symbolischen Variablen mit syms
syms G GR GS KIR KS TS s t w_s x_s x_t

GR = KIR / s;                           %Reglerübertragungsfunktion
GS = KS / (1 + TS*s);                   %Streckenübertragungsfunktion
%Übertragungsfunktion des geschlossenen Regelkreises
G = simplify(GR * GS /(1 + GR * GS));  %Vereinfachung
pretty (G);                             %Ausgabe
```

```
      KIR KS
------------------
    2
TS s  + s + KIR KS
```

```
%G substituieren:  KIR = 1/(4*KS*TS)
G = subs(G, {KIR}, {1/(4*KS*TS)})
```

```
G =
1/(4*TS*(s + TS*s^2 + 1/(4*TS)))
```

```
G = simple(G);          %Vereinfachung
pretty (G);              %Ausgabe
```

```
      1
-------------
            2
(2 TS s + 1)
```

```
w_s = 1 / s;            %Fürungsgröße w(s) Sprungaufschaltung
x_s = G * w_s            %Sprungantwort x(s) im Frequenzbereich
```

```
x_s =
1/(s*(2*TS*s + 1)^2)
```

```
pretty (x_s);            %Ausgabe
```

```
       1
---------------
              2
s (2 TS s + 1)
```

```
x_t = ilaplace (x_s)           %LAPLACE-Rücktransformation
```

```
x_t =
1 - t/(2*TS*exp(t/(2*TS))) - 1/exp(t/(2*TS))
```

```
pretty (simplify(x_t));          %Ausgabe Sprungantwort x(t)
```

```
            t                 1
1 - ---------------- - -----------
           /  t   \        /  t   \
   2 TS exp| ---- |     exp| ---- |
           \ 2 TS /        \ 2 TS /
```

```
TEnd = 8; dt = 0.05; zeit = 0:dt:TEnd;    %Zeitwerte
%symbolische Gleichung mit double-Werten substituieren
%substituieren    { alt } {   neu    }
x_t = subs (x_t, {t, TS},{zeit, 0.5});%t = zeit, TS = 0.5 s
```

```
plot(zeit, x_t)
grid on, title ('Sprungantwort')
xlabel ('Zeit t / s'), ylabel ('x(t)')
```

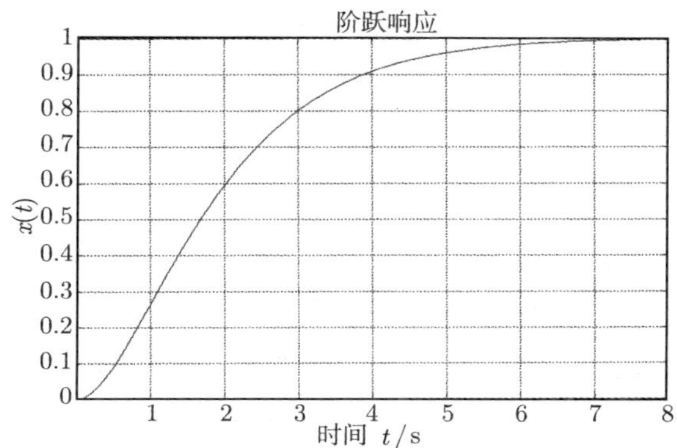

图 16.6-12 调节回路的非周期阶跃响应 $x(t)$

程序中德文译文:

1. %sym_laplace _2.m,regelungstechnische Anwendung der %LAPLACE-Transformation und LAPLACE-Rücktransformation %mit der Symbolic Math Toolbox (sym_laplace _2.m, 调节技术应用符号数学工具箱拉普拉斯变换和拉普拉斯反变换)
2. %Difinition der symbolischem Variablen mit syms(用 syms 定义符号变量)
3. %Reglerübertragungsfunktion(调节器传递函数)
4. %Streckenübertragungsfungktion(对象传递函数)
5. %Übertragungsfunktion des geschlossenen Regelkreises(闭环调节回路传递函数)
6. %Vereinfachung(简化)
7. %Ausgabe(输出)
8. %G substituieren:KIR = 1/(4*KS*TS)(G 置换: KIR = 1/(4*KS*TS))
9. %Vereinfachung(简化)
10. %Ausgabe(输出)
11. %Führungsgröße w(s) Sprungaufschaltung(参据量 $w(s)$ 阶跃接入)
12. %Sprungantwort x(s) im Frequenzbereich(频域阶跃响应)
13. %Ausgabe(输出)
14. %LAPLACE- Rücktransformation(拉普拉斯反变换)

15. %Ausgabe Sprungantwort x(t) (输出阶跃响应)
16. %Zeitwerte(时间值)
17. %symbolische Gleichung mit double-Werte substituiren(用双-数据取代符号方程)
18. %substituieren (alt) (neu)(置换 (旧)(新))
19. %t = zeit,TS = 0.5 s (t = 时间, TS = 0.5 s)
20. 'Sprungantwort '(' 阶跃响应')

16.6.5 用于频域调节计算的控制系统工具箱 (Control System Tools) 函数列表

用于频域调节计算的控制系统工具箱的函数见表 16.6-2 所示.

表 16.6-2 用于频域调节计算的控制系统工具箱的函数

函数名	函数描述
bode	计算频率特性函数的幅值和相位. 没有给出输出变量, 将伯德图直接输出到显示屏上. 输入传递系统的传递函数, 极–零点模型或状态模型
damp	求 PT_2 环节传递函数的极–零点以及阻尼比和特征角频率, 输入传递系统的传递函数, 极–零点模型或状态模型
margin	计算幅值裕度, 相位裕度, 穿越角频率和截止角频率. 没有给出输出变量, 将伯德图连同相应数据直接输出到显示屏上. 输入传递系统的传递函数, 极—零点模型或状态模型
nyquist	计算频率特性函数的实部和虚部. 没有给出输出变量, 将幅相频率特性曲线直接输出到显示屏上. 输入传递函数, 极–零点模型或状态模型
pole	计算传递函数的极点. 输入传递函数, 极–零点模型或状态模型
pzmap	计算传递函数的极–零点. 没有给出输出变量, 将极–零点图直接输出到显示屏上. 输入传递函数, 极–零点模型或状态模型
residue①	计算部分分式系数, 传递函数的极点和常数因子, 在此输入传递函数的分子和分母多项式
rlocfind	当计算机鼠标指向根轨迹曲线时, 计算闭环调节回路的回路增益和极点. 输入开环调节回路的传递函数, 极–零点模型或状态模型
rlocus	求闭环调节回路传递函数极点随回路增益变化. 没有给出输出变量, 将根轨迹曲线直接输出到显示屏上. 输入开环调节回路的传递函数, 极–零点模型或状态模型
semilogx①	生成具有线性刻度的纵坐标和以 10 为底对数刻度的横坐标的图形
sgrid	生成 PT_2 环节的常数阻尼比 D 和特征角频率 ω_0 为网格线的网状图, 以便用于在 s 平面上图形显示一个主导极点对
tzero	计算传递函数的零点. 输入传递函数, 极–零点模型或状态模型

①函数 residue 和 semilogx 属于 MATLAB.

通过键入 help 'Funktionsname(函数名)', online-Hilfe(在线帮助) 给出其他的信息.

16.7 用 MATLAB 计算数字调节系统

16.7.1 概述

时间离散的 LTI 对象是用函数 tf(z 传递函数), zpk(z 传递函数的极 - 零点模型) 和 ss(时间离散的状态模型) 来生成, 这些函数也被用于时间连续的调节系统. 采样时间将通过另外的一个参数来输入. 在 16.5 节和 16.6 节中使用过用于时域和频域研究的标准函数, 如 step 和 bode, 对于时间离散的调节仍继续有效且沿用相同的函数名. 对下面将要描述的函数将用到 z 传递函数的多项式形式:

$$G(z) = \frac{b_m \cdot z^m + b_{m-1} \cdot z^{m-1} + \ldots + b_1 \cdot z + b_0}{a_n \cdot z^n + a_{n-1} \cdot z^{n-1} + \ldots + a_1 \cdot z + a_0}$$
$$= \frac{\text{numerator polynomial}(z)}{\text{denominator polynomial}(z)} = \frac{\text{num}(z)}{\text{den}(z)}, \qquad n \geqslant m$$

num(z) 和 den(z) 表示 z 传递函数 $G(z)$ 的分子多项式和分母多项式, 它们将以行向量的形式输入, 向量元素是按 z 算子降级顺序排列的多项式系数, 对上面给出的传递函数的多项式形式, 可得出向量为

num=[$\mathrm{b_m}$ $\mathrm{b_{m-1}}$ ...$\mathrm{b_1}$ $\mathrm{b_0}$] 和 den=[a_n $\mathrm{a_{n-1}}$ ...$\mathrm{a_1}$ $\mathrm{a_0}$]

16.7.2 确定不同离散化方法的 z 传递函数

数字调节器常常是为时间连续的被调节对象而设计. 为此, 其出发点是计算被调节对象的时间离散模型, 例如 z 传递函数. 对一个给定的拉普拉斯传递函数, 应用不同的离散化方法将得到不同的 z 传递函数. 被调节对象的 z 传递函数由所用的保持器和采样时间来决定.

保持器的输入变量是由调节算法确定的调整量序列 $y(kT)$. 保持器的数模转换器由此生成一个时间连续但数值离散的调整量 $\bar{y}(t)$, 它作用于被调节对象的输入端. 最简情况是由一个零阶保持器将调整量 $\bar{y}(t)$ 在采样时间 T 内保持恒定. 对具有零阶保持器的被调节对象的拉普拉斯传递函数 $G_{\mathrm{S}}(s)$, 其相应的 z 传递函数可由

$$G_{\mathrm{HS}}(z) = \frac{z-1}{z} \cdot Z\left\{\frac{G_{\mathrm{S}}(s)}{s}\right\}$$

来计算 (参阅 11.5.1.5 节、11.5.4.3 节和 11.5.4.4 节). 被调节对象也可借助 TUSTIN 公式

$$s = \frac{2}{T} \cdot \frac{z-1}{z+1}$$

来实现离散化 (梯形近似, 11.8.2.1 节). 通过函数

```
dG=c2d(G,T,'method') (continuous to discret(连续到离散))
```

可实现离散化. 从被调节对象的拉普拉斯传递函数出发, 对于采样时间 T 和选用离散方法 'method' 可计算 z 传递函数 dG. 没有给出 'method', 将采用 'zoh'(zero order hold (零阶保持器)). 反之, 当 z 传递函数和离散方法已知时, 可借助函数

```
G = d2c(dG, 'method') (discret to continuous (离散到连续))
```

来确定其拉普拉斯传递函数. 上述两个函数也可应用于极–零点模型或状态模型, 共有五种离散化方法可供选择使用.

下面的脚本文件 diskret_167.m 将借助函数 c2d 来数值计算一个具有零阶保持器 (zero order hold) 和 TUSTIN–公式的 PT_1 被调节对象

$$G_S(s) = \frac{K_S}{1 + T_S \cdot s}$$

的 z 传递函数. 紧接着, 将借助函数 d2c 确定相应的拉普拉斯传递函数.

```
%MATLAB Script-File diskret_167.m
%Diskretisierung eines PT1-Elements
KS=2; T1=1; T=0.1;      %T ist die Abtastzeit
numG=KS; denG=[T1 1];   %Zähler- und Nennerpolynom PT1-Element
G=tf(numG,denG);        %G(s)

fprintf('\n G(s) mit Halteglied nullter Ord.  -> G(z):')
dG=c2d(G,T,'zoh')       %G(s) -> dG(z)

fprintf('\n G(z) mit Halteglied nullter Ord.  -> G(s):')
G=d2c(dG,'zoh')         %dG(z) -> G(s)

fprintf('\n G(s) mit Trapeznäherung (TUSTIN) -> G(z):')
dG=c2d(G,T,'tustin')    %G(s) -> dG(z)
```

```
fprintf('\n G(z) mit Trapeznäherung (TUSTIN) -> G(s):')
G=d2c(dG,'tustin')      %dG(z) -> G(s)
```

程序中德文译文:

1. %MATLAB Script-File diskret_167.m (MATLAB 脚本文件 diskret_167.m)

2. %Diskretisierung eines PT1-Element(PT_1 环节离散化)

3. %T ist die Abtastzeit (T 为采样时间)

4. Zähler- und Nennerpolynom PT1-Element (PT_1 环节分子多项式和分母多项式)

5. '\n G(s) mit Halteglied nullter Ord. ->G(z): '('\n $G(s)$ 具有零阶保持器 ->G(z): ')

6. '\n G(z) mit Halteglied nullter Ord. ->G(s): '('\n $G(z)$ 具有零阶保持器 ->G(s): ')

7. '\n G(s) mit Trapenznäherung (TUSTIN) ->G(z): '('\n $G(s)$ 具有梯形近似 (TUSTIN) -> G(z): ')

8. '\n G(z) mit Trapenznäherung (TUSTIN) ->G(s): '('\n $G(z)$ 具有梯形近似 (TUSTIN) -> G(s): ')

9. %dG(z)->G(s)

```
>> diskret_167
  G(s) mit Halteglied nullter Ord (G(s) 具有零阶保持点).  -> G(z):
Transfer function (传递函数):
  0.1903
----------
z - 0.9048
Sampling time (采样时间):  0.1
  G(z) mit Halteglied nullter Ord (G(z)具有零阶保持点).  -> G(s):
Transfer function (传递函数):
  2
-----
s + 1
  G(s) mit Trapeznäherung (TUSTIN) (G(s)具有梯形近似 (TUSTIN)) -> G(z):
Transfer function (传递函数):
0.09524 z + 0.09524
--------------------
```

```
    z - 0.9048
Sampling time (采样时间):  0.1
  G(z) mit Trapeznäherung (TUSTIN) (G(z)具有梯形近似 (TUSTIN)) -> G(s):
Transfer function(传递函数):
  2
-----
s + 1
```

16.7.3 传递系统采样时间选择

一个具有传递函数

$$G(s)=\frac{x_{\mathrm{a}}(s)}{x_{\mathrm{e}}(s)}=\frac{1}{1+T_1\cdot s}\cdot\frac{\omega_0^2}{s^2+2\cdot D\cdot\omega_0\cdot s+\omega_0^2}$$

的 PT_3 传递系统是由一个具有极点

$$s_{\mathrm{p1}}=-\frac{1}{T_1}=-0.25$$

的主导 PT_1 环节和一个具有极点

$$s_{\mathrm{p2,3}}=-D\cdot\omega_0\pm\omega_0\cdot\sqrt{D^2-1}=-2.5\pm\mathrm{j}10$$

的 PT_2 环节构成, 它应通过一个时间离散的传递系统 (计算机算法) 来实现. 对这两个基本环节, 将分别研究其采样时间, 以便评价它们对传递特性的影响. 不考虑快速的 PT_2 环节, 对于 PT_1 环节按照表 11.3-2 主导时间常数准则可得出采样时间 $T\leqslant 0.1\cdot T_1=0.4\mathrm{s}$. 对于 PT_2 环节, 可按照表 11.3-2 引入周期准则. 将 PT_2 标准传递函数与极–零点形式的传递函数

$$G(s)=\frac{\omega_0^2}{s^2+2\cdot D\cdot\omega_0\cdot s+\omega_0^2}=\frac{s_{\mathrm{p2}}\cdot s_{\mathrm{p3}}}{(s-s_{\mathrm{p2}})\cdot(s-s_{\mathrm{p3}})}=\frac{106.25}{s^2+5\cdot s+106.25}$$

系数比较, 可得出 $\omega_0=10.3078\mathrm{s}^{-1}$ 和 D=0.243. 由此, 可计算出 PT_2 环节输出变量的周期:

$$T_{\mathrm{P}}=\frac{2\cdot\pi}{\omega_0\cdot\sqrt{1-D^2}}=0.628\ \mathrm{s}$$

周期准则提供 $T\leqslant 0.05\cdot T_{\mathrm{P}}=0.0314\mathrm{s}$. 为使传递环节 $G(s)$ 离散化, 引入零阶保持器

$$G_{\mathrm{HG}}(z)=\frac{z-1}{z}\cdot Z\left\{\frac{G(s)}{s}\right\}$$

并且计算冲激响应序列

$$x_{\mathrm{a}}(kT) = Z^{-1}\{G_{\mathrm{HG}}(z) \cdot x_{\mathrm{e}}(z)\}$$

其中

$$x_{\mathrm{e}}(z) = Z\{x_{\mathrm{e}}(kT)\} = Z\{\delta(kT)\} = Z\{1, 0, 0, \cdots\} = 1$$

借助脚本文件 dimpuls1_167.m 可求出不同采样时间的冲激响应.

```
%MATLAB Script-File dimpuls1_167.m
%Einheits-Impulsantwortfunktion eines Übertragungssystems
%für verschiedene Abtastzeiten
sp1=-0.25; sp2=-2.5+j*10; sp3=-2.5-j*10;   %Pole von G(s)
nulG=[];                                    %keine Nullstellen
polG=[sp1;sp2;sp3];                         %Spaltenvektor der Pole
KP=1;                                       %Proportionalbeiwert
pnG=zpk(nulG,polG,KP);                      %Pol-Nullstellenmodell pnG
G=tf(pnG);                                  %Übertragungsfunktion
t=0:0.005:6;                                %Vektor der Zeitwerte
for k=1:4
    subplot(410+k)                          %Teilbilder 2 bis 4
    T=0.4^(5-k);                            %Variation der Abtastzeit
    dG=c2d(G,T);                            %G(s)-> dG(z) mit zoh
    l=length([0:T:6]);                      %Anzahl Elemente des Zeitvektors
    [xa,dT]=impulse(dG,l);                  %Impulsantwortfolge xa(kT)
    stairs(dT,xa/T)                         %Impulsantwort ausgeben
    text(3.5,0.01,['\it{zeitdiskret, T=}',num2str(T,3),'\it {s}'])
    grid                                    %kartesische Gitterlinien
    axis([0 6 0 0.015]);                    %Skalierung
end
```

程序中德文译文:

1. %MATLAB Script-File dimpuls1_167.m (MATLAB 脚本文件 dimpuls 1_167.m)
2. %Einheits-Impulsantwortfunktion eines Übertragungssystems
3. %für verschiedene Abtastzeiten(不同采样时间传递系统的单位冲激响应)
4. %Pole von G(s)($G(s)$ 极点)
5. %keine Nullstellen(无零点)

6. %Spaltenvektor der Pole(极点列向量)

7. %Proportionalbeiwert(比例系数)

8. %Pol-Nullstellenmodell pnG(极-零点模型 pnG)

9. %Übertragungsfunktion(传递函数)

10. %Vektor der Zeitwerte(时间值向量)

11. %Teilbilder 2 bis 4(分图 2~4)

12. %Variation der Abtastzeit(采样时间变化)

13. %G(s)->dG(z) mit zoh(用 zoh $G(s)$->d$G(z)$)

14. %Anzahl Elemente des Zeitvektors(时间向量元素数量)

15. %Impulsantwortfolge xa(kT)(冲激响应序列 $\boldsymbol{x}_{\mathrm{a}}(kT)$)

16. %Impulsantwort ausgeben (输出冲激响应)

17. ‘\it {z {zeitdiskret,T=} } ’(‘\it {z {时间离散化,T=} } ’)

18. %kartesische Gitterlinien(笛卡儿网格)

19. %Skalierung(刻度)

在图 16.7-1 中显示了这些冲激响应. 分图含有不同采样时间的时间离散系统的单位冲激响应. 在上面数第 2 个分图中为时间离散系统被用采样时间 $T = 0.064\text{s}$ 离散化, 其中相互叠加的快速部分振荡几乎无失真地被传递. 由周期准则对于 PT_2 部分系统计算采样时间 $T = 0.0314\text{s}$. 从上面第 3 个分图显示, 使用加长的采样时间 $T = 0.16\text{s}$ 已经明显地损害了振荡的时间曲线. 对于 PT_1 环节, 采样时间 T=0.4s 是必须的. 但在此条件下, 作为 PT_2 部分系统的冲激响应序列的快速振荡在第 4 分图中将不再能辨认了.

在 dimpuls1_167.m 中, 离散的单位冲激响应序列通过函数

```
[xa,dT]=impulse(dG,l)
```

来计算, 其中赋予输出变量 $\boldsymbol{x}_a$ 采样值. dG 是 z 传递函数, 输入变量 l 包含采样时间点的数量. 由函数

```
stairs(dT,xa/T)
```

将响应序列 $\boldsymbol{x}_{\mathrm{a}}$ 表示为梯形函数, 冲激响应序列必须除以采样时间.

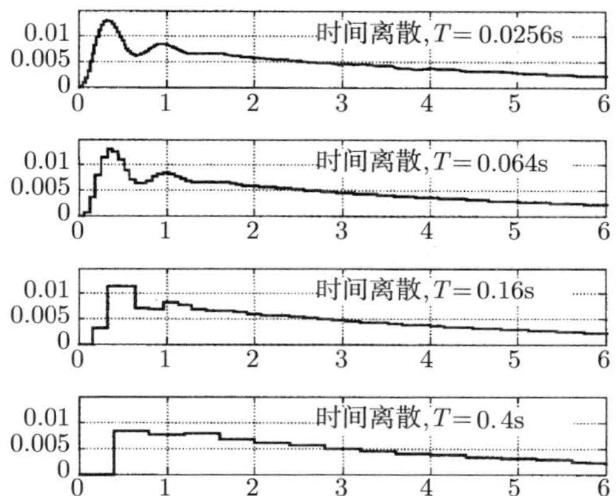

图 16.7-1 传递系统在不同采样时间下的单位冲激响应 x(kT)(dimpuls1_167.m)

16.7.4 研究数字调节的时间响应

16.7.4.1 采样时间的选择

在下面信号流图中表示的时间连续调节, 试通过一个数字调节来代替.

为求采样时间, 首先要构建时间连续系统的传递函数. 由 I 调节器和 PT_1 被调节对象

$$G_R(s) = \frac{K_{IR}}{s}, \quad G_S(s) = \frac{K_S}{1 + T_S \cdot s}, \quad K_S = 3, \quad T_S = 2\ \mathrm{s}$$

可得出其参据传递函数为

$$G(s) = \frac{3 \cdot K_{IR}}{3 \cdot K_{IR} + s + 2 \cdot s^2}$$

对具有非周期性传递特性的 PT_2 参据传递函数, 由 $K_{IR} = 0.042$ 可求出调节器的积分系数. 这将产生 n=2 个相同实数极点 $s_{p1,2} = -0.25$, 这样其传递函数就可以通过具有两个相同 PT_1 环节的串级结构来表示:

$$G(s) = \frac{1}{(1 + T_1 \cdot s)^2}, \quad T_1 = \frac{-1}{s_{p1}} = 4\ \mathrm{s}$$

为求采样时间, 还要先用 9.3.3.3 节给出公式:

$$T_g = \frac{(n-2)!}{(n-1)^{n-2}} \cdot \mathrm{e}^{n-1} \cdot T_1 = 10.87\ \mathrm{s}$$

计算其阶跃响应的平衡时间 (Ausgleichszeit)T_g, 再用表 11.3-1 给出的采样时间准则 $T \leqslant 0.1 \cdot T_\mathrm{g} = 1.087\mathrm{s}$, 可近似地得出一个时间连续调节. 这一调节可用采样时间 $T = 1\mathrm{s}$ 离散化.

16.7.4.2 求 z 传递函数

根据表 11.5-10, I 调节器 (I 型) 具有 z 传递函数

$$G_\mathrm{R}(z) = \frac{K_\mathrm{IR} \cdot T}{z-1}$$

对于具有零阶保持器的 PT_1 被调节对象可得出其 z 传递函数

$$G_\mathrm{HS}(z) = \frac{z-1}{z} \cdot Z\left\{\frac{G_\mathrm{S}(s)}{s}\right\} = \frac{K_\mathrm{S} \cdot \left(1-\mathrm{e}^{-T/T_\mathrm{S}}\right)}{z-\mathrm{e}^{-T/T_\mathrm{S}}}$$

由开环调节回路的 z 传递函数

$$G_\mathrm{RS}(z) = G_\mathrm{R}(z) \cdot G_\mathrm{HS}(z) = \frac{K_\mathrm{IR} \cdot T \cdot K_\mathrm{S} \cdot \left(1-\mathrm{e}^{-T/T_\mathrm{S}}\right)}{(z-1) \cdot \left(z-\mathrm{e}^{-T/T_\mathrm{S}}\right)}$$

以及在 16.7.4.1 节中规定的特征量 $K_\mathrm{IR} = 0.042$ 和 $T = 1\mathrm{s}$, 计算其 z 参据传递函数为

$$\begin{aligned} G(z) &= \frac{G_\mathrm{RS}(z)}{1+G_\mathrm{RS}(z)} = \frac{K_\mathrm{IR} \cdot K_\mathrm{S} \cdot T \cdot \left(1-\mathrm{e}^{-T/T_\mathrm{S}}\right)}{K_\mathrm{IR} \cdot K_\mathrm{S} \cdot T \cdot \left(1-\mathrm{e}^{-T/T_\mathrm{S}}\right) + (z-1) \cdot \left(z-\mathrm{e}^{-T/T_\mathrm{S}}\right)} \\ &= \frac{0.04958}{z^2 - 1.607 \cdot z + 0.6561} \end{aligned}$$

下面将应用用于求 z 传递函数的 MATLAB 函数. 在 16.4 节中给出的用于简化信号流图和求合成的传递函数的*控制系统工具箱*函数, 也可被应用到时间离散的系统, 只是传递框 (Übertragungsblöcke) 用 z 传递函数来描述.

信号流图的回路结构可用语句 feedback 来简化:
具有间接负反馈的回路结构:

```
G=feedback(G1,G2)
```

具有直接负反馈的回路结构:

```
G=feedback(G1,1)
```

在 16.7.4.1 节中具有 I 调节器和具有零阶保持器的 PT_1 被调节对象的调节, 用采样时间 $T = 1\mathrm{s}$ 离散化, 并计算其参据传递函数. 对于信号流图, 用具有 MATLAB 函数的脚本文件 sf_plan3_167.m 计算 z 参据传递函数以及调整量 (Stellgröße) 的 z 传递函数.

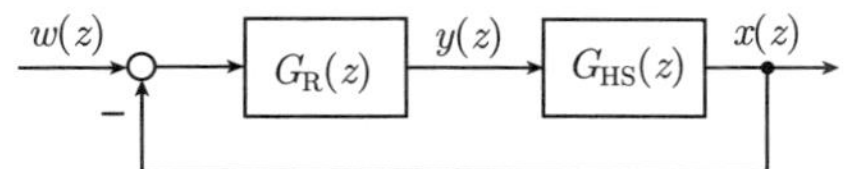


```
%MATLAB Script-File sf_plan3_167.m
%Signalflussplan mit z-Übertragungsfunktionen
KI=0.042; T=1;            %I-Regler (Typ I), Abtastzeit
numGR=KI*T; denGR=[1 -1];  %GR(z)
GR=tf(numGR,denGR,T);     %GR(s), Abtastzeit T
KS=3; TS=2;               %PT1-Strecke
numGS=KS; denGS=[TS 1];   %Zähler- u.  Nennerpolynom für GS(s)
GS=tf(numGS,denGS);       %GS(s)
GHS=c2d(GS,T,'zoh');      %GHS(z)

%z-Führungsübertragungsfunktion:  x(z)/w(z):
GRS=GR*GHS;               %GRS(z)
fprintf('\n z-Führungsübertragungsfunktion x(z)/w(z):')
G=feedback(GRS,1)         %G(z) ausgeben

%z-Übertragungsfunktion für die Stellgröße:  y(z)/w(z):
fprintf('\n z-Stellgrößen-Übertragungsfunktion y(z)/w(z):')
Gy=feedback(GR,GHS) %Gy(z) ausgeben
```

程序中德文译文:

1. %MATLAB Script-File sf_plan3_167.m (MATLAB 脚本文件 sf_plan 3_167.m)
2. %Signalflussplan mit z-Übertragungsfunktionen(具有 z 传递函数的信号流图)
3. %I-Regler (Typ I),Abtastzeit(I 调节器 (I 型), 采样时间)
4. %GR(z)
5. %GR(s),Abtastzeit T(GR(s), 采样时间 T)
6. %PT1-Strecke(PT_1 对象)
7. %Zähler- u. Nennerpolynom für GS(s)($G_S(s)$ 分子多项式和分母多项式)
8. %GS(s)
9. %GHS(s)
10. %z-Fürungübertragungsfunktion: x(z)/w(z)(z 参据传递函数: $x(z)/w(z)$)

11. %GRS(z)

12. '\n z-Fürungübertragungsfunktion x(z)/w(z):'('\n z-参据传递函数 $x(z)/w(z)$:')

13. % G(z) ausgeben (输出 $G(z)$)

14. %z-Übertragungsfunktion für die Stellgröße: y(z)/w(z)(调整量的 z 传递函数: $y(z)/w(z)$)

15. '\n z-Stellgröße-Übertragungsfunktion y(z)/w(z):'('\n z 调整量传递函数 $y(z)/w(z)$:')

16. %Gy(z) ausgeben(输出 Gy(z))

```
>> sf_plan3_167
z-Führungsübertragungsfunktion (z- 参据传递函数) x(z)/w(z):
Transfer function (传递函数):
       0.04958
----------------------
z^2 - 1.607 z + 0.6561
Sampling time (采样时间):  1
z-Stellgrößen-Übertragungsfunktion (z- 调正量-传递函数) y(z)/w(z):
Transfer function (传递函数):
  0.042 z - 0.02547
----------------------
z^2 - 1.607 z + 0.6561
Sampling time (采样时间):  1
```

在 16.4.6 节曾描述过用脚本文件 append 和 connect 对多回路的信号流图进行变形的方法, 这一方法也可应用于时间离散系统.

16.7.4.3　冲激响应序列

被调节量 (Regelgröße) 的冲激响应序列可由计算规则

$$x(kT) = Z^{-1}\{G(z) \cdot w(z)\}$$

其中

$$w(z) = Z\{\delta(kT)\} = 1 \quad 和 \quad \delta(kT) = \{1, 0, 0, \cdots\}$$

求得. $G(z)$ 为 z 参据传递函数, $w(z)$ 为参据量的单位冲激响应的 z 变换式. 对于调节, 在 16.7.4.1 节已求出了采样时间, 并在 16.7.4.2 节中由脚本文件 sf_plan3_167.m

确定了 z 参据传递函数 $G(z)$ 和调整量的 z 传递函数 $G_y(z)$. 冲激响应序列 $x(kT)$ 和 $y(kT)$ 将由脚本文件 dimpuls-167.m 来计算, 如图 16.7-2 所示.

```
%MATLAB Script-File dimpuls_167.m
%Einheits-Impulsantwortfunktion einer Regelung
clf
hold on
text(11,0.07,'\it{x(kT)}')              %Bezeichnung der Kurve
text(6,0.015,'\it{y(kT)}')              %Bezeichnung der Kurve

T=1;                                    %Abtastzeit
numG=0.04958; denG=[1 -1.607 0.6561];%Zähler-/Nennerpolynom G(z)
G=tf(numG,denG,T);                      %G(z)
l=length([1:T:40]);                     %Anzahl Elemente des Zeitvektors
[dx,dT]=impulse(G,l);                   %Impulsantwortfolge x(kT)
plot(dT,dx/T,'o',dT,dx/T,'-')           %Impulsantwort ausgeben

numGy=[0.042 -0.02547];                 %Zählerpolynom von Gy(z)
Gy=tf(numGy,denG,T);                    %Gy(z)
dy=impulse(Gy,l);                       %Impulsantwortfolge y(kT)
grid on                                 %kartesische Gitterlinien
stairs(dT,dy/T)                         %Treppenfunktion ausgeben

title('\it{Einheits-Impulsantworten der Regelung}') %Titel
xlabel('\it{Zeit kT}')                  %Beschriftung der Abszisse
ylabel('\it{y(kT), x(kT)}')             %Beschriftung der Ordinate
```

程序中德文译文:

1. %MATLAB Script-File dimpuls_167.m (MATLAB 脚本文件 dimpuls_ 167.m)
2. %Einheits-Impulsantwortfunktion einer Regelung(调节的单位冲激响应函数)
3. %Bezeichnung der Kurve(曲线命名)
4. %Bezeichnung der Kurve(曲线命名)
5. %Abtastzeit(采样时间)
6. %Zähler-/Nennenpolynom G(z)($G(z)$ 分子/分母多项式)
7. %Anzahl Elemente des Zeitvektors(时间向量元素数目)

8. %Impulsantwortfolge x(kT)(冲激响应序列 $x(kT)$)

9. %Impulsantwort ausgeben(输出冲激响应)

10. %Zählerpolynom von Gy(z)($G_y(z)$ 分子多项式)

11. %Impulsantwortfolge y(kT)(冲激响应序列 $y(kT)$)

12. %kartesische Gitterlinien(笛卡儿网格线)

13. %Treppenfunktion ausgeben (输出阶梯函数)

14. 'it\ {Einheit-Impulsantworten der Regelung} '('it\ {调节的单位冲激响应} ')

15. %Titel(图题)

16. '\it {Zeit kT} '('\it {时间 kT} ')

17. %Beschriftung der Abszisse(横坐标标记)

18. %Beschriftung der Ordinate(纵坐标标记)

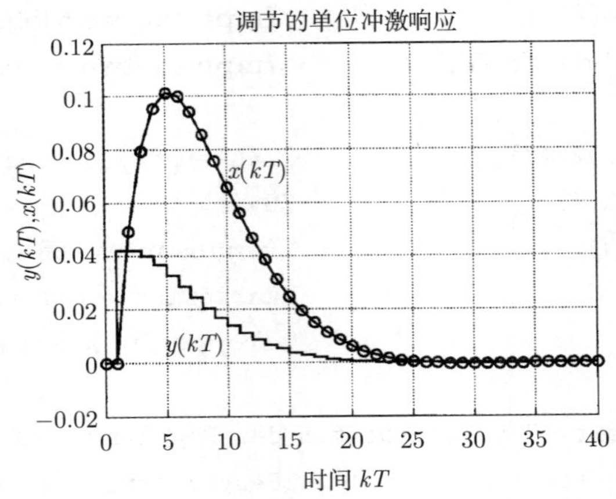

图 16.7-2　被调节量 $x(kT)$ 和调整量 $y(kT)$ 的单位冲激响应 (dimpuls_167.m)

在 dimpuls_167.m 中, 被调节量的冲激响应序列 $x(kT)$ 是通过函数

```
[dx,dT]=impulse(G,l)
```

来计算的, 并存入在向量 **dx** 中. G 是 z 传递函数, 而 l 是采样时间点的数量, 冲激响应序列将借助语句

```
plot(dT,dx/T,'o',dT,dx/T,'-')
```

输出到显示屏上. 在此, 向量 **dx** 的元素必须除以采样时间 T. 用 'o' 来标志采样时

间点, 用'–' 把这些点用线连续起来, 由此就可以把被调节量的时间——和数值连续曲线摹绘出来.

调整量的冲激响应序列 **dy** 将由

```
dy=impulse(Gy,l)
```

来计算, 而单个函数值由

```
stairs(dT,dy/T)
```

来输出. 函数 stairs 提供一个阶梯函数. 它之所以被使用, 是因为调整量是通过零阶保持器生成的. 冲激响应值 **dy** 要除以采样时间 T.

16.7.4.4 阶跃响应序列

对于调节, 在 16.7.4.1 节中已确定采样时间, 并在 16.7.4.2 节中用 sf_plan 3_167.m 已确定 z 参据传递函数 $G(z)$ 和调整量的 z 传递函数 $G_y(z)$. 被调节量的阶跃响应序列可由

$$x(kT) = Z^{-1}\{G(z) \cdot w(z)\}$$

其中

$$w(z) = Z\{E(kT)\} = \frac{z}{z-1} \quad \text{和} \quad E(kT) = \{1, 1, 1, \cdots\}$$

来求. $G(z)$ 是 z 参据传递函数, $w(z)$ 是参据量的单位阶跃响应的 z 变换式, 其阶跃响应序列 $x(kT)$ 和 $y(kT)$ 将由脚本文件 dsprung_167.m 来计算, 如图 16.7-3 所示

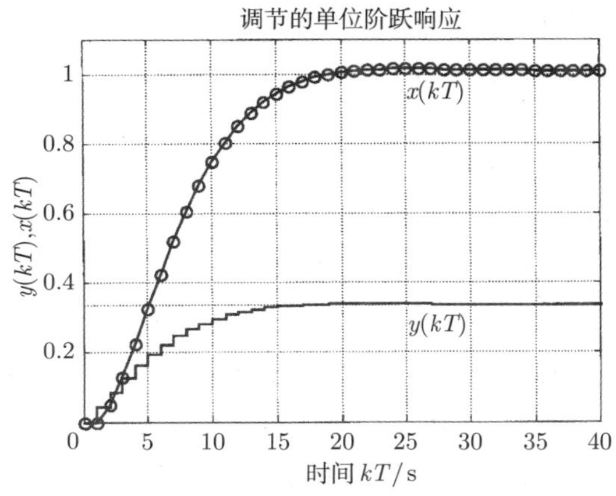

图 16.7-3 被调节量 $x(kT)$ 和调整量 $y(kT)$ 的单位阶跃响应 (dsprung_167.m)

```
%MATLAB Script-File dsprung_167.m
%Einheits-Sprungantwortfunktion einer Regelung
clf
hold on
axis([0 40 0 1.1]);                 %Skalierung
text(26,0.95,'\it{x(kT)}')          %Bezeichnung der Kurve
text(26,0.28,'\it{y(kT)}')          %Bezeichnung der Kurve

T=1;                                %Abtastzeit
numG=0.04958; denG=[1 -1.607 0.6561];     %Zähler-/Nennerpolyn.G(z)
G=tf(numG,denG,T);                  %G(z)
l=length([1:T:40]);                 %Anzahl Elemente des Zeitvektors
[dx,dT]=step(G,l);                  %Sprungantwortfolge x(kT)
plot(dT,dx,'o',dT,dx,'-')           %Sprungantwort ausgeben
numGy=[0.042 -0.02547];             %Zähler von Gy(z)
Gy=tf(numGy,denG,T);                %Gy(z)
step(Gy,l);                         %Sprungantwortfolge y(kT) als
                                    %Treppenfunktion ausgeben
grid on                             %kartesische Gitterlinien
title('\it{Einheits-Sprungantworten der Regelung}') %Titel
xlabel('\it{Zeit kT}')              %Beschriftung der Abszisse
ylabel('\it{y(kT), x(kT)}')         %Beschriftung der Ordinate
```

程序中德文译文:

1. %MATLAB Script-File dsprung_167.m (MATLAB 脚本文件 dsprung_167.m)
2. %Einheits-Sprungantwortfunktion einer Regelung(调节的单位-阶跃响应函数)
3. %Skalierung(刻度)
4. %Bezeichnung der Kurve(曲线命名)
5. %Bezeichnung der Kurve(曲线命名)
6. %Abtastzeit(采样时间)
7. %Zähler-/Nennenpolynom G(z)($G(z)$ 分子多项式/分母多项式)
8. %Anzahl Elemente des Zeitvektors(时间向量元素数目)
9. %Sprungswortfolge x(kT)(阶跃响应序列 $x(kT)$)
10. %Sprungsantwort ausgeben(输出阶跃响应)

11. %Zähler von Gy(z)($G_{\mathrm{y}}(z)$ 分子)
12. %Sprungsantwortfolge y(kT) als
%Treppenfunktion ausgeben(输出阶跃响应序列 $y(kT)$ 为阶梯函数)
13. %kartesische Gitterlinien(笛卡儿网格线)
14. 'it\ {Einheit-Sprungsantworten der Regelung} '('it\ {调节的单位阶跃响应} ')
15. %Titel(图题)
16. '\it {Zeit kT} '('\it {时间 kT} ')
17. %Beschriftung der Abszisse(横坐标标记)
18. %Beschriftung der Ordinate(纵坐标标记)

被调节量的阶跃响应序列 $x(kT)$ 将由 step 来求, 给输出变量 **dx** 赋值, 并用

```
plot(dT,dx,'o',dT,dx,'-')
```

输出到显示屏上. 用'o' 标志采样时间点, 用'–' 将这些点用线连接起来, 由此, 被调节量的时间–和数值连续的曲线就被摹绘出来. 对 z 传递函数 Gy, 调整量的阶跃响应序列 $y(kT)$ 将由

```
step(Gy,1)
```

直接以阶梯函数输出到显示屏上.

在 16.7.4.1 节中已对时间连续调节的非周期的传递特性做过调整. 用 $T = 1\mathrm{s}$ 的离散化会对调节去阻尼, 并导致阶跃响应序列 $x(kT)$ 的超调. z 参据传递函数 (见 16.7.4.2 节) 具有共轭复极点:

```
>> pole(G)
ans =
    0.8035 + 0.1024i
    0.8035 - 0.1024i
```

16.7.4.5 斜坡响应序列

对于调节, 在 16.7.4.1 节中已确定采样时间, 并在 16.7.4.2 节中利用 sf_plan3_167.m 确定了 z 参据传递函数 $G(z)$ 和调整量的 z 传递函数 $G_{\mathrm{y}}(z)$, 被调节量的斜坡响应序列将由

$$x(kT) = Z^{-1}\{G(z) \cdot w(z)\}$$

其中

$$w(z) = Z\{w(kT)\} = \frac{T \cdot z}{(z-1)^2}$$

求出. $G(z)$ 是 z 参据传递函数, $w(z)$ 是参据量的斜坡响应序列的 z 变换式. 其斜坡响应序列 $x(kT)$ 和 $y(kT)$ 将由脚本文件 danstieg_167.m 来计算.

```
%MATLAB Script-File danstieg_167.m
%Einheits-Anstiegsantwortfunktion einer Regelung
clf
hold on
axis([0 40 0 1]);                     %Skalierung
text(31,0.87,'\it{w(kT)}')            %Bezeichnung der Kurve
text(31,0.55,'\it{x(kT)}')            %Bezeichnung der Kurve
text(31,0.17,'\it{y(kT)}')            %Bezeichnung der Kurve

T=1;                                  %Abtastzeit
numG=0.04958; denG=[1 -1.607 0.6561];    %Zähler-, Nennerpolynom G(z)
G=tf(numG,denG,T);                    %G(z)
dT=0:T:40;                            %Vektor der Zeitwerte
w=dT/40;                              %Anstiegsfunktion
plot(dT,w,'-')                        %Anstiegsfunktion ausgeben
hold on                               %Kurve nicht Überschreiben
l=length(dT);                         %Anzahl der Elemente von dT
dx=lsim(G,w);                         % Anstiegsantwortfolge x(kT)
plot(dT,dx,'o',dT,dx,'-')             %Anstiegsantwort ausgeben
numGy=[0.042 -0.02547];               %Zählerpolynom von Gy(z)
Gy=tf(numGy,denG,T);                  %Gy(z)
lsim(Gy,w);                           %Anstiegsantwortfolge y(kT)
title('\it{Anstiegsantworten der Regelung}') %Titel der Grafik
xlabel('\it{Zeit kT}')                %Beschriftung der Abszisse
ylabel('\it{w(kT), y(kT), x(kT)}')%Beschriftung der Ordinate
grid on                               %kartesische Gitterlinien
```

程序中德文译文:

1. % MATLAB Script-File danstieg_167.m (MATLAB 脚本文件 danstieg_167.m)
2. %Einheits-Anstiegsantwortfunktion einer Regelung(调节的单位斜坡响应

函数)
3. %Skalierung(刻度)
4. %Bezeichnung der Kurve (曲线命名)
5. %Bezeichnung der Kurve (曲线命名)
6. %Bezeichnung der Kurve (曲线命名)
7. %Abtastzeit(采样时间)
8. %Zähler-, Nennenpolynom G(z)($G(z)$ 分子/分母多项式)
9. %Vektor der Zeitwerte(时间值向量)
10. %Anstiegsfunktion(斜坡函数)
11. %Anstiegsfunktion ausgeben(输出斜坡函数)
12. %Kurve nicht überschreiben(不重绘曲线)
13. %Anzahl der Elemente von dT(dT 元素数目)
14. %Anstiegswortfolge x(kT)(斜坡响应序列 $x(kT)$)
15. %Anstiegsantwort ausgeben(输出斜坡响应)
16. %Zählerpolynom von Gy(z)($G_{\mathrm{y}}(z)$ 分子多项式)
17. %Anstiegsantwortfolge y(kT)(斜坡响应序列 $y(kT)$)
18. '\it {Anstiegsantworten der Regelung} '('it\ {调节的斜坡响应} ')
19. %Titel(图题)
20. '\it {Zeit kT} '('\it {时间 kT} ')
21. %Beschriftung der Abszisse(横坐标标记)
22. %Beschriftung der Ordinate(纵坐标标记)
23. %kartesische Gitterlinien(笛卡儿网格线)

任意测试序列的响应序列将由函数 lsim 来计算. 在 danstieg_167.m 中, 斜坡响应序列 $x(kT)$ 则由

```
dx=lsim(G,w)
```

来求. G 是 z 参据传递函数, 而 $\boldsymbol{w}$ 是参据量序列的向量. 就像在求冲激和阶跃响应序列时一样, 斜坡响应序列 $x\,(kT)$ 也将由 plot 函数

```
plot(dT,dx,'o',dT,dx,'-')
```

输出到显示屏上. 用'o' 标记采样时间点, 用'–' 把这些点用线连接起来, 由此就可以把被调节量的时间和数值连续曲线摹拟出来. 对 z 传递函数 Gy, 将用

```
lsim(Gy,w)
```

把调整量的响应序列 $y(kT)$ 直接以阶梯函数形式输出到显示屏上, 如图 16.7-4 所示.

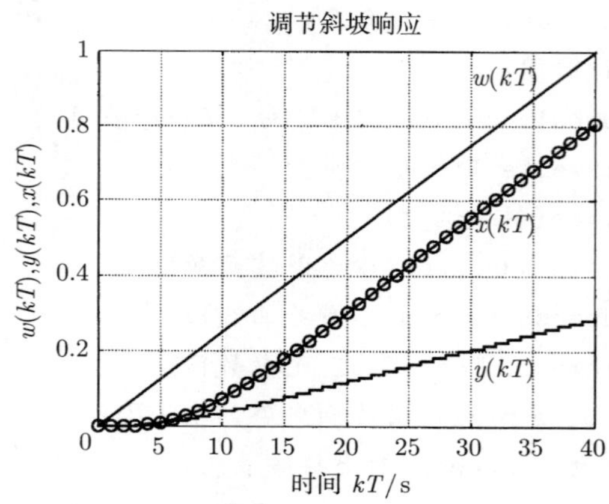

图 16.7-4　被调节量 $x(kT)$ 和调整量 $y(kT)$ 的斜坡函数 $w(kT)$ 和斜坡响应 (danstieg_167.m)

16.7.5　不满足采样时间准则时的调节器设计

从下面的信号流图所示的时间连续的调节出发, 用 P 调节器开发数字调节.

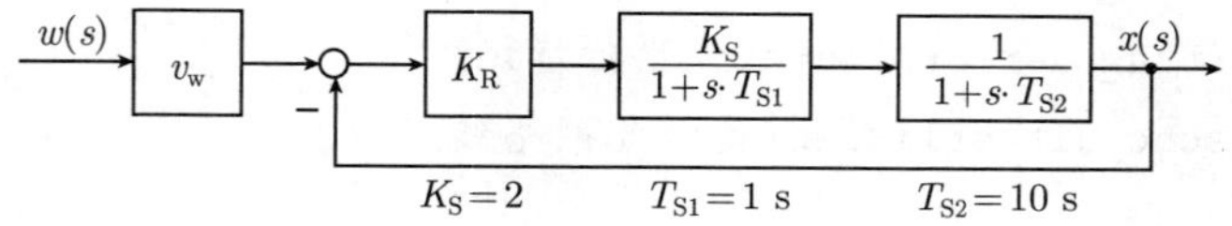

由被调节对象的参数可得出参据传递函数为

$$G(s) = \frac{K_R \cdot K_S \cdot v_w}{T_{S1} \cdot T_{S2} \cdot s^2 + (T_{S1} + T_{S2}) \cdot s + K_R \cdot K_S + 1}$$

$$= \frac{0.2 \cdot K_R \cdot v_w}{s^2 + 1.1 \cdot s + 0.2 \cdot K_R + 0.1}$$

为确定 P 调节器的 K_R, 将其与 PT_2 环节的标准传递函数进行系数比较. 由预先给出的阶跃响应超调量 $\ddot{u}$=5%可得出 $K_R = 2.676$. 由前置滤波器 v_w 补偿常值参据量的稳态调节误差. 利用终值定理进行 v_m 计算:

$$x(t \to \infty) = \lim_{s \to 0} s \cdot \frac{v_w \cdot 0.2 \cdot K_R}{s^2 + 1.1 \cdot s + 0.1 + 0.2 \cdot K_R} \cdot \frac{1}{s} = 1$$

对前置滤波器可得出:

$$v_{\mathrm{w}} = \frac{1+2\cdot K_{\mathrm{R}}}{2\cdot K_{\mathrm{R}}} = 1.19$$

将 $G(s)$ 与 PT_2 标准环节进行比较, 得出 $D = 0.69, \omega_0 = 0.797\mathrm{s}^{-1}$. 用按照表 11.3-2 被调节量的周期时间准则, 可规定采样时间为

$$T_{\mathrm{P}} = \frac{2\cdot\pi}{\omega_0\cdot\sqrt{1-D^2}} = 10.89\ \mathrm{s}$$

这一准则提供 $T \leqslant 0.05\cdot T_P = 0.545\mathrm{s}$. 在脚本文件 dregel1_167.m 中将求调节在不同采样时间下的阶跃响应序列.

```
%MATLAB Script-File dregel1_167.m
%Einheits-Sprungantwortfunktionen eines Regelkreises
KR=2.676;KS=2;TS1=1;TS2=10;       %Parameter P-Regler, Strecke
T=0.01;                           %Abtastzeit
numGS=KS; denGS=[TS1*TS2 TS1+TS2 1];%Z(s) u.  N(s) Strecke
GS=tf(numGS,denGS);               %GS(s)
for n=1:4                         %4 Sprungantworten
   subplot(220+n)                 %in 4 Teilbildern
     if n==2 T=0.545; end         %Abtastzeit T
     if n==3 T=1; end             %erhöhte Abtastzeit
     if n==4 KR=1.68; end         %KR verringern
   dGS=c2d(GS,T);                 %GS(z) für Halteglied nullter Ord.
   l=length([0:T:20]);            %Elemente des Zeitvektors
   dG=feedback(KR*dGS,1);         %G(z)
   vw=(1+2*KR)/(2*KR);            %Vorfilter
   [dg,dT]=step(vw*dG,l);         %diskrete Sprungantwort
     if n==1 plot(dT,dg), end
     if n>1 plot(dT,dg,'o',dT,dg,'-'), end

   axis([0 20 0 1.2]);            %Skalierung
   grid                           %kartesische Gitterlinien
   Maximalwert(n)=max(dg);        %Maximalwert von dg
end fprintf('Maximalwert(1)=%8.3f \n',Maximalwert(1))
fprintf('Maximalwert(2)=%8.3f \n',Maximalwert(2))
```

```
fprintf('Maximalwert(3)=%8.3f \n',Maximalwert(3))
fprintf('Maximalwert(4)=%8.3f \n',Maximalwert(4))
```

程序中德文译文:

1. %MATLAB Script-File dregel1_167.m (MATLAB 脚本文件 dregeli_167.m)
2. %Einheits-Sprungantwortfunktion eines Regelkreis(调节回路单位阶跃响应函数)
3. %Parameter P-Regler, Strecke(P 调节器，对象参数)
4. %Abtastzeit(采样时间)
5. %Z(s) u. N(s) Strecke(对象 $Z(s)$ 和 $N(s)$)
6. %GS(s)
7. %4 Sprungantworten(4 个阶跃响应)
8. %in 4 Teilbildern(在 4 个分图中)
9. %Abtastzeit T(采样时间 T)
10. %erhöhte Abtastzeit(增大采样时间)
11. %KR verringern(减小 KR)
12. %GS(z) für Halteglied nullter Ord.(零阶保持器的 $G_{\mathrm{S}}(z)$)
13. %Elemente des Zeitvektors(时间向量元素)
14. G(z)
15. Vorfilter(前置滤波器)
16. %diskrete Sprungantwort(离散阶跃响应)
17. %Skalierung(刻度)
18. %kartesische Gitterlinien(笛卡儿网格线)
19. %Maximalwert von dg(dg 最大值)
20. 'Maximalwert(1)=%8.3f\n',Maximalwert(1)(' 最大值 (1)=%8.3f \n', 最大值 (1))
21. 'Maximalwert(2)=%8.3f\n',Maximalwert(2)(' 最大值 (2)=%8.3f \n', 最大值 (2))
22. 'Maximalwert(3)=%8.3f\n',Maximalwert(3)(' 最大值 (3)=%8.3f \n', 最大值 (3))
23. 'Maximalwert(3)=%8.3f\n',Maximalwert(4)(' 最大值 (4)=%8.3f \n', 最大值 (4))

```
>> dregel1_167

Maximalwert (最大值) (1)= 1.051
```

```
Maximalwert (最大值) (2)= 1.100
Maximalwert (最大值) (3)= 1.156
Maximalwert (最大值) (4)= 1.051
```

图 16.7-5 中左上角的第一个分图, 显示了在采样时间 $T = 0,01\mathrm{s}$ 时的准模拟调节的阶跃响应. 在程序中, 求最大值 $1+\ddot{u}=1.051$, 并输出到显示屏上. 应用周期时间准则同样得出具有采样时间 $T=0.545\mathrm{s}$ 的准模拟调节. 相应的阶跃响应序列, 如右上角的分图所示, 却具有较大的超调量 $\ddot{u}=10\%$. 较大的采样时间减轻了数字计算机在执行调节算法时的负担. 左下角的分图显示了采样时间 $T=1\mathrm{s}$ 时的阶跃响应序列曲线, 在此, 超调量上升到 $\ddot{u}=15.6\%$. 随着采样时间的延长, 使调节去阻尼. 在上述三个分图中的阶跃响应序列都是在 $K_R=2.676$ 时求得的. 在第 4 分图所示的阶跃响应的计算中采样时间为 $T=1\mathrm{s}$, 调节器增益降到 $K_{\mathrm{R}}=1.68$. 这样一来, 超调量又回到 $\ddot{u}=5.1\%$, 相当于第一个分图中的准模拟调节. 通过这一措施其阶跃响应序列达到终值, 然而会比准模拟调节迟一些, 即调节较慢.

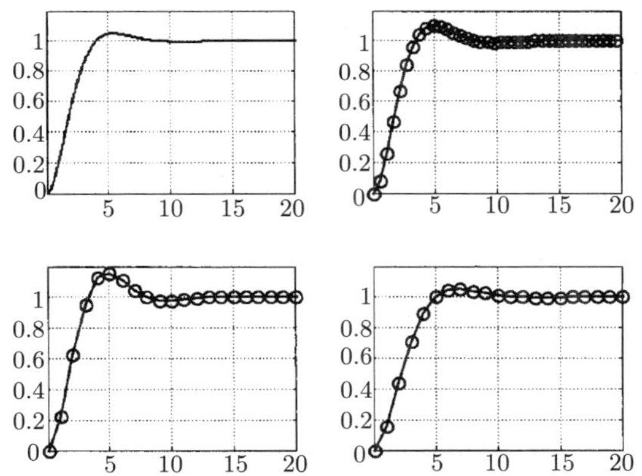

图 16.7-5 在不同采样时间下调节的单位阶跃响应 $x(kT)$ (dregel1_167.m)

函数 step 的应用在节 16.7.4.4 节已描述过. 借助在

```
Maximalwert(n)=max(dg)
```

中的语句 max 可求出向量 **dg** 中具有最大值的元素.

16.7.6 阶跃型参据量的 Dead-Beat 调节

对具有传递函数

$$G_{\mathrm{S}}(s)=\frac{K_{\mathrm{S}}}{1+T_{\mathrm{S}}\cdot s}\cdot\frac{1}{T_{\mathrm{I}}\cdot s},\quad K_{\mathrm{S}}=5,\quad T_{\mathrm{S}}=1\ \mathrm{s},\quad T_{\mathrm{I}}=2\ \mathrm{s}$$

的 IT_1 被调节对象, 在例 11.7-1 中计算过**有限调整时间 (endliche Einstellzeit) 调节器 (Dead-Beat-Regler(无振荡调节器))**. 具有零阶保持器的被调节对象的 z 传递函数 $G_{HS}(z)$

$$G_{HS}(z)=\frac{K_S\cdot T_S}{T_I}\cdot\frac{\left(T/T_S-1+e^{-T/T_S}\right)\cdot z^{-1}+\left(1-(T/T_S+1)\cdot e^{-T/T_S}\right)\cdot z^{-2}}{1-\left(1+e^{-T/T_S}\right)\cdot z^{-1}+e^{-T/T_S}\cdot z^{-2}}$$

和调节器的 z 传递函数 $G_R(z)$

$$G_R(z)=\frac{T_I}{K_S}\cdot\frac{z-e^{-T/T_S}}{T_S-(T+T_S)\cdot e^{-T/T_S}+T\cdot\left(1-e^{-T/T_S}\right)\cdot z}$$

可从表 11.7-1 序号 4 获得. 脚本文件 dbeat_167.m 将求参据传递函数 $G(z)$ 和调整量的传递函数 $G_y(z)$. 由 step 计算被调节量 $x(kT)$ 和调整量 $y(kT)$ 的单位阶跃响应序列. 调整量将以阶梯函数输出.

```
%MATLAB Script-File dbeat_167.m
%Dead-Beat-Regelung für sprungförmige Führungsgrößen
KS=5;TS=1;TI=2;                         %Parameter IT1-Strecke
T=0.6;                                  %Abtastzeit
for n=1:2
    T=n*T;                              %Abtastzeit
    %Zähler- und Nennerpolynom von GHS(z):
    numdGHS=[T/TS-1+exp(-T/TS), 1-(T/TS+1)*exp(-T/TS)];
    numdGHS=numdGHS*KS*TS/TI;
    dendGHS=[1, -(1+exp(-T/TS)), exp(-T/TS)];
    dGHS=tf(numdGHS,dendGHS,T);%GHS(z)

    %Zähler- und Nennerpolynom von GR(z):
    numdGR=[TI/KS, -exp(-T/TS)*TI/KS];     %Zählerpolynom von GR(z)
    dendGR=[T*(1-exp(-T/TS)), TS-(T+TS)*exp(-T/TS)];
    dGR=tf(numdGR,dendGR,T);    %GR(z)

    %Zähler- und Nennerpolynom von GRS(z) und G(z):
    GRS=dGR*dGHS;                       %GRS(z)
    dG=feedback(GRS,1);                 %G(z)

    %Zähler- und Nennerpolynom von Gy(z)=y(z)/w(z):
```

```
    dGy=feedback(dGR,dGHS);     %Gy(z)
    l=length([0:T:6]);          %Anzahl Elemente von dT
    [dg,dT]=step(dG,l);         %Sprungantwortfolge x(kT)
    subplot(210+n), plot(dT,dg,'o',dT,dg,'-')   %x(kT) ausgeben
    title('\it{Dead-Beat-Sprungantwort}')
    text(5.2,0.25,['\it{T=}',num2str(T,2),'\it{ s}'])
    xlabel('\it{Zeit kT}')      %Beschriftung Abszisse
    ylabel('\it{y(kT), x(kT)}')%Beschriftung Ordinate
    axis([0 6 -1 1.5])          %Skalierung
    grid                        %kartesische Gitterlinien
    hold on                     %Kurve nicht überschreiben
    dy=step(dGy,l);             %y(kT)
    stairs(dT,dy)               %Treppenfunktion ausgeben
end
```

程序中德文译文:

1. %MATLAB Script-File dbeat_167.m (MATLAB 脚本文件 dbeat_167.m)
2. %Dead-Beat-Regelung für sprungförmige Führungsgrößen(阶跃型参据量 Dead-Beat 调节)
3. %Parameter IT1-Strecke(IT_1 对象参数)
4. %Abtastzeit(采样时间)
5. %Abtastzeit(采样时间)
6. %Zähler- und Nennerpolynom von GHS(z): ($G_{\mathrm{HS}}(z)$ 分子多项式和分母多项式:)
7. %Zähler- und Nennerpolynom von GR(z): ($G_{\mathrm{R}}(z)$ 分子多项式和分母多项式:)
8. %Zählerpolynom von GR(z)($G_{\mathrm{R}}(z)$ 分子多项式)
9. %Zähler- und Nennerpolynom von GRS(z) und G(z):($G_{\mathrm{RS}}(z)$ 和 $G(z)$ 分子多项式和分母多项式:)
10. %Zähler- und Nennerpolynom von Gy(z)= y(z)/w(z):($G_{\mathrm{y}}(z)=y(z)/w(z)$ 分子多项式和分母多项式:)
11. %Anzahl Elemente von dT(dT 元素数目)
12. %Sprungantwortfolge x(kT)(阶跃响应序列 $x(kT)$)
13. x(kT)ausgeben(输出 $x(kT)$)

```
'\it {Dead-Beat-Sprungantwort} '('\it {Dead-Beat 阶跃响应} ')
'\it {Zeit kT} '('\it {时间 kT} ')
%Beschriftung Abszisse(横坐标标记)
%Beschriftung Ordinate(纵坐标标记)
%Skalierung(刻度)
%kartesische Gitterlinien(笛卡尔网格线)
%Kurve nicht überschreiben(不重画曲线)
%Treppenfunktion ausgeben(输出阶梯函数)
```

在经过两个采样步后达到参据量. 在图 16.7-6 上面的分图中, 采样时间为 $T=0.6\mathrm{s}$. 对于 $T=1.2\mathrm{s}$, 得到较小的调整量值, 如图 16.7-6 下面的分图所示. 与图 11.7-2 相比, 具有保持器的被调节对象被离散地仿真了. $x(kT)$ 的两个采样点的直线连接并不与 $x(t)$ 的连续曲线相符合 (例 11.7-1).

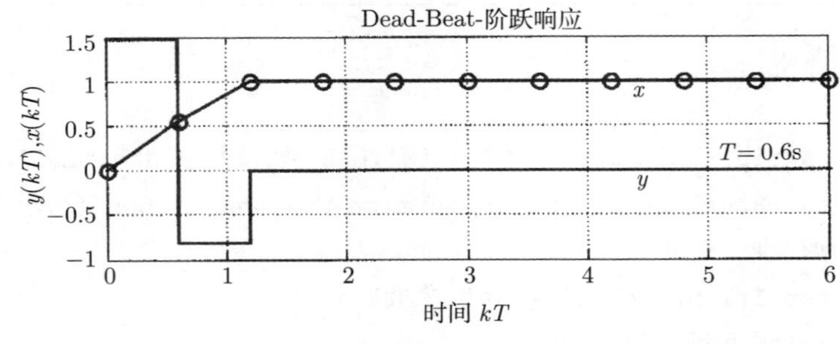

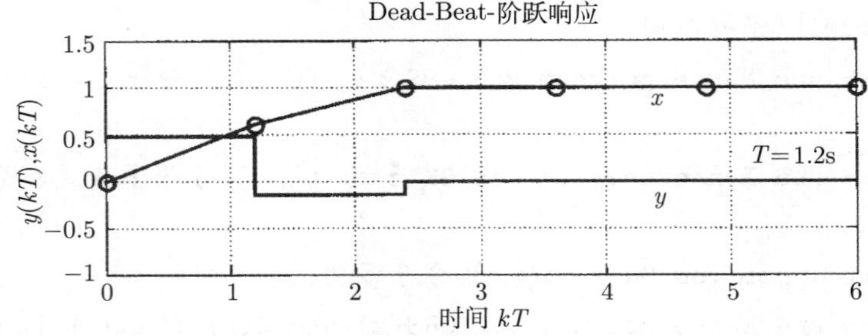

图 16.7-6　具有 IT_1 被调节对象的 Dead-Beat 调节的被调节量 $x(kT)$ 和调整量 $y(kT)$ 对于 T=0.6s 和 T=1.2s 的单位阶跃响应序列 (dbeat_167.m)

16.7.7 z 传递函数和极–零点图

16.7.7.1 共轭复零点传递函数的阻尼比和特征角频率

调节常常被这样配置, 即其传递函数具有一个主导的极点对. 由此, 为近似计算调节器参数, 调节特性可通过一个 PT_2 环节来描述. 用 PT_2 环节标准传递函数的阻尼比和特征角频率可确定调节的时间特性.

在下面的脚本文件 ddaempf_167.m 中, 预先给出了一个拉普拉斯传递函数的共轭复极点. 函数 damp(G) 求出其分母多项式的两个共轭复极点对的极点 s_{pi}(特征值, Eigenvalues (特征值)), 阻尼比 D(Damping (阻尼比)) 和特征角频率 ω_0(Frequency (特征角频率)).

对具有零阶保持器 (zoh) 的拉普拉斯传递函数的离散化得到 z 传递函数. 对 z 传递函数, 语句

```
damp(dG)
```

计算等效时间连续系统的极点 z_{pi}(特征值, Eigenvalues (特征值)), 极点的幅值 $|z_{\mathrm{pi}}|$ (Magnitude(幅值)) 以及阻尼比 D (Equivalent Damping (等效阻尼比)) 和特征角频率 ω_0 (Equivalent Frequency (等效特征角频率)). 用这些特征量可评价数字调节系统的时间特性. 函数 damp 也可被引入用于研究数字调节系统的稳定性. 如果 z 传递函数极点的幅值 (Magnitude (幅值)) $|z_{\mathrm{pi}}| < 1$ 成立, 那么这一时间离散的调节是稳定的.

```
%MATLAB Script-File ddaempf_167.m
%Dämpfung und Kennkreisfrequenz für
%zeitkontinuierliche und zeitdiskrete Systeme
pol=[-0.5+0.5*j; -0.5-0.5*j; -1+0.2*j;-1-0.2*j]; %Pole {G(s)}
nul=[];                          %G(s) hat keine Nullstellen
k=1;                             %Konstante
pnG=zpk(nul,pol,k);              %Pol-Nullstellen-Modell
G=tf(pnG);                       %Pol-Nullstellen-Modell -> G(s)
damp(G)                          %Pole von G(s), D, w0
T=1.5;                           %Abtastzeit
dG=c2d(G,T,'zoh');               %G(s) -> G(z)
damp(dG)                         %Pole von G(z), | zpi |, D, w0
```

程序中德文译文:

1. %MATLAB Script-File ddaempf_167.m (MATLAB 脚本文件 ddaempf_167.m)

2. %Dämpfung und Kennkreisfrequenz für

%Zeitkontinuierlichen und zeitdiskrete System(时间连续和时间离散系统阻尼比和特征角频率)

3. %G(s) hat keine Nullstellen(G(s) 无零点)

4. %Konstante(常数)

5. %Pol-Nullstellen-Modell(极-零点-模型)

6. %Pol-Nullstellen-Modell->G(s)(极-零点模型 ->$G(s)$)

7. %Pole von G(s),D,w0($G(s)$ 极点, D, w_0)

8. %Abtastzeit(采样时间)

9. %Pole von G(z),|zpi|, D,w0($G(z)$ 极点,$|z_{pi}|$, D, w_0)

```
>> ddaempf_167
 Eigenvalue                  Damping      Freq.
 (特征值)                     (阻尼比)      (特征角频率)(rad/s)
 -5.00e-001 + 5.00e-001i     7.07e-001    7.07e-001
 -5.00e-001 - 5.00e-001i     7.07e-001    7.07e-001
 -1.00e+000 + 2.00e-001i     9.81e-001    1.02e+000
 -1.00e+000 - 2.00e-001i     9.81e-001    1.02e+000
 (Polstellen                 (Dämpfung    (Kennkreisfrequenz
 (极点)s_pi)                  (阻尼比)D)    (特征角频率)ω0)

 Eigenvalue               Magnitude  Equiv.  Damping
 (特征值)                  (幅值)      (等效阻尼比)
 3.46e-001 +3.22e-001i    4.72e-001  7.07e-001
 3.46e-001 -3.22e-001i    4.72e-001  7.07e-001
 2.13e-001 +6.59e-002i    2.23e-001  9.81e-001
 2.13e-001 -6.59e-002i    2.23e-001  9.81e-001
 (Polstellen(极点)z_pi)    |z_pi|     (Dämpfung (阻尼比) D)

 Equiv.  Freq.  (等效特征角频率) (rad/s)
 7.07e-001
 7.07e-001
 1.02e+000
 1.02e+000
 (Kennkreisfrequenz (特征角频率) ω0)
```

16.7.7.2 z 传递函数极–零点图

对数字调节, z 传递函数的极–零点图可以显示在一个复数的 z 平面上. 单位圆构成稳定边界. 当所有的极点都位于在单位圆内时, 时间离散的调节是稳定的.

由脚本文件 pn_z_167.m, 可将曾在 ddaempf_167.m 中应用过的在 s 平面极–零点图中的拉普拉斯传递函数的共轭复极点对标绘到图 16.7-7 中. 函数 sgrid 绘制等阻尼比线和等特征角频率线构成的网格线, 以便评价调节的时间特性. 对零阶保持器进行离散化, 由

```
pzmap(dG)
```

将 z 传递函数的极–零点图输出到显示屏上. 对数字调节, 等阻尼比线和等特征角频率线构成的网格线将由函数 zgrid 生成.

```
%MATLAB Script-File pn_z_167.m
%Pol-Nullstellenplan von G(s) und G(z)
pol=[-0.5+0.5*j; -0.5-0.5*j; -1+0.2*j; -1-0.2*j]; %Pole{G(s)}
nul=[];                     %G(s) hat keine Nullstellen
k=1;                        %Konstante
pnG=zpk(nul,pol,k);         %Pol-Nullstellenmodell pnG
G=tf(pnG);                  %Übertragungsfunktion G(s)
subplot(121), pzmap(G)  %Pol-Nullstellenplan von G(s)
title('\it{s-Ebene}')       %Titel der Grafik
axis([-1 0 -2 2])           %Skalierung
axis('equal')               %gleicher Skalierungsfaktor
sgrid                       %Gitterlinien für D, w0 in der s-Ebene
T=1.5;                      %Abtastzeit
dG=c2d(G,T,'zoh');          %G(s)->G(z)
subplot(122), pzmap(dG)%Pol-Nullstellenplan für G(z)
title('\it{z-Ebene}')       %Titel der Grafik
axis([-1 1 -2 2])           %Skalierung
axis('equal')               %gleicher Skalierungsfaktor
zgrid                       %Gitterlinien für D, w0 in der z-Ebene
```

程序中德文译文:

1. %MATLAB Script-File pn_z_167.m (MATLAB 脚本文件 pn_z_167.m)
2. %Pol-Nullstellenplan von G(s)und G(z)($G(s)$ 和 $G(z)$ 极-零点图)

3. %Pole {G(s)} (极点 {G(s)})
4. %G(s) hat keine Nullstellen($G(s)$ 无零点)
5. %Konstante(常数)
6. %Pol-Nullstellenmodell pnG(极-零点模型 pnG)
7. %Übertragungsfunktion G(s)(传递函数 $G(s)$)
8. %Pol-Nullstellenplan von G(s)($G(s)$ 极-零点图)
9. '\it {s-Ebene} '('\it {s 平面} ')
10. %Titel der Grafik(图题)
11. %Skalierung(刻度)
12. 'equal'(' 等于')
13. %gleicher Skalierungsfaktor(等刻度因子)
14. %Gitterlinien für D,w0 in der s-Ebene(在 s 平面中 D, w_0 网格线)
15. %Abtastzeit(采样时间)
16. %Pol-Nullstellenplan von G(z)($G(z)$ 极-零点图)
17. '\it {z-Ebene} '('\it {z 平面} ')
18. %Titel der Grafik(图题)
19. %Skalierung(刻度)
20. 'equal'('等于')
21. %gleicher Skalierungsfaktor(等刻度因子)
22. %Gitterlinien für D,w0 in der z-Ebene(在 z 平面中 D, w_0 网格线)

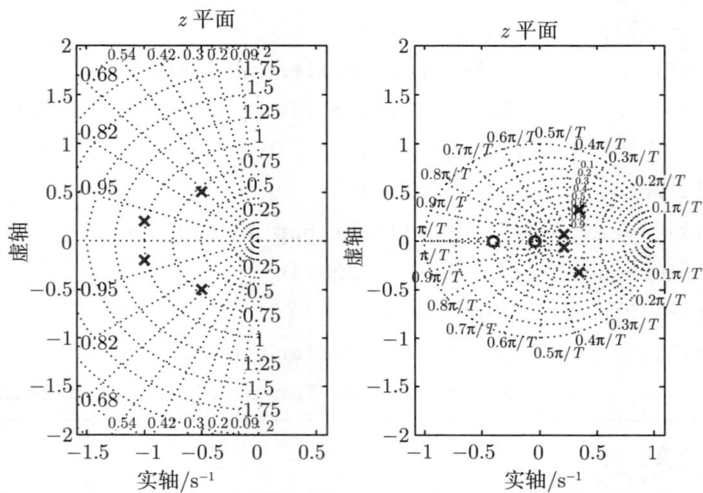

图 16.7-7　拉普拉斯传递函数及其相应的 z 传递函数的极零点图 (pn-z_167.m)

16.7.7.3 z 传递函数和根轨迹曲线

对下面信号流图所示的时间连续的调节, 在 16.7.5 节中已开发了具有 P 调节器的数字调节.

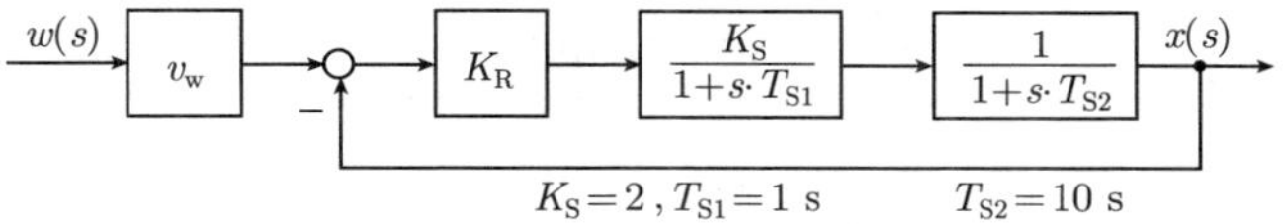

由被调节对象参数可得出其参据传递函数为

$$G(s) = \frac{K_R \cdot K_S \cdot v_w}{T_{S1} \cdot T_{S2} \cdot s^2 + (T_{S1} + T_{S2}) \cdot s + K_R \cdot K_S + 1}$$

$$= \frac{0.2 \cdot K_R \cdot v_w}{s^2 + 1.1 \cdot s + 0.2 \cdot K_R + 0.1}$$

在脚本文件 dwok_167.m 中计算了对于 $K_R > 0$ 的时间连续调节的根轨迹曲线, 并被绘制在图 16.7-8 中. 根轨迹曲线法已在 6.4 节中描述过.

```
%MATLAB Script-File dwok_167.m
%Wurzelortskurven (WOK) für G(s) und G(z) einer Regelung
KR=2.676;KS=2;TS1=1;TS2=10;       %Parameter P-Regler, Strecke
vw=(1+2*KR)/(2*KR);     %Vorfilter
numGS=KS; denGS=[TS1*TS2 TS1+TS2 1];     %Z{GS(s)}, N{GS(s)}
GS=tf(numGS,denGS);     %GS(s)
rlocus(KR*GS)           %WOK für GRS(s) zeichnen
title('\it{s-Ebene}')   %Titel der Grafik
axis([-2 0.5 -1 1])     %Skalierung
axis('equal')           %gleicher Skalierungsfakt.
sgrid                   %Gitterlinien für D, w0 in der s-Ebene

figure                  %neues Grafikfenster
T=1;                    %Abtastzeit
dGHS=c2d(GS,T);         %GHS(z) Halteglied nullter Ordnung
dG=feedback(KR*dGHS,1);%G(z)
fprintf('\n z-Führungsübertragungsfunktion x(z)/w(z):')
dG=dG*vw                %G(z)*vw (Vorfilter vw)
rlocus(KR*dGHS)         %WOK für G(z) zeichnen
title('\it{z-Ebene}')   %Titel der Grafik
```

```
axis([-1.3 1.3 -1 1])  %Skalierung
axis('equal')          %gleicher Skalierungsfaktor
zgrid                  %Gitterlinien für D, w0 in der z-Ebene
KR=rlocfind(KR*dGHS)            %KR von G(z) für bestimmten
                       Wurzelortausgeben
```

程序中德文译文:

1. %MATLAB Script-File dwok_167.m (MATLAB 脚本文件 dwok_167.m)

2. %Wurzelortskurven(WOK) für G(s)und G(z)einer Regelung(调节的 $G(s)$ 和 $G(z)$ 根轨迹曲线 (WOK))

3. %Parameter P-Regler,Strecke(P调节器, 对象参数)

4. %Vorfilter(前置滤波器)

5. %WOK für GRS(s) zeichnen(绘制 $G_{\mathrm{RS}}(s)$ 根轨迹曲线 (WOK))

6. %Titel der Grafik(图题)

7. %Skalierung(刻度)

8. %gleicher Skalierungsfaktor(等刻度因子)

9. %Gitterlinien für D,w0 in der s-Ebene(在 s 平面中 D, w_0 网格线)

10. %neues Grafikfenster(新图形窗口)

11. %Abtastzeit(采样时间)

12. %GHS(z)Halteglied nullter Ordnung($G_{\mathrm{HS}}(\mathrm{z})$ 零阶保持器)

13. '\n z-Führungsübertragungsfunktion x(z)/w(z):'('\n z 参据传递函数 $x(z)/w(z)$:')

14. %G(z)*vw (Vorfilter vw)($G(z) \times v_w$ (前置滤波器 v_{w}))

15. %WOK für G(z) zeichnen(绘制 $G(z)$ 根轨迹曲线 (WOK))

16. %Titel der Grafik(图题)

17. %Skalierung(刻度)

18. %gleicher Skalierungsfaktor(等刻度因子)

19. %Gitterlinien für D,w0 in der z-Ebene(在 z 平面中 D, w_0 网格线)

20. %KR von G(z) für bestimmten Wurzelort ausgeben)(对于确定根轨迹曲线输出 $G(z)$ 的 K_{R})

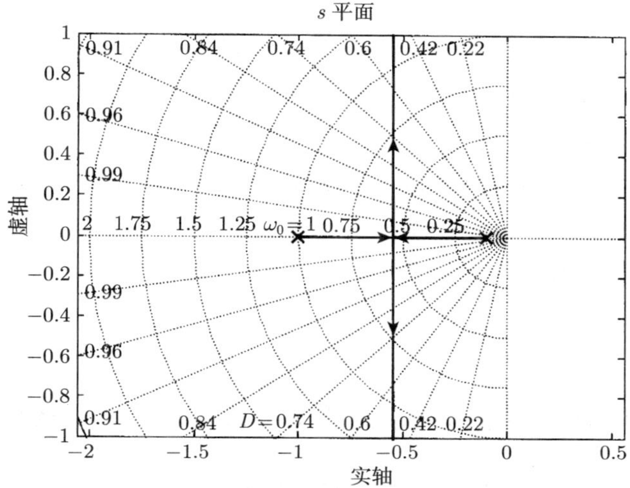

图 16.7-8 时间连续调节的根轨迹曲线 (dwok_167.m)

该根轨迹曲线开始于开环调节回路传递函数的极点, 对较大的 K_{R} 值根轨迹曲线将消失于 s 左半平面且平行于虚轴. P 调节器的增益 $K_{\mathrm{R}}= 2.676$ 会导致阶跃响应超调量 $\ddot{u} = 5.1\%$, 如图 16.7-5 左上分图所示.

为研究数字调节, 曾将一个具有零阶保持器的被调节对象在采样时间 $T = 1\mathrm{s}$ 时离散化 (16.7.5 节中脚本文件 dregel1_167.m, 以及 dwok_167.m). 在 dwok_167.m 中, 对于 $K_{\mathrm{R}} > 0$ 的数字调节根轨迹曲线也将用函数

```
rlocus(KR*dGHS)
```

来计算. 对于大的 K_{R} 值, 该数字调节系统的根轨迹曲线在 z 平面上描述成如图 16.7-9 所示的一个圆. 对于 $K_{\mathrm{R}} \to \infty$, 一个分支终止于 z 传递函数的零点 $z_{\mathrm{n1}} = -0.694$, 第二个分支朝着 $\mathrm{Re}\{z\} \to -\infty$ 运行. 程序起动并输出参据传递函数, 由函数

```
rlocfind(KR*dGHS)
```

可确定根轨迹曲线上某一确定点的调节器增益, 同时用计算机鼠标将十字线移动到该点:

```
>> dwok_167

z-Führungsübertragungsfunktion (z-参据传递函数) x(z)/w(z):
Transfer function(传递函数):
```

```
  0.2255 z + 0.1566
----------------------
z^2 - 1.083 z + 0.4648
Sampling time (采样时间):  1
Select a point in the graphics window (在图形窗口内选点)
selected_point (选的点)  =
    0.1382 + 0.9815i
KR =
    5.1335
```

选取根轨迹曲线与单位圆的交点. 当 $K_{\mathrm{R}} \approx 5.1$ 时, 该数字调节达到稳定边界.

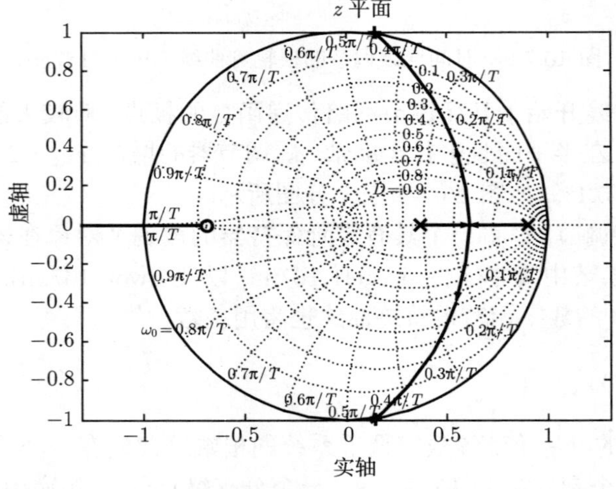

图 16.7-9 时间离散调节的根轨迹曲线 (dwok_167.m)

16.7.8 用 MATLAB 符号数学工具箱 (Symbolic Math Toolbox) 计算 z 变换和反变换

为计算在频域和时域的调节回路, 用在 MATLAB 中符号数学工具箱 (Symbolic Math Toolbox) 的函数 laplace 和 ilaplace 进行拉普拉斯变换 (16.6.4 节), 为计算数字调节系统在 MATLAB 中提供 z 变换和反变换的函数 ztrans 和 iztrans 供使用. MATLAB 中 z 变换和反变换见表 16.7-1 所列.

在符号数学工具箱中定义 KRONEKER (克罗内克) 符号为 kroneckerDelta(k, i). 为应用单位冲激序列 (DIRAC–序列) 的变换, 当 $k = i$ 时 kroneckerDelta(k, i) 提供 1, 否则为零:

$$\text{kroneckerDelta}(k,\ i) = \delta(k-i) = \begin{cases} 1, & k=i \\ 0, & k \neq i \end{cases},$$

$$\text{kroneckerDelta}(k,\ 0) = \delta(k) = \begin{cases} 1, & k=0 \\ 0, & k \neq 0 \end{cases}.$$

表 16.7-1 在 MATLAB 中 z 变换和反变换

z 变换	MATLAB 中 z 变换, 默认变量 n 和 z
$f(z) = Z\{f_n\} = \sum_{n=0}^{\infty} f_n \cdot z^{-n}$	f_z = ztrans(f_n) f_z = ztrans(f_n,n,z)
$f(z) = Z\{f(kT)\} = Z\{f_k\} = \sum_{k=0}^{\infty} f_k \cdot z^{-k}$	f_z = ztrans(f_k,k,z)
z 反变换	MATLAB 中 z 反变换, 默认变量 n 和 z
$f_n = Z^{-1}\{f(z)\} = \frac{1}{2\pi j} \oint f(z) \cdot z^{n-1} dz$	f_n = iztrans(f_z) f_n = iztrans(f_z,z,n)
$f_k = Z^{-1}\{f(z)\} = \frac{1}{2\pi j} \oint f(z) \cdot z^{k-1} dz$	f_k = iztrans(f_y,z,k)

对此, kroneckerDelta (k,0) 相应于未平移的单位冲激序列 (DIRAC-序列) $\delta(k)$, 表 11.5-2, 序号 1. 对于 z 变换表 11.5-2、表 11.5-4 的函数, 试用符号数学工具箱进行正和反变换. 输出到 MATLAB Command Window (MATLAB 指令视窗) 的结果被框于框内.

```
%sym_ztrans_1.m z-Transformation und
%z-Rücktransformation mit der Symbolic Math Toolbox

%Definition der symbolischen Variablen mit syms
syms k T T1 z f_k f_z

%Tabelle 11.5-2, Nr.  1, Einheitsimpulsfolge,
%DIRAC-Impulsfolge, delta(k) = kroneckerDelta(k,0)
f_k = 'kroneckerDelta(k,0)';
f_z = ztrans(f_k, k, z)               %z-Transformation
```

```
f_z =
1
```

```
f_k = iztrans(f_z, z, k)              %z-Rücktransformation
```

```
f_k =
kroneckerDelta(k,0)
```

```
%Tabelle 11.5-2, Nr.  2, verschobene Einheitsimpulsfolge,
%DIRAC-Impulsfolge, delta(k-1) = kroneckerDelta(k, 1)
f_k = ' kroneckerDelta(k, 1)';
f_z = ztrans (f_k, k, z)         %z-Transformation
```

```
f_z =
1/z
```

```
f_k = iztrans(f_z, z, k)             %z-Rücktransformation
```

```
f_k =
kroneckerDelta(k - 1, 0)
```

```
%Tabelle 11.5-2, Nr.  4, Einheitssprungfolge E(kT), 1^k
f_z = ztrans(1^k, k, z)              %z-Transformation
```

```
f_z =
z/(z - 1)
```

```
f_k = iztrans(f_z, z, k)             %z-Rücktransformation
```

```
f_k =
1
```

```
%Tabelle 11.5-4, Nr.  37, E(kT) - exp(-kT/T1)
f_z = ztrans(1^k - exp(-k*T/T1), k, z) %z-Transformation
```

```
f_z =
z/(z - 1) - z/(z - 1/exp(T/T1))
```

```
f_k = iztrans(f_z, z, k);            %z-Rücktransformation
pretty (simple(f_k))                 %Bildschirmdarstellung
```

```
        /    T \k
1 - exp| - -- |
        \   T1 /
```

程序中德文译文:

1. %sym_ztrans _1.m,z-Transformation und

   %z-Rücktransformation mit der Symbolic Math Toolbox (sym_ztrans _1.m, 用符号数学工具箱 z 变换和 z 反变换)

2. %Difinition der symbolischem Variablen mit syms(用 syms 定义符号

变量)

3. %Tabelle 11.5-2,Nr.1,Einheitsimpulsfolge,

%DIRAC-Impulsfolge,delta(k)=kroneckerDelta(k,0)(表 11.5-2, 序号 1, 单位冲激序列, DIRAC-冲激序列, delta(k)=kroneckerDelta (k,0))

4. %z- Transformation(z 变换)

5. %z- Rücktransformation(z 反变换)

6. %Tabelle 11.5-2,Nr.2,verschobene Einheitsimpulsfolge,

%DIRAC-Impulsfolge,delta(k-1)=kroneckerDelta(k,1)(表11.5-2, 序号 2, 平移单位冲激序列, DIRAC-冲激序列, delta(k-1)=kronecker-Delta(k,1)

7. %z- Transformation(z 变换)

8. %z- Rücktransformation(z 反变换)

9. %Tabelle 11.5-2,Nr.4, Einheitssprungfolge E(kT), 1^k(表 11.5-2, 序号 4, 单位阶跃序列 $E(kT)$, 1^k)

10. %z- Transformation(z 变换)

11. %z- Rücktransformation(z 反变换)

12. %Tabelle 11.5-4,Nr.37, E(kT)-exp(-kT/T1) (表 11.5-4, 序号 37, $E(kT)$-exp(-kT/T_1))

13. %z- Transformation(z 变换)

14. %z- Rücktransformation(z 反变换)

15. %Bildschirmdarstellung(显示屏显示)

在 16.6.4 节中计算了具有积分–调节器 $G_{\mathrm{R}}(s)$ 和一阶滞后环节的被调节对象 $G_{\mathrm{S}}(s), K_{\mathrm{S}}=1, T_{\mathrm{S}}=0.5\mathrm{S}$ 的时间连续工作的调节回路:

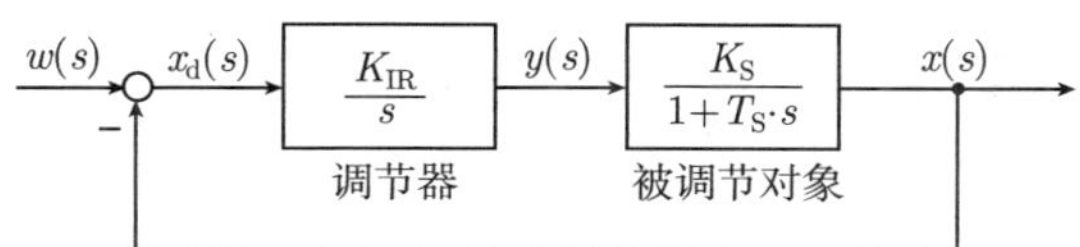

被调节对象 $G_{\mathrm{S}}(s)$ 应用数字积分调节器 $G_{\mathrm{R}}(z)$ 来运行, 其中调节回路, 如像在 16.6.4 节中那样, 在阶跃接入时应呈现非周期特性 (无超调阶跃响应序列快速曲线, 参见 3.3.2.3 节, 4.3.3.1 节). 对于数字调节回路, 用采样和保持器 (11.5.4.1 节) 给出下面调节回路结构:

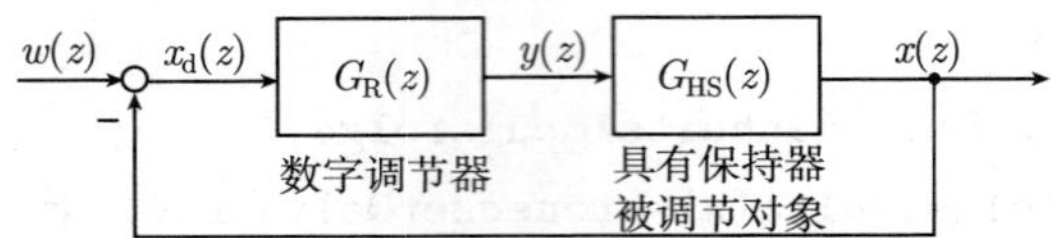

根据 11.2.3.1 节积分算法 II 型具有 z 传递函数

$$G_{\mathrm{R}}(z)=\frac{y(z)}{x_{\mathrm{d}}(z)}=\frac{K_{\mathrm{IR}}\cdot T\cdot z}{z-1}$$

其中, T 为采样时间间隔. 具有零阶保持器的被调节对象的 z 传递函数 $G_{\mathrm{HS}}(z)$, 可按照 11.5.4.3 节由阶跃响应序列的 z 变换乘以 $(z-1)/z$ 来求得:

$$\begin{aligned}G_{\mathrm{HS}}(z)&=\frac{x(z)}{y(z)}=\frac{z-1}{z}\cdot Z\left\{L^{-1}\left\{\frac{G_{\mathrm{S}}(s)}{s}\right\}\bigg|_{t=kT}\right\}\\&=\frac{z-1}{z}\cdot Z\left\{L^{-1}\left\{\frac{G_{\mathrm{S}}(s)}{s}\right\}\right\}\end{aligned}$$

按照表 3.5-3, 序号 17, $G_{\mathrm{S}}(s)$ 阶跃响应序列为

$$\begin{aligned}L^{-1}\left\{\frac{G_{\mathrm{S}}(s)}{s}\right\}\bigg|_{t=kT}&=L^{-1}\left\{\frac{K_{\mathrm{S}}}{(1+T_{\mathrm{S}}\cdot s)\cdot s}\right\}\bigg|_{t=kT}\\&=K_{\mathrm{S}}\cdot\left(1-\mathrm{e}^{-\frac{t}{T_{\mathrm{S}}}}\right)\bigg|_{t=kT}=K_{\mathrm{S}}\cdot\left(1-\mathrm{e}^{-\frac{kT}{T_{\mathrm{S}}}}\right)\end{aligned}$$

由表 11.5-8, 序号 67 (或表 11.5-2, 序号 4 和表 11.5-4, 序号 32), 给出 z 变换:

$$Z\left\{K_{\mathrm{S}}\cdot\left(1-\mathrm{e}^{-\frac{kT}{T_{\mathrm{S}}}}\right)\right\}=\frac{K_{\mathrm{S}}\cdot z}{z-1}-\frac{K_{\mathrm{S}}\cdot z}{z-\mathrm{e}^{-\frac{T}{T_{\mathrm{S}}}}}=\frac{K_{\mathrm{S}}\cdot\left(1-\mathrm{e}^{-\frac{T}{T_{\mathrm{S}}}}\right)\cdot z}{z^2-\left(1+\mathrm{e}^{-\frac{T}{T_{\mathrm{S}}}}\right)\cdot z+\mathrm{e}^{-\frac{T}{T_{\mathrm{S}}}}}$$

这样具有保持器的被调节对象的 z 传递函数 $G_{\mathrm{HS}}(z)$ 为

$$\begin{aligned}G_{\mathrm{HS}}(z)&=\frac{x(z)}{y(z)}=\frac{z-1}{z}\cdot Z\left\{K_{\mathrm{S}}\cdot\left(1-\mathrm{e}^{-\frac{kT}{T_{\mathrm{S}}}}\right)\right\}\\&=\frac{z-1}{z}\cdot\frac{K_{\mathrm{S}}\cdot\left(1-\mathrm{e}^{-\frac{T}{T_{\mathrm{S}}}}\right)\cdot z}{z^2-\left(1+\mathrm{e}^{-\frac{T}{T_{\mathrm{S}}}}\right)\cdot z+\mathrm{e}^{-\frac{T}{T_{\mathrm{S}}}}}=\frac{K_{\mathrm{S}}\cdot\left(1-\mathrm{e}^{-\frac{T}{T_{\mathrm{S}}}}\right)}{z-\mathrm{e}^{-\frac{T}{T_{\mathrm{S}}}}}\end{aligned}$$

这也与在表 11.5-11, 序号 5 中具有保持器的被调节对象的 z 传递函数的条目相一致, 闭环调节回路 z 传递函数 $G(z)$ 为

$$G(z)=\frac{x(z)}{w(z)}=\frac{G_{\mathrm{R}}(z)\cdot G_{\mathrm{HS}}(z)}{1+G_{\mathrm{R}}(z)\cdot G_{\mathrm{HS}}(z)}$$
$$=\frac{K_{\mathrm{IR}}\cdot K_{\mathrm{S}}\cdot T\cdot\left(1-\mathrm{e}^{-\frac{T}{T_{\mathrm{S}}}}\right)\cdot z}{z^2-\left(1-K_{\mathrm{IR}}\cdot K_{\mathrm{S}}\cdot T+(1+K_{\mathrm{IR}}\cdot K_{\mathrm{S}}\cdot T)\cdot\mathrm{e}^{-\frac{T}{T_{\mathrm{S}}}}\right)\cdot z+\mathrm{e}^{-\frac{T}{T_{\mathrm{S}}}}}$$

对于连续调节回路, 按照 16.6.4 节由

$$K_{\mathrm{IR}}=\frac{1}{4\cdot K_{\mathrm{S}}\cdot T_{\mathrm{S}}},\qquad K_{\mathrm{IR}}\cdot K_{\mathrm{S}}=\frac{1}{4\cdot T_{\mathrm{S}}}$$

调整非周期特性 (无超调阶跃响应快速曲线). 此外, 连续调节回路的传递函数具有两个相同时间常数 $T_{\mathrm{E}}=2\cdot T_{\mathrm{S}}$:

$$G(s)=\frac{x(s)}{w(s)}=\frac{1}{(1+2\cdot T_{\mathrm{S}}\cdot s)^2}=\frac{1}{(1+T_{\mathrm{E}}\cdot s)^2}$$

如果采样时间间隔 T 相对等效时间常数 T_{E} 很小的话, 那么对于数字调节回路也可着手进行同样的调整. 对于采样时间间隔 $T=0.2\mathrm{s}\ll T_{\mathrm{E}}=2\cdot T_{\mathrm{S}}=1\mathrm{s}$ 条件被满足, 而数字调节回路具有准连续特性, 阶跃响应序列也同样地处于非周期性情况 (图 16.7-10).

为此计算对于 $T=0.2\mathrm{s}, T_{\mathrm{S}}=0.5\mathrm{s}$ 的闭环调节回路的 z 传递函数为

$$G(z)=\frac{x(z)}{w(z)}=\frac{G_{\mathrm{R}}(z)\cdot G_{\mathrm{HS}}(z)}{1+G_{\mathrm{R}}(z)\cdot G_{\mathrm{HS}}(z)}$$
$$=\frac{\left(1-\mathrm{e}^{-\frac{T}{T_{\mathrm{S}}}}\right)\cdot z}{\frac{4\cdot T_{\mathrm{S}}}{T}\cdot z^2-\left(-1+\frac{4\cdot T_{\mathrm{S}}}{T}+\left(1+\frac{4\cdot T_{\mathrm{S}}}{T}\right)\cdot\mathrm{e}^{-\frac{T}{T_{\mathrm{S}}}}\right)\cdot z+\frac{4\cdot T_{\mathrm{S}}}{T}\cdot\mathrm{e}^{-\frac{T}{T_{\mathrm{S}}}}}$$
$$=\frac{0.32968\cdot z}{10\cdot z^2-16.3735\cdot z+6.7032}$$

在频域阶跃响应序列 $x(z)$ 为

$$x(z)=G(z)\cdot w(z)$$
$$=\frac{\left(1-\mathrm{e}^{-\frac{T}{T_{\mathrm{S}}}}\right)\cdot z}{\frac{4\cdot T_{\mathrm{S}}}{T}\cdot z^2-\left(-1+\frac{4\cdot T_{\mathrm{S}}}{T}+\left(1+\frac{4\cdot T_{\mathrm{S}}}{T}\right)\cdot\mathrm{e}^{-\frac{T}{T_{\mathrm{S}}}}\right)\cdot z+\frac{4\cdot T_{\mathrm{S}}}{T}\cdot\mathrm{e}^{-\frac{T}{T_{\mathrm{S}}}}}\cdot\frac{z}{z-1}$$
$$=\frac{0.32968\cdot z^2}{10\cdot z^3-26.3735\cdot z^2+23.0767\cdot z-6.7032}$$

对于 $x(kT)$ 初始数据为 $x=\{0,0.0330,0.0869,0.1532,0.2256,0.2996,0.3723,\cdots\}$. 为用符号数学工具箱计算阶跃响应, 需要下面程序步骤, 其中输出到 MATLAB Command Window (MATLAB 指令视窗) 的结果被框于框内, 如图 16.7-10 所示.

```
%sym_ztrans_2.m, regelungstechnische Anwendung der
%z-Transformation und z-Rücktransformation
%mit der Symbolic Math Toolbox

%Definition der symbolischen Variablen mit syms
syms k KIR KS s t T TS z

%Übertragungsfunktion GS(s) der Regelstrecke
GS_s = KS / (1 + TS*s);
x_s = GS_s / s;                             %Sprungantwort x(s)

%Sprungantwort diskretisieren x(t) -> x(kT)
%Substitution t durch kT                     alt neu
sprungantwortfolge = subs(ilaplace(x_s), t, k*T);
pretty(sprungantwortfolge)
```

```
          KS
KS - ----------
         / T k \
     exp| --- |
         \ TS  /
```

```
%z-Übertragungsfunktion GHS(z) der Regelstrecke mit Halteglied
GHS_z = simplify((z - 1)/z * ztrans(sprungantwortfolge));
pretty(factor((GHS_z)))  %Ausgabe
```

```
   /       1          \
KS | --------- - 1 |
   |     / T  \       |
   | exp| -- |       |
   \     \ TS /       /
--------------------
        1
   --------- - z
      / T  \
   exp| -- |
      \ TS /
```

```
%z-Übertragungsfunktion GR(z) des Integral-Reglers
GR_z = KIR * T * z / (z - 1); pretty(GR_z)   %Ausgabe
```

```
KIR T z
-------
 z -1
```

```
%z-Übertragungsfunktion G(z) des geschlossenen Regelkreises
G_z = GR_z * GHS_z /(1 + GR_z * GHS_z); pretty(factor(G_z))
```

```
                         /      1          \
             KIR KS T z | --------- - 1 |
                         |    / T  \        |
                         | exp| -- |        |
                         \    \ TS /        /
------------------------------------------------------
       1             z          2                KIR KS T z
z - --------- + --------- - z   - KIR KS T z + ----------
      / T  \        / T  \                           / T  \
   exp| -- |     exp| -- |                        exp| -- |
      \ TS /        \ TS /                           \ TS /
```

```
%KIR = 1/(4*TS*KS) = 0.5 1/s, KS = 1, TS = 0.5 s, T = 0.2 s
T_abtast = 0.2; Tend = 8;
%Substitution  (alt)    (neu)
G_z=subs(G_z, {KIR, KS, T, TS}, {0.5, 1, T_abtast, 0.5});
pretty(simplify(G_z))           %Ausgabe
```

```
              /     1         \
            z | -------- - 1 |
              |    / 2 \      |
              | exp| - |      |
              \    \ 5 /      /
- -------------------------------------
     2   /      11        \      10
 10 z  + | - -------- - 9 | z + --------
         |      / 2 \     |        / 2 \
         |   exp| - |     |     exp| - |
         \      \ 5 /     /        \ 5 /
```

```
%Berechnung der Sprungantwortfolge mit der
%step-Funktion der Control System Toolbox
%Zähler und Nenner trennen
[sym_zaehler, sym_nenner] = numden(simplify(G_z))
```

```
sym_zaehler =
-z*(1/exp(2/5) - 1)
sym_nenner =
10/exp(2/5) - 9*z - (11*z)/exp(2/5) + 10*z^2
```

```
%Konvertierung des symbolischen Polynoms
%in einen Polynomkoeffizienten-Vektor
zaehler = sym2poly(sym_zaehler)
```

```
zaehler =
0.3297            0
```

```
nenner = sym2poly(sym_nenner)
```

```
nenner =
10.0000      -16.3735    6.7032
```

```
%z-Übertragungsfunktion G(z)
G = tf(zaehler, nenner, T_abtast)
```

```
Transfer function:
        0.3297 z
------------------------
10 z^2 - 16.37 z + 6.703

Sampling time:  0.2
```

```
zeit = 0:T_abtast:Tend;
figure (1), stem(zeit, step(G, zeit))
title ('Sprungantwortfolge'), grid
xlabel('Zeit t / s'), ylabel('x(kT)')

%Berechnung der Sprungantwortfolge
%mit der Symbolic Math Toolbox

%Sprungantwortfolge x(z) im Frequenzbereich
x_z = G_z * z / (z - 1);
pretty(factor(x_z))          %Ausgabe
```

```
              2 /          1      \
             z  | 1 - -------- |
                |         / 2 \ |
                |     exp| - | |
                \         \ 5 / /
--------------------------------------------
        /     10              11 z          2 \
(z - 1) | -------- - 9 z - -------- + 10 z  |
        |    / 2 \              / 2 \        |
        | exp| - |          exp| - |         |
        \    \ 5 /              \ 5 /        /
```

```
%Ausgabe mit sechs digitalen Stellen
%vpa (variable precision arithmetic)
pretty(vpa(factor(x_z), 6)) %Ausgabe
```

```
                         2
                0.32968 z
----------------------------------------
                2
(z - 1.0) (10.0 z  - 16.37352 z + 6.7032)
```

```
%Rüktransformation, Sprungantwortfolge x(KT) im Zeitbereich
x_kT = iztrans(x_z, z, k); %z-Rüktransformation

%Substitution der symbolischen zeitdiskreten k-Werte
%Berechnung der Sprungantwortfolge
for i = 0:1:Tend/T_abtast
x(i+1) = double(subs(x_kT, k, i));
end

figure (2), stem(zeit, x)
title ('Sprungantwortfolge'), grid
xlabel('Zeit t / s'), ylabel('x(kT)')
```

程序中德文译文:

1. %sym_ztrans _2.m,regelungstechnische Anwendung der
   %z-Transformation und z-Rücktransformation
   %mit der Symbolic Math Toolbox (sym_laplace _2.m, 调节技术应用用符号

数学工具箱进行 z 变换和 z 反变换)

2. %Difinition der symbolischem Variablen mit syms(用 syms 定义符号变量)

3. %Übertragungsfunktion GS(s) der Regelsrecke(被调节对象传递函数 $G_{\mathrm{S}}(s)$)

4. %Sprungantwort x(s)(阶跃响应 $x(s)$)

5. %Sprungantwort diskretisieren x(s) -> x(kT) (阶跃响应离散化 $x(s)$ -> $x(kT)$)

6. %Substitution t durch kT alt neu (通过 kT(新) 置换 t(旧))

7. %z-Übertragungsfunktion GHS(z) der Regelsrecke mit Halteglied (具有保持器被调节对象的 z 传递函数 $G_{\mathrm{HS}}(z)$)

8. %Ausgabe(输出)

9. %z-Übertragungsfunktion GR(z) des Integral-Regers(积分调节器的 z 传递函数 $G_{\mathrm{R}}(z)$)

10. %Ausgabe(输出)

11. %z-Übertragungsfunktion G(z) des geschlossenen Regelkrei- ses(闭环调节回路的 z 传递函数 $G(z)$)

12. %Substitution (alt) (neu) (置换 (旧)(新))

13. %Ausgabe(输出)

14. %Berechnung der Sprungantwortfolge mit der
    %step-Funktion der Control System Toolbox(用控制系统工具箱的阶跃函数计算阶跃响应序列)

15. %Zähler und Nenner trennen(分开分子和分母)

16. %Konvertierung des symbolischen Polynoms
    %in einen Polynomkoeffizienten-Vrktor(将符号多项式转换为多项式系数向量)

17. %z-Übertragungsfunktion G(z)(z 传递函数 $G(z)$)

18. 'Sprungantwortfolge' (' 阶跃响应序列')

19. %Berechnung der Sprungantwortfolge
    %mit der Symbolic Math Toolsbox(用符号数学工具箱计算阶跃响应序列)

20. %Sprungantwortfolge x(z) in Frequenzbereich(频域阶跃响应序列 $x(z)$)

21. %Ausgabe(输出)

22. %Ausgabe mit sechs digitalen Stellen(用 6 数字位输出)

23. %vpa(variable precision arithmentic)(vpa(可变精度计算))

24. %Ausgabe(输出)

25. % Rücktransformation, Sprungantwortfolge x(kT) in Zeitber-eich(反变换，在时域阶跃响应序列 $x(kT)$)

26. %z-Rücktransformation(z 反变换)
27. %Substitution der symbolischen zeitdiskreten k-Werte(置换符号时间离散 k 值)
28. %Berechnung der Sprungantwortfolge(计算阶跃响应序列)
29. 'Sprungantwortfolge'(' 阶跃响应序列')
30. 'Zeit t/s'(' 时间 t/s')

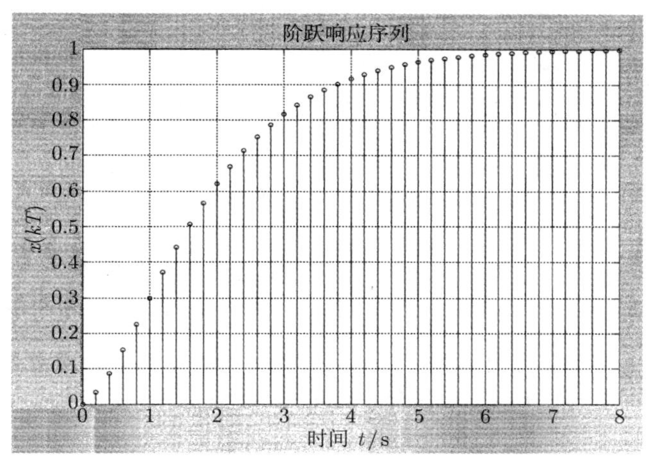

图 16.7-10　数字调节回路的非周期阶跃响应序列

16.7.9　用于计算数字调节系统的控制系统工具箱 (Control System Toolbox) 的函数列表

用于计算数字调节系统的控制系统工具箱的函数见表 16.7-2 所列.

表 16.7-2　用于计算数字调节系统的控制系统工具箱的函数

函数名	函数描述
bode	计算频率特性函数的幅值和相位. 未给出输出变量, 伯德图将被直接输出到显示屏上. 输入 z 传递函数, 极–零点模型或状态模型
c2d	离散化时间连续系统. 输入传递函数, 极–零点模型或状态模型, 采样时间和离散化方法
damp	计算 z 传递函数的极点和零点, 以及等效时间连续系统的阻尼比和特征角频率. 输入 z 传递函数, 极–零点模型或状态模型

(续)

函数名	函数描述
d2c	计算拉普拉斯传递函数, 拉普拉斯函数的极–零点模型或时间连续的状态模型. 输入 z 传递函数, z 传递函数的极–零点模型或时间离散的状态模型
Impulse	计算时间离散系统的单位冲激响应. 未给出输出变量, 冲激响应将直接输出到显示屏上. 输入 z 传递函数, z 传递函数的极–零点模型或状态模型和采样时间点的数量
lsim	计算时间离散系统对任意输入信号的响应函数. 未给出输出变量. 响应函数将被直接输出到显示屏上. 输入 z 传递函数, z 传递函数的极–零点模型或状态模型和输入变量
nyquist	计算时间离散系统频率特性函数的实部和虚部. 未给出输出变量, 幅相频率特性曲线将被直接输出到显示屏上. 输入 z 传递函数, z 传递函数的极–零点模型或状态模型
pole	计算 z 传递函数的极点. 输入 z 传递函数, z 传递函数的极–零点模型或状态模型
stairs①	生成阶梯函数. 未给出输出变量, 阶梯函数将被直接输出到显示屏上
stem①	从时间轴出发, 用竖线和位于其上端点的圆生成图形, 用于表示时间离散的数字信号
step	计算时间离散系统的单位阶跃响应. 未给出输出变量, 阶跃响应将被直接输出到显示屏上. 输入 z 传递函数, z 传递函数的极–零点模型或状态模型和采样时间点的数量
tzero	计算 z 传递函数的零点. 输入 z 传递函数, z 传递函数的极–零点模型或状态模型
zgrid	生成等效 PT_2 环节的常值阻尼比 D 和常值特征角频率 ω_0 构成的网格线, 用于在 z 平面上图形显示主导极点对

通过键入 help ‘Funktionsname (函数名) ’, online-Hilfe (在线–帮助) 给出其他的信息.

16.8 用 MATLAB 计算状态调节

16.8.1 概述

在状态表达中调节系统是通过一阶微分方程组来描述的. 状态调节的计算是在时域中进行, 这样使得数字计算机的应用变得容易, 在此也可研究时变、非线性以及具有多输入变量和多输出变量的调节.

对于具有单输入–和单输出变量 (single imput-single output, SISO) 的线性定常系统, 状态模型具有下面用矩阵简写形式表达的形式:

① [原注] 函数 stairs 和 stem 属于 MATLAB.

$$\frac{\mathrm{d}}{\mathrm{d}t}\boldsymbol{x}(t) = \boldsymbol{A}\cdot\boldsymbol{x}(t) + \boldsymbol{b}\cdot u(t)(\text{状态微分方程 (Zustandsdifferenzialgleichung)}),$$
$$y(t) = \boldsymbol{c}^{\mathrm{T}}\cdot\boldsymbol{x}(t) + d\cdot u(t)(\text{输出方程 (Ausgangsgleichung)}),$$

其中 $\boldsymbol{A}$ 为系统矩阵, $\boldsymbol{b}$ 为输入向量, $\boldsymbol{c}^{\mathrm{T}}$ 为输出向量, d 为前馈系数, 以及 $x(t)$ 为状态向量, $u(t)$ 为输入变量.

控制系统工具箱中的多数函数也适用于状态表达. 用 $\boldsymbol{A}$, $\boldsymbol{b}$, $\boldsymbol{c}$, d 可输入和输出状态模型. 状态模型可以换算成相应的传递函数:

$$G(s) = \boldsymbol{c}^{\mathrm{T}}\cdot(s\cdot\boldsymbol{E}-\boldsymbol{A})^{-1}\cdot\boldsymbol{b}+d = \frac{b_m\cdot s^m + b_{m-1}\cdot s^{m-1}+\ldots+b_1\cdot s+b_0}{a_n\cdot s^n + a_{n-1}\cdot s^{n-1}+\ldots+a_1\cdot s+a_0}.$$

LTI-模型的输入和转换已在 16.3.2 节中描述过. 控制系统工具箱中的函数, 同样也是可应用于具有多输入–和多输出 (Mehrgrößensystem(多变量系统), multiple input - multiple output, MIMO) 的状态模型 (state space(状态空间), SS,). 除了在 16.8.7.2 节中具有状态观察器的状态调节之外, 本节中将应用具有单输入和单输出 (Eingrößensystem(单变量系统), single input-single output, SISO) 的状态模型. 在设计具有状态反馈调节时的工作步骤已在第 12 章中描述过.

16.8.2 具有状态模型的信号流图结构

在 16.4 节和 16.7.4.2 节中已描述过用于拉普拉斯和 z 传递函数进行信号流图变形的函数. 这些函数也可应用到状态模型. 对于状态模型 $\boldsymbol{A}_1$, $\boldsymbol{b}_1$, $\boldsymbol{c}_1$, d_1 和 $\boldsymbol{A}_2$, $\boldsymbol{b}_2$, $\boldsymbol{c}_2$, d_2, 脚本–文件 strukt_168.m 将计算链式结构, 并联结构和具有间接负反馈的回路结构的状态表达式.

```
%MATLAB Script-File strukt_168.m
%Signalflussstrukturen mit Zustandsmodellen
A1=[0 1; -2 -3]; b1=[0; 4]; c1=[1 0]; d1=0;%System 1
sys1=ss(A1,b1,c1,d1);                       %Zustandsmodell sys1
A2=[1 5; -6 -8]; b2=[0; 2]; c2=[1 0]; d2=0;%System 2
sys2=ss(A2,b2,c2,d2);                       %Zustandsmodell sys2
[AS,bS,cS,dS]=ssdata(sys1*sys2)             %Kettenstruktur
[AP,bP,cP,dP]=ssdata(sys1+sys2)             %Parallelstruktur
%Kreisstruktur mit indirekter Gegenkopplung
%(Vorwätszweig: System 1, Rückführzweig: System 2):
[AF,bF,cF,dF]=ssdata(feedback(sys1,sys2))
```

程序中德文译文：

1. % MATLAB Script-File strukt_168.m (MATLAB 脚本文件 strukt_ 168.m)
2. %Signalflusstrukten mit Zustandsmodellen(具有状态模型的信号流结构)
3. %System1(系统 1)
4. % Zustandsmodell sys1(状态模型 sys_1)
5. %System2(系统 2)
6. % Zustandsmodell sys2(状态模型 sys_2)
7. %Kettenstruktur(链式结构)
8. %Parallelstruktur(并联结构)
9. %Kreisstruktur mit indirekter Gegenkopplung(具有间接负反馈的回路结构)
10. %(Vorwärtszweig: System1,Rückführzweig:System2):((前向支路：系统 1，反馈支路：系统 2))

链式结构：

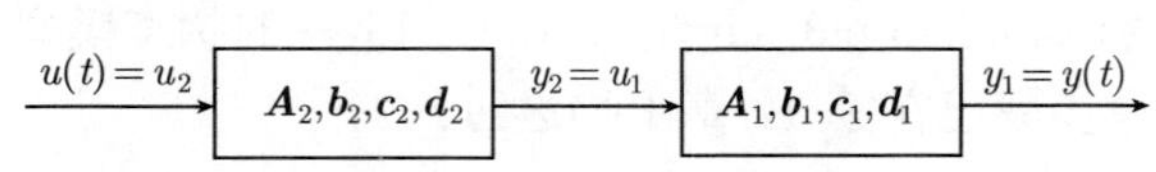

链式结构状态模型：

$$\frac{\mathrm{d}}{\mathrm{d}t}\begin{bmatrix}\boldsymbol{x}_1(t)\\ \vdots\\ \boldsymbol{x}_2(t)\end{bmatrix}=\underbrace{\begin{bmatrix}\boldsymbol{A}_1 & \cdots & \boldsymbol{b}_1\cdot\boldsymbol{c}_2^{\mathrm{T}}\\ \vdots & \ddots & \vdots\\ \boldsymbol{0} & \cdots & \boldsymbol{A}_2\end{bmatrix}}_{\boldsymbol{A}_{\mathrm{S}}}\cdot\begin{bmatrix}\boldsymbol{x}_1(t)\\ \vdots\\ \boldsymbol{x}_2(t)\end{bmatrix}+\underbrace{\begin{bmatrix}\boldsymbol{b}_1\cdot d_2\\ \vdots\\ \boldsymbol{b}_2\end{bmatrix}}_{\boldsymbol{b}_{\mathrm{S}}}\cdot u(t),$$

$$y(t)=\underbrace{\begin{bmatrix}\boldsymbol{c}_1^{\mathrm{T}} & \cdots & d_1\cdot\boldsymbol{c}_2^{\mathrm{T}}\end{bmatrix}}_{\boldsymbol{c}_{\mathrm{S}}^{\mathrm{T}}}\cdot\begin{bmatrix}\boldsymbol{x}_1(t)\\ \vdots\\ \boldsymbol{x}_2(t)\end{bmatrix}+\underbrace{d_1\cdot d_2}_{\boldsymbol{d}_{\mathrm{S}}}\cdot u(t)$$

```
>> strukt_168
AS =
     0     1     0     0
    -2    -3     4     0
     0     0     1     5
     0     0    -6    -8
bS =
     0
     0
     0
     2
cS =
     1     0     0     0
dS =
     0
```

并联结构：

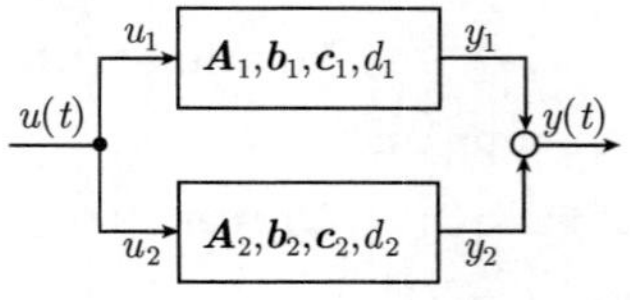


```
>> strukt_168
AP =
     0     1     0     0
    -2    -3     0     0
     0     0     1     5
     0     0    -6    -8
```

并联结构状态模型:

$$\frac{\mathrm{d}}{\mathrm{t}}\begin{bmatrix}\boldsymbol{x}_1(t)\\ \vdots \\ \boldsymbol{x}_2(t)\end{bmatrix}=\underbrace{\begin{bmatrix}\boldsymbol{A}_1 & \cdots & \boldsymbol{0}\\ \vdots & \ddots & \vdots \\ \boldsymbol{0} & \cdots & \boldsymbol{A}_2\end{bmatrix}}_{\boldsymbol{A}_\mathrm{P}}\cdot\begin{bmatrix}\boldsymbol{x}_1(t)\\ \vdots \\ \boldsymbol{x}_2(t)\end{bmatrix}+\underbrace{\begin{bmatrix}\boldsymbol{b}_1\\ \vdots \\ \boldsymbol{b}_2\end{bmatrix}}_{\boldsymbol{b}_\mathrm{P}}\cdot u(t),$$

$$y(t)=\underbrace{\begin{bmatrix}\boldsymbol{c}_1^\mathrm{T} & \cdots & \boldsymbol{c}_2^\mathrm{T}\end{bmatrix}}_{\boldsymbol{c}_\mathrm{P}^\mathrm{T}}\cdot\begin{bmatrix}\boldsymbol{x}_1(t)\\ \vdots \\ \boldsymbol{x}_2(t)\end{bmatrix}+\underbrace{(d_1+d_2)}_{d_\mathrm{P}}\cdot u(t)$$

```
bP =
 0
 4
 0
 2
cP =
 1   0   1   0
dP =
0
```

具有间接负反馈的回路结构:

$u(t)$ → u_1 → [$\boldsymbol{A}_1,\boldsymbol{b}_1,\boldsymbol{c}_1,d_1$] → $y_1=y(t)$; $u_2=y_1$ → [$\boldsymbol{A}_2,\boldsymbol{b}_2,\boldsymbol{c}_2,d_2$] → y_2 (−)

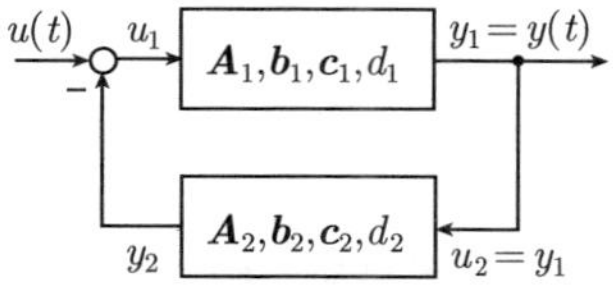

回路结构状态模型:

$$\frac{\mathrm{d}}{\mathrm{d}t}\begin{bmatrix}\boldsymbol{x}_1(t)\\ \vdots \\ \boldsymbol{x}_2(t)\end{bmatrix}=\underbrace{\begin{bmatrix}\boldsymbol{A}_1-\boldsymbol{b}_1\cdot d_2\cdot\boldsymbol{c}_1^\mathrm{T}\cdot\alpha & \cdots & -\boldsymbol{b}_1\cdot\boldsymbol{c}_2^\mathrm{T}\cdot\alpha\\ \vdots & \ddots & \vdots \\ \boldsymbol{b}_2\cdot\boldsymbol{c}_1^\mathrm{T}\cdot\alpha & \cdots & \boldsymbol{A}_2-\boldsymbol{b}_2\cdot d_1\cdot\boldsymbol{c}_2^\mathrm{T}\cdot\alpha\end{bmatrix}}_{\boldsymbol{A}_\mathrm{F}}\cdot\begin{bmatrix}\boldsymbol{x}_1(t)\\ \vdots \\ \boldsymbol{x}_2(t)\end{bmatrix}+\underbrace{\begin{bmatrix}\boldsymbol{b}_1\cdot\alpha\\ \vdots \\ \boldsymbol{b}_2\cdot d_1\cdot\alpha\end{bmatrix}}_{\boldsymbol{b}_\mathrm{F}}\cdot u(t),$$

$$y(t)=\underbrace{\begin{bmatrix}\boldsymbol{c}_1^\mathrm{T}\cdot\alpha & \cdots & -d_1\cdot\boldsymbol{c}_2^\mathrm{T}\cdot\alpha\end{bmatrix}}_{\boldsymbol{c}_\mathrm{F}^\mathrm{T}}\cdot\begin{bmatrix}\boldsymbol{x}_1(t)\\ \vdots \\ \boldsymbol{x}_2(t)\end{bmatrix}+\underbrace{d_1\cdot\alpha}_{\boldsymbol{d}_\mathrm{F}}\cdot u(t),\quad \alpha=\frac{1}{1+d_1\cdot d_2}$$

```
>> strukt_168
AF =
     0    1    0    0
    -2   -3   -4    0
     0    0    1    5
     2    0   -6   -8
bF =
    0
    4
    0
    0
cF =
    1   0   0   0
dF =
   0
```

对于状态模型 $\boldsymbol{A}_1$, $\boldsymbol{b}_1$, $\boldsymbol{c}_1$, d_1, 具有分量 $x_{1,1}(t), x_{1,2}(t)$ 的状态向量 $\boldsymbol{x}_1(\mathrm{t})$ 以及状态模型 $\boldsymbol{A}_2$, $\boldsymbol{b}_2$, $\boldsymbol{c}_2$, d_2, 具有分量 $x_{2,1}(t), x_{2,2}(t)$ 的状态向量 $\boldsymbol{x}_2(t)$, 模型阶数为 $n_1 = n_2 = 2$. 链式结构、并联结构和回路结构的状态模型具有阶数 $n = n_1 + n_2 = 4$, 其状态向量含有 $n = 4$ 个状态变量：$\boldsymbol{x}(\mathrm{t})$ 具有状态向量 $\boldsymbol{x}_1(t)$, $\boldsymbol{x}_2(t)$ 和分量 $x_{1,1}(t), x_{1,2}(t), x_{2,1}(t), x_{2,2}(t)$.

16.8.3　状态方程的解

16.8.3.1　齐次状态方程的解

在 12.2.2 节中已经推导出状态方程的通解. 对于只有一个输入变量和一个输出变量的系统, 其通解形式为

$$\boldsymbol{x}(t) = \boldsymbol{x}_{\mathrm{h}}(t) + \boldsymbol{x}_{\mathrm{p}}(t) = \mathbf{e}^{\boldsymbol{A}\cdot(t-t_0)} \cdot \boldsymbol{x}(t_0) + \int_{t_0}^{t} \mathbf{e}^{-\boldsymbol{A}\cdot(t-\tau)} \cdot \boldsymbol{b} \cdot u(\tau) \cdot \mathrm{d}\tau$$

齐次解部分 $x_h(t) = \mathrm{e}^{A\cdot(t-t_0)} \cdot x(t_0)$ 依赖于初始值 $\boldsymbol{x}(\mathrm{t}_0)$, 将借助矩阵 e 函数 (转移矩阵)

$$\varPhi(t) = \mathrm{e}^{\boldsymbol{A}\cdot t}$$

来计算. 在例 12.2-4 中, 对于 PT_2 系统

$$\frac{\mathrm{d}}{\mathrm{d}t}\begin{bmatrix} x_1(t) \\ x_2(t) \end{bmatrix} = \begin{bmatrix} 0 & 1 \\ -\omega_{0\mathrm{S}}^2 & -2 \cdot D_{\mathrm{S}} \cdot \omega_{0\mathrm{S}} \end{bmatrix} \cdot \begin{bmatrix} x_1(t) \\ x_2(t) \end{bmatrix} + \begin{bmatrix} 0 \\ K_{\mathrm{S}} \cdot \omega_{0\mathrm{S}}^2 \end{bmatrix} \cdot u(t)$$

$$y(t) = [1 \quad 0] \cdot \begin{bmatrix} x_1(t) \\ x_2(t) \end{bmatrix}$$

$$K_{\mathrm{S}} = 1, \quad D_{\mathrm{S}} = 1, \quad \omega_{0\mathrm{S}} = 1\ \mathrm{s}^{-1}, \quad x_1(t_0) = 0.5, \quad x_2(t_0) = 0.2$$

计算了具有初始值的阶跃响应的时间曲线, 并将其绘制在图 12.2-7, 8 中. 用脚本文件 hom_zg_168.m 将数值地求其转移矩阵和齐次状态方程在 $t_1 = 2\mathrm{s}$ 时的解.

```
%MATLAB Script-File hom_zg_168.m
%Transitionsmatrix u.  Lösung der homogenen Zustandsgleichung
KS=1; DS=1; w0S=1;              %PT2-Strecke
A=[0 1; -w0S^2 -2*DS*w0S];      %Systemmatrix
x0=[0.5; 0.2];                  %Anfangswerte x10, x20
t1=2;                           %t1=2 Sekunden
Matrix_e_Fkt=expm(A*t1)         %Transitionsmatrix
disp('Lösung der homogenen Zustandsgleichung:')
disp('(x1(t1), x2(t1), t1=2 Sekunden)')
x=Matrix_e_Fkt*x0
```

程序中德文译文:

1. %MATLAB Script-File hom_zg_168.m (MATLAB 脚本文件 hom_zg_168.m)

2. %Transitionsmatrix u. Lösung der homogenen Zustandsgleich- ung(转移矩阵和齐次状态方程解)

3. %PT2-Strecke(PT_2 对象)

4. %Systemmatrix(系统矩阵)

5. %Anfangswerte x10,x20(初始值 x_{10}, x_{20})

6. %t1=2 Sekunden(t_1=2s)

7. %Transitionsmatrix(转移矩阵)

8. 'Lösung der homogenen Zustandsgleichung:'(' 齐次状态方程解')

9. '(x1(t1),x2(t1),t1=2 Sekunden)'('$(x_1(t_1), x_2(t_1), t_1$=2 s)')

```
>> hom_zg_168
Matrix_e_Fkt (矩阵 -e- 函数) =
     0.4060  0.2707
    -0.2707 -0.1353
Löung der homogenen Zustandsgleichung (齐次状态方程解):
(x1(t1), x2(t1), t1=2 Sekunden (秒))
x =
     0.2571  x1(t1)
    -0.1624  x2(t1)
```

计算出的函数值包含在该 PT_2 初始值响应的时间曲线中, 如图 16.8-1 所示(16.8.3.2 节, 上面分图).

用 MATLAB 函数

```
Matrix_e_Fkt=expm(A*t1)
```

可计算系统矩阵 $\boldsymbol{A}$ 和时间点 t_1 的转移矩阵.

16.8.3.2 非齐次状态方程解

对在例 12.2-4 和 16.8.3.1 节应用过的 PT_2 系统, 用脚本文件 inhom_zg_168.m 可计算其单位阶跃的非齐次解.

```
%MATLAB Script-File inhom_zg_168.m
%Lösung der inhomogenen Zustandsgleichung
KS=1; DS=1; w0S=1;                        %PT2-Strecke
```

```
A=[0 1; -w0S^2 -2*DS*w0S];                  %Systemmatrix
b=[0; KS*w0S^2];                            %Eingangsvektor
c=[1 0];                                    %Ausgangsvektor
d=0;                                        %Durchgangsfaktor
sys=ss(A,b,c,d);                            %Zustandsmodell
x0=[0.5 0.2];                               %Anfangswerte x10, x20
t=0:0.01:8;                                 %Vektor der Zeitwerte
x=zeros(length(t),2);                       %Vordefinition Vektor x

[y,t,x]=initial(sys,x0,t);                  %Anfangswertantwort

subplot(211), plot(t,x(:,1),t,x(:,2)) grid  %kartesische Gitterlinien
title('\it{PT}_2\it{-Anfangswertantworten}')%Titel der Grafik
text(1.3,0.25,'\it{x}_1\it{(t)}')           %Bezeichnung der Kurve
text(1.3,-0.1,'\it{x}_2\it{(t)}')           %Bezeichnung der Kurve
xlabel('\it{Zeit t/s}')                     %Beschriftung Abszisse
ylabel('\it{x}_1\it{(t), x}_2\it{(t)}')%Beschriftung Ordinate

u=ones(1,length(t));                        %Einheits-Sprungfunktion

[y,t,x]=lsim(sys,u,t,x0);           %Sprungantwort mit Anfangswerten
subplot(212), plot(t,x(:,1),t,x(:,2))
grid                                        %kartesische Gitterlinien
title('\it{PT}_2\it{-Sprungantworten mit Anfangswerten}')
text(1.4,0.73,'\it{x}_1\it{(t)}')           %Bezeichnung der Kurve
text(1.4,0.2,'\it{x}_2\it{(t)}')            %Bezeichnung der Kurve
xlabel('\it{Zeit t/s}')                     %Beschriftung Abszisse
ylabel('\it{x}_1\it{(t), x}_2\it{(t)}')%Beschriftung Ordinate
```

程序中德文译文：

1. %MATLAB Script-File inhom_zg_168.m (MATLAB 脚本文件 inhom_zg_168.m)
2. % Lösung der inhomogenen Zustandsgleichung(非齐次状态方程解)
3. %PT2-Strecke(PT_2 对象)
4. %Systemmatrix(系统矩阵)
5. %Eingangsvektor(输入向量)
6. %Ausgangsvektor(输出向量)
7. %Durchgangsfaktor(前馈系数)

8. %Zustandsmodell(状态模型)
9. %Anfangswerte x10,x20(初始值 x_{10}, x_{20})
10. %Vektor der Zeitwerte(时间值向量)
11. %Vordefinition Vektor x(预定义向量 $\boldsymbol{x}$)
12. %Anfangswertantwort(初始值响应)
13. %kartesische Gitterlinien(笛卡儿网格线)
14. '\it {-Anfangswertantworten} '('\it {- 初始值响应} ')
15. %Titel der Grafik(图题)
16. %Bezeichnung der Kurve(曲线命名)
17. %Bezeichnung der Kurve(曲线命名)
18. '\it {Zeit t/s} '('\it {时间 t/s} ')
19. %Beschriftung Abszisse(横坐标标记)
20. %Beschriftung Ordinate(纵坐标标记)
21. %Einheits-Sprungfunktion(单位-阶跃函数)
22. %Sprungantwort mit Anfangswerten(具有初始值的阶跃响应)
23. %kartesische Gitterlinien(笛卡儿网格线)
24. '\it {PT} _2\it {-Sprungantwort mit Anfangswerten} ' ('\it {PT} _2\it {- 具有初始值的阶跃响应} ')
25. %Bezeichung der Kurve(曲线命名)
26. %Bezeichung der Kurve(曲线命名)
27. '\it {Zeit t/s} '('\it {时间 t/s} ')
28. %Beschriftung Abszisse(横坐标标记)
29. %Beschriftung Ordinate(纵坐标标记)

图 16.8-1 中, 上面的分图绘制了在初始值 $x_1(t_0) = 0.5, x_2(t_0) = 0.2$ 时的齐次状态方程的解. 下面的分图则包含考虑了初始值的单位阶跃响应 (非齐次状态方程的解).

初始值 x_0 的齐次状态方程的解, 可用函数

```
[y,t,x]=initial(sys,x0,t)
```

来求, 这一函数是专门为状态模型而设置的. 计算得出的时间函数为: y (输出变量) 和 x(状态变量). 对具有任意时间曲线的输入信号 u, 将调用函数

```
[y,t,x]=lsim(sys,u,t,x0)
```

且允许初始值 $x_0 \neq 0$. 在 16.5 节和 16.7.4 节应用过的用于响应函数计算的函数

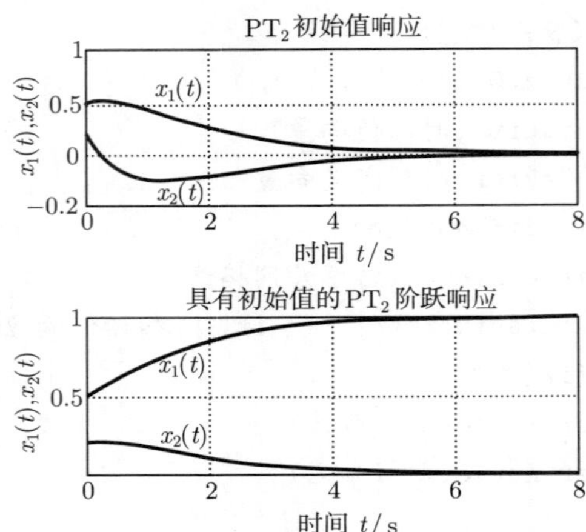

图 16.8-1 PT_2 系统的齐次状态方程的解 (上) 和非齐次状态方程的解 (具有初始值的单位–阶跃响应, 下) (inhom_zg_168.m)

`[y,t,x]=impulse(A,b,c,d,t)` (单位冲激响应 (Einheits-Impulsantwort)),
`[y,t,x]=step(A,b,c,d,t)` (阶跃响应 (Sprungantwort)),
`[y,t,x]=lsim(A,b,c,d,u,t,x0)` (任意输入信号的响应函数 (Antwortf unktion für beliebige Eingangssignale))

也适用于状态模型. 如果函数没有给出输出变量, 那么响应函数将被直接输出到显示屏上.

16.8.4 模型转换: 传递函数与状态表达式

在脚本文件 konvers_168.m 中, 将生成传递函数

$$G(s)=\frac{s^2+4\cdot s+5}{s\cdot(s^2+2\cdot s+5)}=\frac{(s+2-\mathrm{j})\cdot(s+2+\mathrm{j})}{s\cdot(s+1-\mathrm{j}2)\cdot(s+1+\mathrm{j}2)}$$

并计算其极–零点图. 接着将传递函数转换成状态模型和极–零点模型, 并输出数据, 如图 16.8-2 所示.

%MATLAB Script-File konvers_168.m

```
%Modellkonversionen
numG=[0 1 4 5]; denG=[1 2 5 0];%Zähler-, Nennerpolynom von G(s)
G=tf(numG,denG)                %G(s) ausgeben
pzmap(G)                       %Pol-Nullstellenplan ausgeben
axis([-4,1,-2,2])              %Skalierung
axis('equal')                  %gleicher Skalierungsfaktor
```

```
sgrid([0:0.1:1],[0:0.2:2])          %Gitterlinien für D, w0
title('\it{s-Ebene}')               %Titel der Grafik
disp('Zustandsmodell')
sys_ss=ss(G);                       %G(s)->Zustandsmodell
[A,b,c,d]=ssdata(sys_ss)            %Zustandsmodell ausgeben
disp('Pol-Nullstellenmodell:')
[nul,pol,K0]=zpkdata(G,'v')         %G(s)->Pol-Nullstellenmod. ausgeben
```

程序中德文译文:

1. %MATLAB Script-File konvers_168.m (MATLAB 脚本文件konvers_168.m)
2. %Modellkonversionen(模型转换)
3. %Zähler-,Nennerpolynom von G(s)($G(s)$ 分子多项式和分母多项式)
4. %G(s) ausgeben(输出 $G(s)$)
5. %Pol-Nullstellenplan ausgeben(输出极-零点图)
6. %Skalierung(刻度)
7. 'equal'('等于')
8. %gleicher Skalierungsfaktor(等刻度因子)
9. %Gitterlinien für D,w0(D, w_0 网格线)
10. '\it {s-Ebene} '('\it {s 平面} ')
11. %Tittel der Grafik(图题)
12. 'Zustandsmodell'(' 状态模型')
13. %G(s)->Zustandsmodell($G(s)$-> 状态模型)
14. %Zustandsmodell ausgeben(输出状态模型)
15. 'Pol-Nullstellenmodell:'(' 极-零点模型:')
16. %G(s)->Pol-Nullstellenmod. ausgeben(输出 $G(s)$->极-零点模型)

由函数

```
sys_ss=ss(G)
```

将传递函数 G 转换成状态模型 sys_ss, 而用

```
[A,b,c,d]=ssdata(G)
```

输出数据. 用

```
[nul,pol,K0]=zpkdata(G,'v')
```

将传递函数转换为极–零点模型, 并输出其零点, 极点和常数因子.

```
>> konvers_168
Transfer function (传递函数):
  s^2 + 4 s + 5
-----------------
s^3 + 2 s^2 + 5 s
Zustandsmodell (状态模型):
A =
    -2.0000   -2.5000    0
     2.0000         0    0
          0    1.0000    0
b =
    2
    0
    0
c =
    0.5000   1.0000   1.2500
d =
    0
Pol-Nullstellenmodell (极-零点模型):
nul =
    -2.0000 + 1.0000i
    -2.0000 - 1.0000i
pol =
           0
     -1.0000   + 2.0000i
     -1.0000   - 2.0000i
K0 =
    1
```

系统矩阵 $\boldsymbol{A}$ 的特征值可用函数 eig 来计算:

```
>> Eigenwerte (特征值) =eig(sys_ss)
Eigenwerte (特征值) =
           0
     -1.0000   + 2.0000i
     -1.0000   - 2.0000i
```

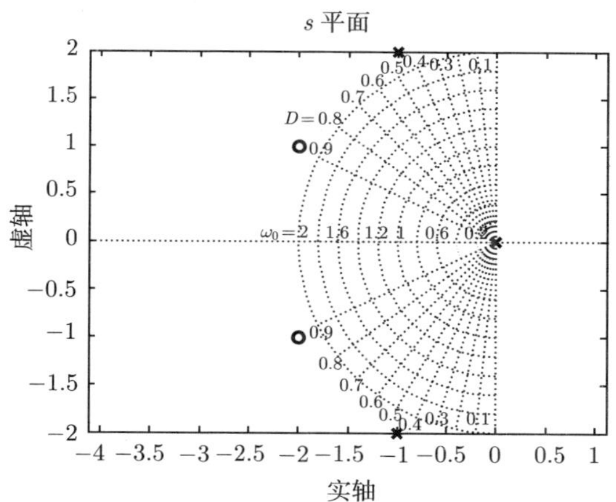

图 16.8-2 传递函数的极–零点图 (konvers_168.m)

系统矩阵的特征值是相应的传递函数的极点. 用 tzero 可得出传递函数的零点:

```
>> Nullstellen (零点)  =tzero(sys_ss)
Nullstellen (零点)  =
     -2.0000   + 1.0000i
     -2.0000   - 1.0000i
```

函数 damp 将系统矩阵的特征值 (极点), 阻尼比和特征角频率列表:

```
>> damp(sys_ss)
    Eigenvalue                   Damping          Freq.
     (特征值)                     (阻尼比)   (特征角频率) (rad/s)
    0.00e+000                   -1.00e+000        0.00e+000
   -1.00e+000 + 2.00e+000i       4.47e-001        2.24e+000
   -1.00e+000 - 2.00e+000i       4.47e-001        2.24e+000
```

16.8.5 可控性和可观测性

16.8.5.1 调节系统可控性研究

对于状态调节的应用, 通过调整量必须能影响被调节对象的所有状态变量, 也就是说, 被调节对象必须是完全可控的. 在 12.2.5.1 节中已描述过研究可控性的工作步骤. 在此用状态模型的系统矩阵 $\boldsymbol{A}$ 和输入向量 $\boldsymbol{b}$ 来构建可控性矩阵

$$\boldsymbol{Q}_{\mathrm{S}}=[\boldsymbol{b}\quad \boldsymbol{A}\cdot\boldsymbol{b}\quad \boldsymbol{A}^2\cdot\boldsymbol{b}\quad \cdots\quad \boldsymbol{A}^{n-1}\cdot\boldsymbol{b}]\quad (n=\text{系统的阶数})$$

所有的状态变量都是可控的, 仅当行列式 $\det \boldsymbol{Q}_{\mathrm{S}} \neq 0$ 时. 当可控性矩阵的秩与系统的阶数相等时, 就是这种情况.

在 12.2.5.3 节中, 用下列状态方程研究过具有 PT_1 被调节对象和 PDT_1 调节器的调节系统的可控性:

$$\frac{\mathrm{d}}{\mathrm{d}t}\boldsymbol{x}(t) = \begin{bmatrix} -\dfrac{1}{T_{\mathrm{S}}} & \dfrac{K_{\mathrm{S}}}{T_{\mathrm{S}}} \cdot \left(1 - \dfrac{T_{\mathrm{V}}}{T_1}\right) \\ 0 & -\dfrac{1}{T_1} \end{bmatrix} \cdot \boldsymbol{x}(t) + \begin{bmatrix} \dfrac{K_{\mathrm{R}} \cdot K_{\mathrm{S}} \cdot T_{\mathrm{V}}}{T_1 \cdot T_{\mathrm{S}}} \\ \dfrac{K_{\mathrm{R}}}{T_1} \end{bmatrix} \cdot u(t)$$

$$y(t) = [1 \quad 0] \cdot \boldsymbol{x}(t)$$

其相应的传递函数为

$$G_{\mathrm{RS}}(s) = \frac{K_{\mathrm{R}} \cdot (1 + T_{\mathrm{V}} \cdot s)}{1 + T_1 \cdot s} \cdot \frac{K_{\mathrm{S}}}{1 + T_{\mathrm{S}} \cdot s}$$

对该例, 其可控性将用脚本文件 steuer_168.m 进行数值判别.

```
%MATLAB Script-File steuer_168.m
                                   %Steuerbarkeit eines Regelungssystems
KS=2; KR=3; TS=10; T1=1;               %Parameter
TV=input('TV=');                       %Eingabe TV
A=[-1/TS KS*(1-TV/T1)/TS; 0 -1/T1];%Systemmatrix
b=[KR*KS*TV/(T1*TS); KR/T1];           %Eingangsvektor
c=[1, 0];                              %Ausgangsvektor
d=0;                                   %Durchgangsfaktor
Modellordnung=length(A)
QS=ctrb(A,b)                           %Steuerbarkeitsmatrix
Rang_QS=rank(QS)                       %Rang der Steuerbarkeitsmatrix
sys_min=minreal(ss(A,b,c,d));          %minimales Zustandsmodell
GRS_min=zpk(sys_min)                   %minimale Übertragungsfunktion
```

程序中德文译文:

1. %MATLAB Script-File steuer_168.m (MATLAB 脚本文件 steuer_168.m)
2. %Steuerbarkeit eines Regelungssystems(调节系统可控性)
3. %Parameter(参数)
4. %Eingabe TV(输入 T_{V})
5. %Systemmatrix(系统矩阵)
6. %Eingangsvektor(输入向量)

7. %Ausgangsvektor(输出向量)
8. %Durchgangsfaktor(前馈系数)
9. %Steuerbarkeitsmatrix(可控性矩阵)
10. %Rang der Steuerbarkeitsmatrix(可控性矩阵秩)
11. %minimales Zustandsmodell(最小状态模型)
12. %minimale Übertragungsfunktion (最小传递函数)

```
>> steuer_168

TV=5
Modellordnung (模型阶) =
                              2
QS =
     3.0000   -2.7000
     3.0000   -3.0000
Rang(秩)_QS =
              2


Zero/pole/gain(零点/极点/增益):
  3 (s+0.2)
-------------
(s+0.1) (s+1)
```

```
>> steuer_168

TV=10
Modellordnung (模型阶) =
                              2
QS =
     6   -6
     3   -3
Rang(秩)_QS =
              1
1 state removed(删除状态).
Zero/pole/gain(零点/极点/
增益):
  6
-----
(s+1)
```

系统的状态微分方程具有阶数 (Modellordnung(模型阶)) $n=2$. 可控性矩阵 $\boldsymbol{Q}_{\mathrm{S}}$ 的秩 (Rang(秩)QS) 为 $r=2$. 而对于 $T_{\mathrm{V}}=T_{\mathrm{S}}=10\mathrm{s}$, 在传递函数中形成缩简 (Kürzung), 可控性矩阵行列式为零, 可控性矩阵秩为 $r=1$, 系统是不完全可控的. 状态变量 $x_2(t)$ 是不受输入变量 $u(t)$ 影响的.

函数 minreal 求出传递系统的一个简化模型 (最小现实化). 它删除状态模型中不可控的或不可观测的状态变量, 这相当于在传递函数或极–零点模型中的缩简 (Kürzung)GRS_min.

16.8.5.2 调节系统可观测性研究

为构建状态观测器, 必须能通过测量输出变量求得所有状态变量的时间曲线, 也就是说, 被调节对象必须是完全可观测的, 在 12.2.5.2 节中已描述过用于研究可观测性的方法. 用系统矩阵 $\boldsymbol{A}$ 和输出向量 $\boldsymbol{c}^{\mathrm{T}}$ 构建可观测性矩阵:

$$\boldsymbol{Q}_{\mathrm{B}}=\begin{bmatrix}\boldsymbol{c}^{\mathrm{T}}\\ \boldsymbol{c}^{\mathrm{T}}\cdot\boldsymbol{A}\\ \boldsymbol{c}^{\mathrm{T}}\cdot\boldsymbol{A}^{2}\\ \vdots\\ \boldsymbol{c}^{\mathrm{T}}\cdot\boldsymbol{A}^{n-1}\end{bmatrix}\quad(n=\text{系统的阶数})$$

如果行列式 $\det Q_{\mathrm{B}}\neq 0$, 那么可观测性矩阵秩和系统阶数相等, 所有状态变量都是可观测的.

在 12.2.5.3 节和 16.7.5.1 节中已研究过系统的可控性, 并在 12.2.5.3 节中还附加研究了可观测性. 下面用脚本文件 beobacht_168.m 数值判别可观测性.

```
%MATLAB Script-File beobacht_168.m
%Beobachtbarkeit eines Regelungssystems
KR=3; TS=10; T1=1;                            %Parameter
KS=input('KS=');                              %Eingabe KS
TV=input('TV=');                              %Eingabe TV
A=[-1/TS KS*(1-TV/T1)/TS; 0 -1/T1];%Systemmatrix
b=[KR*KS*TV/(T1*TS); KR/T1];                  %Eingangsvektor
c=[1 0];                                      %Ausgangsvektor
d=0;                                          %Durchgangsfaktor
Modellordnung=length(A)
QB=obsv(A,c)                                  %Beobachtbarkeitsmatrix
Rang_QB=rank(QB)                              %Rang der Beobachtbarkei-tsmatrix
sys_min=minreal(ss(A,b,c,d));                 %minimales Zustandsmodell
GRS_min=zpk(sys_min)                          %minimale Übertragungsfunktion
```

程序中德文译文:

1. %MATLAB Script-File beobacht_168.m (MATLAB 脚本文件 beobac-ht_168.m)
2. %Beobachtbarkeit eines Regelungssystems(调节系统可观测性)
3. %Parameter(参数)
4. %Eingabe KS(输入 K_{S})
5. %Eingabe TV(输入 T_{V})
6. %Systemmatrix(系统矩阵)
7. %Eingangsvektor(输入向量)
8. %Ausgangsvektor(输出向量)
9. %Durchgangsfaktor(前馈系数)

10. %Beobachtbarkeitsmatrix(可观测性矩阵)
11. %Rang der Beobachtbarkeitsmatrix(可观测性矩阵秩)
12. %minimales Zustandsmodell(最小状态模型)
13. %minimale Übertragungsfunktion (最小传递函数)

```
>> beobacht_168
KS=2
TV=5
Modellordnung
(模型阶) =
          2
QB =
      1.0000          0
     -0.1000    -0.8000
Rang(秩)_QB =
             2


Zero/pole/gain(零点/极
点/增益):
  3 (s+0.2)
-------------
(s+0.1) (s+1)
```

```
>> beobacht_168
KS=0
TV=5
Modellordnung
(模型阶) =
          2
QB =
      1.0000   0
     -0.1000   0
Rang(秩)_QB =
             1
2 states removed
(删除状态).
Zero/pole/gain(零
点/极点/增益):
0
```

```
>> beobacht_168
KS=2
TV=1
Modellordnung
(模型阶) =
          2
QB =
      1.0000   0
     -0.1000   0
Rang(秩)_QB =
             1
1 state removed
(删除状态).
Zero/pole/gain(零
点/极点/增益):
  0.6
-------
(s+0.1)
```

对于 $K_{\mathrm{S}} \neq 0$ 和 $T_{\mathrm{v}} \neq T_1 = 1\mathrm{s}$, 可观测性矩阵 $\boldsymbol{Q}_{\mathrm{B}}$ 秩 (Rang-QB) 等于模型阶数 (Modellordnung(模型阶)) $n = 2$. 而对于 $K_{\mathrm{S}} = 0$ 或 $T_{\mathrm{V}} = T_1$, 可观测性矩阵行列式变为零, 可观测性矩阵秩为 $r = 1$, 这时系统是不完全可观测的. 对于 $T_{\mathrm{V}} = T_1$, 状态变量 $x_2(t)$ 不能通过测量输出变量来求得. 不可观测的状态变量在状态模型中被用 minreal 删除, 相应的传递函数或极–零点模型将被缩简.

16.8.6 相似性转换

16.8.6.1 转换到可调节规范型

传递系统的传递函数和频率特性函数具有一致的形式. 与之相反, 在时域中, 存在多种对状态模型的表达形式, 由此所谓的规范型 (kanonische Form(卡农形式)) 在调节技术中是有意义的. 用于状态调节系统计算的两个重要规范型为可调节规范型和可观测规范型.

在确定状态调节的反馈向量时, 应用可调节规范型. 在 12.2.6.2 节中曾描述过求用于转换到可调节规范型的转换矩阵 $\boldsymbol{T}_{\mathrm{R}}$ 的计算步骤, 它包含如下步骤:

- 计算可控性矩阵 $\boldsymbol{Q}_{\mathrm{S}}$;
- $\boldsymbol{Q}_{\mathrm{S}}$ 求逆;
- 用系统矩阵 $\boldsymbol{A}$ 和逆可控性矩阵的最后一行 $\boldsymbol{q}_{\mathrm{S}n}^{\mathrm{T}}$ 构成 $\boldsymbol{T}_{\mathrm{R}}$.

仅对于可控的调节系统存在 $\boldsymbol{T}_{\mathrm{R}}$ 和可调节规范型, 因为否则其可控性矩阵将不能被求逆.

利用函数文件 T_RNFORM_168.m 可以计算转换矩阵 $\boldsymbol{T}_{\mathrm{R}}$, 并将具有任意状态表达式的系统 ($\boldsymbol{A}$, $\boldsymbol{b}$, $\boldsymbol{c}$, d) 转化成可调节规范型 ($\boldsymbol{A}_R$, $\boldsymbol{b}_R$, $\boldsymbol{c}_{\mathrm{R}}$, d_{R}). 对 PT_2系统

$$\frac{\mathrm{d}}{\mathrm{d}t}\begin{bmatrix} x_1(t) \\ x_2(t) \end{bmatrix} = \begin{bmatrix} 0 & 1 \\ -\omega_{0\mathrm{S}}^2 & -2\cdot D_{\mathrm{S}}\cdot\omega_{0\mathrm{S}} \end{bmatrix}\cdot\begin{bmatrix} x_1(t) \\ x_2(t) \end{bmatrix} + \begin{bmatrix} 0 \\ K_{\mathrm{S}}\cdot\omega_{0\mathrm{S}}^2 \end{bmatrix}\cdot u(t)$$

$$y(t) = [1 \quad 0]\cdot\begin{bmatrix} x_1(t) \\ x_2(t) \end{bmatrix}, \quad K_{\mathrm{S}} = 1, \quad D_{\mathrm{S}} = 1, \quad \omega_{0\mathrm{S}} = 1\ \mathrm{s}^{-1}$$

在例 12.2-4, 5 和 16.8.3.1 节中已计算过其阶跃响应. 在例 12.2-11 中已求出其符号形式的可调节规范型.

```
%MATLAB Function-File T_RNFORM_168.m
%Transformation auf Regelungsnormalform

function[sysR,TR]=T_RNFORM_168(sys)
A=sys.a;                       %Systemmatrix des Zustandsmodells sys
b=sys.b;                       %Eingangsvektor des Zustandsmodells sys
n=length(A);                   %Systemordnung
QS=ctrb(A,b);                  %Steuerbarkeitsmatrix
QS_1=inv(QS);                  %inverse "
qSn=QS_1(n,:);                 %letzte Zeile von QS_1
for k=1:n                      %Ähnlichkeitstransformation
    TR(k,:)=qSn*A^(k-1);       %mit Matrix TR auf
end                            %Regelungsnormalform
sysR=ss2ss(sys,TR);            %Zustandsmodell in Regelungsnormalform
```

程序中德文译文:

1. %MATLAB Fnction-File T_RNFORM_168.m (MATLAB 函数文件 T_RNF-ORM_168.m)
2. %Transformation auf Regelungsnormalform(转换到可调节规范型)
3. %Systemmatrix des Zustandsmodells sys(状态模型 sys 系统矩阵)
4. %Eingangsvektor des Zustandsmodells sys(状态模型 sys 输入向量)
5. %Systemordnung(系统阶)
6. %Steuerbarkeitsmatrix(可控性矩阵)
7. %inverse "(逆可控性矩阵)
8. %letzte Zeile von QS_1(QS_1 的最后一行)
9. %Änlichkeitstransformation
   %mit Matrix TR auf
   %Regelungsnormalform(用矩阵 $\boldsymbol{T}_{\mathrm{R}}$ 相似性转换到可调节规范型)
10. %Zustandsmodell in Regelungsnormalform(状态模型的可调节规范型)

对 PT_2 系统输入状态模型, 其调节规范型由 T_RNFORM_168.m 计算并输出:

```
>> A=[0 1; -1 -2]; b=[0; 1]; c=[1 0]; d=0;
>> sys=ss(A,b,c,d);
>> [sysR,TR]=T_RNFORM_168(sys);
>> [AR,bR,cR,dR]=ssdata(sysR)
AR =
     0     1
    -1    -2
bR =
     0
     1
cR =
    1     0
dR =
    0
```

用函数

`sysR=ss2ss(sys,TR)` (state space to state space (状态空间到状态空间))

将执行相似性转换. 输入转换矩阵 $\boldsymbol{T}_{\mathrm{R}}$.

16.8.6.2　转换到可观测规范型

对于在确定状态观测器的观测向量时的系统工作步骤, 需要可观测规范型. 在 12.2.6.3 节中曾描述过用于转换到可观测规范型的转换矩阵 $\boldsymbol{T}_{\mathrm{B}}$ 的计算:

- 计算可观则性矩阵 $\boldsymbol{Q}_{\mathrm{B}}$;
- $\boldsymbol{Q}_{\mathrm{B}}$ 求逆;
- 用系统矩阵 $\boldsymbol{A}$ 和逆可观测性矩阵的最后一列 $\boldsymbol{q}_{\mathrm{B}n}$ 构成逆矩阵 $\boldsymbol{T}_{\mathrm{B}}^{-1}$.

$\boldsymbol{T}_{\mathrm{B}}^{-1}$ 和可观测规范型只能存在于可观测系统, 因为否则其可观测性矩阵不能被求逆.

用函数文件 T_BNFORM_168.m 可计算转换矩阵 $\boldsymbol{T}_{\mathrm{B}}$, 并将具有任意状态表达式的系统 ($\boldsymbol{A}$, $\boldsymbol{b}$, $\boldsymbol{c}$, d) 转换到可观测规范型 ($\boldsymbol{A}_{\mathrm{B}}$, $\boldsymbol{b}_{\mathrm{B}}$, $\boldsymbol{c}_{\mathrm{B}}$, d_{B}). 对 PT_2 系统

$$\frac{\mathrm{d}}{\mathrm{d}t}\begin{bmatrix} x_1(t) \\ x_2(t) \end{bmatrix} = \begin{bmatrix} 0 & 1 \\ -\omega_{0\mathrm{S}}^2 & -2\cdot D_{\mathrm{S}}\cdot\omega_{0\mathrm{S}} \end{bmatrix}\cdot\begin{bmatrix} x_1(t) \\ x_2(t) \end{bmatrix} + \begin{bmatrix} 0 \\ K_{\mathrm{S}}\cdot\omega_{0\mathrm{S}}^2 \end{bmatrix}\cdot u(t)$$

$$y(t) = [1 \quad 0]\cdot\begin{bmatrix} x_1(t) \\ x_2(t) \end{bmatrix}, \qquad K_{\mathrm{S}} = 1, \quad D_{\mathrm{S}} = 1, \quad \omega_{0\mathrm{S}} = 1\ \mathrm{s}^{-1}$$

曾在例 12.2-4 例 12.2-5 和 16.8.3.2 节中计算过其阶跃响应. 在例 12.2-12 中, 求出其符号形式的可观测规范型.

```
%MATLAB Function-File T_BNFORM_168.m
%Transformation auf Beobachtungsnormalform

function[sysB,TB]=T_BNFORM_168(sys)
A=sys.a;                    %Systemmatrix des Zustandsmodells sys
c=sys.c;                    %Ausgangsvektor des Zustandsmodells sys
n=length(A);                %Systemordnung
QB=obsv(A,c);               %Beobachtbarkeitsmatrix
QB_1=inv(QB);               %inverse"
qBn=QB_1(:,n);              %letzte Spalte von QB_1
for k=1:n                   %Ähnlichkeitstransformation
    TB_1(:,k)=A^(k-1)*qBn; %mit Matrix TB auf Beobachtungsnormalform
end
TB=inv(TB_1);
sysB=ss2ss(sys,TB);    %Zustandsmodell in Beobachtung-snormalform
```

程序中德文译文:

1. %MATLAB Fnction-File T_BNFORM_168.m (MATLAB 函数文件 T_BNFORM_168.m)
2. %Transformation auf Beobachtungsnormalform(转换到可观测规范型)
3. %Systemmatrix des Zustandsmodells sys(状态模型 sys 系统矩阵)
4. %Ausgangsvektor des Zustandsmodells sys(状态模型 sys 输出向量)
5. %Systemordnung(系统阶)
6. %Beobachtbarkeitsmatrix(可观测性矩阵)
7. %inverse "(逆可观测性矩阵)
8. %letzte Spalte von QB_1(QB_1 最后一列)
9. %Änlichkeitstransformation
   %mit Matrix TB auf Beobachtungsnormalform(用矩阵 TB 相似性转换到可观测规范型)
10. %Zustandsmodell in Beobahtungsnormalform(状态模型转换到可观测规范型)

输入 PT_2 系统的状态模型, 其观测规范型由 T_BNFORM_168.m 计算并输出:

```
>> A=[0 1; -1 -2]; b=[0; 1]; c=[1 0]; d=0;
>> sys=ss(A,b,c,d);
>> [sysB,TB]=T_BNFORM_168(sys);
>> [AB,bB,cB,dB]=ssdata(sysB)
AB =
    0    -1
    1    -2
bB =
    1
    0
cB =
    0    1
dB =
    0
```

16.8.7 状态调节

16.8.7.1 PT_2 被调节对象状态调节

所有状态变量的反馈是状态调节的标志性特征. 这使自由选择一个闭环调节回路的极点或特征值并由此预先给出其调节动态成为可能. 前提条件是该被调节对

象是可控的, 也就是说, 通过调整量必须能影响所有状态变量. 如果被调节对象的状态模型是以可调节规范型存在的, 那么状态调节器 (见 12.3 节) 的计算可被简化.

在例 12.2-11 中以通用形式判别 PT_2 被调节对象的可控性, 并将其转化到可调节规范型 (图 16.8-3). 在 16.8.6.1 节中, 数值实现可调节规范型的转换. 以可调节规范型给出系统矩阵 $\boldsymbol{A}_\mathrm{R}$, 输入向量 $\boldsymbol{b}_\mathrm{R}$, 输出向量 $\boldsymbol{c}_\mathrm{R}^\mathrm{T}$ 和前馈系数 d_R:

$$\frac{\mathrm{d}}{\mathrm{d}t}\begin{bmatrix} x_{1\mathrm{R}}(t) \\ x_{2\mathrm{R}}(t) \end{bmatrix} = \underbrace{\begin{bmatrix} 0 & 1 \\ -\omega_{0\mathrm{S}}^2 & -2\cdot D_\mathrm{S}\cdot\omega_{0\mathrm{S}} \end{bmatrix}}_{\boldsymbol{A}_\mathrm{R}} \cdot \begin{bmatrix} x_{1\mathrm{R}}(t) \\ x_{2\mathrm{R}}(t) \end{bmatrix} + \underbrace{\begin{bmatrix} 0 \\ 1 \end{bmatrix}}_{\boldsymbol{b}_\mathrm{R}} \cdot u(t)$$

$$y(t) = \underbrace{\begin{bmatrix} K_\mathrm{S}\cdot\omega_{0\mathrm{S}}^2 & 0 \end{bmatrix}}_{\boldsymbol{c}_\mathrm{R}^\mathrm{T}} \cdot \begin{bmatrix} x_{1\mathrm{R}}(t) \\ x_{2\mathrm{R}}(t) \end{bmatrix}, \quad d_\mathrm{R} = 0$$

$$K_\mathrm{S} = 1, \quad D_\mathrm{S} = 1, \quad \omega_{0\mathrm{S}} = 1\mathrm{s}^{-1}$$

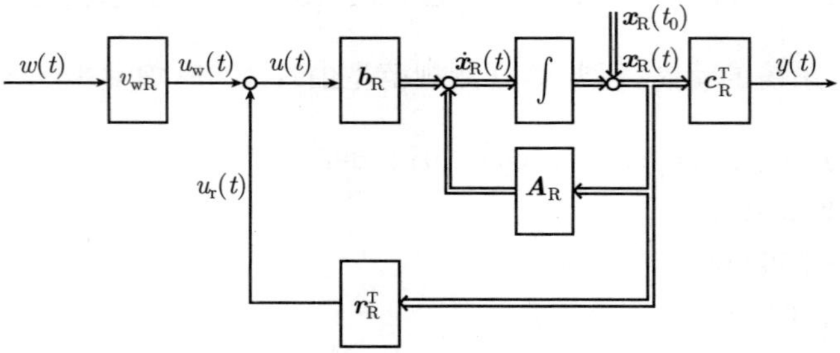

图 16.8-3　可调节规范型的状态调节信号流图

按照在 12.3.2.1 节描述过并在例 12.3-2 中应用过的极点配置方法

$$\begin{aligned} \det\left[s\cdot\boldsymbol{E} - (\boldsymbol{A}_\mathrm{R} + \boldsymbol{b}_\mathrm{R}\cdot\boldsymbol{r}_\mathrm{R}^\mathrm{T})\right] &= s^2 + (2\cdot D_\mathrm{S}\cdot\omega_{0\mathrm{S}} - r_{2\mathrm{R}})\cdot s + \omega_{0\mathrm{S}}^2 - r_{1\mathrm{R}} \\ &= (s - s_{\mathrm{p1Z}})\cdot(s - s_{\mathrm{p2Z}}) \end{aligned}$$

可确定预置极点 $s_{\mathrm{p1Z}}, s_{\mathrm{p2Z}}$ 的调节器参数 $r_{1\mathrm{R}}, r_{2\mathrm{R}}$, 前置滤波器

$$v_{\mathrm{wR}} = -\left[\boldsymbol{c}_\mathrm{R}^\mathrm{T}\cdot\left(\boldsymbol{A}_\mathrm{R} + \boldsymbol{b}_\mathrm{R}\cdot\boldsymbol{r}_\mathrm{R}^\mathrm{T}\right)^{-1}\cdot\boldsymbol{b}_\mathrm{R}\right]^{-1} = \frac{\omega_{0\mathrm{S}}^2 - r_{1\mathrm{R}}}{K_\mathrm{S}\cdot\omega_{0\mathrm{S}}^2}$$

补偿常值参据量的稳态调节误差. 在脚本文件 zupt2_168.m 中数值计算状态调节, 并得出其阶跃响应.

```
%MATLAB Script-File zupt2_168.m
%Zustandsregelung einer PT2-Strecke
KS=1; w0S=1; DS=0.707;                    %Streckenparameter
numGS=KS*w0S^2;                           %Zählerpolynom der Strecke
```

```
denGS=[1 2*DS*w0S w0S^2];             %Nennerpolynom der Strecke
sys=ss(tf(numGS,denGS));              %GS(s) -> Zustandsmodell
[sysR,TR]=T_RNFORM_168(sys);
                               %Zustandsmodell in Regelu-ngsnormalform
                               %mit Function-File T_RNFO-RM_168.m
subplot(121)                          %Teilbild links
hold on                               %Kurve nicht überschreiben
for k=[1 2 4]
     w0Z=k*w0S;                       %w0 der Zustandsregelung
     sp1Z=w0Z*(-DS+j*sqrt(1-DS^2));%Pole der
     sp2Z=w0Z*(-DS-j*sqrt(1-DS^2));%Zustandsregelung
     poleZ=[sp1Z,sp2Z];               %Zeilenvektor der Vorgabepole
     AR=sysR.a;                       %Systemmatrix von sysR
     bR=sysR.b;                       %Eingangsvektor von sysR
     rR=acker(AR,bR,poleZ);           %Rückführkoeffizienten
     rR=-rR;                          %sind positiv
     vwR=(w0S^2-rR(1))/(KS*w0S^2); %Vorfilter
     AS=AR+bR*rR;           %Systemmatrix der Zustandsregelung
     bS=vwR*bR;             %Eingangsvektor der Zustandsregelung
     cR=sysR.c;                       %Ausgangsvektor von sysR
     dR=sysR.d;                       %Durchgangsfaktor von sysR
     step(AS,bS,cR,dR)                %Sprungantwort
     grid                             %kartesische Gitterlinien
end
text(.1,1.07,'\it{4*}\it{\omega}_{0S}') %Bezeichnung der Kurve
text(2.,1.07,'\it{2*}\it{\omega}_{0S}')
text(5,1.07,'\it{\omega}_{0S}')
hold off
subplot(122),                         %rechtes Teilbild
pzmap([sp1Z,sp2Z],[])                 %Pol-Nullstellenplan
axis([-4,0,-4,4])                     %Skalierung
sgrid([0:0.1:1],[0:0.4:4])            %Gitterlinien für D, w0
axis('equal')                         %gleicher Skalierungsfaktor
```

程序中德文译文:

1. %MATLAB Script-File zupt2_168.m (MATLAB 脚本文件 zupt2_168.m)
2. %Zustandsregelung einer PT2-Strecke(PT_2-对象状态调节)
3. %Streckenparameter(对象参数)
4. %Zählerpolynom der Strecke(对象分子多项式)
5. %Nennerpolynom der Strecke(对象分母多项式)
6. %GS(s)->Zustandsmodell(GS(s)-> 状态模型)
7. %Zustandsmodell in Regelungsnormalform
   %mit Fnction-File T_BNFORM_168.m(用函数文件 T_BNFORM_168.m 将状态模型转换到可调节规范型)
8. %Teilbild links(左分图)
9. %Kurve nicht überschreiben(不重绘曲线)
10. %w0 der Zustandsregelung(状态调节的 w_0)
11. %Pole der
    %Zustandsregelung(状态调节的极点)
12. %Zeilenvektor der Vorgabepole(配置极点的行向量)
13. %Systemmatrix von sysR($\mathbf{sys}_\mathrm{R}$ 系统矩阵)
14. %Eingangsvektor von sysR($\mathbf{sys}_\mathrm{R}$ 输入向量)
15. %Rückführkoeffizienten
    %sind positiv(反馈系数是正的)
16. %Vorfilter(前置滤波器)
17. %Systemmatrix des Zustandsregelung(状态调节系统矩阵)
18. %Eingangsvektor des Zustandsregelung(状态调节输入向量)
19. %Ausgangsvektor von sysR(sysR 输出向量)
20. %Durchgangsfaktor von sysR(sysR 前馈系数)
21. %Sprungantwort(阶跃响应)
22. %kartesische Gitterlinien(笛卡儿网格线)
23. %Bezeichnung der Kurve(曲线命名)
24. %rechtes Teilbild(右分图)
25. %Pol-Nullstellenplan(极-零点图)
26. %Skalierung(刻度)
27. %Gitterlinien für D,w0(D, w_0 网格线)
28. 'equal'(' 等于')
29. %gleicher Skalierungsfaktor(等刻度因子)

函数

```
sys=ss(tf(numGS,denGS))
```

给出 PT_2 对象传递函数的状态模型. 用函数

```
[sysR,TR]=T_RNFORM_168(sys)
```

求用于系统转换到可调节规范型的转换矩阵 $\boldsymbol{T}_{\mathrm{R}}$, 并将状态模型转换到可调节规范型 $(\boldsymbol{sys}_{\mathrm{R}}, \boldsymbol{A}_{\mathrm{R}}, \boldsymbol{b}_{\mathrm{R}}, \boldsymbol{c}_{\mathrm{R}}, d_{\mathrm{R}})$.

对于在向量 poleZ 中预先配置的状态调节极点, 阿可曼 (Ackermann) 公式

```
rR=acker(AR,bR,poleZ)
```

计算出反馈向量 $\boldsymbol{r}_{\mathrm{R}}$. 还必须使反馈向量反号, 因为在信号流图 16.8-3 中, 反馈作用为正. 图 16.8-4 绘制了对不同特征角频率 $\omega_{0\mathrm{Z}} = \omega_{0\mathrm{S}}$, $2 \cdot \omega_{0\mathrm{S}}$, $4 \cdot \omega_{0\mathrm{S}}$ 的状态调节极点对的阶跃曲线.

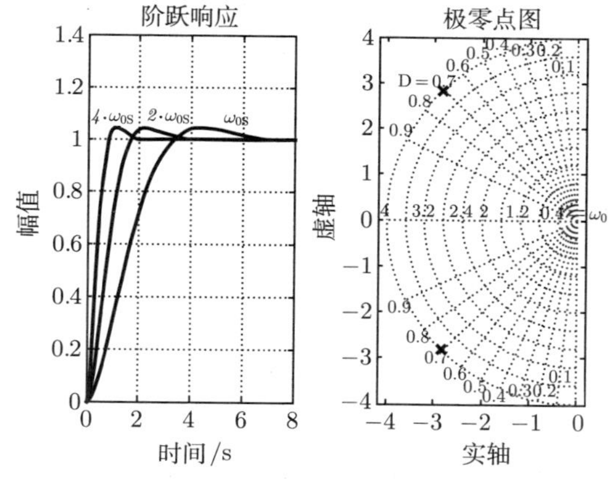

图 16.8-4 PT_2 被调节对象状态调节的参据阶跃响应函数和对于 $\omega_{0\mathrm{Z}} = 4 \cdot \omega_{0\mathrm{S}}$ 的极–零点图 (zupt2_168.m)

16.8.7.2 具有状态观测器的状态调节

现实中往往不是所有的状态变量都能被测量并被反馈. 那些不能被测量的状态变量可用状态观测器来求. 在此, 将被调节对象的数学模型以计算机程序形式并行连接到实际的被调节对象的数字计算机中. 输入变量 (调整量) 作用于这两个系统上. 被调节对象与观测器的输出变量相比较并求出观测误差. 一个附加的并与观测器叠加的调节, 使观测误差渐近地调节到零. 状态观测器的工作原理和设计方法已在 12.3.3 节中描述过.

在 16.8.7.1 节中研究了 PT_2 被调节对象的状态调节. 为计算状态调节器, 应用

可调节规范型的状态模型:

$$\frac{\mathrm{d}}{\mathrm{d}t}\begin{bmatrix} x_{1\mathrm{R}}(t) \\ x_{2\mathrm{R}}(t) \end{bmatrix} = \underbrace{\begin{bmatrix} 0 & 1 \\ -\omega_{0\mathrm{S}}^2 & -2\cdot D_\mathrm{S}\cdot\omega_{0\mathrm{S}} \end{bmatrix}}_{\boldsymbol{A}_\mathrm{R}} \cdot \begin{bmatrix} x_{1\mathrm{R}}(t) \\ x_{2\mathrm{R}}(t) \end{bmatrix} + \underbrace{\begin{bmatrix} 0 \\ 1 \end{bmatrix}}_{\boldsymbol{b}_\mathrm{R}} \cdot u(t)$$

$$y(t) = \underbrace{\begin{bmatrix} K_\mathrm{S}\cdot\omega_{0\mathrm{S}}^2 & 0 \end{bmatrix}}_{\boldsymbol{c}_\mathrm{R}^\mathrm{T}} \cdot \begin{bmatrix} x_{1\mathrm{R}}(t) \\ x_{2\mathrm{R}}(t) \end{bmatrix}, \quad d_\mathrm{R} = 0$$

$$K_\mathrm{S} = 1, \quad D_\mathrm{S} = 1, \quad \omega_{0\mathrm{S}} = 1\ \mathrm{s}^{-1}$$

如果被调节对象的状态模型以可观测规范型预先给出, 那么观测器反馈向量 $\boldsymbol{l}_\mathrm{B}$ 的计算可被简化. 如图 16.8-5 所示. 为此, 在例 12.2-12 中曾判别了可观测性, 并实现了符号形式的可观测规范型的转换:

$$\frac{\mathrm{d}}{\mathrm{d}t}\begin{bmatrix} x_{1\mathrm{B}}(t) \\ x_{2\mathrm{B}}(t) \end{bmatrix} = \underbrace{\begin{bmatrix} 0 & -\omega_{0\mathrm{S}}^2 \\ 1 & -2\cdot D_\mathrm{S}\cdot\omega_{0\mathrm{S}} \end{bmatrix}}_{\boldsymbol{A}_\mathrm{B}} \cdot \begin{bmatrix} x_{1\mathrm{B}}(t) \\ x_{2\mathrm{B}}(t) \end{bmatrix} + \underbrace{\begin{bmatrix} K_\mathrm{S}\cdot\omega_{0\mathrm{S}}^2 \\ 0 \end{bmatrix}}_{\boldsymbol{b}_\mathrm{B}} \cdot u(t)$$

$$y(t) = \underbrace{\begin{bmatrix} 0 & 1 \end{bmatrix}}_{\boldsymbol{c}_\mathrm{B}^\mathrm{T}} \cdot \begin{bmatrix} x_{1\mathrm{B}}(t) \\ x_{2\mathrm{B}}(t) \end{bmatrix}, \quad d_\mathrm{B} = 0$$

$$K_\mathrm{S} = 1, \quad D_\mathrm{S} = 1, \quad \omega_{0\mathrm{S}} = 1\ \mathrm{s}^{-1}$$

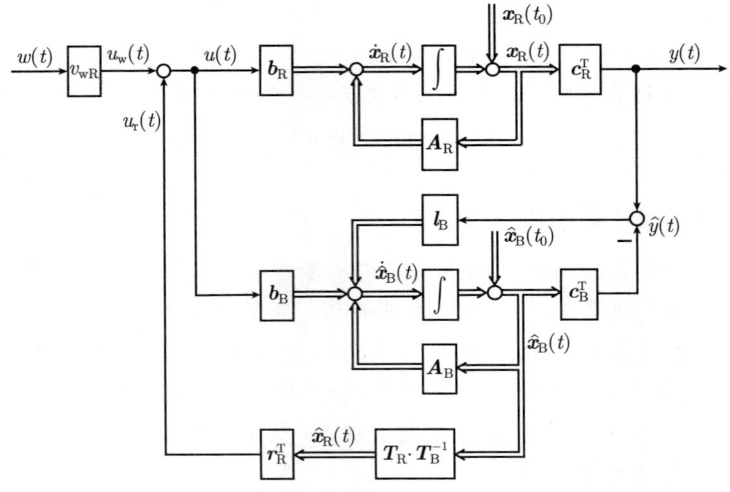

图 16.8-5　具有状态观测器的状态调节的信号流图

在 16.8.6.2 节中数值计算转换. 状态观测器极点配置计算方法

$$\det\left[s\cdot\boldsymbol{E}-(\boldsymbol{A}_{\mathrm{B}}-\boldsymbol{l}_{\mathrm{B}}\cdot\boldsymbol{c}_{\mathrm{B}}^{\mathrm{T}})\right]=s^2+(2\cdot D_{\mathrm{S}}\cdot\omega_{0\mathrm{S}}+l_{2\mathrm{B}})\cdot s+\omega_{0\mathrm{S}}^2+l_{1\mathrm{B}}$$
$$=(s-s_{\mathrm{p1B}})\cdot(s-s_{\mathrm{p2B}})$$

(12.3.3.2 节) 已在例 12.3-3 中应用过. 用这一方程, 对预先配置的观测器极点 $s_{\mathrm{p1B}}, s_{\mathrm{p2B}}$, 可确定其观测向量的元素 $l_{1\mathrm{B}}, l_{2\mathrm{B}}$.

用脚本文件 zubept2_168.m 数值计算状态调节器和状态观测器, 并研究其阶跃曲线.

```
%MATLAB Script-File zubept2_168.m
%Zustandsregelung mit Zustandsbeobachter für PT2-Strecke
clf                                %Grafisches Fenster löschen
KS=1; w0S=1; DS=0.707;             %Streckenparameter
numGS=KS*w0S^2;                    %Zählerpolynom der Strecke
denGS=[1 2*DS*w0S w0S^2];          %Nennerpolynom der Strecke
sys=ss(tf(numGS,denGS));           %GS(s) -> Zustandsmodell
[sysR,TR]=T_RNFORM_168(sys);
                    %Zustandsmodell in Regelungsnormalform
w0Z=2*w0S;                         %w0 der Zustandsregelung
sp1Z=w0Z*(-DS+j*sqrt(1-DS^2));     %Pole der
sp2Z=w0Z*(-DS-j*sqrt(1-DS^2));     %Zustandsregelung
poleZ=[sp1Z,sp2Z];                 %Zeilenvektor der Vorgabepole
AR=sysR.a;                         %Systemmatrix von sysR
bR=sysR.b;                         %Eingangsvektor von sysR
rR=place(AR,bR,poleZ);             %Rückführkoeffizienten
rR=-rR;                            %sind positiv
vwR=(w0S^2-rR(1))/(KS*w0S^2);      %Vorfilter

[sysB,TB]=T_BNFORM_168(sys);
                    %Zustandsmodell in Beobachtungsnormalform
                                   %mit Function-File T_BNFORM_168.m
w0B=2*w0Z;                         %w0 des Zustandsbeobachters
sp1B=w0B*(-DS+j*sqrt(1-DS^2));     %Pole des
sp2B=w0B*(-DS-j*sqrt(1-DS^2));     %Zustandsbeobachters
poleB=[sp1B,sp2B];                 %Zeilenvektor der Vorgabepole
```

```
AB=sysB.a;                          %Systemmatrix von sysB
cB=sysB.c;                          %Ausgangsvektor von sysB
lB=place(AB',cB',poleB);            %Beobachtungsvektor
lB=lB';                             %lB wird transponiert
%TB_1 ist Inverse der Matrix zur Transformation auf
Beobachtungsnormalform
%TR ist die Matrix zur Transformation auf Regelungsnormalform
TB_1=inv(TB); TRB=TR*TB_1;
%Zustandsmodell der Zustandsregelung mit Zustandsbeobachter:
cR=sysR.c;                          %Ausgangsvektor von sysR
bB=sysB.b;                          %Eingangsvektor von sysB
AS=[AR, bR*rR*TRB; lB*cR, AB-lB*cB+bB*rR*TRB]; %Systemmatrix
BS=[bR*vwR; bB*vwR];                %Eingangsmatrix
CS=[cR, zeros(size(cB))];           %Ausgangsmatrix
DS=0;                               %Durchgangsmatrix

x0R=[0.25; -0.5];                   %Anfangswerte der Regelung
x0B=[0;0];                          %Anfangswerte des Beobachters
x0S=[x0R;x0B];                      %Matrix der Anfangswerte

t=0:0.01:6;                         %Vektor der Zeitwerte
XS=zeros(length(t),4);              %Vordefinition Matrix XS
[YS,XS]=step(AS,BS,CS,DS,1,t);             %Sprungantwort
for k=1:length(t)
    xSS=expm(AS*t(k))*x0S;  %Matrix-e-Funktion
    XS(k,:)=xSS'+XS(k,:);
    XS(k,[3 4])=XS(k,[3 4])*TRB';
end
subplot(211)
plot(t,XS(:,1),t,XS(:,3))                  %XS(:,1) ist x1R
grid                                       %XS(:,3) ist x^1R
xlabel('\it{Zeit t/s}')             %Beschriftung der Abszisse
ylabel('\it{x}_{1R}\it{(t), x}_{1B}\it{(t)}')  %" der Ordinate
title('\it{Einheits-Sprungantwort}')          %Titel der Grafik
text(0.2,0.1,'\it{x}_{1B}')         %Bezeichnung der Kurve
```

```
text(0.6,0.3,'\it{x}_{1R}')

subplot(212)
plot(t,XS(:,2),t,XS(:,4))          %XS(:,2) ist x2R
grid                               %XS(:,4) ist x^2R
xlabel('\it{Zeit t/s}')            %Beschriftung der Abszisse
ylabel('\it{x}_{2R}\it{(t), x}_{2B}\it{(t)}')%" der Ordinate
title('\it{Einheits-Sprungantwort}') %Titel der Grafik
text(0.4,0.9,'\it{x}_{2B}')        %Bezeichnung der Kurve
text(0.3,0.1,'\it{x}_{2R}')
```

程序中德文译文:

1. %MATLAB Script-File zubept2_168.m (MATLAB 脚本文件 zubept2_168.m)
2. %Zustandsregelung mit Zustandsbeobachter für PT2-Strecke (PT_2-对象具有状态观测器的状态调节)
3. %Grafisches Fenster löschen(清除图形窗口)
4. %Streckenparameter(对象参数)
5. %Zählerpolynom der Strecke(对象分子多项式)
6. %Nennerpolynom der Strecke(对象分母多项式)
7. %GS(s)->Zustandsmodell($G_S(s)$-> 状态模型)
8. %Zustandsmodell in Regelungsnormalform(状态模型的可调节规范型)
9. %w0 der Zustandsregelung(状态调节的 w_0)
10. %Pole der
   %Zustandsregelung(状态调节的极点)
11. %Zeilenvektor der Vorgabepole(配置极点的行向量)
12. %Systemmatrix von sysR(sys_R 系统矩阵)
13. %Eingangsvektor von sysR(sys_R 输入向量)
14. %Rückführkoeffizienten
   %sind positiv(反馈系数是正的)
15. %Vorfilter(前置滤波器)
16. %Zustandsmodell in Beobachtungsnormalform
   %mit Function-File T_BNFORM_168.m(用函数文件 T_BNFORM_168.m将状态模型转换到可观测规范型)
17. %w0 des Zustandsbeobachters(状态观测器的 w_0)
18. %Pole des

%Zustandsbeobachters(状态观测器的极点)
19. %Zeilenvektor der Vorgabepole(配置极点的行向量)
20. %Systemmatrix von sysB(sys_B 系统矩阵)
21. %Ausgangsvektor von sysR(sys_B 输出向量)
22. %Beobachtungsvektor(观测向量)
23. %1B wirt transponiert(转置 1B)
24.%TB_1 ist Inverse der Matrix zur Transmation auf Beobachtungsnormalform(TB_1 为用于转换到可观则规范型的矩阵逆)
25.%TR ist die Matrix zur Transmation auf Regelungsnormalform (TR 为用于转换到可调节规范型的矩阵)
26. %Zustandsmodell der Zustandsregelung mit Zustandsbeobach-ter:(具有状态观测器的状态调节的状态模型)
27. %Ausgangsvektor von sysR(sys_R 输出向量)
28. %Eingangsvektor von sysB(sys_B 输入向量)
29. %Systemmatrix(系统矩阵)
30. %Eingangsmatrix(输入矩阵)
31. %Ausgangsmatrix(输出矩阵)
32. %Durchgangsmatrix(前馈矩阵)
33. %Anfangswert der Regelung(调节初始值)
34. %Anfangswert des Beobachters(观测器初始值)
35. %Matrix der Anfangswerte(初始值矩阵)
36. %Vektor der Zeitwerte(时间值向量)
37. %Vordefinition Matrix XS(预定义矩阵 $\boldsymbol{X}_\mathrm{S}$)
38. %Sprungantwort(阶跃响应)
39. %Matrix-e-Funktion(矩阵e函数)
40. %XS(:,1) ist x1R($\boldsymbol{X}_\mathrm{S}$(:,1) 是 $x_{1\mathrm{R}}$)
41. %XS(:,3) ist x^ 1R($\boldsymbol{X}_\mathrm{S}$(:,3) 是 x ^ 1R)
42. '\it {zeit t/s} '('\it {时间 t/s} ')
43. %Beschriftung der Abszisse(横坐标标记)
44. %‘‘ der Ordinate(纵坐标标记)
45. '\it {Einheit-Sprungantwort} '('\it {单位阶跃响应} ')
46. %Titel der Grafik (图题)
47. %Bezeichnung der Kurve(曲线命名)
48. %XS(:,2) ist x2R(XS(:,2) 是 $x_{2\mathrm{R}}$)
49. %XS(:,4) ist x^2R(XS(:,4) 是 x ^ 2R)

```
%Beschriftung der Abszisse(横坐标标记)
%''der Ordinate(纵坐标标记)
%Titel der Grafik (图题)
%Bezeichnung der Kurve(曲线命名)
```

按照在 16.8.7.1 节中在计算状态调节时的处理方法, 用函数

```
[sysR,TR]=T_RNFORM_168(sys)
```

求用于 PT_2 系统转换到可调节规范型的转换矩阵 $\boldsymbol{T}_{\mathrm{R}}$, 并实现转换 ($\mathrm{sys}_{\mathrm{R}}$, $\boldsymbol{A}_{\mathrm{R}}$, $\boldsymbol{b}_{\mathrm{R}}$, $\boldsymbol{c}_{\mathrm{R}}$, d_{R}). 为计算状态调节配置极点 $\mathrm{pole}_{\mathrm{Z}}$ 的反馈向量 $\boldsymbol{r}_{\mathrm{R}}$, 也可应用函数

```
rR=place(AR,bR,poleZ)
```

由于状态变量正反馈, 必须使反馈向量元素反号, 函数

```
[sysB,TB]=T_BNFORM_168(sys)
```

判别被调节对象的可观测性, 计算用于 PT_2 系统转换到可观测规范型的转换矩阵 TB, 并将状态模型转化为可观测规范型 ($\mathrm{sys}_{\mathrm{B}}$, $\boldsymbol{A}_{\mathrm{B}}$, $\boldsymbol{b}_{\mathrm{B}}$, $\boldsymbol{c}_{\mathrm{B}}$, $\boldsymbol{d}_{\mathrm{B}}$). 对观测器极点配置 $\mathrm{pole}_{\mathrm{B}}$ 可用

```
lB=place(AB',cB',poleB)
```

来实现, 其中系统矩阵 $\boldsymbol{A}'_{\mathrm{B}}$ 和输出向量 $\boldsymbol{c}'_{\mathrm{B}}$ 必须被转置. 观测向量将通过转置变为列向量 $\mathbf{1}'_{\mathrm{B}}$.

为求系统的阶跃响应必须构建具有状态调节和状态观测器的总系统的状态模型:

$$\frac{\mathrm{d}}{\mathrm{d}t}\begin{bmatrix} x_{1\mathrm{R}}(t) \\ x_{2\mathrm{R}}(t) \\ \vdots \\ x_{1\mathrm{B}}(t) \\ x_{2\mathrm{B}}(t) \end{bmatrix} = \underbrace{\begin{bmatrix} \boldsymbol{A}_{\mathrm{R}} & \cdots & \boldsymbol{b}_{\mathrm{R}} \cdot \boldsymbol{r}_{\mathrm{R}}^{\mathrm{T}} \cdot \boldsymbol{T}_{\mathrm{R}} \cdot \boldsymbol{T}_{\mathrm{B}}^{-1} \\ \vdots & \ddots & \vdots \\ \boldsymbol{l}_{\mathrm{B}} \cdot \boldsymbol{c}_{\mathrm{R}}^{\mathrm{T}} & \cdots & \boldsymbol{A}_{\mathrm{B}} - \boldsymbol{l}_{\mathrm{B}} \cdot \boldsymbol{c}_{\mathrm{B}}^{\mathrm{T}} + \boldsymbol{b}_{\mathrm{B}} \cdot \boldsymbol{r}_{\mathrm{R}}^{\mathrm{T}} \cdot \boldsymbol{T}_{\mathrm{R}} \cdot \boldsymbol{T}_{\mathrm{B}}^{-1} \end{bmatrix}}_{\boldsymbol{A}_{\mathrm{S}}} \cdot \begin{bmatrix} x_{1\mathrm{R}}(t) \\ x_{2\mathrm{R}}(t) \\ \vdots \\ x_{1\mathrm{B}}(t) \\ x_{2\mathrm{B}}(t) \end{bmatrix} + \underbrace{\begin{bmatrix} \boldsymbol{b}_{\mathrm{R}} \cdot v_{\mathrm{wR}} \\ \vdots \\ \boldsymbol{b}_{\mathrm{B}} \cdot v_{\mathrm{wR}} \end{bmatrix}}_{\boldsymbol{b}_{\mathrm{S}}} \cdot w(t)$$

$$y(t)=\underbrace{\begin{bmatrix}\boldsymbol{c}_{\mathrm{R}}^{\mathrm{T}} & \cdots & \boldsymbol{o}^{\mathrm{T}}\end{bmatrix}}_{\boldsymbol{c}_{\mathrm{S}}^{\mathrm{T}}}\cdot\begin{bmatrix}x_{1\mathrm{R}}(t)\\x_{2\mathrm{R}}(t)\\\vdots\\x_{1\mathrm{B}}(t)\\x_{2\mathrm{B}}(t)\end{bmatrix},\quad d_{\mathrm{S}}=0$$

$$\begin{bmatrix}x_{1\mathrm{R}}(t_0)\\x_{2\mathrm{R}}(t_0)\\\vdots\\x_{1\mathrm{B}}(t_0)\\x_{2\mathrm{B}}(t_0)\end{bmatrix}=\begin{bmatrix}0.25\\-0.5\\\vdots\\0\\0\end{bmatrix}\quad\text{(初始值)}$$

对于阶跃形式的参据量 (单位阶跃函数) 将用函数

```
[YS,XS]=step(AS,BS,CS,DS,1,t)
```

来仿真其时间特性, 并绘制在图 16.8-6 中. 矩阵 **e** 函数

```
xSS=expm(AS*t(k))*x0S
```

使研究时间特性与初始值的依赖关系成为可能. 在此, 仅选择被调节对象初始值 $x_{1\mathrm{R}}$, $x_{2\mathrm{R}}\neq 0$. 状态调节器在大约 1s 后将使观测误差调节趋近于零.

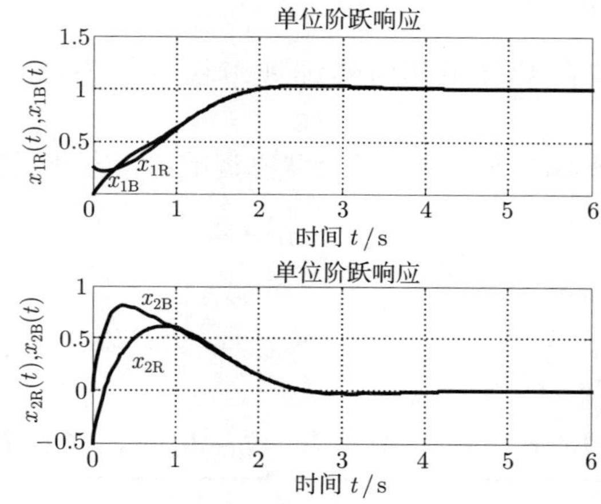

图 16.8-6　具有状态观测器的状态调节单位阶跃响应 (zubept2_168.m)

16.8.8　用于计算状态调节的控制系统工具箱函数列表

用于计算状态调节的控制系统工具箱函数见表 16.8-1 所列.

表 16.8-1 用于计算状态调节的控制系统工具箱函数

函数名	函数描述
acker	通过极点配置计算状态调节的反馈向量或观测器的观测向量. 输入状态模型和预配置极点
augstate	生成状态模型, 并将输出变量数增加到状态变量数
canon	用于转换到模态型 (Modalform) 或 "伴随规范 (卡农) 型 (companion canonical form)" 的相似性变换
ctrb	待输入状态模型的可控性矩阵
damp	特征值, 阻尼比和特征角频率, 输入状态模型
eig①	系统矩阵特征值, 输入状态模型
expm①	矩阵 e 函数 (转换矩阵)
feedback	计算具有回路结构系统的状态模型, 极–零点模型或传递函数. 输入状态模型, 极–零点模型或传递函数
impulse	单位冲激响应. 未给出输出变量, 冲激响应被直接输出到显示屏上, 输入状态模型, 极–零点模型或传递函数
initial	初始值响应函数. 未给出输出变量, 冲激响应函数将被直接输出到显示屏上, 输入状态模型和初始值
lsim	任意输入信号的响应函数. 未给出输出变量, 响应函数将被直接输出到显示屏上. 输入状态模型, 极–零点模型或传递函数和输入变量
minreal	删除状态模型中不可控的或不可观测的状态变量, 相应地, 简缩传递函数或极–零点模型
obsv	待输入状态模型的可观测性矩阵
place	通过极点配置计算状态调节的反馈向量或者观测器的可观测向量. 输入状态模型和预配置极点
pole	计算状态模型传递函数的极点
rank①	矩阵的秩
ss2ss	相似性转换. 输入状态模型和转换矩阵. 输出转换后的状态模型
step	单位阶跃响应, 未给出输出变量, 阶跃响应将被直接输出到显示屏上. 输入状态模型, 极–零点模型或传递函数
tzero	计算状态模型传递函数的零点
①函数属于 MATLAB	

通过键入 help 'Funktionsname(函数名)', online-Hilfe(在线帮助) 给出其他信息.

16.9 图形用户界面 ltiview

图形用户界面 (GUIs) 是用于生成图形的菜单控制接口, 原则上, 使用这种界面只要求很少的编程知识. 具有控制系统工具箱的调节技术研究可用 GUI ltiview 来实施. 首先, 以人机对话方式或以脚本文件方式开发调节系统的 MATLAB 模型, 如传递函数, 极–零点模型或状态模型. 然后, 启动标准函数 ltiview. 它可生成调节技术的标准函数如 step、impulse、bode、nyquist、pole/zero 等的图形. 其优点在于投入到仿真操作的时间耗费很少, 因为菜单控制是通过点击鼠标来完成的. 与用 MATLAB 脚本文件来生成图形相比, 其灵活性还是受到一定限制, 因为在 ltiview 中图形函数是固定的、不能更改的.

下面将用函数 ltiview 研究在信号流图中所给出的调节.

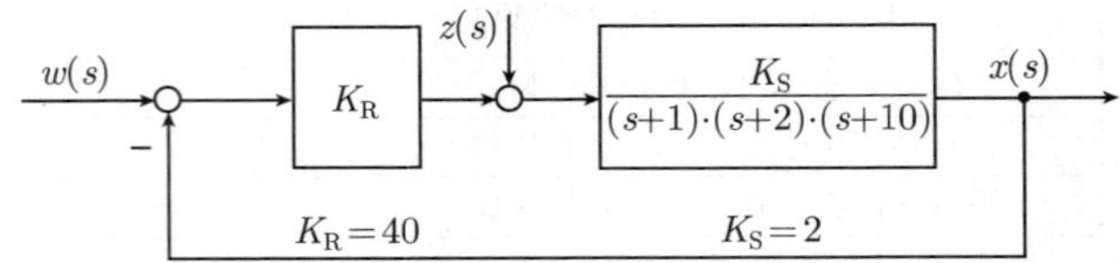

脚本–文件 GUI_169.m 求被调节对象的传递函数 $G_S(s)$, 开环调节回路的传递函数 $G_{RS}(s)$, 参据传递函数 $G(s)$ 和扰动传递函数 $G_z(s)$, 这些将由 ltiview 来处理.

```
%MATLAB Script-File GUI_169.m
%Regelung einer PT3-Strecke mit P-Regler
GS=tf(zpk([],[-1,-2,-10],2)); KR=40;  %GS(s), P-Regler
GRS=KR*GS;                            %GRS(s)
G=feedback(GRS,1);                    %G(s)
GZ=-feedback(GS,KR);                  %Gz(s)
ltiview                               %GUI initialisieren
```

程序中德文译文:

1. %MATLAB Script-File GUI_169.m (MATLAB 脚本文件 GUI_169.m)
2. %Regelung einer PT3-Strecke mit P-Regler(用P调节器调节PT_3对象)
3. %GS(s),P-Regler($G_S(s)$, P 调节器)
4. %GRS(s)
5. %G(s)
6. %GUI initialisieren(启动 GUI)

启动 GUI_169.m 之后, 在显示屏上会显现 **LTI Viewer(视窗)**的图形窗口, 如图 16.9-1 所示. 由 GUI_169.m 生成的以传递函数形式的调节技术模型将由在 **LTI Browser(浏览器)**中的 **File(文件)**, **Import(输入)**被列出并被输入到 LTI Viewer 中. 规范化的阶跃响应 (默认的响应类型: step) 被显示到图形窗口. 通过 **Edit(编辑)**, **Plot Configuration(图形设置)**可以把图形窗口分割成多个具有不同调节技术的函数 (响应类型) 的分图.

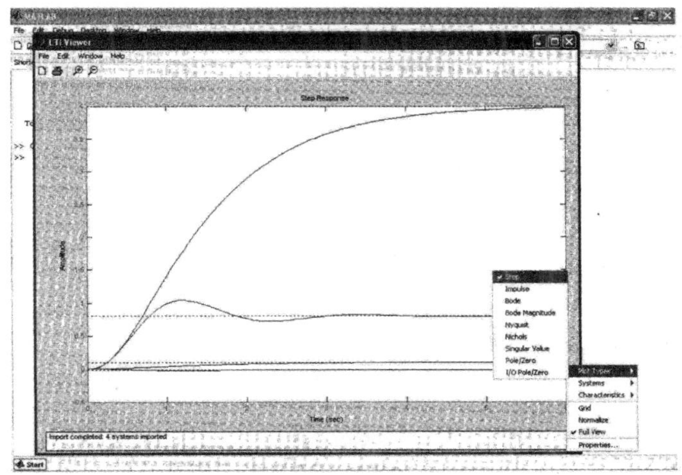

图 16.9-1 由 GUI_169.m 生成的模型的规范化阶跃响应的 LTI Viewer(视窗)

调节技术的函数 (比如 step) 和调节技术的模型 (比如 GS) 可通过单击鼠标右键到 LTI Viewer 的图形窗口的横坐标或纵坐标上选择其一. 用 **Plot Types(图形类型)**可以选择调节技术的函数, 利用 **Systems(系统)**可以选择调节技术的模型.

开环调节回路频率特性函数的伯德图

首先应求开环调节回路 $F_{\mathrm{RS}}(\mathrm{j}\omega)$ 的伯德图. 为此, 在 LTI Viewer (视窗) 的图形窗口的横坐标或纵坐标上点击鼠标右键, 由 **Plot Types(图形类型)**选择函数 Bode, 由 **Systems(系统)**选择 GRS, 并由 **Grid(栅线)**嵌入网络线. 幅频特性 (Magnitude (幅值)) 的幅值刻度或分贝刻度可通过菜单项 **Edit(编辑)**和子菜单项 **Viewer Preferences(视窗选择)**来选择 (图 16.9-2).

在菜单项 **Characteristics(特征)**中选择 **Minimum Stability Margins(最小稳定裕度)**. 将鼠标移到标记幅值裕度的点. 单击并保持按住鼠标左键, 就可以得到幅值裕度的值 (图 16.9-3).

对伯德图和其他图形均适用：当将鼠标移动到图形曲线上时, 将会给出其他信息：按住并保持鼠标右键或左键将提供传递系统的命名 (如 GRS) 和曲线点的精确值.

开环调节回路频率特性函数的幅相频率特性曲线

为生成幅相频率特性曲线, 在菜单项 **Plot Types(图形类型)**中选择函数 Nyquist, **Characteristics(特征)**, **Minimum Stability Margins(最小稳定裕度)**给出幅值和相位裕度. 如果将鼠标移到相位裕度上, 那么将显示相位裕度的数值 (图 16.9-4).

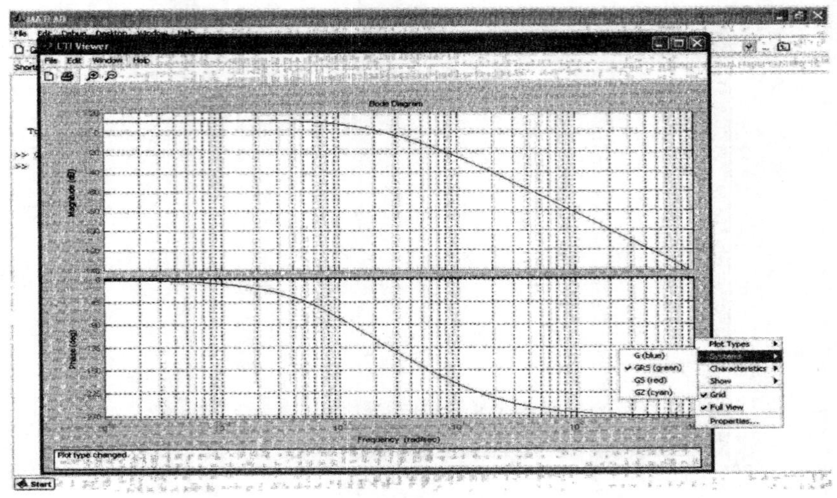

图 16.9-2　开环调节回路 GRS 的频率特性函数的伯德图

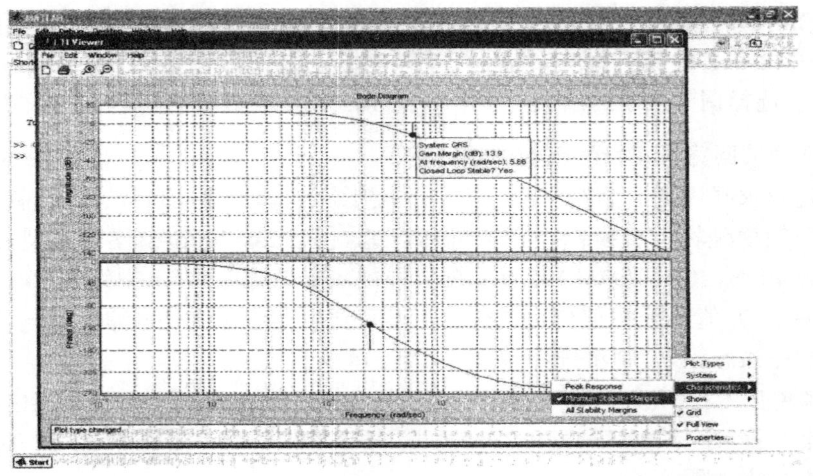

图 16.9-3　具有幅值–和相位裕度的开环调节回路 GRS 频率特性函数的伯德图

开环和闭环调节回路传递函数的极–零点图

在菜单项 **Systems(系统)** 中附加选择闭环调节回路的传递函数 G, 然后用菜单项 **Plot Types(图形类型)** 中选择函数 **Pole/Zero(极点/零点)**. 在 **Pol-Nullstellenplan(极–零点图)** 中, $G_{\mathrm{RS}}(s)$ 的极点用绿色标记, 而 $G(s)$ 的极点以蓝色表示 (图 16.9-5).

调节的参据–和扰动阶跃响应

在菜单项 **Systems(系统)** 中关闭 G_{RS}, 并选中 G_{Z}, 对两个对象 G 和 G_{Z} 求阶跃响应. 为此, 在菜单项 **Plot Types(图形类型)** 中选函数 step. 用菜单项 **Charac-**

teristics(特征)可在阶跃响应上标记过渡过程时间 (Settling Time)(图 16.9-6). 为求过渡过程时间, 用 **Edit(编辑)**、**Viewer Preferences(视窗选择)**、**Options(选择)**可调整一个不同于默认值 $t_{\mathrm{ausr}2\%}$ 的其他值.

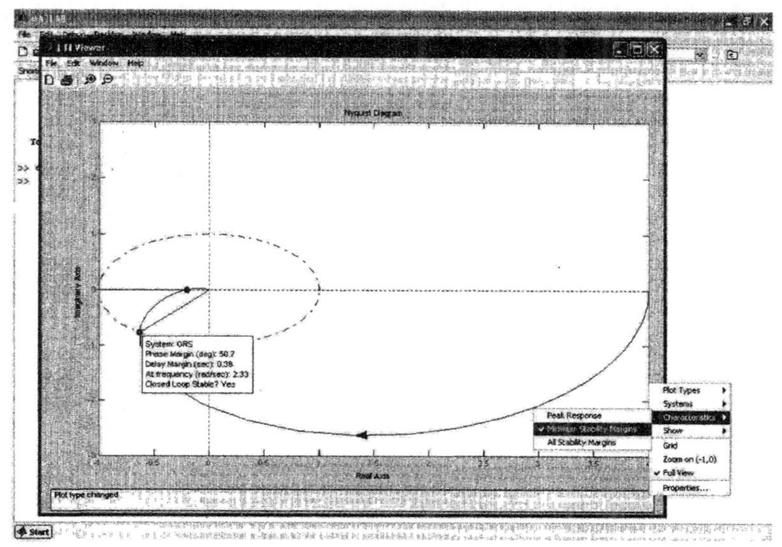

图 16.9-4 具有幅值裕度和相位裕度的开环调节回路 G_{RS} 频率特性函数的幅相频率特性曲线

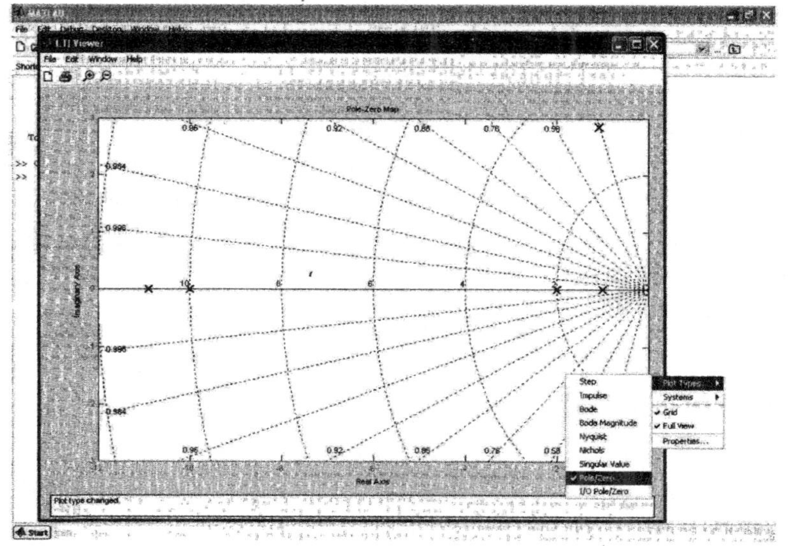

图 16.9-5 开环调节回路 (G_{RS}) 和闭合调节环路 (G) 传输函数的极–零点图

在图 16.9-6 中, 扰动阶跃响应几乎不可辨认, 因为参据阶跃响应确定坐标轴的刻度值. 用 **Zoom-function(图形缩放函数)** 可以对图形的切面放大或缩小. 双击鼠标到图形上, 将还原到原来的图形.

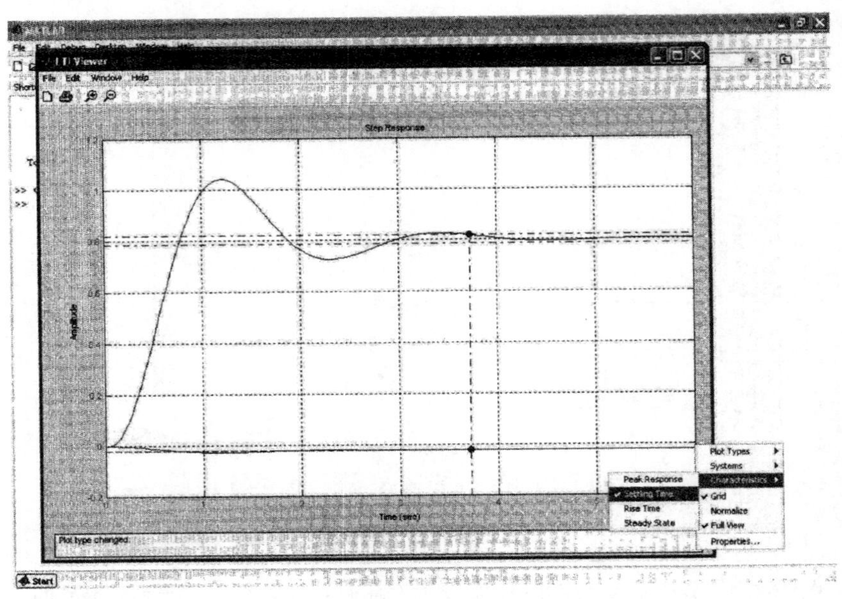

图 16.9-6 参据和扰动阶跃响应

16.10 图形用户界面 SISO 设计工具

用 SISO(Single-Input Single-Output(单输入单输出)) 设计工具可以简化具有反馈调节的计算. 对于调节器设计, 引入根轨迹曲线法、伯德图法和 NICHOLS 法. 其工作方式是用鼠标进行交互式人机对话. 调节器结构和参数可通过交互式对话进行更改和适配. 例如, 可以利用鼠标移动极点, 并表示其对幅值裕度和相位裕度的作用. 调节品质可即时用诸如阶跃响应之类的图形表示来评价, 在此, 将引入 LTI Viewer(LTI 视窗)(16.9 节). 在应用的标准–调节回路结构时, 调节器位于前向支路中, 其反馈含有一个用于测量装置的模块, 预设一个前置滤波器.

下面将研究在 16.9 节中应用的具有比例调节器的被调节对象. 通过测量装置增补调节回路. 前置滤波器补偿常值参据量的稳态调节误差.

输入对象传递函数 $G_\mathrm{S}(s)$ 和测量装置的比例系数 K_M, 通过初值对比例调节器的增益 K_R 和比例前置滤波器的增益 K_F 初始化. 启动 SISO 设计工具:

```
>> GS=tf(zpk([],[-1;-2;-10],2));
```

```
>> KM=0.5; KR=1; KF=1;
>> sisotool(GS,KR,KM,KF)
```

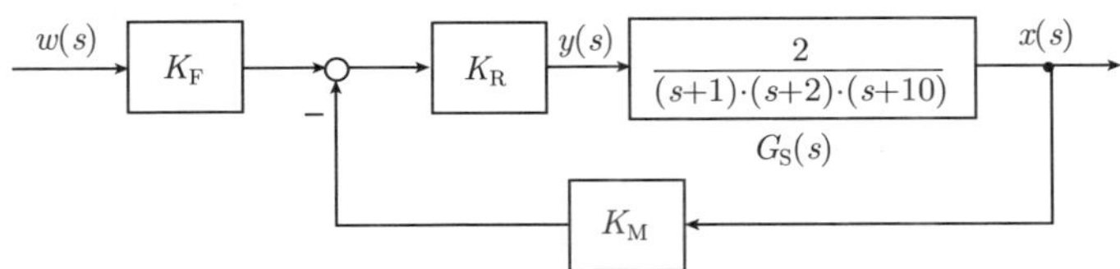

在图 16.10-1 左边的分图中显现根轨迹曲线, 右边的分图则显示相应的开环调节回路的具有幅值和相位裕度的伯德图. 这时, 可用鼠标将极点移动到根轨迹曲线上一个合适的位置, 调节器增益以及幅值和相位裕度将同步变化, 对所选的具有共轭复数值的主导极点对, 可得出比例–调节器的增益为 $K_{\mathrm{R}} = 19.58$.

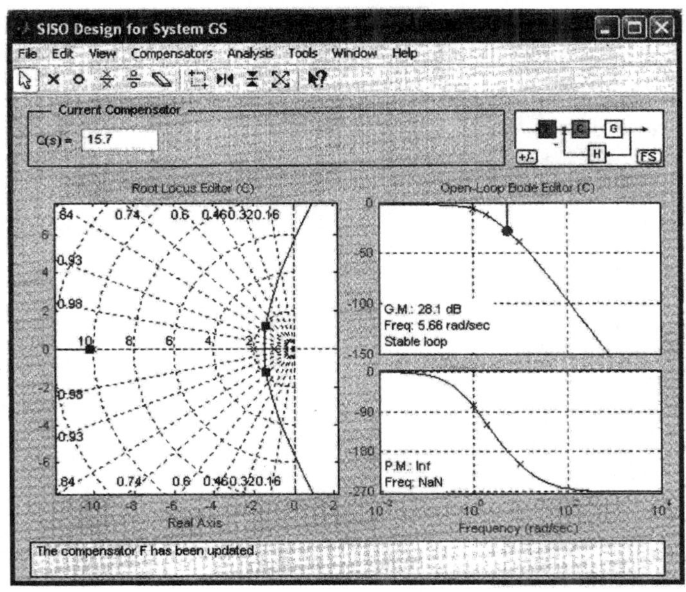

图 16.10-1 SISO 设计工具显示的根轨迹曲线和伯德图

对阶跃形式的参据量, 稳态调节误差应趋向零, 于是得出

$$
\begin{aligned}
x_{\mathrm{d}}(s) &= w(s) - x(s) \\
&= w(s) - \frac{K_{\mathrm{R}} \cdot K_{\mathrm{F}} \cdot G_{\mathrm{S}}(s)}{1 + K_{\mathrm{R}} \cdot K_{\mathrm{M}} \cdot G_{\mathrm{S}}(s)} \cdot w(s) \\
&= \frac{1 + (K_{\mathrm{M}} - K_{\mathrm{F}}) \cdot K_{\mathrm{R}} \cdot G_{\mathrm{S}}(s)}{1 + K_{\mathrm{R}} \cdot K_{\mathrm{M}} \cdot G_{\mathrm{S}}(s)} \cdot w(s)
\end{aligned}
$$

$$\begin{aligned} x_{\mathrm{d}}(t \to \infty) &= \lim_{s \to 0} s \cdot x_{\mathrm{d}}(s) \\ &= \lim_{s \to 0} s \cdot \frac{(s+1) \cdot (s+2) \cdot (s+10) + 2 \cdot (K_{\mathrm{M}} - K_{\mathrm{F}}) \cdot K_{\mathrm{R}}}{(s+1) \cdot (s+2) \cdot (s+10) + 2 \cdot K_{\mathrm{R}} \cdot K_{\mathrm{M}}} \cdot \frac{w_0}{s} \\ &= \frac{20 + 2 \cdot (K_{\mathrm{M}} - K_{\mathrm{F}}) \cdot K_{\mathrm{R}}}{20 + 2 \cdot K_{\mathrm{R}} \cdot K_{\mathrm{M}}} \cdot w_0 \stackrel{!}{=} 0 \end{aligned}$$

由 $K_{\mathrm{R}} = 19.58$ 和 $K_{\mathrm{M}} = 0.5$, 对前置滤波器可得

$$K_{\mathrm{F}} = \frac{20 + 2 \cdot K_{\mathrm{R}} \cdot K_{\mathrm{M}}}{2 \cdot K_{\mathrm{R}}} = 1.0102$$

在窗口 **Control and Estimation Tools Manager(控制与评估工具管理者)**中, 用 **Compensators**, **Edit**, **F(补偿, 编辑, *F*)** 输入前置滤波器的值. 在窗口 **SISO Design Task(单输入单输出设计任务)**的 **SISO Design(单输入单输出设计)**(图 16.10-1), **Analysis(分析)**中，选择并输出闭环调节回路的阶跃响应 (图 16.10-2).

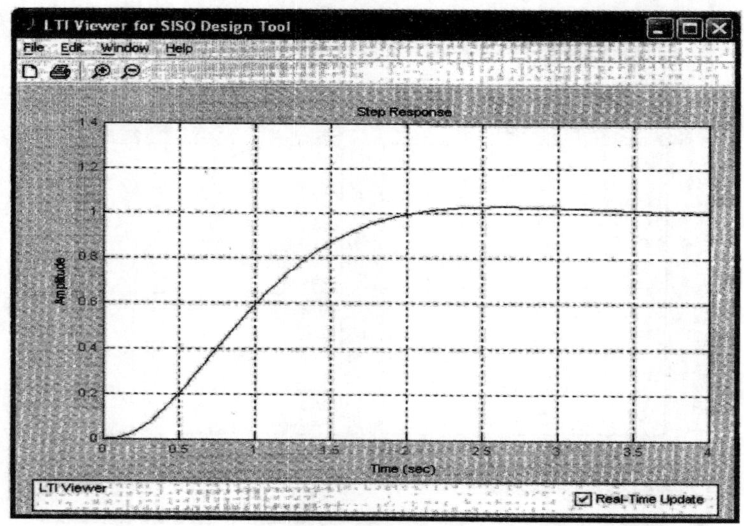

图 16.10-2 调节回路的参据阶跃响应

第 17 章　用 Simulink 计算调节系统

17.1　概述

图形操作界面 Simulink 是将 MATLAB 扩展到动态系统仿真图形程序设计语言. 程序用信号流图来输入. 在 Simulink 程序库中汇总了大量时间连续的、时间离散的和非线性系统仿真的信号流图单元. 尽可能地用计算机鼠标实现 Simulink 工作, 而字母数字数据则由键盘输入. 其优越性在于, 在与程序系统交往时会很快的进入运行时间. 与文本程序设计语言比较, 有如下的优点:

- 节省开发时间, 因为仿真研究可快速而有效地进行;
- 可针对问题用 Simulink 建立信号流图, 因此它是可易读的和直接的并适于程序文件.

其重要应用领域是线性定常调节系统以及时变的和非线性调节的时间特性仿真技术研究. 为了调节基本型的开发 (rapid prototyping(快速基本型) 和 rapid application development(快速应用开发)), Simulinkt 同样是可引入的. 为学习提供价廉的 MATLAB Student Version (大学生版) 供使用.

在下面各节中, 将描述在调节系统中经常需用的 Simulink 模块.

17.2　Simulink 导论

17.2.1　转数调节的建模和仿真

17.2.1.1　Simulink 起动

试用 Simulink 求电驱动的转数调节 (角速度调节) 的阶跃特性 (13.5.2.2.1 节). 对于被调节对象的电的和机械部分, 信号流图总是含有一个 PT_1 环节 (图 17.2-1).

按照幅值优化法调整 PI 调节器参数 (10.4.2 节):

$$T_{\mathrm{N}} = T_{\mathrm{M}} = 0.02\ \mathrm{s}, \quad K_{\mathrm{R}} = \frac{T_{\mathrm{M}}}{2 \cdot K_{\mathrm{S2}} \cdot T_{\mathrm{EM}}} = 10\ \mathrm{Nm/s}^{-1}$$

如图 17.2-2 所示, 在起动 MATLAB 后通过 Linksklicken(用鼠标左击) 左击到 Simulink-Icon (Simulink 图标) 或通过键入指令字 simulink 起动 Simulink. 显现 **Sinmulink Library Browser (Simulink 库浏览器)**, 而 Simulink 函数列在函数库中. 通过 Linksklicken 左击到库名, 列出函数模块表. 函数库有

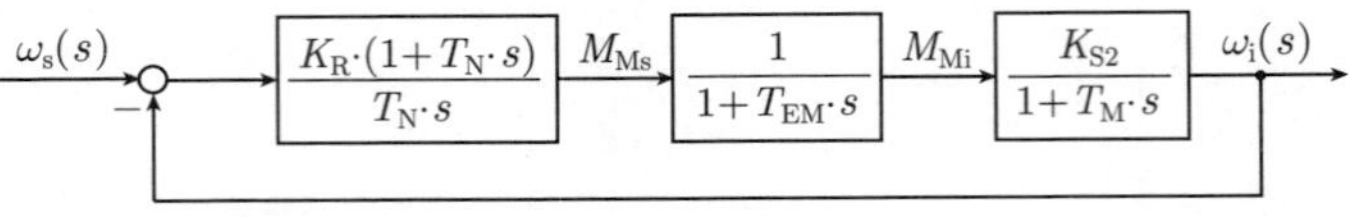

ω_s = 角速度希望值

ω_i = 角速度实际值

M_{Ms} = 电动机转动力矩希望值

M_{Mi} = 电动机转动力矩实际值

T_{EM} = 0.001 s = 力矩调节回路等效时间常数

T_M = 0.02 s = 机械时间常数

K_{S2} = 1.0 s^{-1} / Nm 机械对象部分增益

图 17.2-1　转数调节信号流图

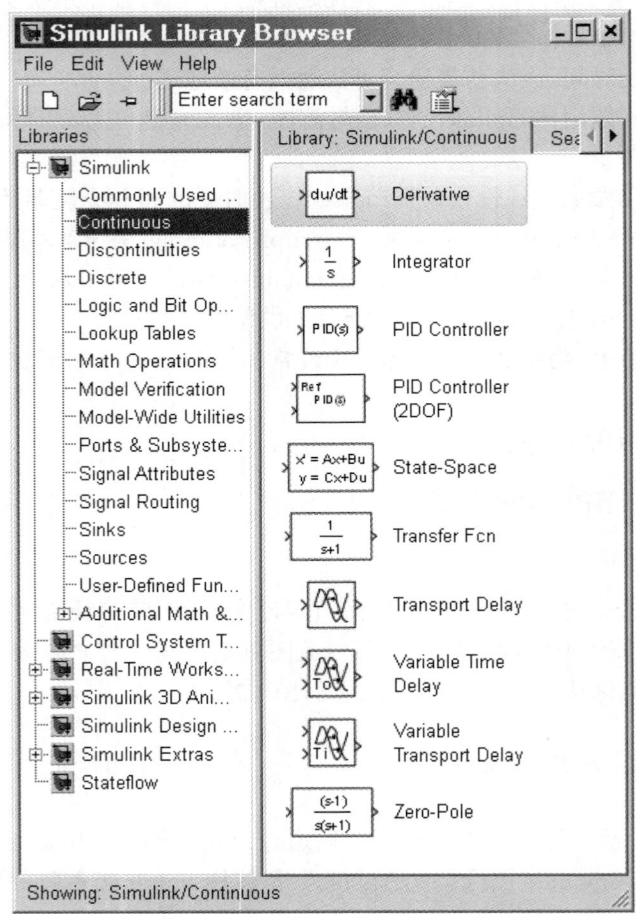

图 17.2-2　Simulink 起动后 Sinmulink Library Browser(Simulink 库浏览器) 和 Continuous Block Library(连续模块库)

- Continuous, 具有线性时间连续系统模块, 例如, Transfer Fcn(传递函数);
- Math, 数学运算, 例如, Sun(求和点);
- Sources 含有数据源和信号源, 例如, Step(阶跃函数);
- Sinks 输出数据和信号, 它是数据接收器 (Datensenken(数据接收器)), 例如 Scop (响应函数图形显示).

Sinmulink 用户可生成用户自定义函数.

用 Linksklick 左击到在 MATLAB 主窗口内的 Simulink-Icon(Simulink 图标), 显现具有 Block Libraries(模块库) 的 Sinmulink Library Browser(Simulink 库浏览器). Linksklick 左击到 Continuous 图标会显示对于线性时间连续系统的有效模块.

17.2.1.2 复制模块到 Simulink 操作窗口

在 **Sinmulink Library Browser(Simulink 库浏览器)** 中用 **File**、**New**、**Model** 打开可生成仿真程序的具有标记 **Untitled(无标题)** 的 Simulink 操作窗口. 建立转数调节信号流图, 从函数库复制所需要的函数模块到操作窗口开始. 打开 Sources Block Library(输入源模块库), 通过按和拖 (drag and drop) 左鼠标键将阶跃函数的 Step-Block(阶跃信号模块) 转移到操作窗口. 关闭 Sources Library(输入源库), 并打开 Math Operations Library(数学运算库). 用同样处理方法复制求和点 Sum-Block(求和点模块), 从 Continuous Library(连续库) 将调节器传递函数 (Transfer Fcn(传递函数)) 和对象传递函数部分 1(Transfer Fcn1(传递函数 1)) 和部分 2(Transfer Fcn2(传递函数 2)) 转移到操作窗口. 关闭 Continuous Library(连续库) 并打开 Sinks Library(输出库), 将输出阶跃响应的 Scope-Block(示波器模块) 带到操作窗口 (图 17.2-3).

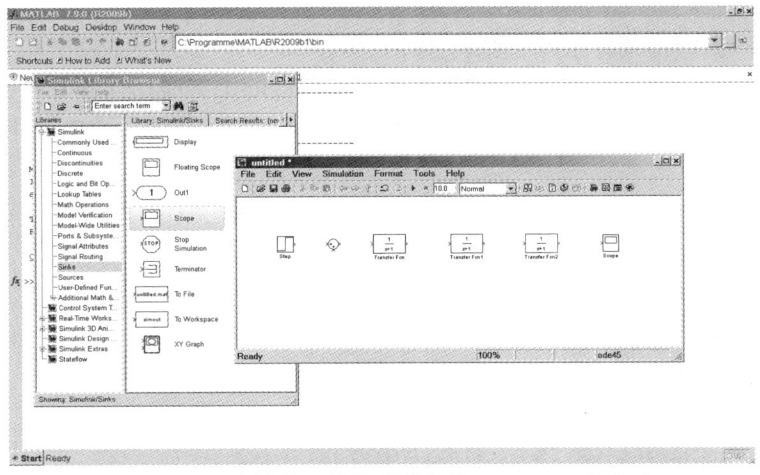

图 17.2-3 具有转数调节传递模块的 Simulink 操作窗口

Continuous Library(连续库) 含有传递函数 (Transfer Fcn(传递函数)) 和极-零点模型 (Zero-Pole(零-极点)). 对于在例子中调节器和被调节对象的传递函数, Transfer Fcn(传递函数) 模块是更适合的, 因为这里分子和分母多项式系数可作为以拉普拉斯算子 s 降阶排列的行向量输入.

17.2.1.3 修改模块

第二步是修改在 Simulink 操作窗口中的模块, 并使其与图 17.2-1 已给的信号流图相匹配. 并实现下列变化.

- 通过双击 Sum-Block(求和点模块) 打开所属的 Dialog-Box(对话框), 对于 (负) 反馈输入个负号;
- 通过双击 Transfer Fcn-Block(传递函数模块) 打开所属的 Dialog-Box(对话框), 并输入 PI 调节器的分子多项式 (numerator(分子) = [0.2 10]) 和分母多项式 (denominator(分母)=[0.02 0]) 的多项式系数行向量;
- 相应地在 Transfer Fcn1-Block(传递函数 1 模块) 中输入对于被调节对象部分 1 的分子多项式 (numerator(分子)=[1]) 和分母多项式 (denominator(分母)=[0.001 1]) 的多项式系数行向量;
- 对于 Transfer Fcn2-Block(传递函数 2 模块) 输入对于被调节对象部分 2 的分子多项式 (numerator(分子)=[1]) 和分母多项式 (denominator(分母)=[0.02 1]) 的多项式系数行向量到对应的 Dialog-Box(对话框);
- 随后, 通过左击到标记 Transfer Fcn(传递函数) 输入 PI 调节器的标记. 对于被调节对象传递模块得到标记对象部分 1 和对象部分 2(图 17.2-4, 图 17.2-5).

17.2.1.4 插入作用线和文字

在操作窗口将鼠标指针 (光标) 指向 Step-Block(阶跃模块) 输出端, 这将出现一个十字线, 通过点击拖左鼠标键将能产生作用线的十字线指向求和点 Sum 的左输入端, 松开鼠标键. 当显现黑色指示箭头时, 建成了作用线. 相应地生成其他作用线.

作用线也可按如下方式生成: 通过点击选中作用线出发的模块, 随后按 Strg(Ctrl (控制)) 键并执行点击到作用线应指向的模块.

对于反馈, 作用线从被调节对象输出端的分支点引向求和点. 把鼠标指针放到分支点, 通过按和拖右鼠标键引十字线向下, 松开鼠标键. 用右或左鼠标键 (Maustaste) 补完反馈作用线.

对齐传递模块可改善信号流图可读性. 从左向右通过左击选中模块, 并用鼠标或 Cursor-Tasten(光标键) 滑动, 这样产生直的作用线.

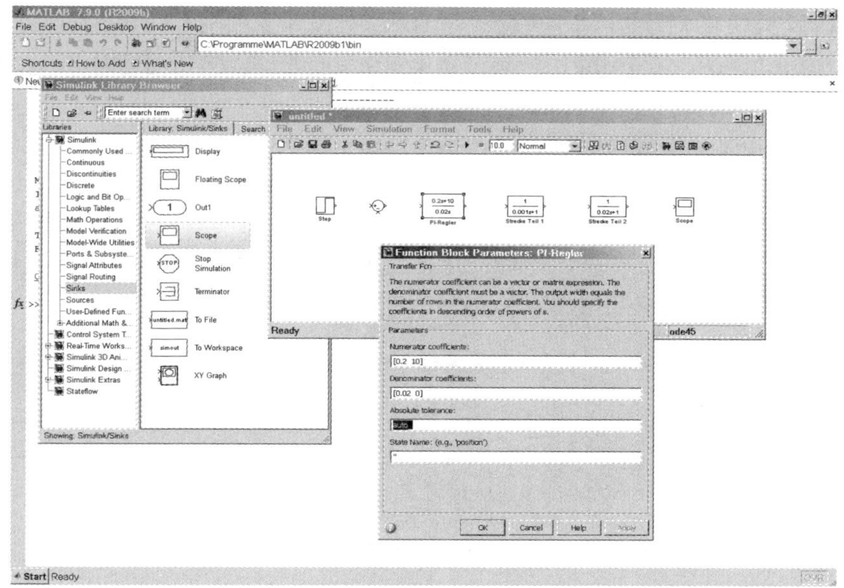

图 17.2-4 具有对于 PI 调节器修改的传递模块和对话框的操作窗口

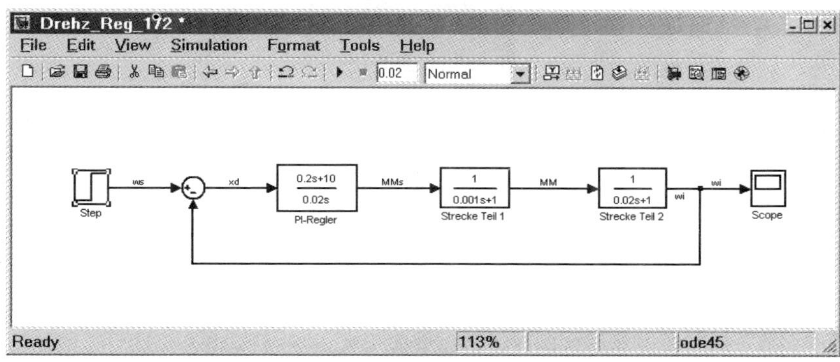

图 17.2-5 具有转数调节信号流图的 Simulink 操作窗口 (Drehz_Reg_172.mdl)

在作用线上附加信号标记 (Labels(标记)), 通过双击到作用线期望处会显现一个 **text box(文字框)**, 在此框登记信号标记. 用 **drag and drop (拖和点击)**可滑动文字 (图 17.2-5).

该模型用 **File(文件)**存储在程序名 Drehz_Reg_172.mdl 下.

17.2.1.5 绘制阶跃响应曲线

根据阶跃响应的快速时间历程曲线, 修改仿真参数 default-Wert(默认值) 是必要的. 阶跃函数应开始于 $t = 0$. 为此在操作窗口通过双击打开 Step-Blocks(阶跃模块) 的 Dialog-Box(对话框), 并对于 **Step time(阶跃时间)**输入值 $t = 0$, 关闭 Step-

Block(阶跃模块). 对于仿真时间选 $t = 0.02$s, 在操作窗口对于 **Step time(阶跃时间)** 由 **Simulation、Comfiguration Parameters(仿真、构形参数),Solver(解算器)** 输入值 $t = 0.02$s.

在 Simulink 操作窗口用 **Simulation、Start(仿真、起动)** 计算阶跃响应. 通过点击到 Scope-Block(示波器模块) 会显现具有单位阶跃响应的 Scope-Fenster(示波器窗口). 通过点击到望远镜图标 (Autoscale(自动刻度)) 自动刻出坐标轴 (图 17.2-6), 单击放大镜图标激活可变焦 (放大) 功能. 当鼠标指针引向曲线和操纵左鼠标键时, 可放大显示感兴趣的响应截面.

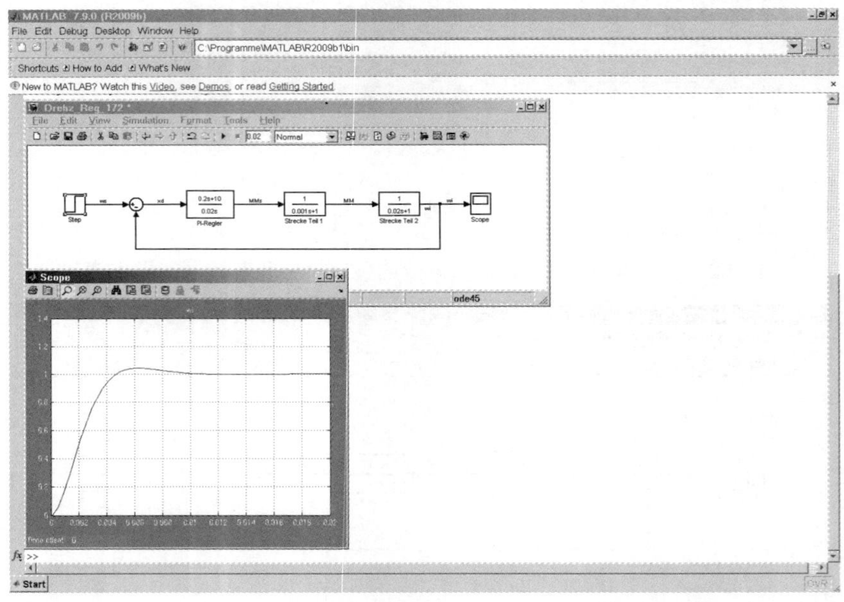

图 17.2-6　具有转数调节信号流图和阶跃响应的 Simulink 操作窗口 (Drehz_Reg_172.mdl)

17.2.2　用 Simulink 建立信号流图

17.2.2.1　概述

在所引入例子中生成转数调节的 Simulink 模型并求其阶跃响应, 在此继续用计算机鼠标建立信号流图, 用键盘输入字母数字数据. 在此应用修改和继续对模块和作用线进行键控的可能性汇总如下.

17.2.2.2　编辑模块

在后面, 点击总是意味着用左鼠标键点击.

将模块从模块库复制到操作窗口: 为建立信号流图, 通过按和拖左鼠标键 (drag

and drop (拖和点击)) 从模块库一个个地将模块移到操作窗口.

清除模块: 通过点击选中模块, 随后用清除键 (Löschtaste) 清除.

在操作窗口复制模块: 一个在操作窗口现存的模块, 通过按和拖右鼠标键 (或 Strg(Ctrl 控制) 键和左鼠标键) 可被移向在操作窗口的所期望位置, 并由此被复制.

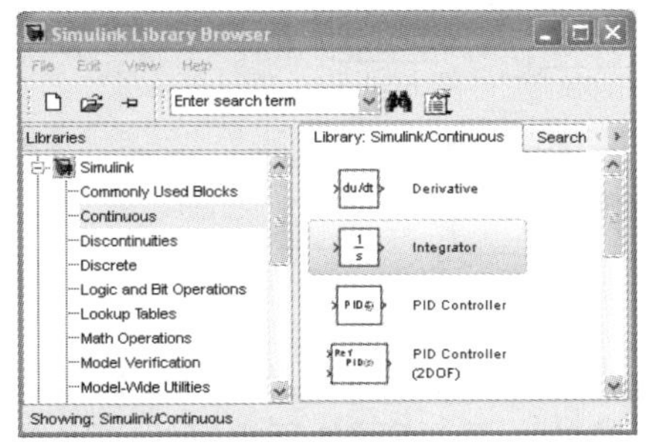

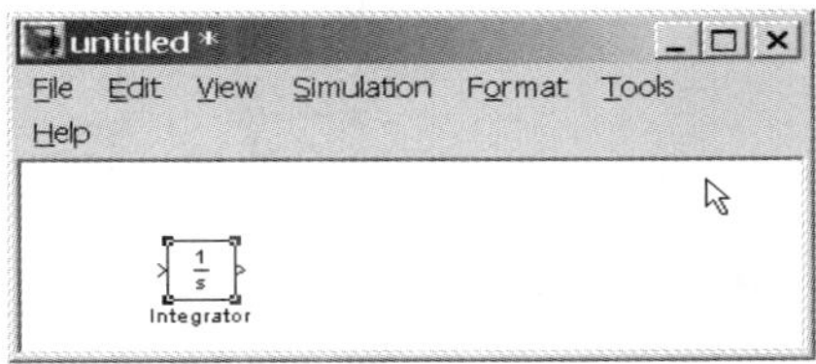

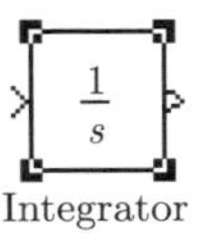

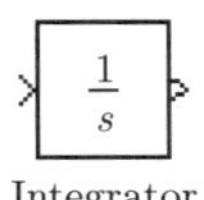

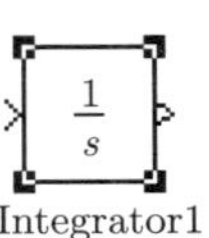

改变模块大小: 通过单击来标记模块. 再通过按和拖左鼠标键滑动所选择的标记点, 直到达到期望模块的大小. 可使整个参数数据显示图放大.

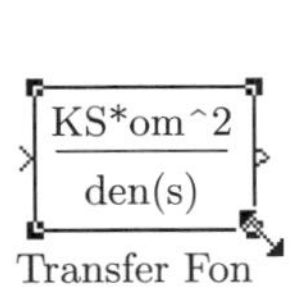

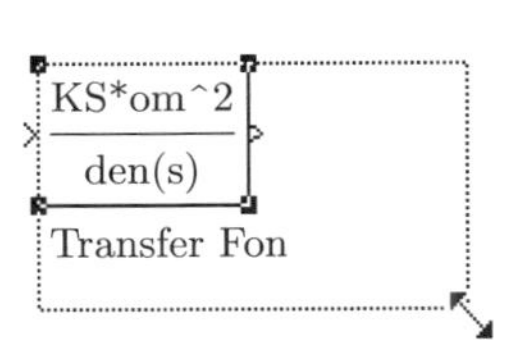

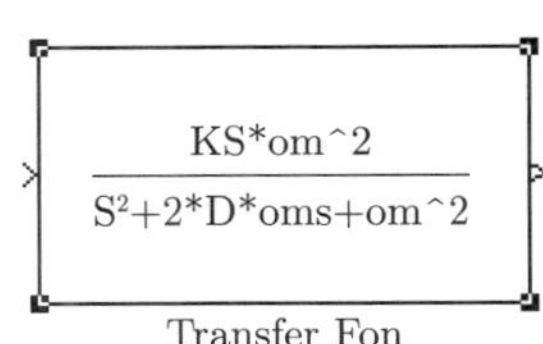

旋转模块: 通过点击来标记模块, 并通过 **Format、Rotate Block(格式、旋转模块)**总是顺时针方向旋转 90°. 而 **Format、Flip Block(格式、倒转模块)**给出 180° 旋转.

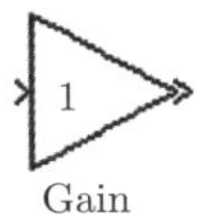

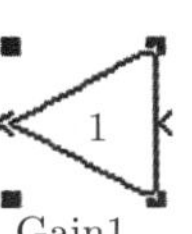

编辑多模块为组: 用左鼠标键把将要被编组的模块封装在一个框内, 并由此被标记. 上面给出的操作模块的 **Löschen(清除)、Kopieren(复制)、Drehen(旋转)**以及在操作窗口的模块移动, 现在都对所标记的模块组起作用.

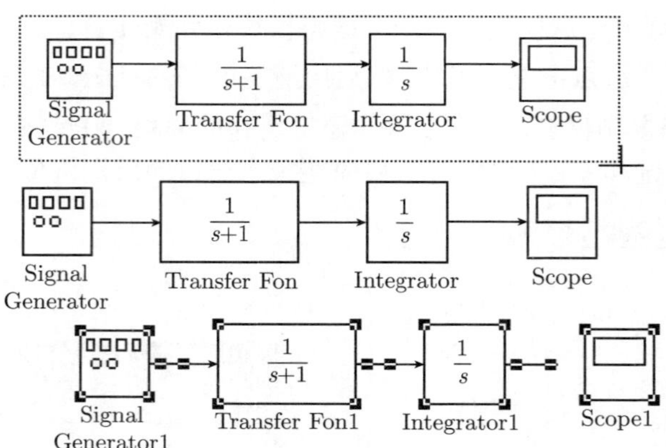

模块阴影线: 通过后置阴影可突出信号流图中个别模块. 通过单击标记模块, 并随后用 **Format**、**Show Drop Shadow(格式、显示阴影)**画阴影线, 用 **Hide Drop Shadow(退出阴影)**退出做阴影线.

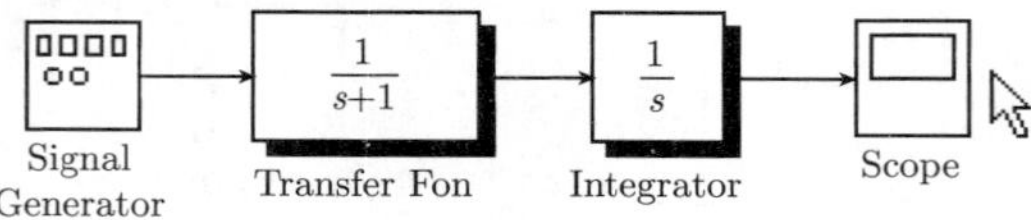

移动模块标记 (Labels(标记)): 通过点击标记模块, 用 **Format, Flip Name(格式、移动名)** 可将模块标记向上或向下移动.

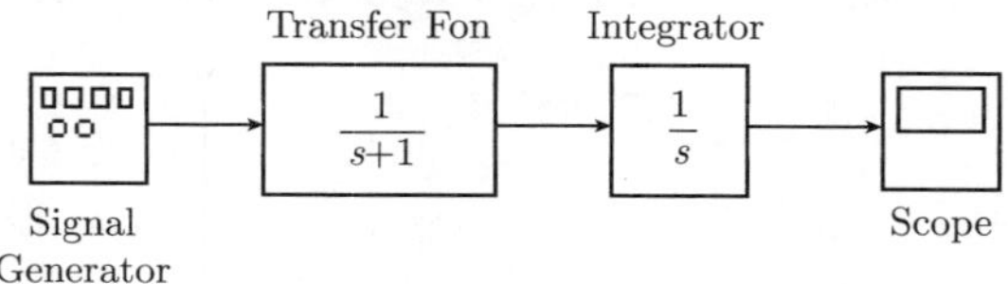

17.2.2.3　编辑作用线

插入作用线: 鼠标指针指向模块输出端, 直到十字线显现. 通过按和拖左鼠标键使十字线拉到另一个模块输入端. 松开鼠标键后在那里显现黑色箭头. 存在简化的可能性, 即选中第一个模块, 然后在按 Strg(Ctrl, 控制) 键时点击目标模块.

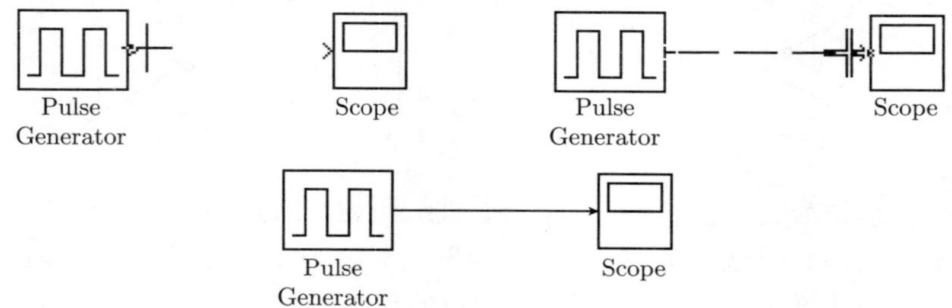

清除作用线: 通过点击标记作用线, 并随后用清除键来清除.

移动作用线: 鼠标指针引向到将被移动的作用线部分线段. 通过按和拖左鼠标键和拉动鼠标改变作用线部分线段位置.

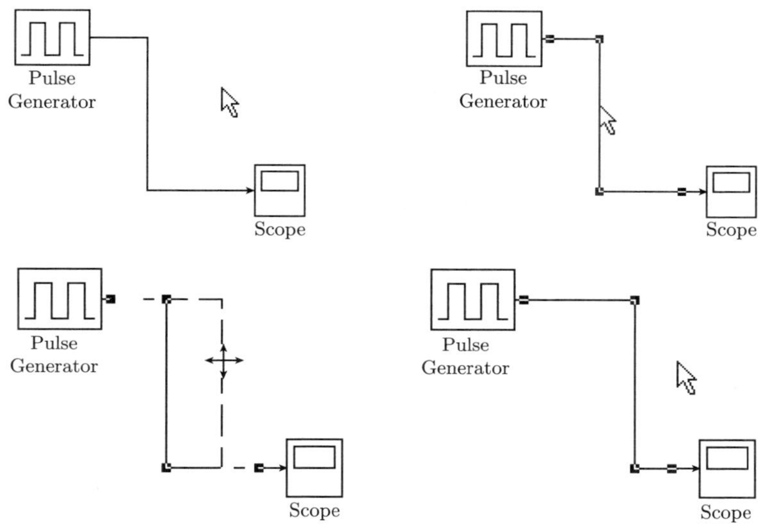

插入支线点: 鼠标指针引到应分支出信号的作用线点. 通过按和拖右鼠标键并拉动鼠标使十字线引向下一模块的输入端.

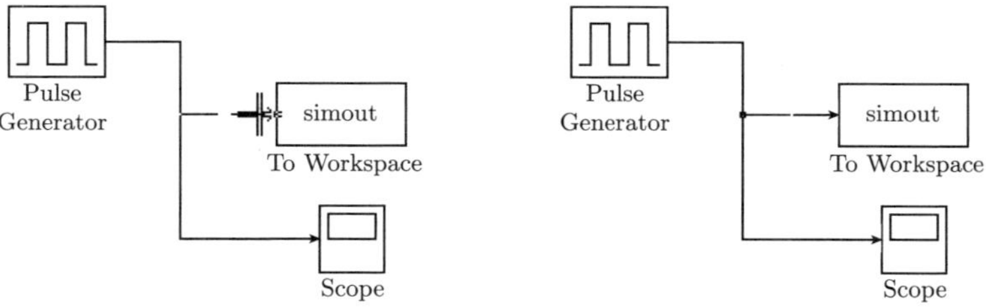

移动转角点: 通过按鼠标键标记转角点. 如果光标 (Curson) 出现圆形的话, 那么可将转角点移到期望的位置.

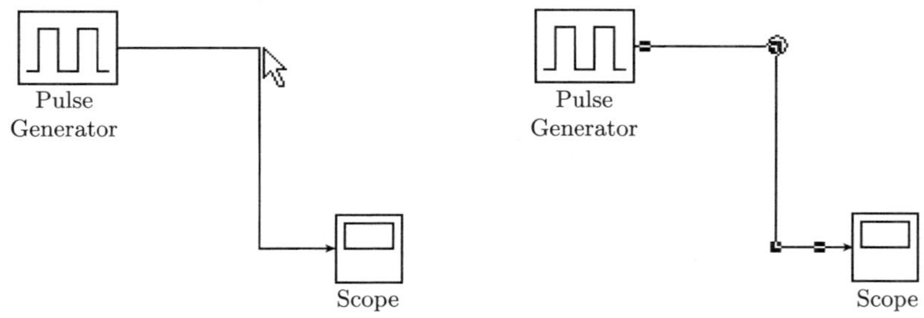

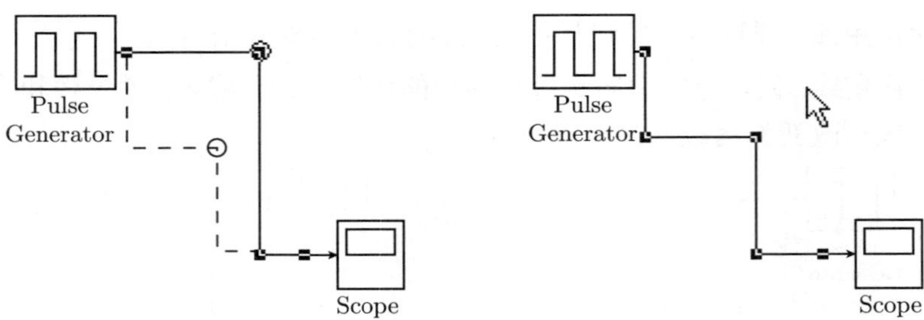

将作用线分为两部分线段：通过按鼠标键选择 (作用) 线. 用按换挡键 (Umschalttaste) 点击 (作用) 线的点, 在该点 (作用) 线应被分为两部分线段. 如果光标 (Curson) 出现圆形的话, 那么可将作用线分成两部分线段.

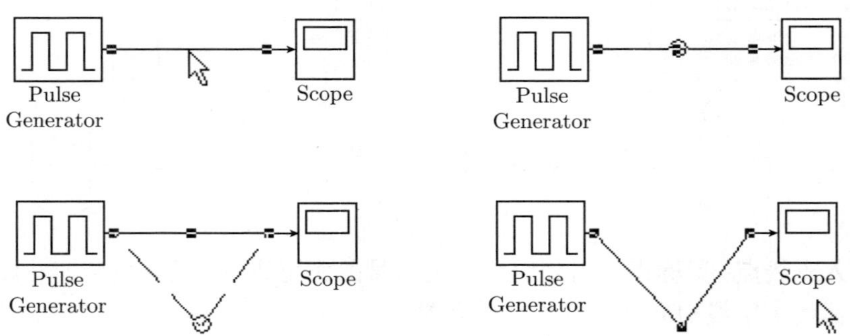

在作用线中插入模块：通过按和拖左鼠标键可将模块 (具有输入端和输出端) 拉到将插入的作用线处.

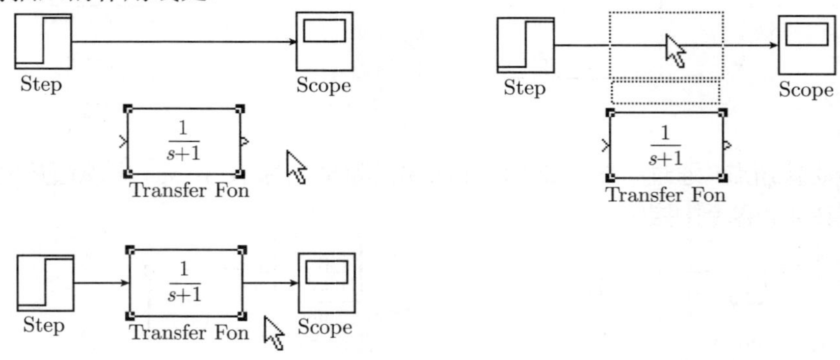

将标记 (Labels) 安置在作用线上：通过双击作用线, 显现一个标记输入端的光标 (Cursor). 在此点击作用线是非常重要的, 因为否则会输入注释, 用鼠标可将作用线标记有选择地移动到作用线初始、中间、终端和两边, 信号标记改善信号流图的可读性.

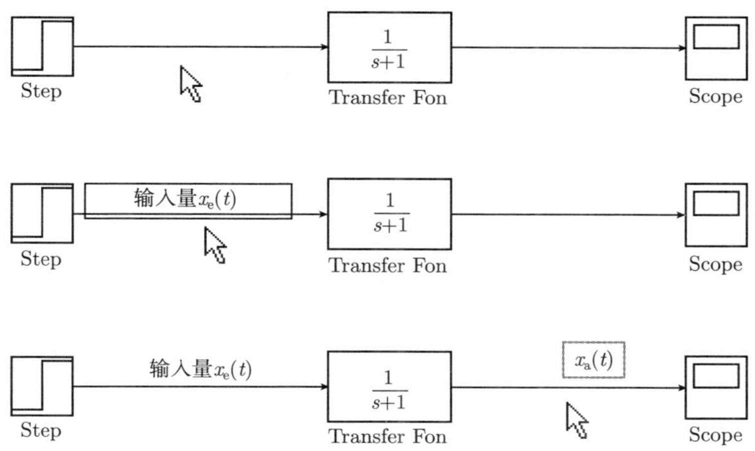

自动信号标记: 信号标记可经过各种模块 (Mux(混路器)、Demux(分路器)、Goto (输送器)、From(接收器)) 来传递. 标记输入信号, 并用菜单 **Edit**、**Signal Properties**(编辑, 信号特性) 来标记. 同样地, 获得这个标记的信号线必须被标记, 在菜单 **Edit**、**Signal Properties**(编辑、信号特性) 中接通 **Show Propagated Signals(显示传播信号)**.

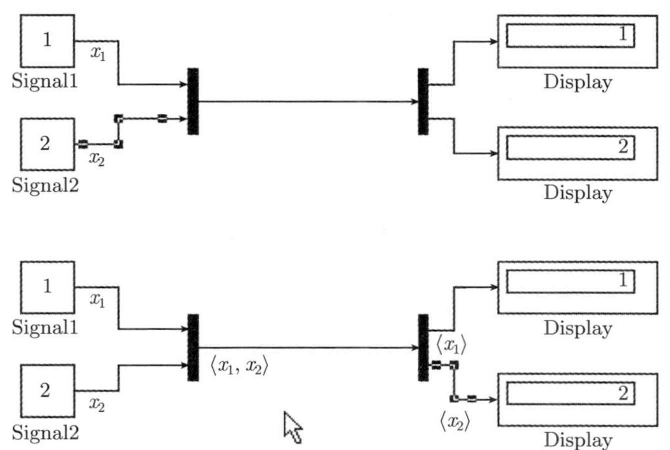

17.2.2.4 插入注释

插入注释: 通过双击到操作窗口应插入注释的位置, 可显现文字输入的 Cursor(光标). 字体和字号可按照选中文字, 并用 **Format**、**Font(字号、字体)**来改变. 随后在操作窗口用鼠标移动注释位置.

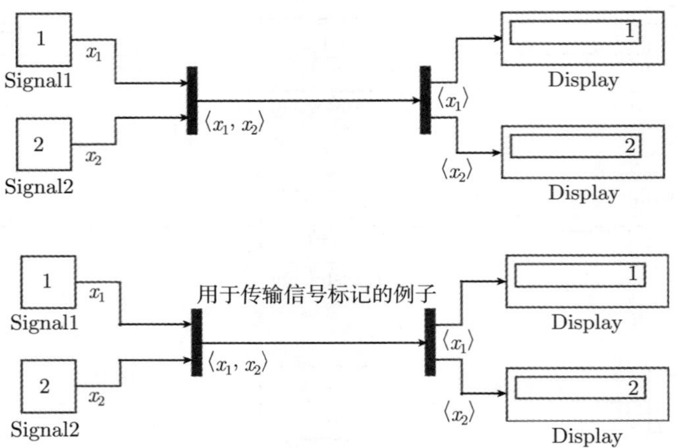

17.3 时间连续调节仿真

17.3.1 概述

时间连续调节回路含有集中参数或分布参数的传递环节, 在此调节回路信号是时间和数值连续的. 具有集中参数的调节回路环节在时域是用普通微分方程来描述的, 而在时变系统传递环节参数是与时间相关. 为解具有常系数线性微分方程可应用拉普拉斯变换. 在 Simulink 中, 对于时间连续调节系统的仿真模块 (Simulations-Blöcke) 归纳在 Continuous Block Library(连续模块库) 中 (图 17.3-1).

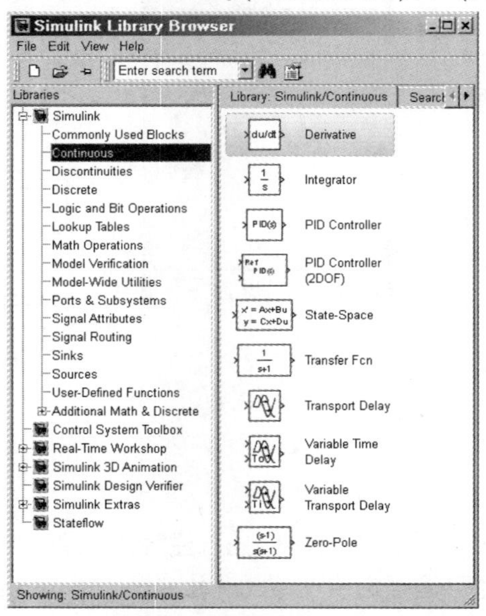

图 17.3-1　Continuous Block Library(连续模块库) 传递模块

17.3.2 Continuous Block Library(连续模块库) 的主要传递模块

17.3.2.1 具有 Step-, Integrator-, Mux- 和 Scope-Block(阶跃模块, 积分器模块, 混路器模块和示波器模块) 的阶跃响应

用 **Step-Block(阶跃模块)**(Sources Block Library(输入源模块库)) 可生成阶跃函数. 阶跃时间点 T_0(Step time(阶跃时间)), 初值 x_{ea}(Initial value(初值)) 和阶跃高度 x_{e0}(终值, Final value(终值)) 是可编程的 (图 17.3-2, 图 17.3-3).

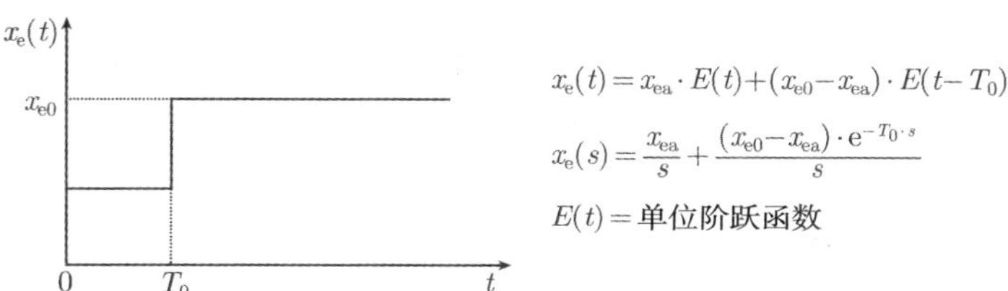

图 17.3-2 用 Step-Block(阶跃模块) 预先给出阶跃函数

Source Block Parameters: Step

Step

Output a step.

Parameters

Step time:

8

Initial value:

2

Final value:

10

Sample time:

0

☑ Interpret vector parameters as 1-D

☑ Enable zero crossing detection

OK Cancel Help

图 17.3-3 具有 $T_0 = 8s$, $x_{\mathrm{ea}} = 2$, $x_{\mathrm{e0}} = 10$ 的 Step-Block(阶跃模块) 的 Dialog-Box(对话框)

用双点击到图标 Step-Block(阶跃模块) 打开相应的 Dialog-Box(对话框) (图 17.3-3).

Integrator-Block(积分器模块)计算输入信号的积分. 初值 $x_{\mathrm{a}}(t = 0) = x_{\mathrm{a0}}$ (Blockparameter(模块参数)) 可内部或外部预先给出. 可限制输出信号, 以便终止积

分 (wind up).

Mux-Block(混路器模块)(Signal Routing Library(信号路径库)) 将多个输入信号综合成一个向量信号或总线信号. 信号 $x_{\mathrm{e}}, x_{\mathrm{a}}$ 构成一个向量, 并且同时被显示在 Scop-Fenster(示波器窗口). 由图 15.3-3 预先给定值和 Integrator-Block(积分器模块) 的传递函数 $G(s) = 1/s$ 可得到

$$\begin{aligned}
x_{\mathrm{e}}(t) &= x_{\mathrm{ea}} \cdot E(t) + (x_{\mathrm{e0}} - x_{\mathrm{ea}}) \cdot E(t - T_0) \\
x_{\mathrm{e}}(s) &= \frac{x_{\mathrm{ea}}}{s} + \frac{(x_{\mathrm{e0}} - x_{\mathrm{ea}}) \cdot \mathrm{e}^{-T_0 \cdot s}}{s} \\
x_{\mathrm{a}}(t) &= L^{-1}\{G(s) \cdot x_{\mathrm{e}}(s)\} = L^{-1}\left\{\frac{x_{\mathrm{ea}}}{s^2} + \frac{(x_{\mathrm{e0}} - x_{\mathrm{ea}}) \cdot \mathrm{e}^{-T_0 \cdot s}}{s^2}\right\} \\
&= (x_{\mathrm{e0}} - x_{\mathrm{ea}}) \cdot t + x_{\mathrm{e0}} \cdot (t - T_0) \cdot E(t - T_0) \\
&= 2 \cdot t + 8 \cdot (t - 8) \cdot E(t - 8) \\
&\quad x_{\mathrm{a}}(t = 0) = x_{\mathrm{a0}} = 0
\end{aligned}$$

在图 17.3-4 中积分环节的阶跃响应是由两个具有不同斜率的斜坡函数组合成的.

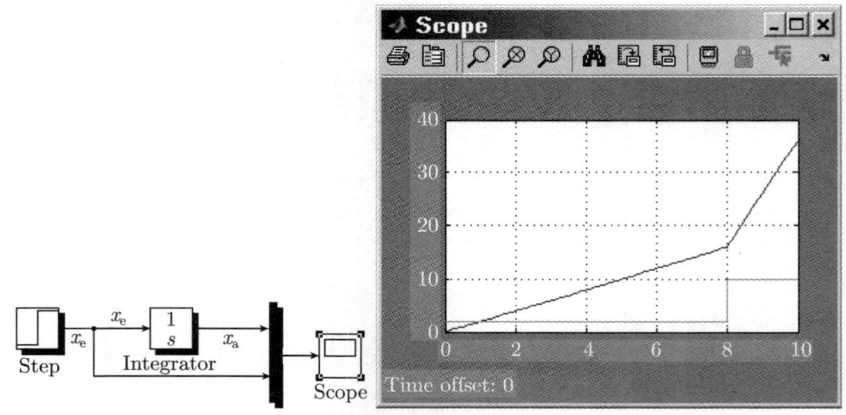

图 17.3-4　积分环节的阶跃响应 (integrator_173.mdl)

用 **Scope-Block(示波器模块)**(Sinks Library(输出库)) 图形显示时间信号, 双击 Scope-Block(示波器模块) 打开 Scop-Fenster (示波器窗口). 用左击到图标栏上的 **Prnt-**Symbol(**打印机**图标) 就可打印出图形. 单击到 **Parameters-**Symbol(**参数**图标) 打开后面窗口, 在此窗口可规定输入信号数量 (Axes(坐标轴)) 并将数据传输到用于进一步处理的 MATLAB 工作存储器 (Arbeitsspeicher(内存)) 中.

用 **Zoom-Funktion (变焦函数)**可放大显示图域, 用 **Zoom X-axis(变焦 *X* 轴)**则变焦函数仅在水平方向有效, 而用 **Zoom Y-axis(变焦 *Y* 轴)**仅在垂直方向有效. 双击图形显示原始图面. 通过点击 **Autoscale(自动刻度)**(望远镜图标) 使 Y

轴刻度与信号匹配. 用 **Save current axes settings(存储当前轴设置)**可使所选择的刻度存储并保持在后面仿真时有效.

17.3.2.2 具有 Ramp-, Derivative- 和 Scope-Block(斜坡模块, 微分器模块和示波器模块) 的斜坡响应

由 Ramp-Block(斜坡模块)(Sources Library(输入源库)) 生成斜坡函数. 双击到 Ramp-Block(斜坡模块) 的 Icon(图标) 打开所属的 Dialog-Box(对话框)(图 17.3-6), 其中可预先给定模块参数斜坡速度 v(Slope(斜率)),

$$v=\frac{x_{\mathrm{e0}}-x_{\mathrm{ea}}}{T-T_0}$$

起始时间点 T_0(Star time(起始时间)) 和初始值 x_{eo}(Initial output(初始值))(图 17.3-5 和图 17.3-7).

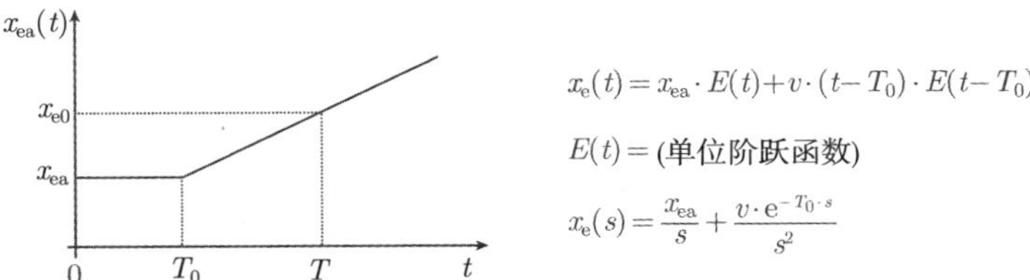

图 17.3-5 通过 Ramp-Block(斜坡模块) 预先给出斜坡函数

Derivative-Block(微分器模块)计算在应用微分方程时的时间导数:

$$x_{\mathrm{a}}(t)=\frac{\mathrm{d}x_{\mathrm{e}}(t)}{\mathrm{d}t}\approx\frac{\Delta x_{\mathrm{e}}(t)}{\Delta t}$$

$\Delta x_{\mathrm{e}}(t)$ 为在预先给出的仿真时间步长 Δt 内输入量的变化. 对于图 17.3-6 所示的输入模块参数和 Derivative-Block(微分器模块) 传递函数 $G(s)=s$, 给出响应函数 $x_{\mathrm{a}}(t)$ 为

$$x_{\mathrm{e}}(t)=x_{\mathrm{ea}}\cdot E(t)+v\cdot(t-T_0)\cdot E(t-T_0),\qquad x_{\mathrm{e}}(s)=\frac{x_{\mathrm{ea}}}{s}+\frac{v\cdot \mathrm{e}^{-T_0\cdot s}}{s^2}$$

$$\begin{aligned}x_{\mathrm{a}}(t)&=L^{-1}\{G(s)\cdot x_{\mathrm{e}}(s)\}=L^{-1}\left\{x_{\mathrm{ea}}+\frac{v\cdot \mathrm{e}^{-T_0\cdot s}}{s}\right\}\\&=x_{\mathrm{ea}}\cdot\delta(t)+v\cdot E(t-T_0)=2\cdot\delta(t)+E(t-T_0)\end{aligned}$$

17.3.2.3 具有 Step-, Sum-, Transfer Fcn-, Mux- 和 Scope-Block(阶跃模块, 求和模块, 传递函数模块, 混路器模块, 示波器模块) 的冲激响应

由 **Sum-Blöcken(求和模块)**(Math Operations Library(数学运算库)) 实现求和点, 可输入输入信号数目和符号. 冲激函数可近似地通过两个阶跃函数的差来生成:

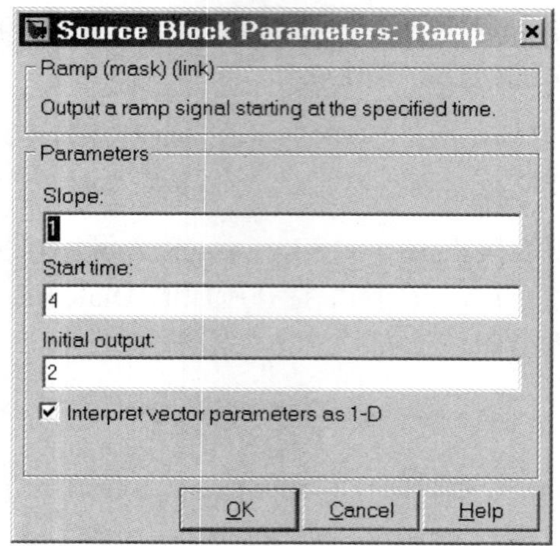

图 17.3-6　对于具有 $v = 1\text{s}^{-1}, T_0 = 4\text{s}, x_{\text{ea}} = 2$ 的 Ramp-Block(斜坡模块) 的 Dialog-Box(对话框)

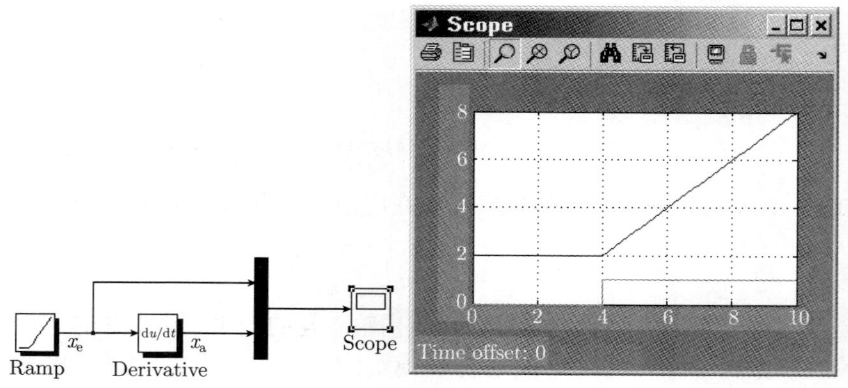

图 17.3-7　微分环节的 Simulink z 模型和斜坡响应 (derivative_173.mdl)

$$\begin{aligned}\delta(t) \approx x_{\text{e}}(t) &= x_{\text{e1}}(t) - x_{\text{e2}}(t) \\ &= x_{\text{e0}} \cdot E(t) - x_{\text{e0}} \cdot E(t-\varepsilon) \\ &= \frac{1}{\varepsilon} \cdot E(t) - \frac{1}{\varepsilon} \cdot E(t-\varepsilon)\end{aligned}$$

$$x_{\text{e0}} = \frac{1}{\varepsilon} \to \infty \text{ (冲激高度)}, \qquad \varepsilon \to 0 \text{ (冲激持续时间)}$$
$$x_{\text{e0}} \cdot \varepsilon = 1 \text{ (单位冲激面积)}$$

冲激高度和冲激持续时间, 在近似方式实现时可实验地求出. 冲激持续时间相对于所研究的传递环节时间常数应是很小的, 在本例中为 $x_{\text{eo}} = 10\text{s}^{-1}$ 和 $\varepsilon = 0.1\text{s}$.

对于传递函数 $G(s)$, 冲激响应 $x_a(t)$ 为 (图 17.3-8):

$$x_e(s)=L\{\delta(t)\}=1,\qquad G(s)=\frac{K_P}{1+T_1\cdot s}$$
$$x_a(t)=L^{-1}\{G(s)\cdot x_e(s)\}$$
$$=L^{-1}\left\{\frac{K_P}{1+T_1\cdot s}\right\}=L^{-1}\left\{\frac{10}{1+2\cdot s}\right\}$$
$$=\frac{K_P}{T_1}\cdot e^{-\frac{t}{T_1}}=5\cdot e^{-0.5\cdot t}$$

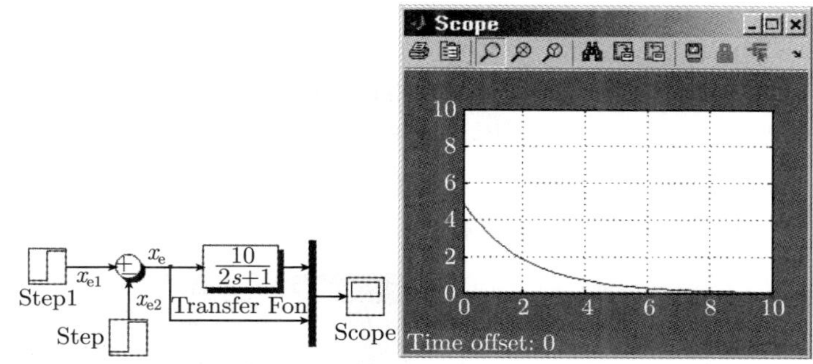

图 17.3-8 PT$_1$ 环节的冲激响应 (transferF_173.mdl)

Transfer Function-Block(传递函数模块)表示多项式形式的传递函数. 分子多项式和分母多项式系数被作为行向量来输入 (模块参数). 向量元素为以拉普拉斯算子 s 降阶形式的多项式系数.

17.3.2.4 具有 Ramp-, Transport Delay-, Zero-Pole-, Mux- 和 Scope-Block (斜坡模块, 传输延迟模块, 零-极点函数模块, 混路器模块和示波器模块) 的斜坡响应

时延环节用 **Transport Delay-Block(传输延迟模块)**来模拟. 模块参数有时延 (传输时间)T_t 和初始值 $x_{a1}(t=0)$. 用 **Zero Pole**-Block(**零极点-模块**)表示极-零点形式的传递函数, 模块参数是极-零点向量和常值系数. 在时延环节 $G_t(s)$ 输出端的单位斜坡响应, 被推移时延 $T_t=1\text{s}$, 而初始值为 $x_{a1}(t=0)=0$:

$$x_e(t)=t,\qquad x_e(s)=\frac{1}{s^2},\qquad G_t(s)=e^{-T_t\cdot s},\qquad T_t=1\,\text{s}$$
$$x_{a1}(s)=G_t(s)\cdot x_e(s)=\frac{e^{-T_t\cdot s}}{s^2}$$
$$x_{a1}(t)=L^{-1}\{x_{a1}(s)\}=(t-T_t)\cdot E(t-T_t)=(t-1)\cdot E(t-1)$$

$x_{a2}(t)$ 通过具有 $K_P=1, T_1=1\text{s}$ 的 PT$_1$ 环节被滞后:

$$x_{a2}(s) = G(s)\cdot x_{a1}(s) = \frac{K_P}{T_1\cdot(s+1/T_1)}\cdot x_{a1}(s)$$

$$x_{a2}(t) = L^{-1}\{x_{a2}(s)\} = L^{-1}\left\{\frac{e^{-T_t\cdot s}}{s^2\cdot(s+1)}\right\}$$

$$= \left[t - T_t - (1-e^{-(t-T_t)})\right]\cdot E(t-T_t)$$

$$= (t-2+e^{-(t-1)})\cdot E(t-1)$$

17.3.2.5 具有 Gain-, State-Space- 和 Floating Scope-Block(增益模块, 状态空间模块和浮点示波器模块) 的调节回路

用 **Gain-Block(增益模块)**(Math Operationa Library(数学运算库)) 模拟比例环节, 模块参数为比例系数 (图 17.3-9). **State-Space-Block(状态空间模块)**被应用于表示状态模型 (图 17.3-10), 模块参数为系统矩阵 $\boldsymbol{A}$, 输入矩阵 $\boldsymbol{B}$, 输出矩阵 $\boldsymbol{C}$ 和前馈矩阵 $\boldsymbol{D}$. 对于图 17.3-11 的状态模型应用由例 12.2-4 的 PT_2 被调节对象的数据 (单变量系统). 它给出下列矩阵和向量:

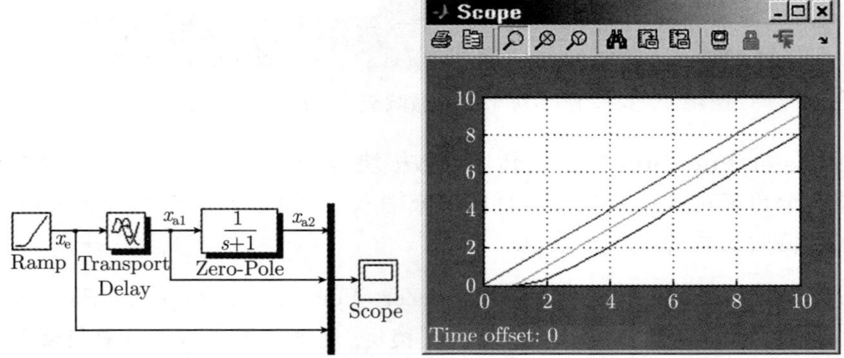

图 17.3-9 具有时延和 PT_1 环节链式结构的斜坡响应 (Transport_ZP_173.mdl)

$$\boldsymbol{A} = \begin{bmatrix} 0 & 1 \\ -1 & -2 \end{bmatrix}, \qquad \boldsymbol{B} = \boldsymbol{b} = \begin{bmatrix} 0 \\ 1 \end{bmatrix} \qquad \boldsymbol{C} = \boldsymbol{c}^{\mathrm{T}} = \begin{bmatrix} 1 & 0 \end{bmatrix}$$

$$\boldsymbol{D} = d = 0, \qquad \boldsymbol{x}(t=0) = \boldsymbol{0}$$

对于 $G_S(s), G_{RS}(s), G(s), x(t)$ 在参据阶跃函数 $w(t) = E(t)$ 时由 $G_R(s) = K_R = 3$ 给出:

$$G_S(s) = \boldsymbol{c}^{\mathrm{T}}\cdot(s\cdot\boldsymbol{E}-\boldsymbol{A})^{-1}\cdot\boldsymbol{b} = \frac{1}{s^2+2\cdot s+1}$$

$$G_{RS}(s) = K_R\cdot G_S(s) = \frac{3}{s^2+2\cdot s+1}$$

$$G(s)=\frac{G_{\mathrm{RS}}(s)}{1+G_{\mathrm{RS}}(s)}=\frac{3}{s^2+2\cdot s+4}$$

$$x(t)=L^{-1}\{G(s)\cdot w(s)\}$$

$$=0.75\cdot(1-1.155\cdot \mathrm{e}^{-t}\cdot\sin(1.732\cdot t+\pi/3))$$

在 State-Space-Block(状态空间模块) 的 Dialog-Box(对话框) 输入被调节对象的模块参数.

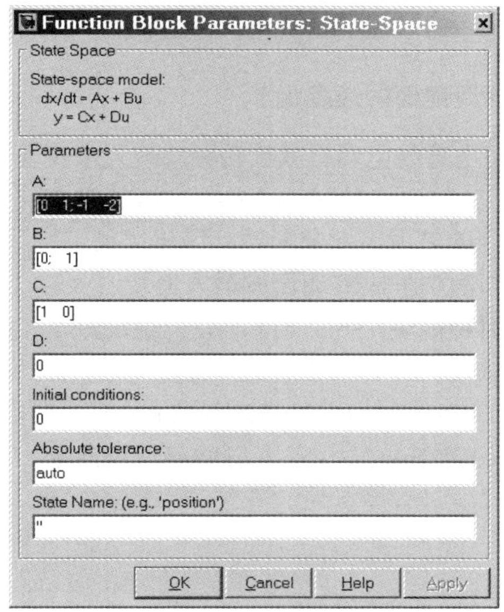

图 17.3-10 State-Space-Block(状态空间模块) 的 Dialog-Box(对话框)

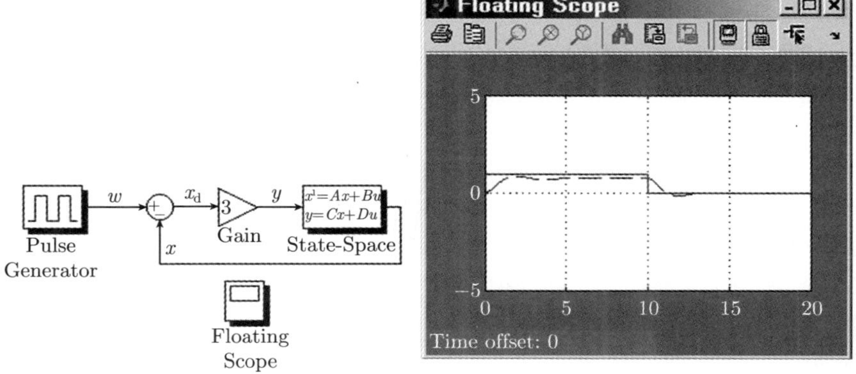

图 17.3-11 具有被调节对象状态模型和 Floating Scope-Block(浮点示波器模块) 的调节回路 (State_float_173.mdl)

在 **Scope-Block (示波器模块)** 时用作用线将输入信号引向模块. **Floating Scope-Block(浮点示波器模块)**不需要作用线, 而所表示的调节回路信号在 Floating Scope-Fenster(浮点示波器窗口) 中用 **Signal selection(信号选择)**来选择. 作用线也可用左鼠标键来激活.

方波形信号可用 **Pulse Generator-Block (冲激发生器模块)** (Sources Library(输入源库)) 来生成. 预先给出模块参数幅值 $w_0=1$, 周期时间 $T_\mathrm{P}=20\mathrm{s}$(Period (周期)), 冲激占空因数 (Tastverhältnis)$T_\mathrm{ein}/T_\mathrm{aus}$ (Pulse Width(冲激宽度, 冲激持续时间)) 和延迟时间 $T_\mathrm{u}=0$(Phase delay(相位延迟)).

17.3.3 具有梯形参据量剖面的速度调节

机床线性驱动可用电直线电动机或旋转驱动装置来实现, 其中联动装置将旋转运动转换为平移运动. 在驱动装置调节时限制参据量的导数, 以便避免大的调整量幅值和由此导致不允许的被调节对象负载. 用速度调节回路的梯形参据量剖面可预先给出在启动阶段和制动阶段的加速度最大值.

与 **Clock**-Block**(时钟模块)**(Sources Library(输入源库)) 相连的 **Lookup Table**-Block**(一维查表模块)**(Lookup Tabels(查表)) 适于预先给定梯形速度调节的参据量 (图 17.3-12). Lookup Table-Block(一维查表模块) 的模块参数为输入值和输出值的节点向量 (Stützstellen-Vektoren). 由输入时间值节点向量

$$t=\begin{bmatrix} 0 & t_1 & t_2 & t_3 & t_4 \end{bmatrix}=\begin{bmatrix} 0 & 0.01\,\mathrm{s} & 0.08\,\mathrm{s} & 0.09\,\mathrm{s} & 0.1\,\mathrm{s} \end{bmatrix}$$

和参据量节点向量

$$v_\mathrm{soll}(t)=\begin{bmatrix} 0 & v_\mathrm{m} & v_\mathrm{m} & 0 & 0 \end{bmatrix}=\begin{bmatrix} 0 & 1\,\mathrm{m\,s^{-1}} & 1\,\mathrm{m\,s^{-1}} & 0 & 0 \end{bmatrix}$$

给出具有最大值 v_m 的希望过程速度梯形剖面, 通过线性内插法具有

启动阶段:

$$v_{\mathrm{soll},01}(t)=v_\mathrm{m}\cdot\frac{t}{t_1}=100\cdot t\ \mathrm{m\,s^{-2}},\qquad 0\leqslant t\leqslant t_1$$

恒值运行阶段:

$$v_{\mathrm{soll},12}(t)=v_\mathrm{m}=1\ \mathrm{m\,s^{-1}},\qquad t_1\leqslant t\leqslant t_2$$

制动阶段:

$$v_{\mathrm{soll},23}(t)=v_\mathrm{m}-v_\mathrm{m}\cdot\frac{t-t_2}{t_3-t_2}=1\ \mathrm{m\,s^{-1}}-100\cdot(t-0.08\,\mathrm{s})\ \mathrm{m\,s^{-2}},\quad t_2\leqslant t\leqslant t_3$$

在启动阶段, 恒值运行阶段和制动阶段中加速度都是常数, 其值为

$$a_{\mathrm{m},01}=\frac{\Delta v(t)}{\Delta t}=\frac{v_{\mathrm{m}}}{t_1-t_0}=10\ \mathrm{m\,s^{-2}},\quad a_{\mathrm{m},12}=0$$

$$a_{\mathrm{m},23}=\frac{\Delta v(t)}{\Delta t}=\frac{-v_{\mathrm{m}}}{t_3-t_2}=-10\ \mathrm{m\,s^{-2}}$$

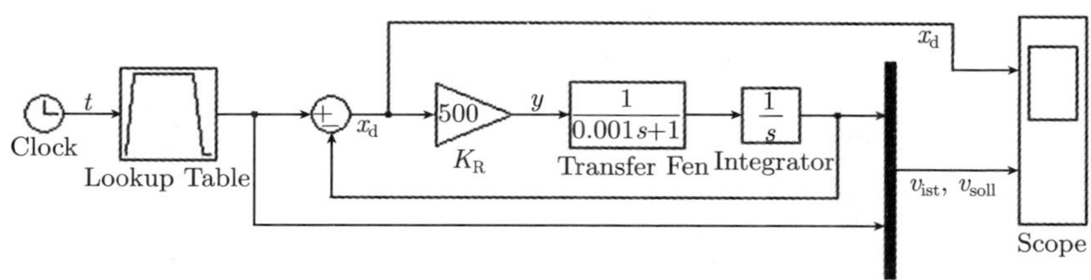

图 17.3-12 具有梯形参据量预先给定值的速度调节回路 (lookup_tabble_173.mdi)

由 **Clock-**Block**(时钟模块)**(Sources Library(输入源库)) 生成时间信号 (仿真时间). 按照 13.5.2.2 节进行 PI 速度调节器计算, 给出:

$$G_{\mathrm{RS}}(s)=\frac{K_{\mathrm{R}}}{(1+T_{\mathrm{EM}}\cdot s)\cdot s},\qquad T_{\mathrm{EM}}=1\ \mathrm{ms},\qquad K_{\mathrm{R}}=\frac{1}{2\cdot T_{\mathrm{EM}}}=500\,\mathrm{s^{-1}}$$

T_{EM} 为力矩/力调节回路的等效时间常数, 如图 17.3-13 所示. 在启动阶段 $0\leqslant t\leqslant 0.01\mathrm{s}$ 得到稳态调节误差:

$$x_{\mathrm{d}}(s)=\frac{1}{1+G_{\mathrm{RS}}(s)}\cdot v_{\mathrm{soll},01}(s)=\frac{(1+T_{\mathrm{EM}}\cdot s)\cdot s}{T_{\mathrm{EM}}\cdot s^2+s+K_{\mathrm{R}}}\cdot v_{\mathrm{soll},01}(s)$$

$$x_{\mathrm{d}}(t\to\infty)=\lim_{s\to 0}s\cdot\frac{(1+T_{\mathrm{EM}}\cdot s)\cdot s}{T_{\mathrm{EM}}\cdot s^2+s+K_{\mathrm{R}}}\cdot\frac{v_{\mathrm{m}}}{t_1\cdot s^2}=\frac{v_{\mathrm{m}}}{t_1\cdot K_{\mathrm{R}}}=0.2\ \mathrm{m\,s^{-1}}$$

对于恒值运行阶段得到

$$x_{\mathrm{d}}(t\to\infty)=0\ .$$

在制动阶段 $0.08\mathrm{s}\leqslant t\leqslant 0.09$ 稳态调节误差为

$$x_{\mathrm{d}}(t\to\infty)=\frac{-v_{\mathrm{m}}}{(t_3-t_2)\cdot K_{\mathrm{R}}}=-0.2\ \mathrm{m\,s^{-1}}$$

打开 Scope-Block(示波器模块), 由 **Parameters, Number of axes (参数, 坐标轴数)=2** 可分别显示 $x_{\mathrm{d}}(t)$、$v_{\mathrm{ist}}(t)$ 和 $v_{\mathrm{soll}}(t)$ 的分图. 接收在作用线上的信号标识.

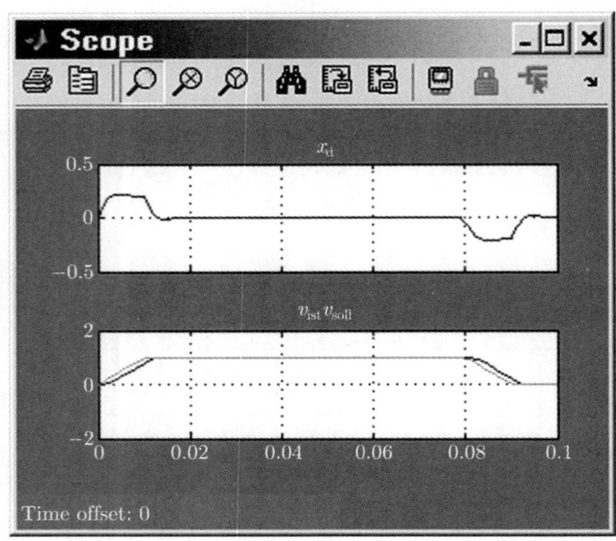

图 17.3-13　速度调节回路的调节误差 $x_d(t)$, 参据量 $v_{soll}(t)$ 和被调节量 $v_{ist}(t)$ 的时间曲线 (lookup_table_173.mdl)

17.3.4　由函数 linmod 求状态模型

对于时间连续系统 Simulik 模型, 标准函数 linmod 可计算状态模型的向量和矩阵. 试求在 17.3.3 节中速度调节回路的状态模型 (lookup_table_ 173.mdl), 如图 17.3-14
所示. 对于参据量和被调节量, 用 Inport-Block(输入端模块)(Sources Library(输入源库)) 和 Outport-Block(输出端模块)(Sinks Library(输出库)) 建立与 MATLAB 环境的联系.

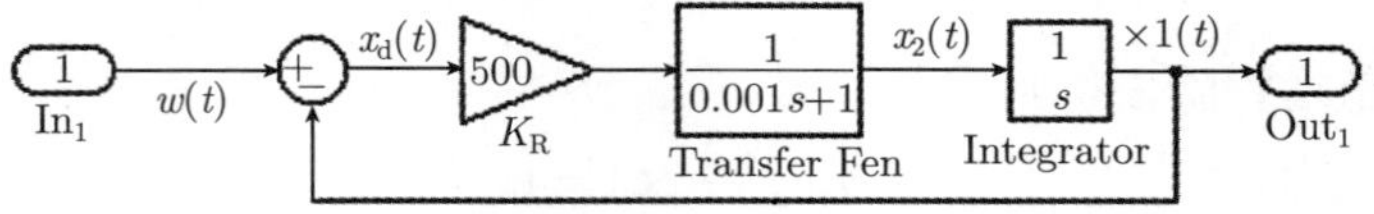

图 17.3-14　速度调节回路 Simulink 模型 (lin_gesch_173.mdl)

从参据传递函数

$$G(s)=\frac{x_1(s)}{w(s)}=\frac{K_R}{T_{EM}\cdot s^2+s+K_R},\qquad T_{EM}=1\,\mathrm{ms}$$

$$K_R=\frac{1}{2\cdot T_{EM}}=500\,\mathrm{s}^{-1}$$

出发给出所属的微分方程组

$$\begin{aligned}
\dot{x}_1(t) &= x_2(t) \\
\dot{x}_2(t) &= -\frac{K_{\mathrm{R}}}{T_{\mathrm{EM}}} \cdot x_1(t) - \frac{1}{T_{\mathrm{EM}}} \cdot x_2(t) + \frac{K_{\mathrm{R}}}{T_{\mathrm{EM}}} \cdot w(t) \\
y(t) &= x_1(t)
\end{aligned}$$

对于微分方程组, linmod.m 求系统阵 $\boldsymbol{A}$, 输入向量 $\boldsymbol{B}$, 输出向量 $\boldsymbol{C}$ 和前馈系数 D:

```
>>
>> [A,B,C,D]=linmod('lin_geschw_173')
A =
           0     1000
        -500    -1000
B =
      0
    500
C =
      1       0
D =
      0
>>
```

由 Control System Toolbox(控制系统工具箱) 的标准函数可继续处理速度调节的线性状态模型. 下面构建状态模型和生成极-零点图, 如图 17.5-15 所示.

```
>> Geschw_ss=ss(A,B,C,D); %Zustands modell(状态模型)
>> pzmap(Geschw_ss)        %Pol- Nullstellenplan(极-零点图)
>> sgrid                   %Gitterlinien für D und wo(D 和 w0 网格线)
>> axis('equal')           %gleicher Stalierungsfaktor(相同刻度因子)
>>
```

调节回路极点位于 $s_{\mathrm{p1,2}} = -500 \pm \mathrm{j}500$(图 17.3-15).

函数 linmod2 使用用于计算线性化系统的改进方法, 在此可降低截短误差 (Abschneidefehler). 对于时间离散的和混合的连续/离散系统的线性化, 可应用函数 dlinmod.

17.3.5 对线性轴的分段控制

分段控制 (Streckensteuerung) 标明工作母机运行方式的特性, 在此将对象 (工具或工件) 处理成预先给定的具有恒值速度的路段. 分段控制的 Simulink 模型

ipo_lage.mdl 描述线性运动轴, 并用内插补器 (Interpolator) 求位置参据量. 相应 17.3.3 节, 对于希望运行速度 $v_{\mathrm{soll}}(t)$ 预先给出梯形时间剖面.

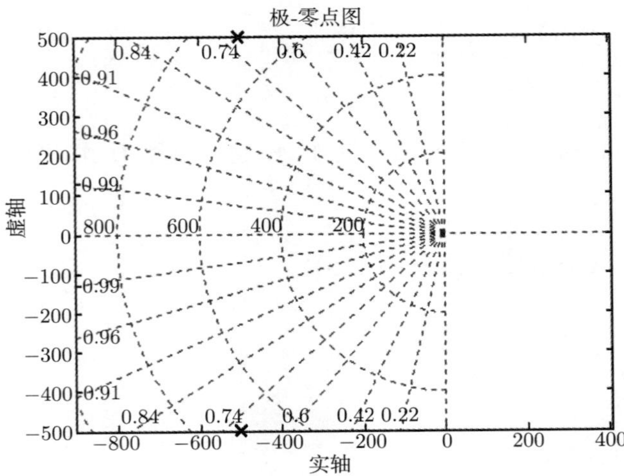

图 17.3-15　速度调节极点-零点图 (lin_geschw_173.mdl)

为计算 $v_{\mathrm{soll}}(t)$ 引入 Loockup Table-Block(一维查表模块) 和 Clock-Block(时钟模块). 由输入时间值

$$t=\begin{bmatrix}0 & t_1 & t_2 & t_3 & t_4\end{bmatrix}=\begin{bmatrix}0 & 0.01\,\mathrm{s} & 0.08\,\mathrm{s} & 0.09\,\mathrm{s} & 0.1\,\mathrm{s}\end{bmatrix}$$

的模块参数以及相应时间点的希望运行速度

$$v_{\mathrm{soll}}(t)=\begin{bmatrix}0 & v_{\mathrm{m}} & v_{\mathrm{m}} & 0 & 0\end{bmatrix}=\begin{bmatrix}0 & 1\,\mathrm{m\,s^{-1}} & 1\,\mathrm{m\,s^{-1}} & 0 & 0\end{bmatrix}$$

通过线性插值法生成梯形速度时间剖面. 给出具有最大值 v_{m} 希望运行速度和希望运行路程.

启动阶段:

$$v_{\mathrm{soll},01}(t)=v_{\mathrm{m}}\cdot\frac{t}{t_1},\qquad s_{\mathrm{soll},01}=\frac{v_{\mathrm{m}}}{t_1}\int\limits_0^{t_1}t\mathrm{d}t=\frac{v_{\mathrm{m}}\cdot t_1}{2}=0.005\,\mathrm{m},\quad 0\leqslant t\leqslant t_1$$

恒值运行阶段:

$$v_{\mathrm{soll},12}(t)=v_{\mathrm{m}},\qquad s_{\mathrm{soll},12}=v_{\mathrm{m}}\cdot(t_2-t_1)=0.07\,\mathrm{m},\qquad t_1\leqslant t\leqslant t_2$$

制动阶段:

$$v_{\mathrm{soll},23}(t) = v_{\mathrm{m}} - v_{\mathrm{m}} \cdot \frac{t-t_2}{t_3-t_2}$$

$$s_{\mathrm{soll},23} = \int_{t_2}^{t_3} v_{\mathrm{m}} \mathrm{d}t - \frac{v_{\mathrm{m}}}{t_3-t_2} \int_{t_2}^{t_3} (t-t_2)\mathrm{d}t = \frac{v_{\mathrm{m}}}{2} \cdot (t_3-t_2) = 0.005\,\mathrm{m}, \quad t_2 \leqslant t \leqslant t_3$$

得到总运行路程

$$s_{\mathrm{soll}} = s_{\mathrm{soll},01} + s_{\mathrm{soll},12} + s_{\mathrm{soll},23} = 0.005\,\mathrm{m} + 0.07\,\mathrm{m} + 0.005\,\mathrm{m} = 0.08\,\mathrm{m}$$

在图 17.3-16 上部分表示内插补器, 在数值解法的时间区间内离散地进行位置参据量

$$s_{\mathrm{soll},k} = \sum_{i=1}^{k} \Delta s_i, \qquad \Delta s_i = v_{\mathrm{soll},i} \cdot \Delta t_i, \qquad \Delta t_i = t_i - t_{i-1}$$

计算. Δs_i 是在步长 (Schrittweite)Δt_i(仿真时间步) 内所走过的路程增量,用 Memory-Blöcken(存储器 (记忆) 模块)(Discrete Library(离散库)) 求步长和路程增量和, 如图 17.3-17 所示.

按照 13.5.2.3 节, 对于具有内层回路速度调节和力矩/力调节的位置调节给出

$$G_{\mathrm{RS}}(s) = \frac{K_{\mathrm{V}}}{(1+2 \cdot T_{\mathrm{EM}} \cdot s) \cdot s}, \qquad T_{\mathrm{EM}} = 1\ \mathrm{ms}, \qquad K_{\mathrm{V}} = \frac{1}{8 \cdot T_{\mathrm{EM}}} = 125\,\mathrm{s}^{-1}$$

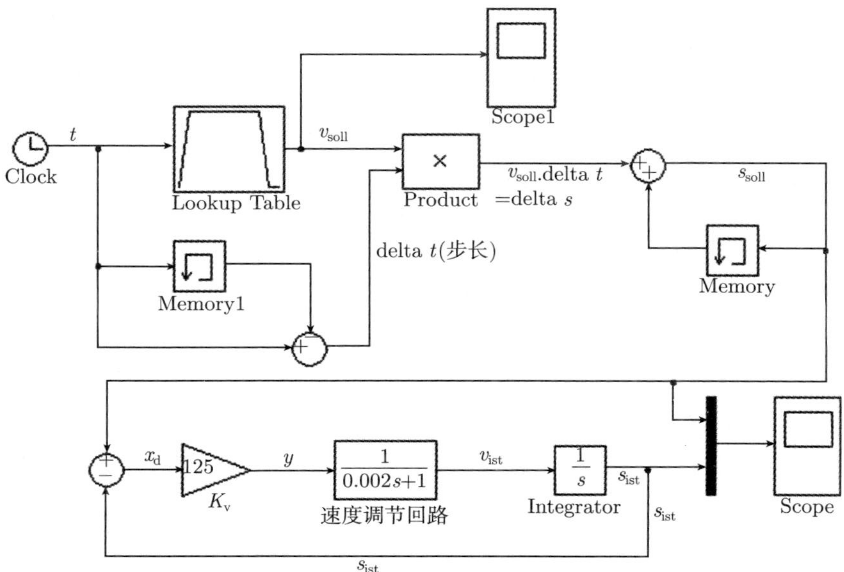

图 17.3-16 具有内插补器和线性轴的分段控制 (ipo_lage_173.mdl)

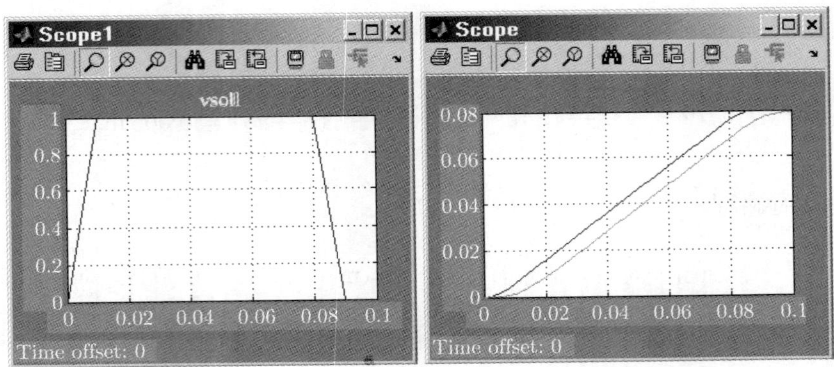

图 17.3-17　梯形速度剖面 (左) 和位置调节的位置参据量和被调节量 (ipo_lag_173.mdl)

$$x_{\mathrm{d}}(s)=\frac{1}{1+G_{\mathrm{RS}}(s)}\cdot s_{\mathrm{soll}}(s)=\frac{(1+2\cdot T_{\mathrm{EM}}\cdot s)\cdot s}{2\cdot T_{\mathrm{EM}}\cdot s^2+s+K_{\mathrm{V}}}\cdot s_{\mathrm{soll}}(s)$$

T_{EM} 为力矩/力调节回路等效时间常数, K_{V} 是速度增益. 对于分段控制, 稳态调节误差是重要的品质标志. 在具有 $s_{\mathrm{soll}}(t)=v_{\mathrm{m}}\cdot t$ 的恒值阶段 $t_1\leqslant t\leqslant t_2$ 得到常值稳态调节误差

$$\begin{aligned}x_{\mathrm{d}}(t\to\infty)&=\lim_{s\to 0}s\cdot\frac{(1+2\cdot T_{\mathrm{EM}}\cdot s)\cdot s}{2\cdot T_{\mathrm{EM}}\cdot s^2+s+K_{\mathrm{V}}}\cdot s_{\mathrm{soll}}(s)\\&=\lim_{s\to 0}s\cdot\frac{(1+2\cdot T_{\mathrm{EM}}\cdot s)\cdot s}{2\cdot T_{\mathrm{EM}}\cdot s^2+s+K_{\mathrm{V}}}\cdot\frac{v_{\mathrm{m}}}{s^2}=\frac{v_{\mathrm{m}}}{K_{\mathrm{V}}}=0.008\,\mathrm{m}\end{aligned}$$

17.3.6　对具有参据量预控制的线性轴分段控制

开环位置调节回路 (17.3.5 节) 含有一个积分环节, 因此在运行段的终点稳态调节误差会趋近于零. 在恒值运行阶段期间跟随一个斜坡函数的参据量, 调节误差是一个常值. 对于该参据量可通过**参据量预控制 (Führungsgrößenvorsteuerung)** 来补偿调节误差. **预控制 (Vorsteuerung)** 需要在参据量中含有速度信息并给调整量叠加个附加信号, 为了研究, 对于预控制通过 Transfer Fcn-Block(传递函数模块) 来增补 Simulingk 模型 ipo_lage_173.mdl(ipo_lage_vor_173.mdl).

按照 13.5.2.3 节, 给出具有内层回路速度调节和力矩/力调节的位置调节和参据量预控制 (图 17.3-18) 的调节误差

$$x_{\mathrm{d}}(s)=\frac{(1+2\cdot T_{\mathrm{EM}}\cdot s)\cdot s-G_{\mathrm{V}}(s)}{(1+2\cdot T_{\mathrm{EM}}\cdot s)\cdot s+K_{\mathrm{V}}}\cdot s_{\mathrm{soll}}(s),\qquad T_{\mathrm{EM}}=1\ \mathrm{ms}$$

$$K_{\mathrm{V}}=\frac{1}{8\cdot T_{\mathrm{EM}}}=125\,\mathrm{s}^{-1}$$

T_{EM} 为力矩/力调节回路的等效时间常数. 在具有 $s_{\mathrm{soll}}(t)=v_{\mathrm{m}}\cdot t$ 的分段控制运行

方式的恒值运行阶段 $t_1 \leqslant t \leqslant t_2$, 得到稳态调节误差

$$x_{\mathrm{d}}(t \to \infty) = \lim_{s \to 0} s \cdot \frac{8 \cdot T_{\mathrm{EM}} \cdot \left[(1 + 2 \cdot T_{\mathrm{EM}} \cdot s) - \dfrac{G_{\mathrm{V}}(s)}{s} \right] \cdot s}{8 \cdot T_{\mathrm{EM}} \cdot (1 + 2 \cdot T_{\mathrm{EM}} \cdot s) + 1} \cdot \frac{v_{\mathrm{m}}}{s^2}$$

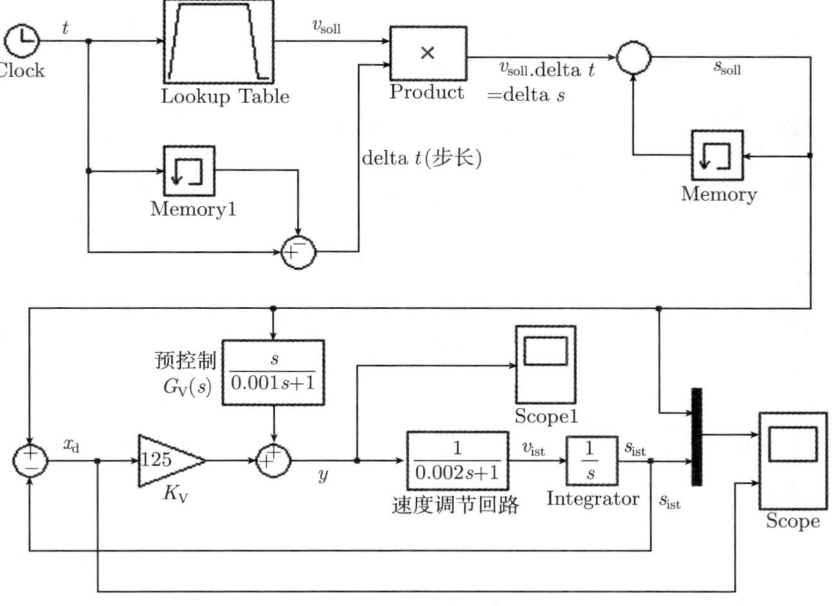

图 17.3-18 具有内插补器和具有参据量预控制线性轴的分段控制 (ipo_lage_vor_173.mdl)

对于恒值运行速度, 由条件

$$(1 + 2 \cdot T_{\mathrm{EM}} \cdot s) - \frac{G_{\mathrm{V}}(s)}{s} \stackrel{!}{=} 0 \qquad \to \qquad G_{\mathrm{V}}(s) = s \cdot (1 + 2 \cdot T_{\mathrm{EM}} \cdot s)$$

可使稳态调节误差趋向零. 所求的预控制传递函数 $G_{\mathrm{V}}(s)$ 是被调节对象逆模型. 为了实现, 必须通过一个 II 阶滞后环节或通过两个 I 阶滞后环节来增补 $G_{\mathrm{V}}(s)$

$$G_{\mathrm{V,DT1,PDT1}}(s) = \frac{G_{\mathrm{V}}(s)}{(1 + T_1 \cdot s) \cdot (1 + T_1 \cdot s)} = \frac{s}{1 + T_1 \cdot s} \cdot \frac{1 + 2 \cdot T_{\mathrm{EM}} \cdot s}{1 + T_1 \cdot s}$$

其中在传递函数中含有一个 $\mathrm{DT_1}$ 环节和一个 $\mathrm{PDT_1}$ 环节. 当放弃 $\mathrm{PDT_1}$ 环节时, 对于单轴分段控制**实现误差 (Realisierungsfehler)** 是微小的. 对于参据量预控制

$$G_{\mathrm{V,DT1}}(s) = \frac{s}{1 + T_1 \cdot s}, \qquad T_1 = T_{\mathrm{EM}} = 1\ \mathrm{ms}$$

被一个具有小的滞后时间常数 T_1 的 $\mathrm{DT_1}$ 环节取代.

在图 17.3-19 中仿真结果证实, 用近似方法实现被调节对象逆模型的预控制的有效性, 在恒值运行阶段调节误差和由此的线性轴**跟踪误差 (Folgefehler)** (Schleppabstand(后拖量)) 是等于零的. 在启动阶段和制动阶段期间, 继续产生调节误差. 在启动阶段跟随具有滞后的运动轴, 而在制动阶段被调节量会超越参据量 (超调量), 预控制的另一缺点是随着运行速度增加而加大调整量值. 具有预控制调节的参据量应是一条光滑曲线, 也就是常常是尽可能连续可微分的. 具有梯形速度预先给定参数的位置参据量是一次连续可微分的.

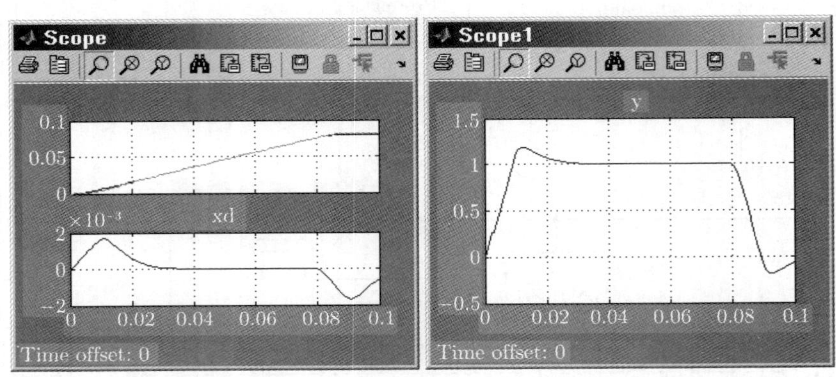

图 17.3-19　具有参据量预控制位置调节的参据量、被调节量、调节误差 (左) 和调整量 (ipo_lage_vor_173.mdl)

17.3.7　具有两个进刀驱动装置的轨道控制

在工作母机轨道控制运行方式中要协调处理多运动轴. 机床和工业机器人的运动轴应快速和精确地跟踪空间轨道, 在子程序中规定运动运行过程.

借助两个运动轴 (十字交叉) 的配置可进行重要的调节技术研究. 在例子中将两个线性轴处理成一个圆形轨道, 在此求相应的轨道误差 (半径误差), 如图 17.3-20 所示. 对于轨道控制的仿真, 接受分段控制的内插补器和位置调节 (17.3.5 节, 图 17.3-16). 为了预先给出圆形轨道希望角速度 $\omega_{\text{soll}}(t)$, 与分段控制相对应由参数

$r_{\text{soll}} = 0.02\,\text{m}$	半径
$s_{\text{soll}} = 2 \cdot \pi \cdot r_{\text{soll}} = 0.1257\,\text{m}$	运行路程
$v_{\text{B}} = \dfrac{\pi}{2}\,\text{m}\,\text{s}^{-1}$	恒值运行阶段轨道速度
$\omega_{\text{m}} = \dfrac{v_{\text{B}}}{r_{\text{soll}}} = \dfrac{\pi}{0.04}\,\text{s}^{-1}$	恒值运行阶段角速度
$\varphi_{\text{soll}} = 2 \cdot \pi$	运行角度

生成梯形角速度时间剖面. 在 Lookup Tabel-Block(一维插表模块) 输入时间值

$$t=\begin{bmatrix}0 & t_1 & t_2 & t_3 & t_4\end{bmatrix}=\begin{bmatrix}0 & 0.01\,\mathrm{s} & 0.08\,\mathrm{s} & 0.09\,\mathrm{s} & 0.1\,\mathrm{s}\end{bmatrix}$$

和这些时间点的希望角速度值

$$\omega_{\mathrm{soll}}(t)=\begin{bmatrix}0 & \omega_{\mathrm{m}} & \omega_{\mathrm{m}} & 0 & 0\end{bmatrix}=\begin{bmatrix}0 & \pi/0.04\,\mathrm{s}^{-1} & \pi/0.04\,\mathrm{s}^{-1} & 0 & 0\end{bmatrix}$$

通过线性插值生成个梯形. 在数值解法的时间区间内求位置参据量

$$\varphi_{\mathrm{soll},k}=\sum_{i=1}^{k}\Delta\varphi_i,\qquad \Delta\varphi_i=\omega_{\mathrm{soll},i}\cdot\Delta t_i,\qquad \Delta t_i=t_i-t_{i-1}$$

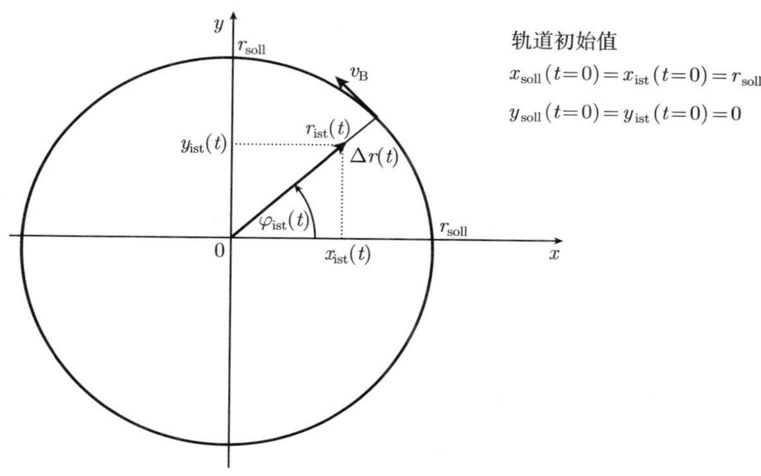

图 17.3-20 求在轨道控制时半径误差 $\Delta r\,(t)$

具有两个线性轴和内插补器的轨道控制如图 17.3-21 所示.

$\Delta\varphi_i$ 为在时间步长 (仿真步长)Δt_i 内所产生的角度增量. 用 Memory-Blöcken(存储器 (记忆) 模块)(Discrete Library(离散库)) 求步长和角度增量和 $\varphi_{\mathrm{soll},k}$. 用 Fcn-Blöcken(函数计算模块)(User-Defined Function Library(用户自定义函数库)) 计算笛卡儿位置参据量:

$$x_{\mathrm{soll}}(t)=r_{\mathrm{soll}}\cdot\cos(\varphi_{\mathrm{soll}}(t)),\qquad y_{\mathrm{soll}}(t)=r_{\mathrm{soll}}\cdot\sin(\varphi_{\mathrm{soll}}(t))$$

与在 17.3.6 节分段控制相对应, 将具有相同速度增益的内层回路速度调节和力矩/力调节的串级调节

$$G_{\mathrm{RS}}(s)=\frac{K_{\mathrm{V}}}{(1+2\cdot T_{\mathrm{EM}}\cdot s)\cdot s},\qquad T_{\mathrm{EM}}=1\ \mathrm{ms}$$

$$K_{\mathrm{V}}=K_{\mathrm{V}x}=K_{\mathrm{V}y}=\frac{1}{8\cdot T_{\mathrm{EM}}}=125\,\mathrm{s}^{-1}$$

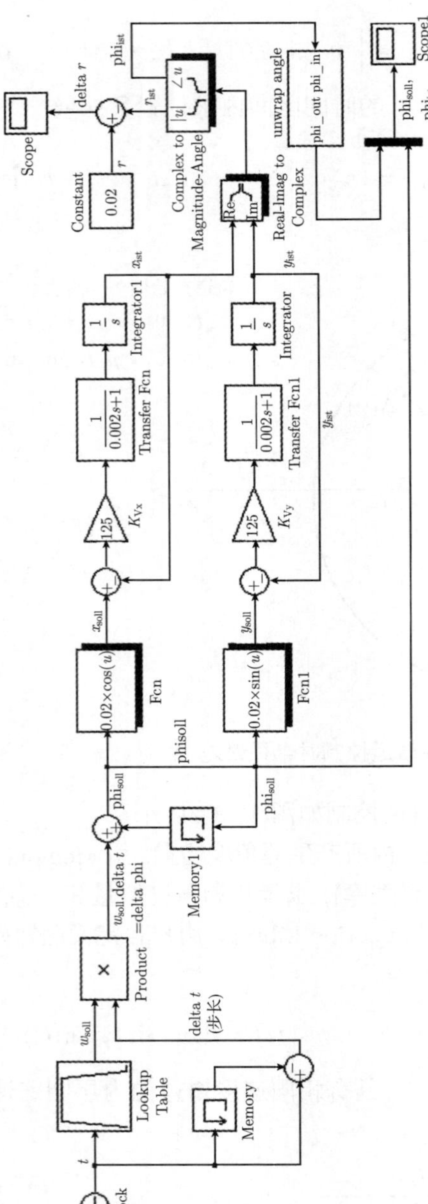

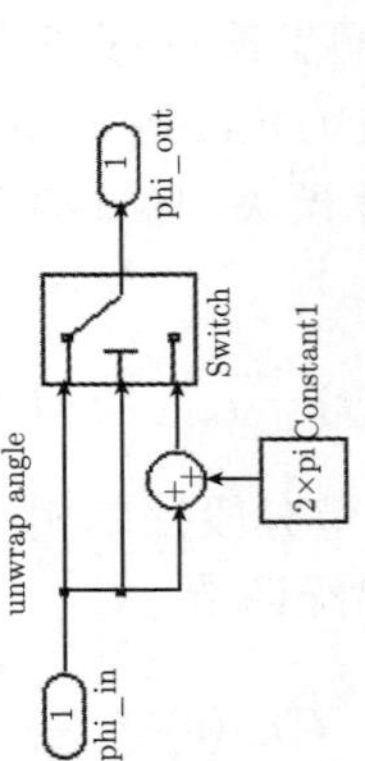

图17.3-21 具有两个线性轴和内插补器的轨道控制(bahnst_1_173.mdl)

代入双轴 (13.5.2.3 节). T_{EM} 为力矩/力调节回路的等效时间常数.

在应用 Blöcke Reae-Imag to Complex(由实部–虚部得复数-模块),Complex to Magnitude-Angle (由复数得幅值相角模块)(Math Operations Library (数学运算库)) 和 Constant(常数模块)(Sources Library (输入源模块)) 下求出半径误差值

$$\Delta r(t) = r_{\text{soll}} - r_{\text{ist}}(t) = r_{\text{soll}} - \sqrt{x_{\text{ist}}^2(t) + y_{\text{ist}}^2(t)}$$

对于 x 轴, 轨道起始点位于

$$x_{\text{soll}}(t=0) = r_{\text{soll}} \cdot \cos(\varphi_{\text{soll}}(t=0)) = r_{\text{soll}} \cdot \cos(0) = r_{\text{soll}} = 0.02 \text{ m}$$

因此在这些值上令 x_{ist} 的初始值 (Integrator 1(积分器 1)) 为

$$x_{\text{ist}}(t=0) = r_{\text{soll}}$$

应用子系统 unwrap angle.mdl, 以便产生连续曲线 $\varphi_{\text{ist}}(t)$. 对于 $\varphi_{\text{ist}}(t) < 10^{-3}$, Switch-Block(开关模块)(Signal Routing-Library(信号路径库)) 加上常数值 $2 \cdot \pi$, 如图 17.3-22 所示.

在恒值运行阶段给出半径误差 $\Delta r = 1.8\text{mm}$. 后面将研究参数变化的影响.

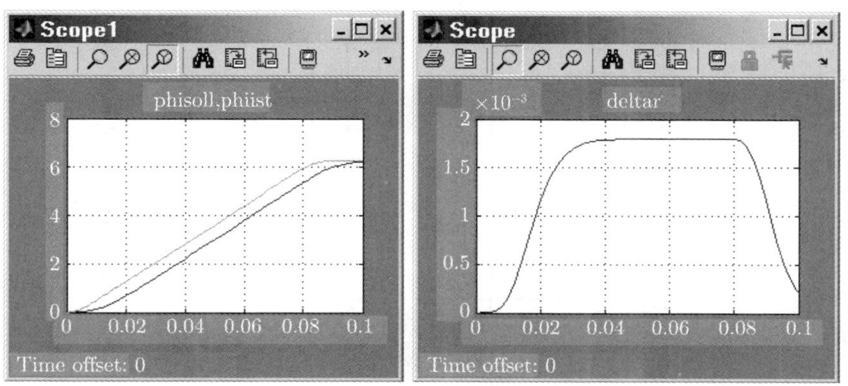

图 17.3-22 轨道控制的运行角度和半径误差的希望值 $\varphi_{\text{soll}}(t)$ 和实际值 $\varphi_{\text{ist}}(t)$(bahnst_1_173.mdl)

17.3.8 具有双进刀传动装置和参据量预控制的轨道控制

参据量预控制在轨道控制时也是有效的. 在具有参据量预控制的分段控制仿真中 (17.3.6 节), 恒值运行速度的稳态调节误差可被调节至趋于零, 如图 17.3-23 所示. 在具有恒值轨道速度的圆形轨道运行时, 运动轴的运行速度跟随正弦/余弦函数. 因此对于预控制引入在 17.3.6 节所求的具有超前环节的被调节对象的逆模型

$$G_{\text{V}}(s) = s \cdot (1 + 2 \cdot T_{\text{EM}} \cdot s)$$

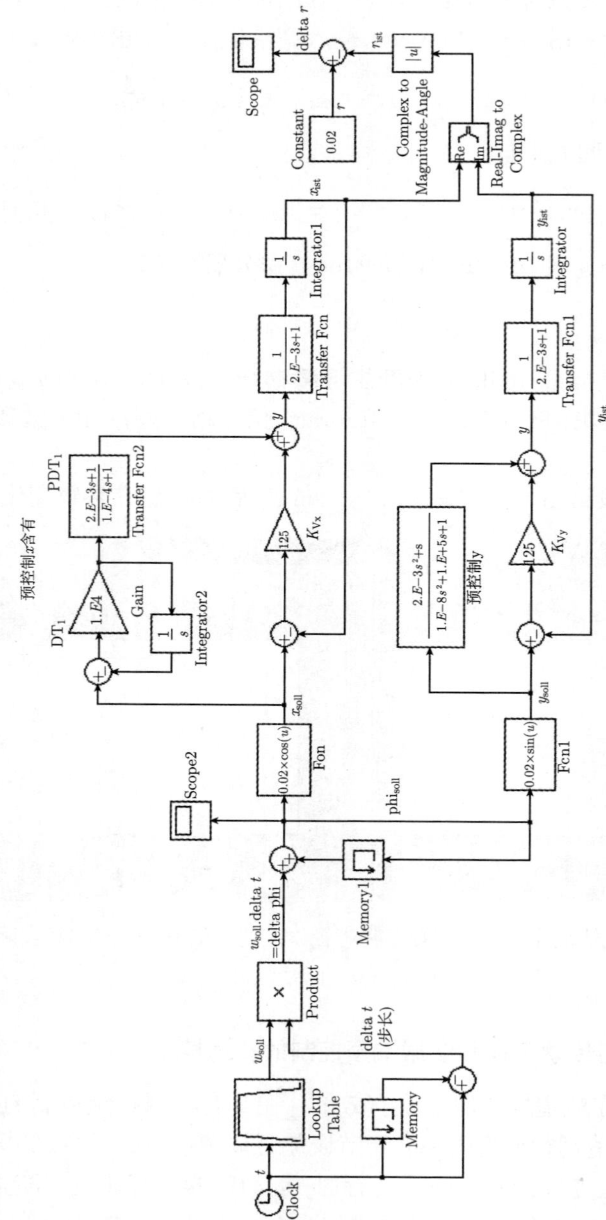

图17.3-23　具有两个线性轴和参据量预控制的轨道控制(bahnst_vor_173.mdl)

其中为实现需要两个 I 阶滞后环节

$$G_{\mathrm{V,DT1,PDT1}}(s)=\frac{s}{1+T_1\cdot s}\cdot\frac{1+2\cdot T_{\mathrm{EM}}\cdot s}{1+T_1\cdot s},\qquad T_1=0.1\cdot T_{\mathrm{EM}}=0.1\,\mathrm{ms}$$

用 17.3.7 节的 Simulink 模型来进行仿真, 并增补预控制.

与轨道起始点对应, 令 x_{ist} 初始值为 $x_{\mathrm{ist}}(t=0)=r_{\mathrm{soll}}$. 在应用积分-环节 (Integraor2(积分器 2)) 时, 在 x 轴编写具有初值 $r_{\mathrm{soll}}=0.02\mathrm{m}$ 的预控制的 DT_1 环节程序. 传递函数 (Transfer Fcn2(传递函数 2)) 取代 PDT_1 环节.

在具有参据量预控制的轨道控制时, 产生最大半径误差为 $\Delta r=-0.172\mathrm{mm}$. 与图 17.3-22 比较, 得到大约小 10 倍的半径误差, 如图 17.3-24 所示.

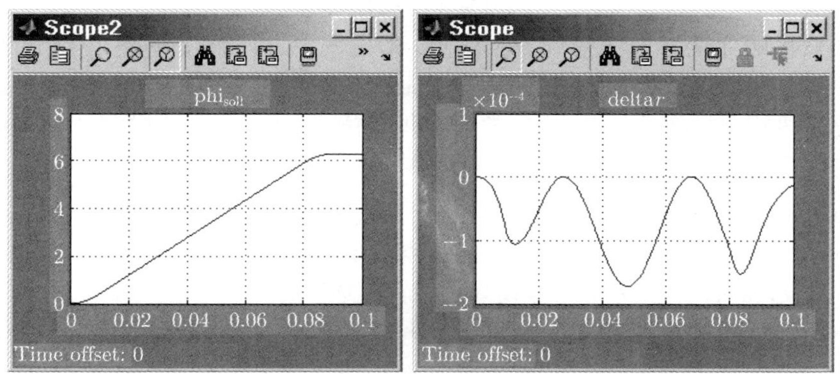

图 17.3-24 具有参据量预控制的轨道控制的运行角度希望值 $\varphi_{\mathrm{soll}}(t)$ 和半径误差 $\Delta r(t)$(bahnst_vor_173.mdl)

17.4 用 Simulink 仿真和编程

17.4.1 仿真流程

在用调节技术信号流图 Simulik 时, 可用传递模块和作用线图形绘制仿真模型. 在此一般情况下传递模块有, 具有初值 (模块参数) 的输入变量向量、输出变量和状态向量. 例如有 Blöcken Intergrator(积分器模块)、State-Space(状态空间模块)、Transfer Fcn(传递函数模块)、Zero-Pole(零极点模块)(Continuous Block Library(连续模块库)). 模块 Blöcken Step(阶跃模块)、Ram(斜坡模块)(Sources Block Library(输入源模块库)), 举例来说, 可生成输出变量, 然而却不具有输入变量或状态变量. 模块 Block Gain(增益模块)(Math Operations Library(数学运算库)) 不具有状态向量. 模块 Blöcke Scope(示波器模块)、To Workspace(返回工作空间模块)(Sinks Library(输出库)) 具有输入变量, 然而却没有状态变量或输出变量.

从状态变量和当前输入变量的初值出发,用数值解法计算模块输出变量. 在操作窗口内用鼠标激活 (Mausaktionen) **Simulation (仿真), Start (起动)**, 仿真运行开始在初始化阶段和接通仿真阶段.

初始化阶段含有下面功能:

- 计算模块参数;
- 分解 **模型层次结构** (Modellhierarchie)(虚拟的 (virtuelle), 非虚拟的 (atomic) 子系统, 17.4.5 节);
- 求在接通仿真阶段处理模块顺序 (block execution order(模块执行顺序));
- 规定模块输入信号特性;
- 分配模块变量存储位置 (Speicheplatz(存储单元)).

计算机顺序运行方式得到如下结果, 即文本 (textuelle) 程序 (MATLAB m-Files) 按行执行. 在 **面向模块仿真** (blockorientierten Simulation) 时, 相应地必须在初始化阶段规定模块处理顺序. 紧接着在每个仿真步中, 以这个顺序计算所有模块的状态变量和输出变量及其与输入变量和初值的相关性.

不具有状态变量输入变量的 Simulink 模块被称为**具有馈通模块** (Blöcke mit Durchgriff)(Direct-Feedthrough Blocks(直接馈通模块)), 例子有 Sum-Blöcke(求和模块) 和 Gain-Blöcke(常量增益模块). 而**无馈通模块** (Blöcke Ohne Durchgriff) (Nondirect-Feedthrough Blocks(间接-馈通模块)) 则具有状态变量 (Integrator-Block (积分器模块), Transfer Fcn-Block(传递函数模块)) 或无输入变量 (Step-Block(阶跃输入模块)). 在规定处理顺序时, 无馈通模块获得优先权. 在这些模块时, 输出变量趋于时间点 $t = 0$ 仅与状态变量初值 $x(t = 0) = x_0$ 有关, 他们在 Dialog-Box(对话框) 中是作为模块参数被输入的. 此后应求具有馈通模块的输出变量, 他们是由无馈通模块来控制.

在图 17.4-1 中的例子 (ex.order_174.mdl) 表示一个单闭合调节回路. 为了处理模块给出如下优先级:

0: Integrator-Block(积分器模块)(无馈通模块) 的输出量具有内部的初值 $x(t = 0) = x_0$;

1: Scope-Block(示波器模块) 获得输入量 x_0;

2: Step-Block(阶跃输入模块)(无馈通模块) 不具有输入量, 其输出量为 w_0;

3: 对于 Sum-Block(求和模块)(具有馈通模块) 给出 $x_d = w_0 - x_0$;

4: 由 $y = 2 \cdot x_d$ 求 Gain-Blöcke(常量增益模块)(具有馈通模块) 的输出量.

模块处理顺序可用 **Format(格式化)**、**Block Displays(模块显示器)**、**Execution Context Indicator(执行上下文指示器)**显示在模块右上方.

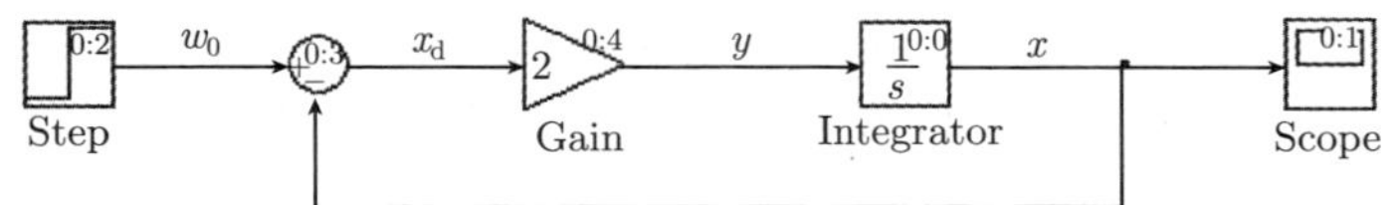

图 17.4-1 处理 Simulink 模块的顺序 (ex.order_174.mdl)

17.4.2 代数环

仅含有馈通模块的回路结构被称为**代数环 (algebraische Schleifen)**, 因为具有馈通模块的输出量是输入信号的代数函数. 由于现存的都是无储能器, 所以在该回路结构中信号无初始值. 为此, 在仿真阶段处理模块的顺序 (17.4.1 节) 不能被直接给出. 为了规定初始值必须引入专用方法.

在 al_loop_174.mdl 中单闭合调节回路时, 代数环经过 K_R, 馈通被调节对象 K_{S1} 和加法点:

$$x(s) = \left[K_{S1} + \frac{1}{s+1}\right] \cdot y(s), \qquad y(s) = K_R \cdot x_d(s) = K_R \cdot [w(s) - x(s)]$$

$$x(s) = K_R \cdot \left[K_{S1} + \frac{1}{s+1}\right] \cdot [w(s) - x(s)]$$

具有代数环的调节回路, 阶跃响应如图 17.4-2 所示.

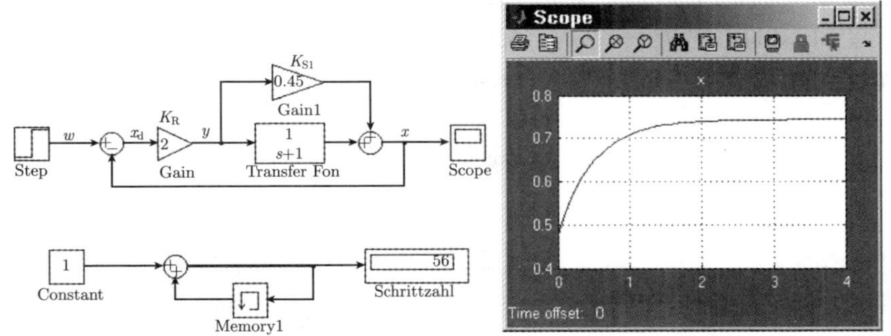

图 17.4-2 具有代数环的调节回路, 阶跃响应 (al_loop_174.mdl)

为了除去代数环, Simulink 应用一个专用方法. 举一个简单例子, 求在 56 解步内的阶跃响应. 在 MATLAB 主窗口 (Command Window(命令窗口)) 会出现警告信号.

在具有代数环的大量 Simulink 模型时, 计算时间耗量会增加. 在这种情况解开代数环是有意义的. 将一无馈通模块插入回路结构这种可能性是存在的. 对此, 在例 al_loop1_174.mdl 中将 **Memory-Block(记忆模块)** 引入同一调节回路的反馈中. Memory-Block(记忆模块)(Discrete Library(离散库))(模块参数初始值 $x\,(t=0)=0$) 具有时延的作用, 使被调节量滞后一个仿真步. 然而对此改变的调节动态会使仿真结果失真. 与这些缺点相反它可缩短步长, 并可改善仿真精度, 减小时延的影响. 为了计算阶跃响应, 用该法需要 4003 积分步, 由此需要更多计算时间. 由于 Memory-Block(记忆模块) 会激起在阶跃响应起始点的振荡 (图 17.4-3).

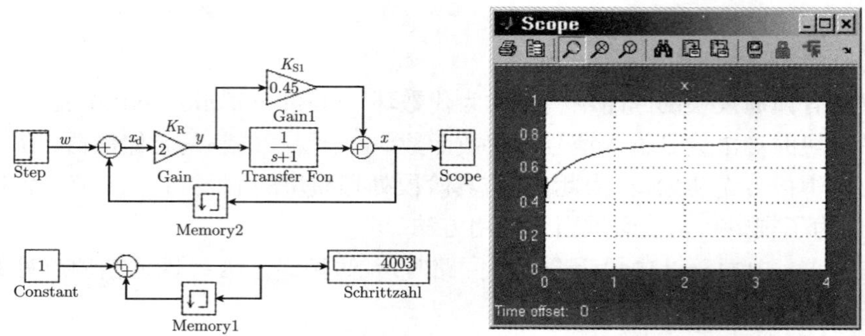

图 17.4-3 用 Memory-Block(记忆模块) 解开具有代数环的调节回路, 阶跃响应 (al_loop1_174.mdl)

在应用用于解开代数环的 Memory-Block(记忆模块) 时, 其缺点是精度损失 或增大计算时间量. 应用 **Algebraic Constraint-Blocks(代数约束求解模块)** 是解开代数环的另一方法 (al_loop2_174.mdl), 如图 17.4-4 所示. 该模块求一个使模块输入量 $f(z)$ 趋于零的输出量 z. 为此, 必须存在一个从模块输出端到输入端的反馈. 变换调节信号流图, 其中 $f(z)$ 对应于函数 $f(y)$:

$$f(y) = 0 = x(s) - x_{a1}(s) - x_{a2}(s) = x(s) - \left[K_{S1} + \frac{1}{s+1}\right] \cdot y(s)$$

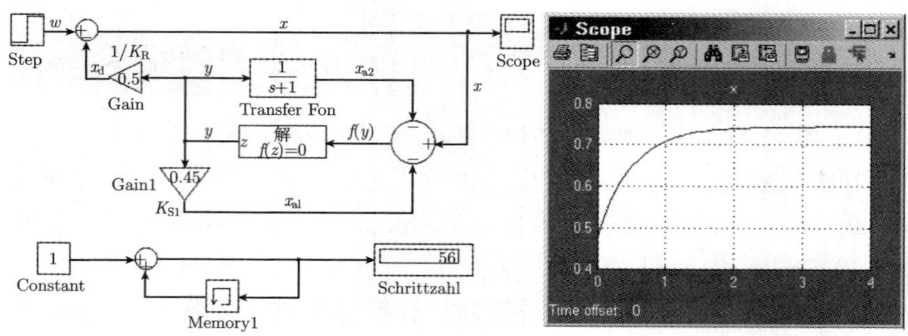

图 17.4-4 用 Algebraic Constraint-Block(代数约束求解模块) 解开代数环的调节回路, 阶跃响应 (al_loop2_174.mdl)

在 Algebraic Constraint-Block(代数约束求解模块) 输出端, 精确地生成调整量

y, 它在输入端强制使 $f(y)=0$. 方法的缺点在于, 变换信号流图的可读性会受到限制.

对于例中线性单闭合调节可绕过代数环问题, 并可求参据传递函数 $G(s)$ 和阶跃响应.

在具有代数环结构仿真时在个别情况会增大计算时间量. 那么值得推荐下列处理方式.

应通过变换信号流图避免代数环. 如果由物理原因这是不可能的, 那么可通过将 Algebraic Constraint-Block(代数约束求解模块) 插入环 (调节回路) 内解除代数环. 可实现的调节不含有代数环. 因为在被调节对象中储能器是存在的.

在动态系统 (调节系统) 情况, 不推荐将 Memory-Block(记忆模块) 插入环内.

17.4.3 Simulink 模型的数值解法和仿真参数

17.4.3.1 数值解法

对于调节系统仿真应用具有各种描述形式的数学模型. 工程被调节对象大多是用微分方程描述的非线性时间连续系统. 微分方程解与系统参量初值有关. 在非线性调节类中, 信号有不连续的过程. 如果在调节装置中引入数字计算机, 那么通过采样得到能用差分方程描述的离散调节回路信号. 在具有多个反馈的数字调节中引入具有不同采样时间间隔的调节器.

对于不同的模型要求专用解法, 这样模型计算才能有效地, 也就是在预先给定精度时以尽可能短的时间进行. 下面给出由 Simulink 提供的具有已给推荐 (online-Hilfe(在线帮助), Simulink Help(Simulink 帮助)) 的解法 (Solver), 见表 17.4-1 所示. 在第 18 章中将描述龙格–库塔法的基础.

具有定步长的解法将仿真时间分成具有恒值时间间隔 (步长) 的步数. 在每个解步中, 方法以初始化阶段规定顺序计算各个模块的状态变量和输出变量. 解的精度取决于步长, 在此小的步长一般会给出精确的结果. 多的步数是有缺点的, 并由此与具有步长控制的解法比较, 会增加计算时间.

在具有变步长的解法中, 控制步长取决于预先给定的误差容限. 状态变量快速变化会导致小的步长, 而状态变量变化慢, 这样会增大步长, 对于预先给定解的精度, 具有步长控制的解法会以小的步数出现, 会节省计算时间.

17.4.3.2 仿真参数

在仿真起动前设置仿真参数. 为此, 在 Simulink 操作窗口用 **Simulation(仿真)**、 **Configuration Parameters(构形参数)**、 **Solver(解法)**打开 Simulation-Parameters-Fenster(仿真参数窗口). 对于所建立 Simulink-模型给出 default-Werte (默认值), 如图 17.4-5 所示.

表 17.4-1　Simulink 模型的解法

时间连续系统具有变步长的解法	
ode45	按照 DORMAND-PRINCE 4/5 阶龙格–库塔法，一步法，适于具有时间连续状态变量的非刚性系统，也适于混合时间离散/时间连续系统的首选标准方法
ode23	按照 BOGACKI-SHAMPINE 2/3 阶龙格–库塔法，适于具有低刚性和大容差系统，也适于混合时间离散/时间连续系统的相对快的一步法
ode113	变阶的 ADMAS-BASHFORTH-MOULTON 法，适于小容差系统，而不适于不连续信号过程系统 (时间离散系统) 的多步法
ode15s	多步法，适于刚性系统，而不适于不连续信号过程系统 (时间离散系统) 的标准方法
ode23s	改进的 2 阶 ROSENBROCK 法，具有大容差刚性系统的一步法
ode23t	按照中等刚性系统梯形规则的一步法
ode23tb	具有大容差系统的隐式龙格–库塔法
时间连续系统定步长解法	
ode5	按照 DORMAND-PRINCE 定步长 ode45 法
ode4	4 阶龙格–库塔法
ode3	按照 BGACKI-SHAMPINE定步长 ode23 法
ode2	按照 Heun 2 阶龙格–库塔法
ode1	欧拉法
ode14x	隐式外推法，适于刚性系统
时间离散系统 (非时间连续状态变量) 解法	
Discrete, Variable-step (离散变步长)	时间离散系统 (也具有不同采样时间) 或用于事件确定的 (Ereignisbestimmung)(hit crossing)) 变步长标准方法
Discrete, Fixed-step (离散定步长)	时间离散系统的定步长方法

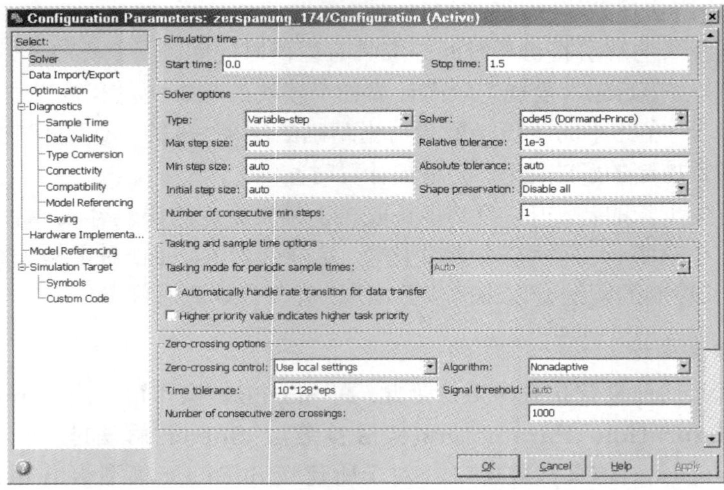

图 17.4-5　输入仿真参数的构形参数窗口

Start time(起始时间) 和 **Stop time(终止时间)**为仿真时间的初始值和终止值. 建议用 **Solver options(解法选择)**的 Default-Parametern(默认参数), 大多达到很好的精度和计算时间的折中. 因此仿真运行首先应以这些值进行. 然而在个别情况参数改变会导致改进的结果. 在具有定步长解法中可仅预先给出最大步长, 而在变步长时可预先给出最大和最小步长与初始步长.

- **Max step size (最大步长大小)** 规定最大步长 $h_{\max}$. Default-Wert (默认值)

  $$h_{\max} = \frac{t_{\text{stop}} - t_{\text{start}}}{50}$$

  由 Start time(起始时间)t_{start} 和 Stop time(终止时间)t_{stop} 值来构建. 在周期性解法时选择周期时间的**小数部分** (Bruchteil) 对于 $h_{\max}$ 是很有意义的. 解值数目不是由 $h_{\max}$ 而是由 **Data Import/Export(数据输入/输出)**、**Output option(输出选择)**、**Refine factor(精确因子)**来规定.
- **Min step size (最小步长大小)** 规定步长最小值. 该参数值太大可导致超越规定容限边界值的错误后果, 会发出出错信息.
- 对于初始步长 **Initial Step Size(初始步长大小)**求状态变量的导数. 在导数大值时其解会快速地改变. 依据满足误差准则来调整初始步长.

总是用**关键字** (Schlüsselwort) 来自动调整用于步长控制参数的 default-Wert(默认值).

在解步中 Simulink 计算状态变量 x_i 误差估计值. 依据预先给的参数 **Relative tolerance(相对容限)**r_{tol}, **Absolute tolerance(绝对容限)**a_{tol} 与误差估计值的相关性来判断, 是否必须使步长减小或可使其增大. 误差估计值 e_i 必须对所有状态变量 x_i 满足准则 $e_i \leqslant \max\left(r_{\text{tol}} \cdot |x_i|, a_{\text{tol},i}\right)$.

在图 17.4-6 中求误差估计值取决于 $|x_i|$. 为了步长控制, 对于状态变量大的值应用相对误差, 而对于 $|x_i|$ 小的值应用绝对误差.

用 **Data Import/Export(数据输入/输出)**, **Output option(输出选择)**可调整下面选项.

- 当解曲线变得不够光滑时, 对于具有变步长解法, 特别是 ode45, **Refine output(精确输出)**是可应用的. 通过为 Refine output(精确输出) 输入个**整数值** (Integer-Wertes), 在一个步长内用内插法求其他解值. 不改变步长并避免小步长的缺点.
- 用 **Produce Additional Output(生成附加输出)**预先给出时间向量, 对于时间向量元素计算附加解值, 使步长与时间向量匹配.
- 用 **Produce Specified Output Only(仅生成规定输出)**仅对输入时间向量元素求解值. 使步长与时间向量匹配.

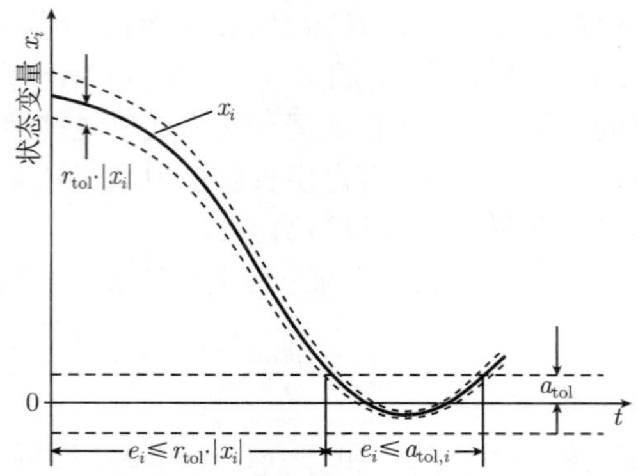

图 17.4-6　状态变量 x_i 和求相对误差和绝对误差时间历程曲线

17.4.3.3　切削加工过程 (刚性系统) 位置调节的仿真

在例 6.4-18 中用根轨迹曲线法研究切削加工过程的单回路位置调节. 加工力假设为与速度成比例的, 而切削加工模型通过阻尼系数 r_k 来构建. 在图 17.4-7 中给出相应的 Simulink 模型, 图 17.4-8 显示阶跃特性.

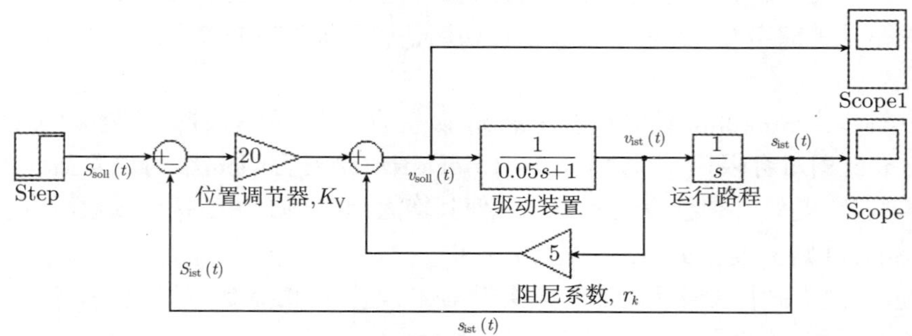

图 17.4-7　具有切削加工过程位置调节的仿真模型 (zerpanung_174.mdl)

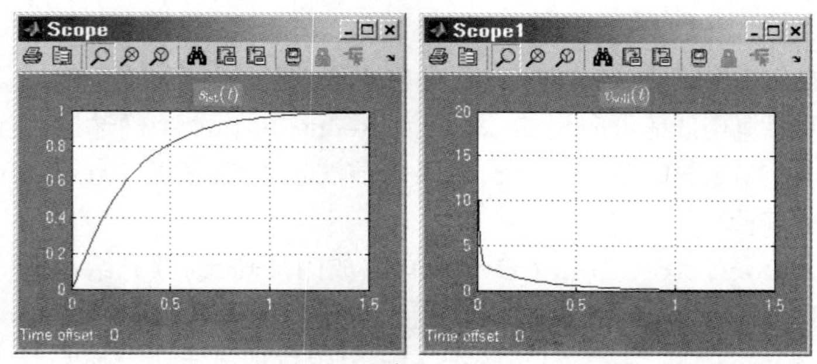

图 17.4-8　具有被调节量 $r_{\text{ist}}(t)$, 调整量 $v_{\text{soll}}(t)$ 和阻尼系数 $r_{\text{k}} = 5$ 的位置调节回路的阶跃响应 (zerpanung_174.mdl)

对于位置调节回路构建传递函数

$$G(s)=\frac{K_{\mathrm{V}}}{T_{\mathrm{M}}\cdot s^2+(1+r_{\mathrm{k}})\cdot s+K_{\mathrm{V}}}=\frac{\dfrac{K_{\mathrm{V}}}{T_{\mathrm{M}}}}{s^2+\dfrac{1+r_{\mathrm{k}}}{T_{\mathrm{M}}}\cdot s+\dfrac{K_{\mathrm{V}}}{T_{\mathrm{M}}}}$$

$$=\frac{\dfrac{K_{\mathrm{V}}}{T_{\mathrm{M}}}}{(s-s_{\mathrm{p1}})\cdot(s-s_{\mathrm{p2}})}$$

并求极点:

$$s_{\mathrm{p1,2}}=-\frac{1+r_{\mathrm{k}}}{2\cdot T_{\mathrm{M}}}\pm\sqrt{\left(\frac{1+r_{\mathrm{k}}}{2\cdot T_{\mathrm{M}}}\right)^2-\frac{K_{\mathrm{V}}}{T_{\mathrm{M}}}}$$

在切削加工过程中阻尼系数 r_{k}, 并由此位置调节极点会在大的范围变化:

$$\begin{aligned}
&K_{\mathrm{V}}=20\,\mathrm{s}^{-1}, && T_{\mathrm{M}}=0.05\,\mathrm{s}\\
&r_{\mathrm{k}}=1: && s_{\mathrm{p1,2}}=-20\\
&r_{\mathrm{k}}=50: && s_{\mathrm{p1}}=-0.392 \qquad s_{\mathrm{p2}}=-1019.608
\end{aligned}$$

对于大的 r_{k} 值给出很不同的实极点. 在图 17.4-8($r_{\mathrm{k}}=5$) 的阶跃响应中, 极点 s_{p1}(主导极点) 确定被调节量曲线, 而极点 s_{p2} 对被调节量曲线仅有微小的影响. 然而调整量幅值主要取决于该极点位置, 因此极点 s_{p2} 是不能被略去的.

具有彼此远离的极点的, 也就是由一个慢的和一个快的分系统组成的动态系统被称为**刚性系统 (steife Systeme)**. 刚性量度是**刚性比** (Steifig-keitsquotient)

$$S=\frac{|s_{\mathrm{p2}}|}{|s_{\mathrm{p1}}|}$$

幅值最大极点与幅值最小极点之比.

对于位置调节, 用不同数值解法试求被调节量和调整量的阶跃特性, 并比较具有完全解 (geschlossenen Lösung) 的仿真结果. 对于 $r_{\mathrm{k}}>1$ 并用表 3.5-4, 序号 73 得到阶跃响应的完全解

$$x(t)=1-\frac{s_{\mathrm{p2}}}{s_{\mathrm{p2}}-s_{\mathrm{p1}}}\cdot \mathrm{e}^{s_{\mathrm{p1}}\cdot t}+\frac{s_{\mathrm{p1}}}{s_{\mathrm{p2}}-s_{\mathrm{p1}}}\cdot \mathrm{e}^{s_{\mathrm{p2}}\cdot t}$$

$$\text{其中}\quad s_{\mathrm{p1,2}}=-\frac{1+r_{\mathrm{k}}}{2\cdot T_{\mathrm{M}}}\pm\sqrt{\left(\frac{1+r_{\mathrm{k}}}{2\cdot T_{\mathrm{M}}}\right)^2-\frac{K_{\mathrm{V}}}{T_{\mathrm{M}}}}$$

对于切削加工过程的位置调节 (图 17.4-9), 用 zerspanung_opt_ 174.m 和 zerspanung1_174.mdl 进行解法比较研究. 用 m-File(m-文件) 预先给出完全解参数和仿真参数, 用 m-File(m-文件) 起动 Simulink 模型.

```
%MATLAB Script File zerspanung_opt_174.m
%Lageregelung mit Zerspanungsprozeβ (steifes System)
rk=50;                    %Dämpfungskoeffizient
TM=0.05;                  %Mechanische Zeitkonstante
KV=20;                    %Geschwindigkeitsverstärkung
f1=(1+rk)/(2*TM);
sp1=-f1+sqrt(f1^2-KV/TM); %Polstelle sp1
sp2=-f1-sqrt(f1^2-KV/TM); %Polstelle sp2
T=10;                     %Simulationszeit
t0=clock;                 %Realzeit
options=simset('Solver','ode45');
sim('zerspanung1_174',T,options)
t1=etime(clock,to)        %Rechenzeit
```

程序中德文译文:

1. %MATLAB Script File zerspanung_opt_174.m (MATLAB 脚本文件 zerspanung_opt_174.m)
2. %Lageregelung mit Zerspanungsprozeβ (steifes System)(具有切削加工过程位置调节 (刚性系统))
3. %Dämpfungskoeffizient (阻尼系数)
4. %Mechanische Zeitkonstante (机械时间常数)
5. %Geschwindigkeitsverstärkung (速度增益)
6. %Polstelle sp1 (极点 s_{p1})
7. %Polstelle sp2 (极点 s_{p2})
8. %Simulationszeit (仿真时间)
9. %Realzeit (实时时间)
10. 'Solver' (' 解法')
11. %Rechenzeit (计算时间)

调节 (阻尼系数 $r_{\mathrm{k}} = 50$, 刚性系统) 阶跃特性, 用时间连续系统变步长的两种标准解法 (ode45 和 ode15s) 来仿真. 首先引入非刚性系统标准单步长法 ode45. 单步长法在平均步长 4ms 和计算时间约 4.4s 时需要 3082 步 (图 17.4-10, 图 17.4-11). 具有极点 s_{p2} 的快速分系统作用, 给被调节量叠加一个具有很小幅值的振荡. ode45 在考虑安全因数下由局部误差计算下一仿真步的预计最佳步长. 对于刚性系统这大多会引起一个看似振荡器特性, 因为步长变得很小. 但是这并不属于问题的标志性解法. 多的步数导致长的计算时间, 并且附加蕴藏累计误差风险. 对于刚性系统仿真, 由于增大计算时间的单步法 ode45 不是有效的.

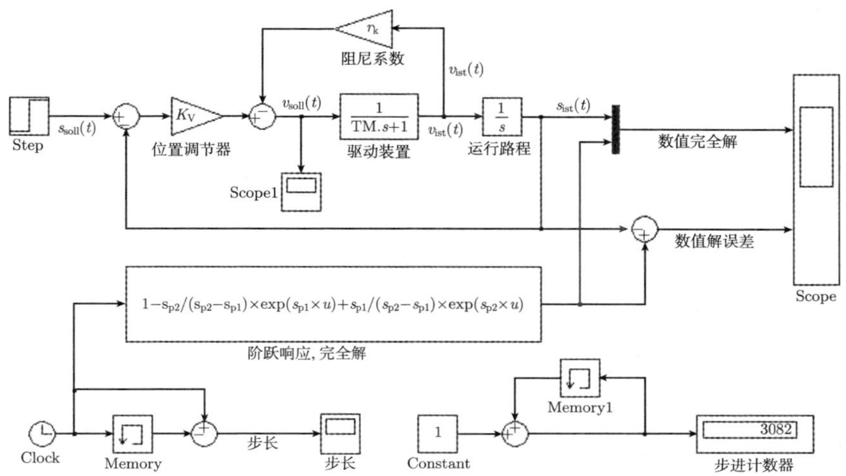

图 17.4-9 用于求阶跃特性的数值解和完全解的切削加工过程位置调节的仿真模型 (zerpanung1_174.mdl, zerspanung_opt_174.m)

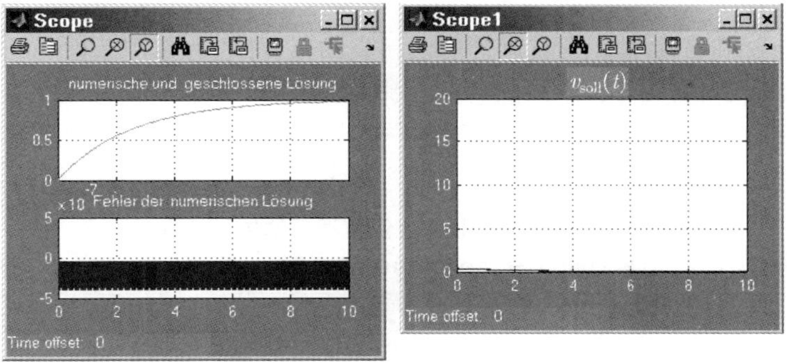

图 17.4-10 在切削加工过程位置调节仿真时被调节量和调整量 (ode45, $r_k = 50$, zerpanung1_174.mdl, zerspanung_opt_174.m)

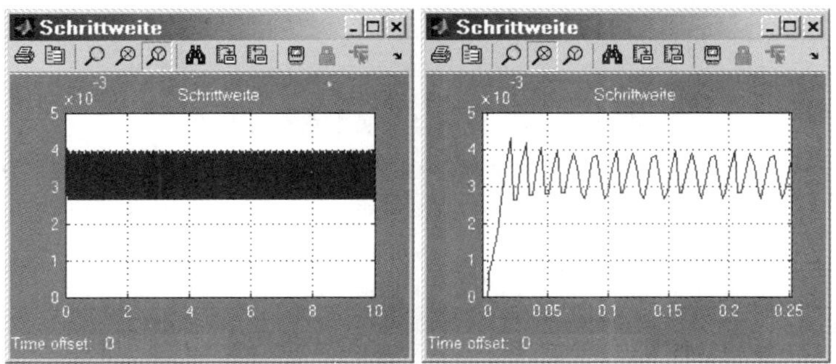

图 17.4-11 切削加工过程位置调节的仿真步长 (ode45, $r_k = 50$, zerpanung1_174.mdl, zerspanung_opt_174.m)

刚性系统标准多步法 ode15s 处理后面多步信息. 在最大步长 200ms 时只需 104 步, 计算时间总计仅约 0.6s. 在仿真初始时误差会很大 (图 17.4-12). 多步法 ode15s 适于刚性系统仿真.

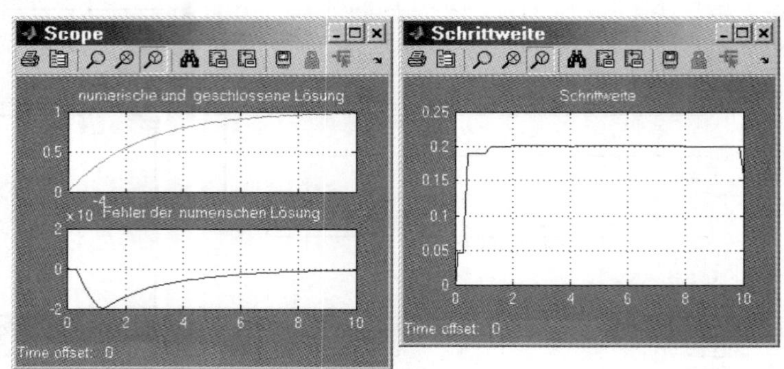

图 17.4-12　切削加工过程位置调节被调节量和仿真步长 (ode15s, $r_k = 50$, zerpanung1_174.mdl, zerspanung_opt_174.m)

表 17.4-2 和表 17.4-3 含有不同解法仿真结果. 刚性系统单步法 ode45 和 ode23 多的步数是其标志. 不论在非刚性还是刚性系统, 具有定步长方法 ode5 都会提供一个不稳定解. 在计算时间内总是含有求完全解的时间.

表 17.4-2　非刚性位置调节的仿真结果

(阻尼系数 $r_k = 2$, 仿真时间 10s, zerpanung1_174.mdl, zerspanung_opt_174.m)

解法	最大误差	计算时间/s	步长/ms	步数
ode45	$1.2 \cdot 10^{-4}$	0.2970	65	170
ode23	$6.5 \cdot 10^{-4}$	0.2660	48	229
ode23s	$7.4 \cdot 10^{-4}$	0.3120	200	82
ode15s	$3.3 \cdot 10^{-4}$	0.2660	200	98
ode5	不稳定			

表 17.4-3　刚性位置调节的仿真结果

(阻尼系数 $r_k = 50$, 仿真时间 10s, zerpanung1_174.mdl, zerspanung_opt_174.m)

解法	最大误差	计算时间/s	步长/ms	步数
ode45	$4 \cdot 10^{-7}$	0.5940	4	3082
ode23	$4 \cdot 10^{-7}$	0.6250	2.5	4071
ode23s	$8.8 \cdot 10^{-5}$	0.3600	200	73
ode15s	$2 \cdot 10^{-4}$	0.2660	200	104
ode5	不稳定			

17.4.4 MATLAB-环境仿真起动

17.4.4.1 概述

用标准函数 sim 可从 MATLAB-Hauptfenster(MATLAB 主窗口) 或 MATLAB m-File(MATLAB m 文件) 起动 Simulink 模型. 要求多仿真运行的, 例如为了求不同输入信号或模型参数影响的调节技术研究可用指令 sim 来简化.

17.4.4.2 具有联动装置的直流电动机仿真

对于小功率驱动装置, 例如在汽车中, 常引入直流电动机, 用适当的联动装置可产生直线运动. 图 17.4-13 表示直流电动机电枢电路和联动装置.

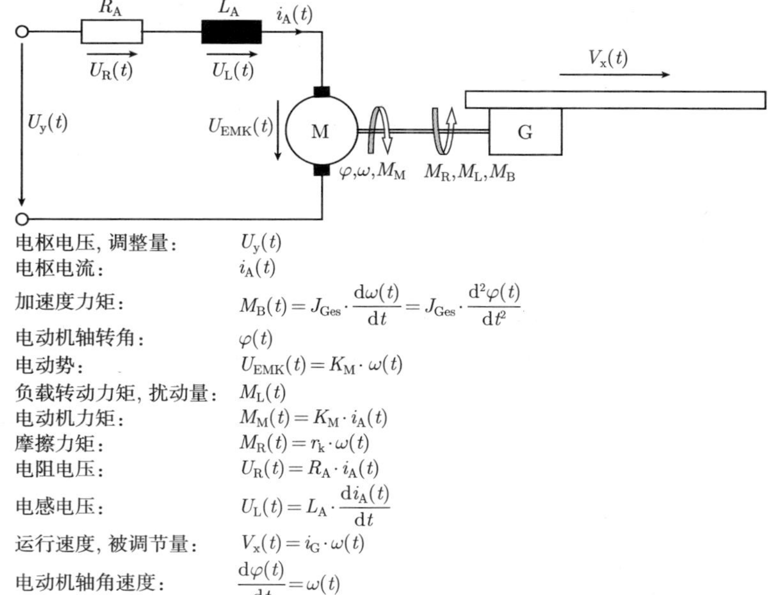

图 17.4-13 具有联动装置的直流电动机技术示意图和物理量

电枢电路方程描述电动机电的部分:

$$L_A \cdot \frac{d\,i_A(t)}{d\,t} = U_L(t) = U_y(t) - U_{EMK}(t) - U_R(t)$$

$$i_A(t) = \frac{1}{L_A} \int [U_y(t) - K_E \cdot \omega(t) - R_A \cdot i_A(t)]\,dt$$

而力矩方程对于机械部分有效:

$$J_{Ges} \cdot \frac{d\omega(t)}{dt} = M_M(t) - M_R(t) - M_L(t)$$

$$V_x(t) = \frac{i_G}{J_{Ges}} \int [K_M \cdot i_A(t) - r_k \cdot \omega(t) - M_L(t)]\,dt$$

图 17.4-14 表示直流电动机 Simulink 模型.

用图标参数选中 Simulink 模块, 并给出参数名. 对于电枢电压和负载力矩含有 Step-Blöcke(阶跃模块), 同样也含有图标模块参数. m-File(m-文件)G1_mot.m 给图标参数赋值. 用 To Workspace-Block(工作空间写入模块)(Sinks Library(接受模块库)) 将阶跃响应传递到 MATLAB 工作区域.

表 17.4-4　函数 sim 输入参数和输出参数

`t`	时间值向量 $\boldsymbol{t}_i$, 维数 $i \times 1$, $i=$ 仿真步数
`x`	状态变量矩阵, 维数 $i \times n$, $n=$ 模型阶数
`y`	输出变量矩阵或向量, 维数 $i \times r$, $r=$ 输出变量数
`'Simulink-Modell'`	模型名
`Zeitintervall`	`TFinal (终止时间)`或 `[TStart(起始时间) TFinal(终止时间)]` 或 `[TStart(起始时间) Zeitintervall(时间间隔) TFinal(终止时间)]`
`Optionen`	用函数 simset 生成选项仿真参数
`ut`	外部输入信号

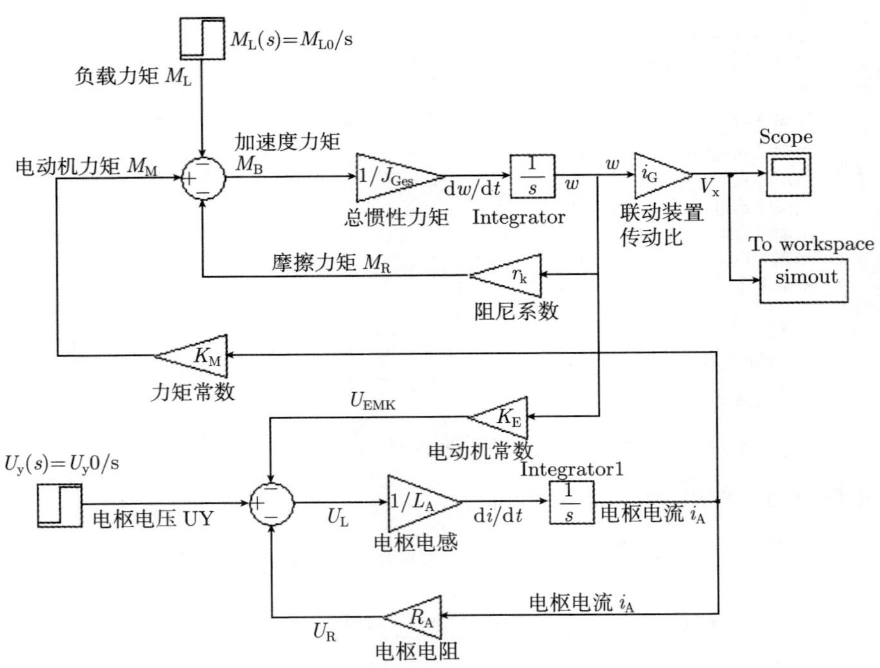

图 17.4-14　直流电动机 Simulink 模型 (Gleichstrommotor_174.mdl,G1_mot_174.m)

如果用具有模型名的函数

```
>> sim('Simulink-Modell')
```

起动仿真, 那么在 Simulink 模型的 Dialog-Box(对话框) 中给出的仿真参数是有效的, 因为没有给出其他的输入参数和输出参数. 这些在 Simulink 操作窗口用 **Simulation(仿真)**、**Configuration Parameter(外形参数)**来设置.

完全函数调用

```
>> [t,x,y]=sim('Simulink-Modell', Zeitintervall, Optionen, ut)
```

应用在表 17.4-4 中参数.

对于调整量 $U_y(t) = U_{y0} \cdot E(t)$ 和对于扰动量 $M_L(t) = M_{L0} \cdot E(t - T_0)$ 求具有被调节量 $V_x(t)$ 的电动机阶跃特性, 扰动阶跃函数被推移 $T_0 = 1s$.

在 G1_mod_174.m 中用函数调用

```
>> [t,x,y]=sim('Gleichstrommotor_174',1.5);
```

起动仿真. Simulink 模型具有状态变量 $\omega(t_i), i_A(t_i)$ 的阶数 $n = 2$. 具有维数 $i \times 2$ 的矩阵 $\boldsymbol{x}$ 含有状态变量: 对于每个仿真步 i 矩阵都使用一行, 其第一列含有 ω 值, 第二列含有 i_A 值. 不用 Outport-Blöcken(输出模块) 输出变量 y 是空的. 用函数

```
>> plot(t,iG*x(:,1))
```

图形绘制被调节量 $V_x(t) = i_G \cdot \omega(t)$.

```
%MATLAB Script File Gl_mot_174.m
%Sprungantwort eines Gleichstrommotors
RA=0.5;            %Ankerwiderstand
LA=0.05;           %Ankerinduktivität
KM=0.01;           %Momentenkonstante
KE=KM;             %Motorkonstante
rk=0.001;          %Dämpfungskoeffizient
JGes=0.0001;       %Gesamtträheitsmoment
iG=0.0003;         %Getriebeübersetzung
ML0=0.03;          %Lastdrehmoment (Störgröße)
T0=1;              %Sprungzeitpunkt Störgröße (Step time)
Uy0=12;            %Ankerspannung = 12 V (Stellgröße)
                   %Sprungantwort ermitteln:
[t,x,y]=sim('Gleichstrommotor_174',1.5);
plot(t,iG*x(:,1))  %Sprungantwort
grid on            %kartesische Gitterlinien
```

程序中德文译文:

1. %MATLAB Script File Gl_mot_174.m (MATLAB 脚本文件 Gl_mot_174.m)
2. %Sprungantwort eines Gleichstrommotors (直流电动机阶跃响应)
3. %Ankerwiderstand (电枢电阻)
4. %Ankerinduktivität (电枢电感)

```
5. %Momentenkonstante（力矩常数）
6. %Motorkonstante（电动机常数）
7. %Dämpfungskoeffizient（阻尼系数）
8. %Gesamtträheitsmoment（总惯性力矩）
9. %Getriebeübersetzung（驱动装置传动比）
10. %Lastdrehmoment (Störgröße)（负载转动力矩（扰动量））
11. %Sprungzeitpunkt Störgröße (Step time)（扰动量阶跃时间点）
12. %Ankerspannung（电枢电压）= 12 V (Stellgröße（调整量))
13. %Sprungantwort ermitteln（求阶跃响应）:
14. 'Gleichstrommotor_174'（'直流电动机 _174'）
15. %Sprungantwort（阶跃响应）
16. %kartesische Gitterlinien（笛卡尔网格线）
```

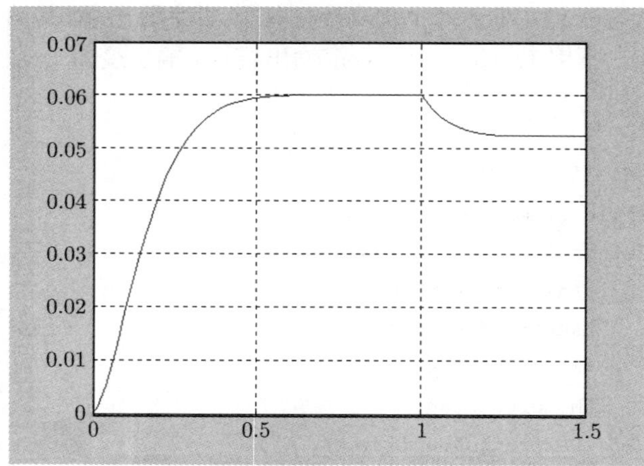

图 17.4-15　对于调整量 $U_y(t)$ 和扰动量 $M_L(t)$ 的运行速度 $V_x(t)$ 阶跃特性 (Gleichstrommotor_174.mdl,G1_mot_174.m)

17.4.4.3　用 simset 和 simget 设置与查询仿真参数

为用函数 sim 起动 MATRAB 环境的仿真, 可用 simset 和 simget 设置和查询仿真参数. 以形式

```
>> options = simset('Name1','Wert1','Name2','Wert2',...);
```

应用用于生成选择结构的函数 simset. 在options 中Wert1 赋值给参数Name1, 而 Wert2 赋值给参数Name2. 由下列程序序列, 用解法ode5 求对于时间间隔 2s 的模型 Gleichstrommotor_174.mdl:

```
>> Motor_options=simset('Solve','ode5');
>> Gl_mot_174 %Aufruf des m-Files G1_mot_174.m
```

```
>> sim('Gleichstrommotar_174',2.0,Motor_options);
>>
```

G1_mot_174.m 赋予 Simulink 模块初始值. 在 Simulation-Parameters-Fenster(仿真参数窗口) 中用simset 设置的参数修改相应的default-Parameter(默认参数).

选择结构参数可用函数 simget 查询. 由

```
>> options=simget('Gleichstrommotor_174')
```

给出在显示屏上所有参数. 由

```
>> options=simget('Gleichstrommotor_174','Solver')
options =
ode45
```

只查询解法. 在表 17.4-5 中给出选择的参数.

表 17.4-5 Simulink 模型的仿真参数

AbsTol	在具有变步长解法时的绝对误差
Decimation	t, x, y十进制输出
DstWorkspace	给To Workspace-Blocks(工作空间写入模块) 变量赋值的工作范围
FinalStateName	在仿真终止时给状态变量终值赋值的变量名
FixedStep	具有定步长解法的步长
InitialState	状态变量初值向量
InitialStep	具有变步长解法的初始步长
MaxOrder	ode15s- 解法阶数的最大值 (在其他解法时被略去不计)
MaxDataPoints	输出t, x, y值的最大数目
MaxStep	具有变步长解法步长最大值
OutputPoints	规定t, x, y输出的时间点
OutputVariables	选择输出端的输出变量
Refine	在步长以内求其他解值
RelTol	在具有变步长解法时的相对误差
Solver	解法
SrcWorkspace	规定用于求 MATLAB 表达式: 'base', 'current', 'parent'值的工作范围
Trace	用指令可监控仿真运行
ZeroCross	识别状态变量穿过零线

17.4.5 Simulink-Subsysteme(子系统, 层次结构模型)

17.4.5.1 概述

文本程序是由函数和子程序构成, 在 MATLAB 时是函数和脚本文件. 用子系统可一目了然地构成大规模的 Simulink 模型, 并简化程序开发和维护. 在 Simulink 中存在两种生成子系统方法.

- 用 **Edit(编辑), Create Subsystem(创建子系统)**将在 Simulink 操作窗口已存在的模型转换成子系统;
- 在`Subsystem`-Block (子系统模块) (`Ports & Subsystems Library` (输入输出端口和子系统库)) 中生成被开发的模型.

17.4.5.2 通过 Untersystem(子系统) 对 Simulink-模型结构化

应用子系统表示在 17.3 节中图 17.3-16 开发的具有内插补器和线性轴的分段控制模型`ipo_lage_173.mdl`. 因为结构改动是不可返回的, 所以要复制模型: `ipo_lage1_173.mdl`. 用下列动作产生子系统内插补器和位置调节, 将内插补器的分组模块用左鼠标键封闭在框内, 并用此做出标志 (图 17.4-16).

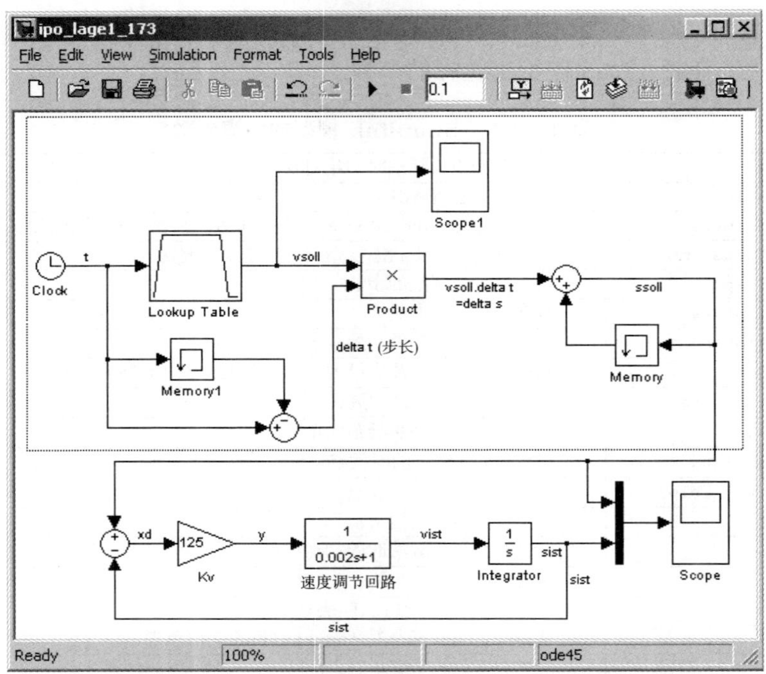

图 17.4-16 在分段控制时用于生成子系统的内插补器模块分组 (`ipo_lage1_173.mdl`)

用 **Edit(编辑)、Create Subsystem(创建子系统)**在 Simulink 操作窗口显现具有子系统`Interpolator`(内插补器) 分段控制模型, 内插补器标志模块是通过子系统产生的. 对于子系统模块 default-Name(默认名) 可应用另外名称 (图 17.4-17).

双击`Interpolator`-Block (内插补器模块), 打开具有内插补器模块和`Outport`-Block (输出端口模块)Out1 的另一操作窗口`ipo_lage1_173/Interpolator` (内插补器)(图 17.4-18).

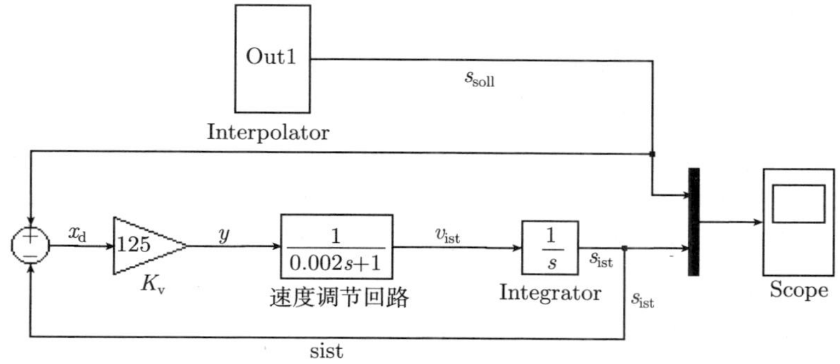

图 17.4-17 具有子系统 Interpolator(内插补器) 的分段控制 (`ipo_lage1_173.mdl`)

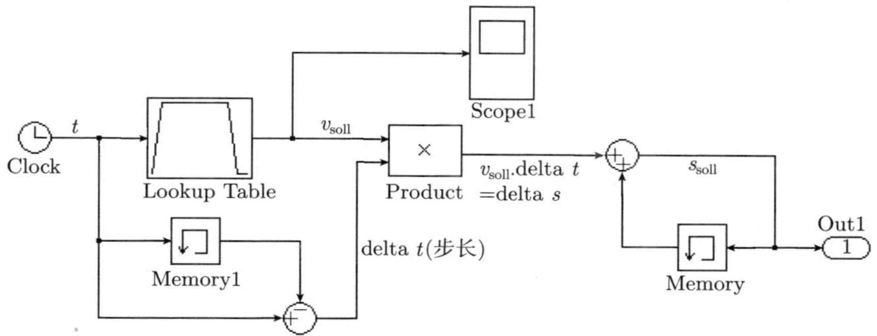

图 17.4-18 分段控制子系统`Interpolator`(内插补器) 模块 (`Interpolator.mdl`)

从在图 17.4-17 中模型`ipo_lage1_173.mdl`出发, 通过另一子系统取代位置调节模块 (图 17.4-19).

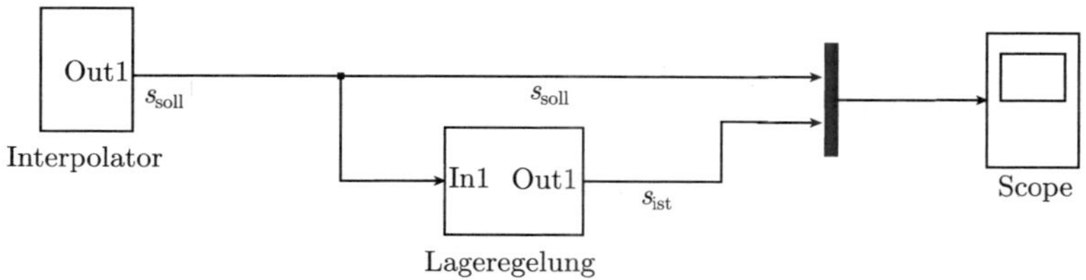

图 17.4-19 具有`Interpolator`(内插补器) 和`Lageregelung`(位置调节) 子系统的分段控制 (`ipo_lage1_173.mdl`)

通过引入两个子系统模块生成一个具有单级层次结构的 Simulink 模型.

17.4.5.3 用 Subsystem-Blöcken(子系统模块) 对 Simulink 模型结构化

在 Simulink 中子系统是虚拟的或非虚拟的 (real(实的), atomic(空白的)). 在引出下一个模块之前, 这样引出 Simulink 非虚拟子系统 (`atomic sub systems`(空白子系统结构)), 似乎像个模块 (atomic execution(空执行)). 用非虚拟模块改变系统特性. 虚拟子系统含有虚拟模块, 它们不影响系统特性 (`Bus Selector`(总线选路器), Mux(混路器), Demux(分路器), Goto(指向器), From(读矩阵)Block(模块)), 它们被应用于绘制模型图形结构化.

为了建立用子程序结构化的 Simulink 模型, 引入Ports & Subsystems Library (输入输出端口和子系统库) 的Subsystem-Block (子系统模块). Subsystem-Block (子系统模块) 被带到一个新的操作窗口untitled.mdl, 并通过双击被打开.

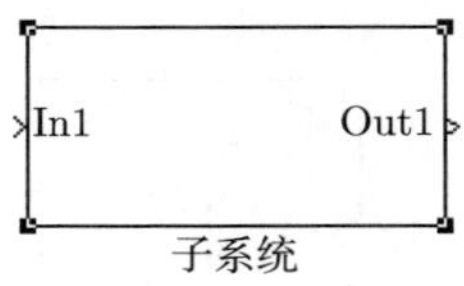

在新的操作窗口中可建立直流电动机的 Simulink 模型Gleichstrom-motor_174.mdl(17.4.4.2 节, 图 17.4-14), 并被存储在Gleichstrommotor_Strecke_174.mdl下. 子系统构建用 PI 调节器调节的被调节对象 (图 17.4-20).

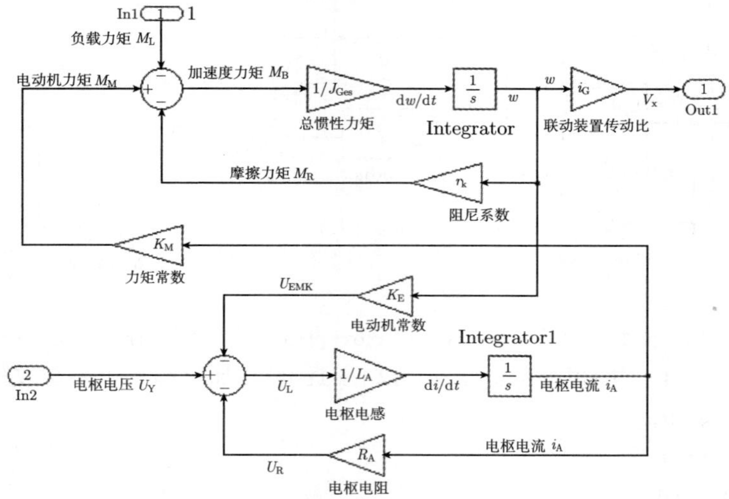

图 17.4-20　被调节对象子系统 (Gleichstrommotor_Strecke_174.mdl)

在操作窗口untitled.mdl中通过其他模块增补被调节对象子系统, 并被捆绑在一个具有 PI 调节器的调节回路中 (图 17.4-21, Gleichstrom-motor_PI_174.mdl).

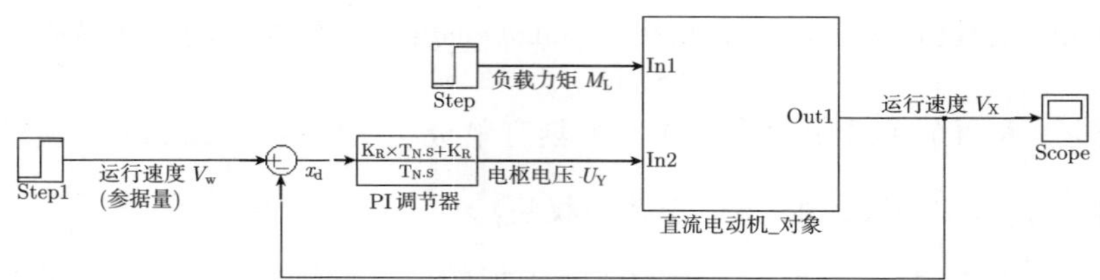

图 17.4-21　具有 PI 调节器和被调节对象子系统的调节回路 (Gleichstrommotor_PI_174.mdl)

用Gl_mod_PI_174.m使被调节对象, 调节器和Step-Blöcke(阶跃模块) 参数化, 起动仿真. 图 17.4-22 显示 PI 调节的阶跃特性.

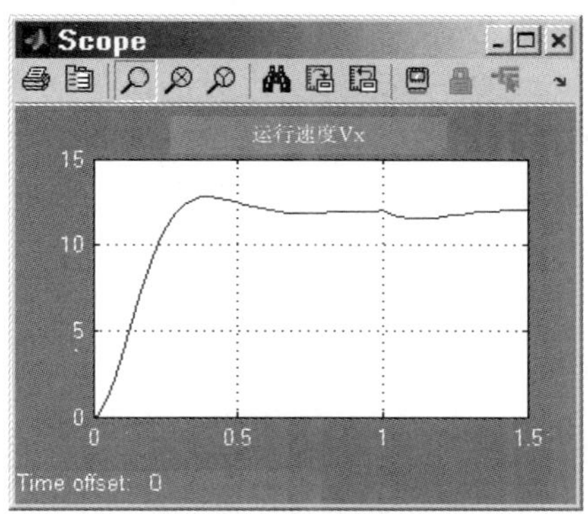

图 17.4-22 具有直流电动机和 PI 调节器调节的参据和扰动阶跃响应
(Gleichstrommotor_PI_174.mdl, Gl_mod_PI_174.m)

```
%MATLAB Script File Gl_mot_PI_174.m
%Sprungantwort eines Gleichstrommotors
RA=0.5;        %Ankerwiderstand
LA=0.05;       %Ankerinduktivität
KM=0.01;       %Momentenkonstante
KE=KM;         %Motorkonstante
rk=0.001;      %Dämpfungskoeffizient
JGes=0.0001;   %Gesamtträhheitsmoment
iG=0.0003;     %Getriebeübersetzung
ML0=3;         %Lastdrehmoment (Stögröβe)
T0=1;          %Sprungzeitpunkt Stögröβe (Step time)
Uw0=12;        %Ankerspannung = 12 V (Stellgröβe)
KR=150;        %Proportionalbeiwert PI-Regler
TN=0.1;        %Nachstellzeit PI-Regler
sim('Gleichstrommotor_PI_174',1.5); %Sprungantwort
```

程序中德文译文:

1. %MATLAB Script File Gl_mot_PI_174.m (MATLAB 脚本文件 Gl_mot_PI_174.m)
2. %Sprungantwort eines Gleichstrommotors (直流电动机阶跃响应)
3. %Ankerwiderstand (电枢电阻)
4. %Ankerinduktivität (电枢电感)
5. %Momentenkonstante (力矩常数)
6. %Dämpfungskoeffizient (阻尼系数)
7. %Gesamtträhheitsmoment (总惯性力矩)
8. %Getriebeübersetzung (联动装置传动比)
9. %Lastdrehmoment (Stögröβe) (负载力矩 (扰动量))

10. %Sprungzeitpunkt Stögröβe (扰动量阶跃时间点) (Step time)
11. %Ankerspannung (电枢电压) = 12 V (Stellgröβe (调整量))
12. %Proportionalbeiwert PI-Regler (比例系数 PI-调节量)
13. %Nachstellzeit PI-Regler (调后时间 PI-调节器)
14. 'Gleichstrommotor_PI_174' (' 直流电动机_PI_174')
15. %Sprungantwort (阶跃响应)

17.5 数字调节仿真

17.5.1 概述

通过引入数字计算机来标记数字调节特征, 调节装置信号是时间离散和数值离散的. 时间离散调节可用差分方程来描述. 如果方程是线性的和定常的话, 那么解可用 z 变换来计算. 对于数字调节仿真, 由Discrete Block Library(离散模块库) 提供时间离散的工作模型块供使用 (图 17.5-1).

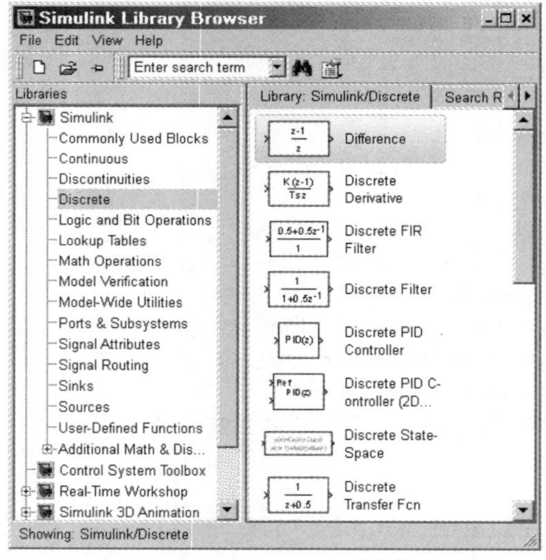

图 17.5-1　Discrete Block Library(离散模块库) 传递模块

Discrete Block Library (离散模块库) 的模块具有在输入端的采样器和在输出端的零阶保持器, 此外还能构建 First-Order Hold-Block (一阶保持器] 模块), 它可实现一阶保持. 对于每个传递模块, 分别地预先给出采样时间. 用 Simulink 可仿真下列时间离散系统.

- 具有数字调节装置和离散化被调节对象的数字调节. 调节回路信号是唯一地被时间离散的;
- 具有由不同采样时间驱动模块的数字调节;

- 具有数字调节装置和时间连续被调节对象的数字调节.

17.5.2 Discrete Block Library(离散模块库) 的主要传递模块

17.5.2.1 具有Unit Delay-Block(单位延迟模块) 的时间离散 PT_1 被调节对象的阶跃响应序列

对于时间连续的 PT_1 环节

$$T_{\mathrm{S}}\cdot\frac{\mathrm{d}x_{\mathrm{a}}(t)}{\mathrm{d}t}+x_{\mathrm{a}}(t)=K_{\mathrm{S}}\cdot x_{\mathrm{e}}(t),\qquad T_{\mathrm{S}}=1\,\mathrm{s},\qquad K_{\mathrm{S}}=1$$

试求阶跃响应序列. 为使微分方程离散化, 通过微分算法 II 型 (11.2.3.3 节) 构建时间导数:

$$\frac{T_{\mathrm{S}}}{T}\cdot(x_{\mathrm{a},\,k+1}-x_{\mathrm{a},\,k})+x_{\mathrm{a},\,k}=K_{\mathrm{S}}\cdot x_{\mathrm{e},\,k},\qquad \text{采样时间间隔 } T=0.2\cdot T_{\mathrm{S}}$$

$$x_{\mathrm{a},\,k+1}=\left(1-\frac{T}{T_{\mathrm{S}}}\right)\cdot x_{\mathrm{a},\,k}+\frac{K_{\mathrm{S}}\cdot T}{T_{\mathrm{S}}}\cdot x_{\mathrm{e},\,k}$$

由向左平移的平移定理得到 z 传递函数

$$x_{\mathrm{a}}(z)=\frac{K_{\mathrm{S}}\cdot T}{T_{\mathrm{S}}}\cdot\frac{1}{z-\left(1-\dfrac{T}{T_{\mathrm{S}}}\right)}\cdot x_{\mathrm{e}}(z),\qquad x_{\mathrm{e}}(z)=\frac{z}{z-1}$$

$$x_{\mathrm{a}}(z)=\frac{K_{\mathrm{S}}\cdot T}{T_{\mathrm{S}}}\cdot\frac{1}{z-\left(1-\dfrac{T}{T_{\mathrm{S}}}\right)}\cdot\frac{z}{z-1}$$

给出部分分式展开

$$x_{\mathrm{a}}(z)=K_{\mathrm{S}}\cdot\left(\frac{z}{z-1}-\frac{z}{z-\left(1-\dfrac{T}{T_{\mathrm{S}}}\right)}\right)$$

由表 11.5-2, 序号 4 和表 11.5-3, 序号 20, 反变换提供在时域的输出量 $x_{\mathrm{a}}\,(kT)$:

$$x_{\mathrm{a}}(kT)=K_{\mathrm{S}}\cdot\left[E\,(kT)-\left(1-\frac{T}{T_{\mathrm{S}}}\right)^{k}\right]$$

Unit Delay-Block(**单位延迟**模块) 实现移位运算, 它执行右平移一个采样时间步. 在仿真模型unit_delay_175.mdl中, 通过时间离散系统表示 PT_1 环节, 在 Dialog-Box(对话框) 中输入模块参数初始值 $x_{\mathrm{a}}\,(kT=0)$ 和采样时间间隔 (Sample time)$T=0.2\mathrm{s}$. 在Step-Block(阶跃模块) 中设置采样时间间隔 $T=0.2\mathrm{s}$, 如图 17.5-2 所示.

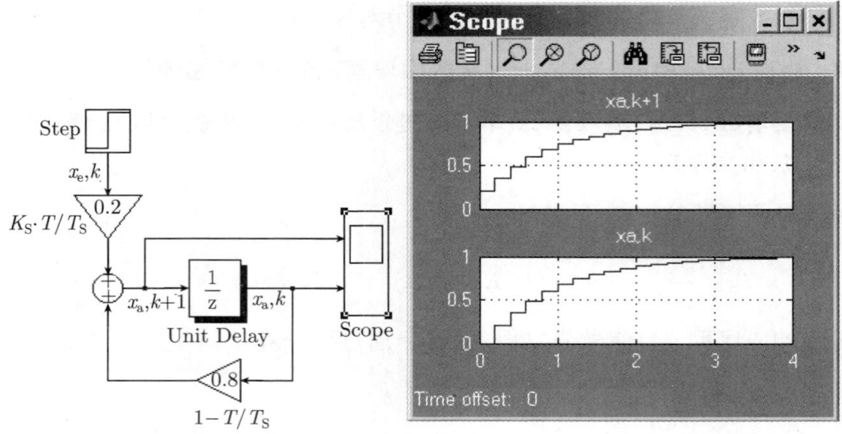

图 17.5-2　时间离散 PT_1 环节, 阶跃响应序列 (unit_delay_175.mdl)

17.5.2.2　具有Discrete-Time Integrator-Block(离散时间积分模块) 的阶跃响应序列

对于时间离散信号, 积分通过信号序列之和来近似. 由Discrete-Time Integrator-Block(**离散时间积分**模块) 引入积分法:

- 反向差分法 (II 型, Backward Euler(欧拉反向法));
- 正向差分法 (I 型, Forward Euler(欧拉正向法));
- 梯形近似法 (III 型, Trapezoidal (梯形法), TUSTIN-Formel (TUSTIN 公式)).

可预先给出下列模块参数: 积分方法, 初始值 $x_a(kT=0)$ 和采样时间间隔 T. 在例中由Step-Block(**阶跃**模块) 生成具有采样时间 $T = 1\text{s}$ 的单位阶跃序列

$$x_e(kT) = E(kT - T), \qquad x_e(z) = \frac{1}{z-1}$$

它向右移动一个采样时间步. 对于三种已给积分方法, 总是求积分环节 z 传递函数 $G_I(z)$, 所属的 z 变换式 $x_{ai}(z)$ 和阶跃响应序列 $x_{ai}(kT)$:

反向差分法 (II 型), 表 11.5-2, 序号 7:

$$G_{I,R}(z) = \frac{K_I \cdot T \cdot z}{z-1}, \qquad K_I = 1\ \text{s}^{-1}$$

$$x_{a1}(z) = G_{I,R}(z) \cdot x_e(z) = \frac{K_I \cdot T \cdot z}{(z-1)^2}$$

$$x_{a1}(kT) = K_I \cdot kT$$

正向差分法 (I 型), 表 11.5-2, 序号 8:

$$G_{I,V}(z) = \frac{K_I \cdot T}{z-1}, \qquad K_I = 1\ \text{s}^{-1}$$

$$x_{\mathrm{a2}}(z) = G_{\mathrm{I,V}}(z) \cdot x_{\mathrm{e}}(z) = \frac{K_{\mathrm{I}} \cdot T}{(z-1)^2}$$

$$x_{\mathrm{a2}}(kT) = K_{\mathrm{I}} \cdot (kT - T) \cdot E(kT - T)$$

梯形近似法 (III 型), 表 11.5-2, 序号 7, 8:

$$G_{\mathrm{I,T}}(z) = \frac{K_{\mathrm{I}} \cdot T \cdot (z+1)}{2 \cdot (z-1)}, \qquad K_{\mathrm{I}} = 1\ \mathrm{s}^{-1}$$

$$x_{\mathrm{a3}}(z) = G_{\mathrm{I,T}}(z) \cdot x_{\mathrm{e}}(z) = \frac{K_{\mathrm{I}} \cdot T \cdot (z+1)}{2 \cdot (z-1)^2} = \frac{K_{\mathrm{I}} \cdot T \cdot z}{2 \cdot (z-1)^2} + \frac{K_{\mathrm{I}} \cdot T}{2 \cdot (z-1)^2}$$

$$x_{\mathrm{a3}}(kT) = \frac{K_{\mathrm{I}}}{2} \cdot [kT + (kT - T) \cdot E(kT - T)]$$

时间离散积分法, 阶跃响应序列如图 17.5-3 所示.

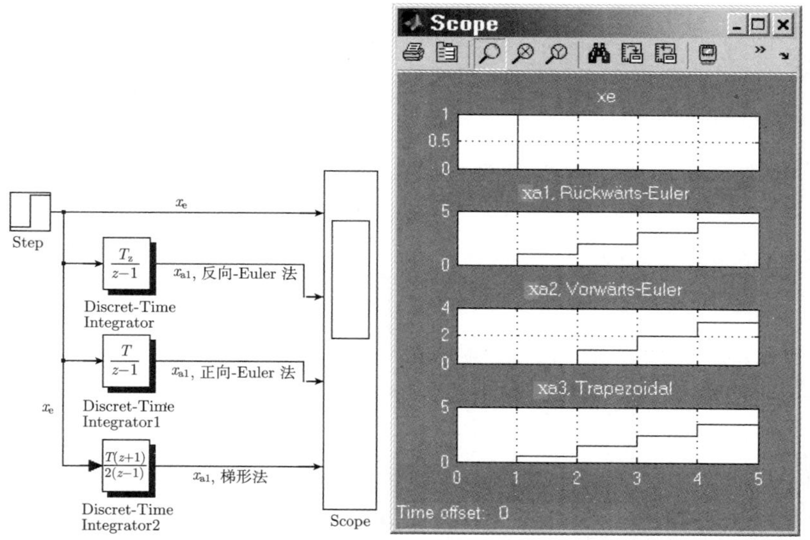

图 17.5-3 时间离散积分法, 阶跃响应序列 (`dis_time_integrator_175.mdl`)

17.5.2.3 具有保持器的 I_2 被调节对象的阶跃特性

线性定常 (LTI) 系统能以传递函数表达式, 极-零点形式和状态表达式给出. 对于具有采样器和保持器的 I_2 被调节对象

$$G_{\mathrm{S}}(s) = \frac{K_{\mathrm{IS}}^2}{s^2}, \qquad K_{\mathrm{IS}} = 2\,\mathrm{s}^{-1}$$

由表 11.5-11, 序号 4 构建 z 传递函数的极-零点形式:

$$G_{\mathrm{HS}}(z) = \frac{z-1}{z} \cdot Z\left\{\frac{G_{\mathrm{S}}(s)}{s}\right\} = K_{\mathrm{IS}}^2 \cdot \frac{z-1}{z} \cdot Z\left\{\frac{1}{s^3}\right\}$$

$$= \frac{K_{\mathrm{IS}}^2 \cdot T^2}{2} \cdot \frac{z+1}{(z-1)^2} = \frac{2 \cdot (z+1)}{(z-1)^2}, \quad T = 1\,\mathrm{s}$$

变形提供一个以多项式形式的 z 传递函数.

$$G_{\mathrm{HS}}(z) = \frac{x(z)}{y(z)} = \frac{2 \cdot z + 2}{z^2 - 2 \cdot z + 1}$$

为了求状态表达式, 将 z 传递函数转化为差分方程. 变形得到:

$$z^2 \cdot x(z) - 2 \cdot z \cdot x(z) + x(z) = 2 \cdot z \cdot y(z) + 2 \cdot y(z)$$

对于状态表达式, 通过 u_k 取代调整量公式符号 y_k. 由平移定理将 II 阶差分方程带到显式形式

$$\begin{aligned} x_{k+2} &= 2 \cdot x_{k+1} - x_k + 2 \cdot y_{k+1} + 2 \cdot y_k \\ &= 2 \cdot x_{k+1} - x_k + 2 \cdot u_{k+1} + 2 \cdot u_k \end{aligned}$$

并将其转换成 I 阶差分方程组如下:

$$\begin{aligned} x_{1,k} &= x_k \\ x_{1,k+1} &= x_{2,k} \\ x_{2,k+1} &= 2 \cdot x_{2,k} - x_{1,k} + 2 \cdot u_{k+1} + 2 \cdot u_k \\ y_k &= 2 \cdot x_{1,k} + 2 \cdot x_{2,k} \end{aligned}$$

在矩阵表达式中方程组具有形式:

$$\begin{bmatrix} x_{1,k+1} \\ x_{2,k+1} \end{bmatrix} = \begin{bmatrix} 0 & 1 \\ -1 & 2 \end{bmatrix} \cdot \begin{bmatrix} x_{1,k} \\ x_{2,k} \end{bmatrix} + \begin{bmatrix} 0 \\ 1 \end{bmatrix} \cdot u_k$$

$$y_k = \begin{bmatrix} 2 & 2 \end{bmatrix} \cdot \begin{bmatrix} x_{1,k} \\ x_{2,k} \end{bmatrix}$$

图 17.5-4 表示具有被调节对象时间离散表达式的 Simulink 模型.

对于 Discrete Block Library(离散模块库) 的所有模块都可分别地规定采样时间. 采样时间可直接作为模块参数输入, 或通过输入信号, 也就是通过以前模块的遗传来接收. 在这种情况作为模块参数输入 -1(inherited(遗传的)). Zero-Order Hold-Block(零阶保持模块) 实现零阶保持函数, 由输入 -1 接收 Step-Blocks(阶跃模块) 的采样时间. 传递模块 Discrete Transfer Fcn(离散传递函数), Discrete Zero-Pole(离散零-极点) 和 Discrete State-Space(离散状态空间) 在输入端具有采样器, 而在输出端具有零阶保持器. 由此 Zero-Order Hold-Block(零阶保持模块) 在该模块输入端前是不必要的, 而采样时间隔 T 或 -1 则输入到 Dialog-Boxen(对话框) 中.

对于具有 z 传递函数 $G_{\mathrm{HS}}(z)$

$$x(z) = G_{\mathrm{HS}}(z) \cdot y(z) = \frac{2 \cdot (z+1)}{(z-1)^2} \cdot \frac{z}{z-1} = \frac{2 \cdot z \cdot (z+1)}{(z-1)^3}$$

的 I_2 被调节对象, 求对于调整量单位阶跃序列 $y(kT)$ 的阶跃响应序列 $x(kT)$. 由表 11.5-2, 序号 9, 反变换提供在图 17.5-5 中的抛物线序列:

$$x(kT) = Z^{-1}\{x(z)\} = \frac{2}{T^2} \cdot (kT)^2 = 2 \cdot k^2$$

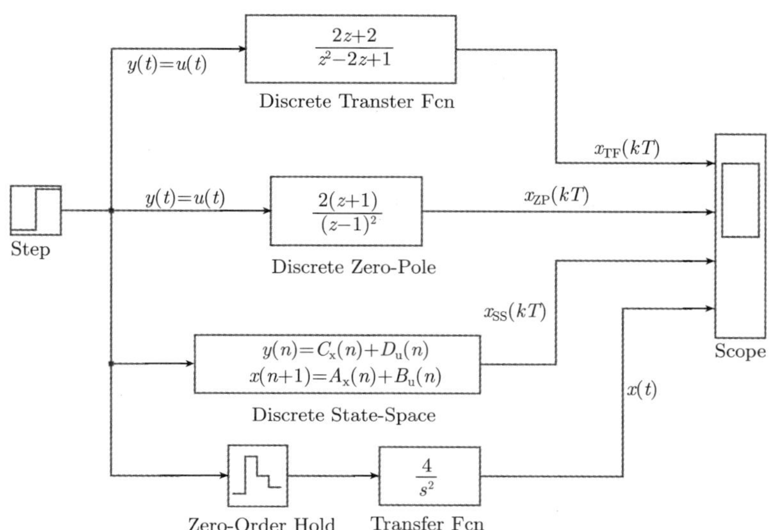

图 17.5-4 具有保持器的 I_2 被调节对象的表达式形式 (ghsvonz_175.mdl)

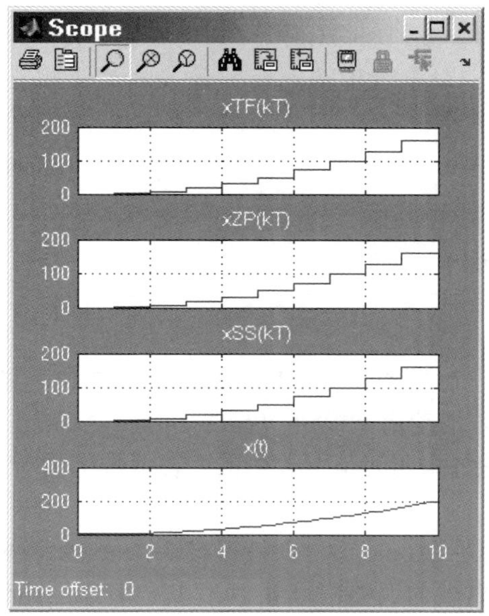

图 17.5-5 具有保持器的 I_2 被调节对象的阶跃特性 (ghsvonz_175.mdl)

17.5.2.4　具有Zero-Order Hold-Block(零阶保持器模块) 的闭合数字调节回路

对于在图 17.5-6 中具有时间连续 I 被调节对象的数字调节回路zoh_P_175.mdl 试求阶跃响应.

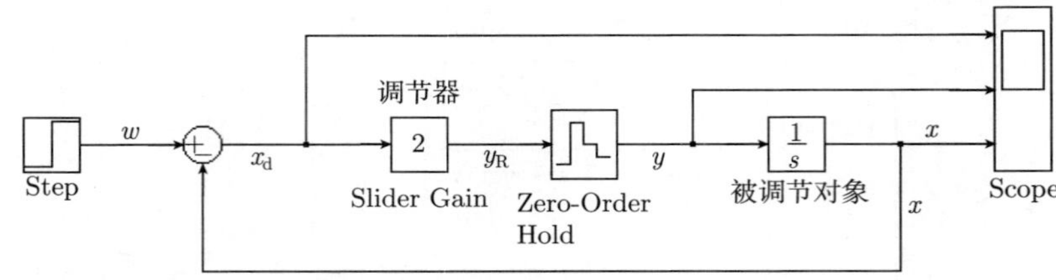

图 17.5-6　具有积分被调节对象的数字调节回路 (zoh_P_175.mdl)

按照表 11.5-11, 序号 3 给出具有保持器的被调节对象的 z 传递函数为

$$G_{\mathrm{HS}}(z)=\frac{z-1}{z}\cdot Z\left\{\frac{G_{\mathrm{S}}(s)}{s}\right\}=\frac{z-1}{z}\cdot Z\left\{\frac{1}{s^2}\right\}=\frac{T}{z-1}$$

被调节量的 z 变换的计算:

$$\begin{aligned}
G_{\mathrm{R}}(z)&=K_{\mathrm{R}}\\
x(z)&=G(z)\cdot w(z)=\frac{G_{\mathrm{R}}(z)\cdot G_{\mathrm{HS}}(z)}{1+G_{\mathrm{R}}(z)\cdot G_{\mathrm{HS}}(z)}\cdot w(z)\\
&=\frac{K_{\mathrm{R}}\cdot T}{z-1+K_{\mathrm{R}}\cdot T}\cdot w(z),\qquad w(z)=\frac{z}{z-1}\\
x(z)&=\frac{K_{\mathrm{R}}\cdot T}{z-1+K_{\mathrm{R}}\cdot T}\cdot\frac{z}{z-1}
\end{aligned}$$

根据部分分式展开由表 11.5-2, 序号 4, 表 11.5-3, 序号 20 通过反变换确定阶跃响应序列:

$$x(kT)=Z^{-1}\left\{\frac{z}{z-1}-\frac{z}{z-1+K_{\mathrm{R}}\cdot T}\right\}=E\left(kT\right)-\left(1-K_{\mathrm{R}}\cdot T\right)^{k}$$

$x\,(kT)$ 对应于趋于采样时间点 $t=kT$ 的时间连续的仿真结果. 对于 P 调节器引入Slider Gain-Block(滑动增益模块) (Math Operations Library (数学运算模块库)), 其中增益系数在仿真期间是可改变的. 表示数字调节回路的阶跃特性, 调节回路信号如图 17.5-7.

由Zero-Order Hold-Block(零阶保持器模块)(zoh-Block(零阶保持器模块)) 生成时间连续的而数值离散的调整信号 y, 所有其他调节回路信号都是时间连续和数值连续的.

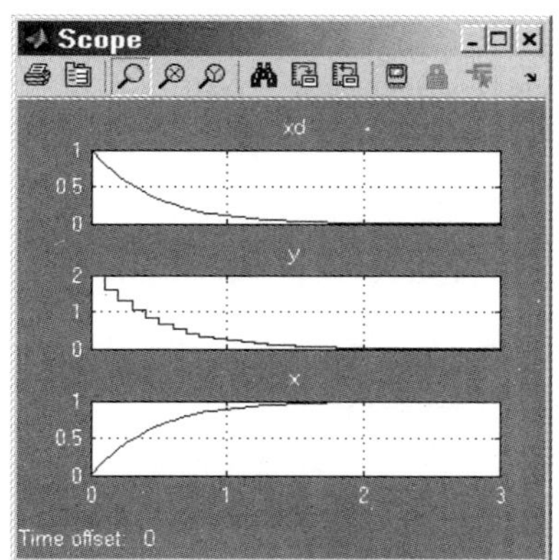

图 17.5-7 数字调节回路的阶跃特性, 调节回路信号 (zoh_P_175.mdl)

17.5.3 具有不同采样时间的数字串级调节

机床位置调节通常具有内层回路的转数调节和力矩调节的串级结构. 对于定位调节引入数字 P 调节器, 并在转数调节回路中引入数字 PI 调节器. 在仿真模型中通过具有等效时间常数 T_{EM} 的 PT_1 环节摹拟电流调节或力矩调节回路 (13.7.3 节).

PI 转数调节器按幅值优化进行调节, 其积分算法 (II 型)(11.2.4.3 节) 为

$$y_{\mathrm{v},k}=y_{\mathrm{v},k-1}+K_{\mathrm{R}}\cdot\left[\left(1+\frac{T_{\mathrm{d}}}{T_{\mathrm{N}}}\right)\cdot x_{\mathrm{dv},k}-x_{\mathrm{dv},k-1}\right]$$

$$K_{\mathrm{R}}=\frac{T_{\mathrm{N}}}{2\cdot K_{\mathrm{S}}\cdot T_{\mathrm{EM}}}=10,\quad T_{\mathrm{N}}=T_{\mathrm{M}}=20\ \mathrm{ms}$$

$$K_{\mathrm{S}}=1,\quad T_{\mathrm{EM}}=1\ \mathrm{ms},\qquad \text{采样时间间隔 } T_{\mathrm{d}}=0.1\,\mathrm{ms}$$

所属 z 传递函数表示为

$$G_{\mathrm{R,v}}(z)=\frac{y_{\mathrm{v}}(z)}{x_{\mathrm{dv}}(z)}=\frac{K_{\mathrm{R}}\cdot\left[\left(1+\frac{T_{\mathrm{d}}}{T_{\mathrm{N}}}\right)\cdot z-1\right]}{z-1}=\frac{10.05\cdot z-10}{z-1}$$

对于 P 位置调节器给出速度增益 K_{V} 为

$$v_{\mathrm{soll},k}=K_{\mathrm{V}}\cdot x_{\mathrm{dp},k}=\frac{1}{8\cdot T_{\mathrm{EM}}}\cdot x_{\mathrm{dp},k}=125\cdot x_{\mathrm{dp},k}$$

$$T_{\mathrm{EM}}=1\,\mathrm{ms},\qquad \text{采样时间间隔 } T_{\mathrm{l}}=0.2\ \mathrm{ms}$$

图 17.5-8 表示位置调节回路的 Simulink 模型. 对于参据阶跃函数 $s_{\mathrm{soll}}(t)=0.01\cdot E(t)$ 和被平移的扰动阶跃函数 $M_{\mathrm{L}}(t)=2\cdot E(t-0.04\mathrm{s})$, 仿真被调节量 $s_{\mathrm{ist}}(t)$ 的时间曲线. 随着采样时间的增大, 位置调节会去阻尼 (图 17.5-9).

用 **Format(格式), Port/Signal Display(端口/信号显示器), Sample Time Colors(采样时间彩色)**, 可对不同采样时间都有效的模块和作用线在 Similink 操作窗口中以不同颜色来显示.

```
%MATLAB Script File Lage_P_PI_175.m
%Sprungverhalten einer Lageregelung
KR=10;          %KR PI-Regler
KV=125;         %Geschwindigkeitsverstärkung
TN=0.02;        %Nachstellzeit PI-Regler
TEM=0.001;      %Ersatzzeitkonstante des Momentenregelkreises
TM=0.02;        %Mechanische Zeitkonstante
for Td=[0.0001 0.001 0.003];
   Tl=0.0002; %Abtastzeit Lageregler
   [t,x,y]=sim('kaskade_175'); %Sprungantwort
   subplot(211), plot(t,x(:,1))
   hold on, grid on
   title('Sprungverhalten för Tl = 0.2 ms; Td = 0.1, 1, 3 ms')
end
for Tl=[0.001 0.005 0.01];
   Td=0.0001; %Abtastzeit Drehzahlregler
   [t,x,y]=sim('kaskade_175'); %Sprungantwort
   subplot(212), plot(t,x(:,1))
   hold on, grid on
   title('Sprungverhalten für Td = 0.1 ms; Tl = 1, 5, 10 ms')
end
```

程序中德文译文:

1. %MATLAB Script File Lage_P_PI_175.m (MATLAB 脚本文件 Lage_P_PI_175.m)
2. %Sprungverhalten einer Lageregelung (位置调节的阶跃特性)
3. %KR PI-Regler (KR PI 调节器)
4. %Geschwindigkeitsverstärkung (速度增益)
5. %Nachstellzeit PI-Regler (PI 调节器调后时间)
6. %Ersatzzeitkonstante des Momentenregelkreises (力矩调节回路的等效时间常数)
7. %Mechanische Zeitkonstante (机械时间常数)
8. %Abtastzeit Lageregler (位置调节器采样时间)
9. %Sprungantwort (阶跃响应)
10. 'Sprungverhalten för Tl = 0.2 ms; Td = ...' ('对于 T_l = 0.2 ms; T_d = 0.1, 1, 3 ms 的阶跃特性')
11. %Abtastzeit Drehzahlregler (转数调节器采样时间)
12. %Sprungantwort (阶跃响应)
13. 'Sprungverhalten für......' ('对于 T_d = 0.1 ms; T_l = 1, 5, 10 ms 的阶跃特性')

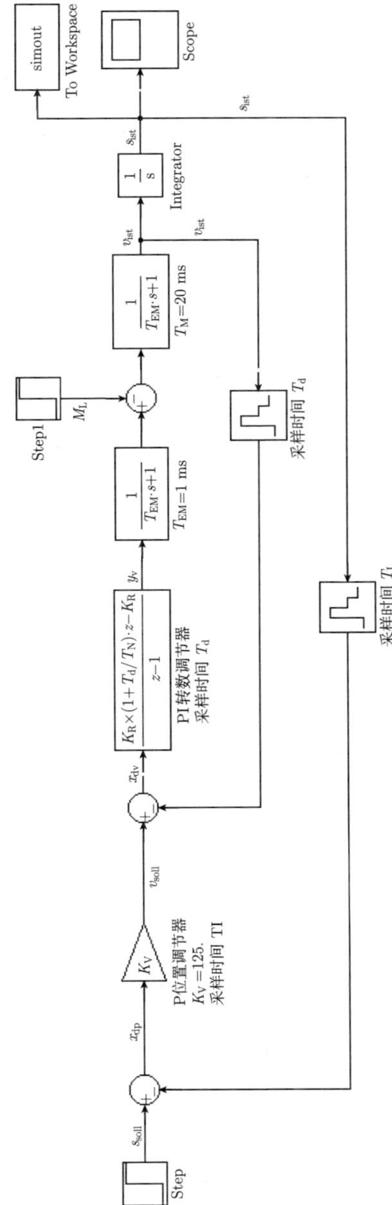

图17.5-8 对于转数和位置调节回路具有不同采样时间串级结构的位置调节回路(kaskade_175.mdl, Lage_P_PI_175.m)

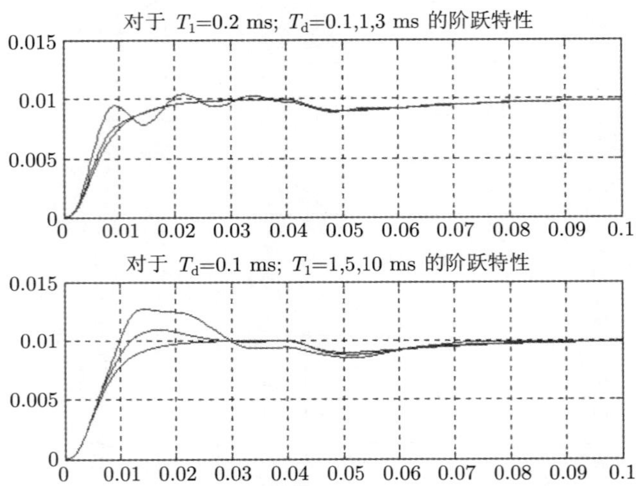

图 17.5-9　在转数调节回路采样时间 T_d 和位置调节回路采样时间 T_l 变化时参据和扰动阶跃函数的位置实际值 $s_{ist}(t)$ 阶跃特性 (kaskade_175.mdl,Lage_P_PI_175.m)

17.5.4　数字状态调节

17.5.4.1　状态调节的离散化

时间连续状态转数调节

在 17.5.4 节中将建立具有状态调节器模块的转数调节 (角速度调节) 的 Simulink 模型. 在此构建具有两个 PT_1 环节的被调节对象 (13.9.2 节). 不研究调节扰动特性 ($M_L = 0$). 给出时间连续被调节对象的信号流图 (图 17.5-10) 和状态表达式:

$$\xrightarrow{u(t)} \boxed{\frac{K_{S1}}{1+T_{ES}\cdot s}} \xrightarrow{M_M(t)} \boxed{\frac{K_{S2}}{1+T_M\cdot s}} \xrightarrow{\omega_i(t)}$$

$$\frac{d}{dt}\begin{bmatrix}\omega_i(t)\\ M_M(t)\end{bmatrix}=\begin{bmatrix}\frac{-1}{T_M} & \frac{K_{S2}}{T_M}\\ 0 & \frac{-1}{T_{ES}}\end{bmatrix}\cdot\begin{bmatrix}\omega_i(t)\\ M_M(t)\end{bmatrix}+\begin{bmatrix}0\\ \frac{K_{S1}}{T_{ES}}\end{bmatrix}\cdot u(t),\quad y(t)=\omega_i(t)$$

$$\frac{d}{dt}\boldsymbol{x}(t)=\boldsymbol{A}\cdot\boldsymbol{x}(t)+\boldsymbol{b}\cdot u(t)$$

$$y(t)=\boldsymbol{c}^T\cdot\boldsymbol{x}(t)=\begin{bmatrix}1 & 0\end{bmatrix}\cdot\boldsymbol{x}(t)=\omega_i(t)$$

其中, $K_{S1}=0.3\text{Nm/s}^{-1}, K_{S2}=1\text{s}^{-1}/\text{Nm}, T_{ES}=1.5\text{ms}$ (被调节对象等效时间常数). $T_M=20\text{ms}$(机械时间常数), 用极点配置法求时间连续状态调节反馈系数.

被调节对象的极点:

$$s_{p1}=\frac{-1}{T_M}=-50\,s^{-1},\qquad s_{p2}=\frac{-1}{T_{ES}}=-666.7\,s^{-1}$$

配置极点:

$$s_{p1,2Z}=\frac{-1}{2\cdot T_{ES}}\cdot(1\pm \mathrm{j})$$

配置多项式:

$$P(s)=s^2+\frac{1}{T_{ES}}\cdot s+\frac{1}{2\cdot T_{ES}^2}$$

状态调节的特征方程:

$$\begin{aligned}&\det\left[s\cdot\boldsymbol{E}-(\boldsymbol{A}+\boldsymbol{b}\cdot\boldsymbol{r}^{\mathrm{T}})\right]\\=&s^2+\frac{T_{ES}+T_M\cdot(1-r_2\cdot K_{S1})}{T_{ES}\cdot T_M}\cdot s+\frac{1-K_{S1}\cdot(K_{S2}\cdot r_1+r_2)}{T_{ES}\cdot T_M}\end{aligned}$$

通过系数比较

$$\frac{1}{T_{ES}}=\frac{T_{ES}+T_M\cdot(1-r_2\cdot K_{S1})}{T_{ES}\cdot T_M},\qquad \frac{1}{2\cdot T_{ES}^2}=\frac{1-K_{S1}\cdot(K_{S2}\cdot r_1+r_2)}{T_{ES}\cdot T_M}$$

给出反馈系数为

$$r_1=\frac{-T_{ES}^2+T_{ES}\cdot T_M-0.5\cdot T_M^2}{K_{S1}\cdot K_{S2}\cdot T_{ES}\cdot T_M}=-19.1389,\qquad r_2=\frac{T_{ES}}{K_{S1}\cdot T_M}=0.25$$

由拉普拉斯变换终值定理得到前置滤波器:

$$v_w=\frac{1-K_{S1}\cdot(K_{S2}\cdot r_1+r_2)}{K_{S1}\cdot K_{S2}}=22.2222$$

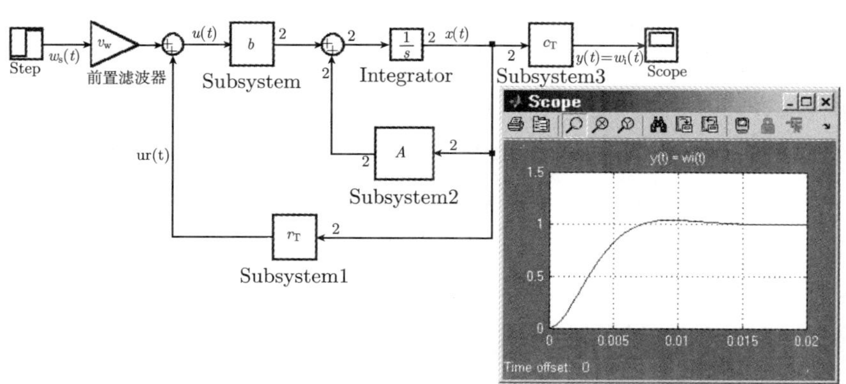

图 17.5-10 时间连续状态转数调节 (zureg_175.mdl,zuregM_175.m)

在zureg_175.mdl中, Gain-Blöcke(增益模块) 取代向量 $\boldsymbol{b}, \boldsymbol{c}^{\mathrm{T}}, \boldsymbol{r}^{\mathrm{T}}$ 和系统矩阵 $\boldsymbol{A}$. 用 **Edit、Create Subsystem(编辑、创建子系统)**将这些传送至矩形上, 用 **Edit、Mask Subsystem、Show text in center of block(编辑、遮蔽子系统、显示文本在模块中心)** 将其标记到模块. 多维作用线可用 **Format、Wide Nonscalar Lines (格式、宽的非标量线)**加粗表示, 用 **Format、Port/Signal Displays. Signal Dimension (格式、端口/信号显示器、信号维数)**将信号维数显现在 Simulink 模型中.

Simulink 模型可用 MATLAB m-File(m 文件) 初始化. 对此必须在 Sinmulink 模型起动前首先执行 m-File(m 文件). 如果在 **File、Model Properties、Callbacks、Model initialization function(文件、模型特性、回叫信号、模型初始化函数)**下的 Simulink 操作窗口中登记 m-File-Name(m 文件名) 的话, 可简化这些过程. 在例中用zureg_175.mdl起动的 m-File(m 文件) zuregM_175.m对 Simulink 模型初始化, 并对模块参数赋值.

```
%MATLAB Script-File zuregM_175.m
%Zustands-Drehzahlregelung
KS1=0.3; KS2=1; TM=0.02; TES=0.0015;
a11=-1/TM; a12=KS2/TM; a22=-1/TES;
A=[a11 a12; 0 a22];     %Systemmatrix
b2=KS1/TES; b=[0; b2]; %Eingangsvektor
cT=[1 0];               %Ausgangsvektor
sp1Z=-(1+j)/(2*TES);    %Vorgabepole
sp2Z=-(1-j)/(2*TES);
poleZ=[sp1Z, sp2Z];
rT=-acker(A,b,poleZ);
%Vorfilter:
vw=(1-KS1*(rT(2)+KS2*rT(1)))/(KS1*KS2);
```

程序中德文译文:

1. %MATLAB Script-File zuregM_175.m (MATLAB 脚本文件 zuregM_175.m)
2. %Zustands-Drehzahlregelung (状态-转数调节)
3. %Systemmatrix (系统矩阵)
4. %Eingangsvektor (输入向量)
5. %Ausgangsvektor (输出向量)
6. %Vorgabepole (配置极点)
7. %Vorfilter (前置滤波器)

用 Model Discretizer(模型离散化)对状态转数调节离散化

用图形用户界面Model Discretizer(**模型离散化**)通过其时间离散当量 (Äquivanlent) 取代在 Simulink 模型中各个时间连续模块. 在具有模型zureg_175.mdl 的 Simulink 操作窗口中, 用 **Tools**、**Control Disign**、**Model Discretizer (工具、控制设计、模型离散化)** 打开 **Dialog-Fenster (对话窗口)**. 对于被离散化的模块Integrator- und Step-Block(积分器和阶跃模块) 可调整离散化方法 (Transform Method(变换法)) 和采样时间间隔 (Sample Time(采样时间)). 应用 **Discretize Current Selection(离散化当前选择)**通过 z 传递函数参数取代模块参数. **Store Setting(存储器设置)**接收调整, 这通过点击 $s \to z$ 来执行, 如图 17.5-11 所示.

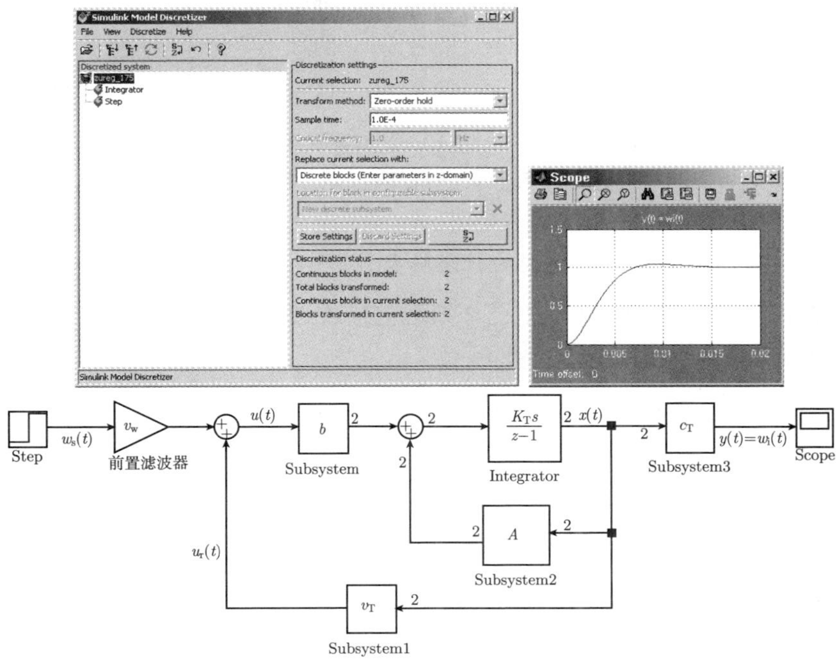

图 17.5-11 用Model Discretizer(模型离散化)GUI对状态调节离散化 (zureg_MD_175.mdl,zuregMD_175.m)

由已给的调整通过所属的 z 变换来取代具有采样器和保持器的被调节对象的时间连续积分环节 (表 11.5-11, 序号 3 和图 17.5-11). 对于小的采样时间给出准模拟调节.

通过插入 Zero-order Hold-Blöcken(零阶保持器模块)对状态转数调节离散化

如果将 Zero-order Hold-Blöcken (**零阶保持器模块**) 插入到图 17.5-10 的 Simulink 模型zureg_175.mdl中, 那么会产生相同时间特性. 对于选择采样时间间隔 $T = 0.1\text{ms} \ll T_{\text{ES}}$ 会给出一个准模拟调节, 如图 17.5-12 所示.

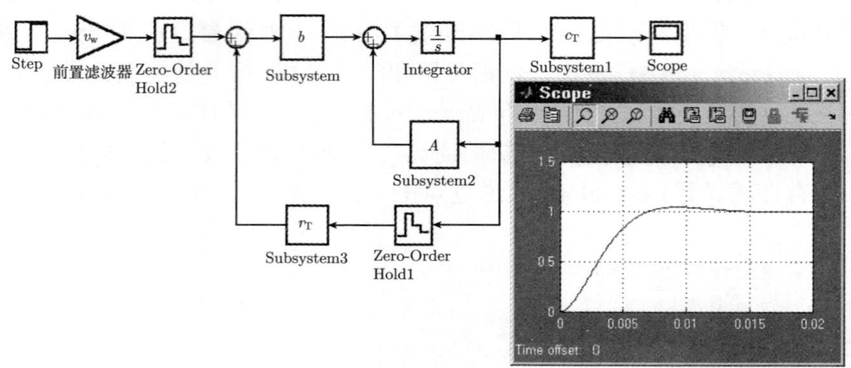

图 17.5-12 通过插入Zero-order Hold-Blöcken(零阶保持器模块) 对状态调节离散化 (zureg_dig_as_175.mdl, zuregmdig_as_175.m)

17.5.4.2 具有时间离散对象模型的状态转数调节

状态转数调节在 13.9.2 节中已详细地被描述过, 给出具有采样时间间隔 $T = 0.1\text{ms}$ 的离散对象模型:

$$\begin{bmatrix} \omega_{\text{i},k+1} \\ M_{\text{M},k+1} \end{bmatrix} = \begin{bmatrix} 0.995 & 0.0048 \\ 0 & 0.9355 \end{bmatrix} \cdot \begin{bmatrix} \omega_{\text{i},k} \\ M_{\text{M},k} \end{bmatrix} + \begin{bmatrix} 0.000049 \\ 0.019348 \end{bmatrix} \cdot u_k, \qquad y_k = \omega_{\text{i},k}$$

$$\boldsymbol{x}_{k+1} = \boldsymbol{\Phi}(T) \cdot \boldsymbol{x}_k + \boldsymbol{h}(T) \cdot u_k$$

$$y_k = \boldsymbol{c}^{\text{T}} \cdot \boldsymbol{x}_k = \begin{bmatrix} 1 & 0 \end{bmatrix} \cdot \boldsymbol{x}_k = \omega_{\text{i},k}$$

由极点配置法求时间离散状态调节反馈系数:

配置极点:

$$z_{\text{p1,2Z}} = 0.9667 \pm \text{j} \cdot 0.0322$$

配置多项式:

$$P(z) = z^2 - 1.93335 \cdot z + 0.9355$$

时间离散状态调节的特征方程:

$$\det\left[z \cdot \boldsymbol{E} - (\boldsymbol{\Phi}(T) + \boldsymbol{h}(T) \cdot \boldsymbol{r}^{\text{T}})\right] = P(z)$$

通过系数比较给出反馈系数

$$r_1 = -19.0997, \quad r_2 = 0.1971$$

由 z 变换终值定理得到前置滤波器:

$$v_{\mathrm{W}} = \frac{1 - K_{\mathrm{S1}} \cdot (K_{\mathrm{S2}} \cdot r_1 + r_2)}{K_{\mathrm{S1}} \cdot K_{\mathrm{S2}}} = 22.2360$$

具有时间离散对象模型的状态调节如图 17.5-13 所示.

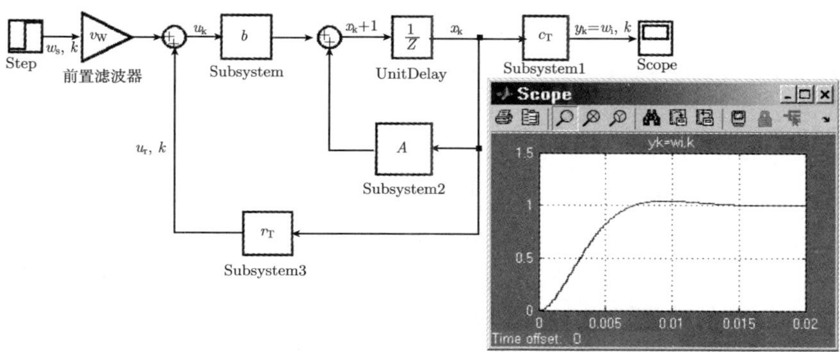

图 17.5-13 具有时间离散对象模型的状态调节 (zureg_dig_175.mdl,zuregM_dig_175.m)

```
%MATLAB Script-File zuregM_dig_175.m
%Zustands-Drehzahlregelung
KS1=0.3; KS2=1; TM=0.02; TES=0.0015;
a11=-1/TM; a12=KS2/TM; a22=-1/TES;
A=[a11 a12; 0 a22];      %Systemmatrix
b2=KS1/TES; b=[0; b2];   %Eingangsvektor
cT=[1 0];                %Ausgangsvektor
d=0;
asys=ss(A,b,cT,d)        %Zustandsmodell
T=0.0001;                %Abtastzeit
dsys=c2d(asys,T,'zoh')   %diskretes Zustandsmodell
phi=dsys.a; d_b=dsys.b;  %Transitionsmatrix, Eingangsvektor
zp1Z=0.9667+j*0.0322; zp2Z=0.9667-j*0.0322;
poleZ=[zp1Z, zp2Z];
rT=-acker(dsys.a,dsys.b,poleZ)
%Vorfilter:
vw=(1-KS1*(KS2*rT(1)+rT(2)))/(KS1*KS2)
```

程序中德文译文:

1. %MATLAB Script-File zuregM_dig_175.m (MATLAB-脚本文件 zuregM_dig_175.m)
2. %Zustands-Drehzahlregelung (状态-转数调节)

3. %Systemmatrix（系统矩阵）
4. %Eingangsvektor（输入向量）
5. %Ausgangsvektor（输出向量）
6. %Zustandsmodell（状态模型）
7. %Abtastzeit（采样时间）
8. %diskretes Zustandsmodell（离散状态模型）
9. %Transitionsmatrix, Eingangsvektor（传递矩阵，输入向量）
10. %Vorfilter（前置滤波器）

17.5.4.3　具有状态观测器的状态转数调节

对于时间连续被调节对象的**向量**$\boldsymbol{b}$、$\boldsymbol{c}^{\mathrm{T}}$、**系统矩阵**$\boldsymbol{A}$ 以及**反馈向量**$\boldsymbol{r}^{\mathrm{T}}$ 和**前置滤波器**v_{m}, 在 17.5.4.1 节中计算仍有效. 对于采样时间间隔 $T=0.1\mathrm{ms}$, 用极点配置法由 17.5.4.2 节的转换矩阵求状态观测器**观测向量**$\boldsymbol{l}$:

$$\begin{aligned}&\det\left[z\cdot\boldsymbol{E}-\left(\boldsymbol{\Phi}(T)-\boldsymbol{l}\cdot\boldsymbol{c}^{\mathrm{T}}\right)\right]\\=&z^2+(l_1-\Phi_{11}-\Phi_{22})\cdot z+\Phi_{11}\cdot\Phi_{22}-l_1\cdot\Phi_{22}+\Phi_{12}\cdot l_2\end{aligned}$$

配置极点, 配置多项式:

$$z_{\mathrm{p1,2B}}=0.7\pm\mathrm{j}\cdot 0.1,\qquad P_{\mathrm{B}}(z)=z^2-1.4\cdot z+0.5$$

观测向量:

$$l_1=0.5305,\qquad l_2=13.5682$$

17.5.5　数字调节的解法

对于时间离散系统 (无时间连续状态变量), 由于微小的计算时间要求 discrete (离散) 方法是最适合的 (17.5.2.1 节, 17.5.2.2 节, 17.5.4.2 节). 如果在数字调节中附带存在时间连续状态变量 (17.5.2.3 节, 17.5.2.4 节, 17.5.3 节, 17.5.4.1 节 (zureg_175.mdl), 17.5.4.3 节) 的话, 引入时间连续系统的标准单步法ode45和ode23. 由于该系统有不连续信号曲线, 不推荐两种多步法ode15s和ode113.

在多个不同采样时间的调节中, 基本-步长 (Fundamental Sample Time(基本采样时间)) 为各个采样时间的最大公约数. 解法的仿真步长基本上是小于或等于采样时间间隔或基本步长. 在 17.5.3 节中位置调节采样时间为 $T_{\mathrm{l}}=0.2\mathrm{ms}$. 而转数调节 $T_{\mathrm{d}}=0.1\mathrm{ms}$. 公约数是基本-步长 $T_{\mathrm{b}}=0.1\mathrm{ms}$. 对于常步长解法, 选择步长等于 T_{b}. 在变步长解法中, 步长由误差容限确定.

具有时间连续调节对象和离散状态观测器的状态转数调节如图 17.5-14 所示.

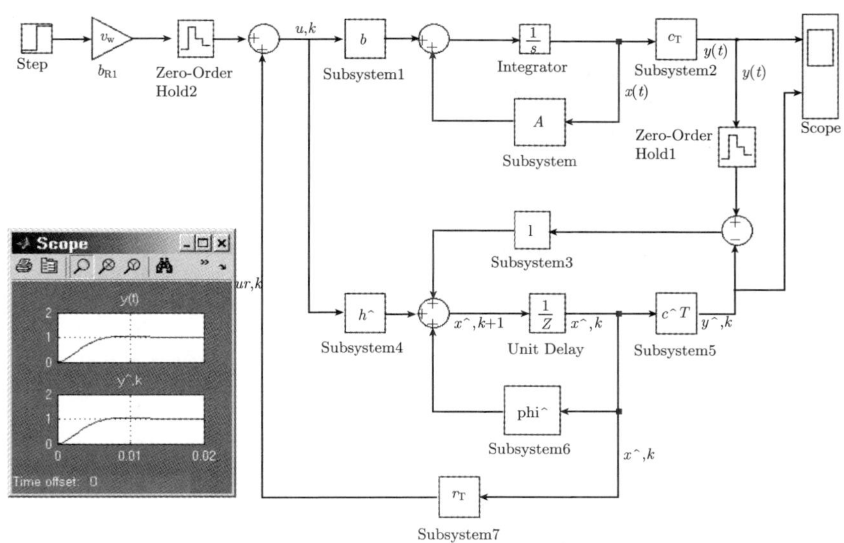

图 17.5-14 具有时间连续被调节对象和离散状态观测器的状态转数调节 (zureg_dig_as_b_175.mdl,zuregM_b_175.m)

17.6 非线性和时变系统仿真

17.6.1 概述

非线性调节类 (Klasse) 可用第 14 章方法线性化, 线性等效模型可用线性调节技术在时域和频域方法来研究. 在时变调节时微分方程系数是与时间相关的, 因此拉普拉斯变换是不可应用的. 对于时变的以及不能被线性化的非线性系统的计算, 计算机仿真具有重大意义, 在Discontinuities Block Library (非连续模块库) 中归纳了非线性传递环节仿真模块 (图 17.6-1). 非线性调节已在第 14 章描述过.

17.6.2 Discontinuities Block Library(非连续模块库) 的主要传递模块

17.6.2.1 具有Sine Wave-Block, Dead Zone-Block 和XY Graph-Block(正弦波, 死区和 X-Y 绘图模块) 的正弦响应

Discontinuities Block Library(非连续模块库) 传递模块的时间特性用正弦响应表示如下. 正弦函数可用Sine Wave-Block(**正弦波**模块) 或Signal Generator-Block(信号发生器模块)(Sources Library(输入源模块库)) 来生成. 模块参数有信号幅值、频率和相位. 具有死区的传递环节 (14.3.5.6 节, 序号 28,29,30) 用 **Dead Zone**-Block(**死区**模块) 来模拟, 死区起始点和终止点输入到 Dialog-Box(对话框),

如图 17.6-2 所示.

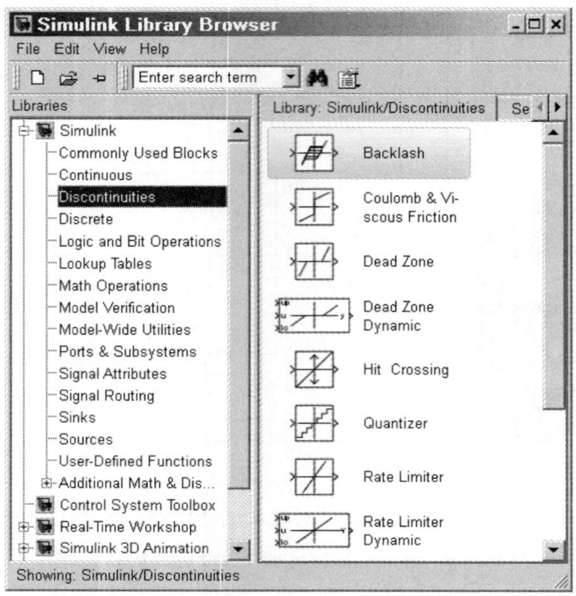

图 17.6-1　Discontinuities Block Library(非连续模块库) 传递模块

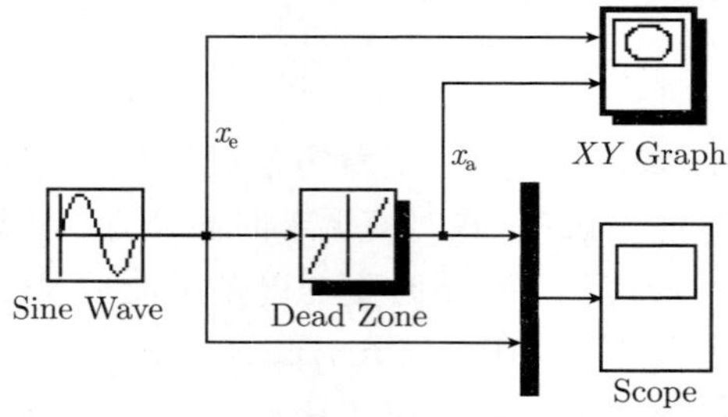

图 17.6-2　具有Dead Zone-Block(死区模块) 的 Simulink 模型 (dead_zone_176.mdl)

XY Graph-Block (***XY* 图形模块**) (Sinks Library(接收模块库)) 生成 2D (二维) 图形, 其中上面输入信号提供横坐标值, 而下面输入信号为纵坐标值, 可预先给出坐标轴刻度的最大值, 如图 17.6-3 所示.

17.6.2.2　具有 Sine Wave-Block 和 Saturation-Block (正弦波模块和饱和模块) 的正弦响应

用 Saturation-Block(**饱和模块**) 表示具有限制的环节 (14.3.5.6 节, 序号 26, 27). 输入信号的下限和上限是可调整的. 图 17.6-4 显示Saturation-Block(饱和模块) 的正弦响应.

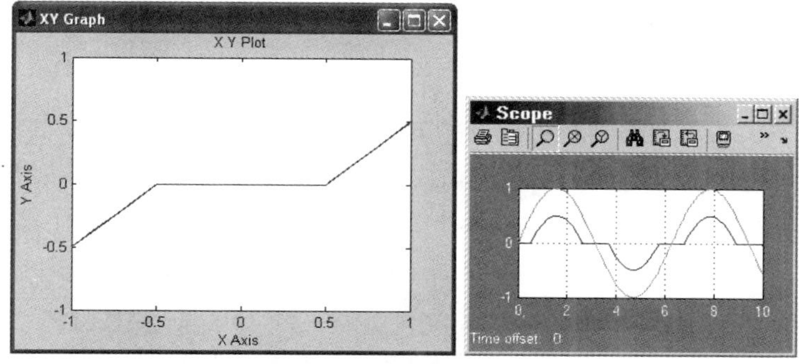

图 17.6-3 Dead Zone-Block(死区模块) 的 XY-Plot(XY 模块曲线)(死区起点 = −0.5, 死区终点 = 0.5, dead_zone_176.mdl)

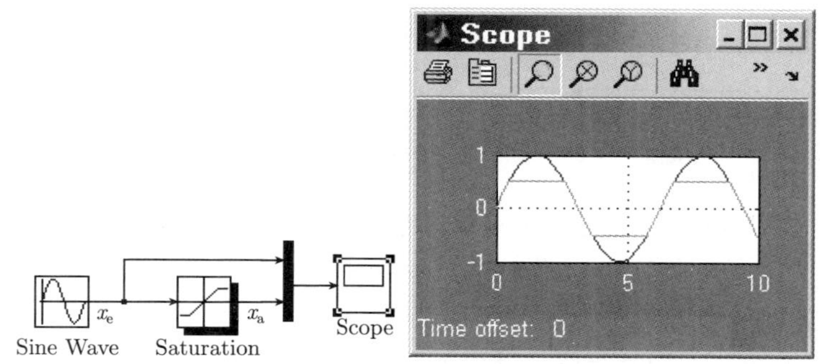

图 17.6-4 Saturation-Block(饱和模块) 的 Simulink 模型和正弦响应 (下限 = −0.5, 上限 = 0.5, saturation_176.mdl)

17.6.2.3 具有Sine Wave和Backlash-Block(正弦波模块和滞环模块) 的正弦响应

Backlash-Block**(滞环模块)**模拟具有反向间隙的环节 (Lose(游隙), 14.3.5.6 节, 序号 37). 输入游隙 (间隙) 的宽度和 x_a 的初值, 如图 17.6-5 所示.

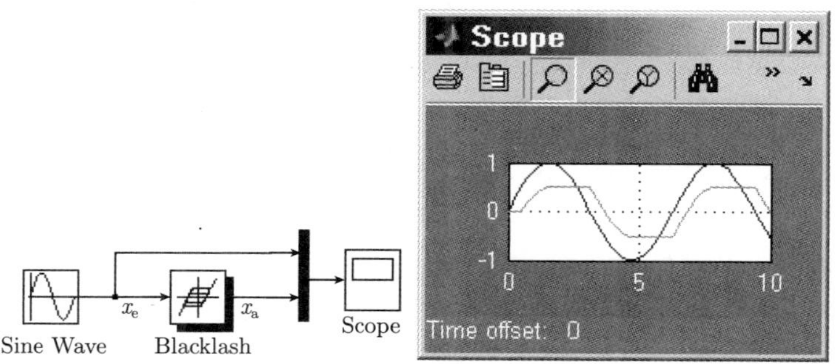

图 17.6-5 Backlash-Block(滞环模块) 的 Simulink 模型和正弦响应 (游隙 = 1rad, backlash_176.mdl)

17.6.2.4　具有Sine Wave-Block和Relay-Block(正弦波模块和继电器模块) 的正弦响应

用 Relay-Block(**继电器模块**)模拟具有滞环 (Hysterese) 的环节 (14.3.5.6 节, 序号 39). 输入接通点和断开点 $x_{\text{eein}}, x_{\text{eaus}}$ 与状态 EIN 和 AUS 的输出端值 $x_{\text{aein}}, x_{\text{aaus}}$, 如图 17.6-6 所示.

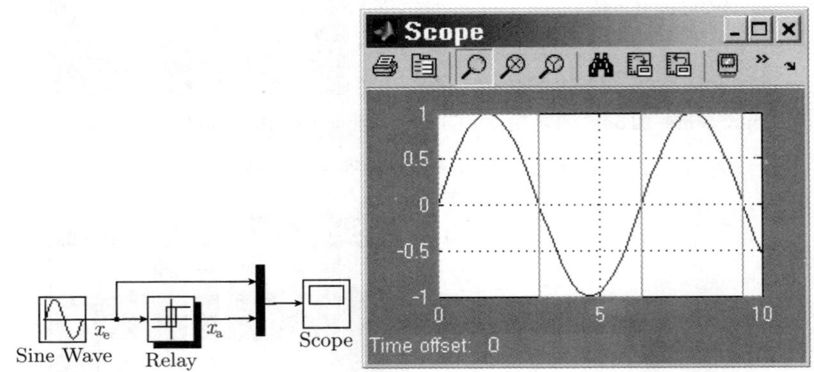

图 17.6-6　Relay-Block(继电器模块) 的 Simulink 模型和正弦响应
($x_{\text{eein}} = x_{\text{eaus}} = 0, x_{\text{aein}} = 1, x_{\text{aaus}} = -1$, relay_176.mdl)

17.6.3　用函数linmod对直流电动机非线性模型线性化

在例 3.2-6 中对具有力矩方程

$$M_{\text{M}}(t) = K_{\text{M}} \cdot I_{\text{A}}(t) \cdot \phi(t) = M_{\text{L}}(t) + J \cdot \frac{\text{d}n(t)}{\text{d}t}$$

直流并激电动机模型线性化. 通过线性机械分系统 (用转角作为被调节量) 来增补非线性力矩方程. 电和机械分系统构成在图 17.6-7 中位置被调节对象.

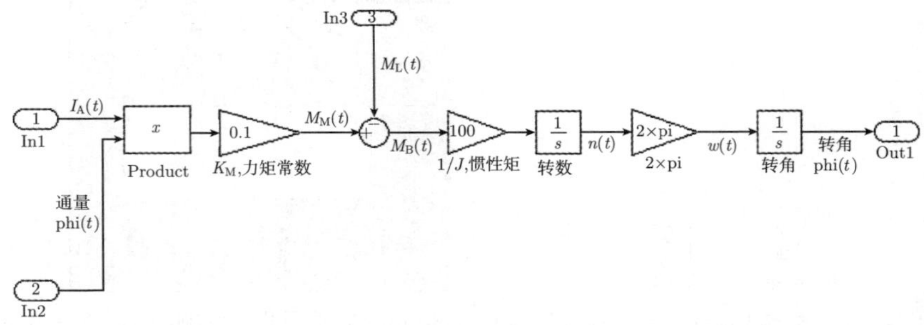

图 17.6-7　非线性位置被调节对象模型 (LinMot_176.mdl)

首先在工作点 $M_{\mathrm{M0}}, I_{\mathrm{A0}}, \varPhi_0$ 和 $M_{\mathrm{L0}}, \phi_0, n_0$ 对电部分对象进行解析地线性化:

$$\begin{aligned}\Delta M_{\mathrm{M}}(t) &= \left.\frac{\partial f(I_{\mathrm{A}},\varPhi)}{\partial I_{\mathrm{A}}}\right|_{\varPhi=\varPhi_0}\cdot\Delta I_{\mathrm{A}}(t)+\left.\frac{\partial f(I_{\mathrm{A}},\varPhi)}{\partial \varPhi}\right|_{I_{\mathrm{A}}=I_{\mathrm{A0}}}\cdot\Delta\varPhi(t)\\ &= \Delta M_{\mathrm{L}}(t)+J\cdot\frac{\mathrm{d}\Delta n(t)}{\mathrm{d}t}\\ &= K_{\mathrm{M}}\cdot\varPhi_0\cdot\Delta I_{\mathrm{A}}(t)+K_{\mathrm{M}}\cdot I_{\mathrm{A0}}\cdot\Delta\varPhi(t)=\Delta M_{\mathrm{L}}(t)+J\cdot\frac{\mathrm{d}\Delta n(t)}{\mathrm{d}t}\end{aligned}$$

由工作点数值 $I_{\mathrm{A0}}=1.5\mathrm{A}, \varPhi_0=0.5\mathrm{Vs}, J=0.01\mathrm{Nms}^2, K_{\mathrm{M}}=0.1\dfrac{\mathrm{Nm}}{\mathrm{AVs}}$ 得到线性化的电部分对象

$$\begin{aligned}\Delta M_{\mathrm{M}}(t) &= K_{\mathrm{P1}}\cdot\Delta I_{\mathrm{A}}(t)+K_{\mathrm{P2}}\cdot\Delta\varPhi(t)=\Delta M_{\mathrm{L}}(t)+J\cdot\frac{\mathrm{d}\Delta n(t)}{\mathrm{d}t}\\ &= 0.1\ \frac{\mathrm{Nm}}{\mathrm{AV\,s}}\cdot 0.5\,\mathrm{V}\cdot\mathrm{s}\cdot\Delta I_{\mathrm{A}}(t)+0.1\ \frac{\mathrm{Nm}}{\mathrm{AV\,s}}\cdot 1.5\,\mathrm{A}\cdot\Delta\varPhi(t)\\ &= \Delta M_{\mathrm{L}}(t)+0.01\,\mathrm{Nm\,s}^2\cdot\frac{\mathrm{d}\Delta n(t)}{\mathrm{d}t}\end{aligned}$$

其中, $K_{\mathrm{P1}}=0.05\dfrac{\mathrm{Nm}}{\mathrm{A}}, K_{\mathrm{P2}}=0.15\dfrac{\mathrm{Nm}}{\mathrm{Vs}}$.

线性化电部分系统和线性机械部分系统构成具有状态量转角 $x_1=\Delta\phi(t)$ 和转数 $x_2=\Delta n(t)$ 的位置被调节对象的线性状态模型:

$$\frac{\mathrm{d}}{\mathrm{d}t}\begin{bmatrix}\Delta\varphi(t)\\ \Delta n(t)\end{bmatrix}=\begin{bmatrix}0 & 2\cdot\pi\\ 0 & 0\end{bmatrix}\cdot\begin{bmatrix}\Delta\varphi(t)\\ \Delta n(t)\end{bmatrix}+\begin{bmatrix}0 & 0 & 0\\ \dfrac{K_{\mathrm{P1}}}{J} & \dfrac{K_{\mathrm{P2}}}{J} & \dfrac{-1}{J}\end{bmatrix}\cdot\begin{bmatrix}\Delta I_{\mathrm{A}}(t)\\ \Delta\varPhi(t)\\ \Delta M_{\mathrm{L}}(t)\end{bmatrix}$$

$$=\begin{bmatrix}0 & 6.2832\\ 0 & 0\end{bmatrix}\cdot\begin{bmatrix}\Delta\varphi(t)\\ \Delta n(t)\end{bmatrix}+\begin{bmatrix}0 & 0 & 0\\ 5 & 15 & -100\end{bmatrix}\cdot\begin{bmatrix}\Delta I_{\mathrm{A}}(t)\\ \Delta\varPhi(t)\\ \Delta M_{\mathrm{L}}(t)\end{bmatrix}$$

$$\frac{\mathrm{d}}{\mathrm{d}t}\boldsymbol{x}(t)=\boldsymbol{A}\cdot\boldsymbol{x}(t)+\boldsymbol{B}\cdot\boldsymbol{u}(t)$$

$$y(t)=\begin{bmatrix}1 & 0\end{bmatrix}\cdot\begin{bmatrix}\Delta\varphi(t)\\ \Delta n(t)\end{bmatrix}+\begin{bmatrix}0 & 0 & 0\end{bmatrix}\cdot\begin{bmatrix}\Delta I_{\mathrm{A}}(t)\\ \Delta\varPhi(t)\\ \Delta M_{\mathrm{L}}(t)\end{bmatrix}$$

$$y(t)=\boldsymbol{c}^{\mathrm{T}}\cdot\boldsymbol{x}(t)+\boldsymbol{d}\cdot\boldsymbol{u}(t)$$

对于线性 Simulink 模型由标准函数`linmod.m`生成状态模型 (17.3.4 节). 由工作点数据对非线性 Simulink 模型线性化, 并求状态模型. 对于状态变量, 选择工作

点

$$X = [\varphi_0 = 1\,\mathrm{rad},\ n_0 = 1000\,\mathrm{s}^{-1}]$$

而输入变量工作点为

$$U = [I_{\mathrm{A0}} = 1.5\,\mathrm{A},\ \varPhi_0 = 0.5\,\mathrm{V\,s},\ M_{\mathrm{L0}} = 0.02\,\mathrm{Nm}]$$

用linmod.m由输入工作点得到线性化状态模型:

```
>> X=[1,1000];U=[1.5,0.5,0.02];
>> [A,B,C,D]=linmod('LinMot_176',X,U)
A =
         0    6.2832
         0         0
B =
         0         0          0
    5.0000   15.0000  -100.0000
C =
         1         0
D =
         0         0          0
```

17.6.4　工作母机力调节

机床和工业机器人的运动轴, 为了能进行自由运动主要是用定位调节来设计. 为完成用力接通 (Kraftschluss) 工具与工件间的加工任务, 引入力调节运动轴是有利的. 例如对于装配任务, 与其处置定位不如在确定作用方向施加力更有意义的.

装配工序是通过主体的刚性和低的机械阻尼来表征. 总系统的机械刚性 c_{f}, 由驱动电动机和力作用点之间闭合运动链的机械传动环节的弹簧刚性来给出.

图 17.6-8 表示力调节的信号流图. 在自由运动时, 对象特性是通过实数极点来表征:

$$s_{\mathrm{p1}} = -1/T_{\mathrm{ES}}, \qquad s_{\mathrm{p2}} = -1/T_{\mathrm{M}}, \qquad s_{\mathrm{p3}} = 0$$

在工具同工件接触时产生力接通:

$$F_{\mathrm{ist}}(t) = c_{\mathrm{f}} \cdot (s_{\mathrm{ist}}(t) - s_{\mathrm{w}}), \qquad s_{\mathrm{w}} \leqslant s_{\mathrm{ist}}$$
$$c_{\mathrm{f}} = \text{总刚性}, \qquad s_{\mathrm{w}} = \text{工件位置}$$

力实际值 F_{ist} 反作用到被调节对象上. 在闭合运动链时, 对于机械部分对象给出传递函数

$$F_{\text{ist}}(s) = \frac{c_{\text{f}} \cdot K_{\text{S2}} \cdot i_{\text{G}}}{T_{\text{M}} \cdot s^2 + s + c_{\text{f}} \cdot K_{\text{S2}} \cdot i_{\text{G}}^2} \cdot M_{\text{M}}(s)$$

其中, 联动装置传动比 i_{G} 具有量纲 m/rad. 大的总刚性会导出共轭复数极点

$$s_{\text{p1,2}} = -\frac{1}{2 \cdot T_{\text{M}}} \cdot \left(1 \pm j\sqrt{4 \cdot T_{\text{M}} \cdot c_{\text{f}} \cdot K_{\text{S2}} \cdot i_{\text{G}}^2 - 1}\right)$$

对于

$$c_{\text{f}} > \frac{1}{4 \cdot K_{\text{S2}} \cdot T_{\text{M}} \cdot i_{\text{G}}^2}$$

被调节对象是振荡的. 用总刚性 c_{f} 来增大虚数部分. 对力调节提出如下要求:

- 好的扰动特性, 因为从自由运动向力主导运动过渡时出现所谓接触问题. 力调节轴必须调整作为扰动量出现的阶跃形式的反作用力;
- 对于常值力希望值应不出现稳态调节误差;
- 对于参据阶跃响应应呈现微小超调.

用积分状态调节可满足对调节的要求, 其中反馈状态变量力实际值 F_{ist}, 角速度 ω_{ist} 和电动机力矩 M_{M}, 用角速度反馈提高系统阻尼, 吸收运动学碰撞能量.

状态调节的计算, 从线性被调节对象状态模型出发:

$$\frac{\text{d}}{\text{d}t}\begin{bmatrix} F_{\text{ist}}(t) \\ \omega_{\text{ist}}(t) \\ M_{\text{M}}(t) \end{bmatrix} = \begin{bmatrix} 0 & c_{\text{f}} \cdot i_{\text{G}} & 0 \\ \dfrac{-K_{\text{S2}} \cdot i_{\text{G}}}{T_{\text{M}}} & \dfrac{-1}{T_{\text{M}}} & \dfrac{K_{\text{S2}}}{T_{\text{M}}} \\ 0 & 0 & \dfrac{-1}{T_{\text{ES}}} \end{bmatrix} \cdot \begin{bmatrix} F_{\text{ist}}(t) \\ \omega_{\text{ist}}(t) \\ M_{\text{M}}(t) \end{bmatrix} + \begin{bmatrix} 0 \\ 0 \\ \dfrac{K_{\text{S1}}}{T_{\text{ES}}} \end{bmatrix} \cdot u(t),$$

$$y(t) = \begin{bmatrix} 1 & 0 & 0 \end{bmatrix} \cdot \boldsymbol{x}(t)$$

$$\frac{\text{d}}{\text{d}t} \boldsymbol{x}(t) = \boldsymbol{A} \cdot \boldsymbol{x}(t) + \boldsymbol{b} \cdot u(t),$$

$$y(t) = \boldsymbol{e}^{\text{T}} \cdot \boldsymbol{x}(t)$$

通过积分调节器来增广对象模型:

$$\frac{\text{d}}{\text{d}t}\begin{bmatrix} \boldsymbol{x}(t) \\ e(t) \end{bmatrix} = \underbrace{\begin{bmatrix} \boldsymbol{A} & \boldsymbol{0} \\ -\boldsymbol{c}^{\text{T}} & 0 \end{bmatrix}}_{\boldsymbol{A}_{\text{I}}} \cdot \begin{bmatrix} \boldsymbol{x}(t) \\ e(t) \end{bmatrix} + \underbrace{\begin{bmatrix} \boldsymbol{b} \\ 0 \end{bmatrix}}_{\boldsymbol{b}_{\text{I}}} \cdot u(t), \qquad y(t) = \boldsymbol{c}^{\text{T}} \cdot \boldsymbol{x}(t)$$

对于线性状态调节, 通过极点配置由 ZUKRAI.m 求反馈系数 $\boldsymbol{r}^{\text{T}}$ 和积分系数 r_{I}. 极点是这样配置的, 即在力接通时在 $s_{\text{p1}} = -100$ 处生成实数四重极点.

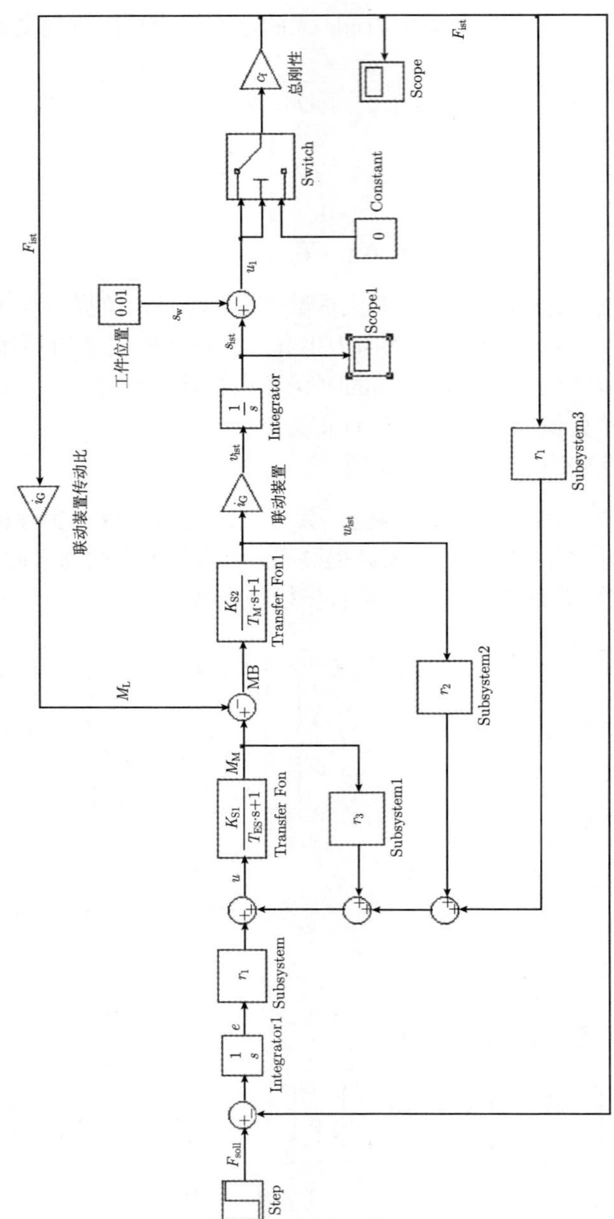

图17.6-8 具有积分-状态调节的运动轴的力调节(zukrafti_O_176.mdl, ZUKRAI_176.m)

```
%MATLAB Script-File:  ZUKRAI_176.m
%Integral-Zustands-Kraftregelung
TM=0.02; TES=0.0015; KS1=0.3; KS2=1; iG=0.02; cf=1.0E5;
AI=[0, cf*iG, 0, 0,           %Systemmatrix der
-KS2*iG/TM, -1/TM, KS2/TM, 0, %erweiterten
0, 0, -1/TES, 0,              %Regelstrecke
-1, 0, 0, 0];
bI=[0; 0; KS1/TES; 0];        %Eingangsvektor
spz1=-100+j*0; spz2=-100-j*0; %Vorgabepole
pole=[spz1, spz2, spz1, spz2];
rT=-acker(AI, bI, pole);      %Rückführkoeffizienten
```

程序中德文译文:

1. %MATLAB Script-File: ZUKRAI_176.m (MATLAB 脚本文件 ZUKRAI_176.m)
2. %Integral-Zustands-Kraftregelung (积分-状态-力调节)
3. %Systemmatrix der
   %erweiterten
   %Regelstrecke (增广的被调节对象系统矩阵)
4. %Eingangsvektor (输入向量)
5. %Vorgabepole (配置极点)
6. %Rückführkoeffizienten (反馈系数)

非线性对象特性 (力接通), 对于 $s_{\mathrm{ist}} \geqslant s_{\mathrm{w}}$ 在模型中可由 Switch-Block(开关模块)(Signal Routing Library(信号路径库)) 来模拟.

对于配置实极点, 由于非线性对象特性得出位置实际值和力实际值的超调 (图 17.6-9). 由于最终总刚性, 工具将挤入到工件中. 对于总刚性 $c_{\mathrm{f}} = 10^5\mathrm{Nm}^{-1}$ 和 $F_{\mathrm{soll}} = F_{\mathrm{ist}}(t \to \infty) = 100\mathrm{N}$ 给出稳定挤入深度 1mm. 位置终值得到:

$$s_{\mathrm{ist}}(t \to \infty) = \frac{F_{\mathrm{ist}}(t \to \infty)}{c_{\mathrm{f}}} + s_{\mathrm{w}} = \frac{100\,\mathrm{N}}{10^5\,\mathrm{N\,m}^{-1}} + 0.01\,\mathrm{m} = 11\,\mathrm{mm}$$

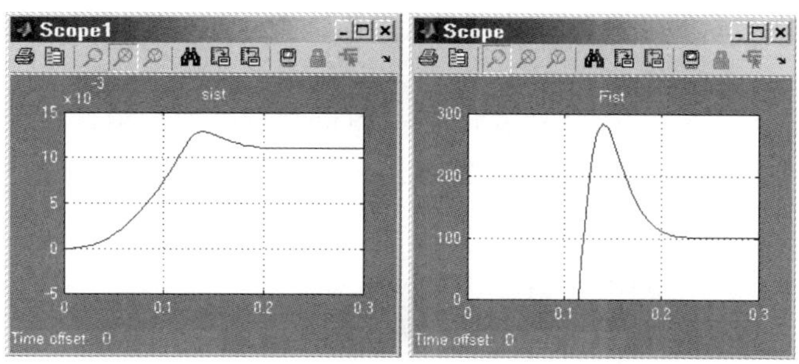

图 17.6-9 配置极点 $s_{\mathrm{p1\cdots4z}} = -100$, 力调节的阶跃响应 (zukrafti_o_176.mdl,ZUKRAI.176.m)

对于无效调节器调整, 图 17.6-10 显示其力调节的阶跃特性. 在配置共轭复数极点时, 给出力实际值和位置实际值振荡曲线. 对于大的虚部值会产生一个颤动的运动. 图 17.6-10 所示.

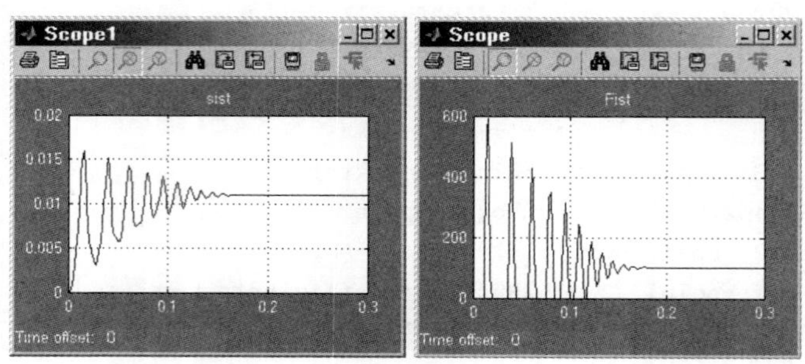

图 17.6-10 配置极点 $s_{\mathrm{p1,2z}} = -100 + \mathrm{j} \cdot 600, s_{\mathrm{p3,4z}} = -100 - \mathrm{j} \cdot 600$, 力调节的阶跃响应 (`zukrafti_o_176.mdl,ZUKRAI.176.m`)

很大的总刚性值对调节快速性提出更高的要求. 实际应配置调节极点具有大的负实部. 如果这是不可能, 那么通过在力作用点附近装个弹簧来减小总刚性.

17.6.5 非线性位置调节

在研究位置调节时至今都忽略了非线性. 在图 17.6-11 中的 Simulink 模型显示相应于 13.4 节具有线性传递环节的单闭合位置调节回路. 联动装置将电动机的旋转运动转换到直线运动. 位置调节回路非线性特性用 Discontinuities Library(非连续库) 的模块来模拟:

- Saturation-Block(饱和模块) 限制电动机转动力矩 (调整量限制), 模块参数: 下限 $= M_{\mathrm{M\,min}}$, 上限 $= M_{\mathrm{M\,max}}$;
- 用 Backlash-Block(滞环模块) 模拟联动装置间隙 (Lose(游隙)), 模块参数: 联动装置游隙宽度;
- 为位移测量引入增量式位移测量系统. 用 Quantizer-Block(量化模块) 生成幅值量化的和时间离散的位移信号, 模块参数: 量化间隔 (位移测量系统分辨率);
- Coulomb & Viscous Friction-Block (库伦与黏性摩擦模块) 仿照在机械传递环节中非线性的 (库伦的) 和线性的 (viskose (黏性的)) 摩擦, 模块参数: 偏移 (Offset), 增益 (Gain):

  $F_{\mathrm{L}} = \mathrm{sgn}(v_{\mathrm{ist}}) \cdot [\mathrm{Gain} \cdot |v_{\mathrm{ist}}| + \mathrm{Offset}]$

在低的运行速度时可产生不规则的爬行运动 (stick-slip-Effekt(爬行效应)). stick-slip-Effekt (爬行效应) 通过由静止状态阶段和运动阶段的周期性的运动来表征. 在静止状态阶段 (stick(粘附)) 静摩擦 (Haftreibung) 占优势. 因为电动机力矩 M_{M}

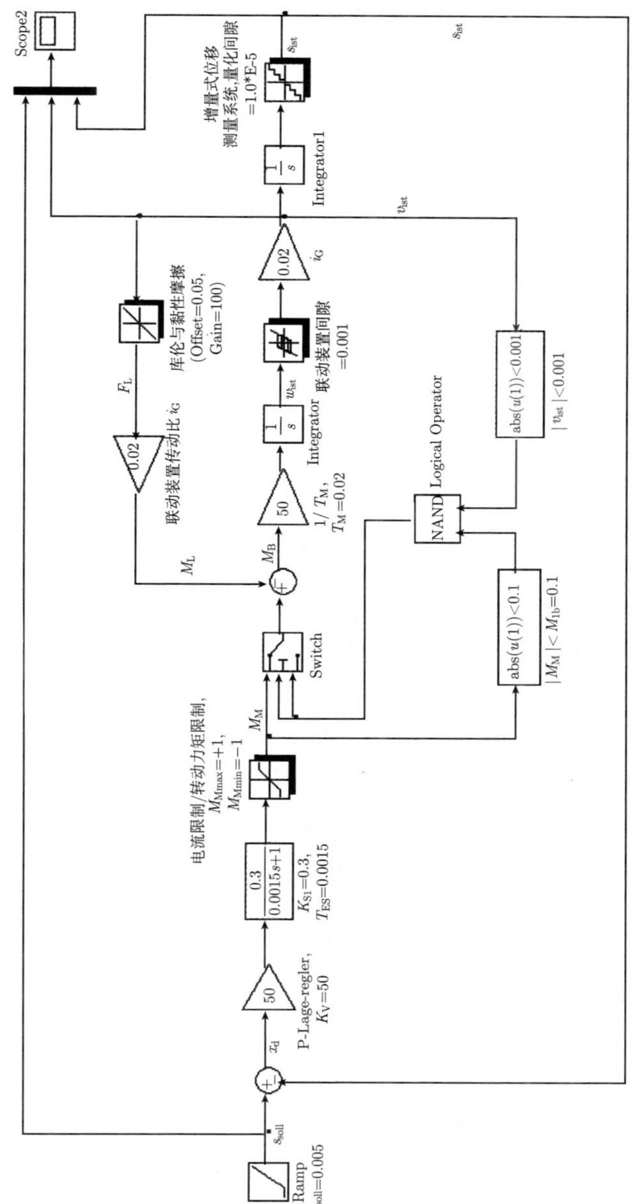

图17.6-11 单闭合非线性位置调节的Simulink-模型(nonlin_lage_176.mdl)

小于启动力矩 M_{lb}:

$$M_{\mathrm{M}}(t)=K_{\mathrm{V}}\cdot K_{\mathrm{S1}}\cdot(s_{\mathrm{soll}}(t)-s_{\mathrm{ist}}(t))\leqslant M_{\mathrm{lb}},\qquad v_{\mathrm{ist}}(t)=0,\ s_{\mathrm{ist}}(t=0)=0$$

而在运动阶段 (slip(滑动)) 滑动摩擦占主导. 在短时间电动机力矩大于启动力矩, 运动轴驱动某个对象:

$$M_{\mathrm{M}}(t)=M_{\mathrm{B}}(t)-M_{\mathrm{L}}(t)>M_{\mathrm{lb}},\qquad v_{\mathrm{ist}}(t)\neq 0$$

$$M_{\mathrm{M}}(t)=K_{\mathrm{V}}\cdot K_{\mathrm{S1}}\cdot(s_{\mathrm{soll}}(t)-s_{\mathrm{ist}}(t))=T_{\mathrm{M}}\cdot\frac{\mathrm{d}\omega_{\mathrm{ist}}(t)}{\mathrm{d}t}-M_{\mathrm{L}}(t)>M_{\mathrm{lb}}$$

在运动阶段后紧接着驱动又趋至静止状态, 因为调节误差并由此又变成电动机力矩小于启动力矩.

如果逻辑 NAND 连接 (logische NAND-Verknüpfung) (`Logical Operator-Block` (逻辑运算模块). `Logic and Bit Operation Library` (逻辑和 (二进制) 数字运算库)) 是满足条件

$$|M_{\mathrm{M}}(t)|<M_{\mathrm{lb}}=0.1\,\mathrm{Nm},\qquad |v_{\mathrm{ist}}(t)|<\varepsilon=0.001\ \mathrm{m\,s^{-1}}$$

那么在 Simulink 模型中在应用`Switch-Block`(开关模块) (`Signal Routing Library` (信号路径库)) 下静止阶段的电动机力矩等于零. 不等式由`User-Defined Functions Library` (用户定义函数库) 的`Fcn-Blöcken` (函数模块) 求值.

对于参据斜坡函数, 研究位置调节的时间特性. 对于图 17.6-11 的仿真模型, 在运行速度 $v_{\mathrm{soll}}<8\mathrm{mms}^{-1}$ 时产生 stick-slip-Effekt(爬行效应), 而在高速时得到连续运动. 图 17.6-12 显示对于 $v_{\mathrm{soll}}=5\mathrm{mms}^{-1}$(stick-slip-Effekt(爬行效应), 左图) 和对于 $v_{\mathrm{soll}}=10\mathrm{mms}^{-1}$(右图) 的 $s_{\mathrm{soll}}(t)$, $s_{\mathrm{ist}}(t)$ 和 $v_{\mathrm{ist}}(t)$ 时间特性.

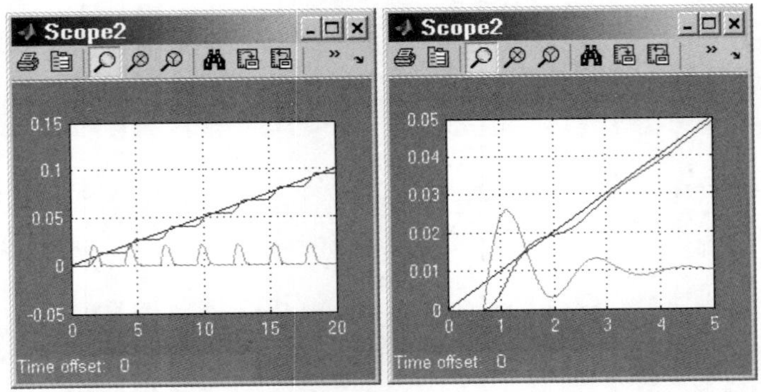

图 17.6-12　在具有 stick-slip-Effekt(爬行效应)(左) 和连续运动 (右) 的低运行速度时位置调节的调节特性 (`nonlin_lage_176.mdl`)

进一步仿真位置调节的阶跃特性. 在图 17.6-13 中绘制了 $s_{\mathrm{soll}}(t)=s_{\mathrm{soll0}}\cdot E(t)=20\mathrm{mm}\cdot E(t)$, $s_{\mathrm{ist}}(t)$ 和调节误差 $x_{\mathrm{d}}(t)$ 的曲线.

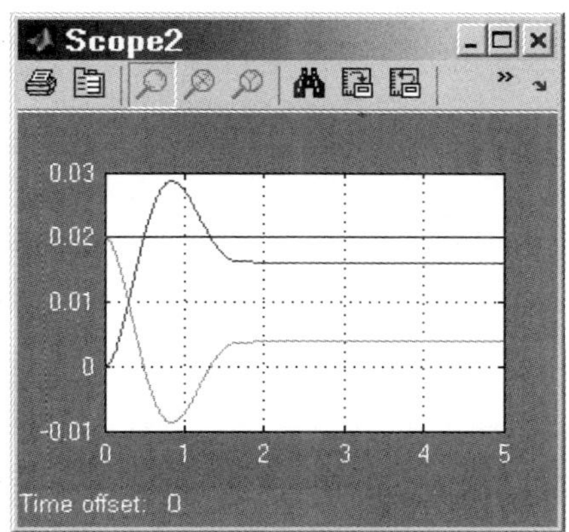

图 17.6-13 非线性位置调节的阶跃特性 (nonlin_lage_176.mdl)

在此 stick-slip-Effekt(爬行效应) 导致一个稳态调节误差 $x_{\mathrm{d}}(t \to \infty) = 3.87\mathrm{mm}$, 因为电动机力矩的终值未达到启动力矩：

$$M_{\mathrm{M}}(t \to \infty) = K_{\mathrm{V}} \cdot K_{\mathrm{S1}} \cdot x_{\mathrm{d}}(t \to \infty) = 0.0582\,\mathrm{Nm} < M_{\mathrm{lb}} = 0.1\,\mathrm{Nm}$$

用串级调节或状态调节会给出小的稳态调节误差.

17.6.6 时变系统仿真

与时间相关性是动态系统的区别标记, 其中这里不必理解与输入量、输出量和状态量的时间相关性. 如果系统方程不显式与时间相关那么系统为定常的 (autonom(自治的)), 而在其他情况则为时变的.

火箭级 (Saturn-V-Raket(土星 V 火箭)) 发射的动态模型是时变的, 因为通过所携带推进剂燃烧和喷出燃气使火箭质量减小, 如图 17.6-14、图 17.6-15 所示. 火箭推力由质量流量 $\dot{m}(t)$ 和喷流速度 $v_{\mathrm{rel}}(t)$ 给出为 $F_{\mathrm{schub}}(t) = \dot{m}(t) \cdot v_{\mathrm{rel}}(t)$. 对于高度 $x(t)$ 和速度 $v(t)$ 方程为

$$\begin{aligned}
\dot{x}(t) &= v(t) \\
m(t) \cdot \dot{v}(t) &= -\dot{m}(t) \cdot v_{\mathrm{rel}}(t) - \frac{1}{2} \cdot c_{\mathrm{w}} \cdot \varrho(x(t)) \cdot A \cdot v^2(t) - m(t) \cdot g(x(t))
\end{aligned}$$

其中

$x(t)$	火箭高度
$v(t)$	火箭速度
$m(t)$	与时间相关的火箭质量
$m(t=0) = m_0 = 2.95 \cdot 10^6\,\mathrm{kg}$	质量初值
$m_{\mathrm{leer}} = 1.0 \cdot 10^6\,\mathrm{kg}$	燃烧终止时自重
$t_{\mathrm{B}} = 130\,\mathrm{s}$	燃烧终止 (时间)

$v_{\mathrm{rel}}(t)$	相对燃气喷流速度
$\dot{m}(t)\cdot v_{\mathrm{rel}}(t)$	火箭推力
$c_{\mathrm{w}}=0.34$	空气阻力系数
$\varrho(x)=\varrho_0\cdot(1-22.6\cdot 10^{-6}\cdot x\cdot \mathrm{m}^{-1})^{4.255}$	与高度相关的大气密度
$\varrho(x=0)=\varrho_0=1.2255\,\mathrm{kg\,m^{-3}}$	密度初始值
$A=132\,\mathrm{m}^2$, $13\,\mathrm{m}$ 直径	火箭迎流面积
$g(x)=\dfrac{R}{R+x}\cdot g_0$	与高度相关的重力加速度
$R=6378.163\cdot 10^3\ \mathrm{m}$	地球半径
$g(x=0)=g_0=9.81\ \mathrm{m\,s^{-2}}$	重力加速度

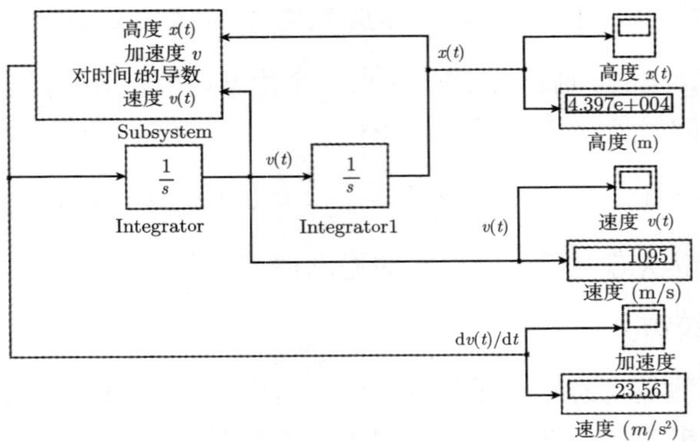

图 17.6-14　火箭发射时变模型的 Similink 模型 (`rakete_176.mdl`, `raket_m_176.m`)

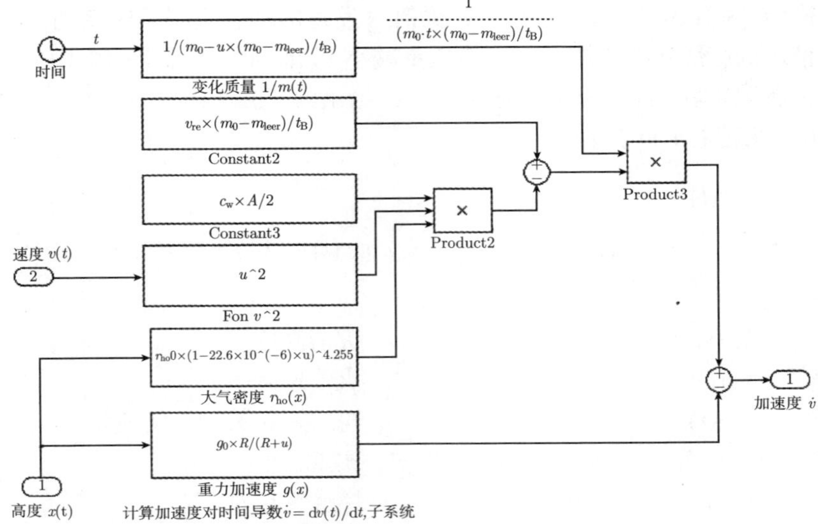

图 17.6-15　时变模型的子系统 (`rakete_176.mdl`, `raket_m_176.m`)

为简化取常值喷流速度

$$v_{\text{rel}} = 2220\ \text{m}\,\text{s}^{-1} = \text{konst}$$

和常值燃烧速率

$$\dot{m}(t) = \frac{m_{\text{leer}} - m_0}{t_{\text{B}}} = -15000\,\text{kg}\,\text{s}^{-1}$$

从而得到

$$m(t) = m_0 - \frac{m_0 - m_{\text{leer}}}{t_{\text{B}}} \cdot t$$

对此给出时变方程：

$$\begin{aligned}
\dot{x}(t) =& v(t) \\
\dot{v}(t) =& \frac{1}{m_0 - \dfrac{m_0 - m_{\text{leer}}}{t_{\text{B}}} \cdot t} \cdot \left[\frac{m_0 - m_{\text{leer}}}{t_{\text{B}}} \cdot v_{\text{rel}} - \frac{1}{2} \cdot c_{\text{w}} \cdot \varrho(x(t)) \cdot A \cdot v^2(t)\right] - g(x(t))
\end{aligned}$$

试用子系统进行加速度 $\dot{v}(t)$ 计算.

```
%MATLAB Script-File:  rakete_m_176.m
%Simulation eines Raketenstarts (zeitvariantes System)
m0 = 2.95*10^6;      %kg Anfangswert der Masse
mleer = 10^6;        %kg Leermasse
tB = 130;            %s Brennschluß
vrel = 2220;         %m/s Ausströmgeschwindigkeit
cw = 0.34;           %Luftwiderstandsbeiwert
rho0 = 1.2255;       %kg/m^3 Anfangswert der Luftdichte
A = 132;             %m^2 angeströmte Fläche
R = 6378.163*10^3;   %m Erdradius
g0 = 9.81;           %m/s^2 Erdbeschleunigung
```

程序中德文译文：

1. %MATLAB Script-File: rakete_m_176.m (MATLAB 脚本文件: rakete_m_176.m)
2. %Simulation eines Raketenstarts (zeitvariantes System) (火箭发射仿真 (时变系统))
3. %kg Anfangswert der Masse (kg 质量初始值)
4. %kg Leermasse (kg 自重)
5. %s Brennschluß (s 燃烧终止时间)
6. %m/s Ausströmgeschwindigkeit (m/s 喷流速度)
7. %Luftwiderstandsbeiwert (空气阻力系数)
8. %kg/m^3 Anfangswert der Luftdichte (kg/m^3 大气密度初值)
9. %m^2 angeströmte Fläche (m^2 迎流面积)
10. %m Erdradius (m 地球半径)
11. %m/s^2 Erdbeschleunigung (m/s^2 重力加速度)

在图 17.6-16 中绘制了在时间至一级火箭熄灭时的火箭高度时间曲线.

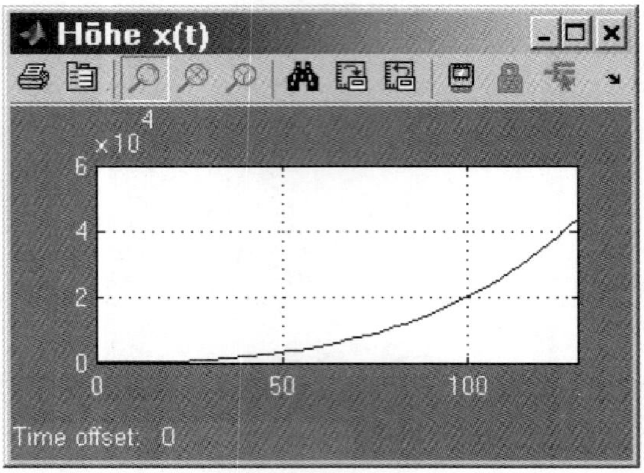

图 17.6-16 在土星 V 火箭发射时高度 $x(t)$ 时间曲线 (rakete_176.mdl, raket_m_176.m)

17.7 Simulink-程序库

17.7.1 Simulink Library(Simulink 库)、Simulink 标准程序库

在启动 Simulink 时打开具有 Simulink 标准程序库的窗口 (图 17.7-1). 用程序库模块可快速地和清晰地对工程-科学应用进行面向模块的模拟. 下面的标准程序库在 Simulink 中是可自动编码的.

表 17.7-1 Simulink 标准程序库

Block Libraries (模块库)	Simulink 标准程序库
Commonly Used Blocks (常用模块库)	常用模块库
Continuous (连续系统模块库)	时间连续模型模块库
Discrete (不连续系统模块库)	不连续 (unsetige) 模型模块库
Discontinuities (离散系统模块库)	时间离散模型模块库
Logic and Bit Operations (逻辑- 和 (二进制) 位运算模块库)	逻辑和 (二进制) 位运算模块库
Lookup Tables (查表模块库)	生成输出信号和输出数据的目录-表
Math Operations (数学运算模块库)	数学函数
Model Verification (模型验证模块库)	模型验证
Model-Wide Utilities (全模型实用模块库)	建模辅助工具
Ports & Sabsystems (输入输出端口和子系统模块库)	连接环节和子系统
Signal Attributes (信号属性模块库)	信号特性和信号转换
Signal Routing (信号路径模块库)	信号传递
Sinks (接收 (汇) 模块库)	数据接收器, 信号和数据显示和存储
Sources (信号源模块库)	信号源, 生成信号和数据
User-Defined Funktion (用户-自定义函数模块库)	用户自定义函数
Additional Math & Discrete (附加数学函数与时间离散模块库)	扩展时间离散模块和数学函数

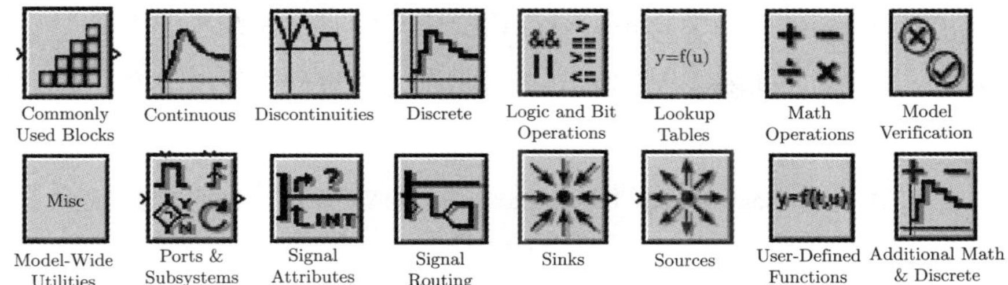

图 17.7-1 Simulink 标准程序库

后面将 Simulink 标准程序库汇集在表中. 每个模块描述含有图标、模块简短的功能描述, 输入模块参数和输入信号和输出信号, 给出模块在控制手册中被应用于何处的提示. 模块 Dialog-box(对话框) 指示更广泛的专门参数或调整可能性.

17.7.2 Commonly Used Block Library(常用模块库)、常用模块

在本模块库中, 汇集了由其他模块库在仿真中常用的 Simulink 模块, 以便能加速建模. 该模块同样还被含在所属的标准程序库中, 并在描述标准程序库时予以说明, 如图 17.7-2 所示.

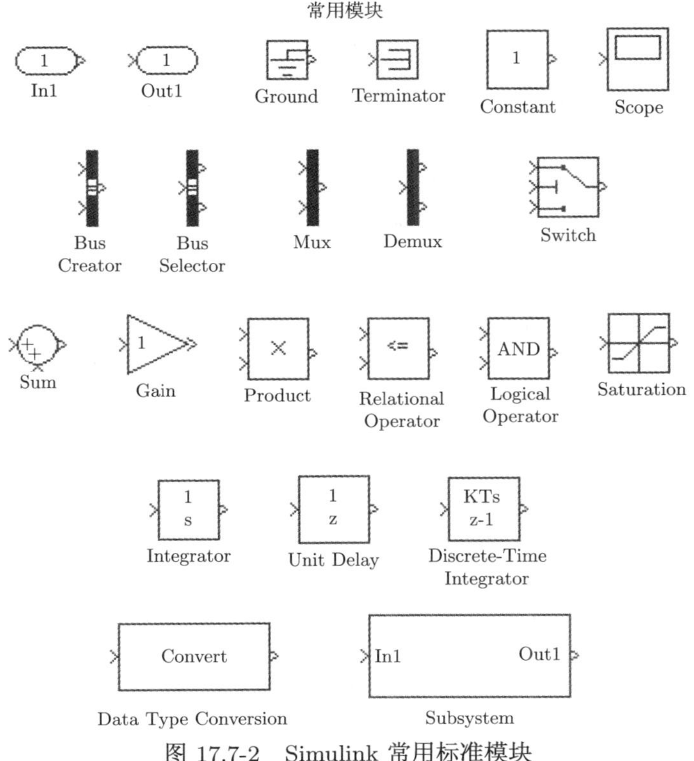

图 17.7-2 Simulink 常用标准模块

17.7.3 Continuous Block Library(连续模块库)、连续系统模型模块

Continuous Block libray (连续模块库)、时间连续线性系统模型模块见表 17.7-2 所列.

表 17.7-2 Continuous Block Library(连续模块库)、时间连续线性系统模型模块

模块图标	描述
Continuous	Continuous Block Library(连续模块库) 含有时间连续线性系统建模模块
du/dt Derivative	Derivative(微分器), 数值微分器: 输入信号对时间数值微分. 模块参数: 无. 时间连续微分器: 输入量: $u(t)$, 输出量: $y(t)=\dfrac{\Delta u(t)}{\Delta t}$ 时间离散微分器: 输入量: $u(kT)$; 输出量: $y(kT)=\dfrac{u(kT)-u((k-1)T)}{T}$ $T=$ 采样时间间隔 (17.3.2.2 节例)
$\frac{1}{s}$ Integrator	具有内部初值或外部初值的 Integrator(积分器), 对输入信号积分. 模块参数: 初值 y_0. 输入量: $u(t)$; 输出量: $y(t)=\int u(t)\,dt+y_0$ 例: 具有初值 (Anfangswert) 和具有 0-1-(齿) 形复位 (置零) 信号的积分 (其他见例 14.3-12)

(续)

<table>
<tr><th>模块图标</th><th>描述</th></tr>
<tr><td>
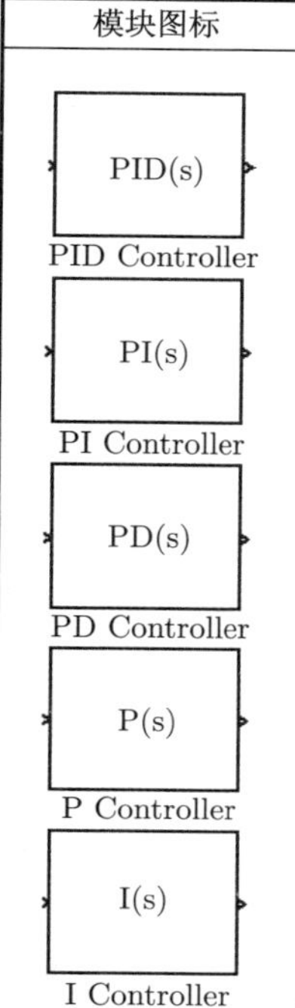

</td><td>

PID Controller(PID 调节器), 时间连续的 PID 标准调节器加法形式 (4.5.3.5 节), 该模块可作为 PI, PD, P 或 I 调节器来执行,

模块参数: 调节器类型: PID 调节器 (PI, PD, P 或 I 调节器), 调节器形式: 并联或理想 (标准), 调节器参数: 比例, 积分, 微分值, 微分部分的滞后时间常数 $T_1 \sim 1/N$ 的滤波器系数 N, 调节器输出信号的限制, 阻滞积分加速 (anti-windup(阻滞加速)), 预先给定积分环节和滤波器的初始值和复位可能性.

输入量: 调节误差 $x_d(t)$,

输出量: 调整量 $y(t)$.

PID 调节器并联 (加法) 形式: 在 PID 调节器并联形式下应用 P, I 和 D 部分的独立增益系数 $K_{\mathrm{P}}, K_{\mathrm{I}}, K_{\mathrm{D}}$.

例: 对于调节器参数比例增益 $K_{\mathrm{P}} = 2$, 积分增益 $K_{\mathrm{I}} = 0.25\mathrm{s}^{-1}$, 微分增益 $K_{\mathrm{D}} = 0.5\mathrm{s}$, 滤波器系数 $N = 4$, 滞后时间常数 $T_1 = K_{\mathrm{D}}/N = 0.125\mathrm{s}$, 给出调节器传递函数

$$\begin{aligned} G_{\mathrm{R}}(s) &= \frac{y(s)}{x_{\mathrm{d}}(s)} = K_{\mathrm{P}} + \frac{K_{\mathrm{I}}}{s} + \frac{K_{\mathrm{D}} \cdot s}{T_1 \cdot s + 1} \\ &= \frac{(K_{\mathrm{P}} \cdot T_1 + K_{\mathrm{D}}) \cdot s^2 + (K_{\mathrm{P}} + K_{\mathrm{I}} \cdot T_1) \cdot s + K_{\mathrm{I}}}{T_1 \cdot s^2 + s} \\ &= 2 + \frac{0.25}{s} + \frac{0.5 \cdot s}{0.125 \cdot s + 1} = \frac{6 \cdot s^2 + 16.25 \cdot s + 2}{s^2 + 8 \cdot s} \end{aligned}$$

</td></tr>
<tr><td colspan="2">

并联 PID 调节器的调节器结构:

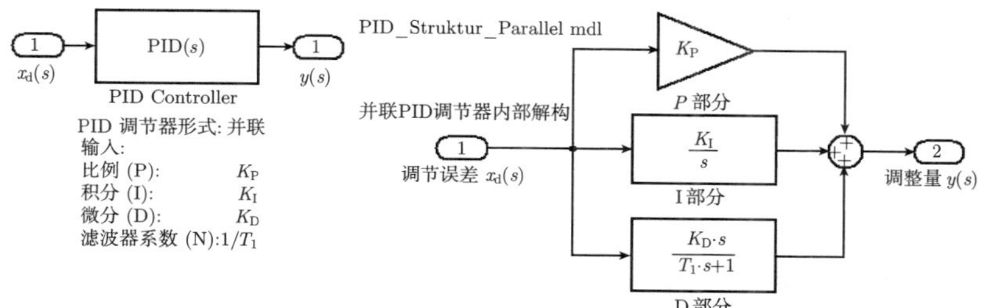

PID 调节器理想 (标准、加法) 形式: 在 PID 调节器理想形式下调节器增益 K_{R} 作用到所有分支上. 上面所用数据提供实际的加法形式 PID 调节器的调节器增益 K_{R}, 调后时间常数 T_{N} 和超前时间常数 T_{V}(4.5.3.5 节), 有

$$K_{\mathrm{R}} = K_{\mathrm{P}} = 2, \quad T_{\mathrm{N}} = \frac{K_{\mathrm{P}}}{K_{\mathrm{I}}} = 8\,\mathrm{s}, \quad T_{\mathrm{V}} = \frac{K_{\mathrm{D}}}{K_{\mathrm{P}}} = 0.25\,\mathrm{s}, \quad T_1 = \frac{K_{\mathrm{D}}}{N} = 0.125\,\mathrm{s}$$

</td></tr>
</table>

(续)

描述

调节器传递函数理想形式为

$$G_R(s)=\frac{y(s)}{x_d(s)}=K_R\cdot\left(1+\frac{1}{T_N\cdot s}+\frac{T_V\cdot s}{T_1\cdot s+1}\right)$$
$$=\frac{K_R\cdot T_N\cdot(T_1+T_V)\cdot s^2+K_R\cdot(T_N+T_1)\cdot s+K_R}{T_N\cdot T_1\cdot s^2+T_N\cdot s}$$
$$=2\cdot\left(1+\frac{1}{8\cdot s}+\frac{0.25\cdot s}{0.125\cdot s+1}\right)=\frac{6\cdot s^2+16.25\cdot s+2}{s^2+8\cdot s}$$

理想 PID-调节器结构:

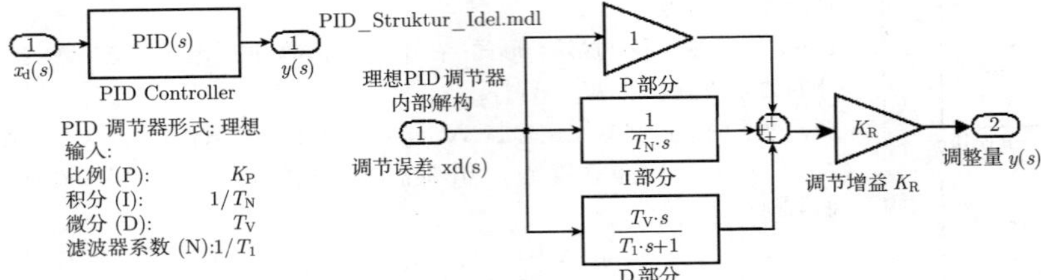

用计算的数据构成相同的调节器时间特性,

$$G_R(s)=\frac{y(s)}{x_d(s)}=\underbrace{K_P+\frac{K_I}{s}+\frac{K_D\cdot s}{T_1\cdot s+1}}_{\text{并联 PID- 调节器}}=\underbrace{K_R\cdot\left(1+\frac{1}{T_N\cdot s}+\frac{T_V\cdot s}{T_1\cdot s+1}\right)}_{\text{理想 PID- 调节器}}$$

$$K_R=K_P,\quad T_N=\frac{K_P}{K_I},\quad T_V=\frac{K_D}{K_P},\quad T_1=\frac{K_D}{N}$$

给出阶跃响应.

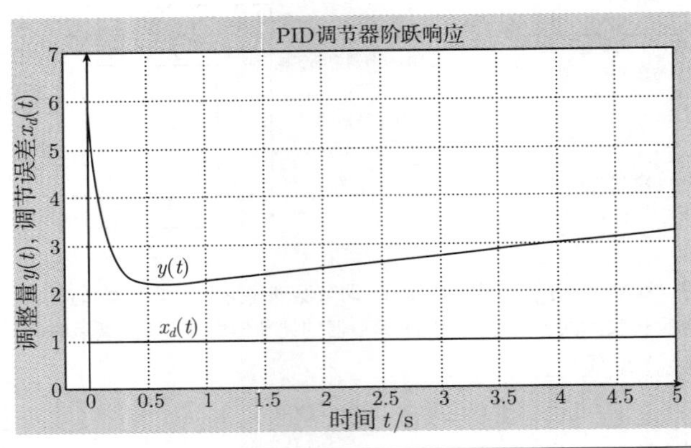

(续)

描述
下面关系式适用于其他可实现的调节器. PI 调节器: $G_R(s)=\dfrac{y(s)}{x_d(s)}=\underbrace{K_P+\dfrac{K_I}{s}}_{\text{并联 PI- 调节器}}=\underbrace{K_R\cdot\left(1+\dfrac{1}{T_N\cdot s}\right)}_{\text{理想 PI- 调节器}},\quad K_R=K_P$ $\dfrac{K_R}{T_N}=K_1$ PD 调节器: $G_R(s)=\dfrac{y(s)}{x_d(s)}=\underbrace{K_P+\dfrac{K_D\cdot s}{T_1\cdot s+1}}_{\text{并联 PD- 调节点}}=\underbrace{K_R\cdot\left(1+\dfrac{T_V\cdot s}{T_1\cdot s+1}\right)}_{\text{理想 PD- 调节点}},\quad K_R=K_P$ $K_R\cdot T_V=K_D,\quad T_1=\dfrac{K_D}{N}$ P 调节器: $G_R(s)=\dfrac{y(s)}{x_d(s)}=K_P=K_R$ I 调节器: $G_R(s)=\dfrac{y(s)}{x_d(s)}=\dfrac{K_I}{s}=\dfrac{K_R}{T_N\cdot s},\quad \dfrac{K_R}{T_N}=K_I$

模块图标	描述
Ref PID(s) PID Controller (2DOF) Ref PI(s) PI Controller (2DOF) Ref PD(s) PD Controller (2DOF)	PID Cotroller (2DOF)(PID 调节器 (二自由度)), two-degree of freedom(二自由度), 时间连续的具有二自由度 PID 调节器加法形式 (4.5.3.8 节), 该模块也可作为具有二自由度 PI 调节器或 PD 调节器来执行. 模块参数调节器类型: PID 调节器, (PI 或 PD 调节器), 调节器形式: 并联或理想 (标准); 调节器参数: 比例值, 积分值, 微分值, 微分部分的滞后时间常数 $T_1\sim 1/N$ 的滤波器系数 N, 比例部分的参据量因数 b, 微分部分参据量因数 c, 调节器输出信号的限制, 积分加速 (anti-windup) 的阻滞, 预先给定积分-环节和滤波器的初始值和复位可能性. 输入量: 参据量 $w(t)$, 被调节量 $x(t)$. 输出量: 调整量 $y(t)$. 用调节器附加的自由度 b 和 c 可调整调节回路的期望参据特性 (4.5.3.8 节, 例 4.5-12)

(续)

描述

具有二自由度的 PID 调节器并联 (加法) 形式: 在 PID 调节器并联形式下应用 P, I 和 D 部分的独立增益系数 $K_\mathrm{P}, K_\mathrm{I}, K_\mathrm{D}$, 用因数 b(P 部分) 和 c(D 部分) 加权参据量 $w(t)$.

调节器结构:

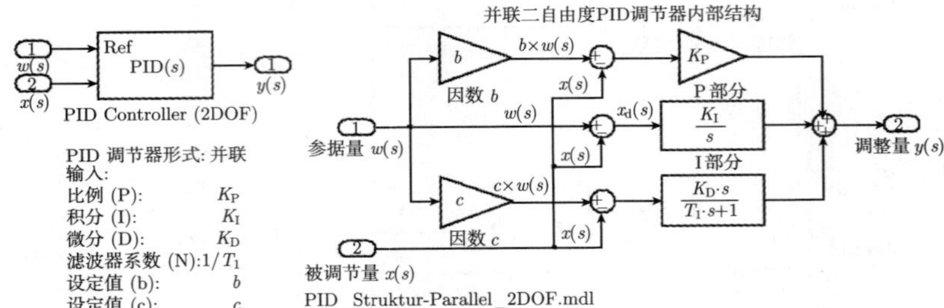

调节器方程:

$$
\begin{aligned}
y(s) &= K_\mathrm{P}\cdot(b\cdot w(s)-x(s))+\frac{K_\mathrm{I}}{s}\cdot(w(s)-x(s))+\frac{K_\mathrm{D}\cdot s}{1+T_1\cdot s}\cdot(c\cdot w(s)-x(s)) \\
&= \left(b\cdot K_\mathrm{P}+\frac{K_\mathrm{I}}{s}+\frac{c\cdot K_\mathrm{D}\cdot s}{T_1\cdot s+1}\right)\cdot w(s)-\left(K_\mathrm{P}+\frac{K_\mathrm{I}}{s}+\frac{K_\mathrm{D}\cdot s}{T_1\cdot s+1}\right)\cdot x(s) \\
&= G_\mathrm{F}(s)\cdot G_\mathrm{R}(s)\cdot w(s)-G_\mathrm{R}(s)\cdot x(s)
\end{aligned}
$$

调节器传递函数:

$$
G_\mathrm{F}(s)=\frac{(b\cdot K_\mathrm{P}\cdot T_1+c\cdot K_\mathrm{D})\cdot s^2+(b\cdot K_\mathrm{P}+K_\mathrm{I}\cdot T_1)\cdot s+K_\mathrm{I}}{(K_\mathrm{P}\cdot T_1+K_\mathrm{D})\cdot s^2+(K_\mathrm{P}+K_\mathrm{I}\cdot T_1)\cdot s+K_\mathrm{I}}=\frac{Z_\mathrm{F}(s)}{N_\mathrm{F}(s)}
$$

$$
G_\mathrm{R}(s)=\frac{(K_\mathrm{P}\cdot T_1+K_\mathrm{D})\cdot s^2+(K_\mathrm{P}+K_\mathrm{I}\cdot T_1)\cdot s+K_\mathrm{I}}{T_1\cdot s^2+s}=\frac{Z_\mathrm{R}(s)}{N_\mathrm{R}(s)},\quad N_\mathrm{F}(s)=Z_\mathrm{R}(s)
$$

等效调节回路结构:

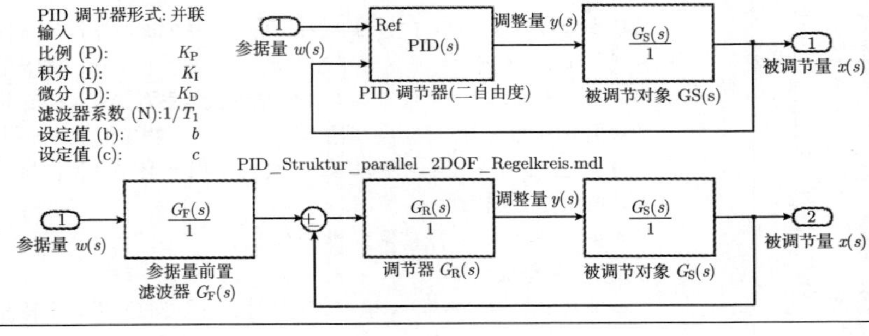

(续)

描述

具有二自由度的 PID 调节器理想 (标准, 加法) 形式: 在 PID 调节器理想形式下调节器增益 K_R 作用到所有分支上, 用因数 b(P 部分) 和 c(D 部分) 加权参据量.

调节器结构:

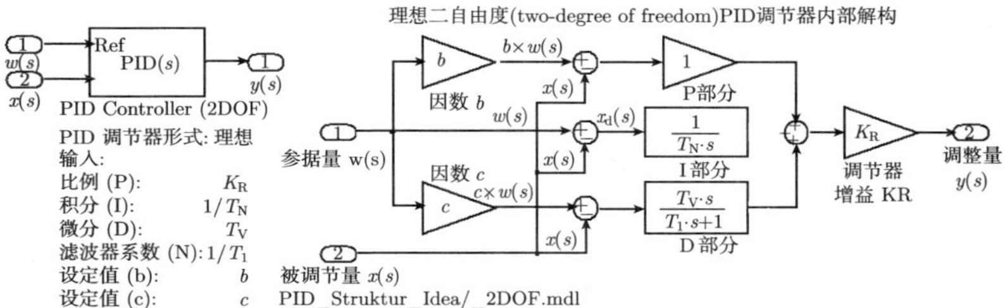

调节器方程:

$$
\begin{aligned}
y(s) &= K_R \cdot \left((b \cdot w(s) - x(s)) + \frac{1}{T_N \cdot s} \cdot (w(s) - x(s)) + \frac{T_V \cdot s}{T_1 \cdot s + 1} \cdot (c \cdot w(s) - x(s)) \right) \\
&= K_R \cdot \left(b + \frac{1}{T_N \cdot s} + \frac{c \cdot T_V \cdot s}{T_1 \cdot s + 1} \right) \cdot w(s) - K_R \cdot \left(1 + \frac{1}{T_N \cdot s} + \frac{T_V \cdot s}{T_1 \cdot s + 1} \right) \cdot x(s) \\
&= G_F(s) \cdot G_R(s) \cdot w(s) - G_R(s) \cdot x(s)
\end{aligned}
$$

调节器传递函数:

$$
G_F(s) = \frac{T_N \cdot (b \cdot T_1 + c \cdot T_V) \cdot s^2 + (b \cdot T_N + T_1) \cdot s + 1}{T_N \cdot (T_1 + T_V) \cdot s^2 + (T_N + T_1) \cdot s + 1} = \frac{Z_F(s)}{N_F(s)}
$$

$$
G_R(s) = \frac{K_R \cdot (T_N \cdot (T_1 + T_V) \cdot s^2 + (T_N + T_1) \cdot s + 1)}{T_N \cdot T_1 \cdot s^2 + T_N \cdot s} = \frac{Z_R(s)}{N_R(s)}, \quad N_F(s) = \frac{Z_R(s)}{K_R}
$$

等效调节回路结构:

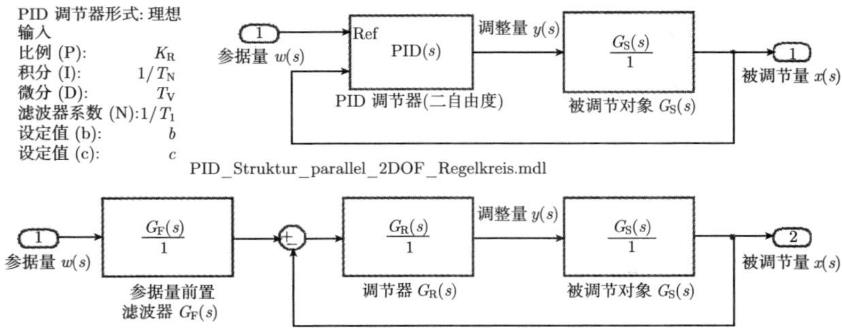

(续)

描述
具有二自由度 PI 调节器的并联 (加法) 形式: $$y(s)=K_P\cdot(b\cdot w(s)-x(s))+\frac{K_I}{s}\cdot(w(s)-x(s))=\left(b\cdot K_P+\frac{K_I}{s}\right)\cdot w(s)-\left(K_P+\frac{K_I}{s}\right)\cdot x(s)$$ $$=G_F(s)\cdot G_R(s)\cdot w(s)-G_R(s)\cdot x(s)$$ $$G_F(s)=\frac{b\cdot K_P\cdot s+K_I}{K_P\cdot s+K_I}=\frac{Z_F(s)}{N_F(s)},\quad G_R(s)=\frac{K_P\cdot s+K_I}{s}=\frac{Z_R(s)}{N_R(s)},\quad N_F(s)=Z_R(s)$$ **具有二自由度 PI 调节器的理想 (标准、加法) 形式:** $$y(s)=K_R\cdot\left((b\cdot w(s)-x(s))+\frac{1}{T_N\cdot s}\cdot(w(s)-x(s))\right)$$ $$=K_R\cdot\left(b+\frac{1}{T_N\cdot s}\right)\cdot w(s)-K_R\cdot\left(1+\frac{1}{T_N\cdot s}\right)\cdot x(s)$$ $$=G_F(s)\cdot G_R(s)\cdot w(s)-G_R(s)\cdot x(s)$$ $$G_F(s)=\frac{b\cdot T_N\cdot s+1}{T_N\cdot s+1}=\frac{Z_F(s)}{N_F(s)},\quad G_R(s)=\frac{K_R\cdot(T_N\cdot s+1)}{T_N\cdot s}=\frac{Z_R(s)}{N_R(s)},\quad N_F(s)=\frac{Z_R(s)}{K_R}$$ **具有二自由度 PD- 调节器的并联 (加法) 形式:** $$y(s)=K_P\cdot(b\cdot w(s)-x(s))+\frac{K_D\cdot s}{T_1\cdot s+1}\cdot(c\cdot w(s)-x(s))$$ $$=\left(b\cdot K_P+\frac{c\cdot K_D\cdot s}{T_1\cdot s+1}\right)\cdot w(s)-\left(K_P+\frac{K_D\cdot s}{T_1\cdot s+1}\right)\cdot x(s)$$ $$=G_F(s)\cdot G_R(s)\cdot w(s)-G_R(s)\cdot x(s)$$ $$G_F(s)=\frac{(b\cdot K_P\cdot T+c\cdot K_D)\cdot s+b\cdot K_P}{(K_P\cdot T_1+K_D)\cdot s+K_P}=\frac{Z_F(s)}{N_F(s)}$$ $$G_R(s)=\frac{(K_P\cdot T_1+K_D)\cdot s+K_P}{T_1\cdot s+1}=\frac{Z_R(s)}{N_R(s)},\quad N_F(s)=Z_R(s)$$ **具有二自由度 PD 调节器的理想 (标准、加法) 形式:** $$y(s)=K_R\cdot\left((b\cdot w(s)-x(s))+\frac{T_V\cdot s}{T_1\cdot s+1}\cdot(c\cdot w(s)-x(s))\right)$$ $$=K_R\cdot\left(b+\frac{c\cdot T_V\cdot s}{T_1\cdot s+1}\right)\cdot w(s)-K_R\cdot\left(1+\frac{T_V\cdot s}{T_1\cdot s+1}\right)\cdot x(s)$$ $$=G_F(s)\cdot G_R(s)\cdot w(s)-G_R(s)\cdot x(s)$$ $$G_F(s)=\frac{(b\cdot T_1+c\cdot T_V)\cdot s+b}{(T_1+T_V)\cdot s+1}=\frac{Z_F(s)}{N_F(s)},\quad G_R(s)=\frac{K_R\cdot((T_V+T_1)\cdot s+1)}{T_1\cdot s+1}=\frac{Z_R(s)}{N_R(s)}$$ $$N_F(s)=\frac{Z_R(s)}{K_R}$$

(续)

模块图标	描述
$x^1 = Ax+Bu$ $y = Cx+Du$ State-Space	State-Space(状态空间表达式), 状态变量表达式: 由矩阵微分方程和输入量确定输出量. 模块参数: 系统矩阵 $\boldsymbol{A}$, 输入矩阵 (向量)$\boldsymbol{B}$, 输出矩阵 (向量)$\boldsymbol{C}$ 和前馈矩阵 (向量, 系数)$\boldsymbol{D}$, 初始值 $\boldsymbol{x}_0$. 输入量: $\boldsymbol{u}(t)$, 对于初值 $\boldsymbol{x}_0 = \boldsymbol{0}$ 的输出量: $\boldsymbol{y}(t) = L^{-1}\left\{\boldsymbol{C}\cdot(s\cdot\boldsymbol{E}-\boldsymbol{A})^{-1}\cdot\boldsymbol{B}\cdot\boldsymbol{u}(s)+\boldsymbol{D}\cdot\boldsymbol{u}(s)\right\}$ (在 17.3.2.5 节中例)
$\frac{1}{s+1}$ Transfer Fcn	Transfer Fcn(传递函数), 拉普拉斯传递函数多项式形式: 由传递函数和输入量确定输出量. 模块参数: $G(s)$ 分子和分母多项式系数. 输入量: $x_e(t)$; 输出量: $x_a(t) = L^{-1}\{G(s)\cdot x_e(s)\}$ 阶跃函数 → $\frac{K_P}{T_1\cdot s+1}$ → 阶跃响应显示 例: PT_1 环节阶跃响应 (其他见例 14.5-3)
Transport Delay	Transport Delay(传输延迟), 传输延迟环节: 输入量被时间移位传输到输出端. 模块参数: 时延, 传输时间 T_t. 输入量: $x_e(t)$; 输出量: $x_a(t) = x_e(t-T_t)$, (例 14.5-2)
To Variable Time Delay	Variable Time Delay(可变时间延迟), 具有可变滞后时间环节: 输入量被时间移位传输到输出端, 滞后时间 T_0 是可变的. 模块参数: 滞后时间 T_0 最大值. 输入量: $x_e(t)$; 滞后时间 $T_0(t)$, 输出量: $x_a(t) = x_e(t-T_0(t))$ 在具有可变传输滞后环节的描述中给出例子
Ti Variable Transport Delay	Variable Transport Delay(可变的传输延迟), 具有可变的传输滞后的环节: 输入量被滞后传输到输出端, 传输滞后时间是可变的. 模块参数: 滞后时间 T_i 最大值. 输入量: $x_e(t)$, 滞后时间 $T_i(t)$, 输出量: $x_a(t) = x_e(t-t_d(t))$ 传输滞后时间 $t_d(t)$ 是由求解方程 $\int_{t-t_d(t)}^{t}\frac{d\tau}{T_i(\tau)} = 1$ 计算的

(续)

模块图标	描述

例: 传递模块 Variable Time Delay(可变时间延迟) 和 Variable Transport Delay(可变的传输延迟) 特性.

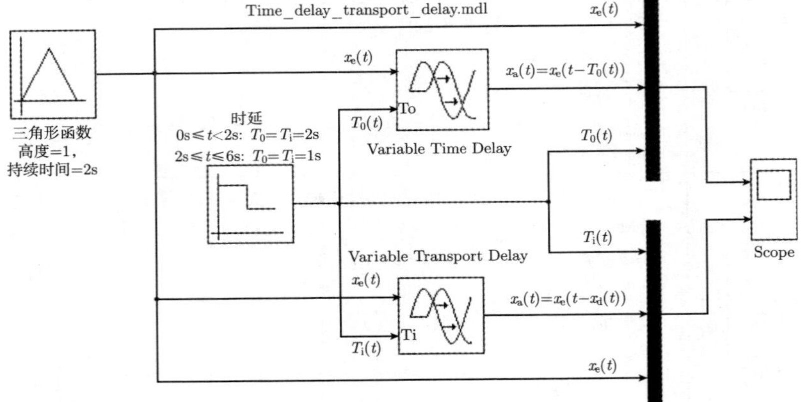

Variable Time Delay(可变时间延迟) 将输入量 $x_e(t)$ 时间滞后地付给输出端 $x_a(t) = x_e(t - T_0(t))$. 在滞后时间 $T_0(t)$ 快速地变化时, 输入函数值会趋向丢失 (见图).

Variable Transport Delay(可变传输延迟) 是计算再现输入函数所有值的传输滞后时间 $t_d(t)$. 上面所给的时间滞后曲线

$T_i(t) = 2\text{s}$ 对于 $0\text{s} \leqslant t < 2\text{s}$, $T_i(t) = 1\text{s}$ 对于 $2\text{s} \leqslant t \leqslant 6\text{s}$

至时间点 $t = 2\text{s}$ 对应传输速度加倍. 传输滞后时间 $t_d(t)$ 为

在区间 $0\text{s} \leqslant t < 2\text{s}$:

$$\int_{t-t_d(t)}^{t} \frac{d\tau}{T_i(\tau)} = \frac{1}{2\,\text{s}} \cdot [t-(t-t_d(t))] = \frac{1}{2\,\text{s}} \cdot t_d(t) = 1, \quad t_d(t) = 2\,\text{s}$$

在区间 $2\text{s} \leqslant t \leqslant 3\text{s}$:

$$\int_{t-t_d(t)}^{t} \frac{d\tau}{T_i(\tau)} = \int_{t-t_d(t)}^{2\,\text{s}} \frac{d\tau}{2\,\text{s}} + \int_{2\,\text{s}}^{t} \frac{d\tau}{1\,\text{s}} = \frac{1}{2\,\text{s}} \cdot [2\,\text{s}-(t-t_d(t))] + \frac{1}{1\,\text{s}} \cdot [t-2\,\text{s}] = 1$$

$$t_d(t) = 4\,\text{s} - t, \quad t_d(2\,\text{s}) = 2\,\text{s}, \quad t_d(3\,\text{s}) = 1\,\text{s}$$

在区间 $3\text{s} \leqslant t < 6\text{s}$

$$\int_{t-t_d(t)}^{t} \frac{d\tau}{T_i(\tau)} = \frac{1}{1\,\text{s}} \cdot [t-(t-t_d(t))] = 1, \quad t_d(t) = 1\,\text{s}$$

(续)

模块图标	描述
	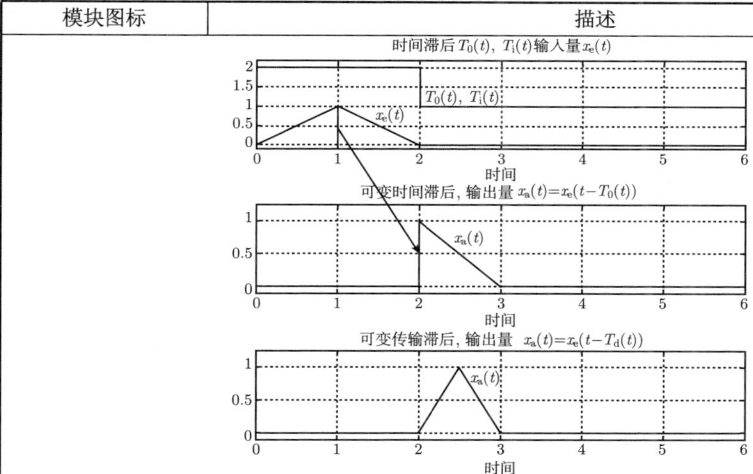 传递模块 Variable Time Delay(可变时间延迟) 和 Variable Transport Delay(可变传输延迟) 特性. 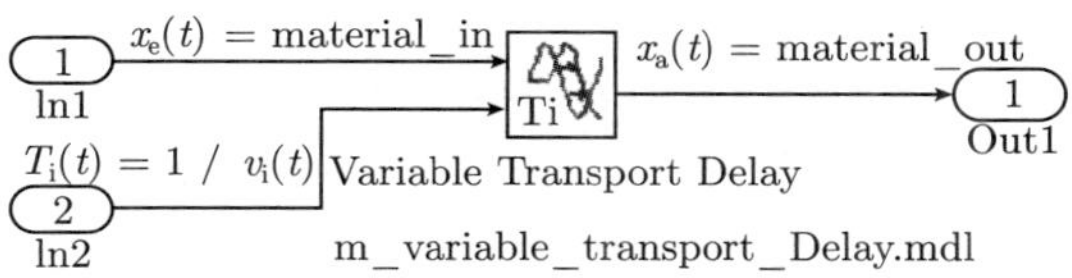 例: 具有可变 速度 $v_i(t)$ 的传送带: $T_i(t) = \frac{l}{v_i(t)}$, 传送带长度 l, 传送带速度 $v_i(t)$ $x_e(t)$ = `material_in`, $x_a(t)$ = `material_out`
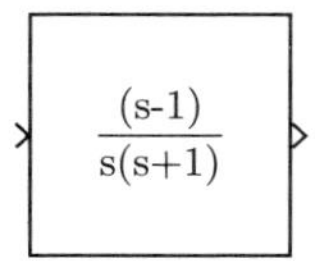 Zero-Pole	Zero-Pole(零-极点函数), 拉普拉斯传递函数极-零点形式: 由传递函数和输入量确定输出量. 模块参数: $G(s)$ 分子零点和分母-极点, $G(s)$ 增益. 输入量: $x_e(t)$; 输出量: $x_a(t) = L^{-1}\{G(s)\cdot x_e(s)\}$ (17.3.2.4 节中例).

17.7.4 Discontinuities Block Library(不连续模块库)、不连续工作系统模型模块

Discontinuities Block Libray (不连续模块库)、不连续工作系统模型模块见表 17.7-3 所列.

表 17.7-3 Discontinuities Block Library(不连续模块库)、不连续工作系统模型模块

模块图标	描述
Discontinuities	Discontinuities Block Library(不连续模块库) 含有不连续工作的非线性系统模型模块
Backlash	Backlash, Lose(滞环, 游隙), 具有间隙的传递环节. 模块参数: 游隙 (间隙) 宽度, 输出量初值. 输入量: $x_e(t)$; 输出量: $x_a(t) = f(x_e(t))$, (在 17.6.2.3 节中例)
Coulomb & Viscous Friction	Coulomb & Viscous Friction(库伦与黏性摩擦), 具有 COULOMB的和黏性的摩擦环节. 模块参数: 标志 COULOMB摩擦的在零时的偏移 x_{a0}, 标志黏性的 (与速度相关的, 动态的) 摩擦的增益 K. 输入量: (速度)$x_e(t)$; 输出量: $x_a(t) = \text{sgn}(x_e(t)) \cdot (K \cdot \lvert x_e(t)\rvert + x_{e0})$, (在 17.6-5 节中例)
Dead Zone	Dead Zone(死区), 具有死区 (动作灵敏度界限) 的环节. 模块参数: 死区的起点和终点. 输入量: $x_e(t)$; 输出量: $x_a(t) = f(x_e(t))$, (例 14.3-13)
up u lo Dead Zone Dynamic	Dead Zone Dynamic(死区动态), 具有动态可变死区 (动作灵敏度门限) 的环节. 模块参数: 无. 输入量: 在输入端 u 的输入信号 $x_e(t)$, 在输入端 lo 的死区动态下界 (起点)$x_{1o}(t)$. 在输入端 up 死区的动态上界 (终点)$x_{up}(t)$; 输出量: $x_a(t) = f(x_e(t), x_{1o}(t), x_{up}(t))$
Hit Crossing	Hit Crossing(穿越), 事件确定, 由用户定义门限 (偏移) 求输入信号的穿越点, 可预先给出穿越方向. 模块参数: 门限 (hit crossing offset(穿越偏移)), 穿越方向 (hit crossing direction). 输入量: $x_e(t)$; 输出量: 当事件发生时 $x_a(t) = 1$, 否则 $x_a(t) = 0$

(续)

模块图标	描述
Quantizer	`Quantizer`(量化), 通过截尾取整对输入信号离散化 (量化). 模块参数: 量化间隔 q. 输入量: $x_{\mathrm{e}}(t)$; 输出量: $x_{\mathrm{a}}(t) = q \cdot \mathrm{round}$ (截尾取整) $(x_{\mathrm{e}}(t)/q)$(在 17.6.5 节中例)
Rate Limiter	`Rate Limiter`(变化率限幅), 限制信号变化速度. 模块参数: 信号上升速度 R, 信号下降速度 F. 输入量: $x_{\mathrm{e}}(t)$; 输出量: 如果 $F \leqslant \dot{x}_{\mathrm{a}}(t) \leqslant R$, 则 $x_{\mathrm{a}}(t) = x_{\mathrm{e}}(t)$, 其他情况 $\dot{x}_{\mathrm{a}}(t)$ 被限制在 R 或 F
up u lo Rate Limiter Dynamic	`Rate Limiter Dynamic`(变化率限幅动态), 动态地限制信号变化速度. 模块参数: 无 输入量: 在输入端 u 为输入信号 $x_{\mathrm{e}}(t)$; 在输入端 lo 为下降速度动态下边界 $F(t)$; 在输入端 up 为上升速度动态上边界 $R(t)$. 输出量: 如果 $F \leqslant \dot{x}_{\mathrm{a}}(t) \leqslant R$, 则 $x_{\mathrm{a}}(t) = x_{\mathrm{e}}(t)$, 其他情况 $\dot{x}_{\mathrm{a}}(t)$ 被限制在 $R(t)$ 或 $F(t)$
Relay	`Relay`(继电器), 二位环节, 开关, 具有两个输出值的环节. 模块参数: 接通, 断开点 $x_{\mathrm{eein}}, x_{\mathrm{eaus}}$, 状态 EIN(接通), AUS(断开) 的输出值 $x_{\mathrm{aein}}, x_{\mathrm{aaus}}$. 输入量: $x_{\mathrm{e}}(t)$; 输出量: $x_{\mathrm{a}}(t) = x_{\mathrm{aein}}, x_{\mathrm{aaus}}$(例 14.5-2)
Saturation	Saturation(饱和), 饱和环节, 限制信号. 模块参数: 下限 x_{eunten}, 上限 x_{eoben} 输入量: $x_{\mathrm{e}}(t)$ 输出量: $x_{\mathrm{a}}(t) = \begin{cases} x_{\mathrm{eunten}}, & x_{\mathrm{e}}(t) \leqslant x_{\mathrm{eunten}} \\ x_{\mathrm{e}}(t), & x_{\mathrm{eunten}} < x_{\mathrm{e}}(t) < x_{\mathrm{eoben}} \\ x_{\mathrm{eoben}}, & x_{\mathrm{e}}(t) \geqslant x_{\mathrm{eoben}} \end{cases}$ 1 In1 → 限制 → 传递函数 $\frac{K_s}{s^2+(T_1+T_2)s+T_1 \times T_2}$ → $v(t)$ → 速度-路程-转换 $\frac{1}{s}$ → $s(t)$ → 联动装置游隙 → 1 Out1 例: 具有限制 (饱和环节) 和游隙的被调节对象 (其他例在 17.6.2.2 节)

(续)

模块图标	描述
up u　y lo Saturation Dynamic	`Saturation Dynamic`(饱和动态), 具有动态限幅的饱和环节, 限制信号. 模块参数: 无 输入量: 在输入端 u 为输入信号 $x_e(t)$ 在输入端 lo 为动态饱和下限 $x_{eunten}(t)$ 在输入端 up 为动态饱和上限 $x_{eoben}(t)$; 输出量: $x_a(t)=\begin{cases} x_{eunten}, & (x_e(t)\leqslant x_{eunten}) \\ x_e(t), & (x_{eunten}<x_e(t)<x_{eoben}) \\ x_{eoben}, & (x_e(t)\geqslant x_{eoben}) \end{cases}$
Wrap To Zero	`Wrap To Zero`(限制到零), 当输入信号大于阈值 (门限值) 时令输出信号为零. 模块参数: 阈值 $x_{threshold}$. 输入量: $x_e(t)$; 输出量: $x_a(t)=\begin{cases} x_e(t), & (x_e(t)\leqslant x_{threshold}) \\ 0, & (x_e(t)>x_{threshold}) \end{cases}$

17.7.5 Discrete Block Library(离散模块库)、时间离散系统模型模块

Discrete Block Library (离散模块库)、时间离散模型模块见表 17.7-4 所列.

表 17.7-4 Discrete Block Library(离散模块库)、时间离散模型模块

模块图标	描述
Discrete	Discrete Block Library(离散模块库), 含有时间离散工作系统建模模块
$\frac{z-1}{z}$ Difference	Difference(差分), 求差分: 由当前实际值与先前值之差构建输出量. 模块参数: 初值. 输入量: $x_e(kT)$; 输出量: $x_a(kT)=x_e(kT)-x_e((k-1)T), x_a(z)=\frac{z-1}{z}\cdot x_e(z)=x_e(z)-z^{-1}\cdot x_e(z)$ 采样时间间隔 T. 阶跃函数 $x_e(kT)=E(kT)$ → Difference $\frac{z-1}{z}$ → Dirac 序列 $x_a(kT)$ → Discrete Transter Fcn $\frac{z}{z+0.75}$ → 冲激响应序列 → Scope 例: 由两个阶跃序列的差分产生 DIRAC序列. $x_a(kT)=x_e(kT)-x_e((k-1)T)=E(kT)-E((k-1)T)=\delta(kT)=0^k$ $x_a(z)=\frac{z-1}{z}\cdot x_e(z)=\frac{z-1}{z}\cdot\frac{z}{z-1}=1$
$\frac{K(z-1)}{Ts\ z}$ Discrete Derivative	Discrete Derivative(离散导数), 离散求导数, 当前实际值与先前值之差被采样时间除. 模块参数: 初值, 增益系数 K. 输入量: $x_e(kT)$; 输出量: $x_a(kT)=\frac{K\cdot(x_e(kT)-x_e((k-1)T))}{T}, x_a(z)=\frac{K\cdot(z-1)}{T\cdot z}\cdot x_e(z)$ 采样时间间隔 T
$\frac{1}{1+0.5z^{-1}}$ Discrete Filter	Discrete Filter(离散滤波器), z^{-1} 传递函数多项式形式 (常规数值信号处理), 由 z 传递函数和输入量确定输出量. 模块参数: $G(z^{-1})$ 的 z^{-1} 降阶分子和分母多项式系数, 采样时间间隔 T. 输入量: $x_e(kT)$; 输出量: $x_a(kT)=Z^{-1}\{G(z)\cdot x_e(z)\}$

(续)

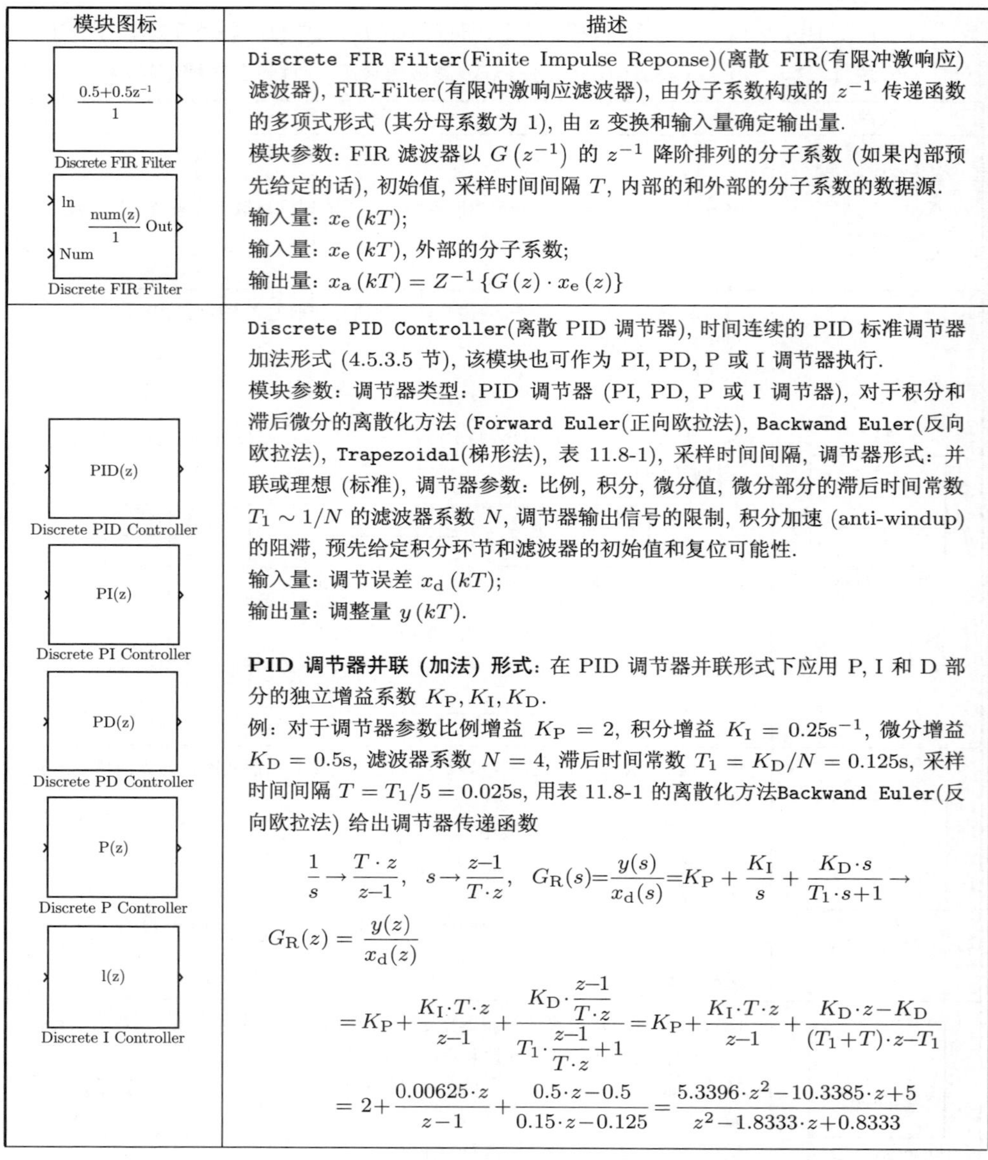

模块图标	描述
$\frac{0.5+0.5z^{-1}}{1}$ Discrete FIR Filter In $\frac{num(z)}{1}$ Out Num Discrete FIR Filter	`Discrete FIR Filter`(Finite Impulse Reponse)(离散 FIR(有限冲激响应)滤波器), FIR-Filter(有限冲激响应滤波器), 由分子系数构成的 z^{-1} 传递函数的多项式形式 (其分母系数为 1), 由 z 变换和输入量确定输出量. 模块参数：FIR 滤波器以 $G\left(z^{-1}\right)$ 的 z^{-1} 降阶排列的分子系数 (如果内部预先给定的话), 初始值, 采样时间间隔 T, 内部的和外部的分子系数的数据源. 输入量：$x_{\mathrm{e}}\left(kT\right)$; 输入量：$x_{\mathrm{e}}\left(kT\right)$, 外部的分子系数; 输出量：$x_{\mathrm{a}}\left(kT\right)=Z^{-1}\left\{G\left(z\right)\cdot x_{\mathrm{e}}\left(z\right)\right\}$
PID(z) Discrete PID Controller PI(z) Discrete PI Controller PD(z) Discrete PD Controller P(z) Discrete P Controller I(z) Discrete I Controller	`Discrete PID Controller`(离散 PID 调节器), 时间连续的 PID 标准调节器加法形式 (4.5.3.5 节), 该模块也可作为 PI, PD, P 或 I 调节器执行. 模块参数：调节器类型：PID 调节器 (PI, PD, P 或 I 调节器), 对于积分和滞后微分的离散化方法 (`Forward Euler`(正向欧拉法), `Backwand Euler`(反向欧拉法), `Trapezoidal`(梯形法), 表 11.8-1), 采样时间间隔, 调节器形式：并联或理想 (标准), 调节器参数：比例, 积分, 微分值, 微分部分的滞后时间常数 $T_1\sim 1/N$ 的滤波器系数 N, 调节器输出信号的限制, 积分加速 (anti-windup) 的阻滞, 预先给定积分环节和滤波器的初始值和复位可能性. 输入量：调节误差 $x_{\mathrm{d}}\left(kT\right)$; 输出量：调整量 $y\left(kT\right)$. **PID 调节器并联 (加法) 形式**：在 PID 调节器并联形式下应用 P, I 和 D 部分的独立增益系数 $K_{\mathrm{P}}, K_{\mathrm{I}}, K_{\mathrm{D}}$. 例：对于调节器参数比例增益 $K_{\mathrm{P}}=2$, 积分增益 $K_{\mathrm{I}}=0.25\mathrm{s}^{-1}$, 微分增益 $K_{\mathrm{D}}=0.5\mathrm{s}$, 滤波器系数 $N=4$, 滞后时间常数 $T_1=K_{\mathrm{D}}/N=0.125\mathrm{s}$, 采样时间间隔 $T=T_1/5=0.025\mathrm{s}$, 用表 11.8-1 的离散化方法`Backwand Euler`(反向欧拉法) 给出调节器传递函数 $$\frac{1}{s}\to\frac{T\cdot z}{z-1},\quad s\to\frac{z-1}{T\cdot z},\quad G_{\mathrm{R}}(s)=\frac{y(s)}{x_{\mathrm{d}}(s)}=K_{\mathrm{P}}+\frac{K_{\mathrm{I}}}{s}+\frac{K_{\mathrm{D}}\cdot s}{T_1\cdot s+1}\to$$ $$G_{\mathrm{R}}(z)=\frac{y(z)}{x_{\mathrm{d}}(z)}$$ $$=K_{\mathrm{P}}+\frac{K_{\mathrm{I}}\cdot T\cdot z}{z-1}+\frac{K_{\mathrm{D}}\cdot\frac{z-1}{T\cdot z}}{T_1\cdot\frac{z-1}{T\cdot z}+1}=K_{\mathrm{P}}+\frac{K_{\mathrm{I}}\cdot T\cdot z}{z-1}+\frac{K_{\mathrm{D}}\cdot z-K_{\mathrm{D}}}{(T_1+T)\cdot z-T_1}$$ $$=2+\frac{0.00625\cdot z}{z-1}+\frac{0.5\cdot z-0.5}{0.15\cdot z-0.125}=\frac{5.3396\cdot z^2-10.3385\cdot z+5}{z^2-1.8333\cdot z+0.8333}$$

(续)

描述

调节器结构：

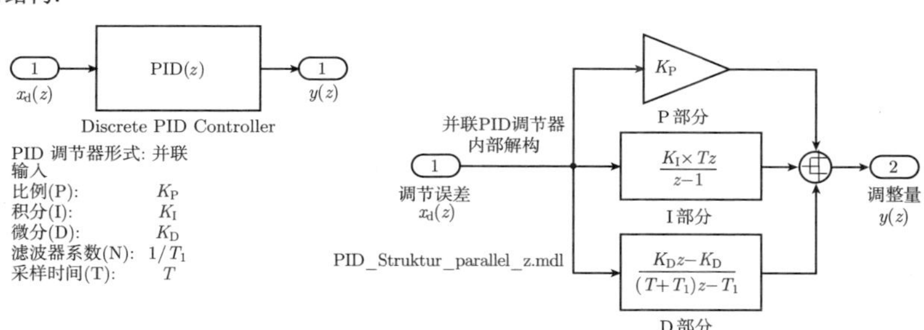

PID 调节器理想 (标准、加法) 形式：在 PID 调节器理想形式下调节器增益 K_R 作用到所有分支上. 上面所用数据提供实际的加法的 PID 调节器的调节器增益 K_R, 调后时间常数 T_N 和超前时间常数 T_V(4.5.3.5 节), 有

$$K_R = K_P = 2, T_N = \frac{K_P}{K_I} = 8\text{s}, T_V = \frac{K_D}{K_P} = 0.25\text{s}, T_1 = \frac{K_D}{N} = 0.125\text{s}, T = \frac{T_1}{5} = 0.025\text{s}$$

用离散化方法 Backwand Euler(反向欧拉法) 得到调节器传递函数理想形式为

$$\frac{1}{s} \to \frac{T \cdot z}{z-1}, \quad s \to \frac{z-1}{T \cdot z}, \quad G_R(s) = \frac{y(s)}{x_d(s)} = K_R \cdot \left(1 + \frac{1}{T_N \cdot s} + \frac{T_V \cdot s}{T_1 \cdot s + 1}\right) \to$$

$$\begin{aligned} G_R(z) &= \frac{y(z)}{x_d(z)} = K_R \cdot \left(1 + \frac{T \cdot z}{T_N \cdot z - T_N} + \frac{T_V \cdot \dfrac{z-1}{T \cdot z}}{T_1 \cdot \dfrac{z-1}{T \cdot z} + 1}\right) \\ &= K_R \cdot \left(1 + \frac{T \cdot z}{T_N \cdot z - T_N} + \frac{T_V \cdot z - T_V}{(T_1 + T) \cdot z - T_1}\right) \\ &= 2 \cdot \left(1 + \frac{0.025 \cdot z}{8 \cdot z - 8} + \frac{0.25 \cdot z - 0.25}{0.15 \cdot z - 0.125}\right) = \frac{5.3396 \cdot z^2 - 10.3385 \cdot z + 5}{z^2 - 1.8333 \cdot z + 0.8333} \end{aligned}$$

调节器结构：

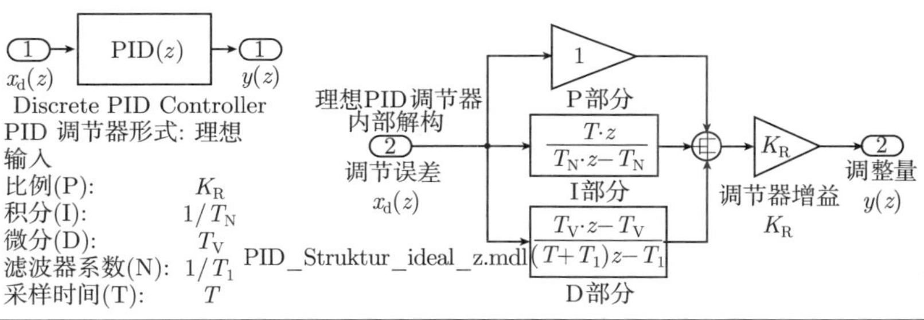

(续)

描述

用计算的数据, 两种调节器时间特性是相同的,

$$G_{\mathrm{R}}(z)=\frac{y(z)}{x_{\mathrm{d}}(z)}=\underbrace{K_{\mathrm{P}}+\frac{K_{\mathrm{I}}\cdot T\cdot z}{z-1}+\frac{K_{\mathrm{D}}\cdot z-K_{\mathrm{D}}}{(T_1+T)\cdot z-T_1}}_{\text{并联 PID 调节器}}$$

$$=\underbrace{K_{\mathrm{R}}\cdot\left(1+\frac{T\cdot z}{T_{\mathrm{N}}\cdot z-T_{\mathrm{N}}}+\frac{T_{\mathrm{V}}\cdot z-T_{\mathrm{V}}}{(T_1+T)\cdot z-T_1}\right)}_{\text{理想 PID 调节器}}$$

$$K_{\mathrm{R}}=K_{\mathrm{P}},\quad T_{\mathrm{N}}=\frac{K_{\mathrm{P}}}{K_{\mathrm{I}}},\quad T_{\mathrm{V}}=\frac{K_{\mathrm{D}}}{K_{\mathrm{P}}},\quad T_1=\frac{K_{\mathrm{D}}}{N}$$

并给出阶跃响应.

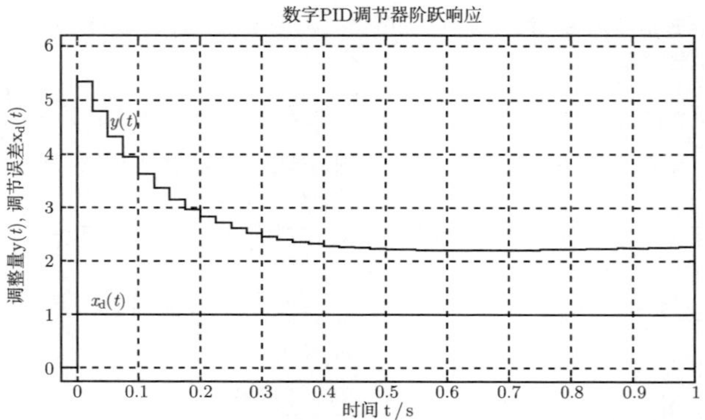

下面关系式适用于用离散化方法Backwand Euler(反向欧拉法)得到其他可实现的调节器:

PI 调节器: $G_{\mathrm{R}}(z)=\dfrac{y(z)}{x_{\mathrm{d}}(z)}=\underbrace{K_{\mathrm{P}}+\dfrac{K_{\mathrm{I}}\cdot T\cdot z}{z-1}}_{\text{并联 PI 调节器}}=\underbrace{K_{\mathrm{R}}\cdot\left(1+\dfrac{T\cdot z}{T_{\mathrm{N}}\cdot z-T_{\mathrm{N}}}\right)}_{\text{理想 PI 调节器}}$

$$K_{\mathrm{R}}=K_{\mathrm{P}},\quad \frac{K_{\mathrm{R}}}{T_{\mathrm{N}}}=K_{\mathrm{I}}$$

PD 调节器: $G_{\mathrm{R}}(z)=\dfrac{y(z)}{x_{\mathrm{d}}(z)}=\underbrace{K_{\mathrm{P}}+\dfrac{K_{\mathrm{D}}\cdot z-K_{\mathrm{D}}}{(T_1+T)\cdot z-T_1}}_{\text{并联 PD 调节器}}=\underbrace{K_{\mathrm{R}}\cdot\left(1+\dfrac{T_{\mathrm{V}}\cdot z-T_{\mathrm{V}}}{(T_1+T)\cdot z-T_1}\right)}_{\text{理想 PD 调节器}}$

$$K_{\mathrm{R}}=K_{\mathrm{P}},\quad K_{\mathrm{R}}\cdot T_{\mathrm{V}}=K_{\mathrm{D}},\quad T_1=\frac{K_{\mathrm{D}}}{N}$$

P 调节器: $G_{\mathrm{R}}(z)=\dfrac{y(z)}{x_{\mathrm{d}}(z)}=K_{\mathrm{P}}=K_{\mathrm{R}}$

I 调节器: $G_{\mathrm{R}}(z)=\dfrac{y(z)}{x_{\mathrm{d}}(z)}=\dfrac{K_{\mathrm{I}}\cdot T\cdot z}{z-1}=\dfrac{K_{\mathrm{R}}\cdot T\cdot z}{T_{\mathrm{N}}\cdot z-T_{\mathrm{N}}},\quad \dfrac{K_{\mathrm{R}}}{T_{\mathrm{N}}}=K_{\mathrm{I}}$

(续)

模块图标	描述
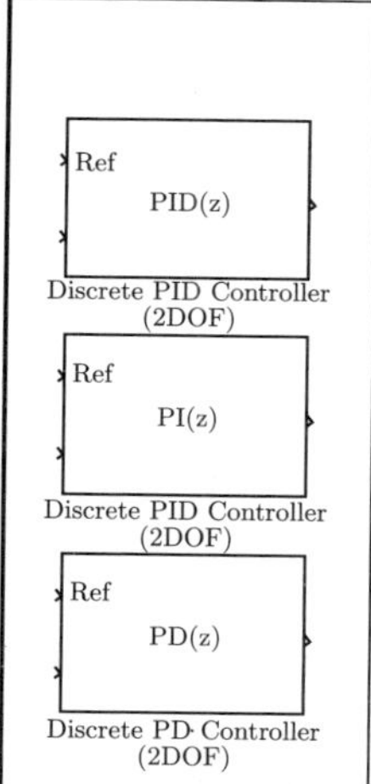	**Discrete PID Cotroller (2DOF)**(离散 PID 调节器 (二自由度)), **two-degree of freedom**(二自由度), 时间离散的具有二自由度 PID 标准调节器加法形式 (4.5.3.8 节), 该模块也可作为具有二自由度 PI 调节器或 PD 调节器来执行. 模块参数: 调节器类型: PID 调节器 (PI 或 PD 调节器), 对于积分和滞后微分的离散化方法 (Forward Euler(正向欧拉法), Backwand Euler(反向欧拉法), Trapezoidal(梯形法), 表 11.8-1), 采样时间间隔; 调节器形式: 并联或理想 (标准); 调节器参数: 比例, 积分, 微分值, 微分部分的滞后时间常数 $T_1 \sim 1/N$ 的滤波器系数 N, 比例部分的参据量因数 b, 微分部分参据量因数 c, 调节器输出信号的限制, 积分加速 (anti-windup) 的阻滞, 预先给定积分环节和滤波器的初始值和复位可能性. 输入量: 参据量 $w(kT)$, 被调节量 $x(kT)$; 输出量: 调整量 $y(kT)$. 用调节器附加的自由度 b 和 c 可调整调节回路的期望参据特性 (在描述中的例).

PID 调节器并联 (加法) 形式: 在 PID 调节器并联形式下应用 P, I 和 D 部分的独立增益系数 K_P, K_I, K_D, 用因数 b(P 部分) 和 c(D 部分) 加权参据量 $w(kT)$;
用离散化方法**Backwand Euler**(反向欧拉法)可推导出调节器结构、调节器方程和传递函数.
调节器结构:

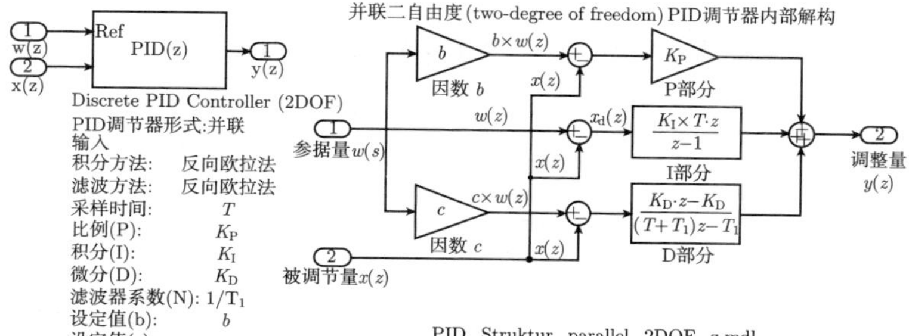

调节器方程:

$$
\begin{aligned}
y(z) &= K_P \cdot (b \cdot w(z) - x(z)) + \frac{K_I \cdot T \cdot z}{z-1} \cdot (w(z) - x(z)) + \frac{K_D \cdot z - K_D}{(T_1 + T) \cdot z - T_1} \cdot (c \cdot w(z) - x(z)) \\
&= \left(b \cdot K_P + \frac{K_I \cdot T \cdot z}{z-1} + \frac{c \cdot K_D \cdot z - c \cdot K_D}{(T_1 + T) \cdot z - T_1} \right) \cdot w(z) \\
&\quad - \left(K_P + \frac{K_I \cdot T \cdot z}{z-1} + \frac{K_D \cdot z - K_D}{(T_1 + T) \cdot z - T_1} \right) \cdot x(z) \\
&= G_F(z) \cdot G_R(z) \cdot w(z) - G_R(z) \cdot x(z)
\end{aligned}
$$

(续)

描述

传递函数:

$$G_{\mathrm{F}}(z)=\frac{b_{2\mathrm{F}}\cdot z^2+b_{1\mathrm{F}}\cdot z+b_{0\mathrm{F}}}{a_{2\mathrm{F}}\cdot z^2+a_{1\mathrm{F}}\cdot z+a_{0\mathrm{F}}}=\frac{Z_{\mathrm{F}}(z)}{N_{\mathrm{F}}(z)},\quad G_{\mathrm{R}}(z)=\frac{b_{2\mathrm{R}}\cdot z^2+b_{1\mathrm{R}}\cdot z+b_{0\mathrm{R}}}{a_{2\mathrm{R}}\cdot z^2+a_{1\mathrm{R}}\cdot z+a_{0\mathrm{R}}}=\frac{Z_{\mathrm{R}}(z)}{N_{\mathrm{R}}(z)}$$

$$Z_{\mathrm{F}}(z): b_{2\mathrm{F}}=(b\cdot K_{\mathrm{P}}+K_{\mathrm{I}}\cdot T)\cdot(T_1+T)+c\cdot K_{\mathrm{D}}$$

$$b_{1\mathrm{F}}=-(b\cdot K_{\mathrm{P}}\cdot(2\cdot T_1+T)+K_{\mathrm{I}}\cdot T_1\cdot T+2\cdot c\cdot K_{\mathrm{D}}),\quad b_{0F}=b\cdot K_{\mathrm{P}}\cdot T_1+c\cdot K_{\mathrm{D}}$$

$$N_{\mathrm{F}}(z)=Z_{\mathrm{R}}(z):\ a_{2\mathrm{F}}=b_{2\mathrm{R}},\quad a_{1\mathrm{F}}=b_{1\mathrm{R}},\quad a_{0\mathrm{F}}=b_{0\mathrm{R}}$$

$$Z_{\mathrm{R}}(z): b_{2\mathrm{R}}=(K_{\mathrm{P}}+K_{\mathrm{I}}\cdot T)\cdot(T_1+T)+K_{\mathrm{D}}$$

$$b_{1\mathrm{R}}=-(K_{\mathrm{P}}\cdot(2\cdot T_1+T)+K_{\mathrm{I}}\cdot T_1\cdot T+2\cdot K_{\mathrm{D}}),\quad b_{0\mathrm{R}}=K_{\mathrm{P}}\cdot T_1+K_{\mathrm{D}}$$

$$N_{\mathrm{R}}(z): a_{2\mathrm{R}}=T_1+T,\quad a_{1\mathrm{R}}=-(2\cdot T_1+T),\quad a_{0\mathrm{R}}=T_1$$

等效调节回路结构:

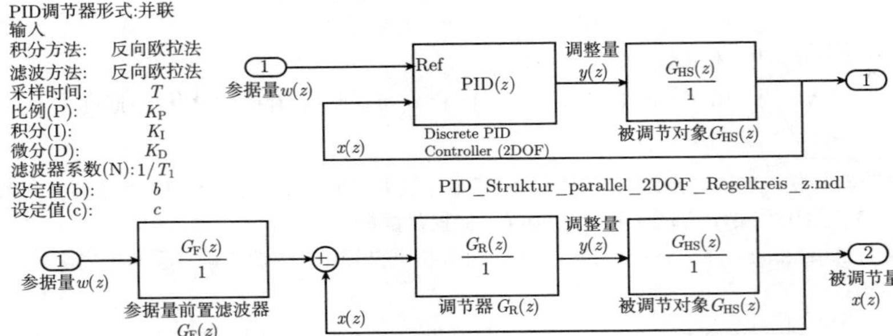

PID 调节器理想 (标准、加法) 形式: 在 PID 调节器理想形式下调节器增益 K_{R} 作用到所有分支上, 用因数 b(P 部分) 和 c(D 部分) 加权参据量.

用离散化方法 Backwand Euler(反向欧拉法) 可推导出调节器结构, 调节器方程和传递函数.

调节器结构:

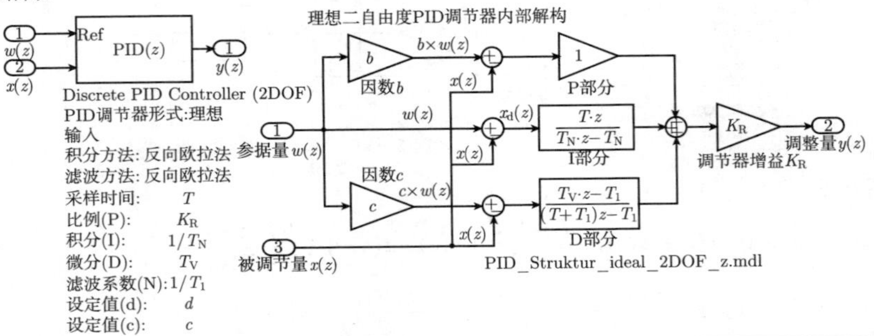

(续)

描述

调节器方程:

$$y(z)=K_{\mathrm{R}}\cdot\left((b\cdot w(z)-x(z))+\frac{T\cdot z}{T_{\mathrm{N}}\cdot z-T_{\mathrm{N}}}\cdot(w(z)-x(z))\right.$$
$$\left.+\frac{T_{\mathrm{V}}\cdot z-T_{\mathrm{V}}}{(T_1+T)\cdot z-T_1}\cdot(c\cdot w(z)-x(z))\right)$$
$$=K_{\mathrm{R}}\cdot\left(b+\frac{T\cdot z}{T_{\mathrm{N}}\cdot z-T_{\mathrm{N}}}+\frac{c\cdot T_{\mathrm{V}}\cdot z-c\cdot T_{\mathrm{V}}}{(T_1+T)\cdot z-T_1}\right)\cdot w(z)$$
$$-K_{\mathrm{R}}\cdot\left(1+\frac{T\cdot z}{T_{\mathrm{N}}\cdot z-T_{\mathrm{N}}}+\frac{T_{\mathrm{V}}\cdot z-T_{\mathrm{V}}}{(T_1+T)\cdot z-T_1}\right)\cdot x(z)$$
$$=G_{\mathrm{F}}(z)\cdot G_{\mathrm{R}}(z)\cdot w(z)-G_{\mathrm{R}}(z)\cdot x(z).$$

传递函数:

$$G_{\mathrm{F}}(z)=\frac{b_{2\mathrm{F}}\cdot z^2+b_{1\mathrm{F}}\cdot z+b_{0\mathrm{F}}}{a_{2\mathrm{F}}\cdot z^2+a_{1\mathrm{F}}\cdot z+a_{0\mathrm{F}}}=\frac{Z_{\mathrm{F}}(z)}{N_{\mathrm{F}}(z)},\quad G_{\mathrm{R}}(z)=\frac{b_{2\mathrm{R}}\cdot z^2+b_{1\mathrm{R}}\cdot z+b_{0\mathrm{R}}}{a_{2\mathrm{R}}\cdot z^2+a_{1\mathrm{R}}\cdot z+a_{0\mathrm{R}}}=\frac{Z_{\mathrm{R}}(z)}{N_{\mathrm{R}}(z)}$$

$$Z_{\mathrm{F}}(z):\ b_{2\mathrm{F}}=T_{\mathrm{N}}\cdot(b\cdot T_1+c\cdot T_{\mathrm{V}})+(b\cdot T_{\mathrm{N}}+T_1)\cdot T+T^2$$
$$b_{1\mathrm{F}}=-2\cdot T_{\mathrm{N}}\cdot(b\cdot T_1+c\cdot T_{\mathrm{V}})-(b\cdot T_{\mathrm{N}}+T_1)\cdot T$$
$$b_{0\mathrm{F}}=T_{\mathrm{N}}\cdot(b\cdot T_1+c\cdot T_{\mathrm{V}})$$
$$N_{\mathrm{F}}(z)=Z_{\mathrm{R}}(z)/K_{\mathrm{R}}:\ a_{2\mathrm{F}}=T_{\mathrm{N}}\cdot(T_{\mathrm{V}}+T_1)+(T_{\mathrm{N}}+T_1)\cdot T+T^2$$
$$a_{1\mathrm{F}}=-2\cdot T_{\mathrm{N}}\cdot(T_{\mathrm{V}}+T_1)-(T_{\mathrm{N}}+T_1)\cdot T$$
$$a_{0\mathrm{F}}=T_{\mathrm{N}}\cdot(T_{\mathrm{V}}+T_1)$$
$$Z_{\mathrm{R}}(z):\ b_{2\mathrm{R}}=K_{\mathrm{R}}\cdot(T_{\mathrm{N}}\cdot(T_{\mathrm{V}}+T_1)+(T_{\mathrm{N}}+T_1)\cdot T+T^2)$$
$$b_{1\mathrm{R}}=-K_{\mathrm{R}}\cdot(2\cdot T_{\mathrm{N}}\cdot(T_{\mathrm{V}}+T_1)+(T_{\mathrm{N}}+T_1)\cdot T)$$
$$b_{0\mathrm{R}}=K_{\mathrm{R}}\cdot T_{\mathrm{N}}\cdot(T_{\mathrm{V}}+T_1)$$
$$N_{\mathrm{R}}(z):\ a_{2R}=T_{\mathrm{N}}\cdot(T_1+T)$$
$$a_{1\mathrm{R}}=-T_{\mathrm{N}}\cdot(2\cdot T_1+T)$$
$$a_{0\mathrm{R}}=T_{\mathrm{N}}\cdot T_1$$

等效调节回路结构.

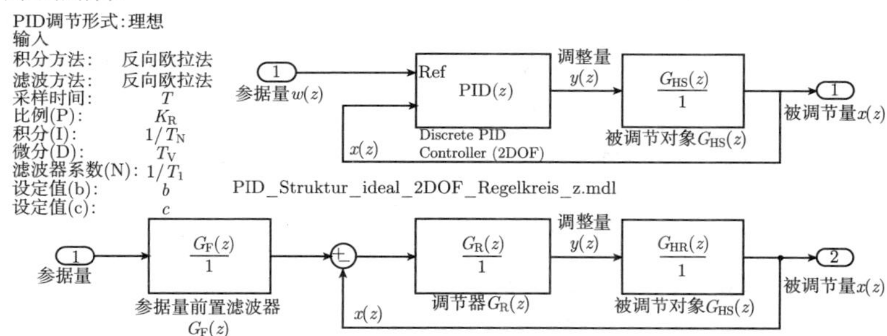

(续)

描述

例：对于一个不稳定的被调节对象试插入一个具有二自由度的时间离散的 PID 调节器 (在 4.5.3.8 节, 例 4.5-12 中计算具有二自由度的时间连续的调节).

被调节对象：

$G_{\mathrm{S}}(s)=\dfrac{x(s)}{y(s)}=\dfrac{K_{\mathrm{S}}}{T_{\mathrm{S}}\cdot s-1},\quad K_{\mathrm{S}}=1,\quad T_{\mathrm{S}}=5\,\mathrm{s}$

具有保持器 $G_{\mathrm{HS}}(z)$ 被调节对象的传递函数为

$$
\begin{aligned}
G_{\mathrm{HS}}(z)=\frac{x(z)}{y(z)}&=\frac{z-1}{z}\cdot Z\left\{L^{-1}\left\{\frac{G_{\mathrm{S}}(s)}{s}\right\}\Bigg|_{t=kT}\right\}\\
&=\frac{z-1}{z}\cdot Z\left\{L^{-1}\left\{\frac{K_{\mathrm{S}}}{(T_{\mathrm{S}}\cdot s-1)\cdot s}\right\}\Bigg|_{t=kT}\right\}\\
&=\frac{z-1}{z}\cdot Z\left\{\mathrm{e}^{\frac{kT}{T_{\mathrm{S}}}}-1\right\}=\frac{z-1}{z}\cdot\frac{\left(\mathrm{e}^{\frac{T}{T_{\mathrm{S}}}}-1\right)\cdot z}{\left(z-\mathrm{e}^{\frac{T}{T_{\mathrm{S}}}}\right)\cdot(z-1)}=\frac{\mathrm{e}^{\frac{T}{T_{\mathrm{S}}}}-1}{z-\mathrm{e}^{\frac{T}{T_{\mathrm{S}}}}}=\frac{0.221403}{z-1.221403}
\end{aligned}
$$

按照 Methode Backwand Euler(反向欧拉法) 离散化具有二自由度的 PID 调节器：

$$
\begin{aligned}
y(z)&=G_{\mathrm{F}}(z)\cdot G_{\mathrm{R}}(z)\cdot w(z)-G_{\mathrm{R}}(z)\cdot x(z)\\
&=K_{\mathrm{R}}\cdot\left(b+\frac{T\cdot z}{T_{\mathrm{N}}\cdot z-T_{\mathrm{N}}}+\frac{c\cdot T_{\mathrm{V}}\cdot z-c\cdot T_{\mathrm{V}}}{(T_1+T)\cdot z-T_1}\right)\cdot w(z)\\
&\quad-K_{\mathrm{R}}\cdot\left(1+\frac{T\cdot z}{T_{\mathrm{N}}\cdot z-T_{\mathrm{N}}}+\frac{T_{\mathrm{V}}\cdot z-T_{\mathrm{V}}}{(T_1+T)\cdot z-T_1}\right)\cdot x(z)
\end{aligned}
$$

通过如下调整, 可使调节系统为稳定的.

$K_{\mathrm{R}}=2,\quad T_{\mathrm{N}}=15\,\mathrm{s},\quad T_{\mathrm{V}}=1\,\mathrm{s},\quad T_1=0.2\,\mathrm{s},\quad T=1\,\mathrm{s}$

如果 $b=1, c=1$ 则存在一个具有一自由度的调节器, 那么参据量前置滤波器为 $G_{\mathrm{F}}(z)=1$. 用 $b=0.25, c=0.4$ 可减小高的超调 (图 17.7-3、图 17.7-4).

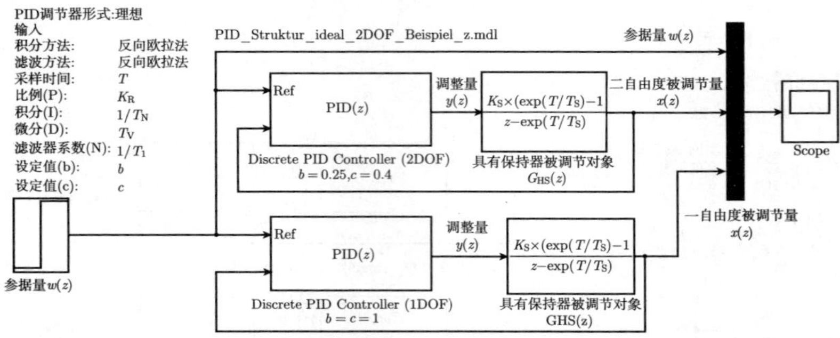

图 17.7-3　对于具有一自由度 (1DOF, $b=1$, $c=1$) 和二自由度 (2DOF, $b=0.25$, $c=0.4$) 调节回路的 Simulink 模型

(续)

描述

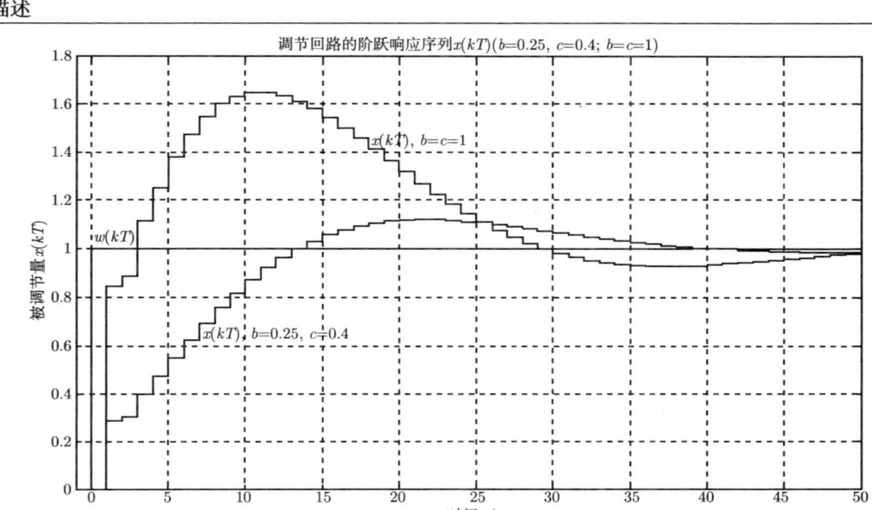

图 17.7-4 对于具有一自由度 ($b=1$, $c=1$) 和二自由度 ($b=0.25, c=0.4$) 调节回路的阶跃响应

用离散化方法 Backward Euler(反向欧拉法) 推导所有其他调节器方程和传递函数.

具有二自由度 PI 调节器的并联 (加法) 形式

调节器方程:

$$
\begin{aligned}
y(z) &= K_{\mathrm{P}} \cdot (b \cdot w(z) - x(z)) + \frac{K_{\mathrm{I}} \cdot T \cdot z}{z-1} \cdot (w(z) - x(z)) \\
&= \left(b \cdot K_{\mathrm{P}} + \frac{K_{\mathrm{I}} \cdot T \cdot z}{z-1}\right) \cdot w(z) - \left(K_{\mathrm{P}} + \frac{K_{\mathrm{I}} \cdot T \cdot z}{z-1}\right) \cdot x(z) \\
&= G_{\mathrm{F}}(z) \cdot G_{\mathrm{R}}(z) \cdot w(z) - G_{\mathrm{R}}(z) \cdot x(z)
\end{aligned}
$$

传递函数:

$$
G_{\mathrm{F}}(z) = \frac{(b \cdot K_{\mathrm{P}} + K_{\mathrm{I}} \cdot T) \cdot z - b \cdot K_{\mathrm{P}}}{(K_{\mathrm{P}} + K_{\mathrm{I}} \cdot T) \cdot z - K_{\mathrm{P}}} = \frac{Z_{\mathrm{F}}(z)}{N_{\mathrm{F}}(z)}
$$

$$
G_{\mathrm{R}}(z) = \frac{(K_{\mathrm{P}} + K_{\mathrm{I}} \cdot T) \cdot z - K_{\mathrm{P}}}{z-1} = \frac{Z_{\mathrm{R}}(z)}{N_{\mathrm{R}}(z)}, \quad N_{\mathrm{F}}(z) = Z_{\mathrm{R}}(z)
$$

(续)

描述
具有二自由度 PI 调节器的理想 (标准、加法) 形式 调节器方程: $$\begin{aligned} y(z) &= K_{\mathrm{R}} \cdot \left((b \cdot w(z) - x(z)) + \frac{T \cdot z}{T_{\mathrm{N}} \cdot z - T_{\mathrm{N}}} \cdot (w(z) - x(z)) \right) \\ &= K_{\mathrm{R}} \cdot \left(b + \frac{T \cdot z}{T_{\mathrm{N}} \cdot z - T_{\mathrm{N}}} \right) \cdot w(z) - K_{\mathrm{R}} \cdot \left(1 + \frac{T \cdot z}{T_{\mathrm{N}} \cdot z - T_{\mathrm{N}}} \right) \cdot x(z) \\ &= G_{\mathrm{F}}(z) \cdot G_{\mathrm{R}}(z) \cdot w(z) - G_{\mathrm{R}}(z) \cdot x(z) \end{aligned}$$ 传递函数: $$\begin{aligned} G_{\mathrm{F}}(z) &= \frac{(b \cdot T_{\mathrm{N}} + T) \cdot z - b \cdot T_{\mathrm{N}}}{(T_{\mathrm{N}} + T) \cdot z - T_{\mathrm{N}}} = \frac{Z_{\mathrm{F}}(z)}{N_{\mathrm{F}}(z)} \\ G_{\mathrm{R}}(z) &= \frac{K_{\mathrm{R}} \cdot (T_{\mathrm{N}} + T) \cdot z - K_{\mathrm{R}} \cdot T_{\mathrm{N}}}{T_{\mathrm{N}} \cdot z - T_{\mathrm{N}}} = \frac{Z_{\mathrm{R}}(z)}{N_{\mathrm{R}}(z)}, \quad N_{\mathrm{F}}(z) = \frac{Z_{\mathrm{R}}(z)}{K_{\mathrm{R}}} \end{aligned}$$
具有二自由度 PD 调节器的并联 (加法) 形式 调节器方程: $$\begin{aligned} y(z) &= K_{\mathrm{P}} \cdot (b \cdot w(z) - x(z)) + \frac{K_{\mathrm{D}} \cdot z - K_{\mathrm{D}}}{(T_1 + T) \cdot z - T_1} \cdot (c \cdot w(z) - x(z)) \\ &= \left(b \cdot K_{\mathrm{P}} + \frac{c \cdot K_{\mathrm{D}} \cdot z - c \cdot K_{\mathrm{D}}}{(T_1 + T) \cdot z - T_1} \right) \cdot w(z) - \left(K_{\mathrm{P}} + \frac{K_{\mathrm{D}} \cdot z - K_{\mathrm{D}}}{(T_1 + T) \cdot z - T_1} \right) \cdot x(z) \\ &= G_{\mathrm{F}}(z) \cdot G_{\mathrm{R}}(z) \cdot w(z) - G_{\mathrm{R}}(z) \cdot x(z) \end{aligned}$$ 传递函数: $$\begin{aligned} G_{\mathrm{F}}(z) &= \frac{(b \cdot K_{\mathrm{P}} \cdot (T_1 + T) + c \cdot K_{\mathrm{D}}) \cdot z - b \cdot K_{\mathrm{P}} \cdot T_1 - c \cdot K_{\mathrm{D}}}{(K_{\mathrm{P}} \cdot (T_1 + T) + K_{\mathrm{D}}) \cdot z - K_{\mathrm{P}} \cdot T_1 - K_{\mathrm{D}}} = \frac{Z_{\mathrm{F}}(z)}{N_{\mathrm{F}}(z)} \\ G_{\mathrm{R}}(z) &= \frac{(K_{\mathrm{P}} \cdot (T_1 + T) + K_{\mathrm{D}}) \cdot z - K_{\mathrm{P}} \cdot T_1 - K_{\mathrm{D}}}{(T_1 + T) \cdot z - T_1} = \frac{Z_{\mathrm{R}}(z)}{N_{\mathrm{R}}(z)}, \quad N_{\mathrm{F}}(z) = Z_{\mathrm{R}}(z) \end{aligned}$$
具有二自由度 PD 调节器的理想 (标准、加法) 形式 调节器方程: $$\begin{aligned} y(z) &= K_{\mathrm{R}} \cdot \left((b \cdot w(z) - x(z)) + \frac{T_{\mathrm{V}} \cdot z - T_{\mathrm{V}}}{(T_1 + T) \cdot z - T_1} \cdot (c \cdot w(z) - x(z)) \right) \\ &= K_{\mathrm{R}} \cdot \left(b + \frac{c \cdot T_{\mathrm{V}} \cdot z - c \cdot T_{\mathrm{V}}}{(T_1 + T) \cdot z - T_1} \right) \cdot w(z) - K_{\mathrm{R}} \cdot \left(1 + \frac{T_{\mathrm{V}} \cdot z - T_{\mathrm{V}}}{(T_1 + T) \cdot z - T_1} \right) \cdot x(z) \\ &= G_{\mathrm{F}}(z) \cdot G_{\mathrm{R}}(z) \cdot w(z) - G_{\mathrm{R}}(z) \cdot x(z) \end{aligned}$$ 传递函数: $$\begin{aligned} G_{\mathrm{F}}(z) &= \frac{(c \cdot T_{\mathrm{V}} + b \cdot (T_1 + T)) \cdot z - c \cdot T_{\mathrm{V}} - b \cdot T_1}{(T_{\mathrm{V}} + T_1 + T) \cdot z - T_{\mathrm{V}} - T_1} = \frac{Z_{\mathrm{F}}(z)}{N_{\mathrm{F}}(z)} \\ G_{\mathrm{R}}(z) &= \frac{K_{\mathrm{R}} \cdot (T_{\mathrm{V}} + T_1 + T) \cdot z - K_{\mathrm{R}} \cdot (T_{\mathrm{V}} + T_1)}{(T_1 + T) \cdot z - T_1} = \frac{Z_{\mathrm{R}}(z)}{N_{\mathrm{R}}(z)}, \quad N_{\mathrm{F}}(z) = \frac{Z_{\mathrm{R}}(z)}{K_{\mathrm{R}}} \end{aligned}$$

(续)

模块图标	描述
y(n) = Cx(n)+Du(n) x(n+1) = Ax(n)+Bu(n) Discrete State-Space	`Discrete State-Space`(离散状态空间), 状态变量表达式: 由矩阵微分方程和输入量确定输出量. 模块参数: 系统矩阵 $\boldsymbol{A}$, 输入矩阵 (向量)$\boldsymbol{B}$, 输出矩阵 (向量)$\boldsymbol{C}$ 和前馈矩阵 (向量, 系数)$\boldsymbol{D}$, 采样时间间隔 $\boldsymbol{T}$, 初值 $\boldsymbol{x}_0$. 输入量: $\boldsymbol{u}(kT)$, 对于初值 $\boldsymbol{x}_0=\boldsymbol{0}$ 的输出量: $\boldsymbol{y}(kT)=Z^{-1}\{\boldsymbol{C}\cdot(z\cdot\boldsymbol{E}-\boldsymbol{A})^{-1}\cdot\boldsymbol{B}\cdot\boldsymbol{u}(z)+\boldsymbol{D}\cdot\boldsymbol{u}(z)\}$(在 17.5.2.3 节中例)
1/(z+0.5) Discrete Transfer Fcn	`Discrete Transfer Fcn`(离散传递函数), z 传递函数多项式形式: 由 z 传递函数和输入量确定输出量. 模块参数: $G(z)$ 分子和分母多项式系数, 采样时间间隔 T. 输入量: $x_\mathrm{e}(kT)$; 输出量: $x_\mathrm{a}(kT)=Z^{-1}\{G(z)\cdot x_\mathrm{e}(z)\}$ (在 17.5.2.3 节中例)
(z-1)/(z(z-0.5)) Discrete Zero-Pole	`Discrete Zero-Pole`(离散零点-极点), z 传递函数极点-零点形式: 由 z 传递函数和输入量确定输出量. 模块参数: $G(z)$ 分子-零点和分母-极点, $G(z)$ 增益, 采样时间间隔 T; 输入量: $x_\mathrm{e}(kT)$; 输出量: $x_\mathrm{a}(kT)=Z^{-1}\{G(z)\cdot x_\mathrm{e}(z)\}$ (在 17.5.2.3 节中例)
KTs/(z-1) Discrete-Time Integrator	`Discrete-Time Integrator`(离散时间积分器), 离散系统积分器. 模块参数: 离散积分法或累加法, 初值 $x_{\mathrm{e}0}$, 采样时间间隔 T, 增益 K, 饱和值, 触发器信号, 其他控制参数. 积分法: Forward Euler(正向欧拉法)(正向差分法): $x_\mathrm{a}(kT)=x_\mathrm{a}((k-1)T)+K\cdot T\cdot x_\mathrm{e}((k-1)T),\quad x_\mathrm{a}(z)=\dfrac{K\cdot T}{z-1}\cdot x_\mathrm{e}(z)$ Backward Euler(反向 Euler 法)(反向差分法): $x_\mathrm{a}(kT)=x_\mathrm{a}((k-1)T)+K\cdot T\cdot x_\mathrm{e}(kT),\quad x_\mathrm{a}(z)=\dfrac{K\cdot T\cdot z}{z-1}\cdot x_\mathrm{e}(z)$ Trapezoidal(梯形法)(TUSTIN-法): $x_\mathrm{a}(kT)=x_\mathrm{a}((k-1)T)+\dfrac{K\cdot T}{2}\cdot[x_\mathrm{e}(kT)+x_\mathrm{e}((k-1)T)]$ $x_\mathrm{a}(z)=\dfrac{K\cdot T}{2}\cdot\dfrac{z+1}{z-1}\cdot x_\mathrm{e}(z)$ 在累加法时不考虑采样时间 T Forward Euler(正向 Euler 法)(正向差分法): $x_\mathrm{a}(kT)=x_\mathrm{a}((k-1)T)+K\cdot x_\mathrm{e}((k-1)T),\quad x_\mathrm{a}(z)=\dfrac{K}{z-1}\cdot x_\mathrm{e}(z)$ Backward Euler(反向 Euler 法)(反向差分法): $x_\mathrm{a}(kT)=x_\mathrm{a}((k-1)T)+K\cdot x_\mathrm{e}(kT),\quad x_\mathrm{a}(z)=\dfrac{K\cdot z}{z-1}\cdot x_\mathrm{e}(z)$

(续)

模块图标	描述
	`Trapezoidal`(梯形法)(Tustin- 法): $x_a(kT)=x_a((k-1)T)+\frac{K}{2}\cdot[x_e(kT)+x_e((k-1)T)]$, $x_a(z)=\frac{K}{2}\cdot\frac{z+1}{z-1}\cdot x_e(z)$ 输入量: $x_e(kT)$; 输出量: $x_a(kT)$ = Integration($x_e(kT)$), (在 17.5.2.2 节中例), $x_a(kT)$ = Akkumulation($x_e(kT)$). ([译注] Integration (积分), Akkumulation (累加))
First-Order Hold	`First Order Hold`(一阶保持器), 一阶保持器. 模块参数: 采样时间间隔 T. 输入量: $x_e(t)$; 输出量: 由两个采样值差计算 $x_a(t)$: $x_a(t)=x_a(kT)+\frac{t}{T}\cdot[(x_a(kT)-x_a((k-1)T)]$,　$kT\leqslant t\leqslant(k+1)T$.
−4 z Integer Delay	`Integer Delay`(整数延迟), 信号延迟: 将输入信号滞后采样时间间隔整数倍 n. 模块参数: 初值, 采样时间间隔 T, 滞后采样间隔的整数倍 n. 输入量: $x_e(kT)$; 输出量 $x_a(kT)$ 为滞后 $n\cdot T$ 的输入量: $x_a(kT)=x_e((k-n)T)$,　$x_a(z)=z^{-n}\cdot x_e(z)$.
Memory	`Memory`(存储器), 存储器, 输出前一步仿真时间点的输入量值. 模块参数, 初值. 输入量: $x_e(kT)$; 输出量: $x_a(kT)=x_e((k-1)T)$. 1 In1　u(t)　Memory　u(t-delta t)　+　−　delta u(t) = u(t)-u(t-delta t)　1 Out1 例: 构建当前步仿真值与前一步仿真值之差: $\Delta u(t)=u(t)-u(t-\Delta t)$, (其他见 17.4.2 节中例).
4 Delays Tapped Delay	`Tapped Delay`(分接头延迟), 具有多输出端 (分接头) 滞后环节, 输出滞后 $1,2,\cdots,n$ 个采样时间间隔的输入量. 模块参数: 初值, 采样时间间隔 T, 滞后时间间隔倍数 n, 其他调整参数. 输入量: $x_e(kT)$; 输出量: $\boldsymbol{x}_a(kT)=\begin{bmatrix}x_e((k-1)T)\\x_e((k-2)T)\\\vdots\\x_e((k-n)T)\end{bmatrix}$,　$\boldsymbol{x}_a(z)=\begin{bmatrix}z^{-1}\\z^{-2}\\\vdots\\z^{-n}\end{bmatrix}\cdot x_e(z)$

(续)

模块图标	描述
$\frac{0.05z}{z-0.95}$ Transfer Fcn Fist Order $z_p=0.95$, $K_\infty=0.05$, $K_p=1$.	`Transfer Fcn First Order`(一阶传递函数), 具有比例系数 K_P (等值信号增益) 为 1 的 I 阶传递函数. 模块参数: 极点 z_p, 初值. 传递函数具有形式 $G(z)=\frac{x_a(z)}{x_e(z)}=\frac{(1-z_p)\cdot z}{z-z_p}=\frac{K_\infty\cdot z}{z-z_p}$. 在接入阶跃序列 $x_e(kT)=x_{e0}\cdot E(kT)=x_{e0}\cdot 1^k, \quad x_e(z)=\frac{x_{e0}\cdot z}{z-1}$ 时由初值定理输出量为 $x_a(kT=0)=\lim\limits_{z\to\infty}x_a(z)=\lim\limits_{z\to\infty}G(z)\cdot x_e(z)$ $=\lim\limits_{z\to\infty}\frac{(1-z_p)\cdot z}{z-z_p}\cdot\frac{x_{e0}\cdot z}{z-1}=\frac{1-z_p}{1}\cdot x_{e0}=K_\infty\cdot x_{e0}$ 趋于时间 $kT=0$ 由阶跃增益 $K_\infty=1-z_p$ 直接将阶跃高度 x_{e0} 传递到输出端. 对于接入阶跃序列 (11.5.4.5 节) 由终值定理计算比例系数 K_P: $x_a(kT\to\infty)$ $=\lim\limits_{z\to1+}(z-1)\cdot G(z)\cdot x_e(z)=\lim\limits_{z\to1+}(z-1)\cdot\frac{(1-z_p)\cdot z}{z-z_p}\cdot\frac{x_{e0}\cdot z}{z-1}$ $=\lim\limits_{z\to1+}G(z)\cdot x_{e0}=1\cdot x_{e0}=K_P\cdot x_{e0}$ 输入量: $x_e(kT)$; 输出量: $x_a(kT)=Z^{-1}\{G(z)\cdot x_e(z)\}$
$\frac{z-0.95}{z-0.75}$ Transfer Fcn Lead or Lag Lead-Element: $z_n=0.95$, $z_p=0.75$, $K_\infty=1$, $K_p=0.2$. $\frac{z-0.75}{z-0.95}$ Transfer Fcn Lead or Lag Lag-Element: $z_n=0.75$, $z_p=0.95$, $K_\infty=1$, $K_p=5$.	`Transfer Fcn Lead or Lag`(超前或滞后传递函数), 作为具有阶跃增益 1 的超前-或滞后环节的 I 阶传递函数. 模块参数: 极点 z_p, 零点 z_n, 初值 对于 $0<z_p<z_n$① 给出超前环节(PDT$_1$, Lead-Element(超前环节)), 对于 $0<z_n<z_p$② 给出滞后环节(PPT$_1$, Lag-Element(滞后环节)). 传递函数具有形式 $G(z)=\frac{x_a(z)}{x_e(z)}=\frac{z-z_n}{z-z_p}$. 阶跃增益为 $K_\infty=1$(见`Transfer Fcn First Order`(一阶传递函数)) $x_a(kT=0)=\lim\limits_{z\to\infty}x_a(z)=\lim\limits_{z\to\infty}G(z)\cdot x_e(z)$ $=\lim\limits_{z\to\infty}\frac{z-z_n}{z-z_p}\cdot\frac{x_{e0}\cdot z}{z-1}=1\cdot x_{e0}=K_\infty\cdot x_{e0}$ 按照 11.5.4.5 节比例系数 $K_P=\frac{1-z_n}{1-z_p}$: $x_a(kT\to\infty)$ $=\lim\limits_{z\to1+}(z-1)\cdot G(z)\cdot x_e(z)=\lim\limits_{z\to1+}(z-1)\cdot\frac{z-z_n}{z-z_p}\cdot\frac{x_{e0}\cdot z}{z-1}$ $=\lim\limits_{z\to1+}G(z)\cdot x_{e0}=\frac{1-z_n}{1-z_p}\cdot x_{e0}=K_P\cdot x_{e0}$. 输入量: $x_e(kT)$; 输出量: $x_a(kT)=Z^{-1}\{G(z)\cdot x_e(z)\}$

① [译者注] 原文为 $0<z_n<z_p$

② [译者注] 原文为 $0<z_p<z_n$

(续)

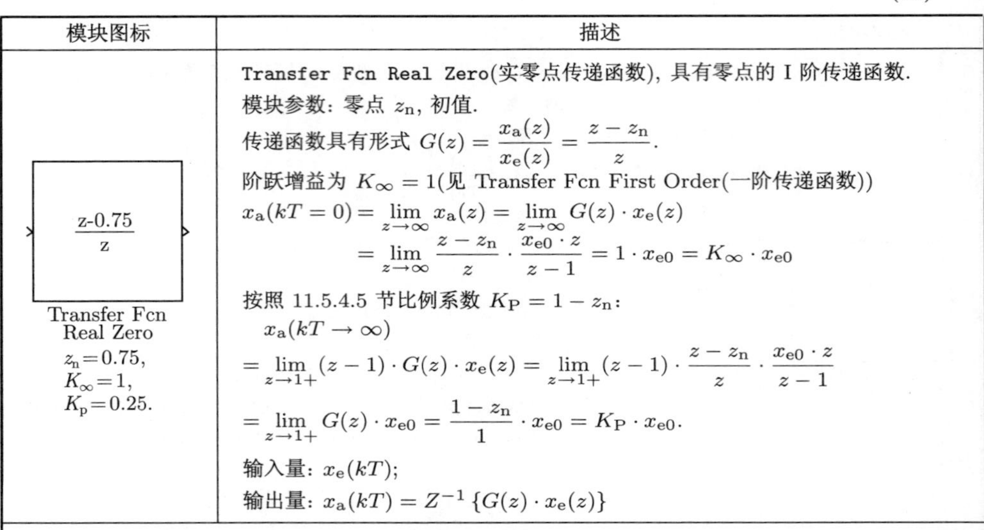

模块图标	描述
z-0.75 / z Transfer Fcn Real Zero $z_n=0.75$, $K_\infty=1$, $K_p=0.25$.	`Transfer Fcn Real Zero`(实零点传递函数), 具有零点的 I 阶传递函数. 模块参数: 零点 z_n, 初值. 传递函数具有形式 $G(z)=\dfrac{x_a(z)}{x_e(z)}=\dfrac{z-z_n}{z}$. 阶跃增益为 $K_\infty=1$(见 Transfer Fcn First Order(一阶传递函数)) $x_a(kT=0)=\lim\limits_{z\to\infty}x_a(z)=\lim\limits_{z\to\infty}G(z)\cdot x_e(z)$ $=\lim\limits_{z\to\infty}\dfrac{z-z_n}{z}\cdot\dfrac{x_{e0}\cdot z}{z-1}=1\cdot x_{e0}=K_\infty\cdot x_{e0}$ 按照 11.5.4.5 节比例系数 $K_P=1-z_n$: $x_a(kT\to\infty)$ $=\lim\limits_{z\to 1+}(z-1)\cdot G(z)\cdot x_e(z)=\lim\limits_{z\to 1+}(z-1)\cdot\dfrac{z-z_n}{z}\cdot\dfrac{x_{e0}\cdot z}{z-1}$ $=\lim\limits_{z\to 1+}G(z)\cdot x_{e0}=\dfrac{1-z_n}{1}\cdot x_{e0}=K_P\cdot x_{e0}$. 输入量: $x_e(kT)$; 输出量: $x_a(kT)=Z^{-1}\{G(z)\cdot x_e(z)\}$

例: 对于在表中给出的 I 阶传递函数, 计算对于单位阶跃序列作为输入量的阶跃响应, 如图 17.7-5 所示.

输入量: $x_e(kT)=E(kT),\quad x_e(z)=\dfrac{z}{z-1}$;

输出量: $x_a(kT)=Z^{-1}\{G(z)\cdot x_e(z)\}$

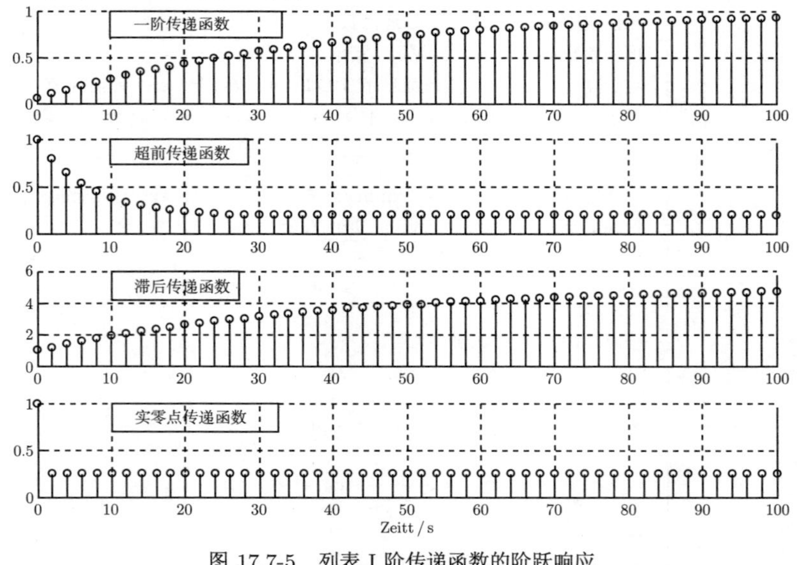

图 17.7-5　列表 I 阶传递函数的阶跃响应

(续)

<table>
<tr><th>模块图标</th><th>描述</th></tr>
<tr><td colspan="2">

`Transfer Fcn First Order`(一阶传递函数)

$$z_{\mathrm{p}}=0.95,\quad K_{\infty}=0.05,\quad K_{\mathrm{P}}=1,\quad G(z)=\frac{x_{\mathrm{a}}(z)}{x_{\mathrm{e}}(z)}=\frac{(1-z_{\mathrm{p}})\cdot z}{z-z_{\mathrm{p}}}=\frac{0.05\cdot z}{z-0.95}$$

`Transfer Fcn Lead`(超前传递函数)

$$z_{\mathrm{n}}=0.95,\quad z_{\mathrm{p}}=0.75,\quad K_{\infty}=1,\quad K_{\mathrm{P}}=0.2,\quad G(z)=\frac{x_{\mathrm{a}}(z)}{x_{\mathrm{e}}(z)}=\frac{z-z_{\mathrm{n}}}{z-z_{\mathrm{p}}}=\frac{z-0.95}{z-0.75}$$

`Transfer Fcn Lag`(滞后传递函数)

$$z_{\mathrm{n}}=0.75,\quad z_{\mathrm{p}}=0.95,\quad K_{\infty}=1,\quad K_{\mathrm{P}}=5,\quad G(z)=\frac{x_{\mathrm{a}}(z)}{x_{\mathrm{e}}(z)}=\frac{z-z_{\mathrm{n}}}{z-z_{\mathrm{p}}}=\frac{z-0.75}{z-0.95}$$

`Transfer Fcn Real Zero`(实零点传递函数)

$$z_{\mathrm{n}}=0.75,\quad K_{\infty}=1,\quad K_{\mathrm{P}}=0.25,\quad G(z)=\frac{x_{\mathrm{a}}(z)}{x_{\mathrm{e}}(z)}=\frac{z-z_{\mathrm{n}}}{z}=\frac{z-0.75}{z}$$

</td></tr>
<tr><td>

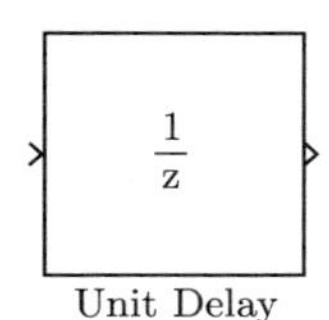

Unit Delay

</td><td>

`Unit Delay`(单位延迟), 单位滞后环节, 输出滞后一个采样时间间隔的输入量: $x_{\mathrm{a}}(kT)=Z^{-1}\left\{z^{-1}\cdot x_{\mathrm{e}}(z)\right\}$.

模块参数: 采样时间间隔 T, 初值.

输入量: $x_{\mathrm{e}}(kT)$;

输出量: $x_{\mathrm{a}}(kT)=x_{\mathrm{e}}((k-1)T)$.

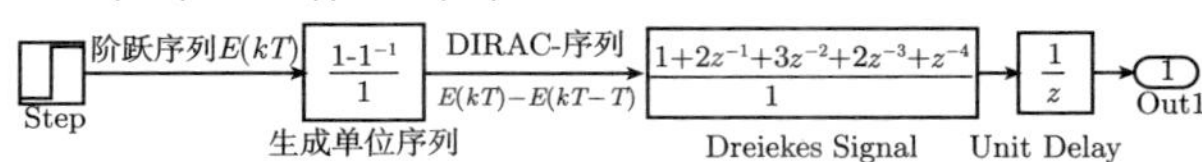

例: 生成滞后一个采样时间间隔的三角形序列

$x_{\mathrm{a}}(kT)=\{0,1,2,3,2,1,0,0,\cdots\}$, (进一步见在 17.5.2.3 节中例)

</td></tr>
<tr><td>

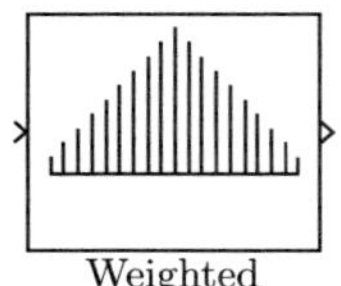

Weighted Moving Average

</td><td>

`Weighted Moving Average`(加权滑动平均值), 构建输入量加权滑动平均值.

模块参数: 权系数 k_i, 初值, 采样时间间隔 T.

输入量: $x_{\mathrm{e}}(kT)$;

输出量:

$x_{\mathrm{a}}(kT)=k_0\cdot x_{\mathrm{e}}(kT)+k_1\cdot x_{\mathrm{e}}((k-1)T)+k_2\cdot x_{\mathrm{e}}((k-2)T)+\ldots$

$x_{\mathrm{a}}(z)=[k_0+k_1\cdot z^{-1}+k_2\cdot z^{-2}+\ldots]\cdot x_{\mathrm{e}}(z)$

</td></tr>
<tr><td>

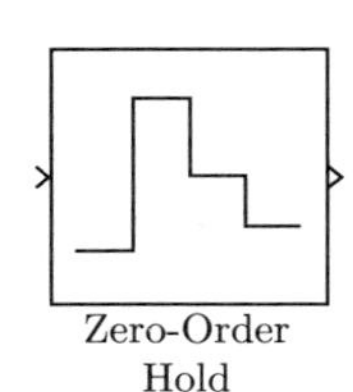

Zero-Order Hold

</td><td>

`Zero Order Hold`(零阶保持器), 零阶保持器, 使输入量采样值在一个采样时间间隔内保持常值到输出端.

模块参数: 采样时间间隔 T

输入量: $x_{\mathrm{e}}(t)$;

输出量: $x_{\mathrm{a}}(t)=x_{\mathrm{e}}(kT),\quad kT\leqslant t<(k+1)T$

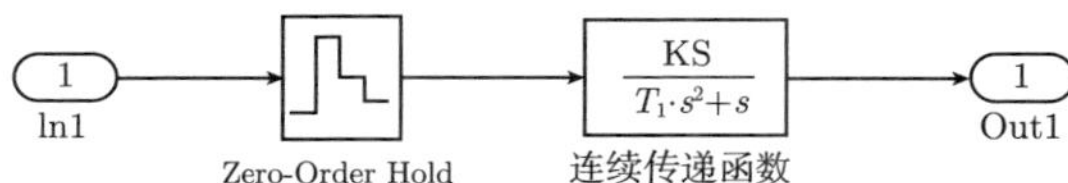

例: 具有零阶保持器的时间连续环节, (进一步见 17.5.2.3 节中例)

</td></tr>
</table>

17.7.6 Logic and Bit Operations Block Library(逻辑和 (二进制) 位运算模块库)、逻辑和 (二进制) 位运算函数库

表 17.7-5　Logic and Bit Operations Block Library (逻辑和 (二进制) 位运算模块库)、逻辑和 (二进制) 位运算

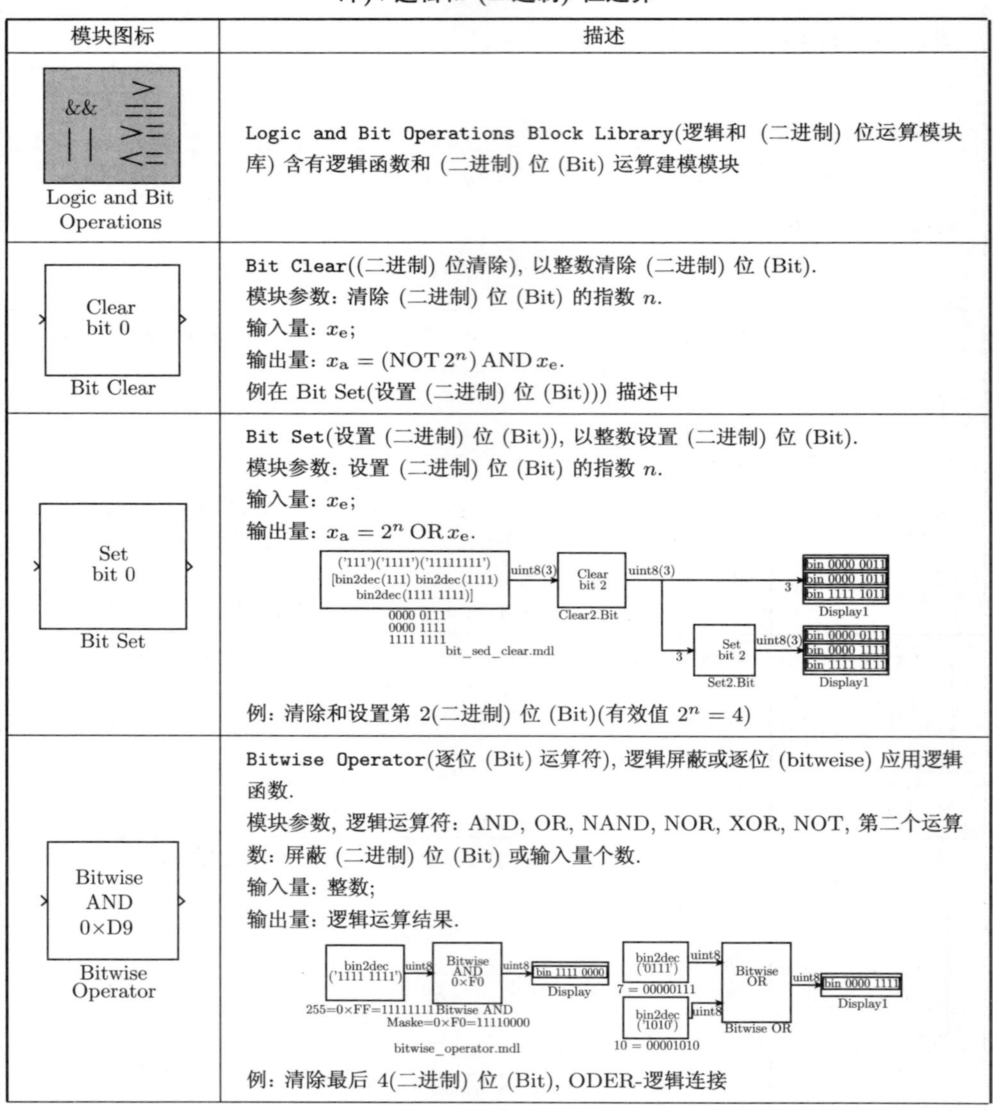

模块图标	描述
&& || >= == >= <= Logic and Bit Operations	`Logic and Bit Operations Block Library`(逻辑和 (二进制) 位运算模块库) 含有逻辑函数和 (二进制) 位 (Bit) 运算建模模块
Clear bit 0 Bit Clear	`Bit Clear`((二进制) 位清除), 以整数清除 (二进制) 位 (Bit). 模块参数: 清除 (二进制) 位 (Bit) 的指数 n. 输入量: x_{e}; 输出量: $x_{\mathrm{a}} = (\mathrm{NOT}\, 2^n)\, \mathrm{AND}\, x_{\mathrm{e}}$. 例在 Bit Set(设置 (二进制) 位 (Bit))) 描述中
Set bit 0 Bit Set	`Bit Set`(设置 (二进制) 位 (Bit)), 以整数设置 (二进制) 位 (Bit). 模块参数: 设置 (二进制) 位 (Bit) 的指数 n. 输入量: x_{e}; 输出量: $x_{\mathrm{a}} = 2^n\, \mathrm{OR}\, x_{\mathrm{e}}$. 例: 清除和设置第 2(二进制) 位 (Bit)(有效值 $2^n = 4$)
Bitwise AND 0×D9 Bitwise Operator	`Bitwise Operator`(逐位 (Bit) 运算符), 逻辑屏蔽或逐位 (bitweise) 应用逻辑函数. 模块参数, 逻辑运算符: AND, OR, NAND, NOR, XOR, NOT, 第二个运算数: 屏蔽 (二进制) 位 (Bit) 或输入量个数. 输入量: 整数; 输出量: 逻辑运算结果. 例: 清除最后 4(二进制) 位 (Bit), ODER-逻辑连接

(续)

模块图标	描述
Combinatorial Logic	Combinatorial Logic(组合逻辑), 执行实现逻辑函数 (开关函数) 的逻辑表 (真值表). 模块参数: 输出值逻辑表, 输入值被隐含地赋值. 输入量: 输入量的布尔值; 输出量: 逻辑表对应值 (行). m_combinatorial.mdl 逻辑表 [0 0; 0 1; 0 1; 1 0; 0 1;1 1;1 0;0 0] [1 0 1] Constant → boolean(3) → Combinatotial Logic → boolean(2) → Display (1, 1) 例: 存取第 6 元素 [1 1], 计数起始于零
<=3 Compare To Constant	Compare To Constant(与常数比较), 使输入量与常数比较. 模块参数: 比较运算符==, ~=, <, <=, >, >=, 常数值. 输入量: 输入信号; 输出量: 与布尔值 0, 1 比较结果
<=0 Compare To Zero	Compare To Zero(与零比较), 使输入量与零比较. 模块参数: 比较运算符==, ~=, <, <=, >, >=. 输入量: 输入信号; 输出量: 与布尔值 0, 1 比较结果
U~=U/z Detect Change	Detect Change(检验变化), 检验, 输入信号值相对于前一采样时间点的值是否变化. 模块参数, 初值. 输入量: 输入信号 $x_\mathrm{e}(kT)$; 输出量: 如果是 $\begin{matrix} x_\mathrm{e}(kT) \sim= x_\mathrm{e}((k-1)T) \\ x_\mathrm{e}(z) \sim= z^{-1}\cdot x_\mathrm{e}(z) \end{matrix}$, 则为 $x_\mathrm{a}(kT)=1$, 否则为 0
U<U/z Detect Decrease	Derect Decrease(检验减小), 检验, 输入信号值是否小于前一采样时间点的值. 模块参数, 初值. 输入量: 输入信号 $x_\mathrm{e}(kT)$; 输出量: 如果是 $\begin{matrix} x_\mathrm{e}(kT) < x_\mathrm{e}((k-1)T) \\ x_\mathrm{e}(z) < z^{-1}\cdot x_\mathrm{e}(z) \end{matrix}$, 则为 $x_\mathrm{a}(kT)=1$, 否则为 0

(续)

模块图标	描述
U<0 & NOT U/z<0 Detect Fall Negative	`Detect Fall Negative`(检验负的下降)，检验是否输入信号值小于零和前一步采样时间点值不小于零 (大于等于零). 模块参数：初值. 输入量：输入信号 $x_{\rm e}(kT)$; 输出量： 如果是 $\begin{matrix} x_{\rm e}(kT) < 0 \text{ AND } x_{\rm e}((k-1)T) \geqslant 0 \\ x_{\rm e}(z) < 0 \text{ AND } z^{-1} \cdot x_{\rm e}(z) \geqslant 0 \end{matrix}$，则为 $x_{\rm a}(kT) = 1$，否则为 0
U<=0 & NOT U/z<=0 Detect Fall Nonpositive	`Detect Fall Nonpositive`(检验非正下降)，检验是否输入信号值小于等于零和前一步采样时间点值不小于等于零 (大于零). 模块参数：初值. 输入量：输入信号 $x_{\rm e}(kT)$; 输出量： 如果是 $\begin{matrix} x_{\rm e}(kT) \leqslant 0 \text{ AND } x_{\rm e}((k-1)T) > 0 \\ x_{\rm e}(z) \leqslant 0 \text{ AND } z^{-1} \cdot x_{\rm e}(z) > 0 \end{matrix}$，则为 $x_{\rm a}(kT) = 1$，否则为 0
U>U/z Detect Increase	`Detect Increase`(检验增大)，检验是否输入信号值大于前一步采样时间点值. 模块参数：初值. 输入量：输入信号 $x_{\rm e}(kT)$; 输出量： 如果是 $\begin{matrix} x_{\rm e}(kT) > x_{\rm e}((k-1)T) \\ x_{\rm e}(z) > z^{-1} \cdot x_{\rm e}(z) \end{matrix}$，则为 $x_{\rm a}(kT) = 1$，否则为 0
U>=0 & NOT U/z>=0 Detect Rise Nonnegative	`Detect Rise Nonnegative`(检验非负上升)，检验是否输入信号值大于等于零和前一步采样时间点值不大于等于零 (负的). 模块参数：初值. 输入量：输入信号 $x_{\rm e}(kT)$; 输出量： 如果是 $\begin{matrix} x_{\rm e}(kT) \geqslant 0 \text{ AND } x_{\rm e}((k-1)T) < 0 \\ x_{\rm e}(z) \geqslant 0 \text{ AND } z^{-1} \cdot x_{\rm e}(z) < 0 \end{matrix}$，则为 $x_{\rm a}(kT) = 1$，否则为 0
U>0 & NOT U/z>0 Detect Rise Positive	`Detect Rise Positive`(检验正上升)，检验是否输入信号值大于零和前一步采样时间点值不大于零 (小于等于零). 模块参数：初值. 输入量：输入信号 $x_{\rm e}(kT)$; 输出量： 如果是 $\begin{matrix} x_{\rm e}(kT) > 0 \text{ AND } x_{\rm e}((k-1)T) \leqslant 0 \\ x_{\rm e}(z) > 0 \text{ AND } z^{-1} \cdot x_{\rm e}(z) \leqslant 0 \end{matrix}$，则为 $x_{\rm a}(kT) = 1$，否则为 0

(续)

模块图标	描述
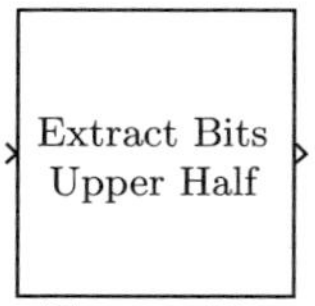 Extract Bits Upper Half Extract Bits	`Extract Bit`(选取 Bit(二进制位)), 用这个模块从输入量选取相邻的 Bit(二进制位) 组. 模块参数, 选取方法: **`Upper Half`**(上 半), **`Lower Half`**(下 半), **`Range starting with most significant bit`**(范围起始于最高值的 Bit(二进制位), MSB), **`Range ending with least significant bit`**(范围终止于最低值的 Bit(二进制位), LSB), **`Range of bits`**(具有初值和终值的 Bit(二进制位) 范围). 输入量: 整数点数或固定点数; 输出量: 选取的 Bit(二进制位). 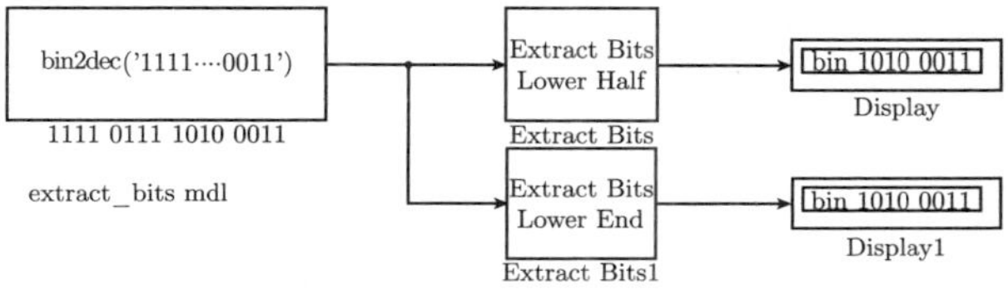 bin2dec('1111····0011') 1111 0111 1010 0011 extract_bits mdl Extract Bits Lower Half Extract Bits Extract Bits Lower End Extract Bits1 bin 1010 0011 Display bin 1010 0011 Display1 例: 每次提取下 8 Bit(二进制位)
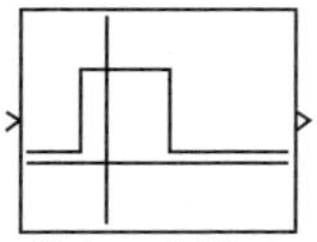 Interval Test	`Interval Test`(区间检测), 检测输入信号值是否位于已给区间内. 模块参数: 下区间边界 x_{lo}, 上区间边界 x_{up}, 说明区间是否应是开的或封闭的. 输入量: 输入信号 $x_{\mathrm{e}}(t)$; 输出量 (对于开区间): 如果是 $x_{\mathrm{e}}(t) > x_{\mathrm{lo}}\,\mathrm{AND}\,x_{\mathrm{e}}(t) < x_{\mathrm{up}}$, 则为 $x_{\mathrm{a}}(t) = 1$, 否则为 0
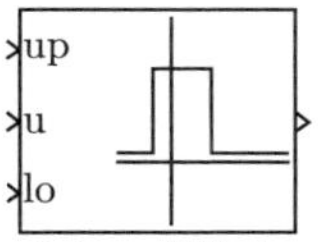 up u lo Interval Test Dynamic	`Interval Test Dynamic`(区间动态检测), 检测输入信号值是否位于已给区间内, 其中区间边界是动态可变的. 模块参数: 说明区间是否应是开的或封闭的. 输入量: 在输入端 u 输入信号 $x_{\mathrm{e}}(t)$, 在输入端 lo 下区间边界 $x_{\mathrm{lo}}(t)$, 在输入端 up 上区间边界 $x_{\mathrm{up}}(t)$; 输出量 (对于开区间): 如果是 $x_{\mathrm{e}}(t) > x_{\mathrm{lo}}(t)\,\mathrm{AND}\,x_{\mathrm{e}}(t) < x_{\mathrm{up}}(t)$, 则为 $x_{\mathrm{a}}(t) = 1$, 否则为 0
 AND Logical Operator	`Logical Operator`(逻辑运算符), 输入量的逻辑连接. 模块参数: 逻辑运算符 AND, OR, NAND, NOR, XOR, NOT, 输入量个数. 输入量: 布尔信号; 输出量: 输入量的逻辑连接

(续)

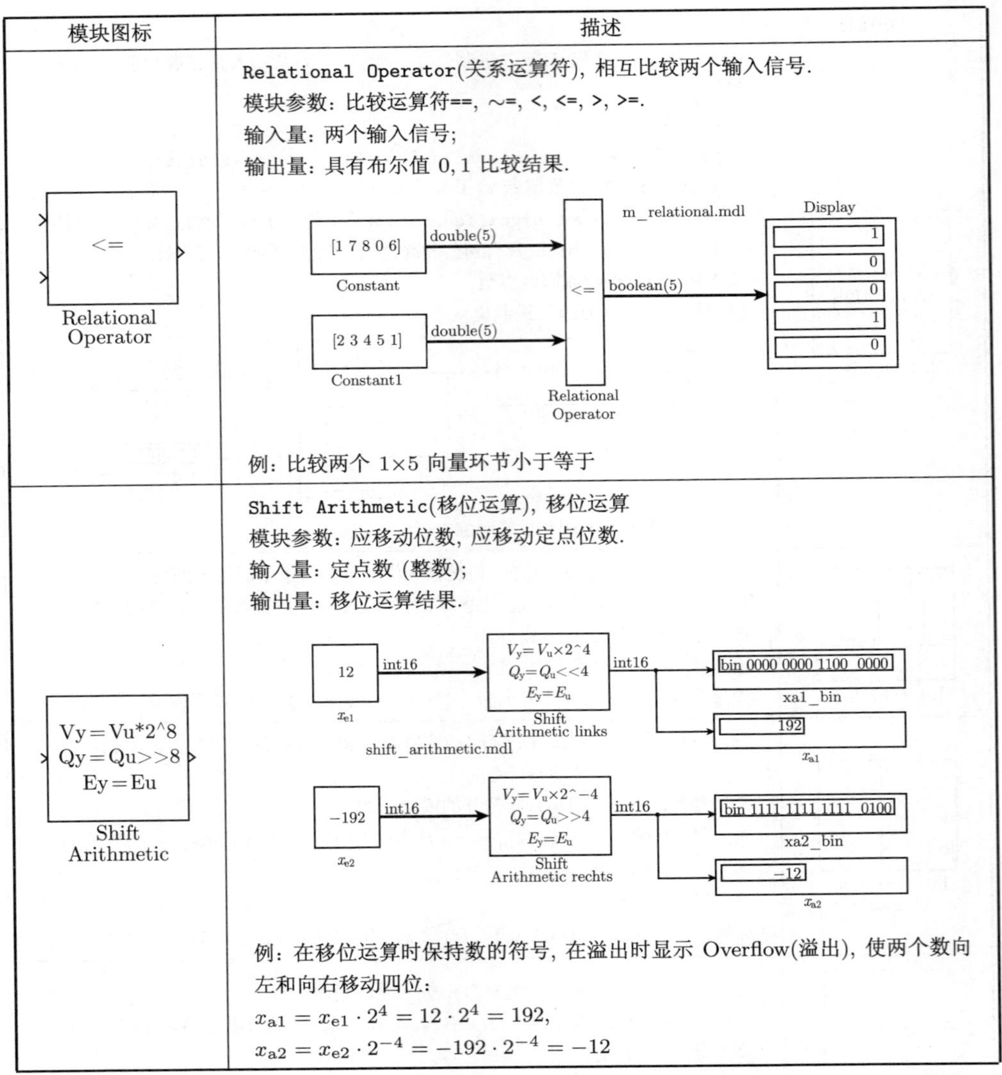

模块图标	描述
<= Relational Operator	`Relational Operator`(关系运算符), 相互比较两个输入信号. 模块参数: 比较运算符==, ~=, <, <=, >, >=. 输入量: 两个输入信号; 输出量: 具有布尔值 0, 1 比较结果. 例: 比较两个 1×5 向量环节小于等于
Vy = Vu*2^8 Qy = Qu>>8 Ey = Eu Shift Arithmetic	`Shift Arithmetic`(移位运算), 移位运算 模块参数: 应移动位数, 应移动定点位数. 输入量: 定点数 (整数); 输出量: 移位运算结果. 例: 在移位运算时保持数的符号, 在溢出时显示 Overflow(溢出), 使两个数向左和向右移动四位: $x_{a1} = x_{e1} \cdot 2^4 = 12 \cdot 2^4 = 192,$ $x_{a2} = x_{e2} \cdot 2^{-4} = -192 \cdot 2^{-4} = -12$

17.7.7 Lookup Tables Block Library(查表模块库), Index(变址) 表

表 17.7-6 Lookup Tables Block Library(查表模块库), Index(变址) 表

模块图标	描述
y=f(u) Lookup Tables	Lookup Tables Block Library(查表模块库) 含有由输入值确定输出值的 Index(变址) 表的模块, 为了编制和处理 Index(变址) 表, Simulink 提供Lookup Table Editor(LUT)(查表编辑) 供使用
cos(2*pi*u) Cosine	Cosine(余弦), 由 Index(变址) 表实现余弦函数. 模块参数: Index(变址) 表的维数 n(数据值个数). 输入量: 输入信号 x_e; 输出量: $x_a = \text{Tabelle}\,(\cos(2\cdot\pi\cdot x_e))$. 例在 Sinus(正弦) 描述中
2-D T[k] Direct Lookup Table(n-D)	Direct Lookup Table(n - D)(n 维直接查表), n 维 Index(变址) 表. 模块参数: 表的维数 n, 表数据, 在超越区间时作用类型. 输入量: 变址 $k_1, k_2, \cdots, k_n$; 输出量: 已变址的数据值, $x_a = \text{Tabelle}\,(k_1, k_2, \cdots, k_n)$
k1 2-D T(k.f) f1 k2 f2 Interpolation Using Prelookup	Interpolating Using PreLookup(用预查进行内插), 用预先计算的变址和子区间因数进行 n 维内插. 模块参数: 表的维数 n, 表数据, 节点 (break-point(断点)), 内插法, 外推法, 在超越区间时作用类型. 输入量: 变址子区间对 $[k_1\ f_1], [k_2\ f_2], \cdots, [k_n\ f_n]$; 输出量: 内插的数据 $x_a = \text{Tabelle}\,([k_1\ f_1], [k_2\ f_2], \cdots, [k_n\ f_n])$. 例见 PreLookup-Block(预查模块)
Lookup Table	Lookup Table(一维查表), 用计算中间值查一维 Index(变址) 表, 模块参数: 输入值节点向量, 输出值节点向量, 计算方法 (内插法). 输入量: 输入数据值 x; 输出量: 用计算方法由表的节点确定输出数据值 y, (例在 17.5.2.2 节中)
Lookup Table(2D)	Lookup Table(2D)(二维查表), 用计算中间值查二维 Index(变址) 表. 模块参数: 列变址值向量, 行变址值向量, 属于变址输出值的矩阵, 计算方法 (内插法). 输入量: 输入数据值 x, y; 输出量: 由表的节点用计算方法确定输出数据值 z

(续)

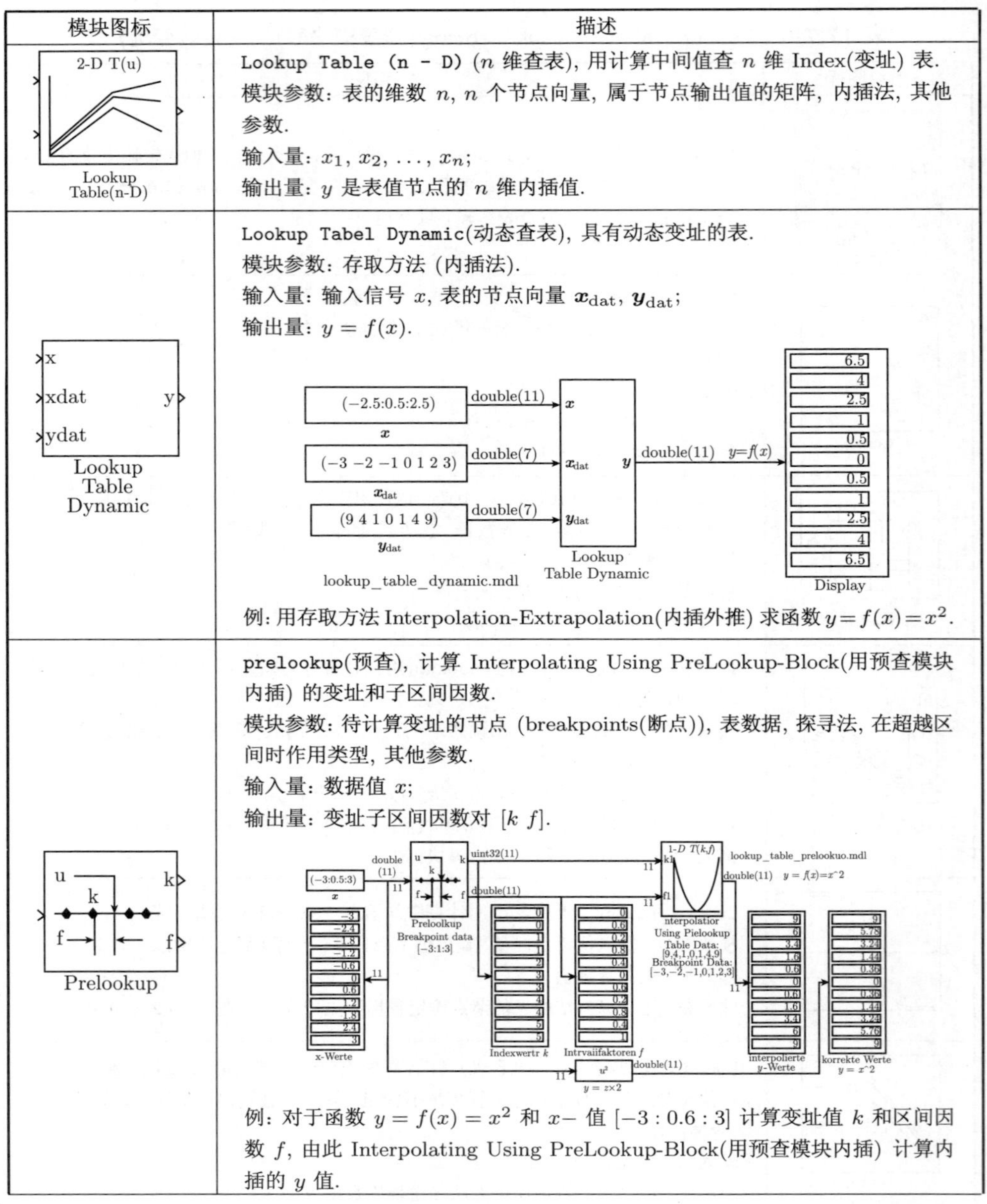

模块图标	描述
2-D T(u) Lookup Table(n-D)	`Lookup Table (n - D)` (n 维查表), 用计算中间值查 n 维 Index(变址) 表. 模块参数: 表的维数 n, n 个节点向量, 属于节点输出值的矩阵, 内插法, 其他参数. 输入量: x_1, x_2, $\ldots$, x_n; 输出量: y 是表值节点的 n 维内插值.
x xdat ydat y Lookup Table Dynamic	`Lookup Tabel Dynamic`(动态查表), 具有动态变址的表. 模块参数: 存取方法 (内插法). 输入量: 输入信号 x, 表的节点向量 $\boldsymbol{x}_{\mathrm{dat}}$, $\boldsymbol{y}_{\mathrm{dat}}$; 输出量: $y = f(x)$. (−2.5:0.5:2.5) double(11) x; (−3 −2 −1 0 1 2 3) double(7) x_{dat}; (9 4 1 0 1 4 9) double(7) y_{dat}; Lookup Table Dynamic; double(11) $y=f(x)$; Display: 6.5, 4, 2.5, 1, 0.5, 0, 0.5, 1, 2.5, 4, 6.5; lookup_table_dynamic.mdl 例: 用存取方法 Interpolation-Extrapolation(内插外推) 求函数 $y=f(x)=x^2$.
u k f Prelookup	`prelookup`(预查), 计算 Interpolating Using PreLookup-Block(用预查模块内插) 的变址和子区间因数. 模块参数: 待计算变址的节点 (breakpoints(断点)), 表数据, 探寻法, 在超越区间时作用类型, 其他参数. 输入量: 数据值 x; 输出量: 变址子区间因数对 $[k\ f]$. (−3:0.5:3) x; double (11); Prelookup Breakpoint data [−3:1:3]; uint32(11); double(11); 1-D T(k,f) Interpolation Using Prelookup Table Data: [9,4,1,0,1,4,9] Breakpoint Data: [−3,−2,−1,0,1,2,3]; lookup_table_prelookuo.mdl; double(11) $y=f(x)=x\hat{}2$; x-Werte: −3, −2.4, −1.8, −1.2, −0.6, 0, 0.6, 1.2, 1.8, 2.4, 3; Indexwertr k: 0, 0, 1, 1, 2, 3, 3, 4, 4, 5, 5; Intrvallfaktoren f: 0, 0.6, 0.2, 0.8, 0.4, 0, 0.6, 0.2, 0.8, 0.4, 1; interpolierte y-Werte: 9, 6, 3.4, 1.6, 0.6, 0, 0.6, 1.6, 3.4, 6, 9; korrekte Werte $y=x\hat{}2$: 9, 5.76, 3.24, 1.44, 0.36, 0, 0.36, 1.44, 3.24, 5.76, 9; u^2 $y=z\times2$ double(11) 例: 对于函数 $y = f(x) = x^2$ 和 $x-$ 值 $[-3:0.6:3]$ 计算变址值 k 和区间因数 f, 由此 Interpolating Using PreLookup-Block(用预查模块内插) 计算内插的 y 值.

(续)

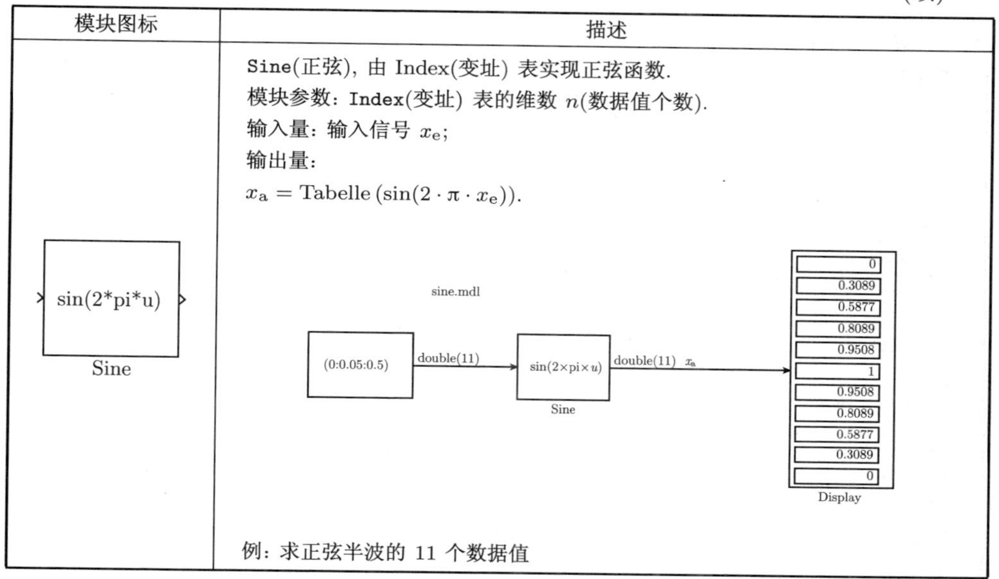

模块图标	描述
Sine	`Sine`(正弦), 由 Index(变址) 表实现正弦函数. 模块参数: `Index`(变址) 表的维数 n(数据值个数). 输入量: 输入信号 x_e; 输出量: $x_a = \text{Tabelle}\,(\sin(2\cdot\pi\cdot x_e))$. 例: 求正弦半波的 11 个数据值

17.7.8 Math Operations Block Library(数学运算模块库)，数学函数库

表 17.7-7　Math Operations Block Library(数学运算模块库)，数学函数库

模块图标	描述
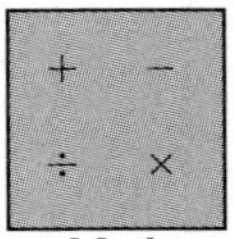 + − ÷ × Math Ooerations	Math Operations Block Library(数学运算模块库)，含有数学运算建模模块
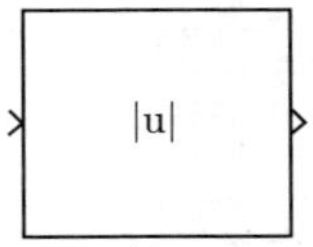 |u| Abs	Abs(绝对值函数)，求模 (绝对值)，计算输入信号模 (绝对值). 模块参数：溢出处理，过零识别，采样时间间隔. 输入量：$x_e(t)$; 输出量：$x_a(t) = \|x_e(t)\|$
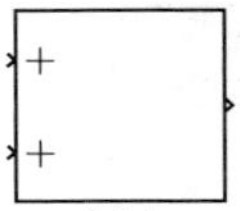 + + Add	Add(加法)，对输入信号相加和相减，Add-Block(加法模块) 是Sum-Block(求和模块) 的执行. 模块和函数描述，见Sum-Block(求和模块)
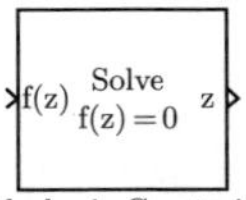 f(z) Solve f(z)=0 z Algebraic Constraint	Algebraic Constraint(代数约束)，解代数方程 $f(z)=0$，输出值 z 这样计算，即使输入值 $f(z)$ 趋于零. 模块参数：初始估计值. 输入量：$f(z)$; 输出量：z. 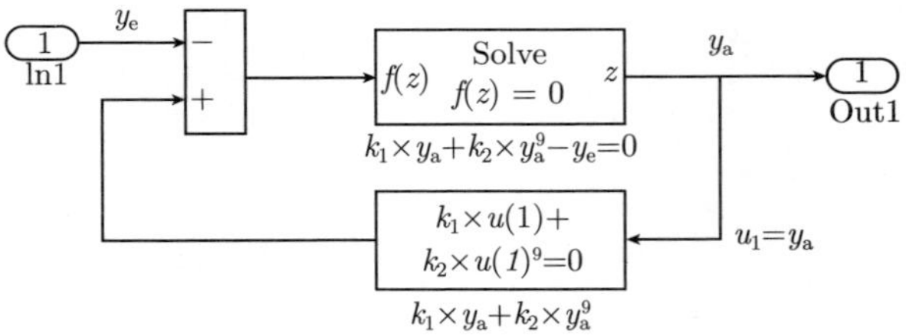 1 In1　y_e　−　+　f(z) Solve f(z) = 0 z　y_a　1 Out1 $k_1\times y_a+k_2\times y_a^9-y_e=0$ $k_1\times u(1)+$ $k_2\times u(1)^9=0$　$u_1=y_a$ $k_1\times y_a+k_2\times y_a^9$ 例：具有方程 $k_1\cdot y_a+k_2\cdot y_a^9=y_e$ 的饱和环节 (其他例在 17.4.2 节)

(续)

模块图标	描述
YO A Y U Assignment	`Assignment`(赋值), 将值赋值给预先给定的信号元素. 模块参数: 信号输入类型 (向量或矩阵), 待赋值元素的变址, 采样时间间隔. 输入量: 信号向量 (矩阵), 待赋值元素, 待赋值元素的变址 (在外部预给定值时); 输出量: 具有已被赋值元素的信号. m_assignment.mdl [0 7 8 0 6 6] U1 double(6); (1 1 2 2) U2 double(4) 4; Y_O A Y U Assignment Elements[2 3 4 5] double(6); Display 0 1 1 2 2 6 例: 通过 U2 的值 [1 1 2 2] 取代在 U1 中元素 [2 3 4 5] 的值 [7 8 0 6]
u+0.0 Bias	`Bias`(偏置), 使输入信号偏移预先给定值 (Bias(偏置), offset(偏移)). 模块参数: 偏移值 x_0(Bias(偏置), offset(偏移)). 输入量: $x_e(t)$; 输出量: $x_a(t) = x_e(t) + x_0$
|u| ∠u Complex to Magnitude-Angle	`Complex to Magnitude-Angle`(复数转换成幅值相角), 转换, 计算复数值输入信号的幅值和相角. 模块参数: 所要求的输出量幅值, 相角或两者, 采样时间间隔. 输入量: 复数值的信号; 输出量: 信号幅值、相角, (例在 17.3.7 节中)
Re Im Complex to Real-Imag	`Complex to Real-Imag`(复数转换成实部虚部), 转换, 计算复数值输入信号的实部和虚部. 模块参数: 所要求的输出量实部, 虚部或两者, 采样时间间隔. 输入量: 复数值信号; 输出量: 信号实部, 虚部
× ÷ Divide	`Divide`(除法), 使输入信号相乘和相除, `Divide`-Block(除法模块) 是`Product`-Block(乘法模块) 的执行. 模块和函数描述, 见`Product`-Block(乘法模块)
• Dot Product	`Dot Product`(点积 (内积)), 计算两个输入向量的数量积 (标量积). 模块参数: 说明数据类型. 输入量: 两个输入向量; 输出量: 输入量数量积 (标量积)

(续)

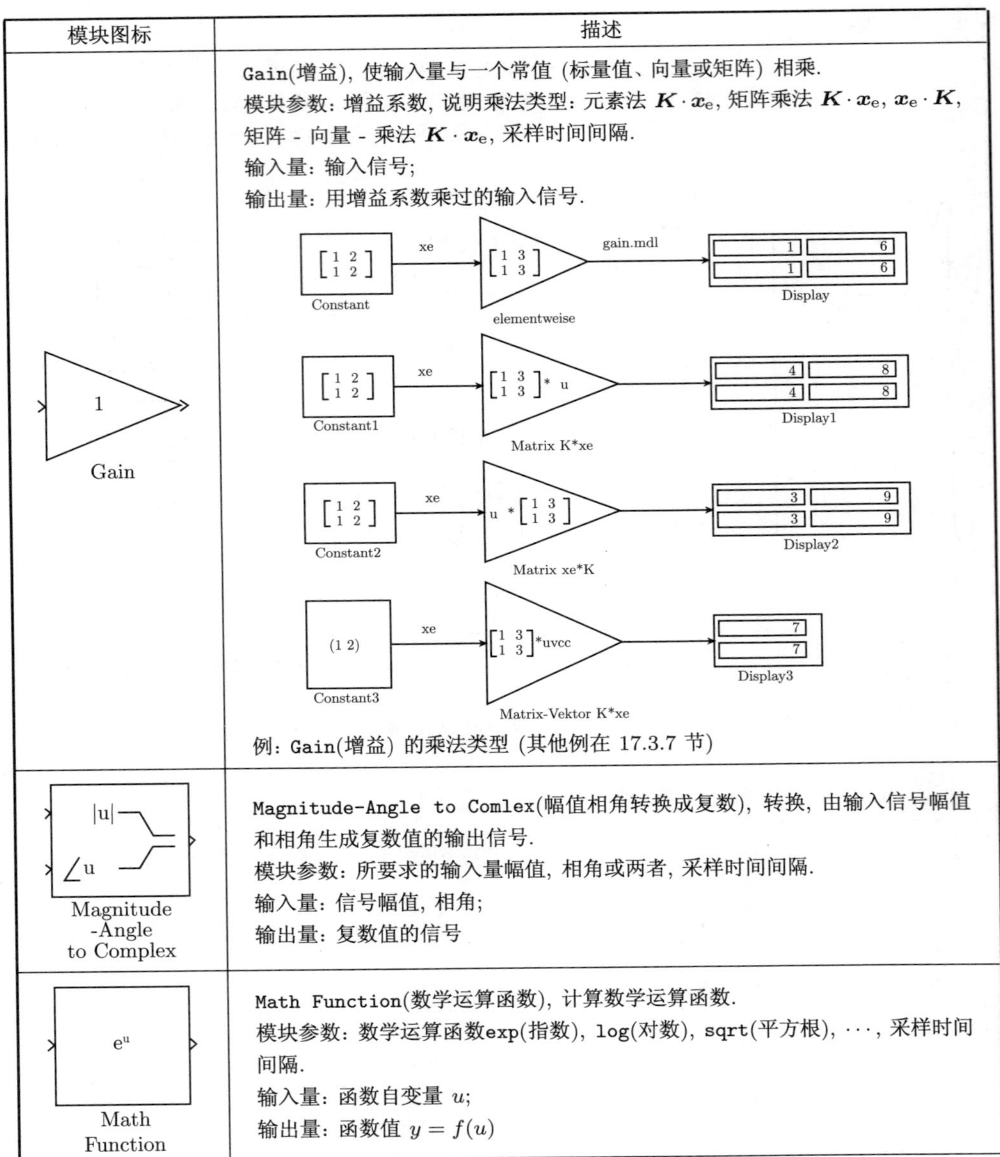

模块图标	描述
Gain	Gain(增益), 使输入量与一个常值 (标量值、向量或矩阵) 相乘. 模块参数: 增益系数, 说明乘法类型: 元素法 $\boldsymbol{K} \cdot \boldsymbol{x}_\mathrm{e}$, 矩阵乘法 $\boldsymbol{K} \cdot \boldsymbol{x}_\mathrm{e}$, $\boldsymbol{x}_\mathrm{e} \cdot \boldsymbol{K}$, 矩阵 - 向量 - 乘法 $\boldsymbol{K} \cdot \boldsymbol{x}_\mathrm{e}$, 采样时间间隔. 输入量: 输入信号; 输出量: 用增益系数乘过的输入信号. 例: Gain(增益) 的乘法类型 (其他例在 17.3.7 节)
Magnitude -Angle to Complex	Magnitude-Angle to Comlex(幅值相角转换成复数), 转换, 由输入信号幅值和相角生成复数值的输出信号. 模块参数: 所要求的输入量幅值, 相角或两者, 采样时间间隔. 输入量: 信号幅值, 相角; 输出量: 复数值的信号
Math Function	Math Function(数学运算函数), 计算数学运算函数. 模块参数: 数学运算函数exp(指数), log(对数), sqrt(平方根), $\cdots$, 采样时间间隔. 输入量: 函数自变量 u; 输出量: 函数值 $y = f(u)$

(续)

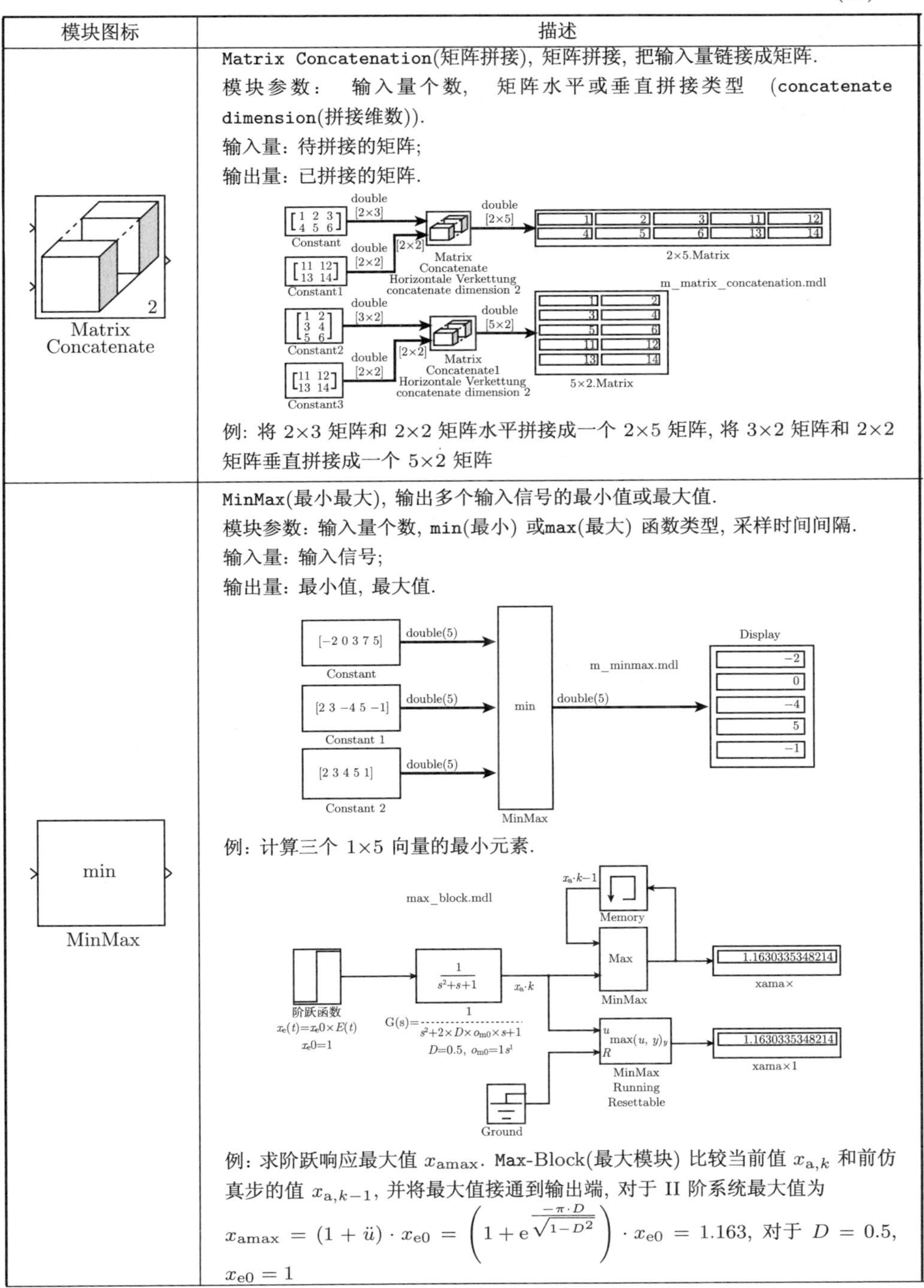

模块图标	描述
Matrix Concatenate	Matrix Concatenation(矩阵拼接), 矩阵拼接, 把输入量链接成矩阵. 模块参数: 输入量个数, 矩阵水平或垂直拼接类型 (concatenate dimension(拼接维数)). 输入量: 待拼接的矩阵; 输出量: 已拼接的矩阵. 例: 将 2×3 矩阵和 2×2 矩阵水平拼接成一个 2×5 矩阵, 将 3×2 矩阵和 2×2 矩阵垂直拼接成一个 5×2 矩阵
MinMax	MinMax(最小最大), 输出多个输入信号的最小值或最大值. 模块参数: 输入量个数, min(最小) 或max(最大) 函数类型, 采样时间间隔. 输入量: 输入信号; 输出量: 最小值, 最大值. 例: 计算三个 1×5 向量的最小元素. 例: 求阶跃响应最大值 x_{amax}. Max-Block(最大模块) 比较当前值 $x_{\mathrm{a},k}$ 和前仿真步的值 $x_{\mathrm{a},k-1}$, 并将最大值接通到输出端, 对于 II 阶系统最大值为 $x_{\mathrm{amax}} = (1+\ddot{u})\cdot x_{\mathrm{e0}} = \left(1+\mathrm{e}^{\frac{-\pi\cdot D}{\sqrt{1-D^2}}}\right)\cdot x_{\mathrm{e0}} = 1.163$, 对于 $D=0.5$, $x_{\mathrm{e0}}=1$

(续)

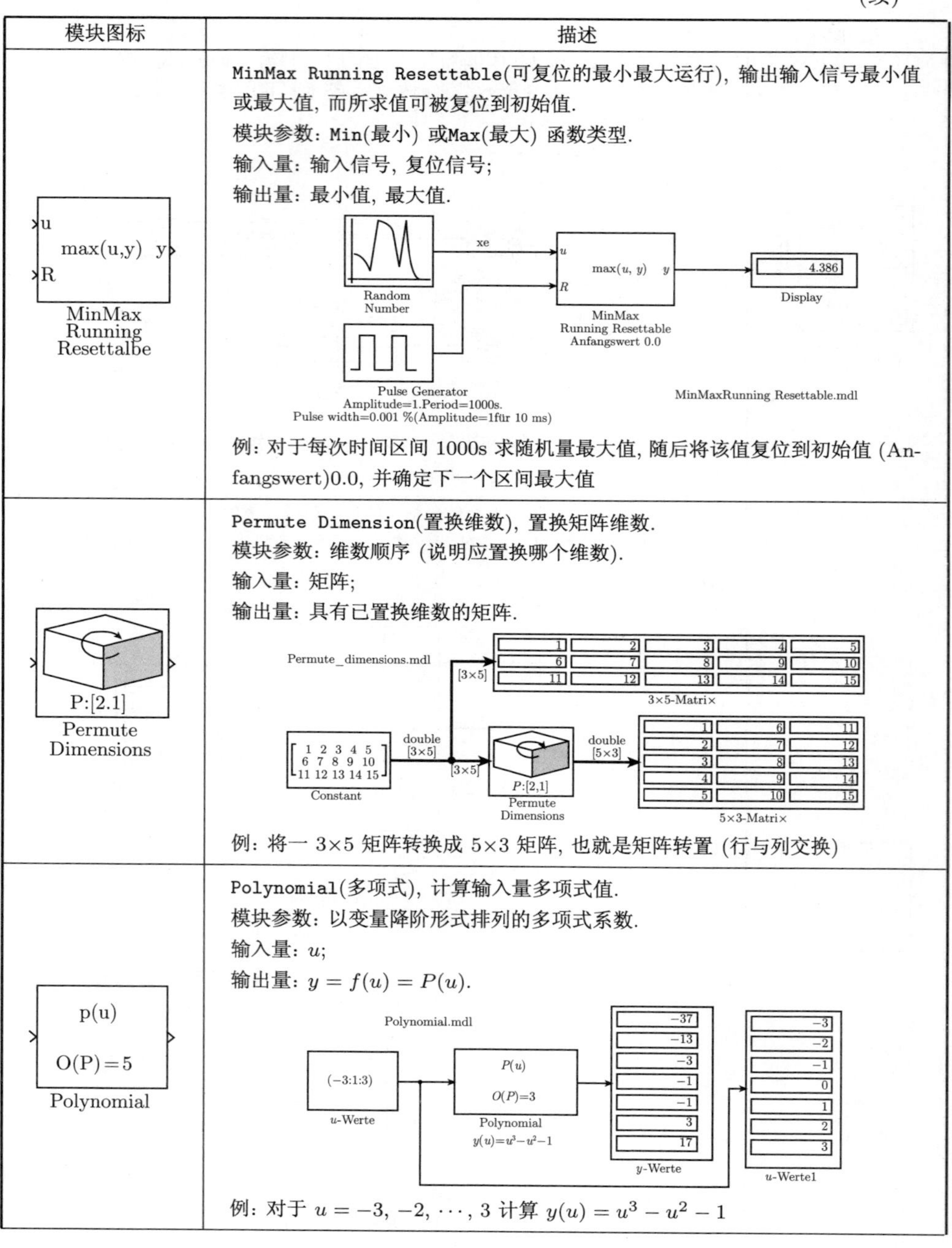

模块图标	描述
MinMax Running Resettalbe	`MinMax Running Resettable`(可复位的最小最大运行), 输出输入信号最小值或最大值, 而所求值可被复位到初始值. 模块参数: `Min`(最小) 或`Max`(最大) 函数类型. 输入量: 输入信号, 复位信号; 输出量: 最小值, 最大值. 例: 对于每次时间区间 1000s 求随机量最大值, 随后将该值复位到初始值 (Anfangswert)0.0, 并确定下一个区间最大值
Permute Dimensions	`Permute Dimension`(置换维数), 置换矩阵维数. 模块参数: 维数顺序 (说明应置换哪个维数). 输入量: 矩阵; 输出量: 具有已置换维数的矩阵. 例: 将一 3×5 矩阵转换成 5×3 矩阵, 也就是矩阵转置 (行与列交换)
Polynomial	`Polynomial`(多项式), 计算输入量多项式值. 模块参数: 以变量降阶形式排列的多项式系数. 输入量: u; 输出量: $y=f(u)=P(u)$. 例: 对于 $u=-3, -2, \cdots, 3$ 计算 $y(u)=u^3-u^2-1$

(续)

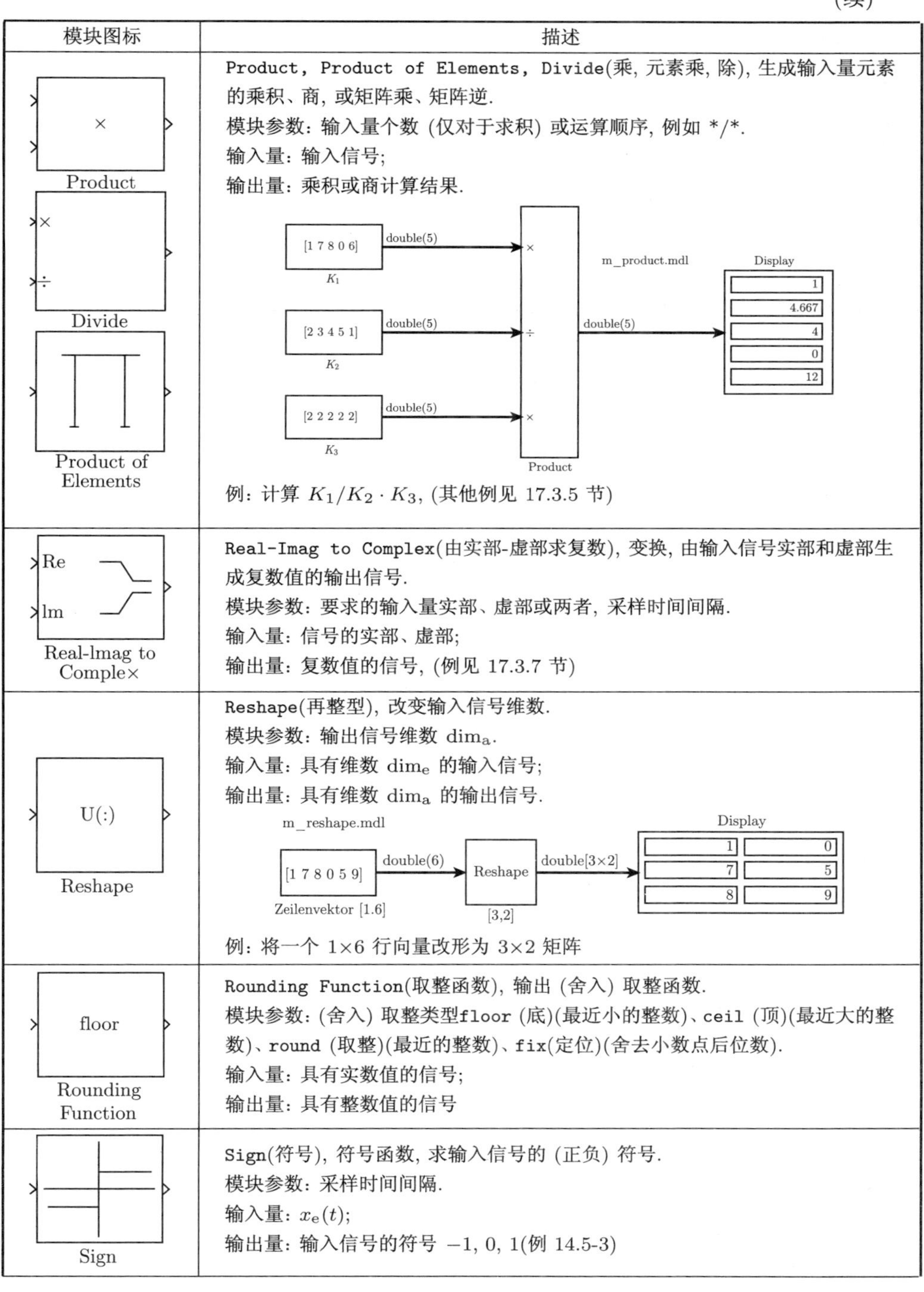

模块图标	描述
Product Divide Product of Elements	`Product`, `Product of Elements`, `Divide`(乘, 元素乘, 除), 生成输入量元素的乘积、商, 或矩阵乘、矩阵逆. 模块参数: 输入量个数 (仅对于求积) 或运算顺序, 例如 `*/*`. 输入量: 输入信号; 输出量: 乘积或商计算结果. 例: 计算 $K_1/K_2 \cdot K_3$, (其他例见 17.3.5 节)
Real-Imag to Complex	`Real-Imag to Complex`(由实部-虚部求复数), 变换, 由输入信号实部和虚部生成复数值的输出信号. 模块参数: 要求的输入量实部、虚部或两者, 采样时间间隔. 输入量: 信号的实部、虚部; 输出量: 复数值的信号, (例见 17.3.7 节)
Reshape	`Reshape`(再整型), 改变输入信号维数. 模块参数: 输出信号维数 $\mathrm{dim_a}$. 输入量: 具有维数 $\mathrm{dim_e}$ 的输入信号; 输出量: 具有维数 $\mathrm{dim_a}$ 的输出信号. 例: 将一个 1×6 行向量改形为 3×2 矩阵
Rounding Function	`Rounding Function`(取整函数), 输出 (舍入) 取整函数. 模块参数: (舍入) 取整类型`floor` (底)(最近小的整数)、`ceil` (顶)(最近大的整数)、`round` (取整)(最近的整数)、`fix`(定位)(舍去小数点后位数). 输入量: 具有实数值的信号; 输出量: 具有整数值的信号
Sign	`Sign`(符号), 符号函数, 求输入信号的 (正负) 符号. 模块参数: 采样时间间隔. 输入量: $x_\mathrm{e}(t)$; 输出量: 输入信号的符号 $-1, 0, 1$(例 14.5-3)

(续)

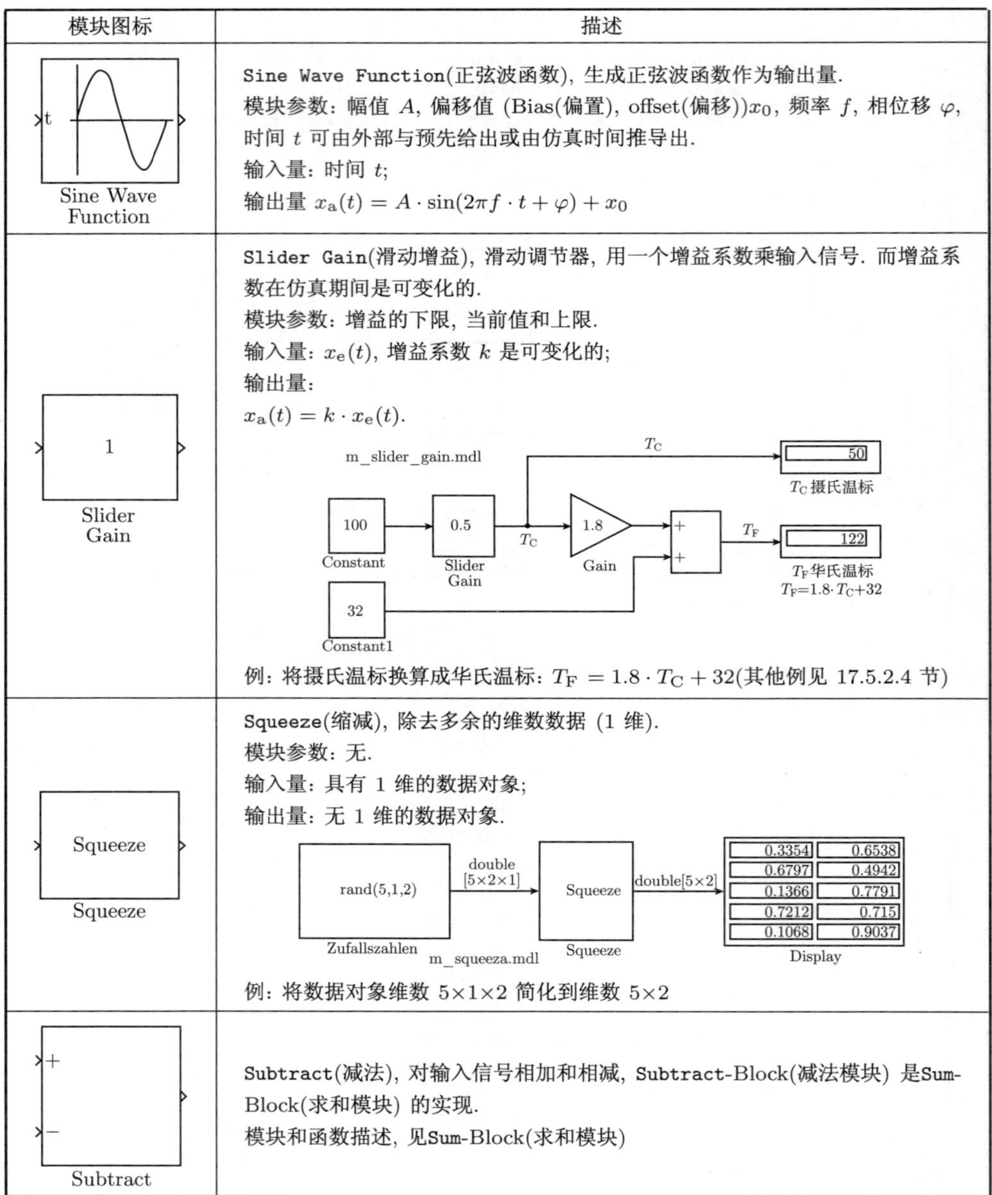

模块图标	描述
Sine Wave Function	`Sine Wave Function`(正弦波函数), 生成正弦波函数作为输出量. 模块参数: 幅值 A, 偏移值 (Bias(偏置), offset(偏移))x_0, 频率 f, 相位移 φ, 时间 t 可由外部与预先给出或由仿真时间推导出. 输入量: 时间 t; 输出量 $x_\mathrm{a}(t) = A \cdot \sin(2\pi f \cdot t + \varphi) + x_0$
1 Slider Gain	`Slider Gain`(滑动增益), 滑动调节器, 用一个增益系数乘输入信号. 而增益系数在仿真期间是可变化的. 模块参数: 增益的下限, 当前值和上限. 输入量: $x_\mathrm{e}(t)$, 增益系数 k 是可变化的; 输出量: $x_\mathrm{a}(t) = k \cdot x_\mathrm{e}(t)$. 例: 将摄氏温标换算成华氏温标: $T_\mathrm{F} = 1.8 \cdot T_\mathrm{C} + 32$(其他例见 17.5.2.4 节)
Squeeze Squeeze	`Squeeze`(缩减), 除去多余的维数数据 (1 维). 模块参数: 无. 输入量: 具有 1 维的数据对象; 输出量: 无 1 维的数据对象. 例: 将数据对象维数 5×1×2 简化到维数 5×2
+ − Subtract	`Subtract`(减法), 对输入信号相加和相减, `Subtract`-Block(减法模块) 是`Sum`-Block(求和模块) 的实现. 模块和函数描述, 见`Sum`-Block(求和模块)

(续)

模块图标	描述
Sum	`Sum`, `Sum of Elements`, `Subtract`(求和, 元素和, 相减), 对输入信号 (标量, 向量或矩阵量) 相加和相减. 模块参数: 符号顺序或输入端个数 (仅在加法时), 间距, 采样时间间隔. 输入量: $x_{e1}(t)$, $x_{e2}(t)$, $\cdots$, $x_{en}(t)$; 输出量: $x_a(t) = x_{e1}(t) - x_{e2}(t) + \cdots - \cdots + x_{en}(t)$, (例见 17.5.4.3 节)
Sum of Elements	`Sum of Elements`(元素和), 输入信号相加和相减, `Sum of Elements`-Block(元素和模块) 是`Sum`-Block(求和模块) 的实现. 模块和函数描述, 见`Sum`-Block(求和模块)
Sin Trigonometric Function	`Trigonometric Function`(三角函数), 计算三角函数或双曲线函数. 模块参数: 函数类型`sin`(正弦), $\cdots$, `asin`(反正弦), `sinh`(正弦双曲线), $\cdots$, 采样时间间隔. 输入量: x_e; 输出量: $x_a = \text{Funktion}\,(x_e)$
−u Unary Minus	`Unary Minus`(取负号), 取负号, 使输入信号反号. 模块参数: 溢出处理类型. 输入量: x_e; 输出量: $x_a = -x_e$
Vector Concatenate	`Vector Concatenate`(向量连接), 向量连接, 将向量的输入量并合成一个向量. 模块参数: 输入量个数, 向量连接 (或矩阵连接类型为水平的或垂直的). 输入量: 待连接的向量; 输出量: 连接后的向量 (1 2 3) Constant; double (3); 3; (11 12) Constant1; double (2); 2; Vector Concatenate; double (5); 6; 1 2 3 11 12; 1×5Vektor; m_vector_concatenation.mdl 例: 将 1×3 向量和 1×2 向量连接成一个 1×5 向量
u+Ts Weighted Sample Time Math	`Weighted Sample Time Math`(加权的采集时间数学运算), 输出具有输入量和加权的采集时间间隔 T 值的数学运算. 模块参数: 数学运算类型`+`, `-`, `*`, `/` 或仅 T, $1/T$, 权系数 w. 输入量: 输入信号 $x_e(t)$, 在 $T, 1/T$, 时无; 输出量: $x_a(t) = x_e(t)$ 数学运算 $T \cdot w$, $x_a(t) = w \cdot T$ 或 $x_a(t) = w/T$

17.7.9 Model Verification Block Library(模型验证模块库), 模型验证

表 17.7-8　Model VerificationBlock Library(模型验证模块库), 模型验证

模块图标	描述
Model Verification	Model VerificationBlock Library(模型验证模块库) 含有模型检查与验证模块
Assertion	Assertion(判定), 检查信号是否具有零值; 假定, 信号所有元素不为零. 模块参数: 当假定不成立时, 仿真停止, Callback-Aufruf(回叫调用), 采样时间间隔. 输入量: $x(t)$; 输出量: 无
Check Discrete Gradient	Check Discrete Gradient(检查离散的梯度), 检查信号梯度; 假定, 两个相邻离散信号采样值之差的绝对值是小于预先给定的最大值. 模块参数: 斜率最大值, 当假定不成立时, 仿真停止, Callback-Aufruf(回叫调用), 采样时间间隔. 输入量: $x(kT)$; 选择输出量: 当假定成立时为 1, 当假定不成立时为 0
max mi sig Check Dynamic Gap	Check Dynamic Gap(检查动态区间), 检查信号是否位于在动态区域之外. 假定, 信号始终是小于下限信号 $s_{\min}(t)$ 或大于上限信号 $s_{\max}(t)$. 模块参数: 当假定不成立时, 仿真停止, Callback-Aufruf(回叫调用), 采样时间间隔. 输入量: $s_{\max}(t)$, $s_{\min}(t)$, $x(t)$; 选择输出量: 当假定成立时为 1, 当假定不成立时为 0
max mi sig Check Dynamic Rage	Check Dynamic Range(检查动态有效区域), 检查信号是否位于在动态区域之内. 假定, 信号始终是小于上限信号 $s_{\max}(t)$ 并大于下限信号 $s_{\min}(t)$. 模块参数: 当假定不成立时, 仿真停止, Callback-Aufruf(回叫调用), 采样时间间隔. 输入量: $s_{\max}(t)$, $s_{\min}(t)$, $x(t)$; 选择输出量: 当假定成立时为 1, 当假定不成立时为 0
min sig Check Dynamic Lower Bound	Check Dynamic Lower Bound(检查动态下限), 检查信号是否高于动态参考信号. 假定, 信号始终是大于参考信号 $s_{\min}(t)$. 模块参数: 当假定不成立时, 仿真停止, Callback-Aufruf(回叫调用). 输入量: $s_{\min}(t)$, $x(t)$, 选择输出量: 当假定成立时为 1, 当假定不成立时为 0

(续)

模块图标	描述
max sig Check Dynamic Upper Bound	Check Dynamic Upper Bound(检查动态上限), 检查信号是否低于在动态参考信号. 假定, 信号始终是小于参考信号 $s_{\max}(t)$. 模块参数: 当假定不成立时, 仿真停止, Callback-Aufruf(回叫 - 调用). 输入量: $s_{\max}(t)$, $x(t)$; 选择输出量: 当假定成立时为 1, 当假设不成立时为 0
Check Input Resolution	Check Input Resolution(检查输入分辨率), 检查信号是否具有预先给出的分辨率. 假定, 信号具有分辨率. 模块参数: 分辨率, 当假定不成立时, 仿真停止, Callback-Aufruf(回叫调用). 输入量: $x(t)$; 选择输出量: 当假定成立时为 1, 当假定不成立时为 0
Check Static Gap	Check Static Gap(检查静态区间), 检查信号是否位于在静态区域之外; 假定, 信号始终是小于下限 s_{unten} 或大于上限 s_{oben}. 模块参数: 上限 s_{oben}, 下限 s_{unten}, 当假定不成立时, 仿真停止, Callback-Aufruf(回叫调用). 输入量: $x(t)$; 选择输出量: 当假定成立时为 1, 当假定不成立时为 0
Check Static Range	Check Static Range(检查静态有效区域), 检查信号是否位于在静态区域之内. 假定, 信号始终是小于上限 s_{oben} 并大于下限 s_{unten}. 模块参数: 上限 s_{oben}, 下限 s_{unten}, 当假定不成立时, 仿真停止, Callback-Aufruf(回叫调用). 输入量: $x(t)$; 选择输出量: 当假定成立时为 1, 当假定不成立时为 0
Check Static Lower Bound	Check Static Lower Bound(检查静态下限), 检查信号是否位于在静态限上面; 假定, 信号始终是大于下限 $s_{\min}(t)$. 模块参数: 下限 $s_{\min}(t)$, 当假定不成立时, 仿真停止, Callback-Aufruf(回叫调用). 输入量: $x(t)$; 选择输出量: 当假定成立时为 1, 当假定不成立时为 0
Check Static Upper Bound	Check Static Upper Bound(检查静态上限), 检查信号是否位于在静态限下面; 假定, 信号始终是小于上限 $s_{\max}(t)$. 模块参数: 上限 $s_{\max}(t)$, 当假定不成立时, 仿真停止, Callback-Aufruf(回叫调用). 输入量: $x(t)$; 选择输出量: 当假定成立时为 1, 当假定不成立时为 0

17.7.10 Model-Wide Utilities Block Library(全模型实用模块库), 辅助模块

表 17.7-9 Model-Wide Utilities Block Library(全模型实用模块库), 含有模型描述和模型线性化的辅助模块

模块图标	描述
Misc Model-Wide Utilities	Model-Wide Utilities Block Library(全模型实用模块库), 含有模型描述和模型线性化的辅助模块
Block Support Table	Block Support Table(模块支持表格), 指示 Simulink- 模块支持哪些数据类型. 模块参数: 无
DOC Text	DocBlock(文件模块), 在文件模块中可输入用模型 (暂) 存储的文本. 模块参数: 无
Model lnfo	Model Info(模型信息), 含有模型形成过程的数据和信息. 模块参数: 模型特性, 关于处理者和处理数据资料
T=1 Timed-Based Linearization	Time-Based Linearization(基于线性化时间), 由预先给出时间生成仿真系统线性化模型, 线性化模型作为结构 (暂) 存储在 base workspace(基本工作空间). 模块参数: 线性化时间点, 采样时间间隔
Trigger-Based Linearization	Trigger-Based Linearization(基于线性化触发器), 触发器控制生成仿真系统线性化模型, 线性化模型作为结构 (暂) 存储在base workspace(基本工作空间). 模块参数: 触发器参数, 采样时间间隔. 输入量: 触发器信号

17.7.11 Ports & Subsystems Block Library (输入输出端口和子系统模块库), 输入输出端口 (Ports) 和子系统模型模块

表 17.7-10 Ports & Subsystems Block Library(输入输出端口和子系统模块库), 输入输出端口 (Ports) 和子系统模型模块

模块图标	描述
Y N Ports & Subsystems	Ports & Subsystems Block Library(输入输出端口和子系统模块库) 含有子系统 (分系统) 建模模块, 输入和输出端口和子系统控制都属于此模块
Template Configurable Subsystem	Configurable Subsystem(可构型子系统), 可构型子系统, 它具有含在专用模块库中的模块工作方式. 模块参数: 模块目录, 输入端和输出端口名, 子系统输入量和输出量
Enable	Enable(使能), 将Enable-block(使能模块)(激活模块) 插入子系统中, 以便给出一个Enabled Subsystem(使能子系统). 模块无该子系统不能独立地被应用. 模块参数: 说明在重新激活子系统时系统状态是否能被复原或被保持, 指出输出端口
ln1 Out1 Enabled and Triggered Subsystem	Enabled and Triggered Subsystem(使能和触发子系统), 具有预先执行的Enable and Triggere-Block(使能和触发模块). 当Enable-Signal(使能信号) 大于零并与Triggere-Signal(触发信号) 毗连时, 执行模块. 模块参数: 指出端口标记, 存取权, Callback-Funktion(回叫函数). 输入量: Enable-Signal(使能–信号), Triggere-Signal(触发信号), 子系统输入和输出量
ln1 Out1 Enabled Subsystem	Enabled Subsystem(使能子系统), 具有预先执行的Enable-Block(使能模块) 的子系统, 当Enable-Signal(使能–信号) 大于零时, 执行子系统. Enable-Block(使能模块) 模块参数: 说明, 在重新激活子系统时系统状态是否被复原或保持. Subsystem(子系统) 模块参数: 指出端口标记, 存取权, Callback-Funktion(回叫函数). 输入量: Enable-Signal(使能一信号), 输入和输出量
ln1 for{...} Out1 For lterator Subsystem	For Iterator-Subsystem(For 迭代子系统), 具有预先执行的For Iterator-Block(For 迭代模块) 的子系统. 模块参数: 指出端口标记, 存取权, Callback-Funktion(回叫函数). 子系统输入和输出量

(续)

模块图标	描述
f() Function-Call Generator	Function-Call Generator(函数调用发生器)，生成Function-Call Subsystem (函数调用子系统). 模块参数：采样时间间隔，迭代次数； 输出量：子系统执行的信号
function() In1 Out1 Function-Call Subsystem	Function-Call Subsystem(函数调用子系统)，具有预先执行的 Function-Call Generator (函数调用发生器) 的子系统，该子系统作为函数可被其他模块调用. 模块参数：指示端口标记，存取权，Callback-Funktion(回叫函数). 子系统输入和输出量

if(u1>0)
u1
else
If
	If-Block(If(转移) 模块)，生成 C 程序类的 If-Else(如果否则) 控制结构.
	模块参数：输入运算数的个数，If 表达式，If-Else 表达式，采样时间.
	输入量：输入运算数；
	输出量：给逻辑表达式赋值的Action Subsysteme(作用子系统) 的输入信号

Action In1 Out1 If Action Subsystem	If Action Subsystem(If 作用子系统)，具有预先执行的必须由If-Block(If(转移) 模块) 控制的Action Block(作用模块) 的子系统. 执行该子系统取决于If-Block(If(转移) 模块) 的逻辑结果. Action Block(作用模块) 的模块参数：说明在重新调用子系统时系统状态是否被复原或保持，Callback-Funktion(回叫函数). 子系统模块参数：指出端口标记，存取权， 子系统输入和输出量
1 In1	In1，Inport(In1，输入端口)，Konnektor(连接器)，在子系统或模型中生成一个输入端口. 模块参数：输入端口数，输入信号维数 (Port Dimension(端口维数))，采样时间间隔； 输出量：外部信号，作为输入量它被插入子系统 (例见 17.4.5.3 节)
dreipunktregler Model	Modell(模型)，用Modell-Brock(模型模块) 可将 Simulink- 模型插入到另一个模型中. 模块参数：模型名，参数名，待传输参数值
1 Out1	Out1，Outport(Out1，输出端口)，Konnektor(连接器)，在子系统或模型中生成输出端口. 模块参数：输出端口数，输出信号维数 (Port Dimension(端口维数))，采样时间间隔. 输入量：内部信号，它作为输出量从子系统中被引出 (例在 17.4.5.3 节)

(续)

模块图标	描述
ln1 Out1 Atomic Subsystem ln1 Out1 CodeReuseSubsystem ln1 Out1 Subsystem	**Subsystem**(子系统), **Atomic Subsystem**(空白子系统), **CodeReuse Subsystem**(代码再用子系统), 该模块图示子系统. Atomic Subsystem(空白子系统) 在执行时被处理为单元 (Einheit), 在计算同一执行周期的其他模块之前, 执行所有子系统模块. 按照执行周期执行 Subsystem-block(子系统模块). 模块参数: Port-Label-Anzeige(端口标记显示), 选择 Atomic Subsystem/Subsystem(空白子系统/子系统), 存取权, 采样时间间隔, 说明再应用函数, Callback-Funktion(回叫函数). 输入和输出量, (例在 17.4.5.2 节中)
case[1]: u1 default: Switch Case	**Switch Case**-Block(开关箱模块), 生成 C 程序相似的 Switch Case-Kontrollstruktur(开关箱控制结构). 模块参数: 定位鉴别的 Case-Konstanten(箱常数), 采样时间间隔. 输入量: 标量输入量, 截去小数点后位, 输出量为给 Case-Bedinggungen(箱条件) 赋值的 Switch Case Action Subsustem(开关箱作用子系统) 的控制信号
Action ln1 Out1 Switch Case Action Subsystem	**Switch Case Action Subsustem** (开关箱作用子系统), 具有预先执行的 **Action**-Block(作用模块) 的子系统, 它必须由**Switch Case**-Block(开关箱模块) 来控制. 执行该子系统取决于 **Switch Case**-Block (开关箱模块) 的输出量. Action Block(作用模块) 的模块参数: 说明在重新调用子系统时系统状态是否被复原或保持. 子系统模块参数: 指示端口标记, 存取权, Callback-Funktion(回叫函数) 子系统输入和输出量
Trigger	**Trigger**(触发器), 在子系统中生成触发器输入端, 以便产生 Triggered Subsystem(触发子系统), 无子系统该模块不能独立地被应用. 模块参数: 说明触发器类型, 显示输出端口. 输出量: 无; 选择输出量: 触发器信号
ln1 Out1 Triggered Subsystem	**Triggered Subsystem**(触发子系统), 具有预先执行的**Trigger**-Block(触发器模块), 当触发信号出现时, 总是随之执行子系统. 模块参数: 显示端口标记, 存取权, Callback-Funktion(回叫函数). 输入量: 触发器信号, 子系统输入量和输出量
ln1 while{...}Out1 lC While lterator Subsystem	**While Iterator Subsystem**(While 迭代子系统), 具有预先执行的 While Iterator Block(While 迭代模块) 的子系统. 模块参数: 显示端口标记, 存取权, Callback-Funktion(回叫函数). 输入量: While Iterator Block(While 迭代模块) 的输入端条件 (Input Codition (输入端条件)IC), 子系统输入量和输出量

17.7.12 Signal Attributes Block Library(信号属性模块库), 信号属性改变和显示模型模块

表 17.7-11　Signal Attributes Block Library(信号属性模块库), 信号属性改变和显示模型模块

模块图标	描述
? INT Signal Attributes	Signal Attributes Block Library(信号属性模块库) 含有信号属性改变和显示模型模块
Bus to Vector	Bus to Vector(总线到向量), 将虚拟总线信号转换到向量信号. 模块参数: 无. 输入量: 虚拟总线信号; 输出量: 向量信号
int32 Data Type Conversion	Data Type Conversion(数据类型转换), 输入信号的数据类型转换到已给的数据类型. 模块参数: 说明处理定点数据类型, 输出信号数据类型, 舍入成整数类型, 溢出处理, 采样时间间隔. 输入量: 具有数据类型的信号; 输出量: 具有已转换数据类型的信号
Convert y u Data Type Conversion Inherited	Data Type Conversion Inherited(数据类型转换继承), 输入信号的数据类型转换到外部已给的数据类型. 模块参数: 说明处理定点信号, 舍入成整数类型, 溢出处理. 输入量: 具有已给数据类型的信号, 待转换信号 u; 输出量: 具有已转换数据类型的信号 y
Same DT Data Type Duplicate	Data Type Duplicate(数据类型重复), 检验, 输入信号数据类型是否相同. 模块参数: 输入信号数. 输入量: 输入信号; 输出量: 无, 当输入信号数据类型不相同时, 输出出错信息
Ref1 Ref2 Prop Data Type Propagation	Data Type Propagation(数据类型传播), 将参考信号数据类型传播到其他模块. 模型参数: 说明待传播的数据类型, 说明数据类型的标度 (按比例缩放); 输入量: 参考信号Ref1, Ref2, 传播 (Back Propagation(向后传播)) 数据类型的输入信号 Prop

(续)

模块图标	描述
Scaling Strip Data Type Scaling Strip	`Data Type Scaling Strip`(数据类型标度撤除), 撤除在定点信号处的标度. 模块参数: 无. 输入量: 标度的 (按比例缩放的) 输入信号; 输出量: 无标度的信号
[1] IC	`IC`(初值预给值), 初值预给, 模块设置输出信号在时间 $t=0$ 为预先给定的初值. 模块参数: 时间 $t=0$ 初值, 采样时间间隔. 输入量: 输入信号; 输出量: 时间 $t=0$ 初值, 而后输入信号值
W:0,Ts:[0 0],C:0 D:0,F:0 Probe	`Probe`(检测), 检测输入信号的信号属性. 模块参数: 说明应显示的信号属性: 元素个数, 采样时间间隔, 实数或复数信号, 信号维数, Frame-Based-Signal(帧基本信号)(以相同采样时间传输多数据). 输入量: 信号; 输出量: 作为模块参数专门指定的信号属性
Rate Transition	`Rate Transition`(速率转换), 规定两个模块之间以不同采样率 (采样时间间隔) 数据转换. 模块参数: 说明数据转换属性, 初值, 输出端口的采样时间间隔 $T_{\text{out}} = 1/A_{\text{out}}$. 输入量: 具有采样率 $A_{\text{in}} = 1/T_{\text{in}}$ 的输入信号; 输出量: 具有采样率 $A_{\text{out}} = 1/T_{\text{out}}$ 所采样的输入信号
Signal Conversion	`Signal Conversion`(信号转换), 将一个信号转换到一个新的信号类型, 而不改变其数值. 模块参数: 信号转换类型. 输入量: 输入信号; 输出量: 已转换的输入信号
inherit Signal Specification	`Signal Specification`(信号规约), 对于输入和输出信号预先给出确定的属性, 当这些属性与其所接通的模块矛盾时给出出错信息. 模块参数: 信号维数, 采样时间间隔, 数据类型, 信号类型, 采样模式. 输入量: 输入信号; 输出量: 如果信号属性一致则仿真起动并继续传播输入信号, 而在其他情况则给出出错信息

(续)

模块图标	描述
Ts Weighted Sample Time	`Weighted Sample Time`(加权采样时间), 用输入量和采样时间间隔 T 加权值进行数学运算, Weighted Sample Time(加权采样时间) 是 Weighted Sample Time Math-Block(加权采样时间数学模块) 的实现. 模块参数: 数学运算类型+, -, *, /或仅 T, $1/T$, 权系数 w, 输出量数据类型. 输入量: 输入信号 $x_{\mathrm{e}}(t)$, 在 T, $1/T$ 时无; 输出量: $x_{\mathrm{a}}(t)=x_{\mathrm{e}}(t)$ 数学运算 $T\cdot w$, $x_{\mathrm{a}}(t)=w\cdot T$ 或 $x_{\mathrm{a}}(t)=w/T$
0 Width	`Width`(宽度), 给出输入向量元素个数. 模块参数: 输出类型和元素数据类型. 输出量: 输入向量 (信号); 输出量: 输入向量元素个数

17.7.13 Signal Routing Block Library(信号路径模块库)，系统模型与模块之间信号连接的模型模块

表 17.7-12 Signal Routing Block Library(信号路径模块库)，系统模型与模块之间信号连接的模块

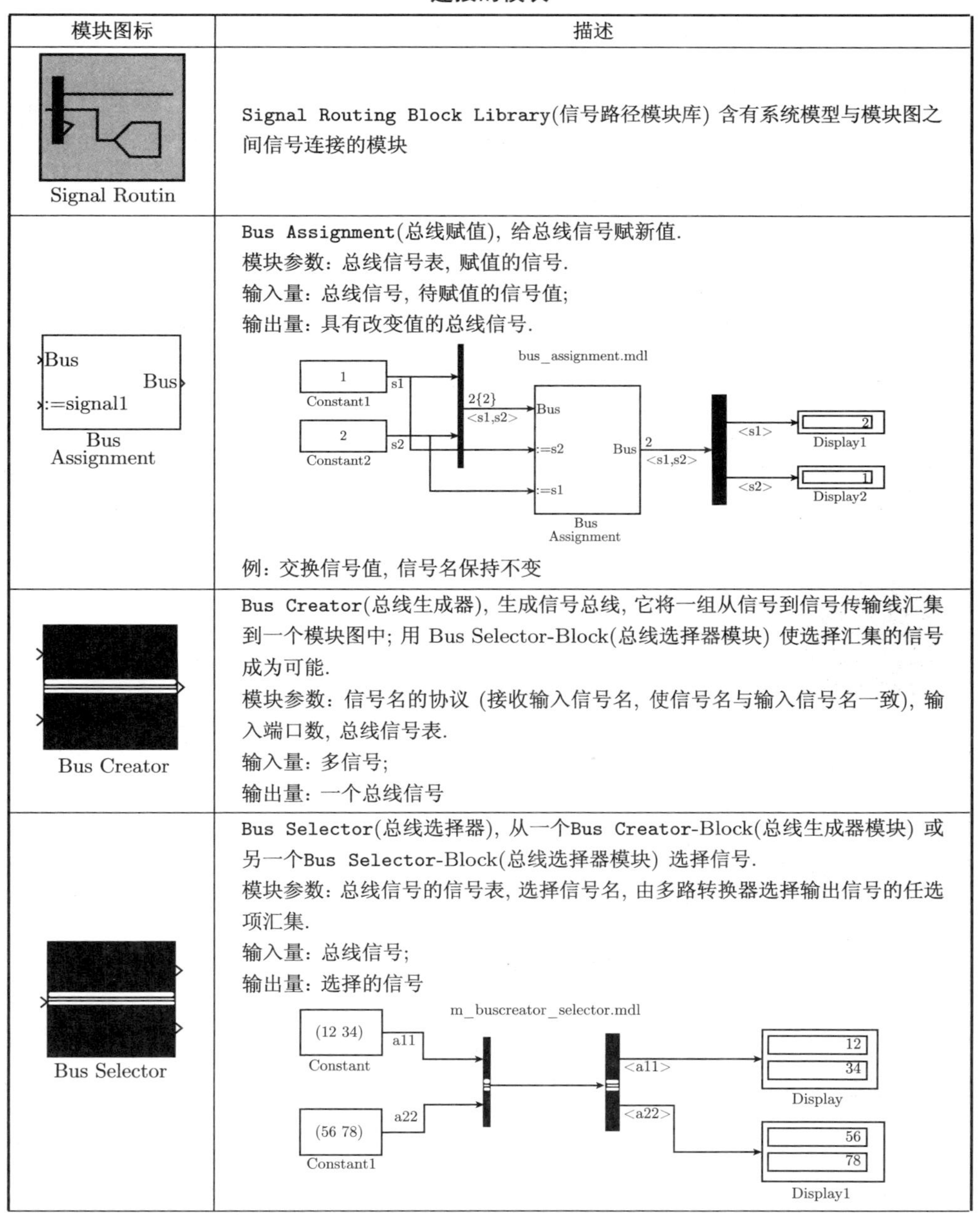

模块图标	描述
Signal Routin	Signal Routing Block Library(信号路径模块库) 含有系统模型与模块图之间信号连接的模块
Bus Assignment	Bus Assignment(总线赋值)，给总线信号赋新值. 模块参数：总线信号表，赋值的信号. 输入量：总线信号，待赋值的信号值; 输出量：具有改变值的总线信号. bus_assignment.mdl 例：交换信号值，信号名保持不变
Bus Creator	Bus Creator(总线生成器)，生成信号总线，它将一组从信号到信号传输线汇集到一个模块图中；用 Bus Selector-Block(总线选择器模块) 使选择汇集的信号成为可能. 模块参数：信号名的协议 (接收输入信号名，使信号名与输入信号名一致)，输入端口数，总线信号表. 输入量：多信号; 输出量：一个总线信号
Bus Selector	Bus Selector(总线选择器)，从一个Bus Creator-Block(总线生成器模块) 或另一个Bus Selector-Block(总线选择器模块) 选择信号. 模块参数：总线信号的信号表，选择信号名，由多路转换器选择输出信号的任选项汇集. 输入量：总线信号; 输出量：选择的信号 m_buscreator_selector.mdl

(续)

模块图标	描述
A Data Store Memory	Data Store Memory(数据存储器), 数据存储器, 定义和初始化指定的数据存储器, 可在其上用Data Store Read(数据存储器读取) 和Data Store Write(数据存储器写入) 来存取. 模块参数: 数据存储器名, 存储器初始值, 用初值的维数规定数据存储器维数, 说明数据类型. 无输入或输出量
A Data Store Read	Data Store Read(数据存储器读取), 数据存储器读取, 从已知的数据存储器读取数据. 模块参数: 数据存储器名, 采样时间间隔. 输入量: 无; 输出量: 数据存储器的数据
A Data Store Write	Data Store Write(数据存储器写入), 数据存储器写入, 将数据写入已知的数据存储器. 模块参数: 数据存储器名, 采样时间间隔. 输入量: 数据存储器的数据; 输出量: 无 (1 12) Constant → wert1 Data Store Write; wert1 Data Store Memory; wert1 Data Store Read → Display1 (1, 12) m_data_store.mdl
Demux	Demux(分路器), 分路转换器, 从总线或向量信号选择和传递信号. 模块参数: 输出端口数, 表示类型, 总线选择方式. 输入量: 总线或向量信号; 输出量: 分类的总线信号或选择的信号
Sim RTW Out Environment Controller	Environment Controller(环境控制器), 为开发环境相应地输出仿真结果或实时工作单元信号. 模块参数: 无. 输入量: 通过模型仿真生成的信号, 当用模型生成代码时由实时工作单元生成的信号; 输出量: 选择的信号
[A] From	From(接收), 连接器, 接收所属的Goto-Block(输送模块) 的信号. 模块参数: 标号名, 表示类型. 输入量: 无; 输出量: 所属的Goto-Block(输送模块) 的信号

(续)

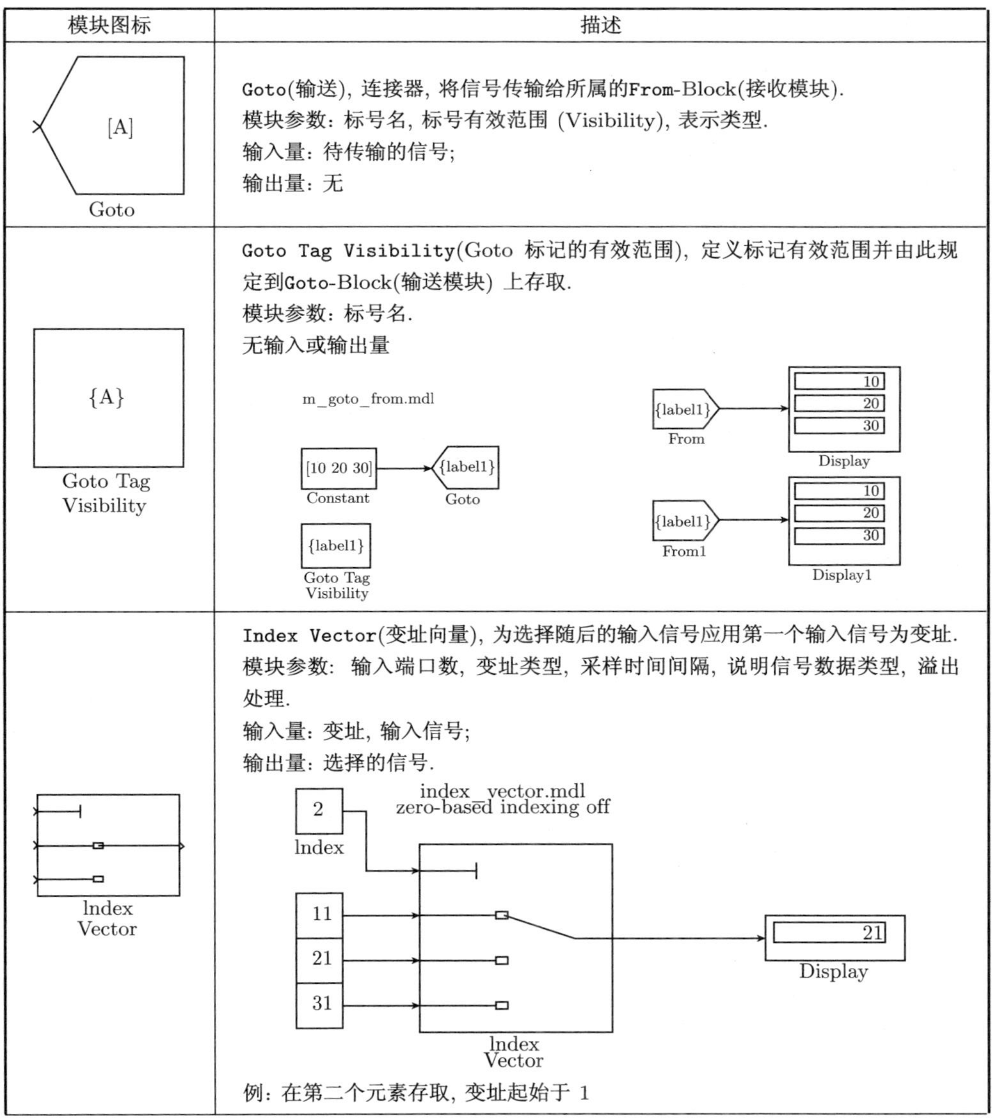

模块图标	描述
[A] Goto	`Goto`(输送), 连接器, 将信号传输给所属的`From`-Block(接收模块). 模块参数: 标号名, 标号有效范围 (Visibility), 表示类型. 输入量: 待传输的信号; 输出量: 无
{A} Goto Tag Visibility	`Goto Tag Visibility`(Goto 标记的有效范围), 定义标记有效范围并由此规定到`Goto`-Block(输送模块) 上存取. 模块参数: 标号名. 无输入或输出量 m_goto_from.mdl [10 20 30] Constant → {label1} Goto {label1} Goto Tag Visibility {label1} From → Display: 10, 20, 30 {label1} From1 → Display1: 10, 20, 30
lndex Vector	`Index Vector`(变址向量), 为选择随后的输入信号应用第一个输入信号为变址. 模块参数: 输入端口数, 变址类型, 采样时间间隔, 说明信号数据类型, 溢出处理. 输入量: 变址, 输入信号; 输出量: 选择的信号. index_vector.mdl zero-based indexing off 2 lndex; 11, 21, 31 → lndex Vector → Display: 21 例: 在第二个元素存取, 变址起始于 1

(续)

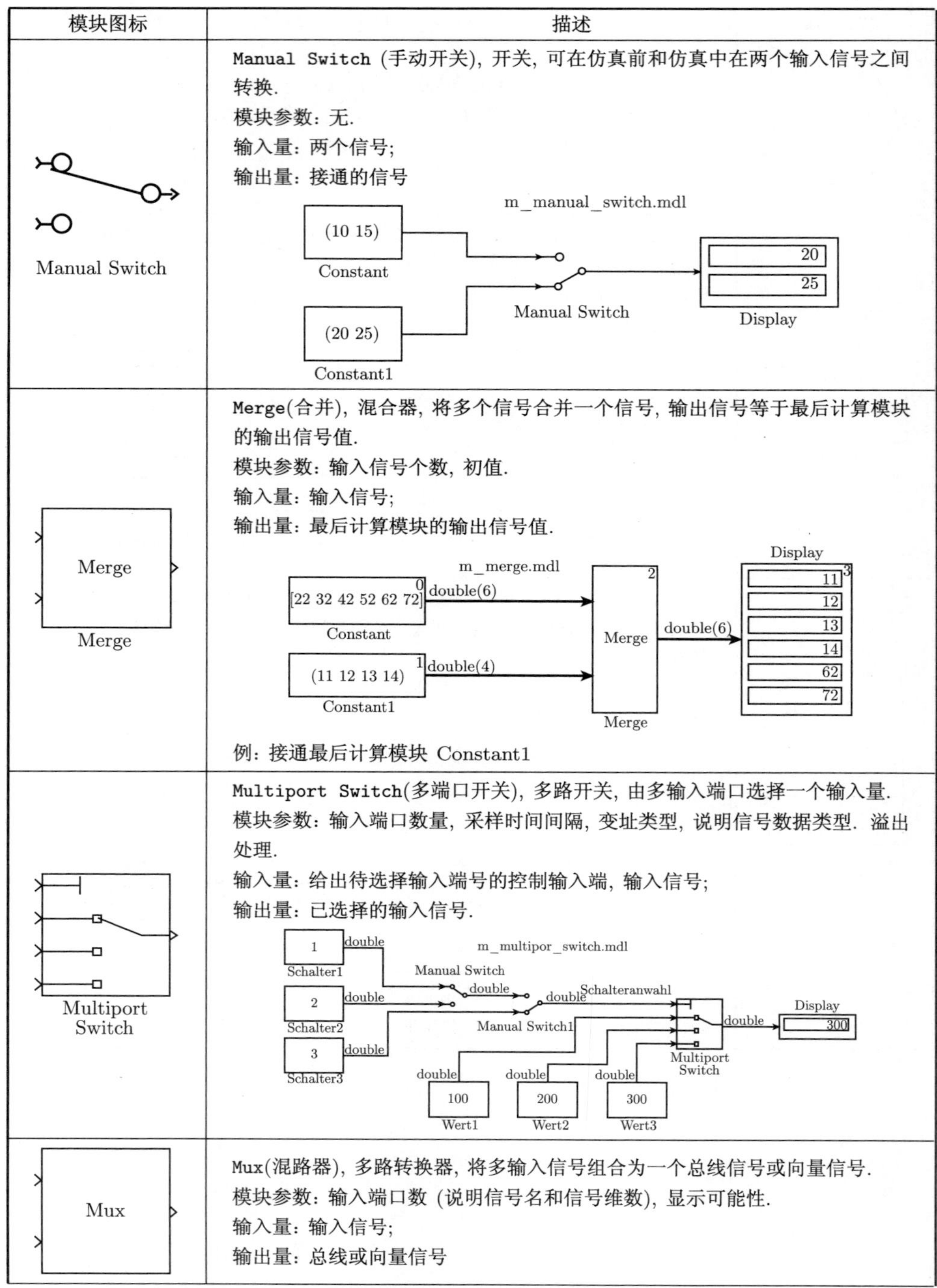

模块图标	描述
Manual Switch	**Manual Switch** (手动开关), 开关, 可在仿真前和仿真中在两个输入信号之间转换. 模块参数: 无. 输入量: 两个信号; 输出量: 接通的信号 m_manual_switch.mdl
Merge	**Merge**(合并), 混合器, 将多个信号合并一个信号, 输出信号等于最后计算模块的输出信号值. 模块参数: 输入信号个数, 初值. 输入量: 输入信号; 输出量: 最后计算模块的输出信号值. m_merge.mdl 例: 接通最后计算模块 Constant1
Multiport Switch	**Multiport Switch**(多端口开关), 多路开关, 由多输入端口选择一个输入量. 模块参数: 输入端口数量, 采样时间间隔, 变址类型, 说明信号数据类型. 溢出处理. 输入量: 给出待选择输入端号的控制输入端, 输入信号; 输出量: 已选择的输入信号. m_multipor_switch.mdl
Mux	**Mux**(混路器), 多路转换器, 将多输入信号组合为一个总线信号或向量信号. 模块参数: 输入端口数 (说明信号名和信号维数), 显示可能性. 输入量: 输入信号; 输出量: 总线或向量信号

(续)

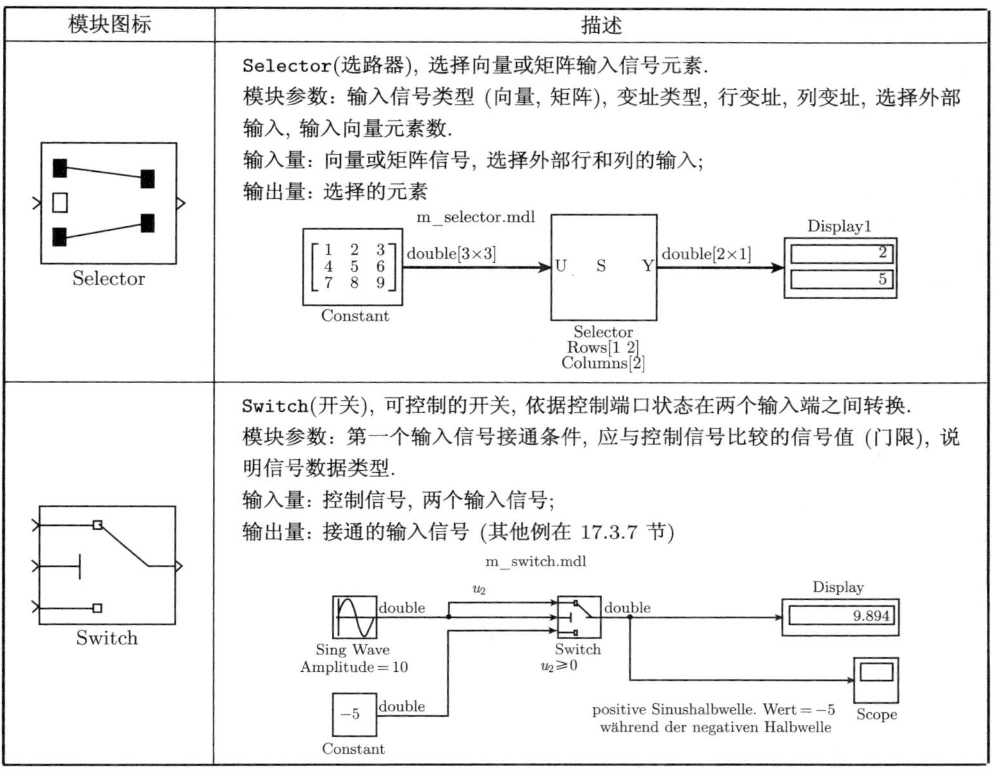

模块图标	描述
Selector	Selector(选路器), 选择向量或矩阵输入信号元素. 模块参数: 输入信号类型 (向量, 矩阵), 变址类型, 行变址, 列变址, 选择外部输入, 输入向量元素数. 输入量: 向量或矩阵信号, 选择外部行和列的输入; 输出量: 选择的元素 m_selector.mdl Constant [1 2 3; 4 5 6; 7 8 9] double[3×3] → U S Y (Selector Rows[1 2] Columns[2]) double[2×1] → Display1 (2, 5)
Switch	Switch(开关), 可控制的开关, 依据控制端口状态在两个输入端之间转换. 模块参数: 第一个输入信号接通条件, 应与控制信号比较的信号值 (门限), 说明信号数据类型. 输入量: 控制信号, 两个输入信号; 输出量: 接通的输入信号 (其他例在 17.3.7 节) m_switch.mdl Sing Wave Amplitude = 10 (double, u_2); Constant −5 (double); Switch $u_2 \geqslant 0$; double → Display 9.894; Scope positive Sinushalbwelle. Wert = −5 während der negativen Halbwelle

17.7.14　Sinks Block Library(接收模块库), 数据接收, 数据和信号显示和输出模块

表 17.7-13　Sinks Block Library(接收模块库), 数据接收, 数据和信号显示和输出模块

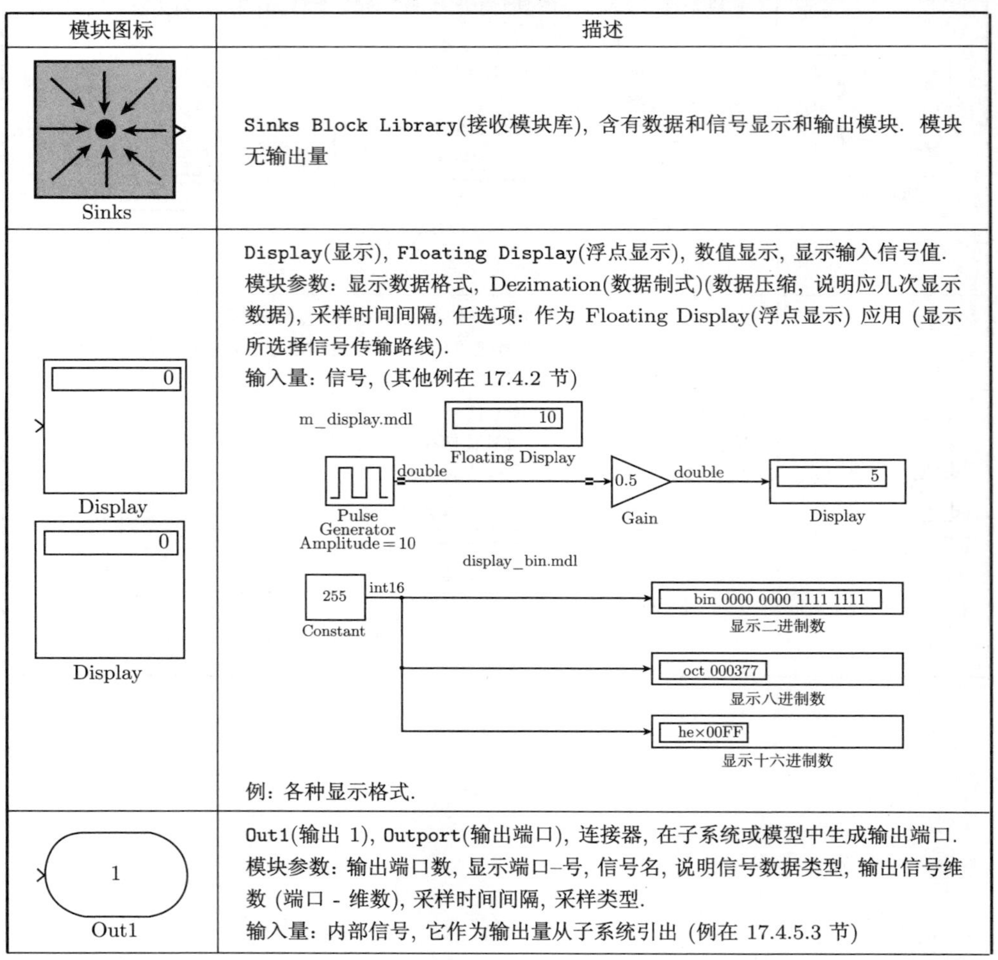

模块图标	描述
Sinks	`Sinks Block Library`(接收模块库), 含有数据和信号显示和输出模块. 模块无输出量
Display Display	`Display`(显示), `Floating Display`(浮点显示), 数值显示, 显示输入信号值. 模块参数: 显示数据格式, Dezimation(数据制式)(数据压缩, 说明应几次显示数据), 采样时间间隔, 任选项: 作为 Floating Display(浮点显示) 应用 (显示所选择信号传输路线). 输入量: 信号, (其他例在 17.4.2 节) m_display.mdl　Floating Display　Pulse Generator Amplitude=10　double　0.5　Gain　double　Display display_bin.mdl　255　Constant　int16　bin 0000 0000 1111 1111　显示二进制数　oct 000377　显示八进制数　he×00FF　显示十六进制数 例: 各种显示格式.
Out1	`Out1`(输出 1), `Outport`(输出端口), 连接器, 在子系统或模型中生成输出端口. 模块参数: 输出端口数, 显示端口–号, 信号名, 说明信号数据类型, 输出信号维数 (端口 - 维数), 采样时间间隔, 采样类型. 输入量: 内部信号, 它作为输出量从子系统引出 (例在 17.4.5.3 节)

(续)

模块图标	描述
Scope Floating Scope	`Scope`(示波器), `Floating Scope`(浮点示波器), 图形显示输入信号与仿真时间关系, 在应用`Floating Scope`(浮点示波器) 时必须选择应显示的信号传输路线. 模块参数: 将信号输出给打印机, 显示参数: 坐标轴数, 时间范围, 轴标记, Dezimation(数据制式)(数据压缩, 说明应几次显示数据), 采样时间间隔, 应显示的数据点数, 输出给工作空间 (workspace), 输入坐标轴标记, 变焦函数, 自动刻度, 坐标轴参数 (暂时) 存储和加载, 作为 Floating Scope(浮点示波器) 应用, 信号选择. 输入量: 取决于时间的输入信号 (例在 17.3.2.5 节)
STOP Stop Simulation	`Stop Simulation`(仿真终止), 仿真终止, 当输入信号不为零时, 终止仿真. 模块参数: 无. 输入量: 终止信号
Terminator	`Terminator`(终结), 终结模块, 终止一个未使用的输出端口. 模块参数: 无. 输入量: 未使用的输出信号
untitled.mat To File	`To File`(写文件), 数据存储, 将数据作为矩阵写入到数据文件, 对于各个采样时间点将数据写入到各个列中, 矩阵第一行含有仿真时间点, 在后面行中放入属于该时间点的输入信号向量的数据. 模块参数: 具有词尾 (Endung).mat 的文件名, 矩阵变量名, Dezimation(数据制式)(数据压缩, 说明应几次存储数据), 采样时间间隔. 输入量: 输入信号向量
simout To Workspace	`To Workspace`(工作空间写入), 数据输出, 将数据写入到 MATLAB 工作空间 (Workspace). 模块参数: 变量名, 待 (暂) 存储数据值数量, Dezimation(数据制式)(数据压缩, 说明应几次存储数据), 采样时间间隔, 存储格式. 输入量: 输入信号向量, 矩阵 (例在 17.4.4.2 节)
XY Graph	`XY Graph`(X-Y 绘图), XY 绘图板, 将 XY 图形绘制在一个图形窗口中. 模块参数: 坐标轴值`x-min,x-max,y-min,y-max`, 采样时间间隔. 输入量: X 信号, Y 信号 (例在 17.6.2.1 节)

17.7.15　Sources Block Library(信号源模块库), 数据源, 数据和信号输入模块

表 17.7-14　Sources Block Library(信号源模块库), 数据源, 数据和信号输入模块

模块图标	描述
Sources	`Sources Block Library`(信号源模块库), 含有数据和信号输入模块, 模块无输入量, 信号发生器可生成标量, 向量或矩阵信号
Band-Limited White Noise	`Band-Limited White Noise`(带宽限幅白噪声), 正态分布随机数发生器, 模块生成带宽限幅白噪声信号. 模块参数: 功率频谱密度, 采样时间间隔 (噪声信号相关时间), 随机数发生器的起动值 (seed(起动源)). 输出量: 带宽限幅噪声信号
Chirp Signal	`Chirp Signal`(线性调频信号), 生成线性增大频率的正弦信号. 模块参数: 频率初值, 时间 (在此时间内为扫描频率范围), 频率终值. 输出量: 具有变频的信号
Clock	`Clock`(时钟), 时间发生器, 生成并显示仿真时间. 模块参数: 显示仿真时间, Dezimation(数据制式)(说明在多少时间步后更新显示). 输出量: 输出仿真时间信号 (例在 17.4.5.2 节)
1 Constant	`Constant`(常数输入), 常数, 生成数据常值 (数, 向量, 矩阵). 模块参数: 数据常值, 采样时间间隔, 说明信号数据类型. 输出量: 数据常值 (例在 17.6.6 节)
Counter Free-Running	`Counter Free-Running`(计数器自由运行), 数字计数器, 在每个采样步时都给输出量增加个整数值. 模块参数: (二进制) 位 (Bit) 个数 n, 采样时间间隔. 输出量: 数值 $0 \leqslant z \leqslant 2^n - 1$, 在达到最大值 $2^n - 1$(溢出) 后, 计数过程再起始于零
lim Counter Limited	`Counter Limited`(计数器限制), 数字计数器, 在每个采样步时都给输出量增加个整数值. 模块参数: 上极限值 z_{end}, 采样时间间隔. 输出量: 数值 $0 \leqslant z \leqslant z_{\text{end}}$, 在达到上极限值 z_{end} 后数值置于零, 并且计数过程重新运行

(续)

模块图标	描述
 12:34 Digital Clock	Digital Clock(数字时钟), 时间发生器, 在采样时间点输出仿真时间. 采样时间点之间采样时间是常值. 模块参数: 采样时间间隔. 输出量: 采样时间

 SIDemoSign. Positive
Enumerated Constant
	Enumerated Constant(编号常数), 编号数据类型常数, 数据类型的值通过标识符 (Namen)(Symbole(符号)) 来定义, 并赋它们整数 (integer).
	模块参数: 编号数据类型标识符和值, 采样时间间隔.
	输出量: 编号数据类型常数.
	例: 色彩数据类型.
	`Classdef(Enumeration) farbe < Similink,IntEnumType`
	`enumeration`
	`rot(0), gruen(1), blau(2)`
	`end`
	`end` 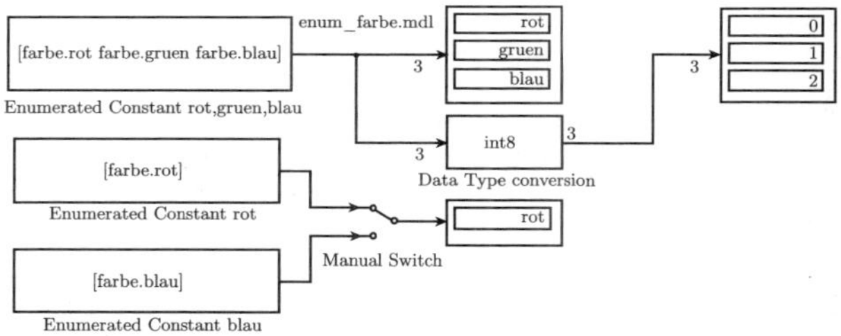
	enum_farbe.mdl
	[farbe.rot farbe.gruen farbe.blau]
	Enumerated Constant rot,gruen,blau
	rot gruen blau
	int8
	Data Type conversion
	0 1 2
	[farbe.rot]
	Enumerated Constant rot
	Manual Switch
	rot
	[farbe.blau]
	Enumerated Constant blau

 untitled.mat From File	From File(读文件), 从数据文件读数据作为矩阵的数据, 对于每个采样时间点从每一列读数据, 第一行含有仿真时间点, 在后面行中放置属于该时间点的信号向量数据. 模块参数: 具有词尾.mat 文件名, 采样时间间隔. 输出量: 仿真时间点和所属的信号数据
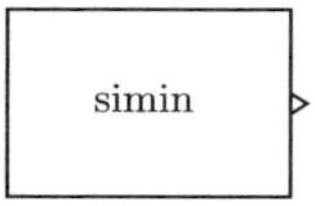 simin From Workspace	From Workspace(从工作空间读), 数据输入, 从 MATLAB 工作空间 (Workspace) 读数据. 模块参数: 数据变量名, 采样时间间隔, 当数据输入终止时说明输出信号历程. 输出量: 读入的数据组
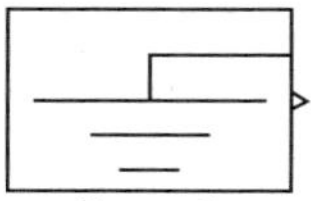 Ground	Ground(接地线), 接地线, 将不用的输入端口与零值 (Masse(接地线)) 连接. 模块参数: 无. 输出量: 零信号

(续)

模块图标	描述
1 In1	In1, Inport(输入 1, 输入端口), 连接器, 在子系统或模型中生成一个输入端口. 模块参数: 输入端口号, 显示端口号, 信号名, 说明信号数据类型, 输入信号维数 (端口维数), 采样时间间隔, 采样类型. 输出量: 外部信号, 它作为输入量输入到子系统 (例在 17.4.5.3 节)
Pulse Generator	Pulse Generator(脉冲发生器), 脉冲发生器, 生成时间连续的和时间离散的矩形脉冲. 模块参数: 发生器类型 (连续的 (time-based(时间 - 基的)), 时间离散的 (sample-based(采样基的))), 时间信号 (内部, 外部), 幅值, 周期, 脉冲宽度, 相位移. 输出量: 矩形脉冲信号.
Ramp	Ramp(斜坡), 斜坡函数, 生成线性增加或下降信号. 模块参数: 信号斜率, 起动时间, 信号初值. 输出量: 具有正的或负的斜率信号 (例在 17.6.5 节)
Random Number	Random Number(随机数), 随机数发生器, 生成正态分布的随机数. 模块参数: 随机数序列的均值, 控制和起始值, 采样时间间隔. 输出量: 具有正态分布的随机数信号
Repeating Seqience	Repeating Sequence(重复序列), 信号发生器, 生成具有用户自定义信号形式的周期信号. 模块参数: 时间值向量, 信号值向量, 该信号值是周期地输出并且之间值是线性内插的. 输出量: 周期的, 用户自定义的信号
Repeating Sequence Interpolated	Repeating Sequence Interpolated(重复序列内插), 信号发生器, 生成具有用户自定义的信号形式的周期信号, 在数据值之间信号是内插的. 模块参数: 周期输出的信号值向量, 时间值向量, 探寻法 (Lookup-Methode)(计算法, 内插法), 采样时间间隔, 说明信号类型. 输出量: 周期的, 用户自定义的信号
Repeating Sequence Stair	Repeating Sequence Stair(重复序列阶梯), 信号发生器, 生成具有用户自定义信号形式的周期阶梯形信号. 模块参数: 周期输出的信号值向量, 采样时间间隔. 输出量: 周期的, 用户自定义的信号, 该信号仅在采样时间点可变换数值

(续)

模块图标	描述
Signal1 Signal Builder	`Signal Builder`(信号构成), 信号产生器, 生成具有逐个线性信号形式的信号组, Signal Builder(信号构成) 提供生成和产生信号和信号组广泛的开发环境
Signal Generator	`Signal Generator`(信号发生器), 生成正弦 -, 矩形 -, 三角形信号或随机信号. 模块参数; 信号形式, 信号幅值和频率, 频率单位 (Hertz(赫兹), rad/sec(弧度/秒)). 输出量: 具有预先给定信号形式的信号
Sine Wave	`Sinus Wave`(正弦波), 正弦波发生器, 生成时间连续的或时间离散的正弦信号. 模块参数: 发生器类型 (连续的 (time-based(时间基的)), 时间离散的 (sample-based(采样基的))), 时间信号 (内部, 外部), 幅值, 常值的恒值 (Gleichwert)(offset(偏移), Bias(偏置)), 频率 (时间离散: 每个周期数值的个数), 相位移 (时间离散: 信号移动所采样的个数), 采样时间间隔. 输出量: 正弦信号 (例在 17.6.2 节)
Step	`Step`(阶跃), 生成阶跃函数. 模块参数: 时间点 (在该点发生阶跃), 阶跃函数的初值, 终值, 采样时间间隔. 输出量: 阶跃信号 (例 14.4-5)
Uniform Random Number	`Uniform Random Number`(平均分布的随机数), 随机数发生器, 生成平均分布的随机数序列. 模块参数: 随机数序列的最小值, 最大值, 起始值. 输出量: 平均分布的随机信号

17.7.16　User-Defined Function Block Library(用户自定义函数模块库), 用户自定义函数模块

表 17.7-15　User-Defined Function Block Library(用户自定义函数模块库), 用户自定义函数模块

模块图标	描述
y=f(t,u) User-Defined Functions	User-Defined Function Block Library(用户自定义函数模块库) 含有创建用户自定义函数的模块
u fcn y Embedded MATLAB Function	Embedded MATLAB Funktion(嵌入 MATLAB 函数), 用该模块可生成具有 Simulink 仿真或代码生成 (Code-Generierung) 实时工作单元 (workshop) 的 MATLAB 函数. 模块参数: 参见 Atomic Subsystem(空白子系统), Code Reuse Subsystem(代码再用子系统), Subsystem(子系统) 的模块参数. 输入量: 输入变量 u; 输出量: 函数值 $y = f(u)$
f(u) Fcn	Fcn(函数), 函数, C- 程序相似的函数表达式由输入量 u 生成输出量 $f(u)$. 模块参数: 具有输入变量 u 的函数表达式. 输入量: 输入变量 u; 输出量: 函数值 $f(u)$
mlfile Leve1-2M-file S-Function	Level-2 M-file S-Funktion(分级 -2 M- 文件, S- 函数), 应用 MATLAB 的 S 函数 API 的用户自定义模块. 模块参数: m 文件的文件名, 参数. 系统函数输入量和输出量
MATAB Function MATAB Fcn	MATLAB Fcn(MATLAB 函数), MATLAB 函数或表达式, 由输入量 u 生成输出量 $f(u)$. 模块参数: MATLAB 函数, 输出量维数, 信号类型 (实数, 复数), 采样时间间隔. 输出量: 函数值
system S-Function	S-Function(S- 函数), 系统函数, 由用户自定义模块在系统函数上存取. 模块参数: 系统函数名, 系统函数参数. 系统函数输入和输出量
system S-Function Builder	S-Function Builder(S 函数构建), 系统函数发生器, 由用户自编制的 C- 程序生成系统函数. S-Function Builder(S 函数构建) 为生成用户自定义系统函数提供广阔的开发环境

第 18 章　调节技术数值方法

18.1　导言

为计算调节回路的**稳定性** (**Stäbiletät**) 和**动态特性** (**dynamischen Verhaeten**), 在高阶调节系统时引入数值方法, 在本章对于线性调节技术的一些问题应给出数值辅助工具.

如果微分方程、传递函数或频率特性函数系数存在的话, 那么可将无时延线性调节回路的**稳定性**(**Stäbilität**) 的确定归并为**特征方程零点** (**Nullstelen der charakteristischen Gleichung**) 的计算. 在高阶调节系统时为确定零点可引入数值方法, 例如, 与牛顿法相关的百尔斯托夫法.

对于线性调节回路也可用奈奎斯特法或伯德法确定**稳定性**(**Stäbilität**), 其中还允许有时延环节. 伯德法同时提供按照已给**品质特性** (**Güteeigenschaften**) 调整调节回路的可能性. 对于所提这些任务就需用数值方法, 用它可计算频率特性函数.

除了稳定性研究之外, 求调节回路的**动态特性**(**dynamischen Verhaltens**) 具有更大意义. 调节系统在时域的**实验研究**(**experimentelle Untersuchung**) 一般是不经济的, 测量技术耗费巨大或在开发阶段是不可能的. 基于这个原因通过调节回路的仿真求调节回路动态特性是有益的. 仿真的其他优点有, 使在实验研究时一般不允许的稳定性边界研究成为可能, 因为它们会导致调节系统的损坏. 无时延线性调节回路的时间特性或动态特性, 可借助于拉普拉斯变换和反变换用部分分式展开来求. 为了能进行部分分式展开, 必须已知特征方程的零点.

一般求调节回路时间特性会涉及解**微分方程组**(**Differentialgleichungssystemen**) 问题. 为解决这个任务通常应用**龙格–库塔法**(**Verfahren von 龙格–库塔**), 该法在非线性调节系统时也是可引入的.

18.2　求特征方程零点

18.2.1　解代数方程

仅含有 x 整数幂和的方程被称为代数方程或多项式方程, 其一般形式为

$$\boxed{a_n \cdot x^n + a_{n-1} \cdot x^{n-1} + \ldots + a_1 \cdot x + a_0 = 0}$$

由微分方程或传递函数可给出线性调节系统特征方程. 传递环节 (调节系统) 的微分方程具有如下形式:

$$\boxed{\begin{aligned}a_n\cdot\frac{\mathrm{d}^n x_\mathrm{a}}{\mathrm{d}t^n}+a_{n-1}\cdot\frac{\mathrm{d}^{n-2} x_\mathrm{a}}{\mathrm{d}t^{n-1}}+\ldots+a_1\cdot\frac{\mathrm{d}x_\mathrm{a}}{\mathrm{d}t}+a_0\cdot x_\mathrm{a}=\\ b_m\cdot\frac{\mathrm{d}^m x_\mathrm{e}}{\mathrm{d}t^m}+\ldots+b_1\cdot\frac{\mathrm{d}x_\mathrm{e}}{\mathrm{d}t}+b_0\cdot x_\mathrm{e},\qquad n\geqslant m\end{aligned}}$$

通过将齐次微分方程解函数 $x_{\mathrm{ah}}(t)$

$$x_{\mathrm{ah}}(t)=C\cdot\mathrm{e}^{\alpha t}$$

代入微分方程得到特征方程

$$\boxed{a_n\cdot\alpha^n+a_{n-1}\cdot\alpha^{n-1}+\ldots+a_1\cdot\alpha+a_0=0}$$

转换到频域给出传递函数

$$\boxed{G(s)=\frac{x_\mathrm{a}(s)}{x_\mathrm{e}(s)}=\frac{b_m\cdot s^m+b_{m-1}\cdot s^{m-1}+\ldots+b_1\cdot s+b_0}{a_n\cdot s^n+a_{n-1}\cdot s^{n-1}+\ldots+a_1\cdot s+a_0}=\frac{Z(s)}{N(s)}}$$

如果令传递函数分母为零, 那么同样会得到调节系统特征方程:

$$\boxed{a_n\cdot s^n+a_{n-1}\cdot s^{n-1}+\ldots+a_1\cdot s+a_0=0}$$

特征方程具有上面给出的代数方程结构, 为确定多项式零点将应用下列特性.

- n 阶多项式具有 n 个**零点** (Nullstellen).
- 如果全部系数 a_i 为实数, 那么复数零点只能**成对地(paarweise)** 以**共轭复数零点(konjugiert komplexe Nullstellen)** 出现.

直接法能解到四阶代数方程, 而对于高阶方程必须使用间接法 (迭代法). 在此大多可确定一个零点 (linearer Faktor (一次因式))

$$(x+r),\ x_1=-r$$

或零点对 (quadrarischer Faktor(二次因式))

$$(x^2+p\cdot x+q),\ x_{1,2}=-\frac{p}{2}\pm\sqrt{\frac{p^2}{4}-q}$$

通过一次因式或二次因式除多项式, 其中对于一次因式原多项式阶数可降 1, 而在二次因式时阶数降 2, 该法应用直到剩余多项式的阶数 $\leqslant 2$ 时为止.

一次因式 (实数零点) 用牛顿法确定, 而二次因式 (共轭复数零点) 用百尔斯托夫法确定.

18.2.2 牛顿法

为求形式为 $f(x)=0$ 超越代数方程的实数零点, 牛顿法是最常应用的的迭代法.

方法是基于函数 $f(x)$ 的泰勒展开. 在此 x^* 为寻找方程解 (零点) 的近似值. $f(x)$ 在点 x^* 按照泰勒公式展开, 其中第一项后被截去:

$$f(x)=0\approx f(x^*)+\left.\frac{\mathrm{d}\,f(x)}{\mathrm{d}\,x}\right|_{x^*}\cdot(x-x^*)=f(x^*)+f'(x^*)\cdot(x-x^*).$$

通过变换方程右端得到:

$$x=x^*-\frac{f(x^*)}{f'(x^*)}$$

x 为方程解的改进值. 为计算机应用给出下面迭代方程, 其中预先给出起始值 x_0:

$$\boxed{x_{n+1}=x_n-\frac{f(x_n)}{f'(x_n)},\quad 对于 n=0,1,\cdots}$$

在 $f(x)$ 零点收敛时, 趋近于序列极限值.

18.2.3 百尔斯托夫法

百尔斯托夫法是解代数方程的最快速方法之一. 方法基础是, 从原始多项式分离出二次因式 $(x^2+p\cdot x+q)$. 这些可通过原始多项式的代数除法来达到, 其中多项式必须存在以下面表示的形式:

$$(x^n+a_0\cdot x^{n-1}+\ldots+a_{n-2}\cdot x+a_{n-1}):(x^2+p\cdot x+q)$$

通过除法产生具有新系数的 $n-2$ 阶的多项式和阶数 $\leqslant 1$ 的 (除法) 余数:

$$(x^{n-2}+b_0\cdot x^{n-3}+\ldots+b_{n-4}\cdot x+b_{n-3})\cdot(x^2+p\cdot x+q)+R\cdot x+S=0$$

如果 $(x^2+p\cdot x+q)$ 是原始多项式的精确除数, 那么余项为 $R=0, S=0$ 和多项式第一个双解为

$$x_{1,2}=-\frac{p}{2}\pm\sqrt{\frac{p^2}{4}-q}$$

对于 p 和 q 任意值一般不是这种情况. 在二次因式中 p 和 q 的初始值通过校正项迭代地加以改善:

$$p_{i+1}:=p_i+\Delta p,\quad q_{i+1}:=q_i+\Delta q$$

对此量 $R(p,q)$ 和 $S(p,q)$ 应趋于零. 如果将函数展开泰勒级数并且第一展开步后被截去, 那么得到:

$$\boxed{\Delta p = \frac{S\cdot\dfrac{\partial R}{\partial q} - R\cdot\dfrac{\partial S}{\partial q}}{\dfrac{\partial R}{\partial p}\cdot\dfrac{\partial S}{\partial q} - \dfrac{\partial S}{\partial p}\cdot\dfrac{\partial R}{\partial q}}, \quad \Delta q = \frac{-S\cdot\dfrac{\partial R}{\partial p} + R\cdot\dfrac{\partial S}{\partial p}}{\dfrac{\partial R}{\partial p}\cdot\dfrac{\partial S}{\partial q} - \dfrac{\partial S}{\partial p}\cdot\dfrac{\partial R}{\partial q}}}$$

百尔斯托夫法计算逐渐改进 p 和 q, 直到寻找到解. 当 R 和 S 及变化 Δp 和 Δq 变成充分小时, 就是这种情况, 由二次因式求得多项式方程两个解:

$$x_{1,2} = -\frac{p}{2} \pm \sqrt{\frac{p^2}{4} - q}$$

18.2.4 用于计算多项式实数零点和复数零点的 C 程序

18.2.4.1 导言

Bairstow Newton 程序可计算至 12 阶多项式的实数零点和复数零点. 该程序应用于零点计算的百尔斯托夫法和牛顿法.

18.2.4.2 程序描述和程序

首先输入多项式的阶数 N, 输入系数是从如下形式的规一化多项式出发:

$$K_{fN}\cdot X^N + K_{f(N-1)}\cdot X^{N-1} + K_{f(N-2)}\cdot X^{N-2} + \ldots + K_{f1}\cdot X + K_{f0} = 0$$

在 Bairstow函数中调入两个子函数:

Quadfaktor计算二次因式 P 和 Q, 它们是用于计算二次方程

$$X^2 + P\cdot X + Q = 0$$

的零点所需要的. Newton函数在多项式阶 N 为奇数时计算方程

$$X + R = 0$$

的实数零点. 在调用函数 Quadfaktor后多项式的阶减小 2. 再次调用直至剩余多项式的阶不大于 3 为止. 如果阶等于 3(奇数), 那么调用用于计算实数零点的函数 Newton; 如果阶等于 2(偶数), 那么由剩余多项式产生最后二次因式.

在计算零点后进行再迭代, 以便改善零点. 随后计算并给出二次因式的零点. 借助霍纳法检验计算精度. 同时将每个零点代入多项式. 在精确解时多项式的实部和虚部都必须为零.

C 程序:

```
#include <stdio.h>
#include <conio.h>
#include <math.h>
void Quadfaktor();
void Newton();
void Bairstow();

int const Np = 12, N2p1 = Np/2 + 1, Itz=3000;
double P, Q, X, SumKf, EKf, Sr, Si, Sh, Betrag, Phase;
double Kf[Np+1], A[Np+1], B[Np+1], C[Np+1], D[Np+1], Rr[Np+1], Ri[Np+1];
double Pp[N2p1+1], Qq[N2p1+1], Emin=1.0E-100, Eps=1.0E-12;
int N, M, I, J, NullFehler;

int main (void)
   {//计算多项式零点, Bairstow-Newton-法
   for (I = 0; I <= Np; I++)   A[I] = B[I] = C[I] = D[I] = 0.0;
   for (I = 0; I <= N2p1; I++) Pp[I] = Qq[I] = 0.0;
   printf ("求N阶多项式零点");
   printf ("多项式阶N ="); scanf ("%d", &N);
   if (N > Np || N < 2)
      {
      printf ("多项式阶n小于2, 返回到return");
      return 0;
      }
   printf ("输入从A[N]至A[0]的N+1个系数=\n");
   for (I = 0; I <= N; I++) {
      printf("%d.系数=", N-I); scanf ("%lf", &Kf[I]);}
   EKf = Kf[0];
   for (I = 0; I <= N-1; I++) Kf[I] = Kf[I+1] / EKf; SumKf =0.0;
   for (I = 0; I <= N-1; I++) SumKf = SumKf + fabs(Kf[I]);
   Bairstow();
   printf ("多项式零点");
   printf ("实部 虚部");
   for (I = 0; I <= N-1; I++)
   printf ("\n % 12.6lf   % 12.6lf", Rr[I] ,Ri[I]);
   printf ("\n检验零点");
   printf ("\n零点 实部和 SR 虚部和SI");
   NullFehler = 0;
```

```
   for (J = 0; J <= N-1; J++)
      {
      Sr = 1.0; Si =0.0;
      for (I = 0; I <= N-1; I++)
         {
         Sh = Sr; Sr = Sr * Rr[J] - Si * Ri[J] + Kf[I];
         Si = Si * Rr[J] + Sh * Ri[J];
         }
      printf ("\n%6d       SR= % 20.14le   SI= % 20.14le",\
              J+1, Sr, Si);
      if (fabs(Sr) > 1.0E-10 || fabs(Si) > 1.0E-10)
         {
         printf ("\n%d.零点误差" J+1; 零误差=1;
         }
      }
   if (!NullFehler) printf ("\校正零点");
   getch(); return 0;
   }
void Quadfaktor()
   {//计算二次因式
   int Icq = 0, I; double R, S, Rp, Rq, Sp, Sq, De, Dp, Dq;
   do {
      B[0]  = A[0] - P; B[1]  = A[1] - P * B[0] - Q;
      C[0]  = - 1.0;    C[1]  = - B[0] + P;
      D[0]  = 0.0;      D[1]  = -1.0;
      for (I = 2; I <= M-3; I++)
         {
         B[I]  = A[I] - P * B[I-1] - Q * B[I-2];
         C[I]  = - B[I-1] - P * C[I-1] - Q * C[I-2];
         D[I]  = C[I-1];
         }
      R   = A[M-2] - P * B[M-3] - Q * B[M-4];
      S   = A[M-1] - Q * B[M-3];
      Rp   = - B[M-3] - P * C[M-3] - Q * C[M-4];
      Rq   = - B[M-4] - P * D[M-3] - Q * D[M-4];
      Sp   = - Q * C[M-3]; Sq   = - B[M-3] - Q * D[M-3];
      De   = Rp * Sq - Sp * Rq;
      if (fabs(De) < Emin) if (De < 0.0) De   = -Emin;
```

```
        else De  = Emin;
    Dp  = (S * Rq-R * Sq)/De; Dq  = (R * Sp-S * Rp)/De;
    P  = P + Dp; Q  = Q + Dq; Icq++;
    }
  while ((fabs(Dp) > Eps) || (fabs(Dq) > Eps) && Icq <= Itz);
  }
void Newton (void)
  {//计算一次因式
  int Icn = 0, I; double F, Df, Dx;
  do {
    F = pow(X,M) + A[M-1]; Df = M * pow(X,M-1);
    for (I = 0; I <= M-2; I++)
      {
      F =F + A[I] * pow(X,M-1-I);
      Df =Df + A[I] * (M-1-I) * pow(X,M-2-I);
      }
    if (fabs (Df) < Emin) if (Df < 0.0) Df = -Emin;
        else Df = Emin;
    Dx = -F / Df; X = X + Dx; Icn++;
    }
  while (fabs(Dx) > Eps && Icn < Itz);
  }
void Bairstow(void)
  {//计算零点
  int L, I, K, J; double Dk;
  P = 0.001; Q = 0.001;
  if (SumKf < 1.0E-6) {P = Emin; Q = Emin;}
  M = N; L = (N + 1)/2;
  for (I = 0; I <= Np; I++) A[I] = Kf[I];
  J = 0;
  while (M > 3)
    {
    Quadfaktor();        Pp[J] = P; Qq[J] = Q; M = M - 2;
    for (K = 0; K <= M-1; K++) A[K] = B[K];
    J++;
    }
  if (M == 2)
    {if (N == 2) B[0] = A[0]; B[1] = A[1];
```

```
    Pp[L-1] = B[0]; Qq[L-1] = B[1]; L = L + 1;}
  else if (M == 3)
       {X =- Kf[0]; Newton();
        Pp[L-2] = A[0] + X;
        Qq[L-2] = A[1] + A[0]*X + X*X;}
  for (I = 0; I <= Np; I++) A[I] = Kf[I];

  //改进零点
  if (N % 2 == 1) {M = N; Newton();
  Rr[N-1] = X; Ri[N-1] = 0.0;} M = N;
  for (J = 0; J <= L-2; J++)
     {
     P = Pp[J]; Q = Qq[J];
     if (N > 3) Quadfaktor();
     Dk =P * P - 4.0 * Q;
     if (Dk >= 0.0)
        {Rr[2*J]   =(- P + sqrt(Dk))/2.0;
         Rr[2*J+1] =(- P - sqrt(Dk))/2.0;
         Ri[2*J] =0.0; Ri[2*J+1] =0.0;}
     else
        {Rr[2*J] = -P/2.0; Rr[2*J+1] = -P/2.0;
         Ri[2*J] = sqrt(-Dk)/2.0; Ri[2*J+1] =- Ri[2*J];}
     }
  }
```

18.2.4.3　应用算例

试确定 3 阶多项式零点:

$$s^3 + 2 \cdot s^2 + 3 \cdot s + 4 = 0$$

程序生成如下对话, 其中必须输入下划线处数据:

求 N 阶多项式零点

多项式阶 N= <u>3</u>

输入从 A[N] 至 A[0] 的 N+1 个系数 =

第 3 项系数 = <u>1.0</u>

第 2 项系数 = <u>2.0</u>

第 1 项系数 = <u>3.0</u>

第 0 项系数 = <u>4.0</u>

```
多项式零点
    实部          虚部
  -0.174685    1.546869
  -0.174685   -1.546869
  -1.650629    0.000000
  检验零点
   零点    实部和 SR                        虚部和 SI
    1     SR = -8.88178419700125e-016    SI =  3.88578058618805e-016
    2     SR = -8.88178419700125e-016    SI = -3.88578058618805e-016
    3     SR =  0.00000000000000e+000    SI =  0.00000000000000e+000
   校正零点
```

18.3 解微分方程的数值方法

18.3.1 导言

在调节器和被调节对象中输入量和输出量之间的关系在时域是用**微分方程**(**Differentialgleichung**) 来表示. 对于简单调节回路环节可封闭地求微分方程解. 提出复杂任务, 譬如确定高阶调节回路的时间特性, 必须用数值积分法迭代地求解.

在**解**调节技术问题的**微分方程**(**Lösung von Differentialgleichungen**) 时一般必须解决**初值问题**(**Anfangswertproblem**). 在此, 时间 t 是自变量, 而被调节量 x 是因变量. 微分方程输入量是扰动量 z 或参据量 w. 在后面的表示中用 x_e 表示调节系统或调节环节的输入量, 而用 x_a 表示输出量:

$$
\begin{aligned}
a_n \cdot \frac{\mathrm{d}^n x_\mathrm{a}}{\mathrm{d}t^n} + a_{n-1} \cdot \frac{\mathrm{d}^{n-1} x_\mathrm{a}}{\mathrm{d}t^{n-1}} + \ldots + a_1 \cdot \frac{\mathrm{d}\, x_\mathrm{a}}{\mathrm{d}t} + a_0 \cdot x_\mathrm{a} = \\
b_m \cdot \frac{\mathrm{d}^m x_\mathrm{e}}{\mathrm{d}t^m} + \ldots + b_1 \cdot \frac{\mathrm{d}\, x_\mathrm{e}}{\mathrm{d}t} + b_0 \cdot x_\mathrm{e}, \qquad n \geqslant m
\end{aligned}
$$

$$
\frac{\mathrm{d}^{n-1} x_\mathrm{a}(t_0)}{\mathrm{d}t^{n-1}} = \frac{\mathrm{d}^{n-2} x_\mathrm{a}(t_0)}{\mathrm{d}t^{n-2}} = \ldots = \frac{\mathrm{d}\, x_\mathrm{a}(t_0)}{\mathrm{d}t} = x_\mathrm{a}(t_0) = 0
$$

在调节技术计算时初值一般是无意义的. 通常感兴趣的是**动态过渡特性**(**Dynamische Übergangsverhalten**), 也就是当输入量 w 或 z 变化时被调节量 x 的变化. 在此, 在稳定系统情况被调节量 x 会过渡到一个新的稳定状态.

初值问题数值解从另一领域看还是有意义的. 因此, 它被开发了很多的解法. **一步法**(**Einschrittverfahen**) 需要前一计算步的信息, 以便计算下一步的近似值. 属于该方法的有欧拉法和龙格- 库塔法. 在多步法时需要多个计算步的信息, 以便求下一步的值. 在本节中描述用于解初值问题的龙格–库塔一步法.

18.3.2　龙格–库塔法的基础

一步法可被用来解形式

$$\boxed{\frac{\mathrm{d}\,x(t)}{\mathrm{d}t} = f(t,\,x)}$$

的**一阶微分方程(Differentialgleichungen erster Ordnung)**. 该问题的初始条件为: $x_0 = x\,(t_0)$.

首先计算对于 $t_0 + \Delta t$ 的 x 值: 其值为 $x_1 = x\,(t_0 + \Delta t) = x\,(t_1)$. 一步法提供一个 $x-$ 值序列, 该序列属于自变量 t 的离散值:

$$x(t_0),\,x(t_1),\,x(t_2),\,\cdots\quad \text{其中}\quad t_0,\,t_1 = t_0 + \Delta t,\,t_2 = t_1 + \Delta t,\cdots$$

为了理解龙格– 库塔法首先解释欧拉法. 由于精度低而不推荐该法, 然而却很容易理解龙格– 库塔法.

在欧拉法时将初始条件 $x\,(t_0)$ 代入函数 $x\,(t)$ 的泰勒展开:

$$x(t) = x(t_0 + \Delta t) = x(t_0) + \frac{\mathrm{d}x(t_0)}{\mathrm{d}t}\cdot\Delta t + \frac{\mathrm{d}^2x(t_0)}{\mathrm{d}t^2}\cdot\frac{(\Delta t)^2}{2} + \cdots$$

如果 Δt 很小, 那么可略去具有 $(\Delta t)^2$ 和 Δt 更高幂的项, 对此方程转变为

$$x(t_0 + \Delta t) \approx x(t_0) + \frac{\mathrm{d}\,x(t_0)}{\mathrm{d}t}\cdot\Delta t$$

求在初始点 $x\,(t_0)$ 微分方程值会给出在初始点 $x\,(t_0)$ 的斜率. 由此可计算对于距离初始点很小一步 $t_1 = t_0 + \Delta t$ 的因变量 x. 在此所求得值为 $x_1 = x\,(t_1) = x\,(t_0 + \Delta t)$. 计算过程可按照**递推方程(rekursiven Gleichung)**

$$\boxed{x_{n+1} = x_n + \frac{\mathrm{d}\,x(t_n)}{\mathrm{d}t}\cdot\Delta t = x_n + f(t_n,\,x_n)\cdot\Delta t,\quad n = 0,\,1,\,\cdots}$$

连续运行任意多步. 该法的误差与 $(\Delta t)^2$ 项有关, 因为略去了具有 $(\Delta t)^2$ 和更高阶的项. 在后面所描述的典型的 4 阶龙格–库塔法是较精确的, 如图 18.3-1 所示因为在区间 $[t_n, t_{n+1}]$ 的斜率是通过四次迭代计算的斜率 q_1, q_2, q_3, q_4 的加权平均值来求的. 权系数是这样确定的, 即值 x_{n+1} 是与函数 $x\,(t)$ 的泰勒展开至 4 阶项相吻合. 因此误差与 $(\Delta t)^5$ 阶有关.

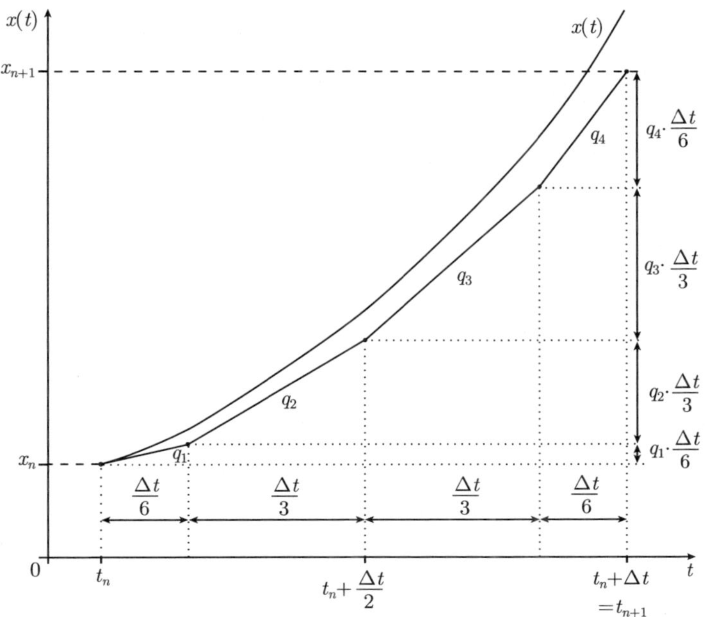

图 18.3-1 4 阶龙格–库塔法

该法对于一阶微分方程组是可应用的. 因为高阶微分方程可归并为一阶微分方程组, 所以龙格–库塔法是通用的, 对于线性和非线性微分方程都可引用的.

对于龙格–库塔法应用下列公式:

$$x_{n+1} = x_n + \Delta t \cdot \frac{(q_1 + 2 \cdot q_2 + 2 \cdot q_3 + q_4)}{6}$$

$$t_{n+1} = t_n + \Delta t$$

其中

$$q_1 = f(t_n, x_n)$$

$$q_2 = f\left(t_n + \frac{\Delta t}{2}, x_n + q_1 \cdot \frac{\Delta t}{2}\right)$$

$$q_3 = f\left(t_n + \frac{\Delta t}{2}, x_n + q_2 \cdot \frac{\Delta t}{2}\right)$$

$$q_4 = f(t_n + \Delta t, x_n + q_3 \cdot \Delta t)$$

龙格– 库塔法的高精度被有效证实需很高的计算费用. 由于高精度放大步距 Δt 常常是可能的, 以便通过此提高计算速度. 在龙格–库塔法中这是由自动步距匹配实现的.

18.3.3 将高阶微分方程转换为 I 阶微分方程组

无时延的线性调节环节的微分方程具有下列形式:

$$a_n \cdot \frac{\mathrm{d}^n x_\mathrm{a}}{\mathrm{d}t^n} + a_{n-1} \cdot \frac{\mathrm{d}^{n-1} x_\mathrm{a}}{\mathrm{d}t^{n-1}} + \ldots + a_1 \cdot \frac{\mathrm{d}\,x_\mathrm{a}}{\mathrm{d}t} + a_0 \cdot x_\mathrm{a} = b_m \cdot \frac{\mathrm{d}^m x_\mathrm{e}}{\mathrm{d}t^m} + \ldots + b_1 \cdot \frac{\mathrm{d}\,x_\mathrm{e}}{\mathrm{d}t} + b_0 \cdot x_\mathrm{e}, \qquad n \geqslant m$$

为求调节回路环节的动态特性, 初值是无贡献的, 对此它被设为零. 根据变换规则, 微分可通过具有 s 或 p 的变换函数的乘法来代替. 为此得到传递函数

$$G(s) = \frac{x_\mathrm{a}(s)}{x_\mathrm{e}(s)} = \frac{b_m \cdot s^m + b_{m-1} \cdot s^{m-1} + \ldots + b_1 \cdot s + b_0}{a_n \cdot s^n + a_{n-1} \cdot s^{n-1} + \ldots + a_1 \cdot s + a_0} = \frac{Z(s)}{N(s)}$$

和频率特性函数

$$F(p) = \frac{x_\mathrm{a}(p)}{x_\mathrm{e}(p)} = \frac{b_m \cdot p^m + b_{m-1} \cdot p^{m-1} + \ldots + b_1 \cdot p + b_0}{a_n \cdot p^n + a_{n-1} \cdot p^{n-1} + \ldots + a_1 \cdot p + a_0} = \frac{Z(p)}{N(p)}$$

微分方程、传递函数和频率特性函数的系数是相同的.

由 n 阶微分方程可推导出 I 阶微分方程组. 为此引入状态变量 $x_1(t), x_2(t), \cdots, x_n(t)$.

例 18.3-1: 试用状态变量表示具有微分方程

$$a_3 \cdot \frac{\mathrm{d}^3 x_\mathrm{a}(t)}{\mathrm{d}\,t^3} + a_2 \cdot \frac{\mathrm{d}^2 x_\mathrm{a}(t)}{\mathrm{d}\,t^2} + a_1 \cdot \frac{\mathrm{d}x_\mathrm{a}(t)}{\mathrm{d}\,t} + a_0 \cdot x_\mathrm{a}(t) = b_0 \cdot x_\mathrm{e}(t)$$

和传递函数

$$\begin{aligned} G(s) &= \frac{x_\mathrm{a}(s)}{x_\mathrm{e}(s)} = \frac{b_0}{a_3 \cdot s^3 + a_2 \cdot s^2 + a_1 \cdot s + a_0} = \frac{Z(s)}{N(s)} \\ x_1(s) &= \frac{x_\mathrm{a}(s)}{b_0} = \frac{1}{a_3 \cdot s^3 + a_2 \cdot s^2 + a_1 \cdot s + a_0} \cdot x_\mathrm{e}(s) = \frac{1}{N(s)} \cdot x_\mathrm{e}(s) \end{aligned}$$

的传递环节. 由缩写 $\dot{x}(t)=\dfrac{\mathrm{d}x(t)}{\mathrm{d}t}$ 和状态变量 $x_1(t),x_2(t),x_3(t)$ 可得:

$$x_1(t)=\frac{x_\mathrm{a}(t)}{b_0},\quad \dot{x}_1(t)=x_2(t)=\frac{\dot{x}_\mathrm{a}(t)}{b_0},\quad \dot{x}_2(t)=x_3(t)=\frac{\ddot{x}_\mathrm{a}(t)}{b_0}$$
$$\dot{x}_3(t)=\ddot{x}_2(t)=\dddot{x}_1(t)=\frac{\dddot{x}_\mathrm{a}(t)}{b_0}$$

并由变形

$$\begin{aligned}a_3\cdot\dddot{x}_\mathrm{a}(t)&=-a_0\cdot x_\mathrm{a}(t)-a_1\cdot\dot{x}_\mathrm{a}(t)-a_2\cdot\ddot{x}_\mathrm{a}(t)+b_0\cdot x_\mathrm{e}(t)\\ a_3\cdot\dddot{x}_1(t)&=-a_0\cdot x_1(t)-a_1\cdot\dot{x}_1(t)-a_2\cdot\ddot{x}_1(t)+x_\mathrm{e}(t)\\ &=-a_0\cdot x_1(t)-a_1\cdot x_2(t)-a_2\cdot x_3(t)+x_\mathrm{e}(t)\end{aligned}$$

给出

$$\dot{x}_3(t)=-\frac{a_0}{a_3}\cdot x_1(t)-\frac{a_1}{a_3}\cdot x_2(t)-\frac{a_2}{a_3}\cdot x_3(t)+\frac{1}{a_3}\cdot x_\mathrm{e}(t)$$

由该变换产生 I 阶微分方程组, 以矩阵形式表示为

$$\frac{\mathrm{d}}{\mathrm{d}t}\begin{bmatrix}x_1(t)\\x_2(t)\\x_3(t)\end{bmatrix}=\begin{bmatrix}0&1&0\\0&0&1\\-\dfrac{a_0}{a_3}&-\dfrac{a_1}{a_3}&-\dfrac{a_2}{a_3}\end{bmatrix}\cdot\begin{bmatrix}x_1(t)\\x_2(t)\\x_3(t)\end{bmatrix}+\begin{bmatrix}0\\0\\\dfrac{1}{a_3}\end{bmatrix}\cdot x_\mathrm{e}(t)$$
$$x_\mathrm{a}(t)=[b_0\quad 0\quad 0]\cdot\begin{bmatrix}x_1(t)\\x_2(t)\\x_3(t)\end{bmatrix}b_0\cdot x_1(t)$$

并缩写成如下形式:

$$\frac{\mathrm{d}}{\mathrm{d}t}\boldsymbol{x}(t)=\dot{\boldsymbol{x}}(t)=\boldsymbol{A}\cdot\boldsymbol{x}(t)+\boldsymbol{b}\cdot x_\mathrm{e}(t),\quad x_\mathrm{a}(t)=\boldsymbol{c}^\mathrm{T}\cdot\boldsymbol{x}(t)$$

通过下面结构图表示微分方程组:

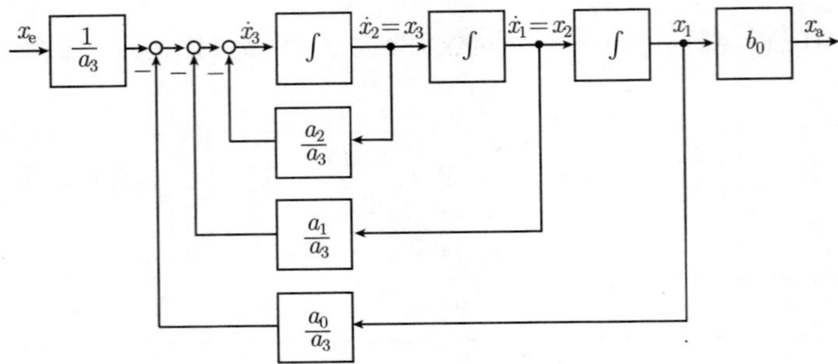

将其推广到分子阶 m 等于分母阶 n 的一般情况进行如下. 出发点是三阶的传递函数 $G(s)$.

$$G(s) = \frac{x_a(s)}{x_e(s)} = \frac{b_3 \cdot s^3 + b_2 \cdot s^2 + b_1 \cdot s + b_0}{a_3 \cdot s^3 + a_2 \cdot s^2 + a_1 \cdot s + a_0} = \frac{Z(s)}{N(s)}$$

$$x_1(s) = \frac{x_a(s)}{b_0} = \frac{1}{a_3 \cdot s^3 + a_2 \cdot s^2 + a_1 \cdot s + a_0} \cdot x_e(s) = \frac{1}{N(s)} \cdot x_e(s)$$

将状态量 $x_1(s)$ 代入:

$$\begin{aligned} x_a(s) &= G(s) \cdot x_e(s) = \frac{b_3 \cdot s^3 + b_2 \cdot s^2 + b_1 \cdot s + b_0}{a_3 \cdot s^3 + a_2 \cdot s^2 + a_1 \cdot s + a_0} \cdot x_e(s) \\ &= \frac{Z(s)}{N(s)} \cdot x_e(s) = \left[\frac{b_3 \cdot s^3}{N(s)} + \frac{b_2 \cdot s^2}{N(s)} + \frac{b_1 \cdot s}{N(s)} + \frac{b_0}{N(s)}\right] \cdot x_e(s) \\ &= b_3 \cdot s^3 \cdot x_1(s) + b_2 \cdot s^2 \cdot x_1(s) + b_1 \cdot s \cdot x_1(s) + b_0 \cdot x_1(s) \end{aligned}$$

最后方程反变换到时域, 并将状态变量代入:

$$\begin{aligned} x_a(s) &= b_3 \cdot s^3 \cdot x_1(s) + b_0 \cdot x_1(s) + b_1 \cdot s \cdot x_1(s) + b_2 \cdot s^2 \cdot x_1(s) \\ &= b_3 \cdot s \cdot x_3(s) + b_0 \cdot x_1(s) + b_1 \cdot x_2(s) + b_2 \cdot x_3(s) \\ x_a(t) &= b_3 \cdot \dot{x}_3(t) + b_0 \cdot x_1(t) + b_1 \cdot x_2(t) + b_2 \cdot x_3(t) \end{aligned}$$

由

$$\dot{x}_3(t) = -\frac{a_0}{a_3} \cdot x_1(t) - \frac{a_1}{a_3} \cdot x_2(t) - \frac{a_2}{a_3} \cdot x_3(t) + \frac{1}{a_3} \cdot x_e(t)$$

得到

$$x_a(t) = b_0 \cdot x_1(t) + b_1 \cdot x_2(t) + b_2 \cdot x_3(t)$$

$$-a_0 \cdot \frac{b_3}{a_3} \cdot x_1(t) - a_1 \cdot \frac{b_3}{a_3} \cdot x_2(t) - a_2 \cdot \frac{b_3}{a_3} \cdot x_3(t) + \frac{b_3}{a_3} \cdot x_e(t)$$

$$= \left(b_0 - a_0 \cdot \frac{b_3}{a_3}\right) \cdot x_1(t) + \left(b_1 - a_1 \cdot \frac{b_3}{a_3}\right) \cdot x_2(t)$$

$$+ \left(b_2 - a_2 \cdot \frac{b_3}{a_3}\right) \cdot x_3(t) + \frac{b_3}{a_3} \cdot x_e(t)$$

由这样变换产生 I 阶微分方程组, 它以矩阵形式表示为

$$\frac{\mathrm{d}}{\mathrm{d}t}\begin{bmatrix} x_1(t) \\ x_2(t) \\ x_3(t) \end{bmatrix} = \begin{bmatrix} 0 & 1 & 0 \\ 0 & 0 & 1 \\ -\dfrac{a_0}{a_3} & -\dfrac{a_1}{a_3} & -\dfrac{a_2}{a_3} \end{bmatrix} \cdot \begin{bmatrix} x_1(t) \\ x_2(t) \\ x_3(t) \end{bmatrix} + \begin{bmatrix} 0 \\ 0 \\ \dfrac{1}{a_3} \end{bmatrix} \cdot x_e(t)$$

$$x_a(t) = \begin{bmatrix} b_0 - \dfrac{b_3 \cdot a_0}{a_3} & b_1 - \dfrac{b_3 \cdot a_1}{a_3} & b_2 - \dfrac{b_3 \cdot a_2}{a_3} \end{bmatrix} \cdot \begin{bmatrix} x_1(t) \\ x_2(t) \\ x_3(t) \end{bmatrix} + \frac{b_3}{a_3} \cdot x_e(t)$$

并缩写成如下形式:

$$\frac{\mathrm{d}}{\mathrm{d}t}\boldsymbol{x}(t) = \dot{\boldsymbol{x}}(t) = \boldsymbol{A} \cdot \boldsymbol{x}(t) + \boldsymbol{b} \cdot x_e(t), \quad x_a(t) = \boldsymbol{c}^{\mathrm{T}} \cdot \boldsymbol{x}(t) + d \cdot x_e(t)$$

调节系统数学模型这种表示形式是用**可调节规范型(Regelungsnor-malform)**来描述. $\boldsymbol{A}$ 是系统矩阵, $\boldsymbol{b}$ 是输入向量, $\boldsymbol{c}$ 是输出向量和 d 是前馈系数, 给出结构图.

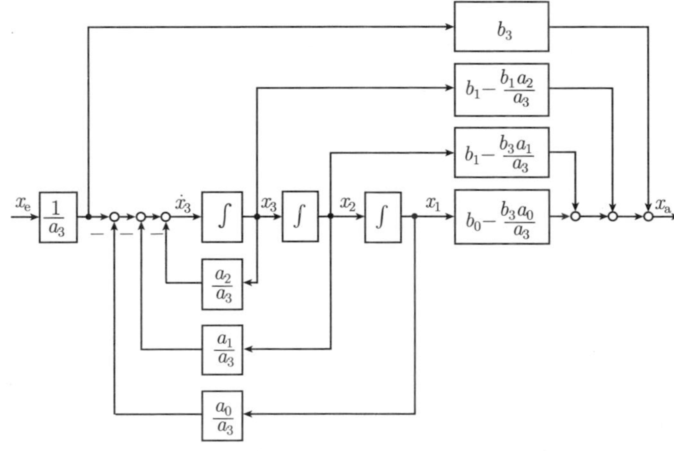

该法对于非线性微分方程也可应用. 接着, 进行龙格–库塔法程序实现.

18.3.4 求无时延线性调节系统动态特性的程序

```
// 计算阶跃响应
#include <stdio.h>
#include <conio.h>
double W          (double Ttt, double W00);
void Diff_Glchg   (double *XPunkt, double *X, double *Aa, int Nn, double Xxe);
void Runge_Kutta  (double * Xn, double * A, double * B, int N, int M,
                   double * Xa, double W, double *Tn, double Delta_T);
int const NConst = 10;
int main (void)
   {
   int I, M, N;
   double A[NConst], B[NConst], Xn[NConst];
   double Xa, Tn, TMin, TMax, Delta_T, W0;
   printf ("输入步距 Delta_T= ");
   scanf ("%lf", &Delta_T);
   printf ("输入 TMin = "); scanf ("%lf", &TMin);
   printf ("输入 TMax = "); scanf ("%lf", &TMax);
   printf ("阶跃高度 W0= ");   scanf ("%lf", &W0);
   Delta_T=0.01; TMin = 0.0; TMax =10.0; W0 = 1.0;
   printf ("分子多项式阶 M = "); scanf ("%d", &M);
   printf ("输入从B[M]到B[0])的M+1个系数=";
   for (I = M; I >= 0; I--) scanf ("%lf", &B[I]);
   printf ("分母多项式阶 N = "); scanf ("%d", &N);
   printf ("输入从A[N]到A[0])的N+1个系数=";
   for (I = N; I >= 0; I--) scanf ("%lf", &A[I]);
   if (M == N)
      {
      for (I = 0; I < N; I++) B[I] = B[I] - A[I] * (B[N] / A[N]);
      }
   else
      {
      if (N < M)
         {
         printf ("不可表示阶跃函数");
         printf ("\n返回到return"); getch(); return 0;
         }
```

```
      }
   //微分方程初值
   for (I = 0; I < NConst; I++) Xn[I] = 0.0;
   Tn = TMin; Xa = 0.0;
   printf ("\nt = %6.3lf   x(t) =  %6.3lf",Tn, Xa);
   do
      {
      Runge_Kutta (Xn, A, B, N, M, &Xa, W(Tn, W0), &Tn, Delta_T);
      printf ("\nt = %6.3lf   x(t) =  %6.3lf",Tn, Xa);
      getch();
      }
   while (Tn <= TMax);
   getch(); return 0;
   }
double W (double Ttt, double W00)
   {//阶跃函数
   if (Ttt < 0.0) return 0.0; else return W00;
   }
void Diff_Glchg (double *XPunkt, double *X, double *Aa, int Nn,
double Xxe)
   {
   int J; //微分方程可调节规范型
   for (J = 0; J < Nn-1; J++) XPunkt[J] = X[J+1];
   XPunkt[Nn-1] = Xxe / Aa[Nn];
   for (J = 0; J < Nn; J++)
        XPunkt[Nn-1] = XPunkt[Nn-1] - Aa[J] * X[J] / Aa[Nn];
   }
void Runge_Kutta (double * Xn, double * Aa, double * Bb, int Nn,
          int Mm, double * Xxa, double Xxe, double * Tn, double D_T)
   {//用于解N-阶微分方程的
    //Runge-Kutta-法
   int K, J; double X[NConst], XPunkt[NConst], Q[4][NConst];
   if (Nn > 0)
      {
      for (J = 0; J < 4; J++)
         {
         for (K = 0; K < Nn; K++)
            {
```

```
        switch (J)
          {
          case 0: X[K] = Xn[K]; break;
          case 1: case 2: X[K] = Xn[K] + Q[J-1][K] / 2.0; break;
          case 3: X[K] = Xn[K] + Q[J-1][K]; break;
          }
        }
      Diff_Glchg (XPunkt, X, Aa, Nn, Xxe);
      //计算Q-因式
      for (K = 0; K < Nn; K++) Q[J][K] = D_T * XPunkt[K];
      }
    for (K = 0; K < Nn; K++) //计算值 Xn(Tn+D_T)
      Xn[K] = Xn[K] +
                (Q[0][K]+2.0*Q[1][K]+2.0*Q[2][K]+Q[3][K])/6.0;
    if (Mm == Nn) *Xxa = (Bb[Nn] / Aa[Nn]) * Xxe; else *Xxa = 0.0;
    for (K = 0; K <= Mm; K++) *Xxa = *Xxa + Bb[K] * Xn[K];
    }
  else *Xxa = Xxe * Bb[0] / Aa[0];
  *Tn = *Tn + D_T;
  }
```

18.3.5　应用算例

对于具有传递函数 $G(s)$ 的调节回路, 试计算时域 0.0 到 10.0 的阶跃响应. 如果至时间 $t = 0.0\text{s}$ 接入单位阶跃函数 $w(t)$, 则

$$G(s) = \frac{x(s)}{w(s)} = \frac{4}{s^2 + 2 \cdot s + 4} = \frac{b_0}{a_2 \cdot s^2 + a_1 \cdot s + a_0}$$

$$w(t) = w_0 \cdot E(t), \quad w_0 = 1$$

程序生成下列对话, 其中必须输入下划线处的数据:

```
输入步距 Delta_T=0.01
输入 TMin=0.0
输入 TMax=10.0
阶跃高度 W0 = 1.0
分子多项式阶 M = 0
输入从 B[M+1] 到 B[1]) 的 M+1 个系数 = 4.0
分母多项式阶 N = 2
输入从 A[N+1] 到 A[1]) 的 N+1 个系数 = 1.0 2.0 4.0
```

```
t  =  0.000   x(t)  =  0.000
t  =  0.010   x(t)  =  0.000
t  =  0.020   x(t)  =  0.001
t  =  0.030   x(t)  =  0.002
t  =  0.040   x(t)  =  0.003
t  =  0.050   x(t)  =  0.005
t  =  0.060   x(t)  =  0.007
t  =  0.070   x(t)  =  0.009
t  =  0.080   x(t)  =  0.012
t  =  0.090   x(t)  =  0.015
t  =  0.100   x(t)  =  0.019
...
t  =  1.210   x(t)  =  1.000
...
t  =  1.800   x(t)  =  1.163
```

第19章 公式符号和缩语

19.1 概述

除了少量例外, 应用 DIN①的公式符号和缩语. 基于实际原因, 在调节技术中根据其自变量来命名函数 $f(t), f(kT), f(\mathrm{j}\omega), f(p), f(s), f(z)$(例如被调节量: 时间连续函数 $x(t)$, 时间离散函数 $x(kT)$, 谐波函数 $x(\mathrm{j}\omega)$ 或 $x(p)$, 拉普拉斯变换函数 $x(s)$, z 变换函数 $x(z)$). 变量对时间的导数通过顶部加一点的缩写来描述.

对于在 12 节和 13.8 节中状态表示应用向量和矩阵. 向量是通过小写字母, 矩阵是通过大写字母来表示, 并且总是用黑体字来强调. 求逆和转置是用指数 “-1” 和 “T” 表示, 而观测器的向量和矩阵是用顶部 “$\wedge$” 来标志. 在美国 (USA) 状态调节惯用公式符号将在 19.3 节说明.

对于 15 章模糊逻辑在调节技术中的应用, 其公式符号和缩语将在节 19.4 中给出. MATLAB 程序系统的指令和函数取自 16 章的表. 程序用字体 Courier 来描述.

19.2 经典调节技术公式符号和缩语

a	常数, 常值
$a_0, a_1, \cdots, a_n$	系数
a_m	加速度值
a_tol	绝对容限, 绝对容差
arg	指针角
$a(t)$	加速度
A	工作点, 幅值, 火箭迎流面积
A_abs	数值调节面
$A_\mathrm{abs\_t}$	时间加权数值调节面
A_lin	线性调节面
A_R	幅值裕度
A_sqr	平方调节面
$A_\mathrm{sqr\_t}$	时间线性加权平方调节面

① [译者注] DIN=Deutsche Industrienorm (德国工业标准).

$A_{\mathrm{sqr\_t2}}$	时间平方加权平方调节面
$A(z^{-1})$	模型传递函数分母多项式
$A_{\mathrm{S}}(z^{-1})$	实际系统传递函数分母多项式
$b_0, b_1, \cdots, b_m$	系数
B	常数
$B(\hat{x}_{\mathrm{e}}),\ B(\hat{x}_{\mathrm{e}}, x_{\mathrm{e0}})$	谐波信号描述函数
$B_0(\hat{x}_{\mathrm{e}}),\ B_0(\hat{x}_{\mathrm{e}}, x_{\mathrm{e0}})$	直流信号描述函数
$B(z^{-1})$	模型传递函数多项式
$B_{\mathrm{S}}(z^{-1})$	实际系统传递函数分子多项式
c	非线性特征线参数
C	电容量, 常数
c_{f}	弹性常数
c_{w}	空气阻力系数
C_{v}	存储器容量
$C(z^{-1})$	MA-模型传递函数分子多项式
d	非线性特征线参数
D	阻尼, 阻尼比
D_{A}	驱动装置阻尼
$D(z^{-1})$	模型传递函数多项式
dB	分贝, 对数增益量度单位
$e(t)$, $e(kT)$, e_k, $e(z)$	模型误差
e_i	误差估计值
$E(t)$	单位阶跃函数
E_{kin}	动能
$f(j\omega)$	谐波函数
$f(kT)$	时间离散函数
$f(s)$	拉普拉斯变换函数 s
$f(t)$	连续时间函数
$f(z)$	z变换函数
f_{E}	接入放大器转折频率s
f_{E0}	未接入放大器转转折频率
f_{T}	截止频率
$F(\mathrm{j}\omega), F(p)$	频率特性函数
$\|F(\mathrm{j}\omega)\|$	频率特性函数幅值
$F(t)$	力

$F(z^{-1})$	模型传递函数多项式
$F_{\mathrm{B}}(t)$	加速度力
$F_{\mathrm{d}}(\mathrm{j}\omega)$	未接入放大器频率特性函数
F_{ist}	力实际值
$F_{\mathrm{L}}(\mathrm{j}\omega)$	调节线性部分频率特性函数
$F_{\mathrm{L}}(t)$	加工力, 负载力
$F_{\mathrm{m}}(t)$	惯性力
$\|F_{\mathrm{m}}(\mathrm{j}\omega)\|$	在谐振点频率特性幅值
$F_{\mathrm{M}}(\mathrm{j}\omega), F_{\mathrm{M}}(p)$	测量装置频率特性函数
$F_{\mathrm{M}}(t)$	电动机力
$F_{\mathrm{P}}(\mathrm{j}\omega)$	Popow幅相频率特性曲线频率特性函数
$F_{\mathrm{r}}(t)$	摩擦力
$F_{\mathrm{R}}(\mathrm{j}\omega), F_{\mathrm{R}}(p)$	调节器频率特性函数
$F_{\mathrm{R}}(t)$	摩擦力
$F_{\mathrm{RS}}(\mathrm{j}\omega), F_{\mathrm{RS}}(p)$	开环调节回路频率特性函数
$F_{\mathrm{S}}(\mathrm{j}\omega), F_{\mathrm{S}}(p)$	被调节对象频率特性函数
F_{soll}	力希望值
$F_{\mathrm{st}}(t)$	最大电动机力
$F_y(t)$	驱动力
$F_z(\mathrm{j}\omega), F_z(p)$	扰动频率特性函数
$g(t)$	权函数
$g(x)$	高度相关的重力加速度
G	发电机, 发生器
$G(s)$	拉普拉斯传递函数
$G(z)$	z传递函数, 模型传递函数
$G_{\mathrm{AR}}(z)$	AR 模型传递函数
$G_{\mathrm{ARMA}}(z)$	ARMA 模型传递函数
$G_{\mathrm{H}}(s)$	零阶保持器拉普拉斯传递函数
$G_{\mathrm{HS}}(z)$	零阶保持器与连续系统串联 z-传递函数
$G_{\mathrm{L}}(s)$	调节线性部分传递传递函数
$G_{\mathrm{M}}(s)$	测量装置拉普拉斯传递函数
$G_{\mathrm{MA}}(z)$	MA-模型传递函数
$G_{\mathrm{r}}(s)$	反馈传递函数
$G_{\mathrm{R}}(s)$	调节器拉普拉斯传递函数
$G_{\mathrm{R}}(z)$	调节器 z 传递函数

$G_{\mathrm{RS}}(s)$	开环调节回路拉普拉斯传递函数
$G_{\mathrm{RS}}(z)$	开环调节回路 z 传递函数
$G_{\mathrm{S}}(s)$	被调节对象拉普拉斯传递函数
$G_{\mathrm{S}}(z)$	被调节对象 z-传递函数, 真实系统传递函数
$G_{\mathrm{V}}(s)$	预控制传递函数
$G_z(s)$	拉普拉斯扰动传递函数
$h(t)$	过渡 (转移) 函数
$\boldsymbol{h}(T)$	状态微分方程输入向量
$h_{\max}$	最大步距
h_{sp}	螺杆螺距
$\boldsymbol{h}_{\mathrm{z}}(T)$	状态微分方程扰动输入向量
$H(z)$	扰动模型传递函数
i	下标, 联动装置传动比
$I(t), i(t), i_0(t),\ i_1(t),\ \cdots$	电流强度
$i_{\mathrm{a}}(t)$	输出电流
i_{G}	联动装置传动比
$I_{\mathrm{A}}(t)$	瞬时生成的电动机电流
I_{A0}	工作点电枢电流
$i_{\mathrm{e}}(t)$	输入电流
$\mathrm{Im}\{F(\mathrm{j}\omega)\}$	频率特性函数虚部
$\mathrm{Im}\{s\}$	拉普拉斯算子虚部, 极-或零点虚部
j	虚数单位
$j\omega$	频率特性函数算子
$J, J_1, J_2, J_{\mathrm{Ges}}$	(质量) 惯性矩
J_{G}	联动装置惯性矩
J_{L}	负载惯性矩
J_{M}	电动机惯性矩
J_{sp}	球型滚动轴惯性矩
k	规一化采样时间, 特征线坡度 (斜率)
k, K	常数
K_0	传递函数极–零点形式常数系数
K_{A}	驱动装置增益
K_{E}	机械常数, 发电机常数
K_{D}	微分系数
K_{F}	力常数, 前置滤波器比例系数

K_{H}	加速 (起动) 常数, 赫尔维茨扇形边界
K_{I}	积分系数
K_{inv}	逆增益
K_{M}	力矩常数, 测量装置比例系数
K_{P}	比例系数
K_{r}	反馈增益
K_{R}	调节器增益
K_{Rkrit}	临界调节器增益
K_{RSkrit}	临界回路增益
K_{S}	对象增益
K_{S1}	被调节对象穿越系数, 电对象部分增益
K_{S2}	机械对象部分增益
kT	离散时间变量
K_{T}	测速发电机常数
K_{Th}	功率放大器电压增益
K_{V}	速度增益
L	电感
$L\{f(t)\}$	拉普拉斯变换
$L^{-1}\{f(s)\}$	逆拉普拉斯变换, 拉普拉斯反变换 (拉普拉斯积分)
m	米
M	测量变压器, 电动机
m	质量, 坡度 (斜率), 传递函数分子多项式阶数, 百分数 (百分比)
$m(t)$	与时间相关的火箭质量
m_{abs}	降低 (下降) 因子 (滞后环节幅值降低)
m_{anh}	升高因子 (超前环节相位升高)
m_{Ges}	移动 (运动) 质量
m_{s}	进给 (走刀) 滑板质量
m_{w}	工件质量
$\boldsymbol{M}$	测量矩阵
$\boldsymbol{M}^{+}$	伪逆, MOORE-PENROSE逆
$M(t)$	转动力矩
$M_{\mathrm{B}}(t)$	加速度力矩
min	分 (钟)
$M_{\mathrm{L}}(t)$	负载力矩

M_{lb}	断裂力矩, 始动转矩, 起动转矩
m_{leer}	在熄火时空载质量
M_{L0}	工作点负载力矩
$M_{\mathrm{M}}(t)$	电动机转动力矩
$M_{\mathrm{Mi}}(t)$	被调节量 (实际值, 电动机转动力矩)
M_{Mmax}	电动机转动力矩上限
M_{Mmin}	电动机转动力矩下限
$M_{\mathrm{Ms}}(t)$	参据量 (希望值, 电动机转动力矩)
M_{M0}	工作点电动机力矩
$M_{\mathrm{R}}(t)$	摩擦力矩
M_{st}	最大电动机力矩
n	系统阶数, 传递函数分母多项式阶数
n_k	倍乘因数, 乘数因子
N	辨识方程数
$N(\mathrm{j}\omega)$, $N(p)$	频率特性函数分母多项式
$N(s)$	拉普拉斯传递函数分母多项式
$N_0(s)$	传递函数极–零点形式分母多项式
$N_{\mathrm{L}}(s)$	调节线性部分传递函数分母多项式
$N_{\mathrm{R}}(s)$	调节器拉普拉斯传递函数分母多项式
$N_{\mathrm{S}}(s)$	被调节对象拉普拉斯传递函数分母多项式
$n(t)$	转数
p	频率特性函数算子
$\boldsymbol{p}$	参数向量
$P(s), P(z)$	预给定多项式, 设定多项式
$P(t)$	电功率
$p_{\mathrm{a}}(t)$	输出量压力
$p_{\mathrm{e}}(t)$	输入量压力
Q	热量
$Q(\boldsymbol{p})$	品质函数
r	调节因子, 驱动齿轮度盘半径
$r(t)$, $r(kT)$, r_k, $r(z)$	随机输入变量
r_{a}	微分输出阻抗
r_{e}	微分差输入阻抗
r_{ist}	半径实际值
r_{soll}	半径希望值

r_{tol}	相对容限 (容差)
R	阻力 (电阻), 气体常数, 地球半径
$\mathrm{Re}\{F(\mathrm{j}\omega)\}$	频率特性函数实部
$\mathrm{Re}\{s\}$	拉普拉斯算子实部, 极点或零点实部
r_{k}	阻尼系数, 摩擦系数, 切削加工参数
s	秒 (钟)
s	拉普拉斯算子
$s(t)$	路程
$s_{\mathrm{a}}(t)$	路程作为输出量
$s_{\mathrm{e}}(t)$	路程作为输入量
$s_{\mathrm{ist}}(t)$	位置被调节量
s_{n}	传递函数零点
s_{p}	传递函数极点
s_{soll}	位置参据量, 运行路程
s_{V}	分支点 (节点)
s_{w}	工件位置
S	刚性商 (比值)
t	时间
T	时间常数, 采样时间间隔
T_{A}	衰减时间常数, 电枢时间常数, 驱动装置时间常数
$T_{\mathrm{a}}(t)$	外部温度
t_{anr}	初调时间
T_{aus}	短路持续时间
t_{ausr}	过渡过程时间
T_{b}	基本步距
t_{B}	熄火 (时间)
T_{d}	转数调节回路采样时间
T_{D}	微分时间常数
T_{e}	调整时间
T_{E}	等效时间常数
T_{EM}	力矩调节回路等效时间常数
T_{ES}	驱动被调节对象等效时间常数
T_{ein}	接通持续时间
T_{g}	平衡时间
TG	测速发电机

T_{G}	极限振荡周期
T_{GL}	平滑时间常数
$T_{\mathrm{i}}(t)$	内部温度
T_{I}	积分时间常数
T_{krit}	临界周期
T_{l}	位置调节回路采样时间
t_m, t_{10}, t_{50}, t_{90}	时间百分比值
T_{M}	机械时间常数
$t_{\max}$	峰值时间 ($t_{\max}$-时间)
T_{N}	调后时间
T_{P}	周期
t_{r}	上升时间
T_{r}	反馈时间常数
$T_{\mathrm{s}}(t)$	希望温度
T_{S}	被调节对象时间常数
t_{start}	起始时间
t_{stop}	终止时间
T_{t}	时延
T_{u}	延迟时间
T_{V}	超前时间
t_{W}	拐点时间
T_0	起始时间点 (Start time)
$T_1, T_2, \cdots, T_n$	具有滞后比例环节的时间常数
T_{Σ}	总和时间常数
$u(t)$, $u(kT)$, u_k, $u(z)$	输入变量
$U(t)$, $u(t)$	电压
$u_{\mathrm{a}}(t)$	输出电压
$u_{\mathrm{A}}(t)$	电枢电压, 电动机电压
$U_{\mathrm{B}}(t)$	供电电压
$u_{\mathrm{d}}(t)$	输入电压差
$u_{\mathrm{e}}(t)$	输入电压
$U_{\mathrm{EMK}}(t)$	电动机力
$U_{\mathrm{L}}(t)$	电感电压
$u_{\mathrm{M}}(kT)$, $u_{\mathrm{M}}(z)$	模型输入变量
$U_{\mathrm{off}}(t)$	补偿电压, 偏移电压

$U_{\mathrm{R}}(t)$	电阻电压
$U_{\mathrm{y}}(t)$	电枢电压, 调整量
$\ddot{u}$	超调量
v	斜坡速度 (Slope)
$v(t)$	速度, 火箭速度
$V(\boldsymbol{x})$	李雅普诺夫函数
v_{B}	常值运行阶段航迹速度
V_{g}	同相增益
$v_{\mathrm{ist}}(t)$	速度实际值
v_{m}	常值运行阶段速度
$v_{\mathrm{rel}}(t)$	相对排气流速度
$v_{\mathrm{soll}}(t)$	速度参据量支撑节点–向量
$V_{\mathrm{x}}(t)$, $V_{\mathrm{y}}(t)$	运行速度
V_0	差分增益
W	流体阻力, 热阻, 拐点
$w(kT), w_k$	时间离散参据量 (数列)
$w(s)$	拉普拉斯变换参据量
$w(t)$	时间连续参据量
$w(z)$	z变换参据量
w_0	参据阶跃函数阶跃高度
$x(kT), x_k$	时间离散被调节量
$x(s)$	拉普拉斯变换被调节量
$x(t)$	时间连续被调节量, 火箭位置 (高度)
$x(z)$	z变换被调节量
$x_{\mathrm{a}}(t)$	输出量
x_{aaus}, x_{aein}	EIN(输入) 和 AUS(输出) 状态输出值
x_{d1}, x_{d2}	两位调节器特征量
$x_{\mathrm{d}}(kT)$, $x_{\mathrm{d},k}$	时间离散调节误差
$x_{\mathrm{d}}(s)$	拉普拉斯变换调节误差
$x_{\mathrm{d}}(t)$	时间连续调节误差
$x_{\mathrm{d}}(z)$	z变换调节误差
$\hat{x}_{\mathrm{e}}$	谐波信号幅值
$x_{\mathrm{e}}(t)$	输入量
x_{ea}	初始值
x_{eaus}, x_{eein}	输入量接通点和断开点

x_{E1}, x_{E2}	在两位调节时被调节量终值
x_G	极限振荡幅值
$x_{ist}(t)$	位置实际值
x_{max}	被调节量最大值
x_{min}	被调节量最小值
x_P	Popow 直线参数
$x_r(t)$	反馈量
$\boldsymbol{x}_R$	平衡点状态向量
x_{1R}, x_{2R}	平衡点状态向量分量
$x_{soll}(t)$	位置希望值
x_{wm}	平均调节偏差
$\boldsymbol{y}$	输出量向量
y_1	基本负载, 两位调节器特征量
y_2	主负载, 两位调节器特征量
$y(kT), y_k$	时间离散调整量
$y(s)$	拉普拉斯变换调整量
$y(t)$	时间连续调整量
$y(t)$, $y(kT)$, y_k, $y(z)$	输出量
$y(z)$	z变换调整量
$y_m(t)$	调整量均值
$y_M(kT), y_M(z)$	模型输出变量
y_P	Popow 直线参数
$y_R(t)$	调节器输出量
$y_S(t), y_S(kT), y_S(z)$	真实系统输出量
z_0	扰动量阶跃高度
z_{10}	负载扰动量阶跃高度
z_{20}	供能扰动量阶跃高度
$z(s)$	拉普拉斯变换扰动量
$z(t)$	时间连续扰动量
$z_1(s)$	拉普拉斯变换负载扰动量
$z_1(t)$	时间连续负载扰动量
$z_2(s)$	拉普拉斯变换供能扰动量
$z_2(t)$	时间连续供能扰动量
Z_0, Z_1, $\cdots$	复 (数) 阻抗
$Z\{f(kT)\}$	z 变换

$Z^{-1}\{f(z)\}$	z 反变换
$Z(\mathrm{j}\omega), Z(p)$	频率特性函数分子多项式
$Z(s)$	拉普拉斯传递函数分子多项式
$Z_0(s)$	传递函数极–零点形式分子多项式
$Z_{\mathrm{L}}(s)$	调节线性部分传递函数分子多项式
$Z_{\mathrm{R}}(s)$	调节器拉普拉斯传递函数分子多项式
$Z_{\mathrm{S}}(s)$	被调节对象拉普拉斯传递函数分子多项式
α	角
$\alpha_1, \alpha_2, \cdots, \alpha_n$	系数
β	系数
δ	复数算子实部
$\delta(t)$	冲激函数, DIRAC函数
Δ	小偏差, 两采样值差
$\Delta\, r(t)$	半径差
$\Delta\, s_i$	路程 (位移) 增量
$\Delta\, t$	仿真时间步 (间隔)
$\Delta\phi$	连续角变化
ϑ	温度
σ	拉普拉斯算子实部
σ_{V}	分离点
σ_{W}	根重心
$\sum$	和 (总和)
$\varphi(t)$	转角, 电动机轴转角
$\varphi(\omega), \varphi\{F(\mathrm{j}\omega)\}$	频率特性相位
φ_{Ai}	渐近线倾斜角
φ_{d}	未接入放大器相位
φ_{D}	截止相位角
$\varphi_{\mathrm{i}}(t)$	位置调节的被调节量 (实际值, 转角)
$\varphi_{\mathrm{ist}}(t)$	角实际值
$\varphi_{\mathrm{n}\alpha,\,\mathrm{ein}}$	进入零点的终止角
$\varphi_{\mathrm{p}\alpha,\,\mathrm{aus}}$	由极点引出的起始角
$\varphi_{\mathrm{R}}(\omega)$	调节器频率特性函数相位
$\varphi_{\mathrm{RS}}(\omega)$	开环调节回路频率特性函数相位
$\varphi_{\mathrm{s}}(t)$	位置调节的参据量 (希望值, 转角)
$\varphi_{\mathrm{S}}(\omega)$	对象频率特性函数相位

$\varphi_{\mathrm{soll}}(t)$	角希望值, 运行角
φ_{V}	在分离点处 WOK-分支交角
φ_0	转角工作点
ϕ	零相角
$\phi(t)$	励磁器通量
$\boldsymbol{\Phi}(T)$	转移矩阵, 状态微分方程系统矩阵
Φ_{R}	相位裕度
Φ_0	工作点磁通量
μ, μ_n	时间百分比值 (Verhäitnis der Zeitprozetweitere)
$\rho(x)$	与高度相关的大气密度
τ_m, τ_{10}, τ_{50}, τ_{90}	时间百分比特征值
ω	角频率, 拉普拉斯算子虚部
$\omega(t)$	角速度
ω_{b}	带宽
ω_{D}	截止角频率
ω_{DD}	微分环节截止角频率
ω_{DI}	积分环节截止角频率
ω_{e}	固有角频率
ω_{E}	转折角频率
ω_{G}	极限振荡角频率
$\omega_{\mathrm{i}}, \omega_{\mathrm{ist}}$	角速度实际值
ω_{krit}	临界角频率
ω_{m}	谐振角频率, 常值运行段角速度
$\omega_{\mathrm{s}}, \omega_{\mathrm{soll}}$	角速度希望值
$\omega_{\mathrm{s}}(t)$	参据量 (希望值, 角速度)
ω_0	特征角频率
$\omega_{0\mathrm{A}}$	驱动装置角频率
ω_π	穿越角频率
AR	自回归模型
ARMA	自回归滑动平均值模型
ARMAX	具有外部变量的自回归滑动平均值模型
ARX	具有外部变量的自回归模型
D-Element	微分环节
DDC	直接数字调节
$\mathrm{DT_1}$-Element	具有 I 阶滞后微分环节

dim	维数
I-Element	积分环节
LS	最小二乘法 (least squares method)
MA	滑动平均值模型
P-Element	无滞后比例环节
PD-Element	比例微分环节
PDT_1-Element	具有 I 阶滞后比例微分环节
PI-Element	比例积分环节
PID-Element	比例积分微分环节
PIDT_1-Element	具有 I 阶滞后比例积分微分环节
PPT_1-Element	具有 I 阶滞后比例微分环节
PT_1-Element	具有 I 阶滞后比例环节
PT_2-Element	具有 II 阶滞后比例环节
PT_n-Element	具有 n 阶滞后比例环节
PT_t-Element	时延环节
Res	留数
SPC	定点调节
WOK	根轨迹曲线

19.3 状态调节公式符号

$\mathbf{0}$	零矩阵
$\boldsymbol{A}$	系统矩阵
$\boldsymbol{A}_\text{e}$	用 PI 调节器增广被调节对象的系统矩阵
$\boldsymbol{A}_\text{s}$	用扰动量模型增广被调节对象的系统矩阵
$\boldsymbol{A}_\text{PI}$	PI-状态调节的系统矩阵
$\boldsymbol{B}$	输入矩阵
$\boldsymbol{b}$	输入向量
$\boldsymbol{b}_\text{e}$	用 PI 调节器增广被调节对象的输入向量
$\boldsymbol{b}_\text{s}$	用扰动量模型增广被调节对象的输入向量
$\boldsymbol{b}_\text{PI}$	PI 状态调节的输入向量
$\boldsymbol{b}_\text{z}$	扰动输入向量
$\boldsymbol{b}_\text{z,PI}$	PI 状态调节的扰动输入向量
$\boldsymbol{C}$	输出矩阵
$\boldsymbol{c}^\text{T}$	输出向量

$\boldsymbol{c}_{\mathrm{e}}^{\mathrm{T}}$	用 PI 调节器增广被调节对象的输出向量
$\boldsymbol{c}_{\mathrm{s}}^{\mathrm{T}}$	用扰动量模型增广被调节对象的输出向量
$\boldsymbol{D}$	前馈矩阵
$\boldsymbol{d}$	前馈向量
d	前馈系数
$e(t)$	调节误差
$e(t_0)$	调节误差初始值
$\boldsymbol{E}$	单位矩阵
$\boldsymbol{F}$	观测模型
$\boldsymbol{h}(T)$	状态差分方程输入向量
$\boldsymbol{L}$	观测矩阵
$\boldsymbol{l}$	观测向量
$l_1, l_2, \cdots$	观测向量元素
$\boldsymbol{o}$	零向量
$P_{\mathrm{B}}(s)$	观测器配置多项式
$P_{\mathrm{Z}}(s)$	状态调节配置多项式
$\boldsymbol{Q}_{\mathrm{B}}$	可观测性矩阵
$\boldsymbol{Q}_{\mathrm{B,s}}$	用扰动量模型增广被调节对象的可观测性矩阵
$\boldsymbol{Q}_{\mathrm{S}}$	可控制性矩阵
$\boldsymbol{Q}_{\mathrm{S,e}}$	用 PI 调节器增广被调节对象的可控制性矩阵
r_{I}	PI 状态调节的积分系数
r_{P}	PI 状态调节的比例系数
$\boldsymbol{R}$	反馈矩阵
$\boldsymbol{r}^{\mathrm{T}}$	反馈向量
$r_1, r_2, \cdots$	反馈向量元素
$\boldsymbol{T}_{\mathrm{B}}$	转换到观测规范型转换矩阵
$\boldsymbol{T}_{\mathrm{R}}$	转换到调节规范型转换矩阵
$\boldsymbol{u}(t)$	输入变量向量
$u(t)$	输入变量
v	前置滤波器
v_{w}	参据量前置滤波器
v_{z}	扰动量接入前置滤波器
$w(t)$	参据量
$\boldsymbol{x}(t)$	状态向量
$\boldsymbol{x}(t_0)$	状态向量初始值

$x_i(t)$	状态变量
$x_1(t_0)$	状态变量 x_1 初始值
$\boldsymbol{y}(t)$	输出变量向量
$y(t)$	输出变量
$z(t)$	扰动量
$z(t_0)$	扰动量初始值
$\boldsymbol{\Phi}(t)$	转移矩阵
$\boldsymbol{\Phi}(T)$	转移矩阵, 状态差分方程系统矩阵

19.4 在调节技术中应用模糊逻辑公式符号和缩语

$A, A_1, A_2, A_3, \cdots$	集合
A^{C}	集合 A 的补集 (负)
A_i	隶属度函数面积
A_{NG}	非清晰集合, 语言值负–大
A_{NM}	非清晰集合, 语言值负–中
A_{PG}	非清晰集合, 语言值正–大
A_{PM}	非清晰集合, 语言值正–中
A_{ZE}	非清晰集合, 语言值近于零
B	非清晰集合 (模糊集合)
core(A)	模糊集合 A 核 (容限)
G	大 (语言值名)
H	高 (语言值名)
heigth(A)	模糊集合 A 高度
K	小 (语言值名)
M	中 (语言值名)
max	最大运算 (Fuzzer-ODER(模糊–或))
min	最小运算 (Fuzzer-UND(模糊–与))
M_{L}	隶属度函数集合
$M_{\mu i}$	隶属度函数矩
N	低 (语言值名)
NB	负–大 (negative-big)(语言值名)
NG	负–大 (语言值名)
NK	负–小 (语言值名)
NM	负–中, 负–中 (negative-medium)(语言值名)
NS	负–小 (negative-small)(语言值名)

PB	正–大 (positive-big)(语言值名)
PG	正–大 (语言值名)
PK	正–小 (语言值名)
PM	正–中, 正–中 (positive-medium)(语言值名)
PS	正–小 (positive-small)(语言值名)
$R, R_0, R_1, \cdots, R_n$	关系
R_{ij}	规则库规则
R_{NG}	y_L规则为负–大
R_{NM}	y_L规则为负–中
R_{PG}	y_L规则为正–大
R_{PM}	y_L规则为正–中
R_{ZE}	y_L规则为近于零
s_i	s 算则, t 补算则
$\mathrm{supp}(A)$	模糊集合 A 基底 (支座集合, 基座, 影响宽度)
t_i	t 算则, 三角形算则
W_{L}	语言值集合
w_{L}	语言值
$x, x_0, x_1, \cdots, x_n$	基变量
x_{dF}	调节误差模糊化值
x_{dL}	语言变量调节误差
x_{L}	语言变量
$X, X_0, X_1, \cdots, X_n$	基本集合
y_{L}	语言变量调整量
y_0	去模糊化后调整量清晰值
ZE, ZO	近于零, 近似零 (语言值名)
$\alpha_i, \alpha_{\mathrm{R}}$	规则满足度
$\alpha_{y\mathrm{NG}}$	具有 DANN(则)-部分负–大规则满足度
$\alpha_{y\mathrm{NM}}$	具有 DANN(则)-部分负–中规则满足度
$\alpha_{y\mathrm{PG}}$	具有 DANN(则)-部分正–大规则满足度
$\alpha_{y\mathrm{PM}}$	具有 DANN(则)-部分正–中规则满足度
$\alpha_{y\mathrm{ZE}}$	具有 DANN(则)-部分负近于–零规则满足度
$\mu(y)$	语言变量调整量的隶属度函数
μ_{A}	非清晰集合 A 隶属度函数
$\mu_{\mathrm{alg\_P}}$	代数积, t 算则–算子
$\mu_{\mathrm{alg\_S}}$	代数和, t 补算则–算子

μ_{Anorm}	规一化模糊–集合的隶属度函数
$\mu_{\mathrm{beg\_S}}$	有界和, t 补算则–算子
$\mu_{\mathrm{dra\_P}}$	强制积, t 算则–算子
$\mu_{\mathrm{dra\_S}}$	强制和, t 补算则–算子
$\mu_{\mathrm{EIN\_P}}$	EINSTEN (爱因斯坦) 积, t 算则–算子
$\mu_{\mathrm{EIN\_S}}$	EINSTEN (爱因斯坦) 和, t 补算则–算子
$\mu_{\mathrm{h(T)}}$	高温集合隶属度函数
$\mu_{\mathrm{HAM\_P}}$	t 算则–算子
$\mu_{\mathrm{HAM\_P}\alpha}$	参数化 HAMACHER 积
$\mu_{\mathrm{HAM\_S}}$	HAMACHER 和, t 补算则–算子
$\mu_{\mathrm{HAM\_S}\alpha}$	参数化 HAMACHER 和
$\mu_{\mathrm{m(T)}}$	中温集合隶属度函数
$\mu_{\max}$	最大–算子
μ_{MAXMIN}	MAX(最大)–MIN(最小)–推理结果
μ_{MAXPROD}	MAX(最大)–PROD(积)–推理结果
$\mu_{\mathrm{max\_a}}$	最大–均值–算子
$\mu_{\min}$	最小–算子
$\mu_{\mathrm{min\_a}}$	最小–均值–算子
$\mu_{\mathrm{n(T)}}$	低温集合隶属度函数
μ_{NG}	隶属度函数, 语言值负–大
μ_{NM}	隶属度函数, 语言值负–中
μ_{PG}	隶属度函数, 语言值正–大
μ_{PM}	隶属度函数, 语言值正–中
μ_{R1sR2}	关系积, s 算则, t 补算则
μ_{R1tR2}	关系积, t 算则
$\mu_{\mathrm{R1}\cap\mathrm{R2}}$	非清晰关系交集 (通常 MIN(最小) 运算)
$\mu_{\mathrm{R1}\cup\mathrm{R2}}$	非清晰关系并集 (通常 MAX(最大) 运算)
$\mu_{\mathrm{R1}\circ\mathrm{R2}}$	关系积 (MAX(最大)–MIN(最小), MAX(最大)–PROD(积), MAX(最大)AVERAGE(平均)-PROD(积))
$\mu_{\mathrm{R1}(+)\mathrm{R2}}$	关系积 (MIN(最小)–MAX(最大)-积)
μ_{R}^{-1}	关系逆
$\mu_{\mathrm{R}}^{\mathrm{C}}$	关系补
μ_{SUMMIN}	SUM(和)–MIN(最小) 推理结果
μ_{SUMPROD}	SUM(和)–PROD(积) 推理结果
μ_{ZE}	隶属度函数, 语言值近于零
μ_{γ}	补偿 Gamma 算子

μ_λ	补偿 Lambda 算子
$\cup$	联合的, 并集
$\cap$	相交的, 交集
$\subseteq$	包含, 包含性
$=$	相等性
$\circ$	关系积
$\rightarrow$	蕴涵
COA	Center of Area(面积形心), Centroid Defuzzification Method(重心去模糊化法)(重心法), 去模糊化法
COG	Center of Gravity (重心)(重心法)), 去模糊化法
CON	Concentration(聚集)(非清晰集合聚集)
COS	Center of Sums(和的中心)(重心和法), 去模糊化法
CPL	Complement (补集)(非清晰集合补集)
DIL	Dilitation(扩展)(非清晰集合扩展)
DOM	Degree of Membership(隶属度)
FIS	Fuzzy Inference System(模糊推理系统), 非清晰推论系统
FOM	First of Maxima(首个最大法)(左–最大法), 推理
INT	Intensification(增强)(非清晰集合对比增强)
LESS	Less(减小)(增大非清晰度)
LOM	Last of Maxima(末个最大法)(右–最大法), 推理
MOM	Mean of Maxima(最大平均法), middle of Maxima(最大中间法)(最大–平均值法), 推理
MORE	More(增大)(减小非清晰度)
NICHT	使非清晰集合取反 (非)
$\text{ODER}_{\text{BOOLE}}$	逻辑 ODER(或)
$\text{UND}_{\text{BOOLE}}$	逻辑 UND(与)

第 20 章 调节技术专业书和标准、调节技术概念

20.1 德文专业文献

ANGERMANN, A.; BEUSCHEL, M.; RAU, M.; WOHLFARTH, U.:
MATLAB, Simulink, Stateflow: Grundlagen, Toolboxen, Beispiele.
6. Auflage, München, Wien, R. Oldenbourg Verlag, 2009.

Autorenkollektiv: Regelungstechnik in der Versorgungstechnik.
5. Auflage, Karlsruhe, Verlag C. F. Müller, 2002.

BERGER, M.: Grundkurs der Regelungstechnik. Mit Anwendung der Student Edition of MATLAB und Simulink.
Norderstedt, Books on Demand GmbH, 2001.

BEUCHER, O.: MATLAB und Simulink. Grundlegende Einführung.
3. Auflage, München, Verlag Pearson Studium, 2006.

BEUCHER, O.: MATLAB und Simulink lernen.
4. Auflage, München, Addison-Wesley Verlag, 2008.

BIRAN, A.; BREINER, M.: MATLAB 5 für Ingenieure.
3. Auflage, Bonn, München, Addison-Wesley Publishing Company, 1999.

BÖTTIGER, A.: Regelungstechnik.
3. Auflage, München, Wien, R. Oldenbourg Verlag, 1998.

BODE, H.: MATLAB in der Regelungstechnik.
Stuttgart, B. G. Teubner Verlag, 2006.

BODE, H.: MATLAB-SIMULINK: Analyse und Simulation dynamischer Systeme.
2. Auflage, Vieweg+Teubner Verlag, Wiesbaden, 2006.

BODE, H.: Systeme der Regelungstechnik mit MATLAB und Simulink: Analyse und Simulation.
München, Wien, Oldenbourg Verlag, 2009.

BRAUN, A.: Grundlagen der Regelungstechnik. Kontinuierliche und diskrete Systeme.
München, Wien, Fachbuchverlag Leipzig im Carl Hanser Verlag, 2005.

BUSCH, P.: Elementare Regelungstechnik.
6. Auflage, Würzburg, Vogel Verlag, 2005.

DIN IEC 60 050-351: 2009-06: Internationales Elektrotechnisches Wörterbuch – Teil 351: Leittechnik (IEC 60 050-351: 2006), International Electronical Vocabulary – Part 351: Control technology (IEC 60 050-351: 2006), Ersatz für DIN 19 225, DIN 19 226.

Dittmar, R.; Pfeiffer, B.-M.: Modellbasierte prädiktive Regelung. München, Wien, Oldenbourg Verlag, 2004.

Dorf, R. C.; Bishop, R. H.: Moderne Regelungssysteme. 10. Auflage, Addison Wesley in Pearson Studium, 2007.

Dörrscheidt, F.; Latzel, W.: Grundlagen der Regelungstechnik. 2. Auflage, Stuttgart, Leipzig, B. G. Teubner Verlag, 1993.

Föllinger, O.: Regelungstechnik. 10. Auflage, Heidelberg, Hüthig Verlag, 2008.

Föllinger, O.; Kluwe, M.: Laplace-, Fourier- und Z-Transformation. 9. Auflage, Heidelberg, Hüthig Verlag, 2007.

Föllinger, O.: Nichtlineare Regelungen. Band I, II. 8., 7. Auflage, München, Wien, R. Oldenbourg Verlag, 1998, 1993.

Gassmann, H.: Regelungstechnik. Ein praxisorientiertes Lehrbuch. 2. Auflage, Thun, Frankfurt am Main, Verlag Harri Deutsch, 2001.

Gassmann, H.: Theorie der Regelungstechnik. 2. Auflage, Thun, Frankfurt am Main, Verlag Harri Deutsch, 2003.

Geering, H. P.: Regelungstechnik. 6. Auflage, Berlin, Heidelberg, New York, Springer-Verlag, 2004.

Grosse, N.; Schorn, W.: Taschenbuch der praktischen Regelungstechnik. München, Wien, Fachbuchverlag Leipzig im Carl Hanser Verlag, 2006.

Grupp, F.; Grupp, F.: MATLAB 7 für Ingenieure: Grundlagen und Programmierbeispiele. 5. Auflage, München, Wien, R. Oldenbourg Verlag, 2008.

Hoffmann, J.; Brunner, U.: MATLAB & Tools für die Simulation dynamischer Systeme. Bonn, Addison-Wesley Publishing Company, 2002.

Horn, M.; Dourdoumas, N.: Regelungstechnik. Boston, München, Pearson Verlag, 2006.

Kaspers/Küfner: Messen, Steuern, Regeln. 8. Auflage, Braunschweig, Wiesbaden, Vieweg Verlag, 2005.

Leonhard, W.: Einführung in die Regelungstechnik.

6. Auflage, Braunschweig, Wiesbaden, Vieweg Verlag, 2002.

LEONHARD, W.: Regelung elektrischer Antriebe.
2. Auflage, Berlin, Heidelberg, New York, Springer Verlag, 2000.

LITZ, L.: Grundlagen der Automatisierungstechnik.
Oldenbourg Wissenschaftsverlag, München, 2005.

LUNZE, J.: Regelungstechnik, Band I, II.
7., 5. Auflage, Berlin, Heidelberg, New York, Springer-Verlag, 2008, 2008.

MANN, H.; SCHIFFELGEN, H.; FRORIEP, R.: Einführung in die Regelungstechnik.
11. Auflage, München, Wien, Carl Hanser Verlag, 2009.

MAYR, O.: Zur Frühgeschichte der technischen Regelungen.
München, Wien, R. Oldenbourg Verlag, 1969.

MERZ, L.; JASCHEK, H.: Grundkurs der Regelungstechnik.
14. Auflage, München, Wien, R. Oldenbourg Verlag, 2003.

MICHELS, K.; KLAWONN, F.; KRUSE, R.; NÜRNBERGER, A.: Fuzzy-Regelung.
Berlin, Heidelberg, New York, Springer-Verlag, 2002.

MÜLLER, K.: Entwurf robuster Regelungen.
Stuttgart, B. G. Teubner Verlag, 2002.

ORLOWSKI, P.: Praktische Regelungstechnik.
7. Auflage, Berlin, Heidelberg, New York, Springer-Verlag, 2008.

PIETRUSZKA, WOLF DIETER: MATLAB und Simulink in der Ingenieurpraxis.
Vieweg+Teubner Verlag, Wiesbaden, 2006.

PHILIPPSEN, H.-W.: Einstieg in die Regelungstechnik.
München, Wien, Fachbuchverlag Leipzig, Carl Hanser Verlag, 2004.

REINSCHKE, K.: Lineare Regelungs- und Steuerungstheorie.
Berlin, Heidelberg, New York, Springer, 2006.

REUTER, M.; ZACHER, S.: Regelungstechnik für Ingenieure.
12. Auflage, Braunschweig, Wiesbaden, Vieweg Verlag, 2008.

ROTH, G.: Regelungstechnik.
2. Auflage, Heidelberg, Hüthig Verlag, 2001.

SAMAL, E.; BECKER, W.: Grundriss der praktischen Regelungstechnik.
21. Auflage, München, Wien, R. Oldenbourg Verlag, 2004.

SCHERF, H. E.: Modellbildung und Simulation dynamischer Systeme.
3. Auflage, München, Wien, Oldenbourg Verlag, 2007.

SCHMID, D.; u. a.: Steuern und Regeln für Maschinenbau und Mechatronik.
11. Auflage, Haan, Verlag Europa-Lehrmittel, 2008.

SCHNEIDER, W.: Praktische Regelungstechnik: Ein Lehr- und Übungsbuch für Nicht-Elektrotechniker.
3. Auflage, Vieweg+Teubner Verlag, Wiesbaden, 2007.

SCHÖNFELD, R.: Digitale Regelung elektrischer Antriebe.
2. Auflage, Heidelberg, Hüthig Verlag, 1990.

SCHÖNFELD, R.; HOFMANN, W.: Elektrische Antriebe und Bewegungssteuerungen.
VDE VERLAG, Berlin, 2005.

SCHRÖDER, D.: Elektrische Antriebe – Regelung von Antriebssystemen.
3. Auflage, Berlin, Heidelberg, New York, Springer-Verlag, 2009.

SCHULZ, G.: Regelungstechnik 1.
3. Auflage, München, Wien, Oldenbourg Verlag, 2007.
Regelungstechnik 2.
2. Auflage, München, Wien, Oldenbourg Verlag, 2008.

SCHWEIZER, W.: MATLAB kompakt.
3. Auflage, München, Wien, Oldenbourg Verlag, 2008.

STEIN, U.: Einstieg in das Programmieren mit MATLAB.
2. Auflage, Fachbuchverlag Leipzig im Carl Hanser Verlag, 2008.

TRÖSTER, F.: Steuerungs- und Regelungstechnik für Ingenieure.
2. Auflage, München, Wien, R. Oldenbourg Verlag, 2005.

UNBEHAUEN, H.: Regelungstechnik. Band I–II.
15., 9. Auflage, Braunschweig, Wiesbaden, Vieweg Verlag, 2008, 2007.

UNGER, J.: Einführung in die Regelungstechnik.
3. Auflage, Stuttgart, Leipzig, B. G. Teubner Verlag, 2004.

WALTER, H.: Grundkurs Regelungstechnik.
Vieweg+Teubner Verlag, Wiesbaden, 2009.

WEINMANN, A.: Test- und Prüfungsaufgaben Regelungstechnik.
2. Auflage, Springer Verlag, Wien, 2007.

ZACHER, S.: Übungsbuch Regelungstechnik.
3. Auflage, Braunschweig, Wiesbaden, Vieweg Verlag, 2007.

20.2 其他外文专业文献

D'AZZO, J. J., SHELDON, ST. N.; HOUPIS, C. H.: Linear Control System Analysis and Design with MATLAB.
5. Auflage, New York, CRC Press, 2003.

BATESON, R. N.: Introduction to Control System Technology.
7. Auflage, Upper Saddle River, NJ, Prentice Hall, 2001.

BIRAN, A.; BREINER, M. M. G.: MATLAB 6 for Engineers.
Upper Saddle River, NJ, Prentice Hall, 2002.

CHAPMAN, ST. J.: Essentials of MATLAB Programming.
2. Auflage, Cengage Learning, Stanford, CT, 2009.

DABNEY, J. B.; HARMAN, TH. L.: Mastering Simulink.
Upper Saddle River, NJ, Prentice Hall, 2004.

DJAFERIS, TH. E.: Automatic Control. The Power of Feedback using MATLAB.
Pacific Grove, Brooks/Cole Thomson Learning, 2000.

DORF, R. C.; BISHOP, R. H.: Modern Control Systems.
11. Auflage, Upper Saddle River, NJ, Prentice Hall, 2008.

EMAMI-NAEINI, A.; FRANKLIN, G. F.; POWELL, J. D.: Feedback Control of Dynamic Systems.
5. Auflage, Englewood Cliffs, NJ, Prentice Hall, 2008.

FENICAL, L.: Control Systems Technology.
Cengage Learning, Stanford, CT, 2007.

FRANKLIN, G. F.; POWELL, J. D.; EMAMI-NAEINI, A.: Feedback Control of Dynamic Systems.
5. Auflage, Upper Saddle River, NJ, Prentice Hall, 2008.

FREDERICK, D.K.; CHOW, J.H.: Feedback Control Problems:
Using MATLAB and the Control System Toolbox.
Brooks/Cole Publishing Company, 2000.

GASPARYAN, O. N.: Linear and Nonlinear Multivariable Feedback Control.
Hoboken, NJ, John Wiley & Sons, 2008.

GOLNARAGHI, F.; KUO, B. C.: Automatic Control Systems.
9. Auflage, Hoboken, NJ, John Wiley & Sons, 2009.

HANSELMAN, D. C.; LITTLEFIELD, B.: Mastering MATLAB 8:
A Comprehensive Tutorial and Reference.
Upper Saddle River, NJ, Prentice Hall, 2010.

KLEE, H.: Simulation of Dynamic Systems with MATLAB and Simulink.
London, CRC Press, 2007.

KULAKOWSKI, B. T.; GARDNER, J. F.; SHEARER, J. L.: Dynamic Modeling and Control of Engineering Systems.
New York, Cambridge University Press, 2007

KUO, B. C.: Automatic Control Systems.
8. Auflage, New York, John Wiley & Sons, 2003.

LEONHARD, W.: Control of Electrical Drives.
3. Auflage, Berlin, Heidelberg, New York, Springer-Verlag, 2001.

LUENBERGER, D. G.: Introduction to Dynamic Systems.
New York, John Wiley & Sons, 1979.

MARCHAND, P.; HOLLAND, O. TH.: Graphics and GUIs with MATLAB.
3. Auflage, New York, CRC Press, 2002.

MOUDGALYA, K.: Digital Control.
Hoboken, NJ, John Wiley & Sons, 2007.

NISE, M. S.: Control Systems Engineering.
5. Auflage, Hoboken, NJ, John Wiley & Sons, 2009.

OGATA, K.: MATLAB for Control Engineers.
Upper Saddle River, NJ, Prentice Hall, 2007.

OGATA, K.: Modern Control Engineering.
5. Auflage, Upper Saddle River, NJ, Prentice Hall, 2009.

PALM, W. J.: Concise Introduction to MATLAB.
Columbus, OH, McGraw Hill Higher Education, 2008.

PALM, W. J.: Introduction to MATLAB 7 for Engineers.
2. Auflage, Singapore, McGraw-Hill, 2004.

PÄRT-ENANDER, E.; SJÖBERG, A.; MELIN, B.: The MATLAB Handbook.
Harlow, England, Addison Wesley Longman, Inc., 2000.

PEDRYCZ, W.: Fuzzy Control and Fuzzy Systems.
2. Auflage, Research Studies Press, 2003.

SINHA, A.: Linear Systems: Optimal and Robust Control.
London, CRC Press, 2007.

ZIMMERMANN, H.-J.: Fuzzy Set Theory and its Applications.
4. Auflage, Boston, Dordrecht, London, Kluwer Academic Publishers, 2001.

XUE, D.; CHEN, Y.; ATHERTON, D. P.: Linear Feedback Control: Analysis and Design with MATLAB.
Society for Industrial & Applied Mathematics, Philadelphia, PA, 2009.

20.3 调节技术概念：德文–英文–中文

德文	英文	中文
Abschwächung	attenuation	衰减
Abtast		
– halteglied	sample-and-hold element	采样保持器
– element	sampling element, sampler	采样环节（元件）
– intervall	sampling interval, sampling period	采样间隔, 采样周期
– periode	sampling period	采样周期
–rate	sampling rate	采样速率
– regelung	sampled-data control system, sampling control	采样调节，采样控制系统
– signal	sampled signal	采样信号
–zeit, – zeitpunkt	sampling time	采样时间，采样时间点
– zeitintervall	sampling period	采样时间间隔
Abtaster	sampling element, sampler	采样器，采样元件
Abweichung	offset, deviation	偏差
adaptive Regelung	adaptive control system	自适应调节，自适应控制系统
adaptives Regelungssystem	adaptive control system	自适应调节系统，自适应控制系统
Additionsstelle	summing point	相加位置，相加点
Ähnlichkeitstransformation	similarity transformation	相似性变换
Algorithmus	algorithm	算法
Allpass	all-pass	全通网络，移相网络
Amplitude	magnitude	振幅，幅度
Amplituden		
– gang	amplitude response, magnitude plot	幅值特性，幅值响应
– reserve	gain margin	幅值裕度
analog	analog,analogue	模拟
Analog-Digital-Wandler	analog-to-digital converter	模拟 - 数字变换器
analoge GröBe	analog variable,quantity	模拟量
analoger Regler	analog controller	模拟调节器，模拟控制器
analoges Signal	analog signal	模拟信号
Anfangs	initial	初始
– wert	– value	初值

德文	英文	中文
–wertsatz	– value theorem	初值定理
–zustand	– state	初始状态
Anregelzeit	control rise time	初调时间
Anstiegs	ramp	斜坡
– antwort	– response	斜坡响应
– funktion	– function	斜坡函数
– zeit	rise time	上升时间
Antwortfunktion		响应函数
– der homogenen Zustandsgleichung	zero-input response	齐次状态方程响应，零输入响应
– der inhomogenen Zustandsgleichung	zero-state response	非齐次状态方程响应，零状态响应
aperiodisch	aperiodic,overdamped, $D > 1$	非周期的，过阻尼
aperiodische Dämpfung	aperiodic damping	非周期阻尼
aperiodischer Grenzfall	critically damped,$D = 1$	非周期极限情况，临界阻尼
AR-Modell	AR model, auto-regressive model	AR- 模型，自回归模型
Arbeitspunkt	operating point	工作点
ARMA-Modell	ARMA model, auto-regressive moving-average model	ARMA- 模型，自回归滑动平均值模型
ARMAX-Modell	ARMAX model, auto-regressive moving-average model with extra(exogenous) variable	ARMAX- 模型，具有外部变量的自回归滑动平均值模型
ARX-Modell	ARX model, auto-regressive model with extra (exogenous) variable	ARX- 模型，具有外部变量的自回归模型
asymptotisches Verhalten	asymptotic behavior	渐进特性，渐进曲线
Ausgangs	output	输出
– gleichung	–equation	输出方程
– größe	– variable, quantity	输出量
– matrix	– matrix	输出矩阵
– rückführung	– feedback	输出反馈
– vektor	– vector	输出向量

德文	英文	中文
Ausregelzeit	settling time	过渡过程时间
Bandbreite	bandwidth	带宽，频带宽度
Begrenzung	limiting	限制，极限
Beharrungszustand	steady-state	平衡（静止，惰性）状态，稳态
–, Verhalten im	– response	稳态特性，稳态响应
beobachtbares System	observable system	可观测系统
Beobachtbarkeit	observability	可观测性
Beobachtbarkeitsmatrix	observability matrix	可观测矩阵
Beobachtungs	observer	观测，观测器
– fehler	– error	观测误差
–fehlergleichung	– error state equation	观测误差方程
– matrix	– matrix	观测矩阵
– modell	– model	观测模型
– normalform	observable canonical form	观测规范型
– vektor	observer vector	观测向量
Bereich	range	范围，区域
Beruhigungszeit	settling time	阻尼时间，过渡过程时间
Beschreibungsfunktion	describing function	描述函数
–, Methode der	– analysis	描述函数法
Betrags		
– optimum	amplitude optimum	幅值优化
– regelfläche	integral of absolute value of error(IAE)	幅值调节面，绝对误差积分
Bilineartransformation	bilinear transformation	双线性变换
bleibende		
– Regelabweichung	steady-state error	稳态调节偏差，稳态误差
– Regeldifferenz	steady-state error	稳态调节误差，稳态误差
Block	functional block	模块，功能模块
Blockdiagramm	block diagram	框图
BODE-Diagramm	BODE plot, BODEdiagram	Bode 图，伯德图
BOX-JENKINS -Modell	BOX-JENKINS model, BJ model	BOX-JENKINS 模型
charakteristische Gleichung	characteristic equation	特征方程
charakteristisches Polynom	characteristic polynomial	特征多项式
D-Element	D (derivative)-element	D（微分）环节
D-Regler	derivative controller	D 调节器，微分控制器

德文	英文	中文
D-Verhalten	rate action, derivative action	D 特性，速率特性，微分特性
Dämpfung	damping, attenuation	阻尼
– aperiodische	– aperiodic	非周期（性）阻尼
Dämpfungs	damping	阻尼
– faktor	–factor	阻尼因数（系数），衰减因子
– koeffizient	– coefficient	阻尼（衰减）系数
– konstante	–constant	阻尼（衰减）常数
– verhältnis	– ratio	阻尼比，衰减度
Dead-Beat-Regelung	deadbeat control	Dead-Beat 调节 (非周期调节，最终调整时间补偿调节)
Dead-Beat-Sprungantwort	deadbeat step response	Dead-Beat 阶跃响应，非周期阶跃响应
Dezibel (dB)	decibel	分贝
Differenzialgleichung	differential equation	微分方程
– homogene	–homogeneous	齐次微分方程
– I. Ordnung	– first order	I 阶微分方程
– II. Ordnung	– second order	II 阶微分方程
Differenzengleichung	difference equation	差分方程
Differenzier	derivative	微分
– beiwert	– constant	微分系数，微分常数项
– zeitkonstante	– time constant	微分时间常数
Differenzierelement I. Ordnung	first-order lead element	I 阶微分环节
differenzierendes Verhalten	rate action	微分特性，速率特性
Digital-Analog-Wandler	digital-to-analog-converter	数字 - 模拟转换器
digitale Regelung	digital control	数字调节，数字控制
digitaler Regler	digital controller	数字调节器，数字控制器
digitales Signal	digital signal	数字信号
Dreipunkt-Element	three-step action element, three-position element relay with dead zone	三位环节，具有死区的继电器
Dreipunkt-Regelung	three-step control	三位调节
Dreipunkt-Regler	three-step controller, three-position controller	三位调节器，三位控制器

德文	英文	中文
DT_1-Element	derivative element with first order lag	DT_1 环节，具有一阶滞后微分环节
Durchgangs	feedthrough	前馈，馈通
– matrix	– matrix	前馈矩阵
– vektor	– vector	前馈向量
– faktor	– factor	前馈因数
Durchtrittsfrequenz	crossover frequency	截止频率
Durchtrittskreisfrequenz	crossover angular frequency	截止角频率
dynamische Kompensation	dynamic compensation	动态补偿
dynamisches		
– Verhalten	dynamic behaviour	动态特性
– System	dynamic system	动态系统
Eck	corner	转折
– frequenz	– frequency,breakpoint	转折频率
– kreisfrequenz	–angular frequency	转角角频率
Eigen		
– kreisfrequenz	damped natural angular frequency	固有角频率
– wert	eigenvalue	特征值，本征值
Eingangs	input	输入
–gröBe	– variable	输入量
– matrix	– matrix	输入矩阵
– signal	– signal	输入信号
– vektor	– vector	输入向量
eingeschwungener Zustand	steady state	稳定（固定）的状态
EingröBensystem	single-input single output (SISO) system	单量系统（单输入单输出(SISO) 系统）
Einheitsanstiegs	unit ramp	单位斜坡
– antwort	– response	单位斜坡响应
– funktion	– function	单位斜坡函数
Einheitsimpuls	unit-impulse	单位脉冲
– antwort	–response	单位脉冲响应
– funktion	–function	单位脉冲函数
Einheits	unit	单位
– kreis	– circle	单位圆
– matrix	– matrix	单位矩阵

德文	英文	中文
– vektor	– vector	单位向量
– sprungantwort	– step response	单位阶跃响应
–sprungfunktion	– step function	单位阶跃函数
einschleifige Regelung	single-loop feedback system	单回路调节, 单回路反馈系统
Einschwingzeit	settling time	振荡时间，过渡状态持续时间
Einstellregeln	tuning rules	调整规则
Element, nichtlineares	nonlinear element	非线性环节
Element mit	nonlinearity	
– Begrenzung	– limiting	具有限幅非线性环节
– eindeutiger Kennlinienfunktion	– single-valued	具有单值特性曲线函数非线性环节
– Hysterese	– with hysteresis	具有磁滞环非线性环节
–Lose	– backlash	具有游隙非线性环节
–mehrdeutiger Kennlinienfunktion	– multivalued	具有多值特性曲线函数非线性环节
– Sättigung	– saturating	具有饱和非线性环节
–Totzone	– dead zone	具有死区非线性环节
– zweideutiger Kennlinienfunktion	–two-valued	具有双值特性曲线函数非线性环节
–Zweipunktverhalten	– on-off	具有两位特性非线性环节
Empfindlichkeit	sensitivity	灵敏度
Endwertsatz	final-valuetheorem	终值定理
Faltungs	convolution	
– integral	– integral	卷积
– satz	– theorem	卷积定理
Feder-Masse-Dämpfer-System	spring-mass-dashpot system	弹簧 - 质量 - 阻尼系统
Festwertregelung	regulator system, constant value control	定值调节，恒量调节
Filter-Element	filter element	滤波器环节
Flussdiagramm	flow diagram	流程框图，程序框图，框图
Folgeregelung	servo control	跟踪调节
Freiheitsgrad	degree of freedom	自由度
Frequenz	frequency	频率
– bereich	– domain	频域
– gang	– response	频率特性，频率响应

德文	英文	中文
– gang des geschlossenen Regelkreises	closed-loop frequency response	闭环调节回路频率特性
– gang des offenen Regelkreises	open-loop frequency response	开环调节回路频率特性
– ungedämpfte	–natural	无阻尼频率，自然频率
FührungsgröBe	reference variable, reference input	参据量，指令变量，指令输入量
Führungsübertragungsfunktion	control transfer function	参据传递函数，控制传递函数
Führungsverhalten	command input response, command response	参据特性，指令输入响应，指令响应
gedämpfte Schwingung	damped oscillation	阻尼振荡，衰减振荡
Gegenkopplung	negative feedback	负反馈
Gesamtübertragungsfunktion	overall transfer function	总传递函数
Geschwindigkeits	velocity	速度
– fehler	– (ramp) error	速度误差
– regelung	– control system	速度调节，速度控制系统
geschlossener		
– Wirkungsablauf	closed action	闭环作用运行（过程）
– Wirkungsweg	closed action path	闭环作用方式，闭环作用回路
Gewichtsfunktion	impulse response	权函数，脉冲响应
gewöhnliche Differenzialgleichung	ordinary differential equation	常微分方程
Gleichungsfehler	equation error	方程误差
gleitende Mittelwertbildung	moving-average	求滑动平均值
Grenzfall, aperiodischer	critically damped, $D = 1$	非周期极限情况，临界阻尼情况
Grenzzyklus	limit cycle	极限环
Gütefunktional	cost function	品质函数，代价函数
Gütekriterium	performance criterion	品质准则，品质判据，性能准则
Halteglied nullter Ordnung	zero-order hold element (ZOH)	零阶保持器
Handregelung	manual control	手动调节，人工调节
homogene Differenzialgleichung	homogeneous differential equation	齐次微分方程

德文	英文	中文
– I. Ordnung	–first order	I 阶微分方程
– II. Ordnung	– second order	II 阶微分方程
HURWITZ-Kriterium	HURWITZ's stability criterion	Hurwitz 准则，Hurwitz 稳定性准则
Hysterese	hysteresis	滞环
I-Element	I (integral)-element	I 环节
I-Regler	integral controller	I 调节器，积分控制器
I-Verhalten	integral action	I 特性，积分特性
I-Zustandsregelung	I (integral)-control with state feedback	I 状态调节，具有状态反馈的控制
Identifikation eines Systems	system identification	系统辨识
imaginäre Polstellen	imaginary poles	虚数极点
Imaginärteil	imaginary part	虚部，虚数部分
Impuls	impulse	脉冲
– antwort	– response	脉冲响应
– folgefunktion	– function sequence, pulse-function sequence	脉冲序列函数，脉冲函数序列
– funktion	– function	脉冲函数
instabiles System	unstable system	不稳定系统
Integrier		积分
– beiwert	integration constant	积分常数（系数）
– sättigung	reset windup, integral windup	积分饱卷（饱和）
– zeitkonstante	integral time constant, constant of integrator	积分时间常数，积分常数
integrierendes Verhalten	integral action	积分特性
Inverse einer Matrix	inverse matrix	矩阵逆
inverse LAPLACE-Transformation	inverse LAPLACEtransform	逆拉普拉斯变换，拉普拉斯反变换
Istwert	actual value	实际值
IT_1-Element	I (integral)-element with first order lag	IT_1 环节，具有一阶滞后（积分）环节
kanonische Form	canonical form	典型形式，标准形式，典范形式，正规形式

德文	英文	中文
Kaskaden	cascade	级联, 串联
– regelung	– control	级联调节
– struktur	– structure	级联结构
Kennkreisfrequenz	undamped natural angular frequency	特征角频率，无阻尼自然角频率
Kennlinie	characteristic curve	特性曲线
Kettenstruktur	series structure	串联结构
Knotenpunkt	node	节点
Kompensation, dynamische	dynamic compensation	动态补偿
Kreiskriterium	circle criterion	回路判据，循环准则
Kreis	loop	回路
– struktur	– structure	回路结构
– verstärkung	– gain, closed loop gain	回路增益，闭环增益
kritische Dämpfung (PT_2-Element mit $D = 1$)	critical damping	临界阻尼（具有 D=1 的 PT_2 环节）
kritisch gedämpftes System (PT_2-Element mit $D = 1$)	critically damped system	临界阻尼系统（具有 D=1 的 PT_2 环节）
Lageregelung	position control system	位置调节，位置控制系统
LAPLACE	LAPLACE	LAPLACE，拉普拉斯
– Operator	– operator	LAPLACE 算子
– Transformierte	– transform	LAPLACE 变换
– Transformationspaar	– transform pair	LAPLACE 变换对
– übertragungsfunktion	continuous-time transfer function	LAPLACE 传递函数，连续时间传递函数
– Variable	– operator	拉普拉斯变量，拉普拉斯算子
Leistungsverstärker	power amplifier	功率放大器
lineares	linear	线性
– Regelungssystem	– control system	线性调节系统，线性控制系统
– zeitinvariantes Regelungssystem	– time-invariant (LTI) control system	线性定常调节（控制）系统（LTI），线性时不变调节系统
Linearisierung	linearization	线性化
Linearität	linearity	直线性，线性度
linke s-Halbebene	left half s-plane (LHP)	左 s 半平面
LJAPUNOW	LYAPUNOV	李雅普诺夫
– erste Methode von	– first method of	李雅普诺夫第一定理
– Funktion	– function	李雅普诺夫函数
– zweite Methode von	– second method of	李雅普诺夫第二定理

德文	英文	中文
– (direkte Methode von)	– (direct method of)	（李雅普诺夫直接定理(法)）
Lose	backlash nonlinearity, system with play	游隙，间隙非线性，具有间隙系统
LUENBERGER-Beobachter	LUENBERGER observer	LUENBERGER 观测器
MA-Modell	MA model, moving-average model	MA 模型，滑动–平均值模型
mathematische Modellbildung	mathematical modeling	建立数学模型
mathematisches Modell	– model	数学模型
Matrix-e-Funktion	matrix exponential	矩阵 -e- 函数，矩阵指数函数
Mehrgrößensystem	multivariable system, multiple-input multiple-output (MIMO) system	多变量系统，多输入多输出系统（MIMO）
Mehrpunktglied	multi-position element	多点环节
Mess		测量
– einrichtung	– measuring device	测量装置
– wandler	– transducer	测量变压器（互感器，换能器）
Methode der Beschreibungsfunktion	describing function method	描述函数法
Methode der kleinsten Quadrate	least squares method,LS	最小二乘法，LS
Minimalphasensystem	minimum-phase system	最小相位系统
Mitkopplung	positive feedback	正反馈
Mittelwertbildung, gleitende	moving-average	求滑动平均值
Modell		模型
– autoregressives	AR model,auto-regressive model	自回归（AR）模型
– autoregressives, mit gleitender Mittel wertbildung mit externer Variablen	ARMAX model, auto-regressive moving-average model with extra (exogenous) variable	具有外部变量的自回归滑动平均值（ARMAX）模型
– autoregressives, mit externer Variablen	ARX model, auto-regressive model with extra (exogenous) variable	具有外部变量的自回归（ARX）模型

德文	英文	中文
– mit gleitendender Mittelwertbildung	MA model,moving-average model	滑动 - 平均值（MA）模型
– parametrisches	parametric model	参数模型
– selbstbezügliches	AR model, auto-regressive model	自回归（AR）模型
MOORE-PENROSE-Inverse	MOORE-PENROSE pseudoinverse	MOORE-PENROSE 伪逆
Nennerpolynom	denominator polynomial	分母多项式
nichtlineare Differenzialgleichung	nonlinear differential equation	非线性微分方程
nichtlineares	nonlinear	
– Element	– element	非线性环节
– Regelungssystem	– feedback control system	非线性调节系统，非线性反馈控制系统
– System	– system	非线性系统
Nichtlinearität	nonlinearity	非线性
– als prinzipielle Eigenschaft	– inherent	非线性作为基本（原理上）的固有特性
– absichtlich eingeführte	– intentional	有意引入的非线性
nichtsteuerbares System	uncontrollable system	不可控系统
Normalform (kanonische Form)	normal form	规范型（典型形式）
normierte Dämpfung	damping ratio	规范化阻尼，阻尼比
Nullstelle	zero	零点
NYQUIST-Kriterium	NYQUIST stability criterion	NYQUIST 判据，奈奎斯特稳定判据
Operationsverstärker	operational amplifier	运算放大器
Optimale Regelung	optimal control	最优调节，最优控制
Optimierung	optimization	最优化
Ortskurve der Frequenzgangfunktion	NYQUIST plot, NYQUIST diagram, polar plot	频率特性函数幅相频率特性曲线，奈奎斯特图，极坐标图
OUTPUT-ERROR-Modell	OUTPUT-ERROR model, OE model	输出 - 误差模型，OUTPUT- ERROR（输出误差）模型，OE 模型
P	P (proportional)	P（比例）
– Element	– element	P 环节
– Regelung	– control	P 调节，比例控制

德文	英文	中文
– Regler	–controller	P 调节器，比例控制器
– Verhalten	–action	P 特性，比例特性
Parallel	parallel	并联
– schaltung	–connection	并联电路，并联
– struktur	– structure	并联结构
Parameter	parameter	参数，参量
–empfindlichkeit	–sensitivity	参数灵敏度
– optimierung	– optimization	参数优化
– variation	variation of parameters	参数变化
Parameter	parametric	参数
–identifikation	–identification, –estimation	参数辨识，参数估计
– schätzverfahren	– estimation method	参数估计方法
Partialbruchzerlegung	partial-fraction expansion	部分分式展开
PDT_1 (Lead)-Element (-Regler)	phase-lead compensator	PDT_1(超前) 环节（调节器），相位超前补偿器
PD-Regler	PD(proportional-plus-derivative) controller	PD 调节器，PD（比例微分）控制器
periodisch	periodic, underdamped, $0 \leqslant D < 1$	周期的，欠阻尼的
Phasen	phase	相位
–ebene	–plane	相平面
– gang	– plot,response	相位特性, 相位图，相位响应
–, Methode der -ebene	–plane analysis	相平面方法，相平面分析
– nacheilung	–lag	相位滞后（延迟）
– portrait	– portrait	相图
– rand	– margin	相位裕度，相限
–reserve	– margin	相位裕度
– schnittkreisfrequenz	– crossover angular frequency	穿越角频率
– verschiebung	– shift	相移
– voreilung	– lead	相位超前
– winkel	– angle	相位角
PI-Regler	PI(proportional-plus-integral) controller, two-term controller	PI 调节器，PI（比例积分）控制器，双项控制器
PI-Zustandsregelung	PI(proportional-plus-integral) control with state feedback	PI 状态调节，具有状态反馈的 PI（比例积分）控制

德文	英文	中文
PID-Regler	PID(proportional-plus-integral- plus-derivative)controller, three-term controller	PID 调节器，PID（比例积分微分）控制，三项控制
pneumatischer Regler	pneumatic controller	气动调节器，气动控制器
Pol-Nullstellenplan	pole-zero plot,pole-zero dia gram, pole-zero map	极 - 零点平面图
Polstelle	pole	极点
Polvorgabe	pole placement	极点配置
POPOW,Stabilitätskriterium von	POPOV stability criterion	POPOW稳定性判据
POPOW-Gerade	POPOV line	POPOW直线
PPT_1 (Lag)-Element (-Regler)	phase-lag compensator	PPT_1（滞后）环节（- 调节器），相位 - 滞后补偿器
PPT_1-PDT_1-Element (-Regler)	lag-lead compensator	PPT_1-PDT_1 环节（- 调节器），滞后 - 超前补偿器
Proportional	proportional	比例
– beiwert	–constant, gain	比例系数，比例常数，比例增益
– Regelung	–control	比例调节，比例控制
– Verhalten	– action	比例特性
Prozess, stochastischer	stochastic process	随机过程
Pseudoinverse	MOORE-PENROSE pseudoinverse	伪逆，MOORE–PENROSE 伪逆
PT_1-Element	first order lag element	PT_1 环节，一阶滞后环节
PT_2-Element	second order lag element	PT_2 环节，二阶滞后环节
PT_2-Element (mit $D > 1$, Kriechfall)	overdamped system	PT_2 环节（D>1，过阻尼情况），过阻尼系统
PT_2-Element (mit $D < 1$, Schwingfall)	underdamped system	PT_2 环节 (D<1，振荡情况)，欠阻尼系统
Pulsweitenmodulation	pulse-width modulation	脉冲宽度调制
Quadrate, Methode der kleinsten	least squares method, LS	最小二乘法, LS
quadratische Regelfläche	integral of squared error (ISE)	平方调节面，平方误差积分（ISE）
Rang einer Matrix	rank of matrix	矩阵秩
Realteil	real part	实部
rechte s-Halbebene	righthalf$s$-plane (RHP)	右 s 半平面

德文	英文	中文
Regel	control	调节，控制
– abweichung	– error	调节偏差，控制误差
– bleibende	– error,steady state	残余（稳态）调节偏差，稳态控制误差
– algorithmus	– algorithm	调节算法，控制算法
– bereich	– range, operating range	调节范围（区间），控制范围，运算范围
– differenz	– error	调节误差，控制误差
– bleibende	– steady-state control error	残余（稳态）调节误差，稳态控制误差
– faktor	– factor	调节因子 (系数)
– fläche	– area	调节面
– einrichtung	– equipment	调节装置
– geschwindigkeit	– rate	调节速度
– gröBe	– controlled variable, plant output	被调节量，被控制变量，对象输出变量
– kreis	– loop system,control system	调节回路，控制回路系统，控制系统
– strecke	plant	被调节对象，被控对象
Regelgenauigkeit im Beharrungszustand	steady-state control accuracy	稳态调节精度，稳态控制精度
Regelung	closed-loop control,feedback control	调节，闭环控制，反馈控制
– mit Störgröβenaufschaltung	feedforward control	具有扰动量前馈的调节，前馈控制
Regelungs		
– genauigkeit	controlaccuracy	调节精度，控制精度
– normalform	controllable canonical form	可调节规范型，可控制规范型
– system	automatic feedback control system, control system	调节系统，自动反馈控制系统，控制系统
– system, adaptives	adaptive control system	自适应调节系统，自适应控制系统
– system mit direkter Gegenkopplung	unity-feedback control system	具有直接反馈调节系统，全反馈控制系统
– technik	control system technology, control engineering	调节技术，控制系统技术，控制工程
– verhalten	control action,controlleraction	调节特性，控制特性，控制器特性

德文	英文	中文
– wirkung	control action,controller action	调节作用，控制特性，控制器特性
Regler	compensator, controller, automatic controller, governor	调节器，补偿器，控制器，自动控制器，自动装置
Reihenschaltung	series connection	串联，串接，串联电路
Reihenstruktur	chain structure	串联结构，链式结构
Resonanz	resonant	谐振，共振
– kreisfrequenz	–angular frequency	谐振角频率
– wert des Amplitudengangs (PT_2- Element)	– peakmagnitude	幅值特性谐振值（PT2 环节），幅值谐振峰值
reziprokeübertragungsfunktion	inverse transfer function	逆传递函数
Robuste Regelung	robust control system	鲁棒调节，鲁棒控制系统
ROUTH-Kriterium	ROUTH's stability criterion	Routh 判据，劳斯稳定判据
ROUTH-Tafel	ROUTH array	Routh 表，劳斯表
Rückführung	feedback	反馈
RückführgröBe	– variable	反馈量，反馈变量
Rückführungsschleife	control loop, feedback loop	反馈回路，控制回路
rückgeführtes Signal	feedback signal	反馈信号
Rückkopplung	feedback	反馈
Rückwärtsdifferenz	backward difference	反向误差
Ruhelage	equilibrium point, equilibrium state	静态位置，平衡点，平衡状态
RUNGE-KUTTA-Verfahren	RUNGE-KUTTA method	Runge-Kutta 法
s-Ebene	s-plane	s 平面
Sattelpunkt	saddle point	鞍点
Sättigung	saturation	饱和
Sättigung, Element mit	saturating nonlinearity	饱和，具有回线环节, 饱和非线性,
Schleife, System mit geschlossener	closed loop system	闭环系统
Schnittfrequenz	crossover frequency	穿越频率
Schwingung	oscillation	振荡
– gedämpfte	damped oscillation	阻尼振荡
selbsttätige Regelung	automatic control	自动调节，自动控制
Signal,rückgeführtes	feedback signal	反馈信号
Signalflussbild	block diagram	信号流程图，框图

德文	英文	中文
Signalflussblock	functional block	信号流程模块
Signalflussplan	functional diagram	信号流程图，框图
Signum-Funktion	signum function	正负（符）号函数
Sinus	sine	正弦
– antwort	– response	正弦响应
– funktion	– function	正弦函数
Skalarprodukt	scalar product	标量积，数量积
Sollwert	desiredvalue, set value, reference input, command input, setpoint	希望值，设定值，参考输入，指令输入，设定点
Spaltenvektor	column vector	列向量
Spiel	backlash	间隙，游隙
Sprung	step	阶跃
– antwort	– response	阶跃响应
– funktion	– function	阶跃函数
Stabilität	stability	稳定性
– absolute	– absolute	绝对稳定性
– asymptotische	– asymptotic	渐近稳定性
– des offenen Regelkreises	– open-loop	开环调节回路稳定性，开环稳定性
Stabilitätsuntersuchung	stability analysis	稳定性研究，稳定性分析
Standardregelkreis	standard control loop	标准调节回路，标准控制回路
statisches Verhalten	static behaviour	静态特性
stationäre	steady-state	稳态
– Lösung	– solution	稳态解
– Regeldifferenz	– control error	稳态调节误差，稳态控制误差
Stell		
– einrichtung	actuator	执行装置，驱动器，执行机构
– glied	actuator	执行构件，驱动器，执行机构
– gröBe	manipulated variable, actuating variable, control signal, actuating signal, plant input	控制量，操纵变量，驱动变量，控制信号，驱动信号，对象输入
steuerbares System	controllable system	可控系统
Steuerbarkeit	controllability	可控性
Steuerbarkeitsmatrix	controllability matrix	可控性矩阵
SteuergröBe	controlling quantity	控制量

德文	英文	中文
Steuerung, Regelung	control	控制，调节
Steuerung, Steuern (offene Wirkungskette)	open-loopcontrol	控制，控制（开环作用链），开环控制
Steuerung		
– mit geschlossenem Wirkungskreis	feedbackcontrol	具有闭环作用回路的控制，反馈控制
– mit offenem Wirkungskreis	feedforward control	具有开环作用回路的控制，前馈控制
– mit offener Wirkungs kette	feedforward control	具有开环作用链的控制，前馈控制
Steuerungs	control	控制
– technik	–engineering	控制技术，控制工程
– verhalten	– action	控制特性
– wirkung	– action	控制作用，控制特性
stochastische Variable	stochastic variable	随机变量
stochastischer Prozess	stochastic process	随机过程
Stör		扰动
– größe	disturbance input	扰动量，扰动输入
–größenaufschaltung	feedforward control	扰动量接入，前馈控制
– signal	disturbance signal	扰动信号
– übertragungsfunktion	disturbance transferfunction	扰动传递函数
– unterdrückung	disturbance rejection	扰动抑制
– verhalten	disturbance response	扰动特性，扰动响应
Strecke	controlled system	对象，被控系统
– mit Ausgleich	– with self-regulation	具有平衡的对象，具有自调整的被控系统
– ohne Ausgleich	– without self-regulation	无平衡的对象，无自调整的被控系统
Strudelpunkt	focus	焦点
Summationselement	summation point	求和环节（元件），加法环节（元件），相加点
Superpositions (überlagerungs)-prinzip	principle of superposition	叠加（重叠）原理
Symmetrisches Optimum	symmetrical optimum	对称最优值
System		系统
– dynamisches	dynamical system	动态系统

德文	英文	中文
– identifikation	system identification	系统辨识
– mit geschlossener Schleife	closed loopsystem	闭环系统
Systemmatrix	system matrix	系统矩阵
TAYLOR-Reihe	TAYLOR-series	TAYLOR级数，泰勒级数
Teilzustandsrückführung, Ausgangsr ückführung	output feedback	部分状态反馈，输出反馈
Testeingangssignal	test input signal	测试输入信号
$t_{\max}$-Zeit	peak time	$t_{\max}$ 时间，峰值时间
Totzeit	dead time, time delay, transport lag	时延，传输延迟
Totzeitelement	dead-time element, trans port-lag element	时延环节，传输延迟时间环节
Totzone (Lose, Dreipunktregler, Verstärker)	dead zone (relay, on-off-controller, amplifier), dead band (backlash nonlinearity)	死区（游隙，三位调节器，放大器），死区（继电器，通断控制器，放大器），死区（间隙非线性）
Trajektorie	trajectory	轨迹
Transitionsmatrix, Zustandsähergangsmatrix	transition matrix	转换矩阵，状态转移矩阵
Transponierte einer Matrix	transpose of a matrix	矩阵转置
Trapeznäherung	trapezoidal approximation of integral	梯形近似，积分梯形近似
$\mathrm{T_t}$-Element	dead-time element, transport-lag element	T_t 环节，延迟时间环节，传输延迟时间环节
TUSTIN-Formel	TUSTIN's method	TUSTIN 公式，TUSTIN 法
Überanpassung	overfitting	过匹配，超匹配
Übergangsfunktion	unit-step response	过渡函数，单位阶跃响应
Übergangsverhalten	transient behavior, transient response	过渡特性，过渡响应
Überlagerungsprinzip, Superpositionsprinzip	principle of superposition	叠加原理
Überschwingweite	maximum overshoot, overshoot,peak overshoot	超调量，最大超调量，峰值超调量
Übertragungs		

德文	英文	中文
– block	block, functional block	传递模块，功能模块
– element	transfer element	传递环节
–funktion	transfer function	传递函数
– funktion des geschlossenen Regelkreises	closed-loop transfer function	闭环调节回路传递函数，闭环传递函数
– funktion des offenen Regelkreises	open-loop transfer function	开环调节回路传递函数，开环传递函数
– funktion, reziproke	inverse transfer function	反传递函数，逆传递函数
– matrix	transfer matrix	传递矩阵
– verzögerung	transfer lag	传递滞后，传输延迟
ungedämpfte Frequenz	natural frequency	无阻尼频率，自然频率
Unterschwingen	undershoot	下冲，负尖峰，失调度，负脉冲
Variable	variable	变量
variable GröBe	variable, quantity	可变变量，变量，量
Vergleicher	comparator	比较器
Verhalten	action, behaviour, performance	特性，性能
– differenzierendes	rate action	微分特性，速率特性
– im Beharrungszustand	steady-stateresponse	平衡状态特性，稳态响应
– integrierendes	integral action	积分特性
Verschiebungsprinzip	principle of shifting	位移原理，平移原理
Verstärker	amplifier	放大器
Verstärkung	gain, gain factor	增益，增益系数
Verzögerung	lag, delay	滞后，延迟
Verzögerungselement I. Ordnung	lag element	I 阶滞后环节，滞后环节
Verzögerungszeit	time constant	滞后时间，时间常数
Verzugszeit	delay time, equivalent dead-time	延迟时间，等效死区时间
Verzweigung	branching	支路
Verzweigungselement	branch point	分支元件，分支点
viskose Reibung	viscous friction	黏性摩擦
viskoser Reibungskoeffizient	viscous friction coefficient	黏性摩擦系数
Vorhaltverstärkung	derivative action gain	超前增益，微分增益
Voreilung	lead	超前

德文	英文	中文
Vorfilter	prefilter	前置滤波器
Vorhalt	derivative action	超前，微分作用
– Element	lead element	超前环节
– zeit	rate time	超前时间，速率时间
– zeitkonstante	rate time constant	超前时间常数，速率时间常数
Vorwärtsdifferenz	forward difference	前向误差
Wasserstandsregelung	water-level control	水位调节，水位控制
Wirbelpunkt	center	涡流点，涡流中心
Wirkung	action	作用
Wirkungsablauf	action	作用过程
Wirkungskette		作用链
– Steuerung mit offener	feedforward control	具有开环作用链控制，前馈控制
Wirkungskreis		作用回路，作用范围
– Steuerung mit geschlossenem	feedback control	具有闭环作用回路的控制，反馈控制
– Steuerung mit offenem	feedforward control	具有开环作用回路的控制，前馈控制
– mit offener Wirkungskette	feedforward control	具有开环作用链的作用回路，前馈控制
Wirkungslinie	action line	作用线，实线
Wirkungs	functional	作用，功能
– plan	– diagram	结构图，功能图
– planblock	–block	结构框图，功能模块
Wurzelort	root locus	根轨迹
– Amplitudenbedingung	–amplitude(magnitude) condition	根轨迹幅值条件
– Asymptoten	– asymptotes	根轨迹渐近线
– Austrittswinkel	– angle of departure	根轨迹起始角
– Eintrittswinkel	– angle of arrival	根轨迹终止角
– Konstruktionsregeln	– construction rules	根轨迹设计规则
– Phasenbedingung	– phase condition	根轨迹相位条件
– Verzweigungspunkt	– breakaway point, break-in point	根轨迹分离点
– Zweige	– branches	根轨迹分支
Wurzelorts	root locus	根轨迹
– kurve	– plot	根轨迹曲线

德文	英文	中文
– verfahren	– method	根轨迹法
z-Ebene	z-plane	z 平面
z-Transformation	z-transform	z 变换
z-Transformationspaar	z-transform pair	z 变换对
z-Übertragungsfunktion	z-transfer function	z 传递函数
Zählerpolynom	numerator polynomial	分子多项式
Zeit	time	时间
– bereich	– domain	时域
– konstante	– constant	时间常数
– verhalten	–behaviour,response	时间特性，时间响应
– verzögerung	– delay,–lag	滞后时间，时间延迟
Zeitgewichtete Betragsregelfläche	integral of time multiplied by absolute value of error(ITAE)	时间加权值调节面，时间乘绝对误差积分（ITAE）
zeitinvariantes System	time-invariant system	定常系统，非时变系统
Zeitkonstante	time constant	时间常数
Zeitlinear gewichtete Quadratische Regelfläche	integral of time multiplied by squared error(ITSE)	时间线性加权平方调节面，时间乘平方误差积分 (ITSE)
Zeitquadratisch gewichtete Quadratische Regelfläche	integral of squared time multiplied by squared error(ISTSE)	时间平方加权平方调节面，时间平方乘平方误差积分 (ISTSE)
zeitvariantes System	time-varying system	时变系统
Zeitverhalten	time response	时间特性，时间响应
ZufallsgröBe	random variable, random quantity	随机变量，随机量
Zufallsprozess	stochastic process	随机过程
Zustand,eingeschwungener	steady state	稳定状态，稳态
Zustands	state	状态
– beobachter	– observer	状态观测器
– beobachtung	– observation	状态观测
– differenzialgleichung	– differential equation	状态微分方程
– gleichungen	– equations	状态方程
– gröBe	– variable	状态量，状态变量
– raum	– space	状态空间
– regelung	– control	状态调节，状态控制
– rückführung	– feedback	状态反馈

德文	英文	中文
– übergangsmatrix	– transition matrix	状态传递矩阵
– variable	– variable	状态变量
– vektor	– vector	状态向量
Zweipunkt-Element	two-step action element, two-position element	两位元件（环节）
– mit Totzone (Dreipunkt-Element)	relay with dead zone	具有死区（三位元件）的两位元件，具有死区的继电器
– mit Hysterese	relay with hysteresis	具有磁滞的两位元件，具有磁滞的继电器
Zweipunkt-Regelung	bang-bang control, on-off control, two-step control, two-position control, relay feedback control system	两位调节，两位控制，bang-bang（棒 - 棒）控制，通断控制，继电反馈控制系统
Zweipunkt-Regler	two-step controller, two-position controller	两位调节器，两位控制器

20.4 调节技术概念：英文–德文–中文

英文	德文	中文
action	Verhalten,Wirkung, Wirkungsablauf	特性，作用，作用运行
action line	Wirkungslinie	作用线，实线
actual value	Istwert	实际值
actuating		
– signal	Stellgröβe	控制量，调整信号
– variable	Stellgröβe	控制变量
actuator	Stelleinrichtung, Stellglied	驱动器，调整装置，调整环节
adaptive control system	adaptive Regelung, adaptives Regelungssystem	自适应控制系统，自适应调节，自适应调节系统
algorithm	Algorithmus	算法
all-pass	Allpass	全通网络，移相网络
amplifier	Verstörker	放大器
amplitude		幅值
– optimum	Betragsoptimum	幅值优化
–response	Amplitudengang	幅值响应，幅值特性
analog, analogue	analog	模拟
analog		
– controller	analoger Regler	模拟控制器，模拟调节器
– quantity	analoge Gröβe	模拟量
–signal	analoges Signal	模拟信号
–variable	analoge Gröβe	模拟变量，模拟量
analog-to-digital converter	Analog-Digital-Wandler	模拟–数字转换器
aperiodic	aperiodisch, aperiodischgedämpft,$D > 1$	非周期的，非周期阻尼的，$D > 1$
aperiodic damping	aperiodische Dämpfung	非周期阻尼
AR model	AR-Modell,autoregressives Modell, selbstbezüglichesModell	AR 模型，自回归模型
ARMA model	ARMA-Modell, autoregressives Modell mit gleitender Mittelwertbildung	ARMA 模型，具有滑动平均值自回归模型

英文	德文	中文
ARMAX model	ARMAX-Modell, autoregressives Modell mit gleitender Mittelwertbildung mit externer Variablen	ARMAX 模型，具有外部变量滑动平均值自回归模型
ARX model	ARX-Modell, autoregressives Modell mit externer Variablen	ARX 模型，具有外部变量自回归模型
asymptotic behavior	asymptotisches Verhalten	渐近特性
attenuation	Abschwächung, Dämpfung	衰减，阻尼
auto-regressivemodel	AR-Modell, autoregressives Modell,selbstbezügliches Modell	AR 模型，自回归模型
auto-regressive model with extra (exogenous) variable	ARX-Modell, autoregressives Modell mit externer Variablen	ARX 模型，具有外部变量自回归模型
auto-regressive moving-average model	ARMA-Modell, autoregressives Modell mit gleitender Mittelwertbildung	ARMA 模型，具有滑动平均值自回归模型
auto-regressive moving-average model with extra (exogenous) variable	ARMAX-Model, autoregressives Modell mit gleitenderMittelwertbildung mit externer-Variablen	ARMAX 模型，具有外部变量滑动平均值自回归模型
automatic		
– control	selbsttätige Regelung	自动控制，自动调节
– controller, governor	Regler	自动控制器，自动调节器
– feedback control system	Regelungssystem	自动反馈控制系统，自动调节系统
backlash nonlinearity	Lose, Element mit Spiel	间隙非线性，游隙，具有间隙环节
backward difference	Rückwärtsdifferenz	反向误差
bandwidth	Bandbreite	带宽
bang-bang control	Zweipunktregelung	bang-bang（棒 - 棒）控制，两位调节
behaviour	Verhalten	特性

英文	德文	中文
bilinear transformation	Bilineartransformation	双线性变换
BJ model	Box-Jenkins-Modell	BJ 模型，Box-Jenkins-模型
block	Block, Übertragungsblock	模块，传递模块, 传递框
– diagram	Blockdiagramm,Signalflussbild	框图，信号流程图
Bode diagram, Bode plot	Bode-Diagramm	Bode图
Box-JenkinsSmodel	Box-Jenkins-Modell	Box-Jenkins 模型
branch point	Verzweigungselement	分支点，分支元件
branching	Verzweigung	分支
break point	Eckfrequenz	转折频率
canonical form	kanonischeForm(Normalform)	规范型
cascade	Kaskaden	串联，串级
–control	– regelung	串级控制，串级调节
– structure	– struktur	串级结构
center	Wirbelpunkt	涡流点，涡流中心
chain structure	Reihenstruktur	链式结构，级联结构
characteristic		
– equation	charakteristische Gleichung	特征方程
– curve	Kennlinie	特征曲线
–polynomial	charakteristisches Polynom	特征多项式
circle criterion	Kreiskriterium	回路判据，循环准则
closed action	geschlossener Wirkungsablauf	闭环作用过程
closed action path	geschlossener Wirkungsablauf	闭环作用过程曲线
closed-loop		闭环
– control	Regelung	闭环控制，调节
–frequency response	Frequenzgang des geschlossenen Regel-kreises	闭环频率响应, 闭环调节回路频率特性
– gain	Kreisverstärkung	闭环回路增益
– system	Regelkreis, System mit geschlossener Schleife	闭环系统，闭环调节回路，闭环调节系统
– transfer function	Übertragungsfunktion des geschlossenen Regel-kreises	闭环传递函数, 闭环调节回路传递函数
column vector	Spaltenvektor	列向量

英文	德文	中文
command	Sollwert	指令值，希望值
command input response	Führungsverhalten	参据特性，指令输入响应
command response	Führungsverhalten	参据特性，指令响应
comparator	Vergleicher	比较器
compensation, dynamic	dynamische Kompensation	动态补偿
compensator	Regler	补偿器，调节器
constant value control	Festwertregelung	常值控制，定值调节，常值调节
continuous		
– control system	zeitkontinuierliche Regelung	连续控制系统，时间连续调节
– time transfer function	LAPLACE-Übertragungsfunktion	连续时间传递函数，拉普拉斯传递函数
control	Steuerung, Regelung	控制，调节
–accuracy	Regelungsgenauigkeit	控制精度，调节精度
– action	Regelungsverhalten,-wirkung, Steuerungsverhalten,-wirkung	调节特性，调节作用，控制特性，控制作用
– algorithm	Regelalgorithmus	控制算法，调节算法
– area	Regelfläche	控制面，调节面
–engineering	Regelungs-, Steuerungstechnik	控制工程，调节技术，控制技术
– equipment	Regeleinrichtung	控制装置，调节装置
– error	Regelabweichung, Regeldifferenz	控制误差，调节偏差，调节误差
– factor	Regelfaktor	控制系数，调节因数
– loop	Regelkreis, Rückführungsschleife	控制回路，调节回路，反馈环路
– range	Regelbereich	控制范围，调节范围
– rate	Regelgeschwindigkeit	控制速率，调节速度
– rise time	Anregelzeit	上升时间，初调时间
–signal	Stellgröße	控制信号，控制量
–system	Regelkreis,Regelungssystem	控制系统，调节系统，调节回路
– transfer function	Führungsübertragungsfunktion	控制传递函数，参据传递函数
controllability matrix	Steuerbarkeitsmatrix	可控性矩阵

英文	德文	中文
controllable		
– canonical form	Regelungsnormalform	可控性规范型，调节规范型
– system	steuerbares System	可控系统
controlled variable	Regelgröβe	被控变量，被调节量
controlled system	Strecke	被控制系统，被调节对象
– with self-regulation	– mit Ausgleich	具有自调整的被控制系统，具有平衡的被调节对象
– without self-regulation	– ohne Ausgleich	无自调整的被调系统，无平衡的被调节对象
controller		
– (for closed loop control)	Regler	控制器（对于闭环控制），调节器
– action	Regelverhalten,-wirkung	控制器特性，调节特性，调节作用
controlling quantity	Steuergröβe	控制量
convolution		
– integral	Faltungsintegral	卷积
–theorem	Faltungssatz	卷积定理
corner	Eck	转折
– frequency	– frequenz	转折频率
– angular frequency	–kreisfrequenz	转折角频率
cost function	Gütefunktional	性能函数，品质函数
critical	kritische	临界
– gain	– Verstärkung	临界增益
– damping	– Dämpfung ($D = 1$ eines PT_2-Elements, aperiodischer Grenzfall)	临界阻尼（PT_2 环节的 $D = 1$, 非周期的极限情况）
critically damped	aperiodischer Grenzfall, $D = 1$	临界阻尼，非周期的极限情况，$D = 1$
critically damped system	kritisch gedämpftes System (PT_2-Element mit $D = 1$)	临界阻尼系统（具有 $D = 1$ 的 PT_2 环节）
crossover		
– angular frequency	Durchtrittskreisfrequenz	穿越角频率，截止角频率
– frequency	Durchtrittsfrequenz, Schnittfrequenz	穿越频率，截止频率，相交频率

英文	德文	中文
D (derivative)-element	D-Element	D（微分）环节
D (derivative)-element with first order lag	DT_1-Element	具有一阶滞后的 D（微分）环节，T_1 环节
damped natural angular frequency	Eigenkreisfrequenz	阻尼自然角频率，固有角频率
damped oscillation	gedämpfte Schwingung	阻尼振荡
damping	Dämpfung	阻尼
– coefficient	Dämpfungskoeffizient	阻尼系数
– constant	Dämpfungskonstante	阻尼常数
– factor	Dämpfungsfaktor	阻尼因数
– ratio	normierte Dämpfung, Dämpfungsverhältnis	阻尼比，规范化阻尼
dc gain	Proportionalbeiwert	dc（直流放大器）增益，比例系数
dead band (backlash nonlinearity)	Totzone bei einer Lose	死区（间隙非线性），游隙死区
deadbeat	Dead-Beat	非周期，无振荡，临界阻尼，振荡终止
– control	–Regelung	Dead-Beat 控制 (非周期控制)，Dead-Beat 调节 (最终调整时间补偿调节)
– step response	– Sprungantwort	Dead-Beat 阶跃响应
dead time	Totzeit	时延
dead-time element, transport-lag element	T_t-Element	时延环节（元件），传输延迟环节 (元件)，T_t 环节（元件）
dead zone (relay, on-off-controller, amplifier)	Totzone beiDreipunktregler, Verstärker	死区（继电器，通断控制器，放大器），三位调节器死区，放大器
dead zone nonlinearity	Element mit Totzone	死区非线性，具有死区的环节（元件）
decibel	Dezibel (dB)	分贝（dB）
degree of freedom	Freiheitsgrad	自由度
delay	Verzögerung	延迟，滞后
delay time	Verzugszeit	延迟时间，空载时间
denominator polynomial	Nennerpolynom	分母多项式

英文	德文	中文
derivative		微分
– action	D-Verhalten, Vorhalt	D（微分）特性，超前
– action gain	Vorhaltverstärkung	微分特性增益，超前增益
– constant	Differenzierbeiwert	微分常数（微分系数）
– controller	D-Regler	微分控制器，D 调节器
– time constant	Differenzierzeitkonstante	微分时间常数
describing function	Beschreibungsfunktion	描述函数
– method	– Methode der	描述函数法
– analysis	– Methode der Beschreibungsfunktion	描述函数分析，描述函数法
desired value	Sollwert	希望值
deviation	Abweichung	偏差
difference equation	Differenzengleichung	差分方程
differential equation	Differenzialgleichung	微分方程
– homogeneous	– homogene	齐次微分方程
– first order	– I. Ordnung	I 阶微分方程
– second order	– II. Ordnung	II 阶微分方程
digital		数字
– control	digitale Regelung	数字控制，数字调节
– controller	digitaler Regler	数字控制器，数字调节器
– signal	digitales Signal	数字信号
– to-analog-converter	Digital-Analog-Wandler	数 - 模 - 转换器
disturbance	Störung	扰动
– signal	Störsignal	扰动信号
– rejection	Störunterdrückung	扰动抑制
– observation	StörgröBenbeobachtung	扰动量观测
– response	Störverhalten	扰动响应，扰动特性
– input	Störgröβe	扰动输入，扰动量
dynamic		
– behaviour	dynamisches Verhalten	动态特性
– compensation	dynamische Kompensation	动态补偿
dynamical system	dynamisches System	动态系统
eigenvalue	Eigenwert	特征值，本征值
equation error	Gleichungsfehler	方程误差
equilibrium		
– point	Ruhelage	平衡点，静态位置
– state	Ruhelage	平衡状态，静态位置

英文	德文	中文
equivalent dead-time	Verzugszeit	等效延迟时间，空载时间
feedback	Rückführung, Rückkopplung	反馈
– control	Steuerung mit geschlossenem Wirkungskreis, Regelung	反馈控制，具有闭环作用回路的控制，调节
– control system	Regelungssystem	反馈控制系统，调节系统
– loop	Rückführungsschleife, Gegenkopplung	反馈调节回路，负反馈
– negative	Gegenkopplung	负反馈
– positive	Mitkopplung	正反馈
– signal	rückgeführtes Signal	反馈信号
– variable	Rückführgröβe	反馈量
feedforward control	Regelung mit Störgröβenaufschaltung, Steuerung mit offenem Wirkungskreis, mit offener Wirkungskette	前馈控制，具有扰动量接入的调节，具有开环作用回路的控制，具有开环作用链的控制
feedthrough	Durchgangs	前馈
– matrix	– matrix	前馈矩阵
– vector	– vektor	前馈向量
– factor	– faktor	前馈系数（因子）
filter element	Filter-Element	滤波器环节（元件）
final-value theorem	Endwertsatz	终值定理
first-order		
– lag element	PT_1-Element, Verzögerungselement 1. Ordnung,	1 阶滞后环节，PT_1 环节，1 阶滞后环节
– lead element	Differenzierelement 1.Ordnung	1 阶超前环节，1 阶微分环节
flow diagram	Flussdiagramm	流程图
focus	Strudelpunkt	焦点
forward difference	Vorwärtsdifferenz	前向误差
frequency	Frequenz	频率
– domain	– bereich	频域

英文	德文	中文
– response	– gang	频率响应，频率特性
– response graph	BODE-Diagramm	频率响应图，BODE 图
functional		函数，功能
– block	Übertragungsblock,Block, Signalflussblock, Wirkungsplanblock	传递框，功能框，信号流框图，结构图
– block diagram	Signalflussbild	功能框图，信号流图
– diagram	Signalflussplan, Wirkungsplan	信号流图，结构图
gain, gain factor	Verstärkung	增益，增益系数
gain margin	Amplitudenreserve	幅值裕度
HURWITZ's stability criterion	HURWITZ-Kriterium	HURWITZ（赫尔维茨）稳定性判据
hysteresis	Hysterese	磁滞
I (integral)-control with state feedback	I-Zustandsregelung	具有状态反馈的 I（积分）控制，I（积分）状态调节
I (integral)-element with first order lag	IT_1-Element	IT_1- 环节，具有 1 阶滞后 I（积分）- 环节
imaginary		
– part	Imaginärteil	虚部
– poles	imaginäre Polstellen	虚极点
impulse	Impuls	冲量
– function	– funktion	冲激函数
– function sequence	– folgefunktion	冲激序列函数
– response	– antwort, Gewichtsfunktion	冲激响应，权函数
initial	Anfangs	初始
– state	– zustand	初始状态
– value	– wert	初值
initial-value theorem	– wertsatz	初值定理
input	Eingangs	输入
– matrix	– matrix	输入矩阵
– signal	– signal	输入信号
– variable	– größe	输入量
– vector	– vektor	输入向量
integration constant	Integrierbeiwert	积分系数，积分常数

英文	德文	中文
integral		积分
– action	integrierendes Verhalten, I-Verhalten	积分特性，I 特性
– controller	I-Regler	积分控制器，I 调节器
– element	I-Element	积分环节，I 环节
– of absolute value of error (IAE)	Betragsregelfläche	数值调节面，绝对误差积分（IAE）
– of squared error (ISE)	Quadratische Regelfläche	平方调节面，平方误差积分（ISE）
– of squared time multiplied by squared error (ISTSE)	Zeitquadratisch gewichtete Quadratische Regelfläche	时间平方加权平方调节面，平方时间乘平方误差积分（ISTSE）
– of time multiplied by absolute value of error (ITAE)	Zeitgewichtete Betragsregelfläche	时间加权数值调节面，时间乘绝对误差积分（ITAE）
– of time multiplied by squared error(ITSE)	Zeitlinear gewichtete Quadratische Regelfläche	时间线性加权平方调节面，时间乘平方误差积分（ITSE）
– time constant	Integrierzeitkonstante	积分时间常数
– windup	Integriersättigung	积分卷积
inverse		逆
– LAPLACE transform	inverse LAPLACE-Transformation	逆拉普拉斯变换，拉普拉斯反变换
– matrix	Inverse einer Matrix	矩阵逆
– transfer function	reziproke Übertragungsfunktion	逆传递函数
lag	Verzögerung	滞后
lag element		滞后环节
– first order	PT_1-Element	PT_1 环节，一阶滞后环节
– second order	PT_2-Element	PT_2 环节，二阶滞后环节
lag-lead compensator	PPT_1-PDT_2-Element (-Regler)	PPT_1-PDT_1 环节（调节器），滞后超前补偿器
LAPLACE	Laplace	
– operator	– Operator,Variable	拉普拉斯算子，拉普拉斯变量
– transform	– Transformierte	拉普拉斯变换
– transform pair	– Transformationspaar	拉普拉斯变换对
lead	Voreilung	超前
lead element	Vorhalt-Element	超前环节

英文	德文	中文
least squares method	Methode der kleinsten Quadrate	最小二乘法
left half s-plane (LHP)	linke s-Halbebene	左半 s 平面（LHP），左 s 半平面
limit cycle	Grenzzyklus	极限环
limiting	Begrenzung	限幅
linear	lineares	线性
– control system	–Regelungssystem	线性控制系统，线性调节系统
– time-invariant (LTI) control system	zeitinvariantes Regelungssystem	线性定常控制系统（LTI），线性定常调节系统
linearity	Linearität	直线性，线性度
linearization	Linearisierung	线性化
loop	Kreis	回路
– gain	– verstärkung	回路增益
– structure	– struktur	回路结构
LS	Methode der kleinsten Quadrate	LS，最小二乘法
LUENBERGER observer	LUENBERGER-Beobachter	LUBENBERGER 观测器
LYAPUNOV	LJAPUNOW	
– first method of	– erste Methode von	LJAPUNOW 第一法
– function	– Funktion	LJAPUNOW 函数
– second method of direct method of	– zweite Methode von direkte Methode von	LJAPUNOW 第二法，LJAPUNOW 直接法
MA model	MA-Modell, Modell mit gleitender Mittelwert-bildung	MA- 模型，滑动平均值模型
magnitude	Amplitude	幅值
magnitude plot	Amplitudengang	幅值特性
manipulated variable	StellgröBe	操纵变量，控制量
manual control	Handregelung	手控，手动调节
mathematical		
– model	mathematisches Modell	数学模型
– modeling	mathematische Modellbildung	建模，建立数学模型
matrix		
– exponential	Matrix-e-Funktion	矩阵 -e- 函数，矩阵指数函数
–, rank of	Rang einer Matrix	矩阵秩
maximum overshoot	Überschwingweite	超调量，最大超调量

英文	德文	中文
measuring device	Messeinrichtung	测量装置
minimum-phase system	Minimalphasensystem	最小相位系统
model		
– auto-regressive	AR-Modell	AR 模型，自回归模型
– auto-regressive moving-average	ARMA-Modell, autoregressives Modell mit gleitender Mittelwertbildung	ARMA 模型，具有滑动平均值自回归模型
– auto-regressive moving-average with extra (exogenous) variable	ARMAX-Modell, autoregressives Modell mit gleitender Mittelwertbildung mit externer Variablen	ARMAX 模型，具有外部变量滑动平均值自回归模型
– auto-regressive with extra (exogenous) variable	ARX-Modell, autoregressives Modell mit externer Variablen	ARX 模型，具有外部变量的自回归模型
– moving-average	MA-Modell, Modell mit gleitender Mittelwertbildung	MA 模型，具有滑动平均值模型
– parametric	parametrisches Modell	参数模型
moving-average	gleitende Mittelwertbildung	滑动平均值
moving-average model	MA-Modell, Modell mit gleitender Mittelwertbildung	MA 模型，具有滑动平均值模型
Moore-Penrose pseudoinverse	Moore-Penrose-Inverse, Pseudoinverse	Moore-Penrose 逆，伪逆
multi-position element	Mehrpunktglied	多位环节
multivalued nonlinearity	Element mit mehrdeutiger Kennlinienfunktion	具有多值特性曲线函数的环节，多值非线性环节
multivariable system	Mehrgröβensystem	多变量系统
natural frequency	ungedämpfte Frequenz	自然频率，无阻尼频率
negative feedback	Gegenkopplung	负反馈
node	Knotenpunkt	节点
nonlinear	nichtlineares	非线性
– element	– Element	非线性环节
– system	– System	非线性系统

英文	德文	中文
– control system	–Regelungssystem	非线性控制系统，非线性调节系统
–feedback control system	–Regelungssystem	非线性调节系统，非线性反馈控制系统
–differential equation	nichtlineare Differenzialgleichung	非线性微分方程
nonlinearity	nichtlineares Element mit	具有 …… 非线性环节
– backlash	–Lose	间隙非线性，具有游隙非线性环节，
– dead zone	–Totzone	死区非线性，具有死区非线性环节
– hysteresis	–Hysterese	磁滞非线性，具有磁滞环非线性环节
nonlinearity		非线性
– inherent	Nichtlinearität als prinzipielle Eigenschaft	固有非线性，作为基本（原理上）的非线性
– intentional	absichtlich eingeführte Nichtlinearität	有意引入非线性
nonlinearity	nichtlineares Element mit	具有 …… 非线性环节
– limiting	–Begrenzung	限幅非线性，具有限幅非线性环节
– multivalued	– mehrdeutiger Kennlinienfunktion	具有多值特性曲线函数的非线性环节，多值非线性
– on-off	–Zweipunktverhalten	通 - 断非线性，具有两位特性非线性环节
– saturating	–Sättigung	饱和非线性，具有饱和非线性环节
– single-valued	– eindeutiger Kennlinienfunktion	单值非线性，具有单值特性曲线函数的非线性环节
– two-valued	– zweideutiger Kennlin ienfunktion	双值非线性，具有双值特性曲线函数的非线性环节
normal form	Normalform (kanonische Form)	规范型
numerator polynomial	Zählerpolynom	分子多项式
NYQUIST		
– stability criterion	NYQUIST-Kriterium	奈奎斯特稳定性判据，NYQUIST 判据

英文	德文	中文
– plot, NYQUIST diagram	Ortskurve der Frequenzgangfunktion	奈奎斯特图，NYQUIST- 频率特性函数幅相频率特性曲线
Observability	Beobachtbarkeit	可观测性
– matrix	Beobachtbarkeitsmatrix	可观测性矩阵
observable		
– canonical form	Beobachtungsnormalform	观测标准（规范）型
– system	beobachtbares System	可观测系统
observer based control	Beobachtung, Regelung mit Beobachter	基于控制的观测器，观测，具有观测器的调节
observer-error	Beobachtungsfehler	观测器误差，观测误差
– state equation	–gleichung	观测器误差状态方程，观测误差方程
observer	Beobachtungs	观测器，观测
– matrix	– matrix	观测器矩阵
– model	– modell	观测器模型
– vector	– vektor	观测器向量
OE model	OUTPUT-ERROR-Modell	OE 模型，OUTPUT-ERROR（输出误差）模型
offset	Abweichung, bleibende Regelabweichung	偏差，稳态调节偏差
on-off control	Zweipunktregelung	两点调节，通断控制
open-loop		开环
– control	Steuerung, steuern	开环控制，控制
– frequency response	Frequenzgang des offenen Regelkreises	开环频率响应，开环调节回路频率特性
– stability	Stabilität des offenen Regelkreises	开环稳定性，开环调节回路稳定性
– transfer function	Übertragungsfunktion des offenen Regelkreises	开环传递函数，开环调节回路传递函数
operating		
– point	Arbeitspunkt	工作点
– range	Regelbereich	调节范围
operational amplifier	Operationsverstärker	运算放大器
optimal control	Optimale Regelung	最优控制，最优调节
optimization	Optimierung	优化

英文	德文	中文
ordinary differential equation	gewöhnliche Differenzialgleichung	常微分方程
oscillation	Schwingung	振荡
output	Ausgangs	输出
– equation	– gleichung	输出方程
– feedback	– rückführung, Teilzustandsrückführung	输出反馈，部分状态反馈
– matrix	– matrix	输出矩阵，
– quantity	– gröβe	输出量
– variable	– gröβe	输出变量
– vector	– vektor	输出向量
OUTPUT-ERROR model	OUTPUT-ERROR-Modell	OUTPUT-ERROR（输出误差）模型
overall transfer function	Gesamtübertragungsfunktion	总传递函数
overdamped	aperiodisch, aperiodisch gedämpft, $D>1$	过阻尼的，非周期的，非周期阻尼的，$D>1$
overdamped system	PT_2-Element (mit $D>1$, Kriechfall)	过阻尼系统，PT_2 环节（具有 $D>1$，蠕变情况）
overfitting	Überanpassung	过匹配
overshoot	Überschwingweite	超调量
P(proportional)-element	P-Element	P（比例）环节
parallel	Parallel	并联，并行
– connection	–schaltung	并联，并联电路
– structure	– struktur	并联结构
parameter	Parameter	参数
– optimization	– optimierung	参数优化
– sensitivity	– empfindlichkeit	参数灵敏度
parametric		
– estimation, identification	Parameteridentifikation, Parameterschätzung	参数估计，参数辨识
– estimation method	Parameterschätzverfahren	参数估计法
– identification	Parameteridentifikation, Parameterschätzung	参数辨识，参数估计
– model	parametrisches Modell	参数模型
partial-fraction expansion	Partialbruchzerlegung	部分分式展开
PD (proportional-plus-derivative)-controller	PD-Regler	PD（比例微分）控制器，PD 调节器

英文	德文	中文
peak		峰值
– overshoot	Überschwingweite	超调量
– time	$t_{\max}$-Zeit	峰值时间，$t_{\max}$（峰值）时间
performance	Verhalten	性能，特性
– criterion	Gütekriterium	品质准则，性能准则
– index	Gütekriterium	品质准则，性能指标
periodic	periodisch	周期的
phase	Phasen	相位
– angle	– winkel	相位角
– crossover angular frequency	– schnittkreisfrequenz	穿越角频率
– lag	– nacheilung	相位滞后
– lead	– voreilung	相位超前
– margin	– reserve,Phasenrand	相位裕度，相位特性
– plane	– ebene	相平面
– plane analysis	– Methode der-ebene	相平面分析，相平面法
– plot	– gang	相位图，相位特性
– portrait	– portrait	相图
– response	– gang	相位响应，相位特性
– shift	– verschiebung	相移
phase-lag compensator	PPT_1 (Lag)-Element (-Regler)	相位滞后补偿器，PPT_1（滞后）环节（调节器）
phase-lead compensator	PDT_1 (Lead)-Element (-Regler)	相位 - 超前补偿器，PDT_1（超前）环节（调节器）
PID (proportional-plus-integral-plus-derivative) controller	PID-Regler	PID（比例积分微分）控制器，PID 调节器
PI (proportional-plus-integral) controller	PI-Regler	PI（比例积分）控制器，PI 调节器
PI (proportional-plus-integral) control with state feedback	PI-Zustandsregelung	具有状态反馈的 PI（比例积分）控制，PI（比例积分）状态调节
plant	Regelstrecke	被调节对象
– input	Stellgröße	被调节对象输入，调整量

英文	德文	中文
– output	Regelgröße	被调节对象输出，被调节量
pneumatic controller	pneumatischer Regler	气动控制器，气动调节器
polar plot	Ortskurve der Frequenz gangfunktion	极坐标图，频率特性函数矢量轨迹曲线
pole	Polstelle	极点
– placement	Polvorgabe	极点配置
pole-zero plot, pole-zero diagram, pole-zero map	Pol-Nullstellenplan	极 - 零点图
POPOV line	POPOW-Gerade	POPOV 直线
POPOV stability criterion	Stabilitätskriterium von POPOW	POPOV 稳定性判据（- 准则）
position control system	Lageregelung	位置控制系统，位置调节
positive feedback	Mitkopplung	正反馈
power amplifier	Leistungsverstärker	功率放大器
prefilter	Vorfilter	前置滤波器
principle		
– of amplification	Verstärkungsprinzip	放大原理
– of linearity	Linearitätsprinzip	（直）线性原理
– of shifting	Verschiebungsprinzip	平移原理
– of superposition	Superpositions-(Überlagerungs)-prinzip	叠加（重叠）- 原理
process, stochastic	stochastischer Prozess, Zufallsprozess	随机过程
proportional		
– action	P-Verhalten,Proportional-Verhalten	比例特性，P 特性
– constant, gain	Proportionalbeiwert	比例常数，比例增益，比例系数
– control	P-Regelung,Proportional-Regelung	比例控制，P（比例）调节
– controller	P-Regler	比例控制器，P（比例）调节器
pseudoinverse	MOORE-PENROSE-Inverse,Pseudoinverse	伪逆，MOORE-PENROSE 逆
pulse-function sequence	Impulsfolgefunktion	脉冲函数序列，脉冲序列函数
pulse-width modulation	Pulsweitenmodulation	脉宽调制，脉冲宽度调制
Quantity	Variable, variable GröBe	量，变量，变化的量

英文	德文	中文
ramp	Anstiegs	斜坡
– function	– funktion, Rampen funktion	斜坡函数
– response	– antwort, Rampenant wort	斜坡响应
random	Zufalls	随机
– quantity	– gröβe	随机量
– variable	– gröβe	随机变量，随机量
range	Bereich	区域，范围
rate		
– action	D-Verhalten, differenzieren-des Verhalten	速率特性，D 特性，微分特性
– time	Vorhaltzeit	超前时间
– time constant	Vorhaltzeitkonstante	超前时间常数
real part	Realteil	实部
reference input, variable	FührungsgröBe,Sollwert	参考输入，参考变量，参据量，希望值
regulator system	Festwertregelung	调整器系统，恒量调节
relay feedback control system	Zweipunktregelung	继电器反馈控制系统，两位调节
relay	Zweipunkt-Element	继电器，两位元件
– with dead zone	– mit Totzone, Dreipunkt-Element	具有死区的继电器，具有死区两位元件，三位元件
– with hysteresis	– mit Hysterese	具有磁滞环的继电器，具有磁滞环的两位元件
reset windup	Integriersättigung	积分饱和
resonant	Resonanz	谐振
– angular frequency	–kreisfrequenz	谐振角频率
– peak magnitude	– wert des Amplitudengangs (PT_2-Element)	谐振幅值峰值，幅值特性谐振值（PT_2 环节）
response function	Antwortfunktion	响应函数
right half s-plane (RHP)	rechte s-Halbebene	右半 s 平面（RHP），右 s 半平面
rise time	Anregelzeit, Anstiegszeit	上升时间，初调时间
robust control system	Robuste Regelung	鲁棒控制系统，鲁棒调节

英文	德文	中文
root contour	WOK-Kontur	根轨迹等值曲线族，WOK（根轨迹）等值曲线族
root locus	Wurzelort	根轨迹
– amplitude (magnitude) condition	– Amplituden-bedingung	根轨迹幅值条件
– angle of arrival	– Eintrittswinkel	根轨迹终止角
– angle of departure	– Austrittswinkel	根轨迹起始角
– asymptotes	– Asymptoten	根轨迹渐近线
– breakaway point	– Verzweigungspunkt	根轨迹分离点
– break-in point	– Verzweigungspunkt	根轨迹分离点
– branches	– Zweige	根轨迹分支
– construction rules	– Konstruktionsregeln	根轨迹设计规则
– phase condition	– Phasenbedingung	根轨迹相位条件
root locus	Wurzelorts	根轨迹的
– plot	– kurve	根轨迹曲线
– method	– kurvenverfahren	根轨迹法
ROUTH array	ROUTH-Tafel	劳思表，ROUTH 表
ROUTH's stability criterion	ROUTH-Kriterium	劳思稳定判据，ROUTH 判据
row vector	Zeilenvektor	行向量
RUNGE-KUTTA method	RUNGE-KUTTA-Verfahren	RUNEE-KUTTA 法
S-plane	*s*-Ebene	*s* 平面
saddle point	Sattelpunkt	鞍点
sample	Abtast	采样
– and-hold element	– halteglied	采样和保持器，采样保持器
sampled-data control system	– regelung	采样（数据）控制系统，采样调节
sampled signal	Abtastsignal	采样信号
sampler	Abtaster, Abtast-Element	采样器，采样元件
sampling	Abtastung	采样
sampling	Abtast	采样，扫描
– control	– regelung	采样控制，采样调节
– element	– Element, Abtaster	采样元件，采样器
– period	– periode, zeitintervall	采样周期，采样时间间隔

英文	德文	中文
– rate	– rate	采样速率
saturating nonlinearity	Element mit Sättigung	饱和非线性，具有饱和元件
saturation	Sättigung	饱和
scalar product	Skalarprodukt	标量积，数量积
second-order		二阶
– lag element, system	PT_2-Element	阶滞后环节，系统，PT_2 环节
sensitivity	Empfindlichkeit	灵敏度
separation principle	Separationsprinzip	分离原理
series		
– connection	Reihenschaltung	串联，串联电路
– structure	Kettenstruktur	链式结构
servo control	Folgeregelung	伺服控制，随动控制，跟踪调节
set value	Sollwert	设定值，希望值
setpoint	Sollwert	设定点，希望值
settling time	Ausregelzeit, Beruhigungszeit, Einschwingzeit	过渡过程时间，阻尼（稳定）时间，过渡状态持续时间
signum function	Signum-Funktion	正负号函数
similarity transformation	Ähnlichkeitstransformation	相似性变换
single-input single-output (SISO) system	Eingröβensystem	单输入单输出系统（SISO），单变量系统
single-loop feedback system	einschleifige Regelung	单回路反馈系统，单回路调节
single-valued nonlinearity	Element mit eindeutiger Kennlinienfunktion	单值非线性，具有单值特征线函数环节
sine		
– function	Sinusfunktion	正弦函数
– response	Sinusantwort	正弦响应
spring-mass-dashpot system	Feder-Masse-Dämpfer-System	弹簧 - 质量 - 阻尼系统
stability	Stabilität	稳定性
– absolute	– absolute	绝对稳定性
– asymptotic	– asymptotische	渐近稳定性
– analysis	Stabilitätsuntersuchung	稳定性分析，稳定性研究
standard control loop	Standardregelkreis	标准控制回路，标准调节回路

英文	德文	中文
state	Zustands	状态
– control	– regelung	状态控制，状态调节
– differential equation	– differenzialgleichung	状态微分方程
– equations	– gleichungen	状态方程
– feedback	– rückführung	状态反馈
– observation	– beobachtung	状态观测
– observer	– beobachter	状态观测器
– space	– raum	状态空间
– transition matrix	– übergangsmatrix, Transitionsmatrix	状态转移矩阵
– variable	– gröβe, variable	状态变量，状态量
– vector	– vektor	状态向量
state, steady	eingeschwungener Zustand	稳态，稳定状态
static behaviour	statisches Verhalten	静态特性
steady-state	Beharrungszustand, eingeschwungener Zustand	稳态，平衡状态，稳定状态
– control error	stationäre Regeldifferenz, bleibende Regelabweichung, bleibende Regeldifferenz	稳态控制误差，稳态调节误差，残余调节偏差，残余调节误差
– control accuracy	Regelgenauigkeit im Beharrungszustand	稳态控制精度，稳态调节精度
– response	Verhalten im Beharrungszustand	稳态响应，稳态特性
– solution	stationäre Löung	稳态解
step		阶跃
– function	Sprungfunktion	阶跃函数
– response	Sprungantwort	阶跃响应
stochastic		随机
– process	stochastischer Prozess, Zufallsprozess	随机过程
– variable	stochastische Variable	随机变量
summation point	Summationselement, Summationspunkt	相加点，求和元件，求和点
summing point	Additionsstelle	相加点
superposition principle	Überlagerungsprinzip	叠加原理

英文	德文	中文
symmetrical optimum	Symmetrisches Optimum	对称最佳值
system, dynamical	dynamisches System	动态系统
system identification	Systemidentifikation	系统辨识
system matrix	Systemmatrix	系统矩阵
system with play	Lose, System mit Flankenspiel	具有间隙系统，游隙，具有齿形间隙系统
TAYLOR series	TAYLOR-Reihe	泰勒级数，TAYLOR 级数
test input signal	Testeingangssignal	测试输入信号
three-position element	Dreipunkt-Element	三位元件
three-step action element	Dreipunkt-Element	三位特性元件，三位元件
three-step control	Dreipunkt-Regelung	三位控制，三位调节
three-step controller	Dreipunkt-Regler	三位控制器，三位调节器
three-term controller	PID-Regler	三项控制器，PID 调节器
time	Zeit	时间
– behavior	– verhalten	时间特性
– constant	– konstante, Verzögerungszeit	时间常数，滞后时间
– delay	– verzögerung, Totzeit	时间延迟（时延），滞后时间，延迟时间
– domain	– bereich	时域
– lag	– verzögerung	滞后时间
– response	–verhalten	时间响应，时间特性
time constant of integrator	Integrierzeitkonstante	积分时间常数
time-invariant system	zeitinvariantes System	定常系统，时不变系统
time-varying system	zeitvariantes System	时变系统
tracking system	Folgeregelung	跟踪系统，跟踪调节
trajectory	Zustandskurve, Trajektorie	轨迹曲线，状态曲线
transducer	Messwandler	换能器，测量换能器（变压器）
transfer	Übertragungs	传递
– element	– element	传递环节
– function	– funktion	传递函数
– function matrix	–matrix	传递函数矩阵，传递矩阵
– lag	– verzögerung	传递滞后
transient		瞬态
– behavior	Übergangsverhalten	瞬态特性，过渡特性

英文	德文	中文
– error signal	vorübergehende Regeldifferenz	瞬态误差信号，瞬态调节误差
transport-lag element, dead-time element	T_t-Element, Totzeitelement	传输延迟环节，延迟时间环节，T_t 环节
transpose of a matrix	Transponierte einer Matrix	矩阵转置
trapezoidal approximation of integral	Trapeznäherung	积分梯形近似，梯形近似
tuning rules	Einstellregeln	调整规则
TUSTIN's method	TUSTIN-Formel	TUSTIN 法，TUSTIN 公式
two-position element	Zweipunkt-Element	二位元件，二位元件
two-position control	Zweipunkt-Regelung	二位控制，二位调节
two-position controller	Zweipunkt-Regler	二位控制器，二位调节器
two-step action element	Zweipunkt-Element	二位特性元件，二位元件
two-step control	Zweipunkt-Regelung	二位控制，二位调节
two-step controller	Zweipunkt-Regler	二位控制器，二位调节器
two-term controller	PI-Regler	二项控制器，PI 调节器，
two-valued nonlinearity	Element mit zweideutiger Kennlinienfunktion	双值非线性，具有双值特性曲线函数的环节
Uncontrollable system	nicht steuerbares System	不可控系统
undamped natural angular frequency	Kennkreisfrequenz	无阻尼自然角频率，特征角频率
underdamped	periodisch, $0 \leqslant D < 1$	欠阻尼的，周期的，$0 \leqslant D < 1$
underdamped system	PT_2-Element (mit $D < 1$, Schwingfall)	欠阻尼系统，PT_2 环节（具有 $D < 1$，振荡情况）
undershoot	Unterschwingen	下冲，负尖峰
unit circle	Einheitskreis	单位圆
unit-impulse	Einheitsimpuls	单位冲量
– function	– funktion	单位冲激函数
– response	– antwort	单位冲激响应
unit matrix	Einheitsmatrix	单位矩阵
unit-ramp	Einheitsanstiegs	单位斜坡
– function	– funktion	单位斜坡函数
– response	– antwort	单位斜坡响应
unit-step	Einheitssprung	单位阶跃
– function	– funktion	单位阶跃函数
– response	– antwort	单位阶跃响应

英文	德文	中文
unit vector	Einheitsvektor	单位向量
unity-feedback control system	Regelungssystem mit direkter Gegenkopplung	单位反馈控制系统，具有直接负反馈调节系统
unstable system	instabiles System	不稳定系统
Variable	Variable, GröBe	变量，量
– random	ZufallsgröBe	随机量
– stochastic	stochastische Variable	随机变量
variation of parameters	Parametervariation	参数变化
velocity	Geschwindigkeits	速度
– control system	– regelung	速度控制系统，速度调节
– (ramp) error	– fehler	速度（斜坡）误差
viscous		
– friction	viskose Reibung	黏性摩擦
– friction coefficient	viskoser Dämpfungskoeffizient	黏性摩擦系数，黏性阻尼系数
Water-level control	Wasserstandsregelung	水位控制，水位调节
weighting function	Gewichtsfunktion	权函数
Z-plane	z-Ebene	z 平面
z-transfer function	z-Übertragungsfunktion	z 传递函数
z-transform	z-Transformation	z 变换
z-transform pair	z-Transformationspaar	z 变换对
zero	Nullstelle	零点
zero-input response	Antwortfunktion der homogenen Zustandsgleichung	零输入响应，齐次状态方程响应函数
zero-order hold element (ZOH)	Halteglied nullter Ordnung	零阶保持器（ZOH）
zero-state response	Antwortfunktion der inhomogenen Zustandsgleichung	零状态响应，非齐次状态方程响应函数

20.5 模糊逻辑，模糊调节概念 (德文 - 英文 - 中文)

德文	英文	中文
Aggregation	aggregation	集结，归并，聚集
Aggregationsoperator (MAX- oder SUM-Operator)	aggregation operator, aggregator	归并算子（MAX 算子或 SUM 算子）
algebraische Summe, t-Konorm	algebraic sum	代数和，t 补算则
algebraisches Produkt, t-Norm	algebraic product	代数积，t 算则
Ausgangsgrö*β*e, scharfe	crisp output	清晰输出量，清晰输出
Aussage	conclusion	结论，命题
Basisvariable	base variable	基变量
Bedingung	premise	条件（前提）
begrenzte Differenz, t-Norm	bounded difference	t 算则，有限差
begrenzte Summe, t-Konorm	bounded sum	t 补算则，有限和
Bezeichner, linguistischer	linguistic descriptor, linguistic label	语言命名符，语言解说符，语言符
BOOLEsche Algebra	BOOLEan logic	BOOLE 代数，布尔代数
BOOLEsche Logik	BOOLEan logic, crisp logic	BOOLE 逻辑，布尔逻辑，清晰逻辑
charakteristische Funktion einer Menge	characteristic function	集合特征函数
DANN-Teil	conclusion	DANN 部分，结论
DANN-Teil einer Regel	consequent, rule-consequent part	规则的 DANN 部分，推论，规则推论部分
Defuzzifizierung	defuzzification	解模糊化
Defuzzifizierungsverfahren	defuzzification, defuzzification method	解模糊化法
Dehnung (Modifikator)	dilatation, dilation	扩展（修饰语）
drastische Summe, t-Konorm	drastic sum	t 补算则，强和
drastisches Produkt, t-Norm	drastic product	t 算则，强积
dreieckförmige Zugehörigkeitsfunktion	triangular membership function	三角形隶属度函数
Dreiecks-Norm	triangular norm, t-norm	三角算则，三角形算则，t 算则

德文	英文	中文
Durchschnittsoperation bei Mengen(UND-Operation)	intersection operation	集合交集运算（UND 运算），交集运算
Eingangsgröβe, scharfe	crisp input	清晰输入量
EINSTEIN-Produkt, t-Norm	EINSTEIN product	t 算则 EINSTEN（爱因斯坦）积
EINSTEIN-Summe, t-Konorm	EINSTEIN sum	t 补算则，EINSTEN（爱因斯坦）和
Entscheidung	decision	决策
Entscheidung, unscharfe	fuzzy decision	非清晰决策
Erfüllungsgrad einer Regel	degree of fulfillment	规则满意度
Erzeugung eines scharfen Wertes	defuzzification	生成清晰值，解模糊化
Festlegung der Zugehörigkeitsfunktionen für die Fuzzifizierung	partitioning	模糊化隶属度函数分块，分块
Fuzzifizierung	fuzzification	模糊化
Fuzzy-Logik	fuzzy logic	模糊逻辑
Fuzzy-Mengen, Konvexität von	convexity of fuzzy set (membership function)	模糊集合（隶属度函数）凸度
Fuzzy-NICHT-Operator	fuzzy NOT	模糊 -NICHT 算子（德），模糊 NOT（英）
Fuzzy-ODER-Operator	fuzzy OR	模糊 -ODER 算子（德），模糊 OR（英）
Fuzzy-PID-Regler	fuzzy-PID-controller	模糊 -PID 调节器，模糊 -PID 控制器
Fuzzy-Regelung	fuzzy control	模糊调节，模糊控制
Fuzzy-Regelungssystem	fuzzy control system	模糊调节系统，模糊控制系统
Fuzzy-Regler, relationaler	MAMDANI-controller	关系模糊调节器，MAMDANI 控制器
Fuzzy-UND-Operator	fuzzy AND	模糊 -UND 算子（德），模糊 AND（英）
γ-Operator (kompensatorischer Operator)	γoperator	γ 算子（补偿算子）
Gewichtete-Mittelwerte-Methode, Defuzzifizierungsverfahren	weighted average defuzzification	加权 - 平均值法，解模糊化法，加权平均解模糊化法

德文	英文	中文
HAMACHER-Produkt, t-Norm	HAMACHER intersection operator,product	t 算则，HAMACHER积，HAMACHER逻辑乘法算子，HAMACHER积
HAMACHER-Summe, t-Konorm	HAMACHER union operator,sum	t 补算则，HAMACHER和，HAMACHER并集算子，HAMACHER和
Implikation	implication	蕴含
Implikation nach MAMDANI	MAMDANI implication	MAMDANI蕴含
Implikationsoperator	implication operator	蕴含算子
Inferenz, Kompositionsregel der	compositional rule of inference	推理合成规则
Information, unscharfe	fuzzy information	非清晰信息，模糊信息
Kern	core of membership function	核，隶属度函数的核
kompensatorischer ODER-Operator	compensatory OR	补偿 ODER 算子（德），补偿 OR（英）
kompensatorischer Operator	compensatory operator	补偿算子
kompensatorischer UND-Operator	compensatory AND	补偿 UND 算子（德），补偿 AND（英）
Komplement	complement	补集
Komplement-Operator	fuzzy NOT	补集算子，模糊 NOT（英）
Komplementbildung (Modifikator)	complement	求补（修饰符）
Komposition	composition	合成
Kompositionsregel der Inferenz	compositional rule of inference	推理合成规则
Konklusion	conclusion	结论
Kontrast-Intensivierung (Modifikator)	intensification, contrast intensification	对比增强（修饰符）
Konvexität von FuzzyMengen	convexity of fuzzy set (membership function)	模糊集（隶属度函数）凸度
Konzentration (Modifikator)	concentration	聚集（修饰符）
λ-Operator (kompensatorischer Operator)	λ-operator	λ 算子（补偿算子）
linguistische Regel	linguistic rule	语言规则

德文	英文	中文
linguistische Variable	linguistic variable	语言变量
linguistischer Bezeichner	linguistic descriptor, linguistic label	语言命名符，语言说明符，语言符
linguistischer Modifikator	linguistic modifier, linguistic hedge	语言修饰符
linguistischer Wertname	linguistic label, linguistic term, linguistic value	语言值名，语言符，语言项，语言值
Links-Max-Methode,	first of maxima (FOM)	左 - 最大法，首位最大法（FOM）（英）
Defuzzifizierungsverfahren	defuzzification	解模糊化法
Logik	logic	逻辑
Logik, scharfe	crisp logic	清晰逻辑
Logik, unscharfe	fuzzy logic	非清晰逻辑，模糊逻辑
Logiktabelle	truth table	逻辑表，真值表
MAMDANI Implikation	MAMDANI implication	MAMDANI 蕴含
MAX-Average-Produkt (arithmetischer Mittelwert)	max-average composition	最大 - 平均 - 积（算术平均值），最大平均合成
MAX-MIN-Inferenz, unscharfes Schlussfolgerungsverfahren	MAMDANI inference, max-min inference	MAX-MIN 推理（德），非清晰推理法，MAMDANI 推理，max-min- 推理（英）
MAX-MIN-Komposition (-Produkt, -Verkettung)	max-min composition	MAX-MIN 合成（- 积，- 交链）（德），max-min 合成（英）
MAX-PROD-Inferenz, unscharfes Schlussfolgerungsverfahren	max-dot inference, max-prod inference	MAX-PROD- 推理（德），非清晰推理法，max-dot- 推理（英），max-prod- 推理（英）
MAX-PROD-Komposition (-Produkt, -Verkettung)	max-dot composition, max-prod composition	MAX-PROD- 合成（- 积，- 交链）（德），max-dot- 合成（英），max-prod- 合成（英）
maximale Höhe, Methode der, Defuzzifizierungsverfahren	height defuzzification	最大高度法，解模糊化法，高度解模糊化法

德文	英文	中文
Maximum-Mittelwert-Methode, Defuzzifizierungsverfahren	mean of maximum (MOM) defuzzification, middle of maxima defuzzification	最大均值法，解模糊化法，解模糊化最大平均值法（MOM）（英）
Maximum-Operation, t-Konorm	maximum function	最大值运算，t 补算则，最大函数
Menge	set	集合
Menge, scharfe	crisp set	清晰集合
Menge, unscharfe	fuzzy set	非清晰集合，模糊集合
Mengenoperator	set operator	集合算子
Methode der maximalen Höhe,Defuzzifizierungsverfahren	max-height defuzzification	最大高度法，解模糊化法，最大高度解模糊化法
MIN-MAX-Komposition	min-max composition	MIN-MAX 合成（德），min-max 合成（英）
Minimum-Operation, t-Norm	minimum function	最小值运算，t 算则，最小值函数
mittelnder Operator	averaging operator	平均算子，均值算子
Mittelwert-Operator	averaging operator	均值算子，平均算子
Modifikator	modificator	修饰符
Modifikator, linguistischer	linguistic hedge	语言修饰符
nahe-Null (ZE)	zero (ZO)	近于零（ZE）（德），零（ZO）（英）
negativ (NE)	negative (N)	负（NE）（德），负（N）（英）
negativ-groβ (NG),	negative big (NB)	负 - 大（NG）（德），负大（NB）（英）
negativ-klein (NK)	negative small (NS)	负 - 小（NK）（德），负小（NS）（英）
negativ-mittel (NM)	negative medium (NM)	负 - 中（NM）（德），负中（NM）（英）
normalisierte unscharfe Menge	normalized fuzzy set	规范化非清晰集合，规范化模糊集合
ODER-Operator, kompensatorischer	compensatory OR	补偿 ODER 算子（德），补偿 OR（英）
ODER-Verknüpfung	disjunction	ODER(或) 逻辑连接（德），“或”连接

德文	英文	中文
ODER-Verknüpfung, unscharfe	fuzzy OR	非清晰 ODER(或) 逻辑连接（德），模糊 OR（英）
Operation zwischen scharfen Mengen	binary operation	清晰集合间运算，二进制运算
Operator, kompensatorischer	compensatory operator	补偿算子
Operator, parametrisierter	parametrized operator	参数化算子
Operator, unscharfer	fuzzy operator	非清晰算子，模糊算子
parametrisierter Operator	parametrized operator	参数化算子
positiv (PO)	positive (P)	正（PO）（德），正（P）（英）
positiv-groβ (PG)	positive big (PB)	正 - 大（PG）（德），正大（PB）（英）
positiv-klein (PK)	positive small (PS)	正 - 小（PK）（德），正小（PS）（英）
positiv-mittel (PM)	positive medium (PM)	正 - 中（PM）（德），正中（PM）（英）
Prämisse	premise	条件，前提
Rechts-Max-Methode	last of maxima (LOM)	右 - 最大法，末位最大法（LOM）（英）
Regel	rule	规则
Regel, linguistische	linguistic rule	语言规则
Regel, unscharfe	fuzzy rule	非清晰规则，模糊规则
regelbasierte Schlussfolgerung	rule-based inference	规则库的推论，规则库的推理
Regelbasis	rule-base	规则库
Regeln mit ODER-Verknüpfung	disjunctive rules	具有 ODER 逻辑连接的规则（德），“或”规则
Regeln mit UND-Verknüpfung	conjunctive rules	具有 UND 逻辑连接的规则（德），“与”规则
Regler	controller	调节器，控制器
Relation	relation	关系
Relation, scharfe	crisp relation	清晰关系
Relation, unscharfe	fuzzy relation	非清晰关系，模糊关系
Relation zwischen scharfen Mengen	binary relation	清晰集合间的关系，二进制关系
relationaler Fuzzy-Regler	MAMDANI-controller	关系模糊调节器，MAMDANI 控制器

德文	英文	中文
s-Norm	*s*-norm, triangular conorm, *t*-conorm	*s* 算则，三角形补算则，*t* 补算则
Schaltalgebra	crisp logic	开关代数，布尔代数，清晰逻辑
scharf	crisp	清晰
scharfe Ausgangsgröβe	crisp output	清晰输出量
scharfe Eingangsgröβe	crisp input	清晰输入量
scharfe Logik	crisp logic	清晰逻辑
scharfe Menge	crisp set	清晰集合
scharfe Relation (Beziehung)	crisp relation	清晰关系
scharfer Wert	crisp value	清晰值
Schlieβn, unscharfes	fuzzy inference, fuzzy reasoning,approximate reasoning	非清晰推理, 模糊推理, 近似推理
Schlussfolgerung	conclusion	推论，结论，推理
Schlussfolgerung, regelbasierte	rule-based inference	规则库的推论，规则库的推理
Schlussfolgerungssystem, unscharfes	fuzzy inference system (FIS)	非清晰推理系统，模糊推理系统（FIS）
Schlussfolgerungsverfahren	inference	推理方法
Schwerpunkt der gröβten Fläche,Defuzzifizierungsverfahren	center of largest area, defuzzification	最大面积重心法（解模糊化法），解模糊化最大面积中心法，
Schwerpunktmethode, Defuzzifizierungsverfahren	center of area (COA), defuzzification, center of gravity (COG) defuzzification, centroid defuzzification method	重心法（解模糊化法），解模糊化面积中心法（COA）（英），解模糊化重心法（COG）（英），面（积矩）心（重心）解模糊化法
Schwerpunktsummenmethode, Defuzzifizierungsverfahren	center of sums (COS) defuzzification	重心和法（解模糊化法），解模糊化和的中心法（COS）（英）
Singleton	fuzzy singleton, singleton	单信号，模糊单信号
Stützmenge einer unscharfen Menge	support of membership function	非清晰集合支座，隶属度函数支座
SUGENO, funktionaler Fuzzy-Regler nach	SUGENO controller	SUGENO函数模糊调节器，SUGENO控制器

德文	英文	中文
SUGENO, Implikation nach	SUGENO implication	SUGENO 蕴涵
SUM-MIN-Inferenz, unscharfes Schlussfolgerungsverfahren	sum-min inference	SUM-MIN 推理（非清晰推理法）（德），sum-min 推理（英）
SUM-PROD-Inferenz, unscharfes Schlussfolgerungsverfahren	sum-prod inference	SUM-PROD 推理（非清晰推理法）（德），sum-prod 推理（英）
t-Konorm	s-norm, t-conorm, triangular conorm	t 补算则，s 算则，三角形补算则
t-Norm	t-norm, triangular norm	t 算则，三角形算则
Toleranz einer unscharfen Menge	core of membership function	非清晰集合容限，隶属度函数核
Träger einer unscharfen Menge	support of membership function	非清晰集合基座，隶属度函数支座
trapezförmige Zugehörigkeitsfunktion	trapezoidal membership function	三角形隶属度函数
triangulare Konorm	t-conorm, triangular conorm	三角形补算则，t 补算则
triangulare Norm	t-norm, triangular norm	三角形算则，t 算则，三角形算则
Über-MAX-Operator (alle t-Konormen auBr MAX)	over max operator	Üeber-MAX 算子（除 MAX 外所有 t 补算则）（德），over max 算子（英）
UND-Operator, kompensatorischer	compensatory AND	补偿 UND 算子（德），补偿 AND(英)
UND-Verknüpfung	conjunction	UND(与) 逻辑连接（德），“与” 连接
UND-Verknüpfung, unscharfe	fuzzy AND	非清晰 UND(与) 逻辑连接（德），模糊 AND（英）
unscharfe Entscheidung	fuzzy decision	非清晰决策，模糊决策
unscharfe Information	fuzzy information	非清晰信息，模糊信息
unscharfe Logik	fuzzy logic	非清晰逻辑，模糊逻辑
unscharfe Menge	fuzzy set	非清晰集合，模糊集合
unscharfe Menge mit einem Wertepaar	fuzzy singleton, singleton	具有数偶的非清晰集合，模糊单信号，单信号
unscharfe ODER-Verknüpfung	fuzzy OR	非清晰 ODER（或）逻辑连接 (德)，模糊 OR（英）
unscharfe Regel	fuzzy rule	非清晰规则（调节），模糊规则（控制）

德文	英文	中文
unscharfe Relation (Beziehung)	fuzzy relation	非清晰关系，模糊关系
unscharfe UND-Verknüpfung	fuzzy AND	非清晰 UND(与) 逻辑连接（德），模糊 AND（英）
unscharfe Zahl	fuzzy number	模糊数
unscharfer Operator	fuzzy operator	非清晰算子，模糊算子
unscharfes Schlieβen	approximate reasoning, fuzzy inference, fuzzy reasoning	非清晰推理，近似推理，模糊推理
unscharfes Schlussfolgerungssystem	fuzzy inference system (FIS)	非清晰推理系统，模糊推理系统（FIS）（英）
Unter-MIN-Operator (alle t-Normen auβer MIN)	under min operator	Unter-MIN 算子（除 MIN 所有 t 补算则），under min 算子（英）
Variable, linguistische	linguistic variable	语言变量
Vereinigungsoperation bei Mengen (ODER-Operation)	union operation	集合并集（ODER（或）运算），并集运算
Verkettung von unscharfen Relationen	composition	非清晰关系交链，合成
Voraussetzung	premise	前提，条件
Wahrheitstabelle	truth table	真值表
WENN-DANN-Regel	IF-THEN-rule	WENN-DANN 规则（德），IF-THEN 规则（英）
WENN-DANN-Zusammenhang	implication	WENN-DANN 关系，蕴含
WENN-Teil	premise	WENN 部分，前提，条件
WENN-Teil einer Regel	antecedent part, rule-antecedent part	规则的 WENN 部分，前部，规则 - 前部
Wert, scharfer	crisp value	清晰值
Wertname, linguistischer	linguistic value, linguistic label	语言值名，语言值，语言符
Wissensbasis	knowledge base	知识库
Zahl, unscharfe	fuzzy number	非清晰数, 模糊数
Zerlegung (von zusammengesetzten Regeln)	decomposition (of compound rules)	（符合规则的）分解
Zugehörigkeit	membership	隶属度

德文	英文	中文
Zugehörigkeitsgrad	degree of membership	隶属度
Zugehörigkeitsfunktion	characteristic function, membership function	隶属度函数，特征函数
Zugehörigkeitsfunktion, dreieckförmige	triangular membership function	三角形隶属度函数
Zugehörigkeitsfunktion, Höhe einer	height of membership function	隶属度函数高度
Zugehörigkeitsfunktion, trapezförmige	trapezoidal membership function	梯形隶属度函数
Zusammensetzung (überlagerung) von aktivierten Regeln	aggregation	激活规则组合（叠加），归并，集结

20.6 模糊 - 逻辑，模糊 - 调节概念 (英文 - 德文 - 中文)

英文	德文	中文
aggregation	Aggregation, Zusammensetzung (Überlagerung) von aktivierten Regeln	集结，归并，激活规则组合（叠加）
aggregation operator, aggregator	Aggregationsoperator (MAX- oder SUM-Operator)	归并算子（MAX 或 SUM 算子）
algebraic product	algebraisches Produkt, t-Norm	代数积，t 算则
algebraic sum	algebraische Summe, t-Konorm	代数和，t 补算则
antecedent part	WENN-Teil einer Regel	前部，规则的 WENN 部分，
approximate reasoning	unscharfes SchlieBn	近似推理，非清晰推理
averaging operator	Mittelwert-Operator, mittelnder Operator	均值算子，平均算子
base variable	Basisvariable	基变量
binary operation	Operation zwischen scharfen Mengen	二进制运算，清晰集合间运算
binary relation	Relation zwischen scharfen Mengen	二进制关系，清晰集合间关系
BOOLEAN logic	BOOLEsche Algebra, Logik	BOOLEAN 逻辑，BOOLE 代数逻辑
bounded difference	begrenzte Differenz, t-Norm	有界差，t 算则
bounded sum	begrenzte Summe, t-Konorm	有界和，t 补算则
center of area (COA) defuzzification	Schwerpunktmethode, Defuzzifizierungsverfahren	解模糊化面积中心法（COA），重心法，解模糊化法
center of gravity (COG) defuzzification	Schwerpunktmethode, Defuzzifizierungsverfahren	解模糊化重心法（COG），重心法，解模糊化法
center of largest area defuzzification	Schwerpunkt der gröBten Fläche, Defuzzifizierungsverfahren	解模糊化最大面积中心法，最大面积重心法，解模糊化法
center of sums (COS) defuzzification	Schwerpunktsummenmethode, Defuzzifizierungsverfahren	解模糊化和中心法（COS），重心和法，解模糊化法

英文	德文	中文
centroid defuzzification method	Schwerpunktmethode, Defuzzifizierungsverfahren	解模糊化面心（重心）法，重心法，解模糊化法
characteristic function	charakteristische Funktion einer Menge, Zugehörigkeitsfunktion	特征函数，集合特征函数，隶属度函数
compensatory AND	kompensatorischer UND-Operator	补偿 AND（与）（英），补偿 UND（与）算子（德）
compensatory operator	kompensatorischer Operator	补偿算子
compensatory OR	kompensatorischer ODER-Operator	补偿 OR（或）（英），补偿 ODER（或）算子（德）
complement	Komplement, Komplementbildung (Modifikator)	补集，求补（修饰符）
composition	Komposition, Verkettung (von unscharfen Relationen)	合成，（非清晰关系）交链
compositional rule of inference	Kompositionsregel der Inferenz	推理合成规则
concentration	Konzentration (Modifikator)	聚集（修饰符）
conclusion	DANN-Teil, Konklusion, Schlussfolgerung, Aussage	结论，DANN 部分，推理，命题
conjunction	UND-Verknüpfung	“与”连接，UND(与) 逻辑连接（德）
conjunctive rules	mit UND verknüpfte Regeln	“与”连接规则，UND(与) 逻辑连接规则（德）
consequent	DANN-Teil einer Regel	推论，规则的 DANN 部分
contrast intensification	Kontrast-Intensivierung (Modifikator)	对比增强（修饰符）
controller	Regler	控制器，调节器
convexity of fuzzy set (membership function)	Konvexität von Fuzzy-Mengen	模糊集合（隶属度函数）凸度
core of membership function	Kern, Toleranz einer unscharfen Menge	隶属度函数的核，非清晰集合的核，容限
crisp	scharf	清晰

英文	德文	中文
crisp input	scharfe EingangsgröBe	清晰输入量
crisp logic	scharfe Logik, Schaltalgebra, BOOLEsche Logik	清晰逻辑，开关代数，BOOLE 逻辑
crisp output	scharfe Ausgangsgröβe	清晰输出量
crisp relation	scharfe Relation (Beziehung)	清晰关系
crisp set	scharfe Menge	清晰集合
crisp value	scharfer Wert	清晰值
decision	Entscheidung	决策
decomposition (of compound rules)	Zerlegung(von zusammengesetzten Regeln)	（复合规则的）分解
defuzzification	Defuzzifizierung, Erzeugung eines scharfen Wertes	解模糊化，生成清晰值
defuzzification method	Defuzzifizierungsverfahren	解模糊化法
degree of membership	Zugehörigkeitsgrad	隶属度
degree of fulfillment	Erfüllungsgrad einer Regel	规则满意度
dilatation, dilation	Dehnung (Modifikator)	扩展（修饰符）
disjunction	ODER-Verknüpfung	“或”连接，ODER(或) 逻辑连接
disjunctive rules	mit ODER verknüpfte Regeln	“或”规则，ODER(或) 逻辑连接规则
drastic product	drastisches Produkt, t-Norm	强积，t 算则
drastic sum	drastische Summe, t-Konorm	强和，t 补算则
EINSTEIN product	EINSTEIN-Produkt, t-Norm	EINSTEN（爱因斯坦）积，t 算则
EINSTEIN sum	EINSTEIN-Summe, t-Konorm	EINSTEN（爱因斯坦）和，t 补算则
first of maxima (FOM) defuzzification	Links-Max-Methode, Defuzzifizierungsverfahren	解模糊化首位最大法（FOM），左最大法，解模糊化法
fuzzification	Fuzzifizierung, Umsetzung von scharfen Signalwerten in Zugehörigkeitsgrade von linguistischen Werten	模糊化，将清晰信号值转换为语言值的隶属度

英文	德文	中文
fuzzy AND	Fuzzy-UND-Operator, unscharfe UND-Verknüpfung	模糊 AND（与）（英），模糊 UND 算子（德），非清晰 UND(与)，逻辑连接（德）
fuzzy control	Fuzzy-Regelung	模糊控制，模糊调节
fuzzy control system	Fuzzy-Regelungssystem	模糊控制系统，模糊调节系统
fuzzy decision	unscharfe Entscheidung	模糊决策，非清晰决策
fuzzy inference	unscharfes Schlieβen	模糊推理，非清晰推理
fuzzy inference system (FIS)	unscharfes Schlussfolgerungssystem	模糊推理系统（FIS），非清晰推理系统
fuzzy information	unscharfe Information	模糊信息，非清晰信息
fuzzy logic	Fuzzy-Logik, unscharfe Logik	模糊逻辑，非清晰逻辑
fuzzy NOT	Fuzzy-NICHT-Operator, Komplement-Operator	模糊 NOT（非）（英），模糊 NICHT（非）算子（德），补集算子
fuzzy number	unscharfe Zahl	模糊数，非清晰数
fuzzy operator	unscharfer Operator	模糊算子，非清晰算子
fuzzy OR	Fuzzy-ODER-Operator, unscharfe ODER-Verknüpfung	模糊 OR（或）（英），模糊 - ODER（或）算子（德），非清晰 ODER（或）逻辑连接（德）
fuzzy-PID-controller	Fuzzy-PID-Regler	模糊 PID 调节器
fuzzy reasoning	unscharfes Schlieβen	模糊推理，非清晰推理
fuzzy relation	unscharfe Relation (Beziehung)	模糊关系，非清晰关系
fuzzy rule	unscharfe Regel	模糊调节（规则），非清晰调节（规则）
fuzzy set	unscharfe Menge	模糊集合，非清晰集合
fuzzy singleton	Singleton, unscharfe Menge mit einem Wertepaar	模糊单信号，具有单数偶的非清晰集合
γ-operator	γ-Operator (kompensatorischer Operator)	γ 算子（补偿器算子）
HAMACHER intersection operator	HAMACHER-Produkt, t-Norm	HAMACHE 逻辑乘法算子，HAMACHE 积，t 算则
HAMACHER product	HAMACHER-Produkt, t-Norm	HAMACHE 积，t 算则

英文	德文	中文
HAMACHER sum	HAMACHER-Summe, t-Konorm	HAMACHE和，t 补算则
HAMACHER union operator	HAMACHER-Summe, t-Konorm	HAMACHE 并集算子，HAMACHE和，t 补算则
hedge, linguistic	linguistischer Modifikator	语言修饰符
height defuzzification	Methode der maximalen Höhe,Defuzzifizierungs verfahren	解模糊化高度法，最大高度法，解模糊化法
height of membership function	Höhe einer Zugehör-igkeitsfunktion	隶属度函数高度
IF-THEN-rule	WENN-DANN-Regel	IF-THEN 规则（英），WENN-DANN 规则（德）
implication	Implikation,WENN-DANN-Zusammenhang	蕴含，WENN-DANN 关系（德）
implication operator	Implikationsoperator	蕴含算子
inference	Schlussfolgerungsverfahren	推理方法
intensification	Kontrast-Intensivierung (Modifikator)	增强，对比增强（修饰符）
intersection operation	Durchschnittsoperation bei Mengen (UND-Operation)	逻辑乘法运算，集合交集运算（UND- 运算）
knowledge base	Wissensbasis	知识库
λ-operator	λ-Operator (kompen-satorischer Operator)	λ 算子（补偿器算子）
last of maxima (LOM) defuzzification	Rechts-Max-Methode, Defuzzifizierungsver-fahren	解模糊化末位最大法（LOM），右 - 最大法，解模糊化法
linguistic descriptor	linguistischer Bezeichner	语言说明符，语言命名符
linguistic hedge	linguistischer Modifikator	语言修饰符
linguistic label	linguistischer Bezeichner, linguistischer Wertname	语言符，语言命名符
linguistic modifier	linguistischer Modifikator	语言修饰符
linguistic term	linguistischer Wertname	语言项，语言值名
linguistic rule	linguistische Regel	语言规则
linguistic value	linguistischer Wertname	语言值名

英文	德文	中文
linguistic variable	linguistische Variable	语言变量
logic	Logik	逻辑
MAMDANI-controller	relationaler Fuzzy-Regler	MAMDANI 控制器, 关系模糊调节器
MAMDANI implication	Implikation nach MAMDANI	MAMDANI 蕴含
MAMDANI inference	MAX-MIN-Inferenz, unscharfes Schlussfolgerungsverfahren	MAMDANI 推理，MAX-MIN 推理，非清晰推理法
max-average composition	MAX-Average-Produkt (arithmetischer Mittelwert)	最大平均合成，最大平均积（算术平均值）
max-dot composition	MAX-PROD-Komposition (-Produkt, -Verkettung)	max-dot 合成（英），MAX-PROD 合成（积，交链）（德）
max-dot inference	MAX-PROD-Inferenz, unscharfes Schlussfolgerungsverfahren	max-dot 推理（英），MAX-PROD 推理（德），非清晰推理法
max-height defuzzification	Methode der maximalen Höhe, Defuzzifizierungsverfahren	最大高度解模糊化法，最大高度法，解模糊化法
maximum function	Maximum-Operation, t-Konorm	最大值函数，最大值运算，t 补算则
max-min composition	MAX-MIN-Komposition (-Produkt, -Verkettung)	max-min 合成（英），MAX-MIN 合成（积，交链）（德）
max-min inference	MAX-MIN-Inferenz, unscharfes Schlussfolgerungsverfahren	max-min 推理（英），MAX-MIN 推理（德），非清晰推理法
max-prod composition	MAX-PROD-Komposition (-Produkt, -Verkettung)	max-prod 合成（英），MAX-PROD 合成（积，交链）（德）
max-prod inference	MAX-PROD-Inferenz, unscharfes Schlussfolgerungsverfahren	max-prod 推理（英），MAX-PROD 推理（德），非清晰推理法
mean of maximum (MOM) defuzzification	Maximum-Mittelwert-Methode, Defuzzifizierungsverfahren	解模糊化最大平均值法（MOM），最大 - 均值法，解模糊化法

英文	德文	中文
middle of maxima defuzzification	Maximum-Mittelwert-Methode, Defuzzifizierungsverfahren	解模糊化最大中间法，最大均值法，解模糊化法
minimum function	Minimum-Operation, t-Norm	最小值函数，最小值运算，t 算则
min-max composition	MIN-MAX-Komposition	min-max 合成（英），MIN-MAX 合成（德）
membership	Zugehörigkeit	属性，隶属
membership degree	Zugehörigkeitsgrad	隶属度
membership function	Zugehörigkeitsfunktion	隶属度函数
modificator	Modifikator	修饰符
negative (N)	negativ (NE)	负（N）（英），负（NE）（德）
negative big (NB)	negativ-groB(NG),	负大（NB）（英），负 - 大（NG）（德）
negative medium (NM)	negativ-mittel (NM)	负中（NM）（英），负 - 中（NM）（德）
negative small (NS)	negativ-klein (NK)	负小（NS）（英），负 - 小（NK）（德）
normalized fuzzy set	nomalisierte unscharfe Menge	规范化模糊集合，规范化非清晰集合
Over max operator	Über-MAX-Operator, (alle t-Konormen auBr MAX)	over max 算子，Über-MAX 算子（除 MAX 外所有 t 补算则）
parametrized operator	parametrisierter Operator	参数化算子
partitioning	Festlegung der Zugehörigkeitsfunktionen für die Fuzzifizierung	分块，模糊化隶属度函数分块
positive (P)	positiv (PO)	正（P）（英），正（PO）（德）
positive big (PB)	positiv-groβ (PG)	正大（PB）（英），正 - 大（PG）（德）
positive medium (PM)	positiv-mittel (PM)	正中（PM）（英），正 - 中（PM）（德）
positive small (PS)	positiv-klein (PK)	正小（PS）（英），正 - 小（PK）（德）
premise	WENN-Teil, Prämisse, Voraussetzung, Bedingung	前提，WENN 部分，假设，条件

英文	德文	中文
relation	Relation	关系
rule	Regel	规则
rule-antecedent part	WENN-Teil einer Regel	规则 - 前部，规则 WENN 部分
rule-base	Regelbasis	规则库
rule-based inference	regelbasierte Schlussfolgerung	规则库推论，规则库推理
rule-consequent part	DANN-Teil einer Regel	规则 - 后部，规则 DANN 部分
Set	Menge	集合
set operator	Mengenoperator	集合算子
singleton	Singleton, unscharfe Menge mit einem Wertepaar	单信号，具有数偶的非清晰集合单信号
s-norm	t-Konorm, s-Norm	s 算则，t 补算则
SUGENO-controller	funktionaler Fuzzy-Regler nachSUGENO	SUGENO控制器，SUGENO 函数模糊调节器
SUGENO implication	Implikation nach SUGENO	SUGENO蕴涵
sum-min inference	SUM-MIN-Inferenz, unscharfes Schlussfolgerungsverfahren	sum-min 推理（英）,SUM-MIN 推理（德），非清晰推理法
sum-prod inference	SUM-PROD-Inferenz, unscharfes Schlussfolgerungsverfahren	sum-prod 推理（英），SUM-PROD 推理（德），非清晰推理法
support of membership function	Träger, Stützmenge einer unscharfen Menge	隶属度函数支座，非清晰集合支座
t-conorm	triangulare Konorm, t-Konorm, s-Norm	t 补算则，三角形补算则，s 算则
t-norm	triangulare Norm, t-Norm, Dreiecksnorm	t 算则，三角形算则，三角算则
trapezoidal membership function	trapezförmige Zugehörigkeitsfunktion	梯形隶属度函数
triangular membership function	dreieckförmige Zugehörigkeitsfunktion	三角形隶属度函数
triangular conorm	triangulare Konorm, t-Konorm, s-Norm	三角形补算则，t 补算则，s 算则

英文	德文	中文
triangular norm	triangulare Norm, t-Norm, Dreiecks-Norm	三角形算则，t 算则，三角算则
truth table	Wahrheitstabelle, Logiktabelle	真值表，逻辑表
under min operator	Unter-MIN-Operator, (alle t-Normen auBr MIN)	under min 算子（英），Unter-MIN 算子（除 MIN 所有 t 补算则）（德）
union operation	Vereinigungsoperation bei Mengen (ODER-Operation)	并集运算，集合并集运算（ODER（或）运算）
Weighted average defuzzification	Gewichtete-Mittelwerte-Methode,Defuzzifizierungsverfahren	解模糊化法加权平均值法，加权平均值法，解模糊化法
Zero (ZO)	nahe-Null (ZE)	零（ZO）（英），近于零（ZE）（德）